作者简介
About the authors

许仰曾，教授，博导，享受国务院特殊津贴专家

中国液压气动密封件工业协会专家委员会顾问，上海液压气动密封行业协会专家委员会委员，液压气动数智化产业论坛创始人，上海豪高机电科技有限公司创建人。曾任上海交通大学、上海理工大学、上海工程技术大学、兰州理工大学、燕山大学兼职教授、博士/硕士研究生导师，中国机械工程学会流体传动与控制分会液压专委会副主任/高级顾问，中国液压气动密封件工业协会专家委员会委员，Vickers、Eaton、Danfoss等（中国）公司CTO、高级顾问。

斯蒂芬·哈克，博士、教授（Prof. Dr. Steffen Haack）

于德国爱尔福特大学获机械工程博士学位。

德国博世力士乐股份有限公司执行总裁，德国机械设备制造业联合会流体动力协会董事会主席，德国德累斯顿工业大学、浙江大学、燕山大学客座教授。

王兆强，博士

于浙江大学获机械电子工程博士学位。

上海工程技术大学机械与汽车工程学院机械电子工程系教授。

研究方向：流体传动及控制、工业自动化及运动控制、车辆自动驾驶及远程控制、电力检修机器人、特种车辆电液伺服及比例控制。

许益民，教授

武汉科技大学机械电子工程系教授，长期从事机电液计算机技术的教学与科研工作。参与和主持了多项科研课题，发表了多篇科研论文，出版专著《电液比例控制系统分析与设计》，完成了多个大型进口设备的国产化和升级改造工程，在电液控制工程、电磁理论与应用、计算机辅助测试及其软件开发等方面的研究成果显著。

单建峰，博士（Dr. Jianfeng Shan）

于德国亚琛工业大学获机械工程博士学位。

曾任中国矿业大学（北京）机械工程及液压传动与控制副教授。曾在国际著名轴承公司任机械设备故障诊断技术高级技术顾问、服务经理。

现任德国博世力士乐股份有限公司工业液压亚太区区域管理和销售协调总负责人。

《现代液压气动手册》总览

国际合作创新重点项目
Key Project of International Cooperation & Innovation

现代液压气动手册

Handbook of Modern Hydraulics and Pneumatics

第1卷

主　编　许仰曾　［德］斯蒂芬·哈克（Steffen Haack）
副主编　王兆强　许益民　［德］单建峰（Jianfeng Shan）

机械工业出版社
CHINA MACHINE PRESS

《现代液压气动手册》分 3 卷、12 篇、58 章。本卷是第 1 卷，主要内容包括：第 1 篇液压技术基础（第 1 章液压理论与工作介质基础，第 2 章基于液压系统基本性能参数的控制回路）；第 2 篇现代液压系统设计方法与应用（第 3 章液压传动与控制系统设计与仿真，第 4 章液压数智技术发展与应用实例，第 5 章伺服电动机泵泵控系统设计应用实例，第 6 章液压系统安装与调试，第 7 章液压系统现场诊断与维护）；第 3 篇数字与数智一体化液压控制元件［第 8 章液压电磁铁结构、性能与分析，第 9 章电液比例阀与比例放大器，第 10 章电液伺服比例阀，第 11 章液压多路阀，第 12 章电液伺服阀，第 13 章液压数字阀与液压数智阀，第 14 章二维（2D）液压气动数字元件，第 15 章网络化全液压数字转向器，第 16 章电静液作动器（EHA）］；第 4 篇液压建模、仿真与数字孪生（第 17 章液气建模与仿真技术及软件介绍，第 18 章液压数字孪生建模与 HyPneu 仿真软件）。

本手册还开发了相关数字资源，包括可实现计算的公式、可查询的表格、视频资源等，读者可通过扫描二维码进行使用，这大大提升了本手册的实用价值。

本书适合液压气动领域的工程技术人员使用，也可供高等院校相关专业师生、行业管理人员、企业家及投资人参考。

北京市版权局著作权合同登记　图字：01-2023-4239 号。

图书在版编目（CIP）数据

现代液压气动手册．第 1 卷 / 许仰曾，（德）斯蒂芬·哈克（Steffen Haack）主编．—北京：机械工业出版社，2023.11
ISBN 978-7-111-74324-8

Ⅰ．①现…　Ⅱ．①许…②斯…　Ⅲ．①液压系统－手册②气压系统－手册　Ⅳ．① TH137-62 ② TH138-62

中国国家版本馆 CIP 数据核字（2023）第 225853 号

机械工业出版社（北京市百万庄大街 22 号　邮政编码 100037）
策划编辑：雷云辉　　责任编辑：雷云辉　王春雨
责任校对：樊钟英　王　延　李　杉　　封面设计：鞠　杨
责任印制：邓　博
北京盛通印刷股份有限公司印刷
2024 年 4 月第 1 版第 1 次印刷
169mm × 239mm · 70.5 印张 · 2 插页 · 1449 千字
标准书号：ISBN 978-7-111-74324-8
定价：435.00 元

电话服务　　网络服务
客服电话：010-88361066　机　工　官　网：www.cmpbook.com
010-88379833　机　工　官　博：weibo.com/cmp1952
010-68326294　金　书　网：www.golden-book.com
封底无防伪标均为盗版　机工教育服务网：www.cmpedu.com

序

工业 4.0 是信息技术（Information Technology，IT）与操作技术（Operational Technology，OT）的深度融合，旨在实现工业领域机器和流程的联网。工业 4.0 是一个广泛而复杂的体系，涉及众多领域，包括机械、电子、信息技术、自动化、生产、仓储物流、企业管理等，同时又与多样性的应用技术有直接关联，如感知技术、控制技术、机器人、人工智能、云计算等。

工业 4.0 用于智能制造及智能工厂，本质目标是提高生产率，改善质量，降低成本，优化价值链资源，合理化库存和降低对劳动力的依赖。它有助于提高透明度，以适应市场动态变化以及产品寿命周期缩短的趋势。流体动力领域正面临着技术转型和来自机电驱动竞争的严峻挑战，需要对其技术本身进行升级，如互联、数据管理和能源效率。

在德国机械设备制造业联合会（VDMA) 的推动下，德国组成了一些工业 4.0 联盟，包括国际著名的流体动力元部件制造商在内的许多龙头企业参加了这些联盟。以“工业 4.0 参考架构模型（RAMI4.0）”为指导性框架，VDMA 流体动力“数字化”工作组系统性地推动流体动力技术通信标准化工作，使用案例包括产品从设计 / 工程、调试到生产和服务的整个生命周期的数字化。主要的流体动力公司研发并推出了一系列具有互联、识别和通用通信能力的产品和技术。这些最先进的产品和技术现已积极应用于不同的工业领域。这些产品和技术的新特性也为流体动力技术提供了新的创造力。

互联数字流体动力技术时代已经开始！它将为机器制造商及最终用户带来更多好处。

希望本手册能够帮助读者了解流体动力最新的产品和技术，并提供一些指导和启发。

斯蒂芬 · 哈克教授
德国美因河畔洛尔

Foreword

Industry 4.0 is the deep integration of information technology (IT) and operational technology (OT), to realize the networking of machines and processes in the industry. Industry 4.0 is a broad and complex system involving many fields such as mechanics, electronics, information technology, automation, production, warehousing and logistics, enterprise management, etc. At the same time diverse application technologies are directly related, such as perception technology, control technology, robotics, artificial intelligence and cloud computing.

Industry 4.0 applies to smart manufacturing and smart factories. The essential goal is to increase productivity, improve quality, reduce costs, optimize value chain resources, rationalize inventory and dependence on working labor. It helps to increase transparency in order to adapt to changing market dynamics and the trend towards shorter product life cycles. Fluid Power Technology is facing severe challenges of technological transformation and competition from electromechanical drives. This requires a technical upgrade of the Fluid Power Technology itself, e. g. regarding connectivity, data management and energy efficiency.

Under the impetus of Mechanical Engineering Industry Association (VDMA), Germany found a couple of Industry 4.0 alliances. Many leading companies, including internationally renowned manufacturers of fluid power components are participating in these alliances. With the "Industry4.0 Reference Architecture Model (RAMI4.0) " as a guiding framework, the VDMA Fluid Power Working Group "Digitalization" systematically works on the standardization for communication of fluid power technology. The use cases include digitalization of the entire lifecycle of products, from design/engineering over commissioning towards to production and service. All major fluid power companies develop and launch a series of products and technologies with connectivity, identification and common communication capabilities. Such state-of-the-art products and technologies are now actively applied in different industrial fields. These products also add new technical features and provide new creative power for fluid power technology.

The era of connected and digital fluid power technology has begun! It will bring more benefits to machine manufacturers as well as end users.

I hope that the handbook will help readers to understand state-of-the-art products and technology of fluid power and provide some guidance and inspiration.

Prof. Dr. Steffen Haack
Lohr am Main, Germany

前　　言

液压气动技术在自动化、数字化、智能化中占有非常重要的地位，尤其在当今工业 4.0 的时代，液压气动技术的作用更加突出。为此组织了国内外专家、学者和企业家 60 余人，历时五年，编撰了本手册。

根据《中国制造 2025》的指导精神，本手册力求反映工业 4.0 时代液压气动行业技术与产品的新趋势、新发展、新思维、新成果，以使本手册体现下列五个特点：

1）发展是要素（前景）——前瞻性（未来视野）、前沿性（热点思路）、前行性（结合中国实际发展途径）。

2）产品是核心（产业）——产业（发展模式）、产品［数字芯片与智能软件（简称数芯智软）换代］、生产（智能制造）。

3）思变是根本（变革）——变思维（更换液压八大传统思维）、变向 4.0 产品（即液压 4.0“数芯智软”产品）、变手册作用（即创新工具书）。

4）创新是内容（创新）——产品创新（技术产品双结合）、技术全新（数字互联智能）、应用新方向（供创新发展与适合大众查阅）。

5）实在是风格（实际）——技术实用（供工程技术人员采纳）、行业发展实际（供企业家寻求方向）、产业投资实况（供行业投资者了解实情）。

为此，通过本手册的阐述，可以归纳出行业“弃仿兴创”与产品“更新换代”的八大要点：

第一要改变传统纯液压技术思维，建立液气元件的换代新形态是使机电液软“融合”，即机械、电气、芯片、软件融合液压。

第二要改变传统液压性能提高仅靠液压硬件的思路，建立发展液压性能要靠软件编程的认识，即通过液压元件软件定义元件功能与性能。

第三要改变传统液压系统集中式管路连接形态，建立液压分布式系统总线连接形态，即电静液压作动器（EHA）。

第四要改变传统液压故障诊断依靠经验或仪器的观念，建立依靠互联网闭环技术的液压元件健康管理体系，即液压数字孪生工业软件。

第五要改变传统液压技术标准仅限于液压元件的做法，建立具有液压生态（芯片/互联/软件）技术在内的标准，即液压具有生态技术的元件标准体系。

第六要改变传统液压企业的孤岛生产模式，建立云地合一、产用合一全生命周期管理的互联智能模式，即“云化”下的液压智能制造企业。

第七要改变传统液压创业自身循环发展的生态，建立创新企业总部，依靠市场整合框架发展经济，即建立总部企业经济平台模式。

第八要改变传统液压回路碎片化分类体系，建立性能参数控制回路分类体系，即液压性能参数控制回路分类法。

本手册首次提出我国在液压“根技术”上的贡献：液压球形工艺制造、2D 液压数字伺服阀与 3D 微型液压球形泵，特别是“2D 液压数字伺服阀”与“3D 微型液压球形泵”。同时也比较全面地展示了当今液压气动领域的跨国企业，如博世力士乐（Bosch Rexroth）、丹佛斯（Danfoss）、费斯托（FESTO）、SUN、BarDyne、SMC 等的技术与产品，阐述了这些企业已经达到的技术高度与产品高度。对我国江苏恒立液压股份有限公司等企业的技术和产品进行了介绍。

本手册不再过多列出通过各企业网站可以方便获得的产品样本性内容，而主要展现出“数智液压气动技术的产品化”与“液压气动数智产品的市场化”，并且给出了这些技术与产品所展现的优势与应用价值。因此本手册可为产业人员在以下方面的需求提供参考：

1）为产品开发、系统应用、生产制造、检测维护等工程技术人员提供新方向、新技术、新产品与新应用。

2）为液压气动行业与有关主机行业的工程技术设计人员、管理技术人员、企业研发人员与企业产品技术服务人员提供具体创新的涉足领域。

3）为产业企业家、行业投资者提供企业未来布局与定位，驱动企业发展；也可以供行业政策制定者了解实际情况。

4）为液压气动专业与主机应用方面的本科生、研究生的就业与研究提供市场需求与方向。

5）可供液压技术相关行业（工程机械、冶金、塑料机械、船舶、军工、航空航天、医疗器械、机床等）的系统设计者、选用者、装置使用者与系统维修者了解产品应用的发展阶段，并为今后选用产品提供方向。

本手册共有 12 篇：液压技术基础，现代液压系统设计方法与应用，数字与数智一体化液压控制元件，液压建模、仿真与数字孪生，液压 4.0 生态技术与产品，液压元件新型分类方法及新型产品，水液压传动与控制，现代气动技术，现代气动元件，液压气动技术标准，液压工业 4.0 发展与展望，以及液压工业智能制造。

本手册的顺利出版得益于全体作者的精诚合作与辛勤付出，在此对参与本手册编写工作的全体作者表示衷心感谢！此外，上海工程技术大学的研究生赵佳伟、韩博、马思群、张娇、陆阳钧、侯现昭、高伟、孙令涛、董壮壮等参与了液压元件与系统以及气动元件与系统相关章节前期的资料收编整理工作，在此一并表示致谢。

本手册的内容难免会有“偏颇”与“挂一漏万”的局限，还望广大读者与专家批评指正。

主编　许仰曾

上海万源城

数字化手册配套资源说明

本手册是机械工业出版社“数字化手册项目”中的一种。机械工业出版社（以下简称机工社）建社以来，立足工程科技，积累了丰富的手册类工具书资源，历经几十年的传承和迭代，机工社的手册类工具书形成了专业、权威、系统、实用等突出特色，受到广大专业读者的一致好评。

随着移动互联技术的发展，制造业企业正在或即将进行数字化转型，而数字化转型将在技术、管理、商业层面，以及挖掘新价值层面发挥出不可估量的作用，帮助企业应对未来的竞争和挑战。企业数字化转型带来的工作方式变化，给专业读者阅读和获取知识的方式带来了翻天覆地的变化，特别是手册类工具书使用方式的变化。为此，机工社与时俱进，针对本手册开发了数字化配套资源，期望在以下五个方面提升读者阅读体验。

1. 丰富资源：为读者提供更丰富、全面的学习资料。

2. 使用方便：查询资源快速准确。

3. 效率提高：对于常用的工程计算，提供合适的计算工具以帮助读者提高工作效率。

4. 直观学习：提供相关视频供读者参考。

5. 持续增值：作者将对内容持续更新，不断提升数字资源使用价值。

本手册属于“纸数复合类”富媒体产品，手册内容通过“纸质书 + 移动互联网”呈现给读者。为了便于读者使用，本手册提供一个二维码，作为数字化配套资源的入口，供广大读者使用。

请扫描下方二维码使用数字资源

本手册实现了以下四大数字资源功能。

1. 电子表格：读者可全表及部分检索查询。

2. 电子公式：读者可输入参数直接进行计算。

3. 视频资源：有关液压行业发展的重要知识，读者可直接观看。

4. 相关资料：作者精选书中配套资料，扩展纸质手册篇幅，读者可以直接阅读。

未来，本手册的数字化资源会不断更新，读者只需扫码即可查看更新的资源。

数字化手册的制作是一项创新性工作，为了向读者提供更加优质、便捷的服务，后期机工社还会持续生产数字化手册产品，期待收到各位读者中肯、专业的完善意见。

目　录

第 2 篇　现代液压系统设计方法与应用

第3篇 数字与数智一体化液压控制元件

第4篇　液压建模、仿真与数字孪生

第1篇
液压技术基础

主　编　许仰曾

第1章　液压理论与工作介质基础

作　　者　王兆强
主　　审　许益民

第2章　基于液压系统基本性能参数的控制回路

作　　者　许仰曾
主　　审　吴晓明　姜继海　刘思远　高名乾　秦永法　涂　琴

第1章　液压理论与工作介质基础

1.1　液压流体力学常用公式

1.1.1　流体静力学基本方程

流体静力学基本方程在图1-1所示的情况下，有式（1-1）、式（1-2）与式（1-3）三种表示形式：

$$p=p_0+\rho gh \tag{1-1}$$

$$p_2-p_1=\rho g\Delta h \tag{1-2}$$

$$\frac{p_1}{\rho g}+z_1=\frac{p_2}{\rho g}+z_2 \tag{1-3}$$

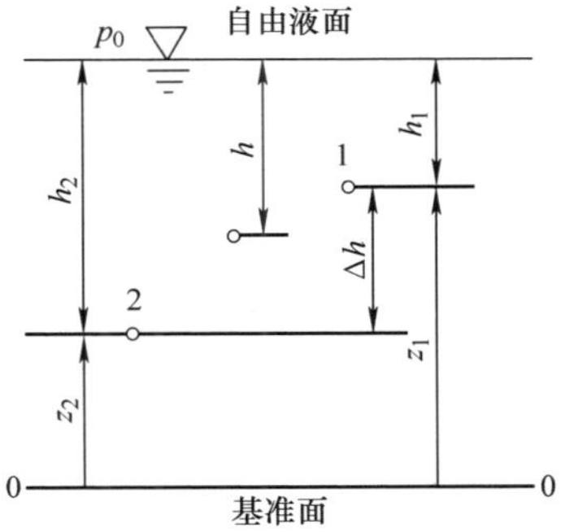

图1-1　静力学基本方程示意图

式中　ρ——流体的密度（kg/m^3）；

p_0——自由液面上的压力（Pa）；

p——液体中任一点处的压力（Pa）；

g——重力加速度，$g=9.81m/s^2$；

Δh——1、2两点间的垂直高度差（m），$\Delta h=h_2-h_1=z_2-z_1$；

h——液体中任一点距离自由液面的高度（m）；

p_1、p_2——液体中任意两点1及2处的压力（Pa）；

z_1、z_2——1、2两点离基准面的垂直距离（m）。

1.1.2　静止流体对固体壁面的作用力

1. 静止流体对平面壁的总压力

设有一任意形状的平板，其面积为A，置于静止液体（密度为ρ）之中，如图1-2所示。液体中任意点的压力p与深度h成正比，且垂直指向平板。液体对平板的总作用力，相当于对平行力系求合力。

在平板受压面上，任取一微小面积dA，其上的压力可看成均布，则

$$p = p_0 + \rho gh = p_0 + \rho gy\sin\alpha \tag{1-4}$$

因此微元面积 dA 上受液体的微小作用力为

$$\mathrm{d}F = p\mathrm{d}A = (p_0 + \rho g\sin\alpha)\mathrm{d}A \tag{1-5}$$

对式（1-5）积分得到流体作用于平板 A 上的总压力

$$F = \int_A \mathrm{d}F = \int_A p\mathrm{d}A$$

$$= \int_A (p_0 + \rho gy\sin\alpha)\mathrm{d}A$$

$$= p_0 A + \rho g\sin\alpha\int_A y\mathrm{d}A \tag{1-6}$$

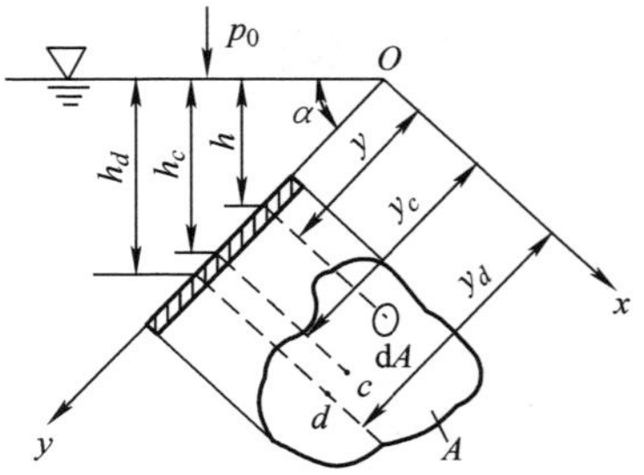

图 1-2　作用于倾斜平板上的液体总压力

因为 $\int_A y\mathrm{d}A$ 是平面 A 绕过 O 点的 Ox 轴的面积矩，即 $\int_A y\mathrm{d}A = y_c A$。$y_c$ 是平板形心 c 到 Ox 的距离。且 $y_c\sin\alpha = h_c$，所以总压力

$$F = p_0 A + \rho gA\, y_c\sin\alpha$$
$$= p_0 A + \rho gh_c A \tag{1-7}$$

总压力的作用点称为压力中心，设为 d 点。总压力 F 对 Ox 轴的力矩应该等于微小压力 dF 对 Ox 轴的力矩之和，即

$$y_d F = \int_A py\mathrm{d}A$$

$$= \int_A (p_0 + \rho gy\sin\alpha)y\mathrm{d}A$$

$$= p_0 A\, y_c + \rho g\sin\alpha\int_A y^2\mathrm{d}A$$

式中，$\int_A y^2\mathrm{d}A$ 为面积 A 对 Ox 轴的惯性矩 J_x，且 $J_x = J_c + y_c^2$，J_c 是平面 A 对通过 c 点且平行于 Ox 轴的惯性矩。

当液面为大气压力时，压力中心的计算公式为

$$y_d = y_c + \frac{J_c}{y_c A} \tag{1-8}$$

2. 静止流体对曲面壁的总压力

计算流体对曲面壁的作用力是空间力系求合力的问题。由于曲面不同点上的作用力的方向不同，因此常将各微元面积上的压力 dF 进行分解，然后再加起来。

（1）水平分力　如图 1-3 所示，设曲面 ab 的面积为 A，置于液体之中。

假设液面为大气压力，在曲面 ab 上任取一微小面积 dA（对应的淹没深度为 h），其所受的作

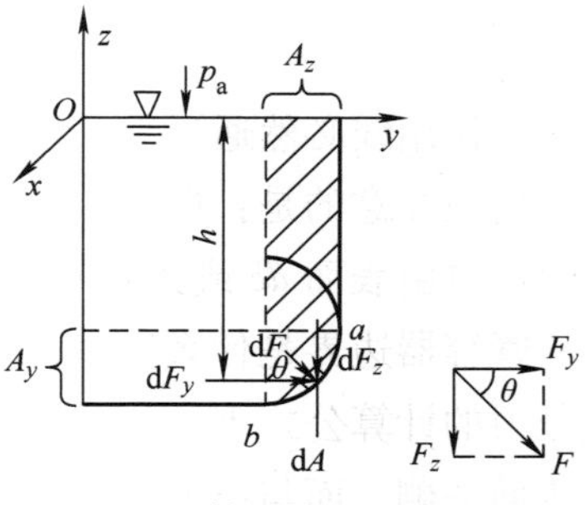

图 1-3　流体对曲面壁的作用力

用力 dF 分解为水平分力 dF_y和垂直分力 dF_z，然后分别在整个曲面上求积分，得

$$F_y = \int \mathrm{d}F_y = \int_A \mathrm{d}F\cos\theta$$

$$= \int_A \rho gh \mathrm{d}A\cos\theta = \int_A \rho gh \mathrm{d}A_y$$

$$= \rho g\int_A h\mathrm{d}A_y$$

式中，$\int_A h\mathrm{d}A_y = h_c A_y$ 为面积 A 在 zOx 坐标面上的投影面积 A_y对 Ox 轴的面积矩（x 轴垂直于纸面），于是水平分力为

$$F_y = \rho g h_c A_y \tag{1-9}$$

其作用线通过 A_y的压力中心。

（2）垂直分力

$$F_z = \int \mathrm{d}F_z = \int_A \mathrm{d}F\sin\theta$$

$$= \int_A \rho gh \mathrm{d}A\sin\theta = \int_A \rho gh \mathrm{d}A_z$$

$$= \rho g\int_A h\mathrm{d}A_z$$

式中，A_z为面积 A 在 yOx 坐标面上的液体体积 V，通常称这个体积为压力体，于是

$$F_z = \rho g V \tag{1-10}$$

即曲面上所受到的总作用力的垂直分力等于压力体的液重，其作用线通过压力体的重心。

对柱体曲面，因为一定共面，所受总作用力的水平分力 F_y和垂直分力 F_z合成的总作用力

$$F = \sqrt{F_y^2 + F_z^2} \tag{1-11}$$

它与垂直方向的夹角

$$\alpha = \arctan\frac{F_y}{F_z} \tag{1-12}$$

且压力作用线必然通过垂直分力与水平分力的交点。

应该注意的是：压力体是所研究的曲面 ab 与通过曲面周界的垂直面 bc 与 ad 和液体自由表面 dc 或其延伸面所围成的封闭空间。不管这个体积内是否充满流体，也不管容器边界是什么形状，在这个密闭空间里每一点的压力只与高度有关，即垂直分力的计算公式 $F_z = \rho g V$ 是不变的，垂直分力的方向总是在垂直方向从流体指向受压面一侧，而与压力体是否在受压面的同侧或异侧无关，如图 1-4 所示。

例：计算图 1-5 中盛油球体中在底座面上螺钉组所承受的总拉力。

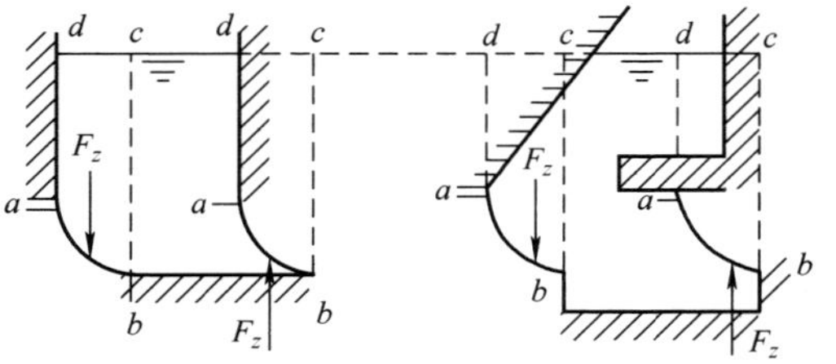

图 1-4　静止流体下的压力体垂直分力方向

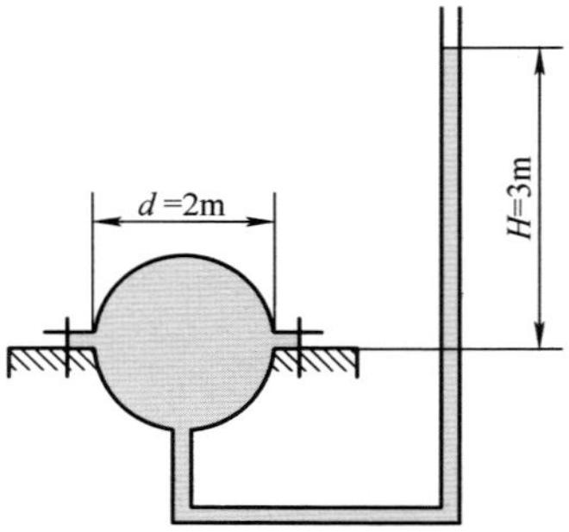

图 1-5　盛油球体底座承受拉力计算

如果不考虑球的自重，此拉力就是上半球所受油的垂直向上作用力，即上半球压力体的重力。此时上半球压力体体积是直径为 d 的底面与高度为 H 的油柱体积减去上半球本身的体积，这才是承受垂直向上的作用力的重力体积，即此拉力 F 可由下式计算

$$
\begin{aligned}
F &= \rho g V = \rho g (V_{油柱} - V_{上半球}) \\
&= \rho g \left(\frac{\pi d^2}{4} H - \frac{1}{12} \pi d^3 \right) \\
&= 900 \times 9.81 \left(\frac{\pi}{4} \times 2^2 \times 3 - \frac{\pi}{12} \times 2^3 \right) \mathrm{N} = 64.7 \mathrm{kN}
\end{aligned}
$$

1.1.3　流体运动学基础

1. 流量和平均流速

单位时间内通过某一过流断面的流体体积称为体积流量，简称流量。

设过流面积为 A，在其上任取一微小面积 $\mathrm{d}A$，对应的流速为 u。则单位时间内通过 $\mathrm{d}A$ 上的微小流量为

$$\mathrm{d}q_V = u\mathrm{d}A$$

通过整个过流断面流量

$$q_V = \int \mathrm{d}q_V = \int_A u\mathrm{d}A \tag{1-13}$$

常把通过某一过流断面的流量 q_V 与该过流截面积 A 相除，得到一个均匀分布的速度，称为该过流截面的平均速度 v。

$$v = \frac{q_V}{A} = \frac{\int_A u\mathrm{d}A}{A} \tag{1-14}$$

2. 连续性方程

根据质量守恒定律，单位时间内通过管路的任一有效断面的流体质量为常数。即

$$\rho A v = C \tag{1-15}$$

式中，ρ、A、v 分别为流体的密度、过流断面面积及过流断面上的平均速度。如为不可压缩流体，则 ρ 为常数，此时有

$$Av = C \quad 或 \quad A_1 v_1 = A_2 v_2 \tag{1-16}$$

即流过过流断面 A_1 的流量与流过过流断面 A_2 的流量相等，即 $q_{V1} = q_{V2}$。

1.1.4　流体动力学

1. 理想流体伯努利方程

在重力场中的理想流体做恒定流动，如流体不可压缩，则沿流束上任一过流断面有

$$zg + \frac{p}{\rho} + \frac{v^2}{2} = 常数 \tag{1-17}$$

$$z + \frac{p}{\rho g} + \frac{v^2}{2g} = 常数 \tag{1-18}$$

式中　z——过流断面中心离水平基面的距离（m）；

g——重力加速度，$g = 9.81\mathrm{m/s^2}$；

p——压力（Pa）；

ρ——流体的密度（$\mathrm{kg/m^3}$）；

v——过流断面上的平均速度（m/s）；

zg——单位质量流体的位置势能，而 z 称为位置头；

$\frac{p}{\rho}$——单位质量流体的压力势能，而$\frac{p}{\rho g}$为压力头；

$\frac{v^2}{2}$——单位质量流体的动能，而$\frac{v^2}{2g}$称为速度头。

式（1-17）和式（1-18）的物理意义：理想流体中沿流束各过流断面上单位质量流体的总能量守恒，或三者能量头之和为常数。式（1-17）和式（1-18）也可以写成下面的形式

$$z_1 g + \frac{p_1}{\rho} + \frac{v_1^2}{2} = z_2 g + \frac{p_2}{\rho} + \frac{v_2^2}{2} \tag{1-19}$$

$$z_1 + \frac{p_1}{\rho g} + \frac{v_1^2}{2g} = z_2 + \frac{p_2}{\rho g} + \frac{v_2^2}{2g} \tag{1-20}$$

式中，下角标 1 和 2 分别表示流束的任意两个过流断面。故式（1-19）和式（1-20）的物理意义：沿理想流体流束任意两过流断面上的单位质量流体的总能量相等或总能量头相等。故理想流体伯努利方程实质上是能量守恒定律在流体力学中的具体体现。

2. 实际流体总流的伯努利方程

在实际流体中，由于有黏性存在，因此流体流动时要克服摩擦力，从而引起能

量损失。故流体总能量或总能量头将沿流动方向逐渐减小。因此对实际流体来说，伯努利方程变为

$$z_1 g+\frac{p_1}{\rho}+\frac{\alpha_1 v_1^2}{2}=z_2 g+\frac{p_2}{\rho}+\frac{\alpha_2 v_2^2}{2g}+h_\infty g \tag{1-21}$$

$$z_1+\frac{p_1}{\rho g}+\frac{\alpha_1 v_1^2}{2g}=z_2+\frac{p_2}{\rho g}+\frac{\alpha_2 v_2^2}{2g}+h_\infty \tag{1-22}$$

式中 $h_\infty g$——单位质量流体从过流断面1流至过流断面2时损失的能量，h_∞ 称为能量损失头；

α_1，α_2——过流断面1、2由于速度分布不均匀而引入的修正系数。对层流来说，$\alpha=2$；对湍流来说，$\alpha=1.05\sim1.10$。

3. 具有流体机械的伯努利方程

式（1-21）和式（1-22）只适用于两个过流断面之间没有其他流体机械消耗能量或向流体供给能量的情况。当过流断面1、2之间有流体机械时，单位质量理想流体伯努利方程将变成如下的形式

$$z_1 g+\frac{p_1}{\rho}+\frac{v_1^2}{2}+Hg=z_2 g+\frac{p_2}{\rho}+\frac{v_2^2}{2} \tag{1-23}$$

$$z_1+\frac{p_1}{\rho g}+\frac{v_1^2}{2g}+H=z_2+\frac{p_2}{\rho g}+\frac{v_2^2}{2g} \tag{1-24}$$

单位质量实际流体的伯努利方程则为

$$z_1 g+\frac{p_1}{\rho}+\frac{\alpha_1 v_1^2}{2}+Hg=z_2 g+\frac{p_2}{\rho}+\frac{\alpha_2 v_2^2}{2}+h_\infty g \tag{1-25}$$

$$z_1+\frac{p_1}{\rho g}+\frac{\alpha_1 v_1^2}{2g}+H=z_2+\frac{p_2}{\rho g}+\frac{\alpha_2 v_2^2}{2g}+h_\infty \tag{1-26}$$

4. 恒定流体动量方程

流体力学的动量方程为

$$\begin{aligned}\sum F_x&=\rho q_V(v_{2x}-v_{1x})\\ \sum F_y&=\rho q_V(v_{2y}-v_{1y})\\ \sum F_z&=\rho q_V(v_{2z}-v_{1z})\end{aligned} \tag{1-27}$$

式中 $\sum F_x$，$\sum F_y$，$\sum F_z$——所研究控制体中的流体所受到的合外力在 x、y、z 三个坐标轴上的分量（N）；

ρ——流体密度（kg/m^3）；

q_V——通过控制体的流量（m^3/s）；

v_{2x}，v_{2y}，v_{2z}——流出控制体的速度 v_2 在 x、y、z 三个坐标轴上的分量（m/s）；

v_{1x}，v_{1y}，v_{1z}——流入控制体的速度 v_1 在 x、y、z 三个坐标轴上的分量（m/s）。

1.1.5　流体在管路中的流动

1. 雷诺数 *Re*

雷诺数 *Re* 的物理意义：作用在流体上的惯性力与黏性力之比。*Re* 越小，说明黏性力的作用越大，流动就越稳定，呈现层流；*Re* 越大，说明惯性力的作用越大，流动就越紊乱，呈现湍流。

雷诺通过实验研究发现，对不同的管径 d，不同性质（密度 ρ、动力黏度 μ 不同）的流体，它们在临界流速时所组成的无量纲数 Re_c 基本上是相同的（ν 为运动黏度）。

$$Re_c = \frac{v_c d}{\nu} = \frac{\rho v_c d}{\mu} \tag{1-28}$$

当管路中的实际雷诺数 $Re \leqslant Re_c = 2230$ 时，则为层流；当 $Re > Re'_c = 13800$ 时，管路中的流动状态为湍流。当雷诺数 *Re* 介于两者之间时，可能是层流也可能是湍流，过渡状态时极不稳定，工程上一般将过渡状态归入到湍流来处理。因此工程上将临界雷诺数 $Re_c = 2230$ 作为判别层流与湍流的依据：$Re \leqslant 2230$ 为层流；$Re > 2230$ 为湍流。

雷诺数表达式中的 d 代表的是管路的特征长度，对于圆形断面管，就是圆管直径 d。对于非圆断面管，可以用水力半径 R 或水力当量直径 d_H 表示。如一非圆断面管的过流面积为 A，与液体相接触的过流断面润湿周界的长度为 l，则其水力半径为

$$R = \frac{A}{l} \tag{1-29}$$

水力当量直径为

$$d_H = 4R = 4\frac{A}{l} \tag{1-30}$$

则适用于非圆断面管的雷诺数表达式为

$$Re = \frac{v d_H}{\nu} = \frac{\rho v d_H}{\mu} \tag{1-31}$$

常见的断面形状及水力当量直径见表 1-1。

表 1-1　常见断面形状及水力当量直径

断面形状	圆形	正方形	同心环形缝隙	偏心缝隙	平行平板	滑阀开口
图示	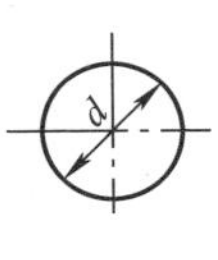	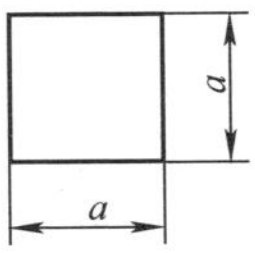	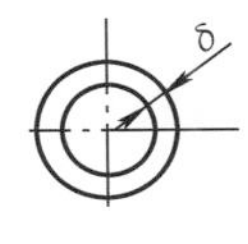	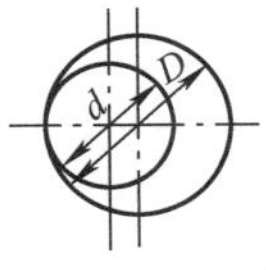	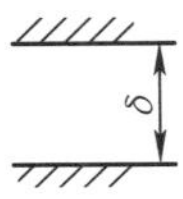	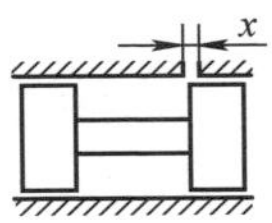
水力当量直径 d_H	d	a	2δ	$D-d$	2δ	$2x$
$Re = \frac{v d_H}{\nu}$	2300	2100	1100	1000	1000	260

2. 管道中的压力损失

由于实际流体都是有黏性的，所以流体在管道中流动必然要产生能量损失。

（1）沿程压力损失　流体在管道中流动时，由于流体与管壁之间有黏附作用，以及流体质点间存在着内摩擦力等，沿流程阻碍着流体的流动，这种阻力称为沿程阻力。克服沿程阻力要消耗能量，一般以压降的形式表现出来，称为沿程压力损失 Δp_λ，可按达西（Darcy）公式计算

$$\Delta p_\lambda = \lambda \frac{l}{d}\frac{\rho v^2}{2} \tag{1-32}$$

或以沿程压头（水头）损失 h_λ 表示

$$h_\lambda = \lambda \frac{l}{d}\frac{v^2}{2g} \tag{1-33}$$

式中　λ——沿程阻力系数，它是雷诺数 Re 和相对粗糙度 Δ/d（管材内壁绝对粗糙度 Δ 见表 1-2）的函数，其计算公式见表 1-3；

l——圆管的沿程长度（m）；

d——圆管内径（m）；

v——管内平均速度（m/s）；

ρ——流体密度（kg/m^3）。

表 1-2　管材内壁绝对粗糙度 Δ

材料	管内壁状态	绝对粗糙度 Δ/mm
铜	冷拔铜管、黄铜管	0.0015～0.01
铝	冷拔铝管、铝合金管	0.0015～0.06
钢	冷拔无缝钢管 热控无缝钢管 轧钢无缝钢管 镀锌钢管 涂沥青的钢管 波纹管	0.01～0.03 0.05～0.1 0.05～0.1 0.12～0.15 0.03～0.05 0.75～7.5
铸铁	铸铁管	0.05
塑料	光滑塑料管 $d=100$mm 的波纹管 $d\geqslant200$mm 的波纹管	0.0015～0.01 5～8 15～30
橡胶	光滑橡胶管 含有加强钢丝的胶管	0.06～0.07 0.3～4

表 1-3　圆管的沿程阻力系数 λ 的计算公式

流动区域		雷诺数范围		λ 计算公式
层流		$Re \leqslant 2320$		$\lambda = \frac{64}{Re}$
湍流	水力光滑管	$Re < 22\left(\frac{d}{\Delta}\right)^{\frac{8}{7}}$	$3000 < Re < 10^5$	$\lambda = 0.3164/Re^{0.25}$
			$10^5 < Re < 10^8$	$\lambda = 0.308/(0.842 - \lg Re)^2$
	水力粗糙管	$22\left(\frac{d}{\Delta}\right)^{\frac{8}{7}} < Re < 597\left(\frac{d}{\Delta}\right)^{\frac{9}{8}}$		$\lambda = \left[1.14 - 2\lg\left(\frac{\Delta}{d} + \frac{21.25}{Re^{0.9}}\right)\right]^{-2}$
	阻力平方区	$Re > 597\left(\frac{d}{\Delta}\right)^{\frac{9}{8}}$		$\lambda = 0.11\left(\frac{\Delta}{d}\right)^{0.25}$

（2）局部压力损失　流体在管道中流动时，当经过弯管、流道突然扩大或减小、阀、三通等局部区域时，流速大小和方向被迫急剧改变，因而发生流体质点的撞击，出现涡旋、二次流以及流动的分离及再附壁现象。此时由于黏性的作用，质点间发生剧烈的摩擦和动量交换，从而阻碍着流体的运动。这种在局部障碍处产生的阻力为局部阻力。克服局部阻力要消耗能量，一般以压降的形式表现出来，称为局部压力损失 Δp_ξ。

$$\Delta p_\xi = \xi \frac{\rho v^2}{2} \tag{1-34}$$

或以局部压头（水头）损失 h_ξ 表示

$$h_\xi = \xi \frac{v^2}{2g} \tag{1-35}$$

式中　ξ——局部阻力系数，它与管件的形状、雷诺数有关；

v——平均流速（m/s），除特殊注明外。一般均指局部管件后的过流断面上的平均速度。

（3）局部阻力系数

1）管道突然扩大局部阻力系数，管道突然扩大的结构简图如图 1-6 所示。

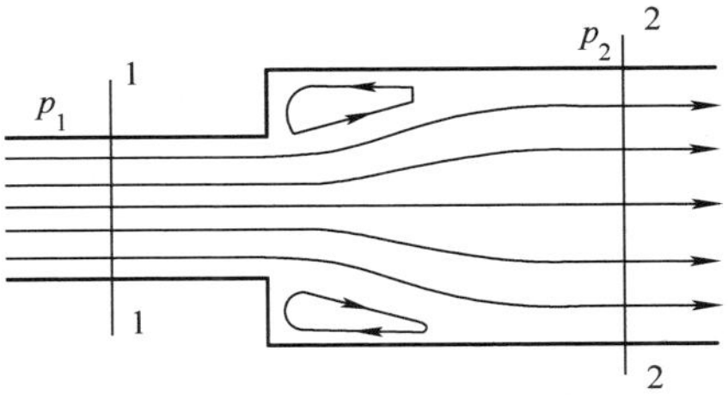

图 1-6　管道突然扩大的结构简图

① 层流，当 $Re < 2230$ 时，对大管的平均流速而言，突然扩大局部阻力系数为

$$\xi_L = \frac{2}{3}\left(3\frac{A_2}{A_1} - 1\right)\left(\frac{A_2}{A_1} - 1\right)$$

② 湍流，对大管平均流速而言，突然扩大局部阻力系数为

$$\xi_T = \left(\frac{A_2}{A_1} - 1\right)^2$$

其中的 A_1 和 A_2 分别为管道扩大前和扩大后所对应的过流断面面积。

突然扩大局部阻力系数亦可查表1-4获得。

表1-4　突然扩大局部阻力系数

A_2/A_1	1.5	2	3	4	5	6	7	8	9	10
ξ_L	1.16	3.33	10.6	22	37.33	56.66	80	107.33	138.6	174
ξ_T	0.25	1	4	9	16	25	36	49	64	81

2）管道入口与出口处的局部阻力系数，详见表1-5和表1-6。

表1-5　管道入口处的局部阻力系数

<table>
<tr><th>入口形式</th><th>入口处</th><th colspan="8">局部阻力系数 ξ</th></tr>
<tr><td>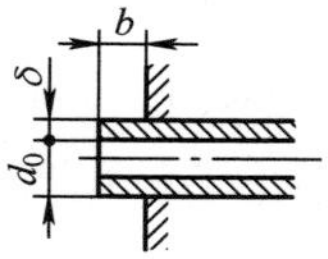</td><td>尖角凸边
$Re>10^4$</td><td colspan="8">当 $\delta/d_0<0.05$ 及 $b/d_0\leqslant0.5$ 时，$\xi=1$
当 $\delta/d_0>0.05$ 及 $b/d_0<0.5$ 时，$\xi=0.5$</td></tr>
<tr><td rowspan="3">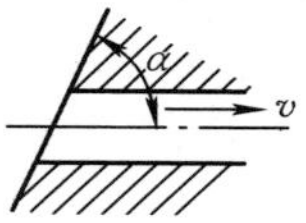</td><td rowspan="3">尖角
$Re>10^4$</td><td>$\alpha/(°)$</td><td>20</td><td>30</td><td>45</td><td>60</td><td>70</td><td>80</td><td>90</td></tr>
<tr><td>ξ</td><td>0.96</td><td>0.91</td><td>0.81</td><td>0.70</td><td>0.63</td><td>0.56</td><td>0.5</td></tr>
<tr><td colspan="8">一般垂直入口，$\alpha=90°$</td></tr>
<tr><td rowspan="2">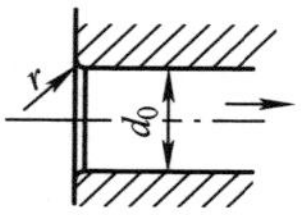</td><td rowspan="2">圆角</td><td colspan="2">r/d_0</td><td colspan="3">0.12</td><td colspan="3">0.16</td></tr>
<tr><td colspan="2">ξ</td><td colspan="3">0.1</td><td colspan="3">0.06</td></tr>
<tr><td rowspan="7">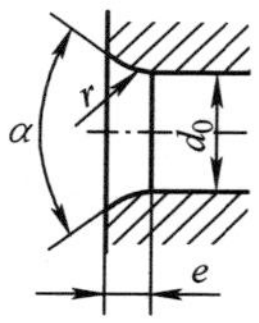</td><td rowspan="7">倒角60°
$Re>10^4$</td><td rowspan="3">$\alpha/(°)$</td><td colspan="7">ξ</td></tr>
<tr><td colspan="7">r/d_0</td></tr>
<tr><td colspan="2">0.025</td><td>0.050</td><td>0.075</td><td>0.10</td><td>0.15</td><td>0.60</td></tr>
<tr><td>30</td><td colspan="2">0.43</td><td>0.36</td><td>0.30</td><td>0.25</td><td>0.20</td><td>0.13</td></tr>
<tr><td>60</td><td colspan="2">0.40</td><td>0.30</td><td>0.23</td><td>0.18</td><td>0.15</td><td>0.12</td></tr>
<tr><td>90</td><td colspan="2">0.41</td><td>0.33</td><td>0.28</td><td>0.25</td><td>0.23</td><td>0.21</td></tr>
<tr><td>120</td><td colspan="2">0.43</td><td>0.38</td><td>0.35</td><td>0.33</td><td>0.31</td><td>0.29</td></tr>
</table>

表1-6　管道出口处的局部阻力系数

<table>
<tr><th>出口形式</th><th colspan="13">局部阻力系数 ξ</th></tr>
<tr><td>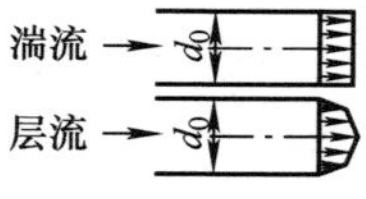从直管流出</td><td colspan="13">湍流时，$\xi=1$
层流时，$\xi=2$</td></tr>
<tr><td rowspan="3">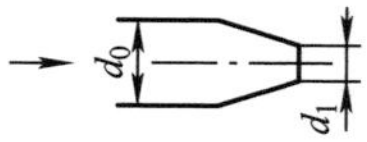从锥形喷嘴流出
$Re>2\times10^3$</td><td colspan="13">$\xi=1.05\ (d_0/d_1)^4$</td></tr>
<tr><td>d_0/d_1</td><td>1.05</td><td>1.1</td><td>1.2</td><td>1.4</td><td>1.6</td><td>1.8</td><td>2.0</td><td>2.2</td><td>2.4</td><td>2.6</td><td>2.8</td><td>3.0</td></tr>
<tr><td>ξ</td><td>1.28</td><td>1.54</td><td>2.18</td><td>4.03</td><td>6.88</td><td>11.0</td><td>16.8</td><td>24.8</td><td>34.8</td><td>48.0</td><td>64.6</td><td>85.0</td></tr>
</table>

（续）

出口形式	局部阻力系数 ξ										
	l/d_0	ξ									
		$\alpha/(°)$									
		2	4	6	8	10	12	16	20	24	30
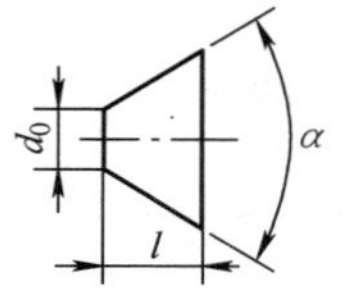 从锥形扩口管流出 $Re>2\times10^3$	1	1.30	1.15	1.03	0.90	0.80	0.73	0.59	0.55	0.55	0.58
	2	1.14	0.91	0.73	0.60	0.52	0.46	0.39	0.42	0.49	0.62
	4	0.86	0.57	0.42	0.34	0.29	0.27	0.29	0.47	0.59	0.66
	6	0.49	0.34	0.25	0.22	0.20	0.22	0.29	0.38	0.50	0.67
	10	0.40	0.20	0.15	0.14	0.16	0.18	0.26	0.35	0.45	0.6

3）管道缩小处的局部阻力系数见表 1-7。

表 1-7 管道缩小处的局部阻力系数

管道缩小形式	局部阻力系数 ξ									
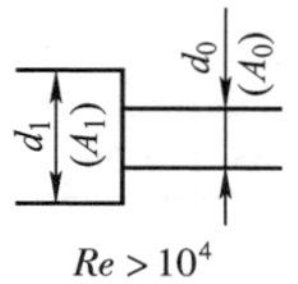 $Re>10^4$	A_0/A_1	0.1	0.2	0.3	0.4	0.5	0.6	0.7	0.8	0.9	1.0
	ξ	0.45	0.40	0.40	0.35	0.30	0.25	0.20	0.15	0.05	0
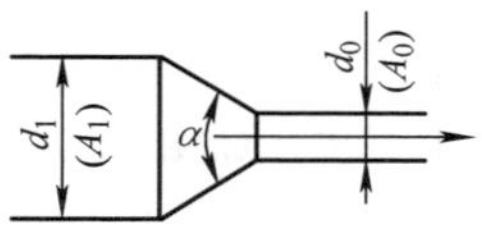 $Re>10^4$	$\xi=\xi'(1-A_0/A_1)$ ξ'按“表 1-5 管道入口处的局部阻力系数”第 4 项“入口处为倒角”的 ξ 值 注：A_0、A_1 为管道相应于内径 d_0、d_1 的通过面积										

4）弯管局部阻力系数见表 1-8。

表 1-8 弯管局部阻力系数

弯管形式	局部阻力系数 ξ									
折管 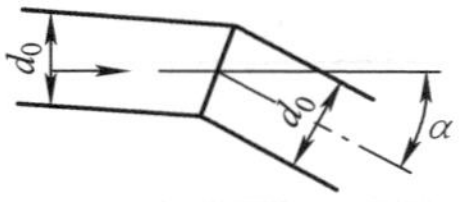	$\alpha/(°)$	10	20	30	40	50	60	70	80	90
	ξ	0.04	0.1	0.17	0.27	0.4	0.55	0.7	0.9	1.12

弯管形式	局部阻力系数 ξ				
光滑管壁的均匀弯管 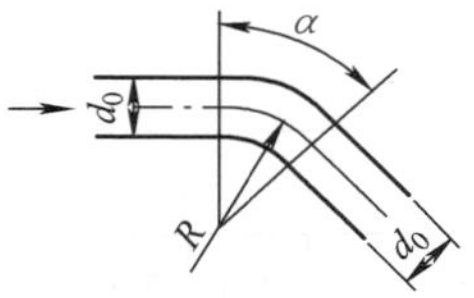	$\xi=\xi'$（$\alpha/90°$）				
	$d_0/2R$	0.1	0.2	0.3	0.4	0.5
	ξ'	0.13	0.14	0.16	0.21	0.29
	注：1. 对于粗糙管的铸造弯头，当湍流时，ξ'数值较表中 ξ 大 3～4 倍。 2. 两个弯管连接的情况 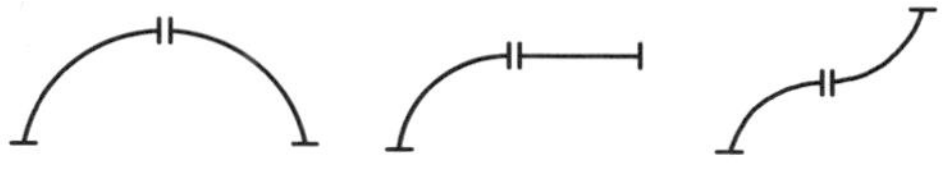 $\xi=2\xi_{90°}$ $\xi=3\xi_{90°}$ $\xi=4\xi_{90°}$					

5）分支管局部阻力系数见表 1-9。

表 1-9　分支管局部阻力系数

形式及流向		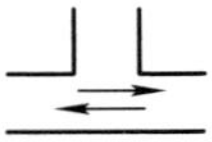		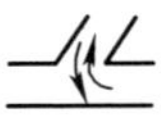		
局部阻力系数 ξ	1. 3	0. 1	0. 5	3	0. 05	0. 15

3. 总能量损失

液压系统总是由多种液压件和各种管件组合而成的，因此一个系统的总压力损失是将管道上的所有的沿程压力损失和局部压力损失按算术加法求其总和。即

$$\begin{aligned}\Delta p_f &= \sum \Delta p_\lambda + \sum \Delta p_\xi \\ &= \sum \left(\lambda_i \frac{l_i}{d_i}\frac{\rho v_i^2}{2}\right) + \sum \xi_j \frac{\rho v_j^2}{2}\end{aligned} \tag{1-36}$$

1.1.6　缝隙流动

液压技术中经常碰到缝隙中的流体流动问题。由于缝隙很小，缝隙中的流动一般是层流。

1. 壁面固定的平行缝隙中的流动

设缝隙宽度为无限宽，则可以根据牛顿内摩擦定律导出单位宽度的流量为

$$q_w = \frac{\delta^3 \Delta p}{12\mu l} \tag{1-37}$$

式中　q_w——单位宽度的流量（m^3/s）；

δ——缝隙高度（m）；

Δp——两端的压差（Pa）；

μ——流体的动力黏度（Pa · s）；

l——缝隙长度（m）。

当宽度 b 为有限值，长度 l 又不太长时，则需要引入修正系数 c，c 与 $l/(\delta Re)$ 有关，其关系曲线如图 1-7 所示。

此时的流量公式为

$$q_V = \frac{b\delta^3 \Delta p}{12\mu lc} \tag{1-38}$$

而

$$Re = \frac{2q_V}{b\nu}$$

当 $l/(\delta Re)$ 足够大时，c 趋近于 1。

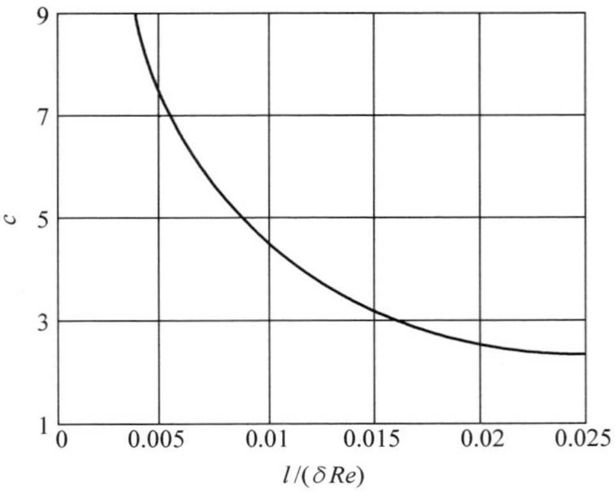

图 1-7　c 与 $l/(\delta Re)$ 关系曲线

2. 壁面移动的平行平板缝隙流动

如图 1-8 所示，当两个平行平板之一以速度 u 运动时，则通过缝隙的流量由式（1-38）算出的流量再加上由于平板移动引起的流量 $\frac{1}{2}b\delta u$ 之和，即

$$q_V = \frac{b\delta^3 \Delta p}{12\mu lc} \pm \frac{b\delta}{2}u \tag{1-39}$$

式中，第二项的正负号取决于 u 的方向与 Δp 的方向是否一致，一致时取“+”号，相反时取“-”号。q_V的单位为 m^3/s。

3. 环形缝隙中的流体流动

图 1-9a 所示的同心环形缝隙中的流体流动本质上与平行平板中的流动是一致的，只要将式（1-38）或式（1-39）中的 b 用 πD 来代替就完全可适用于环形缝隙的情况。

① 当环形缝隙的壁面为固定壁面时（速度 $u=0$），流量公式为

$$q_V = \frac{\pi D\delta^3 \Delta p}{12\mu l} \tag{1-40}$$

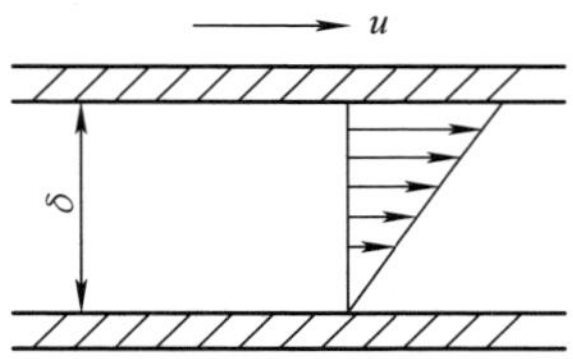

图 1-8　壁面移动的平行平板缝隙流动

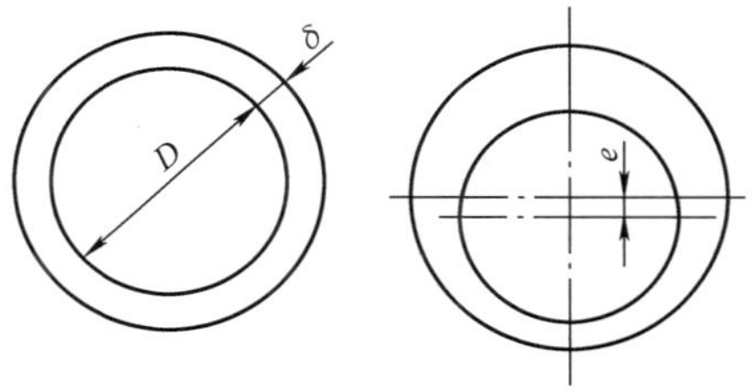

a)　b)

图 1-9　环形缝隙

② 当环形缝隙的壁面一侧以速度 u 运动时，流量公式为

$$q_V = \frac{\pi D\delta^3 \Delta p}{12\mu l} \pm \frac{\pi D\delta}{2}u \tag{1-41}$$

图 1-9b 所示环形缝隙，则其流量计算公式为

$$q_V = \frac{\pi D\delta^3 \Delta p}{12\mu l}(1+1.5\varepsilon^2) \tag{1-42}$$

式中，$\varepsilon = \frac{e}{\delta}$。当偏心距为最大时，$e=\delta$，即 $\varepsilon = 1$。此时

$$q_V = \frac{2.5D\pi\delta^3 \Delta p}{12\mu l} \tag{1-43}$$

4. 平行平板间的径向流动

当流体沿平行平板径向流动时，其流量可按下式计算

$$q_V = \frac{2\pi\delta^3}{12\mu Ce}\frac{\Delta p}{\ln \frac{r_2}{r_1}} \tag{1-44}$$

式中 r_1，r_2——径向缝隙的内径和外径，如图1-10所示；

Ce——考虑起始引入的修正系数，Ce 值与$r_1/(\delta Re)$ 有关，如图1-11所示。

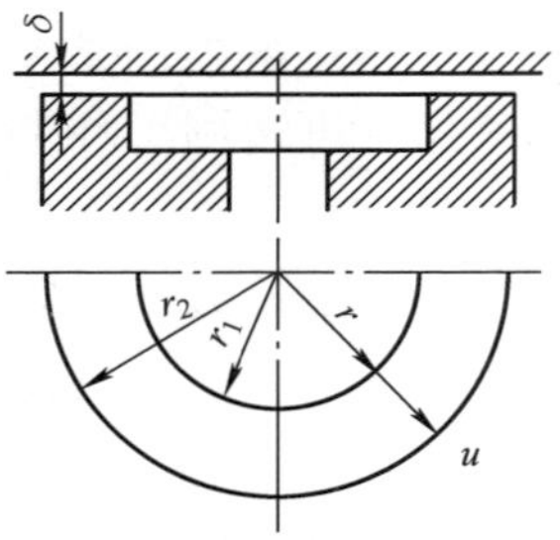

图1-10 平行平板间径向流动

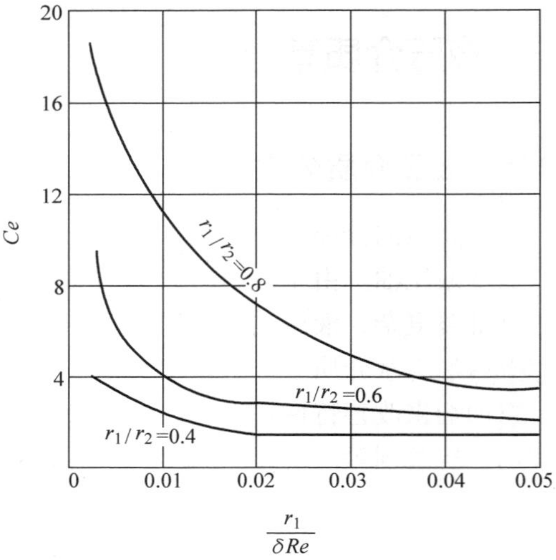

图1-11 修正系数 Ce 的值

1.1.7 液压冲击

当管路中的阀门突然关闭时，管路中流体由于突然停止运动而引起压力升高，这种现象称为压力冲击。压力升高的最大值可按下式计算

$$\Delta p = \rho c v \tag{1-45}$$

式中 ρ——流体密度（kg/m^3）；

v——管中原来的流速（m/s）；

c——冲击波的传播速度（m/s），c 与管材弹性、管径、壁厚等有关，可按式（1-46）计算

$$c = \frac{\sqrt{\dfrac{E}{\rho}}}{\sqrt{1 + \dfrac{DE}{\delta G}}} \tag{1-46}$$

式中 E——流体的体积弹性模量（Pa）；

ρ——流体密度（kg/m^3）；

D，δ——管径及管壁厚（m）；

G——管材的弹性模量（Pa）。

当管路为绝对刚体时

$$c = c_0 = \sqrt{\frac{E}{\rho}} \tag{1-47}$$

这就是流体中的声速，对水来说，$c_0 = 1425\text{m/s}$；对液压油来说，$c_0 = 890 \sim 1270\text{m/s}$。

1.2 液压介质基础与选择

1.2.1 液压介质分类与应用

液压介质的分类与适用场合见表 1-10。目前使用得最多的还是易于获得的廉价石油基液压油。由于液压技术的发展，液压装置应用领域更广泛，液压油的使用条件也日益复杂，液压油的种类也越来越多。液压油可以大致分为石油基液压油、难燃液压油与水介质。石油基液压油一般为了满足液压装置的特别要求而在基油中配合添加剂来改善特性。液压油的添加剂有抗氧化剂、防锈剂、增黏剂、降凝剂、消泡剂、抗磨剂等。

表 1-10 ISO 的液压介质分类与应用

类别	组成与特性	代号	使用温度与40℃时运动黏度/(mm^2/s)	适用场合
石油基液压油	无添加剂的石油基液压油	L－HH	最高 70℃ 15/22/32/46/68	全损耗系统用油，抗氧化抗泡沫性差，作为室内固定设备液压系统代用油，工作要求不高与压力不高的系统
	HH＋抗磨剂、防锈剂	L－HL	最高 80℃ 15/22/32/46/68/100	通用液压油。抗氧化和防锈性能改善，轴承油与汽轮机油属于这类。适用低压液压系统（GB/T 11118.1）
	HL＋抗磨剂	L－HM	最高 90℃ 22/32/46/68	抗磨液压油。用于低、中、高压液压系统，也可用于其他要求中等负荷的机械润滑部位与工程机械车辆液压系统（GB/T 11118.1）
	HL＋增黏剂	L－HR	最高 90℃	高黏温指数液压油。用于野外环境温度变化较大和在恶劣环境下工作的液压设备。可用于数控系统
	HM＋增黏剂	L－HV	最高 95℃， 最低 －30℃ 15/22/32/46/68/100	低温液压油。环境温度变化较大和工作条件恶劣的低、中、高压系统，如山海关以南工程机械、农业机械和车辆液压系统，四季可用
		L－HS	可低于 －30℃ 15/22/32/46	低温液压油，用于严寒地区
	HM＋防爬剂	L－HG	最高 90℃ 22/32/46/68	液压导轨油，黏/滑性能改善。专用于液压导轨（磨床等）合用的机床（GB/T 11118.1），使导轨在低速下的振动和间断运动（黏/滑）减至最小。不适用于高压液压系统

（续）

类别		组成与特性	代号	使用温度与40℃时运动黏度/(mm^2/s)	适用场合
难燃液压液	含水液压液	高水基液（含水95%）	L-HFA	15/22/32/46	高水基液。微弱润滑、防锈。用于难燃、油液用量大且泄漏严重的液压系统，易现场配置。用于煤矿液压支架、水压机炼钢炉等液压系统
		水包油乳化液	L-HFAE		
		水的化学溶液	L-HFAS		
		油包水乳化液（含水40%）	L-HFB	22/32/46/68	有良好的润滑性和耐蚀性。适用于难燃的中压液压系统，例如采煤机、凿岩机、连铸机等
		水-乙二醇（含水45%）	L-HFC	-30~60℃ 15/22/32/46/68/100	有良好黏温特性与耐蚀性 适用于难燃、清洁的中低压系统，如冶炼炉、连铸机
	无水合成液压液	磷酸酯	L-HFDR	最高150℃（高温下易劣化）	具有良好的润滑性和耐磨性、难燃、防锈、与金属相容性好、并有良好的贮存稳定性和耐高温性。但黏温特性差，对水敏感，产生腐蚀，化学稳定性差，有毒性 适用于难燃、高压、精密的液压系统，如民航客机、舰船、连铸机、汽轮机调速液压系统
		氯化烃	L-HFDS		
		磷酸酯氯化烃 HFDR + HFDS	L-HFDT		
		其他合成液压液	L-HFDU		
水液压		纯水	—	—	消防、食品、医用等
		海水	—	—	海洋装备

表1-10中液压油代号的含义：L（组别）-H*（液压油组）+数字（运动黏度平均值）。

在石油基液压油中，所用的添加剂不同，就产生不同性能的液压油品种。如果油液添加剂组合的平衡破坏，性能就会劣化。

液压油作为液压系统介质，有四个主要作用：传递能量、润滑、冷却、防锈。液压油性能与液压系统性能要求之间的关系见表1-11。

表1-11 液压油性能与液压系统性能要求之间的关系

油液性能	对液压的影响	性能要求
压缩性	动态性能	压缩性尽可能小，响应性好
安定性	静态性能 抗污染性能	不因热、氧化或水解而生成腐蚀性物质，沉渣生成量小，寿命长
黏性	冷却性能	温度及压力对黏度的影响小，具有低温流动性，剪切安定性好
润滑性	润滑性能	具有对元件的润滑部位的充分润滑性，能防止异常磨损和卡咬等现象的发生

（续）

油液性能	对液压的影响	性能要求
抗乳化性	润滑性能	除含水液压油外的油液，油水分离容易
腐蚀性	防锈性能	油液中裹挟的气泡及液面上的泡沫少，且容易消除
清净性	抗污染性能	尽可能不包含污染物，当污染物从外部侵入时，要能迅速分离，使之来不及作用于液压元件而产生不良影响
相容性	污染性能 安全性能	不致引起密封件、橡胶软管、涂料等变质
难燃性	安全性	燃点高，挥发性小，最好具有不燃性
毒性	安全性	不排毒，无异味，应无公害，且容易排放处理
其他	存储性 特殊性	长期保存或紫外线照射不引起析出物沉淀 针对不同用途，具有橡胶—金属及金属—金属之间的防爬行性

1.2.2　液压介质的特性与性能指标

液压介质的性能指标见表 1-12。

表 1-12　液压介质的性能指标

序号	性能	符号	单位	性能描述
1	密度	ρ	kg/m^3	单位体积油液的质量。压力损失与油液密度成正比，因此密度会影响泵的自吸能力。常用液压油的密度值见表 1-13
2	动力黏度	μ	Pa·s	黏度是油液对流动阻力的度量，是液压油重要的性质。油液过黏会使压降大、机械效率低、功率消耗大、易产生泵气蚀；低黏度油液尽管可提高效率，阻尼小，但易增加磨损，易泄漏，降低容积效率
3	运动黏度 （$\nu=\mu/\rho$）	ν	mm^2/s	ISO 划分的黏度等级（VG）见表 1-14。实际上油液黏度是随温度变化的，温度升高时黏度降低。黏度指数指黏度随温度变化的程度，高者表明黏度随温度的变化小。石油基油液黏度指数从 90 至 105 不等
4	压缩率	β	1/MPa	$\beta=-\dfrac{1}{V}\dfrac{dV}{dp}$，在压力作用下液压油的体积变化，用压缩率 β 表示
5	体积弹性模量	E	MPa	$E=1/\beta$，体积弹性模量的影响表现为容积损失或液压弹性变化。对石油基液压油 $E=(1.2\sim2)\times10^3$MPa。液体内混入气泡后，$E=(0.7\sim1.4)\times10^3$MPa
6	比热容	c	J/(kg·K)	单位质量的油液在温度升高 1K 时所需要的热量。石油基液压油比定压热容 c_p 为 1900J/(kg·K)

（续）

序号	性能	符号	单位	性能描述
7	倾点	—	℃	倾点是在规定的试验条件下速冷时油液能流动的最低温度。油液的倾点应比最低预期低约11℃
8	凝点	—	℃	凝点是在规定的试验条件下，油液被冷却到失去流动性的最高温度，它比油液的倾点低2～3℃
9	润滑性	—	—	油液必须具备润滑性，润滑运动件以减小磨损。大多数石油基液压油与乙二醇基油的润滑性能够满足液压泵阀。这时其黏度能够承受高剪切速度的影响
10	抗磨性	—	—	抗磨损最常见的添加剂是二硫磷酸锌（ZDP）。把这种物质的变种添加到油液中往往有助于防止金属磨损。磨损还与压力过高或冷却不足等其他因素有关
11	挥发性	—	—	容易挥发的介质是液压泵容易气蚀的原因，这时介质的蒸气压很低。一般而言，液压介质挥发性不强
12	含气量	—	%	在大多数液压系统中，气蚀的原因与溶解的空气是相关的
13	消泡性	—	—	帮助油液迅速脱气减少表面泡沫

表1-13　常用液压油的密度值

油液	密度/(g/mL)	油液	密度/(g/mL)
N32液压油	0.87	水-乙二醇	1.06
N46液压油	0.875	脂肪酸酯	0.92
油包水乳化液	0.932	通用磷酸酯	1.15
水包油乳化液	0.9977	飞机用磷酸酯	1.06

表1-14　ISO黏度等级

黏度等级	中心值的黏度 $mm^2/s(40℃)$	黏度范围 $mm^2/s(40℃)$	黏度等级	中心值的黏度 $mm^2/s(40℃)$	黏度范围 $mm^2/s(40℃)$
VG10	10	9.00～11.0	VG46	46	41.4～50.6
VG15	15	13.5～16.5	VG68	68	61.2～74.8
VG22	22	19.8～24.2	VG100	100	90.0～110
VG32	32	28.8～35.2	—	—	—

根据以上的性能指标，可以对几种常见液压油性能进行比较，见表1-15。

表 1-15　几种常见液压油性能比较

质量项目	高黏度指数石油基(HR)	抗磨石油基(HM)	水包油(HFA)	油包水(HFB)	水-乙二醇(HFC)	磷酸酯(HFD)	多元醇酯(POE)
外观	浅褐	浅褐	透明、乳化	乳白	透明	透明	深褐
密度/(g/cm^3)	0.86	0.87	1.005	0.95	1.07	1.13	0.91
黏度 ISO VG	15~100	46	—	68	33	48	46
黏度指数	140	106	—	150	150	-30	185
倾点/℃	220	222	—	—	—	252	260
使用温度/℃	-20~65	-5~74	0~55	-5~60	-30~60	-5~80	-10~80
闪点/℃	220	222	—	—	—	252	260
燃点/℃		298		410	440	650	482
含水量（%）	0	0	80~98	44~47	40~45	0	0
蒸气压	低	低	高	中	高	低	低
泵磨损（ASTM D 6973—2014)/mg	—	22	高	100	100	<25	15
难燃性	差	差	优	可	优	良	良
耐蚀性	优	优	可	良	良	优	优
黏度压力系数	20.4	石蜡基 22 环烷基 27	0.6	20.7	4.5	14	7.5
适应密封材料	BN、N、V、T	BN、N、V、T	NY、E、B、BN、T、V、P、N	BN、N、V、T	BN、N、V、T	E、B、T、V	BN、N、V、T
耐用上限压力/MPa	35	35	7	15	21	40	40

注：BN—丁腈橡胶，N—聚氯丁橡胶，V—氟橡胶，T—聚四氟乙烯，NY—尼龙，P—聚脲烷，B—丁基橡胶，E—乙丙共聚橡胶。

1.2.3　减少含气量与介质消泡性

液压介质含气量是影响油液工作性能的一个重要因素。液压介质中混入气泡会产生如下问题：

1）降低油液的弹性模量，增加油液的压缩率，使系统刚度下降、噪声升高、动态性能下降甚至失常。

2）空气压缩产生热量并能加快油液氧化。

3）易产生气蚀。在吸油侧的气泡随油液进入泵时膨胀，致使泵的容积效率降低。当气泡在压油侧破灭时，它们能造成类似于气蚀的损坏。气油混合物在高压区爆发（迪塞尔效应），它能损坏阀芯、密封件，生成酸质使腐蚀加剧。

油液中含气量的来源：

1）原油液中有一定的含气量。

2）在给系统充液时带入，以及系统元件中存在空气空间，在运行后混入油液。

3）系统中含有漏气点，如液压泵吸油管路等处。

4）油箱中油液溶入空气或油液中的空气通过油箱未能有效逸出。

5）采用优质油液含有消泡剂，以帮助油液迅速脱气减少表面泡沫，但是浓度过高反而会增加裹挟气泡。

在使用中减少油液混入气泡的措施：

1）对以上气泡来源采取针对性措施，尽可能避免操作性因素将空气融入油液中。

2）气体在液压油中的溶解量取决于与油液接触的压力。虽然气体溶解度随温度升高略有提高，但压力对气体溶解度的影响要大得多，从图1-12所表达的油液中气/液体积比曲线可见，随着温度的上升，气体在油液中的体积比在上升，但是随着压力的增加，气体在油液中的体积比在下降，显然，压力的影响是更明显的。此曲线是油液在21MPa下被蒸气饱和，分离出的气体被液体蒸气饱和。

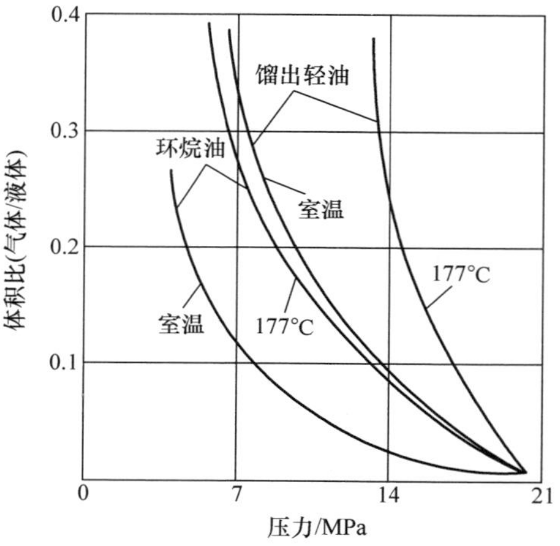

图1-12　油液中气/液体积比曲线

3）为了防止气蚀，某些油箱（如飞机液压系统的油箱）采用了增压油箱，杜绝了外界空气、水和污染颗粒进入系统的可能性，解决了气体入油液的问题。

4）超过湍流的流速会加快在流动过程中油液的气体分离。

1.2.4　提高油液安定性与介质抗腐蚀抗氧化抗分子链破坏能力

油液的安定性是保证油液稳定工作的最重要性能，这包括油液的抗腐蚀、抗氧化与抗油液分子链的剪切破坏。为使液压油性质不随使用条件改变，并防止某些因素对油液性质产生不良影响，应使油液含有利于保护在系统中工作的金属又含有有助于延长油液寿命的抗氧化化学成分。

液压介质的使用会产生若干问题，如破坏油液性能，系统生锈、酸性化学腐蚀以及油液分子链的破坏。这是因为油液中存在水分，则系统中由铁金属制造的元件等就可能生锈，为此可以在油液中添加防锈剂，防锈剂覆盖于金属表面形成一层保护膜。另外，油液中的腐蚀性物质通常由于热分解、氧化分解以及水解过程形成，它们通常是酸性的，其中部分酸性物质具有腐蚀性。在大多数情况下，腐蚀一开始是扩大精密配合的运动件的间隙而增加泄漏，当腐蚀逐渐发展到出现蚀坑时，可能严重地削弱局部强度。为此采用防止化学腐蚀的添加剂，使油液具有良好的安定性（水解安定性），以防止系统金属的破坏和酸性腐蚀。

另外，安定性表现在油液聚合物分子链的稳定上，它会在机械应力剪切作用下受到破坏，使得油液黏度降低。引起原因往往是油液运动时的节流和气蚀，进一步造成油液氧化和水解，易引起化学变化并生成挥发性组分、不溶性物质（胶质、油泥和漆状物）及腐蚀性物质（酸）。

热量也能损坏油液，而且温度越高则油液寿命越短。长期高温工作和热循环促进油液聚合物分子链破坏，使油液生成降解产物。因此设计液压系统应使这类热问题减至最少，而油液也应含有表现出良好的热安定性、能抑制氧化并在生成酸时中和它们的添加剂。恒定而适中的温度和稳态运行对系统和油液的寿命都是有利的。

1.2.5　避免水分产生介质乳化

毁坏油液性能的一个重要物质是过多的水。

水分主要通过凝结而混入液压油。最好的办法一是定期给油箱排水以便除去水分。二是增加去除油液中水的设备，这类设备可以是分离水的过滤器，也有可以吸附水的过滤纸，让油液通过过滤器或离心机进行处理。三是当少量水分可能与油混合时，在油液中加入破乳剂促使油水分离。

1.2.6　注意油液介质与材料的相容性

设计液压系统时必须注意油液的材料相容性，即此类油液与哪些密封件和元件可以相容。表 1-16 比较详细地展示了液压油与密封材料的相容性。

表 1-16　液压油与密封材料的相容性

密封材料	石油型液压油（H＊）	水－乙二醇（HFC）	磷酸酯液（HFD）	矿物油－磷脂混合油	油包水乳化液（HFB）	高水基液（HFA）
皮革（石蜡浸渍）	良	×	良	中	×	×
皮革（硫化物浸渍）	☆	良	×	×	☆	☆
天然橡胶（NR）	×	良	中	中	×	×
氯丁橡胶（CR）	中	☆	×	×	中	中
丁腈橡胶（NBR）	☆	☆	×	×	☆	☆
丁苯橡胶（SBR）	×	☆	×	×	×	×
丁基橡胶（IIR）	×	☆	☆	中	×	×

（续）

密封材料	石油型液压油（H*）	水－乙二醇（HFC）	磷酸酯液（HFD）	矿物油－磷脂混合油	油包水乳化液（HFB）	高水基液（HFA）
聚硫橡胶（TR）	☆	☆	中	中	中	中
硅橡胶（SD）	中	×	×	中	中	中
氟橡胶（FPM）	☆	☆	良	☆	☆	☆
聚氨酯橡胶（AUEU）	☆	×	×	×	×	×
乙丙橡胶（EPM）	×	☆	☆	良	×	×
聚丙烯酸酯橡胶（ACM）	中	×	×	×	×	×
氯磺化聚乙烯橡胶（CSM）	中	良	×	×	中	中

注：☆—优秀，良—良好，中—中等，×—不相容。

应从以下几个方面了解表1-16中的内容：

天然橡胶不能使用于石油基液压油的液压系统。

合成橡胶与给定的油液接触时，有些不受影响，有些却溶胀、干缩或以其他方式劣化。

与油接触的大多数密封件是用丁腈橡胶制成的，适用于油液的其他材料包括氯丁橡胶、硅橡胶和氟橡胶。

氟橡胶往往用于非石油基液压介质，也可以用于石油基液压油，但成本较高。

液压系统中所使用的某些防锈剂可能侵蚀锌，应避免在镀锌或其他锌覆盖的液压设备表面中使用。由于油液气体生成物会与锌反应而生成金属皂质，所以锌在液压系统中是不能使用的。易受腐蚀的其他材料是镁基合金和铅。当有水存在时，镁合金一般会受到严重的腐蚀，铅也易受氧化产物的侵蚀。

液压系统中还应避免铜，铜是促进各种油液氧化的一种有效催化剂。所以热交换器应由钢制造，而不用纯铜或黄铜。

在使用合成液压油时，液压设备的内表面不应涂漆，外表面应该用完全相同的涂料防护，如环氧酚醛或尼龙基涂料等。

密封件、软管、填料和蓄能器胶囊应该用相容的材料，如氟橡胶、聚四氟乙烯和硅橡胶制造。乙丙橡胶和丁基橡胶可适用于某些液体。

使含聚合物水溶液（HFC类）时，只有很少的材料与之不相容，在使用锌、镉、未作阳极化处理的铝及镁合金等时，应在使用前检验是否相容。油箱内壁涂料和密封材料应经过选择后使用。

1.2.7 介质的难燃性与难燃措施

石油基介质容易起燃，包括下列情况：

1）液压系统中工作压力极高时，当系统结构完整性受损，系统爆裂或有很小的裂缝时，均可导致液体喷射至相当远处。若液体是可燃的，则在许多情况下有造成火灾的危险。

2）管路、阀件、垫片或管接头的失效，管接头处接管拉脱，软管破裂等是液体逸出系统的主要原因。

3）有压液体在燃烧源处的逸出是许多液压系统起火的原因。这些燃烧源有熔融金属、气体燃烧器、火花、电气设备和炽热金属表面等。摩擦生热也能产生足以引起液体自燃的高温。

4）意外或错误拆卸有压液压管路及软管也可能引起火灾。

5）诸如隔热层等表面的缓慢泄漏则会助燃。

6）泄漏、液体高温、液体劣化、安装与维护不当是导致火灾的主要原因。

针对以上火灾隐患的防火安全措施见表 1-17。

表 1-17　防火安全措施

火灾隐患	防火安全措施
泄漏	只能用与液体相容的密封材料，正确安装和使用密封件 管路应预固定以减小振动的影响，应仔细考虑元件位置与管路布置以避免可能的机械损坏。在多数情况下推荐采用保护槽或金属管夹。管路不应紧靠其他设备布置，尤其是电源设备 液压设备的装配必须由合格人员承担和监督
液体高温	液压系统的工作温度一般不应超过 50℃（泵进口温度）。除非协议中规定液体类型、工作温度与环境温度和其他特定条件 高工作温度将降低液体黏度，由此大大增加了可能的泄漏量并降低系统效率。推荐在油箱中安装过热保护装置以防液体温度过高
液体劣化	液体在使用中，尤其在异常工作温度下，会发生化学变化。污染物的存在加速劣化过程。若设备冷起动时要求油箱加热，应严格控制加热器功率以免过热而引起液体劣化
安装与维护不当	液压设备的许多失败是由于安装或维护不当而引起的 例如在液体的贮存与装卸过程中未能遵守基本章程，使用时未采取有效措施防止污染物的侵入等

为了避免石油基油液的易燃问题，可以直接采用难燃液压油，难燃液压油在表 1-10 中已经列出。下列情况必须采用难燃液压油：

1）在具有火灾隐患的环境中，例如液压装置附近有明火、火花或者高温金属，如果高压油泄漏喷出，可能把油液喷到火源或炽热金属上，就可能引起火灾。

2）一旦发生火灾会造成巨大的财产损失和人员伤亡的应用场合。例如民航客机、火电厂、矿井作业面中用于顶板支护的液压系统等。

选用难燃液压油可以消除或者有效减少以上危险。难燃液压液是含水液压液（HFA、HFB 与 HFC），发生起火时水会成为灭火剂，水分蒸发时带走热量，水蒸气又可以隔绝空气使火熄灭。另一类是无水合成液压液（HFD），其化学成分阻燃，可防止火势蔓延，或者其燃烧产物有助于扑灭任何火焰。难燃液压油的最大优点是难燃，其次也降低对石油基液压油的依赖，易于做废弃处理；它的缺点是水易蒸发，需要经常补充。水还易于滋生细菌和真菌，须加以控制，否则会产生异味。目前更高黏度的难燃液压油有利用于重载液压元件，使难燃液压油可以更广泛地应用。

1.2.8　油液清洁度与清洁过滤指标

1. 油液清洁度是系统减少故障的最重要措施

液压系统所有故障中的80%左右是由严重污染的油液引起的。因此对油液的清洁度需要高度重视并采取措施。不溶性污染物可以是金属或非金属硬颗粒、油泥和胶质。硬颗粒会加快泵、马达之类的精密配合运动件的磨损。油泥和胶质使阀卡滞，尤其当这些杂质固化成漆状物时更是如此。此外，各种固体物质还会堵塞过滤器。不仅系统用的油液会被污染，新油也往往含有许多污染物颗粒，其清洁度往往无法达到系统允许的清洁度，因此新油一般是清洁度不合格的用油。表1-18列出了油液污染源。

表1-18　油液污染源

油液污染源	说　明
劣化	液压油的基油和添加剂受空气中的氧或热量影响而氧化，生成劣化产物 增黏剂等长链分子被机械剪力剪断，黏度降低，添加剂分解或与杂质反应而被消耗
杂质混入	磨损屑、氧化皮、密封材料屑、漆片、粉尘、型砂、纤维、油液劣化产物
水分或异种油混入	水分的混入：温度变化使空气中的水分凝结、冷却器漏水、水溶性油剂混入 异种油的混入：加油时混入、切削油、脱模剂、防锈剂等，经液压缸混入

在液压装置中使用具有净化机能的过滤器过滤滤清被污染的油液，也可以采用在线或离线的办法让油液再生，提高油液的清洁度。无论油液是合成的还是石油基的，液压系统中所能允许的污染物颗粒尺寸是相同的，都需要强调良好过滤和经常维护的必要性和重要性。表1-19列出了提高油液清洁度或再生的方法。

表1-19　油液再生的方法与清除对象物

再生方法	所清除对象物	再生方法	所清除对象物
过滤	杂质	真空脱气	水分、轻质成分、气味
吸附	劣化物、杂质、水分	静置	水分、杂质
静电分离	杂质	硫酸处理	劣化产物、杂质
离心分离	水分、杂质	蒸馏	异种油、水分、气味
磁力分离	铁粉	—	—

2. 油液清洁度 ISO 国际标准与 NAS 美国航空航天工业标准之间的关系

液压系统油液清洁度的 ISO 国际标准首先规定了固体颗粒污染等级代号（ISO 4406）。

固体颗粒的计量方法有两种：称重法与颗粒计数法。称重法是让一定量的油样通过滤膜，测定滤膜上污染物的质量；颗粒计数法是测定留在滤膜上的颗粒尺寸与数目，既可以用显微镜由人逐个计数也可以采用自动颗粒计数器（经过标定）计数。

清洁度（污染度）的表达如下：××标号/××标号/××标号。其含义是××（1mL油液中大于 4μm 的颗粒数）/××（1mL 油液中大于 6μm 的颗粒数）/××（1mL 油液中大于 14μm 的颗粒数）。这里采用的标号是 ISO 固体颗粒污染等级代号（ISO 4406：2021）。此表达方法可参考图 1-13 所示的污染清洁度标号表达方法与含义。ISO 中规定的 4μm、6μm 与 14μm 是根据新的磨损理论得出的，理论与实际都证明只有颗粒尺寸与部件的运动间隙相当时，颗粒才会引起严重的磨损，也就是说 5～15μm 的颗粒危害最大，而 50～100μm 的颗粒无法进入运动间隙，对磨损的影响不大。

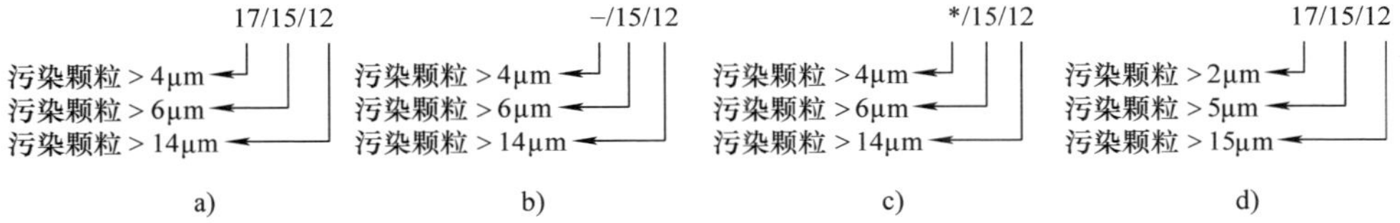

图 1-13　污染清洁度标号表达方法与含义

a）ISO4406 油液清洁度代码（用自动颗粒计数器计数）　b）“－”表明该 >4μm 颗粒数太多无法计数　c）“＊”表明该 >4μm 颗粒数无须计数　d）显微镜计数的油液清洁度代码

ISO 固体颗粒污染等级代号（ISO 4406：2021）见表 1-20，在 1mL 油液中的颗粒数有明确的规定。

表 1-20　ISO 4406：2021 污染颗粒数标号的规定

1mL 中颗粒数		标号	1mL 中颗粒数		标号
>	≤		>	≤	
2500 000		>28	2 500	5 000	19
1300 000	2500 000	28	1 300	2 500	18
640 000	1300 000	27	640	1 300	17
320 000	640 000	26	320	640	16
160 000	320 000	25	160	320	15
80 000	160 000	24	80	160	14
40 000	80 000	23	40	80	13
20 000	40 000	22	20	40	12
10 000	20 000	21	10	20	11
5 000	10 000	20	5	10	10

（续）

1mL 中颗粒数		标号	1mL 中颗粒数		标号
>	≤		>	≤	
2. 5	5	9	0. 08	0. 16	4
1. 3	2. 5	8	0. 04	0. 08	3
0. 64	1. 3	7	0. 02	0. 04	2
0. 32	0. 64	6	0. 01	0. 02	1
0. 16	0. 32	5	0. 00	0. 01	0

但是在 ISO 4406 的国际标准产生之前就存在美国 NAS 1638 污染等级标准，因此人们习惯将这两个标准对比使用。再者，NAS 1638 污染等级虽然不及 ISO 4406 污染等级规定详尽明确，但其规定十分简洁，因此一直在液压技术领域得到认可。尽管二者不可能直接比较，但是它们之间存在一些共性（见表 1-21），可以帮助处理液压油液清洁度的概念问题。

表 1-21　液压油清洁度等级对照表（NAS 1638 与 GB/T 14039—2002）

［美国航空航天工业联合会（AIA）1984 年 1 月发布 NAS 1638 标准］

液体洁净度等级（NAS 1638）	100ml 液体中不同尺寸（μm）的污染物颗粒数					100ml 液体中不同尺寸（μm）颗粒总数量			相当于 GB/T 14039—2002 等级
	5 ~ 15	15 ~ 25	25 ~ 50	50 ~ 100	>100	>5	>15	>25	
00	125	22	4	1	0	152	27	5	—
0	250	44	8	2	0	304	54	10	—
1	500	89	16	3	1	609	109	20	—
2	1000	178	32	6	1	1217	217	39	11/8
3	2000	356	63	11	2	2432	432	76	12/9
4	4000	712	126	22	4	4864	864	152	13/10
5	8000	1425	253	45	8	9731	1731	306	14/11
6	16000	2850	506	90	16	19462	3462	612	15/12
7	32000	5700	1012	180	32	38924	6924	1224	16/13
8	64000	11400	2025	360	64	77849	13849	2449	17/14
9	128000	22800	4050	720	128	155698	27698	4898	18/15
10	256000	45600	8100	1440	256	311396	55396	9796	19/16
11	512000	91200	16200	2880	512	622792	110792	19592	20/17
12	1024000	182400	32400	5760	1024	1245584	221584	39184	21/18

根据液压系统应用的经验，当液压系统油液清洁度在 NAS7 级以上时系统故障很少。当使用油液清洁度降低到 NAS9 级时，液压系统一般不会出现故障。当油液清洁度降到 NAS10 ~ 11 级时，则会偶尔出现故障；再降低到 NAS12 级以下时，则

经常出现故障，此时的液压油必须进行循环过滤后才能使用。

3. 液压油的过滤比 βx 值与纳污容量

绝对过滤精度（μm）：这个指标针对过滤器所用的过滤纸，由于纤维形成时的杂乱性，其孔隙是无法精确测量与标定的，因此这个指标是不存在的。国外制造厂商一般不会采用这个绝对过滤精度指标，而是用过滤比 βx 值表达。但是在我国已经形成了用户非常熟悉的指标，因此可以与过滤比的概念结合使用。按市场习惯可以将过滤器绝对精度分成粗滤（$d \geqslant 100\mu m$）、普通过滤（$d \geqslant 10\mu m$）、精滤（$d \geqslant 5\mu m$）、超精滤（$d \geqslant 1\mu m$）四个等级。

过滤比（βx 值）：这是 ISO 采纳的评定过滤器过滤精度性能的标准指标。其中 x 是指定的颗粒尺寸，β 是指过滤能力，即经过过滤后该尺寸的颗粒减少的倍数。可以表达在式（1-48）中。

$$\beta x = Nu/Nd \tag{1-48}$$

式中　Nu——该 x 尺寸的颗粒在过滤前的颗粒数；

　　　Nd——该 x 尺寸的颗粒在过滤后的颗粒数。

$\beta 10 = 200/1$ 的含义：对于 10μm 污染颗粒尺寸，过滤前有 200 个颗粒，经过过滤只剩下 1 个。

纳污容量（g）：在过滤器压降达到规定值之前截留的污染物质量。它是过滤器寿命的重要指标，一般与过滤面积有关。

过滤器压降（Δp）：一般为 0.08～0.25MPa。

4. 液压系统油液清洁度推荐值（表 1-22）

表 1-22　典型液压系统油液清洁度等级

级别		4	5	6	7	8	9	10	11	12	13	14
清洁度等级		12/9	13/10	14/11	15/12	16/13	17/14	18/15	19/16	20/17	21/18	22/19
系统类型	污染极敏感的系统	■	■	■	■	■						
	伺服系统		■	■	■	■	■					
	高压系统			■	■	■	■	■				
	中压系统					■	■	■	■	■		
	低压系统						■	■	■	■	■	
	低敏感系统							■	■	■	■	■
	数控机床液压系统		■	■	■	■	■					
	机床液压系统					■	■	■	■	■		
	一般机器液压系统			■	■	■	■	■	■	■	■	
	行走机械液压系统				■	■	■	■	■			
	重型设备液压系统					■	■	■	■	■		
	重型和行走设备传动系统						■	■	■	■	■	
	冶金轧钢设备液压系统				■	■	■	■	■	■	■	

1.2.9　液压介质受温度影响与介质的黏温指数

液压设备中大部分功率损失都变成热量使油温升高。液压介质受温度的影响很大，且会产生各种负面效果。因此要求液压介质具有良好的黏温性能。一般油液的黏度随温度而变化，温度升高时黏度降低，低温时黏度变高，其黏温曲线如图1-14所示。

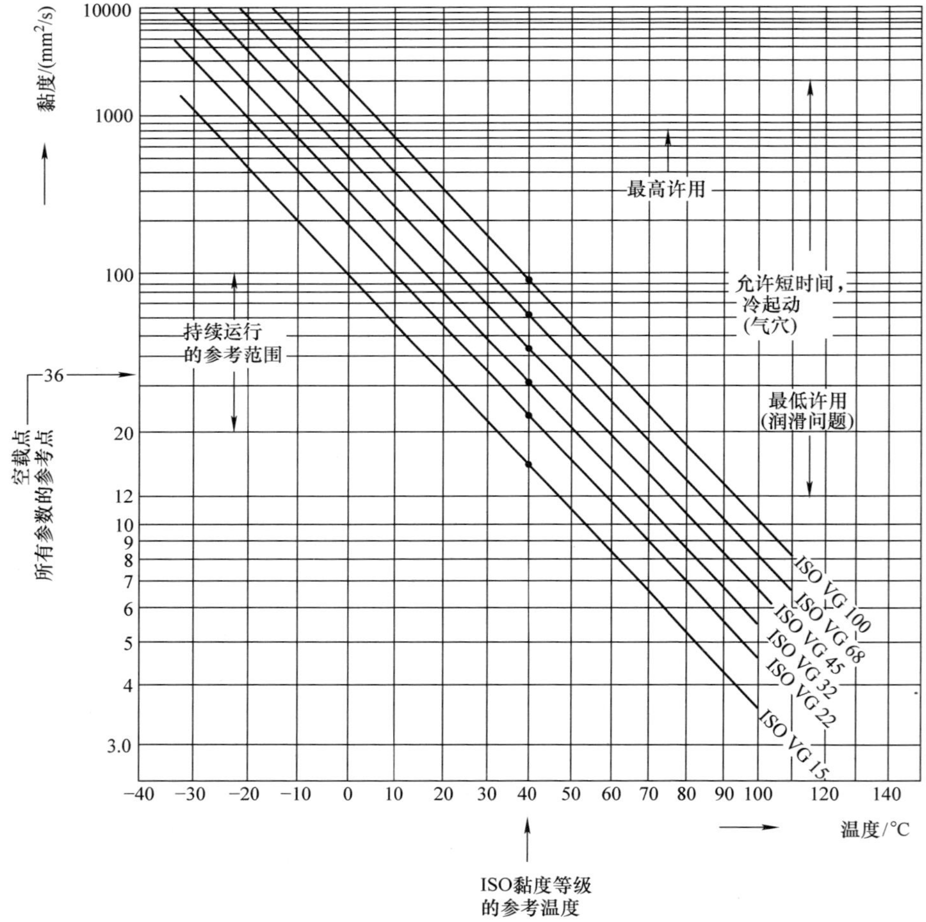

图1-14　液压介质的黏温曲线

液压介质温度的影响表现如下：

1）低温时液压泵的吸油阻力加大，会发生气蚀，实际流量减小。

2）液压泵在吸油阻力大的情况下持续运行，则噪声很高，气蚀会损坏机件。

3）高温下工作介质黏度降低，内泄漏增加，容积效率降低。

4）内泄漏过多会导致局部发热，甚至引起运动副卡咬。

5）对先导阀来说，油液黏度高使其响应变慢，动作不良，黏度低则压力不稳定，内泄漏影响定位精度，增加能量损失。

6）矿物型液压油因氧化而产生胶体、漆状物、油泥等污染物。这种氧化作用在油温超过 60℃时变得明显，如果超过 140℃则每升高 10℃时反应速度加倍，例如 180℃时是 150℃的 8 倍。因为油温升高时促进油液的劣化，从油液长时间的安定性考虑，一般推荐把液压装置的工作油温控制在 40℃左右。

7）含水液压液的乳化液或高含水液等，如果温度下降到 0℃以下则破坏乳化状态，无法恢复均一相，不能再使用。反之，如果在温度升高到超过 50℃的状态下使用液压液，则水分蒸发会使黏度发生显著变化。所以含水液压液的工作温度要控制在 10 ~ 50℃。

液压系统的功率损失较少、发热程度较低时，仅靠油箱散热就能维持合适的油温。但若发热量很大，超过合适油温时，就必须设置冷却器来降低油温。

油温过低时，黏度过高使液压装置无法起动或发生气蚀，则必须设置加热器来保持合适的油温。

1.2.10　液压油的选择

1. 选择原则和步骤

正确而合理地选择工作介质对液压系统适应各种环境条件和工作状态的能力、延长系统和元件的寿命、提高液压设备运转的可靠性、防止事故发生等方面都有着重要影响。

对各类液压系统，选择工作介质需考虑的因素很多，详见表 1-23。

表 1-23　液压系统工作介质的选用原则

选择原则	考虑因素
液压系统的环境条件	是否要求抗燃性（闪点、自燃点） 消除噪声能力（空气溶解度、消泡性） 废液处理及环境污染要求的毒性与气味
液压系统的工作条件	使用压力范围（润滑性、极限承载力） 使用温度界限（黏度、黏温特性、热稳定性、低温流动性） 转速（气蚀、对轴承面浸润力）

（续）

选择原则	考虑因素
工作介质的质量	物理化学指标 对金属和密封件的适应性 防锈、防腐蚀能力 抗氧化稳定性 抗剪切稳定性
经济性	价格及使用寿命 维护保养的难易程度

选择液压油通常可按下述三个基本步骤：

1）列出液压系统对工作介质性能指标变化范围的要求：黏度、密度、温度极限、压力极限、蒸气压力、抗燃性、润滑性、空气溶解率、可压缩性和毒性等。

2）尽可能选出符合要求或接近上述要求的工作介质品种。从液压件的生产厂及产品样本中获得对工作介质的推荐资料。

3）最终综合、权衡、调整各方面的要求参数，决定所选用的合适工作介质。

2. 选择液压油品种

油液品种可根据是否液压专用、有无起火风险、工作压力及工作温度范围等因素按图1-15所示的流程来选择。

3. 选择油液黏度

一旦完成液压系统的油液种类选择，就需要对使用的油液黏度进行判断。判断的依据如下。

1）液压装置使用地区范围与气候条件。黏度下限是润滑极限，是最高温度下可短期允许的最低黏度，例如在90℃下泄漏油液的黏度。黏度上限是气蚀极限，是冬季户外起动时短时间允许出现的最高黏度。

2）系统工作温度变化要求。矿物型液压油的温度范围为－20～80℃，但为了从油液和液压系统获得最佳的使用寿命，最高温度最好不要超过65℃；含水液压油的温度范围为10～54℃。要注意黏温指数的适应情况。

3）工作最繁重的元件是泵和马达，针对泵和马达选择的油液黏度一般也适用于阀。要注意对于同一类产品，不同厂家推荐的黏度范围也不尽相同，表1-24提供了不同厂商液压元件对应不同的适用黏度范围。

4. 难燃液压油的选择

表1-25～表1-28列出了难燃液压油的选用要点。

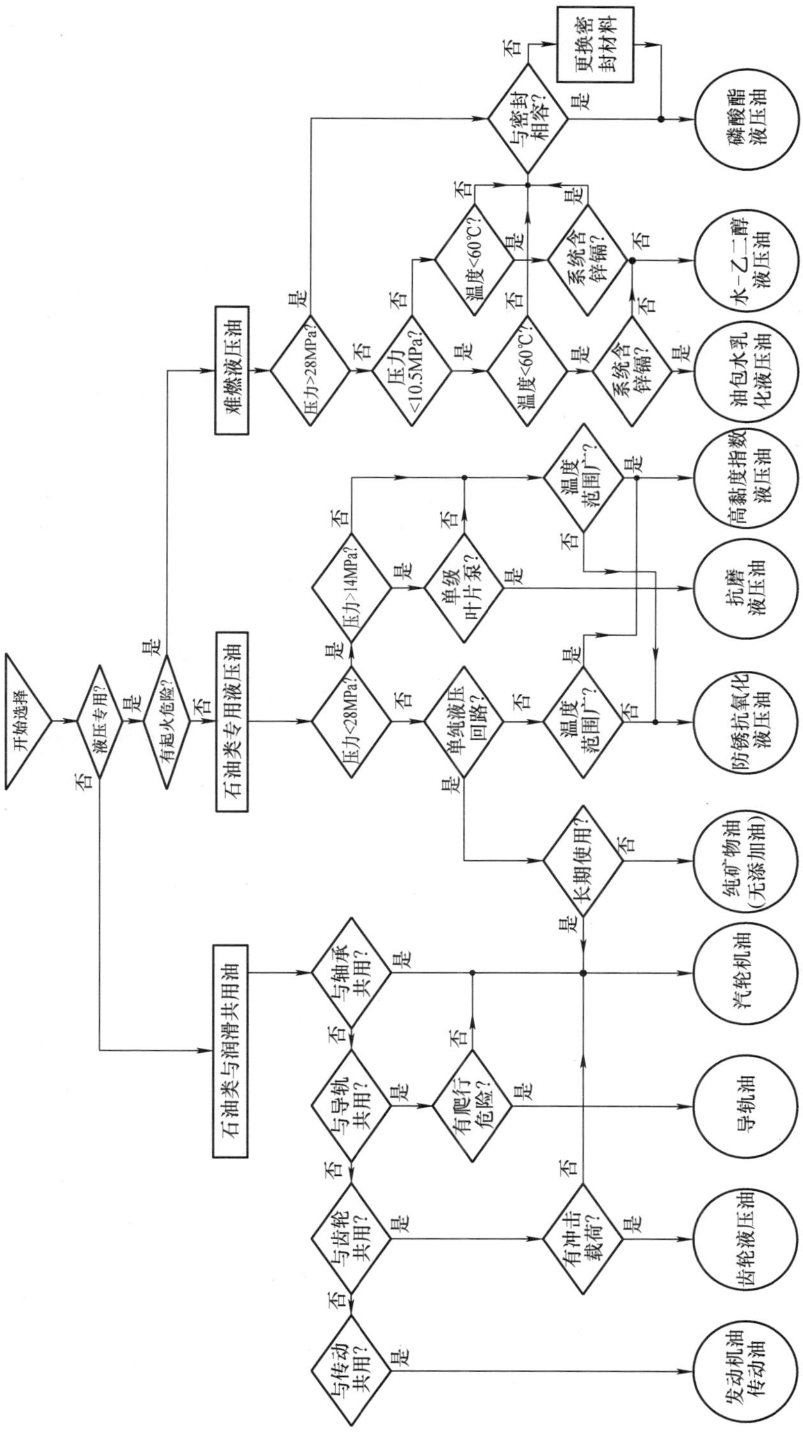

图1-15　液压油选择流程

表1-24　液压元件对应不同的适用黏度范围

厂家	元件	推荐黏度/(mm^2/s)		
		黏度上限	黏度下限	正常工作范围
丹佛斯(Danfoss)	直轴式柱塞泵、马达	220	13	13～54
	齿轮式、叶片式、弯轴式泵、马达	860	13	13～54
	低速大转矩叶片马达	110	13	13～54
	普通阀	500	13	13～54
	叠加阀	500	8	8～51
	比例阀	500	13	13～54
	伺服阀	220	13	13～54
	柱塞泵、摆线马达	1600	7	20～15
博世力士乐(Bosch Rexroth)	柱塞泵、马达	1000～1600	5～10	16～36
	齿轮泵	1000～2000	10	20～100
	变量叶片泵	800（供油起动） 200（载流起动）	10	10～160 （载流压力<6.3MPa） 25～160 （载流压力>6.3MPa）
	普通阀	800	10	10～380
	比例阀	380	2.8	15～380
	液压缸	380	2.8	20～100
	各类元件	200～800	10	12～100

表1-25　水包油乳化液（HFAE）的选用

项目	说　明
相容性	与矿物油相容的密封件、软管、填料和蓄能器胶囊一般均适用，软木、石棉、皮质填料则不适用
贮存	由于某些液体中所含的乳化剂对低温敏感，建议在0℃或0℃以下贮存
混合液的制备	为获得稳定的乳化液，采用矿物盐含量低的水为佳。当受条件限制而不得不使用硬水时，必须选择与此水相适应的乳化油，应向供应厂商查询以便得到其具体建议 一旦选定具体乳化液，除了正确调节油液投放量外，对自动配料来说无须采取附加措施。在人工配料时，应将油液缓慢加入水中并搅匀 不加选择地加入其他成分会对油液特性产生不利影响
使用	正确使用温度范围为5～15℃ 由于润滑性能有限，此类油液通常只用于要求边界润滑的设备 注意：增加油液的含油量不能在本质上改善油液的润滑能力

（续）

项目	说　　明
使用时的维护	在使用过程中，油液的含油量应始终保持在乳化液供应厂商规定的范围内 液压系统中偶然排出的油液应及时予以清除而不致积累，否则存在乳化液分离的危险，形成的分离油层是可燃物质 乳化液含油量可用试验法或在现场用袖珍折射计进行检测
放液后设备的贮存	由于设备放液后有产生锈蚀的潜在危险，贮存设备时需采取专门措施。防护方法有多种，如用防锈油或配置含防锈剂的专用乳化液

表 1-26　油包水乳化液（HFB）的选用

项目	说　　明
相容性	大多数 HFB 类油液与适用矿物油的金属和合金都相容，但锌、镉和镁合金应在使用前检查相容性 与矿物油相容的密封件、软管、填料和蓄能器胶囊一般均适用。软木、石棉和皮质填料不适用
过滤	HFB 类油液的污染颗粒呈悬浮状，需要有效过滤。吸口滤网和高压过滤器应具有的最大网孔尺寸分别约 70μm 和 10μm。过滤器（滤网）的通流能力应为液压泵额定流量的 2～3 倍；并应考虑油液黏度、工作温度、流量和允许压降。金属过滤器，无论是丝网式还是烧结式，一般都与乳化液相容。但纸质滤芯应为液体和（或）过滤器供货厂商推荐的树脂浸渍型。自制过滤器或毡滤芯应避免使用
工作温度	正常使用温度范围为 5～50℃。尽管加入乙二醇的低温型油液能在低达 -10℃ 的温度下使用，但对大多数 HFB 类油液建议仍在上述温度范围内使用。应避免油箱加热，必要时，加热表面发热量应不超过 $3W/cm^2$，否则会影响乳化液的稳定性 油包水乳化液不得在低于 0℃ 的温度下贮存
使用时的维护	应经常检查液体含水量，使之保持在规定的范围内，以免降低难燃性和油液黏度发生不利变化 对某些长时间不运行的设备，应经常使液体在液压回路中循环，以免主相（即水和油）分层

表 1-27　水 - 乙二醇（HFC）的选用

项目	说　　明
相容性	HFC 油液能与大多数适用矿物油的金属相容，但锌、镁、未经阳极化处理的铝和铅在使用前应检查相容性 与矿物油相容的密封件、软管、填料和蓄能器胶囊一般均适用。软木、石棉和皮制填料适用
使用	正常使用温度范围为 -20～50℃
使用时的维护	应经常检查液体含水量，使之保持在规定的范围内，以免降低难燃性能和油液黏度发生不利变化。供货厂商应提供有关资料，以便用户可以决定为恢复正常含水量而需向溶液中添加的水量，为此，应采用蒸馏水和去离子水

表 1-28 无水合成液（HFD）的选用

项目	说明
相容性	HFD 类油液与适合矿物油的金属相容，若有疑问，应向设备或油液供货厂商查询 一旦与 HFD 类油液接触，许多常规橡胶的性能将迅速劣化，高工作温度会提高这种劣化的速度
使用	正常使用温度范围为 -20 ~ 70℃。在一定场合下，最高允许温度达 150℃，但在此温度下，油液可能会劣化，应经常检查。低温时，可使用适当的加热装置 在高温回路中，如 100℃以上，密封件、填料、软管等都必须采用特殊材料
使用维护	用于矿物油的措施也同样适用于 HFD 类油液。此外，还应考虑其他化学性质 使用期间，应定期检查油液的黏度、酸度和污染度 此类油液不得被水污染。如意外进水时，水会浮在液面上，应予撇除 应尽可能避免矿物油的污染，因为油的加入将削弱难燃性

1.3 液压常用计算公式与单位换算

1.3.1 液压常用计算公式

液压常用计算公式见表 1-29。

表 1-29 液压常用计算公式

符号形式		SI 单位	常用单位
泵	$P=\dfrac{pq_V100}{\eta_0}$	$\mathrm{W}=\dfrac{\mathrm{Pa}\times(\mathrm{m^3/s})\times100}{\eta_0}$	$\mathrm{kW}=\dfrac{\mathrm{MPa}\times(\mathrm{L/min})\times100}{60\eta_0}$
	$V=\dfrac{q_V100}{n\eta_V}$	$\mathrm{m^3}=\dfrac{(\mathrm{m^3/s})\times100}{(\mathrm{r/s})\times\eta_V}$	$\mathrm{mL}=\dfrac{(\mathrm{L/min})\times10^5}{(\mathrm{r/min})\times\eta_V}$
	$q_V=\dfrac{nV\eta_V}{100}$	$\mathrm{m^3/s}=\dfrac{(\mathrm{r/s})\times\mathrm{m^3}\times\eta_V}{100}$	$\mathrm{L/min}=\dfrac{(\mathrm{r/min})\times\mathrm{mL}\times\eta_V}{10^5}$
	$n=\dfrac{q_V100}{V\eta_V}$	$\mathrm{r/s}=\dfrac{(\mathrm{m^3/s})\times100}{\mathrm{m^3}\times\eta_V}$	$\mathrm{r/min}=\dfrac{(\mathrm{L/min})\times10^5}{\mathrm{mL}\times\eta_V}$
马达	$P=\dfrac{2\pi nM\eta_0}{100}$	$\mathrm{W}=\dfrac{6.28\times(\mathrm{r/s})\times\mathrm{N\cdot m}\times\eta_0}{100}$	$\mathrm{kW}=\dfrac{6.28\times(\mathrm{r/min})\times\mathrm{N\cdot m}\times\eta_0}{10^3\times60}$
	$q_V=\dfrac{Vn\times100}{\eta_V}$	$\mathrm{m^3/s}=\dfrac{\mathrm{m^3}\times(\mathrm{r/s})\times100}{\eta_V}$	$\mathrm{L/min}=\dfrac{\mathrm{mL}\times(\mathrm{r/min})}{10\times\eta_V}$
	$n=\dfrac{q_V\eta_V}{V\times100}$	$\mathrm{n/s}=\dfrac{(\mathrm{m^3/s})\times\eta_V}{\mathrm{m^3}\times100}$	$\mathrm{r/min}=\dfrac{(\mathrm{L/min})\times\eta_V\times10}{\mathrm{mL}}$
	$V=\dfrac{q_V\eta_V}{n\times100}$	$\mathrm{m^3}=\dfrac{(\mathrm{m^3/s})\times\eta_V}{(\mathrm{r/s})\times100}$	$\mathrm{mL}=\dfrac{(\mathrm{L/min})\times\eta_V\times10}{\mathrm{r/min}}$

（续）

符号形式		SI 单位	常用单位
缸	$F_{Ext}=\frac{pA\eta_{hm}}{100}$ $F_{Ret}=\frac{pA\eta_{hm}}{100}$ $p=\frac{F\times100}{A\eta_{hm}}$ $q_V=vA \quad A=\frac{Q}{v}$ $v=\frac{q_V}{A}$ $p=\frac{pq_V\eta_{hm}}{100}$ $V=AS$	$\mathrm{N}=\frac{\mathrm{Pa}\times d^2\times\pi\times\eta_{hm}}{4\times100}$ $\mathrm{N}=\frac{\mathrm{Pa}\times(d_p^2-d^r)\times\pi\times\eta_{hm}}{4\times100}$ $\mathrm{m^3/s}=(\mathrm{m/s})\times\mathrm{m^2}$ $\mathrm{m/s}=\frac{\mathrm{m^3/s}}{\mathrm{m^2}}$ $\mathrm{W}=\frac{\mathrm{Pa}\times(\mathrm{m^3/s})\times\eta_{hm}}{100}$ $\mathrm{m^3}=d^2\times0.7854\times\mathrm{m}$	$\mathrm{kN}=\frac{\mathrm{MPa}\times\mathrm{mm^2}\times0.7854\times\eta_{hm}}{10^5}$ $\mathrm{kN}=\frac{\mathrm{MPa}\times\mathrm{mm^2}\times0.7854\times\eta_{hm}}{10^5}$ $\mathrm{L/min}=\frac{(\mathrm{mm/s})\times\mathrm{mm^2}\times0.7854\times60}{10^6}$ $\mathrm{L/min}=\frac{(\mathrm{mm/s})\times\mathrm{mm^2}\times0.7854\times60}{10^6}$ $\mathrm{mm/s}=\frac{(\mathrm{L/min})\times10^6}{\mathrm{mm^2}\times0.7854\times60}$ $\mathrm{kW}=\frac{(\mathrm{MPa}\times\mathrm{L})/\mathrm{min}\times\eta_{hm}}{60\times100}$ $\mathrm{L}=\frac{\mathrm{mm^2}\times0.7854\times\mathrm{mm}}{10^6}$
管件	$d=\sqrt{\frac{q_V}{V\times0.7854}}$	$\mathrm{m}=\sqrt{\frac{\mathrm{m^3/s}}{(\mathrm{m/s})\times0.7854}}$	$\mathrm{mm}=\sqrt{\frac{\mathrm{L/min}}{(\mathrm{m/s})\times0.7854\times10^3\times60}}$
油箱	$V=3q_V$	$\mathrm{m^3}=(\mathrm{m^3/s})\times60\times3$	$\mathrm{L}=3\times\mathrm{L/min}$

1.3.2　常用物理量、符号和单位

常用物理量、符号和单位见表 1-30。

表 1-30　常用物理量、符号和单位

物理量	符号	常用单位
面积	A	$\mathrm{mm^2}$
收缩系数	C_c	
流量系数	C_d	
流速系数	C_v	
直径	D、d	mm
偏心距	e	mm
力	F	kN
频率	f	Hz
加速度	g	$\mathrm{m/s^2}$
高度	h	cm
体积弹性模量	E	Pa
长度	L、l	mm
齿轮模数	m	mm

（续）

物理量	符号	常用单位
质量	m	kg
指数	n	
旋转频率（转速）	n	1/s
功率	P	kW
压力、压差	p、Δp	MPa
输入压力	p_i	MPa
额定压力	p_n	MPa
输出压力	p_o	MPa
流量	q	L/min
体积流量	q_V	L/min
零压时的流量	q_{V0}	L/min
质量流量	q_m	g/min
半径	R、r	mm
转矩	T	N · m
时间	t	s
排量、容积、体积	V	mL、L、m^3
瞬时排量、速度、流速	v	mL/r、mm/s、m/s
作用次数	x	
柱塞排数	y	
齿（或叶片或柱塞）数	z	
夹角、体胀系数	α	(°)、1/℃
摆角	β	(°)
缝隙	δ	mm
效率	η	%
液压机械效率	η_{hm}	%
总效率	η_0	%
容积效率	η_V	%
沿程阻力系数	λ	
温度	θ	℃
动力黏度	μ	Pa · s
气体等熵指数	κ	
运动黏度	ν	mm^2/s
局部阻力系数	ξ	
密度	ρ	kg/m^3
表面张力	σ	N/m

1.3.3　常用单位换算

常用数值及单位换算见表 1-31。把左栏的单位换算成右栏的单位时要乘以换算系数。把右栏的单位换算成左栏的单位时要除以换算系数。

表 1-31　常用数值及单位换算

物理量名称	单位（符号）	换算系数	单位（符号）
力	达因（dyn）	10^{-5}	牛顿（N）
	千克力（kgf）	9.806650	牛顿（N）
	磅达（pdl）	0.1383	牛顿（N）
	磅力（lbf）	4.448	牛顿（N）
力矩	磅力英尺（lbf · ft）	1.356	牛顿米（N · m）
	千克力米（kgf · m）	9.80665	牛顿米（N · m）
	磅力英寸（lbf · in）	0.1130	牛顿米（N · m）
压力 应力	标准大气压（atm）	101.30	千帕（kPa）
	磅力每平方英寸（lbf/in^2）	6.89476	千帕（kPa）
	千克力每平方厘米（kgf/cm^2）	98.0665	千帕（kPa）
	磅力每平方英尺（lbf/ft^2）	0.04788	千帕（kPa）
	巴（bar）	100	千帕（kPa）
	毫米汞柱（mmHg）	0.1333	千帕（kPa）
	英寸汞柱（inHg）	3.386	千帕（kPa）
	英寸水柱（inH_2O）	0.2491	千帕（kPa）
密度	磅每立方英尺（lb/ft^3）	16.0185	千克每立方米（kg/m^3）
	磅每英加仑（lb/UKgal）	99.776	千克每立方米（kg/m^3）
	克每立方厘米（g/cm^3）	100	千克每立方米（kg/m^3）
	吨每立方码（t/yd^3）	1328.94	千克每立方米（kg/m^3）
能量 功 热量	尔格（erg）	10^{-7}	焦耳（J）
	英尺磅力（ft · lbf）	1.3558	焦耳（J）
	卡（cal）	4.1868	焦耳（J）
	千克力米（kgf · m）	9.80665	焦耳（J）

（续）

物理量名称	单位（符号）	换算系数	单位（符号）
能量 功 热量	英热单位（Btu）	1055.1	焦耳（J）
	英马力小时（hp·h）	2.6845	兆焦（MJ）
	英马力小时（hp·h）	0.7457	千瓦时（kW·h）
	千瓦小时（kW·h）	3.600	兆焦（MJ）
	英热单位（Btu）	2.931×10^{-4}	千瓦时（kW·h）
质量	盎司（oz）	28.3495	克（g）
	磅（lb）	0.453592	千克（kg）
长度	英寸（in）	25.40	毫米（mm）
	英尺（ft）	0.3048	米（m）
	码（yd）	0.914400	米（m）
	英里（mile）	1.60934	千米（km）
	密耳（mil）	0.02540	毫米（mm）
	毫米（mm）	1000	微米（um）
	埃（Å）	10^{-10}	米（m）
面积	英亩（acre）①	0.4047	公顷（ha）
	英亩（acre）①	4047	平方米（m^2）
	圆密耳（circular mil）①	5.067×10^{-4}	平方毫米（mm^2）
	平方英寸（in^2）	6.4516	平方厘米（cm^2）
	平方英尺（ft^2）	0.09290	平方米（m^2）
	平方英里（$mile^2$）	259.0	公顷（ha）
体积	英加仑（UKgal）	4.546	升（L）
	美加仑（USgal）	3.7835	升（L）
	立方英尺（ft^3）	28.32	升（L）
	立方英尺（ft^3）	0.02832	立方米（m^3）
	立方码（yd^3）	0.76456	立方米（m^3）
	立方英寸（in^3）	16.39	毫升（mL）
	升（L）	1000	毫升（mL）
	立方米（m^3）	1000	升（L）

（续）

物理量名称	单位（符号）	换算系数	单位（符号）
速度	英寸每秒（in/s）	2.540	厘米每秒（cm/s）
	英尺每秒（ft/s）	0.304800	米每秒（m/s）
	英尺每分（ft/min）	0.5080	厘米每秒（cm/s）
	英里每小时（mile/h）	1.609344	千米每小时（km/h）
	英里每小时（mile/h）	0.44704	米每秒（m/s）
加速度	英尺每二次方秒（ft/s^2）	0.304800	米每二次方秒（m/s^2）
	重力加速度（g）②	9.806650	米每二次方秒（m/s^2）
功率 热流量	英热单位每小时（Btu/h）	0.2931	瓦（W）
	千卡每小时（kcal/h）	1.163	瓦（W）
	英尺磅力每秒（ft·lbf/s）	1.3558	瓦（W）
	千克力米每秒（kgf·m/s）	9.80665	瓦（W）
	米制马力（metric horsepower）①	0.7355	千瓦（kW）
	英马力（hp）	0.7457	千瓦（kW）
	焦耳每秒（J/s）	1.000	瓦（W）
运动黏度	厘斯（cSt）	1.000	平方毫米每秒（mm^2/s）
	平方英尺每秒（ft^2/s）	0.09290	平方米每秒（m^2/s）
动力黏度	厘泊（cP）	10^{-3}	帕秒（Pa·s）
	磅力秒每平方英尺（$lbf·s/ft^2$）	47.88	帕秒（Pa·s）

注：℃ =5（℉ −32）/9。

① 该单位无符号，括号中为其英文名称。

② g 是物理量，其值一般按 9.81m/s^2 计算。

第2章　基于液压系统基本性能参数的控制回路

液压技术的学科名称归属于“流体传动与控制”，传统液压技术是以“传动”为先加以阐述的。随着现代控制技术以及未来数字互联智能液压技术的发展，对液压技术的认识也在加深。液压传动与控制的确是具有能量传递与转换的功能，但其技术是对这种传递、转换与重新分配能量过程的控制手段。也就是说，液压技术是通过对内部传递能量的液体介质进行性能参数控制的，达到能量转换成运动、能量相互转换与能量重新分配的三个结果。因此液压技术可被理解为通过流体性能参数的控制来达到能量传递或传动目的的一种控制技术。本章阐述如何通过液压基本性能参数的控制达到传动的各种功能，以及这种控制与流体介质之间的关联性。并且力求与当前液压技术与液压产品的发展联系起来，便于将理念、设计与维修维护等各个方面有机地联系起来，益于读者理解创新与应用。

以“节流阀”概念为例，传统液压技术对它的描述就是一种限制流动、造成能量损失的功能性液压元件。而从性能参数控制的概念就可以将节流阀理解为既是在控制上产生压差信号的“流量传感器”元件，即控制元件的最基本要素，也是产生节流的功能性元件。用这种概念就更容易理解负载敏感系统，易于灵活创新应用，避免只从外在特征去理解引进的技术，而忘记实际的控制内涵要素。目前业界对负载敏感回路中的前后补偿与正负流量控制缺乏一个简要阐述，而让应用方容易茫然，如果采用基本性能参数控制概念去理解就会得到应用上的提升。

采用液压系统基本性能参数控制的分类体系如图2-1所示。

基本性能参数控制的特点如下：

1）打破传统液压技术分类。传统的液压元件以泵阀分类，系统以开式闭式分类，控制以压力控制、流量控制与方向控制分类。但是从目前液压技术的新发展看，缺乏一个完整集合的概念来阐述，以致对于负载敏感等新方法、新技术的解释是相互割裂、互相不包容的，也不够清晰，不利于创新与应用。

2）液压系统基本性能参数有六个静态基本性能参数与两个动态基本性能参数。以基本性能参数来细分液压技术，特别是加强对动态基本参数的关注，有利于理解液压技术在相关领域的应用。

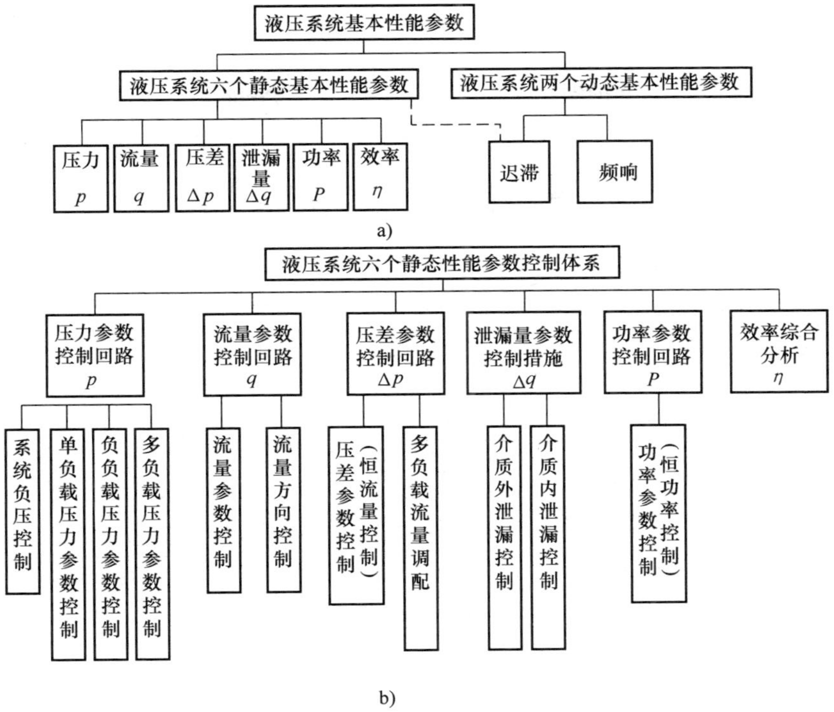

图 2-1　液压系统基本性能参数控制的分类体系

3）压强（俗称压力）与流量是最基本的性能参数，与流体介质特性联系起来，有利于加深对性能参数的理解，产生新的控制措施。

4）避免过去液压系统的分类与负载难以融合的困境，在新概念下把性能参数控制与负载特性联系起来，将负载分类为单负载、负负载、多负载等，并以负载类别为主线阐述控制的方法与策略。这样才能使液压系统的分类与液压应用实际联系起来。新提出的这种分类方法有益于深化理解液压技术，更加实用。

5）性能参数与相应的控制回路一一对应，非常清晰，而且与液压系统需要重视的节能技术联系起来。特别指出的是近十多年来，在多路阀与负载协同动作的情况下，产生了多负载下压力与流量分享，形成了负载敏感控制系统等一些新的概念与回路，对此将分层次重点阐述。

6）在液压参数中，深入探讨动态过程的故障，有利于深入认识液压系统的优缺点与故障原因，改进系统与元件设计。

就液压技术的故障表现而言，主要涉及两类静态故障：压力与流量失常。六个动态故障：爬行/失速、磕头/摆动、振动/振荡、冲击/爆裂、噪声/啸叫、信号失真/干扰。两个系统故障：与功率相关的温升/发热、与介质相关的污染/卡死。

7）在分类描述中，将参数控制与介质特性、基本理论、产品实际、应用特点、工程背景、市场需求与未来数字互联智能技术发展等概念结合起来，便于读者理论实践融会贯通。

8）力/力矩（F/M）与速度/转速（v/n）参数是两对与负载运动有关的参数，与液压系统的压力与流量是派生关系，不是独立被控制参数，故未列入。

2.1　压力与流体的关系及其控制回路

2.1.1　压力的形成

压力 p（物理学概念是压强）为单位面积上的力，与负载大小有关，即

$$p = F/A \tag{2-1}$$

式中　p——压强（俗称压力）（MPa）；

F——负载力（俗称外力）（N）；

A——承受负载作用力的截面面积（mm^2）。

在不考虑机械与流体摩擦力、流体流动阻力（沿程阻力与局部阻力）等因素的影响下，此式（2-1）的物理含义：液压系统中流体产生的压力是由外负载力 F 施加在液压执行机构上，通过液压执行机构对流体施压而产生的。

这说明液压系统的压力来源于外负载。因此根据式（2-1），通过选择面积 A 来确定系统能承受的最大压力。外负载可分为两种类型：一种是输出直线往复运动的负载力（F），另一种是输出旋转运动的转矩（M）。当外负载为转矩时，压力 p 在马达背压 $p_0=0$ 的条件下可由式（2-2）求出，此时可认为压力 p 由外负载提供的转矩 T 决定，即：

$$p = T/V \tag{2-2}$$

式中　p——压力（MPa）；

T——负载外转矩（N·m）；

V——液压马达排量（mL/r）。

液压外负载力或转矩的作用方向与液压执行机构的运动方向一致时，这种外负载称之为“负负载”“负值负载”或“超越负载（over－running）”（如起重机的重物下落时，物体的自重和运动方向相同）。在此工况下，执行机构在某一时间段内，进油腔将呈现真空状态，而回油腔又容易失速无法控制而发生危险；即使在系统设计时考虑到负负载的工况，系统在工作时也会造成能量损失，导致系统发热严重等。

对于流体传动系统压力而言，按国家标准可以分为以下标准等级：

表2-1　流体传动系统及元件　公称压力系列（GB/T 2346—2003）

（单位：MPa）

1	[1.25]	1.6	[2]	2.5	[3.15]		4		[5]	6.3	[8]	10
	12.5	16	20	25	31.5	[35]	40	[45]	50	63	80	100
	125	160	200	250								

注：括号中的值是非优先选用的值。

表 2-1 中的公称压力系列是将国家标准 GB 321—1980 规定的优先系数 q_r 作为理论公比，对各种量值进行分级后给出的。理论公比 q_r 定义为 $\sqrt[r]{10}$（$r=5$、10、20、40）。液压系统与元件的压力分类见表 2-2。

表 2-2　液压系统与元件的压力分类

压力类别	低压	中压	中高压	高压	超高压
压力值/MPa	0～6.3	8.0～21	25～31.5	35～63	>70
典型应用场合	机床	农机	挖掘机	压力机	救灾器具

以上压力分类概念是基于液压技术的发展形成的。目前各液压泵厂商正从公称压力 31.5MPa 发展到 35MPa 的级别。而先进的厂商，特别是各大型厂商的产品已经发展到 42～48MPa 的级别，并且已经出现在其产品样本中。产品最高压力级别已经达到 63MPa（由博世力士乐生产），见表 2-3。

表 2-3　液压元件的压力应用值

应用行业	机床	船舶	压力机	工程机械	近期发展	预期发展
压力值/MPa	21	25	35～63	31.5～35	42～48	56～63

当流体压力的概念用在产品上时，往往规定出产品（例如液压泵）在保证连续运转或短暂达到某一限值时，能够保证产品设计寿命的最高承受压力。由此给出了以下压力值指标：

（1）元件最高工作压力 p_{max}　指系统短暂运行时液压元件允许的最高工作压力。

（2）元件最低工作压力 p_{min}　指系统稳态工况下液压元件（泵）允许的最低工作压力。

（3）元件尖峰压力 p_p　指系统允许液压元件在瞬间所达到的最高压力。

（4）元件公称压力 p_n　指系统在连续运行的稳态工况下液压元件允许的最大工作压力。

各厂商的产品样本上使用上述压力值指标时，最高工作压力与公称压力往往没有本质性的区别，主要出自厂商的强调，以利于用户选用。

在这里强调一点：压力的形成源自负载，与系统流量及其形成之间毫无关系。只有在流体流动的情况下，压力与流量才有联系，这就是伯努利方程。

2.1.2　压力变化遵循伯努利方程

对于液压传动系统和比例/伺服控制系统，负载运动的控制是通过对液流的控制实现的。假设流体在恒定流动下具有不可压缩性，由此可列写它的伯努利方程为

$$z+\frac{p}{\rho g}+\frac{v^2}{2g}=\text{常数} \tag{2-3}$$

式中　z——过流断面中心离水平基准面的距离（m）；

　　p——压力（Pa）；

ρ——流体密度（kg/m^3）；

g——重力加速度，$g=9.81m/s^2$；

v——过流断面上的平均速度（m/s）。

式（2-3）是理想流体的伯努利方程，其中第1项表达流体势能，第2项表达流体压力能，第3项表达流体动能。由于能量守恒，因此理想流体连续流过任意两个断面时，它们的总能量不变，可以表达为

$$z_1+\frac{p_1}{\rho g}+\frac{v_1^2}{2g}=z_2+\frac{p_2}{\rho g}+\frac{v_2^2}{2g} \tag{2-4}$$

式（2-4）中的下角标分别表示同一流束下的任意两个断面标记。由于在液压具体应用中，实际的流体压力在MPa级别，而流体位差形成的势能非常小（位差10m造成的势能相当于0.1MPa），因此在工程上往往忽略不计。因此该方程式可进一步表达为式（2-5），即

$$\frac{p_1}{\rho g}+\frac{v_1^2}{2g}=\frac{p_2}{\rho g}+\frac{v_2^2}{2g} \tag{2-5}$$

式（2-5）说明，在同一流束流体流动的过程中，速度上升时，压力会非线性下降，反之亦然。利用伯努利方程能够解释液压阀类元件在阀芯换向时产生的被卡紧问题。阀体与阀芯之间的间隙就是阀芯换向时流体的流道，利用伯努利方程可以计算出阀芯换向时卡紧力的数值。以图2-2为例，如果反锥形阀芯与阀孔之间存在偏心距b，阀芯与阀孔之间的流道就会发生偏移，下部流道的空间B大于上部流道的空间A，根据伯努利方程可知，下部流速比上部慢，AB两处流体在流程上的压力分布曲线如图2-2所示，因此在阀芯上就产生向上的侧向卡紧力F_o。侧向卡紧力增大，将会加剧阀芯换向时阀芯与阀孔之间的摩擦力，这个摩擦力称之为液压卡紧力。液压卡紧力在某种情况下是十分可观的，例如一个直径16cm长12mm的阀芯，在工作压力21MPa的情况下，直径间隙0.01mm，锥度0.004，如果摩擦因数以0.15计，产生的卡紧力可达到158.9N。

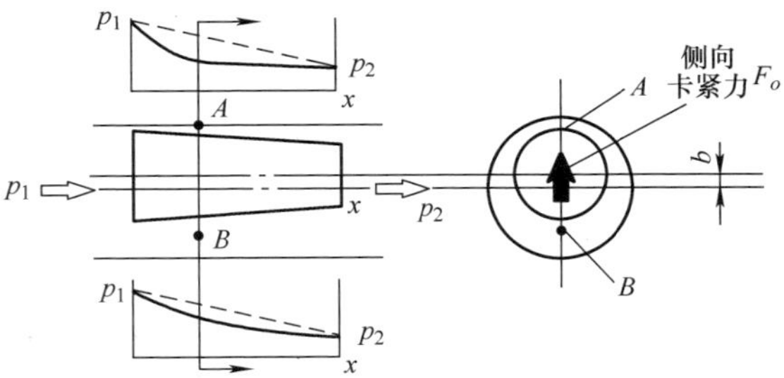

图2-2　阀芯侧向卡紧力的生成

减少或降低液压卡紧力的一种办法就是在阀芯上开卸荷槽，可有效减小侧向卡紧力的数值。另外一种办法是利用顺锥形阀芯，产生一个与图2-2所示相反方向的侧向卡紧力，卡紧力相互抵消可使阀芯始终处于对中状态，从而避免了液压卡紧力

对阀芯换向的影响。通过试验还发现：①阀芯卡紧力在流体压力为 14MPa 时达到最大。此时采取开卸荷槽的方法可以使阀芯与阀孔的间隙差变小，以此来降低液压卡紧力。②压力上升到 32MPa 时液压卡紧力会降至零，这可以理解为，是在高压作用下阀孔弹性变形加大了阀芯与阀孔的配合间隙造成的。

虽然在液压元件中来自流体流动产生的问题可以用理论分析指导和解释，但是针对具体产品却因影响因素多，只能通过试验获取验证。随着仿真技术日渐普及，液压元件设计中这类不可确定的因素完全可以采用仿真的方法来解决，原来需要大量试验才能得到的结果，现在用较少的代价就能获得，而且可以更清晰地理解其中的影响因素与需要获得结果之间的联系，得到比试验更理想的结论，大大节省了产品的研发时间。随着虚拟仿真与实物的密切结合，液压元件设计的仿真技术将会向半实物仿真以及数字—数据形成闭环的数字孪生技术的方向发展。

2.2　压力控制回路

当液压源通过液压介质提供液压系统压力与流量后，系统就必须首先对液压介质的压力参数加以控制。这种控制要求来自液压主机的实际工况需求，要求液压介质压力和流量的控制与主机工况相匹配。

压力控制可以分为负压、单负载、负负载与多负载四种压力条件下的控制方式。每种控制方式可由不同的控制回路来达到压力控制的要求，如图 2-3 所示。本节将详述这四大类压力控制回路。

随着电液一体化的发展，尽管液压压力的调节功能还是依靠液压元件本身，但是控制手段已经与电子、电气甚至计算机控制（如 PLC、工业控制计算机、运动控制器、嵌入式控制芯片等）有效结合，已经从纯液压控制元件（液压 2.0 技术）迈向了电液一体化集成的液压压力控制元件（液压 3.0 技术）。在目前工业 4.0 发展阶段，液压压力控制正在与液压元件的电子化走向元件芯片化，在芯片化基础上实现元件的数字化、总线化与互联化，并进一步与智能化（AI）结合。

2.2.1　单负载下压力控制回路

1. 单负载下阀控压力控制回路

阀控压力控制回路中对压力的各种控制都是利用各种功能的压力控制阀，这类阀控制油液压力高低或利用压力变化实现某种动作。它们的共同特点就是利用作用于阀芯上的液体压力和弹簧力相平衡的原理。

阀控压力控制回路主要有调压回路、卸荷回路、减压回路、增压回路、保压回路与背压回路等，这些回路的功能及其实现从表 2-4 中可以看到。所有要求的回路压力完全由液压压力控制阀组成的相应回路完成。在表 2-4 中，最后列出的可编程与数字化比例压力控制回路是电液一体化的产品元件。

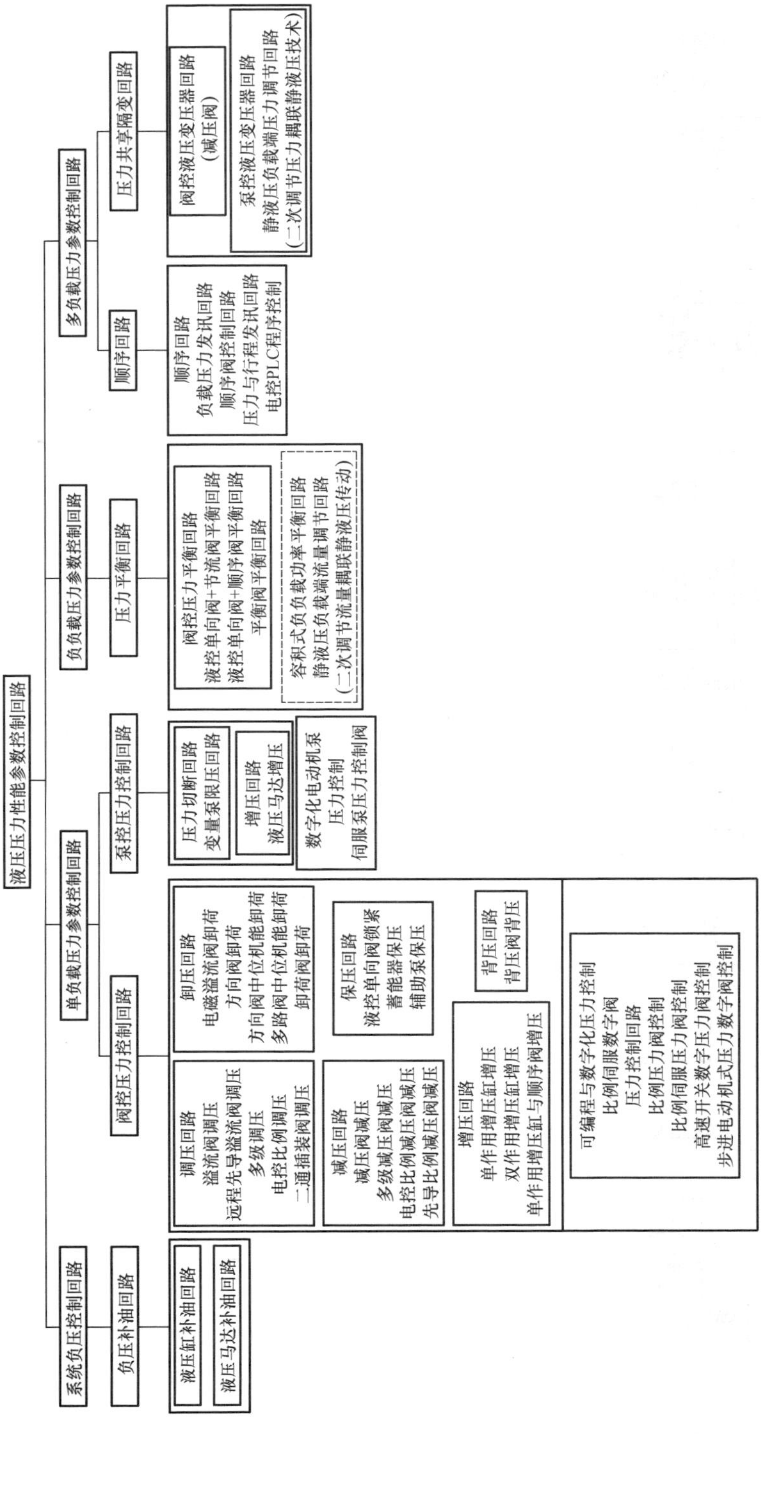

图 2-3　液压压力性能参数控制回路的体系

表2-4　阀控压力控制回路

分类	回路图形	说明	分类	回路图形	说明
（1）调压回路　设置与限定液压系统的最高压力					
溢流阀调压	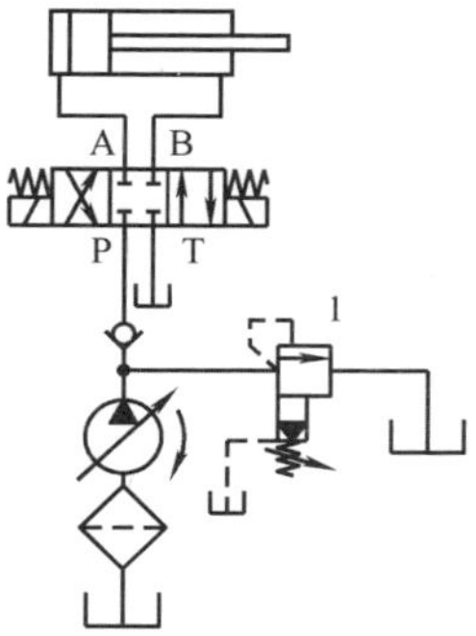	用溢流阀1设置与限定液压系统的最高工作压力。工作压力包括负载所需压力与系统液压管路可能产生的压力损失	远程先导溢流阀调压	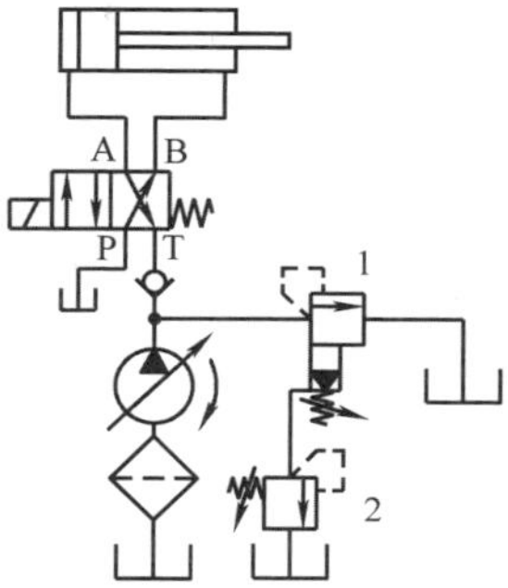	用远程先导溢流阀2调整溢流主阀1的先导压力，实现远程调压
多级调压	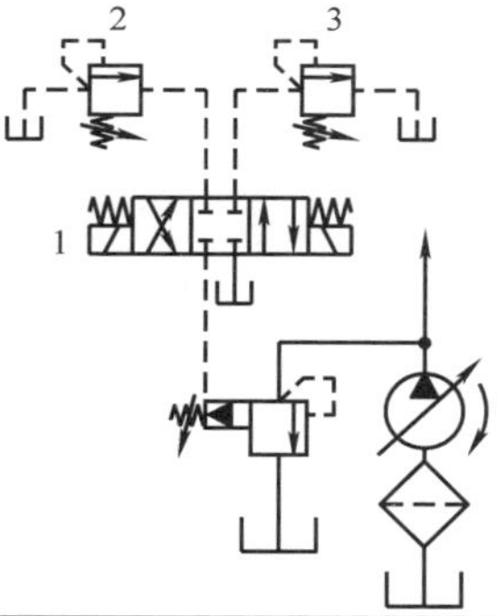	采用方向阀1来选择不同的先导溢流阀2及3，该系统可以实现三级调压	电控比例调压	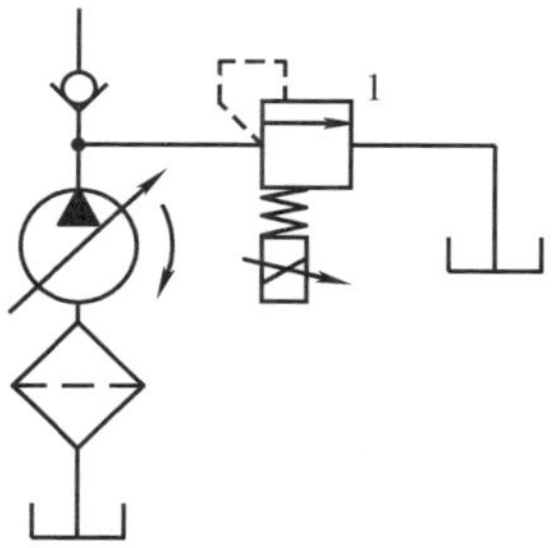	采用比例溢流阀1，改变比例溢流阀输入电流使系统压力可以比例变化
二通插装阀调压	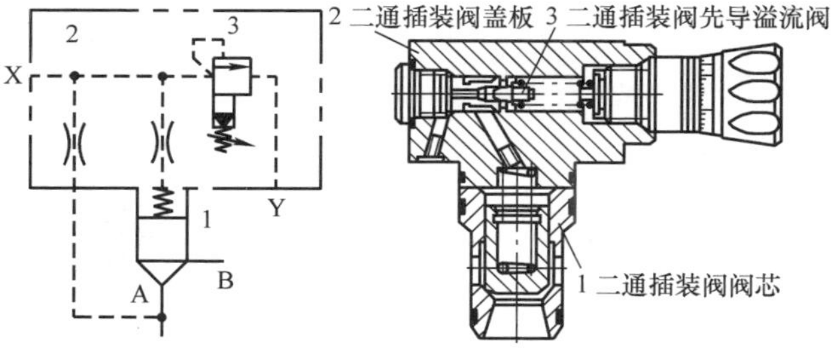				大流量的二通插装溢流阀由二通插装阀阀芯1、控制盖板2与先导溢流阀3组成。调压由先导溢流阀3实施
（2）卸荷回路　在液压源工作状态下，设置输出压力为零或接近零，达到节能效果					
电磁溢流阀卸荷	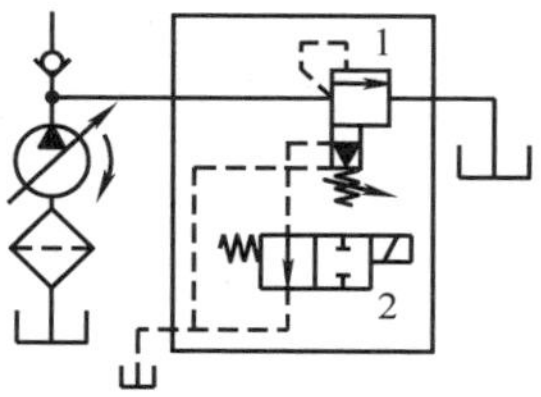	通过电磁方向阀2的换向，使溢流阀1可以在零压下工作	方向阀卸荷	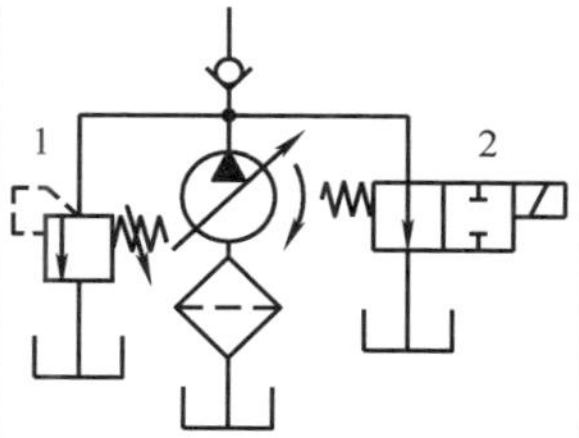	方向阀2不作为溢流阀1先导而是本身直接起卸荷作用，此时要求方向阀能够通过泵全部流量

（续）

分类	回路图形	说明	分类	回路图形	说明
（2）卸荷回路　在液压源工作状态下，设置输出压力为零或接近零，达到节能效果					
方向阀中位机能卸荷	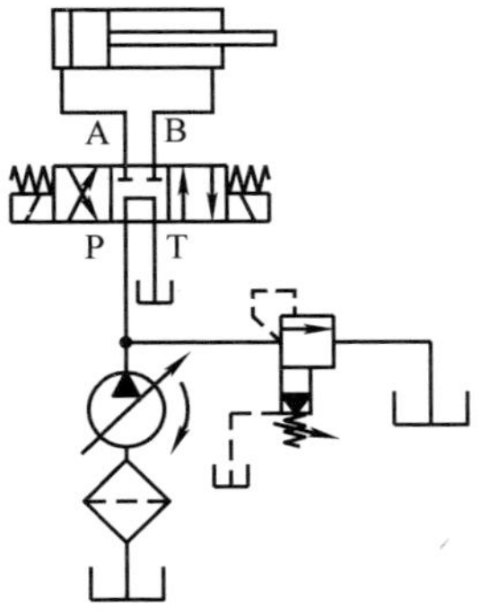	采用方向阀中位 M、H、K 等机能实现卸荷。系统简单，但易产生冲击，适用于流量不大时（如 NG6/10）。大流量时增加方向阀换向节流	多路阀中位机能卸荷	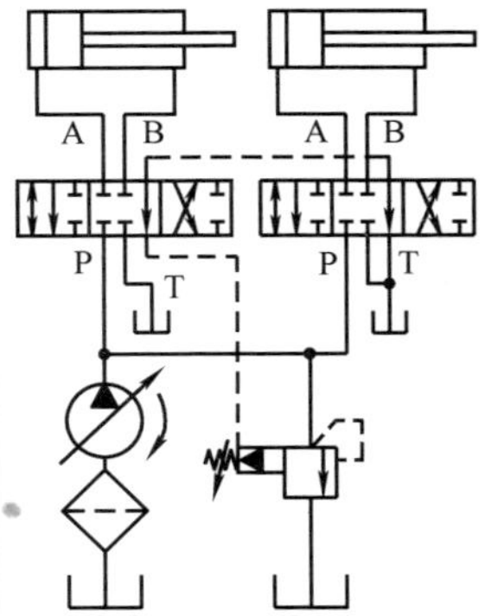	所有方向阀处于中位时，通过新的溢流阀卸荷。此法可靠，但遥控油路过长时会影响卸荷效果
卸荷溢流阀卸荷	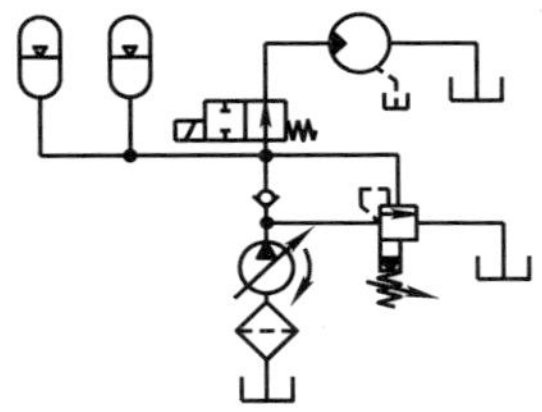	当蓄能器压力达到设定压力后，卸荷溢流阀动作使溢流阀卸荷。蓄能器回路此时是保压或供压回路	卸荷阀卸荷	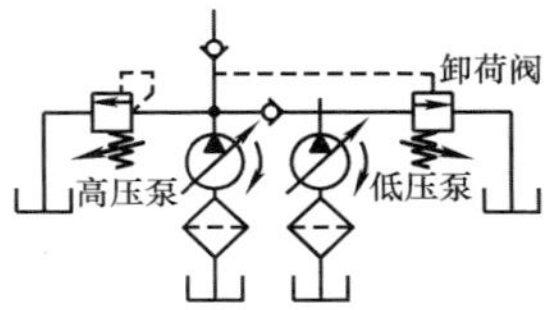	在并联液压泵回路中使低压部分先卸荷，采用卸荷阀
（3）减压回路　部分支路得到比油源供油压力低的稳定压力					
减压阀减压	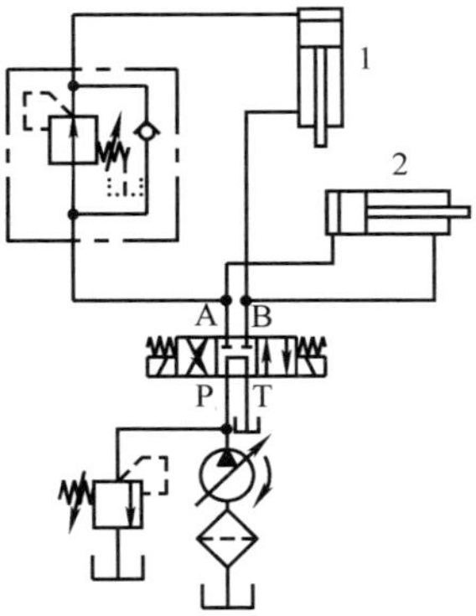	使用同一油源时液压缸 2 的压力由溢流阀决定，而液压缸 1 的压力由减压阀决定	多级减压阀减压	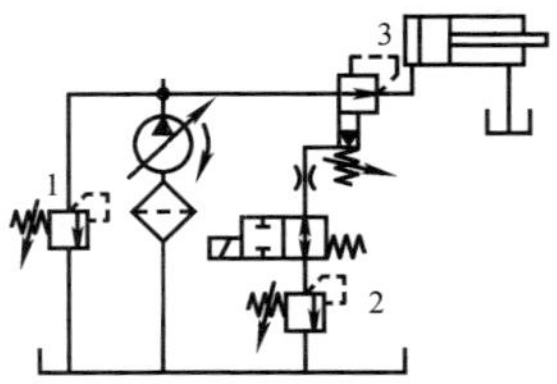	主系统压力由溢流阀 1 保证。而液压缸获得的压力由减压阀 3 减压提供。此时减压压力由先导调压阀 2 调定，以使支路得到更低的设定压力
比例减压阀减压	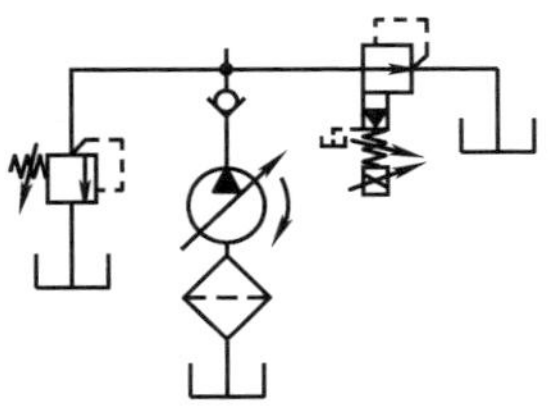	采用比例减压阀，支路获得无级的低于系统压力的稳定低压	先导比例减压阀减压	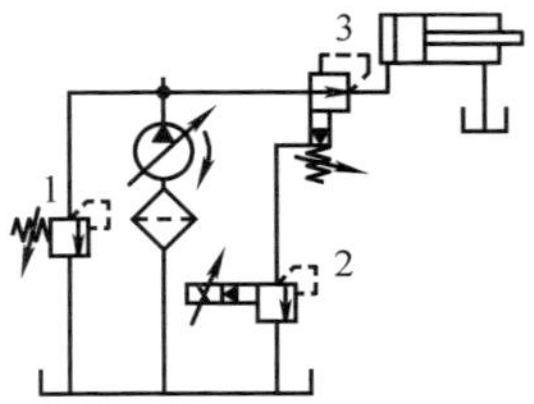	主系统压力由溢流阀 1 保证。而液压缸获得的压力由减压阀 3 减压提供。此时减压压力由先导比例调压阀 2 调定

（续）

分类	回路图形	说明	分类	回路图形	说明
（4）增压回路　部分支路得到比供油压力更高的稳定压力					
单作用增压缸增压	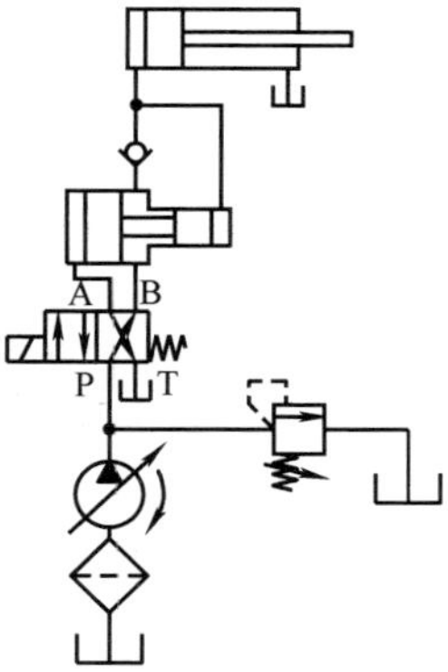	单作用增压缸在方向阀移至左位时，油液进入增压缸大端使液压缸向右运动。当方向阀移至右位时，增压缸向右运动，在小端产生更高的压力	双作用增压缸增压	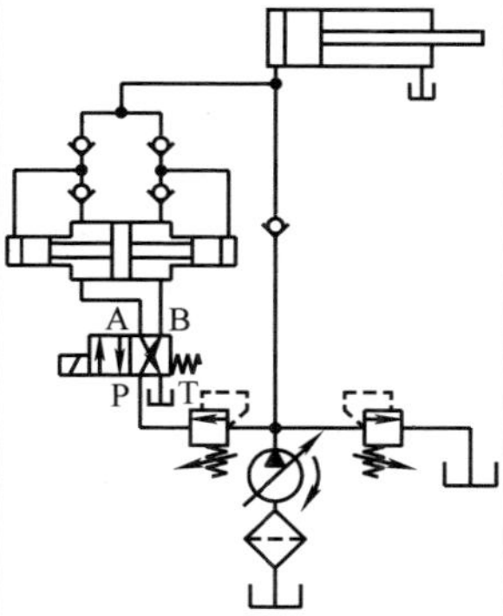	系统由液压泵直接向液压缸供油。当压力超过顺序阀调整压力时，双作用增压缸在方向阀不断换向下往复运动，使液压缸连续增压。增压倍数由增压缸面积比确定
单作用增压缸顺序增压	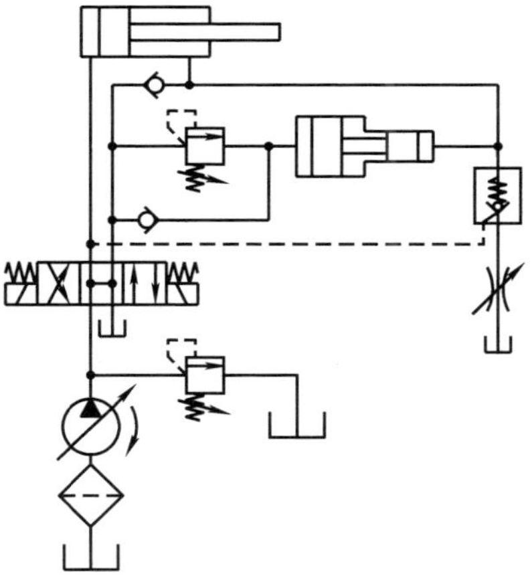				液压缸向左运动时，负载升高，致使顺序阀开启，使增压缸起增压作用。当液压缸左腔进油时顺序阀复位，增压缸复位。适合于力与行程较短的场合
（5）保压回路　液压系统执行机构的工作压力按工况需要保持压力恒定					
液控单向阀锁紧保压	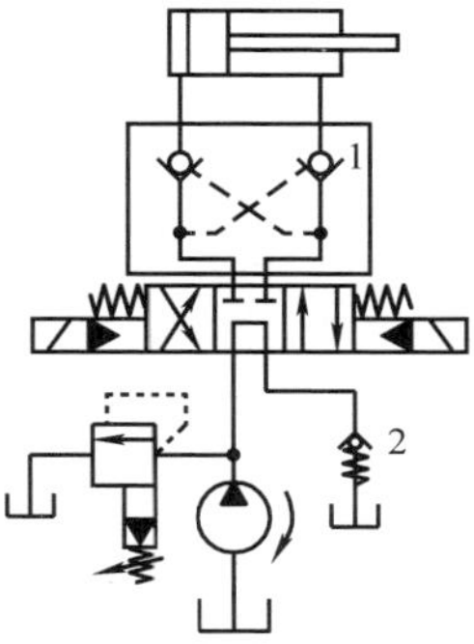	液控单向阀泄漏小，液压缸可以得到保压。利用单向阀 2 的最低开启压力保压，使泵提供主阀芯换向所需要的最低压力	蓄能器保压	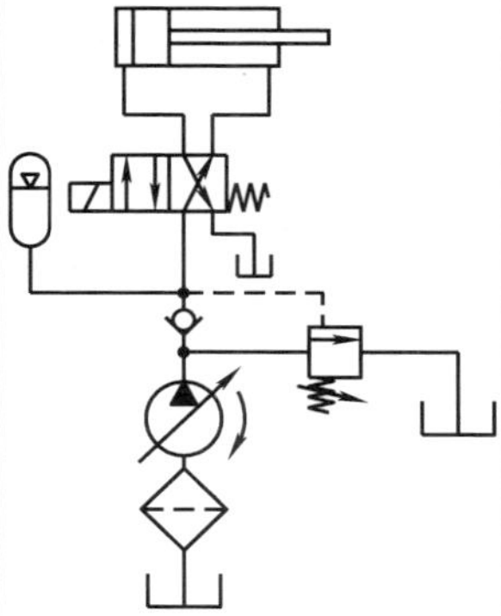	当系统压力上升到一定压力时，卸荷溢流阀使泵卸荷，执行机构由蓄能器保压并补充液压缸泄漏油

（续）

分类	回路图形	说明	分类	回路图形	说明
（5）保压回路　液压系统执行机构的工作压力按工况需要保持压力恒定					
辅助泵保压	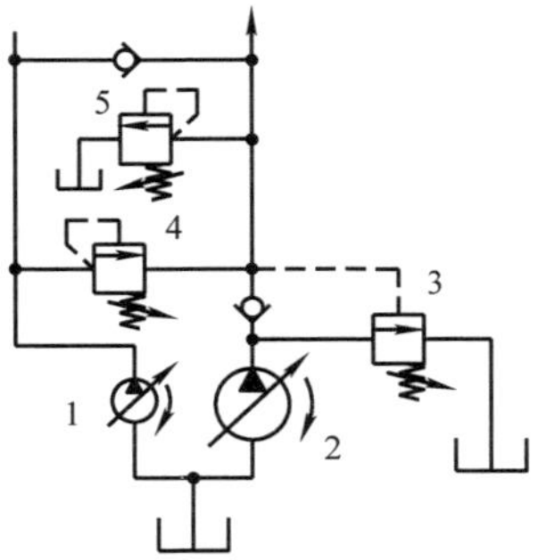				主泵2在卸荷阀3的设定压力下向系统供油。负载压力升高后高压泵1通过顺序阀4在溢流阀5设定压力下继续供油保压
（6）背压回路　在液压回油路上设置一定的回油阻力，使执行元件获得一定范围内可调节的背压，以保证驱动机构能够平稳运行。背压阀可以是节流阀、单向阀、顺序阀等。在“液控单向阀锁紧保压回路”中单向阀2就起到背压回路的作用					
（7）可编程与数字化压力控制　包括比例阀、比例伺服阀、高速开关数字阀、步进电动机式比例数字阀等模拟式以及数字式元件组成的压力调节液压系统与回路					
比例阀压力控制回路	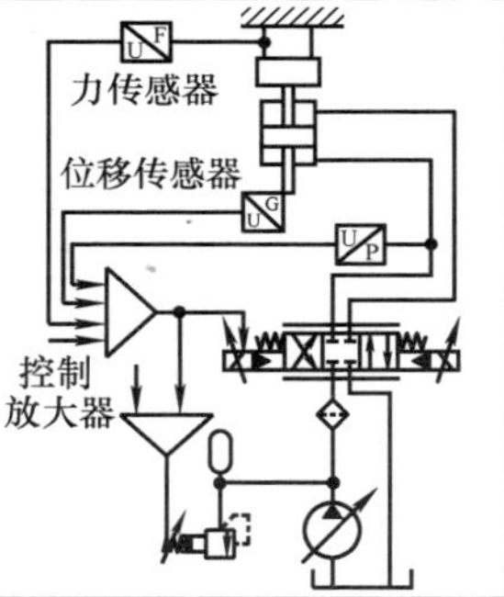	采用具有数字放大器的比例方向阀。如果将比例放大驱动器用嵌入式微处理器替换，则使回路具有可编程控制的功能，会提高系统的控制能力	高速开关数字阀压力控制回路	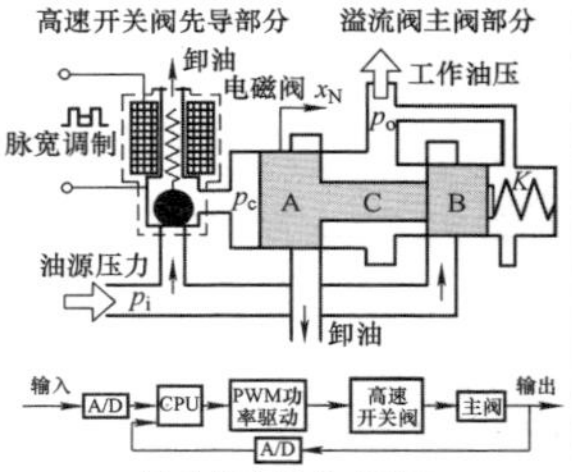控制原理方框图	高速开关阀用于压力控制在原理上是可行的，在高速开关阀电磁铁部分加上PWM脉宽控制信号后，可以调节占空比实现压力的调节。PWM脉宽调制的载波频率可以达到60Hz
增量式数字液压压力控制	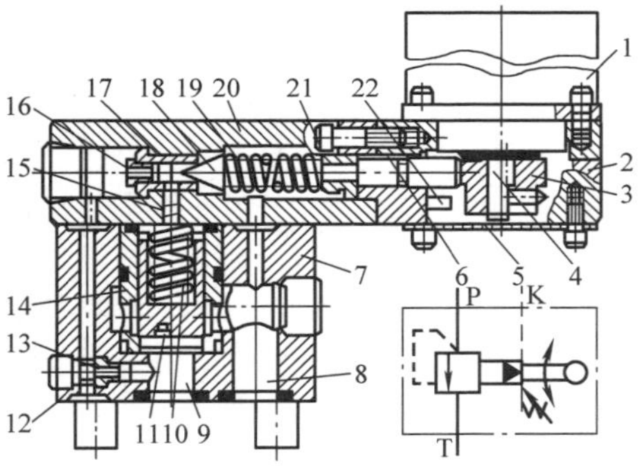1—步进电动机　2—支架 3—凸轮　4—电动机轴 5—盖板　6—调节杆 7—阀体　8—出油口T 9—进油口P　10—回位弹簧 11—主阀芯　12—遥控口K 13、15、16—阻尼器　14—阀套 17—导阀座　18—导阀芯 19—调节弹簧　20—阀盖 21—弹簧座　22—零位移传感器				由单片机发出脉冲序列，经驱动器放大后带动步进电动机1工作，按脉冲数使电动机转动相应的步距角，通过凸轮3和调节杆6转换成位移，使调节弹簧19获得确定的压缩量。零位移传感器22可保证零位的重复精度<0.1%。可以复零。引入单片机，使整个元件以及相应的系统进入微型计算机控制发展阶段

（续）

分类	回路图形	说明	分类	回路图形	说明
（7）可编程与数字化压力控制　包括比例阀、比例伺服阀、高速开关数字阀、步进电动机式比例数字阀等模拟式以及数字式元件组成的压力调节液压系统与回路					
增量式数字液压压力控制	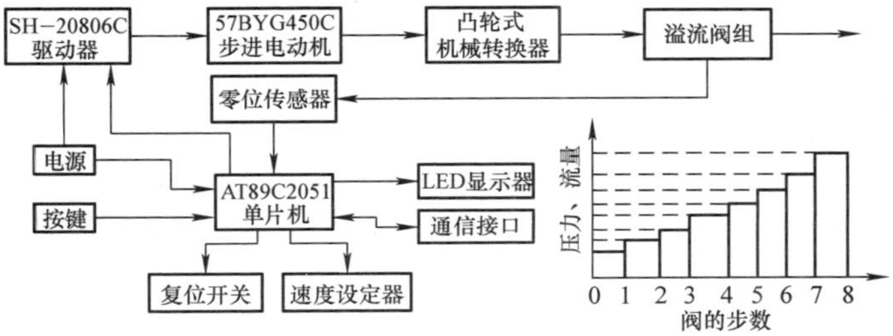	由单片机发出脉冲序列，经驱动器放大后带动步进电动机 1 工作，按脉冲数使电动机转动相应的步距角，通过凸轮 3 和调节杆 6 转换成位移，使调节弹簧 19 获得确定的压缩量。零位移传感器 22 可保证零位的重复精度 $<0.1\%$。可以复零。引入单片机，使整个元件以及相应的系统进入微型计算机控制发展阶段			

2. 单负载下泵控压力控制回路

随着电液一体化技术的发展，液压系统对节能的要求越来越高，采用变量泵泵控的压力控制回路将会得到更多的重视。此时液压系统保留的具有阀控压力控制作用的溢流阀就当作安全阀使用了。表 2-5 列出了泵控压力控制回路。变量泵通过变量实现的控制主要分为恒压控制、恒流量控制与恒功率控制，恒压阀的主要作用还是控制压力，是一种压力适应的控制，因此将变量泵的恒压控制归类到泵控压力控制回路，而不是作为调速控制来对待。

泵控压力控制回路主要用于限制系统最高压力。可分为限压式变量泵（单作用叶片泵）限压、压力反馈变量泵限压、压差变量泵限压等方式。其特点是当变量泵的压力达到该调定压力值时，此时变量泵将会稳定在该压力值下工作，而泵的流量则随系统的需要而变化。

泵控压力控制回路在实际应用中的表现形式十分丰富，这方面博世力士乐变量泵产品的变量形式具有代表性，也最全面。因此本手册引用力士乐变量泵型号所用的特征表达，便于查证。目前较多的国内厂商在变量泵方面是生产力士乐系列泵，如 A4VG、A10VO 等开式或闭式泵，以及川崎系列泵，如 K3V、K7V 等挖掘机泵。对博世力士乐变量泵型号的简略介绍如图 2-4 所示。

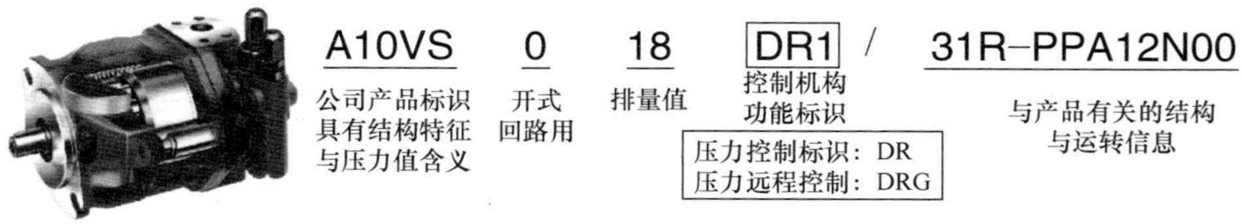

图 2-4　泵控压力博世力士乐变量泵型号的简略介绍

表 2-5　泵控压力控制回路

<table>
<tr><th>分类</th><th>回路图形</th><th>说明</th></tr>
<tr><td colspan="3">（1）限压回路（DR 压力切断控制）　变量机构在感受系统压力后，将液压系统的最高压力限定在设定值</td></tr>
<tr><td>变量泵限压回路</td><td>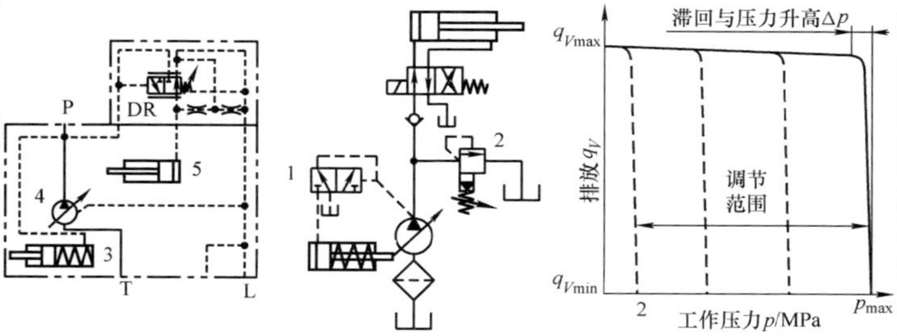
</td><td>当变量泵具有恒压阀1控制时，系统的工作压力由此恒压阀设定，如图为 $p_{\max}$。当压力达到此值后，恒压阀换向使变量泵斜盘回零，此时流量为零。系统装置上的溢流阀2起安全阀的作用。而泵的流量可以接近零</td></tr>
<tr><td colspan="3">（2）增压回路　通过液压马达使系统部分支路得到比油源供油压力更高的稳定压力</td></tr>
<tr><td>液压马达增压回路</td><td>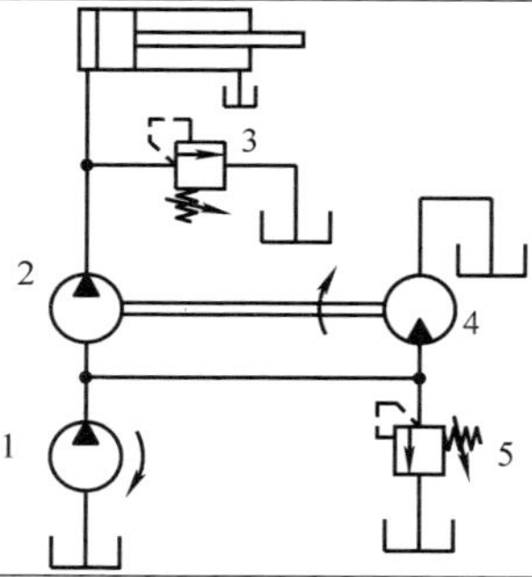
</td><td>采用液压泵/马达增压。图中液压泵1给液压泵2供油，也同时供油给液压马达4。液压泵2具备提供更高压力的能力。最高压力由溢流阀3调定，液压泵1的压力由溢流阀5调定。适用于连续增压的工况</td></tr>
<tr><td colspan="3">（3）数字化电动机驱动液压泵调压调流量回路　数字化电动机泵种类很多，特别是伺服泵目前已经在注塑机、压力机中形成了系列化产品和成熟技术，是应用最广的产品。伺服泵既可以调压也可以调速，在微型计算机控制下，所有的性能参数均可作为一种输入变量，只要通过微型计算机控制确定出相应的输出变量即可</td></tr>
<tr><td>伺服泵调压回路</td><td>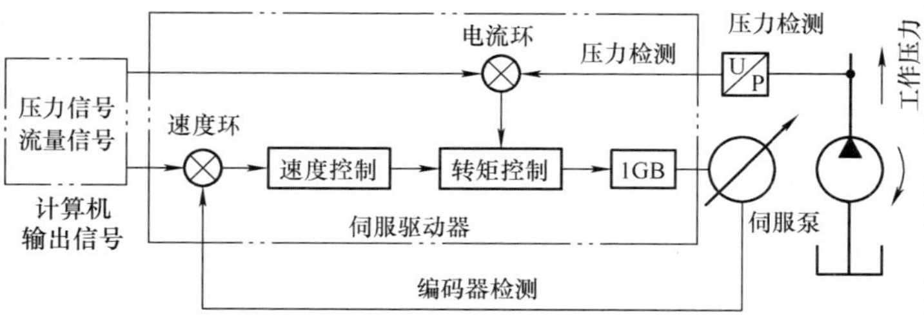
</td><td>伺服泵的调压与调速主要通过伺服电动机的驱动控制器，因此目前主要的控制是数字化的。在电控进入数字化后，与计算机的通信采用 CAN 总线技术，图中所示的压力调节与控制采用了闭环的形式，因此控制精度很高，稳定性也好</td></tr>
</table>

2.2.2　液压系统负压产生的问题及其解决办法

尽管液压系统的工作压力已经进入了高达 42 ~ 48MPa 的水平，但是液压系统工作过程中仍然存在或产生压力低于大气压的情况。产生该情况的区域如下：

1）液压开式系统的吸油管路中，油箱非高位时，油压会低于大气压。

2）根据伯努利方程可知，当液流的流速很高时，局部的压力会低于大气压。

3）当执行机构的负载是负负载，执行机构的进油端压力就可能低于大气压。

液压系统这三种情况的工作状态比较特殊，很容易成为液压故障源。因此应该在设计、调试与维修情况下应特别重视。

1. 吸入管路中的真空状态与气蚀

以齿轮泵为例，如图 2-5 所示，工作在低压区的齿轮轮齿脱离啮合，低压区容积扩大，产生局部真空，从油箱中吸入大气压作用下的油液，轮齿进入高压区后进入啮合状态，高压区容积缩小，向系统排出高压油。因此，吸入管路中的负压状态是开式液压泵正常工作的必要条件。对于闭式液压系统，闭式泵有补油压力的存在，进口压力往往大于负压，因此不在此讨论之列。

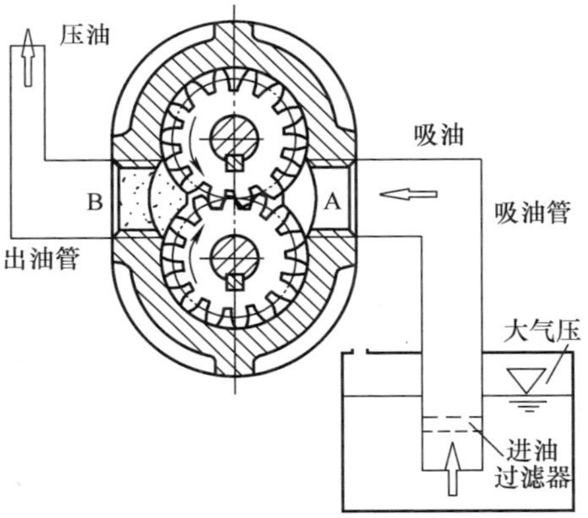

图 2-5　齿轮泵的吸油原理

油液介质有三个性质与气蚀有关：含气量、空气分离压与饱和蒸气压。

含气量是指液压介质中所含空气的体积百分比。空气进入液压介质可分为混入空气和溶入空气两种方式。溶入空气均匀地溶解于液压介质中，对体积弹性模量及黏度没有影响；而混入空气则以直径为 0.25 ~ 0.5mm 的气泡状态悬浮于液压介质中，对体积弹性模量及黏性有显著影响。

当液压介质的压力降低到一定数值时，溶解于介质中的空气将从介质中分离出来，形成气泡，此时的压力称为该温度下该介质的空气分离压。空气分离压与液压介质的种类有关，亦与温度和空气溶解量有关。温度越高，空气溶解量越大，则空气分离压越高。一般液压介质的空气分离压为 1300 ~ 6700Pa。

当液压介质的压力低于一定值时，液压介质将沸腾产生大量蒸气，此压力称为该介质于此温度下的饱和蒸气压。矿物油型液压油，在 20℃时的饱和蒸气压为 6 ~ 2000Pa。乳化液的饱和蒸气压与水相近，20℃时为 2400Pa。

气蚀现象是指当液体在与固体表面接触处的压力低于它的蒸气压力时，将在固体表面附近形成气泡。随后，当气泡流动到液体压力超过气泡压力的地方时，气泡便溃灭，在溃灭瞬时产生极大的冲击力和高温。固体表面多次反复经受这种冲击力时，材料表面会发生疲劳脱落，使表面出现小凹坑，进而发展成海绵状，严重时可在表面形成大片的凹坑，深度可达20mm。另外，溶解在液体中的气体也可能析出形成气泡，从而加剧气蚀的发展。

由于液压泵的入口往往是负压，如果设计不当，或者油液中溶入较多的气体，液压泵在A点附近（见图2-5）易形成低于饱和蒸气压的气泡，并在进入B点高压出口的过程中形成泵内的气蚀，对齿轮或泵体内壁造成气蚀破坏。

造成液压泵入口A点过高负压的原因主要是在吸油过程中压力损失过大，诸如沿程阻力损失、局部节流损失以及入口过滤器的阻力等太大，这些必须在设计和运行时特别注意避免。

众所周知，开式液压泵的进口压力必须保持负压，这样油液才能被吸入。否则，液压泵就会产生不吸油的故障状态，并造成吸入管破裂、吸油管路泄漏，使液压泵的吸油口无法降至负压，大气压无法压送油液至吸入口。

液压泵吸油口的负压问题一般在设计阶段可以解决，措施包括：足够的吸入高度、补油泵补油、加大吸入口通径降低流速、降低沿程压力损失与局部压力损失、由泵的内部泄漏油进入吸油口等。

液压系统负压补油回路见表2-6。

表2-6　液压系统负压补油回路

分类	回路图形	说明	分类	回路图形	说明
负压补油主要应用在液压执行机构产生负负载时的进口端，典型的应用是在液压马达端与静液压闭式系统中					
液压缸进口端补油回路	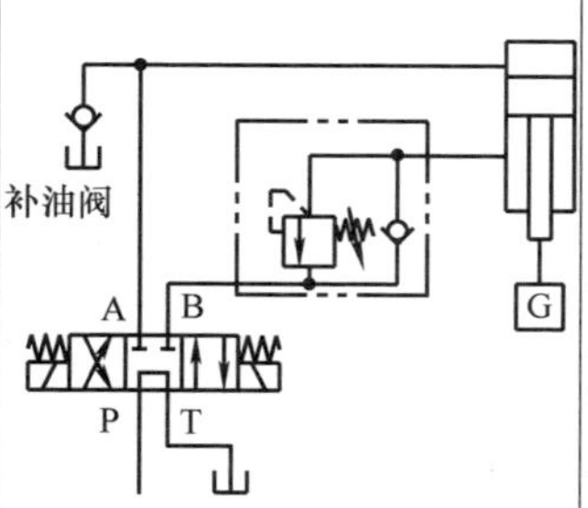	在负负载情况下，液压缸进油端由于液压泵源流量不够产生负压，这时只需要直接并联一个补油阀。当液压缸上端产生负压时直接从油箱补油	液压马达进口端补油回路	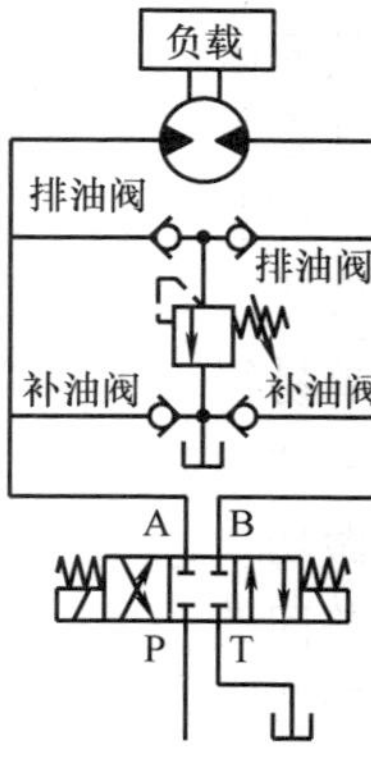	当液压马达停止供油后，由于惯性原因，马达仍然会继续转动，但是由于马达入口无法供油，因此造成真空现象。这时采用的桥式油路马达会从油箱通过单向阀（开启压力<0.05MPa）直接吸油，与此同时桥式油路也有利于通过溢流阀将马达的排油输送至进油口

2. 油液高速流动产生的真空状态与气蚀

油液在流动中会产生流速过高的情况，根据伯努利方程可知，流速过高会造成该处的压力过度下降，甚至低于油液的饱和蒸气压，这时也会在该处产生气蚀破坏。这种情况较多发生在液压控制阀的阀芯开口处与液压阀阀块的孔道之中，特别当阀芯处于开启、关闭的过程中，或者不完全开启的工况下，这个区域的流速可能会很高，致使该处液流压力低于饱和蒸气压而产生气蚀现象。在管路的流动中或者阀控孔道中，由于管路或孔道通径设计太小或者局部阻力损失太大时也会产生这种情况。

当产生气蚀现象时，元件外部特征表现为噪声、振动、管接头松动或者元件紧固件松动等。为避免上述局部流速过高的情况发生，一定要在设计阶段严格参照液压系统设计的国家标准（如 GB/T 3766—2015《液压传动　系统及其元件的通用规则和安全要求》），并且管径选大，阀的通径选大，避免流道中各种急剧的弯曲、变窄等情况发生。推荐使用的一些经验值见表 2-7。

表 2-7　液压系统局部流速推荐参考值　　（单位：m/s）

流动区域	吸油管路	回油管路	压力管路	阀口
国家标准推荐值	<1.2	<4	<5	不适用
经验参考值	<1	<3	<6	<10
阀块孔道	<1	<(3~4)	<(6~7)	—
工程机械液压	<1.2	<4	<7	—

3. 负负载工况下防止执行机构进油端产生负压的思路

在正常工作状态下，液压系统执行机构的进油端总是处于高压状态驱动负载。在负负载下，执行机构的进油端可能因为执行机构的加速下降造成局部真空或负压状态，严重时会引起主机强烈振动甚至灾难性的后果。因此在系统设计时必须充分考虑避免这种工况的产生。但是在实际运行时，由于各种因素的影响，这种情况仍然可能发生。究其原因，设计者一般考虑的是静态下的某种工况，难以周全顾及各种工况，特别是动态工况，因此这种负负载产生的啸叫或振动时有发生。

可以采用两种控制策略解决负负载工况：①采用“堵截”的思路，即采用平衡阀，使负负载形成的出油端高压缓慢释放，从而避免执行机构进油端产生负压状态。这个办法简单易行，成本低，但是能量损失大，是造成液压系统效率低的一个重要原因。②采用“疏导”的思路，将负负载造成的出油端高压所产生的能量储存起来，以后再做功。这就是“二次调节流量耦联静液压技术”，本书称为“静液压负载端流量调节回路”；或者“二次调节压力耦联静液压技术”，本书称为“静液压负载端压力调节回路”。这可以使负负载时执行机构不会失速。平衡阀产生发热的问题也因此得到较好解决。

静液压负载端控制系统与静液压闭式系统基本上是同一种类型的控制回路，它们的异同见表 2-8。

表 2-8　静液压技术（HST）与二次调节静液压技术（CPR/CPS）比较

分类	静液压技术	二次调节流量耦联静液压技术	二次调节压力耦联静液压技术
英文名称	Hydrostatic Technology	Hydrostatic Transmission Technology with Secondary Flowrate Regulator	Common Pressure Rail/ Common Pressure System Technology
缩写	HST	HTSFR	CPR/CPS
工程名称（建议）	静液压闭式系统	静液压开式系统 静液压负载端流量控制系统	静液压开式系统 静液压负载端压力控制系统
系统回路示意图	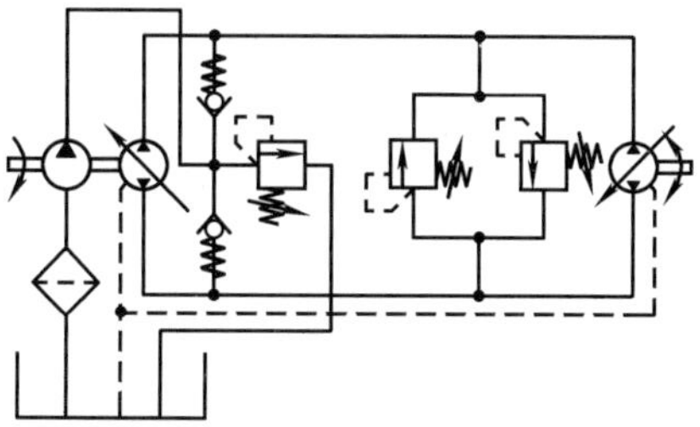	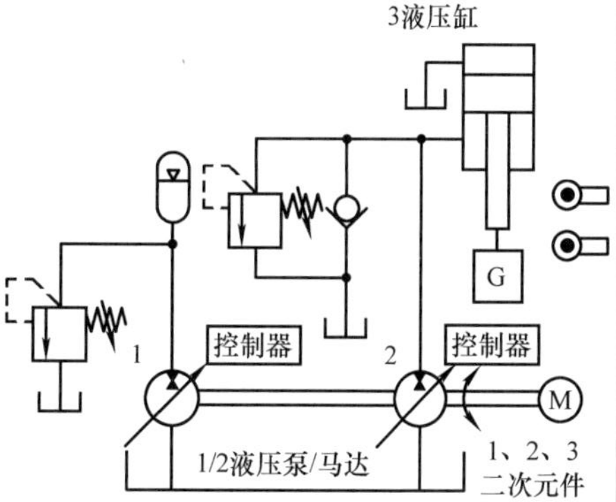	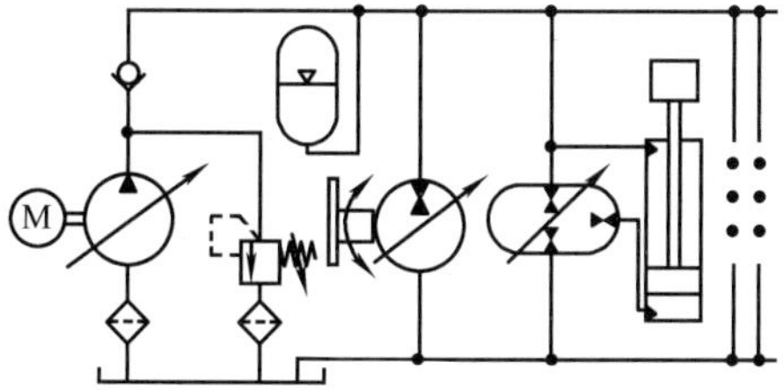
特性曲线	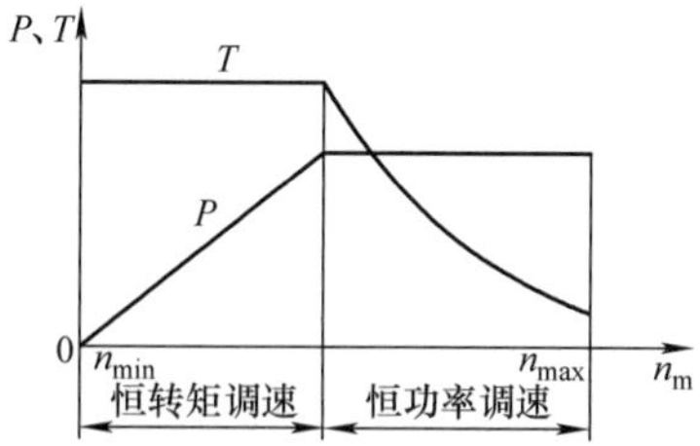	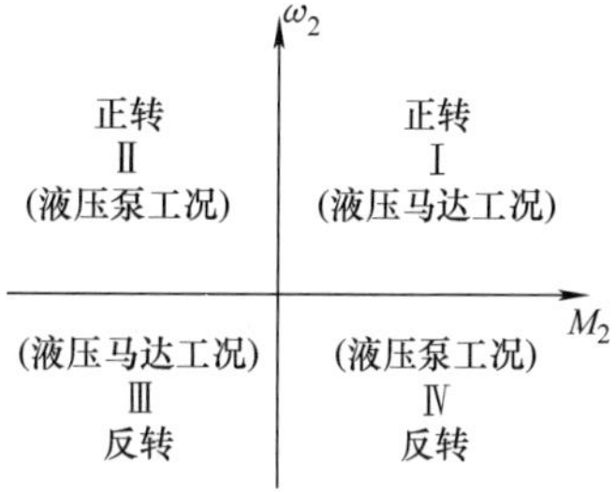	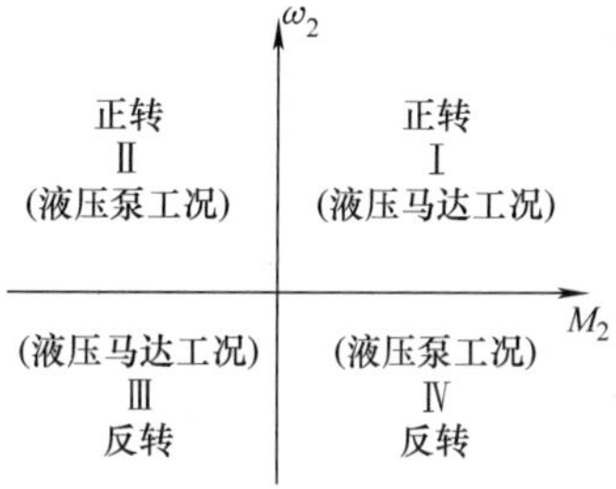

（续）

分类	静液压技术	二次调节流量耦联静液压技术	二次调节压力耦联静液压技术
主调节元件	泵端液压泵与负载端马达/液压缸	负载端马达或负载端液压缸	负载端马达或负载端液压缸（需压力变压器）
调节特点	一般没有负负载	负载端负负载	负载端负负载
储能元件	无	液压蓄能器、机械飞轮、电转换	液压蓄能器、机械飞轮、电转换
负载特点	单负载	单负载 + 负负载	多负载 + 负负载
控制策略	泵端变量为主	负载马达 2 斜盘倾角按要求设置，作泵工况，输出流量恒定，压力由负载决定。蓄能器与执行元件无关	泵源压力恒定，流量随负载变化，实现并联多负载工作。负载变化不影响泵源压力
能量回收	一般不采用蓄能措施，无能量回收效果	负载马达驱动负载是泵工况，负负载回收能量是马达工况	负负载时负载端马达处于泵工况
回路相同点	主油路无节流元件，节能	主油路无节流元件，节能	主油路无节流元件，节能
回路不同点	闭式 无储能元件	开式为主，有储能元件（液压、机械、电等）	开式为主，有储能元件（液压，机械、电等）
应用特点	工程机械驱动装置	负负载能量回收利用装置	多负载场合（对液压缸需要泵式变压器）
液压主机	搅拌车驱动、机械功率分流无级变速器、混合动力汽车等	提升卷扬机械、起动频繁车辆	群控作业装置与试验装置

2.2.3 负负载时防止执行机构进油端产生负压的控制回路

如图2-6a所示的工况，当执行机构的负载不是阻力，而是一个推动力 F_L 的时候，称之为负负载工况。此时执行机构就成为泵工况，即进油端会产生压力低于大气压的可能性。

在这种情况下，负载重力会使执行机构加速下降，液压泵提供的流量 q 此时往往跟不上负载下降速度的需要，从而造成液压缸上腔形成真空压力，这会使执行机构失控，因此对执行机构及其主机产生有破坏的危险性。从原理来讲，解决这个问题的办法就是在液压缸下降时节流，因此平衡回路的最基本要求是采用节流阀R，图2-6a就是这个办法。但是实际上这个节流阀需要随着上腔压力 p_c 与阀后压力 p_s 的变化而变化，才能达到要求的运动控制效果。为此系统采用液控平衡阀，如图2-6b所示，其原理可以从图2-6c所示的液控平衡阀的结构看出来，油口压力 p_c 下降时，作用在阀c处直径与b处直径之间的环形断面的力就减小，阀口a处的阀口开度就会减小，使液压缸的速度减缓，有利于保持液压缸上腔的压力仍然为可控正压。同样的控制功能也作用在油口上，这里是平衡阀的出口油压 p_s 的反馈。因此，平衡阀（见图2-6d）在液压缸上腔压力下降时，以及平衡阀出口压力下降时，平衡阀的进口开度都会自动调节减小，从而避免液压缸上腔压力因负负载的影响产生快速下降，导致压力失控。液控平衡阀的图形符号如图2-6d所示。

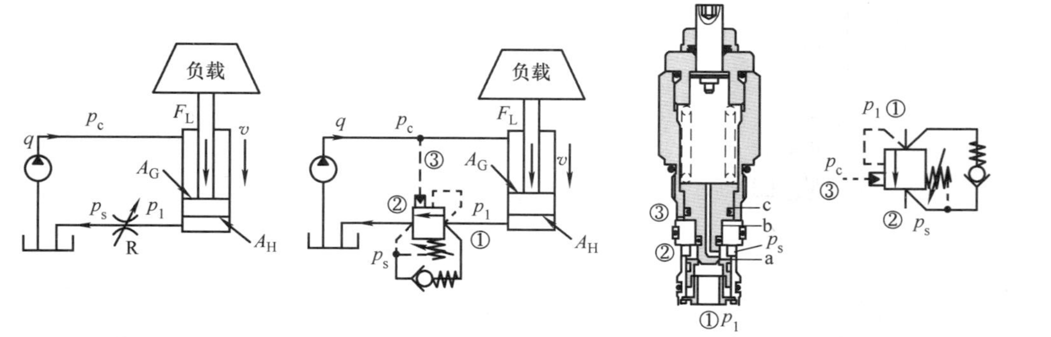

a) b) c) d)

图2-6 解决液压执行机构负负载问题采用的液控平衡阀

平衡回路中所用的液控平衡阀（见图2-6c）是上腔压力、下腔压力与平衡阀背压压力三个压力综合控制的结果，因此，原理上它是“压力顺序阀+自调可变节流阀+安全阀”三个控制功能综合的元件。同时对于泄漏也有比较严格的要求，以保证在负负载存在时有良好的控制精度，保压锁紧的状态性能良好，负负载尽可能不影响液压缸的位移。平衡阀对于主机安全的重要性很高，因此平衡阀一直是所有液压控制阀中设计加工与性能要求最高的阀种之一。目前，世界上平衡阀品牌知名度最高的主要是国外液压元件专业生产厂商，诸如太阳液压（SUN Hydraulics）公司的螺纹插装式平衡阀，布赫液压公司的板式平衡阀。

根据主机对负负载控制的精度要求，平衡回路的形式也很多，有简易的平衡回路与高精度平衡控制回路，表 2-9 列出了压力平衡回路。

表 2-9　压力平衡回路

分类	回路图形	说明	分类	回路图形	说明
液控单向阀+节流阀	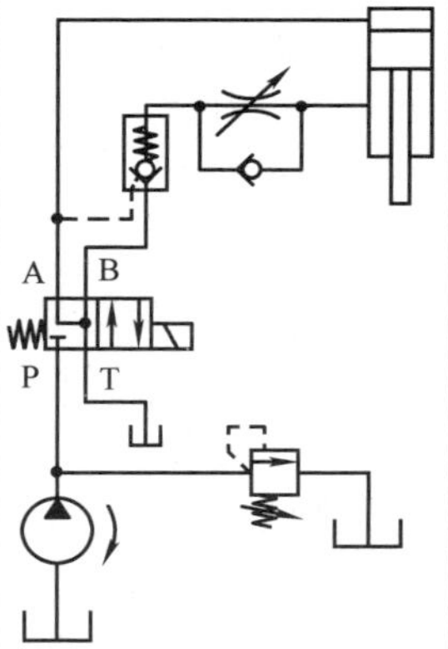	采用液控单向阀的回路是最简单的平衡回路，在负负载工况变化不大、对运动控制要求不高的场合使用。使用效果一般不理想，但是成本低、功耗小	液控单向阀+顺序阀	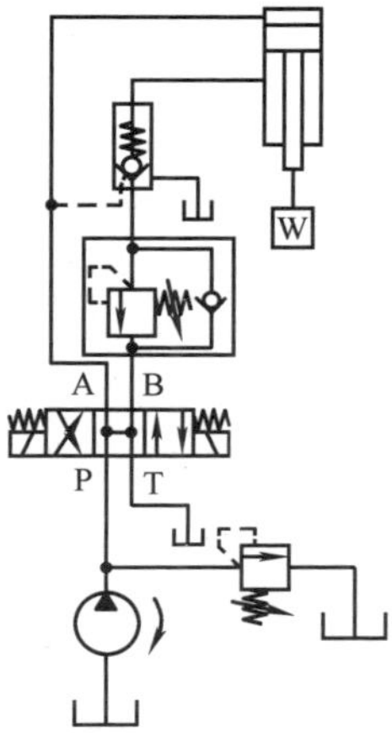	液控单向阀是制止负负载下滑与保压的最基本措施，打开后顺序阀在调定的压力下打开，起到平衡作用。特点是采用普通元件成本低、功耗小
平衡阀平衡回路	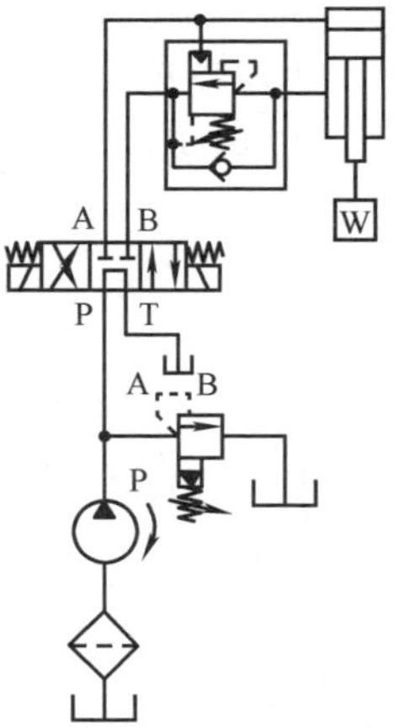	这是典型的采用平衡阀的平衡回路。但良好的平衡效果需要根据负负载特点对平衡阀进行选择。如果要求高还需要通过计算选择元件	马达平衡回路	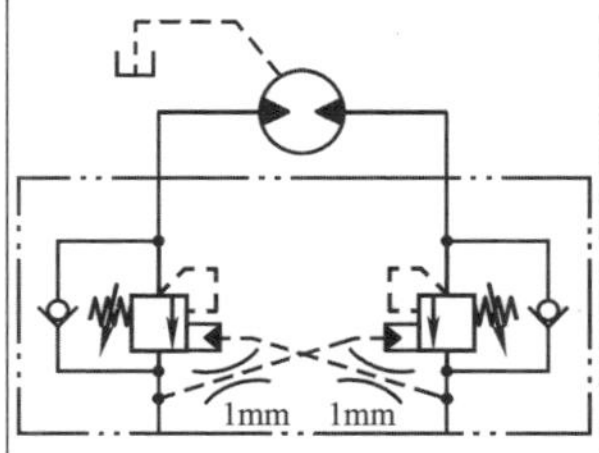	带有旋转性负负载的马达需要平衡回路。控制油路加节流孔，可使控制压力免受系统大流量的冲击，影响稳定。进一步可考虑加装蓄能器

2.2.4　多负载下压力控制原则与控制回路

1. 多负载下压力共享的可能性

根据流体的静力学特性，液体的静压力垂直于作用面内法线方向，同一点各方向的静压力相等。简而言之就是在一个密闭空间内，液体在容器内的压力在各个方向上全部相等。如果在一个液压系统内有同时运动的 2 个液压缸（多负载）处于一个共同的密闭空间内，则在同一个空间内的 2 个液压缸不可能同时具有两个不同数值的压力，或者说压力是无法并联共享的，不同压力不可能在一个密闭空间内同时存在。

因此，在具有同一液压源的液压系统中有多个执行机构，又具有不同的负载压力需求时，就有多负载下不同压力参数如何控制的问题。这就产生了各种多负载的控制策略：①压力高低按顺序控制策略；②多负载压力相互隔离后，供油压力共享控制策略；③发展不存在压力共享的技术，即采用分布式液压控制系统，所有动作均有各自的动力源，它们通过总线技术实现互联。

2. 多负载下液压执行机构的控制原则

（1）顺序原则　也就是负载动作按顺序进行，避免压力共享。这就是传统的液压顺序控制回路。对直线运动，按负载大小原则，产生顺序动作，可见表2-10中的多负载下压力顺序控制回路；对旋转运动，亦遵守负载大小原则，但必须相互隔离。如果不能达到目的，则将利用执行机构上一个动作发出的信息去触发下一个动作的产生，分别采用压力、行程、时间（PLC、工业控制计算机等）等信号实现顺序动作。

（2）压力隔离但供油压力共享控制原则　该原则具有阀控隔离共享回路与泵控压力隔离共享回路两种。

阀控元件隔离法是采用具有隔离功能的液压控制阀，将多负载系统中每个执行机构的压力与泵源隔离，使得所有负载接受泵源统一的压力，实现压力共享。减压阀具有压力隔离功能，它也可以称为"阀控液压变压器"，如图2-7a所示。这种方法简单易行，压力损失大，控制精度不高。在多路阀的LUDV的负载敏感回路中就是采用这种方法。这种液压负载敏感后补偿系统之所以可以抗流量饱和，就是因为有阀控变压器——减压阀的存在，使一个泵源可以按各个系统的节流比（解除了负载敏感前补偿的流量恒定束缚）来分配流量。

泵控容积式压力隔离是在静液压负载端压力调节回路里（二次调节压力耦联静液压传动技术），用液压变压器——泵元件实现，如图2-7b所示。

泵控液压变压器在市场上少见，其工作原理也较新。泵控液压变压器是以斜轴式轴向柱塞马达的结构为基础，将泵、马达集成为一体，但是配流盘采用三个相同的腰形槽，分别与高压口A、负载口B与低压口T相连。配油盘控制角度δ为A腰形槽中点P与缸体下死点位置BDC间的夹角。通过调整变压器配流盘绕缸体中心轴线的旋转角度，就可改变进、出变压器三个腰形端口的油液流量，从而调节缸体的旋转速度和变压器的变压比。此液压变压器调整压力时可实现无节流损失，调整压力也可任意变化，变压过程可逆，既可向负载输出能量，也可以从负载向蓄能器回收能量。

由于有液压变压器的存在，因此，在一个液压源条件下可以驱动并控制多个液压马达或液压缸这样的二次调节元件。但与采用减压阀的阀控压力隔离原则相比，泵控液压变压器是容积式压力隔离，能量损失要小，但成本高。这种方法需要进一步推广到应用中，对能量回收具有优势。在"静液压负载端压力调节"中，依靠负载端可以正反向在四个象限中进行自身调节，故泵端压力可以保持不变，让此静液压系统的流量随负载变化，因此在同一个压力下可以并联若干不同的负载，即多负载下压力共享控制回路详见表2-11。

表 2-10　多负载下压力顺序控制回路

分类	回路图形	说明	分类	回路图形	说明
多负载顺序回路　对于单一液压源的多负载顺序动作，需要上一个动作发出结束信号去启动下一个动作。这个信号可以是负载产生的压力差、动作后的压力/行程、电控装置发出的信号					
负载压力发讯	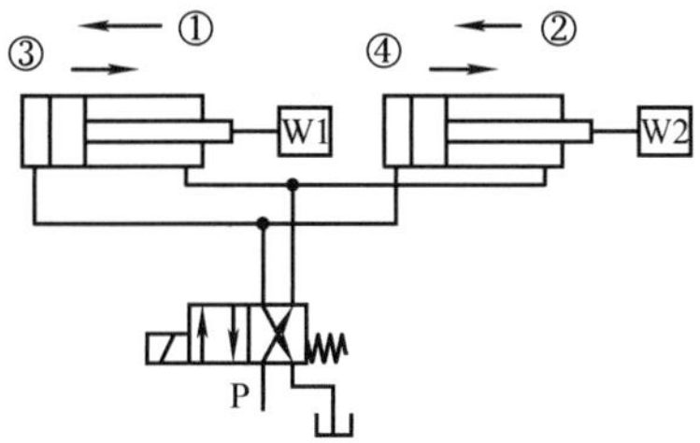	在 W1 < W2 的情况下，工作压力低的液压缸先行到头，然后压力升高使工作压力高的液压缸后行	顺序阀控制回路	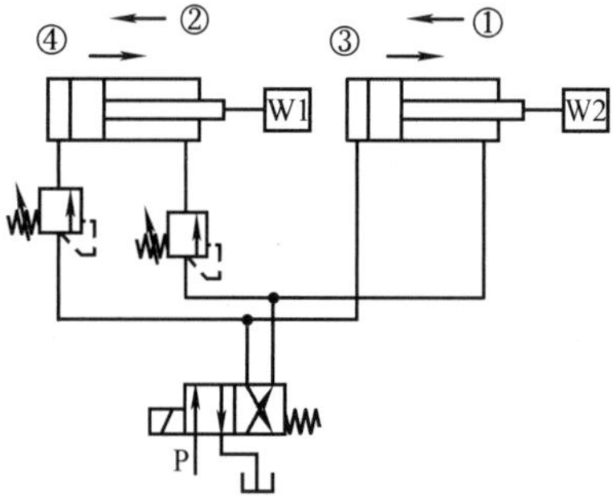	采用顺序阀产生所需要的动作顺序。顺序阀用变化的压力发出信号
压力与行程发讯	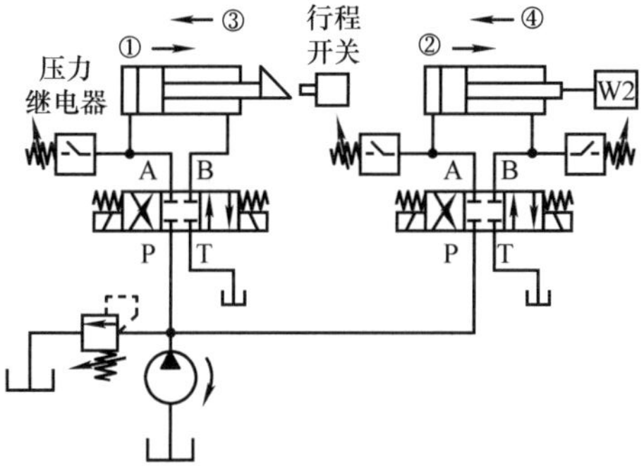	其中一个液压缸完成动作后，压力开关或行程开关发出信号，然后触动下一个动作，达到主机的控制要求。可以形成动作循环	电控发讯回路	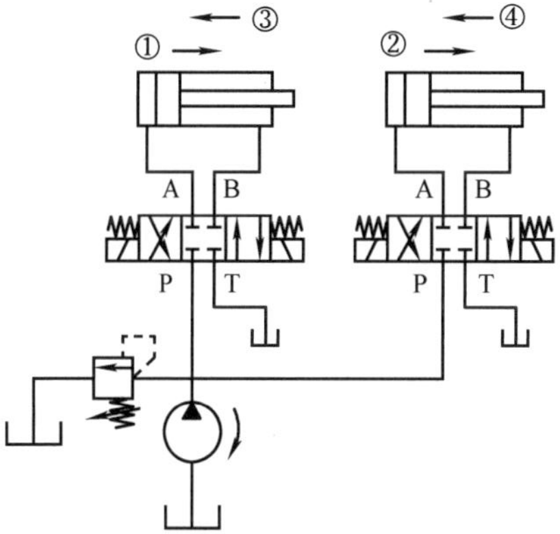	动作顺序可由 PLC 或工业控制计算机编程决定。这是液压 3.0 中的电液一体化技术。由电控替代顺序阀硬件具有的控制功能是技术发展的必然趋势

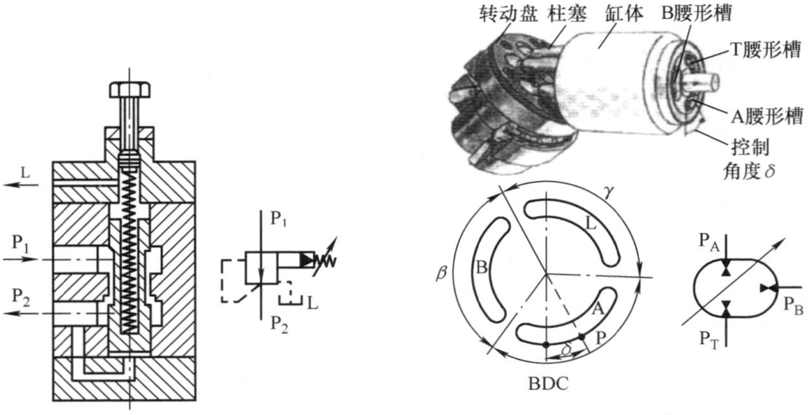

a)　　b)

图 2-7　液压变压器工作原理与符号

a）阀控液压变压器（减压阀）　b）泵控液压变压器（新型）

表 2-11　多负载下压力共享控制回路

分类	回路图形	说明
多负载压力隔离共享回路　在阀控情况下，采用减压阀将压力源与多负载之间进行隔离，从而达到在不同的负载压力下使负载承受同一泵源压力。在泵控情况下，采用泵控液压变压器将压力源与多负载之间进行隔离，多负载共用一个泵源		
阀控压力隔离回路	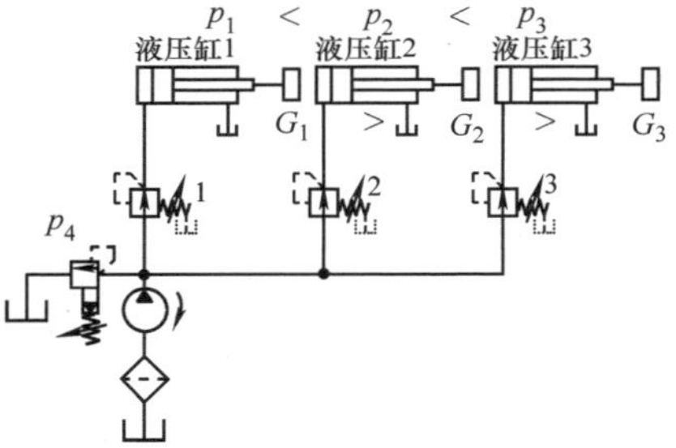	假定系统有三个负载且 $p_4>p_3>p_2>p_1$，当不存在减压阀时，压力小的负载先动作。如果在进油路均置入调节好的减压阀，则所有液压缸可以同时动作，因为减压阀将供油压力与负载压力沟通了，但压差越大的减压阀的阀口会越小，节流则越大，流量会越小。因此从根本上说减压阀是一个变节流的阀，在这种情况下它的作用就是将负载本身的压力在系统隔离开来
静液压负载端压力调节回路	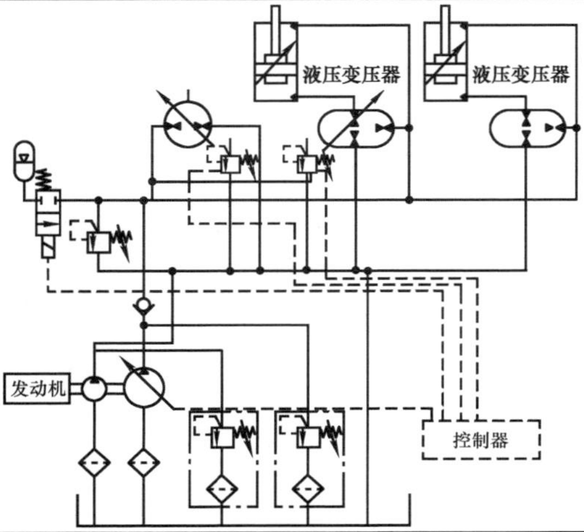	这是二次调节压力耦联静液压传动技术，作为工程应用就等同于静液压负载端压力调节回路。它是负载端液压执行元件无损耗从泵源恒压网络取得能量，数量可以不止一个。这些负载可以实现系统负负载时的能量回收与重新利用 对于连接高压恒压网络（恒压泵输出并联元件回路）上的低压液压缸，也就是说作为直线负载连接到泵源（恒压源）时，一般用节流阀实现，这就会产生能量损失。为了使恒压网络无节流损失地驱动直线负载（液压缸），需要液压变压器，如左回路所示 近年发展的液压变压器不仅能够驱动直线负载（液压缸），也可以驱动旋转负载（液压马达）

2.2.5　压力的感知与压力传感器

从自动控制角度来看，液压系统就是一个被控的状态空间。状态空间的参数作为自变量决定了整个系统的控制行为。因此压力 p 就是液压系统内在的控制变量，只要知道系统所有节点上的压力值，那么整个液压系统的行为也就可以掌握与控制了。因此从现代控制（包括智能控制）的角度看，压力的感知是至关紧要的参数。许氏建模也说明液压系统与元件的状态变量是负载压力与速度/位移，因此压力传感器对液压系统与元件的控制而言是不可或缺的。

压力的感知最初通过压力表，至今仍在沿用。在液压技术发展到电液一体化时代，压力的感知有压力开关、压力传感器等。液压技术进入数字液压以及智能液压后，对于液压压力的感知提出了嵌入式压力传感器的需求，压力感知的发展见表 2-12。

表 2-12　压力感知的发展

时代	压力感知元件符号	结构型式	工作原理特点	性能参数
液压 2.0	弹簧管式压力表 	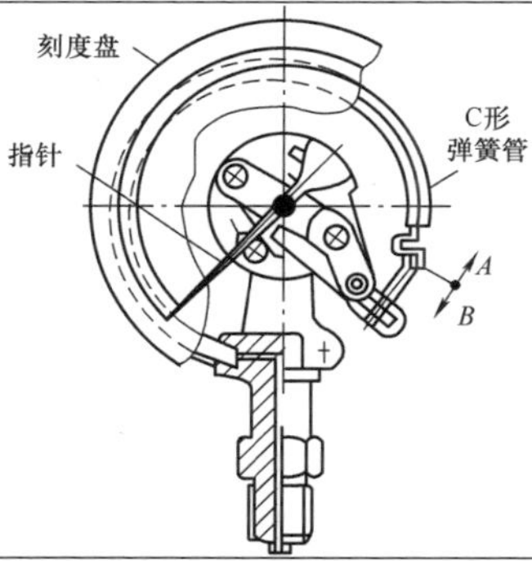	弹簧管受到压力后发生伸张变形，通过 AB 处放大结构杠杆带动小齿轮使指针偏转，从刻度盘读出读数	测量范围：0 ~600MPa；精度一般 ±0.2% ~0.5%，最高可达 ±0.002%；常温下使用；测量静态 至今沿用，目测
	数字式压力表 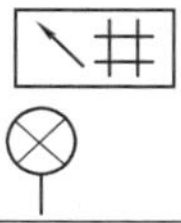	在弹簧管式等压力表基础上，通过内部传感器将弹簧变形量转换成电信号显示	感知元件的种类较多，通过电路进行数据采集	便于目测与数字采集记录
液压 3.0	压力开关 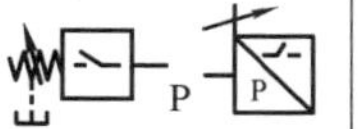 机械电子控制压力开关　电调节压力开关	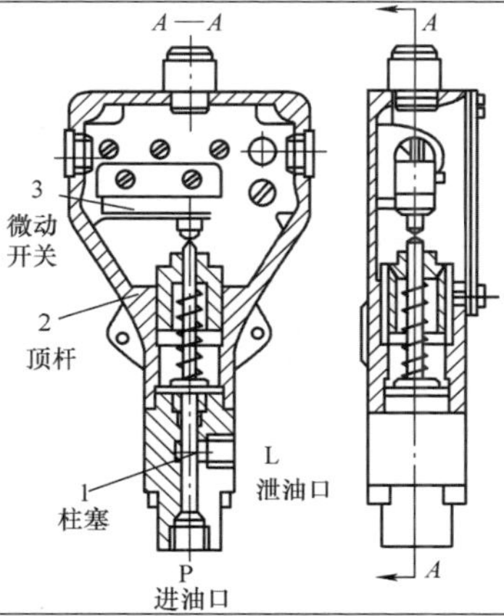	由压力 - 位移转换部件与微动开关两部分组成。压力 - 位移转换结构有柱塞式（如左图）、弹簧管式、膜片式与波纹管式。压力开关有单触点与双触电之分	压力范围 0.7 ~40MPa；电气电压有交直流之分，电压有直流 24V、110V、220V 与交流 220V、380V

（续）

时代	压力感知元件符号	结构型式	工作原理特点	性能参数
液压3.0	压力传感器 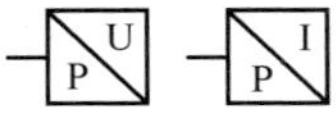	 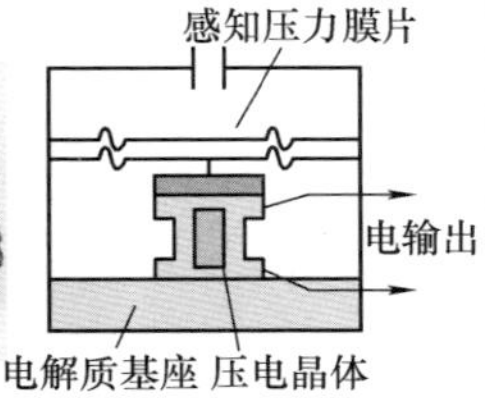	压力传感器品种多，有电感式、电容式、电阻式、霍尔式、压电晶体式、谐振式等	测压范围：-0.013MPa～0；0～60MPa。固有频率高达400kHz，精度达±0.05%
液压4.0	嵌入式压力传感器	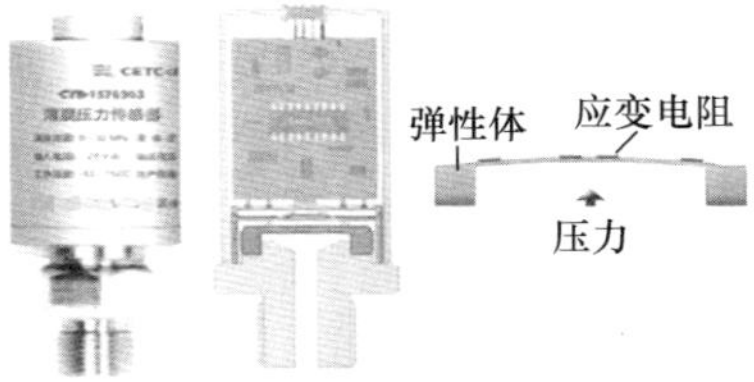	利用离子束溅射镀膜制造技术。外径小，可以在液压阀块内部安装。由基座、压力敏感芯片、A/D转换电路、放大电路、电连接器等五大部分组成	突出特点是受温度影响小，稳定性优于0.1%F.S/年。精度达±0.15%
	智能传感器	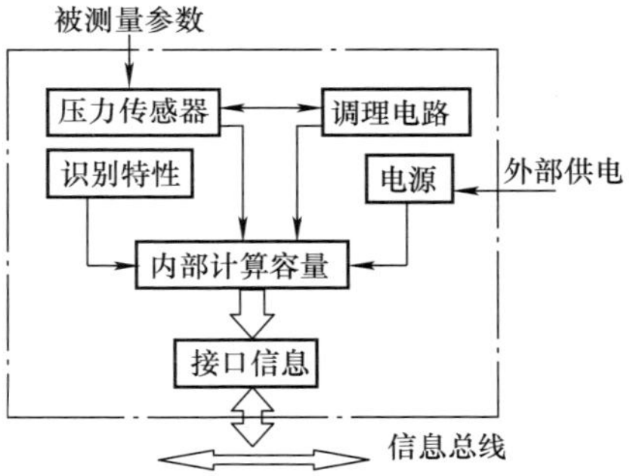	将传感器与微处理器一体化成为智能传感器，具有自补偿、自诊断、双向数字通信、远程控制、量程设定、信息存储等功能	精度一般优于0.1%，重复性达0.005%，是全数字化传感器。可输出模拟信号与数字信号

2.3 流量与流体的关系及其控制回路

2.3.1 体积流量的定义与排量的形成

1. 体积流量的定义

体积流量 q_V（俗称流量）是液压系统另一个重要参数，定义为在单位时间内工作介质通过某一截面的体积。流体机械在一个运动周期（如旋转一周）形成的

体积变化量定义为排量 V，即

$$q_V = Vn \text{（液压泵）} \tag{2-6}$$

$$q_V = VC/t = vAt/t = vA \text{（液压缸）} \tag{2-7}$$

式中　q_V——流量（L/min）；

V——泵的排量（液压泵旋转一周排出的液体体积）（cm^3/r）；

n——转速（r/min）；

VC——液压缸腔容积（cm^3）；

A——液压缸活塞面积（cm^2）；

v——液压缸活塞杆运动速度（cm/s）；

t——时间（s）。

液压泵具有可输送液体的密闭容积，这个容积可以是固定不变的，也可以是变化的。利用旋转过程将此容积排出并以单位时间衡量即为流量。这时的流量称为在无负载情况下的理论流量。由于在液压元件内部的零件间有相对运动，存在间隙，因此在有压情况下必然存在油液的泄漏，因此液压泵的有效流量是在一定压力与一定温度下的输出流量，称为公称流量。泵的产品样本或铭牌上标出的此泵额定流量是这个泵在试验温度下与额定压力下的公称流量。理论排量就是几何排量，是设计所确定排量，或者是空载排量。有效排量对应规定压力与温度下的实际排量或称有效排量。

2. 流量与排量的标准与分类

液压泵及马达公称排量按国家标准可以分为表2-13中的标准等级。

表2-13　液压泵及马达公称排量系列（GB/T 2347—1980）

（单位：mL/r）

0.1	1.0	10	100	1000		3.15	31.5	315	3150
			(112)	(1120)			(35.5)	(355)	(3550)
	1.25	12.5	125	1250	0.4	4.0	40	400	4000
		(14)	(140)	(1400)			(45)	(450)	(4500)
0.16	1.6	16	160	1600		5.0	50	500	5000
		(18)	(180)	(1800)			(56)	(560)	(5600)
	2.0	20	200	2000	0.63	6.3	63	630	6300
		(22.4)	(224)	(2240)			(71)	(710)	(7100)
0.25	2.5	25	250	2500		8.0	80	800	8000
		(28)	(280)	(2800)			(90)	(900)	(9000)

表2-13中规定的公称排量系列是按国家标准GB 321—1980规定的优先系数 q_r 作为理论公比对各种量值进行分级的规定给出的。表中具有圆括弧的数字是非优先

选用的数值。目前运动控制型液压泵的流量分类表示见表2-14。

表2-14 液压系统与元件的流量分类 （单位：L/min）

流量级别	微流量	微小流量	小流量	中等流量	大流量	超大流量
流量值 L/min	10^{-3}	10^{-3} ~1	1~10	10~300	>300	>3000
典型应用	生物芯片	机器人	常见液压装置		重型压力机	能动型液压

以上流量分类概念也是基于液压技术的发展形成的，在液压技术与应用的不同发展阶段，流量分类的具体数值也是在变化的。目前液压系统与元件的流量正在向两个比较极端的方向发展，目前大流量已经达到8000L/min，甚至达到10000L/min以上，其中能动型液压是指液压技术用于能量转换的应用中，如风能转换成液压能。而微流量正向微传感器、生物芯片等方向发展，薄膜微机械泵的流量是0~1mL/min（10^{-3}L/min），目前处于开发的微流控元件流量甚至达到10^{-6}L/min。这里所提及的能动型液压，与目前工程机械液压或工业液压中大量应用的运动型液压、在拖拉机等工程机械主机中所用的传动型液压、微液压构成了当前液压应用的四大领域。

目前在液压产品样本或者厂商可以提供的产品中，液压泵的最大排量为1000mL/r，而低速大转矩马达的最大排量可以达到10000mL/r。而液压主机或装置的应用中，单个液压泵排量大多采用40~250mL/r。

3. 液压泵排量的形成

根据自身的机构，目前常用的液压泵/马达主要是齿轮式、叶片式与柱塞式。它们的理论排量计算方法见表2-15。

表2-15 液压泵/马达排量 V 参数计算公式

液压泵/马达类型	排量计算公式/(cm^3/r)	式中含义
齿轮式	$V=kdmb$	d 为齿轮节圆直径（cm）；m 为齿轮模数（cm） b 为齿宽（cm）；k 为齿轮系数（标准7，变位约为9.4）
叶片式（双作用）	$V=2b[\pi(R^2-r^2)-(R-r)\delta z/\cos\alpha]$	R、r 为定子内圆最大、最小半径（cm） b、δ 为叶片宽度、厚度（cm） α 为叶片倾斜角度（°）；z 为叶片数量
柱塞式（轴向）	$V=\frac{\pi}{4}d^2Dz\tan\alpha$	d 为柱塞直径（cm）；D 为柱塞分布圆直径（cm） α 为斜盘倾斜角（°）；z 为柱塞数目
柱塞式（径向）	$V=c\frac{\pi}{4}d^2hz$	d 为柱塞直径（cm）；h 为柱塞行程（cm） c 为每转柱塞行程次数；z 为柱塞数目

2.3.2 流量在连续管路中流动遵循连续性方程

流量 q_V 在流动中遵循连续性方程，根据质量守恒定律，单位时间内通过管路任一有效断面的流体质量为常数，即连续性方程：

$$\rho A v = C \tag{2-8}$$

式中　ρ——流体密度（kg/m^3）；

A——通流有效断面面积（m^2）；

v——流体平均流速（m/s）。

因为质量守恒，理想流体连续流过任意二个断面时，它们总质量不变，可以表达为

$$A_1 v_1 = A_2 v_2 \tag{2-9}$$

也就是说，流过过流断面 A_1 的流量与流过过流断面 A_2 的流量是相等的。因此可以推断出，在任何一个过流断面或者管路的流动节点上，流入的流量等于流出的流量，或者说在这个节点上的流量 q_V之和为零，即在一个管路流动的节点上满足

$$\sum q_V = 0 \tag{2-10}$$

流量的连续性方程即式（2-10）与电路中的基尔霍夫定律是一致的。基尔霍夫第一定律阐明：在直流电路网络中会合在分支点的电流代数和等于零。令流入为正，流出为负，即每一分支点的基尔霍夫电流方程为$\sum I = 0$。或者说流向分支点的电流之和与由分支点流出的电流之和应相等。

2.4　流量控制回路

从负载角度看，流量控制就是调速控制，主要针对液压执行机构。对于液压马达的速度控制参数是转速 n，对于液压缸的速度控制是速度 v，它们表达在式（2-11）与式（2-12）中。

$$n = \frac{q_V}{V}\ \text{（液压马达）} \tag{2-11}$$

$$v = \frac{q_V}{A}\ \text{（液压缸）} \tag{2-12}$$

式中　n——转速（r/min）；

q_V——流量（L/min）；

V——马达的排量（马达旋转一周排出的液体体积）（cm^3/r）；

v——液压缸活塞杆运动速度（cm/s）；

A——液压缸活塞面积（cm^2）。

流量还涉及方向问题。在涉及控制问题时，流量方向关系到信号极性。

2.4.1　流量控制回路分类与特征

1. 流量控制包括调节控制与方向控制两类

流量控制有两大要求：①泵的流量满足主机运动速度的要求；②二者的数值尽可能一致，以符合节能要求。

传统液压技术将液压控制分为三种类型：压力控制、流量控制与方向控制。也就是将流量控制与方向控制作为两个单独的控制方式对待。但是现有的“液压比例方向控制阀”的功能已经是流量控制与方向控制合在同一个元件内，实际上方向控制是工作介质流动模式的一种控制，可以归于流量控制的范畴之中。图2-8展示了油液流量参数控制体系，流向通断控制归于液压的流量控制。

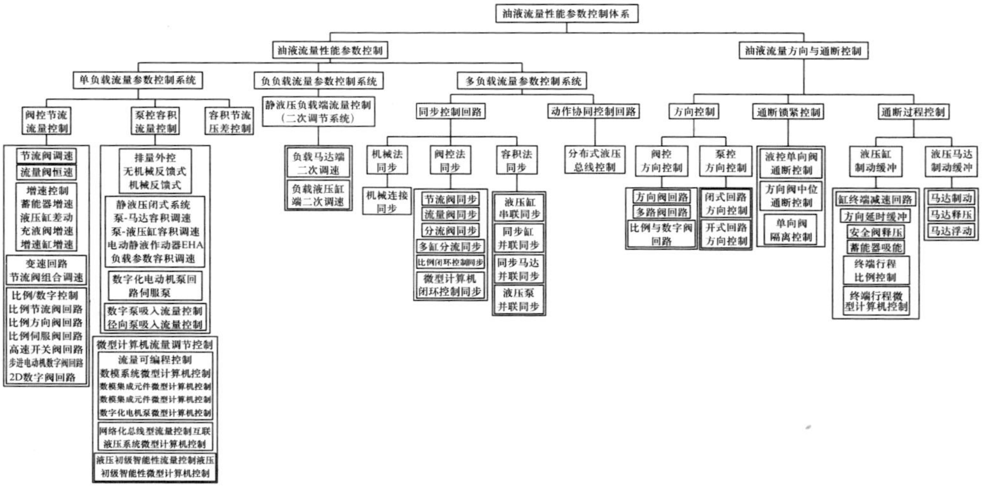

图2-8　油液流量参数控制体系

2. 流量控制的模式取决于负载状态

在单负载、负负载与多负载这三种负载情况下，流量控制的策略完全不同。

在多负载的流量控制系统中，比较多的是速度同步系统。它与压力的同步系统要求不同，压力同步时即使负载不同也可以以同时动作为目的；而流量对应的速度同步要求在速度或位移方面有控制精度的严格要求，因此采用了机械法同步、阀控法同步与容积法同步。但是随着技术的发展，例如机器人装备的发展，这个同步的要求会因为要有复杂的动作路线，在控制上不仅是同步而且还要动作解耦，因此计算机控制或者分布式总线控制的概念就进入液压控制，这些网络总线的概念会颠覆目前液压传动的传统形式。未来这方面的发展空间很大。

负负载的流量参数控制系统与传统的负负载压力平衡回路保证不失压的控制策略不同，前者重新回收利用负值产生的流量，作为能量储存起来再使用，即二次调节回路的应用。

单负载流量控制是最常见的流量控制方式。它包括阀控流量调节、泵控流量调节与泵控压差流量调节（负载敏感）三类控制方式。

2.4.2 单负载下阀控与泵控流量控制回路的特征

单负载下的流量控制类型丰富，电液一体化催生了许多控制形式并产生了新技术。随着数字液压的发展，流量控制概念已更新。

第一类是阀控流量控制回路：阀控流量控制回路属于传统的流量控制回路，是依靠传统节流阀类元件为主体的流量控制，或者在某些情况下利用液压缸的参与进行流量控制。有固定节流调速、恒速回路、增速回路、可变调速（减速、比例等）回路。这类回路的优点是简单、成本低、可靠性较好。缺点是因为都是节流控制，节能效果差。这类回路适合功率较低的情况。

第二类是泵（马达）控流量控制回路：流量调节的主体是柱塞式变量泵，因此节能效果比阀控要好。但是泵的成本高，系统复杂性增加。从发展看，当今数字化电动机驱动进入流量调节，液压定量泵也可以作为流量调节回路的主体元件。

泵控流量控制回路有四种类型：排量外控型流量控制回路；静液压容积式流量控制回路；静液压负载端流量控制回路；数字泵流量控制回路。排量外控型和静液压容积式流量控制回路是成熟的流量控制技术。数字泵流量控制回路是刚刚出现的流量控制技术，还在克服频响低的技术瓶颈。

1. 排量外控型泵控流量控制回路

变量泵的变量控制信号可以来自外部与内部两个方面。泵内部控制信号就是自身参数，包括压力、流量、压差、功率等实时信息，这些信息可以通过液压控制阀对泵进行闭环控制，形成了压力控制、流量控制与功率控制。另一方面，泵的外部控制信号是来自变量泵的外部参数，即非泵本身产生的信息，诸如手动操作、外部先导压力源、发动机或电动机的转速等控制信息。它是一种在无压力与无流量检测情况下直接对变量泵的变量机构进行调节操作的回路。另外，这种泵的调节也可以带有机械直接反馈机构，即形成自身的元件级小闭环控制，从而改善泵的动态调节过程。

2. 静液压容积式流量控制回路

静液压容积式流量控制回路在大功率下采用较多，这种回路由于没有节流的存在，符合节能要求，符合当前流量控制回路发展的大趋势。一方面分别向高、低功率方向拓展，另一方面也打破了仅应用于旋转类负载的局限，在向液压缸类直线运动类负载方面发展。这个回路既可以采用静液压泵的排量调节，也可以结合液压马达的排量调节。

这类流量控制回路的共同特点是流量调节没有节流元件，对应用于开式回路还是闭式回路没有严格限制。二次元件（液压马达/泵）可在四个象限内运行工作，既可以工作在液压马达工况，也可以工作在液压泵工况，为能量的回收和利用创造了条件。

3. 数字电动机驱动泵式流量控制回路

利用数字电动机驱动液压泵，这时流量控制的液压泵既可以是变量泵也可以是定量泵，泵的流量调节主要依靠数字电动机完成。数字电动机驱动泵的流量调节打破了过去认为电动机转速绝对不可以起停、转向与变化的陈旧概念，使流量调节从过去的纯液压元件本身的调节进入了电动机转速调节阶段。至今没有一个标准的定义与名称，可以称为功率数字液压、电动机液压或伺服电动机液压等。电动机控制也在向一体化电动机及控制数字化的方向发展。一体化电动机，包括无刷直流电动机及永磁同步电动机系统等，正在成为调速及伺服应用的主流。

电动机转速调节液压系统流量的方法既可以用于开式系统也可以用于闭式系统，还可以用于容积节流调速开式系统。

4. 数字泵吸油流量控制回路

在传统容积节流流量调节回路中，对流量的控制是以节流阀的压差检测为前提的，这样必然在负载压力下的流量调节过程中产生一定的功率损失。如果流量调节从泵的吸入口开始，就避免了这个问题。在这种情况下，液压泵精确产生系统需要的流量，压力控制也只是作为安全措施。

利用高速开关数字阀直接控制液压泵入口流量，使液压泵的排量成为非恒定的动态参数。这种方法就是由高速开关数字阀控制液压泵的吸排油口，系统需要流量时，液压泵柱塞腔通过压油单向阀向系统输送高压油液，此时进油口单向阀关闭。当系统不需要流量时，使吸油口单向阀功能通过二位二通方向阀取消，柱塞泵柱塞腔始终与油箱相通，而无法产生高压油液，达到了流量控制的目的。由于流量吸入通过高速开关数字阀控制，因此这种控制方式已经数字化，可以向智能化方向发展。

流量控制回路的概念正在扩展，目前有三个新特点：①流量控制不仅仅是运动控制需要，更与节能技术结合在一起；②泵控的容积调速回路已经从液压泵本身的变量扩展到液压泵驱动源的变速（如变频电动机、步进电动机与伺服电动机等），并且流量控制与正在发展中的数字类电动机密切结合，产生功率型流量控制回路，使流量控制的理念从纯液压的解决方案拓展到电液一体化的范畴中来；③作为智能液压控制，液压参数的控制最后都归结到流量的控制，只有数字化的液压元件才能发展智能化，采用软件处理算法来产生流量控制的各种功能。

2.4.3 单负载下阀控节流控制回路

阀控节流控制回路是采用最多、应用最普遍的流量控制技术，常用的液压元件是节流阀以及流量阀。节流阀的工作原理是在液压系统中通过改变节流口的通流面积或者通流通道的长短来改变局部阻力的大小，从而实现对流量的控制，改变执行机构运动的速度。采用节流控制方法必然产生能量损失，效率是所有流量控制中最低的，适用于中小功率以下的液压设备。由于一般应用于小功率场合，效率虽低，但能量损失的绝对值还是较小的。其控制敏捷，结构简单。

节流阀的流量特性为

$$q_V = KA\Delta p^m \left(K = C_q \sqrt{\frac{2}{\rho}} \right) \tag{2-13}$$

式中 q_V——节流阀流量（L/min）；

A——节流口通流面积（cm^2）；

Δp——节流口前后的压差（0.1MPa）；

m——由节流口的长径比决定的指数（薄壁孔 $m=0.5$，细长孔 $m=1$，短孔 $m=0.5\sim1$）；

K——由节流口的形式、尺寸和流体性质决定的系数；

C_q——流量系数，一般取 0.62 ~ 0.63；

ρ——流体介质密度（g/cm^3）。

由式（2-13）可知，对于节流调速而言，压差受负载变化的影响，面积就是唯一的调节参数。

阀控节流控制回路见表 2-16。

表 2-16　阀控节流控制回路

分类	回路图形	说明
（1）固定节流调速回路　将节流阀设置在执行机构的油路上，调节通流面积从而改变进入执行机构的流量。简单易行。能量损失大，成本低		
节流阀调速	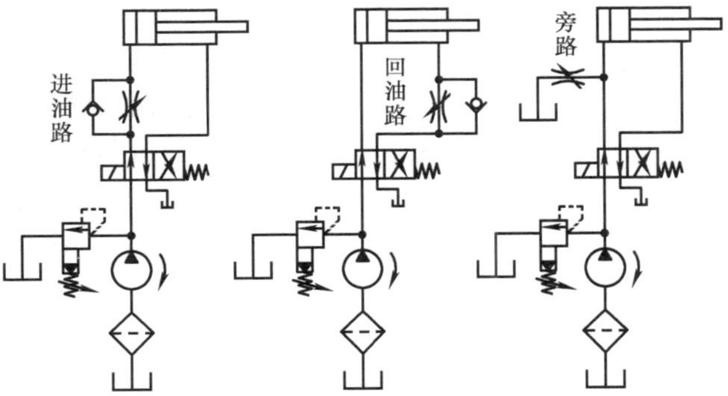	将节流阀设置在执行机构的进油路、回油路或旁路，以改变执行机构进入的流量，多余流量由溢流阀排入油箱。节流通过溢流耗能解决，系统易发热。旁路节流耗能改善，但是速度刚性不及进、回油调速。用于功率不大的场合
（2）恒速回路　在单泵源条件下，保持执行机构速度不受负载影响		
调速阀恒速	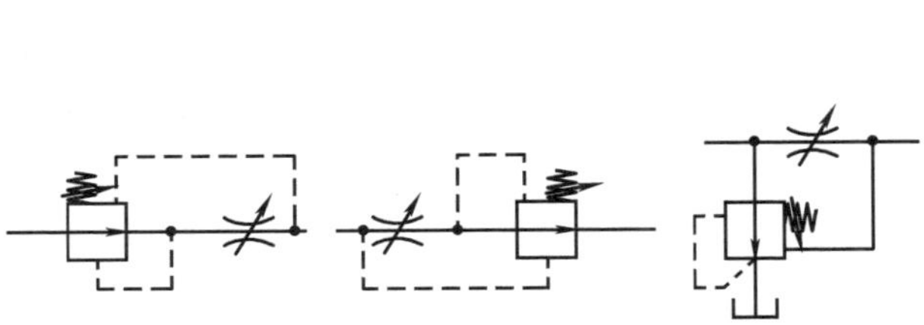 a) 减压节流调速阀　b) 节流减压调速阀　c) 溢流节流调速阀	由差压减压阀与节流阀串联（图 a 与图 b）或者由差压溢流阀与节流阀并联（图 c），保证节流阀前后压差不变，流量与负载变化无关。此方法多见于调速阀与多路阀

（续）

分类	回路图形	说明
（3）增速回路　在单泵源条件下，使执行机构运动速度高于该泵源提供的流量所能达到的速度		
蓄能器增速	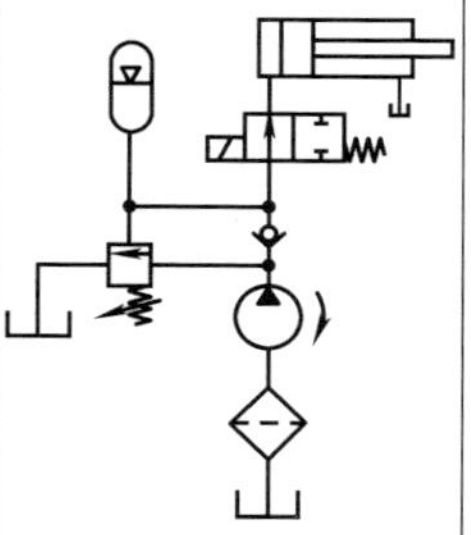	当方向阀处于右位时蓄能器充液；当方向阀处于左位时，蓄能器与液压泵同时向液压缸供油，实现快速进给
液压缸差动增速	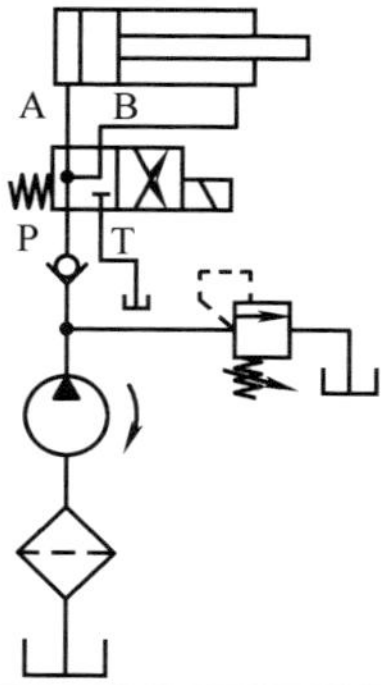	当液压缸的前后腔与液压泵源同时接通时，缸的后腔油液进入前腔，液压缸快速向前。这时增速的效果与液压缸有杆腔和无杆腔面积比有关。面积比越大增速效果越好，但输出力减小
液压缸充液增速	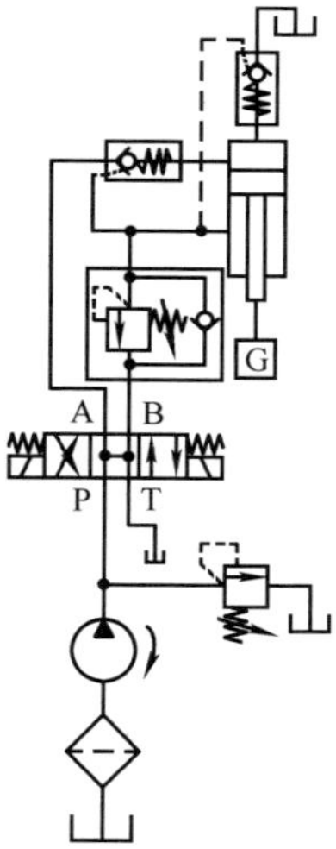	垂直安装的大型液压缸在下行时液压泵提供的流量往往不够，需要依靠上置油箱通过充液阀一起补油直至上腔压力升高关闭充液阀。回升时充液阀与回油单向阀打开回油
增速缸增速	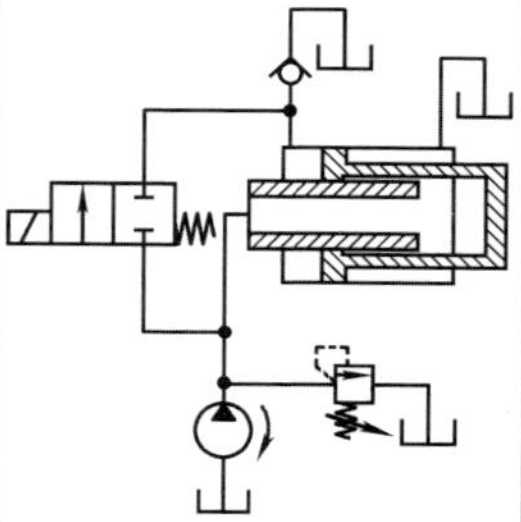	当二位方向阀在左位时，液压泵向增速缸的大腔和小腔同时供油，增速缸活塞慢速运动。二位方向阀在右位时，只向小腔供油，大腔由副油箱补油实现快速运动。此回路功率利用合理，增速比受增速缸尺寸的限制，结构较复杂
（4）可变节流调速回路　在单泵源条件下，使执行机构运动速度低于该泵源提供的流量所达到的速度，速度变化可间断，也可比例连续		
节流与方向阀组合变速	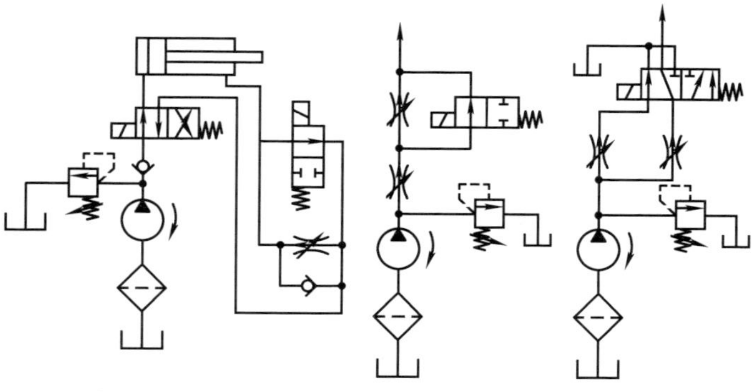 a) 节流阀换向转换　b) 串联节流阀换向选择　c) 并联节流阀换向选择	可以有方向阀与节流阀的各种形式组合形成液压缸运动速度的变化。在图a中，采用机械信号使速度转换。在图b中，串联节流阀通过电磁阀的通电与否来产生液压缸速度的变化。在图c中，并联节流阀通过方向阀选择。变速回路的各阀组合可以由设计者根据具体项目选定

（续）

分类	回路图形	说明
（5）比例与数字比例调变速回路　比例与数字比例调变速回路更多地体现液压技术的电液一体化与今后智液一体化的自动控制甚至智能控制		
比例阀或数字比例阀调速	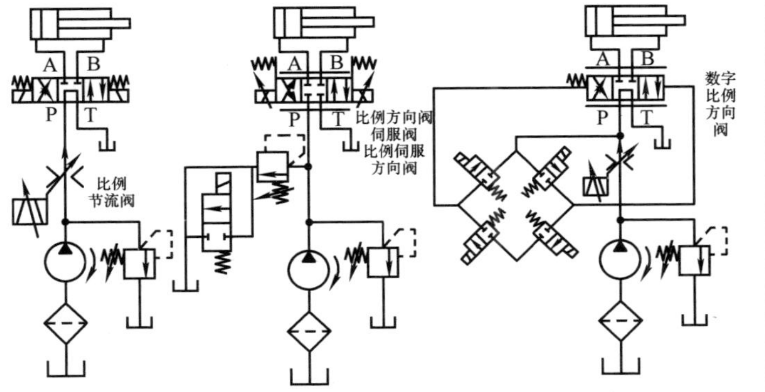	比例节流阀、比例方向阀或数字比例方向阀调速可以连续调速，只要通过控制器调节比例阀或数字比例阀的驱动电流，就可以达到调速的效果。这种变速方法应用越来越被优先采用。硬件成本会有所增加，但是运营成本（能耗）下降

2.4.4　单负载下外控式泵控流量控制

变量泵的变量是由变量缸的位移产生的，通过改变斜盘的倾角，产生排量的改变。变量泵变量的信号来自非泵本身产生的参数，而是来自外部信号。采用不同形式的动力源直接操作变量机构，从而改变变量缸的位移，就是排量直调式的变量泵。外控式变量泵流量控制回路见表 2-17。这种泵控流量直接控制回路对泵的变量机构直接操作动作。表中的形式标号（如手动 MA 等）采用了博世力士乐产品的表达方式。

表 2-17　外控式变量泵流量控制回路

分类	回路图形	说明
（1）无机械反馈的外控式变量泵流量控制回路（MA 手动/EM 电动）　变量泵的变量取决于外部对变量机构的直接操作，常见有手动、电动等驱动源		
无机械反馈外控式变量	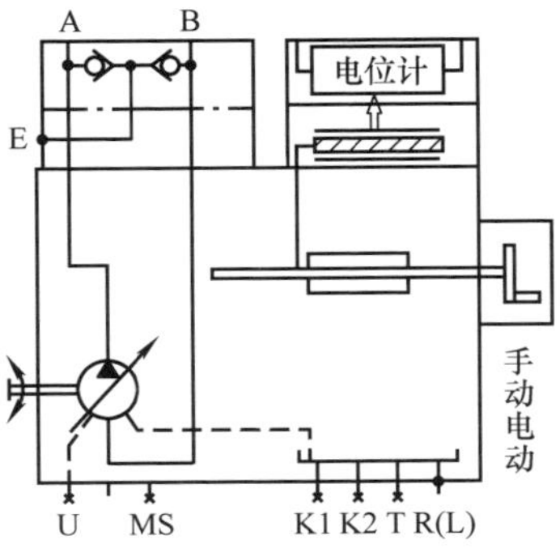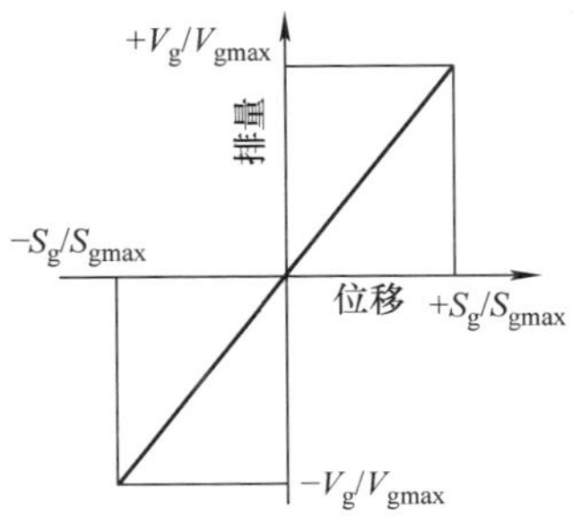	通过手轮或电动来调节变量泵的斜盘倾角从而改变排量，可以是单方向调节，泵也可以过零点后换向输出流量。这类泵具有外部的斜盘倾角指示牌。它的排量与变量缸的位移（斜盘倾角）呈线性关系

（续）

<table>
<tr><th>分类</th><th>回路图形</th><th>说明</th></tr>
<tr><td colspan="3">（2）具有机械反馈的外控式变量泵流量控制回路（HD 液压/HW 手动伺服） 变量泵的变量取决于外部对变量机构的直接操作，有手动、电动、液压等驱动源。在这基础上增加机构或者直控阀的机械反馈措施</td></tr>
<tr><td>机械反馈外控式变量</td><td>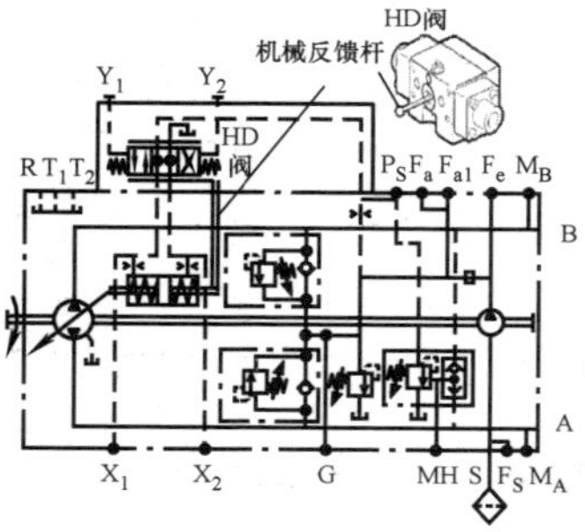

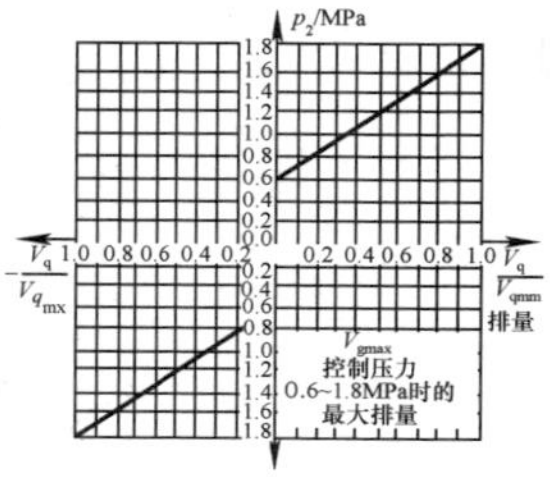
</td><td>此时排量的调节与外部先导压力 p_g 成正比。先导压力 p_g 通过泵的 Y_1 或 Y_2 口作为 HD 阀控制压力进入，转换成 HD 阀控制压力去正比地控制变量泵的变量缸位移。由于变量缸有反馈杆与 HD 阀的阀套相连，形成直接位置反馈直至平衡。由于 HD 阀有中位死区，特性曲线也存在死区，采用 HW 手动伺服会极大地减少此死区</td></tr>
</table>

外控式变量泵流量控制回路可以有两种形式：一种是变量缸直控型，这种变量动力源可以是手动驱动、液压驱动或电动机驱动。另一种是变量缸内部机械反馈的反馈杠杆，形成位置闭环反馈。

2.4.5 单负载下静液压泵控容积式流量控制回路

为了降低功率损失、减少发热、提高运营效率、提高控制技术含量等，采用容积调速的静液压泵控流量调速回路就有很明显的优点。在此主控制回路没有任何液压控制阀，采用改变泵的排量与被控制对象所需要的流量尽可能接近，因此能量损失会明显降低。在容积流量调速中，液压泵必须具有变量机构，结构上增加了复杂性，因此元件的硬件成本会有所增加。典型回路见表 2-18。

液压闭式泵与开式泵在内部结构、泵的外形、进油口尺寸、变量液压缸的单向或者双向动作要求、补油要求、冷却考虑、油液过滤精度要求以及泵内部泄漏处理等方面都有差别。

静液压容积调速常用泵端排量调节的闭式回路，也采用改变负载端排量调节的静液压开（闭）式回路实现调速，以改变负载所需要的流量调节特性，此即“静液压负载端流量调节回路”（二次调节流量耦联静液压传动技术）。负载端容积式排量调节回路的调节特性更有利于负负载的回收。

表 2-18　静液压容积式流量控制回路

分类	回路图形	说明
（1）静液压闭式容积调速回路　将变量闭式泵与变/定量液压马达耦合，节能		
静液压泵－马达容积调速	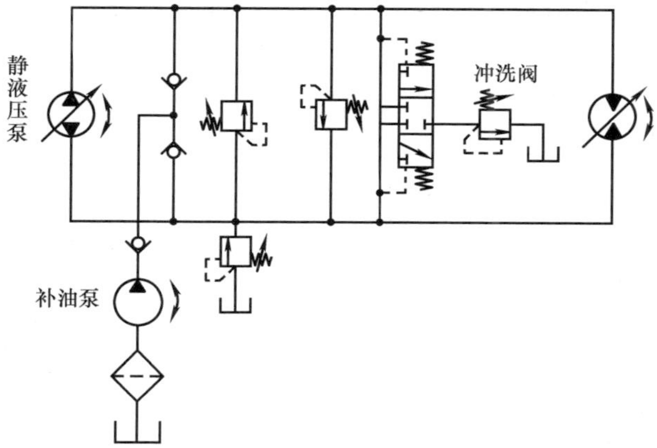 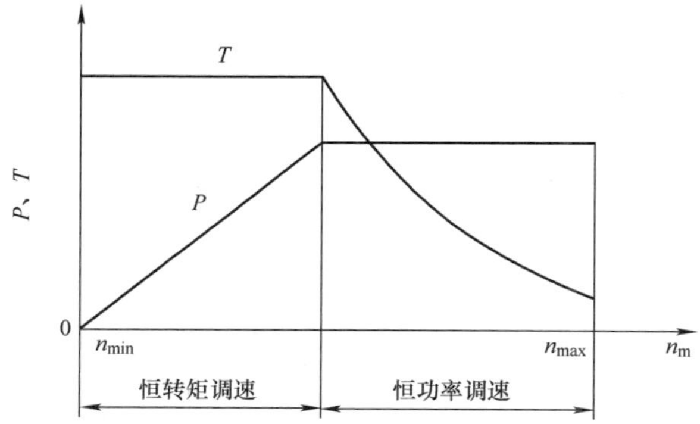	需要闭式泵或/和马达为变量元件，通过调节闭式液压泵排量与液压马达排量达到调速目的。无溢流损失，效率高。但补油、散热、抗污染等是技术关注点，元件可以正反转，制造难度比开式泵/马达元件高。适用于功率较大的应用场合 可以采用分段调速：低速段时马达排量最大，然后改变泵排量 q_p 调速；高速段时，泵的排量最大，然后改变马达排量 q_m 调速。调速范围大，调速比可达 100 左右。适用于低速转矩较大，高速时功率恒定的场合，如行走机械等方面
（2）泵—缸静液压容积调速回路　仍在发展的静液压调速回路，将变量静液压闭式泵与液压缸耦合，节能		
泵－缸容积调速	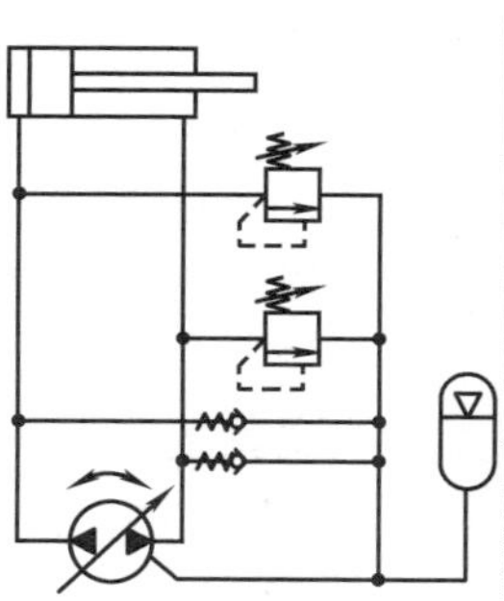 	由于单作用液压缸 2 个方向的进出流量不等，因此引入蓄能器进行流量补差。目前主要用于小功率场合，形成独立的动力单元，紧凑，高效节能，便于安装维修与独立操作，无外接管路

（续）

<table>
<tr><th>分类</th><th>回路图形</th><th>说明</th></tr>
<tr><td colspan="3">（3）变转速驱动的静液压调速回路　随着飞机多电化的兴起，功率电传（Power By Wire）但动作仍然是靠电静液作动器（Electro－Hydrostatic Actuator，EHA）。液压系统进入分布式布置的时代，液压技术进入液电融合时代</td></tr>
<tr><td>变转速驱动回路</td><td>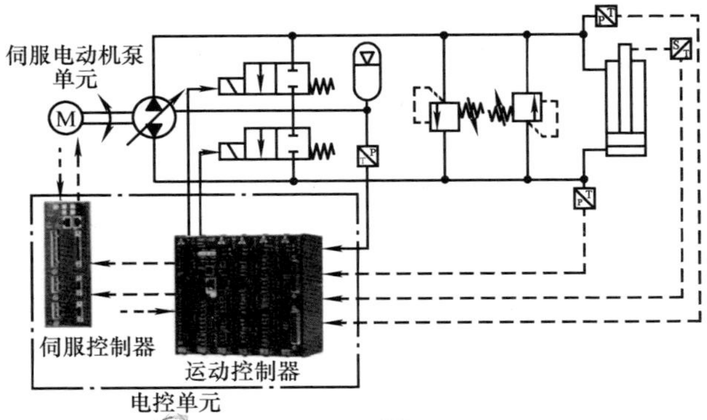

</td><td>静液压容积调速回路与直线运动结合，而电功率传输采用伺服电动机，流量调节主要通过电驱动完成。是今后液压系统的发展趋势与方向之一。目前存在的问题是频响仍然偏低、发热、功重比需要进一步提高。这在液压元件与系统方面为液压技术的发展提出许多新的挑战与课题，包括电动机作为发动机储能</td></tr>
<tr><td colspan="3">（4）各种参数敏感静液压调速回路　只要从原动机（变量泵）/马达上检测出有关参数（转速、转矩），通过变量泵的控制阀进行流量控制，例如DA型转速敏感泵、MO型转矩敏感泵等</td></tr>
<tr><td>速度敏感控制回路</td><td>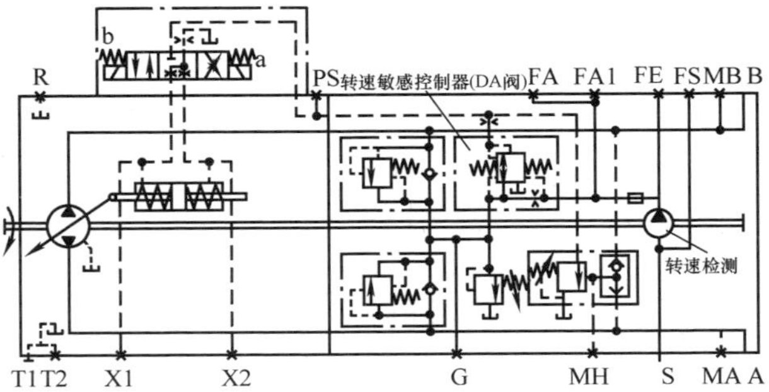
</td><td>转速敏感控制器（DA阀）输出压力与转速检测泵的转速成正比，转速检测泵检测出原动机的转速，然后使系统流量的控制与原动机（变量泵）的转速联系起来。因此又称为速度敏感控制。DA阀相当于一个与原动机转速大小成正比的控制压力源，用来对变量泵进行流量控制</td></tr>
</table>

（续）

分类	回路图形	说明
（5）静液压负载端流量控制回路　负载端调速回路与应用广泛的泵端调速回路相比有自身的特点，即可以利用马达端四个象限的调节功能为负负载下的回路调节带来能量的回收与储存。这是近些年发展的静液压调速技术		
负载马达端二次调速回路	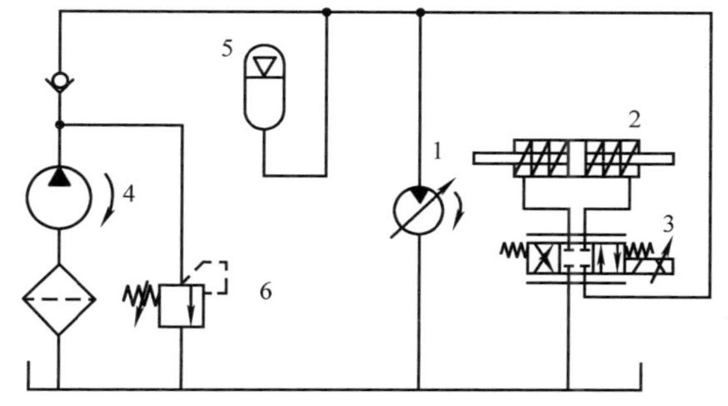 1—变量马达（负载端）　2—变量液压缸　3—电液伺服阀 4—泵端变量泵　5—蓄能器　6—安全阀	静液压变量泵—变量马达系统的负载端调速也符合静液压系统的调速特性。但是利用负载端的负负载工况产生的能量引入储能元件（蓄能器等），因此马达端调速会吸收负负载产生的能量
负载液压缸端二次调速回路	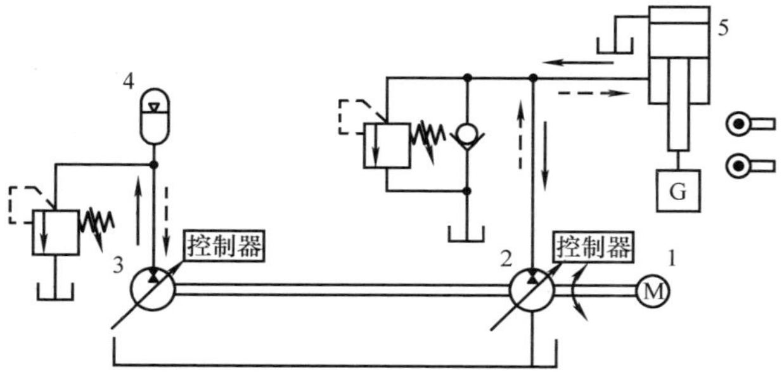 1—电动机　2、3—液压泵/马达　4—蓄能器　5—液压缸（负载端）	负载端液压缸调速技术是针对直线运动应用新的节能回路。系统中的液压泵 2，在液压缸 5 上升时是作为泵工况运行，泵 3 是马达工况，蓄能器释放能量，完成能量再利用，提高系统效率。在负负载下，泵 2 是马达工况，泵 3 是泵工况，此时蓄能器得到能量补充，属于能量回收

静液压调速靠泵或马达变量调速，其转动惯量大，泵控流量的响应时间一般在几百毫秒，与液压阀阀控流量控制的响应相差一个数量级甚至更多。因此，提高频响是一个重要的课题，特别是移动式液压主机的多电化促进了此方面的发展。今后静液压调速会是流量控制发展的方向之一，特别是与电控融合后发展空间更大。

表2-18 中的“（4）各种参数敏感静液压调速回路”的工作原理阐明一个静流量控制的基本原则：可以取用液压主机液压系统中的各种相关性能参数作为控制变量来控制变量泵的流量参数，调节变量泵的流量变化规律，以满足主机对流量提出的要求。不要拘泥于这种控制的外在形式，控制回路的具体演化可以很多，重点在于应用中的控制目的与参数对象。

速度敏感控制针对内燃机行走机械液压系统，它考虑到内燃机转矩随转速增大而增大这一因素，又考虑到当负载接近最大转矩限制值时可能发生失速的问题，从而采用速度敏感控制办法，用转速检测泵将内燃机功率转换成它的转速，然后利用此转速通过DA阀去产生的高低变化压力，利用这个压力的高低去控制变量泵的流量，最后达到控制内燃机功率的目的。在具体回路里，这个转速检测泵也还可以作为补油泵，为这个闭式回路的低压侧补油。

2.4.6　单负载下伺服电动机泵流量控制回路

1. 伺服电动机泵工作原理

伺服电动机泵是近期出现的全新液压变量调速产品，由伺服电动机（交流伺服电动机、直流伺服电动机）与液压定量泵或变量泵构成。伺服电动机泵构成的液压系统动力源提供了采用电动机调速的方法来进行液压系统流量的调节，由于调节过程替代液压泵变量控制阀（泵控压力阀、负载敏感阀、功率调节阀、比例阀或开关数字阀等），或者在液压系统中代替液压控制阀调速，降低压力损失，因此使流量调节的过程节能。由于伺服电动机适宜正反转，工作平稳，响应时间在某些工业应用场合可以满足要求（例如塑机行业等），因此采用伺服电动机+驱动器+内啮合齿轮泵已经形成了高端的调速技术应用产品。适用于塑胶机械、压铸机械、鞋革机械、纺织机械、液压机、液压工程机械等高能耗机械急需节能改造的场合。这方面日本、德国的产品比较成熟，已经在市场上产生了相当的品牌效应。

杯形转子交流伺服电动机的结构由外定子、杯形转子、内定子与脉冲计数器四部分组成，图2-9中仅仅显示了与单向感应电动机有区别的转子部分。

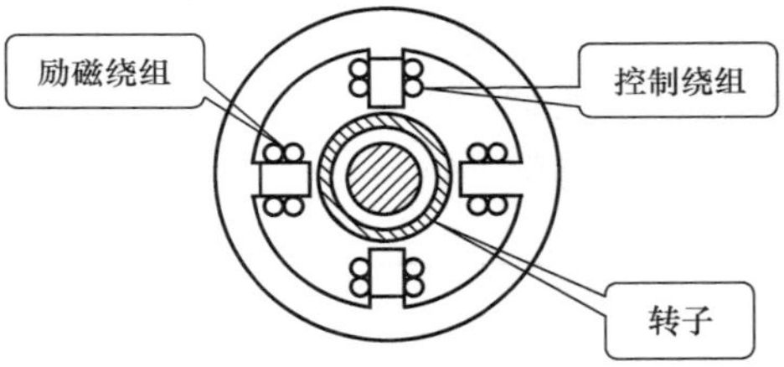

图2-9　交流伺服电动机杯形转子结构图

二者最明显的区别就是在伺服电动机的绕组中具有控制绕组。转子由非磁性导电材料（如铜）制成，内定子作为磁路。励磁绕组受控制绕组的控制电压U的控制。当励磁绕组施加了控制电压U后，在励磁绕组与电容串联下产生两相旋转磁场，电容选择合适就可以使两个绕组的电流相位差接近90°，此旋转磁场可以看成由两个圆形旋转磁场合成。但是这两个圆形旋转磁场速度相同、方向相反但是幅值不等。这时它们切割转子绕组感应的电势和电流，产生的电磁力矩也方向相反、大小不等（正转者大，反转者小），合成力矩不为零，所以伺服电动机就朝着正转磁场方向转动起来，随着控制绕组信号U的增强，磁场接近圆形，此时正转磁场及其力矩增大，反转磁场及其力矩减小，合成力矩变大，若负载力矩不变，转子的速度就会增加。如果改变U的相位，即移相180°（极性改变），旋转磁场的转向相反，因而产生的合成力矩方向也相反，伺服电动机将反转。若控制信号消失，只有励磁绕组通入电流，伺服电动机产生的磁场将是脉动磁场，脉动磁场分成的正反向旋转磁场产生的两个方向转矩T_1与T_2的合成转矩T的方向与旋转方向相反，所以电动机在控制绕组电压为零时，能立即停止。这就是伺服电动机转速控制的机理。

伺服电动机也在向一体化电动机方向发展，包括无刷直流电动机及永磁同步电动机系统等，正在成为调速及伺服应用的主流，伺服泵动力站与其特性曲线如图 2-10所示。而脉宽调制（PWM）技术则是电动机控制数字化的基础。

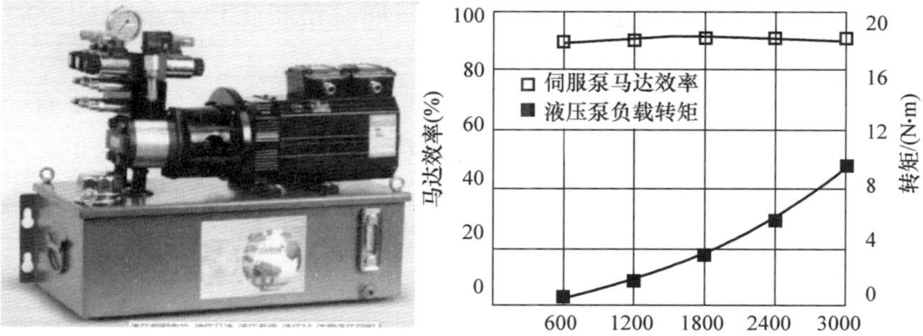

图 2-10　伺服泵动力站与其特性曲线

由电液伺服驱动器、三相交流永磁同步电动机、高性能专用伺服泵、压力传感器等几部分可组成电液伺服节能系统。采用矢量控制 + 弱磁控制 + 专用 PID 控制算法，能精准控制整个工作过程所需的压力与流量，消除高压节流的能源损耗，达到节能省电、降低系统油温的效果。最高效率达 65%，平均效率 30% 以上。表 2-19 列出了伺服泵与柱塞式变量泵的性能对比。由此表可见，伺服泵压力响应与流量响应比柱塞式变量泵的响应要高一些，噪声控制、节能的效果很好，重复精度也高，而且低速低压的特性有所提高。

表 2-19　伺服泵与柱塞式变量泵性能比较

		伺服泵	柱塞式变量泵
流量特性	线性	1%	2%
	滞环	1%	3%
	最大流量响应/ms	85	120
	重复精度	1%	2%
压力特性	最高额定压力/MPa	20	25
	线性	1%	3%
	滞环	1%	2%
	最大压力响应/ms	85	120
	重复精度	1%	2%
噪声/dB		68	78
流量脉动		小	大
节电（与定量泵系统对比）		40% 以上	20% 以上
低速低压可控性		好	一般
对液压油的要求		NAS 11	NAS 9

2. 伺服泵调速回路

伺服泵液压系统可以控制流量也可以控制压力。控制流量时，压力传感器检测的压力必须小于设定的压力，伺服马达按流量控制状态工作，也就是控制伺服马达的转速，使泵的流量保持在设定值。控制压力时，压力传感器检测的压力如果达到设定值时，控制器将伺服马达的转速降低，仅向系统提供泄漏或保压所需要的流量。因此伺服泵的控制是一种微型计算机控制。

液压伺服泵所用的伺服电动机可能是专用的，因为液压系统应用中有一些自身的要求。例如，伺服泵保压时转速减小，要求在低速时有较大转矩输出；另外，伺服泵对电源的要求比较高，即使在变幅10%以内，特别是在正侧变动时，由于主机运转条件、负载条件的变化，也会有超负载报警的可能；负载较大而且在高压维持状态下，突然断电会造成控制器损坏。使用专用的伺服马达更合适。此伺服泵调速回路可见表2-20。

表2-20 数字电动机驱动伺服泵调速回路

分类	回路图形	说明
伺服泵调速回路　此回路的关键在于伺服电动机，可能是直流也可能是交流。而伺服电动机运转依靠伺服电动机驱动器，主要包括速度控制、转矩控制及位置控制三种。目前速度控制与转矩控制是利用模拟量实现控制操作，电动机的位置控制是提高触发脉冲实现控制操作		
伺服泵调速回路	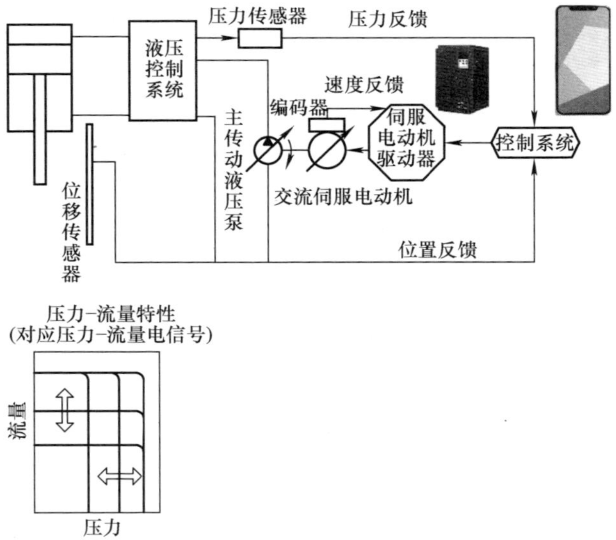 	在此回路中伺服电动机控制器驱动伺服电动机。压力流量指令依赖于伺服控制器的数据采集与控制，需要复杂的伺服控制器软硬件。因此可以简化控制器成为逻辑转换卡，将采集到伺服电动机转速值、压力传感器检测值等反馈到逻辑控制板后完成同样的控制目的，但降低了伺服泵站的整体成本

3. EHA（电静液作动器）**/EMA**（机电作动器）**/IPA**（集成伺服作动器）**分布式液压控制系统**

由于伺服电动机泵容易组成独立动力单元，因此可以将液压系统由过去的集中式向分布式发展，如图 2-11 所示。

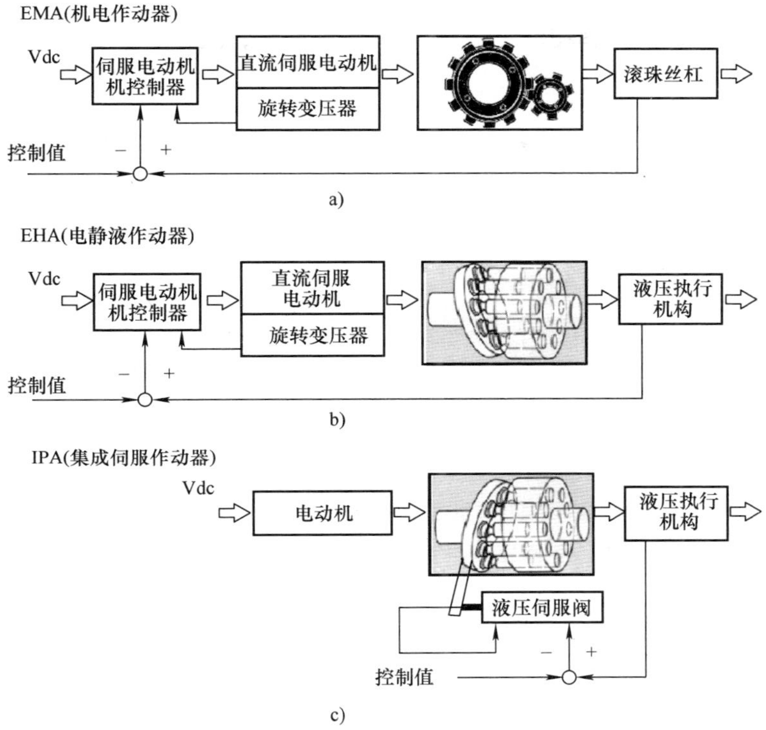

图 2-11　分布式液压控制动力单元

因此对于流量控制概念也从过去的参数自身反馈发展到可以通过网络或总线传输这些参数，使液压系统的流量控制产生了颠覆性的变化。在分布式液压系统里，对于耦合性运动可以通过网络将解耦控制传输到每个动力单元，因此带来了可编程位置闭环同步或运动协同性控制回路以及多负载分布系统总线控制法。

可编程位置闭环同步或运动协同性控制回路是在现有比例伺服模拟控制技术基础上，采用数字化电控技术，将电液集成并具有嵌入式工控系统，因此运动的控制可以采用可编程软件控制系统，这将是液压系统的性能由软件来定义的时代。在这个基础上，使技术性能参数能够自主感知，并具有自主控制和自主健康管理的情况下，与互联通信结合成一体，这就是正在发展的智能化压力或流量参数控制的方法。

使多负载的执行机构各自具有液压源，同步运动完全利用具有极高频响的轴控制器进行控制，采用总线通信进行协调与反馈。这时负载可以得到同步的运动要求，也可以得到不同的运动协同要求。机器人的运动控制就类似这种情况。这种控制方法还在发展过程中，属于液压数字互联智能化前景的技术，采用多电化 EHA 的液压总成的分布式系统，极大地实现了液压功重比最大化，是液压系统的理想发展趋势，其优势见表 2-21。

表 2-21　EHA 与 EMA/IPA（ESPA）的比较

项目	集中式液压系统	EHA	EMA/IPA
负载能力	很高（功率超过几千瓦）	很高（功率 <50kW）	很高（EMA 功率 <10kW）
速度和加速度	适中	适中	很高
效率	<50%	50% ~70%	>90%
刚度和抗振性	很高	很高	很高
定位和控制	困难	困难	容易
维护要求	很高	高	最低
相对空间体积需求	高	适中	最小
环境问题	流体泄漏问题多	流体泄露问题少	可忽略
寿命	和维护程度成正比	和维护程度成正比	很长
单点失效	高	低	低

2.4.7　单负载下流量调速微型计算机控制基本概念

1. 流量调速微型计算机控制的概念

从传统流量控制技术（液压技术 2.0）看，过去主要采用液压的阀控节流调速、泵控容积调速以及容积节流调速三大调速的基本概念，主要依靠阀控、泵控或者阀控泵等以液压元件为主的解决方案。

随着电液一体化的发展，流量控制开始使用液压比例阀控制、伺服阀控制与数字阀控制的上述调速控制回路，形成紧凑集成型电液一体化的调速模拟式控制方案。这是液压 3.0 技术。

随着工业 4.0 的到来，在液压技术中将发展到依靠以嵌入式微处理器为主液压元件或系统的解决方案，即流量调速微型计算机控制技术。这具有一定的技术颠覆性，这时将液压元件与嵌入式微处理器结合后，嵌入式微处理器成为主要的控制核心，而软件是元件性能的决定性因素，用软件来定义液压元件的时代正在逐渐到来。如果在软件中会用到 AI 技术，形成“自主感知、自主控制、自主诊断、自主节能”的全自主控制阶段，这就是智能液压控制时代的到来，是理想的紧凑集成型智液一体化的调速数字化控制方案，或者说这是液压 4.0 技术，目前还正在发展之中。

目前智能液压元件产品的到来还面临相当多的技术难点，智能液压元件市场化的构思与需求尚不明朗。虽然自主感知与自主控制的基础性技术成熟，但是自主诊断的数学模型与解决方法仍然是瓶颈，怎样达到自主节能还未进入研究的视野，较多停留在技术要求层面。然而具有智能性的液压元件实际已经进入工程应用的范畴，在市场化的过程中不断发展与完善。Eaton CMA 多路阀元件是具有开创性的液压智能性元件产品，但是该公司并未称其为智能液压元件，只认同其具有智能性，事实也是如此。

智能化的硬件基础是微处理器化，因此元件的控制技术必须向数字技术发展，最后才有可能智能化。在智能化与数字化时，也都存在内部总线通信与外部远程通信的需求，都具有总线、互联网或局域网的介入。由于采用了微处理器硬件，必然有软件的要求，应让液压元件的性能控制更主要地与软件编程的算法有关或控制策略有关。因此作为流量控制技术的发展一定是“数字化—可编程化—互联化—智能化”。总体上电液一体化元件还是基于模拟控制式，例如比例阀、伺服阀的控制放大器主要基于模拟电路。但是从技术的发展来看，控制放大器越来越多的采纳电子数字元件与数字技术，对组成这个控制系统的各个环节也在进行数字化。首先是输入信息的数字化，由于传感器的输出信息还未全部数字化，因此控制器的输入端需要同时接受数字信号与模拟信号。过去的比例技术在接收信号后进行模拟放大以便驱动比例阀之类的电磁铁等电执行器，现在需要采用微处理器进行驱动放大的技术。最后根据液压元件是模拟元件还是数字元件，决定输出是模拟值还是数字值驱动电液转换元件（电磁铁等）。

因此流量调节控制回路可以分类如下：

1）数字化可编程流量调速控制，在现有比例阀、比例伺服阀、数字阀等基础上数字化。

2）网络化总线型流量调速控制，在数字化基础上采用总线通信完成控制功能。

3）智能性流量调节控制，在数字化集成元件基础上达到自主认知自主控制的功能。

4）数字泵吸入流量调节控制，颠覆性的流量控制概念，需要寻求频响更高的控制系统。

2. 流量调节微型计算机控制系统与传统流量调节的不同点

1）在流量调节微型计算机控制系统液压元件中的电液转换部分一定具有数字控制单元微型计算机可以控制的液压元件，有传统的比例阀、伺服阀，也有高速开关数字阀、增量式数字阀及数字化电动机等电液控制元件，它们都具有电液转换部分，如比例电磁铁、高速开关电磁铁、步进电动机及伺服电动机等，由它们接受控制进行流量调节。最基本概念是微型计算机采用 PWM 脉宽调制等数字信号进行驱动放大，从而控制这些电液转换单元。而传统方式是采用模拟信号进行驱动放大去控制这些电液转换单元。图 2-12 所示的控制方框图给出了它们之间的差别。

2）流量调节微型计算机控制系统是利用微型计算机来控制流量参数。过去流量控制系统主要是采用模拟控制系统，如图 2-12a 所示的液压模拟控制的比例系统中，流量用与其成比例的输入电压来表示，流量的改变就是通过输入电压成比例地发生变化。这种模拟信号可以是持续平稳变化的交流或直流电压或电流。

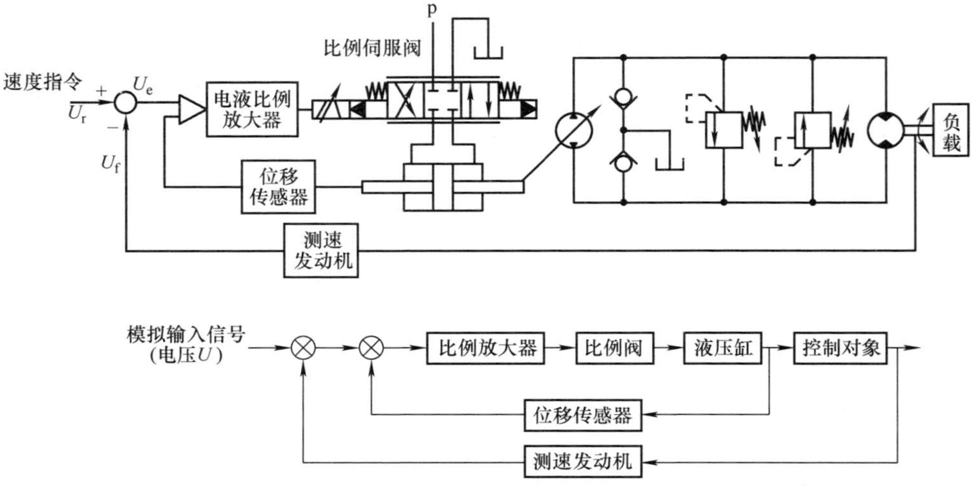

a)

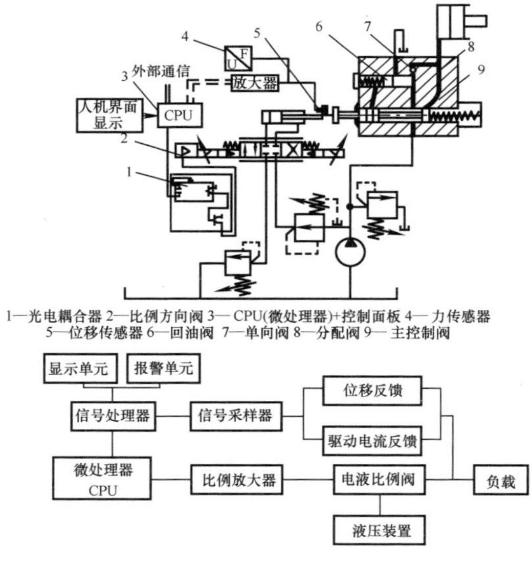

b)

图 2-12　模拟控制系统与数字控制（CPU）系统方框图

a）模拟闭式系统模拟控制电控与方框图　b）数字系统控制电控与方框图

在微型计算机控制模块图中，核心是嵌入式微处理器 CPU（图 2-12b）或大规模集成电路 ECU（图 2-13）。作为主控单元，它的输入依次通过信号处理器和输入接口电路，将受控制的参数信息输入到主控单元。主控单元会通过软件按一定控制策略对输入性能参数进行运算，然后将运算结果作为输出量送到输出接口，并对其输出量进行检测、控制。再经输出接口和接口电路，送到电液转换元件（电磁铁、步进电动机等)，通过这些电液转换元件加以放大并驱动液压执行机构，诸如液压缸、液压马达、液压变量机构等，并保证液压执行机构输出稳定在一定的数值上。这时从微型计算机传感器输入数据需要经过电路放大处理成标准的电压信号，经过过滤高次谐波再接入 A/D 等转换成微型计算机可以接受的信号输入主控单元。输出通道包括由输出电路控制的液压执行机构，必须使液压执行机构连接的机械系统之间符合主机运动与其运动精度的要求才能达到控制的目的。其信号处理器经过或不经过 A/D 转换后将输出反馈回到输入主控单元。ECU 的控制模块是大规模集成电路，芯片中除包括微处理器 CPU 外，将信息处理、输入输出等模块一并包含在其中。

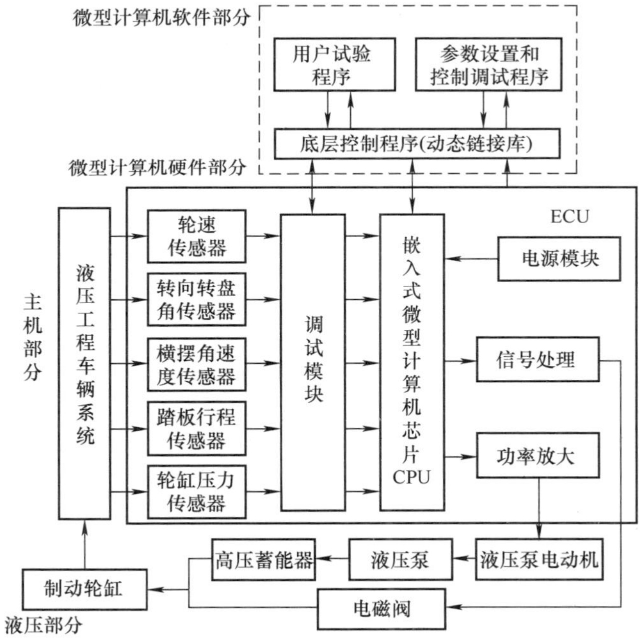

图 2-13　微型计算机参数控制（ECU）典型模块

3）在液压参数控制系统中正在将物联网与局域网的通信技术引入，有利于简化整个电控系统的接线，加快信息传递的速度并保障安全。目前液压系统中多数采用 CAN 通信总线，这是因为 CAN 广泛用于车辆设备，通信距离符合液压系统的需要（见图 2-14a)。其他的通信技术，例如以太广域网等也使用很多（见图 2-14b 与图 2-14c)。主控制器与各个控制部分的联系都可以通过 CAN 这样的总线技术或以太广域网等形式实现。

总线通信与以太网的通信正在成为液压系统（包括流量调节控制）的一个新的组成部分。由图 2-14 可见，在上位 PC、主控制器、现场元件、元件从控制器之间全部采用现场总线的通信方式。其实以太网就是现场总线，以太网使用 TCP/IP，工业以太网就是用在工业上的以太网。在现场总线协议当中，为与以太网融合，通常在数据包前加入 IP 地址，并通过 TCP 来进行数据传输。这样可以使通信设备成本下降，以太网卡的价格是总线网络接口卡的 1/10；使企业信息网络与控制网络得以统一；但是以太网开放性网络，容易受到攻击。今后发展可以是车载以太网为主干，CANFD 作为子系统的通信方式。既保留了 CAN 实时、安全的特性，又能够提升通信速度与传输距离，同时还保证了成本的控制。由图 2-14 可以看出，不同受控系统的复杂程度将影响对物联网构架的采用，小型液压系统采用本地总线网络即可，而中型或大型的液压系统会考虑采用以太网的通信系统，或者二者网络系统的结合。

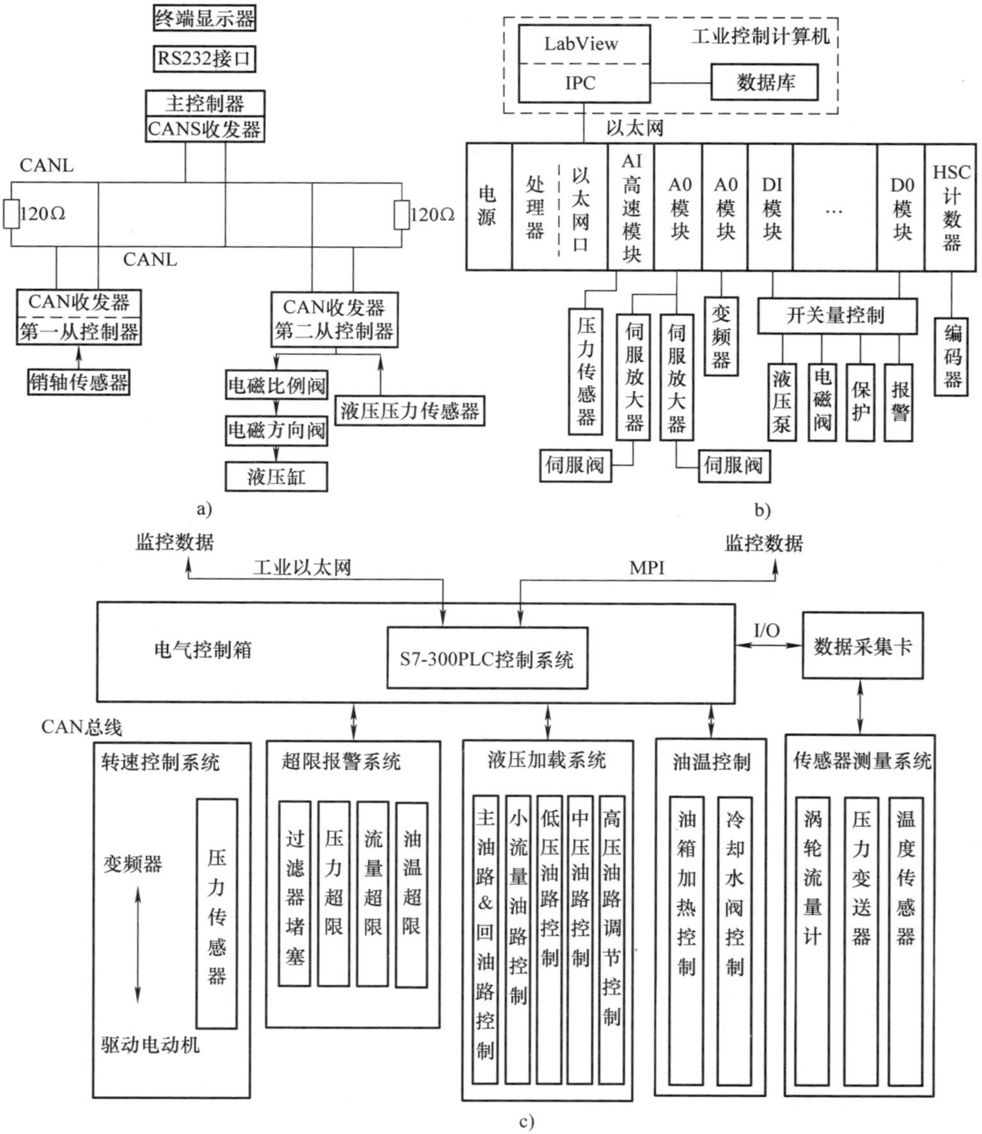

图 2-14　微型计算机控制系统对互联通信的应用

a）CAN 总线的通信功能图　b）中型液压系统通信功能　c）大型液压系统通信功能

4）液压参数控制的核心是软件与算法，包括输入信号采样、A/D 转换、滤波、系统复位、键盘与显示、算法、电液转换单元控制等软件形成的整个软件包，如图 2-15 所示。

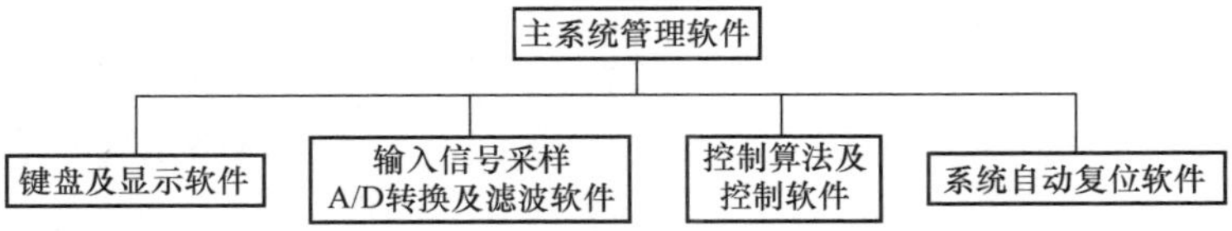

图 2-15 液压微型计算机控制软件

主系统管理软件的主要职能是在系统启动后自动调用系统复位软件使系统复位，然后调用显示软件进行显示，再完成使输入控制值调入、采样信号、A/D 转换与滤波、比较信号等软件功能后，调用控制算法软件，使系统朝着减少误差的方向运行。

软件的核心是算法，算法是根据控制主机的控制策略而编写的计算机应用程序。算法的种类也很多，诸如 PID 算法、砰－砰（Bang－Bang）控制算法、模糊控制算法、参数自适应模糊算法、规则可调整模糊算法、智能大数据模型算法等。其中模糊算法是一种最初始的人工智能算法。如果是图 2-16 所示的模糊算法，关键是模糊控制器的设计，由此图可见，模糊控制器由模糊化、模糊算法和模糊判决三部分组成。

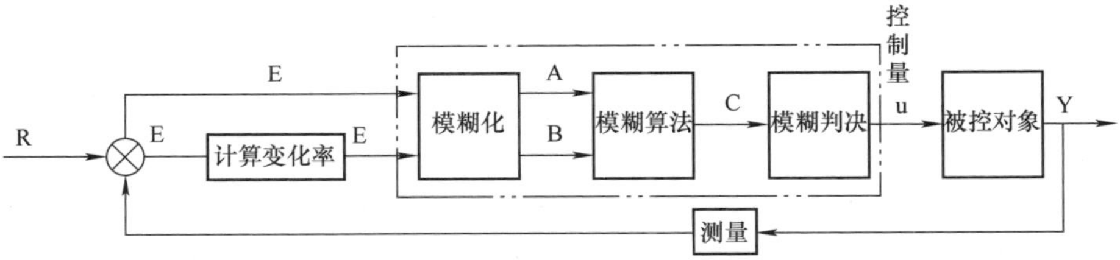

图 2-16 微型计算机流量控制模糊算法

5）传统的流量或各种参数的比例模拟控制系统是自身独立的，也就是说，这些液压产品是作为传统液压技术所能够承载的。但在液压微型计算机控制系统中除了产品仍然具有独立性外，这种技术需要很强的相应技术生态系统的支持。对液压系统与元件微型计算机控制的技术生态系统要求今后液压技术发展中要纳入以下四大方面作为产品的辅助支承：控制器、人机界面、远程信息处理、软件，如图 2-17 所示。这四种辅助产品都正在从通用性产品转向液压专用性产品，使液压微型计算机控制系统能够应用更便捷、更符合液压系统与元件的要求、便于维护并具有更高的性价比。

6）流量调节控制的智能化，图 2-18 与图 2-19 比较完整地表达了液压智能元

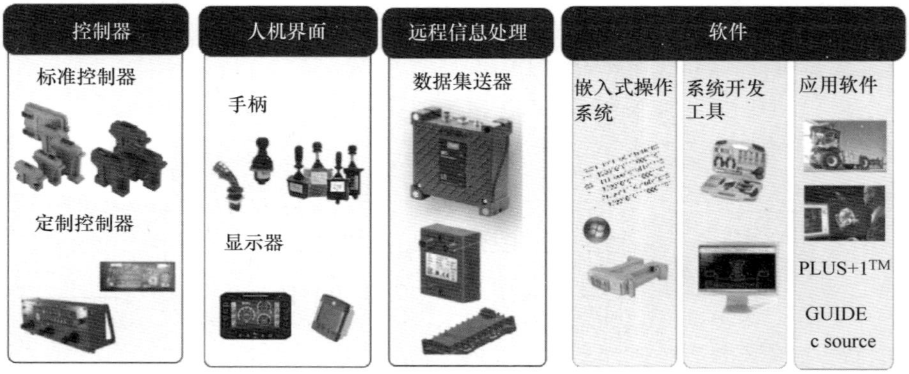

图 2-17　微型计算机控制系统的技术生态条件

件的组成，以及组成各个部分的功能。一个智能化的液压元件应具有以下六个功能，即感知功能、通信功能、运算功能、驱动放大功能、软件 AI 功能与执行功能。智能元件与传统普通元件最大的不同在于硬件上具有传感器与微处理器。传统液压元件的功能硬件由结构原理保证，而智能液压元件的功能硬件通过微处理器由软件保证。传感器让元件具有知觉，微处理器让元件具有大脑。

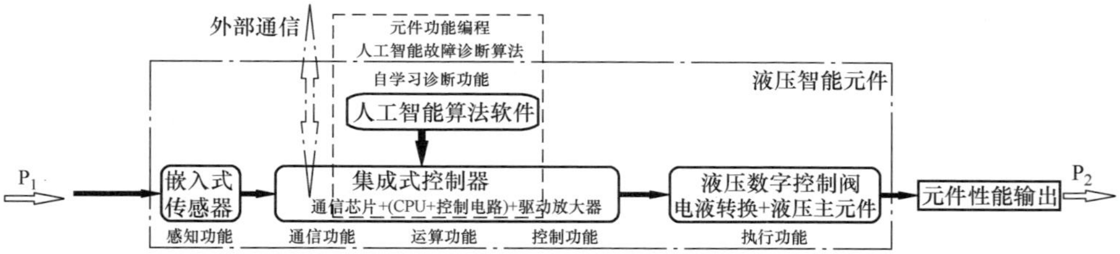

图 2-18　液压智能元件的组成与功能

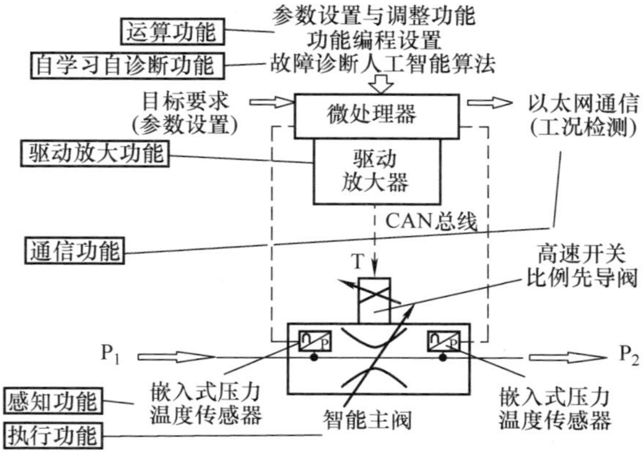

图 2-19　液压智能元件的组成原理

表 2-22 列举了液压智能节流元件的流量压力控制功能算法，也就是同一种智能性的液压元件通过软件的不同运算，可以获得不同的液压控制功能，这也充分体现了今后液压元件功能的发展也遵循用软件来定义硬件的概念。

表 2-22　液压智能节流元件的流量压力控制功能算法

液压智能节流比例阀	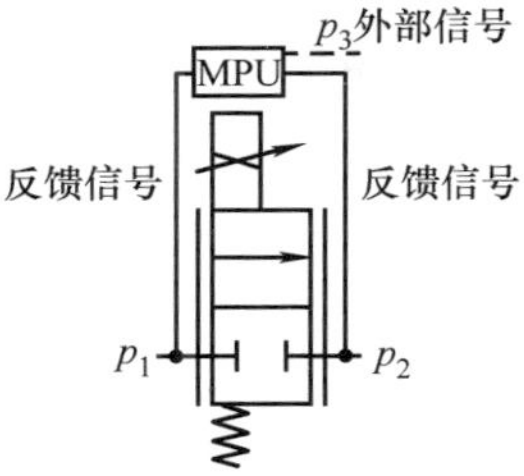		
流量控制原理	$q_V(\tau)=C_dA(\tau)\sqrt{2(p_1-p_2)/\rho}$		
阀功能要求	节流阀功能	单向节流阀功能	调速阀功能
输入信号	p_1，p_2	p_1，p_2	p_1，p_2
控制规则算法	τ 给定	$p_1 \geqslant p_2$ 时，τ 给定 $p_1 \leqslant p_2$ 时，τ 最大	τ 变化保证： (p_1-p_2) = 固定值（给定）
输出流量结果	$q_V(\tau)$按 τ 变化	$q_V(\tau)$按 τ 变化 $p_1 \leqslant p_2$ 时 τ 最大，$q_V(\tau)=q_{V\max}$	$q_V(\tau)$ = 恒定
阀的功能效果	节流阀	单向节流阀	调速阀
传统液压元件功能符号		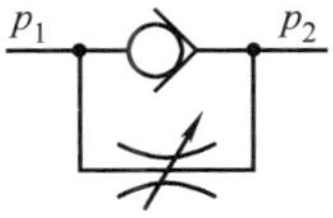	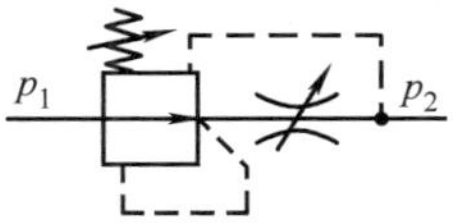
液压智能元件符号	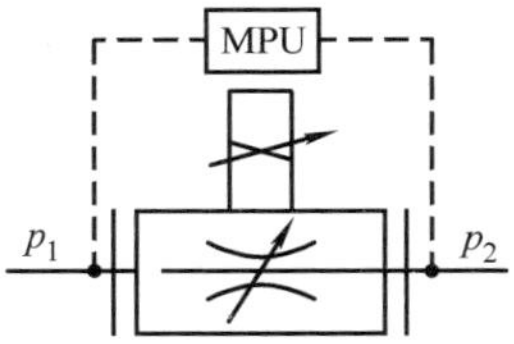	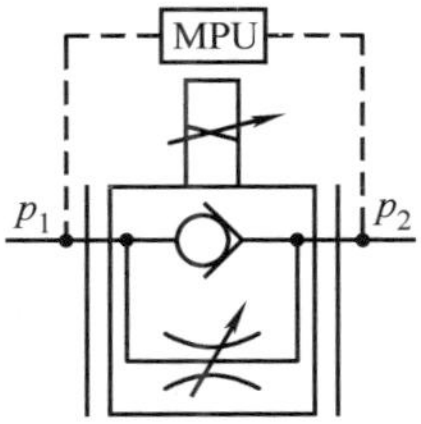	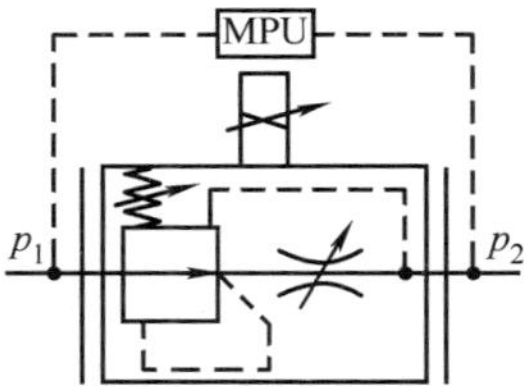
压力控制原理	被控压力与弹簧力等外力平衡下 $q_V(\tau)=C_dA(\tau)\sqrt{2(p_1-p_2)/\rho}$		
阀功能要求	溢流阀功能	减压阀功能	平衡阀功能
输入信号	p_1，p_2	p_1，p_2	p_1，p_2，p_3
控制规则算法	$p_1 \leqslant p_0$（p_0 为设定压力） $q_V(\tau)=0$	τ 变化使 $p_2=p_0$ （p_0 为设定压力）	$p_3 \leqslant p_0$（p_0 为设定压力） $q_V(\tau)=0$ $p_3 \geqslant p_0$，$q_V(\tau)$ = 恒定
输出压力结果	$p_1 \geqslant p_0$，$q_V(\tau) \geqslant 0$ 保持 $p_1 \leqslant p_0$	保持 $p_2=p_0$	$p_3 \leqslant p_0$，$q_V(\tau)=0$ $p_3 \geqslant p_0$，$q_V(\tau)$ = 恒定 $p_1 \leqslant p_2$ 时，τ 最大

（续）

阀的功能效果	溢流阀或顺序阀	减压阀	平衡阀
传统液压元件功能符号	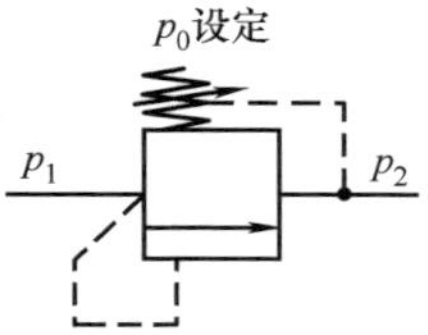	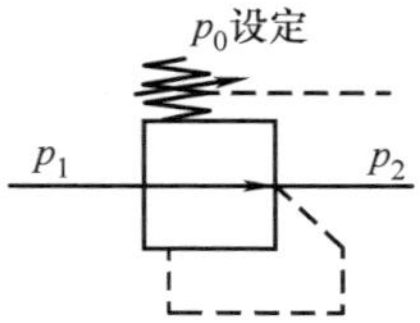	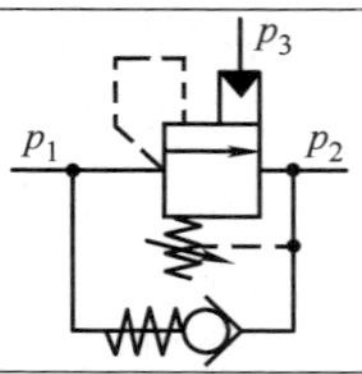
液压智能元件功能符号	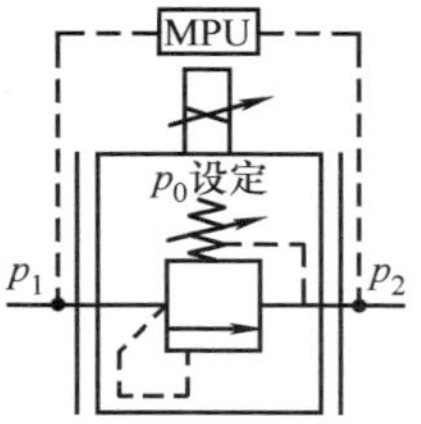	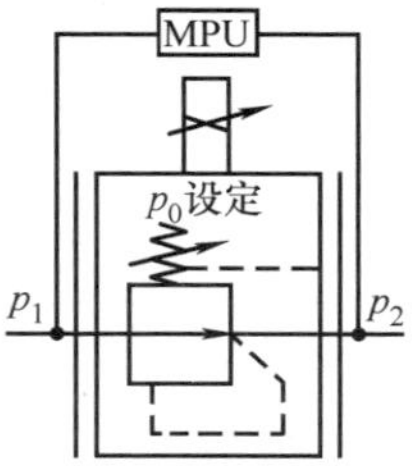	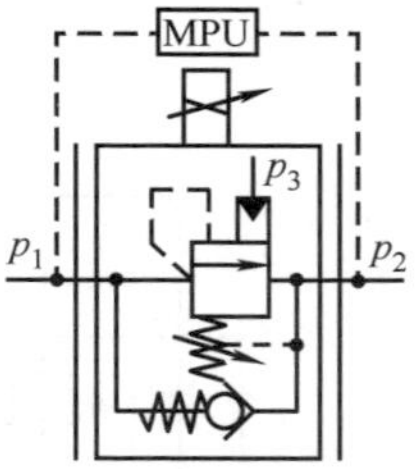

液压高速开关数字阀的结构特点是二位二通方向阀，它的性能特点是以时间为调节量的流量阀。因此这种二位二通高速开关数字阀就是一个数字比例节流阀，如果这种阀与微处理器（Microprocessor Unit，MPU）集成，形成的就是液压智能数字比例节流阀。在工作状态下，只要有不同的占空比 τ，就会产生相应的流量$q_V(\tau)$。

当此智能阀作为调速阀功能时，需要在微处理器进行功能编程，此微处理器在（p_1-p_2）下工作时，就要进行运算，使 $q_V(\tau)$ = 常数(设定值)。

当此阀作为溢流阀功能时，需要微处理器在某一个压力控制值 p_0 之前 $q_V(\tau)=0$（即节流阀处于关闭），以(p_1-p_2) = 常数来控制此节流阀的开口与否。这时阀的功能已经转化成溢流阀了。

此阀甚至可以作为平衡阀使用，不过作为平衡阀时，需要增加一个压力值的检测，就是液压缸另一侧的压力 p_3 要作为一个输入量进入此节流阀的微处理器参与控制。而且这时平衡阀的控制性能能够比目前生产的任何平衡阀都简单而且精度要高。

考虑到其他液压阀种都会遵循这个基本工作原理。同步阀、缓冲阀等都可以用以上的基本原则进行必要的信号处理，得到需要的功能。

因此作为液压智能元件而言，只要功能与目标确定，就可以通过编程设置。节流阀能够根据识别的工况智能性地调节所要求的流量输出。液压元件的智能化会产生简化元件硬件结构，使功能软件化，从而使液压元件生产的品种大大简化。与表 2-22列出的一样，三种功能的液压控制阀在原理上可以是一种元件形成的。这个优势对于市场会有很大的吸引力。

图 2-20 所示为采用液压智能元件后的液压系统控制。在图 2-20 的液压节流调速系统中，液压缸的动作顺序已经在图中标明，即快上 - 慢上 - 快下。由于这是一个具有负负载的系统，因此在液压缸的回程油路上需要设置平衡阀，防止产生失速现象。图 2-20a 所示为传统液压系统，所有的液压元件机能全部用液压元件的各种

功能来实现，即用调速阀来产生慢速，用平衡阀防止失速。现在采用液压智能元件后，组成的液压系统如图 2-20b 所示。也就是说采用智能调速阀与智能平衡阀，这两种阀实际采用的是一种阀，按照表 2-22 的阐述，这两个智能元件的控制芯片 MPU，可以采用不同的编程而实现完全不同的功能。因此可知，系统的元件品种可以大大简化。也就是说液压元件的功能可以实现软件化。图 2-20 也表达了在未来进一步的发展中，有可能将外部控制装置的一些功能在一定条件下集成到元件级来处理，或者可以增加电控装置的冗余度。

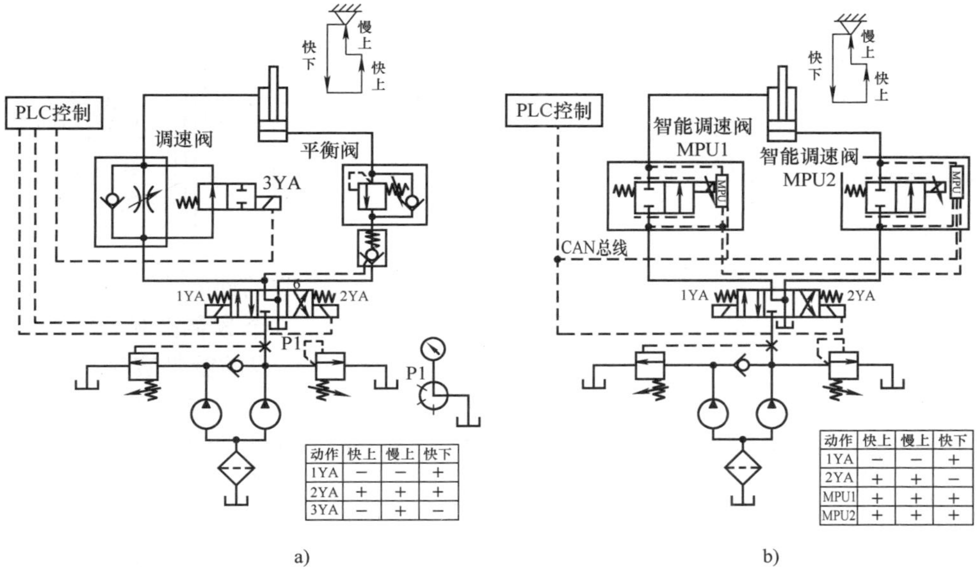

动作	快上	慢上	快下
1YA	−	−	+
2YA	+	+	+
3YA	−	+	−

动作	快上	慢上	快下
1YA	−	−	+
2YA	+	+	−
MPU1	+	+	+
MPU2	+	+	+

图 2-20　传统液压系统与液压智能元件的液压系统

a）传统液压系统　b）液压智能元件的液压系统

综合上述，已经证明液压智能元件的基本元件就是液压智能节流阀。液压智能节流阀可以用作方向阀、流量阀以及压力阀。用一种液压智能控制元件可以实现流量、压力与方向三大控制功能。这是因为智能元件采用了软件实现传统的硬件功能。从而减少液压控制元件生产的种类，大大简化了液压控制元件及其品种，有利于批量生产。

3. 数字泵吸入流量调节控制

由图 2-21 中可以看出，柱塞头在柱塞缸体内运动时，向左从油箱吸油，向右向系统排出高压油。但是只要吸油入口的高速开关阀得电，那么此时柱塞缸体内部永远与油箱相通，无法排出高压油。如果在柱塞排油过程中任何时刻打开此高速开关数字阀，使柱塞缸体与吸

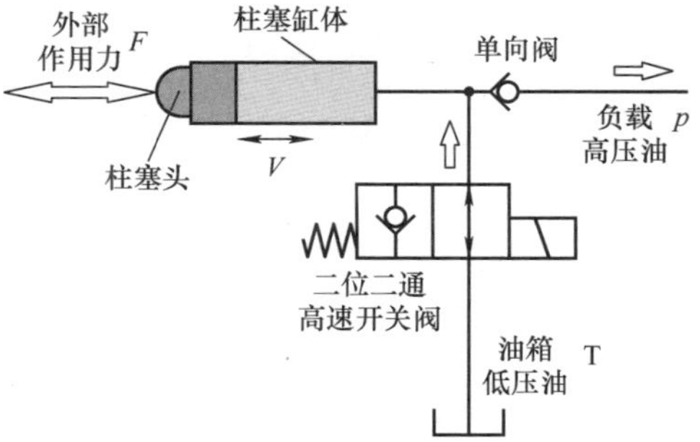

图 2-21　吸入流量控制基本原理

油口相通，就等于停止输出流量。因此这种数字泵吸油可调，使此泵的排量可以根据系统要求实时调节。

这种对排量的调节方案及其原理不仅可以用于径向柱塞泵与马达之中，也可以用于轴向柱塞泵与马达之中。除此而外还可以用于柱塞式空气压缩机的排量控制，都有明显的节能效果。以目前的阶段而言，转速相对不高（转速在 1000～1500r/min 以下）的柱塞式机械排量控制都可以采用这种原理。

利用高速开关数字阀直接控制液压泵入口流量，使液压泵的排量成为可以调节的非恒定的动态参数。这种方法很简单，就是由高速开关数字阀控制液压泵的吸排油口，系统需要流量时，液压泵柱塞腔通过压油单向阀向系统输送高压油液，此时进油口单向阀关闭。当系统不需要流量时，吸油口单向阀功能通过二位二通方向阀取消，柱塞泵柱塞腔始终与油箱相通，而无法产生高压油液，达到了流量控制的目的。由于流量吸入通过高速开关数字阀控制，因此这种控制方式已经实现数字化，具有向智能化方向发展的可能性。

2.4.8　单负载下可编程与数字互联智能化流量调节微型计算机控制回路

单负载下可编程与数字互联智能化流量调节微型计算机控制回路见表 2-23。

表 2-23　单负载下可编程与数字互联智能化流量调节微型计算机控制回路

分类	回路图形	说明
（1）流量调节可编程控制　可以在任何具有电液转换元件的液压系统内实施，因此现有的比例阀、比例伺服阀、伺服阀、高速开关数字阀、增量式数字阀、数字化电动机等都可以实施。实施可以分成两个层次：一个是系统级层次，将可编程微型计算机系统与液压系统及其相应元件集成而成；一个是元件级层次，将上述的有关电控与液压元件集成在液压元件上，形成一个电液一体化的电液控制元件，并具有数字化可编程的功能，用其来定义元件的功能与性能		
流量调节数模系统微型计算机控制	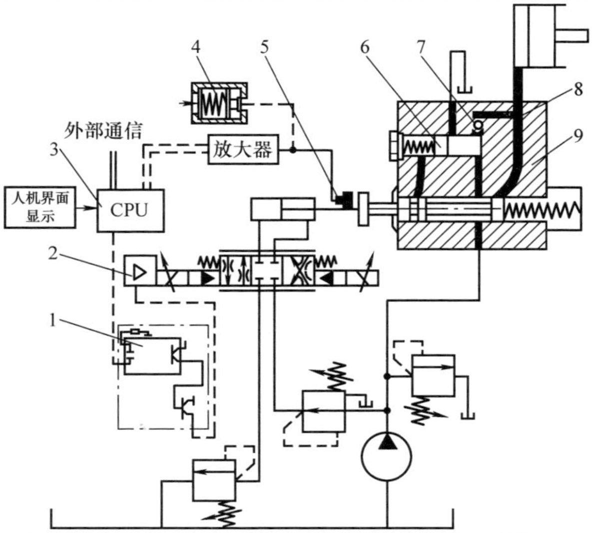 1—光电耦合器　2—比例方向阀　3—微处理器（CPU）＋控制面板　4—力传感器　5—位移传感器　6—回油阀　7—单向阀　8—分配阀　9—主控制阀	液压系统中除采用传统的比例控制元件之外，还有可编程的微型计算机控制。这个系统的最大特点是有别于模拟式的比例控制阀，在采用了微型计算机的控制中CPU是核心控制单元，再加上外围的实施，即微型计算机控制所需要的技术生态系统，包括传感器的接口、人机界面的输入与显示、输出经过放大驱动电控单元等，软件调试程序、软件使用的语言、外部通信的接口与相应的驱动程序或硬件回路设计安排等 由于采用了系统各自参数的传感器，因此这是个闭环控制回路

（续）

分类	回路图形	说明
流量调节数模集成元件微型计算机控制	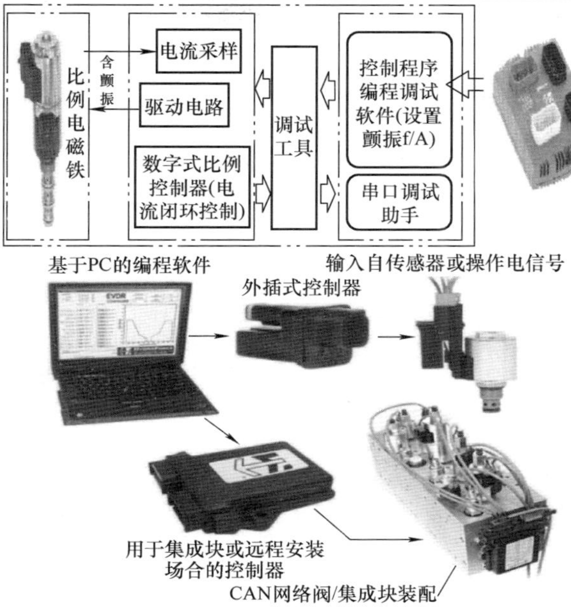 	板式液压比例阀是元件与控制器完全集成一体化的。螺纹控制阀采用阀与控制器可以插入再成一体化的形式 目前各厂商推出了液压元件通用可编程控制器系列产品，且符合路面行走设备应用的环境要求。可用作独立控制器，也可与其他 CAN 联网设备集成。它的输出引脚能支持高达 3.0A 的电流。这些控制器一般采用 CODESYS 编程工具编程，具有易用和良好的维修能力。输入包括数字、脉冲、电流测量反馈和模拟等 52 多种输入。输出配置可达 7 种、24 种、52 种甚至更多，包括 PWM 或数字高端驱动器以及少量低端驱动器。软件部分是其核心
液压流量调节数字集成元件微型计算机控制	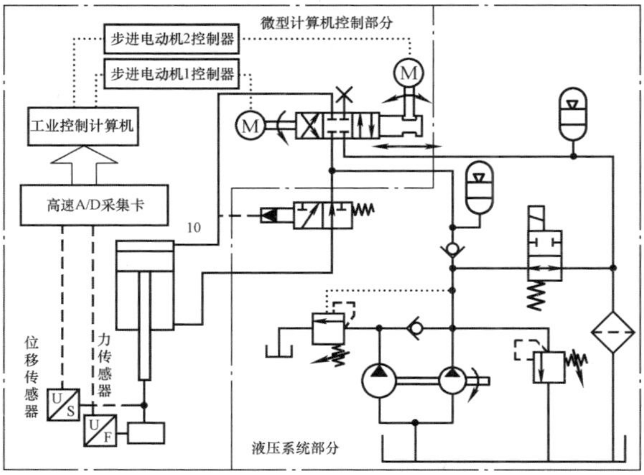 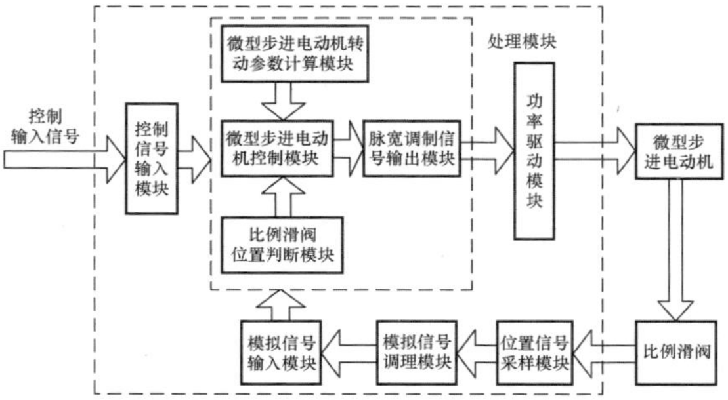 	可编程流量数字回路是采用工业控制计算机或各种适合控制对象的专用控制器。液压有关厂商也提供与液压系统或元件相关的控制器（如 HNC 系列控制器），包括频响高、用于闭环的轴控制器，具有可编程的能力。它能够满足对液压闭环控制的特殊指令形式，而且还提供电气驱动选项。实际上是类似模块化的单片机，它的编程语言和编程环境很简单，而且闭环控制参数在程序内部已经做好了，只需把系统参数放在程序的相应位置就可以了，并不需要去设定 PID 参数，系统会自动整定。若系统整定的参数试验效果不理想，调试过程中可根据实际情况调整 PID 参数 这种电液系统的控制器集数字量输入/输出接口、模拟量输入/输出接口于一体，带有串口用于和计算机通信，并有现场总线接口用于至上位控制器的通信。因此现在可以采用液压微型计算机控制器直接控制液压伺服系统，也可用作终端驱动器接收上位控制器的指令输出

（续）

分类	回路图形	说明
流量调节数字化电动机微型计算机控制	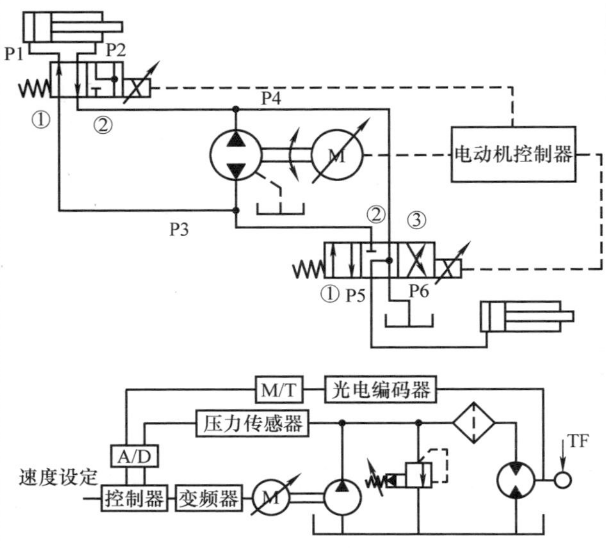	可编程电动机控制器采用了现代矢量控制思想，包括控制器、电动机驱动电路和电动机，控制器的输出端与电动机驱动电路连接，电动机驱动电路的输出端与电动机连接；电动机驱动电路包括方向控制电路和脉冲控制电路。采用RICS（精简指令计算机系统）技术，使CPU的数据处理能力提高到32位，微处理器的主频提高到百兆以上。从上层的可编程控制器（PLC）、运动控制器、机床CNC控制器，可一直连到底层的通用输入/输出（I/O）控制单元和视觉传感系统。编程语言有梯形图、NC语言、SFC语言、运动控制语言等，均可按照用户要求灵活配置。系统可控制轴数从单轴到可支持多达44轴，控制器可以连接从模拟信号到网络信号的各种信号类型
（2）网络化总线型流量调速控制		
流量调节互联液压系统微型计算机控制	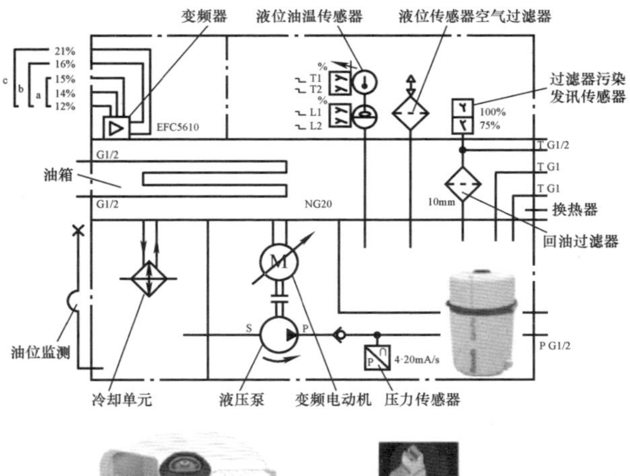 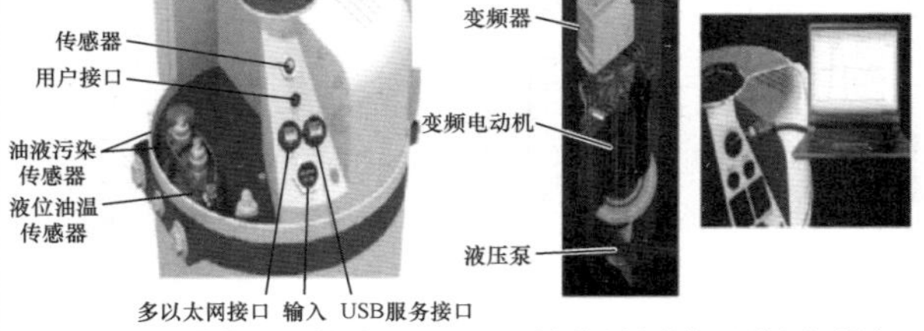 传感器与通信部分　动力单元内部结构　调试与检测设备	左图系统是典型的“互联液压”产品。此动力单元集液压元件、变频器、电动机、泵、传感器于一体，集液压硬件与电控、通信、软件编程接口等于一体。有线连接压力、温度、油位、堵塞和流量传感器，通过多以太网接口，对所有数据进行控制。变频器是驱动与控制一体，通过常用的实时以太网接口SERCOS、PROFINET、EtherCAT、EtherNet/IP和Modbus/TCP以及PROFIBUS与机器控制设备进行通信。调试时，只需打开电源，就可实现与控制系统、液压回路和冷却水回路的通信。具有智能系统状态监测，可以持续获取运行状态，感应所有的操作状态，因而可以早期识别磨损和故障，迅速进行修复。此外，无论身在何处，运营商都可以通过以太网连接实时改变压力和流量。用户实现即插即用产品。可以通过UBS接口连接设备，进行通信、参数设置与修改，简化了调试过程，可以优化设置，并能够通过状态监测设备立即检测达到所需的工作状态

（续）

<table>
<tr><th>分类</th><th>回路图形</th><th>说明</th></tr>
<tr><td colspan="3">（3）液压初级智能性流量调节控制　液压智能元件至今还在探索阶段，那些具有可发展到智能化元件的雏形，称之为液压初级智能性流量调节元件及其液压应用回路</td></tr>
<tr><td>流量调节初级智能性微型计算机控制</td><td>
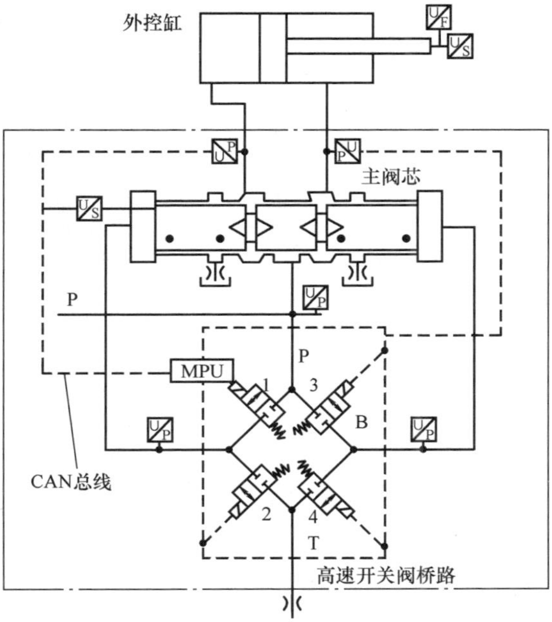

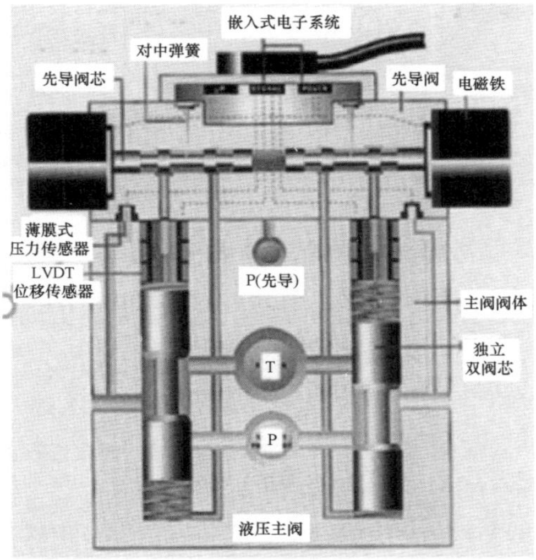

</td><td>目前 Danfoss 比例多路阀采用的高速开关数字阀桥路作为先导阀，然后控制液压多路阀的主阀芯，已经广泛应用。这个控制采用了微处理器，需要相应的控制策略达到多路阀所要求的参数性能。在这个数字化的基础上，用三位四通液压方向阀和一个芯片控制整个液压桥式回路，并且根据在 MPU 中的编程，可以产生各种三位四通的控制机能。由于此智能方向阀具有先导部分的压力传感器以及液压主阀放大部分的压力传感器、位移传感器与力传感器，在解决元件健康管理模型基础上，就可以成为一个具有智能性的液压元件与相应系统</td></tr>
</table>

（续）

分类	回路图形	说明
流量调节初级智能性微型计算机控制	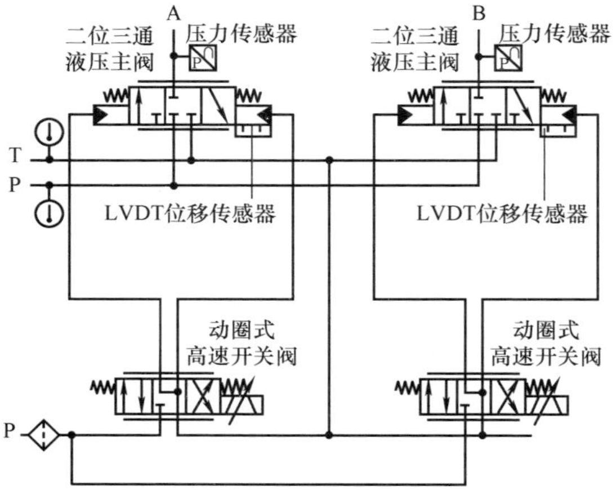	此阀的智能性表现在：1）液压技术发展史上第一次用软件的设置完成原来需要硬件完成的功能，并改变了负载敏感的设置模式，采用软件可以达到任何阀前补偿、阀后补偿以及目标阀优先模式。2）现在当负载要求的流量大于系统供给流量时，通过压力的感知可以进入流量分享的软件设置模式；此阀也可以设置成无流量分享而给与设想的执行机构以优先流量保证的模式。元件本身能够根据工况选择LS模式

（4）数字泵吸入流量调节控制　这是个完全的创新概念，过去的流量调节都是在出口侧，而采用了高速开关数字阀来控制液压泵的进口流量，能量损失最小，控制最为精确，可以实现智能化

数字泵吸入流量调节控制回路	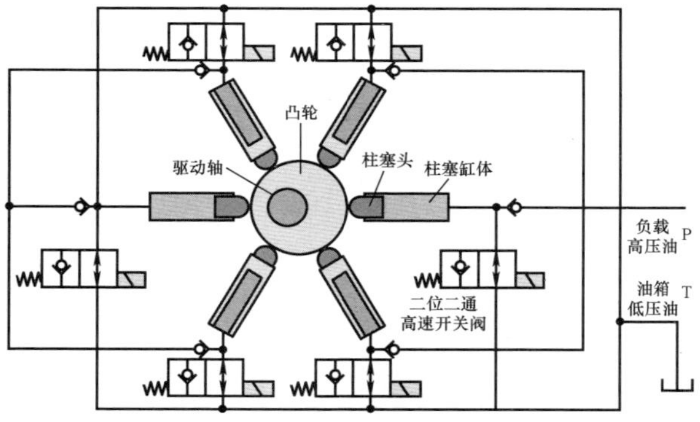	数字阀直接控制吸入排量的数字泵可以调节泵的输出流量，而且可以进行实时调节。这时使用嵌入式计算机控制的高速开关阀，实时开闭多个柱塞腔，就可以对此数字变量泵的流量进行调节。这个方法首先需要响应快而且流量又大的二位二通高速开关阀，其次是需要电控配合，再次是需要相应的传感器，能够及时将工况反映到微处理器上，然后可以按需要进行排量调节与控制

2.4.9　负负载下流量共享参数的控制

1. 静液压负载端流量调节回路（二次调节流量耦联静液压传动回路）

对于负负载工况，传统采用阀控平衡阀。平衡阀是所有阀控元件中技术性能要求最难达到的阀种，因为平衡阀平衡对于负载机构而言不容易匹配，容易产生系统的不稳定。另外负负载的能量是被抵消的，会转化成热能，还需要消耗能量去冷却到一定温度，因此会降低整个液压系统的效率。

静液压负载端流量/压力调节回路（二次调节流量/压力耦联静液压传动回路）比其他液压技术可以更好地提供对负负载能量回收利用，达到采用容积式控制负负载的目的。因为静液压系统中的液压马达或缸（二次元件）的调节可以正反向

(见图 2-22)，有利于负负载时的能量回收利用。

静液压负载端流量调节回路在位能回收、惯性能量回收以及实验装置中节能效果突出。例如液压驱动的卷扬起重机械，利用卷扬机械中位能变化，采用静液压负载端流量调节回路可以很好回收其位能；同样对摆动机械在频繁起动、制动过程中，对产生的惯性能量进行回收和再利用；以及对多台周期性工作设备共用一个动力源时，可以对能量储存，采用该技术既节省费用又节约能源。

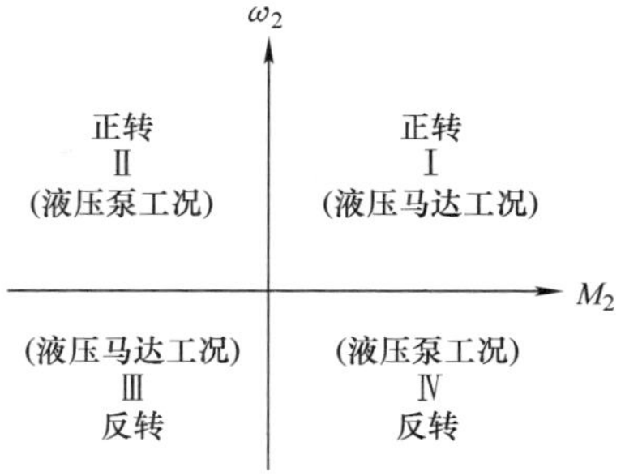

图 2-22　负载端元件四象限工作方式

2. 调节回路

此静液压负载端流量调节回路见表 2-24。

表 2-24　静液压负载端流量调节回路

分类	回路图形	说明
（1）静液压马达负载端流量调节回路　该回路属于惯性能量回收回路。泵端为负载提供所需要的恒流量，当负载发生变化时，由于存在能量存储元件，泵端的流量基本保持不变。系统的工作压力随负载大小而改变，由于没有压力调节元件只有安全阀存在，外负载决定了系统的工作压力		
静液压马达端流量调节回路	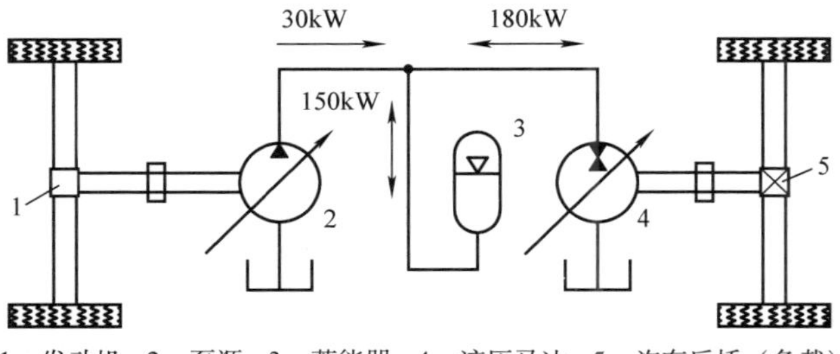 1—发动机　2—泵源　3—蓄能器　4—液压马达　5—汽车后桥（负载）	当系统处于正负载时，泵端 2 提供马达端 4 正常的工作流量，满足负载的转矩与转速要求 当系统处于负负载时（如下坡、制动等工况），马达端呈现泵工况，这时蓄能器可以吸收马达端产生的能量储存 这时工况改变通过负载端马达摆角（过零点）来实现，发动机无须停机。调节系统控制参数少，易控精度好。蓄能器可以作为能量回收与再利用装置使用，可以减少传动系统设计功率，减少投资与运营中的功率消耗，节省油耗。系统损失小、温升低，节省冷却费用

（续）

分类	回路图形	说明
（2）静液压缸负载端流量调节回路　该回路属于位能回收回路。回路由一个液压泵与一个液压执行元件组成，它们的流量相互关联，通过直接或间接调节液压泵/马达（二次元件）的排量来实现变换与控制		
静液压缸端流量调节回路	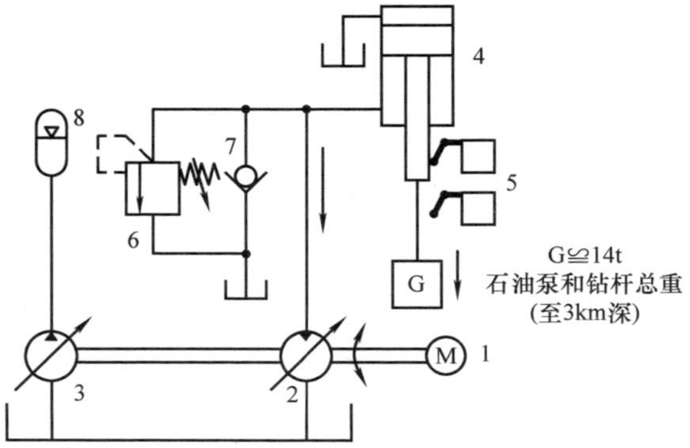 1—电动机　2、3—液压泵/马达（二次元件） 4—液压缸（负载端元件）　5—行程开关 6—溢流阀　7—单向阀　8—蓄能器	这是抽油杆系统的典型回路 在液压缸下降过程中，可以充分利用重力能驱动整个抽油杆下降，并通过液压能带动液压马达2。此时液压马达2与电动机1一起驱动液压泵3，使蓄能器8得到蓄能 当液压缸上升过程中，电动机1与液压马达3一起驱动液压泵2，可以快速上升。此时溢流阀6负责压力控制 液压缸上升与下降可以由行程开关5控制。采用这一负负载回收利用技术可以节省25%能耗与提高15%生产力

2.4.10　多负载下流量共享参数的控制

实现多负载的运动同步（速度同步或者位置同步），是很多工程应用中的需求。这就是液压多负载下流量共享的控制。往往要求两个或两个以上的液压执行元件以相同的位移或相同的速度（或相同的速比）同步运行。由于机器人、工程机器人的发展，液压控制出现了耦合性运动的控制要求，这是一个正在兴起并在发展的控制要求。

1. 多负载下的运动同步回路

实现多负载同步要求也有阀控节流同步回路与泵控容积同步回路两种。

阀控节流同步是采用同步阀之类的元件，尽管初始执行机构的负载有差别，调节负载通路中的节流负载，使负载与回路上的节流负载之和相同，达到压力均等共享的目的。这种方法同步运动精度最高可以达到1%～2%，取决于同步阀的结构原理与内在机理。

泵控容积式均联同步回路，采用容积式办法，使压力需求进行容积法控制改造。采用精确体积但泄漏量又相近的容积式泵、马达、液压缸来重组，使用原来的泵源作为驱动，得到输出更精确的体积去驱动各自的执行机构，从而获得同步。

随着电液一体化技术的发展，同步技术越来越多地采用由位置传感器检测每个执行机构位置的闭环系统。对控制阀（比例阀或伺服阀）的开度进行调节，保证负载的运动位置误差在要求的范围内，这种带闭环反馈的同步控制可以得到很高的同步精度。这种控制方法是阀控同步控制系统（液压 2.0）在技术上的更新换代，属于电液一体化（液压 3.0）的技术，需要与电控结合，技术比较先进，控制精度可以达到接近 1‰，但是成本也会增加。

随着与微型计算机控制的结合，现在同步控制已经发展到动作协同控制技术，也就是要求多个液压执行元件可以按要求进行运动，可以是多泵源，也可以是单泵源。单泵源情况在多路阀控制系统中已经应用十分成熟。

在同步回路中要考虑到执行元件受到负载不均匀、摩擦阻力不相同、泄漏量有差别、制造上有差异等影响同步的因素。为了解决这些因素造成的问题，主要考虑三个措施：机械同步、阀控同步与容积控制同步。表 2-25 列出了流量共享参数控制回路。

表 2-25　流量共享参数控制回路

分类	回路图形	说明
（1）机械同步回路		
机械同步控制系统	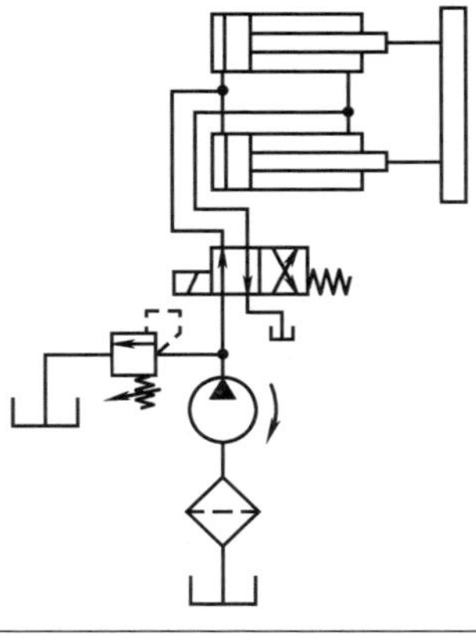	同步液压缸采用机械连接方式的同步回路，是最简单可行的同步方法。采用机械结构相一致的同步连接板或连接梁，刚度高不易变形，效果良好。但是只适用于两缸负载相差不大、连接件具有良好导向的结构与刚度，摩擦阻力不大的场合。否则会出现卡死现象，同步精度不高，其精度取决于导向机构的间隙。用于负载不大的应用中

（2）阀控流量同步控制回路　其有开环与闭环回路区之分，进一步可以分为阀控与容积控制两类

1）阀控开环回路包括：调速阀同步回路、分流集流阀同步回路与无反馈比例阀或数字阀控制回路阀控等节流同步回路，控制精度为 2% ~10%

2）阀控闭环回路包括：比例阀同步回路、伺服阀同步回路、微型计算机控制液压同步回路控制精度可达到很高，例如 0.01mm

3）容积控制开环回路：同步缸并联回路与同步缸串联回路、液压同步马达并联回路、液压同步泵并联回路。控制精度依靠元件制造精度，控制精度为 2% ~5%

4）容积控制没有闭环控制环节，不会采用微型计算机控制。主要利用泵或马达的排量相同、精确，要求提高制造精度来保证同步精度

（续）

分类	回路图形	说明
节流阀开环同步回路	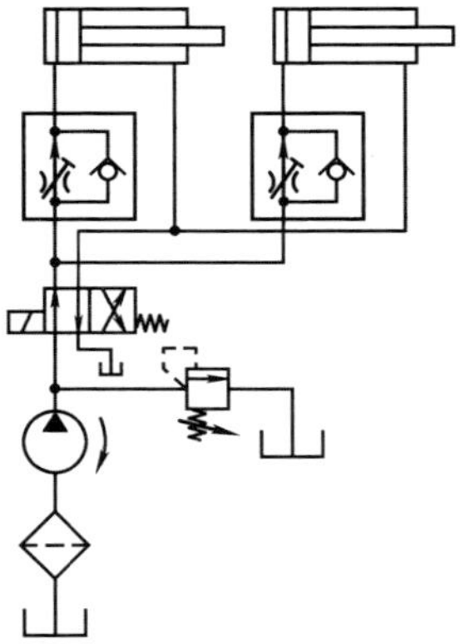	这是最简单的同步系统，负载固定，只需要手动调节节流阀后锁定即可。此时的同步精度，只要导向装置合理，刚度允许，简单实用
调速阀开环同步回路	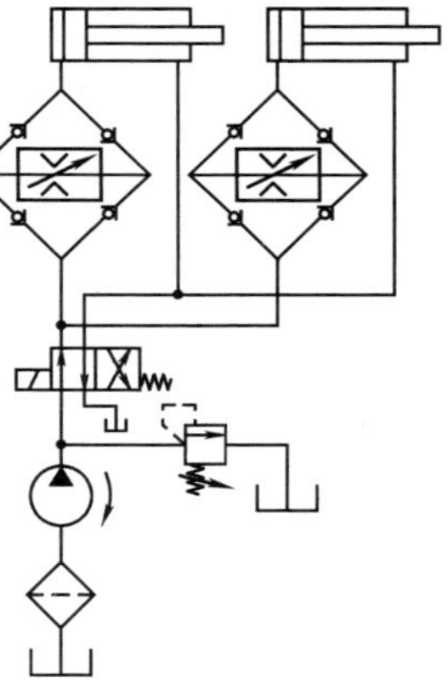	图中桥式调速阀同步回路使液压缸运动的往复方向都保持同步。同步精度一般为5%～10%，精度很低
分流阀开环同步回路	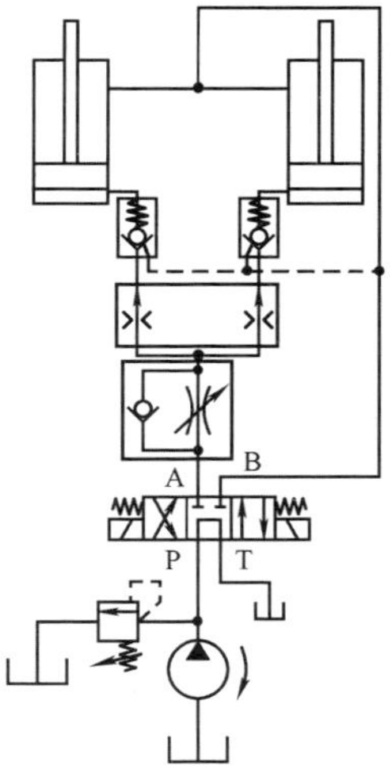	分流集流阀在液压缸负载差别不大时自动调节油路节流，从而使两缸同步。同步精度为2%～5%，使用分流阀、集流阀或分流集流阀，阀内压降大，不易用于低压系统

（续）

分类	回路图形	说明
多缸流量分享同步回路	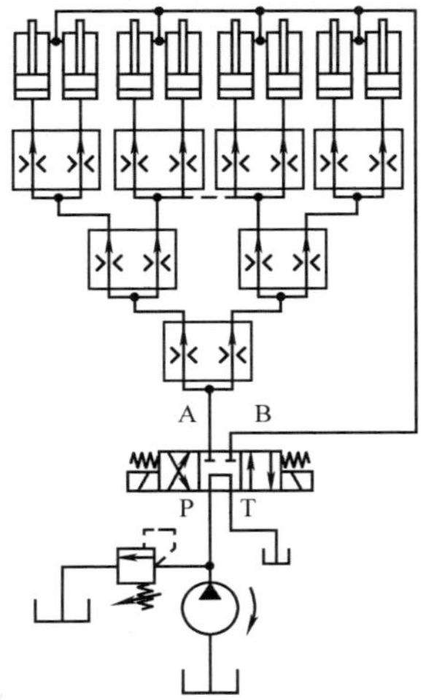	多缸流量分享同步回路是分流阀开环同步回路的扩展应用。分流阀的层次越多，分流精度的效果越差。系统简单易行

（3）位置闭环同步控制回路　液压技术与电控技术的结合可以满足位置闭环同步的更高要求。同步控制的概念也在发展，已经从简单的位置同步发展到空间的位置、速度等的同步，这时计算机控制的技术就必须融合在内

比例阀闭环同步回路	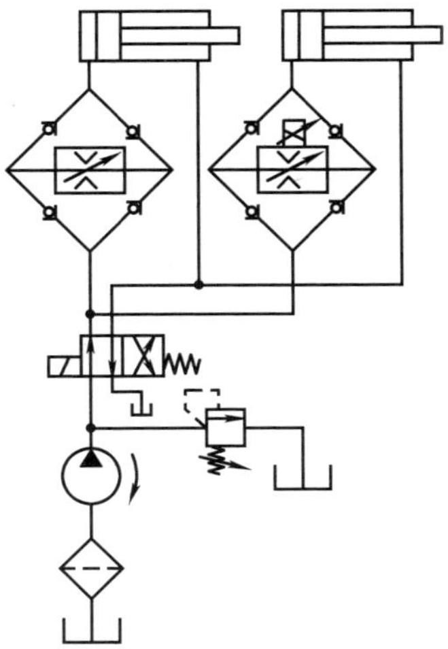	采用电液比例阀所在的回路自动调节流量，去跟踪另一液压缸的速度，通过闭环控制使双缸同步。其位置同步精度可达到 0.5mm 以上

（续）

<table>
<tr><th>分类</th><th>回路图形</th><th>说明</th></tr>
<tr><td>微型计算机闭环同步回路</td><td>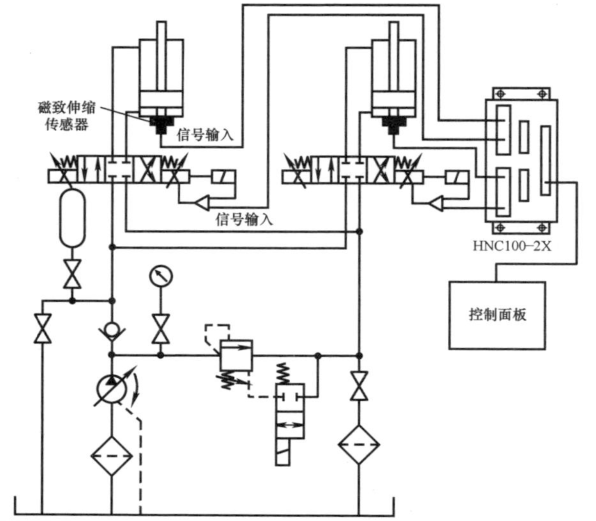
</td><td>具有位移传感器的比例伺服闭环控制系统，具有微型计算机的闭环反馈运算，成为同步控制顶端技术。控制精度取决于传感器精度与运算速度。相对精度达 2‰ 以下，绝对精度达 μm 级</td></tr>
<tr><td>位置闭环同步控制回路</td><td>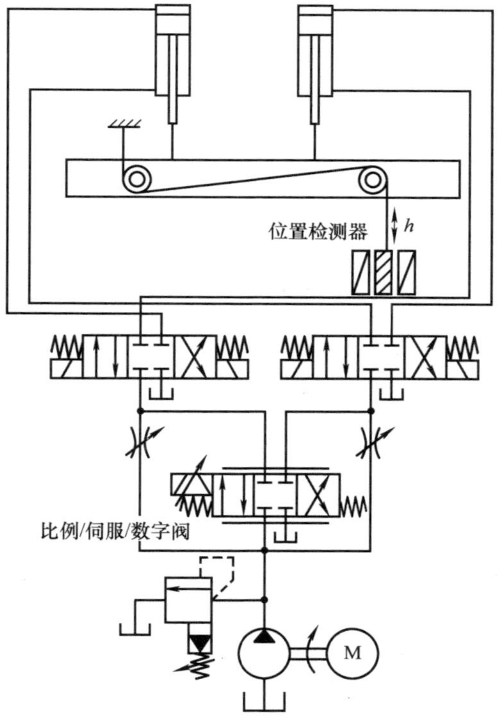
</td><td>在位置闭环同步控制系统中有四个部分影响同步精度，第一是同步检测，图中采用 LVDT 的位置检测装置的水平位置；第二是采用了模拟式（液压比例或伺服元件）或数字式（高速开关数字阀或步进马达增量式数字元件）；第三是能够达到系统响应要求的电控装置；第四是装置本身的刚度足够，不会对以上的控制造成影响
目前的发展已经超出同步系统位置控制的概念，已经发展到对系统中两个或两个以上的负载执行机构，可以控制其在任意位置情况下的同步协调，例如机器人或机械手就属于这类情况。这时对数字技术、总线或远程网络控制与智能控制提出新的要求，并在不断发展</td></tr>
</table>

（4）容积同步控制回路　采用液压缸或液压马达形成的容积相等的同步控制系统，是开环控制系统。同步精度完全依靠制造精度，没有反馈环节，因此微型计算机无法控制

（续）

分类	回路图形	说明
液压缸串联同步回路	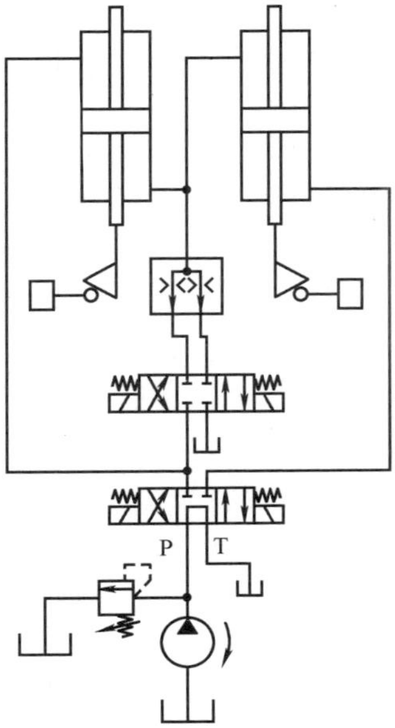	液压缸油路进出串联，此时液压缸进出油液容积相同。由于容腔面积相等，两个液压缸可以同步进退。上侧电磁阀与液控单向阀用于消除同步积累误差。缺点是液压缸串联，推力减小
同步缸并联同步回路	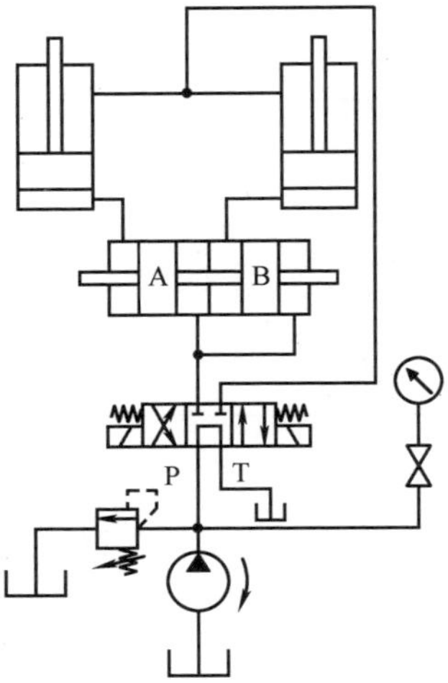	采用同步缸并联元件，因此两个同步缸进出的油液容积一样致使工作液压缸同步。在实际使用时，要求同步缸的容积大于工作液压缸的容积，并设置相应回路。同步精度 2% ~5%，主要取决同步缸的加工精度与密封性能

（续）

分类	回路图形	说明
同步马达并联同步回路	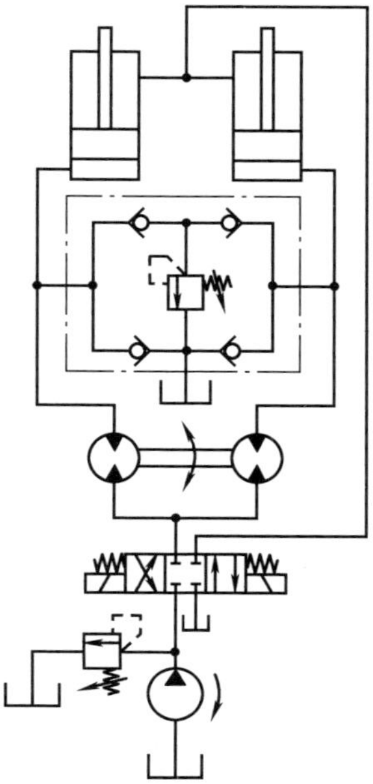	同步马达就是两个同轴等排量马达。它们向液压缸输出等排量的油液容积，使液压缸同步。同步精度也在2%～5%。精度取决于马达排量的制造精度。实用时要考虑消除积累误差
液压泵并联同步回路	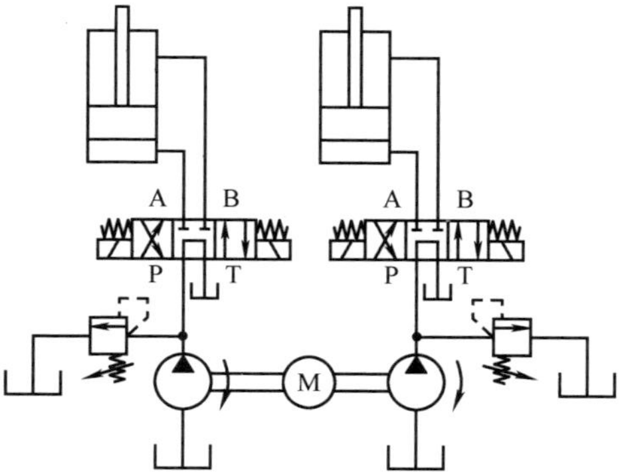	采用两个等排量的泵使其同轴，分别向两个液压缸供油，实现缸的同步运行。此回路消除终点误差简单，只要电磁阀动作。同步简单取决泵的容积效率与制造精度，一般采用柱塞泵

2. 多负载下耦合运动的网络解耦同步控制

多负载同步控制是液压控制难度较高的技术领域，目前在航空领域极其活跃。但是随着与计算机控制芯片及软件的结合，这一领域不仅是研究的热点也是正在应用方面发展较快的领域。多负载多机总线控制方法是当前热门的电静液作动器（EHA）的具体应用，这一技术既有较好的发展前景，也面临电机作动器（EMA）与电伺服泵作动器（ESPA/IPA）的巨大挑战。通过分布式液压系统并采用总线技术解决液压多负载同步控制的要求，见表2-26。

表 2-26　网络解耦的多机总线同步控制

<table>
<tr><th>分类</th><th>回路图形</th><th>说明</th></tr>
<tr><td colspan="3">多负载多机总线控制法</td></tr>
<tr><td>电静液作动器回路</td><td>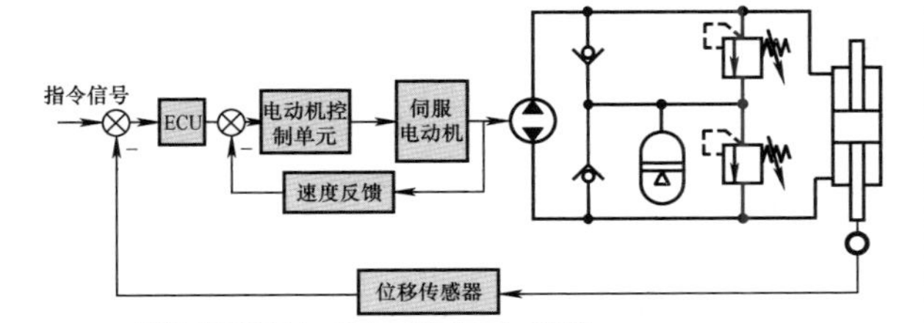

电静液作动器(Eletro-Hydraostatic Actuator, EHA)
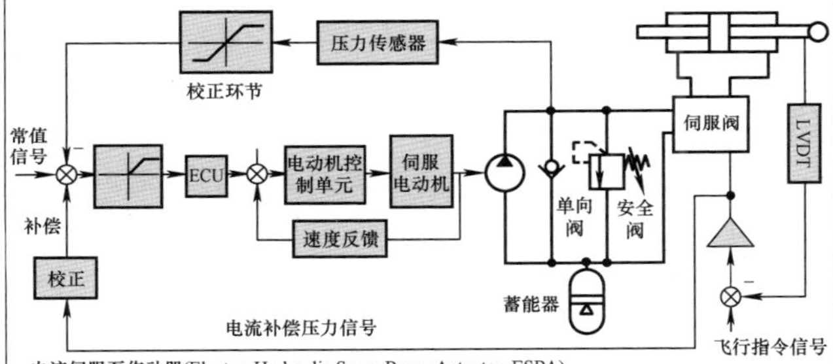

电液伺服泵作动器(Electro-Hydraulic Servo Pump Actuator, ESPA)</td><td>多负载可以设想采用 EHA 的电静液动力单元，即一个动作液压缸和一个紧凑型的液压系统。各个液压缸之间的协同动作，完全采用由 ECU 参与的控制器承担，特别是总线控制技术的发展为此又创造了更多有利因素。这样从节能高效、提高功重比、减小体积、减轻维修等方面都带来有利的发展
但是 EHA 的功率目前在 15kW 以下，需要向更大功率发展，对于液压泵的高压高速提出了挑战。还有以下的问题仍然需要不断解决与提高：直接采用高压电动机参与控制给电源系统带来污染；液压发热问题；系统频响偏低，一般在 3.5Hz 左右，这也是 ESPA 难以割舍的原因；带载时定位系统不易达到稳定；软件要比集中式液压复杂
需要在电控制器（ECU）、电动机、液压泵以及软件（AI）等方面综合发展</td></tr>
</table>

2.4.11　流量感知与动态流量传感器的发展动态

液压系统从自动控制角度来看就是一个被控的状态空间。状态空间的参数作为自变量决定了整个系统的控制行为。目前液压系统绝大多数是集中参数系统，一般用常微分方程来描述，即可以用许氏模块式建模数学模型解决。此时压力是自变量，流量是因变量。因此从智能控制的角度看，流量的感知可以简化。也就是说一般液压系统不需要直接的流量感知与测量。

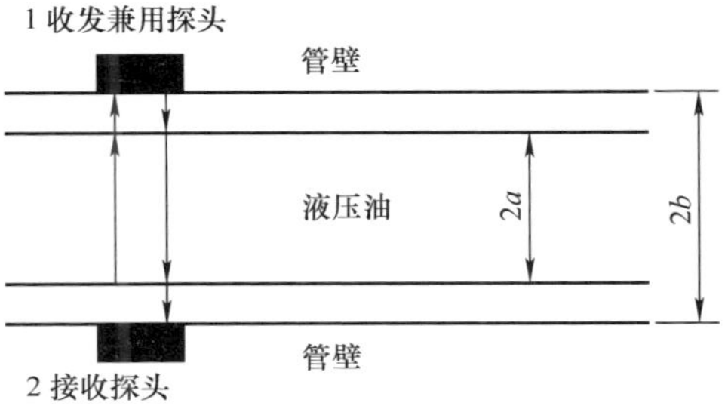

图 2-23　液压用超声波流量传感器

但是对于更深入的研究，例如将液压运动系统从集中参数系统对待进入分散参数系统对待时，必须用偏微分方程的建模数学模型。此时流量参数也是一个自变量，流量的感知就非常重要。例如当考虑到软管在系统中的动态影响就必须考虑到流量测量与实时感知。液压流体动态测量方法可以是超声波流量传感器（见图 2-23）与电磁流量计，它们不改变被测流体的流动状态，不产生附加阻力，比较理想。超声测量仪表的流量测量准确度几乎不受被测流体温度/压力/黏度/密度等参数的影响，又可制成非接触及便携式测量仪表。电磁流量计也属于这一类。

目前常用的液压动态流量传感器是涡轮流量计，它的原理是在流体作用下，叶轮受力旋转，其转速与管道平均流速成正比，叶轮的转动周期性地改变磁电转换器的磁阻值，检测线圈中磁通量随之发生周期性变化，产生周期性的感应电势，即电脉冲信号，经放大器放大后，送至显示仪表显示。这类流量计精度受流体黏度的影响较大。

目前也在探索利用比例阀的位移、线圈得到感应后的电磁变化或次级感生变化等信息，转化成流量动态测量新方法，这些方法的新思维在于不需要动态流量计量元件而是利用系统中已经有的元件信息的变化转化为流量信息。

2.5　液流方向与通断的控制

液压系统液流的流动方向与通断的控制是液压系统流量控制的组成部分。而液流通断控制一般只采用单向阀，简单易行。表2-27列出了液压系统液流方向与通断控制回路。

液压液流通断回路的主要作用为回路锁紧。

液压系统存在液压缸或液压马达在液压油停断的时候会产生油液的冲击或者背压升高等情况。这种现象的产生是由于运动部件的惯性力与油液运动的惯性力造成的。这些惯性力会造成运动部件的冲击力、系统内部局部压力的升高，造成冲击破坏，例如液压缸缸盖破裂、软管爆裂等；同时也会严重影响控制系统中的控制精度与定位难度。因此如何在油液通断时，避免产生这种现象，还是十分值得重视的。一般要对液压缸采用缓冲措施，对液压马达采取外加制动、释放背压制动以及浮动等措施。表2-27中列出了这些功能的回路。

表2-27　液流方向与通断控制回路

分类	回路图形	说明
(1) 阀控系统液流方向控制回路　采用方向阀或者比例方向阀		
方向阀换向回路	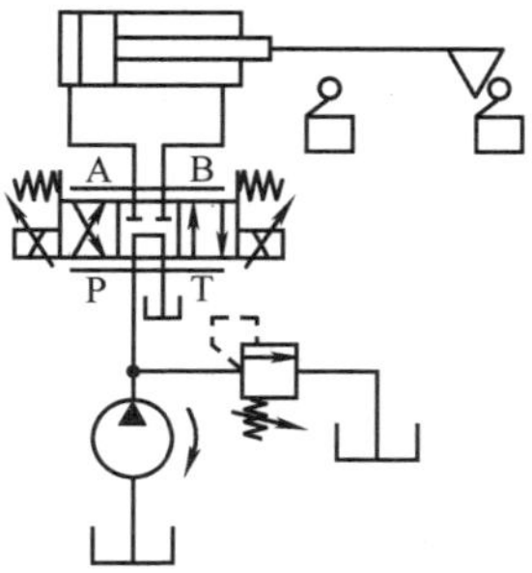	方向阀使液流换向是液压系统应用最多的换向回路。电磁铁操作有电控、液控、手控等。因此控制方式有各种选择，从行程开关到微型计算机控制

（续）

分类	回路图形	说明
多路阀换向回路	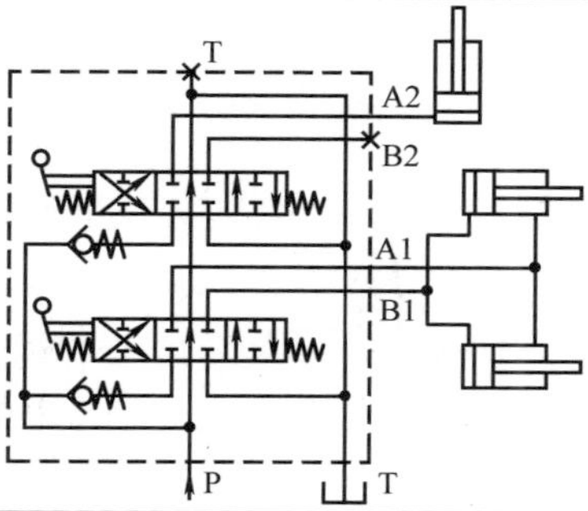	多路阀与方向阀功能是一致的，由于多路阀用于工程机械主机，在中位机能方面相互的差异较大。操作驱动比方向阀更丰富
比例方向阀换向回路	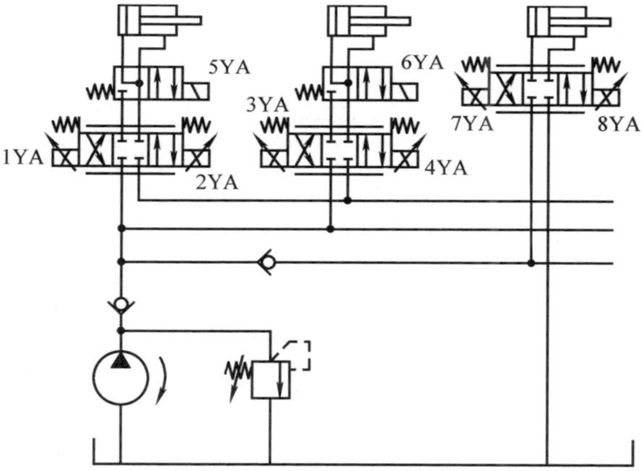	比例方向阀既控制液压系统的流量又同时提供方向控制。实现了流量控制与液流方向控制的合一 比例方向阀最常用的包括现有的比例方向阀、比例伺服方向阀等，也包括伺服阀、高速开关数字阀、增量式步进电动机式方向阀、2D 液压比例伺服数字阀等 方向阀的换向依靠各种驱动放大技术驱动电液转换元件，有模拟放大板也有控制器，是否采用芯片可以明确区分
（2）泵控系统液流方向控制回路		
变量泵换向回路	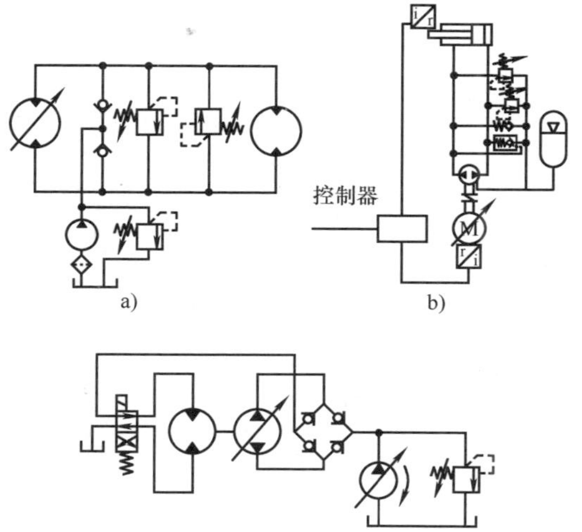 a)　b) c)	图 a 是闭式回路双向换向；图 b 是数字化电动机双向换向；图 c 是开式回路的阀控双向换向。以上都是变量泵系统的双向换向的不同形式

（续）

分类	回路图形	说明
（3）液压通断锁紧回路　液压回路的通断主要利用方向阀的机能来完成。如果对锁紧还有进一步减小泄漏的要求，单向阀是很好的选择。单向阀既可以作为油路高低压的固定性隔离，也可以采用液控单向阀，使这种隔离是可以控制的		
液压通断锁紧回路	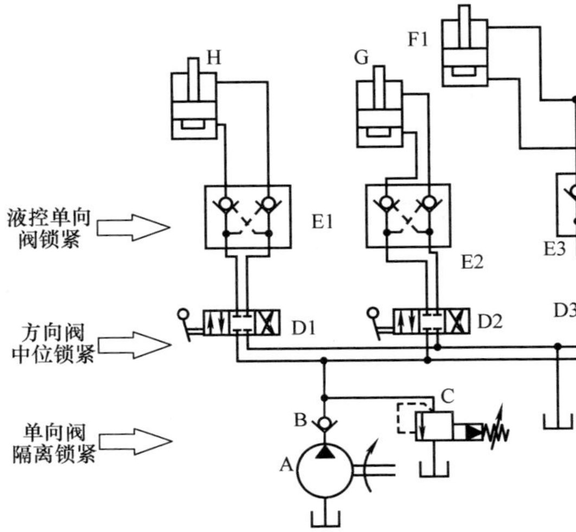	E1、E2、E3 是液控单向阀锁紧回路 D1、D2、D3 是方向阀中位锁紧回路；B 是单向阀隔离锁紧 方向阀中位泄漏较大，锁紧效果比单向阀差
（4）液压缸释压缓冲回路　液压泵起动、改变转向、停转等会对系统产生冲击；液压缸起动、停止、达到终点也会产生压力瞬间释放或停止冲击。此时液压缸需要起动释压、停止减速、延缓换向时间、释放运动停止造成的压力增加或吸收冲击能量等，这就是缓冲的主要措施。根据这些方法就形成相应的控制回路		
液压缸终端减速缓冲回路	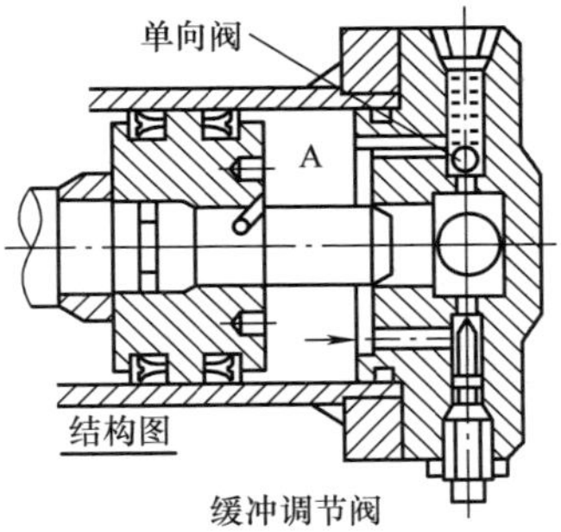缓冲调节阀 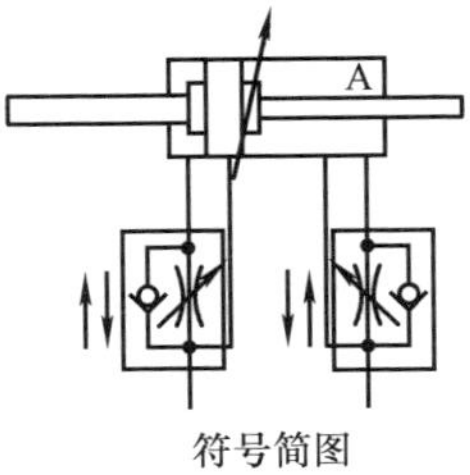符号简图	当活塞向右运动端头部进入缸盖孔后，A腔留存液体容积被迫只有通过缓冲调节阀，迫使活塞运动速度下降

（续）

分类	回路图形	说明
方向阀延时换向缓冲回路	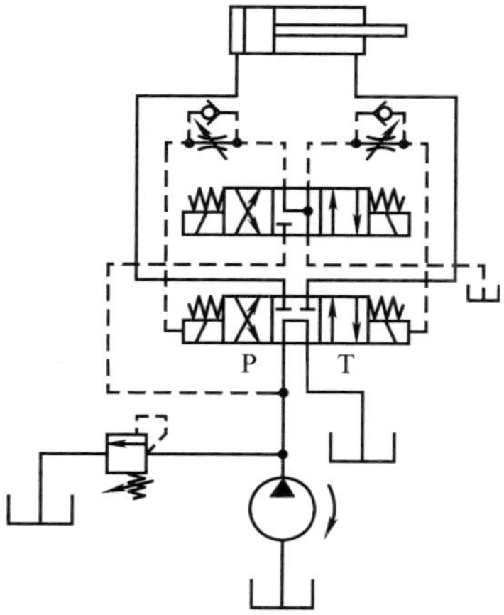	先导阀换向后，通过节流延时阀让主阀换向时间可调，并有所延长，从而使缸的通断时间延长，使缸运动的冲击性减小。由于延时时间有限，因此效果一般不如缸控
释压安全阀缓冲回路	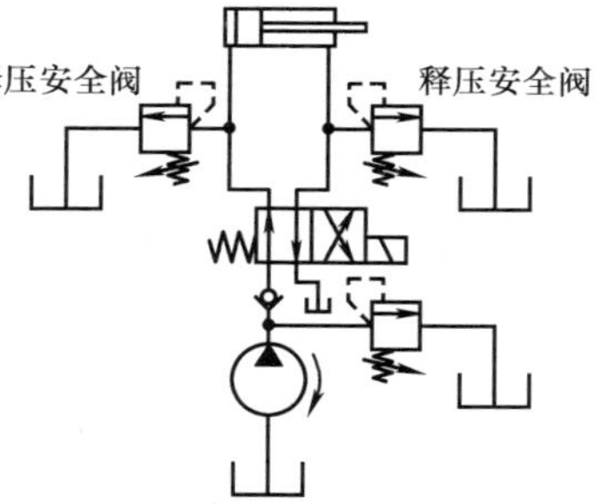	采用溢流阀作为释压安全阀，当液压缸在起动或达到终端时压力升高以至产生了压力冲击，可以通过释压安全阀将高压释放并限定
蓄能器吸能缓冲回路	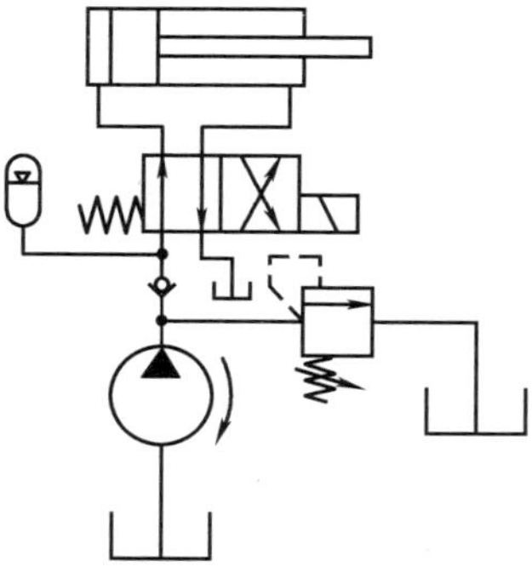	蓄能器可以对冲击压力或冲击能量进行吸收，从而减少了冲击带来的问题。溢流阀对冲击的响应速度不及蓄能器，因此蓄能器缓冲效果更好

（续）

分类	回路图形	说明
比例控制释压缓冲回路	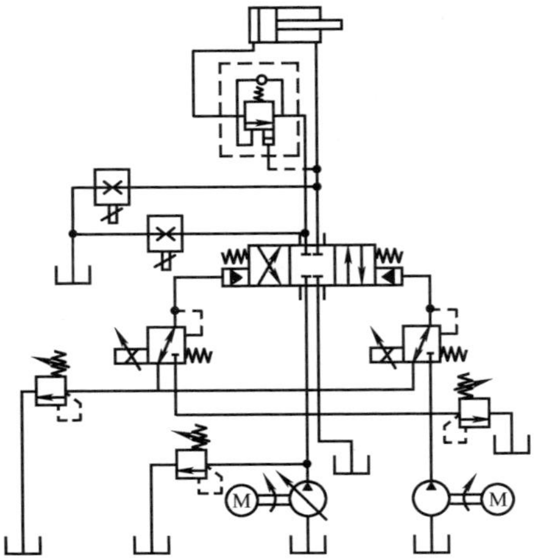	压力机液压缸超大，换向时容积内储存极大能量，瞬间换向会引起极大震动。所以换向前需要通过释压阀释压，回路如图所示。采用比例阀更易自动控制
微型计算机控制闭环缓冲回路	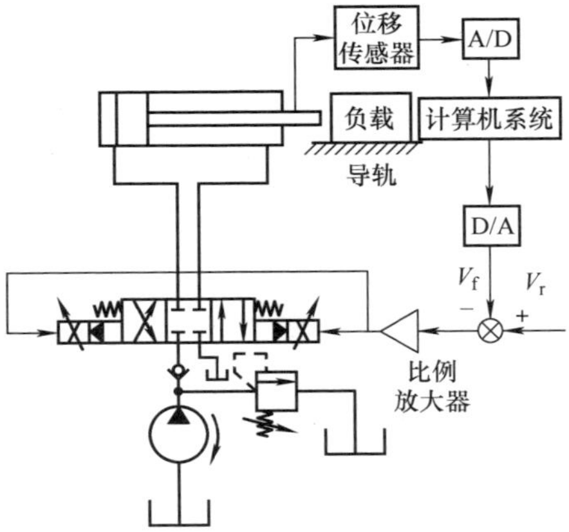	液压缸对比例阀进行微型计算机控制，由于有位移传感器，因此液压缸的速度可以根据位移传感器的反馈数值控制比例阀的开度与流量，达到理想的全程速度要求

（5）液压马达制动、释压与浮动回路　马达的制动、释压与浮动都是马达回路必须考虑的基本要求

马达的制动有制动器制动与背压制动两类基本工作原理，背压制动回路形式很多，主要采用各种压力阀，如溢流阀、顺序阀、节流阀、电磁溢流阀等，根据应用需要而定

（续）

分类	回路图形	说明
马达制动释压与浮动回路	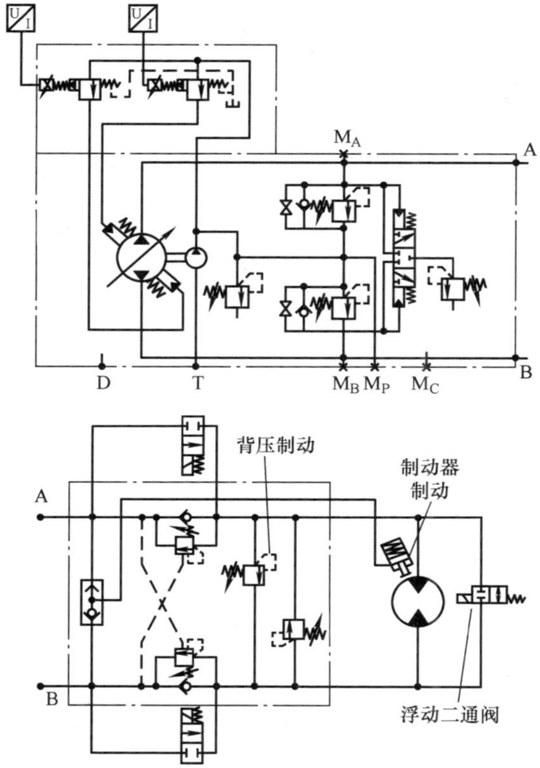	外制动：制动器 背压制动：双向溢流 浮动：浮动二通阀 背压制动也起释压作用。在闭式回路，采用了锁阀的液压选择回路，使双向制动都有效

液压压差性能参数的控制与流体性质的关联性液压压差参数性能控制系统就是容积节流调速回路，或者称为负载敏感系统。博世力士乐在有关资料中明确指出负载敏感回路属于“压差控制回路”，如图 2-24 所示。

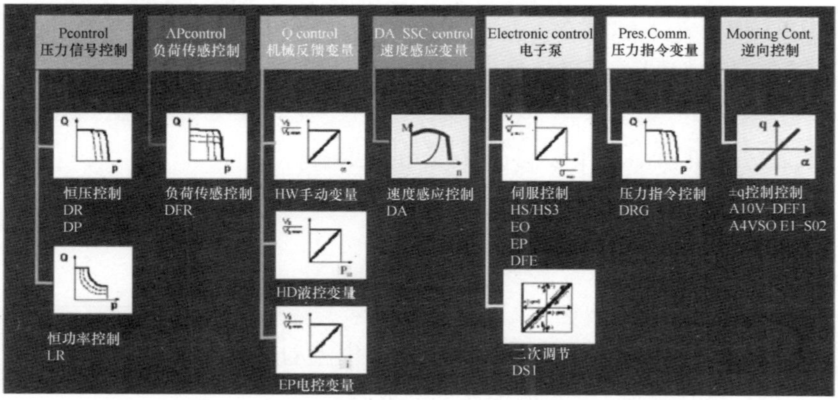

图 2-24　博世力士乐（Bosch Rexroth）轴向柱塞泵的分类

负载敏感系统是工程机械主机液压系统采用的主要回路。它的基本原理就是首先检测出通过流量控制阀的流量所产生的压差值，然后反馈到变量泵控制阀上，如果此压差达到规定值，液压泵变量机构（斜盘倾角）就稳定在该值所确定的位置上。负载敏感技术的实质是液压压差性能参数的控制技术，是通过对压差 Δp 的恒定控制达到流量恒定的目的。因此它就是恒压差控制、恒流量控制或者流量切断控制。这里“流量切断”是“压力切断”一词的延伸。“压力切断”是指在变量泵中，达到限定的压力值时，变量泵排量归零（暂不计泄漏问题）。“流量切断”是指在变量泵中，达到负载敏感泵的限定压差后，变量泵的排量归于恒值。

“负载敏感控制技术”高效节能的特点使其成为所有传动及控制系统的理想设计方案。今后对于复杂的系统，它能够与电子操纵系统联合工作，精确地控制和提供需要的液压动力。电液型负载敏感系统可用于协同电子操纵系统进行相当复杂液压系统精确的、可调的能量控制。各种类型的传感器可为微处理器提供反馈信息，微处理器进行偏差比较及处理后输出控制电流给比例/数字电磁控制阀，其控制作用使得负载敏感变量泵根据作动器的需求按比例提供准确的压力和流量。因此负载敏感控制技术是值得关注的发展中的流量控制技术。

在定量泵情况下，这种方法就变为差压溢流阀与多路阀负载敏感之间的配合使用。在后者的情况下，仍然将这种调速方法归类于负载敏感回路，仍然将这种阀控性流量调速回路放在泵控容积节流调速负载敏感回路之内讨论。

除柱塞式变量泵外，还有单作用叶片泵的流量调节，它属于压差式变量泵，但是这种流量控制形式几乎已经很少采用了，由于单作用叶片泵的压力级别无法提高（往往在6.3MPa左右），目前已经淡出市场应用主流的视野，但是作为一种泵控流量控制方式还是有其特点，因此依然列入。

液压英文术语“负载敏感控制（Load Sensitive Control，LSC）”含义并不贴切，或者说应该意译。现在专业人员特别是应用工程技术人员对此词费解，故有大量文章、专业培训会从系统、实物与应用分析来解说，但总难以简化说辞。本节力求追本溯源，利用元件初始概念，简捷易解。在本书中仍然使用主流称谓“负载敏感控制”一词，但是在不同场合会使用“恒压差控制”“恒流量控制”与“流量切断控制”等词，它们同义，只是从不同角度阐述而已。

2.6　压差与流体的关系及其控制回路

2.6.1　流体流动的成因与利弊分析

1. 压差是流体流动的成因

理想流体伯努利方程说明要产生流动或产生流动速度的变化，一定存在流体压力的差值。因此液压压差 Δp 是流体流动的成因。

根据实验，节流小孔的流量公式为

$$q_V = C_d A \sqrt{\frac{2}{\rho}\Delta p} \tag{2-14}$$

细长孔的流量公式为

$$q_V = \frac{\pi d^4}{128\nu\rho l}\Delta p \tag{2-15}$$

式中　q_V——体积流量（mL/min）；

C_d——流量系数（$C_d = 0.612 \sim 1.0$）；

A——节流面积（cm^2）；

Δp——压差（N/m^2）；

d——管路内径（cm）；

ν——运动黏度（cm^2/s）；

ρ——油液密度（kg/m^3）；

l——直管长度（cm）。

这些流量公式表明，通过这些小孔的流量与其前后的压差成一定比例关系。

2. 压差是流体流动过程的能量损失

实际流体总流的伯努利方程为

$$\frac{p_1}{\gamma} + z_1 + \frac{v_1^2}{2g} = \frac{p_2}{\gamma} + z_2 + \frac{v_2^2}{2g} + h_w \tag{2-16}$$

式中　h_w——单位质量流体经过过流断面之间的能量损失。

h_w 说明在流体实际流动中存在能量损失，这个能量损失是以压力损失 Δp 的状态呈现出来的。因此压差 Δp 的作用是产生流动，但是也在流动中损失能量。这种损失在不同的流动状态下与不同形状的流道中是有区别的，根据实验，流体流动中压力的损失可以表达如下。

沿程损失公式为

$$\Delta p = \lambda \frac{l}{d}\frac{\rho v^2}{2} \tag{2-17}$$

局部损失公式为

$$\Delta p = \xi \frac{\rho v^2}{2} \tag{2-18}$$

式中　λ——沿程压力阻力系数；

l——管道长度；

d——管道直径；

ξ——局部压力阻力系数。

说明在实际液压系统中，油流过的管道越长直径越小，沿程损失就越大；液压接头和液压阀越多，局部能量损失就越大。油液所具有的能量（压力）容易在执行动作之前，油液从一处流向另一处的过程中损失。

3. 压差损失转换成热量

根据能量守恒定律，这部分损失越大，系统效率肯定越低，对应用最直接的影响结果是，用户系统需要的电费增加或油费增加。压差损失这部分能量转换成热能。热能是造成液压系统发热的主要来源，而这部分热能对系统参数性能的影响是直接影响油液的黏度，使油液黏度下降。黏度因为温度上升而下降，一方面加剧内泄漏，另一方面因为元件不同零件的线胀系数不同，反而使零件间的间隙变小，造成无法控制的后果，例如卡死、运动卡塞等现象。因而产品试验成功后，仿真与试验必不可少，可以发现问题并尽早纠正。系统温升会使比例、伺服阀产生零点的温漂，这一点容易被人们忽视，即使这些控制阀的电控部分都有相应的温度对控制响应的补偿，但是毕竟是不利因素。更不易想到的是，温升后黏度变化会对参数控制和性能控制造成干扰与不确定因素。因为油液黏度变化会造成油液弹性模量的变化，这个参数对系统动态性能影响很大，会致使控制性能的结果变化很大，甚至会使控制系统的稳定性受到很大的影响，以至失控。

4. 压差是流量的测量信息

众所周知，节流阀的实验公式为式（2-14），即

$$q_V = C_d A \sqrt{\frac{2}{\rho}\Delta p}$$

这个公式是液压技术主宰性公式，表达两个同时存在的信息：①压差 Δp 是节流阀流量的动力并被消耗，流量与压差的平方根成正比关系；②已知节流阀的开口，则可以通过压差来测量节流阀流量。

对使用者而言，前者是弊，是自然规律无法避免的；而后者是利，即用作流量传感器。利用此思路研制新的大流量传感器，目前的二通插装阀大流量传感器正出于此；利用节流阀作为流量传感器，参与液压系统的控制，这就是负载敏感控制。为此在容积节流流量控制中可以将节流阀称为“节流流量传感阀”。

5. 液压元件额定流量下的压差推荐值

根据式（2-17）与式（2-18）等压力损失的公式可知，流体通过液压元件各种形状的流道一定会产生压力损失。由式（2-14）可知，如果提高通过流道的压差，就可以提高其通流量。同时根据表 2-7 液压系统局部流速推荐参考值，也可知流道内流速过高会产生气蚀，因此有所限定。因此对于通过液压元件的通流量，对于不同元件有所允许的不同压差规范值。对于具体的元件，此规范值可以查看有关液压气动常用标准。表 2-28 列出了有关液压元件采用的压差经验值。

表 2-28　额定流量下液压元件压力损失（P－A→B－T）概念值

（单位：MPa）

阀种	方向阀	比例阀	伺服阀	节流流量压差信号值
国家标准推荐值	0.8	1.1	7	1.1～2.4

其中节流流量压差信号值各厂商产品设置差别较大，尽管此值越小越节能，但是在具体系统中与信号传递损失，对整个压差控制闭环系统的响应要求及稳定性有关。因此对于任何阀的额定流量值，一定是与允许的压差值密切相关，并且在样本中有所标注。

2.6.2　压差控制的工作原理

压差控制主要体现在液压容积节流控制系统中，通过系统中节流产生的压差经过检测（一般就是节流阀本身），去控制变量泵或定差溢流阀，然后使系统产生负载需要的流量，所以称之为压差控制。由于在容积节流控制系统中采用的节流阀形式（多路阀）有所不同，因此检测采集压差的方式也有所差异。对于中位闭式多路阀，将主阀节流作为压差信号检测出来，去控制变量泵，这时需要进行恒压差的控制，从而产生流量控制的结果；对于中位开式多路阀，就利用中位回油产生的压力（压差）变化去控制变量泵，这时需要变压差进行控制。

由此可见，压差控制可以分为恒压差控制与变压差/压力控制。恒压差控制用于中位闭式多路阀产品；变压差/压力控制多用于中位开式比例多路阀中。它们在应用上各有利弊，将在本节最后加以总结。

1. 恒压差控制的工作原理

根据节流阀的节流公式（2-14）可知，当 Δp = 定值时，节流口的面积与流量成正比，因此

$$\Delta p = \frac{\rho}{2}\left(\frac{q_V}{C_d A}\right)^2 = k\left(\frac{q_V}{A}\right)^2 = 1 \sim 2\text{MPa（经验值）}$$

$$k = \frac{\rho}{2}\left(\frac{1}{C_d}\right)^2 = \text{常数}$$

$$q_V = \sqrt{\frac{\Delta p}{k}}A = k_1 A$$

$$k_1 = \sqrt{\frac{\Delta p}{k}} = \text{常数} \tag{2-19}$$

式（2-19）就是表达液压恒压差阀工作原理的公式。此公式说明在恒压差下，节流阀阀口面积 A 起到“流量设定”的作用，A 增加，可以允许通过更大的流量才产生相同的恒压降，如图 2-25 中流量设置特性曲线所示。这就是恒压差控制或负载敏感控制的工作原理。式（2-19）也说明 Δp 是节流阀传感器的“压差恒定”传感值。

图 2-26 所示的原理表明，恒压差控制是由恒压差阀与节流流量传感阀两部分组成。恒压差阀称为恒流量阀或负载敏感阀，而节流流量传感阀也就是节流阀。恒压差阀是三位三通阀，当接受的压差信号值与阀本身调定的弹簧力一致时，该阀处于中位，A 输出口没有压力输出，系统处于平衡状态（图 2-26a 所示状态）；如果 p_1 的压力升高，Δp 值增大，恒压阀处于左位，A 口压力 p_A 输出压力等于 p_1，这时变量泵的变量缸左移减小排量；反之 p_2 压力增大，Δp 值减小，恒压阀处于右位，A 口与油箱相通则 p_A 压力为大气压，变量缸右移增大排量。控制的目的是利用变量缸在内的液压泵与恒压差阀一起组成的闭环控制系统的流量恒定，如图 2-25 中

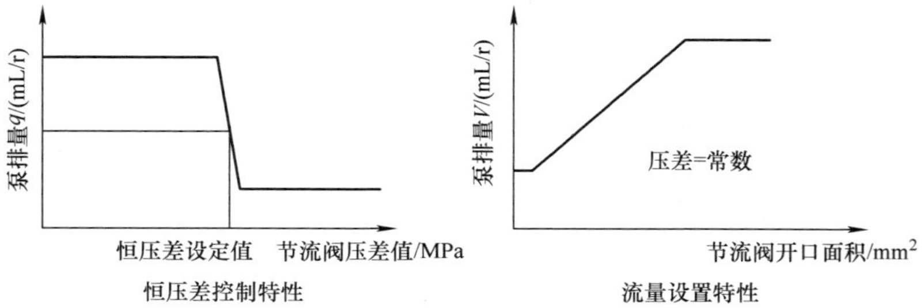

图 2-25　恒压差控制的设置特性与控制特性

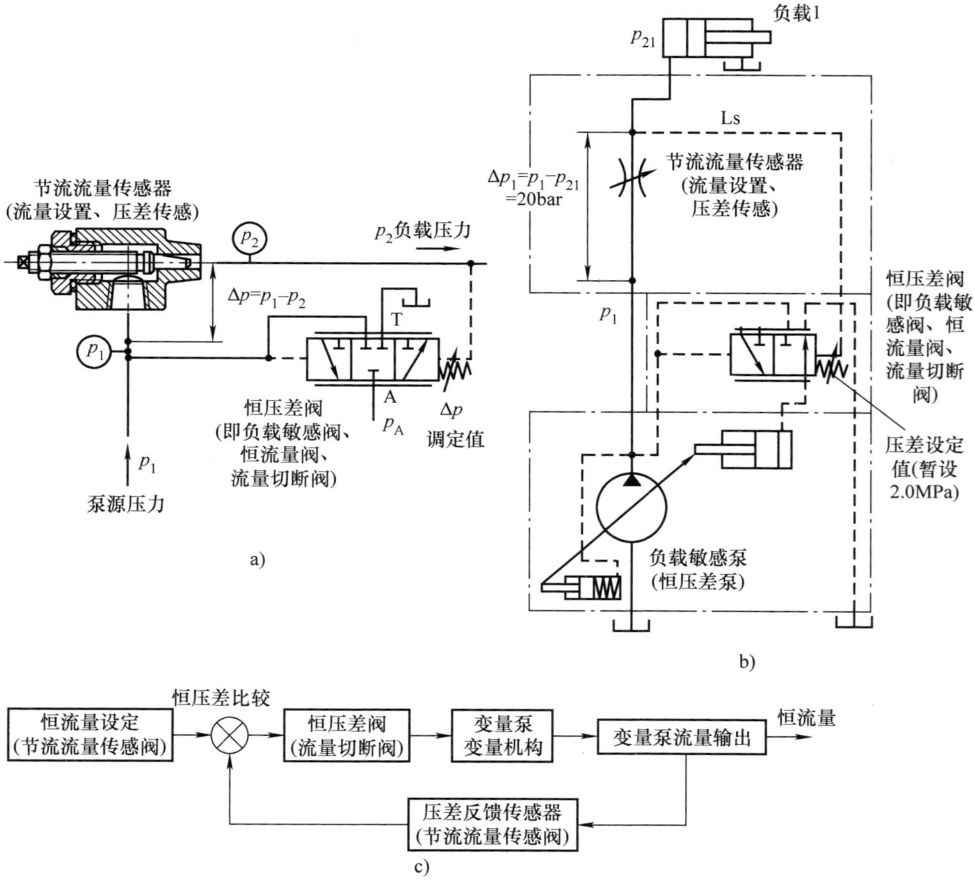

图 2-26　恒压差阀控制原理（负载敏感控制）

恒压差控制特性曲线所示。液压泵始终保持由节流流量传感器给予的压差值恒定。在这个控制阶段而言，节流流量传感器就是一个流量传感器，传递了阀的前后压力产生差值的数值，通过恒压差阀的调节，使整个泵控流量输出为恒值。当系统压差恒值不变，但是通过节流流量传感阀的流量需要增加时，可以通过调节节流流量传感阀的开口，达到控制流量增加但是受控的压差始终不变。这时节流流量传感阀起的作用就是节流阀作用，但同时仍具有压差传感功能。因此其中负载敏感阀的作用就是流量切断阀的作用。

综上所述，负载敏感控制可以理解为压差闭环控制（恒压差控制）、恒流量控制或“流量切断”作用。节流阀在恒压差流量控制中的功能是流量传感器。只不过通过改变节流阀的开口面积，可以调节控制的流量值，起到改变设定值的作用。因此节流阀具有依靠开口面积产生流量设定，以及依靠压差 Δp 作为流量传感的双重功能。这类系统归类于液压容积节流流量调节回路之中。

在容积节流流量调节回路中，对流量的控制是以节流阀的压差检测为前提的，这样必然产生在负载压力下流量调节过程中必须有压差 Δp 的问题，所以容积节流流量调节回路仍会产生一定的功率损失。

2. 变压差/压力控制工作原理

以挖掘机的变压差/压力控制为例，变压差/压力控制原理如图 2-27 所示。它是采用操作系统的外部压差或压力信号对变量泵系统进行流量控制。负流量和正流量的区别就在于对操作系统外部压力变化的信号采集位置不同。

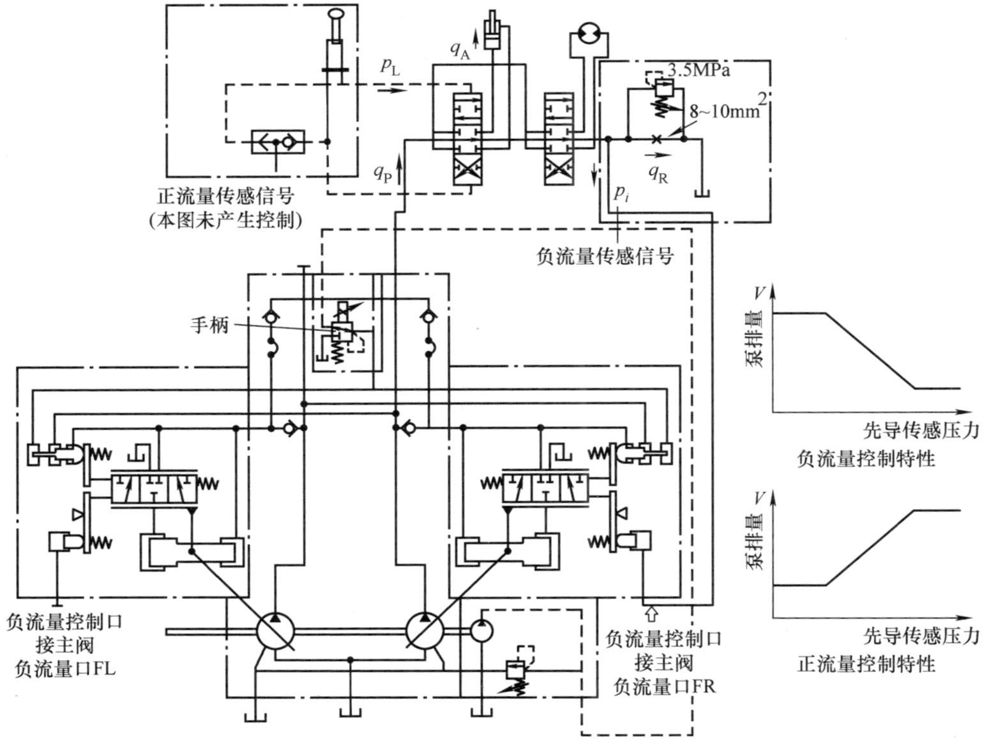

图 2-27　变压差/压力控制原理及传感控制特性（负流量与正流量控制回路）

根据开式多路阀中位排油时的特点，中位的流量增加后其中位油路的排油压力（压差）降低至负压，取用此压差（压力）使变量机构排量增加，以供给系统更多流量。此时称之为中位油路产生的负流量反馈。说明系统执行机构在工作而需要流量，因此用此信号使变量泵的流量增加，此时中位排油路对油箱压差的降低将增加变量泵的排量。

如果取用控制手柄油路上的压力，当其油路压力增加，说明系统需要更多供油使执行机构动作。取用此压力（压差）使变量机构增加排量，以供给系统更多的流量。此时称之为手柄油路产生的正流量反馈。

当手柄行程越大，对应的二次先导压力也会越大，由二次先导压力控制的主阀芯的开度也会越大，与之对应，主阀芯的开度越大，主油路分向执行元件的油越多，执行元件的速度就会越快，通过中位流经信号发生装置的油越少，中位油路信号的压力值就会越小；反之如果手柄行程越小，对应的二次先导压力也会越小，由二次先导压力控制的主阀芯的开度也会越小，与之对应，主阀芯的开度越小，主油路分向执行元件的油越少，执行元件的速度就会越慢，通过中位油路流经的油就越多，旁路信号的压力值就会越大。液压泵根据旁路信号的压力值的大小来对其排量进行控制，这就是负流量控制，它的信号采集点是主油路中主控制阀的出口处。而正流量控制的信号采集点在手柄的先导压力点上。由于负压控制的信号采集点在主控制阀的出口处，只有主控制阀有动作时此负压信号才会发生变化，从而使泵的排量发生变化，这就使得液压泵的控制永远滞后于主控制阀的控制，因此正流量与负流量相比，前者操作敏感性要好。

3. 压差控制的分类

液压压差控制主要用于液压多路阀产品，广泛采用了恒压差负载敏感系统与变压力控制系统。由此发展出来的负载敏感新技术与相应的产品品种也很多。压差控制分类如图2-28所示。

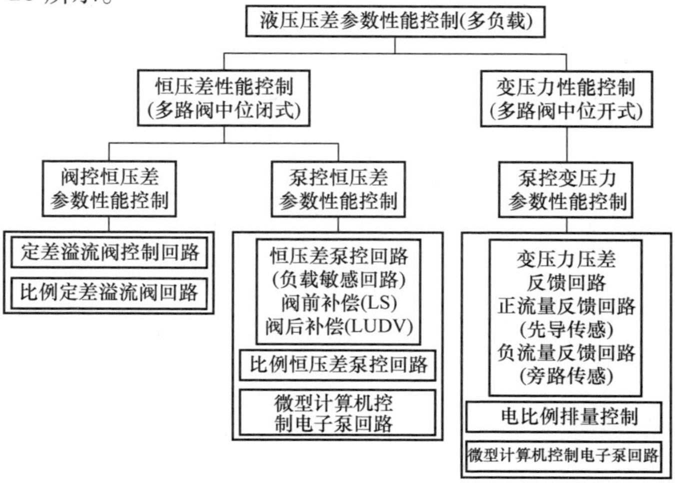

图2-28　压差控制分类

压差控制的直接目的就是控制压差恒定。而压差恒定的设置是在压差控制阀阀芯，用作用在控制阀芯的弹簧力与作用在阀芯上下的压力所形成的压差相平衡。

图 2-29a 所示的阀控压差控制基本工作原理就是采用了一个旁通型调速阀（三通流量阀，溢流型流量阀），旁通型调速阀中溢流阀起稳压作用，使通过节流阀的流量基本不受负载变化的影响，如果负载端的负载增加或降低，就会使阀芯自动调整，直至压差恢复到设定值为止。溢流型流量阀因为是旁路溢流阀，是在压差作用下溢流，因此溢流损失要小于压力作用下的溢流损失，能达到节能的效果。此图也同时显示了负载敏感（LS）控制系统，当系统压差达到设置的恒定压差时，此时相当于产生流量切断的效果。

图 2-29b 所示的泵控恒压差控制，当变量泵产生的流量使节流阀压差达到设置值后就产生流量切断的作用，并保持在此流量值。这就是通常所说的“负载敏感控制系统”。

图 2-29c 所示是负流量控制系统，负流量信号发生点的压力（压差）由泵接受后，会使变量泵的流量按比例增加。

2.6.3　多负载敏感控制中前补偿（LS）、后补偿（LUDV）回路与抗流量饱和

负载敏感系统广泛用于多路阀控制中，负载对象多，因此属于多负载容积节流控制系统。负流量和正流量的区别在于对操作系统外部压力变化的信号采集位置的不同。而负载敏感控制中的前补偿、后补偿是在恒压差控制中如何设置恒压差以及如何处理恒压差的问题。

1. 单负载下多路阀的前后补偿回路（LS/LUDV）的分析

如果将图 2-30 中的两个负载回路，按只有一个在被操作的情况下分析，就是单负载的情况。图 2-30a 展现了负载敏感控制最基本的工作原理，即压差闭环控制的原理，该原理的控制流程图已经由图 2-26c 表达出来。也就是说，由节流阀作为流量设定确定开口大小，即开口面积 A，允许产生恒压差通过的流量随之确定。当变量泵流量通过节流阀达到事先确定的压差时，节流阀作为压差传感器将压差反馈到恒压差阀，使变量机构按图 2-25 中的恒压差控制特性曲线调节变量泵的流量输出，这时产生流量切断功能。恒压差系统从本质上说就是一个节流控制闭环回路，这时这个系统存在与节流开环控制一样的问题，即节流阀开环控制时输出流量会随负载的变化而变化，这时节流阀闭环控制的输出流量仍然会受负载的干扰。

为了解决节流阀闭环控制输出流量受负载干扰的问题，产生了前补偿负载敏感控制回路，也就是用调速阀替代节流阀，前补偿负载敏感控制系统如图 2-30b 所示。因此流量调节不受负载影响，控制性能得到提高。

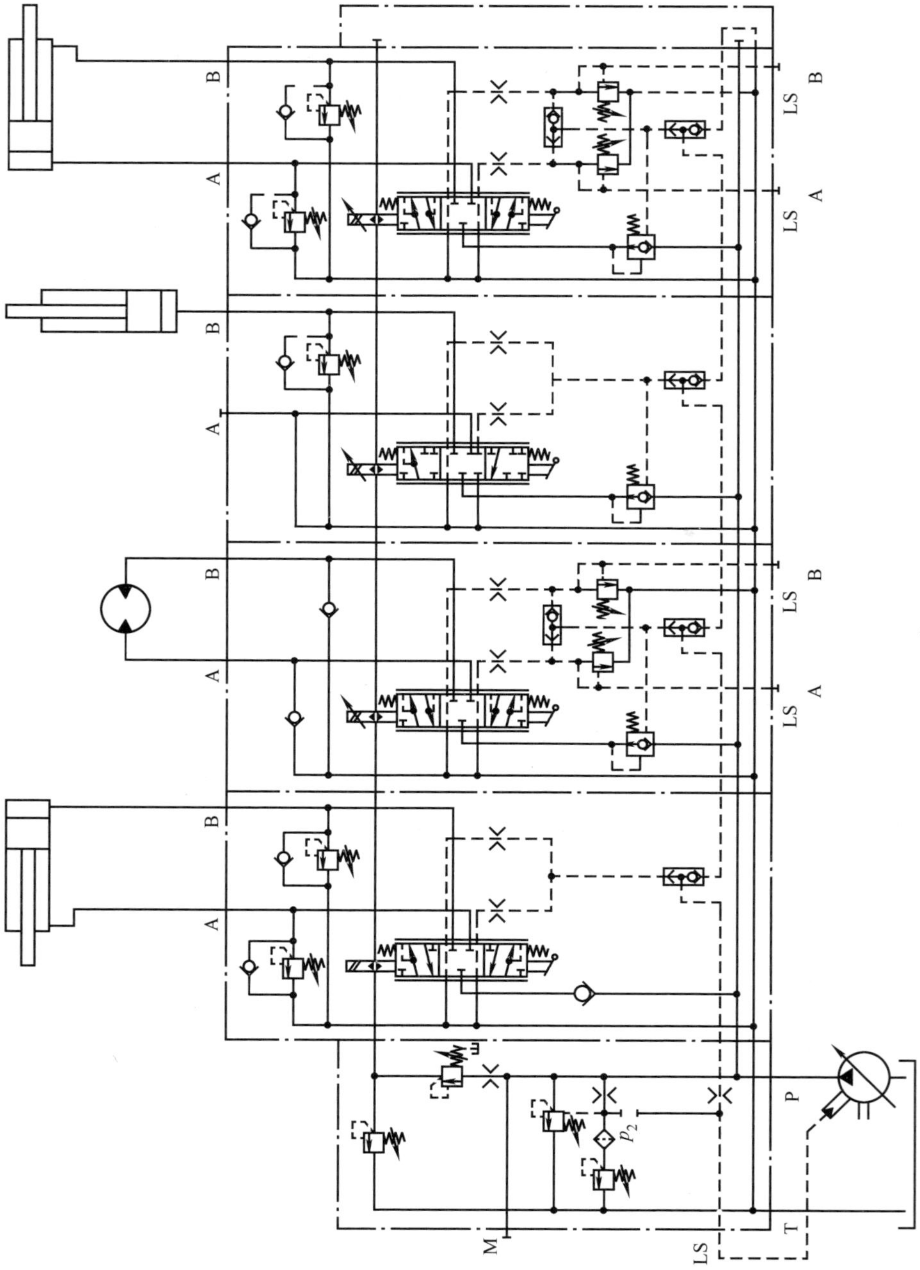

a)

图 2-29　恒压差控制的工程实际应用

a）LS 恒压差控制回路

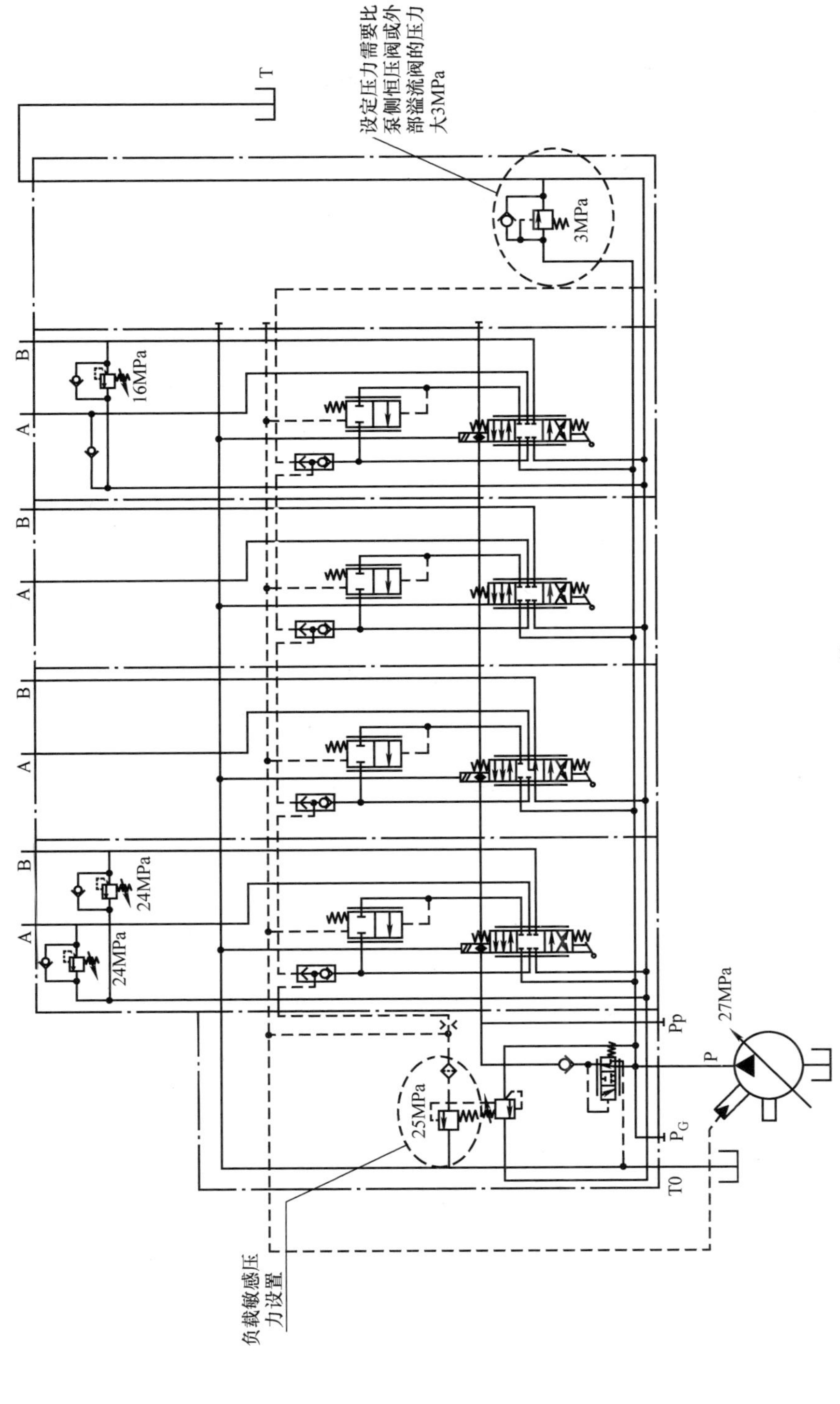

b)

图 2-29　恒压差控制的工程实际应用（续）

b）泵控恒压差控制回路

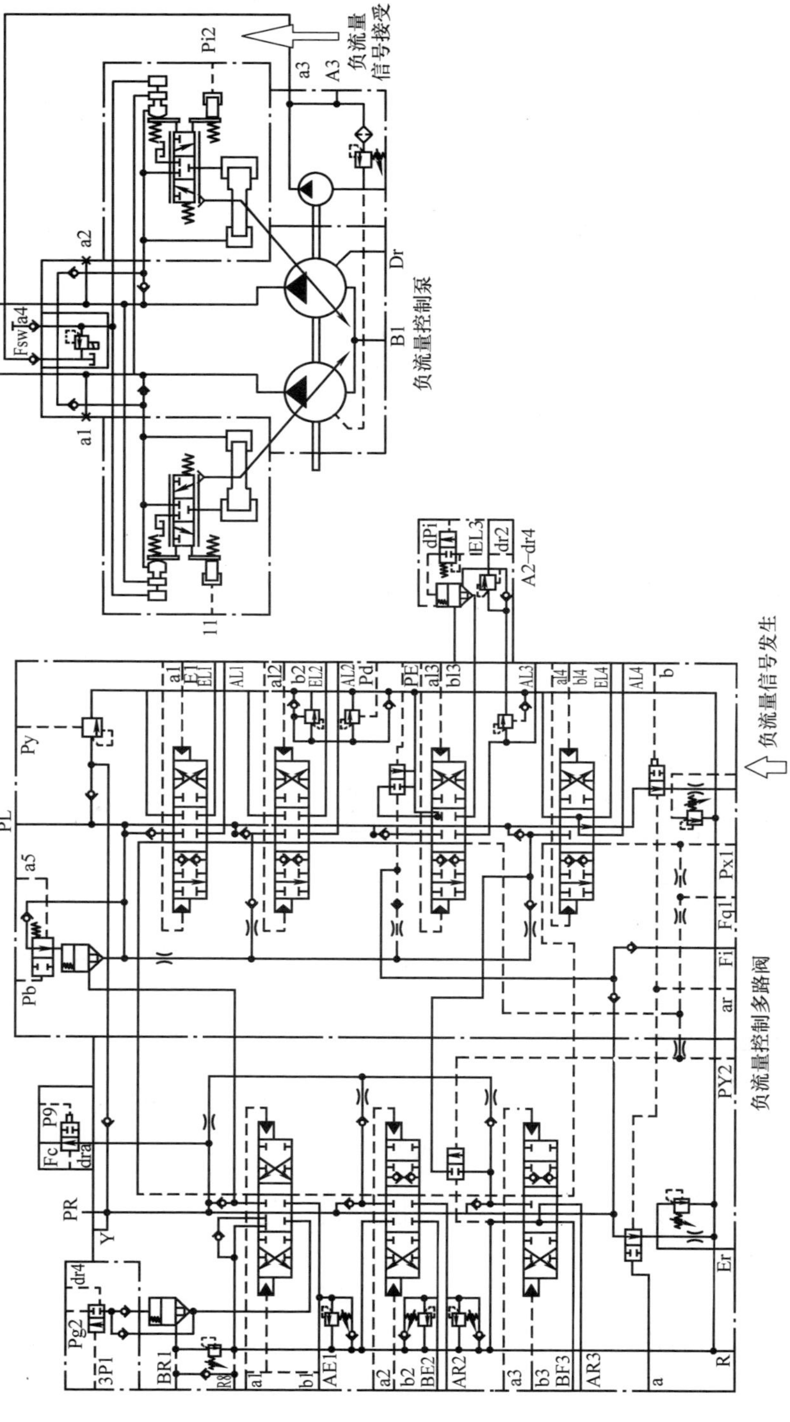

图 2-29　恒压差控制的工程实际应用（续）

c）旁通传感负流量控制回路

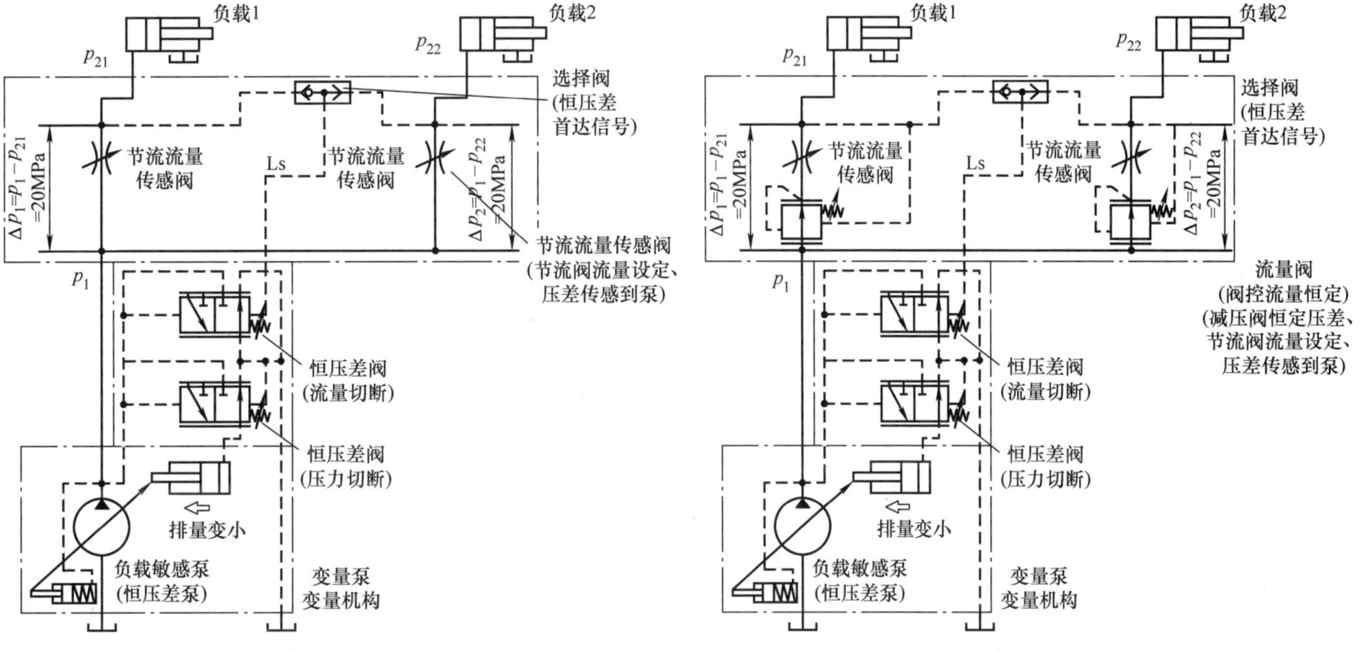

a)　　　　b)

图 2-30　多负载下负载敏感系统压力补偿的作用

a）无补偿恒压差控制系统　b）前补偿负载敏感控制系统

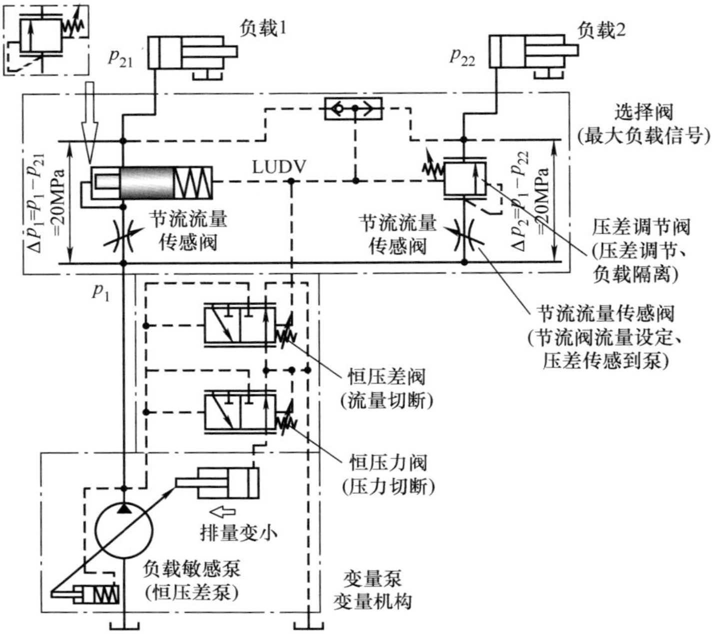

c)

图 2-30　多负载下负载敏感系统压力补偿的作用（续）

c）后补偿负载敏感系统

2. 多负载下多路阀的前后补偿回路（LS/LUDV）的分析

多路阀的实际工况有一种要求，即运动不只是可以顺序进行，也存在协同动作的情况。这时泵的输出流量模式应该使各执行机构协同运动，即要求所有执行机构流量共享或得到分配。

图 2-30a 所示的多负载无补偿恒压差控制系统不能满足流量共享要求，这个系统会首先向负载低的液压缸供油，运动完成后才可能向负载大的液压缸供油。图 2-30b所示的多负载前补偿负载敏感控制系统也存在相同的情况，因为这时减压阀的增加只是改善节流阀不受负载变化的影响，仍然存在各执行机构按负载大小而先后运动的情况。

为此取消节流阀前端的减压阀，而采用节流阀后端增加压差调节阀（见图 2-30c）。这时对于变量泵恒压差阀的设置没有变化，节流阀与压差调节阀的恒压差值也没有变化。变化的是所有压差调节阀的弹簧腔参考压力都接受此最高压力，并且包括变量泵恒压差阀的压差信号也是依据最大负载发生流量切断。这样一来，系统会按最大负载建立压力，再通过压差调节阀减压去适应各自的负载压力，从而完成了流量的共享。因此压差调节阀起到两个作用，一是相当于减压阀，使压力通过此阀与各自负载一致；二是起到各自负载干扰时的隔离作用。

由图 2-30c 可知，选择阀的目的是首先将最大负载的恒压差建立（即 $\Delta p = \Delta p_{\max}$），使系统压力首先符合最大负载的需要。然后通过压差调节阀再降低压力，以符合低压负载的要求。后补偿系统设计是一个系统设计的范例，压差调节阀原理上就是一个压差式顺序阀，巧妙地利用最高压力作为各压差调节阀的参考可变压力，达到流量共享的效果。

在这样的后补偿负载敏感控制回路中，由于主泵的液压总功率大于发动机功率时可以通过此回路使低负载侧阀芯的有效开度减小，而使输出到各执行机构的流量保持一定的比例。

3. 四种负载敏感控制回路的优缺点与选用

四种负载敏感控制回路的优缺点见表 2-29。

表 2-29　四种负载敏感控制回路的优缺点

性能	多路阀中位开式		多路阀中位闭式	
	负流量	正流量	前反馈负载敏感	后反馈负载敏感
节能	泵出口压力与负载压力相等，泵出口流量大于动作需要流量；中位最大压力损失旁通型约 3.5MPa、先导型 0.5MPa		泵出口压力与负载压力相等，泵出口流量大于动作需要流量；无中位压力损失，存在 LS 压差损失，约 1～2.4MPa	
	□ 良好		□ 良好	
复合动作协同性	各动作分配的流量大小除与主阀开度有关外，也与负载大小有关，压力小的先动，压力大的后动		各动作分配的流量大小与负载大小无关，仅与先导阀操作角度有关。操作自如	
	△ 一般		○ 优良	
单个动作操作性	受液动力影响大（与负载压差有关）；操作通过调整阀芯开度或行程实现，但过流量与负载有关，调节不准确。操作柔和有手感		节流阀有补偿，压差恒定不受负载影响。可通过调整阀芯开度或行程实现，调节较准确。操作性较差，无手感	
	□ 良好		○ 优良	
静动态特性	控制压力经主阀反馈，控制滞后，频响略慢	控制压力从手柄直接反馈，系统响应速度快	控制压力经主阀反馈，控制滞后，频响略慢。但超调较大，闭环抗干扰，静态稳定性好	
	□ 良好	○ 优良	□ 良好	
制造与维修	结构简单，维修方便	维修性不及旁通型	结构复杂，油液清洁度要求高	
	○ 优良	□ 良好	□ 良好	△ 一般

由表 2-30 可见，在工程应用上各厂商采用的回路各异。但是可以注意到一些倾向：负流量控制方案采用比较多；新厂商对正流量控制采用在增加；电子的负载敏感系统在增加。另外，更值得注意的是控制系统在向高新技术方面发展较快；各厂商在采纳方案上会在制造维修性、性能发展受到两大方面左右。

表2-30 四种负载敏感控制回路的工程应用状况

整机质量/t		10~12	15~18	20	22~24	25~28	30~32	40~45	控制系统
小松	PC-3, PC-5	负流量							OLSS (中位开式负荷传感系统)
	PC-6, PC-7, PC-8	负载敏感							OLSS (中位闭式负荷传感系统)
日立	UH	—	—	正流量					
	EX-2	—	—	负载敏感					ELLE(电子控制负荷传感系统)
	EX-5	—	—	负流量					HIOS(人工智能操作系统)
	ZX, ZX-3	—	—	电子正流量					
神钢	SK-3, PSK-5, SK-8	—	—						ITCS(智能全局控制系统)
	SK-6, SK-6E	—	—			电子负流量			
住友	SH-5	负流量				—			NEO (新生态系统)
加藤	HD-7					—			APC (自动功率控制系统)
沃尔沃	EC								
斗山	HD-3, HD-5 HD-7, HD-9								EPOS (电子功率优化系统)
现代	R-3, R-5, R-7, R-9								CAOP (计算机辅助功率优化系统)
利勃海尔	R900-R904	—	负载敏感		—	—	—	—	LUDV (力士乐负荷传感分流器)
	R914-R924	—	—	—			—	—	LSC (林德同步控制系统)
阿特拉斯	2006-2306	—	—	负载敏感					AWE (阿特拉斯威斯豪森电子控制系统)
	2606-3306								
卡特彼勒	300	负流量							不详
	300B, 300C, 300D								不详
柳工	920D-925D								CAPC(微型计算机全功率控制系统)
三一	SY215C-8				正流量				不详
雷沃	FR220-7								不详

2.6.4 压差控制的泵控容积节流调速回路

表2-31列出了泵控容积节流调速回路。

表 2-31　泵控容积节流调速回路

<table>
<tr><th>分类</th><th>回路图形</th><th>说明</th></tr>
<tr><td colspan="3">（1）压差式变量泵与节流阀组成容积节流调速回路　采用压差式变量泵与节流阀相结合的部分，降低节流损失，提高调速稳定性</td></tr>
<tr><td>压差式变量泵容积节流调速回路</td><td>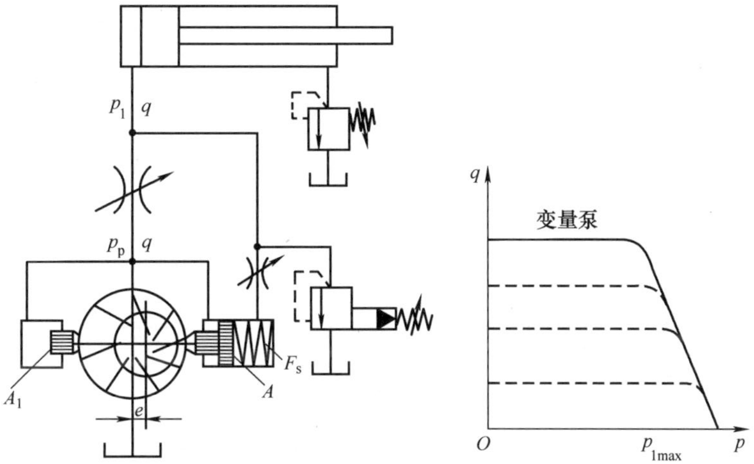</td><td>定子平衡方程式：
$p_pA_1+p_p(A-A_1)=p_1A+F_s$
$p_p-p_1=F_s/A$（常数）
此方程说明节流阀前后压差是不变的，可见该系统属于恒流量系统，即在节流阀不作调节情况下，液压缸的速度不受负载变化的影响。因此系统的流量控制取决于调节节流阀开度。这就是负载敏感调节原理，只不过采用的是压差式变量泵。在这种情况下，通过节流阀的压差损失是恒定的，也可以设定在比较小的值上，因此节能。由于调速是由压差式变量泵调节，通过节流阀实施，调速稳定性也比较高</td></tr>
</table>

（2）中位闭式多路阀前压力补偿与后压力补偿负载敏感调速回路　具有前补偿与后补偿回路，该回路可见图 2-30b与图 2-30c。目前发展的新思路是采纳各种回路的优点，混合形成新的控制回路。中位闭式与开式可以混合，扩展多路阀的组合；也可以将前补偿与后补偿混合，使后补偿后需要控制稳定性改善的地方得到优化，即采纳二者的共同点

（续）

分类	回路图形	说明
中位闭式与开式混合回路	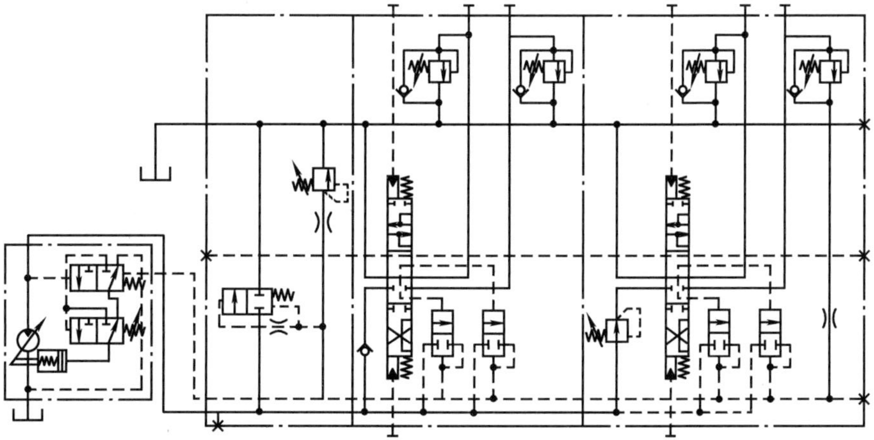	本系统回路由无补偿与前补偿负载敏感回路组成。同时中位既可以是闭式，也可以作为开式。因此具有负流量控制的可能性 本回路的特点是以中位闭式为基本，但是留有中位开式的阀结构。因此也可以与中位开式的多路阀进行组合

（续）

分类	回路图形	说明
前补偿与后补偿混合回路	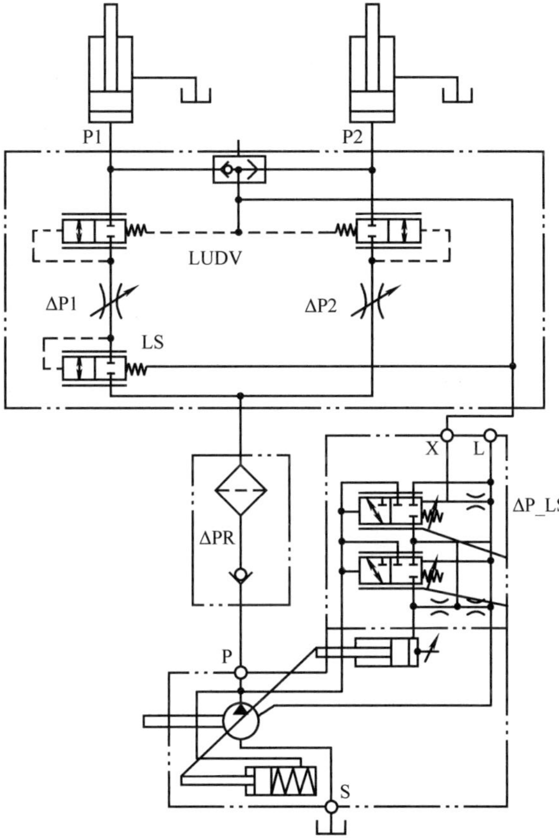	本系统回路是负载敏感回路中的前补偿与后补偿的整合。前补偿解决了节流阀前后的压差稳定性问题；后补偿解决了不同负载下压差隔离与补偿调节的问题。为了使后补偿条件下的压差稳定性仍然保持，因此在后补偿的基础上，增加了前补偿，但是此时的减压阀弹簧腔压力引自压差调节阀，从而又保持了前补偿的控制稳定性

（续）

<table>
<tr><th>分类</th><th>回路图形</th><th>说明</th></tr>
<tr><td colspan="3">（3）中位开式多路阀负流量旁路式与正流量先导式压力反馈变量泵容积节流调速回路　此回路已经于图 2-27 与图 2-29c 中表达</td></tr>
<tr><td colspan="3">（4）电子控制容积节流调速回路</td></tr>
<tr><td>电子控制容积节流调速回路</td><td>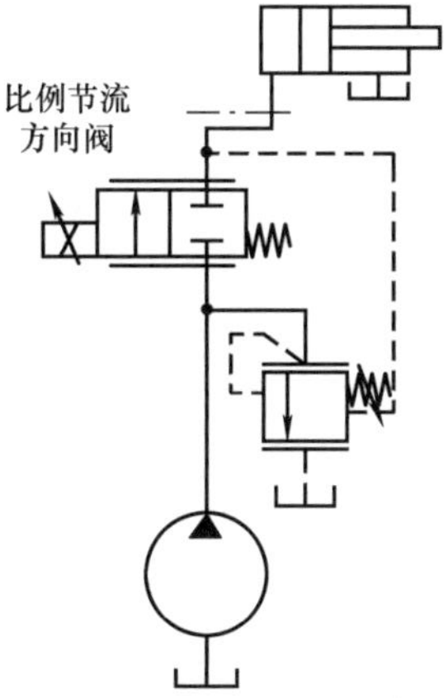

阀控负载比例传感回路
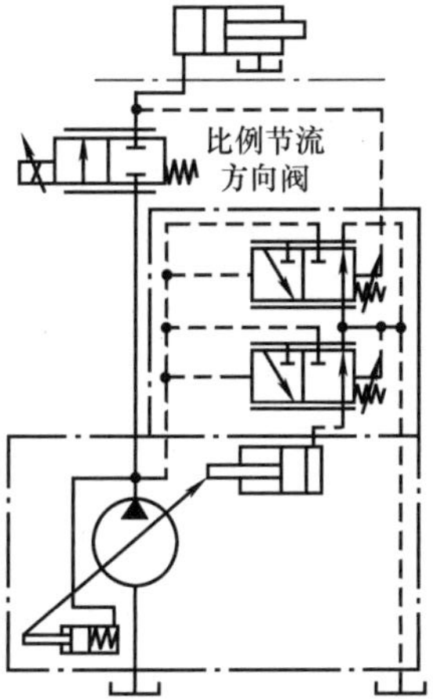

泵控负载比例传感回路</td><td>这是单负载下的负载敏感比例控制回路。当比例节流方向阀没有调节时，比例阀产生的压差作为反馈信号作用在压差式溢流阀或者变量泵负载敏感阀上，使这些阀在规定压差下产生动作，以保证进入执行机构的流量按照要求调节，恒定在一个速度值上。只要比例阀通过电控输入变化时，就可以调节此执行机构的运动速度，阀控是通过压差溢流阀的溢流，变量泵泵控是通过输出流量的变化使比例阀产生的压差恒定</td></tr>
<tr><td colspan="3">（5）微型计算机控制容积节流调速回路　目前工程机械液压主机基本都是采用具有负载敏感功能的液压比例多路阀。这些比例多路阀的电控可以是电子控制，采用比例减压阀、比例节流阀等；也有采用高速开关阀桥路组成的比例功能，具有简单的微型计算机芯片进行控制或采用 CAN 总线进行数据通信。与此同时在工程机械液压主机的微型计算机控制中，这些回路都在微型计算机的控制之下完成操作</td></tr>
</table>

2.7　泄漏与流体的关系及其控制回路

液压发展史一直与泄漏的解决联系在一起，增加液压压力的努力也是克服泄漏弊端的技术。过去在液压性能参数和性能控制内，一直认为泄漏量 Δq 对于液压技术的弊一直大于利，这是由于外泄漏的存在会影响环境，而这也是世人质疑液压技术的主要动因之一。这种泄漏的产生甚至会产生重大事故，美国“挑战者”号航天飞机的爆炸就是由于一个小密封圈泄漏引发。现在由于加工技术的进步，加上液压螺纹插装阀及阀控的采纳，让这个质疑已经降到最低。因此泄漏性能参数必须重视并加以控制。

液压泄漏包括两个方面：内泄与外泄。内泄是维持液压元件正常工作不可缺少的，但要符合元件型式试验标准范围之内。外泄分为正常与不正常两种情况。正常外泄也是液压元件与液压系统必需的；但是不正常的外泄是液压应用中必须避免的，一般受到指责的外泄是这种情况。控制目标是将内泄与外泄控制到维持液压元件正常工作下的最低限度，通过泄漏管排到油箱或重新回归吸油；而不正常的外泄漏或称为故障性外泄漏，对环境影响应该严格控制为零。

根据泄漏源的不同可以分类为缝隙泄漏、多孔隙泄漏、黏附泄漏与动力泄漏。缝隙泄漏可以从表 2-32 中找到液压泄漏、平板过流、小孔过流的计算公式。多孔隙泄漏是指元件接触表面由于粗糙度的存在使实际接触面积极大降低到百分之几十，从而形成间隙而造成泄漏，大多数液压元件摩擦副中都存在这种现象。黏附泄漏是指工作液体黏附在运动部件上，形成油膜，在运动过程中被带出而形成的泄漏，典型的是活塞杆运动时带出的油液就是这种泄漏。动力泄漏是指在旋转运动时由旋转轴上沿沟槽带出的油液泄漏。本节所谈的液压泄漏控制主要是指缝隙泄漏。

根据泄漏的表现形式还可以分为界面泄漏、渗透泄漏、开裂泄漏等。一般在静密封部分容易产生这类的泄漏。而讨论的液压泄漏性能主要是指动密封情况下，是在元件摩擦副以及系统性能所要求的外泄漏工作状态。

2.7.1　内泄漏的形成

由于液压系统与元件存在缝隙，液压泄漏必然存在。这个泄漏值与液流的压力、介质黏度、温度变化、间隙间的相对运动速度、间隙几何形状及大小等均有关。根据平板过流、孔口过流、缝隙流动等理论推导，可知泄漏量以及孔口出流的公式。它们的流量计算公式见表 2-32。

从表 2-32 中可以看到，泄漏是在压差 Δp 下产生的，与缝隙的几何形状有密切的关系。

表 2-32　液压泄漏、平板过流、小孔过流的计算公式

缝隙流动形式	几何图形	流量公式	符号单位	应用场合
平行缝隙流动（无相对运动）	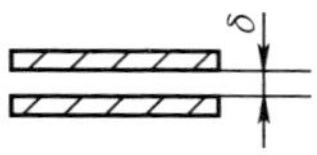	$q_w=\dfrac{\delta^3\Delta S}{12\mu l}$	q_w—单位宽度流量（m^3/s） δ—缝隙高度（m） l—缝隙长度（m） μ—动力黏度（Pa·s） Δp—压差（Pa） b—宽度（m） U—平板运动速度（m/s） Ce—起始段修正系数 r_1—径向缝隙内径（m） r_2—径向缝隙外径（m） C_d—流量系数 ρ—流体密度（kg/m^3） （未给出所有公式不同几何条件的修正系数）	阀块间隙密封
平行缝隙流动（有相对运动）	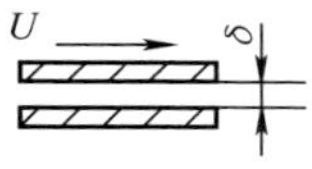	$q_w=\dfrac{\delta^3\Delta p}{12\mu l}\pm\dfrac{b\delta}{2}U$		齿轮泵端面、叶片泵叶片定子
平行平板缝隙径向流动	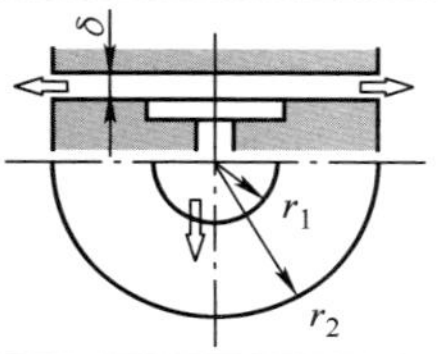	$q_w=\dfrac{2\pi\delta^3}{12\mu Ce}\dfrac{\Delta p}{\ln r_2/r_1}$		泵配油盘、滑靴
环形缝隙流动	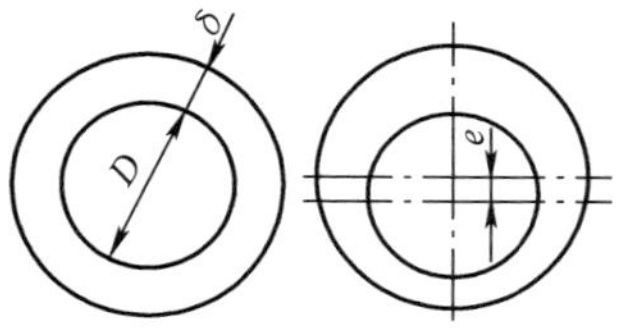	$q_w=\dfrac{\pi D\delta^3\Delta p}{12\mu l}(1+1.5\varepsilon^2)$ （其中 $\varepsilon=e/\delta$）		液压缸、柱塞与缸体孔、滑阀
小孔口出流 小节流孔	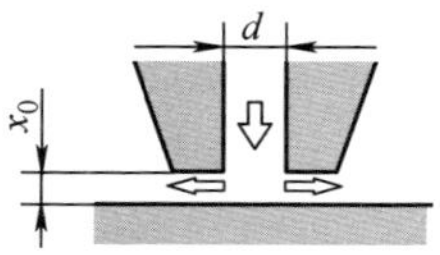	$q_w=C_dA\sqrt{\dfrac{2\Delta p}{\rho}}$		喷嘴挡板、小孔节流

2.7.2　正常内泄漏与正常外泄漏的产生

1. 液压泵阀元件的摩擦副间隙是内泄漏的主要源头

摩擦副是指相互运动的两个偶件，因此存在间隙，工作介质在压差下会通过间隙产生泄漏。

（1）内泄漏是液压元件摩擦副之间润滑的保证　液压元件的承压在20世纪初得到大幅度的提高，其中最主要的因素是采用了比水黏度高的矿物油作为工作介质，因此通过间隙的泄漏可以明显减少。油膜的承载能力在目前的机械加工能力与材料的允许能力下，比水膜容易达到。因此这是目前柱塞泵能够不断提高工作压力的有利因素。

（2）内泄漏是液压元件与系统散热的载体之一　液压泵是热源，温度升高很

快，在摩擦副部位更甚，保持一定的内泄漏有利于摩擦副部位的散热，以保证液压元件的正常工作。

在液压闭式系统中，常采用泵与马达的内泄漏油通过壳体排油，这成为降低液压泵与马达元件温度的必不可少的措施，图 2-31 所示为闭式系统内泄漏散热途径。

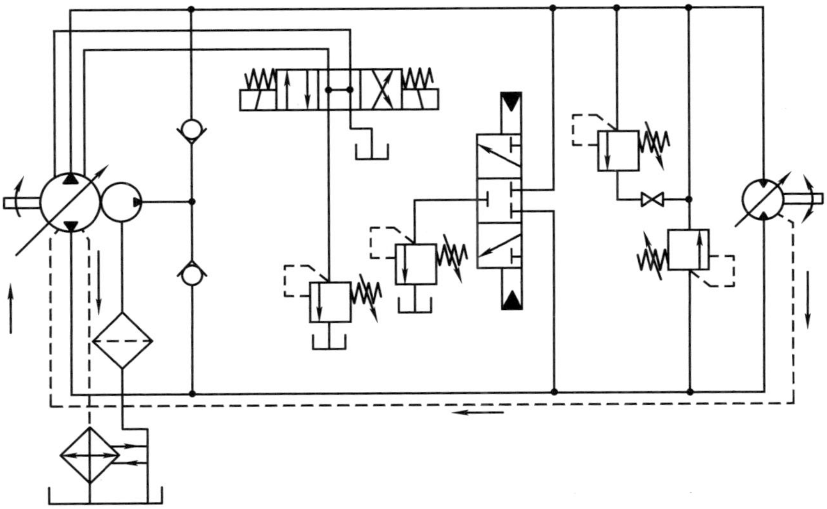

图 2-31　闭式系统内泄漏散热途径

（3）保持合理的间隙促使内泄漏在合理值范围　在液压内泄漏控制中，关键是控制元件的间隙。液压元件的间隙经验值见表 2-33。

表 2-33　部分典型液压元件间隙经验（概念）值

类型	间隙部位	规格/mm	间隙/μm		说明
			静态间隙	动态间隙	
元件配合公差	6μm		2.5～12.5		美国 20 世纪要求
	12μm		5～17.5		
高压齿轮泵	齿顶与壳体内孔		50～100	0.5～5	概念值
	轴向间隙		30～50		概念值
中低压叶片泵	叶片与转子槽		20～30		概念值
	转子与配流盘		20～40		概念值
	叶片与配流盘		10～30	5～13	概念值
	叶片顶端			0.5～1	概念值
柱塞泵	柱塞与缸体内孔	$d \leqslant 12$	10～20	5～40	概念值
		$d \leqslant 20$	15～30		概念值
	配流盘与缸体		10～20	0.5～5	概念值

（续）

类型	间隙部位	规格/mm	间隙/μm		说明
			静态间隙	动态间隙	
中低压滑阀	阀芯与阀孔	d≤16	8~25	2~8	概念值
		d≤28	10~30		概念值
比例阀	阀芯与阀孔			1~6	概念值
液压缸	活塞与缸内壁		5~25		概念值

表2-34说明：

1）液压元件的配合间隙很小，常用的液压元件如NG6、NG10等通径的阀，流量为60~80L/min，间隙在10μm以下。随着近些年数控加工的普及，间隙有减小的趋势，这有利于液压泄漏的减少。从以上一些数据可见，目前随着我国加工水平的提高，元件的内泄漏已经部分达到国外的同等水平。

2）从泄漏的标准来看，我国最新的泄漏标准（JB/T 10205—2010）已经有极大提高。

3）以上的间隙值对于液压介质的污染控制具有决定性的因素。根据GB/T 14039—2002，目前采用的描述流体中颗粒物含量标准使用三组数据为ISO xx/yy/zz，含义是每毫升流体中大于4μm、6μm与14μm颗粒物个数的对应值。这三个值就是依据市场应用最多液压元件的间隙值。例如，变量柱塞泵的污染清洁度标准推荐值为ISO 16/14/12。

表2-34　部分典型液压元件允许的泄漏量

类型	规格/mm	泄漏量允许值	说明
液压缸外泄漏（日本JIS B8354）	活塞杆部位（运动时）	0.05mL/100m	1类最高要求
		0.2mL/100m	2类要求，润滑与允许油滴
		1.0mL/100m	3类最低要求
液压缸内泄漏（JB/T 10205—2010）	≤40	0.1mL/min	日本标准为0.3mL/10min
	50	0.2mL/min	日本标准为0.5mL/10min
	80	0.5mL/min	日本标准为1.3mL/10min
	160	2.0mL/min	日本标准为5.0mL/10min
	250	5.0mL/min	日本标准为11.0mL/10min
螺纹插装阀溢流阀内泄漏	海宏 XYF	≤3mL/min（锥阀） 80mL/min（滑阀）	60滴/min（1滴=0.05mL） ≤31.5MPa，≤60~400L/min
	Hydro Force RV	115mL/min（滑阀）	≤35MPa，≤303L/min

要进一步使液压元件的内泄漏保持在合理值，并且保持长的生命周期，需要注意以下内容：

1）首先寻求更合适的配对摩擦副材料，如硬度配对、加强镀层等，提高材料允许的比压和比功率。

2）增加结构性措施，在同样间隙下减少泄漏量，并且使元件摩擦副性能提高，如图 2-32 所示。

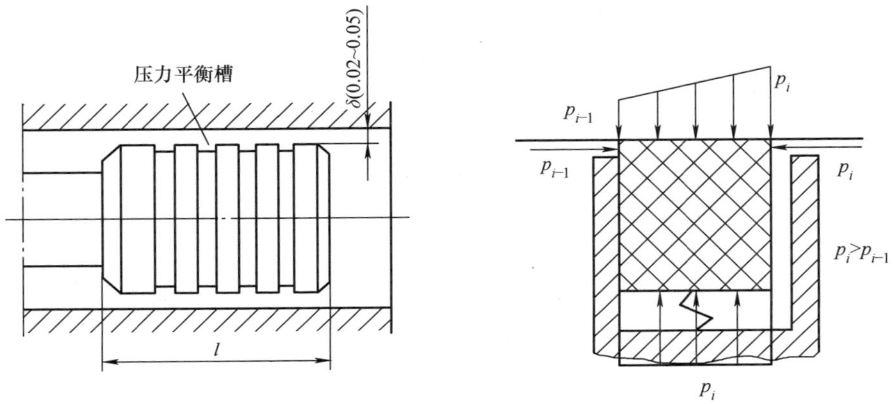

a)　　b)

图 2-32　减少间隙下的泄漏量措施

a）液压阀芯的压力平衡槽　b）活塞槽上动密封

3）提高加工水平。除提高加工精度保证宏观形位公差外，采用有利润滑的微观结构加工手段（如微观凹槽有利于储存油液）。

4）自动间隙补偿。需要寻求可以自动间隙补偿的结构，这是研究的重点。在方法上可以采用剩余压紧法，这是间隙补偿的基本原理，即使平面间隙在磨损后仍然保持原来的尺寸。但是剩余压紧力太大会增加机械磨损。因此需要在液压元件运动摩擦副设计方面加强，使其在容积效率与机械效率间取得平衡。柱塞泵的斜盘与滑靴之间的间隙控制就是如此。

5）仿真与试验对以上措施进行修正。

2. 外泄漏由元件与系统控制要求产生

除去由液压元件本身造成的内泄漏外，另一个是由系统为了控制需要设置的内泄漏回油。例如减压阀的泄漏油引出，来保证该阀的功能；液压泵恒压控制阀在弹簧腔设置动态节流孔，保证动态稳定性的需要等。

（1）外泄漏是元件具备正常功能的原理性需要　许多液压元件的功能必须有元件外泄漏存在，例如减压阀必须有泄漏口，如图 2-33 所示。

（2）外泄漏是系统改善动静态特性的手段之一　图 2-34 是为了液压系统的动态性能更好而设置的节流措施，在这种调节过程中，由于存在 R 节流，能削减信号峰值，使系统调节稳定性更好。

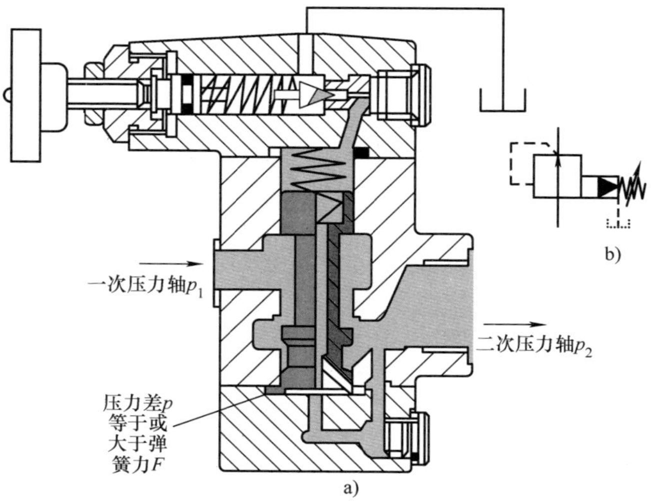

图 2-33　形成减压阀功能的外泄漏通道

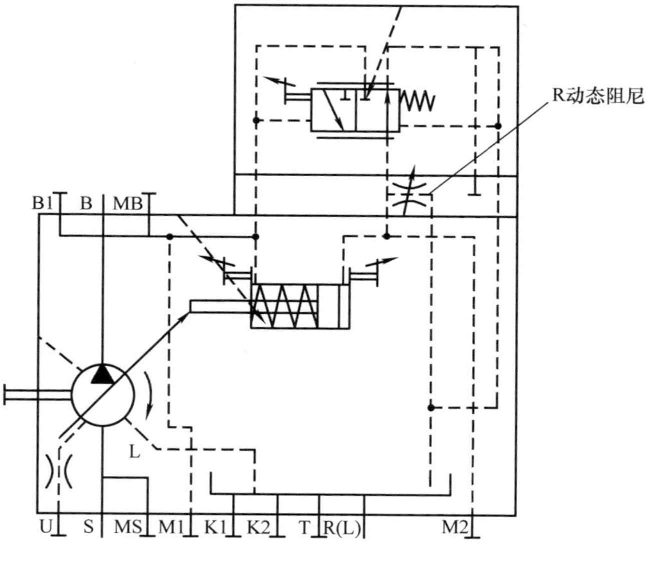

图 2-34　调节系统性能的外泄漏措施

2.7.3　液压系统不正常泄漏故障的防范与堵截措施

液压元件系统的不正常泄漏是液压技术的禁忌，也是液压技术重点解决的问题之一。液压元件的失效标准之一就是元件的流量值低于额定值的 20%。但是更常见的失效是液压元件与系统不正常的泄漏，特别是外泄漏。在这方面的主要办法是防范与堵截。

产生外泄漏的主要原因：静密封的失效、系统突然的爆裂、管接头的松动、连接面的渗漏、密封形式选择不当等。根据统计，在液压系统外泄漏故障中，液压缸占 28%、液压泵占 7.5%，以及管路系统占 44.5%，其余是液压阀方面外泄漏故障。可见，原理性问题引发的泄漏故障问题占少数，密封问题是主要的。

为了减少不正常泄漏，特别是管路泄漏的问题，需要注意以下方面：

1）减少管路的连接，因此利用当今的互联网与总线技术，将硬件管路连接发展到利用电控的电路联系，利用总线等与软件有联系的技术改变液压，从集中式向分布式方向发展。

2）减少系统的振动与冲击，需要在液压系统设计上做好防范，避免突发性的爆管泄漏产生。

3）减少液压阀块连接的接合面，采用螺纹插装阀阀块可以解决液压阀的接合面渗漏问题。今后向 3D 打印方向发展，进一步减少接合面与质量。

4）静密封主要注意选择材料与形式，采用 O 形圈时加工契合、螺纹契合、倒角合适、表面粗糙度合适，采用管接头时装配合适等。

2.7.4　对于间隙密封泄漏量流场模型的建立与仿真

液压泄漏参数性能控制是液压技术发展不可分割的一部分。它的数学模型归于计算流体力学，是面向流动现象的控制方程，分析求解流场流动状态以及热传导、热发散等物理规律。求解分析压力场、速度场、流量场等，用有限元法对整体流域划分，得到离散单元间的代数方程，通过解方程组得到每个单元对应的各项数值解。

在对间隙问题进行流体力学分析前，首先对流体计算区域离散化，生成多个离散的子区域，再求解子区域。模型的离散方法有三个：有限差分法、有限元法、有限体积法。有限差分法是将连续的求解域用有限网格节点代替，差商取代偏微分方程，从而推导出微分方程近似解。有限元法也是将求解域网格划分成单元，利用构造差值方程的方式将原有微分方程离散，即将原有的控制方程变成线性插值方程来代替，网格节点即为插值计算的插值点，形成了所有网格节点是插值方程组在该点的解，全域解就是所有网格节点的解按一定权重关系线性叠加。有限体积法是将几何信息包含在离散过程中，网格控制体保证体积守恒，因而处理网格能力最好，便于对外形复杂的流体模型进行流体动力学计算。很多流体计算软件都采用有限体积法。

对以上间隙流体力学模型可以采用 Fluent 流体仿真软件，此软件用于模拟流体流动问题，是大型 CFD（计算流体动力学）的仿真技术软件，程序采用 C/C++ 编写，模型库丰富、数值算法先进、后处理能力强大。据有关统计，该软件占 CFD 软件市场的 60%。该软件由前处理器、求解器与后处理器共同组成。

在对问题仿真前，先建立物理模型，此模型可以借助其他三维绘图软件（诸如 SolidWorks、Auto CAD 等）完成。计算间隙流动的 Fluent 软件计算结构图可参考图 2-35。

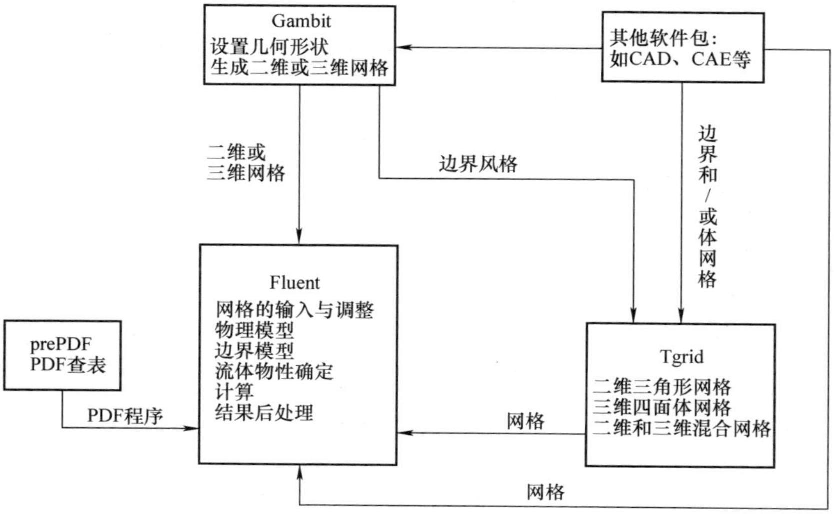

图 2-35 计算间隙流动的 Fluent 软件计算结构图

2.8 液压功率与流体的关系及其控制回路

众所周知，液压传动的功率密度大，因此液压装置功重比大，体积小，质量小，结构紧凑。液压马达的体积和质量只有同等功率电动机的 12% 左右。

液压传动可以输出大的推力或转矩，可实现低速大吨位运动，这是其他传动方式所不能比拟的突出优点。液压传动能很方便地实现无级调速，调速范围大，且可在系统运行过程中调速。液压元件之间可采用管道连接或采用集成式连接，其布局、安装有很大的灵活性，可以构成用其他传动方式难以组成的复杂系统。液压传动能使执行元件的运动十分均匀稳定，可使运动部件换向时无换向冲击。而且由于其反应速度快，故可实现频繁换向。

为了更有效地利用发动机的功率，在工程机械主机上通常都采用恒功率变量泵，防止液压使用功率超出发动机的功率时所出现的“憋车”现象。因此恒功率控制是使液压系统的功率接近发动机的功率，但绝对不能大于发动机的功率。在恒功率控制上也可以分为泵内部的功率控制，即当压力升高时，泵的排量随之减小；当压力降低时，泵的排量随之增大；另外是外部信号对泵的功率控制，即先导操作系统、主压力系统、发动机系统等一切与泵的功率控制有关的信息的综合。本节只涉及泵内部的功率控制。

2. 8. 1　液压功率计算与功重比

1. 液压功率计算

液压功率计算公式为

$$P = \frac{pq_V}{60\eta} \tag{2-20}$$

式中　P——功率（kW）；

p——压力（MPa）；

q_V——流量（L/min）；

η——总效率。

2. 液压功重比

液压功率质量比又称比功率、功重比、功率密度，就是液压功率与液压元件或系统质量的比值，单位是 kW/kg。表 2-35 和图 2-36 列出了液压元件与其他技术产品的功重比比较，从中可知，液压的功重比比电动机要高十几以至几十倍。这是液压技术的优势，也是液压无法被电气取代的最重要原因。但是液压的接管无论从安装、使用、故障率、体积、外观等方面都有很多负面影响，因此，小体积、分布式、采用互联网局域网总线控制的方案是液压最重要的发展方向之一。应该注意到液压的蓄能也是一个优势，由图 2-37 可知，液压蓄能器功率密度可以达到几百以上。因此，液压技术充分利用蓄能器对提高功重比是很有帮助的。

表 2-35　液压元件与其他技术产品的功重比比较

领域	装置	功重比 kW/kg	具体产品
小型电动机	直流 2. 2kW/交流 3kW	0. 02 ~ 0. 03	100kg 等级
中小型电动机	直流 75kW/交流 100kW	0. 0625 ~ 0. 083	1000kg 等级
中型电动机	直流 500kW/交流 800kW	0. 05 ~ 0. 08	10000kg 等级
汽车	整机	0. 117	凯迪拉克
航空飞机	整机	0. 27 ~ 0. 295	直 - 10
液压	40 斜轴泵	4. 375	博世力士乐最新 A2FM70
航空发动机	发动机	11. 2	T - 408

3. 提高液压功重比

液压技术的发展与功重比密切相关，为了充分发挥液压技术的优越性，提高功率密度即功重比一直是液压技术永恒的课题，这些往往在“紧凑、体积小、质量小、高压化”等具体要求中体现出来。液压技术提高功重比主要在以下方面：

（1）提高液压系统许用最高压力　提高许用最高压力是提高液压功率密度最有效的措施。图 2-38 所示为大型飞机液压系统压力体系的变化趋势。20 世纪 70 年代，美国在 F14 战机上对 21MPa 与 56MPa 的系统进行过对比，结果表明：压力

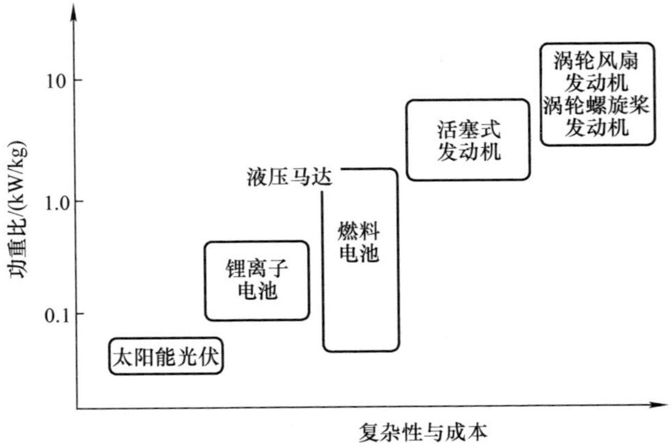

图2-36 液压元件与其他技术产品的功重比比较

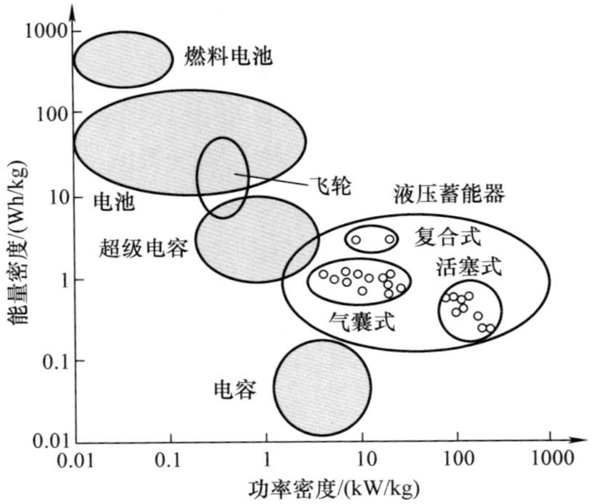

图2-37 液压蓄能元件的功率密度

提高到56MPa后，系统质量减轻30%，体积缩小40%。

提高功率密度对于移动设备需求更为迫切。近期，博世力士乐公司宣布已经试制了63MPa的液压元件产品。而70MPa是超高压的压力规定值，这说明液压工业准备挑战进入超高压的时代也不会太远了。

许用最高压力的提高对于液压系统的质量有明显的影响。由图2-39所示提高压力对“功重比”的影响可知，压力的提高在同等功率下重量会成比例降低，因此液压介质的用量就会随之减少，执行机构的质量也会降低。因此压力从21MPa提高到35MPa后，系统质量下降15%；压力从35MPa提高到56MPa，系统质量再下降大约7%以上。

（2）提高液压泵的转速 从表2-36中可以看到，进一步提高液压泵的推荐最

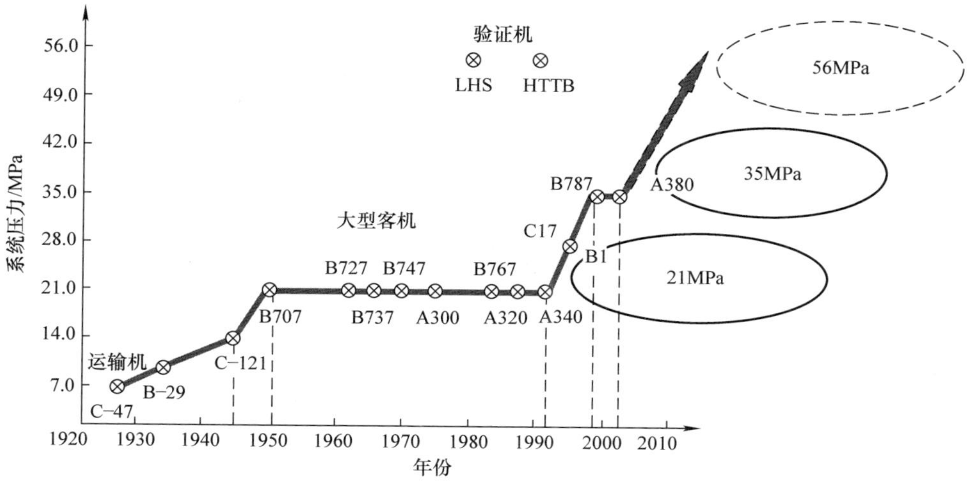

图 2-38　大型飞机液压系统压力体系变化趋势

高转速，会使液压泵排量降低。当前液压泵特别是齿轮泵的转速可以高达 1 万－6 万 r/min。提高转速既可以明显降低排量，也可以明显缩小泵的外形尺寸。但是这会受到液压使用材料的 *pv* 值（压强－线速度值）的限制。因此液压元件材料是今后值得关注的一个方面。表 2-36给出了有关液压泵在最大推荐转速下的功重比，可以获得更具体的概念。

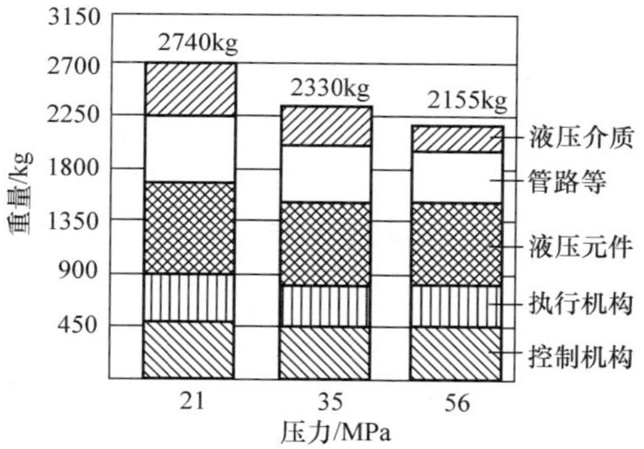

图 2-39　提高压力对“功重比”的影响

表 2-36　Parker 液压泵的功重比相关数据

型号	最大排量 /(mL/r)	额定压力 /MPa	推荐最大转速/(r/min)	最大流量 /(L/min)	功率 /kW	质量 /kg	功重比
AP05VC	1.467	21	13060	19.16	6.74	1.089	6.19
AP4V	10.59	21	6800	72.01	25.35	4.763	5.32
AP12V	32.92	21	4677	153.96	54.19	8.392	6.4
AP36V	89.65	21	3361	301.31	106.02	21.319	4.9

当然高压化高转速化是对液压技术的一个挑战，因为对于液压元件寿命、泄漏、效率、发热、介质等都带来极高的要求。

（3）将液压系统从集中式布置发展为分布式　图 2-39 还展示出降低功重比的有力措施是尽可能取消管路系统。EHA（电静液作动器）的产生与发展应该是今后液压系统在这方面受到青睐的原因之一。暂时不谈这项技术的优越性，仅仅就布置而言，就是可以几乎取消管路系统，而是采用网络化与总线技术来替代，从而明显地降低管路质量，明显提高功重比。如图2-40所示的EHA，使一个执行机构本身就是一个液压集成。

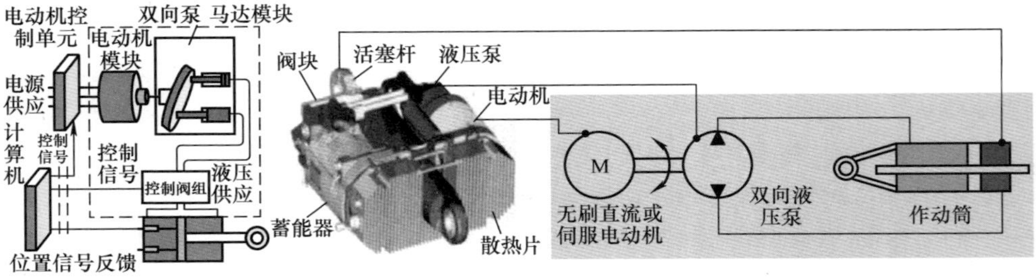

图2-40 EHA及其工作原理图

2.8.2 液压功率控制

现代液压控制系统日趋高压大功率，为了使原动机、液压动力源与负载三者之间的功率匹配，达到节能的最佳效果。不仅要使原动机工作在最佳高效率工况下，也要使液压系统与原动机的工况匹配。这样才能达到原动机与液压系统双重节能的效果。因此产生了功率参数性能控制的要求，即恒功率的控制功能。之前所谈的压力参数性能控制与流量参数性能控制都是单参数的工况适应，现在让压力、流量两个参数同时满足负载的要求，是双参数性能控制系统，同时又满足原动机的性能参数控制要求。

1. 恒功率控制的基本要求

恒功率控制即要求负载变化的情况下，液压泵的输出功率不变。

$$P = pq = \mathrm{C}(\text{常值}) \tag{2-21}$$

式（2-21）是双曲线公式，因此恒功率特性曲线就是双曲线，如图2-41所示。这种恒功率控制是可以调节的，图2-41所示为轻载、中载与最大负载下的恒功率控制。

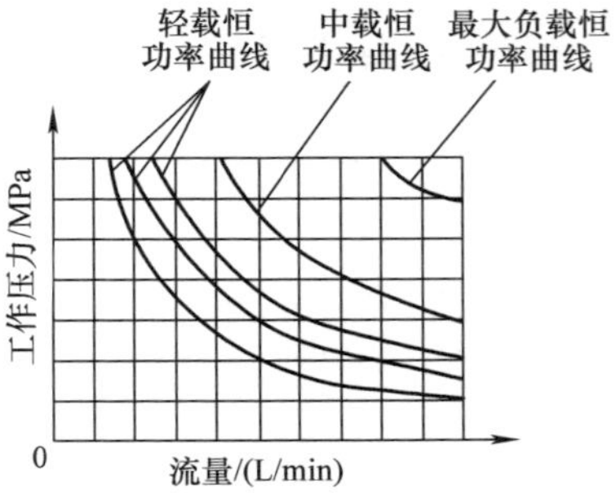

图2-41 恒功率特性曲线与恒功率控制

2. 恒功率控制的基本机构形式与控制效果

图2-42所示为恒功率控制机构的三种基本形式。

图2-42a、b都采用双弹簧控制方式，实际上是用弹簧特性让压力－流量变化的双曲线用两条直线来近似。其功率控制特性曲线都在该图的左下方表示出来。而图2-42c是利用压

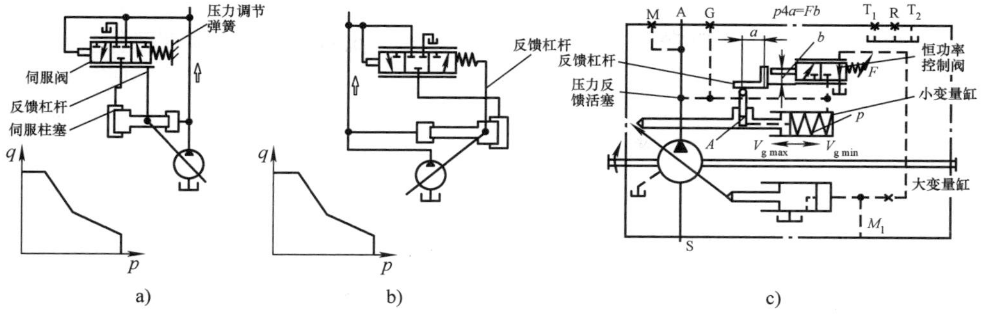

图 2-42　恒功率控制基本机构

a）位移直接反馈　b）位移－力反馈　c）压力－杠杆反馈

力－反馈杠杆的方法，这是接近恒功率双曲线控制的方法，它的特性曲线就是图 2-41所表达的特性曲线。在该方法中利用压力反馈活塞通过反馈杠杆改变恒功率控制阀中的位移弹簧力，当压力增大时，变量机构按流量减小方向变化，形成双曲线的控制效果。其控制过程可见机构的杠杆平衡工况：

1）当 $pAa<Fb$ 时，恒功率阀处于右位，排量最大。

2）当 $pAa=Fb$ 时，恒功率阀并未变化，处于控制始点，排量最大。

3）当 $pAa>Fb$ 时，压力反馈活塞向上，作用在 90°反馈杠杆上使顺时针力矩大于逆时针力矩，反馈杠杆允许恒功率阀芯向左移动，阀口打开使压力油进入大变量缸，使排量有所减少，直到距离 a 减小后达到了此杠杆新的平衡，即 $pAa=Fb$。此时排量的减少反馈量使压力值可以以相同比例增加。

3. 双泵恒功率控制

在液压挖掘机的容积节流控制中，常见双泵恒功率控制。在双泵恒功率控制中，有全功率控制、分功率控制与交叉功率控制，其原理如图 2-43 所示。

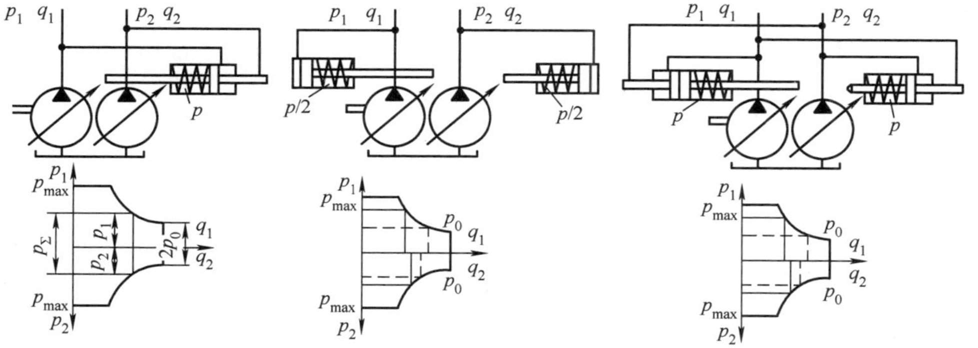

图 2-43　双泵恒功率控制工作原理与控制特性曲线

a）全功率控制　b）分功率控制　c）交叉功率控制

图2-43a所示的全功率控制是指两个泵（不一定相同）的排量通过机械或液压机构控制保持一致，可使两个要求同步的动作一致，发动机功率得到充分利用。但是做单一动作时，其中一个泵就会输出多余的流量，造成系统功率损失以至发热。在图2-43b所示的分功率控制中，两个相同的泵同轴串联，分别控制，各自最多吸收50%的发动机功率。分功率对负载的适应性优于全功率控制。但是其中一个泵负载低于调定压力时，其回路的功率就不能充分利用，造成功率损失。图2-43c所示的交叉功率控制是两个相同的泵串联，原理与全功率控制相同，但流量可以像分功率控制那样各自控制。交叉功率控制既可以吸收发动机全部功率，又可以根据回路的负载实现对各自回路的独立控制，提高了发动机的利用率。

2.8.3 液压功率控制的分类与回路

液压功率控制实际上是以压力与流量乘积为常数的双曲线控制特性。根据在流量参数性能控制时所阐述，流量控制必须存在流量的感知与反馈，因此功率参数的控制一定是容积节流系统。

在实际的容积节流控制中，功率控制一般不是单独存在，往往与其他的参数性能控制结合形成多参数的控制回路。一般而言，多参数性能控制包括恒压控制、恒流量（恒压差）控制与恒功率控制，因此控制过程中就有优先权的问题，具有优先权的控制实施后其他参数的控制失效。就液压控制而言，压力限制是最紧要的，所以优先级别一般最高，但是也随具体产品而定，不能一概而论。

液压功率参数性能控制体系如图2-44所示。

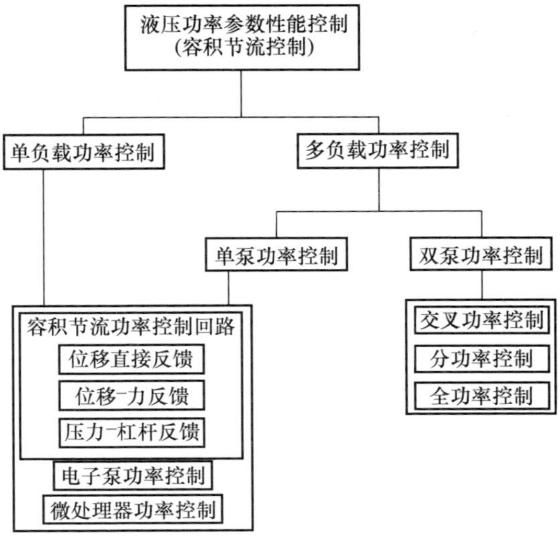

图2-44 液压功率参数性能控制体系

表 2-37 列出了液压功率参数性能控制回路的范例。

表 2-37　液压功率参数性能控制回路的范例

<table>
<tr><th>分类</th><th>回路图形</th><th>说明</th></tr>
<tr><td colspan="3">（1）液压恒功率负载敏感控制　功率适应式变量泵与节流阀组成的容积节流调速回路。变量泵具有恒功率阀，其能够随着负载压力的提高自动减少流量的输出，这能够更好地使调速回路与原动机的要求匹配。这种回路往往与恒压阀、负载敏感阀控制等一起应用，可取得更好的节能效果</td></tr>
<tr><td>变量泵恒功率控制回路</td><td>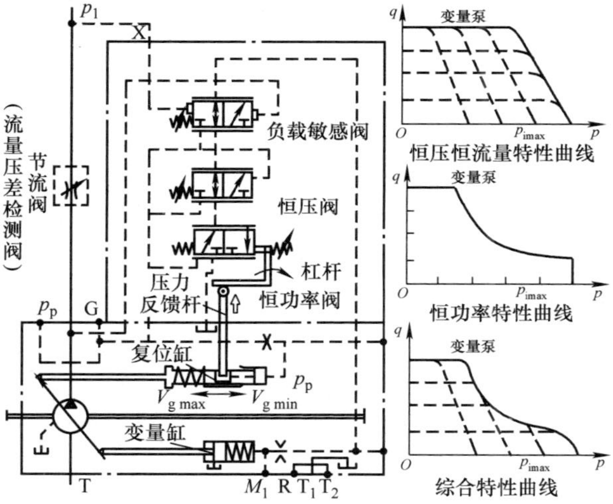
</td><td>恒功率变量泵也是另一种形式的流量控制模式
从左图可见，其中节流阀是流量压差检测器，将此压差作为流量的检测信号传递到负载敏感阀上来确定负载敏感阀的动作。只要节流阀开口不变，在一定流量下的压差就是恒定的，达到流量恒定的目的。但是在恒功率控制中，恒功率控制优先于恒流量控制，首先按恒功率控制特性曲线进行控制
由左图可见，控制权是按恒功率阀、恒压阀、负载敏感阀依序通过，因此恒功率优先、恒压其次、流量敏感控制是最后才保证的性能调节</td></tr>
<tr><td colspan="3">（2）双泵恒功率负载敏感系统</td></tr>
<tr><td>交叉功率型恒功率控制回路</td><td>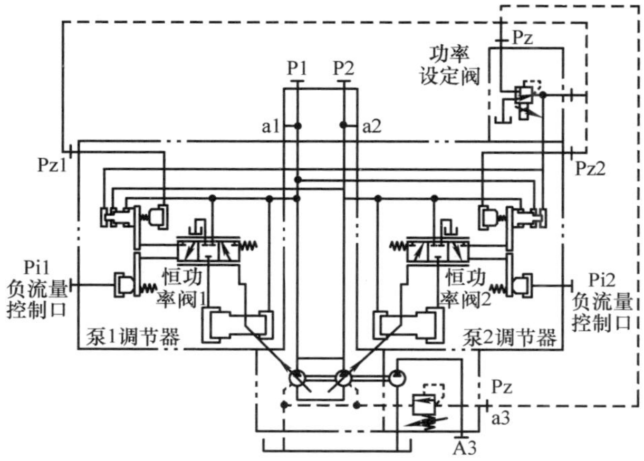
</td><td>本交叉功率控制回路的设置值由右上端比例减压功率设定阀设置，为起调压力。二个泵的压力交叉连接配置，作用在对方的调节器上。这样一来，就使每个泵的输出流量，不仅与自身的出口压力有关，还与另一泵的出口压力有关。如果一台液压泵不工作，或者以小于 50% 的总驱动功率工作，则第二台液压泵自动地利用剩余的功率，在极端的情况下可达到 100% 驱动总功率。因此交叉功率控制即可以根据每一台的负载大小调整液压泵输出的能力，又能充分利用柴油机的功率</td></tr>
</table>

（续）

分类	回路图形	说明
电子泵恒功率控制回路	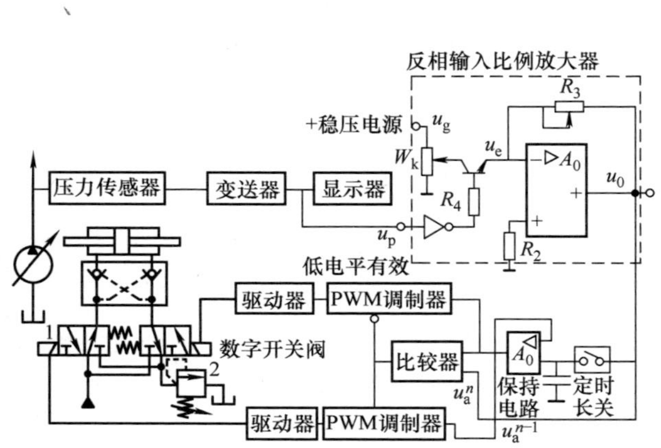	基于压力反馈的电子泵恒功率控制电子系统见左图。由于电子泵的输出流量 q 反比于压力 p，因此在电路中是反相输入比例放大器，改变给定电压 u_g 就可以改变放大器的静态输出 u_0（静态工作点）。但是放大器的输出电压 u_0 还受控于液压系统压力 p 产生的电压信号 u_p。在电路中的反向输入比例放大器中可见给定电压 u_g 是常数，电阻 R_4 也是固定电阻，因此此放大器输出电压 u_0 与产生电压信号 u_p 成反比。再通过后续的驱动放大电路，使 u_0 控制此电子泵的排量，从而达到了恒功率的控制目的
微处理器控制恒功率回路	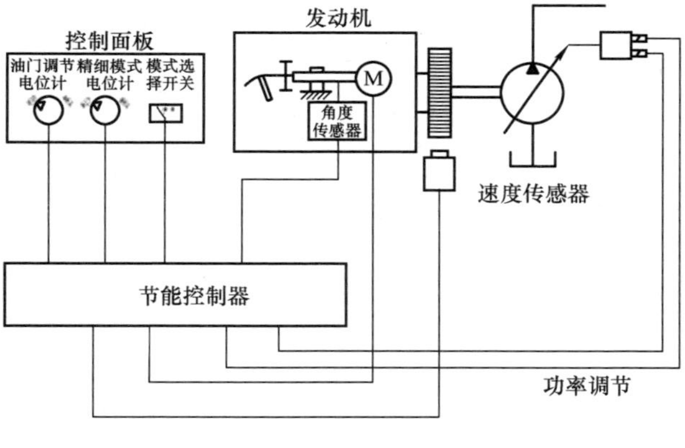	整个系统包括发动机、变量泵、油门控制直线电动机、微型计算机控制器、泵控调节器以及控制输入设定（模式、转速设定等）。采用分三种工况即轻载（1200r/min）、中载（1800r/min）、重载（2200r/min）下进行变功率与全功率控制。节能3%～15% 本微型计算机控制结合上面电子化控制的变量泵，并且将电子泵与数字开关阀结合就是下一代的恒功率回路技术。这时的恒功率控制会变得比现在先进而且更简单更适合各种工况

2.8.4　液压功率控制的实际应用组合

目前在工程机械液压主机中，功率控制与流量控制同时应用，以达到控制与节能的效果。以液压挖掘机而言大约情况如下：

1）小型挖掘机采用液压恒功率控制。

2）中大型挖掘机采用液压全功率控制。

在中大型挖掘机上采用液压全功率控制 + 负流量/负载敏感 + 压力切断，实现电控功率调节器电子化，主机控制微型计算机化。

中心开式负载传感系统（OLSS）主要用于中大型挖掘机上，如 20 世纪 90 年代开始的小松 5 系列挖掘机。负流量控制于 20 世纪 80 年代起源于日本，广泛用于中型挖掘机，结构简单，有节能效果。正流量控制系统见于博世力士乐公司产品，由于需要较大的梭阀组，因此应用有下降趋势。

负载敏感系统始于 20 世纪 80 年代，用于中小挖掘机上，节能效果好，流量取决于手柄开度，这使作业可控性强，因此博世力士乐、林德、小松、日立等均有采用。

由于上述系统的节能效果明显，与 CPU 电子控制或主机发动机微型计算机控制联合，可以使功能大为扩展，实现极限负载扩展、多档功率控制、空载荷自动低速运转等最佳功能。

2.9　液压效率综合分析

液压的效率 η 是三大传动与控制（机械、电动、液压）中亟待提高的性能参数。为此必须借助工业 4.0 技术的发展，将液压与电控，特别是微处理器技术融合，提高功率参数性能的控制，有利于节能的效果。

从目前的技术发展情况来看，液压系统的节能有三种理念，也是液压节能技术发展的三个阶段。今后若要使液压技术效率的提高达到比较完美的程度，必须是这三种理念的结合并在产品上得到体现。液压系统的节能的三种理念是：传统的液压无节流节能、利用负负载节能与智能匹配节能。

液压系统的效率是评价液压技术及其产品性能与质量非常重要的指标，特别是当今世界能源危机以来，已经将一项技术的效率提升到环保、绿色与节能的社会要求高度。因此液压技术的节能技术也是技术的一个聚焦点，也提升到一个从未有过的高度。本节将涉及液压系统的效率、影响因素、测量方法以及今后的发展，进行综合分析。

从技术因素而言，液压系统的这些能量损耗都变成了热量，使系统温度升高，泄漏增加、介质变质等影响液压元件使用寿命和系统工作的可靠性，所以在液压传动设计中必须考虑如何提高效率。

总之，降低能耗、提高效率、适应环保需求、智电液一体化、高可靠性等是液压技术追求的目标。

2.9.1　液压系统的能量损耗途径与效率的定义

液压技术中的效率问题应该包括液压元件效率、液压系统效率与液压装置效率三种。液压系统的效率是系统性能中一项非常重要的综合指标。首先可以考察液压系统在实现能量转换过程中的损失，如图2-45所示。在液压系统能量传递过程中，液压元件与液压系统都有相应的能量损失。

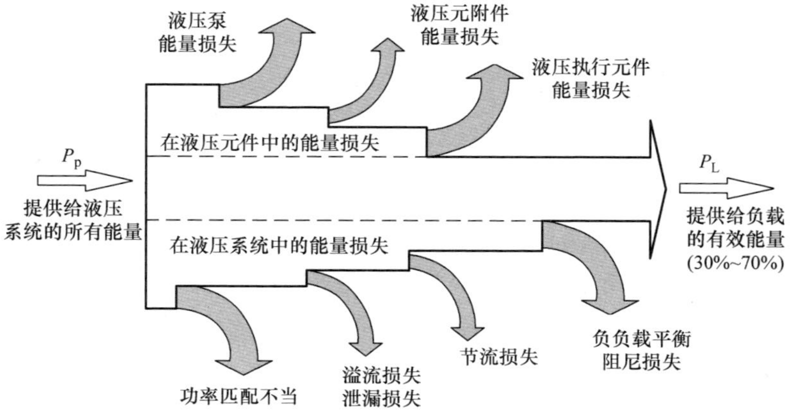

图2-45　液压系统能量传递的损失

如果将液压系统的效率 η 定义为系统输入的功率 P_p 与输出的功率 P_L 之比的话，则其公式为

$$\eta = P_L/P_p \tag{2-22}$$

式中　P_L、P_p——输入与输出能量或功率（kW）。

对于液压元件能量损失而言，有由泄漏等引起的容积损失；由摩擦副等引起的摩擦损失；还有流道引起的局部节流与远程节流引起的压力损失。对于液压系统能量损失而言，存在功率匹配不当、溢流损失、节流损失、负负载平衡节流损失等。因此液压系统总效率是各部分效率之乘积，此液压系统总效率 η 的计算公式为

$$\eta = \frac{P_L}{P_p} = \eta_p \eta_c \eta_g \eta_L \tag{2-23}$$

式中　η_p——液压泵效率；

η_c——液压阀与附件的效率；

η_g——液压管路效率；

η_L——液压执行元件效率。

式（2-23）一般是在系统设计时采用，也是对液压系统、元件制造与设计水平的衡量。由图2-45所表达的实际运行时的工况造成的能量损失，例如溢流损失、节流损失并没有包括在式（2-23）内。因此设计时所计算的效率与实际相比会偏高。为此采用输入功率与输出功率的直接比较，特别是实验或试验以后所得到的数据加以计算，就接近实际液压装置的真实效率。

$$\eta = Fv/pq_V \text{（对液压缸）}$$
$$\eta = T\omega/pq_V \text{（对液压马达）} \tag{2-24}$$

式中　F——负载力；

v——负载速度；

T——负载转矩；

ω——负载角速度。

根据元件类型的不同，液压元件效率考虑的能量损失形式也会有所变化。在能量转换元件里（液压泵与马达）主要考虑容积损失与机械摩擦损失，在传输元件里（液压阀与管路）主要考虑压力损失。这些损失在具体液压元件部分都有阐述，在此不再累述。表 2-38 列出了常见液压泵的效率，图 2-46 给出了容积效率、机械效率与总效率特性曲线。

表 2-38　常见液压泵的效率

性能参数	外啮合齿轮泵	内啮合齿轮泵		叶片泵		轴向柱塞泵		
		楔块式	摆线转子式	单作用	双作用	直轴斜盘	斜轴	阀配流
压力范围/MPa	≤25	≤30	1.6～16	≤6.3	6.3～32	≤10	≤40	≤70
排量范围/(mL/r)	0.3～650	0.8～300	2.5～150	1～320	0.5～480	0.2～560	0.2～3600	≤420
转速范围/$\mathrm{r \cdot min^{-1}}$	300～7000	1500～2000	1000～4500	500～2000	500～4000	600～2200	600～1800	≤1800
最大功率/kW	120	350	120	30	320	730	2660	750
容积效率（%）	70～95	≤96	80～90	85～92	80～94	88～93	88～93	90～95
总效率（%）	63～91	≤90	65～80	64～81	65～82	81～88	81～88	83～88
功率质量比/$\mathrm{kW \cdot kg^{-1}}$	中	大	中	小	中	大	大	大
流量脉动（%）	11～27	1～3	≤3	≤1	≤1	1～5	1～5	<14
噪声	中	小	小	中	中	大	大	大
变量能力	不能	不能	不能	能	能	好	好	好
价格	最低	中	低	中	中低	高	高	高

对于容积效率 η_V，其计算公式为

$$\eta_V = q_L / q_p \tag{2-25}$$

式中　q_L、q_p 分别为通过液压元件的输出流量与输入流量。

对于机械效率 η_m，其计算公式为

$$\eta_m = T_L / T_p \tag{2-26}$$

对于液压泵等液压元件的总效率为：

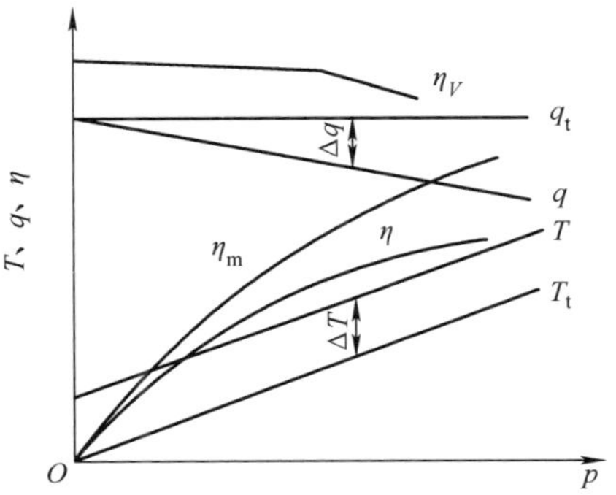

图 2-46　容积效率、机械效率与总效率特性曲线

$$\eta_p = \eta_V \eta_m \tag{2-27}$$

定义液压系统的效率时，有液压装置效率与液压系统效率之分。前者包括原动机效率在内，这是主机制造商与使用者最需要的，因为会关系到能源费用的支出；后者是元件制造厂商与开发方面需要的，因为可以知晓液压技术本身利用能源的合理性。液压装置的总效率可以表达为式（2-28）。

液压装置总效率（包括原动机）

$$\eta_{装置} = \frac{P_1}{P_{原动机}} \tag{2-28}$$

液压装置总效率 $\eta_{装置}$ 也可以表达为式（2-29），即

$$\eta_{装置} = \frac{P_1}{P_{原动机}} = \eta_e \eta_p \eta_c \eta_g \eta_L \tag{2-29}$$

式中　η_e——液压原动机的效率。

液压装置效率 $\eta_{装置}$ 的提出促使人们研究液压系统如何与原动机（发动机与电动机）匹配，也促使液压试验台开始将原动机的匹配纳入试验范围。

2.9.2　液压系统功率损耗图

液压系统能量损失的表达一般采用系统或元件的特性曲线，如图 2-43 所示，该图就可以表达该系统的压力损失与流量损失，而且也表达了该元件或系统的压力或流量特性曲线。另一种能量损失的表达方式是功率损耗图，它可以比较形象地表达能量的利用与损失，有助于帮助理解、分析与说明系统元件状态。根据功率公式（2-20）可知，功率是压力与流量的乘积。因此表达液压系统工况点的 $p-q$ 曲线图，不仅可以用来表达系统或元件的工况点，而且这个工况点所包含的面积就是这个工况点所损耗的能量值，如图 2-47b 所示。图 2-47a 所示为液压定量泵系统，

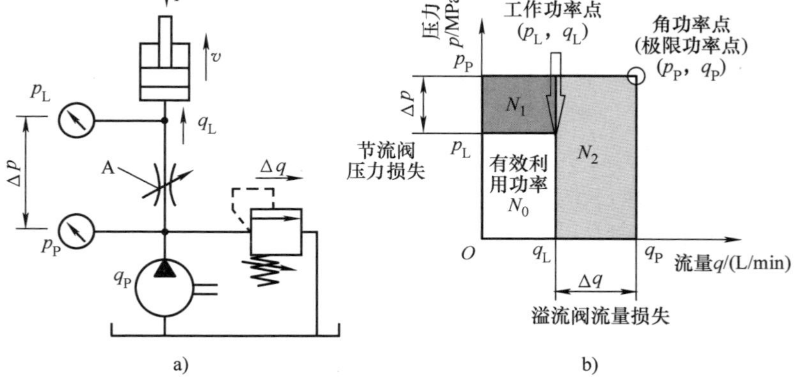

图 2-47　液压系统功率损耗图

a）液压定量泵系统　b）定量泵系统功率损耗

图 2-47b所示为该定量泵系统的能量利用工况，角功率是定量泵具备的能量损耗能力，是定量泵的流量与调定压力的工况点，或者称之角功率点（p_P，q_P）。而实际工况的功率点在（p_L，q_L）。从图中可以看到，Δp 是节流阀节流损失，Δq 是溢流阀的溢流损失。

图 2-47 所示的液压系统功率损耗图清晰地表达了压力损失与流量损失的占有率。在负载敏感系统等各种系统有关功率损耗的说明中，采用这种表达方法来论证采用措施的有效性。从图 2-47b 所示的工况中，该系统的有效利用功率为

$$N_0 = p_L q_L \tag{2-30}$$

系统损失的功率为

$$N_1 + N_2 = (p_P - p_L)q_L + p_P(q_P - q_L) = p_P \Delta q \tag{2-31}$$

在图 2-47 中白色部分为有效利用功率 N_0，浅灰色为流量损失造成的功率损耗 N_2，深灰色为压力损失造成的功率损耗 N_1。因此此定量泵系统的效率 η 为

$$\eta = \frac{N_0}{N_0 + N_1 + N_2} = \frac{p_L q_L}{p_L q_L + (p_P - p_L)q_L + p_P(q_P - q_L)} \tag{2-32}$$

以上公式中泵源压力流量为（p_P，q_P），负载的压力流量为（p_L，q_L）。N_0 为有效利用功率，N_1 是节流阀压力损失 Δp 引起的功率损耗，N_2 是溢流阀流量损失 Δq 引起的功率损耗。

当采用负载敏感控制系统后，首先负载敏感压力一般为 1～2.4MPa，即 $\Delta p = (p_P - p_L) = p_{LS}$。而负载敏感控制的流量控制在要求值（如果不考虑泄漏）。

由图 2-48 可知液压负载敏感系统的节能效果，其功率损失只剩下负载敏感压力值决定的能量损耗，还有由于泄漏引起的极少能量损耗。

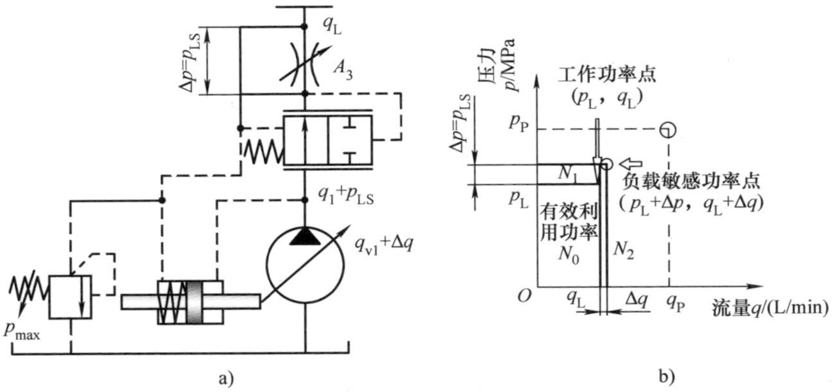

图 2-48　液压负载敏感控制系统功率损耗图

可以看到，负载要求的流量与变量泵所能够提供的流量相差越大，负载敏感泵的节能效果就越明显。此时，负载敏感系统的能量损耗为

$$N_1 + N_2 = p_{LS} q_L + p_p \Delta q \qquad (2\text{-}33)$$

式中　p_{LS}——负载敏感设置压差；

Δq——泄漏量。

表2-39列出了不同液压系统在容积节流控制系统的功率损耗情况，也可以看出不同的系统方案带来的效果。

表2-39　不同液压系统在容积节流控制系统功率损耗情况

系统特性	恒压定量源	恒压控制变量	恒压差控制变量	恒功率控制变量
功率损耗图	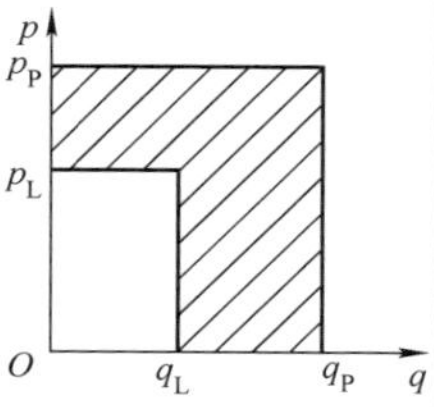	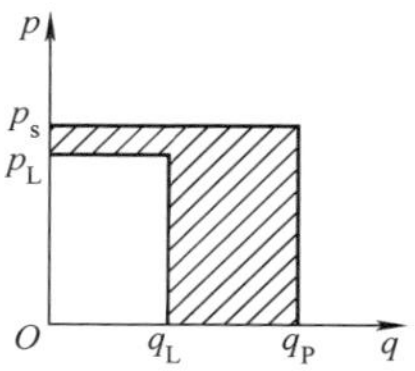	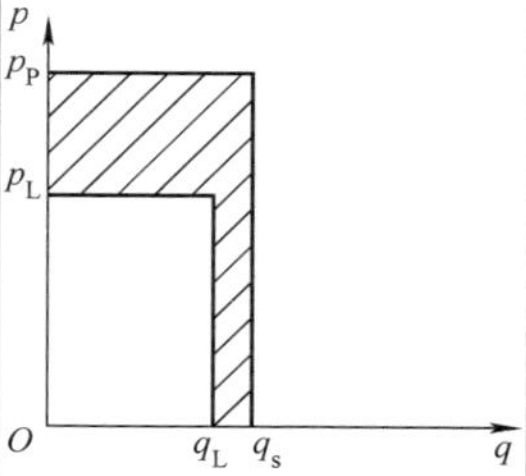	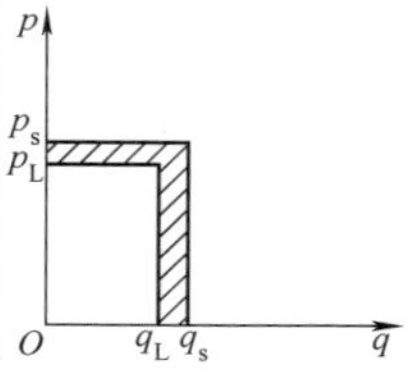
效率匹配公式	$\eta = p_L q_L / p_P q_P$	$\eta = p_L q_L / p_s q_P$ $= q_L / q_P$	$\eta = p_L q_L / p_P q_s$ $= p_L / p_P$	$\eta = p_L q_L / p_s q_s$ ≈ 1
系统回路举例	定量泵 + 溢流阀	定量泵 + pq 比例阀	负载敏感泵系统	比例泵闭环控制
特点	定量泵系统简单，成本低，用于小功率，能耗高	定量、变量泵均可。具有压力切断功能	变量泵容积节流调速系统。维护技术要求高。最低稳定流量为0.1～0.3L/min	功率适应，要求高。成本高，节能效果最佳。需要向电子控制与微型计算机控制方向发展

2.9.3　提高效率的理念与实施途径

液压系统的节能具有三种理念：传统的液压无节流节能、利用负负载节能与智能匹配节能。目前主要是在液压无节流方向深入，有各种技术措施。在液压领域中，对于利用负负载的技术是正在发展的新方向，在利用液压缸以及液压马达的负负载方面有新的进展，二次调节静液压技术就是非常典型的利用负负载的技术方案。智能匹配节能目前尚未在工程或市场方面得到推广，并且在这两方面暂无积极需求，技术发展需要首先突破一些技术瓶颈，然后才是在性能与成本得到认可的条件下获得更多应用。

1. 传统的液压节能是避免节流、溢流与泄漏，减少压力损失、摩擦阻力并利用蓄能

由于液压的能耗主要在于压力损失、流量损失与机械损失，所以降低能耗的思路是努力避免这些损失，做到合理设计，减少能耗。具体表现如下。

1）合理选择液压系统的动力元件与控制元件，采用低能耗功率控制元件。选择液压泵与液压阀的原则是根据主机工况，与要求的压力流量尽可能一致。

2）选择合适的液压控制回路特别是静液压系统与负载敏感控制系统。在液压系统回路中避免节流是首要选择，因此静液压的发展将会从工程机械驱动方面的应用发展到工业液压；负载敏感控制系统是容积节流流量控制方法，特别在多负载下有很好的控制性能与节能效果。

本章基本参数性能控制回路给出了这方面充分的阐述。由于回路选择涉及性价比，因此需要方案论证、仿真对比与实验验证。一般而言，在定量泵系统采用双泵（大小排量）匹配、蓄能器与小流量匹配、平衡阀与开启压力控制、压力切断等措施实施节能。在变量泵系统首先考虑静液压无节流的方案，容积节流回路属于无节流方案，对于多负载系统可能更合适，此时的恒压力、恒流量与恒功率控制有助于能量的充分利用。

3）从制造、维护、密封、抗污染等各方面降低能耗。3D 打印有助于降低流道沿程压力损失与局部压力损失；采用新材料、新工艺减少摩擦损失；采用摩擦因数更小的动密封。

4）开阔思路采用电方面新技术与新蓄能节能措施。由于电动机与电控的发展，液压系统应及时选取电液结合的节能措施。例如采用伺服电动机等数字化电动机，使液压系统不停机的概念在一些应用中弱化，还可以利用现在汽车蓄电技术的发展，将其纳入液压装置中来。

2. 利用负负载节能

负负载一直是液压系统控制中的难点。这是因为平衡阀很难适应所有工况下的动态性能要求，还需要通过节流为主的平衡阀来消耗负负载产生的输入能量，以免失去系统的控制功能。因此如何将负负载的输入能量以储存方式吸收，然后根据液压装置的工况需要再释放是一大研究重点。利用负负载的能量有两种方式：一种是液压回收转换，另一种是电气转换回收利用。

我国的研究人员在这方面有不少新的举措。其中对二次调节静液压技术就提出流量耦联的方式并应用于液压缸，扩展了应用范围。还有通过液压缸的负负载能量直接转换等新方法。

（1）液压回收方式之一（液压缸直接转换方式）　纯液压回收方式中能量转换的环节少，能量转换本身的效率高。液压缸直接回收利用负负载方案见表 2-40。

表 2-40 液压缸直接回收利用负负载方案

分类	附加平衡液压缸	三容腔液压缸（正流量控制）	三容腔液压缸（闭式泵控回路）	非对称泵闭式回路
系统回路图	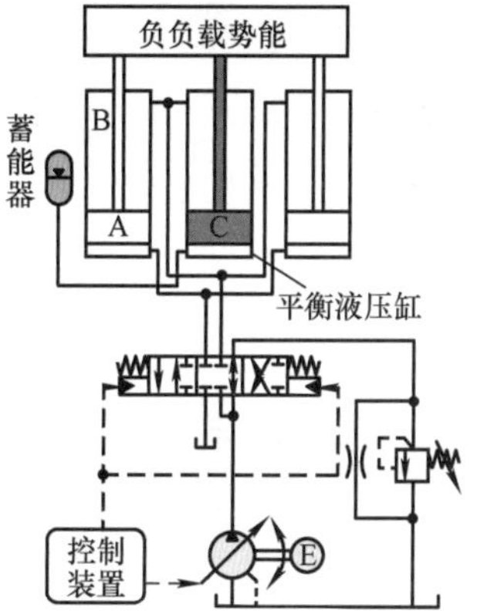	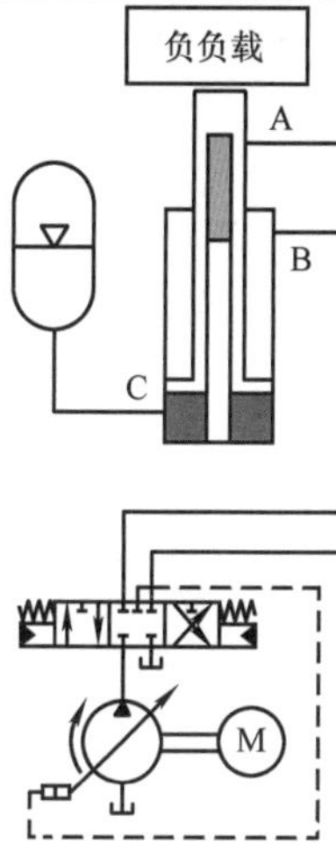	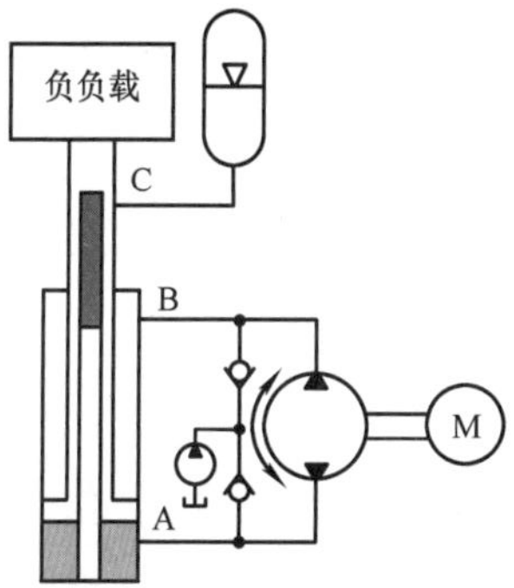	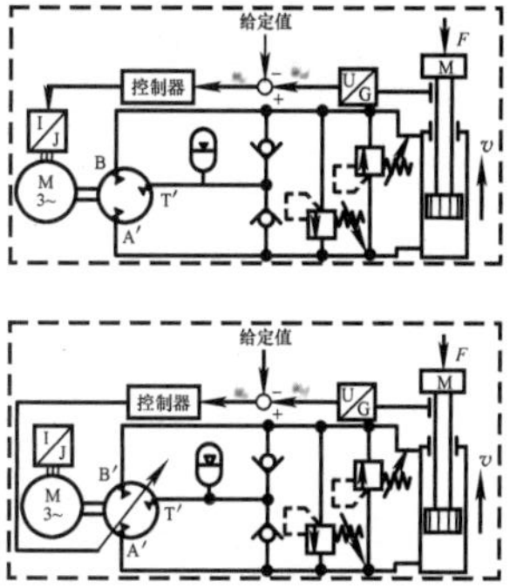
优点	市场上有产品应用。利用下降负负载势能蓄能，在上升阶段利用回收的能量	结构紧凑，直接利用下降势能蓄能，在上升阶段利用回收的能量	回路中没有任何节流损失，因此节能效果是正流量控制的 2 倍	节能效果非常显著。此容积调速系统压力稳定，没有大的波动，又无节流损失。也可以做到位置控制
问题	有的主机结构难改动；增加下降流量，减缓下降速度；有附加节流损失	蓄能器初始压力对节能效果影响较大	泵与液压缸正反流量存在不对称，改变工况时会产生压力与速度波动	需要系统一泵对一缸，需要非对称液压泵，目前市场上还缺少这类产品
效果	空载能耗减少 53.7%，满载能耗减少 26.8%	上升阶段蓄能器提供总功率的 70%。空载能耗减少 59.7%，满载能耗减少 29.3%	如果三容腔液压缸正流量控制的耗能为 1，三容腔液压缸闭式泵控回路耗能为 0.4	可以降低能耗 70%，回收势能 80%

（2）液压回收方式之二（二次调节静液压回路） 二次调节静液压概念是基于能量回收与重新利用而提出的，对改善液压传动系统效率非常有效。它不但能实现功率适应，而且还可以对工作机构的制动动能和重力势能进行回收与重新利用。为了使二次调节静液压系统能够实现能量回收，所需要的二次元件应该是可逆的液压元件，能够实现液压能转换成机械能的液压元件有液压缸和液压马达，但是对于液压缸需要进行“液压变压器”之类的匹配，匹配液压缸对所需压力和流量的不同需求，实现液压系统的功率匹配。

为了能量回收与重新利用，在二次调节静液压系统中一定有蓄能元件，它们可以是液压蓄能器、机械飞轮、电容电池等。有关控制回路在第 2. 2 节和第 2. 4 节中已经分别介绍。在此给出汽车用二次调节静液压传动系统，如图 2-49 所示。在此应用中，采用了静液压二次调节，蓄能器可以提供 150kW 的回收能量，原动机只需要提供 30kW 的能量就满足了汽车 180kW 能量的需求。

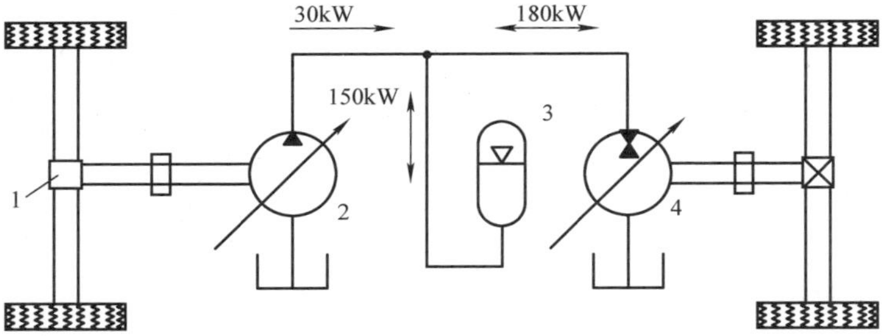

图 2-49 汽车用二次调节静液压传动系统

1—发动机 2—液压泵（一次元件） 3—蓄能器 4—液压马达（二次元件）

（3）电气回收方式（电气能量的储存与回收利用） 液压能量在制动时可以回收转换成电能，然后在后面的工况中再利用，提高了装置效率，节省了能量。

图 2-50 所示为电子液压制动系统的能量回收系统。此系统在汽车减速或制动过程中，驱动电动机工作于发电状态，将车辆的部分动能转化为电能储存于电池中。该装置主要由动力单元（电动液压泵和蓄能器）、液压单元（主缸、踏板模拟器和传感器）和电子控制单元组成，经制动管路和控制阀与制动轮缸相连，控制制动油液流入/流出制动轮缸，它的任务主要是给液压制动系统供能，同时负责回馈力矩和液压力矩的协调控制，从而实现制动压力控制。该系统的 ESP 多了主动增压的功能，它能在液压助力控制模块失效时主动增压，确保制动安全，同时它和电动机控制单元以及液压助力控制模块之间也有回馈力矩、车辆稳定因子等信号交互。动态控制电动机回馈力矩和液压制动力矩的协调分配，优先利用再生力矩，实现最大效能的制动能量回收。液压失效时，还有机械结构保证安全。

（4）智能匹配节能 在工业 4.0 时代，智液一体化是必然发展趋势。提高效

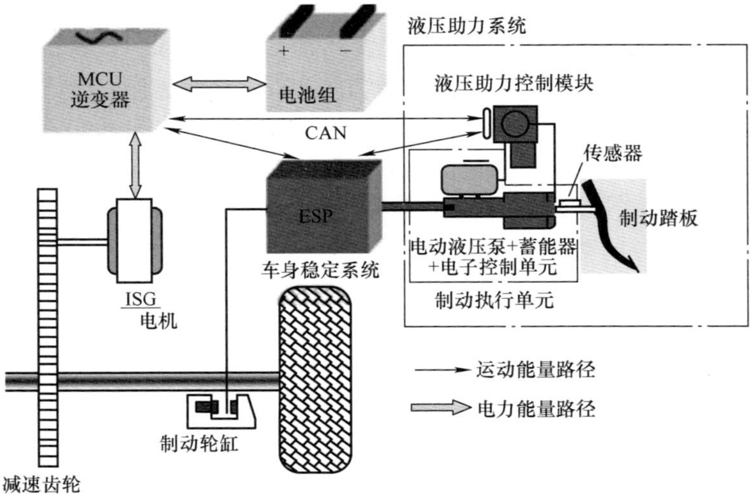

图 2-50 电子液压制动系统的能量回收系统

率的主要思路就是系统能源提供负载所需要的功率，而且是动态的。这样就保证负载需要多少功率系统就提供多少功率，这主要取决于液压元件与系统的自主感知系统的工况，利用控制的芯片来处理感知信息，实时调节泵源的功率供给，做到功率全适应与匹配，达到所需功率及时满足。除去必要的泄漏损失、压力损失外，系统可以达到最大的效率。

这方面技术也在应用上发展，特别是在汽车的应用中。目前这方面也是专利申请的热点之一。在智能化的汽车能量回收系统中，采用外置模块化的组成结构，分为能量回收控制模块和能量存储模块，能量回收控制模块和能量存储模块之间通过大功率电缆和控制电缆连接；能量回收控制模块包括汽车状态采集模块、CPU 控制模块、DC/DC 能量模块等。

发展智能控制的前提是液压系统的数字化微型计算机控制。通过微型计算机和传感器构成闭环控制监控系统，减少了能量损失，或采用分工况功率匹配技术减少能量损失。

1）全闭式数字液压系统的额定压力在程序中设定，当压力传感器检测的压力达到程序设定值时，控制变量泵停止增加流量，或减小至接近零流量，实现了系统安全保护。

2）传统闭式回路中设置补油回路是为了补充主回路管道中流量的不足或进行热交换需要向闭式回路补液等，因此是连续工作的。采用全闭式数控液压监控系统减少了能量损耗，几乎不发热，故减少了热交换次数也就减少了补油泵的工作时间。因此减少了补油泵消耗的能量、溢流阀的溢流损失、单向阀组以及方向阀的阀口损失。

3）在管路上加装温度传感器，微型计算机通过该传感器自动检测系统介质温度，当介质温度超标时，才开启热交换装置，从而减少了热交换装置中方向阀的阀口损失。

4）在管路上加装压力、流量传感器，控制系统自动检测传感器反馈信号，按照程序设定值对系统进行调节，从而减小了流量、压力过剩。

5）在马达输出轴上加装转速、转矩传感器，控制系统按照功率匹配原则进行控制，减少了功率不匹配造成的能量损失。

6）全闭式数控液压系统是在监控系统控制下以分工况功率匹配原理工作的。系统根据程序设定的功率匹配准则（液压系统输出功率与负载所需功率匹配）对被控系统进行自动控制，即控制系统采集完系统参数后，自动将数字泵的输出功率（高压管道的压力与流量的乘积）P_p 与马达的输出功率（转矩和转速的乘积）P_m 比较，如果 $P_p > P_m$，则控制数字电动机旋转使数字泵输出流量减小，直到 $P_m = P_p$；反之，数字电动机反向旋转使数字泵流量增大，直到 $P_{om} = P_{ip}$。当负载发生变化时，这种平衡又被破坏，再次采取控制措施继续驱动数字电动机旋转，直到又达到一个新的平衡。可以将这种装置产品化，形成于嵌入式硬软件的智液一体化液压智能元件或系统。

2.9.4　效率测试与仿真

效率测试是液压元件与系统能耗最终的评价指标，对于“绿色液压”“环保液压”是不可或缺的。在液压工业 4.0 时代，效率测试的问题与发展体现在：

1）以智能模块化解决液压元件与装置高效高性能的效率测试解决方案。测试设备的智能化已经到来，测试可以由模块化的控制器控制，与执行器件电控化、自诊断技术、测试工艺自动化、装夹自动化与数据采集自动化等结合起来。这样使测试更准确、效率更高与准备时间更短。

2）采用半实物仿真，实现数字孪生，详见本手册 24.4 节。

2.9.5　液压油温升与冷却

液压系统在运行中产生的损失全部转化为热能，使油温提高。冷却是唯一出路，是自然冷却、风冷还是水冷需要选择。

1. 液压油的温升计算

液压系统油的温升大小取决于系统功率损失多少，其平均发热量 φ 是各个工作周期发热量的时均值，即

$$\varphi = \frac{1}{t}\sum_{i=1}^{n}(P_{ii} - P_{oi})t_i \qquad (2\text{-}34)$$

式中　t——工作循环周期；

　　n——总的工作阶段数；

P_{ii}——第 i 个工作阶段系统的输入功率；

P_{oi}——第 i 个工作阶段系统的输出功率；

t_i——第 i 个工作阶段的持续时间。

液压系统在运行中产生的热量，主要经油箱散热，忽略管路的散热，其单位时间内的散发热量可按式（2-35）计算。

$$\varphi' = K_h A \Delta t \tag{2-35}$$

式中 K_h——油箱的散热系数；

A——油箱的散热面积；

Δt——液压系统的温升。

在正常情况下，如果没有任何散热措施，则系统温升可以将式（2-34）的发热量代入，即 $\varphi' = \varphi$，则有

$$\Delta t = \frac{\varphi}{K_h A} \tag{2-36}$$

如果温升值 Δt 超过允许值，应采取冷却措施。各类液压设备的温升允许值见表2-41。

表2-41 各类液压设备的温升允许值 （单位：℃）

类型	机床	精密机床	车辆	船舶	工业设备	工程机械
正常工作温度	30～55	30～50	40～60	30～60	40～70	50～80
最高允许温度	55～70	55～70	70～80	80～90	60～90	70～90

2. 液压系统冷却计算

在液压系统中当温升超过允许值后需要进行冷却。需要对冷却面积进行核算。一般在工程机械中，冷却所需功率可以占到总功率的20%。

在计算冷却器的散热面积 A 之前，先要将液压系统本身具有的散热能力 P_{hc} 计算出来。液压油箱与管路表面具有的散热能力以式（2-37）表达如下。

$$P_{hc} = (K_1 A_1 + K_2 A_2)\Delta T \tag{2-37}$$

式中 K_1——油箱散热系数，见表2-42；

A_1——油箱散热面积（m^2）；

K_2——管路散热系数，见表2-43；

A_2——管路散热面积（m^2）；

ΔT——油温与环境温度之差（℃）。

表2-42 油箱散热系数 K_1 ［单位：W/(m^2·℃)］

冷却条件	通风差	通风好	用风扇	循环水强制
散热系数	8～9	15～17	23	110～170

表 2-43 管路散热系数 K_2 [单位：W/(m^2·℃)]

风速/(m/s)	管道外径/m		
	0.01	0.05	0.1
0	8	6	5
1	25	14	10
2	69	40	23

据此可以算出冷却器的散热面积 A，公式表达见式（2-38）与式（2-39）。

$$A=\frac{(P_i-P_o)-P_{hc}}{K\Delta t_m} \tag{2-38}$$

$$\Delta t_m=\frac{T_1-T_2}{2}-\frac{t_1-t_2}{2} \tag{2-39}$$

式中 P_i、P_o、P_{hc}——系统输入功率、系统输出功率、系统自然散热功率；

K——冷却器散热系数；

Δt_m——平均温升；

T_1、T_2——液压油入口和出口的温度；

t_1、t_2——冷却水或冷却风的入口和出口温度。

2.10 液压元件的动态响应及其对系统性能的影响

液压元件动态参数可以从电液比例、伺服与数字等控制元件的指标中得到反映。表 2-44 列出了电液比例阀/伺服阀的术语与定义，都与动态指标有关。

表 2-44 电液比例阀/伺服阀术语和定义

<table>
<tr><th>序号</th><th>术语</th><th>图形表达</th><th>定义</th></tr>
<tr><td>1</td><td>阶跃响应</td><td>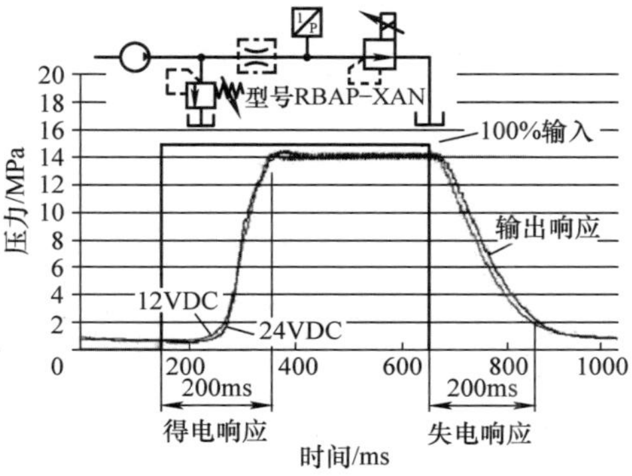
</td><td>当输入信号为给定值时，阀的输出压力或流量达到稳定状态所需要的时间</td></tr>
</table>

（续）

序号	术语	图形表达	定义
2	频率响应	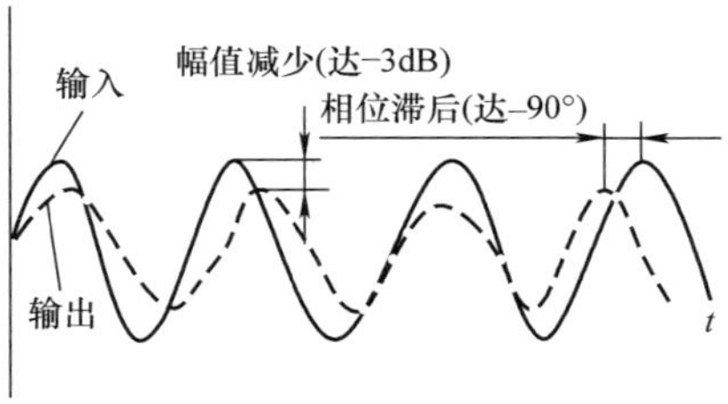	比例阀可以合理动作的最大频率，此频率要求对应伯德图中的某个增益和滞后相位角
	伯德图分析	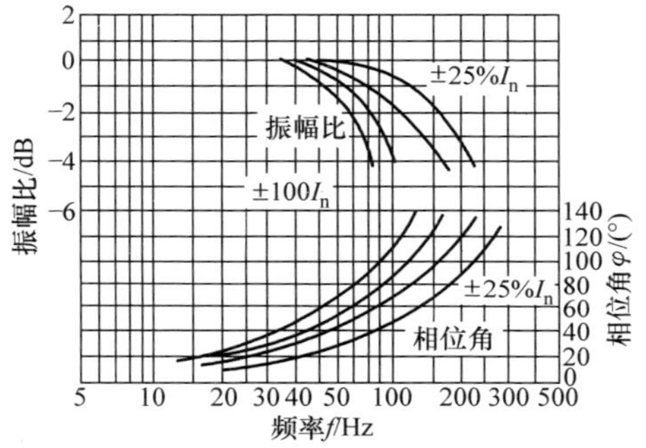	增益［dB］$=20\lg\left(\frac{输出幅值}{基准幅值}\right)$ 基准幅值是在输入信号频率很低时的输出幅值
3	迟滞	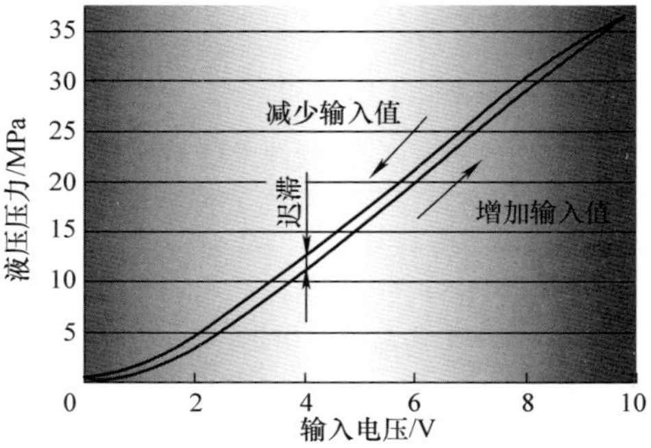	当输入信号增加到最大值后再下降到最小值，对于相同的输入信号，阀输出（流量或压力）将有差别，其差值就是迟滞
4	重复精度	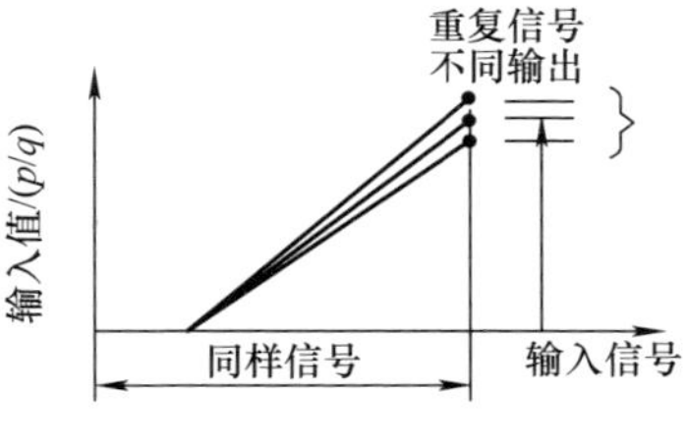	当输入信号从零增加到某个值重复变化，对于相同的输入信号，阀输出的流量或压力可能会有不同，其差值就是重复精度

（续）

序号	术语	图形表达	定义
5	分辨率	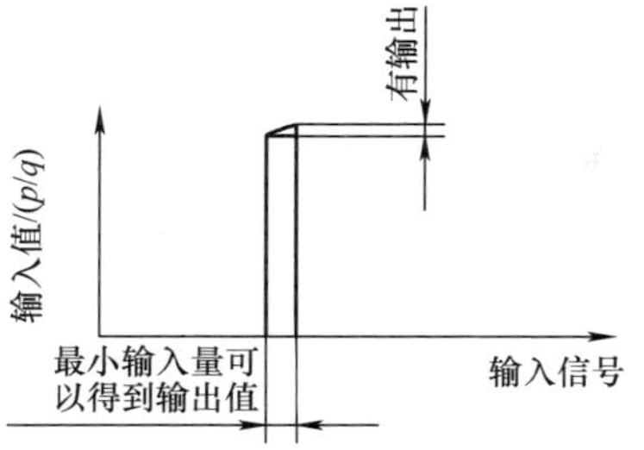	可引起阀输出流量或压力的输入信号最小变化值
6	液压阀增益	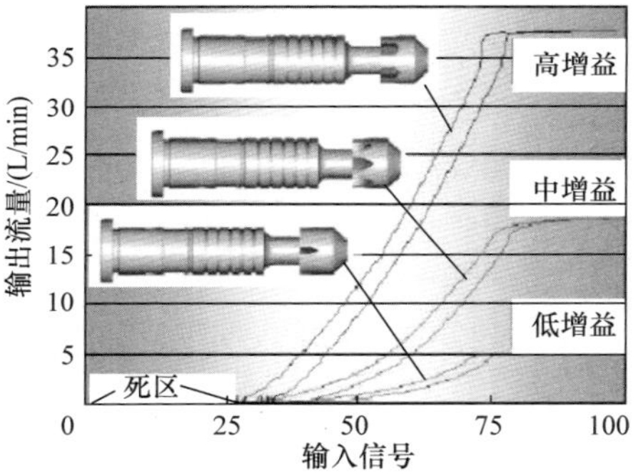	输出压力或流量随输入信号而变化的特性，与最大输出值有关。液压阀增益 = 输出流量/输入信号
7	阀的死区		在输入信号的某个特定操作范围内，没有流量或压力的输出
8	线性度	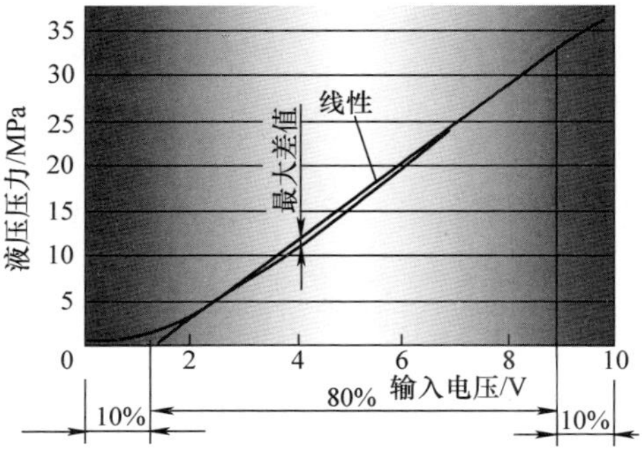	表示压力或流量输出特性曲线的直线度，衡量范围为输入信号的 10% ~90%

为了突出元件本身的特性，其中响应和迟滞与元件动态性能最密切，为此作为动态参数重点阐述。

2. 10. 1　液压元件动态响应的概念

由于液压技术控制元件已经进入比例伺服以及数字控制时代，因此对于液压元件的响应概念的理解范围在变化和扩展。

元件或系统的动态响应的描述以两个数学域为基础。第一个是频域（传递函数）为基础的经典控制理论，它主要研究单输入-单输出，线性定常数系统的分析和设计，研究带宽与裕度等；另一个是时域（状态方程）为基础的现代控制理论，它主要研究多输入-多输出，包括非线性变数系统的分析和设计，研究的是特征值、方差和范数。近期又产生了现代频域法，称为现代后控制理论，具有解耦控制的多输入多输出，又用伯德（Bode）图、奈奎斯特（Nyquist）图、尼科尔斯（Nichols）图，形成了控制的三大理论基础。

第一代就地操作模式的过程自动控制体系，是在150年之前基于0.05～0.1MPa的气动信号标准［气动控制系统（Pneumatic Control System，PCS）］的基础上初步形成。第二代电气自动控制过程控制体系［模拟控制系统（Analog Control System，ACS）］是基于0～10mA或4～20mA的电流模拟信号，控制理论此时有了重大发展，控制功能分离的模式一直沿用至今。第三代数字计算机过程控制体系（Computer Control System，CCS）在20世纪70年代开始了应用，是自动控制领域的一次革命。第四代微处理器分散过程控制体系［分布式控制系统（Distributed Control System，DCS）］，由几台计算机和一些智能仪表和智能部件构成一个控制系统。信号传递也不仅仅依赖于4～20mA的模拟信号，而逐渐以数字信号来取代模拟信号。第五代现场总线过程控制体系［现场总线控制系统（Fieldbus Control System，FCS）］从“分散控制”发展到“现场总线”，有了质的飞跃，数据的传输采用“总线”方式，采用数字信号。现场总线就是连接智能测量与控制设备的全数字式、双向传输、具有多节点分支结构的通信链路。简单地说，传统的控制是一条回路，而FCS技术是各个模块（如控制器、执行器、检测器等）挂在一条总线上来实现通信。主要的总线有PROFIBUS、CANbux等。下一代可能是在综合了人工智能、自动控制、运筹学、信息论等多学科最新成果的基础上向智能控制理论方向发展。

目前液压控制元件与控制系统的发展完全跟随整个自动控制领域的发展。因此液压控制系统至今仍然采用传递函数与状态方程并举，在样本里也呈现频率响应参数与时域响应参数共存的情况。也就是在样本里既提供伯德图的频响，也提供时间响应的时间值（ms）。

2.10.2 限制液压元件动态响应提高的因素

响应的概念是指一个物理系统的输出在输入量从某一个初始值跳变为另一个终止值时的反应过程。从工程角度看就是一个物理实体在受到外界作用后改变自己行为或状态的反应，它符合牛顿第二定律，即 $F=ma$。因此在一定条件下，F（作用力）越大或者 m（质量）越小，a（加速度）就会更大，那么这个物理实体的反应速度肯定越高。因此，为了使液压元件具有更高的响应能力，提高频响或者时间响应，两个大方向就是降低质量与加大作用力，但是响应的提高受到本身固有频率的限制。

液压元件与系统首先都有固有频率的设计，这对系统的稳定性与动态性能非常重要，它决定了元件或系统最大的加速度。固有频率是元件或系统在受到外界激励产生运动时，只由系统本身性质如质量、形状、材质等决定的特定频率，与外界激励没有关系，是元件系统的一种固有属性。当外界有激励时，结构是按固有频率产生振动响应的。对于一个液压闭环系统角频率而言，是由系统中动态特性最低的液压元件决定的，因此要注意系统中的液压控制阀等各个元件的固有频率。此值大致在 50 ~ 150Hz 的范围。

液压控制元件基本是质量 - 弹簧系统，其节流固有频率 ω_0 与阻尼比 ζ 分别为

$$\omega_0=\sqrt{\frac{K}{m_2}} \tag{2-40}$$

$$\zeta=\frac{C}{2\sqrt{m_2K}} \tag{2-41}$$

式中　K——动态液压弹簧刚度（包括油液弹性模量）；

m_2——质量；

C——系统阻尼系数。

根据式（2-40）与式（2-41）对液压元件提高的动态响应措施，可以利用伯德图来判断。并可以进一步针对液压元件加以阐述并形成如下的概念。由于液压缸是系统固有频率最低环节，按图 2-51 所示建立其固有频率公式。

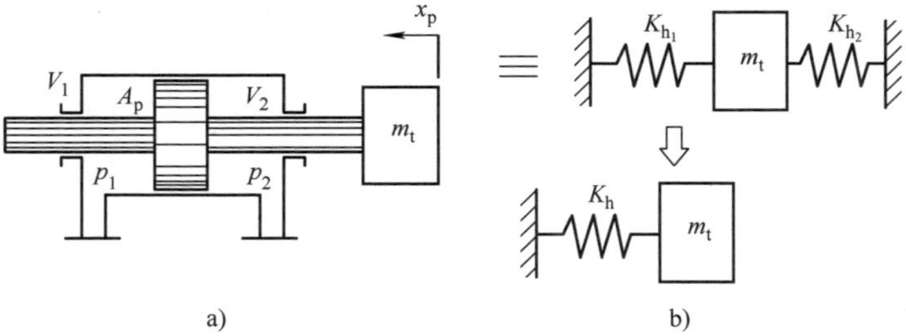

图 2-51　液压质量弹簧原理图

a）液压缸简图　b）液压缸质量弹簧等价模型

如图 2-51 所示，该液压缸活塞在中间位置并且无摩擦无泄漏的情况下，其综合液压总弹簧刚度 K_h 与固有频率 ω_h 由式（2-42）与式（2-43）描述。

$$K_h=\frac{2\beta_eA_p^2}{V_0}=\frac{4\beta_eA_p^2}{V_t} \tag{2-42}$$

$$\omega_h=\sqrt{\frac{K_h}{m_t}}=\sqrt{\frac{2\beta_eA_p^2}{V_0m_t}}=\sqrt{\frac{4\beta_eA_p^2}{V_tm_t}} \tag{2-43}$$

式中　β_e——油液弹性模量；

A_p——液压缸活塞面积；

V_1、V_2、V_0、V_t——液压缸中位时容腔油液体积（$V_t=2V_0=2V_1=2V_2$），其中 V_t 为总容腔容积，V_0 为活塞两腔的容腔容积；

m_t——负载质量。

为了提高液压元件的固有频率 ω_h，根据式（2-42）与式（2-43）可以采取下列措施。

1）增大液压缸活塞面积 A_p。但是受到三个限制：液压缸面积 A_p 是由负载决定的；A_p 增加后 V_t 也随之增加，会抵消一部分效果；要求的负载流量增加，阀、管道、动力源与缸的尺寸体积也随之加大。

2）减少总压缩容积 V_t。因此尽量将阀与缸集成在一起，减少缸的连接管道容积。

3）减少活塞上的总质量 m_t。但是这部分是由负载决定的，因此改进的余地不大。不过油液质量也要考虑在内，一般容易忽视。

4）油液弹性模量 β_e 对系统的固有频率有明显影响，一般 β_e 为 600 ~ 1400MPa。所以要避免空气融入油液，也尽量少用软管。

由上述可知，液压元件固有频率代表了元件响应速度的上限。液压系统的响应速度是比较高的。响应速度与稳定性是一个问题的两个方面，任何系统的响应快，则稳定性就容易差，控制理论就是寻求二者的平衡点。解决稳定性问题的主要参数就是阻尼比 ζ，可见式（2-41），是系统相对稳定性的表达。由图 2-52 欠节流质量弹簧系统响应曲线可见，阻尼比在系统稳定性方面的作用。

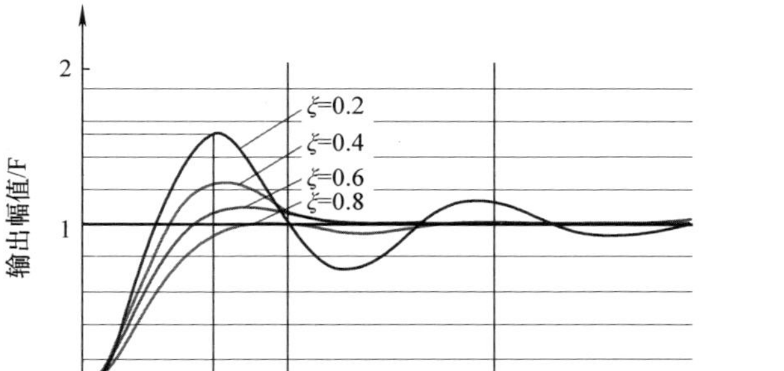

图 2-52　欠节流质量弹簧系统响应曲线

液压质量阻尼系统（如液压伺服、比例系统）的阻尼比构成由式（2-44）表达。

$$\zeta_h=\frac{K_{ce}}{A_p}\sqrt{\frac{\beta_e m_t}{V_t}} \tag{2-44}$$

式中的 K_{ce} 是总流量－压力系数，由总泄漏系数与流量－压力系数组成，主要取决于后者。随阀芯位移，负载压力较大时，液压阻尼比急剧增大。液压控制阀零位阻尼比至少在 0.1 ~ 0.2，或更高一些。可见液压系统的稳定性不好，一般希望控制系统的阻尼比在 0.4 ~ 0.8，对液压系统选择在 0.6 ~ 0.7 比较理想。提高液压阻尼比的方法有：设置旁路泄漏通道，这就是负载敏感系统的油路中需要添加一些节流孔的原因，但是这会降低总的压力增益和系统刚度，增加外负载力引起的误差，而且受温度影响也大；也可以采用正开口阀，节流比值大，但是降低系统刚度、泄漏损失增加以及产生非线性流量增益与稳态液动力变化等问题；还有就是增加负载的黏性节流，外设节流器等，这又增加了结构复杂性。

2.10.3　液压元件与系统的响应能力

液压控制元件与系统的响应值规定是以频域的 Hz 值与时域的 ms（毫秒）来表达。对液压控制元件所对应的主机而言，其系统的动态响应要求见表 2-45。

表 2-45　液压主机要求的响应值与液压控制阀选择

固有频率分类	频率范围/Hz	典型设备	常用比例/伺服阀类别
高频	>100	试验机、注射机（注射装置）、压力机	4WRDE、4WRGE、4WS 等
中频	50 ~ 80	位置控制机床	4WREE、4WRKE 等
低频	3 ~ 10	重型机械、机械手、手动设备、注射机	4WRAE、4WRZE

现有部分液压控制元件的性能参数汇总见表 2-46。

表 2-46　现有部分液压控制元件的性能参数汇总

阀种	阀类别	额定压力/MPa	额定流量/(L/min)	滞环(%)	幅频/Hz	相频/Hz	时间响应/ms	压力增益(%)
伺服阀	双喷嘴挡板电反馈	21	20 ~ 40	<3	>300	>300	/	>30
			60 ~ 100	<3	>250	>250	/	>30
	双喷嘴挡板力反馈	21	1 ~ 27	<3	>200	>200	/	>30
			73 ~ 170	<3	>80	>60	/	>30
	射流管式力反馈	31.5	2 ~ 120	<3	70 ~ 40	90 ~ 60	/	>30
			250 ~ 450	<3	/	10 ~ 15	/	>30
比例阀	比例溢流阀	31.5	200 ~ 600	±1.5MPa	/	/	30 ~ 150	/
	比例流量阀	25	30 ~ 100	<5	/	/	70	/
	比例方向阀	35	18 ~ 36	<4	/	/	70	/
	比例伺服阀	35	2 ~ 40	<0.2	70	65	<10	/
数字阀	高速开关数字阀	2 ~ 20	2 ~ 9	PWM	2.5/3.5	/	/	红林型
		63	3.8	PWM	0.6	62	/	烽火型
		31.5	4.51	PWM	1.2	35	/	烽火型

从目前应用总体情况看，液压控制元件在响应方面具有一定的优势，特别是大功率、大惯量、大转矩等方面一定是优选。在数字化、网络化与智能化方面目前的进展不够，面临较大挑战。

2.11 迟滞及其与控制系统的关系

迟滞现象是由磁性材料的固有特性引起的，它只在需要比例与伺服控制元件的控制系统中才会对系统的动态特性产生影响，实际上是动态元件在控制过程中产生的现象，本身并不是一个动态参数。但是由于它对液压控制元件或液压控制系统的动态性能有明显的影响，因此将它作为对元件动态特性有明显影响的参数来考量。

材料的迟滞特性对液压控制系统的三个动态性能有影响：滞环，即在整个控制信号范围内，对应相同的输出信号时，输入信号的差值（见图2-53a）；反向误差，即从一个停留点出发，使输出量在与原来相反的方向上产生可测量的变化时，所需要的输入量变化（见图2-53b）；分辨率，即在一个停留点上，使输出量在相同的方向上产生可测量的变化时，所需要的输入量变化（见图2-53c）。

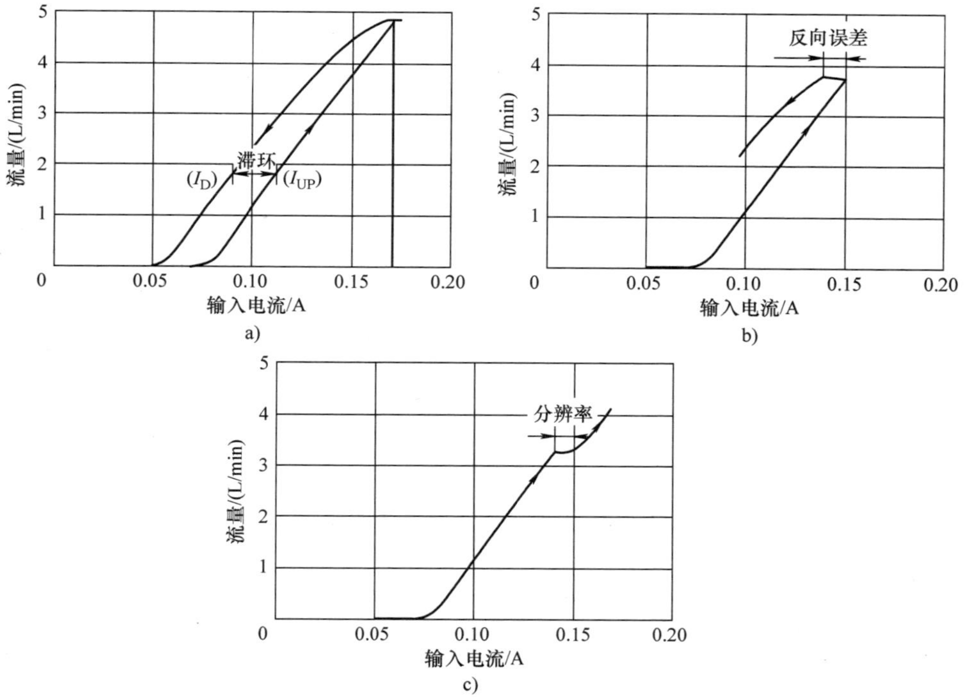

图2-53 滞环的定义及其影响

a）动态元件的滞环 b）动态元件反向误差 c）动态元件的动作灵敏度

2.11.1　动态滞环的概念

液压控制元件滞环（%）是重要的动态参数，是电液控制系统不可避免的特性，是元件与系统控制非线性的根源之一。对于非线性迟滞系统，应用常规 PID 控制难以实施有效控制。滞环的存在会降低开环控制系统的重复精度，影响压力与流量的精确控制。对于闭环控制系统，控制元件滞环过大会导致系统振动，闭环控制失效。迟滞的问题不仅会造成回路产生振荡从而使得产品质量、控制质量受到影响而下降，还会损失大量的能量。由于执行机构存在非线性，如迟滞、死区等，限制了控制回路的性能；控制回路中大约 30% 的振荡是由于执行机构引起的，而执行机构的迟滞现象是引起问题最普遍的原因。

表 2-46 中列出了液压元件的动态性能，其中就包括迟滞曲线。液压控制元件在控制输入量由小到大及由大到小变化期间，其输入输出特性曲线不重合的现象称为迟滞，以百分比（%）表示，如图 2-53 所示。一般采用迟滞误差来衡量迟滞现象，即液压控制元件在全性能范围内最大的迟滞差值 Δmax 与输出满量程 Y_{max} 的比值。这个参数对液压系统性能会有重要影响，因此在所有的液压控制元件样本中一定会提供。滞环在液压元件中一般可以达到 3% ~5%，只有采取了积极技术措施后才会下降，可以提高到 0.1% ~0.5%，这基本是液压比例阀/伺服阀最低的滞环值，见表 2-47。

表 2-47　典型液压比例阀/伺服阀的滞环值

液压阀类型	技术措施	型号	滞环（%）	品牌
比例阀（NG6）	开环	4WRAE6	5	博世力士乐
		DHZO - AE	5	阿托斯（ATOS）
比例阀	先导级开环，主阀电反馈闭环	4WRKE	1	博世力士乐
	数字型，先导级开环，主阀电反馈闭环	DPZO - TE	0.1（*）	阿托斯
比例流量阀	数字型，压力补偿，直动式，带位置传感器	QVHZO - TEB	0.5	阿托斯
比例伺服阀	带阀芯位置反馈	4WRPEH6	0.2	博世力士乐
		DLHZO - TE	0.1	阿托斯

注：“*”表示具有数字软件功能。

电液转换元件性能的迟滞现象主要是由材料的物理性质所有的磁滞现象引起的；其次来源于电磁铁、液压阀芯和阀体之间的摩擦力、间隙以及静态液动力。除此之外，传动机构的间隙（元件死区）、轴承的摩擦、弹性敏感元器件的弹性滞后等也会使元件的迟滞更加严重。液压技术中的迟滞现象存在于电液转换元件、液压元件、液压执行结构与液压系统中，它们产生的原因与产生的影响有所不同，但是总的来说是对性能不利的参数。

减小液压控制元件迟滞的主要办法：

1）选择滞环小的磁性材料。

2）电磁铁选择合理的工作气隙以及非工作气隙尺寸，控制铁心与导套的同轴度。

3）阀芯阀孔合理的间隙与形状精度。

4）采用阀芯位移闭环可以显著地减小比例阀的滞环（$<1\%$）。

5）开环控制的液压阀在线圈驱动电流上叠加颤振。

减少滞环有效的方法就是在液压控制阀的线圈驱动电流上叠加颤振，有如下三种方法。

1）传统线性驱动电流上叠加三角波。常用于较小线圈电流的伺服阀驱动。驱动效率较低，发热严重。属于独立颤振，颤振的频率和幅度可以单独调节。

2）改变PWM（脉宽调制）波占空比的方法来实现颤振信号的叠加。在液压比例阀中普遍采用。以高频PWM波作为载波，载波频率较高，并在载波上叠加较低频率的三角波。亦属于独立颤振，其特点是可以更加细致地调整颤振波形，并且颤振波形不会随着控制电流的变化而发生改变，其减小滞环的效果更好。其缺点是成本较高，颤振频率和幅度两个参数都需要调整，现场调试复杂。

3）寄生PWM颤振。直接以PWM波（50～500Hz）驱动产生的充放电波形（近似三角波）作为颤振来源。这个频率范围涵盖了绝大多数开环比例阀的最佳PWM寄生颤振频率，有关产品出厂设置较低（如150Hz）。但是颤振的幅度不是独立可调的，随电流值的改变有所改变，不能恒定。因此该方法可以满足大多数工程应用，现场调试简单（只需要调整颤振频率）。

一般来说，颤振频率要远高于系统带宽并避开系统自振频率。因为液压系统工作在一定的带宽内，如果颤振频率低至系统的工作带宽以内，或者接近比例阀以及系统的自振频率，那么颤振本身会成为一个振动触发源，影响系统正常工作，引发系统的振动。

目前，控制理论也在发展，试图将这种不利的参数概念变成有利的控制策略，原则上是采用一些补偿、减弱或去除等积分环节类的控制策略，并且将人工神经网络计算引入到迟滞建模中。但是在液压技术中还没有研究到这一步，属于研究比较少的动态参数。但是今后在电液转换装置中更多地应用磁致伸缩材料或压电晶体材料，这一参数的控制就变得更为重要。

2.11.2　独立颤振在PWM上的叠加方法

脉宽调制（PWM）信号因其高效、灵活、抗干扰强的特点已经广泛用于电液比例系统中。为了有效减少影响阀动态响应性能的滞环现象，在驱动信号中叠加一定频率的颤振信号。可以采用改变PWM占空比的方法实现颤振信号的叠加；也可以通过改变PWM的载波频率参数实现频率与振幅均独立可调的颤振，达到更好的效果。

在图2-54所示叠加颤振的比例电磁铁PWM控制电路中，通过低端驱动方式控制 PWM 的占空比，达到控制电流的目的。可以通过芯片的 PWM 模块的寄存器设置来改变 PWM 波形的占空比和频率特性；也可以通过芯片的 I/O 端口，配合定时模块实现 PWM 的输出。但是该控制方式没有电流的闭环控制。在该电路中采用一个电路采样电阻来检测电流，并与目标电流进行 PI 控制，通过设置放大系数 K_P 和积分系数 K_I 优化此电流控制，提高响应速度与稳定性。

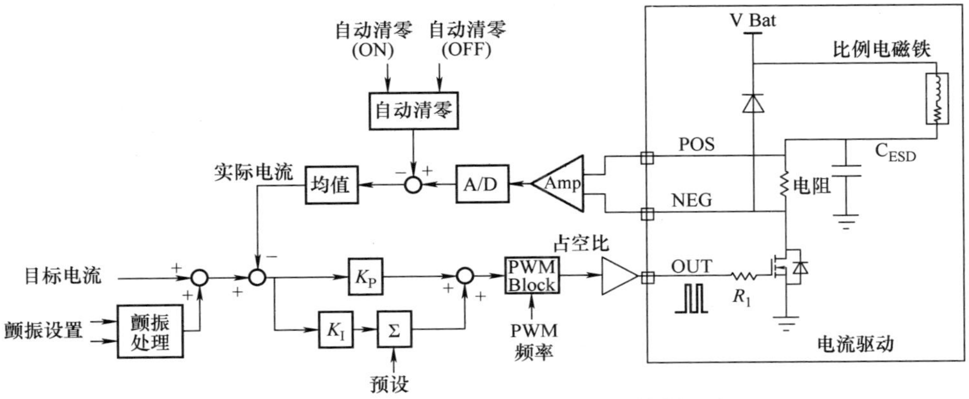

图 2-54　叠加颤振的比例电磁铁 PWM 控制电路

颤振的电流是采用正弦波（本例为 50Hz，50mA），如图 2-55a 所示，在每个颤振周期内，分别计算各个 PWM 的目标电流值 I_k，从而控制图 2-54 中的 OUT 引脚 PWM 的占空比，实现颤振电流的控制。虽然目标电流是固定值，由于颤振影响，PWM 在颤振周期内都是变化的（见图 2-55b）。

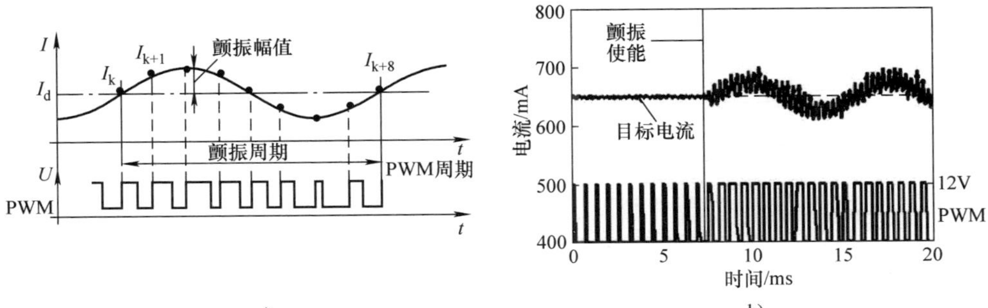

图 2-55　颤振叠加 PWM 原理与叠加后的电流波形

a）颤振叠加 PWM 原理　b）叠加后的电流波形

由图 2-55b 可见，在无颤振时，OUT 引脚的 PWM 占空比为固定值，比例阀的电流值与目标值相等。在颤振控制使能起作用后，OUT 引脚的 PWM 占空比不再固定，比例阀在 650mA 附近做正弦振动，由于占空比不断变化，则电流在局部范围内不断抖动，使比例阀阀芯处于动摩擦状态，提高了电磁阀的响应速度，取得颤振的效果，如图 2-56 所示。

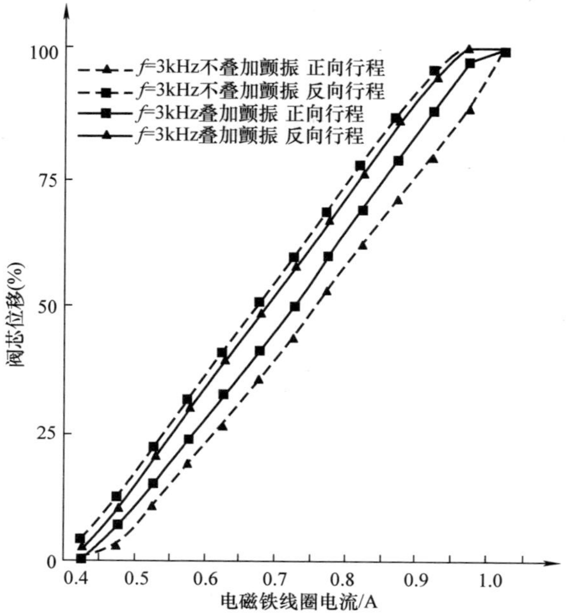

图 2-56　颤振对于比例阀迟滞产生的效果试验

2.11.3　叠加颤振的效果

二维（2D）数字液压伺服阀是国内原创型液压元件，在开发过程中采用叠加颤振的方法，使伺服阀的性能得到提高，并应用于有关飞机的舵机或制动液压系统，详见本手册 14 章。图 2-5 所示为采用颤振的实际效果。

在图 2-57 的实际应用中，采用颤振对于滞环的改进是明显的，颤振的幅值会

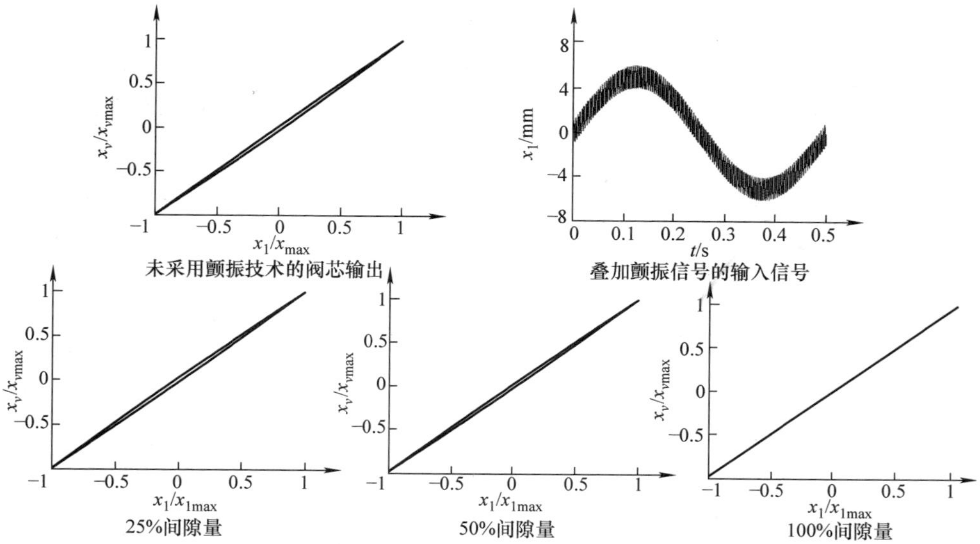

图 2-57　二维（2D）数字液压伺服阀采用颤振后滞环的改进效果

影响到滞环的效果，图示表达了如果采用的幅值达到 100% 间隙量，可以使滞环极大地减少，达到理想的效果。

2.12　动态过程引发的液压系统故障

液压技术有一些故障是突发性的，使工程技术人员感到难以判断，此类故障不如一些渐发性故障容易处理。这些突发性故障可能是动态性故障，不易觉察。例如软管的突然爆裂、液压缸的爬行与负负载时的液压缸振动或磕头等。在此讨论液压系统开始运行或运行一段时间后容易产生的故障。

2.12.1　控制系统不稳定

液压闭环控制系统在采用比例阀/伺服阀后，由于系统具有时变、非线性等特点，使故障特征提取与诊断产生困难。可以从表 2-48 中得到系统不稳定的原因。

表 2-48　液压闭环控制系统的动态问题

分类	问题	故障原因	
		机械/液压部分	电气/电子部分
持续故障	低频振荡	液压功率不够 先导控制压力不够 阀因磨损或污染故障	比例增益设定值太低 积分增益设定值太低 采样时间太长
	高频振荡	液体出现泡沫 阀因磨损或污染故障 阀压差过高 电磁铁腔内有空气	比例增益设定值太高 电磁干扰
	随机性出现换向	机械连接不牢固 电磁铁腔内有空气 阀因磨损或污染故障	偏流不正确 电磁干扰
	自激放大振荡	液压软管弹性过大 机械非刚性连接 阀压差过大 液压阀增益过大	比例增益设定值太高 积分增益设定值太高
暂时故障	一个方向超调	阀压差过高	微分增益设定值太低 插入了斜坡时间
	两个方向超调	机械连接不牢固 液压软管弹性过大 控制阀安装离执行机构太远	比例增益设定值太高 积分增益设定值太低

（续）

分类	问题	故障原因	
		机械/液压部分	电气/电子部分
暂时故障	逼近设定值时间长	控制阀压力增益过低	比例增益设定值太低 偏流不正确
	驱动达不到设定值	压力或流量不足	积分增益设定值太高 增益与偏流不正常 比例增益设定值太低 微分增益设定值太低
	控制不稳定	反馈传感器接线时断时续 液压软管弹性过大 电磁铁内腔有空气	比例增益设定值太高 积分增益设定值太低 电噪声
	控制抑制	反馈传感器机械方面未校准 液压功率不足	电功率不足 没有输入信号或信号接反
	重复精度低及滞后时间长	反馈传感器接线时断时续	比例增益设定值太高 积分增益设定值太低
响应故障	幅值降低	压力及流量不足	比例增益设定值太低
	波形放大	液压软管弹性过大 控制阀安装位置距离 执行机构远	增益调整不正确
	时间滞后	压力与流量不足	插入了斜坡时间 微分增益设定值太低
	振动型的控制	电磁铁腔内有空气	比例增益设定值太高 电干扰 微分增益设定值太高

一般而言，液压/机械的故障原因比较明显易察觉。电气/电子方面主要是PID调节的问题。比例－积分－微分调节是控制系统的法宝，其中比例放大环节（P）是对系统频响快速性影响最主要的参数；积分环节（I）主要是消除积累误差，提高系统准确性，改善稳态性能，但易引起振荡，造成超调；微分环节（D）可提高系统稳定性，具有超前控制的作用，能调节系统速度，减小超调量，提高稳定性，但时间常数过大会引入干扰，系统冲击大，过小则调节周期长、效果不显著。PID调节主要是现场试调，比例、积分、微分控制相互配合，合理选择PID调节器的参数，可迅速、准确、平稳地消除偏差，达到良好的控制效果。

PID控制器参数调节主要依赖工程试验整定方法。以图2-58a所示的质量弹簧系统为例，加上控制器后，直接在控制系统的试验中进行调试，方法简单、易于掌握。整定步骤如下：

1）首先预选择一个足够短的采样周期让系统工作。

2）仅加入比例控制环节，直到系统对输入的阶跃响应出现临界振荡，记下这时的比例放大系数和临界振荡周期。

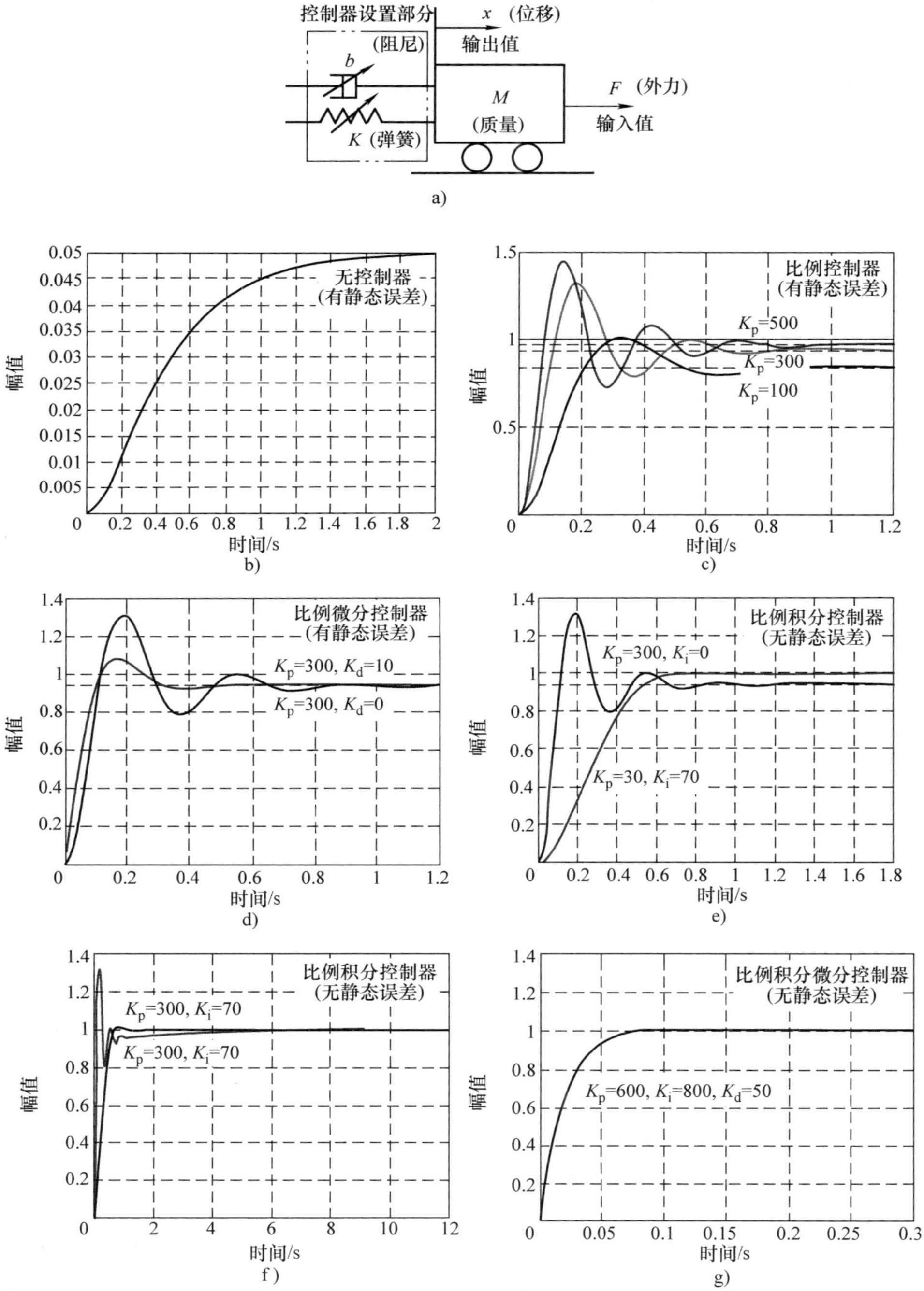

图 2-58　闭环系统 PID 参数调节效果

a）质量－弹簧－阻尼系统　b）质量－弹簧－阻尼系统曲线　c）调整比例增益 K_p

d）调整微分时间常数 K_d　e）调整积分时间常数 K_i　f）无误差比例积分　g）比例积分微分控制

3）在一定的控制度下通过公式计算得到 PID 控制器的参数。

PID 参数调试一般原则：

1）在输出不振荡时，增大比例增益 K_p。这里相当于图 2-58a 中弹簧的 K 值。

2）在输出不振荡时，减小积分时间常数 K_i。这里相当于图 2-58a 中阻尼 b 的设置。

3）在输出不振荡时，增大微分时间常数 K_d。这里相当于图 2-58a 中在弹簧中预设预紧力之类措施。

我们希望得到图 2-58g 所示的输出曲线，而系统未得到控制的运动曲线如图 2-58b所示。因此对于此系统（见图 2-58a）的 PID 调试一般步骤如下：

1）确定比例增益 K_p。按图 2-58c 确定比例增益 K_p。首先去掉 PID 的积分项和微分项，令 $K_i=0$、$K_d=0$，使 PID 控制器为纯比例调节，这时存在静态误差。输入设定为系统允许最大值的 60%～70%，由 0 逐渐加大比例增益 K_p，直至系统出现振荡；再反过来，从此时的比例增益 K_p 逐渐减小，直至系统振荡消失，记录此时的比例增益 K_p，设定 K_p 为当前值的 60%～70%。调试完成后的比例增益 K_p 如图 2-58b 所示。

2）确定微分时间常数 K_d。按图 2-58d 所示。微分时间常数 K_d 一般不用设定，为 0 即可。若要设定，与确定 K_p 的方法相同，取不振荡时的 30%。

3）确定积分时间常数 K_i。比例增益 K_p 确定后，设定一个较大的积分时间常数 K_i 的初值，然后逐渐减小 K_i，直至系统出现振荡，之后再反过来，逐渐加大 K_i，直至系统振荡消失。记录此时的 K_i，设定 PID 的积分时间常数 K_i 为当前值的 150%～180%。积分时间常数 K_i 调试完成。

4）系统空载、带载联调，再对 PID 参数进行微调，直至满足要求。

2.12.2　管道或软管爆裂——避免水锤效应

一个长期工作正常的液压系统，突然发生软管或管道爆裂，问题是什么？动态水锤效应！这种现象发生在液压系统中执行机构停止运动或液压控制元件打开时，由于实际系统中一般都有溢流阀、安全阀的设置，局部压力升高会及时释放。问题往往发生在这些液压溢流阀或安全阀，由于各种原因（如阀卡塞、阀污染、弹簧节流增加等），在系统压力升高时打开的时间有所延缓，而管道内水锤压力一下子飞速增长，就发生软管、管道等处的爆裂。

液压系统水锤现象会造成比较严重的破坏。这是因为当管道中液压控制阀突然关闭时，管道中的介质在具有很大的动能并流动的情况下被切断流路，瞬间（ms 级）流体惯量在切断处能量集聚，极高压力飞升。由于管壁具有弹性和油液的压缩性，水锤压力将以弹性波的形式沿管道传播［见式（2-45）与式（2-46）］，并达到极高的数值，以至在薄弱之处破坏系统硬件。

水锤波在管中传播一个来回的时间 tr 称之为相，因此周期 $T=2tr$。水锤波传播

速度公式为

$$tr = 2L/a \tag{2-45}$$

$$a = \frac{\sqrt{K/\rho}}{\sqrt{1 + \frac{DK}{\delta E}}} \tag{2-46}$$

式中　L——管道长度（m）；

a——水锤波的波速（m/s）；

K——流体介质的弹性模量（Pa）；

ρ——密度（kg/m^3）；

D——管道内径（m）；

δ——管壁厚度（m）；

E——管壁材料的纵向弹性模量（Pa）。

由式（2-45）与式（2-46）可知，在很短瞬间（毫秒级）水锤波的传递速度很快。

如图 2-59 所示，阀关闭的速度越快，在管道内造成的压力飞升越严重，此时的瞬间能量能够上升几十倍，从而在管道的偏弱环节产生破坏。因此，在液压系统的实际应用中溢流阀就是起到这种安全作用，避免水锤现象的发生。如果管道很长，例如容易产生水锤现象的液压马达处，距离动力源有时比较远，这时应该在液压马达附近增加一个安全阀，而且这已经成为液压系统的标准配置。

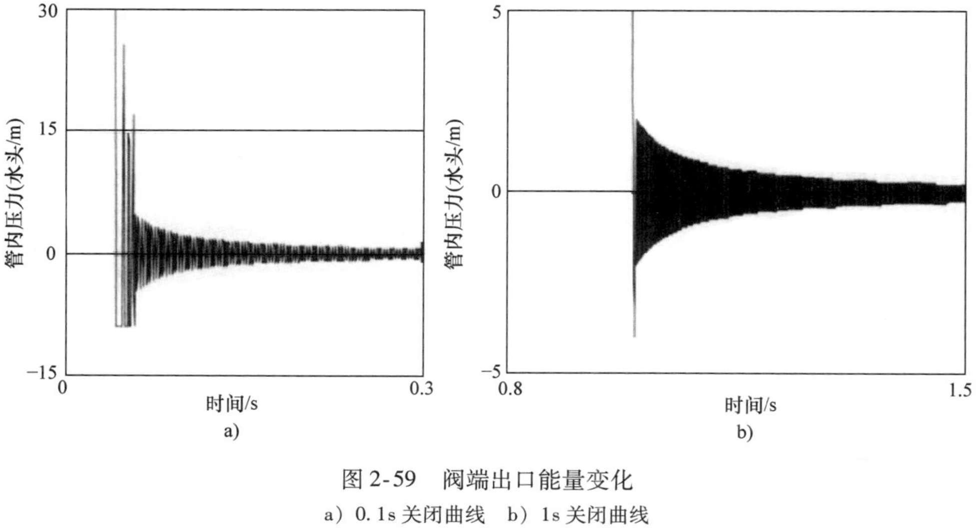

图 2-59　阀端出口能量变化

a）0.1s 关闭曲线　b）1s 关闭曲线

因此在设计液压系统时应注意：①液压马达与液压控制阀全关闭时，容易造成压力飞升，应该设置释放安全阀；②减缓液流的突然切断时间，例如在液压缸运动控制中的缓冲；③设置的压力释放溢流阀开启时间要短，尽量选用直动式，避免污染阻塞。

2.12.3　液压缸爬行

液压执行机构运动时会产生周期性时停时走或时慢时快的运动现象。这种现象称为爬行。液压爬行的动力学模型与关联因素如图2-60所示。

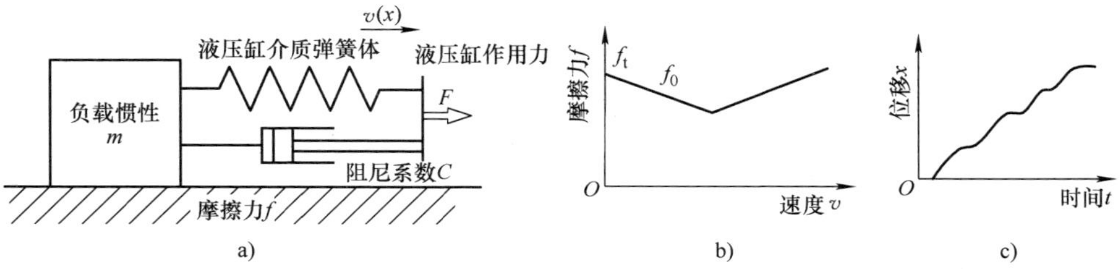

图2-60　液压爬行的动力学模型与关联因素

a）液压爬行动力学模型　b）摩擦力变化曲线　c）液压爬行实际运动曲线

当液压缸施加力 F 作用在负载 m 上时，它们之间力的传递是通过液压介质油液，此介质由于存在压缩性，相当于一个液压弹簧。当液压缸作用于负载时油液首先受到压缩，相当于能量的贮存，当此能量达到临界值时就可以克服摩擦力带动负载前行（见图2-60a）。一旦液压能量克服了静态摩擦力开始运动，就有摩擦力的变化（见图2-60b），静态摩擦力立即转化为动态摩擦力。动态摩擦力小于静态摩擦力，因此，就产生了加速度运动。加速度使负载运动快于液压缸的运动速度，造成液压弹簧力下降，因此作用在液压缸上的实际作用力下降到克服不了动态摩擦力后，液压缸又停止下来。一旦停止后，液压缸作用力因为持续作用，又产生了上述的现象，周而复始，就造成了负载运动的爬行现象。

上述现象可以用式（2-47）和式（2-48）表达。

$$m\frac{\mathrm{d}^2x}{\mathrm{d}t^2}+c\left(\frac{\mathrm{d}x}{\mathrm{d}t}-v\right)-K(x_t+vt-x)+f_0-n\frac{\mathrm{d}x}{\mathrm{d}t}=0 \tag{2-47}$$

得到此方程的解为

$$\frac{\mathrm{d}x}{\mathrm{d}t}=v+v\mathrm{e}^{\alpha t}\left[\left(\cos\beta t-\frac{v(c-n)-2F}{2v\sqrt{mK}}\sin\beta t\right)\right] \tag{2-48}$$

$$\begin{cases}\alpha=\dfrac{c-n}{2m}\\ \beta=\dfrac{\sqrt{Km}}{m}\\ F=f_t-f_0\end{cases}$$

式中　m——负载质量；

x——负载位移；

c——系统阻尼；

v——负载速度；

K——刚性系数；

f_0——动摩擦力；

n——摩擦力变化速度特性的斜率；

f_t——系统最大静摩擦力。

根据式（2-48）可以解得 x 的位移曲线，如图 2-60c 所示。

解决爬行问题要注意三个方面：①油液空气含量要尽可能低，以保证油液的弹性模量高。②采用摩擦因数小的摩擦副材料，改善滑动摩擦副的摩擦特性，减少静摩擦与动摩擦之间的差值，典型摩擦副的摩擦因数见表 2-49。改动压润滑为静压润滑和改滑动摩擦为滚动摩擦等。③从机械加工、安装以及保养方面采取措施减少摩擦力，如安装的同轴度、与导轨的平行度、加大活塞杆刚度、减少内部间隙等，采用性能较好的防爬油、脂等。

表 2-49　典型摩擦副的摩擦因数

摩擦面材料	静摩擦因数 f_t	动摩擦因数 f_0	两者差值（f_0-f_t）
铸铁—铸铁	0.25～0.27	0.15～0.17	0.10
钢—铸铁	0.20～0.25	0.05～0.15	0.12
钢—钢	0.13～0.16	0.05～0.10	0.10
钢—青铜	0.15～0.20	0.10～0.15	0.05
铸铁—青铜	0.20～0.25	0.15～0.14	0.06
铸铁—夹布塑料	0.25～0.30	0.17～0.20	0.10
铸铁—聚四氟乙烯	0.05～0.07	0.02～0.03	0.03

2.12.4　液压缸负负载时向下运动的磕头抖动问题

液压缸运动在负负载时的抖动与无负负载时的爬行是两回事，它们产生的工况与原因是不同的。液压缸负负载时抖动具有一定的普遍性，特别是垂直液压缸在负负载较大的情况下，是液压技术中如何控制负负载的问题。目前对于负负载一般都采用平衡阀，产生抖动问题的概率比较高。这是因为负负载工况在控制过程中是变工况，用一个性能不变的平衡阀难以适应变化较大的工况。

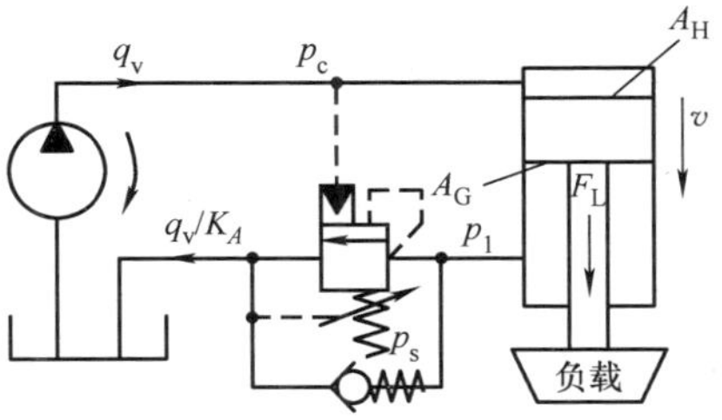

图 2-61　平衡阀回路

q_v—系统流量　p_c—系统工作压力　p_s—平衡阀控制压力　F_L—负载作用力　v—负载下降速度　A_G—液压缸有杆腔面积　A_H—液压缸活塞面积

1. 液压负负载下平衡阀的工作原理

以图 2-61 所示的平衡阀回路为例，阐述应该如何处理这方面的问题。

液压缸面积比 $K_A=A_H/A_G$，由于 $A_H>A_G$，流量被缩小 K_A 倍，即回油流量为 q_VK_A，它将通过平衡阀流回油箱，并在平衡阀两端产生压降 $\Delta p=p_1$（假设节流阀出口无背压）。

如系统供油量为 q_V，液压缸下降速度 $v=q_V/K_A$。液压缸受控时不应该有加速度，活塞受力平衡，即 ΔF（上下活塞面积受力之差）=0，则下列方程成立：

$$F_L+p_cA_H=p_1A_G \tag{2-49}$$

$$p_1=p_L+p_cK_A \tag{2-50}$$

式中　p_L——负载压力，$p_L=F_L/A_G$。

此时平衡阀起到了对负负载的控制作用，提供了节流平衡产生的压力 p_1，从而平衡了负负载。

2. 液压平衡阀在负负载下产生“磕头”控制过程分析

在设置平衡阀后，平衡阀功能实际是液控单向阀+进油压力自调节的节流阀+超载溢流安全阀的三阀功能相加。它的典型结构如图2-62所示。图示平衡阀有三个油口，负载压力口①、液压系统出油口②、控制油口③。

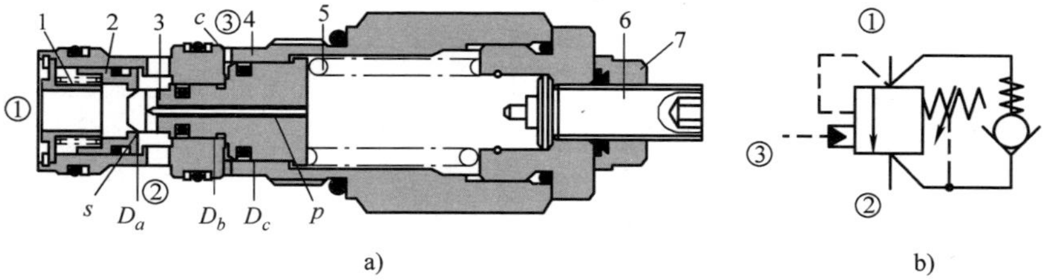

图2-62　平衡阀结构原理与图形符号

a）平衡阀结构原理　b）图形符号

1—旁通单向阀弹簧　2—旁通单向阀阀芯　3—平衡阀阀芯　4—阀套

5—调压弹簧　6—压力调节杆　7—紧固螺母

一般将平衡阀的调压弹簧设定在最大负载压力的1.3倍以上，这就意味着，负载压力必须在一定大小的控制压力下方能打开平衡阀，这个压力称为平衡阀的开启压力 p_c。如平衡阀背压为零，平衡阀开启条件设定为

$$p_1+p_cK_c>p_s \tag{2-51}$$

式中　K_c——平衡阀的控制比；

p_s——平衡阀压力设定值。

可以得出该平衡阀的开启压力为

$$p_c>(p_s-p_L)/(K_c+K) \tag{2-52}$$

根据式（2-51）与式（2-52）得出，为了负载稳定下降，要求回油路上产生的压降 p_1 大小符合以上范围，反映了液压平衡控制的实质。

平衡阀产生的压降 p_1 包括两部分，一个是 p_L，用来平衡（或消除）负载压力；另一个是 p_cK_A，给系统增加一定的正向负载，供油路上必须产生 p_c 大小的压力来克服它。

平衡阀阀口处能耗为 p_1q_V/K_A 且全部转化成热量，因此平衡系统一般发热严重，平衡控制阀存在的意义就在于产生压降。

图 2-62 所示的平衡阀结构原理图提供了平衡阀的实际控制过程：

1）系统使负载向下运动提供 p_c 时，系统压力由零开始增大，由于开始控制压力很小，不足以帮助负载克服平衡阀弹簧力 p_s，平衡阀口保持关闭，负载保持锁定。

2）当系统压力继续增大，直至达到开启压力$(p_s-p_L)/(K_c+K_A)$时，控制压力此时可以帮助负载压力克服平衡阀弹簧力，将平衡阀打开。

3）平衡阀何时开启取决于弹簧力 p_s、负载压力 p_L、控制比 K_c 以及液压缸面积比 K_A，而阀芯开启后的开口大小，则取决于实际通过流量及所选平衡阀的通流能力，因为平衡阀开启后必须按系统要求，产生大小为 $p_1=p_L+p_cK_A$ 的压降，系统方能到达平衡点，即阀芯开口大小取决于压降 p_1 与通过的流量。

4）如果系统供油量变化，那么平衡阀会在新的流量下调整阀芯位置，保证 $p_1=p_L+p_cK_A$ 的压降恒定；以履带起重机为例，如果多路阀的先导控制手柄输出曲线太陡，会导致系统流量变化突然，平衡阀容易出现“发抖”现象。

5）同本章开篇所述，平衡阀产生的压降由两部分组成，一部分为 p_L；用于消除系统负压 $-p_L$；另一部分为 p_cK_A，通过液压缸传力，保证系统有一定的正向压力 p_c。

6）如果液压缸下降时遇到负载而对外做功，那么控制压力将随着负载的增大而升高，甚至将平衡阀阀口完全打开。此时平衡阀对回油的阻力仅仅为阀口全开时的压降，p_1 通过液压缸传递的力无法作用在平衡阀口①，平衡阀的开启此时不需要阀口①的压力，而是完全在控制压力的作用下打开，因此，当系统压力 $p_c>p_s/K_c$ 时，平衡阀可完全打开，平衡阀的负载控制功能结束。系统正常工作时，基本不受平衡阀的影响，因为工作压力比平衡阀全开所要求的开启压力要高得多。

但是平衡阀实际控制时是一个动态过程，当产生负负载且液压缸上腔进油时，在系统压力下，打开液压缸下腔的液控平衡阀使液压缸向下运动。由于负负载的存在，当运动速度超过了泵流量所能产生的速度时，就会造成进油压力的下降并使右边的液控单向阀关闭，液压缸随之停止运动。液压缸运动停止后，由于泵的流量继续提供，在液压缸上腔又建立起压力，并可以再次打开右边控制液压缸下腔的液控平衡阀，液压缸又开始第二次下降，周而复始。于是此时液压缸的运动是“动了就停，停了再动”，即所谓的“磕头”现象。

一般而言，图 2-61 所示平衡阀回路适用于负载大小 p_L 与负载速度（系统流量 q_V）恒定或负载变化不大的场合。如果负载大小与系统流量频繁改变，节流阀无法实时地自动调节开口，就会产生相应的压降去稳定负载下降，这就容易产生所谓的“磕头”问题。液控平衡阀控制负负载时，特别在行走机械液压系统中，负载往往频繁变化且负载速度要求无级控制。因此，平衡阀能够满足下列的运动要求：①必须具有液控单向阀的功能，能够控制负负载不会连续下降；②负负载下降时能够控制速度，具有节流阀的功能；③负负载越大，节流口越小；④该阀具有超载保护功能，即压力超过一定额定值会溢流释放。

从图2-62所示的平衡阀结构看，负载压力作用在阀口①的作用面积为平衡阀阀芯3上直径为 D_a 的圆形面积上。当负载作用在阀芯上的力大于弹簧力时，平衡阀阀芯3开启，允许口①流量通过阀口流回油箱。

为帮助阀芯开启，控制油口③的控制压力作用在阀芯3上的环形面积上，即直径 D_c 与直径 D_b 形成的环形面积。控制压力有助于减小开启平衡阀所需的负载压力。如负载失控，加速下降（即下降速度超过系统供油量所能达到的负载速度），系统供油路上产生“空穴”导致压力降低，上述压力变化被平衡阀上的控制油口③感知，平衡阀开口随之减小，控制回油速度。平衡阀依此实时做出相应调节，稳定负载下降。

控制平衡阀压力必须在负载压力的协助下（而不是阻力）始终要克服调压弹簧力，这样平衡阀可以比例地控制通过其阀口的流量。平衡阀阀芯3位置可以固定，以保证系统维持一定的正向压力，只要供油压力低于开启压力（而不是真正出现负压），平衡阀即判断出负载超速，阀口自动减小开度，以使负载稳定下降。平衡阀因此具有自调可变节流阀功能的负载控制能力。

3. 如何解决产生的“磕头”问题

解决平衡阀产生“磕头”问题的主要措施是考虑如何避免平衡阀过于“敏感”，实际上是增加控制系统的阻尼系数来增加系统控制稳定性的。具体措施如下：

（1）在平衡阀的控制油路中增加阻尼　在平衡阀的控制油路中增加一个动态阻尼。动态阻尼的目的是削减系统中动态性能波动的峰值，而不是真正的流量，所以动态阻尼比静态阻尼的孔径要小。这个阻尼在元件中都提供。

（2）改变平衡阀的工作点，即改变 p_s 值　根据平衡阀的实际工况重新调节平衡阀的工作点，即调节 p_s 弹簧。也可以从电控部分与机构部分改变外部影响平衡阀工作的参数。

（3）增加平衡阀的背压　增加平衡阀的背压也是解决产生“磕头”问题的一项措施。

（4）防止平衡阀本身失效　包括平衡阀中的安全阀、单向阀等。还要注意平衡阀弹簧的有效性。

2.12.5　气穴与气蚀

随着液压技术向高速、高压和大功率方向发展，超过70dB的液压噪声、更多的液压冲击、液压系统严重振动、系统的脉动等便成为迫切需要解决的问题。在这些问题里，气穴是产生这些问题的共同因素。气穴破坏了液流连续性的流动规律，它除产生振动、噪声外，还会使系统的效率降低，损坏零件，缩短液压元件和管道的寿命，造成流量和压力的脉动。

1. 液压气穴与气蚀的产生机制

当油液中气泡随着油液流入高压区时，便突然收缩，原来所占据的空间形成真空。此时四周的液体质点以极大的速度冲向真空区域，在高压下气泡破裂而产生局部液压冲击，压力有时可高达 150～200MPa，将质点的动能突然转换为压力能，这时局部高压区里的温度可高达 1000℃。

图 2-63 所示为节流阀节流口的气穴试验曲线。

当油液中溶解一定空气，局部油液压力降低到饱和蒸气压以下时，就会产生气穴，即图 2-63 中的虚线部分。它可以用节流气穴系数 a_q 来描述气穴发生的程度，并用式（2-53）表达。

$$a_q = \frac{p_0 - p_s}{\rho v_0^2/2} \tag{2-53}$$

式中　p_0——节流孔下游压力，即节流流动的最低压力，气穴是否发生由此压力决定；

p_s——油液空气分离压力；

v_0——节流下游流速，即流经节流口后收缩喉部的流速。

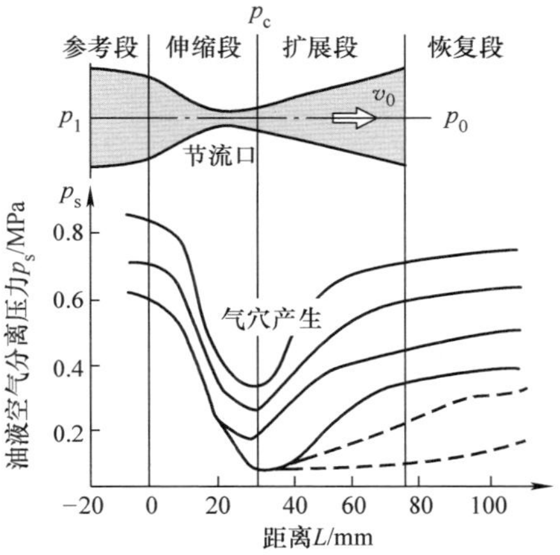

图 2-63　节流阀节流口的气穴试验曲线

这时节流孔前后的压差可以表达为

$$p_1 - p_0 = \rho v_0^2/2 \tag{2-54}$$

式中　p_1——节流孔上游压力。

$$a_q = \frac{p_0}{p_1 - p_0} = \frac{1}{(p_1/p_0) - 1} > 0.4 \tag{2-55}$$

从而可以得到 $p_1/p_0 = 3.5$。

因此可以知道，当 $p_1/p_0 = 3.5$ 是产生气穴的临界点。

在液压泵工作时，如果吸油管路（包括过滤器、吸油导管和泵内通道）阻力很大，或油液来不及填充泵腔，便会造成局部真空，从而形成低压。当压力低到油液的“空气分离压”时，油液内溶解的空气就会大量的分解出来，游离成气泡。当这些气泡随液压泵工作进入高压区后，就产生上述气穴过程。就容积式液压泵来说，泵内的最低压力，除了容易在闭死容积的部位产生外，一般还易在液压油作用的部位（如柱塞、叶片、齿轮的轮齿等）产生。例如在 38℃下工作的液压泵，当泵的输出压力分别为 6.8MPa、13.6MPa、20.4MPa 时，气泡崩溃处的局部温度可达766℃、993℃、1149℃，冲击压力可以达到几百兆帕。

气穴产生时，液流的流动特性变差，造成流量不稳定，噪声增加。特别是当带有气泡的液压油液被带到下游高压部位时，周围的高压使气泡绝热压缩，迅速崩溃，局部可达到非常高的温度和冲击压力。这样的局部高温和冲击压力，一方面使那里的金属疲劳，另一方面又使液压油液变质，对金属产生化学腐蚀作用，因而使元件表面受到侵蚀，发生剥落，或出现海绵状的小洞穴。例如在缸体柱塞孔中的金属表面有小块金属的剥落现象；在齿轮泵内，可以看到“气穴”对浮动侧板产生的损伤；叶片泵内转子的叶片槽内出现明显的波纹，造成叶片运行不稳定，旋转时跳动。因此要确定在液压泵内是否产生“气穴”，必须直接观察与检测内部的“气穴”气泡，但操作上有一定的困难。也可以采用一些比较实用的办法，间接检测和判断，最好的办法是测定最低压力点的压力：

1）在泵的吸油口管路安装一个真空表，以测定和确认泵的吸油口压力是否等于或大于制造厂所规定的压力值。

2）检听液压泵发出的声音中是否含有泵产生“气穴”时会出现的一种刺耳高频啸叫声。有经验的人员能将其与轴承声、联轴节声和其他附近的机械声音区分开。

3）通过液压系统的故障来间接进行判断。例如，由于液压泵吸油不足，输出流量降低，这样就会使液压缸或液压马达动作减慢；由于操纵阀组的“气蚀”而引起的执行机构动作失调或加快系统动作迟缓，控制油路不灵敏。

2. 气穴与气蚀的预防

防止气穴与气蚀的主要原则：防止液压元件或系统中局部压力过低或流速过大；防止油液中的含气量过高。并且从元件与系统两个方面加以防范。

1）防止液压元件中局部压力过低或流速过大：①液压泵是产生气穴问题的主要元件，其次是液压阀阀口处；②液压泵的吸入管路是防止气蚀的重点，应注意管径不要小、不要弯头、不要长、不要阻塞等，泵不要高于液面太多、不要转速太快、不要油液黏度太高等；③液压阀阀口也是防止气蚀的重点，流速不要太高、开度不要太小、材料不要太易受气蚀破坏等；④减小阀孔口前后、小孔前后与缝隙前后的压差，一般希望其压力比 $p_1/p_0<3.5$。

2）使系统油压高于“空气分离压”：①防止液压系统局部压力过低或流速过大；②使用正确的配管方法，增加吸油管道的直径，尽量减少或避免吸油管道的弯曲，以便降低吸油速度，减少管道阻力损失；③降低吸油高度，适当加大吸油管内径，限制吸油管的流速，及时清洗过滤器；④对高压泵可采用辅助泵供油。

3）液压系统各元部件的连接处要密封可靠，严防空气侵入。管路要有良好的密封，防止空气进入。

4）采用抗腐蚀能力强的金属材料，提高零件的机械强度，减小零件表面粗糙度值。

2.12.6　液压共振

共振是指一物理系统在特定频率下，相比其他频率以更大的振幅振动的情形。这些特定频率称之为共振频率。它是液压系统所受激励的频率与该系统的某阶固有频率相接近时，系统振幅显著增大的现象。共振时，激励输入机械系统的能量最大，系统出现明显的振型称为位移共振。此外还有在不同频率下发生的速度共振和加速度共振。

前面已经述及的液压控制元件基本是质量 - 弹簧系统，因此产生共振时，与共振有关的因素就只有质量、动态液压弹簧刚度与系统阻尼系数。应对共振的办法只有两类：一是调节这些参数的值，二是当这些值往往很难在现场改变时就只有避免它，或者称为错开共振区。

液压共振问题有两种情况：一种是发生在元件中，经常遇到的是溢流阀引起的系统压力激烈振荡或者高频啸叫；另外一种是系统产生强烈的共振，可能发生在压力机的巨大机身本身，从而引发整个厂房的地震感，或者是管路的不停振荡，有时甚至发出令人不安的振动声。

液压共振的根本原因在于系统存在足够的能量提供产生共振的能源，或者存在一种激发源；二是共振系统本身的固有频率与引发源的频率共生。一旦发生，作为产品可以寻找产生共振原因并改进设计、加工工艺等；作为项目在现场采取的办法就是改变振动系统本身的质量，例如管道中增加夹紧块、变化系统刚度［如改变管道的外形、加大系统阻尼，如改变内部的阻尼或外部的阻尼（例如弹性垫）］。还有一种方法是改变激发源，例如在某种转速下产生共振，采用工作点改变到另一个转速。

常见溢流阀压力激振与啸叫的解决措施如下：

（1）设计上　溢流阀的先导阀阀口是产生压力激振与啸叫的主要区域，因此要注意调整阀芯质量 - 弹簧系统固有频率。

（2）调整加工工艺　溢流阀阀芯与阀口的不同心是一个产生溢流阀压力振动的激发源，这种不同心程度会改变阀的共振区，江苏恒立液压股份有限公司（简称：恒立液压）与作者曾在这方面做过试验并解决了这一问题。

（3）改变阀芯的质量　采用更换阀芯的方法，但质量改变不可能很大，只有在某种情况下有效。

（4）改变弹簧刚度　更换弹簧，或者在弹簧座加垫圈以改变弹簧共振发生区。

（5）从结构上加节流　在阀芯的尾部加一个节流小液压缸，改变溢流阀阀芯运动阻尼。博世力士乐溢流阀曾经采用过这种结构。

（6）工程办法　现场最重要的是寻找激振源，对症下药。但是上述办法如果都不理想或者无法采用，只好采用“惹不起，躲得起”的办法，如改变系统的调节压力。由于压力取决于负载，因此可以在外部对负载加以调整，或者改变内部的节流流量。

参 考 文 献

[1] 盛敬超. 液压流体力学［M］. 北京：机械工业出版社，1980.

[2] 许仰曾. 液压工业4.0 数字化网络化智能化［M］. 北京：机械工业出版社，2019.

[3] 许仰曾. 液压工业4.0下液压技术发展方向及其数智液压［J］. 液压气动与密封，2022，42（2）：1-7.

[4] 许仰曾，陈惟宁. 液压高速开关数字阀及其在各工业领域应用［J］. 液压气动与密封，2012，32（1）：72-77.

[5] 许仰曾，刘忠华，张天福，等. 液压转向器的电控与信息化发展趋势［J］. 流体传动与控制，2004（3）：1-3.

[6] 中国液压气动密封件工业协会. 中国液压液力气动密封工业年鉴［M］. 北京：机械工业出版社，2016.

[7] 吴晓明. 现代气动元件与系统［M］. 北京：化学工业出版社，2018.

[8] 孔祥东. 流体传动与控制系统的数字化设计［M］. 武汉：武汉理工大学出版社，2018.

[9] 宓为建. 工程机械手册：基础件［M］. 北京：清华大学出版社，2018.

[10] 姜继海，苏文海. 二次调节流量耦联静液传动技术［M］. 哈尔滨：哈尔滨工业大学出版社，2017.

[11] 刘宇辉，姜继海. 二次调节流量耦联静液传动系统性能［J］. 吉林大学学报（工学版），2008，38（5）：1095-1100.

[12] 刘宇辉，蒲红，张艳萍，等. 二次调节静液传动技术的发展及应用［J］. 佳木斯大学学报（自然科学版），2001，19（1）：52-56.

[13] 吴晓明，高殿荣. 液压变量泵（马达）变量调节原理与应用［M］. 北京：机械工业出版社，2012.4

[14] 韦会周. 液压挖掘机三种液压泵流量控制原理分析［J］. 液压气动与密封，2018，38（9）：61-63.

[15] 杨华勇，欧阳小平，徐兵. 液压变压器的发展现状［J］. 机械工程学报，2003，39（5）：1-5.

[16] 秦剑秋. 静液压传动技术（HST）在拖拉机上的应用［J］. 拖拉机与农用运输车，2006，33（2）：34-36.

[17] 李向东，江永忠，罗志雄，等. 伺服液压泵站的发生装置：CN200920053815.0［P］. 2010-01-13.

[18] 刘永明，金亚英，陈慧岩. 采用高速响应开关电磁阀的数字调压试验研究［J］. 液压与气动，2004（11）：41-43.

[19] 吴根茂，邱敏秀，王庆丰，等. 新编实用电液比例技术［M］. 杭州：浙江大学出版社，2006.

[20] 景俊华. 负载敏感系统的原理及其应用［J］. 流体传动与控制，2010（6）：21-24.

[21] 孟轩，张湛，韩彪. 比例多路阀及其补偿阀工作原理解析［J］. 工程机械与维修，2014（6）：133-135.

[22] 樊及贤. 液压系统泄漏原因的理论分析及计算［J］. 四川建材学院学报，1988，3（4）：

61 – 70.

[23] 陈静．液压元件间隙的泄漏量及其控制研究［D］．武汉：武汉科技大学，2013.

[24] ERNST，W. Oil Hydraulic Power and Its Industrial Application［M］. New York：McGraw – Hill，1960.

[25] 罗念宁，张健，姜继海．液压混合动力技术［J］．液压气动与密封，2012，32（2）：81 – 85.

[26] 毛镇界．飞机高功重比液压系统设计与高效能量综合管理技术研究［D］．北京：北京航空航天大学，2014.

[27] 权龙．液压挖掘机动臂势能直接回收利用技术［J］. 液压气动与密封，2018，38（2）：99 – 104.

[28] 白情鹏．国内液压测试技术的现状与发展趋势［J］. 液压气动与密封，2015，35（1）：20 – 23.

[29] 王增才．汽车液压控制系统［M］. 北京：人民交通出版社，2012.

[30] 张帏庆．长距离液相输送管道水锤现象分析、计算和防护［J］. 化工工艺与工程，2015，36（1）：11 – 14.

[31] 程绪鹏，解宁．液压缸低速爬行分析［J］. 天津理工大学学报，2006，22（5）：70 – 72.

[32] 宋清懿．液压回路平衡阀工作原理与故障排除［J］. 设备管理与维修，2014（3）：17 – 18.

[33] 刘国平，夏五星，齐大伟，等．电液比例阀独立颤振的叠加方法研究［J］. 机床与液压，2014，42（5）：49 – 51.

[34] 肖文颖，姜立标．变速器电液系统分析及颤振电流控制［J］. 机床与液压，2014，42（10）：140 – 143.

[35] 王瑀. EMA、EHA 和 IPA 三种作动器比较［J］. 战术导弹控制技术，2010（4）：54 – 57.

[36] 文代明，朱建公，张俊俊．恒功率液压控制系统设计［J］. 制造技术与机床，2006（1）：41 – 42.

[37] 李中复，沙俊炎．工程机械恒功率控制分析［J］. 机床与液压，2012，40（14）：65 – 67.

[38] 何清华，常毅华，郝鹏．液压挖掘机恒功率与变功率协调控制节能系统研究［J］. 建筑机械，2006（3）：55 – 58.

第2篇
现代液压系统设计方法与应用

主　编　王兆强

第 3 章　液压传动与控制系统设计与仿真

作　　者　王兆强
主　　审　许益民

第 4 章　液压数智技术发展与应用实例

作　　者　王兆强
主　　审　许仰曾

第 5 章　伺服电动机泵泵控系统设计应用实例

作　　者　赵伟伟　姚俊娟　刘　珊
主　　审　许仰曾

第 6 章　液压系统安装与调试

作　　者　刘思远
主　　审　许仰曾

第 7 章　液压系统现场诊断与维护

作　　者　刘思远　石景林　马明东　郑卫平
主　　审　石景林　王兆强　许仰曾

第3章　液压传动与控制系统设计与仿真

3.1　液压传动与控制系统设计流程

液压传动与控制系统设计，除了应符合其主机动作循环（又称工艺要求）和静、动态性能等方面所提出的要求外，还必须满足性能优、效率高（碳排放少）、成本低、结构简单、使用维护方便、工作安全可靠、寿命长等条件。液压传动与控制系统的设计流程没有统一格式，但都遵循如图3-1所示的共同流程。

在液压系统设计中选择仿真软件进行静、动态性能分析已经是常规做法。不过工具再发达也替代不了工程技术人员的把握与最后决策，因此本章在介绍液压系统工业设计软件的基础上，仍然将设计的思考与流程加以梳理，有助于正确使用与选择液压系统与元件的设计软件，也有助于这类软件本身的发展与进步。

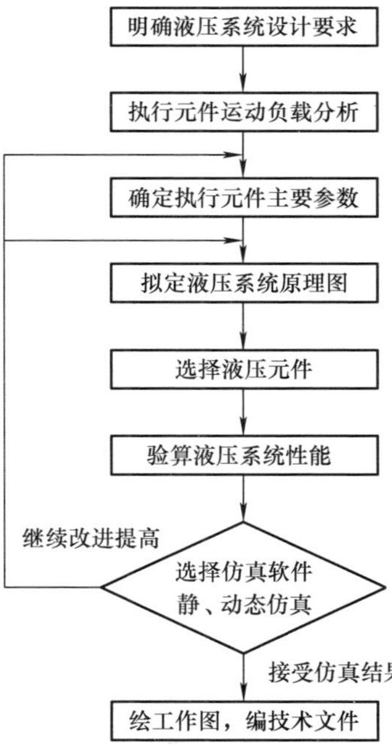

图3-1　液压系统设计流程

3.2　液压系统设计仿真软件及应用

3.2.1　目前可选液压系统仿真软件

液压元件或系统计算机辅助设计（CAD）和应用已有40多年历史，可以为液压系统的分析和优化设计提供帮助，预先验证设计的性能效果，降低开发成本、风险，缩短开发的周期。

AutoCAD是液压系统设计绘图工具软件。知名液压仿真软件有AMESim、Hy-Pneu、HOPSAN、ADAMS/Hydraulics、EASY5、MATLAB/Simulink、SIMUL－ZD、DSHplus、FluidSIM、Automation Studio、20－sim等，其中SIMUL－ZD是浙江大学

开发的。我国“七五”攻关的“液压CAD”项目由机电部北京自动化研究所负责，有浙江大学（DSH软件）、上海交通大学（HYCAD软件）、甘肃工业大学（PERSIM软件）、大连理工大学和大连液压件厂参加，建立过一个基本的液压CAD软件系统体系，但未能推广应用。国内外各公司也有更多的液压集成阀块设计软件与选型软件，目前也有通过互联网在国内销售的商业软件与少量技术软件，但局限性较大，都未形成体系。

迄今为止，液压系统仿真软件仍然需要发展，进一步满足系统设计的要求，这包括需要进一步研究液压系统仿真的基础（包括适合拓展的建模环境和算法），开发出易于建模的液压系统仿真软件；具有设计优化的功能（包括结构设计优化、参数优化以及性价比优化），以现代控制理论和人工智能专家库设计系统结构，并确定系统参数，缩短设计周期，达到最优的效果；完善与增强仿真模型库并具有通用性或移植性；吸收AR、VR等技术可以更直观实用；进一步发展数字孪生技术，使虚拟的液压设计环境与真实的液压运转工作环境形成闭环，也就是使仿真与辨识结合起来，直接吸收实际运行中的数据去改进计算机设计软件中的数字，从而使设计更完善，产品质量更符合使用要求。

3.2.2 目前可选液压系统仿真软件的功能与特点

这些液压CAD仿真软件的功能与特点通过表3-1进行介绍。读者可以判断需要仿真的工程实际问题属于哪种类型的软件解决的问题范畴，并加以选择。例如，是设计还是培训、是传动系统还是控制系统、是连续性方程还是非线性方程、是求解还是分析、是设计还是与试验联系、是设计还是优化、是验证还是开发、是纯液压系统还是带有电路系统等，可以从表3-1中得到启示。

表3-1 液压CAD仿真软件的功能与特点

序号	软件名称 开发时间	软件功能 建模方法与环境	软件特点
1	AMESim（法） 1995年推出，采用H. M. Paynter（美）于20世纪60年代初创建的键合图法	**功能**：液压/机械系统建模、仿真及动力学分析 **建模**：面向系统图形化的时域仿真建模 **求解器**：动态特性17种优化算法（积分算法） **开放性**：通过C（或Fortran）和其他系统仿真软件接口对接 **影响力**：应用广，用户数十万以上	**建模理论特点**：键合图反映元件间的负载效应和系统中的能量和功率流动情况 **数学模型特点**：系统图形化建模；元件接口传递物理变量，双向传递数据，使得不同领域的模块可以兼容，简化了模型 **数学模型扩展性特点**：使用已有模型和建立新的子模型；可修改模型和仿真参数，进行稳态和动态仿真。有四级建模方式（数学方程级、方块图级、基本元素级和元件级） **交互性特点**：提供了标准而又规范的二次开发平台，用户既能调用AMESim软件中模型的源代码，又能把自己编写的C或Fortran代码以模块的形式综合到AMESim软件包中 **与其他软件兼容性特点**：编程语言接口（C或Fortran）、控制软件接口（MATLAB/Simulink和MatrixX）、实时仿真接口（RTLVab、xPC、dSPACE）、多维软件接口（Adam和Simpack、Virtual Lab Motion、3D Virtual）、优化软件接口（iSIGHT、OPTIMUS）、FEM软件接口（Flux2D）和数据处理接口（Excel）等 **分析工具特点**：可对故障进行仿真；绘制曲线并分析仿真结果，操作方便

（续）

序号	软件名称 开发时间	软件功能 建模方法与环境	软件特点
2	EASY5 美国波音公司20 世纪在 25 年的仿真经验基础上开发	**功能**：工程系统仿真和分析软件，特别是液压仿真 **影响力**：当今世界上最为完备的液压仿真软件	**建模基础特点**：对应真实物理部件（泵、阀、管路、介质等）的仿真模型 **数学模型特点**：以组装实物方式组装数学模型，设定参数，连接各个部件，就构造了相应的液压系统数学模型。液压系统库能解决复杂的液压系统建模问题 **求解特点**：得到其他软件所不能提供的系统性能，减少对实验室装配和测试的依靠 **实用性**：使产品更快、更经济地进入市场
3	DSHplus 国际流体动力学会（IFAS）1972 年以德国 achen 电力驱动液压系统为基础的程序表形成，1994 年推出	**功能**：流体动力仿真 **建模**：对元件进行 8 大类分类，再层层细分。形成图表建模，面向原理图，有图形建模功能 **求解**：重点是描述系统功能单元（模拟重要因素）；采用回路类推法	**数学模型特点**：系统拥有众多程序模块化的工具集，如优化模块、批处理模拟模块、神经网络模块、模糊逻辑模块等十余种模块 **求解特点**：通过这些模块，可以方便地对系统进行优化、批处理，将神经网络和模糊控制继承到模型中来。元件参数通过对话框设定，系统提供元件每个参数的默认值 **实用性**：让使用者很轻松和方便地设计模拟模型，并能很快熟悉使用 DSHplus
4	20 - sim 荷兰 Controllab Products B. V. 公司与荷兰特文特大学联合开发	**功能**：动态系统建模与仿真 **建模**：动态系统的原理图、方框图、键合图和方程式建模综合应用 **求解**：如线性系统、非线性系统、连续时间系统、离散时间系统和混合系统。还支持分层模型表示，也支持向量和矩阵运算	**软件特点**：内嵌仿真编译器、优化功能、蒙特卡洛仿真、C 源代码生成、图形动画、三维动画和控制器设计编辑器等 **建模特点**：仿真编译器可以将模型元素生成的一系列方程式编译为主机可快速执行的代码 **数学模型求解特点**：优化功能是通过自动变化模型参数和初始条件获得用户指定目标函数的最优值，该产品提供了 8 种优化搜索算法；蒙特卡洛仿真是在正态（高斯）分布或均匀分布下产生参数值，利用参数值进行一系列仿真的方法；还包括从模型中产生 ANSI 标准 C 源代码的能力，并独立运行 **分析工具**：可以在执行仿真过程中建立模型动画，以信号线的粗细和颜色随着信号值的变化而变化；可以在执行仿真过程中建立清晰的三维动画显示，控制器设计编辑器可以适用线性系统的伯德图、奈奎斯特图、零极点图，进行反馈控制系统设计

（续）

序号	软件名称 开发时间	软件功能 建模方法与环境	软件特点
5	HyPneu 美国 BarDyne 产品（前身是国际上久负盛名的 Oklahoma 州立大学的流体动力研究中心）	**功能**：流体动力与运动控制仿真软件 **建模**：系统图图形 **求解**：建立分析模型原理图、元件选取、物理属性设置、智能化的分析方法和智能化的求解步长选择、结果后处理，直到输出工程原理图 **影响力**：作为世界上唯一一个集液压、气动为一体的流体动力与运动控制仿真软件与实物仿真平台	**软件特点**：是虚拟实验室型的工程软件。在统一集成环境中，进行静态、动态、时域、频域、热分析等，只需要调整输入输出，就能完成所有类型的分析工作，直接输出工程原理图 **建模特点之一**：工程实际线路图形即软件的图形建模模型。同时提供程序化建模过程，采用 HyPneu 内嵌的脚本建模语言 HPSLIC 或 C 语言编译器，生成需要的元件模型 **建模特点之二**：提供450种以上的液压、气动、机械、电子元件模型 **建模特点之三**：HyPneu 模型生成器提供建模模板，利用已有的模型要素按此模板搭建自己的模型元件 **求解特点**：据分析的对象和求解类型，智能化地自动选择计算的方法和步长，高速高精度完成分析计算 **后处理特点**：提供功能强大的计算工具包实现复杂液压、气动公式的计算；工程单位自动转化，极大地方便工程师的使用和交流
6	ZJUSIM 浙江大学流体传动及控制实验室	**功能**：面向物理模型的液压系统仿真软件包 **建模**：使用 Windows 图形操作界面和基于节点容腔法的原理图建模	**软件特点**：由绘图、数学模型生成、参数赋值、系统模型编译、仿真、结果输出、优化等模块组成。所有仿真和优化操作均可在图形界面下直接完成 **计算特点**：具体操作模块有绘制原理图、生成模型文件、对应原理图修改元件参数；设定仿真参数（步长、变量、初值等）；编译系统模型为可执行文件并运行该文件，选择输出变量曲线 **优化计算特点**：在原理图上选择要优化的元件参数，设定参数、优化目标状态变量、目标函数和优化算法参数，然后计算，输出优化结果
7	Hopsan 瑞典从1977年开始研制，历时8年完成研制	**功能**：液压系统仿真软件 **建模**：Hopsan 是元传输线法，源于特征法和传输线建模。可以图形建模 **求解**：在传输线方法上增加了可变时间步长法，解决系统的刚性和断点问题。这种方法特别适合并行计算，从而提高计算速度和实现分布计算功能	**建模理论特点**：元件传输线法建模能够描述元件间的因果关系，比之键合图法只能描述元件间的连接关系更具直观性 **建模特点**：具有图形建模功能，元件图采用 WMF 图元文件格式与文件编辑器。图形建模功能较好、界面友好、编辑方便、效率很高、速度快、易防错、易更改 **计算特点**：通过元件库元件添加与修改赋值进行仿真计算。还有优化计算，通过计算比较仿真结果和测量结果的差别，并且通过优化使之最小，在一定程度上实现了仿真与试验的连接。具有实时仿真和分布式计算功能 **后处理特点**：有频率分析等强大的后处理工具；拥有 MATLAB 软件的接口

（续）

序号	软件名称 开发时间	软件功能 建模方法与环境	软件特点
8	FluidSIM Festo 公司 Didactic 教学软件和帕德博恩大学联合开发	**功能**：专门用于液压与气压传动的教学软件	1）基于元件物理模型的回路图进行实际仿真，并有元件的状态图显示，这样就使回路图绘制和相应液压（气压）系统仿真相一致，将 CAD 画图功能和仿真功能紧密联系在一起，在绘图过程中，FluidSIM 软件将检查各元件之间连接是否可行 2）能够在设计完回路后，验证设计的正确性，并演示回路动作过程；可用来自学、教学和多媒体教学液压（气压）技术知识 3）液压（气压）元件可以通过文本说明、图形以及介绍其工作原理的动画来描述；各种练习和教学影片讲授了重要回路和液压（气压）元件的使用方法 4）FluidSIM 软件可设计和液压气动回路相配套的电气控制回路。克服了以前液压与气动教学中，学生只见液压（气压）回路不见电气回路，从而不明白各种开关和阀动作过程的弊病。电气－液压（气压）回路同时设计与仿真，提高学生对电气动、电液压的认识和实际应用能力
9	MATLAB/Simulink 美国 Mathworks 公司开发	**功能**：用于多域仿真以及基于模型的设计。支持系统设计、仿真、自动代码生成以及嵌入式系统的连续测试和验证 **建模**：面向传递函数、方框图 **求解器**：提供图形编辑器、可自定义的模块库以及求解器，能够进行动态系统建模和仿真	1）建立模型方块图的图形用户接口，这个创建过程只需单击和拖动鼠标操作就能完成，它提供了一种更快捷、直接明了的方式，而且用户可以立即看到系统的仿真结果 2）广泛应用于控制理论和数字信号处理的复杂仿真和设计，支持多采样速率的系统。对各种时变系统，包括通信、控制、信号处理、视频处理和图像处理系统，Simulink 提供了交互式图形化环境和可定制模块库来对其进行设计、仿真、执行和测试 3）用于动态系统和嵌入式系统的多领域仿真和基于模型的设计工具 4）有大量的第三方软件和硬件可应用于或被要求应用于 Simulink 5）Simulink 与 MATLAB 相集成，能够在 Simulink 中将 MATLAB 算法融入模型，还能将仿真结果导出至 MATLAB 做进一步分析

3.2.3　液压系统仿真软件应用示例

1. AMESim应用于液压注塑机液压系统的建模

AMESim的图形化时域仿真建模环境适用于工程系统建模、仿真和动态性能分析。用已有模型和建立新的子模型来构建优化设计所需的实际原型，可修改模型和仿真参数进行稳态及动态仿真、绘制曲线并分析仿真结果，界面比较友好，操作方便。通过一整套的AMESim应用库来设计一个系统，所有的模型都经过测试和验证。通过仿真达到分析和优化设计的效果，降低了开发成本并缩短开发的周期。以注塑机液压系统的建模仿真研究为例，可以根据系统原理图，使用仿真元件模型来搭建系统仿真模型；整理仿真参数，将其分为两大类（已知的和未知的），并使用AMESim批处理功能处理未知参数，将其分为对系统影响较小的一类参数{A}，对系统影响较大的一类参数{B}；取{B}类参数的中间值{Bmid}，设置仿真参数及仿真时间、步长等，进行仿真并分析仿真结果。图3-2所示为采用该软件形成的系统模型，然后通过软件进行仿真运算得到需要的分析结果。

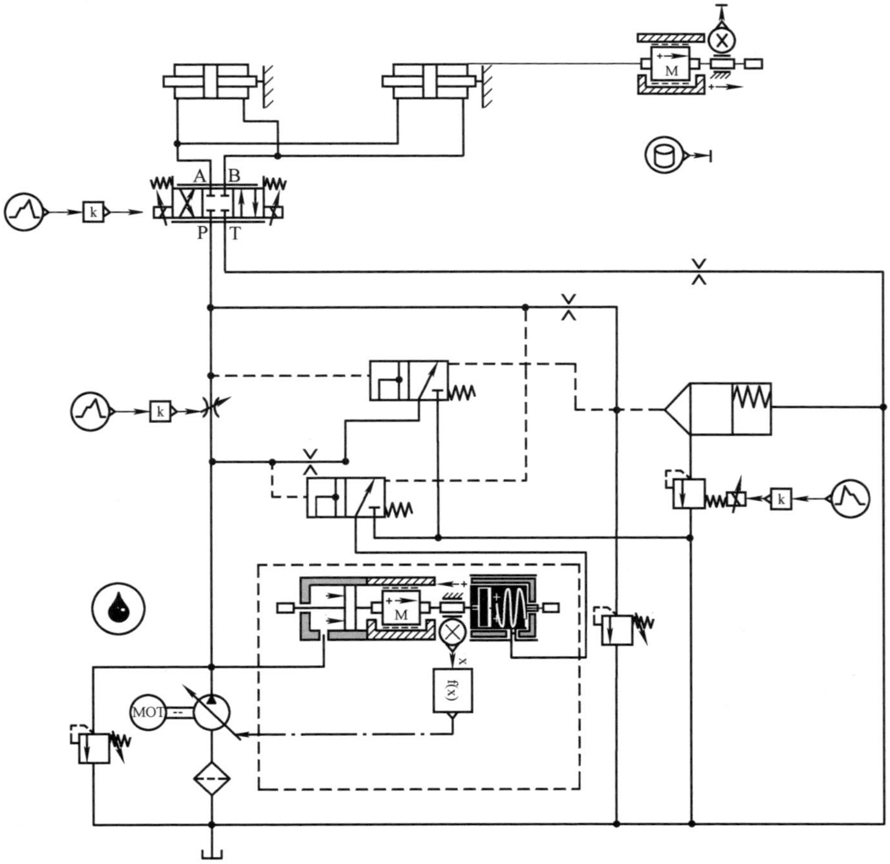

图3-2　注塑机的系统模型

2. AMESim 应用于液压同步阀液压元件的建模

AMESim 采用标准的 ISO 图标和简单直观的多端口框图，涵盖了液压、液压管路、液压元件设计、液压阻力、机械、气动热流体、冷却、控制、动力传动等领域，能使这些领域在统一的开发平台上实现系统工程的建模与仿真，而成为多学科多领域系统分析的标准环境，为用户建立复杂的系统提供了很大的便利。AMESim 软件可以使物理系统模型直接转换成实时仿真模型；AMESim 提供了 17 种优化算法，依照所建模型，用户能灵活地利用智能求解器挑选最适合模型求解的积分算法；为了缩短仿真时间和提高仿真精度，用户能在不同仿真时刻根据系统的特点动态切换积分算法和调整积分步长；AMESim 为获得其他软件的兼容，提供了多种软件接口，如编程语言接口（C 或 Fortran）、控制软件接口（MATLAB/Simulink 和 MatrixX）、实时仿真接口（RTLVah、xPC、dSPACE）、多维软件接口（Adam 和 Simpack、Virtual Lab Motion、3D Virtual）、优化软件接口（iSIGHT、OPTIMUS），FEM 软件接口（Flux 2D）和数据处理接口（Excel）等。其方法是让子系统在专用软件下搭建，利用接口对子系统的结果进行仿真分析，所以 AMESim 对液压元件的仿真分析有很大优势。下面以同步阀的仿真分析为例介绍 AMESim。

目前国内生产的同步阀，存在体积较大的缺点，基于以上现状，应用 AMESim 仿真软件建立同步阀模型，对同步阀的主要性能指标进行分析。应用优化设计确定结构改进方案，如图 3-3 所示。

在仿真中对阀芯直径、定节流孔直径、弹簧座直径、可变节流孔直径参数进行不同的设置与调整，利用 AMESim 程序中的集成遗传基因优化算法，通过结构优化与性能优化后，阀芯的体积与质量可以下降 75%，速度同步精度可以提高 0.5% ~ 3%（在不同的压差条件下）。

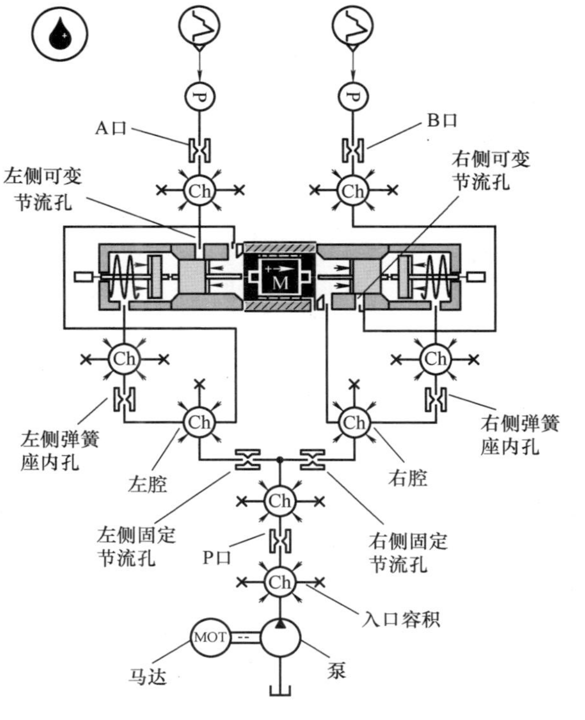

图 3-3　同步阀的仿真模型

3. AMESim 应用于液压顶升系统故障的建模

液压系统故障是液压系统应用的难点，至今没有一个简易方法进行预测。使用常规方法解决故障问题费时费力、成本高昂、难度较大，通过仿真手段解决故障问题是一个途径。利用 AMESim 可以方便地将机、电、液耦合系统的数学物理模型转换为可视化、模块化的仿真模型，并通过修改模型关键参数来注入系统故障信息，实现液压系统故障动态仿真，为故障的诊断和预测提供直观可靠的依据。现以液压顶升系统为例进行仿真，如图 3-4 所示。通过仿真分别检查弹簧故障、液压系统堵塞故障、液压缸及油路接口泄漏、摩擦卡死类故障、油液性质变化对液压系统的影响等，仿真结果可以更好地认识各种故障对液压系统的影响范围和程度，直观清楚地了解液压系统故障的发生原因及故障模式，为故障的诊断与预测提供依据。

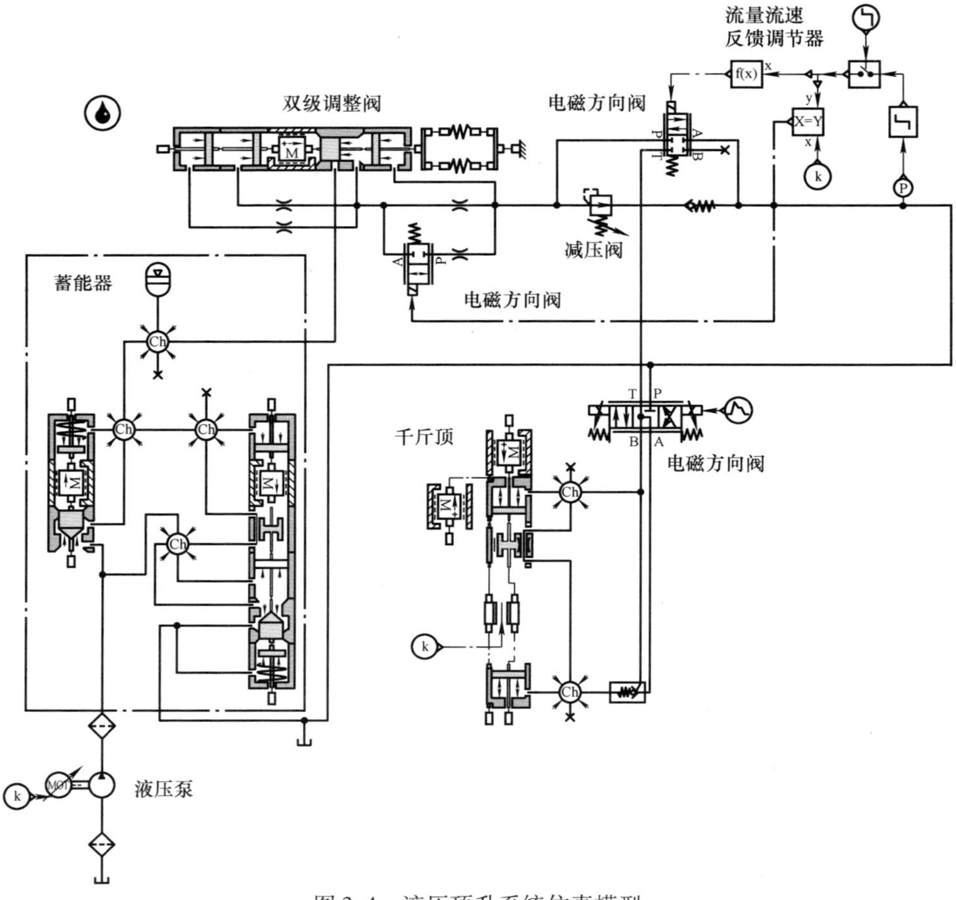

图 3-4　液压顶升系统仿真模型

4. HyPneu 应用于可乐罐压罐机的建模

HyPneu 建模非常简单，任何液压系统图、PLC 梯形图都是 HyPneu 仿真的建模图，只需要在原始系统图上作一些相应的规则性标注。图 3-5 所示为建模的不同图形。

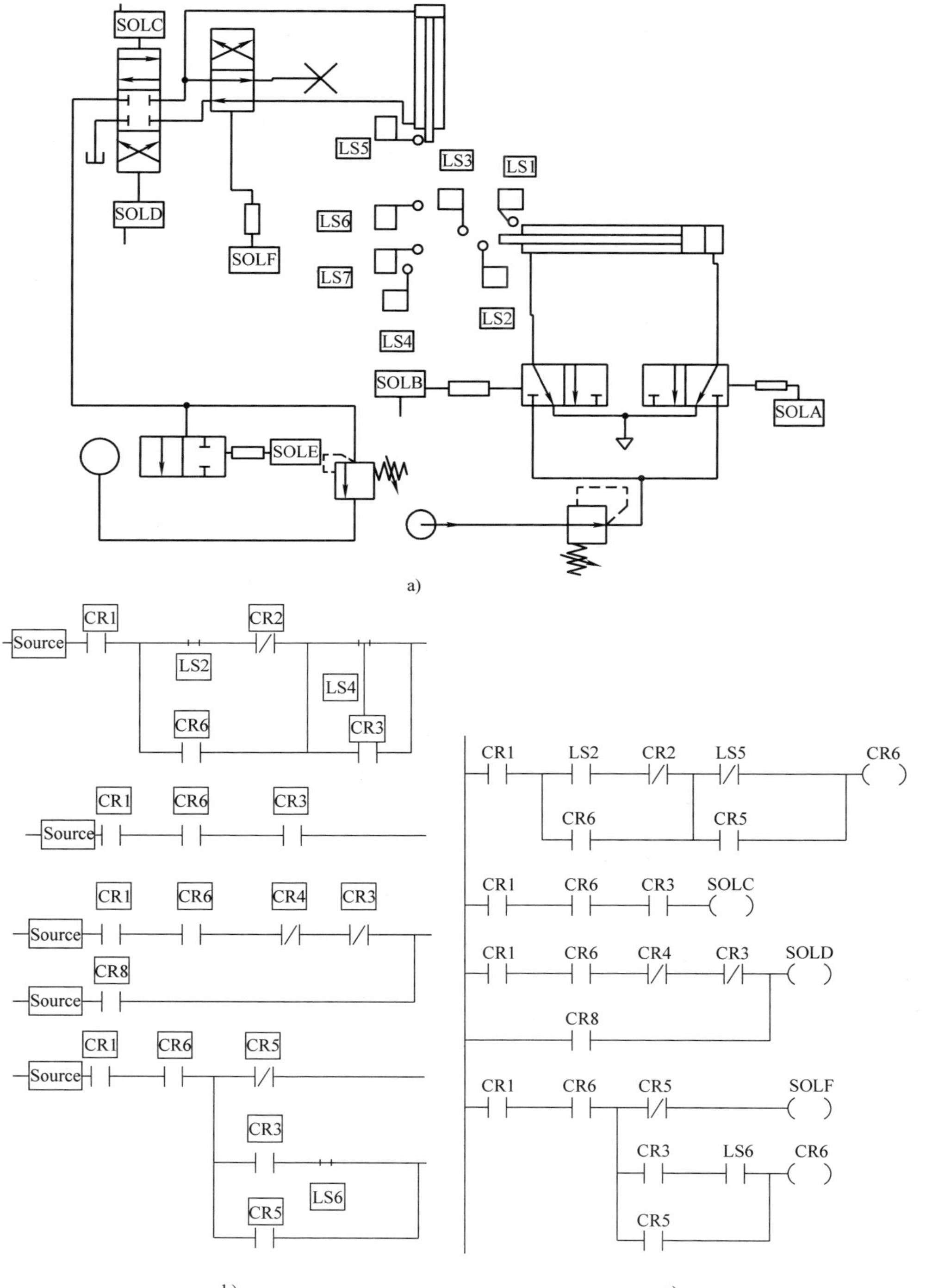

图 3-5　应用 HyPneu 的图形化建模模型

a）液压、气动系统图形化建模模型　b）HyPneu PLC 系统图形化建模模型　c）PLC 梯型图

3.3 实用液压传动系统设计过程

3.3.1 明确主机设计要求，制定基本方案

首先要明确主机对液压系统的动作要求（也称工艺要求）和性能要求，作为设计的出发点和依据。这些技术要求可分为三大方面：液压主机要求（见图3-6）；液压系统设计的运动、性能与控制要求（见图3-7）；社会生态对液压系统设计的要求（见图3-8）。

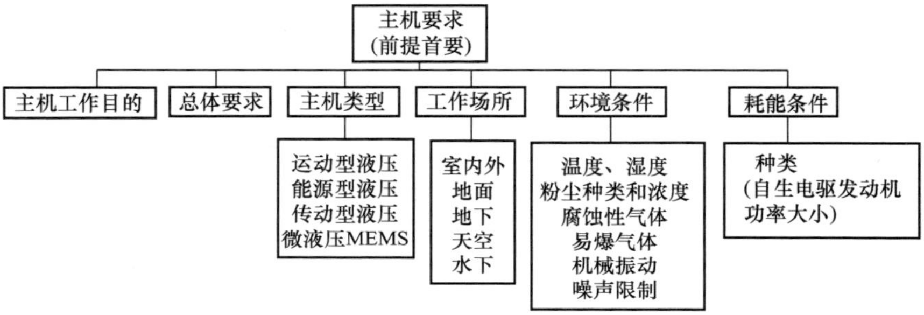

图3-6 液压主机对液压系统设计的要求

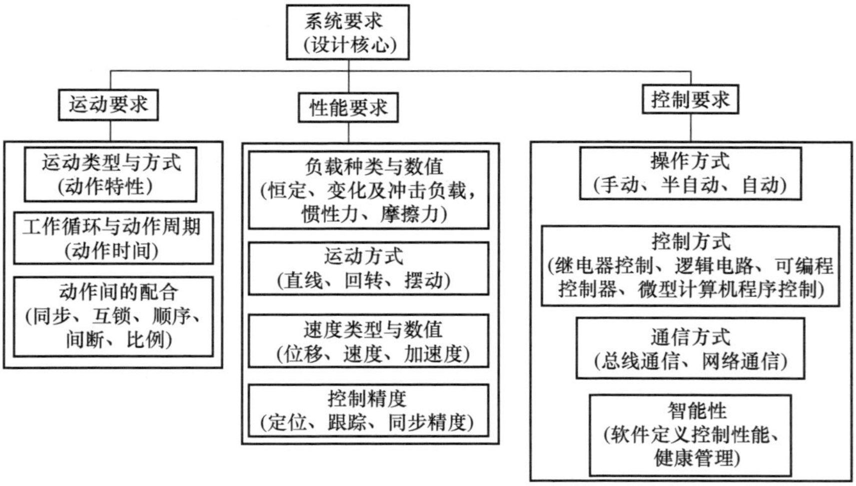

图3-7 液压系统设计的运动、性能与控制要求

3.3.2 执行机构负载分析

执行机构是液压系统的输出部分，它的设计完全依据负载的要求。液压执行机

构必须满足机器设备的运动功能、性能及结构和安装上的要求。根据所要求负载的运动形态，选用不同的执行机构配置，见表 3-2。

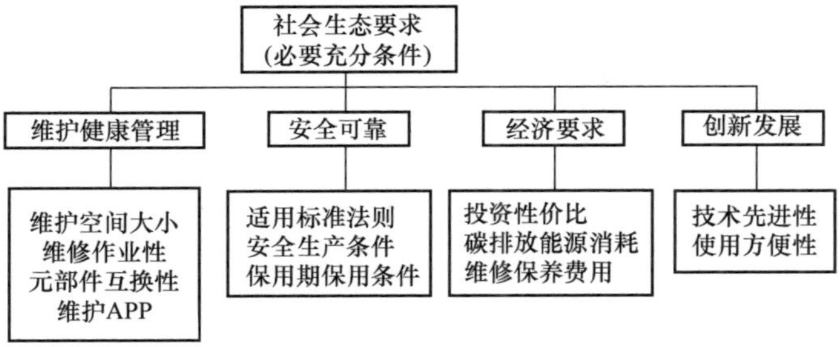

图 3-8　社会生态对液压系统设计的要求

表 3-2　执行机构配置的选择

运动形态	执行机构的配置
直线运动	液压缸 液压马达 + 齿轮齿条机构 液压马达 + 螺旋机构
旋转运动	液压马达
摆动	摆动马达 液压缸 + 连杆机构 液压马达 + 齿轮机构

根据执行机构的种类和负载质量、位移量、速度、加速度和摩擦力等，经过基本计算，确定所需的压力、流量，再根据执行机构的种类、数量、动作顺序和动作条件，拟定控制执行机构的基本回路。

1. 负载运动分析

了解执行机构负载和速度随时间变化的规律，绘制执行机构速度工况图（v—t、F—t 曲线）。作为示例，图 3-9、图 3-10、图 3-11 给出了典型液压缸速度和负载随时间变化的规律。

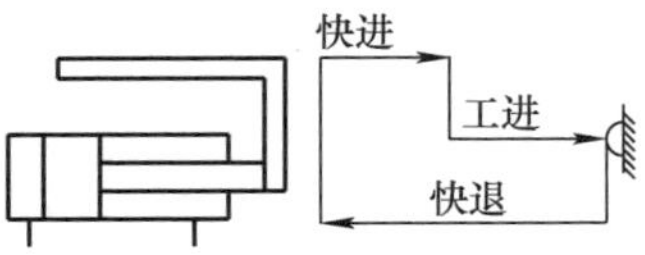

执行机构及其电磁铁动作顺序表

动作顺序		1YA	2YA	3YA	4YA	5YA	6YA	7YA
液压缸	快进	+				+		
	工进	+						
	保压							
	快退		+					+
	停止							

图 3-9　执行机构典型运动要求

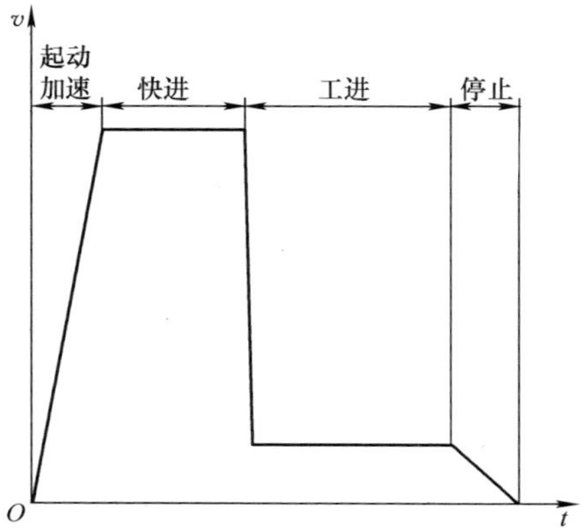

图3-10　速度随时间变化规律

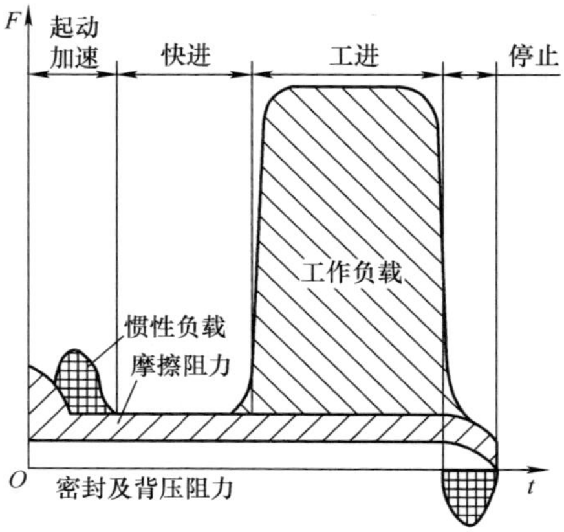

图3-11　负载随时间变化规律

2. 负载分析

研究执行机构液压缸的负载要求，绘制执行机构液压缸的负载循环图（*F*—*s* 或 *F*—*t* 曲线）。

图3-9 执行机构所承受的负载可以由图3-11 描述，由此可见此液压缸承受工作负载、摩擦阻力负载与随之运动的惯性负载对执行机构的影响。

3.3.3　确定执行机构主要参数

根据计算得到速度工况（见图3-10）与负载力工况（见图3-11）后，需要展开执行机构设计或选型，其中重要的工作就是确定液压缸的面积或液压马达的排量。据此可得到该执行机构的压力流量图，如图3-12所示。这是确定液压系统额定工作压力的依据。

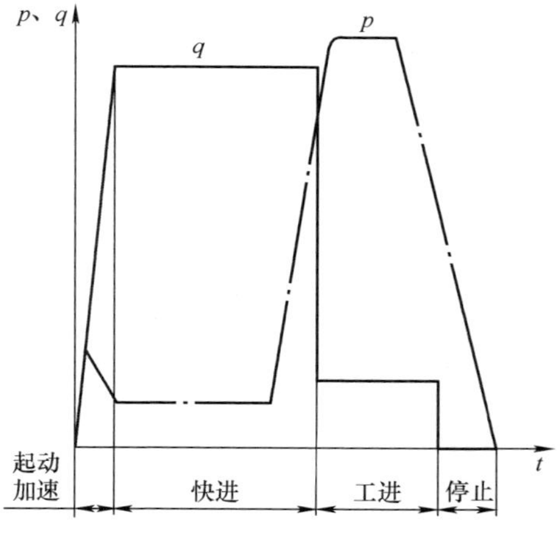

图3-12　典型液压缸压力流量随时间变化规律

1. 初定液压系统工作压力

对于压力选取，不同行业有不同惯例，具体项目由设计人员选定。提高压力有利于减小流量、降低结构尺寸与设备质量，因此可以降低成本。不同的主机行业采用不同的工作压力等级，见表3-3（仅供参考）。提高压力等级是各行业主机追求的目标之一。随着技术不断进步，各行业液压系统常用工作压力等级具有提升的趋势。提高系统压力有利于加大输出力、提高功率密度、减少执行机构低速爬行现象。但也带来一些问题，如成本增加、元件寿命缩短、液压油易变质、内泄漏加大、油温升高，必须采取措施防止漏油。对闭环控制系统，提高系统压力有利于提高系统响应速度。

表 3-3 液压系统常用工作压力

压力等级	压力范围 /MPa	说明	应用领域
低压	<7	低噪声、轻负载	润滑、轻载压铸机
中压	7～21	一般系统	农业机械、工矿车辆、搬运机械
中高压	21～35	通用压力、响应速度高、大功率下成本低	工程机械、液压机、轧钢机、注塑机、船用机械、挖掘机
高压	35～48	体积小、功重比高，发展性压力级	工程机械、金刚石压力机、耐压试验机、飞机、液压机具

2. 确定执行机构的几何参数

系统执行机构最大工作压力一旦确定，执行机构的几何参数便可以最终确定。

（1）确定液压缸几何尺寸的直径 D 与杆径 d

$$A = \frac{F}{\eta_{om}p} \tag{3-1}$$

式中 A——液压缸活塞有效工作面积（cm^2）；

F——有效负载（N），按最大值计算；

η_{om}——机械效率（%）；

p——工作压力（MPa），开始按预估值计算。

根据计算出来的液压缸面积 A，就可以确定液压缸的直径 D 与杆径 d。然后可以验算液压缸的最低稳定速度，即

$$A \geqslant \frac{q_{min}}{v_{min}} \tag{3-2}$$

式中 q_{min}——流量阀的最小稳定流量（L/min）；

v_{min}——液压缸所需的最低稳定速度（cm/s）。

若验算结果不满足式（3-2），则说明所设计的结构尺寸和方案达不到所需的低速值，必须修改。

（2）确定液压马达排量 V

$$V = \frac{2\pi T}{\eta_{Mm}p} \tag{3-3}$$

式中 V——液压马达排量（mL/r）；

T——总负载转矩（N · m）；

η_{Mm}——机械效率（%）；

p——工作压力（MPa）。

液压马达最低稳定转度验算如下

$$V \geqslant \frac{q_{min}}{n_{min}} \tag{3-4}$$

式中　q_{min}——输入马达最低稳定流量（mL/min）；

n_{min}——马达所需最低稳定速度（cm/s）。

若验算结果不满足式（3-4），则说明所设计的马达结构尺寸和方案达不到所需的低速值，必须修改。

（3）确定执行机构的最大流量

对液压缸，有

$$q_{max} = Av_{max} \tag{3-5}$$

式中　q_{max}——液压缸最大流量（L/min）；

v_{max}——液压缸所需最大速度（cm/s）。

对液压马达，有

$$q_{max} = Vn_{max} \tag{3-6}$$

式中　q_{max}——液压马达最大流量（L/min）；

n_{max}——液压马达所需最大速度（cm/s）。

（4）复算执行机构的工作压力　当液压缸的缸径 D、杆径 d 或液压马达的排量 V 计算出来后，应查阅相关液压标准取标准值，再根据标准值对工作压力进行复算。因没有考虑回油路背压，在结构参数 D、d、V 确定后，选取适当的背压估算值复算工作压力。对于背压的估计值一般在0.2～2MPa，当开式回路中设置背压阀或闭式回路设置补油回路时取大值。

（5）绘制执行机构的工况图　这时绘制的压力、流量与功率工况图就是系统设计出来的压力、流量与功率情况，与图3-12是一致的，但是数据是设计后确立的实际系统工况。工况图可以直观方便地找出最大压力、流量、功率，作为选择泵和原动机的依据，指导选择系统中的液压元件，有助于选择基本回路，为修正设计提供依据。

3.3.4　拟定液压系统原理图

拟定液压系统原理图是整个液压系统设计中最重要的一环。

通常方法：根据设备的性能要求选择合理的液压基本回路；再将基本回路有机地组合成一个完整的液压系统。

液压基本回路在第2章中有非常全面的阐述，可以替代传统碎片化的基本回路，提供了一个完整的现代版的液压基本回路选择。

1. 液压系统回路的选择

（1）确定系统流量控制方式　液压系统可以采用节流调速和容积调速两种控制负载速度的方法。

节流调速是用阀来控制来往执行机构的流量。常用方向控制阀+节流阀、比例控制阀、伺服控制阀以及液压新兴的数字方向阀、数字比例阀或数字伺服阀实现执行机构的速度和方向控制。节流控制的最大优势是控制的频响高，控制精度高，但有时不得不用耗能换取控制的高精度。因此，目前技术上仍在探索既节能又精度高的元件。但是目前而言，节流控制是实现高频响或/和高精度的主流方式，这种方式被广泛应用的另一个原因，是节流控制更适合一个液压源同时驱动多个执行机构的场合，或输入信号很复杂而要求快速响应的场合。

容积调速是改变泵的排量或原动机转速以使泵仅输出负载所需的流量，采用双向变量泵可以实现执行机构的方向控制。容积调速的优势是节能，效率高。但是采用容积调速的系统成本较高，反应较慢，要求每个执行机构对应一个变量泵。因此容积调速在功率比较大的场合应用居多。

节流调速和容积调速的对比见表3-4。

表3-4 节流调速和容积调速的对比

方式		泵控容积调速/伺服电动机控制容积调速		阀控节流调速回路
		开式回路	闭式回路	
项目	液压泵	双向变量	双向变量	定量或单项变量
	执行器	不能多个同时动作	适合马达回路	多个同时作用
	功率损失	小	最小	大
	起停冲击	小	不大	稍大
	控制元件	泵的变量机构或数字电动机	泵的变量机构或数字电动机	方向阀、流量阀、压力阀、比例阀、伺服阀、数字阀
	用途	中大功率、慢响应	适合小到大功率，响应慢	小功率、快响应

由于变频电动机、伺服电动机与液压的融合，在容积调速与节流调速中，都存在选取变量泵还是定量泵的问题。特别是液压系统在向分布式方向发展，电液一体化数字执行机构（EHA）的兴起，液压系统回路的选择不再墨守成规，可以有更多的方案。因此在选择时会结合节能、性能、投入成本、运营成本等进行综合考虑加以取舍，已经不完全是传统的选择思路，而只根据液压系统的工作压力、流量、转速、效率、定量或变量等来选择液压泵。表3-4已经考虑伺服电动机的容积调速控制，其效果与完全采用变量泵的容积调速回路相比，总体是一致的，但会增加新的优点，包括提升控制方面的性能。

（2）确定液压泵　在容积调速或节流调速确定后，就需要选择相应的液压泵。

液压泵是液压系统的动力源。要选用能适应执行机构要求压力的泵，同时要充分考虑可靠性、寿命、维修性等以便所选的泵能在系统中长期运行。液压泵的种类非常多，其特性也有很大差别，大致情况参见表3-5。

表 3-5 液压泵种类与特性

种类		齿轮泵	叶片泵	柱塞泵	
				轴向式	径向式
	额定压力/MPa	31.5	28	42	31.5
	排量/(mL/r)	1~500	1~350	4~1000	6~500
	最高转速/(r/min)	900~30000	1200~3000	7500	1800
	总效率（%）	75~90	75~90	85~95	80~92
	适用黏度/(mm^2/s)	20~500	20~200	20~200	
	自吸能力	非常好	好	差	
	变量能力	不能	能	好	
特性	外形尺寸对功率比	中	大	小	
	输出压力脉动	小	小	大	
	抗污染敏感度	大	小	小	
	历时变化	齿轮磨损后效率下降	即使叶片磨损效率下降也较小	配流盘、滑靴或分配阀磨损时效率下降较大	
	黏度对效率的影响	很大	稍小	很小	
	噪声	小~大	小~中	中~大	
	适用场合	工程机械、搬运机械、车辆	中小载荷系统	冶金机械、锻压机械、建筑机械	

选择液压泵时要考虑的因素有工作压力、流量、转速、定量或变量、变量方式、容积效率、总效率、寿命、原动机的种类、噪声、压力脉动率、自吸能力等，还要考虑与液压油的相容性、尺寸、质量、经济性、维修性。在选择时要仔细研究制造厂商产品样本，不明确处直接询问制造厂商。

液压泵的输出压力应是执行机构所需压力、管道的压力损失和控制阀的压力损失之和。它不得超过样本上的额定压力。强调安全性、可靠性时，还应留有较大的余地。样本上的最高工作压力是短期冲击时允许的压力。如果每个循环中都发生冲击压力，泵的寿命会显著缩短，甚至损坏。

液压泵的输出流量应包括执行机构所需流量（有多个执行机构时由时间图求出总流量）、溢流阀的最小溢流量、各元件的泄漏量的总和、电动机掉转速（通常1r/s 左右）引起的流量减少量、液压泵长期使用后效率降低引起的流量减少量。样本上往往给出理论排量、转速范围及典型转速不同压力下的输出流量。泵的输出流量为

$$q = \frac{Qn}{1000}\eta_v \tag{3-7}$$

式中　q——输出流量（L/min）；

Q——排量（cm^3/r）；

n——转速（r/min）；

η_v——容积效率（%）。

压力越高、转速越低，则泵的容积效率越低，变量泵排量调小时容积效率降低。转速恒定时泵的总效率在某个压力下最高，变量泵的总效率在某个排量、某个压力下最高。泵的总效率对液压系统的效率有很大影响，应该选择效率高的泵，并尽量使泵工作在高效工况区。

转速影响泵的寿命、耐久性、气穴、噪声等。虽然样本上已标注容许的转速范围，但最好在与用途相适应的最佳转速下使用。特别是用发动机驱动泵的情况，油温低时若低速则吸油困难，有因润滑不良引起摩擦副卡咬失效的危险，而高转速下则要考虑产生气蚀、振动、异常磨损、流量不稳定等现象的可能性。转速剧烈变动还对泵内部零件的强度有很大影响。

寿命的定义不太明确，可以说是“在一定环境下能经济地维持所需性能的时间”。由于液压元件的特殊性，在完全相同的条件下使用的情况并不多见，失效分布往往不明确，寿命的估计很困难。制造厂商提供的额定寿命数据，通常是根据泵内轴承在实验测得的磨损特性确定的。寿命还与暂载率有关。油液不清洁、安装不正确（如轴上承受径向载荷）、使用不当（如频繁带载起动、长时间低速运行）等会使泵中途夭折，而降低参数使用可以延长泵的使用寿命。

开式回路中需要泵具有一定的自吸能力。发生气蚀不仅可能使泵损坏，而且还会引起振动和噪声，使控制阀、执行机构动作不良，对整个液压系统产生恶劣影响。在确认所用泵的自吸能力的同时，必须在考虑液压装置的使用温度条件、液压油的黏度来计算吸油管路阻力的基础上，确定泵相对于油箱液位的安装位置并设计吸油管路。另外，泵的自吸能力就计算值来说要留有充分裕量。

液压动力单元是主要噪声源。在对噪声有限制的场合，要选用低噪声泵或降低转速使用。泵的噪声数据有两种，即在特定声场测得的和在一般声场测得的数据，两者之间显著不同。

用定量泵还是用变量泵，需要仔细论证。定量泵简单、便宜。变量泵复杂、昂贵，但节省能量。定量泵与变量泵的适用场合见表3-6。变量泵（尤其是变量轴向柱塞泵）的变量机构有各种形式。就控制方法来说，有手动控制、内部压力控制、外部压力控制、电磁阀控制、顺序阀控制、比例阀控制、伺服阀控制等。就控制结果来说，有比例变量、恒压变量、恒流变量、恒转矩变量、恒功率变量、负载传感变量等。变量方式的选择要适应系统的要求，实际使用中要弄清这些变量方式的静特性、动特性和使用方法。不同种类的泵、不同制造厂商的泵，其变量机构的特性不同，要认真调查。

表3-6 定量泵与变量泵的适用场合

定量泵	变量泵
1）液压功率小于10kW，能源成本不是重要因素 2）工作循环是开关式，泵在不工作时可以完全卸载 3）负载变化很大，多数工况下需要泵输出全部流量 4）工作制不繁重，温升不成问题 5）润滑系统	1）液压功率超过10kW，流量变化很大 2）大负载下，小而精密的运动 3）变化负载下的快速运动 4）泵服务于可任意组合的多个负载 5）要求很大的承载能力 6）原动机带动超过本身功率的多个泵

2. 液压回路的选择与综合

由于设计者的思路、经验或对所用元件的考虑方法不同，即使针对同样目的设计出来的液压回路也是千差万别的。因此可以拟定几种符合目的的液压回路，再从成本、质量、使用便捷性等方面进行对比论证，确定最合适的液压回路。

现有的各类机械设备的液压系统有长期应用经验，设计成功案例很多，在设计新的系统时，可以参考借鉴并根据应用需求加以创新发展。

用标准图形符号绘制拟定的液压系统原理图，并注明压力控制阀、压力继电器等设定压力和液压泵或蓄能器工作时各段管道的流量，以便后面选定元件和确定管道口径。

无论多么复杂的液压系统，都是由实现各种功能的基本回路组成的。经过多年的经验积累，已经形成了许多行之有效的典型基本回路，设计时可酌情选用，详见第2章。液压回路可以分为油源回路、执行机构控制回路、液压油处理回路、其他辅助回路等。

（1）油源回路　包括液压泵部分和压力控制部分，提供所需的工作介质具有要求的压力和流量。

液压泵的功率在泵控方式中根据执行机构的最大功率算出；在阀控制方式中根据同时动作执行机构所需的最大功率算出；在蓄能器驱动的场合，根据蓄能器的最高工作压力、一个循环中消耗的全部流量和在充液过程中补充所需的泵流量和卸载时间算出。在实际的工作循环中，有时低速大负载、有时高速小负载、有时卸载，可以求出平均功率并据此确定泵的驱动电动机的容量。注意，循环中的短期峰值负载不得超过电动机额定功率的1.5倍。

（2）执行机构控制回路　执行机构控制回路要根据负载特性，适当地控制方向、速度等。

泵控制方式中，在双向变量泵回路上加压力控制回路即可组成执行机构控制回路。

阀控制方式中的执行机构控制回路，由方向控制回路、速度控制回路、压力控制回路适当组合而成。尤其需要注意的是，当有2个及以上的执行机构时，这些执行机构的控制回路必须保证执行机构能够各自独立工作，而不会产生相互影响。

1）方向控制回路：用方向控制阀来实现执行机构动作方向的控制，掌握方向控制阀的通油时间来控制执行机构的位移量。调整方向阀的切换时间、设置双速回路、与行程减速阀并用，或者采用比例阀、伺服阀都可以控制执行机构起动、停止时的加速减速特性。

2）速度控制回路：用流量控制阀来实现执行机构速度的控制。根据负载变动情况和流量精度要求选定节流阀还是调速阀来控制。考虑对负载方向的适应性、负载变化对精度的影响及回路的效率等因素，决定采用进口节流、出口节流还是旁通节流方式。

3）压力控制回路：压力控制回路不仅包括控制执行机构输出力（或力矩）的回路，还包括用来吸收执行机构起停时的制动力、外负载引起的冲击力的安全回路。作为输出力控制回路，有用溢流阀限制最高压力的调压回路，还有用减压阀把某个执行机构限制到低于油源压力的压力减压回路。制动回路、平衡回路、安全回路等回路中所用的压力控制阀，有直动式、先导式、内控式、外控式等各种结构，性能和特性也多有不同，实际使用时必须十分留意。

（3）液压油处理回路　液压油处理回路包括进行液压油液污染控制的过滤回路和油液温度控制回路。在过滤回路中，要根据所用液压元件和液压油的种类，确定过滤器的容量、过滤精度和设置部位。当环境温度较高或液压装置内部发热较多，单靠油箱和管路系统自然散热无法维持与所用元件相适应的温度和黏度时，必须设置油冷却器。环境温度过低，液压泵起动困难时，必须考虑设置加热器或其他暖机运行方法。

（4）其他辅助回路　其他辅助回路包括液压系统维修所需的回路和作为安全措施专门设置的回路。在保养维修方面，要考虑测压口、油液取样口、元件拆卸时防止油液外流的措施、易于组成冲洗回路等；在安全方面，要考虑长期停机时防止自重引起下落的措施，防止误动作的措施，双重安全措施等。

当系统中有多个执行机构时，要拟定实现动作顺序的控制回路；当有同步要求时，还要采用保证必要同步精度的同步回路。此外，还要考虑节能、维持液压油液的清洁度、液压油液的温度控制、油箱的油量调节和气压调节等问题。综合以上驱动回路、控制回路、液压源回路三部分，即得到总的基本液压系统。然后再进一步考虑安全性、减少冲击、减小压力脉动、节能、寿命等因素，对基本系统进行修改补充，使之臻于完善。

3.3.5　选定液压油及与之兼容的密封材料

油液在液压系统中有实现润滑与传递动力的双重功能，同时油液与密封的兼容性也非常重要。油液的正确选择能保证系统元件的工作与寿命。

液压油的种类可按图 3-13 所示的流程选择。

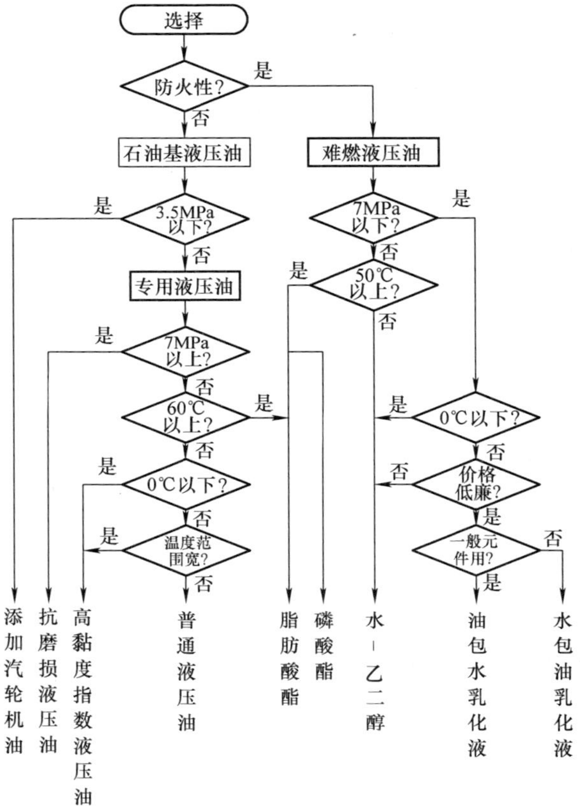

图3-13　液压油选用流程

油液与密封材料的相容性见表3-7，推荐的油液黏度范围见表3-8。液压系统起动时黏度过高可引起泵气蚀和噪声；连续工作在较高黏度下会使空气悬浮在油液中，从而引起泵、马达提前失效；黏度过低还会造成系统效率降低和动力润滑破坏。不同黏度等级的油液对应的温度见表3-9。密封材料的适用温度及速度范围见表3-10。

表3-7　油液与密封材料的相容性

密封材料	矿物油		难燃液压油					
	低苯胺点	高苯胺点	水－乙二醇	磷酸酯	磷酸酯基	卤代烃	聚乙二酯	硅酸酯
浸蜡皮革	良	良	劣	良	可	劣	劣	劣
浸聚硫酸皮革	优	优	劣	良	可	劣	劣	可
浸聚氨酯皮革	优	优	劣	劣	劣	—	—	—
氯丁橡胶	可	良	优	劣	劣	劣	劣	劣

（续）

密封材料	矿物油		难燃液压油					
	低苯胺点	高苯胺点	水－乙二醇	磷酸酯	磷酸酯基	卤代烃	聚乙二酯	硅酸酯
丁腈橡胶	优	优	优	劣	劣	劣	可	可
丁苯橡胶	劣	劣	优	劣	劣	劣	劣	劣
丁基橡胶	劣	劣	优	优	可	劣	劣	劣
聚硫橡胶	优	优	优	可	可	劣	劣	可
硅橡胶	劣	良	劣	劣	可	劣	可	可
氟橡胶	优	优	优	良	优	良	良	良
氟塑料	优	优	优	优	优	—	—	—
聚氨酯	优	优	劣	劣	劣	—	—	—
乙丙橡胶	劣	劣	优	优	良	劣	劣	劣

注：相容性由高到低分为优、良、可、劣四档。

表3-8 推荐黏度范围

泵与马达类型	推荐黏度范围/(mm^2/s)		
	40℃以下的黏度	运行黏度	起动时最高黏度
直轴柱塞式	32～68	13～54	220
齿轮式、叶片式、斜轴式			860
低速大转矩叶片马达			110

表3-9 与推荐黏度值对应的温度

黏度等级 (40℃下)/(mm^2/s)	起动时最高黏度/(mm^2/s)			运行黏度/(mm^2/s)	
	860	220	110	54	13
32	-12℃	6℃	14℃	27℃	62℃
46	-6℃	12℃	22℃	34℃	71℃
68	0℃	19℃	29℃	42℃	81℃

表3-10 密封材料的适用范围

密封材料	温度范围/℃	速度范围/(mm/s)
丁腈橡胶	-10～85	8～500
聚氨酯橡胶	-10～85	8～500
氟橡胶	0～100	8～500
高温用丁腈橡胶	-10～120	8～500

确定液压执行机构结构与安装方式

（1）液压缸具体的结构型式、规格及安装方式　单作用液压缸仅在靠自重、外负载或弹簧力等机械方式实现回程时才使用，一般多使用双作用缸。需要以较短的安装长度来实现很长的工作行程时，可考虑使用多级伸缩缸或增设能放大行程的倍增机构。

液压缸的行程取决于负载运动距离。行程较长时需要活塞杆较粗，可能还要在液压缸内安装止动套管，以提高抗纵弯能力。

缸筒的结构，一般机械设备多用拉杆式和螺纹式，冶金工业、锻压机械等的重型缸及高压大直径缸用焊接式或整体锻造式。

安装方式要根据负载特性和运动形式妥善选择，要使液压缸所受载荷沿动作方向而在径向不受载荷。常用的安装方式如图 3-14 所示。

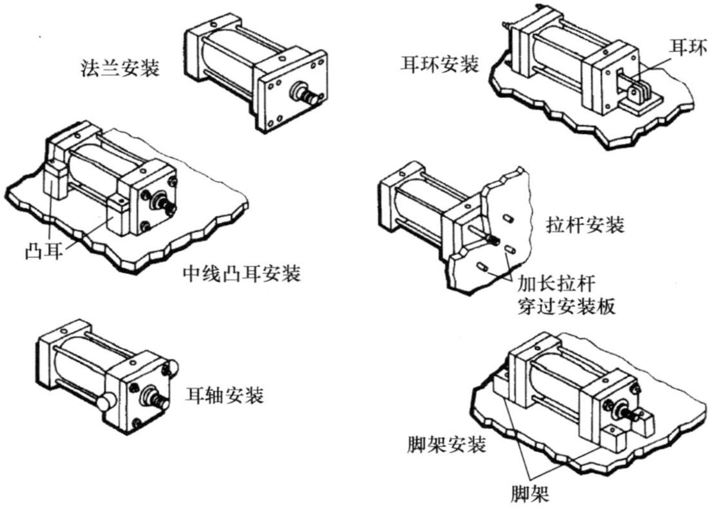

图 3-14　液压缸常见安装方式

法兰安装提供高强度的中线支座，但对找正的要求较高。可以利用有杆端法兰或无杆端法兰来安装液压缸，有杆端法兰比较适合于拉力负载。水平安装的长液压缸可能需要在自由端设置附加支座以防止下垂。

中线凸耳沿活塞杆中心线所在平面支承缸体。这种安装使安装螺栓只受单纯的拉伸或剪切，不受复合力，按要求精确找正后是很牢固的。

耳轴安装使液压缸可以驱动曲线运动的负载。耳轴通常布置在活塞杆中心线所在平面内，并且只承受剪切载荷。由于它是一种铰链安装，所以有助于补偿不对正度。

耳环安装的整体式耳环是液压缸底盖的一部分。由于支点在缸体以外，所以这种安装的杠杆臂较长。

加长拉杆安装像法兰安装一样也提供中线支座，但刚度较低。

脚架安装由于脚架低于活塞杆的中心线而使液压缸承受倾覆力矩，刚度较低。脚架安装式能允许稍大的不对正度。往往用键或销来承受剪切载荷以便使安装螺栓仅受拉力。

液压缸速度（缸速）的确定涉及循环时间和液压缸的行程。一般推荐的速度范围是 15～300mm/s。缸速过高时，密封的寿命缩短。速度过低时还容易发生爬行现象，无法平稳动作。

有些液压缸带有内装式缓冲装置，以便在活塞接近行程末端时，使活塞逐渐减速，防止活塞撞击缸头。但是，如果使很大的负载高速动作，则进入缓冲段时产生的冲击压力有时会使机械装置或液压缸损坏。当缸速超过 200mm/s 且运动质量较大时，单靠液压缸内的缓冲装置无法吸收全部惯性能量，所以还必须考虑液压回路上的减速措施。

油口直径要根据缸速及活塞面积加以确认，油口流速不应超过 7m/s，以免压力损失过大影响液压缸的出力。

活塞杆直径必须足够大，以承受负载和液压缸所施加的应力。活塞杆受拉力时，活塞杆面积等于活塞受力除以活塞杆屈服强度再乘以安全系数。但活塞杆受推力时，必须有足够的纵弯强度。当纵弯强度不够而产生较大的挠度时，由于滑动面的摩擦等引起导向套及活塞上有较大的偏载荷，造成卡咬、爬行、密封件异常磨损等问题。防止纵向弯曲所需的附加强度取决于行程及支点连接方式。

（2）液压马达具体的结构型式、规格及安装方式　选定液压马达时要考虑工作和额定压力、转速范围、堵转转矩、运行转矩、总效率、容积效率、寿命等机械性能及在机械设备上的安装条件、外观等。液压马达种类很多，特性显著不同，应针对具体用途选择最合适的马达。典型液压马达的特性对比见表 3-11。低速场合可以用低速马达，也可以用带减速装置的高速马达。两者在结构布置、占用空间、成本、效率等方面各有优点，必须仔细论证。

表 3-11　典型液压马达的特性对比

种类		高速马达			低速马达
		齿轮式	叶片式	柱塞式	径向柱塞式
特性	额定压力/MPa	25	21	35	31.5
	排量/(mL/r)	4～300	25～300	10～1000	125～38000
	转速/(r/min)	300～5000	400～3000	10～5000	1～500
	总效率(%)	75～90	75～90	85～95	80～92
	堵转效率(%)	50～85	70～85	80～90	75～85
	堵转泄漏	大	大	小	小
	污染敏感度	大	小	小	小
	变量能力	不能	困难	可	可

确定了所用液压马达的种类之后，可根据所需要的转速和转矩从产品系列中选出能满足需要的若干种规格，然后利用各种规格的特性曲线查出（或算出）相应的压降、流量和总效率。接下去进行综合技术经济评价来确定某个规格。如果原始成本最重要，则应选择流量最小的，这样泵、阀、管路等规格都最小；如果运行成

本最重要，则应选择总效率最高的；如果工作寿命最重要，则应选择压降最小的。最佳选择应是上述方案的折中。

为了防止泵工况的制动马达发生气蚀或丧失制动能力，应保证这时马达的“吸油口”有足够的补油压力。这可以靠闭式回路中的补油泵或开式回路中的背压阀来实现。当液压马达驱动大惯量负载时，为了防止停车过程中惯性运动的马达缺油，应设置与马达并联的旁通单向阀补油。需要长时间防止负载运动时，应使用在马达轴上的液压释放机械制动器。

3.3.6 确定液压元件连接方式与选择液压元件

液压系统原理图完成后，接下来的任务就是选择和确定合理的液压元件。液压回路中所用的元件分为四大类，即能量输入元件（如泵）、控制元件（各类阀）、能量输出元件（执行机构，如马达、液压缸）、辅件（如检测元件、油管、油箱、接头、过滤器等）。前三类直接参与回路的能量传递，辅件虽然不直接参与能量传递，却是保证和改善回路功能所必需的。上述元件的选择顺序是执行机构→阀→泵→辅件，执行机构与泵已经介绍，现在需要考虑液压阀与附件的选择。

1. 液压阀连接方式的选择

目前液压元件产品有六种连接方式：管式、板式、叠加式、二通插装式、螺纹插装式与多路片式，如图3-15所示。这六种连接方式中，目前主流应用是板式，管式已经基本淘汰；叠加阀因为压力限制在21MPa、通径主要在NG6与NG10上，应用在安装空间受到限制的场合；二通插装阀适用于高压大流量元件；螺纹插装阀适用于工程机械等高压小流量（<300L/min）的范围；多路片式为工程机械行业普遍采用。螺纹插装阀、叠加阀和二通插装阀（盖板插装阀）统称为集成式阀。

液压阀六种连接方式的适用范围如图3-16所示。板式阀提供底板式连接，更换阀时不用拆卸油管。板式阀也可以装在油路块或集成块上，使液压装置的整体设计合理化。控制回路有时要用很多控制阀，可考虑采用插装式、叠加式等集成式控制阀，集成化有配管少、漏油少、机构紧凑的优点。

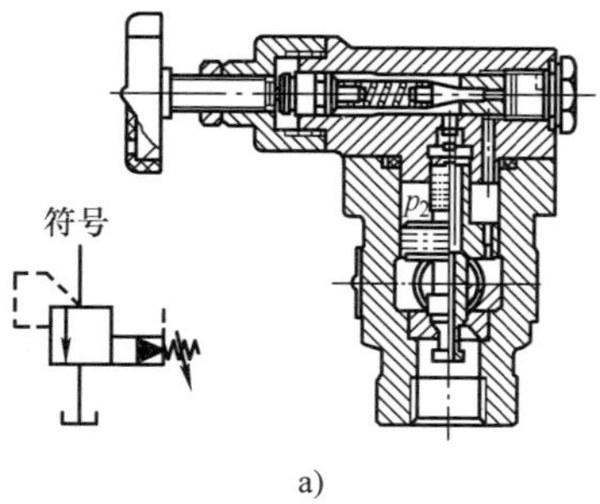

a)

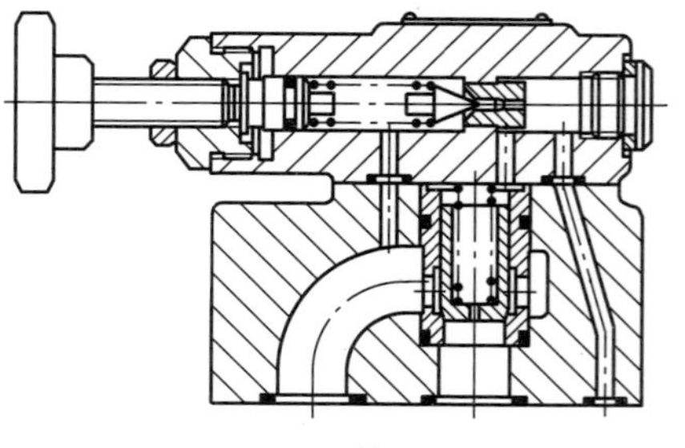

b)

图3-15 液压阀的六种连接方式

a）板式元件 b）管式元件

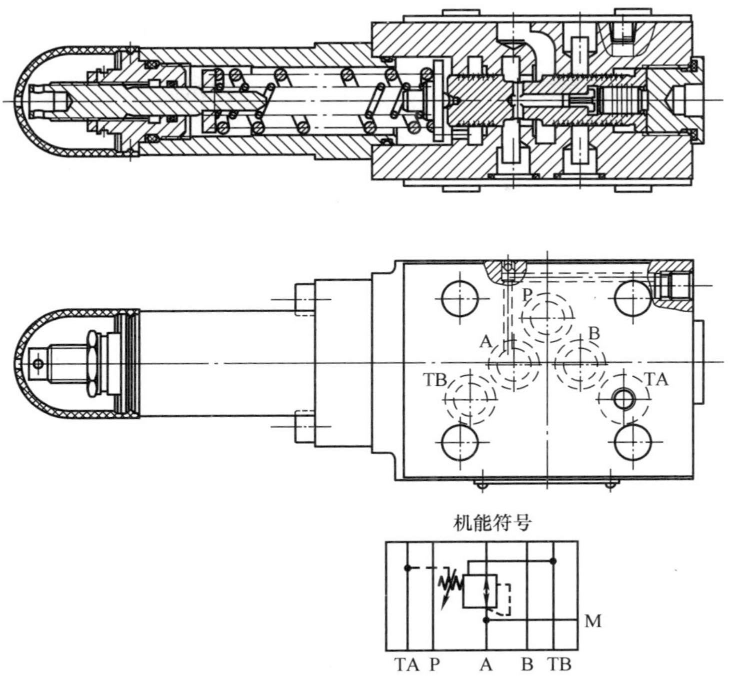

c)

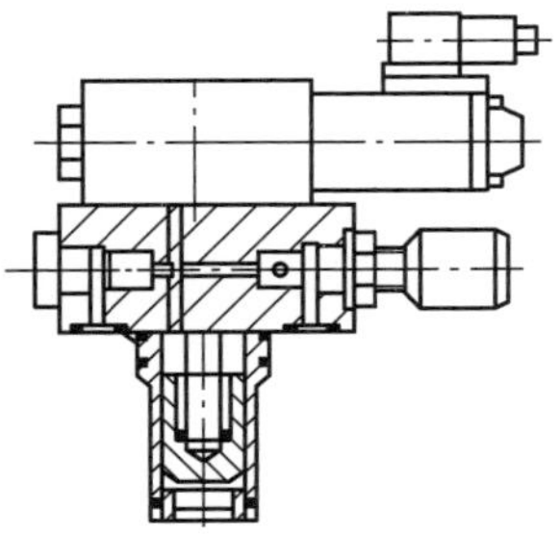

d)

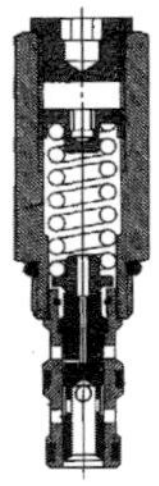

e)

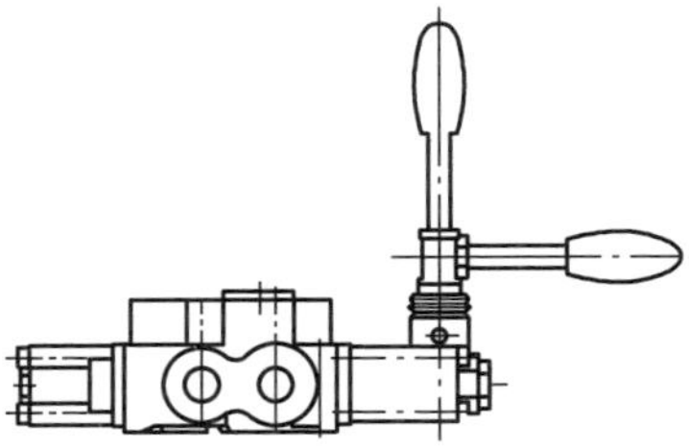

f)

图 3-15　液压阀的六种连接方式（续）

c）叠加阀元件　d）二通插装阀元件　e）螺纹插装阀　f）多路片式阀元件

2. 液压阀流量与阀口压力损失是相关的

选定液压控制阀时，要考虑的因素有压力、流量、工作方式、连接方式、节流特性、控制性能、稳定性、油口尺寸、外形尺寸、质量等，但价格、寿命、维修性等也需考虑。阀的容量要参考制造厂样本上的最大流量值及压力损失值来确定。样本上没有给出压力损失曲线时，可用额定流量时的压力损失［见式（3-8）］估算其他流量的压力损失。

$$\Delta p = \Delta p_r (q/q_r)^2 \tag{3-8}$$

式中　Δp——流量为 q 时的压力损失；

Δp_r——流量为 q_r 时的压力损失。

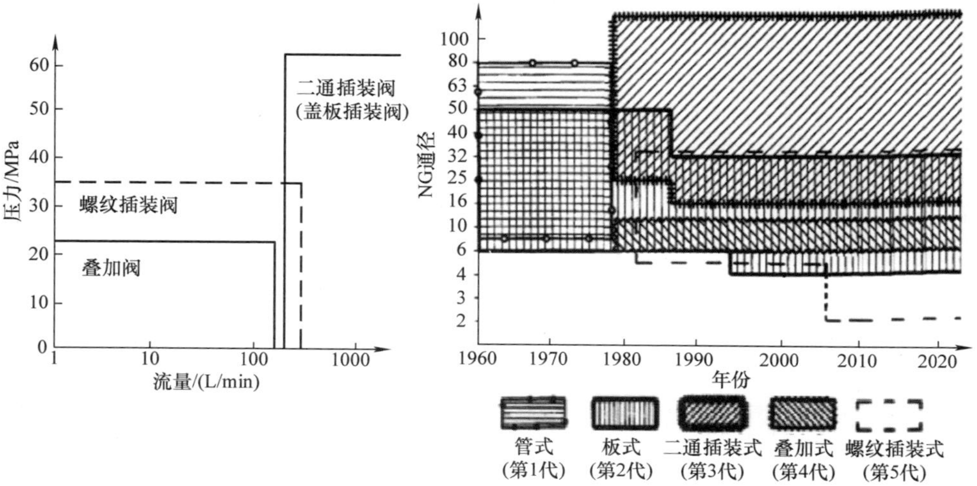

图 3-16 液压阀六种连接方式的适用范围

另外，如果黏度变化时，要乘以表 3-12 中给出的系数。

表 3-12 黏度修正系数

运动黏度/(mm^2/s)	14	32	46	54	65	76	87
系数	0.9	1.1	1.1	1.2	1.3	1.37	1.4

3. 方向阀选择要点

方向阀使用时的最大压力、最大流量不要超过制造厂样本的额定压力、额定流量，否则液压卡紧现象和液动力的影响往往引起动作不良。尤其在不对称的液压缸回路中，活塞杆外伸和内缩时回油流量是不同的。内缩时回油流量比泵的输出流量还大，流量放大倍数等于缸两腔活塞面积之比，要特别注意。压力损失对液压系统的回路效率有很大影响。所以确定阀的通径时不仅考虑方向阀本身，而且要综合考虑回路中所有阀的压力损失、油路块的内部阻力和管路阻力等。

电磁阀及电液方向阀中的电磁铁，有直流式、交流式、自整流式，而结构上主要是湿式的。各种电磁铁的吸力特性、励磁电流、最高切换频率、机械强度、冲击电压、吸合冲击、切换时间等特性不同，必须选用合适的电磁铁。特殊的电磁铁有安全防爆式、耐压防爆式。高湿度环境使用时要提高防护等级，并进行必要的防锈处理，高温环境使用时要注意绝缘性能。

方向阀的中位滑阀机能关系到执行机构停止状态下位置保持的安全性，必须考虑内泄漏和背压情况，从回路上充分论证。另外，最大流量值随滑阀机能的不同会有很大变化，应予注意。

选择方向阀流量时，要注意样本上的额定流量值所对应的压差损失，例如普通板式电磁阀在 0.4MPa，但是螺纹插装阀就会大一些。因此目前样本中的流量选择，可以按厂商提供的流量—压差损失曲线图提供，用户可以自己判断选用。

方向阀的切换时间，受电磁阀中电磁铁的类型和阀的结构、电液方向阀先导控制压力和控制流量的影响。用节流阀控制先导级流量，可以调整电液方向阀的切换时间。

有些回路里，如在行走设备的液压系统中，用方向阀切换流向并调节流量。选用这类方向阀时要注意其节流特性，即不同的阀芯位移所对应的流量与压降的关系。

4. 单向阀和液控单向阀选择要点

单向阀的开启压力取决于内装弹簧的刚度。一般来说为减小流动阻力可使用开启压力低的单向阀。但是阀芯归座迟钝引起逆流时或用于保持电液方向阀的控制压力或马达背压时，应选用开启压力高的单向阀。过滤器旁通用的单向阀，其开启压力根据滤芯允许的堵塞压力确定。

当流过单向阀的流量远小于额定流量时，单向阀有时会产生振动。流量越小，开启压力越高，油液中含气越多，则越容易振动。

打开液控单向阀所需要的控制压力取决于负载压力、阀芯受压面积及控制活塞的受压面积（选用时需参考元件制造厂提供的计算公式）。卸掉控制压力时，如果阀芯归座迟钝，则需要研究液控单向阀的背压和开启压力。外泄式液控单向阀的泄油口必须无压回油，否则会抵消一部分控制压力，甚至会导致液控单向阀无法可靠打开。

5. 流量控制阀选择要点

流量控制阀有节流阀、调速阀、分流集流阀等，这里介绍调速阀的使用注意事项。

选定流量控制阀时，首先要考虑负载类型。如果系统要移动的是阻力负载，宜采用进口节流控制回路，出口节流回路宜用于超越负载工况下。旁路节流调速回路在速度较高同时负载又大时，速度刚度相对较高，这与前两种调速回路正好相反。但是旁路调速回路中，速度稳定性更受液压泵泄漏的影响，由于泵的泄漏比液压缸和阀大得多，因此速度稳定性比进油或出油调速回路要差；大负载低速时，泵的全部流量几乎都经节流阀流回油箱，继续增大节流阀的通流面积已不起调节作用，只能使系统压力降低，其大承载能力也随之下降，这种调速回路的大承载能力在低速时低，调速范围也较小；但是旁路节流调速回路只有节流损失而无溢流损失，液压泵的输出功率随着工作压力的增减而增减。因而回路的效率比前两种回路要高。

负载流量循环要注意在环境温度变化较大时可能要用带温度补偿的调速阀。

应用场合所需的流量调节精度，应由所选的调速阀在整个调节范围内加以保证。样本上的精度值一般是针对额定压力、最大流量时的调节精度。实际使用压力、流量不同时精度也不同。

对流量进行控制需要一定的压差，高精度的流量控制约需1MPa的压差。

普通调速阀存在着流量跳动现象，这是因为开始调节时调速阀中的压力补偿器尚处于开启位置，全部压降都作用在节流口上，致使流量过大。为了克服它的不良影响，可选用手调补偿初始开度的调速阀或带外控关闭功能的调速阀。

6. 溢流阀选择要点

溢流阀有直动式和先导式。一般说来直动式响应较快，宜用作安全阀，先导式启闭特性较好，宜用作调压阀。

启闭特性是选用溢流阀时要考虑的重要因素。如果启闭特性太差，则负载压力低于设定压力时溢流阀开始溢流，随着压力升高溢流流量加大，执行机构速度减慢，达到设定压力时执行机构停止。因此，执行机构速度在负载力大时变得不稳定，回路效率也显著降低。

溢流阀的动态特性是很重要的。在负载快速变化下，希望溢流阀既响应快又稳定。直动式响应很快，冲击压力较低，但是稳定性比先导式稍差。

溢流阀的调压范围可通过更换调压弹簧改变，但所用弹簧的设定压力可能改变启闭特性。先导式溢流阀最低压力为0.5~1MPa。

7. 减压阀选择要点

启闭特性的变化趋势与溢流阀相反，即通过减压阀的流量加大时二次压力有所降低。选择减压阀时，注意设定压力范围必须大于执行机构的工作压力。

先导式减压阀的泄油流量通常比其他控制阀多，且始终有油液从先导阀溢流，可能多达1L/min以上，影响到泵容量的选择。

二次压力的调节范围取决于所用弹簧和通过阀的流量。最低调节压力要保证一次压力与二次压力之差为0.3~1MPa（参考元件制造厂提供的数值）。

当通过阀的实际流量远小于额定流量时，容易产生振动或其他不稳定现象。此时要在回路上采取措施。

8. 顺序阀选择要点

在液压系统控制越来越多采用PLC控制的情况下，顺序阀的应用已减少。只有在不采用电控的系统中还可能用到。一般来说，顺序阀的启闭特性如果太差，则流量较大时一次压力过高，回路效率降低。

启闭特性带有滞环，开启压力低于闭合压力，负载流量变化时应予注意。

开启压力过低的阀，在压力低于设定压力时发生前漏，引起执行机构误动作。

当通过阀的流量远小于额定流量时，产生振动或其他不稳定现象。此时要在回路上采取措施。

9. 卸荷溢流阀选择要点

卸荷溢流阀主要用于装有蓄能器的液压回路中，当蓄能器充液压力达到阀的设定压力时自动使液压泵卸荷。阀中有内装单向阀防止蓄能器中的有压油液倒流。此时由蓄能器维持对系统供油而泵卸荷，从而达到节能效果。当蓄能器中油液压力降至阀设定压力的 85% 左右时，阀又复载、液压泵恢复向蓄能器充液。

这种阀也可以用于双泵高低压回路。低压时两个泵同时向系统供油，高压时此阀使大泵卸荷并把它与高压部分隔离。

用于蓄能器的阀与蓄能器之间的压降不得超过设定压力的 10%。外泄式阀泄油口背压不得超过设定压力的 20%。

10. 电液比例、伺服控制阀选择要点

当普通开关型液压阀不能满足执行机构的自动化水平、控制精度、响应特性等要求时，就要选用伺服阀、电液比例阀、步进电动机/伺服电动机操作的数字阀及快速电磁开关阀（脉宽凋制、脉数调制）等电液控制阀的类型。这些控制阀可以与指令电信号成比例地控制油液流量或压力，压力损失与流量之间有一定的关联，要选择其容量能充分包含执行机构输出速度的电液比例阀。

为开环系统选择电液比例阀时要注意，样本上的额定流量是指阀完全打开时阀压降为额定压降下（大多为 1MPa，不同厂家不同型号的比例阀额定压降不一定相同）的通过流量。要在确定执行机构（液压缸、马达）的面积和以希望速度（转速）驱动执行机构所需的流量之后，确定在动态条件下（加速和保持速度所需）的最大负载压降和允许的阀压降，再参照样本上阀的流量增益曲线，根据指令信号、流量和阀压降之间的关系确定最合适的流量，最后确保工况点落在比例阀的极限功率曲线以内。

为闭环系统选择电液比例阀或电液伺服阀时，要通过负载匹配确定油源压力、执行机构（液压缸）面积及伺服阀容量。伺服阀额定流量是在压降 7MPa（也有厂家规定其他数值）下定义的，在选择时应比所需最大流量高 10%。留给伺服阀的压降应不小于供油压力的 1/3，伺服阀的 90°相频宽应不低于系统频宽的 3 倍，详见第 9、10、12 章。

3.3.7 选择液压附件

1. 确定液压泵用电动机

液压系统中驱动液压泵的原动机有电动机和发动机。发动机指汽油机、柴油机等，一般用于行走设备，而且不是由液压系统的设计者选定的。固定设备液压系统中驱动液压泵的电动机需要设计者选定。根据使用环境，决定开式、封闭扇冷式、防雨保护式、防爆式等形式及立式、卧式结构。用卧式电动机驱动时，泵需另设安装架。用立式电动机时，泵可以布置在油箱内部，外观整齐，噪声也小。用卧式电动机时，泵可以通过钟形罩安装在电动机的法兰上。确定电动机的规格时，要考虑液压泵轴的最大输入转矩和最大功率，平均功率为

$$P_{\mathrm{m}} = \sqrt{\sum_{i=1}^{n} \frac{P_{\mathrm{m}i}^{2} t_i}{T}} \tag{3-9}$$

式中　P_m——平均功率；

n——工作循环中的工步数；

P_{mi}——第 i 工步的功率；

t_i——第 i 工步的时间；

T——循环周期。

按工作循环的平均功率选定感应电动机的容量，但尖峰超载不得大于50%。

由于伺服电动机的优越性能，现在已经将伺服电动机与定量泵和泵出口的压力传感器相结合，构成流量压力复合控制动力源，并且正在获得越来越广泛的应用。

2. 确定蓄能器

选择蓄能器涉及两项任务。首先要确定正确的蓄能器类型，然后选择蓄能器的容量、充气压力和规格。

隔离式充气蓄能器是最常见的形式，这类蓄能器是自成套的，尺寸小、质量小、响应很快、价格稍贵、容易维修。

把气体与油液隔开的隔离件可以是活塞、气囊或隔膜。活塞式蓄能器是圆柱形的，一端充以高压气体，另一端储存有压液油，气液之间由浮动活塞隔离。隔膜式蓄能器往往是球形的，以最小的质量和外形尺寸构成很大的油液容积，飞机上就用这种蓄能器。皮囊式蓄能器有带球面封头的圆柱形外壳，壳内有橡胶皮囊。气体被封在皮囊里，油液储存于皮囊周围的空间。壳体上端有往皮囊里充气的气阀，壳体下端是油液进出的油口，油口处有保护皮囊防止其鼓出壳体的菌形阀。

非隔离式充气蓄能器是个局部充气的液压油罐。气体被封在液面以上，设置有液面开关，防止液面过低时气体从油口逸出。这种蓄能器的响应比重锤式和弹簧式都快，并能储存大量油液。然而由于气体与油液直接接触，油液中容易有气体混入。而且为了给系统充气，可能需要专用的阀、压缩机、气体控制装置等。

弹簧式蓄能器相当于带弹簧加载的浮动活塞液压缸。进入蓄能器的有压油液压缩弹簧，从而储存能量。这种蓄能器响应比重锤式快，但尺寸大、成本高，不过维修费用很低。蓄能器压力随弹簧压缩量而变化。

重锤式蓄能器能提供与液面无关的恒定压力，但是体积大又笨重，而且由于惯性原因，快速响应缓慢。

确定蓄能器的规格应参考相关蓄能器的产品样本。

3. 确定过滤器

针对液压系统的需要确定过滤器时，要确定过滤器的类型、过滤精度及过滤面积、耐压能力。

过滤器的类型是指它在系统中的位置，即吸油过滤器、压力管道过滤器、回油过滤器、离线过滤器及空气过滤器。

吸油过滤器主要用来保护泵不被较大颗粒损坏，一般用网式粗滤器。为了防止泵气蚀，吸油过滤器的压降要严格限制，因而其面积要选得较大。

压力管道过滤器主要用来保护系统中的关键元件，所以它紧挨着装在被保护元件的上游。因为在压力管道工作，所以要能耐受系统的全压力。为了始终提供保护，一般不宜带旁通阀，但应带堵塞指示器。

回油过滤器可以去除从外界侵入的污染物和系统中生成的污染物。系统的回油流量有时比泵的输出流量大得多，如液压缸的面积差或蓄能器放液使回油流量加大，在确定回油过滤器的容量时要特别注意。

由单独的泵和过滤器组成的离线过滤回路，虽然不能直接保护系统元件，但能有效地控制系统油液的总污染度，而且可以独立运行而不受主回路工况的影响。

油箱上的空气过滤器也不容忽视。该过滤器要有与系统要求相适应的过滤精度，以防止环境污染物浸入。同时又要有足够的通流能力，保证油箱液面升降时通气顺畅。

4. 确定管路尺寸

管路把元件连接起来组成液压系统。管路为传递能量的有压油液提供流动通路，也为完成能量传递后的油液提供返回油箱的通路，有时还为控制油液提供通路。要在硬管与软管之间做出基本选择。应尽量用硬管，因为硬管成本低、阻力小、安全性高。元件运动时要用软管，有时为了装拆方便也用软管。软管还可以防振、隔振。

管接头用来把管件与管件或管件与元件连接起来。常用的管接头有扩口式、卡套式、焊接式、法兰式及软管接头。扩口式用于低压场合的铜管或薄壁铜管及飞机液压系统。卡套式管接头使用方便，但对管件外径尺寸精度和表面质量有一定的要求。焊接式管接头靠密封圈密封，适用于高压场合的低碳无缝钢管。法兰接头用于大通径管子的连接，软管接头一般与软管装成一体出售，这种软管总成可根据需要向管件厂订货。选择管接头时要考虑耐压能力、压降、结构型式、材料、成本等因素。

把板式连接的液压阀贴装在液压阀块表面，或者把盖板插装阀或螺纹插装阀插入油路块的腔孔中，利用油路块内部的加工孔道把各阀的相应油口沟通以组成局部回路，既可省掉许多管件，又使结构紧凑、装拆方便，已成为许多液压系统的典型装配方式。有些液压企业还开发了可以互相叠加的标准化油路块——集成块，将系统设计工作简化为功能集成块的选用。

确定硬管尺寸时要计算管件内径、壁厚，以及弯头的压力损失。

5. 确定热交换器

大多数较小流量的工业用液压系统采用节流调速，这种系统制造成本较低、反应较快，但是效率较低。以热量形式损失的功率有时接近原动机铭牌的功率，即使设计良好的伺服系统也可能把原动机功率的60% ~80%转化为热量，而设计良好的非伺服系统可能产生输入功率20% ~30%的热量损失。

设计液压系统时必须考虑好如何解决加热手段的问题。

如果发热速度超过散热速度，多余的热量将使油液温度过高，破坏油液，损坏密封件，并加快泵和其他元件的磨损。这时必须装设热交换器来控制温度。

管壳式热交换器中冷却水通入管件里，热油在壳侧绕管件流动。另一种热交换器是平板式。每片钢板压制成波纹图形，这些钢板叠合在一起形成冷却水和热油的流动通路。板式热交换器结构紧凑，换热效率高。它能放过直径1mm的颗粒而不堵塞。由于结构所限，板式热交换器只能用化学方法清理，而不能用机械方法清理。

当液压系统不具备冷却水条件时，可采用空冷热交换器。空冷热交换器常用于车辆上。但要注意，发动机冷却剂未必可以用来冷却液压系统，因为发动机冷却剂的温度很少低于液压系统允许的工作温度（50~55℃）。

正确选择和使用热交换器可以节省时间、金钱和维修费用。许多液压传动系统没有热交换器就不能工作。在确定液压系统的热交换器时，要考虑油液和系统元件可允许的温度、系统产生的热量，以及用水冷还是空冷热交换器。

6. 确定油箱容量

油箱设计以保证有足够的油液供应给液压系统且本身容积最小为原则，同时兼顾加工简单、清洗维护方便、易于观察液位、油温和液位可控等功能。在确定油箱容量时需要解决好以下问题：

1）液压系统全部执行机构在一个完整的工作循环中吸收和排出的油液总体积均可以通过油箱提供和容纳。

2）油箱最低液位与液压泵和液压执行机构的相对高度要合理。

3）保持吸油口相对油箱底部的合理高度。

4）进行主动温度控制时有足够的散热能力。

5）防止吸入空气所必需的最低液位。

6）储存液压系统管道需要的油液休积。

7）空气稳定地从油液中逸出所需要的最短时间。

8）在紧急故障状态下能保持安全的工作液位。

9）经过发热与冷却效果的校核。

10）满足开式油箱或/和闭式油箱的强度和刚度要求。

3.3.8 电控装置设计

液压系统电控装置设计是液压系统设计中不可缺少的一环。过去液压系统设计的概念中，电控是由电控部门考虑。随着工业4.0时代的到来，液压与电控已经越来越无法分开，越来越多地是“你中有我，我中有你”的关系。具体来说，在制定液压方案时，液压与电控已经融合，因此方案阶段就要共同考虑，这样才能产生有竞争力的现代化产品。图3-17所示为未来液压挖掘机控制系统的组成，可以看到，液压与电控已经融合在一起。在实施时，液压人员要越来越多的介入电控后期的编程工作，因为脱离对液压系统的具体理解与运动控制的具体要求，电控人员也是一个缺乏方向感的配套人员，仅依靠电控人员完成编程工作无法最后产生让用户满意的产品。

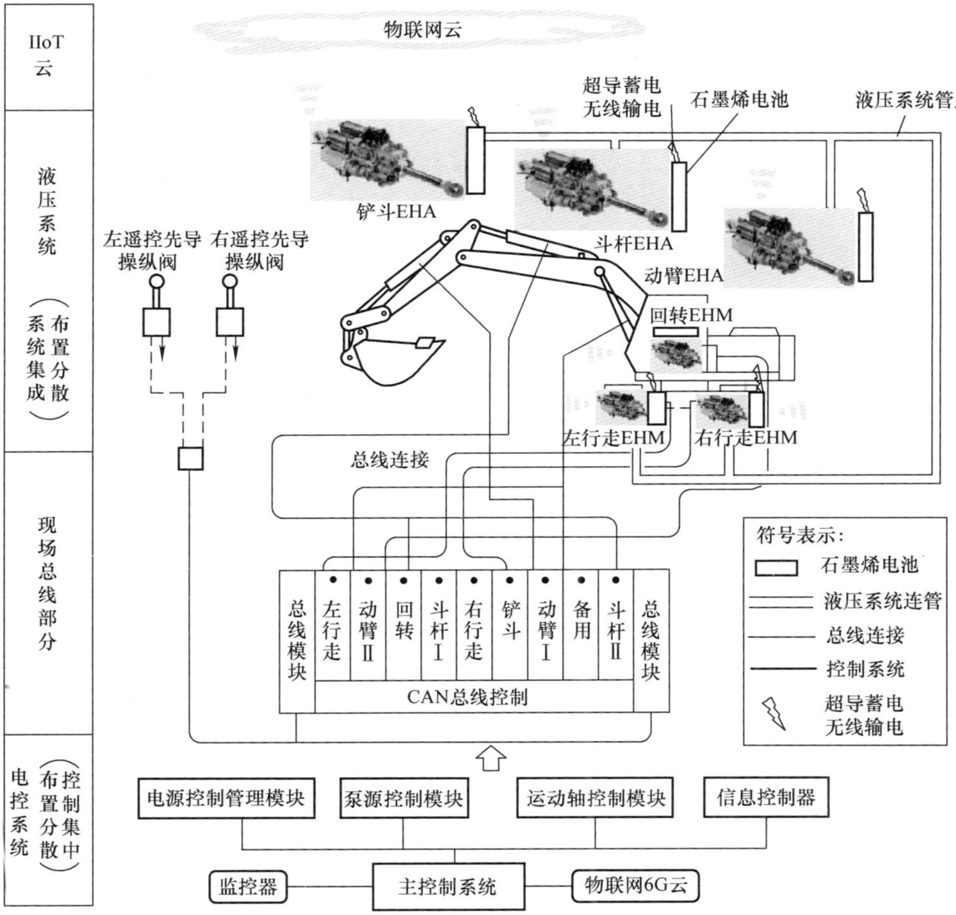

图 3-17　工业 4.0 下未来液压挖掘机控制系统组成

液压系统的电控加入了包括计算机在内的总线控制、网络 4G/5G 控制。由于计算机软件的发展，软件的控制功能也日显突出，人工智能（AI）控制随着无人机时代的到来也进入了液压技术的视野。为了使液压装置安全工作，控制装置除了实现对功能的电气控制外，还包括报警和紧急停止等安全电路与故障诊断，不仅如此，液压元件与液压系统的自动故障诊断与智能性健康管理也逐渐提到控制装置设计的日程中来。软件编程的工作与专业人员的相关度会逐渐加深。

1. PLC 与工业控制计算机控制的硬件设计

目前控制主流采用 PLC，在移动液压装置上更多采用工业控制计算机。如果用微型计算机或可编程控制器来控制，则可以柔性地适应技术条件的变更，控制装置也可以小型化。对于比较复杂的系统来说，采用可编程控制器代替传统的继电器逻辑电路，可靠性大大提高，总成本反而可以降低。

设计液压系统时尽量选用具有标准信号接口的电动机和电磁阀的驱动电路，电液控制阀的伺服放大电路，执行机构用传感器的信号处理电路，以及油温异常、过滤器堵塞、油压异常、液位异常和过载等故障检测用传感器的信号处理电路。只有在特别需要的情况下才考虑设计专用电路。由于传感器信号微弱，容易受电磁噪声干扰而造成误动作，要考虑与流过大电流的动力线分开布线并采取接地、屏蔽、隔离、滤波等抗干扰措施。图3-18所示为控制两个模拟控制器G122－202A1的两轴电液伺服PLC控制系统框图。图3-19所示为微型计算机控制液压疲劳试验机控制系统框图。

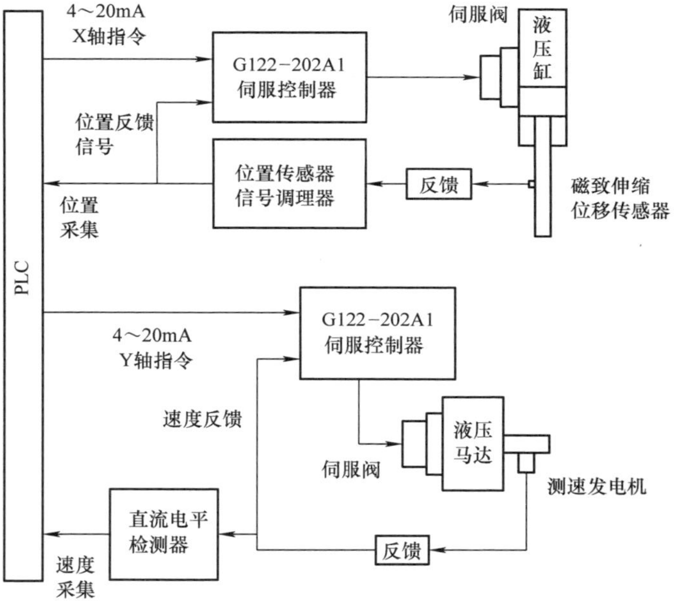

图3-18　控制两个模拟控制器G122－202A1的两轴电液伺服PLC控制系统框图

2. PLC与工业控制计算机控制的软件设计

目前液压系统微型计算机控制大多数采用可编程逻辑控制器（PLC）控制。实际上PLC就是工业控制计算机种类之一，它采用一种可编程的存储器，在其内部存储执行逻辑运算、顺序控制、定时、计数和算术运算等操作的指令，通过数字式或模拟式的输入输出来控制各种类型的机械设备或生产过程。

其余还有PC总线工业计算机（IPC）、分散型控制系统（DCS）、现场总线控制系统（FCS）及计算机数控（CNC）系统四种。IPC是PC总线的工业计算机，

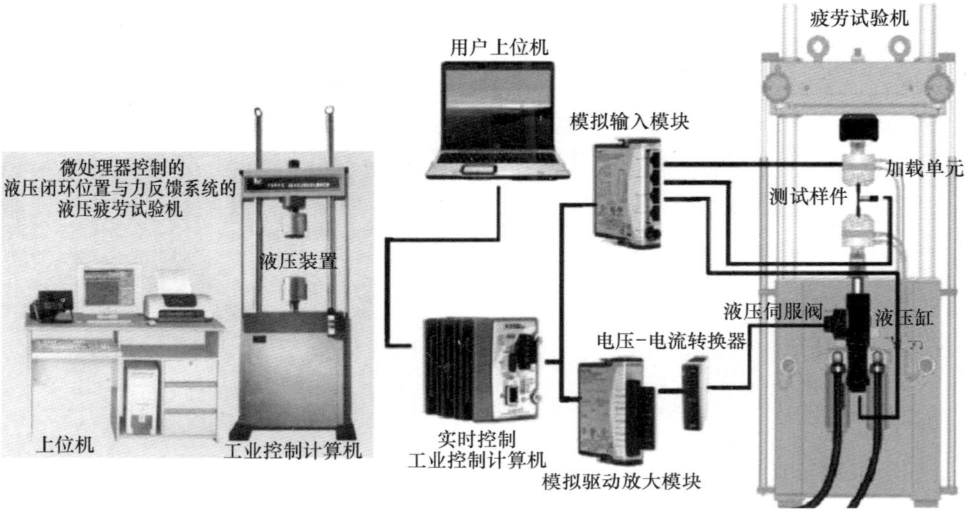

图 3-19 微型计算机控制液压疲劳试验机控制系统组成框图

其价格低、质量高、产量大、软/硬件资源丰富，已被广大的技术人员所熟悉和认可，有各种板卡如 CPU 卡、I/O 卡等。DCS 是分散型控制系统，它是一种高性能、高质量、低成本、配置灵活的分散控制系统系列产品，可以构成各种独立的控制系统、分散控制系统、监控和数据采集系统（SCADA），能满足各种工业领域对过程控制和信息管理的需求。FCS 是现场总线控制系统。它是全数字串行、双向通信系统。系统内测量和控制设备（如探头、激励器和控制器）可相互连接、监测和控制。在工厂网络的分级中，它既作为过程控制（如 PLC，PC 等）和应用智能仪表（如变频器、阀门、条码阅读器等）的局部网，又具有在网络上分布控制应用的内嵌功能。CNC 系统是计算机数控系统，采用微处理器或专用微型计算机的数控系统。由事先存放在存储器里的系统程序（软件）来实现逻辑控制，实现部分或全部数控功能，并通过接口与外围设备进行连接，称为计算机数控。

在 PLC 中使用六种语言，它们是梯形图、指令表、顺序功能图、状态转移图、逻辑功能图、高级语言。近几年推出的 PLC，尤其是大型 PLC，已开始使用高级语言进行编程。采用高级语言编程后，用户可以像使用 PC 一样操作 PLC。在功能上除可完成逻辑运算功能外，还可以进行 PID 调节、数据采集和处理、上位机通信等。

考虑主机液压系统运行的需要，需要编制自动化和安全程度高的软件。软件要根据表示元件动作的控制要求来编程，这些要求可以是简单的顺序时间图，更多的是运动速度、精度的控制。由于控制轴已经在液压控制器中，微机控制的程度会越来越高。作为软件具有三类功能：一是控制系统的逻辑功能，这是最基本的；二是控制执行机构的运动功能，这需要微处理器的轴控制功能；三是故障诊断与健康管理功能，这更需要 AI 的功能。在控制中任何执行机构的驱动放大功能都是非常重要的，故障诊断也是体现软件竞争力的一个方面。例如在电动机驱动软件中，要编入液位或油温异常及过载时的处置。主液压回路的控制软件中，不仅要发出使控制阀正常动作的指令，而且要有处理线圈烧毁、阀芯卡死等事故的联锁保护机能。辅件控制软件中，要判别传感器的信号，在发生液位、油温、油压异常，过滤器堵塞等故障时进行相应的处置，同时发出报告故障内容的警报，以便操作人员及时排除异常状态等。

另外，还应具有控制装置本身有无异常的自动诊断功能。

3.3.9　液压系统性能验算

至此，液压传动系统的设计已基本完成，最后要进行液压系统性能的验算，确认液压系统设计的合理性。在设计过程中总存在一些粗略假设，需要通过验算加以调整。验算的项目有液压系统的压力损失、流量损失、效率、热平衡和冲击等。尤其是效率与热平衡的校核，它们对液压系统运行的影响应引起特别重视。

1. 液压系统的压力损失

核查从液压泵到液压执行机构再到油箱的压力变化，核查液压执行机构能否得到所需的压力。

画出系统的管路图以后，就可以计算管路的沿程压力损失 Δp_λ、局部压力损失 Δp_ξ、液流经过阀类元件的局部压力损失 Δp_v。得出管路的总压力损失为

$$\Sigma\Delta p = \Sigma\Delta p_\lambda + \Sigma\Delta p_\xi + \Sigma\Delta p_v = \Sigma\lambda\frac{l}{d}\frac{\rho}{2}v^2 + \Sigma\xi\frac{\rho v^2}{2} + \Sigma\frac{q^2}{q_n^2}\Delta p_n \qquad (3\text{-}10)$$

式中　λ——沿程阻力系数；

l——相邻局部损失之间的距离；

d——管路内径；

ξ——局部阻力系数；

v——液流在管路中的流速；

q——实际流量；

q_n——额定流量；

Δp_n——额定流量时的压降。

应按照系统工作循环的不同阶段，分别计算进油路和回油路的压力损失。

但是当系统的管路没有正式布置确定之前，管路的 $\Sigma\Delta p_\lambda$ 和 $\Sigma\Delta p_\xi$ 仍无法计算。所以在系统方案初步确定之后，通常用阀类元件的局部压力损失 $\Sigma\Delta p_v$ 对管路的压力损失进行概略的估算，因为这部分的损失占系统全部压力损失的比重很大。这样做是为了尽早评估系统的主要性能，避免使以后的设计出现大的反复，增大工作量。

将计算出的进油、回油路的压力损失 $\Sigma\Delta p_{v1}$ 和 $\Sigma\Delta p_{v2}$ 与设计开始初步选取的进

油、回油路压力损失经验值相比较，如果计算值较大，一般应对原设计进行必要的修改，重新调整有关阀类元件的规格和管路尺寸，以降低系统的压力损失。

对于较简单的液压系统，可以省略压力损失的验算。

2. 液压系统的流量平衡

检查流过液压系统各部分的流量是否有不足或过大的情况。判断泄漏损失的估计是否合理。

3. 液压系统的效率

液压系统的效率指液压执行机构的输出功率与液压泵的输出功率之比，即

$$\eta = \frac{P_A}{p_p q_p} \tag{3-11}$$

式中　η——液压系统的效率；

P_A——液压执行机构输出功率；

p_p——液压泵的输出压力；

q_p——液压泵的输出流量。

液压传动的总效率是指液压执行机构的输出功率与液压泵的输入功率之比，即

$$\eta_s = \frac{P_A}{P_p} \tag{3-12}$$

式中　η_s——液压传动的总效率；

P_p——液压泵的输出功率。

为了提高液压系统的效率，可以考虑的思路包括：用容积调速代替节流调速、回收负负载、储能、卸荷等。具体来说，可以从回路上采取措施，如采用分布式EHA伺服电动机系统、采用二次调速系统、泄荷回路、负载敏感回路等；从泵上采取措施，如采用伺服电动机调速、变量泵调速、双泵回路变速等；采取蓄能措施，如采用蓄能器、回收负负载（蓄能器、蓄电池）等；从阀上采取措施，如用溢流节流回路代替调速阀回路等；从管路上采取措施，如合理加大阀的通径选择、合理加大管路口径、合理加大阀块内部流道，减少管路长度、减少管路接头、弯头、变径等；从介质上采取措施，如合理降低油介质的黏度等。所有措施都涉及系统的整体要求，涉及设计的合理性、制造加工增效性、装置的制造成本或运行成本，因此只有“在技术上出措施，经济上算总账，方案上多沟通”并达到综合平衡，最后才能得到可行方案，取得社会碳中和、碳达标的成效。

4. 液压系统的热平衡

液压系统工作时会产生压力损失、机械损失和容积损失。所有各类损失消耗的能量最终都会转换成热能，使油温升高从而致使油液的黏度降低、加快油液变质。油温升高还使机器零部件产生热变形，从而影响机器的正常工作。在液压系统中这个能量损失一般可能达到30%以上，最高可能达到80%。因此液压系统的发热与散热措施是不能忽视的。总而言之，液压系统的发热往往会制约液压装置或液压元

件向高功重比方向发展，也制约液压的小型化微型化，甚至限制液压系统的应用。

所以油的温升 ΔT 必须控制在工作介质允许的黏度范围内。

（1）系统元件损失的计算　泵和执行机构内部损失引起的发热量为

$$H_1 = P_p(1 - \eta_p - \eta_A) \tag{3-13}$$

式中　H_1——泵与执行机构的发热量（W）；

P_p——泵的输入功率（W）；

η_p——泵的总效率；

η_A——执行机构的总效率。

溢流阀的发热量为

$$H_2 = pq_r \tag{3-14}$$

式中　H_2——溢流阀的发热量（W）；

p——溢流阀的设定压力（Pa）；

q_r——溢流量（m^3/s）。

管路、阀等阻力引起的发热量为

$$H_3 = \Sigma\Delta pq \tag{3-15}$$

式中　H_3——阻力发热量（W）；

Δp——管路、阀等压力损失之和（Pa）；

q——通过流量（m^3/s）。

液压装置的总发热量为

$$H = H_1 + H_2 + H_3 \tag{3-16}$$

式中　H——总发热量（W）。

工作循环的平均发热量为

$$H_m = \frac{1}{T}\Sigma H_i t_i \tag{3-17}$$

式中　H_m——平均发热量（W）；

T——循环周期（s）；

H_i——各工步中的总发热量（W）；

t_i——各工步的时间（s）。

由于功率损失使系统发热，所以计算单位时间的发热量为

$$\phi = P_1 - P_2 \tag{3-18}$$

式中　P_1——系统的输入功率（即液压泵的输入功率）（kW）；

P_2——系统的输出功率（即执行机构的输出功率）（kW）。

如果一个工作循环分几个工作阶段，则根据各阶段的发热量求出系统的平均发热量为

$$\phi_m = \frac{1}{T}\sum_{i=1}^{n}(P_{1i} - P_{2i})t_i \tag{3-19}$$

式中　T——工作循环周期；

t_i——各工作阶段的持续时间。

（2）液压系统的散热估算　液压系统在工作中产生的热量，有一部分通过油箱、管道和元件的表面散发到空气中，但绝大部分热量通过油箱散发，所以要计算油箱单位时间所能散发的热量 ϕ'，即

$$\phi' = hA\Delta T \tag{3-20}$$

式中　h——油箱的散热系数，当自然冷却通风很差时，$h=(8\sim9)\times10^{-3}\mathrm{kW/(m^2\cdot℃)}$；当自然冷却通风良好时，$h=15\times10^3\mathrm{kW/(m^2\cdot℃)}$；用风扇冷却时，$h=23\times10^3\mathrm{kW/(m^2\cdot℃)}$；用循环水冷却时，$h=(110\sim170)\times10^3\mathrm{kW/(m^2\cdot℃)}$；

A——油箱的散热面（$\mathrm{m^2}$）；

ΔT——液压系统的温升（℃）。

当液压系统的散热量等于发热量时，即 $\phi'=\phi$ 时，系统处于热平衡状态，液压系统的温升为

$$\Delta T = \frac{\phi}{hA} \tag{3-21}$$

当按式（3-21）计算出的 ΔT 值超过允许值时，系统必须采用适当的冷却措施。

油箱的散热量为

$$H_4 = \frac{hA\Delta t}{1000} \tag{3-22}$$

式中　H_4——油箱散热量（W）；

h——散热系数[$\mathrm{kW/(m^2\cdot℃)}$]；

A——散热面积（$\mathrm{m^2}$）；

Δt——油温与环境温度之差（℃）。

散热系数 K 与通风情况有关，具体数值见表 3-13。

表 3-13　散热系数 K

散热条件	散热系数 K/[$\mathrm{W/(m^2\cdot℃)}$]
机器内部的油箱或挤在一起的油箱	11～28
正常空气中的钢制油箱	28～57
周围通风良好的油箱	57～74
周围强制通风的油箱	142～341

油箱内油液的温升为

$$\Delta t = \frac{H_m - H_4}{Vc_p\rho} \tag{3-23}$$

式中　Δt——油箱中油温的温升（℃/s）；

V——油箱中油液的体积（m^3）；

c_p——油液的比定压热容[J/(kg·℃)]；

ρ——油液密度（kg/m^3）。

不同油液的 c_p 和 ρ 值见表3-14。

表3-14　不同油液的定压比热容与密度

油液	比热容/[J/(kg·℃)]	密度/(kg/m^3)
石油基液压油	1900	870
磷酸酯液	—	1150
水-乙二醇液	—	1050
油包水乳化液	—	950

油箱温度一般允许30～50℃。

5. 冲击

冲击在液压系统设计与故障判断中，是最容易被无视的问题。因为这个问题的发生与消失都是瞬间的，属于液压系统的动态问题。这个问题造成的后果甚至是毁灭性的，大多数是以偶然性的现象呈现，很多情况无法复制，造成故障难以确认与判断。通过核算可以加强对此问题的理解与现场判断。

（1）惯性冲击　假定负载起动和制动时的加速度与减速度的数值相同，惯性力引起的冲击可按式（3-24）估算。

$$F_L = M_L \frac{v_{max}}{t} \tag{3-24}$$

式中　F_L——惯性力（N）；

M_L——移动质量（kg）；

v_{max}——活塞最高速度（m/s）；

t——加速时间（s）。

一般来说，加速度（v/t）超过$3m/s^2$时应考虑缓冲措施，加速度低于$0.5m/s^2$时往往没有问题。至于加速度介于$0.5\sim3m/s^2$的情况，要根据装置允许的冲击值来决定是否采取措施。

（2）油液冲击　当压力油液的流动方向突然改变时，油液的动能变成弹性能，形成压力波在管内传播，即水锤现象。设流动初速度 v_0 变成终速度 v_E，则冲击压力

$$p = \rho v_p (v_0 - v_E) \tag{3-25}$$

式中　p——冲击压力（Pa）；

ρ——油液密度（kg/m^3）；

v_p——压力波传播速度（m/s），$v_p = (\beta_e/\rho)$，β_e 是油液体积弹性模量；

v_0——流动初速度（m/s）；

v_E——流动的关闭速度（m/s）。

6. 释压流量体积

释压是指缓慢释放储存在液压系统中的势能。液压油液的压缩性（体积弹性模量）、机件的拉伸和膨胀或被加工材料的特性都可能储存势能。这个能量是造成液压系统是一个自动控制系统二阶环节的根源。

压力每升高 8MPa，油液体积可能被压缩 0.5% 左右。当油液在压力下的体积变化超过 160mL 时，必须考虑释压（缓慢释放）以避免高压冲击及其产生的系统损坏。释压回路释压所需的释压流量体积为

$$\Delta V = \frac{pV}{\beta_e} + \frac{A^2 p}{E} \tag{3-26}$$

式中 p——加压压力；

V——液压缸加压侧容积；

β_e——油液体积弹性模量；

A——液压缸加压侧面积；

E——装置机架刚度。

在这里值得注意的是油液体积弹性模量 β_e，它是造成油液介质压缩的根本参数。在常温下纯净油液体积弹性模量的理论值：$\beta_e = (1.4 \sim 2.0) \times 10^9$Pa。实际系统油液的体积有效弹性模量：$\beta_e = (0.6 \sim 1.4) \times 10^9$Pa，这里的取值与油液中气体的含量有关，气体含量越高，β_e 值越低。

3.3.10 绘制正式工作图，编制技术文件

系统工作图包括液压系统原理图、各种装配图（管路装配图、非通用泵站装配图、电路系统图等）和各种非标准液压元件设计图等。

液压系统图，一般按停车状态绘出，其由液压系统草图经修改、补充、完善而成，图中要标明液压元件的规格型号并附有动作循环图、动作顺序表和一些简要的说明。各种装配图是正式安装、施工的图样，为此装配图中要标明液压元/部件的位置和固定方式、油管的规格尺寸和布管情况、各种管接头的型式和规格等。各种非标准液压元件（如液压缸、油箱、专用阀等）必须有装配图和专用零件图。

在设计管路装配图时，必须仔细考虑液压元件以及一些显示仪表在工作上或性能上的要求，如何使它们在安装、使用、调整、检修时操作方便。管道应尽可能短（相互连接的液压元件尽可能少，管道弯曲角度不小于 90°，管道较长时要采用管夹进行固定，并设置支架。移动部件要考虑采用软管连接或采用伸缩式管接头。

对复杂、自动化程度高的液压设备，还应绘制液压执行机构的工作循环图和电气控制装置的动作程序表等。

技术文档应尽量完整，其主要内容为设计计算书、调试使用说明书、标准件、

通用件和易损备件汇总表等。应附上作为设计依据和衡量设计质量优劣的设计任务书，方案论证的说明书和图样必要的说明书。图3-20所示为工作图与技术文件汇总。

- 绘制工作图
  - 液压系统原理图
    - 液压元件明细表
    - 工作循环图
    - 电磁铁或压力继电器工作状态表
  - 非标准件的装配图和零件图
  - 液压系统装配图
    - 泵站装配图
    - 集成油路装配图
    - 管路装配图
    - 电气线路图
- 编制技术文件
  - 液压系统设计计算说明书
  - 液压系统使用及维护技术说明书
  - 零部件目录表、标准件通用件及外购件总表

图3-20　工作图与技术文件汇总

3.4　液压系统施工设计与计算

液压系统原理设计与计算工作完成后，接下来就是施工设计。通过液压装置设计，确定具体结构，绘制液压系统产品工作图样，然后投入生产成为产品。施工设计完成时，除了提供液压装置及其部件的装配图和自制零部件的零件图外，还应提供系统原理图、外形图、装配图、管路布置图、自制零部件明细表、标准件外购件明细表和备件清单等技术文件。

液压系统产品，包括有批量的成型系统和单件小批非标系统。机床、塑料机械、工程机械、农业机械等成批生产的主机，其液压系统多属成型系统，而冶金设备、水利工程项目中的液压系统多属于非标系统。这些系统的产品形态一般分为三种。第一种是单纯的液压泵站，它由液压泵及其驱动电动机、油箱及油箱附件和必要的压力控制阀等组成。系统的执行机构及操作执行机构的控制阀等则装在主机上。第二种是配套液压站，包括了控制阀以及操作执行机构的控制阀，系统的执行机构仍装在主机上。第三种是大型液压总装系统，包括泵站、阀架和蓄能器架甚至执行机构等几个部分组合而成。

从结构上来说，液压系统中除了自产或外购的各种元件和标准件外，需要生产厂自己投料制造或者装配的构件无非是些箱体、支架、油路块、管路和电缆线路。由这些自制构件与外购件组成泵装置、油箱装置、阀架和蓄能器架等液压系统总成产品。

3.4.1　泵装置与油箱的施工设计

泵装置指液压泵及驱动泵的原动机（固定设备上的电动机和行走设备上的内燃机）组件。泵最好由原动机经挠性联轴器直接驱动。泵的安装型式有泵支架安装、带钟形罩联轴节安装或者无联轴节一体式安装，如图3-21所示。无联轴节一体式安装应该推广，但是由于液压电动机泵目前用量小、成本高，因此推广效果低于预期。作为工业4.0下泵安装型式的发展，将泵的旋转体放置在电动机外壳里面，甚至将泵的旋转体设计为电动机转子的一部分，这种创新设计与相关专利在近十年前已出现，但是目前受成本影响还没有进入市场。

驱动电动机与泵之间的联轴器，宜采用能耐受上述找正误差的挠性联轴器，比

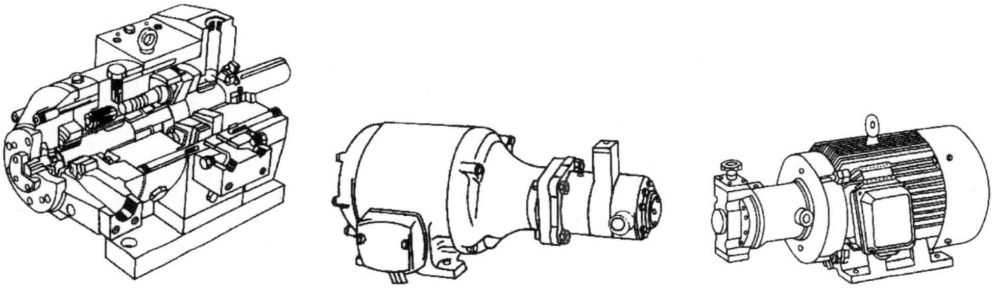

a) b) c)

图3-21 液压泵的三种安装型式

a）泵支架安装 b）带钟形罩联轴节安装 c）无联轴节一体式安装

如GB/T 5272—2017中规定的梅花形弹性联轴器或GB/T 5844—2002中规定的轮胎式联轴器，如图3-22所示。

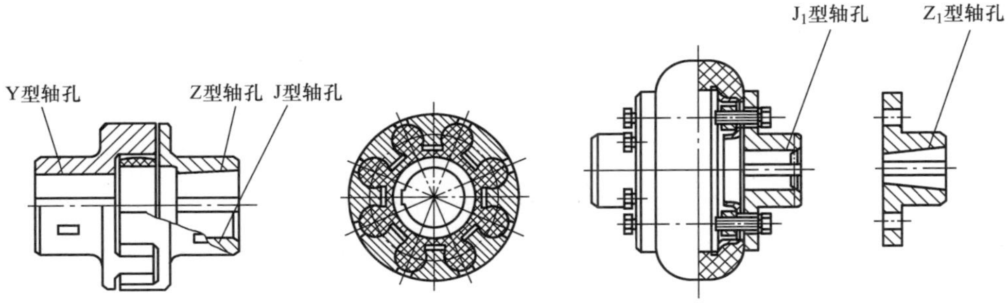

a) b)

图3-22 液压常用联轴器

a）梅花形弹性联轴器 b）轮胎式联轴器

为了防止机械振动传给油箱和管路，泵装置与外界的一切连接都应是弹性的，即泵的吸油管中装设橡胶补偿接管，出油管和泄油管中靠近泵的一段用软管；泵和电动机组件的底座与箱顶或机架之间应装设橡胶减振垫，如图3-23所示。

泵的安装姿态，应使壳体泄油口朝上，以保证工作时泵壳体中始终充满油液。泵的轴伸和联轴器等外露的旋转部分，应该设有可拆装的防护罩来保证安全。泵的下方应设置滴油盘，以免检修时油液流到地上。

3.4.2 液压阀阀块

1. 液压阀阀块（又称油路块）的设计与安装

图3-24所示为根据液压系统回路图生产的液压阀阀块。液压阀阀块是使阀间连接油路在阀块实体内按要求沟通，通路连接可靠、体积又可以最小。其表面可以

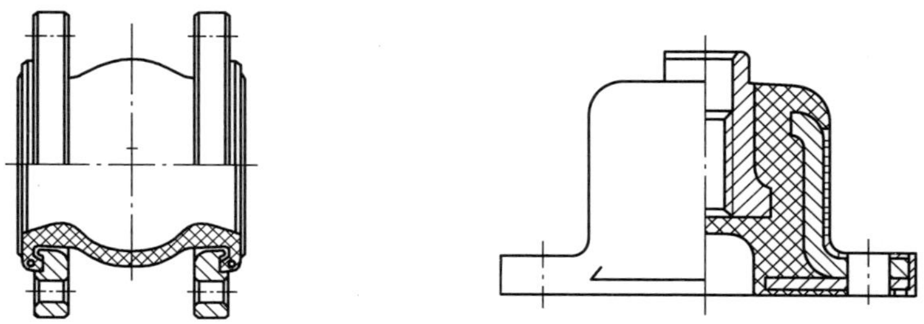

a)　　　　　　　　　　b)

图 3-23　液压泵对外连接用减振装置

a）吸油口减振橡胶接管　b）支架减振垫

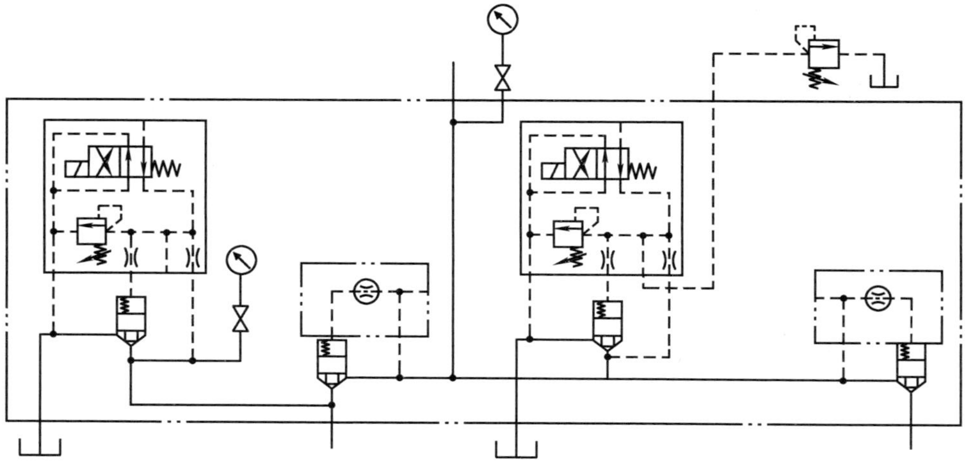

a)

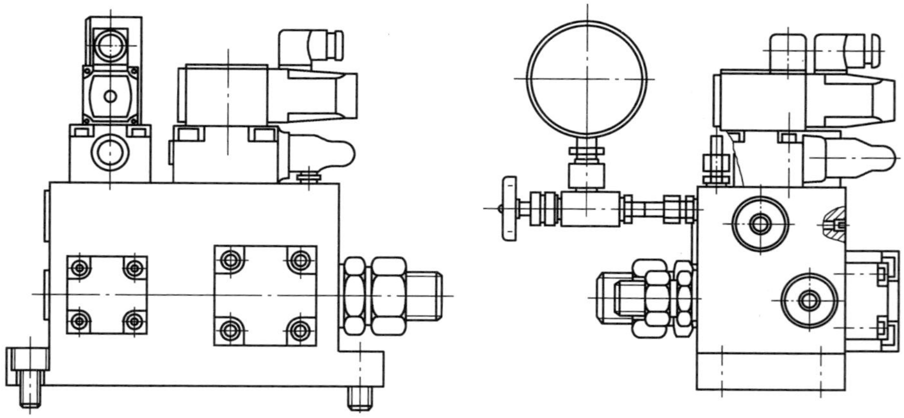

b)

图 3-24　根据液压系统回路图生产的液压阀阀块

a）液压系统二通插装阀回路　b）二通插装阀回路阀块

安装板式阀、二通插装阀或螺纹插装阀，也有承装插装阀的腔孔、连接管接头或法兰的油口。

液压阀集成阀块如图 3-25a 所示。对于叠加阀，阀本身既是油路块又是液压阀，若干叠加阀集成可以形成一个标准液压控制回路，如图 3-25b 所示。

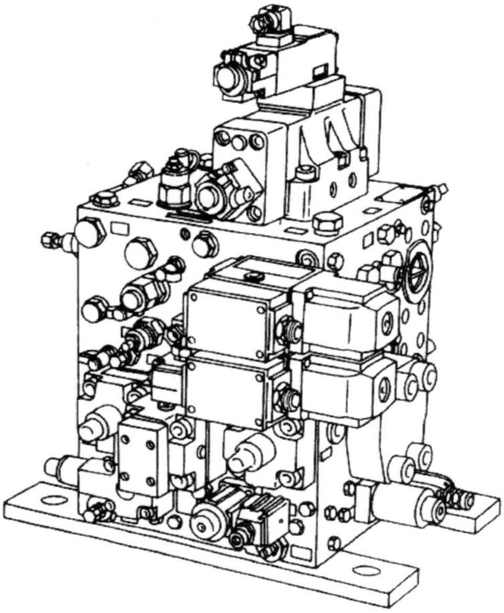

a)

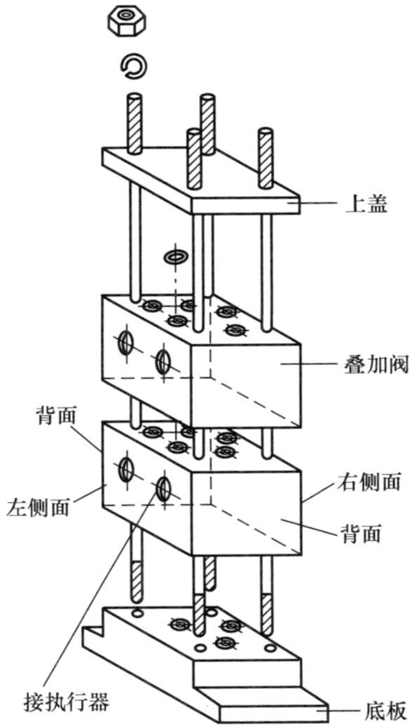

b)

图 3-25 液压阀集成阀块的组成

a）液压阀集成阀块 b）叠加阀阀块

用油路块代替管路实现元件间的连接，可以大幅度减少系统装配工作量，减少泄漏机会，减少系统所占空间，缩短执行机构响应时间，降低系统维修成本。但是油路块需要针对每个应用场合专门进行设计和试验，集成系统散热条件较差，故障诊断较困难，出厂前必须逐个调试验证以保证质量。

现在大多数油路块设计采用液压阀阀块 CAD 专用软件，也有的在 AutoCAD 上自行开发。这方面可以参考有关螺纹插装阀的书籍，而且很多螺纹插装阀公司都有各自公司的专用软件，可以从原理图设计、选型、仿真与阀块生成提供一揽子解决方案。因此液压插装阀阀块的设计效率可以提高很多。在设计时也要注意液压阀的安排技巧，应避免阀块过大、细长孔过多，防止增加成本、加工难度、毛刺清理难度。但是没有统一的经验去调度液压阀阀块上面的液压阀安排，总的来说应注意液压阀六个面：一个底面是固定位置用，两个面可以用作管路的进油与出油，因此还有三个面安排阀的安装，其中有个面要注意安装压力表或传感器以便于观察与操作。

油路块在系统中的设置有四种情况，即在液压站上、在独立的阀架上、在主机机身侧面及直接设在执行机构上，如图3-26所示。确定油路块的设置之后，就要确定元件在油路块上的布置，这时要考虑的因素有：卧式还是立式，装在面板上还是置于台架上，配管方向如何，与其他设备干涉否，操作和维修是否方便，有没有闲置体积，如何减少磨削面，钻削工艺性如何等。

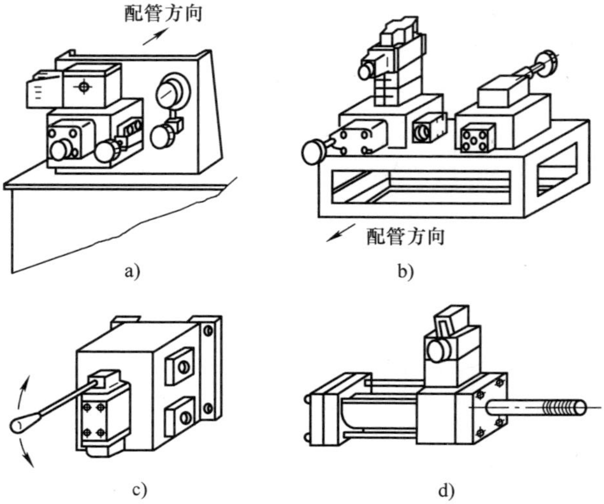

图3-26　液压阀阀块安装位置

a）液压站搭载式　b）阀架式

c）机侧安装式　d）执行机构安装式

必须注意在确定孔径时要始终考虑到压力损失。进油通道的流速控制在3～6m/s，回油通道流速在1～3m/s以下，吸油通道流速控制在1m/s以下，局部通道不允许超过10m/s。设计中的误区是设计人员往往参考板式阀的油口尺寸，此时的流速可能高达10m/s以上，所以不能按液压阀阀口连接尺寸来确定油路块孔道直径。

设计的另一个问题是不相连通的孔道之间及孔道与块体表面之间的最小壁厚问题，如图3-27所示。

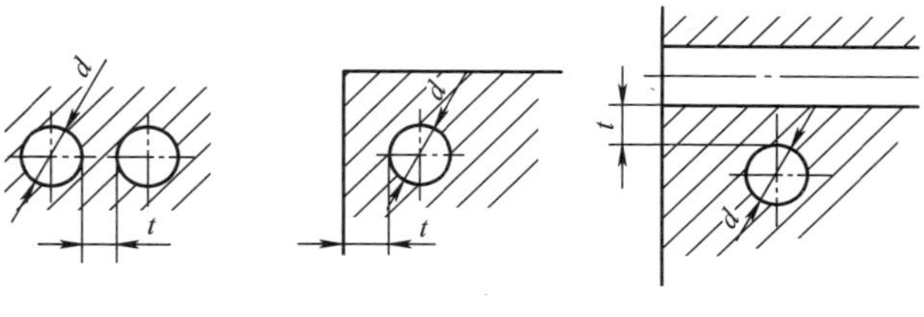

图3-27　孔间最小壁厚t

此壁厚可按厚壁圆筒近似求出：

$$t = \frac{d}{2}\left(\sqrt{\frac{\sigma_a + p}{\sigma_a - p}} - 1\right) \tag{3-27}$$

式中　t——最小壁厚（mm）；
d——钻孔直径（mm）；
σ_a——许用应力（N/m^2）；
p——压力（N/m^2）。

这里的 σ_a 可由式（3-28）确定。

$$\sigma_a = \frac{R_m}{S} \tag{3-28}$$

式中　R_m——材料的抗拉强度（N/m^2）；
S——安全系数（无量纲），具体数值见表 3-15。

表 3-15　安全系数 S

材料	静载荷	动载荷		冲击载荷
		重复载荷	交变载荷	
铸铁	4	6	10	15
低碳钢	3	5	8	12
铸钢	3	5	8	15
轻金属	5	6	9	15

实际设计时，考虑到画线误差、钻头的安装误差、跳动和偏移及管螺纹的紧固力矩等因素，应把最小壁厚取为 3～5mm 以上。阀或法兰的安装面、中间块体的结合面的表面粗糙度 Ra 不大于 0.8μm。为了防止泄漏，要特别注意保证油口螺纹中心线与密封圈安装面的垂直度。另外，油路块接合面不允许有内凹的平面度缺陷。还有，应在大的油路块上设置吊环。确定基准面和标注尺寸时，要考虑方便画线，减少无用的工时。油路块施工图上要用轴测图示意表示出孔道沟通关系。装有有关元件的油路块部件图上要给出与该油路块对应回路的原理图，如图 3-24 所示。

2. 液压阀阀块的加工

阀块的常用材料有热轧钢板、碳钢锻件、易切削钢、灰铸铁铸件、球墨铸铁件、合金铝铸件等，它们相互间的比较见表 3-16，要根据使用条件选择。

表 3-16　阀块常用材料的比较

种类	工作压力/MPa	厚度/mm	工艺性	焊接性	成本系数
热轧钢板	≈35	<160	一般	一般	1
碳钢锻件	≈35	>160	一般	一般	1.5
易切削钢	≈35	棒材、板材	一般	一般	1.5
灰铸铁	≈14	—	好	不可	2
球墨铸铁	≈35	—	一般	不可	2.1
铝合金锻件	≈21	—	好	不可	3—5

对于液压阀阀块的加工主要注意：插装阀孔的刀具型号，刀具加工次数，细长孔、交叉孔加工、去毛刺的方法，掌握好孔间壁厚，耐压试验与出厂试验。

1）插装阀孔的刀具尺寸是插装阀生产厂商决定的，有国际标准 ISO 7789：2007、中国标准 JB/T 5693—1991、美国 SUN T 型孔型等。

2）刀具是组合的，质量好坏对于加工次数可能相差一倍。

3）细长孔一般指孔径与加工长度之比达到 20～30 以上的孔，需要专用钻削钻头。

4）交叉盲孔是需要避免的，如图 3-28 所示。

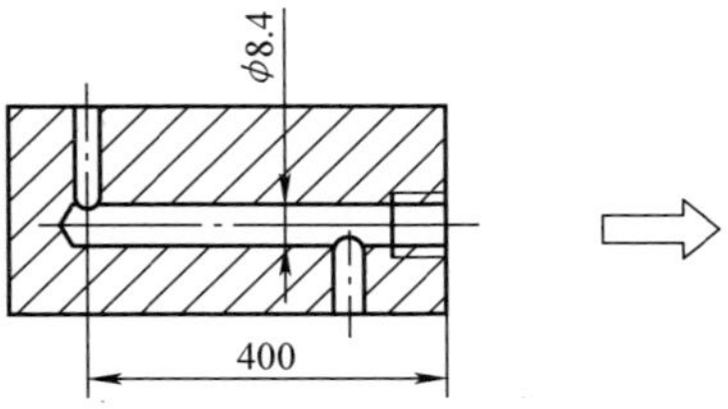

图 3-28　盲孔易用通孔替代

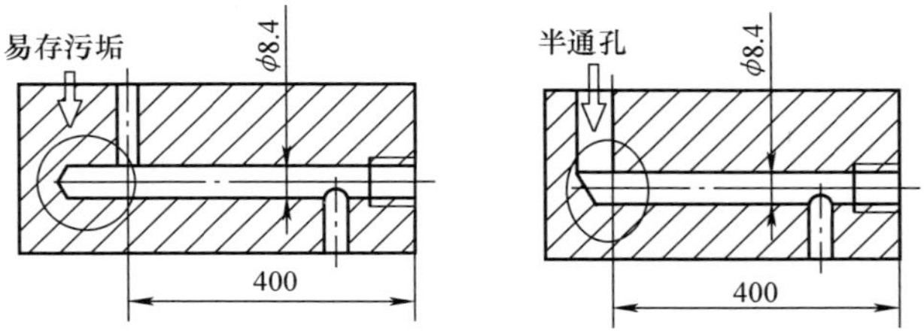

图 3-29　盲孔产生的污垢与半通孔问题

交叉盲孔处易形成污染物集存窝和气窝，容易存储切屑且不易去除毛刺，或者会造成通流面积缩小（半通孔），如图 3-29 所示。

把较深的盲孔改成通孔，从两面钻孔，再把一端堵上，如图 3-28 所示。这样可以改善工艺性。工艺孔的堵头有相关标准，如有锥螺纹堵头（JB/ZQ 4446—1997 锥管螺纹内六角螺塞；JB/ZQ 4447—1997 锥螺纹内六角螺塞；JB/ZQ 4448—1997 锥管螺纹小外六角螺塞；JB/ZQ 4449—1997 锥管螺纹小外六角螺塞）、直螺纹堵头（JB/ZQ 4450—1997 外六角螺塞；JB/ZQ 4444—1997 内六角螺塞）、球涨堵头（JB/T 9157—2011 液压气动用球涨式堵头 尺寸及公差）等，当然工艺孔也可以用焊接堵头或盲法兰堵住。堵头应设在无须拆卸管件、元件或块体即可接近的部位，以便于维修。

5）去毛刺部分是最头痛的，因为液压阀堵塞的主要原因是毛刺清除不力。去毛刺的方法很多，目前人工去毛刺是最常采用的，现在也用化学品清洗法、氢氧爆破法等来解决毛刺问题。

6）掌握孔间壁厚，但是对于细长孔而言，孔道偏斜也会造成壁厚减少甚至穿孔问题，如图 3-27 所示。

7）耐压试验是厂商出厂必做的，是质量保证的底线。

8）出厂试验是质量保证手段，可防错验证。

在智能制造的情况下，所有的阀块加工数控化，上述问题会减少，加工、质检都可以有记录追溯，而且所有试验将严格执行，也有记录可追溯，这有助于最大限度化解这些问题。

最后值得提及的是，液压阀块的传统加工方法也受到 3D 打印的挑战。3D 打印工艺非常适合液压阀块的形成，详见本手册第 2 卷第 22 章。

3.4.3　管路及其布置

管路尺寸和油箱中管路的布置对液压系统的安全运行与维修保养有重要影响。液压系统的动力站与执行机构之间，动力站与阀架、蓄能器架之间都需要通过管路连接。

下面是管路连接设计施工的要点。

1）管路连接接头有卡套式、JIC37°扩口式、管端挤压成型式、非焊接法兰式、焊接式、软管接头、锥密封焊接式等。不同的连接方式分别有其适用的压力范围和通经范围，施工前需要确定采用哪一种管路连接方式。

2）管路安装后要清洗，达到液压系统要求的清洁度标准。在清洗时要隔离必要的液压元件，例如动力源的液压泵、精密的比例伺服元件、传感器等。只有达到清洁度标准的液压系统才能投入应用。

3）管路安装、布置要横平竖直，整齐美观，不能妨碍液压元件和设备部件的调整、修理和更换，不能妨碍设备的运行，不能妨碍人员通道、维修区、操作者活动区域的畅通。管路要能单独拆除而不影响其他管路或元件。

4）管路需要集中从动力站整齐引出，并有标记。可以在隔板或阀块侧面引出管道，如图 3-30 所示。各油口之间要留出足够的间距以便能单独装拆每根外部接管。

5）管路应有充分的支撑。对于直管段，外径小于 20mm 的管件的支撑间距应不大于 1m；外径在 20～40mm 之间者不大于 2m；外径大于 40mm 者不大于 3m。弯管的两段及接软管的硬管端也应设支撑。支撑处用卡箍或管夹将管路固定，并衬以适当的减振材料，如图 3-31 所示。

两个固定元件中间设计一段直管是不可取的，应有弯曲，因为热变形会引起漏油或损坏。

部件之间的管路，最好采用明管以便于检修。采用敷设在地沟里的暗管时，地沟要有足够的尺寸。管路在沟壁垂直排列时，地沟横向空隙在单壁布管时至少为 800mm，在双壁布管时至少为 1200mm。管路在沟底水平排列时，地沟深度不应超过 400mm，如图 3-32 所示。

6）管路与法兰之间可以采用对焊，也可采用插焊，如图 3-33 所示。焊缝处理需要遵守焊接规范。

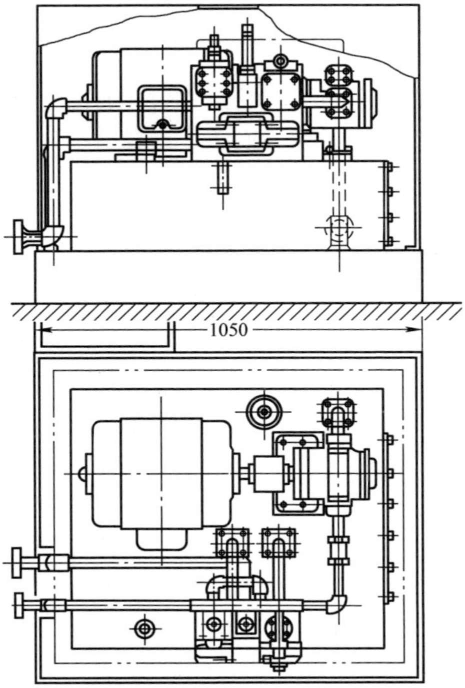

图3-30　液压管路引出示意图

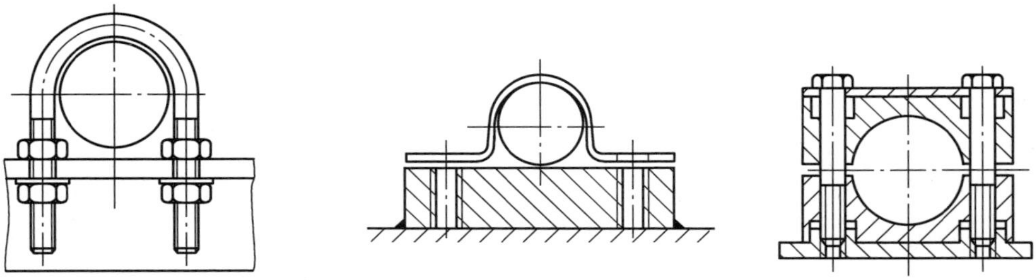

a)　　b)

图3-31　管路的紧固方式

a）管箍　b）管夹

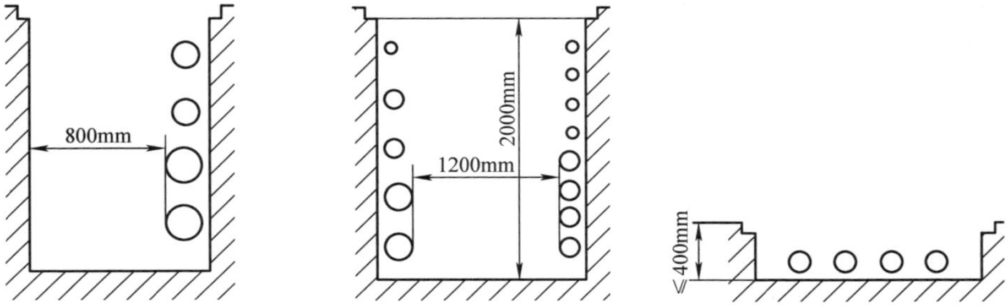

a)　　b)　　c)

图3-32　地沟管路铺设规范

a）单壁布管　b）双壁布管　c）底部布管

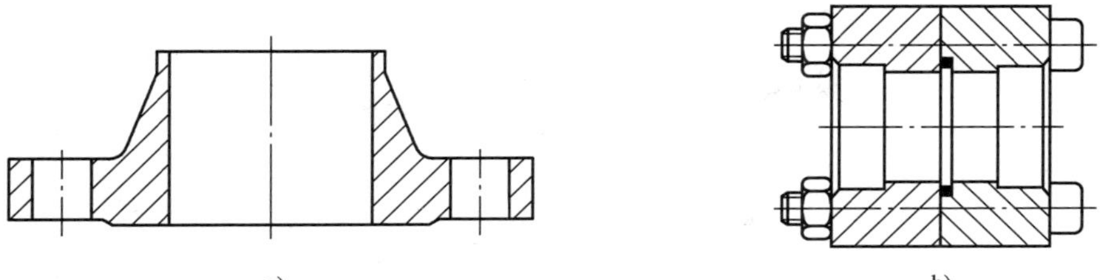

图 3-33　管路与法兰焊接

a）对焊法兰　b）插焊法兰

7）需要注意：在液压管道的高处安置放气口（兼测压口、取样口），以保证管路内积存的空气可以排放，避免空气融入油液破坏油液质量。放气阀安装方式可见图 3-34。与此同时管路上要留出测压口、取样口，并妥为保护。

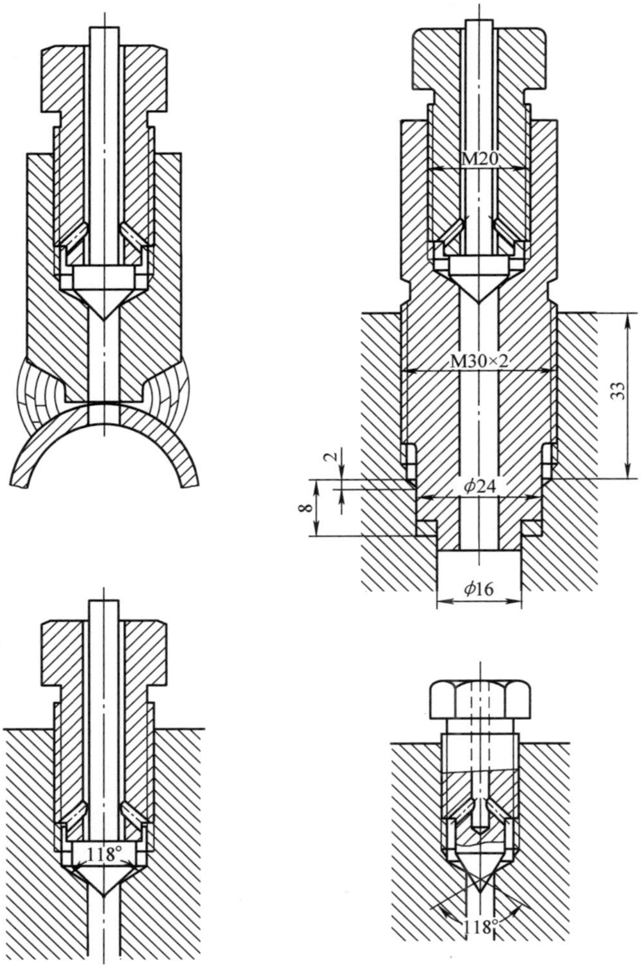

图 3-34　放气阀与测压点的不同安装方式

8）使用软管时避免软管被拉紧、被扭曲、弯曲半径过小、接头附近弯曲、受机件摩擦，因为这会对软管造成容易失效与过早损坏的风险，如图3-35所示。

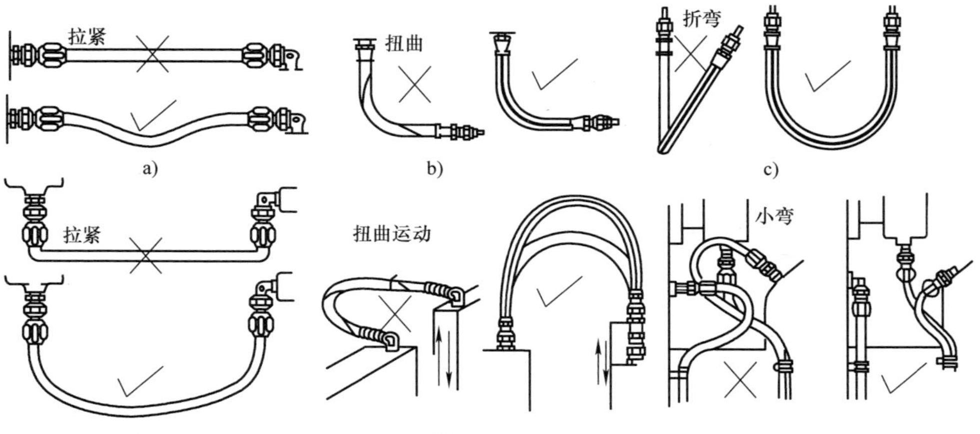

图3-35　软管安装注意事项

3.4.4　电缆线路应采用总线技术提高可靠性

外来线缆应进入集中的接线盒。内部线路应在穿线管或线槽中布线，直至用电元器件（如电动机、电磁阀、电加热器、压力继电器、接点温度计、远传压力表等）附近才出明线。明线外层应有保护管。动力线应与信号线分开布线。信号线应该采用屏蔽线。用电的液压装置应该接地。

从技术层面而言，现在采用总线技术是将元件的组装从端口对端口的接线方式改变为采用现场总线的连接方式，通信性能提高、安全可靠性强。从现场安装操作层面而言，可以废除端口对端口的接线方式，大大简化了接线的工作量并节省了维修时分辨线号的时间，连接的线路不仅简洁明了，而且布线也很美观。因此得到极大的推广应用，如图3-36所示。

3.4.5　降低噪声的防护罩

液压装置的使用现场往往对噪声有所限制。即使没有限制，从健康和安全方面考虑也有必要抑制噪声的发生。液压装置的噪声源主要是电动机液压泵组，而且从泵传出的振动使油箱、管路等成为派生的噪声源。因此，首先要采用低噪声的泵，其次机座和管路要采取隔振措施。另外，如果是噪声相同的泵，可在经费允许的情况下选用容量大的泵，然后降低参数使用。还可以用隔声材料把原动机和液压泵罩起来。目前较多地采用防护罩，既隔音又美观。

a)　　　　　　　　　　b)

图 3-36　总线接线方式与 PLC 端对端接线方式的比较

a）电控柜 PLC 控制接线　b）汽车 CAN 总线行驶记录仪接线

3.5　电液比例控制系统设计流程

电液比例控制系统是指系统的输出量（如位移、速度、加速度、力、力矩等）能由输入控制信号连续成比例地控制。电液比例控制系统中的关键元件是电液比例阀或比例伺服阀，它与电液伺服阀相比较，价格便宜，抗污染能力强，除控制精度及响应快速性不如伺服阀外，其他方面的性能和控制水平与伺服阀相当。其静、动态特性满足大多数工业的应用要求。与传统的液压控制阀比较，虽然价格较贵，但较高的频宽、良好的控制精度和较快的响应指标能得到补偿。因此，在很多控制速度与精度有要求的场合，电液比例控制系统已经是必然的选择。简而言之，电液比例控制系统的控制功能接近液压伺服系统，价格成本更低。

电液比例控制系统包括开环和闭环系统，其特点为：

1）控制功能符合大多数非线性比例系统的性能要求，可实现快速平稳的运动控制。在某种情况下甚至开环控制都能获得良好效果，例如大惯量控制液压电梯就是一例；而闭环控制更能获得精密的或精细的性能，例如同步控制精度甚至可达 0.02mm。

2）将电气和电子技术的快速灵活性和液压功率大的双重优点在控制性能上结合起来。

3）电液控制系统可以实现液压传动系统无法实现的控制功能，是液压技术两大领域之一。

4）电液控制系统可以连续控制执行机构的力、速度、加速度、位置等工作参数，达到工程应用的要求。

5）便于计算机控制，更容易与网络化智能化结合，由于微处理器芯片与 5G

的发展，电液控制系统的控制更容易实现系统智能化。

闭环系统在应用上容易出现不稳定状态；为追求更低的加工成本，开环系统应用的比例阀比闭环系统应用的比例阀和伺服阀有更大的死区范围。

电液控制系统的设计流程如图3-37所示。

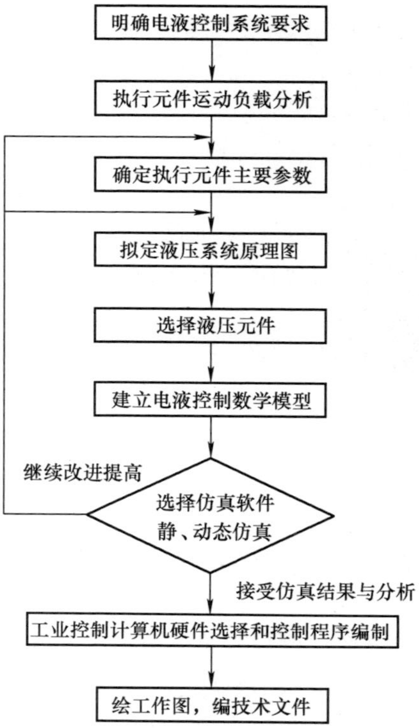

图3-37　电液控制系统设计流程

电液控制系统的设计流程与液压传动系统的设计流程整体上是基本一致的，只不过在传动系统设计流程中验算系统性能的步骤在电液控制系统设计流程中改为建立电液控制系统数学模型了。这一步是设计电液控制系统的难点，因为要求设计者具备自动控制理论基础知识，这也是电液控制系统设计中的关键点。为了弥补工程技术人员这方面的不足，因此应用液压仿真工具对系统设计本身及参与的工程技术人员都显得更为重要。至于仿真工具已经在前面阐述过，对电液控制系统也一样适用。另外电液控制系统对电控的要求更高，因此强调在设计工作中设计者要有一定的工业控制计算机知识，最好可以参与编程或者至少理解编程，以便参与到系统的设计、调试以及现场的维护维修工作中。

3.6　实用电液闭环控制系统设计过程

3.6.1　明确主机设计要求，制定基本方案

闭环控制系统的技术要求是设计的出发点和依据。这些技术要求可分为三大层面：液压主机要求、液压系统运动要求与液压系统社会生态要求，这些均可以参考图3-6～图3-8，而电液比例伺服控制系统设计的控制与性能要求还可具体参见图3-38。

闭环控制系统设计过程与传动系统不同的是：①对受控制的执行机构关注的不再仅仅是动作的实施，更重要的是该运动在得到控制信号后的反应速度（频响）和控制精度。②需要建立系统数学模型，并分析该控制系统的重要参数，以及它们

在数学模型中所起的作用。

制定电液闭环控制系统基本方案包括以下内容。

1. 确定电液闭环控制系统的控制方式（即确定系统采用开环控制还是闭环控制）

开环控制系统不具备抗干扰能力，其控制精度取决于组成系统各元件或环节的精度，不存在稳定性问题。是否采用闭环控制主要基于以下四个方面的考虑：

1）提高系统自动化水平，保持不受外部干扰的影响。

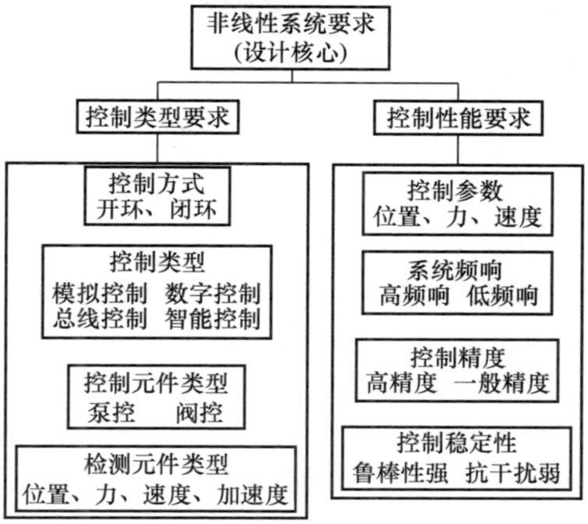

图3-38　电液比例伺服控制系统设计的控制与性能要求

2）提高电液闭环系统的控制精度。

3）提高系统的动态性能（快速响应性），开环控制系统的快速响应性能完全由系统的极限加速度 α_{max} 决定。当比例控制系统的快速响应要求超出极限加速度时，开环控制系统将失去控制能力，这时，选择闭环控制系统是唯一出路。

4）采用闭环控制系统可获得更高的控制精度，更好的动态性能，较强的抗干扰能力，但也带来稳定性问题，需要提高阻尼，保证系统稳定性。

2. 确定比例控制系统的控制类型（即确定系统采用模拟控制还是数字控制）

在工业3.0电液一体化时代，控制类型可以分为模拟控制与数字控制两种，这时的数字控制具有非模拟参数的要素，例如输入不是模拟信号等。液压模拟控制发展了40年以上，控制质量可以满足工程要求。但是进入工业4.0后，嵌入式微处理器技术的发展，以及工业物联网由4G进入5G后，网络通信与嵌入式的微处理器控制进入了电液比例元件与系统，为今后的电液控制系统由软件定义功能的智能时代奠定了基础，也提供了更多选择方案。目前，嵌入式软件已推广应用。

数字控制与模拟控制的直接优势是避免外部电干扰，另一个突出优点是控制信号可以在总线上传输，便于计算机读取和存储。数字控制由于微处理器的介入，可以使控制系统更大型化。在控制精度要求高，设备有多个执行机构需要控制且控制关系较复杂（如多缸同步控制系统），以及设备已经采用计算机控制方案时，推荐采用全数字控制系统，以简化控制系统设计。

由于数字控制使控制的功能可以由软件来定义，这为智能控制创造了条件，也为控制技术走向数字孪生下的产品全生命周期管理、远程健康管理等新一代技术发展奠定基础。

3. 确定电液闭环系统检测信号的类型（即确定系统采用模拟式还是数字式的检测元件）

如果是模拟式检测元件，通过 A/D 或 D/A 转换可以构成数字式电液比例控制系统。数字式检测元件的分辨率很高，可直接与计算机连接。检测环节包括传动机构、传感器及其二次仪表。其中的传动机构是当执行机构的运动状态与检测元件接受运动的状态不同时必须采用的，例如液压缸是直线运动，而所采用的传感器是测速机一类的旋转式传感器时，就需要采用传动机构将直线运动转换成旋转运动。这种传动机构常用刚性绳、齿轮—齿条或摩擦轮系等。

传感器的类型应根据所检测的物理量类型、要求的检测精度及动态响应速度、工作环境及成本来确定。位置控制系统采用位置传感器，速度控制系统采用速度传感器，力或压力控制系统采用压力传感器。

目前，工业上采用的绝大多数比例阀仍然是模拟信号控制的，相配套的比例放大器和检测元件也是模拟式的。模拟式控制系统理解起来较简单，调试和处理也较直观，但其分辨率和控制精度较低，抗干扰能力稍差。

检测元件输入信号的量程要与被控制信号的最大变化范围相一致，太小会损坏传感器件，太大会降低传感器的分辨率，造成过大的控制误差。一般检测元件的精度等级必须大于系统控制精度的 4 倍以上。检测元件的响应速度应为系统所要求频宽的 8 ~ 10 倍以上。

检测元件的输出信号应采用标准的控制信号，如 0 ~ 10V、 - 10 ~ 10V、0 ~ 20mA、4 ~ 20mA、0 ~ 5V、 - 5 ~ 5V 等，以便检测元件与下一级元件的输入信号匹配。

4. 确定比例控制系统的控制元件类型（即确定系统采用阀控还是泵控方案）

这要根据要求的控制精度和响应速度、功率的大小、要求效率的高低及成本等因素综合确定。阀控系统的控制精度和响应速度高，但其功率损耗大，不节能，最高效率仅有 66.7% 。泵控系统的效率高，可以与负载匹配，适用于大功率控制场合，但控制精度和响应速度低。二者的控制系统框图如图 3-39 所示。

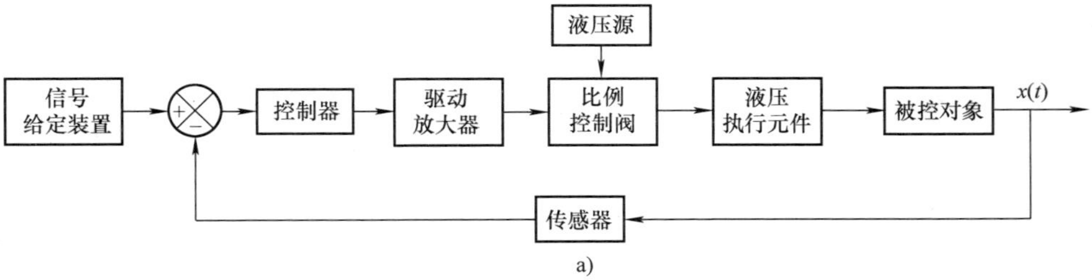

a)

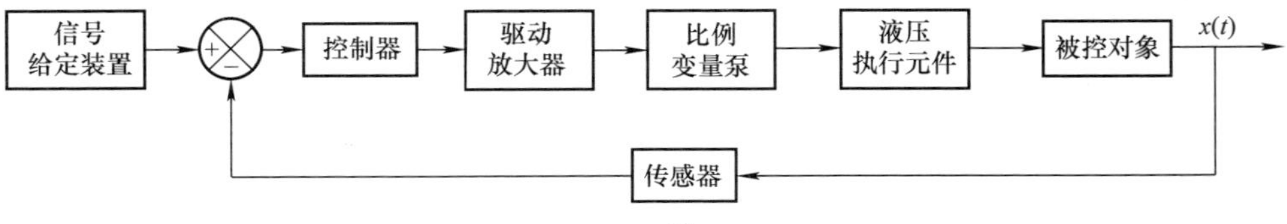

b)

图 3-39　电液比例阀控系统与泵控系统

a）电液比例阀控系统　b）电液比例泵控系统

3.6.2　电液闭环控制系统静态设计方法

静态设计的主要内容是确定液压动力元件参数，选择组成系统的元件。液压动力元件是电液闭环系统的关键部件，它在控制系统拖动负载的整个过程中，一是满足速度要求运动，二要满足整个系统所要求的动态特性，三是节能，即考虑与负载参数的最佳匹配，以保证功耗最小。

液压动力元件参数选择包括供油压力 p_s、液压执行机构的主要规格尺寸如液压缸的有效面积 A_p 与比例阀的规格（最大空载流量 q_{0m}及额定流量 q_n）。

1. 电液闭环控制系统供油压力的选择

选用较高的供油压力，在相同输出功率条件下，可减小液压缸活塞面积，从而使泵和动力元件的尺寸小、质量小，设备结构紧凑，同时使油腔的容积减小，容积弹性模数增大，有利于提高系统的响应速度。但是，由于受材料强度的限制，随供油压力的增加，液压元件的尺寸和质量也有增加的趋势，元件的加工精度也需提高，系统的造价也随之提高。同时，高压情况运行时，系统泄漏大、发热高，系统功率损失增加，噪声加大，元件寿命降低，维护也较困难。所以条件允许时，通常还是选用较低的供油压力。常用的供油压力等级为 7 ~28MPa。

2. 液压执行机构规格尺寸及闭环用比例阀规格的确定

液压执行机构和电液比例阀直接影响控制系统性能，是最基本的选型和设计问题。当按下述方法确定了液压缸的有效面积 A_p 的最佳值，计算出相应的缸筒内径 D、活塞杆直径 d 等结构尺寸并确定比例阀的流量后，进行选型及结构设计。

（1）按负载匹配确定负载特性（负载力与负载速度之间的关系）　负载特性曲线（负载轨迹图）是根据负载的情况，以横轴为负载力（可转化为负载压力）、纵轴为负载速度（可转化为负载流量）绘出的曲线如图 3-40 所示，其方程为负载轨迹方程。负载工作的每一个工况都应在负载特性曲线内。较为简单的运动过程，其负载特性为特殊点，一般为最大功率点或最大速度（转速）点和最大负载力（转矩）点，图 3-40 中 A、B、C 三点分别为最大速度点、最大负载力点和最大功率点。

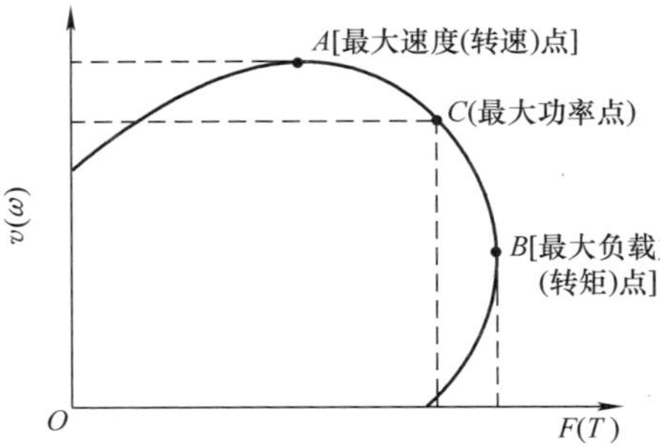

图 3-40　负载特性曲线

（2）按负载匹配确定液压动力元件的输出特性　液压动力元件的输出特性可通过将比例阀的流量 - 压力曲线经坐标变换得到。在速度（转速） - 力（转矩）平面上，绘出的液压动力元件输出特征曲线为抛物线，图 3-41 所示为动力元件（阀控缸）的输出特征曲线。由图 3-41 可知，当空载流量 q_{0m}和液压缸面积 A_p 不变，提高供油压力 p_s，曲线向外扩展，最大功率提高，最大功率点右移（见

图 3-41a)；当供油压力 p_s 和液压缸面积 A_p 不变，加大空载流量 q_{0m}，曲线向上扩展，曲线的右端点 A_pp_s 不变，最大功率提高，最大功率点上移（见图 3-41b)；当供油压力 p_s 和空载流量 q_{0m} 不变，加大液压缸面积 A_p，曲线变低，顶点右移，最大功率点右移（见图 3-41c)；通过调整 p_s、q_{0m}、A_p 这三个参数，即实现液压动力元件与负载的最佳匹配。

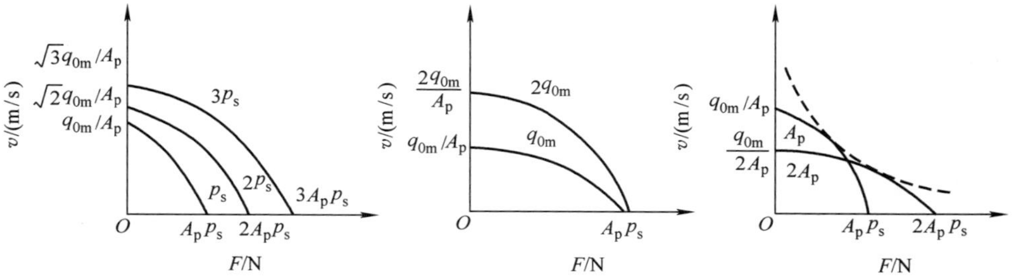

a)　b)　c)

图 3-41　参数变化对动力机构输出特性的影响

a）改变供油压力　b）改变比例阀规格　c）改变液压缸面积

（3）按负载匹配确定负载最佳匹配

1）图解法。在速度 - 力坐标系内绘出负载轨迹曲线和动力元件输出特性曲线，并使每一条输出特性曲线均与负载轨迹相切，调整参数，使动力元件输出特性曲线从外侧完全包围负载轨迹曲线，即可保证动力元件能够拖动负载。如图 3-42所示，曲线 1、2、3 代表三条动力元件的输出特性曲线。曲线 3 的最大输出功率点与负载轨迹最大功率点 c 相重合，满足负载最佳匹配条件。曲线 1 和 2 的最大功率输出点（a 点和 b 点）大于负载的最大功率点（c 点），虽能拖动负载，但动力元件的功率未充分利用，故效率都较低。

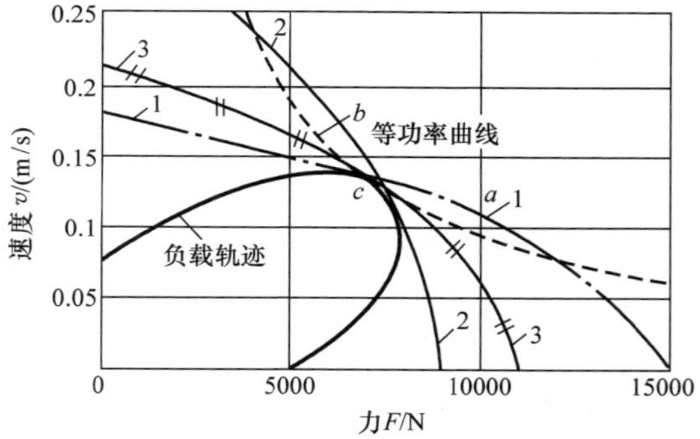

图 3-42　动力元件与负载的匹配

2）解析法。对于某些较为简单的负载轨迹，可以利用负载最佳匹配原则，采用解析法确定液压动力元件的参数。比例阀输出功率最大值时的负载压力 p_L 与供油压力 p_s 的关系为

$$p_L = \frac{2}{3}p_s \tag{3-29}$$

式中　p_L——比例阀输出功率最大值时的负载压力；

　　　p_s——供油压力。

故最大输出功率点的负载力（合外力）为

$$F_L^* = p_L A_p = \frac{2}{3} p_s A_p \tag{3-30}$$

式中 F_L^* ——最大输出功率点的负载力；

A_p——液压缸的有效面积。

在供油压力 p_s 选定的情况下，可由式（3-30）求得液压缸的有效面积为

$$A_p = \frac{3}{2} \frac{F_L^*}{p_s} \tag{3-31}$$

如果要求双向输出特性相同，则应使用双杆液压缸；否则可采用单杆液压缸。通过选择或计算得到液压缸直径 D 和活塞杆直径 d。

由于比例阀输出功率为最大值时对应负载流量 q_L 与最大空载流量 q_{0m} 关系为

$$q_L = \frac{1}{\sqrt{3}} q_{0m} \tag{3-32}$$

式中 q_L——比例阀输出功率最大值时的负载流量；

q_{0m}——最大空载流量。

故最大输出功率点的负载速度为

$$v_L^* = \frac{q_L}{A_p} = \frac{q_{0m}}{\sqrt{3} A_p} \tag{3-33}$$

式中 v_L^* ——最大输出功率点的负载速度。

在计算出液压缸活塞直径 D、活塞杆直径 d，并计算出圆整后的有效面积后，即可由上式求出比例阀的最大空载流量为

$$q_{0m} = \sqrt{3} v_L^* A_p \tag{3-34}$$

式中 A_p———圆整后液压缸的有效面积。

（4）近似计算法 在工程设计中可用近似计算法设计动力元件，这时按 F_{Lmax} 选择动力元件。在动力元件输出曲线上，限定 $F_{Lmax} \leqslant p_L A = \frac{2}{3} p_s A$，并认为负载力、最大速度和最大加速度是同时出现的，这样液压缸的有效面积可按式（3-35）计算。

$$A = \frac{F_{Lmax}}{P_L} = \frac{m\ddot{x} + B\dot{x} + kx + F_L}{\frac{2}{3} p_s} \tag{3-35}$$

在计算出液压缸活塞直径 D、活塞杆直径 d 并得到圆整后的有效面积后，即可计算出比例阀的最大空载流量。比例阀空载流量可按最大负载速度 x_{max} 确定，并认为最大负载力和最大速度是同时出现的。则比例阀空载流量为

$$q_{0m} = \sqrt{3} x_{max} A_p \tag{3-36}$$

（5）比例阀规格的确定 根据所确定的供油压力 p_s 和由负载流量 q_L（即要求

比例阀输出的流量）计算得到的比例阀空载流量 q_{0m}，即可由比例阀样本确定比例阀的规格。因为比例阀输出流量是限制系统频宽的一个重要因素，所以比例阀流量应留有余量。通常可取 15% 左右的负载流量作为比例阀的流量储备。

3. 液压缸—负载系统固有频率的估算

液压缸负载系统可等效为一个弹簧质量系统。其中的弹簧是由封闭在液压缸中的可压缩性介质产生，如图 3-43 所示。液压缸—负载系统的固有频率是电液闭环控制系统极为重要的参数。

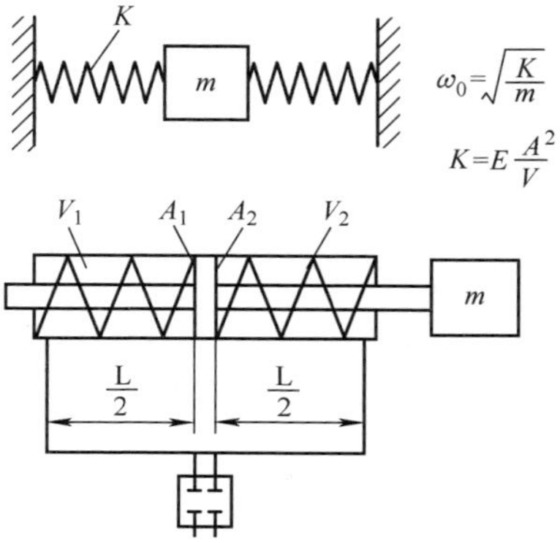

图 3-43　液压缸的等效弹簧质量系统

在不考虑液压缸—负载系统与基座连接刚度的情况下，固有频率的计算公式为

$$f_o = \frac{1}{2\pi}\sqrt{K/m} \tag{3-37}$$

式中　f_o——液压缸—负载质量系统的固有频率（Hz）；

K——油液压缩性形成的弹簧（称为液压弹簧）刚度（N/m）；

m——液压缸驱动的质量（kg）。

其中，液压弹簧刚度主要由被压缩的油液体积决定。液压缸的单侧液压弹簧刚度为

$$K = E\frac{A^2}{V} \tag{3-38}$$

式中　E——液压油的弹性模量（N/m²）；取值范围较大，在（1 ~ 1.4）$\times 10^9$ 之间。根据编者仿真经验，建议对新油可以选用 $E = 1.4\times10^9\,\text{N/m}^2$，对工作时间较长的油液可选用（0.6 ~ 0.8）$\times10^9\,\text{N/m}^2$。

V——液压缸的单侧容积（m³）。

由式（3-37）与式（3-38）可看出，液压缸—负载质量系统的固有频率是由执行机构的面积 A 与容积 V，以及负载质量 m 所决定的。从获得系统良好动态特性而言，固有频率 f_o 值越大越好。但是 f_o 值中的参数难以随意改动，因为负载质量 m 是应用场景决定的，液压缸尺寸受到具体安装空间限制。工程实践所推荐的固有频率见表 3-17。

表 3-17　推荐的被控系统固有频率值

被控系统要求	频响要求低	中等频响	高频响
固有频率 f_o/Hz	<4	4 ~ 15	>30
应用场景	大吨位压力机	大多数的机器设备	姿态模拟器，加速度 >3g 的设备

液压缸的结构型式不同，f_o 的计算略有不同。

（1）双出杆液压缸固有频率计算　双出杆液压缸有对称的面积。当活塞处于全行程的中位时，其固有频率的计算简图如图 3-43 所示。这时，总的液压弹簧刚度是液压缸两腔液压弹簧的刚度之和，即

$$K=E\left(\frac{A_1^2}{A_1\frac{L}{2}}+\frac{A_2^2}{A_2\frac{L}{2}}\right) \tag{3-39}$$

由于 $A_1=A_2=A$，故

$$K=\frac{4EA}{L} \tag{3-40}$$

将式（3-40）代入式（3-37）即可求得

$$f_o=\frac{1}{2\pi}\sqrt{\frac{4EA}{mL}} \tag{3-41}$$

式中　L——活塞行程（m）。

由式（3-41）计算得到的固有频率是按活塞处于全行程中间位置的情况下求得的。这时，f_o 为最小值，也是对动态响应最不利的条件下必须保证的数值。液压缸偏离中位后的固有频率 f_1 要乘以修正系数获得，如图 3-44 所示。

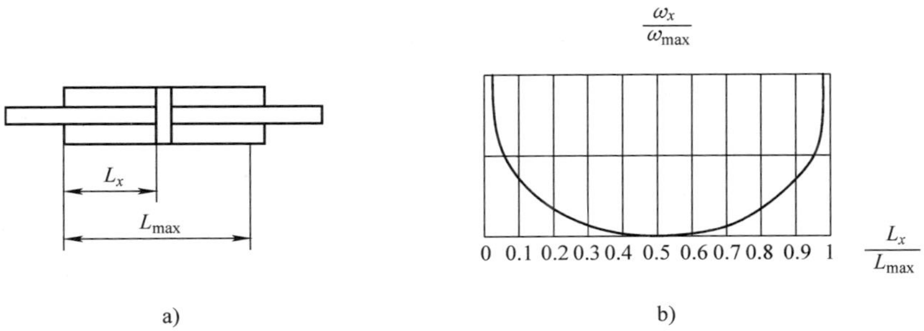

图 3-44　双出杆液压缸活塞偏离中位后固有频率修正系数

以上分析并未考虑控制阀到液压缸之间连接管道容腔的影响，从提高固有频率 f_o 的角度考虑，此容腔要小，即阀与缸连接管道越短越有利于固有频率的提高，增大液压弹簧刚度。因此最好的办法是控制阀与缸集成一体，此时容腔是最小的。

（2）单出杆液压缸固有频率计算　单出杆液压缸应用更广泛，它的固有频率修正按式（3-42）计算。

$$\beta=(1+\sqrt{\alpha})/2 \tag{3-42}$$

式中，$\alpha=\frac{A_R(\text{环形面积})}{A_K(\text{活塞面积})}$，则

$$f_{o\min}=\frac{1}{2\pi}\sqrt{\frac{4EA_K}{mL}}\left(\frac{1+\sqrt{\alpha}}{2}\right) \tag{3-43}$$

由图3-45也可得单出杆液压缸活塞偏离中位后固有频率的修正系数。其最低固有频率f_{omin}的计算仍以双出杆液压缸f_o计算为基础，然后采用修正系数求出合理值。

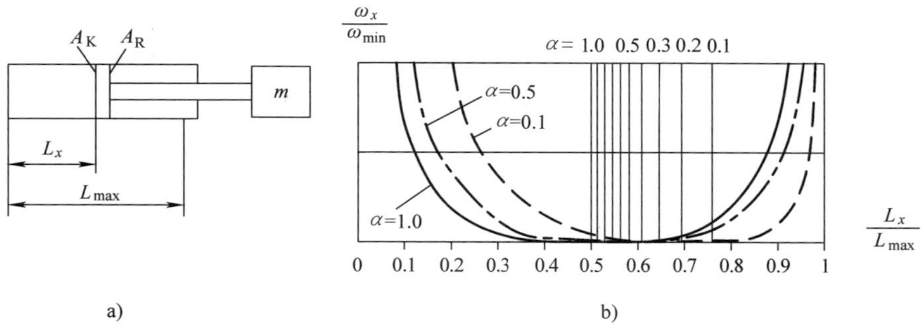

图3-45 单出杆液压缸活塞偏离中位后固有频率修正系数

3.6.3 电液闭环控制系统的动态分析

电液闭环控制系统动态数学模型用于描述系统的动态过程，有助于研究其稳定性与控制精度，对系统的性能进行定量分析，以了解系统的技术指标是否满足设计要求，并作为校正的依据。

由于动态数学模型涉及自动控制理论基础，液压工程技术人员在工程应用上如果缺乏需求，就会因为容易生疏而成为难点。为此，在这里仅以位置闭环系统为例，按闭环控制系统设计流程加以阐述，讨论电液比例闭环控制系统在建模和分析过程中需要注意的问题。

1. 闭环控制系统的开环增益的组成

闭环控制系统有输出量的检测和反馈，当把反馈输出端断开后，可得到闭环控制系统的开环回路，如图3-46所示。

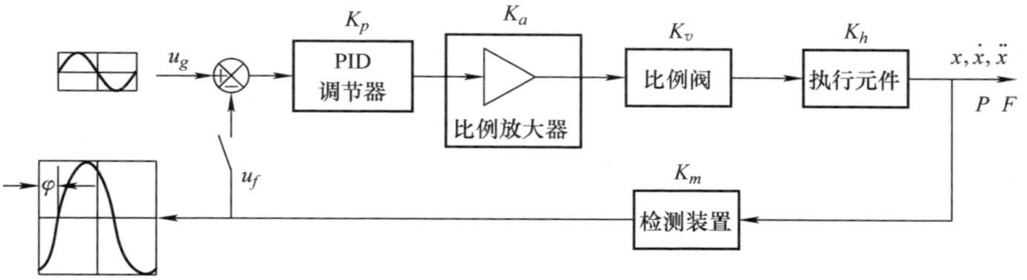

图3-46 闭环控制系统回路开环增益的组成

该开环回路对应的开环增益为

$$K_c = K_p K_a K_v K_h K_m \tag{3-44}$$

式中　K_c——闭环控制系统的开环增益；

K_p——PID 调节器的增益，PID 调节器对系统稳定性进行调节，建模阶段暂不考虑；

K_a——比例放大器的增益（A/V）；

K_v——比例控制阀的增益，其量纲因比例控制阀种类而异。对压力阀的量纲为 MPa/A，对流量阀和比例方向阀的量纲为$(m^3/s)\cdot A$；

K_m——检测装置（传感器）的增益。压力控制系统量纲为 V/MPa；位置控制系统量纲为 V/m；速度控制系统量纲为 V · s/m；力控制系统的量纲为 V/N；

K_h——执行机构的增益，对液压缸通常 $K_h=1/A_h$；

A_h——液压缸的有效面积（m^2）。

2. 闭环控制系统的开环增益的影响

这里谈及自动控制的三个最基本概念。

（1）自动控制系统的幅频特性与相频特性　当在自动控制系统输入端加入一个正弦信号 $u_g = A\sin\omega t$，则在反馈端有 $u_f = B\sin(\omega t+\varphi)$。其中，$B$ 和 φ 值取决于输入信号的频率，如图 3-47 所示。从图中可见幅值增益随 ω 的增加而减小，也就是说时间越短，液压缸的积分作用越小，而更接近闭环控制回路的曲线，相频特性也随之下移至 $-90°$。

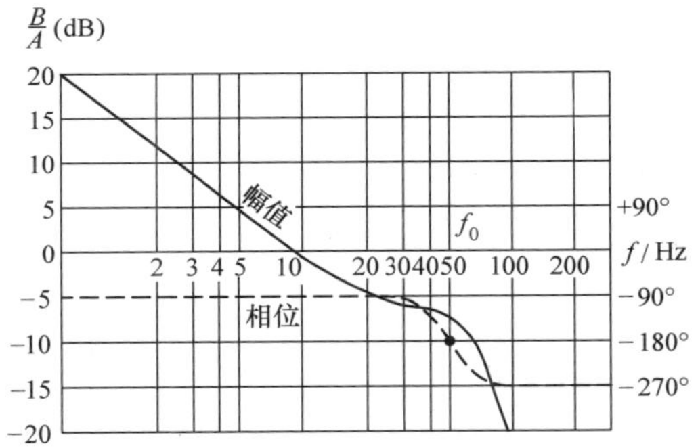

图 3-47　闭环控制系统的开环伯德图

（2）频域特性与时域特性　图 3-48 给出了频域与时域的控制系统响应的曲线。频域属于 1948 年形成的古典自动控制理论体系的基础，时域是继而发展为现代自动控制理论状态空间的概念，现在二者混用，但随着计算机应用的普及，时域将逐步形成主流并向大系统与智能控制发展。在图 3-48 中，将两种概念融合表达，在频域里显示了增益裕量，而在时域里显示了系统稳定性的表达，即当 $B/A>1$ 时，系统振荡；当 $B/A=1$ 时，系统处于临界稳定；当 $B/A<1$ 时，系统幅值衰减，系统变得稳定。

（3）闭环控制系统的开环增益 K_c 对闭环控制系统性能的影响　K_c 会在稳定性、控制精度、动态响应等方面产生至关重要的影响，如图 3-48 所示。由图 3-48 可见，K_c 值的增加或减小会导致伯德图上的幅频特性曲线向上或向下平行移动，但是相频特性曲线保持不变。如果将图 3-46 中系统回路的反馈开关闭合，系统成为负反馈系统，则 K_c 一定时，当信号频率 ω 增加，使相频特性曲线变化到 $-180°$（弹性负载系统可达 $-270°$）时，u_g 与 u_f 在中间频率点下的变化同步，但方向相反，负反馈变成了正反馈，系统不再稳定。

为确保系统参数的变化不致造成系统不稳定，对位置控制系统，K_c 值应保证系统获得足够的增益裕量（相位移为 $-180°$ 时，幅值比为 3~6dB）和相位裕量（幅值比为 0dB 时，相位移小于 135°）。

K_c 的计算值最终由系统的稳定性、动态性能和控制精度校核的结果确定。K_c 在实际系统中由调试结果决定。初步设计时，可根据稳定性要求，按劳斯稳定判据确定的公式（3-45）求得最大值 K_{cmax}。

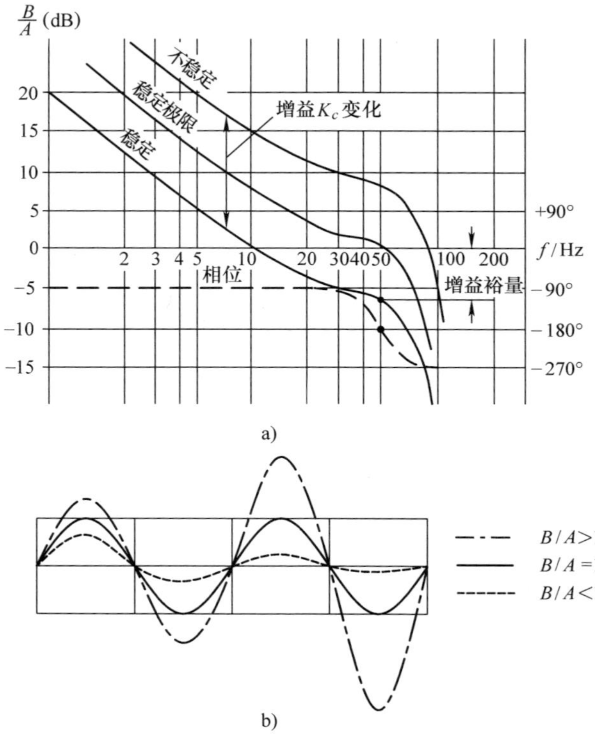

图 3-48　开环增益 K_c 对闭环控制系统的影响

$$K_c \leqslant 2\xi\omega_{0\min} \quad (3\text{-}45)$$

式中　K_c——闭环控制系统的开环增益；

ξ——阻尼比；

$\omega_{0\min}$——最低固有频率。

一般来说，系统的结构一经确定，元件也已选定，K_a、K_v、K_h、K_m 的值就已经难以改变，而回路的总增益又影响到系统的稳定性和控制精度等性能指标，故在设计闭环系统时，总是把 K_c 设计成可调节的。在闭环控制系统的前向通道里预留一个增益可调的环节就可达到这一目的。这是设计闭环控制系统时得到最佳性能的诀窍。

3. 闭环控制系统的开环增益的分配

设计过程中，是先按式（3-45）求得闭环控制系统的开环增益最大值 K_{cmax}，而后才去根据系统的结构和组成系统的环节确定每个环节的增益。因此，存在一个回路增益的分配问题。

回路增益分配的目的是保证回路的增益符合设计要求，得到最佳控制性能，即在系统稳定的条件下，系统控制精度高、响应速度快。

回路增益的分配可以遵循以下两条技术路线。

（1）选用标准的控制元件组成系统　选用标准元件是提高设计效率、降低设备投资和维护成本的通常办法。这时对回路增益的分配办法如下。

1）先确定执行机构增益 K_h：根据设备负载和速度要求，在进行系统的参数估算时就已经确定了。此时明确选用比例控制元件最大流量作为依据。

2）选择比例控制元件增益 K_v：为确保获得理想的 K_c 值，切忌用设计传动系统时增大安全系数的做法来盲目提高比例控制元件的规格，即盲目提高 K_v 值。

3）确定比例放大器增益 K_a：比例放大器一般是配套采购，故当比例控制元件选定之后，比例放大器的 K_a 也就随之确定。

对于开环系统，只要保证了开环系统的灵敏与快速的要求，增益的选择到这一步就结束了。

4）确定传感器增益 K_m：检测环节的输入是闭环系统的输出，其量程与系统输出的最大范围一致或略大即可。检测环节的输出是与系统给定信号同量纲、同幅值的物理量（实现减法的需要），即

$$K_m = x_{\max}(t)/y_{\max}(t) \tag{3-46}$$

式中　$x_{\max}(t)$——检测环节的输出信号；

$y_{\max}(t)$——检测环节的输入信号。

5）设计 PID 调节装置中的比例环节 K_p：这是回路增益中的最后一个未知环节，按 $K_p = K_c/(K_aK_vK_hK_m)$ 的关系确定。初步设计时，是先给 K_p 一个范围。该范围的下限不受限制，上限应能调整。

在实际系统中的 K_p 值由调试结果确定。在调试现场，K_p 的合理值可取为

$$K_p = \frac{2}{3}K_{p\max} \tag{3-47}$$

在调试过程中缓慢增加 K_p，到系统刚刚出现振荡时的 K_p 值就是 $K_{p\max}$。系统刚出现振荡的状态可用示波器观察确定。值得提醒的是，一些厂商提供的比例阀的增益包括比例放大器的增益在内，成为 K_aK_v 值，所以使用时要注意厂商输入输出的范围是否一致。换言之，确定元件量程的过程也是确定增益分配的过程。

（2）为控制系统设计特定环节的增益　当采用标准元件难以获得理想的系统性能时，就要考虑为闭环控制系统设计特定的控制元件，以获得所要求的增益。这种方案一般在批量大或性能有特殊要求的闭环控制系统上采用。也有生产厂商为了加强技术垄断，在所生产的比例控制系统中设计专用的控制元件。

4. 闭环控制系统的动态数学模型

目前建立闭环控制系统的动态数学模型，就是求出系统的传递函数，这是闭环控制系统设计的关键内容。传递函数是分析与校核系统静态、动态、稳定性性能和进行系统校正的依据。

如果采用仿真软件既可以用系统传递函数，也可以采用时域的系统微分方程。

建立闭环控制系统的动态数学模型可按照如下步骤进行：

1）根据拟定的系统方案和参数估算的结果确定组成系统的各个环节。如信号发生环节、比较环节、反馈环节、执行环节、负载环节、控制放大器环节与比例控

制元件环节等。

2）按信号在系统中的传递过程将各个环节依次连接起来，构成系统框图。

3）根据系统和选定元件对应的技术参数，求出每个环节的传递函数，并填入系统框图，得到初步的系统传递函数方框图。

4）对初步获得的传递函数方框图进行分析与校核。若结果不满足要求则需要校正，如果校正改变了系统原有结构，则需要建立新的数学模型。

在此以闭环位置控制系统为例，介绍图3-49所示的采用比例方向阀的位置控制系统数学模型。

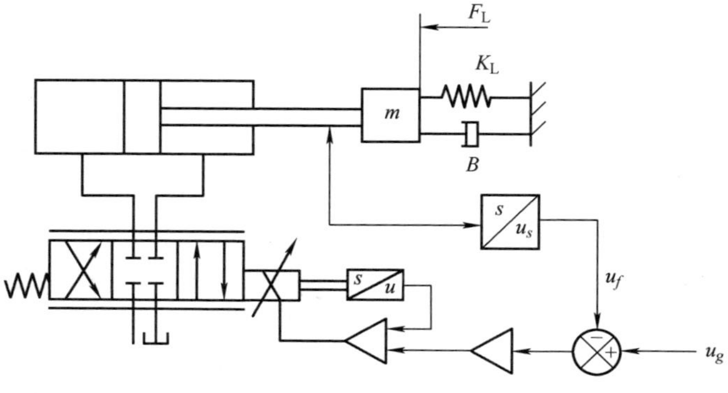

图3-49　采用比例方向阀构成位置控制系统数学模型

由图3-49可得图3-50所示的位置控制系统的基本组成框图。

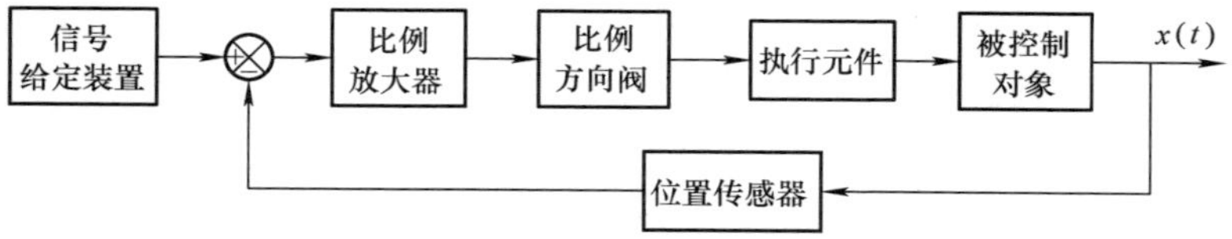

图3-50　位置控制系统的基本组成框图

图3-50所示的基本组成框图可按以下两种情形考虑。

（1）只有惯性负载（包括忽略弹性负载的情形）的位置控制系统　这种位置控制系统应用相当广泛。图中各环节的传递函数按以下方法求出。

1）比例放大器：由于其转折频率比系统的频宽高得多，故可近似为比例环节。

2）位置检测传感器：其频宽也比系统频宽高得多，亦可近似为比例环节。

3）比例方向阀：根据其频宽是否接近闭环控制系统要求的频响，工程上将比例方向阀视为一个一阶或二阶环节。此例按二阶环节考虑，则比例方向阀的传递函数为

$$W_{pv}(s) = \frac{K_q}{\dfrac{s^2}{\omega_v^2} + \dfrac{2\delta_v s}{\omega_v} + 1} \tag{3-48}$$

式中 K_q——比例方向阀的流量增益[(m³/s)·A]；当从产品样本的控制特性曲线中计算流量增益时，K_q 通常已包含比例放大器 K_a，这时对应的量纲为(m³/s)·V；

ω_v——比例方向阀的相频宽（rad/s）；

δ_v——比例方向阀的阻尼比，取值范围为 0.5 ~0.7。

4）工程上将忽略弹性负载时的执行机构和被控制对象视为一个积分与二阶环节的组合。传递函数为

$$W_h(s) = \frac{1/A_h}{s\left(\dfrac{s^2}{\omega_h^2} + \dfrac{2\delta_h s}{\omega_h} + 1\right)} \tag{3-49}$$

式中 A_h——液压缸的有效作用面积（m²），根据运动方向，分别取 A_K 或 A_R；

δ_h——液压缸—负载质量系统的阻尼比，取值范围为 0.1 ~0.2；

ω_h——液压缸—负载质量系统的固有频率（rad/s）。

$$\omega_h = \sqrt{\frac{K_h}{m_t}} = \sqrt{\frac{4EA_h^2}{m_t V_t}} \tag{3-50}$$

式中 E——液压油的体积弹性模量（N/m²）；

m_t——包含负载和液压执行机构运动部分的总质量（kg）；

V_t——比例控制阀至液压缸两腔的总容积（m³）。

式（3-50）与式（3-41）、式（3-43）的含义相同，当控制阀和液压缸实现无管化连接，可采用式（3-43）或式（3-50）的计算结果。

由以上分析和图 3-50 可直接列出只有惯性负载的位置控制系统传递函数方框图如图 3-51 所示。此图即为采用比例方向阀的位置控制系统的数学模型。

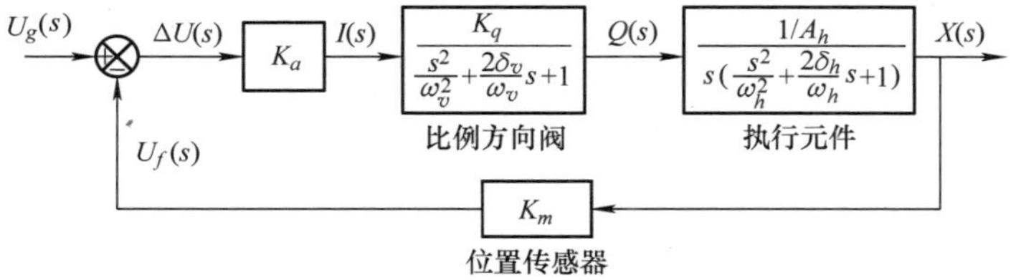

图 3-51 只有惯性负载的位置控制系统传递函数方框图（未加校正）

图 3-51 中，K_a 为比例放大器的增益，由于其转折频率比系统的频宽高得多，故可视为比例环节。K_m 为位置传感器的增益，其频宽比系统频宽高得多，可视为比例环节。

由图3-51求得系统的开环传递函数为

$$G(s)=\frac{K_aK_qK_m/A_h}{s\left(\frac{s^2}{\omega_v^2}+\frac{2\delta_v}{\omega_v}s+1\right)\left(\frac{s^2}{\omega_h^2}+\frac{2\delta_h}{\omega_h}s+1\right)}=\frac{K_c}{s\left(\frac{s^2}{\omega_v^2}+\frac{2\delta_v}{\omega_v}s+1\right)\left(\frac{s^2}{\omega_h^2}+\frac{2\delta_h}{\omega_h}s+1\right)}$$

式中　K_c——闭环系统的开环增益，具有速度的量纲。

$$K_c=\frac{K_aK_qK_m}{A_h} \tag{3-51}$$

这种系统具有如下特点：

1）该系统为I型系统。在阶跃输入时，稳态误差为0。影响系统动态性能的主要是液压缸和比例阀的频率 ω_h 和 ω_v。δ_h 为液压缸的阻尼比，根据经验，空载时约为0.1~0.2，当负载增加时 δ_h 值也略有增加。

2）稳态精度、快速性与稳定性相互制约。系统的控制性能与开环增益 K_c 有关，K_c 值愈大，则系统的精度愈高。控制系统的快速性与图3-48中伯德图的穿越频率 ω_c 有关，ω_c 越大，则系统的频带越宽。图3-48还表明，当系统的开环增益 K_c 增大时，幅频曲线向上移动，控制精度和频宽都得到提高，但幅值稳定裕量将减少。

3）初步设计完成后，系统的动态性能已基本确定。影响控制系统稳定性和快速性的主要是开环增益 K_c、液压缸的固有频率 ω_h 和阻尼比 δ_h。在开环增益中，液压缸有效面积 A_h 和比例阀流量增益 K_q 在初步设计完成后是不能调整的。放大器增益 K_a 虽可调整，但由于输入到比例阀的电流有限，故调整的范围有限。位移反馈系数 K_m 需要输出电压和输入的位移尽量接近，故参数调整的范围也有限。所以，在带有惯性负载且未加校正的位置控制系统中，当系统初步设计完成后，系统的动态性能就基本确定了。

为进一步提高系统动态性能，必须采取校正措施，甚至改变初步设计方案。有的控制系统具有增益调节器，系统可在稳定的条件下提高开环增益，使系统具有较高的频宽和精度。

应指出的是，按图3-51求得的比例位置控制系统的传递函数只是初步的，还要经过稳定性、静态性能和动态性能校核。通常情况下，未经校正的系统是难以一次性通过全部校核的，一般都要经过适当校正（至少要调整比例系数 K_p）才能满足要求。

（2）带有弹性负载的位置控制系统　位置控制系统中，除惯性负载外，还有弹性负载。以弹性负载为主的位置控制系统，称为弹性负载位置控制系统，其框图与图3-50和图3-51相同，但从控制放大器输出电流到液压缸位置输出的开环传递函数应该为

$$\frac{X(s)}{I(s)}=\frac{\dfrac{K_pA_h}{K_L}}{\left(\dfrac{s}{\omega_r}+1\right)\left(\dfrac{s^2}{\omega_v^2}+\dfrac{2\delta_v s}{\omega_v}+1\right)\left(\dfrac{s^2}{\omega_0^2}+\dfrac{2\delta_0 s}{\omega_0}+1\right)} \tag{3-52}$$

式中　K_p——比例方向阀的压力增益，$K_p=K_q/K_{c1}$；

A_h——液压缸的有效面积（m^2）；

K_L——负载弹簧刚度；

K_{c1}——比例方向阀的流量 - 压力系数；

ω_r——负载刚度等引起的转折频率，$\omega_r=\dfrac{K_LK_{ce}}{A_h^2(1+K_L/K)}$，$K_{ce}\approx K_{c1}=K_q/K_p$

K——液压缸的液压弹簧刚度；

ω_0——液压弹簧及负载弹簧刚度与负载质量构成的综合固有频率（rad/s），$\omega_0=\sqrt{\omega_h+\omega_m}=\omega_h\sqrt{1+K_L/K}$；

δ_0——液压缸的阻尼比，一般取 0.1～0.2；

因此，包含弹性负载的位置控制系统传递函数方框图如图 3-52 所示。

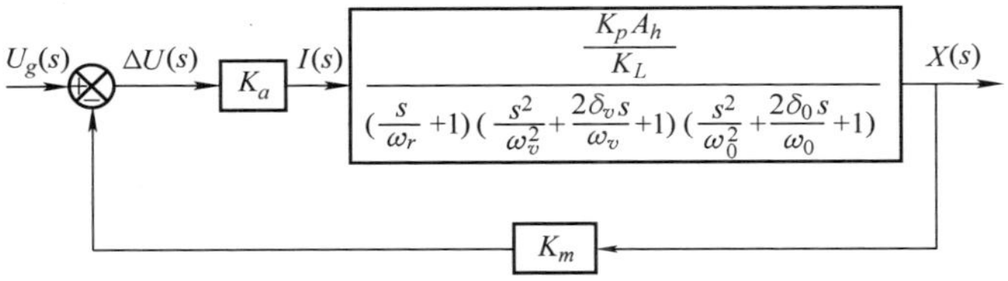

图 3-52　包含弹性负载的位置控制系统传递函数方框图

当放大器和位移传感器为比例环节，比例系数分别为 K_a 和 K_m 时，可得系统的开环传递函数为

$$G(s)=\frac{U_X(s)}{U_r(s)}=\frac{K_aK_mK_p/K_L}{\left(\dfrac{s}{\omega_r}+1\right)\left(\dfrac{s^2}{\omega_v^2}+\dfrac{2\delta_v s}{\omega_v}+1\right)\left(\dfrac{s^2}{\omega_0^2}+\dfrac{2\delta_0 s}{\omega_0}+1\right)} \tag{3-53}$$

系统的开环增益 $K_c=K_aK_mK_pA_h/K_L$。

这种系统的特点如下：

1）系统为 0 型系统。弹性负载位置控制系统是有差系统（即 0 型系统）。这类系统由一个比例环节、一个惯性环节和两个二阶环节组成，惯性环节的转折频率 ω_r 比二阶环节频率 ω_0 小。

2）需 PI 或 PID 校正。0 型系统一般在稳定性、稳态精度和快速性之间存在矛盾。在阶跃输入时，若系统的开环增益增大，虽可使精度及快速性增加，但稳定性变差，有时低频的水平线和 ω_0 的峰值之间的距离很小，难以同时满足稳定性、控制精度和快速性的要求。系统给定为斜坡输入时，位置误差将为无穷大。因此，这种系统一般都有 PI 或 PID 装置对系统进行校正或补偿，才能达到动态性能要求。

3）负载刚度 K_L 决定系统的性能。负载刚度 K_L 和比值 K_L/K 对系统的影响较大。与惯性负载相比，弹性负载使系统的固有频率增加了 $\sqrt{1+K_L/K}$ 倍，与惯性负载的系统增益相差 A^2/K_LK_{ce} 倍。当 K_L 值增加时，将使穿越频率 ω_c 和 ω_0 的距离变大，稳定性变好，频宽较低；调整增益后，可使频宽增加。当 K_L 值减小时，ω_c 与 ω_0 的距离变小，稳定性变差。当 K_L 值减小到比值 K_L/K 可略去不计时，系统变为只有惯性负载的系统。

3.6.4　电液闭环控制系统的误差分析

虽然电液闭环控制系统的误差分析属于静态特性分析的内容，但也必须在系统的稳定性得到满足之后，再做闭环控制系统误差分析才有意义，因为稳定是第一位的。

根据系统对输入信号的响应过程，系统中的误差有动态误差和稳态误差两种形式。系统在响应过程中存在的误差稳态分量称为动态误差。如果系统是稳定的，则当系统动态响应过程结束进入稳态后，系统输出的实际值与期望值的差值（也称为误差的稳态分量）构成了系统的稳态误差。稳态误差的大小反映了系统控制精度的高低。

闭环系统的误差来源包括：

（1）输入误差　闭环系统在不同输入信号作用下所产生的误差，可以通过计算获得。

（2）干扰误差　干扰作用在系统输出端引起的稳态输出。闭式系统具备抗干扰能力，可以通过计算获得。

（3）元件误差　元件本身存在的误差在系统输出端引起的输出。

在计算系统总误差时，往往将上述各项误差相加，得到最大可能误差。但是这些误差不一定同时出现，因此实际的误差需要具体分析。

1. 输入误差含义

闭环控制系统典型框图及误差的定义方式如图 3-53 所示

根据定义，系统误差是指在系统的输出端，期望输出与实际输出的差值，即

$$e_c(t) = c_r(t) - c(t) \quad (3\text{-}54)$$

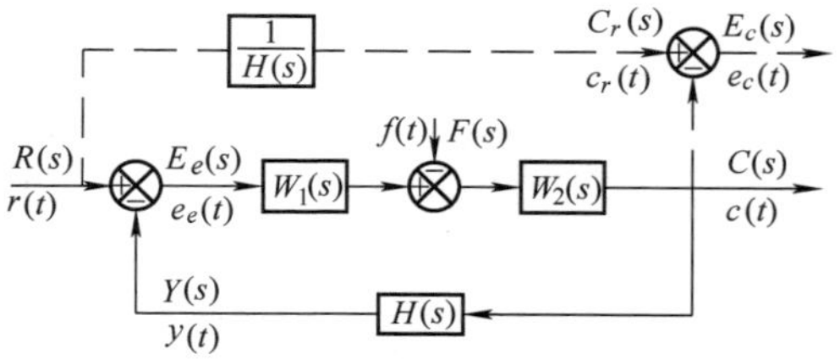

图 3-53　闭环控制系统典型框图及误差定义方式

式中　$e_c(t)$——在输出端定义的误差，但无法直接测出，不直接采用；

$c_r(t)$——在输出端的期望输出；

$c(t)$——在输出端的实际值。

闭环系统通常用系统偏差来反映系统误差的大小，并定义

$$e_e(t) = r(t) - y(t) \tag{3-55}$$

式中　$e_e(t)$——系统偏差，也称为从输入端定义的误差；

$r(t)$——系统输入信号；

$y(t)$——系统反馈信号。

$e_e(t)$的物理含义虽然不同于$e_c(t)$，但因其便于测量，且间接反映了$e_c(t)$的大小，故闭环系统通常就用$e_e(t)$表示$e_c(t)$，二者之间的关系可从图 3-53 推论为

$$E_c(s) = \frac{1}{H(s)}E_e(s) \tag{3-56}$$

由式（3-56）可知：

1）当$H(s)=1$，即系统为单位反馈时，误差与偏差的数值相等，两种定义下的误差是一致的。

2）当系统反馈环节$H(s)$的频宽足够高，$H(s)$可视为比例环节（其增益为K_m）时，$e_c(t)=e_e(t)/K_m$

2. 指令输入引起的稳态误差

当扰动$F(s)=0$，且误差是从输入端来定义时，利用终值定理可方便地计算阶跃输入下的稳态位置误差e_{ep}、等速度输入下的稳态速度误差e_{ev}、等加速度输入下的稳态加速度误差e_{ea}。

任意输入信号可看成是阶跃、等速度和等加速度信号的合成，因而任意输入下总的稳态误差为

$$e_e = e_{ep} + e_{ev} + e_{ea} \tag{3-57}$$

由此可知：

1）系统的型次越高，其稳态误差越小，即控制精度可提高。但系统的型次越高，越容易引起系统的不稳定。从确保闭环系统的稳定性要求出发，实际系统的型次一般不超过Ⅱ型，即开环传递函数中积分环节的数量不会超过 2 个。

2）稳态位置误差、稳态速度误差和稳态加速度误差都是指输出跟踪指令输入时存在的偏差。

3）稳态误差与系统的结构类型及输入形式有关。

4）当开环增益变大时，稳态误差变小。

3. 扰动输入引起的稳态误差

在图 3-53 中，令$R(s)=0$，可求得干扰$F(s)$作用下的系统方框图如图 3-54 所示。

该输出全部形成了干扰误差，即

$$E_c(s) = -C(s) \tag{3-58}$$

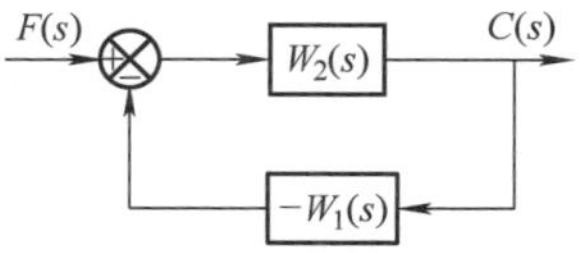

图 3-54　干扰$F(s)$作用下的系统方框图

此干扰误差的大小与闭环系统的结构（由误差传递函数的特征方程式体现）和干扰信号的类型有关。从干扰信号为单位阶跃输入时的终值定理可以推导得知，提高干扰信号作用点之前的增益，可减小干扰误差，这正是闭环系统的抗干扰能力。

4. 元件误差

构成闭环控制系统的各个元件本身存在一定的误差，由于元件在系统中的具体位置不同，对系统输出端造成的误差大小也是不同的。将组成系统的元件误差在系统输出端造成的误差称为元件误差。元件误差是造成系统误差的重要原因。

一般情况下，计算元件误差时要考虑以下因素：

1）检测环节的误差（由分辨率引起），用 e_m 表示。检测环节的输出信号通常都直接传送到比较环节，所以其误差形成偏差，直接影响系统输出。因此选择此类元件时要注意精度，这将直接影响系统的控制精度。

2）比例控制元件的滞环、灵敏度和死区引起的误差，用 e_H 表示。可以将这些因素（一般以百分比在样本中提供）与输入信号额定值相乘折算到输出端即可。

3）温漂引起的误差，用 e_T 表示。

4）比例阀的压力增益引起的误差，用 e_p 表示。

负载变化引起位置控制系统稳态误差的原理如图3-55所示。

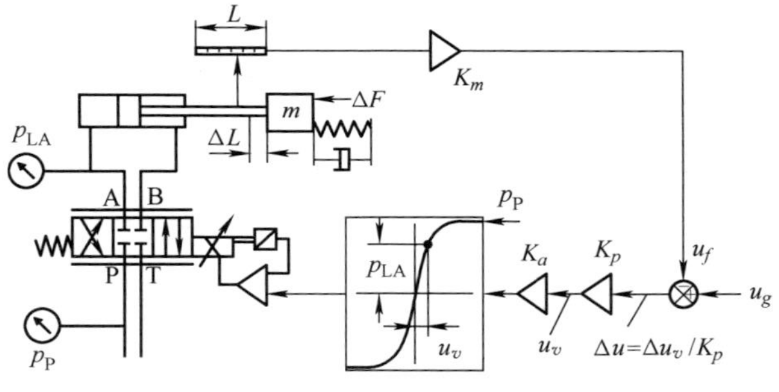

图3-55　负载变化引起位置控制系统稳态误差的原理

在图3-55中，设液压缸的负载变化量为 ΔF，它会使液压缸产生一个微小位移 ΔL，检测传感器将此位移转换为一个不为零的附加信号 $\Delta u = u_g - u_f \neq 0$。由比例方向阀的压力特性曲线可知，这时有相应压力增量（与外部负载相对应）以保证液压缸中的压力与负载平衡。所以，该附加信号通过比例阀的压力特性曲线增加压力，实现液压缸中的压力与负载达到新的平衡。在这个过程中 ΔL 就是负载变化引起位置控制系统的稳态误差。

负载变化的原因一方面由执行机构在一个工作周期中的不同阶段所驱动的负载不同造成，另一方面就是负载为弹性负载（负载大小与位移有关）或机架存在弹性造成。

元件误差是上述因素引起的误差之和，即

$$e_e = e_m + e_H + e_T + e_p \tag{3-59}$$

3.6.5　电液闭环控制系统的液压能源选择

设计电液闭环控制系统的液压动力站与其他的液压动力站设计没有区别，但是要注意，动力源输出的参数要与控制元件要求的输入参数相匹配。如果控制系统采用比例方向阀或伺服阀，而这些阀又要求供油压力保持恒定，那么电液闭环控制系统的动力源要按恒压油源设计。当然，在选择泵源参数方面要符合电液闭环控制系统自身的准则与要求，如图3-56所示。

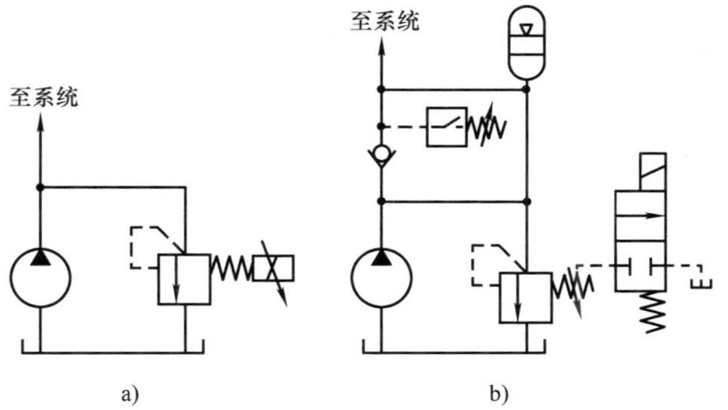

图3-56　恒压油源的基本形式

a）定量泵+比例溢流阀　b）定量泵+蓄能器+卸荷溢流阀　c）恒压变量泵+安全阀

在设计电液闭环控制系统液压能源装置时，还应该考虑与负载的匹配，如图3-57所示。负载特性曲线 a 和 b 分别表示液压能源的压力和流量不足。当然，为了充分发挥能源的作用以提高系统效率，能源装置的最大功率点应尽量接近包围负载特性曲线的最大功率点。

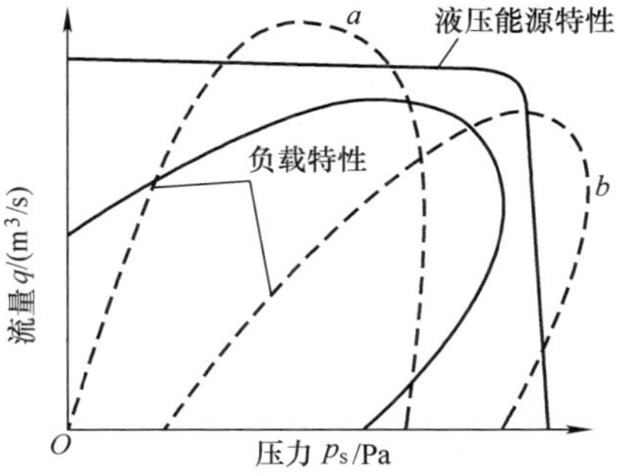

图3-57　液压能源与负载的匹配情况

3.6.6　闭环位置比例控制系统动态性能计算与仿真实例

关于闭环控制系统的动态性能分析，目前都采用仿真软件来研究分析。仿真集中体现四个步骤：建立数学模型、软件仿真运算、参数变化与分析、选择仿真结果。本节以MATLAB/Simulink的仿真结果加以说明。

1. 闭环位置比例控制系统技术参数与计算

以单出杆缸垂直布置为例，如图3-58所示。活塞直径 $D=40$mm，活塞杆直径 $d=22$mm，液压缸行程 $L=50$mm，负载质量 $m=830$kg，空

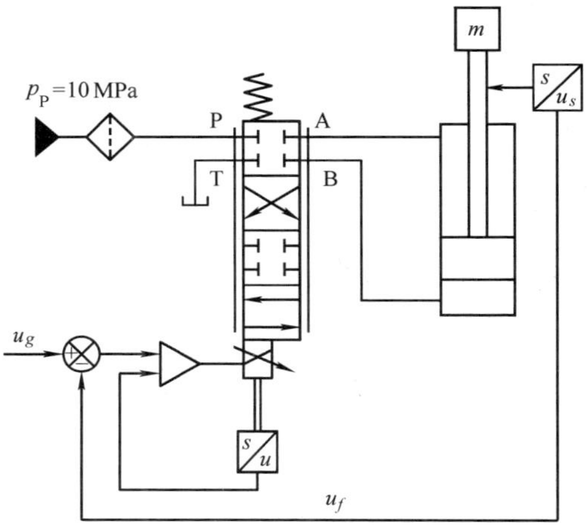

图3-58　闭环位置控制系统实例

载外伸的最快速度$v_{max}=0.5m/s$，全部外负载为质量 m 形成的重力。求解闭环位置比例控制系统的传递函数。

解：取液压油的弹性模量$E=1.4\times10^9N/m^2$

无杆腔面积 $$A_K=\frac{\pi}{4}D^2=\frac{\pi}{4}\times40^2\times10^{-6}m^2=1.256\times10^{-3}m^2$$

环形腔面积 $$A_R=A=8.76\times10^{-4}m^2$$

面积比 $$\alpha=\frac{A_R}{A_K}=\frac{8.76\times10^{-4}}{1.256\times10^{-3}}=0.7$$

最小固有频率 $$f_{0min}=\frac{1}{2\pi}\sqrt{\frac{4EA_K}{mL}}\left(\frac{1+\sqrt{\alpha}}{2}\right)$$
$$=\frac{1}{2\pi}\sqrt{\frac{4\times1.4\times10^9\times1.256\times10^{-3}}{830\times50\times10^{-3}}}\left(\frac{1+\sqrt{0.7}}{2}\right)Hz$$
$$=60.2Hz$$

单出杆缸固有频率 $\omega_{0min}=2\pi f_{0min}=2\pi\times60.2rad/s=378rad/s$

液压缸上升时最大外负载
$$F_L=mg=830\times9.8N=8134N$$

无杆腔压力 $$p_{LA}=\frac{F_L}{A_K}=\frac{8134}{1.256\times10^{-3}}\times10^{-6}MPa=6.5MPa$$

液压泵的供油压力取 $p_{LA}=\frac{2}{3}p_P$，则 $p_P=\frac{3}{2}p_{LA}=\frac{3}{2}\times6.5MPa\approx9.8MPa$

$$q_i=v_{max}A_K=0.5\times1.256\times10^{-3}\times10^3\times60L/min\approx38L/min$$

上述流量是阀口压降 $\Delta p_V=\frac{1}{2}p_P=4.9MPa$ 时应保证的最大流量，对应阀口压降 $\Delta p_{VN}=3.5MPa$ 的流量为

$$q_N=q_i\sqrt{\frac{\Delta p_{VN}}{0.5p_P}}=38\sqrt{\frac{35}{49}}L/min=32L/min$$

据此可确定比例伺服阀的规格。选用博世力士乐的比例阀，型号 4WRPH 6 C3B40L－2X/G24Z4/M，查产品样本可知，该阀额定流量 $q_{VN}=40L/min$（单个阀口压降 $\Delta p_{VN}=3.5MPa$ 时），最大输入电流 $I_{max}=2.7A$，配套放大器输入信号 $U=-10\sim10V$，滞环≤0.2%，重复误差≤0.1%。温漂≤1%（$\Delta T=72$℉时），$\omega_v=60Hz$（取25%额定输入信号时的相频宽）。

液压缸快进时的实际体积流量 $$q_i=q_{VN}\sqrt{\frac{0.5p_P}{\left(1+\frac{1}{\varphi^3}\right)\Delta p_{VN}}}$$
$$=40\sqrt{\frac{50}{(1+0.7^3)\times35}}L/min=42L/min$$

可实现的最大快进速度

$$v_{max} = \frac{q_i}{A_K} \frac{42 \times 10^{-3}}{60 \times 1.256 \times 10^{-3}} m/s = 0.56m/s$$

控制阀的流量增益系数

$$K_v = \frac{q_i}{L_{max}} = \frac{42 \times 10^{-3}}{60 \times 2.7} (m^3/s) \cdot A = 2.6 \times 10^{-4} (m^3/s) \cdot A$$

工程实践中，执行机构阻尼系数 $\xi = 0.05 \sim 0.2$，本例取 $\xi = 0.1$。

根据系统的稳定性要求，初步求解闭环系统开环增益的最大值

$$K_{cmax} = 2\xi\omega_{0min} = 2 \times 0.1 \times 378s^{-1} = 75.6s^{-1}$$

K_c 的最终值由调试结果确定。但在工程实际中，一些环节的增益由选定的标准元件参数确定。

如根据驱动的要求，已求得液压缸面积，故得执行机构增益

$$K_h = \frac{1}{A_K} = \frac{1}{1.256 \times 10^{-3}} m^{-2} = 796m^{-2}$$

已选定的比例方向阀增益　$K_a K_v = 0.27 \times 2.6 \times 10^{-4} (m^3/s) \cdot V = 7 \times 10^{-5} (m^3/s) \cdot V$

已选定的检测装置增益　$K_m = \frac{10V}{50mm} = \frac{10}{50 \times 10^{-3}} V/m = 200V/m$

所以，比例环节的最大增益　$K_{pmax} = \frac{K_{cmax}}{K_a K_v K_h K_m} = \frac{75.6}{7 \times 10^{-5} \times 796 \times 200} \approx 6.8$

实际系统在工作中还要保证有足够的稳定裕量。工程上调试采用的实际值为

$$K_p = \frac{2}{3} K_{pmax} = \frac{2}{3} \times 6.8 \approx 4.5$$

在系统设计过程中，K_p 的取值还要经过动态特性（快速响应性）和静态特性（控制精度）校核的结果来确定。其中，对动态特性校核的结果可能会导致采用校正的方案，从而有可能会影响 K_p 的取值。K_{pmax} 的值也可通过仿真计算确定，举例如下。

2. MATLAB/Simulink 仿真

MATLAB/Simulink 的优势在于它强大的矩阵处理和绘图功能，使其适合于现代控制系统的计算机辅助设计。MATLAB 把计算、可视化、编程等基本功能都集中在一个易于使用的环境中，并且公式的表达和求解与日常数学运算相似。下面以表 3-18来阐述本例控制系统采用此软件的过程与结果。

表 3-18　闭环位置控制系统动态性能仿真示例

过程	仿真界面	软件功能	仿真结果
选择软件	本例选择 MATLAB/Simulink	便于采用方框图建模	动态仿真

（续）

<table>
<tr><th>过程</th><th>仿真界面</th><th>软件功能</th><th>仿真结果</th></tr>
<tr><td>软件数据库</td><td>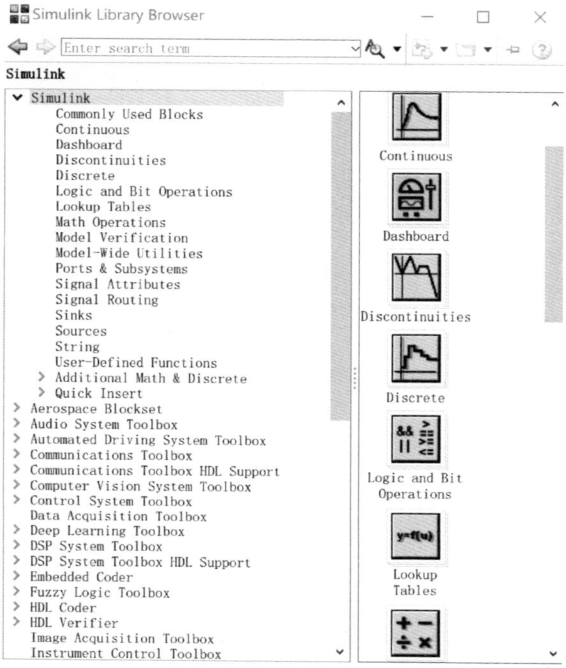

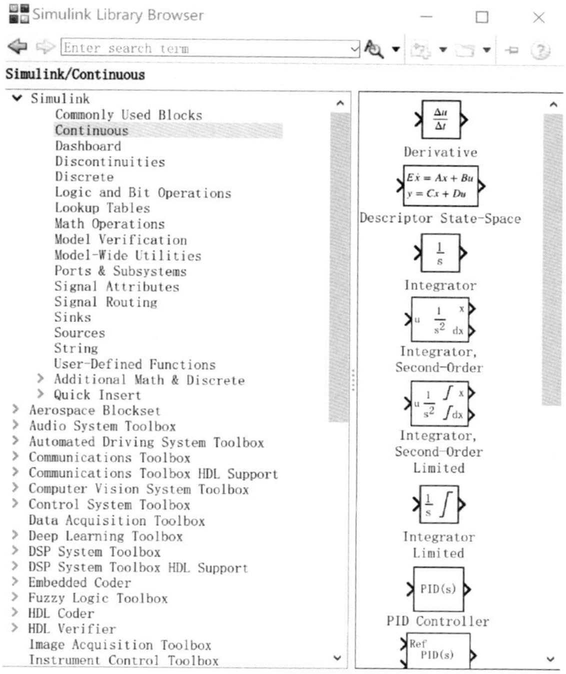
</td><td>数据库与算法库是仿真软件的核心。本例采用方框图建模，选择相应的子元件库或图形库</td><td>属于软件功能需要的内部组成部分</td></tr>
</table>

（续）

过程	仿真界面	软件功能	仿真结果
选择子元件	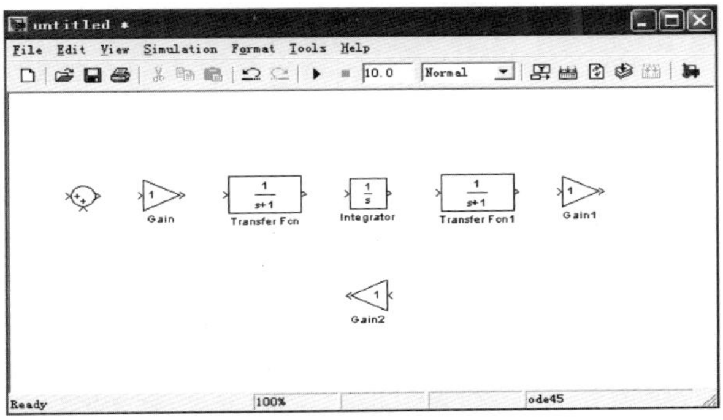	从 Simulink 元件库中浏览窗口将子元件库中元件成员块拖入模型窗口。同样方法将子元件库中可参与运算的 “Sun” “Gain” 成员块拖入模型窗口。按操作规程形成要求的图面架构	这是方框图图形建模的第一步，画方框图的方块称为“成员块”
编辑成员块	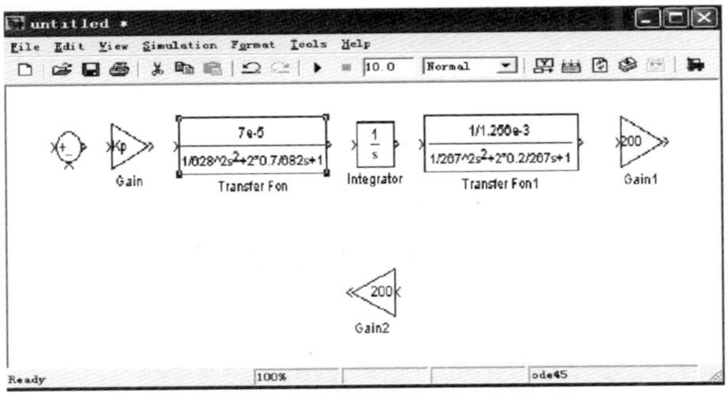	采用 “Transfer Fcn” 成员块表达传递函数 Gpv(s)。同样方法修改 “Transfer Fcn” 成员块，使它表达传递函数 Gh（s）	对每一个子元件输入传递函数标准模型的函数
方块图连接	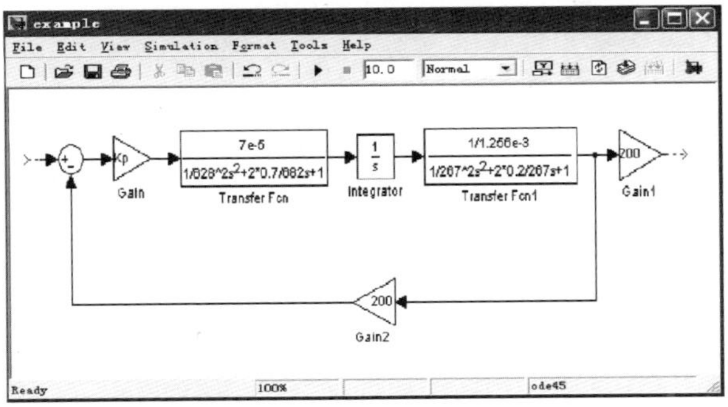	按操作规范在成员块间自动连上流程线。从流程线上作分支线时，在点击鼠标前需按住 <Ctrl> 键，其结果和通常书写的传递函数相同	连接方框图，形成用方框图表达的传递函数

（续）

过程	仿真界面	软件功能	仿真结果
加检测信号设置观测点	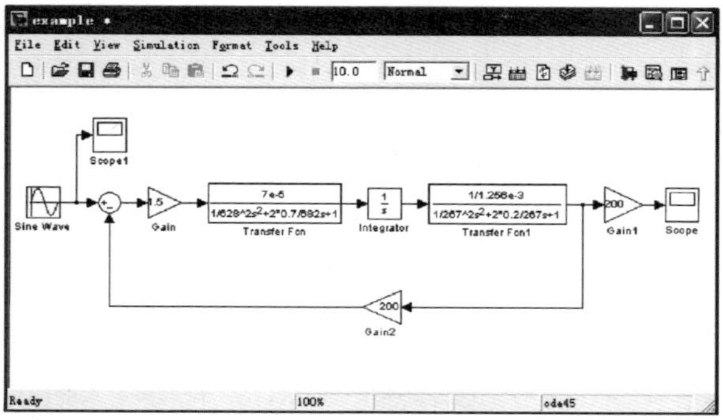	加入检测信号类型和输出显示类型（单击相应成员块）。将正弦信号（Sine Wave）成员块、观测点（Scope）成员块拖入模型窗口。连接构成一个正弦波输入、示波器显示输出的仿真图	在传递函数图上加上所需要的输入信号（一般是标准信号），再给出要获得数据的观测点
查看仿真	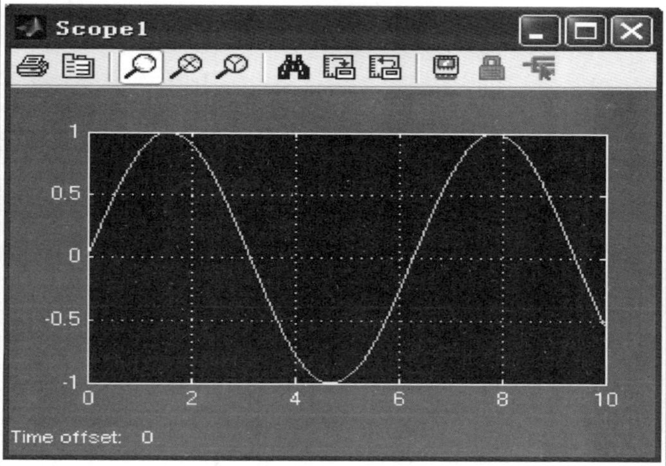	双击“Scope1”，将弹出“Scope1”和“Scope”两个对话框，再单击模型窗口“开始进行仿真”工具栏，其过程和结果分别在“Scope1”和“Scope”窗口中显示如左图所示	仿真按所举例模型进行，并输出曲线

（续）

过程	仿真界面	软件功能	仿真结果
查看仿真	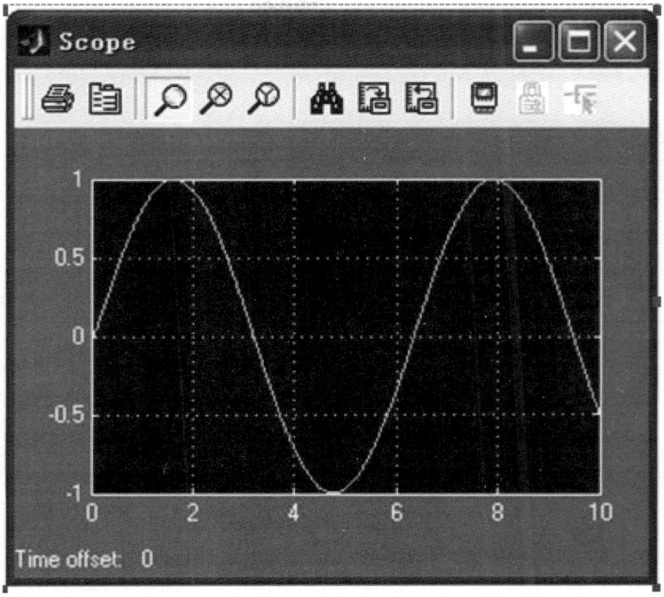	双击“Scope1”，将弹出“Scope1”和“Scope”两个对话框，再单击模型窗口“开始进行仿真”工具栏，其过程和结果分别在“Scope1”和“Scope”窗口中显示如左图所示	仿真按所举例模型进行，并输出曲线
加入输入输出点	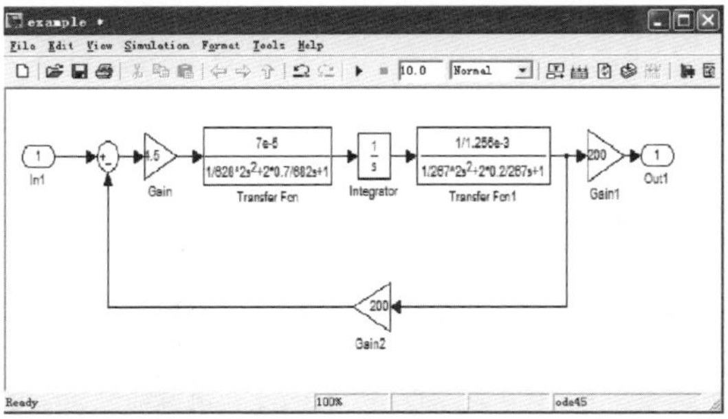	去除模型窗口中查看的“Sine Wave”“Scope1”“Scope”成员块，重新输入输入成员块（In1）和输出成员块（Out1）并连接起来	进行针对本例的仿真运行
获得仿真结果	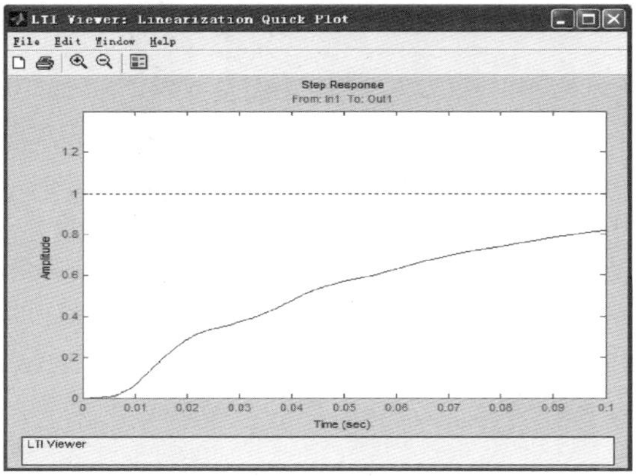	按软件要求操作，即可获得需要的仿真结果。此时$K_p=1.5$	获得仿真结果

（续）

过程	仿真界面	软件功能	仿真结果
改变传递函数参数	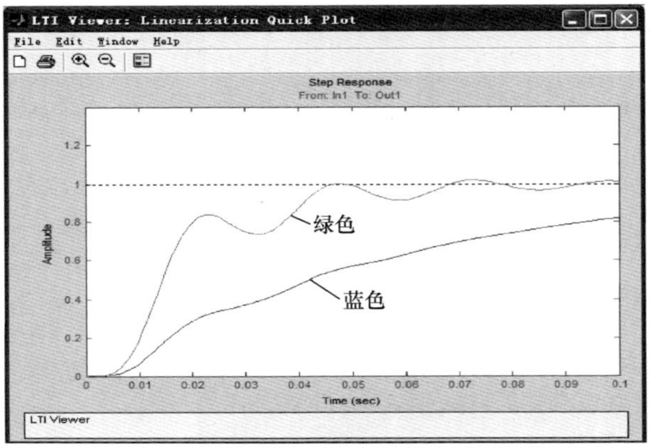	用编辑成员块的方法为 K_p 赋值（$K_p=4.50$）。点击该窗口下方的“Linearize Model”按钮运行。结果便以不同颜色绘出响应曲线（蓝色 $K_p=1.5$；绿色 $K_p=4.5$）	调整参数获得新的仿真结果
获取性能指标	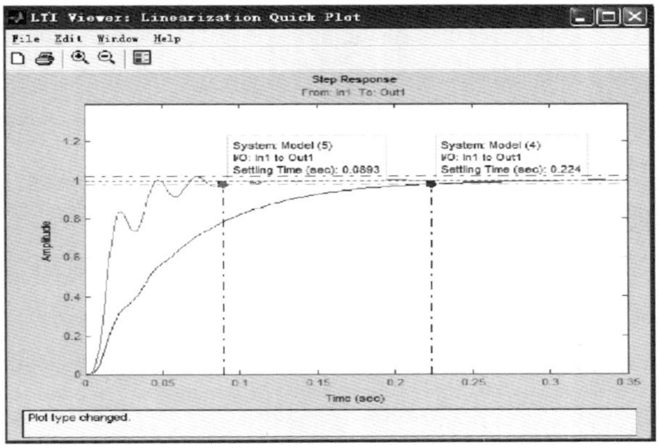	利用软件对已绘出的曲线标记特征值：如过渡过程时间（Rise Time）、进入稳态时间（Settling Time）、峰值点（Peak）等，点击并按住标记点，将显示该点特征值	对特征点数值进行对比：$K_p=1.5$ 时，进入稳定时间为 0.224s；$K_p=4.5$ 时，进入稳定时间为 0.0893s

（续）

过程	仿真界面	软件功能	仿真结果
频域曲线表达	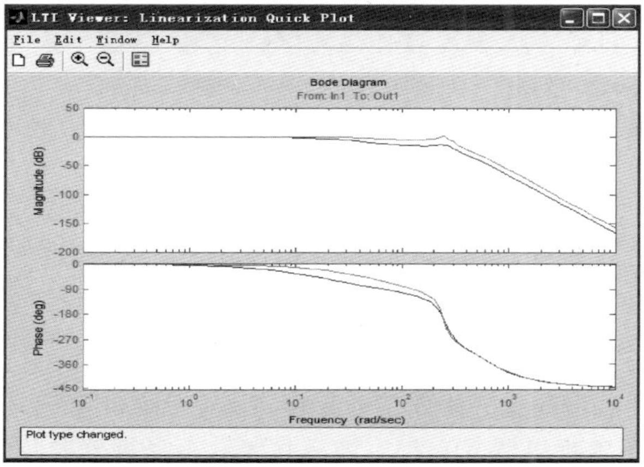	在“LTI Viewer：Linearization Quick Plot”窗口选择菜单命令“Edit”→“Plot Configurations”，设置同时显示响应曲线的种类和布局便可获得需要分析的曲线	软件允许显示多种类型曲线 时域曲线容易理解，相频曲线由于长期使用，专业性更强

通过仿真获得的参数只能作为调试闭环系统选择参数范围的依据。工程上，闭环系统实际使用的参数只能在调试过程中不断优化。

第4章　液压数智技术发展与应用实例

4.1　概述

工业4.0时代的液压行业将在数智化的工业环境下逐渐发展，并呈现两个特色：①液压行业正面对一个新兴的无人操作工业环境市场，例如工业液压机器人、智能性液压工程机械（液压工程机器人）等。液压技术与微处理器芯片的融合在应用上越来越多地依赖计算机编程调试与故障预测。未来的液压技术与元件必然是智能装备的一部分，它本身也一定适应智能化要求。此时液压系统将会有更大或更小的功率，更小的外形与体积，更高的效率，更快的速度，更高的控制精度，更容易安装调试维护。②液压系统应用面会更广，将会从今天的工程机械液压（行走液压）与工业液压（固定液压）拓展到“能动型液压”（Fluid Power）、“运动型液压”（Motion Control）、“传动型液压”（Transmission Hydraulics）与微液压/微流控（MEMS）四大方面，液压的应用会有更多的发展空间。

本章主要介绍目前占主流的运动型液压在数字液压和数智液压方面的应用实例。

目前液压技术应用成熟的行业如下。

机床工业：磨床/铣床/刨床/拉床/车床/数控机床/组合机床/仿形机床等。

热加工工业：压铸机/射压造型机/液压机/压力机/快锻机等。

工程机械：挖掘机/装载机/推土机/压路机/铲运机/盾构机/工程起重机/压实机械/叉车/各种专用工程机械等。

矿山机械：挖掘机/凿岩机/破碎机/提升机/液压支架/钻井平台/水下采油机/钻机/提升机/采煤机/掘进机/发电设备等。

冶金工业：高炉加料机/炼钢电炉控制系统/连铸机液压系统/炉前机械手/轧钢机压下系统/弯辊平衡系统/带钢跑偏控制系统等。

石化机械：橡胶机械/香皂研磨机等。

林业机械：木材集运机械/人造板热压机等。

纺织机械：整经机/浆纱机等。

塑料机械：塑料注射成型机/吹瓶机等。

建材工业：水泥窑等。

吊运机械：叉车/起重机/铲车/带式运输机等。

建筑机械：打桩机/平地机等。

农业机械：联合收割机/拖拉机农机具等。

冶金机械：压力机/压钢机/电极升降机等。

轻工机械：注塑机/打包机/造纸机/卷纸机/皮革削匀机/陶瓷坯料成型机等。

智能机械：体育数字式锻炼机/模拟舱/机器人等。

汽车工业：自卸车/平板车/高空作业车/减振器等。

计量装置：万能试验机、木材力学试验机、墙体材料试验机、包装强度试验机等。

航空航天：飞机操作系统、飞机起落架、飞机全机强度试验等。

以上各种机械的液压系统在工业界已经被熟知。在此介绍新发展的液压系统实例。

4.2　机器人液压系统及其应用

4.2.1　液压驱动型负重外骨骼机器人液压系统

1. 负重外骨骼机器人结构介绍

负重外骨骼机器人是一种可穿戴装置，用于保护和支承人体，增强人的负重、耐力和速度。

可应用在运送重物人员负重行走或为残疾人提供帮助等情境。负重外骨骼机器人常采用气压驱动系统、电动机驱动系统、液压驱动系统，其中液压驱动负载能力大且易于小型化，能快速适应负载的变化，而且具有缓冲功能，更适合单兵负重，应用前景更广阔。

从仿生的角度设置液压驱动型负重外骨骼机器人共有 14 个自由度。髋关节左右运动由液压缸驱动各拥有 3 个自由度，实现身体的弯曲与直立、左右的转身以及大腿的外展和内收。膝关节左右运动也由液压缸驱动，各拥有 1 个自由度，实现小腿与大腿间的弯曲运动。踝关节没有驱动器被动受力，其左右各有 3 个自由度，分别实现脚的内收与外展，身体绕着踝关节前倾与后仰以及身体绕踝关节转动。

负重外骨骼机器人的支承骨架结构分为大腿支承骨架、小腿支承骨架、髋关节连接骨架三个部分，将这三大支承骨架穿戴在人体相应的部位上。髋关节支承骨架靠专用绑带固定在使用者腰间，通过骨架连接件和大腿支承骨架连接，髋关节支承骨架同时和液压系统支承架构成同一个整体，髋关节处的液压缸为外骨骼负重时提供力。大腿支承骨架与膝关节之间安装有液压缸，小腿的摆动与人的支承力由此处的液压缸来实现。负重外骨骼机器人结构如图4-1所示。

负重外骨骼机器人动作时先由传感器采集脚底压力和身体位置信息，然后将采集到的数据信号传输到控制系统中进行识别，并判断出肢体的预动作，随后发出指令，驱动液压缸动作，使机器人的机械腿做出相应的动作，从而使它与人类肢体的动作同步、协调，同时承担背囊等携行具的质量，其工作流程如图4-2所示。

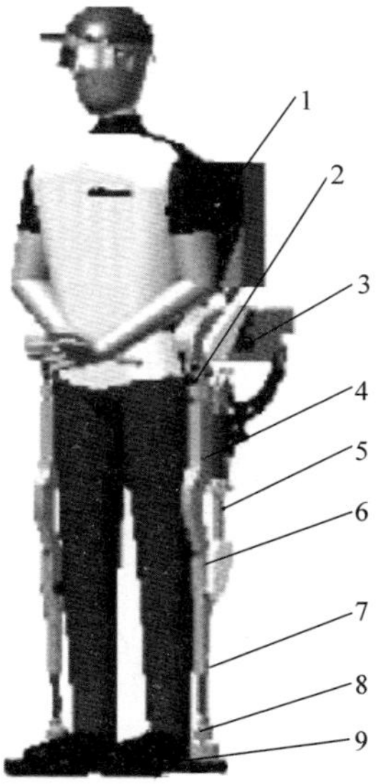

图4-1　负重外骨骼机器人结构
1—背架　2—髋关节
3—髋关节液压缸　4—大腿
5—膝关节液压缸　6—膝关节
7—小腿　8—踝关节　9—脚

2. 液压系统设计与元件选型

（1）液压系统　根据负重外骨骼机器人的具体结构、运动要求以及控制策略等方面的要求，所设计的负重外骨骼机器人闭环控制液压伺服系统原理图如图4-3所示。设定系统的压力为20MPa，该系统主要由伺服电动机、微型齿轮泵、伺服阀、液压缸等组成。该液压系统与控制系统相连，接收来自计算机的控制信调控伺服阀，使外骨骼与人体动作协调一致。由于液压执行机构的优势，即动作快换向迅速，体积和质量远小于相同功率的机电执行机构，机构传动平稳与抗干扰能力强，特别是低速性能好，调速范围广，功率质量比高等，使液压驱动的负重外骨骼机器人在非冲击的大多数情况下都能处于动态平衡。

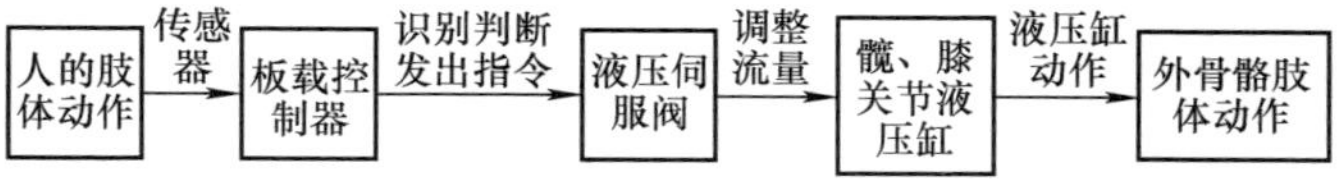

图4-2　负重外骨骼机器人工作流程图

在膝关节液压缸的活塞杆上装有力传感器，用于检测液压缸输出力的大小，从而确定人负重处于支承相时所需支承力的大小。在各液压缸的油口处装有压力传感器，用于检测系统压力是否满足不同工况下的要求。在液压缸伸缩的同时，测速传感器反馈控制系统信号，控制伺服阀的开度，进而控制缸的伸缩速度。为了使外骨骼机器人液压系统的体积和质量减小，提高外骨骼机器人的轻便性，系统设计为高压小流量系统。

（2）主要元件的设计与选型　负重外骨骼机器人的行走速度$v=0.2\text{m/s}$，步长$s=0.35\text{m}$，负重后最大质量$m=160\text{kg}$，运动周期$t=2s/v=3.5\text{s}$。选用两个齿轮泵分别给负重外骨骼机器人的两条机械腿供油，泵额定压力为20MPa。

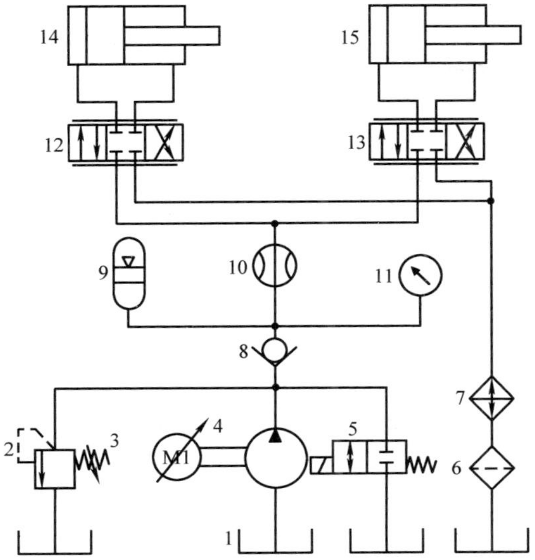

图4-3 负重外骨骼机器人左腿液压系统简图

1）液压缸的选型设计。根据负重外骨骼机器人的具体结构型式和运动特性，设计了响应速度快、输出力大并且尺寸较小的液压缸。髋关节和膝关节液压缸的最大输出力分别为 $F_1=0.9G$，$F_2=0.65G$，G 为负重外骨骼机器人的最大负重。通过液压缸的计算得到：髋关节液压缸尺寸为 ϕ16mm/ϕ12mm × 85mm（活塞厚10mm），膝关节液压缸尺寸为 ϕ12mm/ϕ10mm ×157mm（活塞厚8mm）。

2）液压泵的选型设计。负重外骨骼机器人的一个步态周期为3.5s，在一个步态周期内髋关节和膝关节液压缸往复运动一次，所以髋关节和膝关节液压缸往复运动的频率 $f=17$ 次/min。

系统需要的最大流量 $q_v=A_1s_1f+A_2s_2f=0.61$L/min，排量选择0.41mm/r，CBK－E106微型齿轮泵，该泵的公称排量0.6mL/r，额定压力16MPa，最高压力20MPa，额定转速2000r/min，最高转速2500r/min，输入功率0.8kW。

3）伺服阀的选型。根据整个液压系统以及控制要求选用了CSDY1射流管型电液伺服阀，该阀前置级为射流放大器独特结构，可以通过300μm的污染颗粒，抗污染能力特别强；分辨率极高，可以在较低的压力下工作；阀芯驱动力大，不容易发生卡滞现象。

（3）液压系统的建模与仿真分析　通过Simulink软件环境，在SimHydraulics下进行液压传动和控制系统的建模和仿真，建立液压系统回路的网络模型，模型表达基于ISO 1219流体传动系统标准，该模型可以同机械和控制器模型相结合。仿真工作步骤如下：

1）应用SimHydraulics构造液压元件构建液压系统。

2）应用 Simulink 添加控制系统部分。

3）实施仿真，调整液压系统或控制系统部分使系统的动态特性满足要求。

4）修改相应元件参数，在 Run 模式下运行得到系统性能曲线。

该液压控制系统是闭环力位置混合控制系统，利用 SimHydraulics 可以搭建负重外骨骼机器人液压系统仿真模型，可以对负重外骨骼机器人髋关节和膝关节的运动状态进行分析，髋关节闭环力控制系统和髋关节闭环力位置混合控制系统仿真方法相同，在此只对膝关节伺服阀和液压缸构成的闭环位置控制系统进行分析。膝关节伺服阀和液压缸构成的闭环位置控制系统的仿真模型如图 4-4 所示。

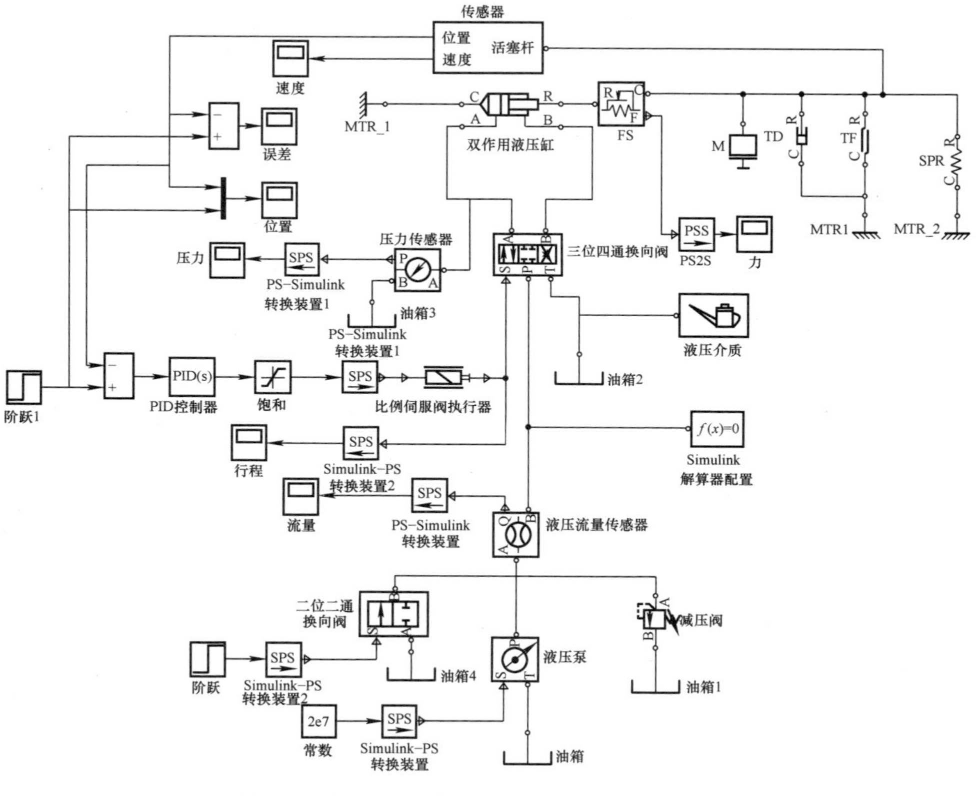

图 4-4　负重外骨骼机器人液压系统仿真原理图

活塞杆速度曲线如图 4-5 所示。由图 4-5 可知，液压缸活塞杆的速度变化趋势为先加速再匀速最后减速直至变为 0，最大速度达到 230mm/s。活塞杆位移曲线如图 4-6 所示。由图 4-6 可知，液压缸活塞杆在 0.125s 时活塞杆运动到极限位置，活塞杆的运动位移为 0.157m。无杆腔压力曲线如图 4-7 所示。由图 4-7 可知，液压缸无杆腔的压力先振荡最后稳定在 20MPa。图 4-8 所示为液压缸活塞杆位移偏差。由图 4-9 可知，伺服阀的阀芯完全打开需要 0.11s，最大阀芯开度为

0.00086m。通过与试验结果的对比分析，各仿真数据与试验结果基本吻合，说明液压系统方案是合理和可行的，该系统是一个稳定的系统，并且具有良好的稳定性、快速性和精确性。

3. 液压驱动型负重外骨骼机器人技术难题

通过对液压驱动型负重外骨骼机器人的研制、试验与仿真，液压驱动型外骨骼机器人液压系统是一典型的电液伺服系统，但是该机器人存在三个问题：效率低，噪声大，运动非线性。

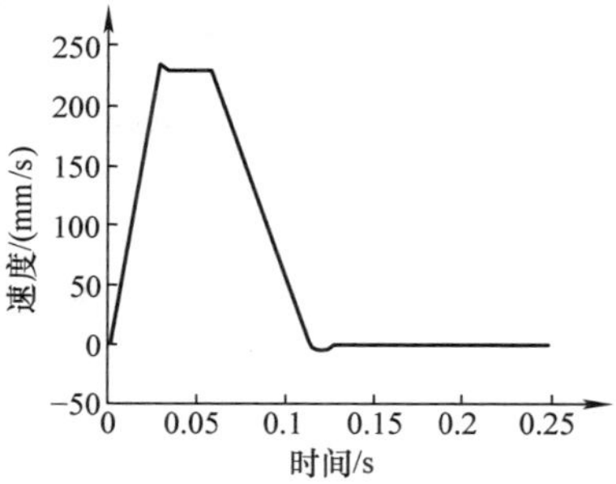

图 4-5　活塞杆速度曲线

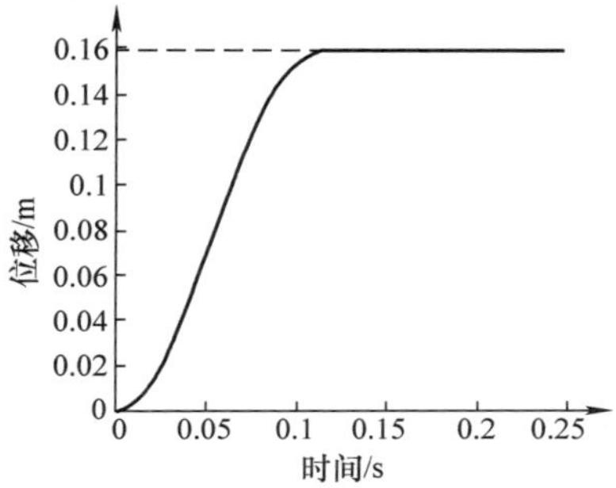

图 4-6　活塞杆位移曲线

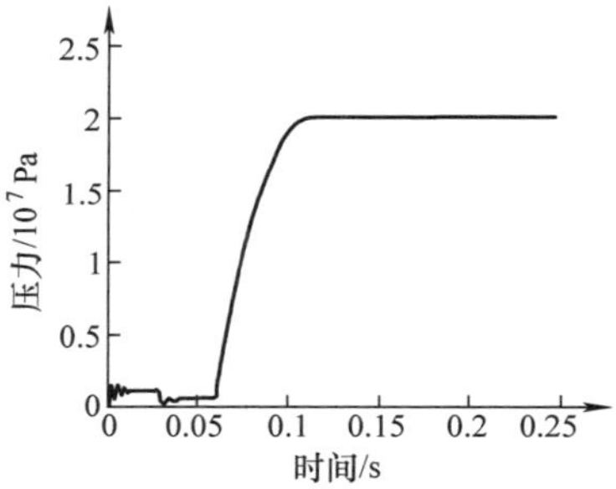

图 4-7　无杆腔压力曲线

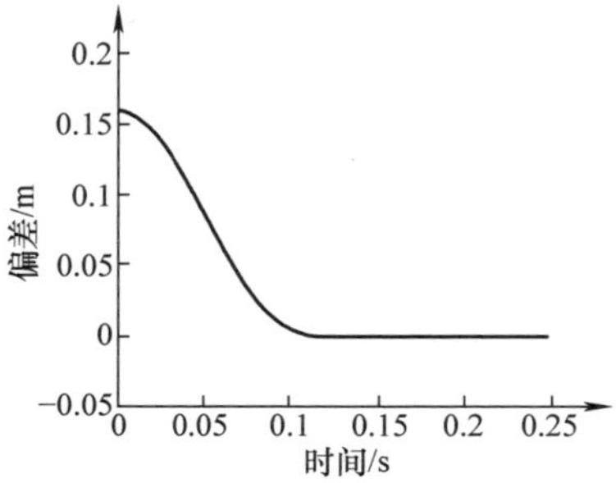

图 4-8　活塞杆位移偏差曲线

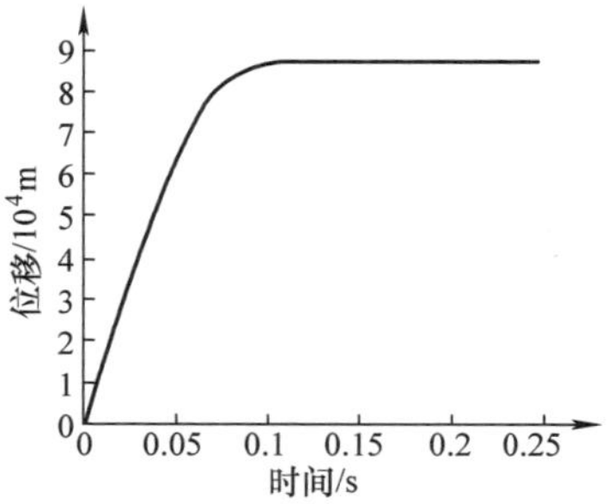

图 4-9　伺服阀阀芯位移曲线

效率低主要有三个原因：①运动存在的内耗。机器人在不同路况下运动时的重心起伏变化，不同步态下机械腿相对于外骨骼机器人机身摆动。②机械传动能耗。整个外骨骼机器人共有 14 个自由度，有主动关节和被动关节之分，机械传动能耗主要出现在主动关节、液压缸和输出端运动转换机构。③控制系统能耗，主要包括伺服电动机、电动机驱动器、电路板等耗能零部件。

效率低是外骨骼机器人发展的软肋，这导致机器人体积大、输入功率高以及续驶能力差的显著缺点。外骨骼机器人工作时产生噪声，在战场上执行任务和执行勘探会受到限制。

液压驱动外骨骼机器人因为电液伺服系统具有的许多显著优点而具有广阔的应用前景和研究价值，但是由于液压系统本身存在的一些重大缺陷也限制了液压驱动外骨骼机器人的进一步发展，所以研究一套高效轻便的小型液压驱动系统势在必行。

4.2.2　基于液压驱动的四足步行机器人设计与仿真

1. 液压驱动四足机器人 SCalf 的结构与驱动设计

高性能四足仿生机器人大都用液压驱动或电液混合驱动，是具有12～16个主动运动自由度与4个被动自由度的四足仿生机构。能以运动步态行走或奔跑，具有很强的移动能力、地形适应能力和自主平衡能力，已经基本可作为野外腿足式移动平台使用。SCalf机器人的整体结构如图4-10所示，机器人参数见表4-1。

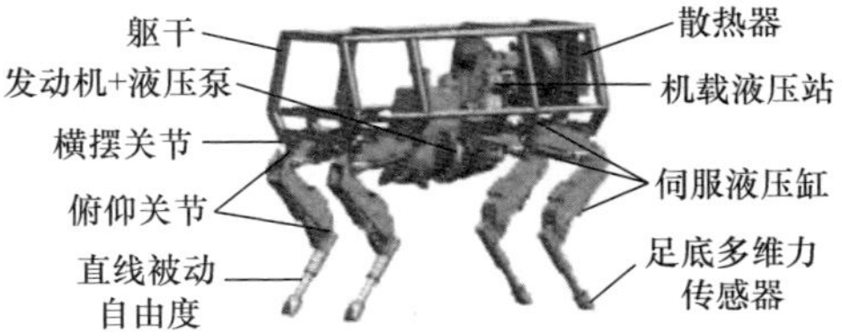

图4-10　SCalf机器人的整体结构

表4-1　SCalf机器人参数

名称	参数
长/mm	1100
宽/mm	490
站立高度/mm	1000
自重/kg	123
步态	慢跑、爬行
负重/kg	120
行走速度/(km/h)	>5
最大爬坡角度/(°)	10
续驶时间/min	40
跨越竖直障碍高度/mm	150
功率/kW	22

在上述框架的基础上，SCalf集成了发动机系统、传动系统、液压驱动系统、控制系统、传感系统、热交换系统及燃料箱等。其中包括单缸两冲程卡丁车发动机、变量柱塞泵、机载液压站及其燃料箱、热交换、排气、传动、转速控制与状态监控单元组成，如图4-11所示。

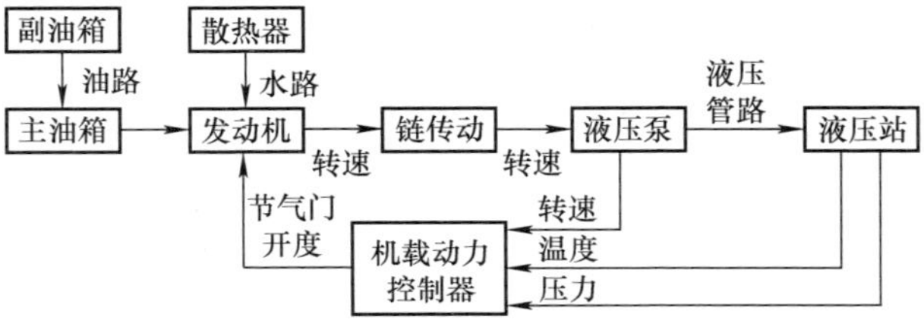

图4-11　机载动力系统结构框图

在发动机与液压泵之间安装了传动比为 1.5∶1 的高速链条降速传动机构，液压泵的转速在 5500～7500r/min，此时发动机的功率输出特性稳定，覆盖发动机的最大转矩输出点，从而有良好的动力匹配，避免发动机转速与液压系统流量大幅波动。

为了避免发动机系统与液压泵系统烦琐、复杂的建模工作，现将发动机与液压泵系统看成黑箱，采用 PID（比例—积分—微分）控制器控制舵机位置，改变发动机节气门开度，以 20Hz 的频率伺服控制液压泵转速。在机器人运动时，液压系统的流量一直快速变化，为了提高系统的鲁棒性，设计了分段 PID 控制器，在速度偏差值较大时，采用强收敛性参数，保证控制器响应的快速性；在偏差较小时，使用调节较弱的参数，保证控制器稳定输出，避免系统振荡。转速控制器的控制框图如图 4-12所示。其中，q_{pd}为液压泵的期望值，$|e|$为 q_{pd} 与液压泵的实测转速 q_p（对应流量）经过卡尔曼滤波后的偏差的绝对值，E_1、E_2为偏差$|e|$的两个阈值。与此同时，控制器模块还负责采集机载动力系统液压输出压力及液压系统的工作温度，以方便对动力系统的状态进行评估。

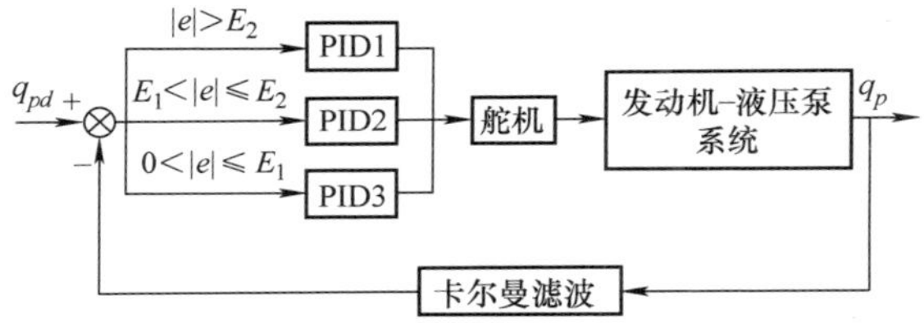

图 4-12　液压泵转速伺服控制框图

液压驱动单元采用 EHA（静液压电动执行器），是实现每个关节液压伺服驱动的关键。该单元将电液伺服阀、杆端拉压力传感器以及直线位移传感器集成在一个直线伺服液压缸上，如图 4-13 所示。SCalf 每一个主动关节都由一个这样的一体式液压伺服驱动单元驱动。液压缸的伺服控制器以 500Hz 的频率对液压缸直线位移进行采样，同时以 100Hz 的频率采集杆端拉压力传感器检测液压缸的出力状态。

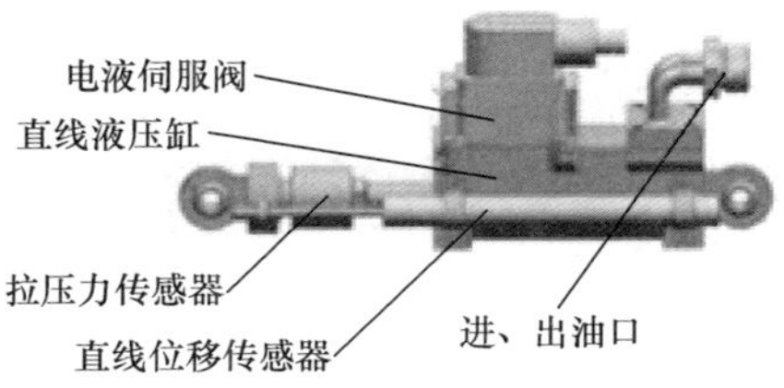

图 4-13　EHA 液压驱动单元结构图

2. 控制系统与控制方法设计

考虑到机器人本体内既有发动机、蓄电池等能源设备，又有各个控制、传感设备分散在各个位置，因此控制系统必须分布式控制，可抵抗复杂外部干扰。为此，控制系统设计采用双 CAN 总线与分层结构的分布式网络系统，如图 4-14 所示。此时，运动控制计算机负责底层的伺服及运动相关传感器的数据采集。由于对实时性要求较高，因此采用了 QNX 实时操作系统。在 SCalf 自动运行模式下，运动控制计算机的运动指令来自上层的环境感知计算机；在手动操作模式下，运动控制计算机的运动指令直接来自无线操作器。

环境感知计算机对实时性的要求低于运动控制计算机，因此在环境感知计算机上运行实时性低、通用性较强、易于扩展的 Linux 内核的通用操作系统. 环境感知计算机负责采集全球定位系统（GPS）数据以及二维激光扫描测距仪的数据，同时根据上述数据进行路径、人员跟踪以及避障的运动规划。

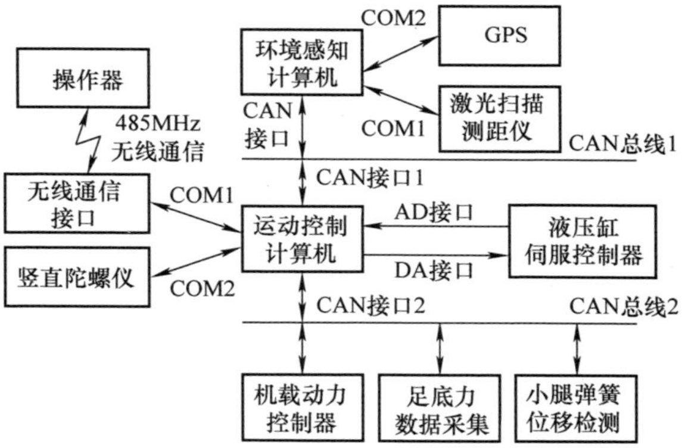

图 4-14　SCalf 控制系统结构框图

SCalf 有一套简便、快速、实用性强的运动控制方法，使其能够在不同的地形条件下稳定行走，如图 4-15 所示。

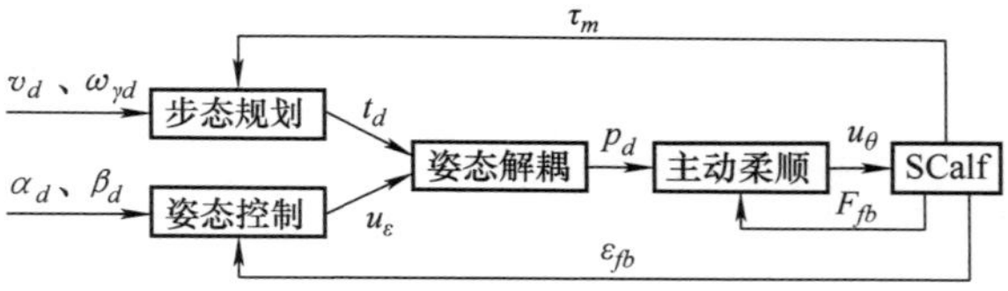

图 4-15　SCalf 运动控制方法

SCalf 的运动控制指令分为躯干运动线速度 v_d 与航向角速度 $\omega_{\gamma d}$ 的速度输入，姿态横滚角 α_d 以及姿态俯仰角 β_d 的角度输入。

步态规划以躯干运动线速度指令 v_d 与航向角速度指令 $\omega_{\gamma d}$ 为参考，以 SCalf 机器人检测关节力矩 τ_m 作为腿部支承条件及状态的判断依据，得到机器人腿部髋关节坐标系下期望的足端运动轨迹 t_d。

姿态控制器以姿态横滚角 α_d 指令与姿态俯仰角 β_d 指令作为参考输入，以竖直陀螺仪的姿态观测欧拉角 ε_{fb} 作为修正依据，得到姿态调整欧拉角 $u_\varepsilon(u_{\varepsilon\alpha},u_{\varepsilon\beta},u_{\varepsilon\gamma})$。式（4-1）为机器人的姿态解耦方程。

$$p_d(i) = R_{zyx}(u_{\varepsilon\alpha},u_{\varepsilon\beta},u_{\varepsilon\gamma})t_d(i) - k_{hip}(i) \tag{4-1}$$

式中　i——腿号；

R_{zyx}——zyx 欧拉角旋转矩阵；

k_{hip}——髋关节在躯干坐标系中的坐标，为常量。

姿态解耦将机器人的移动控制与躯干姿态控制完全分离，实现了机器人在站立或移动过程中的躯干横滚、俯仰、扭转控制，使机器人的运动更加灵活多样。同时，解耦控制降低了机器人整体控制时的规划复杂度，使 4 条腿的支承点向躯干正下方偏移，减小重力产生的翻转力矩，从而实现对地面坡度的适应。机器人通过分别控制前进速度、侧移速度、自转速度实现全方位移动。这三部分进行独立规划，然后依照期望速度和角速度按比例进行叠加，得到机器人的足端期望位置 p_d。实验测试中，SCalf 可在斜坡上稳定行走，在平面上向任意方向移动，绕任意半径转动，甚至完成坡上的自转运动。由于运动过程中重心投影始终在支承对角线附近，因此姿态角偏转不大，行走平稳。

3. 机器人行走能力测试

对上述 SCalf 机器人的行走、越障、平衡等能力，科研人员在室外环境下进行了大量测试实验。

（1）复杂地形行走运动能力实验　在平整水泥路面、平整沥青路面（见图 4-16a）、不平整的草地（见图 4-16b）、沙地（见图 4-16c）、土地（见图 4-16d）、雪地（见图 4-16e）和结冰路面（见图 4-16f），在负重 50kg 的情况下，以对角小跑步态、0.4～1.2m/s 的速度进行了行走测试。

室外环境中，地面与机器人脚部间的冲击比较剧烈，在腿部主动柔顺控制与腿部减振弹簧的作用下，SCalf 行走时，躯干横滚角与俯仰角会在 ±4°的范围内波动，如图 4-17 所示。

图 4-16　SCalf 机器人在不同地面上的行走测试

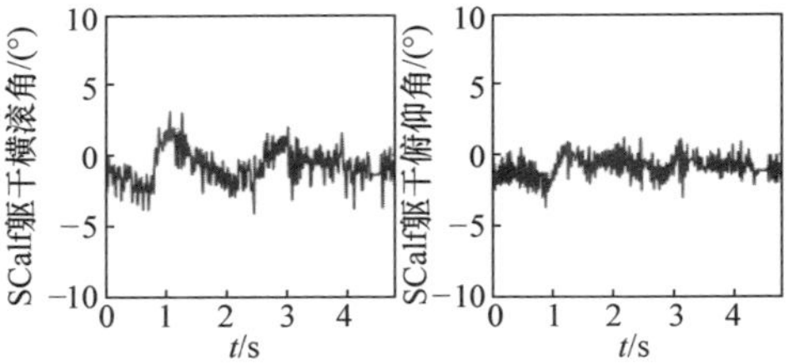

图 4-17　机器人平坦地面行走时躯干姿态角变化曲线

（2）上下坡能力实验　图 4-18 所示为 SCalf 机器人负重 50kg，以对角小跑步态、0.8m/s 的行走速度在坡度为 10°的斜坡上进行上下坡的实验。SCalf 在上下倾角为 7°的斜坡上行走时，躯干横滚角与俯仰角的变化情况如图 4-19 所示，2～4s 为上坡阶段，4～5.8s 为下坡阶段，机器人躯干角度上仰方向为俯仰角的负方向。

图4-18　Scalf机器人上下坡实验

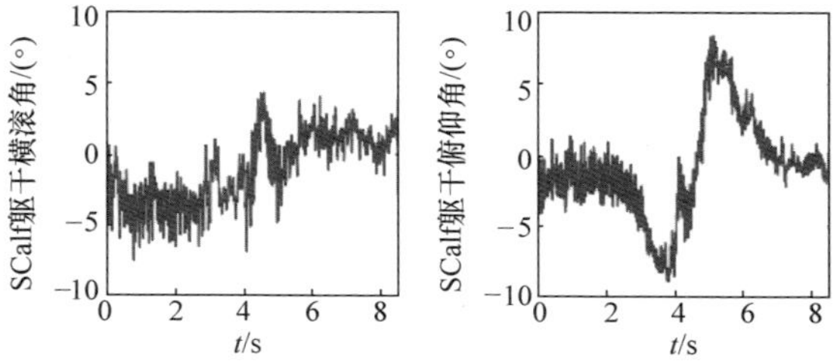

图4-19　SCalf上下坡时躯干横滚角和俯仰角变化曲线

（3）抗侧向冲击实验　图4-20a～c所示为SCalf在站立状态下，躯干受到来自侧向的冲击时，经过调整迅速恢复平衡。图4-20d～f所示为SCalf在以对角小跑步态行走时，受到来自躯干侧向冲击的调整时，在行走过程中进行调整，最终恢复正常行走状态。冲击扰动为一个成年男子正常站立，以单腿正踹SCalf躯干。

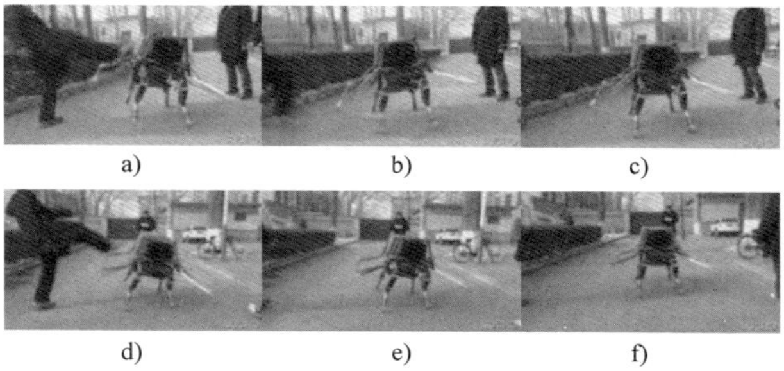

图4-20　SCalf机器人受侧向冲击时的平衡能力测试

图4-21所示为机器人在站立状态，受到来自躯干侧向冲击时的躯干姿态横滚角与俯仰角变化曲线。冲击发生在0.5s左右，在机器人姿态调节控制的作用下，在1.5s左右，躯干横滚角达到最大，随后恢复平衡。由于以站立状态测试，因此俯仰角几乎没有变化。

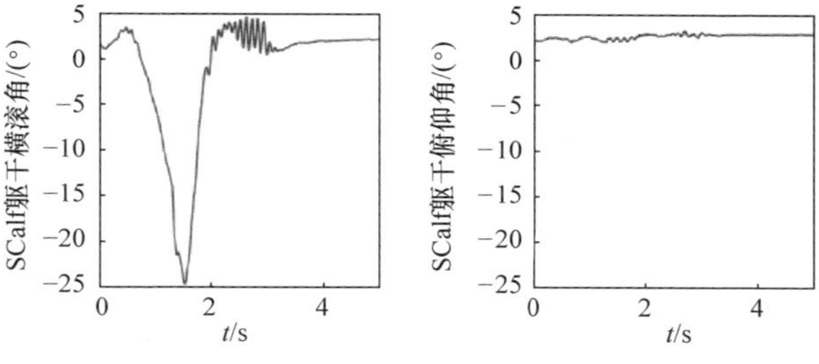

图4-21　机器人站立冲击实验躯干姿态角变化曲线

图4-22所示为机器人在以对角小跑步态行走，受到来自躯干侧向冲击时的躯干姿态横滚角与俯仰角变化曲线。在0.8s与2.2s时刻分别对机器人施加两次侧向

冲击（一次大，一次小）。在行走过程中，横滚角和俯仰角都会因为冲击的影响产生较大的变化，最后恢复平衡行走。这里需要说明的是，图 4-21、图 4-22 所示的数据采用了与图 4-17、图 4-19 不同的滤波参数，因此曲线的波动程度有所不同。

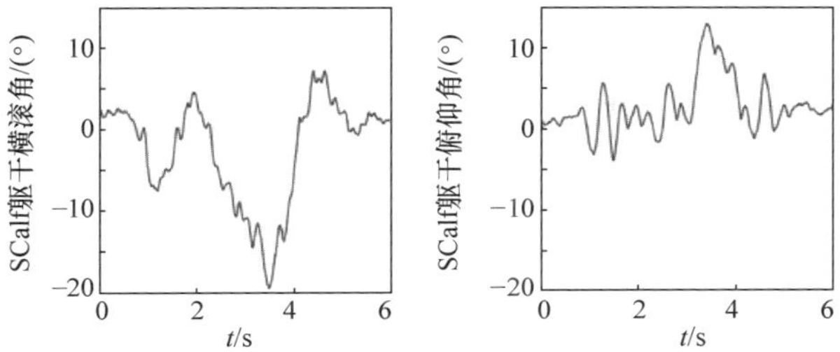

图 4-22　机器人行走冲击试验躯干姿态角变化曲线

（4）负重情况下的运动实验　图 4-23 所示为 SCalf 机器人在负重 53kg 情况下以对角小跑步态、0.8～1m/s 的速度载人行走的实验。在实验中，人与负载的总质量超过 130kg。图中可以看到被驮载的人员可以双手控制操作器，而不需要手抓机器人本体。这证明机器人在行走过程中，给骑乘人员带来的振动感和不平衡感非常小，运动非常平稳。

图 4-23　人员骑乘实验

（5）攀爬连续台阶实验　图 4-24a 所示为 SCalf 机器人使用爬行步态爬越 150mm 高的竖直台阶的实验，图 4-24b 所示为使用爬行步态攀爬连续台阶的实验。从实验结果来看，机器人具有很好的姿态调整能力和平衡控制能力。

a)　　　　b)

图 4-24　SCalf 机器人爬越障碍及攀爬楼梯实验

科研人员将四足机器人的燃油发动机与液压系统配合，成功设计出小尺度、大功率的集成驱动系统，为 SCalf 机器人持续灵活运动提供了保障。实验验证了 SCalf 的机构、动力设计及控制方法能够实现较为复杂环境中的行走，在受到外界冲击的情况下仍可以保持自身的平衡和运动状态。

目前，SCalf 机器人仍然存在着能源利用效率低、噪声大、续驶能力不足、运动速度较低等问题，这些都直接制约着 SCalf 这类腿足机器人走向实用。

4.2.3 液压四足机器人驱动器 CAN 总线通信

1. 采用 CAN 总线通信的必要性

液压四足机器人的每个腿由 4 个液压缸组成，传感器信号 8 路，由于采用液压伺服驱动和多关节实时仿生控制，导致通信部分较轮式机器人要求高且复杂。液压四足机器人的液压系统看起来组成极其简单，但是对其运动的要求却极高，主要是要求实时性、可靠性、功能开放性、硬件模块的可扩展性与后期维护。

为了达到实时性的指标，通常采用 DSP 芯片作为多轴运动控制器的核心处理器，具有信息处理能力强，开放程度高，运动轨迹控制准确，通用性好的特点。这种 DSP 芯片将在未来通信领域中起到举足轻重的作用。与此同时，CAN 总线的通信系统属于现场总线范畴，它是一种有效支持分布式控制或实时控制的串口通信网络，更具有传输速度快、抗干扰能力强和软件编程灵活等特点。CAN 总线工作于多主方式，网络上任一个节点均可在任意时刻主动发送信息，实现点对点、一点对多点的数据传递，采用非破坏性仲裁技术，报文标志符确定了节点的优先级采用短帧结构，每帧 8 个有效字节，发送时间短，抗干扰能力强。

2. 液压四足机器人腿运动的 CAN 总线系统设计

采用 DSP 28335 控制器，具有 CAN 通信，实现了机器人由 4 个液压缸组成每个腿的运动。力 + 位移混合控制，每次发送控制指令附带一条同步反馈指令，驱动器核心芯片系统框图如图 4-25所示。

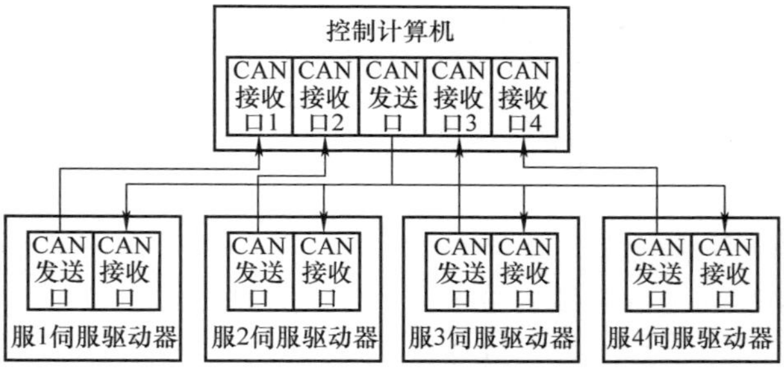

图 4-25 驱动器核心芯片系统框图

根据控制要求，每个驱动器要求接收 16 条不同类型的控制指令和 1 条同步反馈指令，接收到同步反馈指令后立即向上位机发送传感器采集的数据 2 条，所以协议中应配置 17 个接收邮箱，2 个发送邮箱，使用 DSP 内部 ECANA 模块处理接收，ECANB 模块发送反馈信息。这样就克服了单独 CAN 网络的半双工通信的缺点，实现全双工通信。

考虑到系统的实时性要求，所以采用中断模式接收，发送命令写在中断程序中，利用中断邮箱向量（即邮箱编号）区分指令，当产生中断时邮箱编号自动存于 ECAN 模块的 GIF 寄存器中的 MIV 区，然后利用软件实现数据的分类和存储。

通过软件实现了上述的控制，图 4-26a 所示为 CAN 网络通信系统主程序流程图。初始化系统、初始化 PIE 和 PIE 中断矢量表为 TI 源程序；初始化 ECANA 和 ECANB 时要将其配置成增强型 CAN 模式，按要求配置邮箱数量和方向，接收邮箱配置为接收中断模式，波特率 500kbit/s，寄存器值 0x000900D2，波特率为

$$波特率 = \frac{SYSCLK}{BRP \times Bit - time} \tag{4-2}$$

SYSCLK 为 CAN 模块时钟，系统时钟为 150MHz，CAN 时钟为 75MHz；初始化 GPIO 为配置 CAN 引脚；初始化邮箱配置程序配置邮箱 ID；设置好中断入口，然后等待上位机发送指令，当接收到指令时进入中断处理。

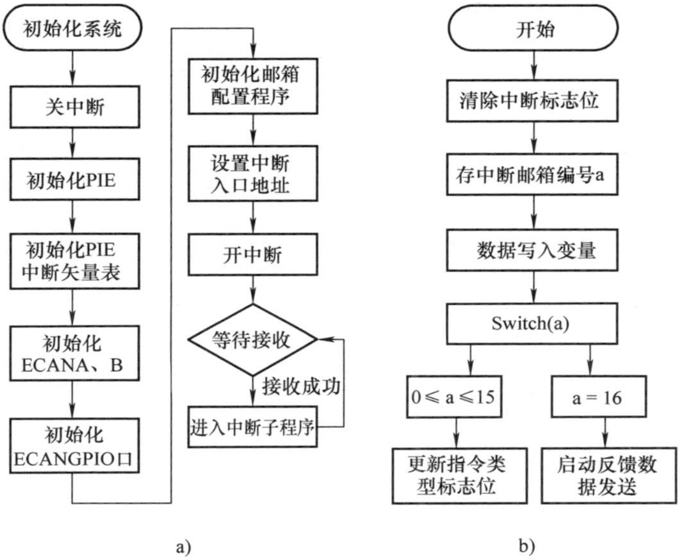

图 4-26　程序流程图

a）主程序　b）中断程序

中断程序流程图如图 4-26b 所示，用 4 个标志位代表 16 种指令，例如发给邮箱 2 的数据代表 4 个液压缸为力 - 位置 - 力 - 位置控制，标志位为 0（力）1（位）0（力）1（位），部分中断程序如下（示例）：

```
…
interrupt void ECAN0INTA - ISR( void)
{
volatile struct MBOX * Mailbox;
PieCtrlRegs. PIEACK. bit. ACK9 = 1; // 清除中断标志位
a = ECanaRegs. CANGIF0. bit. MIV0; // 中断触发后 CAN 模块自动将触发中断的邮箱编号存于 MIVO 位,此处将邮箱编号存于变量 a
Mailbox = &ECanaMboxes. MBOX0 + a; // 指向中断邮箱地址
b = Mailbox - > MDH. word. HI - WORD;
c = Mailbox - > MDH. word. LOW - WORD;
d = Mailbox - > MDL. word. HI - WORD;
e = Mailbox - > MDL. word. LOW - WORD; // 存数据
…
```

通过智能协议转换器模拟上位机，USBCAN 卡有 2 个独立 CAN 口，可实现数据的一口发一口收，满足实验要求，计算机安装 CAN 卡自带软件 CANTest，发送界面设置发送方式为正常发送，帧类型为标准帧，帧格式为数据帧，ID 填写与程序中对应的 ID 首先验证接收，上位机发送控制指令，内容写入 00…77，当向 0 邮箱发送时，标志位应全部为 0；向 1 邮箱发送时，标志位应全部为 1。在线仿真调试，通过 CCS3.3 软件的 Watchwindow 观察数据接收情况。验证中断反馈程序，上位机连续发送同步反馈指令（200Hz），为验证通信过程在反馈传感器数据的邮箱中写入固定值，通过 CANTest 通道 1 界面（通道 0 为发送界面）查看反馈数据，如图 4-27 所示。

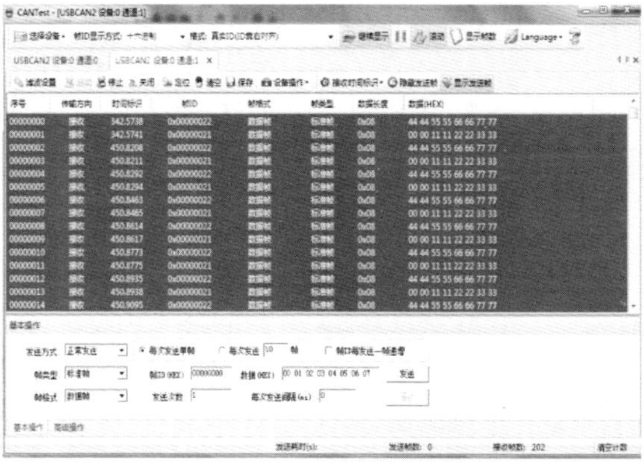

图 4-27　实时反馈情况

这种基于 DSP 的 CAN 总线双向通信模式，克服了以往串口通信中的不足，通过中断接收并利用中断机制区分指令内容与类型，并具有较强的抗干扰能力，稍加改动就能灵活用于各种多输入多输出机械系统中和数据采集中，符合液压力 + 位移混合控制的场合。

4.2.4　Big Dog 四足机器人液压系统

波士顿动力（Boston Dynamics）的产品以 Big Dog 系列四足机器人和 Atlas 系列仿人机器人最为出色，这两款更是轰动一时的代表性产品。Big Dog 是一款四足仿生机器人，爬行速度最高达 10km/h，攀爬最大倾角 35°的斜坡，载重 50kg，其结构如图 4-28 所示。

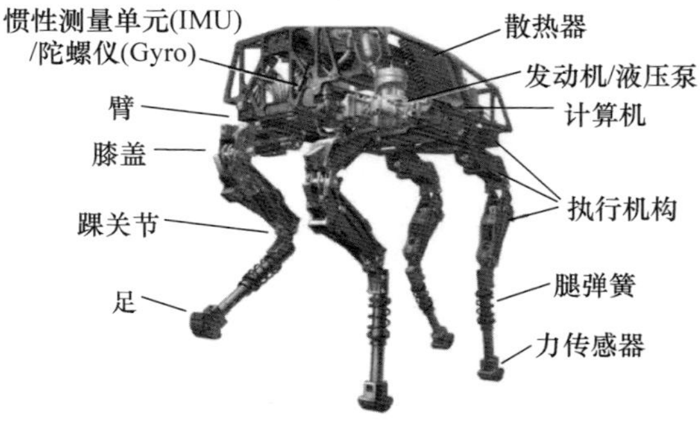

图 4-28　Big Dog 结构

Big Dog 四肢均由液压驱动，每条腿有 4 个自由度：小腿和大腿各 1 个纵向自由度，分别由一个液压缸驱动；胯部有纵向和横向 2 个自由度，由两个液压缸驱动。因此，全身共 16 个自由度。

Big Dog 腿部的液压驱动原理图如图 4-29 所示。

一个完整四足机器人的液压系统主要包含动力装置、执行机构、压力流量控制单元和其他液压辅助装置。其中，蓄能器作用为吸收系统压力冲击和波动，补充瞬

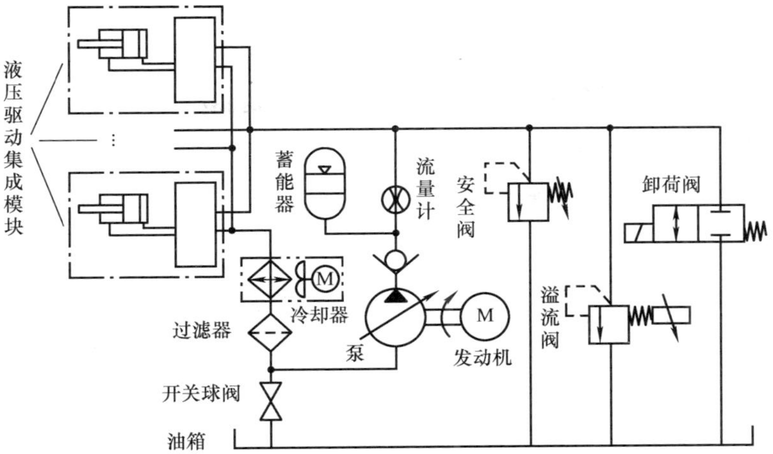

图 4-29　Big Dog 腿部液压驱动原理图

时大流量；过滤器作用为净化伺服系统液压油；比例溢流阀作用为调节变量泵出口压力；流量计作用为检测系统流量；力传感器作用为监测液压缸驱动关节的力和脚部与地面的接触力；系统大量使用旋转接头。

发动机采用的是卡丁车上的单缸双冲程发动机，如图 4-30 所示。

图 4-30　发动机（9000r/min，水冷，电起动）

为了提高系统频响和减小占用空间，将两级 MOOG 伺服阀和低摩擦密封液压缸集成，液压缸配有位移和力传感器，如图 4-31 所示。

作为智能液压系统，必须配备必要的传感器，包括立体视觉传感器（多目识别）、线性加速度计 + 激光陀螺仪（姿态控制）、GPS（室内室外导航） + 激光定位器（跟踪人）、关节角度传感器（姿态反馈） + 关节传感器（力反馈）、地面接触力传感器（力反馈）与发动机温度和转速传感器等。

图 4-31　液压驱动集成模块

4.3 工程机械无人驾驶与智能液压系统开发

4.3.1 无人驾驶液压轮式挖掘机智能控制系统设计

1. 无人驾驶挖掘机智能控制系统的设计要求

无人驾驶技术就是利用车载传感器、雷达、GPS以及摄像头等设备来感知车辆周围环境，并根据环境感知获得道路、车辆位置和障碍物信息，控制车辆的转向和速度，使车辆能够安全、可靠地在道路上行驶，实现车辆的自主安全驾驶，安全高效地到达目的地并达到完全消除交通事故的目标。无人驾驶技术是集自动控制、人工智能、视觉计算、模式识别和智能控制技术的产物。

目前，无人驾驶技术通常有以下三个层次：

1）遥控驾驶。视距内遥控操作，设备通过无线信号接收控制指令，控制液压回路上并联的电控回路即可。技术要求不高，驾驶员在车下遥控，设备有行驶速度和活动范围的限制。适用于某些危险的场合。

2）微型计算机远程控制驾驶。视距外遥控操作，驾驶员通过网络，利用信号接收和控制装置，以及工作面附近的摄像头，驾驶员根据回传的画面进行遥控操作。适用于工况恶劣和对人体危害大的工作环境。

3）无人驾驶。设备完全由计算机实时采集位置信息、方向信息、车辆状态、路线信息、道路状况、障碍物的信息及装载区、卸料区的地理信息等，轮式挖掘机还需要考虑挖掘、装卸等复杂动作，把这些工作都交给计算机来完成，实现真正意义上的无人自主驾驶。

2. 液压轮式挖掘机智能控制系统

要实现轮式挖掘机的自主驾驶，需要对已有液压系统和电气控制系统进行智能化改造。智能控制系统框图如图4-32所示。

转向系统需要增加电控转向机、方向转角传感器、左/右轮转角传感器，通过CAN3与主控制器进行通信。铲斗角度传感器、斗杆角度传感器、动臂角度传感器、回转编码器、车载控制器和显示器通过CAN2与主控制器进行通信。主控制器通过CAN4与上位机系统进行通信，并且把信息存储到数据记录仪。CAN1作为程序下载及故障诊断接口。

转向系统增加了电控转向机、方向转角传感器、左/右轮转角传感器，组成了闭式转向控制系统，可以对转向角度进行控制并实时修正。工作装置上安装铲斗角度传感器、斗杆角度传感器、动臂角度传感，可以实时检测工作装置的角度，可以对挖掘等动作进行精细控制。在中央回转体中安装了回转编码器，检测回转角度，可以判断上车的回转角度，再结合工作装置上的角度传感器，判断工作装置的空间位置。

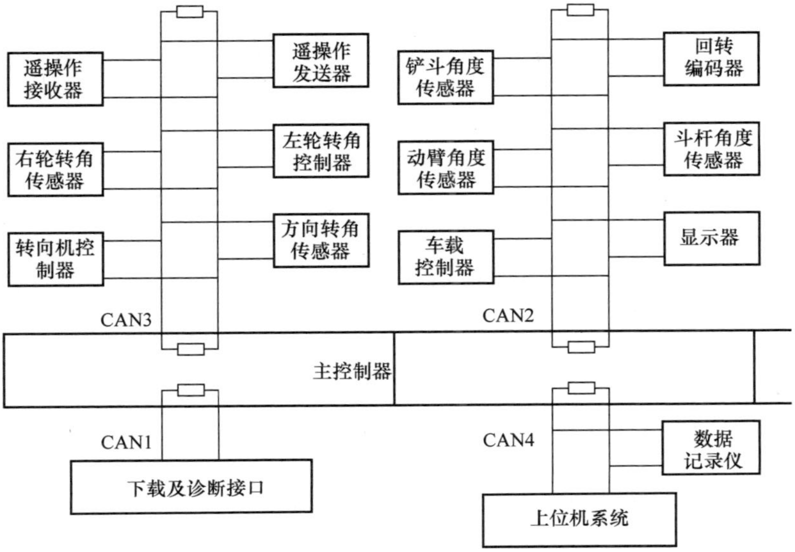

图 4-32　智能控制系统框图

轮式挖掘机操作复杂，尤其是上车部分，其中工作装置由动臂、斗杆、铲斗组成，不仅可以实现单动作，还可以实现各种复合动作。传统液压挖掘机设计均是通过液控的先导手柄控制多路阀实现液压缸的动作。上车部分还能通过中央回转接头实现 360°回转。要实现无人操作，需要对液压系统进行电控改造，图 4-33 所示为液压系统改造示例，是对动臂操作进行的改造。

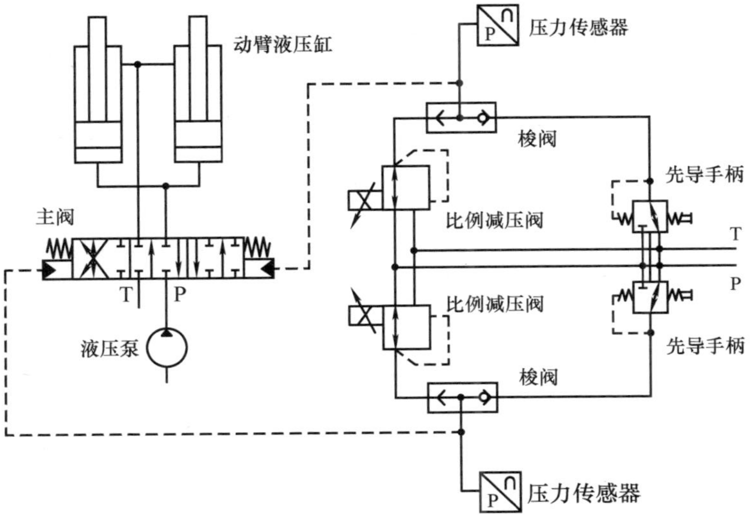

图 4-33　液压系统改造示例

先导手柄并联比例减压阀，通过梭阀后控制多路阀，并且需要检测梭阀出口的压力。动臂液压缸既可以通过先导手柄控制，也可以通过控制器控制比例减压阀，并且通过对压力的检测，可以实时反馈动作的快慢。斗杆、铲斗、行走、制动、回转以及支腿和推土铲的操作都要进行同样的电气化改造。

车载控制器需要增加的信号如图4-34所示。

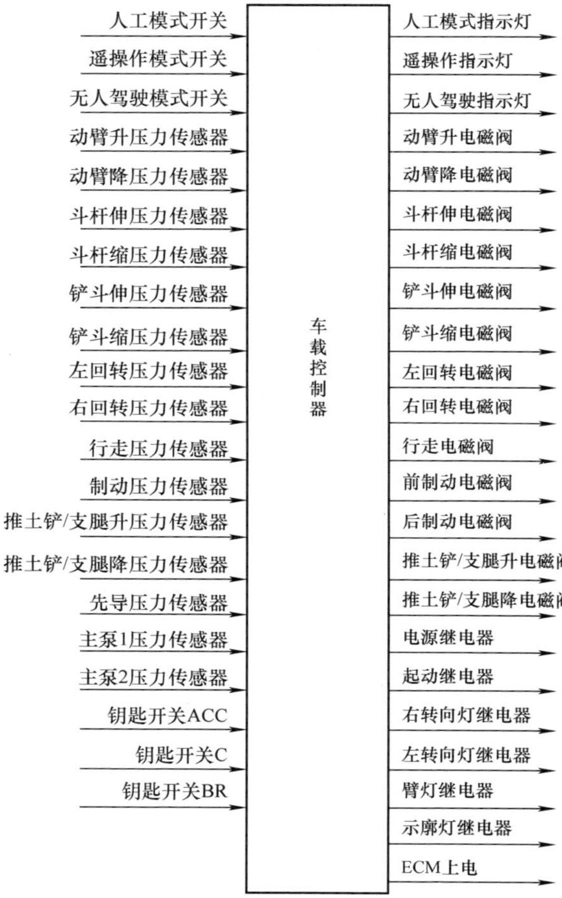

图4-34　常规电气改造示意图

钥匙开关的ACC、BR、C信号分别接入车载控制器，通过ACC信号控制车辆的电源继电器，可以实现车辆远程通电，检测到BR信号时，控制器会输出ECM的上电信号，当需要停车时，会切断控制器此端口的输出。人工模式开关、遥操作模式开关、无人驾驶模式开关分别接入控制器，当机器运行在当前的模式时，会点亮相对应的模式指示灯。臂灯、近/远光灯、示廓灯分别通过控制器进行控制，可以提醒参与到此位置工作的其他车辆。动臂上升/下降，斗杆的伸/缩，铲斗的内收/外摆等操作分别通过比例电磁阀进行控制，并加装相应的压力传感器，检测动作的压力。

通过多传感器数据融合技术，实现感知周围环境信息，包括挖掘机姿态、铲斗实时空间位置、铲斗与矿用货车的位置关系，实现装载全区域、矿用货车装载局部区域、挖掘作业局部区域、矿用货车引导局部区域等多视角数据显示，并通过视觉技术监控实时动作。

铲斗斗齿定位及控制是运用机器人运动学原理实现关节空间、驱动空间与位姿空间之间的坐标变换，并与导航定位系统相结合确定铲斗位置。最后，在建模的基础上，运用合适的控制方法，实现对斗齿位姿的变换控制。

3. 上位机系统设计

复杂环境感知与障碍物侦测主要涉及雷达侦测和导航定位。在前后两端各安装 8 线激光雷达与毫米波雷达，驾驶舱上方安装 32 线激光雷达，车体右侧与左侧各安装 4 线激光雷达与毫米波雷达。此外，车体中心附近安装组合导航系统，实现挖掘机全方位环境感知和侦测。

全景影像技术通过安装在车身四周的摄像头，同时采集挖掘机周围的影像，经过图像处理的工业控制计算机，进行畸变还原、视角转化、图像拼接、图像增强，最终形成挖掘机周围的 360°全景影像。

上位机系统设计框架如图 4-35 所示。

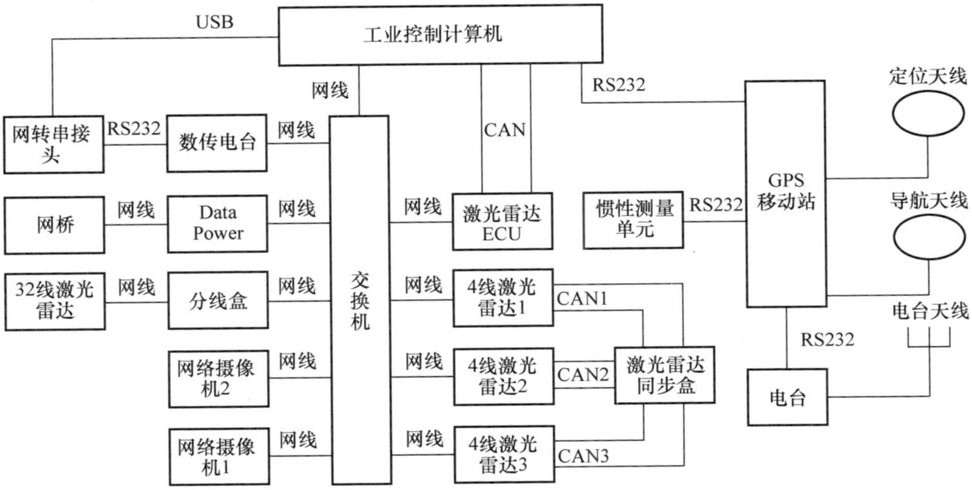

图 4-35　上位机系统设计框图

上述技术最终实现了挖掘机和无人矿用货车的协同控制，根据周围环境信息，进行无人矿用货车的停车位置规划。根据挖掘机和无人矿用货车配合情况提供车位管理策略，实现无人矿用货车的停车智能管理。挖掘机机手确定矿用货车的装载点、出场点。当满足入场装载条件时，工业控制计算机通过采集挖掘机和矿用货车的协同信息完成局部路径规划，引导矿用货车到达指定位置，并在挖掘机显示器上实时显示矿用货车的位置信息，实现挖掘机和无人矿用货车的联合作业。

轮式挖掘机下车行走部分与矿用货车相似，上车工作部分不但要进行360°回转还要进行复杂操作。通过对轮式挖掘机自主驾驶技术的研究，下车行走部分可以移植给矿用货车，上车工作部分可以移植给履带挖掘机、装载机等类似的工程机械。

4.3.2　挖掘机液压智能控制系统

1. 挖掘机液压智能控制系统的设计要求

在挖掘机智能控制系统中，控制器根据系统压力（p）、发动机功率（W）、比例阀电流（I）三个参数建立一个三维数据模型。在挖掘机的工作循环中，系统根据实时检测到的系统压力和发动机的功率，计算得出相应的比例阀电流值，对电磁比例阀的电流进行调整，实现变量泵近似理想恒功率曲线控制。智能控制系统的核心是智能控制系统功率匹配，包括下列四个方面：

（1）转速控制　通过节气门电动机的摆动角度，改变发动机节气门开度大小，进而调整发动机的转速。

（2）功率控制　通过调整比例阀电流的大小，改变比例阀的输出流量，从而调整主泵流量，改变主泵吸收功率，实现功率优化。

（3）发动机状态监控　通过发动机冷却液温度传感器、冷却液液位传感器、燃油位传感器、转速传感器、空滤脏污传感器、转速传感器、操作压力传感器、机油压力传感器，将需要检测的各种信号转变成电信号输入到处理器，经过延时或逻辑运算，视其结果进行相应的控制输出、显示或声音报警。

（4）人机交流界面　按键负责各种控制操作的输入。显示屏显示输入的结果和系统的工作状态（报警信号、转速、水温、燃油、工作设置状态以及控制运行状态），以及查看运行记录和故障检查帮助等。

2. 挖掘机智能控制系统

挖掘机智能控制系统是具有微处理器的工业控制计算机系统，以转速传感器、温度传感器和压力变送器为检测元件，以变量泵和发动机组成液压挖掘机智能动力控制系统，实现液压挖掘机液压系统主泵吸收功率、发动机输出功率自动匹配和挖掘机工作状态的全面监控。

图4-36所示为挖掘机智能控制系统框图。

在此系统中，微处理控制器5根据压力传感器1与压力传感器7采集柱塞式双联变量泵2与10输出的压力大小。通过查找二维数据组组成的曲线坐标参数，输出相应的比例阀4电流，经过变量机构3与变量机构9控制柱塞式变量泵2与柱塞式变量泵10的输出流量大小。使柱塞式变量泵2与10的吸收功率（$W = pqv$）保持为一个常量。发动机 6 提供系统动力，先导泵 8 提供比例阀 4 的输入压力。

3. 挖掘机智能控制系统主要部件

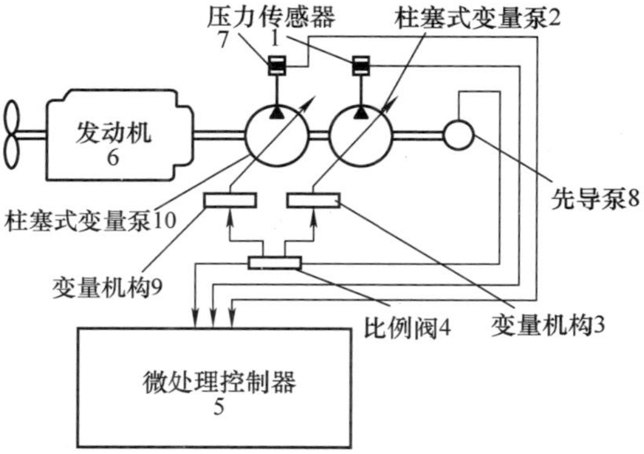

图 4-36　挖掘机智能控制系统框图（山重建机）

（1）功率匹配系统　引入液压系统压力控制主泵流量，通过建立三维数据模型，实现对斜盘变量泵流量的点阵式控制。在普通的斜盘变量泵上实现近似理想的恒功率控制，可充分发挥发动机的功率储备，减小液压系统溢流功率损失和空载功率损失，减少燃油消耗。

（2）节气门调速系统　该装置采用节气门智能控制模块 + 步进电动机 + 减速器的结构，替代普通直流电动机旋转或直推，带动节气门拉线，改变发动机节气门开度的调速方式，通过智能控制模块的自整定功能，拟合发动机的调速特性曲线，实现发动机功率的精确调整。系统利用减速器结构，在停止调速阶段不需要输出电流，提供步进电动机的维持转矩，延长了电子控制模块和步进电动机的使用寿命。

（3）显示系统　解决彩色 LCD 液晶显示器在室外强光图像发暗、易老化的问题。利用 ARMS3C2401 的内存管理技术，解决大数据量显示存在画面切换刷新慢、动画显示抖动的问题。

4. 应用情况、效益及市场前景

山重建机有限公司的挖掘机智能控制系统工作安全可靠，维护少，易维修，适应性强，挖掘机综合效能明显提升，燃油经济性优势明显；同时，该控制系统每套综合成本比市场同类产品采购价格低一半，大大降低了整机产品的制造成本，经济效益和社会效益显著。

4.4　智能数字液压装置应用

4.4.1　智能液压假肢膝关节

1. 智能液压假肢膝关节控制要求

安装假肢是当前下肢截肢患者恢复行走能力的唯一手段。需要智能感知，使膝关节假肢的仿生结构采用合适的实时特征参数制定智能控制策略，才能达到生理步态的整体控制目标。在步态相位识别、步速自适应、路况识别等技术基础之上，采用分布式思想搭建假肢膝关节硬件系统，完成基于 STM32F407 单片机的主控单元硬件电路设计，以使假肢膝关节近似实现期望的运行规律。膝关节可归纳为一个高度非线性、时变、强耦合的系统。智能假肢膝关节系统研制需要多学科交叉技术，如生物医学工程、信号系统分析、传感器技术等，是一个复杂的人机液压系统。

2. 液压假肢膝关节结构与功能设置

智能假肢膝关节液压阻尼缸工作原理如图4-37所示。

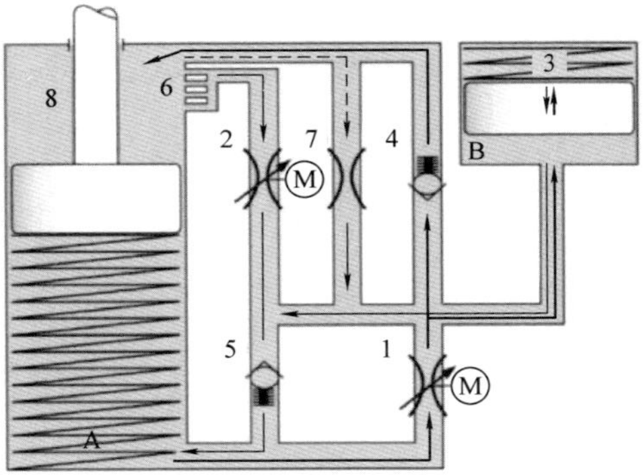

图4-37　智能假肢膝关节液压阻尼缸工作原理

1、2—旋塞阀　3—液压补偿缸弹簧　4、5—单向阀　6—液压阻尼缸　7—节流阀　8—活塞

液压阻尼系统有两个相互独立的旋塞阀1、2，分别调节假肢膝关节的屈曲和伸展阻尼，旋转直线电动机调节旋塞阀阀门开度，可实现从低阻尼到高阻尼的连续控制。当假肢膝关节屈曲时，活塞8受到人体体重的作用向下运动，液压油从液压阻尼缸6下腔流经旋塞阀1进入液压补偿缸B，并流经单向阀4进入液压阻尼缸6上腔，如图4-37所示粗实线箭头流向，在该过程中助伸弹簧A被压缩；当假肢膝关节伸展时，活塞8向上运动，液压油从液压阻尼缸6上腔流经旋塞阀2，并从液压补偿缸B一起流经单向阀5进入液压阻尼缸6下腔，如图4-37中细实线与细虚线箭头流向，在该过程中被压缩的助伸弹簧A释放储存的能量，起到辅助膝关节假肢伸展的作用。

智能液压假肢膝关节功能样机如图4-38所示。主体结构包括假肢膝关节部分、小腿管部分以及假脚部分。其中在假肢膝关节的上连杆内置惯性传感器，用于测量截肢侧大腿倾斜角度以及摆动加速度，同样在位于膝关节假肢外壳的控制面板上设置惯性传感器，用于测量膝关节假肢倾斜角度及摆动加速度；在膝关节转轴处设置角度传感器，用于直接测量膝关节运动角度；在小腿腿管处设置压力传感器，用于测量穿戴膝关节假肢行走时地面对其的反作用力。

3. 智能液压假肢膝关节控制系统总体设计

高性能的智能假肢膝关节控制系统应能满足以下功能：①在静止或步态支承期可保证稳定性，以保障患者安全；②摆动中期保证足够的离地间隙，避免脚尖与地面碰撞；③摆动期膝关节角度应尽可能与健侧接近，实现良好的步态对称性；④可

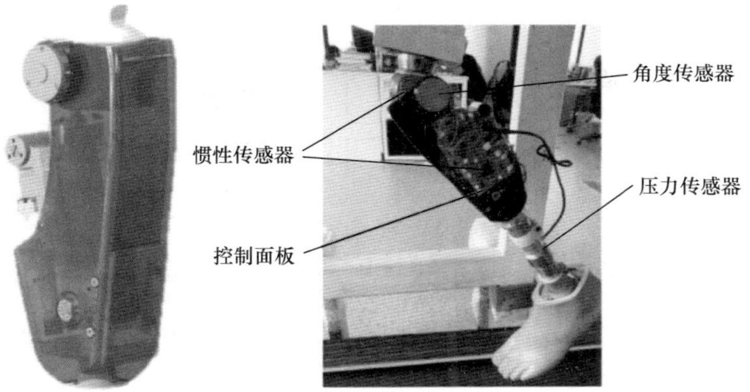

图 4-38　智能液压假肢膝关节功能样机效果与实物

适应不同步行速度的变化；⑤可适应不同的路况变化。

根据以上功能需求对假肢膝关节样机控制系统进行设计，假肢膝关节控制系统总体结构框架如图 4-39 所示。

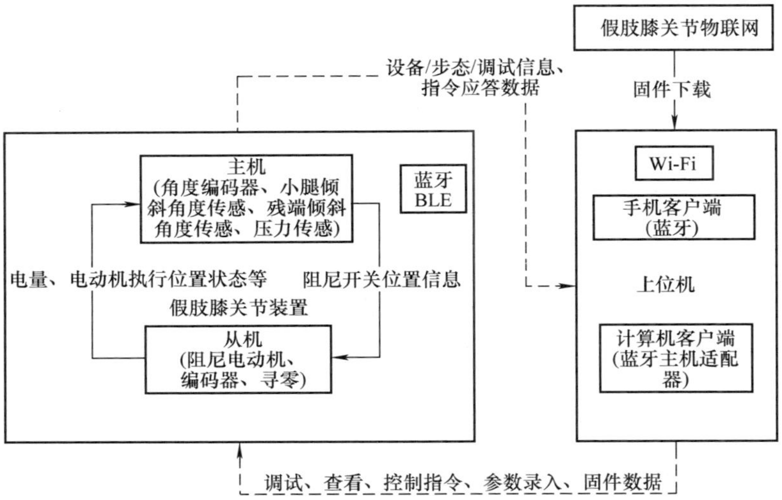

图 4-39　假肢膝关节控制系统总体结构框架

其中，假肢膝关节整体控制框架如图 4-40 所示，其控制核心是对假肢膝关节在不同路况下支承相与摆动相的控制。

整个控制系统由步态相位识别模块、路况识别模块、步速检测模块、电量检测模块，以及位置伺服系统等部分组成。步态相位识别模块是整个控制系统的控制基础，只有在特定步态时相下进行不同的阻尼控制才能使假肢膝关节摆动符合正常人的下肢规律，从而匹配健侧行走；路况识别模块可通过识别不同路况，使假肢膝关

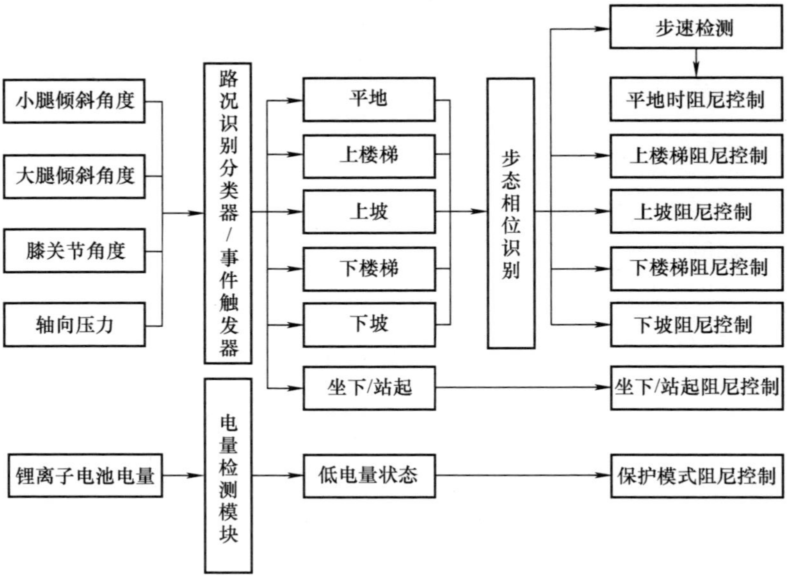

图 4-40　假肢膝关节整体控制框架

节执行对应步态模式以满足在各个路况下行走的需求；步速检测模块用于检测当前行走的步速，为伺服位置控制系统提供电动机运行的目标位置，是步速自适应功能实现的基础；电量检测模块主要用于检测假肢膝关节工作电压，防止电量不足导致假肢膝关节工作异常，并使假肢膝关节处于防弯曲状态，以降低摔倒概率；位置伺服系统可保证所研制假肢膝关节内部执行机构运行位置的精准性，即精确控制针阀开度位置。本研究主要通过监测各传感器信号，对截肢患者步态运动信息进行分析，判别假肢膝关节状态及步行速度，进而通过控制针阀开度位置调控假肢膝关节阻尼力矩，从而达到使人体与假肢膝关节协同工作的目的。本研究采用的控制方法可归纳为利用基于 LM 优化算法的 BP 神经网络实现路况离线识别，并应用迭代学习算法搭建步速知识库实现步速自适应，以及在不同路况下采用基于有限状态机的控制方法实现步态相位的阻尼控制。

4. 系统硬件与软件的设计

智能假肢膝关节需要实现的功能包括运行步态状态检测、人体步行速度检测与自适应控制、路况状态检测与分类、电动机闭环控制等功能。从稳定性、实时性与可调试性出发采用分布式架构思想搭建硬件控制系统。由于 ST 公司可提供用于开发的固件库函数，其生产的 STM32 系列处理器为采用工业标准的嵌入式处理器，并在结构上使用哈佛结构，具有独立的数据和地址总线，使得数据存储与读取更加可靠，而且开发环境具有良好的可视化界面，故采用单片机构成的主从单元控制器实现上述整体功能。硬件系统总体结构如图 4-41 所示，该硬件系统是智能假肢膝关节控制系统功能实现的基础，也是基于智能算法等相关软件运行的载体。

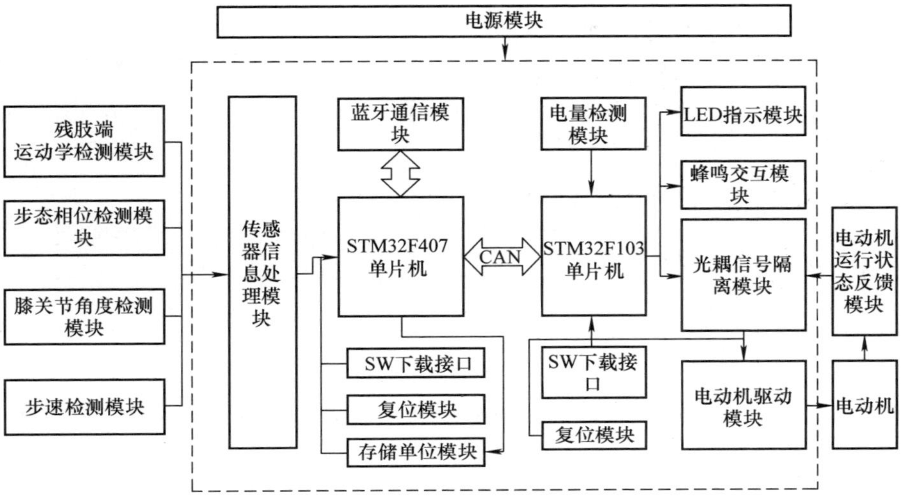

图 4-41　硬件系统总体结构

根据制定的假肢膝关节控制方案，主控制单元功能主要为采集与处理传感器数据，与从机模块和上位机进行通信等。针对该主控制单元系统的软件设计分为主程序设计和中断服务程序设计两部分。主程序整体框架如图 4-42 所示。

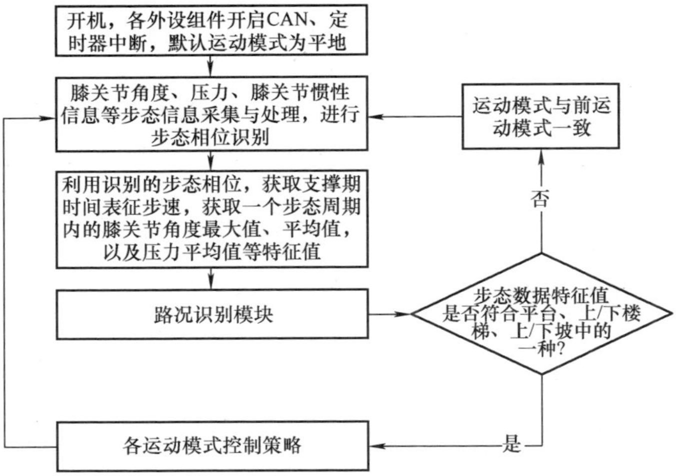

图 4-42　主程序整体框架

5. 假肢测试实验结果

假肢测试平台上的测试过程如图 4-43 所示。

人体步态最重要的一个特点就是左右两侧具有运动对称性，从对称指标 SI 评估患者穿戴所研制假肢膝关节的行走步态对称性。其中，XR 为健康腿步态周期时间，XL为残侧腿步态周期时间，步态理想对称时，SI逼近于0。当SI小于10%时，可评估为步态对称性良好。

运用假肢测试平台进行实验，在跑步机上设定不同挡位，对健侧和假肢侧步态数据进行采集并做对比，采用绝对对称指标SI说明系统控制下的行走性能，在跑步机上设定步速为1.4m/s，利用假肢测试平台采集与记录两侧膝关节角度数据如图4-44所示。在1.4m/s的行走步速下，膝关节最大屈曲目标角度为68°，假肢侧最大屈曲角度不断逼近健侧角度，步态的仿生性和对称性逐步提高。由此证明，控制系统的步态校正方案是可行的。控制信号可使假肢近似实现期望的运行规律，较好地验证了该控制系统性能的优越性。

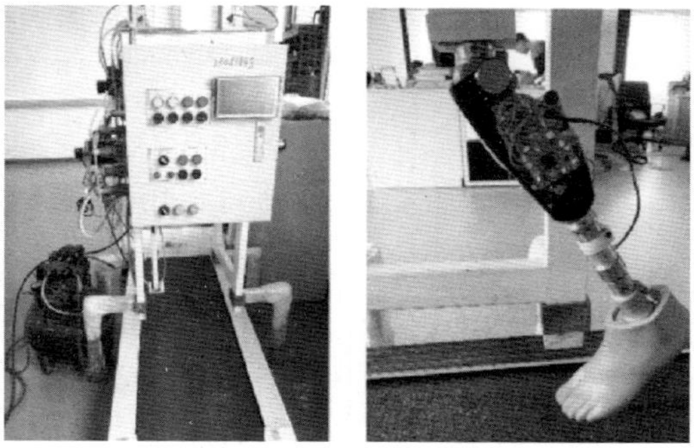

图4-43　假肢测试平台上的测试过程

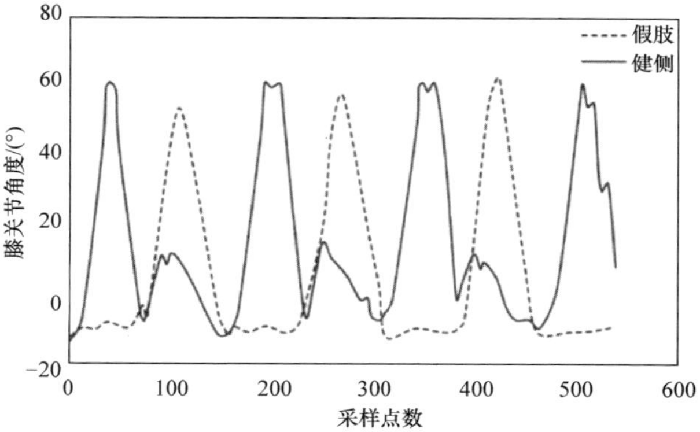

图4-44　1.4m/s步速下残侧与健侧膝关节角度曲线

4.4.2　液压高速开关阀控制的高速数字控制系统

液压系统的发展进入了微处理器为核心的计算机工业控制时代，即液压数智化时代。

1. 液压高速数字控制系统的应用场合

液压高速数字控制系统应用的场合很多，当前在数控板材加工设备中已得到广泛的应用。基于单片机的高速液压控制系统不仅有液压系统元件组成的系统，更有硬件设计、软件设计、系统的计算机仿真与控制调试等，使系统具有精度高、设计简单等优势，可以实现对速度、位移、加速度等量的精度控制，从而实现所需的工艺要求。本系统采用了单片机和PROFIBUS现场总线设计的控制器能够非常明显地提高系统的频率响应与控制精度，还使得高速液压系统具备智数化的特点。

目前数控板材加工设备广泛应用于通信设备、电力开关、电梯、汽车、农业机械、仪器仪表等行业的生产装备，而数控板材加工设备的核心部分就是高速液压控制系统，液压控制系统能够根据机械装备的要求，对位置、速度、加速度、力等被控制量按一定的精度进行控制，并且能在有外部干扰的情况下，稳定、准确地工作，实现既定的工艺目的。针对高速液压控制系统输出力大、频率响应快、精度要求高等特点，利用高性能的单片机和PROFIBUS现场总线设计的控制器，不仅使高速液压控制系统在数字化基础上智能化，而且提高了系统的频率响应和控制精度，具有广泛应用前景。

2. 液压高速数字控制系统的构成

液压高速数字控制系统结构示意图如图4-45所示，主要包括液压缸、控制器、高速开关阀、油路、上位机PLC和液压站。上位机PLC向控制器发送命令，控制器根据上位机PLC发送的命令对高速开关阀进行控制，通过控制高速开关数字阀来使其控制的油液对液压缸进行换向和速度的控制，产生差动下行活动、直动下行活动及直动回程活动。由于液压杆的位置是用位移传感器进行测量，因此控制精度更高。

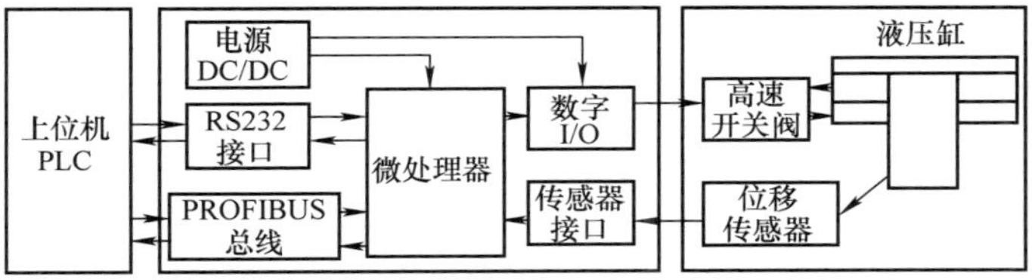

图4-45 系统结构示意图

3. 液压高速数字控制系统硬件设计

液压高速数字控制系统采用了晶振为16MHz、内存256kBFlash和10kBRAM的单片机，并与位移信号检测电路、通信接口电路、高速阀驱动电路与单片机的外围电路几部分构成系统硬件。

采用具有多路输出信号的磁栅尺作为位置传感器对液压缸活塞杆的位置进行检测，然后将检测的液压缸活塞位置信号传递给单片机，由单片机来对获得的检测信号与设定的信号进行对比，位移信号检测电路在系统中的运用可以有效提高系统的控制精度。具体的电路示意如图4-46所示（显示出其中一路）。由于磁栅尺所输出的信号为差分信号，

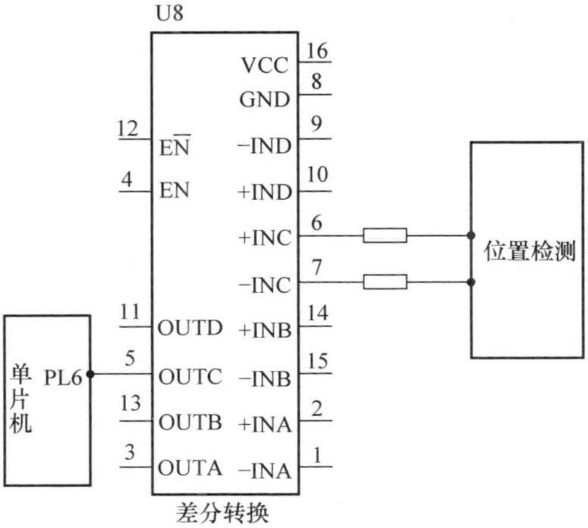

图4-46 控制系统位移信号检测两路中的差分转换

因而需要将信号连接到差分转换芯片中，起到差分驱动的作用后输出至单片机。

4. 系统通信接口电路的设计

由于高速液压控制系统对冲切频率的要求很高，PROFIBUS 传输速率最高可达 12Mbit/s。图 4-47所示的是通信接口电路原理，其与上位机的接口采用RS485。

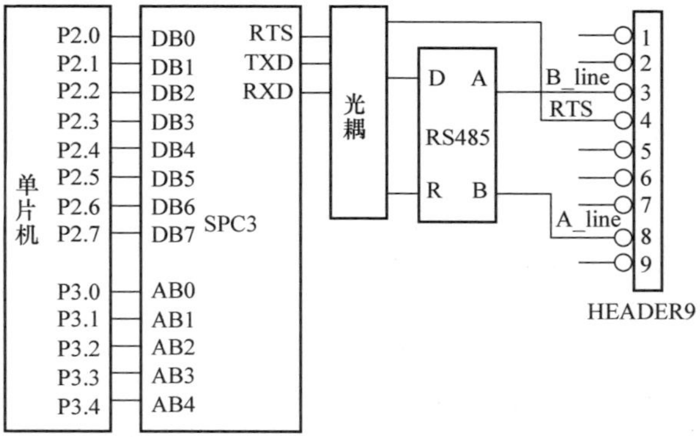

图 4-47　控制系统通信接口电路原理

5. 液压高速开关数字阀驱动电路的设计

本液压高速数字控制系统通过单片机的 PWM 输出来对液压高速开关阀进行控制。图 4-48 所示为高速开关阀驱动电路的原理图。由于采用单片机控制，因而无须以往所用的驱动系统中需要经过 D/A 等一些电路转换的驱动电路，这就使得基于单片机的高速液压控制系统的电路相对简单。除此之外，由于单片机输出 PWM 直接控制阀的工作，还具有精度高、抗干扰能力强的优点。

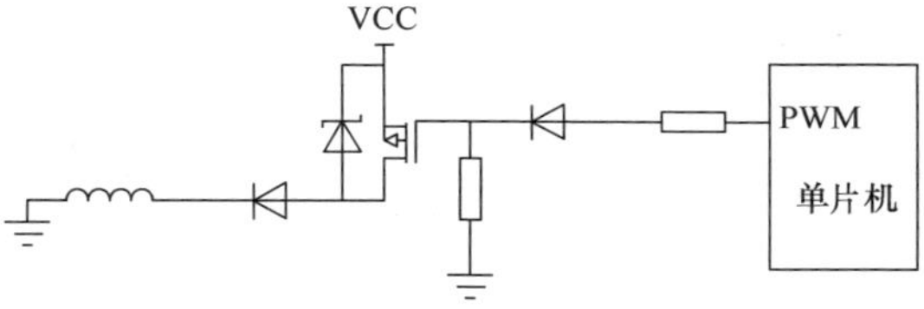

图 4-48　高速开关阀驱动电路的原理图

6. 液压高速数字控制系统软件设计

图 4-49 所示为基于单片机的液压高速数字控制系统软件系统的流程图。由图 4-49可以看出，系统在启动之后处于锁定的状态，而控制器则是在上位机发送解锁信号之后才开始工作的，然后在同一时刻上位机给控制器发送像设置传感器零点、HOME 工作指令等一系列的指定工作模式。在本系统中设有换模具、冲压起始和液压冲头下移三种位置。图 4-49 中所示的“寻找”则是起到了寻找液压冲头工作位置的作用。

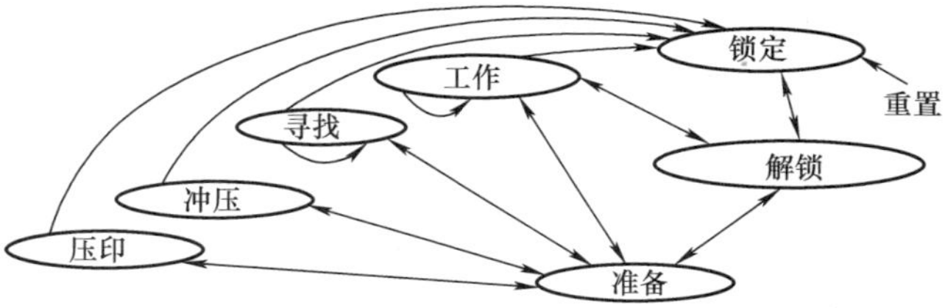

图 4-49　基于单片机的液压高速数字控制系统软件系统的流程图

基于单片机的液压高速数字控制系统循环信息代码如下：

```
#defineMC_CYCLE_BASIC_LOCKED Ox0000
#defineMC_CYCLE_BASIC_UNLOCKED Ox0001
#defineMC_CYCLE_BASIC_READY Ox0002
#defineMC_CYCLE_PUNCH0xOA00. . 0x0AFF
#defineMC_CYCLE_FORM0x1400. . Ox14FF
```

单片机的初始化和 SPC3 的初始化是基于单片机的液压高速数字控制系统中通信模块软件设计的两部分主要内容。这两部分中的 SPC3 的初始化包括对智能高速液压系统控制器来设置地址和 SPC3 内部存储器的配置等，初始化的主要任务是根据 SPC3、中断服务程序来对 SPC3 接收的主站数据进行转存，然后通过 SPC3 上传到主站，这时由于 SPC3 完成了 DP 协议，因此在与主站通信时单片机不需要处理 DP 状态机。本系统中是以 PLC 为主站，开始时要检查控制器的从站是否在总线上，如果检查的结果在总线上，并且控制器的标识号和主站的参数相一致的话，则要对 SPC3 进行相关参数配置。表 4-2 列出了报文的解码表。

表 4-2　报文的解码表

Byte	0x00	0x01	0x02
Code	Request	Indexlow	Index high

0x03	0x04	0x05	0x06	0x07
Sub - index	Date0	Date1	Date2	Date3

7. 液压高速开关阀控制的高速数字控制系统性能

图 4-50 所示为液压高速数字控制系统在工作状态下液压缸活塞杆位移曲线。其中图 4-50a 是系统在压印模式下工作，图 4-50b 是系统在冲压模式下工作。通过图 4-50 可以看出，在压印模式下循环周期为 30ms，行程为 3mm，极限公差为 0.2mm，而在冲压模式下的循环周期为 23ms，行程为 4mm，极限公差为 0.1mm。基于单片机的液压高速数字控制系统在数控板材加工设备中的运用可以有效地实现所需的工艺要求。

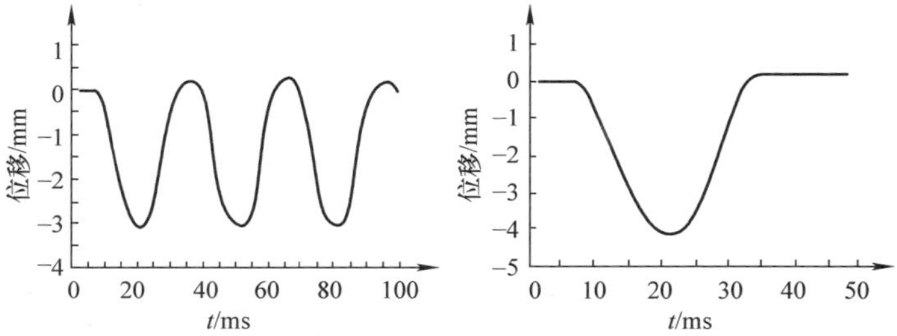

a)　　b)

图 4-50　液压缸活塞杆位移曲线

a）压印行程 3mm 时液压缸活塞杆位移曲线　b）冲压行程 4mm 时液压缸活塞杆位移曲线

4.5　电静液作动器（EHA）在飞机制动系统中的应用

4.5.1　电静液作动器的优势与发展趋势

电静液作动器（Electro hydrostatic Actuator，EHA）是一个高度集成的机电液系统，如图4-51所示，电静液作动器原理图如图4-52所示。它打破了液压集中动力站的传统观念，进入了液压缸自带动力站的分布式液压系统的时代。这种功率电传作动技术理念来自飞机的多电化和全电飞机的提出，并成为未来飞机液压技术的发展趋势。

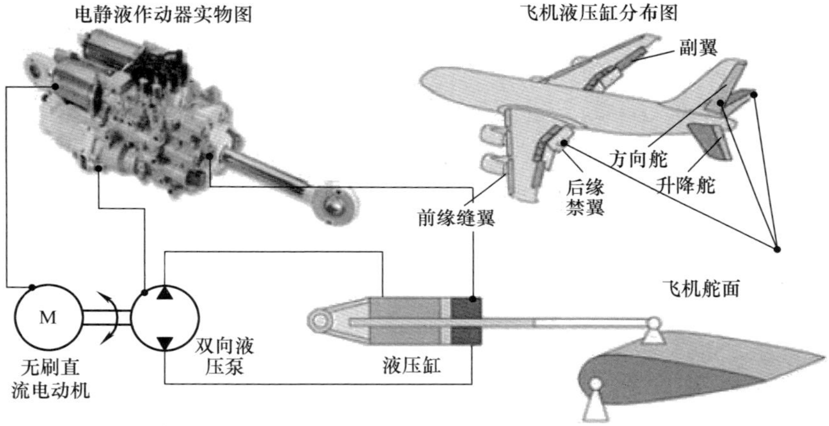

图4-51　电静液作动器

这一技术目前正在拓展应用在其他领域，其优势在于：

1）每一个液压缸由各自的动力站驱动，提高了整个液压系统的安全性。

2）各个液压缸之间的动作协调利用电控或总线控制，保留了传统液压作动系统较好的动态特性，提高了整个系统的响应速度并降低了硬件连接的难度。

3）极大地减少了液压管路，降低了液压系统安装的难度与由管路造成的泄漏可能性。

4）便于进行能量管理，降低能源消耗。

5）便于进行故障隔离（模块化设计使故障定位更加容易和准确）。

6）易于拆装，便于维护。

7）提升环境友好度（减少液压油引起的火灾和污染）。

8）减轻质量。

但电静液作动器散热能力差，给安装布置也带来一定的挑战。关于电静液作动器的分析详见第16章。

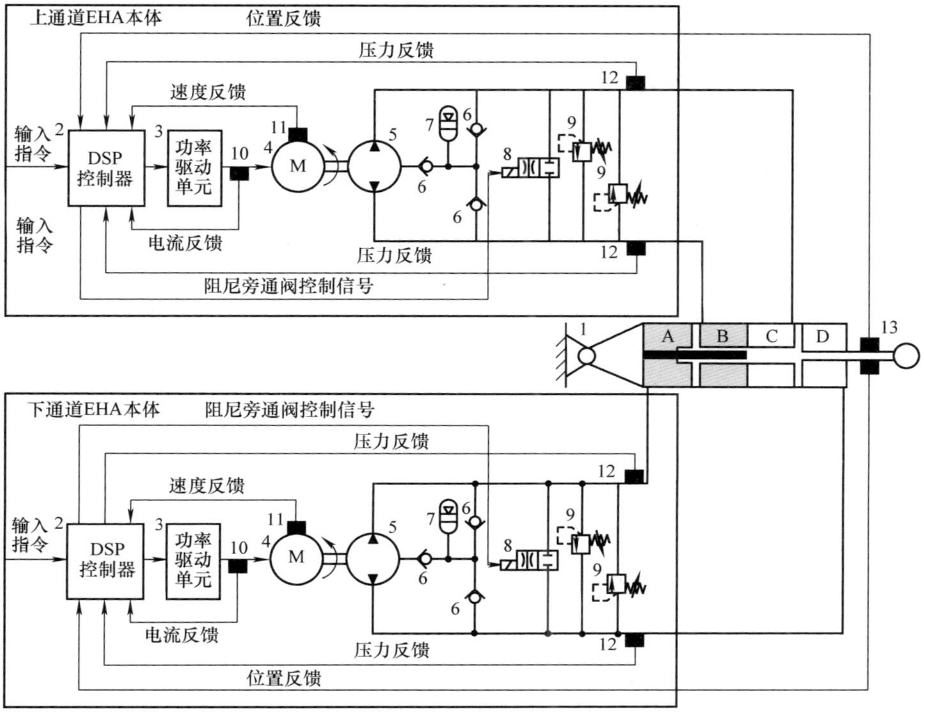

图 4-52　电静液作动器原理图

1—受控液压缸　2—DSP 控制器　3—功率驱动单元　4—伺服电动机　5—液压泵　6—单向阀　7—蓄能器　8—阻尼旁通阀　9—溢流阀　10—电流传感器　11—电动机转速传感器　12—压力传感器　13—位移传感器

4.5.2　新型电静液作动器在飞机制动系统中的应用

新型电静液作动器多用于飞行控制的舵面操纵机构，现针对飞机制动系统防滑控制过程中快速性的要求，提出了一种适用于飞机制动的电静液作动器结构，如图 4-53所示。

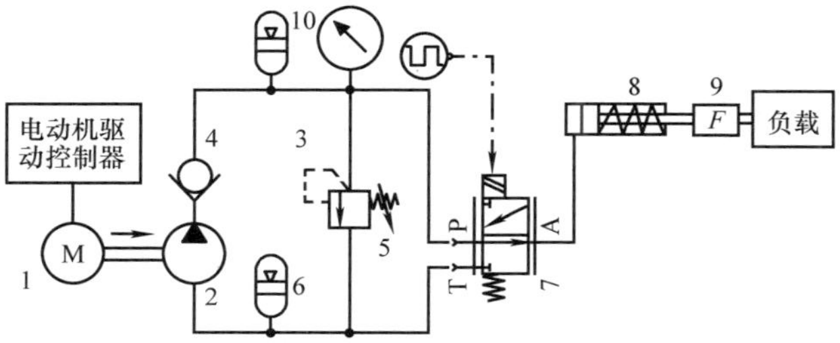

图 4-53　新型电静液作动飞机制动动作原理图

1—无刷直流电动机　2—单向定排量柱塞泵　3—蓄能器　4—单向阀　5—溢流阀　6—增压小油箱　7—方向阀　8—单作用液压缸　9—制动压力传感器　10—液压压力传感器

由图4-53可见，它由无刷直流电动机、单向定量泵、蓄能器、单向阀、溢流阀、小油箱、电磁方向阀、弹簧回程单作用液压活塞、制动压力传感器和电动机驱动控制器等组成。其运行方式采用泵控和阀控相结合的方式。根据飞机制动压力的指令要求，电动机驱动控制器调节无刷直流电动机驱动的单向定量泵转速，由液压压力传感器构成闭环控制，达到制动压力调节的目的。由于在防滑制动过程中液压活塞需要频繁进退，以达到加压制动和防滑松开制动的目的，如果用泵控方法，即通过改变电动机的旋转方向使得液压活塞进和退，由于电动机和液压泵的转动惯量较大，无法满足快速正反转，无法实现防滑制动快速性的要求。因此这里采用了由液压泵控制转速并保持压力，控制电磁阀换向实现制动和松开制动转换的控制方式，通过换向使制动装置液压活塞腔与油箱接通，在制动装置的结构刚度和活塞中回位弹簧的作用下完成快速松开制动过程。蓄能器在这里起到了压力保持和液压泵脉动能量的吸收，使得制动压力更加平稳，溢流阀起到了最高压力限制的作用。

电动机驱动控制器接收刹车压力给定指令，通过液压压力外环、转速内环的控制结构，采用常规PID控制律，保证制动压力的正确值。而安装在液压活塞上的制动压力传感器的信号发送到防滑制动控制器，防滑控制器将飞机机轮的转速信号和压力反馈信号作为防滑制动控制的依据。

飞机制动系统的构成如图4-54所示。机轮转速信号和制动力信号被发送给防滑制动控制器，防滑制动控制器输出制动电压信号作为无刷直流电动机驱动控制器的给定信号，同时防滑制动控制器还控制电磁方向阀，以此来控制液压活塞是处于制动状态还是处于松刹状态。

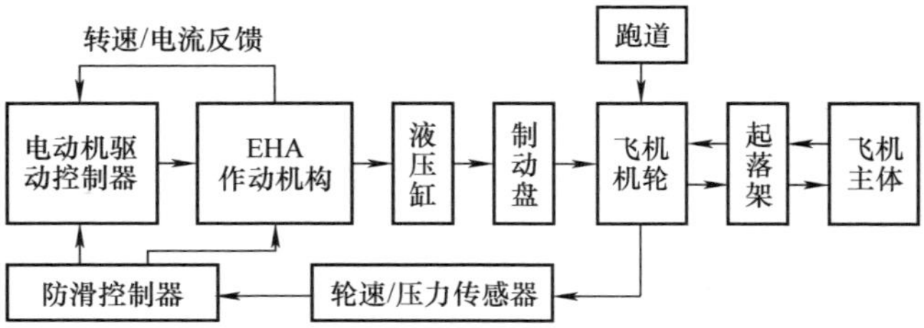

图4-54　飞机制动系统的构成

4.5.3　电静液作动器性能仿真

电静液制动系统中各部件的主要参数：单向定量泵排量为0.139mL/r，额定压力为8MPa，额定角速度为838rad/s；无刷直流电动机额定电压为270 VDC，额定转速为8000r/min；单作用液压缸活塞面积为0.00125m^3，活塞行程为0.005m。转速环采用PI控制器，控制参数为KP=2，KI=200；压力环采用PID控制器，控制参数为KP=1.5，KI=50，KD=1。

在给定由4000~10000kgf制动压力阶跃信号时，EHA制动压力伺服阶跃响应曲线如图 4-55所示。

由仿真结果看出，该 EHA 机构具有快速的制动压力跟随能力。防滑制动控制器仍然采用给定减速率加 PBM 控制方式，所构成的基于电静液作动器飞机制动系统在 MATLAB 2009 环境下完成了电制动系统的仿真验证。图 4-56 所示为干跑道情况下的制动系统仿真结果，可见该系统具有良好的制动性能。

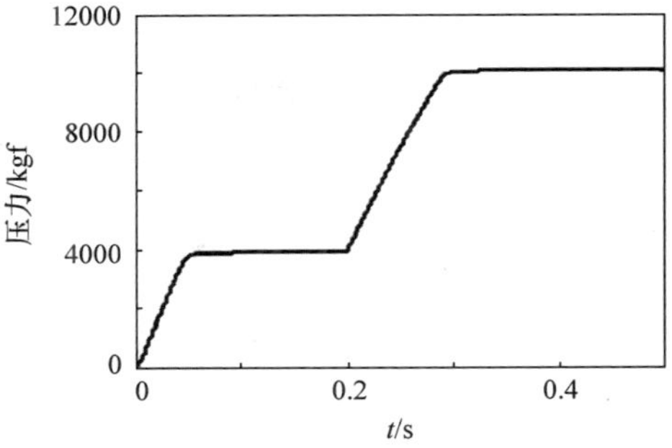

图 4-55　压力伺服阶跃响应曲线

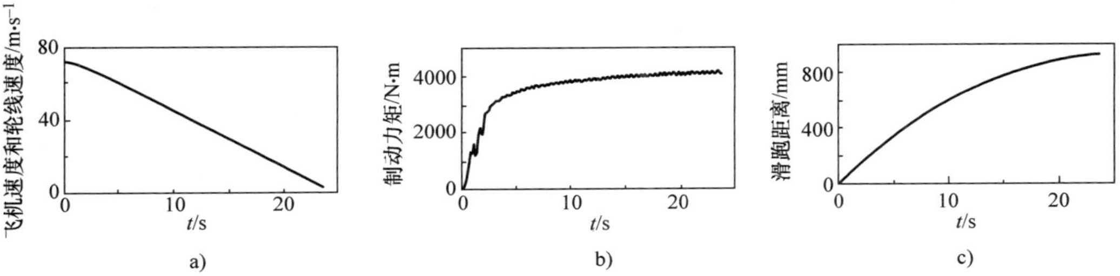

图 4-56　EHA 制动系统仿真结果

a）飞机速度与机轮速度　b）刹车力矩　c）滑跑距离

以上电静液制动作动机构用于飞机机轮防滑制动系统可得到良好的制动效果，它符合目前多电飞机技术的发展趋势，可大大改善由于飞机集中液压源带来的液压管路笨重，管路结构限制飞机气动布局的问题，同时具有质量小，可靠性高的优点，是一种很有发展前景的航空机轮制动技术。

4.6　典型工业液压系统应用简介

4.6.1　注塑机

1. 功能说明

塑料注射成型机是把粒状塑料加热熔融后，利用高压把熔融塑料注射到事先合模的金属模具中冷却固化，然后开模取出制品的机械。注塑机的液压回路包括使模具开合的合模回路和把一定量的熔融塑料注射到模具中的注射回路。此外还带有油液污染控制回路、油温控制回路等。

2. 工艺过程与液压回路

注塑机的工作循环一般包括合模、注射保压、计量、开模、取出制品五个工步。注塑机的液压回路如图 4-57 所示。

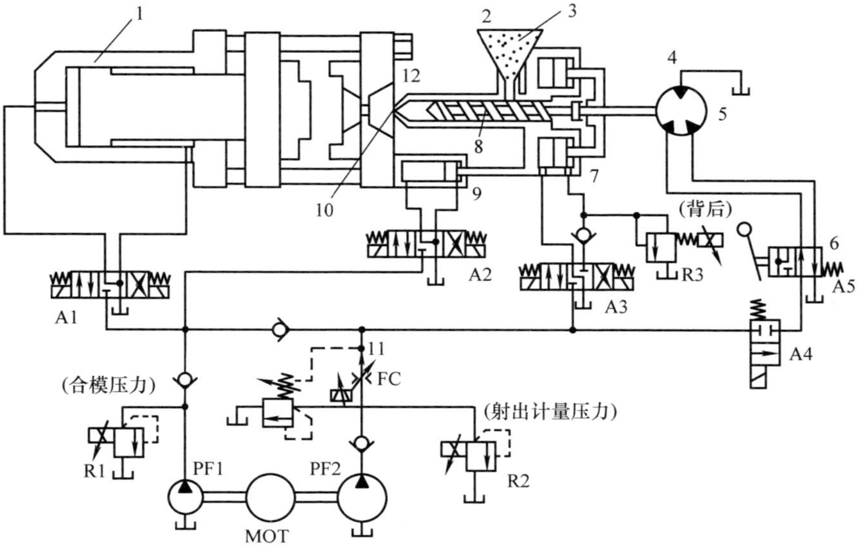

图 4-57　注塑机的液压回路

1—合模缸　2—料斗　3—粒装料　4—计量（螺旋旋转）　5—双速液压马达　6—转矩切换阀　7—注射缸　8—螺旋　9—移动缸　10—喷嘴　11—电磁比例流量控制阀　12—熔融树脂

控制功能包括使多个液压阀动作以实现工步转换的顺序控制和保持预定条件的过程控制。为了过程控制而采用电磁比例流量控制阀和电磁比例溢流阀。因而其性能与制品质量关系很大。

开模、合模工步：方向阀 A2、A3 和 A4 中立。若此时电磁流量控制阀 FC 为适当开度，则由来自大泵 PF2 的压力油与来自小泵 PF1 的压力油汇合确定高速区的可变速度。用 A1 的切换方向选择开模与合模。低速区仅由 PF1 的流量确定。

注射工步：仅用 PF1 的油压合模，同时切换 A3 把 PF2 所输出的压力油经 FC、A3 引到注射缸后腔，使螺旋向图中左方前进，在螺旋的前端通过喷嘴把已经熔融的塑料注入模具型腔。注射期间改变 FC 的输入信号，从而控制螺旋前进速度。

计量工步：确定应注入模具的熔融塑料的数量。用液压马达使螺旋旋转，把树脂推送到缸的前部，此时螺旋本身后退。注射缸后腔中靠 R3 溢流的设定形成背压。液压马达的排量有两档可以选择，可根据塑料的种类等选择合适的转矩。

这些工步中按进口节流回路使用 FC，能适应注射工步中激烈的负载变动。另外，A2 用来在循环中使喷嘴前进和后退。

3. 注射动作

注塑机中使用电磁比例流量阀和电磁比例溢流阀。开模/合模速度、注射速度、螺旋转速全都由一个电磁比例流量阀的输入信号来控制。另外，注射压力、计量压力则由电磁比例溢流阀的输入信号来控制。图 4-58 所示为注射工步里注射速度的变化。螺旋退到计量限后，输入注射开始信号，电磁比例溢流阀 R2 被设定成最高压力，向 FC 加 100% 的输入信号。此信号使螺旋以最高速度前进，开始向模具注入塑料。达到 *A* 点时，FC 的输入信号被减小到 80%，冲射速度也减小到 80%。在 *B* 点也进行同样的操作。当达到 *C* 点时，向模具内注射塑料过程结束，这时大幅度减小 PC 的输入信号。另外，把 R2 的输入信号减小到保压所需的值。从图 4-58 中可以清楚地看到流量跟踪输入信号的情况。

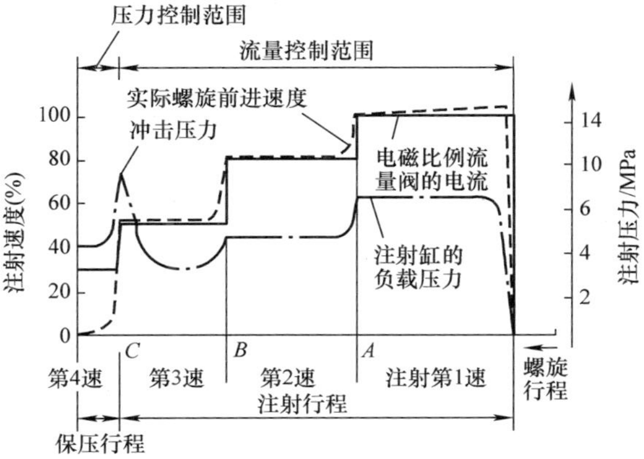

图 4-58　注射速度设定示例

4. 要求

液压传动系统的效率为 30% ~60%，这要依液压系统的构成而定；但就现状来说，由于它具有其他传动所没有的优点，故在注射机中仍是不可缺少的。采用变量泵系统（见图 4-59）或根据使用条件（如螺旋转速或转矩、注射速度和压力、开模/合模速度及合模压力等）自动选择使用多台泵的系统，可以提高效率。尤其是变量泵系统，由于可以控制泵本身的流量与压力，节能效果明显。但变量泵的响应、寿命、噪声等方面存在问题，有待今后进一步改善。

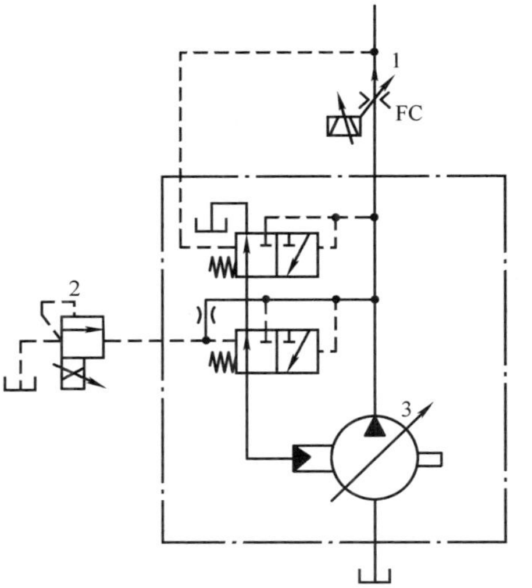

图 4-59　变量泵系统
1—电磁比例流量控制阀　2—溢流阀　3—变量泵

5. 机械技术参数

循环时间为 29.2s，注射时间为 6.0s，合模力为 510kN。

6. 液压技术参数

回路压力为 14MPa，液压泵选用定量泵 2 台，液压马达选用排量切换双速型 1 台，电磁比例流量阀为 1 个，电磁比例溢流阀为 3 个。

4.6.2　200t 液压机

200t 液压机液压系统原理如图 4-60 所示：手动方向阀 5 的手柄在中位时，泵输出的液压油流回油箱，系统卸载，此时柱塞缸内如有压力则可由液控单向阀保压；方向阀5的手柄在右位时，泵提供的液压油经液控单向阀进入柱塞缸3，使工作台上升，调整先导式卸荷溢流阀2，使系统压力在2MPa时齿轮泵1卸载，仅由小流量的手动柱塞泵8对柱塞缸3供油加压，加压压力由先导式卸荷溢流阀2调整。

方向阀5的手柄在左位时，油流进入液控单向阀的控制回路，调整直动式溢流阀7，使油液打开叠加式液控单向阀6，柱塞缸3靠自重返回。又由于该叠加式液控单向阀6为先导式阀，在主阀芯打开前，先打开面积较小的先导阀芯，故柱塞下降时能先卸载掉柱塞缸内压力，防止了压力冲击。

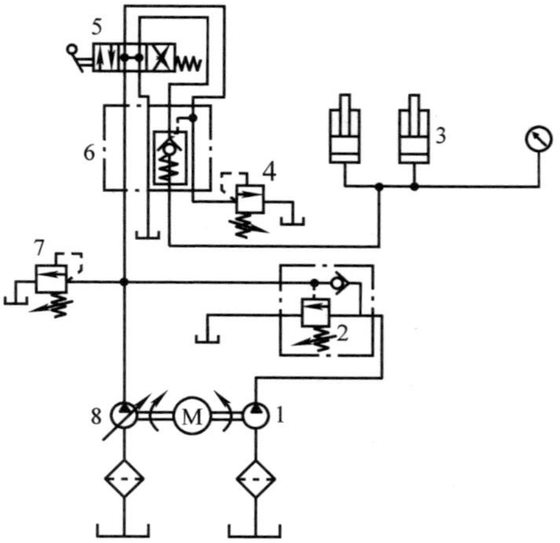

图4-60　200t液压机液压系统原理
1—齿轮泵　2—先导式卸荷溢流阀　3—柱塞缸
4—直动式溢流阀　5—手动方向阀
6—叠加式液控单向阀　7—直动式溢流阀
8—手动变量柱塞泵

4.6.3　快速锻造液压机液压系统

1. 主机功能结构

快锻液压机是一种重要的锻造生产设备，具有自动化程度高、锻造频率高、锻造尺寸精度控制精确等特点，适用于各种金属材料的锻压加工，特别是特殊钢及钛合金生产中，这些材料塑性差，变形抗力大，热加工温度范围窄，要求锻压设备能力大、速度快。根据锻压工况要求，本液压机有机操作可分为普通锻造和快速锻造两种工况：普通锻造时，系统压力为25MPa，主缸输出力20MN，回程力1MN，锻造频次35～45次/min；快速锻造时，快锻行程为30mm，输出力4MN。快锻频率为85次/min。该机液压系统采用了电液比例插装阀控制。

2. 液压系统原理

（1）元件作用　该液压机液压系统原理如图4-61所示，系统共有6组定量泵（图4-3中仅画出一个泵组）供油，每组流量为540L/min，电动机功率为250kW，通过不同组流量组合，可使液压机具有不同的工作速度和锻造次数。系统的执行元件有柱塞式主缸11和单作用活塞式回升缸21，用于带动滑块的下降和上升，完成锻压作业。

插件2是单向阀，用于防止压力油倒灌以保护液压泵；插件3与其先导控制阀（溢流阀4和二位四通电磁方向阀5）构成电磁溢流阀，用于液压泵最高压力设定和卸荷控制。

二位二通电液比例方向阀6用于主缸下行时的进油通断控制，插件7作为柱塞主缸11的进油路单向阀，插件8及其先导阀（电液比例溢流阀9）用于主缸下行

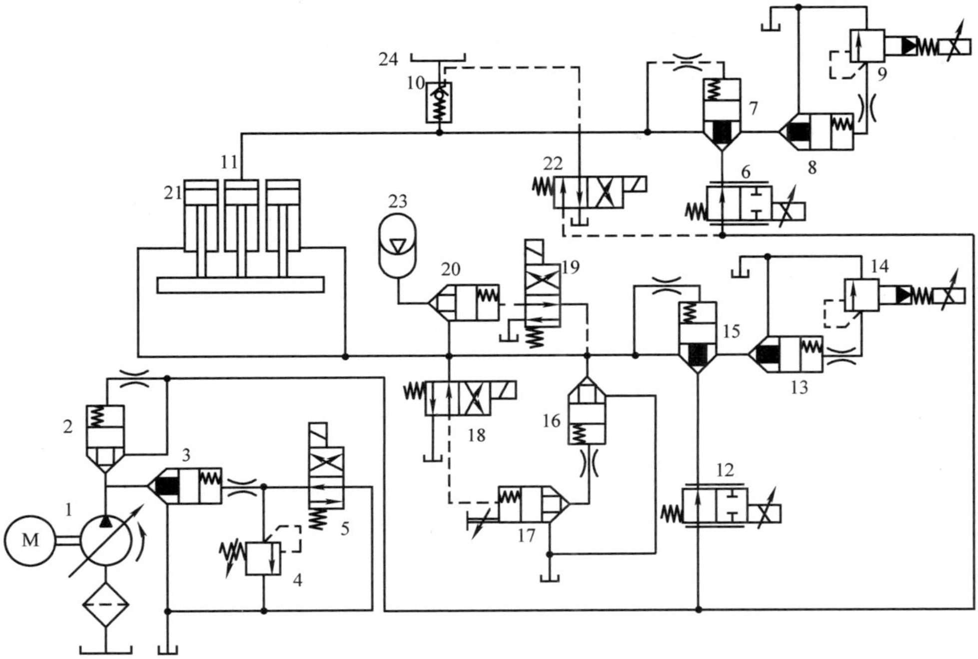

图 4-61 20MN 快速锻造液压机液压系统原理

1—液压泵组 2、3、7、8、13、15、16、17、20—插件 4—溢流阀

5、18、19—二位四通电磁方向阀 6、12—二位二通电液比例方向阀

9、14—电液比例溢流阀 10—液控单向阀 11—柱塞式主缸 21—单作用活塞式回升缸

22—二位四通电液阀 23—蓄能器 24—副油箱

锻造压力的控制，液控单向阀 10 用于柱塞式主缸 11 的自重充液和反向开启后油箱的回油，二位四通电液阀 22 则用于阀的反向导通控制。

二位二通电液比例方向阀 12 用于回升缸回升时的进油通断控制，插件 15 用作回升缸进油路的单向阀，插件 13 及其先导阀（二位二通电液比例方向阀 12）用于单作用活塞式回升缸 21 带动滑块上行压力的控制。

插件 16、17 及其先导阀（二位四通电磁方向阀 18）用于控制滑块下行时回升缸有杆腔的回油路的通断控制。

二位四通电磁方向阀 19 作为插件 20 的先导阀，控制插件 20 的启闭，以使蓄能器 23 与回升缸的有杆腔通断。蓄能器 23 的作用有两个：一是用于主缸带动滑块快速下降锻压作业时回升缸油液的挤入；二是锻压结束主缸泄压后向回升缸供油使滑块迅速上升。

液压系统还设有自循环过滤冷却系统，以保证系统连续工作时液压油具有足够的清洁度和正常工作温度。

（2）工作原理

1）普通锻造：工作时，二位四通电磁方向阀5通电切换至上位，液压泵组1由卸荷转为提升压力。电液比例溢流阀9通电，建立锻造压力。二位二通电液比例方向阀6通电，液压泵的压力油经主管道和插件7（作单向阀）进入柱塞式主缸11，二位四通电磁方向阀18通电切换至右位使插件16、17打开，回升缸无杆腔接通油箱，滑块快速下降，此时液控单向阀10打开向主缸补液。当上砧接触到工件时，转为加压工进，当加压至工件成型时，二位四通电磁方向阀5断电，液压泵组1卸荷。二位四通电磁方向阀18断电复至图示左位，插件16、17关闭；二位四通电磁方向阀19通电，柱塞式主缸11卸荷；卸荷完毕后，二位四通电磁方向阀5通电，二位二通电液比例方向阀12通电，液压泵压力油经插件15进入回升缸有杆腔，滑块快速上升，上升到设定位置停止，进入下一循环。

2）快速锻造：当液压泵组起动，系统建立压力时，二位四通电磁方向阀19通电，蓄能器23与单作用活塞式回升缸21连通，电液比例溢流阀14通电，建立回升压力；同时，电液比例溢流阀9通电，建立锻造压力。液压泵的压力油经主管道和插件7进入柱塞式主缸11；滑块快速下降进行锻压，并将回升缸油液挤入蓄能器；当加压至工件成型时，二位四通电磁方向阀5断电，液压泵卸荷。电液比例溢流阀9断电，柱塞式主缸11开式泄压；随着主缸压力的降低，蓄能器中油压推动回升缸迅速上升，当上升至设定位置后，进入下一次锻造。

3. 液压系统特点

① 液压机系统采用多泵油源，通过流量不同组合，以满足液压机不同的工作速度和锻造次数的要求，有利于节能。

② 系统采用比例阀+插装阀进行控制，一方面减少了元件数量，简化了油路结构，有利于机电液一体化，便于系统的数字化控制，提高锻造精度和系统自动化程度；另一方面系统工作压力高，通流能力大、密封性能好、响应快、抗污染能力强、动作安全可靠。

③ 通过设置压力传感器、卸荷溢流阀和安全阀等措施，用以实现系统的过载保护，此外，液压缸行程上设有行程开关，用于换向油路卸压，液压缸停止动作的信号源，提高了设备安全性能。

④ 电液比例溢流阀14、插件20和蓄能器23一起构成液压弹簧，可在滑块向下锻造时吸收压力能并在滑块回升时释放此液压能，提高运行速度和系统稳定性。

4.6.4　铝箔轧机电液伺服系统

1. 主机功能结构

下面介绍从德国ACHENBACH引进的先进铝箔轧制设备——铝箔粗、精轧机组。机组采用了四辊不可逆恒轧制力、有辊缝和无辊缝二种轧制工艺。最终产品为宽度 $B=1.55\text{m}$，厚度 $\delta=2\times6\mu\text{m}$ 的铝箔。全机组采用了多种先进的液压控制技术，以实现高精度、高质量的铝箔产品生产。尤其是轧机液压推上系统采用了美国伺服公司（SCA）的液压伺服控制技术，用电液伺服阀来控制轧机轧辊的推上，是在电动液压控制、机械伺服阀控制的基础上发展起来的全液压结构。

2. 电液伺服控制系统原理

铝箔轧机电液伺服控制系统的原理图如图 4-62 所示。

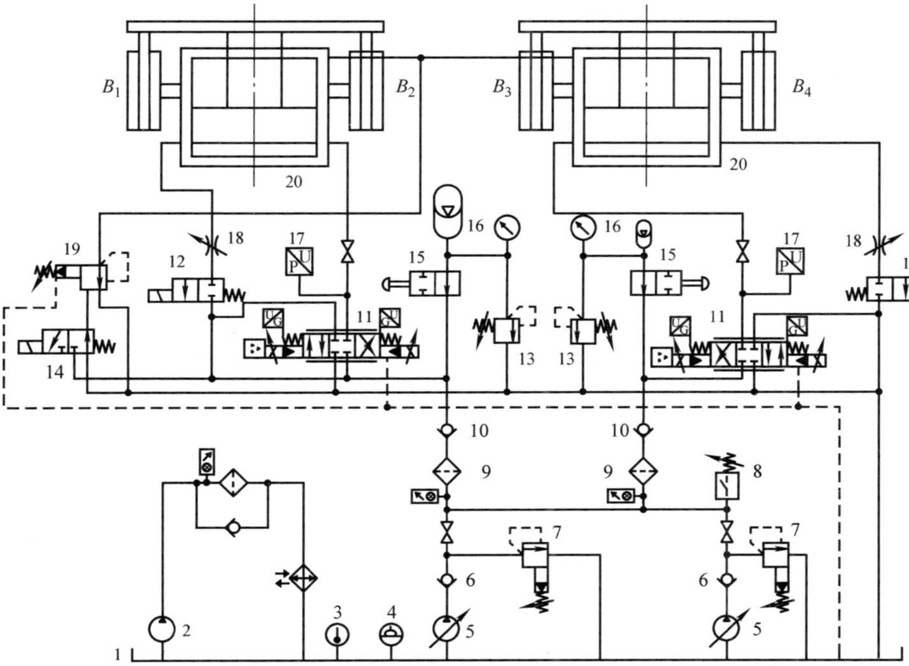

图 4-62　铝箔轧机电液伺服控制系统原理图

1—油箱　2—定量液压泵　3—油温控制调节器　4—液位计　5—径向柱塞变量液压泵　6、10—单向阀　7—溢流阀　8—压力继电器　9—精密过滤器　11—电液伺服阀　12—二位二通电磁方向阀　13—溢流阀　14—二位三通电磁方向阀　15—二位二通手动方向阀　16—皮囊式蓄能器　17—压力传感器　18—节流阀　19—双作用三通压力阀　20—活塞式液压缸　B_1 ~ B_4—位置传感器

（1）元件作用　系统的油源为两台径向柱塞变量液压泵 5 和单向阀 6，两泵的出口设置的溢流阀 7 用来设定液压系统的最高工作压力，防止液压泵过载，系统最低压力由压力继电器 8 控制，带污染报警压差继电器的精密过滤器 9 用以防止电液伺服阀 11 因油液污染而堵塞。系统采用不锈钢油箱 1，油箱设有油温控制调节器 3 和液位计 4；独立于主系统的定量液压泵 2 用于系统的离线冷却循环过滤。系统有两个传动侧，A 侧和 B 侧的压下缸采用电液伺服阀控制（图中未画出）。SCA 系统的执行元件是安装在轧机下支承辊轴承座下面机架窗口处的两个既有油路联系又能独立工作的活塞式液压缸 20，主要由电液伺服阀 11 控制；A、B 侧回路中各有一

套皮囊式蓄能器16；B_1、B_2、B_3、B_4为A、B侧检测活塞式液压缸20带动工作辊位移的位置传感器；A、B侧回路中的压力传感器17用以检测活塞式液压缸20在轧制工作中的工作压力。图4-63所示为SCA系统的控制原理方块图，其功能包括工作辊的位置控制、轧制力控制、两个工作辊辊缝开合调节控制及轧辊倾斜度控制。

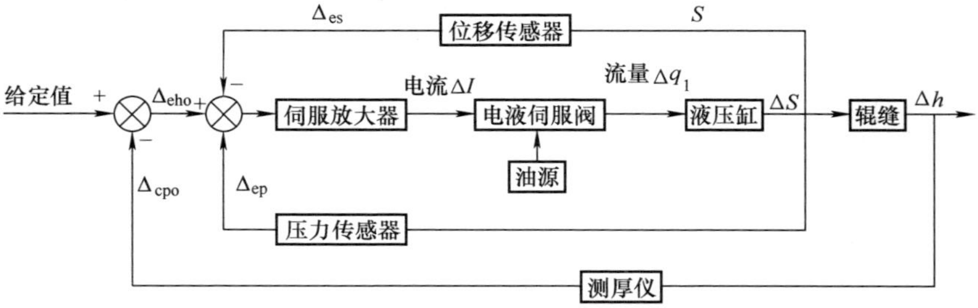

图4-63　SCA系统控制原理方块图

根据原料厚度的不同，铝箔的轧制分为两个不同的轧制工艺：在原料厚度由0.5mm轧制到0.15mm的轧制过程中采用有辊缝、恒轧制力轧制；在原料厚度由0.15mm轧制到12μm（2层）的轧制过程中采用无辊缝、恒轧制力轧制。无论是有辊缝还是无辊缝轧制，在初调时，辊缝、轧制力、轧辊的倾斜度的给定值均被设定为零，并输入计算机储存。

（2）工作原理

1）有辊缝轧制。工作时，首先起动图4-62中的定量液压泵（即冷却循环过滤泵）2使油箱中的油液达到一定的温度和清洁度，然后起动径向柱塞变量液压泵（即工作泵）5，按要求向系统输送一定流量和压力的油液。根据轧制工艺要求，人工给定一代表初始厚度的电量Δ_{eho}后，经伺服放大器变成输出电流ΔI，电液伺服阀中的阀芯（滑阀）运动，从而将输出流量Δq_1输送至A侧和B侧活塞式液压缸20的无杆腔，推动液压缸活塞向上移动，液压缸有杆腔的油液经双作用三通压力阀19、二位三通电磁方向阀14排回油箱。

当空负载时，只有安装在活塞式液压缸20两侧的位置传感器B_1～B_4发出反馈信号Δ_{es}与给定信号Δ_{eho}进行比较，二者相平衡（相等）时，则伺服阀输入电量为零，系统输出也为零，液压缸活塞停止移动，此时，两工作辊之间保持一定的辊缝，如果辊缝的大小不满足工艺要求，还需要调整辊缝，只需增大或减少给定值即可。

当轧辊咬入铝带时，因轧制力变化引起轧机机体弹跳变化造成真实辊缝的改变，此时的给定值仍然不变，而反馈量发生改变破坏了平衡。伺服放大器反向输出，自动进行纠偏调节，而达到新的平衡。轧制力的变化由安装在伺服阀输出管路上的压力传感器17发出反馈信号Δ_{ep}与给定信号Δ_{eho}进行比较，当二者平衡时，伺服阀的输入电量为零，活塞式液压缸 20 的活塞停止。

为了克服因给定值不准确、轧辊的磨损、元件本身误差等因素对所轧制的铝箔厚度的影响，在上述位移反馈和压力反馈两个闭环基础上，SCA 系统出口还设有带材测厚仪反馈检测环节（外闭环），用以测出厚度差，其反馈信号和初始的给定量叠加，修正出精确的辊缝，进一步提高控制精度，使产品质量达到要求。

2）无辊缝轧制。无辊缝轧制时，靠轧辊的弹性变形来轧制。与有辊缝轧制相同的是，辊缝和轧制力的控制调节仍然依靠位置传感器$B_1 \sim B_4$和压力传感器 17 所测的实际值作为反馈，与给定值进行比较后，输给伺服阀进行调节，以满足工艺要求，但出口带材的厚度不是由 SCA 系统控制，而是靠改变卷曲机的张力和轧制速度来实现的。

在轧制过程中，如果发生“断带”故障，位置传感器迅速发出信号，事故程序控制系统立即使电液伺服阀 11 和二位二通电磁方向阀 12 通电换向，液压缸无杆腔流量卸载，二位二通电磁方向阀 12 是伺服阀的辅助阀，起快速卸载作用。此时二位三通电磁方向阀 14 也通电换向，使液压泵的压力油经双作用三通压力阀 19 进入活塞式液压缸 20 的有杆腔，加速液压缸退回，以免轧辊在断带时烧损。

活塞式液压缸 20 和电液伺服阀 11 靠溢流阀 13 进行压力卸载保护。由于伺服阀存在压力零位漂移，会影响伺服阀的控制精度，甚至引起系统共振，所以为了稳定伺服阀的供油压力，在系统中装有皮囊式蓄能器，并且由溢流阀 13 保护。

如果伺服阀堵塞及油液污染，则精密过滤器 9 的进出口压差将增加，其附带的压差继电器迅速发出滤芯污染报警信号，使供油停止。更换新的滤芯后警报解除，继续向系统供油，以高清洁度的油液保证伺服阀正常工作。

3. 技术特点推广

（1）优点

1）该铝箔轧机采用了先进的电液伺服控制技术、传感技术和计算机控制技术。其结构型式和控制方式与电动液压推上机械伺服阀控制的液压推上系统相比更简单、更稳定、更可靠，精度更高。所以被国际上公认为最理想的轧机推上控制方式，可供其他轧机借鉴。

2）采用电液伺服控制系统控制轧机轧辊的推上，由高精度的辊缝位移传感器、压力传感器和测厚仪组成闭环反馈控制，响应快、精度高，保证了铝箔产品的轧制质量。

3）液压系统的压力、流量、温度及油液清洁度等采用了程序控制和措施，如轧制过程断带出现时的快速卸载、系统的离线冷却循环过滤等，对系统正常运行起到了十分可靠的保证。

（2）缺点

1）油源供油压力高，需要使用高压泵。

2）对油液的清洁度要求苛刻，一般为 NAS4 级以上，油液稍有污染，就会造成阀件堵塞。

3）对环境要求苛刻，工作环境条件的变化会引起电液伺服阀零位漂移，使系统出现误差。

4）电液伺服阀的精度比较高，检修等比较困难。

（3）铝箔轧机电液伺服系统技术参数（见表4-3）

表4-3　铝箔轧机电液伺服系统技术参数

项目		数值
供油压力/MPa		23
安全保护压力/MPa	最高（溢流阀7设定）	23.5
	最低（压力继电器8设定）	15.4
工作压力/MPa		22
电液伺服阀	空载流量/(L/min)	19.57
	负载流量/(L/min)	11.3
	零偏（%）	≤3
响应时间/ms	伺服阀	6
	系统最迟	30
推上液压缸	缸径/mm	400
	杆径/mm	360
	行程/mm	60
位置传感器	测量范围/mm	±50
	测量精度（%）	0.5
精密过滤器	过滤精度/μm	3
	压差继电器发信压差/MPa	0.25
皮囊式蓄能器	容量/L	41
A、B侧压下缸	额定压力/MPa	21
	额定流量/(L/min)	20

4.7　典型工程机械液压系统应用简介

4.7.1　HBT40混凝土泵液压系统

1. 概述

混凝土泵是一种将符合泵送条件的混凝土通过水平或竖直铺设的管道连续地输送到混凝土施工现场的混凝土输送机械。HBT40混凝土泵为电动机驱动的液压双缸式混凝土泵，分配阀采用S型管形分配阀，它采用分立油路驱动泵机各工作装置，整个液压系统由主油路系统、分配阀油路系统和搅拌油路系统三部分组成，各油路采用通轴转动，结构紧凑。下面分别对其主油路系统，分配阀油路系统和搅拌油路系统的组成、工作原理及特点进行分析。

2. 主油路系统

图 4-64 所示为系统的液压原理图，由双向伺服变量泵、恒功率控制阀、梭阀、冲洗阀、电磁方向阀等组成。双向变量、液压恒功率控制的高压柱塞泵换向平稳，混凝土排量无级变化，同时可根据使用需要调整排量。系统除了设有为完成工作所必需的主回路（由变量柱塞泵和主液压缸组成），还有与柱塞泵同轴设计并装成一体的辅助泵（齿轮泵）和由它组成的辅助低压回路、冷却回路。在主油路中，为了保证闭式传动系统的正常工作，主油路上设置了两个卸荷溢流阀（安全阀）*a*、*b*，一个梭阀 9 和一个冲洗阀 2。卸荷溢流阀 *a*、*b* 决定柱塞泵最高工作压力，可防止主回路在任何一个方向超载而损坏柱塞泵。

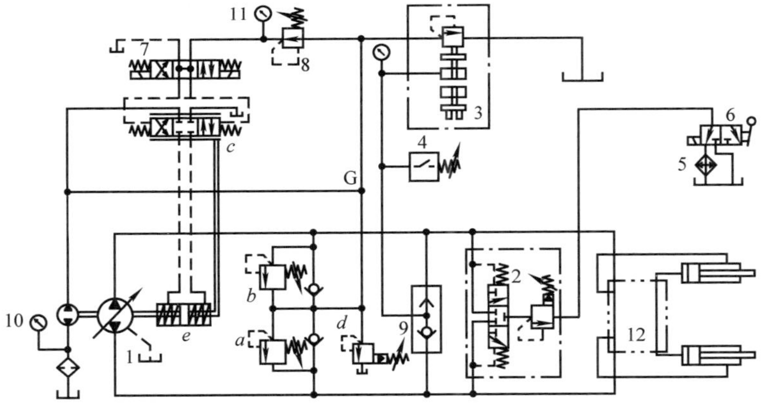

图 4-64　主油路系统的液压原理图

1—主泵　2—冲洗阀　3—恒功率控制阀　4—压力继电器　5—冷却器　6—方向阀　7—电磁方向阀　8—减压阀　9—梭阀　10、11—压力表　12—变量转换阀

冲洗阀确保工作时为主回路低压区提供一个低压通道，溢出的油进入冷却回路并由低压溢流阀保持低压区压力。辅助泵输出的液压油分为 3 路，1 路流向卸荷溢流阀 *a*、*b*，并通过卸荷溢流阀 *a* 或 *b* 的单向阀向主回路低压区补油；2 路流向减压阀 8，并经电磁方向阀 7 控制液压泵伺服阀 *c*；3 路流向伺服阀 *c*，阀 *c* 为“O”型中位机能，因而伺服缸不动作，柱塞泵斜盘不向任何方向倾斜，柱塞泵不工作。当电磁方向阀 7 的任一电磁铁通电，电磁方向阀 7 的左位（或右位）接入系统，伺服阀 *c* 在控制油作用下其右位（或左位）接入系统，这样控制油经伺服阀 *c* 右位（或左位）作用在伺服缸右腔（或左腔）活塞上，推动柱塞泵斜盘倾斜，柱塞泵开始工作，压力油进入主液压缸，开始泵送混凝土。柱塞泵的排量大小由调节减压阀出口压力的高低决定。恒功率控制阀 3 由与梭阀 9 回油路相连的压力继电器 4 控

制，根据主油路压力的高低动作，以控制柱塞泵斜盘的倾斜角度，使柱塞泵输出油的压力 p 与排量 Q 的乘积不变，达到恒功率控制。辅助泵油路系统压力由溢流阀 d 设定。变量转换阀 12 有两个转换位置，一位置主液压缸无杆腔进油，有杆腔为闭合油路，此时推送机构以低频率、高压力工作。另一位置主液压缸有杆腔进油，无杆腔为闭合油路，推送机构以高频率、低压力工作。

3. 分配阀油路系统

分配阀油路系统如图 4-65 所示。

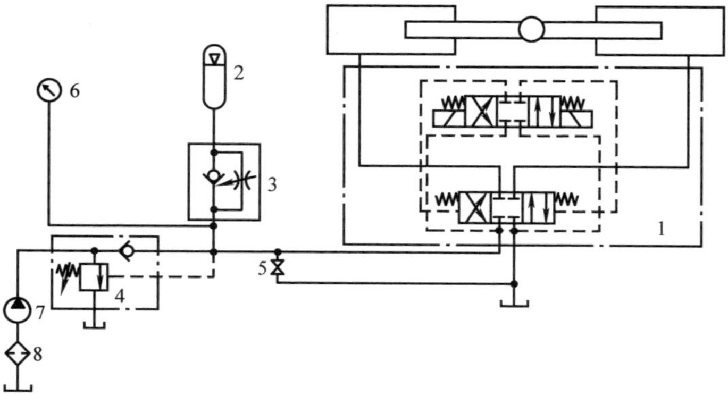

图 4-65　分配阀油路系统

1—电液方向阀　2—蓄能器　3—单向节流阀　4—卸荷溢流阀
5—截止阀　6—压力表　7—液压泵　8—过滤器

卸荷溢流阀 4 与蓄能器一起使用，可以实现系统保压而液压泵卸载。由液压泵 7 出来的压力油经过卸荷溢流阀 4 到蓄能器 2 和电液方向阀 1，电液方向阀的液动滑阀机能为 O 型，当电磁阀不通电时，方向阀各通道全被隔离，电动机一起动，液压泵向系统供油，在电液方向阀未动作的情况下，压力油首先注入蓄能器 2，蓄能器内的压力值上升到设定的额定值时，卸荷溢流阀 4 卸载，液压泵 7 卸载。由于卸荷溢流阀 4 内的单向阀作用，系统高压油不会倒流，因此蓄能器起着保压作用，维持卸荷溢流阀 4 的开启状态，液压泵 7 稳定卸载。电液方向阀通电时，方向阀动作，蓄能器 2 的压力油迅速释放，进入分配阀液压缸使活塞快速动作。蓄能器内压力油被迅速消耗后系统压力下降，卸荷溢流阀停止溢流，液压泵 7 又向系统供油，直至油压升高到设定值。停止工作时必须打开截止阀 5，使蓄能器压力油释放。

4. 搅拌油路系统

搅拌油路系统如图 4-66 所示。系统压力由溢流阀 h 设定。若手动方向阀 a 处于图示位置，在电动机起动后，齿轮泵输出的压力油分为两路，一路流向手动方向阀 a，称为该系统主油路；另一路进入控制油路Ⅰ，流向液动方向阀 f。在阀芯弹簧作用下，阀 f 的右位（图示位置）与控制油路Ⅰ接通，压力油流向液动方向阀 b 的左侧，推动阀芯右移，使阀 b 的左位（图示位置）与主油路接通。流过阀 b 的液压油又分为两路，一路流向液压马达左侧，推动液压马达旋转，带动搅拌装置对进入料斗内的混凝土进行二次搅拌，另一路流向支路Ⅱ。在泵送作业中，料斗内的搅拌叶片会被混凝土中的粗骨料卡住，使搅拌负载上升，搅拌油路系统压力升高，当压力升高到超过溢流阀 c 的设定压力时，溢流阀开启，压力油经单向阀 e 进到方向阀 f 的控制油腔，推动阀芯向右，使阀的左位与控制油路接通，改变压力油流动方向，原来的回油路成为进油路，而使液压马达反转，使卡住搅拌叶片的骨料脱落。由于原来的进油路此时成了回油路，油压迅速下降，支路Ⅱ的压力随之下降，导致溢流阀 c 关闭，方向阀 f 的液控腔失压，阀芯在回位弹簧的作用下复位，但其控制油腔的液压油经单向阀 e 的并联支路返回油箱时，由于节流阀 d、g、i 的作用，使阀 f 的复位有一个延时的过程，以控制搅拌轴适当的反转时间。阀 f 一旦复位，方向阀 b 随之复位，液压马达又开始正转，带着搅拌轴对料斗内混凝土进行搅拌。该系统为液动控制搅拌油路系统，液压马达的正反转由该系统自行控制。当自动控制系统无法排除叶片卡料引起的故障时，可通过手动方向阀（控制搅拌轴的正反转时间）来排除叶片卡料引起的故障，以保证混凝土泵的正常工作。

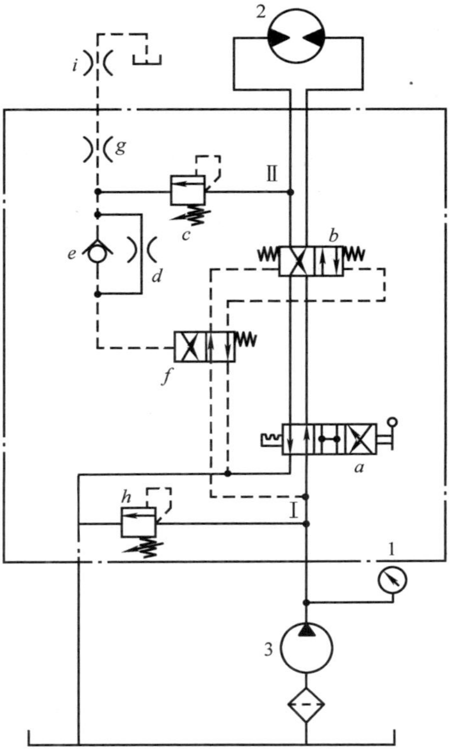

图 4-66　搅拌油路系统

1—组合阀　2—液压马达　3—液压泵

4.7.2　农用拖拉机的行走装置

1. 功能说明

农用拖拉机是用于旱地或水田的耕地、耙地、碎土、整地、割草等多种作业的农业机械，有步行使用的手扶拖拉机和乘坐使用的四轮拖拉机。

四轮拖拉机或联合收割机等的行走用静液传动代替机械变速器传动，因此不用复杂的手柄操作即可实现无级变速，可以很容易地前进、后退，可提高作业效率和作业精度。

2. 结构

图 4-67 所示为拖拉机静液传动装置。其中图 4-67a 是未采用静液传动的机械变速器形式，图 4-67b 是由一台泵与两台马达组成的分离式静液传动，图 4-67c 是

由一台泵与一台马达组成的整体式静液传动加副变速器传动（通常为2挡或3挡）。另外还有一台泵与一台马达的分离式和两台泵与两台马达的左右轮分别驱动式传动等。

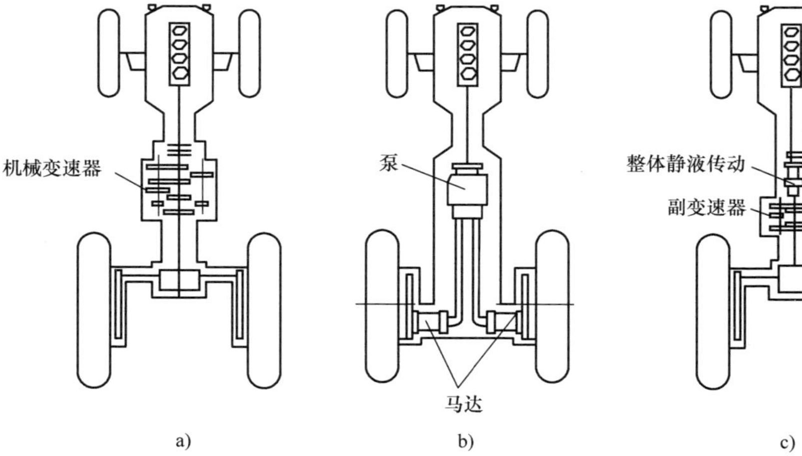

图4-67 拖拉机静液传动装置

a）机械变速器 b）分离式静液传动 c）整体式静液传动加副变速器传动

在需要适应各种作业的宽范围的作业速度，以及低速时需要很大的牵引力的农用拖拉机上，采用静液传动有很大优越性，即无须操作离合器，仅需前后扳动变速手柄，这样即使是非熟练操作人员也能进行想要的速度控制。因此，进退频繁的前装装载机作业也变得容易了，可以进行细腻的速度控制，而且用一台设备在农场耕作条件不同的场合下也可以进行精确高效的作业。或者在发动机功率（最高转速）保持不变时也能平稳地低速起步，尤其是在挂车等牵引作业中发挥作用。

3. 液压系统的组成

如前所述，静液传动系统有各种组成方式。这里仅说明用于小型拖拉机的整体式静液传动的组成。农业机械车辆行走用的静液传动系统，由于要设置在狭窄的车内，故外形小、质量小、结构紧凑很重要。液压回路的示例如图4-68所示。几乎把要求静压传动的所有功能都收容在一个壳体中。变量柱塞泵1与定量柱塞马达2组成

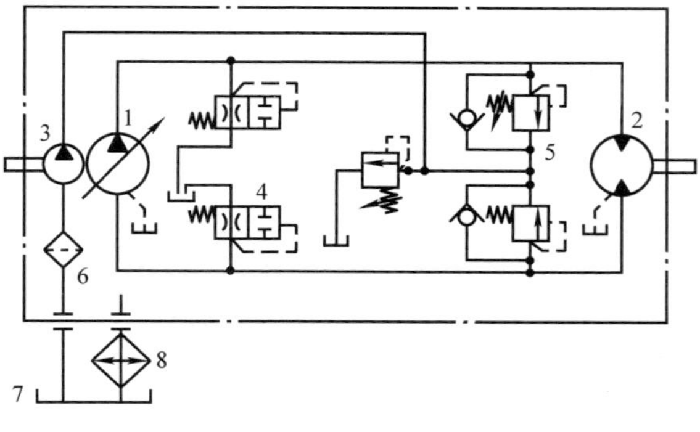

图4-68 拖拉机静液传动回路

1—变量柱塞泵 2—定量柱塞马达 3—升压泵 4—中立阀 5—溢流阀 6—过滤器 7—油箱 8—冷却器

闭式回路。升压泵 3 向回路低压侧供给油液。变量泵多用斜盘式柱塞泵，操作斜盘摇架杠杆可以改变泵的出油方向和流量，所以很容易控制马达的旋转方向和转速。马达连接着行走驱动轴，通过一个手柄或踏板的简单操作即可完成进退切换和平滑的无级变速。为了使马达在中立位置时完全停止而设置中立阀。为防止过载引起回路压力过高而设置溢流阀。另外，液压回路所必需的过滤器也安装在壳体里。

油箱和冷却器一般设置在车辆的适当部位。

4. 行走特性

静液传动车辆的行走特性如图 4-69 所示。图中所示为 22 马力（16.18kW）的拖拉机的例子。整车质量为 1600kg，副变速器有高（H）、中（M）、低（L）三档。定量马达和变量泵都是斜盘式柱塞泵，排量均为 23.4mL/r，泵输入转速为 2500r/min，最高压力为 24.5MPa。

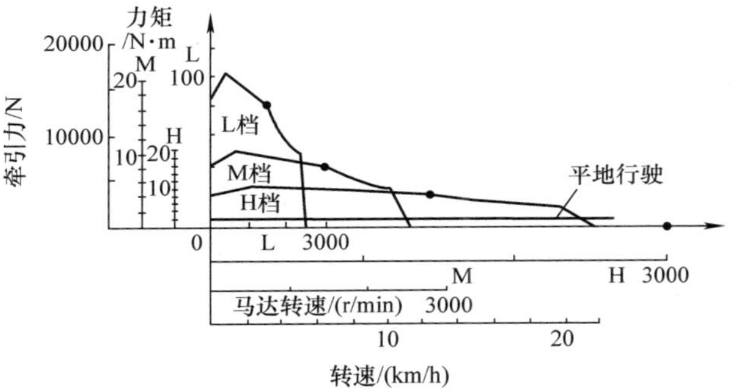

图 4-69　静液传动车辆行走特性

4.7.3　线型绞车液压系统

1. 概述

线型绞车是一种海洋石油、船舶行业用来拖拉海上或陆地大型机械的专用液压设备。

线型绞车由液压动力站、绞车和卷缆机三部分组成，以柴油发动机为动力源，通过绞车的两套楔形夹钳，采用连续拖拉或间歇拖拉钢缆的方式进行拉拔作业，并用卷缆机将夹钳送出的纲缆回收。楔形夹钳通过两组液压缸完成夹紧钢缆和拖拉动作；连续拖拉时，一套夹钳夹紧钢缆并带动负载向前移动，同时另一套夹钳打开并回缩。依靠行程开关，两套夹钳行程交错，交替工作，拖动负载连续、平滑地向前移动。线型绞车具有以下特点：

① 整机吨位大，液压系统复杂，能适应海上的作业环境。

② 整机采用模块结构，拆卸方便，适宜移动和运输。

③ 夹钳的夹持部件可更换，能适应多种规格钢缆，能满足用户的多种作业需求。

④ 作业方式灵活，既可拖拉，又可外放钢缆；既可现场控制（手动或自动），又可遥控作业；自动工况下，既可单夹钳间歇作业，又可双夹钳连续作业。

⑤ 液压系统采用电液比例变量柱塞泵，夹钳的作业速度可在20%～100%精细调整。

⑥ 整套液压系统带有多级安全保护和监控措施，保证使用的安全可靠。

2. 液压系统的组成

线型绞车液压系统由液压动力泵站、夹钳液压控制系统、卷缆机液压控制系统三部分组成，液压系统原理如图4-70所示。

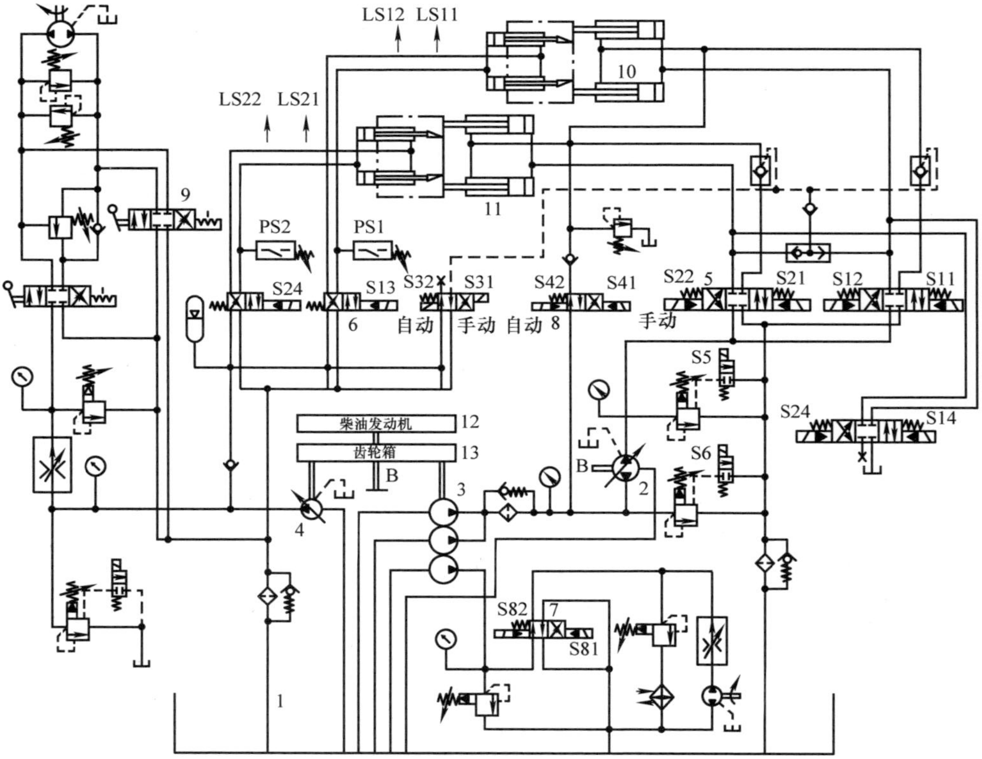

图4-70　液压系统原理

1—油箱　2—主泵　3—低压泵组　4—控制泵　5—主阀组　6—控制阀组　7—冷却阀组　8—补油阀组　9—绞车阀组　10—一号夹钳液压缸组　11—二号夹钳液压缸组　12—发动机　13—齿轮箱

① 液压动力泵站：液压动力泵站由柴油发动机12、齿轮箱13、泵组、冷却循环系统、油箱1组成。主泵2采用电液比例轴向柱塞变量泵，用于驱动绞车夹钳主推液压缸进行拖拉作业；控制泵4采用恒压定量柱塞泵，用于控制绞车夹钳夹紧液压缸动作和驱动卷缆机工作；低压泵组3采用三联齿轮泵，其中前两联用于主泵补油，第三联用于冷却循环系统。

② 夹钳液压控制系统：包括一号夹钳液压缸组 10、二号夹钳液压缸组 11、主阀组 5、控制阀组 6、补油阀组 8。

夹钳液压缸组 10、11 各包括一对主推液压缸和一对夹紧液压缸；其中，主推缸用于拖拉钢缆，完成作业，夹紧缸用于楔形夹钳对钢缆夹持和锁紧。主阀组 5 用于控制夹钳主推缸动作，控制阀组 6 用于控制夹钳夹紧缸动作。它们均有手动控制和自动控制两种作业模式。

③ 卷缆机液压控制系统：卷缆机液压控制系统包括低速大转矩液压马达和绞车阀组 9。

3. 液压系统工作原理

（1）绞车夹钳工作原理　绞车夹钳是线型绞车主要的作业设备，其液压控制系统也是整个设备的关键。夹钳液压系统分手动、自动两种控制模式。

1）手动控制模式。手动控制使用时间短，一般用于以下几种情况：

① 穿挂钢缆，调整夹钳位置，为自动控制模式做准备。一般将一号夹钳主推液压缸全缩回，二号夹钳主推液压缸全伸出。

② 细微调整作业，常用于拖拉作业的开始和结束阶段。

③ 紧急情况下使用（如自动控制失灵等）。

手动控制时，S31、S41 电磁铁通电，控制阀组 6 和补油阀组 8 控制阀换向；此时，夹钳夹紧液压缸无杆腔进油，夹钳处于夹持钢缆等待状态。操纵一号夹钳电控手柄，控制主阀组 5 换向，一号夹钳主推液压缸伸出、缩回，即实现单个夹钳前进、后退。

2）自动控制模式。在一号、二号夹钳行程的最终位置，分别装有两个连续的行程开关，其间距和位置均可调整，表示为 LS11、LS12、LS21、LS22。启动自动控制模式后，夹钳液压系统的控制阀组按一定的动作程序顺序换向（动作程序见表 4-4），循环往复，使一号、二号夹钳自动交替完成夹持、拖拉钢缆作业。具体动作程序如下（见表 4-4）。

表 4-4　自动控制程序表

程序编号	夹钳动作		行程开关动作			控制阀组电磁铁动作								
	一号	二号	LS11	LS12	LS22	S12	S22	S14	S24	S13	S23	S5	S32	S42
1	伸，夹	缩，松				●		●			●	●	●	●
2	伸，夹	伸，夹	▲			●	●					●		
3	缩，松	伸，夹	▲	▲			●		●	●		●		
4	缩，松	伸，夹	▲				●		●	●		●		
5	缩，松	伸，夹					●		●	●		●		
6	伸，夹	伸，夹				●	●					●		
7	伸，夹	缩，松				●		●			●	●		
8	伸，夹	缩，松				●		●			●	●		

程序 1：自动控制开始后，一号夹钳夹紧钢缆前进。其主推液压缸外伸后，有

杆腔回油流向二号夹钳主推缸的有杆腔，推动二号夹钳回撤（松开钢缆状态）；此时，由于补油阀组的S41电磁铁通电，补油泵对主泵补油后的多余流量也进入二号夹钳主推缸的有杆腔，使二号夹钳的回撤速度高于一号夹钳的外伸速度。当一号夹钳外伸到行程开关LS11时，二号夹钳已在起点就绪。

程序2：当一号夹钳外伸到行程开关LS11时，LS11控制二号夹钳也开始夹持、拖拉钢缆、与一号夹钳状态相同。此为保护性程序，防止一号、二号夹钳交替作业时发生掉缆现象，时间较短。

程序3、程序4、程序5：当一号夹钳外伸到行程开关LS12时，LS12控制一号夹钳松开钢缆，开始回撤，而二号夹钳保持原作业状态。与程序1类似，当二号夹钳外伸到行程开关LS21时，一号夹钳已回撤到起点。

程序6：与程序2类似。当二号夹钳外伸到行程开关LS21时，LS21控制一号夹钳也开始夹持、拖拉钢缆，与二号夹钳状态相同。

程序7、程序8：分别类似于程序3、程序4。当二号夹钳外伸到行程开关LS22时，LS22控制二号夹钳松开钢缆，开始回撤，而一号夹钳保持原作业状态。此时，已开始程序1阶段。

控制程序从程序1到程序8循环往复，控制一号、二号夹钳交替作业，使钢缆被连续拖拉向前。

自动控制必须满足以下两个基本条件：①当一套夹钳前推到达一号行程开关时，另一套夹钳已回缩到起始位置；②当前推夹钳由一号行程开关到达二号行程开关时，另一套夹钳必须已完成夹紧钢缆动作。

（2）卷缆机液压系统工作原理　卷缆机是线型绞车的基本配套设备，其工作原理类似于传统卷扬绞车。由于大吨位线型绞车使用的钢丝绳较粗（最大直径可到160mm），卷筒容量大（一般要求600～1000m），要求卷缆机液压驱动马达额定转矩较大，并配有大型减速机。卷缆机采用人工手动控制，有液压卷缆、液压放缆、自由放缆三种作业模式。

4.7.4　飞机起落架电液伺服加载系统

1. 系统功能结构

起落架加载系统是在地面模拟试验中用于模拟飞机起落架气动载荷的试验设备，是起落架控制系统地面模拟试验中不可缺少的设备。图4-71所示为起落架电液伺服加载系统的总体原理方框图，共有三路加载通道，分别实现对前起落架和左、右主起落架进行加载，其中前起落架采用摆动液压缸（摆动马达）加载，左、右主起落架则采用双活塞杆液压缸加载，其原理如下。

计算机按试验要求，根据起落架收放过程中所受到的气动载荷折算出相应的前起落架转矩和左、右主起落架的力，并下载到伺服控制器中；伺服控制器根据角位移传感器/位移传感器采集到的起落架偏转角度信号计算出对应的转矩/力，并输出

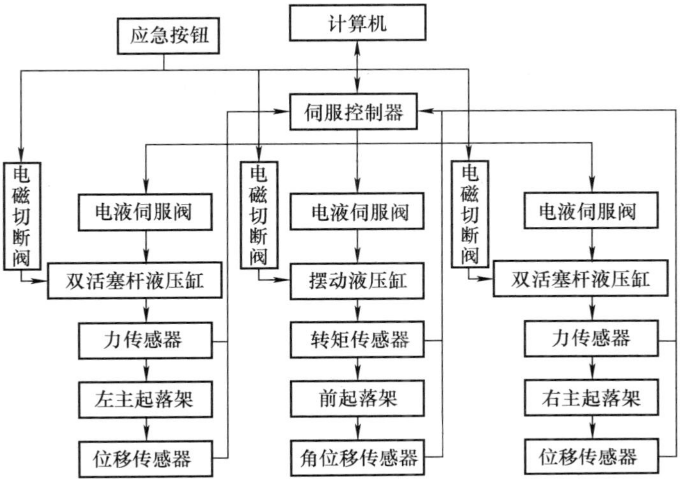

图 4-71 起落架电液伺服加载系统总体原理方框图

相应的控制电流到电液伺服阀中；电液伺服阀根据控制电流控制摆动液压缸/双活塞杆液压缸向前起落架和左、右主起落架进行加载；转矩传感器/力传感器将转矩/力参数反馈到伺服控制器，与控制指令信号进行比较，得到的误差信号经放大后，再控制电液伺服阀，从而实现加载系统的转矩/力闭环伺服控制；当出现紧急情况时，可按下应急按钮，使电磁切断阀断电，从而使摆动液压缸/双活塞杆液压缸两腔连通，实现紧急卸载；计算机能够将伺服控制器反馈的角度/位移、转矩/力等参数进行实时显示和保存。

2. 液压系统原理

图 4-72 所示为起落架电液伺服加载系统液压原理图，系统油源为油车，通过快速接头 1 实现与系统的连接。蓄能器 3 用于保压和吸收液压脉动冲击，过滤器 4 用于提高油液清洁度，保证伺服阀乃至整个液压系统的可靠性。系统执行元件为加载用摆动液压缸 9 和双杆活塞液压缸 8（2 个），各加载缸的运动状态由电液伺服阀 5 控制。二位二通电磁方向阀 6 为常开阀，用作各缸两油腔的通断控制；节流阀 7 用于减小多余力的产生，提高控制性能。

系统工作时，通过快速接头 1 外接油车供压，打开截止阀 2，电液伺服阀 5 和二位二通电磁方向阀 6 通电，通电后摆动缸/双杆缸两油腔即断开。此时电液伺服阀即可根据控制电流控制摆动缸/双杆缸向前起落架/左、右主起落架进行加载。

3. 技术特点

① 前起落架和左/右起落架分别采用摆动缸/活塞缸作为加载元件并用电液伺服阀控制其加载过程。

② 使用 PID 反馈控制与数字补偿相结合的基本控制策略以消除多余力，提高加载系统的控制性能。

③ 该系统可推广至其他机型的起落架试验台架中。

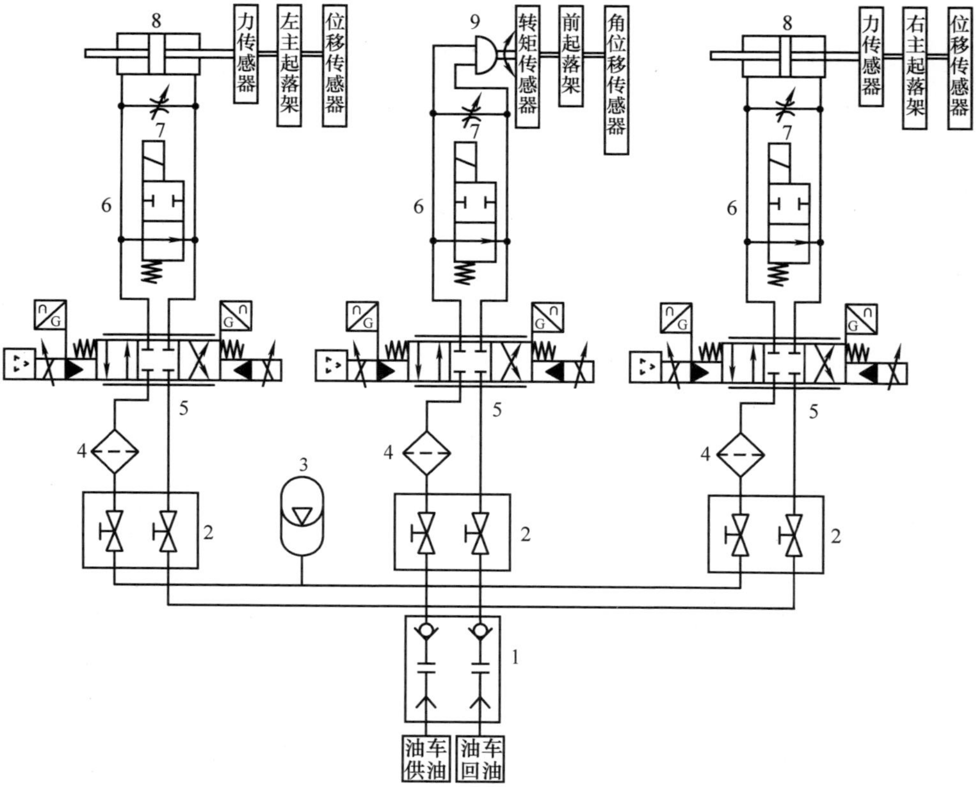

图 4-72　起落架电液伺服加载系统液压原理图

1—快速接头　2—截止阀　3—蓄能器　4—过滤器　5—电液伺服阀
6—二位二通电磁方向阀　7—节流阀　8—双杆活塞液压缸　9—摆动液压缸（摆动马达）

第5章 伺服电动机泵泵控系统设计应用实例

伺服电动机泵组是交流伺服电动机+定量泵或变量泵组成的可控液压源，用以取代普通感应电动机驱动的不可控液压源。采用这种液压源可以与相应传感器结合，通过专用伺服电动机驱动控制器实现液压系统的压力、速度、位置的闭环控制。这种闭环系统的优点是节能降噪。

液压伺服电动机泵组充分利用伺服电动机的性能，获得了下述优势：

（1）系统效率高　伺服电动机的恒转矩、变转速、高响应的特性，使它驱动的液压泵输出流量准确跟随外负载速度的变化而实时变化；尤其是在液压系统保压状态下，泵在超低速下运行，节能效果明显。

（2）抗过载能力强　能承受三倍于额定转矩的负载，对有瞬间负载波动和要求频繁快速起动的场合特别适用。

（3）低速运行平稳　低速运行时不会产生类似于步进电动机的步进运行现象。

（4）舒适性好，发热和噪声明显降低　有利于延长液压泵的使用寿命，特别是密集生产型自动化生产线，伺服电动机泵组是节能、降噪、缩小液压系统体积非常合适的选择。

（5）对液压油的清洁度要求低　伺服阀系统的油液清洁度需要NAS7级，但是伺服泵控系统能接受NAS8~9级。

（6）液压泵的流量调节范围大　伺服电动机高速性能也好，额定转速能达到2000~3000r/min以上，因此可以充分发挥液压泵的输出能力。

虽然，伺服电动机用于液压泵驱动的制造成本高于普通三相异步电动机驱动液压泵的系统，但是对于设备外形尺寸要求尽量小、主机工况比较复杂的情况下，使用液压伺服电动机泵泵控的方案会受到很多企业的青睐，例如液压剪床、折弯机、折边机、矫直机等需要间歇性运行但压力持续稳定、节省电能和占地面积的场合，可以优先选用伺服电动机泵泵控液压系统。将伺服电动机用作液压泵的驱动越来越广泛地应用于工业、工程机械、行走设备、机器人、建筑行业。

伺服电动机驱动液压泵的动力源包括力矩、角位移、压力的闭环控制，也可以将执行机构的位移传感器和压力传感器、速度传感器的信号反馈给伺服驱动器，因此，驱动器通常是一个复杂的专用数字控制装置。近十年来，随着各行业对产品生产过程节能及可视化、无人化、远程控制的要求不断提高，专用控制器也开始通用化。这类控制器可以将设定压力值等外部参数反馈到中央处理器，通过优化的PID算法，自动调节伺服电动机的输出速度，从而在保压的前提下，使液压伺服电动机泵能够输出稳定压力。

液压伺服电动机泵组要注意选择合适的制动装置，包括电磁制动、更新制动与动态制动。动态制动器由动态制动电阻组成，在故障、急停、电源断电时通过能耗制动缩短伺服电动机的机械进给距离；更新制动是指伺服电动机在减速或停车时将制动产生的能量通过逆变回路反馈到直流母线，经阻容回路吸收；电磁制动是通过机械装置锁住电动机的轴。需要注意：更新制动是系统自动进行，必须在伺服器正常工作时才起作用，而在故障、急停、电源断电等情况下无法制动电动机；动态制动器和电磁制动工作时不需要电源，工作需要外部继电器控制，一般在SV OFF或主回路断电后起动，否则可能造成动态制动电阻过热；电磁制动一般在SV OFF后起动，否则可能造成放大器过载。

5.1　伺服电动机泵泵控系统组成及控制原理

标准伺服电动机外形如图5-1所示。它与液压泵组成的动力源包括伺服电动机泵组、油箱及附件、控制阀组、液压缸或马达、压力传感器、位移传感器（角度编码器）、电气控制柜等部分，如图5-2所示。

图5-1　标准伺服电动机外形

伺服电动机泵泵控节能液压系统就是利用伺服电动机控制器控制液压泵的转速，从而控制液压系统输出流量的控制方式。这种控制方式取消了流量控制阀，利用伺服电动机的恒转矩、变转速特性直接改变泵的输出流量，从而避免了阀控产生的压力和流量的损失，节能效果显而易见。还可以进一步采用执行机构压力和位置反馈信号，经伺服驱动器数模运算控制泵的转速，达到速度、压力、位置闭环控制的目的。伺服控制器内闭环控制可以设置控制信号的优先级，例如压力机、折弯机、注塑机等液压设备，有机械限位机构，就可以采用压力控制作为优先信号；当有位置精度要求时，位置反馈信号可作为伺服控制的优先信号；压力闭环起保护作用时，可以设置不同位置时的保护压力参数。

下述以国产汽车四门两盖折边机的伺服电动机泵泵控系统为例，说明此类液压系统与电控系统的设计、使用、调试与维护。图5-2所示为折弯机汽车车身生产线上的设备，生产线上要求设备体积小、速度快、压力大、重复定位精度高及节能效果好。由于是无人化车间，其外部接口必须与控制中心匹配，能够远程监控液压系统工作状态。

图 5-2 所示的液压伺服电动机泵泵控系统是取代国外进口折边机的液压控制装置。进口折边机的液压系统采用的是比例方向阀。二者对比使用表明：采用比例方向阀的进口折弯机的定位精度仍优于国产伺服电动机泵泵控系统。但从长期来看，比例方向阀的控制精度受系统发热的影响，而伺服电动机泵泵控系统对液压污染要求降低，而且节能，即使位置精度略差，但仍能满足折边机的总体性能要求。因此，国产折边机采用伺服泵控系统取代进口设备获得了成功，已推广应用。

伺服泵控液压系统的技术难点在于控制闭环回路的算法设计、调试。

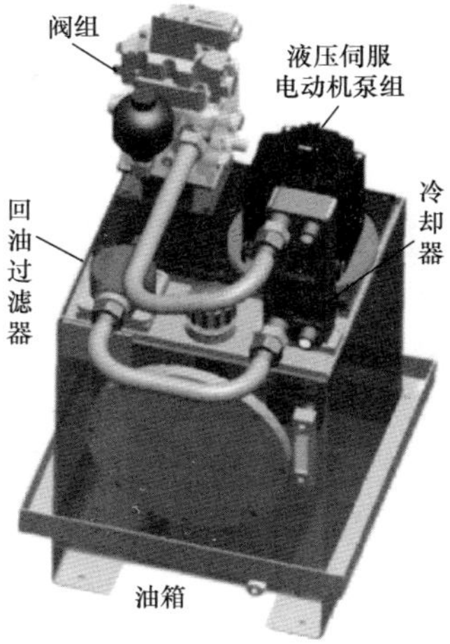

图 5-2　伺服电动机泵泵控系统

5.2　液压伺服电动机泵泵控液压系统的设计

国产汽车四门两盖折边机液压系统原理图如图 5-3 所示，技术要求见表 5-1，工作流程见表 5-2。

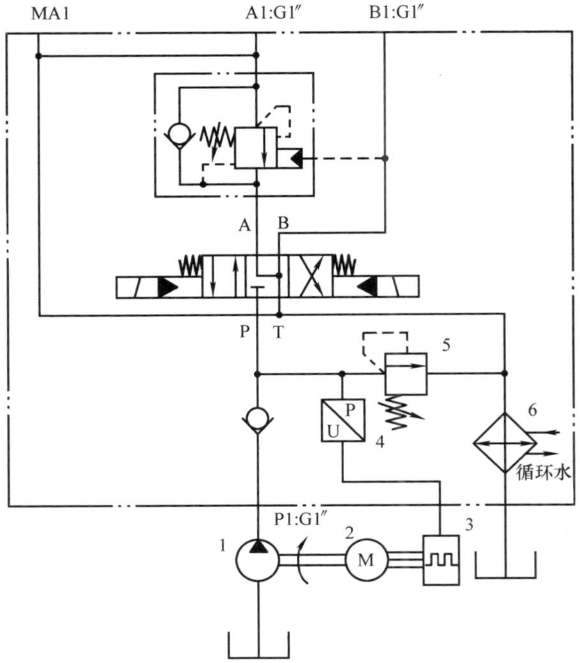

图 5-3　国产汽车四门两盖折边机液压系统原理图

1—液压泵　2—伺服电动机　3—伺服电动机驱动器　4—压力传感器　5—溢流阀　6—冷却器

表 5-1 国产汽车四门两盖折边机液压系统主缸技术要求

工作压力/MPa	最大压力/MPa	行程/mm	最大顶出力/t	行程最长时间/s	外形尺寸/mm
16	21	160	85	5	500×500×1200

表 5-2 国产折边机液压系统主缸工作流程

序号	主缸		胎膜		预折位置	使用时间/s
	运动方向	行程/mm	运动方向	行程/mm		
1	伸出	15	上升	15	预折保压 1	1.5
2	缩回	0	下降	15	回初始位	0.5
3	伸出	15	上升	15	预折保压 2	1.5
4	缩回	0	下降	15	回初始位	0.5
5	伸出	140	上升	140	到达终折初始位	2.5
6	伸出	150	上升	15	终折保压 1	1.5
7	缩回	140	下降	10	回终折初始位	0.5
8	缩回	0	下降	140	回初始位	2.5

1. 设计计算步骤

根据工作压力，计算液压缸缸径：

$$F = pA = \frac{p \times 3.142 \times D^2}{4}$$

$$D^2 = \frac{4F}{3.142 \times 160}$$

主缸缸径根据计算数值圆整，并按照标准缸径选取主缸直径为200mm。

选择伺服电动机控制+内啮合齿轮泵作为泵源，选择响应达30ms的电液方向阀作为控制阀。选择输出信号是4~20mA与压力范围达25MPa的压力传感器作为测量和反馈元件，与伺服电动机驱动器、闭环控制器构成压力反馈控制回路；溢流阀设定压力21MPa，作为安全阀使用，防止控制系统压力过大损坏伺服电动机。

从菲仕（Phase）、西门子（Siemens）、英威腾（INVT）、安川（YASKAWA）等伺服电动机品牌当中选择了西门子产品。由于无法从市场直接获得要求的控制器，上海尧治自动化系统工程有限公司自行研发了针对7kW以下的标准伺服电动机闭环控制器（型号 EHPU－C001），利用外部压力作为反馈信号，构成了伺服电动机泵泵控系统。

伺服电动机功率选择计算如下。

$$\frac{pq}{612} = N$$

驱动转矩校核计算如下。

$$T = 0.00159 q_v p$$

式中　p——系统压力（MPa）；

N——额定功率（kW）；

T——负载力矩（N·m）；

q_v——泵流量（L/min）。

表 5-3 列出了国产埃斯顿伺服电动机的技术参数，可以选择功率、转速和转矩合适的电动机。

表 5-3　埃斯顿伺服电动机的技术参数

技术数据											
订货号 1FL6	042 – 1AF	044 – 1AF	061 – 1AC	062 – 1AC	064 – 1AC	066 – 1AC	067 – 1AC	090 – 1AC	092 – 1AC	094 – 1AC	096 – 1AC[2)]
法兰外圆半径/mm	45		65					90			
额定功率/kW[1)]	0.45	0.75	0.75	1.00	1.50	1.75	2.00	2.50	3.50	5.00	7.00
功率/hp	0.54	1.02	1.02	1.36	2.04	2.38	2.72	3.40	4.76	6.80	9.52
额定扭矩/N·m[1)]	1.27	2.39	3.58	4.78	7.16	8.36	9.55	11.90	16.70	23.90	33.40
额定速率/(r/min)	3000		2000					200			
最大扭矩/N·m[1)]	3.8	7.2	10.7	14.3	21.5	25.1	28.7	35.7	50.0	70.0	90.0
最大速度/(r/min)	4000		3000					3000		2500	2000
额定电流/A	1.2	2.1	2.5	3.0	4.6	5.3	5.9	7.8	11.0	12.6	13.2
最大电流/A	3.6	6.3	7.5	9.0	13.8	15.9	17.7	23.4	32.9	36.9	35.6
扭矩常数/(N·m/A)	1.1	1.2	1.5	1.7	1.6	1.7	1.7	1.6	1.6	2.0	2.7
惯量（带抱闸）/10^{-4}kg·m^2	2.7 (3.2)	5.2 (5.7)	8.0 (9.1)	11.7 (13.5)	15.3 (16.4)	22.6 (23.7)	29.9 (31.0)	47.4 (56.3)	69.1 (77.9)	90.8 (99.7)	134.3 (143.2)
热等级	B（130℃）										
防护等级	IP65										
推荐负载惯量与电动机惯量比	最大 10 倍		最大 5 倍					最大 5 倍			
编码器类型	增量编码器 TTL 2500 ppr 绝对值编码器 20 位 +12 位多圈										
安装类型	IM B5（IM V1 和 IM V3）										

选择了额定压力 31.5MPa、排量 25mL/r 的内啮合齿轮泵。

2. 传感器选型

根据主机及设备最终用户的精度要求，选择合适的传感器，使整个液压系统、控制系统达到最佳的性价比。

（1）系统压力传感器　根据液压系统最大工作压力，量程为0~25MPa，控制精度为0.01MPa，传感器输出为4~20mA。

（2）液压缸位置传感器　装在液压缸有效行程的外部机械设备上，使用机械指针固定在机架上面，做好保护设施。传感器量程为0~300mm，输出信号为4~20mA，电气接线方式为M12四针，防水等级为IP67，精度等级为0.01mm（控制精度0.1mm）。

3. 控制框图

EHPU-C001闭环控制器控制框图如图5-4所示。

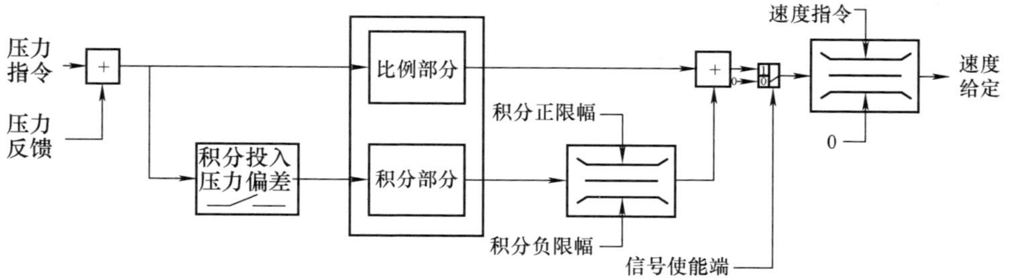

图5-4　EHPU-C001闭环控制器控制框图

5.3　液压伺服电动机泵泵控系统与动力站设计

按常规液压系统设计，图5-5a所示为泵控系统所用的阀组，图5-5b所示为阀

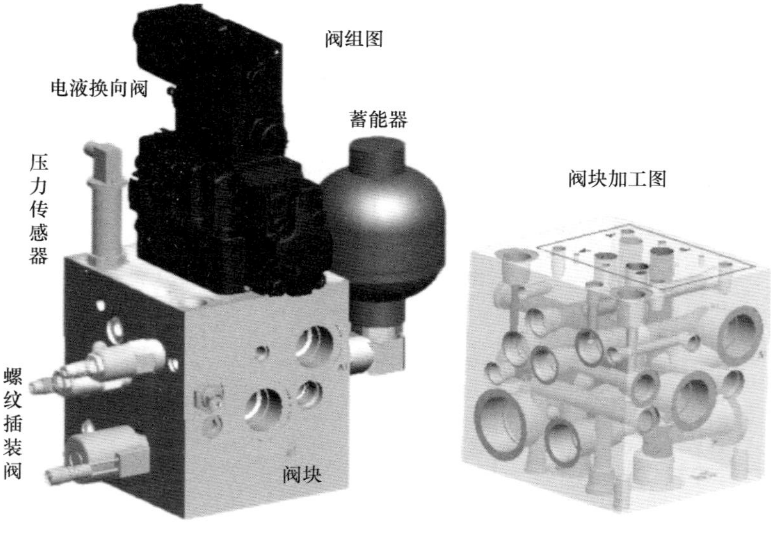

图5-5　液压伺服电动机泵泵控系统阀组与阀块加工图
a）泵控系统阀组　b）阀块加工三维立体图

块加工图。阀块加工图的孔道设计采用三维设计软件 Pro/E 5.0。阀块材料为45钢。管路交叉孔之间壁厚不小于4mm，互相平行的孔之间壁厚不小于7mm。考虑到机床的精度，细长孔一般偏移2% ~ 15%。设计中注意外接油口位置应方便元件安装，考虑到阀的安全距离、调试空间和拆卸空间等。

折弯机液压缸采用双胞胎结构，加工难度较高，因此设计成整体式，有助于减少装配难度，降低成本，如图5-6所示。

图5-6　双胞胎液压缸

5.4　液压伺服电动机泵泵控系统的调试实例

伺服电动机泵泵控系统必须把伺服驱动器、控制器（本案采用的是 EHPU - C001）连接起来，才能使泵正常工作，再通过预先使用C语言编写的算法，使伺服电动机根据外部压力传感器输入的电流信号，自动调节伺服电动机的转速，达到闭环控制的要求，其控制逻辑关系如图5-7所示，控制系统接线图如图5-8所示。

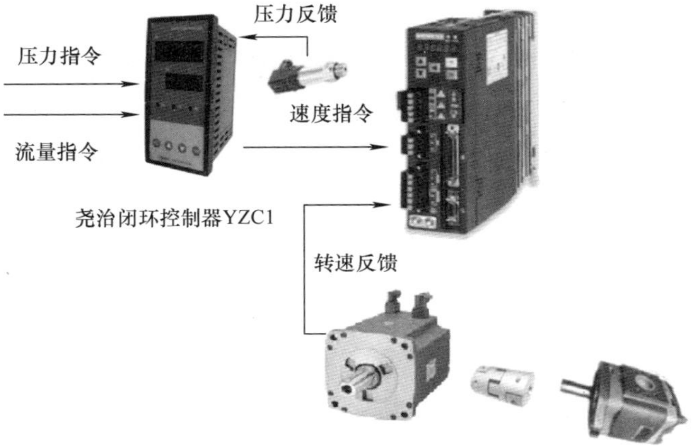

图5-7　控制逻辑关系

（1）电源接口　24V 和 ±15V 的电源公共端需要连接到 GND 端子上，AGND 为端子二上的15、17、19公共地，可用于外部电源，也可用内部24V电源，GND 和 AGND 短接。

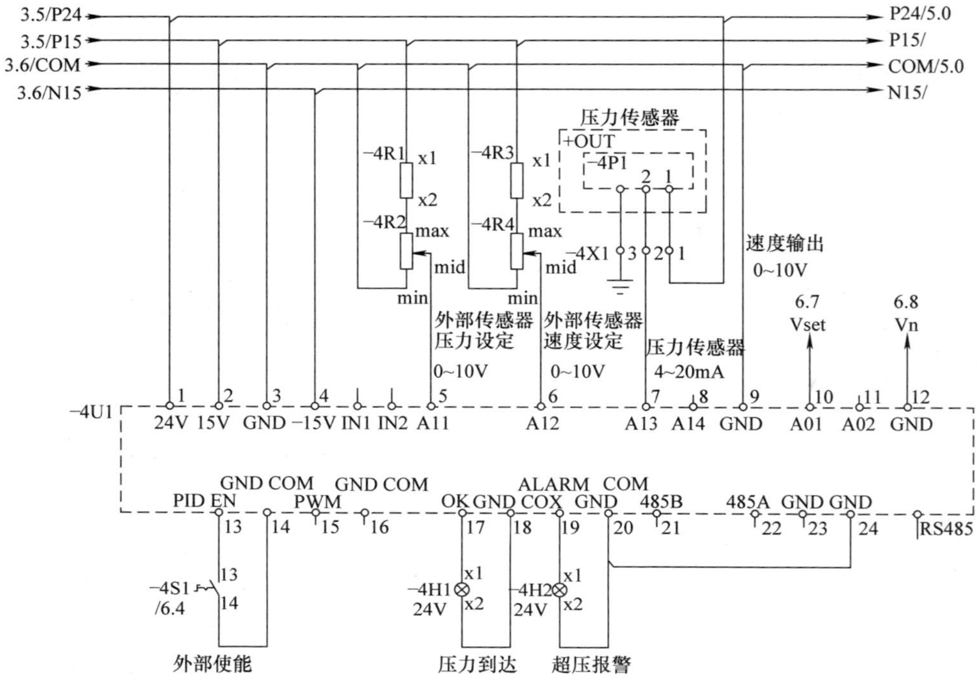

图5-8　控制系统接线图

电源接口1#脚为24V输入，要求电源供电范围为20～24V/3A规格。

电源接口2#、4#脚为±15V接入，要求电源供电为14～18V/2A，请勿接反电源接口，否则会造成器件的永久性损坏。

（2）输入接口　IN1 IN2需要接入电平为-10V～10V范围内。一旦超压，则永久性损坏。

PID EN为输入接口，内部24V供压，接GND和PID EN管脚。

（3）输出接口　OUT1为伺服电动机控制接口，最大驱动能力为-10V～10V/200mA，不允许长久超过此输出电流，否则会造成永久性损坏。

ALARM接口和OK接口均为开漏输出，可以将24V电源和负载LED串联进电路，最大灌流电流为500mA。

数字输出端口内部原理与接线方法如图5-9所示。

（4）通信接口　RS485标准接口。

（5）指示灯　设置三个指示灯以指示控制器状态。

EN——PID使能指示（内部或外部满足时，使能PID控制）

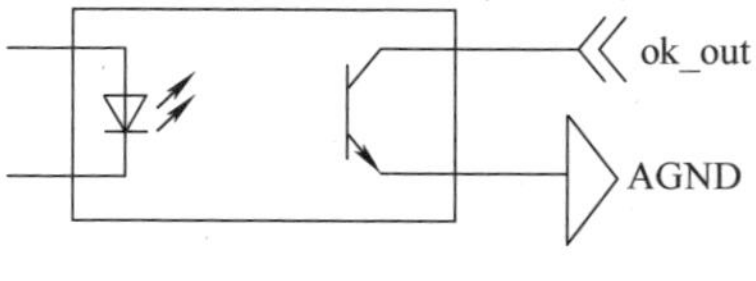

图5-9　数字输出端口内部原理与接线方法

OK——压力保持指示（默认保持压力为 5bar 以内，此指示灯亮）

AL——报警指示（输出压力上限报警）

（6）EHPU 控制器的使用　EHPU 控制器面板如图 5-10 所示。面板设置操作方法见表 5-4。

EHPU 控制器有 4 个按键，分别对应于 SET/ UP/ DOWN/ ENT。

SET——菜单设置，可依次选择需要调整的参数，可以调整子菜单 2－2、2－3、3－2、3－3。

UP——上键，可以增加参数，短按以最小步进增加，长按以最小步进的 10 倍增加。

DOWN——下键，可以减小参数，短按以最小步进减小，长按以最小步进的 10 倍减小。

ENT——确定，确定输入值，短按确定输入值，长按不保存，并直接退出。

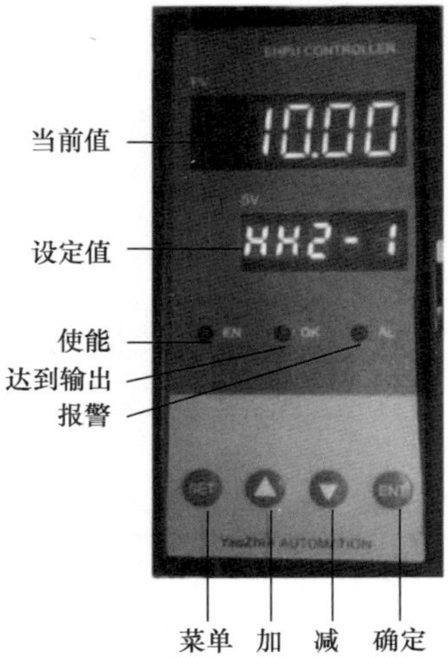

图 5-10　EHPU 控制器面板

默认状态：大数码管显示值为当前实际值，小数码管为设定值

调整状态：大数码管为当前实际参数值，小数码管为当前设置参数，各个数码管功能见表 5-4。

表 5-4　EHPU 控制器面板参数设置操作

设置目的	显示或操作	操作结果
允许设置	面板显示 EE	
不允许设置	面板显示 HH	
设置或改变参数	SET 菜单键　长按	快速调整参数或直接返回到默认状态
	SET 菜单键　中按	退出设定返回上一级
	SET 菜单键　短按	进入设定
	END 菜单键 长按	3s
	END 菜单键 中按	800ms
	END 菜单键 短按	确认设定
	上下键	递加或递减最小分辨率
设定压力最大参考值	SET→SET→SET（HH3－1）－ENT（EE3－1）{400.0} DOWN 减小到 210，然后短按 ENT 键， 直到显示为（HH3－1）{210.0} 即可	设 21.0MPa，默认设置为 40.0MPa

（续）

设置目的	显示或操作	操作结果
设定速度最大参考值	SET→SET→SET→ENT（EE3－1）→SET（EE3－2）{1500} UP增加到2000，然后短按ENT键，直到显示为（HH3－1）{2000}	设2000r/min，默认设置为1500r/min
设定PID参数	SET→SET→ENT（EE2－1）→ENT（EE2－1）{10} UP增加到15，然后短按ENT键，直到显示为（HH2－1）{15}	设P为15，默认设置为10
设定PID参数	SET→SET→ENT（EE2－1）→SET（EE2－2）{0.1}，UP增加到0.2，然后短按ENT键，直到显示为（HH2－1）{0.2}	设I为0.2，默认设置为0.1
其他参数设置	如同以上压力、速度参数的设置	

注：（）内表示当前小数码管参数，{}内表示为大数码管对应参数值。

5.5 参数调整说明

参数调整说明见表5-5。

表5-5 参数调整说明

序	位码	参数	数值范围	默认值	说明
0	上电默认	设定压力和实际压力 设定速度和实际速度 按上下键切换显示	上键压力0.0～999.9 下键速度0～3000		默认显示设定压力，实际压力下键切换到设定速度，实际速度
1	1	使能PID	0或者1	1	PID使能控制位
2	2－1	P参数	0～999.9	10	建议压力最大参考值的1/20
3	2－2	I参数	0～99.99	0.1	I参数设定
4	2－3	D参数	0～99.99	0	不建议用
5	3－1	压力最大参考值	1～999.9bar	210	压力传感器最大值，对应20mA的值
6	3－2	速度最大参考值	1～3000r/min	1500	建议3000r/min以下，取决于泵及电动机最大速度，与伺服驱动器参考值一致，对应10V的值
7	3－3	积分投入压力偏差值	0～100bar	20	积分投入压力偏差值
8	4	积分限副	0～10.0V	2	积分限幅值
9	5	压力上限报警值	0～999.9bar	210	压力上限报警值取决于设备及工艺，超过AL报警灯亮

（续）

序	位码	参数	数值范围	默认值	说明
10	6	输出稳定偏差值	0 ~ 999. 9bar	5	在偏差范围 OK 灯亮
11	7	输入滤波级别	0 ~ 100	5	越小响应越快，越大则越平稳
12	8	控制周期	1 ~ 1000ms	1	建议设置为 1，更改会影响积分运算
13	9	输出零点偏移	-1. 0 ~ 1. 0V	0	可通过伺服中进行零点偏移，并可以监视伺服速度值
14	10	输出压力设定值	-10 ~ 999. 9bar	0	压力 = 压力电位器值 + 此值，使用其一种设定，也可进行电位器偏差补偿
15	11	输出速度设定值	-100 ~ 3000r/min	0	速度 = 速度电位器值 + 此值，使用其一种设定，也可进行电位器偏差补偿

5. 6　故障诊断与排除

伺服电动机泵泵控系统包括液压与电控两大部分。

液压系统与元件故障包括执行机构失压失控、系统异常噪声等。

采用指示灯显示 EHPU - CONTROLER 控制器故障，控制面板上显示的错误代码按照表 5-4 说明修改并排除故障，查看伺服电动机使用手册排除伺服电动机过载过流等报警故障。

第 6 章　液压系统安装与调试

液压系统安装与调试技术是成熟的。在此强调安装与调试中的注意事项。需要明确的是，液压系统运行是否稳定可靠，既取决于设计是否合理，也取决于安装的质量与调试的水平，而且安装与调试还会影响液压系统的故障率，甚至设备的精度、寿命、经济效益等。

还要注意，液压工业 2.0 技术向液压工业 4.0 技术发展的过程中，液压系统安装的方式、内容和包含的生态技术也在发生重大变化。图 6-1a 所示为传统的液压动力站的外观，体现液压工业 2.0 技术；而图 6-1b 与图 6-1c 所示为正在市场推广的博世力士乐生产的 CytroPac 互联液压动力站的崭新形式。这种新型动力站不仅外形新颖，更重要的是具备互联网通信功能，可以完成与总线或以太网的通信。

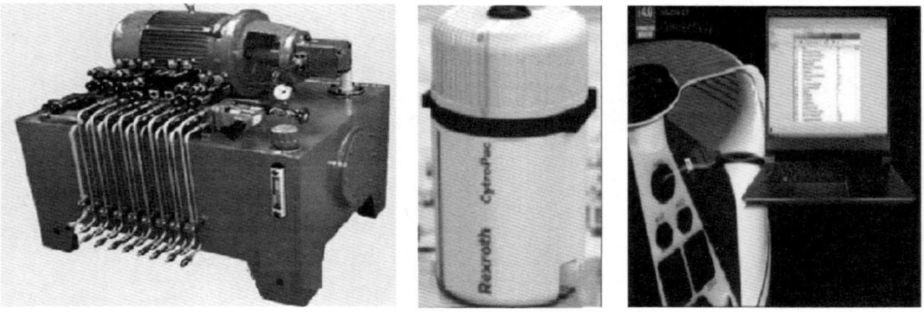

a)　　b)　　c)

图 6-1　液压动力站变化形式

a）传统液压动力站（液压工业 2.0 技术）　b）、c）互联液压动力站及其调试（液压工业 4.0 技术）

6.1　液压系统安装要点

6.1.1　液压系统安装流程与注意事项

液压系统安装流程如图 6-2 所示。

根据流程图，可总结安装过程中的注意事项，见表 6-1。需要提及的是，由于

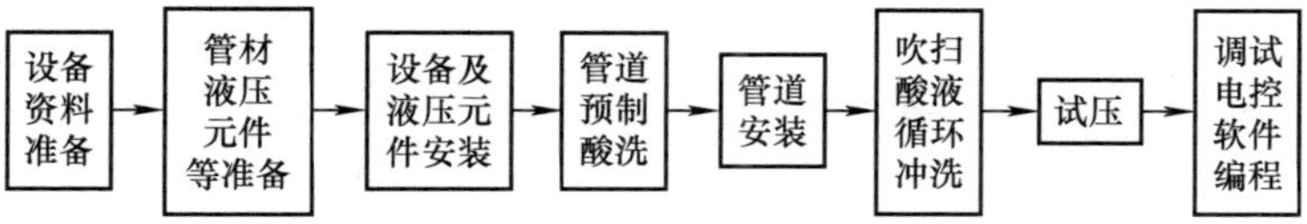

图 6-2　液压系统安装流程

ISO 9000 的实施，各行业已建立了液压系统安装的技术规范和质量保证体系，如冶金行业、地面交通行业、船舶行业、化工行业、军工行业、航空航天等都制定有液压系统安装的技术规范，实施液压系统安装工程时，严格遵守所在行业的规范和质量保证体系即可。但是表 6-1 列出的注意事项仍然是安装实践中需要重视的内容。

表 6-1　液压系统安装注意事项

序号	流程阶段	注意事项	具体技术措施
1	配管	安装与维修方便	取决于设计与布管合理
		保证无泄漏	焊接工艺保证，接头形式合理选择；新系统不允许用生胶带以及防泄漏胶水
		布管符合要求	回油管置于液面以下，防止带入空气；泵阀泄漏油管必须独立回油 吸油管不允许漏气；溢流阀回油避免直接联泵，而是应回油箱；长管道需要支架，避免管道共振噪声；最高处应设有排气装置；管路一般需二次安装，即试装与正式安装
		软管	合理的弯曲半径；避免与其他机械及管道机械接触
2	管道冲洗	槽式清洗	脱脂－清水冲洗－酸洗－清水冲洗－中和－钝化－清水冲洗－干燥－二次安装
		循环清洗	水试漏－脱脂－清水冲洗－酸洗－中和－钝化－清水冲洗－干燥－二次安装；避免精密液压件冲洗；原泵也不作冲洗泵，可以采用离心泵；冲洗后系统原滤芯撤除
3	液压站	油箱	安放在通风条件好的位置，便于热量散发
		电动机泵组	保证同轴度（取 0.05），转动自如；一般采用挠性联轴器连接 地面基础与骨架刚度牢固可靠；注意要求的旋转方向
		液压阀组	事先试压、动作正常，操作与观察方便；注意比例、伺服阀的抗干扰环境
		液压附件	注意橡胶件老化问题（如蓄能器皮囊等）；使用充气工具对充气式蓄能器充氮
		密封件	安装面无毛刺，沟槽要有倒角或导向锥面；安装密封圈时涂润滑脂；注意密封圈挡圈与本身密封方向性；安装 V 或 L 形圈时压紧力合适；油封装入座孔时，应采用专用工具推入，防止位置偏斜

（续）

序号	流程阶段	注意事项	具体技术措施
4	安装元件	所有件	安装时试验元件要用煤油清洗；固定螺钉对角线按要求转矩拧紧
		液压缸	按主机要求安装 对大直径、行程在2 ~ 2.5m以上的大行程液压缸，在安装时必须安装活塞杆的导向支承环和缸筒本身的中间支座。以防止活塞杆和缸筒的挠曲；压盖螺钉拧紧程度以保证活塞在全程上移动灵活无阻滞和无轻重不均匀的现象为宜。螺钉过紧会增加阻力，加速磨损；过松会引起漏油
5	试压	必须试压	试压方式可以是原泵，也可以采用专用泵；试压压力按设计要求
6	清洁度	按设计和验收要求	详见6.1.2节

6.1.2　液压系统安装的污染控制

液压系统在制造、安装、运行过程中会带入诸如切屑、毛刺、型砂、磨料、焊渣、锈片、灰尘、油液中的杂质、化学析出物等固体颗粒，为确保油液清洁度，需要在每个安装环节避免这些污染物进入液压系统。

1. 安装前对被安装液压件的装配清洗

1）除原装液压元件和附件外，被安装液压件需要在洁净场地的清洗台上用洁净工具拆装、清洗，包括叠加阀块、螺纹插装阀块、二通插装阀块等各类阀块和接头。阀块容易藏污纳垢，要特别重视。

2）清洗液允许使用煤油、汽油以及与液压系统工作油牌号相同的液压油。

3）清洗后的零件不准用棉、麻、丝和化纤品擦拭，防止脱落的纤维二次污染系统。必要时可以用洁净干燥的压缩空气吹干零件。

4）已清洗过的零件或元件在装配前采用防锈油保存防锈。如果需要装配，要将零件清洗干净，零件表面干燥后再进行装配。

5）装配时不准戴手套，不准用纤维品擦拭安装面，防止纤维类污染物进入系统内部。

6）已装配完的液压元件、组件暂不进行组装时，应将它们的所有油口封堵好。

2. 液压系统总装的污染控制

1）软管必须在管道酸洗、冲洗后方可连接到执行器上，安装前要用洁净的压缩空气吹净。中途拆卸软管，要及时包扎好软管接头。

2）接头体安装前用煤油清洗干净，并用洁净压缩空气吹干，不允许使用生料带进行密封（生料带只允许在维修时使用）。

3）液压管道安装时为防止焊渣、氧化铁皮侵入系统，管道焊接采用氩弧焊等气体保护焊。

4）管道安装过程中若有较长时间的中断或者安装结束后，须及时封好管口防止杂物侵入。

3. 管道冲洗的污染控制

（1）管路冲洗 可采用汽油清洗、超声波清洗或循环清洗等方法。对于碳钢管做管路时，清洗前必须经过酸洗，管件酸洗前要进行耐压测试（测试压力为最高压力的1.5~2.0倍），再用机械的方法清除焊渣、表面氧化物等污染物，然后进行酸洗，彻底去除表面氧化物。对需要防止被酸液腐蚀的表面（如连接螺纹），应在酸洗前将这些部位涂一层油脂。酸洗后管件内壁应无附着异物。若用盐酸、硝酸或硫硝酸酸洗时，管内壁应呈灰白色；若用磷酸酸洗时，管内壁应呈灰黑色。

预安装进行酸洗后将管路全部解体拆下，确保将明显的金属毛刺与粉末、砂粒灰尘、油漆涂料、氧化皮、油渍、棉纱胶粒等污物清洗干净。

（2）酸洗方法 一是脱脂初洗：用氢氧化钠、硫酸钠等脱脂后，再用温水清洗。二是酸洗：用20%~30%稀盐酸或10%~20%稀硫酸溶液清洗30~40min后，再用40~60℃温水清洗。清洗时必须振动或敲打管件，以便促使氧化皮脱落。三是中和：在苛性钠（10%苏打）溶液中浸渍和洗清15min（溶液温度30~40℃），再用温水清洗。四是防锈处理：清洗后在干燥的空气中干燥后，涂上防锈油。

当确认清洗合格后，可进行第一次安装。

（3）系统冲洗 需要将主油路安装成临时通路，即断开安全溢流阀并隔开液压缸进出油口，然后对此临时通路进行内部循环清洗。清洗过程中，方向阀可换向，泵可间歇运转，以提高清洗效果。此时可以用锤子对焊接部位和管道反复轻轻敲打，促使脏物脱落。冲洗达到要求清洁度后，清除油箱内的清洗油液直至无残油。

冲洗流量应为系统预期流量的2~2.5倍。如果可能的话，使用85℃热冲洗液每次只冲洗一个支路，从最靠近冲洗泵的回路开始，依次向下游推进。这种方案可能要在系统中增设截止阀来实现。

在冲洗系统中应使用容量与所用流量匹配的冲洗过滤器。过滤精度应尽可能高，不得低于推荐的系统过滤精度。

用尽可能大的流速进行冲洗，以便清除管接头处的污染物，清洗压力一般为1~3MPa。清洗结束后要清除管道和油箱壁附着的清洗液。

建立油液取样计划以检查污染度，从而确定何时结束冲洗程序。冲洗之后，采取一切措施防止在重装元件时带入污染物。

4. 油箱的污染控制

液压系统清洗前，首先应对油箱进行清洗。清洗后，用绸布、乙烯树脂海绵或湿面团等将油箱内表面擦干净，之后才能加入洗清用油，不允许用棉布或纤维擦油箱。

液压系统清洗后，按上述清洗油箱的要求将油箱再清洗一次，并检查其清洁度直至合格。为防止污物重进油箱，此时油箱应加盖防止灰尘，在油箱上应设有空气过滤器。盖板及窗口各接合处均需要加装密封垫，各油管通过的孔都要加装密封圈。

5. 液压油的污染控制

液压油是运动部件的润滑剂。据统计，80%以上的故障是由液压油污染造成的。液压油被污染的原因较复杂，自身在工作情况下也不断产生脏物。为了控制液压油的污染，应当采取如下措施：

1）液压油存放的地点与使用工具要清洁，允许用不起毛的棉纤维或的确良（一种合成纤维）擦拭。

2）使用时采用合适的过滤器过滤后灌入系统。

3）液压油存放温度控制在60℃以下，避免油液氧化变质。

6. 液压系统的污染控制

系统经酸洗、冲洗合格后，按设计要求将所有液压元件、管道连接起来形成正式工作回路。此过程中要特别注意管接头清洁，尽量避免拆卸，必要时注意用干净的布包扎好，使管口不受污染。

清洁度符合标准的工作油液注入系统后，系统可以正式试运行。油液注入时必须经过过滤，不允许将油液直接注入油箱。系统空载连续运行10min后，使整个液压系统进行油液循环，将系统最高处的排气装置开启。再检查回油管处的过滤网中有没有杂质，如没有则可转入试车程序。

7. 液压系统清洁度标准

液压元件供应商都提供清洁度标准推荐值，实际上各种推荐值区别不大，但针对性强。这里给出早期由美国航空航天工业协会制定的液压系统应用的清洁度推荐值（NAS 1638标准），由于目前液压泵阀的使用压力比早期有明显提高，因此本手册在NAS 1638标准基础上，参考有关样本合理提高一个许用污染等级作为推荐值（见表6-2）。

表6-2 液压系统推荐的液压油许用污染等级（基于NAS 1638）

使用条件	一般	极高精度元件	高精度元件	安全性要求高的系统	偏低
使用元件	一般液压系统元件	具有高精度伺服阀的液压系统	具有高压柱塞泵与比例阀的液压系统	具有安全性高的液压系统	短暂运行一般液压系统元件
参考数据	中低压元件	使用伺服阀或要求10μm以上滤油器的液压系统	高压柱塞泵系统、静液压系统、有比例元件的系统、具有微小流量控制元件（间隙15μm以下）	长时间加压状态下无运动的系统，有安全装置并有相应控制阀的液压系统	短暂运行设备
出厂最高清洁度要求*	8（19/17/14）	6（17/15/12）	7（18/16/13）	9（20/18/16）	9（20/18/16）
运行最低清洁度要求*	11（22/20/17）	8（19/17/14）	10（21/19/16）	11（22/20/17）	11（22/20/17）

注：*括弧外的数据是NAS 1638标准油液清洁度等级标准，括弧内是ISO 4406－1999（三位数系统），采用3个颗粒尺寸即4μm、6μm和14μm作为检测清洁度的特征粒度。

尽管液压油在系统开始运行时是符合清洁度要求的，但在系统运行一段时间后液压油的清洁度会下降。液压油更换极限标准见表 6-3，其中有 3 项超标，就必须更换。但是只要固体颗粒污染度这一项超标，也必须更换液压油。

表 6-3　液压系统液压油更换极限标准

液压油性能	液压油种类		
	普通液压油	抗磨液压油	低凝液压油
40℃黏度变化(%)	±(10～15)	±(10～15)	±10
污垢含量/(mg/100ml)	10	10	10
水分(%)	0.1	0.1	0.1
酸增加值/(mgKOH/g)	0.3	0.3	0.3
铜片腐蚀/(100℃·3h)	2	2	2
闪点(开度)变化/℃	-60	-60	-60
固体颗粒污染度(NAS 1638)	10～11	10～11	10～11

在实际使用中缺乏上述检测手段的场所，也有采用时间使用规定，例如有的工程机械液压系统规定使用 1200h 后需要更新液压油。

6.2　液压系统调试

液压系统在安装合格以后进入调试阶段。调试是将系统参数和状态调整到设计要求的水平。经过调试合格的液压系统才能投入工程实际应用。

行走设备液压系统的配管安装和调试一般由主机制造厂在厂内进行。大型固定设备的常见做法是预装好单元总成，制造厂对单元总成进行局部调试后发货，而总体调试则在用户现场进行。现场调试涉及一系列步骤和工程管理。

6.2.1　调试的一般步骤

调试的一般步骤如图 6-3 所示。

1）连接好三源：①动力源，对固定液压设备而言是供电电源，对工程机械液压主机而言是发动机动力源；②控制源，控制电源、总线局部网络或以太物联网；③冷却源，冷却水源或者冷却风源。

图 6-3　调试的一般步骤

2）用油标号正确，采用过滤器注入油箱。起动前一定要检查油箱液位符合要求。

3）根据需要给泵壳体注油。打开吸油管截止阀。

4）先把压力控制阀、流量控制阀和变量泵的压力调节器调整到低设定值。方向控制阀置于中位。

5）蓄能器应充气到设计要求。用于能量存储的蓄能器的充气压力应为系统最低工作压力的0.8~0.9倍，但不要低于系统最高工作压力的25%；用于吸收压力冲击和脉动的蓄能器的充气压力应为蓄能器回路额定压力的0.5~0.8倍。

6）点动驱动电动机或使内燃机息速，检查旋转方向。

7）在可能的最高点为液压系统排气。旋松放气塞或管接头。操作方向阀并使执行器伸出、缩回若干次。慢慢加大负载，提高压力阀的设定值。当油箱中不再有泡沫、执行器不再爬行、系统不再有异常噪声时，即放气良好，此时应旋紧放气阀。

8）在管路内充满油液而所有执行器都外伸的情况下，补油至油箱最低液面标志。

9）进行机器跑合。逐渐提高设定值。直到按设计和工艺要求调整好压力阀、压力继电器、流量控制阀、泵调节器、时间继电器等。使机器满载运行几小时，监测稳态工作温度。

10）重新旋紧螺栓和接头以防泄漏，清理或更换滤芯。

6.2.2 调试的主要内容

1. 外观检查

外观检查的目的是对影响液压系统正常可靠工作的外观因素设计和安装质量的一般性初步检查，以求及早发现并予以纠正。主要内容有：

1）液压泵、缸、阀等液压元件的连接及其主机相应部件的安装是否正确可靠。

2）系统中各液压部件、管道和管接头的位置是否便于安装、调节、检查和修理。

3）油箱中的液面高度、油箱结构和工作油液的种类是否符合要求。

4）检查监控系统工作的测试仪表如压力表、转速计及防尘、防污染等有关装置是否完好。

5）检查液压泵的电动机转动是否轻松、均匀。

2. 空载试验

空载试验的作用是使整个液压系统在无工作负载的条件下运转，全面检查液压系统的各部分回路和控制调节装置的工作是否正常可靠，工作循环是否符合要求，同时也为进行负载试验做准备，是确保系统可靠运行的必要步骤。空载试验一般可按如下规则进行：

1）空载试验前，除向油箱注油外，还应给泵注油。注入油箱的油应达到规定的液位高度；向泵的进油口注油时，应注意泵的旋转方向，并用手拨动联轴器，直至泵出油口出油不带气泡为止；对液压马达和有泄油口的泵，应通过泄油口为壳体内注满油。

2）清洗循环时，对于系统中的伺服阀、比例阀、液压缸和马达，应使用短路过渡板将其和循环回路隔离；蓄能器、压力传感器和压力继电器应拆去，接头用螺柱堵死，使这些元件脱离循环回路。

3）空载试验时，溢流阀的控制压力须调至能维持油液循环克服管道阻力的最低值；流量阀减压阀应调至最大开度。

4）空载试验开始时，将系统置于“停止”（或“卸荷”）位置，使液压泵按卸荷回路工作，起动液压泵。此时，检查液压泵油管中的压力表指针是否稳定地处于”0”位或指出相应的压力；液压系统各部分不应出现刺耳的噪声；油箱中油液的表面不应有表明系统中吸入空气的泡沫。

5）慢慢调定溢流阀到规定压力值，将系统置于起动位置，使机器的工作部件以最大行程往复运动，其目的是排除积存在液压系统中的空气；检查所有的安全保护装置（如安全阀、压力继电器）工作的正确性和可靠性，检查的方法可以是使机器的工作部件以慢速移动至刚性挡块上（或其他方式），通过观察相应管路中的压力表，以保证安全保护装置在规定的压力下可靠工作；检查液压系统各部分有无外部泄漏。空载一段时间后，检查油箱的液面下降是否在规定高度范围。

6）按设计要求实现机器工作部件空载运行，以检查机器各工作部件按规定的工作循环相互协调动作的正确性。此时，检查的主要内容是自动工作循环中所有动作顺序的正确性和连续性，工作循环中执行元件行程距离的正确性，各种互锁装置的可靠性，执行元件的最高速度，起动、换向和速度切换时运动的平稳性，不应有爬行、跳动和冲击现象。在液压系统连续空载运转一段时间后，检查工作油温的温升，不应超过规定值。在执行元件的全部行程内，观察工作油路中的压力表读数的稳定性。确认液压系统和所有的液压机构能不间断、正常和可靠地工作后，即可进行负载试验。

7）与电器配合调试工作循环，检查各动作的协调和顺序是否正确，检查系统的平稳性。

8）液压系统连续运转一段时间（一般是 30min）后，检查油液的温升，其温升应在允许规定值范围之内（一般工作油温为 35～60℃）

3. 负载试验

负载试验一般是先在低于最大负载下试验，如果一切正常，才进行最大负载试验，这样可以避免设备损坏等事故。

1）负载试验的目的是检验最大的负载压力、消耗功率，检查噪声和振动是否在允许范围内，检查整个液压系统和部件在负载条件下工作的稳定性和使用的可靠性。

2）试验的负载条件应调整到与机器的实际工况一致。对于工作压力低于 16MPa 的液压系统，其试验压力为工作压力的 1.5 倍；对于工作压力高于 16MPa 的系统，其试验压力为工作压力的 1.25 倍，根据压力表的读数检验负载压力。按照前述的空载试验的步骤和主要内容，检查在负载条件下，机器动作（或自动工作循环）的正确性和可靠性。

3）负载试验中，应逐级升高压力，每升高一级压力宜稳压2~3min，达到试验压力后，保压10min，然后降至工作压力，进行全面检查，以系统所有焊缝和接口处无漏油、管道无永久变形为合格。

4）为保障安全，负载试验期间，不得锤击管道，在试验区域5m范围内不得同时进行明火作业；如有故障，必须卸压后再处理。

5）在负载条件下，检验运动速度及其稳定性。对于机床类型设备，检验低速时运动的稳定性尤其重要。根据测得的负载压力、运动速度和转矩等可计算消耗功率。

6）在液压系统的负载试验过程中，应注意液压部件和油箱中的温升，不应超过规定值。

7）液压系统的调整可按照表6-4所列出的内容与方法进行。

表6-4　液压系统的调整

调整参数	被调节的部件	调整范围及要求
液压泵的工作压力	液压泵的安全阀和溢流阀	要比执行元件的工作压力大10%~20%
快速行程时的压力	液压泵的安全阀	要比快速行程所需的实际压力大15%~20%
次级工作压力	减压阀	应满足工作机构的要求
压力继电器的工作压力	压力继电器的弹簧	低于工作压力0.3~0.5MPa
卸荷压力	安全阀和卸荷阀	卸荷压力应小于0.1~0.2MPa，利用卸荷液压泵作为控制或润滑系统能源时，卸荷压力应在0.3~0.6MPa范围内
执行元件换向或换接顺序	行程开关、先导阀或方向阀、挡块和撞块	换接顺序及其精度应满足工作部件的要求
工作部件的运动速度及其平稳性	节流阀、变量泵或液压马达、导轨锲条和压板、润滑系统、密封装置	运动平稳、没有冲击和振动，不容许有外部泄漏。负载速度降低不应超过10%~20%

4. 动态试验

液压系统的主要参数在工作过程中是不断变化的，起动、换向和卸压等工况都会使系统参数发生变化，是影响液压系统工作性能的重要因素。应努力创造条件完成系统动态试验，对系统的动态分析进行验证、研究，探求类似系统的设计，寻求改进方向。动态试验项目主要有：①执行元件换向过渡过程的试验。②液压系统自激振动的试验、研究及曲线分析。③液压系统刚度的试验确定及曲线记录。

6.3　液压分布式系统的安装与调试

随着飞机多电化技术的发展，液压分布式系统的概念也在液压的各个应用领域受到重视并得到发展，并且与轻量化、智能化的技术形成新的技术发展方向。分布式系统的典型形式之一是 EHA。其结构型式可参考如图 6-4 所示的多电化 EHA 分布式液压系统外形图。

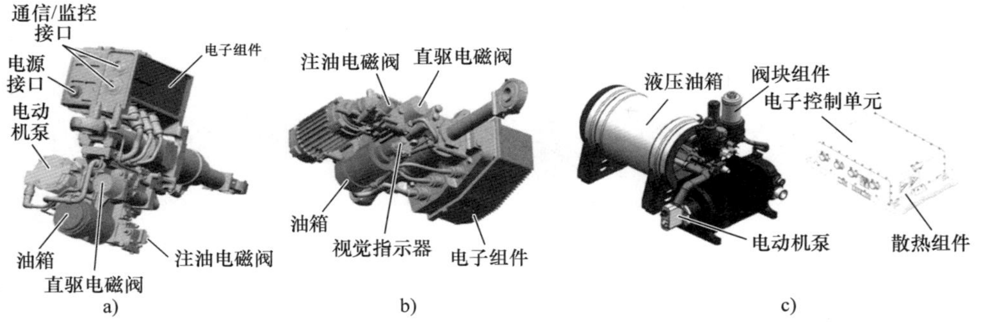

图 6-4　多电化 EHA 分布式液压系统外形图

a）EHA 用于飞机方向舵　b）EHA 用于副翼　c）EHA 用于电动液压能源

尽管分布式系统是由航空多电化推动的，但实际上这种方式或多或少在传统液压中已经有所应用，例如紧凑型微型动力站、液压支架等的应用，现在结合微处理器的控制方式与 3D 打印技术实现轻量化，使这种技术与产品发生了质的变化与提升。

分布式液压系统安装与调试和传统液压系统的异同：

1）集中式液压系统的特征是油箱与泵组成一个液压动力站，此动力站作为集中的能源，采用液压阀来控制各个执行机构（液压缸或液压马达）。而分布式液压系统的特征是一个执行机构配备一个液压动力站与相应的控制阀，形成一个集成体（包括执行机构本身）。因此液压系统的安装对于集中式与分布式基本相同。只不过分布式液压系统非常紧凑，体积小，运输相对方便。目前分布式液压系统的功率比较小，一般在 10kW 左右，功率在几千瓦～几十千瓦。

2）集中式液压系统的电控一般采用 PLC 控制，既有逻辑控制的电磁铁，也有模拟控制的比例阀，比例阀的控制放大板可以是分离式也可以是集成式。在分布式液压系统中，基本是控制电子组件集成在 EHA 上，如图 6-4 所示。这时采用网络通信的方式完成所需要的控制。

3）多电化 EHA 具有本身的电子组件，采用了微处理器进行运算与控制，因此也具有通过软件编程来实施装置本身所需要的复杂功能，这些是集中式液压系统不具有的。因此 EHA 的调试涉及总线编程与微处理器的编程，这往往超出传统液压系统所需要的技术，因此，对工程师技术水平的要求很高。

第 7 章　液压系统现场诊断与维护

液压系统的现场诊断一直是液压设备维护的难点之一。随着我国液压元件行业与液压主机行业近些年来实施 GB/T 19000—2016 质量管理体系，液压元件与系统故障率有明显改善。但是仍处于工业 2.0 为主的中国液压行业在向工业 4.0 发展的过程中，应该借助智能制造的发展思路尽快提升质量稳定性、量产一致性、产品可靠性、品牌优势，以提高国际市场竞争力。

工业液压设备产生的故障包括：液压故障（卡紧、气蚀、泄漏、磨损、疲劳、冲击破坏、污染、密封老化、弹簧失效等）、电控故障（短路、断线、短接、接地、接线错误、干扰、内存不足、过热烧毁、电气击穿、性能劣化、缺相等）、机械故障（磨损、疲劳破坏、响声、卡滞、断裂等）。根据统计，在这三类故障中，液压故障大约占 60% ~70%，电控故障占 20% ~30%，机械故障占 10% 左右。这三类故障中，液压故障诊断的难度最大，这是因为机械故障表现直观，容易发现，电控故障借助测量仪表容易发现，而液压故障既不直观（是内部液体流动）又缺乏更多有效仪器仪表帮助，目前主要依靠人的经验或方法。对工程机械液压系统而言，故障源还有发动机（柴油机）抖动、加速慢、顿挫感、机油压力温度异常、排烟等故障。

在工业 3.0 电液一体化阶段，故障诊断由依靠人为经验发展到采用液压参数的测量给予协助。由于在电控方面采用 PLC 控制与用于闭环控制的传感器信号，因此许多硬件故障可以通过电控加以监测。在工业 4.0 阶段，液压技术正结合元件与系统的数字化，采用了微处理器后，从故障诊断进入元件与系统的健康管理或者故障预测。这样一来，就需要利用现有的人工智能方法，利用大数据、数字孪生、云边缘计算等最新的技术手段，使液压设备的现场故障诊断进入故障预测阶段，而且通过云技术可以实现远距离的实时故障预测或故障处理，液压数字孪生将成为液压全生命周期管理的一个核心技术。图 7-1 所示为液压系统现场故障诊断的技术发展过程。

液压元件向网络化与智能化发展后，故障发生的内容会随着生态技术的变化而变化，故障还表现在：液压故障、机械故障、电气故障、电控故障、通信故障与软件故障。

故障一般有四类：初期故障、偶发故障、耗损故障、综合故障（更换期）。在每

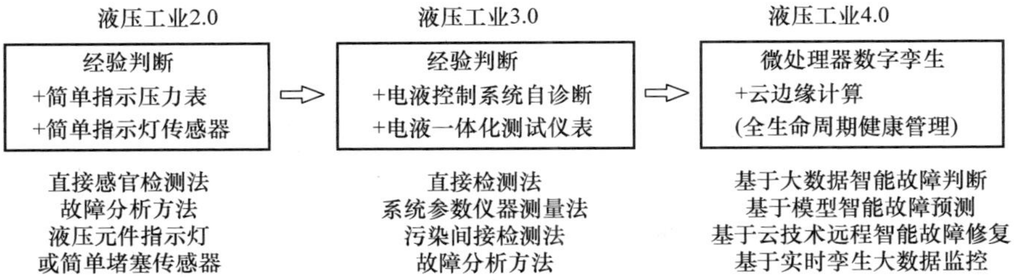

图 7-1　液压系统现场故障诊断的技术发展过程

个阶段故障的特点与频度有所不同。图 7-2 所示为不同阶段故障发生的频度对比。

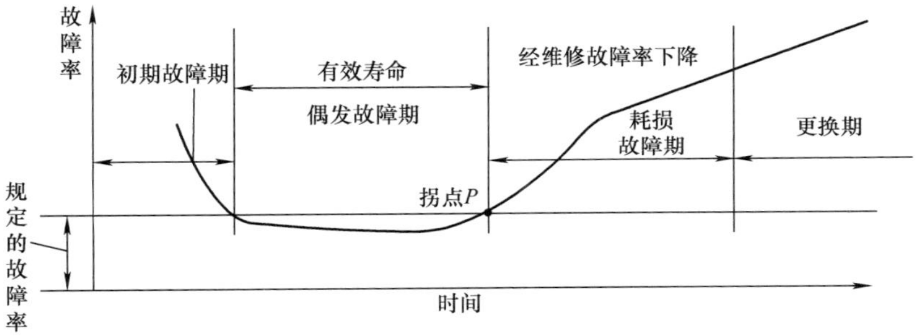

图 7-2　故障浴盆曲线

本章介绍故障分析与判断的实用方法。故障诊断人员需具备以下素质：掌握液压理论知识，特别是液压元件的结构、原理与性能；了解设备的基本原理，熟悉控制的过程与工艺参数；掌握大量设备信息，积累各种故障的模式与表现形式；“试错对比”和“互换元件”是现场最常用的方法。液压系统现场维护工程师诊断故障通常经历定位（找出液压系统中的故障元件，确定故障点）→定性（分析故障源及其产生的原因）→定量（描述故障的严重程度）→定责（制定预防措施）的过程，特别是解决一些比较复杂或突发故障问题的时候。

液压设备故障诊断的内容包括：液压系统的压力、流量、方向、温度、泄漏、振动等参数和现象；电气系统的电流、电压、温度、转速、功率等参数；气动系统的压力、泄漏、温度、噪声、抖动等参数和现象；冷却系统的泄漏、压力、温度等；移动液压还包括发动机的转速、机油压力、温度及排烟等参数和现象。液压故障诊断贯穿于液压系统运行状态及其液压故障的识别、预测和监视三个方面。

7.1　液压系统的现场检测

7.1.1　直接感官检测法

直接感官检测法，是指故障判断者利用本身的感觉来进行故障判断。这种感觉往往需要判断者业内专家的认知。这里的归纳有利于判断者全面掌握这种能力。

在对液压系统的故障判断中可以利用下列的感觉或经验：①用声音诊断故障；②用触摸诊断故障；③用视察诊断故障；④用气味诊断故障。

1. 用声音诊断故障

听的方法适合判断系统或元件产生的噪声，听的时候有“近”听和用金属杆接触噪声源“传耳”听。这些噪声包括管路噪声、高压腔噪声、溢流阀噪声、液压缸噪声。这些声音的特征与元件状态有一定关联，表7-1列出了用声音特征来判断液压元件故障的方法。

表7-1　用声音特征来判断液压元件故障

序号	液压元件种类	噪声特征	产生原因
1	管路	低频轰鸣声音	流速高，因为弯头过多或直径过小
		振动和噪声	固定管卡松动或管道内部振动传到外部
2	液压泵	高频尖叫声	吸空（低温、吸油管破、液位低、进油阻力大、密封漏等）
		低频轰鸣声	高压腔的压力油非正常地内泄到低压腔，内泄过程产生巨大的压差，并产生湍流
		嘶哑的尖叫声	高压节流
		较高噪声	高压元件过度磨损（如柱塞泵摩擦副的磨损、拉伤），使泵内泄漏严重；泵在小排量高压状态下，油液产生流量脉动
		改变配油角时噪声增大	配油盘的磨损，导致正常的内泄
		内部机械撞击声	零件出现损伤
3	阀块	细微连续的声音	泄漏
4	比例、伺服阀	泵出口处产生较大振动和噪声	比例、伺服阀芯、活塞磨损、拉伤，使活塞在移动中脉动，造成流量和压力的波动
5	溢流阀	高频噪声	先导阀前腔压力高频振荡引起空气振动，造成先导阀性能不稳定；油液中混入空气，在先导阀前腔形成气穴
		噪声	针阀因频繁开启而过度磨损，使针阀锥面与阀座不能密合，造成先导流量不稳定、产生压力波动而引发；阀内的弹簧疲劳变形，会造成弹簧力不稳定，使得压力波动大而引发噪声
6	液压缸	内部噪声	油液中混有空气或液压缸中空气未完全排尽，在高压作用下产生气穴现象而引发
		外部噪声	缸头油封过紧或活塞杆弯曲卡紧产生

2. 用视察诊断故障

用看的方法诊断故障包括：看仪表、看油液、看泄漏、看震动、看状态、看摩擦。表7-2列出了用视察液压系统特征来判断液压元件故障的方法。

表 7-2　用视察液压系统特征来判断液压元件故障

序号	观察系统场景	表现特征	可能的液压元件或系统问题
1	看仪表指针	稳定	说明液压系统运作平稳，液压泵的输出稳定，尤其是定量泵更稳定一些
		抖动	闭式泵补油不足；开式泵是进油口有吸空现象
		跳动	主要发生在主系统，意味着压力的冲击比较大，执行机构的缓冲有问题或负载变化大
		波动	液压控制元件问题，如阀的内泄，造成阀工作不稳定，导致泵的流量、压力波动
2	看油液 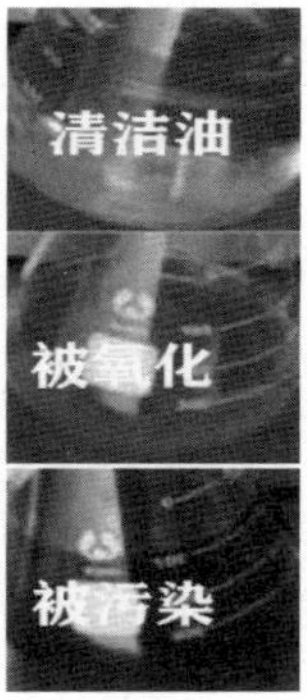 	清净无泡沫	油液正常无杂质
		有泡沫状乳化	油液中混入空气，有进气点吸油、液压缸未排气等
		乳白色	油液中混入水后乳化，轻微乳化为半透明乳白色，严重乳化为乳白色
		透明度降低	含有铁粉、铝粉、钢屑、铜屑和橡胶密封碎片等。产生在设备早期，是安装时清洁度不达标；在设备使用后期是运行中有磨损或元件损坏引起
		氧化	由于外界的化学污染或者内部磨损内泄造成的高温，导致液压油气化并氧化，氧化后的油液为半透明的咖啡色
3	看泄漏点与泄漏量	接头处	是否渗漏、滴漏，出现油垢现象的泄漏是轻微渗漏
		壳体处	变形，密封损坏，造成缝隙泄漏
		主轴处	骨架密封老化造成外泄
4	看振动	活塞杆处	有无跳动、冲击等异常现象
		管路处	密封损坏，壳体变形，管卡松动，流速不稳定
		工作台处	跳动或振动
		机构处	冲击
5	看状态	同步性	对称的机构不同步
		运动稳定性	系统工作压力和流量不稳定性
		速度均匀性	主机运行速度不均匀
		电流电压值	和负荷不匹配
		产品质量	产品的一致性不好
6	看摩擦副摩擦痕迹	斜盘磨痕	斜盘低压区摩擦面上若无划痕，表明柱塞吸油过程中滑靴脱盘，原因是柱塞泵吸油阻力过大或泵壳体压力过高，导致配流盘表面油膜减少造成配流盘研伤。斜盘高压区摩擦面上磨痕严重，表明油品高压抗磨特性低或没有起到作用，发生油膜溃灭，两金属表面之间发生干摩擦
		柱塞杆径表面	柱塞杆径膨胀时，肿胀粗大的部位会发生两金属接触性摩擦，会在杆径表面上留下一圈磨痕

3. 用触摸诊断故障

用“触摸”感觉设备或者液压元件的振动、温度等状态，加以分析以判断故障点。表7-3列出了触摸液压系统的感受判断液压元件状态或故障的方法。

表7-3 用触摸液压系统的感受判断液压元件状态或故障的方法

序号	触摸感觉	人体感受	可能的元件问题
1	触摸温度	温度高低	一般正常不超过55～65℃。即手触摸时间允许在5～10s，见表7-4
2	触摸振动	振动强度	感受元件的各种非功能性振动 触摸阀的振动强度，证明这个阀工作是否正常 触摸液压软管管路，振动大则压力也较高 触摸回油管路振动较大，证明系统的内泄量比较大

允许用手触摸时间的长短来估计温度的高低。感受时间长短与温度的关系见表7-4。

表7-4 手触摸元件表面时间感受温度的高低

人体的反应和感受	触摸时间	预计温度
感觉冰冷，不舒服	1min	<10℃
感觉凉，不舒服	3min	10～20℃
感觉凉爽，很舒服	不限时	20～25℃
感觉一丝凉意，很舒服	不限时	25～30℃
没有温差的感觉	不限时	30～37℃
有温暖的感觉	不限时	38～40℃
有热的感觉	1min	41～45℃
有烫的感觉	30s	45～50℃
较烫的感觉	10s	50～60℃
很烫的感觉	5s	60～70℃
很烫的感觉	2s	70～80℃
灼热的感觉	1s	80～90℃
有灼烧的感觉	0.5s	90～100℃

液压系统设计中，散热平衡比较难计算。既难以精确确定每个液压元件热量的产生，也难以精确确定散热装置的综合效果。用手触摸来衡量系统散热状态是非常简便易行的方法。

4. 用气味诊断故障

用鼻嗅的方法可以感知油液是否正常。表7-5列出了用气味特征来判断液压油质量的方法。

表7-5 用气味特征来判断液压油质量

序号	油品种	气味	可能的问题
1	液压油	焦煳味	变质
		发酸发臭	变质
2	高水基液压油	发臭	细菌或霉菌感染

7.1.2　液压系统仪器仪表检测法

根据自动控制状态空间的理论，对于液压系统而言，只需要测量各连接点压力与负载速度就可以完全掌握整个系统的工作状态。

因此采用压力表监测与现场诊断是最基本手段。负载速度也是必要的检测参数，常用液压缸位移传感器检测液压缸速度，用齿轮流量计检测流量，用量杯检测泄漏量，用转速传感器检测泵和马达的转速等。此外油温影响油的黏度，温度仪表或传感器测量温度也不可缺少，可以用包括红外线温度仪的温度计检测温度。此外，随着检测传感器的发展，加速度传感器也逐渐得到重视，可以检测振动、速度等。这些都有利于对液压系统的故障监测，可以根据实际需求进行取舍。

利用仪表或传感器来监测与排除故障一般需要注意：

① 系统设计时设置检测仪表或传感器要满足系统运行状态的检测要求。

② 检测仪表或传感器的量程满足系统最高或尖峰值。

1. 传统压力表直接检测法

液压系统的传统故障判断主要依靠压力表直接检测法。在此以静液压系统补油压力的判断为例，说明这种方法的应用。

在静液压系统中低压补油回路（见图 7-3a）非常重要，也是整个系统的薄弱点，一旦补油回路产生问题往往使整个系统无法工作。补油回路有六个作用，首先是提供闭式泵变量控制的油源，补充闭式回路的泄漏油，保证低压侧最低压力，允许通过液压泵与液压马达壳体泄漏起散热作用，对整个系统通过冲洗阀起散热过滤作用，以及经过过滤器过滤油液等作用。在静液压系统闭式回路中，补油压力一般低于 3 ~ 5MPa，补油流量一般是主泵与马达二者总流量的 10%。补油流量通过冲洗阀、补油路溢流阀，然后经过泵与马达壳体排到油箱，油路可参考图 7-3a 所示的静液压系统回路。该静液压系统一共设置三个压力表：系统工作压力表 p_a、补油回路压力表 p_b、冲洗回路压力表 p_c。这三个压力表按系统设计的要求可参考表 7-6的 S90 泵静液压系统回路压力设定值。

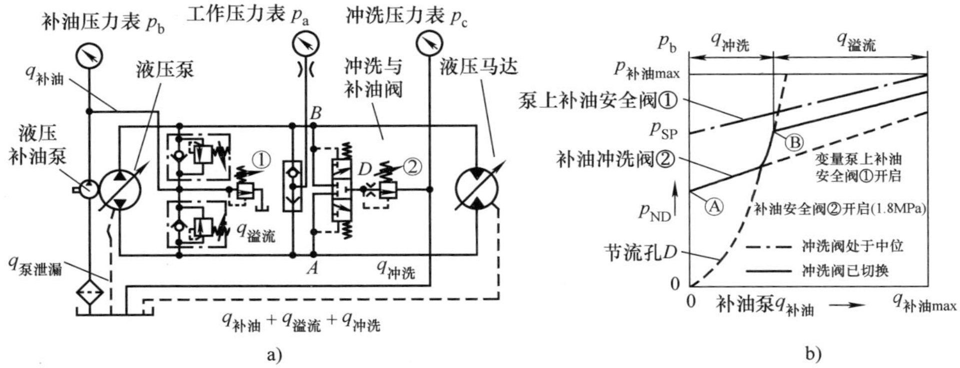

图 7-3　通过补油压力 p_b 监测静液压系统工作状态

a）静液压闭式系统回路　b）补油回路工作特性曲线

表7-6 S90泵静液压系统回路压力设定值

测压点	名称	压力/MPa	系统状态
p_a	系统工作压力	42	主溢流阀设定
p_b	补油压力（低压腔）	1.8～3.0	补油溢流阀
		1.7～2.9	行走状态
p_c	冲洗压力	Δp >0.3～0.5，开启	可调
	泵壳体压力	0.3～0.5	工作状态

从图7-3b的特性曲线可以看到，补油的流量主要消耗在补油回路的冲洗回路上，以及在补油溢流阀的溢流上。这二处补油都有开启点：当补油冲洗阀②按元件出厂设置值PND（由补油溢流阀①设置）开启，它的流量则按节流孔 *A*（由厂方按设计设置）的节流特性决定，此处可见图7-3b上的曲线 *A*→*B* 段，节流孔 *D* 只能在管路 *A* 与 *B* 之间的压差超过0.3～0.5MPa时，冲洗阀被高压打开。该曲线是将冲洗与补油阀设置在1.8MPa的固定压力上，起到保持补油压力的作用。冲洗时油液通过节流孔 *D* 从低压管路流入油箱，然后回路中流失的油液必须通过补油泵以冷却后的油补充。

补油回路在任何状态下都保证补油压力与流量，不论发动机的转速变化还是泵的排量变化。但是在补油泵的磨损情况下，容积效率急剧下降时（即补油泵自身的出口流量都通过自身的间隙又回到进油口），补油回路的供油满足不了闭式回路的需要，此时的现象是补油回路的溢流阀不会打开，无溢流流量，而补油回路压力表所显示的压力越来越低，补油泵产生的补油流量也全部通过冲洗阀回到油箱。这时的后果是泵与马达得不到冷却后的油液，发热严重甚至缩短泵的寿命，以至过早产生故障。这时补油回路的表象就是压力无法提高，低于规定的设置值（在本例中是1.8MPa）。因此只要观察补油回路压力就可以了解补油的工作状态，而避免整个闭式系统产生毁坏的后果。

2. 便携式液压检测仪

（1）便携式液压万用表检测仪　表7-7提供了WEBTEC系列测试仪器（自带加载阀）。便携式液压检测仪集成了温度、压力、流量测试仪，携带方便，显示有指针式和液晶显示，但无法储存。

表7-7 WEBTEC系列便携式液压万用表测试仪器

系列	DHT-1	HT-2	DHT-2	DHM-3	DHNM-4
外形					

（续）

系列		DHT－1	HT－2	DHT－2	DHM－3	DHNM－4
流量		10～800L/min	10～800L/min	10～800L/min	10～800L/min	10～800L/min
压力		48MPa	48MPa	48MPa	48MPa	48MPa
测量参数		流量、压力、温度	流量、压力、温度外接转速	流量、压力、温度、外接转速、流量计	流量、压力、温度功率、容积率	流量、压力、温度功率、容积率
精度	q	1% FSD	1% FSD	1% ID	1% ID	1% ID
	p	1.6%	1.6%	1.6%	0.5%	0.5%
	℃	1	2	1	1	1
	n	—	2%	0.25%	—	12 点数据采集

（2）便携式数字式液压检测仪　随着技术发展，液压系统现场检测也从最初的纯液压参数的检测与人工读数发展到数字化检测，即采用嵌入式微处理器的液压检测仪具备数据采集、网络通信、CAN 总线、蓝牙无线、多通道以至具有一定智能等功能，如图 7-4 所示。

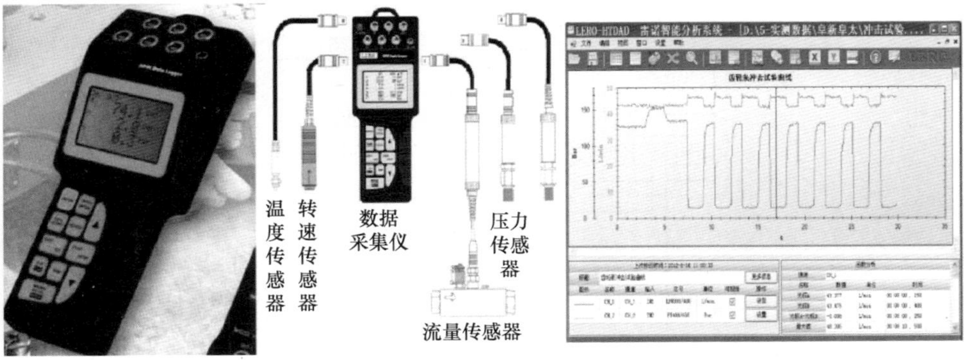

图 7-4　数字式检测仪的仪器本体、数据采集器与软件

LERO CDHM401 和 CDHM801 数字式液压检测仪能够精确测量流量、压力、温度，能够方便快速地测试液压泵、马达、阀和静液压传动装置。使用简单，能精确诊断出液压系统故障点，从而可以减少停工时间并且有助于预防性维护。检测仪包含涡轮流量块和数字显示器。检测仪可根据需求内置加载阀，可以模拟机器正常运行时的工作压力。最高压力 42MPa，流量达 800L/min，温度 120℃，具有 ARM 的 32 位微处理器、14 位 AD 转换、内置 SD 卡、存储空间 2G，确保 8 通道 1000Hz 同步采样。还具有基于 LABVIEW 的数据分析与处理软件，可以实现数据共享，即在计算机中同步显示并能实现监测，还可通过蓝牙传输到移动电话同步并发送数据。

图 7-5 所示为数字式检测仪测试工业伺服阀的案例。

图 7-6 所示为 WEBTEC 数字式液压测试仪用于液压打桩锤上的液压马达测试的示意图，可以使用便携式计算机现场同步观察并记录曲线，用于分析故障，现场检测简单方便。图中所示为如何利用检测仪来检查防止马达的吸空案例。

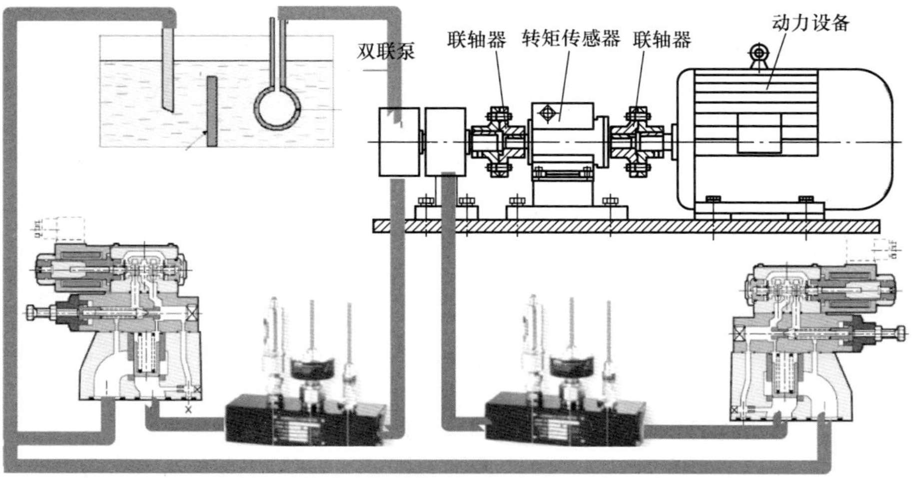

图 7-5　LERO 数字式液压检测仪应用实例（工业伺服阀）

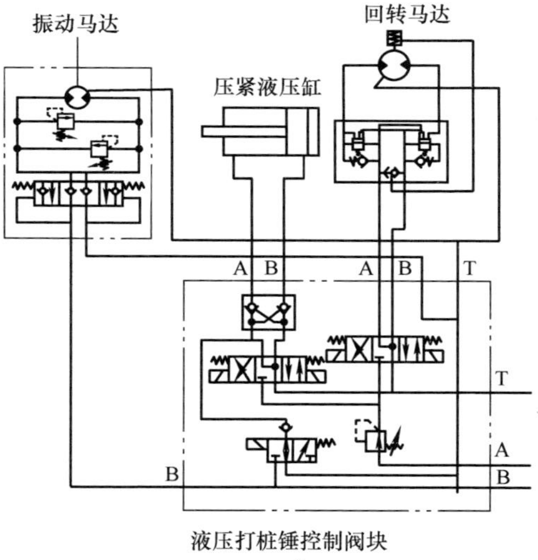

a)

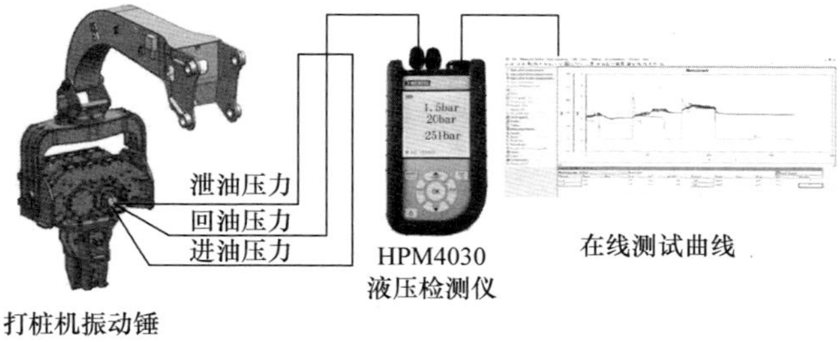

b)

图 7-6　液压打桩锤的液压马达性能检测

a）系统图　b）数字式液压检测仪连接示意图

图 7-7 显示了在挖掘机上液压打桩锤在工作中振动与噪声不符合要求，采用液压检测仪可以判断更换补油阀后的效果。

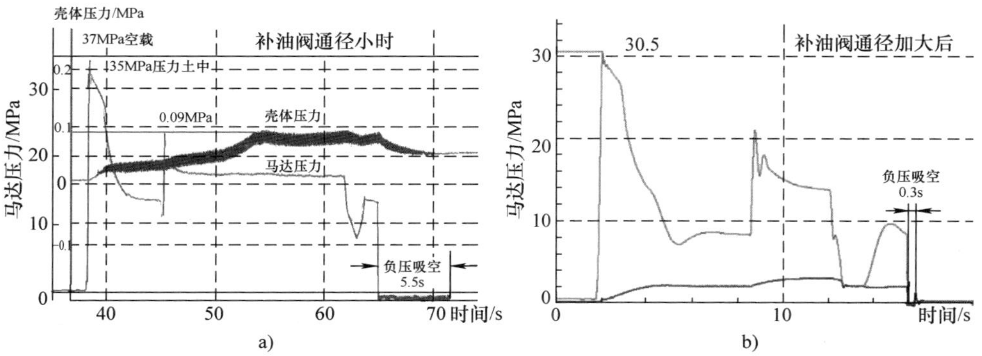

图 7-7　马达补油阀通径加大后的吸空改善

（3）便携式液压颗粒污染检测仪　液压颗粒污染是液压系统最大的故障源，据统计故障率达 70% 以上。便携式液压颗粒污染检测仪现场应用较多，检测仪及其检测原理如图 7-8 所示。

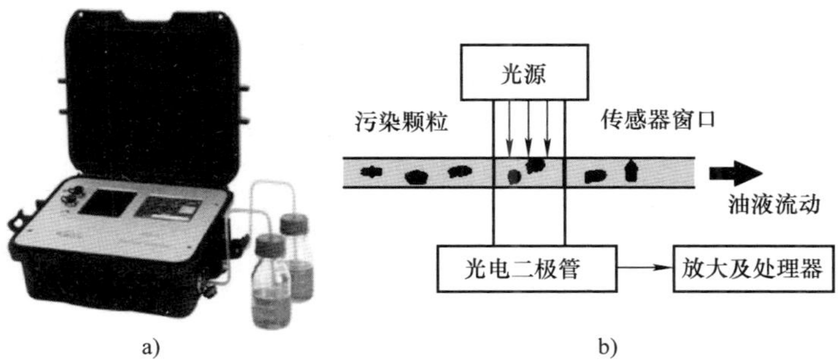

图 7-8　液压污染颗粒检测仪及其检测原理
a）便携式油液清洁度检测仪（天津罗根）　b）油液清洁度检测仪工作原理

自动颗粒计数器采用光阻法（遮光法）原理，原理如图 7-8b 所示。半导体激光器光源发出平行光束，当油流通过传感器窗口时，光电二极管将接收的光能转换为电压信号，前置放大器和计数处理器将采集的电压信号转换成污染颗粒的大小和个数。检测的颗粒直径范围为 1 ~ 600μm，液压元件最敏感的是直径为 5 ~ 15μm 的颗粒。测试仪内置 GB/T 14039—2002（ISO 4406 - 1999）、NAS 1638、GJB - 420A、GJB - 420B 等颗粒污染度等级标准来判断测试结果。

考虑用户需要在线检测压力：0.1 ~ 0.6MPa（选配减压装置最高压力可达

40MPa)，可设置8个以上的检测通道，可对990个粒径进行颗粒度分析。如果配接气压瓶式取样器，可实现高黏度（达400cSt）样品检测。加装水活性传感器可检测油中的微水含量。可同时存储三条校准曲线（ACFTD校准曲线、ISOMTD校准曲线、GOST校准曲线)，有检测数据存储功能、打印机功能、设置检测间隔时间功能、具有RS232或RS485接口对数据进行传输存储和处理功能等。

自动颗粒计数器的检测方式主要有在线快速测试、在线常规测试、在线动态测试、油样/瓶测试、连续工作测试等。

7.1.3　液压系统在线监测法

在线监测法是对液压设备运行过程及状态进行信号采集、分析诊断、显示、报警及保护性处理的过程。在线监测用的传感器很多，如压力传感器、流量传感器、速度传感器、位移传感器和油温检测仪等。把测试得到的数据输入计算机系统，计算机根据输入的数据提供各种信息及技术参数，由此判断某个液压元件和液压系统某个部位的工作状况，并可发出报警或自动停机等信号。所以状态检测技术可以解决仅靠人的感觉器官无法解决的疑难故障的诊断，并提供了预知维修信息。

在线监测一般适用于下列几种液压设备：

① 发生故障后对整个工程或者正常生产影响较大的液压设备和自动生产线。

② 安全性能要求极高的液压设备和液压控制系统。

③ 价格昂贵的精密、大型、稀有、关键的液压系统和液压设备。

④ 故障停机修理费用过高或修理时间过长、损失过大的液压设备和液压控制系统。

在线监测系统的组成包括：

① 数据采集部分。它包括各种传感器、适调放大器、A/D转换器、存储器等。其主要任务是信号采集、预处理及数据检验。

② 监测、分析与诊断部分。计算机硬件构成了监测系统的基本框架，而软件则是整个系统的管理与控制中心，起着中枢的作用。状态监测主要是借助各种信号处理方法对采集的数据进行加工处理，并对运行状态进行判别和分类，给出诊断结论，更进一步还要求指出故障发生的原因、部位，并给出故障处理对策或措施。

③ 结果输出与报警部分。将监测、分析和诊断所得的结果和图形通过屏幕显示、打印等方式输出。当监测特征值超过报警值后，可通过特定的色彩、灯光或声音等进行报警，有时还可进行停机连锁控制。结果输出也包括机组日常报表输出和状态报告输出等。

④ 数据传输与通信部分。监测系统一般利用内部现场总线或通用接口（如RS232C接口、GPIB接口）来实现部件之间或设备之间的数据传递和信息交换。对于复杂的多机系统或分布式集散系统，往往需要用数据网络来进行数据传递与交换。有时还需要借助于调制解调器（MODEM）及光纤通信方式来实现远距离数据

传输。远程诊断要依赖 Internet 网络。

监测对象与内容主要是液压系统的主要工作参数，具体来说有如下几方面内容：

① 压力。系统压力综合反映了系统及系统内元件的工作状态，通过对液压泵进出油口、重要管道内及执行机构进出油口的压力（或压力差）监测，可以对系统失压、压力不可调、压力波动与不稳定等与压力相关的故障进行监视。

② 流量。系统内流量的变化可以反映系统容积效率的变化，而容积效率的变化又反映了系统内元件的磨损与泄漏情况。可以通过监测重要元件流量变化状况达到对系统及元件的容积效率及元件磨损状况监视的目的。

③ 温度。设计合理的液压系统工作温度变化范围是有限的，系统温度的异常升高往往意味着系统内出现故障。通过监测系统温度变化可以实现对与温度变化有密切联系的故障的监视，如系统内泄漏增加、环境温度过高、冷却器故障或效率降低、执行机构运动速度降低或出现爬行导致溢流量增加等。

④ 泄漏量。泄漏量的大小直接反映了元件的磨损情况及密封性能的好坏，一般说来液压泵和液压马达的泄漏量监测比较容易实现，其他元件的泄漏量监测则不太容易实现。

除了监测以上工作参数达到对系统工作状态进行监视的目的外，还可以监测系统的振动、噪声、油液污染程度、伺服元件的工作电流与颤振信号、电磁阀的通电状况等，实现对系统工作状态的监视。具体选用哪些参数作为监测量要根据系统的应用场合、信号采集的难易程度和资金多少来合理确定，在可能的情况下应该尽可能多的选取被监测量，以便更全面地了解系统工作情况，综合分析系统运行趋势并为故障诊断与定位提供充分依据。

目前液压系统在线状态监测主要分为以下两种形式：

① 基于数据采集卡和高级语言所开发的在线状态监测系统。液压系统在线状态监测形式是以各类传感器来监测液压设备运行的各种参数，然后以各种物理量信号的形式传输给 A/D 数据采集卡，A/D 数据采集卡可以直接将数据传输给计算机进行处理，并最终在用户操作界面上将各种结果显示出来。

② 基于 PLC 和组态软件开发的在线状态监测系统。该模型是一种分级的层次化结构型式，从下到上依次为设备层、车间级监控层、厂级监视诊断层与远程监视诊断中心层等。系统操作人员通过 HMI（人机交互界面）发出的操作指令，经由车间以太网发送到 PLC 主站，再经过现场 PLC 分站的 AO、DO 模块与设备总线对液压系统中的相关元件进行调节与控制，同时液压系统运行过程中的状态参数经过设备总线与现场 PLC 分站的 AI、DI 模块送到 PLC 主站，再经过车间以太网送到监视站。工程技术人员可以通过工程师站对系统运行环境、参数进行设定、修改和维护。设在车间级的 WWW 服务器还可以将液压系统运行的状态参数经过厂局域网发送到厂信息中心，供厂级监视诊断中心和远程监视诊断中心使用。

7.2 液压系统现场故障判断

液压系统故障诊断技术是液压技术中相对落后的领域，至今没有切实可行且简单易行的解决方案。故障诊断技术发展经历了四个阶段：主观经验诊断法、基于数学模型的诊断法、基于数据驱动和信号处理的诊断方法以及人工智能诊断技术，目前液压系统故障诊断技术从市场层面而言仍然停留在第一阶段。当然检测技术的进步大大促进了这方面的发展，但是不可否认的是，它仍然离不开液压专业人员的认知与经验。我国学者在液压系统故障判断方面有很多研究，也取得了显著的进展，有待进一步实用化。

在主观经验诊断法中，“故障树”是一种对现场故障进行逻辑思维判断的方法，有助于故障定位。

7.2.1 “故障树”诊断法

“故障树”诊断法的步骤是分层次以树状形式表达出来，各个枝叶都是现象，经过分析后，汇总到主干上，主干就是故障的结果，这就是“故障树”。

首先列出液压设备的各种故障，用逻辑推理判断并找出需要检修的液压元件，然后列出以不同元件为检验对象的液压系统，为液压件的检验提供方法。设备故障的排除顺序通常为：①了解设备及其液压元件信息，包括品牌、型号、结构、性能参数等；②观察故障现象，甚至试车查看故障现象，以此作为判断故障的依据；③了解故障，初步判断故障的程度；④查看液压系统原理图及其液压元件结构图，确定各相关元件对系统故障的影响；⑤确定故障性质和排除方案。例如产生明显的噪声，可能判断元件内部有损坏，可以进一步检查元件连接管路内的液压油是否存在金属屑，如果有金属屑，可以直接拆下元件进行检修，如果液压系统是因为压力或流量的长时间衰减，则为渐衰性故障，可以进行试车，做液压系统的压力流量检测；⑥进行试车的过程中，对系统进行调试，如过高的温度、噪声过大、有振动、速度不符合要求，输出的力不合适等。不论出现哪种故障，都可以指出故障的基本方向，如流量、压力、方向、方位等；⑦对初步检查中所找出的不合适元件进行修理和更换，如果初步检查未找出不合适的元件，则应利用各种附加仪器对每个零件进行更彻底的检查。

液压系统的故障与液压油清洁度的关系最大，所以必须首先对液压油的清洁度有所掌握。系统中各个元件之间有一定关联，某一个元件破损有可能导致一系列的元件随之损坏，因此要注意“二次故障”。例如，一个滤油器破损能造成液压油污染，引起液压泵和液压马达磨损及管路系统的堵塞和泄漏，以至于整个系统被毁坏。

液压元件的某些参数都是在出厂前调整好的，例如安全阀的过载压力。因此对于泵、阀、马达之类的元件不应在液压设备的施工现场分解或调整。

典型的液压系统“故障诊断树”如图 7-9 所示。

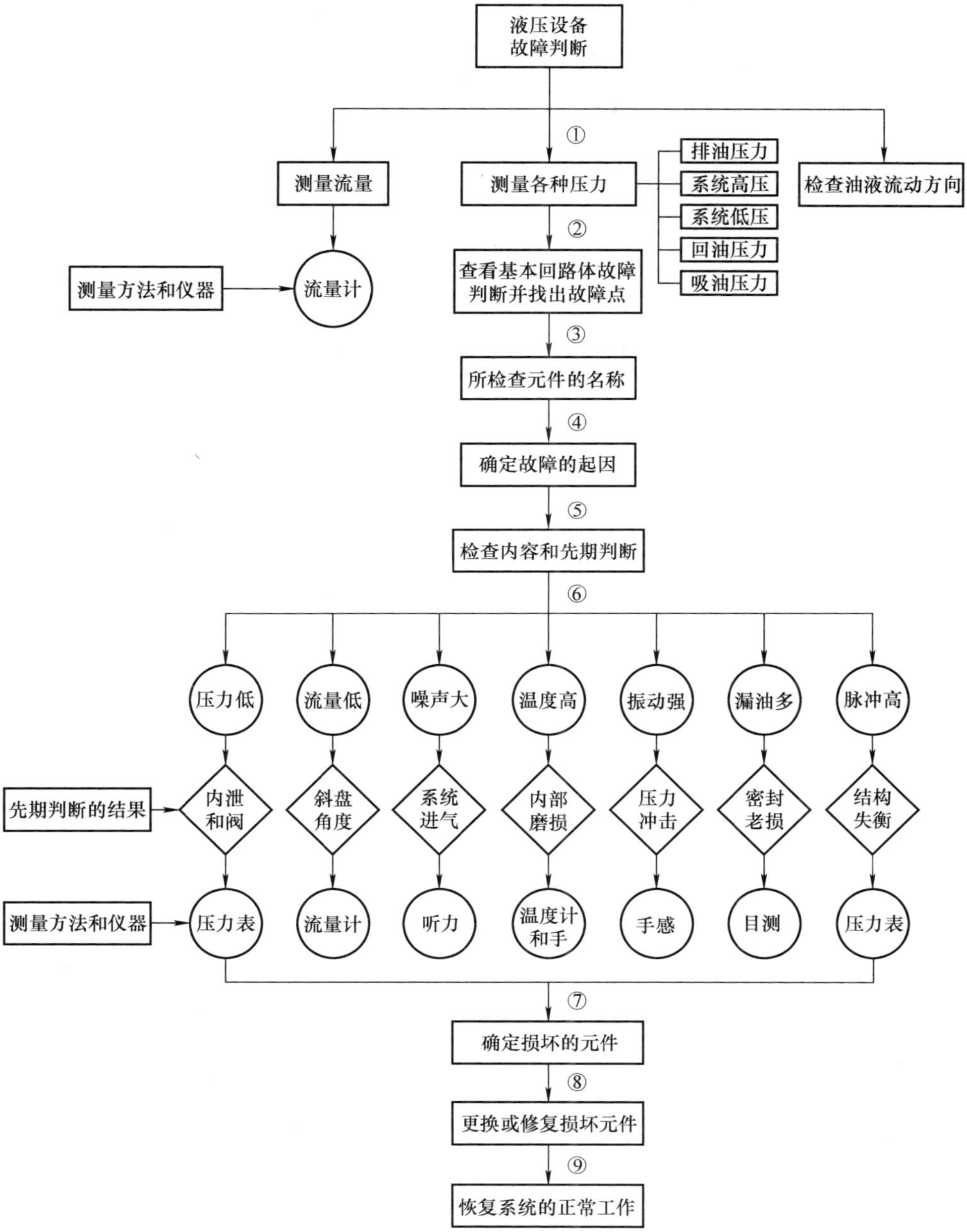

图 7-9　典型的液压系统“故障诊断树”

当系统检查确定是元件故障时，应对元件进行分析。当判定是某一个元件故障时，应根据现象进行正确分析。分析的步骤和方法如图7-10所示。

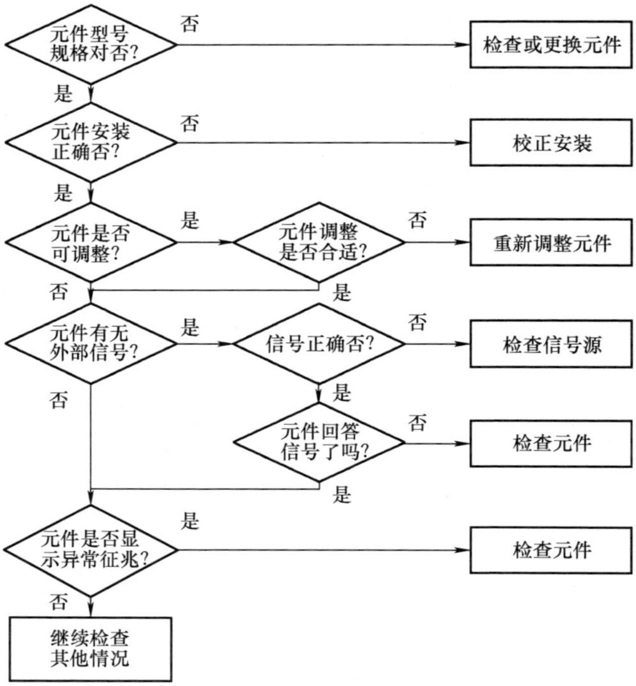

图7-10　液压元件的故障诊断

其他情况如工作压力不足、系统流量不足，冲击过大、油温过高、噪声过大等，可参考液压元件故障分析有关资料。

7.2.2　液压故障列表分析法

列表分析法是利用表格将系统中发生的故障、故障原因及排除方法简明地列出作为参考，初期专业人员可以据此了解全面的故障分析与处理方法。

常见的故障现象有噪声过高、油液及元件过热、流量、压力及动作不正常。引起这些故障现象的可能原因及相应的处置见表7-8～表7-12。

表7-8　噪声过高

现　象	原　因	处　置
A. 泵噪声高	气蚀	a
	油液中混有空气	b
	联轴器未对正	c
	泵磨损或损坏	e

（续）

现　象	原　因	处　置
B. 马达噪声高	联轴器未对正	c
	马达或联轴器磨损或损坏	e
C. 溢流阀噪声高	设定值太低或太接近另一个阀的设定值	d
	阀芯或阀座磨损	e

注：处置 a 为以下措施的一项或全部：更换堵塞的滤芯，用与系统油液相容的溶剂清洗过滤网，清理堵塞的进口油管，清洗或更换油箱空气过滤器，系统换油，调整合适的泵驱动转速，大修或更换液压泵，检查油温是否过低。

处置 b 为以下措施的一项或全部：旋紧漏气的接头，油箱加油到合适液位，从系统中放气，更换泵轴密封及磨损的轴。

处置 c 为找正并检查密封、轴承及联轴器的状态。

处置 d 为装压力表并调至正确压力。

处置 e 为大修或更换损坏元件。

表 7-9　过热

现　象	原　因	处　置
A. 泵过热	油液过热	见本表 D
	气蚀	a
	油液中混有空气	b
	溢流阀或卸荷阀设定值过高	d
	过载	c
	泵磨损或损坏	e
B. 马达过热	油液过热	见本表 D
	溢流阀或卸荷阀设定值过高	d
	过载	c
	马达或联轴器磨损或损坏	e
C. 溢流阀过热	油液过热	见本表 D
	设定值不对	d
	阀芯或阀座磨损	e
D. 油液过热	系统压力过高	d
	卸荷阀设定值过高	d
	油液清洁度低或液面低	f
	油液黏度不对	f
	冷却系统异常	g
	泵、阀、马达、缸或其他元件磨损	e

注：处置 a 为以下措施的一项或全部：更换堵塞的滤芯，清理堵塞的进油管，清洗或更换油箱空气过滤器，系统换油，改成合适的泵驱动转速，大修或更换液压泵。

处置 b 为以下措施的一项或全部：旋紧漏气的接头，油箱补油到合适液位，从系统中放气，更换泵轴密封及磨损的轴。

处置 c 为找正并检查密封和轴承的状态，布置并纠正机械约束，检查工作负载是否超过设计值。

处置 d 为装压力表并调至正确压力。

处置 e 为大修或更换。

处置 f 为更换过滤器，如果黏度不对则系统换油。

处置 g 为清理冷却器，更换冷却器控制阀，修复或更换冷却器。

表7-10　流量不正常

现　象	原　因	处　置
A. 没有流量	泵未得到油液	a
	泵的驱动电动机不正常	e
	泵与联轴器打滑	c
	泵的驱动电动机反转	g
	方向控制设定位置不对	f
	全部流量通过溢流阀	d
	泵损坏	e
	泵装配错误	e
B. 流量不足	流量控制设定值太小	d
	溢流阀或卸荷阀设定值过低	d
	流量经打开的阀旁通	e或f
	系统外泄	b
	变量机构不工作	e
	泵的驱动电动机转速不对	h
	泵、阀、马达、缸或其他元件磨损	e
C. 流量过大	流量控制设定值太大	d
	变量机构不工作	e
	泵的驱动电动机转速不对	h
	新换的泵规格不对	h

注：处置a为以下措施的一项或全部：更换堵塞的滤芯，清理堵塞的进油管，清洗或更换油箱空气过滤器，油箱补油到合适液面，大修或更换液压泵。

处置b为旋紧漏油的接头。

处置c为检查泵或泵的驱动是否损坏，更换并找正联轴器。

处置d为调整。

处置e为大修或更换。

处置f为检查手动控制的位置，检查电磁控制的电路，修复或更换控制泵。

处置g为改变旋转方向。

处置h为更换正确元件。

表7-11　压力不正常

现　象	原　因	处　置
A. 没有压力	没有流量	见表7-10中的A
B. 压力太低	存在溢流通路	见表7-10中的A和B
	减压阀设定值过低	d
	减压阀损坏	e
	泵、马达或缸损坏	e

（续）

现　象	原　因	处　置
C. 压力不规则	油液中混有空气	b
	溢流阀磨损	e
	油液污染	a
	蓄能器失效或充气不足	c
	泵、马达或缸损坏	e
D. 压力太高	减压阀、溢流阀、卸荷阀调整不对	d
	变量机构不工作	e
	减压阀、溢流阀或卸荷阀磨损或损坏	e

注：处置 a 为更换堵塞的滤芯，系统换油。
处置 b 为旋紧漏气的接头。油箱加油到合适的液位并从系统中放气。
处置 c 为检查气阀是否漏气，充气到正确压力。
处置 d 为调整。
处置 e 为大修或更换。

表 7-12　动作不正常

现　象	原　因	处　置
A. 没有动作	没有流量或压力	见表 7-10
	限位或顺序装置（机械式、电气式或液压式）不工作或调整不对	e
	机械约束	b
	伺服放大器没有指令信号	f
	伺服放大器不工作或调整不对	c
	伺服阀不工作	e
	缸或马达磨损或损坏	e
B. 动作太慢	流量不足	见表 7-10
	油液黏度太高	a
	阀的控制压力不够	见表 7-10
	机器导轨或机构缺乏润滑	g
	伺服放大器失灵或调整不对	c
	伺服阀动作不流畅	d
	泵、马达、损坏或磨损	e
C. 动作不规则	压力不规则	见表 7-10
	油液中混有空气	i
	机器导轨或机构缺乏润滑	g
	指令信号不规则	f
	伺服放大器失灵或调整不对	c
	传感器失灵	e
	伺服阀动作不流畅	d
	泵、马达、损坏或磨损	e

（续）

现　象	原　因	处　置
D. 动作太快	流量不足	见表7-10
	反馈传感器失灵	e
	伺服放大器失灵或调整不对	c
	超越负载	h

注：处置a为检查油温是否过低，检查系统油液黏度，如需要则换油。
处置b为布置约束并修复。
处置c为调整、修复或更换。
处置d为清洗并调整或更换，检查系统油液和过滤器状态。
处置e为大修或更换。
处置f为修复指令板或连线。
处置g为润滑。
处置h为调整、修复或更换平衡阀。
处置i为打开排气阀。

7.2.3 现场故障判断易失误的典型实例

以上章节介绍的现场故障检测使用的各种工具与方法在解决液压系统与元件的故障中很有效，但是现场条件千变万化，仅用以上工具与方法还是不够的，因为故障与负载条件和外部情况有时很难精准对应，并且元件的微观质量与内部工况也难以简单联系在一起，这都会造成故障判断失误。以下例子说明，只有进一步深入了解液压系统与元件，才能不断提高故障判断水平。

1. 液压柱塞泵失压故障的原因不在泵

广州船厂万吨货船船舱盖启闭液压装置泵站采用了伊顿排量19mL/r的变量泵，使用不长时间就产生失压现象，经维修或更新后故障难消除，时间长达数月，供应商与用户矛盾加深，故障依然存在。其系统原理如图7-11a所示。

此液压系统的柱塞泵失压，习惯性认为是柱塞泵本身有质量问题，所以认定D2泵组的柱塞泵失压就是本身有问题。经过多次维修与更新仍然不能解决问题。说明故障源定位错误，现场条件又不允许对系统进行大试大拆大换，项目几乎陷入绝境。尽管液压系统十分简单，所有液压元件均采用进口元件，出厂也都经过试验，但很难想象还有其他原因。

现场维修人员捕捉到一个十分短暂的现象：系统起动瞬间M2电动机反转，很快又恢复正常。因此可以判断其中M1液压泵在起动瞬间成为马达工况，所以致使M2电动机反转。从而认定在起动双泵合流时，有M1泵建压后进入了M2泵，使其成为马达工况。但这个时间只有在M2电动机还未能起动完成的瞬间才可能出现，一旦M2电动机起动完成，建立电流后，就会克服反转力矩而变成正转。所以故障源应该是单向阀B2。

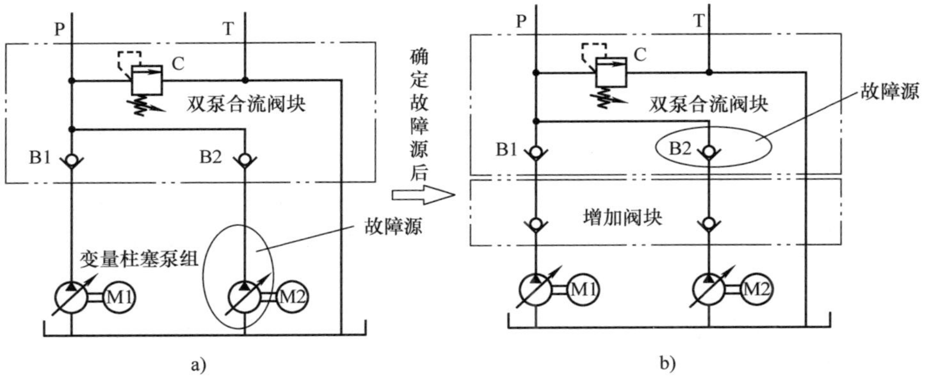

图 7-11　液压柱塞泵失压故障源错位
a）系统故障状态下泵失压故障从泵找原因无法解决
b）故障处理后的系统电动机启动瞬间反转说明问题在单向阀

现场解决方法：增加一个阀块，由于现场不便于拆换，就采用叠加一个新阀块的方法，如图 7-11b 所示，成本低、更换方法简单。

2. 液压系统的流量去向不明

在传统的液压系统中，有流量而无法建立压力的现象比较普遍。但是现在采用螺纹插装阀的液压系统恰好又产生了有压力而流量白白损失的现象。这一现象发生在大型造船厂船坞安装大型船舶舵叶与螺旋桨的 250t 液压平台行走系统上，其液压系统原理如图 7-12 所示，系统工作压力 21MPa，流量 40L/min，功率 15kW。

在调试中发现一切正常的液压系统在重新清洗后，交付前压力正常流量减半，根据以往的经验排查疑点后仍然没有恢复正常。系统并不复杂，但所有泄漏点反复核查无果。

最后认识到这个系统全部采用了螺纹插装阀，以往更多会采用板式阀，而板式阀的泄漏点比较明显，螺纹插装阀的泄漏均在阀块内部，因此不易检出。据此认定是螺纹插装溢流阀（图 7-12 中的阀 11）有问题，由于现场条件差，此阀在清洗后安装，由于阀的安装手势不够垂直，因此密封圈被切割损坏，造成密封圈密封不完全，如图 7-13 所示，造成了压力可以建立，流量短路直接回油箱的现象。

3. 振动型液压压路机停机但不停振

振动型液压压路机停机但不停振的问题产生在 20 世纪 90 年代开发振动压路机初期。当时国外主要跨国公司中有三家参与过这个产品的开发过程。振动型液压压路机的系统原理如图 7-14 所示。

停机是指发动机回到怠速，液压泵控制机构回到中位，而液压泵没有流量输出的状态。振动压路机停机不停振有两个明显的问题：压路机压路有平整度的要求，例如某些场合必须达到 2mm 以下（如机场），一旦停机时不停振就会破坏被压路

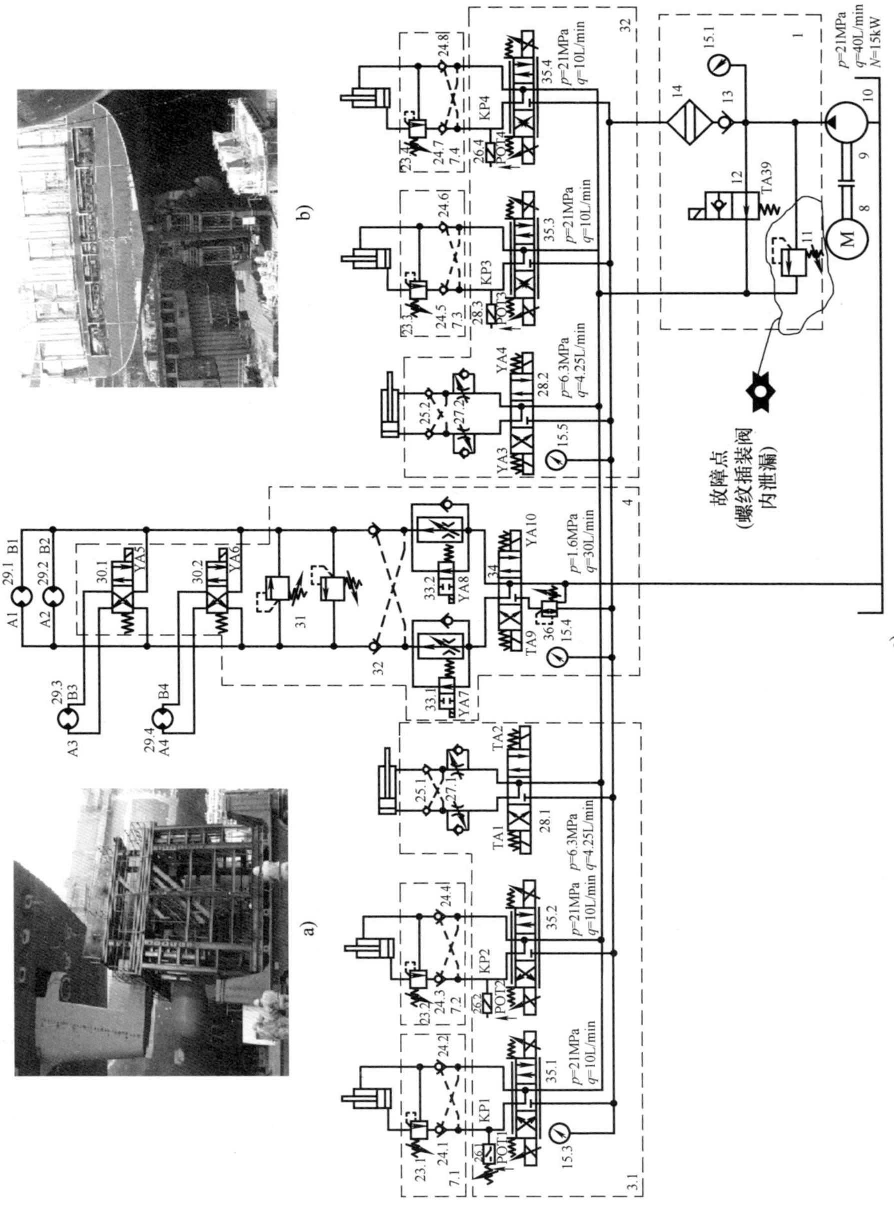

图 7-12　大型造船厂船坞安装大型船舶舵叶与螺旋桨的 250t 液压平台行走系统原理

a)、b）现场行走平台照片　c）行走平台系统原理面的平整度；当然用户也不会接受不受控的产品。当时 1000 台左右的振动压路机应用表明，故障泵返修率达 20%。

调试表明停机不停振的故障源是柱塞泵本身，发动机怠速时柱塞泵的控制机构确实已经回到中位，但是柱塞泵仍然会有微小流量输出，造成马达缓慢旋转，压路机不停振。经过反复维修，与不同品牌产品使用对比，结论是问题出在柱塞泵的斜盘静压支承轴承上，如果这个静压支承轴承采用了聚四氟乙烯，其优点是摩擦力更低、成本低、不用合金，但缺点是硬度低、承受冲击力易变形；但如果这个静压支承轴承采用类似巴氏合金材料，硬度高，承受冲击力不易变形。

图 7-15 是用于振动压路机静液压传动闭式回路的柱塞泵分解图，可以看到，当斜盘回到中位，由于斜盘静压支承轴承本身变形的原因，造成了变量机构在中位仍然有油液输出。

造成斜盘静压支承轴承本身变形的原因在于进入静压支承的高压油的压力供给产生了问

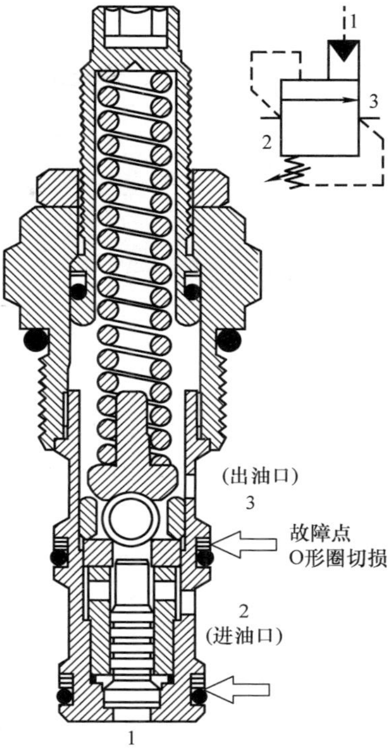

图 7-13 螺纹插装阀密封圈的损坏

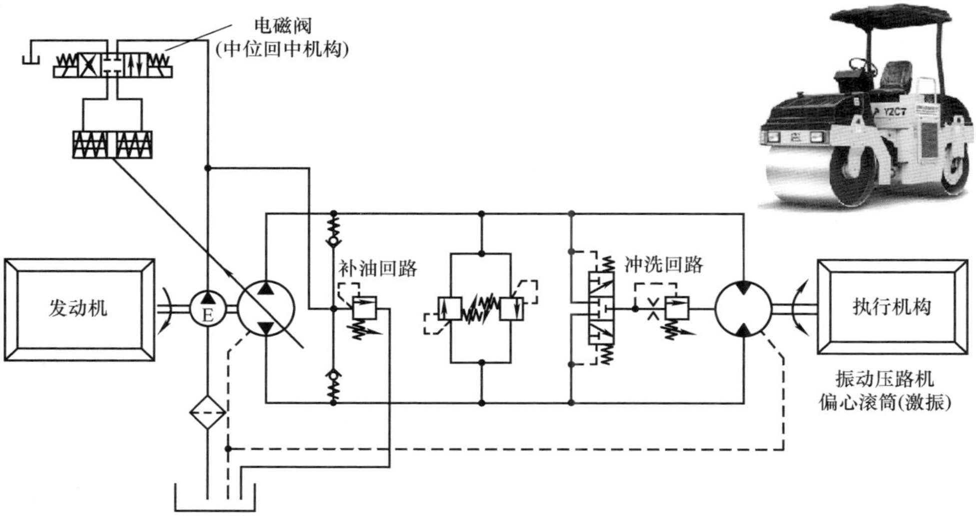

图 7-14 振动型液压压路机系统原理

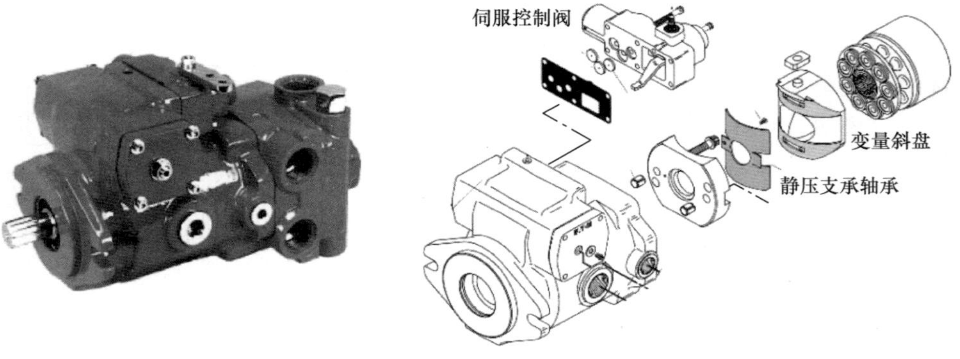

图 7-15 用于振动压路机静液压传动闭式回路柱塞泵分解图

题。这个压力油来自泵本身的高压油输出端。在泵的内部有一个高压油通道将高压油从泵输出口经过一个阻尼孔进入此静压支承进油孔，形成静压油膜，起到静压支承作用。这个泵原来用于一般工业液压系统中，这个静压支承作用正常。现在改用于振动压路机后，压路机的振动使液压系统的负载有了变化，此时是有/无负载的交变压力循环工况，即供给静压支承的压力油是断续的。所以静压支承供油情况比过去恶劣，供油压力的断续会使供给的流量明显不足，在这种情况下静压支承油膜不能正常形成，使支承轴承与支承座之间产生直接接触。由于支承座的材料受压变形造成整个支承轴承变形。解决的办法就是加大从泵输出油口到静压支承的阻尼孔，减弱阻尼作用，加大高压油的供给即可。这时的阻尼实际就是动态阻尼，而原先的阻尼属于静态阻尼。由于此举要修改液压泵的设计，最后不得不采用巴氏合金的静压轴承的泵来代替这种采用聚四氟乙烯的静压轴承的泵。

为什么故障率是20%左右？这个现象说明动态阻尼与静态阻尼的差别不大，由于阻尼孔并没有公差规定，因此静态阻尼孔较大者，就不容易产生上述故障，而阻尼孔偏小者就更可能产生中位时轴承座不在中位的现象。

目前振动压路机重载液压柱塞泵有关厂商已经使用了滚柱轴承作为变量斜盘的支承元件。

4. 盾构机液压泵与液压马达损坏原因剖析

1）盾构机螺旋机构结构如图7-16所示。其中的赫格隆液压马达损坏后，为了从损坏的零件表面损伤痕迹来分析判断零件损坏原因，工作人员拆解了损坏的马达，同时查看了工作油口压力传感器记录的工作过程中的压力变化曲线。

马达被拆解后，32个柱塞中有1个柱塞二侧断裂，滚柱卡死在缸孔中，如图7-17所示。从断裂的柱塞裙部金属表面判断为压力冲击产生的撞击伤，柱塞滚柱撞击到凸轮圈高点，滚柱的撞击力再传递到柱塞裙部侧，因柱塞金属材料为球墨铸铁，比较脆弱，撞击造成柱塞裙部断裂。其余的31个柱塞滑动表面均有不同程度的损伤，柱塞上的滚柱表面损伤严重。

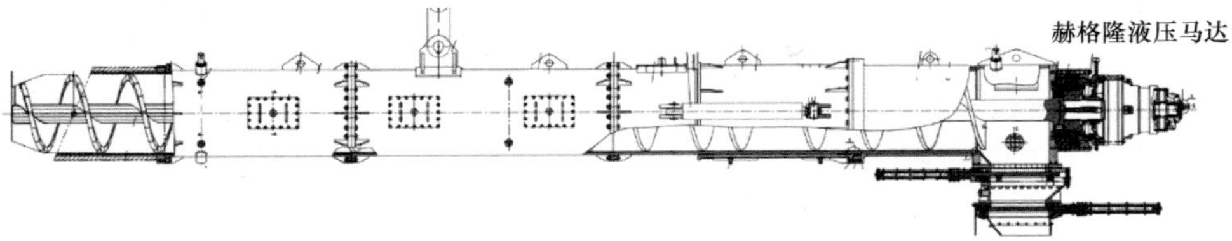

图 7-16　盾构机螺旋机构结构

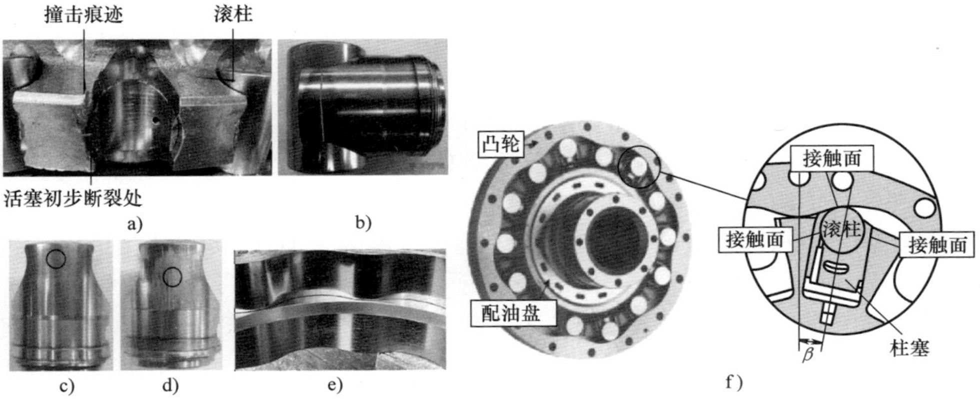

图 7-17　赫格隆液压马达损坏情况

a）滚柱断裂卡死在缸孔中　b)、c)、d）柱塞表面损伤　e）凸轮圈表面损伤　f）马达结构图与局部放大图

工作中马达压力曲线如图 7-18a 所示。从曲线可知，螺旋机马达的压力侧（红线）平均工作压力为 7.1 ~ 8.2MPa。马达回油侧（绿色线）平均回油压力为 3.4MPa，在 14ms 内产生三次较大的压力冲击尖峰。一次比一次高的压力冲击波正是液压马达破坏的原因。

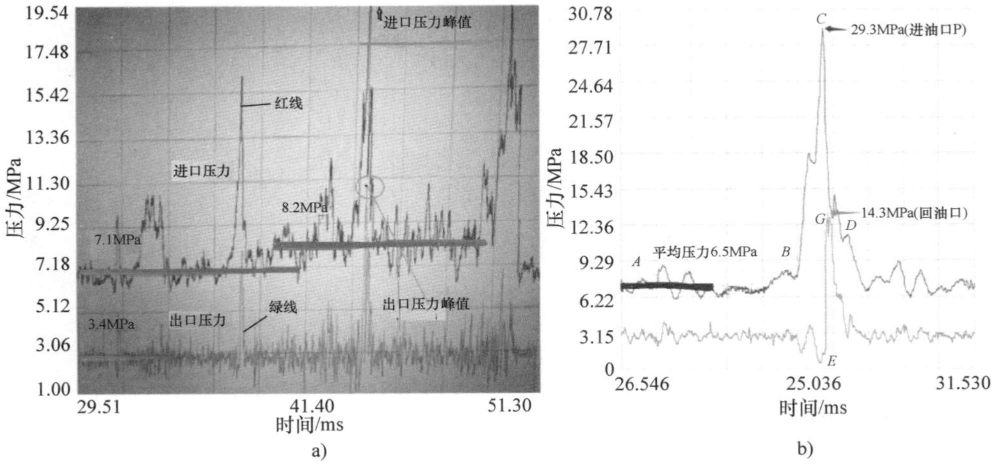

图 7-18　赫格隆液压马达运行工作压力曲线

a）压力冲击波　b）最强冲击波

根据现场纪录，当螺旋机的螺旋轴发生排渣物料卡壳前，马达平均工作压力在6.5~8.2MPa时，马达转数为90r/min。物料卡壳后，马达的压力瞬间突然升高，从图7-18b中的*B*点压力8.2MPa起始，0.38ms内压力突升到*C*点的29.3MPa；当卡壳的物料抛出料口后，卡阻现象消失，马达的瞬间压力在0.12ms内，从*C*点的29.3MPa降到*D*点的12.5MPa。当螺旋机芯轴阻力突然消失时，螺旋机芯轴此时以它的旋转惯量继续高速旋转，使马达成为泵工况。所以马达主轴被倒拖突然高速转动，马达内的柱塞滚柱高速撞击到凸轮圈的凸出点上，造成马达柱塞裙部断裂（见图7-17a）。

液压马达在螺旋机卡住又释放产生的泵工况，造成液压马达的P口为吸油口，回油口成为压力油口。图7-18b显示回油口压力在0.2ms内从*E*点到*G*点产生的压力飞升证明了回油口成为压力油口，而此时的进油口压力在0.2ms内由*C*点到*D*点，产生了压力剧降，证明了进油口成了回油口。这时回油口没有特别补油的措施情况下，就产生马达T口的吸空现象，马达内部瞬间失油致使各摩擦副均会产生金属接触摩擦，加上瞬间的高速撞击，致使马达毁坏。

赫格隆内曲线径向马达在压力平稳状态下，会输出超大的扭力。但其结构特点决定了其不耐压力冲击，在泵工况冲击力下会使马达柱塞上的滚柱与凸轮内曲线轨道产生分离现象，致使柱塞滚柱撞击内曲线凸轮轨道面。瞬间生成的冲击压力数值越大，滚柱的撞击力就越高。这时，如果马达的旋转速度很高，破坏力也更强。

按照赫格隆内曲线径向马达技术数据，压力上升与下降速率应≤1.6MPa/ms。而在本例中为6.0MPa/ms。因此，可采取的措施包括：①马达回路上有足够流量的安全阀，限制进油路的压力飞升；②有足够流量的补油阀，缓解回油口吸空带来的压力剧降。

2）盾构机液压泵故障剖析中发现涨径问题。有3台盾构机的主驱动泵，排量为750cm³/r，维修后使用70h产生破坏性故障，如图7-19所示。

通过分析，柱塞损坏的原因是柱塞中心通油孔几乎堵塞，造成滑靴静压支承失常，滑靴与斜盘之间失去静压油膜形成干摩擦，造成球头折断，继之柱塞与柱塞套粘连、带出柱塞体以至内部全部毁坏。但是其中一个细节引起关注，即柱塞中空孔受液体压强作用产生柱塞孔向外侧膨胀，使得柱塞体表面形成鼓形涨径，导致柱塞与缸孔无润滑间隙，柱塞与缸孔的金属发生直接摩擦后产生高温烧结现象，形成柱塞与缸孔涨死或滑靴拉脱。

图7-19　损坏的柱塞

观察损坏的柱塞表面，在柱塞杆径表面上清晰可见涨径后摩擦产生高温磨痕（见图7-19柱塞中部发黑的部分）。

柱塞涨径问题带有普遍性，国产泵和进口泵的柱塞都是如此。只是进口柱塞金属延伸率低，在压力作用下，弹性变形小一些。

进口柱塞蠕变程度随时间变化分成三个阶段。

第一阶段为蠕变减速阶段。这一阶段柱塞刚开始使用时的蠕变速率很大，随着时间的延长蠕变速率逐渐减小，蠕变速率达到最小值，如图 7-20a 所示。

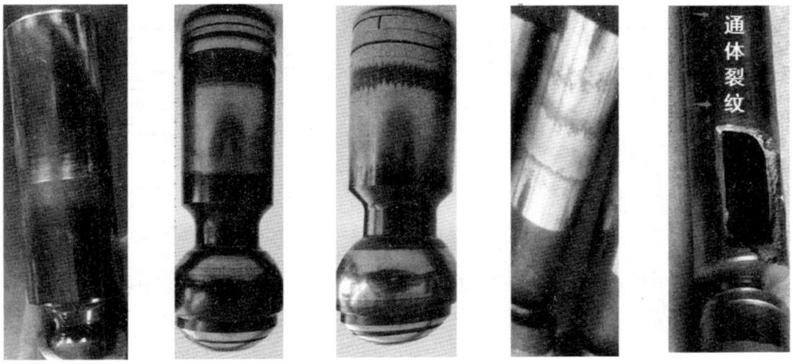

a)　b)　c)　d)　e)

图 7-20　液压泵柱塞中位涨径现象

a）初期　b）较高压力下　c）持续峰值压下　d）疲劳期　e）破坏期

第二阶段为恒速蠕变、稳态蠕变阶段。这一阶段的特点是柱塞体金属的蠕变速率几乎保持不变，柱塞外径中段的微涨径尺寸即使在压力冲击下也相对稳定，不发生变化，如图 7-20b、c 所示。

第三阶段为蠕变伸长阶段。随着柱塞使用时间达到或超越临界期，柱塞金属材料进入疲劳期，金属晶体间发生松弛，失去稳定性，蠕变速率由小变大，随着时间的延长，蠕变速率逐渐增大，蠕变速率值会超出塑性变形最高值，柱塞泵处在彻底失效风险状态，如图 7-20 d、e 所示。

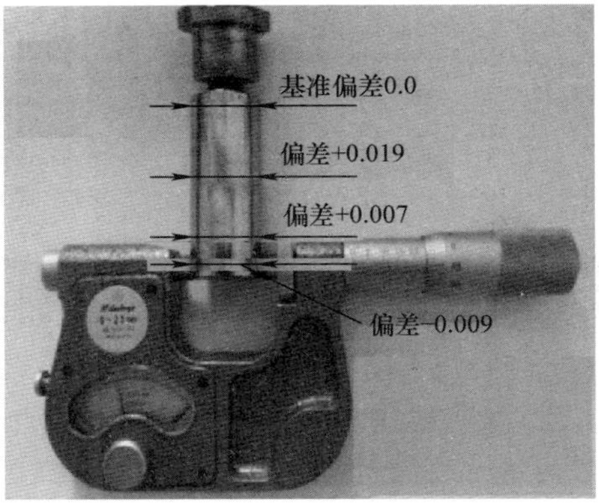

图 7-21　柱塞泵柱塞涨径测量

经过大量测量，确定柱塞涨径是普遍现象，进口高压柱塞泵中柱塞涨径在可控范围内，但轻型柱塞泵在中、高压场合使用时，柱塞涨径很严重。日本、韩国的柱塞涨径比欧美国家的涨径范围要大一些。图 7-21 给出了德国柱塞泵的柱塞涨径情况。经过手压泵试验，发现压力在 17MPa 以上时柱塞就开始呈现涨径现象。

7.3 工业4.0下液压故障诊断与健康管理

从上述内容不难看出，目前液压故障诊断与健康管理仍然处于工程管理模式下的人工判断水平。这种方法仍然是液压故障诊断的主要工程方法。这是因为液压系统的故障具有隐蔽特征，信息提取困难，机电液故障耦合推理困难，多故障交错决策困难，随机性与差异性较大而预测困难，因此常称之为“黑箱系统”。如何找到一个简单易行的故障预测与健康管理的方法来打破黑箱系统而使之透明（白箱）或者半透明（灰箱），是工业4.0时代需要解决的问题。

当今判断液压故障正从人工经验分析方法发展到信号分析判断方法，这些信号包括振动、压力、温度、油液污染、泄漏、噪声、输入/输出信号特征。这是故障诊断技术的新发展，但距离自主故障诊断与健康管理还有很大差距。

就技术发展路线而言，主要有基于模型的故障预测技术、基于知识的故障预测技术与基于数据的故障预测技术。

7.3.1 液压故障预测与健康管理技术的发展

1. 基于模型的液压故障预测技术

基于模型的故障预测技术的前提是已知对象的系统数学模型，这些模型通常由熟知的理论或物理定律所表达。其中典型代表是基于随机滤波理论的故障预测，这一理论典型应用是递推贝叶斯滤波算法，但这种算法局限于线性系统，对于液压非线性系统需要扩展，形成增广系统状态方程，对象系统的故障特征通常与模型参数紧密联系，从而据此模型来预测。然而动态系统通常难建立精确的数学模型，应用受限。

目前国内提出的“液压大系统模块式建模法（许氏建模法）”打破了采用黑箱建模的思路，采用许氏建模法的仿真建模所形成的代数微分方程的逆运算（辨识）作为故障预测的数学模型，这是“灰箱建模方法”。此时辨识模型与仿真模型形成“数字双胞胎”，即使用数字孪生的方法来解决性能预测，该方法简单易行，适合作为工程应用的算法基础加以发展。

2. 基于知识的故障预测技术

液压故障大多数是靠技术人员的知识与经验进行判断，将这些知识与经验以知识库的形式存入计算机数据库，模仿人类专家解决问题的推理方式与思维过程做出故障诊断与健康管理的判断与决策。但是这种方法有知识获取瓶颈、知识局限性、知识规则化难度等问题，可以采用模糊逻辑机制来表达和处理模糊的不确定性信息。这种方法有两个缺陷：不能定量处理与没有实时性。因此适合将此模糊专家模型与其他故障预测方法结合使用。

3. 基于数据的故障预测技术

将复杂设备的历史工作数据作为了解设备性能下降的主要途径，把历史数据在一定的约束下进行学习，得到一定的数学模型关系，逼近对象数据中所隐含的映射机制，从而利用该数学模型进行故障预测。对于非线性模型学习通常有灰色模型和机器学习（神经网络、支持向量机）等。其中的灰色理论模型概念，就是认为系统故障征兆与故障之间存在明显不确定性与灰色性，因此测试系统关键参数来建立灰色预测模型，从而预测未来一段时间内状态变量的变化情况。

机器学习故障预测技术是从观测数据出发寻求规律，然后利用这些规律对未来数据或无法观测的数据进行预测。学习的目的是根据给定的训练样本求解系统输入、输出之间的依赖关系，其典型形式就是神经网络与支持向量机。神经网络技术在故障预测领域有良好的应用效果，但也有先天不足，即缺乏严密理论体系，要依靠费时费力的实验摸索才能确定神经网络模型、算法及参数设置。它仍然是一个黑箱推理过程，而且在运算中常发生学习速度慢、陷入局部极小点、过学习问题（训练误差过小，推广能力下降）等问题。由于神经网络所需要的样本数较大，因此支持向量机（SVM）技术作为新的通用机器学习方法，只需要较少训练样本，是非常有前途的机器学习方法，并在故障预测中成为一个新的方向。

智能维护是以传统维护为基础，结合“液压4.0”的概念发展出来的，以智能化为特征的液压元件及系统维护的手段，包括智能故障诊断、智能性能预测和智能性能修复三个部分。以下将分别介绍它们的概念、功能及实现方法构想。

7.3.2 液压智能故障诊断

故障是机械设备中结构变化、力学性能退化等情况下，系统中至少有一个特征或变量出现了超差，导致设备无法正常运行的现象。故障诊断技术就是识别运行状态，提取故障特征，判断是否出现故障、所在故障位置及故障类别。为此，需将得到的各种特征作为输入数据，训练智能故障诊断模型。训练数据越精确、越完备，模型的诊断精度越高。因此，以合理的智能诊断方法和完备的智能感知信息搭建并训练的诊断模型，对于准确高效地实现液压系统及元件的故障诊断是至关重要的。深度学习训练模型作为机器学习领域的一项前沿技术，以其强大的数据建模及自适应特征，得到了广泛的应用。

不同特征对不同故障类别的敏感程度不尽相同。因此有必要从原始特征集中提取一个具有良好故障区分能力且维度适中的特征子集，这一步骤可以统称为故障特征选择。故障特征的选择主要可以通过两种方式来实现，第一种方式称为特征维数精简，第二种方式称为特征评价，目前常用的评价准则有：距离测度、相关性测度、信息测度、一致性测度以及分类准确率测度。

采用故障特征提取的方法用于液压技术故障诊断，应用人工智能的深度学习来确定这种特征，还在探讨之中。

更直接的是将液压故障诊断技术建立在液压元件智能化的基础上，利用网络总线的通信工具，寻求在元件数字化的基础之上发展。由于元件的数字化，也就是芯片化，液压元件与液压系统具备了故障诊断智能化的前提硬件条件。寻求适合的软件，包括嵌入式传感器、建模、算法、通信等，才有更好的液压故障诊断与健康管理发展的生态环境。

可以对数字化的液压元件或系统建立数学模型，这个数学模型描述了整个元件或系统的状态空间，表达为 $f(x,\dot{x},u,t)=0$，这个数学模型的解析过程就是仿真，仿真就是“白箱”。但是这个用许氏建模法构建的数学模型表达为隐式状态方程，因此采用微分代数解法，具有简易、编程短小等优点。然后将此隐式状态方程进行逆运算，作为系统参数退化以至劣化辨识的基础。这就是一个“灰箱”辨识过程，也是一个“数字孪生”的闭环数字系统。今后很方便采用通信与云处理，是一个可以发展的故障诊断与健康管理技术。由于利用隐式状态方程数学模型的逆运算是一个静不定问题，某些模型参数难于辨识，可尝试采用白箱处理方法，限制求解的辨识量，再加以与智能体的交互通信，可以得到故障的诊断结果；还可尝试采用模型参数辨识与基于智能感知信号的特征提取相结合的方法来提高故障诊断结果的准确性。目前的研究中，特征提取方法还是基于传统基础上多变量的概念。在智能化的前提下结合其他特征提取法的优点，获得新的特征提取方法，还需要继续发展与研究。基于建立整个液压系统的隐式状态方程得出液压系统的状态参数，可以表征系统的特征，从而可以利用这种方法提取多参数的故障特征。这种方法在一定程度上补充了传统的特征提取方法。

智能诊断系统的建立可以通过以下过程实现：

1）以隐式液压系统模型为基础，结合实验和现场信息、专家知识经验信息和感知特征信息，建立原始故障知识信息数据库。

2）利用数据库的信息结合深度学习理论来训练模型。

3）基于所提取的故障特征作为分类器分类依据，再利用贝叶斯理论等构造的分类器获得故障类型概率分配，得出故障诊断结果，并确认测试数据故障类型。

4）将新数据作为样本再对深度神经网络模型的隐层参数和权值进行不断优化，逐渐提高模型精度，并将数据特征存入数据库进而不断完善故障诊断数据库，最终实现一个闭环自学习的过程。

5）以数字芯片化液压元件为基础，采用许氏建模法隐式状态方程来表达液压元件与系统，这就为液压系统与元件的故障诊断研究开辟了新的研究方向，并使其未来完全可以构建出具有自修复、自补偿、自消除等适应型的智能故障诊断。

综上所述，基于模型的故障预测技术采用液压大系统模块式建模法是最简单易行的“数字孪生”解决方案，但是需要进一步研究，开发实用软件。

7.3.3　液压智能性能健康管理

目前，液压设备性能预测的健康管理从工程实践角度看尚未实现，企业仍采用定期更换的方法。显然，从保证设备安全与正常运转、降低生产运营成本和维护成本、提高生产效率而言，进行液压系统及元件的性能退化预测是十分必要的，可以产生可观的经济效益。

当然，预测方法在理论上有可靠性预测、数据驱动预测、灰色理论预测等，也有数据驱动常用算法的神经网络、支持向量机、贝叶斯网络等。但是除非在大型的、非常重要的工程项目得到应用外，在价值不高的液压元件中应用这些技术很罕见。但随着工业 4.0 时代的来到，无人化、多电化、碳中和的社会需求为液压系统与元件的智能化提供了发展空间，随着液压系统及元件的智能化本身的发展，智能性能预测将是未来的发展趋势。设备健康管理是当前技术发展的一个热点。

根据液压智能故障诊断的论述，智能性能健康管理与故障检测问题可以合二为一，因为它们可以利用同一个数学模型。健康管理是考虑性能参数的退化，故障诊断是考虑故障的特征与相应阈值。也就是说，利用数学建模来解决故障诊断问题，实际上也同时解决了健康管理问题。

对数学模型逆运算实现数字孪生，是液压技术发展的理想境界，还可以利用现代智能算法对系统的运行参数进行智能学习，利用具备小样本学习能力的机器学习方法建立预测模型，通过虚拟样机、实验以及现场作业等手段获取历史数据信息作为训练数据，完善智能预测模型，利用实时采集和处理后的特征信息取得预测结果，并通过新信息对智能预测模型进行修正，以提高模型的预测精度。

智能性能预测可根据实际需求建立合适的液压系统数学模型，结合智能学习算法构建智能性能预测系统；通过性能退化历史信息知识库对智能模型进行训练，提高模型的预测精度；实际工况下采集的状态信息如压力，流量、速度、声音、振动、温度等，与数学模型对应正常性能状态下的信息进行比对，通过残差生成器建立残差信息，并输入智能性能预测模型进行系统状态评价及预估，经确认后的预测结果反馈给智能性能预测模型进行模型修正，提高模型的预测能力。

模型的智能化常用的算法是深度学习神经网络，构建系统的模型可从建立液压元件的神经网络预测模型开始，神经网络预测模型的建立有输入输出参数的选取、输入输出的归一化处理、网络结构选择及网格训练。性能预测过程中可对实际运行中表征液压系统及元件的工况参数（如压力、流量等）和状态参数（如声音、振动、温度等）进行特征信息提取，并通过神经网络预测模型对液压元件进行预测和对液压系统进行总体性能评价。

7.3.4　智能性能修复

液压全生命周期管理的理念通过数字孪生去实现。数字孪生将液压元件或系统置于虚拟世界的数字与物理世界的数据之间，可以相互进行映射。因此，当进行性能预测和故障预断时，系统或元件可以具备自我调整甚至修复的能力。智能化、数字孪生、元宇宙给了人类很多想象的空间，其中液压系统性能的智能修复也成为液压领域目前的热门研究方向。

性能修复主要使用的手段是容错控制（fault tolerant control，FTC）。容错控制是由基于解析冗余的故障诊断技术发展而来的，它的基本思想就是利用动态系统的冗余资源来实现故障容错，即在液压闭环控制系统中，当执行器、传感器或其余元部件发生故障后，系统通过自我调节后，仍能保证设备按原定性能指标继续运行，或以牺牲性能为代价、保证设备在规定时间内完成其预定功能，容错控制具有使系统的反馈对故障不敏感的作用。性能修复指标为稳态响应误差或传感器的输出误差最小。

容错控制方法一般可以分成两大类，即被动容错控制（passive FTC）和主动容错控制（active FTC）。被动容错控制在系统的构造思路上是一种与鲁棒控制类似的技术，主要包括可靠镇定、完整性与联立镇定三种类型，这种系统的设计出发点是减少系统对单个部件运行情况的依赖性，它采用固定的控制器来确保闭环系统对特定的故障不敏感，即使出现故障又无校正的情况，系统仍能工作并保持稳定。由于被动容错控制不需要在线故障信息，因此无法智能化，这属于传统容错控制方法。

故障发生后，主动容错控制根据所期望的特性重新设计一个控制系统，并至少能使整个系统达到稳定。新的控制系统的性能与原系统相比有可能会有所下降。主动容错控制通常需要已知故障类型的先验知识，或者需要一个FDD子系统来检测与分离出未预料到的故障。其方法主要有控制律重新调度、控制律重构和模型跟随重组控制，可作为智能性能修复的核心算法，其流程如图7-22所示。

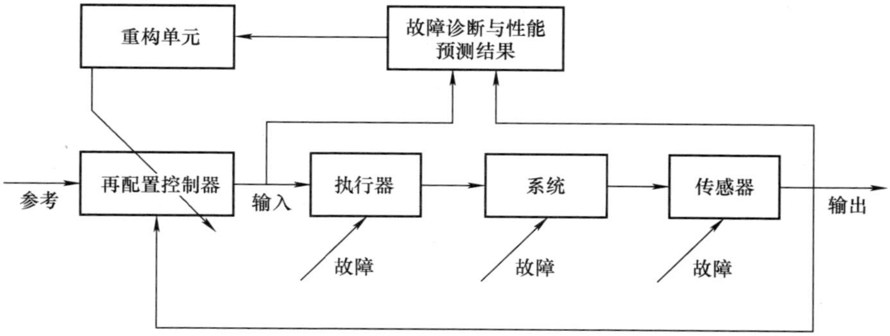

图7-22 主动容错控制原理流程

主动容错控制算法的智能化应用过程如下：

1）建立系统的状态空间方程，并对已知故障进行改变响应的状态反馈向量和输入增益系数控制律的重新调度或控制律重构，并列表存储在计算机中。

2）基于在线智能故障诊断技术得到最新的故障信息，挑选出合适的增益参数，得到容错控制律或同时改变控制器结构和增益参数进行控制器重构。

3）设计一种观测器或滤波器即可对液压系统及元件或传感器故障进行检测，接着利用自适应技术或滑模控制技术设计故障诊断观测器，以得到故障估计量。

4）设计液压系统新故障情形下的新控制律重构方案，进行系统性能修复。

5）利用数据库的信息结合深度学习理论，提取新故障与解决办法的对应数据特征，筛选敏感故障特征及对应控制律重构方案，存入故障调节控制模块，构成闭环自学习系统，并不断丰富故障调节数据库，通过智能学习算法规划最优控制率，实现对液压系统的性能修复。

主动容错控制技术在智能性能修复领域的应用具有良好的发展前景，有待从事相关领域研究的科研人员给予更多的关注。

值得期待的是，数字孪生与元宇宙等正在发展的新技术会在这个领域发挥作用。

参考文献

[1] 许益民．电液比例控制系统分析与设计［M］．北京：机械工业出版社，2005.

[2] 周加永，张昂，莫新民，等．液压驱动型负重外骨骼机器人液压系统设计［J］．机床与液压，2016，44（21）：30－34.

[3] 柴汇，孟健，荣学文，等．高性能液压驱动四足机器人 SCalf 的设计与实现［J］．机器人，2014，36（4）：385－391.

[4] 于舰，孙桂涛，高炳微，等．液压四足机器人驱动器 CAN 总线通信［J］．哈尔滨理工大学学报，2013，18（2）：77－80.

[5] 彭松涛，张文志，周伟，等．基于液压驱动的四足步行机器人设计与仿真［J］．机械工程与自动化，2013（5）：74－75.

[6] 崔国华，韩云武，常绿．智能挖掘机电控液压系统的设计［J］．筑路机械与施工机械化，2007，24（2）：50－51，54.

[7] 郑磊，葛瑞彩．轮式挖掘机智能控制系统设计［J］．建筑机械化，2018，39（2）：19－21.

[8] 李宣，尹彬．挖掘机智能控制系统的设计及应用［J］．科学与财富，2015（9）：217－218.

[9] 孙金悦，喻洪流，汪晓铭，等．智能液压假肢膝关节控制系统设计与实现［J］．软件导刊，2020，19（7）：89－93.

[10] 吴胜．单片机智能高速液压控制设计分析［J］．液压与气动，2012（7）：8－10.

[11] 张谦，李兵强．一种新型电静液作动飞机刹车系统［J］．测控技术，2011，30（7）：79－82.

[12] 王少萍．液压系统故障诊断与健康管理技术［M］．北京：机械工业出版社，2014.

[13] 姜万录，刘思远．液压气动系统状态监测与故障诊断技术［M］．北京：化学工业出版社，2017.

[14] 吴杰，向斌，高红星．液压传动系统的安装与调试［J］．山西冶金，2021，44（2）：170－171，203.

[15] 李健生，赵计明，钱振朋．液压油液清洁度测试分析研究［J］．建筑机械化，2018，39（11）：60－62.
[16] 焦裕松．民用飞机液压系统发展与展望［J］．航空科学技术，2019，30（12）：1－6.
[17] 姜万录，刘思远，张齐生．液压故障的智能信息诊断与监测［M］．北京：机械工业出版社，2013.
[18] 马明东．EA4VSO355DR 型柱塞泵损坏原因及改进方法［J］．工程机械与维修，2017（12）：77－78.
[19] 马明东．盾构机液压柱塞泵损坏原因解析［J］．液压气动与密封，2014，34（5）：58－59.
[20] 胡国良，周新建，龚国芳，等．盾构推进液压系统的 PLC 控制［J］．机床与液压，2007，35（5）：105－107，162.
[21] 李亨涛．举升台液压设计及仿真研究［J］．无线互联科技，2017（14）：58－59.
[22] 许仰曾．液压大系统的性能参数法［J］．甘肃工业大学学报，1988（3）：13－21.
[23] XU Y Z, HONG I T. Unifying the Static and Dynamic Performance Simulation of Hydraulic System［C］. Chicago: The 40th National Conference on Fluid Power, 1984.
[24] XU Y Z, ZHANG J, HONG I T, et al. A General Modelling and Simulation Method for Large Scale Hydraulic System Analysis［C］. Hangzhou: International Conference on Fluid Power Transmission and Control, 1985.
[25] XU Y Z. An FPRC Task Force Report on Performance Rating Approach to Hydraulic Component Modelling［R］. The BFPR Journal, 1986.
[26] 陈义华，许仰曾．模块式建模法及其数值解法在液压仿真中的应用［J］．数学的实践与认识，1992（1）：20－26.
[27] 陈义华，许仰曾．液压大系统的模块式建模［J］．兰州理工大学学报，1993（1）：38－45.
[28] 许仰曾，陈义华，钟孟光．关于液压系统建模中隐式状态方程代数解法的讨论［J］．机床与液压，1989（4）：23－28.
[29] 陈义华，姬孝斌，钟孟光，等．液压系统 Stiff 隐式状态方程的数值解法［J］．兰州理工大学学报，1991（3）：20－27.
[30] 李载欣，许仰曾．液压系统仿真中的图形建模［J］．兰州理工大学学报，1993（3）：44－48.
[31] 王亮，韩虎，高洁．液压系统仿真软件及其应用［J］．煤矿机械，2007，28（12）：102－104.

第3篇
数字与数智一体化液压控制元件

主　编　王兆强　许益民　许仰曾

第 8 章　液压电磁铁结构、性能与分析

作　　者　王之炊

主　　审　许仰曾　许益民

第 9 章　电液比例阀与比例放大器

作　　者　孙瑞辉　林　广　吴晓明　陆林海

主　　审　许益民

第10章　电液伺服比例阀

作　　者　孙瑞辉　林　广　吴晓明

主　　审　许益民

第11章　液压多路阀

作　　者　孙瑞辉　林　广　吴晓明　谭泽华

主　　审　许仰曾　许益民

第12章　电液伺服阀

作　　者　俞　璐

主　　审　闫耀保

第13章　液压数字阀与液压数智阀

作　　者　许仰曾　单东升　司国雷　苗建中　郭建业　骆明辉　胡伟民　常学森　吴海明　张　斌　熊熙程　杨世详　杨　涛

主　　审　许仰曾　欧阳小平

第14章　二维（2D）液压气动数字元件

作　　者　阮　健　李　胜

主　　审　阮　健　许仰曾

第15章　网络化全液压数字转向器

作　　者　焦文瑞　吕立强

主　　审　吕立强　许仰曾

第16章　电静液作动器（EHA）

作　　者　付永领　王兆强　许仰曾　腾益登　马金星

主　　审　姚　静　付永领　许仰曾

第 8 章　液压电磁铁结构、性能与分析

电磁铁是液压阀广泛使用的电－机械转换装置。根据所控制液压阀的不同种类，液压电磁铁包括开关电磁铁（用于开关型液压阀），比例电磁铁（用于比例阀），螺纹插装阀电磁铁和高速开关电磁铁（用于高速开关阀）。

液压阀使用的电－机械转换装置还包括力马达、音圈、力矩马达、步进电动机、伺服电动机，如图 8-1 所示。它们随着电控技术的发展共同推动液压技术进步。这些电—机械转换器在液压技术从 2.0 向 4.0 发展的过程中分别扮演着不同的角色，具有鲜明的时代烙印，充分体现电液一体化、数字化、网络化、智能化的发展轨迹。除了液压电磁铁以外的其他电－机械转换装置分别在它们控制的液压阀的相关章节中叙述。

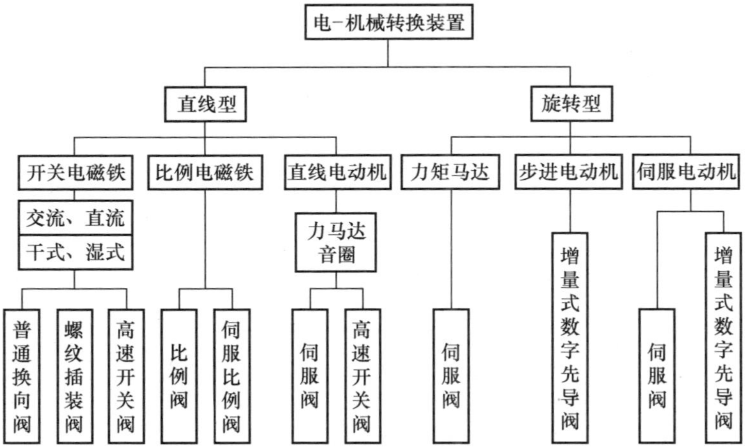

图 8-1　电－机械转换装置及其控制的液压阀

8.1　开关电磁铁

开关电磁铁按结构可区分为干式和湿式电磁铁，按电源类型可区分为直流、交流和交流本整型（交流供电，直流结构）电磁铁。

8.1.1　直流湿式开关电磁铁

电磁铁是一种通电后使铁磁物质产生电磁吸力，把电能转变为机械能的电－机

械转换元件，是电液一体化装置中的关键部件。目前液压阀使用的开关电磁铁主要集成于方向阀、压力阀上的方向阀等阀体上。

电磁铁采用装甲螺线管式结构，由线圈和铁心组成。铁心包括静铁心和动铁心（衔铁）两部分，为便于安装，线圈总是装在静铁心（磁轭）上。阀用电磁铁工作原理：当线圈通电后，在静铁心、衔铁的气隙中就会产生磁通 Φ，在磁通 Φ 的作用下，产生电磁吸力 F，将衔铁吸向静铁心，在衔铁位移过程中通过推杆推动滑阀阀芯位移。线圈断电后，电磁吸力消失，依靠阀内安装的回位弹簧，将衔铁推回起始位置。根据衔铁运动方向，电磁铁可分为单向、双向、可逆向电磁铁三种，如图 8-2所示。

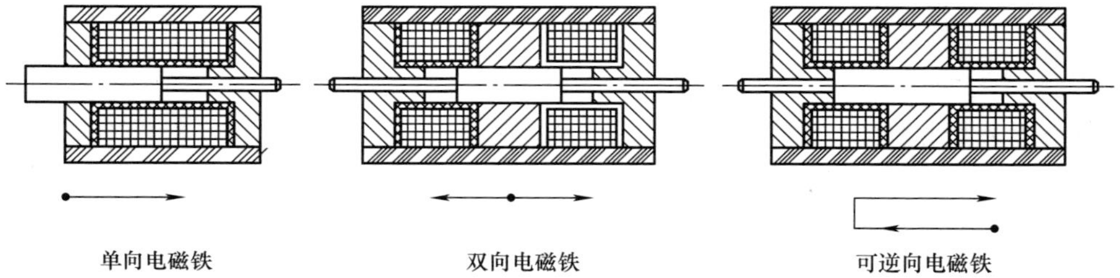

图 8-2 电磁铁的运动方向

1. 直流湿式电磁铁结构及吸力特性

直流湿式电磁铁一般采用装甲螺线管式结构，磁极形状大都采用盆形结构，如图 8-3 所示。

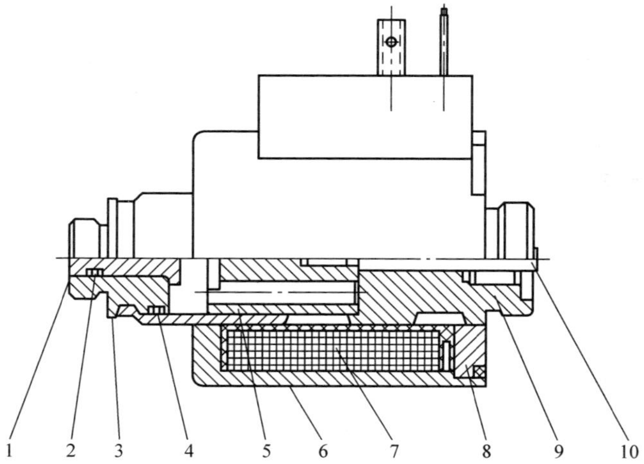

图 8-3 直流盆形电磁铁结构

1—手动推杆 2—O 形密封圈 3—封盖 4—O 形密封圈 5—衔铁 6—外壳（磁轭） 7—线圈 8—下轭片 9—导磁套 10—推杆

采用不同磁极形状的直流电磁铁有不同的吸力特性，图 8-4 所示为最常见的三种不同磁极形状的直流电磁铁吸力特性。

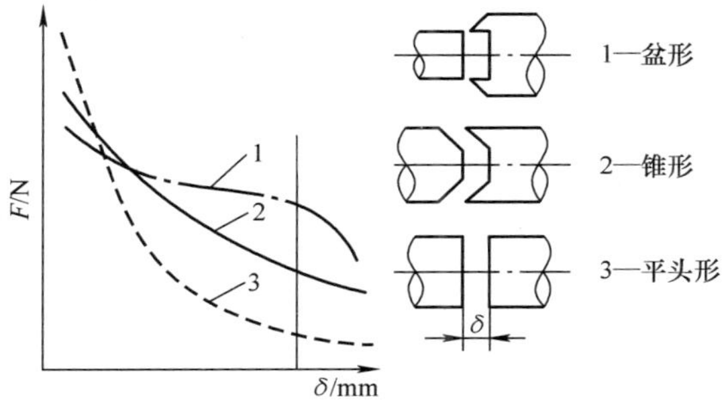

图 8-4　不同磁极形状的直流电磁铁吸力特性

在直流电磁铁的额定行程内，设置合理的磁分路是一种改变电磁铁吸力特性、使之与配套阀的负载相匹配的有效方法。大部分直流湿式电磁铁的挡铁磁极端设计成盆形，在有效行程内，衔铁大部分在它的内腔中移动，挡铁的盆边就起了磁分路的作用。

不同的工作气隙和磁分路会形成如图 8-5 所示的不同力—位移特性，应根据液压阀芯的受力分析选用合适的力—位移特性，以优化与阀负载的匹配。

2. 直流电磁铁的响应时间

由于直流电磁铁线圈具有电感特性，当直流电压施加于线圈两端时，直流电磁铁内磁通的建立总是滞后于电流的建立，磁通的消失也总是滞后于电流的消失，并且它们的建立或消失总是呈指数特性，其电流不能发生突变。液压阀换向及复位各阶段的时间可用图 8-6 所示的电压、电流、行程特性的示波图来表达。

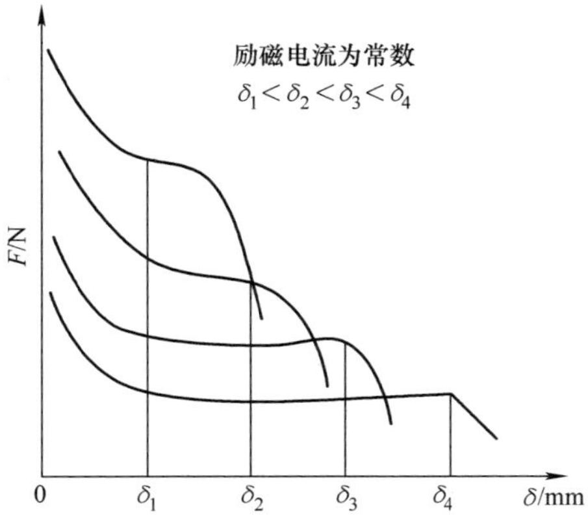

图 8-5　带饱和磁分路的力—位移特性

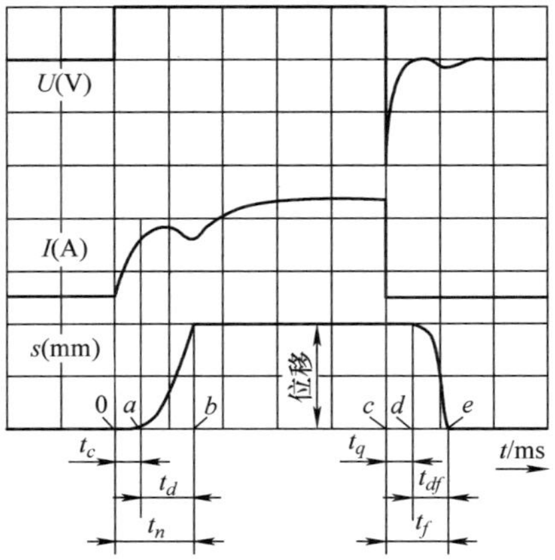

图 8-6　直流电磁铁换向时间特性

衔铁换向时间 t_n：行程响应滞后时间 t_c 及衔铁运动时间 t_d 两者之和（时间坐标0至 b）。

响应滞后时间（或称触动时间）t_c：电流接通瞬间（时间坐标0）到衔铁开始运动（时间坐标 a）的时间。造成此滞后时间段的原因是电流开始接通、到电磁场开始建立，再到产生克服阻止衔铁位移的反力的电磁力，需要一定时间。

衔铁运动时间 t_d：衔铁开始吸合（时间坐标 a），至到达行程终端位置（时间坐标 b）所需的时间。

衔铁复位时间 t_f：是复位滞后时间 t_q 与复位行程时间 t_{df}（时间坐标 $c-e$）之和。

复位滞后时间 t_q：是电流断开瞬间（时间坐标 c），到衔铁开始复位（时间坐标 d）所需的时间。造成此滞后时间段的原因是电流断开、到磁通呈指数曲线下降，再到外部反力的作用，衔铁开始复位，都需要一定的时间。

复位行程时间 t_{df}：衔铁开始复位（时间坐标 d），至复位到达行程起始位置（时间坐标 e）所需的时间。

3. 提高直流电磁铁吸合时间常用的方法

直流电磁铁是电感性负载，电流和电磁力的建立都是呈指数曲线增加的，并且由于反电势的原因，直流电磁铁换向时间总是比交流电磁铁慢，在有特殊需要的场合，往往采用加速电路来提高电磁铁的换向速度。常见的加速电路介绍如下。

（1）高速激磁方式　在线圈电路上串联电阻，如图8-7所示，并相应增大供电电压，可使电路的时间常数降低，从而使衔铁的吸合时间缩短。

图8-8所示为使用实测方法得到的 $t_1=f(U/U_M)$ 函数特性。

串联电阻 R 的数值与线圈电阻值 R_{CU} 的关系为

$$R=\frac{R_{CU}\times(U-U_M)}{U_M} \tag{8-1}$$

如果总的吸合时间 t_n 缩短为无串联电阻时吸合时间 t_1 的70%，那么电源电压必须是 $U=2.6U_M$，如图8-8所示，串联电阻的电阻值可通过式（8-2）计算。

$$R=\frac{R_{CU}\times(2.6U_M-U_M)}{U_M}=1.6R_{CU} \tag{8-2}$$

如果 $U=U_M$ 是可行的，那么电磁铁的额定电压必须设计为低电压，则

$$U_M=\frac{U}{2.6}=0.384U \tag{8-3}$$

计算串联电阻的电阻值 $R=1.6R_{CU}$。

热态条件下线圈的电阻 R_{CU} 可以估算得到，如果线圈的绝缘等级是B级，则 $R_{CU}=1.4R_{20}$（R_{20} 指线圈在20℃常温下的电阻值）。

（2）强励磁方式　可以运用强励磁方式来缩短吸合时间，在吸合时间内，运用强励磁方式，使电磁铁电源电压、吸收功率增大，导致电路的时间常数降低而使

吸合时间缩短。具体技术措施包括：

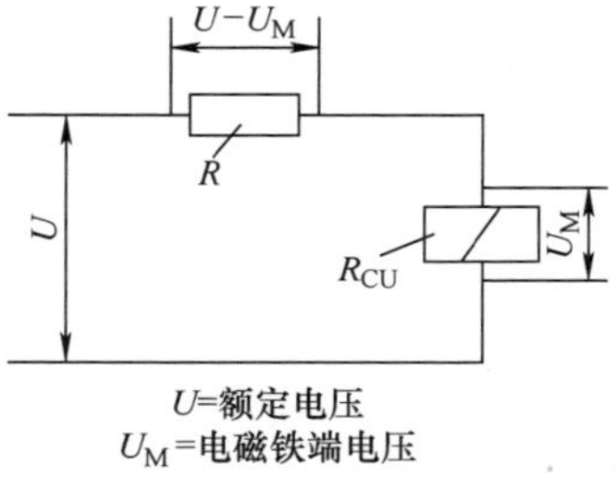

图 8-7　在线圈电路上串联电阻

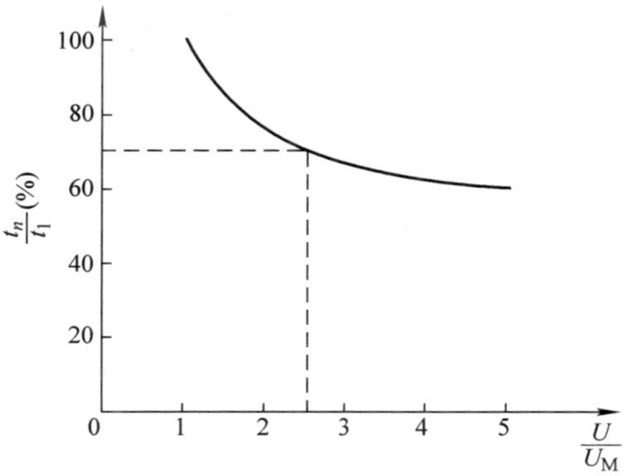

图 8-8　$t_1=f(U/U_M)$ 函数特性

1）在串联电阻两端并联开关。如图 8-9 所示，当衔铁处在吸合过程中，使串联电阻 R_V 两端的并联开关 S 闭合，在衔铁到达行程终端位置前，电磁铁获得满电压。当开关 S 断开后，由于串联电阻的压降，使电磁铁的端电压降至 U_M。由时间继电器或电子电路控制开关 S 获得的电压电流波形如图 8-10所示。

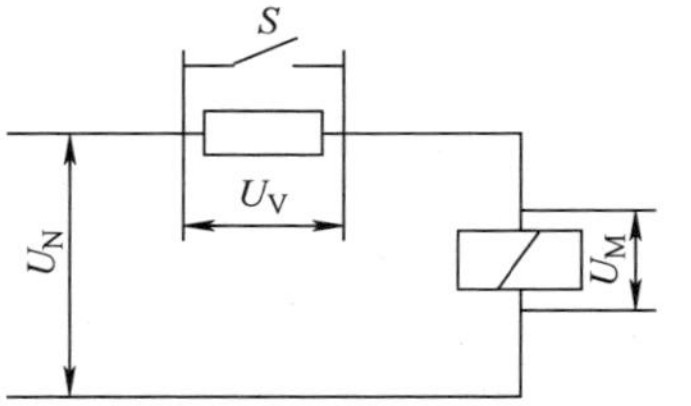

图 8-9　在串联电阻两端并联开关

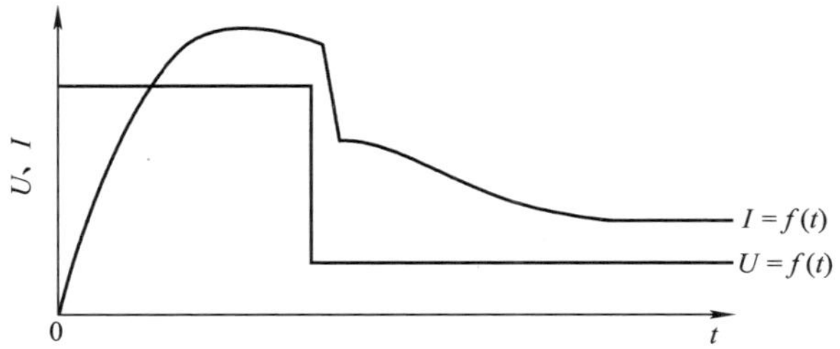

图 8-10　通过时间继电器控制开关

2）在串联电阻两端并联电容器。如图 8-11a 所示，由于电容器充电的原因，串联电容器的端电压上升需要一定时间，使相应的电磁铁端电压下降也需要一定时间，决定吸合时间的电能量呈指数函数下降，它不具有突变功能，如图 8-11b 所示。在切换过程的起始时刻，线圈具有很高的能量，在吸合过程中，线圈能量下降。尽管如此，若电容器选用得当，采用此电路，能缩短吸合时间，如图 8-11c 所示。

3）变压器分接整流桥堆。如图 8-12 所示，通过行程或时间继电器 S 来控制桥堆输入端的电压，从满电压降至保持电压。可以达到上述串联电阻与并接短路开关同样的效果。其优点是没有电能消耗在串联电阻上所产生的高温。当然其缺点是使

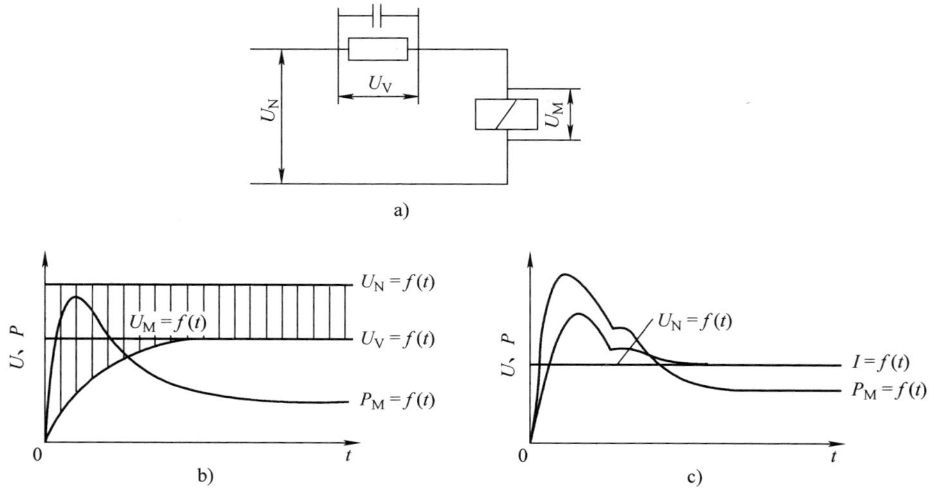

图 8-11　电阻器两端并联电容器

用电源变压器成本高，但对 AC 电源的交流本整型电磁铁特别适用。

4）容抗在 AC 电路中。如图 8-13 所示，当开关 S 关闭时，电磁铁获得满负电压。如果通过行程开关或时间继电器断开开关 S，此时一部分电源电压的压降消耗在串联电容的容抗上，电磁铁两端的电压降至保持电压。其优点是电容的容抗几乎没有能量消耗时产生的热量，也不需要电源变压器，这种线路适用于交流本整型电磁铁。

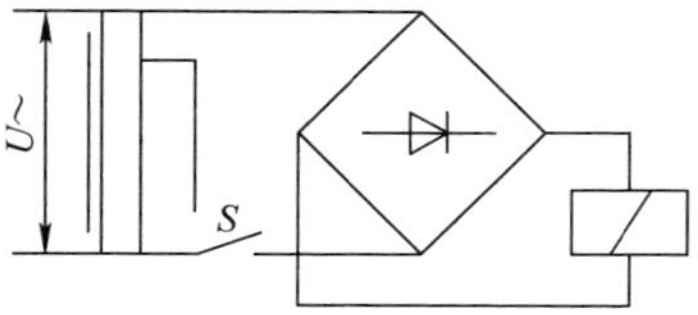

图 8-12　变压器分接整流桥堆

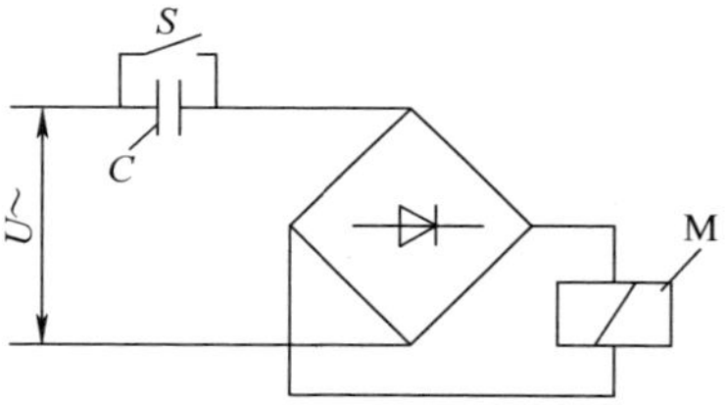

图 8-13　容抗在 AC 电路中

5）加速电路采用脉宽调制（PWM）。如图 8-14 所示，电磁铁用此方法都采用电流控制，接通时间不会受外界温度及线圈发热的影响，在电磁铁需要励磁时，电流驱动器发出指令，使电磁铁获得较大的峰值电流，高值的励磁安匝磁势能使电磁铁的时间常数变小，使电磁铁吸合时间明显缩短。随后由 PWM 时钟频率控制峰值电流保持的时间，在电磁铁吸合的瞬间，驱动器能迅速将电磁铁电流下降为保持电流，保持电流值仅为峰值电流值的 1/6～1/5。这样不仅可以缩短电磁铁的吸合时间，而且节省了能耗并使电磁铁线圈不会过热。此驱动电路可安装在电磁铁的插座内，使用非常方便。

4. 消除线圈断电时的反电势对电子电路与开关时间的影响

当断开直流电磁铁电路时，它的磁环路的电感中所贮藏的能量将会引起开路时

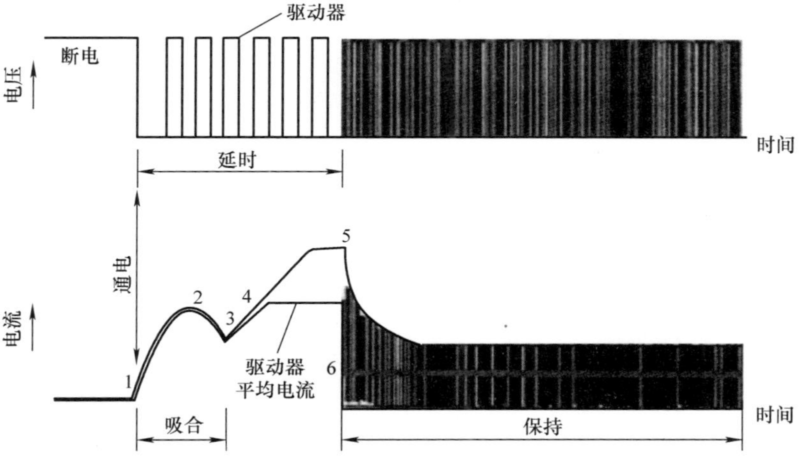

图 8-14　电流驱动器与传统电压驱动

的反电势，在线圈两端瞬间产生的反电势要比额定电压高数十倍，以额定电压 24V 为例，断电瞬间反电势会高达 600V 以上。这就很容易损伤线圈的绝缘层，或在开关触点间产生火花，甚至烧损触点，使开关不能正常断开，对采用电子元件的控制电路损害尤为严重。为消除或减小反电势，在线圈两端增加放电环路，常见的方法为：

1）在线圈两端并联电容，如额定电压为 24V，激磁电流为 1A 的电磁铁线圈并联一个 0.5～1μF 的电容器，就能减少反电势的幅值，但由于电容器的体积较大，在阀用电磁铁电路中很少采用。

2）在线圈两端并联放电电阻可抑制线圈的反电势，如图 8-15 所示。

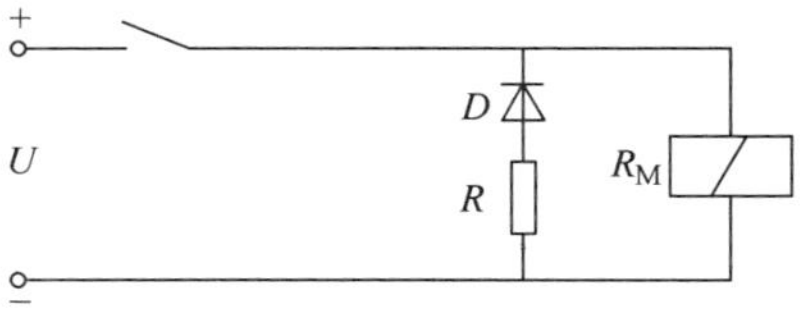

图 8-15　并联放电电阻的线圈环路

设直流电源电压为 U，线圈的电阻和电感分别为 R_M 及 L_M，线圈的反电势和端电压分别为 e 及 E，电流为 i，断开励磁环路瞬间，则有

$$i = \frac{U}{R}\varepsilon^{-(R_M+R)/L_M} \tag{8-4}$$

$$e = \left(\frac{R+r}{R}\right)E\varepsilon^{-(R_M+R)/L_M}$$

$$E = \frac{R}{R_M}U\varepsilon^{-(R_M+R)/L_M} \tag{8-5}$$

令 $R = 0$ 时的环路时间常数与 $R = R_M$ 时的时间常数比为 k 。

$$k = \frac{L_M}{R_M}\,\frac{1}{L_M}\,\frac{1}{R+R_M} = \frac{R+R_M}{R} \tag{8-6}$$

则 $e = kU\varepsilon^{-(R_M+R)/L_M}$。

$$E = (k-1)U\varepsilon^{-(R_M+R)/L_M} \tag{8-7}$$

$$I_0 = \frac{U}{R_M}$$

$$I = I_0 e^{-[(R+R_M)t]/L_M} \tag{8-8}$$

因此，k 值越大，电流的衰减时间越短，反电势的大小也与 k 成正比。如果 L_M 代表电磁铁的电感，R_M 表示电磁铁的直流电阻，则图 8-16 所示为电流减小时的时间常数随 R_M/R 的变化关系。

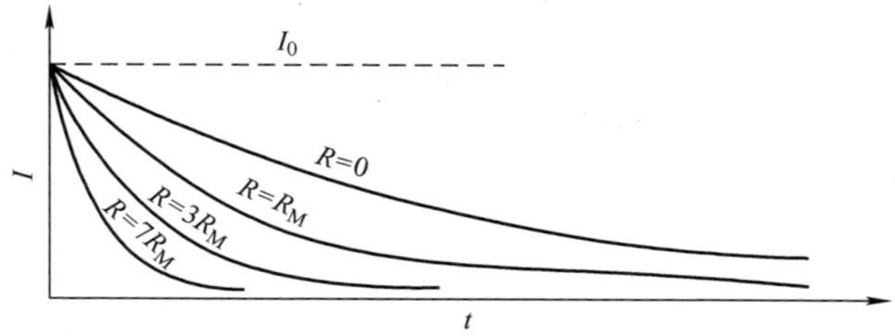

图 8-16　借助二极管和电阻实现对电磁铁的过电压保护

考虑到电力损耗，常取 $R_M/R=5\sim10$。在连接放电电阻时，常串联反向二极管，使通电时放电电阻不导通，只是在电源切断瞬间，由反电势将其导通。但最常用的抑制反电势的方法是下述两种，因为抑制反电势的元件可以很方便地装在电磁铁的电源插座或线圈内。当然，由于有了放电环路，电磁铁的复位时间势必增加。

3）在电磁铁线圈两端并联二极管。用此方法可以取得最小的 k 值，其优点是在线圈断电时与二极管构成续流环路，基本消除反电势对开关触点的影响，反向二极管可很方便地装在电磁铁的电源插座内（必须认清电源极性），但电流的衰减时间长，大大延长了电磁铁的复位时间，如图 8-17 所示。

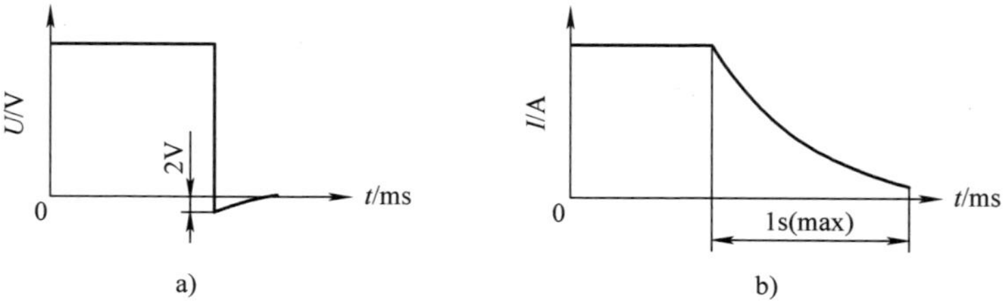

图 8-17　并联二极管后的时间特性

a）反电势时间特性　b）续流电流时间特性

4）在电磁铁线圈两端并联压敏电阻。线圈断电产生的反电势，高于压敏电阻容量部分被压敏电阻短路。此方法的优点是只要压敏电阻选择得当（额定电压为 24V 以下线圈选择 MYD－K470），被压敏电阻所吸收后剩余的反电势对开关触点影响减小，对电磁铁的复位时间影响也大为减小，如图 8-18 所示。

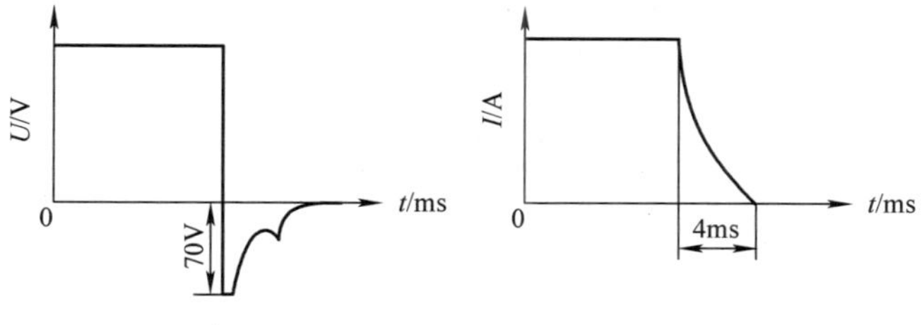

图 8-18　并联压敏电阻后的时间特性

a）反电势时间特性　b）续流电流时间特性

5）在电磁铁线圈两端并联 TVS 二极管，如图 8-19 所示，其作用和并联压敏电阻相同。TVS 二极管通断电压值的选取：电源电压小于 36VDC 选取 68V，48VDC 选取 100V，110VDC 选取 250V，220VDC 选取 400V。

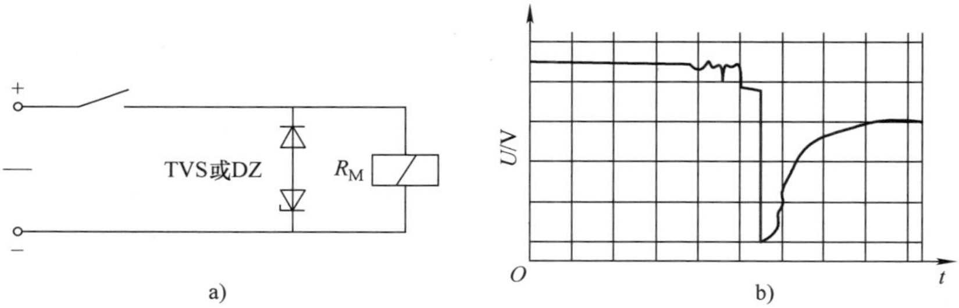

图 8-19　线圈两端并联 TVS 二极管

a）环路图　b）反电势时间特性

图 8-20 所示为借助 TVS 二极管电磁铁的过电压抑制的时间特性，DZ 表示 TVS 二极管，U_z 是 TVS 二极管电压，U 为电磁铁的电源电压。

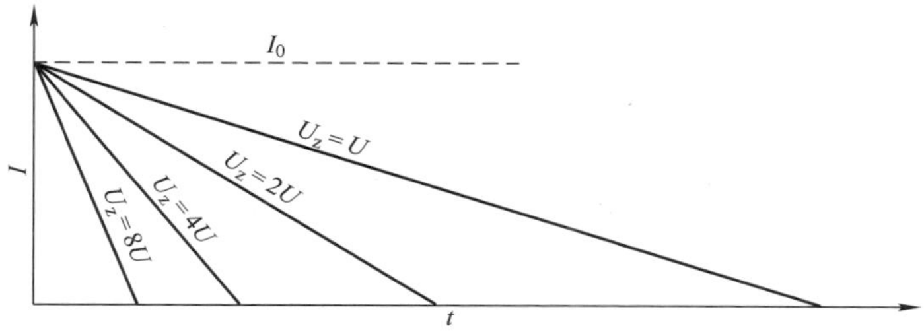

图 8-20　借助 TVS 二极管电磁铁的过电压抑制的时间特性

直流电磁铁线圈并联放电元件后，其电阻越大，复位的时间越短，但抑制反电势的作用就越小。但是，由于直流电磁铁的结构特点，在衔铁吸持后气隙很小，保持电流只需吸合电流的几分之一，所以可在电磁铁吸合后，适当地降低此时的吸合电压以减小线圈断电时产生的反向电压。带有集成电源调节的节能驱动器同样可起到这一作用。

抑制电磁铁反电势的电路性能比较见表8-1。

表8-1　抑制电磁铁反电势的电路性能比较（电流尖端处表示衔铁已完全复位）

放电回路	电压、电流波形	元件名称及参数	复位特性
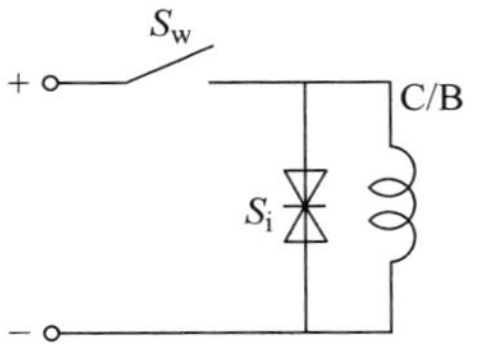	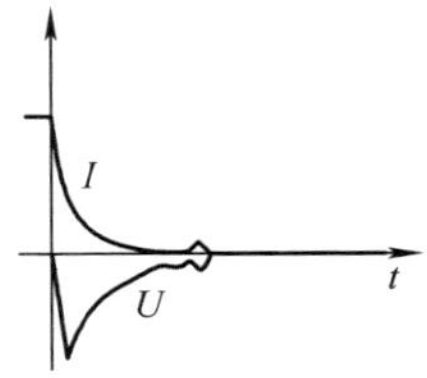	并联双向二极管 C. 3B5	30ms 130V
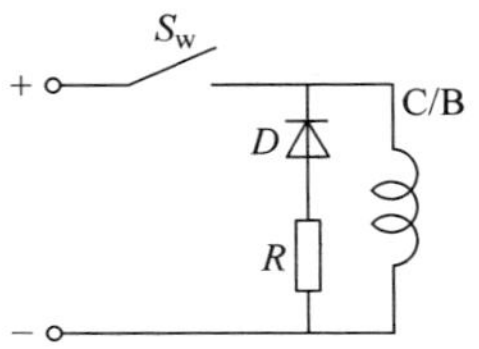	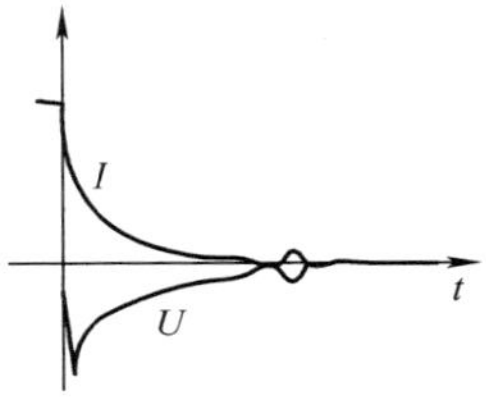	并联二极管 电阻 R：300Ω	40ms 180V
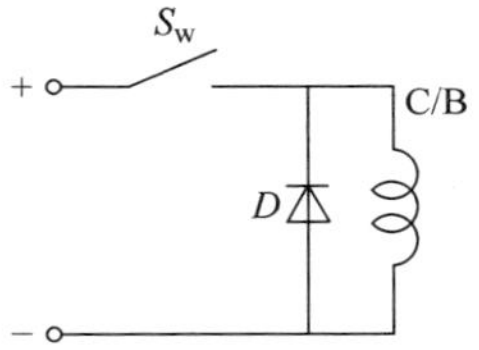	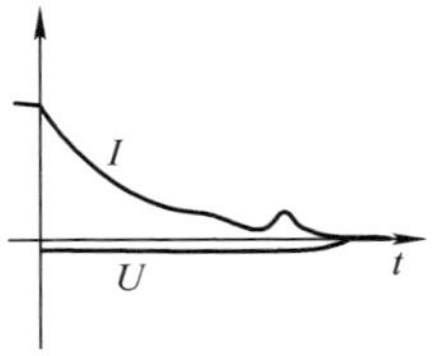	并联二极管 IN 4007	100ms <10V
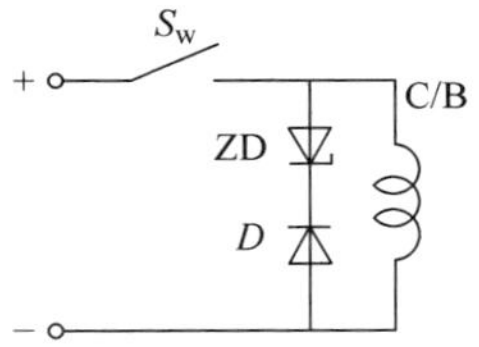	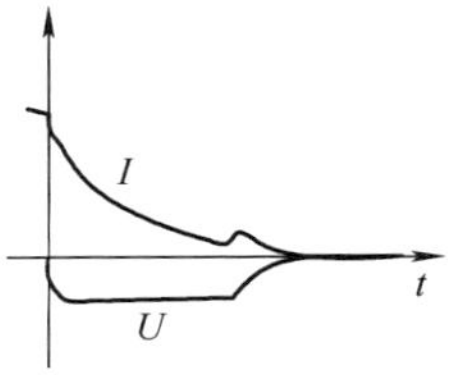	并联 TVS 二极管 ZD－022	50ms 22V
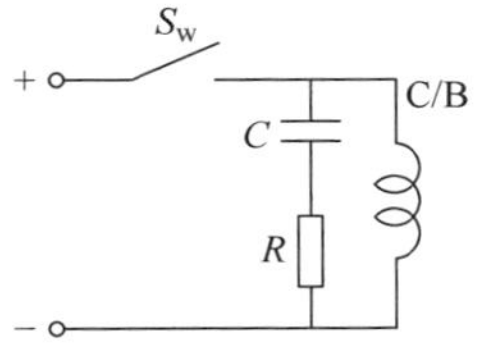	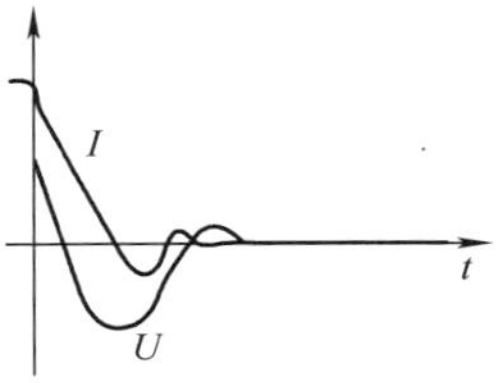	并联电容、电阻 C：22μF R：50Ω	30ms 80V

8.1.2　交流湿式开关电磁铁

1. 交流开关电磁铁基本结构

1）封装体：线圈和磁轭用增强尼龙66或BMC封装料封装在一起构成封装体，

这种结构可以使线圈更易达到IP65以上的防护等级，增加绝缘电阻，降低线圈温升，从而提高电磁铁的效率，并增强了线圈的耐震性能，对交流电磁铁而言更省去了金属保护外壳。

2）导磁套：由封盖、内套、隔磁套、挡铁等零件，用焊接的方法连接在一起，带有导油槽（减小涡流损耗）的衔铁在其中滑动，并容许压力油进入其中。

交流与直流电磁铁在材料、结构，性能上各有不同的要求和特点。交流湿式电磁铁一般用硅钢片、硅钢棒做导磁材料，磁极形状为平面形，结构为装甲螺线管式，如图8-21所示。

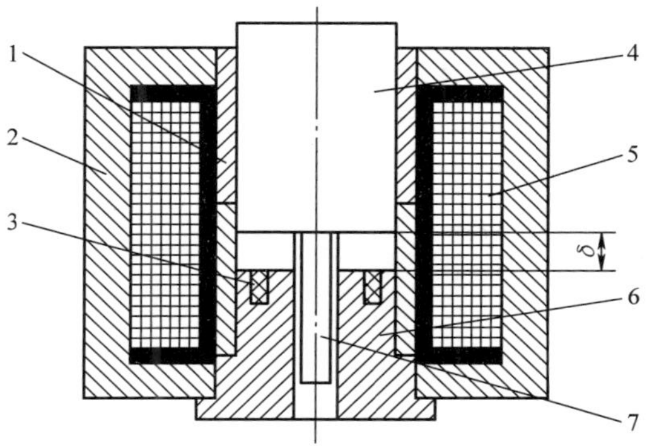

图8-21 交流湿式电磁铁结构

1—导磁套 2—磁轭 3—短路匝 4—衔铁 5—线圈 6—挡铁 7—推杆

2. 交流开关电磁铁电路方程式

图8-21所示的交流湿式电磁铁的线圈电压方程可写成

$$U = [E^2 + (I_r)^2]^{1/2} \tag{8-9}$$

式中 U——电源电压；

E——线圈电势；

I_r——线圈电阻压降。

在衔铁吸合位置，线圈的励磁电流较小，电阻压降 I_r 也不大，根据交流电磁铁的工作特点，这个压降一般不会超过外施电压的10%，因而线圈端电压 E 在冷态时大多在 $0.98U \sim 0.99U$ 的范围内，在计算磁通密度 B 时常取 $E = 0.99U$。

$$B = \frac{E \times 10^4}{4.44fNS} \tag{8-10}$$

式中 f——电源频率（Hz）；

N——线圈匝数；

S——衔铁截面积（cm^2）。

交流电磁铁的 B 值常取 $1.4 \sim 1.5T$。

当外加恒定电压时，总磁链基本上保持不变。行程改变时，气隙磁链和漏磁链的总数仍为定值，仅分配比例会改变。

3. 交流开关电磁铁磁路方程

交流电磁铁的线圈电流和行程大小有关，线圈电流值决定于外加电源电压和本身阻抗的比值，因线圈电抗要比线圈的直流电阻大得多，因此线圈电流主要取决于电抗。

设交流电磁铁的电抗为 ωL，直流电阻为 r，且 $\omega L >> r$ 时，则有

$$I = -\frac{E}{j\omega L} = \frac{u}{j\omega L} = \frac{u}{\omega L N^2 (G_\delta + G_{gu})} \tag{8-11}$$

式中　E——电源电压；

ω——角速度，$\omega=2\pi f$；

L——电感；

u——外加电压；

N——线圈匝数；

G_δ——气隙磁导，$G_\delta=\mu_0 A/\delta$；

G_{gu}——边缘磁导；

A——衔铁截面积；

δ——气隙长度。

交流电磁铁励磁电流可用式（8-12）表达。

$$I=\frac{1}{N}\left(l_e H_c+\frac{\delta B_{m\delta}}{4\pi\times 10^7}\right) \tag{8-12}$$

式中　N——线圈匝数；

l_e——铁心磁路长度；

H_c——产生 $B_{m\delta}$ 时的磁势；

δ——气隙长度；

$B_{m\delta}$——气隙有效磁通密度。

在式（8-12）中，第二项的数值要比第一项大得多。由式（8-11）和式（8-12）可见，线圈电流取决于外加电源电压、气隙长度及结构参数（包括导磁材料特性），且励磁电流的变化大致与气隙长度成正比。

4. 交流电磁铁吸力特性

图8-22所示为单向电磁铁的瞬态力和平均力的关系，假设正弦电源电压和电抗电压比电阻电压大的情况下，磁通的波形为正弦波，工作气隙的磁通密度也为正弦波，其瞬时值为 $B_m \sin\omega t$，在单位面积衔铁与挡铁磁极间的瞬态力正比于 $(B_m \sin\omega t)^2$。图8-22显示了磁通密度的正弦波随瞬态力曲线的变化而变化，瞬态

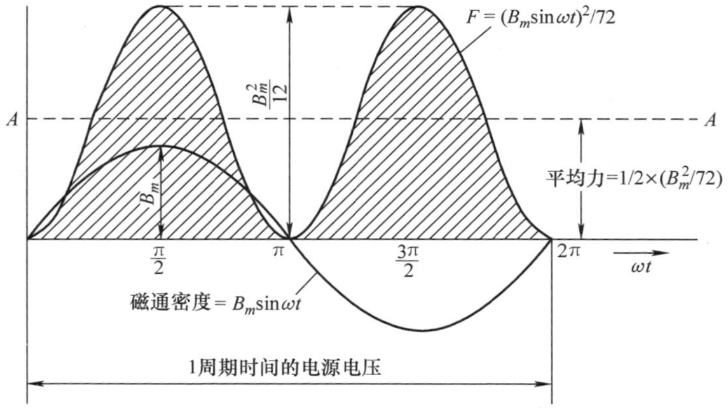

图8-22　单向电磁铁的瞬态力和平均力的关系

力是磁通波的平方。吸力脉动从零到最大值，每个周期为两次。在数学上，它可以被分解成一个恒定的力加上一个正的交变力，它的频率是电源电压的两倍。

在设计交流电磁铁时，所有的计算和比较都要根据最大磁通密度（B_m）来计算和比较，此 B_m 值肯定受到磁性材料饱和程度的限制，因此，如果要比较交流电磁铁和直流电磁铁的保持功率，两者的极限磁通密度是相同的，所以，峰值力也是一样的。但是，交流电磁铁的平均或有效力仅为直流电磁铁的一半，因此，就所产生的平均力而言，交流电磁铁的使用效率只有直流电磁铁的一半。

交流电磁铁吸力特性在线圈发热时吸力下降的程度也远远低于直流电磁铁，因为它仅与线圈的端电压有关，一般当线圈达到热稳定温度时其吸力下降 4% 左右。

5. 交流湿式电磁铁的损耗

交流湿式电磁铁的损耗不同于直流电磁铁的主要损耗，直流电磁铁的主要损耗为线圈电阻产生的铜耗 P_{Cu})，而交流湿式电磁铁的损耗包括线圈电阻产生的铜耗 P_{Cu}、分磁环损耗 P_d 和铁损耗 P_{Fe}。

8.1.3　交流本整型电磁铁基本特性

交流本整型电磁铁是一种与直流电磁铁具有相同磁系统结构、自身带有单相半波/全波整流装置的电磁铁，它可以直接使用交流电源。国内生产的交流本整型电磁铁与传统阀配套，采用的是单相半波整流。由于制造商不同，单相半波整流装置安装的部位也不同，有的安放在插座内，插座的出线方位就不能有 3 个方向任意选择；有的把整流装置和电磁铁线圈完全封装在一起，达到插座与交流电磁铁通用的目的。螺纹插装阀用电磁铁全部采用全波整流装置并把它和线圈封装在一起。

交流本整型电磁铁具有直流电磁铁动作平稳的特点，但在交流侧进行电源切换时，其释放时间较长且带有随机性。单相半波整流装置工作时产生的电磁干扰很大，使用时应特别小心。

1. 单相全波整流电路

常用于电源为交流电的螺纹插装阀线圈中，整流桥堆和线圈封装在一起，由于电磁铁线圈呈现电感特性，所以不需要滤波。整流线路与电压、电流特性如图 8-23所示。

2. 单相半波整流电路

国内生产的交流本整型液压阀用电磁铁都采用图 8-24 所示的单相半波整流电路。

由于采用单相半波整流电路，因电磁铁线圈的电感作用，即使在外加交流电压过零甚至反向情况下还能使 D_1 导通，造成输出电流的平均值显著下降，因此必须在单相半波整流回路上加接续流二极管 D_2，加接 D_2 前、后电磁铁的电流、电压、吸力波形及吸力特性如图 8-25所示。

交流本整型电磁铁的吸力要高于采用直流线圈的电磁铁的吸力。

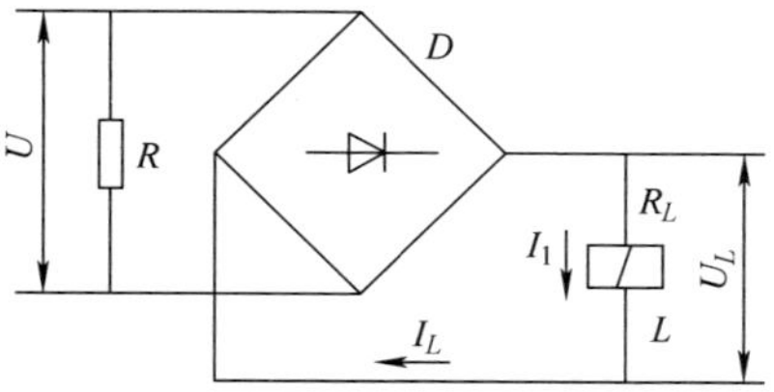

图 8-23　单相全波整流电路

R—保护电阻　D—单相全波整流桥堆

L—电磁铁线圈电感　R_L—线圈直流电阻值

I_L—线圈电流，$I_L=U_L/R_L$

U—电源电压　U_L—电磁铁端电压，$U_L=0.9U-2$

I_1—电源断开时由于感应电势的作用，在整流回路内产生的瞬间续流电流，它延迟了电磁铁复位时间

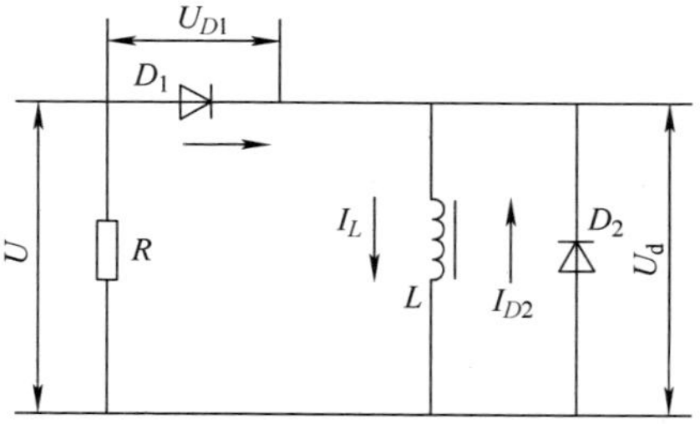

图 8-24　单相半波整流电路

R—保护电阻　D_1—整流二极管

D_2—续流二极管　L—电磁铁线圈

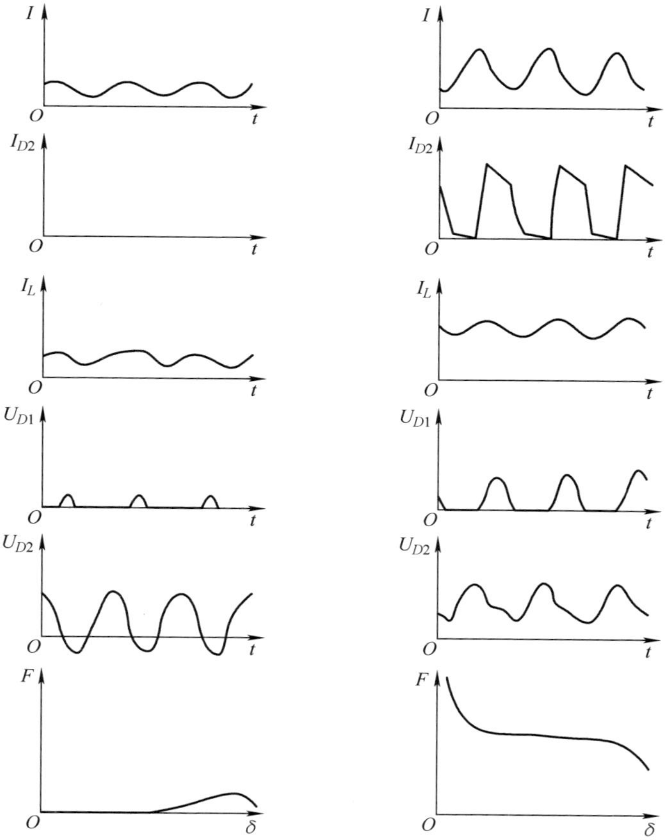

a)　　　b)

图 8-25　单相半波整流回路加接 D_2 前、后电磁铁电流、电压、吸力波形及吸力特性

a）未接续流管 D_2　b）加接续流管 D_2

3. 交流本整型液压阀用电磁铁特点

1）具有直流阀用电磁铁吸力特性，工作平稳、换向时压力冲击小。

2）起动电流和吸持电流基本相同，由于机械原因滑阀被卡住时，线圈不会因此而损坏。

3）电磁铁线圈的电流是脉动电流，产生的吸力也是脉动的，底面力也是脉动的，采用半波整流，纹波系数更大，在功率较小的螺纹插装阀中吸合时容易产生噪声，且功率因数 $\cos\phi \approx 0.90$，存在无功损耗。

4）电磁铁吸力不会因电源频率波动而受影响，且 50Hz、60Hz 可通用。

5）由于电磁铁线圈励磁是用控制电源端的通断来实现的，断电时感应电流形成回路，造成复位延迟，且复位时间与电磁铁线圈失电瞬间的相位角有关，所以带有随机性，最长复位时间可达 1s。

6）单相半波整流回路的电压、电流波形是畸变的，它所产生的高次谐波会产生电磁干扰，易影响周边电子电路的正常工作。

7）由于其导套使用直流电磁铁导套，其承受油压的能力较交流电磁铁为高，因此在背压高、压力冲击大、换向时间要求不高的场合，如需采用交流电磁铁则选用交流本整型为宜。

8）国外交流本整型液压阀用电磁铁均采用单相全波整流回路，电磁铁本体实际上是一个直流电磁铁，如标注 AC220V 的电磁铁实际上就是 DC178V 直流电磁铁，整流装置全部安装在符合 ISO 4400 的插座内。

9）国内传统阀的交流本整型液压阀用电磁铁均采用单相半波整流回路，但整流装置的安放位置不统一，有的和线圈封装在一起，有的安装在插座内，所以在选配时应特别注意，如将不安装整流回路的插座和不安装整流回路的线圈配用，电磁阀就不能正常工作，甚至损坏线圈。

10）由于线圈在封装时需承受 150℃的高温及压力，二极管极易受到损伤，线圈工作时的发热温度又使二极管的平均正向电流的承载能力下降，此时的二极管极易损坏，所以在要求电磁铁连续通电、散热条件较差的场合，不宜使用把整流元件封装在线圈内的交流本整型电磁铁。

交流与直流电磁铁的性能比较见表 8-2。

表 8-2　交流与直流电磁铁的性能比较

性　　能	交流电磁铁	直流电磁铁
励磁特性	恒磁链（励磁伏安随行程而变）	恒磁势（励磁安匝为常数）
起动电流	是吸持电流的 3～5 倍	与吸持电流相同
电气损耗	$P = IV\cos\phi(\cos\phi \approx 0.5)$	$P = IV$
吸力特性	平坦 $F \propto (E/f)^2$	能任意改变，$F \propto E^2$（铁芯未饱和时）

（续）

性　　能	交流电磁铁	直流电磁铁
温升引起的吸力下降	≈4%	≈15%
换向时间（实验室数据）	≈35ms	≈150ms
允许切换频率	7200t/h	12000t/h
换向时机械冲击	大	小
配合特性	静态吸力－行程特性在阀开口瞬间可低于阀的反力	静态吸力－行程特性在阀滑动的任意点均需高于阀的反力
线圈损坏概率	较大	极小

8.1.4　影响电磁铁性能的因素

1. 直流电磁铁对供电电源的要求

只要容量满足要求，稳压源、蓄电池或单相桥式全波整流装置等电源（一般6NG电磁铁损耗功率是26～32W，10NG电磁铁损耗功率是36～45W）都能使电磁铁正常工作。

1）若系统中有多个电磁铁并联供电，必须考虑其总的损耗功率和电源的容量。

2）单相桥式全波整流环路输入端若采用多个次级绕组控制变压器供电，则必须考虑单独给电磁铁供电的次级绕组的容量，而不是整台控制变压器的容量。

3）在单相桥式全波整流环路输出端，不需要并联滤波电容。因直流电磁铁的线圈本身就具有电感，而容量不足的滤波电容反而会造成电磁铁输入电压的下降。

4）电磁铁电流通断开关应连接在直流输出端，以免切断电源时整流环路成为电磁铁线圈的放电环路，延长电磁铁复位时间。

5）为保护开关触点，用户往往在直流电磁铁线圈两端并联放电二极管，此方法不但需要在接入电源时认清正、负极性，而且会延长电磁铁复位时间，在要求复位时间短的场合，可与输入电压相匹配的压敏电阻或二极管并联。

2. 交流电磁铁对供电电源的要求

1）电源电压要求尽量稳定。由于交流电磁铁的吸力与电源电压的平方成正比，电压增高10%，吸力增大约21%。电压下降10%，吸力减小约19%。

2）如需选用交流稳压电源来稳定交流电磁铁的输入电压，切不可使用会产生波形畸变的稳压电源，因波形畸变的电源会影响交流电磁铁的性能。

3）由于交流电磁铁的吸力和电源频率成反比，而涡流损耗又与电源频率的平方成正比，因此尽管50Hz、60Hz的交流电磁铁额定电压一致，也不能互换通用。

4）由于交流电磁铁的启动容量是吸持容量的3～5倍，在选择电源容量，特别是在选择控制变压器容量时，必须考虑这一因素。

5）交流电磁铁的输入电压（如AC110V、AC48V）如果需要通过控制变压器或自耦变压器获得时，其容量选择方法与直流电磁铁相同。即如果通过额定容量为

1kVA、额定电压为 240V 的自耦变压器来得到 110V 输入电压，此时自耦变压器容量只能视为 0.5kVA。

3. 影响液压阀用电磁铁换向的因素

电磁方向阀动作的可靠性在液压控制系统中占有极其重要的地位。要保证电磁阀工作的可靠性，阀的反力特性与电磁铁吸力特性必须匹配。影响阀的反力特性的因素很多，如滑阀机能、进口压力、流量等。必须保证方向阀的进口压力、流量在允许的范围内，这样液压系统才能正常运行。

（1）电源稳定度对电磁铁动作特性的影响　按照 GB/T 14048.1 有关规定，在测定电磁式电器动作特性的过程中，对空载电压而言，电源电压的波动应不大于 5%。此规定实质上是对试验电压源容量的具体规定。图 8-26a 和图 8-26c 分别给出了直流阀用电磁铁在吸合过程中电压变化和电流变化的波形图。图 8-26b 和图 8-26d分别给出了交流阀用电磁铁在吸合过程中电压变化和电流变化的波形图。

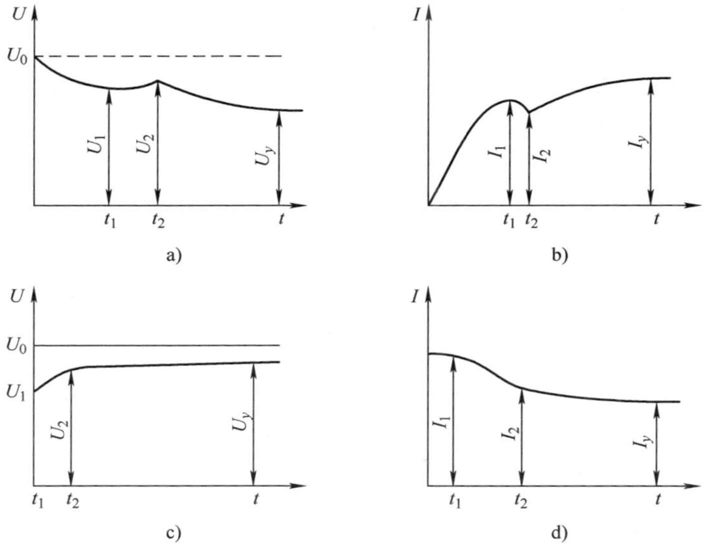

图 8-26　交流与直流电磁铁吸合时电压与电流波形图

a）直流电磁铁吸合过程电压波形图　b）直流电磁铁吸合过程电流波形图

c）交流电磁铁吸合过程电压波形图　d）交流电磁铁吸合过程电流波形图

t_1 —衔铁吸动瞬间　t_2 —衔铁完全吸合瞬间　U_0 —空载电压　U_y、I_y —稳态电压、电流

U_1、I_1 —衔铁吸动瞬间的电压、电流　U_2、I_2 —衔铁完全吸合瞬间的电压、电流

（2）电源容量（内阻）对电磁铁动作值的影响　以图 8-26a 为例进行分析。若试验电源的内阻 $R_i=0$，则电磁铁线圈两端的电压将维持恒定（$U=U_0$），而与电磁铁的衔铁动作过程无关。但是，实际上 $R_i\neq0$，因此，衔铁动作过程，U 将随线圈电流的变化而变化。理论上讲，线圈的吸合电压应取 U_1，但是 U_1 是某一瞬间值，不能用电压表等常规仪表读取，故如果用衔铁完全吸合后的稳态电压 U_y 作为

吸动电压来考核显然偏严（只有当$I_1=I_y$，即$U_1=U_y$时才成立）。而且电源容量越小，内阻越大，测试就越偏严。因此，为了使电磁阀的换向时间、换向可靠性的测定尽量接近实际情况，避免测试过严，并使试验数据具有重复性和可比性，一般规定电磁铁在动作过程中，电源电压的波动不得大于5%，而不采用衔铁吸合时U_y作为换向电压。为此，电源的内阻应小于被试电磁铁线圈电阻的1/20。故使用直流稳压电源是最好的解决方法。

对于交流阀用电磁铁线圈，检测时如果采用自耦式调压变压器来调整电源电压，选择的调压器容量至少应大于被试交流电磁铁线圈启动容量（电磁铁衔铁在起始位置时的起动电流与额定电压的乘积）的2倍。但如果在同一调压变压器上测试各种额定电压的交流方向阀换向可靠性，除考虑调压变压器的容量外，还必须考虑调压变压器允许通过的工作电流。例如NG10电磁阀配用的220V交流电磁铁的起动电流是2A，配用初级电压240V的0.5kVA的调压变压器即可，因为它的工作电流是500÷240≈2.08A，能满足检测需求。但如果是110V的电磁铁，它的起动电流是4A，从容量上满足了需求，但从允许通过电流上分析，它是不能满足检测需求的。如果仍用初级电压为240V的调压变压器，那它的容量应选择1kVA（240V×4=0.96kVA）。

（3）纹波系数对直流电磁铁动作值的影响　通常情况下，直流电磁铁线圈进行动作值测试时，带负载时电压波形的纹波系数y_u应不大于5%，试验电源采用蓄电池供电时，$y_u=0$；采用三相桥式整流电源时，$y_u=4.2\%$；采用单相全波整流电源时，$y_u=4.8\%$。同一试验品采用不同y_u的试验电源时，会得到不同的试验结果。图8-27所示为单相全波整流电压波形图。

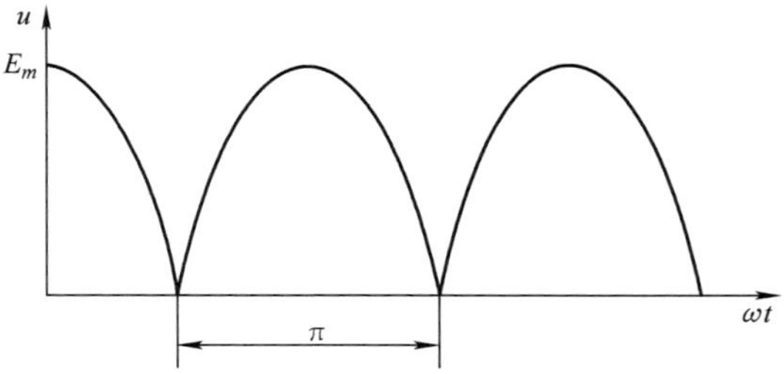

图8-27　单相全波整流电压波形图

$$U=\frac{4}{\pi}\times E_m\left(\frac{1}{2}+\frac{1}{3}\times\cos2\omega t-\frac{1}{15}\times\cos4\omega t+\frac{1}{35\cos6\omega t}\right)\tag{8-13}$$

在电阻为R、电感为L的线圈中产生的稳压电流为

$$i=\frac{u}{Z}$$

$$Z=[(\omega L)^2+R^2]\omega=2\pi f$$

故
$$i=2E_m\pi R+\frac{4E_m}{3\pi R}\times\frac{1}{(2\pi\tau+1)\times\cos2\omega t-\frac{4E_m}{15\pi R}\times\frac{1}{4\omega\tau+1}}\times\frac{1}{2\cos4\omega t}\tag{8-14}$$

式中　τ——时间常数，$\tau = L/R$。

脉动电流的直流分量为

$$I_0 = \frac{2E_m}{\pi R} \tag{8-15}$$

脉动电流的倍频谐波有效值为

$$I_2 = \frac{\sqrt{2}}{3} \times I_0 \times \frac{1}{\sqrt{(4\omega^2\tau^2 + 1)}} \tag{8-16}$$

脉动电流的 4 倍频谐波有效值为

$$I_4 = \frac{\sqrt{2}}{15} \times I_0 \times \frac{1}{\sqrt{(16\omega^2\tau^2 + 1)}} \tag{8-17}$$

全电流有效值为

$$I = \sqrt{(I_2^2 + I_4{}^2 + \cdots)} \tag{8-18}$$

全电流平均值为

$$I_0 = \frac{2E_m}{\pi R} \tag{8-19}$$

显然，除了 I_0 产生吸力 F 外，I_2、I_4……也产生吸力F_2、F_4……这些高次谐波电流产生的吸力迭加在直流分量电流产生的吸力上，造成在同样的平均值电压作用下，$Y\gamma$ 越大的电源，其产生的电磁吸力也越大。即采用 $Y\gamma$ 越大的电源来进行电磁方向阀换向可靠性测定，换向电压 U 越小。

（4）波形畸变及电源频率对交流电磁铁换向时间的影响　交流电磁阀试验电源的电压波形应基本上是正弦波，电源频率为被试电磁铁的额定频率，允差为5%。在全电压有效值相等的条件下，当波形畸变时，非正弦电压产生的电磁吸力小于标准正弦电压产生的电磁吸力。因此，波形畸变时测得的交流电磁铁的换向电压理论上大于标准正弦电压时的换向电压。换言之，在相等的电压、同样的反力条件下，波形畸变时测得的交流电磁阀的换向时间较标准正弦电压交流电磁阀的换向时间更长。所以，当使用交流稳压电源时，要尽量减少波形畸变。

（5）频率变化对交流电磁阀换向时间的影响　由 $U = 4.44 f_0 W \Phi_m$ 可知，当忽略线圈电阻（$R = 0$）时，在保持交流电磁铁的电磁输出力不变的前提下，交流电磁铁的换向电压与电源频率的平方成正比，即电源频率越高，需要的换向电压也就越高。又因为交流电磁铁的导磁套、衔铁、挡铁都采用整体的导磁材料加工，涡流损耗较大，而涡流损耗又与电源频率成正比，进而导致交流电磁铁线圈温度升高，吸力下降、换向时间增长。

（6）电磁铁的吸力－行程特性与阀的反力特性的匹配　严格地说，阀用电磁铁仅是阀的配件，电磁铁的性能优劣不仅取决于自身的加工质量，还取决于与阀的反力特性的匹配。直流（含交流本整型）电磁铁的吸力，主要是考核衔铁在滑阀被打开时产生的最大瞬态液动力位置的反力与弹簧反力的矢量和应完全小于在电磁铁全行程上的电磁铁吸力，并在此基础上兼顾回位弹簧的 P_1、P_2 值，如图 8-28所示。对于6NG 阀，对应电磁铁的行程一般在 1.6mm 左右；对于10NG 阀，对应电磁铁的行程在 2.2mm 左右。

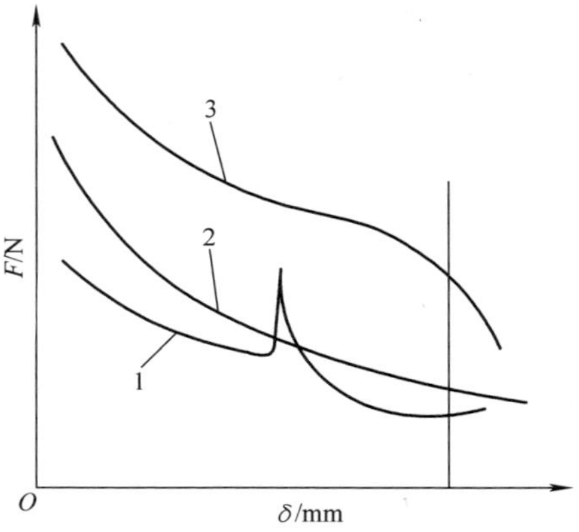

图 8-28　电磁铁吸力和液压阀芯反力匹配要求
1—液压阀芯反作用力曲线　2—交流电磁铁平均吸力特性曲线　3—直流电磁铁吸力特性曲线

图 8-29 所示为阀型号为 DG4V-3-6C-40 的电磁铁在各种流量下的液动力和交、直电磁铁吸力-行程特性曲线的匹配情况。从图 8-29 中可以看出，最大液动力随阀的流量增加而增加，而且出现在阀口最初打开的位置。这是在设计直流电磁铁吸力-行程特性时必须要考虑的。

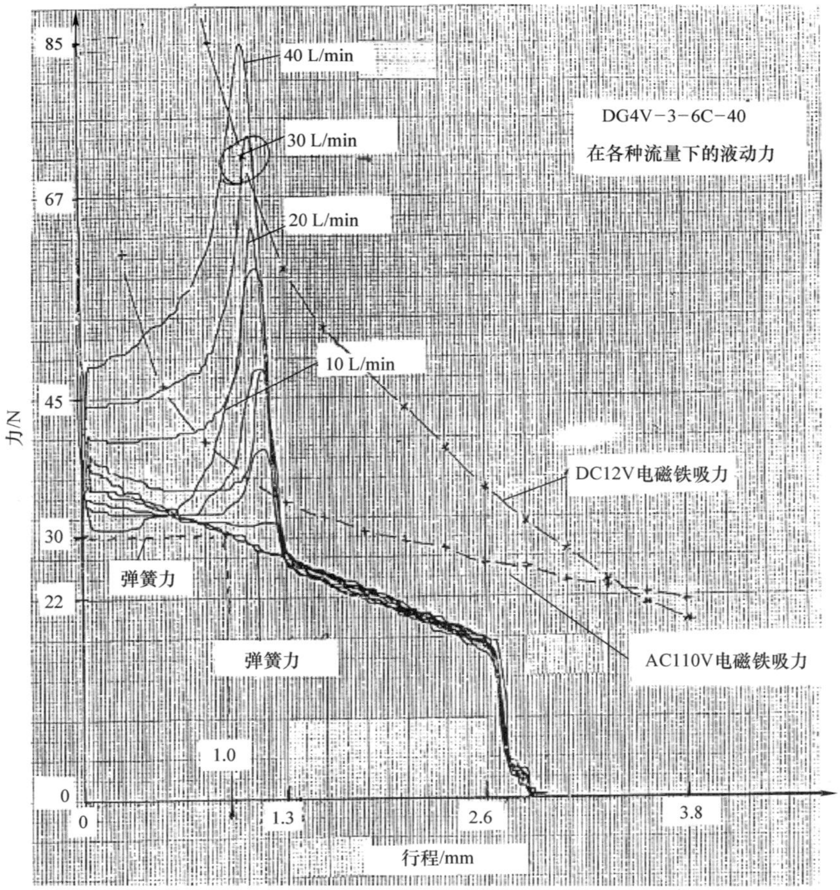

图 8-29　DG4V-3-6C-40 在各种流量下的液动力和交、直流电磁铁吸力-行程特性曲线的匹配

8.2 比例电磁铁

比例电磁铁作为电液比例控制元件的电－机械转换器件，其功能是将比例控制放大器输出的电信号转换成力或位移。比例电磁铁推力大，结构简单，对油液清洁度要求不高，维护方便，成本低，衔铁腔可做成耐高压结构，是电液比例控制元件中广泛应用的电－机械转换器件。用它构造的电液比例阀比伺服阀价廉又不像伺服阀对污染过于敏感，是液压技术从 2.0 发展到 3.0 的标志。它与传统的开关电磁铁性能不同：开关电磁阀只能实现开关逻辑控制，比例阀可以实现远程连续比例控制。

比例电磁铁是在开关电磁铁的基础上发展起来的。电磁铁气隙结构上的改变会造成电磁铁输出力特性的变化。例如，比例电磁铁增加的隔磁环改变了磁路，也相应改变了输出力的特性；通过对电磁铁磁极形状的特殊设计和加工，采用高导磁、低剩磁的软磁材料，使电磁铁吸力－行程特性曲线更加平坦，并使电磁铁吸力与线圈电流基本成正比。因此，比例电磁铁的原理和结构与开关直流电磁铁相似。

8.2.1 单向比例电磁铁的结构与工作原理

1. 单向比例电磁铁与开关电磁铁的比较

比例电磁铁的基本结构和开关电磁铁相似，也是由外壳、线圈、带有隔磁环的内套、衔铁、挡铁和推杆等组成。为使其吸力－行程特性保持平坦，磁极形状设计成盆形。当线圈通过电流时，由于内套和挡铁被非磁性材料制成的隔磁环隔开，所以磁通由铁轭（挡铁和外壳）经气隙 δ（电磁铁行程）至衔铁，穿过内套和衔铁形成闭合磁路，如图 8-30 所示。

开关电磁铁以弹簧作为负载的吸力－行程特性如图 8-31a 所示，其中曲线 1 是当电流为 I_N 时的电磁铁吸力－行程特性曲线，曲线 2 是弹簧反力特性曲线。图 8-31b所示为电流－行程特性，当电流小于 I_1 时，电磁铁产生的吸力小于弹簧反力，衔铁不产生位移，当电流增大至 I_N 时，电磁铁产生的吸力大于弹簧反力，衔铁从 δ_1 位移至 δ_0 的位置，从而压缩弹簧，实现电磁阀的换向。

图 8-32 所示为比例电磁铁以弹簧作为负载的吸力－行程特性（见图 8-32a）与电流－行程特性（见图 8-32b）。图 8-32a 中的曲线 1、2、3、4 分别代表了电流 $I_1 \sim I_4$ 时的吸力－行程特性，而曲线 5 是弹簧的反力特性曲线。从图 8-32b 的电流－行程特性曲线可以看到，在比例电磁铁中，电流与行程可以形成线性关系，这也就是比例阀的位移特性。

在总体尺寸和励磁安匝相同的条件下，在有效行程内，比例电磁铁的有效功率较开关电磁铁的有效功率小。和开关电磁铁相比，在设计、计算比例电磁铁时更应注意气隙、盆口角、行程间的匹配和衔铁与内套间的同轴度，以便得到优异的位移－力特性和输入输出关系。

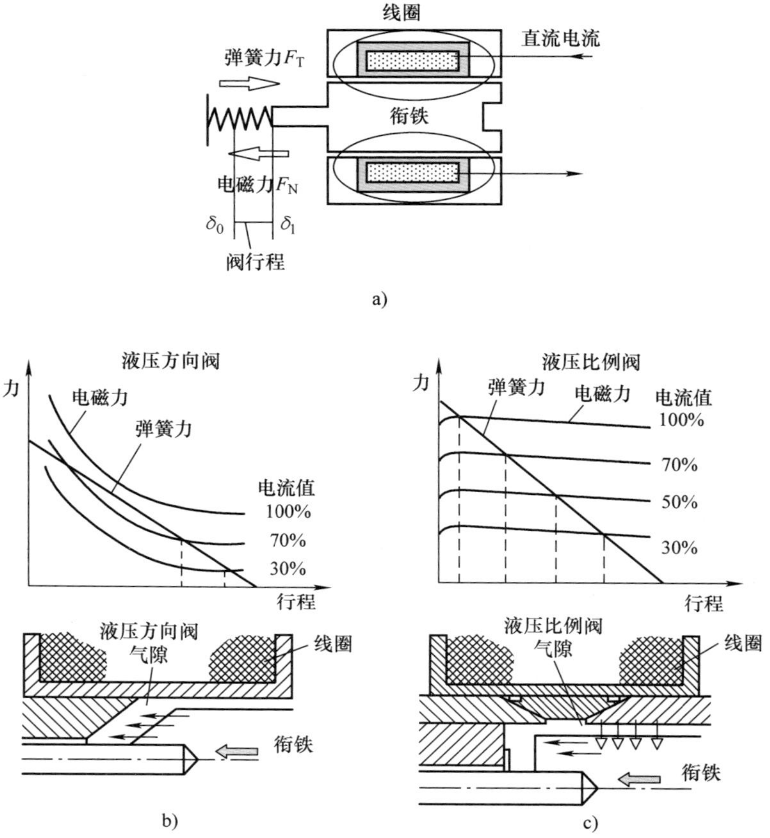

图 8-30　开关电磁铁与比例电磁铁气隙不同造成的特性不同

a）开关与比例电磁铁工作原理　b）开关电磁铁气隙结构与特性

c）比例电磁铁气隙结构与特性

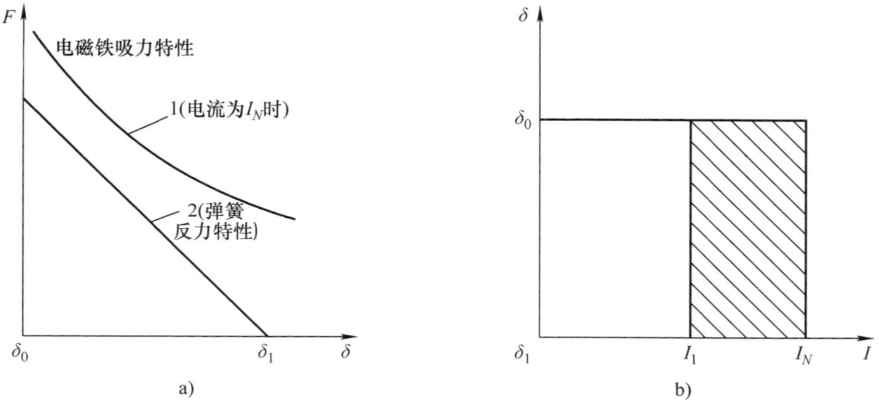

图 8-31　开关电磁铁的特性

a）吸力－行程特性　b）电流－行程特性

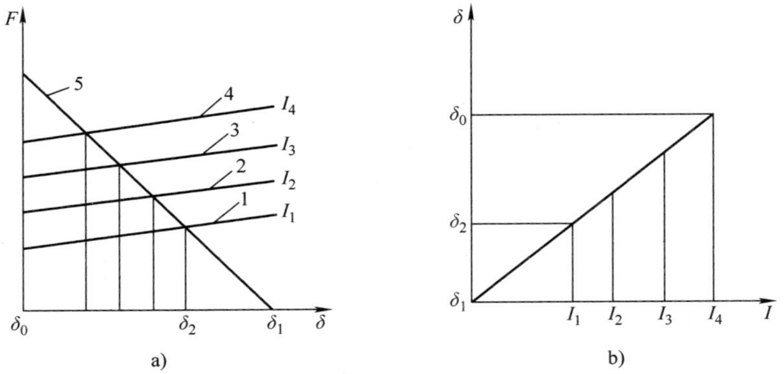

图 8-32 比例电磁铁特性

a）吸力 - 行程特性 b）电流 - 行程特性

2. 单向比例电磁铁的结构

尽管国内外比例电磁铁品种繁多，但其基本结构和原理大体相同。单向比例电磁铁的应用最为广泛。图 8-33 中的左图为 20 世纪 70 年代发展起来的正方形耐高压单向比例电磁铁的典型结构，常被称为螺钉连接的正方形比例电磁铁。

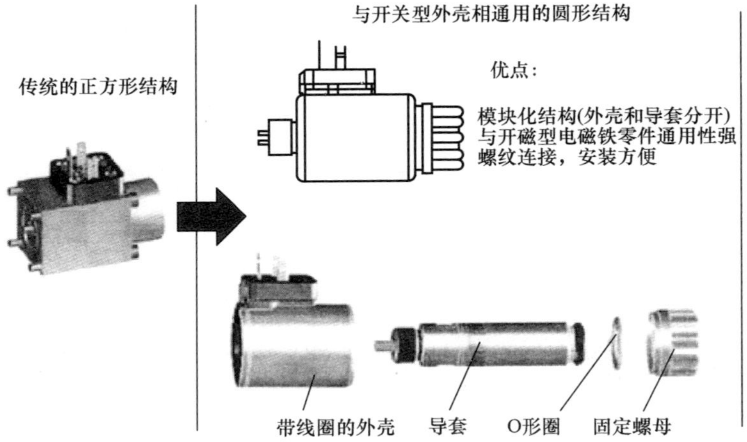

图 8-33 耐高压单向比例电磁铁连接方式的变化

这种传统的正方形螺钉连接的比例电磁铁加工工艺复杂，制造成本高，目前，比例电磁铁广泛采用线圈可拆卸式的螺纹连接结构，如图 8-33 右图所示。这种螺纹连接结构的比例电磁铁外壳为圆形，加工简单，尽可能采用开关型电磁铁通用的零部件，成本更低，更换更方便，其拆卸和装配过程变得更加简单，且线圈部分具有互换性。

线圈可拆卸式螺纹连接的单向比例电磁铁典型结构如图 8-34 所示。

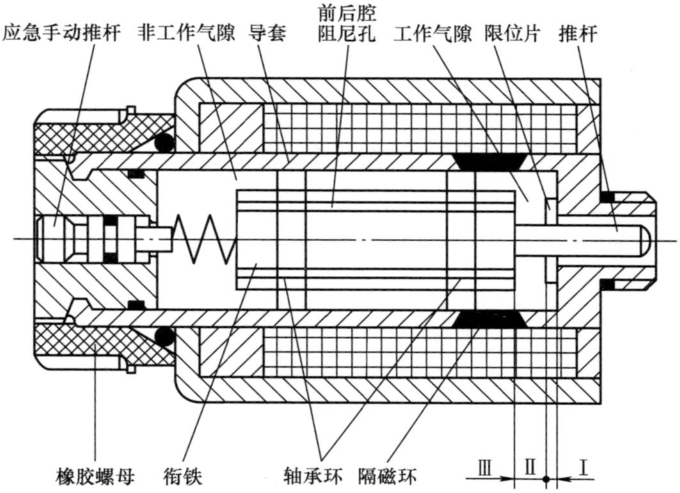

图 8-34 线圈可拆卸式螺纹连接的单向比例电磁铁典型结构

从图 8-34 看出，典型的耐高压单向比例电磁铁主要由衔铁、导套、极靴、壳体、线圈、推杆等组成。前后二段导套由导磁材料制成，中间用一段非导磁材料（隔磁环）焊接。导套具有足够的耐压强度，可承受 35MPa 静压力。导套前段和极靴组合，形成盆型极靴，导套和壳体之间配置同心螺线管式控制线圈。衔铁前端的推杆输出力或位移；后端装有由弹簧和调节螺钉组成的调零机构，可在一定范围内对比例电磁铁控制特性曲线进行零位调整。有些比例电磁铁的尾部装有应急手动推杆，当控制电路发生故障导致比例电磁铁断电时，能手动控制比例阀。

3. 单向比例电磁铁的工作原理

这种比例电磁铁的磁路分析如图 8-35 所示。

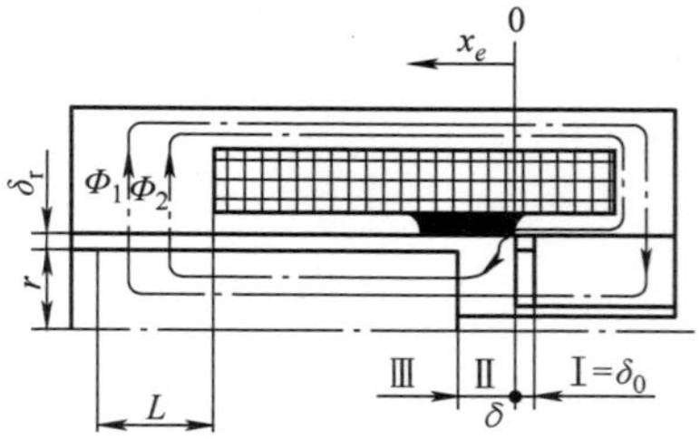

图 8-35 比例电磁铁磁路分析

当给比例电磁铁控制线圈一定电流时，在线圈电流控制磁势的作用下，形成两条主要磁路：一条磁路 Φ_1 由前端盖盆形极靴底部，沿轴向工作气隙，进入衔铁，穿过导套后段，沿导磁外壳回到前端盖极靴；另一磁路 Φ_2 沿盆形极靴锥形周边（导套前段），沿径向穿过工作气隙进入衔铁，再与 Φ_1 汇合。这种特殊形式磁路的形成，主要是由于采用了隔磁环的结构，构成了一带锥形周边的盆形极靴。因此，盆口部位几何形状及尺寸，需要经过优化设计和试验研究才能决定。

由于电磁作用，磁通 Φ_1 产生了通常的端面力 F_{M1}，磁通 Φ_2 则产生了一定数量的附加轴向力 F_{M2}（见图 8-36），F_{M1}、F_{M2} 两个力合成，就得到了整个比例电磁铁的输出力 F_M。在工作区域内，电磁输出力 F_M 保持恒定，与位移无关（见

图 8-37上），就是相对于衔铁位移的比例电磁铁电磁输出力 F_M 的曲线是水平的。这种水平的位移－力特性是比例电磁铁特有的，且对比例控制系统非常重要，因为只有保证水平的位移－力特性，在比例电磁铁这个环节才能获得控制电流－输出力的良好的线性关系，消除比例电磁铁的行程变化（相当于一个干扰因素）对这一线性关系的影响，满足控制系统对元件的线性化要求。

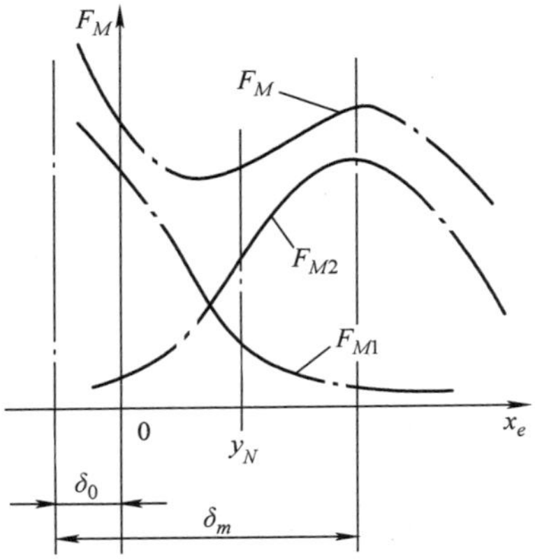

图 8-36　耐高压比例电磁铁合成力

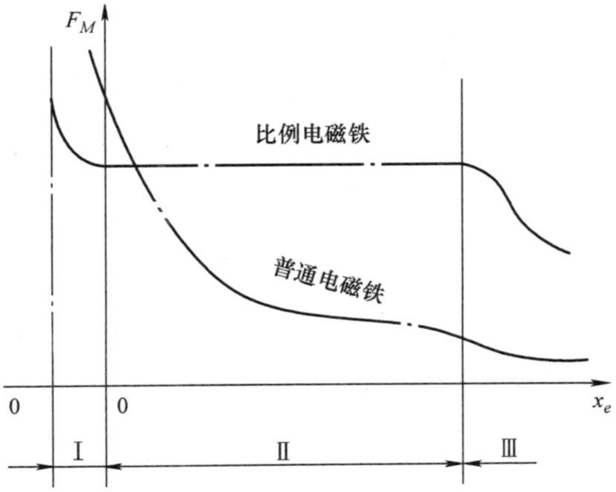

图 8-37　比例电磁铁与普通电磁铁吸力特性比较

由图 8-37 可知，在比例电磁铁衔铁的整个行程范围内，控制特性并非全是水平特性。它可以分为三个区段（见图 8-34）：在工作气隙接近零的区段，输出力急剧上升，称为吸合区Ⅰ。这一行程区段不能正常工作。因此，在结构上用加限位片的方法将其排除，使衔铁不能移动到该区段内。当工作气隙过大时，电磁铁输出力明显下降，称为空行程区Ⅲ。这一区段虽然也不能正常工作，但有时是需要的。如采用两个比例电磁铁驱动的比例方向阀，当通电一侧的比例电磁铁工作在工作行程区时，另一侧不通电的比例电磁铁则处于空行程区Ⅲ。除吸合区Ⅰ和空行程区Ⅲ外，具有水平位移－力特性的区段Ⅱ称为工作区。工作区的长度与比例电磁铁的类型有关。

这种耐高压单向比例电磁铁一般为湿式直流电磁铁，与开关直流电磁铁相比，根本的区别就在于二者是否具有水平的位移－力特性，如图 8-37 所示。开关直流电磁铁的推力在其推动负载的全行程中发生了很大变化，但根据开关控制的要求，只要其最小推力能克服阀芯上的最大负载即可。

8.2.2　比例电磁铁的主要技术参数及其要求

比例电磁铁是电液比例控制系统的关键部件之一，其性能及工作可靠性对电液比例控制系统和比例元件有十分重要的影响。因此，设计与开发比例电磁铁需要明确比例电磁铁的主要技术参数及其要求。

1）比例电磁铁的吸力在有效行程内与线圈的励磁电流接近成正比，即通常所说的稳态电流－力特性具有良好的线性度，死区及滞环小。

2）在有效行程内，比例电磁铁的吸力与衔铁位置无关。即通常所说的比例电磁铁的水平位移－力特性，是指当输入电流一定时，其输出力保持恒定，基本与位移无关。

3）响应快，频带足够宽。

比例电磁铁静态技术参数如下。

额定行程（S）：能保证电磁铁输出力－行程特性的有效行程。

额定电流（I_N）：产品给定的产生额定输出力的电流（除了由稳流源供给的，不包括颤振频率的振幅）。

额定输出力（F_{MN}）：当电磁铁输入额定电流 I_N 时，所产生的实际输出力。也是电磁铁在其行程方向产生的机械输出力与摩擦力的差值。

额定力滞环（H_{FN}）：电磁铁输入额定电流 I_N 时，电磁回程力 F_{MR} 与额定输出力 F_{MN} 在最大位置处的差值 H_{FN} 与 F_{MN} 之比，如图 8-38 所示。

$$H_{FN}=F_{MR}-F_{MN} \quad (8\text{-}20)$$

$$H_{FN}=\frac{H_{FN\max}}{F_{MN}}\times 100\% \quad (8\text{-}21)$$

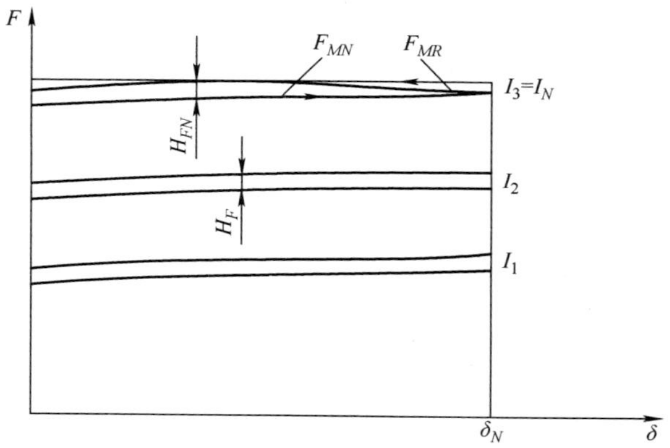

图 8-38　不同输入电流值时的 H_F 值

额定电流滞环（H_{IN}）：当行程为常数时，输入电流在线性电流 I_L 至额定电流 I_N 内变化时，升值磁化电流与降值磁化电流间的最大差值处 $H_{IN\max}$ 与 I_N 之比，如图 8-39 所示。

$$H_{IN}=\frac{H_{IN\max}}{I_N}\times 100\% \quad (8\text{-}22)$$

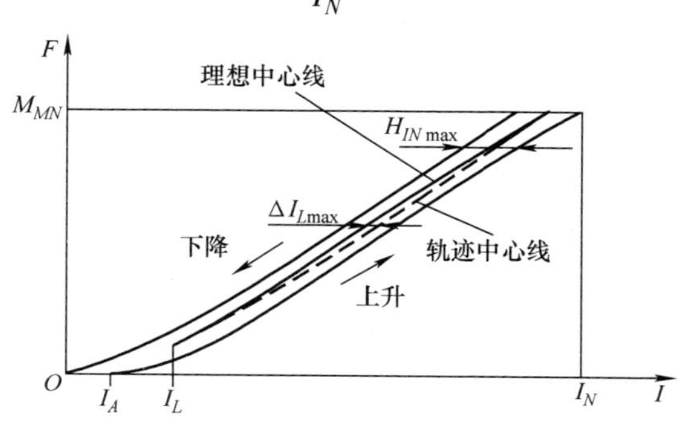

图 8-39　对应于某一固定行程下的吸力－电流特性

线性误差（ΔL）：当行程为常数时，输入电流在 I_L 至 I_N 内变化时，升值磁化电流与降值磁化电流的轨迹中心线与理想中心直线间的最大差值 $\Delta I_{L\max}$ 与额定电流 I_N 之比，即

$$\Delta L = \frac{\Delta I_{L\max}}{I_N} \times 100\% \tag{8-23}$$

线性电流（I_L）：在电磁铁的电流－力特性函数中，开始呈线性关系的最小电流值。

起始电流（I_A）：使衔铁克服阻力开始运动时的最小输入电流。

比例电磁铁动态技术参数包括响应时间（t）、幅频宽（$f_{-3\mathrm{dB}}$）、相频宽（f_{-90°）。

Magnet－Schultz 比例电磁铁基本技术参数见表 8-3。

表 8-3　Magnet－Schultz 比例电磁铁基本技术参数

型号		037 电磁铁	045 电磁铁	063 电磁铁
外形		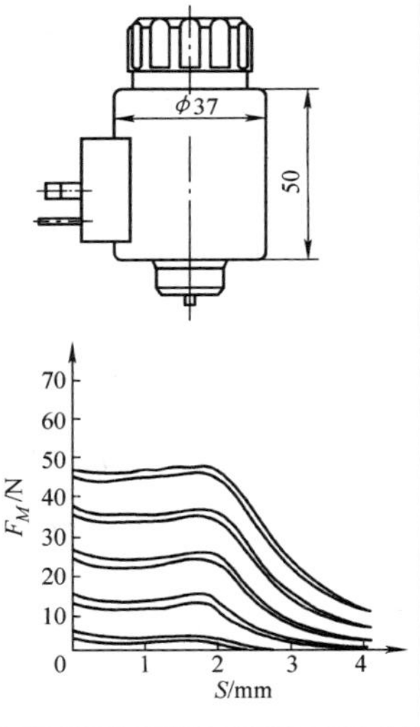	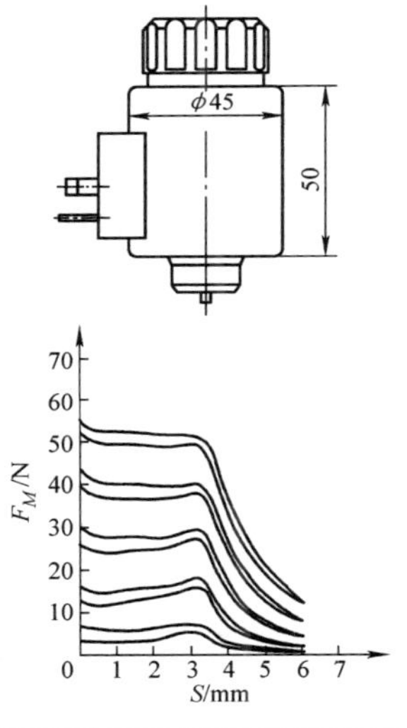	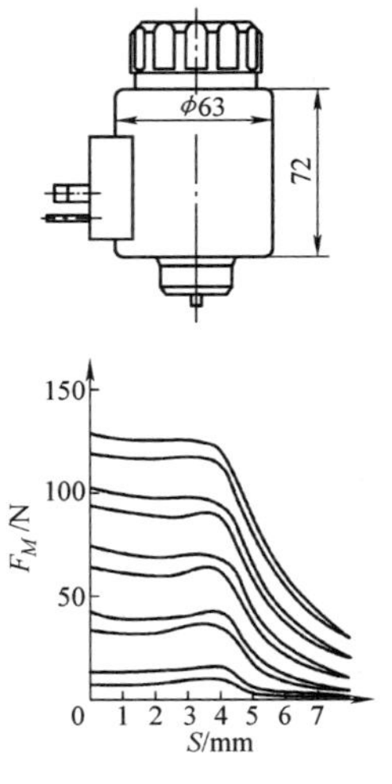
额定电压	V	24	24	24
全行程	mm	4 +0.5	6 +0.5	8 +0.5
工作行程	mm	2	3	4
最佳工作行程	mm	0.5 ~1.5	0.5 ~2.5	0.5 ~3.5
空行程	mm	2	3	4
额定油压力	MPa	25	21	21
额定输出力	N	47	53.5	112.5

（续）

型号		037 电磁铁	045 电磁铁	063 电磁铁
额定电流	A	0.94	0.96	1.7
最大电流	A	0.94	0.96	1.7
线性电流	A	≈0.20	≈0.22	≈0.32
响应电流	A	≈0.04	≈0.034	≈0.12
直流电阻（20℃）	Ω	13	14	7.38
力滞环	%	≤4	≤4	≤5
电流滞环	%	≤3	≤3	≤4
线性误差	%	≈2	≈2	≈2
通电持续率	%	100	100	100

037 电磁铁在不同厂家的比例阀上的应用对比见表8-4。

8.2.3　比例电磁铁的分类与应用

比例电磁铁种类繁多，但工作原理基本相同。它们都是根据比例阀的控制需要开发出来的。根据所承受的压力等级，可分为耐高压和不耐高压的比例电磁铁。不耐高压的比例电磁铁一般只能承受溢流阀、方向阀等的回油腔压力。由于结构比较简单，仍有不少电液比例阀配用这类电磁铁。

根据所输出的运动参数。可分为直线运动的比例电磁铁和旋转运动的比例电磁铁（角位移式）。直线运动的比例电磁铁应用最为广泛。

根据参数的调节方式和它们与所驱动阀芯的连接形式，比例电磁铁可分为力控制型、行程控制型和位置调节型三种基本类型。本章按照这三种基本类型分类叙述各自的特点和应用。

此外，还有双向极化式耐高压比例电磁铁、插装阀式比例电磁铁、防爆比例电磁铁、内装集成比例放大器的比例电磁铁等。

1. 力控制型比例电磁铁

力控制型比例电磁铁通常用在比例阀先导级上或比例压力阀中，用于产生阀芯上的指令力。力控制型比例电磁铁直接输出力，它的工作行程短，可直接或通过传力弹簧与阀芯连接，如图8-40所示，其位移–力特性如图8-41所示，控制特性如图8-42所示。

力控制型比例电磁铁用于负载基本处在固定位置的比例压力阀的场合。此时比例电磁铁的反力曲线是建立在比例电磁铁的负载处于固定位置（即阀芯相对阀座的位置基本不变，或只变化阀口开度的微小位移量范围内）上，比例电磁铁的力—电流特性与负载相匹配，形成力与电流的比例关系。

力控制型比例电磁铁上的手动机构用于紧急情况下判断比例压力阀是否还能工作。

表 8-4　037 电磁铁在不同厂家的比例阀上的应用对比

名称		国产比例电磁铁	国产比例阀	ATOS 比例阀	REXROTH 比例阀
型号		GP－37	HD－4WRE	DHZ0－T	4WREEM
外形		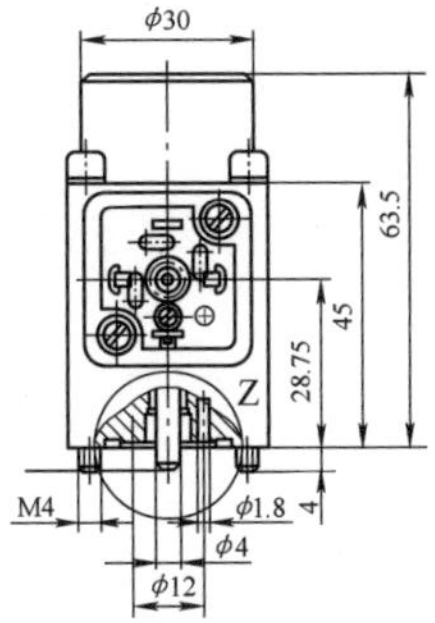		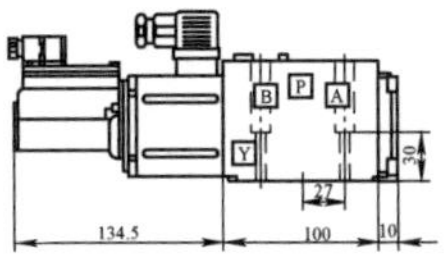	
技术参数		—	可带位移传感器	可带位移传感器	可带位移传感器
额定电压	V	24	24	24	24
额定行程	mm	2	（±4.5）	N/A	N/A
全行程	mm	4	N/A	N/A	N/A
额定输出力	N	50	N/A	N/A	N/A
额定电流	A	0.68	2.5	2.6	2
直流电阻（20℃）	Ω	24.6	2－3	3	4.8
力滞环	%	≤3	—	—	—
电流滞环	%	≤3	1	≤0.2	≤0.1
重复精度	%	≤1	≤0.05	±0.1	≤0.05
反向误差	%	N/A	≤0.05	N/A	≤0.05
通电持续率	%	100	100	100	100
外壳防护等级	IP	IP65	IP65	IP65～IP67（部分）	IP65
承受静态油压	MPa	21	31.5	35	31.5
流量（$\Delta P=1MPa$）	L/min	—	32	28	32
线圈耐热等级	℃	F	150	N/A	150

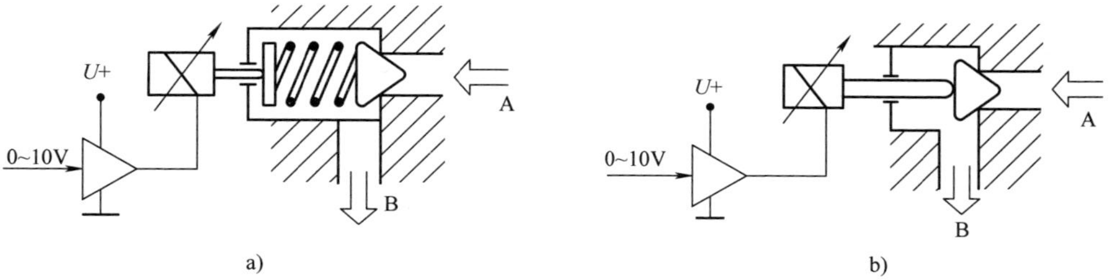

图 8-40 力控制型比例电磁铁与阀芯的连接方式

a）比例电磁铁通过传力弹簧作用在阀芯上 b）比例电磁铁直接作用在阀芯上

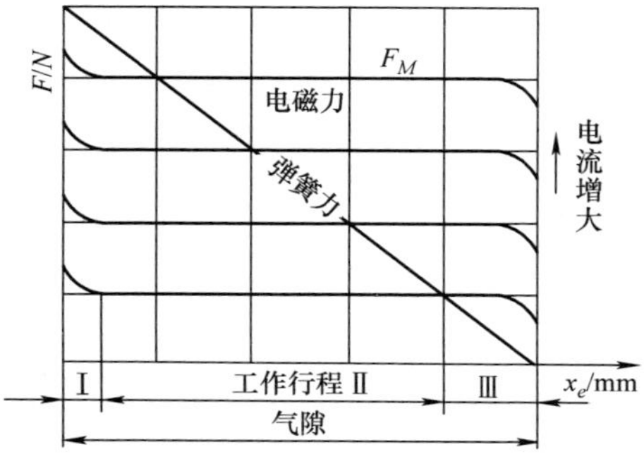

图 8-41 力控制型比例电磁铁位移 – 力特性

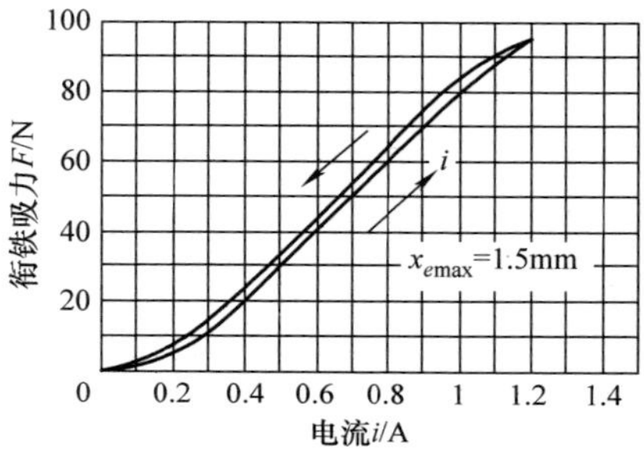

图 8-42 力控制型比例电磁铁的控制特性

以下重点分析比例电磁铁 $F-S$、$F(P)-I$ 特性对这种结构的比例压力阀特性的影响。

1）假设比例电磁铁在有效行程段的 $F-S$ 特性曲线是平坦的，在工作位置，吸力随电流的增加成线性增加，则比例电磁铁在有效行程内任意位置的 $F(P)-I$ 特性不会改变，也就是说制造误差如推杆伸出长度的误差不会影响比例压力阀的输出特性，如图 8-43 所示。

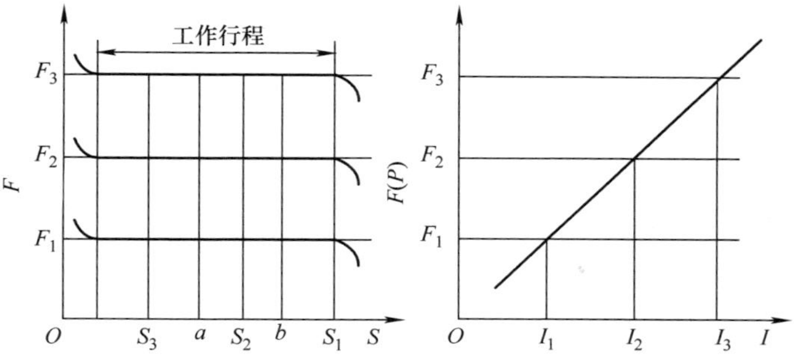

图 8-43 工作行程段吸力稳定时 $F(P)-I$ 输出特性

2）假设比例电磁铁在有效行程段的 $F-S$ 特性曲线是不平坦的，吸力随着行程的变化而变化（增大或减小），在这种情况下，有效行程内不同工作点（如在工作点 a 或 b）的 $F(P)-I$ 特性会发生偏离，也就是说制造误差会影响其 $F(P)-I$ 输出特性，如图 8-44 所示。

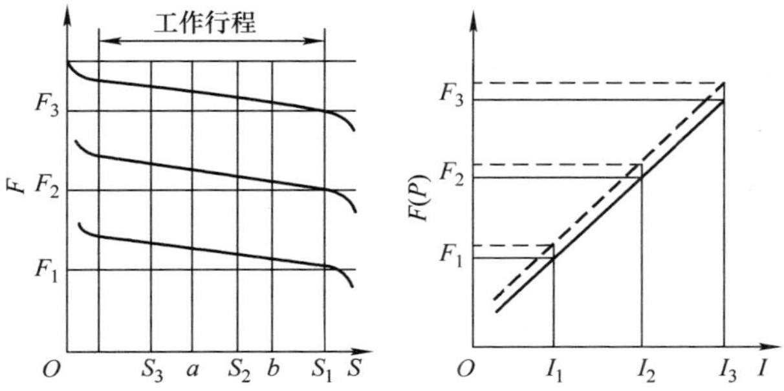

图 8-44　工作行程段吸力变化时 $F-I$ 输出特性

3）比例电磁铁的 H_{IN} 及线性误差（ΔL）会分别直接影响比例压力阀的压力滞环 H_{PN} 及 $F(P)-I$ 特性曲线的线性度，如图 8-45 所示。

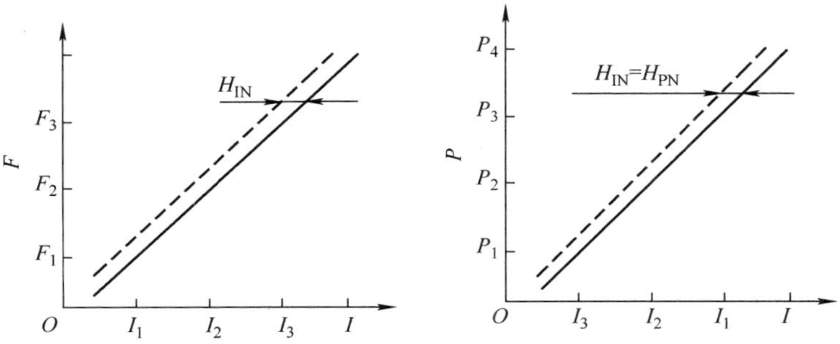

图 8-45　$F(P)-I$ 特性与比例阀的特性

与比例方向阀的结构相比，不论手控还是电控，在压力上升的过程中，衔铁会发生从原有的工作点 b 到点 a 的移动（相当于比例溢流阀阀口有一定开度的情况），如果 $F-S$ 的特性曲线是不平坦的，则比例压力阀的 $F(P)-I$ 特性曲线会偏离原有在点 b 的设计，如图 8-46 所示。

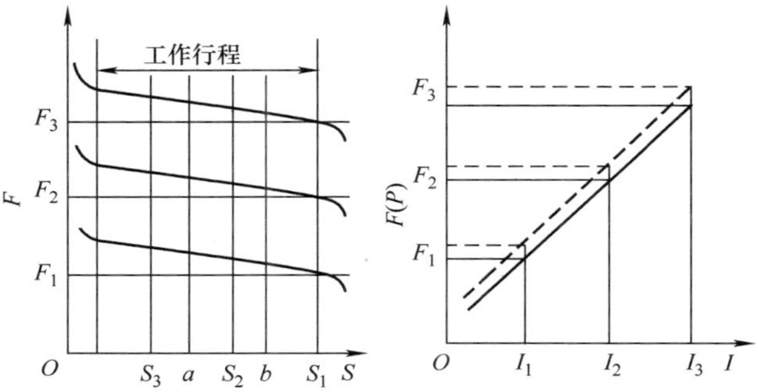

图 8-46　工作点由 b 移至点 a 时 $F(P)-I$ 特性曲线发生的偏移

2. 行程控制型比例电磁铁

行程控制型比例电磁铁是在力控制型比例电磁铁的基础上，将弹簧布置在阀芯的另一端，并加大位移－力特性的水平段的行程得到的，如图 8-47 所示。其中的弹簧是一个力－位移转换元件，电磁铁的输出力通过弹簧转换成阀芯位移，即行程控制型比例电磁铁实现了电流→力→位移的线性转换。

这类比例电磁铁的工作行程较大，用于控制阀口开度（如比例节流阀、比例流量阀和比例方向阀），其行程与比例阀阀口的开度相对应。行程控制型比例电磁铁与力控制型比例电磁铁的特性基本一致，即都具有水平的位移－力特性和线性的电流－力特性。

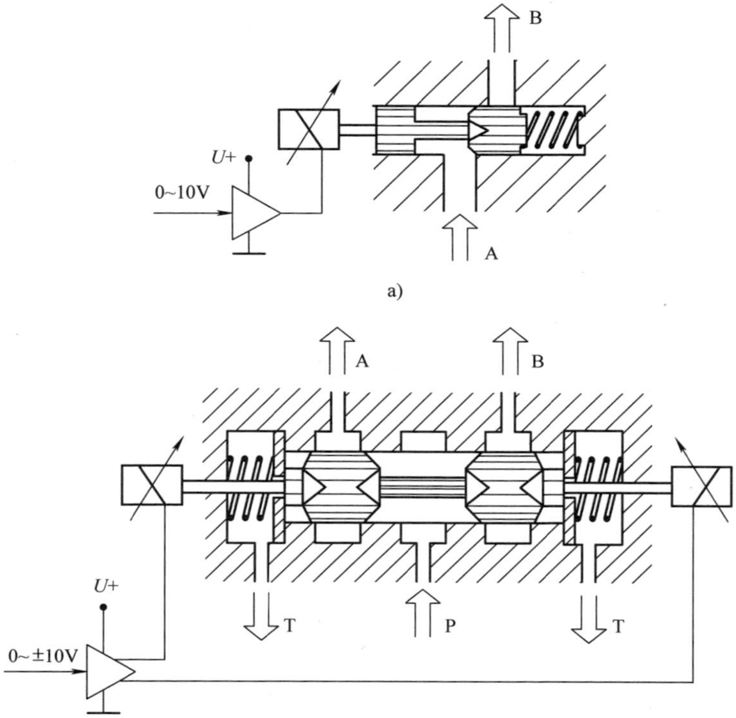

a)

b)

图 8-47　行程控制型比例电磁铁示意图

a）单个使用的行程控制型比例电磁铁　b）成对使用的行程控制型比例电磁铁

行程控制型比例电磁铁用于以反力弹簧作为比例电磁铁主要负载的场合。此处重点分析比例电磁铁 $F-S$、$F-I$ 特性对比例方向流量特性的影响。

1）在工作行程段，比例电磁铁的 $F-S$ 特性曲线是平坦的，吸力随电流增加，并假设 $F-I$ 特性曲线是线性的，$H_{FN}=0$ 及 $H_{IN}=0$。则比例方向阀的流量特性是线性的，如图 8-48 所示。但这仅是一种理想状态。

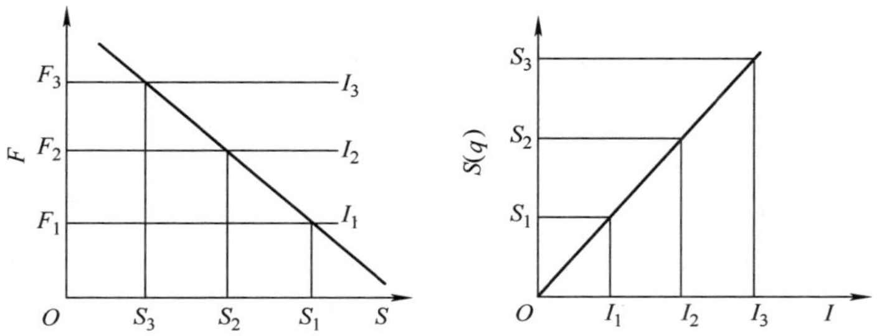

图 8-48 在工作行程段吸力特性是平坦的

2）假设 $H_{FN}=0$ 及 $H_{IN}=0$，在工作行程段吸力随行程增大而增大，则在工作行程段 $q=f(I)$ 虽然仍是线性的，但阀的 $q=f(I)$ 特性已发生变化，$F-S$ 特性曲线的斜率越高，偏离原有 $q=f(I)$ 特性的线性段也越大，如图 8-49 所示。所以工作行程段的吸力特性曲线是否平坦会影响阀 $q=f(I)$ 流量特性的线性。

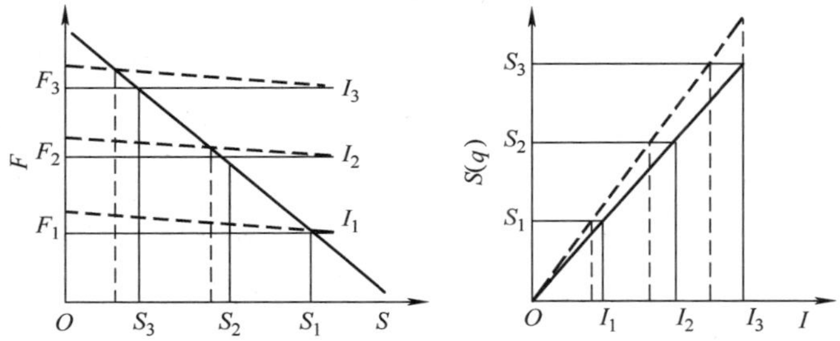

图 8-49 在工作行程段吸力随行程增加而上升

3）假设在工作行程段 $F-S$ 特性曲线是平坦的，但 $H_{FN}>0$，就会出现方向阀的流量滞环 H_{FN} 越大，阀出现的 H_{qN} 也越大，如图 8-50 所示。

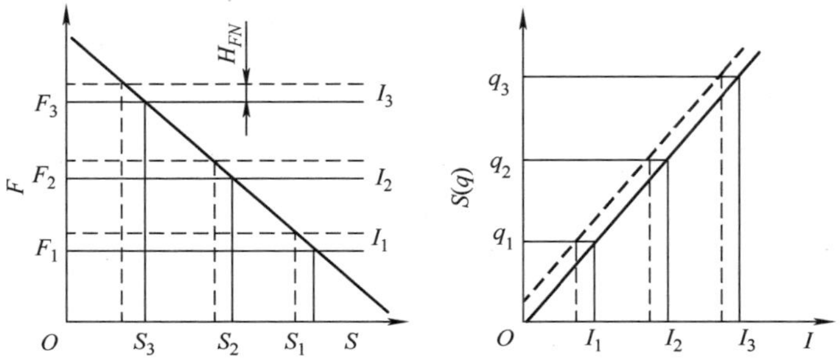

图 8-50 在工作行程段吸力特性有较大的力滞环

4）比例电磁铁电流滞环 H_{IN} 也直接影响流量阀的流量滞环 H_{qN}，H_{IN} 越大，H_{qN} 也就越大，如图 8-51 所示。

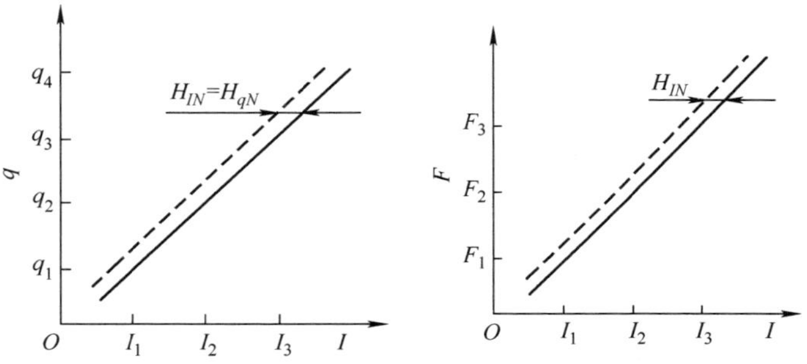

图 8-51 流量阀的流量滞环 H_{qN}

3. 位置调节型比例电磁铁

比例电磁铁衔铁的位置通过位移传感器检测，与比例放大器一起构成位置反馈系统，这样就形成了位置调节型比例电磁铁，如图 8-52 所示。只要电磁铁运行在允许的工作区域内，其衔铁就与输入电信号相对应的位置保持不变，而与所受反力无关，即它的负载刚度很大。这类位置调节型比例电磁铁多用于控制精度要求较高的比例阀上。在结构上，除了衔铁的一端接上位移传感器（位移传感器的动杆与衔铁固定连接）外，其余与力控制型、行程控制型比例电磁铁基本相同。

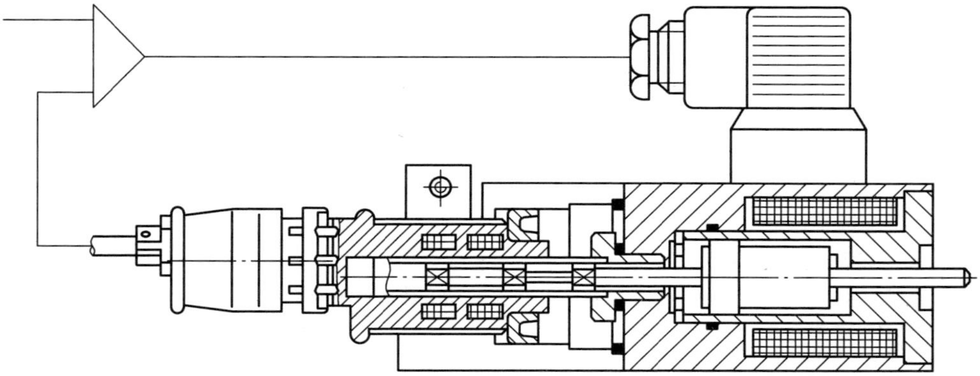

图 8-52 位置调节型比例电磁铁结构

位置调节型比例电磁铁用在比例方向阀和比例流量阀上，可控制阀口开度；用在比例压力阀上，可获得精确的输出压力，如图 8-53 所示。这种比例电磁铁具有很高的定位精度，负载刚度大，抗干扰能力强。由于这类比例电磁铁是一个位置反馈系统，故要与配套的比例放大器一起使用。

图 8-54 所示为这种电磁铁的控制特性。由于有反馈环节，作用在衔铁和比例阀阀芯上的各种干扰力（如液动力等）受到抑制，这种比例电磁铁有很好的线性度，其滞环和重复误差均较小，比例阀的性能得到大幅提高，已无须颤振信号来减小电磁铁的滞环，这样可简化比例放大器的结构。

图 8-55 所示为位置调节型比例电磁铁在不同电流下的位移 - 力特性曲线。由

于这种比例电磁铁实现了衔铁位移的电反馈闭环，当输入信号一定时，不管与负载相匹配的比例电磁铁输出电磁力如何变化，其输出位移都将保持不变。

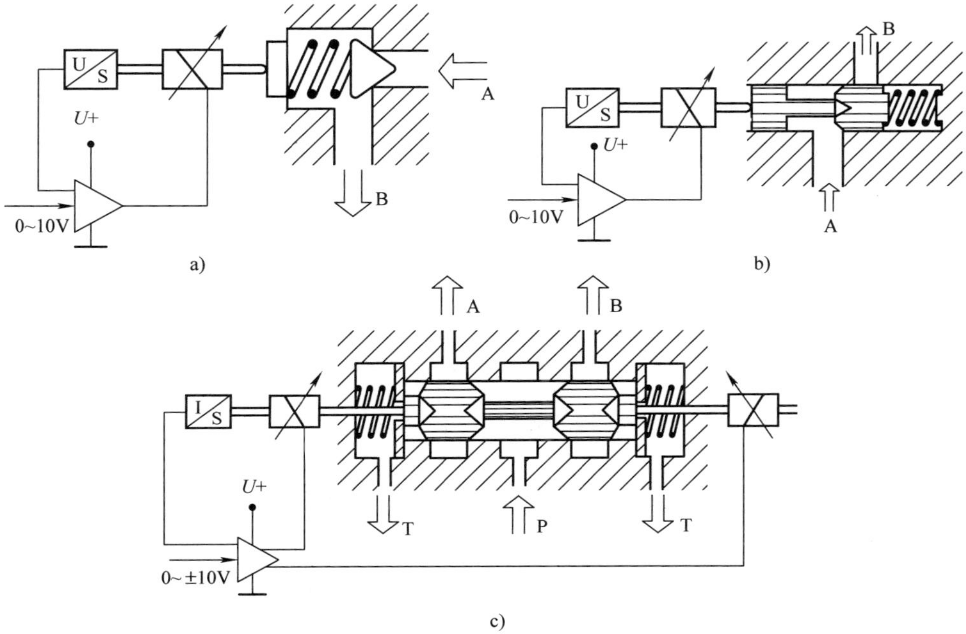

图 8-53　位置调节型比例电磁铁

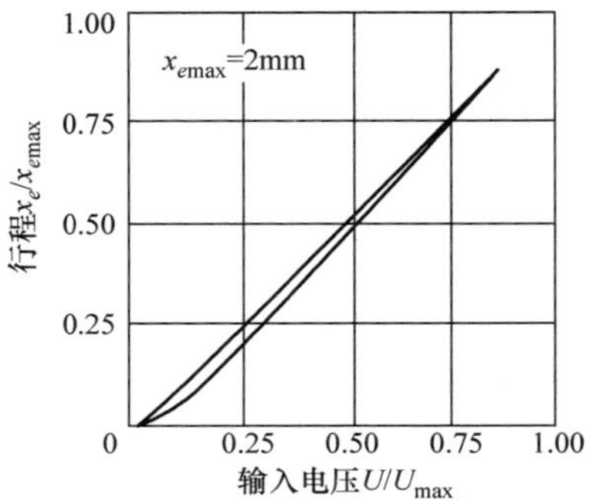

图 8-54　位置调节型比例电磁铁控制特性

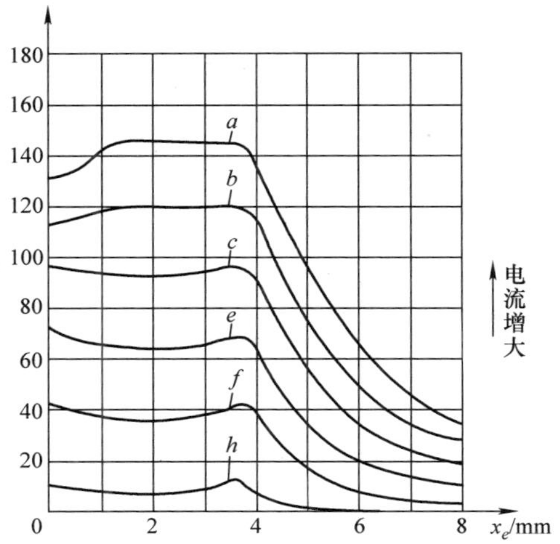

图 8-55　位置调节型比例电磁铁在不同电流下的位移－力特性曲线

图 8-56 所示为位置调节型与行程控制型比例电磁铁的位移－力特性的比较结果。

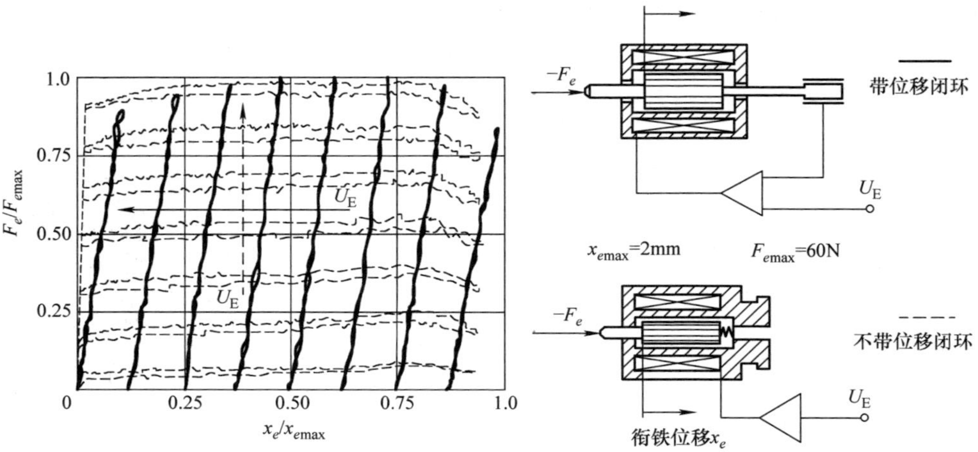

图 8-56　位置调节型与行程控制型比例电磁铁的位移 - 力特性的比较结果

4. 耐高压双向极化式比例电磁铁

当比例方向阀采用三通插装阀结构时，需要实现相对无信号（中位）时阀芯在两个方向上的连续控制，但由于插装阀的结构限制，比例电磁铁只能安装在阀的一端，故必须使用双向极化式比例电磁铁，如图 8-57 所示。

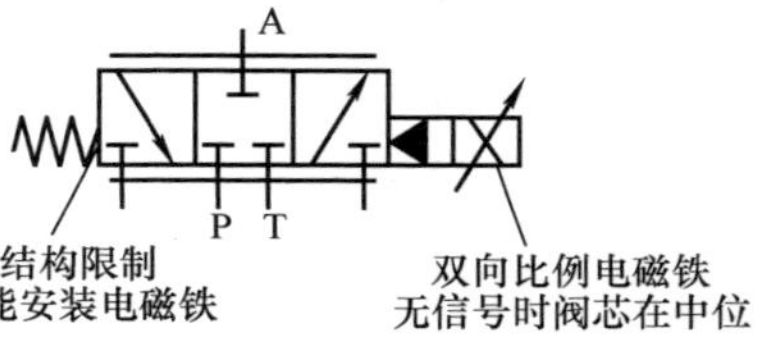

图 8-57　双向比例电磁铁应用示例

图 8-58 所示为耐高压双向极化式比例电磁铁的结构原理。这种电磁铁采用左右对称的平头盆形动铁式结构，线圈采用恒流源供给电流，励磁线圈通以一恒定励磁电流后产生极化磁场；控制线圈通电后便可在衔铁上得到与控制电流的方向和数值相对应的输出力。此电磁铁的输出力可双向连续控制，无零位死区。由于采用特殊的盆口尺寸，保证了控制电流与输出力之间的比例特性。改变励磁电流的数值，可改变电流 - 力特性的增益大小及特性曲线形状。

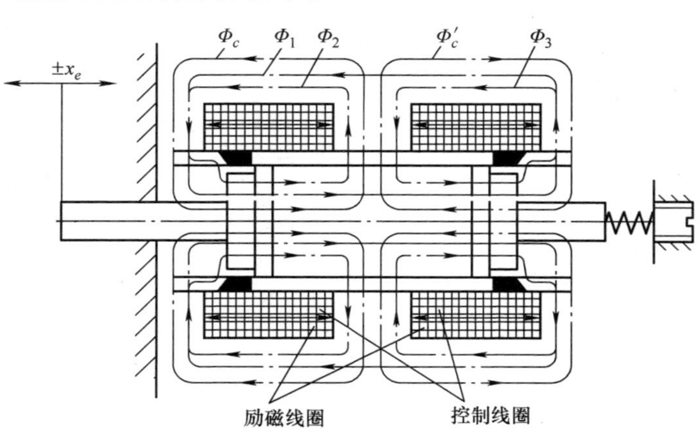

图 8-58　耐高压双向极化式比例电磁铁结构原理

该电磁铁把极化式原理和合理匹配的平头盆形动铁式结构结合在一起，保证了该电磁铁在磁化曲线的最佳区域工作，不仅消除了零位死区，而且特性曲线的线性度好，滞环小，电磁铁的动态响应高。这种电磁铁还保持了单向比例电磁铁功率质量比大、结构简单、运行可靠等优点。

耐高压双向极化式比例电磁铁的电流 – 位移特性和位移 – 力特性如图 8-59 所示。

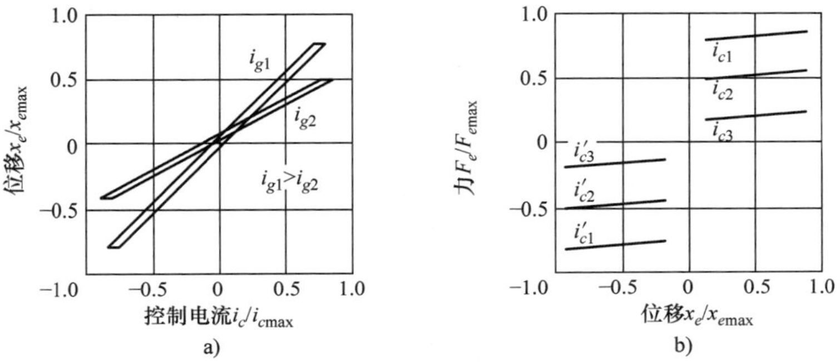

图 8-59　耐高压双向极化式比例电磁铁稳态特性

a）耐高压双向极化式比例电磁铁的电流 – 位移特性

b）耐高压双向极化式比例电磁铁的位移 – 力特性

8.2.4　影响比例电磁铁输出力的几个重要因素

1. 磁性材料的影响

选择不同的磁性材料会影响比例电磁铁 $F_M=f(\delta)$ 曲线。

图 8-60 所示为使用电工纯铁和易切削合金钢两种材料的力 – 行程曲线的比较。在小电流时，材料对吸力影响不大，但在较大电流时，由于材料自身的磁性能，电工纯铁的吸力较大，并具有良好的线性。

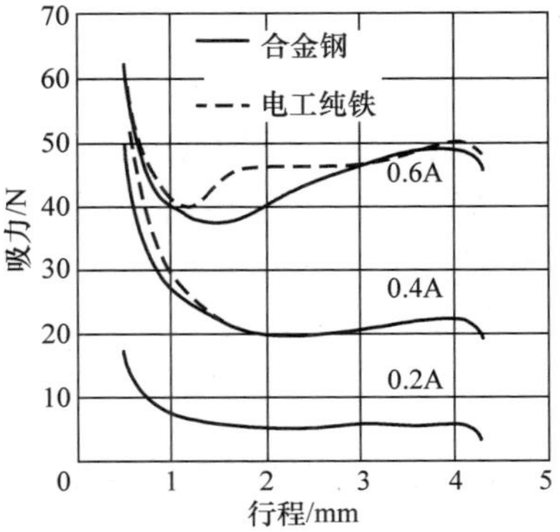

图 8-60　材料对比例电磁铁 $F_M=f(\delta)$ 曲线的影响

2. 盆口深度对电磁力的影响

比例电磁铁的重要结构参数如图 8-61 所示。

图 8-61 中的隔磁环前端斜面角度 α、盆口深度 $a6$、径向气隙 δr，决定了比例电磁铁稳态控制特性曲线的形状。现以盆口深度 $a6$、径向气隙 δr 为例说明它们的影响。

在同样的行程条件下，盆边 $a8$ 一定时，盆口深度 $a6$ 会影响比例电磁铁 $F_M=f(\delta)$ 曲线。

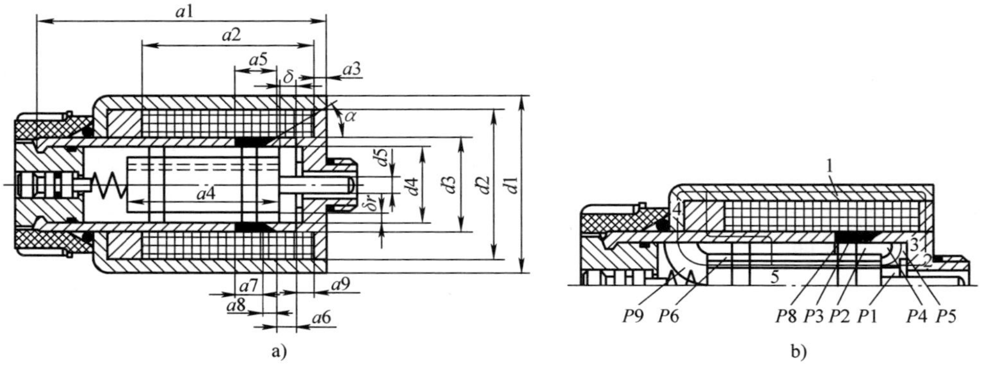

图 8-61　比例电磁铁的重要结构参数与磁路

a）比例电磁铁的重要结构参数　b）比例电磁铁磁路

在图 8-62 中，当 $a6=0.3\text{mm}$，$a8=3.3\text{mm}$，$\delta=5.5\text{mm}$，衔铁在盆口的顶端时，磁路 $P2$ 无作用且有效吸力显著下降。当 $a6=1.3\text{mm}$ 时，在 $a8<3.3\text{mm}$ 时也会出现同样的情况，因此 $a8$ 必须大于 $\delta-a6$。当 $a6=2.5\text{mm}$ 时，最大行程 δ 为 5.5mm。

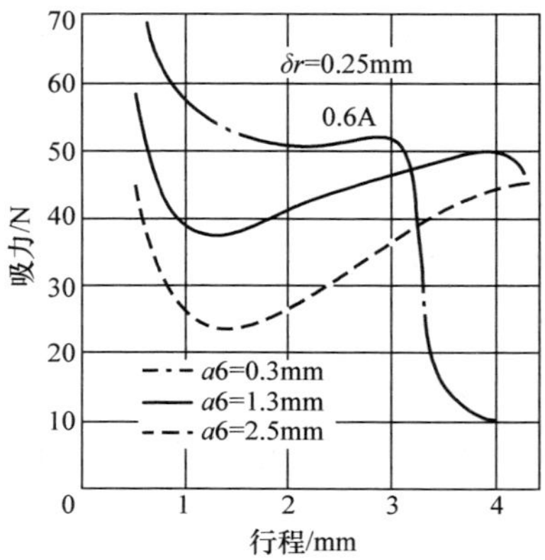

图 8-62　隔磁套在不同位置时对比例电磁铁 $F_M=f(\delta)$ 曲线的影响

3. 径向气隙对电磁力的影响

从图 8-63a 可以看到，径向气隙 δr 对曲线非线性的影响很大。几乎所有分段磁路的磁导均和 δr 有关，随着气隙 δr 的增大，曲线变得平坦，同时电磁力也随着减小。

曲线在工作行程内明显呈现非线性。图 8-63b 和图 8-63c 所示为 $a6=2.5\text{mm}$ 的情况下，气隙 $\delta r=0.25\text{mm}$ 和 $\delta r=0.4\text{mm}$ 的结果，在 $\delta r=0.4\text{mm}$ 时线性得到改善。图 8-63d 所示为 $\delta r=0.4\text{mm}$ 和 $a6=1.3\text{mm}$ 时的情况，与图 8-63c 比较（$a6=2.5\text{mm}$），其线性范围略小，但吸力较大。

8.2.5　比例电磁铁滞环的主要成因及解决办法

1. 电流滞环的主要成因

软磁材料典型的 BH 曲线如图 8-64 所示。

B 和 H 之间的关系遵循从零开始的初始磁化曲线。当线圈断电（降低 H）时，B 与 H 的关系遵循正常的磁滞环线，残余（剩余）磁通密度 B_R 仍然存在于材料中。由于电磁铁所产生电磁力是磁通密度的函数，电磁力将会有一个随磁通密度成比例的滞环。图 8-65 所示为比例电磁铁衔铁在一个固定的位置时，电流从零增大到额定电流值 1.2A，然后回到零时的电流滞环。

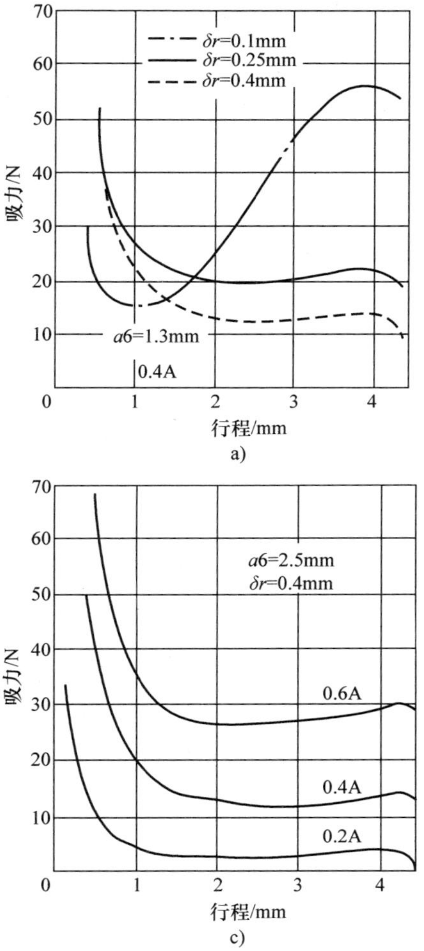

图 8-63　不同径向气隙 δr 对比例电磁铁 $F_M=f(\delta)$ 曲线的影响

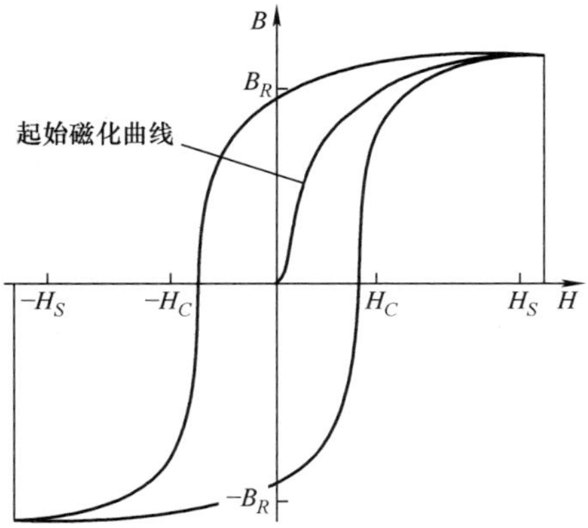

图 8-64　典型的软磁材料的磁化曲线

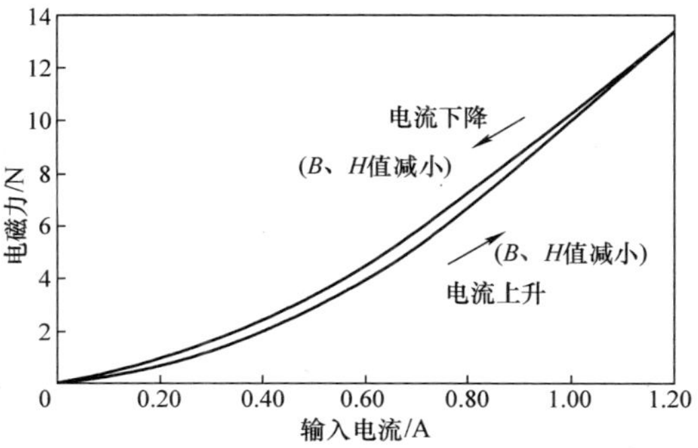

图 8-65　行程在某一工作点时的电流滞环

电流滞环直接影响比例阀的性能。选择 B_R 低的软磁材料和适当进行退火处理是降低电流滞环的有效措施。但要注意的是，B_R 和最大磁导率 μ_m 是一对矛盾，B_R 越小的材料，其最大磁导率 μ_m 越低。因此，选择 B_R 低的软磁材料和适当进行退火处理虽然可以降低比例电磁铁的滞环，但最大输出力也随之下降。

2. 力滞环的主要成因

电磁铁的力滞环是由电磁侧向力在衔铁位移时的摩擦副表面产生摩擦力造成的。电磁侧向力的大小取决于衔铁和周围磁性元件（导磁管）之间的径向间隙 δr 和衔铁偏心率 e，如图 8-66 所示。

偏心率计算公式为

$$e = \frac{x}{\delta r} \tag{8-24}$$

随着偏心率的增加，气隙减小的一侧的侧向磁场力以指数方式增加，而在相反一侧的侧向磁场力却以指数方式下降，从而引起了电磁侧向力。衔铁与导磁套之间产生摩擦的主要原因是由于衔铁的偏心产生了电磁径向侧阻力 F_R，这个电磁径向侧阻力类似柱塞滑阀中的液压卡紧力，它增加了衔铁滑动时的摩擦。图 8-67 所示为计算这种力的一个模型。

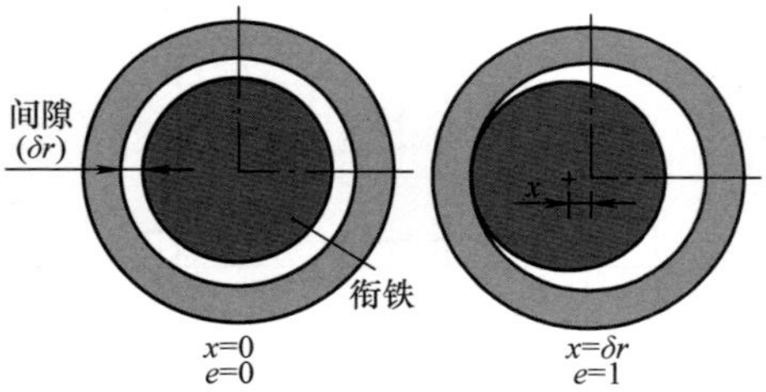

图 8-66　衔铁偏心率

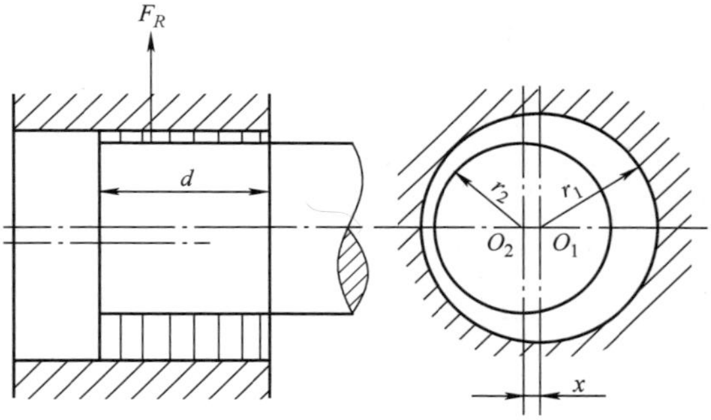

图 8-67　电磁径向侧阻力 F_R 计算模型

F_R 的大小可由式（8-25）表达。

$$F_R = \frac{2.1 \times (\Phi^2 \times 10^{-5})}{2\pi\mu L\left(\dfrac{2}{\alpha}+1\right)^{1/2}} \times \frac{e}{r_1 r_2} \tag{8-25}$$

$$\alpha = \frac{c^2 - e^2}{2r_1 r_2}$$

$$c = r_1 - r_2$$

式中　Φ——衔铁磁通量；

μ——磁导率；

e——偏心率；

L——r_1 与 r_2 接触面的长度；

r_1——导套内圆半径；

r_2——衔铁外圆半径。

为了尽可能减小这种侧向力形成的比例电磁铁衔铁的机械摩擦力，需要保证衔铁和导磁套之间的间隙均匀，为此，衔铁运动的导向部分装有滑动轴承或其他导向措施。

要想避免产生过大的 F_R，采用的材料副的摩擦系数必须尽可能小，同时要使相对的偏心率 e 尽可能小，以最大限度地减小机械力滞环的数值。

3. 降低力滞环的常用的方法

（1）叠加颤振信号　在比例电磁铁中，衔铁与导套之间的摩擦力当然会影响比例电磁铁的滞环大小。为了减小比例电磁铁的线圈磁滞和运动副摩擦力对比例阀控制精度的影响，可以采用在控制电信号里叠加一定频率的交流信号作为颤振信号的办法，使滞环明显降低，如图 8-68 所示。

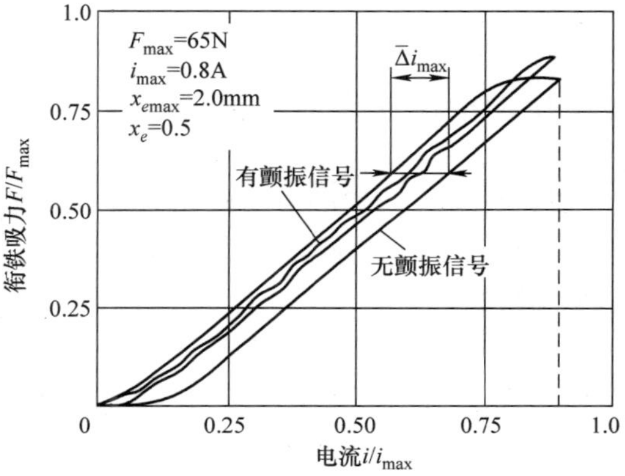

图 8-68　颤振信号对比例电磁铁滞环的影响

颤振信号的作用是在衔铁里产生一个幅值较小的、连续的附加振动，即这种颤振信号在衔铁上产生微小振幅随信号周期振动的效应，使阀芯始终处于运动状态，从而消除静摩擦力对控制性能的影响，以减小滞环。当然，这是以牺牲阀芯的寿命为代价的。

试验表明，颤振信号对减小铁磁材料的磁滞带来的滞环也同样有效。工程上通常取

$$i_D = \pm(0.075 \sim 0.125)i_{max}$$

$$f_D = 100 \sim 250\text{Hz}$$

式中　i_D——颤振信号幅值的最大值；

i_{max}——比例电磁铁额定电流（A）。

颤振信号一般按以下原则叠加到控制信号中：

1）波形采用正弦波或三角波，也可采用矩形波。

2）最大幅值以能消除滞环的影响、系统不出现颤动（或高频抖动）为原则。

3）在选择最佳颤振频率时注意，颤振频率应高于可能出现的控制信号频率，也要远大于比例阀的最大频宽，以免控制系统受到颤振频率的影响，同时，颤振频率还受到比例电磁铁中弹簧质量系统的惯性和铁磁材料涡流损耗的限制。一般颤振频率为比例阀频宽的 8 ~ 10 倍。

以 GP－45 比例电磁铁参数为例：$\delta = 1\text{mm}$、$i_{max} = 0.8\text{A}$、$F_N = 80\text{N}$ 时，采用$f_D = 200\text{Hz}$、$i_D = \pm\dfrac{\Delta i}{2i_{max}} \times 100\%$，则可以从图 8-69 看到颤振信号振幅 i_D 对电流滞环的影响。

当把振幅加大到 $i_D = \pm 10\% i_{max}$ 时，滞环约减小到1.25%。

图8-70表示颤振信号频率 f_D 与滞环的关系，该曲线表明，滞环大约从 f_D =200Hz开始升高。

比例放大器选用脉宽调制（PWM）方式来控制比例电磁铁时应注意：

1）注意脉宽频率可能会构成施加于比例电磁铁线圈电流的颤振频率。

2）比例放大器的最小输出电流会对比例压力阀在低压区的性能产生不利影响。

图8-71所示为美国太阳液压公司比例螺纹插装阀颤振频率对电压－压力滞环特性的影响。

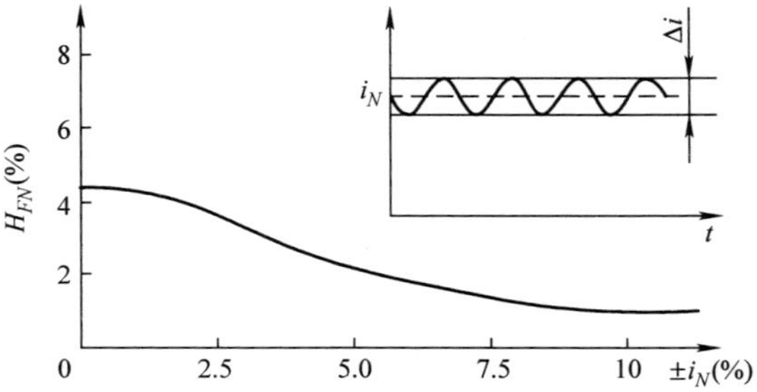

图8-69　颤振信号振幅 i_D 对电流滞环的影响

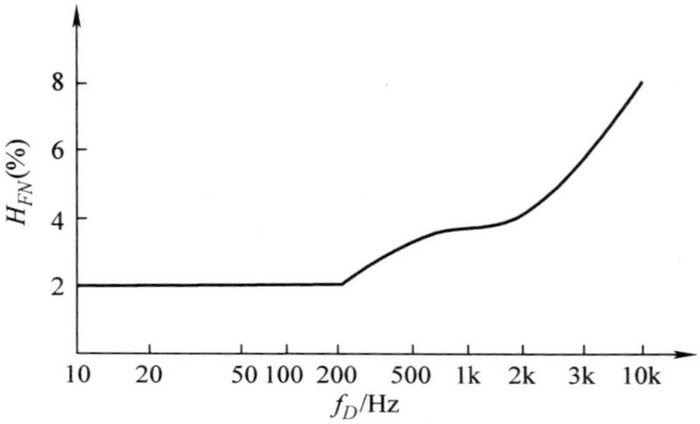

图8-70　滞环与颤振频率 f_D 的关系

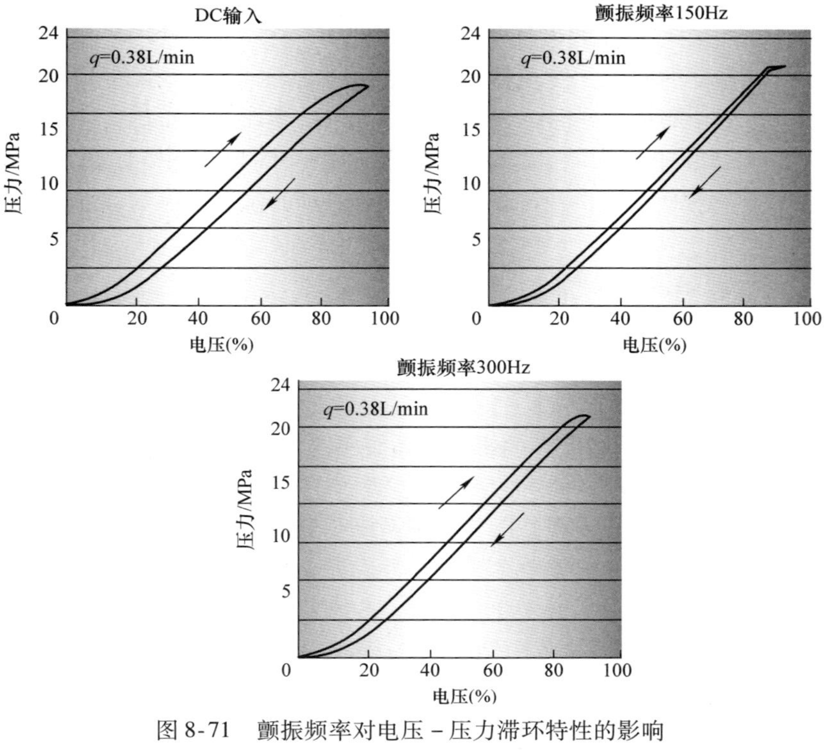

图8-71　颤振频率对电压－压力滞环特性的影响

（2）采用位置调节型比例电磁铁　位置调节型比例电磁铁抑制了位置闭环内各种干扰因素的影响。虽然这会增加一些成本，但这是减小滞环最好的办法，不仅消除了高频颤振信号对阀芯寿命的不利影响，而且比例阀的整体性能都提升了，详见 8.2.3 节。

8.2.6　比例电磁铁的使用与维护要点

1）比例阀阀芯的工作行程必须限制在比例电磁铁的有效行程内，即保证阀芯整个工作行程（含需要调节的行程）处于比例电磁铁的水平吸力区段内。

2）比例电磁铁为湿式直流电磁铁，要特别注意衔铁腔可承受的压力大小，在设计比例系统时，必须保证溢流阀、方向阀的回油压力不要高于衔铁腔的耐压值。

3）对于端头有放气螺钉的比例电磁铁，在液压系统起动之后到正常运行之前，应给电磁铁放气，否则，滞留在电磁铁中的空气会影响比例阀的可靠运行。

4）为了保证静压平衡，衔铁前后腔有阻尼孔沟通。阻尼孔截面面积的大小要在比例电磁铁快速性和适当的阻尼之间折中选择。

5）比例电磁铁内刚度很小的回位弹簧也起到调零作用，对比例电磁铁的稳态特性曲线有明显影响，其刚度和预压缩量应选择适当，以保证在未通电时，电磁铁衔铁处于确定位置。

6）位置调节型比例电磁铁中位移传感器线圈的位置由比例阀生产厂家调整好后，不能随意变动。

7）比例电磁铁上的手动应急机构在断电或比例控制放大器出现故障时使用，实现手动操作系统，系统布置时应留出手动操作空间。

8）为获得令人满意的比例阀控制特性，调节比例电磁铁调零弹簧可调整比例阀的零位及死区。

9）调整比例放大器颤振信号应在保证比例阀的稳定性和小电流信号的良好稳态特性的前提下，使滞环尽可能小。一般由生产厂家根据比例阀的控制要求调整好，用户不要随意调整。

10）国内外生产比例电磁铁的厂家很多，但不同厂家的比例电磁铁在结构和性能上仍有差别，因此，即使是同一规格的比例电磁铁，由于生产厂家不同，也不能相互简单替代。

8.3　螺纹插装阀用电磁铁

液压阀的连接方式有管式、板式、叠加式、二通插装式、螺纹插装式与片式，其中，螺纹插装阀与片式阀主要应用在工程机械领域，而且插装式正在逐渐成为一种主流的液压阀连接方式。螺纹插装阀结构型式有效地解决了过去液压阀连接容易泄漏与渗漏的问题，结构体积小，市场应用越来越广泛。

在加工与测试方面，螺纹插装阀的电磁铁要适应工程机械户外应用环境条件更苛刻的要求，必须有大量的试验验证来保证其性能可靠与使用安全。工业比例阀电磁铁加工工艺复杂，制造成本高，正面临加工简单的螺纹连接结构电磁铁的挑战。

较早的螺纹插装阀电磁铁的另一个结构特点是衔铁往往与阀的元件连接在一起，因此必须最大限度地考虑线圈的互换性，使它的导磁套既能用于交流电源也能用于直流电源。所以用于交流电源的线圈绝大部分带有全波整流元件，即使不带整流元件的线圈（通常称为纯交流线圈），与它配套的导磁套也能用于直流电源，但这种结构常用于工作行程很短，吸力需求不高的场合。

8.3.1　螺纹插装阀电磁铁导磁套

螺纹插装阀电磁铁在国内的发展比板式阀电磁铁晚，还缺乏相应的产品标准和型谱，其规格品种比板式液压阀用电磁铁要多得多，它们的技术要求、检测方法和开关型阀用电磁铁基本相同，但工程机械在户外工作，工况比较恶劣，所以对线圈、导磁套等关键部件有一定的特殊要求。

1. 螺纹插装阀电磁铁导磁套结构

螺纹插装阀用电磁铁的磁极常采用圆锥形结构，使用电阻率低、导磁性能佳的DT4电工纯铁作为导磁材料，其导磁套用机械性能较好、极易加工的含铅易切削钢作为导磁材料，如11SMnPb30。为避免在失电瞬间产生过大的剩磁力，通常在挡铁和衔铁间装有厚度约0.2mm、用铜或不锈钢等非导磁金属制成的隔磁片。

螺纹插装阀用电磁铁导磁套基本结构有常开和常闭（推式和拉式）两种，也有推/拉式（双线圈结构）。衔铁经常和阀的零件连接在一起，如图8-72所示，其外径为ϕ13mm、ϕ14mm、ϕ16mm、ϕ19mm，导磁套工作行程较小，一般在2.5mm以下，磁极常采用锥形或盆形结构。

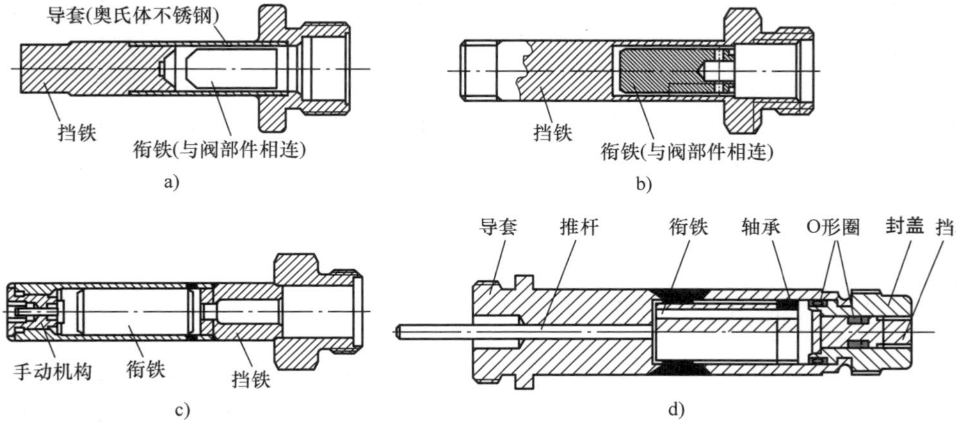

图8-72　螺纹插装阀导磁套基本结构

a）常闭式（拉式）导磁套（锥形极面）　b）常闭式（拉式）导磁套（盆形极面）

c）常开式（推式）有手动推杆导磁套　d）比例电磁铁导磁套

2. 导磁套采用的磁性材料

螺纹插装阀导磁套使用的导磁材料除了需考虑其导磁性能外，还必须考虑其焊接性能、机械强度和加工难易程度。故一般均采用易切削钢。由于易切削钢 11SMnPb30 适用于有惰性气体保护的 MIG、TIG、WIG 电弧焊及激光焊接，还有良好的可加工性，所以被广泛用作导磁套的导磁材料。有时也会采用 11SMnPb37，虽其切削加工性能较差，但其断屑性能优于 11SMnPb30。不同国家或地区易切削钢牌号对照见表 8-5。

表 8-5　不同国家或地区易切削钢牌号对照

欧洲 EN	意大利 UNI	中国 GB	德国 DIN	法国 AFNOR	英国 B. S	俄罗斯 GOST	美国 AISI/SAE
11SMn30 (1.0715)	CF9SMn28	—	9SMn28 (1.0715)	S250	230M07	—	1215
11SMn37 (1.0736)	CF9SMn36	—	9SMn36 (1.0736)	S300	—	—	1214
11SMnPb30 (1.0718)	CF9SMnPb28	Y15Pb	9SMnPb28 (1.0718)	S250Pb	—	(AS14)	12L15
11SMnPb37 (1.0737)	CF9SMnPb36	—	9SMnPb37 (1.0737)	S300Pb	—	—	12L14
SMnPb14 (1.0765)	35 SMnPb10	—	36SMnPb14 (1.0765)	35MF6Pb	—	(AS35G2)	—

3. 导磁套焊接对性能的影响

尽管板式阀电磁铁性能要求与螺纹插装阀电磁铁是一样的，但要注意的是螺纹插装阀电磁铁承受的油压比板式阀高。

4. 不同导磁套外径电磁铁的吸力－行程特性

衔铁极面采用盆口结构的导磁套，其吸力－行程特性大致如图 8-73 所示。

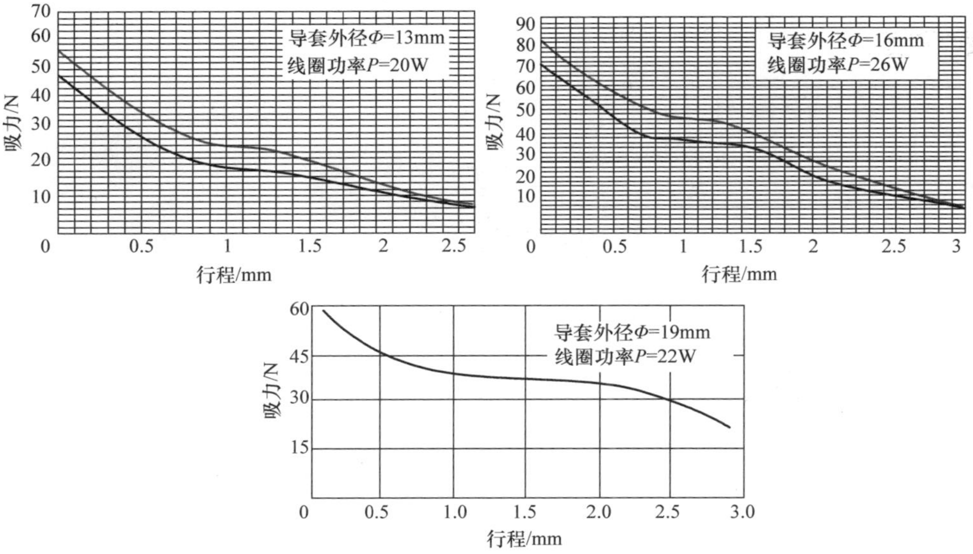

图 8-73　不同导磁套外径电磁铁的吸力－行程特性

5. 导磁套承受油压的试验

不同制造厂的导磁套承受油压的试验值有所不同，下面所列出的是基本试验值。

1）导磁套必须经受 NFPA 标准 T2.6 规定 35MPa 额定油压的试验。

2）破损性试验油压为导磁套额定油压的 1.4 ~ 1.5 倍。

3）疲劳试验油压为 20MPa，试验周期为 10^7 次，试验频率不小于 3Hz（油压从零到 20MPa）。

6. 导磁套使用环境要求

1）导磁套可以在油温为 -40 ~ 130℃的范围内可靠运行。

2）导磁套可以在油液黏度为 7 ~ 1600cSt 的范围运行，而油的标准黏度为 12 ~ 60cSt。

3）导磁套可以运行在清洁度为 18/15/13 或更高清洁度的介质下（ISO 4401）。

4）导磁套必须经得起压力为 76bar，喷嘴距离为 10cm，时间至少为 1min 的反复高压喷雾清洗。

5）导磁套必须承受化学物质（如柴油、油漆、乙二醇、制冷剂、液压油、润滑油、冷却液、护发素、汽油、5% 氯化钠溶液、3% 次氯酸钠溶液、水泥粉尘与水混合液、挡风玻璃清洗液、肥料和洗涤剂溶液等）的喷溅。

6）导磁套必须能经受 240h 盐雾试验。

7）导磁套内部 O 形密封圈必须兼容市场规范要求的介质和温度，外部 O 形密封圈不需要使用与内部 O 形圈相同的材料，但必须与市场规范的温度范围相兼容。

8）导磁套镀层必须不含 6 价铬，遵循 RoHS 的规定。

8.3.2　螺纹插装阀电磁铁线圈

1. 螺纹插装阀电磁铁线圈结构

1）螺纹插装阀电磁铁线圈结构常采用 PA - 66 塑料全封装形式，如图 8-74所示。

图 8-74　线圈的封装形式

为更有效地提高线圈效率和加工效率，现采用的塑封工艺是将线圈用 PA - 66 封装后再装入外壳中。线圈的外壳保护等级最高可达 IP69K。

2）电源常采用直流或交流本整型（全波整流，整流装置与线圈封装在一起），较少采用纯交流结构。直流线圈内常装有瞬态电压抑制二极管 TVS。如果其电源电压在 48VDC 以下，TVS 二极管导通电压一般选用 68V。

3）线圈的绝缘等级一般采用 C 级或更高等级，漆包线常采用聚酰亚胺（QY）

漆包线或 N 级绝缘漆包线。

4）电磁线圈外部金属部件的电镀层按 ASTM B117 盐雾测试要求，240h 内没有白锈。

5）插头座连接常采用 AMP、DeutschDT04 – 2P 或双导线连接等各种形式，图 8-74所示的是带有 Deutsch 插座的线圈，常用于防护等级高的线圈，如 IP69K。

2. 螺纹插装阀电磁铁线圈性能的测试要求

螺纹插装阀电磁铁除工频耐压、温升等常规试验外，必须充分考虑模拟如下恶劣工况的各种试验。

1）水射流试验（IEC 60529 IP64）和水射流试验（IEC 60529 IP66）。

2）高水压试验（IEC 60529 IP69K；DIN 40050）。

3）热冲击沉浸水试验（IEC 60529 IP67 和 IP68）。

4）盐水喷雾测试。

5）测试尘埃对线圈的影响。

6）振动测试。

7）抗汽油、机油、液压油等化学污染测试。

8）跌落试验。

9）潮湿试验。

10）水下浸泡试验。

11）最大负载周期试验。

12）过电压试验。

综上所述，作为液压阀的配套元件，不论是开关型还是比例型的电磁铁，其结构和工作原理基本上是相同的，只是由于其配套对象的要求不同，它们使用的导磁材料、绝缘材料、处理工艺、磁极面设计也不同。例如，开关型电磁铁的吸力 – 行程特性着重于与阀的反力特性相匹配，实现最佳的性价比；比例型电磁铁则要求有最小的力滞环和行程滞环；高速电磁铁则要求最佳的动态特性、最短的吸合和释放时间。因此，导磁材料的选择各有侧重：开关型电磁铁可选用一般的导磁材料，比例型电磁铁的导磁材料应优先选择最大的磁导率和最小的剩磁，为此还要对其进行退火处理；高速电磁铁应优先考虑其起始磁导率和材料的电阻率。

8.4　高速开关电磁铁

8.4.1　概述

高速开关电磁铁也称高速电磁铁，其响应速度快，但它的响应时间没有严格的定义。GB/T 35175—2017 对高速开关电磁阀的定义：通过电磁转换，以响应时间不大于 20ms 的速度完成开关动作，进而实现对流体压力或流量进行控制的装置。

而燃油喷射系统共轨电磁铁吸合和复位的响应时间规定在1ms左右。

高速开关电磁铁的设计与性能参数可以参考交流电磁铁。

高速开关电磁铁有汽车自动变速器中应用的螺线管式产品结构，也有用于燃油喷射系统的圆形盘式共轨电磁铁（见图8-75）。

高速开关电磁铁的驱动电路普遍采用PWM脉宽调制电路，为消除磁路中的剩磁力，保证有较短的复位时间，在电源断开的瞬间，可施加一个时间极短且有一定振幅的反向脉冲，如图8-76所示。

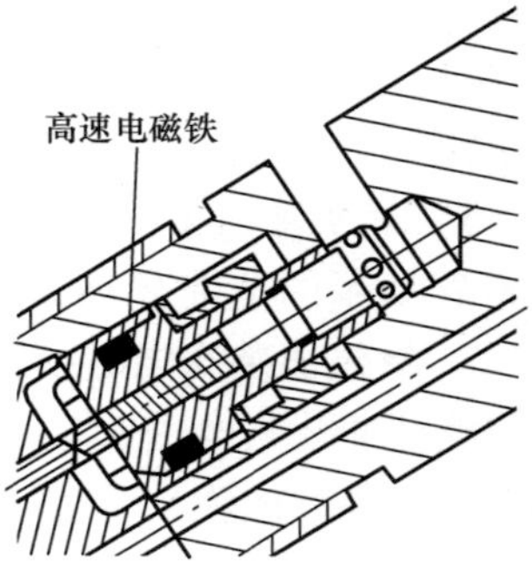

图8-75　用于燃油喷射系统的圆形盘式共轨电磁铁

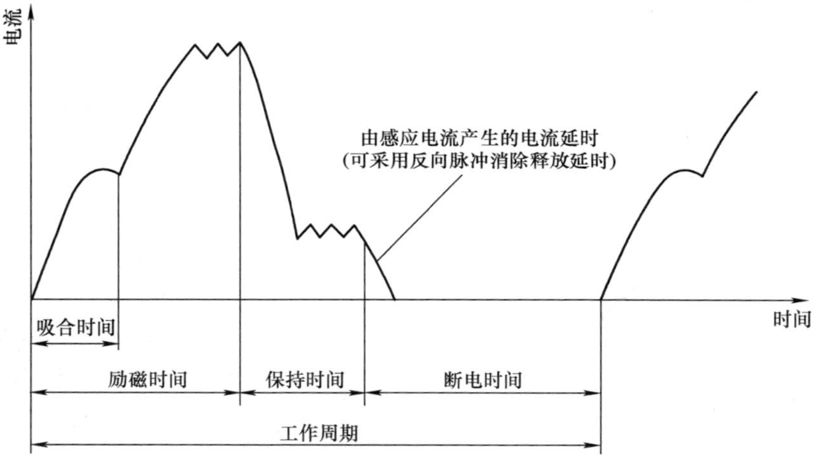

图8-76　高速开关电磁铁脉宽调制波形图

高速开关电磁铁要求响应时间极短，设计比较困难与复杂。这是因为控制运行的动态与电磁定律之间的数学关系影响因素较多，其中的力、行程及时间这三个独立变量是可变参数又是非线性微分方程，某些参数还是两个变量的函数。求解这些方程曾采用步进法，但当前主要还是通过设计者的经验，采用试验性辅助方法。为了促进这种设计，也可以在全部设计数据确定后，采用仿真的方法计算电磁铁的运动时间。

8.4.2　在高速运行时电磁铁中的涡流

电磁铁元件任意点的涡流密度与电磁铁的电阻率、磁导率及励磁磁势的变化方式之间存在一个复杂的函数关系，但必须尽可能避免，否则电磁铁行程－时间特性差，达不到高速开关阀的要求。因此，必须最大限度地采用硅钢片叠成的元件，使涡流不产生通路。即使使用实心棒材，也必须在元件上加工出足够的槽。高硅棒材的高电阻率特性也会极大地减小涡流，减少开槽的数量。当使用实心棒材时，可用持续出现周期来获得短暂的磁化周期，以减小涡流效应和需要开槽的数量。这种理念可直接地建立等价的变化磁通和相等频率的等价正弦波。斯坦梅茨陈述的在实心铁元件中交变磁通的渗透深度为

$$渗透深度 = 2240(\rho/\mu f)^{1/2}\text{in} = 569 \times 102\ (\rho/\mu f)^{1/2}\text{cm} \tag{8-26}$$

式中　ρ——电阻率（$\mu\Omega\cdot\text{cm}$）；

μ——相关材料的磁导率；

f——频率（Hz）。

渗透深度的定义是实心铁棒表层厚度，它与外层面的磁通密度是一致的，将给出存在于全部铁制部件中相同的总磁通。

不同材料在不同频率下的渗透深度见表 8-6，表中所列的磁导率是目前高品质硅钢磁通密度在 1～1.5T（Wb/m）间的标准磁导率的平均值。

实际上，任何瞬间的有效磁导率是微分磁导率，是通过在材料的正常环状的磁滞环线上的瞬间磁通密度点绘一条与其相切的直线得到的。如果绘制的瞬间有效磁导率的曲线作为时间的函数，可以发现确定渗透深度的 μ 值更具代表性。对于相当一部分周期，在高循环的磁通密度情况下，磁通继续处在磁滞环线平坦的区间，在此区间磁导率是低的。并因此给出了一个低的平均磁导率导致较深的渗透深度。因此，显示在表 8-6 中的渗透深度可认为是浅的，因为它们是基于平均正常磁导率。

表 8-6　交变磁通渗透深度　　（单位：cm）

材料 硅钢	电阻率 ρ /$\mu\Omega\cdot\text{cm}$	频率/Hz			
		25	60	120	240
1.0% 硅钢	24	0.594	0.384	0.270	0.193
2.5% 硅钢	40	0.772	0.490	0.350	0.249
3.25% 硅钢	48	0.840	0.544	0.381	0.272
4.25% 硅钢	60	0.945	0.610	0.430	0.365

在高速电磁铁中，硅钢片厚度应不超过渗透深度的两倍。可是，由于机械原因使叠片的厚度超过渗透深度的两倍。可使用磁饱和非常高的导磁材料，或减小材料的磁导率来得到较深的渗透深度。

当有规则地使用叠片层时，如有可能，叠片间应保持互相夹紧。为了更好地保持叠片层积的形状和利于加工，常见的做法是把薄的叠片层以渐开线形式叠压在一起而不需要铆钉，因为由铆钉形成的磁分路将在极大程度上增大涡流，或把硅钢片卷成圆形作为磁路的磁轭部分。

由涡流引发的时间延时如图 8-77 所示。

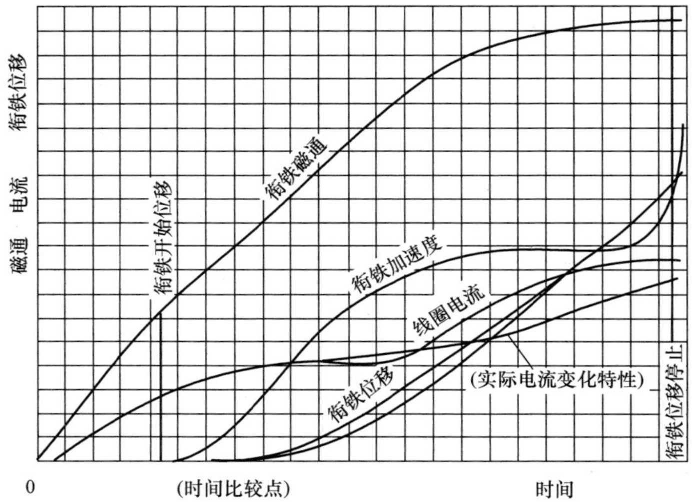

图8-77　由涡流引发的时间延时

8.4.3　高速电磁铁吸合时的时间特性

2D和3D有限元方法和边界元方法等计算手段为磁路计算提供了有效的工具，使得几乎任何复杂的几何形状磁路问题能够在瞬态得到准确的分析，这些电磁分析对高速电磁铁是特别有效的。实际上，与电流驱动的数值方法相比，电磁铁通常采用直流电压，而动态分析需要同时计算其他子系统的数学模型，特别是涉及时变气隙的机械系统模型。这种通用方法对于确保准确评估瞬态磁现象（如涡流等）至关重要。但是计算精度与计算时间消耗仍然是一对矛盾，需要不断发展与解决。

1. 磁通时间特性（衔铁无位移）

以静止衔铁的电磁铁建立磁通或与磁通相关的电流和力的关系是最简单的情况，如图8-78所示。

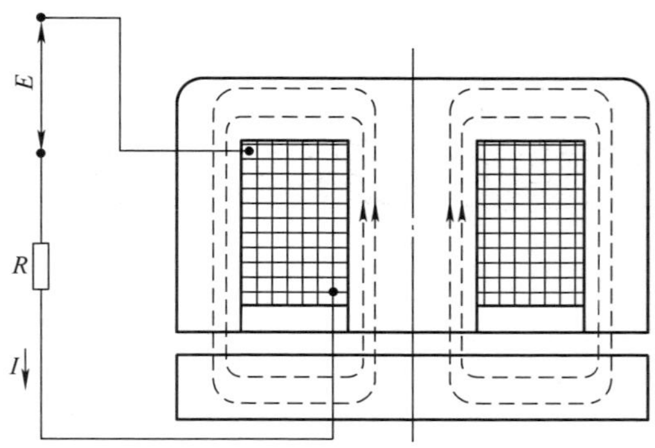

图8-78　带衔铁的圆盘形（或矩形）电磁铁

由于排除了空间变量和对应的动态关系，又不考虑衔铁位移，使得问题更为简化。为此可以求得下列参数：

1）高速电磁铁所需的时间，或高速电磁铁需要生成的静态力。

2）电流上升所需的时间或在线圈内建立指定的贮能。

3）建立高速电磁铁的电流所需的时间（此电流的大小是使衔铁处在位移开始时刻）。

这里，电流和施加的额定电压 E 相关，E 的方程式如下

$$E = N\frac{\mathrm{d}\Phi}{\mathrm{d}t} + IR \tag{8-27}$$

式（8-27）中磁通 Φ 和电流 I 之间的关系是非线性的，必须用曲线图来表示。

2. 电流－时间特性（衔铁无位移）

电流－时间特性可以直接计算出。使用与磁通相关联的电流变量来替代磁通时，式（8-27）可写成

$$E = N\frac{\mathrm{d}\Phi}{\mathrm{d}t} \tag{8-28}$$

3. 电磁铁的行程－时间特性

行程－时间特性表示衔铁位移是时间的函数。对此需要说明 2 点：

1）在衔铁位移之前的电流，磁通和磁势上升至恰好克服反力，衔铁开始位移到 a 点。

2）从 a 点开始到衔铁位移全行程结束构成衔铁实际位移的全行程。计算此全行程的磁通－时间特性或 a 点之前部分的电流特性。

4. 高速电磁铁导磁材料的选择

制造高速电磁铁的关键之一就是要考虑导磁材料在线圈通电后开始励磁（或断电后磁性开始消失）的那段时间。又由于高速电磁铁普遍采用 PWM 加速电路，所以必须首先考虑导磁材料的电阻率。导磁材料的磁导率应首先选择材料的起始磁导率而不应过多地考虑其最大磁导率。

（1）16MnCrS5 铬钢　16MnCrS5 铬钢材料常被用作圆盘形高速电磁铁的磁轭，其性能见表 8-7。

表 8-7　16MnCrS5 铬钢材料性能

化学成分						机械性能			电阻率
C	Si	Mn	P	S	Cr	抗拉强度 R_m	屈服强度 $R_{p0.2}$	伸长率 A	ρ
%						MPa	MPa	%	μΩ · cm
0.14 ~ 0.19	≤0.4	1 ~ 1.3	≤0.025	0.02 ~ 0.04	0.8 ~ 1.1	880 ~ 1180	635	9	24.7

16MnCrS5 铬钢的磁化曲线如图 8-79、图 8-80 所示。

（2）含磷硅钢 SMP S2/5　这是一种颗粒间相互绝缘的粉末冶金材料，加工高速电磁铁磁轭时可一次成型。材料含量：硅的质量分数为 2.5%、磷的质量分数为 0.45%，其性能见表 8-8，它的 $B-H$ 曲线如图 8-81 所示。

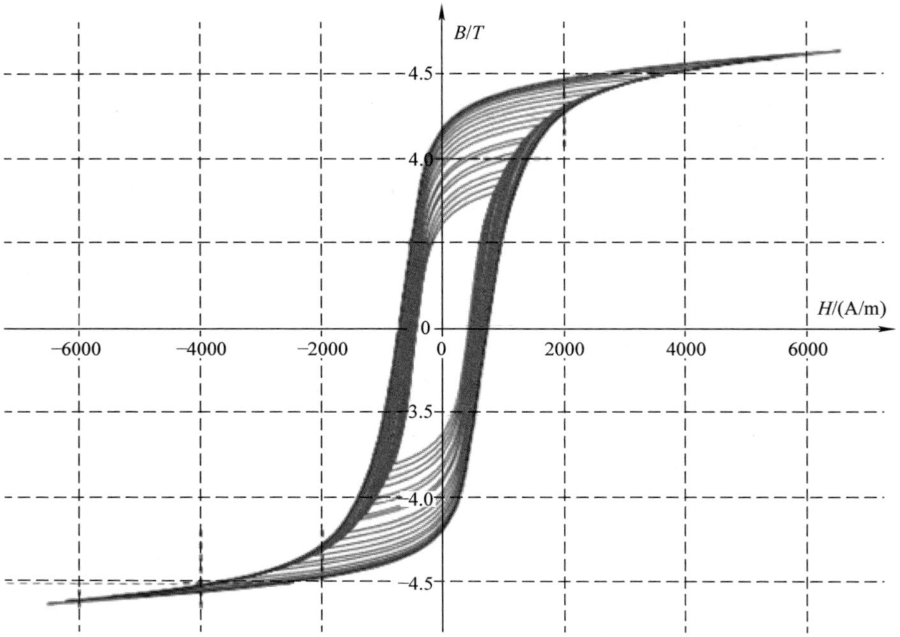

图 8-79　16MnCrS5 的磁滞环线簇

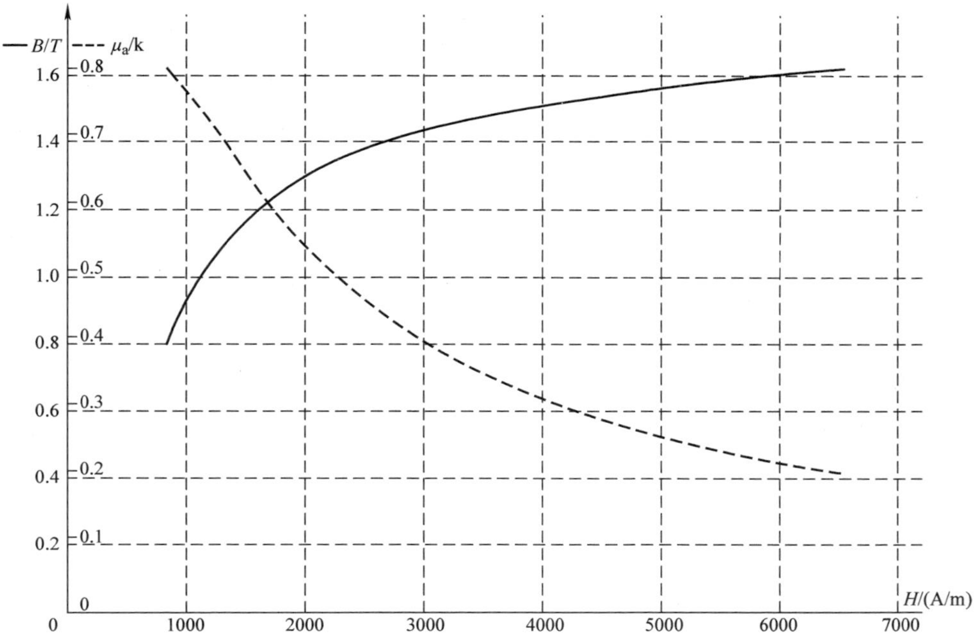

图 8-80　16MnCrS5 磁化曲线和磁导率曲线

表 8-8　含磷硅钢 SMP S2/5 性能

密度	$\geqslant$7.5g·cm^{-3}		极化磁通密度（Jsat）	1.95T（19500G）
B	1kA·m^{-1}(13Oe)	1.46T(14600G)	最大磁导率	8000
	5kA·m^{-1}(63 Oe)	1.61T(16100G)	剩磁 B_r	1.17T(10000G)
	10kA·m^{-1}(126 Oe)	1.72T(17200 G)	矫顽力 H_c	50A·m^{-1}(0.5 Oe)
	150kA·m^{-1}(1885 Oe)	2.14T(21400 G)	电阻率	45μΩ·cm

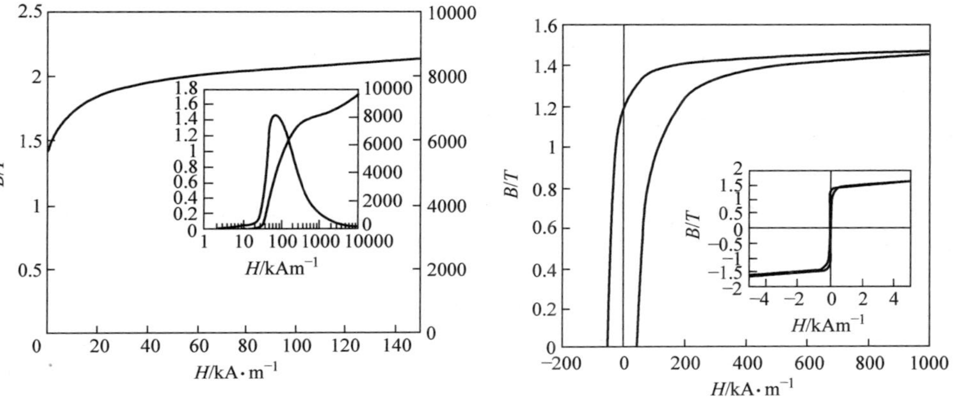

图 8-81　含磷硅钢 SMP S2/5 的 $B-H$ 曲线

第9章　电液比例阀与比例放大器

9.1　比例阀名称及特征

在液压传动与电液比例控制技术中，比例阀指输出量与控制输入量成比例的阀。比例控制阀指能响应连续输入电信号以连续方式控制系统输出量变化的阀。比例控制阀和传统的伺服阀同属于电调制连续控制阀或电调制液压控制阀类型。比例阀和比例控制阀在产品市场上可通称“电液比例阀”或简称“比例阀”。

以简称“比例阀”的产品为核心组成的液压传动控制系统可称为电液比例控制系统。采用比例阀组成的液压回路称为比例控制回路。比例控制回路按其是否具有外部反馈控制功能，区分为开环控制和闭环控制。

比例阀的产品种类繁多，不同产品的特性、功能和用途差别很大，应根据开环控制回路或/和闭环控制回路的需要，慎重选择合适的类型。特别是从闭环控制回路的高性能四通方向比例控制阀发展出的、与伺服阀性能类似的传统伺服比例阀和具有网络功能的轴控伺服比例阀，均可替代伺服阀应用于工业液压伺服控制领域。其中，具有网络功能的轴控伺服比例阀目前属于高档用途的比例阀，具备数字化、智能化的功能和总线接口，可实现大规模电液比例控制设备的分布式连续控制或比例调节。

在市场上，高性能的比例阀还有针对技术特征的流行名称，如伺服比例阀、高频响阀（高响应阀）或闭环比例阀等。由于以高性能的四通方向比例控制阀为代表的这类产品特性与传统上的伺服阀已很难区分，以至于在 GB/T 17446—2012《流体传动系统及元件 词汇》中，比例控制阀与伺服阀二者释义很相近。其中，“比例控制阀（proportional control valve）”一词的释义：死区大于或等于阀芯行程3%的电调制连续控制阀。而“伺服阀（servo - valve）”释义：死区小于阀芯行程3%的电调制连续控制阀。可见，二者之间名词解释的区别仅在于阀口死区3%的程度不同。但是，3%的死区却决定了二者的分界线。

比例控制阀与伺服阀不仅名词解释很相近，在国家标准中，各种类型的比例阀和伺服阀也依据同一个试验方法，可参见 GB/T 15623.1—2018、GB/T 15623.2—

2017、GB/T 15623.3—2022，二者测试的主要区别是试验参数要求和项目选择不同。例如，对于四通比例方向流量控制阀的试验方法，测试阀的额定流量的主要区别是比例阀要求阀口压降为1MPa下（单边阀口压降为0.5MPa）进行流量特性测试。而对于具有阀口零遮盖特性的比例控制阀则与伺服阀相同，采用阀口压降为7MPa下（单边阀口压降为3.5MPa）进行流量特性测试。

比例阀技术是在常规液压阀和伺服阀两个应用领域之后发展起来的，产品的图形符号、安装连接形式等，以及阀的输入电信号、配套放大器或控制器、电接口形式（连接器）等均有国家标准加以规范。其中，图形符号的画法符合 GB/T 786.1—2021《流体传动系统及元件　图形符号和回路图　第1部分：图形符号》。阀的输入信号有0～10V（或±10V）、4～20mA等应符合国家电工标准（IEC）规定。所配套的比例放大器或控制器应符合低压电器及电磁兼容等国家标准有关要求，另外，一些典型应用的电接口形式（连接器）与配套产品基本符合ISO标准要求。

在液压传动与控制领域中，比例阀的额定压力最大可至35MPa，额定流量最大可至4000L/min以上。对于符合板式阀安装面标准的比例阀，产品通径规格范围在DN6～DN50。符合盖板式插装阀标准的盖板尺寸的比例阀，产品通径规格从DN16至最大超过DN100。符合螺纹插装阀标准的插孔尺寸的比例阀，产品通径规格范围为DN6～DN32。这些标准化种类的比例阀产品基本满足比例控制回路的应用需要。

在常规液压回路中，用比例阀代替常规开关或定值液压阀，可通过输入电信号对压力、流量等输出量的比例调节参数功能，从而实现液压回路运行参数自动化调节的功能。通过比例放大器进行增益等参数调节，代替现场人工手动调节方式，可使输出变量切换柔顺且调整方便。特别是采用数字放大器对设备参数设置具有一定记忆和恢复功能。

比例阀用于开环控制回路，显著提高改善了液压回路的控制性能。通过对负载运动的行程、速度等参数用位置开关的信号简单设置，输入电信号提供比例放大器的增益和斜坡等功能调节作用，保持比例阀的阀口压降下的连续调节输出流量变化，进而控制负载高速循环运动过程中的加速度时间和最大速度，有效限制了负载运动过程中的加速度值和振动现象，解决了常规液压阀解决不了的负载高速运动所引起的制动冲击问题，可明显提高执行机构负载运动的快速性，缩短运动周期，使运动目标值的误差范围能保持一定水平。

比例控制阀用于闭环控制回路，可对负载运动的位置、行程、压力、力、速度及同步运动状态目标等多种工况实现闭环连续调节，以达到负载运动目标值的精确度要求。用于闭环控制的比例控制阀品种规格众多，信号反馈技术方式灵活多样，闭环控制回路的设计思想借鉴经典伺服控制理论，以考虑动态特性下的静态计算方法和伺服控制理论的经验公式为依据，在估算闭环控制系统的稳定性前提下，确定阀规格和回路特性，以实现高效、高精度控制的目标。

电液比例控制技术越来越广泛地应用于典型位置控制、压力或力控制、速度或流量控制，以及复合控制、同步控制甚至运动时序控制等传统伺服阀控制领域中。数字比例控制阀与总线相结合，具有网络一体化连接功能，为工业智能化提供液压数字化接口。

随着电液比例控制技术的不断应用与发展，比例阀的系列品种越来越多，产品功能品质不断进步，产品使用寿命及可靠性水平基本满足常规液压领域应用需求。由于比例阀与比例控制回路应用紧密相连，阀的功能和特性需要从产品分类中加以说明。

9.2　比例阀分类

液压控制阀按控制原理分为常规（开关或定值）阀（on/off valve）和连续控制阀（continuously control valve）两大基本类型，比例阀属于连续控制阀基本类型，其产品分类方式有许多种，最常见的是按照产品用途、功能进行分类，这是应用最广泛的分类方式。按功能用途主要分三大阀类，即比例压力控制阀类、比例流量控制阀类和比例方向控制阀。此外还一些特殊阀类，如复合控制阀、压力补偿阀及电液集成阀等没有明确归类属性。

在三大类型的比例阀中，按照产品功能和所控制的液压参数，可进一步划分的主要品种如下。

1）比例压力控制阀类：含比例溢流阀、比例减压阀。

2）比例方向控制阀类：含四通比例方向阀、三通比例方向阀及比例多路阀。

3）比例流量控制阀类：含比例节流阀、比例流量阀。

另外，按照产品技术特性分类如下。

1）比例阀或比例控制阀：具有一般的比例连续调节性能。主要用于各种参数的比例调节功能和开环控制回路，满足一般电液比例控制系统的应用需要。

2）伺服比例阀或高频响阀：具有接近或类似于伺服阀特性的四通或三通比例方向控制阀，用于闭环控制回路和伺服控制系统，在本手册第10章中专门介绍。

比例阀还有以下其他特征与分类形式。

1）按照阀驱动方式分类：动铁式螺线管比例电磁铁、动圈式螺线管比例电磁铁、力马达、喷嘴挡板式力矩马达、射流管式力矩马达及伺服电动机等。

2）按照阀内部有无反馈元件分类：无反馈式、位置电反馈式、机械反馈式（位移－力反馈），以及带压力电反馈式等。

3）按照阀控制原理分类：直动式、先导式、比例控制式及连续控制式等。

4）按照阀主油口分类：二通（二口）阀、三通（三口）阀、四通（四口）阀及五通（五口）阀等。

5）按照阀安装连接形式分类：板式、叠加式、螺纹插装阀式、多路阀式、盖板插装式和管式等。

6）按照阀口零位遮盖控制状态分类：零遮盖、正遮盖和负遮盖等。

7）按照阀配套放大器分类：模拟式放大器、数字式放大器等。

8）按照输入电信号分类：模拟信号、数字信号及脉冲信号等。

9）按照比例电磁铁的电 - 机械转换装置的控制形式分类：力控制型、行程控制型、位置调节型及压力电反馈控制型等，详见第 8 章。

值得注意的是，在实际应用中，由于比例控制阀本身功能、用途和特性各不相同，各种类型或系列产品中因其具体阀机能型号的不同，同一种类但不同型号的阀可具有用于开环或闭环两种截然不同的阀口工作机能，这时产品分类和名称难以充分表达或分辨。因此，必须查阅具体产品型号和特性曲线才能正确了解具体阀的功能和特性。

除上述分类之外，从比例阀的试验方法标准上分类，也值得关注。GB/T 15623《液压传动　电调制液压控制阀》试验方法标准由三个文本组成，即①GB/T 15623. 1—2018《液压传动　电调制液压控制阀　第 1 部分：四通方向流量控制阀试验方法》；②GB/T 15623. 2—2017《液压传动　电调制液压控制阀　第 2 部分：三通方向流量控制阀试验方法》；③GB/T 15623. 3—2022《液压传动　电调制液压控制阀　第 3 部分：压力控制阀试验方法》。

试验方法根据电调制液压控制阀即连续控制阀的测试所具有的共同液压回路特点，以及产品所具有的性能测试项目，划分为三个标准文本。

对于第 1 部分四通方向流量控制阀试验方法，测试对象包括各种具有四油口形式的比例控制阀及伺服阀，以及带压力补偿阀功能的比例方向流量控制阀。也适用于类似二油口形式比例节流或带压力补偿功能的比例流量阀的性能测试。

对于第 2 部分三通方向流量控制阀试验方法，测试对象包括各种具有三油口形式的比例控制阀、三通比例流量阀及伺服阀等，三油口形式的比例方向流量阀具有不同于四油口形式阀的测试回路和功能特征。

对于第 3 部分压力控制阀试验方法来说，则是电调制的溢流阀和减压阀的试验方法，在电调制压力控制阀中，应用最广泛的两个品种是采用比例电磁铁驱动的比例溢流阀和比例减压阀，其作用是通过电信号连续控制输出压力变化或设定不同电信号来限制系统或回路不同压力值。在测试回路中，比例溢流阀用来控制封闭容腔内的压力值，当压力超过设定压力时，通过溢出多余的流量来降低或保持压力。比例减压阀用来控制封闭容腔内的压力值，当压力超过设定压力时，通过限制流入的流量来降低或保持压力。试验方法同样也适用于针对压力控制型的伺服阀性能测试。

由此可见，GB/T 15623 系列标准对比例阀分类的目的是通过统一的试验方法规范试验，进而提高所测试的阀性能数据的一致性，以便将这些数据用于系统设计，而不必考虑数据的来源。因此，“电调制液压控制阀”以三个试验方法对比例阀分类更可体现技术特征方面的共性要求。

通过试验方法的国家标准对比例阀进行三种分类及特征表达，有助于对比例阀基本性能的理解和分析。

9.3　比例阀基本性能

比例阀基本性能主要反映了输入信号与输出压力或流量之间的关系。通过阀稳态特性和瞬态特性，确定比例阀的技术参数范围和控制能力。各种比例阀具有不同的性能指标要求，这决定了它们的不同功能和应用领域。

比例阀基本性能可依据 GB/T 15623《液压传动　电调制液压控制阀》三个试验方法的标准文本来全面表达。由于市场上销售的比例阀产品特性与应用选型有关，因此，产品所给出的技术性能或参数指标有不同取舍或不同表达。从标准角度，希望产品所提供的技术性能具有统一性和可比性。这样，在用于产品选型和系统设计时，其产品样本数据具有互换性。

比例阀基本性能通常采用技术数据、图表或曲线表示方法，销售的产品根据系统设计和维护需要提供主要性能参数和指标。下面主要以 GB/T 15623《液压传动　电调制液压控制阀》试验方法标准为依据，介绍阀的常用特性曲线和主要性能指标，这未包括阀的全部特性，元件制造厂根据阀的应用需要通常会控制更多的产品性能指标。为了获得更多的性能指标和具体应用条件，需要与元件制造厂进一步交流。

9.3.1　比例压力控制阀基本性能

比例压力控制阀包括比例溢流阀和比例减压阀，产品结构和原理的共同特征是采用比例电磁铁驱动装置代替常规压力控制阀的手动弹簧调压机构，通过配套放大器设定电信号来调节压力。

比例压力控制阀基本性能是通过稳态和动态试验结果的统计归纳，给出销售产品的性能参数和特性曲线，GB/T 15623.3—2022《液压传动　电调制液压控制阀　第3部分：压力控制阀试验方法》也据此总结归纳有关稳态特性和动态特性的通用指标要求。

下面结合 GB/T 15623.3—2022 扼要介绍比例压力阀产品样本中经常提供的主要特性曲线和性能指标。

1. 稳态特性

主要性能曲线以及从相应曲线提取的指标包括以下内容。

（1）恒定流量下的压力－输入信号特性曲线　图 9-1 所示为恒定流量下压力－输入信号特性曲线，该曲线是比例溢流阀和比例减压阀共同适用的。该曲线表示阀在通过流量不变的条件下，输入信号与被控制压力之间从信号增大方向到最大再从信号减小方向到最小的一个往复循环变化过程中的稳态特性。其中，输入信号指阀配套放大器的输出信号。被控压力对于比例溢流阀指进、出口之间的压差；对于比例减压阀指阀的出口压力。

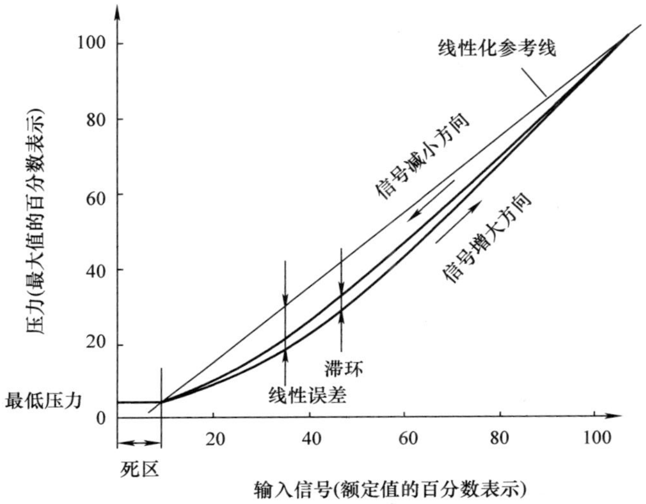

图9-1　比例压力控制阀恒定流量下的压力－输入信号特性曲线

在图9-1中，横坐标表示阀的输入，即阀的输入信号从0%～100%变化。纵坐标表示阀的被控压力的输出，对于比例溢流阀表示进口压力从0%～100%变化(假设出口压力为零)；对于比例减压阀表示为出口压力从0%～100%变化。从曲线上看，理想曲线是一条经过零点的线性化参考线，而实际产品曲线有弯曲现象，即存在非线性，而且曲线起始点也偏离坐标原点（具有输入信号死区）。输入信号在一个循环变化的完整过程中，信号增大方向与减小方向之间产生两条曲线且不重叠，故曲线上反映出输入信号死区、被控压力滞环、线性误差等不同性能。

从压力－输入信号特性曲线可以提取以下主要性能指标：

1）压力设定范围。在流量不变的条件下，输入信号确定的被控压力最大工作范围或额定压力范围。反映了阀从最低稳定调压值至最高调压值有一个连续完整的信号设定范围。不同压力等级的阀具有不同的压力设定范围（或等级），因此，不同压力等级的阀所反映的压力－输入信号特性也不相同。

2）滞环。当输入信号分别从信号增大方向或信号减小方向到达同一值时，因阀动作迟滞因素造成被控压力不是同一值而出现两个不同值，这种相对于输入信号变化引起的被控压力误差称为滞环。采用被控压力的最大差值衡量，并以最高设定压力的百分数表示。它是衡量比例压力阀稳态性能的一个重要指标。滞环越小，稳态性能越好。

3）线性度，表示在压力调节范围内的特性曲线与线性化参考线之间的最大偏差，也称为线性误差，并以最高压力的百分数表示。线性度反映被控压力的线性变化程度，它是衡量阀输出特性的一个重要指标。线性误差越小，即线性度越高，比例阀的输出性能越好。

4）最低设定压力，由最小输入信号确定的被控压力的最低稳定值，反映输入信号调压水平。阀的最低压力取决于结构原理，一般为0.4～0.8MPa。在产品曲线上，通常人为规定一个阀最低压力之上的有效最低值，以便于在此最低值到最大值范围内，阀所规定的最低压力应满足产品设计的所有性能要求。

5）输入信号死区，指输入信号对应输出不变化的范围。在此范围内，输入变量的变化不会在输出变量中产生任何可测量的变化。输入信号的死区出现在最低压力设定区域，实际应用中希望死区越小越好，可通过放大器调节。通常在不加放大器增益调节时，其最大值不应大于输入信号额定值的25%。

6）阈值。当输入信号反向发生变化（极性变化）时，对应的被控压力不跟随变化或变化不可测量。阀的这种产生反向输出所需一定输入信号变化量的现象就是阈值（也称反向误差）。通常以额定输入信号的百分数表示。阈值越小，性能越好。

值得注意的是，阈值与分辨率的概念不同。分辨率表示输入信号沿同一方向变化时，被控压力不变化的现象。一般来说，输入信号分辨率的死区不大于阈值的50%。阈值在销售产品样本中很少出现，分辨率却在伺服阀样本上经常出现。阈值和分辨率用曲线形式表达如图9-2所示。

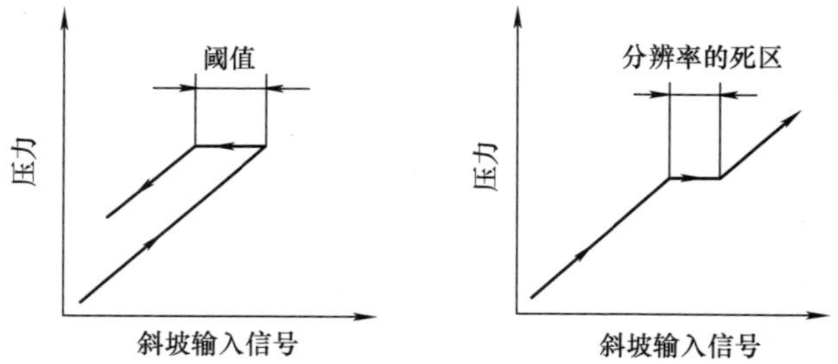

图9-2　比例压力控制阀阈值与分辨率的图形表达

7）重复精度。当多次给定相同的输入信号时，阀被控压力在同一个测量点所具有不同的测量差值。重复精度表示多次测量同一被控压力值时所获得的测量值的最大偏差，反映多次重复测量值的一致程度。绝对重复精度按输入信号全量程范围内的多次输出的最大偏差的绝对值计算，也可用百分数表示，详见20.1.2节。重复精度越高，阀调压准确性越好。通常情况下，阀的重复误差不高于滞环的50%。

以上介绍的压力－输入信号特性曲线和性能指标在许多产品样本上都有反映，但是，产品样本给出的只有一条曲线而不是两条循环曲线形式，如图9-3所示。这是因为使用两条循环曲线的间隙太窄，不易用图示清楚表示出来；或者用一条简化曲线仅以统计形式表达产品特性，不代表真实曲线。因此，这种采用简化曲线的表达方法在许多产品介绍中比较方便实用。另外，使用时也应注意，不同生产厂商的比例压力控制阀压力–输入信号特性曲线名称不一定符合标准，需要正确理解。

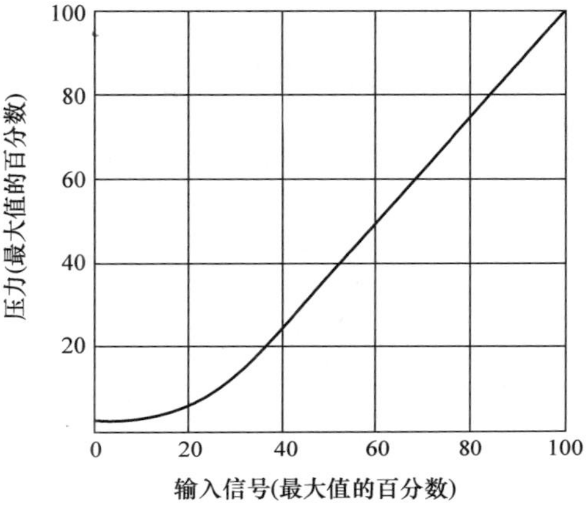

图9-3 比例压力控制阀恒定流量下的压力–输入信号特性拟合曲线

（2）恒定输入信号下的压力–流量特性曲线

1）比例溢流阀的恒定输入信号下的压力–流量特性。图9-4所示为比例溢流阀在恒定输入信号下的压力–流量特性曲线。阀在一定输入信号不变（即设定压力不变）的条件下，当封闭容腔内的压力超过其参考压力时，阀通过溢出多余的流量来限制压力上升，溢出的流量直接排回油箱。规定曲线上10%额定流量下对应的流量增大的压力作为参考压力（被控起始压力），测量从溢流阀出口溢出流量的变化引起被控压力的变化过程。该指标反映阀保持设定压力不变的能力。

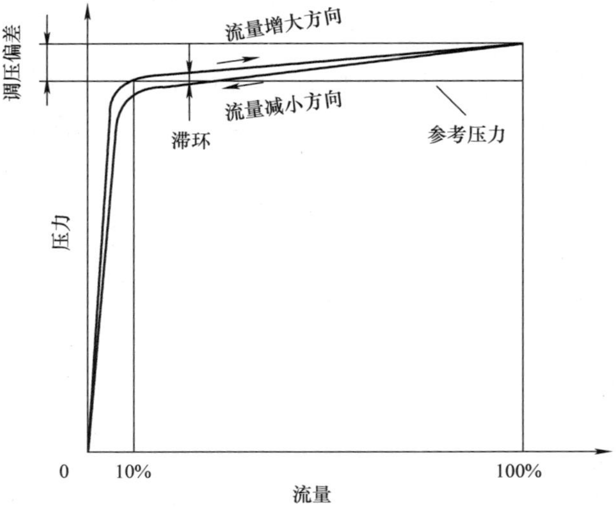

图9-4 比例溢流阀恒定输入信号下的压力–流量特性

在图9-4中，横坐标表示阀溢出流量，用额定流量从0%～100%变化的百分数表示。纵坐标表示阀的被控压力。从曲线上看，理想曲线是一条符合参考压力的水平线，而实际曲线压力随着流量增大方向而上升，出现一定调压偏差。在阀的溢流过程中，流量增大方向与减小方向之间产生两条曲线且不重叠，存在压力滞环。

调压偏差和滞环是阀的启、闭溢流过程表现的重要特性。

当输入信号设定为零时，阀不起调压功能，但是随着流量变化，可形成最低压力-流量特性曲线，如图9-5所示，该曲线反映了阀内部流道通过流量变化产生压力损失变化的过程。在两个流量变化方向中出现的压差不重叠现象是由阀内部流道方向不同所产生的阻力特征不同造成的。一般压差不重叠很小，可用一条曲线代替。

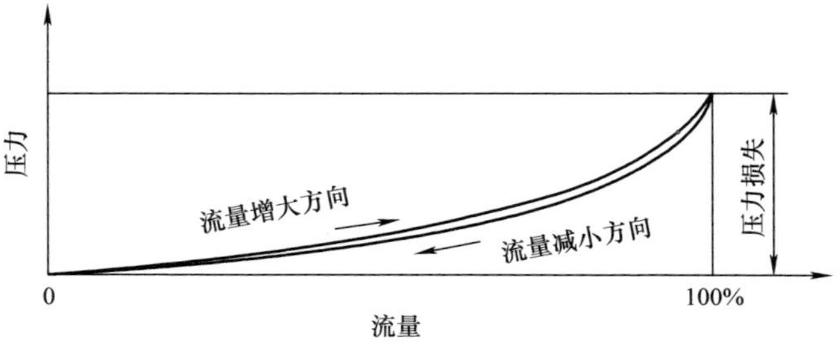

图9-5　比例溢流阀最低压力-流量特性曲线

从比例溢流阀压力-流量特性曲线可以提取以下性能指标：

① 调压偏差，表示阀通过流量为10%额定流量的参考压力与额定流量对应上升压力之差。调压偏差反映阀的启闭特性好坏，它是衡量阀稳态特性的一个重要指标。调压偏差越小，启闭特性越好。

② 滞环。阀在溢流过程中，从流量增大方向与流量减小方向出现两条曲线且不重叠，产生相对于流量变化的压力误差称为滞环，以参考压力的百分数表示。它反映阀的调压性能。滞环越小，调压性能越好。需要注意分别来自压力-流量特性曲线和压力-输入信号特性曲线的滞环的差别。

③ 最低工作压力。图9-6所示的曲线底部有一条虚线表示比例溢流阀在输入信号为零时的压力损失随流量增大而增大。该压力损失曲线一般单独列出，它表示比例溢流阀最低工作压力范围的边界。

④ 压力损失，表示通过阀的最小压降。压力损失值越小，对阀的调压性能影响越小。

从压力-流量特性曲线可知，阀的实际开启压力一般低于参考压力。参考压力是人为规定的阀在10%的额定流量下的被控压力，也可认为是与输入信号具有对应关系的设定压力。如果改变输入信号大小，就改变了阀的设定压力，可使该曲线上、下整体变动。同时，曲线所产生的调压偏差和滞环也会有相应的变化，但不会消失。

有关产品销售样本上的压力-流量特性曲线一般采用一条简化曲线形式表示，如图9-6所示。图9-6中多条曲线反映阀在不同的设定压力下的多个压力与流量特性关系。从图9-6中可见，当设定压力达到25MPa以上之后，调压偏差受溢流量变化影响很大，以至于最大流量受到溢流限制，达不到额定流量。通常，销售产品有关压力与流量特性曲线上所给出的流量高于阀的额定流量，以显示产品所具有的高于额定流量的最大溢流能力。

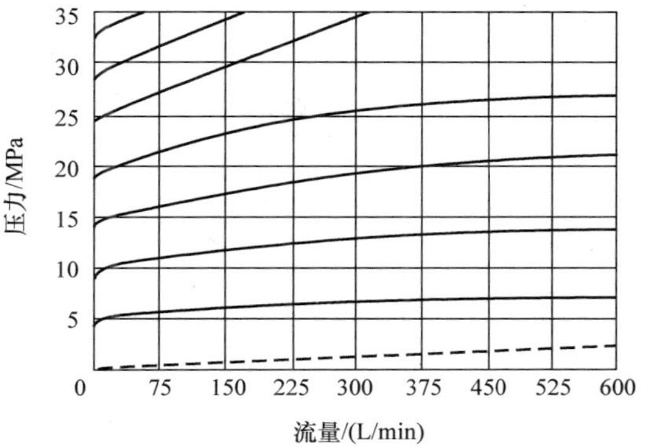

图9-6　比例溢流阀样本上的压力－流量特性曲线

2）比例减压阀的恒定输入信号下压力－流量特性。图9-7所示为比例减压阀在恒定输入信号下的压力－流量特性曲线。阀在一定输入信号不变（即设定压力不变）的条件下，当封闭容腔内的压力超过其参考压力时，通过限制流入容腔的流量来降低和稳定压力。比例减压阀有二通和三通两种典型结构。图9-7a所示为无反向溢流功能减压阀（二通结构）的压力－流量特性曲线，图9-7b所示为带反向溢流功能减压阀（三通结构）的压力－流量特性曲线。

在图9-7a中，在阀进口保持额定压力不变的条件下，输入信号设定出口压力，起减压作用，采用通过10%额定流量时的稳态压力表示。在流量逐步增大到额定流量过程中，稳态压力出现下降趋势，出现调压偏差。在变化的流量增大方向与流量减小方向之间产生两条曲线且不重叠，存在一定滞环。调压偏差和滞环反映了阀的流量变化引起的减压变化的稳态特性。

当输入信号为零时，阀有一条由低压时不同输入流量产生的最低减压压力边界线，最低减压压力相当于流量造成的压力损失，实质上反映了阀通过流量变化产生的压力损失过程。

图9-7b所示为带反向溢流功能减压阀的压力－流量特性曲线。其中减压特性与图9-7a情况相同，溢流特性与图9-4相同。

从比例减压阀压力－流量特性曲线可以提取以下性能指标：

① 调压偏差，表示阀通过10%额定流量的稳态压力与额定流量对应压力之差。调压偏差反映阀的减压性能，它是衡量阀稳态特性的一个重要指标。调压偏差越小，减压性能越好。

② 滞环。在阀出口减压过程中，从流量增大方向与流量减小方向出现两条曲线且不重叠，产生的压力误差，并以参考压力的百分数表示。它反映阀的调压精度，是衡量阀稳态特性的一个重要指标。滞环越小，调压精度越好。

③ 最低工作压力。当信号为零时，不同流量下的最低减压压力。最低减压压力越低，阀减压调节特性越好。通过曲线可反映在额定流量下，阀能正常工作所需进、出口之间的最小压差，压差越小越好。同时，还可反映与阀进、出口之间压差相关的最大流量，流量越大越好。

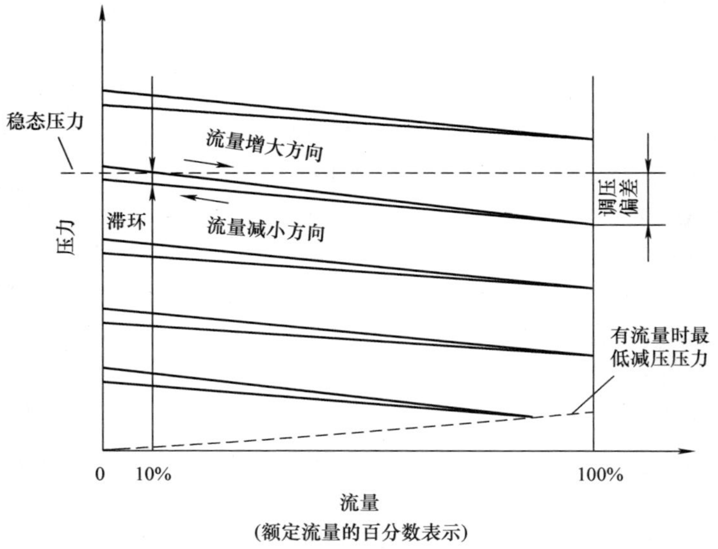

a)

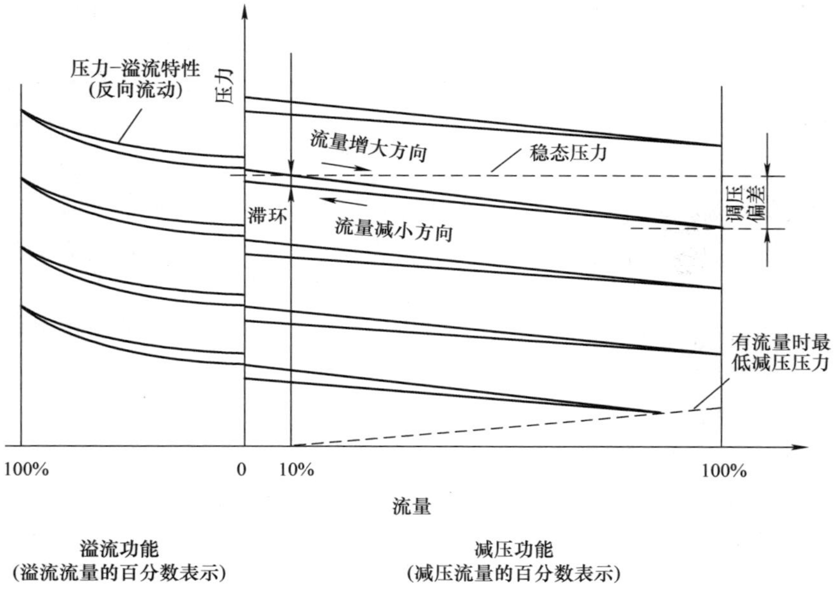

b)

图9-7　比例减压阀在恒定输入信号下压力－流量特性曲线

a）无反向溢流功能减压阀的压力－流量特性曲线　b）带反向溢流功能减压阀的压力－流量特性曲线

（3）压力－油温特性曲线　在输入信号和流量保持不变的条件下，控制油温在规定的范围内变化，测量油温的变化范围与输出压力的关系，并绘制成压力－油温特性曲线。从该曲线上可提取压力温漂。

（4）内泄漏试验　在与输入信号对应的压力大于比例压力阀的进口压力（意味着阀口未打开）时，从阀的出口测量得到泄漏流量与阀进口压力的关系曲线。从该曲线上可提取内泄漏量。

2. 动态特性

动态特性包括阶跃响应特性和频率响应特性。

（1）阶跃响应特性曲线（输入信号变化的压力瞬态特性）　图 9-8 所示为比例溢流阀和比例减压阀共同适用的阀（比例压力控制阀）的被控压力 - 输入信号阶跃响应特性曲线，反映阀的被控压力随时间响应的变化过程。其中，阶跃信号作用于阀的放大器输入端，图中曲线表示阀在通过一定流量和额定压力的条件下，阶跃信号在 0% ~100% 之间变化时，被控压力回路中最终产生一个稳态压力的瞬态压力变化过程。压力响应时间是从最终稳态压力的 90% 与起始点时间之差的变化过程，压力调整时间是从起始点压力到最终稳态压力的时间变化过程。所确定的最终稳态压力，其波动范围不高于额定压力的 ±5% 。

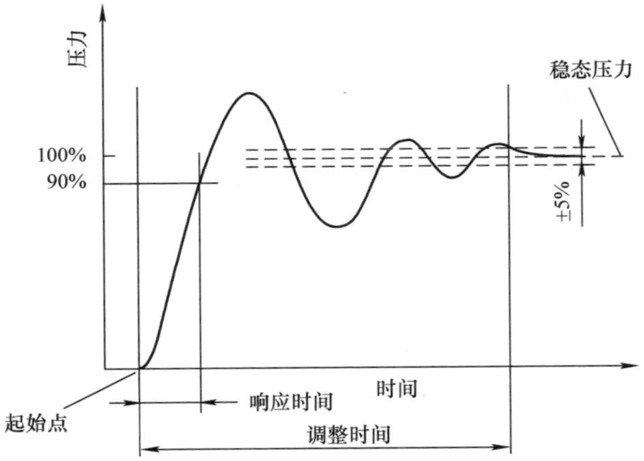

图 9-8　比例压力控制阀被控压力 - 输入信号阶跃响应特性曲线

从阶跃响应曲线可以提取以下主要性能指标：①响应时间；②调整时间。这些性能指标是自动控制原理的时域特性要求在比例压力控制阀动态性能上的具体体现。

① 响应时间：反映阀的被控压力能跟随阶跃信号变化的能力。响应时间越短，瞬态响应性能越好。

② 调整时间：阀能保证被控压力达到稳态压力所需的时间。调整时间越短，稳定性越好。

有关产品销售样本中给出的阶跃响应特性一般只给出示意曲线图，并给出响应时间或调整时间，但很少给出实际曲线。这是因为阀的响应时间受被控压力大小、被控压力容积（管路规格和长度）、油液状况及试验系统条件影响较大，实际产品的阶跃响应特性只能根据具体应用回路进行评估。

（2）频率响应特性　详见9.3.2节相关内容。

GB/T 15623.3—2022《液压传动　电调制液压控制阀　第3部分：压力控制阀试验方法》中还有关于比例压力控制阀的电气特性和压力脉冲试验等其他一些基本特性的描述，读者可以根据需要查阅。

9.3.2　比例方向控制阀基本性能

比例方向控制阀具有比较全面的基本性能表达方法，基本性能不仅适用于比例方向阀，也适用于伺服比例阀、伺服阀、比例节流阀和压力补偿型比例流量控制阀。比例方向控制阀种类多样，产品功能与特性差别很大。比例方向控制阀基本性能是通过稳态和动态试验结果统计归纳，给出定型产品的特性曲线和性能参数，GB/T 15623.1—2018《液压传动　电调制液压控制阀　第1部分：四通方向流量控制阀试验方法》也据此总结归纳有关稳态特性和动态特性的通用指标。

下面以四通比例方向阀为例，结合GB/T 15623.1—2018扼要介绍各类比例方向控制阀、伺服比例阀、伺服阀、比例节流阀和压力补偿型比例流量控制阀产品样本中经常提供的主要特性曲线和性能指标。

1. 稳态特性

主要性能曲线以及从相应曲线提取的指标包括输出流量-输入信号特性、阈值和输出流量-阀压降特性。

（1）恒定压降下，输出流量-输入信号特性　图9-9所示为比例方向控制阀和伺服阀共同适用的在恒定阀压降下输出流量-输入信号特性曲线。采用坐标系中四个象限分别表示由输入信号确定阀芯构成的四个阀口（P—A、B—T、P—B、A—T）在恒定阀压降下的流量特性。在图9-9中，横坐标表示阀的输入，即阀的额定输入信号变化范围（0%～±100%）；纵坐标表示阀的四个阀口输出的流量，即四个阀口流量变化范围（0%～100%）。图9-9中的曲线分别记录阀的P—A、B—T、P—B、A—T阀口的流量变化，形成各有差异的曲线，反映了输入信号与每个阀口之间输出流量从小到大再从大到小的一个往复循环过程的稳态特性。在图9-9中，曲线上有一条线性化参考线用于比较曲线的线性变化程度。

工程应用中对图9-9中每一条曲线的阀口压降有规定：在阀口进、出油路上分别设置压力传感器，所测阀口压降分为0.5MPa或3.5MPa两种。其中，用于开环控制回路的阀的单个阀口压降为0.5MPa，用于闭环控制回路的阀的单个阀口压降为3.5MPa。在一个输入信号完整循环的周期内，保持阀口压降恒定且变化量不超过±2%。

由于阀的四通控制功能具有对称性特点，因此，如果将阀的A、B油口外部连通，输出流量从P—A阀口进入又连续从B—T阀口输出，构成双阀口（又称为全

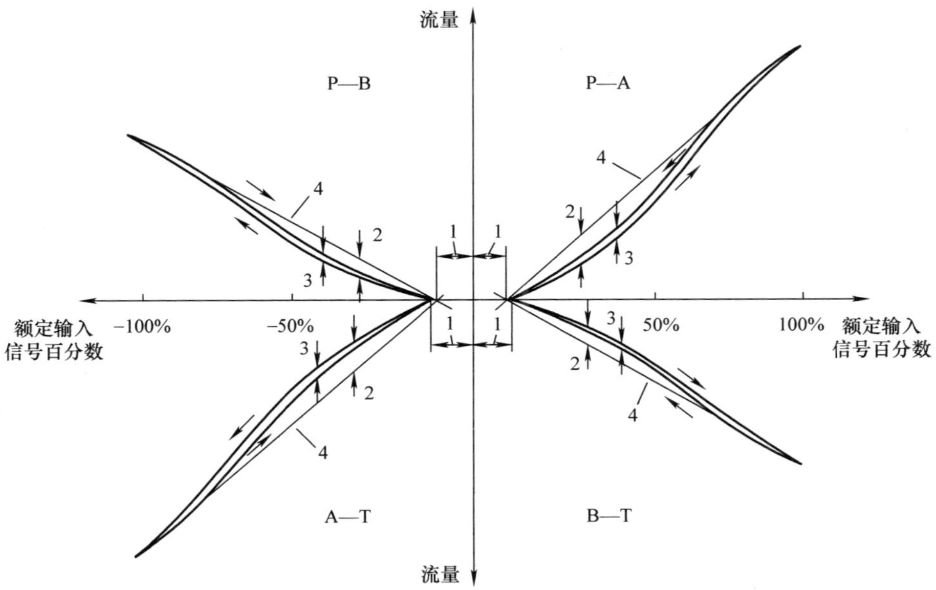

图 9-9　比例方向控制阀和伺服阀在恒定阀压降下输出流量 - 输入信号特性曲线

1—输入信号死区　2—线性误差　3—滞环　4—线性化参考线

阀口、双侧阀口等）循环输出流量，且由于四个阀口曲线本身对称，则也可采用双阀口压降表达阀的输出流量曲线，即用于开环控制回路的比例方向控制阀可采用阀口压降为 0.5MPa 的曲线确定阀规格，也可采用双阀口压降为 1MPa 的曲线；用于闭环控制回路的比例方向控制阀或伺服比例阀，一般采用双阀口压降为 7MPa 的曲线。因此，在产品样本上应注意不同的阀口压降对应不同的曲线。

图 9-9 中把 P—A、B—T、P—B、A—T 阀口各自的每一条流量特性曲线分别绘制在不同的坐标象限内，这是国家标准为了说明每一个阀口的流量特性曲线，在实际产品的流量特性测试过程中，某个阀口的流量特性曲线究竟位于哪个象限，既与输入信号的正负极性有关，也与流量计安装在测试回路中的位置有关（如在伺服阀和伺服比例阀的测试回路中，将流量计安装在负载油口 A、B 之间，在开环比例阀的测试回路中，将流量计安装在回油口 T 上），还与输出的信号极性有关。因此，在查阅产品样本的流量特性曲线时，除了要注意阀口的恒定压降值，还要注意流量特性曲线与哪一个阀口相对应。

从输出流量 - 输入信号特性曲线可以提取以下性能指标：

1）额定信号下的输出流量。反映在阀压降保持恒定条件下，输出流量在整个变化范围内，负载压降为零的空载流量变化特性。最大输入信号的对应输出流量最大值称为额定流量。

2）滞环。当输入信号分别由增大方向和减小方向到达同一信号值时，因阀输出流量不同出现的误差称为滞环，并以额定流量的百分数表示。它是衡量阀稳态性能的一个重要指标。通常，四个阀口曲线的滞环大小不同，以最大滞环进行性能评估。滞环越小，阀的稳态性能越好。

3）线性度。表示在流量变化范围内，特性曲线与线性化参考线之间的最大偏差，也称为线性误差。以输出流量量程的百分数表示。线性度反映输出流量曲线的线性化水平，它是衡量阀输出特性的一个重要指标。四个阀口特性曲线的线性误差大小各不相同，以其最大偏差值进行评估。线性误差越小，说明实际曲线与线性化参考线之间的最大偏差越小，即线性度越高，阀的稳态性能越好。

4）输入信号死区。表示无输出流量对应的输入信号范围。存在死区说明阀中位机能或阀口液压零位有正遮盖现象，使输入信号的变化不会产生可测量的输出流量。如图9-10所示，当阀处于正遮盖状态时，在正遮盖行程内，输入信号不产生输出流量。

输入信号死区涉及阀口遮盖和遮盖状态，这是两种不同的液压控制概念。用于开环控制回路的四通比例方向控制阀，通常有三个阀芯位置状态且有中位机能，在中位机能时，阀口会有机械几何尺寸的遮盖。遮盖反映阀口固定节流边与可动节流边的轴向关系，会有正遮盖、负遮盖和零遮盖三种典型尺寸。如果阀中位有一定的正遮盖，则输入信号总会有一个位移死区。但是，对于伺服比例阀的正遮盖，可利用输入信号在液压零位附近使阀芯正反向高频变换来产生零遮盖输出效应，这种正遮盖变为零遮盖输出效应就是遮盖状态。

对于闭环控制回路的四通比例方向控制阀或伺服比例阀而言，具有液压零位，因此，液压零位与阀的遮盖状态有关，遮盖状态是阀口几何尺寸引起的输出流量与信号特性的线性偏移。当阀在液压零位时，情况一是虽然可能有正遮盖，但是除了液压零位或零信号使输出流量为零，输入信号只要有连续线性偏移就会产生输出流量，这时阀口工作在零遮盖状态，即没有死区影响；情况二是已出现输出流量，则阀口处于负遮盖状态，也不存在死区影响。

输入信号死区对应正遮盖状态，并非越小越好，对于有中位机能的阀，功能用途需要一定正遮盖的机械尺寸。因此，需要有一定死区，且大小（或遮盖）与控制性能要求有关，一般来说，阀的输入信号最大死区不大于信号额定值的25%。

5）流量增益。在规定压降下，输出流量变化量与输入信号对应的变化量之比称为流量增益，表现为曲线上任何一点切线的斜率。对于有中位死区的阀，流量增益可用输出流量与输入信号之比的平均斜率表示，斜率越大，流量灵敏度越高。对于有液压零位的阀，流量增益主要体现阀口的零位要求，即阀口误差造成的流量增益误差。如图9-11所示，一种零遮盖状态的阀，在液压零位附近，可能会出现三种典型流量增益曲线（见图9-11中的曲线放大图）：①零遮盖状态的阀口具有连续线性高增益特性；②负遮盖状态的阀口在负遮盖量之内有更高的流量增益；③正遮盖状态在超越死区后，流量增益与零遮盖状态相同。

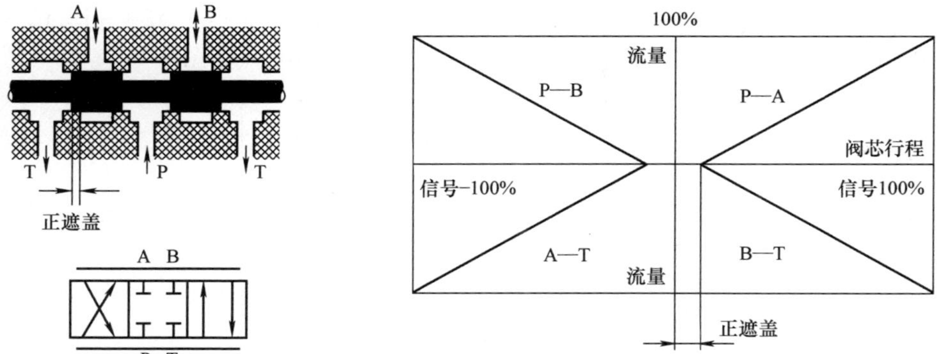

a)

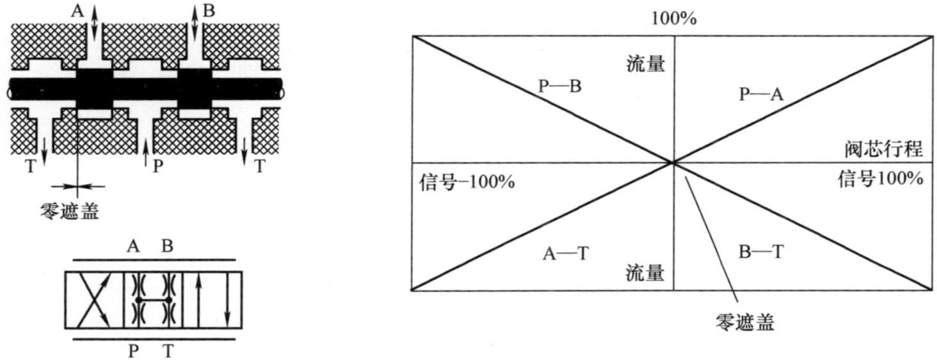

b)

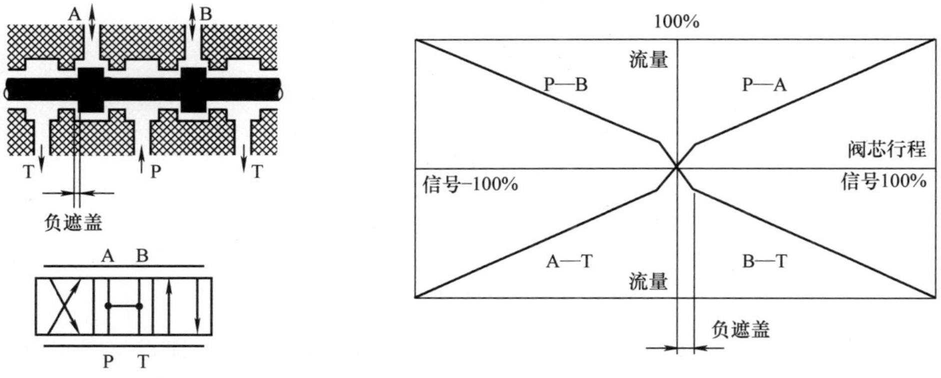

c)

图 9-10 死区、零位与阀口的遮盖状态

a）正遮盖 b）零遮盖 c）负遮盖

6）流量极性。比例阀输出流量 - 输入信号特性曲线形状包含有输出流量极性的信息，流量极性反映输入信号的正负电气连接方向与阀芯位移方向的关系。例如，信号坐标正向，对于输入信号 ±10V 或 4 ~ 20mA，信号坐标向右，可定义为

0~10V 或 12~20mA 对应于 P—A 和 B—T 阀口连通，-10~0V 或 4~12mA 对应于 P—B 和 A—T 阀口连通，而 0V 或 12mA 对应于阀中位（见图 9-14）。

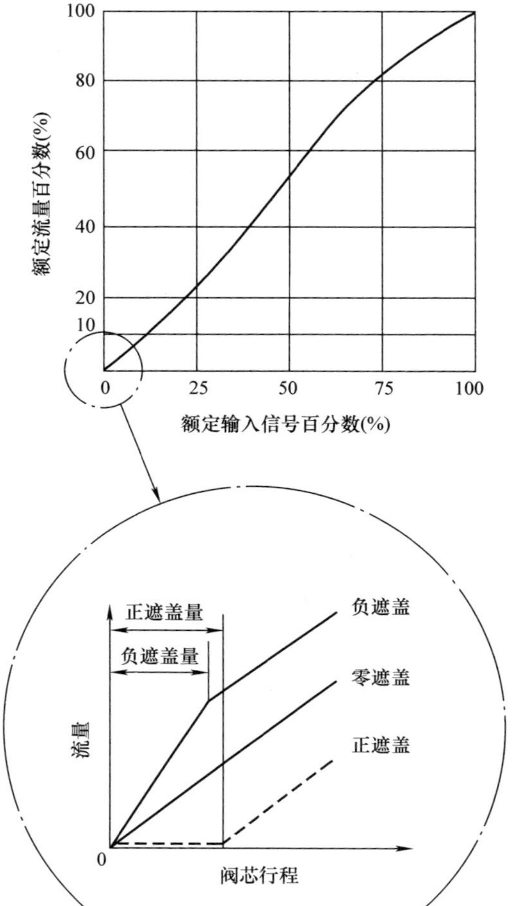

图 9-11　三种典型流量增益曲线

7）流量对称性。比例阀输出流量-输入信号特性曲线形状还显示了流量对称性，即反映不同阀口流量调节的一致性。曲线对称性好，意味着正、负流量增益之间的偏差小，有利于比例阀在控制回路中的应用。工程实际中，产品的曲线若具有良好对称性，通常只用一条曲线就可以简单地表达四个阀口基本特性。

从以上介绍的性能指标可知，比例阀恒定压降下输出流量-输入信号特性曲线有非常丰富的技术信息，它是阀选型和回路应用的主要设计依据。实际应用中，该曲线根据阀的不同性能和用途，在许多销售产品样本中的表达形式灵活多样。主要采用一个简化的单曲线代替循环的双曲线，曲线上的性能指标根据需要，用文字和数据单独列出，如图 9-12 所示，用左、右两个单曲线形式表示四个阀口压降 0.5MPa 下，阀口两侧对称的输出流量特性。在图 9-12a 中，P—A、B—T 曲线与 P—B、A—T 曲线分别重叠，且显示了两条曲线对称性良好，说明阀口两侧具有 1∶1的对称关系。零位中心处有约 25% 中位死区。在图 9-12b 中，P—A 曲线的流量是 B—T 曲线流量的一倍，A—T 曲线的流量也是 P—B 曲线流量的一倍。这说明阀口两侧具有 2∶1 的对称关系，阀芯节流面积比值关系是 2∶1。

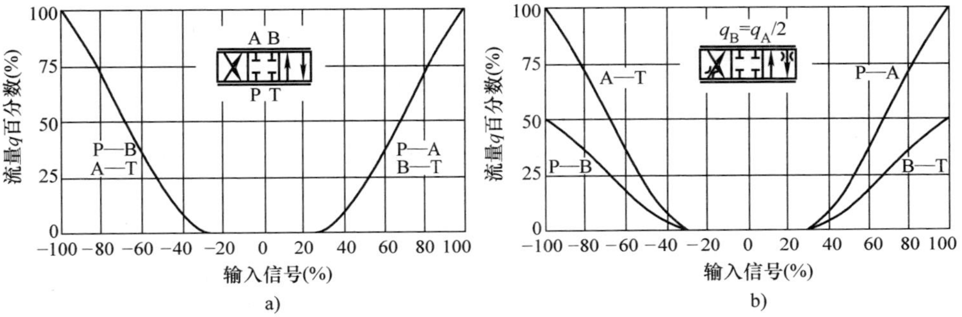

图 9-12　比例方向阀常用的两种流量特性曲线

a）阀口两侧具有 1∶1 的对称关系　b）阀口两侧具有 2∶1 的对称关系

此外，也可用单曲线表示比例方向阀恒定压降下的输出流量 - 输入信号特性，如图 9-13 所示。显然，只有在比例方向阀的四个阀口均具有不影响性能的对称性和一致性的条件下，才能使用这种单曲线的形式表示。图 9-13 所示为双阀口压降 1MPa（即 P—A 和 B—T 阀口或 P—B 和 A—T 阀口压降 $\Delta p=1\text{MPa}$）保持恒定条件下的输出流量曲线，并以此确定阀的流量规格。同时，还为选用阀的输入信号与流量之间的对应关系提供了方便。曲线还提供了双阀口在不同恒定压降下的不同输出流量曲线。这些不同阀口的恒定压降分别为 1MPa、2MPa、3MPa、5MPa、10MPa 不等，为设计时选用阀的流量规格提供方便。

可以用左、右两个单曲线形式表示具有零遮盖状态的阀在液压零位和恒定双阀口压降下的输出流量 - 输入信号特性，如图 9-14 所示。图 9-14 中的横坐标表示以阀芯液压零位或输入信号零点为基准，对称两个运动方向的 100% 行程或输入信号，纵坐标是阀的输出流量。阀具有第四位安全机能，在断电时，阀各个油口处于封闭状态。曲线表示阀分别在四个（P—A、B—T、P—B、A—T）单阀口压降 3.5MPa 下的输出流量。由图 9-14 可见，阀的液压零位或信号零点基本无死区，输出流量曲线的对称性好，线性增益良好，详见伺服比例阀产品样本曲线和数据。

（2）阈值　当输入信号停止变化一定时间后发生反向变化时，对应的输出流量不跟随变化或变化不可测量，这个输入信号的“死区”称为阈值，也称反向误差，以额定信号的百分数表示。阈值反映了阀产生反向输出所需输入信号的最小变化量，阈值越小，性能越好。

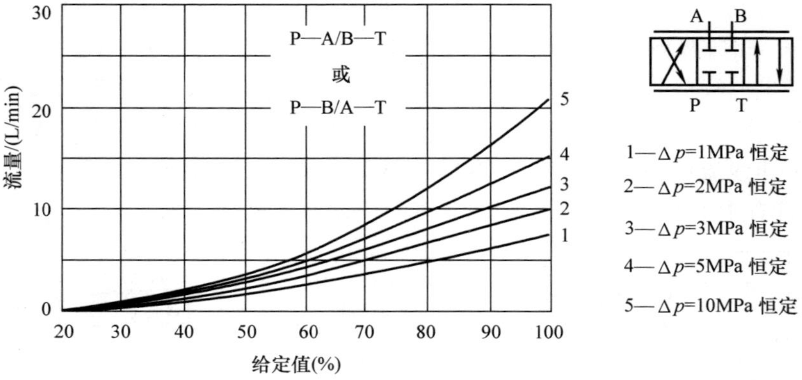

图 9-13　比例方向阀输出流量－输入信号特性的单曲线形式

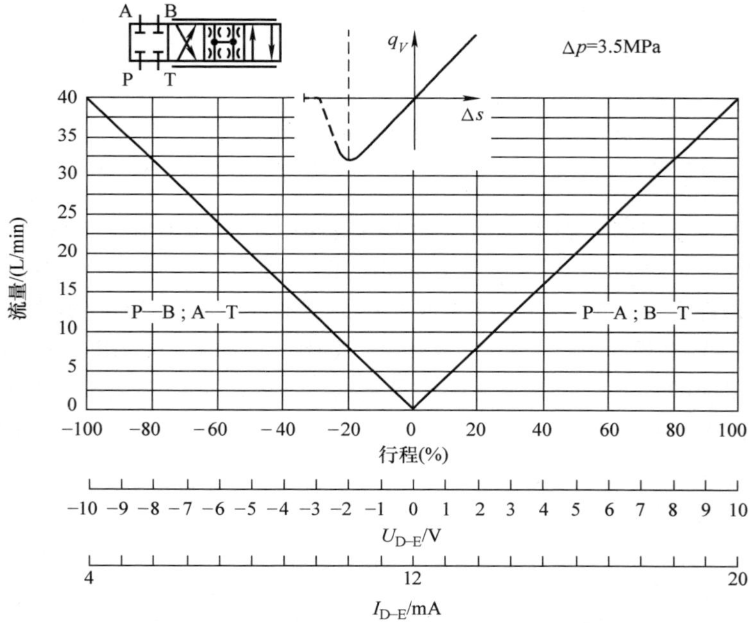

图 9-14　伺服比例阀输出流量－输入信号特性的单曲线形式

产品样本经常提供分辨率而较少提供阈值。阈值与分辨率概念不同。分辨率表示输入信号停止变化一定时间后发生同向变化时，输出流量不变化所对应的输入信号的“死区”。输入信号分辨率的“死区”一般不超过阈值的一半。伺服阀常用分辨率指标来表达输出流量对应的输入信号灵敏度水平。阈值和分辨率“死区”的图形表达如图 9-15 所示。

（3）输出流量－阀压降特性　图 9-16 所示为比例方向控制阀和伺服阀共同适用的输出流量与阀压降关系曲线，反映控制流量范围和无负载流量特性。

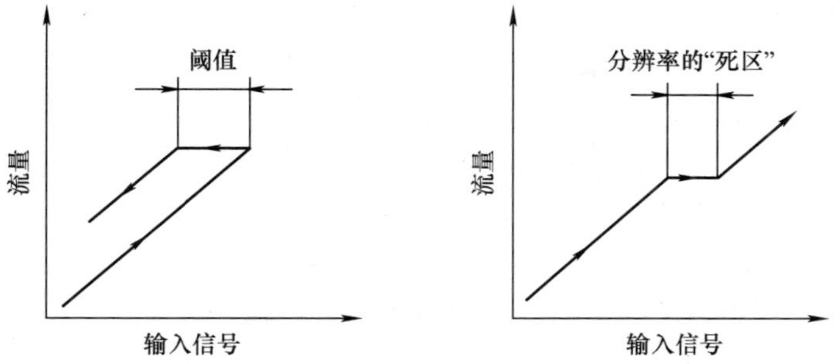

图 9-15　阈值和分辨率“死区”的图形表达

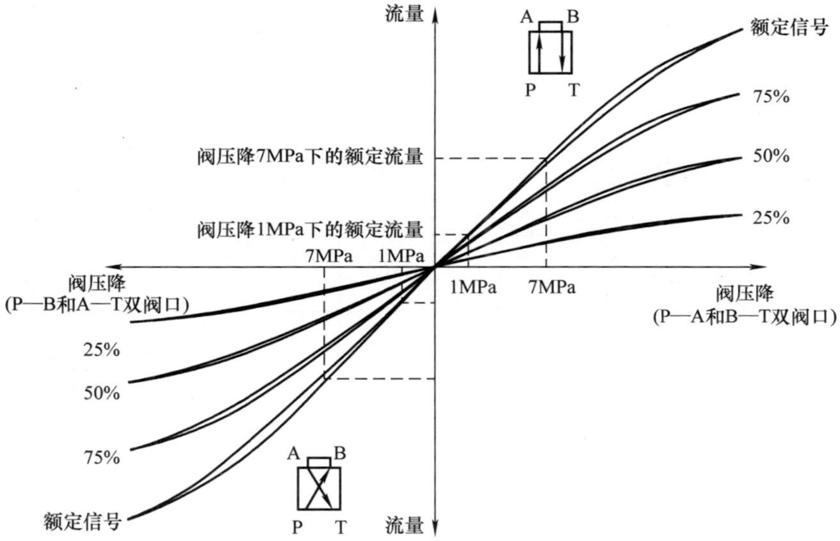

图 9-16　比例方向阀输出流量与阀压降关系曲线

在图 9-16 中，横坐标表示阀压降，为双阀口压降，纵坐标表示阀输出流量。曲线显示阀具有对称（面积比 1∶1）阀芯。当输入正向额定信号时，有 P—A 和 B—T 正向双阀口的输出流量；当输入反向额定信号时，有 P—B、A—T 反向双阀口的输出流量。曲线同时给出不同信号大小（额定信号、75%、50%、20%）对应的不同流量曲线。显然，随着阀压降增加，阀的输出流量相应增加，直至阀油口 P 在额定压力时，使压降增至最大，流量不再增大，故曲线反映了输出流量与压降增大的变化关系。如果减少油口 P 压力，使压降变化至最低压降，就形成了一个压降上升分支与压降下降分支组成的循环曲线。循环曲线不重叠是阀本身尺寸误差和调节压降的误差造成的。

以阀的额定信号（对应阀的最大开口量）对应的特性曲线为依据，规定阀的额定流量有 2 种形式：一种用双阀口压降为 1MPa（也即单阀口压降 0.5MPa）输出流量表示；另一种用双阀口压降为7MPa（也即单阀口压降3.5MPa）输出流量表示。2种表示形式本质上相同，设计选型时需要根据需要查看具体产品的规定。理论上，采用更大的双阀口压降有利于减小设备尺寸，但系统的发热也更严重。

在产品样本中，通常采用对数比例尺把输出流量与阀压降关系曲线进行转化，使流量与压降关系用直线关系图表示，以方便额定流量的比例方向阀产品的规格选择。如图9-17所示，以双阀口压降为1MPa表示阀的额定流量规格。三条曲线表示同一种通径（DN6）的阀具有三种流量规格，且每一种流量规格具有最大压降下的最大输出流量，在此流量极限边界，受流速限制（小于30m/s）不能再增大。在曲线上也给出双阀口压降为7MPa下的输出流量。曲线虽然没有给出阀中位机能，但是，该产品具有中位零遮盖、正遮盖及负遮盖状态，以适用于位置、速度、压力的闭环控制。

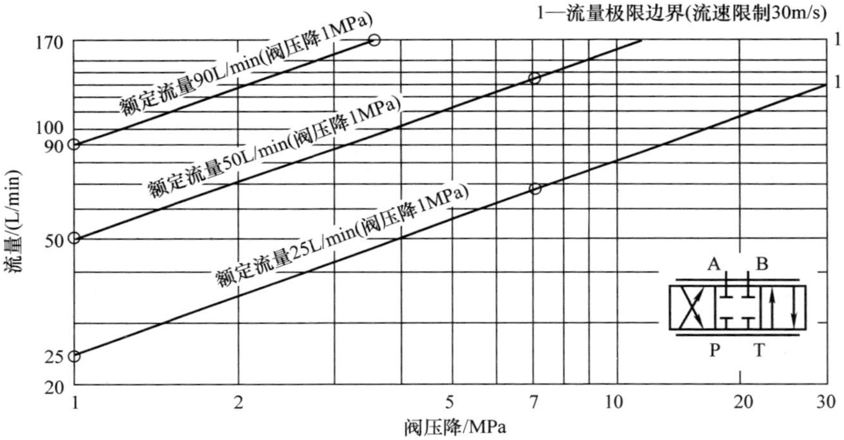

图9-17　对数比例尺表达输出流量与阀压降关系曲线

根据输出流量-阀压降特性曲线还可确定输出流量极限（功率极限），该曲线提供了不同输入信号和不同压降下的阀功率界线。不同中位机能的阀并不都具有达到最大压降下输出流量的能力。在阀处于较大阀口压降和不同输入信号下，由于阀受液动力或阀芯结构限制等因素的影响，阀芯运动位置可能无法稳定，流量随着压降增大产生突变现象，不同流量下突变对应于曲线拐点所形成的流量与压力的边界线，反映阀的极限功率特性。图9-18所示为销售产品给出的流量（功率）极限曲线。在阀口最大（在100%输入信号）的情况下，当阀压降达到最大时，有最大输出流量，但是，在阀口变小（在70%输入信号）的情况下，阀芯反而受功率特性限制，阀压降和输出流量有明显的减少。

比例方向类的阀在闭环控制回路应用中，阀口输出流量与阀口节流面积和阀口前后压降的算术平方根成正比，阀口节流面积取决于输入信号大小（对应阀芯位移变化量），曲线上阀压降是双阀口上的总压降，取决于供油压力、负载压力及回

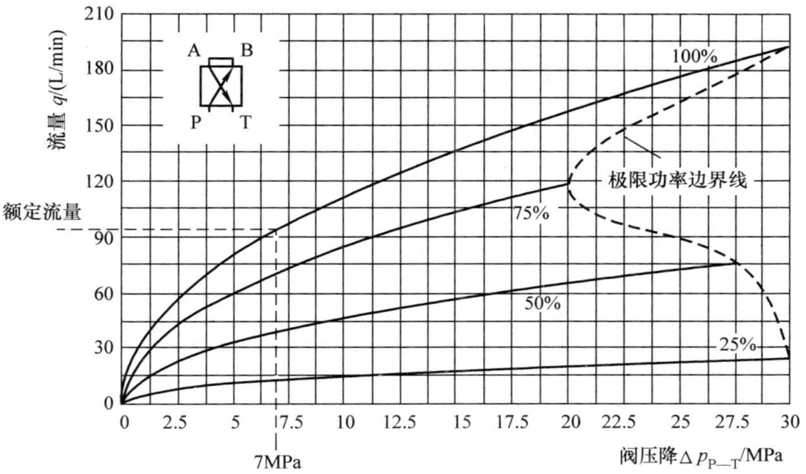

图 9-18　流量（功率）极限曲线

油背压。阀的总压降在数值上等于供油压力减去负载压力及回油背压力之和。因此，通过曲线可确定流量变化范围和流量极限。

另外，对于有内置压力补偿器的阀（通常这类阀为比例流量控制阀），也利用类似特性确定其负载补偿装置的有效性，但所反映的曲线形状有明显不同。

（4）压力增益特性　图 9-19 所示为闭环控制回路应用的比例方向类控制阀（含伺服比例阀和伺服阀）共同适用的负载压差 - 输入信号特性曲线，该曲线反映压力增益 - 输入信号特性。

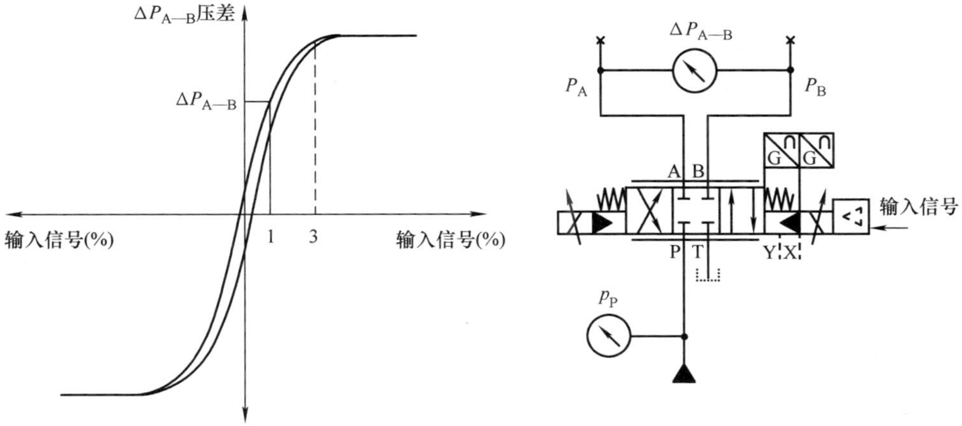

图 9-19　负载压差 - 输入信号特性曲线

通过负载压差 - 输入信号特性曲线可确定压力增益，它表示在封闭的负载油口获得线性范围的负载压差下，负载压差的变化量与对应的输入信号变化量的百分数，即线性范围内曲线的斜率。工程应用中，压力增益标准计算方法是在封闭的负载阀口A、B上，当输入信号从0%变化至1%时（曲线在线性范围内），负载压差变化量与供油压力的百分数。当考虑避免零位附近由于测试不准或读数困难所带来的过大误差问题时，也有产品采用3%～4%的输入信号变化范围，但也要求在曲线线性范围内计算压力增益，否则，如果压力增益曲线在输入信号达到3%的额定输入信号时进入了饱和状态，计算得到的压力增益就没有意义了（见图9-19）。

阀芯遮盖状态影响压力增益特性。当零遮盖的阀芯处于液压零位时，压力增益定义为阀口A和阀口B，在流量为零时，输出压力随着输入信号的变化率。理想状态下，油路A和油路B压力相等，因此，油路A和油路B之间压差为零。实际上，阀口A和阀口B存在漏油途径，意味着油路A和油路B的压力是阀口P与阀口T之间的某一中间压力。如果阀芯向阀口A方向偏移，则阀口A与阀口P接通而阀口T切断，最终，阀口A将与阀口P的压力相等。反之亦然。这样，阀口B将与阀口P相等。

如图9-20所示，如果对于负遮盖状态，需要较大的阀芯位移才能使油口关闭，这产生的压力增益明显偏低，对于正遮盖状态，阀芯需要经过死区（正遮盖）才能产生压力变化，其压力增益曲线在输入信号越过正遮盖量以后才发生变化。通常，应用在闭环控制系统中的正遮盖量小于5%以内的比例阀、伺服比例阀或伺服阀才需要测试压力增益特性。

负载压差－输入信号特性是由信号上升分支与下降分支组成的循环曲线，循环曲线存在滞环。滞环现象由磁滞或摩擦力造成，滞环大小可考核，因此，在产品样本上，压力特性采用单一曲线表达，如图9-21所示。

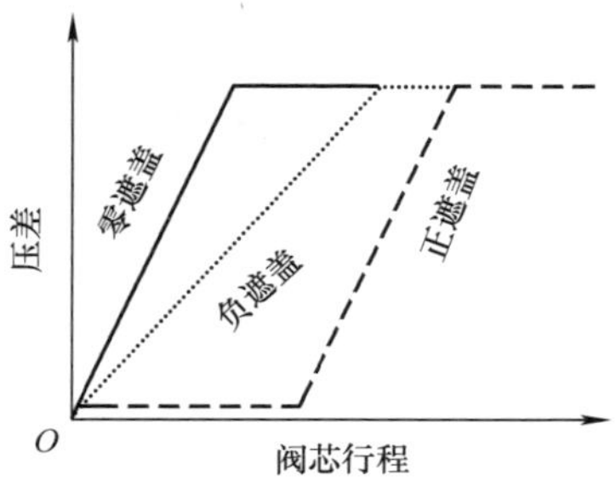

图9-20　阀芯遮盖状态影响压力增益特性

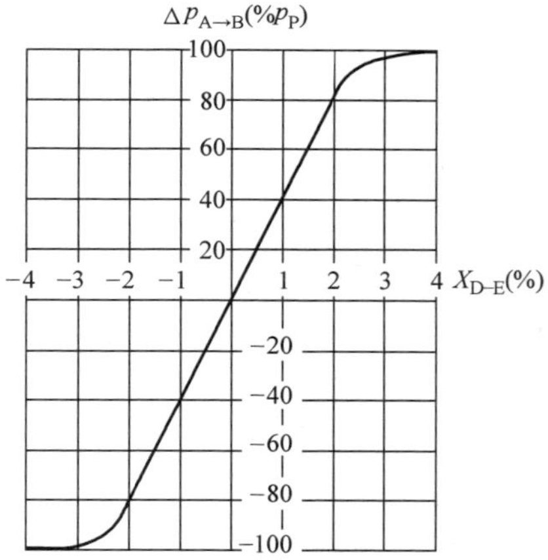

图9-21　产品样本采用单一曲线表达压力特性

2. 动态特性

四通比例方向控制阀的动态特性主要有两种：阶跃响应特性和频率响应特性。图9-22a所示的阶跃响应特性曲线是对阀输入一个阶跃信号，记录阀口输出流量随时间的变化过程，图 9-22b 所示的频率响应特性曲线是对阀连续输入不同频率正弦信号，记录阀口输出流量跟随输入信号变化的时间过程。

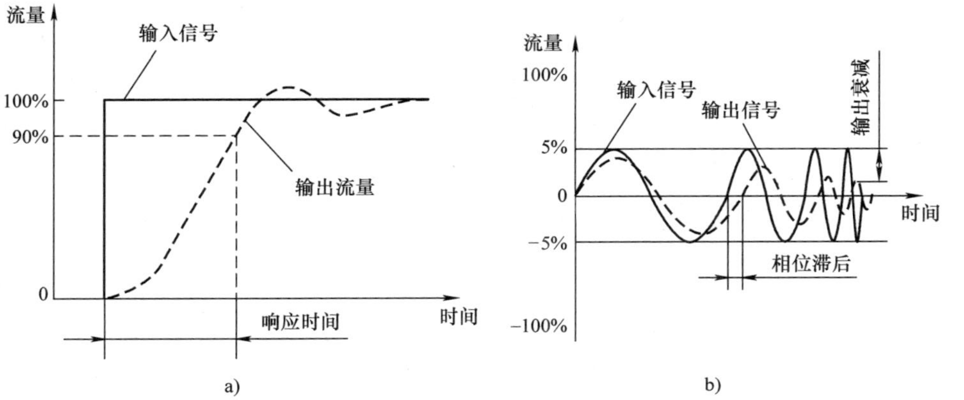

图 9-22　比例方向阀的动态特性

a）阶跃响应特性　b）频率响应特性

上述两种动态特性曲线反映阀的输出对于两个不同性质的输入信号在时域内的响应。时域描述动态信号随着时间的变化，输出按时间的先后顺序发生唯一实际存在的域。标准测试方法有三种：①使用具有动态特性的流量传感器的输出作为控制流量，这是直接测量流量方法。要求流量传感器频带宽至少大于包括困油容积效应在内的最大频率的 3 倍，管路长度应尽可能短，由于流量计性能要求很高，测量比较困难，一般难以做到。②使用低摩擦（压差不超过 0.3MPa）、低惯性的直线执行器或达到上述频带宽的速度传感器组合而成的“动态缸”来代替流量传感器，这是间接测量方法，也是阀试验台通常提供的动态模拟装置，但并不适用于含有直流偏置输入的信号。一般常用于伺服阀测试。③对于带内置阀芯位置传感器的阀，使用阀芯位置信号作为反馈信号代替控制流量，这是替代流量的测量方法。该方法简单方便，但受阀是否带位置传感器功能的限制，且测量数据反映阀芯位置变化而不是真实的流量变化。因此，这三种方法得到的测量数据结果都不会一致。介绍产品的动态性能时有必要在样本中予以说明。

目前，大部分比例方向控制阀与伺服阀采用阀芯位移传感器作为反馈元件，由于阀芯位移与阀的输出流量有对应关系，因此，曲线流量可表示为阀芯位移，这给阀的动态测试带来方便，即可采用上述第三种方法测量阀的动态特性。

在图 9-22b 中，频率响应特性曲线表示阀口在打开一半的位置（50% 阀芯行程）输入信号进行正、反方向 5% 微小行程的变化时，阀芯位移代表被控流量的响应。当输入正弦信号在低频率变化时，输出基本同步跟踪输入变化，但是，随着输入频率加快，输出频率跟不上输入变化，出现相位滞后和输出衰减的现象。为了能准确反映阀的频率变化的影响，需要在频域内进行全面测量。

频域是描述信号频率特性的一种坐标系。频域图显示在频率范围内每个给定信号的变化。频域不是真实现象而是一个数学构造。如果输入信号从低频到高频扫频变化，在频域中得到数学计算结果的曲线形式，如图9-23所示为信号变化在时域内和频域内的不同曲线变换示意图。在时域内，阀在时间方向上所记录的变化曲线在时域图像上，曲线的投影就是曲线真实形状；在频域内，阀在频率方向上对一系列不同频率信号计算结果曲线记录在频域图像上，所记录的频域图像是频率信号的幅频或相移的投影，投影中这些大小不同的幅频或相移的连线就是频域曲线。因此，两种曲线反映阀的本质特性是相同的。

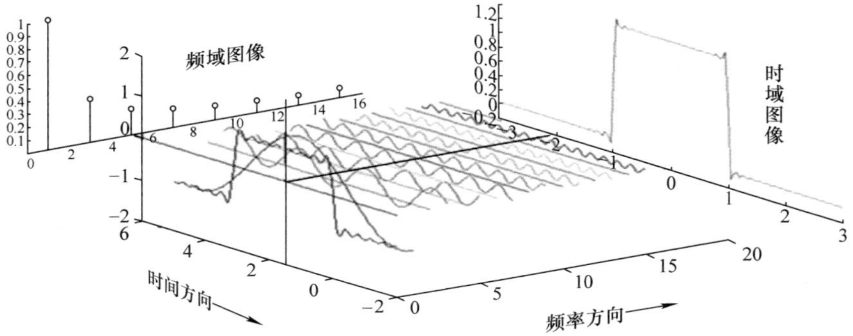

图9-23　信号变化在时域内和频域内的不同曲线变换示意图

实际应用中，通常采用伯德图表示频域曲线，伯德图上频率响应曲线表示频率响应的幅值和相位差的组合。采用基于频率对数坐标的幅值比和相位差曲线，其纵坐标幅值比也是对数关系，纵坐标相位滞后是线性关系。因此，对于阶跃响应特性和频率响应特性，需要了解以下评价指标。

（1）阶跃响应（输入信号阶跃变化的流量瞬态特性）　图9-24所示为四通比例方向控制阀和伺服阀共同适用的控制流量阶跃响应特性曲线，反映了阀的控制流量随时间阶跃响应的变化过程。阀对阶跃输入信号的响应与比例电磁铁和阀芯质量有关。但是，阶跃响应特性也受测量回路和测试方法的影响。当阶跃信号作用于阀放大器输入端，控制流量也可以采用上述第三种标准测试方法，即利用阀芯位置反馈信号代替控制流量。

图9-24所示的曲线表示阀在额定压降下，输入信号在0%~100%之间阶跃变化时，使阀产生阀芯位移的瞬态响应过程。最终稳态流量变化范围不高于额定压力±5%。

从比例方向控制阀阶跃响应曲线可以提取以下性能指标：①响应时间；②调整时间；③超调量。这些性能指标是自动控制原理的时域特性要求在比例方向控制阀动态性能上的具体体现。

① 响应时间：响应时间指从流量起始时刻到阀第一次达到90%稳态流量的时间差，该指标反映阀跟踪阶跃输入信号的能力。响应时间越短，阀的反应越快。

② 调整时间：调整时间指从流量起始点到最终流量稳定的时间差，该指标反

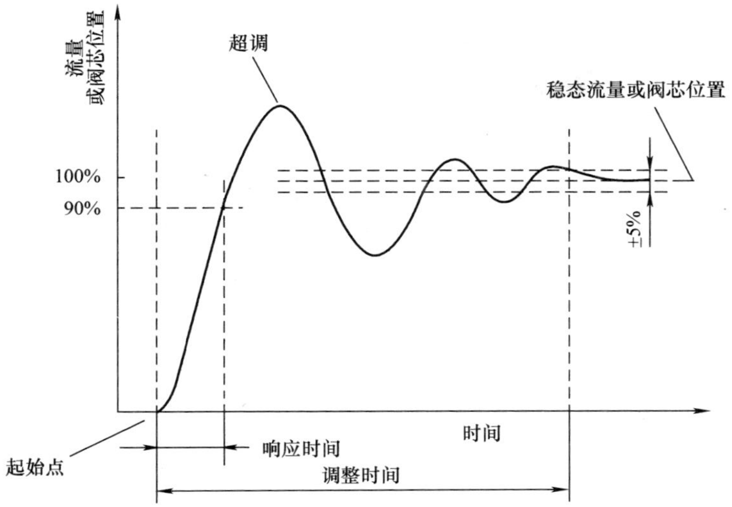

图 9-24　阶跃响应特性曲线

映阀的控制流量达到稳态流量的能力。调整时间越短，瞬态响应特性越好。

③ 超调量：超调量是指阀超出稳态流量（或阀芯稳态位置）的输出。超调量越小，稳定性越好。

产品样本中介绍的阶跃响应一般给出响应时间或调整时间，而给出阶跃曲线主要为表达这两种时间的推荐值，这是因阀的响应时间，受控制流量大小、控制回路容积（管路规格和长度）、油液状况以及试验系统条件和因素影响较大，响应时间需要根据具体应用回路进行评估，存在一定差异性。

图 9-25 所示为产品样本中提供的一种 6mm 通径伺服比例阀的阶跃曲线，一组大小不同的信号代表阀口开启的大小程度不同。如果在 100% 阶跃信号作用下，阀口全开时，采用阀芯位置信号作为反馈信号代替控制流量，从图上测量阀的响应时间约 7ms，调整时间约 13ms。不过，这种电反馈信号只是反映阀的传递函数，而不是真正的被控流量，被控流量还具有非线性，并受回路容积的影响。

（2）频率响应特性　图 9-26 所示为四通比例方向阀和伺服阀共同适用的被控流量频率响应伯德图。

在伯德图上，曲线横坐标是输入信号的频率（Hz），纵坐标有两个考察值：一个是幅值比（用 dB 表示），表示输出信号幅值与输入信号幅值之比的对数的负 20 倍，即

$$\mathrm{dB} = -20\log\left(\frac{输出}{输入}\right)$$

另一个相位滞后，用角度（°）表示，表示在 360°的区域内，输出信号的相位落后于输入信号相位的差值。

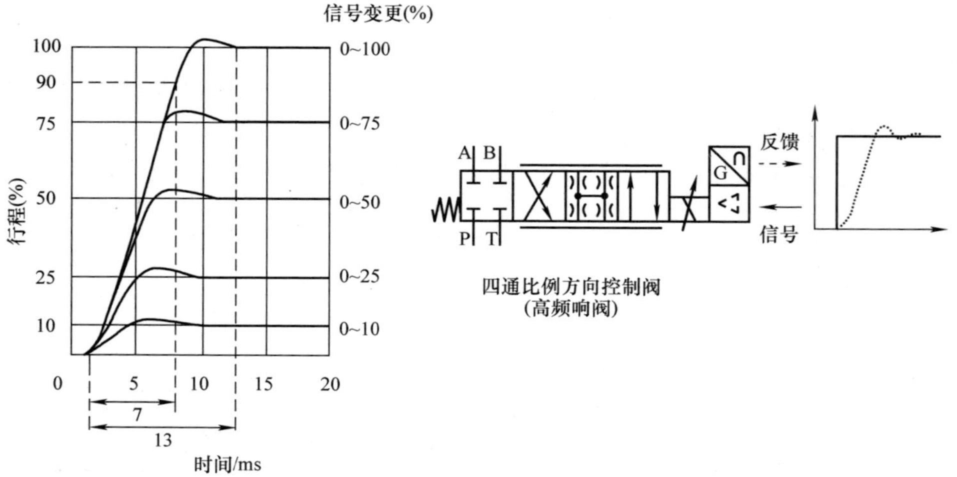

图 9-25 6mm 通径伺服比例阀的阶跃曲线

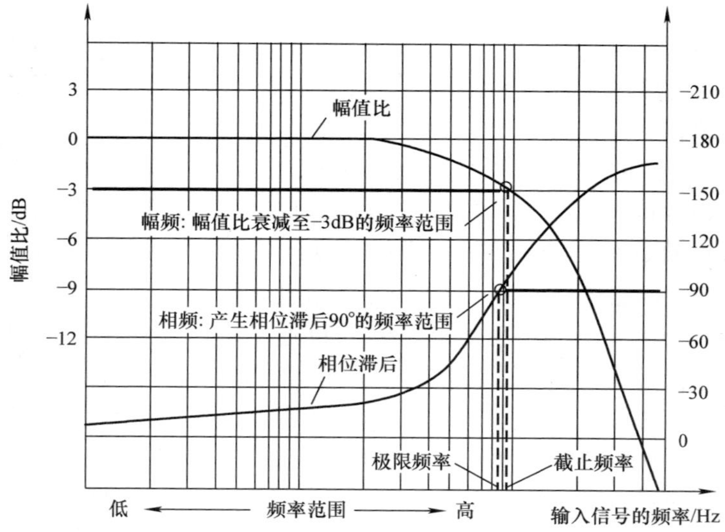

图 9-26 频率特性（伯德图）

其中，输入用最大输入信号百分数表示；输出用阀芯行程百分数表示。当输入信号以低频变化时，阀输出很容易跟踪，则输出与输入的幅值之比等于 1，意味着衰减 0dB，表示输出与输入的幅值相等。幅值比在伯德图上是一系列对数值所拟合的一条呈最终下降变化的曲线。随着输入信号频率提高，输出变得不能跟踪输入，幅值比的曲线出现下降，当输入信号幅值仍为 100% 而输出幅值已下降 70% 时，上述对数公式的数值为 −3dB（负号表示衰减，即输出小于输入），即产生 3dB 的幅值比衰减，−3dB 对应的截止频率也称为转折频率。因此，把输出低于输入 70%

的幅值比的特性定义为阀的幅频宽（又称为带宽）。

与此同时，随着输入频率的提高，输出相位也落后于输入相位，当输出相位落后于输入 90°或 1/4 周期时，把产生相位滞后 90°的频率定义为阀的极限频率。理论上，两种计算结果在 -3dB 幅频和 90°相频上具有大致相同的频率范围。实际情况是两种特性的频率范围不同，截止频率和极限频率受阀的供油压力或输入信号幅值（阀芯行程）的影响。

从伯德图上可以提取以下主要性能指标：①幅频宽；②相频宽。这些性能指标是自动控制原理的频域特性要求在比例方向控制阀、伺服比例阀、伺服阀动态性能上的具体体现。

① 幅频宽：阀跟踪频率由低变高的正弦输入信号，输出衰减到 -3dB 幅值比的频率范围。幅频宽越高越好。

② 相频宽：极限频率反映阀输出跟踪正弦输入出现相位滞后 90°时的相频范围。相频宽越高越好，极限频率受闭环控制系统的非线性制约。

在某些交流场合，人们还常用频响的概念来表达对比例/伺服阀动态特性的综合评价，包括阀所具有幅频（-3dB）和相频（90°）这两个指标的频率响应能力和时域中的阶跃响应能力的评价，而且凡是称为高频响阀的产品，都要提供伯德图曲线和阶跃响应曲线。

实际产品提供的伯德图曲线中，幅频宽和相频宽与输入信号大小有一定关系，100% 输入信号比 5% 输入信号频响低，意味着阀口在阀芯全行程开闭变化的反应速度慢。工程应用中，5% 输入信号是非常重要的阀芯小行程。图 9-27 所示为一种实际产品不同信号下的伯德图曲线，通过测量阀位置传感器获得输出信号。可见，±100% 信号与 ±5% 信号下的幅频（-3dB）和相频（90°）有很大差别。

GB/T 15623.3—2022《液压传动　电调制液压控制阀　第 1 部分：四通方向流量控制阀试验方法》中还有关于比例方向控制阀的输出流量 - 油温特性、内泄漏特性、压力零漂特性、失效保护功能、电气特性和压力脉冲试验等其他一些基本特性的描述，读者可以根据需要查阅。

9.3.3　比例流量控制阀基本性能

比例流量控制阀包括不带压力补偿器的比例节流阀和带压力补偿器的比例调速阀，产品结构原理特征主要采用比例电磁铁控制节流口变化，其作用是通过配套放大器设定电信号来连续调节节流口面积大小，实现输出流量成比例连续变化。比例节流阀输出流量受负载变化影响；比例调速阀具有压力补偿功能，因此，输出流量基本不受负载影响。比例流量控制阀基本性能与比例方向控制阀的基本性能类似，产品的参数数据和特性曲线可参考 9.3.2 节。但是，当比例节流阀与压力补偿器一起使用，构成比例调速阀的时候（也包括比例方向控制阀与压力补偿器一起使用的情况），其性能曲线出现了一些新的变化。故本节只介绍带压力补偿器比例阀

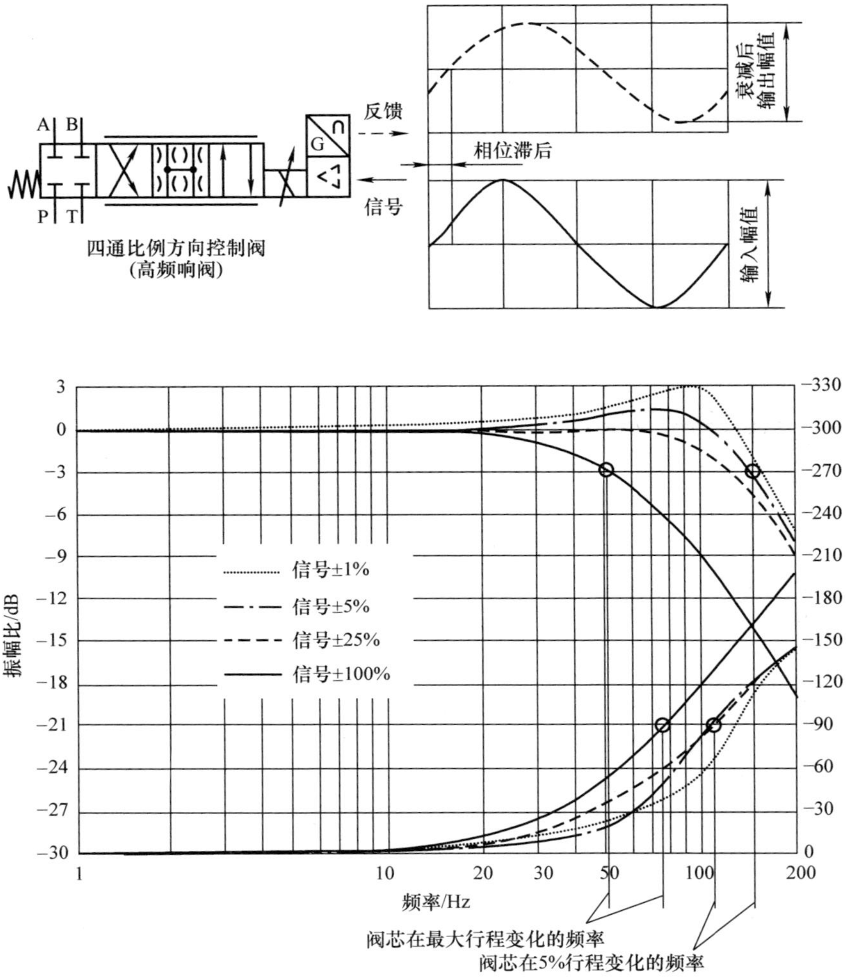

图 9-27　不同正弦信号幅值的伯德图

（包括比例方向控制阀和比例调速阀）的输出流量－阀压降特性及其特性曲线和性能指标。

图 9-28 所示为带压力补偿器的比例方向控制阀和比例调速阀的输出流量－阀压降关系曲线。反映流量比例阀输出流量不随阀压降变化的特性。这类阀输出流量与阀口节流面积成正比，并与阀口前后压降算术平方根成反比。阀口节流面积大小取决于输入信号大小和阀芯位移量，因此，只要阀口前后压降用压力补偿器保持固定压差不变（通常比例方向阀是双阀口上的总压降约 1MPa，比例调速阀压差约 0. 8MPa）。这样，在供油压力保持充足的前提下，无论阀的进、出油口之间压降是多少（即曲线上的横坐标阀压降在数值等于供油压力减去负载压力与回油背压之和），由于阀内部的定差减压阀已经设置固定阀口压降，故其输出流量保持恒定不

变。由曲线可确定阀的流量大小和流量起始界限。

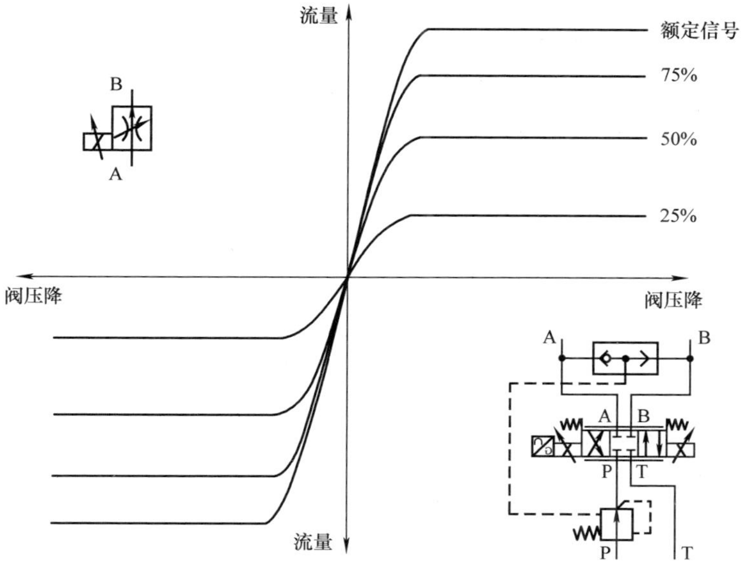

图 9-28　输出流量 - 阀压降关系曲线

在图 9-28 中，横坐标表示阀压降，对于比例方向阀带压力补偿器，为双阀口压降，纵坐标表示阀两个方向的输出流量。对于比例调速阀，为单阀口压降，纵坐标只表示阀一个方向的输出流量。以比例方向阀输出流量与阀压降关系曲线为例，与图 9-16 进行比较可明显看出：带压力补偿器的流量类比例阀，当输入正向额定信号时，有正向双阀口压降的输出流量变化；当输入反向额定信号时，有反向双阀口压降的输出流量变化。曲线同时给出不同信号大小（额定信号、75%、50%、20%）的流量曲线（对应阀口大小不同）。可见，随着阀压降增加，阀的输出流量保持不变。直至阀口 P 达到额定压力，压降增至最大时，流量也不会增大。这就是调速阀输出流量保持恒定的特征。

从图 9-28 中可以提取流量开始保持恒定所需要的最小阀压降、流量波动范围等指标。

9.4　比例压力控制阀

9.4.1　比例压力控制阀的分类

比例压力控制阀利用设定的电信号，通过阀响应连续变化的设定信号调节压力。

根据调压原理，比例压力控制阀可分为比例溢流阀和比例减压阀。比例溢流阀可连续控制封闭容腔内的压力值，当压力超过设定压力时，通过溢出多余的流量来降低压力，溢出的流量直接排回油箱；比例减压阀也可以连续控制封闭容腔内的压力值，但它是当压力超过设定压力时，通过限制流入的流量来降低压力。

根据结构特点，比例溢流阀和比例减压阀都可分为直动式和先导式两种结构。直动式比例溢流阀的输出功率较小，溢流量较少，一般可用于先导式比例溢流阀或先导式比例减压阀的先导级，也可单独用于小功率系统压力或远程压力的比例调节。当用于先导级时，主级可采用常规先导式溢流阀或减压阀原理。三通型直动式比例减压阀主要用于先导式比例方向阀类产品的先导级压力控制。

对于各种类型的比例溢流阀和比例减压阀，其安装面尺寸或插孔尺寸与常规液压阀的相应尺寸基本相同，具有一定的互换性且符合国家标准规定。比例电磁铁的电气接口技术要求等也符合国家电气标准规定。放大器技术符合国家有关电工技术标准要求。

9.4.2 直动式比例溢流阀

直动式比例溢流阀采用比例电磁铁直接作用于阀芯的连续调节原理。控制特征主要有：力控制型、行程控制型及压力反馈控制型三种，其中，力控制型还分别有传力弹簧和无传力弹簧两种结构型式。下面介绍几种典型直动式比例溢流阀的结构原理。

1. 力控制型无传力弹簧的直动式比例溢流阀

（1）结构及工作原理　图9-29所示为力控制型直动式比例溢流阀的结构原理和图形符号。从结构上看，阀功能与比例电磁铁组合为一体化，比例电磁铁的外连接螺纹安装结构具有结构紧凑、使用方便、性能稳定等特点。该产品的最高工作压力可达42MPa，最大流量可达2L/min，满足比例压力控制阀的先导级配套要求。

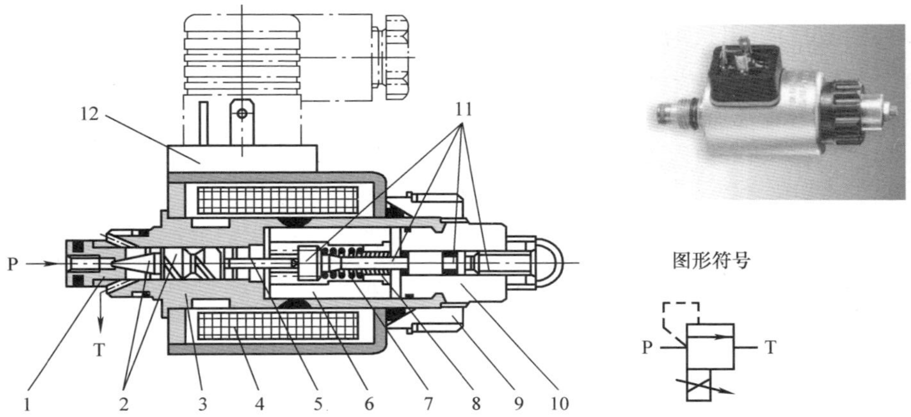

图9-29　力控制型直动式比例溢流阀的结构原理和图形符号

1—阀座　2—锥阀芯　3—导磁套　4—线圈　5—推杆　6—衔铁　7—弹簧　8—回位弹簧　9—锁紧螺母　10—调节机构座　11—调节装置　12—插座

工作原理：阀不工作时，衔铁 6 中的回位弹簧 8 处于弹开状态，使推杆 5 轻微地压向锥阀芯 2，保持其不脱离阀座 1，使阀口关闭。当线圈 4 通电工作时，衔铁 6 在电磁推力作用下，压紧回位弹簧 8 和移动推杆 5，以对锥阀芯 2 产生作用力，使关闭的阀口保持在设定输入信号的压力，随着阀口 P 的被控压力升高，当达到设定输入信号对应的压力时，被控压力将反向推动锥阀芯 2 离开阀座 1，使阀口开启并溢流，此时，电磁铁推力与被控压力处于溢流平衡状态，阀口溢出的多余流量直接回油口 T，以限制被控压力不再升高。

当阀处于溢流状态时，比例电磁铁在其有效工作行程内所产生的推力与控制电流成比例，而与锥阀芯 2 开启压力时的开口位置基本无关（忽略液动力、摩擦力等因素）。因此，阀的被控压力与比例电磁铁的控制电流（即放大器的输入信号）成比例关系。

在比例电磁铁结构上，阀座 1 被压装在导磁套 3 上。带导向柱的锥阀芯 2、衔铁 6、推杆 5 及调节装置 11 一起封装在导磁套 3 和调节机构座 10 的内部中，不可拆解。导磁套 3 的内腔可承受压力达 25MPa。

衔铁 6 的移动行程约 3mm，有效推力行程约 1.5mm，而阀芯工作行程小于 1mm，实际溢流时的行程极小。衔铁 6 的行程由调节装置 11 调整和限位，其材料是电磁纯铁，具有电磁力作用。推杆 5 所用材料无磁性，固定在调节装置 11 上。

衔铁 6 内置两个弹簧。其中，回位弹簧 8 在工作中始终处于压紧状态，只在不工作时受调节装置 11 行程调整，提供阀最低压力，以保持阀任意方向安装时不使锥阀芯 2 脱离阀座 1。弹簧 7 的刚度很大，不被压缩，只起传递推力作用，最高传力大于额定电磁力的 25% 以上，以保证电磁推力的有效性。

锥阀芯 2 上有导向柱，可保持锥阀芯 2 的移动定位作用，导向柱的表面上有螺旋（或直线）导油槽，可让油液流入并充满导磁套内腔，起润滑和微阻尼作用。为了改善滞环影响，衔铁 6 的表面还覆着低摩擦系数的聚四氟乙烯涂层，可以最大限度地减小摩擦力。

调节装置 11 由多个零件装配在一起，通过螺杆调节锥阀芯 2 的零位。如果输入电信号为最小，则外部放大器仅以最小控制电流施加于比例电磁铁并产生推力，以确定阀最低有效输出。

线圈 4 属于通用化设计的独立产品，旋下锁紧螺母 9，拆装比较方便。线圈 4 有两种电流规格，一种是 800mA，另一种是 1600mA，可根据放大器的不同配置要求使用。插座 12 符合 JB/T 7434—2006（ISO 4400：1994）《阀用电磁铁插头座》相关规范，可插入标准电磁阀插头或插头式放大器。

另外，阀在回油口 T 油路上可设置阻尼孔（安装在阀体上，图中没有表示），这有助于阀本身的性能稳定。

从阀的图形符号上看，比例电磁铁推力直接作用于阀上。虽然衔铁 6 内部有两个弹簧。但它们只改善电磁铁性能。因此，依据 GB/T 786.1—2021《流体传动系

统及元件　图形符号和回路图　第1部分：图形符号》中关于阀的图形符号画法规则，该比例溢流阀的图形符号上不出现弹簧符号要素。

（2）调压特点　比例溢流阀调压范围的最高压力值取决于阀座口直径大小。如图9-30所示，由于GP45类型的比例电磁铁的最大推力约80N（受到一定标准规格限制且不能改变），因此，比例溢流阀不像常规的压力阀可通过更换不同刚度的弹簧来改变调压范围，只能通过改变阀座口直径，从而改变锥阀芯有效作用面积来改变压力变化范围。这样，在比例电磁铁推力一定的条件下，要提高阀的调压范围的最高压力值，只能减小阀座口直径。

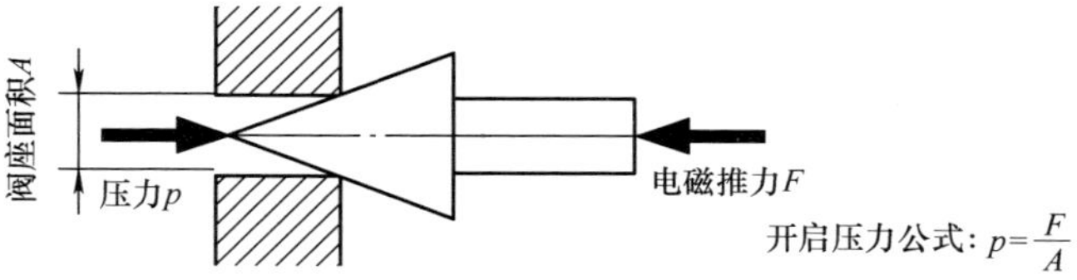

图9-30　比例溢流阀调压原理

阀的调压范围以不同阀座口直径分档，可分为~5MPa、~10MPa、~20MPa、~31.5MPa、~35MPa及~42MPa六档。在每一档中，阀调压范围的最低压力由放大器的最小输入信号来调整确定。通常，调压范围最高压力等级越低，其最低压力调定值就越低。由于存在信号死区影响，理论上可达到的最低压力约0.1MPa，一般有效的最低压力提高到0.3~0.6MPa这一水平，即产品最低压力值需要人为地规定一个有效输入信号值，以满足其他性能指标要求。

为使阀能达到最高工作压力且加工工艺性好，阀座口的直径被限制在1.6~1.8mm，这个很小的直径和阀口面积所产生的环状溢流缝隙又限制了阀通流能力，因此，该阀的溢流量很小。在正常稳态溢流工况下，阀的溢流量被限制为约2L/min，恰好满足各种先导式比例压力控制阀的先导级使用需要。

（3）性能特点　比例溢流阀产品样本上主要给出了压力－输入信号特性曲线和压力－流量特性曲线这两个最重要的曲线，可提供输入信号死区、最低控制压力及滞环、线性度等性能指标，还可了解阀的重复精度、阈值（或分辨率）及输入阶跃响应等参数。

下面对该产品样本中介绍的性能进行分析介绍。

图9-31a所示为阀的阀口P的压力－输入信号特性曲线，表示在100%输入信号范围内，进口压力从最小至额定压力的变化情况。由图9-31a可见，曲线形状具有非线性特征，在10%输入信号时具有最低压力（约0.2MPa）。但是，产品出厂前，考虑到产品的有效性，以输入信号20%校准死区范围，即人为确定最低工作压力值为0.8MPa。以此为条件，曲线所显示线性误差，在以流量0.8L/min为基准（见图9-31b）和最大进口压力20MPa下，其统计值如下：线性度为±3%，滞环<4%，阈值（反向输出死区）为0.5%。

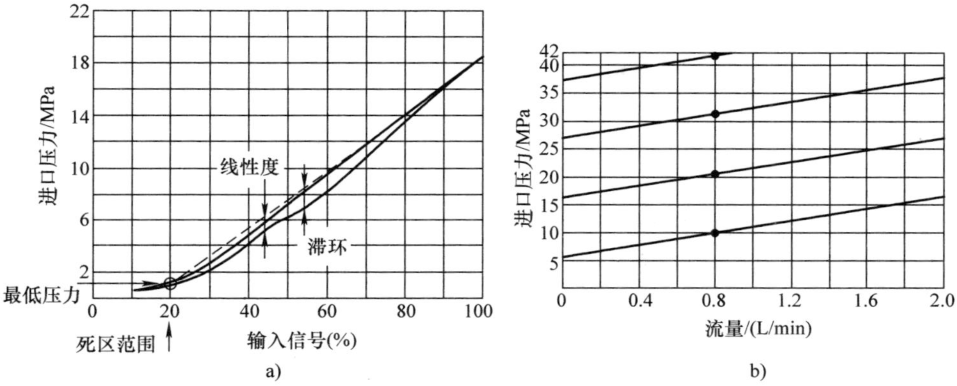

图 9-31　比例溢流阀产品样本上的性能曲线

a）压力－输入信号特性曲线　b）压力－流量特性曲线

图 9-31b 所示为阀的进口压力－流量特性曲线，表示在阀输入信号恒定的条件下，阀通过的流量对被控压力的影响。图中流量以溢流量 0. 8L/min 作为测量值标准。可见，进口压力值随着溢流量增加而升高，压力曲线上升现象比较明显，即调压偏差较大，这主要是受液动力的影响比较大。

对于比例溢流阀的动态特性，一般只进行阶跃响应特性测试，需要规定具体回路容积条件才能比较动态特性参数。在输入阶跃响应中，在动态压力腔容积小于 $20cm^3$，流量 q = 0. 8L/min 条件下，当瞬时变化压力从 0% 至 100% 或 100% 至 0% 时，阀的阶跃响应时间一般不超过 80ms。

比例溢流阀的使用性能与配套放大器密切相关，一方面，阀本身特性需要由放大器调制附加颤振信号才能获得小的滞环，另一方面，阀配套放大器型号不同，其滞环也有所不同。

（4）放大器特点　力控制型比例电磁铁驱动的直动式比例溢流阀经常采用图 9-32 所示的插头式放大器。放大器直接安装在比例电磁铁插座上，放大器采用标准 7 针插头，满足阀供电、输入信号和驱动电流要求，使用比较方便。

放大器工作原理也表示在图 9-32 中，放大器工作原理图的左侧是放大器输入端，采用标准 7 针插座，右侧是放大器输出端，连接比例电磁铁线圈。在左侧插座编号中，A、B 针是 24V 供电输入，D、E 针是输入信号，F、C 针用于比例电磁铁线圈的电流检测，其中，C 针接电源 0V，F、C 针之间的电压测量值与线圈电流成正比，检测电压 1mV 对应线圈电流 1mA。此外，PE 针接地。

放大器内部功能：①特性曲线生成器用于调节补偿液压非线性输出，以获得输出压力与输入电流的线性化曲线。②电流调节器用于调节线圈电流，使其不受线圈电阻影响。③斩波放大器提供时钟频率，用于输出脉宽调制（PWM）信号。④振荡器对线圈电流调制，以使比例电磁铁的输出力的磁滞最小。

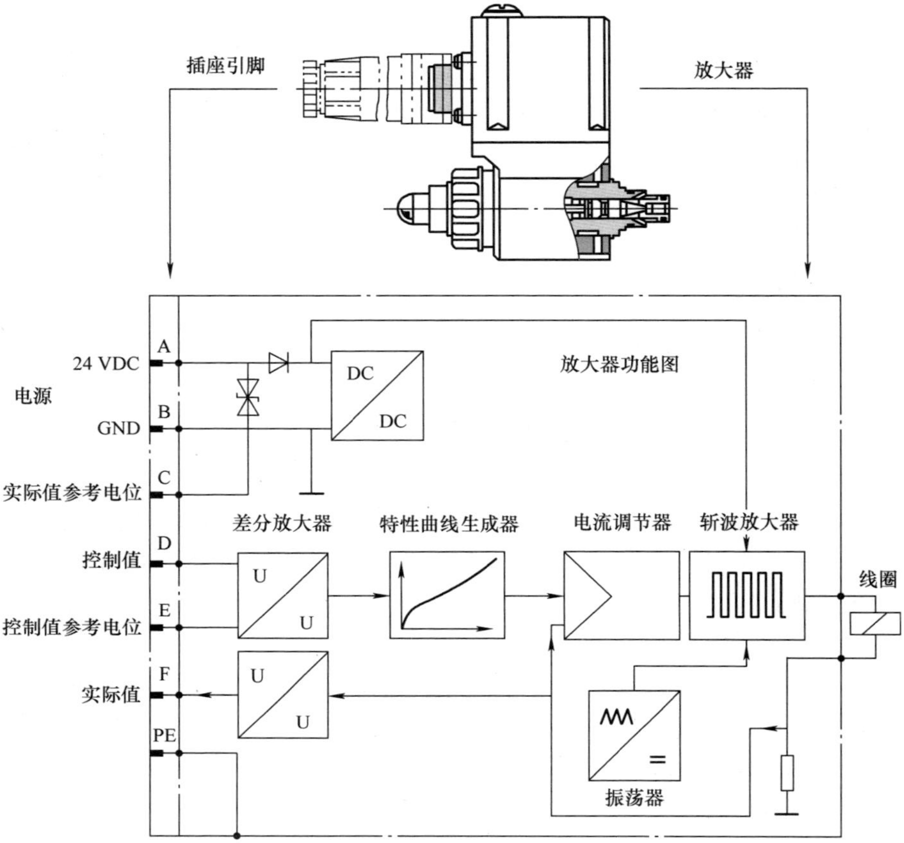

图9-32　比例溢流阀典型放大器工作原理与接线图

（5）同类产品特点　直动式比例溢流阀有许多不同结构的产品。一种与上述类似的产品如图9-33所示，该阀也属于力控制型的直动式比例溢流阀。采用板式安装形式，最大压力为35MPa，最大流量为3L/min，滞环<5%。用于先导级控制或远程调压。产品具有结构简单、安装方便、性能稳定等特点。

从图9-33中可知，阀由阀体3和比例电磁铁4两部分组成。阀座1具有外部螺纹调节装置，可调节最低压力。锥阀芯2有导向柱，可保持阀芯准确定位，表面设有轴向直线油槽，让阀的溢出流量进入电磁铁腔内，使之充满油液，起到润滑和减少摩擦力的作用。比例电磁铁推杆与阀芯直接作用，并与被控液压力平衡。比例电磁铁后端部有复位用的软弹簧，只在断电后使衔铁保持阀芯不脱离阀口。该阀的性能与图9-29所示的阀基本相当。

图9-34所示为另一种采用喷嘴阀口结构的比例溢流阀，工作原理与图9-29所示的阀原理相似。

喷嘴2固定在阀体1上，其与挡杆3起类似阀座和锥阀芯的作用。喷嘴2的直

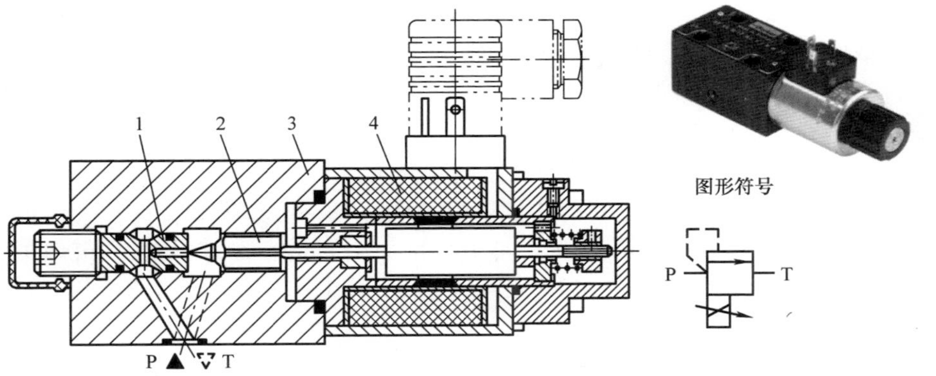

图 9-33　板式安装力控制型的直动式比例溢流阀

1—阀座　2—锥阀芯　3—阀体　4—比例电磁铁

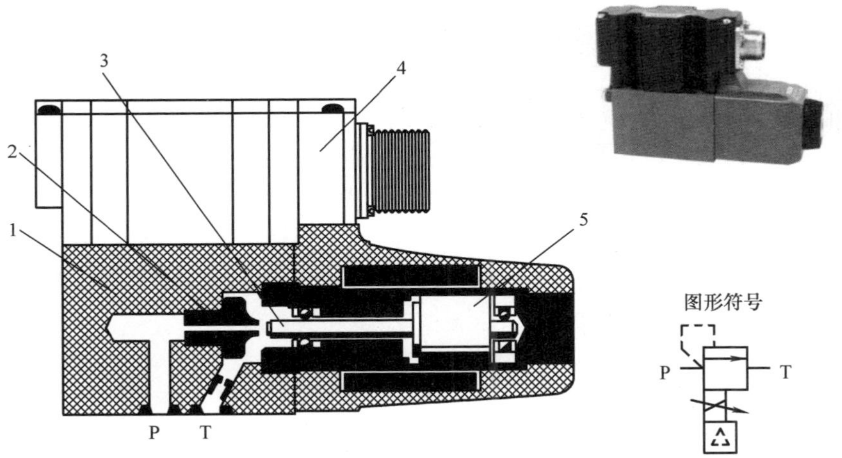

图 9-34　喷嘴阀口结构的比例溢流阀

1—阀体　2—喷嘴　3—挡杆　4—比例放大器　5—衔铁

径被限制在 1～2mm，取决于最高压力。当阀的进油口 P 的压力克服比例电磁铁推力并把挡杆推离喷嘴 2 端面时，根据开启压力公式，阀调压范围取决于喷嘴 2 的直径大小，如图 9-35所示。

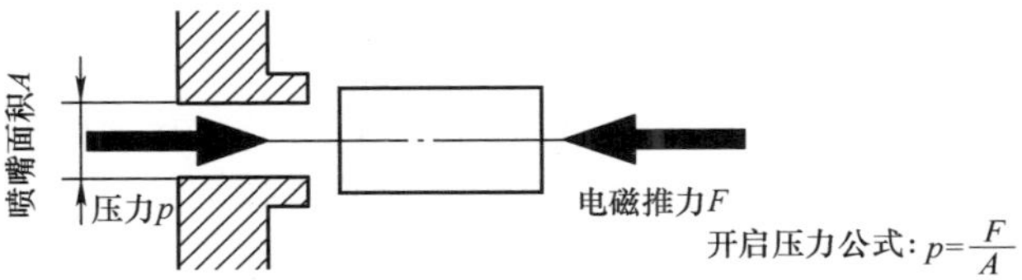

图 9-35　喷嘴阀口结构的比例溢流阀调压原理

为提高挡杆3和衔铁5的导向结构，减少滑动摩擦力的影响。挡杆3和衔铁5被设计成刚性连接结构，两端安装滚动轴承支承，比例放大器4集成在阀体1上。

以上介绍的三种不同结构型式的比例溢流阀，其共同特点是采用比例电磁铁直接驱动阀芯，产品应用广泛。

2. 力控制型有传力弹簧的直动式比例溢流阀

图9-36所示为力控制型直动式比例溢流阀，具有传力弹簧特征，采用板式安装方式，最高工作压力为31.5MPa，最大流量为3L/min，滞环<5%，可用于先导级或远程调压。

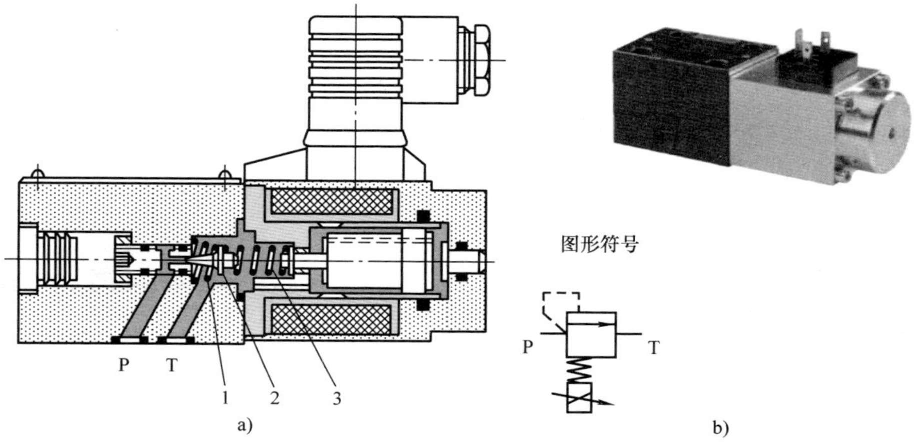

图9-36　力控制型直动式比例溢流阀

a）结构原理图　b）图形符号

1、3—弹簧　2—锥阀芯

该阀最主要的特征是比例电磁力通过传力弹簧作用于阀芯。比例电磁铁腔内耐压最高可达25MPa。该阀的性能水平与图9-33所示的阀基本相当。

从阀的职能符号看，由于该阀结构原理是锥阀芯2通过弹簧3产生推力，具有弹簧传力特征，因此，在阀与比例电磁铁之间画有弹簧符号，以表示弹簧传力作用（注意其图形符号的画法与图9-29、图9-33、图9-34不同），使用时应注意了解阀不同结构特征以及对性能的影响。

该阀与图9-29所示阀结构的主要不同之处在于锥阀芯2轴肩两侧各安装一个弹簧（弹簧1和3），其中，弹簧3由比例电磁铁推杆推动，弹簧刚度很高，本身不可压缩，只起着传递推力的作用。弹簧1刚度较低，起着维持锥阀芯与阀座中心定位的作用，又能提供最低调节压力。锥阀芯在两个弹簧的支承下悬空移动，可避免机械摩擦，阀座与螺纹调节装置连为一体，可在外部调节原始位置，当阀在零压信号时，能设定阀的最低开启压力。

3. 位置调节型直动式比例溢流阀

图 9-37a 所示为一种位置调节型（即带有电磁铁位置闭环控制）的直动式比例溢流阀的结构原理和图形符号，采用板式安装面形式，最大压力为 31.5MPa，最大流量为 3L/min。该阀的最大特点是带内置位置传感器和集成放大器，采用位置闭环控制原理。

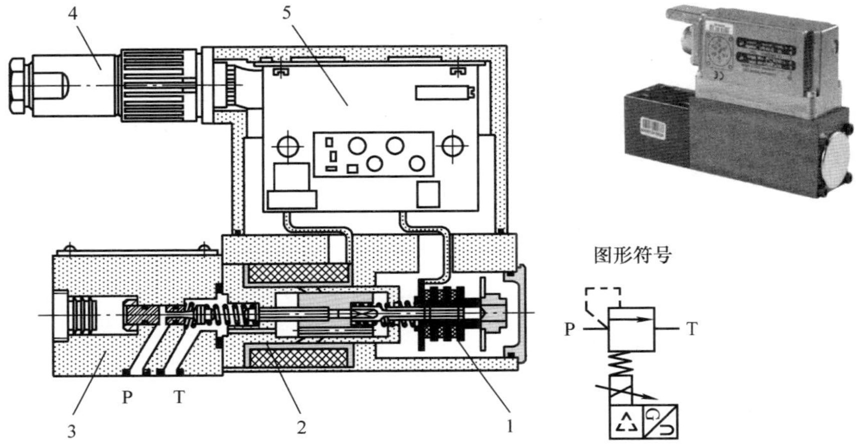

a)

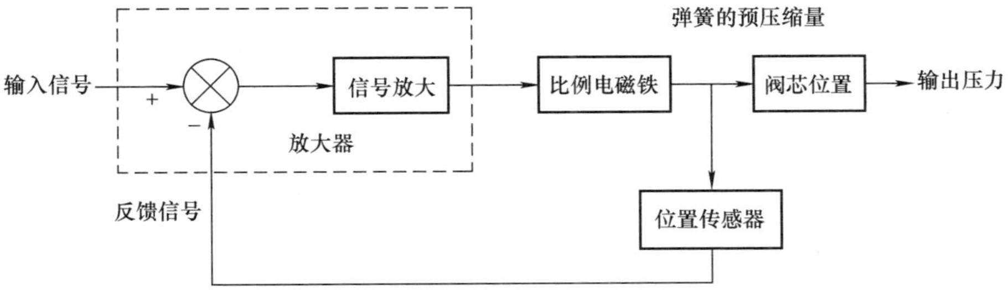

b)

图 9-37　位置调节型直动式比例溢流阀

a）结构原理和图形符号　b）控制原理框图

1—位置传感器　2—比例电磁铁　3—阀体　4—插头　5—集成比例放大器

锥阀芯在其挡肩两侧各有一个弹簧的支承下悬空移动，但与图 9-36 所示阀的弹簧推力不同，由于位置调节型比例电磁铁推杆推动的弹簧不仅起传力作用而且主要起调压作用，因此由比例电磁铁直接作用的弹簧产生压缩作用力与液压力相平衡。由于弹簧产生预压缩量，使比例电磁铁推杆的位置与输入信号成比例。

阀工作时，位置传感器 1 检测比例电磁铁 2 推杆实际运动位置是弹簧的预压缩量。由图 9-37b 所示的控制原理框图可知，位置传感器 1 把实测值反馈至放大器的输入端与输出值进行比较，根据所测得误差值进行闭环调节，以保持比例电磁铁推杆有一个精确的定位。这样，弹簧的预压缩量可达到比较准确的调节值，借助于弹簧力使阀可达到稳定的调压性能。其中，位置传感器1性能很高，属于非接触式线性可变差动变压器（LVDT），在其2mm的有效行程内，一般要求线性误差小于0.01mm，动态频响高于400Hz。

位置调节型直动式比例溢流阀可明显提高调压重复精度和滞环等性能，其滞环小于1%，并且抗污染干扰能力明显提高，偏差能通过反馈得到校正，因此，综合性能更好、更稳定。不过，从阀输出压力－流量特性所反映的调压偏差并没有明显改善，这是因为调压偏差受锥阀芯开口量变化的影响，其溢流所受到的液动力并没有补偿。

阀的位置传感器1只对比例电磁铁和阀芯弹簧预压缩量进行位置闭环控制，而对外部的被控压力或溢流的流量并不能直接检测或反馈控制，因此，溢流量变化引起的阀开口量大小的变化不能得到纠正。阀的溢流量变化或油温变化都对压力偏差产生一定影响。

阀的集成比例放大器5需要集成在阀体3上，以保证反馈控制的有效性和稳定性，由于增加位置检测反馈功能，放大器控制电路比较复杂，阀出厂前需要调整好电气和机械原位，使用时不得随意调节，当给定输入信号为零或者出现位置传感器断线等故障时，阀的压力自动恢复到最低设定压力值。

从阀的图形符号看，该位置调节型直动式比例溢流阀的电磁铁与放大器、位置传感器等符号组合在一起，并通过弹簧驱动，这明显反映了阀的典型结构功能特征。

4. 压力反馈型直动式比例溢流阀

图9-38a所示为压力反馈型直动式比例溢流阀结构原理和图形符号。采用板式安装面形式，最大压力为35MPa，最大流量为5L/min。阀的最大特点是带有内置压力传感器和集成放大器，采用压力闭环控制原理。从结构原理图可知，该阀由阀1、压力传感器2及集成放大器3三部分组成，其中，阀1采用图9-29产品，控制原理框图如图9-38b所示。在阀1阀口P靠近阀口处安装一个压力传感器2，用以实测被控压力变化，并将压力信号反馈至集成放大器3，以进行闭环调节。在阀1溢流过程中，根据输入信号的设定压力，使比例电磁铁的推力通过反馈压力比较，直接对压力偏差闭环调节，使阀产生的任何干扰自动纠偏，直至设定压力与实际压力的偏差接近于零，所产生的溢流量的变化几乎不影响阀调定压力。

该阀采用压力闭环控制原理，被控压力与电反馈技术相结合，反馈补偿阀的开启压力使压力偏差很小，具有调压准确度和重复精度较高、滞环小等特点。图9-38c的左图是阀的进口压力－输入信号特性曲线，在最大设定压力和流量大于0.2L/min、信号值大于10%条件下，线性度小于±1%，滞环小于1%（图中没有显示出来）。该阀在各种类型直动式阀中，属于性能指标相当好的一款产品。

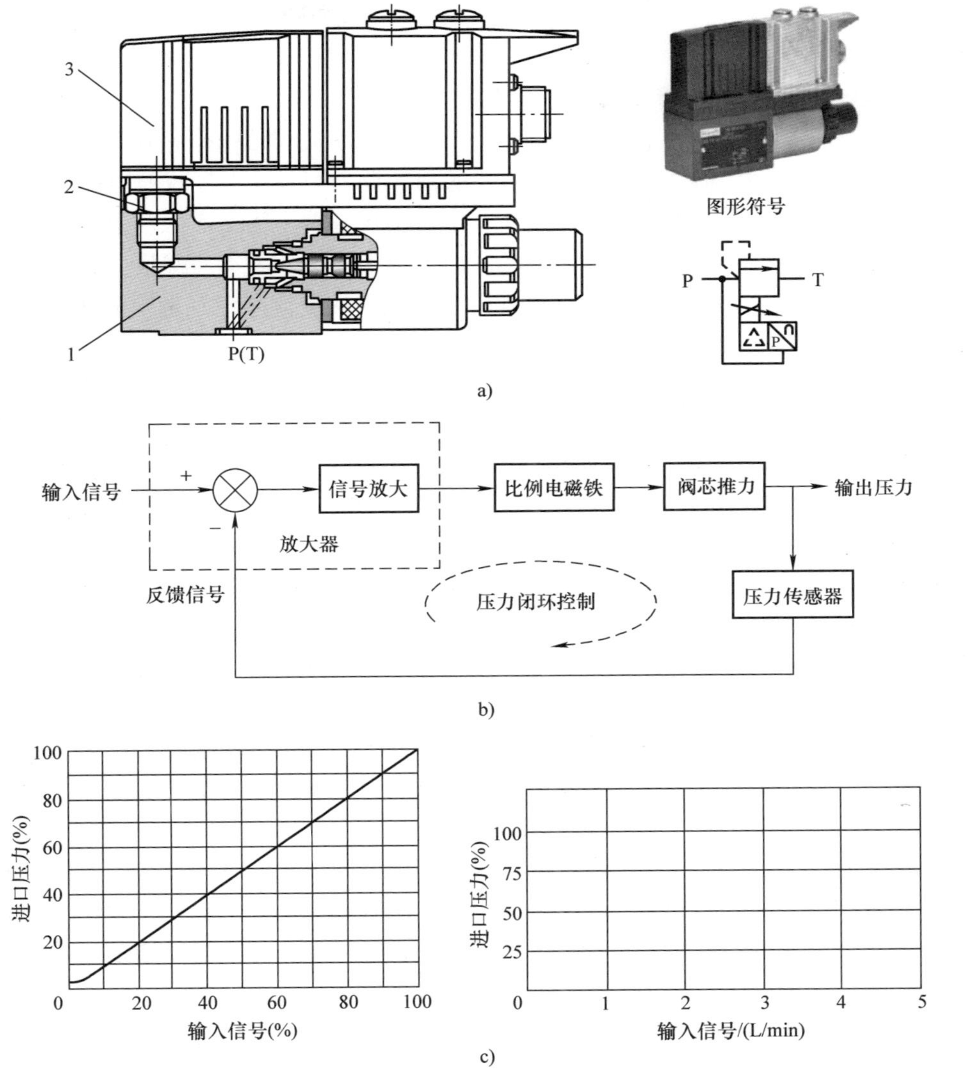

图 9-38　压力反馈型直动式比例溢流阀

a）结构原理和图形符号　b）控制原理框图　c）性能曲线

1—阀　2—压力传感器　3—集成放大器

图 9-38c 的右图是阀的进口压力 - 流量特性曲线，反映在不同设定信号下的溢流量变化过程中，被控压力具有恒定的水平输出曲线，没有上升现象即调压偏差，设定信号的定压准确度很高。

这种带内置压力传感器和集成式数字放大器的直动式比例溢流阀出厂前已经调整好电气和机械零点，使用时不得随意调节，当给定输入信号为零或者位置传感器断线等故障时，阀的压力自动恢复到最低设定压力值。由于阀构成压力闭环，抑制了大部分外部干扰因素，可保持较高的稳态特性和重复性。该阀可做先导级，性能稳定，控制精度较高。

5. 电动机驱动型弹簧调压比例溢流阀

图9-39a所示为电动机驱动控制型直动式比例溢流阀结构原理和图形符号。主要由弹簧调压的溢流阀2、具有自锁功能的凸轮调节机构1、带减速器的直流电动机5、反馈用旋转电位器4以及电接口3共五部分组成。从工作原理上看，溢流阀2的弹簧部分，如果安装上手动调压装置而去掉1、3、4及5，就是一个常规的直动式溢流阀。因此，该阀的特点就是在常规的直动式溢流阀上，采用电动机调压装置代替手动调压装置。

采用电动机调压方式的直流电动机5是一种直流永磁电动机，具有体积小、转矩大的特点，额定转速6000r/min，通过其前端的行星减速器传动比2520:1，在输出额定转矩下，输出转速为2.381r/min，以驱动凸轮旋转。凸轮旋转角度变化可产生调压弹簧直线位移的变化，所对应的弹簧预压紧力通过旋转电位器4反馈至外部放大器（图中没有表示），构成位置闭环控制，达到调定弹簧预压紧力和阀被控压力的目的。改变电压方向即改变直流电动机5正、反转旋向。旋转电位器4监控伺服电动机的转速，也就限定了凸轮的角度，即确定弹簧在最大与最小行程范围内的预压紧力的位置，以限制阀的调压范围。

图9-39b所示为该阀的电气接线图。在该图中，6针插座的接点编号1、2、3对应阀内部旋转电位器的插针，接点5、6是直流永磁电动机驱动接线端，电源可正负输入，通常接点6为正，电动机为正向旋转，弹簧向受压缩方向变化，调节阀压力上升。

图9-40a所示为该阀与放大器的接口与原理框图。阀的电接口3应连接放大器才能正常工作。放大器电源为直流电压24V，采用标准模拟输入信号0～±10V，各种参数调整规则与常规模拟量放大器相同。该放大器特殊之处是增加旋转电位器反馈信号，构成位置闭环控制，以使凸轮角度调节保持比例关系。

图9-40b所示为该阀的压力－流量特性曲线，具有设定压力比常规压力高、流量大的特点。这主要原因是阀芯直径小，设计调压弹簧的弹力大，采用锥阀芯前端柱形结构的阻尼效应，提高阀芯溢流状态下的稳定性。在最高调压50MPa下，最大溢流量可达到12L/min。当压力最高达到70MPa时，最大溢流量也可达到2L/min。可见，该阀在50MPa调压范围内，可单独作为比例溢流阀使用，在50～70MPa调压范围内可作为超高压比例压力阀的先导级使用。

该阀性能特点：①阀调压性能是弹簧性能，不是直流电动机性能，直流电动机调节凸轮角度，只影响弹簧的预压紧力大小和重复性。②当调定阀的压力后，如果发生电信号中断，或一旦出现电源故障或放大器不工作，阀的凸轮机构具有自锁功能，可保持阀调定压力值不变，并不卸荷压力，这一特点与常规压力阀的手动调压装置相同，对某些设备（如炼钢高温环境的压力保持）的安全性能及其重要。

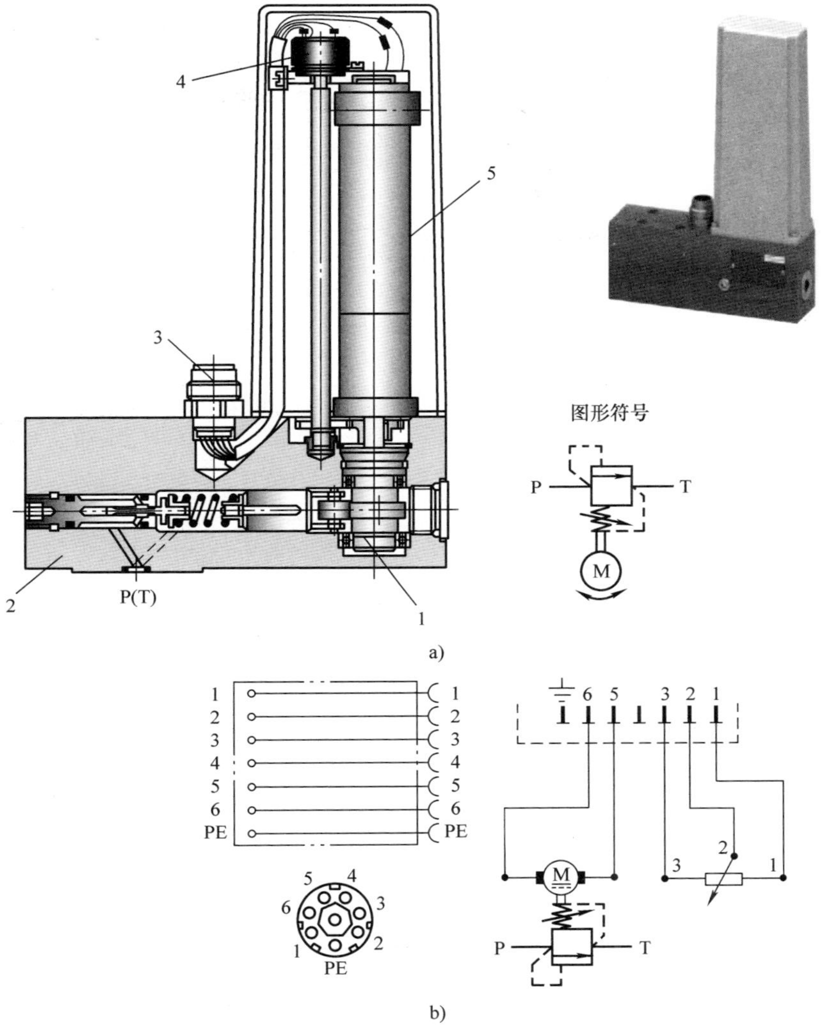

图 9-39　电动机驱动型直动式比例溢流阀

a）结构原理和图形符号　b）接线图

1—凸轮调节机构　2—溢流阀　3—电接口　4—旋转电位器　5—直流电动机

③直流电动机驱动电流偏大时温升较大，温度升高会影响直流电动机正常工作，因此，放大器上特别设置了温度传感器电路以限制直流电动机温升，提供过载保护。

6. 平板型直动式比例溢流阀

图 9-41 所示为一种平板型直动式比例溢流阀结构原理和图形符号。不同于传统的比例电磁铁工作方式，该阀的主要结构特点是电磁铁 1 与阀体融合为一体，衔铁 3 采用圆形平板结构，中心安装的钢球 4 压向阀口，在当比例电磁铁 1 线圈带电时，产生电磁力对圆形平板衔铁 3 产生吸合作用，在磁力作用下，圆形平板带动钢

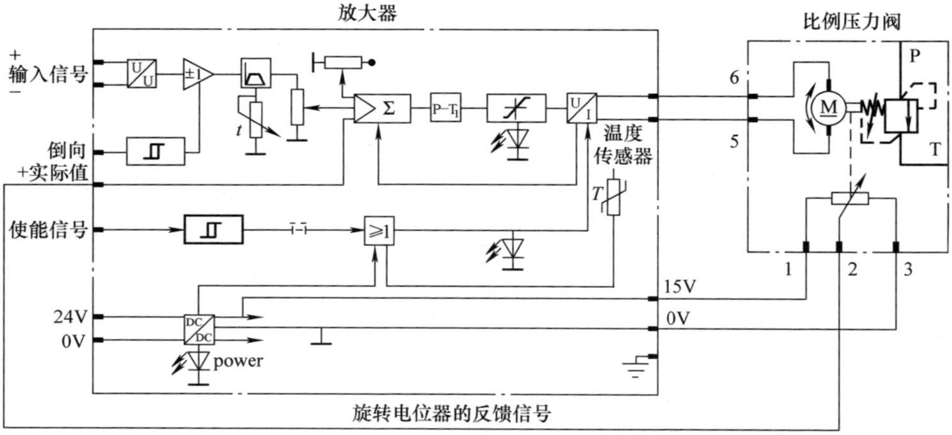

a)

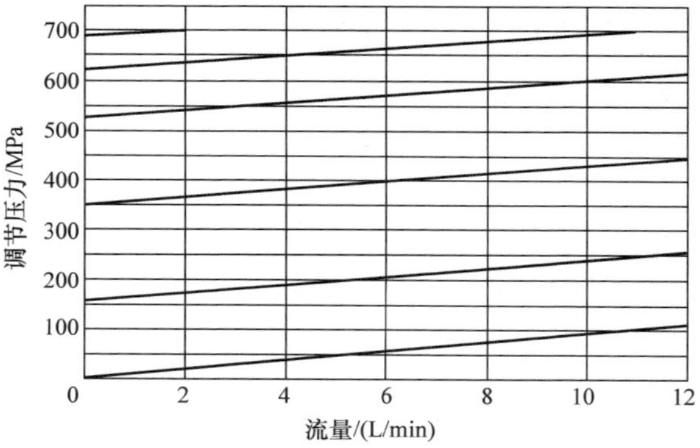

b)

图 9-40 电动机驱动型直动式比例溢流阀放大器原理框图与性能曲线
a）放大器的接口与原理框图 b）压力－流量特性曲线

球将阀口封闭，以保持压力。当阀口处于溢流状态时，圆形平板结构上钢球 4 处于磁悬浮状态且圆形平板受到运动限位，因此，钢球 4 处于一种无摩擦的磁力悬浮状态，与阀口 P 被控压力保持压力平衡。

该阀的最大压力为 31.5MPa，最大流量为 3L/min。并与图 9-34 所示阀的喷堵工作原理相似，但性能更好，如图 9-42 所示，压力滞环小于 2.5%，线性度约为 1%，分辨率高，放大器 2 集成在阀体上，动态响应很快。

7. 直动式比例溢流阀的应用

（1）重视性能参数的选择 直动式比例溢流阀主要适用于做各种先导式压力控制阀的先导级，也可以作为小流量（通常不大于 40L/min）液压系统的调压元件。当作为先导式比例压力控制阀的先导级时，其最大溢流量不超过 2L/min；当作为二通盖板式插装阀的先导级时，其溢流量不超过 3L/min。

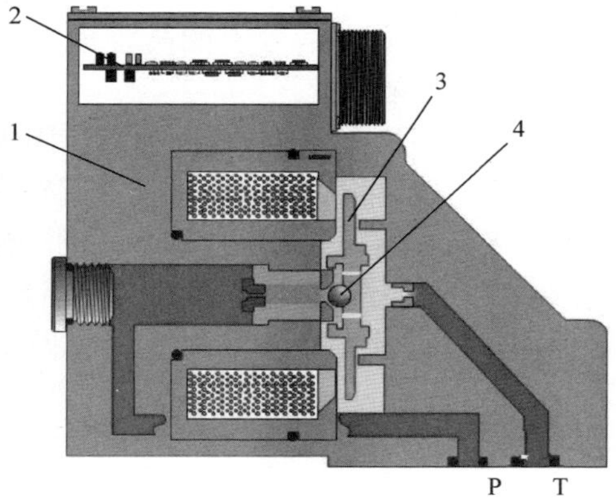

图形符号

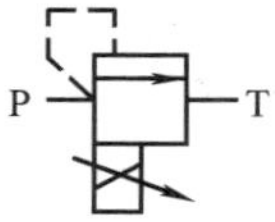

图 9-41　平板型直动式比例溢流阀结构原理和图形符号

1—电磁铁　2—放大器　3—衔铁　4—钢球

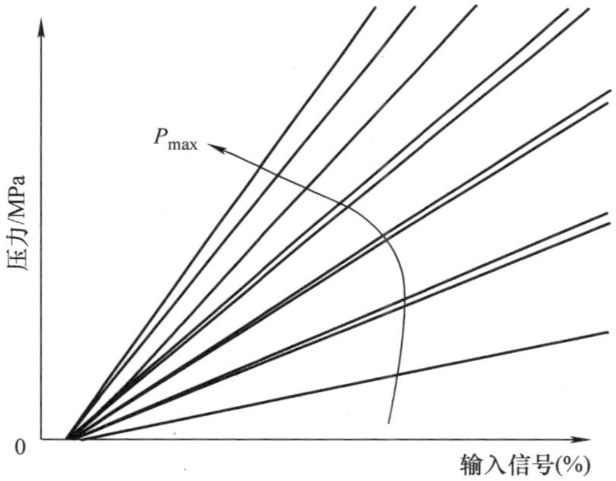

图 9-42　平板型直动式比例溢流阀实测压力 - 输入信号曲线

做先导级时，阀滞环和重复性直接影响主级调压性能。如阀的滞环是 4%，这意味着当调节压力为 30MPa 时，阀的压力误差是：30 × 4% = 1.2MPa，而重复调节压力精度一般不会超过滞环的 50%，即 0.6MPa。因此，用于先导式比例压力控制阀配套时，如果没有考虑滞环等因素，可能会导致主级滞环和重复误差过大、输出压力严重偏离预期值的结果。

一般来说，带集成放大器的直动式比例压力控制阀分为 4 ~ 5 个调压范围。例如，以溢流量 1L/min 为基准的条件下，确定的不同调压范围有：0.2 ~ 5MPa；0.3 ~ 10MPa；0.35 ~ 21MPa；0.45 ~ 31.5MPa；0.5 ~ 35MPa 等。如果实际应用中的阀需要使用压力范围是 1 ~ 8MPa，则应选择 0.3 ~ 10MPa 的调压范围，即选择靠近最大压力值的一档，比选择远离最大压力值的一档（如 0.35 ~ 21MPa）更合适，这样不仅可满足输入信号调节范围的要求，而且阀的压力 - 流量特性相对更好。对于不带集成放大器的阀，特别是通用型放大器，需要标定压力信号范围（外来放大器还需要调节颤振电流等参数设置）等，通常最小信号不能高于最大信号的20%，从而确定阀的调压范围、最低压力等基本性能。

（2）作为比例压力控制阀的先导级　图9-43所示为先导式比例溢流阀组合示意图，其基本结构是将常规先导式溢流阀作为主级，将直动式比例溢流阀作为比例先导级。图中组合的比例溢流阀保留了原主级阀各油口，将原主级手动调压弹簧机构作为安全保护装置，以限制比例溢流阀的最高压力，起超压保护的作用。同理，先导式比例减压阀也可以采用直动式比例溢流阀做先导级常规减压阀做主级的方案。

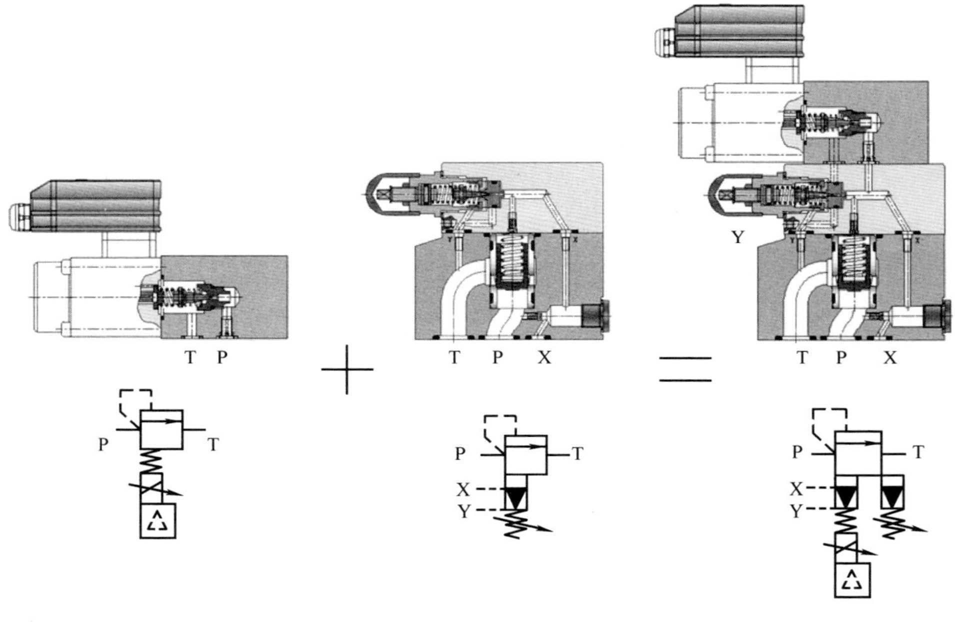

图9-43　先导式比例溢流阀组合示意图

（3）作为各种压力控制阀的外（远）控比例压力先导阀　对于各种标准型号常规溢流阀、减压阀或背压阀，以及二通盖板式插装压力阀等，均可在原液压控制方式上进行比例压力控制的组合。如图9-44所示，做常规压力阀远控先导级，可选用直动式比例溢流阀做外（远）控比例调压元件，或做二通插装阀溢流阀远控先导级，在盖板式上加装一个比例压力先导阀。选用时，需要按主阀基本控制参数和性能要求进行比例压力先导阀的特性匹配。对于采用比例先导阀匹配DN50规格以上的二通盖板插装阀的情况，需要注意比例压力先导阀本身溢流量有一定限制，通常先导级最大溢流量不超过4L/min。另外，需要在先导控制回路上重新设置阻尼，以保持阀工作稳定。

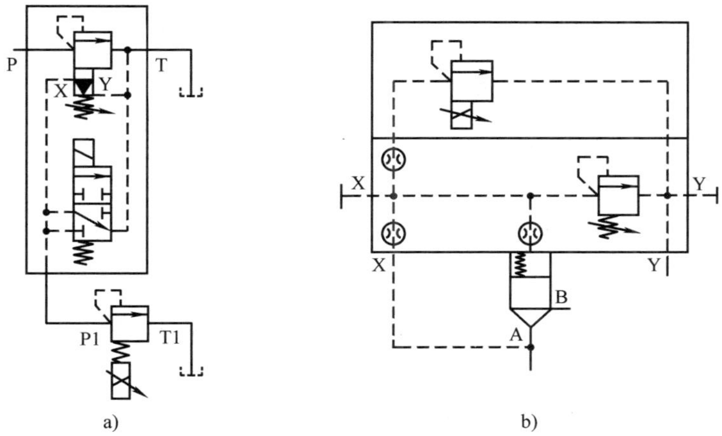

图9-44 直动式比例溢流阀做外（远）控比例调压元件
a）做常规压力阀远控先导级 b）做二通插装阀溢流阀远控先导级

（4）实现液压系统软加载和软卸荷 比例溢流阀具有压力软加载和软卸荷的作用。如图9-45所示，无论是定量泵还是变量泵，在高压场合下工作时，在启、停过程中都会有压力冲击现象，这对泵和液压元件产生不良影响。如果在泵回路上的压力阀的外控口X上连接一个做先导控制用的直动式比例溢流阀，可实现系统压力的软加载和软卸荷效果。通过放大器信号的斜坡调节功能，可延长压力加载和卸荷过程的时间，延长时间最长可达5s，可避免压力冲击，降低噪声，延长液压泵的使用寿命。

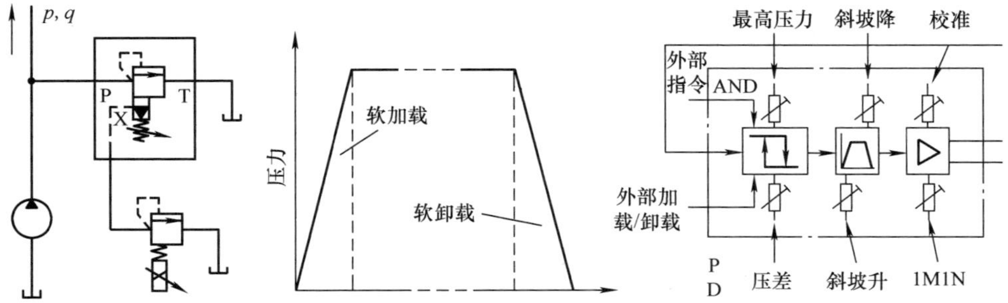

图9-45 比例溢流阀的压力软加载和软卸荷

9.4.3 先导式比例溢流阀

先导式比例溢流阀结构可采用上面介绍的直动式溢流阀做先导级和常规先导式溢流阀做主级的组合方案，也有其他结构类型。从原理上有：力控制型、行程控制型及压力反馈控制型三种控制形式，还有其他类型，如电动机驱动型等。下面介绍四种典型的先导式比例溢流阀的工作原理。

1. 先导式力控制型比例溢流阀（附加手动限压或最高压力溢流功能）

图 9-46 所示为一种力控制型比例电磁铁驱动的先导式比例溢流阀结构原理和图形符号。它是由直动式比例溢流阀做先导级 6 和常规的板式先导式溢流阀做主级 1 组合而成的。从阀的组成可知，主级 1 保持常规的板式先导式溢流阀的基本功能不变，原调压先导阀 5 仍然保留，用于提供比例溢流阀的压力过载保护功能，可手动调压限制最高压力，或在调压范围内设置略高于最高调节压力的限制值，起故障安全保护作用，防止放大器等电控装置失灵而导致比例溢流阀最高压力超出压力的限制，避免被控压力发生过载而造成损害。调压先导阀 5 的先导泄油需要单独回油箱，即采用外泄口 Y 功能，这是该阀的特点。其他阀型号也可选择内泄功能，可直接与油口 T 相连。

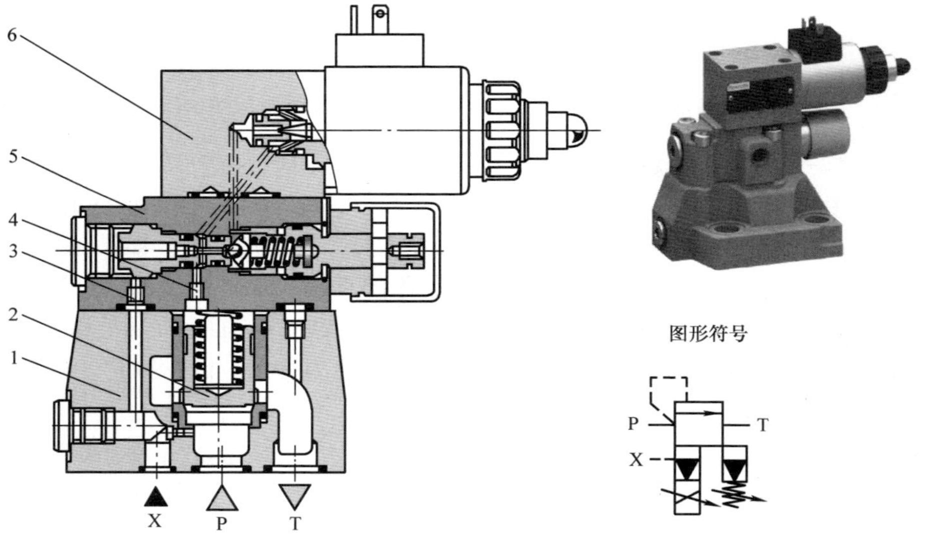

图 9-46　力控制型比例电磁铁驱动的先导式比例溢流阀

1—主级　2—主阀芯　3、4—阻尼孔　5—调压先导阀　6—先导级

该阀工作原理：在外控口 X 封堵不用的情况下，主阀芯 2 两端之间的压力油由两个阻尼孔 3、4 连通，只要先导级 6 不溢流或溢流很小，主阀芯 2 两端的压力就保持相等或压差很小，这样，由主阀芯 2 的两端面积差产生的力和较软的回位弹簧力共同作用使其趋于关闭方向，主阀口始终处于闭合状态。

当阀的进口 P 的压力超过先导级 6 的比例电磁铁推力，使得先导级 6 锥阀芯开启并溢流，溢流引起主阀芯 2 前后两端的两个阻尼孔 3、4 产生一定的压差，该压差作用于使主阀芯 2 趋于开启的方向，并克服其回位弹簧力使阀口打开并溢出较大的流量，从而限制进口 P 的被控制压力不再升高。

从结构原理可知，先导级 6 采用图 9-29 所示的力控制型直动式比例溢流阀，其阀口溢流量很小，不超过 2L/min。由于主级 1 的阀口通流面积很大，故主级 1

的溢流量可以很大。这样，可以实现用大的主级阀口溢流较大流量的目的。由于主阀的特性受比例先导级 6 影响较大，同时，主阀压力受溢流变化影响也较大。因此，一般在性能上，调压偏差高于常规溢流阀水平，压力滞环不小于 4%，线性度小于 3.5%，重复精度小于 5%。阶跃响应为 80 ~ 200ms（与管路容积大小有关）。

阀有外控口 X 和外泄口 Y。外控口 X 的作用是可对不同压力（二级压力）进行外部卸荷和作为越权压力切换用，外泄口 Y 在图 9-46 中没有表示出来，该阀先导级外泄口 Y 与回油口 T 不连通，它在先导级阀体侧面用一个外接管接头换下螺纹堵头，可将先导阀的溢流油液单独引回油箱，以隔离主级回油路的溢流回油的背压对先导溢流压力的影响，避免影响阀的整体性能，以及避免对设备造成损坏。

2. 先导式位置调节型比例溢流阀（带集成放大器，弹簧调压）

图 9-47 所示为一种位置调节型比例电磁铁驱动的先导式比例溢流阀结构原理和图形符号。先导级 1 采用类似于图 9-37a 所示的位置调节型直动式比例溢流阀，主级阀芯 4 采用二通插装式的锥阀结构。由于先导级 1 的比例电磁铁具有位置传感器（LVDT）3，带集成内部闭环调节的放大器 2，因此，阀的调压和溢流性能稳定可靠，压力重复精度高，具有较好的比例性能。主级阀芯 4 是插装形式，可通过变换插孔尺寸，实现主阀流量规格变化，或者通过变换主阀芯功能，如插孔安装一个常开型减压阀芯，原理上就可组成一个行程控制型先导式比例减压阀。

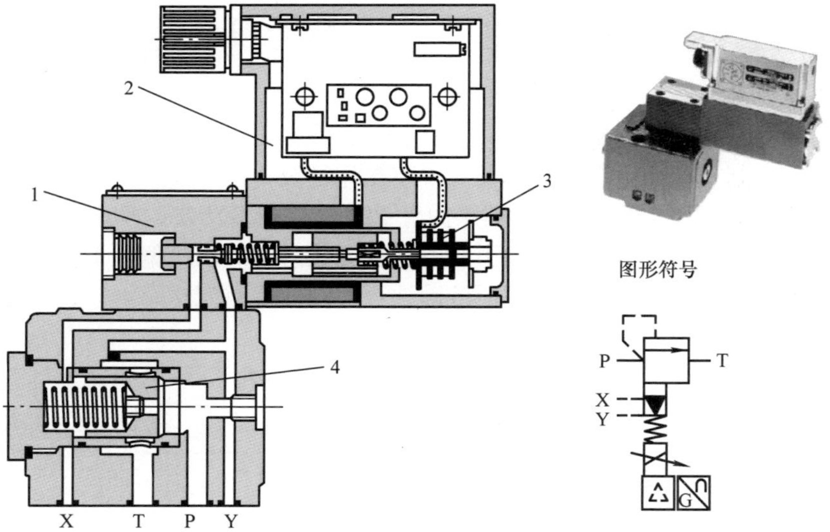

图 9-47　位置调节型比例电磁铁驱动的先导式比例溢流阀

1—先导级　2—放大器　3—位置传感器　4—主级阀芯

该阀没有设置起安全作用的先导压力阀。因此，产品应用时，需考虑在回路上单独设置一个弹簧调压的溢流阀，起安全保护作用。

3. 力控制型比例电磁铁驱动的先导式压力反馈型比例溢流阀（带集成放大器，附加手动限压或最高压力溢流功能，外控和外泄）

图9-48所示为一种比例电磁铁驱动的压力反馈型先导式比例溢流阀结构原理和图形符号。它是由直动式比例溢流阀的先导级3和常规板式先导式溢流阀的主级1组合而成。原主级1阀上的手动弹簧调压先导阀2仍然保留，以提供比例溢流阀安全压力保护功能。

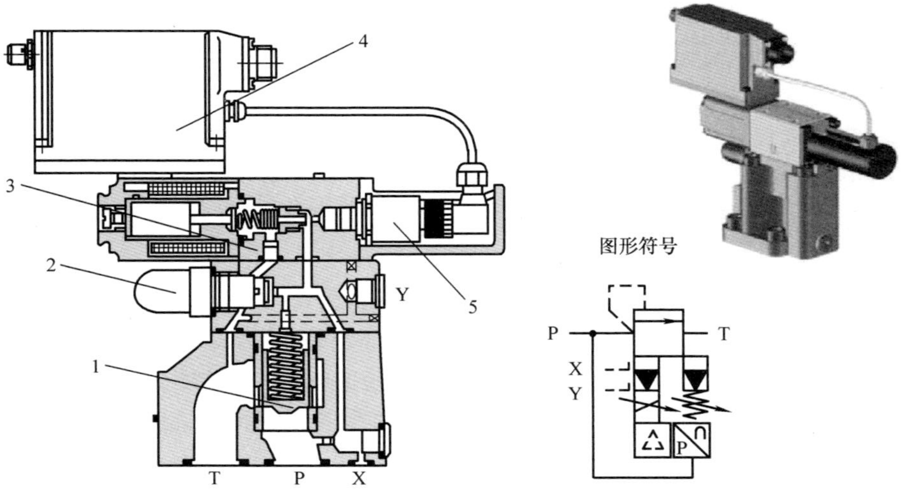

图9-48　力控制型比例电磁铁驱动的压力反馈型先导式比例溢流阀结构原理和图形符号
1—主级　2—手动弹簧调压先导阀　3—先导级　4—放大器　5—压力传感器

该阀的控制原理如图9-49所示，采用压力传感器5与集成放大器4构成带内置压力反馈控制功能，由压力传感器5安装在先导级3压力油路上，将先导阀口前的压力变化反馈至放大器4，放大器4内置PID电控调节功能，具有压力负反馈闭环控制作用，可自动消除被控压力引起的阀溢流状态下的调压偏差干扰，保持阀在调压范围内的压力控制稳定性和调压准确性。在阀处于溢流状态下，具有比较高的定压精确度和非常小的滞环性能。

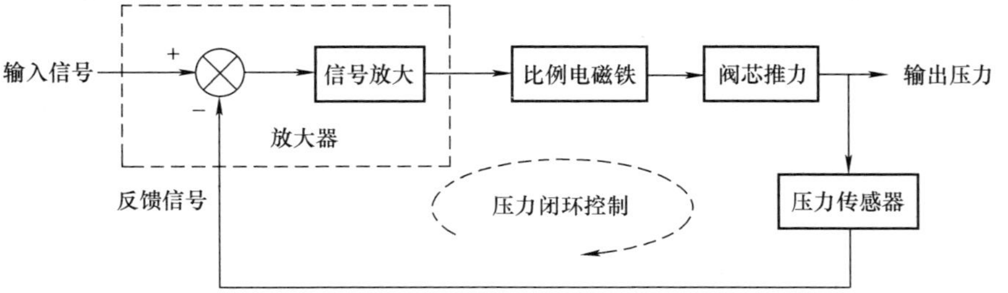

图9-49　力控制型比例电磁铁驱动的压力反馈型比例溢流阀控制原理框图

由闭环控制原理可知，先导级的锥阀口溢流量很小，不超过2L/min，通过压力传感器反馈信号构成闭环控制，抑制外部干扰因素，对定压精确度有明显改善，压力滞环不大于 0.5%，线性度小于 1%，重复精度小于 0.2%，但阶跃响应为 100ms（由管路容积确定）。

压力 – 流量特性曲线所反映的压力偏差很小，该阀比图 9-46 和图 9-47 介绍的两种先导式比例溢流阀性能更好，特别是在长时间保持调定压力稳定性方面，由于压力传感器的反馈调节作用，被控压力的偏差或溢流量变化及温度变化等干扰因素都会立即得到纠正。

4. 先导式电动机驱动型比例溢流阀（弹簧调压，可外控外泄）

图 9-50 所示为一种采用直流电动机驱动的先导式比例溢流阀结构原理和图形符号。它是由类似图 9-39a 所示阀的电动机驱动装置（做比例先导级 4）和常规板式先导式溢流阀（做主级 2）组合而成的。先导级 4 只是一个电控调压装置，通过机械凸轮机构 1 压缩调压弹簧 3，由调压弹簧所提供先导压力控制主级 2。因此，该阀性能主要取决于先导级 4 的电动机 – 凸轮机构的调节行程分辨率、调压弹簧及常规板式先导式溢流阀三部分综合性能。其中，调压弹簧 3 本身同时还具有比例溢流阀安全压力保护作用，限制压力非正常升高。常规板式先导式溢流阀基本性能稳定可靠，比例特性符合常规放大器调节特征。另外，阀具有断电后由凸轮机构 1 自

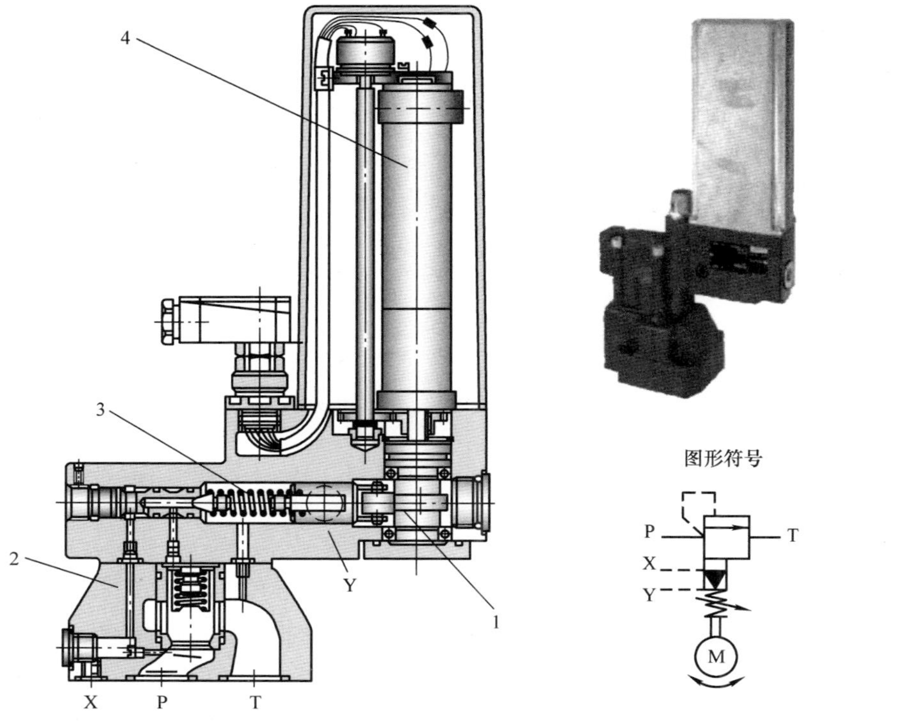

图 9-50　直流电动机驱动的先导式比例溢流阀

1—凸轮机构　2—主级　3—调压弹簧　4—先导级

锁保持调压弹簧3调定压力不变化的特点。这符合常规液压回路的使用习惯。

9.4.4　直动式比例减压阀

直动式比例减压阀采用比例电磁铁直接作用于阀芯的连续调节原理，控制特征为力控制型，滑阀结构。通常作为先导式比例阀的先导级为主级输出调节压力。下面介绍两种典型直动式比例减压阀。

1. 直动式力控制型双比例减压阀（三通型）

图9-51所示为直动式力控制型三通比例减压阀的结构原理和图形符号。从结构上看，该阀共用一个阀芯组合成两个相对独立的三通减压阀，实际上是两个三通比例减压阀的组合体，主要由两个比例电磁铁1和3，阀体2、阀芯5和两个限压柱塞4、6等组成，采用四油口标准板式安装面，阀口P为进油口，阀口T为回油口，阀口A、B分别为两个减压压力输出口。力控制型比例电磁铁提供比例减压阀的驱动力，使阀具有压力-输入信号特性，输入信号单独调节比例电磁铁1或3的推力，阀口A或B输出的被控压力与输入信号成比例，实现比例减压的调节作用。

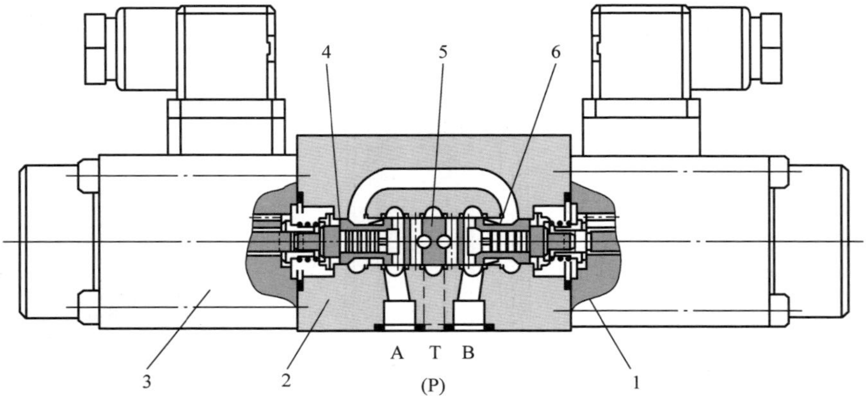

图形符号

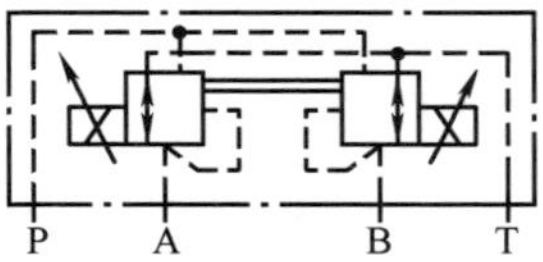

图9-51　直动式力控制型三通比例减压阀的结构原理和图形符号

1、3—比例电磁铁　2—阀体　4、6—限压柱塞　5—阀芯

该阀工作原理：阀不工作时，阀芯5由两个回位弹簧保持中位，阀芯原位状态使阀口P封闭，阀口A、B均与阀口T连通，因此，阀口A、B均没有输出压力。

当比例电磁铁3输入一定信号时，阀口B开始输出压力，而阀口A始终与阀口T连通，没有压力。比例电磁铁3的推力通过限压柱塞4接触并作用于阀芯5，一起向比例电磁铁1的方向移动，使阀芯5上的减压口B开启，阀口P至B连通。

限压柱塞 4、6 均可在阀芯 5 内部运动。因此，与此同时，在阀口 B 中的减压压力利用作用在限压柱塞 6 端面积上的作用力反作用在阀芯 5 的柱塞内腔端面上，反向推动阀芯 5 与比例电磁铁 3 上的电磁推力相平衡，并使其减压口关闭，从而维持一定的减压压力。

如果阀口 B 的减压压力超过输入信号设定值，由于限压柱塞 6 受比例电磁铁 1 前端挡圈限位，其限压柱塞 6 上的反向作用力超过比例电磁铁 3 推力，使限压柱塞 6 不动而反向推动阀芯 5 朝着比例电磁铁 3 的方向移动，这样，使得阀芯 5 上的减压口关闭，而溢流口开启，阀口 B 与 T 接通，并产生溢流作用使阀口 B 的压力下降，直到重新恢复设定的减压压力为止。从而实现阀口 B 输出的减压压力与比例电磁铁 3 上推力（即输入信号设定值）成比例关系。

当比例电磁铁 3 断电时，阀芯 5 在两端回位弹簧的作用下保持中位不动。当比例电磁铁 1 通电工作时，阀口 A 起减压作用，功能动作原理与上述情况相同。

该阀主要作为先导式比例方向阀的先导级或柱塞泵开环变量机构的比例控制阀，分别通过对阀口 A、B 输出压力控制油，用于推动主级阀芯或实现柱塞泵变量缸位移成比例变化。如果是控制先导式比例方向阀，主级换向阀口开度的大小取决于作用在主阀芯端部的先导级控制压力的高低与主级弹簧压缩量的大小。该阀作为先导级使用，具有控制主级动作稳定可靠、所消耗的控制流量较少等特点，但是也有先导输出压力随着流量增加出现压力偏差较大的现象。两个比例电磁铁转换工作过程的转换响应时间较长。

该阀做比例方向控制阀先导级的基本参数：一般最高控制压力不超过 10MPa，先导流量为 7L/min（在 $\Delta p = 1\text{MPa}$ 时），最大先导流量可达 15L/min，滞环不大于 5%。图 9-52 所示为该阀输出压力 - 输入信号曲线，从图上看，曲线在一定流量下的线性度比较好。在最小有效信号 15% 的情况下，最低输出压力为最大值的 16%，相当于 1.6MPa 的水平，可见做先导级使用时，其有效信号范围内的调压范围比较宽。需要注意的是，比例电磁铁 1、3 不可以同时带电。

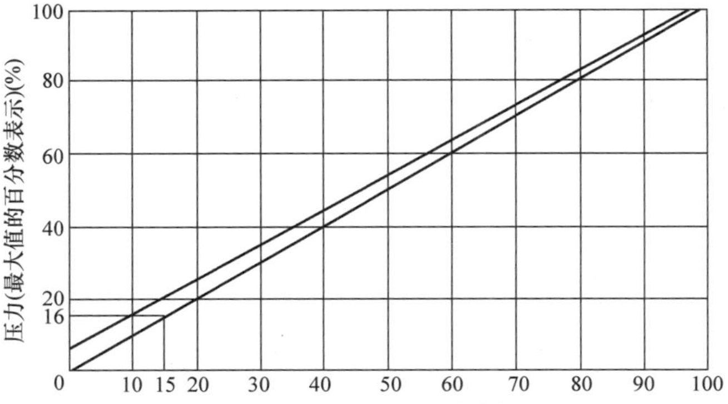

图 9-52　直动式力控制型双比例减压阀输出压力 - 输入信号曲线

图9-53所示为该阀的压力-流量特性曲线。从曲线上看，可见阀有两种功能，一种是减压功能，随着输出流量增加，曲线呈下降趋势，调压偏差较大，并且输出流量能力较小；另一种是溢流功能，随着溢流流量增加，曲线呈上升趋势，调压偏差也较大，但其溢流流量能力较大。该压力-流量特性曲线反映阀的减压溢流功能，在作为先导级使用时，其溢流作用下的最高溢流压力14MPa，流量25L/min可满足主级驱动力功能调节。而减压作用下，输出流量较小，最大不超过7L/min，满足限压调节需要。通常主级需要匹配合适的弹簧刚度，以配合不同主级阀芯节流口形状进行弹簧压缩行程下的作用力线性化处理，使先导阀的减压或溢流压力输出满足控制流量的调节需要。

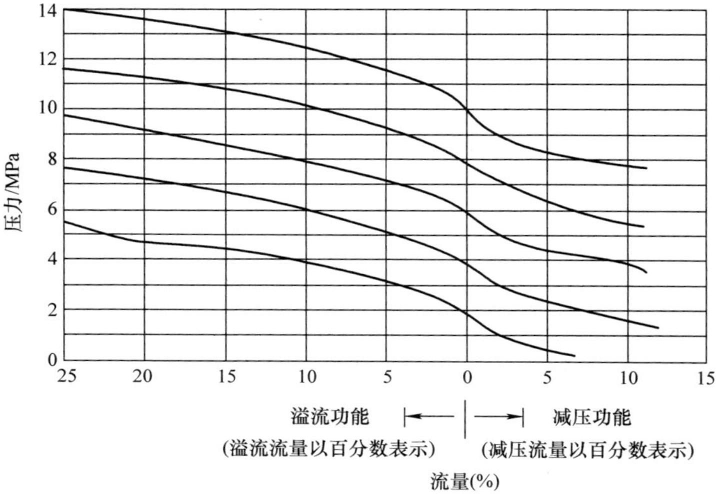

图9-53 直动式力控制型双比例减压阀阀的压力-流量特性曲线

2. 直动式力控制型三通插装比例减压阀

图9-54所示为直动式力控制型三通插装比例减压阀的结构原理和图形符号。该阀主要由比例电磁铁1，阀体4、阀芯6、回位弹簧3、衔铁2和进油口P上的过滤网5等组成。其中，由阀体4、阀芯6组成的圆柱滑阀，采用三通插装结构，被封装固定在比例电磁铁1端口上，具有进油口P、出油口A和回油口T。其中，出油口A为输出的减压压力。

工作原理：该阀采用力控制型比例电磁铁1直接驱动由阀体4、阀芯6组成的圆柱滑阀。圆柱滑阀具有减压口和溢流口，阀不工作时，回位弹簧3使减压口常闭，使进油口P与A不通，溢流口常开，使出油口A与T接通，油液返回油箱。

当比例电磁铁1带电输入一定信号时，其衔铁2直接推动阀芯6并压缩回位弹簧3，使减压口打开最大，溢流口关闭。此时，如果出油口A的减压压力超过比例电磁铁信号设定压力值时，阀芯6在其压力作用下与电磁推力保持平衡，并反向推动衔铁运动，使减压口减小以起减压作用，而溢流口封闭并保持一定的遮盖量。一

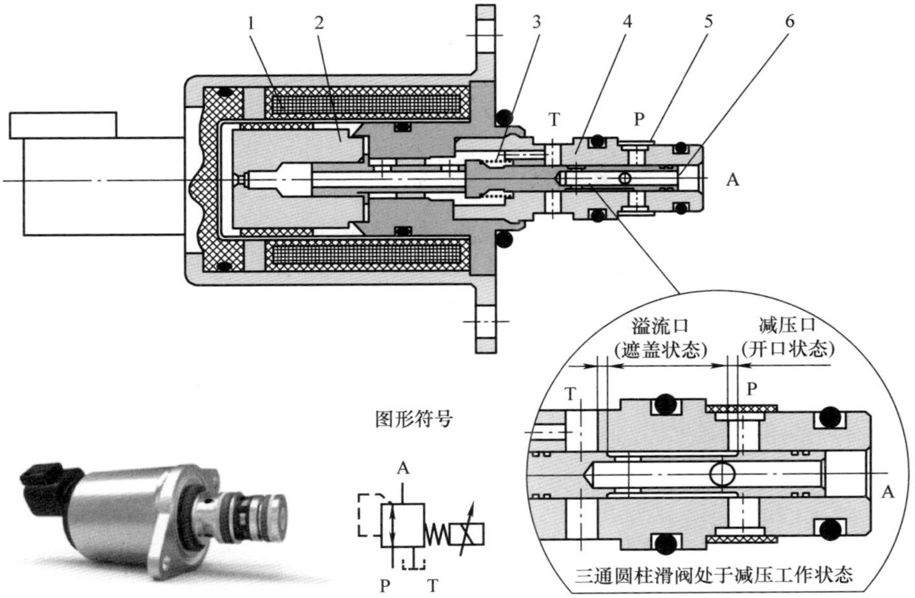

图 9-54 直动式力控制型三通插装比例减压阀的结构原理和图形符号

1—比例电磁铁 2—衔铁 3—回位弹簧 4—阀体 5—过滤网 6—阀芯

旦出油口 A 的减压压力超过信号设定值时，则阀芯 6 向减压口关闭的方向运动，同时打开溢流口，出油口 A 的压力随即溢流，限制出油口 A 压力不再升高。该阀具有压力 - 输入信号特性，输入信号可使比例电磁铁推力与油口 A 输出的减压压力成比例变化，起比例减压调节作用。

该阀广泛用于比例多路方向阀的先导级或离合器的比例压力控制，其控制主级的原理与常规比例方向控制阀的控制原理基本相同。

3. 直动式比例减压阀应用

（1）用于先导式比例阀的先导级 图 9-51 所示的阀主要用于图 9-55 所示的先导式比例方向控制阀的先导级，可参见 9.5.2 节。该阀作为先导级使用，其电液控制功能简单可靠，稳态性能满足一般开环应用场合。如果与其他类型的先导级控制原理相比较，其控制压力稳定可靠，抗污染能力强，但动态性能和滞环性能偏低，最大优点是先导液压油所需流量较少，因而能耗损失较少。

（2）用于比例多路方向阀先导级比例控制 图 9-56 所示的比例多路方向阀在移动液压领域有许多应用，主要有开环控制和闭环控制两种形式，其中一种用比例多路方向阀的先导级控制，如图 9-56 所示，属于开环控制，控制简单，性能相对较弱。另一种形式是高度集成化的闭环控制，主级阀芯带位移反馈，其反馈装置与两个比例减压阀构成压差闭环调节，组成比例先导级控制模块，该控制模块具有很高的稳态性能和动态响应能力。

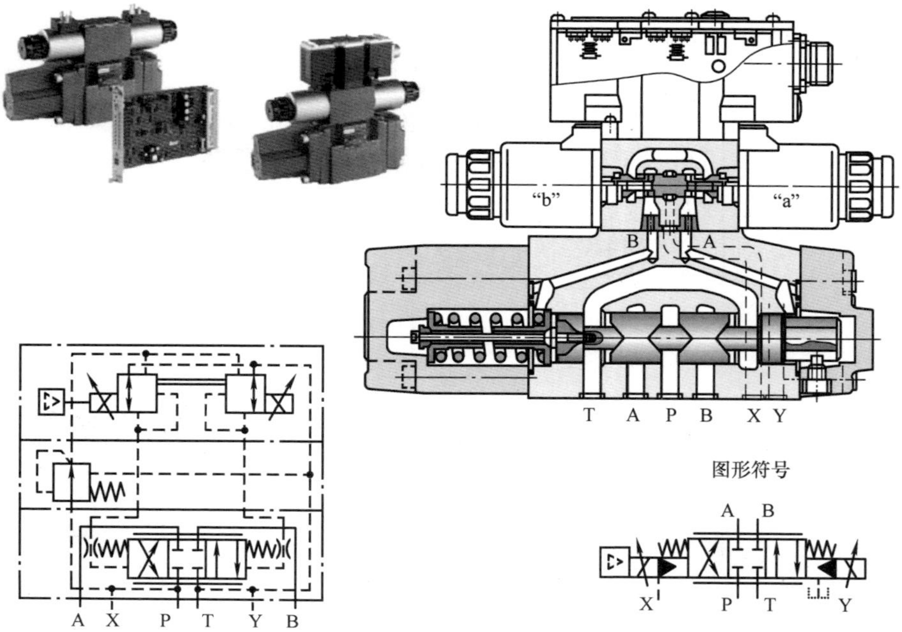

图 9-55　先导式开环控制比例方向控制阀

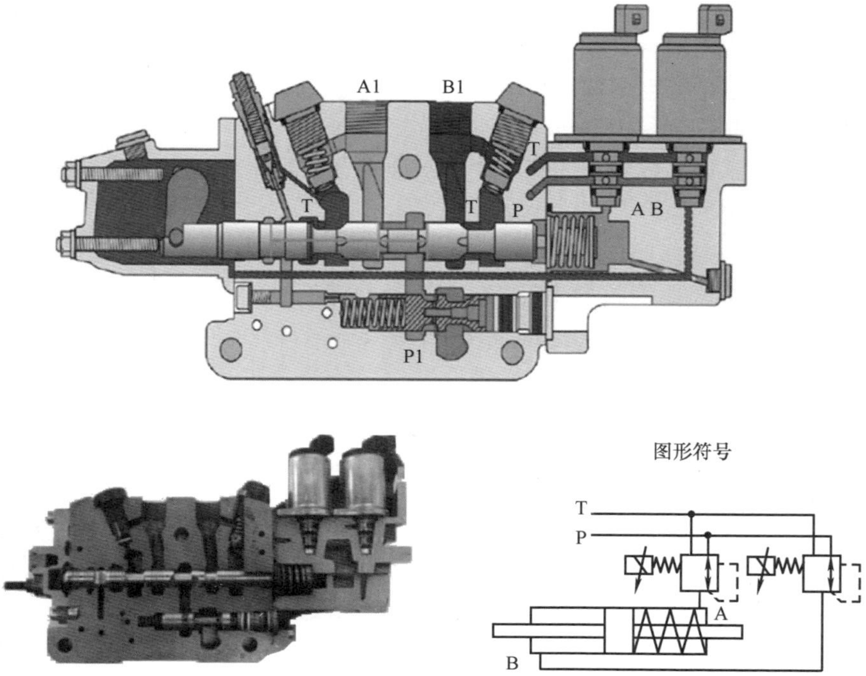

图 9-56　先导式比例多路方向阀

9.4.5　先导式比例减压阀

先导式比例减压阀主要有二通和三通类型。控制特征是采用不同类型的直动式比例溢流阀做先导级，主级基本采用常规滑阀的压差控制原理。先导式比例减压阀用途广泛，工作原理形式多样，技术性能要求与比例溢流阀基本相同。

1. 力控制型比例电磁铁驱动先导式比例减压阀（带或不带集成放大器，弹簧安全限压，二通型）

图 9-57 所示为力控制型比例电磁铁驱动先导式比例减压阀的结构原理和图形符号。阀具有进油口 B、出油口 A、内部泄油口 Y［或外部泄油口（Y）］，以及外部先导控制油口 X，安装面符合标准板式减压阀尺寸。该阀主要由先导级 7、主级 2 两部分组成。其中，先导级采用力控制型直动式比例溢流阀原理（见图 9-33），主级与常规手动弹簧调压先导式减压阀原理基本相似。先导级 7 压力油取自主级 2 减压口之后的出油口 A，通过先导级的溢流阀功能，限制出油口 A 压力升高，保持输入信号设定值与输出的减压压力成比例。

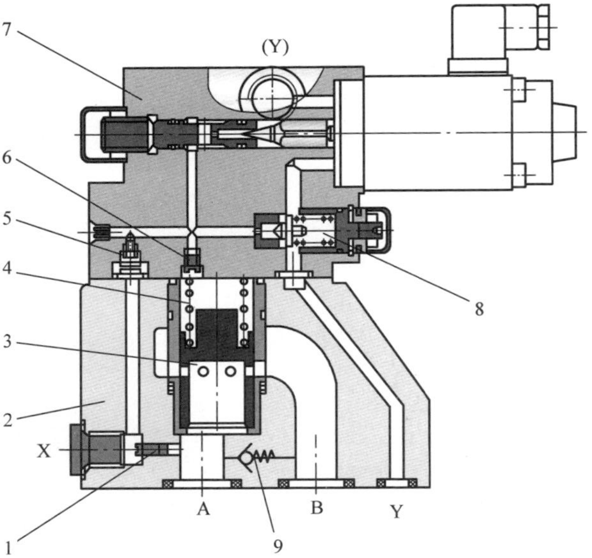

图形符号

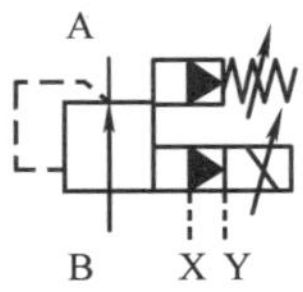

图 9-57　力控制型比例电磁铁驱动先导式比例减压阀的结构原理和图形符号

1、5—节流孔　2—主级　3—主阀芯　4—弹簧　6—阻尼孔　7—先导级　8—安全阀　9—单向阀

工作原理：阀的出油口 A 的减压压力与先导级 7 设定信号和流量有关。当先导级 7 比例电磁铁断电时，先导级 7 处于卸荷状态，主阀芯 3 在其弹簧 4 的作用下，使减压口处于全开口位置，以使进油口 B 与出油口 A 接通。当先导级 7 带电并输入一定信号时，出油口 A 的压力油通过节流孔 1、5 进入先导级 7，同时通过阻尼孔 6 进入和作用于主阀芯 3 的弹簧 4 腔内。如果出油口 A 的压力超过先导级 7

设定信号值时，先导级7处于限压溢流状态，溢流的流量经油口Y单独回油箱。此时，先导级7溢流作用使节流孔1、5产生流动压降，并使主阀芯3的弹簧4腔内的压力低于出油口A压力，因此，主阀芯3两侧产生一定压差，其压力推动主阀芯3并压缩弹簧4向减压口关闭的方向移动，使其开口减小或关闭，以限制出油口A中的压力不再升高，保持先导级7设定信号的比例减压压力。

如果减压口完全关闭，而出油口A中的减压压力继续升高，则升高的压力只有通过先导级7和安全阀8的溢流作用而降低。这是二通减压阀存在的一个问题。但是，当出油口A的压力超过进油口B的压力时，阀上设置的一个单向阀9可以使油液从出油口A向进油口B反向流动。

安全阀8的功能是一个弹簧调节的压力阀，提供出油口A的减压安全压力和最高压力限制，以保护出油口A压力异常升高或负载产生的反向超调压力对减压回路造成的损坏。

规格为10mm通径的减压阀性能特点：最高压力为31.5MPa，最大流量为80L/min，压力滞环不大于5%，稳态过程中的调压偏差较小，减压性能良好。一般适用于液压回路中限制出口压力的工况。由于设置安全阀8，可适用于出口压力受负载作用会产生反向超调压力的工况，在此种情况下，安全阀8启闭特性因其压力超调有可能对减压回路产生冲击影响。

2. 位置调节型比例电磁铁驱动先导式比例减压阀（带集成放大器，弹簧调压，二通型）

图9-58所示为位置调节型比例电磁铁驱动先导式比例减压阀的结构原理和图形符号。

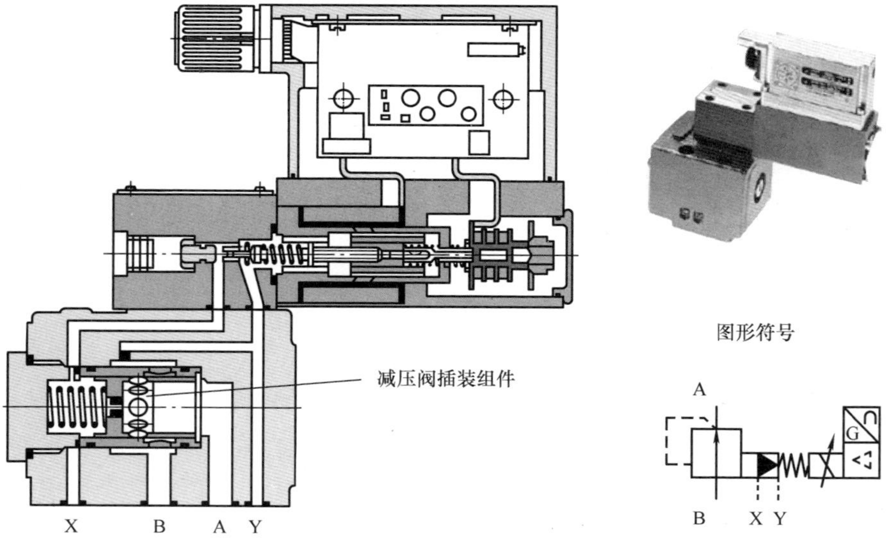

图9-58 位置调节型比例电磁铁驱动先导式比例减压阀的结构原理和图形符号

该阀具有进油口 B、出油口 A、外控油口 X、外泄油口 Y，安装面符合标准板式方向阀尺寸。该阀由先导级和主级两部分组成。主级结构型式与前面介绍的先导式比例溢流阀（见图 9-47）类似。通过比较可知，二者差别主要在主级的阀芯插装组件不同，其主级阀芯用减压阀插装组件代替图 9-47 中的溢流阀插装组件。而其减压工作原理与图 9-53 介绍的减压功能的原理基本相同。先导级压力油取自减压口之后的出油口 A，当先导压力达到输入信号设定值时，先导级的溢流作用使控制油路之间的节流孔产生压降，其压力使减压口开度变小或关闭，以限制出油口 A 的减压压力不再升高。

该阀不带限制出口压力超调的溢流阀功能。但是，可利用先导级结构中的调压弹簧起一定的安全保护作用。该弹簧最大压缩量产生的力可提供最高压力限制，一旦信号在高压状态下失效，可限制最高压力升高，从而保护回路最高压力下的安全性。

该阀的最大特点是结构通用性强、互换性好，可减少零件品种。对于先导级有两种选择形式，一种先导级是采用图 9-37a 所示的行程控制型溢流阀带集成放大器的结构型式，有利于提高阀的性能。另一种先导级可采用图 9-36 所示的力控制型比例电磁铁原理，信号滞环为 5%，稳态过程中的调压偏差也相对较大。

该阀规格为 10mm 通径，最高压力为 31.5MPa，最大流量 120L/min。信号滞环不大于 1%，稳态过程中的调压偏差很小。

该阀适用于减压回路中的出口压力没有负载反向作用力的工况，否则，出口压力有可能超过先导级调定的减压压力，这对减压回路产生潜在的压力损害。解决方法可在出口减压回路中，另外设置一个与其流量规格相匹配的溢流阀，溢流阀回油直接回油箱，起限压保护作用，该压力设置应略高于出口设定的减压压力。

3. 先导式三通比例减压阀（位置调节型或行程控制型比例电磁铁，带或不带集成放大器，弹簧限压，溢流阀进口调压）

图 9-59 所示为先导式三通比例减压阀的结构原理和图形符号。其中，图 9-59a、b 采用位置调节型直动式比例溢流阀做先导级，图 9-59c 采用行程控制型直动式比例溢流阀做先导级，三种类型阀的主级部分基本相同。阀安装面符合板式四油口方向控制阀安装面标准尺寸。

现以图 9-59a 为例说明其工作原理。阀由先导级 1、阀体 3、阀芯 4、回位弹簧 5，以及先导油路上的流量控制器 2 等组成。从阀结构原理和图形符号上看，阀体 3 上的阀口 P 为进口，阀口 A 为减压出口，阀口 T 回油箱，阀口 B 封堵不用。

工作原理：阀不带电停止工作时，先导级 1 处于卸压状态，先导油回油箱。阀芯 4 在回位弹簧 5 的作用下，其减压口使阀口 P 至 A 封闭，溢流口使阀口 A 至 T 接通，油液回油箱。

如果先导级 1 输入一定信号时，阀口 P 压力油通过流量控制器 2（又称流量稳定器，本质上是一个直动型调速阀）分别进入先导级 1 和阀芯 4 前腔，先导级 1 建

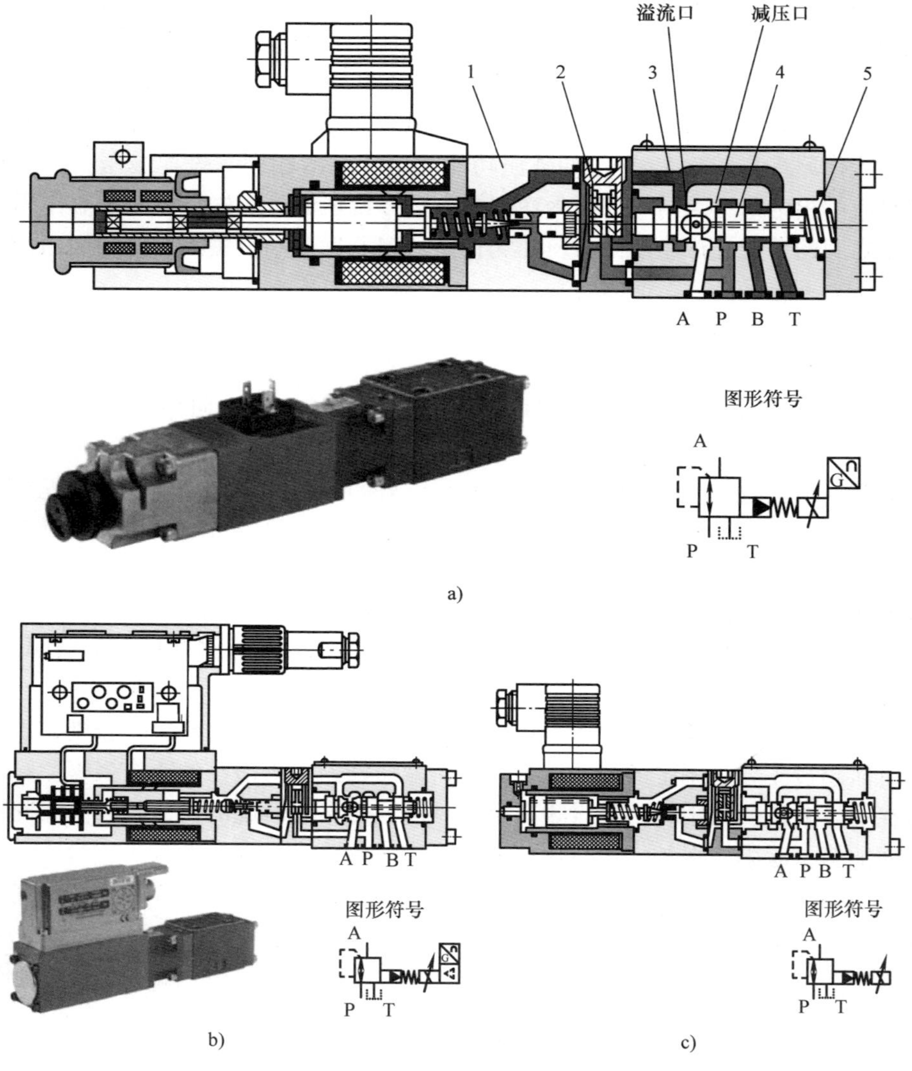

图 9-59　先导式三通比例减压阀

a）采用位置调节型比例电磁铁　b）采用位置调节型比例电磁铁　c）采用行程控制型比例电磁铁

1—先导级　2—流量控制器　3—阀体　4—阀芯　5—回位弹簧

立先导压力，并使减压口开启，将阀口 P 与 A 接通。这样，阀口 A 的出口压力升高，并进入阀芯 4 后腔和回位弹簧 5 一起，共同作用于阀芯 4 与其前腔的先导压力相平衡，使减压口处于减小或关闭变化过程中，以调节阀口 A 输出的减压压力与输入信号设定值成比例关系。

该阀特别之处在于先导级 1 的压力流量取自于进口 P，所需流量大小由流量控制器 2 限制，其结构原理和图形符号如图 9-60 所示，是一个带定压差补偿功能的固定节流孔，起调速阀作用，输出流量很小，一般不超过 0.6L/min，无论进口 P 的压力如何升高变化，均不影响输出流量的恒定，其先导压力由先导级 1 的溢流功能保证，也最大限度地节约先导级的能耗且不影响出口 A 的减压压力。

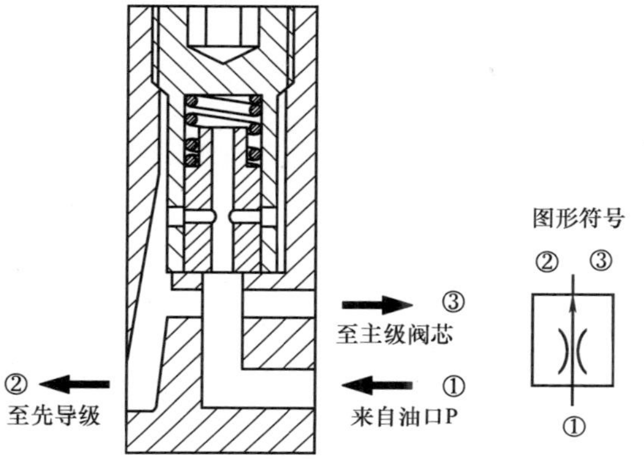

图 9-60　流量控制器结构原理与图形符号

由于决定该阀减压作用的是出口 A 的减压压力，而不是先导压力，更不是进口 P 压力，即在出口 A 的减压压力和回位弹簧 5 的共同作用下，与阀芯 4 前腔先导级 1 产生溢流作用时的先导压力相平衡，从而保证减压压力的输出稳定不变。

当出口 A 的减压压力出现压力过载情况，或者负载反向作用造成出口压力超过减压压力时，阀芯 4 受其过载压力和回位弹簧 5 的共同作用，可继续向减压口关闭的方向移动，会先关闭减压口，后打开溢流口，使阀口 P 至 A 封闭，而使 P 至 T 连通，油液直接溢流回油箱。这样，通过阀溢流口溢流多余的流量，限制减压回路的压力不再升高。

该阀使用时，阀口 P 压力至少比阀口 A 减压压力高 0.5MPa，回位弹簧 5 的最低作用力确定了阀最低的减压压力，最低减压压力接近于零压或阀口 T 压力。可连续调节输入信号调节减压压力。一旦电源失效或输入信号过载，可由先导级 1 弹簧的最高压缩力提供安全溢流压力保护。

该阀最高压力为 31MPa，最大流量可达 40L/min，减压性能良好，应用于需要连续调节压力或稳定减压回路中。有三种不同类型阀的特点，对于图 9-59a、b 的位置调节型，因其先导级的溢流阀性能高于图 9-59c 的行程控制型，因此稳态减压性能更好。其中，位置调节型的滞环不大于 1%，而行程控制型不大于 4%，在输出流量 10L/min 下测试时，在输入信号 0% ~100% 的变化范围中，位置调节型的阀口打开和关闭的响应时间分别为 50ms 和 20ms 以内，而行程控制型分别为 200ms 和 250ms 以内，可见二者动态特性也有明显差异。

4. 先导式三通比例减压阀（力控制型比例电磁铁，可外控外泄）

（1）产品特点　图 9-61 所示为一种先导式三通比例减压阀的结构原理和图形

符号。该阀由先导级和主级两部分组成，先导级采用力控制型直动式比例溢流阀，主级结构采用安装面符合 DN10、16 规格标准板式电液方向阀尺寸，结构设计比较合理。主要由先导级 8，阀体 2、阀芯 3、回位弹簧 4、5，先导油路上的流量控制器 7，超压安全保护溢流阀 6，放大器 1 组成。阀体 2 上的阀口 P 为进口压力，阀口 A 为出口压力，起减压作用，阀口 T 回油箱，阀口 X 为外控制先导口，阀口 Y 为外泄口。阀采用三通减压原理，先导级压力油取自主阀进油口，以避免对出口压力的干扰。主级的减压阀芯尺寸较长，这种布置形式有利于运动平稳可靠。

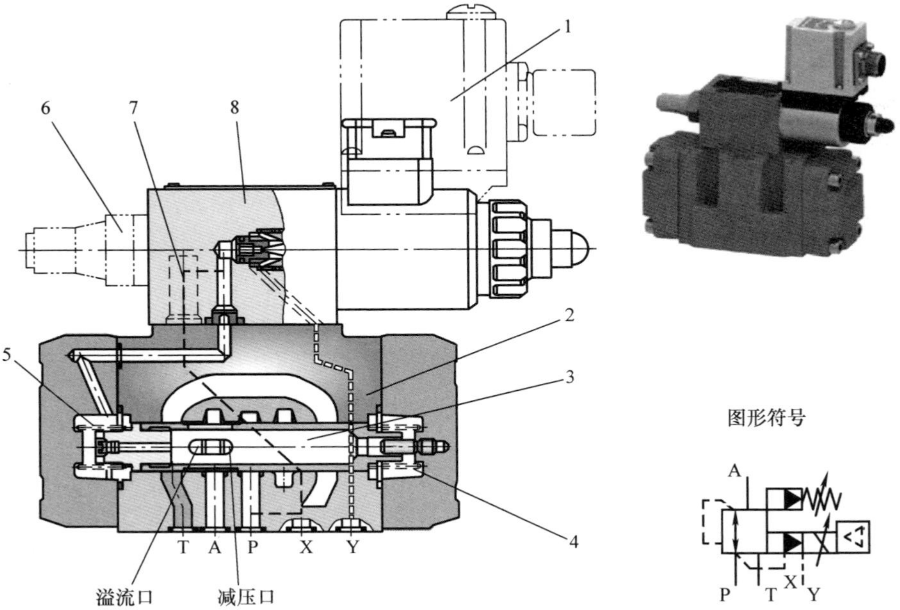

图 9-61　先导式三通比例减压阀的结构原理和图形符号

1—放大器　2—阀体　3—阀芯　4、5—回位弹簧　6—溢流阀　7—流量控制器　8—先导级

（2）工作原理　该阀工作原理与图 9-59 介绍的三通比例减压阀基本相似，先导压力油取自进口 P，以避免对出口压力产生干扰。阀不带电时，先导级 8 处于卸压状态，先导压力油直接回油箱。阀芯 3 在回位弹簧 4、5 的作用下固定不动，其减压口使阀口 P 至 A 封闭，溢流口使阀口 A 至 T 封闭。

当先导级 8 输入一定信号时，先导级 8 开始建立压力，进油口 P 的压力油通过流量控制器 7 分别进入先导级 8 和阀芯 3 的回位弹簧 5 腔中，推动阀芯 3 向右运动，使减压口全开，阀口 P 与 A 接通，溢流口仍然关闭。此时，阀口 A 的减压压力进入阀芯 3 的回位弹簧 4 腔中，并与回位弹簧 4 一起作用于先导压力和回位弹簧 5，推动阀芯 3 向左运动并保持平衡，使减压口从全开向关闭方向移动以起到减压作用，从而保证阀口 A 输出的减压压力与输入信号设定值成比例关系。

当阀口 A 输出的减压压力高于信号设定值时，回位弹簧 4 腔内压力更高，则打破阀芯平衡，推动阀芯3继续向左运动，使溢流口开启，阀口A至T接通。此时，减压口仍然处于关闭状态。阀口A的高压油通过溢流口的作用迅速恢复到减压压力。

（3）结构特点　该阀结构紧凑，利用标准电液方向阀常规铸造流道布置形式，主阀芯设计尺寸较大，通过其两端设置回位弹簧4、5保持定位，在回位弹簧4一端还设置防旋转定位销，使阀芯运动时不旋转，减少运动摩擦力的影响，减小滞环。该阀输出流量较大，通过增加外控外泄油口，有利于减压性能稳定，使大流量变化中的调压偏差较小。先导级8上流量控制器7的功能原理如图9-60所示。先导流量恒定，可保证控制先导压力稳定。此外，先导级8配置安全保护溢流阀功能，避免信号失效令先导压力产生超压而造成危害。

该阀最高工作压力为31.5MPa，最大流量可达300L/min。压力滞环为±3%，重复精度小于最大调节压力的±2%，适用于高压大流量比例控制系统中的减压回路。

该阀放大器1可采用插头式，集成在比例电磁铁上，使用比较方便。放大器工作原理如图9-32所示。放大器内部特有的特性曲线生成器功能可调节补偿液压非线性输出，以获得输出的减压压力与输入电流特性的线性化曲线。

5. 直流电动机驱动的先导式二通比例减压阀（弹簧调压，可外控外泄）

图9-62是采用直流电动机驱动的先导式二通比例减压阀结构图和图形符号，主要由先导级和主级两部分组成。有进油口B、出油口A、先导泄油口Y，阀安装面尺寸与板式先导式减压阀相同。其中，图9-62a所示原理用于通径10mm规格阀，最大流量80L/min以下规格，图9-62b所示原理用于最大通径32mm，最大流量300L/min以下规格阀，二者均为二通型，其先导级结构基本相同，与图9-50a所示的电动机驱动装置类似。但主级结构和控制原理不同，主要差别是控制先导油取自不同油口，图9-62a所示的阀的先导油取自出油口A，先导油流量比较少，约为0.5L/min，图9-62b所示的阀的先导油取自进油口B，约为1.3L/min，因此，两种阀的主级具有不同的减压控制原理。

工作原理：阀通过放大器驱动直流电动机，由机械凸轮机构压缩调压弹簧，提供先导控制压力。先导压力调节从最低到最高的变化时间相对较长，并取决于电动机反馈限位装置。如果反馈装置是电位计，调节时间约为1.3s；如果反馈装置是限位开关，调节时间约为18s。当阀不带电时，电动机凸轮机构具有自锁功能（对反馈装置是限位开关功能），保持设定的弹簧预压缩力不变，即保持先导压力具有调压状态不变。当阀输入信号时，输入信号变化使电动机驱动凸轮位移变化，从而推动弹簧压缩，进而产生成比例变化的先导压力。对于图9-62a所示的阀，主级原理类似于图9-57，先导压力油取自出油口A。通过先导压力与减压口之后的减压压力比较，调节减压口起减压作用。

图9-62b所示的阀原理类似于图9-59，先导油取自进油口B，并在主级与先导

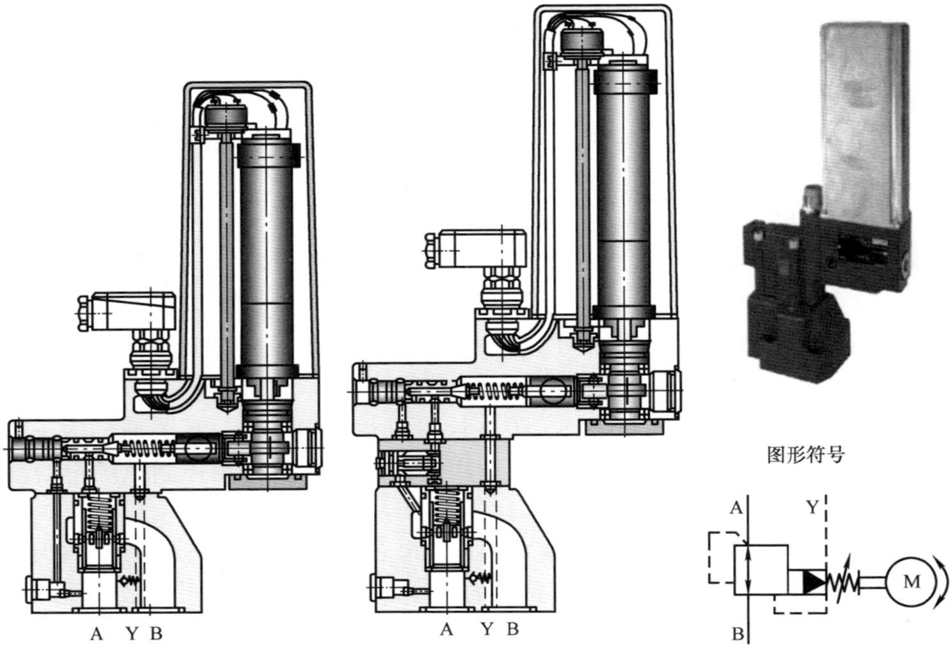

a)　　　　b)　　　　c)

图 9-62　直流电动机驱动的先导式二通比例减压阀结构原理和图形符号

a）先导油取自出油口 A　b）先导油取自进油口 B　c）图形符号

级之间设置一个流量控制器，流量控制器的工作原理类似于图 9-60，以避免先导压力油的流量变化影响进油口 B 的压力。

可见，虽然两种先导压力油控制减压原理不同，但都继承了常规先导式减压阀的典型减压原理，均具有良好的减压性能。阀的基本性能主要取决于先导级的电动机凸轮机构的调节分辨率、调压弹簧性能及主级减压作用的综合结果。其中，先导级上的调压弹簧本身同时还具有比例减压阀安全压力保护作用，限制输入信号失效造成的控制压力异常升高。主级阀的阀芯内部带有单向阀功能，一旦出油口压力超过输入信号设定值或出油口负载反向作用造成压力超过进口压力，单向阀打开，使减压压力反向流入进油口中。因此，该阀在应用时，进口压力油路需要附加一个安全溢流阀。

另外，该阀断电后，由凸轮机构自锁可保持调压弹簧压力不变，这一特点符合常规手动弹簧调压减压阀的液压回路应用习惯。

6. 先导式比例减压阀应用

（1）用于多级调节系统压力　先导式比例减压阀主要应用于集中动力源回路的多级压力调节，适用于负载变化场合或需要连续调节压力场合。图 9-63a 所示为采用三个普通比例阀通过电磁阀转换提供低于主系统压力的三种压力输出的应用，可以采用图 9-63b 所示的比例减压阀方式进行压力多级调节。可见，可明显减少元件数量，压力调节方便。

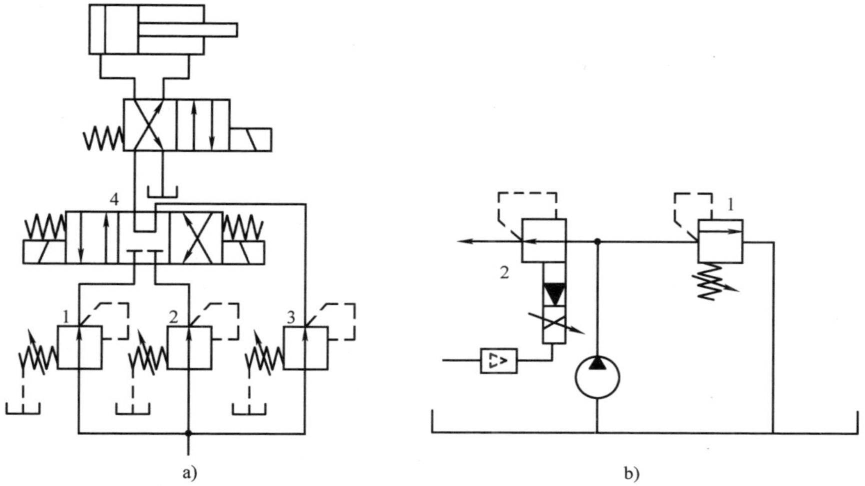

图 9-63　先导式比例减压阀应用于集中动力源回路的多级压力调节
a）普通减压阀三级减压　b）比例减压阀多级减压

（2）用于平衡运动负载　图 9-64 是大型龙门机床平衡液压缸压力闭环控制。

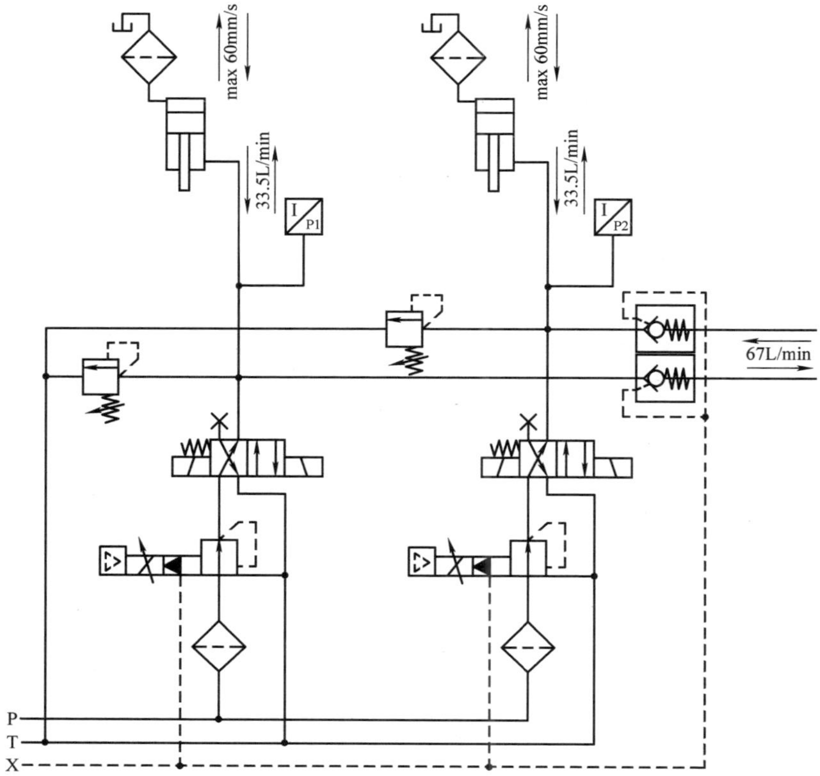

图 9-64　大型龙门机床平衡液压缸压力闭环控制

采用两个三通先导式比例减压阀，平衡负载工作运动产生的变化力，提供横梁比例压力控制稳定性和重复精度。设置两个压力传感器反馈两个减压回路的压力，由放大器内部PID调节纠偏压力值，以始终保证减压阀输出压力稳定在控制精度之内。

9.5 比例方向控制阀

9.5.1 比例方向控制阀的分类

比例方向控制阀能按输入电信号的大小连续成比例地控制液流的方向和流量大小。比例方向控制阀本质上是流量控制阀，其中，二位机能的比例方向阀可直接作为比例节流阀使用。

比例方向阀的基本特征：主要系列产品基本结构型式与标准规格的常规电磁方向阀或电液方向阀相似。

比例方向控制阀的中位机能及其表达方式与电磁方向阀的中位机能类似，中位的最终封闭机能对应的遮盖量（死区）范围根据产品应用要求控制在5%～25%额定输入信号范围内。

比例方向控制阀的额定流量定义：在双阀口压降保持1MPa的条件下，100%额定输入信号通过的流量作为阀的额定流量。

比例方向控制阀用途广泛，在液压回路中同时起流量调节和方向控制作用，可实现执行元件的缓冲制动，或者在开环控制回路中调节速度并完成加、减速度控制。

需要注意的是，液压开环和闭环控制回路对比例方向阀的死区范围有不同要求。

比例方向控制阀有以下几种分类方法：

1）根据阀内是否包含有内部反馈闭环，比例方向控制阀可以分为带内部反馈闭环和不带内部反馈闭环两种类型。其中，带内部反馈闭环的比例方向阀又有位移-电反馈、位移-力反馈和直接位置反馈等形式，位移-电反馈型的比例方向阀技术相当成熟，对电信号的处理和补偿非常方便，因此工程应用中基本不再开发位移-力反馈和直接位置反馈的比例方向控制阀。

2）根据采用的比例电磁铁（比例方向控制阀阀芯的推力装置）不同，可分为行程控制型比例电磁铁和位置调节型比例电磁铁驱动的比例方向控制阀。

3）根据流量的控制方式，比例方向控制阀可分为节流控制型与流量控制型。

节流控制型比例方向阀与比例节流阀都是控制功率级阀芯的轴向位移（对应阀口开度），输出流量受负载压力和供油压力变化的影响；流量控制型比例方向阀与比例流量阀一样，可由节流控制型比例方向阀分别与定差减压阀或定差溢流阀组成压差补偿型或压力适应型比例方向流量阀，或由流量检测反馈装置构成带内部反馈闭环的流量控制型比例方向阀，其受控流量由输入电信号决定，与供油压力或负载压力的变化基本无关。

由于生产厂通常只提供节流控制型比例方向阀，以及相应的补偿装置和流量检测装置，设计人员还应根据需要把它们组合成流量控制型比例方向阀，故本章将流量控制型比例方向阀作为节流控制型比例方向阀的应用内容进行叙述。

4）根据阀芯的结构型式，比例方向控制阀可分为滑阀式（滑阀结构）和插装式（锥阀结构）。

5）按照阀内液压功率放大的级数，比例方向控制阀可以分为直动式（单级）和先导式（二级）。

9.5.2　直动式比例方向控制阀

1. 三位四通直动式比例方向控制阀（行程控制型比例电磁铁，带/不带集成放大器，弹簧对中，开环控制）

（1）结构与图形符号　以博世力士乐 4WRA（E）…2X 系列产品为例，介绍采用双行程控制型比例电磁铁、带/不带集成放大器、弹簧对中的三位四通直动式开环比例方向控制阀，这种阀有 DN6 和 DN10 两种尺寸，其外形、结构原理和图形符号如图 9-65 所示。

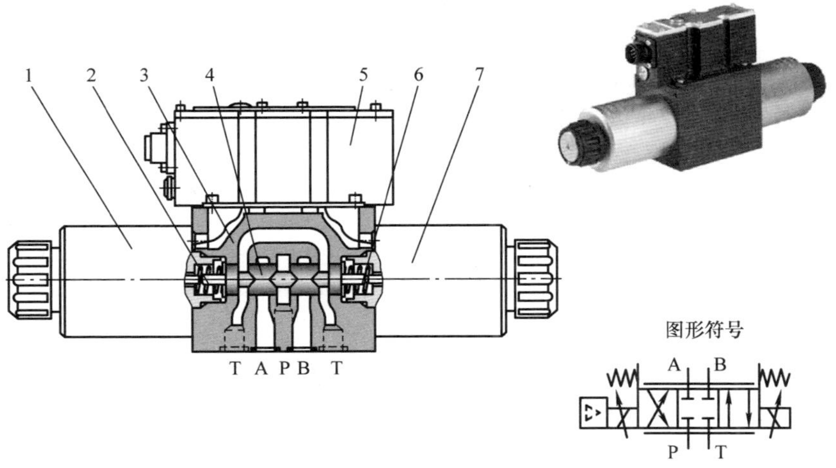

图 9-65　三位四通直动式开环比例方向阀的外形、结构原理和图形符号

1、7—比例电磁铁　2、6—控制弹簧　3—阀体　4—阀芯　5—集成比例放大器

从图形符号看，阀有四个主阀口 P、A、B、T，三个阀位机能，可称为三位四通型阀或用数字表示为 4/3 型阀，其中，中位机能表示阀在不带电情况下，由两个受力弹簧对中阀芯，使四个阀口保持在中位状态。

（2）工作原理　当比例电磁铁均不带电时，控制弹簧 2 和 6 受压使阀芯 4 保持在中位。阀芯 4 与阀体 3 构成的圆柱滑阀具有四个控制阀口，每个阀口均有一定遮盖量，保持中位封闭机能，使 P、A、B 、T 四个阀口均不相通。当其中一个比例电磁铁输入一定信号后，在电磁推力作用下，阀芯位移超出遮盖量，才出现一定的阀节流开口量，并在阀口压降不为零时输出流量。

当比例电磁铁 7 输入一定信号时，阀芯 4 受比例电磁铁推力作用向左侧移动，使受压弹簧 2 压缩，产生位移并打开阀口，其压缩力和液动力最终与比例电磁铁推力相平衡，最终使阀口有一个确定的开口位置并保持不变。这样，在一定压降下，使液压油分别从阀口 P—A、阀口 B—T 流动，所通过的流量大小与输入信号确定的阀开口量大小和其阀口前后压降大小有关。一旦比例电磁铁 7 断电，阀芯 4 重新被两个受压弹簧推回中位。

如果另一个比例电磁铁 1 输入信号和断电，过程正好与比例电磁铁 7 的动作相反，使阀口 P—B、A—T 接通，工作过程相同。

由于受压弹簧刚度大，使得输入信号所产生的比例电磁铁推力与弹簧力相平衡，形成阀开口量可抑制摩擦力和液动力的干扰，从而稳定阀芯停留在一个确定位置上。输入信号产生的比例电磁铁的电磁力与阀开口量基本成比例关系。

当阀不带电时，阀芯两端受压弹簧具有一定预压缩量。如果忽略阀芯摩擦力的影响，以及比例电磁铁的初始电流，则阀芯从中位到阀口打开需要比例电磁铁的起始电流为

$$i_0 = \pm \{K_s(x_1 + x_0)/K_e\}$$

式中　i_0——阀克服死区的起始电流（mA）；

K_s——弹簧 2、6 的刚度（N/mm）；

x_1——阀口中位遮盖量（mm）；

x_0——弹簧 2、6 的预压缩量（mm）；

K_e——比例电磁铁的电流 - 力增益（N/mA）。

测试表明，阀的起始电流可达到额定电流的 20%。这有两个原因：一个是放大器通电后，给比例电磁铁输出了初始电流，另一个主要原因是阀芯有机械尺寸造成的死区，使阀口有一定遮盖量，比例放大器输出电流达到额定电流的 20%（通过快跳实现）以后，才能克服工作总行程的 20%。例如，中位四个阀口封闭的 6mm 通径阀均有一定正遮盖，阀芯向一个方向移动满行程 3mm，其阀口设计的遮盖量一般不大于 0.5mm。在整个 ±3mm 行程中，阀芯始终在死区范围内跳动，如图 9-66 所示。

行程控制型比例电磁铁的推力克服弹簧力、摩擦力及液动力等负载，其衔铁可根据输入信号平衡在任意一个阀口开度位置。其中，液动力主要影响阀口开口量的定位精度。当输入信号一定，流量通过阀口节流时，如果压降增大而流量增大，在阀口内部产生液动力随即增大，方向与比例电磁铁的电磁力相反。当阀口压降增大到一定数值时，流量不再增加甚至出现流量减小现象。这就是液动力增大造成的功率极限。因此，直动式比例方向阀受比例电磁铁行程和推力限制，使阀的压力 - 流

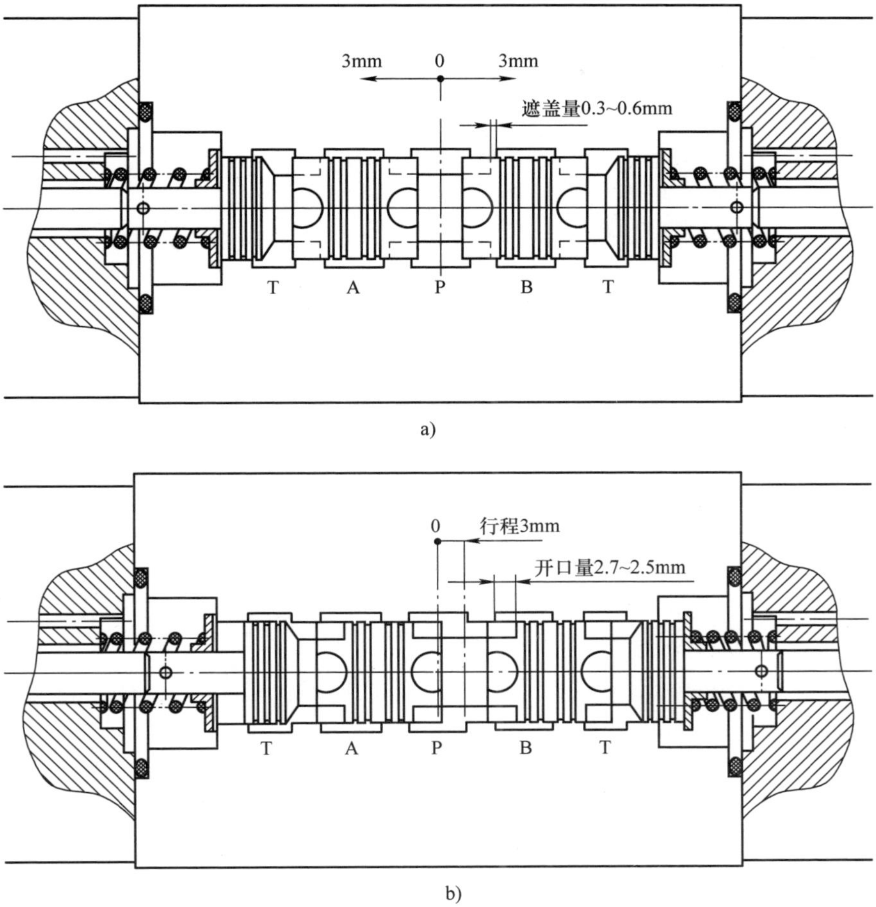

图 9-66　DN6 开环比例方向控制阀的死区与最大工作行程

a）阀芯处于中位，P、T、A、B 四个阀口处于封闭状态

b）阀芯向右处于最大节流开口位置，阀口 P—B 连通、A—T 连通

量特性因阀口结构形状不同而不同。通常，直动式比例方向阀一般用于通过流量与压降较小的场合。

比例方向控制阀四个阀口由比例电磁铁控制节流特性，变换不同阀芯结构，便获得不同的中位机能。如果去掉一个比例电磁铁，结构像二位四通电磁方向阀的比例阀，就可成为一个比例节流阀，并可以获得单倍流量（一个节流口工作）或倍增流量（二个节流口并联工作）功能。

将一个叠加式压力补偿阀叠加到比例方向控制阀上使用，就会使比例方向控制阀在两个方向上的调节流量基本不受负载压力变化的影响。

（3）性能特点

1）流量控制特性（输出流量 - 输入信号关系）是比例方向控制阀的主要性

能。比例方向控制阀既可变化方向又能调节流量大小，但是，输入信号直接与阀芯位移量成线性比例关系，其输出流量与比例电磁铁输入信号不是简单的线性比例关系，如图 9-67 所示。

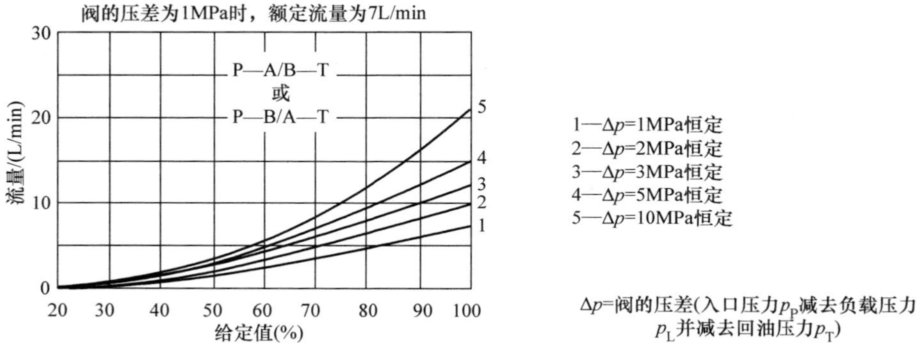

图 9-67 4WRA（E）6…30－2X 输出流量与输入信号比例曲线

由图 9-67 的横坐标可见，这种阀有 20% 的死区，可以理解为：比例电磁铁推力与弹簧力达到平衡状态后，只有与输入信号成比例的阀芯轴向位移量大于阀口遮盖量时，阀口才能打开。

在输入信号保持恒定不变时，通过比例方向阀的流量不仅与阀芯位移量有关，还与通过阀口前后之间的压降有关。

图 9-68 所示为这类比例方向阀在恒定的阀压降下的输出流量－输入信号关系实测曲线。国家标准规定该曲线的测试方法是：阀在 1MPa 的阀口压降下和在输入信号 0% ~ ±100% 的范围内，测量液压油从阀口 P—A、阀口 B—T，然后再从阀口 P—B、油口 A—T 流动的一个循环过程中，输出流量与输入信号的关系。

从图 9-68 所示的关系曲线上可观察到以下几点：

① 输入信号 ±5V 表示阀最大开度，对应最大流量。

② 正、负信号两侧曲线形状对称性好，说明四个阀口以及它们之间的尺寸精度高。

③ 通常在 0 ~ ±1V 信号范围内，没有流量输出，说明阀输入信号有约 20% 的死区。

④ 阀从打开到关闭的过程中，两条曲线不重合。在相同输入信号值下，测得输出流量曲线不重合的最大差值为 1.2L/min，与最大输出流量 25L/min 相比较，获得的百分数表示输出流量的滞环，在数值上约为（1.2/25）×100% = 4.8%。

⑤ 流量曲线的线性度与阀的节流口形状有关，并反映流量增益大小。

⑥ 另外需要注意，在 1.5V 输入信号之内，曲线的阶梯形不是阀的性能，是试验台测试用大规格流量计，受到流量计分辨率的影响，在 1.5L/min 的小流量下，导致输出流量稳态值不稳定。这个问题可以匹配小规格流量计解决。

比例方向控制阀阀口形状不同，曲线形状也不同。图 9-69 所示为几种典型阀

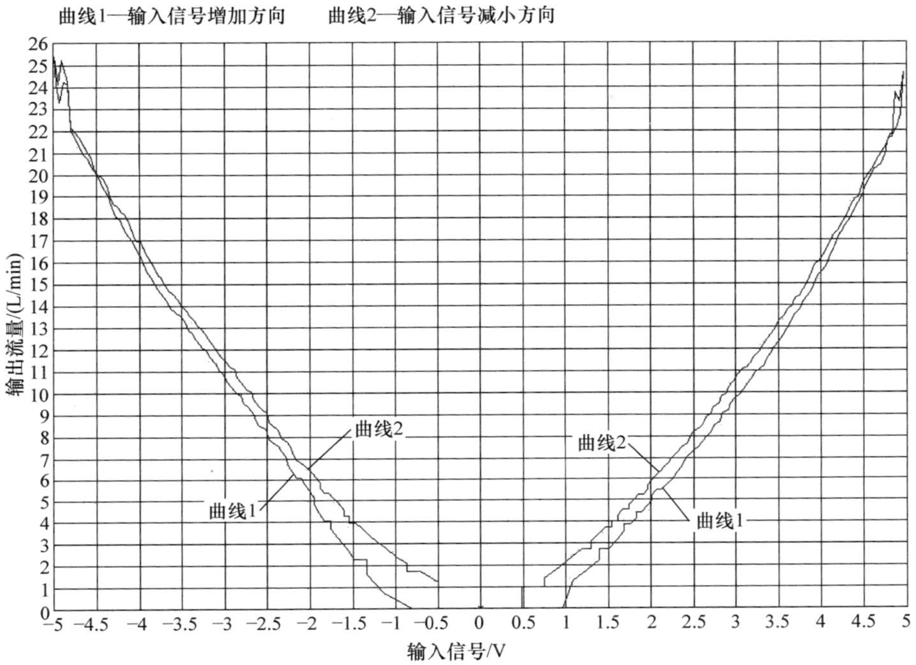

图 9-68　恒定阀压降下比例方向控制阀输出流量 - 输入信号关系曲线

芯节流口形状的曲线。不同阀芯形式对流量增益和最大输出流量的影响各不相同。为了便于应用，一般要求阀口刚开启阶段，曲线平缓，以提高输出流量的分辨率，加上加工成本的考虑，比例方向控制阀阀口多采用三角口或半圆形口。

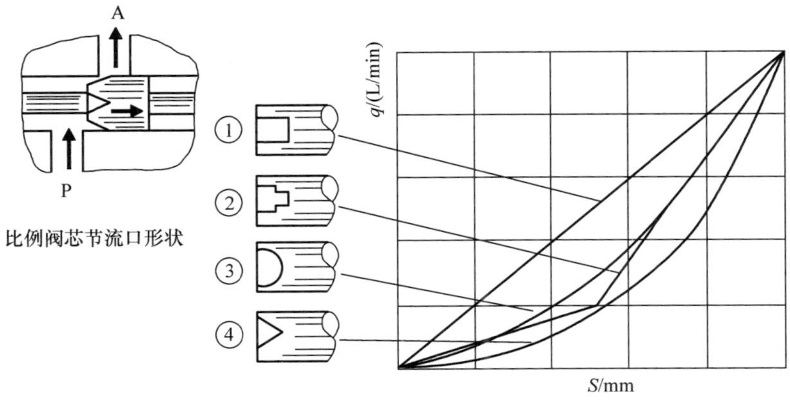

图 9-69　几种典型的阀芯节流口形状对比例方向控制阀流量曲线形状的影响

为统一表达同型号每一台阀的性能，样本中的曲线是把试验定型后各种标准型号产品的曲线做了统计归纳，如图 9-70 所示。其中，不同型号阀口分别用代号 L1、L3、L5、S3、S5、D5 等表示，测试产生的各种代号阀口的曲线形状各有不同。

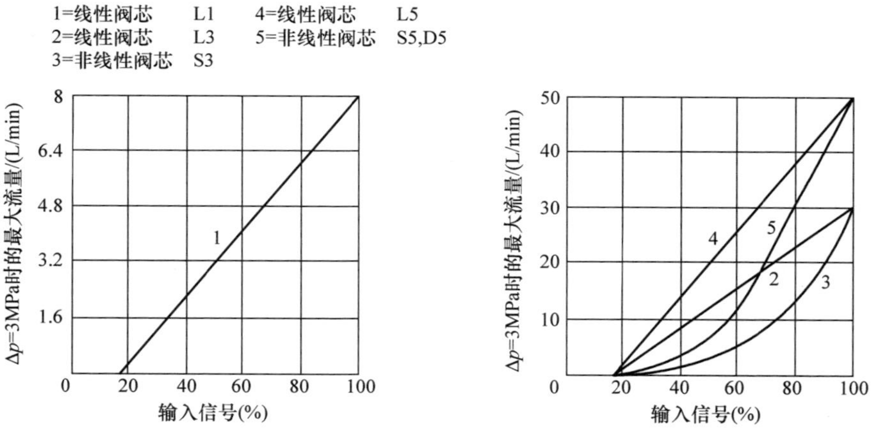

图9-70　产品样本给出在阀口恒定压降3MPa下的比例方向控制阀流量特征曲线

2）功率域限制直动式比例方向控制阀的应用范围。在一定压力范围内，比例方向控制阀在阀口压降增大的情况下，可通过的流量大于额定流量。但是，它存在一个阀口最大压降下制约最大流量的功率极限。在较大压降作用下，通过阀口的流量大到功率极限时，稳态液动力会使阀口关小，使流量不再随着压降的增加而增加（见图9-18）。直动比例方向控制阀的功率域比较小，当超过功率界限后，电信号对阀芯位移的控制特性失效。因此，选择阀型号时应注意极限流量与压力工作点的限制范围。其他所有流量类控制阀也都必须在功率极限范围内使用。

这种单级阀只能在流量不大、压差较小且流量控制精度要求不高的场合使用，因为其阀芯的位移和阀的功率域分别受到了比例电磁铁的有效行程及电磁力的限制。

2. 三位四通直动式比例方向控制阀（位置调节型比例电磁铁，带/不带集成放大器，弹簧复位，闭环控制）

以博世力士乐4WRE（E）…2X系列产品为例，介绍采用位置调节型比例电磁铁的直动式比例方向阀，这种阀也有DN6和DN10两种尺寸。

（1）基本型4WRE（E）…2X系列产品典型结构　4WRE（E）…2X系列产品涉及在液压系统中的开环、闭环和轴控等广泛应用，因此，阀口有零遮盖、小正遮盖、大正遮盖不同类型，性能特征也各不相同，本章首先介绍基本型4WRE（E）…2X系列产品的外形、结构原理、图形符号，如图9-71所示。

（2）基本型4WRE（E）…2X闭环比例方向阀工作原理　这种阀的位移传感器检测阀芯的位移，外部放大器或集成放大器与比例电磁铁和位移传感器组成位置闭环系统，可大大提高阀口开度的控制精度，而且这种位置闭环使得阀的抗干扰（如液动力变化、油液污染引起的摩擦力变化等）能力增强，快速性提高。这种带电反馈的单级比例方向控制阀通常都通过校正手段（设置PID调节器）以提高阀的综合性能。

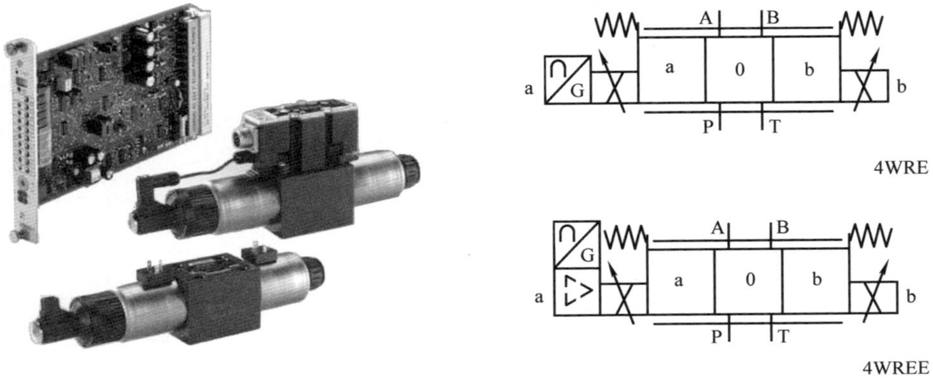

a)

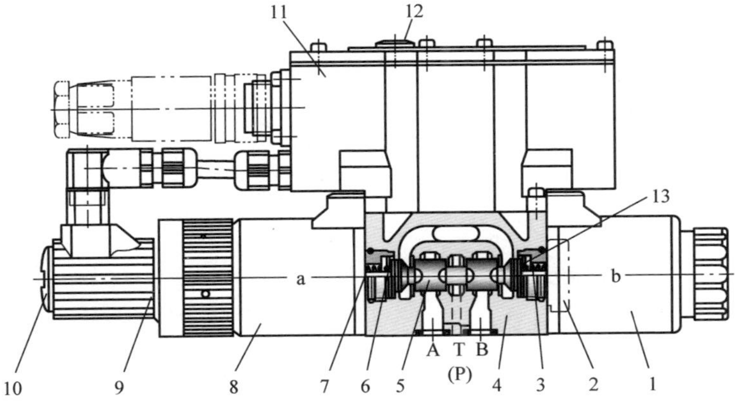

b)

图 9-71　三位四通直动式闭环比例方向控制阀

a）4WRE（E）…2X 产品外形与图形符号　b）4WRE（E）…2X 产品结构原理

1、8—比例电磁铁　2—堵头（单比例电磁铁阀采用）　3、7—回位弹簧　4—阀体　5—阀芯

6、13—弹簧座　9—位移传感器　10—机械调零堵头　11—集成比例放大器　12—调零端盖

在断电状态下，比例电磁铁不得电，阀芯在回位弹簧的压缩作用下保持在机械中心位置。对于 V 形阀芯，该机械位置与液压中心位置不对应。当阀通电后，阀芯位于液压中心位置。

如果选用带阀芯位置监控的放大器，则可组成具有检测和诊断功能的在线故障诊断系统。

单比例电磁铁的4WRE（E）…2X通过比例电磁铁“a”直接操作控制阀芯，控制阀芯向右的位移与电输入信号成比例。

（3）基本型4WRE（E）…2X系列产品性能特点　基本型4WRE（E）…2X系列产品性能特点通过恒定阀压降下的输出流量－输入信号关系曲线反映，如图9-72所示。

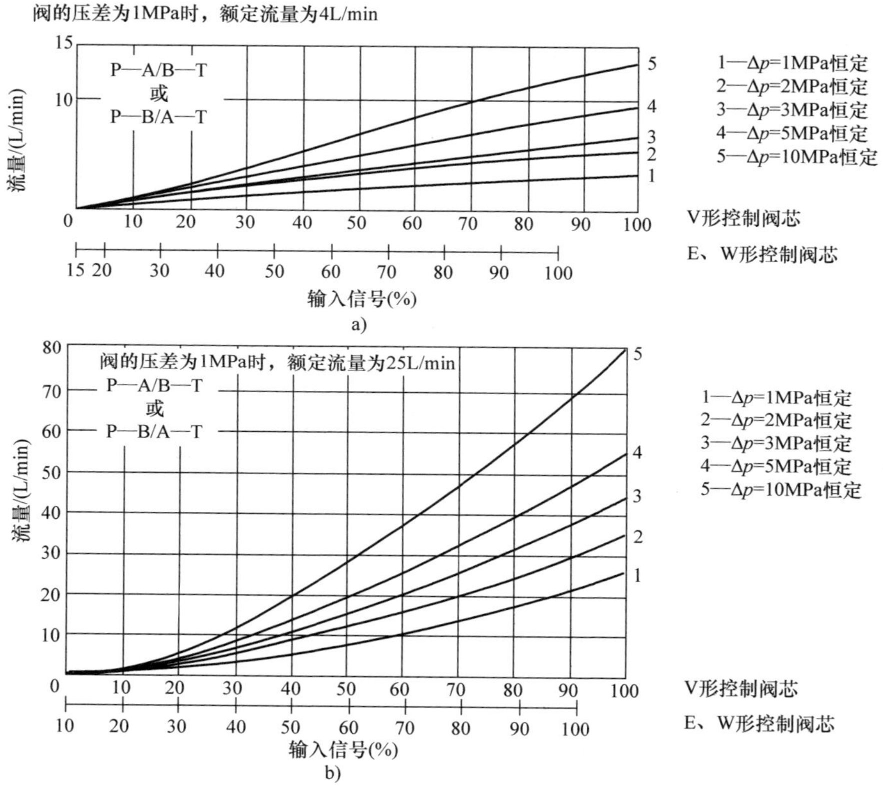

图9-72　基本型4WRE（E）…2X性能曲线（输出流量－输入信号）

a）基本型4WRE（E）6…04－2X流量特性　b）基本型4WRE（E）10…25－2X流量特性

由图9-72不难看出，基本型4WRE（E）…2X系列的输出流量－输入信号关系曲线形状与4WRA（E）…2X系列产品类似，但其阀口有零遮盖（V形阀芯）和10%正遮盖（E、W形阀芯）两种类型。其中大死区特性适合于开环控制应用，零死区特性适合于闭环控制应用。

具有零死区特性（V形阀芯）的基本型比例方向阀4WRE（E）…2X应用在闭环控制系统中的时候，需要用到压力特性曲线（见图9-73）、泄漏特性曲线（见图9-74）和频率响应特性曲线（见图9-75）。

（4）基本型4WRE（E）…2X的升级产品4WREE 6..3X　根据4WRE（E）…2X在长

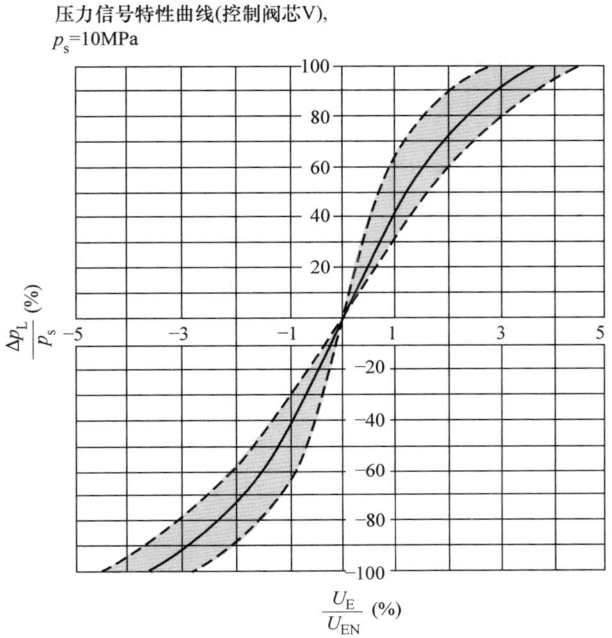

图 9-73　基本型 4WRE（E）…2X 压力特性曲线

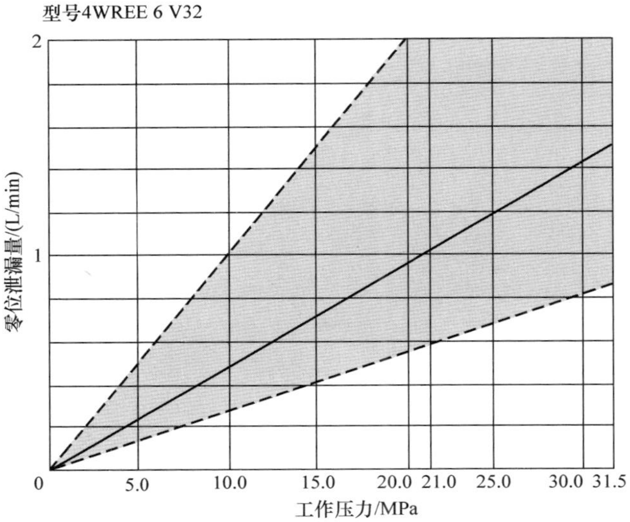

图 9-74　基本型 4WREE 6 V32 – 2X 泄漏特性曲线

期应用中出现的问题和工程应用的进一步需要，博世力士乐推出了升级产品 4WREE 6‥3X，二者的性能对比详见表 9-1。

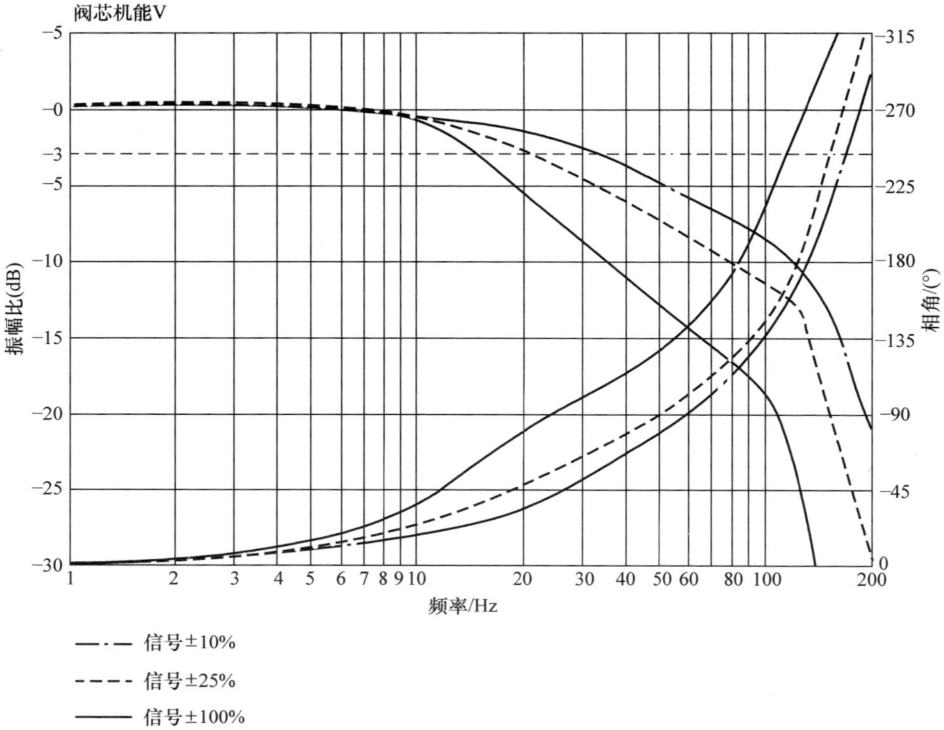

图 9-75　基本型 4WREE 6 V32 - 2X 频率响应特性曲线

表 9-1　4WRE（E）…2X 与 4WREE 6 ‥ 3X 性能对比

产品对比	4WREE 6	
系列	2X	3X
外形图		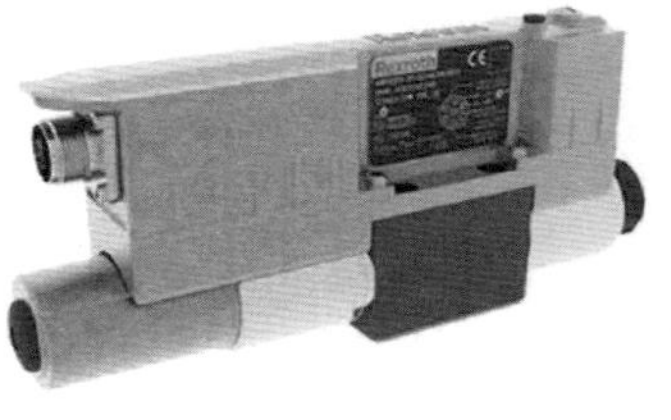
最大工作压力	A，B，P：31.5MPa	A，B，P：35MPa
	T：21MPa	T：21MPa
最大流量	80L/min	80L/min
适用外界环境温度范围	-20～50℃	-20～60℃
抗振动和抗冲击测试	正弦测试符合 DIN EN60068 - 2 - 6：10…2000Hz/maximun 10g/10 cycles/3 axes	

（续）

产品对比	4WREE 6	
抗振动和抗冲击测试	噪音测试符合 DIN EN 60068－2－64：20…2000Hz/10gRMS/30g peak/30 min/3 axes	噪音测试符合 DIN EN 60068－2－64：20…2000Hz/10gRMS/30g peak/24 h/3 axes
	运输冲击测试符合 DIN EN 60068－2－27：15g/11ms/3 shocks /3 axes	
尺寸/mm（长×宽×高）	261×47×115.5	255×47×110
OBE 外壳	塑料	金属
电气接口	不变	不变
液压接口	不变	不变

升级产品 4WREE 6‥3X 的外形、图形符号和结构原理如图 9-76 所示。

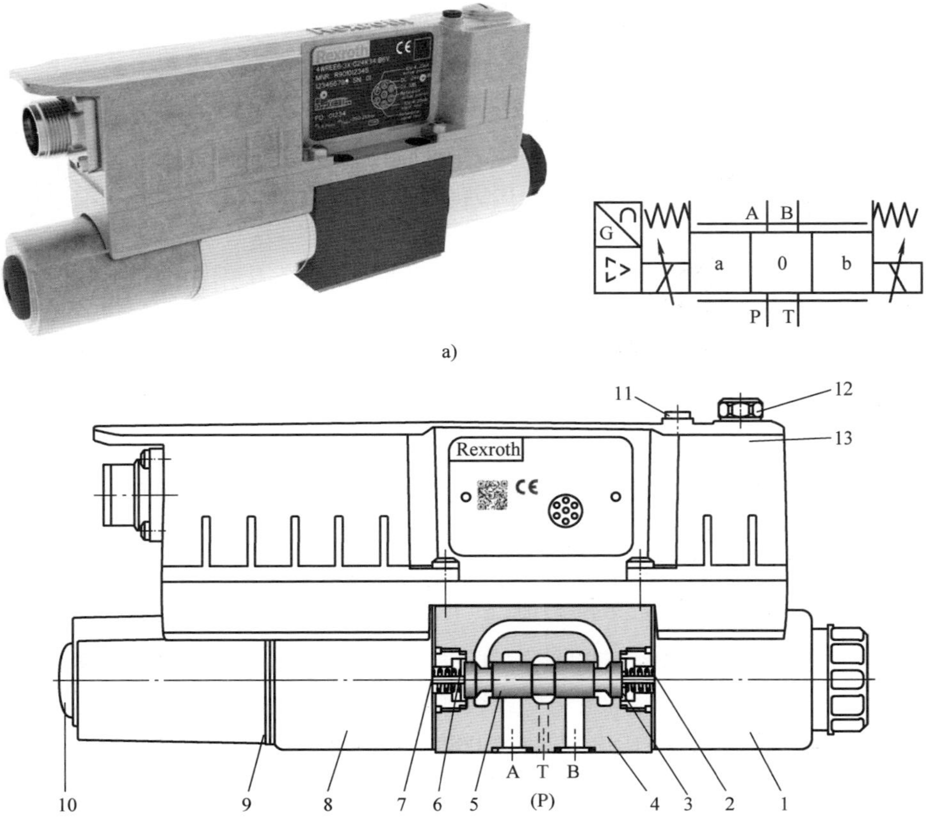

a)　b)

图 9-76　4WREE 6‥3X 闭环比例方向控制阀

a）4WREE 6‥3X 产品外形与图形符号　b）4WREE 6‥3X 产品结构原理

1、8—比例电磁铁　2、7—回位弹簧　3、6—弹簧座　4—阀体　5—阀芯　9—位置传感器

10—机械调零堵头　11—橡胶塞调零点　12—电子元件保护膜　13—集成比例放大器

4WREE 6··3X 闭环比例方向控制阀的工作原理分析可参照 4WRE（E）…2X 的工作原理介绍。

在空气湿度高且周期温度变化明显的场合，为了防止集成比例放大器（OBE）壳体中形成冷凝水，可以使用电子元件保护膜。

4WREE 6··3X 闭环比例方向控制阀主要性能参数详见表 9-2。

表 9-2　4WREE 6··3X 闭环比例方向控制阀主要性能参数

<table>
<tr><td colspan="3">静态/动态</td></tr>
<tr><td colspan="2">滞环（%）</td><td><0.1</td></tr>
<tr><td colspan="2">反向死区（%）</td><td><0.05</td></tr>
<tr><td colspan="2">响应灵敏度（%）</td><td><0.05</td></tr>
<tr><td rowspan="2">液压油温度和工作压力更改时的零位漂移</td><td>%/10K</td><td>≤0.15</td></tr>
<tr><td>%/10MPa</td><td>≤0.1</td></tr>
</table>

博世力士乐位置调节型比例电磁铁的直动式比例方向控制阀 4WRE（E）系列产品还有针对不同设备工况特点的其他应用，限于篇幅，此处不再一一列出。

9.5.3　先导式比例方向控制阀

与开关式普通阀一样，大通径的比例阀也是采用先导控制型结构，根本原因在于推动主阀芯运动所需的操纵力较大。

比例方向阀控制高压大流量液流时，阀芯直径加大，作用在阀芯上的运动阻力（主要成分是稳态液动力）进一步增加，而比例电磁铁提供的电磁驱动力有限。为获得足够的阀芯驱动力和降低流动阻力，也需要采用先导式（亦称二级或多级结构）的比例方向阀，其中的先导级阀作为第一级，向第二级（主级或功率级）提供足够的驱动力（液压力）。

1. 主级和先导级阀芯位置都采用开环控制的二级比例方向控制阀

（1）结构与工作原理　博世力士乐 4WRZE…7X 系列产品属于主级和先导级阀芯都是位置开环控制的二级比例方向控制阀。该阀用于控制液压油的流向和流量，其外形、图形符号、结构如图 9-77 所示。

这种阀的先导级和功率级之间没有反馈联系，故不存在对主阀芯位移及输出参数的检测和反馈，整个阀的主级和先导级都是开环位置控制系统。

4WRZE…7X 系列二级比例方向控制阀的工作原理分析如下：

先导阀 3DREP（E）6…是一个双比例减压阀，配有力控制型比例电磁铁 3 和 7。

在电磁铁未通电时，先导阀阀芯 5 由先导阀对中弹簧（图中未示出）保持在中位。此时先导阀的阀口 A 和 B 与阀口 T 相通，因而阀口 A 和 B 泄压（没有压力），阀口 P 封闭，主阀芯靠对中弹簧 1 回归中位。

来自比例控制器的电信号在比例电磁铁 3 或 7 中，按比例地转化为作用在先导阀芯上的力，控制电流越大则相应的电磁力也越大。与此作用力相对应，在先导阀 4 的阀口 A 或 B 得到的压力（驱动力）作用于主阀芯 9 的某一个端面上，克服对中弹簧 1 的压缩力，推动主阀芯位移，直到液压力和弹簧力平衡为止。主阀芯上的弹簧是一个力 - 位移转换元件，主阀芯位移（对应阀口开度）与先导级输出的压力成比例。为实现先导级输出压力与输入电信号成比例，先导级可采用比例减压阀或比例溢流阀，从而最终实现功率级阀口开度与输入的电信号之间的比例关系。4WRZE…7X 系列二级比例方向控制阀的先导阀以减压阀为先导级，其优点是不必持续不断地耗费先导控制油。这种先导阀的工作原理和图形符号详见 9.4.4 节。

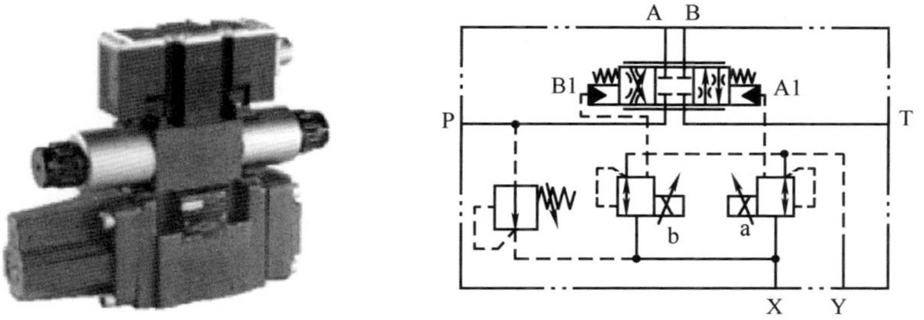

a)

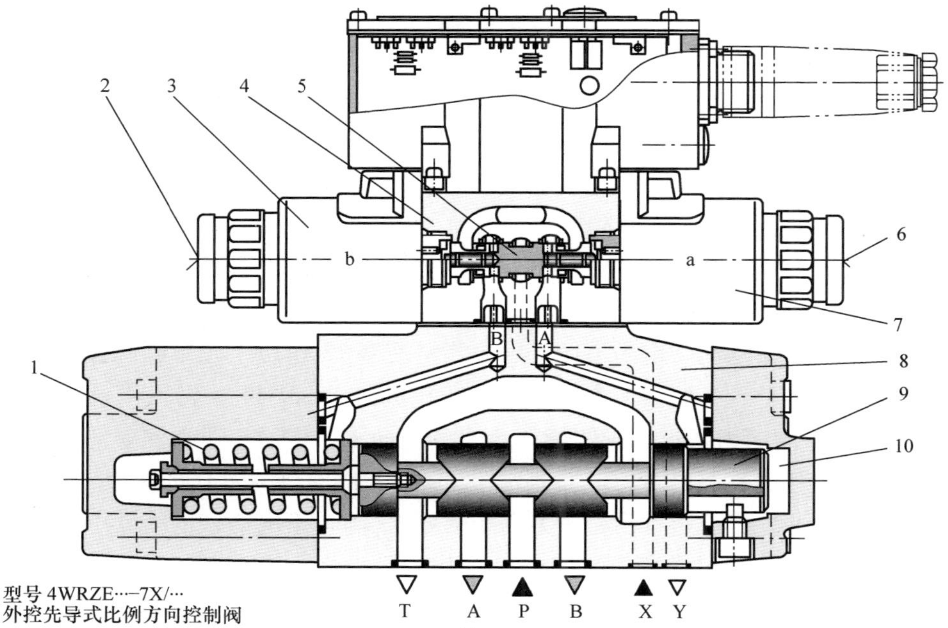

b)

图 9-77　4WRZE…7X 系列二级比例方向控制阀

a）外形与图形符号　b）型号 4WRZE… –7X/…阀的结构

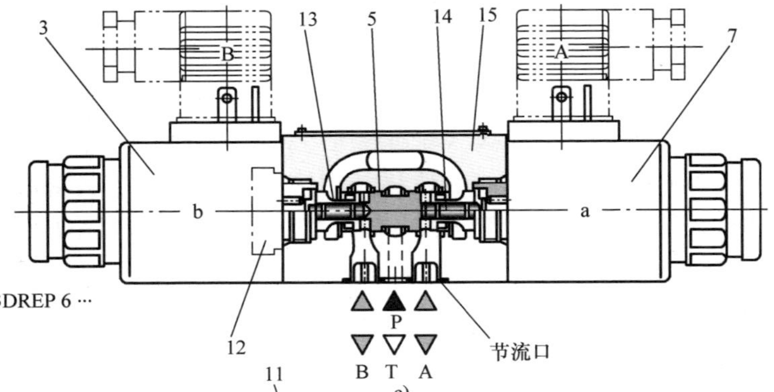

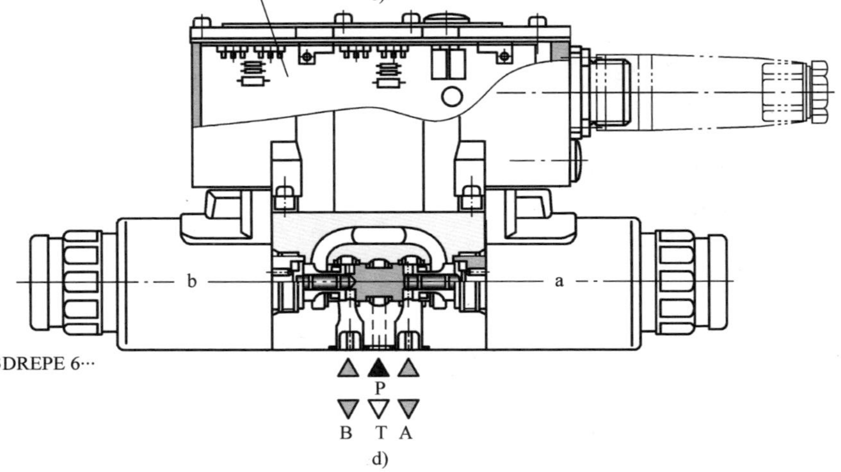

图 9-77 4WRZE…7X 系列二级比例方向控制阀（续）

c）型号 3DREP 6…先导阀的结构 d）型号 3DREPE 6…先导阀的结构

1—对中弹簧 2、6—手动应急操作点 3、7—比例电磁铁 4—先导阀 5—先导阀阀芯 8—主阀 9—主阀芯 10—控制腔 11—集成放大器 12—堵头（可选） 13、14—压力测量活塞 15—先导阀阀体

假设电磁铁 b 通电，电磁力通过压力测量活塞 13 作用于先导阀阀芯 5 上，使它向右移动。由此，控制油从先导阀的阀口 P 流向 B，阀口 A 仍和 T 相通。在油口 B 建立起来的压力通过先导阀阀芯 5 上的径向孔，作用于压力测量活塞 13 上。由此产生的液压力克服电磁力，推动先导阀阀芯 5 向阀口关闭方向移动，直到两个力达到平衡为止。在此过程中，压力测量活塞 13 静止于电磁铁的衔铁中，直到先导阀的阀口 P 至 B 的油路断开，工作口 B 控制压力将保持不变。假若电磁力有所减小，则作用在先导阀阀芯的液压力有剩余，因此先导阀芯就向左移动，使阀口 B 和 T 相通，引起先导阀阀芯 5 作用力上升而左移。电磁铁 b 断电，油液在阀口 A 和 B 泄压，同时阀口 P（或阀口 X）与阀口 A 或 B 不再相通。

可通过改变先导阀输入电信号，成比例地改变先导阀阀口 A 和 B 的压力。

对主阀芯的工作过程分析如下：当电磁铁b通电时，先导压力油或由内部阀口P、或经外部阀口X经过先导阀进入主阀芯左端面腔体，控制腔中建立起的压力与输入电信号成正比，由此产生的控制压力向右克服对中弹簧1的压缩力，使主阀芯9向右移动，直至弹簧力和液压力平衡为止。控制油压力的高低，决定了主阀芯的位置，也就决定了节流阀口的开度及相应的流量。

当电磁铁a通入控制信号时，则在控制腔10内产生与输入信号相对应的控制压力。这个液压力，通过固定在阀芯上的连杆，向左克服对中弹簧1的压缩力，使主阀芯向左移动。

对中弹簧1连同两个弹簧座在轴线方向无间隙地安装于阀体与阀盖之间，它有一定的预压缩量。采用一根弹簧与阀芯两个运动方向上的液压力相平衡的结构，经过适当的调整，可保证在相同输入信号时，左右两个方向上阀芯位移相等。另外，弹簧座的悬挂方式也有利于滞环的减小。

当主阀芯两端的控制腔压力腔卸荷后，对中弹簧1的压缩力使主阀芯重新回到中位。

先导控制油供油的内供或外供和先导控制油回油的内泄或外泄可以有各种组合，即在实际系统中，当主阀进油口P的压力变化范围大时宜选用外控，系统回油口T阻力大或变化范围大时，选用外泄方式。

（2）4WRZE（E）… 7X先导式比例方向控制阀性能　以4WRZE 10 …25－7X/…先导式比例方向控制阀流量－输入关系曲线为例，说明4WRZE（E）… 7X先导式比例方向控制阀性能，如图9-78所示。

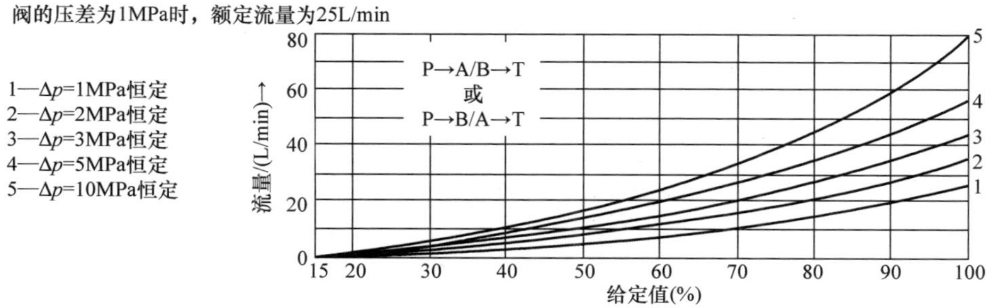

图9-78　4WRZE 10 …25－7X/…先导式比例方向控制阀流量－输入关系曲线

该阀有15%的死区，滞环为6%。

上述两级都是开环控制的比例方向控制阀存在的问题是没有反馈闭环，不能克服比例放大器、电磁铁、先导级和主级阀芯液动力与摩擦力等环节存在的干扰。为进一步提高阀的稳态控制精度，有必要采用主阀阀芯带位移－电反馈的方案。

2. 主级阀芯带位置闭环控制的二级比例方向控制阀

（1）结构与工作原理　博世力士乐4WRKE…3X系列产品就属于主阀阀芯带位置电反馈的二级比例方向控制阀。主级和先导级阀芯都带位置闭环反馈的二级比例方向控制阀属于伺服比例阀，详见10.4节。

4WRKE…3X系列二级比例方向控制阀用于控制液压油的流向和流量，其外形、图形符号、结构如图9-79所示。

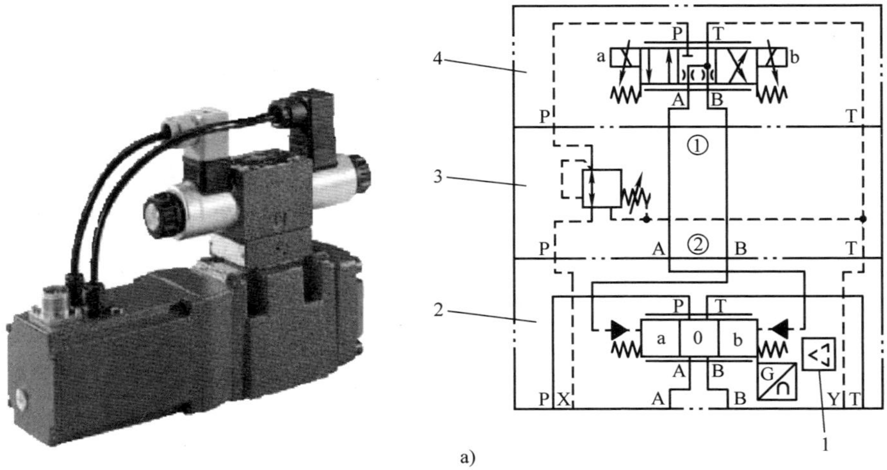

a)

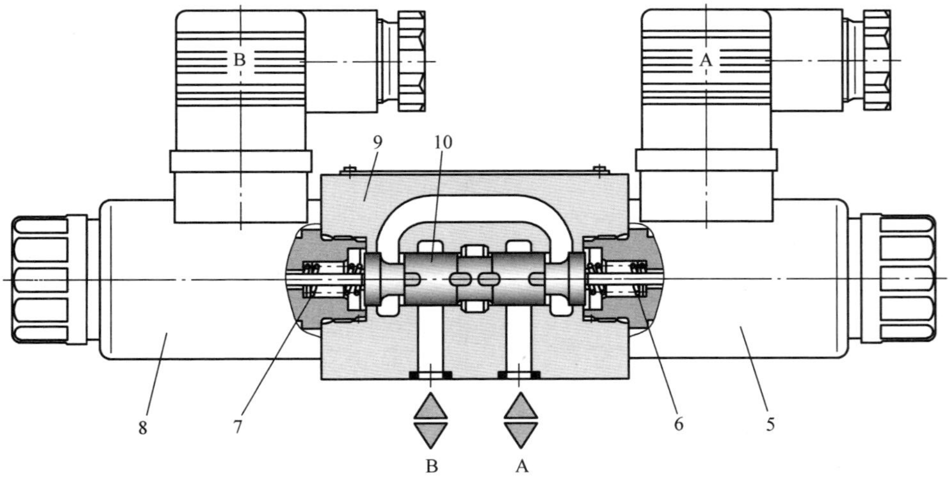

b)

图9-79　4WRKE…3X系列二级比例方向控制阀

a）外形与详细图形符号　b）先导控制阀4WRAP 6 W7、3X/G24…结构原理

1—集成放大器（OBE）　2—主阀　3—减压阀ZDR 6 DPU－4X/40YM－W80　4—先导控制阀4WRAP 6…　5、8—比例电磁铁　6、7—回位弹簧　9—先导阀阀体　10—先导阀阀芯

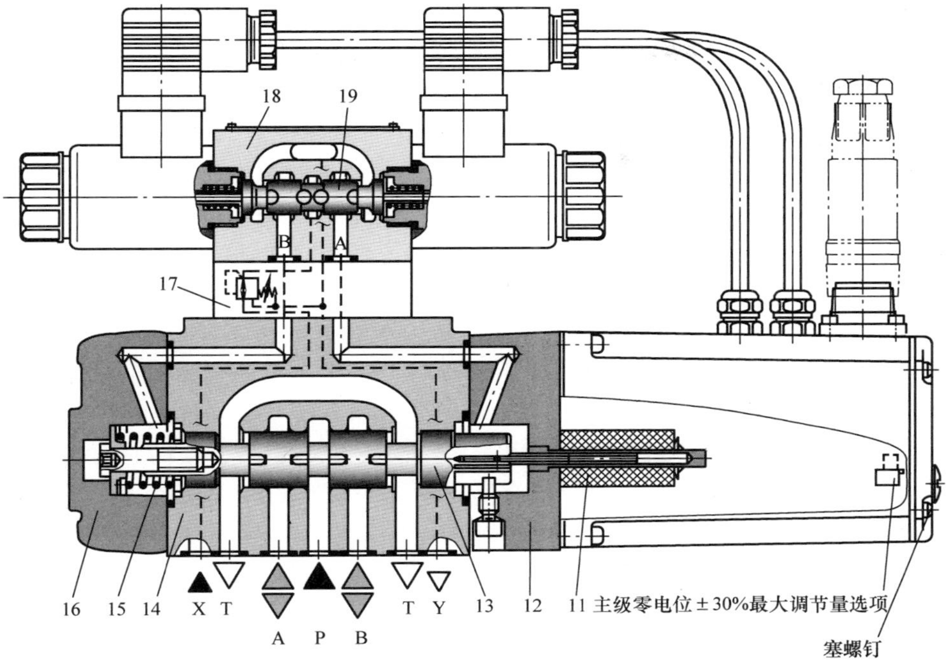

c)

图 9-79　4WRKE…3X 系列二级比例方向控制阀（续）

c）结构原理

11—位置传感器　12、16—端盖　13—主阀阀芯　14—主阀阀体　15—回位弹簧　17—减压阀　18—先导阀阀体　19—先导阀阀芯

4WRKE…3X 系列产品是先导阀为节流型方向阀、主阀带位置电反馈的二级比例方向控制阀的典型结构。该阀的先导阀 4WRAP 6 W7. 3X/G24…是直动式开环控制比例阀，属于两个 A 型半桥构成的正开口四边控制滑阀，作为 4WRKE…3X 系列二级比例方向控制阀的第 1 级，其阀口控制边的尺寸经过优化，可控制相当于双作用液压缸的主阀芯。先导阀的两个比例电磁铁是带可拆卸线圈的耐压密闭型湿式插针交流线圈，可将电流按比例转换为电磁推力，电流增大可使电磁推力相应增加。设定的电磁推力会在整个控制行程中保持不变。在非工作情况下，阀口 A、B 都连接油箱。如果两个线圈中的一个励磁，则电磁铁推力会推动先导阀阀芯 19 向弹簧方向移动，一旦超过阀口遮盖区域，便会连接先导阀供油口 X，流体从供油口 X 流向主级阀芯两端的控制腔。

位置传感器与主阀芯直接刚性连接在一起，将检测到的主阀阀芯位移转换成电信号后反馈到比例放大器的输入端，构成一个位置闭环控制系统。由于主级采用位置闭环控制，所以，主阀阀芯位置在流量较大的情况下也不会受液动力的影响。

如果没有输入信号，则主阀阀芯 13 就会被回位弹簧 15 固定在中心位置，端盖

(12 和 16) 中的两个控制腔此时通过先导阀阀芯 19 连接油箱。主阀阀芯通过位置传感器 11 连接放大器，主阀阀芯的位置改变和指令信号值的改变，都在经过比较之后产生差动电压。指令信号值和主阀阀芯实际位置值比较过程中，比例放大器输出的偏差向先导阀的比例电磁铁施加电流。

电流会在线圈中产生推动先导阀芯的电磁力，进而打开先导阀口，输出的流量驱动主阀阀芯。连接了位置传感器 11 铁心的主阀阀芯 13 会一直移动，直到实际值与控制值相等。在稳定状态下，主阀阀芯 13 处于平衡状态并停留在与指令信号值对应的位置，实现主阀阀芯行程和控制开度与指令信号值成比例。当实际值和给定值相等，主阀阀芯 13 便保持在稳定位置。

回位弹簧 15 刚度小，比例阀通电后不起对中作用（仅在比例阀断电时使主阀阀芯复位）。主阀的对中是在输入信号为零时，由输入信号减去位置传感器的反馈信号得到的偏差信号驱动先导阀，再由先导阀构成的 A 型半桥提供的控制油推动主阀阀芯运动，到达中位后，位置传感器检测到主阀阀芯的实际值（反馈信号也为零）和给定值相等，再由反馈闭环强制定位。

这种阀的位移传感器信号线如果断开，则相当于一般的电液开关方向阀，丧失比例控制特性，故必须在闭环条件下才能正常工作。

先导级同时工作的两个阀口构成 A 型液压半桥，可获得较高的压力增益和流量增益，这样可提高主阀芯两端控制容腔的灵敏度。

(2) 性能参数　比例方向控制阀采用电反馈方案后，其零点的调节变得十分方便，并可采用 PID 反馈校正，大幅度改善其稳、动态特性。

4WRKE…3X 系列产品性能参数见表 9-3。

表 9-3　4WRKE…3X 系列产品性能参数

通径规格/mm		10	16	25	27	32	35
工作压力/MPa	先导油	2.5～31.5					
	主阀（最高）	31.5	35	35	21	35	35
回油压力/MPa	油口 T（内泄）	<1（静态，先导控制阀）					
	油口 T（外泄，最高）	31.5	25	25	21	25	25
	油口 Y	<1（静态，先导控制阀）					
额定流量/(L/min)		25/50/100	125/150/200/220	220/350	500	400/600	1000
最大流量/(L/min)		170	460	870	1000	1600	3000
先导油流量（L/min）		4.1	8.5	11.7	11.7	13	13
温度范围/℃		-20～80					
黏度范围/(mm^2/s)		20～380					
滞环（%）		≤1					
灵敏度（%）		≤0.5					

读者可自行比较这种仅主级阀芯带位置闭环反馈的二级比例方向控制阀与主级和先导级阀芯都带位置闭环反馈的二级伺服比例阀的性能差别。

是否优先选用带阀芯位置反馈的比例方向控制阀，需要依据比例控制系统的性能要求。但是可以肯定的是，和直动式的比例方向控制阀采用阀芯位置 - 电反馈的技术手段可以大幅提高阀的静态性能和动态性能一样，先导式比例方向阀采用主阀阀芯位置反馈措施之后，性能也得到了很大的提高。

9.5.4　选择比例方向控制阀的注意事项

1. 选择比例方向控制阀的额定流量需要同时兼顾阀的功率域

比例方向阀可正反两个方向调节流量，每个方向的阀芯行程与输入电信号成正比，所通过的流量取决于阀的开口量（与阀芯行程成正比）和阀的压降。所以，对于同一通径规格的比例方向控制阀，因阀的节流口大小不同，有不同的额定流量。

此外，工程实际中，比例方向控制阀并不一定在额定的阀压降下工作，因此，样本通常给出更高参考压降下的输出流量 - 输入信号特性曲线，供设计工程师方便确定阀的流量规格。

设计液压系统的时候，首先是根据驱动执行元件动态条件下最大负载（考虑加速度力）所需要的液压输出力来确定执行元件的几何尺寸，然后计算液压缸达到最大速度需要的流量，再选定阀的合理工作压降为 2 ~ 3MPa，最后从比例方向控制阀产品样本的输出流量 - 输入信号特性曲线上，采用插值法确定比例方向控制阀的流量规格。

如果控制执行元件的比例方向控制阀在系统的一个工作循环当中有不同的压差和流量，则应按式（9-1）分别求出每一工况下的实际流量。其中，实际流量的最大值应低于并尽量接近所选用阀的额定流量，实际流量的最小值应大于比例方向阀输出的最小稳定流量。

一般情况下，应使执行元件需要的最大流量尽量接近满量程输入信号对应的流量，以便尽可能利用阀芯全行程，扩大调节范围，提高分辨率。

需要注意的是，产品样本上提供的流量特性曲线是在规定的阀口压降下测得的，如果伺服比例阀实际的阀口压降与规定值不同，则应当按照式（9-1）进行换算，以求得符合实际工作压力的流量增量 q_v 。

$$q_v = q_{vn}\sqrt{\frac{p_v}{p_{vn}}} \tag{9-1}$$

式中　q_v ——伺服比例阀实际阀口压降下的流量；

q_{vn} ——伺服比例阀的额定流量；

p_v ——伺服比例阀实际的阀口压降；

p_{vn} ——伺服比例阀规定的阀口压降（额定阀压降）。

实际计算时可能会同时有几种规格的阀达到流量使用要求，这时，还要考虑到执行元件在低速运动时，比例方向控制阀的最低流量能否满足执行元件的低速稳定性要求。

此外，选择比例方向控制阀的流量规格是否合适，还要注意阀的功率极限问题，即需要确认该阀在实际压降和实际流量下不能超出阀的功率域。虽然阀的实际工作压降可以比额定压降更大，但是，对于开环控制回路来说，比例方向控制阀实际压差大，节流损失也大，油液发热严重，导致系统不节能，故应尽量使其工作在较小的压差下。但压差太小，流量就会对压力的变化敏感，表现为流量的抗干扰能力差。故设计系统时，应避免比例方向控制阀工作在太小和太大的压差下。建议比例方向控制阀的工作压差控制在1~3MPa。超出阀的功率域或/和阀口压降过大的应用都是不合理的。

2. 比例方向控制阀阀口面积比与液压缸面积比的匹配

通常，标准的比例方向控制阀四个阀口P→A、B→T及P→B、A→T对应的阀芯节流口有1∶1对称阀口面积和2∶1阀口面积两种标准规格，如图9-80所示。1∶1的对称阀芯在阀口A、B油路上的节流效果相等，可以与面积比为1∶1的液压缸（双杆液压缸或面积比接近1∶1的单杆液压缸）或液压马达相匹配，即对相等的

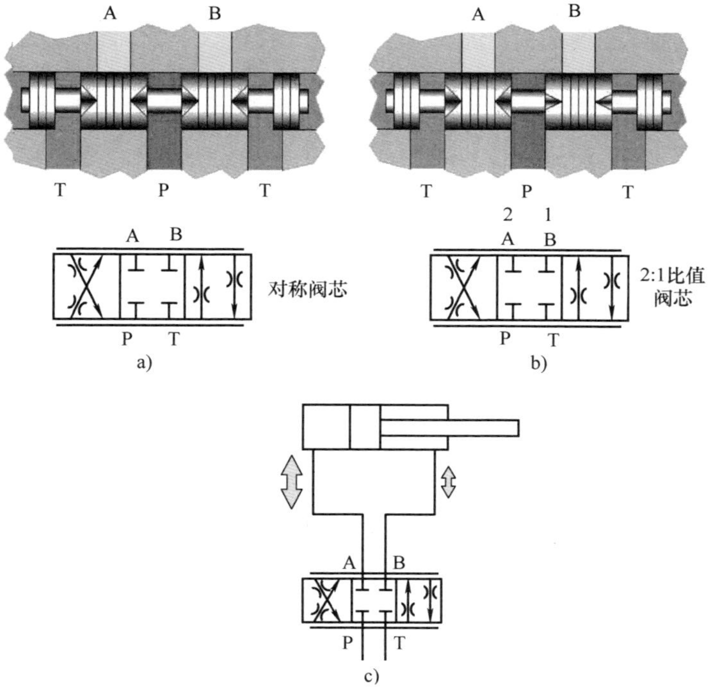

图9-80　比例方向阀阀口面积比与液压缸面积比的匹配

a）1∶1对称阀口面积比　b）2∶1阀口面积比　c）2∶1阀口面积比匹配面积比2∶1的液压缸

进、出口流量同时产生进口节流和出口节流作用。然而，当使用面积比不等的液压缸时（单出杆液压缸），进、出口流量不等，所以在运动方向不同时，控制作用只能以进口节流或出口节流为主。

为此，标准的比例方向控制阀四边阀口还有 2∶1 比值阀芯，即 P—A 为全流量，P—B 为 1/2 流量。它与 2∶1 面积比液压缸或面积比接近 2∶1 的单杆液压缸组成回路时，可使进、出口油路上的压降相同或相差不大。这是因为阀芯一边凸肩上节流口的面积是另外一边的 2 倍，使通过流量之比保持不变，因而压降相近。这样，就可避免溢流负载或大惯性负载的减速制动引起液压缸单侧回路超高压力或负压振动现象。

9.6　比例流量控制阀

9.6.1　比例流量控制阀的工作原理与分类

完成流量控制的各种阀类统称流量控制阀。比例流量控制阀是用比例电磁铁代替手动调节机构来控制阀芯行程，从而实现流量调节的。因此，在液压回路中与普通调速阀的功能、用途一样，主要对液压缸回路或液压马达回路提供进口调速或出口调速，通常要求其调速范围宽，调节分辨率要高，输出流量波动要小。

在 9.5.1 节中已述及，比例方向阀本质上是流量控制阀，其中，二位机能的比例方向阀可直接作为比例节流阀使用。因此，对比例流量控制阀的分析可参照比例方向阀，比例方向阀控制回路不必再选用比例流量控制阀。

1. 流量控制的基本原理

流量控制有容积控制和节流控制两种方式。容积控制称为泵控，节流控制称为阀控。

各种流量控制阀都是根据流体力学中薄壁节流孔口的流量公式，按照阀控原理完成对流量大小的控制。

$$q = KA(x_v)\sqrt{p_v} \tag{9-2}$$

式中　q——通过阀口的流量；

K——与节流孔口形状、油液密度和油温相关的系数，在一定的介质温度下，对确定的阀口和工作介质，K 可视为常数；

$A(x_v)$——阀口的通流面积，与阀口面积梯度 w 和阀芯位移 x_v 有关，$A(x_v)=wx_v$；

p_v——阀口的压降。

式（9-2）表明，通过阀口的流量与阀口的通流面积 $A(x_v)$ 和阀口前后的压降 p_v 有关，调节 $A(x_v)$ 和 p_v，均可调节流量 q。

但是，阀口的压差是由其进、出口的压力决定的，通常情况下，阀的出口压力取决于负载的大小，进口压力由供油单元的压力阀调定。因此，用控制 p_v 的办法来控制流量不可行，而且过大的 p_v 会增加功率损失。

通过调节阀口的流通面积来控制流量的方法容易实现，只要将运动的阀芯置于阀套当中，圆周上开有一定面积梯度的沟槽，移动阀芯就可得到不同的阀口流通面积 $A(x_v)$。比例流量阀采用比例电磁铁输出的控制电流调节阀芯位移，以调节阀口的流通面积，实现流量控制。

只调节阀口的流通面积来控制流量就是节流控制。这时阀口压降的变化（由负载变化或供油压力变化引起）就是对流量控制的干扰。

当既调节阀口的流通面积 $A(x_v)$ 又保持阀口的压降恒定来控制流量时，就是调速控制。这种流量控制方式使流量与阀口的流通面积 $A(x_v)$ 有较好的线性关系，且流量的刚度好。

2. 比例流量控制阀的分类

比例流量控制阀可采用不同的方法分类。

1）按流量控制和调节原理，可分为比例节流阀和比例调速阀。其中，比例节流阀不带阀口的压差控制和流量的反馈控制，包括阀芯位移的开环和闭环控制两种结构，阀芯位移闭环控制的比例节流阀又有阀芯位移－力反馈和阀芯位移－电反馈两种类型。调速阀带有阀口的压差控制或流量的闭环反馈控制两种结构。其中，采用压差控制的调速阀有压差补偿型（又称二通调速阀）和负载适应型（又称三通调速阀），采用流量闭环反馈控制的调速阀有流量－位移－力反馈型和流量－电反馈型等结构。

2）按信号和液流方向特点，可分为单向比例流量控制阀和双向比例流量控制阀，其中，单向比例流量控制阀就是本节将要讨论的比例流量控制阀，包括比例节流阀和比例调速阀。双向比例流量控制阀是指9.5节讨论的比例方向控制阀，此外，还包括比例多路阀。

3）按阀控制的级数，可分为单级比例流量阀（直动式）、二级比例流量阀（先导式）、三级比例流量阀（先导式）。

4）按阀口数量，可分为二通流量阀和三通流量阀。

9.6.2 直动式比例节流阀

1. 带力控制型比例电磁铁的直动式比例节流阀

取消图9-65中三位四通直动式开环比例方向阀的其中一个比例电磁铁，即可得到带力控制型比例电磁铁的直动式比例节流阀。因此，对这种阀的分析完全可以参照9.5.2节进行。

这种比例节流阀配置1个比例电磁铁得到2个工作位，采用开环控制原理，与输入信号成比例的是阀芯位移。由于没有阀口进、出口压差或其他形式的检测补偿，流量受阀进出口压差变化的影响，典型结构如图9-81所示。

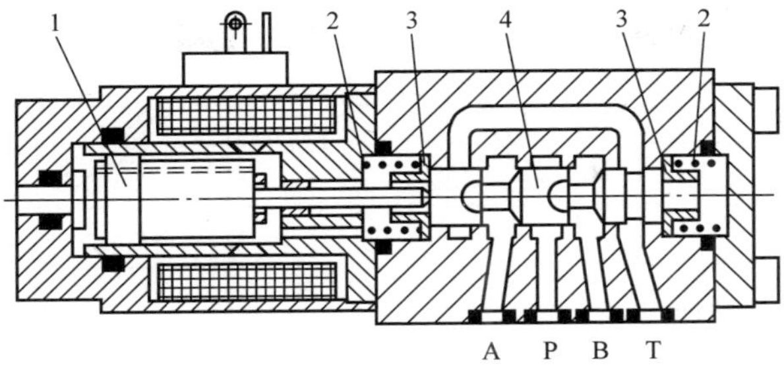

图 9-81　直动式比例节流阀结构

1—衔铁　2—对中弹簧　3—弹簧座　4—阀芯

直动式比例节流阀采用板式比例方向阀的阀体可以减少阀体规格数量。四通比例节流阀可按单倍流量（2 个节流阀口组成单个液流通道，如图 9-82a 所示）和倍增流量（4 个节流阀口并联组成双液流通道，如图 9-82b 所示）2 种方式使用。

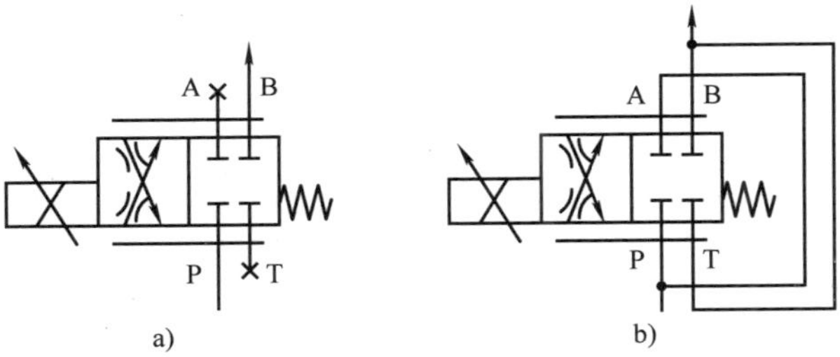

图 9-82　四通比例节流阀实现倍增流量的方法

a）单倍流量使用方法　b）倍增流量使用方法

控制小流量时，采用单倍流量（图 9-82a 中为 P 到 B 的阀口，A 与 T 口封闭）控制方式，获得单个节流阀口的流量增益。

控制大流量时，按图 9-82b 所示方法连通 4 个阀口，同时获得 P—B 和 A—T 两对节流通道，这样，比例节流阀的输入信号一定时，通过 2 个通道的流量是通过单个通道流量的 2 倍，故称为倍增流量。

比例节流阀有常开与常闭 2 种中位机能，对应的输出流量 - 输入信号曲线也不一样，如图 9-83 所示。

采用螺纹插装结构的直动式比例节流阀的结构与图形符号如图 9-84 所示。

2. 带位置调节型比例电磁铁的直动式比例节流阀

这种直动式比例节流阀与图 9-81 所示的直动式比例节流阀相比，主要区别在于配置了位置调节型比例电磁铁，实现了阀芯位置的电反馈闭环，使阀芯的轴向位移更精确地与输入信号成比例，其结构与图形符号如图 9-85 所示。

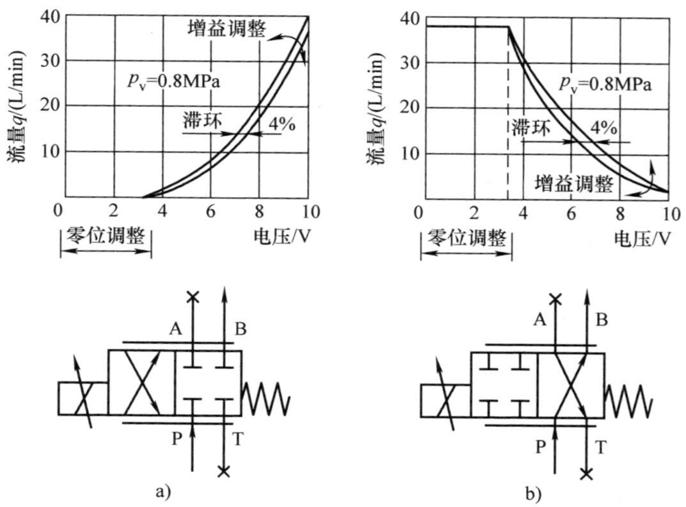

图9-83　比例节流阀的控制特性

a）中位机能常闭　b）中位机能常开

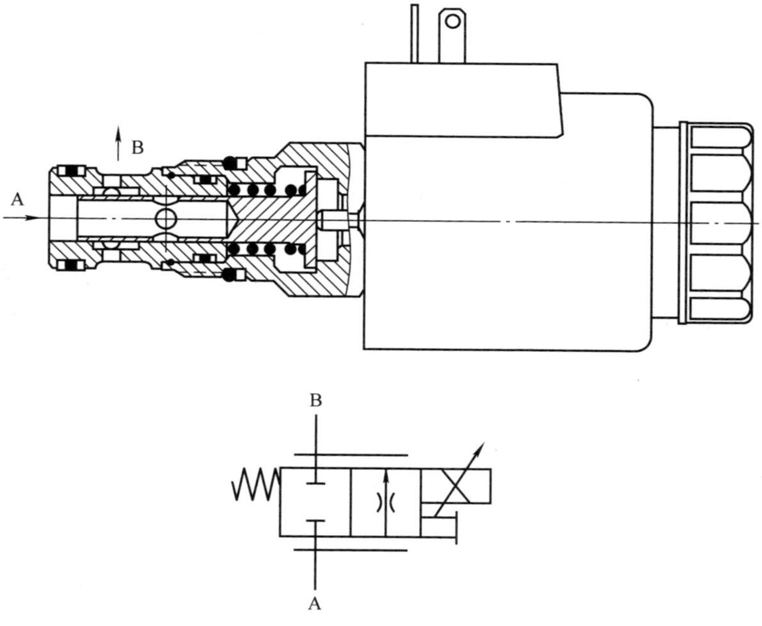

图9-84　螺纹插装结构的直动式比例节流阀结构与图形符号

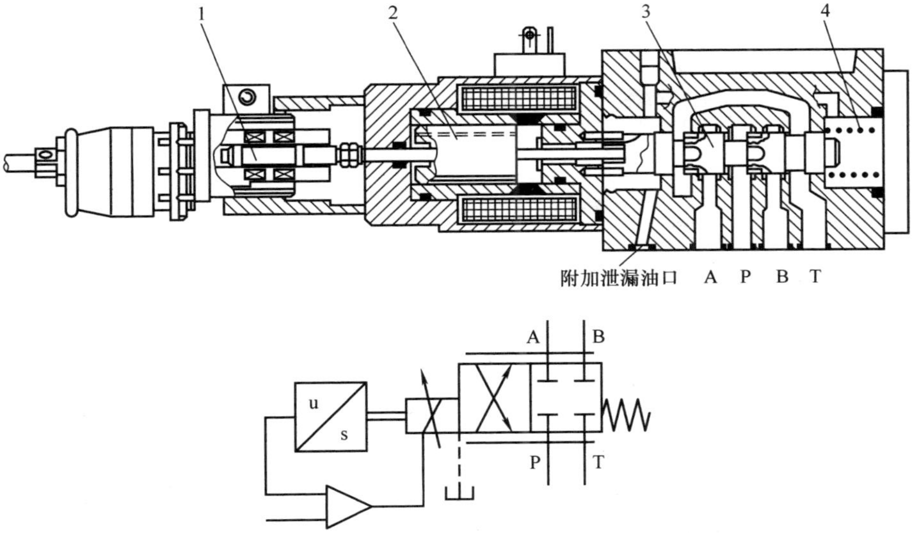

图 9-85　带位置调节型比例电磁铁的直动式比例节流阀

1—位置传感器铁心　2—衔铁　3—阀芯　4—回位弹簧

9.6.3　先导式比例节流阀

以博世力士乐 FES（E）‥CA－3X…系列产品为例介绍先导式电液比例节流阀，如图 9-86 所示。

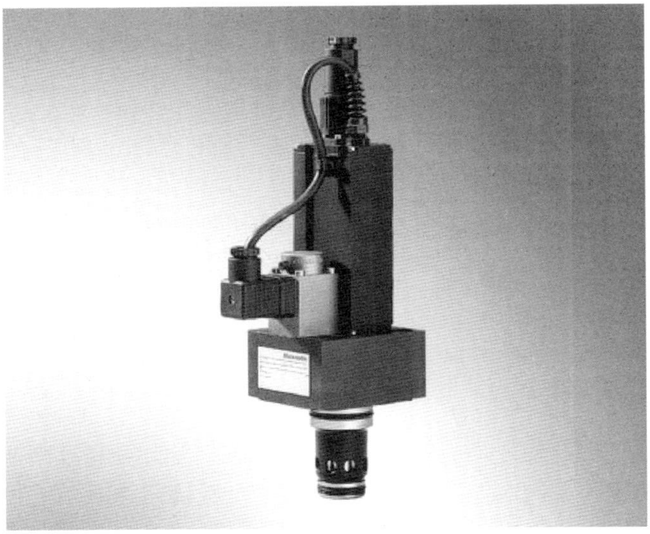

a)

图 9-86　插装式 FES（E）‥CA－3X…先导式电液比例节流阀

a）产品外形

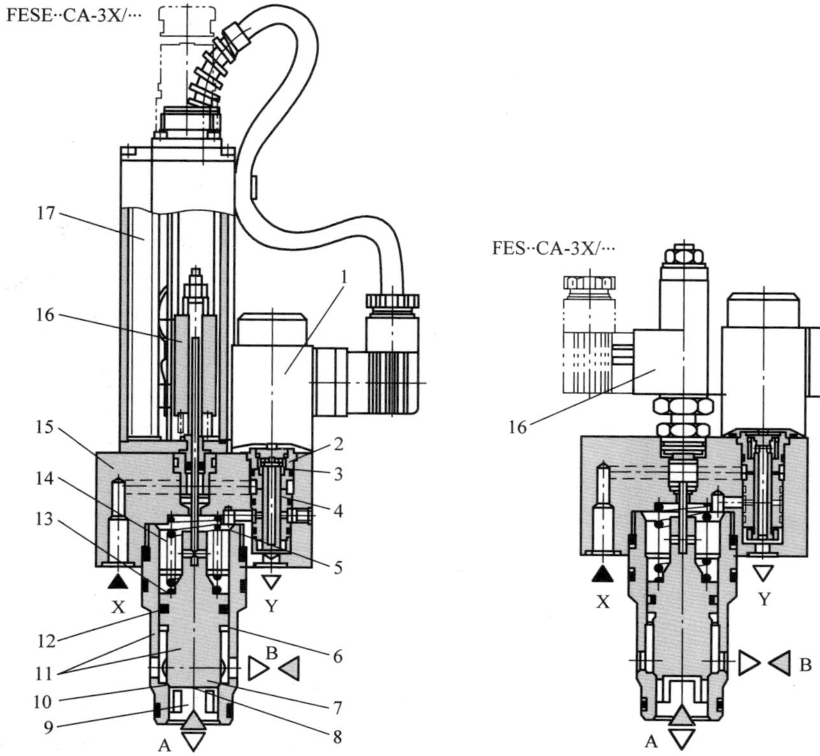

b)

c)

图 9-86　插装式 FES（E）·· CA－3X···先导式电液比例节流阀（续）

b）产品结构　c）简化图形符号

1—比例电磁铁　2—先导阀　3—先导阀芯回位弹簧　4—先导阀芯　5—主阀芯回位弹簧　6—B 口压力作用面环形区域　7—节流阀芯（主阀芯）　8—主阀芯下腔（A 口）控制压力作用面　9—节流孔口　10—阀座　11—主阀　12—阀芯密封件　13—主阀芯上腔控制压力作用面　14—控制腔　15—端盖　16—位置传感器　17—集成比例放大器

这是用于油路块安装（插装结构）的先导式二通比例节流阀，按标准配置插孔尺寸，节流阀芯（主阀芯）7 与位置传感器 16 直接相连，节流阀芯的位置实际值由位置传感器检测，给定信号指令值在集成比例放大器 17 内与节流阀芯的位置实际值比较，形成的偏差输出给先导阀 2 的比例电磁铁 1。位置传感器 16 与集成比例放大器和先导阀构成阀控缸形式的位置－电反馈闭环控制系统，使节流孔口 9

可以提供无级流量调节。流量大小还取决于节流孔口的大小和 A、B 口之间的压差 Δp。

通径 25mm、32mm、40mm 的控制压力作用面 13 与 8 的面积比 = 2∶1；通径 50mm 和 63mm 的控制压力作用面 13 与区域 8 的面积比 =1.6∶1。

如果采用内控方式，流动方向发生变化时，由梭阀（未画出）选通进油口与 X 的通道，油液 A—B 流动时阀口 X 与 A 连通，油液 B—A 流动时阀口 X 与 B 连通。先导控制油也可经 X 口由外部供给，先导控制油的回油口 Y 要做到无背压（与油箱直接相连）。

节流孔口有 0.5% 正遮盖。当输入信号值为起始值（0V 或 4mA）时，节流口仍处在正遮盖位置。

当撤销使能信号时，节流阀芯会移到阀座 10 上并关闭 A、B 口之间的流向，无泄漏流量通过阀口。阀芯密封件 12 可确保 B 口与控制腔 14 之间实现无泄漏隔离。

打开节流阀口的过程：以流向为 A—B 并且 A 与 X 连接为例，当比例电磁铁 1 的电流增大，则比例电磁铁推杆推动先导控制滑阀并克服弹簧力，沟通控制腔 14 与 Y 口，使控制腔中的压力降低，A 口控制压力作用面 8 的压力以及 B 口压力作用面环形区域 6 的压力驱动节流阀芯向阀口打开方向运动。

关闭节流阀口的过程：以流向为 A—B 并且 A 与 X 连接为例，当比例电磁铁 1 的电流减小，则比例电磁铁推杆释放弹簧，使先导阀芯 4 沟通控制腔 14 与 X 口，使控制腔 14 中的压力上升，作用于主阀芯上腔控制压力作用面 13 的压力以及弹簧力共同驱动节流阀芯向主阀口关闭的方向运动。

这种节流阀主阀为可调单控制边节流阀，先导控制阀为双控制边滑阀构成的 A 型半桥。

当比例电磁铁失电或出现电源电压故障，以及位置传感器 16 电缆断线时，集成放大器会停止给比例电磁铁线圈供电，主阀芯会因施加到先导油口 X 的压力以及主阀芯回位弹簧 5 的推力而偏移到阀座 10，并将液流 A—B 的流向阻断，阀口自动关闭。

FES（E）··CA－3X···先导式电液比例节流阀既可作为大流量比例节流阀，也可与压力补偿器配合使用，以实现压力补偿，获得调速阀功能，可用于冶金机械、金属压力加工机械及塑料加工机械等液压系统大流量的控制，适用于矿物油基液压油、乳化液、水－乙二醇等介质。

9.6.4 比例节流阀的性能分析与选用方法

比例节流阀的性能分析与选用方法参照比例方向阀进行。其中，比例节流阀的稳态特性用控制特性和负载特性来表示，动态特性用输入阶跃特性和频率特性表示。

工程上规定：比例节流阀的控制特性采用在阀口压差恒定的条件下，输出流量与输入电信号的关系曲线来表达，并且定义与最大输入电信号（对应最大阀口开度）对应的流量为额定流量。

不同生产厂商对不同节流阀产品的恒定压差值的规定会有所不同（如博世力士乐规定的恒定压差值通常为 p_{vn} = 1MPa），这对比例节流阀的选用有重要影响。因为在一定压力范围内，比例节流阀的阀口压差增大时，其控制流量比额定流量大。因此，与设计其他液压系统一样，在设计比例流量控制系统时，不能简单地将执行机构空载快速运行时所需要的最大流量作为比例节流阀的额定流量。正确的选用方法详见式（9-1）的分析。

只要改变同一通径比例节流阀阀芯圆周方向的开口宽度（面积梯度），就可获得不同的额定流量。这也是生产厂商扩大其产品规格的常用做法。查阅产品样本时不难发现，同一通径的比例节流阀有不同的额定流量。

与比例方向阀一样，比例节流阀同样存在阀的功率域问题。在使用比例节流阀时，要避免超出阀的功率域。

9.6.5　比例调速阀

比例调速阀是在比例节流阀的基础上，内置一个压力补偿器在节流阀口油路上保持阀口压差恒定，通过比例电磁铁直接驱动节流阀芯位移，改变节流孔口大小来控制输出流量，并实现节流阀口输出流量与负载压力变化无关的目的。这种阀也称为压力补偿型流量控制阀，简称比例流量阀或比例调速阀。

直动式比例调速阀通径较小时，压力补偿器与节流阀芯采用一体化结构。而大通径的比例节流阀不采用一体化结构，而是将独立的压力补偿器与节流阀叠加在一起。

压力补偿型比例流量阀的工作原理可分两种：①二通直动式比例流量阀，通过在节流阀口上串联一个压力补偿器形成，原理上是进油节流；②三通直动式比例流量阀，具有三个工作油口并带有压力补偿器，阀的进、出油口控制输出流量，但还有一个分流油口以使多余的流量回油箱或另一回路中，原理上是旁路节流，但是结构与分体式不同，一体式的构思巧妙。

比例调速阀具有更宽的流量调节范围。

1. 采用行程控制型比例电磁铁的比例调速阀

这是一种兼具二通和三通压力补偿功能的比例调速阀。

该阀规格尺寸有通径 6mm、10mm 两种，主要用于比例调速回路中对执行元件运动速度精密连续调节且不受负载变化影响的场合，如挤出机液压马达调速、数控机床辅助进给机构的调速等。

图 9-87 所示为通径 6mm 的直动式比例调速阀，由行程控制型比例电磁铁直接驱动阀芯，可方便构成二通或三通阀，内置压力补偿器，最大压力为 25MPa，流量

可达 75L/min。

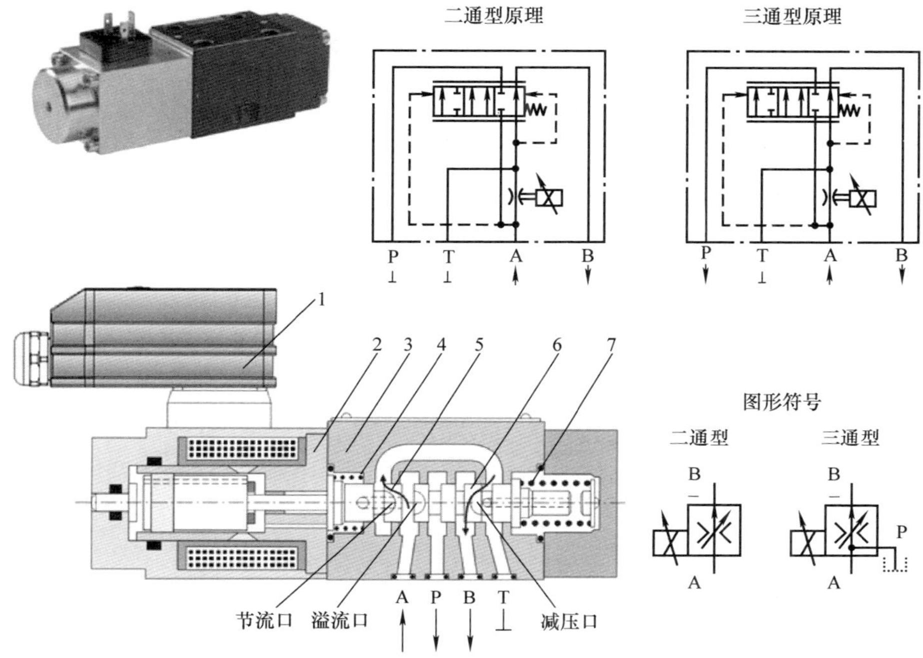

图 9-87　采用行程控制型比例电磁铁的比例调速阀

1—插头式放大器　2—比例电磁铁　3—阀体　4—回位弹簧

5—节流阀芯　6—压力补偿器阀芯　7—压力弹簧

从图 9-87 可知，阀采用标准四阀口电磁方向阀安装面，具有四个标准阀口，其中，阀口 T 封闭不用，阀口 P 接油箱即可成为三通阀，阀口 P 封闭就成为二通阀。不论是二通还是三通阀，A 为进油口，B 为出油口。压力补偿器阀芯 6 与节流阀芯 5 串联在阀体 3 同一个阀孔内工作，分别受回位弹簧 4、压力弹簧 7 控制。节流阀芯 5 上具有半圆形状的节流口，压力补偿器阀芯具有半圆形状的减压口和半圆形状的溢流口。比例电磁铁 2 推杆直接推动节流阀芯向右移动，节流口变大。节流口前后两端压差由压力补偿器上的减压口或溢流口保持恒定，因此，输出流量不受进口压力或负载压力变化的影响，可基本保持恒定。

当没有输入信号时，节流阀芯在回位弹簧作用下，使其半圆形节流口处于关闭状态，阀口 A、B 之间不通，而压力补偿器阀芯由压力弹簧推动，使其减压口全开而溢流口关闭。

当输入稳定指令信号后，比例电磁铁推力与回位弹簧相平衡，使节流阀芯上的节流口打开并保持一定开度不变，油液从阀口 A 进入，先经过节流口再经过减压口后，从阀口 B 流出。此时，节流阀芯的节流口前、后两端的压力分别作用于压力补偿器阀芯两端，使其在压差作用下向减压口关闭的方向移动（图 9-87 中向左侧移动），直到维持节流口输出流量大小为压力补偿器的压力弹簧7确定的压差为止。这样，节流口所通过的流量得到压力补偿，不受负载变化或进口压力变化的影响，保持阀口B的输出流量恒定。可见，比例流量控制阀从阀口A至B工作过程是"先节流后减压"的调节原理。从图形符号可知，通过选择阀口P是否接通，可实现二通或三通阀的功能。当阀口P封闭，可作为二通调速阀使用；当P口直接回油或通油箱，则可作为三通调速阀使用。作为三通调速阀使用时，压力补偿器阀芯上的溢流口将开启，随着分流一部分流量回油箱，解决进口压力变化对阀口B流量影响的问题。

2. 采用位置调节型比例电磁铁的比例调速阀

采用位置调节型比例电磁铁的比例调速阀可以明显减小阀的滞环，有利于提高阀的流量调节稳定性。

（1）卧式比例调速阀　将图9-87所示比例调速阀中的行程控制型比例电磁铁更换为位置调节型比例电磁铁，即可得到图9-88所示的带位置调节型比例电磁铁的比例调速阀。

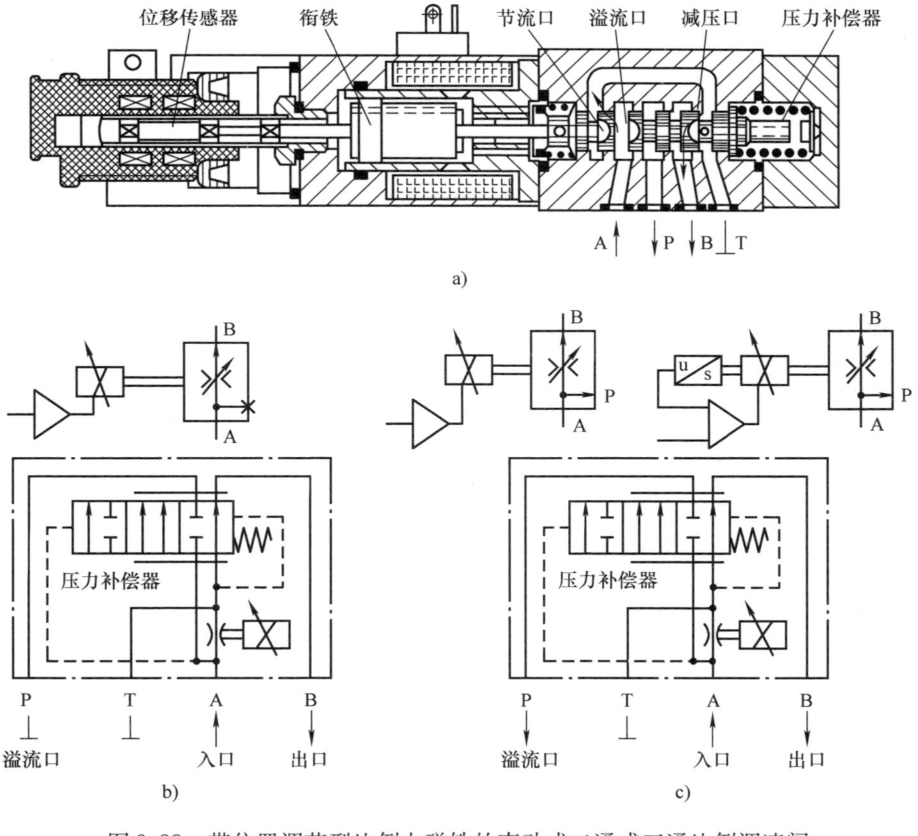

图9-88　带位置调节型比例电磁铁的直动式二通或三通比例调速阀

a）结构　b）二通比例调速阀图形符号　c）三通比例调速阀图形符号

对这种阀的分析与图 9-87 所示的比例调速阀完全相同。由于采用位置调节型比例电磁铁检测阀芯位置，阀芯与比例放大器和位置传感器构成了位置闭环控制系统，故这种比例调速阀的稳态、动态特性都得到明显改善。

（2）立式比例调速阀　以博世力士乐 2FRE6/10/16…4X 系列产品为例介绍这种直动式二通比例调速阀，如图 9-89 所示。这种调速阀的节流阀芯带位置电反馈，阀内置压差补偿器，输出流量与给定电信号成比例，且与压力和温度基本无关。

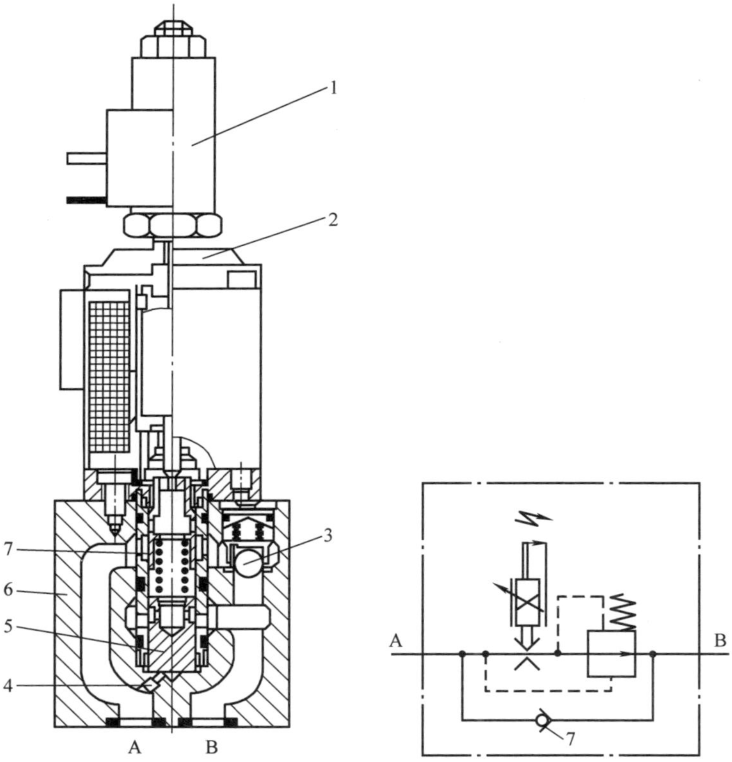

图 9-89　直动式二通比例调速阀

1—位置传感器　2—比例电磁铁和　3—单向阀（可选）　4—进油口压力通道　5—压力补偿器　6—阀体　7—节流阀芯

图 9-89 中的压力补偿器 5 在负载压力（出口压力）大幅度变化（主要干扰）或油源压力（进口压力）波动（次要干扰）时，保持节流阀芯 7 进出口（即 A、B 口）之间的压差为常数，在稳态条件下，使通过流量阀的流量保持基本不变。

节流阀芯只有很小的温度漂移。比例电磁铁给定信号为 0 时，节流阀芯关闭 A、B 之间的通道。在比例放大器上设置斜坡上升和下降信号可消除开启和关闭过程中的流量超调。

当液流从 B—A 流动时，单向阀 3 开启，比例流量阀不起控制作用。在比例流量阀下面安装整流叠加板，可控制两个方向的流量。

节流阀芯的位置由位置传感器1测得，阀口开度与给定的指令信号成比例，所以这种比例调速阀与不带阀芯位置电反馈的比例调速阀相比，其稳态、动态性能都有明显改善。

9.6.6　比例调速阀的基本性能与应用

1. 比例调速阀的基本性能

（1）输出流量－输入信号特性　比例调速阀的输出流量－输入信号特性是指在恒定的阀压降下，阀的输出流量与输入信号之间的关系，如图9-90所示。

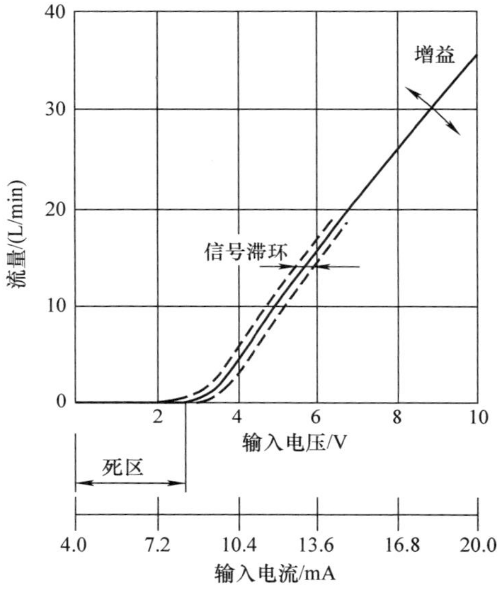

图9-90　比例调速阀输出流量－输入信号特性

图9-90所示为带行程控制型比例电磁铁的比例调速阀最大输出流量（为35L/min）随输入信号变化的关系曲线，滞环不大于5%。如果同一台阀采用带位置调节型比例电磁铁，滞环可以做到低于1%。该曲线同时适用于二通或三通比例调速阀。

图9-91所示为二通比例调速阀常见的输出流量－输入信号特性曲线。

值得注意的是，比例调速阀的被控制量是流量，在低频输入信号作用下，其输出流量是输入电信号的单调函数，与阀的工作压差变化基本无关。比例调速阀的额定流量也是其所能控制的最大流量，这与比例节流阀的额定流量的含义有所不同。当给阀输入额定电信号时，即使油源流量比阀的公称流量大，其输出流量仍为额定流量，这也是阀的最大输出流量。

图9-92所示为二通比例节流阀与压差补偿型比例调速阀的流量计算公式（9-2）中的压差 p_v 的不同含义。

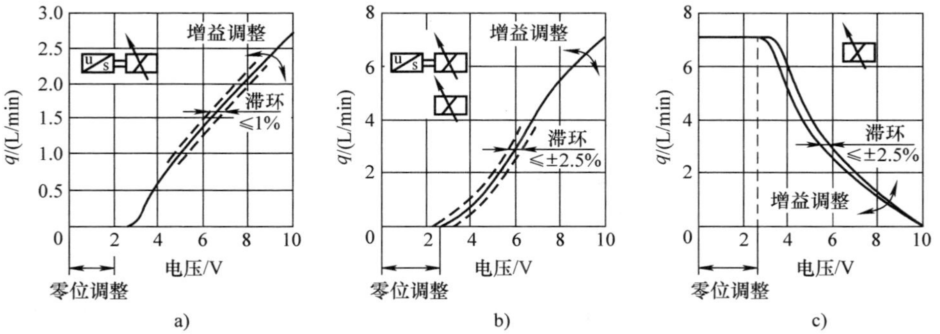

图 9-91 二通比例调速阀常见的输出流量 - 输入信号特性曲线

a）阀口常开、小流量 b）阀口常闭 c）阀口常开

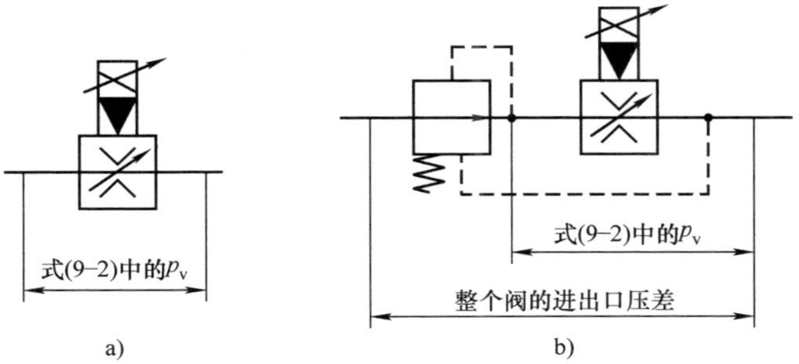

图 9-92 节流阀与调速阀计算压差 p_v 对比

a）比例节流阀 b）比例调速阀

（2）输出流量 - 阀压差特性 输出流量 - 阀压差特性属于负载特性，反映比例调速阀的输出流量随阀口压差变化的关系。比例调速阀的进口压力变化或出口压力变化都会产生阀口压差变化。生产厂测试输出流量 - 阀压差特性时，采用输出流量 - 出口压力特性曲线反映输出流量 - 阀压差特性，并规定横坐标作为阀的出口压力 p_B（进口压力 p_A 保持恒定），如图 9-93 所示。

图 9-93 所示为某型号调速阀在不同阀口开度（对应不同指令信号值）下，进口压力保持最高压力 10MPa 或 25MPa 不变化时，当逐渐改变阀的出口压力所记录的输出流量 - 出口压力特性曲线。基本水平的曲线段表示输出流量不受进油口压力或出油口压力变化的影响。可用输出流量与进出油口压差变化产生的最大流量之比来分析输出流量稳定性，这个比值通常情况下小于 8%。

从图 9-93a 和图 9-93b 可见，二通比例调速阀随着进出油口压差变小，输出流量有较大的变化量，反映阀最低工作压差下输出流量稳定性变差。通常，压力补偿器的减压口预压弹簧力设定的最低工作压差一般在 0.6 ~ 0.8MPa。低于此工作压差，阀不能进行压力补偿，输出流量将随压差变化而变化。

从图 9-93c 可见，三通比例调速阀随着进出油口压差变小，输出流量变化量

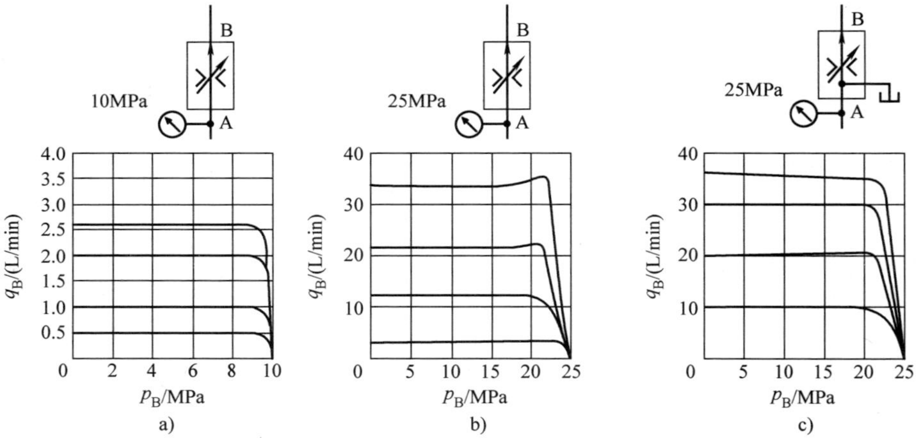

图 9-93　比例调速阀输出流量 – 出口压力特性

a）二通调速阀、小流量　b）二通调速阀　c）三通调速阀

小，这是利用了压力补偿器中的溢流阀原理，通过溢流口的溢流作用，限制出口压力不升高，反映阀的溢流功能在最低工作压差下输出流量稳定性更好，但这是以分流一部分流量损耗为代价的。通常随着进油口与分流油口之间压差增加，从分流油口溢流回油箱的流量也会随之增加。

（3）调节区间

1）二通比例调速阀的调节区间。当输入电信号为一组不同的恒定值时，改变阀的工作压差，记录下输出流量与压差变化的关系，可得如图 9-94a 所示的曲线簇，此图即为二通比例调速阀的负载特性。图 9-94a 中，p_{vi} 即为调速区的最小工作压差。对应于不同的输入信号，其最小工作压差 p_{vi} 的值也不同。由多个 p_{vi} 点连成的曲线 *EF* 将负载特性平面分成两个区间：小于 p_{vi} 的区间为节流调速区（不包括无流量的死区），属非工作区间；大于 p_{vi} 区间为调速区，属工作区间。调速阀正常工作时必须运行于工作区。

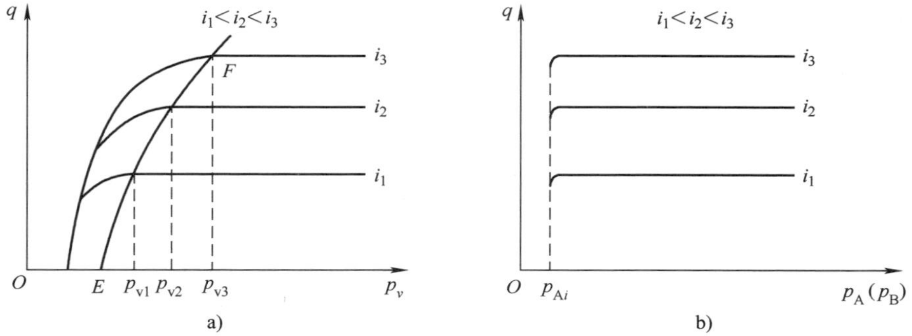

图 9-94　比例调速阀的调节区间

a）二通比例调速阀　b）三通比例调速阀

2）三通比例调速阀的调节区间。以阀的进口压力（p_A）或负载压力（p_B）为横坐标，当输入电信号为一组不同的恒定值时，改变 p_A 或 p_B，记录下输出流量与 p_A 或 p_B 变化的关系，可得如图 9-94b 所示的曲线簇，此图即为三通比例调速阀的稳态负载特性（以阀的进口压力 p_A 为变量，出口压力 p_B 保持恒定）。图 9-94b 中小于 p_{Ai} 的区域为全溢流区，大于 p_{Ai} 的区间为调速区。p_{Ai} 越小，表明阀的卸荷压力越低，能耗也越低，调速阀的调速区间越宽。

因此，设计和调试液压系统时，要保证比例调速阀工作在有效调节区间，即保证阀的实际工作压差大于所要求的最低工作压差。比例调速阀最低工作压差可在产品样本中查到。

（4）阶跃特性　比例调速阀的阶跃特性包括输入信号阶跃响应特性和负载阶跃响应特性，如图 9-95 所示。

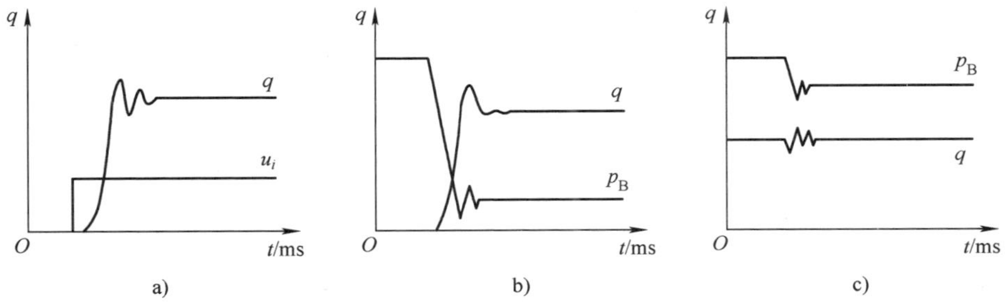

图 9-95　电液比例调速阀的时域特性

a）给定信号阶跃响应特性　b）负载阶跃响应特性（出口压力从等于进口压力开始变化）
c）负载阶跃响应特性（出口压力从低于进口压力开始变化）

其中，负载阶跃响应有以下两种不同的工况。

① 当输入电信号为某一调定值（对应调速阀有一定的阀口开度），负载压力 p_B 从等于阀进口压力值 p_A（对应阀口工作压差为零）阶跃至某一较低的压力值（即阀口具有一定的工作压差），对应的输出流量与时间的关系如图 9-95b 所示。曲线表明，输出流量从零上升到某一稳定值，其过渡过程时间与管路容腔、负载压力阶跃幅值等因素相关。

② 当输入电信号为某一调定值，负载压力 p_B 在低于流量阀进口压力 p_A 的两个工进行压力之间进行阶跃变化，对应的输出流量与时间的关系如图 9-95c 所示。曲线表明，输出流量在它的调定值附近略有波动，波动的幅度与负载压力变化的幅值有关。

2. 比例调速阀的特性分析

（1）阀的功能特点　比例调速阀的选用与普通调速阀类似，由于其具有压力补偿功能，可适用于负载变化较大的开环速度调节场合。选用时，阀的输出流量应比负载所需的最大流量大一些，以留有调节余量，最小稳定流量应满足负载的低速稳定性要求。

比例调速阀作为二通阀使用时可组成三种调速回路：进口调速、出口调速、分流调速。作为三通阀使用时，只能安装在泵的出口，控制单个液压缸或液压马达。对于一个调速回路而言，这两种功能不可兼得。

（2）阀的能耗特点　比例节流阀及二通比例调速阀一般应用在中低压的定压供油液压系统调速回路中，对液压缸或液压马达的速度和停止位置可进行精细的比例调节，特别是应用于慢速工况时，可以充分体现阀的精密自动化调节性能。不过，在高压系统中，这种使用方式存在较大的节流损失，特别是运行于空载工况下，阀的节流口将产生大量能耗并转化为热量，使液压系统油温升高，系统效率降低。

为获得更高的液压系统效率，在定量泵单独控制液压缸或液压马达的回路中，将比例调速阀作为三通阀使用。这实际上是一种负载压力适应系统，或者称为负载敏感系统。系统效率要比二通调速阀高许多，但是，三通阀的调速方式有两个限制条件：一是只能设置于泵的出口，二是只能控制一个液压缸或液压马达。图9-96所示为二通比例调速阀和三通比例调速阀的能耗对比，图中 q_p 为定量泵的输出流量。

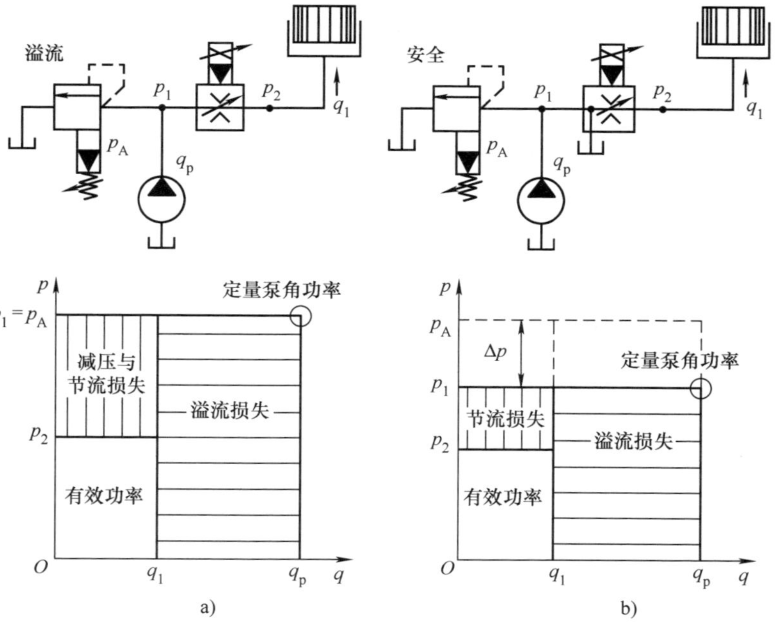

图9-96　二通比例调速阀和三通比例调速阀的液压回路与能耗对比
a）二通比例调速阀回路与能耗　b）三通比例调速阀回路与能耗

需要说明的是，三通比例调速阀在实际应用中，系统压力（泵出口压力）只比负载高一个节流阀口的压差，而作为二通调速阀使用时，不论负载压力高低或如何变化，系统压力总是由溢流阀保持一个定值。但是，根据具体工况，两种能耗损失对比是变化的，图 9-96 仅是在压力流量相同条件时的对比，实际作为二通调速阀使用时工况变化大，特别是在低压系统中应用更为方便灵活。

3. 比例调速阀应用要点

比例调速阀的应用要点如下。

1）电液比例控制系统对比例调速阀的要求一是能按输入信号来调节流量的大小（比例节流阀也可以实现这一要求），二是当输入信号不变时，能克服各种扰动（主要是负载变化）的影响，保持输出流量稳定（比例节流阀无法实现此功能）。因此，比例调速阀适用于负载变化较大的场合和各类开环速度控制系统。

2）与普通流量阀一样，二通比例调速阀既可以构成进油调速回路，也可以构成旁油路或回油路调速回路，三通比例调速阀只能并联于泵的出口。

3）由于调速阀都含有阀口压差的检测，故通过调速阀口的油液正向流动才具有调速功能，而油液反向流动不具备调速功能。这不同于比例节流阀口允许油液正反两个方向的流动。

4）在压力等级满足系统要求的情况下，根据执行机构所需的最大流量选择比例调速阀的额定流量，且流量额定应比负载所需的最大流量略大一些，以保证有一定的流量调节余量。同时，还要考虑阀的最小稳定流量满足执行机构低速稳定性的要求。

4. 比例调速阀在马达调速回路应用实例

在一般液压系统中，如果要求控制速度范围变化大，同时要求速度控制精准，采用开式回路控制液压马达转速是比较困难的。这是由于泵与液压马达之间管路较长，管路容腔会造成压力响应速度变慢，如果在开式液压回路采用反馈信号，不一定取得快速响应的效果。这也是液压马达速度控制更多采用闭式回路的主要原因。

但是，采用二通比例调速阀的开式马达调速回路也可实现非常好的调速效果（见图 9-97），只要把二通比例调速阀直接安装在液压马达出口处，由于液压马达与比例调速阀之间管路很短，因此油液容积很小，响应就变得非常高，这样，更有利于保持液压马达速度刚性和调速精度，几乎具有与电动机驱动同样的响应水平。液压马达的调速准确性由二通比例调速阀决定，影响调速效果的主要误差是液压马达的内部泄漏量。

如果采用单独的负载敏感泵驱动，泵所输出压力仅是液压马达负载工作压力和比例调速阀本身工作压降之和。在整个速度调节范围内，最低速度是由液压马达的低速性能决定的，二通比例调速阀本身最小稳定流量比液压马达的低速稳定流量值小得多。系统的功率损失只是消耗在不断维持比例调速阀本身的控制压差上。因此，这种比例调速阀构成的调速系统的效率较高。

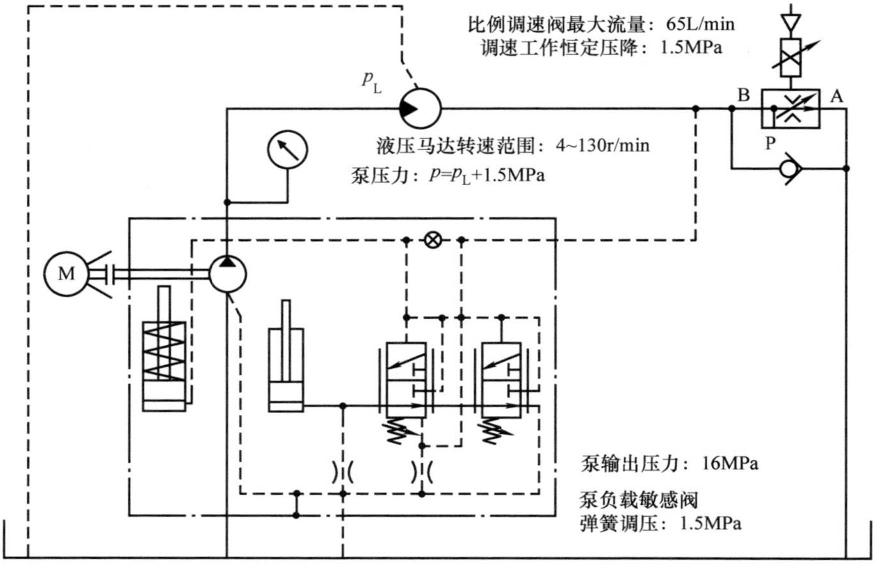

图 9-97　采用二通比例调速阀的开式马达调速回路

9.7　比例放大器

9.7.1　比例放大器的概念

比例放大器是比例阀和比例泵的控制和驱动装置，能够根据比例阀和比例泵的控制需要对控制电信号进行处理、运算和功率放大。闭环控制阀和闭环控制泵使用的比例放大器可完成对整个比例元件的闭环控制。

发挥比例阀和比例泵二者的技术性能和优势在很大程度上依赖于比例放大器。有时，在比例放大器上的一个简单的修改，就可以大大降低比例阀上的加工难度。

在工程领域，还有称为控制器的产品。

比例放大器（amplifier）特指与比例阀和比例泵配套的电子控制装置，必须包含把微弱的控制输入信号功率放大到具有足以驱动比例阀线圈的功率放大部分。这种放大是不违反能量守恒规律的。伺服电动机的伺服驱动器、变频电动机的变频器、直流电动机的直流调速器都包含这种功率放大单元。

控制器（controler）特指包含了执行机构参数（位移、速度、加速度、压力、力）控制功能的一体化电子控制装置，它可以有也可以没有功率放大部分。

从广义的角度看，可以把比例放大器理解为一种控制器。

人们在日常交流过程中，这2个概念经常不做区分，因为控制器与比例放大器都有控制功能，而且有些非常简单的系统，使用比例放大器就够了。但在应用中还是有所侧重，有所特指。以下叙述对这 2 个概念不做区分，请读者自己体会。

比例放大器的重要性是不言而喻的，不了解比例放大器，不掌握比例放大器的工作原理和使用维护方法，就不可能真正掌握电液比例技术，因为比例元件和系统的一部分功能和性能是在比例放大器中实现的。

9.7.2　比例放大器的分类

比例放大器有以下分类方法。

1）按控制器输出控制电流的通道数可将比例放大器分为单通道和双通道两种类型。单通道比例放大器用于控制带单个电磁铁的比例元件，如比例压力阀或比例流量阀，以及单电磁铁驱动的比例方向阀。双通道比例放大器用于控制三位比例方向阀、压力－流量复合控制阀（简称 *pq* 阀）、压力－流量复合控制泵等带有两个比例电磁铁的比例元件。

2）按控制器内是否带反馈通路可将比例放大器分为开环控制器和闭环控制器两种类型。开环比例放大器没有阀芯位移测量电路、反馈单元和 PID 调节器，通常带有颤振信号发生器。闭环比例放大器用来控制带阀芯位移电反馈的比例阀或比例泵，设置有测量放大电路、反馈比较环节和信号调节器。

3）按控制器内运算信号的类型可将比例放大器分为数字式和模拟式。模拟式比例放大器按连续信号的方式工作。目前，模拟式和数字式比例放大器都在市场上广泛使用。

4）按安装方式的不同，比例放大器可分为分离式、集成式、插头式与模块式。

比例放大器根据比例元件的控制要求开发和研制，并随着电子技术和计算机技术的进步不断发展和完善。

9.7.3　电液比例控制元件对比例放大器的技术要求

电液比例控制元件对比例放大器的技术要求如下。

1）实现从小功率输入电压或电流信号到大功率电流输出信号的比例转换，提供与输入电信号成比例且功率足够的控制电流。因为比例电磁铁需要输出力去控制阀芯的运动，而磁场中衔铁的输出力又与电流成比例。比例放大器中，输出电流驱动电磁铁的单元称为功率放大级，处理和运算电压信号的单元称为控制级或前置级。比例放大器中的功率放大级采用深度电流负反馈提高抗干扰能力。

2）具有足够的功率驱动比例电磁铁衔铁上的负载，其输入阻抗大，输出阻抗与比例电磁铁线圈阻抗匹配。

3）输入端有各种标准信号接口，易于实现与不同信号发生装置的连接，采用标准电源供电。

4）信号的波形、幅值、频率符合电液比例阀的静态和动态性能要求。

5）易于检测控制信号和反馈信号，具有故障诊断和元件保护功能。

6）能产生正确有效的控制信号（含手动控制信号）。这意味着除了有信号发生装置外，还必须有逻辑控制与信号处理装置。为了减小比例元件死区的影响，控制器应能提供幅值可调的初始电流；为减小滞环（含磁滞）的影响，放大器的输出电流应含有一定频率和幅值的颤振电流分量。为减小系统过渡过程产生的冲击，对阶跃输入信号能自动生成速率可调的斜坡信号。

比例放大器要与比例元件配套使用。

9.7.4　模拟式比例放大器

1. 模拟式比例放大器的基本组成部分

不同比例阀采用的比例放大器，其具体的电路形式和参数不同，但它们都是由基本的控制电路单元组成的。这些基本的控制电路单元包括电源单元、信号发生单元、信号处理单元、功率放大单元、反馈检测单元、故障处理单元、逻辑控制单元等。

一个完整的比例阀或比例泵电控系统包含的基本电路单元如图9-98所示。

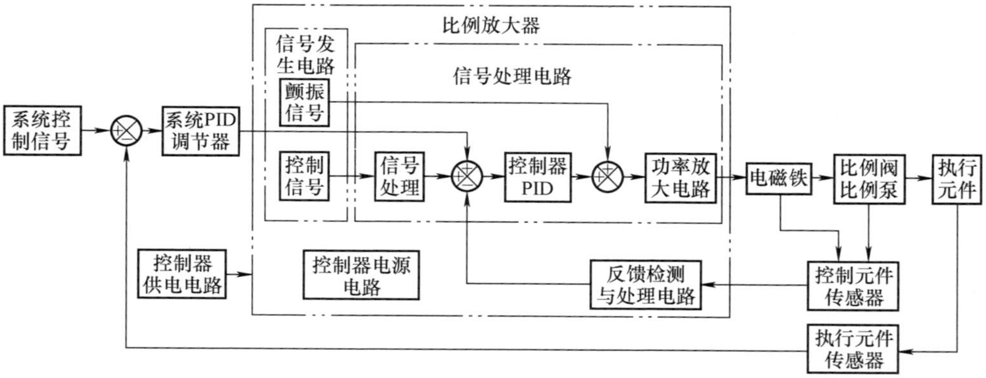

图9-98　电液比例控制元件电控系统基本电路框图

在电液比例控制系统中，存在两种类型的反馈控制。第一种是比例电磁铁或阀（含泵）内位置或压力的小闭环控制（最常见的是位置反馈）。另一种是液压系统执行元件（液压缸或马达）输出量的实际值构成的大闭环反馈控制（也称为轴控）。在大闭环中，可以把比较点放在比例放大器外部，也可以把比较点放在比例放大器内部（又称为集成轴控）。

电液比例控制系统是电控技术和液压技术紧密结合的产物，理解比例放大器的基本控制电路有助于理解比例技术的基本原理，提高维护比例系统的能力。系统设计者的任务除了根据确定的比例阀选用配套的比例放大器以外，还要设计或选用比例放大器供电电路、系统控制信号及系统控制电路，充分利用比例放大器的诊断功能，控制比例放大器的使用环境。对于闭环控制系统，还要根据闭环系统静态和动态性能的要求选择传感器，设计闭环控制电路。电液控制系统设计过程中，比例放大器必须与电液比例控制系统统一考虑。

2. 关于电源单元

对比例放大器电源单元的要求是：①功率足够大；②提供的电源种类满足比例放大器中各种芯片的需要；③纹波系数小，电压精度高；④发热小，可靠性高，可长期工作；⑤与控制信号共用相同的参考电位。

比例放大器的电源单元可使用线性电源或开关电源。工业比例放大器广泛采用直流 24V 供电，因为直流 24V 是安全电压。

比例放大器也可使用交流 220V 供电。当采用交流 220V 供电时，需要经过降压、整流、滤波、稳压后转换成直流 24V 电源，再给比例放大器供电。这是由于整流后输出的电压是脉动直流电压，交流分量大，不满足运算放大器的要求，还需要采用滤波电路将脉动的直流电压变成平滑电压。这种滤波电路实质是一个低通滤波器。常用滤波电路的形式及特性可参考电工学相关资料。

比例放大器对直流电压的品质有严格要求。尽管来自整流、滤波单元的直流电压的纹波系数已经有了很大改善，可以直接给比例放大器的功放电路供电。但由于比例放大器中的多数运算放大器采用正、负电源供电，测量电路要求的电压稳定性更高，因此还要求将滤波后的电压分压成稳定的正负电源。

稳压电路通常由二级稳压电路组成，第一级以滤波后的电压为输入，输出一个较高的稳定电压，第二级再把此电压分成两个正、负稳压电源，用于比例放大器的内部供电，并可向外部指令电位器提供标准电压。常见的稳压手段包括：①串联式分离元件稳压电路；②集成稳压器。其中，集成稳压器是将调整管、放大电路、电压基准、恒流源和各种保护环节都制作在集成块上。比例放大器广泛采用集成稳压器的稳压方法。

3. 关于信号发生单元

比例放大器的内部信号发生单元可用于满足设备的工况要求，也可用于改善控制元件的性能。例如，为了改善执行元件的起动和停止性能，设有斜坡信号发生器或专门的函数信号发生器。为了改善迟滞特性，设有颤振信号发生器。

比例放大器采用的信号发生单元包括周期函数发生电路和非周期函数发生电路。

非周期信号发生电路包括：①斜坡信号发生电路；②阶跃信号发生电路；③脉宽调制（PWM）信号发生电路；④消除死区的快跳电路；⑤增益递增型函数发生电路；⑥增益递减型函数发生电路；⑦开关量信号发生器；⑧手动信号发生器。

斜坡信号发生器用于控制信号上升和下降的速度，使系统获得平稳的起动或制动性能。当系统输入阶跃信号时，比例放大器输出的电信号能够以可调的速率到达给定值。

PWM 信号发生电路是脉宽调制级功率放大单元的信号源，为感性负载提供低功耗电流源。

为了降低比例阀加工难度和成本，普通比例方向阀的阀口留有很大的死区。为了提高控制质量，需要设法减小该死区。利用阶跃信号使阀芯产生快跳，迅速越过大的死区，可达到这一目的。

当需要产生特定形状的函数曲线以修正比例阀的线性度时，可用增益递增型函数发生电路和增益递减型函数发生电路提供的分段直线来近似代替曲线。

手动信号发生器包括单电位器无级控制电路和多电位器有级控制电路，它们作为某些通用比例放大器内部电路的一部分。可以代替 PLC，获得不同给定值的信号。

周期信号发生电路包括：①正弦波信号发生电路；②方波发生电路；③三角波发生电路。其中，正弦波信号发生电路常用于颤振信号单元和差动变压器式位移传感器的激励源。

4. 关于信号处理单元

信号处理单元的功能包括信号的幅值放大、加减、PID 调节、信号调理等，其电路构成比例放大器的基本电路单元。

其中，采用运算放大器的比例放大电路能够实现输出量与输入量之间的线性比例关系。比例放大电路包括反相输入、同相输入和差动输入三种形式。

PID 调节器包括纯比例（P）调节器、积分（I）调节器、微分（D）调节器、PI 调节器、PD 调节器、PID 调节器。PID 调节器使用广泛，将其参数系数设计成可调，就可以适用于各种调节对象。构成 PID 调节器的方案很多，数字放大器采用数字 PID 算法。

从检测元件取出的信号，经过测量电路处理后，还需要经过信号调理电路进行电压幅值调节、零点调整和相位匹配，才能作为反馈信号。

5. 关于功率放大单元

功率放大单元的作用是向比例电磁铁提供足够大且与输入信号成正比的驱动电流。为保证比例控制系统具有良好的稳态和动态特性，功率级的输入端除系统给定的控制信号外，还包括初始电流设定信号（调整零偏）、负载电流反馈信号等。比例放大器的功率放大电路常用模拟式和脉宽调制（PWM）式两种。

6. 关于反馈检测单元

实现闭环控制需要利用传感器来检测阀芯位移或阀口压力实际输出值，常见的是阀芯位移和比例电磁铁衔铁位移的反馈。比例放大器包含有这种检测和反馈电路。

对控制系统来说，阀内闭环只是局部反馈，对系统执行元件实际输出量的检测与反馈才构成液压闭环控制系统。

阀芯位移传感器检测反馈单元通常由正弦波信号发生器、调制解调电路、断线检测电路、信号调理电路组成，其原理框图如图 9-99 所示。

7. 关于故障诊断单元

比例放大器的故障诊断单元可以帮助快速查找和准确判断比例阀的故障。比例放大器需要处理的常见故障包括：①传感器断线；②电磁铁电缆断路和短路；③电源极性接反；④供电电压过低；⑤比例电磁铁电流过大（故障工况下）；⑥比例放大器无电流输出。

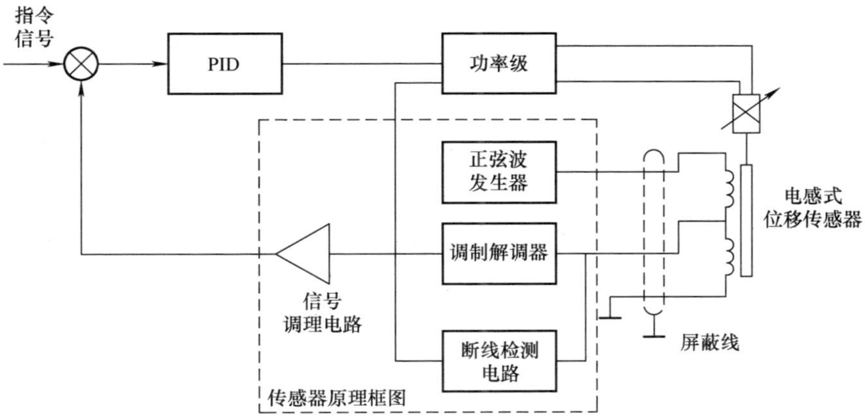

图 9-99　位移传感器反馈检测单元原理框图

9.7.5　模拟式比例放大器的使用与调整方法

1. 读懂比例放大器原理框图的几个要点

设计、选用和维护比例放大器时，应充分了解比例放大器的基本组成单元，做到胸有成竹。具体来说，还要做到以下几点：

1）准确判断供电电压的类型、范围与接线引脚。比例放大器一般使用标准 24V 单极性直流电源，车辆等行走机械使用的比例放大器一般采用 12V 蓄电池直流电源。必须确保电源电压在容许的范围内，且输出级已被接通，输出电流在额定值范围内变化。

2）找出放大器与控制对象等外部装置的接线引脚。例如，与比例电磁铁、位置传感器、指令信号装置接线的引脚，有些比例放大器还输出“准备好”“故障”等状态信号，以及重要信号的检测端口。

3）匹配指令输入信号的类型、量程与调整范围。指令输入信号的类型包括电压、电流、频率、通信等传输方式，不能错用，还应掌握零偏信号调整范围、控制通道数量、指令信号值范围等。调试过程中，还可以利用比例放大器内部的参考电压（如 ±9V、±10V 等）作为输入电压控制信号。

4）如果需要调整颤振信号，则需要掌握其最佳频率、波形、幅值范围、输入和输出阻抗值的大小。

5）掌握斜坡信号调节时间范围。

6）注意有无使能信号和开关量控制信号。

7）注意输入信号接地端的电位、测量参考电位与电源地之间的关系。

8）在可控的环境温度中使用。

本节以博世力士乐双通道分离式闭环比例放大器（VT－VRPA2－1 型）为例，介绍比例放大器的使用与调整方法，其原理框图如图 9-100 所示。

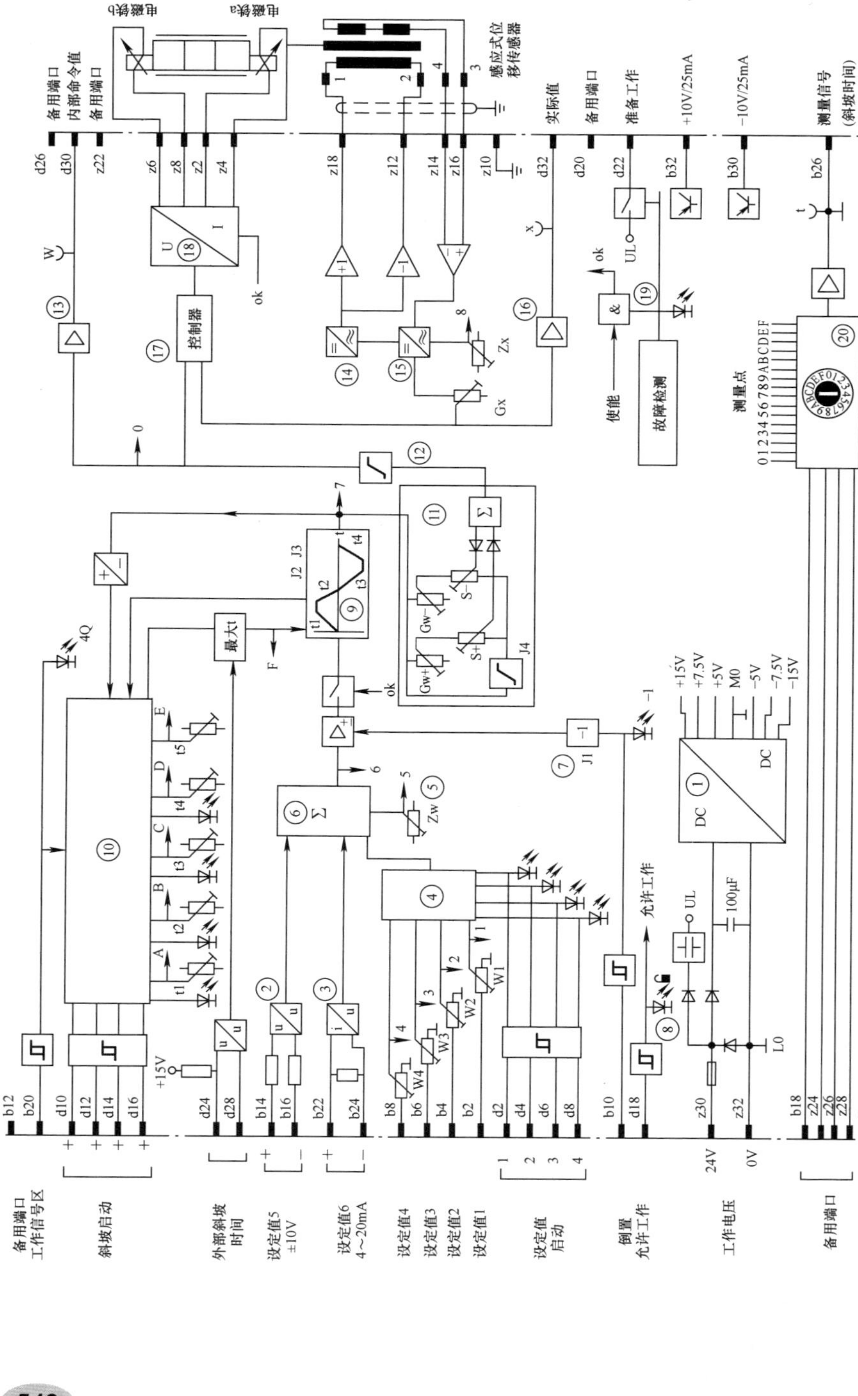

① 电源
② 差动输入口
③ 电流输入口
④ 设定值逻辑选择
⑤ 零点调节器
⑥ 设定值加法器
⑦ 设定值倒置
⑧ 使能功能
⑨ 斜坡发生器
⑩ 斜坡时间逻辑选择
⑪ 特性曲线产生器
⑫ 限幅器
⑬ 设定值输出端口
⑭ 振荡器
⑮ 解调器
⑯ 实际值输出端口
⑰ 阀芯位置控制器
⑱ 电流输出端口
⑲ 故障检测
⑳ 测量点选择旋钮

图 9-100　VT－VRPA2－1 型双通道分离式闭环比例放大器原理框图

该比例放大器用于控制带阀芯位移电反馈的 4WRE…阀（通径 6mm 和 10mm，2X 系列），其功能包括：设定值信号输入，差动输入（±10V），4 个可调用的设定值信号输入（±10V），电流输入（4～20mA），通过 24V 输入口或跳线开关使设定值信号倒置，可分别调节步长和最大值校正特性曲线，通过信号区的识别（24V 输入口）或斜坡时间的启动（24V 输入口）（可选 t5）来选择斜坡时间，可通过跳线来改变斜坡时间范围和允许工作输入口，具有"预备状态"输出信号及其测量口（可选 t5），电源带错级保护，带 AC/DC 转换的电源（不提高零点）。

2. 掌握放大器的调整方法

（1）对使用者开放的调整　比例控制器上可供使用者经常调整的部位包括：零位调整、斜坡时间的调整、增益调整。

1）零位调整。其作用是在输入信号为 0V 时调整比例阀的初始位置。比例阀的控制特性中都存在一定的死区，给定信号只有超过这个死区范围，其控制特性才是线性的。为了克服这个死区，可向比例电磁铁提供一个初始电流。

如图 9-101 所示，以比例压力阀用放大器 VT2000 为例，调节调零电位器的方法如下。

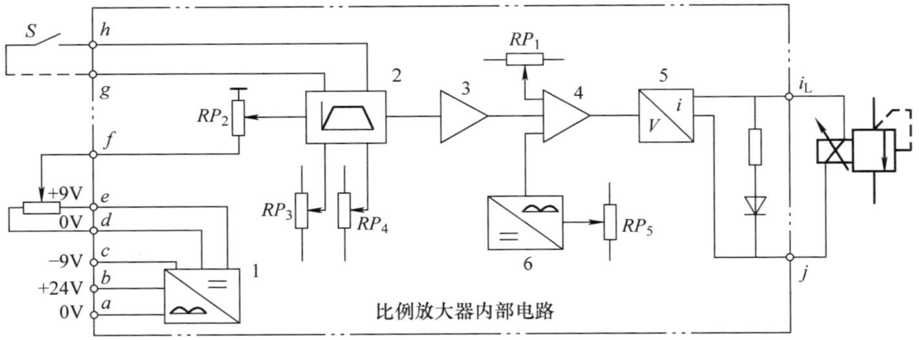

图 9-101　VT2000 双通道闭环比例控制器原理框图

初始电流可利用电位器 RP_1 来设定，其调整范围依不同型号的比例阀而异，一般不超过额定信号的 20%。由于不同阀的死区范围不同，使用前，首先把 RP_1 置为零，同时给定信号也置为零，然后旋转 RP_1 使负载电流 i_L 逐渐增大，直到系统刚开始有输出量为止。例如，对于比例压力控制，先将给定信号置为零（d 与 f 端短接），把 RP_1 置为零时所对应的压力视为最低设定压力，旋转 RP_1 并监视压力表，当压力表开始上升时停止转动 RP_1，这时放大器输出的电流就是初始电流（见图 9-102）。

由于给比例阀预先通入初始电流，已经消除了死区，故当有给定信号输入后，比例阀立即进入线性工作区。因此，初始电流改善了阀的零位特性。

对比例节流阀和流量阀用放大器，调节调零电位器，直到执行机构有明显的运

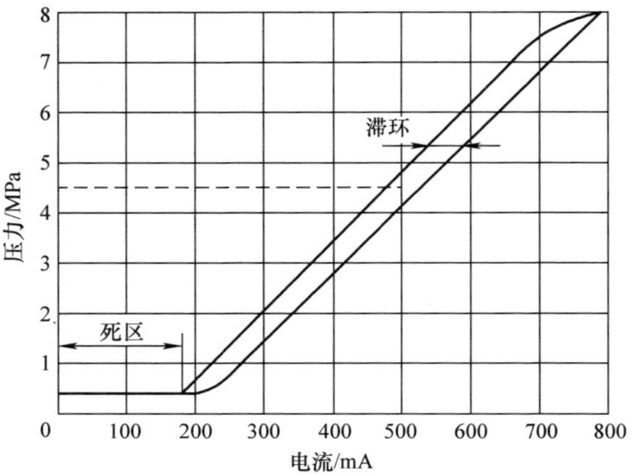

图9-102　比例溢流阀的控制特性

动，然后反向旋转电位器，直到执行机构刚好停止动作为止。

对比例方向阀用放大器，通过调整调零电位器，使控制机构在两个操作方向的运动对称。

2）斜坡时间的调整。通过调整斜坡信号电位器，使压力或流量的变化率达到所要求的平稳度为止。

仍以VT2000为例介绍斜坡上升、下降时间的调整方法。

RP_3 用于调节上升时间，RP_4 用于调节下降时间，二者的调节是相互独立的。例如，对比例压力控制系统，如果希望升压慢，降压快，可以通过调节 RP_3 来改变升压时间（最长可达5s），通过调节 RP_4 可实现快速降压。反之亦然。

如果不需要斜坡上升、下降时间，可用导线跨接 RP_3 和 RP_4（即开关 S 闭合）。这时，输出与输入没有时间延迟。

当给定信号为阶跃信号时，利用斜坡信号发生器可获得系统加速、减速、升压、降压的功能。时间调节范围通常为0.1～5s。要获得5s的时间，只有在输入最大信号时才是可能的。如果输入信号较小，斜坡时间也较小，如果将输入信号100%时的斜坡时间调为5s，则输入信号50%时的斜坡时间只有2.5s（见图9-103）。

有些比例放大器用一个电位计同时调节上升和下降斜坡时间。

3）增益的调整。对控制比例压力阀的比例放大器而言，通过调整灵敏度电位器，可使阀建立所需的最大压力。对比例节流阀、比例流量阀和比例方向阀而言，可调定阀所需的最大阀口开度，即执行机构的最大速度。

仍以VT2000为例，增益的调整就是最大工作电流设定。

为了防止系统有过大的输出量，确保设备和人身安全，须使用 RP_2 限制最大工作电流。RP_2 是增益调整电位器。对于图9-102所示的比例溢流阀控制特性来说，如果想得到全量程的控制，应使 RP_1 调整的输出为 180mA，然后，设置给定信号为 100%，使 RP_2 调整的输出为 800mA。如果希望得到较低的最大输出压力，如 4.5MPa，则 RP_2 应调整成 500mA。

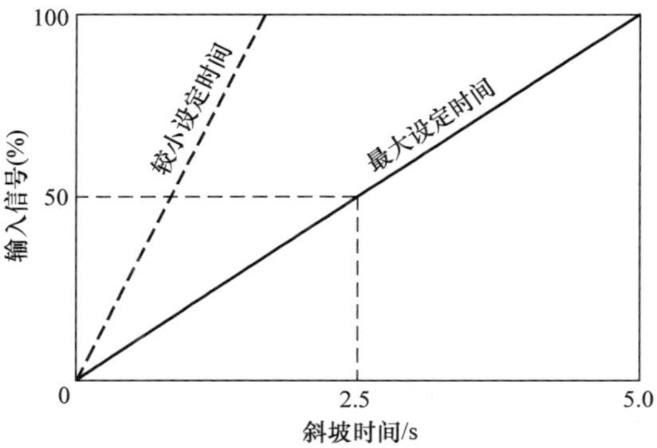

图 9-103 输入信号与斜坡时间的关系

在调整 RP_1 和 RP_2 时应注意：RP_1 和 RP_2 的调整顺序会对最终结果产生影响。如果先调整 RP_1 后调整 RP_2，对结果的影响如图 9-104a 所示。理论上，RP_2 的设定值不影响 RP_1 的设定值，只影响比例放大器的最大输出。但实际上，RP_1 的设定值不会调到绝对的零点，故调整 RP_1 后再调 RP_2，对 RP_1 的调定值会有小范围的影响。这种影响是在调整 RP_2 时将 RP_1 的零值电流放大造成的。如果先调整 RP_2 后调整 RP_1，会改变原先 RP_2 的最大设定值，其结果如图 9-104b 所示。这是由于 RP_1 在调整零点时，实际上是输入了一个附加的给定信号，该信号与控制信号叠加，相当于增大或减小控制信号。

因此，RP_1 和 RP_2 的设定应按如下方法进行：先将输入信号置为零，调整 RP_1 至系统刚开始有输出时为止，以消除死区；再将输入信号置为 100% 额定信号，逐步增加 RP_2，以达到希望的最大输出值。上述过程完成后，再重置输入信号为零，观察最低的设定压力是否有变化，如果最低设定压力变大了，要重新调整 RP_1，再调整 RP_2。这样反复操作几次，零点和增益就可调得比较满意。

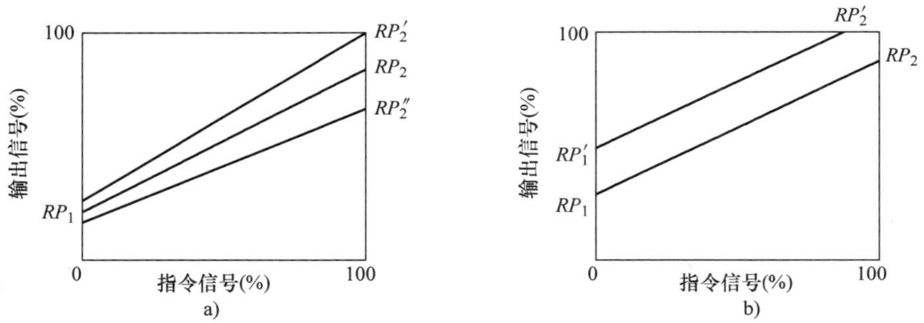

图 9-104 RP_1、RP_2 的调整顺序对控制性能的影响

a）先调整 RP_1，后调整 RP_2 对调整结果的影响 b）先调整 RP_2，后调整 RP_1 对调整结果的影响

对比例放大器而言，除零位、增益和斜坡时间可在现场进行必要的调整外，颤振信号的幅值与频率、内部调节器参数等其他参数在出厂时均已调整好，不应在现场再次调整，以免引起设备故障。

（2）不对使用者开放的调整　这是必须由经过专业培训的技术人员在实验台上才能进行的调整，在设备上直接进行调整，会带来巨大的安全风险，而且在大多数情况下根本无法调整好。

不对使用者开放的调整包括：颤振信号参数的调整、非线性曲线的修正、位移传感器灵敏度的调整、PID 参数的调整。

在检查和调整过程中，可利用比例放大器上的一些测量点（如电源电压测量点、控制电压测量点、设定值电压测量点、比例电磁铁电流测量点、阀芯开度测量点等）和指示灯来监测其运行情况是否正常。

9.7.6　比例放大器的使用注意事项

1. 设计电控回路时的注意事项

设计电控回路时的注意事项如下。

1）切勿将比例放大器产生的电气信号（如“运行就绪”）用于控制与设备安全相关的机器。

2）务必使用带镀金触点的继电器传递指令信号值（小电压，小电流）。

3）单独布线各指令信号值电缆并始终屏蔽这些电缆，将屏蔽连接至比例放大器一侧，并使另一端处于开路状态，避免存在形成接地环路的危险。

4）与天线、无线信号和雷达设备的距离必须至少为 1m。

5）切勿在电力电缆附近铺设线圈和信号电缆。

6）由于放大器板卡上滤波电容器存在充电电源，所以备用保险丝必须具有慢速熔断特性。

2. 判断设备故障时的注意事项

判断设备故障时的注意事项如下。

1）查看指示灯状态。

2）检查电源输出是否正常。

3）检查输出电流是否正常，应把电流表串联在电磁铁闭合回路里。常见的错误做法是用多用表的电压挡测量电磁铁上的电压。

3. 更换比例放大器的注意事项

更换比例放大器的注意事项如下。

1）比例放大器只有在断开电源后才能进行安装和拆卸。

2）切勿使用带自振荡二极管或 LED 指示灯的插入式连接器来连接线圈。

3）使用差动输入时，两个输入必须始终同时接通与断开。

4）只能使用输入阻抗 $R_i > 100\text{k}\Omega$ 的仪器对比例放大器进行测量。

9.7.7　数字式比例放大器

1. 数字式比例放大器技术优势

电液比例控制技术一直在与微电子技术、计算机控制技术紧密结合，并随着这些技术的发展不断更新和进行产品换代，详见本手册第 2 卷 30. 2. 2 节内容。

数字比例控制技术已有广泛的工程应用，对提高电液比例控制系统的性能和可靠性有着极为重要的作用，详见本手册第 2 卷 30. 3 节。

数字比例控制技术的优势不言而喻，它的最大优势是可以采用各种控制理论（包括智能控制理论）形成先进的控制手段，保证电液比例系统获得最优的性能，具体表现在：电液比例控制系统的控制功能更加强大，可实现复杂的运算，采用软件代替部分复杂硬件，可简化系统结构，提高系统控制精度，数字式比例放大器的技术优势详见本手册第 2 卷 30. 3. 1 节。数字式比例放大器的特点可参见表 13-3。

鉴于技术上的先进性，模拟式比例放大器正在被数字式比例放大器取代。采用数字技术的电液比例控制系统对设计、调试和设备维护人员的知识结构和操作技能也提出了更高要求。

2. 数字式比例放大器分类

在电液比例技术发展的过程中，数字技术在电液比例控制系统中的使用范围随着数字技术的发展不断扩大。数字技术在电液比例控制系统中的应用范围如图 9-105所示。

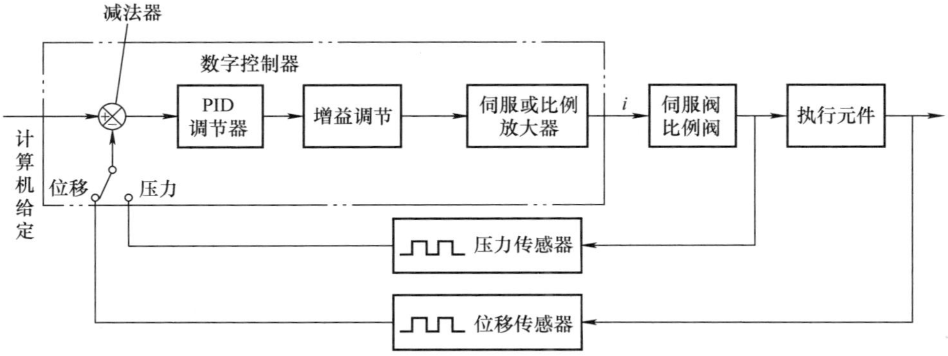

图 9-105　数字比例控制技术应用范围

根据数字化技术在电液比例控制元件与系统中应用范围的不同，可将数字比例控制产品分为板级和系统级两种。

板级数字比例控制产品主要是指数字式比例放大器（因制成电路板而得名）。这是数字技术在电液比例控制系统中的早期应用成果。这一时期的产品主要是采用数字芯片（单片机）来实现数字式比例放大器的运算和控制功能。应该说，在这样的电液比例控制系统中，数字化的范围还是有限的，但它增强了比例放大器的功能（如参数调整灵活、精度高、通用性好等）。

系统级数字比例控制产品是指具有电液轴控制器。这是当今电液比例控制技术发展最快的领域。电液轴控制器除了比例电磁铁功率驱动环节（输出大电流）和电源环节仍采用模拟信号以外，整个系统已经完全实现数字化。

根据数字式比例放大器的数字化水平不同，还可以进一步将数字式比例放大器分为局部数字化的放大器（输入输出信号为模拟信号，运算数字化）和完全数字化的放大器（输入输出信号及运算全部数字化）

目前最新的数字式比例放大器是完全数字化的产品，详见本手册第2卷30.3节。

3. 比例放大器升级换代

以博世力士乐的开环比例阀（无阀芯位置反馈）放大器为例，放大器产品从模拟式升级为板级数字式放大器以后，一款外置式数字式放大器 VT－MSPAx－2X 就替换了原有32款模拟放大器（见图9-106）。

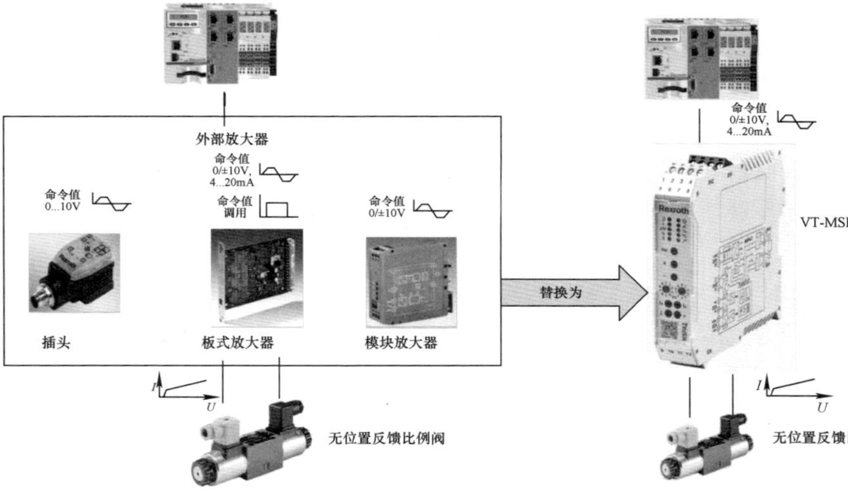

图9-106　一款外置式数字式放大器 VT－MSPAx－2X 可替换不同安装方式的模拟比例放大器

4款外置式数字式放大器 VT－MSPAx－2X 可替换32款不同规格的模拟式比例放大器，如图9-107所示，数字式比例放大器的优势不言而喻。

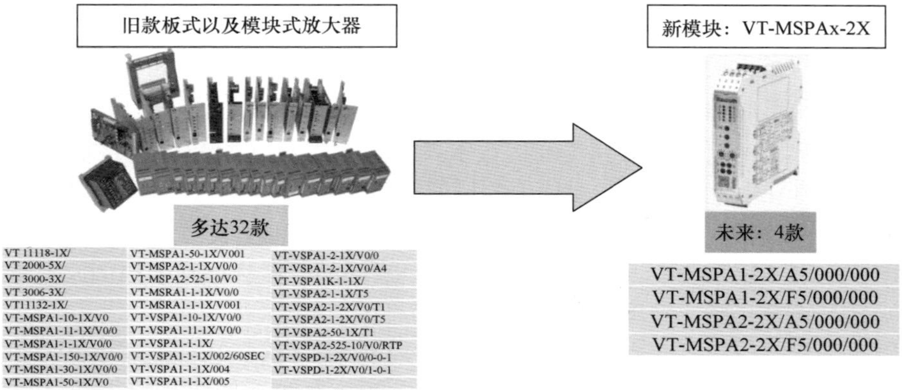

图9-107　4款外置式数字式放大器 VT－MSPAx－2X 可替换32款不同规格的模拟式比例放大器

需要指出的是，微电子技术的快速发展，加速了比例放大器的更新换代，也使其基本的控制电路具有多种多样的形式，更深入的内容需要查阅相关技术和产品资料。

4. 国产数字式比例放大器实例

国内已有多家公司紧跟国外品牌公司的数字产品，开展研发与推广工作。

国产数字式比例放大器用于国产液压比例阀与轴运动控制器，至今已有十多年的努力，一度解决了行业内较大难度的技术问题，有利于缓解市场上这类产品成本高、货期长和服务难到位的问题。

国产数字式比例放大器可以通过总线与上位机通信，实现参数的实时在线设置，非常便于设备系统的调试。集成式、插头式与模块式等数字式比例放大器产品可配套单/双比例电磁铁、带/不带位移传感器反馈的比例阀与变量泵的控制。表 9-4 介绍了它们的特点与主要技术参数。

表 9-4　国产数字式比例放大器特点与主要技术参数

类型	插头式数字放大器	模块式数字放大器	集成式数字放大器	集成式数字控制比例阀示例
外形				
安装特点	直接安装于电磁铁上，用于插装式元件等	安装在导轨上，用于控制不带/带位移反馈的各类比例阀	集成于比例阀阀体上	集成式数字放大器与液压阀一体化
参数设置结构图	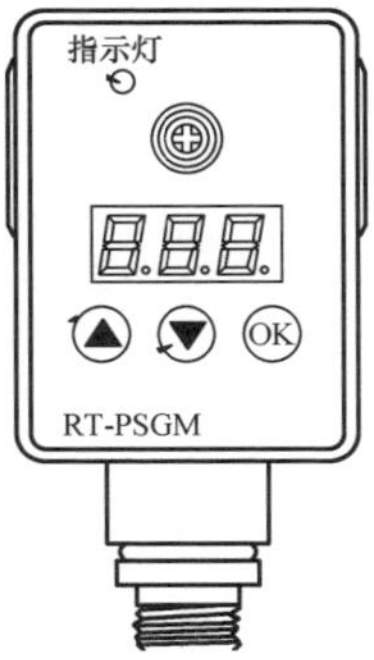	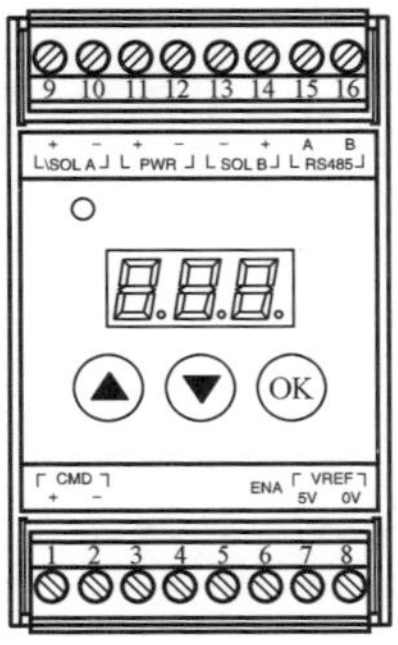	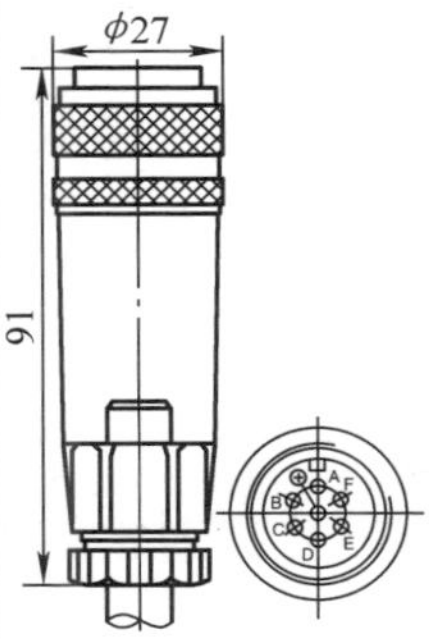	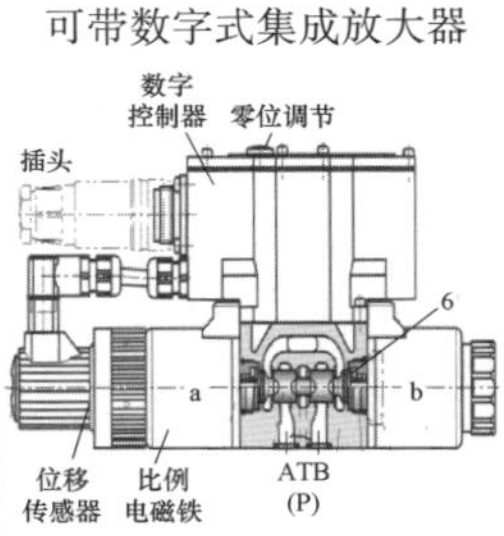

（续）

<table>
<tr><th>类型</th><th>插头式数字放大器</th><th>模块式数字放大器</th><th>集成式数字放大器</th><th>集成式数字控制比例阀示例</th></tr>
<tr><td>参数设置导航</td><td colspan="2">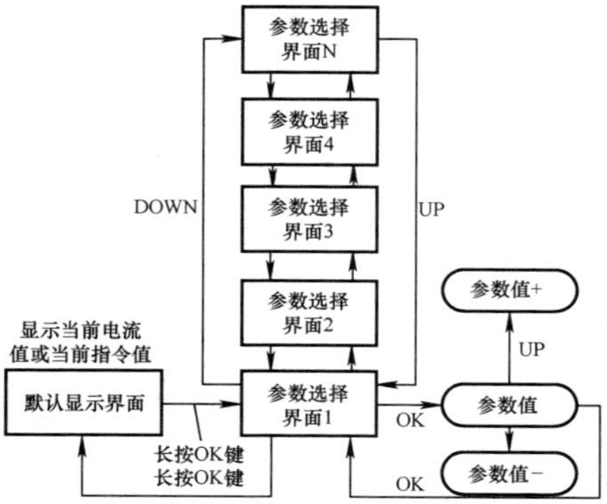</td><td>适用于一定类型比例阀
USB接口：连接电脑进行参数配置
上位机软件：对参数配置；宽电压输入（19～35V）
电位器：分别调节零位、增益、斜坡</td><td>带集成放大器
通径10～25mm
35MPa，60～400L/min
（Δp＝1MPa）</td></tr>
<tr><td rowspan="2">接线示例</td><td colspan="2">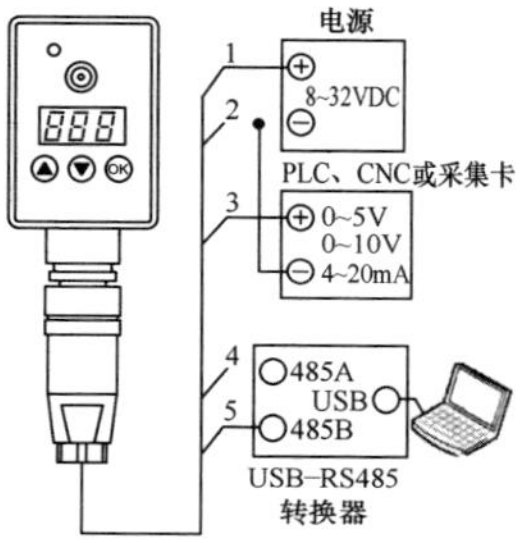</td><td colspan="2">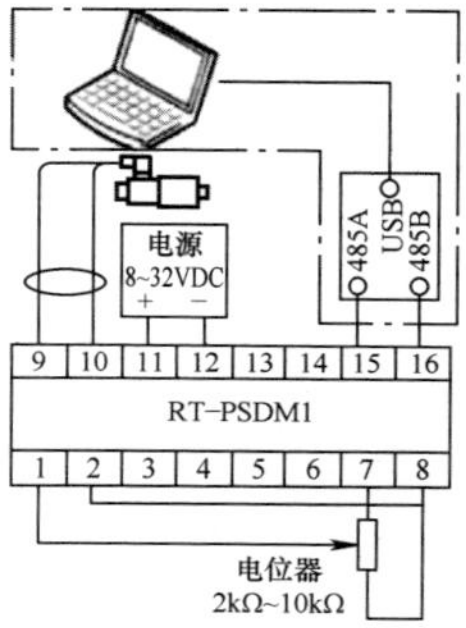</td></tr>
<tr><td colspan="2">电源电压：
A—24VDC（19～35VDC）
B—0V
I_{max}＝2A
C—不接
差动输入：
D—给定值±10V（A1）；给定值4～20mA（F1）
E—给定值基准电位
F—不接
PE—接阀体和低温物体</td><td colspan="2">集成式数字放大器电路图
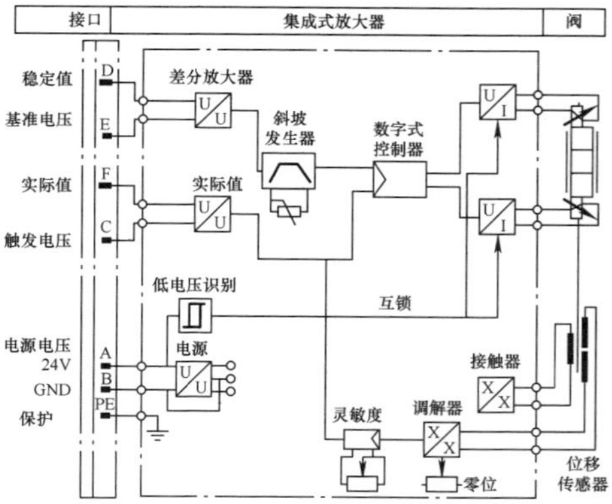</td></tr>
<tr><td>工作电压</td><td colspan="2">8～32VDC</td><td colspan="2">19～35VDC</td></tr>
<tr><td>输入信号</td><td colspan="2">0～5V，RE≥100kΩ
0～10V，RE≥100kΩ
4～20mA，RE＝250Ω</td><td colspan="2">A1型：±10V，输入阻抗≥100kΩ
F1型：4～20mA，输入阻抗＝100Ω</td></tr>
</table>

（续）

类型	插头式数字放大器	模块式数字放大器	集成式数字放大器	集成式数字控制比例阀示例
输出电流	0～3A		0～2.8/3	
线性度	1%		N/A	
分辨率	0.1%		N/A	
通信接口	RS485		MicroUSB	
通信协议	ModBus－RTU 多机通信		ModBus－RTU	
PC 端软件	EHC_ Manager		配置	
故障诊断	对指令断线、过载，电磁铁断线、过流实时、监测，并在数码管显示当前故障码，轻松定位故障点			

国内公司还研发了单轴、双轴控制器，通过比例/伺服阀来控制专用机床。设备性能参数可由上位机通过 EtherCAT、RS485、CAN 等总线发送给运动控制器，并按工艺性能参数要求精确控制执行机构的速度、位置或压力。运动控制器电液轴卡已经用于注塑机的控制（见图 9-108）。

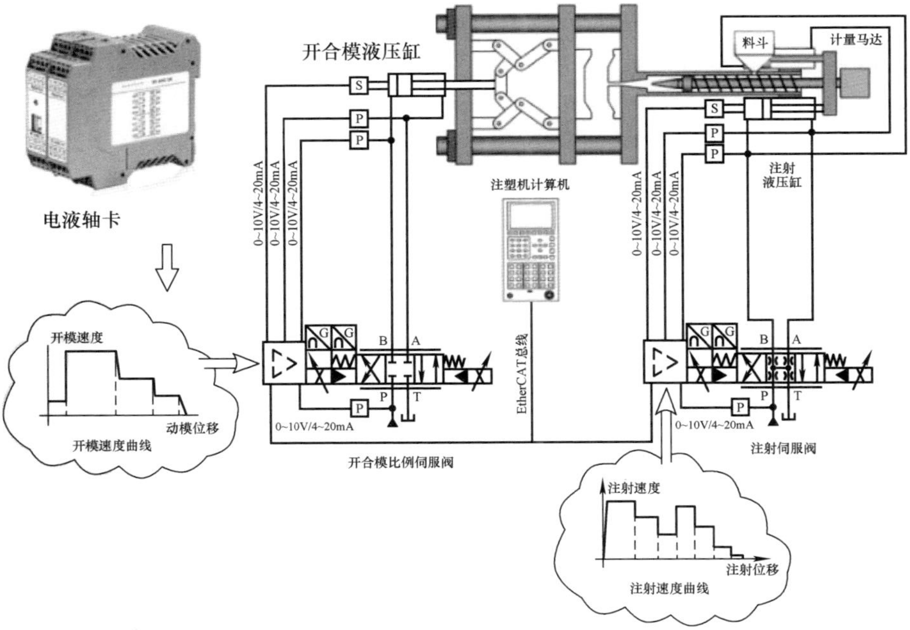

图 9-108　国产电液轴控制器用于注塑机

第 10 章　电液伺服比例阀

伺服比例阀又称为比例伺服阀、闭环比例阀、高频响阀等，是比例技术与伺服技术相结合的产物。伺服比例阀因其具有伺服阀的良好性能，适合于工业应用场合，与电子、计算机和通信技术紧密结合，易于自动化控制，满足工业 4.0 的多功能要求，用途广泛。

10.1　伺服比例阀的特征与分类

10.1.1　伺服比例阀的特征

伺服比例阀的主要特征体现在：①主级阀芯毫无例外地采用位置电反馈检测装置，构成阀芯位移闭环控制，具有伺服阀的高频响特性；②阀口在液压零位时具有零遮盖特点，可根据阀口尺寸状态和输入信号提供正遮盖或负遮盖特点，以控制零位的流量输出状态；③为获得阀口零遮盖特性，伺服比例阀采用与伺服阀相同的阀芯与阀套配合技术，阀口死区小于阀芯行程的 3%，这也是伺服比例阀与比例方向阀之间的根本区别之一；④伺服比例阀还具有比例方向阀的功能，不仅适用于伺服控制系统（闭环控制回路）中的位置、速度、压力控制及混合控制，还具有比例控制回路所需要的开环控制功能。

伺服比例阀作为闭环控制系统的控制元件，所构成的阀控缸系统可采用与伺服阀相同的线性控制理论传递函数方法进行分析，详见 3. 5 节和 3. 6 节。

伺服比例阀与伺服阀、比例阀采用同一个标准试验方法，具有相同的技术指标以考核其性能，测试原理也基本相同。阀的基本特性包括稳态特性与动态特性，详见 9. 3. 2 节，在液压控制系统的设计中，选用和分析伺服比例阀的回路设计方法也与伺服阀基本相同。

10.1.2　伺服比例阀的分类

伺服比例阀的功能和用途有别于三大类的比例阀，不同类型的伺服比例阀结构、原理及性能参数也各有不同。伺服比例阀的分类主要有以下几种方式。

1）按控制的级数分类，有单级、二级、三级伺服比例阀。

2）按主阀口数量分类，有二通、三通、四通及五通伺服比例阀。

3）按控制信号类型分类，有模拟式、数字式伺服比例阀。

4）按控制器功能分类，有阀控级、轴控级及互联智能型伺服比例阀。

5）按驱动装置分类，有位置调节型比例电磁铁、力马达、音圈电动机驱动的伺服比例阀。

6）根据驱动装置数量分类，可分为单电磁铁、双电磁铁控制的伺服比例阀。

7）按安装方式，主要分为板式与插装式伺服比例阀。

此外，不同生产厂商还会进一步将伺服比例阀产品按技术特性分为伺服比例阀、高频响阀等。其中，伺服比例阀是具有接近伺服阀功能特性的四通方向控制阀和三通方向控制阀，用于闭环控制回路和伺服控制系统。高频响阀是具有类似伺服阀一样的高动态和高频响特性的产品，其功能因阀位机能不同，可用于开环控制回路或闭环控制回路。

本章根据上述分类方法分别介绍伺服比例阀的不同产品。关于轴控级和互联智能型伺服比例阀详见本手册第 2 卷 30. 3 节。

10. 2 伺服比例阀的中位与安全位

10. 2. 1 直动式伺服比例阀的中位

伺服比例阀的中位指当阀处于左、右两个阀的动作位之间的液压中位时，各个油口的连通状态。严格地说，伺服比例阀的中位不是方向阀所说的中位机能，因为撤除驱动力和控制信号后，阀芯就会移动，中位随即消失。伺服比例阀的中位具有与伺服阀相同的液压零位特性，其输入信号死区所涉及的各个阀口遮盖和遮盖状态如图 10-1 所示，也可用图 9-10 表达。

图 10-1 表明，典型的三位四通伺服比例阀处于液压中位时，分别具有 P—A、B—T 和 P—B、A—T 共 4 个阀口遮盖边。在零区范围内，阀芯台肩与阀套窗口的相对几何尺寸分别具有正遮盖状态、零遮盖状态及负遮盖状态，遮盖量以阀芯台肩棱边到阀套窗口棱边的几何长度与阀芯额定行程（对应额定输入信号）的百分比表示。

现以图 10-2 所示的典型直动式伺服比例阀的中位进行分析。图中直动式伺服比例阀的特点：位置闭环控制，四位四通，附加电源失效安全浮动位，带集成控制器。直动式伺服比例阀的阀芯与阀套配合，阀套一般具有精密控制窗口，控制窗口与在零区内阀芯台肩部位的几何条件构成输出流量与输入信号特性的阀中位。

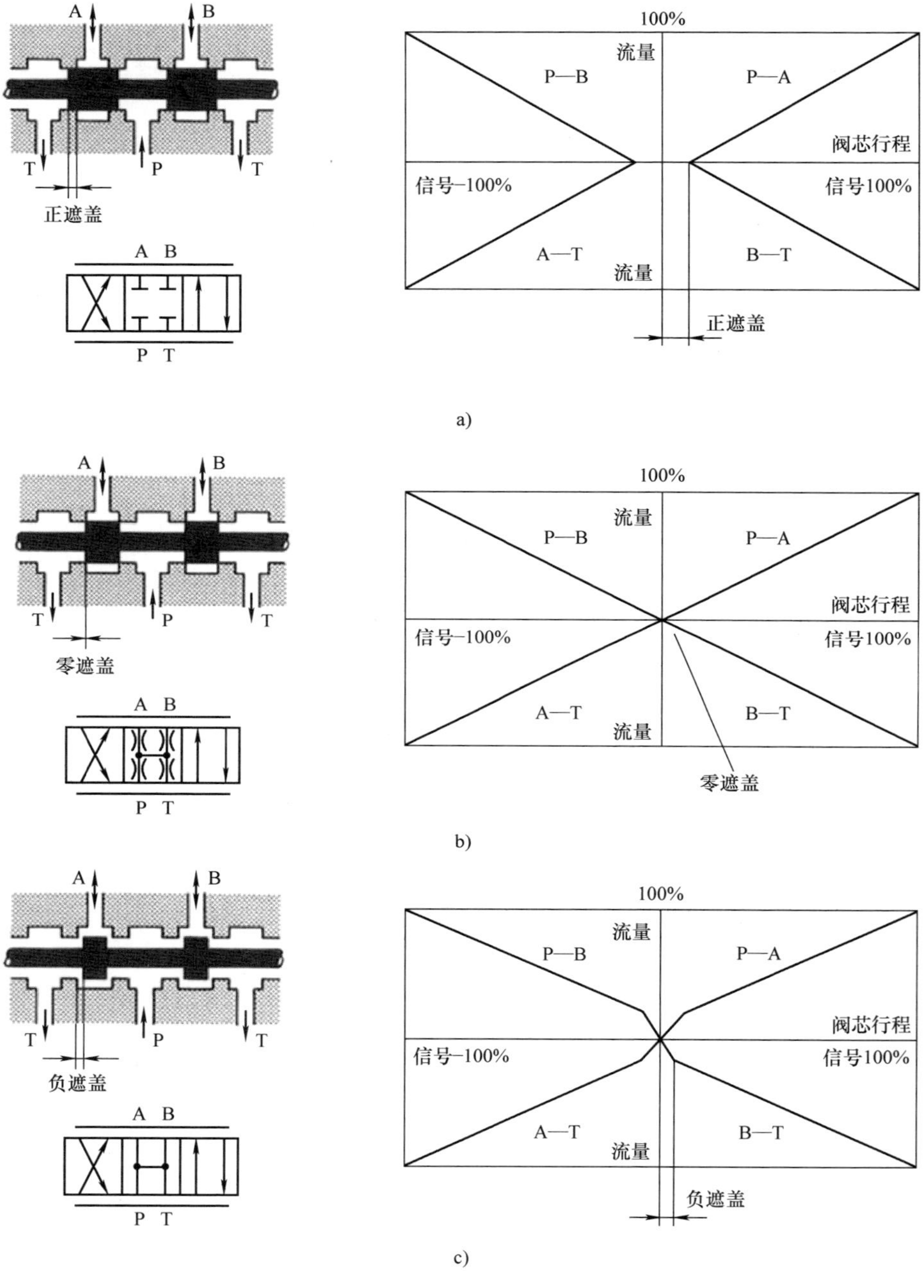

图 10-1　伺服比例阀中位的正遮盖、零遮盖及负遮盖状态

a）正遮盖　b）零遮盖　c）负遮盖

从图形符号可知，阀具有一个安全浮动位（常位）、两个动作位及一个液压零位（中位）共四个阀位工作机能。

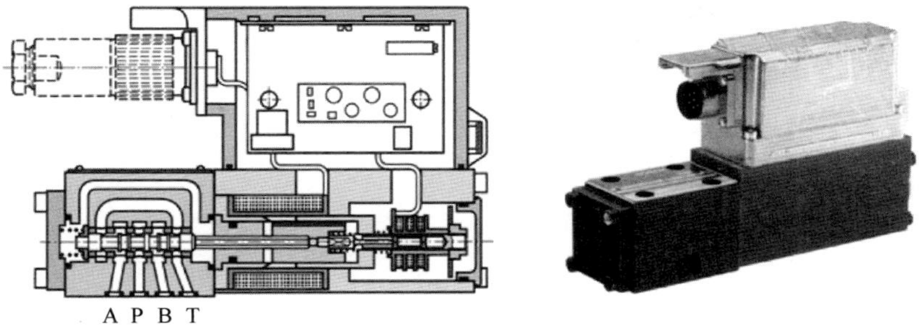

a)

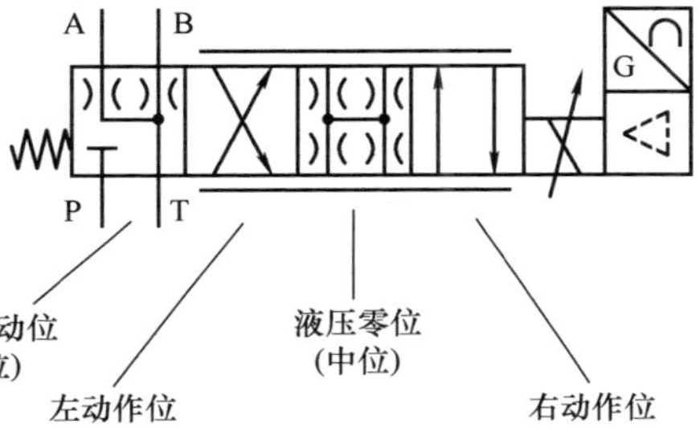

b)

图 10-2　典型直动式伺服比例阀的中位

a）结构原理与外形　b）图形符号

在阀断电后，弹簧推动阀芯处于安全浮动位机能，安全浮动位的功能与比例方向阀的中位机能相似，由弹簧力将阀芯推至一端位置，在没有任何控制信号起作用时，可保证阀停止工作，以及当电源失效或来自上位机（PLC）的使能信号断开时，使阀芯处于最终不动位置。

当阀带电并接通使能信号后，如果输入信号为零时，阀则处于液压零位。此时，由比例放大器产生一定驱动电流，在电磁推力的作用下，阀芯压缩回位弹簧移动，阀口进入液压零位。液压零位是一种动态控制和阀口几何精度要求很高的平衡状态，主要由阀电反馈装置进行位置纠偏，使阀处于零遮盖状态，可保持阀口没有输出流量。

当需要阀输出流量时，输入信号给出 0 ~ ±10V 范围内的某一指令值，阀进入左、右两边的动作位。阀的动作位是可连续变化的，例如，输入信号电压是 8V 指令值，流动方向（极性）是 P—A、B—T，阀口对应输出流量是最大额定流量的 80%。因此，输入信号大小和极性，决定阀输出流量大小和阀位方向。阀带有位置电反馈（LVDT）始终保持阀芯构成位置控制的闭环系统。位置控制的闭环系统进行阀芯位置纠偏，一直达到给定信号与反馈信号的偏差为零，使阀口开度停留在与输入信号所对应的阀口信号开度值之下并保持阀芯位置精度不变，最终输出稳定的流量。

从上述四个阀位及中位分析不难理解，伺服比例阀的中位与开环控制的比例方向阀的中位机能不同，不同之处在于：伺服比例阀的中位机能发生在阀供电正常后输入信号为零时的液压零位状态，这个中位是指阀左、右动作位之间的中位，不包含安全位。正是这种液压零位特性，液压执行元件才能处于稳定目标位置并获得足够高的控制精度。

10.2.2　先导式伺服比例阀的中位

先导式伺服比例阀包括二级和三级结构，此处所说的先导式伺服比例阀的中位都是指主级阀的中位。

先导式伺服比例阀的中位基本与直动式伺服比例阀的中位相同。只是对于先导式伺服比例阀的开环应用，有些产品不仅具有中位还具有中位机能，可根据主机的工况要求，按比例方向阀常用的中位机能设计，同时具有高频响特性，详见10.3.1节，其中位机能选择原则与普通方向阀中位机能的选择原则基本相似。但要注意，中位机能带有节流符号的伺服比例阀一般表示中位通流面积不超过阀口额定通流面积的3%。

10.2.3　伺服比例阀的安全位机能及其表达方式

安全位机能关系到设备在意外故障发生时能否可靠地处于安全状态。

由于伺服阀和伺服比例阀在中位时，其阀口的遮盖控制状态的影响，因此，在断电时，因伺服比例阀的零漂问题会导致阀芯偏移方向的不确定，最终将导致执行机构的运动方向也是不确定的。这对于很多设备来说，会导致不确定甚至危险的结果（如高温环境或人工作业等），可能引发设备事故和人身伤害事故。

为此，伺服比例阀与伺服阀和比例阀一样，采用安全位机能（又称为故障保险功能）的目的也是在出现以下情况时，阀口处于确定可靠的安全位置：①电源故障（如意外断电）；②液压动力源故障（如系统失压）；③集成放大器故障（无电流输出给比例电磁铁）；④阀芯位移传感器故障；⑤电缆断线；⑥先导阀故障（先导阀芯意外卡死）。

伺服比例阀有了安全位机能，当系统发生上述意外时，控制系统的执行元件就可以根据伺服比例阀的安全位机能，带动负载按确定的方向运动到安全位置。这对保障设备和人身安全特别有用。

安全位机能实现的故障保险功能遵守了欧盟安全标准DIN EN ISO 13849－1。

伺服比例阀的安全位主要有三种机能：浮动型（对应博世力士乐定义的C3型和C5型阀芯符号），关闭型（对应博世力士乐定义的C4型和C1型阀芯符号），连通型（对应博世力士乐定义的C型阀芯符号），如图10-3所示。

根据设备断电时对执行机构安全状态的要求来选用合理的安全位机能，这一要求与设备对普通方向阀中位机能的要求相同。必须选择合理的安全位机能，以保证

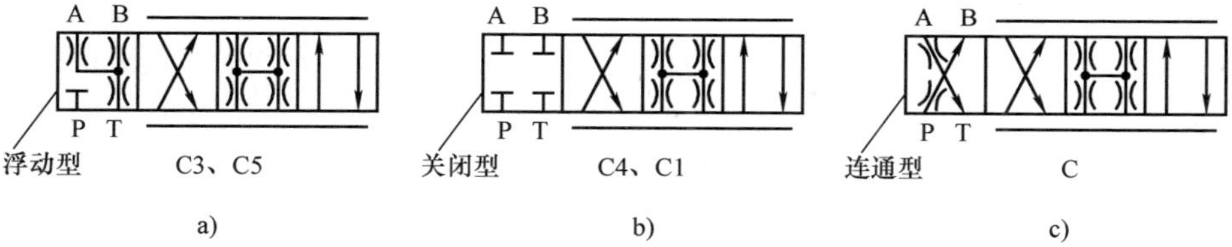

图 10-3　常见的安全位机能及其表达方式

a）浮动型安全位　b）关闭型安全位　c）连通型安全位

系统停电时执行元件处于或回复到最安全的静止状态。

鉴于上述讨论已经解释了伺服比例阀的安全位机能与中位的作用概念。以下的叙述不再深入说明这些共性问题。

10.3　单级伺服比例阀

10.3.1　采用单比例电磁铁的直动式伺服比例阀

1. 集成式单比例电磁铁直动式伺服比例阀

（1）典型结构　以博世力士乐 4WRPEHE 6…3X 系列产品为例，其结构如图 10-4 所示，外形与图形符号如图 10-2 所示，是典型的四位四通、位置电反馈、带集成控制器、附加电源失效安全位的集成式单比例电磁铁直动式伺服比例阀。

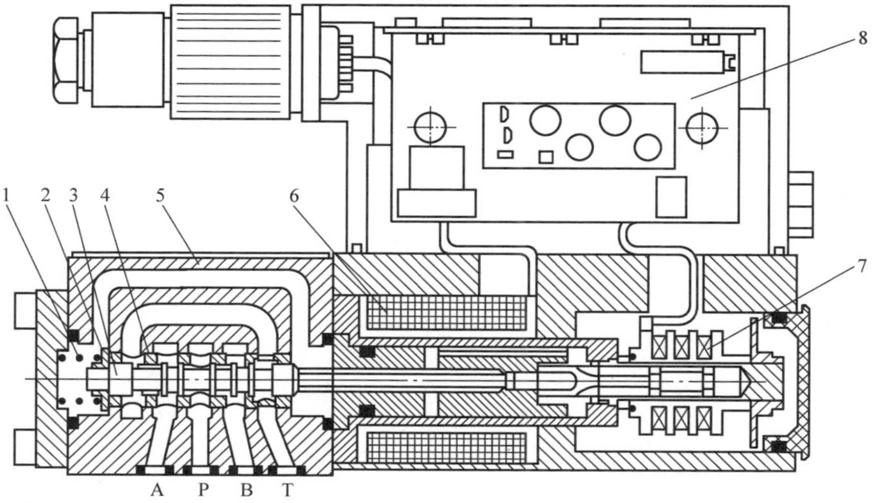

图 10-4　4WRPEHE 6…3X 系列集成式单比例电磁铁直动式伺服比例阀结构

1—阀芯回位弹簧　2—弹簧座　3—阀芯　4—阀套　5—阀体

6—比例电磁铁　7—位置传感器　8—控制器

（2）工作原理　如图10-4所示，集成式单比例电磁铁单级伺服比例阀4WRPEHE 6…3X系列产品是一个带电气位置反馈和集成电子装置（OBE）的直动式方向控制阀。集成电子装置将信号控制值与实际阀芯位置值进行比较。在有控制偏差的情况下，将激活行程线圈。由于磁力发生改变，控制阀芯将作用在弹簧上进行移动调节。在控制预设值为0V的状态下，电气零点信号作用在弹簧上，将控制阀芯调节到阀中位。在停用状态下，弹簧处于释放状态，弹簧的长度最长，阀处于故障安全位机能。

该伺服比例阀的特点如下：

1）采用大电流的单向位置调节型比例电磁铁，以提高前置级的控制精度（减小滞环，提高分辨率）。

2）采用具有伺服阀特点的阀芯 + 阀套结构。

3）提供一个安全位（第四位）。

4）该阀可提供三种典型的线性控制特性曲线（见图10-13）。其中，100%线性特性适合控制信号在执行机构全行程都要求同一增益的控制特征，分段非线性适合执行机构在小信号需要提高分辨率、大信号需要速度快的控制特征。

5）该阀的控制中位是在集成控制器通电时，由一个零偏信号将阀芯推向阀口液压零位获得的。

6）该阀额定流量的定义方法与伺服阀一样，是在单个阀口压降为3.5MPa的条件下，以最大控制信号（额定信号）对应的阀口输出流量作为额定流量。

（3）性能特点　单比例电磁铁单级伺服比例阀4WRPEHE 6…3X系列产品的性能优异，产品性能曲线如图10-5所示，读者可与伺服阀的性能进行比较。

图10-6所示为油威力液压科技股份有限公司生产的四油口、高频响、集成控制器、6通径国产伺服比例阀。

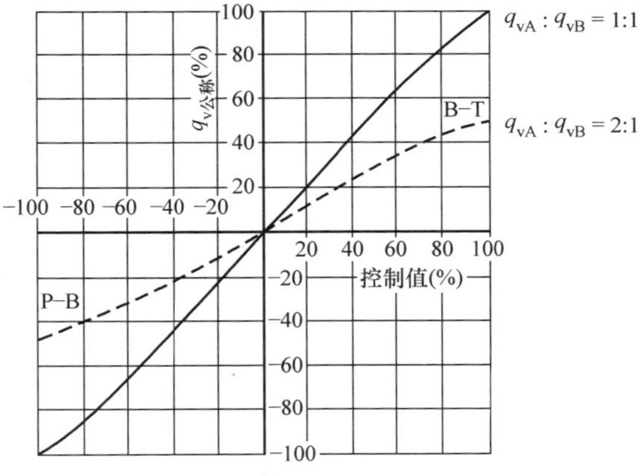

a)

图10-5　4WRPEHE 6…3X阀性能曲线

a）4WRPEHE 6…3X阀输出流量－输入信号特性曲线（流量增益特性）

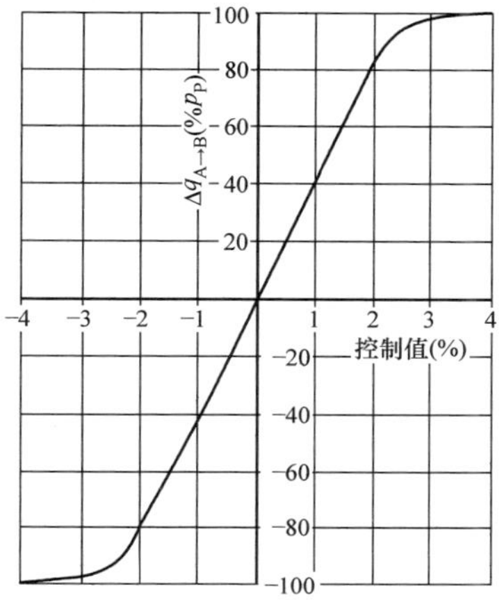

b)

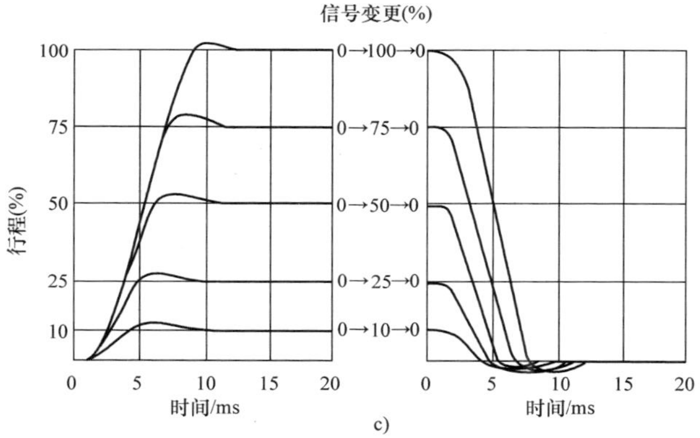

c)

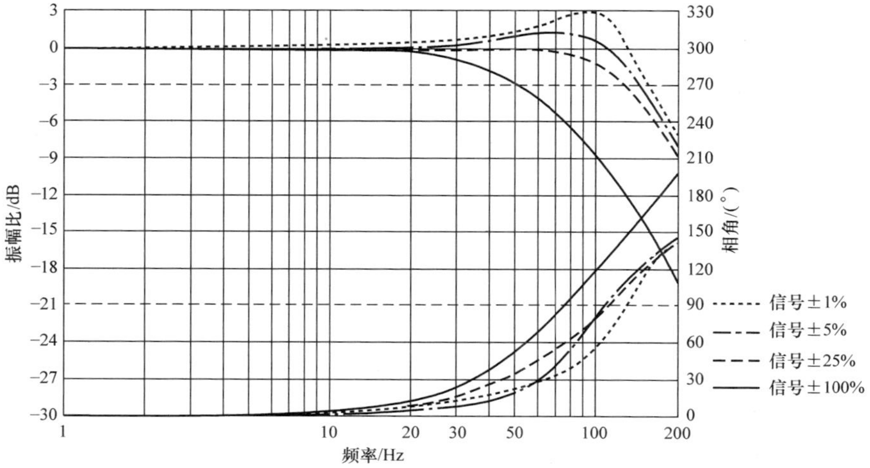

d)

图 10-5 4WRPEHE 6…3X 阀性能曲线（续）

b）4WRPEHE 6…3X 阀负载压差－输入信号特性曲线（压力增益特性） c）4WRPEHE 6…3X 阀阶跃响应曲线

d）4WRPEHE 6…3X 阀频率响应特性曲线

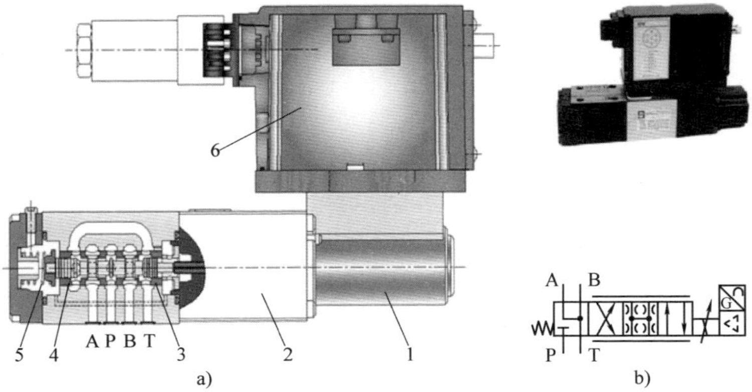

图 10-6　单级伺服比例阀结构原理、外形与图形符号

a）结构原理　b）外形与图形符号

1—位置传感器　2—比例电磁铁　3—阀套　4—阀芯　5—阀芯回位弹簧　6—集成控制器

该伺服比例阀采用比例电磁铁 2 作用于阀芯 4，阀芯 4 与阀套 3 配合且带位置传感器 1，在有效工作行程内，给定输入信号与阀口实际位置值进行比较，达到调节流量和压力的目的。在出现反馈控制值偏差的情况下，比例电磁铁 2 的电磁推力控制阀芯与阀芯回位弹簧 5，以进行阀口调节，使阀口变化消除控制值偏差，最终达到液压零位状态（零开口工作状态）。

在输入信号为零的条件下，比例电磁铁驱动阀芯与阀芯回位弹簧平衡至阀中位。在断电状态下，阀芯回位弹簧处于释放状态，推动阀芯始终处于故障安全位。从结构原理图和图形符号看，阀具有四油口和四个阀位机能，可选择多种阀中位的遮盖状态、故障安全位和输入信号，液压参数可由集成控制器 6 调节。

2. 非集成式单比例电磁铁直动式伺服比例阀

不带集成放大器的单比例电磁铁结构的直动式伺服比例阀以博世力士乐 4WRPEH…3X 系列产品为例，如图 10-7 所示。通电后，阀芯自动跳到阀中位（液压零位），且与电气零点信号相对应。

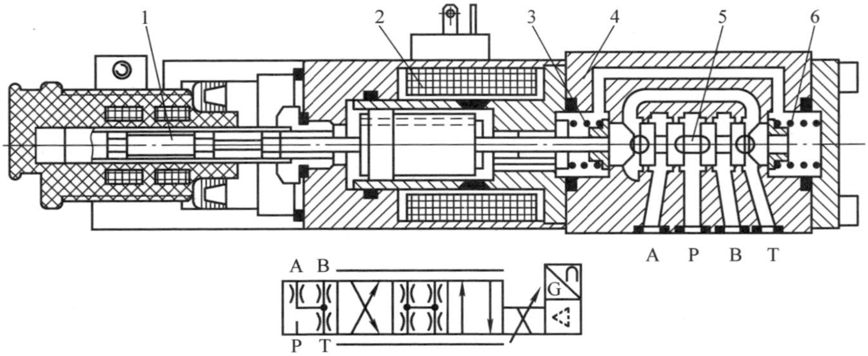

图 10-7　4WRPEH…3X 系列产品结构原理与图形符号

1—位置传感器　2—位置调节型比例电磁铁　3、6—回位弹簧　4—阀体　5—阀芯

4WRPEH 6/10…3X 系列产品伺服比例阀的性能对比详见表 10-1，便于读者与伺服阀的性能进行比较。

表 10-1　4WRPEH 6/10…3X 系列产品伺服比例阀的性能对比

规格（通径）		6	10	备注
液压油温度范围/℃		-20～70		—
工作压力/MPa	油口 P、A、B	35		—
	油口 T	25		—
额定流量/(L/min)		4/12/15/24/40	50/100	$\Delta P = 3.5$MPa
运动黏度/(mm^2/s)	允许范围	10～800		—
	推荐范围	20～100		—
滞环（%）		<0.1		—
阈值（%）		<0.05		—
灵敏度（%）		<0.05		—
温度漂移（%）		<0.25		$\Delta T = 10$℃
压力漂移（%）		<0.15		10MPa

10.3.2　采用双比例电磁铁的直动式伺服比例阀

以博世力士乐的 4WRSE…3X 系列产品为例，介绍采用双比例电磁铁的直动式伺服比例阀，其外形、结构原理与图形符号如图 10-8 所示。

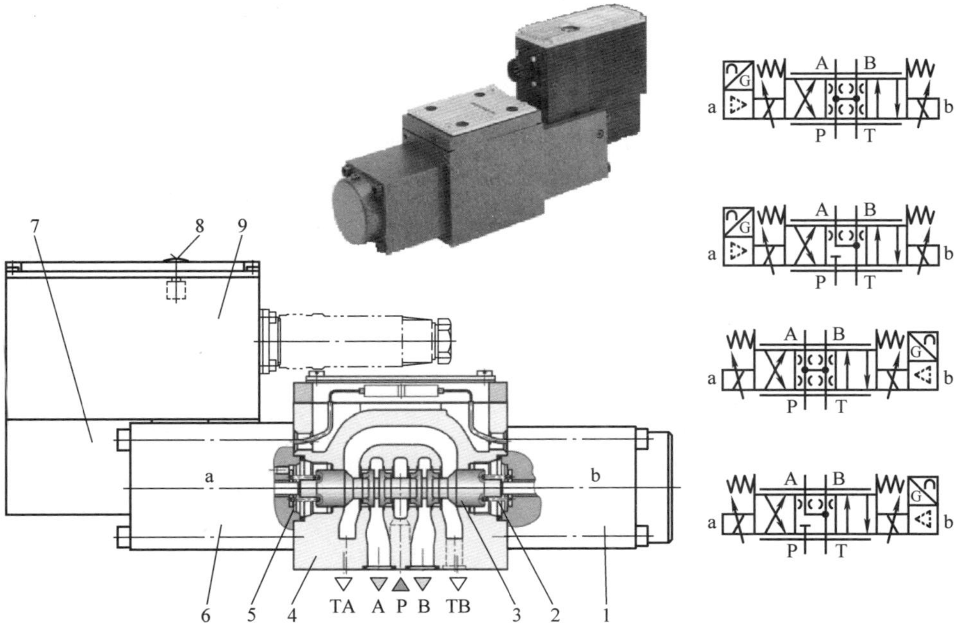

图 10-8　4WRSE…3X 系列外形、结构原理与图形符号

1、6—电磁铁　2、5—弹簧　3—阀芯　4—阀体　7—位置传感器　8—调零螺钉　9—集成电子装置

该阀的工作原理：当电磁铁 1 和 6 断电时，阀芯 3 是由弹簧 2 和 5 推到中位。当有一个电磁铁通电时，直接驱动阀芯 3，例如，当电磁铁 b（即电磁铁 1）通电后，阀芯 3 按输入信号的比例特性被向左推动，液压油分别沿阀口 P—A 和 B—T 方向流动。电磁铁 b 断电后，控制阀芯 3 由弹簧 5 推回中位。在断电状态下，阀芯 3 被弹簧保持于机械中心位置。对于“V”和“Q”的阀芯中位机能，则不能保持确定的液压中位。

4WRSE…3X 系列产品属于带有电气位置反馈的直动式高响应比例方向控制阀，用于控制方向和流量大小，适用于系统位置和速度控制。信号接口 0 ~ ±10V 或 4 ~ 20mA，灵敏度高，滞环较小，它们的主要性能指标见表 10-2，性能曲线如图 10-9 所示，便于读者对伺服阀的性能进行比较。

表 10-2　4WRSE…3X 系列产品性能指标

规格		6	10	备注
液压油温度范围/℃		-20 ~ 80		—
工作压力/MPa	油口 P、A、B	<31.5		—
	油口 T	<31.5		—
额定流量/(L/min)		4/10/20/35	25/50/75	Δp = 1MPa
最大流量/(L/min)		80	180	—
运动黏度/(mm^2/s)	允许范围	20 ~ 380		—
	推荐范围	30 ~ 46		—
滞环（%）		≤0.05		—
阈值（%）		≤0.03		—
灵敏度（%）		≤0.03		—

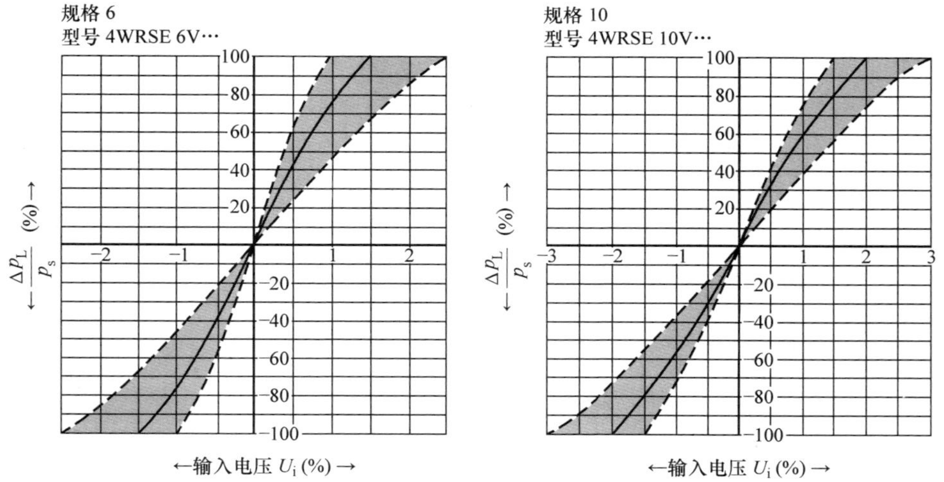

a)

图 10-9　4WRSE…3X 阀性能曲线

a）4WRSE…3X 阀负载压差 - 输入信号特性曲线（压力增益特性）

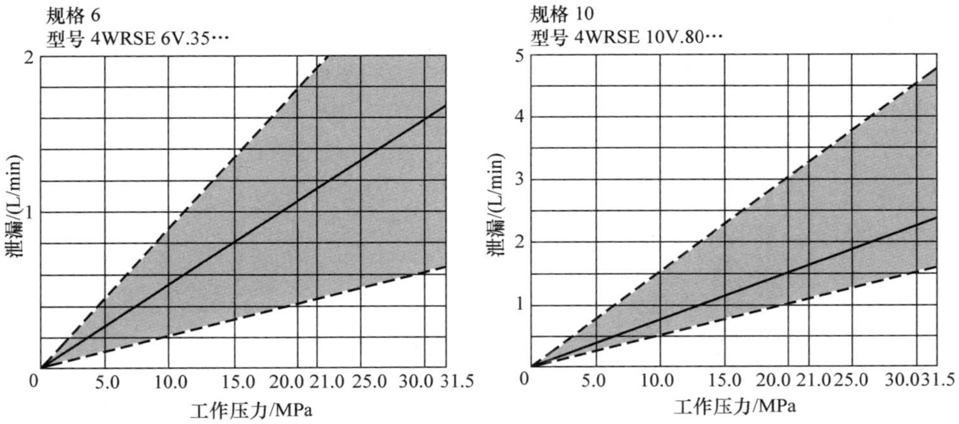

b)

图 10-9　4WRSE…3X 阀性能曲线（续）

b）4WRSE…3X 阀泄漏曲线

10.3.3　轴控级直动式伺服比例阀

目前，大多数制造带集成控制器伺服比例阀的厂商都将其产品升级为带轴控制功能。图 10-10 所示为伊顿威格士（Eaton Vickers）AxisPro 带轴控制功能的伺服比例阀 KBS3－03…系列产品。

AxisPro 伺服比例阀采用模块化设计，可提供多种控制功能，凭借其高动态性能，在闭环应用中得到使用，而这类应用以前只能采用传统的伺服阀。该阀的防护等级可达 IP65 以及 IP 67，并且可在高达 85℃的环境温度中运行，能够满足苛刻运行环境的要求。

AxisPro 阀与系统的诊断功能可以确保可靠和持续的正常运行时间。LED 窗口可显示阀的诊断信息。通过 CANopen 网络连接的阀可以访问系统和机器的健康数据，这些数据经由外部传感器或阀上的传感器来获得。KBS3－03…系列产品在 A、B、P 以及 T 油口上安装了压力传感器，并可从 T 油口获得温度数据。

通过软件配置可以优化 AxisPro 阀：KBS1－03…系列产品可通过伊顿 Pro－FX Configure 软件来设定电压型或电流型指令信号，以及激活使能针脚。KBS2（3）3－03…系列产品还可激活 CAN 总线，选择并配置控制模式，例如，VSC 控制模式适用于阀芯控制（或者适用于轴控制驱动模式），DPC 控制模式适用于液压缸位置控制，DSC 控制模式适用于速度控制，DFP 控制模式适用于力/压力控制，DPQ 控制模式适用于压力/流量复合控制。在伊顿的 Pro－FX Control 软件中，用户还可以开发自己的应用，该软件基于 CODESYS 开发环境。

在图 10-10c 中，配备了传感器的 KBS3－03…系列伺服比例阀，可用于机器的开环或闭环控制。该阀可以通过 7 针的插头接收来自外部轴控制设备上的模拟量输入指令信号，也可以通过已激活的板载运动控制功能（通过伊顿 Pro－FX Configure

软件），来实现阀和外部执行机构间的闭环运动控制（从液压缸或者马达接收反馈信号），无须采用单独的运动控制器。在此情况下，AxisPro 阀接收位置、速度或力指令，根据所需的机器运动，生成自身的阀芯指令。此外，CANopen 数字通信接口既可以用于输入机器的控制指令，也可以用于监控。

该伺服比例阀控制原理框图如图 10-11 所示。

AxisPro 带轴控制功能的伺服比例阀 KBS3 －03…系列产品的更多信息详见 http：//www. eaton. com/AxisPro。

a）

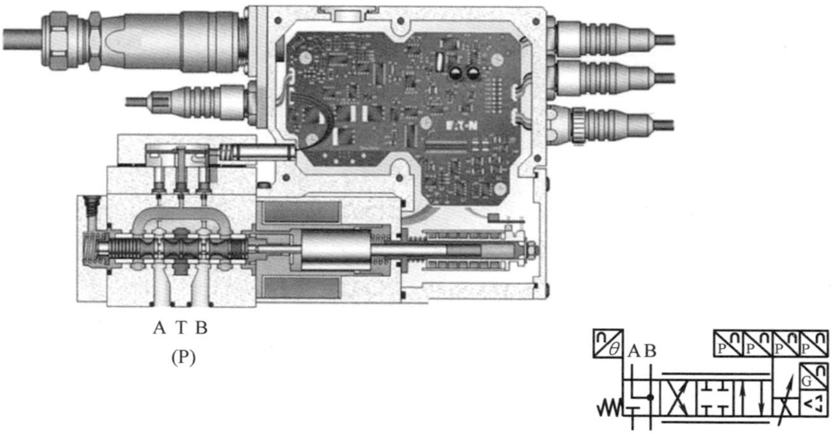

b）

图 10-10　AxisPro 带轴控制功能的伺服比例阀 KBS3 －03…系列产品

a）AxisPro 带轴控制功能的伺服比例阀 KBS3 －03…产品外形

b）AxisPro 带轴控制功能的伺服比例阀 KBS3 －03…结构与图形符号举例

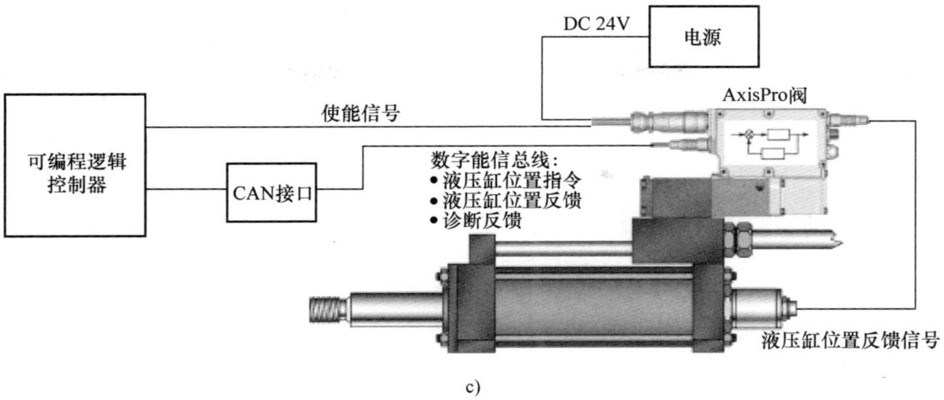

c)

图 10-10　AxisPro 带轴控制功能的伺服比例阀 KBS3－03…系列产品（续）

c）AxisPro 带轴控制功能的伺服比例阀 KBS3－03…应用场景

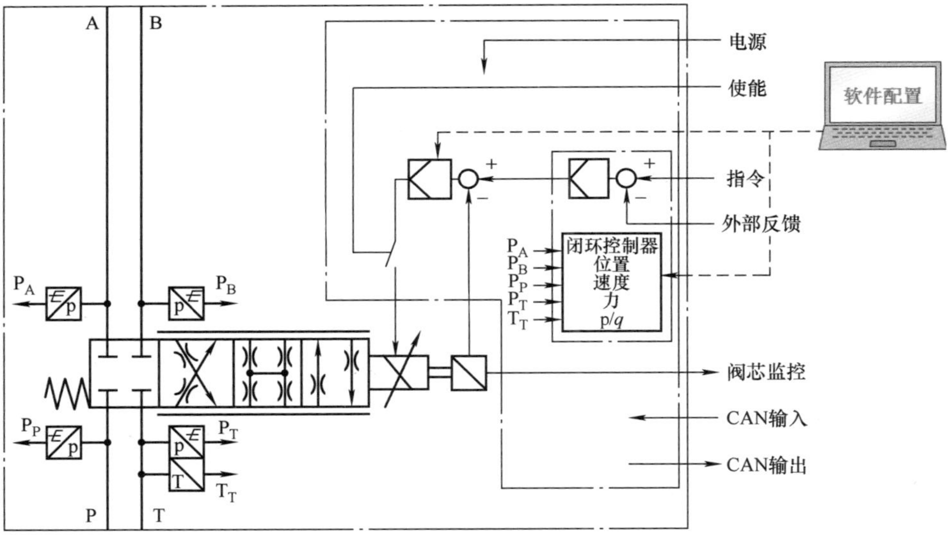

图 10-11　AxisPro 带轴控制功能的伺服比例阀 KBS3－03…系列产品控制原理框图

关于轴控制的概念与功能详见本手册第 2 卷 21. 3. 3 节，该产品更进一步的分析详见 13. 7. 2 节，目前，带集成轴控制器的伺服比例阀还升级为符合工业 4. 0 要求的互联功能液压阀，详见本手册第 2 卷 30. 3. 4 节。

10. 3. 4　单级伺服比例阀的应用

单级伺服比例阀可用于小流量的闭环控制系统，也可作为先导式伺服比例阀（二级伺服比例阀）和伺服比例插装阀的先导级，如图 10-12 所示。

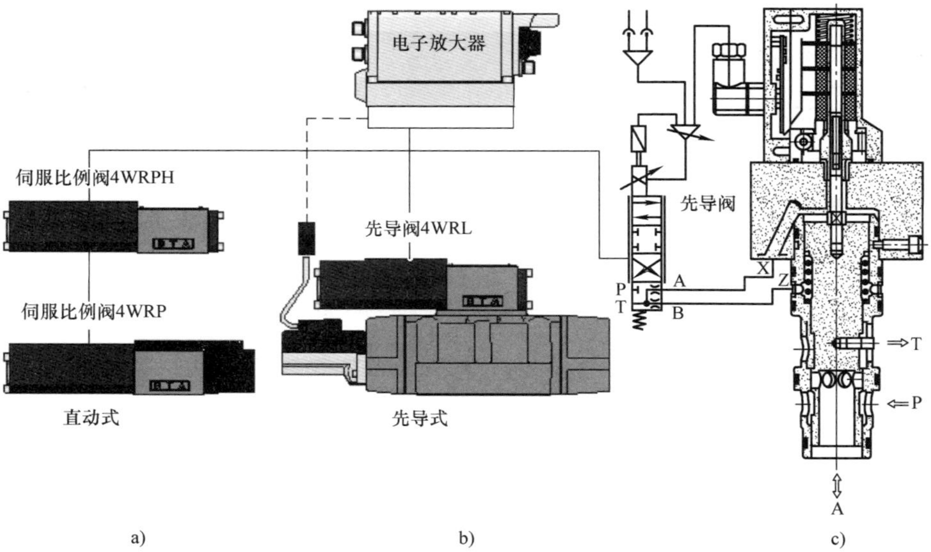

图 10-12 单级伺服比例阀用于二级伺服比例阀和伺服比例插装阀的先导级

a) 6 通径伺服比例阀 b) 作为二级伺服比例阀的先导线 c) 作为伺服比例插装阀的先导线

伺服比例阀流量特性曲线（输出流量与输入信号的关系曲线）除了具有整体线性特征外（流量增益在整个输入信号范围内保持基本不变），还有分段线性特征（流量增益在不同的输入信号范围内发生变化），如图 10-13 所示。

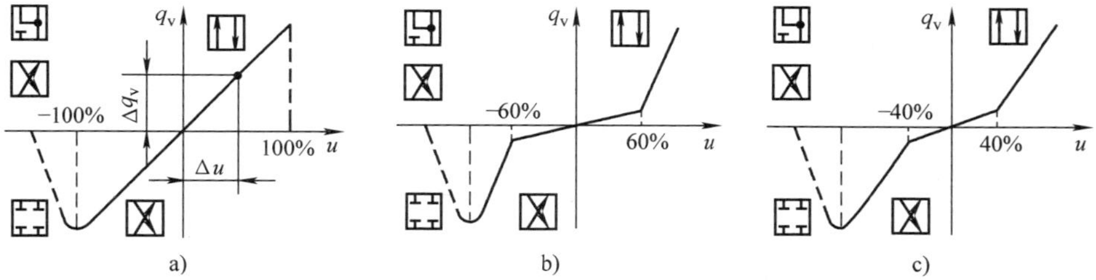

图 10-13 单级伺服比例阀的流量增益

a) 整体线性 100% b) 60% 分段非线性 c) 40% 分段非线性

具有变增益流量特性曲线的伺服比例阀可应用于设备的高/低速控制场合。这种分段线性不仅可以满足设备高速控制过程的精度，也可以满足低速控制过程的精度，如注塑机设备。

注意不同厂商或不同型号的伺服比例阀，定义额定流量时规定阀口压降值可能不一样，设计选型时要引起注意。

目前，国外知名液压厂商的直动式伺服比例阀都有成熟的轴控级伺服比例阀产品，而且已经升级到具有网络通信功能的互联液压技术水平，详见本手册第 2 卷 21.3.3 节和 30.3.4 节。

10.4　二级伺服比例阀

二级伺服比例阀有滑阀式和插装式两种类型。

二级伺服比例阀包含有先导级和主级（功率级）的位置电反馈，功率级滑阀相当于先导级控制的对称液压缸，功率级阀芯上的位置传感器检测主阀芯位移。因此，对二级伺服比例阀的分析实际上变成对阀控缸位置控制系统的分析。

二级伺服比例阀的结构原理如图 10-14 所示。

在图 10-14 中，先导级弹簧为回位弹簧，功率级滑阀上的弹簧均为对中弹簧（刚度小）。两级阀芯的对中都是由电反馈闭环强制对中，其中先导级阀芯对中的驱动力来自比例电磁铁，功率级阀芯对中的驱动力来自先导级阀提供的控制油压力。由图 10-14 可得对应的控制系统框图，如图 10-15 所示。

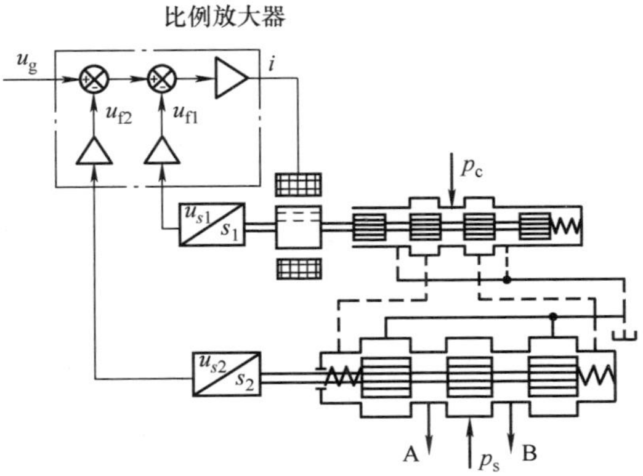

图 10-14　二级伺服比例阀结构原理

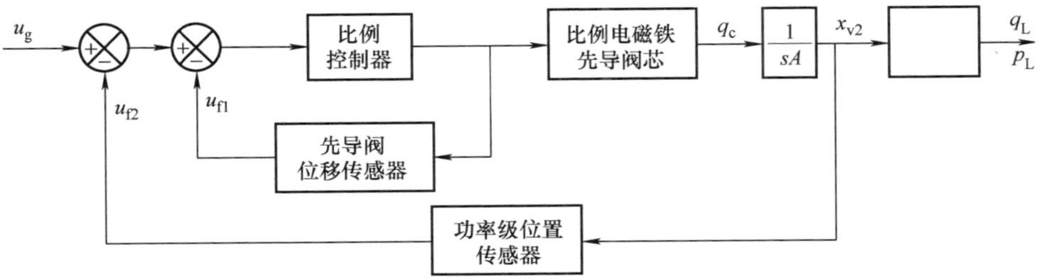

图 10-15　二级伺服比例阀控制系统框图

由图 10-15 可见，伺服比例阀的先导级和主级采用的电反馈位置闭环都包围了比例控制器、比例电磁铁和功率级滑阀，因此，这些环节的非线性、干扰、温漂等因素对阀控制性能的影响受到抑制。相对于功率级位置传感器构成的大闭环而言，先导级位置传感器构成的闭环只是一个局部闭环。由于位置传感器及其二次仪表的分辨率和频宽都可以做得很高，因此伺服比例阀分辨率高，线性度好，滞环和零漂小，动态响应快。此外，电反馈方案为采用各种校正手段创造了条件，有利于进一步提高伺服比例阀的性能。这些都是伺服比例阀的性能接近伺服阀的根本原因。

10.4.1　滑阀式二级伺服比例阀

博世力士乐4WRTE…4X、4WRVE…2X、4WRLE…4X等系列产品都是典型的滑阀式二级伺服比例阀。

1. 博世力士乐4WRTE…4X系列二级伺服比例阀典型结构与工作原理

博世力士乐4WRTE…4X系列产品的先导级为带阀芯位置反馈的伺服级比例方向阀，先导级和主级都具有阀芯位置电反馈，阀上带有集成电子装置和可选的阀芯位置监控功能，其外形、图形符号和结构原理如图10-16所示。

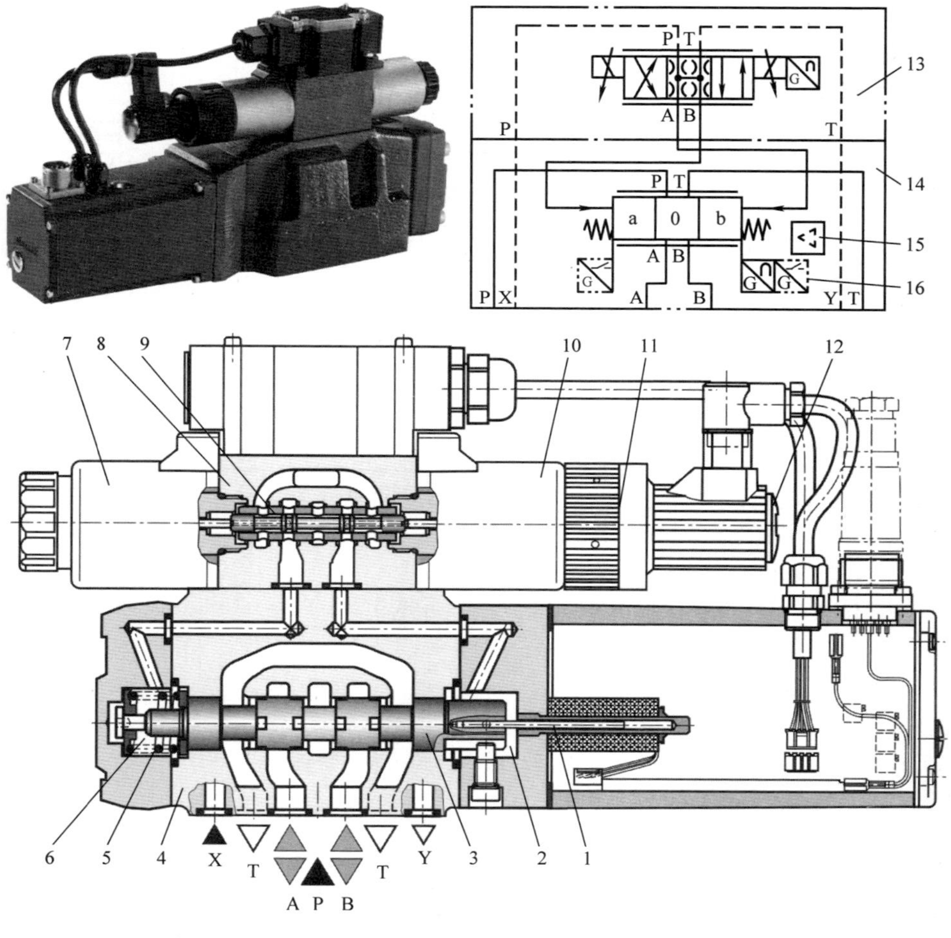

图10-16　4WRTE…4X系列产品外形、图形符号及结构原理

1—主级位置传感器　2、6—控制腔　3—主级阀芯　4—阀体　5—对中弹簧　7、10—比例电磁铁　8—先导阀阀体　9—先导控制阀芯　11—先导阀位置传感器　12—堵头　13—先导阀　14—主级　15—集成电子装置　16—可选的阀芯位置监控

该阀工作原理：比例电磁铁 7 和 10 断电时，由于对中弹簧 5 的弹簧力和压力反馈作用，主级阀芯 3 处于中位。信号控制值为 0V 时，集成电子放大器（OBE）将主级阀芯 3 控制在中位，使阀处于液压零位时的零输出流量状态。给集成放大器输入信号指令值，改变比例电磁铁 7、10 的电磁力来控制先导控制阀芯 9。先导控制阀芯 9 打开先导阀口，输出的压力油驱动主级阀芯 3 产生主级阀口的变化，主级阀芯位移的实际值与放大器输入指令值比较，当二者相等时，主级阀芯 3 便处在确定位置，以保持主阀口开度稳定。

先导油可从内部通过油口 P 或从外部通过油口 X 向先导控制阀供油。先导油的回油可通过油口 T 在内部或通过 Y 口从外部返回油箱。

4WRTE…4X 系列产品适用于位置、速度和压力控制，具有很高的响应灵敏度和很小的滞环，性能指标见表 10-3，便于读者与伺服阀的性能进行比较。

表 10-3　4WRTE…4X 系列产品性能指标

<table>
<tr><td colspan="2">规格</td><td>10</td><td>16</td><td>25</td><td>27</td><td>32</td><td>35</td><td>备注</td></tr>
<tr><td rowspan="2">最高工作压力/MPa</td><td>先导阀</td><td colspan="6">2.5 ~ 31.5</td><td rowspan="2">—</td></tr>
<tr><td>油口 P、A、B</td><td>35</td><td>35</td><td>35</td><td>27</td><td>35</td><td>35</td></tr>
<tr><td rowspan="3">最高回油压力/MPa</td><td rowspan="2">油口 T</td><td colspan="6">静态 <1</td><td>内部先导供油</td></tr>
<tr><td>31.5</td><td>25</td><td>25</td><td>21</td><td>25</td><td>25</td><td>外部先导供油</td></tr>
<tr><td>油口 Y</td><td colspan="6">静态 <1</td><td>—</td></tr>
<tr><td colspan="2">额定流量/(L/min)</td><td>25/50/100</td><td>150/220</td><td>220/350</td><td>500</td><td>400/600</td><td>1000</td><td>每边 Δp = 0.5MPa</td></tr>
<tr><td colspan="2">最大流量/(L/min)</td><td>170</td><td>460</td><td>870</td><td>1000</td><td>1600</td><td>3000</td><td>—</td></tr>
<tr><td colspan="2">先导流量/(L/min)</td><td>7</td><td>14</td><td>20</td><td>20</td><td>27</td><td>29</td><td>—</td></tr>
<tr><td rowspan="2">液压油温度范围/℃</td><td>推荐范围</td><td colspan="6">40 ~ 80</td><td rowspan="2">—</td></tr>
<tr><td>允许范围</td><td colspan="6">−20 ~ 80</td></tr>
<tr><td rowspan="2">运动黏度/(mm²/s)</td><td>推荐范围</td><td colspan="6">30 ~ 45</td><td rowspan="2">—</td></tr>
<tr><td>允许范围</td><td colspan="6">20 ~ 380</td></tr>
<tr><td colspan="2">滞环（%）</td><td colspan="6">≤0.1</td><td>—</td></tr>
<tr><td colspan="2">灵敏度（%）</td><td colspan="6">≤0.05</td><td>—</td></tr>
</table>

2. 博世力士乐 4WRVE…2X 系列二级伺服比例阀典型结构原理与工作原理

4WRVE…2X 系列产品结构原理、外形和图形符号如图 10-17 所示。

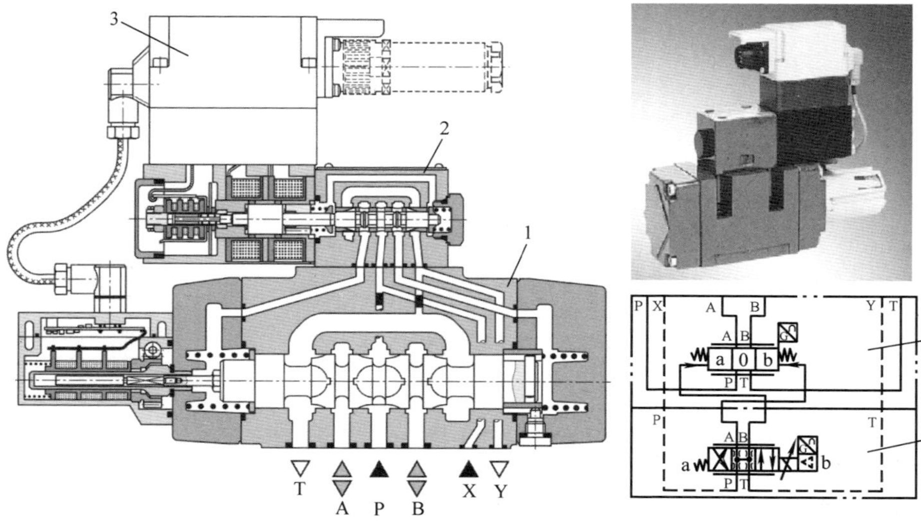

图 10-17　4WRVE…2X 系列产品结构原理、外形和图形符号
1—主级　2—先导级　3—集成控制器

该阀由三个基本部分组成：①主级 1，带对中弹簧和位置反馈。②先导级 2，带控制阀芯和阀套、回位弹簧、双行程线圈和感应式位置传感器。③集成控制器 3。

在集成控制器 3 中，输入信号指令值与主级阀芯的实际位置值进行比较。在有控制偏差的情况下，将激活双向工作行程线圈，该线圈根据变化的磁力调节先导阀芯。通过先导级 2 阀口流通截面积的液流驱动主阀芯位移，主阀芯的行程和阀口流通截面积与输入信号指令值成比例地控制流量输出。如果输入信号指令值为 0V，则集成控制器 3 将驱动主级 1 的阀芯处于中位（液压零位）。

先导级 2 的供油可在内部通过油口 P 或在外部通过油口 X 获得，先导级 2 可在内部通过油口 T 或者在外部通过油口 Y 将回油直接引回油箱。

先导级 2 采用单个双行程线圈比例电磁铁的结构型式，通电后，若输入信号为零，在内部对中弹簧的作用下，先导阀芯自动跳到中位。如果出现意外停电、控制泵油源失压、电缆断开的情况，则无法确定先导级 2 是处于 P—B/A—T 还是处于 P—A/B—T。

值得指出的是，二级伺服比例阀的先导级供油压力必须稳定在一个合理的数值上，才能保证阀的整体性能处于最佳状态。先导级合理的供油压力数值可从生产厂提供的产品样本上查到。当采用内控式阀时，如果供油压力过高，需要在主级和先导级之间插入一个手动调节减压阀，以限制并稳定供油压力最高值。如果主级供油压力低于所需要的最低稳定压力，或负载变化大引起供油压力的大范围变化，则可选用外控式阀。这时，先导级的供油压力单独控制在合理的数值上，不受负载变化的影响。

需要注意的是，该阀仅在启用闭环控制时才具有比例方向控制功能，并且在停用时主级阀芯没有固定的阀中位。因此，在许多应用中，出于执行机构的安全考虑，需要考虑到将开/关功能的阀作为“额外的隔离阀”。

二级伺服比例阀的先导级采用位置调节型比例电磁铁，其工作可靠性和阀的动态品质均有很大提高，主要性能指标见表 10-4，性能曲线如图 10-18 所示，便于读者与伺服阀的性能进行比较。

表 10-4　4WRVE…2X 系列产品性能指标

规格		10	16	25	27	备注
最高工作压力/MPa	油口 P、A、B	35				外部先导供油
	油口 P、A、B	25				内部先导供油
	油口 T、X、Y	25				—
最低先导压力/MPa		1				—
额定流量/(L/min)		40/55/70/85	90/120/150/200	300/370	430	每边 $\Delta p=0.5\text{MPa}$
最大流量/(L/min)		170	450	900	1000	—
先导流量/(L/min)		8	24	40	40	
液压油温度范围/℃		-20～65				—
运动黏度/(mm^2/s)	推荐范围	20～100				—
	允许范围	10～800				
滞环（%）		<0.1				—
温度漂移（%）		<1				$\Delta T=40℃$
零位补偿（%）		±1				—

该阀提供三种线性特征的性能曲线，其中输出流量－输入信号特性曲线（流量增益特性）如图 10-18a 所示，负载压差－输入信号特性曲线（压力增益特性）如图 10-18b所示，阶跃特性曲线如图 10-18c 所示，频率响应特性曲线如图 10-18d 所示。

3. 博世力士乐 4WRLE…4X 系列二级伺服比例阀典型结构原理与工作原理

4WRLE 系列的先导阀是 4WRPEH6…，而 4WRVE 系列的先导阀是 4WRREH6…。由于两种先导阀的特性有明显区别，所以，它们的特性和应用都有差别。4WRLE 可用于开环和闭环控制，而 4WRVE 基本上只用于闭环控制。4WRLE…4X 系列产品结构原理、外形和图形符号如图 10-19 所示。

4WRLE…4X 系列产品的阀中位有特殊性，如图 10-20 所示。

图 10-20 中的 Q3 阀中位是专用于注塑机射胶控制的特殊机能，又称射胶专用机能，与注塑机在射胶过程中的工艺要求有关，其他设备不会使用 Q3 机能。

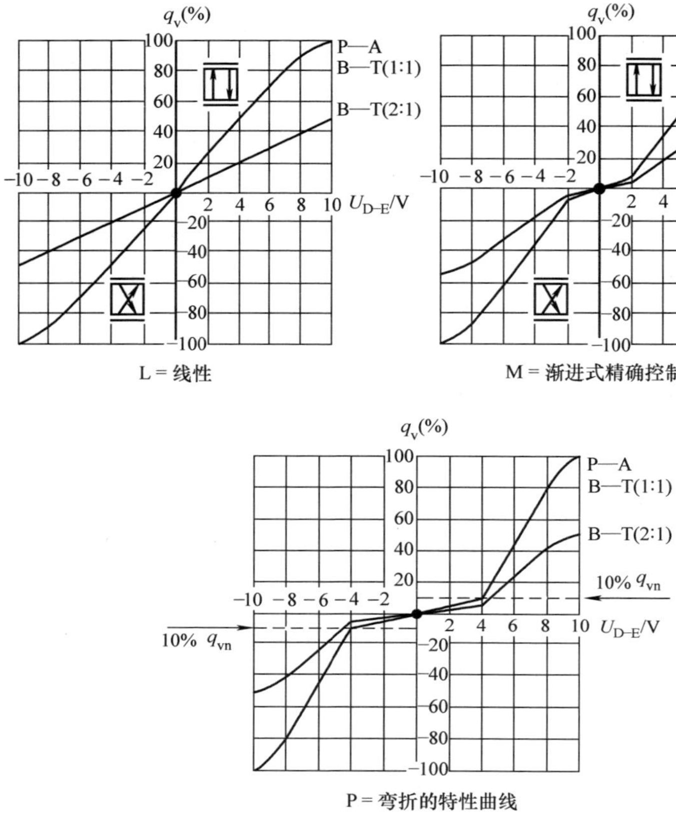

a)

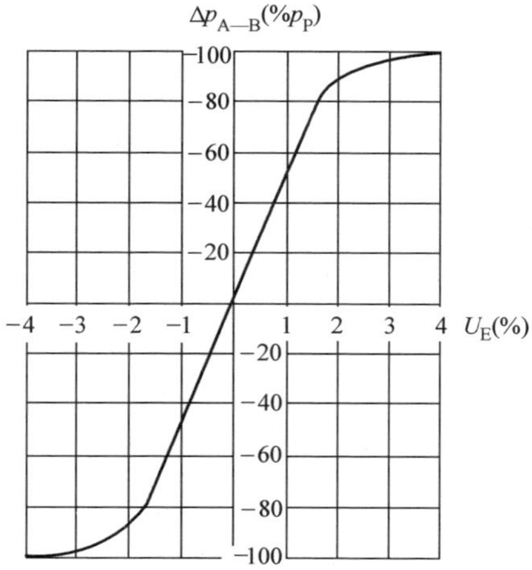

b)

图 10-18　4WRVE…2X 系列二级滑阀式伺服比例阀的性能曲线

a）4WRVE…2X 阀输出流量－输入信号特性曲线（流量增益特性）

b）4WRVE…2X 阀负载压差－输入信号特性曲线（压力增益特性）

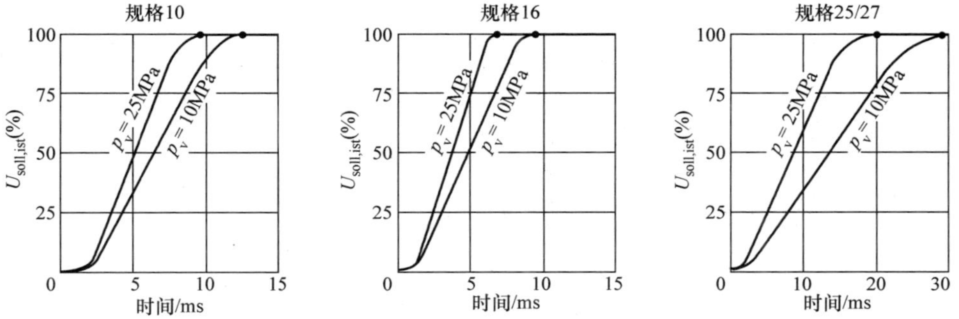

c)

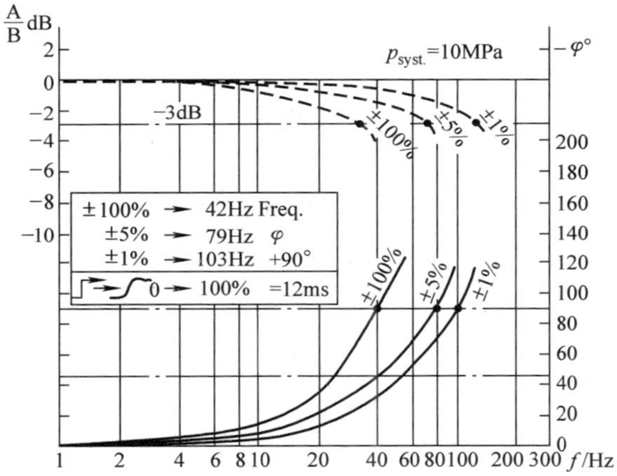

d)

图 10-18　4WRVE…2X 系列二级滑阀式伺服比例阀的性能曲线（续）

c）4WRVE…2X 阀阶跃特性曲线（0→100%）　d）4WRVE 10…2X 阀频率响应特性曲线

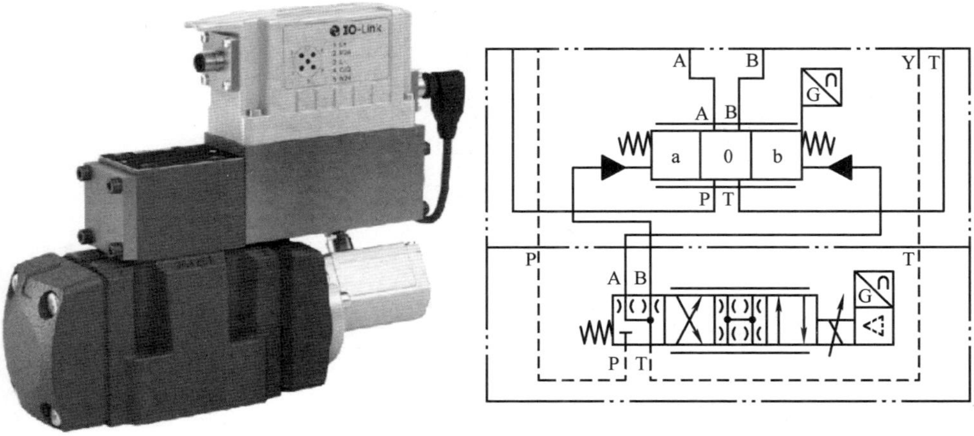

图 10-19　4WRLE…4X 系列产品结构原理、外形与图形符号

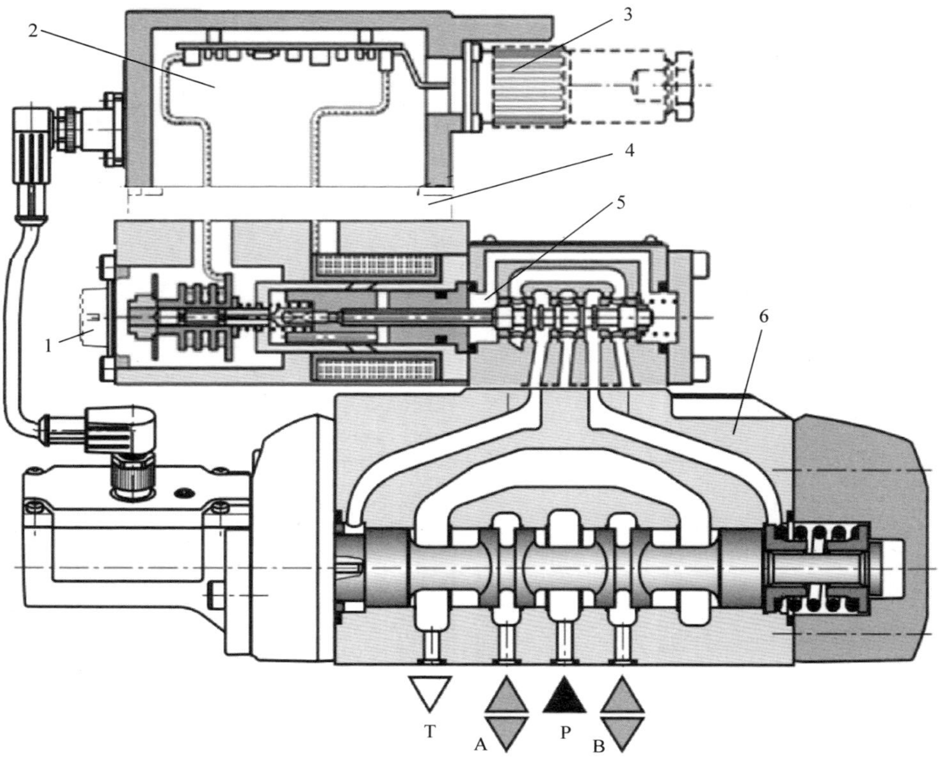

图 10-19 4WRLE…4X 系列产品结构原理、外形与图形符号（续）

1—电子元件保护膜 2—集成电子装置 3—模拟量或 IO – Link 接口（可选） 4—减振板 5—先导阀 6—主阀

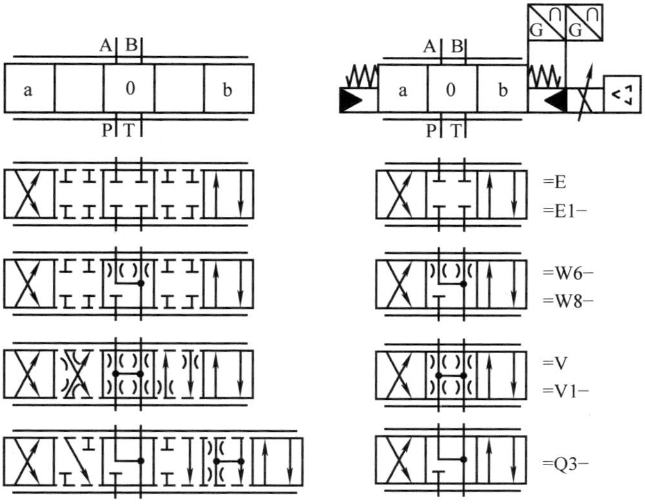

对于阀芯机能E1–、V1 和W8–:

P—A: $q_{V最大}$ B—T: $q_V/2$

P—B: $q_V/2$ A—T: $q_{V最大}$

图 10-20 4WRLE…4X 系列产品的阀中位

4WRLE 型伺服比例阀是带位置电反馈和集成电子装置的先导式伺服比例阀，达到了伺服阀性能水平，适用于位置、速度和压力控制，响应灵敏度高，滞环小，具有可选 IO - Link 接口。

该阀的工作原理：该阀的当集成电子装置处于被关闭或未激活（设备断电或线缆断线）的状态时，先导级的阀芯在弹簧作用下处于“故障安全”位置。这时，主级阀芯的对中位置将根据中位遮盖状态的不同而不同。当主级为图 10-20 所示的 E 和 W 阀芯机能时，主级阀芯处于其弹簧对中位置；当主级为图 10-20 所示的 V 和 V1 阀芯机能时，主级阀芯位于弹簧对中的偏移位置，偏移方向在 P—B、A—T 一侧约行程的 6% 的位置。在输入信号指令值为 0V 的情况下，集成电子装置将主级阀芯调节到中位即液压零位。

在正常工作过程中，集成电子装置将输入信号指令值与主级阀芯的位置实际值进行比较。在有控制偏差的情况下，将激活比例电磁铁线圈。由于磁力发生改变，先导级阀芯压缩弹簧，通过改变先导阀口大小而产生的液流对主阀芯进行位移调节。主级阀芯的行程/阀口流通截面积与输入信号大小成比例。

先导油可通过油口 P 从内部供给先导阀，也可通过油口 X 从外部供给先导阀。先导油可通过油口 T 从内部回到油箱，也可以通过油口 Y 从外部直接回到油箱。

在以下故障情况下，集成电子装置使比例电磁铁线圈断电，先导级阀芯将处于“故障安全”位置，并卸载主级阀芯两端的先导控制腔压力油。主级阀芯两端的回位弹簧将其移动至阀中位。

1）供电电压低于最小电源电压。

2）当信号接口为 4 ~ 20mA 电流输入模式“F1”时，即电流值低于最小电流控制值 2mA［包括控制电缆中断（电流环）］。

3）当信号接口为 IO - Link 模式“L1”时，即使能未激活，通信中断（监视定时器）；内部 IO - Link 发生故障时。

4）仅当接口为 ±10mA 电流输入模式“C6”时，即额外的释放未激活状态。

需要注意以下事项：

1）减振板可降低集成电子装置上的加速振幅（激励频率高于 300Hz）影响。对于加速振幅（激励频率低于 300Hz）的应用，可不使用减振板。

2）在空气湿度高且温度变化明显的外部条件（如室外）下，为了防止集成电子装置壳体中形成冷凝水，建议使用电子元件保护膜。

3）具有正遮盖的 4WRLE…4X 系列阀适用于可控制或可调节的轴。

4）断电状态下的遮盖约为主级阀芯行程的 20%。关闭电源电压时，集成电子装置可在主级阀口 P→B 方向上短时间加速。

4WRLE…4X 系列产品的主要性能指标见表 10-5，便于读者与其他伺服比例阀和伺服阀的性能进行比较。

表10-5 4WRLE…4X系列产品主要性能指标（静态/动态）

<table>
<tr><td colspan="2">规格</td><td>10</td><td>16</td><td>25</td><td>27</td><td>35</td></tr>
<tr><td colspan="2">滞环（%）</td><td colspan="5"><0.1</td></tr>
<tr><td colspan="2">响应灵敏度（%）</td><td colspan="5"><0.05</td></tr>
<tr><td colspan="2">阈值（%）</td><td colspan="5"><0.08</td></tr>
<tr><td colspan="2">制造公差引起的q_v最大（%）</td><td colspan="5">≤10</td></tr>
<tr><td>0~100%的驱动阀芯响应时间（X=21MPa时）/ms</td><td>阀芯机能E、E1、W6-、W8-</td><td>25</td><td>37</td><td>36</td><td>36</td><td>55</td></tr>
<tr><td rowspan="3">断电行为（电气截止后）</td><td>阀芯机能E、E1、W6-、W8-</td><td colspan="5">先导级处于故障安全位，主级阀芯由弹簧对中，移动到阀中位的遮盖状态</td></tr>
<tr><td>阀芯机能V、V1-</td><td colspan="5">先导级处于故障安全位，主级阀芯由弹簧偏置，移动到阀口的“偏移位置”（约为阀芯行程的6%，阀口方向为P—B/A—T）</td></tr>
<tr><td>阀芯机能Q3-</td><td colspan="5">先导级处于故障安全位置，主阀弹簧偏置，移动到阀口的“偏移位置”（使阀口P堵塞，阀口方向由A/B至T打开）</td></tr>
<tr><td colspan="2">温度漂移（温度范围20~80℃）（%/10℃）</td><td colspan="5">零位漂移<0.25</td></tr>
<tr><td colspan="2">零位补偿（%）</td><td colspan="5">出厂时±1</td></tr>
</table>

4. 采用音圈电动机的先导式伺服比例阀

派克的D30FP系列产品是典型的采用音圈电动机的先导式伺服比例阀，其外形、结构原理与图形符号如图10-21所示。

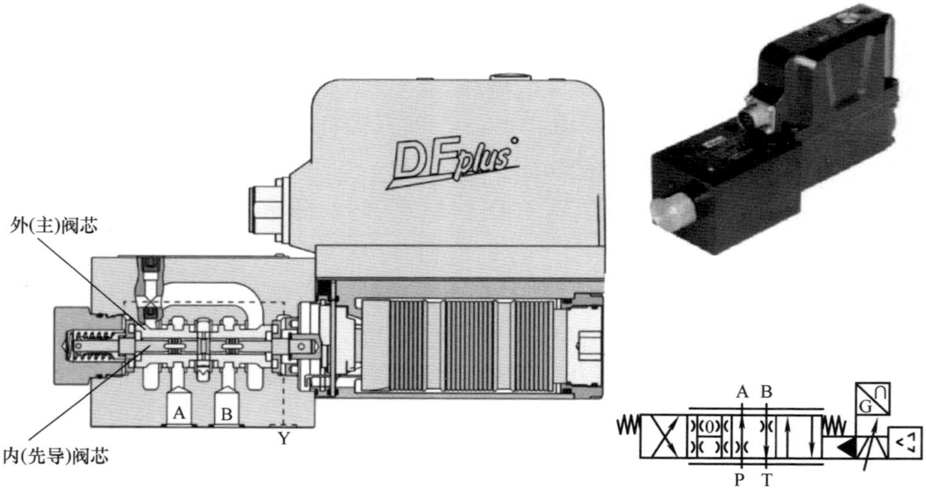

图10-21 D30FP系列先导式伺服比例阀外形、结构原理与图形符号

该阀采用一个浮动阀套作为主阀芯，按液压伺服的原理工作，使其通流能力更大，在阀口工作压降高达35MPa的条件下，仍然具有通流能力而没有达到流量极限。断电时阀芯处于安全位，安全位可选择为阀口连通型P—A/B—T或P—B/A—

T，可选择封闭型安全位（对于正遮盖阀芯）。

D30FP 系列产品性能指标见表 10-6。

表 10-6　D30FP 系列产品性能指标

序号	项目		参数	备注
1	最高工作压力/MPa	内泄式	油口 P、A、B：35；油口 T：3.5	—
		外泄式	油口 P、A、B：35；油口 T：31.5；油口 Y：3.5	
2	油液温度/℃		-20～60	—
3	运动黏度/(mm^2/s)	允许范围	20～380	—
		推荐范围	30～80	
4	额定流量/(L/min)		80	单控制边压降 0.5MPa
5	最大流量/(L/min)		250	—
6	泄漏量/(mL/min)	零遮盖阀芯	<1800	10MPa 时
		正遮盖阀芯	<1000	
7	先导压力/MPa		>0.5	只有内控
8	阶跃响应时间/ms		<7	100% 阶跃信号
9	频率响应/Hz	幅值比（-3dB）	120	±5% 指令信号
		相位移（-90°）	120	
10	滞环（%）		<0.05	—
11	灵敏度（%）		<0.03	—
12	温度漂移/(%/℃)		<0.025	—

派克 D30FP 系列先导式伺服比例阀流量特性曲线如图 10-22a 所示，压力增益曲线如图 10-22b 所示，频率响应曲线如图 10-22c 所示。

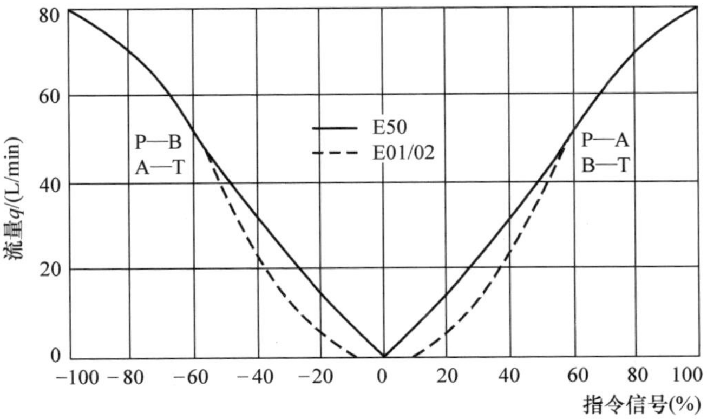

a)

图 10-22　采用音圈电动机的先导式伺服比例阀 D30FP 系列产品性能曲线

a）流量特性曲线

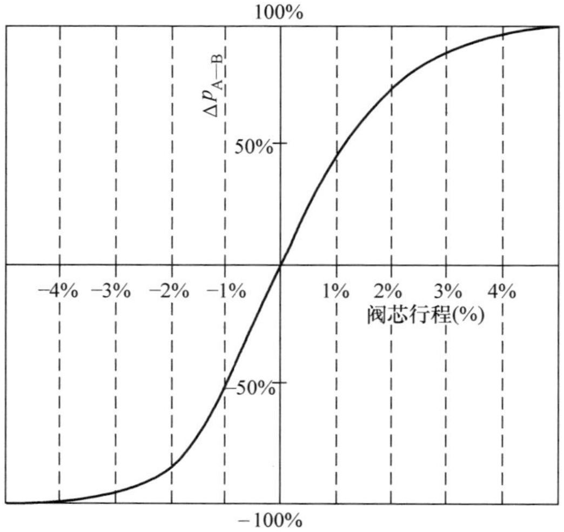

b)

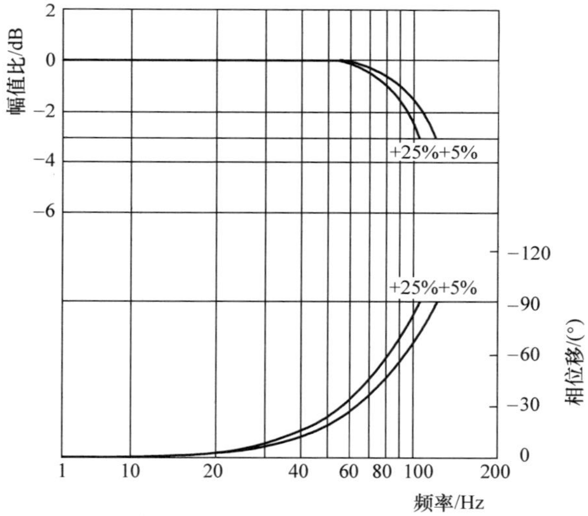

c)

图 10-22　采用音圈电动机的先导式伺服比例阀 D30FP 系列产品性能曲线（续）

b）压力增益曲线　c）频率响应曲线

10.4.2　插装式二级伺服比例阀

以博世力士乐的 2WFC/2WFCE…1X 系列产品介绍插装式二级伺服比例阀。2WFCE…1X 系列产品的外形、结构原理与图形符号如图 10-23 所示。

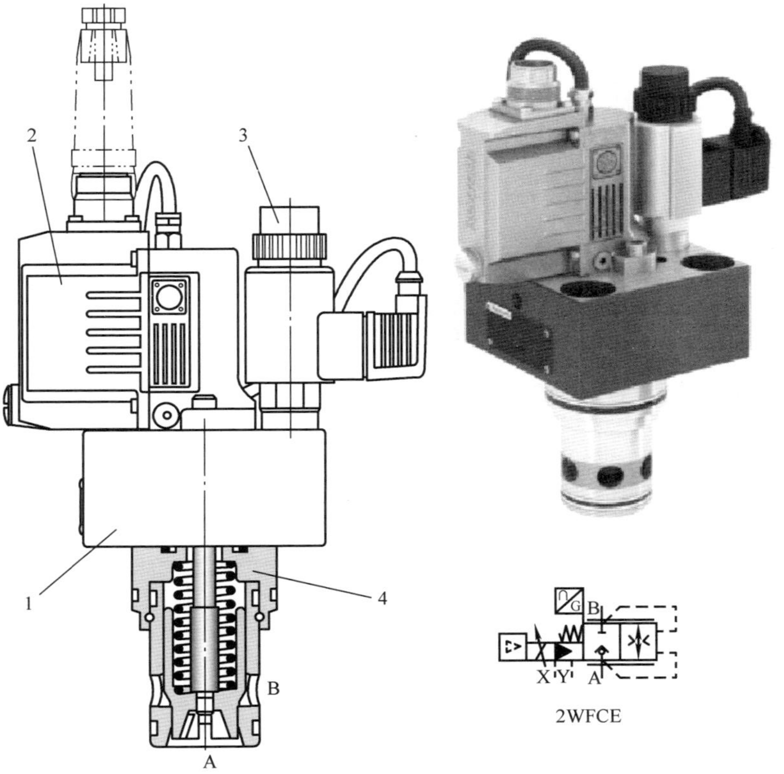

图 10-23　2WFCE…1X 系列产品外形、结构原理与图形符号

1—端盖　2—集成放大器（带有位置传感器）　3—先导级（带比例电磁铁）　4—主级

先导级采用外置伺服比例阀（单级伺服比例阀）的三通插装式主阀结构原理和图形符号如图 10-24 所示。其中，比例放大器、先导级伺服比例阀、主阀芯三部分结构上相对独立，可以集成安装也可以分离安装。

该阀无论是集成式还是分离式（又称外置式）安装使用，其主阀芯与先导级伺服比例阀之间均构成一个阀控缸系统。

以 2WFC/2WFCE…1X 系列二级伺服比例阀为例，介绍其工作原理：

正常工作过程中，比例放大器（集成式或外置式）将输入信号指令值与主阀芯 5 的位置实际值进行比较，当二者比较偏差不为零时，先导级伺服比例阀 1 输出电磁力，驱动先导级阀芯并打开阀口，使控制油驱动主级阀芯移动到输入信号指令值与主阀芯 5 的位置的实际值，保持偏差为零（直到控制偏差得到纠正），使主阀芯 5 的行程和阀口流通面积与输入信号指令值成比例。

为了使先导级获得必需的控制压力，主阀口液流方向为 A—B 时，油口 X 接通 A 口；主级阀口液流方向为 B—A 时，油口 X 接通 B 口。油口 Y 直接接通油箱。

当插装二级伺服比例阀与压力补偿器连接使用时，可实现输出流量的压力补偿

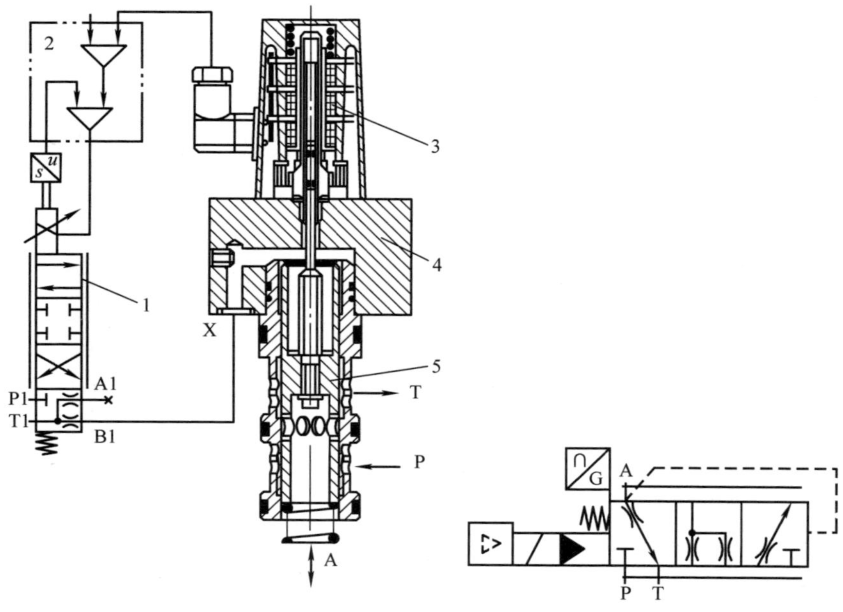

a)　　　　b)

图 10-24　外置式三通插装二级伺服比例阀主级结构和图形符号

a）结构图　b）图形符号

1—先导级伺服比例阀　2—比例放大器，内含先导级和主级双位置闭环　3—主阀芯位置传感器　4—阀体　5—主阀芯

控制，以保持输出流量不受负载力或进口压力变化的影响。

插装二级伺服比例阀的额定流量定义方法：在阀口压降为 0.5MPa 条件下，以最大控制信号对应的输出流量作为额定流量。

这种阀的升级产品见本手册第 2 卷 30.3.5 节。

2WFC/2WFCE…1X 系列二级伺服比例阀的性能指标见表 10-7。

表 10-7　2WFC/2WFCE…1X 系列产品性能指标

规格		16	25	32	40	50	备注
最高工作压力/MPa		42					油口 A、B
最低工作压力/MPa	A—B	1.2					—
	B—A	2					
最高先导压力/MPa		42					—
最高回油压力/MPa		10					—
额定流量/(L/min)	线性	125	220	320	500	1000	$\Delta p=0.5\text{MPa}$
	线性-渐进性	160	330	650	940	1500	
最大先导流量/(L/min)		3	5	7	8	9	—

（续）

规格		16	25	32	40	50	备注
运动黏度 /(mm^2/s)	推荐范围	20～100					—
	允许范围	15～380					
液压油温度范围/℃		-20～60					—
滞环（%）		<0.2					—
阈值（%）		<0.1					—
灵敏度（%）		<0.1					—

10.5　三级伺服比例阀

三级伺服比例阀有滑阀式和插装式两种类型，基本采用位移－力反馈双喷嘴挡板二级伺服阀作为先导级，而功率级（主级）采用带位置电反馈的滑阀或插装阀。功率级主阀芯上的位置传感器检测主阀芯位移，这样，功率级滑阀或插装阀就构成了喷嘴挡板型伺服阀控制主阀芯位移变化，相当于阀控对称缸闭环系统。因此，对三级伺服比例阀的分析实际上变成对阀控缸位置控制系统的分析。

对于三级伺服比例阀，作为先导级的喷嘴挡板型二级伺服阀的结构和工作原理详见 12.5.2 节。由于三级伺服比例阀的先导级已经是二级（喷嘴挡板作为第一级，喷嘴挡板驱动的滑阀作为第二级）结构，加上功率级的滑阀或插装阀作为第三级，三级伺服比例阀由此得名。

10.5.1　滑阀式三级伺服比例阀的结构与工作原理

博世力士乐 4WRDE…6X 系列产品是典型的滑阀式三级伺服比例阀，其结构原理、外形和图形符号如图 10-25 所示。

4WRDE…6X 系列产品采种喷嘴挡板型伺服阀（博世力士乐产品型号 4WS2EM6－2X）作为先导级，控制功率级主阀（滑阀）移动。喷嘴挡板型伺服阀内含两级液压放大，其中，喷嘴 4、6 和挡板是第一级液压放大，喷嘴挡板阀中的滑阀与阀套上的开口构成第二级液压放大。主级阀芯 10 与阀孔控制边形成的开口构成第三级液压放大，由于采用比例阀阀芯＋阀体的结构特征，故称为三级伺服比例阀。

位置传感器 11 与主级阀芯 10 连接，检测主级阀芯的位移，通过三级伺服比例阀集成放大器 12（OBE）将整个阀构成一个位置闭环控制系统，主级阀芯 10 相对于阀体控制边形成与给定信号的指令值成正比的阀口开度。

集成放大器 12（OBE）将给定信号的指令值与主级阀芯的位置实际值（由主级阀芯位置传感器检测输出）进行比较（相减）。在控制偏差不为零的情况下，其控制偏差量被放大并传递到力矩马达5，使先导阀的第一级（干式力矩马达和喷嘴挡板系统）受到控制，从而推动两个喷嘴4、6之间的挡板偏转，进而使挡板与先导油流经的两个控制喷嘴之一的距离减小，而与另一个控制喷嘴之间的距离增加，这样，在两个控制腔3、7之间便产生压差，推动先导阀滑阀阀芯2移动。阀芯2形成的控制阀口输出压力油控制主级（第三级）阀芯两端的控制腔，推动主级阀芯10和位置传感器11一起运动，直到主级阀芯位移实际值和给定信号的指令值再一次相等。

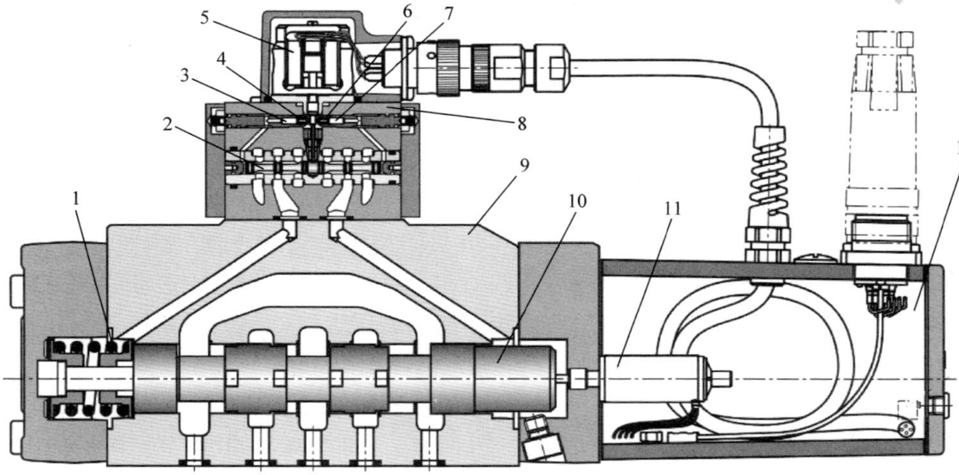

a)

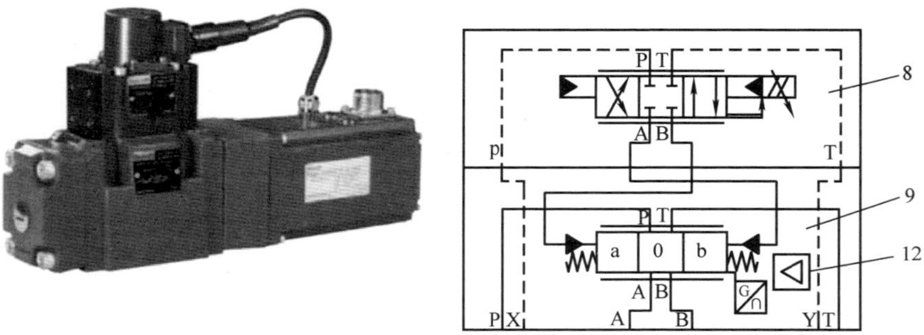

b)

图10-25 4WRDE…6X滑阀式三级伺服比例阀结构原理、外形和图形符号

a）4WRDE…6X结构 b）4WRDE…6X产品外形与职能符号

1—主阀芯回位弹簧 2—先导阀滑阀阀芯（第二级阀芯） 3、7—喷嘴挡板控制腔 4、6—喷嘴 5—力矩马达 8—先导阀（喷嘴挡板阀） 9—主阀（第三级阀） 10—主级阀芯 11—位置传感器 12— 集成放大器（OBE）

在正常工作过程中，主级阀芯 10 一直保持在与给定信号的指令值相对应的位置上，且主级阀芯行程与给定信号的指令值成比例。

该阀适用于典型的位置、速度或力控制应用场合，以及非常精确和高动态的压力控制应用场合。

4WRDE…6X 系列阀的先导油的供油与泄油功能有以下四种组合。

1）“XY”：外部先导供油，外部先导回油，即先导油由单独的先导油回路（外部）供应，先导油回流不直接进入主阀的 T 口，而是通过 Y 口（外部）单独导向油箱。

2）“PY”：内部先导供油，外部先导回油，即先导油由阀（内部）的 P 口供应。先导油回流不直接进入阀的 T 口，而是通过 Y 口（外部）单独回油箱。此时安装底板的 X 口被堵死。

3）“PT”：内部先导供油，内部先导回油，即先导油由阀（内部）的 P 口供应。先导油直接回阀（内部）的 T 口。此时安装底板的 X 和 Y 口被堵死。

4）“XT”：外部先导供油，内部先导回油。即先导油单独（外部）供应。先导油直接返回阀（内部）的 T 口。此时安装底板的 Y 口被堵死。

4WRDE…6X 系列滑阀式三级伺服比例阀的额定流量定义方法：在双阀口压降为 1MPa 的条件下，以最大控制信号对应的输出流量作为额定流量。

该阀出厂时设置了优化的颤振信号（默认恒定频率为 400Hz），以降低滞环，故该产品的响应灵敏度高，滞环小，性能指标见表 10-8，性能曲线如图 10-26 所示。

表 10-8　4WRDE…6X 系列产品性能指标

序号	规格			10	16	25	27	备注
1	最高工作压力/MPa	油口 P、A、B	外部先导供油	35	35	35	27	—
			内部先导供油	2.5～25				
		油口 X		2.5～25				
2	环境温度/℃			−20～60				—
3	运动黏度/(mm^2/s)	允许范围		20～380				—
		推荐范围		30～45				
4	先导油流量/(L/min)			8.3	15.6	8.6	8.6	(0%→100%，先导压力 25MPa)
5	额定流量/(L/min)			25、50、90	150、220	220、350	500	单控制边压降 0.5MPa
6	最大流量/(L/min)			170	460	870	1000	—
7	滞环（%）			<0.2				—
8	阈值（%）			<0.05				—
9	灵敏度（%）			<0.1				—
10	零点补偿（%）			±1				—

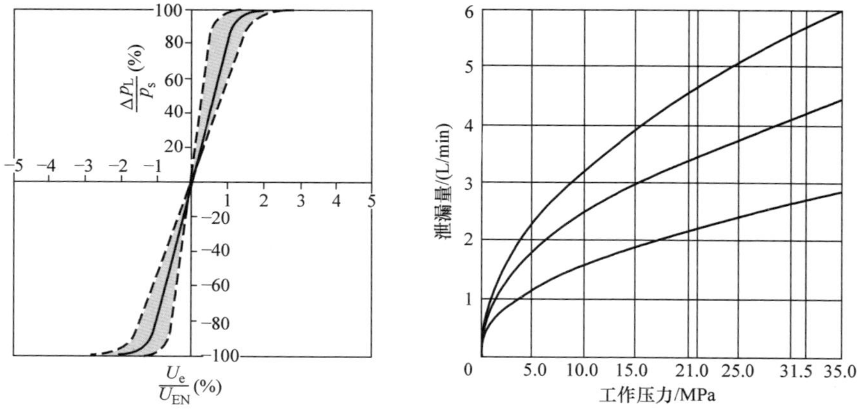

a)　　b)

图 10-26　4WRDE…6X 系列滑阀式三级伺服比例阀性能曲线

a）压力增益特性曲线　b）泄漏曲线（1－10 通径；2－16 通径；3－25/27 通径）

10.5.2　插装式三级伺服比例阀

博世力士乐 WRC（E）…1X/S 系列产品是典型的插装式三级伺服比例阀，有二通和三通结构，产品结构原理、外形和图形符号如图 10-27 所示。

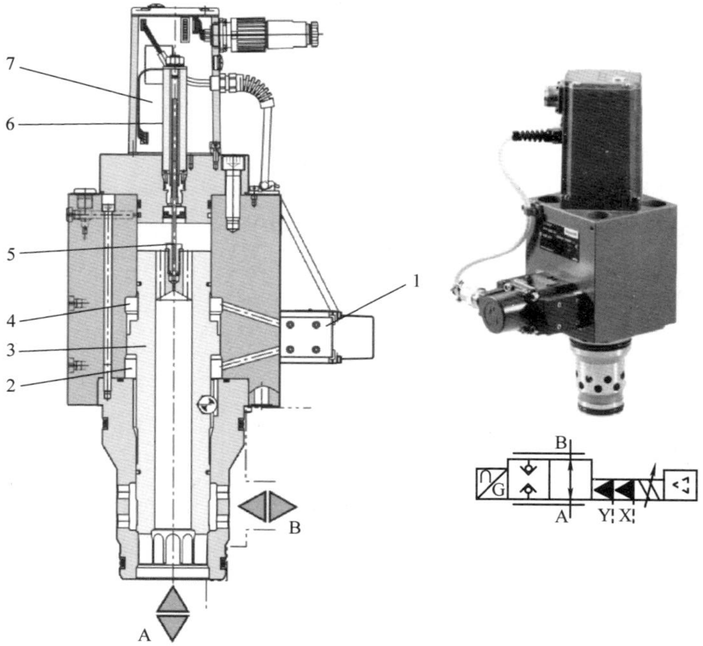

a)

图 10-27　WRC（E）…1X/S 系列插装式三级伺服比例阀产品结构原理、外形和图形符号

a）2WRC…1X/S 系列插装式三级伺服比例阀结构原理、外形和图形符号

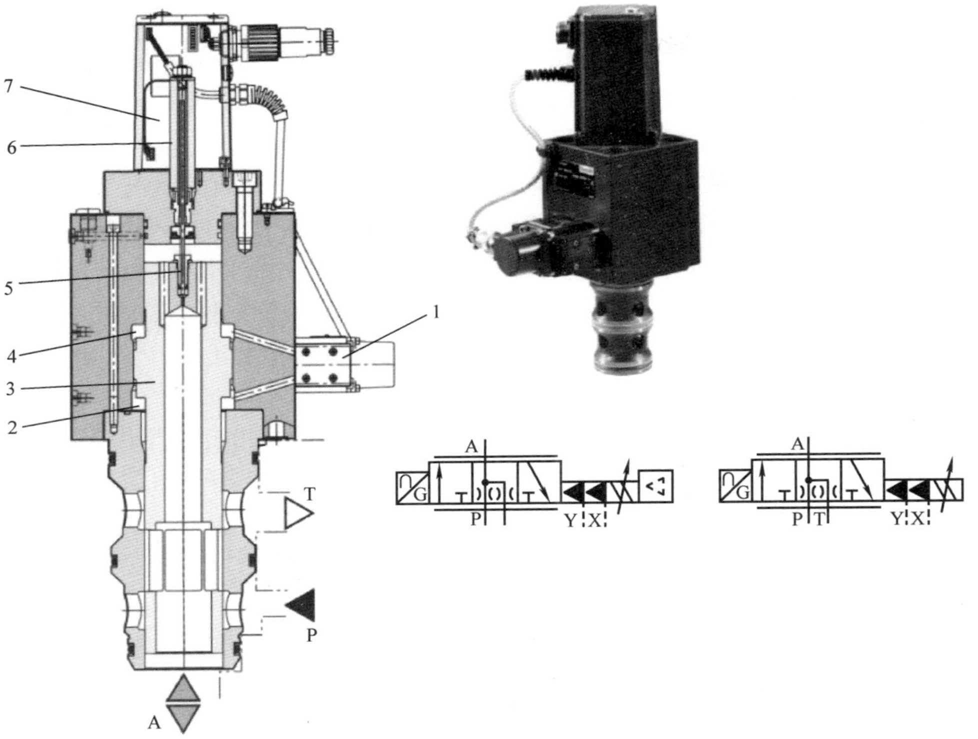

b)

图 10-27　WRC（E）…1X/S 系列插装式三级伺服比例阀产品结构原理、外形和图形符号（续）
b）3WRC（E）…1X/S 系列插装式三级伺服比例阀结构原理、外形和图形符号
1—先导阀　2、4—主级阀芯控制腔　3—主级阀芯　5—磁芯杆　6—电感式位置传感器　7—集成放大器

2WRC（E）…1X/S 与 3WRC（E）…1X/S 是同一个系列产品，其组成和工作原理相似，二者都是采种喷嘴挡板型伺服阀（博世力士乐 4WS2EM 系列产品）作为先导阀 1，控制功率主级阀芯 3（插装阀）的移动。喷嘴挡板型伺服阀由干式力矩马达驱动，内含两级液压放大，其中，低摩擦的喷嘴和挡板是第一级液压放大，喷嘴挡板阀中的滑阀与阀套上的开口构成第二级液压放大，其阀芯与力矩马达的衔铁构成位移 - 力反馈。主级阀芯 3 与阀套上的开口构成第三级液压放大，由于采用插装式阀芯 + 阀套的结构特征，故称为插装式三级伺服比例阀。

电感式位置传感器 6 的磁芯杆与主级阀芯 3 连接，检测主级阀芯的位移，通过三级伺服比例阀集成放大器 7 将整个阀组成一个位置闭环控制系统，主级阀芯 3 相对于阀套控制边形成与给定信号的指令值成正比的阀口开度。

由于 2WRC（E）…1X/S 与 3WRC（E）…1X/S 系列插装式三级伺服比例阀都是采用博世力士乐 4WS2EM 系列喷嘴挡板型伺服阀作为先导级，故其动作原理过程可参照4WRDE…6X系列滑阀式三级伺服比例阀（详见图10-25）并分析如下。

集成放大器（OBE）7将给定信号的指令值与主级阀芯的位置实际值（由主阀位置传感器检测输出）进行比较（相减）。在控制偏差不为零的情况下，该控制偏差量被放大并传递到力矩马达，使先导控制阀的第一级（干式力矩马达和喷嘴挡板系统）受到控制，从而推动两个喷嘴之间的挡板偏转，进而使挡板与先导油流经的两个控制喷嘴之一的距离减小，而与另一个控制喷嘴之间的距离增加，这样，在两个控制腔便产生压差，推动先导级滑阀（第二级）中的阀芯移动。该阀芯形成的控制阀口输出压力油进入主级（第三级）阀芯两端的控制腔，推动主级阀芯3和电感式位置传感器6一起移动，直到主级阀芯位移实际值和给定信号的指令值再一次相等。

在正常工作过程中，主级阀芯3一直保持在与给定信号的指令值相对应的位置上，且主级阀芯3的行程与给定信号的指令值成比例。在输入任何电信号之前，必须给先导阀提供控制压力油。

2WRC（E）…1X/S的特征：液压油可以从阀口A流向阀口B，或从阀口B流向阀口A。

阀口在给定信号指令值的2%关闭或打开。在低于2%给定信号指令值的条件下，先导压力将主级阀芯3压到阀座上，实现主阀口的无泄漏关闭。

2WRC（E）…1X/S在出厂时设置了2%（=0.2V）的开启点。当更换先导控制阀或集成放大器时，可以通过调整螺母（SW13）和偏移位置传感器线圈3，重新调节好开启点。

3WRC（E）…1X/S的特征：出厂设置阀的开启点为0%（针对“L006”和“V001”）。当更换先导阀或集成放大器时，可以通过调整螺母（SW13）和偏移位置传感器线圈重新调节好开启点。

除了调零以外，使用者无须在集成放大器和先导阀上进行任何设置。使用者可以更换先导控制阀内的过滤器。

2WRC（E）…1X/S系列插装式三级伺服比例阀性能指标详见表10-9。

表10-9 2WRC（E）…1X/S系列插装式三级伺服比例阀性能指标

规格		63	80	100	125	160	备注
最高工作压力/MPa	油口A、B	42					
	油口X	31.5					
	油口Y	峰值压力<10，静态小于0.1					
最低先导压力/MPa	针对K001	1.5					
	针对D001\S001	4.5					

（续）

规格		63	80	100	125	160	备注
额定流量/(L/min)	针对 K001	2600	4100	6300	10100	17000	$\Delta p=0.5$MPa
	针对 D001	2300	3600	5800	9200	15000	
	针对 S001	1800	3000	5200	7800	13300	
最大流量/(L/min)	针对 K001/D001	5500	9000	14000	22000	35000	—
	针对 S001	8000	13000	20000	30000	50000	
先导流量/(L/min)		42	135	165	320	430	—
液压油温度范围/℃	推荐范围	40~50					—
	允许范围	-20~80					
运动黏度/(mm^2/s)	推荐范围	30~45					—
	允许范围	20~380					
滞环（%）		≤0.5					—
阈值（%）		≤0.2					—
灵敏度（%）		≤0.2					—

这种阀的升级产品详见本手册第 2 卷 30.3.5 节。

3WRC（E）…1X/S 系列插装式三级伺服比例阀性能指标见表 10-10。

表 10-10　3WRC（E）…1X/S 系列插装式三级伺服比例阀性能指标

规格		63	80	100	备注
最高工作压力/MPa	油口 P、A、T	31.5			—
	油口 X	31.5			
	油口 Y	峰值压力<10，静态小于 0.1			
额定流量/(L/min)	针对 L006	1200	1850	2800	$\Delta p=0.5$MPa
	针对 V001	1250	1900	2700	
	针对 E001	1180	1820	2750	
最大流量/(L/min)		3500	5600	8500	—
先导流量/(L/min)		42	130	170	—
液压油温度范围/℃	推荐范围	40~50			—
	允许范围	-20~80			
运动黏度/(mm^2/s)	推荐范围	30~45			—
	允许范围	20~380			
滞环（%）		≤0.5			—
阈值（%）		≤0.2			—
灵敏度（%）		≤0.2			—

10.6　伺服比例阀使用要点

10.6.1　伺服比例阀的传递函数

试验结果表明，伺服比例阀的传递函数是一个典型的二阶环节，即

$$G(s)=\frac{q_v(s)}{I(s)}=\frac{K_{qv}\,\omega_n^2}{\frac{s^2}{\omega_n^2}+2\xi\,\omega_n s+\omega_n^2}$$

式中　K_{qv}——伺服比例阀的流量增益，其值从伺服比例阀的流量特性曲线上计算获得；

ω_n——伺服比例阀的固有频率，该值可从伺服比例阀样本提供的伯德图上查到；

ξ——伺服比例阀的阻尼比，试验表明，$\xi=0.5\sim0.7$。

需要注意的是，产品样本上提供的流量特性曲线是在规定的阀口压降下测得的，如果伺服比例阀实际的阀口压降与规定值不同，则应当按照下式

$$q_v=q_{vn}\sqrt{\frac{p_v}{p_{vn}}}$$

进行换算，以求得符合实际工作压力的流量增量 q_v。

式中　q_v——伺服比例阀实际阀口压降下的流量；

q_{vn}——伺服比例阀的额定流量；

p_v——伺服比例阀实际的阀口压降；

p_{vn}——伺服比例阀规定的阀口压降（额定阀压降）。

10.6.2　提取合理的固有频率

伺服比例阀与伺服阀一样，基本应用于闭环控制系统，因此，选择使用伺服比例阀和伺服阀一样都需要获得固有频率 ω_n 这个参数。

受伺服比例阀闭环工作系统非线性的影响，阀的频率响应特性还与输入信号幅值有关，故在伺服比例阀的频率响应曲线上，信号幅值要作为重要参数加以说明。通常分别给出信号幅值为 ±5%、±25% 和 ±100% 不同情况下的幅频与相频曲线，在设计系统时可根据需要用内插法估算。

因此，伺服比例阀的固有频率 ω_n 可从伺服比例阀样本提供的伯德图上查到，但是，产品样本的伯德图上提供的固有频率包含幅频（f_{-3dB}）和相频（$f_{-90°}$）两个指标，而且通常是分别在 ±5%、±25% 和 ±100% 信号幅值的条件下测得的。因此，设计计算闭环控制系统时，可根据信号大小用内插法求得所需要的固有频率，详见 3.6.3 节。

第 11 章　液压多路阀

11.1　液压比例多路阀概况

液压比例多路阀是流量分配阀，属于工程机械液压系统中的关键部件之一，也是当今“高端液压元件”之一。液压比例多路阀如图 11-1 所示，可见液压比例多路阀是由一组比例阀组成的，其技术含量与制造难度也高于一般工业液压阀组，也是当今数智元件的关注热点。在当前液压数智化发展进程中，具有初步智能性的液压元件就是以液压比例多路阀（伊顿的 CMA 液压比例多路阀）为突破口产生的。

多路阀是由工程机械液压的应用需要形成的，即工程机械的移动性需要高功重比，因此工程机械液压具有采用单个液压泵为多个马达或液压缸执行器供油的特点，比例多路阀是控制多个执行机构运动方向和速度的控制阀。而且工程机械的多运动动作要求是耦合型复合动作，因此就有复合控制的要求，就需要依靠液压比例多路阀完成动作的复合控制。当代液压比例多路阀是一个用于控制多负载的集成紧凑化的液压比例方向阀组，以两个以上的方向阀为主体多联组成，外加集成有限压、限速、单向、补油、平衡等功能阀在片内，所有片阀用螺栓紧固后集装为阀组。典型产品中最多可以由 12 个片阀控制相应运动。产品的通径规格也由过去阀组只能是单一的通径，发展到可以采用连接过渡阀块形成不同通径组合的比例多路阀形式。

一般而言，液压多路阀是指包括液压开关多路阀与液压比例多路阀在内的所有形式的多路阀。作为负载传感比例多路阀，其工作原理是在容积节流系统中通过压差控制的方式，将主阀节流作为压差信号检测出来，去控制变量泵，从而达到控制流量的目的（见本手册第 2 章压差性能参数控制部分）。因此可以说液压开关多路阀是一个独立的节流调速控制阀，而液压比例多路阀只是在容积节流调速系统中作为一个通流取用压差信号的部分，流量的调节由泵变量实现。

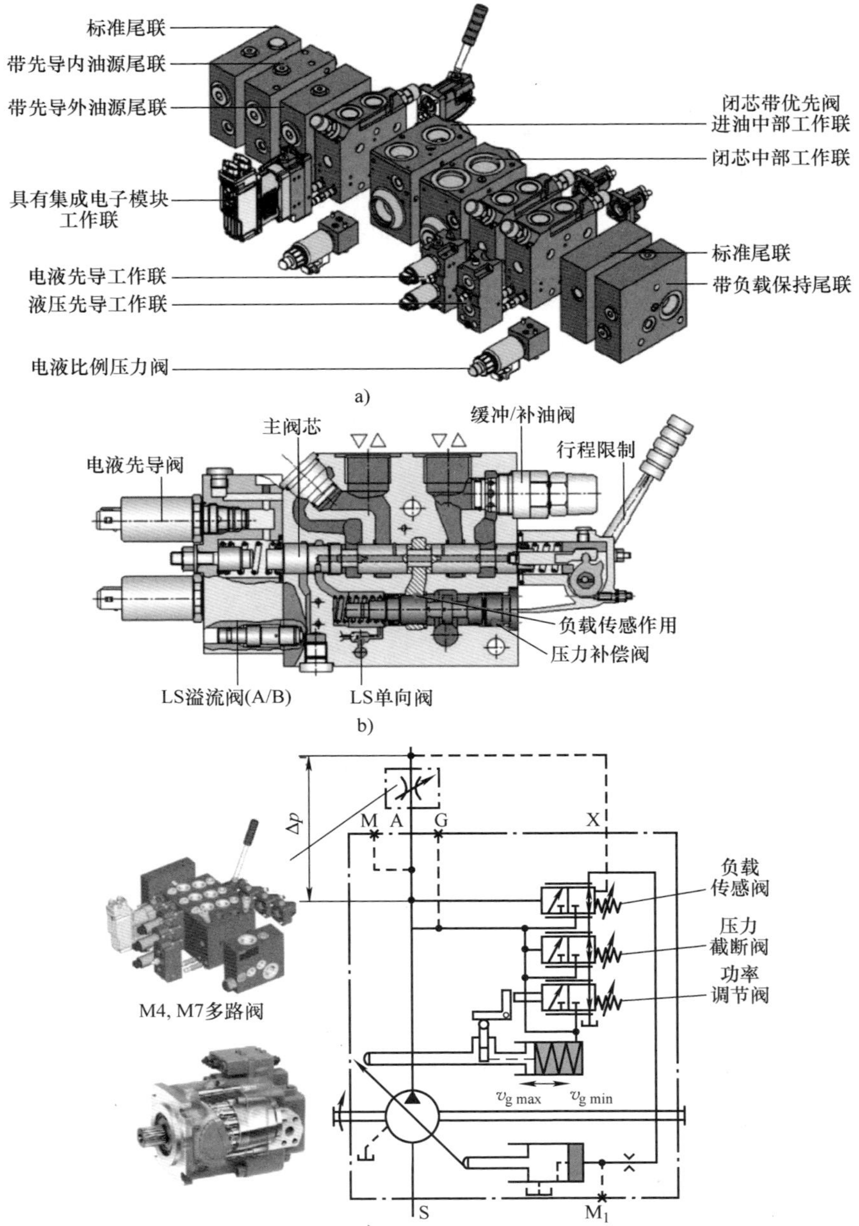

图 11-1　液压比例多路阀（博世力士乐 M4/M7）

a）液压比例多路阀阀组　b）液压比例多路阀功能组成剖面图　c）液压负载传感系统

传统的工程机械液压比例多路阀是因集中式液压系统多动作需要控制的特点而产生的。由于节能与电动化等原因，今后运动型液压正在向电静液作动器（EHA）的方向发展，这种分布式液压系统可以不需要液压多路阀，从而对液压比例多路阀的发展构成一定的挑战。但是新兴起的 EHA 还在概念阶段，应用功率偏低，其中总线控制与工业软件配套还没形成，在今后较长时期内液压比例多路阀仍然是工程机械液压流量调节应用的主流阀种。

液压多路阀具有结构紧凑、管路连接简单等优点，主要应用于各种工程机械、起重卷扬机、建筑机械、矿山机械、冶金机械、船舶机械、石油化工、港口机械等各个领域。据恒州博智调研数据，2021 年全球液压多路阀市场销售额达到了 13 亿美元，预计年增长率达 4%。目前液压多路阀产品仍然是国外品牌占优势，例如派克、博世力士乐、丹佛斯、沃尔福（Walvoil）、海德液控（Hydrocontrol）、哈威等知名品牌，前三家的市场占有率约为 50%。我国工程机械产销量在 2009 年已经跃居世界首位，2010 年全行业销售额超过了 4000 亿元。但我国工程机械的核心控制元件比例多路阀技术基础较弱，长期依赖进口，极大制约了工程机械产业的发展和升级，整体上仍然处于工业 2.0 时代的技术与产品水平。因此当前液压比例多路阀产品还需加强可靠性、低成本、高压化。基于流道设计结构、材料类型、铸件成型工艺、去毛刺工艺、密封结构等方面的改进来提高液压多路阀压力等级与性能指标。

液压比例多路阀国产化有明显成果，如诺玛、科迈、徐工液压、成都阀智宝等的国产化产品，他们的市场定位与份额在提升，但是与进口同类元件相比，在稳定性、高压化与数智化方面还有提升的空间。今后，我国液压比例多路阀也会在国内液压技术创新发展中居有重要的地位，需要通过数智化技术的发展趋势，尽早开发具有自己技术特点液压比例多路阀。

从国内情况来看，采用液压多路阀的主要应用领域之一是挖掘机行业，近期技术整体发展水平提高很快，包括采用液压 4.0 的数字化技术。但是总体上仍然与国外有较大差距，以 20t 级的中型液压挖掘机为例，国产 20t 级挖掘机大多数采用欧洲 20 世纪 80 年代初的技术，同 20 世纪 90 年代初以来在我国形成批量的日本小松、日立、神钢以及韩国大宇、现代等机型相比，其主要差距是性能参数均偏小、整机性能和作业效率偏低，以及可靠性指标无明显提高，影响了挖掘机新产品的销售和批量生产，在这里的影响因素之一也包括液压比例多路阀的技术与产品水平。挖掘机及其液压多路阀的产品性能在智能化、电子控制、自动监测、机电液一体化等方面还不能满足国内市场的需要；质量差，具体表现在耐久性及可靠性上与国外先进产品差距较大，国内挖掘机平均无故障时间及第一个大修期仅为国外先进设备的一半。

鉴于电液比例多路阀长期实践与推广，液压比例多路阀中的术语“负载敏感”（Load - Sensing，LS）一词通过直译与学术上的接纳，已成为液压“压差控制”的替代词（参考本手册第2章），也成为入门者费解之处，实际上采用“压差控制”或者“负载传感”更能反映这种控制的本质。因此采用“负载传感”来还原原意。另外，伊顿在CMA比例多路阀样本中也使用了“负载口独立”这个新词，成为液压发展的新导向。不过应当指出，液压元件由模拟技术向数字技术发展的过程中，采用二位二通或二位三通高速开关元件去形成数字元件时，“负载口独立”往往是液压元件数字化的外在形式。但是将三位四通传统主阀芯分成两段，成为两个二位三通主阀芯，也是一个创举。

11.2　液压比例多路阀技术发展的市场动力与产品代级

液压多路阀技术的发展主要体现在以下三个方面：

（1）工作原理创新发展　早期是最简单的开关式开中心控制，发展为开中心与闭中心的两类节流控制原理（液压2.0技术），现在主要采用负载传感压差控制原理（液压3.0技术），并且也在嵌入式芯片组成的控制器基础上以编程软件形成抗流量饱和的多负载同步的控制技术（液压4.0技术）。

（2）控制的形态与功能的发展　由早期的手动技术（液压1.0技术）发展为液动、气动、电动（液压2.0技术），然后采用电液模拟比例控制（液压3.0技术）并向数字控制、总线控制与智能控制发展（液压4.0技术）。

（3）阀芯的形式与性能的发展　由开关式阀芯发展（液压2.0阶段）为比例阀阀芯（液压3.0阶段）以及其他数字比例阀芯（液压4.0阶段）。

液压多路阀的发展阶段是这三种技术发展综合应用的结果，它们在产品发展上经历了下列的阶段（见表11-1）。

表 11-1　液压多路阀的发展阶段

阶段	液压 1.0 技术	液压 2.0 技术	液压 3.0 技术	液压 4.0 技术
时期	20 世纪 60 年代	20 世纪 60 ~ 70 年代	20 世纪 80 年代	21 世纪初期
市场动力	用最少泵源控制多个主机执行器动作	功率增大，需要先导控制与操纵性	解决效率低下的耗能与流量饱和	计算机控制的数字化、总线化、网络化、智能化、高压大功率
解决方案	六通多路阀	液动、气动、电控等先导控制与手柄控制	六通阀为基础的“负流量”与“正流量”控制以及四通阀为基础的“阀前补偿”与“阀后补偿”控制	先导部分的数字化、总线化、网络化与智能化，以及相应的计算机辅助操控
图形符号	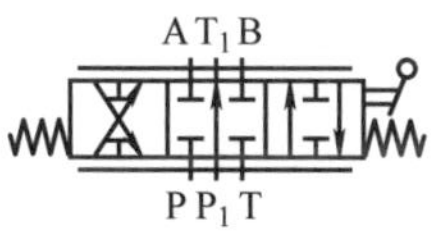	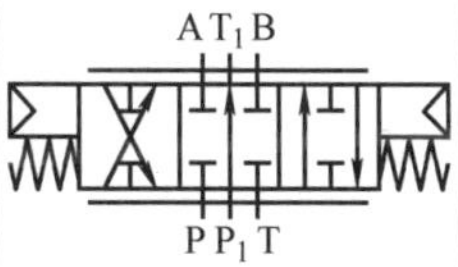	负流量控制 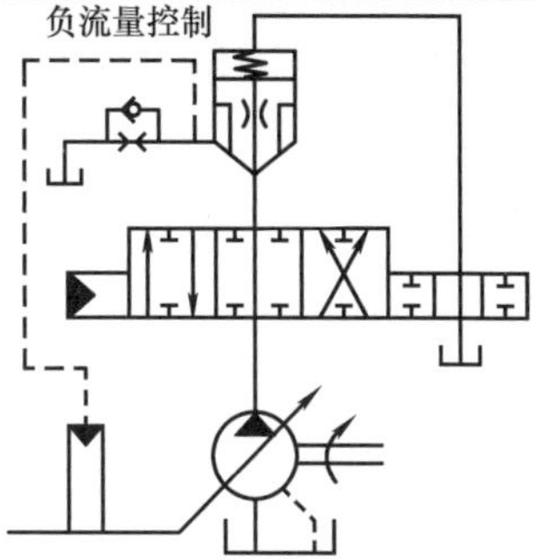 阀前补偿控制 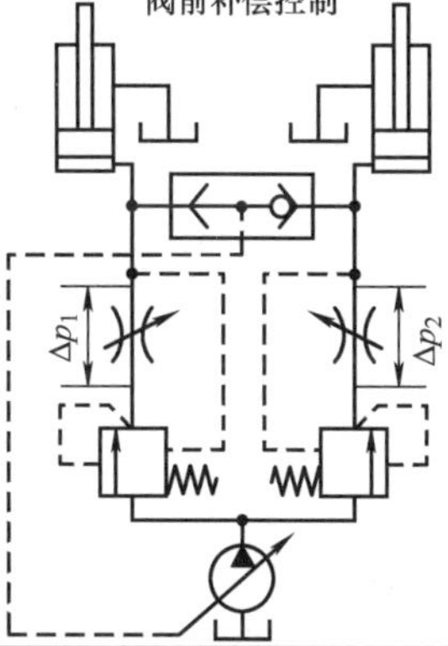	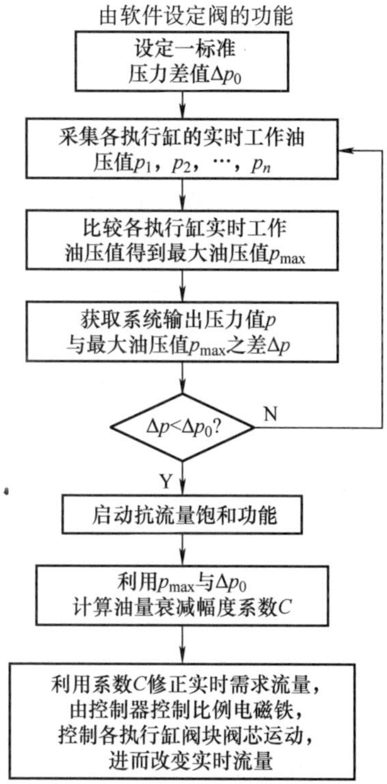

11.3　六通手动液压多路阀（液压早期技术）

大约从20世纪60年代开始，工程机械应用手动六通液压多路阀。由于其流量微调特性、操作与替换简单等特点而在工程上得到广泛应用（见图11-2）。但是其操作强度大，整机布局困难；由于采用定量泵供油与溢流阀稳压，多余流量将通过溢流阀进入油箱，因而造成能量损耗严重，油温上升，系统泄漏量增加及机械卡死等问题。阀的性能易受负载变化影响，且中位回油能耗大。

从六通多路阀的结构特点看，它具有以下优点：①初级手动比例特性，这种是流量微调特性（见图11-2c），实际上是初级的手动比例控制特性，但有较大零位死区，微调范围一般不大于阀芯行程的30%，而且比例控制范围随着系统压力升高而减小；②中路回油道是逐渐减小后被切断，执行元件起动平稳无冲击；③操作、替换简单；④在多路阀各路全部回中位后，液压泵卸荷，降低功率损失。但六通多路阀也有以下缺点：①容易受压差影响，负载变化时操作不稳定；②很难实现负载压力补偿；③多路阀各路回中立位置后卸荷，由于通过阀体的压力损失较大，而且方向阀的联数越多，压力损失越大。

在液压多路阀的控制油路上则采用并联式、串联式、串并联式或混合式，如图11-3所示。并联式回路时，液压泵的压力按最大负载选取，流量按所有执行器之和选取，压力油首先进入油压较低的执行元件，各通道按负载大小与流道损失分配流量，不同负载可能同时运动。由于各通道的压力损失只是泵流量的一部分，因此损失会比较小。串联式回路时，各联进油腔都和前一联阀的回油腔相通，这样使液压泵的供压压力是同时工作执行器所需压力之和，但是执行器速度与负载无关，因此这种油路适合做复合动作，但是各联阀的执行元件同时工作时，阻力会较大。串并联式回路时，是进油串联与回油并联。因为P口串联，因此任何一联工作时，后续执行器将无法接受供油，故此油路又称为“优先回路或互锁回路”，这种回路不可能实现复合动作，可以防止误操作，在此回路中液压泵的压力与流量均按系统中执行器的最大压力与流量选取。

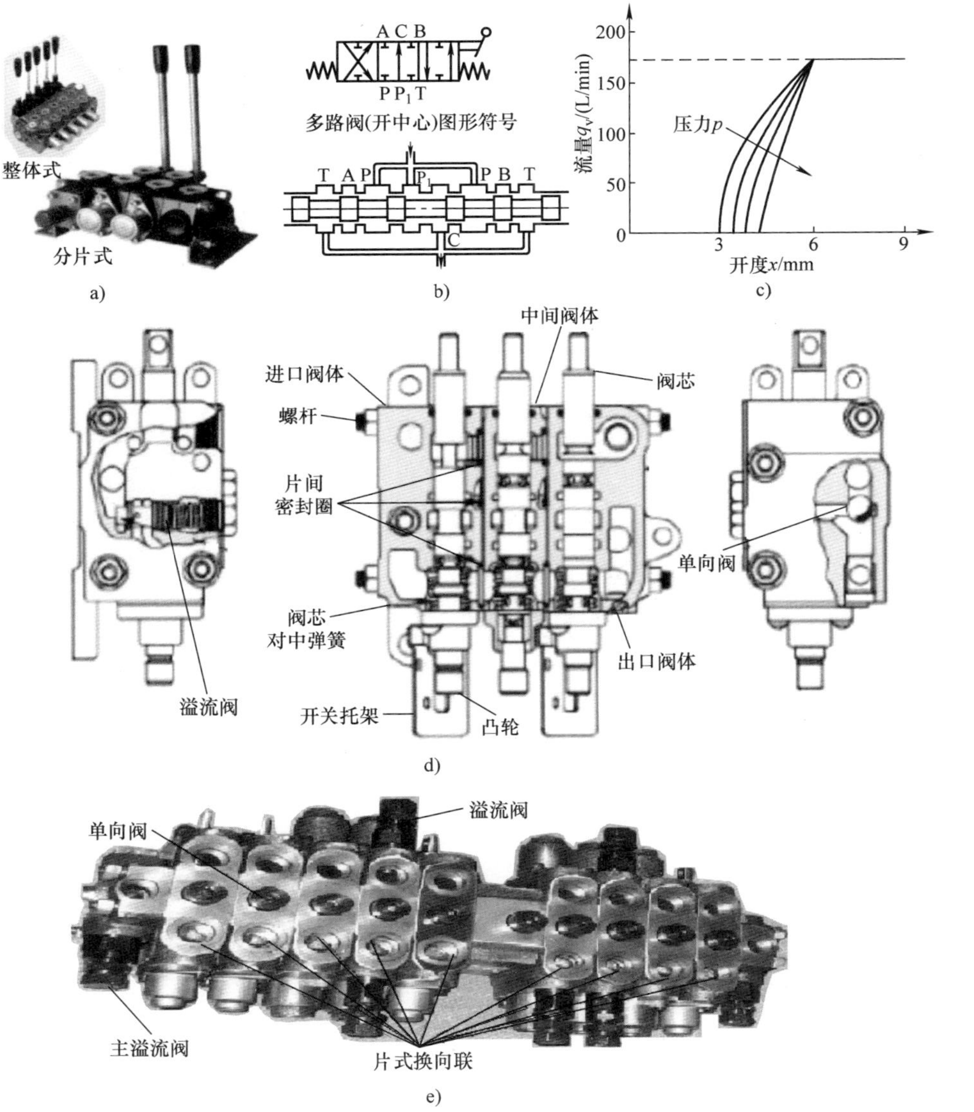

图 11-2　六通手动液压多路阀的结构与性能特点

a）结构型式　b）图形符号与结构原理　c）流量微调特性（P→A 或 P→B）

d）液压多路阀结构外形　e）液压多路阀产品

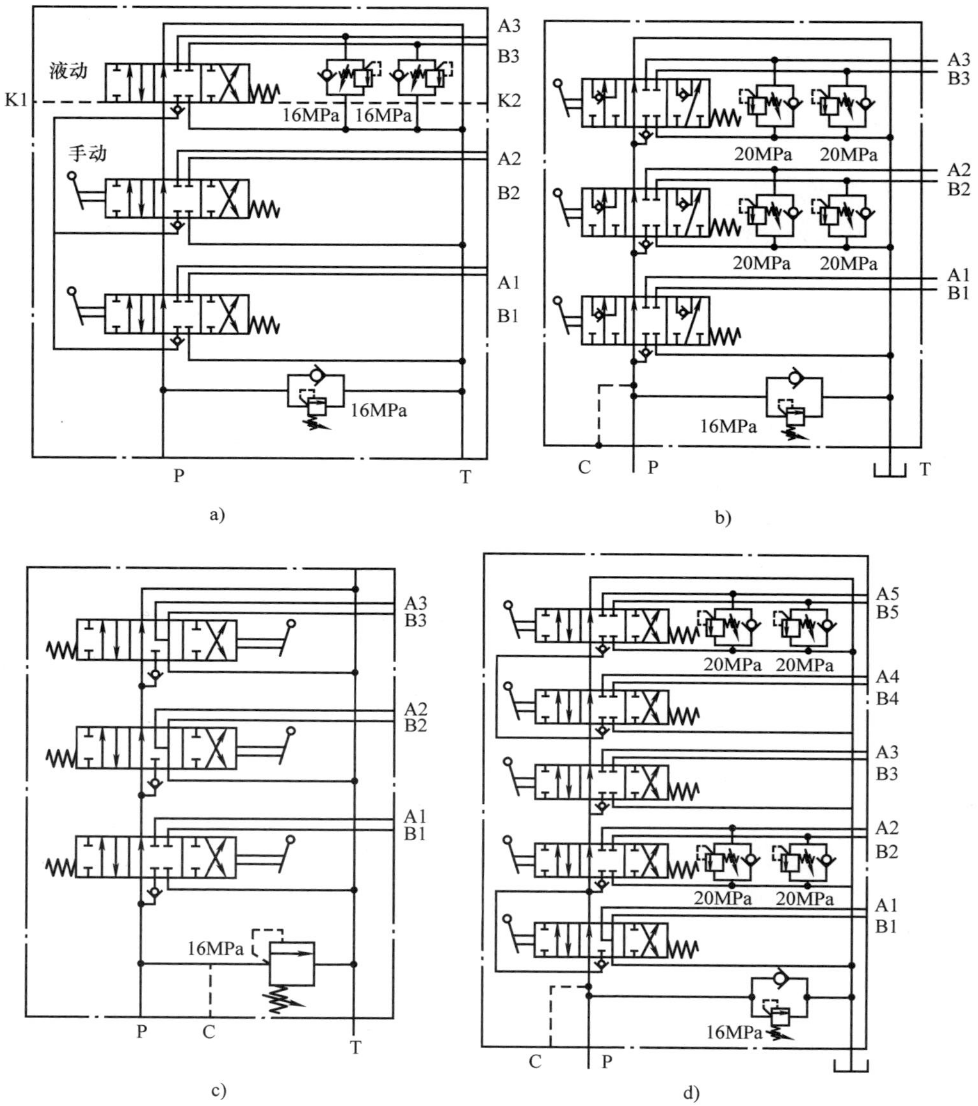

图 11-3　液压多路阀工作油路形式

a）并联式　b）串联式　c）串并联式　d）混合式

11.4　液压先导多路阀及其操控（液压2.0技术）

随着工程机械功率的不断增加，需要增加液压多路阀的操纵力，另外手动操纵使多路阀的安装位置受限，给主机设计与操纵带来极大不便。为此，多路阀做了针对性的改进，产生了先导控制的多路阀，以及除手动外的各种其他类型的液压多路阀操纵形式。

1. 多路阀先导机构

为了解决上述手动多路阀操纵力不足的弊端，首先要实现多路阀操纵力的提升，增加与操纵力提升有关的装置，一般是液动、气动、电磁或者电液等先导装置。由于工程机械的移动性，为了使液压主机在任何情况下都可以得到操纵，所以一般情况下都保留手动装置，多路阀先导机构如图11-4所示。在此以博世力士乐SP－08型多路阀为例，该型号具有电液开关、电液比例、机械液压式、电磁开关、电磁比例等多种先导机构，图11-5所示为多路阀电磁铁先导操纵的结构与功能图形。

a)　　　　b)

图11-4　多路阀先导机构

a）手动＋气动　b）手动＋电动

2. 多路阀操纵形式的多样化

手动多路阀只能用人手操纵，这样就给工程机械主机在安置多路阀时带来安放位置的局限性。首先解决多路阀的安放位置受操纵机构限制的问题，与先导机构密切相关，采用液压、气动与电磁等装置后，使操纵机构的多样化可以同时得到很好的处理。因此多路阀的操控形式派生了液压手柄、电动手柄、电位器控制手柄或控制面板等，液压手柄如图11-6所示。所以除手动直接控制方式以外，都是先导控

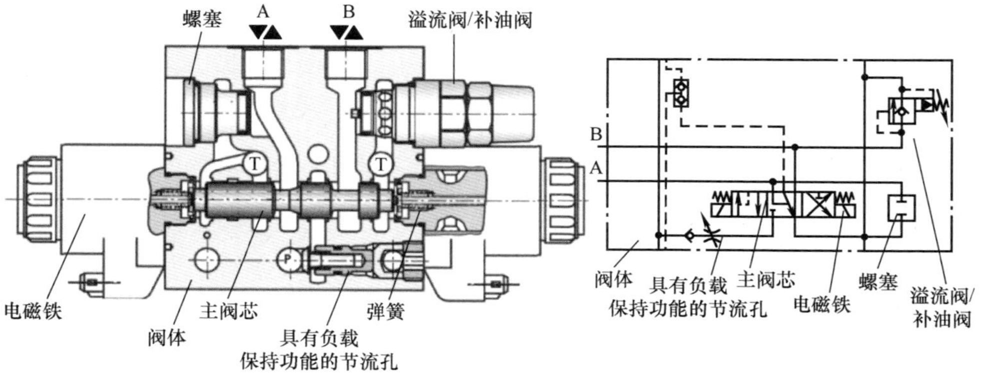

图11-5　多路阀电磁铁先导操纵的结构与功能图形

制方式。

在先导液压控制中，先导压力一般为2~3MPa，若方向阀阀芯直径为20mm，则驱动力可达900N，足以克服弹簧力与液动力，所以液控是最普遍的先导操控手段（见图11-7）。随着多路阀的电子控制的发展，现在出现微处理器的嵌入，因此操控方式进一步的发展，一些遥控、网控的方式也随之产生。

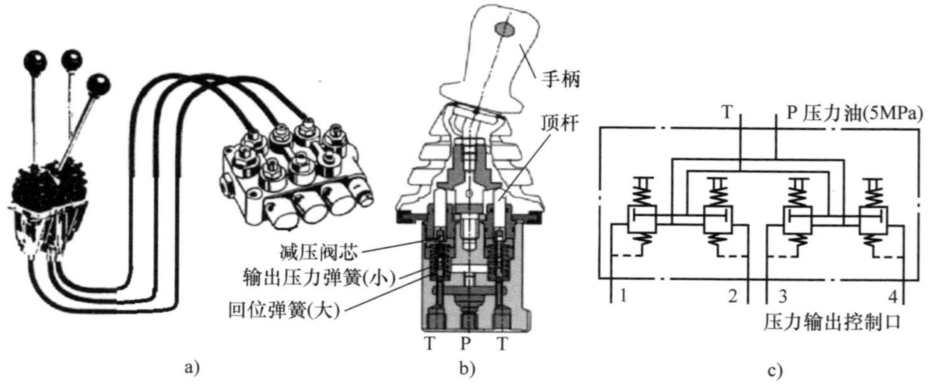

图11-6　液压手柄

a）液压手柄与阀连接图　b）液压手柄　c）液压手柄工作原理图

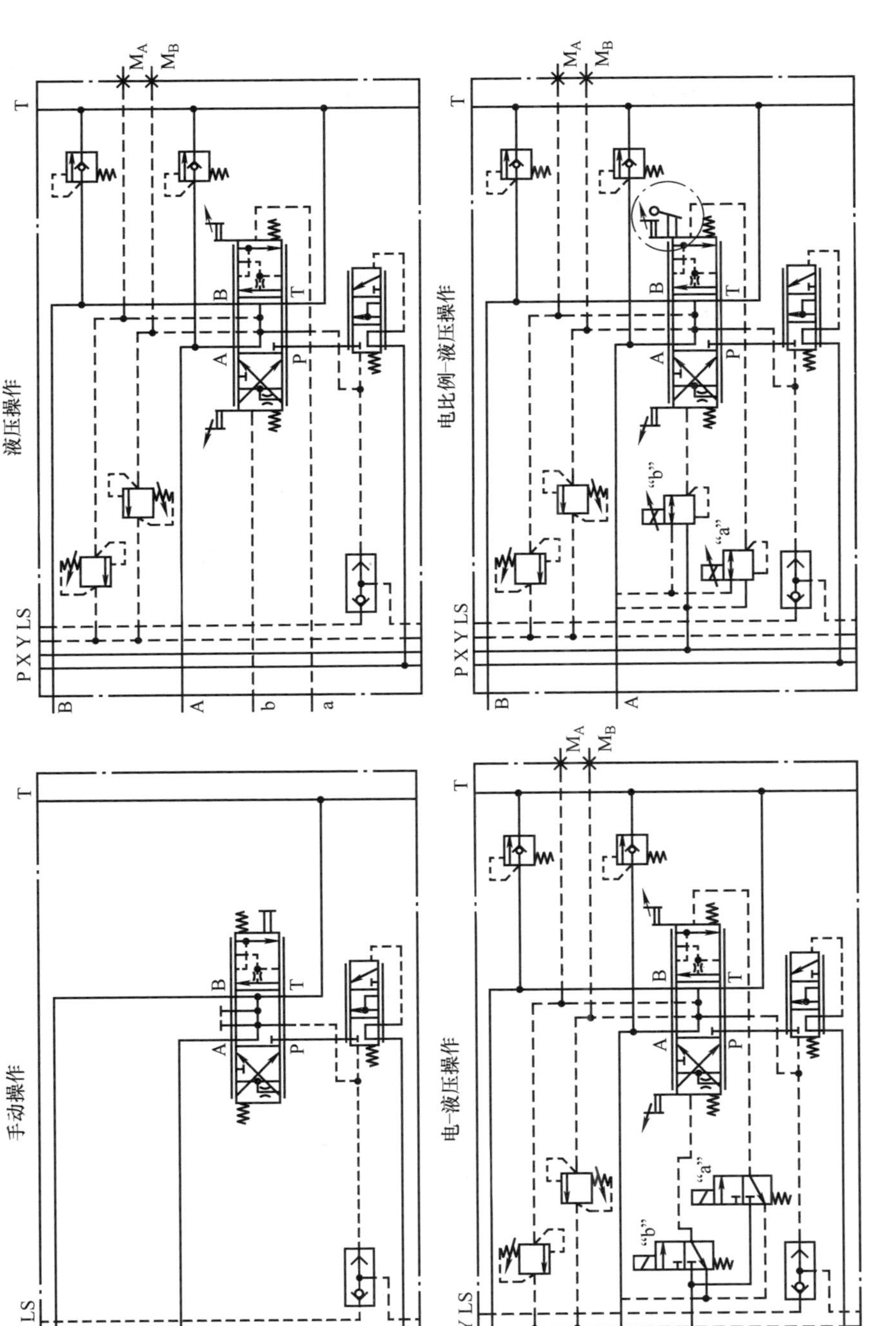

图 11-7 液压多路阀常见操控形式原理图（博世力士乐 M4 - 12）

11.5　液压多路阀的传感化与比例先导多路阀（液压 3.0 技术）

液压多路阀的功率损失很大，任何节流调速必然带来相应的功率损失。对于移动式作业，能量更显宝贵，因为这与用户消耗的燃料成本直接关联。

无论是早期的六通手动液压多路阀，还是后来发展的四通形式的液压多路阀，都由于节流调速具有能耗大的问题。在 20 世纪 70 年代后期到 20 世纪 80 年代，节能成为研究者关注的焦点。为此液压多路阀的发展在工作原理上获得了成功的突破，即产生了“负载传感”一词。

负载传感技术打破了多路阀节流调速功能的概念，让多路阀实际上成为一个“压差型”传感器。因此液压负载传感多路阀中的节流阀已经不再是一个“控制阀”，而是一个具有通流后检测通过该阀流量所产生压差数值的“传感器”，这个传感器的通流面积可以调节，同时又具有传感流量调节功能。这时的负载传感比例多路阀已经成为容积节流调速系统的一个组成部分，也可以看作液压系统压差性能参数控制技术的一部分，有关这点的工作原理在本手册第 2 章有详细阐述。

11.5.1　负载传感阀的技术发展路线

由于负载传感阀的主要功能之一是作为测量通过流量的压差传感器，所以存在压差参数如何取出的问题。对于取出“压差”的不同概念形成了两条不同的技术路线：一条是以日系企业为主坚持的六通多路阀基础上形成的压差取用技术路线，在这条技术路线基础上产生了以“开中心”为主的“负流量”负载传感的多路阀，以及后来发展的“正流量”负载传感的多路阀；另一条是以欧美系企业为主坚持的四通多路阀基础上形成的压差取用技术路线，在这条技术路线基础上产生了以“闭中心”为主的“阀前补偿”负载传感多路阀，以及后来发展的“阀后补偿”负载传感多路阀。如果将六通阀看作本质开中心的话，四通阀就是本质闭中心的多路阀。由于这两条技术路线都有具有实力的公司产品支持，而且性能优越性又各有千秋，因此处于并存状态，而且彼此也会相互借鉴（如开中心与闭中心的概念），补充各自的不足，延续至今。

负载传感多路阀的节能效果对比图如图 11-8 所示。在这个负载传感多路阀的技术概念中，节流阀通过压差传感功能去控制泵变量，电液比例技术使产生压差的面积自动可调，从而改变允许通过流量的设定值，形成了当今液压多路阀的特色。将液压比例伺服技术与负载传感技术相结合而形成的液压多路阀造就了液压负载传感比例多路阀时代的到来。

目前这两条技术路线形成的产品如图 11-9 所示。

尽管负载传感多路阀发展的两条技术路线在市场应用中不分伯仲，但是在产品技术方面有从开式液压系统向闭式液压系统转变的倾向。例如，日本小松在 20 世

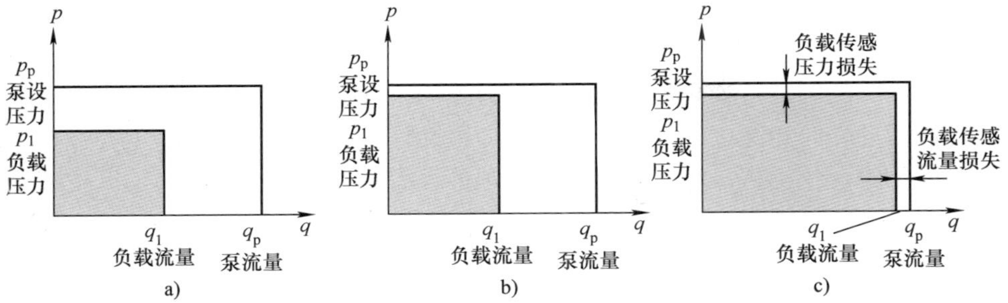

图 11-8　负载传感多路阀的节能效果对比图

a）多路方向阀与定量泵系统　b）多路比例阀与定量泵系统　c）负载传感多路阀与变量泵系统

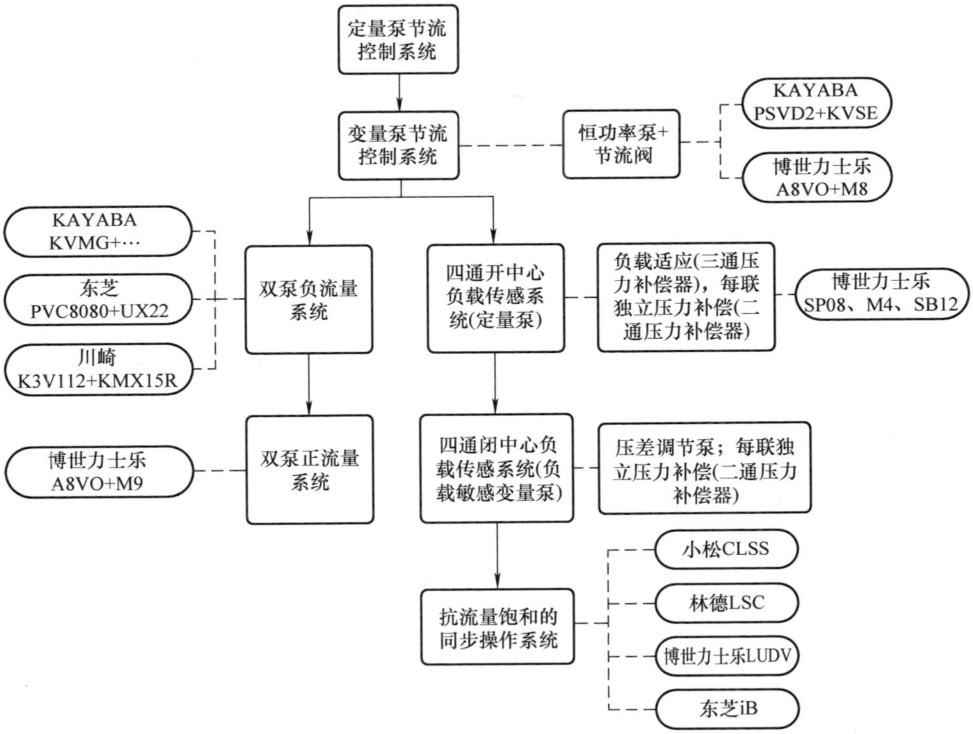

图 11-9　液压负载传感多路阀产品的两条技术路线形成的产品

纪 90 年代以前一直致力于采用六通阀开发开式负载传感系统（OLSS），用以降低液压系统的损耗。其特点是有两条供油路，其中一条是直通供油路，另一条是并联供油路。由于这种油路调速方式是进油节流调速和旁路节流调速同时起作用，其调速特性受负载压力和液压泵流量的影响，因此这种系统的操纵性能、调速性能和微调性能差。另外，当液压元件一起复合动作时，相互干扰大，复合动作操纵困难，使得开式液压系统无法满足挖掘机的调速和复合动作的要求。而闭式负载传感系统（CLSS）可以采用一个液压泵同时向所有液压元件供油，每一个液压元件的运动速度只与操纵阀的阀杆行程有关，与负载压力无关，泵的流量按需提供，而且多个液压元件同时动作时相互之间干扰小，因此操纵性好是闭式液压系统的主要特点。这种系统非常符合挖掘机操作的要求，它由于操纵简单、对操作人员的操纵技巧要求低而获得较广泛的使用。

11.5.2　六通阀为基础的“负流量控制”与“正流量控制”负载传感多路阀

1. 负流量控制负载传感多路方向阀

以最初形成的六通液压多路方向阀为基础，于20世纪70年代引入了负载传感技术，将耗能最突出的中位卸荷压力信号（由于卸荷口末端是油箱大气压，因此此处压力实际上仍然是阀口的压差信号）取出，来控制变量泵的变量机构，形成了“负流量控制系统”。这一技术是在六通阀的中位回油路上设置流量检测装置，利用检测信号对液压泵排量进行控制，使通过中位回油箱的流量始终保持在一个很小的恒定值，当此值增加时，控制泵的排量变小，二者呈反比关系，从而可以大大减少甚至基本消除中位回油功率损失。但是由于在回油口增设了节流口，增加了附加的回油损失，实际使用中这种控制方法存在较大的滞后，响应时间较长。六通阀基础上形成的正负流量控制泵工作原理对比如图11-10所示。

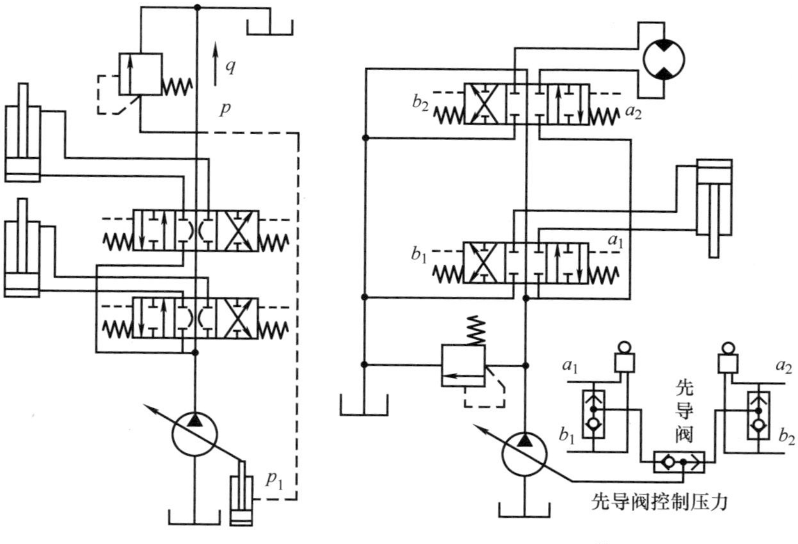

图11-10　六通阀基础上形成的正负流量控制泵工作原理对比

a）负流量控制原理示意图　b）正流量控制原理示意图

由于负流量控制技术是通过位于主控制阀后面的中位卸荷压力建立的压力对主泵的排量进行调节的技术，是在原来六通多路阀基础上改进，与原有产品系列容易相容。因此，这一“负流量控制”技术多以日系为主的生产商采用，如小松、日立、住友、加藤、斗山、现代、卡特等公司。这种控制技术具有稳定性好、响应快、可靠性和维修性好等特点，在我国中小型挖掘机上的应用仍十分普遍。但在起始点为重负载下作业时，因流量与负载有关，所以可控制性较差。

2. 正流量控制负载传感多路方向阀

负流量控制的压力取点为六通阀中位卸荷压力信号，这一信号由于取用压力值较低，差压传输不够敏感，因此响应偏低。为此将压力/压差的取点移至先导控制操作手柄上来，这里的压力值高，因此传输速度有所提高，有利于压力/压差的采集，故而形成“正流量控制”。由于先导控制手柄的数量不止一个，因此采用以梭阀形成的“比较回路”，筛选出压力最高的先导阀压力所形成的压差作为取用压差，利用此压差去调节液压变量泵的流量，此即正流量控制负载传感多路方向阀的工作原理。之所以被称为正流量控制，是因为使用的变量泵变量特性与负流量控制时相反：控制压力越高，则排量越大，从而输出流量越多。具体的变量机构设置可以参考本手册第 2 章的压差参数控制部分，有非常详细的阐述。

正流量控制回路是在负流量控制回路的基础上改进形成的，二者在液压泵的结构上有相仿之处，变动不大。但是正流量控制在操作性上会优于负流量控制，也就是其执行器开始动作点还是受到负载影响，滞后尽管还存在，但是比负流量控制有改进的效果。

正流量控制系统也是一个开中心系统。采用这一技术的仍然是以负流量控制发展源头的日系企业为主。

11.5.3　四通阀为基础的“前补偿控制”与“后补偿控制”负载传感多路阀

四通阀为基础的负载传感多路阀的基本思路是采用通过多路阀的流量形成的压差来控制液压变量泵，此时的变量泵实际上是一个“恒压差控制”变量泵。也就是说，利用通过多路阀的流量所产生的压差作为压差取用点，然后将此压差作用在液压变量泵上。此时的恒压差变量泵从结构原理而言比负流量控制所用的液压变量泵的变量机构要简单。这时多路阀的实际作用是流量传感器与流量调节器，只有多路阀通过的流量达到液压泵变量设置的压差时才能保持流量恒定。因此多路阀是流量通过后产生的压差为变量泵所用，也是一个流量设置阀，可以通过调节阀口大小来调节产生相同压差下的流量。

如果用液压节流阀公式［见式（11-1）］来表达时，节流阀控制流量是通过控制节流阀的过流面积实现的。

$$q=C_dA\sqrt{\frac{2\Delta p}{\rho}} \tag{11-1}$$

而在负载传感多路阀中，节流阀的表达公式并没有变化，但是它的状态变量由节流阀时的唯一参数过流面积 A，变成了两个状态变量即 A 与 Δp，见式（11-2）。

$$q=C_dA\sqrt{\frac{2\Delta p'}{\rho}}(\Delta p\text{ 为设定值}) \tag{11-2}$$

式（11-1）与式（11-2）中，q 是流量，C_d 是流量系数，A 是节流阀过流面积，ρ 是油液密度，Δp（$\Delta p'$）为阀口压差。

由式（11-2）可见，在负载传感多路阀的传感元件中，$\Delta p'$一旦设定（液压泵恒压差变量调定）后，液压泵的流量输出与多路阀开口形成的面积将形成对应的关系。

图11-11所示为具有阀前补偿控制与阀后补偿控制的负载传感多路阀工作原理。

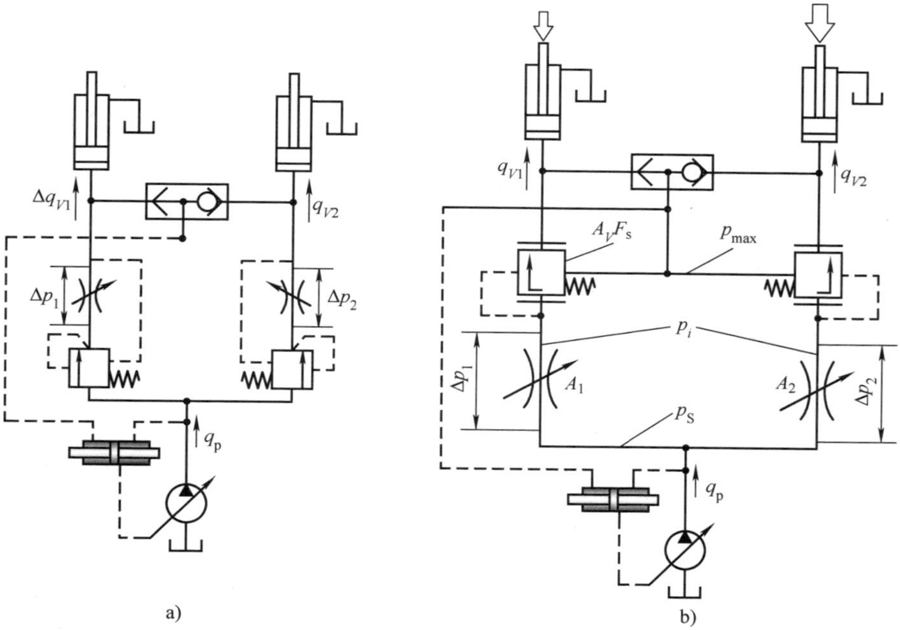

图11-11　具有阀前补偿控制与阀后补偿控制的负载传感多路阀工作原理

a）阀前补偿控制（LS）　b）阀后补偿控制（LUDV）

1. “阀前补偿控制”负载传感多路阀

在负载传感系统中，多路阀既具有传感器作用，也具有流量通道的作用。当系统负载压力大幅度变化（主要干扰）和/或油源压力波动（次要干扰）时，会造成控制系统不稳定。因此在节流口两端添加起稳压作用的压力补偿器（压差式减压阀），这个作用与调速阀的工作原理类似，如图 11-11a 所示。这种类型的负载传感多路阀称之为“阀前补偿控制”负载传感多路阀。

在阀前补偿控制负载传感多路阀中，系统压力总是与最高联负载通过梭阀选取。系统的压力为负载压力与负载传感阀的设置压差之和。负载传感多路阀与节流控制相比，节能明显，但是负载传感多路阀还是存在负载传感所需要的压差所造成的功率损失，这个压差不同的厂商在产品的设置上有差别，一般而言 Δp = 1.1 ~2.2MPa。

2. “阀后补偿控制”负载传感多路阀

尽管“阀前补偿控制”负载传感多路阀的节能效果明显，但是仍然没有解决流量饱和带来的控制问题。阀前补偿多路阀的压差补偿阀位于主阀芯的阀口之前，不具有抗泵流量饱和的功能。在 21 世纪初期，也就是在“阀前补偿控制”负载传感多路阀产品应用多年后，产生了“阀后补偿控制”负载传感多路阀，解决了流量饱和问题。称之为负载传感系统的分流控制问题或者称为 LUDV 技术（德文缩写），其工作原理如图 11-11b 所示。

所谓“流量饱和”是指多路阀阀口开度过大，使系统要求的流量超出泵的供油能力，泵的输出压力下降，导致进入最高负载执行器的流量减少，甚至使执行器停止运动，使执行器失去协调性。或者说，流量分配原来是与主阀开度成正正，现在受到负载影响而不再与主阀开度成正比，使高速复合动作无法实现，这种工况就是流量饱和。造成流量饱和的原因有很多，如负载突然变大，导致系统压力急剧升高，而使泵的输出流量变小造成；也可能是有大流量的元件（如行走马达等）参与机构运动，致使主泵流量不够而产生等。当流量饱和现象发生时，负载增加会导致负载最大的一联方向阀的输出流量不再随阀口开度增大而增大，负载压力小的方向阀的输出流量仍然与阀口开度成比例变化。当负载较小的方向阀输出流量接近泵输出最大流量时，负载最大的方向阀输出流量减小至零。表现为主阀的压力补偿器间歇性的丧失功能，流量流向低压力负载区，主执行机构上就会出现行走无力、各液压缸伸缩缓慢等情况。

LUDV 技术是指当到流量饱和时，置于节流阀后的压力补偿器压差按最高负载产生的压力值降低，但各负载之间工作速度比例关系仍保持原设定值不变。这时将置于节流阀前、用于稳压功能的压力补偿阀改放到节流阀后，可以跟随系统最高压力使此压力补偿阀实现变压差的功能，也就实现了“阀后补偿控制”，这一改进使流量分配与系统各执行器的压力无关。LUDV 的最大优点就是如果发生供油不足的情况，不会有任何执行器停止工作。换一个角度来理解“阀后负载补偿”的作用，就是多联方向阀同时工作时，负载压力低的方向阀补偿阀开度会随之变小，以便消耗多余的压差，保证主阀芯进出口压差恒定，使方向阀输出流量与阀芯位置（阀口过流面积）成比例。当多联方向阀所需流量大于泵供油流量，泵提供的流量不足以使每一联方向阀主阀芯进出口压力保持在设定值时，每一联阀的进出口压差和流量都同步减小，因此不会出现泵流量饱和的问题。

LUDV 技术也可以用图 11-11b 所示的工作原理图证明：各执行器的流量在这一工作原理之下，仅仅取决于各节流阀阀口的面积，而与其所承载的负载无关。根据压力补偿阀的力平衡公式存在

$$p_i A_i = p_{\max} A_i + F_S \tag{11-3}$$

式中 p_i——任一压力补偿阀的进口压力；

A_i——该压力补偿阀阀芯面积；

$p_{\max}$——该压力补偿阀背压压力；

F_S——该压力补偿阀弹簧力。

由式（11-3）可得

$$p_i = p_{\max} + \frac{F_S}{A_i} \tag{11-4}$$

所以 $p_1 = p_2$，$\Delta p_i = p_S - p_i$，故 $\Delta p_1 = \Delta p_2$。

经过各节流阀阀口的流量为

$$q_{V1} = C_{d1} A_1 \sqrt{\frac{2\Delta p_1}{\rho}}$$

$$q_{V2} = C_{d2} A_2 \sqrt{\frac{2\Delta p_2}{\rho}}$$

所以

$$\frac{q_{V1}}{q_{V2}} = \frac{C_{d1} A_1}{C_{d2} A_2} \approx \frac{A_1}{A_2} \tag{11-5}$$

由此式（11-5）进一步证明，各执行器的流量仅取决于节流阀阀口的面积，而与各负载无关。

3. 定量泵系统带压力补偿器通过压差型溢流的负载传感多路阀

定量泵系统也可以采用负载传感的节能方式，但是接受 LS 信号的不是变量泵的变量机构，而是压差式溢流阀（负载传感阀、三通压力补偿阀等），可以达到负载传感溢流的效果，从而保证执行器的并联运行，如图 11-12 所示。同时，由于 LS 溢流阀的存在（图中最左端溢流阀），可限制最高负载工作油口的压力，因此系统压力与流量损失会比变量泵负载传感系统时要大。

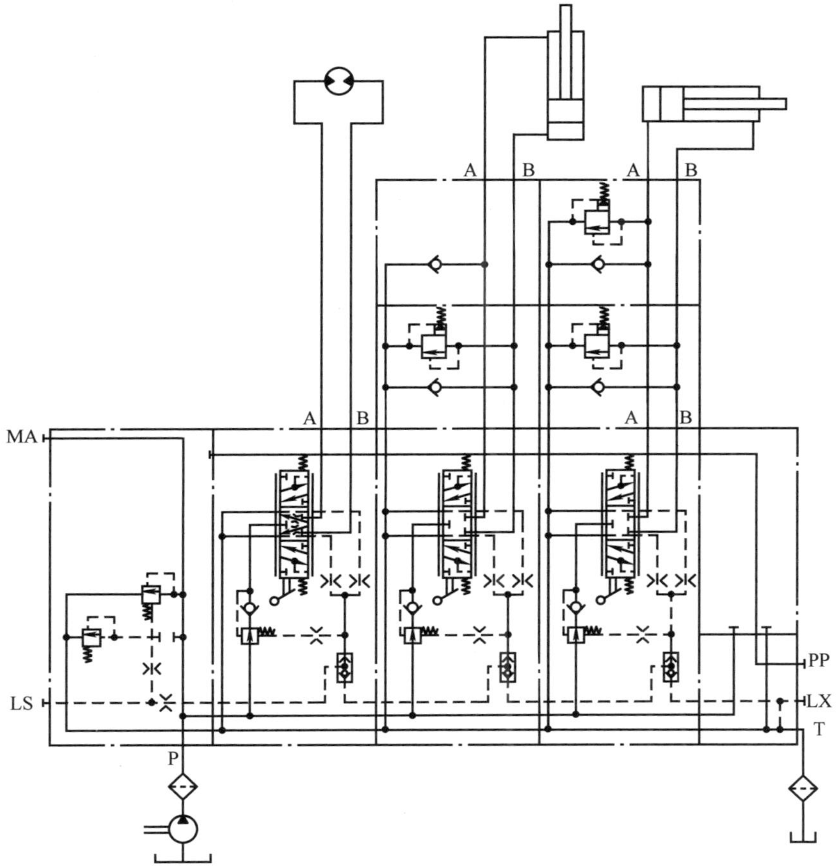

图 11-12　定量泵系统用负载传感多路阀系统应用原理图

11.6　液压比例先导多路阀的数智化（液压 4.0 技术）

近十年迎来了“工业 4.0”的时代，由于工业 3.0 时代计算机技术的发展以及在此基础上发展起来的网络化技术，整个工业的技术与产品的发展需要与计算机技术广泛结合达到数字化工业社会，加上网络技术也从 4G 迈向了 5G，使云技术在运动控制领域的应用有了基础。另一方面，工程机械液压所依附的主机的无人化发展，也促使液压元件要支持工程机械无人化中必然使用的通信技术，也促进多路阀新技术的发展成为可能。因此作为已经发展比较完善的负载传感多路比例阀技术，也面临新的发展机遇与新一轮升级换代的可能。因此液压负载传感比例多路阀技术也已经成为液压数智元件技术的角逐领域之一，因为在这一领域的元件发展比其他液压元件要领先。这表现在以高速开关阀为先导的负载传感多路阀（如丹佛斯的

PVG 多路阀）已经在市场应用中占有较大的份额；以智能化为尝试的负载传感多路阀（如伊顿的 CMA 多路阀）已经在市场上推广许多年。尽管市场反应各异，但是已经在液压元件数智化的前沿发展中占据了有利的地位，属于有益的实践。这也是我国与国外液压数智化发展又一个拉开差距的技术与产品，值得关注。

在液压 3.0 技术时代，液压多路阀技术基本从操纵性、节能、流量饱和等方面得到较好的完善。剩下的性能问题转向控制的精确性与响应性，这方面是否可以与液压技术的数智化相结合是液压界面临的新问题与新挑战。与此同时，在生产制造的难度与成本方面也会不断增加。

根据现有的技术与产品情况，液压比例多路阀的发展在下列方面已经或者将有进一步的提升或发展。

11.6.1　具有嵌入式先导数字电子控制装置的多路阀与计算机辅助操控系统

数字液压元件的特征之一是具有嵌入式微处理器芯片在内的电控装置（见图 11-13）。这一技术实际在比例多路阀的发展过程中已经形成，具有数字液压先导的比例多路阀继续具有这种集成特色，今后发展到总线或智能性的多路阀在与主机的连接方面将会进一步加强集成，使接线与通信更加灵活与方便。与此同时，在操纵性方面借助这种技术的发展，在电气电子控制、无线电遥控、电子计算机综合程序控制得到进一步应用，使得工程机械液压系统操纵特性大大提高，计算机辅助操纵系统如图 11-14 所示。例如在电液联合控制方面，美国林肯 - 贝尔特公司新 C 系列 LS - 5800 型液压挖掘机安装了全自动控制液压系统，可自动调节流量，避免了驱动功率的浪费。日本住友公司生产的 FJ 系列五种新型号挖掘机配有与液压回路连接的计算机辅助功率控制系统，利用精控模式选择系统，减少燃油、发动机功率和液压功率的消耗，并延长了零部件的使用寿命。

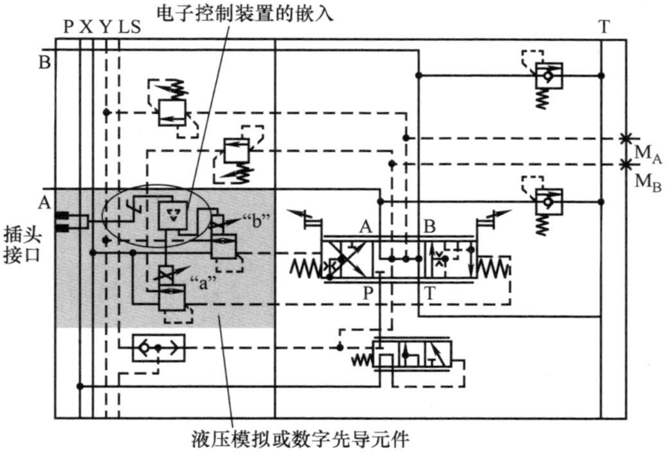

图 11-13　模拟或数字先导的液压比例多路阀（博世力士乐 M4 - 12）

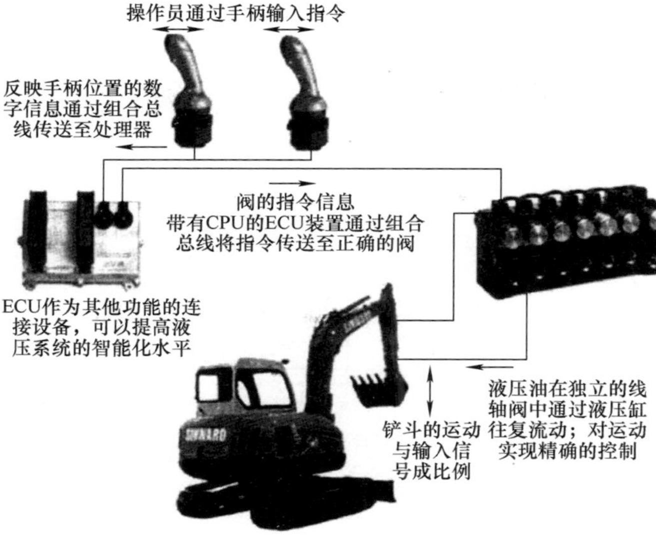

图 11-14　计算机辅助操纵系统

11.6.2　高速开关阀为先导的液压数字比例多路阀

液压 4.0 技术的首要前提是数字化，有了微处理器的嵌入才有可能使液压元件本身具有通信功能与智能性。实现液压数字比例多路阀的前提是寻求能够与微处理器更好结合的电液转换数字元件。将高速开关阀作为先导级控制主阀的运动，获得高压大流量是目前工业界数字液压元件研究和推广的热点。

丹佛斯 PVG 比例多路阀是第一款通过市场销量证明、应用高速开关数字阀作为先导控制而成功的液压产品。在技术先进性方面具有开创性，该液压比例多路阀采用了高速开关阀组成的桥式回路以形成三位四通阀的功能，以其为先导阀对液压多路比例阀的主阀芯运动进行驱动与控制。数字比例阀比模拟式比例阀结构简单、抗污染能力强，能够可靠地由脉宽调制（PWM）或脉数调制（PNM）进行控制，抗干扰能力强，可以得到较高的开环精度，而且无须使用模拟式元件与计算机连接时所需要的 D/A 或 A/D 转换，其结构原理如图 11-15 所示，展示了具有高速开关阀组成桥式回路为先导的液压数字负载传感比例多路阀，其模块化设计可以提供多种配置，从简单的负载传感解决方案到 CAN 总线通信，以实现主机的多路执行器稳定控制。

图 11-16 所示为高速开关阀为先导的液压数字比例多路阀内部配置实物图片，内置数字控制器通过采集主阀芯 LVDT 的位置信号和驱动高速开关阀通断构成主阀芯的位置闭环控制，多路阀输出流量与输入指令信号成比例，如控制器内集成有 CAN 信号收发模块，可接收 CAN 指令信号。与使用比例减压阀控制的电液比例多路阀相比，主阀芯响应更快，稳态误差和滞环更小。

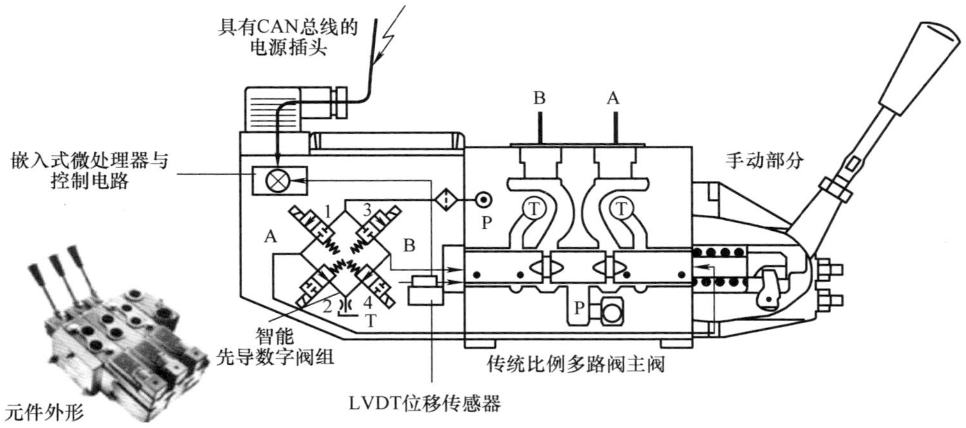

图 11-15　高速开关阀为先导的液压数字比例多路阀（丹佛斯 PVG）结构原理

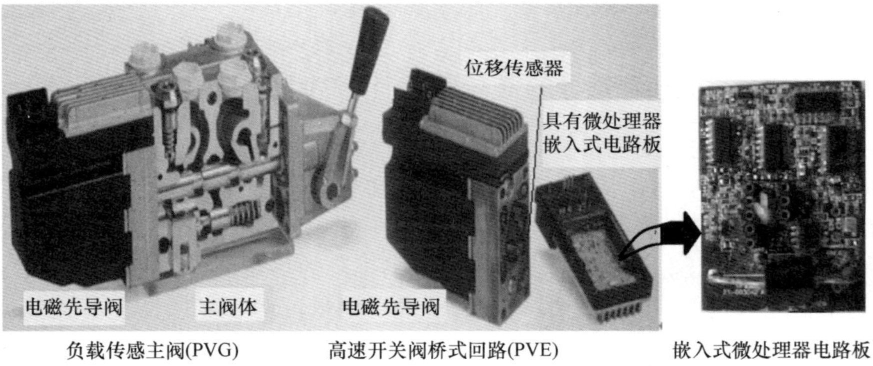

图 11-16　高速开关阀为先导的液压数字比例多路阀内部配置实物图片

随着数字液压技术的进一步发展，液压数字比例多路阀的实时调节、自我检测、远程监控、自动化程度与智能性都会不断提高。

11.6.3　总线控制高速开关阀为先导的液压数字比例多路阀

电液比例多路阀与 CAN 总线控制结合使电液比例多路阀从液压 3.0 技术迈入了液压 4.0 技术范畴。现场总线系统是基于工厂数字通信网络的基础，具有开放性、分散性与数字通信的特征，是协议简单、容错能力强、安全性好、成本低的新一代控制系统。CAN 总线采用无源两线式串行电缆将系统调节阀片、工作阀片、控制装置 ECU、手柄等连接起来；通过旋转接头还可以将 CAN 卡与 PC 相连，以进行用户程序的下载与在线调试工作。其传输速度为 1Mbit/s，最大传输长度为 30m，最大节点数为 100 个，最多可以 8 个节点进行同步通信，如图 11-17 所示。

众所周知，控制总线技术带来的优点明显，用户与制造商的最直接感受是接线简化，节省大量线束，不仅减轻电控部分重量，也可大幅减轻车辆重量，例如汽车使用总线之后，电缆长度减少 2000m，重量减轻至少 50kg。其实更大的优点是可以对装置进行状态监控，总线报文可实时知晓车辆的运行状态，了解车辆健康情况。对于应用方而言也有利于故障诊断：一旦出现故障，可通过故障报文以最快速度识别故障原因，为分析和解决问题提供了快速通道。

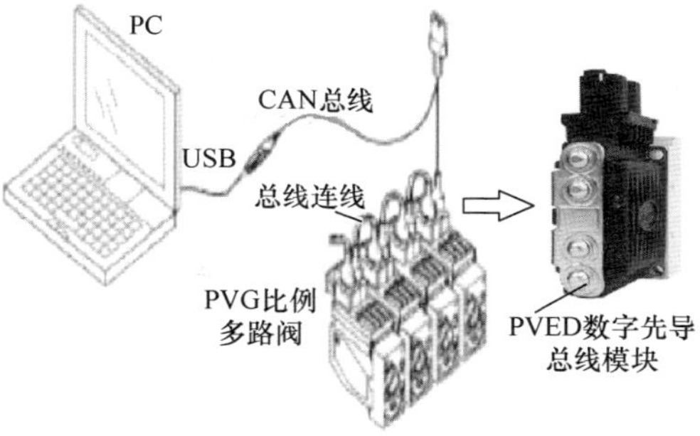

图 11-17　液压多路阀总线网络连线示意图

在实用性上具有节省硬件数量与投资、节省安装费用、节省维护成本的优势，在性能上具有系统集成性、控制主动性、控制准确性与可靠性高等优点，成为工程机械包括液压比例多路阀等方面新的通信方式，而 CAN 总线作为现场总线家族中极其重要的一员，以其高效、灵活、可靠和经济等特点，已经成为工程机械车辆的首选。

CAN 总线多路阀是在带阀芯位置闭环控制多路阀的控制器上集成 CAN 总线信号收发模块芯片（见图 11-18），控制器可收发符合 J1939 协议或 CANopen 通信协议的数据帧。图 11-19 所示为总线控制型比例多路阀控制装置的电路原理图。总线控制型比例多路阀可通过总线进行控制，具有故障诊断功能，可实时反馈阀芯位置、温度、故障信息。最大的优点是简化了电气接线，只需一根总线电缆即可对整组多路阀进行控制。

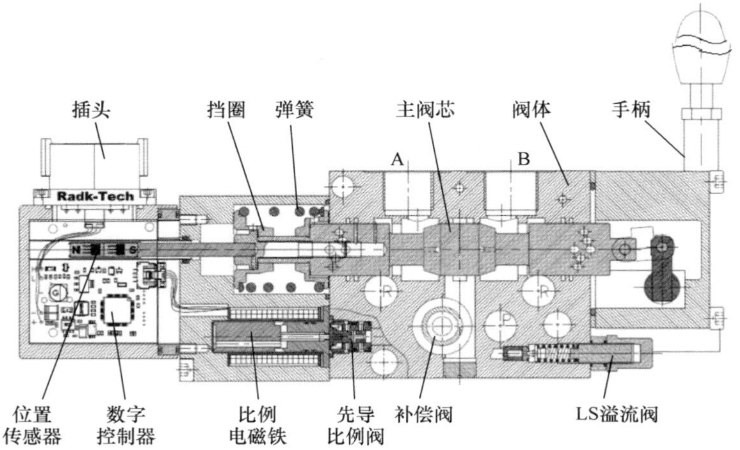

图 11-18　具有 CAN 总线控制的电液比例多路阀结构图（诺玛）

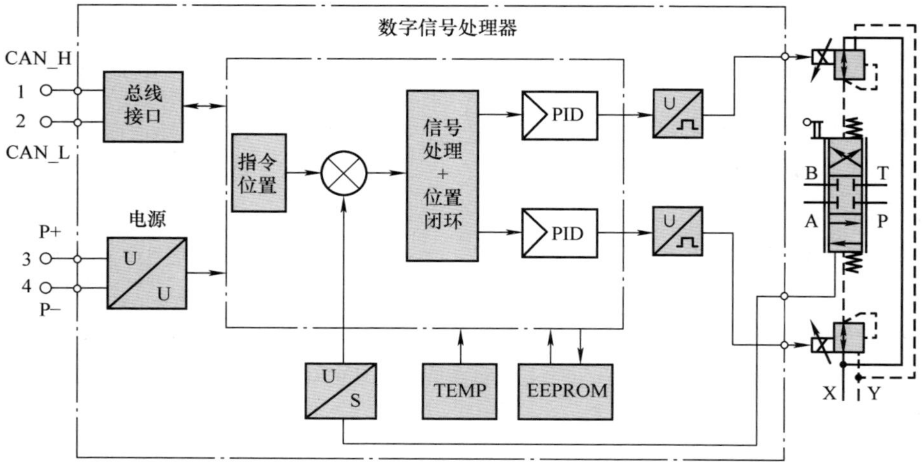

图 11-19　总线控制型比例多路阀控制装置的电路原理

具有 CAN 总线控制的阀芯闭环控制的电液比例多路阀，是在电液先导比例多路阀的基础上升级而得到的，其内置 LVDT 位置传感器或线性霍尔位置传感器，配合数字式阀芯位置闭环控制器实现阀芯精确位置控制，使得电液比例多路阀获得更高的控制精度和动态响应，滞环 $<1\%$，死区 $<3\%$，阶跃响应约 100～200ms，可接收电压指令信号，可实时反馈阀芯位置信号。总线控制型比例多路阀阀芯阶跃响应特性曲线如图 11-20 所示，响应性能有所提高。

具有 CAN 总线控制的电液数字比例多路阀产品当前已经很成熟，国外大多数知名液压企业陆陆续续在不同型号上推出具有总线的产品。国内产品在这方面发展比较快，如诺玛、徐工液压、成都阀智宝等都已经在比例多路阀产品上具有这一功能。

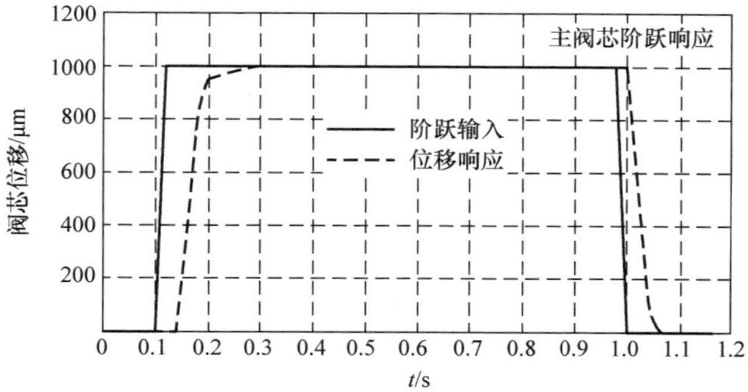

图 11-20　总线控制型比例多路阀阀芯阶跃响应特性曲线

11.6.4　以软件定义流量饱和功能的初步智能性液压数智比例多路阀

智能性液压元件的研发开始在 21 世纪初期，最初是 Ultronics 公司的电液比例控制系统，后来由伊顿成功推向市场，成为世界首创的 CMA 电子负载传感多路阀（见图 11-21），这是基于 CAN 总线的独立双阀芯电液比例多路阀。双阀芯阀的工作原理如图 11-22 所示，也就是说由原来传统的三位四通主阀芯控制液压缸，分成由两个三位三通阀组成一个三位四通阀功能的两个主阀芯，各自控制一个液压缸的两个油口。作为新一代行走机械用智能型多路阀，其最大亮点就是具有初步智能性。伊顿 CMA 电子负载传感多路阀是真正意义上的面向智能液压和物联网（IoT）所开发的产品，高度简化了传统负载敏感多路阀的机械结构，深度的电液结合将复杂的液压机械系统转化成了更加灵活智能的电气控制系统，将传统机械部件的开发转化成了程序和算法的开发……加之内置的多种传感器和数字通信，为智能液压和物联网融合提供必要的基础和保障，无须外部多余的附加设备就可以实现远程控制，运行监控和故障诊断。2020 年前后作为 CMA 数字多路阀产品系列的扩展推出 CMT 片式多路阀（见图 11-23）。CMT 是一个工作片可以同时独立控制两组动作，这在业界尚属首次，不仅提高了设计灵活性，还降低了 CMA 阀组的尺寸、重量和整体系统成本。

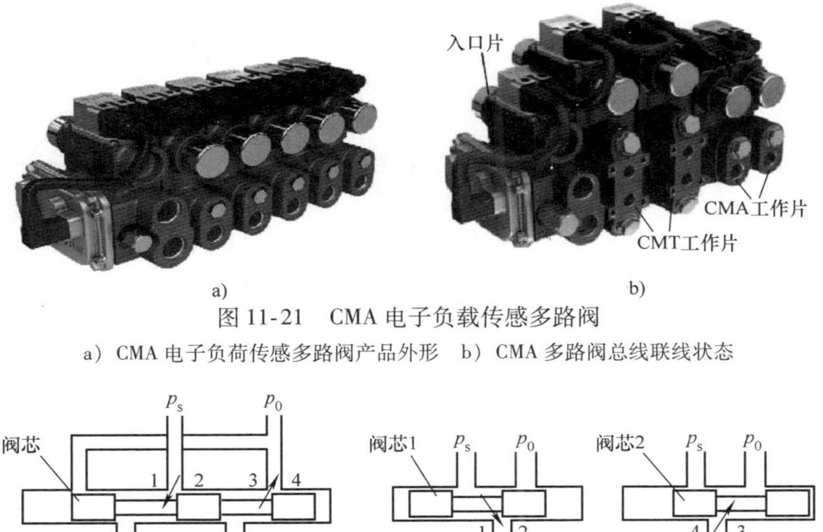

图 11-21　CMA 电子负载传感多路阀

a）CMA 电子负荷传感多路阀产品外形　b）CMA 多路阀总线联线状态

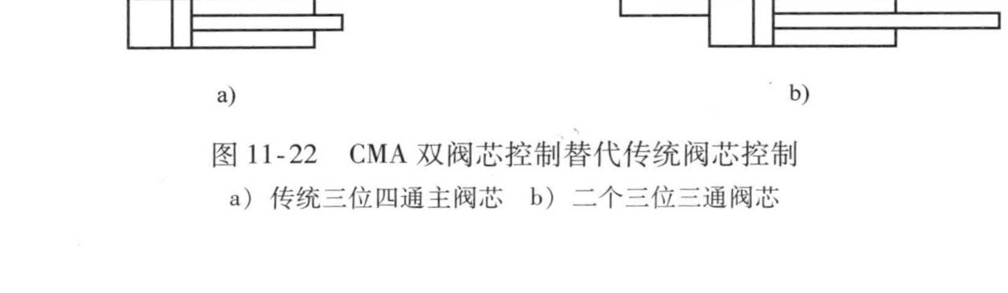

图 11-22　CMA 双阀芯控制替代传统阀芯控制

a）传统三位四通主阀芯　b）二个三位三通阀芯

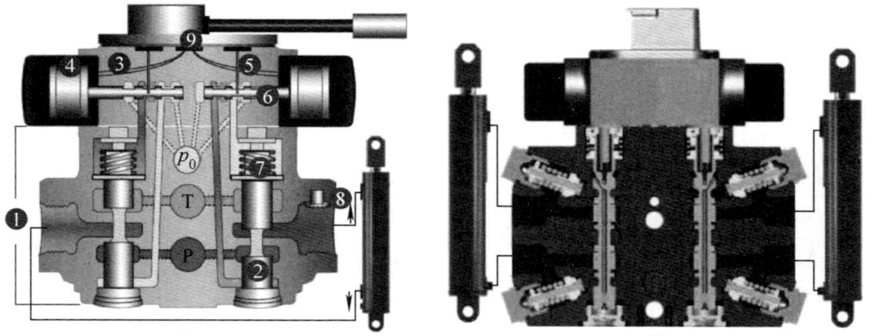

图 11-23　新一代行走机械用智能型多路阀（CMA/CMT）

a）CMA 独立负载口单液压缸工作片　b）CMT 非独立负载口双液压缸工作片

CMA 主阀采用两个二位三通比例阀芯，并带有 LVDT 位置传感器，两个主阀芯分别由两个三位四通比例阀控制，采用高频响动圈式力马达驱动先导阀芯。先导阀顶部集成有数字控制器，阀体内集成有多个压力传感器与温度传感器，控制器采集主阀芯位置传感器构成位置闭环，采集各节流口前后压力，借助高性能控制算法实现双主阀芯的独立和协同控制，从而实现对多路阀输出流量和压力的精确控制。每组多路阀最多 8 片，典型阶跃响应 24ms，支持 J1939 和 CANopen 协议。

图 11-24 所示为负载口独立的液压比例多路阀控制回路，此回路与液压 3.0 技术的负载传感控制多路阀回路相比，最明显的特点是没有压力补偿阀，没有负载压力选择梭阀，打破了阀前补偿与阀后补偿的负载传感比例多路阀的概念，而是基于传感器的采集数据，通过嵌入式电子系统及其在内的微处理器的运算，然后以放大驱动动圈式马达先导阀，实现主阀控制。因此此阀改变了传统单阀芯的设计，采用双阀芯独立控制，进出油口可独立节流，灵活性更高，无须平衡阀即可达到比较高的负载稳定性，长臂架应用中终端振幅缩减 80%。同时，CMA 的智能算法可以自动控制进出口节流，不需要开发特殊的阀芯，大大节省了多路阀调试的时间；通过软件控制，阀芯压损在一定范围内可调节，更加节能高效。在近期宝马（Bauma）展上伊顿展出基于 CMA 高级工程机械多路阀的动态演示装置，通过普通模式和减振模式的对比，生动展现出 CMA 在双阀芯独立控制算法下，对振动负载的强大的稳定控制能力。CMA 阀的减振功能特别适用于臂架式高空作业平台、混凝土泵车、云梯消防车等长臂架应用，可以大幅减小恒定负载及变动负载工况下的振幅，快速实现稳定，提高定位精度、安全性和生产效率。因此 CMA 典型应用场景在臂架控制、钻探/进给控制、角度/水平控制、回转动作、卷扬、辅助动作等方面有优势；而 CMT 典型应用场景包括铲斗、夹持、伸长、悬架、辅助动作等方面。

CMA 多路阀作为新一代行走机械用智能型多路控制阀，将极大地改善过去多路阀控制中存在的精准度和稳定性问题，证明了液压元件向数字芯片与软件定义功

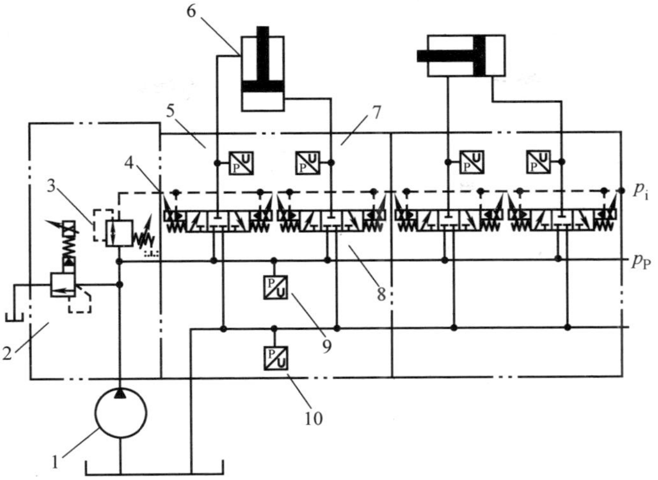

图 11-24　负载口独立多路阀控制原理图

1—定量泵　2—电液比例溢流阀　3—三通减压阀　4—第一工作油口阀芯　5—压力传感器
6—液压缸　7—压力传感器　8—第二工作油口阀芯　9—泵油口压力传感器　10—油箱压力传感器

能方向发展，极大地提高了液压元件的节能能力、通信能力与性能，这是液压元件数智高端产品的市场应用创新。但是该阀的功能完全是通过编程实现的，这对编程人员的要求提高了，不仅要通过程序设定实现基本的功能，而且要结合不同机器的工作特点，编写出适合的专用程序，对设计人员、调试人员与操作人员都要有全新的知识要求。

11.6.5　虚拟仿真设计与故障诊断数字孪生技术

除了标准产品以外，还将发展定制化的产品。通过“虚拟仿真技术”和“快速模型技术”为客户开发所需的多路阀原型样品，并协助客户共同装机调试，定制化开发的原型样品和批量生产时的多路阀完全一样。对多路阀的性能开发在总结前人经验基础上，通过对全周开口滑阀阀口进行计算和三维流场仿真研究，结合工业仿真软件对负载补偿阀芯进行建模分析，包括节流槽在内的阀结构参数与作用进行改进对比分析，从而提高节能效果并得到需要的动态特性。

数字孪生在多路阀的健康管理中也得到越来越多的关注。通过网络信息获取液压元件的运行参数，根据该液压元件的数字孪生数学模型来判断此时工作装置的运行状态。不同的方法在于采用构成要素简单，可极大降低数据中台处理数据的难度，对数据中台的算力要求低，可满足各主机厂对云数据平台数据的处理要求。此数字孪生的建模与应用如图 11-25 所示，国内也有相关的专利申请。

液压比例多路阀的虚拟现实技术也在发展。以 VR 技术为核心，在 CAD 技术基础上，设计构建液压多路阀虚拟装配系统、虚拟现实培训系统等。首先由 UG、

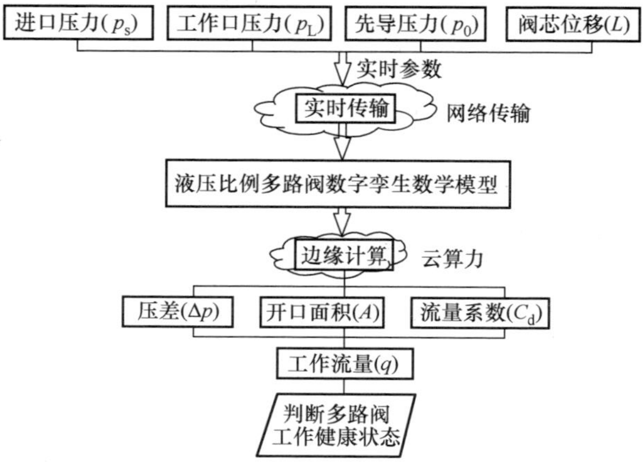

图 11-25　液压比例多路阀数字孪生的建模与应用

3ds MAX 建造多路阀零部件的三维实体模型并导入 Virtools 平台，然后重点研究互动装配实现过程的几项关键技术，最终完成交互式的多路阀虚拟装配系统。在增强现实系统中，真实物体和虚拟物体除了要实现视觉上的融合之外，还要能够实现视觉交互和物理交互。仿真系统采用了基于单目视觉的 ARToolKit 增强现实开发平台，首先对 CMOS 摄像头采集的图像进行处理，利用模式识别的方法对标识物进行图像匹配，然后对从标识物坐标系到摄像头坐标系的变换矩阵进行计算，实现虚实注册，最后通过对标识物空间位置的改变实现了虚实物体间的单向物理交互。该系统具有真实感强、交互性好、应用面广的特点，能够满足工厂实际操作培训和学校教学的需求。

11.6.6　提高负载能力和可靠性

液压比例多路阀的压力与流量的要求来自工程机械主机，特别是挖掘机的主机。为了提高挖掘机的负载能力，直接的方法是提高其液压系统工作压力、流量和功率，当今额定压力大都在 30MPa 以上，并具有向更高的压力甚至超高压液压技术方向发展的趋势；流量通常在每分钟数百升，功率在数百千瓦以上。如德国 O&K 制造的目前世界上最大的 RH400 型全液压挖掘机，铲斗容量达 $42m^3$，液压油源为 18 台变量轴向柱塞泵，总流量高达 10200L/min，原动机为 2 台 QSK60 柴油发动机，总功率高达 2014kW。由于液压挖掘机经常在较恶劣的环境下持续工作，其各个功能部件都会受到恶劣环境的影响，系统的可靠性日益受到重视。美、英、日等国家推广采用有限寿命设计理论，以替代传统的无限寿命设计理论和方法，并将疲劳损伤累积理论、断裂力学、有限元法、优化设计、电子计算机控制的电液伺服疲劳试验技术、疲劳强度分析方法等先进技术应用于液压挖掘机强度研究方面，不断提高设备的可靠性，其中包括液压比例多路阀。美国提出了考核动强度的动态设计分析方法。日本制定了液压挖掘机构件的强度评定程序，研制了可靠性信息处理系统，使液压挖掘机的运转率达到 85% ~95%，使用寿命超过 1 万小时。近些年我国在这方面的发展也很快，如太原重工已经成功研制了 2000 吨级的 WK75 型挖掘机。

11.7 电液比例多路阀采用不同负载传感技术的产品应用状态

电液比例多路阀在先导元件方面主导的是比例减压阀为主的模拟式比例先导元件（见图 11-26），电控装置集成在阀体上形成一体化。高速开关阀为先导的数字液压比例多路阀发展较快，在国内外的市场上已经占有一定份额。液压 2.0 的时代向负载传感方向发展时，采用较多是负流量控制（见表 11-2），但是主流趋势是采用负载传感技术，特别是阀后补偿的负载传感比例多路阀。它们的优势比较见表 11-3。总线控制电液比例多路阀已经是成熟的技术与产品，已经成为大多数厂商的标配产品（见表 11-4）。具有一定智能性的电液比例多路阀是下一步发展的热点，已经推出的 CMA 初步智能比例多路阀也在应用与推广上下功夫，接受市场推广的挑战。这一挑战主要来自成本与软件难度的制约，CMT 的新发展也有利于这种液压 4.0 技术的推广。

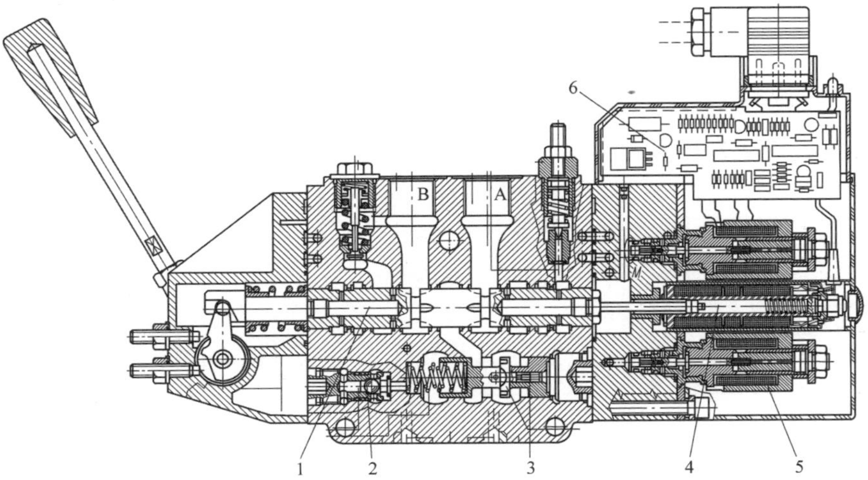

图 11-26 采用比例减压阀为先导的负载传感多路阀

1—主阀芯 2—梭阀 3—压力补偿阀 4—LVDT 位移传感器 5—比例减压阀 6—数字控制器（带 CAN 总线控制）

生产电液比例多路阀产品的主要厂商有派克、博世力士乐、伊顿（丹佛斯）、恒立液压、岛津（Shimadzu）、川崎重工、海宏液压、徐工集团（AMCA）、潍柴动力、布赫液压（Bucher Hydraulics）、长江液压、哈威、国瑞液压、诺玛、成都阀智宝等。核心厂商包括丹佛斯、博世力士乐和派克等，前三大厂商占有全球大约

50% 的市场份额。美国是全球最大的多路阀生产地区，之后是欧洲和中国。按产品类型拆分，分片式是最大的细分市场，市场份额超过 70%，最大的应用市场是工程机械领域。

表 11-2　四种负载传感控制回路的早期工程应用状况

生产商/型号		负载传感控制 整机质量/t 10–12	15–18	20	22–24	25–28	30–32	40–45	控制系统
小松	PC–3,PC–5	负流量	负流量	负流量	负流量	负流量	负流量	负流量	OLSS (中位开式负荷传感系统)
小松	PC–6,PC–7,PC–8	负载传感	负载传感	负载传感	负载传感	负载传感	负载传感	负载传感	CLSS (中位闭式负荷传感系统)
日立	UH	×	×	正流量	正流量	正流量	正流量	正流量	
日立	EX–2	×	×	负载传感	负载传感	负载传感	负载传感	负载传感	ELLE(电子控制负荷传感系统)
日立	EX–5	×	×	负流量	负流量	负流量	负流量	负流量	HIOS(人工智能操作系统)
日立	ZX,ZX–3	×	×	电子正流量	电子正流量	电子正流量	电子正流量	电子正流量	
神钢	SK–3,SK–5,SK–8	×	×	电子正流量	电子正流量	电子正流量	电子正流量	电子正流量	ITCS(智能全局控制系统)
神钢	SK–6,SK–6E	×	×	负流量	负流量	电子负流量	电子负流量	电子负流量	
住友	SH–5	负流量	负流量	负流量	负流量	×	电子负流量	电子负流量	NEO (新生态系统)
加藤	HD–7	负流量	负流量	负流量	负流量	×	电子负流量	电子负流量	APC (自动功率控制系统)
沃尔沃	EC	负流量	负流量	负流量	负流量	负流量	负流量	负流量	
斗山	HD–3,HD–5 HD–7,HD–9	负流量	负流量	负流量	负流量	负流量	负流量	负流量	EPOS (电子功率优化系统)
现代	R–3,R–5,R–7 R–9	负流量	负流量	负流量	负流量	负流量	负流量	负流量	CAPO (计算机辅助功率优化系统)
利勃海尔	R900–R904	×	负载传感	负载传感	×	×	×	×	LUDV (博世力士乐负荷传感分流器)
利勃海尔	R914–R924	×	×	×	负载传感	负载传感	×	×	LSC (林德同步控制系统)
阿特拉斯	2006–2306	×	×	负载传感	负载传感	负载传感	负载传感	×	AWE (阿特拉斯威斯豪森 电子控制系统)
阿特拉斯	2606–3306	×	×	负载传感	负载传感	负载传感	负载传感	×	
卡特彼勒	300	负流量	负流量	负流量	负流量	负流量	负载传感	负载传感	不详
卡特彼勒	300B,300C,300D	负流量	负流量	负流量	负流量	负流量	负流量	负流量	不详
柳工	920D–925D	×	×	负流量	负流量	负流量	×	×	CAPC(微型计算机全功率控制系统)
三一重工	SY215C–8	×	×	×	正流量	×	×	×	不详
雷沃	FR220–7	×	×	×	正流量	×	×	×	不详

表 11-3　四种负载传感控制回路的优缺点

项目	多路阀中位开式		多路阀中位闭式	
	负流量	正流量	阀前反馈负载传感	阀后反馈负载传感
节能	泵出口压力与负载压力相等，泵出口流量大于动作需要流量；对于中位最大压力损失，旁通型约为 3.5MPa、先导型为 0.5MPa		泵出口压力与负载压力相等，泵出口流量大于动作需要流量；无中位压力损失，存在 LS 压差损失约为 1～2.4MPa	
	□良好		□良好	

（续）

<table>
<tr><td rowspan="2">项目</td><td colspan="2">多路阀中位开式</td><td colspan="2">多路阀中位闭式</td></tr>
<tr><td>负流量</td><td>正流量</td><td>阀前反馈负载传感</td><td>阀后反馈负载传感</td></tr>
<tr><td rowspan="2">复合动作协同性</td><td colspan="3">各动作分配的流量大小除与主阀开口有关外，也与负载大小有关，压力小的先动，压力大的后动</td><td>各动作分配的流量大小与负载大小无关，仅与先导阀操作角度有关，操作自如</td></tr>
<tr><td colspan="3">△一般</td><td>○特点</td></tr>
<tr><td rowspan="2">单个动作操作性</td><td colspan="2">受液动力影响大（与负载压差有关）；操作通过调整阀芯开度或行程实现，但过流量与负载有关，调节不准确。操作柔和有手感</td><td colspan="2">节流阀有补偿，压差恒定不受负载影响。可通过调整阀芯开度或行程实现，调节较准确。操作性较差，无手感</td></tr>
<tr><td colspan="2">□良好</td><td colspan="2">○特点</td></tr>
<tr><td rowspan="2">静动态特性</td><td>控制压力经主阀反馈，控制滞后，频响略慢</td><td>控制压力从手柄直接反馈，系统响应速度快</td><td colspan="2">控制压力经主阀反馈，控制滞后，频响略慢。但超调较大，闭环抗干扰，静态稳定性好</td></tr>
<tr><td>□良好</td><td>○特点</td><td colspan="2">□良好</td></tr>
<tr><td rowspan="2">制造与维修</td><td>结构简单，维修方便</td><td>维修性不及旁通型</td><td colspan="2">结构复杂，油液清洁度要求高</td></tr>
<tr><td>○特点</td><td>□良好</td><td>□良好</td><td>△一般</td></tr>
</table>

表 11-4 具有总线功能的负载传感多路阀产品

生产厂家	补偿形式	型号	压力等级 MPa	进油流量 L/min	A/B 流量 L/min	总线控制
丹佛斯	阀前补偿	PVG 16/32/120/256	35	230～600	65～400	可选
	阀后补偿	PVG 100	35	400	240	可选
博世力士乐	阀前补偿	M412/15	35～40	300～400	130～200	可选
	阀后补偿	M7－20/22/25	38	350～650	250～650	无
诺玛	阀前补偿	RT－PSL/V－2/3/5	40～42	80～300	54～240	可选
林德	阀后补偿	VW 14S/30	35	250～1000	150～600	无
		HDS 34	30	180	150	可选
布赫液压	阀前/阀后	LCV 100/LVS 18	25～37	160～400	100～260	可选
丹佛斯（原伊顿）	阀后补偿	CLS 100/180	35	150～220	100～180	无
	双阀芯	CMA 90	38	200	120	可选
派克	阀后补偿	VP 120	28	160	120	无
	阀前补偿	L90LS	33	230	160	无
强田	阀后补偿	DCV55/75/105/175/355	31.5～38	80～500	55～400	可选

（续）

生产厂家	补偿形式	型　号	压力等级	进油流量	A/B 流量	总线控制
			MPa	L/min	L/min	
成都阀智宝	阀前补偿	IDP16	40	140	100	可选
徐工液压	阀前补偿	XPV 12/16 XDV10/12	35～40	150～240 80～160	100～180 60～120	可选

11.8 数字液压比例多路阀典型产品

11.8.1 丹佛斯采用高速开关阀为先导的液压比例多路阀

丹弗斯的 PVG 比例多路阀是世界首创的采用高速开关阀为先导的多路阀，经过较长时间的开发，终于获得市场认可并创造出上亿美元的产值。根据 2017 年数据，此阀在我国的销售额已占世界销售总额的 5%。目前在我国浙江临海生产 PVG 的零部件及组装件，元件的软件核心部分仍归国外总公司掌握。此比例多路阀的压力等级为 35MPa，流量范围为 20～600L/min（见表 11-4）。

1. 高速开关阀为先导的比例阀电控装置（PVE）

图 11-27 所示为 PVG 比例多路阀结构原理简图，整个比例阀分成二大部分：主阀体部分与具有嵌入式微处理器的电液控制模块（PVE）。图中右部的高速开关先导阀组成了桥式先导回路。PVE 是将电子元件、传感器和驱动器集成为一个独立单元，然后直接和比例阀的阀体相连。集成式电子控制装置可以补偿阀芯压力、内部泄漏、油液黏度变化、先导压力等所带来的影响。这样可以保证系统的低迟滞和高精度。

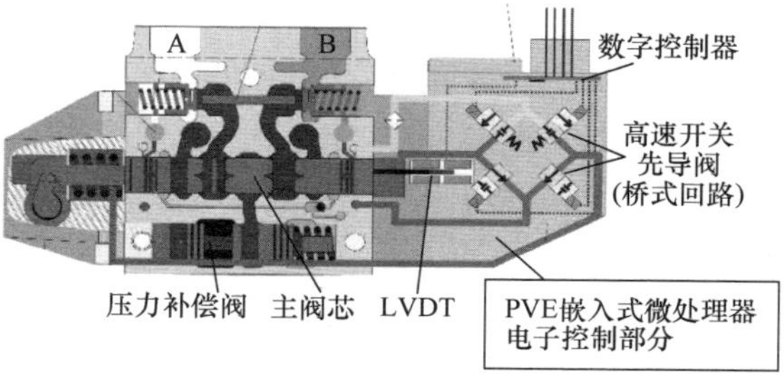

图 11-27　PVG 比例多路阀及其电气驱动电控装置（PVE）

PVE 高速开关阀数字比例控制系统的液压桥路控制原理如图 11-28 所示，其工作原理是电控单元输入 PWM 信号，阀在工作过程中产生不停的开关动作，输出离散性脉冲流量，在流道中形成了可调制的流量输出。通过调节 PWM 的占空比，可以得到与占空比成比例的流量输出。此脉冲流量作为先导阀控制量输入主阀芯的左或右控制容腔，经过控制容腔的积分过程使主阀芯产生成比例的位移，主阀出口就获得了与先导阀输入占空比成比例的流量。当 PWM 的占空比改变后，使与输入此占空比成比例的流量输出也随之改变，形成了此多路阀的流量特性曲线，如图 11-29所示。所有的比例驱动模块都配有集成在内的位移传感器，通过检测阀芯的运动位置产生反馈信号，和输入信号对比后所得的偏差为零时，说明主阀芯到达

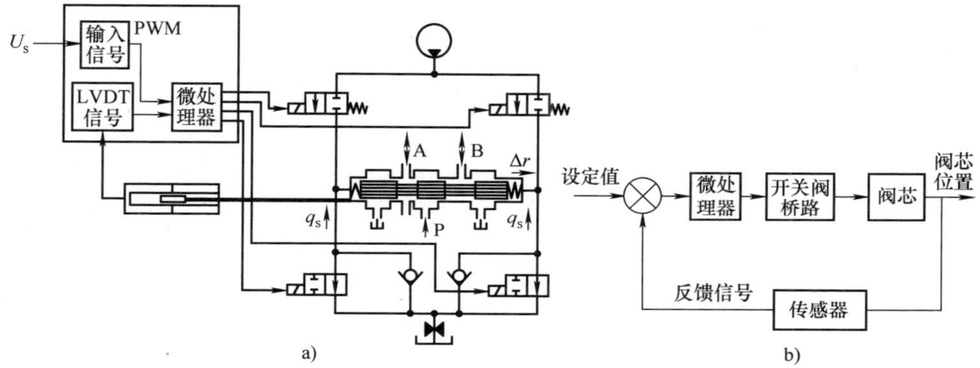

图 11-28　PVE 高速开关阀数字比例控制系统的液压桥路控制原理
a）控制系统简化模型　b）控制系统方框图

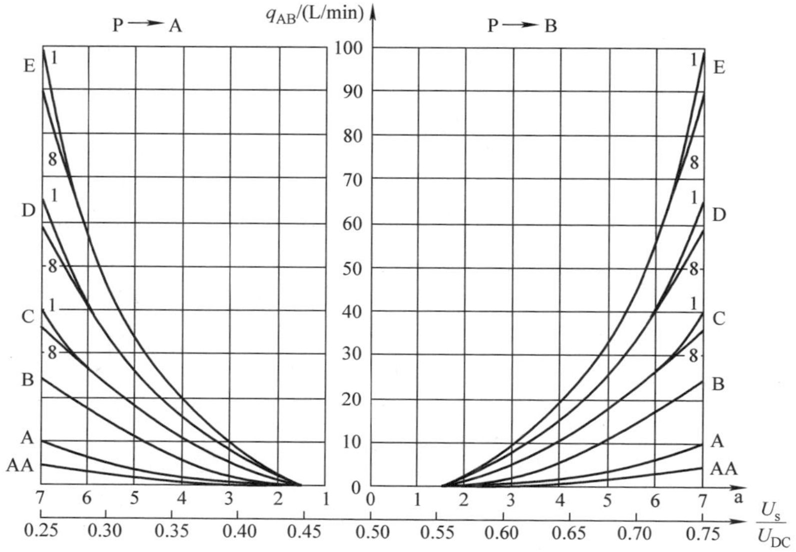

图 11-29　PVG 比例多路阀的流量特性曲线

所需位置，按脉宽调制原理产生的控制停止，驱动主阀芯到达要求的位置。由此可见，本比例多路阀的核心技术就是电控驱动按脉宽调制的控制功能与配套设计的控制器，所以核心技术包括硬件方面 CPU、硬件电路的实现方式、运行机理、故障维护等，也包括软件方面的语言（类 PLC）、软件开发工具（驱动层软件、协议层软件和应用层软件）等。软件均运行在非开源环境下，因此软件控制底层更是技术核心。同时对用户在采用此比例多路阀时，随阀的选择、开发、调试等目的还提供一套“应用开发平台 PLUS +1 软件”，作为数字类产品的工业应用软件提供支持。

电液控制模块（PVE）种类很多，其中一个种类的电气驱动先导控制技术参数见表 11-5，可见采用数字高速开关阀来实现多路阀的比例控制，能够得到较快的响应速度和较低的迟滞。该系统还利用了 LVDT 位移传感器，该主阀芯位置的检测与反馈，不仅提高了系统控制的响应速度，也提高了主阀芯的控制精度。

表 11-5　PVE 电气驱动先导控制技术参数

额定电压/V	输入阻抗/kΩ	额定电压下的信号电流/mA	信号电压 U_{DC}/V		先导压力/MPa	先导流量/(L/min)	响应时间/s	迟滞(%)
			中位	A 口↔B 口				
12/24	12	0.25～0.70	0.50	0.25～0.75	0.5～1.5	0.002～1.000	0.05～0.7	0/2/4

图 11-30 所示为 PVG 数字比例多路阀的工作原理。

2. 比例多路阀电控装置 PVE 功能与性能的试验验证

为了验证 PVG 电控比例阀控制技术的设计和方法，特别是验证 PVE 功能模块控制技术的有效性，按图 11-28b 所示的控制系统方框图对 PVG 比例多路阀的功能与性能进行试验验证，试验的液压系统原理图与电路系统结构框图如图 11-31 所示。

在此验证系统装置中采用了英飞凌公司的 BTN8962TA 高电流的 PN 半桥驱动器，它是将三个芯片封装在 PG－TO263－7－1 中，有一个 P 通道高边 MOSFET 和一个 N 通道的低边场效应晶体管和一个驱动的集成电路，输出电流高达 30A。BTN8962TA 通过连接数字信号处理器（DSP）的 I/O 口及 PWM 口，将 PWM 信号功率放大，从而驱动 PVG 比例多路阀。驱动比例阀试验液压系统原理如图 11-31a 所示，电路系统结构框图如图 11-31b 所示。BTN8962TA 驱动控制原理如图 11-32 所示，该方法的特点是外围电路简单，引脚使用较少，直接输出 PWM 信号就可以控制高达 30A 的大电流，通过 IN 输入，可以很方便地控制输出。当 DSP 给功率开关芯片 BTN8962TA 的使能引脚 INH 低电平时，该芯片不工作，输出高阻态；当 INH 高电平时，芯片工作，输出随 IN 引脚变化，IN 为高时输出为高，IN 为低时输出为低。通过设置 DSP 的 PWM 信号，经过 BTN8962TA 功率放大控制比例液压阀阀芯开度大小，从而达到控制液压流量的目的，驱动比例阀控制流程图如图 11-33 所示。

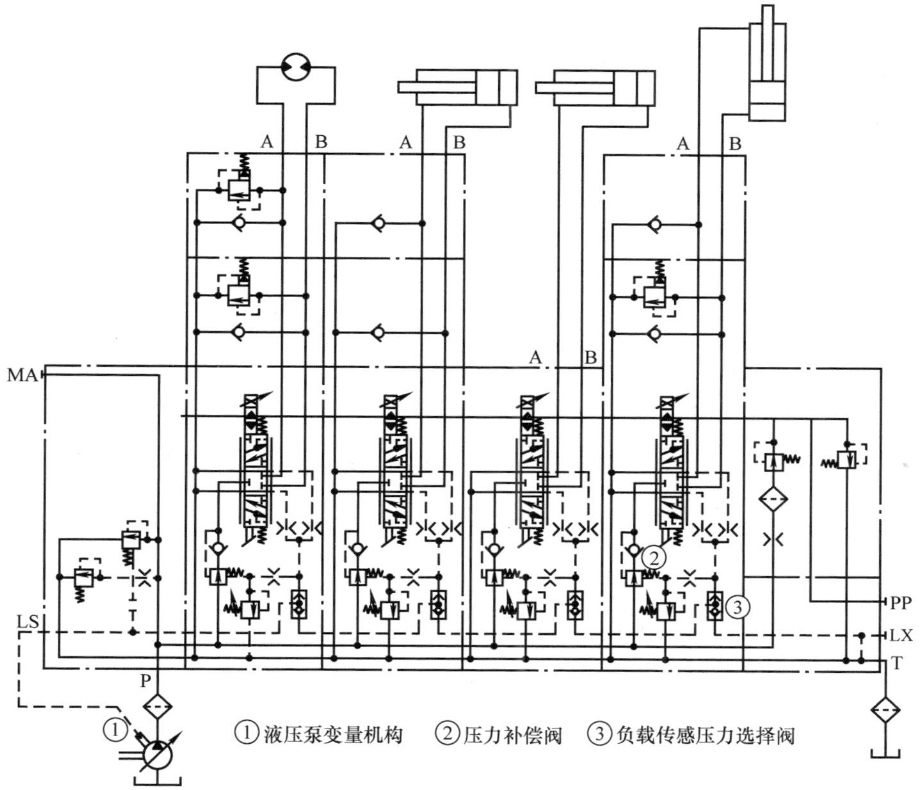

图 11-30　PVG 数字比例多路阀的工作原理

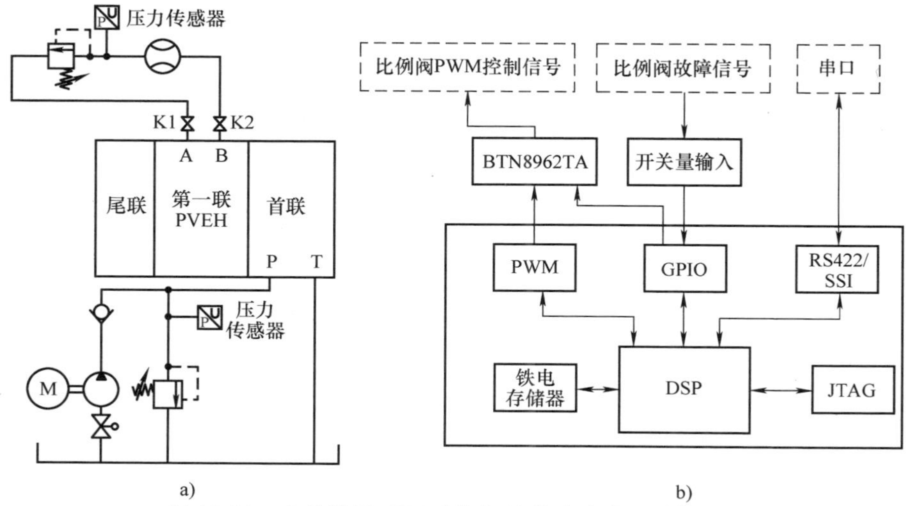

图 11-31　电控装置 PVE 功能与性能试验验证系统原理

a）驱动比例阀试验液压系统原理图　b）驱动比例阀电路系统结构框图

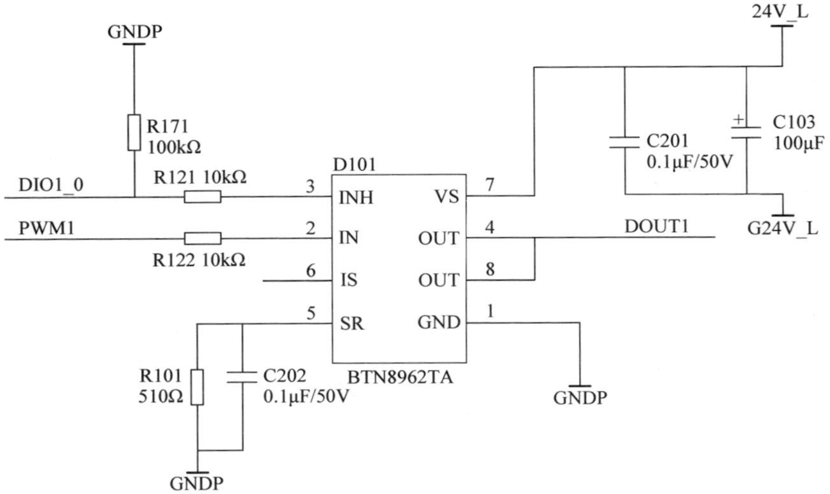

图 11-32　BTN8962TA 驱动控制原理

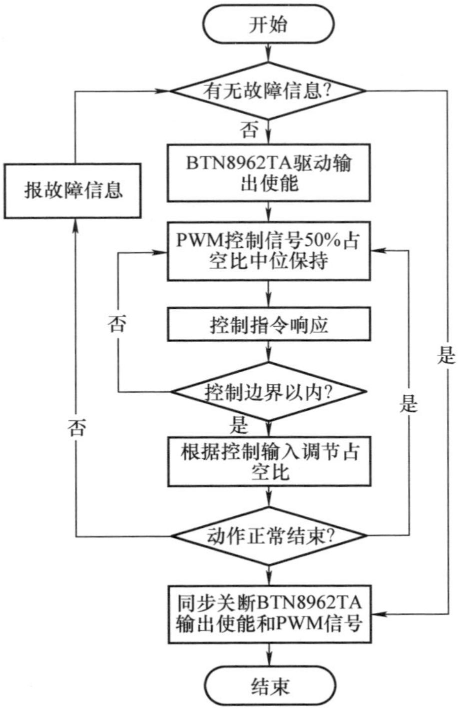

图 11-33　驱动比例阀控制流程图

在图 11-31b 所示的驱动比例阀的电路系统中，采用了通用可编程数字信号处理器，其具有非常高的处理信号的运算速度，从而实现各种繁复的计算、解压码和编译码。这种数字信号处理技术与硬件设备具有灵活、精确、尺寸小、造价低、速度快等突出优点，是模拟信号处理技术与设备无法比拟的。在此电路中还采用了“联合测试行动小组（JTAG）”模块，此模块可以用作编程、调试和探测端口。它也是一种协议，用于芯片内部测试。由于是协议，自然也是一种接口，即一种将 PC 与芯片连接起来的接口。JTAG 的基本原理是在器件内部通过 TAP 测试访问控制器，对芯片内部节点进行测试，也为嵌入式系统提供有用的调试机制，提供一个在系统中方便的“后门”，使得程序员可以经由 JTAG 去读取集成在 CPU 上的调试模块，并调试嵌入式系统中的软件。

在采用以上电控装置 PVE 功能与性能试验验证系统后进行了相关试验，测试方法是设置 PWM 占空比按 50%→25%→50%→75%→50% 的顺序变化，步进值按 1% 变化，记录流量传感器的显示值 Q 以及 PWM 等效信号电压值 U_s。测试 PWM 信号及流量曲线如图 11-34 所示，表 11-6 列出了电控装置 PVE 性能试验结果。

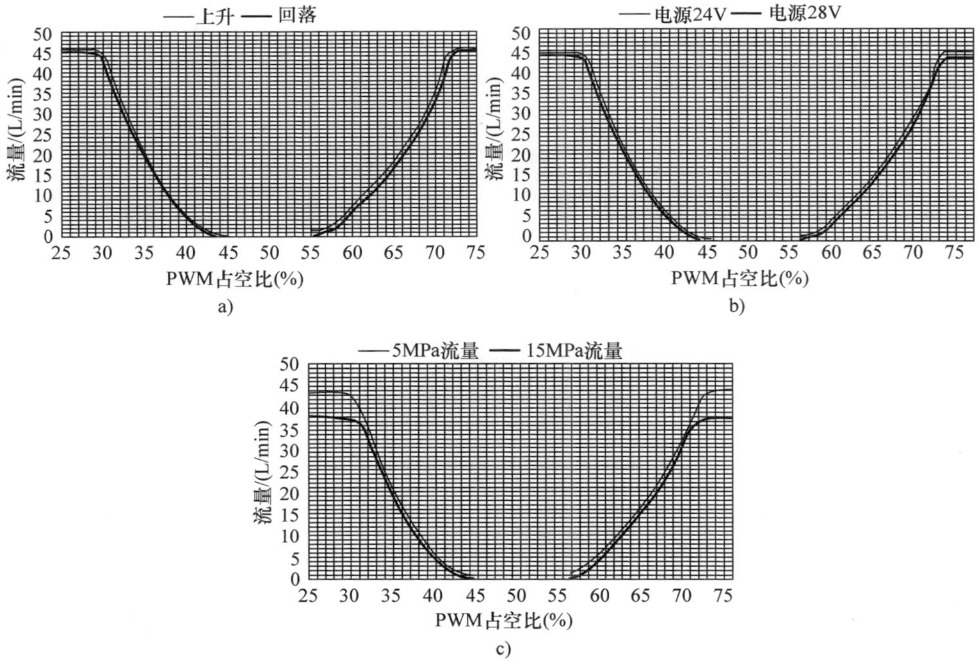

图 11-34　在背压或电源电压变化情况下的比例多路阀流量曲线比较

a）背压 5MPa 与电源电压 24V 时　b）电源电压 24V 与 28V 相比较（背压 5MPa 下）

c）背压 5MPa 与 15MPa 相比较（电源 24V 下）

表 11-6　电控装置 PVE 性能试验结果

序号	背压 /MPa	电源电压 /V	A 口流量重复性（%）	A 口死区（%）	A 口最小稳定流量/（L/min）	流量重复性（%）	B 口死区（%）	B 口最小稳定流量/（L/min）
1	5	24	-1.91	50~44	1.547	-0.74	50~56	1.1
2	5	24/28	0.92	50~44	1.554	2.34	50~56	1.1
3	5/15	24	2.82	50~43	1.404	-0.9	50~56	0.988

分析时主要考虑曲线的线性度，选取 31%~70% 区间进行比较。从测试结果可以看出，控制重复性好，压力上升、下降连续，无突升、突降现象，控制精度高，性能稳定。从试验结果可以看出，电源电压的变化以及背压的变化不会影响液压比例阀的流量控制精度，重合度很高。

11.8.2　派克高速开关数字阀为先导的比例多路阀

派克所生产的 VPL 系列多路阀同样采用类似丹佛斯这种先导高速开关阀方案，区别是使用两个二位三通高速开关阀作为先导，并注册为 Pulsar 阀，如图 11-35 所示。其先导控制采用 PWM 信号，额定电压/电流为 12V/430mA 或 24V/370mA，控制频率为 33Hz。

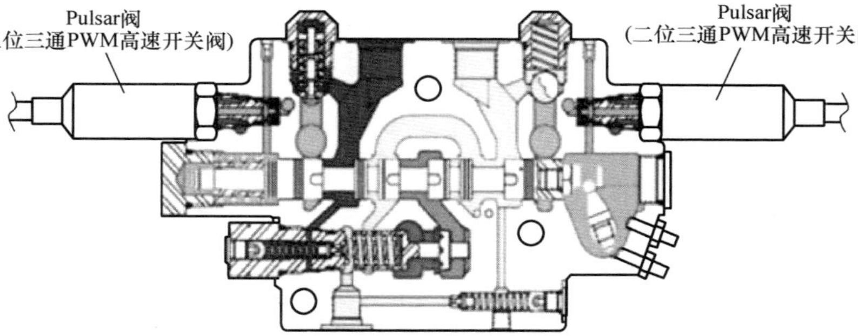

图 11-35　二位三通高速开关阀作为先导的比例多路阀（VPL 系列）

Pulsar 高速开关电磁阀可供电压是 12/24V DC 可选，由微处理器驱动，耗用功率低，驱动电流可以小于 500mA。该阀具有专利保护，使用数字量 PWM 信号，采用 PWM 脉宽调制的占空比来实现平顺的阀控特性。阀的控制精度优化后滞环小，能够得到稳定的压力输出，阀的力学性能也好，对污染不敏感，采用了插装阀形式，易于维修更换，无须调零。

此电液先导高速开关插装阀的性能见表 11-7。

表 11-7　派克 Pulsar 电液先导高速开关插装阀的性能

电压 /V（DC）	线圈电阻 /Ω	耗用电流 /mA	PWM 频率 /Hz	阶跃响应 /ms	图形符号
12	28	430	33/90	80（90Hz 时）	
24	65	370	33/90	80（90Hz 时）	

11.8.3　用于工程机械控制的赫斯可（HUSCO）液压数字比例阀

EHPV 是“Electro – Hydraulic Poppet Valve”的简称，并已经注册。它是由赫斯可与 FPMC（Fluid Power & Motion Control）资助的项目，也已经成为赫斯可的创新性产品。它是在 2005 年前后开发研制的（见图 11-36），其开发与当时威格士的 Valvistor 做过比较，二者有一定的类比性。但是 EHPV 在智能性的开拓方面又有发展。

赫斯可研发的螺纹插装阀结构的 EHPV 液压阀，采用双向二位控制阀，且带有压力补偿机构，如图 11-36 所示。此阀通过 4 个阀组形成的液压桥式回路控制执行器端口的运动状态。这也是一种独立负载口控制的技术，使多路阀的控制灵活性与节能效果都有提升。该阀使用 CAN 总线 J1939 协议进行信号的传递和控制，可以根据操作者的指令，通过执行器端口的压力来调节阀的开度。使用该阀可以省去平衡阀组，使得系统的控制功能增加。在复杂运动控制中，采用协调控制算法，提高了操作者的操作效率。EHPV 的 PWM 控制信号频率为 100Hz，额定压力为 350MPa，有 75L/min、150L/min 和 800L/min 三种流量规格。

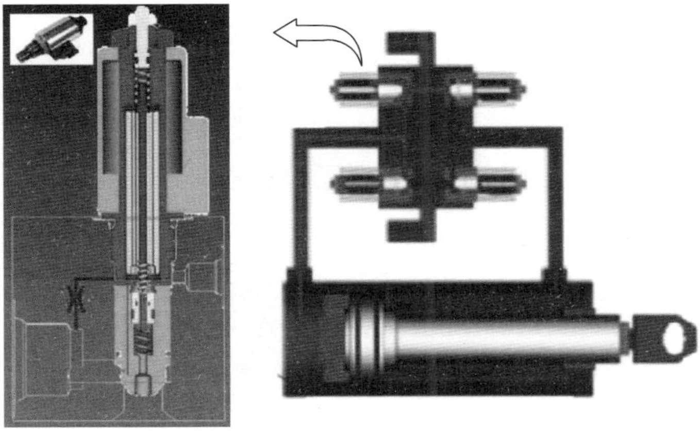

a)　　　　　　b)

图 11-36　赫斯可 EHPV 液压螺纹插装比例阀（2005 年）

a）EHPV 螺纹插装比例阀　b）EHPV 桥式组合阀

此阀在小型挖掘机上进行了性能试验，是将装有插装阀阀组的集成阀块安装在近执行器端，避免了液压管路对控制系统的影响和液压容腔对控制性能的延迟作用。从理论和试验的角度证明 EHPV 可编程阀在流量模式切换和节能性方面的优点。另外，此系列阀还应用于捷尔杰（JLG）的登高车上，并进行了系列化生产，动臂下降速度增加 12%，泄漏点减少 27%，流量增加 25%，系统稳定性增加。

EHPV 比例阀的智能性在于可以根据负载变化进行自调节（见图 11-37），成市场上具有很好的自节流功能的比例阀。此阀自带先导，无须外部先导压力，可以承受压力为 7～35MPa，由于有压力补偿功能，即不受外负载影响，所以内泄漏小、迟滞低。

EHPV 元件可以用于比例多路阀，仍然可以用 PWM 作为信号输入。此阀的非线性控制理论的应用通过试验证明有效（见图 11-38），成功地通过“学习树”的分层方式来解决非线性的比例控制问题。

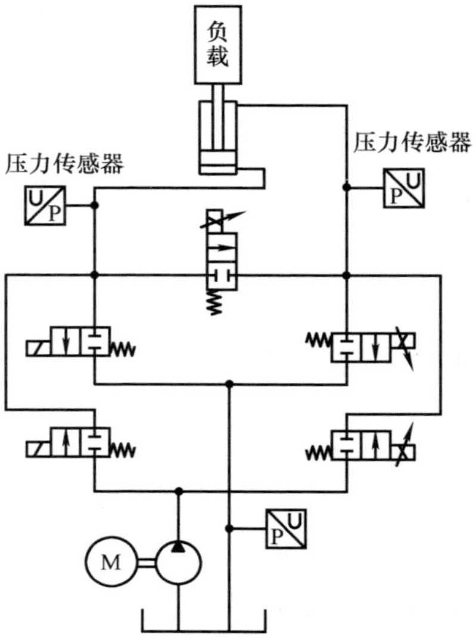

图 11-37　EHPV 用于工程机械比例多路阀

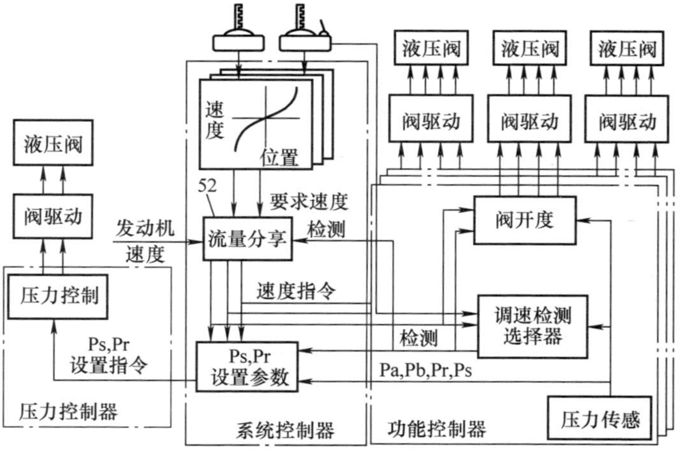

图 11-38　EHPV 分层控制策略（美国专利）

11.8.4　成都阀智宝防爆总线型数字开关式负载传感比例多路阀

成都阀智宝具有自主知识产权的数字开关式负载传感比例多路阀（IDP 系列）在 2019 年投入市场，至今已具有一定的生产规模。此阀的外形图如图 11-39a 所示。外形的特点之一是出线插头可以上下灵活安装（见图 11-39a），便于现场的使用与维护。采用了防爆措施与 CAN 总线，控制策略通过对比试验具有更好的效果，线性度高。此阀装有 MCU 芯片（见图 11-39b）与利用高速开关先导阀（见图 11-39c）的桥式回路，图 11-39d 所示为阀的原理图。

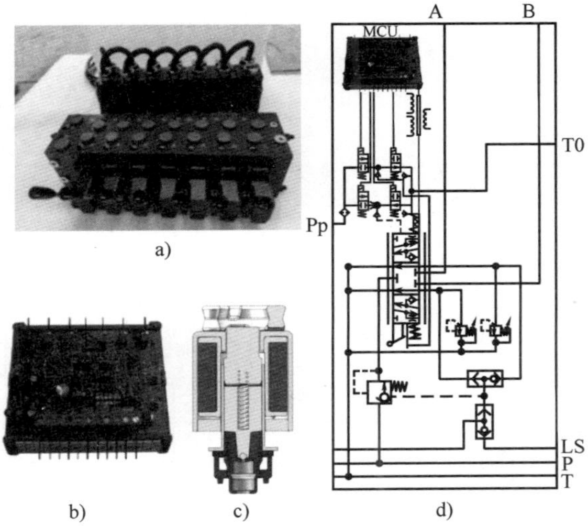

图 11-39　成都阀智宝数字开关式比例多路阀（IDP 系列）

a）IDP 总线比例多路阀外形　b）嵌入式芯片　c）高速开关先导阀　d）IDP 比例多路阀原理图

IDP 16/25 是一种负载传感比例多路阀，是将控制器、传感器和驱动器集成一体形成电控模块与主阀一体。传感器通过检测阀芯的运动产生反馈信号，根据反馈信号和输入信号对比所得的偏差，通过一组高速开关电磁阀桥来控制主阀芯的运动方向、速度和位置。因此该阀具有低迟滞和高精度。

该比例多路阀具有以下鲜明特点：

（1）数字　国内首创高速脉冲阀应用于比例多路阀；高速开关阀频响达 300Hz（PVG 为 40Hz），控制精准、不失真、抗干扰。

（2）总线　CAN_BUS 总线阀，能进行网络通信，兼容模拟量控制信号输入方式。

（3）防爆　国内具有总线与防爆功能证书的阀。

（4）闭环　带位移传感器，形成自反馈的阀，控制精度高。

（5）高精度　滞环不大于 2%（见图 11-40）。

（6）个性化　根据用户工况要求，进行底层软件个性化设计。可以根据工作曲线、用户标定、特定数据上传后以定制化方式生产。

（7）特性　良好的调速特性，与负载无关的流量分配抗饱和特性。

（8）使用简便　只要给定目标值，无须调节比例阀“死区、增益、颤振”。

（9）功能强　所有负载传感功能加上防爆；高压达42MPa；功耗低至约8W。

（10）前瞻性　为数智液压发展打下基础。

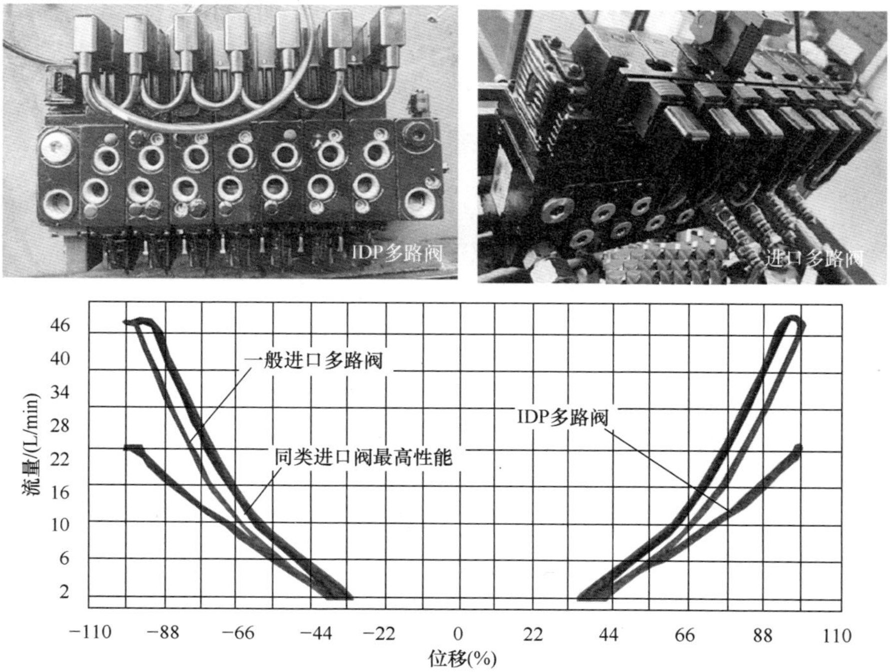

图11-40　IDP与进口阀的滞环特性类比试验

11.9　数智液压比例多路阀典型产品

伊顿（现丹佛斯）于2010年前后推出CMA系列初级智能性比例多路阀产品，2018年前后又将CMA系列产品扩展到CMT系列。CMT系列多路阀是具有一阀双执行器控制功能的创新产品，已经在本章前半部分中阐述。

11.9.1　CMA初级智能阀的工作原理

伊顿推出的基于负载口独立控制技术的CMA系列比例多路阀，其原理、结构与外形分别如图11-41与图11-42所示。CMA最突出的特点就是在液压阀芯作为执行部分采用了双阀芯设计，可以对执行机构的进出油口进行独立控制，从而解决了阀芯的耦合问题；而在性能方面就是具有开创性的智能性能，大大增加了控制的灵活性。同时CMA内嵌P/T/A/B四个油口的压力传感器和T口的温度传感器，并且主阀芯采用LVDT闭环控制。这样流量控制就可以基于实时反馈的压力和油液温度进行补偿。实现了基于电反馈下微处理器控制的压力补偿和温度补偿，使得控制精度更高。

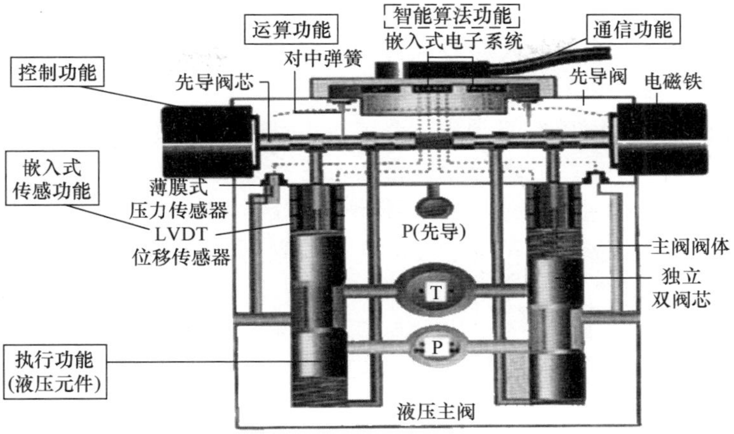

a)

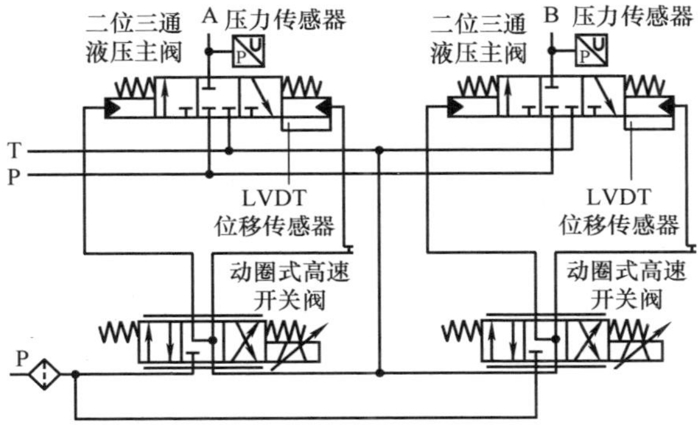

b)

图 11-41　伊顿 CMA 系列数智液压比例多路阀

a）CMA 结构原理图　b）CMA 动圈式先导数字高速开关阀

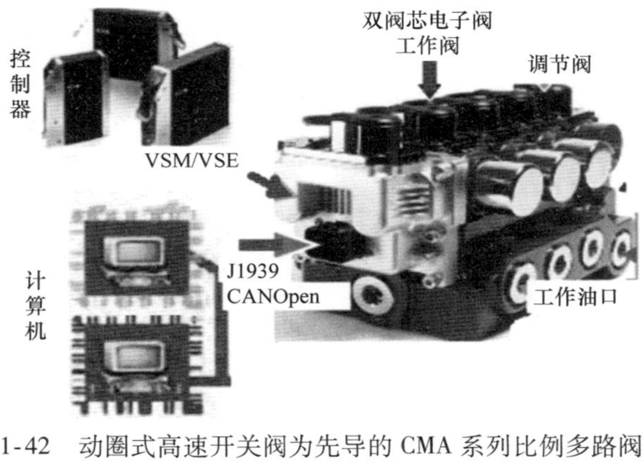

图 11-42　动圈式高速开关阀为先导的 CMA 系列比例多路阀外形

在液压先导控制阀上采用音圈电动机作为电液转换器，大大提高频响的同时还减小了先导级的控制电流。这是又一种形式的高速开关数字阀。减小控制电流不仅节能更减少发热，对多路阀同样意义深远。在流量分配（抗流量饱和）方面，有三种流量分配方案可供配置选择（在后述分析），并且可以通过软件进行配置。相比于负载传感方式的液压多路阀，不要求压力补偿和流量分配硬件配置，CMA 所有的控制基于电子反馈微处理器处理，加入更高级的算法，因此更加灵活、精确、高效、迅速。整个阀通过 CAN 总线与其他系统部件进行通信，并且有成熟的控制算法和配置软件进行控制。可以说液压控制 CMA 产品是对整个液压控制技术与产品的又一次性创新。

CMA 比例多路阀有如下特点值得强调：

1）此阀采用负载口独立的概念，这也是借高速开关先导阀而形成的（高速开关阀由于频响原因只能够采用二位二通或二位三通阀）。打破了传统三位四通阀的概念，有利于节能与灵活调节。

2）此阀所用的电液转换装置是动圈式，在伺服阀内曾有所应用。用于多路阀中的高速开关阀，发挥了这种直线电动机惯量小、力矩大、频响高的特点。

3）此阀采用了嵌入式传感器，对于液压元件的智能化特别是故障检测都有很大的促进作用。

4）此阀的最大创新特点是可以以软件编程来定义液压控制阀的功能，改变了液压阀采用硬件与节流方式来改变阀性能的传统，因此负载传感不再直接用压差采集，而是通过进出口压力传感器检测，这样又减少了负载传感所必要的压力与流量损失，将多路阀的效率提高到一个新的高度。

11.9.2　CMA 数智液压比例多路阀的初步智能性分析

CMA 数智液压比例多路阀的初步智能性表现在以下方面。

1. CMA 比例多路阀具备智能阀的所有硬软件要素

从图 11-41a 的结构图中可以看到，CMA 具备液压数智元件的 6 个功能要素，即检测阀实时性能参数的传感功能、对参数信息进行传递的信息功能、对阀的实时信息进行处理的接收与运算硬件功能、对信息可按嵌入式编程的程序进行处理的软件功能、处理发送的信息通过驱动放大后由液压执行器进行执行的功能以及由液压执行器进行执行的功能。任何数智元件都需要具备这 6 个功能要素。

2. 对于负载传感由节流传感器发展到嵌入式压力传感器

负载传感技术是选取多路阀阀口前后的压差，然后通过变量泵的负载压差阀来控制变量泵的排量，达到流量调节的目的。在 CMA 中是在阀口的前后置入嵌入式压力传感器，将压力值通信传递给微处理控制器进行判断，从而控制变量泵的排量。因此所有负载传感技术中所需要的压力补偿阀、各联压力比较选取的梭阀不再被需要，比例多路阀的取压流道也可以不再需要，使多路阀的设计、加工等有所简化。

3. 用软件编程建立抗流量饱和控制

负载传感多路阀的阀后补偿目的就是解决在使用多路阀时的流量饱和问题，这时由于液压泵流量不足以支持面临的多负载同时耦合运动。传统多路阀的阀前补偿和阀后补偿情况下，当流量供应不足时，阀前补偿优先保证低负载回路的流量，阀后补偿等比例降低各回路流量。一旦设置无法变更，因为压力补偿阀是生产时事先设置的。CMA 调节比例阀（CV）的结构如图 11-43 所示。

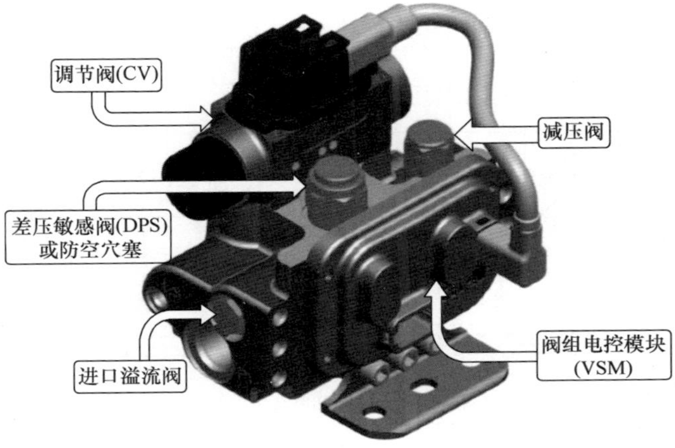

图 11-43　CMA 调节比例阀（CV）的结构

初级智能性多路阀 CMA 的抗流量饱和办法别具一格，是在液压技术中第一次采用软件编程的办法实现的，是用软件定义阀的抗流量饱和的功能，采用了电控程序单独控制各阀芯的开度，从而实现各种需要的流量分配方式。双阀芯电液比例阀 CMA 的抗流量饱和控制采用了三种方式。第一种是等比调降，让所有阀的流量等比例下降；第二种是等值调降，是保持总流量条件下对不同阀的流量有升有降，但是等值升降；第三种是独配调降，意味着对其中某个阀片采用较大幅度的流量下降，而支持需要速度上升的阀片流量得到提升。因此在抗流量饱和的情况下，不像负载传感多路阀只有等比调降一种抗流量饱和模式。这是因为在 CMA 比例多路阀中，流量的分配可以通过编程指定采用的算法决定。CMA 比例多路阀抗流量饱和策略如图 11-44 所示。

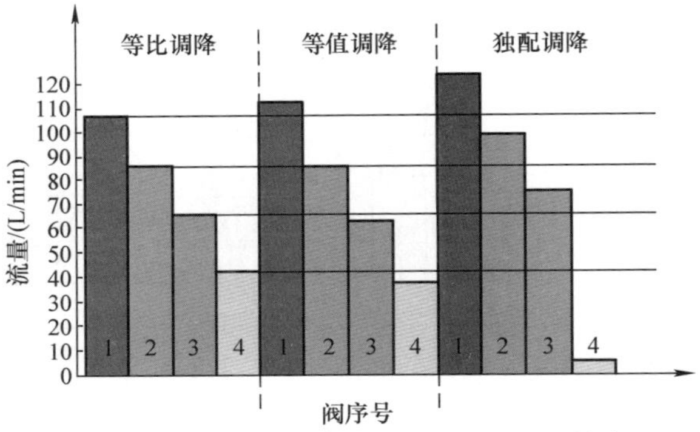

图 11-44　CMA 比例多路阀抗流量饱和策略

由于资料有限，至今为止还不能完全判断在这些工况下的控制到底应当自主控制到什么程度，但是通过图11-45a与图11-45b之间的比较，可以看到，CMA总体是打破了过去LS的控制原理与结构框架。CMA之所以具有这三种抗流量饱和模式，主要是因为具有CV调节比例回路（见图11-45b），在这个回路中根据阀的压

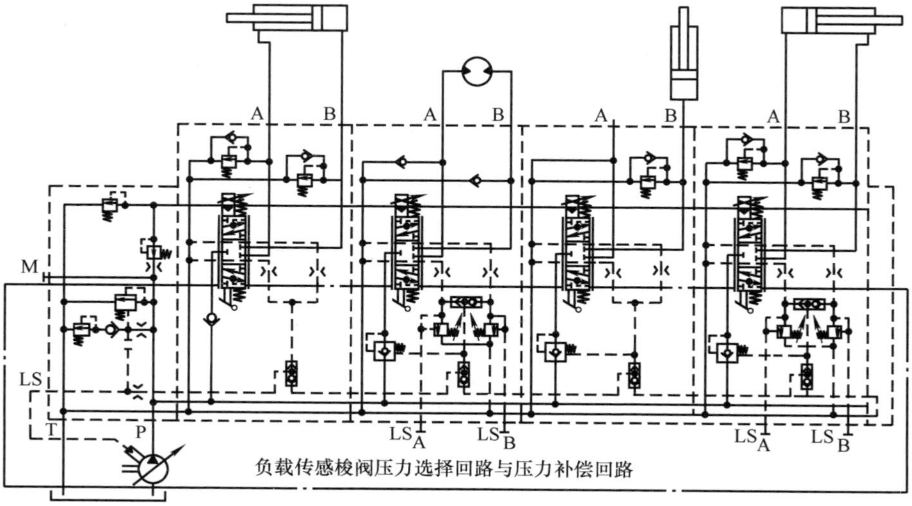

a)

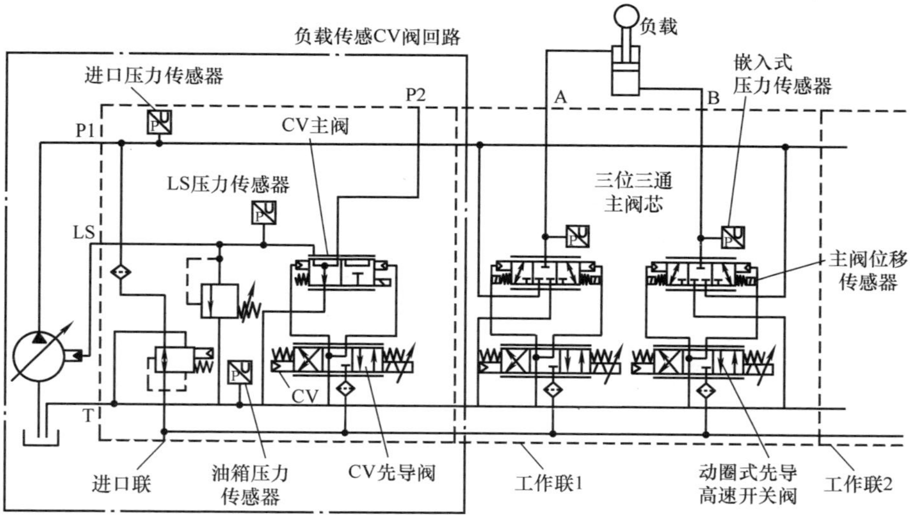

b)

图11-45　CMA抗流量饱和和CV调节比例回路的比较

a）阀前补偿负载传感系统（PVG）　b）软件编程负载传感系统（CMA）

力传感器检测值后经过嵌入式电控装置的判断，动作CV调节比例先导阀来调节LS值，进而调节变量泵的流量与各个工作片的流量，从而形成图11-44所示的三种抗流量饱和模式。CMA已经不再采用传统的硬件形成恒流的办法，但是采用了CV智能调节阀，压力传感器感知系统经过电控微处理器的运算，使工况进入负载传感控制模式。

4. 形成各种控制组合方式

就像抗流量饱和控制有三种方式一样，由于阀内集成P/T/A/B口压力传感器以及T口温度传感器，所以可实现带温度补偿的多种控制方式。通过编程及其算法可以形成带压力补偿的流量控制、带流量补偿的压力控制、智能回油控制（在重负载下实现稳定速度、加速度控制）、面向双向负载的流量控制（在双向负载下实现流量控制）、力/力矩控制、优先控制、安全模式、防管道破裂保护等。在这些控制模式中都有更高的流量分配精度。

5. 在线诊断——全压力流量监控

CMA具有此阀所有压力点的压力传感器，可以帮助检测系统的工作状态；主阀芯也带LVDT位移传感器，可以帮助检测阀的工作状态。因此可以将检测感知的性能参数输入电控控制器，通过软件的功能可以利用这些感知数据实现对此多路阀的健康管理。

在本节中论及CMA的初始智能性，之所以将CMA称为“初始智能性”，是因为液压智能元件应该具备下列四类功能：自主感知、自主控制、自主诊断、自主节能，而CMA只具备其中的1~2项功能。而这四类功能中至今仍有的尚没有很好的工程解决方法。对这四类功能而言，自主感知是弱项，因为传感器技术与产品是弱项；自主控制方面的技术已经比较成熟，包括通信技术与轴控制产品等方面，今后AI发展是注目之处；自主诊断是瓶颈，目前基于知识、模型、数据的人工智能方法，仍然很难有一个性价比高的解决方案；自主节能肯定是未来发展方向，但是尚未得到统一的技术解决方案，甚至对具体的技术方向也有待研究。

另外，CMA比例多路阀尽管在初始智能性方面迈出了第一步，但是在具体技术解决方案上仍然有不少提高快速性带来的新问题，需要进一步发展提高。

11.9.3 CMA比例多路阀的技术特点

1. 动圈式先导阀

CMA采用了动圈式电液转换的液压先导数字阀，其主要由永久磁铁、可动控制线圈、线圈骨架、内外导磁体和线圈骨架等组成（见图11-46）。在液压控制元件中，动圈式电磁铁又名音圈直线电动机，在伺服阀比例阀中使用很悠久，市场上也有各种品种，但是至今并未形成主流。在本阀中采用动圈式力马达作为先导数字阀的电液转换装置，是为了充分利用了动圈式电磁铁的特点，才能够让一个三位四通动圈式先导阀带动一个三位三通的主阀芯。这个特点就是在同样尺寸下它比动铁式电磁铁的电磁力可以大2.5倍，这是因为动圈式电磁铁没有涡流产生，与此同时线圈组件质量小固有频率高，因此它适合于高速度、高精度位置、高频激励、高频响情况，特别是需要高速的周期往复运动的应用，数字阀就是这个工况。对于动圈式电磁铁的控制装置主要通过MOSFET组成的桥式电路，通过改变脉冲的占空比来改变驱动电流，这种方式比较适合电压高、电流大、对位置要求不是很高的场合。如果改进控制策略，利用位置环和速度环并联对电流环进行控制，能达到对位置的快速响应。

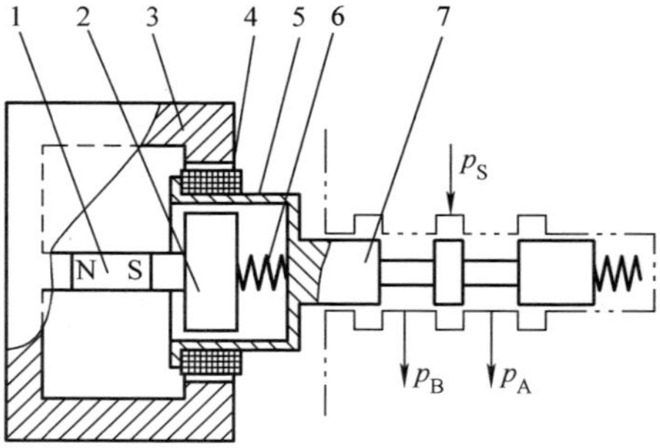

图11-46 动圈式力马达结构
1—永久磁铁 2—内导磁体 3—外导磁体
4—可动控制线圈 5—线圈骨架 6—对中弹簧
7—滑阀阀芯

2. 感知传感器

在CMA的工作原理中，采用的位移传感器与过去模拟式比例阀中采用的位移传感器的作用不一样。在比例阀中采用位移传感器的目的是，对控制的阀芯位移进行反馈，可以提高控制的精度与频响。而在CMA比例阀中采用压力传感器主要目的是，用来感知液压元件在液压系统负载条件下的工况。然后可以根据工况进行实时调节控制，达到包括恒流（负载传感）的控制的目的。还有，在CMA中的传感器需要体积小，尽可能嵌入阀的本体中，而比目前市场常见的传感器体积要小很多，直径需要小于10mm，甚至更小。

3. CAN总线控制可选

在液压元件的内部实现完全的CAN总线控制，通过内外部两种速率进行实时信息通信，达到完美的控制效果（见图11-47）。所采用的CAN总线同时提供二种可选模式，即CANopen与J1939，这是过去少见的。J1939是高速通信协议，在优先权设置、灵活性、可扩展性、彼此不影响的独立性、故障诊断独立协议与状态共享性等方面均比CANopen有优势。在其他模拟式伺服比例阀等液压元件中较多应用CANopen，如博世力士乐的4WRPDH比例阀、伊顿的KBS系列比例阀等。

CMA利用CAN总线工作的过程如图11-48所示。首先利用Pro－FX软件按控制要求编程，程序的要求编辑完成后通过外部CAN总线由VSM（阀系统模块）接受，然后再通过内部总线将这些指令下载到工作片上，在实际元件工作时按这些指令进行操作。

4. 软件语言

CMA中采用了伊顿开发的Pro－FX软件语言，此Pro－FX语言是在CoDeSys的基础上加上伊顿的库文件等所形成的语言。图11-49所示为Pro－FX在液压比例阀中的配置应用。从图中可以了解到Pro－FX是一个PC工程应用的配置工具，它

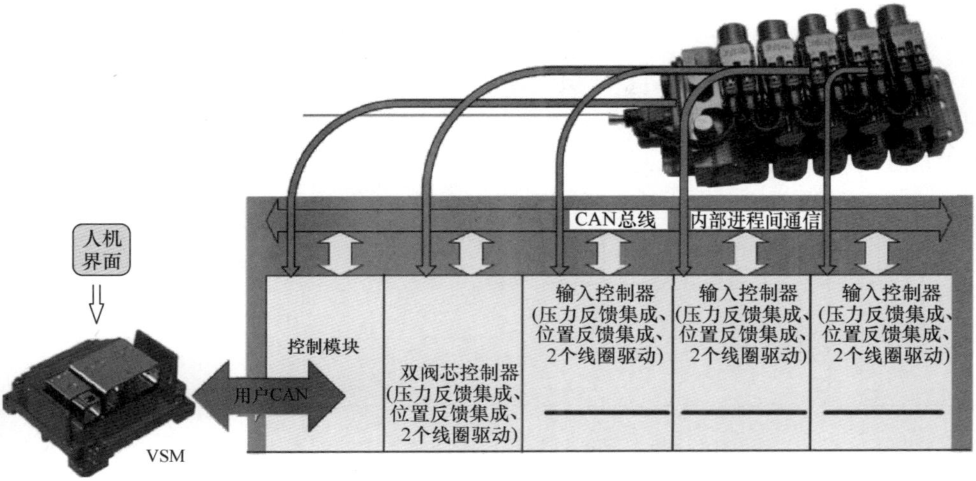

图 11-47　CMA 的 CAN 总线内外部通信的架构

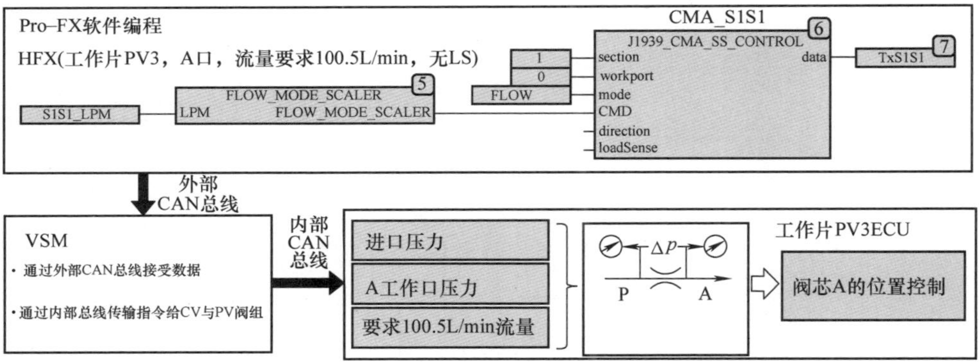

图 11-48　CMA 利用 CAN 总线工作的过程

通过接口配置指令使液压比例阀作为一个系统得到控制。要掌握此软件也需要熟悉现场总线 CANopen。

Pro－FX 的应用场景之一是在轴控比例阀（AxisProTM），是基于 PC 的工具，用于高端电子装置的安装、调试、诊断、故障排除等。此外，也支持闭环的 CANopen DS408 的运动控制模式。更进一步是，Pro－FX 可以用于主机液压系统的运动控制，它可以非常灵活地对于用户设想的运动斜坡控制、主从轴的控制做出安排，并符合以 IEC 61131－3 为基础的标准环境。这个控制的配置可以从类似图 11-50 的图形组态中获得。

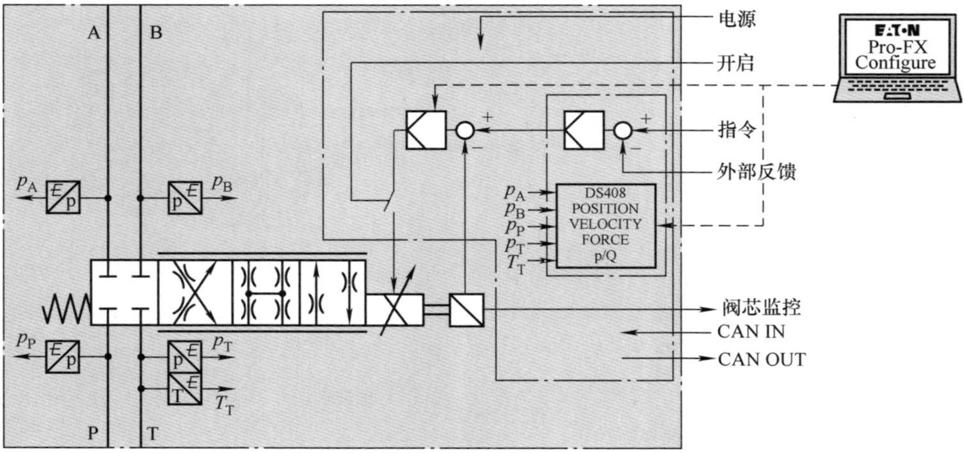

图 11-49　Pro－FX 在液压比例阀中的配置应用

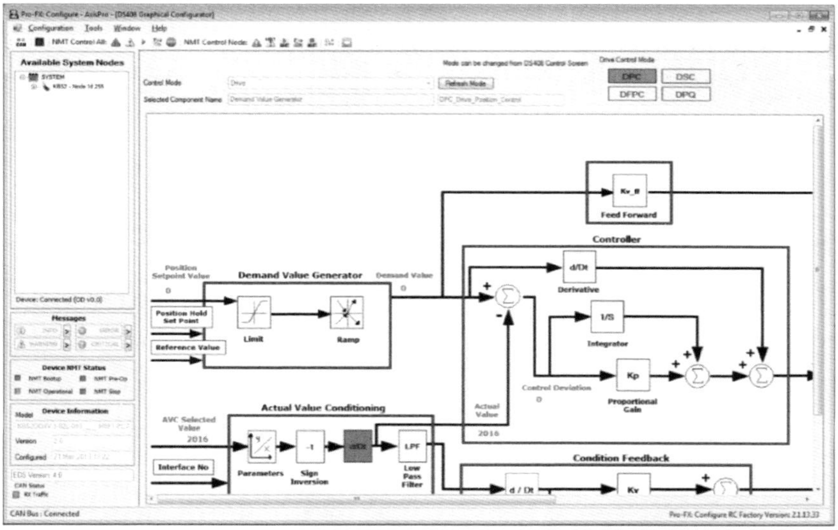

图 11-50　Pro－FX 下装置控制配置的 DPC 图形组态

11.9.4　从数字液压 PVG 到初始智能液压 CMA 的全面比较

表 11-8 列出了 PVG 与 CMA 比例多路阀性能与配置的比较，可以看到液压元件从数字化发展到智能化后的技术发展与性能的提高，与此同时也展示出它们技术与产品开发上的创新性，以及为我国今后开发智能数字元件带来启示。

表 11-8　PVG 与 CMA 比例多路阀性能与配置比较

项目	性能与配置	CMA90（数字 + 总线 + 半智能化）	PVG32（数字化 + 总线化）
开发周期	开发年代	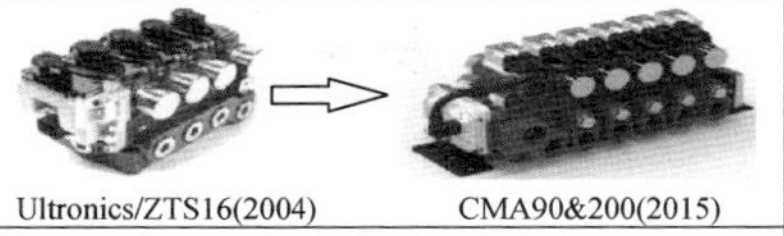	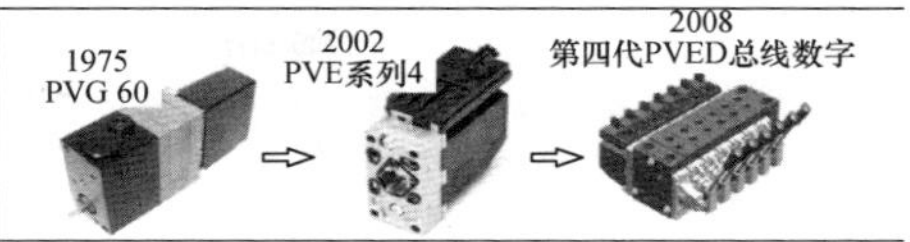
阀性能	阀系列	CMA90/200（二种）	PVG16/32/100/120/（128/256）（五种）
	最大工作压力/MPa	44	42
	额定工作压力/MPa	38	35
	工作流量/(L/min)	90 ~ 200	400
	外形尺寸（片）/mm（长 × 宽 × 高）	210 × 182 × 56	290.5 × 129.5 × 49
	油温/℃	−40 ~ 105	−30 ~ 90
	芯片闪存/bit	128kB	未知
	诊断功能	故障编码约定	输入信号、LVDT、闭环回路、浮动位等故障，故障诊断报文
	驱动程序	厂商提供	PLUS + 1
阀结构	主阀芯功能	三位三通	三位四通
	主阀芯数量	2 个	1 个
	主阀芯特点	A、B 口分置独立	传统阀芯（A、B 口关联非独立）
	先导阀	动圈式高速开关阀三位四通，直接控制三位三通主阀芯	动铁式高速开关阀二位二通，组成桥路控制三位四通主阀芯
	先导阀控制信号	PWM 数字控制（进口与出口节流）	PWM、PVM（双脉宽调制）
	先导阀对主阀控制	闭环	闭环
	阀体组合	最多 8 片	最多 12 片
传感器	传感器种类	LVDT，压力传感器	LVDT
	传感器数量	1）LVDT 每个主阀芯 1 个，双芯共 2 个 2）工作片每个主阀芯压力传感器 2 个，双芯共 4 个 3）进口片压力传感器 3 个	LVDT 主阀芯 1 个
	传感器位置	阀的进出口、阀芯位移	主阀芯位移
	传感器作用	感知与反馈	反馈
	传感器效果	感知主阀压差调节控制流量；感知与反馈位移，提高主阀频响与精度	主阀位移反馈提高频响与精度
运算器	芯片	嵌入式微处理器	嵌入式微处理器
	芯片类型	32 位数字信号处理器（DSP）	不详
	闪存	芯片集成	不详

（续）

项目	性能与配置	CMA90（数字+总线+半智能化）	PVG32（数字化+总线化）
控制器	控制器	1）集成控制板闭环控制 2）总线轴运动控制器（协调二个单作用阀芯）	PLUS+1控制器及编程工具
	控制模式	流量分享与否、压力值或安全值、阀芯位置、浮动	根据要求设定相应桥路的控制规则，闭环控制
	阀组控制器（VSM）	每阀组一个，最多控制15片	—
软件语言与算法	软件	Pro－FX伊顿专用软件语言软件 （CoDeSys3.5.5＋伊顿库文件）	PLUS＋1编程工具 S4 DJ用于系列4的PVED－CC－J1939协议的服务工具软件
	性能功能要求的运算算法	多种控制模式：单阀芯流量控制；单阀芯压力控制；双阀芯智能联动；阀芯智能浮动；根据缸压力波动的智能减振控制；设置阀前补偿或者阀后补偿的负载传感控制；去除流量共享设置优先级的阀流量控制等	确定桥路阀组的控制算法，保证控制的效果与精度
	软件功能	1）在主机上设置CMA工作参数和机器参数 2）高级故障诊断（软管防爆、传感器失灵等） 3）运行状态和参数实时监测 4）可以仅用软件设置溢流压力（精度0.001MPa）、设置流量（精度1L/min）	循环冗余校验等
	编程方法	1）简化元件结构、提高设计效率、降低成本、加速元件投放市场 2）设置元件功能库、软件调试方便、产品系列易集成、无须额外电控元件投入	PLUS＋1提供
信息传输	总线协议	CAN J1939 2.0B CANOpen	ISOBUS/J1939标准信号（ISO11783part7/J1939－21，－71，－73，－81/CANopen CiA301version4，CiA305 version1.5.2，CiA408 version3.0.0）
	总线功能	控制指令必须通过CAN总线发送给CMA	—
	CAN延伸器	传输距离超过6m需要加装延伸器	—
	导线连接	导线用雏菊状形成片连片	—
执行器	单阀芯模式	1）开环PWM控制 2）位置控制 3）智能浮动控制 4）压力控制 5）流量控制	1）数字驱动器PVED－CC/ PVED－CX 2）开环PWM控制 3）位置控制 4）浮动控制 5）流量控制
	双阀芯模式	1）综合流量控制（UFC） 2）智能流量控制（IFC） 3）压差控制（DPC）	不存在
	其他控制模式	1）力矩/力轴控制 2）*pq*控制 3）行驶控制	不存在
	手动优先	结构异于传统，置于底部	传统型，置于阀一端

（续）

项目	性能与配置	CMA90（数字+总线+半智能化）	PVG32（数字化+总线化）
性能优势	静态	滞环小，重复性好	可以达到伺服级
	动态	CAN 循环时间 3ms 阶跃响应 24ms 频响 17.5Hz	PVES 磁滞 0% ~2%
	流量分享	采用软件设置达到阀前或阀后补偿的流量分享功能，可以改变设置；流量优先 智能流量控制（IFC）是利用两个双阀芯控制器，当有负负载时，用一端压力控制另一端阀芯进油路的流量，控制本端阀芯出油路的压力（相当平衡阀），避免爬行 综合流量控制（UFC）是在两个阀芯都处于压力补偿模式下 智能浮动模式（Intellifloat）即在浮动模式下，控制算法会在浮动之前降低负载流量，提前回油节流	采用传统硬件办法设定阀前补偿或阀后补偿（根据型号），实现流量分享，阀前补偿还是阀后补偿由设计决定，与传统多路阀一样不可更改
总性能		1）各种负载条件下有良好控制精度，减少节流损失等节能措施，高频响 2）流量共享能力，即具有阀前补偿与阀后补偿，阀组易编组，参数改变容易，各口压力流量出厂前校正 3）阀具有良好信息传输功能，减轻主机的 CAN 总线负荷 4）故障检测，增加可靠性与效益（软管爆破、故障模式、检测入口 - 油箱 - 工作口压力、检测阀芯位置/所用流量/油温） 5）软件平台支持产品更新改版，有宽的工作温度范围	1）PVE 具有故障监控、阀芯方向指示、阀芯位置反馈及浮动位控制等选项，是集成电路的一部分 2）模块化设计，灵活的系统配置，采用成熟可靠的 PVE 电比例控制技术，简化系统的安装和设置，使用负荷敏感技术，提高系统效率和降低功率消耗 3）流量不受负载变化的影响，让操作更精确 4）高、中、低端的 PVE 模块，满足不同精度的控制要求 5）经 SIL2 安全认证的数字化驱动器（PVED - CX）
技术特征	亮点	1）独立节流调速原理 2）伊顿软件 Pro - FX 的产品可以推向智能化 3）灵活的功能、实时通信、精确控制（软件压力精度 0.001MPa） 4）算法先进无振动、独立节流工作稳定、节能、实时监测属于“信息网络化+半智能化产品”	数字化大流量全系列 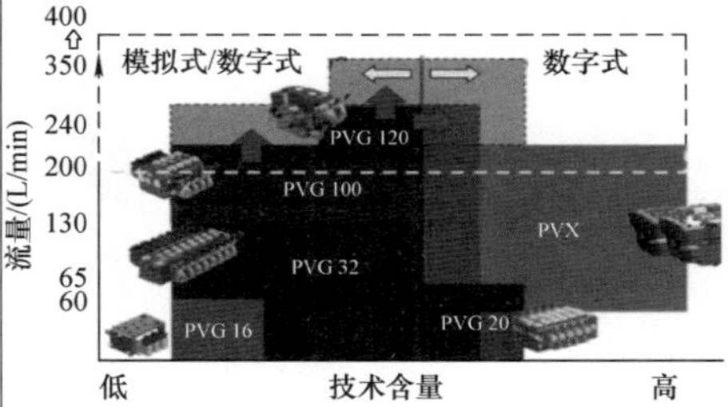
市场情况	生产量	积极开展项目，通过项目推广，参与项目调试，全球开展市场培育扩大市场	已跨越市场开拓艰难期，产量 70 万台/年（根据 2018 年前后统计）

第 12 章　电液伺服阀

电液伺服阀是一种接受毫安级电控制信号，输出随此电控制信号大小及极性变化的流量或压力，实现电液信号转换、放大及精准控制且快速响应的液压控制阀。电液伺服阀已广泛地应用于电液位置、速度、加速度、力伺服系统和伺服振动发生器。

与电液比例方向控制阀相比较，由于伺服阀采用的电 - 机械转换器惯量更小，驱动力也足够大，阀芯遮盖量（≤1%）远远低于比例阀遮盖量（>3%），而且不像比例方向控制阀阀芯不带阀套，工作压差为 7MPa（比例阀 1MPa 左右）。因此电液伺服阀具有更快速的动态响应及良好的静态特性，如分辨率高、滞环小、线性度好等。它是一种高性能、高精度的电液控制部件，是电液伺服系统的关键部件。它的性能及正确使用直接关系到系统的控制精度和响应特性，也直接影响系统的工作可靠性和寿命。伺服阀的性能指标可参见 9.3.2 节。

12.1　电液伺服阀的发展历程

电液伺服阀也正在不断更新换代，图 12-1 所示为穆格（MOOG）电液伺服阀的发展历程。

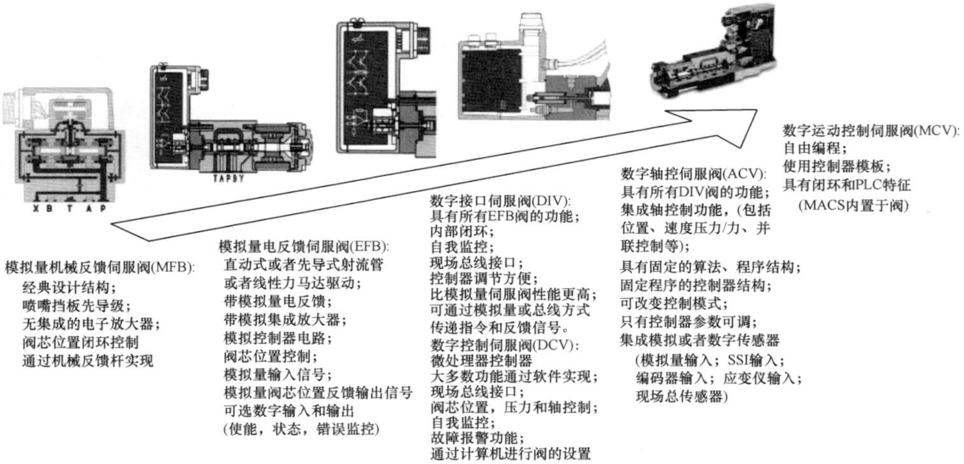

图 12-1　穆格产品的发展历程（五个阶段）

穆格产品的发展经历了五个阶段：模拟量机械反馈伺服阀（MFB）- 模拟量电反馈伺服阀（EFB）- 数字接口伺服阀（DIV）与数字控制伺服阀（DCV）- 数字轴控伺服阀（ACV）- 数字运动控制伺服阀（MCV）。目前的产品已经发展到数字轴控伺服阀（ACV）阶段。数字式伺服阀在调试、使用和维护等方面较模拟量控制伺服阀更为灵活，也为云储存、云传输、故障诊断、人机交互等提供了技术手段，当然，也要求液压工程师学习更多电子、电气和互联网的知识。

12.2　电液伺服阀的分类

电液伺服阀从性能、用途和结构特征综合考虑，可分为通用型和专用型。通用型电液伺服阀在技术方面可满足一般电液伺服系统需求，用量大、适应性强。专用型电液伺服阀适用于某些特殊性能和环境要求的场合。

根据输出的液压参数，电液伺服阀可以分为“流量伺服阀”“压力伺服阀”以及“压力 - 流量伺服阀（P - Q 阀）”。

根据伺服阀采用的电 - 液转换装置的特点，伺服阀可分为滑阀式、喷嘴挡板式、偏转板式、射流管式，以及最新发展的永磁无刷电动机式。全新概念的永磁无刷电动机电液转换概念已经应用在 3D 打印的旋转直驱伺服阀（DOMIN 阀）中。电液伺服阀的分类如图 12-2 所示。

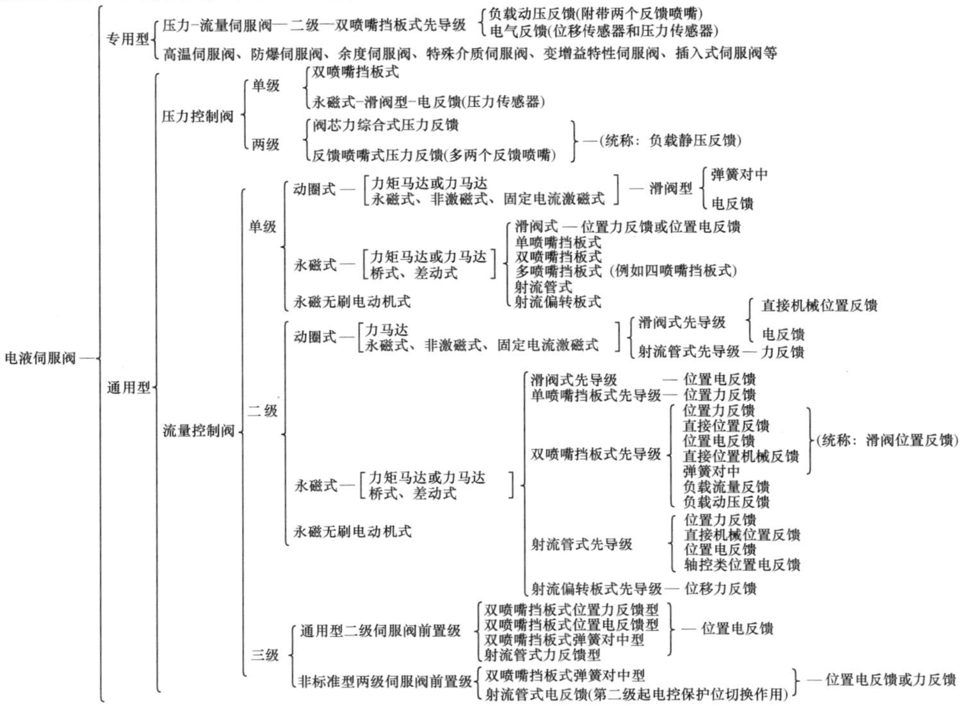

图 12-2　电液伺服阀分类

12.3　电液伺服阀的组成

电液伺服阀一般由电－机械转换元件、液压放大器与反馈装置三大部分组成，如图 12-3 和图 12-4 所示。

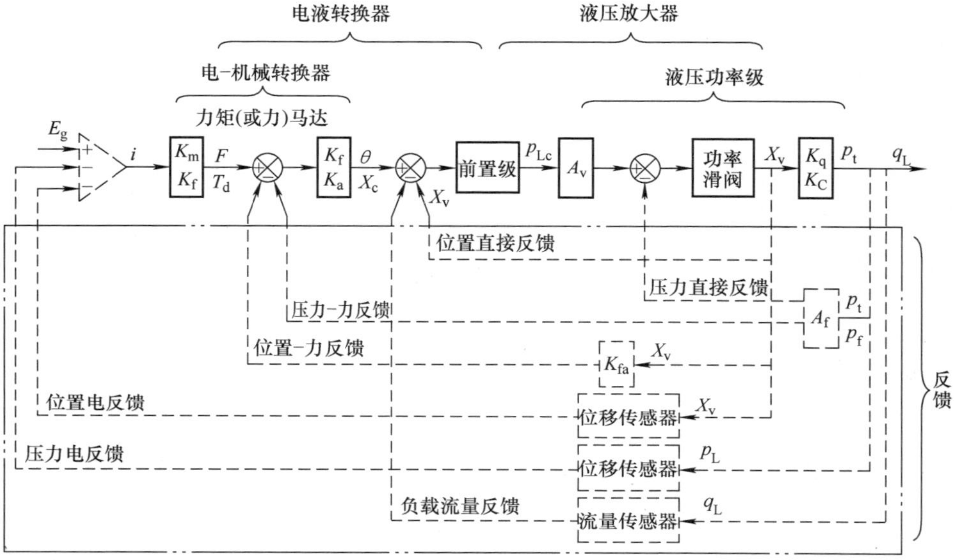

图 12-3　传统力矩或力马达电液伺服阀组成框图

注：每种伺服阀只采用图内其中一种反馈方式

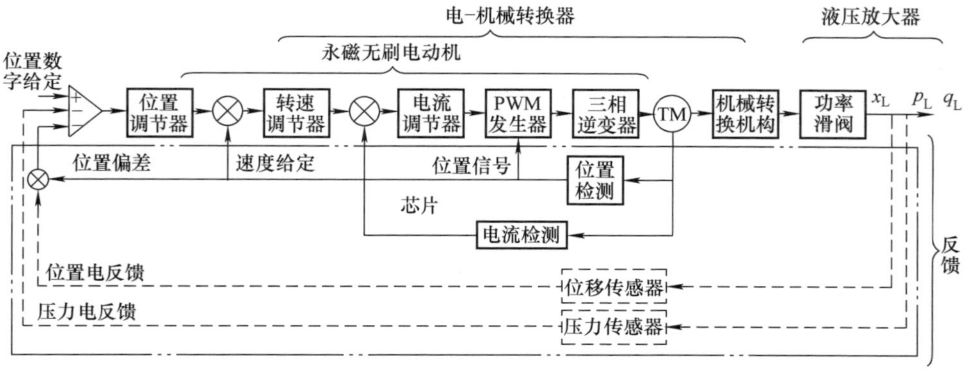

图 12-4　新型永磁无刷电动机电液伺服阀组成框图

典型的电－机械转换装置为力马达、力矩马达和力矩电动机等，称为“前置级”“先导级”或“控制级”。这两类马达的作用是将电气控制信号转换成转角或直线位移，用来作为液压放大器的输入信号。力马达和力矩马达都是利用电磁原理工作的。永久磁铁或激磁线圈产生固定磁通，直流电气控制信号通过控制线圈产生控制磁通，两个磁通在工作气隙处的相互作用，使“转换器”的运动部分——衔铁或控制线圈（动圈式）产生一个与控制信号成比例并能反应控制信号极性的力矩或力，该力矩或力与弹性支承元件的恢复力矩或力平衡，产生相应的机械运动（转角形式或直线形式）。常见的力马达和力矩马达类型和特点见表 12-1 前三部分。最新发展的永磁无刷电动机的特点见表 12-1 最后一部分。

表 12-1　常见的力马达和力矩马达类型和特点

类型	结构原理及组成	特点及应用
动圈式力马达	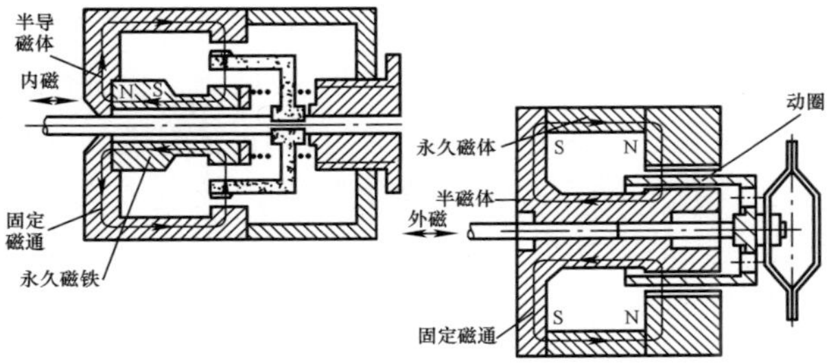	体积大，造价低。与力矩马达比，同体积下，输出力小；同样惯性下，固有频率较低。为提高固有频率，可增加支承刚度及激磁和控制线圈功率，但尺寸大，功耗大 磁滞小，线性范围宽，输出位移大。适用于直线驱动阀芯的滑阀运动
动铁式力矩（力）马达	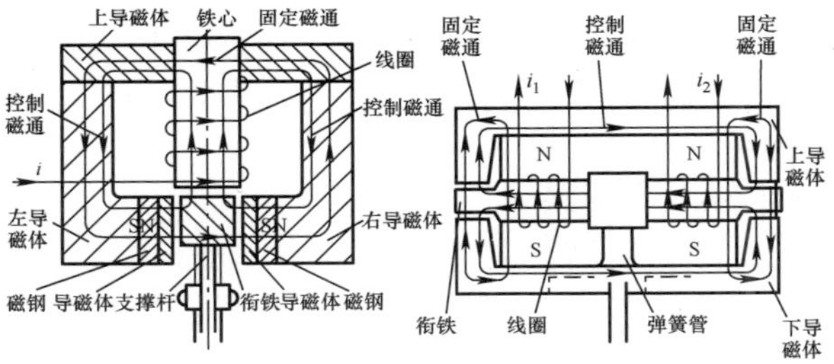	结构紧凑、体积小；输出力矩大；固有频率高。电流→力矩（力）→转角或位移磁滞较大，线性范围窄（第二种结构相对较好），输出位移小。适用于驱动喷嘴挡板放大器的挡板、射流管放大器的射流管或偏转板射流放大器的偏转板
动铁式力马达	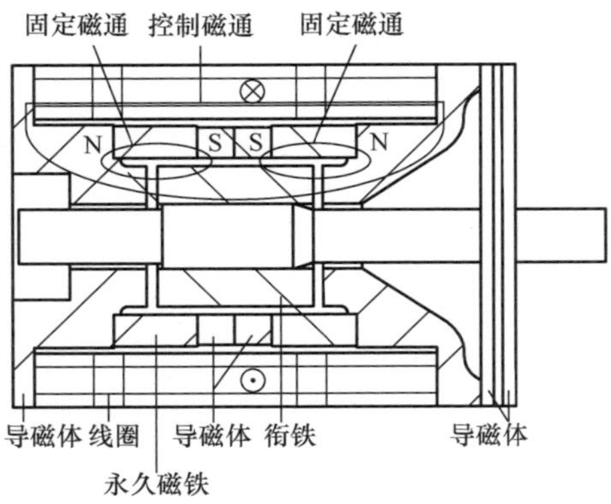	体积大，磁场强度高，加工工艺性好；驱动力大、行程较大；固有频率相对动铁式力矩马达低，大功率力马达谐振频率可大幅提高；电流→力→位移线性较好 适用于直接驱动功率级滑阀

（续）

类型	结构原理及组成	特点及应用
永磁无刷电动机	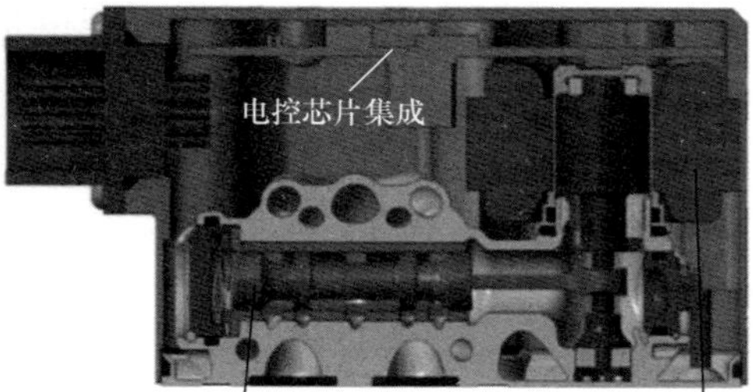	无刷电动机通过霍尔元件感测转子的位置信息，并将其反馈给电子驱动器，然后驱动器根据转子的位置切换线圈中电流的方向。它产生旋转磁场，使转子旋转 转矩特性优异，中、低速转矩性能好，起动转矩大，起动电流小，无级调速，调速范围广，过载能力强

常用典型前置级液压放大器结构、工作原理及特点见表12-2。首先力矩马达或力马达以输出的转角或直线位移信号作为输入后，通过液压前置级的元件（喷嘴挡板或滑阀）输出压力，以实现控制功率级液压功能的转换及放大作用。单级电液伺服阀流量较小，否则产生过大的液动力，使推动挡板或滑阀的力马达或力矩马达设计困难。例如，图12-5所示的霍尼韦尔EHV系列伺服阀属于单级力矩马达双喷嘴挡板结构的伺服阀，力矩马达的定位刚度低，对负载动态变化敏感，使阀的稳定性在很大程度上依赖于负载特性，适用于低压（<6.3MPa）、小流量（<4L/min）和负载动态变化不大的场合，用于航空航天液压伺服系统或发动机数控系统、地面设备液压系统等特殊领域。除此之外，滑阀结构也可作为前置级液压放大器使用，如MOOG D680二级伺服阀就是如此。

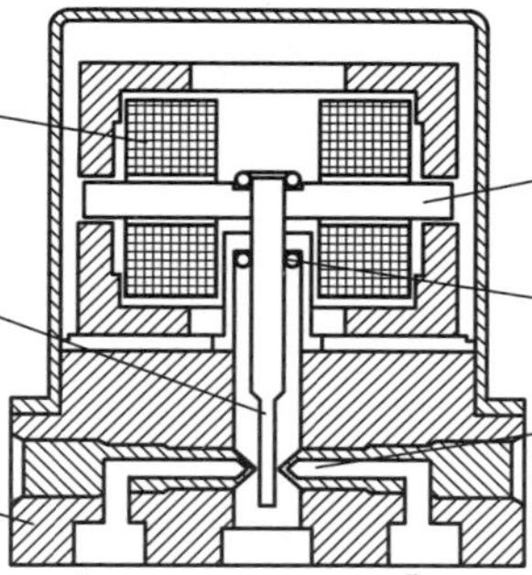

图12-5　霍尼韦尔EHV系列伺服阀

p_S—供油压力　p_R—回油压力　p_{C1}—控制压力1

伺服阀输出级（即功率级）所采用的反馈和平衡是为使伺服阀的输出流量或输出压力获得与输入电气控制信号成比例的特性。平衡机构通常采用圆柱螺旋弹簧或片弹簧，也可直接采用力矩马达和力马达的弹性支承件。常用于单级伺服阀或弹簧对中式二级伺服阀。电液伺服阀常用的反馈形式在图12-2中已有介绍，实际应用特点在本章的实例中说明。

表 12-2 常用典型前置级液压放大器结构、工作原理及特点

结构	结构示意图	结构原理及应用	特点及功能
喷嘴挡板式	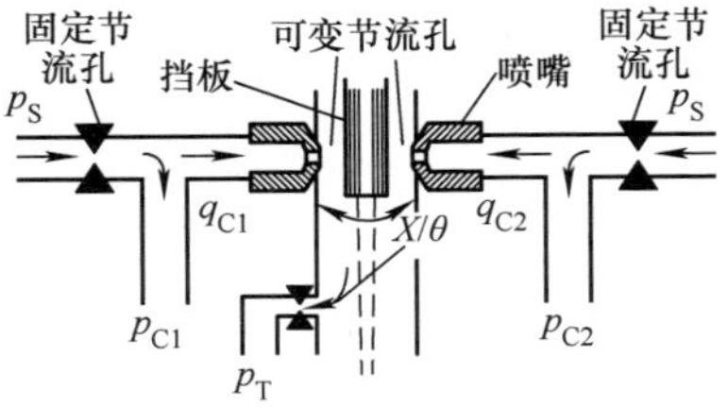 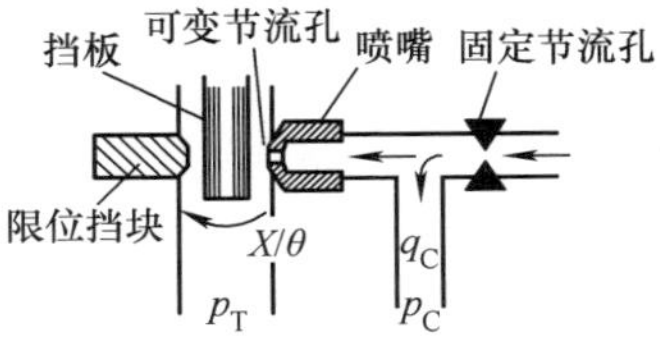	根据节流原理工作 固定节流孔和可变节流孔组成液压全桥。挡板运动引起可变节流孔的改变，从而改变输出的负载控制容腔压力、流量或差值大小 单独使用于低压小流量且负载变化不大的伺服系统，也常作为二级伺服阀的前置级	结构简单，体积小；运动部件惯量小，动态特性优；所需驱动力小，所需输入功率低（50 ~ 200mW）；无摩擦，灵敏度高；温漂和压力漂移小；输出流量小；挡板中位泄漏大，效率低，功耗大；单独使用时，负载刚性差；喷嘴挡板间隙及节流孔小，易堵塞，抗污染能力差
射流管式	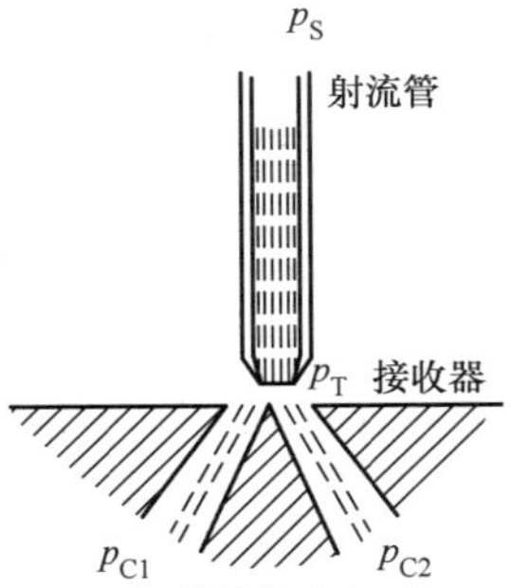 射流管对中 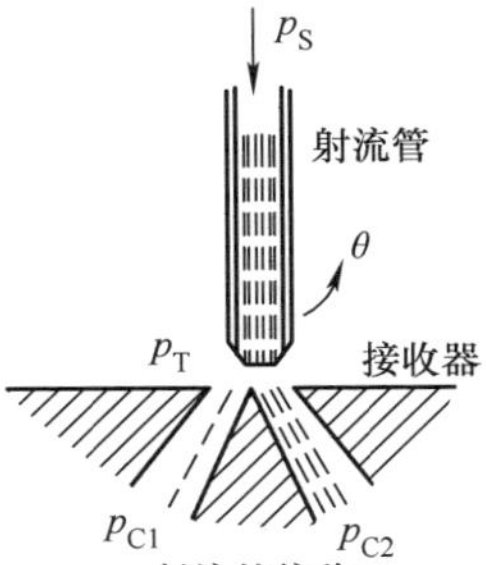 射流管偏移	根据动量原理工作 来自液压源的恒压、恒流量的液流，经射流喷嘴射流将液流压力能转换为动能，液流被射入接收器接收后，又将动能转变为压力能。射流喷嘴偏转，引起射流方向改变，从而改变两接受孔内流体压力差值大小 适用于抗污染性能有特殊要求的场合。单独使用于小功率伺服系统。常作为二、三级伺服阀的前置级	射流喷嘴与接收器间隙大，抗污染能力强，工作可靠性高，寿命长；压力效率和容积效率高达70%，节能，可提供更大驱动力、提高功率级抗污染能力；受冲蚀影响的非对称性小，引起的零漂小，寿命长；射流力导致引流管振动，流动特性不易预测及准确理论计算；有失效对中能力；元件惯量大，动态响应相对喷嘴挡板式慢；中位泄漏大，受油液黏度变化影响大，低温特性差

（续）

结构	结构示意图	结构原理及应用	特点及功能
射流偏转板式	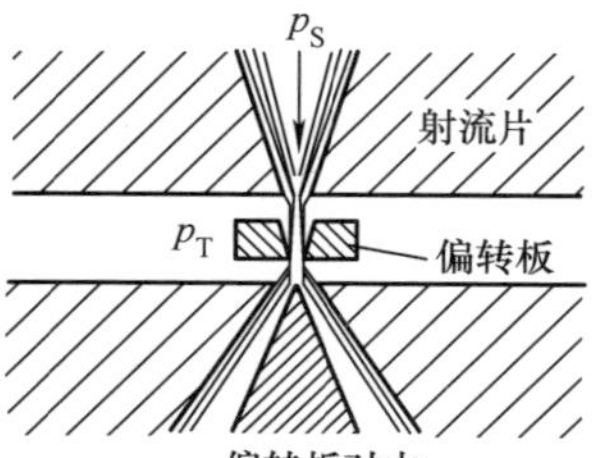偏转板对中 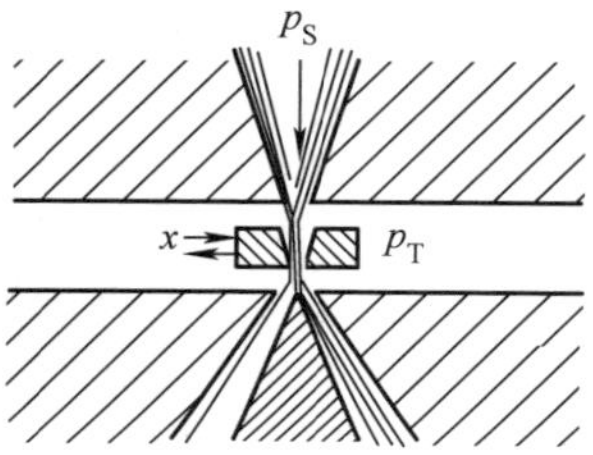偏转板移位	根据动量原理工作 采用射流喷嘴、接收器固定，偏转板偏移，改变流体运动方向，流体射入接收器，将流体的动能转变为压力能 常作为二级伺服阀的前置级使用。适用于抗污染性能有特殊要求的场合	结构简单，体积小；射流喷嘴与偏转板及射流盘间隙大，抗污染能力更强；射流喷嘴有失效对中能力；流量增益可调节；零件惯量小、无摩擦，动态特性优；流动特性不易预测及准确理论计算；中位泄漏量大；性能受油温变化影响大，高温及低温时特性差

限于篇幅，本章介绍典型伺服阀的工作原理、特点与应用，关于这些伺服阀更详细的资料，需要参考相应的产品样本和技术文献。

12.4 直动式力马达电液伺服阀

直动式力马达电液伺服阀是穆格较新推向市场的动铁式伺服阀，简称 DDV。它的特点是使用线性力马达直接驱动滑阀阀芯动作。这种线性力马达是一个永磁差动马达，该马达分线性直驱和旋转直驱。旋转直驱马达与功率级阀芯的连接结构有两种方式，一种是偏心轴连接方式，即偏心轴一端与马达转轴固接，另一端与阀芯中间环槽啮合，马达正负方向转动会直接驱动阀芯左右运动；另一种是将功率级滑阀设计成转阀结构，该结构节流窗口的开启量与阀芯转角成比例，阀芯与力矩马达转轴直接相连，马达转角完全等于阀芯转角。线性直驱马达与旋转直驱马达结构不同，但工作与原理和性能分析相同，本节以运用较为广泛的线性直驱伺服阀为例，介绍 DDV。

12.4.1 DDV 结构与工作原理

图 12-6 所示为常见的直动式力马达电液伺服阀结构原理。该阀是带内置放大器和 LVDT 位移传感器的直动式伺服阀，属于流量控制阀。阀芯 – 阀套可以做到零

遮盖或者其他定制遮盖量，由大推力永磁式线性力马达驱动，且该马达可根据线圈流过的脉宽调制（PWM）电流方向产生两个方向的推力，可将阀芯从弹簧对中位置推至 A 或 B 位。线性可变差动变压器（LVDT）位移传感器、内置放大器与力马达分别布置在阀体两侧，三者构成闭环控制，可实现阀芯位置高精度控制，并具有高动态性能。一个电指令信号施加到阀芯位置控制器集成块上，电子线路在直线力马达产生一个 PWM 电流，振荡器使阀芯 LVDT 位置传感器励磁，经解调后的阀芯位置信号和指令位置信号进行比较，阀芯位置控制器产生一个电流给直线力马达，力马达驱动阀芯，一直使阀芯移动到指令位置，阀芯的位置与指令信号成正比。

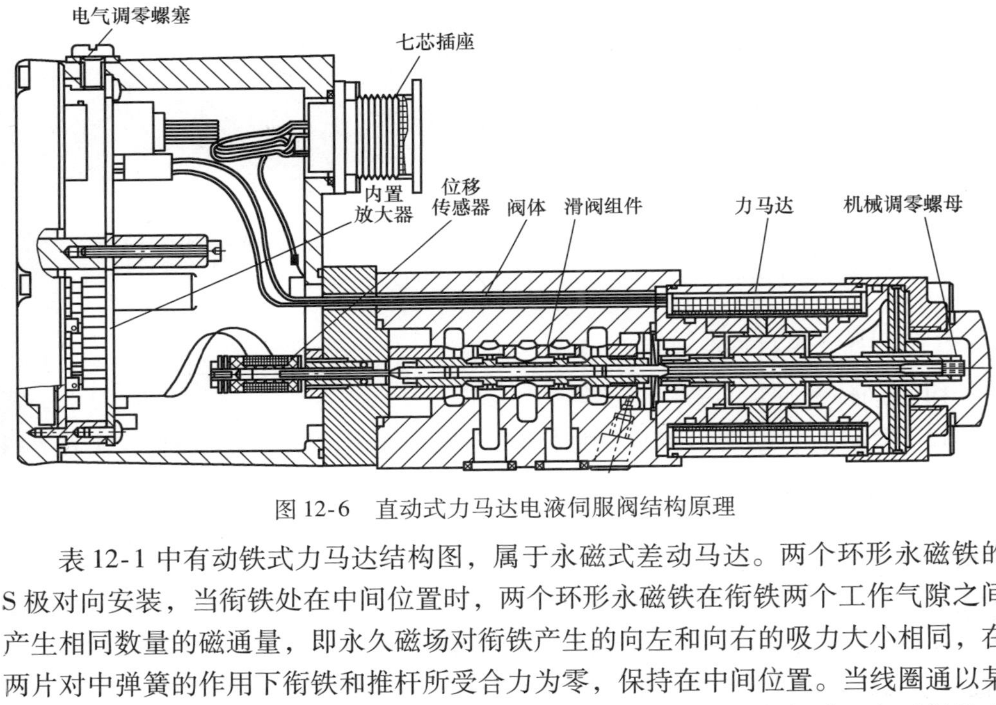

图 12-6　直动式力马达电液伺服阀结构原理

表 12-1 中有动铁式力马达结构图，属于永磁式差动马达。两个环形永磁铁的 S 极对向安装，当衔铁处在中间位置时，两个环形永磁铁在衔铁两个工作气隙之间产生相同数量的磁通量，即永久磁场对衔铁产生的向左和向右的吸力大小相同，在两片对中弹簧的作用下衔铁和推杆所受合力为零，保持在中间位置。当线圈通以某一极性电流信号时（线圈进线正信号，出线负信号），根据安培定则（右手螺旋定则）线圈产生与衔铁轴线方向相同的空间电磁场，其磁场方向与左侧永磁铁磁场方向一致，两者磁场叠加，而与右侧永久磁场方向相反，两者磁场相消，衔铁左侧气隙磁通量大于右侧，衔铁受向左的磁场力而向左移动，此时对中弹簧产生向右的拉力，当磁场力与对中弹簧拉力平衡时衔铁和推杆停止运动；通以反向电流时衔铁向右运动至某一平衡位置。

12.4.2　DDV 的应用

直驱阀市场需求大，主要应用于材料试验机、吹塑机、压铸机、压力机、造纸设备和木材处理设备等行业，适用于位置、速度、压力、力控制系统以及其他需要高动态响应的电液系统，也可作为一些大流量插装阀（见图12-7）、二级流量阀（见图12-8）的先导阀使用，目前上海诺玛液压系统有限公司、中国航空工业集团公司金城南京机电压工程研究中心（军工代号：609所）、中国航天科技集团公司第一研究院第十八研究所、中国船舶集团海装风电股份有限公司都已开发出相应直动式伺服阀产品。

图12-7　DDV作为大流量插装阀的先导阀

图12-8　DDV作为二级流量阀的先导阀（MOOG D680系列）

12.4.3　DDV的特点

DDV的特点如下。

1）低泄漏，无先导级流量。由于无先导级内泄漏，因此功耗较低，尤其适用于多阀控制的系统中。

2）阀芯驱动力大。永磁式线性力马达输出的驱动力为电磁铁的两倍，且可长期保持恒定。

3）动态响应高。由于线性力马达具有很高的无阻尼自然频率（250Hz），因此直动式伺服阀的动态响应较高，且与系统压力无关。

4）低滞环和高分辨率使系统具有优异的重复精度。

5）当断电或电缆损坏或紧急停车时，阀芯会自动回复到对中弹簧所对应的中位而使负载处于安全状态。

6）良好的控制能力。直动式伺服阀具有很高的阀芯位置回路增益，因此阀的稳定性和动态响应综合性能非常好。

7）可监测阀芯的位置。直动式伺服阀输出正比于阀芯实际位置的电信号，可通过此信号获得系统的运行情况，这对阀的维护十分有利。

8）中位故障保险功能。DDV的弹簧对中设计可以消除瞬态液动力对复位的影响，而单一的电磁铁结构则受此影响较大。

9）低功耗。线性力马达比电磁铁的功耗低，同时当阀芯在零位时几乎不消耗电流。

10）电气零位调节。电气调零可补偿由于负载变化所引起的零漂。

12.5　双喷嘴挡板式电液伺服阀

12.5.1　力矩（力）马达

力矩（力）马达主要在电液伺服阀中使用，作为电液伺服阀的电 - 机械转换元件。力马达和力矩马达主要是根据电液伺服阀的电 - 机械转换元件中可动件的运动形式不同而划分。可动件为直线运动的称为力马达，可动件为旋转运动的称为力矩马达。本节以力矩马达为例，阐述其结构和工作原理。

1. 力矩马达的分类

1）按可动件结构型式可分为动铁式和动圈式两种。前者可动件是衔铁，后者可动件是控制线圈。

2）按固定磁场（极化磁场）产生的方式可分为非激磁式、固定电流激磁式和永磁式三种。

非激磁式没有专门的激磁线圈，控制线圈差动连接，利用零值电流产生极化磁通。永磁式靠永久磁铁产生固定磁通，这种方式结构简单、体积小、质量小，在伺服阀中应用得比较多。利用固定电流激磁可得到比较强的极化磁场，但要有专门的激磁线圈和稳压电源，结构复杂，体积大。

2. 对力矩马达的要求

作为伺服阀的驱动装置，通常对力矩马达有如下几点要求：

1）能够产生足够的作用力和行程，同时体积小、质量小。

2）动态性能好、响应速度快。

3）线性好、死区小、灵敏度高、磁滞回线小。

4）在某些使用情况下，还要求它抗振动、抗冲击、不受环境温度和压力等条件的影响。

以上要求可能很难同时满足，可根据具体应用场合加以考虑。例如对航空工业和某些军工应用来说，以响应速度、灵敏度和尺寸大小最为重要。而对一般的工业应用来说，有效作用力和行程为主要考虑因素，而尺寸大小的要求并不太严格。

3. 力矩马达的组成和工作原理

永磁动铁式力矩马达在电液伺服阀上应用很广，下边以永磁动铁式力矩马达为例说明力矩马达的工作原理。

图 12-9 所示为永磁动铁式力矩马达的结构和工作原理简图，其基本组成主要为永久磁铁（磁钢）、导磁体（轭铁）、衔铁（和两个控制线圈）及弹簧支轴等。衔铁由弹簧支轴支承在两个导磁体的中间位置，可绕弹簧支轴做微小转动，并与导磁体形成四个工作气隙，控制线圈套在衔铁上。

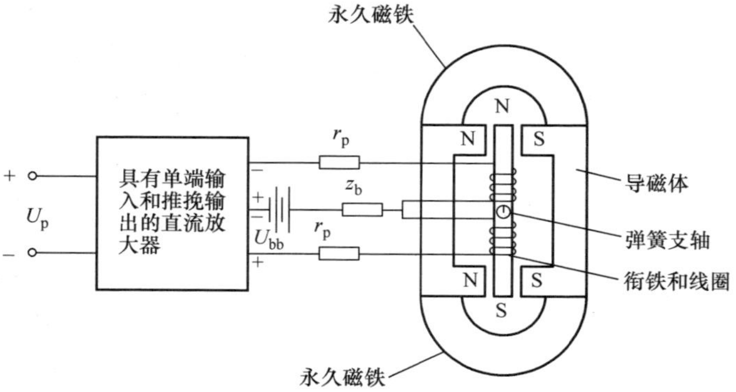

图 12-9　永磁动铁式力矩马达的结构和工作原理简图

当线圈中没有信号电流通过时，衔铁位于上下导磁体的中间位置，由于力矩马达结构是对称的，永久磁铁在工作气隙中所产生的极化磁通量相等，衔铁两端所受电磁吸力相同，力矩马达无转矩输出。当线圈中有信号电流通过时，控制线圈产生控制磁通大小和方向由信号电流决定，在衔铁上产生顺时针或逆时针方向的电磁力矩，使衔铁绕弹簧支轴转动。当弹簧支轴的反转力矩、负载转矩与电磁转矩平衡时，衔铁停止转动。如果信号电流反向，则电磁转矩也反向。图 12-10 所示为穆格 G761 喷嘴挡板伺服阀内部结构，图中指出了力矩马达所在的位置。

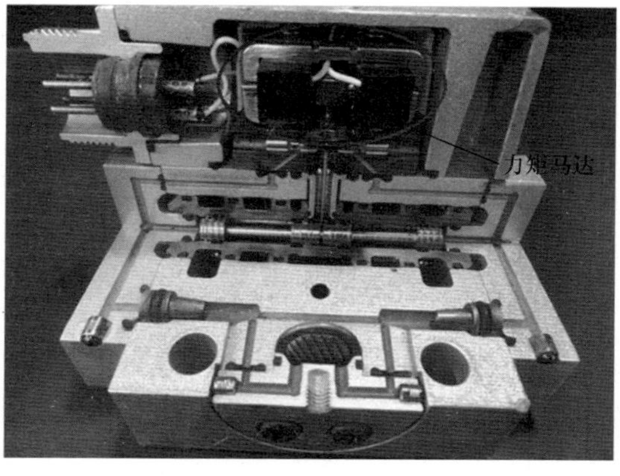

图 12-10　穆格 G761 喷嘴挡板伺服阀

由上述原理可知，力矩马达产生的电磁转矩，其大小与信号电流大小成比例，方向由信号电流的方向决定。一般力矩马达的额定工作电流为 10～30mA，输出力矩为 0.02～0.06N·m，力马达的额定工作电流为 150～300mA，输出力为 3～5N。通常，在微型计算机控制的液压系统中，力矩（力）马达所需的控制信号由微型计算机输出，经 D/A 转换为模拟电压（一般为 0～10V）或电流信号（一般为 4～

20mA)，再经功率放大级放大，才能驱动力矩（力）马达工作。

4. 力矩马达的接线

力矩马达通常有两个控制线圈，其输入量为控制线圈中的信号电流，输出量为衔铁的转角或与衔铁相连的挡板位移。力矩马达的两个线圈可以串联、并联，有时在试验时也可以单线圈工作，三种工作条件下所需的电流不同，表 12-3 列出了 MOOG G761 系列电液伺服阀力矩马达的线圈接线方法。该伺服阀配有标准的 4 芯电器插座（与 MS3106F14S2S 电缆插头相匹配），力矩马达两个控制线圈的四根信号电流输入引线（见表 12-3 中的 A、B、C、D）都处于此 4 芯插座内。当力矩马达工作时，据不同实际需求可将力矩马达线圈外接为串联、并联或单线圈三种工作形式。当线圈串联连接时，其额定电流值为并联连接或单线圈工作时的额定电流值的一半。在设定伺服控制器时，控制器的输出范围必须与力矩马达的额定电流相匹配。

表 12-3　MOOG G761 系列电液伺服阀力矩马达的线圈接线方法

线圈工作形式	并联	串联	单线圈
伺服阀线圈接线图	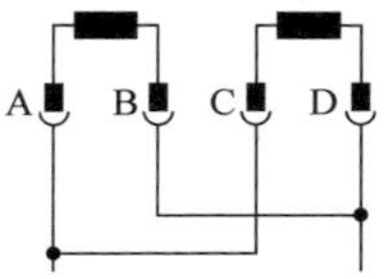	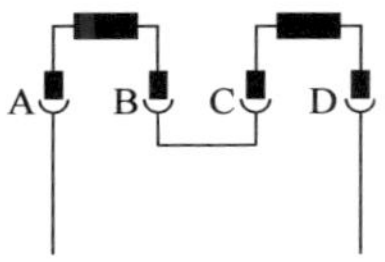	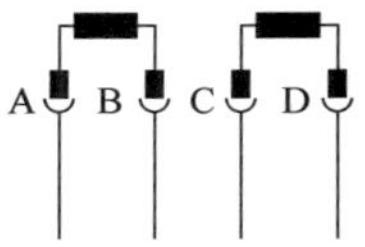
线圈电阻/Ω	40	160	80
额定电流/mA	±40	±20	±40
线圈电感@50Hz/H	0.01	0.36	0.12
电功率/W	0.064	0.064	0.128
极性（油口 P－B，A－T 时的输入）	A 和 C（+） B 和 D（-）	A（+），D（-） B、C 短接	A（+），B（-） 或 C（+），D（-）

12.5.2　位移－力反馈双喷嘴挡板电液伺服阀

位移－力反馈双喷嘴挡板电液伺服阀是喷嘴挡板式伺服阀中结构最经典、使用量最大、应用范围最广的伺服阀，其结构如图 12-11 所示。

先导级通常用桥型永磁式力矩马达，薄壁弹簧管支承衔铁挡板组件。反馈杆与衔铁挡板组件相连，其端部小球插入阀芯中间的小槽内，构成阀芯对力矩马达的位移－力反馈，滑阀通常采用四凸肩四通滑阀。

向力矩马达的线圈输入正或负电流信号，在永久磁铁产生的固定极化磁通和控制线圈产生的控制磁通相互作用下，衔铁两端受到成比例的正或负电磁力矩，驱动衔铁挡板组件绕管弹簧转动中心偏转，管弹簧和反馈杆产生形变，挡板偏离中位，改变挡板与喷嘴的间距，进而使阀芯两端产生压差，推动阀芯朝一侧移动，使供油

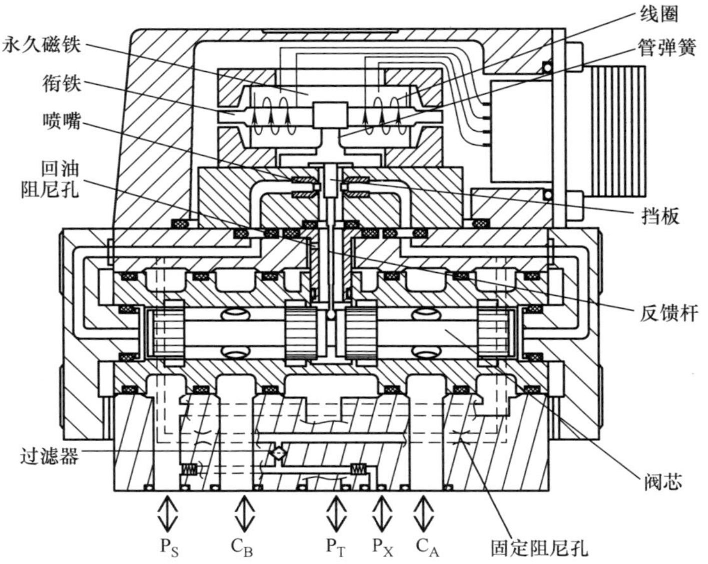

图 12-11　典型位移－力反馈双喷嘴挡板电液伺服阀结构

口（P_S）与负载口 C_A（或 C_B）油路相通，回油口（P_T）与另一负载口 C_B（或 C_A）油路相通，如图 12-12a 所示。此时，反馈杆发生于衔铁挡板组件转动方向相反的变形，挡板偏移被减小，趋向中位，如图 12-12b 所示。当反馈杆与弹簧管变形产生的反馈力矩与电磁力矩相平衡时，衔铁挡板组件便停留于一个平衡位置（近似对中的位置）。于是，阀芯停止运动并保持在这一平衡状态，此时阀芯两端的液压力与反馈杆变形对阀芯产生的反作用力以及滑阀的液动力相平衡，直到给定信号发生变化。

阀芯位移与输入电信号大小成正比。但当供油压力和负载压力为一定（恒定压降）时，输出流量与阀芯有效位移（开口量）成正比（滑阀节流孔型为矩形或环形槽时），多为中、小流量阀。

喷嘴挡板式伺服阀的优点：①衔铁及挡板均工作在中立位置附近，线性度好；②运动部分的惯性小，动态响应快，可达到 200Hz 以上；③双喷嘴挡板阀由于结构对称，采用差动方式工作，因此压力灵敏度高；④具有失效对中的能力（可实现断电故障时的系统安全保护功能，不出现满舵故障），也可根据实际需求设置成断电偏置位（如偏至 P－A 等）；⑤温度和压力零漂小，分辨率高。

喷嘴挡板式伺服阀的缺点：①喷嘴与挡板之间的间隙小，易被堵塞，对油液的洁净度要求较高，对系统过滤能力要求较高，长期使用系统滤芯过滤精度需达到 $\beta_5 \geqslant 75$；②弹性元件在恶劣工况下使用，易损坏或疲劳；③内部泄漏量较大，效率低，功率损失大；④力反馈回路包围力矩马达，阀频宽进一步提高受到限制，特别

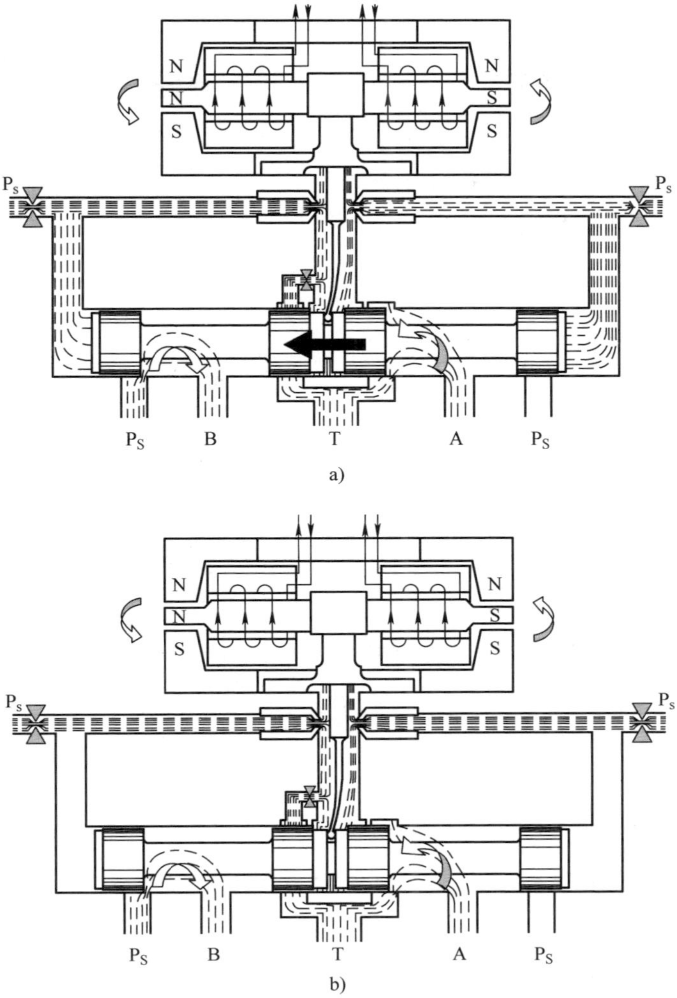

图 12-12　典型位移 - 力反馈双喷嘴挡板电液伺服阀工作原理

a）位置一　b）位置二

是大流量阀的情况下。

喷嘴挡板式伺服阀适用于航空航天、陆地军用特种车辆及一般工业用的高精度电液位置、速度、流量等伺服系统及信号发生装置，如钢厂、注塑及吹塑机、压铸机械、锻压机械、电力行业汽轮机发电机组、试验机、冶金冷轧设备、纠偏设备、铁路行业捣固机。

高响应型喷嘴挡板式伺服阀可用于中小型振动台和疲劳试验机。特殊的负重叠型可用于伺服加载及伺服压力控制器，同时也可作为三级阀的先导级使用。

另外，双喷嘴挡板式电液伺服阀还有直接反馈、弹簧对中、电反馈、流量反馈等不同反馈形式。

12.5.3　电反馈双喷嘴挡板电液伺服阀

在位移－力反馈基础上，为了寻求更优的静态动态性能、更加集成化的优质控制单元，并延长使用寿命、简化维护操作，开发了电反馈双喷嘴挡板电液伺服阀和磁场零位调节式双喷嘴挡板电液伺服阀。电反馈双喷嘴挡板电液伺服阀是在位移－力反馈伺服阀的基础上增加了内置放大板、LVDT形式的位移电反馈、温度监控与温漂补偿，并以电反馈作为主反馈，力反馈为次反馈，如图12-13所示。

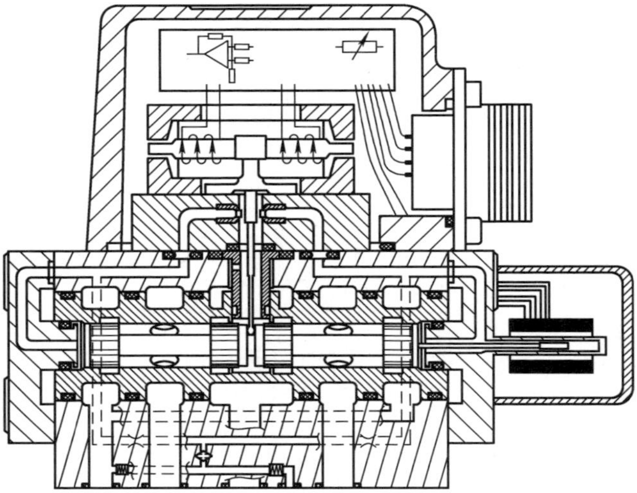

图12-13　典型电反馈双喷嘴挡板电液伺服阀

与位移－力反馈双喷嘴挡板电液伺服阀相比，电反馈伺服阀的回路增益较高，可针对阀回路增加必要的校正环节，适当调节前向通道增益，而非充退磁的方法，因此阀的静、动态性能有较大提高，响应时间可缩短2～5ms，动态响应可高达300Hz以上（21MPa，40%信号输入）；由于内置放大板和位移传感器的引入，滞环可提高到1%以内，如图12-14所示，也将电气调零（图12-13中未显示）变为伺服阀主要的零偏调节手段，提高了调试操作的便捷性。

此类电反馈双喷嘴挡板电液伺服阀的电子控制器（内置放大板），由电源回路、I/U转换回路、位移传感器调制解调回路、PID控制回路、功率放大回路五部分组成，如图12-15所示。

在伺服阀控制器内部，输入信号和位置反馈信号进行比较，在有偏差的情况下，通过PID控制器将调节完的值进行功率放大，驱动伺服阀芯运动，直到偏差为零。通过调节R21可以调整伺服阀阀芯位置，通过调节R17可以调整伺服阀芯位置范围，从而调整伺服阀流量范围，通过调整R15可以调整伺服阀电气零位。

电反馈双喷嘴挡板伺服阀可应用于对动静态性能有更高要求的伺服系统中或大流量高频响三级伺服阀中。

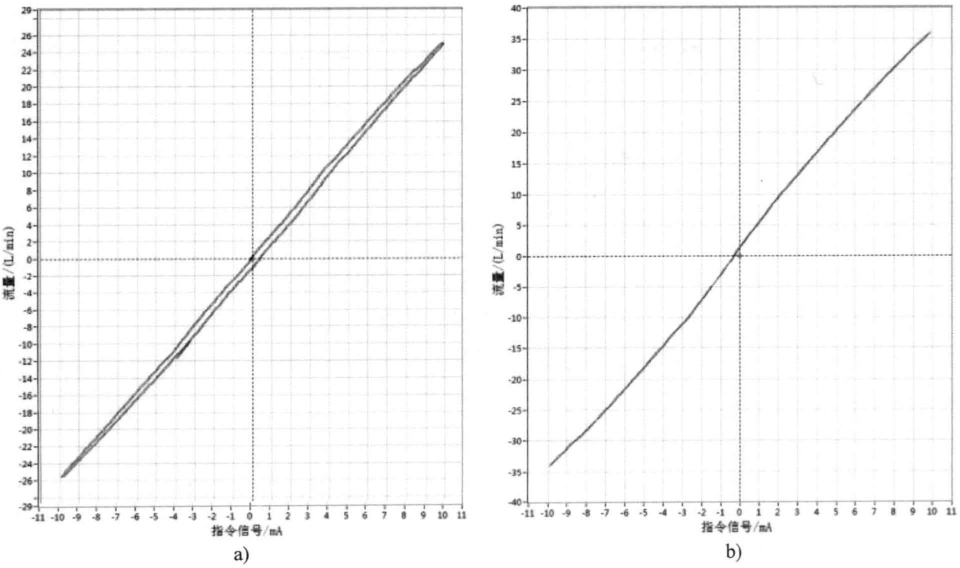

图 12-14　双喷嘴挡板电液伺服阀在 7MPa 压差下的流量曲线

a）位移 - 力反馈喷嘴挡板伺服阀　b）电反馈双喷嘴挡板电流伺服阀

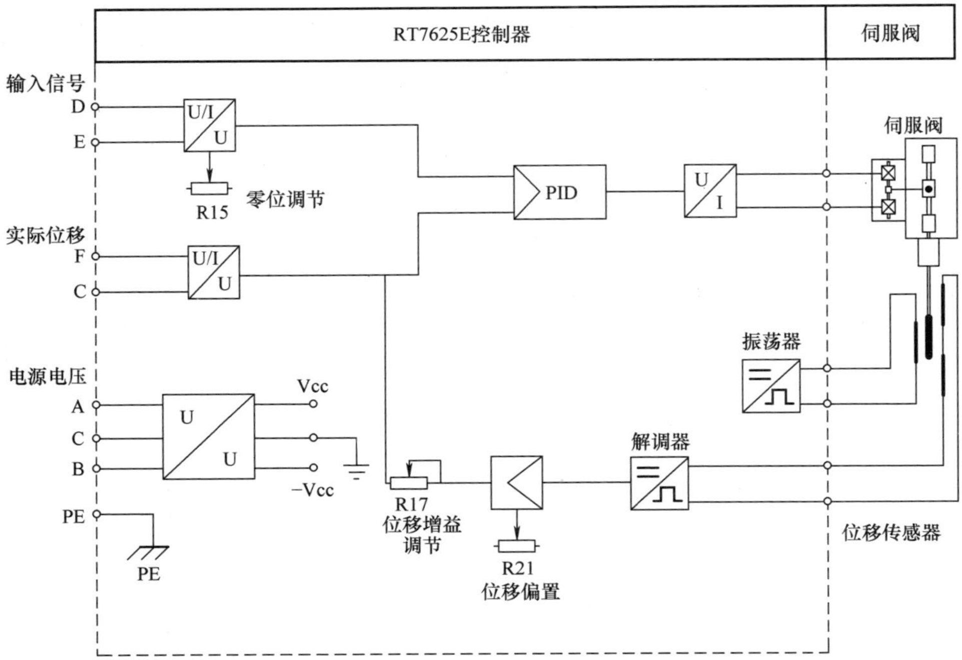

图 12-15　电反馈双喷嘴挡板电液伺服阀电子控制器（内置放大板）电路框图

由于磁性材料的发展及广泛应用，伺服阀的调零方式也得到了扩充。常用机械调零、电气调零和磁场调零三种调零方式。磁场零位调节式双喷嘴挡板电液伺服阀，由增加在上盖部位的一处永磁性元件完成磁场调零，如图12-16所示。

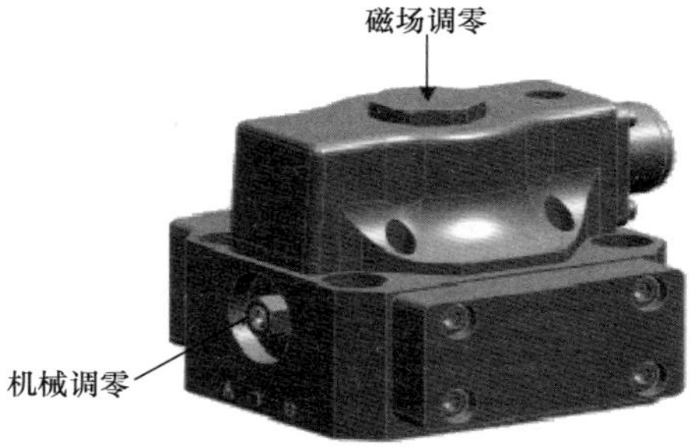

图12-16　机械式、磁场式零位调节示意图

12.6　偏转板射流式电液伺服阀

12.6.1　偏转板射流式电液伺服阀结构与工作原理

偏转板射流式电液伺服阀主要由力矩马达，射流偏转板放大器（偏转板、射流片）和滑阀组件组成，结构原理如图12-17所示。

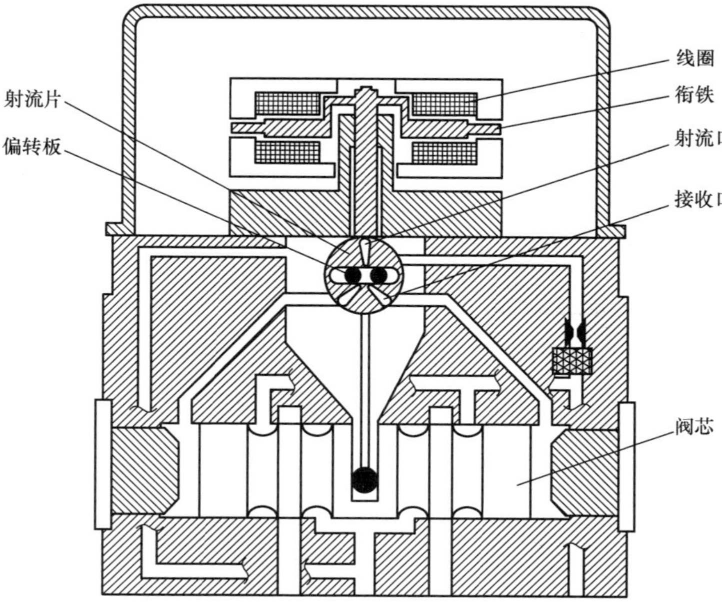

图12-17　偏转板射流式电液伺服阀的结构原理

该阀的射流偏转板上开有一个射流口和两个对称的接收口，类似一个“大”字，其中，射流口与高压油相连通，两个对称的接收口分别与阀芯两端相连通。偏转板上有一个 V 形导流口，V 形大口端面向射流口，小口端面向两个接受口，穿插在射流片中间（射流片流体域详见图 12-18），当力矩马达线圈得电后，衔铁发生偏转，同时带动偏转板（实际上又充当反馈杆）运动，位于偏转板上的 V 形槽将射流口喷出的高压流体不均等地分配到阀芯两端，阀芯两端产生压差。在压差作用下阀芯开始运动，同时带动反馈杆运动，当阀芯受到的压差产生的力与负载力（即液动力、摩擦力、黏性阻力等）平衡后阀芯停止运动（这个压差实际上随着阀芯运动在减小，最终与上述负载力相平衡后，就变为恒压，也就是说 V 形槽的位移量也在减少，它是阀芯两端产生压差的根源），反馈杆在阀芯作用下产生力矩，与弹簧管的力、电磁力相平衡。

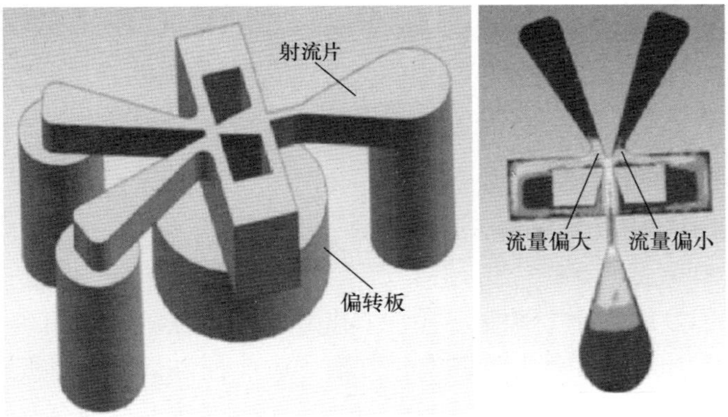

图 12-18　射流片流体域

从能量转换角度来说，高压流体通过射流片的射流口转换成流体动能，通过 V 形槽的摆动，改变高速流体分别进入阀芯两端的封闭容腔的多少，动能在封闭腔内转换成压力能，从而实现压力能差对阀芯的推动，在力反馈闭环作用下可以实现阀芯任意开口处停止。

12.6.2　偏转板射流式电液伺服阀的优点

偏转板射流式电液伺服阀的优点如下。

1）与喷嘴挡板伺服阀相比，没有烦琐的喷嘴配对，调试与维修方便。

2）与射流管伺服阀相比，没有绕性油管、焊接点少、焊接简单、抗振能力强、响应速度快、力矩马达质量小（转动惯量小）、体积小。

3）与射流管电液伺服阀一样具有抗污染强，且具有失效对中能力（可实现断电故障时的系统安全保护功能，不出现满舵故障）。

由于偏转板射流式电液伺服阀存在诸多优点，得到了业界高度关注，尤其是军工行业。

12.7　射流管电液伺服阀

常用的射流管伺服阀，按反馈形式可分为力反馈和电反馈。

12.7.1　力反馈射流管电液伺服阀

图12-19所示为力反馈射流管二级电液伺服阀典型结构原理。

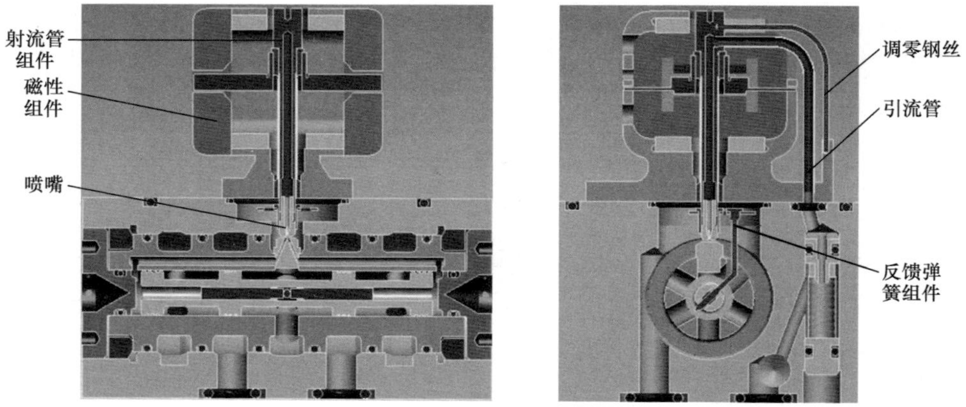

图12-19　力反馈射流管二级电液伺服阀典型结构原理（线圈未显示）

从图12-19中不难发现，该结构的力矩马达部分与双喷嘴挡板结构极为类似，不同之处在于：

1）前置级液压放大器结构为射流管式，已在表12-2的常用典型前置级液压放大器中介绍。

2）挠性引流管引入，改变先导级进油通道形式，同时增加辅助调零钢丝，以改善引流管抖动问题。

3）力矩马达采用整体焊接工艺，如磁性组件、引流管、射流管组件、反馈弹簧组件、调零钢丝等零件，结构牢固，零位偏移小，能承受强冲击及振动。

4）与双喷嘴挡板电液伺服阀结构相比，动态响应相对较低，仅有几十赫兹。

5）由于最易被污染堵塞的位置，即先导级最小通流尺寸（射流管口）处，其尺寸为喷嘴挡板阀的4～10倍，故射流管阀抗污染能力极高。

力矩马达采用干式永磁结构，射流管焊接于衔铁上，并由弹簧管支承着衔铁射流管组件，液压油经过挠性引流管进入射流管。向力矩马达线圈输入控制电流，在衔铁上产生一力矩，衔铁、弹簧管、喷嘴组件输出一个正比于此力矩的小偏转角度，从射流管喷嘴高速射出的高压油液，不均等地流入与两接收孔相通的阀芯两端容腔，推动阀芯移动。射流管侧面装有反馈弹簧组件，其末端插入阀芯槽中，阀芯移动，直到反馈弹簧组件产生的反馈力矩与力矩马达的力矩平衡，使喷嘴又回到两孔中间位置为止。当压力一定时，阀输出流量正比于控制电流。

力反馈射流管电液伺服阀，阀芯驱动力大，不易发生卡滞现象，分辨率高，可实现高精度控制，可在较低压力下工作。从前置级的腐蚀对性能的影响上来看，喷嘴口端面和接收器端面的冲蚀磨损对性能影响小，因此工作稳定，寿命长。多用于对体积质量有严格控制，较大压力和温度变化下准确度与稳定性要求高，但频响要求相对较低的军工领域。

由于此结构的射流管阀焊接工艺复杂（国内相关焊接技术有限）、装配结构复杂（增加了故障产生概率）、引流管抖动不稳定、动态响应较低等原因，又开发出了一种适应于工业领域的新型射流管电液伺服阀——电反馈式射流管电液伺服阀。

12.7.2　电反馈射流管电液伺服阀

1. 结构与工作原理

图 12-20 所示为电反馈射流管电液流量伺服阀的典型结构，此类阀以有阀套类、机械保护型为代表。显然，其结构和工作原理与力反馈射流管电液伺服阀略有不同。

先导部分：无弹簧管结构（改变柔性元件结构）、减少焊接量，结构有所优化，且取消接收器与阀套间的装配关系，更为简单稳固；力矩马达结构简化，气隙数量减少（参见表 12-1 中“动铁式力矩（力）马达”一栏的左图）。

主功率级部分：反馈形式变为 LVDT 式位移电反馈。

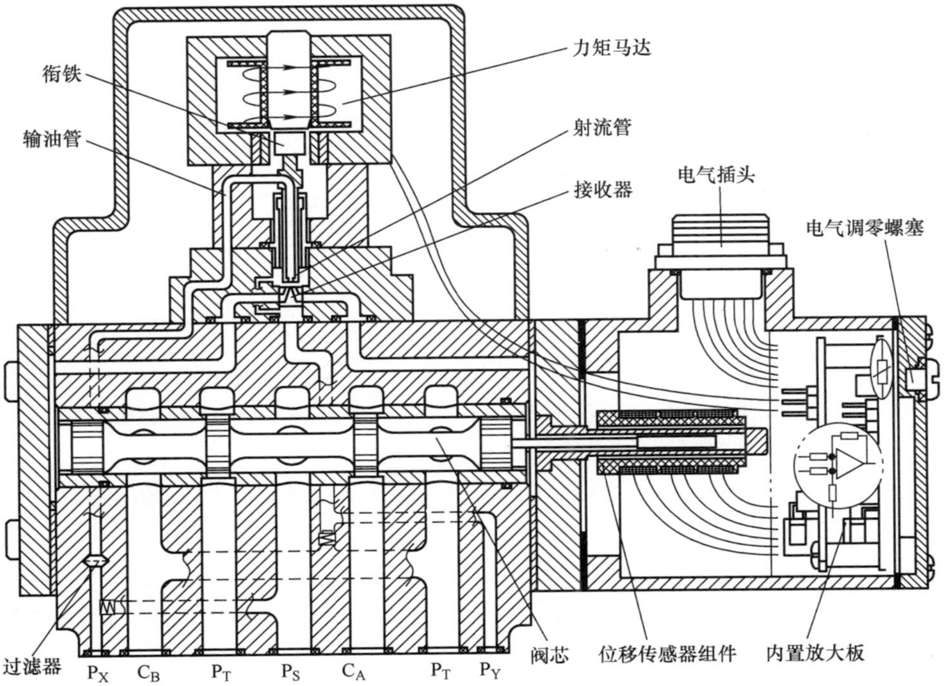

图 12-20　电反馈射流管电液流量伺服阀典型结构

先导级采用干式永磁力矩马达。射流管焊接在衔铁上，支承杆为力矩马达的弹性支承元件，既负责射流管的偏摆平衡又负责支承整个衔铁组件。位移传感器组件与阀芯相连，再通过内置放大板将位移反馈信号传入伺服阀自身闭环控制回路中，滑阀采用四凸肩四通或四凸肩三通结构。

以先导级控制方式为外控外排为例：P_S口通入液压油进入主功率级，P_X口通入先导控制油进入射流管阀，经过过滤器后到达射流管阀。油液压力能通过喷嘴处的射流转化为动能，接收器接收后，又将动能转化为压力能（流域速度云图见图12-21）。油液经过接收器进入主阀芯左右两腔，先导控制级回油油液经相应油道从外控排油口P_Y口排出，主功率级排油由P_T口排出。

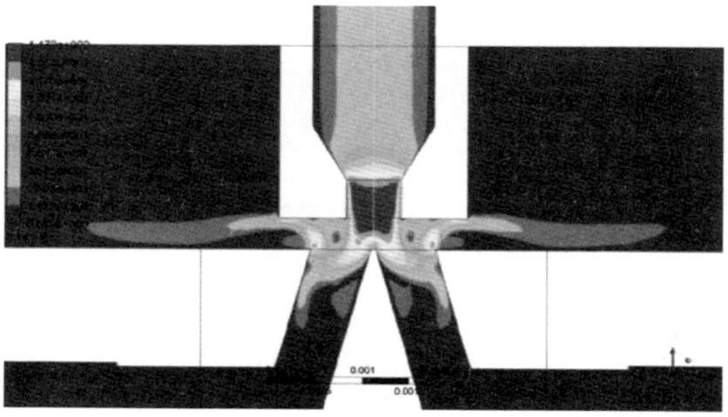

图12-21　喷嘴口附近流域速度云图

当整阀有信号输入，P_S口通入液压油，P_X口通入先导控制油时，磁钢产生永久磁场，内置放大器得到指令信号，线圈通入电流，产生控制磁场。两磁场叠加产生的电磁力，使得衔铁受力发生偏转，带动喷嘴相对两接收孔发生偏转，射流随之改变。两接收孔所接收的射流动能不均等，其中一个增加而另一个减小，因此两接收孔的恢复压力不等，从而使与之分别相通的主阀芯两端压力不等，其压差使主阀芯产生位移。油口P_S至C_A（或C_B）及C_B（或C_A）至P_T打开，先导级泄油从喷嘴环形四周经接收器回油口排出，流回油箱。

位移传感器检测出阀芯实际位移，经解调放大后，以与位移成正比的电压形式输出，并反馈至控制电路与指令信号进行比较，直至位移输出信号与指令信号相等，偏差信号为零时，射流管阀回复中位，阀芯停止移动（停留在某一平衡位置）。

整阀输出流量与指令信号成正比，用于系统位置、速度、压力和力控制。

2. 电子控制器

电子控制器（内置放大板）由电源回路、I/U转换回路、位移传感器调制解调回路、PID控制回路、PWM控制器、使能信号选择回路六部分组成，电路框图如图12-22所示。

在伺服阀控制器内部，输入信号和位置反馈信号进行比较，在有偏差的情况

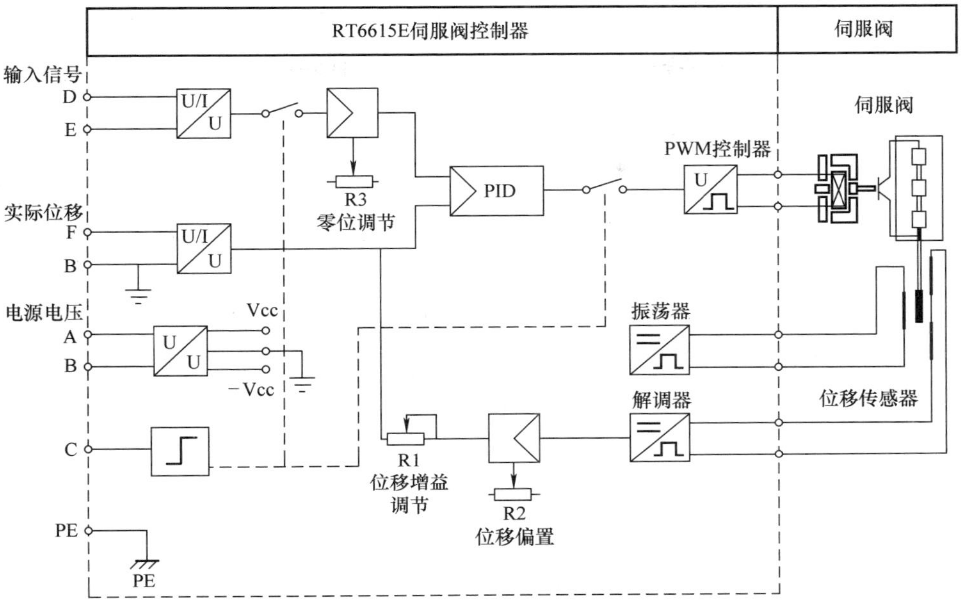

图 12-22　电子控制器（内置放大板）电路框图

下，通过 PID 控制器将调节完的值进行功率放大，驱动伺服阀芯运动，直到偏差为零。通过调节 R2 可以调整伺服阀阀芯偏置，通过调节 R1 可以调整伺服阀位置范围从而调整伺服阀流量范围，通过调整 R3 可以调整伺服阀电气零位。

C 脚接入使能信号，具有两种模式可选。选择第一种模式，输入信号无效，阀处于可调节的中位；选择第二种模式，PWM 控制器处于失效状态，先导级线圈断电。若选择第一种模式，当设备需要不断电检修的时候，可以通过切断使能信号来使设备保持停机前的状态，而不需要给阀任何信号。

此类电反馈射流管阀多用于冶金工业、陶瓷压铸、注塑工业、木材行业等领域或对体积质量无限制的军工系统中，同时也可作为三级阀先导级使用（如 MOOG D665 系列）。

与力反馈射流管相比，此类电反馈射流管优点如下：

1）抗污染能力更强（并配有可拆卸的先导级过滤器），可靠性更高，功率级拥有更大驱动力，结构更加简单稳定，寿命长，适应性灵活性更强。

2）性能上，流量范围更宽且可调节，最高可达 1MPa－550L/min。

3）可在现场轻松调整零偏，操作方便。

4）由于采用位移传感器，使整阀滞环更小（可达 1% 以内），响应速度更快（最快达 7ms）和频宽更高（最高达 170Hz），且可小范围调节。

5）阀芯阀套结构可配合工业需要进行灵活改动，更加灵活方便。

缺点是零位内泄漏增加、较大压力温度变化下零位偏移量增加、易引入干扰、常用类型最高环境温度建议在100℃以内，否则会超过电气元件的使用环境极限。

3. 电反馈射流管电液伺服阀的安全保护特性

电反馈射流管电液伺服阀分为机械保护型和电气保护型两种安全保护特性。

机械保护型如图12-23a所示，当整阀无信号或无压力输入时，因先导级机械调偏及断电安全位偏置弹簧（结构图12-20中未展示）的安装，阀芯会偏向一侧某一安全位。当断电安全位偏置弹簧改为断电对中弹簧时，阀芯会处于对中安全位置。

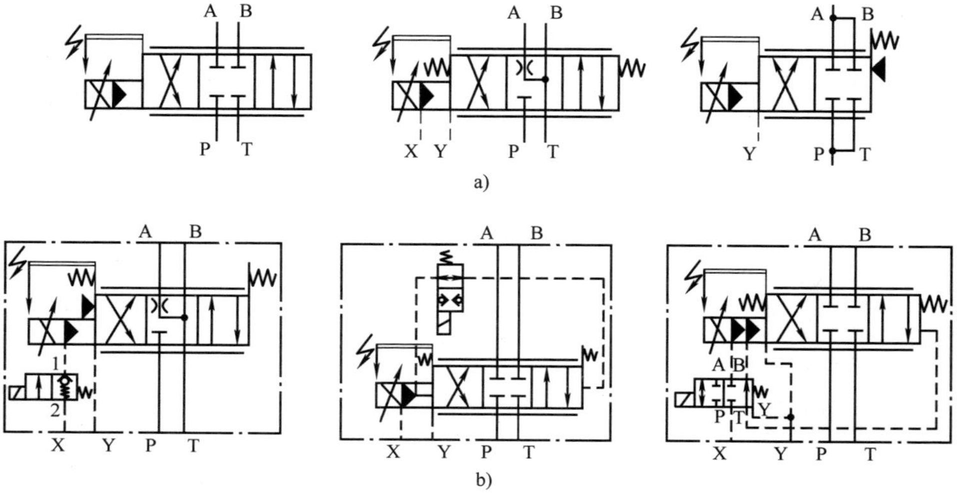

图12-23　电反馈射流管电液伺服阀安全保护特性

a）机械保护型　b）电气保护型

电气保护型如图12-23b所示，在先导阀与功率级中间增加一个安全阀（二位二通开关阀或二位四通电磁阀）。当安全阀电磁铁的24V电源信号被切断后，安全装置将使功率级阀芯推至一个安全位，各阀口全部截止中位、阀口全开位置或某一端。机械保护型和电气保护型紧急情况下的响应速度与阶跃响应时间相等或后者高达前者的2~5倍。

由于位移传感器和内置放大板的集成，使得阀芯位移及位置偏差在系统工作过程中得以监控，并可根据专业技术人员的指导在现场做简单的零位及响应速度调节，电器盒及先导级上盖不建议使用者在工作现场随意打开。

电气信号插头多为EN 175201 - 804和MIL - DTL - 5015标准的6 + PE和11 + PE。

建议使用者定期排查油液清洁度、油温、电源及信号干扰、屏蔽、冲击，调节对应的伺服控制器至与阀匹配的参数，以免因此而产生电反馈伺服阀工作问题甚至损坏。

12.7.3　集成数字电路和现场总线接口的电反馈射流管电液伺服阀

随着数字控制技术的发展，为了使电反馈射流管伺服阀给使用者带来更优质高效灵活的体验，减少因工况因素和长期使用带来的性能下降所产生的维修成本。近年来，开发了集成数字电路和现场总线接口的电反馈射流管电液伺服阀产品和集成数字电路和现场总线接口的直动式电反馈电液伺服阀产品，并进行相应的控制软件开发和系统集成，以及集成阀控系统运动反馈闭环回路的“数字与轴控射流管电液伺服阀”产品。

图 12-24 所示为集成数字电路和现场总线接口的电反馈射流管电液伺服阀 MOOG D671 结构原理。

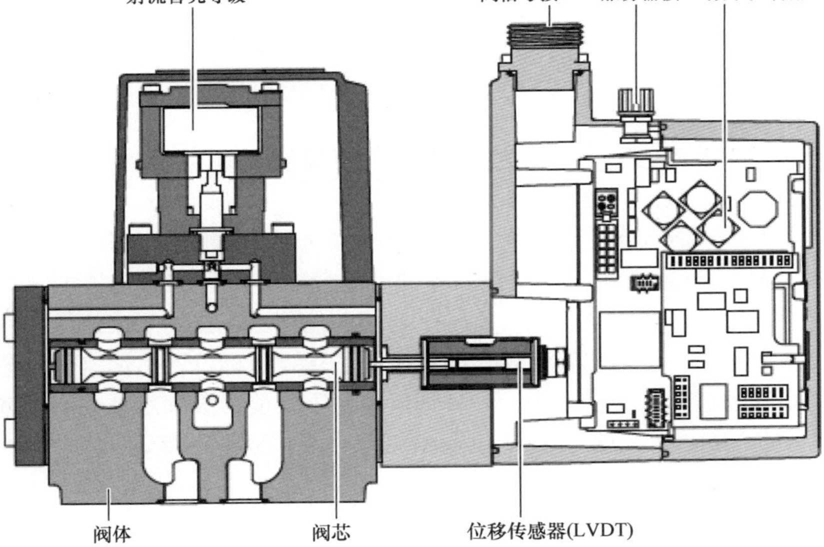

图 12-24　MOOG D671 结构原理

该阀特点如下：

1）可用于负载位置、速度、压力和力控制，具有数字板载电子控制器（为使用者提供高度灵活性），以及嵌入式微处理器（实现极快的处理速度）。

2）附带的配置软件可通过服务器接口轻松调整阀性能，更改部分性能参数并能执行故障诊断和远程保养，提高使用寿命和可靠性。

3）配套硬软件可支持常见现场总线技术（CANopen、PROFIBUS－DP 或 EtherCAT），以此来完成操作、监控伺服阀，并进行参数设定的传输。

4）数字控制板，采用高性能数字处理器，带有相应的 A/D－D/A 转换器，所有的功能都集成在固件中。

5）7MPa 额定流量范围为 20～240L/min，最大流量可达 450L/min，最高工作压力为 35MPa，最小滞环优化至 0.2%，分辨率提高至 0.05%。

6）最慢响应时间缩短到 19ms，频宽提高几十赫兹，但足以满足对系统高动态响应特性有苛刻要求的伺服控制系统需要，生产效率得到极大提高。

7）为了长期使用，建议油液清洁度满足 ISO 4406 标准 17/14/11 级。

其余详细内容可从 MOOG 官网查找相关产品样本。

12.8　三级电液流量伺服阀

12.8.1　三级电液流量伺服阀结构与工作原理

三级电液流量伺服阀通常是由通用型二级伺服阀为前置级和滑阀为功率级构成的。第三级的功率滑阀（或称主滑阀）依靠位置反馈定位，一般为电反馈或力反馈。电反馈调节方便，易于改变额定流量及频率响应，适应性强，灵活性好，这是三级阀的主要优点。

前置级通常采用二级双喷嘴挡板位移－力反馈伺服阀、射流管力反馈伺服阀或射流管电反馈伺服阀，如图 12-25 所示。

以负载速度控制为例，输入信号经整阀放大板，解调放大后输入先导阀（即前置级伺服阀），使前置级伺服阀控制腔输出流量推动主阀芯移动。主阀芯的位移由位移传感器检测，经解调、放大后输出与阀芯位移成正比的反馈信号，然后加到整阀放大板回路中，进行比较计算。随着主阀芯接近目标位置，偏差信号减小，前置二级伺服阀的输入电流被减小，一直到近似为零。前置级阀芯被移回到近似对中的位置（但仍有一定的位移，以产生输出压差克服主阀芯的液动力）。此时，主阀芯停留在某一平衡位置。

在该位置上，反馈信号等于输入控制信号（近似相等），即功率级阀芯的位移与输入控制信号大小成正比。当供油压力及负载压力为一定值时，输出到负载的流量与输入控制信号大小成正比。

12.8.2　三级电液流量伺服阀的特点

三级电液流量伺服阀的特点如下：

1）易于获得大流量和较宽频率。

2）额定流量及频率响应的改变方便，阀的适应性强。

3）为改善阀的零位特性，通常功率滑阀稍有正重叠，并接入颤振信号。

4）与二级阀相比更适用于在较大指令信号下有较高响应要求的场合，如钢铁行业轧钢生产线、木材行业等。

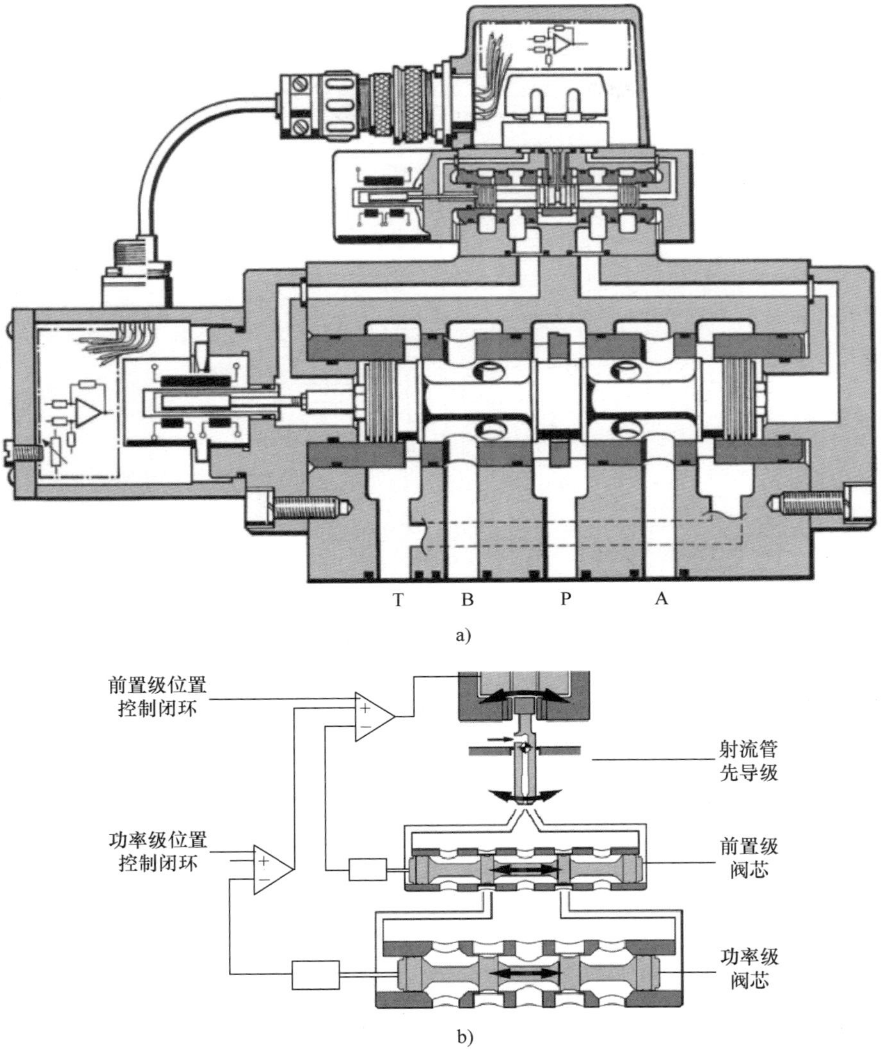

图 12-25　双喷嘴挡板位移-力反馈先导级结构三级伺服阀（MOOG D672）结构原理
a）结构图　b）原理图

12.9　电液压力伺服阀

12.9.1　阀芯力综合式电液压力伺服阀

两种典型的二级电液压力伺服阀分别如图 12-26 及图 12-28 所示。图 12-26 所示的结构中，压力反馈在功率滑阀阀芯上进行综合；而图 12-28 所示的结构中，压力反馈是通过一对反馈喷嘴在力矩马达挡板上进行综合，它们的力矩马达、喷嘴挡板等结构与位移－力反馈式双喷嘴挡板电液伺服阀相似。

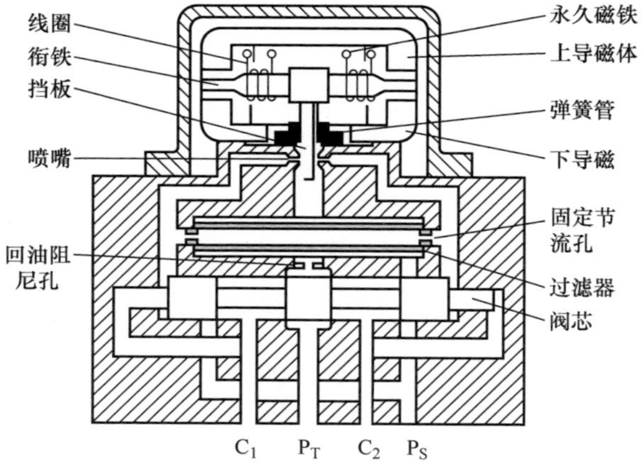

图 12-26 阀芯力综合式电液压力伺服阀

图 12-26 所示的电液压力伺服阀工作过程如下：

给伺服阀输入某一信号，则两个喷嘴控制腔 A 及 B 内形成压差 Δp_{AB}，它与输入电流产生的力矩成正比。此压差作用在阀芯的环形面积 A_V上，使阀芯移动，从而一侧工作油口（C_1或 C_2）与供油口 P_S相通，另一侧工作油口（即 C_2或 C_1）与回油口 P_T相通，使阀输出负载压力 p_1 和 p_2。工作油口的压差 Δp_L作用在两端的小台阶面（反馈面积）A_f上，形成反馈力 $\Delta p_L A_f$。阀芯被逐渐移回到“零位”附近的某一位置。在该位置上，作用在阀芯上的反馈力与喷嘴级输出压差产生的作用力相等，即 $\Delta p_{AB} A_V = \Delta p_L A_f$，如图 12-27 所示。因此，阀工作油口的压差与两喷嘴腔的压差成正比，即与输入电流大小成正比。

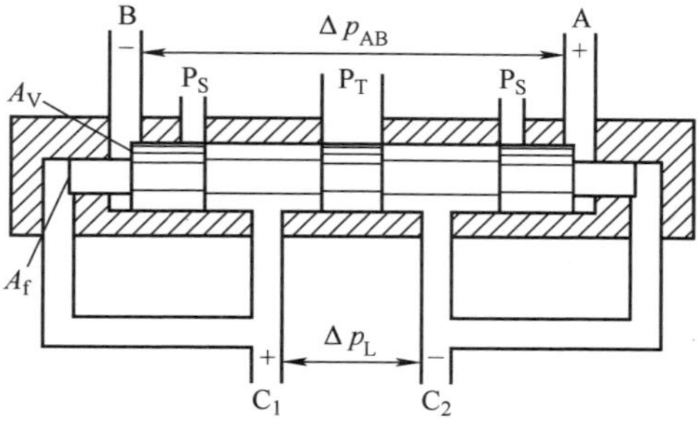

图 12-27 阀芯力综合式电液压力伺服阀的工作原理－压力反馈的平衡状态

12.9.2 反馈喷嘴式电液压力伺服阀

反馈喷嘴式电液压力伺服阀结构原理如图 12-28 所示。

这种压力伺服阀的工作过程如下：

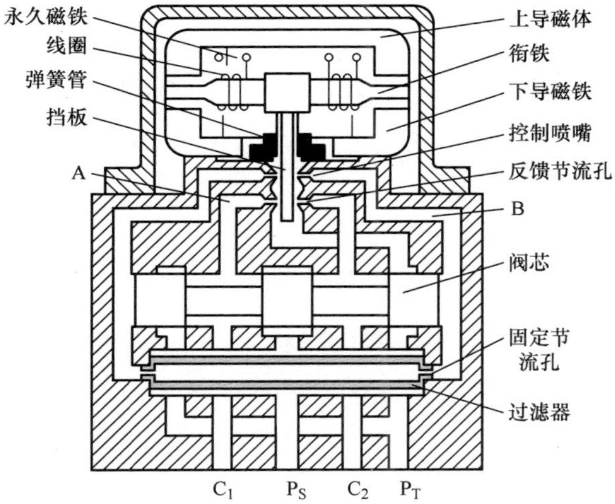

图 12-28　反馈喷嘴式电液压力伺服阀结构原理

力矩马达输入电流在衔铁两端产生磁力，使衔铁挡板组件绕弹簧管支承旋转，挡板偏移，在两个喷嘴控制腔 A 及 B 上形成压差，阀芯移动，使一侧工作油口（C_1或 C_2）与供油口 P_S相通，压力增高，另一侧工作油口（即 C_2或 C_1）与回油口 P_T相通，压力降低。工作油口 C_1和 C_2的压差，通过反馈节流孔和反馈喷嘴作用在挡板上，形成对力矩马达的反馈力矩，它与工作油口的压差成正比。当反馈力矩等于电磁力矩时，衔铁挡板组件回到近似对中的位置。阀芯停在某一平衡位置上，在该位置上，工作油口压差作用在挡板上的反馈力矩等于力矩马达输入电流产生的力矩。因此，阀工作油口的压差与输入的电流大小成正比。

12.9.3　电液压力伺服阀的特点

电液压力伺服阀具有以下特点。

1）结构简单，体积小。

2）静动态性能优良，工作可靠。

3）反馈喷嘴式的力矩马达和挡板均工作在零位附近，线性好，但因增加了一对喷嘴，泄漏增加，因而功耗增加，抗污染能力也有所下降。负载腔容积较大且有额外泄漏量，影响阀及负载动态响应。反馈喷嘴对挡板的作用力与喷嘴腔感受的负载压力不是严格线性的，因此阀的压力特性线性度稍差，压力反馈增益的调整较为困难。

4）阀芯力综合式电液压力伺服阀无额外的泄漏，对阀及负载的动态影响小。压力反馈增益由阀芯的端面积与凸肩面积之比决定，因此压力反馈有固定的线性增益，整阀压力增益改善较为方便，可由充退磁来完成。

5）负载容积对压力伺服阀动态响应的影响甚大，通常阀的动态响应需与实际的负载一起进行评定。

压力伺服阀一般用于开环系统中，用以控制系统压力或力，也可用于闭环系统中，控制压力、力、加速度或负载位置。

12.10 旋转直驱伺服阀

12.10.1 旋转直驱伺服阀结构与工作原理

旋转直驱伺服阀属于直接驱动式旋转伺服阀，也称为 RDDV。该阀于 2012 年开始设计，经过数千小时对所建立的流体动力模型在软件方面的分析和运行后，于 2013 年试制成功。该阀外形、结构与零部件如图 12-29 所示。它打破了半个世纪以来对伺服阀结构几乎固化的认知，是伺服阀结构原理与性能的一次突破。

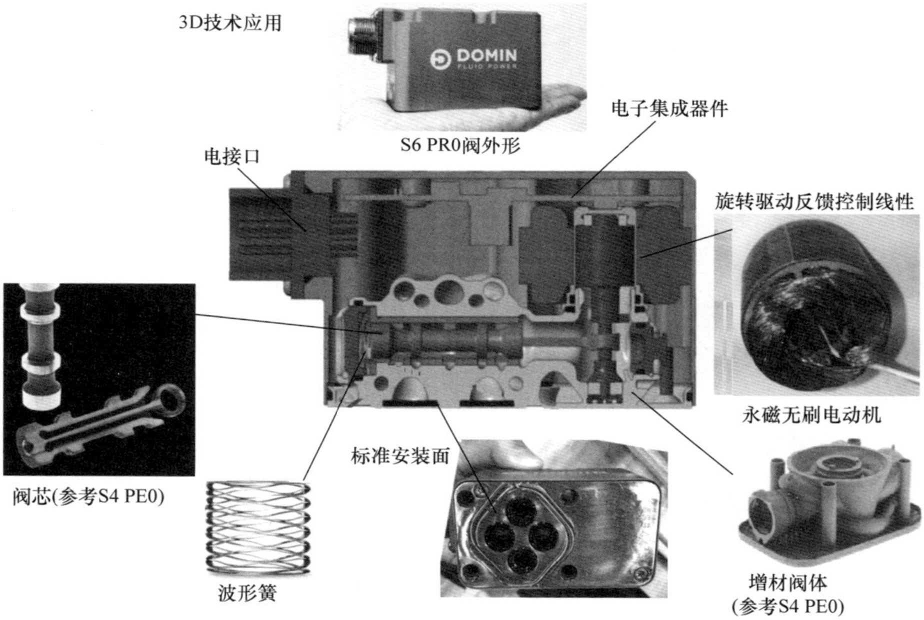

图 12-29　直接驱动式旋转伺服阀外形、结构与零部件（RDDV）

这种阀用集成电路实现阀芯位置的闭环控制。它的工作原理简单，当给控制器输入信号时，控制信号通过内置控制器输出信号转化为永磁无刷电动机有限转角力矩产生旋转运动，电动机轴端的偏心机构将电动机的旋转运动转化为阀芯的直线运动，电动机的角位移通过内置的角位移传感器反馈给控制器与指令信号进行比较，使控制信号与阀芯位移呈正比关系。机构使阀芯直线位移，改变了伺服阀控制窗口的变化，从而使输出流量与输入控制电流之间呈比例关系，并推动负载产生运动，并极大地提高了伺服阀的滞环、分辨率、动态响应及抗污染等性能。

为了解决旋转阀到线性阀的技术难题，DOMIN 利用增材制造工艺所具有的设计自由度特点，采用了一个独特的专利，以增材制造的阀芯能用一个曲面来适应轴承的横向驱动。从生产技术而言，阀芯与阀体采用金属 3D 打印技术，打印的流道符合流体运动特性，采用了斯迈利弹簧，金属膜提供流体屏障，使用涂膜技术将电子元件密封并与液压隔离，无须动态密封，旋转电动机更容易设置精确的反馈。允许在电动机和阀芯之间进行齿轮传动。因此在同类产品中质量最轻（降低 85%）、体积最小（降低 80%）、成本最低、流量增加（提升 25%），具有超高动态性能，也延续了 DDV 的低压性能、静态泄漏（降低 30%）与抗污染可靠性。

12.10.2　旋转直驱伺服阀产品性能

直接驱动式旋转伺服阀产品的性能与穆格（MOOG）相应的产品性能对比见表 12-4。

表 12-4　直接驱动式旋转伺服阀（RDDV）与 MOOG 阀产品性能对比

性能指标	DOMIN RDDV S4 PEO	MOOG 30/31 系列	DOMIN RDDV S6 PRO	MOOG 761 系列
外形				
额定压力/MPa	35	21	35	21
额定流量/(L/min)	2 ~ 18	15	5 ~ 65	63
最大流量/(L/min)	38	30	130	100
泄漏量/(L/min)	0.45	1	< 1.2	2.3
频宽/Hz	500 ± 5% FS①	200 ± 5% FS	> 250 ± 25% FS	120 ± 40% FS
阶跃响应/ms	< 3.0	3	< 4	5
线性度（%）	2	± 7	N/A②	N/A
滞环（%）	< 0.2	< 3	0.1	3
分辨率（%）	< 0.2	< 0.5	0.05	0.5
零漂（%）	< 0.02	< 0.036	< 0.02	2
输入信号	± 10V ± 10mA 4 ~ 20mA	N/A	± 10V ± 10mA 4 ~ 20mA	± 40mA
阀口剪切力/N	> 40	N/A	N/A	N/A
供电电压/V	22 ~ 30	3	22 ~ 30	N/A
最大电流/A	4.2	0.015	4.5	0.08 ~ 0.2

（续）

性能指标	DOMIN RDDV S4 PEO	MOOG 30/31 系列	DOMIN RDDV S6 PRO	MOOG 761 系列
功耗/W	<2	N/A	<5	N/A
油温/℃	-20 ~ 80	-40 ~ 135	-20 ~ 80	N/A
抗污染度 NAS 等级	8	6	8	6
阀质量/g	290	370	750	1100
安装底面	符合 ISO 10372 -04 -04 -0 -92			
性能指标	DOMIN RDDV S10 PRO	MOOG 661 系列		DOMIN RDDV S14 PRO
外形				
额定压力/MPa	35	35	35	35
额定流量/(L/min)	50 ~ 250	20 ~ 90	120 ~ 200	300 ~ 1000
最大流量/(L/min)	475	N/A	N/A	2000
泄漏量/(L/min)	<3	4.5	4.5	<3
频宽/Hz (±25% FS)	>180	200	60	100
阶跃响应/ms	≤7	8	18	7
滞环（%）	<0.2	0.4	0.2	>0.1
分辨率（%）	<0.1	0.1	0.05	<0.05
零漂（%）	0.5	2	1	<0.1
输入信号	±10V ±10mA 4 ~ 20mA	±10V ±10mA	±10V ±10mA	±10V ±10mA
阀口剪切力/N	N/A	N/A	N/A	>1000
供电电压/V	22 ~ 30	N/A	N/A	22 ~ 30
最大电流/A	5	N/A	N/A	2
功耗/W	N/A	N/A	N/A	<5
油温/℃	-20 ~ 80	N/A	N/A	-20 ~ 80
抗污染度 NAS 等级	8	7 ~ 8	7 ~ 8	8
阀质量 g	1500	5700	5700	4000
安装底面	符合 ISO 10372 -04 -04 -0 -92			

① ±5% FS 指相对误差为满量程的 5%。

② N/A 即 “Not applicable”，指相应栏的性能指标对其不适用。

12.11　电液伺服阀应用领域及选择

12.11.1　电液伺服阀的应用领域

电液伺服阀由于其高精度和快速控制能力，应用于各种工业设备、高校试验机、航空和航天及军事装备的开环或闭环电液控制系统中，特别是系统中需要长期精确计量、参量反馈或定位控制的同时，又要快速响应、大输出功率的场合。

图 12-30 说明伺服阀在工业设备中的总体应用分布情况。

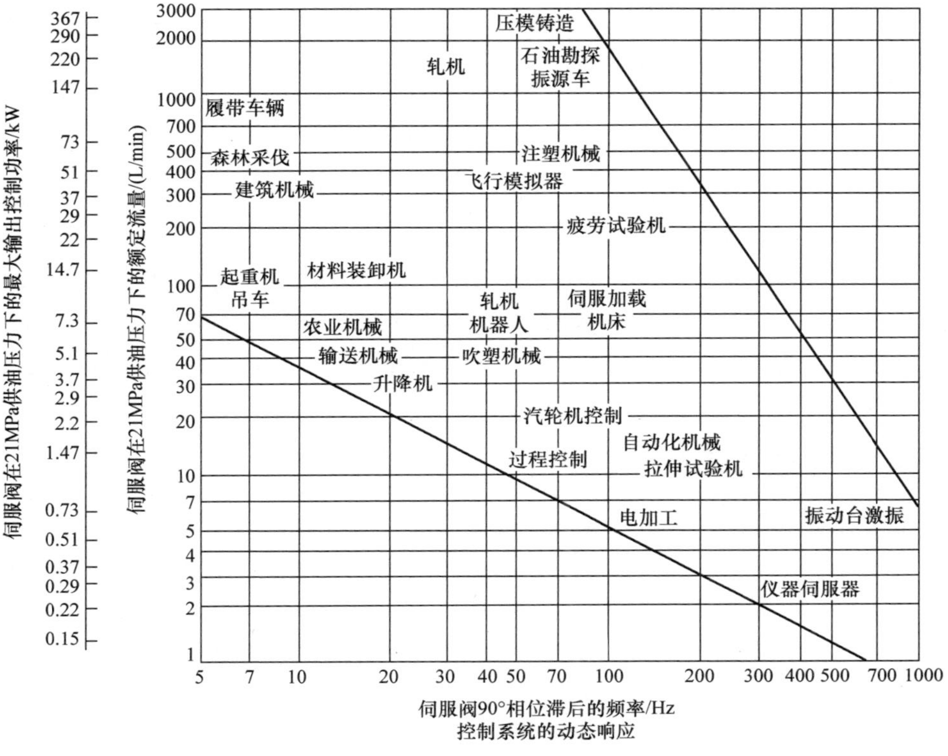

图 12-30　工业设备中伺服阀的应用情况

伺服阀在军工行业多用于转向舵、升降舵、中心侧向控制；主传动、鼻轮操纵、制动控制系统；前轮操纵系统、发动机燃油控制；矢量喷嘴控制、车辆调平控制等。

为了适应使用工况的特殊性，传统伺服阀进一步拓展出其他匹配的产品。

1）防爆阀 ——如煤机、石油行业、天然气电力行业。

2）多余度阀 ——如军工行业，增加阀的使用可靠性。

3）燃油伺服阀——油液介质为燃料油。

4）轴控阀——具有总线通信功能，力传感器、位移传感器和速度传感器可以直接接入伺服阀，通过软件配置可在阀内部控制器分别实现负载的位移、速度和力的集成化闭环控制，如图12-31所示。

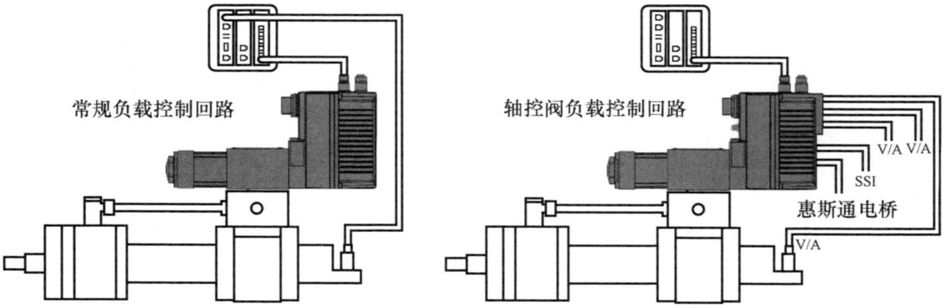

图12-31　轴控阀负载控制回路

5）旋转电动机直驱阀——由旋转电动机直接驱动功率级阀芯，避免了先导级污染问题，简化了结构，也为阀数字化转型做铺垫。

6）特殊结构阀——利用多个简单结构件模拟滑阀阀口工作模式，形成等效滑阀结构，避免了滑阀极小径向间隙带来的污染问题。或在结构上进行改进，如为对抗大冲击振动工况在原有电气盒结构上加防振附件（木材行业）、防腐阀（元件选用高温耐蚀材料）。

12.11.2　电液伺服阀的选型

电液伺服系统设计人员选择电液伺服阀时，应在初步拟定系统整体设计方案后，根据伺服阀需完成的特性要求，明确选型要点。如果是做进口伺服阀的国产化，除了要了解拟替代的进口阀型号和图12-32所示的伺服阀铭牌信息，还需多收集原进口阀所处系统的工况、特性要求，如响应要求、安装空间等，以便实现替代阀与原系统的最佳匹配。

系统设计人员在电液伺服阀选型时应注意以下内容：

1）所选型号的伺服阀工作压力、额定流量（对压力伺服阀为额定流量容量）和动态响应必须满足系统的控制功率及动态特性设计要求，并留有余量。具体参数计算方法详见第3.6节。

2）查看伺服阀样本并做伺服阀初步选型时，还应确保所选伺服阀型号最大的压力-流量曲线包围所有的负载工况点，即图12-33所示的输出特性曲线包围负载轨迹。

3）对伺服阀动态响应特性进行评估时，应保证伺服阀频宽满足系统要求。对于开环控制系统，伺服阀的相频宽比系统要求的相频宽大3～5Hz就足以满足一般

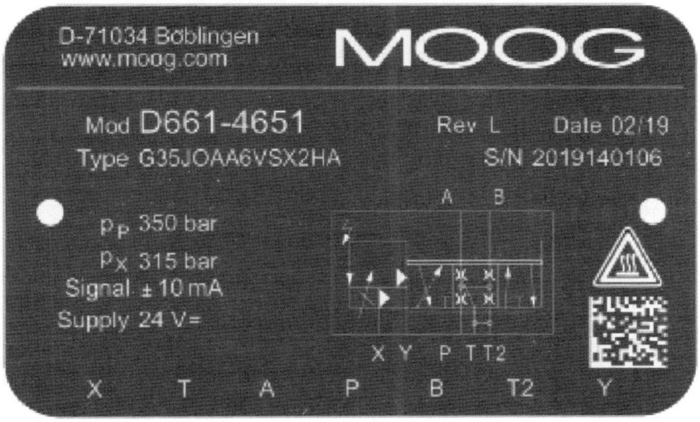

图 12-32 伺服阀铭牌

系统的要求。但为了获得性能良好的闭环控制系统，伺服阀的相频宽（f_{sv}）应高出系统液压固有频率（f_h）3～5 倍以上，即$f_{sv} \geqslant (3\sim5)f_h$。

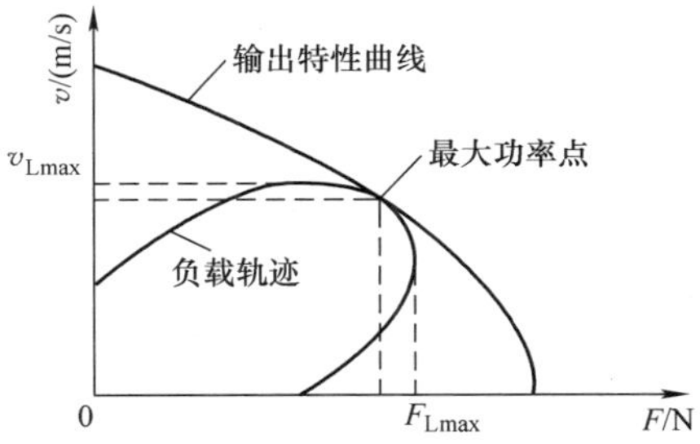

图 12-33 动力元件与负载的最佳匹配曲线

4）在系统设计时，电液伺服阀的传递函数采用什么形式，主要取决于伺服阀相频宽相对于系统液压固有频率的倍数，倍数不同，选取的传递函数形式也不同。为了仿真结果的准确性，习惯优先将伺服阀近似看成二阶振荡环节。

5）在力控制系统中，为了减少伺服阀零漂和死区对系统稳态误差的影响，常使用正开口流量伺服阀或零开口流量伺服阀（附加泄漏通道）。

6）先导级控制方式及压力要求。

7）对中位机能、断电或断压保护位的要求。

集成了可实现使能特性的带内置放大器的电液伺服阀，其中位机能与断电或断压保护位这两个工作位可以不相同。断电或断压时可以实现阀芯处于某一端偏置位（如 P－B 或 P－A），而通电无使能信号时阀芯处于中位，此中位与中位机能相符，并可以通过内置放大器上的调零电位计调节。无使能信号时阀芯的位置也可调为非中位状态。使能位一般在出厂前已由厂家调定，使用者根据实际需要，参照伺服阀电气接线图，使用使能功能即可。

8）电液压力伺服阀一般用于压力控制系统，如伺服加载系统和电子防滑制动系统等。压力伺服阀的选择首先要满足控制压力及负载流量的要求。值得注意的是，压力伺服阀的动态特性取决于阀的额定流量容量及负载的特性，因此必须与系统的特性一起考虑。在上述防滑制动系统中，制动容腔和管道内液压油的可压缩性，以及管道和结构的弹性，往往成为左右动态的主要因素。

图12-34所示为根据相频与流量的要求来选择MOOG阀的方法依据，可以作为选型时的参考。

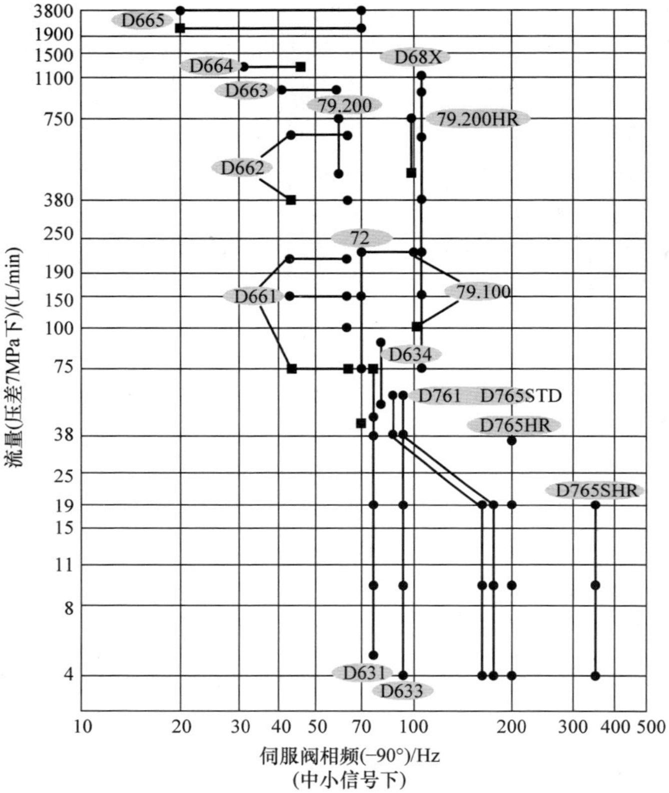

图12-34　按相频与流量要求选择MOOG伺服阀

12.12　电液伺服阀的使用

12.12.1　伺服阀的安装与拆卸

伺服阀的安装与拆卸过程中，应注意以下事项。

1）设计、制造、安装、整阀替代时，要保证伺服阀安装底板符合标准要求，或是否与所选伺服阀样本要求一致，例如进油口、回油口、先导控制口及销钉孔位置。

2）安装面加工应满足所选伺服阀产品样本要求，一般要求$Ra0.8 \sim 3.2\mu m$，表面平面度不大于0.03mm。

3）不允许用磁性材料制造安装座，周围不允许有明显的磁场干扰，避免对先导级磁场造成干扰、避免功率级元件产生弱磁吸附油液中的杂质。

4）安装工作环境应保持清洁，安装面无污染粒附着，清洁时应使用无绒布或专业纸张，以免颗粒状或棉絮状污染物进入阀中，导致污染堵塞或卡滞。

5）不要直接从外露的接线电缆搬动伺服阀，因为阀上的线缆不具有很强的“线束拖动”性能。

6）阀被拆卸下来时，将阀注满清洁工作油，装上运输护板。

7）妥善保护好安装面上各油口，以免污物侵入。

12.12.2　伺服阀的使用注意事项

伺服阀的使用注意事项如下。

1）伺服阀外接导线应屏蔽，并良好接地。

2）做好静电防护，静电容易损坏电路板内部器件。为防止此类事件发生，首先要把阀外壳接地，其次不穿容易产生静电的服装，手通过放电后方能对阀进行操作。

3）请勿将阀的连接电缆放置在高压电缆附近，避免受到强电干扰。

4）切忌让铁磁物质长期与马达壳体相接触，防止力/力矩马达跑磁，影响伺服阀零位和输出，跑磁严重时会导致伺服阀无法工作。

5）设计时应考虑到阀与系统电控柜接线盒间的电压损失，应依据实际情况合理选用所有外接导线电缆横截面积。

6）阀的极性、插头各针脚接线，应按使用说明书规定连接。

7）建议伺服阀采用两线圈并联的工作方式，以获得最小的电感，减小因线圈电感引起的伺服阀相位滞后，且此形式工作可靠性高（适用于伺服阀力矩马达有两个及以上线圈的类型，因为部分型号线圈具有相对较大感抗且输入信号为电流）。

8）伺服阀在未供油压的情况下，应尽量避免输入交变电信号。

9）伺服阀的输入电信号、放大板供电电压不允许超过制造厂允许值。

10）参考阀样本供给阀的供电电压（电源电压），超过范围会导致不可逆的损坏。输入输出信号需要经过隔离后，才能和伺服阀插头相连。

11）当多个伺服阀共用一个液压油源时，尽可能减少彼此间的相互干扰。

12）伺服阀回油背压控制在 0% ~3% 额定供油压力以内，尽量减少波动，过大会影响力矩马达性能并增大系统能耗，过小会引起回油侧工作边周围产生气穴，推荐值为 0.5MPa。

13）禁止使用麻线、胶黏剂和密封带作为密封材料。

14）动圈式伺服阀使用时要加颤振信号，部分阀要求泄油直接回油箱，且必须垂直安装。

15）使用过程中尽量减少工作环境的粉尘，大量粉尘会对马达磁力造成影响或加剧故障阀因漏电问题引起的抖动。例如，在粉尘模拟环境中，测得故障先导级出现线圈漏电现象，线圈一端接线与外部铁心间仅有 14.99MΩ 甚至更小阻值，远小于正常先导级绝缘电阻要求（见有关航空工业标准）。而将此故障先导级移至正常试验条件下，则此漏电现象消失，如图 12-35 所示。

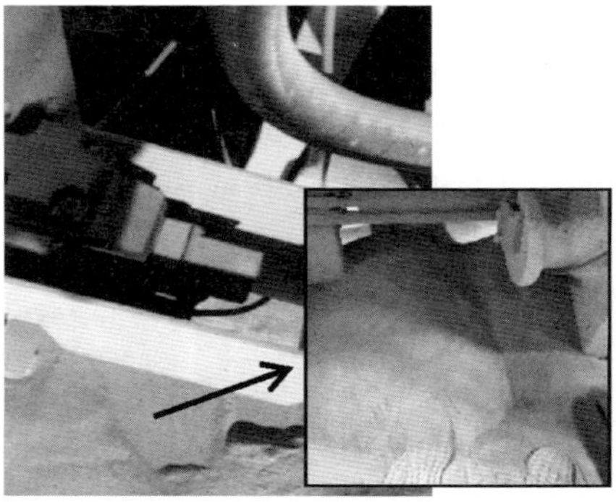

图 12-35　陶瓷厂伺服阀所在现场粉尘环境

16）伺服阀工作油温、环境温度、环境湿度不宜超过制造厂允许值，有特殊要求时一定要提前说明，因为很多伺服阀的防护等级和内部元件耐温耐湿极限可能与现场不匹配，伺服阀在高温高湿度环境中放大板易被腐蚀，如图 12-36 所示。

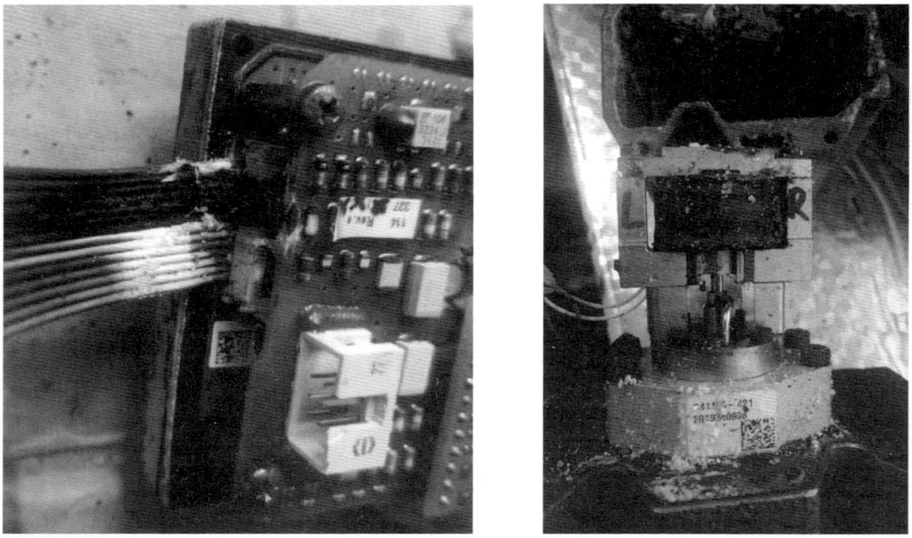

图 12-36　放大板在高温高湿度环境中的损坏情况

12.12.3　伺服阀管路安装要求

在液压伺服系统中，液压固有频率往往是整个系统中频率最低的环节，它限制了系统的响应速度。为了提高系统的响应速度（必须提高液压固有频率），伺服阀与执行机构间的管路不能太长。为此，设计时应尽可能把伺服阀直接安装在执行机构上或相近的油路块上，避免外接油管，如图 12-37 所示。

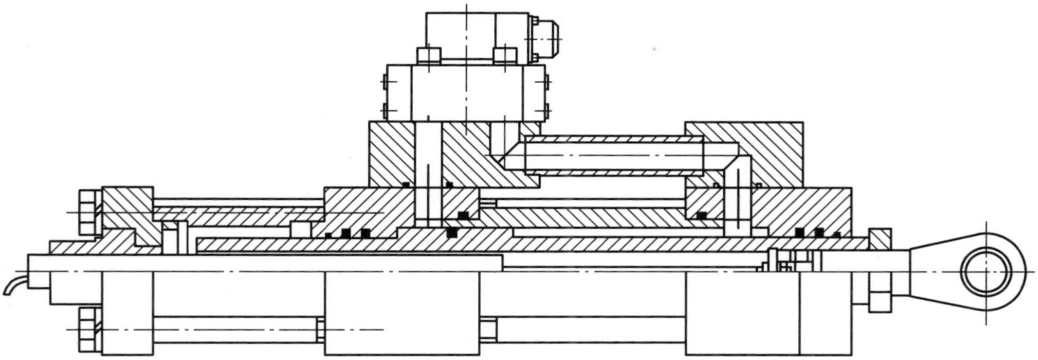

图12-37 传统伺服作动器结构简图

新安装的液压系统管路或更换原有管路时需清洗，推荐先进行管路预装，再拆卸、酸洗、磷化，然后再组装完管路后进行一次整体冲洗，至油液污染度符合要求为止。冲洗时需用特定的冲洗板（根据系统自行设计）代替伺服阀，冲洗油温度需略高于伺服阀使用最高温度，冲洗过程中观察过滤器情况并做及时处理，冲洗结束后更换过滤器，并通过5~10μm公称过滤精度的过滤器向油箱注入新油，最后再次冲洗整体管路24h，清洗或更换过滤器后装上伺服阀，详见6.1节。

在管路组装前需检查是否有焊渣、擦洗残留杂物遗漏在管路中。

12.12.4 伺服阀工作介质污染度及过滤

伺服阀的功率级滑阀在零位附近的使用率极高，死区又近似为零（中位机能多为O型和带节流的H型），滑阀间隙极小且多为带阀套结构，故伺服阀的产品性能、使用寿命和可靠性与工作液污染度密切相关，需引起使用者重视。

对于污染物颗粒，常关注以下两个颗粒尺寸：

1）5μm——对阀造成磨损失效、冲蚀失效、淤积失效。

2）10μm——对阀造成严重划伤、卡滞失效、堵塞失效。

安装伺服阀的液压系统必须进行彻底清洗。在伺服阀进油口前必须配置具有一定过滤精度的过滤器，这些过滤器应是全流量非旁通型，具体过滤精度视伺服阀类型而定，见表12-5。

表12-5 不同类型伺服阀过滤精度

伺服阀类型	系统滤芯绝对精度推荐值	长寿命使用时油液清洁度等级推荐值	一般工况使用时油液清洁度等级推荐值
喷嘴挡板式	5~10μm（$\beta \geqslant 75$）	ISO 4406 16/13/10 或NAS1638 4级	ISO 4406 17/14/11 或NAS1638 5级

（续）

伺服阀类型	系统滤芯绝对精度推荐值	长寿命使用时油液清洁度等级推荐值	一般工况使用时油液清洁度等级推荐值
射流管式	10～20μm（$\beta\geqslant75$）	ISO 4406 17/14/11 或 NAS 1638 5 级	ISO 4406 19/16/13 或 NAS 1638 7 级
动圈式	25～50μm（$\beta\geqslant75$）	NAS 1638 9 级	NAS 1638 10 级

伺服系统的过滤必须满足或优于伺服阀使用说明书规定的油液污染等级要求，推荐工作介质污染度应达到 GJB 420B—2015 中规定的标准等级，即每 100mL 工作液中的污染个数不应多于表 12-6 中相应的规定值。

表 12-6 GJB 420B—2015 航空工作液固体污染度规定

（单位：颗粒数/100mL）

尺寸代码		A	B	C	D	E	F
尺寸		>1μm	>5μm	>15μm	>25μm	>50μm	>100μm
		>4μm$_{(e)}$	>6μm$_{(e)}$	>14μm$_{(e)}$	>21μm$_{(e)}$	>38μm$_{(e)}$	>70μm$_{(e)}$
等级	4	12500	4860	864	152	26	4
	5	25000	9730	1730	306	53	8
	6	50000	19500	3460	612	106	16
	7	100000	38900	6920	1220	212	32
	8	200000	77900	13900	2450	424	64
	9	400000	156000	27700	4900	848	128
	10	800000	311000	55400	9800	1700	256

注：使用 ACFTD 标准物质校准或使用光学显微镜测试的尺寸，计量单位为微米，用 μm 表示；使用 ISOMTD 标准物质校准或使用扫描电镜测试的尺寸，计量单位也为微米，用 μm$_{(e)}$ 表示。

在条件许可的情况下，应定期检查系统工作介质、过滤器及伺服阀过滤器污染程度，其中伺服阀过滤器的检查和更换需在产品生产厂家指导下完成。

伺服系统的过滤要求详见 6.1.2 节。

12.13 电液伺服阀的维护要点与常见故障分析

12.13.1 伺服阀的维护要点

伺服阀维护是其使用过程中的一个重要环节，不规范的维护方式和对定期维护的忽视均会对伺服阀的实际工作性能、控制精度和有效使用寿命造成影响。

以下是根据市场上反馈的伺服阀故障点及故障率，归纳出在伺服系统定期维护过程中需特别关注的三个要点。

1. 控制污染

控制污染是伺服阀维护中最重要的一项工作，也是引起伺服阀性能退化，甚至无法正常工作的常见故障原因。伺服阀的内部过滤器仅能过滤通往先导级的油液，无法对功率级进行保护。按产品说明书的规定，定期更换或清洗阀上可拆卸的内部过滤器（仅对先导级有效），或更换系统滤芯、检查油液清洁度（对整阀有效），两种方法均可达到较好的在线保护效果。

更换新油、清洗更换系统滤芯，需对系统彻底冲洗，并达到所需的油液清洁度等级后，才能将伺服阀装回系统中，此过程可以通过使用一个专用冲洗块、一个手动阀或者一个旧伺服阀来实现。这个步骤需要引起重视，因为残留污染物能迅速导致伺服阀的长久卡滞或间断性动作停顿。这种情况必须返厂维修，不可自行拆卸处理。

2. 调整好零偏

经过一段时间的在线使用，且受温度、压力、机械振动冲击或磨损疲劳等影响，伺服阀会出现液压零位或电气零位偏移的现象，在系统中会表现为执行机构零位偏移、动作不到位或已超过系统零位补偿范围。现场可根据实际情况，调节伺服阀的外部调零机构（如前文提到的机械调零、电气调零和磁场调零部位），或检查并调整系统相关控制参数。

若零位偏移量已超过系统零位补偿范围，建议将伺服阀返厂维修，不可自行拆卸伺服阀先导级或打开各端盖，以避免造成力矩马达气隙污染、滑阀间隙污染，且无法正确复原先导级与功率级装配关系（这也是力矩马达与比例电磁铁的一个重要区别）。定期返厂维护调整，则可降低这种故障率，增加伺服阀的在线使用时间。

3. 定期检查密封件及引线失效

通过查看伺服阀在线使用时长和各接触面漏油情况（除去零件破裂引发的漏油问题），可判断出密封件是否已接近或超过其使用寿命，出现老化失效现象，是否破损并出现断裂失效。不合理的工作温度、油液压力、密封槽结构或受力情况，均会加速其失效。当伺服阀在线使用时长已接近或超过密封圈使用寿命时（建议以 3 年作为平均寿命），建议将伺服阀返厂进行相应维护修理，不要自行拆卸各零部件更换密封圈。

伺服阀控制线圈、位移传感器、控制板连接线等电气元件中的引线随使用时间的加长出现外部绝缘层老化、硬脆化，内部线芯焊点虚连或脱开等问题，影响伺服阀使用，如出现不同程度的抖动和突跳现象。过高或过低使用温度（相较于样本推荐工作温度范围）、潮湿（伺服阀防护等级一般为 IP65 ~ IP67）等恶劣环境均会加快故障出现，若已知系统的伺服阀环境工况不符合产品样本要求，且未事先告知生产厂家，请定期返厂做性能判定维护，以免出现现场生产损失。

对于拥有备用阀的大型生产线，建议定期返厂维护，对整阀性能进行完整检测调整、排障或修理，也可预防或解决隐藏的内部污染物淤积失效问题，以及安装螺钉松动带来的各项隐患（如因长期振动工况下使用，引发内部螺钉松动，导致密封面漏油，油液混入放大板与信号连接线的连接端子插针处，导致放大板烧坏）。

12.13.2　伺服阀常见故障分析

伺服阀的常见故障及其产生原因见表 12-7。

表 12-7　伺服阀的常见故障及其产生原因

常见故障	原　　因
1）阀不工作，无流量压力输出 2）阀（执行机构）偏置到一侧，输出流量压力较大，不可控	①马达线圈接线接错、霉断或引线断路、短路；②外部引线、线束断路；③插头焊点脱焊；④先导级磁性元件吸合，导致机械动作无法输出；⑤内部放大器或位移传感器损坏；⑥进回油口未接通或接反、先导级控制方式有误；⑦先导级喷嘴、节流孔堵塞，阀芯卡滞，伺服阀污染
阀输出流量压力（或执行机构速度、力）不能连续控制，或不能精准控制	①阀内部反馈机构失效；②系统反馈断开；③系统出现正反馈现象；④系统的间隙、摩擦或其他非线性因素；⑤工作油液太脏，阀分辨率变差、滞环增大；⑥伺服阀流量选择过大，导致阀控系统分辨率降低，控制精度变差
阀反应迟钝，响应降低、零偏增大	①系统供油压力降低；②阀内部过滤器、先导级局部堵塞，功率级出现淤积污染；③阀调零机构、马达部分零部件松动；④系统中执行动力元件内泄过大；⑤伺服阀零位死区大；⑥先导级抖动，不稳定，引起零偏不稳定或增大；⑦电气元件旋钮调定点变动
系统出现抖动、振动及噪声（频率较高）	①工作油液混入大量空气，或油液清洁度过低；②系统开环增益过高；③系统接地干扰、放大器电源滤波不良或噪声变大；④阀先导级线圈绝缘变差、电插头绝缘变差；⑤阀外引线碰到地线、焊点松动；⑥先导级污染，时通时堵；⑦频率较低的系统选用了过高频率的伺服阀
外部漏油	①安装座表面粗糙度过大；②各安装接触面间有污染物；③安装孔位不对应，有偏差；④阀密封件未装妥、漏装、破裂或老化；⑤先导级弹簧管破裂

当伺服阀出现故障时，建议不要随意拆解，要在专业技术人员的指导下完成故障处理工作。

12.14　国内外常用电液伺服阀产品及其主要性能

表 12-8～表 12-15 按伺服阀结构特征分类列出了国内外常用电液伺服阀产品及其主要性能。

表12-8 国内外常用电液流量伺服阀产品及其主要性能（双喷嘴挡板位移－力反馈结构）

	结构型式	产品型号	主要技术性能及指标													零漂			频率响应		阀安装面	制造
			工作介质	供油压力范围 p_s /MPa	额定供油压力 p_n /MPa	额定流量 q_n /(L/min)	额定电流 I_n /mA	线性度 (%)	对称度 (%)	滞环 (%)	分辨率 (%)	重叠 (%)	压力增益 p_L/p_s (I/I_n = 1%时) (%)	内泄漏量 /(L/min)	零偏 (%)	供油压力零漂 (80%~110% p_s) (%)	回油压力零漂 (0~20% p_s) (%)	温度变化 每40℃ (%)	幅频宽 (-3dB) /Hz	相频宽 (-90°) /Hz		
国外	双喷嘴挡板位移－力反馈	MOOG30	石油基液压油;合成液;氟利昂等	1~31	21	1.2~12	8,10,15,20,30,40,50	<±7	<±5	<3	<0.5	±2.5	>30	<0.35+4%q_n	<±2	<±4	<±4	<±4	>200	>200	ISO 10372-01-01-0-92	穆格公司
		MOOG31				6.7~26								<0.45+4%q_n					>200	>200	ISO 10372-02-02-0-92	
		MOOG34				49~73								<0.6+3%q_n					>110	>110	ISO 10372-03-03-0-92	
		MOOG761	石油基液压油		7	3.8~63	8,10,15,20,30,40,50,200		<±10				30~100	<1.33	可外调	<±2	<±2	<±2	80~200	100~200	ISO 10372-04-04-0-92	
		MOOG72				96,159,230				<4	<1.5		30~80	<2%q_n		<±2	<±2	<±4	>80	>80	ISO 10372-06-05-0-92	
		MOOG62		1.4~14		11.5~76	30,100			<6	<2		>20	<2		<±3	<±3	<±3	>10	>30	ISO 10372-04-04-0-92	

（续）

国内外	结构型式	产品型号	主要技术性能及指标：工作介质	供油压力范围 p_s /MPa	额定供油压力 p_n /MPa	额定流量 q_n /(L/min)	额定电流 I_n /mA	线性度 (%)	对称度 (%)	滞环 (%)	分辨率 (%)	重叠 (%)	压力增益 p_L/p_s (I/I_n = 1%时) (%)	内泄漏量 /(L/min)	零偏 (%)	零漂：供油压力零漂 (80%～110% p_s) (%)	零漂：回油压力零漂 (0～20% p_s) (%)	零漂：温度变化每40℃ (%)	频率响应：幅频宽 (-3dB) /Hz	频率响应：相频宽 (-90°) /Hz	阀安装面	制造
国外	双喷嘴挡板位移－力反馈	DOWTY30	石油基液压油	1.5～28	21	7.7	8～80	<±7.5	<±5	<3	<0.5	±2.5	>30	<0.25+5%q_n	<±2	<±2	<±2	<±4（工作温度内）	>200	>200	参照道蒂公司产品样本	道蒂公司
		DOWTY31				27													>200	>200		
		DOWTY4550			14	96,154,231	10,15,40,60,80,200		<±10		<1.5		<30～80	<3	可外调				>40	>50		
		DOWTY4551		1.5～31.5		3.8～57					0.5			<1.6					>70	>80		
		DOWTY4682		0.35～24.5		3.8～70				<5	<2			<2					>40	>30		
国内		FF101	YH－15号或10号；石油基液压油	2～28	21	1～6,8	8,10,15,30,40,50			<3	<1		>30	<0.25+5%q_n	<±3			<±4	>100	>100	参照中航工业南京伺服控制系统有限公司产品样本	中航工业南京伺服控制系统有限公司
		FF102				2～30				<4	<1			<0.3+4%q_n					>100	>100		
		FF106				63,100				<4	<0.5			<1+3%q_n				<±2	>50	>50		
		FF113			7	95,150,230	40,15			<4	<1.5			<2%q_n	可外调			<±4	≥30	≥30		

（续）

	结构型式	产品型号	工作介质	供油压力范围 p_s /MPa	额定供油压力 p_n /MPa	额定流量 q_n /(L/min)	额定电流 I_n /mA	线性度 (%)	对称度 (%)	滞环 (%)	分辨率 (%)	重叠 (%)	压力增益 p_L/p_s (I/I_n = 1%时) (%)	内泄漏量 /(L/min)	零偏 (%)	零漂：供油压力零漂 (80%～110% p_s) (%)	零漂：回油压力零漂 (0～20% p_s) (%)	零漂：温度变化每 40℃ (%)	频率响应：幅频宽 (-3dB) /Hz	频率响应：相频宽 (-90°) /Hz	阀安装面	制造
国内	双喷嘴挡板位移－力反馈	RTJS3132	YH－15 号或 10 号;矿物油	1～28	21	1～10	8,10,15,20,30,40,50,200	<±7.5	<±10	<3	<1	±2.5	>30	<0.3 +5%q_n	<±2	<±2	<±2	<±2	>100	>100	ISO 10372－04－04－0－92	上海诺玛液压系统有限公司
		RTJS3231				2～30								<0.4 +4%q_n					>100	>100	ISO 10372－05－05－0－92	
		RT6725M			7	4～63		<+7		<4	<1			<2	可外调	<±2	<±2	<±2	≥30～120	≥60～180	ISO 10372－04－04－0－92	
		RT7626M				100,160				<4	<1			<2%q_n		<±3	<±3	<4			ISO 10372－06－05－0－92	
		RT6255M		1.4～14		10,20,40,60	30,100			<5	<1			<3		<±3	<±3	<±14	>10	≥50	ISO 10372－04－04－0－92	
		QDY1	22#透平油、YK－10 等矿物油	1～21	6.3	4～125	10,15,30			<3	<0.5	按订货要求定制	30～80		<±3	<±2	<±2	<±2	>100		参照北京机械工业自动化研究所有限公司产品样本	北京机械工业自动化研究所有限公司
		QDY6		1.5～32	7	4～60	10,15,30,40,80,200,300							<1.3	可外调			<±3	>80	>70		
		QDY10		2～28		63～125								<1.5		<±2	<±3		>40	>40		
		QDY12				4,10,20,40							30～90	<1.2			<±2		>150	>120		

表 12-9　国内外常用电液伺服阀产品及其主要性能（双喷嘴挡板动压反馈与电反馈结构）

结构型式	产品型号	主要技术性能及指标																		阀安装面	制造
		工作介质	供油压力范围 p_s /MPa	额定供油压力 p_n /MPa	额定流量 q_n /(L/min)	额定信号 I_n(或 U_n) /mA(或 V)	线性度 (%)	对称度 (%)	滞环 (%)	分辨率 (%)	重叠 (%)	压力增益 p_L/p_s (I/I_n = 1%时) (%)	内泄漏量/(L/min)	零偏 (%)	零漂 供油压力零漂 (80% ~ 110% p_s) (%)	零漂 回油压力零漂 (0 ~ 20% p_s) (%)	零漂 温度变化 每40℃ (%)	频率响应 幅频宽 (-3dB) /Hz	频率响应 相频宽 (-90°) /Hz		
国内 双喷嘴挡板动压反馈	FF103	YH-15号或10号；石油基液	2~28	21	2~30	8,10,15,30,40,50	<±7.5	<±10	<4	<1	±2.5	>30	<0.5 +4%q_n	<±3	<±2	<±2	<±2	>100	>100	参照中航工业南京伺服控制系统有限公司产品样本	中航工业南京伺服控制系统有限公司
国外	MOOG765	石油基液压油	1~28	21	4~63	±10（或±10）	<±7	<±5	<0.3	<0.1	±2.5	>30	<0.35 +4%q_n	<±2	<±2	<±2	<±1	>200	>200	ISO 10372-04-04-0-92	穆格公司
国内 双喷嘴挡板电反馈	FF108	YH-15号或10号；石油基液压油	2~28	21	60,100	50	<±7.5	<±10	<3	<0.5	±2.5	>30	<3.3	<±1	<±2	<±2	<±2	>250	>250	参照中航工业南京伺服控制系统有限公司产品样本	中航工业南京伺服控制系统有限公司

（续）

结构型式		产品型号	主要技术性能及指标：工作介质	供油压力范围 p_s /MPa	额定供油压力 p_n /MPa	额定流量 q_n /(L/min)	额定信号 I_n（或 U_n）/mA（或 V）	线性度（%）	对称度（%）	滞环（%）	分辨率（%）	重叠（%）	压力增益 p_L/p_s（I/I_n = 1%时）（%）	内泄漏量/（L/min）	零偏（%）	零漂：供油压力零漂（80%～110% p_s）（%）	零漂：回油压力零漂（0～20% p_s）（%）	零漂：温度变化每 40℃（%）	频率响应：幅频宽（-3dB）/Hz	频率响应：相频宽（-90°）/Hz	阀安装面	制造
国内	双喷嘴挡板电反馈	RT7625E	YH－15 号或 10 号；石油基液压油	1～31.5	21	38，63	±10	≤±7.5	≤±10	≤1	≤0.5	±2.5	>30	≤2	<±1	<±2	<±2	<4	≥100	≥100	ISO 10372－04－04－0－92	上海诺玛液压系统有限公司
国内	双喷嘴挡板电反馈	QDY8	22# 透平油、YK－10 等矿物油	2～21	21	20，40	200，350	<±7.5	<±7.5	<3	<0.5	±2.5	>30	<1.5	<±2	<±2	<±2	<±2	>300	>300	参照北京机械工业自动化研究所有限公司产品样品	北京机械工业自动化研究所有限公司

表 12-10 国内外常用电液伺服阀产品及其主要性能（双喷嘴挡板动压反馈与电反馈结构）

	结构型式	产品型号	主要技术性能及指标：工作介质	供油压力范围 p_s/MPa	额定供油压力 p_n/MPa	额定流量 q_n/(L/min)	额定信号 I_n/mA	线性度(%)	对称度(%)	滞环(%)	分辨率(%)	重叠(%)	压力增益 p_L/p_s(I/I_n=1%时)(%)	内泄漏量/(L/min)	零偏(%)	零漂：供油压力零漂(80%~110% p_s)(%)	零漂：回油压力零漂(0~20% p_s)(%)	零漂：温度变化每40℃(%)	频率响应：幅频宽(-3dB)/Hz	频率响应：相频宽(-90°)/Hz	阀安装面	制造
国外		Abex 410	石油基液压油	2.1~31.5	7	1.9~19	4,5,6.3,8,10,12.7,16,20,25,32,40,51,64,81	<±7.5	<±10	<3	<0.25	±2.5	>30	<0.7	<±3	<±1.5	<±3	<±2	>100	>125	参照阿贝克斯产品样本	美国阿贝克斯公司
		Abex 420				57,76,95								<3.8					>30	>45		
		Abex 425				95								<3.8		<±2	<±4		>15	>35		
		Abex 450				190,265								<11.5		<±3			>20	>15		
国内	射流管式力反馈	CSDY1	2055#,22#透平油,YH-10	0.5~31.5	21	2~40	8	<±7.5	<±10	<4	<0.25		>30	<0.45+3% q_n	<±2	<±2	<±2	<±2	>70	>90	参照上海衡拓液压控制技术有限公司产品样本	上海衡拓液压控制技术有限公司
		CSDY3				60,80,100,120										<±3	<±3	<±3	>40	>60		
		CSDY4				120,~220													>35	>45		
		CSDY6				300,400						±2.5		<0.25+4% q_n		<±4	<±4	<±4		10~15		
		RTJS 6411	石油基液压油、燃油	2~28	8	2~10	310	<±7.5	<±10	<6	<1	±2.5	>10	≤0.5	<±1	≤±2.3	≤±3	≤±6	>20（新结构）	>20（新结构）	参照上海诺玛液压系统有限公司产品样本	上海诺玛液压系统有限公司

表 12-11　国内外常用电液伺服阀产品及其主要性能(射流管式结构)

	结构型式	产品型号	工作介质	供油压力范围 p_s /MPa	额定供油压力 p_n /MPa	额定流量 q_n/(L/min)	额定信号 I_n(或 U_n)/mA(或 V)	线性度(%)	对称度(%)	滞环(%)	分辨率(%)	重叠(%)	压力增益 p_L/p_s (I/I_n=1%时)(%)	内泄漏量/(L/min)	零偏(%)	零漂：供油压力零漂(80%~110% p_s)(%)	零漂：回油压力零漂(0~20% p_s)(%)	温度变化每40℃(%)	频率响应：幅频宽(-3dB)/Hz	频率响应：相频宽(-90°)/Hz	阶跃响应(21MPa)/ms	阀安装面	制造
国外	射流管式电反馈	MOOG D661…P/B…A/B	石油基液压油	1.5~35	7	10~200	±10(或±10)	< ±7.5	< ±10	<0.3	<0.05	正/负/零重叠均可	30~80	<3.5	可外调	< ±2	< ±2	<1	>50~150	>60~150	7~28	ISO 4401-05-05-0-05	穆格公司
														<4.4				<1			<18		
		MOOG D662…D/P.A/B/M			1	150~250	±10(或±10)	< ±7.5	< ±10	<0.5	<0.1			<4.2				<1	>30~100	>40~85	9~44	ISO 4401-07-06-0-05	
														<5.1				<1			<28		
国内		RT6615E	符合DIN 51524标准的矿物油	1.5~35	7	20~200	±10(或±10)	< ±7.5	< ±10	<1	<0.1	正/负/零重叠均可	30~80	<3	可外调	< ±2	< ±2	<1	>50~150	>60~150	7~28	ISO 4401-05-05-0-05	上海诺玛液压系统有限公司
														<4.5							<18		
		RT6617E			1	120~250								<3.5					>30~100	>40~85	<12	ISO 4401-07-06-0-05	
														<5.1							<28		
		CSDM661	矿基或合成液压油	0.5~31.5	7	45,90,140				<2	<0.25	±2.5	>30	<0.45+3% q_n	< ±2	< ±2	< ±2	< ±1	>90	>90	12	ISO 4401-05-05-0-05	上海衡拓液压控制技术有限公司

（续）

结构型式	产品型号	工作介质	主要技术性能及指标																			阀安装面	制造
			供油压力范围 p_s/MPa	额定供油压力 p_n/MPa	额定流量 q_n/(L/min)	额定信号 I_n(或 U_n)/mA(或V)	线性度(%)	对称度(%)	滞环(%)	分辨率(%)	重叠(%)	压力增益 p_L/p_s(I/I_n=1%时)(%)	内泄漏量/(L/min)	零偏(%)	零漂：供油压力零漂(80%~110% p_s)(%)	零漂：回油压力零漂(0~20% p_s)(%)	零漂：温度变化每40℃(%)	频率响应：幅频宽(−3dB)/Hz	频率响应：相频宽(−90°)/Hz	阶跃响应(21MPa)/ms		
射流管式电反馈（国外）	MOOG 26	石油基液压油	2~28	10	3	±40	≤±7	≤±5	≤3	≤1	±2.5	≥30	≤0.5	<±3	<±4	<±4	<±4	≥100	≥100		参照穆格产品样本	穆格公司
射流管式电反馈（国内）	FF260	石油基液压油	2~28	21	1 2 4 6 8	8,12,15,20,28,37,40,46	≤±7	≤±5	≤3	≤1	±2.5	≥30	≤0.49 ≤0.53 ≤0.61 ≤0.69 ≤0.77	<±3	<±4	<±4	<±4	≥100	≥100		参照中航工业南京伺服控制系统有限公司产品样本	中航工业南京伺服控制系统有限公司
射流管式电反馈（国内）	RTJS2411	石油基液压油、燃油	2~28	8	2~10	30	<±7.5	<±10	<5	≤0.25	±2.5	≥25	≤1.3	<±2	<±2.3	<±3	<±6	≥40	≥40		参照上海诺玛液压产品样本	上海诺玛液压系统有限公司

表12-12 国内外常用电液伺服阀产品及其主要性能(动圈式结构)

	结构型式	产品型号	主要技术性能及指标																	阀安装面	制造
			工作介质	供油压力范围 p_s /MPa	额定供油压力 p_n /MPa	额定流量 q_n/(L/min)	额定信号 I_n /mA	线性度(%)	对称度(%)	滞环(%)	分辨率(%)	重叠(%)	压力增益 p_L/p_s (I/I_n=1%时)(%)	内泄漏量/(L/min)	零偏(%)	零漂：供油压力零漂(80%~110% p_s)(%)	零漂：回油压力零漂(0~20% p_s)(%)	零漂：温度变化每40℃(%)	频率响应：幅频宽(-3dB)/Hz	频率响应：相频宽(-90°)/Hz		
国外	动圈式电反馈	V-140	石油基液压油、燃油	1~31.5	17.5	140	3500												>300		参照梯姆产品样本	美国梯姆公司
		V-350				350													>150			
		V-750				750													>50			
国内	动圈式阀芯直接位移反馈	SV(A)8	石油基液压油	1~31.5	31.5	6.3~80	300	≤±7.5	≤±10	<3	<0.5		>40	<3% q_n	可外调	≤±2	≤±2	≤±2	SV8 >100	SV8 >70	参照北京机械工业自动化研究所有限公司产品样本	北京机械工业自动化研究所有限公司
																			SVA8 >75	SVA8 >50		
		SV(A)10				100,125,160,200,250,300													SV10 >100	SV10 >65		
																			SVA10 >55	SVA10 >45		

表 12-13　国内外常用电液伺服阀产品及其主要性能（直动式电反馈结构，DDV）

结构型式		产品型号	主要技术性能及指标																		阀安装面	制造
			工作介质	供油压力范围 p_s/MPa	额定供油压力 p_n/MPa	额定流量 q_n/(L/min)	额定信号 I_n（或 U_n）/mA（或V）	线性度（%）	对称度（%）	滞环（%）	分辨率（%）	重叠（%）	压力增益 p_L/p_s（I/I_n=1%时）（%）	内泄漏量/(L/min)	零偏（%）	零漂：供油压力零漂（80%～110% p_s）（%）	零漂：回油压力零漂（0～20% p_s）（%）	零漂：温度变化每40℃（%）	频率响应：幅频宽（-3dB）/Hz	频率响应：相频宽（-90°）/Hz	阶跃响应（14MPa）/ms		
国外	直动式电反馈	D633	符合DIN 51524标准的矿物油	1～31.5	7	5,10,20,40	±10，4～20mA（或±10）	<7.5	<±10	<0.2	<0.1	正/负/零重叠均可	30～80	0.15～1.2	<1	<±2	<1.5	<1.5	>50	>70	12	ISO 4401-03-03-0-94	穆格公司
		D634				60，100								<2							20	ISO 4401-05-05-0-94	
国内	直动式电反馈	RT6313E	符合DIN 51524标准的矿物油	1～31.5	7	5,10,20,40	±10，4～20mA（或±10）	<7.5	<±10	<0.5	<0.1	正/负/零重叠均可	≥30	0.15～0.9	<±1	≤±2		<2	>50	>70	12	ISO 4401-03-03-0-94	上海诺玛液压系统有限公司
		RT6315E				60，100								<2							20	ISO 4401-05-05-0-94	
		FF-133		2～28	21	5,10,20,40（Δp_n=7MPa）	（±10）			<0.5	<0.2		≥30	0.15～1.2	<±2		≤±2	≤±2	>50	>50		参照中航工业南京伺服控制系统有限公司产品样本	中航工业南京伺服控制系统有限公司
		QDYD-Ⅰ-40			7	15，10，20，40	±10，4～20（或±10）			<0.2	<0.1			0.15～1.2				<1.5	>25		12	参照北京机械工业自动化研究所有限公司产品样本	北京机械工业自动化研究所有限公司
		QDYD-Ⅱ-100			7	60，100								<2							20		

表 12-14　国内外常用三级电液伺服阀产品及其主要性能

	结构型式	产品型号	主要技术性能及指标												零漂			频率响应			阀安装面	制造
			工作介质	供油压力范围 p_s/MPa	额定供油压力 p_n/MPa	额定流量 q_n/(L/min)	额定信号 I_n(或 U_n)/mA(或 V)	对称度(%)	滞环(%)	分辨率(%)	重叠(%)	压力增益 p_L/p_s(I/I_n=1%时)(%)	内泄漏量/(L/min)	零偏(%)	供油压力零漂(80%～110% p_s)(%)	回油压力零漂(0～20% p_s)(%)	温度变化每40℃(%)	幅频宽(-3dB)/Hz	相频宽(-90°)/Hz	阶跃响应(21MPa)/ms		
国外	电反馈三级阀	D791	石油基液压	7～35	7	100～250	±10/4～20	<10	<0.5	<0.2	≤±2.5	30～80	5～10	可外调零	<±2	<±2	<2	75～250	60～230	3～10	ISO 10372-06-05-0-92	穆格公司
		D792				400～1000			<0.5	<0.2			10/14					120～200	90～140	4～12	参照穆格产品样本	
		DOWTY 4652		7～28	7	500 900			<1	<0.5								>40	>35		参照道蒂产品样本	道蒂公司
国内		FF-791		2～31.5	7	100 160 250	±10	<10	≤0.5	≤0.2	≤±2.5	>30	≤5, ≤7, ≤10		≤±4	≤±4				3～10	参照中航工业南京伺服控制系统有限公司产品样本	中航工业南京伺服控制系统有限公司
		RT7926E		7～35	7	160 250	±10/4～20		≤1	≤0.5			≤7, ≤10		≤±3	≤±3	<2			3～10	ISO 10372-06-05-0-92	上海诺玛液压系统有限公司
		RT6619E		1.5～35	1	250～550	±10		≤1	≤0.2	正/负/零重叠均可	30～80	≤5～10		≤±2	≤±2	<2	>75	>70	18～50	ISO 4401-08-07-0-94	

表 12-15　国内外电液压力伺服阀产品及其主要性能

	结构型式	产品型号	主要技术性能及指标															零漂		频率响应		阀安装面	制造
			工作介质	供油压力范围 p_s /MPa	额定供油压力 p_n /MPa	额定控制压力 /MPa	额定压力增益 /(MPa/mA)	额定电流 I_n /mA	线性度 (%)	对称度 (%)	滞环 (%)	分辨率 (%)	压降 MPa	额定流量容量 /(L/min)	内泄漏量 /(L/min)	零偏 (%)	供油压力零漂 (80%～110% p_s) (%)	回油压力零漂 (0～20% p_s) (%)	幅频宽 (-3dB) /Hz	相频宽 (-90°) /Hz		
国外	阀芯力综合式	MOOG 15-010	YH-15号或10号；石油基液压油	2～21	21	±2.1	2.1	10	<±7.5	<±10	<5	<2		>55	<2	<±2	<±3	<±4	>300	>200	参照穆格产品样本	穆格公司
		MOOG 15-030			14	±14	1.4							>10	<0.6				>100	>100		
		MOOG 15-291		7～21	21	0～21		20		20	<3	<4	0.32	>26	<0.7							
国内		DYSF-3P				±21	0.525	40		<±10	<5	<2	0.5	>60	<15				>90	>90	参照北京航空精密机械研究所产品样本	北京航空精密机械研究所
	反馈喷嘴式	FF105		21	21	0～15	-1.7	10	<±3	<15				>20	<0.6	<±2		<±5	>70	>70	参照中航工业南京伺服控制系统有限公司产品样本	中航工业南京伺服控制系统有限公司

第13章　液压数字阀与液压数智阀

液压数字阀是液压数字化的核心。“数字”是计算机技术的代名词，因此“数字液压”必定是具有以计算机技术为基础、以接受各种计算机数字信号的电液转换元件为核心、融入总线或互联网信息技术为一体的新型液压控制元件。液压数智阀则是在液压数字阀的基础上，微处理器嵌入阀内集成一体，具有自主控制与自主健康管理功能的、以软件定义液压元件功能的液压数字阀。液压数字阀推动了模拟技术为主的液压阀的技术进步，它结构简单、工艺性好、价廉、抗污染能力强、重复性好、工作稳定可靠、功耗小，可以与普通的液压缸、液压泵、液压马达或者各类液压阀组合起来，以得到不同的数字泵、数字缸、数字马达或流量放大的数字阀等。液压工业4.0技术的发展前景是以液压数智阀为发展方向，实现液压技术的数字化、互联化与智能化，以及液压技术与产品的更新换代。

目前液压数字元件中应用的数字阀按控制方式的不同大致可以分为三类：二进制组合阀、基于数字电动机的阀和高速开关阀。目前正在发展的多输出的液压泵也可以作为液压数字元件的一种新类型，本手册将在第六篇的章节中加以介绍。表13-1列出了这一技术的发展方向。

表13-1　液压工业及其技术的发展与整个工业革命的发展同步

工业时代	核心创新技术	工业效果	液压时代	核心创新技术	国内外液压行业发展情况
工业3.0 信息自动化 (20世纪70年代)	计算机与互联网	元件：机电一体化 系统：具有信息化的自动化	液压3.0，液电一体化到数字液压（20世纪70年代开始）	液压电子化： 电液比例元件 伺服比例元件 液压数字元件	我国进口与仿制电液模拟比例控制元件，开始研发各种数字元件，行业主要解决泵阀品种、质量、品牌的问题，有所提升，但差距仍然较大
工业4.0 智能自主化 (2010年后)	物联网与人工智能	元件：物联网+移动通信+各行业 系统：具有云计算与大数据形成的智能化生产与工厂	液压4.0数字液压到数智液压（21世纪10年代开始）	液压智能化： 总线控制元件 互联控制元件 智能数字元件 高压水液压元件	液压件智能生产工厂、液压智能元件，我国的基础条件初步具备但需要建设，缺乏品牌，国外面向液压4.0智能数字液压已经试图进入市场，国内缺乏意识、动力与行动目标，明显形成新的差距

用简捷的语言表达就是：数字液压的表征是“芯片液压”，数智液压的表征是“软件液压”，如图 13-1 所示。

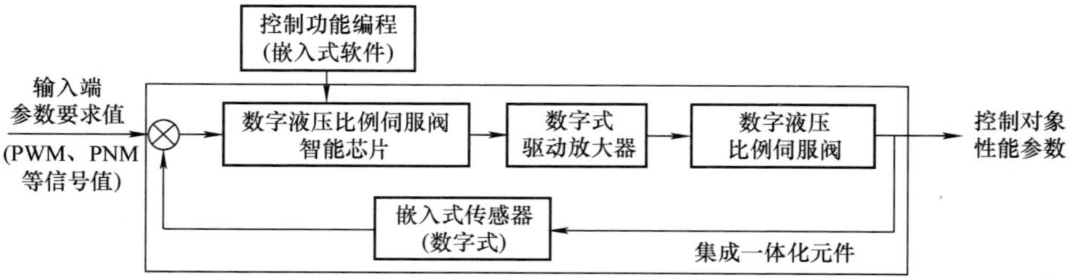

图 13-1　液压数智元件控制框图

液压工业 4.0 时代就是要实现从液压数字元件发展到液压数智元件，从而在元件端就具备按碳中和要求的高效率、无人化服务（无人车间与无人驾驶）所需要的自主控制，多电化所需要的能量回收与节能，以及自主健康管理所需要的数字孪生（元宇宙）等。在液压数智元件中，具有嵌入微处理器的液压元件为主体，数字电液转换元件是关键，微处理控制器软件是核心，总线或以太网通信是基础、控制器编程软件是核心的核心，加上嵌入式传感器，形成了六位一体的液压智能元件。在即将以液压软件为王的液压时代里，仅仅依靠液压硬件来提升性能的传统思维需要摒弃，而是要用“芯片” + “软件”的新思维发展液压数智元件。

目前数字液压产品开发的重点在于数字式电液转换元件上，今后智能化液压的发展必定是基于微处理控制器的软件功能。

液压泵的数字化一般是基于液压数字阀的控制功能，将数字阀应用于变量机构上或者泵进出口油液的控制上。但是随着数字泵技术的深入发展，也将会有泵本身结构产生的多输入多输出形式的数字化，这部分将在本手册第六篇进行阐述。

液压数字元件的发展至今已经有 20 年的跨度，甚至更早就有成功的项目应用案例。但是采用液压数字元件来取代传统液压或模拟液压元件的市场效果不如预期。究其原因，首先是市场需求还不成熟，无人化、碳中和、多电化、绿色环保、数字孪生都还是在不同程度的酝酿发展之中，需求端有强烈发展愿望，可是并没有完全转化为市场行为，因此作为上游的液压产业的投入强度不大，处于探索与困惑状态，特别是我国产业主要是中小企业，更缺乏资金与动力去发展产品。其次是液压数字元件成功的项目不少，固化成批量的产品甚少，目前除去博世力士乐的互联液压与丹佛斯的 PVG 数字比例多路阀形成了市场效应外，国内产品市场还处于朦胧期，技术与产品发展战略方向处于“跟踪”状态。三是数字液压与传统液压相比，生态技术要求大幅提高，在技术、人才、应用等各方面，企业端空位虚席，难成气候。

13.1　“数字液压”元件到“数智液压”元件

13.1.1　数字液压与模拟液压的比较

在 20 世纪 90 年代前后数字式控制阀进入液压领域，液压数字元件对介质污染不敏感、抗干扰、成本降低、嵌入式数字芯片放大器功耗小、工作稳定、重复精度高。由伺服电动机驱动的增量式液压数字阀与高速开关电磁铁驱动的直接式液压数字阀，都有很好的工程应用与市场业绩。工程机械用数字比例多路阀、轴控液压伺服比例阀已经成为产品，并成为应用主流。表 13-2 列出了液压数字元件与液压模拟元件的性能对比，可以看出液压数字元件取代液压模拟元件的趋势。

表 13-2　液压数字元件与液压模拟元件的性能比较

项目	性能	模拟控制		数字控制		
		伺服阀	比例阀	增量数字式	直接数字式	元件组合式
				伺服步进电动机	高速开关、力马达	阀岛、泵岛
电控	计算机适应性（A/D 与 D/A）	需要	需要	不需	不需	不需
	输入信号性质	模拟	模拟	PNM/PWM/PFM	PWM/PFM/PWM - PFM	PWM
	抗干扰能力	弱	弱	强	强	强
	温度漂移（%）（20 ~ 60℃）	2 ~ 3	6 ~ 8	2	—	—
	微型计算机数控系统造价	高	高	较低	低	一般
性能	频率响应/Hz	20 ~ 500	10 ~ 100	10 ~ 100	200 以上	10 左右
	控制精度（%）	0.1 ~ 3	0.1 ~ 7	<0.1	0.1 ~ 5	一般
	滞环（%）	0.1 ~ 0.5	0.1 ~ 3	N/A	0.1	N/A
	重复精度（%）	0.1 ~ 1	0.5 ~ 1	N/A	<0.1	N/A
	功率消耗/W	0.05 ~ 5	3 ~ 25	8	3 ~ 60	3 ~ 60（单个）
	中位死区	无	有	有	有	有
	阀内压降/MPa	7	0.5 ~ 2	N/A	0.25 ~ 0.5	取决元件
生产维护	结构与制造工艺	极复杂	复杂	较复杂	简单	比较简单
	液压组件成本	最高	中等	较低	低	较低

（续）

项目	性能	模拟控制		数字控制		
		伺服阀	比例阀	增量数字式	直接数字式	元件组合式
				伺服步进电动机	高速开关、力马达	阀岛、泵岛
生产维护	抗污染能力	差	较差	较好	很强	一般
	维护方便性	较差	较差	较好	较好	一般
	工作可靠性	较差	较差	较好	较好	较好
	清洁度要求	15/12	17/14	N/A	29/16	同普通元件
	过滤精度/μm	1～5	20	20	>25	同普通元件
市场	价格因子	1	0.5	0.2	0.1～0.2	同普通元件
	技术发展程度	成熟产品，20世纪五六十年代研发出来	目前是应用主流，发展数字放大器集成一体式	部分性能已超过传统比例与伺服同类产品	发动机燃油喷射、比例多路阀等产品已成熟应用	易于应用，是解决数字式大流量问题解决方案

今后液压数字元件将不断涌现，并形成市场主体，取代现有模拟式电液控制元件。这些新的液压数字元件的创新主要体现在五个方面：①电-机-液转换器驱动元件的创新；②放大器的创新；③嵌入式传感器与控制电路的发展与AI控制策略（数字孪生）的创新；④新型材料（如3D打印等）的应用创新；⑤阀芯和阀体新结构的研制。产品性能的发展方向是响应更快、流量更大、精度更高、发热更低与保证成本优势等方面。

13.1.2　电液数字液压元件产品的产生

如图13-2所示，比例阀在控制方式、组成结构、性能效果三大方面在近一个世纪以来都有明显提高。

电液控制元件的发展有三个历程（见图13-2）：

第一个阶段是液压工业2.0时代的开关式电磁铁控制阶段，从第二次世界大战结束后到20世纪60年代将近30年。这一阶段的明显进步是由手动进入了电磁铁的电动。

第二个阶段是液压工业3.0信息化时代的电液一体化比例控制阶段，从20世纪70年代开始到2010年左右接近40年。

在这一阶段的初期，液压比例阀的频宽低，仅1～5Hz，滞环为4%～7%，阀体积也大，多用在开环系统。20世纪80年代后采用了压力、流量、位移内反馈和动压反馈及电校正等手段，使阀的稳态精度、动态响应和稳定性都有了进一步的提高。由于制造成本原因，一般比例阀在中位仍保留死区，它的稳态和动态特性均已和工业伺服阀相近。到了近期，比例阀采用了伺服阀的阀芯阀套的技术，产生了伺服比例阀，使比例阀与伺服阀的性能差距又有所缩小。电液比例插装阀集成技术为大功率工程控制系统的应用与节能提供了手段，现在压力可以达到 120MPa，流量可达 8000L/min，响应在 60ms 左右。

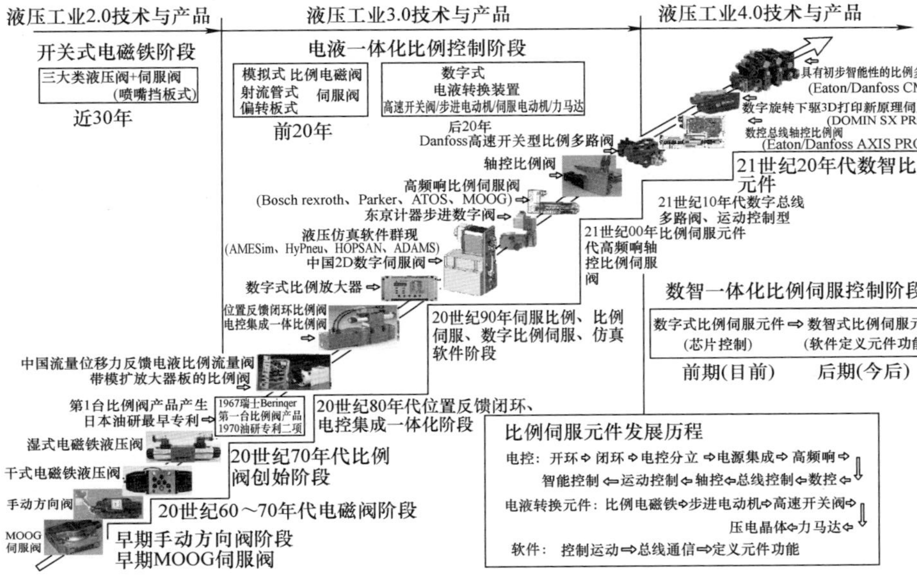

图 13-2　电液控制元件从液压工业 2.0 到液压工业 4.0 的发展历程

进入 21 世纪的第三阶段后，开启了液压工业 4.0 的数智一体化伺服比例阀阶段。

液压数字元件出现在 20 世纪 90 年代后，由日本东京计器开发了全系列增量式步进电动机液压数字阀，如图 13-2 所示。该公司开发的三大类液压阀产品样本上，压力达到 21MPa，流量为 1～500L/min，输入脉冲数为 100～126，其重复精度和滞环均在 0.1% 以下。广州机械科学研究院随后研制出 SZY－F6B 数字先导溢流阀、SZY－F10B 数字溢流阀、SZQ－F8/16 数字流量阀、84SZ－F10/68B 数字方向阀产品。由于当时数字阀缺乏合适应用场景、步进电动机价高质低、过载易失步、惯量大、频响低与性能不过关等原因，没有被市场接受均已淡出。但我国同时期发展的阮氏 2D 液压数字伺服阀独辟蹊径，巧妙将步进电动机的旋转与伺服开口的直线运动结合起来，成功获得“旋转直驱”技术的突破，至今已经在市场创造了突出的效益；后来的 DOMIN 也开发了类似的通过伺服电动机旋转转换为直驱的伺服阀，达到异曲同工的效果。

汽车燃油喷射高速开关阀应用非常成功，在液压领域，高速开关阀的数字控制元件开发也十分活跃，其中丹佛斯 PVG 比例多路阀是市场上最成功的产品，产值达数亿美元。20 世纪 90 年代贵州红林车用电控技术有限公司（简称：贵州红林）生产了 HSV 系列开关式高速电磁阀，我国也制定了汽车自动变速器的高速开关电磁阀国家标准（GB/T 35175—2017），该产品为螺纹插装式结构，开启时间为

3ms，关闭时间为2ms，最高额定工作压力为20MPa，额定流量为2～9L/min。该元件对我国液压行业发展高速开关阀数字技术起到了积极的推动作用。

可以看出，在液压工业3.0电液一体化阶段开发的数字液压产品，它的重点是开发数字电液转换元件。这种电液转换元件可以接受计算机的输入信号，与数字电路组成控制器输出放大元件。因此，初期的液压数字比例元件实际就是与数字控制器集成的液压元件。

从图13-2中可见，20世纪八九十年代是比例阀发展很快的时期。在控制器的发展上体现出“开环比例阀→闭环位置反馈比例阀→比例放大器分置→比例放大器与比例阀集成一体→数字控制器（数显）→集成闭环总线比例控制→集成闭环总线轴控伺服比例控制”。

与此同时，电－机械转换器也在发展，体现出“模拟式比例电磁铁→增量式步进马达→直接数字高速开关电磁铁→高速开关直线运动力马达→压电晶体电磁体”。具体地看，穆格由过去的喷嘴挡板阀转向直线电动机（力马达），生产了高速开关类的伺服比例阀；阿托斯（ATOS）的伺服比例阀，除去采用伺服阀阀套结构外也已经采用轴控数字控制器；我国的“流量－位移－力反馈”的路氏比例流量阀与后来浙江工业大学采用马达的2D数字伺服阀，都在电液转换元件方面采用新的控制方法，值得肯定。只是路氏比例阀从控制原理上产生的多阻尼孔配置存在调试与抗污染问题，性能不稳定，结构和安装标准与传统阀差别大，这些都不利于应用推广，最后未能坚持迭代发展。进入液压工业3.0的后期，除了Danfoss PVG比例多路阀采用高速开关阀的桥式回路控制得到成功外，DOMIN PX PRO伺服马达的高精度液压伺服阀、Eaton/Danfoss CMA比例多路阀力马达都取得了成功。这一阶段数字控制器、数字电－机械转换器、电控软件比例阀与伺服阀的性能差距通过结构的互通、控制器的发展而不断缩小。

比例阀数字化提高性能体现在以下方面：

1）比例阀→伺服比例阀→数字控制放大器比例阀的发展使控制精度能够从最初的3%～8%提高到1%以下。

2）比例阀驱动放大器由分置式向集成式方向发展，体积减小50%以上。

3）由开环比例阀发展到闭环后，频响由最初的10～20Hz提高到接近100Hz或更高。

4）比例阀的输入信号由模拟量向数字量（PWM）方向转化，使基于微处理器的数字控制器进入比例阀领域。

5）数字比例阀具备总线功能后（一般采用CAN总线），具有调试与接线简易的优点。

6）由模拟控制器发展成数字控制器后，控制器的功能有极大的提升，方便调试、维修达到最佳性能。

7）比例阀采用伺服阀阀芯结构后，减少死区，提高频响，减少电磁卡紧与液压卡紧，质量与可靠性得到提高。

8）数字控制器具备轴控功能后，将被控对象的参数一起调节，更加符合控制目的，还可以发展解耦（多轴）功能。

9）产生可以感知 + 运算 + 决策 + 调节的自调整初级智能阀，为元件运行的健康管理打下基础。

13.1.3　轴控数字液压的产生

随着微处理器为核心的运动控制器的发展，它可以分成通用运动控制器与专用控制器，详见 21.2、21.3 节。

传统的运动控制器比较简单，一般是逻辑控制或时序控制等。目前在机器人时代，液压控制的运动用以生成轨迹点（期望输出）和位置反馈环、速度环，并获得更精确的控制，因此这种应用需求使控制器发展到轴控制。轴控制器按结构可分为可编程逻辑控制器、单片机控制器、独立式运动控制器、基于 PC 的运动控制卡、网络控制器。

进入液压工业 4.0 以后，液压数字控制技术与产品将随着微处理器与网络技术的发展有更大发展。在目前的应用与市场层面上，博世力士乐的互联液压元件、西门子轴控液压伺服系统、初步具备智能性功能的 Eaton/Danfoss CMA 比例多路阀、ATOS 的轴控数字控制器、Eaton/Danfoss AxisPro 轴控伺服比例阀都体现了这一点。特别是称为 AxisPro 的新一代高性能液压伺服比例阀值得关注。

数字控制比例放大器通过软件实现的许多功能是模拟控制所不能及的，如现场总线接口、压力控制与流量控制功能的切换、数据存储、运行检测、故障诊断、控制器互换、方便调试与提高性能等。而比例阀数字放大器发展到轴控数字放大器，优点更加明显，见表 13-3。

表 13-3　模拟式比例放大器与数字式比例放大器的比较

功能描述	模拟式	数字式	轴控数字式	运动数字式
电路	模拟电路	数字电路	数字电路	数字电路
电路基本功能	输入电压信号，输出电流驱动			
核心元件功能	集成运算放大器	数字微处理器芯片	计算机控制系统	集成计算机系统
主要控制回路	稳压电源、信号发生器、信号处理电路、功率放大电路、反馈检测与处理电路、逻辑控制电路等	微处理控制器芯片、存储器、PI 调节器、模拟输入口、加法器、PID 控制器等		
调试	只允许做零位调整、增益调整、斜坡时间调整	通过串行通信口（编程接口）在编程界面上设定相应参数与比例阀匹配，零位、增益与斜坡调试更灵活、更强，调整范围更宽		

（续）

功能描述	模拟式	数字式	轴控数字式	运动数字式
数据存储	无可能性	EPROM、EEPROM存储原始数据、信号数据与状态数据		
通信功能	无此功能	可以使编程器、PC机等与比例放大器进行数据交换		
轴控功能	无此功能	无此功能	通过编程解决液压缸负载不对称问题、阀控非线性问题、负载干扰引起的稳态误差问题	
轴控扩展性	无此功能	无此功能	可扩展到32轴	
控制性能	无此功能	内部闭环；自我监控；现场总线接口	具有固定算法，可改变控制模式	具有轴控制功能；具有闭环和PLC特征
编程性	无此功能	通用	专门语言EC-WIN	
互换性	不具备互换性	具备通用互换性		
状态检测故障诊断	无此功能	具备检测诊断功能		

轴控数字比例放大器除了控制比例阀自身，还能控制受比例阀控制的执行机构，如可以解决液压缸负载不对称问题、阀控非线性问题、负载干扰引起的稳态误差补偿问题，从而提高控制精度，并可记录多通道的数据，使编程提高闭环系统的性能得以实现。图13-3所示为液压数字元件与轴控液压数字元件的功能对比。

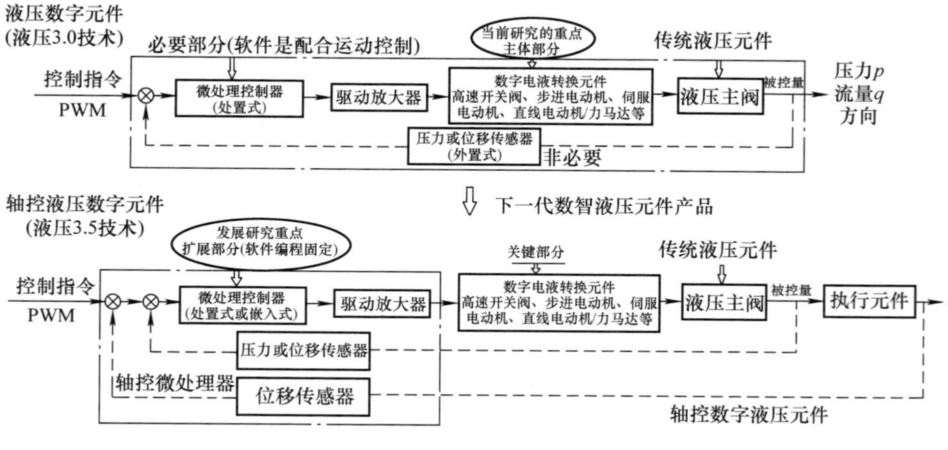

图13-3　液压数字元件与轴控液压数字元件的功能对比

13.1.4　数智液压是轴控数字液压的发展

液压轴控数字放大器将比例阀与被控制对象联系起来，这一联系是把执行机构运动参数传感器的反馈纳入比例阀控制放大器实现的。而外置式运动控制器可多轴组合，多轴同步功能可选。

Eaton/Danfoss CMA 比例多路阀的初步液压智能性是通过嵌入式压力传感器感知流量饱和后，自动降低分配到各片阀的供油，这表明该阀已经具有感知后的运算“决策”功能，打破了现有负载敏感比例多路阀通过单向阀组成的选择回路实现各片阀的供油。数智液压控制元件的工作原理框图如图 13-4 所示。

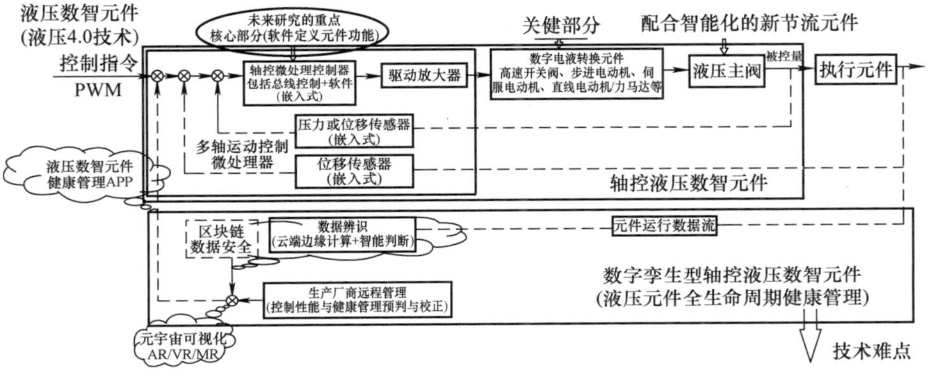

图 13-4　数智液压控制元件的工作原理框图

图 13-4 表达的数智液压控制元件的基本功能可以归纳如下。

1）数智液压控制元件可以接受数字信号的输入，数字放大器的放大驱动使液压主阀输出被控参数。

2）元件具有六个功能部件：传感器、微处理器芯片、放大驱动器、通信芯片、软件运算决策、液压被控主阀。这六个部分集成一体，其中器件需要嵌入主阀阀体，软件也作为嵌入式芯片所需的嵌入式软件，注意与速度有一定容量限制。

3）软件是数智元件的灵魂。智能性主要是指软件能够对传感器的信息进行运算处理并做出决策。而采用的总线通信或网络通信能够及时将决策或数据对内外进行交互。

4）元件是闭环控制。

5）可以将液压执行机构的被控参数纳入闭环，解决了阀与被控对象或负载等各种不同条件下的优化匹配。

6）需要有元件控制功能与元件健康管理功能。健康管理功能是物联网数字孪生技术的一部分，通过辨识可以判断元件参数的状态，从而获知元件健康程度，并可以进行预处理。预知与处理需要经过云计算实时进行，涉及云技术、区块链安全保障技术，通过远程与元件的生产原厂商进行数据↔数字的处理。这个处理有可能利用正在兴起的元宇宙技术，使之成为可视化的操作。

7）数字孪生的决策判断。可以设想今后元件制造厂商的液压数智元件健康管理 APP 可对现场实时进行对标处理。

13.2　液压数字元件的分类

13.2.1　液压数字控制分为功率级与先导级

如图13-5所示，液压数字元件分为功率级、先导级与阀岛三种类型。但是在目前通行的概念中，液压数字元件主要是指图13-5所示具有先导数字电液转换元件的那部分。功率级有微处理控制的伺服电动机，由于跟液压泵或系统的联系非常间接，因此液压界未明确接纳其作为液压数字元件的另一部分。但是，今后功率级液压元件会向两个方向发展：①伺服电动机采用轴控微型计算机控制，液压元件作为被控对象与前者形成了一个整体；②液压元件以伺服电动机转子的一部分与伺服电动机合二而一。这证明功率级是液压数字的一部分，并将是下一个液压数字发展的热点。不过当前液压数字元件主要还是指数字液压阀。

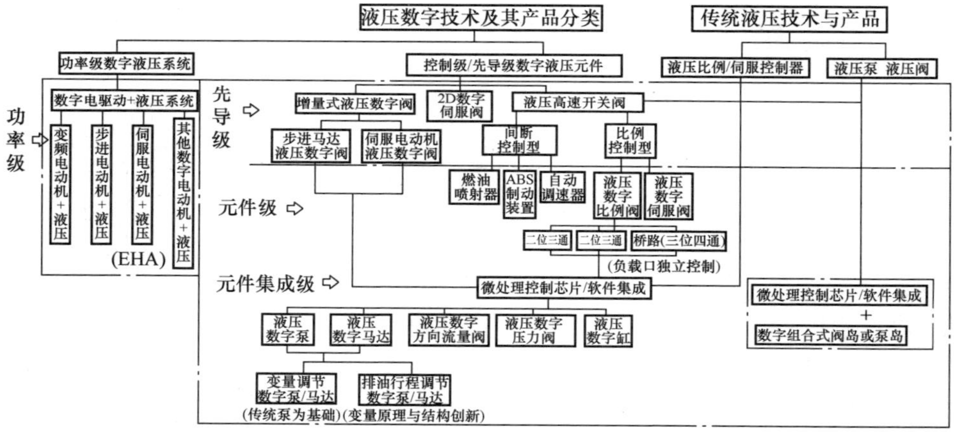

图13-5　液压数字元件及其分类

13.2.2　液压数字元件的图形符号建议

图13-6所示为液压数字元件的图形符号。液压数字元件的图形符号建议遵循下列原则：

1）所有表达符号与文字遵循（GB/T 786.1—2021）已用液压与气动图形符号的原则。

2）数字电动机加上箭头的符号，表示变速调速。如图13-6a、c所示。

3）数字比例阀的图形符号沿用模拟、比例阀的表达符号，因为模拟比例阀会被淘汰。

4）数字比例阀桥式回路可以采用现行国标GB/T 786.1—2021的符号表达，即采用4个方向阀表达桥式回路，但是可以简化为普通比例阀图形符号，只是在电磁铁上多增加一条斜线，共 4 条斜线，以表达有 4 个高速开关阀，形成三位四通功能，中间机能按设计原意表达。

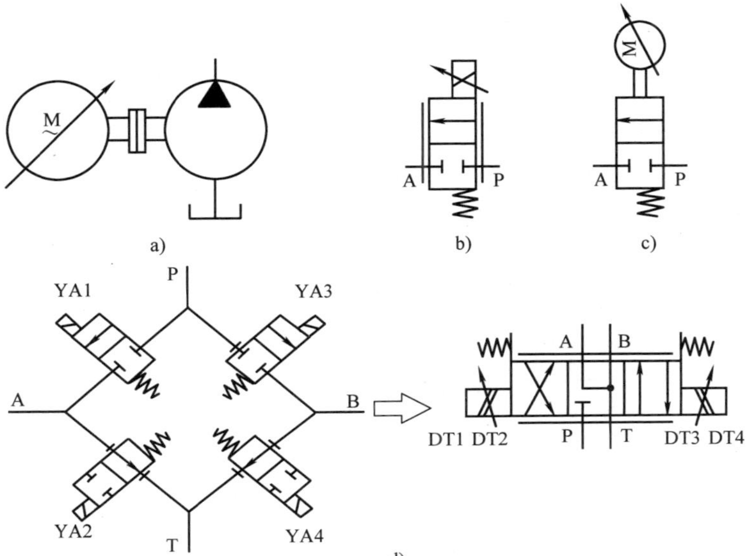

图 13-6　液压数字元件图形符号

a）功率级液压数字泵　b）开关型数字阀　c）电动机型数字阀　d）三位四通开关数字阀（桥式回路）

13.2.3　数控比例阀归入液压数字元件

数字液压的另一条发展途径是在现有的模拟式比例阀中，取消模拟式比例放大器而采用数字控制器，如图 13-7 所示。

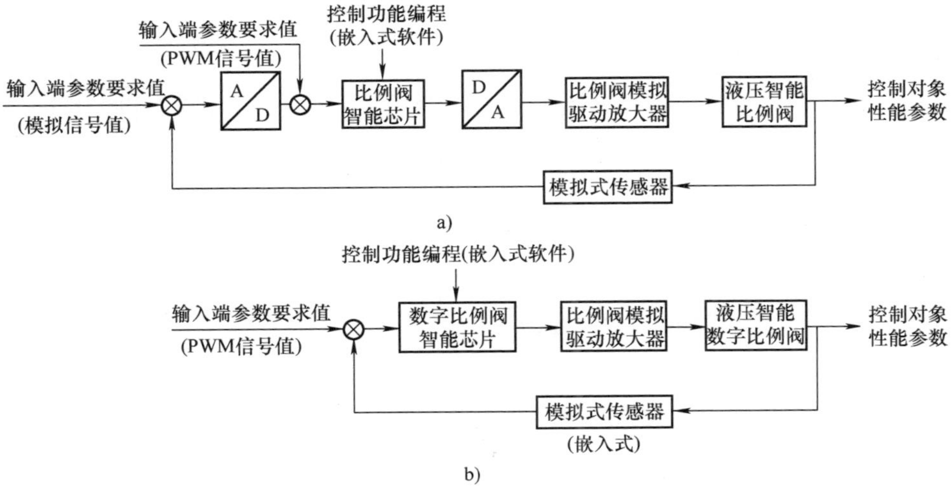

图 13-7　数控模拟液压元件

a）模拟比例元件为基础　b）数字比例元件为基础

这样形成的数控比例阀也是液压数字元件。这种方式是将原有的模拟式比例元件转化为数字比例元件，制造厂商的代价小、转型快。

13.3　高速开关阀为先导阀的液压数字阀

在电液数字控制元件中，高速开关阀一直是关注的重点，特别在欧美液压企业开发的液压数字元件发展中，主要采用这一技术路线。而日本与我国开发的液压数字元件采用步进电动机的数字控制多一些。基于高速开关数字阀的控制系统方框图如图13-8所示。

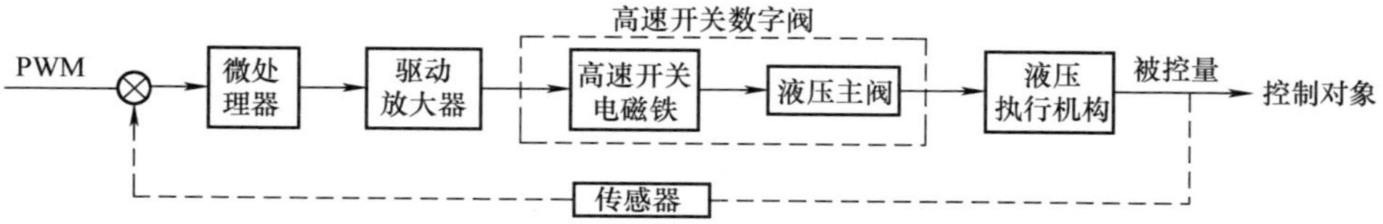

图13-8　基于高速开关数字阀的控制系统方框图

至今为止，液压高速开关阀的形式与品种不少，按电液转换元件或按液压阀结构型式的分类如图13-9所示，图中还将最常用的数字类元件加粗醒目。可以看到，螺管式软磁材料制造的电磁铁与二位二通直动式锥阀或球阀结构的高速开关阀为最常见。

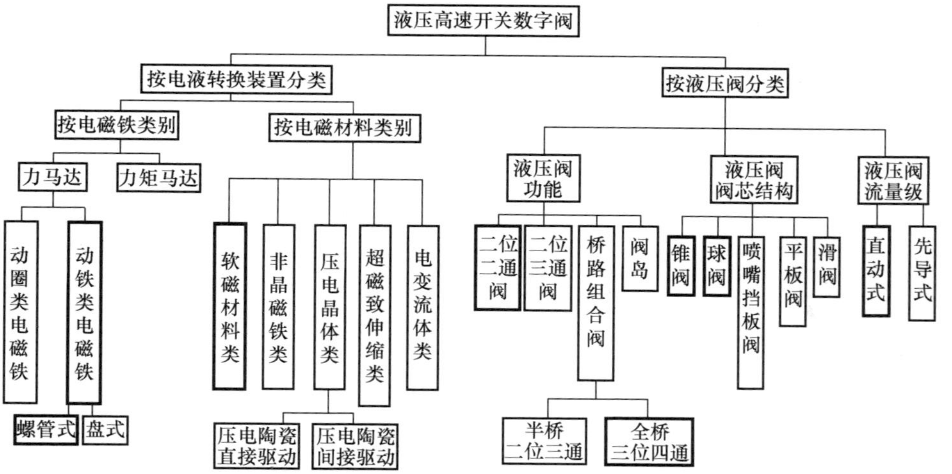

图13-9　液压高速开关阀品种的分类

注：图中粗框者为常用型式。

高速开关电磁铁的结构原理与传统的比例电磁铁或方向阀一般电磁铁类似，只不过为了获得很高的响应速度，采用很多的技术措施。

自20世纪80年代以来，为了减少汽车采用化石燃料造成的污染排放，采用了汽车发动机燃油喷射技术，在此共轨技术中利用高速开关阀来控制燃油的排放时间与速度，从而达到减少污染排放的效果，有助于汽车达到越来越高的污染排放标准。采用的电子控制系统使发动机在各种工况下都能获得低排放与高效率。这时高速开关阀控制过程在燃油压力为 160 ~ 220MPa 下，响应为 3 ~ 6ms 或者最高(0.1 ~0.2ms)。用于共轨燃油喷射系统及汽车其他各种控制系统的液压高速开关阀至今仍在发展之中，博世力士乐、西门子、日本电装、安波福（原德尔福）等公司的产品具有很高的市场地位。高速开关阀也有一些国外知名生产厂商，如英国的 Clean Air Power、德国的 Heinzmann 等，但他们元件一般不单独出售。因此采购此类元件困难，也影响应用的扩展。

我国最初是贵州红林机械有限公司推出脉宽调制式直接控制数字阀，生产 20 世纪 90 年代与美国 BKM 公司合作研制成功的 HSV 系列高速电磁开关阀等产品。国内少有液压企业涉足这一领域。直至 2014 年后，宁波赛福汽车制动有限公司（简称：宁波赛福）生产的用于摩托车 ABS 制动的高速开关阀装置成功地推向国际市场，2019 年成都阀智宝数字液压设备有限公司（简称：成都阀智宝）生产的 PVG 型工程机械用 IDP 比例多路阀也成功获得国内市场应用。

13.3.1　高速开关阀的定义与名词术语

在 PWM 信号的作用下，具有运动控制功能的液压电磁方向阀，就是液压高速开关控制阀。对于它的性能最重要的指标就是阀的换向时间或响应时间。根据控制对象将开关方向阀的响应时间进行分类，见表 13-4。根据方向速度可以分为低频高速开关阀、中频高速开关阀、高频高速开关阀与超高频高速开关阀四类，达不到这个要求的方向阀就是普通方向阀。

表 13-4　液压高速开关阀分类

阀的分类	低频高速开关阀	中频高速开关阀	高频高速开关阀	超高频高速开关阀
响应时间	10 ~ 200ms	1 ~ 10ms	<1ms	<0.1ms
应用领域	水轮机比例调速等（大惯量负载）	液压比例控制、汽车 ABS 制动等	燃油喷射、液压伺服等	喷墨打印等
开关阀名称	低速开关阀	高速开关阀	超高速开关阀	极高速开关阀

表 13-5 摘自汽车自动变速器用高速开关电磁阀的国家标准（GB/T 35175—2017），其中名词术语的规定对于液压行业完全适用，只是响应时间的定义根据不同行业的要求有所变化。

表 13-5　汽车自动变速器领域高速开关阀规定的名词术语

序号	高速开关阀术语	英文表达	标准定义
1	高速开关电磁阀	High speed on - off Solenoid valve	通过电磁转换，以响应时间不大于 20ms 的速度完成开关动作，进而实现对流体压力或流体进行控制的装置。其包括用于状态转换控制的普通高速开关电磁阀和用于连续控制流体压力或流量的脉宽调制高速开关电磁阀

（续）

序号	高速开关阀术语	英文表达	标准定义
2	占空比	dutyratio	脉冲信号的通电时间与脉冲周期之比，以百分数表示
3	脉宽调制	Pulse width modulation	通过控制电磁阀脉冲信号的占空比，对电磁阀流量或压力进行控制
4	压力特性	Pressure characteristic	电磁阀以脉宽调制方式工作时，控制端压力随占空比的变化而变化的关系
5	滞环	hysteresis	在稳态压力特性曲线上，对应于同一占空比，上行曲线与下行曲线之间的最大差值的绝对值与控制端的最大输出压力值之比，以百分数表示
6	重复精度	Repeat precision	重复测量在同一占空比下，上行（或下行）控制端压力最大差值与控制端的最大压力值之比，以百分数表示

13.3.2　高速开关阀结构与外形

液压高速开关数字控制阀的结构如图 13-10 所示。

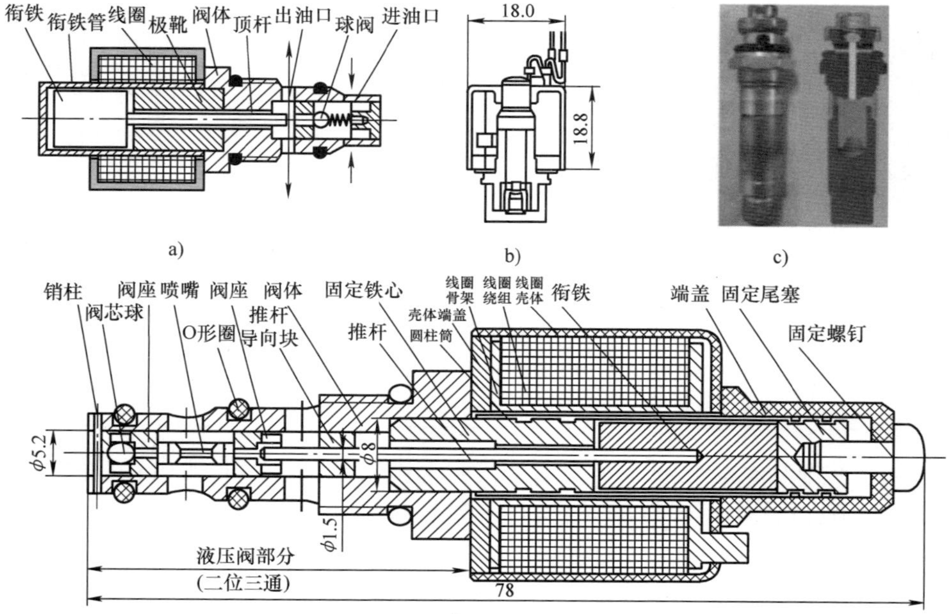

图 13-10　液压高速开关数字控制元件

a）最早国产高速开关阀（贵阳红林阀）　b）宁波赛福 ABS 用高速开关阀

c）Danfoss PVG 比例多路阀用高速开关阀铁心　d）二位三通螺纹插装高速开关阀剖面图

高速电磁开关阀与传统的电磁阀从原理、结构等各方面看没有本质区别。唯一不同的是设计的性能指标要求有变化，并由此带来完全不同的设计理念与措施。这个要求就是通/断电后磁场的响应时间、发热与阀芯的冲击等。如果要求高速电磁开关阀产生力的变化以及由此力带动的液压阀的动作在毫秒（ms）级，高速电磁铁必须从信号、材料、结构以及控制等各个方面达到这一要求，详见 8.4 节。

高速开关阀由开关阀本体与电磁铁构成，驱动放大器是阀的组成部分，一般分置在外。因此，阀的油路、电控与磁路，是高速开关阀的三大要素。它与普通方向阀的区别就是开关的速度响应快，与结构关联的油路、磁路与电控需要考虑以下方面。

1）性能特点：只有二位二通或二位三通方向阀，流量小，一般低于 8L/min；三位四通阀须采用 4 个二位二通阀组成桥路形成，如图 13-11 所示，具有2^4个中位机能。

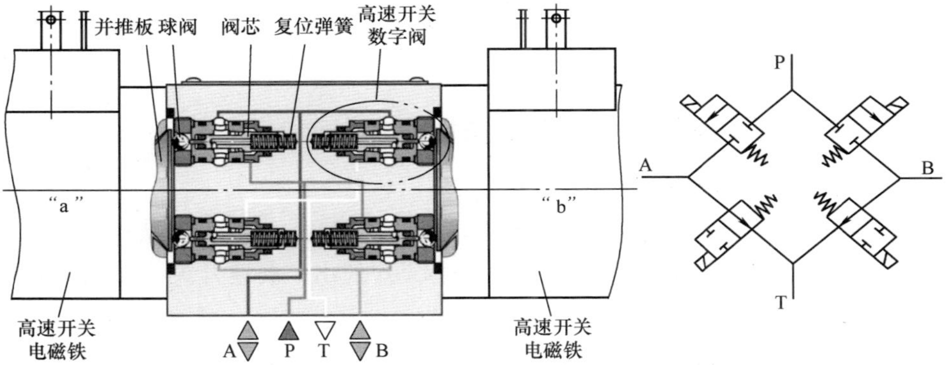

图 13-11　桥式回路组成的三位四通高速开关阀

2）结构特点：有平板式、球阀、锥阀或喷嘴挡板式可供选择。大多数选用锥阀，因为液动力特性比较好，球阀次之，平板阀更差。因此平板阀所用的工作压力都不高。滑阀在高速开关阀中很少采用，除非是作为放大级；作为先导级，滑阀有较多的缺点，质量比较大，摩擦力较大且不可控，对于高速是不利的。然而，也有采用滑阀作为先导级的，如 Eaton CMA，一般是电磁力大或响应要求不很高而对流量的要求高时可以采用，这种情况下如果采用双电磁铁驱动换向配合起来有很好效果。

3）连接特点：尽可能向标准的螺纹插装结构和连接方式考虑，便于拆卸与维修，也可考虑多余度措施，便于集成，而且要考虑与电控器的集成，散热要好。

4）电磁转换特点：采用效率高的磁感应强度的材料，电转换成磁所产生的电磁力要大，但要尽可能减少漏磁、电涡流、感应反电动势等；在电磁力通过阀杆或阀套作用在阀芯的同时，尽可能减少摩擦阻力与液动力。

5）电控方面特点：尽可能释放阀芯潜在的高速运动能力，采用 PWM、PFM、

PWM/PFM 信号，要将功率消耗降至最小，否则电磁线圈易发热；需要考虑从信号到动作的控制策略或者更复杂的电路驱动控制措施；图 13-12 所示为具有控制芯片与 CAN 总线的高速开关阀。插头形式应避免进水，特别是工程机械应用场合。

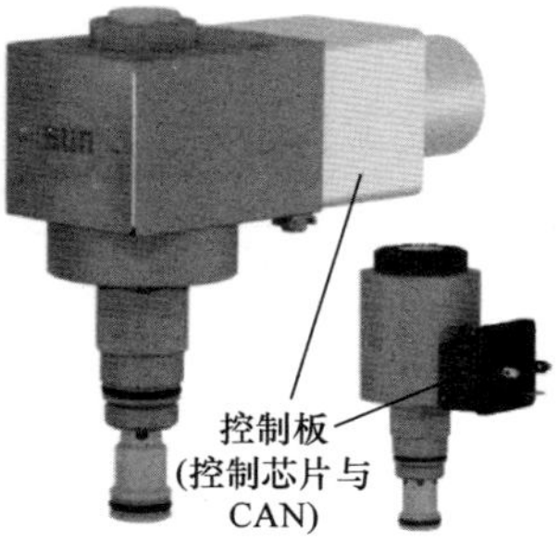

a)

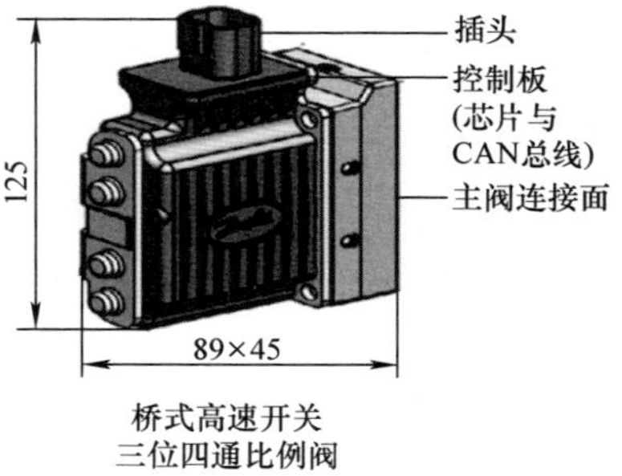

b)

图 13-12　带有控制芯片与 CAN 总线的高速开关阀

a）螺纹插装阀电控板集成　b）比例多路阀电控板集成

13.3.3　高速开关阀的功能与动静态性能

1. 液压高速开关阀具有比例节流阀功能

液压高速开关阀的功能与液压比例节流阀是一样的，都是调节液压系统中的流量大小。然而它们的工作原理大相径庭。表 13-6 列出了高速开关阀与比例节流阀的调节原理与差别。

表 13-6　高速开关阀与比例节流阀流量调节作用比较

序号	比较内容	比例节流阀	高速开关阀
1	结构型式	方向阀（带节流槽）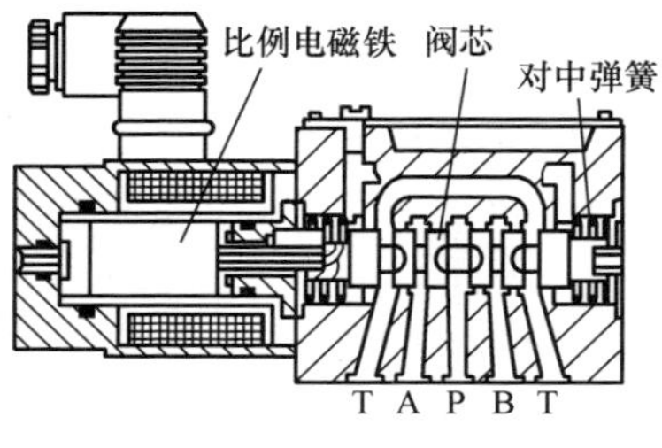	方向阀（锥阀或球阀）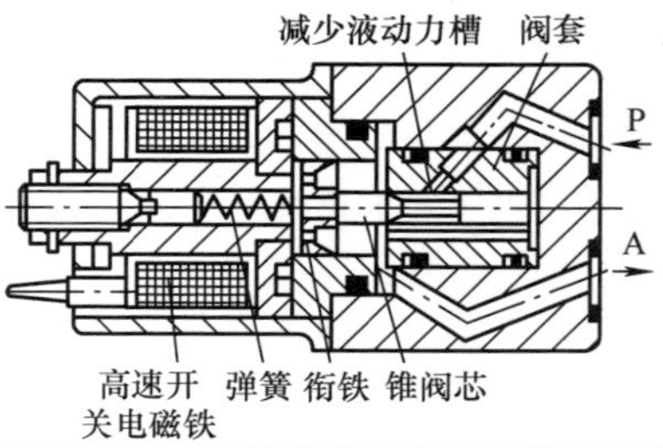
2	图形符号	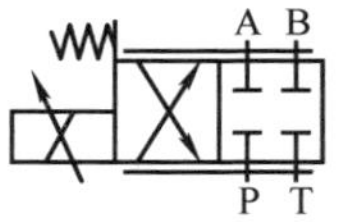	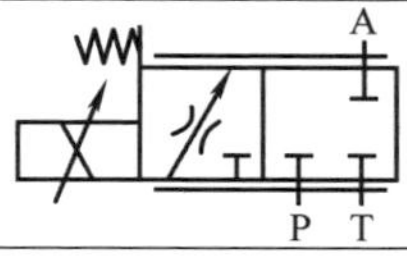
3	控制流量工作原理	通过改变节流截面或节流长度来调节流量大小	通过阀芯开关来调整通流的时间

（续）

序号	比较内容	比例节流阀	高速开关阀
4	流量调节参数	阀行程 3～6mm 单级阀流量在 40L/min 左右	切换时间 0.8～3ms （结构行程 0.1～0.2mm） 单级阀流量不超过 8L/min
5	流量调节公式	$q = C_d A\sqrt{\frac{2}{\rho}\Delta p}$，$A$ 是调节量	$q = C_d A\sqrt{\frac{2}{\rho}\Delta p}\frac{t_p}{T}$，$\tau$ 是调节量
		式中　C_d —流量系数；A —阀过流面积；Δp —阀过流压差；ρ —油液密度；t_p —阀开启时间；T —阀采样周期；$\tau = t_p/T$ 为占空比	
6	流量调节方式	按输入电信号幅值大小进行控制，在压差恒定条件下，通过电液比例方向阀的流量与输入电信号的幅值成比例	输入信号通过占空比 τ 的变化，在压差恒定条件下，通过高速开关阀的流量与输入的占空比成正比
7	静态性能曲线	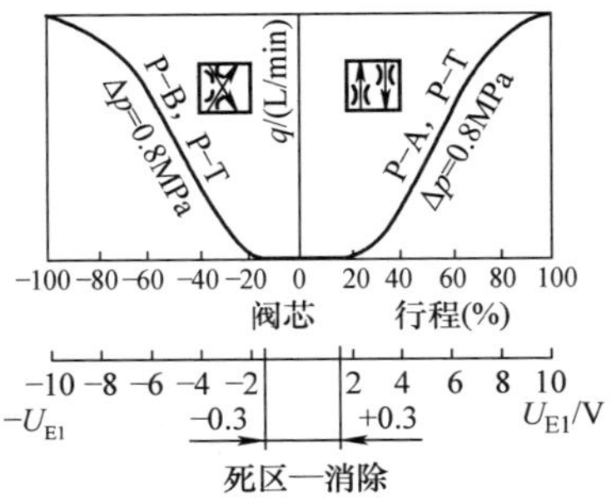 输入是电压信号，通过比例放大器成为电流输出，通过比例电磁铁成为行程输出，而行程与输出流量成正比	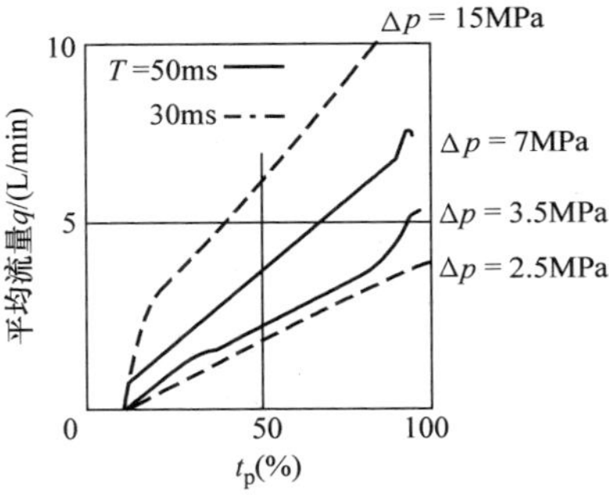 输入是占空比，通过数字放大器成为高速开关阀开关，此开关占空比与输出流量成正比
8	电磁铁的位移－力特性	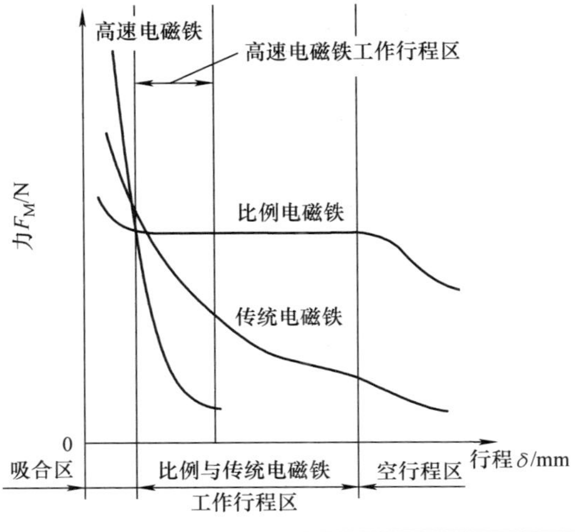 	

2. 高速开关阀静动态性能

（1）高速开关阀 PWM 的载波调制极限频率与占空比　液压数字阀的输入信号有脉宽调制（PWM）、脉数调制（PNM）、脉频调制（PFM）三种。PWM 以及 PFM 更适用于控制高速开关数字元件，PWM 的调制方法如图 13-13 所示。而 PNM 适用于增量式数字元件，如步进电动机驱动的数字阀。

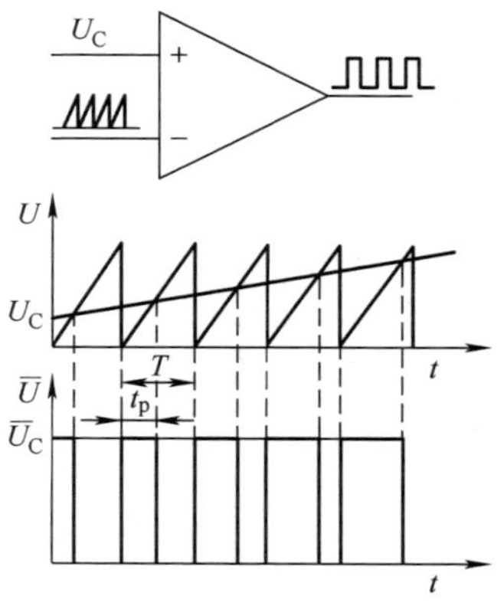

图 13-13　数字控制信号的脉宽调制方法

PWM 是利用微处理器的数字输出进行控制的一种非常有效的技术，其在电路中的主要功能是将输入电压的振幅转换成宽度一定的脉冲，脉冲输出的时间为 t_p，而整个脉冲周期设为 T，则脉冲的占空比 $\tau = t_p/T$。电压的平均值和占空比成正比，所以在调节频率时，不改变直流电压的幅值，而是改变输出电压脉冲的占空比。PWM 控制器比之传统模拟控制而言，动态性能好、经济、节约空间、发热少、抗噪性能强、通信距离延长。

当采用 PWM 脉宽调制信号作为液压数字阀的控制信号后，首先是要决定脉宽的时间 t_p。如图 13-13 所示，这个时间由控制参数（如液压阀的流量参数）来决定，但是这个参数与给定的调制载波频率有关联。因此首先要在确定高速开关数字阀产品的性能参数的基础上，根据控制要求确定 T 与 t_p。

在 PWM 脉冲信号的作用下，高速开关电磁铁在接受电压脉宽信号后，产生驱动电流，液压高速开关阀开始动作（见图 13-14）。它的工作分为三个阶段：以常闭阀为例，有阀芯吸合过程时间t_{on}、阀芯保持开启工作时间t_w与电磁铁释放后阀芯回位过程时间t_{off}，电流曲线与位移曲线如图 13-14 所示。在一般情况下，t_{on}与t_{off}是否相等是由阀的设计决定的，从电流曲线看关闭的时间一般会更长些，这主要取决于电磁铁的电感所产生的反电动势，当然与阀内的弹簧匹配也有很大关系。由于生产制造厂商提供的高速开关数字阀的样本中，都提供阀的开启时间t_{on}与关闭时间t_{off}。因此可以计算出该阀的极限采样周期时间为

$$T_{min} = t_{on} + t_{off} \tag{13-1}$$

如果规定 PWM 的极限载波频率是f_{max}，则

$$f_{max} = \frac{1}{T_{min}} = \frac{1}{t_{on} + t_{off}} \tag{13-2}$$

由于在 PWM 电路中需要设置死区，于是在应用中此极限采样周期要大于T_{min}。实际应用的f_{max}也会小一些。

如上所述，对于液压高速开关数字阀来讲，只有在具有脉宽的时间周期内，常闭阀才打开或常开阀才关闭。因此脉宽时间t_p是整个采样周期 T 中的工作时间，将这个比值称为占空比，以符号 τ 表示。因此占空比 τ 为

$$\tau = t_p / T \tag{13-3}$$

τ 用来表征采样周期内输入信号占用时间的比例，既相当于在采样周期内输入信号的幅值（如平均电压），也相当于平均输出与峰值的比值的概念。所以用它控制高速开关流量阀，应该对应输出的平均流量。液压高速开关阀本身就是方向阀，因此它的平均输出流量$\bar{q}_V$ 可以按液压阀的流量公式表达为

$$\bar{q}_V = \frac{t_p}{T} C_d A \sqrt{\frac{2\Delta p}{\rho}} \tag{13-4}$$

式中 C_d——流量系数；

A——数字阀过流面积；

Δp——阀过流压差；

ρ——油液密度。

图 13-14 全面反映了从 PWM 信号到液压阀芯的整个运动过程，因此这个曲线对于指导数字阀的设计与分析有重要的指导意义，例如减小 Δt_{on} 与 Δt_{off} 是需要解决的技术问题之一。

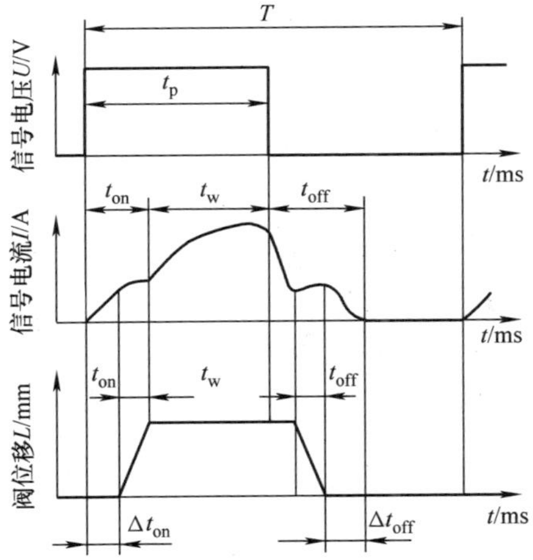

图 13-14 PWM 控制数字阀动态响应曲线

（2）高速开关阀的静态性能 高速开关阀的静态特性包括空载流量特性以及负载流量特性。空载流量特性即输出的平均流量与输入信号的脉宽占空比的关系曲线；负载流量特性即输出平均流量与负载压力的关系曲线。

空载流量特性是高速开关阀重要的静态性能之一，它基本反映了阀对系统的控制能力。目前已研制出的高速开关阀的空载流量还比较小（<10L/min），只能用于较小的功率控制或作为先导阀使用。

1）理想空载流量特性。设高速电磁开关阀为一理想开关阀，即开关阀能瞬时对脉冲的上升沿和下降沿做出反应，开关阀的瞬时流量可表示为

$$\begin{cases} q_V = 0, t = 0 \\ q_V = C_d \omega x_m \sqrt{\dfrac{2}{\rho}(p_P - p_L)}, 0 < t < t_p \\ q_V = 0, t_p < t < T \end{cases} \tag{13-5}$$

式中 C_d——流量系数；

ω——开关阀阀口的面积梯度；

x_m——阀芯最大开口量；

ρ——工作介质密度；

$p_P - p_L$——开关阀阀口前后压差；

t_p——脉宽，一周期 T 内高电平持续时间；

T——脉冲信号周期，即载波周期。

在一个载波周期内的平均流量 $\overline{q}_V$ 为

$$\overline{q}_V = q_V \frac{t_p}{T} = C_d \omega x_m \sqrt{\frac{2}{\rho}(p_P - p_L)}\tau \tag{13-6}$$

式中 τ——占空比，$\tau = t_p/T$。

可见，当开关阀的前后压差（$p_P - p_L$）不变时，开关阀在一个载波周期内输出的平均流量与占空比成正比，如图 13-15 中的虚线所示。

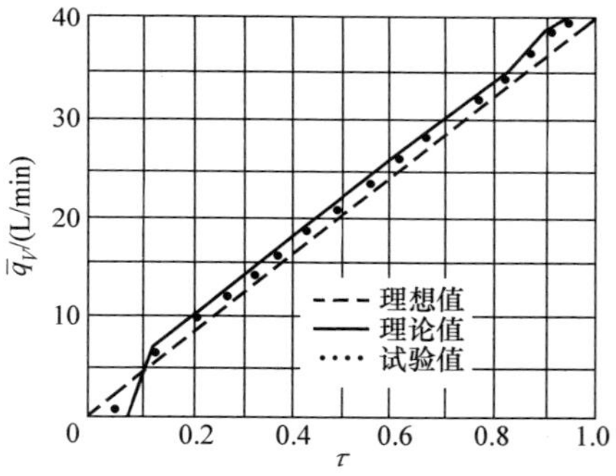

图 13-15 开关阀的空载流量曲线

2）实际空载流量特性。考虑电磁铁的响应滞后时间，以及阀芯运动时间等的影响，这时计算通过开关阀的平均流量应利用平均开启量来进行。因此有

$$\overline{q}_V = C_d \omega x_m \overline{X}_V \sqrt{\frac{2}{\rho}(p_P - p_L)}$$

$$\overline{X}_V = \frac{\overline{x}_V}{x_m}$$

$$\overline{x}_V = \frac{1}{T}\int_0^T x_V \mathrm{d}x \tag{13-7}$$

式中 $\overline{X}_V$——开关阀阀芯的无因次平均位移；

x_m——阀芯的最大位移；

x_V——阀芯的位移。

由式（13-7）可见，平均流量与载波周期无关，实际试验表明，在合理选择载波周期下，平均流量基本与周期无关，但影响流量调节的精确度，频率高流量曲线光滑，所以应尽可能采用较高的载波频率调制。但载波频率 f_c 受式（13-8）的限制。

$$f_c \leqslant \frac{1-\tau_s}{t_{on}-t_{off}} \tag{13-8}$$

式中　τ_s——高速开关阀的线性调制范围；

t_{on}——从电磁铁线圈加入电压的时间开始，一直到开关阀完全开启并停留在最大阀芯位移处所需的时间；

t_{off}——从电磁铁线圈断电到阀芯完全闭合所需的时间。

3）流量 - 压力特性。开关阀的流量 - 压力特性仍然利用式（13-6）表示。它表示在一定的供油压力和占空比下，平均流量随工作压力p_L的变化情况，流量与压力呈抛物线规律变化。理论曲线如图 13-16 所示，随占空比增大，曲线向上移动。

4）死区问题。表 13-6 列出了 PWM 调制的高速开关数字阀的静态特性曲线。当占空比太小时没有流量输出，说明此时的信号强度不足以驱动阀芯运动，当占空比接近 100% 时就相当于阀已经处于完全吸合状态，这时要处理好电路的死区问题，因此可以通过放大器的硬件设计或者软件的算法来消除控制上的死区与饱和区。目前在数字阀的控制中基本存在死区与饱和区，占空比的变化在 10% ~90% 之间。

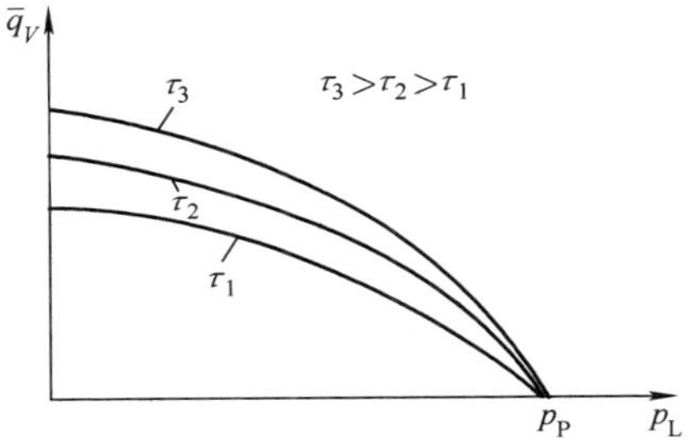

图 13-16　开关阀的流量 - 压力曲线

5）重复精度。图 13-17 所示为高速开关阀的静态稳定性，采用重复测试的压力曲线表达重复精度。

应用时，有以下几个性能指标需要注意。

发热：为了获得较小的响应时间，一般电压与电流较大，高功率带来发热。长期工作平均功率 5 ~15W 为宜。

脉动：目前一般的压力脉动在 3% ~10%，目标值是 1% ~5%。

流量放大：频响会降低，需要注意适宜的结构。

寿命：一般为（1 ~2）×10^9 次（相当于高速开关阀在载波频率为 50Hz 时一年或一年以上的连续开关次数）。

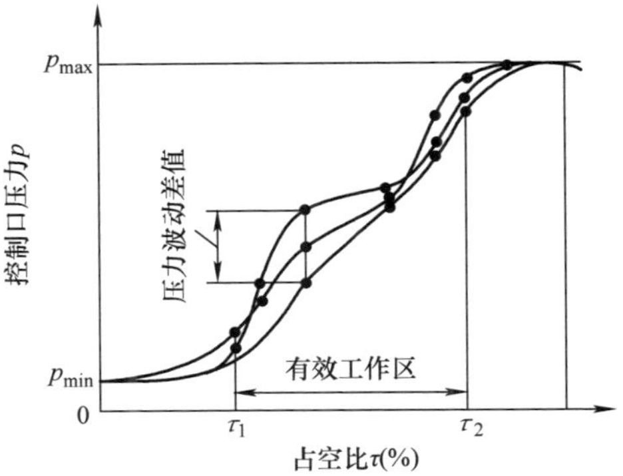

图 13-17　高速开关阀压力特性重复测试精度

（3）高速开关阀的动态特性

1）高速开关阀的阶跃响应特性测量方法。液压高速开关阀的响应时间直接测量困难比较大，至今没有统一的标准，没有规定的测试方法。目前采用阀芯在感受电驱动力后动作响应的时间作为液压高速开关阀的动态响应时间，这是一种工程间接测量方法。这种方法就是利用电液转换时电流的变化曲线，也就是在阀芯动作时，磁场会因此产生变化所带来的电流变化时间作为响应时间的测量依据（见图 13-14）。

图 13-18 进一步表达吸合时间作为高速开关阀的动态响应时间，并且显示了实测的示波器图片。

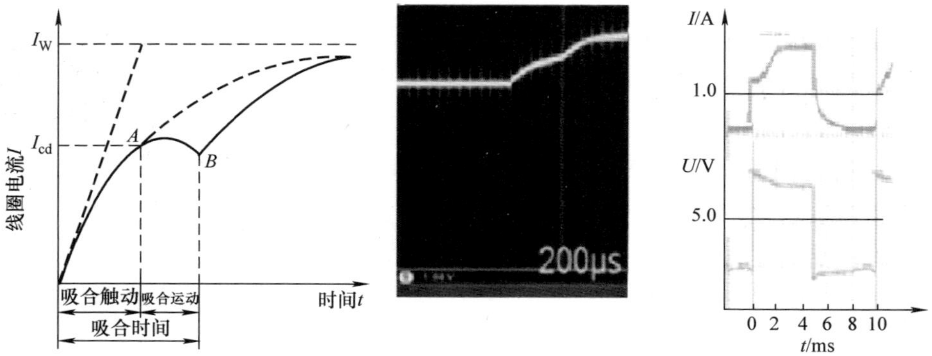

a)　　b)　　c)

图 13-18　高速开关阀响应时间的判断标准

a）理论曲线　b）实测曲线（局部）　c）实测曲线（完整）

从图 13-18a 上可以看到，电液转换装置（一般是电磁铁）在加上电压产生吸合时，由于线圈具有电感值，因此电流按一定的规律上升，这就是吸合触动时间（见图 13-18a 中的 A 点）。继之电流继续增长使电磁铁吸力大于电磁铁衔铁所受到的反力后衔铁开始运动，衔铁一直运动到闭合位置，这时电流下降到拐点（见图 13-18a中的 B 点），才会重新继续增长。这时将衔铁从触动到吸合为止的时间定义为高速开关阀的响应时间。也就是从加电压开始到衔铁闭合的时间是阀的响应时间。在试验中就是采集这个电流变化曲线，从曲线上判断这个拐点（B 点）时间就是响应时间。在图 13-18b、c 的实测曲线中可以看到这个拐点，并以此确定液压高速开关阀的动态响应时间。

这种测试方法简单易行，可以用来作为测试产品动态响应的方法。但有时在实际测试过程中这个拐点不清晰，会带来判断这个拐点的困难。

当然，将电磁铁在吸合时的电流变化点对应的时间作为高速开关阀的动态响应时间是一种间接的动态响应时间测量方法，肯定与高速开关阀本身的动态特性存在误差。为此在汽车自动变速器用高速开关电磁阀国家标准（GB/T 35175—2017）里提出了对高速开关阀的直接测量标准，并作为高速开关阀的动态响应指标。

该测试是在图 13-19a 所示的符合要求的试验台上进行的，严格规定控制端的压力容腔容积（cm^3）与电磁阀额定流量（L/min）的比值为 2 ± 0.25 的条件下，对于脉宽调制高速开关电磁阀，激励信号为双驱动电压，其中频率为 20Hz，占空比为 50%。在额定压力下进口端通油，用示波器检测激励信号与控制端压力信号，以激励信号开始与压力上升到 90% 或下降到 10% 时的时间确定为响应时间，如图 13-19b所示。

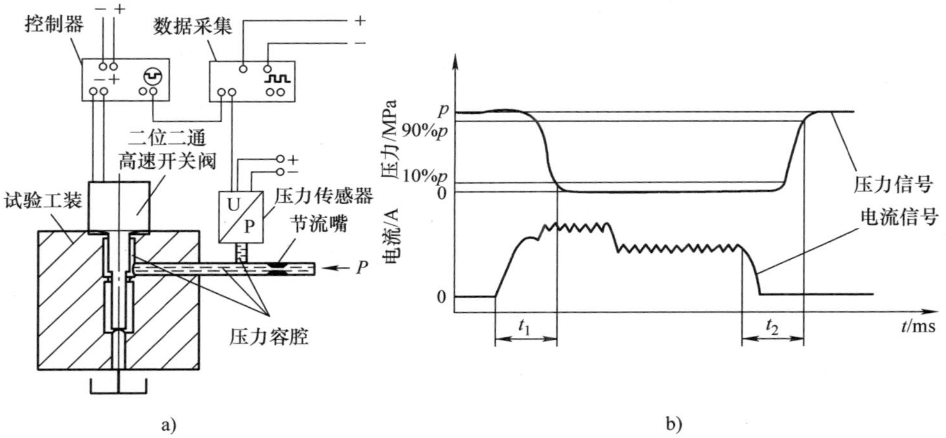

图 13-19　PWM 高速开关阀动态响应测试规范

a）容腔规定的试验装置　b）PWM 高速开关阀动态响应规定

2）高速开关阀的阶跃响应特性。高速开关阀的阶跃响应特性即输入阶跃信号后，阀的响应从零到额定开度所需的时间。在一个方波信号的作用下，开关阀的实际位移响应曲线如图 13-20所示。

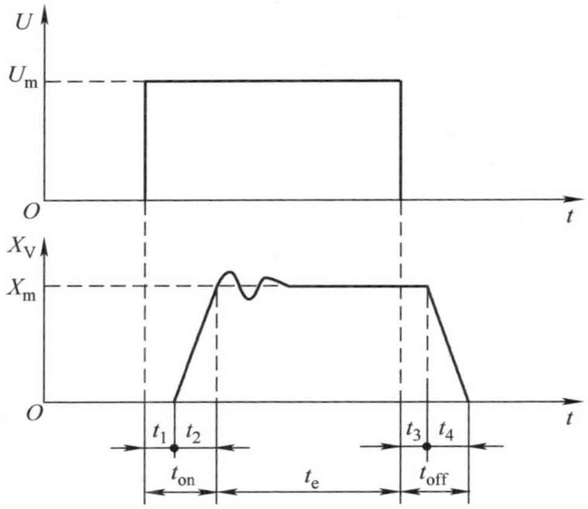

图 13-20　开关阀的阶跃响应特性

它分成三部分：第一部分为正阶跃响应；第二部分为稳态区；第三部分为负阶跃响应。在正阶跃响应区内，虽然真正的过渡时间会比总开启时间 t_{on} 大，但由于高速开关阀本身只工作在不停的启闭中，工作频率较高，所以超调量并不影响一个载波周期内的特性。把 t_{on} 作为正阶跃响应的过渡过程时间。在负阶跃响应中，由于机械限位的作用不会出现超调，但可能会出现一两个微小的反弹波，但不会对开关阀的特性有影响。因此把t_{off}作为负阶跃响应的过渡过程时间也同样是方便和合理的。总之，开关阀的总开启时间t_{on}和总关闭时间t_{off}代表了开关阀的正、负阶跃响应的过渡过程时间，它反映了高速开关阀的快速性。

3）高速开关阀阀芯结构确定后估算吸合时间。在高速开关电磁铁设计完成的前提下，液压阀结构参数一旦确定，阀的响应时间就可以估算出来。首先，阀的主要特性即响应最主要取决于电磁铁的吸合性能，即电磁力F_d。可以根据电磁能量平衡方程式得到电磁力的近似公式。从麦克斯韦吸力公式可得

$$F_d = \left(\frac{B_\delta}{5000}\right)^2 S_\delta \tag{13-9}$$

式中 F_d——电磁力（N）；

B_δ——气隙磁通密度（T）；

S_δ——气隙截面积（cm^2）。

由于 $\Phi_\delta = B_\delta S_\delta$，代入式（13-9）可得

$$F_d = \left(\frac{\Phi_\delta}{5000}\right)^2 \frac{1}{S_\delta} \tag{13-10}$$

式中 Φ_δ——气隙磁通（Wb）。

当工作气隙比较小时，漏磁通可以忽略，即$\Phi_\delta = \Phi$。另外当磁路未饱和时，导磁体的磁阻R_m也可以忽略不计，式（13-11）。则$IN = 2\Phi_{R\delta}$，因此

$$F_d = 1.57(IN)^2 S_\delta \delta^{-2} 10^{-8} \tag{13-11}$$

式中 IN——安匝值（A）；

δ——工作气隙（cm）。

在得到式（13-11）的导出过程中取真空磁导率$\mu_0 = 1.25 \times 10^{-6}$H/m，此式适合于小气隙和磁路尚未饱和的电磁铁的吸力计算。这符合高速电磁铁的情况。

电磁力F_d首先与安匝数IN有平方的关系，同时与工作气隙δ成反比，并与气隙部位和磁力线垂直的截面积S_δ及真空磁导率μ_0成正比。一旦结构与材料确定，可调整的就是安匝数IN。当线圈数N一定后，IN与线圈上施加的电压（正比于电流）成正比，所以吸力随着电压的增高（磁路尺寸已定的情况下）而显著增加，也随气隙减小而增大。对于平板拍合式电磁铁来说，式（13-10）与式（13-11）就是电磁端面力，对于螺管式电磁铁除电磁断面力外还包括轴向附加力。

根据牛顿定律$F = m\dfrac{d^2x}{dt^2}$，因此对数字电磁铁而言，在电磁力F_d一定的情况下，质量越小，加速度越大，阀在一定的行程下所用的时间越短。因此当液压阀的结构确定后，质量与行程也已经确定，衔铁吸合的运动时间为

$$t = \sqrt[3]{\frac{6\delta^2 mk^2}{P(k-1)}} \tag{13-12}$$

式中　δ——衔铁气隙；

k——储备系数；

P——电磁铁功率。

以上计算过程没有涉及弹簧力、液动力、液压力与摩擦力等诸多力的作用。但是最主要的是电磁力与弹簧力，电磁力是吸合的主要动力，弹簧力是电磁铁释放时的回复力。

3. 产品的主要性能指标

（1）主要产品性能　目前最常用的高速电磁铁磁性材料仍是软铁。表 13-7 列出了国内外研制的液压高速开关阀的结构和主要性能。表 13-8 列出了平板拍合式与螺管式电磁铁的结构型式对高速开关阀的性能参数影响情况。

表 13-7　国内外研制的液压高速开关阀的结构和主要性能

结构型式	压力/MPa	流量/(L/min)	切换时间/ms	耗电功率/W
电磁铁球阀	10	2.5～3.5	1～5	15～300
力马达球阀	20	1.2	0.8	140
电磁铁锥阀	3～20	4～20	2～3.4	15
电磁铁滑阀	7～20	10～13	3～5	15
压电晶体滑阀	5	0.65	0.5	400

表 13-8　高速开关阀的性能参数

序号	性能参数	平板拍合式电磁铁	螺管式电磁铁
1	额定电压 V_{DC}/V	24，(42)，(60)，90	12，24
2	承压电压 V_{DC}/V	16～33，60～110	
3	保持电流/A	5～10	
4	起始电流/A	25（max）	
5	额定液压压力/MPa	0.5	2、5、7、14、20
6	最大液压压力/MPa	8	20
7	工作温度/℃	-40～130	-40～135
8	阀芯行程/mm	0.25～1	
9	闭合气隙/mm	0.05	
10	电磁力/N	100～380	
11	阀芯形式	平板	滑阀、锥阀、球阀
12	保护级别	IP66K	

（续）

序号	性能参数	平板拍合式电磁铁	螺管式电磁铁
13	电流响应时间 /ms	0.4 （行程0.25mm，吸力300N） 1.2 （行程0.25mm，吸力300N）	二通阀（>200Hz） PWM：开3～3.5；关2～2.5 连续：开5～6；关3～4 三通阀连续：开5；关3
14	占空比（%）		20～80
15	外形尺寸/mm	40～60	31
16	阀功能	二通常开、常闭	二通常开、常闭 三通常开、常闭
17	控制形式	PWM	PWM，PFM，PWN－PNF
18	材料		碳钢、不锈钢
19	安装形式	螺纹插装、插入式	螺纹插装
20	插装孔标准	9/16－18SAE	9/18－18UNF－2B
21	最大功率/W		10～50
22	平均功率/W		3～15
23	寿命/次		1×10^9
24	重复精度/ms		±0.05

（2）高速开关阀产品的发展　液压高速开关阀在应用上具有下列优势：

1）易与微处理技术相结合，不需要D/A与A/D转换，有利于提高频响、节省成本、增加阀的安全性。

2）液压高速开关数字元件是发展互联、智能功能最简捷的平台。

3）数字信号为液压元件带来抗油液污染能力强、数字信号抗干扰能力强两个附加的优点。

4）液压数字阀的结构简单、体积比较小、消耗功率也比较小，成本低。而高速开关阀的阀体与阀芯可以与螺纹插装阀的阀体阀芯相互通用。从目前市场情况看，高速开关数字比例阀比之同类流量的模拟比例阀成本低50%～66%，甚至更多。

虽然液压高速开关数字阀有不少优势，但是要作为先导阀与液压元件匹配存在以下具体的技术问题有待解决：

1）总的目标是提高阀的响应时间。从电磁场的角度设计，尽可能缩短行程，保持大的电磁力；尽可能减少电磁铁电感方面的影响。从液压设计角度看，在加大电磁力的基础上对对液压阀的液动力给予重视。今后要向大流量方向发展，不仅在电磁铁先导阀方面加大研发力度，还提出了阀岛的原创性设想来解决响应与流量的矛盾。用先导阀是将阀串联，用阀岛是将阀并联。

2）高速开关阀目前仍以软铁材料为主流，从低碳钢到合金磁性材料都有应用；一般都采用螺管式或拍合式电磁铁结构。结构上基本是动铁式电磁铁，也开始采用动圈式数字电磁铁，有利于解决高频率与大流量的矛盾。随着技术发展，结构变化也很多，如采用双线圈、永久磁铁、弹簧的设置位置变化等措施。

3）高速开关阀开始从软磁材料向功能性材料方向发展，目前压电晶体磁性材料已经进入市场化。磁致伸缩材料仍然在探索过程中。

4）开发低成本、结构更简化的高速开关阀成为数字比例高速开关阀，包括取消隔磁环等措施，使加工简化。

5）所有高速开关阀的行程都为0.5~1mm，流量在10L/min以下。常用电压为12V或24V。如果要突破一些禁忌，可以考虑不同方案，但是初供电压值尽量满足用户要求。

6）从目前看，一些标志性高性能参数是响应时间接近0.1~0.2ms，最高压力达到35MPa，燃油喷射压力可达135MPa或更高。

7）数字比例方向阀、二通插装数字比例阀等产品有待发展，特别在特大功率的不连续特性应用上成功，例如用于高速往复的冲孔机、破碎机或冲击钻等类似场合，目前仍处于研究与尝试阶段，如根据路面硬度自动改变冲击钻频率的设想就可以借助高速开关阀的闭环系统来实现，这比采用其他控制形式可能要简单。

8）高速开关阀响应速度不够快、工作在PWM状态下，易于产生压力脉动和冲击，零件易磨损及疲劳破坏。由于高速开关阀的PWM控制最终表现为一种数字信号的调制，其噪声频率在人的听觉范围之内，容易给人以不适感。

9）继续发展数字液压的生态技术标准体系，开发更符合数字液压要求的配套件，如数字式传感器、更符合高速开关的驱动放大器以及有更高频响的软磁材料等。

13.3.4　高速开关阀的流量调节

目前液压高速开关阀流量调节主要是利用PWM等值脉宽，要改变等效输出幅值时，只要按同一比例系数改变各脉冲的宽度即可，可称为PWM等值脉宽法。另一种流量调节方法也可以通过改变脉冲列的周期，使流量与频率协调变化，是调频法。总之，可以通过改变脉冲的宽度或频率使占空比改变，达到流量调节。

对于液压高速开关阀而言，调制频率在10~1000Hz。在发生PWM信号模块中可以设置定时器的周期与比较值，从而确定了PWM波形的频率与占空比。为了避免电路内桥臂的直通有必要设置死区（deadband），因此PWM也有死区存在。除此之外，还会有比较器检测功能，以防止过流损害功率管和故障处理功能；还有同步功能，对于多个PWM模块协调工作有重要意义。脉宽调制的方法非常多，目前液压高速开关阀主要还局限在等脉宽调制上，而且微处理器都是通用的，调制的参数也局限在占空比上。今后调制占空比、载波频率、载波比（基波与载波频率之比）等都可以作为调制PWM的手段，还能与PFM进一步结合起来进行调制。

流量性能曲线已经展示在表13-6的静态性能曲线栏内，从此曲线知道占空比是调节流量的主要参数，从中可以看到占空比与阀的流量输出成正比，线性度比较好。另一个会影响高速开关阀输出流量的参数就是阀本身设定的压差，压差越高则流量越大。

13.3.5　液压高速开关阀电控驱动工作原理

高速开关阀的功率驱动部分对电磁阀的工作性能起着重大作用，合理设计和应用是相当必要的。为电磁阀提供高电流变化率和低电流峰值，降低对电压电平的敏感程度，智能优化驱动能量输入以降低能量消耗等，是设计开发高速开关阀的驱动模块时必须考虑的。

1. 电控驱动是高速开关阀的核心技术之一

高速开关电磁铁之所以能够产生极高的响应速度，关键是数字控制器的驱动控制策略与实施的可能性。为了减小返程力对高速开关阀响应速度的影响，可以有两种方式，一是加一个反向的电磁铁（即取消弹簧，增加一个回程电磁铁），好处是避免了弹簧力或返程液压力的问题，控制策略更灵活；坏处是电磁阀结构的复杂化与控制要求的提高。另一个是利用高速开关阀阀芯高速换向时底座产生的反弹力，以提高响应速度。这方面四川航天烽火伺服控制技术有限公司（简称：四川航天烽火）做出了非常有价值的应用项目与产品，表13-9列出了采用不同驱动控制方式的液压高速开关阀的总体结构选择效果。

表13-9　液压高速开关阀的总体结构选择效果（四川航天烽火2018年最新数据）

序号	结构特征	阀芯位移	频率响应	额定流量	控制方式
1	双电磁铁+无弹簧复位	≤0.2mm	≤500Hz	2L/min	低边驱动+TVS续流（H桥）
2	单电磁铁+弹簧复位	≤0.2mm	≤500Hz	2L/min	H桥+PWM保持+反向消磁
3	单电磁铁+双永磁体+对中弹簧复位	≤0.5mm	≤830Hz	5L/min	H桥
4	单电磁铁+双永磁体+单弹簧复位	≤0.3mm	≤830Hz	3L/min	H桥

2. 高速开关阀电控单元框架

数字液压的电控应该包括使液压数字元件可以在液压系统中充分发挥其功能的电控平台。这个平台内涵应该包括：电源转换、信号输入与调制、微处理器及其输出控制、驱动放大电路、通信技术等部分。图13-21所示为典型高速开关阀控制结构原理图。

它要完成下列任务：①处理输入信息，将所输入的信息转换为微控制器所能接受的电平信号。②处理输出信息，将微控制器输出的执行命令转换成驱动阀的信号。③存储数据信息，存储各种程序、测试数据等，供微控制器在合适的时刻使用，保存测试数据。④逻辑控制单元产生控制逻辑与算法，实现自诊断、自学习功

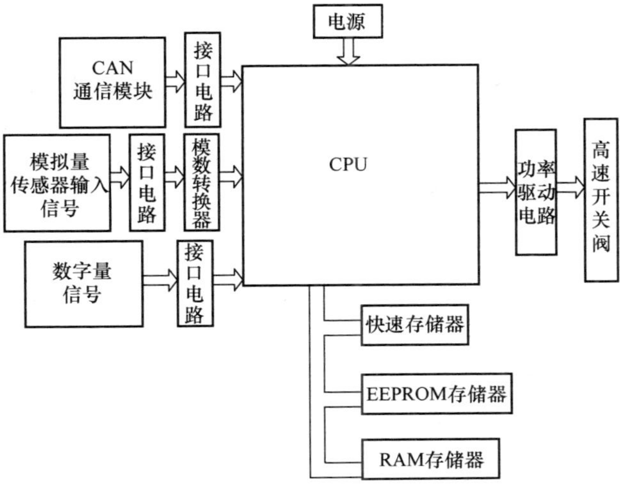

图 13-21　典型高速开关阀控制结构原理图

能。⑤数据交互，实现控制单元和外界数据通信。⑥电源转换，通常外部供电为 12V 和 24V，经过 DC－DC、滤波模块，为微处理器和周围元器件供电。

在处理信息方面，特别在输入、输出级中，可以采用硬件方式或软件方式来实现某一功能。一般来说，硬件处理的速度较快，可以改善系统的响应速度和性能，但会使系统的结构复杂。软件处理的速度较慢，系统的响应速度较低，但可以减少元件的数量，因此控制结构中硬件和软件系统的配置是十分重要的，应按控制系统的要求进行选择并合理安排。

总的来说，此控制结构可以分成三个部分：①输入级，整形、滤波、放大、总线。②微型计算机，包括 CPU、存储器、I/O 接口。③输出级，输出功率驱动放大。

3. 高速开关阀的电源部分

（1）开关稳压电源　为高速开关阀提供电压和电流的电源都需要采用一些电路装置把它调整为稳压电源，稳压电源包括线性稳压电源和开关稳压电源。在目前各种电子设备中较多地使用线性稳压电源，由于其中调整管始终有电流流过，并承受一定的电压，所以功耗比较大。图 13-22 是开关稳压电源的工作原理。开关稳压电源是由取样、比较放大、基准电压、开关脉冲发生和开关控制、开关调整管以及蓄能电路组成，如图 13-22a 所示。为了进一步说明其稳压原理，在图 13-22b 表达的简化串联开关式调压过程中，当开关 S 接通时，输入的直流电压便加到负载电阻 R_L 上，当开关 S 关断时，负载电阻 R_L 上便无电压。因此在负载电阻 R_L 上就形成如图 13-22c 所示的矩形波。

这个矩形波的电压平均值可表示为U_0，即

$$U_0 = \frac{U_d T_{on}}{T} \tag{13-13}$$

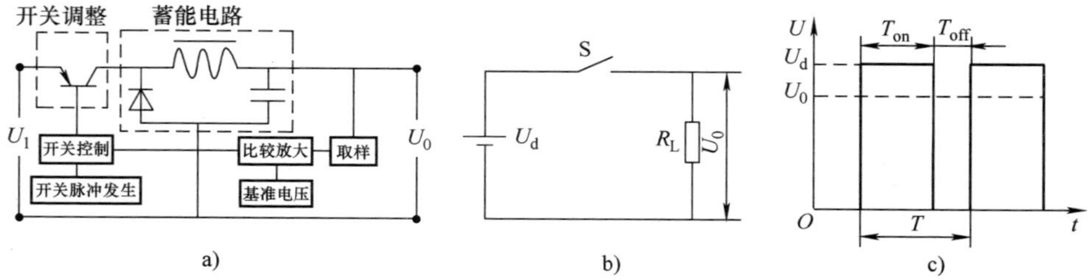

图 13-22　开关稳压电源的工作原理
a）开关稳压电源电路　b）电源电路工作原理图　c）电源电路形成的矩形波

式中　U_0——电压平均值；
U_d——矩形波电压的幅值；
T_{on}——矩形波的脉冲宽度；
T——矩形波的周期。

由式（13-13）可知，当U_d因某种原因降低时，可有以下三种方法使U_0保持不变：

1）调宽式。矩形波的周期 T 不变，而让T_{on}相应地变宽（改变导通时间），使U_0稳定。

2）调频式。矩形波的宽度T_{on}不变，让周期 T 适当缩短，即改变矩形波的频率，使U_0保持不变。

3）调频调宽式。既缩短 T（改变信号周期），又使T_{on}变宽（改变导通时间），来稳定U_0。

当U_d升高时，用上述三种方法作相反方向的变化也可稳定U_0。根据上述三种基本原理制成的开关电源能克服串联型稳压电源的一些缺点，在各种电子设备中得到广泛应用。

（2）升压电源　在某些情况下，高速开关阀的电源需要采用升压电源，这是因为高速开关阀是电阻小、电感大的电感性元件，电感中的电流不能突变，为了提高电磁阀的响应速度，有时会要求使用瞬间高压，将蓄电池电压 12V 升高到比较高的电压（如 100V），以驱动电磁阀。另外，压电陶瓷执行器的驱动一般需要 150V 左右的驱动电压，因此需要进行升压式的直流 - 直流（DC - DC）变换，其基本原理如图 13-23所示。

在直流 - 直流变换电路中，当晶体管 VT_1 导通时，电流流过电感，通过电感进行储能；当 VT_1 截止时，电感中储存的能量通过二极管 VD 给负载供电，同时对电容 C_1 进行充电；当负载电压将要下降时，电容 C_1 开始放电，这样可以获得输出高于输入的稳定电压。

实际应用中的电压电路如图 13-24 所示。用 PWM 控制器从 OUT 引脚输出 PWM 脉冲控制信号，来对开关晶体管的开关进行控制，用改变脉冲宽度的方法改

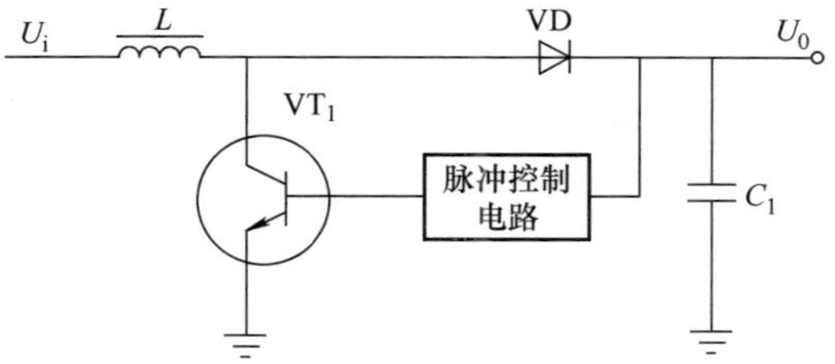

图 13-23　直流－直流变换原理图

变晶体管相应的导通和截止时间，因而能够使输出电压稳定在预定值上。设 PWM 控制器工作频率为 100kHz，R_P 用于调节输出电压。

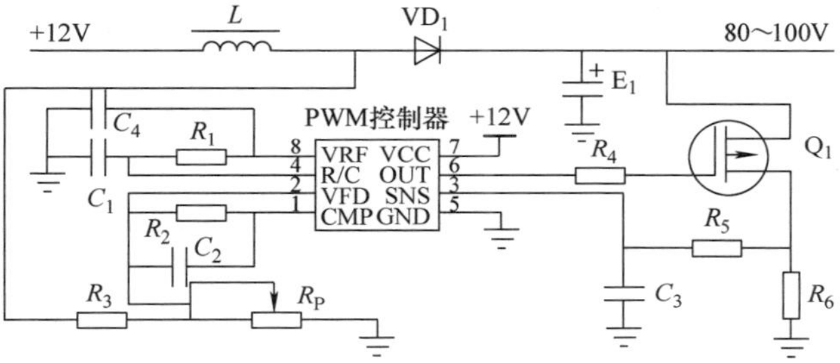

图 13-24　高速开关阀驱动电源的升压应用电路

驱动放大器输入电压对高速开关阀的性能影响不可忽视，各厂商都有自己的控制策略与特色。使用的电压也超过了液压技术中传统的概念。目前有的公司采用的电压最高可达 90～110VDC，不过最常用的还是 12VDC、24VDC 等电压。图 13-25 所示为对同一高速电磁线圈采用不同的输入电压所采集的燃油喷射实际状态的比较曲线。从实际效果看，采用高电压对于高速开关阀的启闭影响还是比较大的。由此图可见，输入电压提高到 90V，在位移量近 0.2mm 时，开启时间可以加快 0.2ms，而关闭时间可以加快将近 0.7ms，这就说明，提高输入电压有助于提高高速开关阀启闭的速度。

4. 高速开关阀驱动放大器

（1）高速开关阀驱动放大器的加速作用　影响高速开关阀性能的有三大核心要件：高速电磁铁（材料与磁路设计）、高速开关液压阀件（阀芯与弹簧－质量耦合）、电磁铁的电驱动装置（多段激励电压）。高速开关阀驱动放大器在控制中的作用如图 13-26 所示。

高速开关阀功率驱动模块的设计决定了外部能量将以何种具体形式通过电磁铁产生液压高速开关阀的换向运动，它不仅影响输入能量的大小，而且还影响输入能量的变化速率，直接关系到高速开关阀能否满足快速响应性能的要求。高速开关阀驱动方案的发展变化快，方案多。

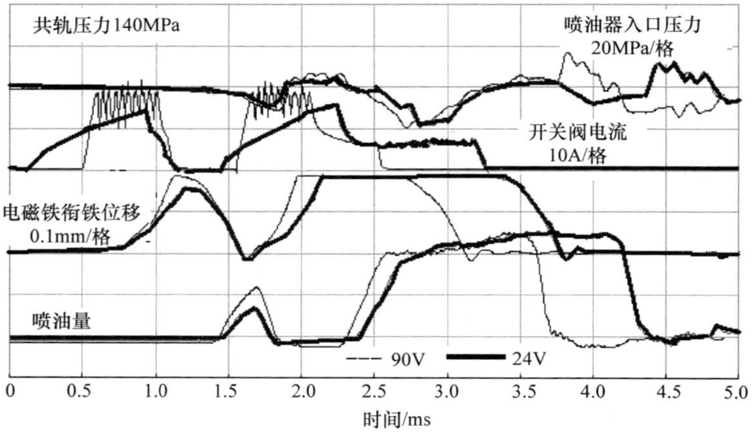

图 13-25　高速电磁线圈不同驱动电压的燃油喷射效果

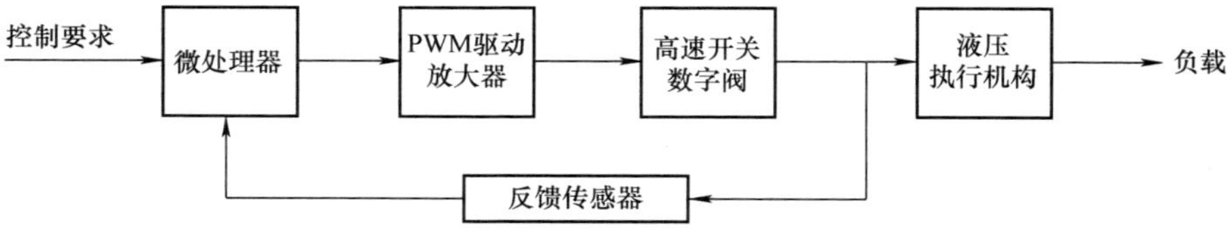

图 13-26　高速开关阀驱动放大器在控制中的作用

前已述及，加大励磁电流会产生更大的能量并转换成机械功，有利于吸合过程。但是却不利于高速开关阀的释放过程，因为阀的频响取决于吸合与释放两个过程，因此在磁路上除选择磁性材料时要充分考虑到矫顽力 H_C 要小，以减小剩磁的影响，并减小磁滞损耗。回位弹簧的选择也是重要的，但它同时又影响吸合力，因此变化余地不大。与此同时，还要设计良好的驱动放大电路，使释放时间及发热减少。解决问题的办法是当吸合过程已经发生时，及时降低励磁电流，避免铁心磁路深度饱和，不至于造成释放时剩磁过大，并造成线圈温升过高。此时降低励磁电流到维持吸合状态就可。因此一般采用是 PWM 二段电压驱动型，甚至三段电压驱动。

在驱动放大回路上，现在有两种思路：一是同一电源采用升压办法，获取不同的电压，这种办法称之为“多段驱动电压方案”(见图 13-27a)；二是采用不同电源得到不同驱动电压的办法，这种办法称之为“多源驱动电压方案”(见图 13-27b)。前者是目前主流的办法，后者在发展，响应与降温升效果会更好，但是更为复杂，成本会增加。

(2) 高速开关阀驱动放大器电流反馈型功率放大器原理　高速开关阀的 PWM 控制信号经过计算机处理，输出的控制信号经过功率放大器后才能作用于高速开关阀，这是因为经过计算机输出通道所处理的信号的能量不足以驱动高速开关阀。这

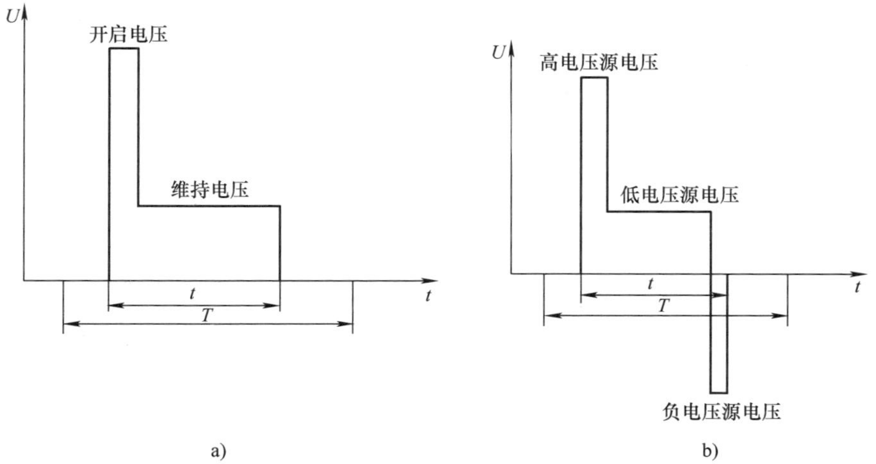

图 13-27　高速开关阀电压驱动方案

a）同一电源不同电压（多段驱动电压）　b）不同电源不同电压（多源驱动电压）

种功率放大级除了必须具有足够的输出功率外，还必须具有良好的稳态和动态特性。另外要求其放大失真较小，输出功耗较低，过电流保护需要在负载回路中接入熔断器。

根据不同的电－液转换装置的控制要求，功率放大器又可分为电压反馈型和电流反馈型。直流伺服电动机配用前者，而动圈式和动铁式电－机械转换器毫无例外地采用电流反馈型功率放大器。这是因为对动圈式和动铁式电－机械转换器而言，控制线圈的电感一般较大，如采用电压反馈型功率放大器，其电气时间常数变得不可忽略，故往往采用电流反馈型，使功率放大器电气时间常数可以很小。图 13-28 所示为两种电路的等效电路。

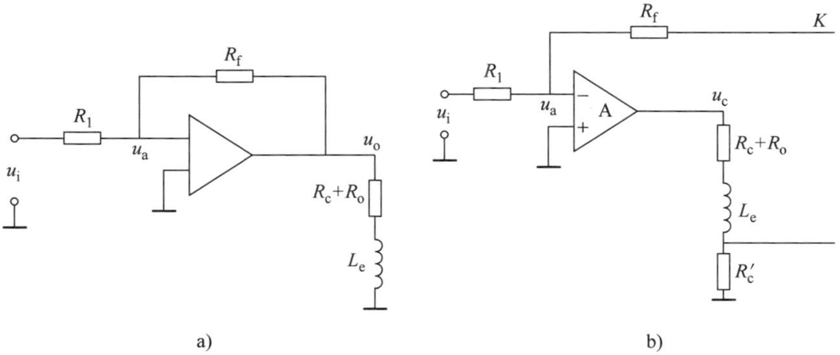

图 13-28　带电压或电流反馈的功率放大器等效电路

a）带电压反馈　b）带电流反馈

对图 13-28a 所示的电压反馈放大器，根据电路有

$$u_{\mathrm{i}} \approx \frac{R_1}{R_{\mathrm{f}}} u_{\mathrm{o}} \tag{13-14}$$

$$u_{\mathrm{o}} = i(L_{\mathrm{c}} s + R_{\mathrm{c}} + R_{\mathrm{o}}) \tag{13-15}$$

式中　R_1、R_{f}——输入电阻和反馈电阻；

u_{o}——放大器输出端电压；

L_{c}——控制线圈电感；

s——拉氏变换；

R_{c}、R_{o}——控制线圈电阻和放大器内阻。

由式（13-14）和式（13-15）可得输入电压至控制电流的传递函数为

$$\frac{i(s)}{u_{\mathrm{i}}(s)} = \frac{\dfrac{R_{\mathrm{f}}}{R_1(R_{\mathrm{c}} + R_{\mathrm{o}})}}{\dfrac{L_{\mathrm{c}}}{R_{\mathrm{c}} + R_{\mathrm{o}}} s + 1} \tag{13-16}$$

时间常数为

$$T = \frac{L_{\mathrm{c}}}{R_{\mathrm{c}} + R_{\mathrm{o}}} \tag{13-17}$$

图 13-28b 所示的电流反馈电路增加了一个输出电流采样电阻 R'_{c}，可得

$$u_{\mathrm{i}} - u_{\mathrm{o}} = \frac{R_1}{R_{\mathrm{f}}} u'_{\mathrm{o}} \tag{13-18}$$

$$u_{\mathrm{o}} = u_{\mathrm{a}} A, u'_{\mathrm{o}} \approx i R'_{\mathrm{c}} \tag{13-19}$$

$$u_{\mathrm{c}} = i(L_{\mathrm{c}} s + R_{\mathrm{c}} + R_{\mathrm{o}} + R'_{\mathrm{c}}) \tag{13-20}$$

由式（13-18）~式(13-20）可解得电流反馈放大器的输入电压u_{i}至控制电流 i 的传递函数为

$$\frac{i(s)}{u_{\mathrm{i}}(s)} \approx \frac{\dfrac{R_{\mathrm{f}}}{R_1 R'_{\mathrm{c}}}}{T' s + 1} \tag{13-21}$$

式（13-21）中的时间常数为

$$T' = \frac{\dfrac{L_{\mathrm{c}}}{R_{\mathrm{c}} + R_{\mathrm{o}} + R'_{\mathrm{c}}}}{1 + \dfrac{A R_1 R'_{\mathrm{c}}}{R_{\mathrm{f}}(R_{\mathrm{c}} + R_{\mathrm{o}} + R'_{\mathrm{c}})}} \tag{13-22}$$

因为 R'_{c} 很小，故有

$$T' \approx \frac{R_{\mathrm{f}}(R_{\mathrm{c}} + R_{\mathrm{o}} + R'_{\mathrm{c}})}{A R_1 R'_{\mathrm{c}}} T \tag{13-23}$$

由于放大器开环电压增益 A 很大，由式（13-23）可见，采用电流反馈的放大器电气时间常数可大幅度减小。

由于 $R'_{\mathrm{c}} \ll R_{\mathrm{c}}$，故在采样电阻上的功耗可以忽略。

图 13-29 所示为带电流负反馈的电－机械转换器功率放大级电路。末级采用了一对互补型达林顿管，二极管的作用在于消除末级的交越失真，以改善输出电流信号的保真度。目前，输出为数十瓦级的功率放大级集成块已经十分普遍，其工作稳定性和可靠性均比分立元件更优。由于功率放大器功耗较大，故需注意冷却。

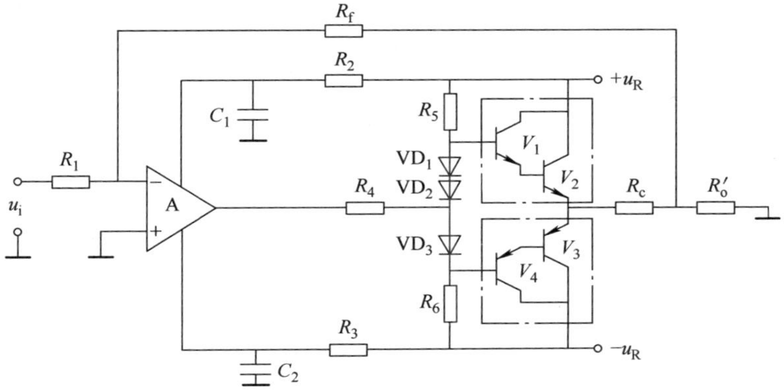

图 13-29　带电流负反馈的功率放大器

（3）高速开关阀多段电压驱动的开关式功率放大器　高速开关数字阀、步进电动机等数字式执行元件不论是脉宽调制式还是增量式，都采用开关型功率放大器。数字式执行元件使用这种放大器除节省能耗外，还有与计算机连接方便、能消除摩擦影响、省去颤振信号等优点。与模拟电量的电流反馈型放大器比较，数字信号的放大器只在开、关两种状态工作，并不要求输入电压与输出电流的线性关系，它的功率管工作在饱和导通段和截止段。当导通时管压降近于零，而截止时电流近于零，因此放大器的功耗很小。

数字信号的放大器除放大电信号外，还要求尽可能减少开、关过程中的时间。由于像高速开关阀等电－机械转换器的线圈是感性负载，必然带来时间滞后问题，因此必须考虑两个问题：①如何保护功率管不受电流切断时由电感引起的尖峰信号的冲击；②如何减少感性负载的切换响应时间，这对高速开关阀的动态性能影响较大。为此，需要注意以下几个问题。

1）保护功率管免受感性电势峰值冲击，采用三种抑制电路。

① 二极管抑制。最简单的电压抑制如图 13-30a 所示。这是使用一个释能二极管跨接在电－机械转换器线圈的两端，当线圈通电运行时，二极管置反向电压，其作用如同一个对线圈进行分路的极高阻抗。当线圈断电时，线圈极性立即反向，二极管处于正向电压下导通，为电流提供了一个低阻抗的通路。

当线圈断电，储存在线圈中的能量必须消耗在电阻 R_m 中，衰减的时间常数是 L_m/R_m。

② 二极管－电阻抑制。如图 13-30b 所示，在要求高速运动时，断电线圈里的

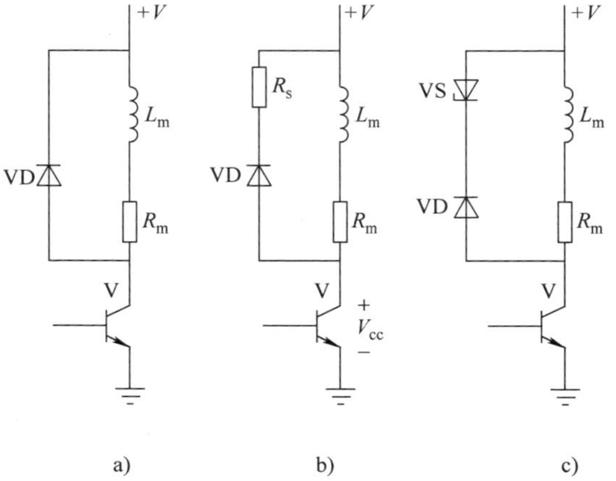

图 13-30　功率管的抑制电路

a）二极管抑制　b）二极管－电阻抑制　c）稳压二极管抑制

能量必须尽快消耗掉。这可在释能二极管外串联一个电阻 R_s，以减小断电电路的时间常数。在图 13-30b 所示的情况下，电流断开期间的时间常数是 $L_m/(R_m+R_s)$。可利用的抑制电阻 R_s 的最大值，要取决于集电极－发射极的击穿电压值 V_{cer}，即

$$R_s < R_m\left(\frac{V_{cer}}{V_{cc}}-1\right)$$

③ 稳压二极管抑制。如图 13-30c 所示，要求比二极管－电阻抑制电流衰减得更快时，可以使用这种电路。断开线圈的电压升高到使稳压二极管击穿并开始导通，能量以热能的形式在稳压管内消散。

以上三种是较常用的抑制电路，但需消耗相当大的能量，效率较低。为更进一步提高效率，可用有源抑制的功率放大器，有源抑制电路如图 13-31 所示。

图 13-31 中当线圈通电时，晶体管 VT_1 和 VT_2 导通，二极管 VD_1 和 VD_2 反向偏置，电流从电源经晶体管 VT_1 和 VT_2 及线圈流过；当线圈断电时，晶体管 VT_1 和 VT_2 截止，跨越线圈的电压反向，引起二极管 VD_1 和 VD_2 导通直至线圈电流变为零。VT_1 和 VT_2 决不能出现峰值电压。

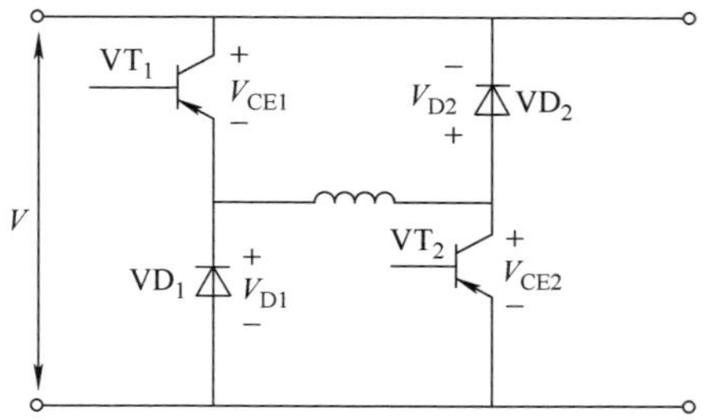

图 13-31　有源抑制电路

这种有源抑制功率放大器，改进了稳定性，比常用放大器有更高的效率，但成本较高。

2）高速增加电流的方法。功率放大器的能量输入方式直接影响到高速开关阀的工作性能。高速开关阀的快速响应特性和强电磁吸力特性，要求其功率驱动模块

在尽可能短的时间内能够提供高能量，使高速开关阀得到尽可能高的电流变化率和电流峰值。常规功率驱动模块能量输入方案如图 13-32a 所示。

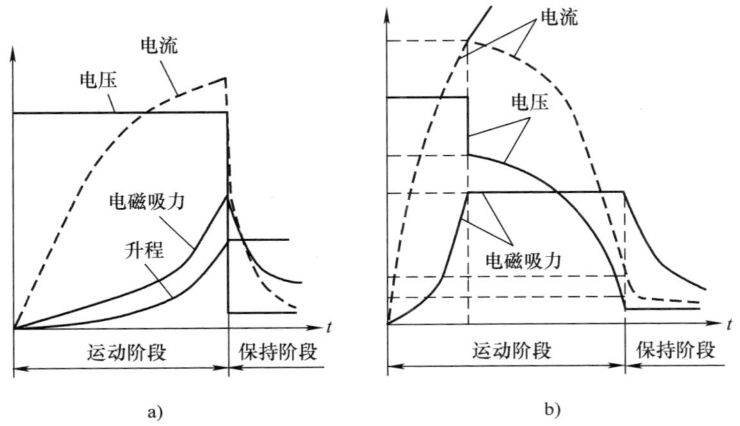

图 13-32　功率驱动模块采用多段激励电压的优化方案

a）功率驱动模块的常规能量输入方案　b）功率驱动模块的优化能量输入方案

通常是在高速开关阀运动阶段，驱动模块提供给电磁线圈一定常高电压，在这期间电流逐渐达到最大值，工作气隙逐渐减小到最低值，磁通密度和电磁吸力也逐渐增大，并在衔铁运动终了时达到最大值，当电磁阀闭合进入保持阶段，驱动模块提供给电磁线圈一常值低电压，电流被降低到能够维持衔铁处于闭合状态即可。使用这种常规能量输入方案的高速开关阀，由于衔铁运动起始阶段电磁吸力很小，衔铁运动非常缓慢，绝大部分衔铁运动行程是在运动末了短时间内才能完成的，因此响应速度没有达到最快。理想的能量输入方案是当衔铁运动刚开始时，就能得到最大作用力，使其在整个运动过程中都能以最大加速度运动，以保证衔铁吸合时间最短；因为电磁吸力是由磁通密度和吸合作用面积决定的，所以要实现高速开关阀上述工作过程，当工作气隙仍然很大时磁通密度就需要达到饱和，这就要求高速开关阀在初始运动阶段电流要有很高的变化率并达到很大的峰值；随着衔铁的运动，工作气隙减小，磁阻降低，电流逐渐变低仍能保持电磁作用力不变，在运动阶段衔铁始终以最大加速度工作，如图 13-32b 所示。

功率驱动模块的能量输入方案直接影响高速开关阀的工作性能，已研制和开发出多种各具特色的驱动模块。目前比较成熟的驱动模块类型可分为调压式、增压式和电容式驱动模块。

① 调压式功率驱动模块按工作方式不同又可分为线性调压式驱动和 PWM 调压式驱动。线性调压式驱动模块采用 12V 车用蓄电池电压，对蓄电池电压进行线性调节以得到合理的电磁线圈驱动电流。PWM 调压式驱动模块与线性调压式驱动模块相比，具有节约能耗、电路结构简单以及电路板所占体积小等优点。在相同工作

条件下，PWM 驱动模块消耗的能量比线性驱动模块少 1/3，因为当高速开关阀关闭后，PWM 驱动模块可以调节电磁线圈中的维持电流，而线性驱动模块却只能提供定常的维持电流。

② 增压式驱动方式也叫高低双电压驱动方式，这种方式使用增压电路提供远高于 12V 的电压作为电磁线圈的初始驱动电压。在高速开关阀初始运动阶段，增压式驱动方式为电磁线圈提供 90～120V 的高电压，使线圈中电流以极高电流变化率上升，保证高速开关阀的快速响应；当电磁阀关闭后，驱动模块提供低电压用以维持电磁阀的工作状态。增压式驱动模块可以提供快速、可预知和不受蓄电池电压变化影响的线圈电流上升波形，从而保证电磁阀关闭始点的一致性，降低喷射定时的误差。但其电路设计比调压式驱动模块复杂，能耗较高。增压式驱动模块的特点是对蓄电池电压变化不敏感；在大电流功率线束中使用更少的导线；对导线电阻变化不敏感。从而提高高速开关阀控制燃油喷射的一致性。

图 13-33 所示为高低双电压驱动的电路原理图及控制信号和线圈电流的波形。

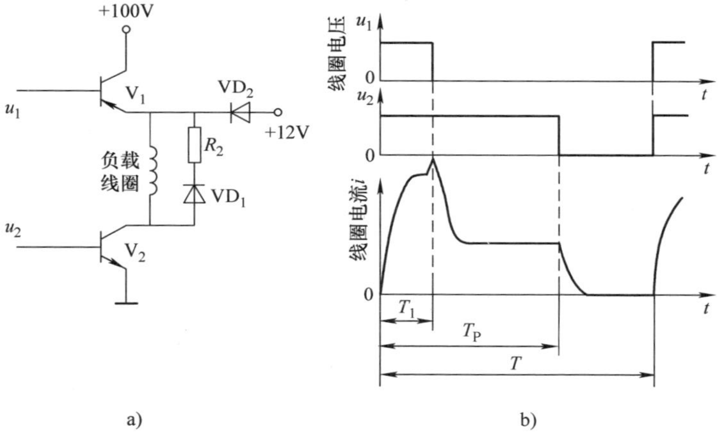

图 13-33　高速电磁阀的高低双电压驱动原理

a）双压驱动放大器　b）线圈电流波形

驱动放大器用两种直流电压（如 100V 和 12V）供电，在控制信号的控制下配合工作。计算机输出两个控制信号u_1和u_2，在每一个采样周期开始时同时上跳，功率管V_1和V_2同时导通，导通时通过V_1的压降很小，VD_2因反向偏置而截止，这时负载线圈由 100V 电源供电，使得线圈电流飞速上升，高速开关阀阀芯迅速起动。阀芯起动瞬间，u_1信号下降，使V_1关闭，这时由 12V 电源继续供电，维持阀芯在工作位置。达到要求的时间后，u_2信号下降，使V_2也关闭，阀芯在弹簧力的作用下复位，由于起动时强励磁电流的作用，使得高速开关阀的起动时间减小，而起动后又可用较小的励磁电压维持阀芯位置，使电磁阀复位时磁力消退加快，减少了高速开关阀的复位时间。因此，双电压驱动方式既减小了高速开关阀的启、闭时间，同时具有良好的节能效果。

计算机输出的u_1信号是高电压控制信号，其脉冲宽度固定不变，且略大于高速开关阀的开启时间，u_2为脉宽调制信号，由给定值或反馈值经运算后确定。

③ 电容式驱动模块通过高压电容放电，给电磁线圈提供瞬态的高变化速率的电流，使电磁阀迅速达到工作位置；工作气隙减小到只需很低电流便能维持正常工作时，由 12V 车用蓄电池电压提供此维持电流。在该种驱动模块中，可以使用 DC－DC 转换器提供的高电压给电容充电，也可以不使用额外的高电压，而是通过终止流经一附加电感线圈的电流产生的瞬态高电位差给电容充电。

上述几种高速增加电流、提高功率放大器开关切换时间的方法对加强高速高压高速开关阀的工作性能起着重大作用。调压式、增压式和电容式三种功率驱动模块各有特色，又相互交叉应用，为电磁阀提供高电流变化率和电流峰值，降低对蓄电池电压的敏感程度，降低能量消耗，是设计和开发高速强力电磁阀的功率驱动模块必须考虑的。

13.3.6　实用双段电压与多电压源驱动电路

1. 双段电压驱动电路原理

图 13-34 所示为高速开关阀电磁铁双段激励电压驱动电路原理。

此原理图相当一个半控全桥，电流只能由上向下。驱动电路由高压侧开关 S_1、低压侧开关 S_2 和两个超快恢复二极管 D_1 与 D_2 组成。控制信号控制开关 S_1 与 S_2 的开闭，从而实现对电磁阀开闭的控制。这一控制的过程与效果见表 13-10 电磁铁驱动电路动作表。

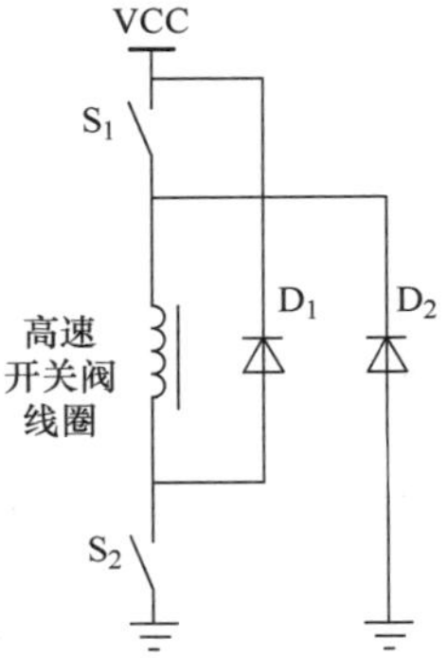

图 13-34　高速开关阀电磁铁双段激励电压驱动电路原理

表 13-10　驱动电路动作表

S_1	+	+	－
S_2	+	－	－
线圈电流	大电流	小电流	零电流
高速开关阀	快速打开	保持吸合	迅速关闭

当开关 S_1 与 S_2 都导通时，电源将电流注入线圈，电流由小变大，方向自上而下。当开关 S_1 与 S_2 都关断时，线圈电流依然由上而下，通过 D_1 流入供电电压 VCC，由 VCC 到地，由地经过 D_2 到线圈上端。通过改变两个开关的占空比，可以控制电流平均值的大小。而线圈平均值的大小决定阀芯的受力大小。这个电路对二极管要求高一些。二极管 D_1 与 D_2 的反向截止时间必须很短，否则在 S_1 导通时，

如果有一个比较长的时间存在，则 S_1 和 S_2 都导通，会造成短时间的大电流，从而造成两个二极管发热增加，也有可能因为短路烧毁器件。所以二极管既要选择大电流的，也要求开关速度很高，即反向截止时间很短。这个电路由于采用半控全桥，比采用四个开关二极管时成本低将近一半。当进一步采用高压侧与低压侧栅极驱动的开关电路，并提供低压侧驱动控制信号的控制电路，将形成高速开关阀的驱动电路。而此电路所达到的效果可以从表 13-11 的驱动电路的实测数据中看到，达到了快速开闭的效果。当然在实际驱动电路中还要考虑信号的调制与可调性等具体要求。

即使如此，还要考虑必要的措施进一步减少剩磁的影响：一是增加抗剩磁气隙，如几到几十微米；二是电路上增加反向消磁。目前的 PWM 驱动放大器有图 13-35所示的双段供压电路，也有图 13-36 所示的电磁振荡式电容放电电路。

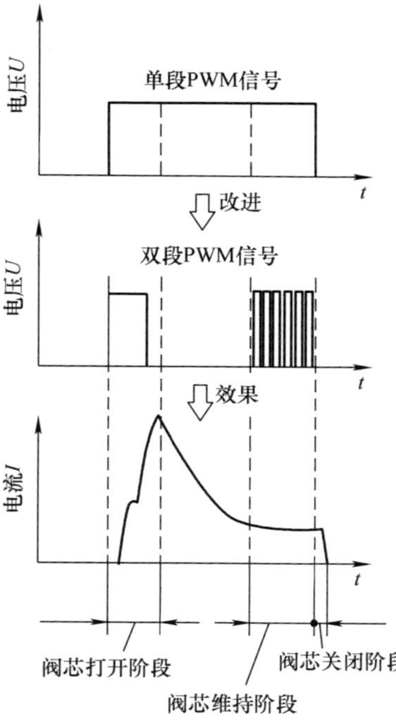

图 13-35　双段驱动电路输出效果

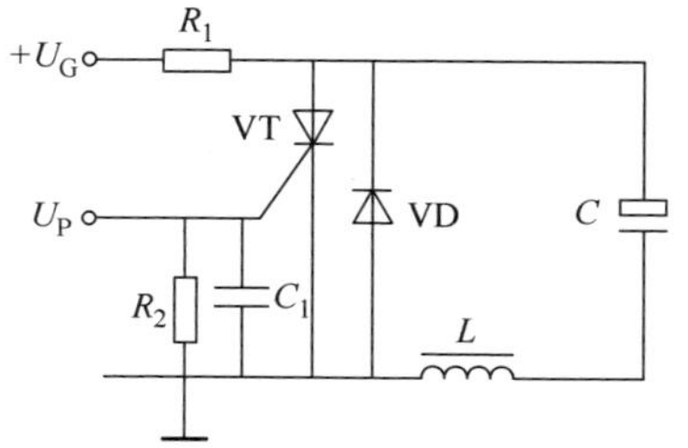

图 13-36　具有反向消磁的驱动电路

图 13-36 所示电路采用了快速消磁、减小剩磁的措施，使阀启闭加速。此电路在可控硅关闭时，电压 U_G 使电容 C 充电，在可控硅打开瞬间通过电阻 R_1 与可控硅形成回路，同时电容 C 通过可控硅与线圈 L 放电，使电磁阀开启，其后又反向放电通过 L、C_1 形成电磁振荡，对线圈 L 进行消磁。

双段电压驱动的实测效果如图 13-37 所示。

表 13-11 列出的实测数据来自上海豪高机电科技有限公司的燃油喷射高压共轨

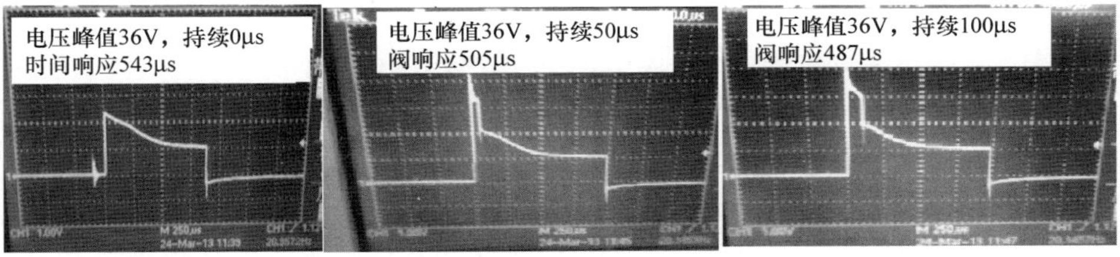

a)　　　　　　b)

图 13-37　双段电压驱动与单电源驱动效果比较

a）单电压驱动　b）双电压驱动（高压 50μs 与 100μs）

喷油器测试台，被测喷油器为 BOSCH 公司生产，燃油压力为 80MPa，在 1500r/min 下满负荷工作；阀的载波工作频率为 20Hz，脉宽要求 1000μs。驱动放大器采用高压 38V，保持电压 24V 驱动。

表 13-11　双电压驱动与单电源驱动效果比较

双电源供电	高压峰值时间	实际脉宽/μs	实测时间响应/μs
36V/24V 双电压	0	900	542
	50	950	505
	100	1000	487
	150	1050	487
	200	1100	487
45V/24V 双电压	200	1100	487
	150	1050	487
	100	1000	487
	50	950	494

表 13-11 中的数据说明：①双压驱动比单压驱动能够更有效地提高喷油器/高速开关阀的时间响应，在测试条件下时间响应提高了超过 10%。②高电压时间越长对提高时间响应越有利，但是阀的响应有一个极限，这个阀的自身最大的时间响应是 0.487μs。超过极限后，高电压继续升高或者持续时间继续加长都不起作用。③高电压的升高对提高时间响应有利，但是增长幅度也受到阀本身的限制。

2. 高速开关阀数字电路 PWM 驱动放大模块应用实例（四川航天烽火）

（1）PWM 低边驱动　PWM 方式调压是在高速开关阀开启后，将电路立即转为 PWM 工作方式。由于 PWM 脉冲波的频率远远大于电磁阀响应频率，因此线圈上得到的脉冲电流的时间就形成了维持电流。由于 PWM 驱动模块可通过调节信号占空比来控制电磁线圈中的维持电流大小，而可变电阻式调压驱动模块却只能提供定常的维持电流，故相同工作条件下后者的能耗更小。此外，PWM 驱动模式还具有电路结构简单、体积小等优点。高速开关阀PWM低边驱动电路如图13-38所示。近年来，随着集成电路的发展，绝缘栅极双极型晶体管（IGBT）逐渐取代金属-氧化物半导体场效应晶体管（MOSFET）和双极结型晶体管（BJT）器件应用于高速开关阀的PWM驱动控制当中。

（2）PWM高边驱动　其原理为PWM信号从PWM端输入经过三极管Q_1的开关作用，控制达林顿管Q_2的通断。经过达林顿管功率放大，驱动能力达到要求。在功率放大电路中，输出三极管采用达林顿管TIP122，以保证电路安全可靠地工作，除合理设计与选用功放管外，还要加上稳压二极管D_1来保护电磁线圈，给达林顿管加上一定面积的散热片等辅助措施，如图13-39所示。

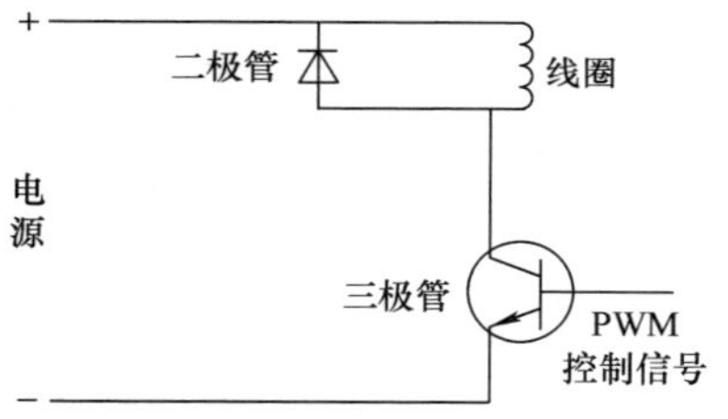

图13-38　高速开关阀PWM低边驱动电路

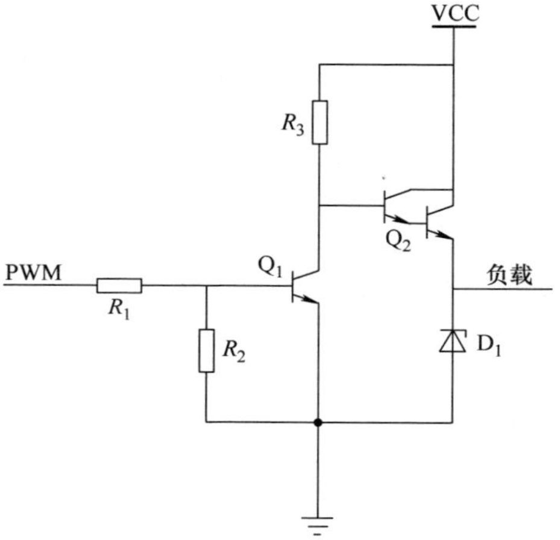

图13-39　高速开关阀PWM高边驱动电路

（3）PWM桥式驱动　高速开关阀桥放大器的功率放大级电路采用由四个互补金属氧化物半导体（CMOS）管构成的H桥功率放大驱动电路，如图13-40所示。

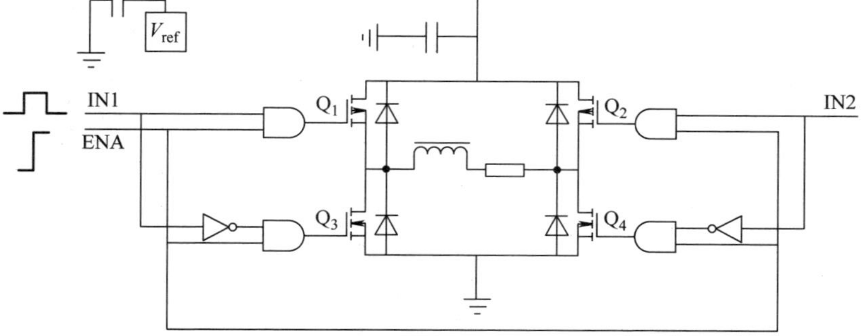

图13-40　高速开关阀PWM桥式驱动电路

该电路的工作原理是将高速开关阀的电磁铁线圈两端分别接在 H 桥的两边，通过控制 IN1、IN2 控制电流的方向，ENA 为使能信号。当 ENA 为高时，若 IN1 为高、IN2 为低电平，则 CMOS 管 Q_1、Q_4 导通，高速开关阀正向导通。反之，若 IN1 为低、IN2 为高电平，则 CMOS 管 Q_2、Q_3 导通，高速开关阀反向导通。采用 H 桥功率放大级驱动电路能显著提高高速开关阀电磁铁铁心的运动速度，减少高速开关阀的开启和关闭的响应时间，从而提高高速开关阀的动态响应。

3. 高速开关阀多电压源激励驱动放大器控制方案（浙江大学）

（1）三电压源激励控制策略　针对高速开关阀在上述两种驱动模式下，动态特性与温升无法兼顾的现象，提出基于电流反馈的三电压源激励控制策略。

该控制策略的硬件架构如图 13-41 所示。

外部由三个电压源组成，分别为高电压、低电压及负电压。其中低电压略大于回路等效电阻与临界关闭电流的乘积。电流传感器用于实时检测回路中的电流，并将检测值反馈给控制器。控制器根据外部控制信号及电流传感器的反馈值来控制三个电压源的通断状态，最终实现三个电压源分时段地对高速开关阀进行激励。

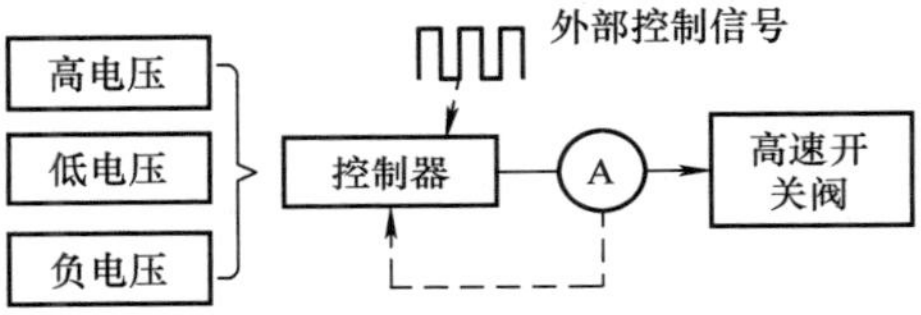

图 13-41　基于电流反馈的三电压源激励控制策略的硬件架构

该控制策略的具体工作流程如图 13-42所示。

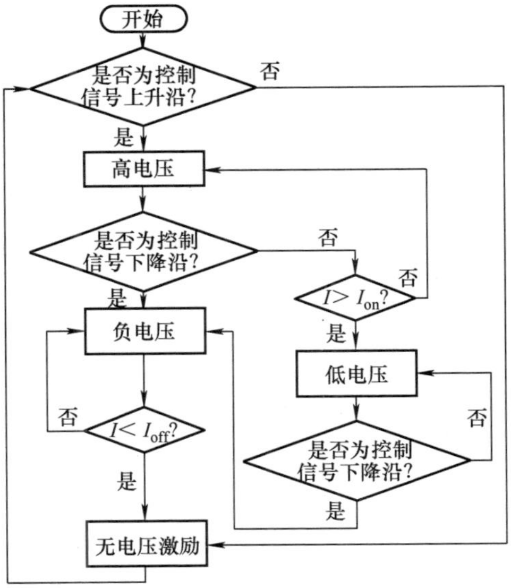

图 13-42　基于电流反馈的三电压源激励控制策略工作流程图

外部控制信号是人为输入的目标方波信号，用于控制高速开关阀的频率和占空比。当系统启动时，输入表示频率和占空比的外部控制信号。当控制器检测到控制信号的上升沿时，控制器控制高电压源接入回路，并保持低电压源和负电压源与回路断开。在高电压的激励下，回路中的电流快速上升。如果在高电压激励过程中检测到控制信号的下降沿，那么高电压与回路断开，负电压源接入回路；如果未检测到下降沿，那么继续保持高电压激励状态，直至电流达到临界开启电流。此时，电磁铁吸合，高速开关阀开启。与此同时，控制器控制高电压源与回路断开，并将低电压源接入回路中。在低电压的激励下，电流开始逐渐下降，并最终维持在一个略大于临界关闭电流的数值。由于低电压的维持作用，此时高速开关阀仍旧处于开启状态，直到控制器检测到外部控制信号的下降沿到来，此时控制器控制负电压源接入回路，并保持其余两个电压源与回路断开。在负电压快速卸荷的作用下，回路中电流迅速下降，当电流小于临界关闭电流时，电磁力不足以驱动高速开关阀开启。此时，高速开关阀关闭，控制器控制所有的电压源与回路断开，回路中电流在没有电压激励的情况下逐渐减小。高速开关阀继续保持关闭状态，直到下一个控制信号的上升沿到来，此时系统将重复上述工作过程。该控制策略根据外部控制信号和电流反馈信号实现了各电压源的自动切换，因此当电流达到临界开启电流之后，低电压源开始替换高电压源对线圈进行激励，于是可以避免电流在高速开关阀开启后持续上升所引起的巨大温升。更重要的是，还能减小关闭时刻的初始电流，降低高速开关阀的关闭滞后时间。当电流小于临界关闭电流时，负电压源立刻与回路断开，线圈在没有电压激励的情况下，电流逐渐降低，如此可以为下一个开启时刻提供一个较大的初始电流，减小开启滞后时间。由于各电压源的自动切换，回路中电流始终保持在能够维持高速开关阀快速启闭性能最优、能耗最低的状态。该控制策略通过电流反馈的方法来判断高速开关阀的启闭状态，实现多个电压源之间的自动切换，即使在线圈电阻受到温升的影响而发生改变时，每个电压源的激励时间会根据电流反馈情况做自适应调整，可以最大限度地降低温升对高速开关阀动态性能的影响。基于电流反馈的三电压源激励控制策略，不仅可以提升高速开关阀的动态特性，而且能够降低回路电流，实现“节能”低温工作，延长高速开关阀的使用寿命。

（2）电压源激励控制效果（仿真）比较　根据图13-43所示的高速开关阀（HSV－3203S7）驱动策略的仿真模型与表13-12列出的被仿真高速开关阀的基本参数，给出了图13-44所示的仿真结果比较，所有结果都标注在图13-44所示的曲线上，便于对双段电压驱动与三电压源驱动进行清晰的比较。

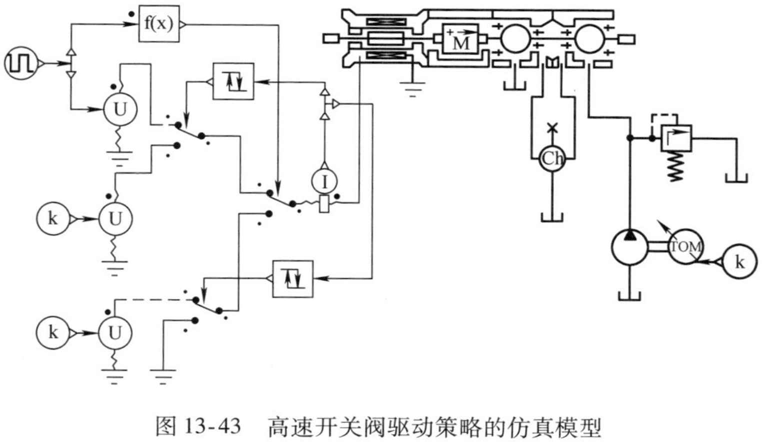

图13-43　高速开关阀驱动策略的仿真模型

表 13-12 被仿真高速开关阀（HSV－3203S7）的基本参数

液压阀结构参数	电磁铁性能参数
钢球直径 2.4mm 阀口直径 0.8mm 钢球最大位移 0.25mm 线圈匝数 450 线圈电阻 9.6Ω 初始气隙 0.35mm 工作气隙 0.05～0.5mm 分离销直径 0.5mm 电磁力可达 50N 最大电感接近 180mH 运动质量 19g 最大流量系数 0.55 溢流阀溢流压力 20MPa	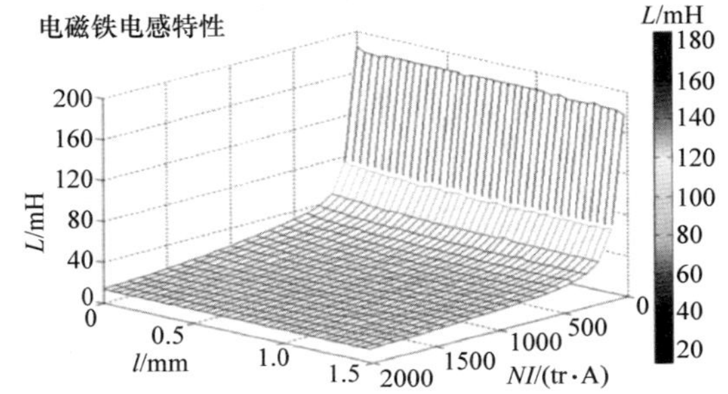 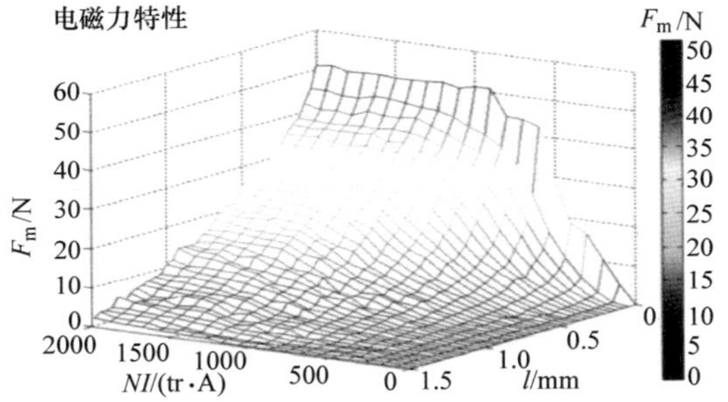

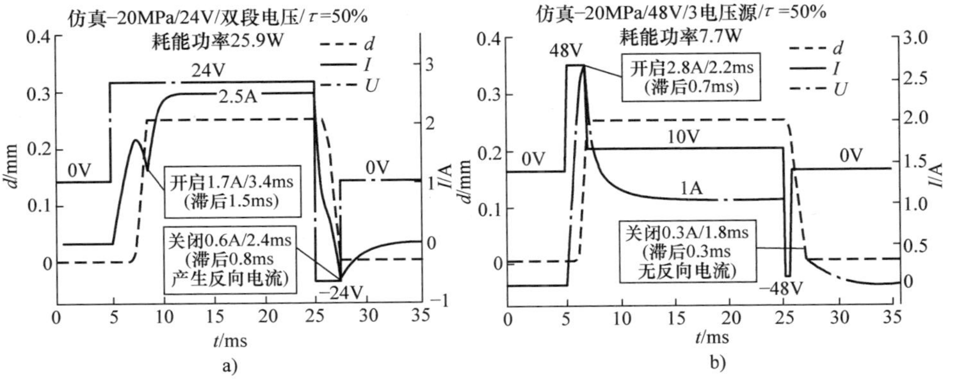

图 13-44 双段电压驱动与三电压源驱动的仿真结果比较

a）双段激励电压驱动 b）三电压源激励驱动

由图 13-44 可知，双段电压驱动与三电压源驱动对于高速开关阀的时间响应有明显的区别。由图 13-44a 可知，过长的负电压激励时间将会产生反向电流，由此导致高速开关阀开启时，线圈初始电流过低而延长开启滞后时间，更严重的是，当反向电流过大时，电磁铁将会重新吸合，破坏高速开关阀的工作机制；反向激励时间太短，线圈中电流未下降至关闭电流，在无电压激励下，电流须经过较长时间才能降至关闭电流，无法实现开关阀的快速关闭。如何确定负电压激励时间是双电压驱动的难点。

在采用三电压源驱动策略后，较大的激励电压和初始电流能够加快高速开关阀开启过程。在关闭时由于有较小的激励电压和由此存在的激励电流，会有助于高速开关阀快速关闭，反向卸荷电压可以加快关闭过程。基于电流反馈的三电压源控制策略能够有效提升高速开关阀的启闭特性。与传统的双段电压控制方法相比，开启时间缩短了35.3%，关闭时间缩短了25%。此控制策略对高速开关阀的能耗和温升有较大的影响，通过三电压源的适时切换，保证高速开关阀工作过程中的电流始终处于最节能的状态，与双电压控制策略相比，热功率降低了70.4%。基于电流反馈的三电压源控制策略能够有效提升高速开关阀频率特性和可控占空比范围，其中最大可控频率提升146.7%，可控占空比范围扩大54%，达到14%～91%以上。

13.3.7　高速开关阀控制器硬件电路设计与软件设计

1. 高速开关阀控制器硬件电路设计

总体硬件电路框图如图13-45所示。

硬件电路主要包括以下几个部分。

（1）电源模块　28V稳压电源为驱动电路提供电压，经电源转换芯片调理为5V直流电源给部分模拟器件供电，再将5V直流稳压电源信号经过三端稳压电源芯片转换为3.3V直流电源给单片机供电。

（2）单片机控制模块　采用了STM32F103系列单片机，内核时钟可配置为72MHz，多达7个16位定时器、2个模数转换器（ADC）、9个通信接口、80个快速I/O接口，满足本系统的硬件资源控制要求。

（3）高速开关阀驱动模块（功率放大）　本驱动控制部分在H桥式硬件电路基础上，为进一步接近高速开关阀理想工作特性，增设相应的吸收回路、泄流回路及瞬态高电压注入回路。高速开关阀单路低边驱动模块的电路原理如图13-46所示。

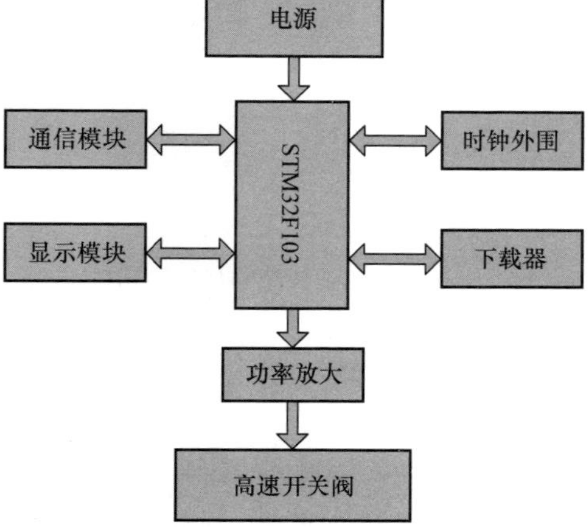

图13-45　高速开关阀硬件电路框图

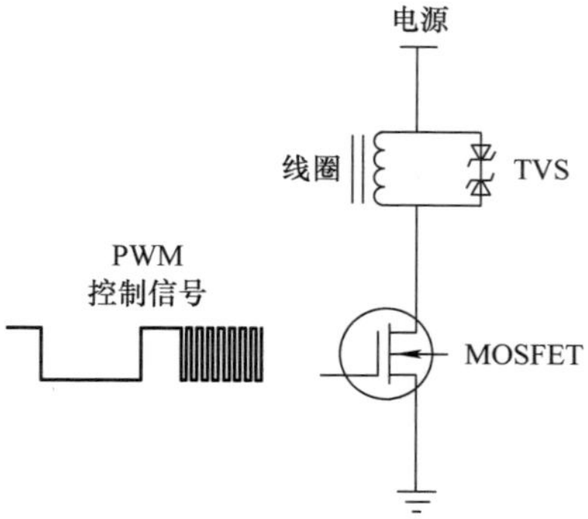

图13-46　高速开关阀单路低边驱动模块的电路原理

（4）显示模块　针对多路控制系统，反映相应通道工作状态及工作频率。

2. 控制器软件设计

控制器软件设计主要是单片机控制系统的软件编程，主要包括上位机指令信号接收、PWM 信号产生、数显显示及控制策略等方面的软件编程，系统主要控制流程如图 13-47 所示。

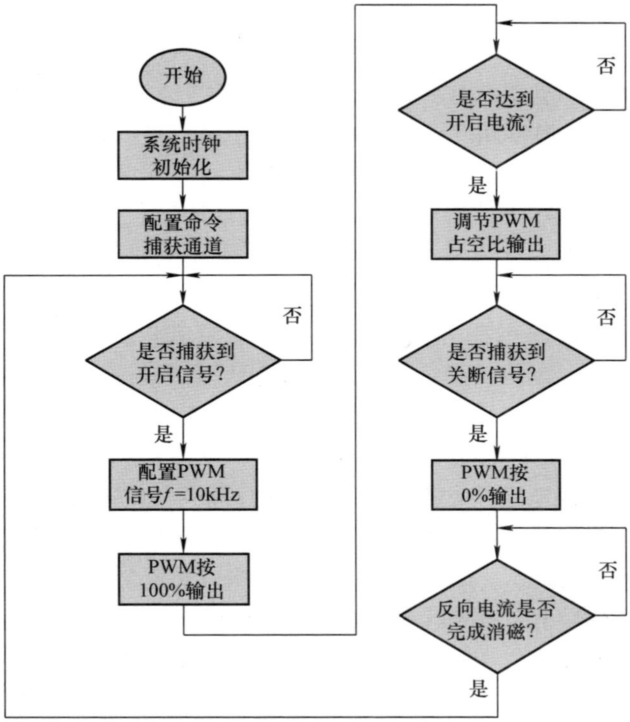

图 13-47　PWM 信号生成软件流程

为满足高速开关阀的理想工作特性，单片机 PWM 信号时序如图 13-48 所示。

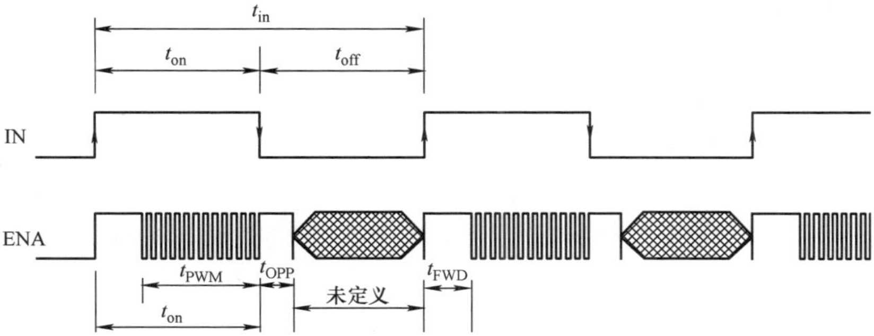

图 13-48　PWM 信号时序

13.3.8 高速开关阀产品

20世纪八九十年代，为了解决发动机污染排放问题，研发了内燃机燃油高压共轨喷射控制的高速开关阀，其数字控制至今仍然是一个核心技术。最初产品是响应时间5ms以下高速开关数字阀为前置级的数字燃油喷油器。

近十多年，液压高速比例多路阀的技术发展较快，液压高速开关控制装置也在增加。但是在液压元件的产品目录内，高速开关阀至今一直是作为液压高速开关控制装置的配件供应。至今没有获得国外厂商在中国销售单个高速开关阀元件的信息，它们基本不直接提供此产品，除非与整个控制装置一起提供。例如，燃油喷射系统所需的高速开关阀的生产厂商根本就不提供高速开关阀本身，如果需要的话可以提供整套装置，早年（2000年前后）无锡油泵油嘴厂（现无锡威孚高科技集团股份有限公司）由于各方面技术的限制，只好采用引进全套装置合作生产，甚至不得不将已经研发的所有项目（包括高速开关阀的研发）全部中止。

现对我国生产液压高速开关阀元件的产品及其厂商进行介绍。贵州红林在2004年作为国内第一家供应高速开关阀的专业厂商，对高速开关阀的研究有很大促进作用。近些年生产汽车ABS制动装置的宁波赛福、四川航天烽火与河南航天压力元件有限公司都是后起之秀。

1. 贵州红林车用电控技术有限公司HSV高速开关阀产品

HSV系列高速开关阀系列产品是该公司与美国BKM公司联合研制的电液元件，该系列产品结构紧凑、体积小、质量小、响应快速、动作准确、重复性好、抗污染能力强、内泄漏小、可靠性高，是PWM控制的液压数字元件。

HSV高速开关阀系列产品具有螺纹插装式，功能上具有二通常开、二通常闭、三通常开、三通常闭四个系列，近200个品种；材料有碳钢、不锈钢两类；工作方式可采用连续加载、脉冲宽幅调制、频率调制或脉宽-频率混合调制。HSV高速开关阀系列产品的上述特点使该阀具有广泛的应用范围，如汽车变速器、燃油喷射、天然气喷射、压力调节、流量控制、宇航控制系统、先导阀、医疗器械、机床、机器人等领域。

额定压力为（2、5、7、20、14、20）MPa；流量为2~9L/min（额定压力下）；无内泄漏；电压为12V、24V；DC工作方式为连续通电、脉冲宽幅调制、频率调制或脉宽-频率混合调制；脉宽范围（占空比）为20%~80%；最大功率为10~50W；平均功率为3~15W；设计寿命不小于1×10^9次，耐久性试验已超过2×10^9次。

脉宽调制响应时间：开放≤3.5ms，关闭≤2.5ms（常闭型）；开放≤2.5ms，关闭≤3.5ms（常开型）。

连续通电响应时间：开放≤6.0ms，关闭≤4ms（常闭型）；开放≤4.5ms，关闭≤6.0ms（常开型）。

重复精度为 ±0.05ms；温度范围为 -40 ~ 135℃。

图 13-49 与图 13-50 提供了 HSV 高速开关阀产品系列的外形图与有关插装孔的孔型尺寸图。

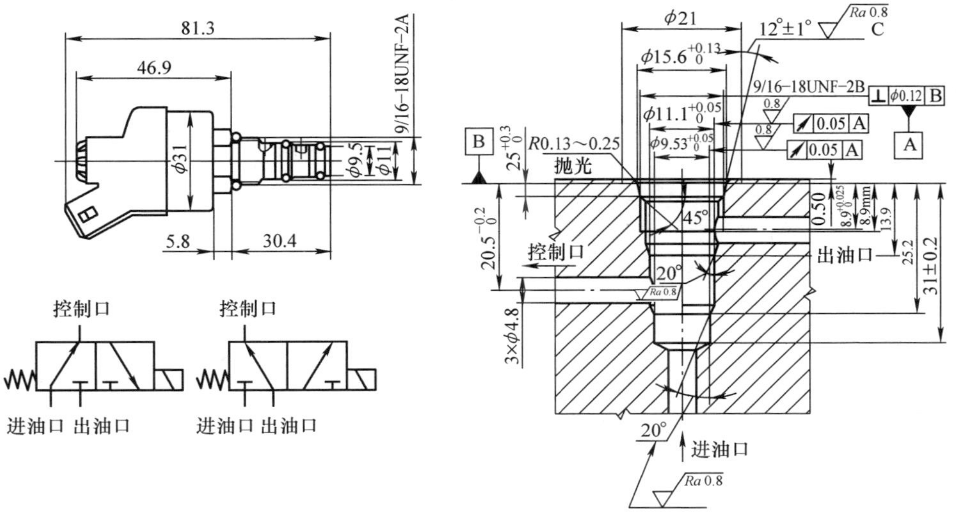

图 13-49　HSV 高速开关阀（红林二位三通系列）

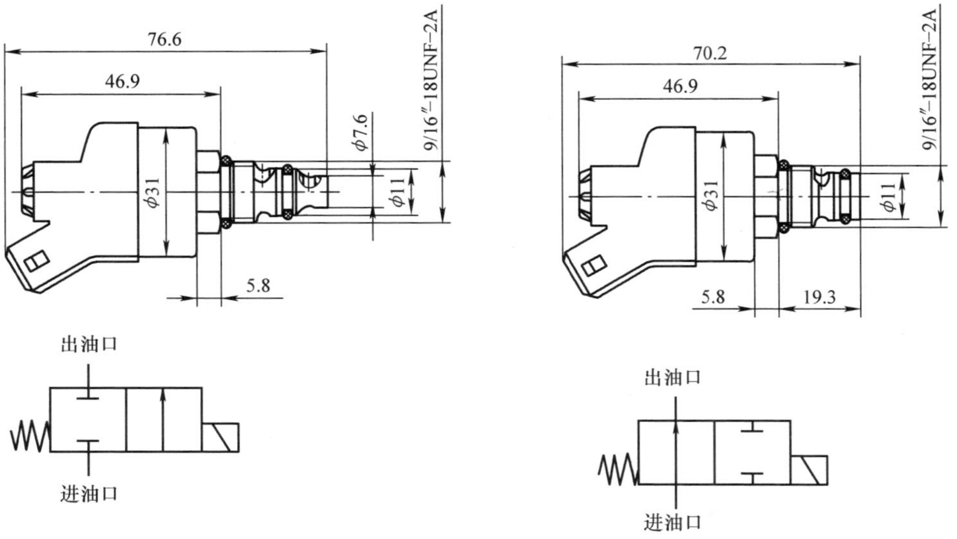

图 13-50　HSV 高速开关阀（红林二位二通系列）

2. 宁波赛福汽车制动有限公司高速开关阀元件产品

宁波赛福汽车制动的ABS应用了高速开关阀，如图13-51所示，该产品已经完全达到液压集成系统的数字性、网络性与一定的智能性。

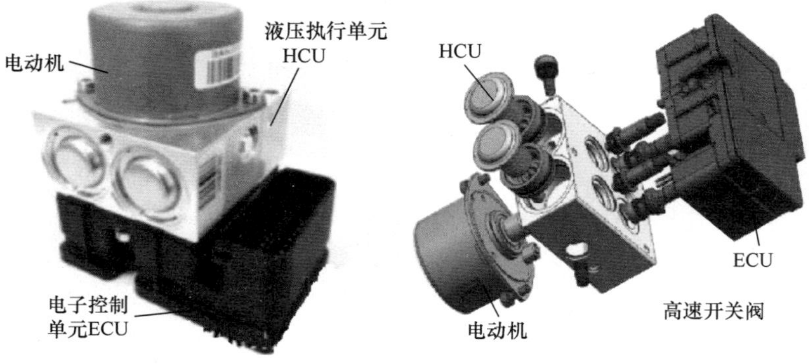

a)　　　　b)

图13-51　宁波赛福ABS制动装置产品（包括高速开关阀产品）

a）汽车制动装置产品外形　b）液压高速开关阀控制的制动装置

宁波赛福生产的高速开关阀主要为其ABS制动装置用，流量比较小，时间响应为1.5ms左右，HCU精度极高，其常闭高速开关阀与常开高速开关阀的外形尺寸与性能参数如图13-52、图13-53所示。

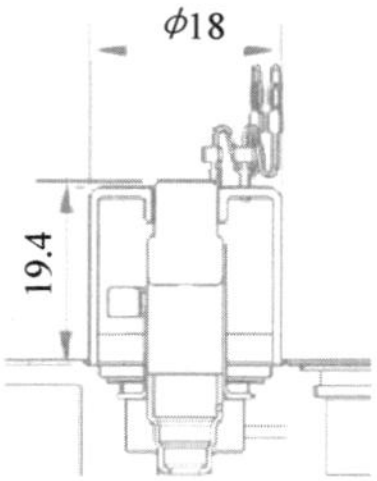

常闭高速开关阀性能参数		
型号	理论流量/(L/min)	响应时间/ms
A	1.2	1.5～1.6
B	0.9	
C	0.7	
D	0.5	
G	0.3	

图13-52　常闭高速开关阀结构外形尺寸和性能参数

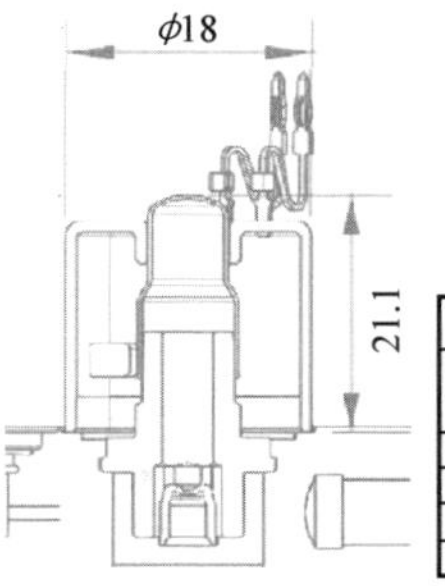

常开高速开关阀性能参数		
型号	理论流量/(L/min)	响应时间/ms
A	1.33	1.3～1.4
B	0.62	
C	0.49	

常开高速开关阀(A阀)性能参数			
压降/MPa	时间/ms	位移传感器行程/mm	流量/(L/min)
1.8	769	57.72	0.90503
3.54	666	69.07	1.25048
5.84	550	72.85	1.59708
7.09	385	56.89	1.78171

图13-53　常开高速开关阀结构外形尺寸和性能参数

3. 四川航天烽火伺服控制技术有限公司液压高速开关阀产品系列

该公司的高速开关阀产品系列见表 13-13。

表 13-13　四川航天烽火伺服控制技术有限公司液压高速开关阀产品系列

产品系列	高速开关阀	高速开关阀	高速开关阀	高速开关阀	高速开关阀	铜合金低噪声流量调节阀
产品外形						
额定压力/MPa	8	8	63	2.5	31.5	63
额定电压/V	DC27 ±3	DC24 ±3	DC24 ±3	DC27 ±3	DC24 ±3	DC24 ±3
通、路数	二位二通	二位二通	二位二通	二位二通	二位二通	二位二通
开启时间/ms	0.8	2.5	0.6	2.2	1.8	0.6
关闭时间/ms	0.8	2.5	0.6	2.2	1.0	0.6
最高允许使用频率/Hz	500	200	620	200	350	620
寿命/次	3×10^8	3×10^8	3×10^8	3×10^8	3×10^8	3×10^8
结构类型	先导式	直动式	直动式	直动式	直动式	直动式
接口形式	M22 ×1.5	JB/T 5963—2014 滑阀	M33 ×2	插装式	JB/T 5963—2014	M33 ×2
机能	常闭式	常闭式	滑阀机能自锁式	常闭式	滑阀机能常闭式	自锁式
外形尺寸/mm	78.8 ×31 ×133	29 ×52.5	33 ×47.5	25 ×56.5	29.6 ×51.7	33 ×47.5
环境温度/℃	20 ~80	20 ~80	20 ~80	20 ~80	20 ~80	20 ~80
安装方位	无限制	无限制	无限制	无限制	无限制	无限制
介质	10 # 红油、航空煤油、液压油等	10 # 红油、航空煤油、液压油等	10 # 红油、航空煤油、液压油等	10 # 红油、航空煤油、液压油等	10 # 红油、航空煤油、液压油、乳化液等	10#红油

13.3.9　液压高速开关数字元件应用

液压高速开关数字阀的应用领域如图13-54所示。

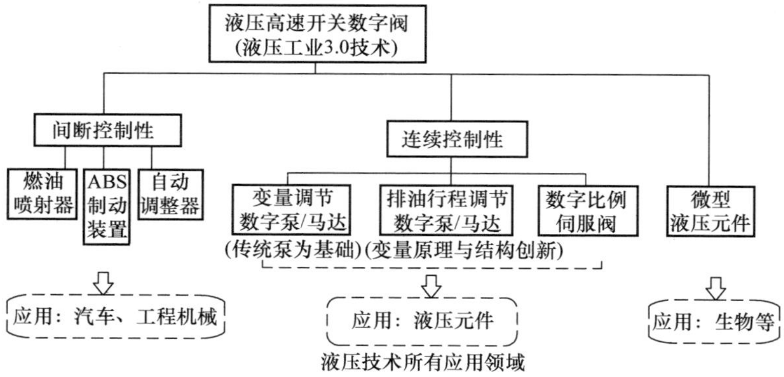

图13-54　液压高速开关数字阀的应用领域

根据高速开关阀的应用，可以分为间断性高速开关数字阀的应用与连续性高速开关数字比例阀的应用，前者在汽车燃油喷射方面已经非常成熟了。液压气动方面也借助这种应用场景，用于液压直接控制进出油口流量的数字泵上，以取代目前传统的斜盘、斜轴之类的变量方式；也可以用此方法来控制空气压缩机的出口流量，具有非常好的节能效果。后者的应用已经有了PVG比例多路阀的范例，期望发展到工业比例阀上。

高速开关数字阀的应用领域已经展示在下列五个方面：

1）采用液压高速开关阀拓展的液压数字元件。

2）液压高速开关数字阀在间断性控制领域的应用。

3）在微型液压方面的应用。

4）用于液压伺服比例阀。

5）广泛地应用在各工业领域，如空气压缩机流量控制等。数字式高速开关比例阀的优势比之现有市场上的模拟式比例阀是存在的，例如数字性好，成本低，便于与微处理器结合，无须D/A转换的驱动放大器。随着液压元件智能化的发展，工程机械的无人化、自动驾驶等技术的发展，优势会逐渐体现。

间断性高速开关数字阀是随着内燃机燃油喷射系统的需求开始出现的，已经从第一代的定压系统发展到第二代的变压系统，现在第三代在采用压电晶体高速开关阀。高速开关阀的时间响应与喷油量和汽车、工程机械车轮所用的内燃机喷油量工况匹配。今后在汽车节能减排的燃油喷射、安全要求的ABS制动装置等方面会继续在市场上占据主导地位。

以高速开关数字阀作为连续性比例数字控制元件也有了十分成功的产品，这在目前使用的工程机械比例多路阀上得到体现，其中有丹佛斯、派克、成都阀智宝等阀，实际应用情况见表 13-14。

表 13-14　液压高速开关数字阀的市场应用

液压数字开关元件类型	应用场景	应用特征	市场占有率	发展情况
间断性高速开关数字阀（数字开关阀）	柴油机高压共轨燃油喷射器	流量 4～8L/min 元件响应达 0.2ms	柴油机电喷市场主流	多级驱动回路等，属于汽车行业成熟应用
	ABS 汽车制动系统	流量 <10mL/min 系统响应 10ms 以下	乘用车、摩托车市场主流	宁波赛福产品，已经占据国内市场半壁江山
	液压冲击器	流量较大	项目应用	今后应用领域
	喷墨打印机喷头	微流量	成熟应用	属于打印机行业核心部件
连续性高速开关数字比例阀（数字比例阀）	行走用液压数字比例多路阀	具有数字先导阀的比例多路阀 流量 4～8L/min 元件响应 4～5ms	丹佛斯年销售近数亿欧元	伊顿开发 CMA 推广应用 成都阀智宝自主开发了电控部分
	工业用液压数字比例阀	具有数字先导阀的数字柱塞泵变量	首推用于液压泵数字变量机构	杭州智源 2019 年出产品
	排量直接控制液压柱塞泵	具有大流量的高速开关阀	已经在中国市场销售	由丹佛斯推出
	汽车自动调速器	中压	已有国家产品标准	贵州红林
	数字阀阀岛	阵列式阀的排列组合，高压大流量	北欧推崇，用于挖掘机	坦佩雷理工大学推出，沃尔沃用于挖掘机

对于间断性高速开关阀，单个二位二通阀就可以满足控制对象所在工况的要求，例如燃油喷射、ABS 等都是这种情况。然而对于液压系统，更多需要的比例连续控制，往往需要二位四通或者三位四通先导阀去控制主阀放大流量，如比例多路阀就是如此。这时往往采用桥式回路，用 4 个二位二通阀组成 1 个三位三通阀或三位四通阀（见图 13-55），并且具有2^4的中位机能。

1. 数字阀直接控制排量调节数字泵

目前为止，所有的数字液压变量泵全部采用高速开关数字比例控制阀达到变量的目的。在这里列出目前国内外市场应用的数字泵产品。这些产品最初出现至今也有近十年了，但目前进展与预期有差距，究其原因还不是技术原因，而主要是市场应用的主导性没有显现，如工程机械的无人智能化还没有进入实际应用阶段，加上新产品成本、人员技术素质要求等，因此目前仍处在新技术新产品向新市场转化的阶段。

表13-15列出了液压高速开关比例控制数字变量泵的产品情况，详细工作原理与性能介绍将在本手册的第六篇现代液压元件的相关章节中阐述。

表13-15　液压高速开关比例控制数字变量泵的产品情况

数字泵名称	产品生产公司	产品外形	数字液压产品特点
径向柱塞数字排量泵(DDP)	Artemis Intelligent Power Ltd.(苏格兰 Loanhead)		二位二通高速开关阀在柱塞排油过程的任意位置打开，这时柱塞缸原先产生的高压油就会通过高速开关阀回到油箱，这时排出的流量变成零流量。因此这种变量技术超出传统思维，具有极好的节能效果
智能可编程液压数字泵	浙大智源(与力源公司合作研制)		2019年推出国内首款智能可编程液压数字泵。采用高速开关比例阀作为电子控制阀，控制泵的斜盘变量。此控制系统可以覆盖力源公司生产的Z4V、L10VO、L2F与L7F等产品系列。泵的额定压力为28MPa，排量为71/100/125mL/r，有压力控制模式、流量控制模式与功率控制模式
高速开关阀用于数字配流式双向径向高压、高速柱塞泵	四川航天烽火伺服控制技术有限公司	 数字配流式双向径向高压、高速柱塞泵  柱塞、缸体一体式高速开关阀	属于高压、高转速、低惯量双向数字式径向柱塞泵的关键技术，是大流量高速开关阀在主动式阀配流高压径向柱塞泵上的应用。实现该泵在EHA上的应用；解决无刷直流电动机－泵－缸的集成控制关键技术，实现EHA作动器高速、高定位精度的复合调节控制；解决大流量高速开关阀与泵的协调配流关键技术

2. 采用高速开关阀为先导阀的液压比例多路阀

国内外高速开关比例阀为先导的比例多路阀产品比较多，包括 DanfossPVG 系列比例多路阀、Parker VPL 系列比例多路阀、Eaton/Danfoss CMA 系列初步智能比例多路阀、成都阀智宝 IDP 比例多路阀、Husco EHPV 液压数字比例阀与 EHPV 智能性桥式比例多路阀等，详见第 11 章。

近十多年，液压高速比例多路阀的技术应用较突出，表 13-16 列出了这方面的发展，Danfoss PVG 多路阀应该是突破性典范，后续有数字智能技术水平更高的 Danfoss CMA 比例多路阀、DDP 数字泵，都是具有颠覆概念的更新换代产品。成都阀智宝 IDP 系列高速开关比例多路阀在产品与市场方面都获得了成功。

表 13-16　国内外高速开关比例阀产品的发展概况

序号	时期	产品公司	国家	数字阀创新情况
1	2000 年前后	Danfoss PVG 比例多路阀 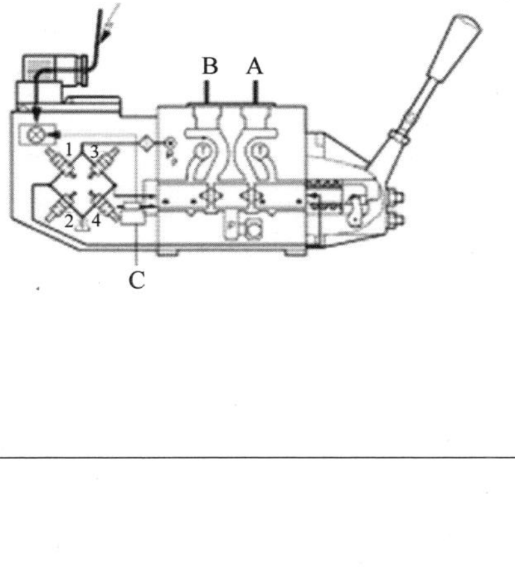	美国、丹麦	丹佛斯推出了以数字阀为先导级的 PVG 比例多路阀。其流量为 20～200L/min。左图中的 PVEH 电气驱动先导阀采用了其中 1、2、3、4 为高速开关数字阀所组成的液压桥路，这是液压元件首次用桥路形成的三位四通阀来进行液压流量的控制。控制精度可达到伺服级，载波频率为 40Hz。电液控制模块（PVE）控制先导压力为 13.5×10^5Pa，额定开启时间为 150ms，关闭时间为 90ms，流量为 5L/min。已经有良好的市场环境
2		Parker VPL 比例多路阀 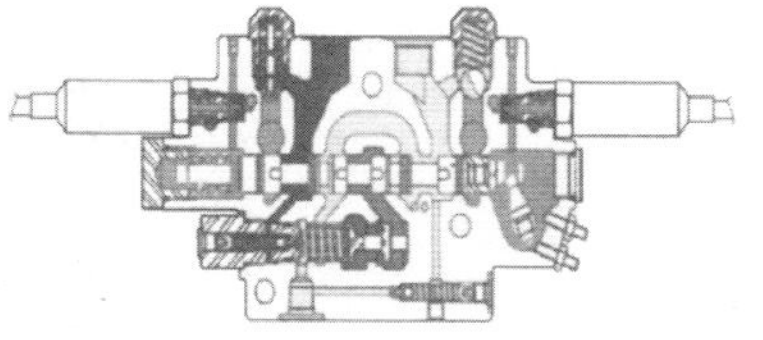	美国	派克公司生产的 VPL 系列比例多路阀同样采用这种先导高速开关阀方案，区别是使用两个二位三通高速开关阀作为先导控制。其先导控制采用 PWM 信号，额定电压/电流为 12V/430mA 或 24V/370mA，控制频率为 33Hz

（续）

序号	时期	产品公司	国家	数字阀创新情况
3	近十年	Eaton CMA 比例多路阀 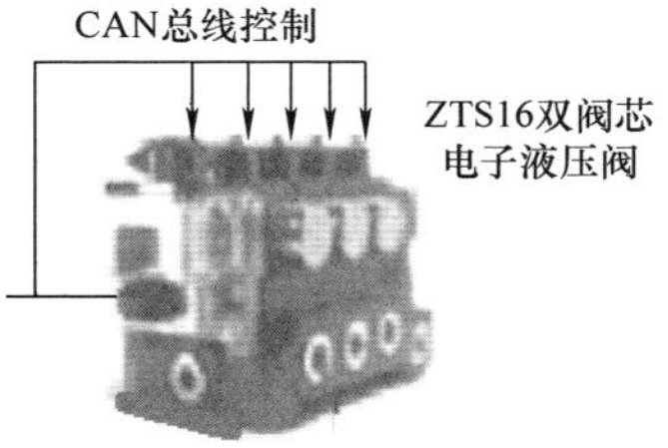 	美国	创新型产品，不仅在数字液压方面采用了前所未有的动圈式数字电磁铁，还在元件内部加入了嵌入式传感器，是一种可编程的液压比例多路阀，实际上已经向液压智能阀元件迈出了一大步。负载口独立也是一个前所未有的新举措，所有数字元件因为采用二位二通或二位三通液压阀都容易形成这个特点，但是在主阀上采用是新概念
4	2005 年前后	Husco EHPV 高速开关阀 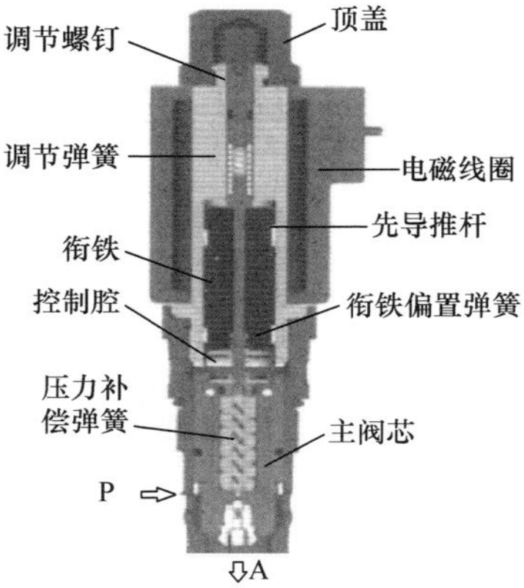 	美国	EHPV 高速开关液压阀，采用双向二位控制阀，且带压力补偿机构。EHPV 的 PWM 控制信号频率为 100Hz，额定压力为 35MPa，有 75L/min、150L/min 和 800L/min 三种规格。2005 年前后开发研制，开发时与 Vickers 的 Valvistor 做过比较，有类比性。但是 EHPV 有智能性方面的开拓
5		Husco EHPV 高速开关比例多路阀 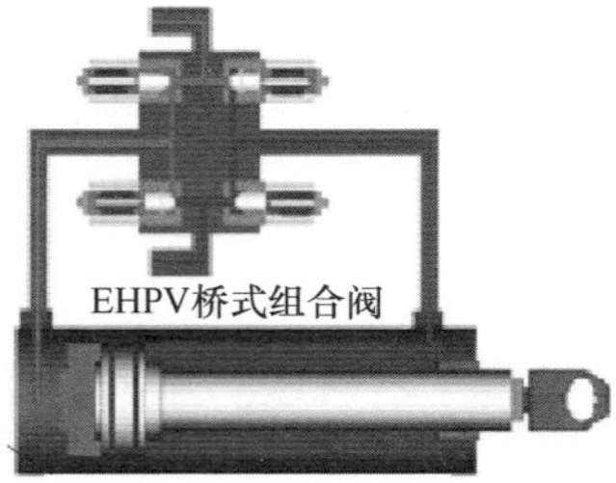 	美国	EHPV 比例多路阀的智能性在于可以自调节，是市场上很好的自节流功能的比例阀。此阀自带先导，无须外部先导压力，压力可以承受 7～35MPa，由于有压力补偿功能，不受外负载影响。内泄漏、迟滞小，流量可达 75～800L/min。EHPV 采用了分层控制策略（美国专利）。此多路阀元件用 PWM 作为信号输入。此阀以非线性控制理论为基础，通过试验证明有效（见左图）。成功地通过“学习树”的分层方式来解决非线性的比例控制问题

（续）

序号	时期	产品公司	国家	数字阀创新情况
6	2019 年	成都阀智宝 IDP 总线型多路比例阀 	中国	研发了具有自主知识产权的数字开关式负载敏感比例多路阀。电控部分防护等级高，为全金属结构。有 CAN 总线通信功能与模拟量信号输入方式。电控与手动切换可以在控制过程中实施。阀工作时间可累计。可设定为注册、试用两种用户模式。可上传主阀芯工作状态。可通过三色 LED 显示阀的工作状态。控制精度高，PVEH < IDP < PVES。先导高速开关阀频响达 300Hz。高精度带闭环的 EH 可以与不带闭环的普通精度的阀 EP 组合成一套阀，实现最佳经济性。有阀前补偿与阀后补偿。抗污能力强。调试方便

3. 行走机械制动（ABS）方面的应用

防抱死制动系统（Anti - lock Brake System，ABS）用于提高制动时汽车的稳定性及较差路面条件下的汽车制动性能。ABS 通过安装在各车轮或传动轴上的转速传感器不断检测各车轮的转速，由计算机算出当时的车轮滑移率，并与理想的滑移率相比较，做出增大或减小制动器制动压力的决定，命令执行机构及时调整制动压力，以保持车轮处于理想制动状态。ABS 的工作过程实际上是“抱死 - 松开 - 抱死 - 松开”的循环工作过程。其液压制动系统原理示意图如图 13-55 所示。其中的核心关键件就是高速开关阀与其电控装置。紧凑的产品设计和外形尺寸，适合两轮车以及四轮车的布置，专门为摩托车与汽车制动系统设计开发微流量控制高速开关阀技术。

本产品是摩托车专用的防抱死制动系统（简称 MABS），或称 ABS 主动安全制动系统，它集合了摩托车车辆动力学和制动系统的自身特点，特别设计了专用的摩托车防抱死制动系统。基本功能是感知制动轮每一瞬时（毫秒级）的运动状态，并根据其运动状态相应地调节制动器制动力矩的大小以避免出现车轮的抱死现象，是一个闭环制动系统。该系统的原理就是紧急制动时，既保持轮胎转动，又防止轮胎抱死，以维持最大的制动力量；同时也对车轮进行迅速、准确、有效、安全的控制，使车轮的纵向附着系数达到峰值，侧向附着系数也保持较高状态，从而达到提高制动速度、缩短制动距离、稳定制动方向、防止车轮抱死的效果。

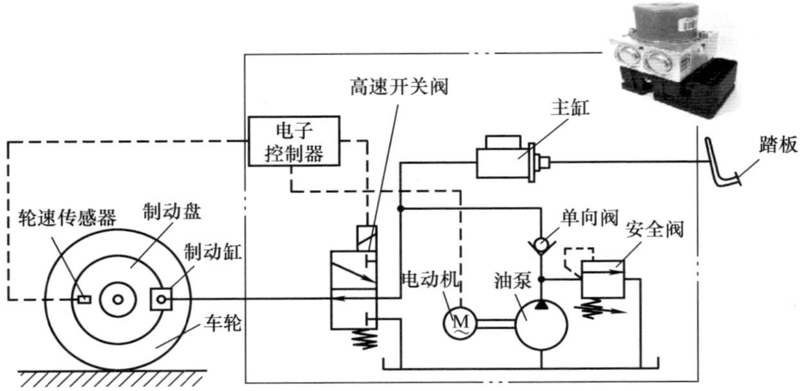

图 13-55　汽车液压制动系统原理示意图（宁波赛福）

（1）液压高速开关阀控制的安全制动系统产品特点与作用

1）提高制动稳定性和转向性能。在制动过程中，任何时刻都能保证车辆的制动稳定性。

2）缩短制动距离。在制动过程中，最大限度地利用地面附着力，保证最小制动距离。

仅依靠 ABS，导致伤亡的摩托车事故能减少五分之一左右。

图 13-55 中所示的汽车液压制动系统产品，其技术先进性表现在以下几方面。

该产品是基于液压控制单元（Hydraulic Control Unit，HCU）即微流量控制的液压高速开关阀技术，中间的铝阀块和圆形的电动机共同构成了此 HCU。这个极小的阀块里面精致地安装着各种电磁阀（包括减压阀、增压阀）、蓄能器、液压泵，并接驳到制动油管，通过液压系统精准地控制前后轮制动力。产品外形紧凑，长宽高尺寸为 86.6mm×64mm×98.6mm，质量约 0.746kg。

电子控制单元（Electronic Control Unit，ECU）基于 MCU + ASIC 系统架构，四层电路板设计，典型的数字化大脑具有微处理器内嵌。

基于 MatlabSimulink 模型的控制算法开发和代码自动生成，在这里集成了算法和运行机制，具有路面识别功能和滑移率控制，它可以在毫秒级时间内感知判断车轮是否处于抱死的状态，计算出制动力的大小，并将命令传达给执行部件 HCU，此软性代码决定了整个装置的质量与价值。而这些算法与代码的基础是仿真、试验与市场实践。

（2）ABS 主动安全制动系统产品系列　2019 年 7 月 1 日起，我国出台强制法规，250mL 排量以上摩托车必须配置 ABS 防抱死系统。我国各摩托车企业发现可供选择的 ABS 产品有限，日系电喷和 ABS 产品只对内部日企配套，只有世界顶级供应商德国的博世（BOSCH）和大陆（Continental）公开销售，都是价高、供货周期长、产品一旦有问题易产生售后问题。在五年时间内，宁波赛福抓住了市场机遇，为近 30 家国内外摩托车企业匹配了超过 100 款新车的 ABS，其中有贝纳利钱江、隆鑫无极、比亚乔、大阳、宗申赛科龙、力帆、轻骑大韩、鑫源 SWM、珠峰凯越、龙嘉、奔达等车友熟悉的品牌；同时开辟了意大利、英国等海外主机厂。

ABS 产品有单通道（一般只管前轮）、双通道（摩托车前后轮）和四通道（汽车）。宁波赛福目前的 ABS 产品包括：

1）SF10 型，双通道 ABS，功能对应博世 9 代。

2）SF11 型，弯道 ABS，包括牵引力控制 TCS。

3）SF20 型，单通道 ABS，功能对应博世 10 代，是专门为小排量（125、150 级）摩托车匹配的 ABS。

4）SF100 型，四通道 ABS，为汽车匹配。

4. 高速开关阀并联控制流量的数字阀阀岛

（1）数字阀阀岛（Digital Hydraulic Valve System，DVS）　高速开关阀组成数字比例控制的时间响应与大流量的问题影响高速开关阀在液压元件主流市场的应用推广，目前局限应用在小流量的场合。为此，国外研究机构提出了使用多个高速开关阀并联控制流量的数字阀阀岛结构。以坦佩雷理工大学（Tampere University of Technology）为代表，丹麦奥尔堡大学（Aalborg University）与巴西圣卡塔琳娜州联邦大学（Federal University of Santa Catarina）都在这方面有深入的研究。

坦佩雷理工大学研究的 SMISMO 系统，采用 4×5 个螺纹插装式高速开关阀控制一个执行器，使油路从 P－A、P－B，A－T、B－T 处于完全可控状态，每个油路包含 5 个高速开关阀，每个高速开关阀后有大小不同的节流孔，如图 13-56a 所示，阀岛实物如图 13-56b 所示。通过控制高速开关阀启闭的逻辑组合，实现对流量的控制。通过仿真和试验研究，采用 SMISMO 的液压系统更加节能。

DVS 将数个高速开关阀集成为有标准接口的阀岛，如图 13-57b 所示。其采用层合板技术，把数百层 2mm 厚的钢板电镀后热处理融合，解决了高速开关阀与标准液压阀接口匹配的问题。目前，已经成功地在一个阀岛上最高集成 64 个高速开关阀。关于数字并联阀岛，近期研究关注数字阀系统的容错及系统中单阀的故障对系统性能的影响。

（2）NorrDigi 数字缸的高速开关阀组合　NorrDigi 缸由 A、B、C、D 区域的 4 个工作腔组成，每一个工作腔有一条油路作为进出油的通道，共用高压油路（HP）和低压油路（LP）。从结构设计上看，这 4 个独立工作腔的有效作用面积关系为 $A_A:A_B:A_C:A_D$ = 8:4:2:1，如图 10-57c 所示，即

$$F_{hyd}=p_AA_A-p_BA_B+p_CA_C-p_DA_D$$

配合 HP 和 LP 两级压力，各以蓄能器的形式提供油源与排油，液压缸的驱动力可以达到$2^4=16$ 种组合结果。每个工作腔的高低压侧高速开关阀在液压缸不同工作位置和速度下，交替独立控制对应的工作腔的压力和流量，协调配合精准稳定控制重物的起升和下落。对于 NorrDigi 技术，上述的液压缸只是这项技术中的硬件

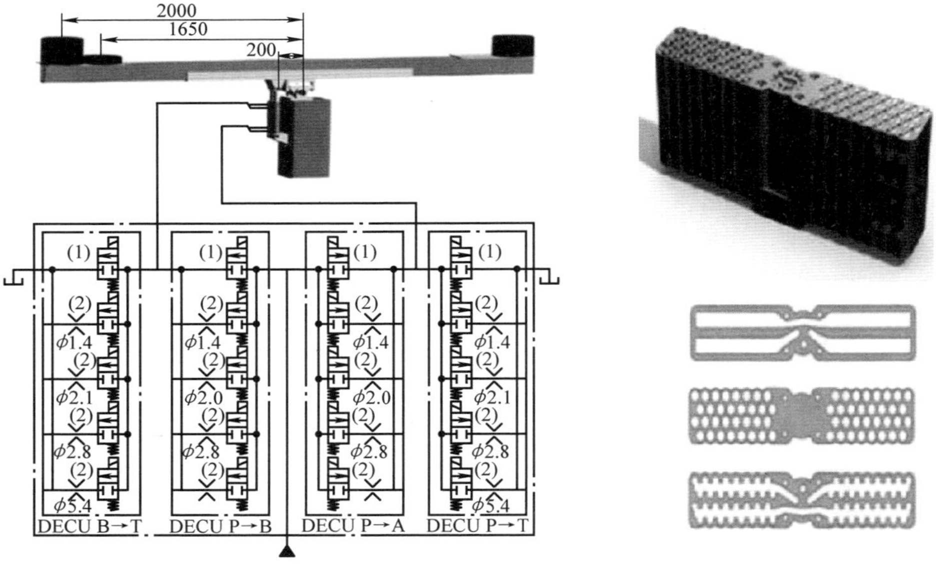

图 13-56　SMISMO 系统原理图与实物（坦佩雷理工大学）

a）阀岛工作原理图　b）阀岛实物

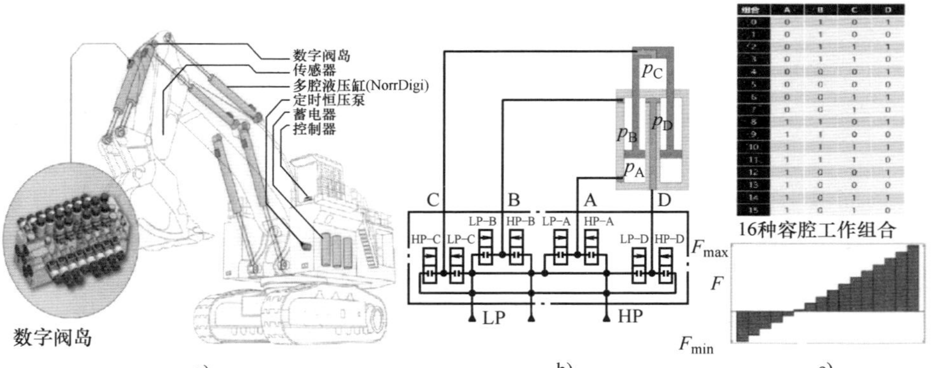

组合	A	B	C	D
0	0	1	0	1
1	0	1	0	0
2	0	1	1	1
3	0	1	1	0
4	0	0	0	1
5	0	0	0	0
6	0	0	1	1
7	0	0	1	0
8	1	1	0	1
9	1	1	0	0
10	1	1	1	1
11	1	1	1	0
12	1	0	0	1
13	1	0	0	0
14	1	0	1	1
15	1	0	1	0

图 13-57　NorrDigi 数字缸的高速开关阀组合

a）数字阀岛的应用场景与实物　b）采用数字阀岛控制 NorrDigi 数字缸　c）容腔工作输出力的 16 种组合

组成部分，还有内置的传感器、芯片处理器以及控制算法等。

NorrDigi 数字液压执行器所形成的新型液压系统（见图 13-58）可回收动能过大的压力补偿损失。所以此系统称为压力共压系统，其中所有执行器都连接到包含用于系统解耦和能量存储的液压蓄能器的压力共轨。通过这种设计，压力仅施加到液压缸面积，从根本上减少了压力补偿损失。它还能够双向能量流入和流出压力共轨，这意味着动臂下降运动中的动能可以回收并存储在蓄能器中。在发动机熄火的

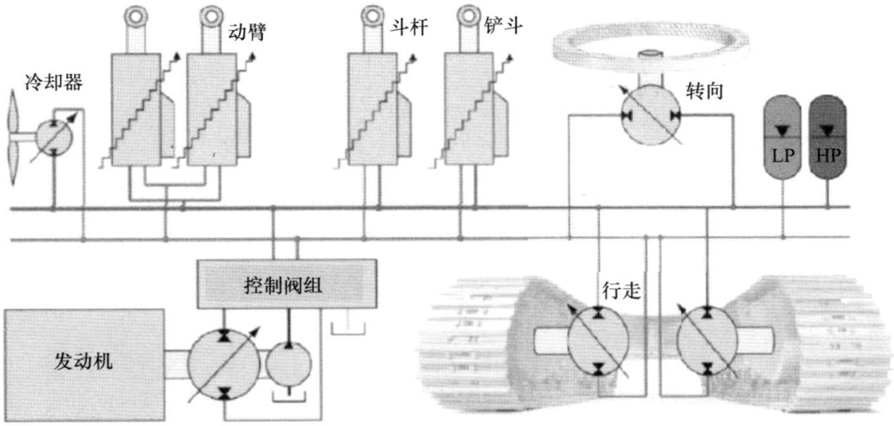

图 13-58 NorrDigi 数字液压执行器所形成的新型液压系统

情况下，主机还可以多次连续举升和落下重物。

迄今为止，沃尔沃公司配置 NorrDigi 液压缸的挖掘机，采用分布于每个液压缸上的高速开关阀组实现对各个液压缸的独立控制，从根本上改变了挖掘机的控制方案。在一台 30t 的挖掘机上的测试结果表明，燃油效率提高了 50%。这种改进一部分来自降低的燃料消耗，另一部分来自生产率的提高。此项技术适合用于负载惯性相对较高的机器。

5. 汽车自动调速器方面的应用（贵州红林）

汽车自动调速器采用了高速开关阀，从图 13-59 上可以看到它们的组合与位置。它们对于离合器高速开关阀工作特性的要求如图 13-60 ~ 图 13-62 所示。因此这里需要采用高速开关阀适应这种工况。

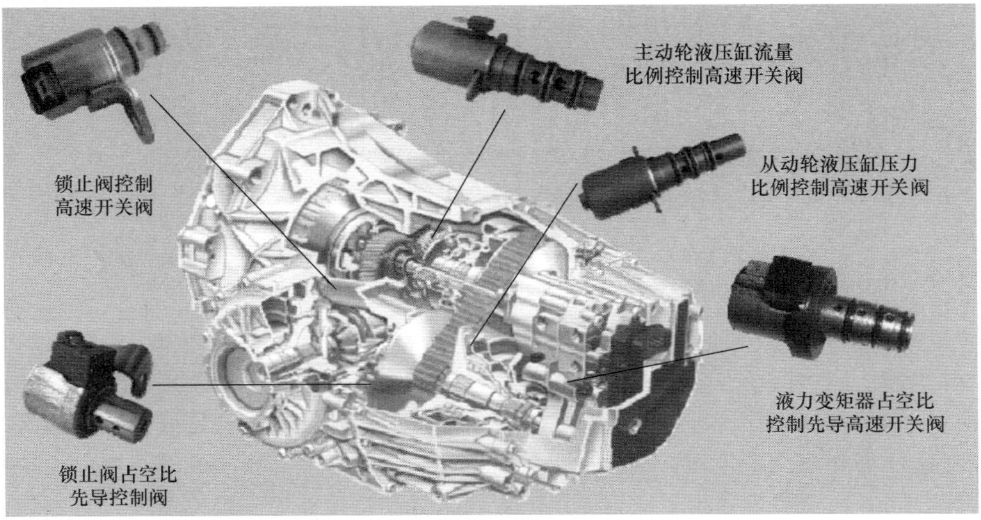

图 13-59 汽车自动调速器上的高速开关阀（贵州红林）

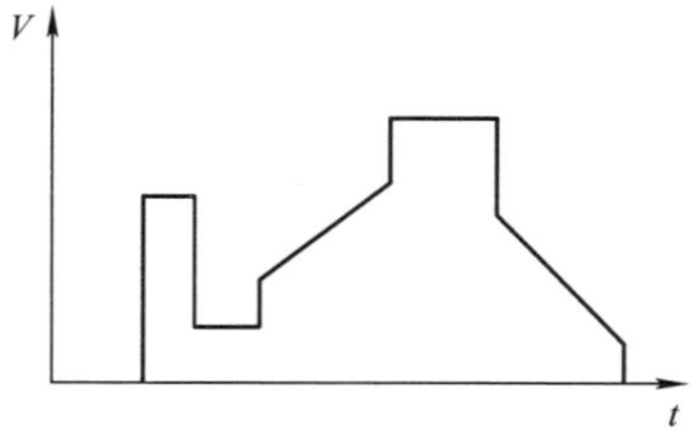

图 13-60 离合器高速开关阀的工作特性

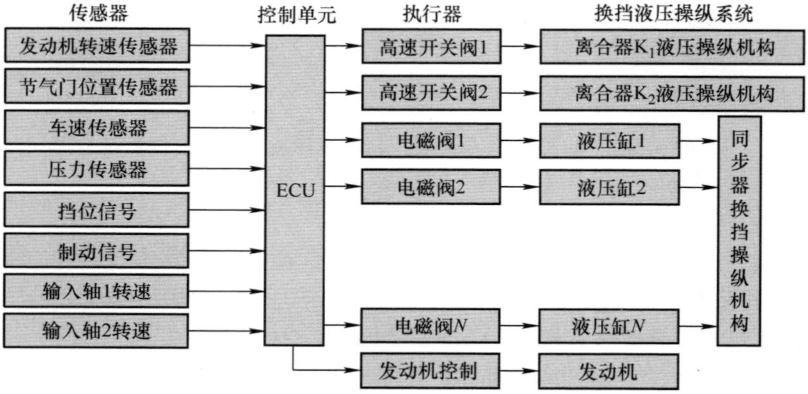

图 13-61 DSG 双离合变速器换挡操纵控制系统组成框图

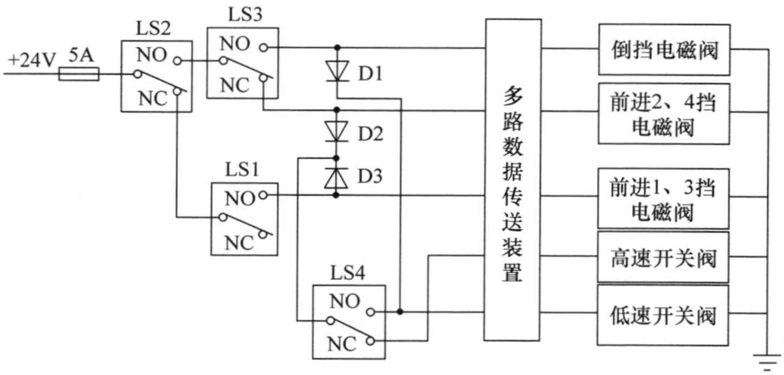

图 13-62 TR2250 型汽车起重机电控变速系统图

当前，国内汽车自动变速器液压阀体及电磁阀市场被美国博格华纳和伊顿、德国博世和日本东测等跨国公司占有大部分份额。中国自主开发液压阀体及电磁阀的企业有江苏金润汽车传动科技公司、西安航天动力研究所和贵州红林车用电控技术有限公司等，需要加强市场竞争力。随着汽车自动变速器向多档位发展，电磁阀被设计得越来越小。对于高速开关阀而言，可以减轻质量和提供更多空间，还可以降低制造成本。阀体中多数控制滑阀也都被设计得更小，材质从钢变成铝，以求控制滑阀更灵敏，能在更高信号频率下有效运动，提供更快的响应速度和更高的油路控制稳定性。这已经成为自动变速器的发展趋势。

6. 高速开关阀用于液压冲击器

高速开关阀可以用于高速往复运动控制系统的液压冲击器中，如液压凿岩机、液压碎石机和液压冲击锤等为典型代表的液压冲击机械。抽象出其主要内核——液压冲击器，不难发现它们的工作原理基本相同，主要由配流阀、冲击活塞和蓄能器等部件组成，是通过配流阀配流，以液压力驱动活塞往复运动做功，对外输出冲击能来进行工作。配流系统是液压冲击机械的重要组成部分，配流阀与冲击活塞相互影响、相互控制形成活塞的高速往复运动。目前这种系统尽管能很好地满足工况，但是其运动一旦设定是不能任意调节的。

液压冲击器的特点是冲击活塞在前后腔交变高压油的驱动下往复高速运动，图 13-63所示的电液控制强制配流，是一种新颖的配流方式，它是采用高速开关阀用于高速往复运动控制系统的液压冲击器。其充分利用了电信号频率准确、稳定、调节方便的特点，可实现液压冲击机械输出冲击能及冲击频率稳定、快速、准确和无级调节。其优点是可以根据冲击器的工况加以调节，达到性能更好又节能的效果。

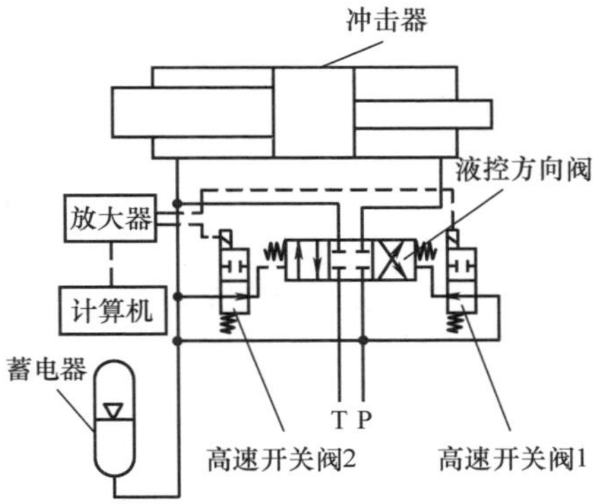

图 13-63　高速开关阀控制的液压冲击器工作原理

其工作原理是计算机或信号发生器产生交变的矩形波作为控制信号，通过放大器转换成控制电流输出给高速开关阀 1、2，两个高速开关阀的控制口分别与经特殊设计的液控方向阀的阀芯两端控制腔相连，通过分别控制高速开关阀 1、2，液控方向阀完成快速换向配流动作，这样，冲击活塞就在计算机（信号发生器）的控制下做往复高速运动，产生冲击与振动。由上述配流系统工作原理可知，冲击活塞的工作频率就是控制信号的频率，冲击能也与控制信号的频率有关。因此，采用电液强制配流方式的液压冲击机械具有结构简单、工作可靠、易于实现电液控制的特点。

7. 高速开关阀数字瓦斯压力控制装置

高速开关阀用于模拟压力控制系统的数字瓦斯压力控制装置如图 13-64 所示，实物如图 10-65 所示。

本系统采用闭环压力控制。数字式压力传感器可以显示压力，同时能输出相应信号（4 ~ 20mA 或 0 ~ 10V）。数字控制器接受压力传感器信号，与给定值比较后输出控制数字阀的电流，还具有 PWM 及 PNM 控制功能，可调节周期、占空比或控制电流的幅值，对 Δt 及 Δp 具有调节功能。当压力到达要求后可以停止输出控制电流，由该系统的测试结果可见其控制精度可以在系统要求范围之内，如图 13-66 所示。但是在起始段与终结段有较大误差，且差值方向相反，说明系统要完全消除此误差需进一步采取措施。

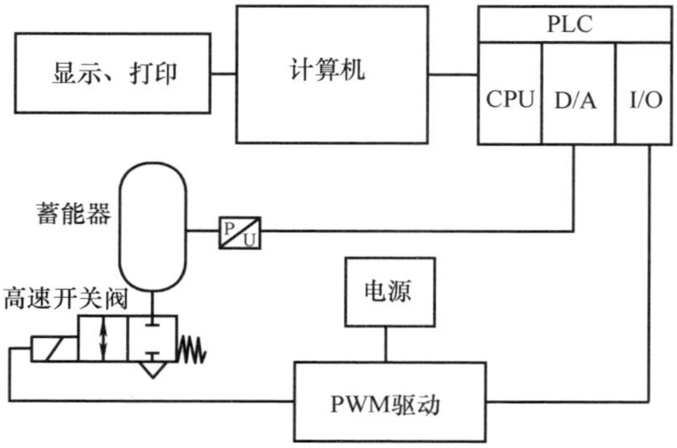

图 13-64　数字瓦斯压力控制装置工作原理图
（上海豪高机电科技有限公司）

图 13-65　数字瓦斯压力控制装置实物照片

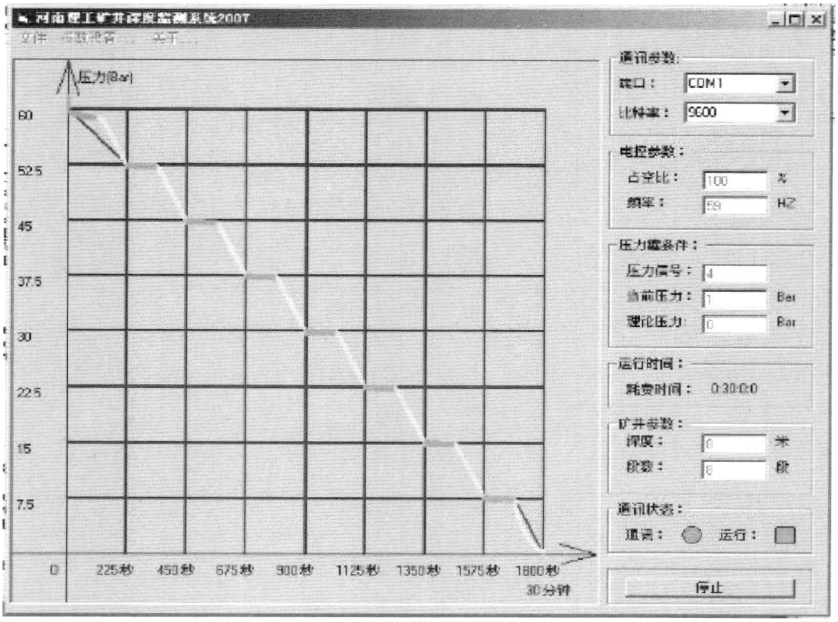

图 13-66　数字瓦斯压力控制装置监控曲线

8. 液压高速开关阀在微液压中的应用

压电喷墨技术是将许多小的压电陶瓷放置到喷墨打印机的打印头喷嘴附近，利用它在电压作用下会发生形变的原理，适时地把电压施加到它的上面，如图 13-67

所示。压电陶瓷随之产生伸缩使喷嘴中的墨汁喷出，在输出介质表面形成图案。

图 13-68 所示为压电晶体打印机喷墨原理图（挤压型与压力波型）。

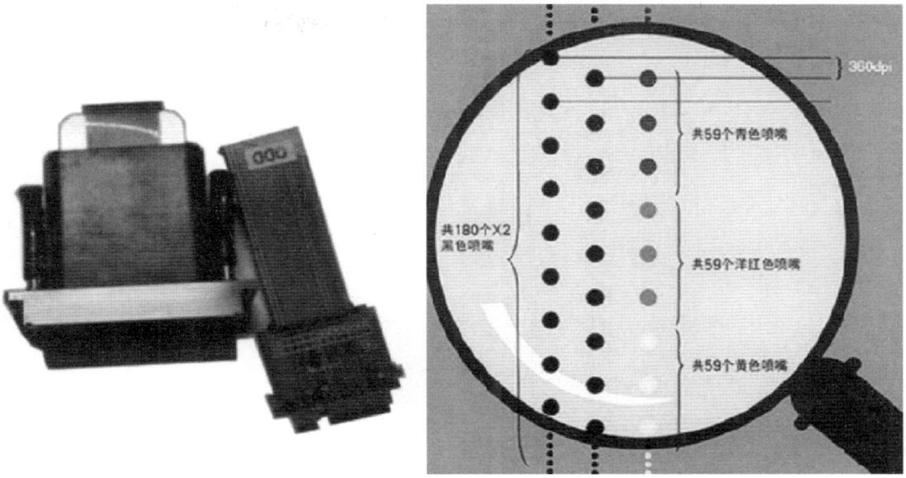

图 13-67　打印机压电晶体高速开关阀控制喷墨喷嘴

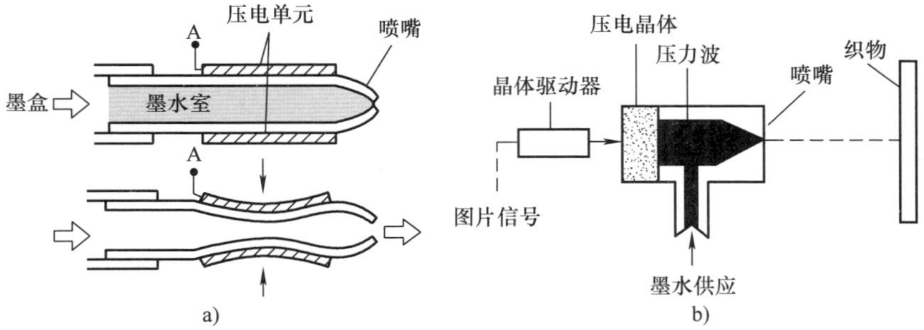

图 13-68　压电晶体打印机喷墨原理图

a）挤压型　b）压力波型

喷嘴可以激光加工，直径越小，对激光设备的聚焦性与运动精度要求越高。如果用钻头加工，成品率只有 60% 左右。也可以将蓝宝石（氧化铝）喷嘴镶嵌在喷头孔上。喷头开发涉及电路、材料、机械加工等多方面，按照目前我国的开发实力，开发是不成问题的，但国内始终不能聚集优势攻克它。

13.4　增量式液压数字控制阀

国内增量式液压数字阀技术与产品的发展成果显著，其中最成功的是 2D 数字伺服阀，本手册将在第 14 章专述。本节所列增量式液压数字阀创新范例都已经经过研发过程的原理验证，个别已经作为产品随液压装置出口到国外应用工程项目，但总体仍需要进一步转化为小批量的产品进行验证。

13.4.1　增量式液压数字控制阀工作原理

步进/伺服电动机作为电液转换装置主体与液压元件结合就成为增量式液压数字元件。表13-17列出了基于步进电动机增量式液压数字元件的控制方框图。

表13-17　步进电动机增量式液压数字元件

分类	元件图、元件实物照、元件符号表达	产品发展情况与性能
开环控制 步进电动机 数字阀	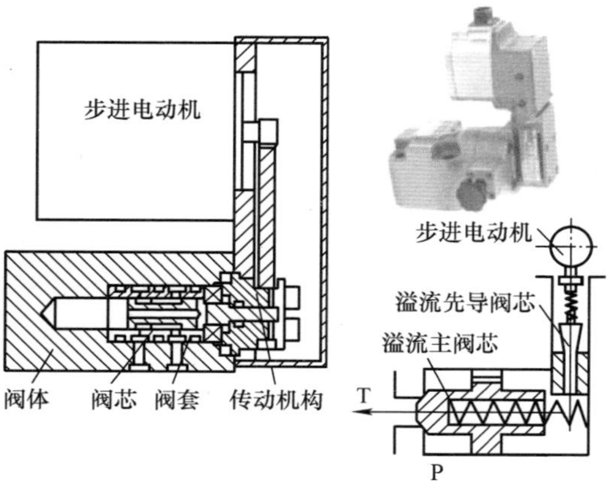 (1980年日本东京计器)	20世纪80年代日本东京计器产品形成系列，开环控制。产品包括数字压力阀、数字流量阀以及数字比例方向阀等，压力达到21MPa，流量为1～500L/min，输入脉冲数为100～126，其重复特性精度和滞环精度均在0.1%以下。广州机床研究所紧随其后，研制出SZY－F6B数字先导溢流阀、SZY－F10B数字溢流阀、SZQ－F8/16数字调速阀、84SZ－F10/68B数字方向阀等型号产品。目前市场少见，影响步进电动机频响因素：惯量大，易丢步，有机械转换运动非线性环节
闭环控制 步进电动机 数字阀	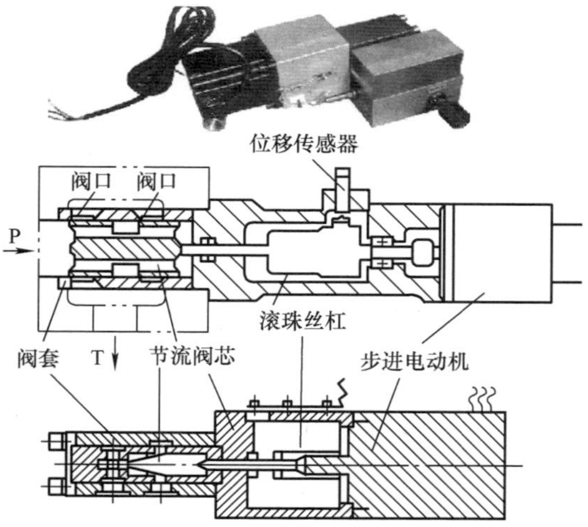 (2009年上海豪高机电科技有限公司)	内反馈型增量式水液压节流数字阀（发明专利号CN200910051392.3），发明核心是通过位移传感机构进行检测，计算机根据位移传感器的信号直接控制步进电动机调节水液压系统中的流量，因为步进电动机作为数字电动机可以接受计算机发出的数字信号直接控制，提高了阀的频响与闭环控制精度，能满足要求高频响的控制系统。采用软件对步进电动机进行脉冲分配，实际上也通过此数字阀转换成流体脉冲离散信号，使液压的流量得到控制。只要步进电动机不发生丢步，其负载的变化对步长基本无影响，稳态时有定位力矩，可以消除来自流体动力系统的干扰信号影响。结构简单，成本低，抗污染强，可靠性高

增量式液压数字元件有开环控制也有闭环控制，如图 13-69 所示，具有完全数字化的特性：电脉冲的频率与阀芯的运动速度对应，电脉冲的数量与液压缸的行程对应。

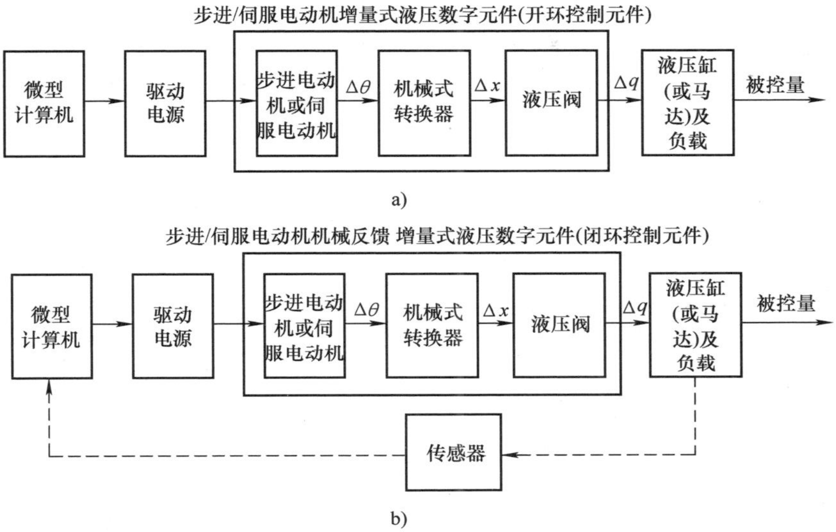

图 13-69　步进/伺服电动机增量式液压数字元件

a）液压开环控制数字元件　b）液压闭环控制数字元件

步进/伺服电动机增量式液压数字控制阀核心技术是控制器。对于步进电动机，输出的角位移是离散值，角位移分辨率是有限的，即位置控制精度是有限的，如何提高工作步数和分辨率，而又不致使电动机频响降低，是控制精度与响应频率之间的矛盾。其中有采用对步进电动机输出角位移连续跟踪的控制方法。该算法思路是在每个周期开始时，先判断步进电动机转子所要转动的角位移与当前位置的角位移差值是否大于或等于一个步距角，如果是，则转过一个步距角；如果不是，则转过小于步距角的角度。这样既提高了角位移位置精度，又不会降低步进电动机的响应频率。程序框图如图 13-70 所示，体现了步进电动机转子输出角位移连续跟踪控制算法。

由于图 13-70 中的芯片固化了图中左边的算法程序，芯片 89C2051 按时间周期从并行口 DB25 读取外部数据，从而算出步进电动机通电相序（$A_1B_1C_1D_1$ 和 $A_2B_2C_2D_2$）和时间（T_1 和 T_2），并以一定的时间送到芯片 GAL16V8，经逻辑运算输出信号使三极管产生关断，从而驱动步进电动机绕组的通电或关断，产生转动。由图 13-70 可见，步进电动机采用了恒流斩波电路驱动，因此绕组电流恒定，转子输出力高，功耗低。另外控制器采用并行口接受数字信号，因此控制器可以与计算机作为上位机连接，使用方便。

图 13-71a 所示的浙江工业大学阮氏 2D 伺服阀与 2D 泵与图 13-71b 所示的伺

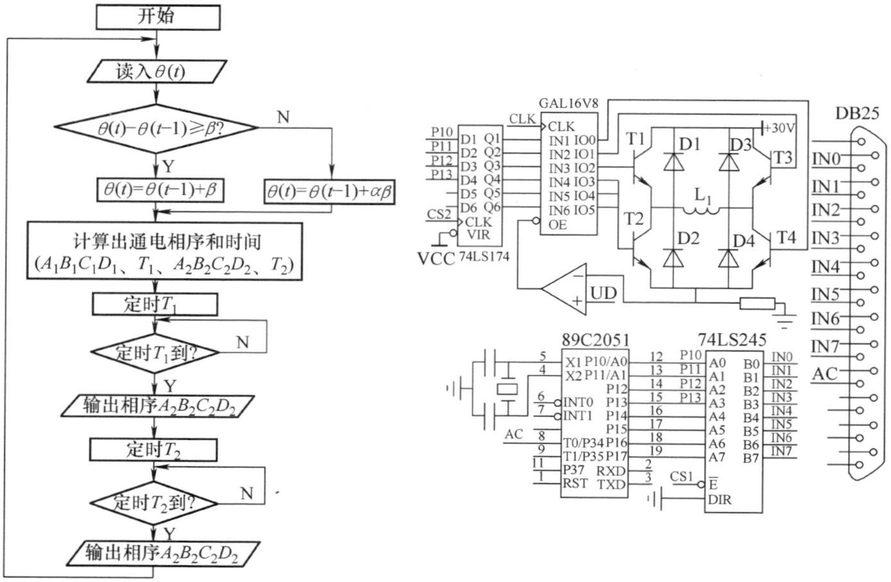

图 13-70　连续跟踪控制算法程序框图与控制器原理图

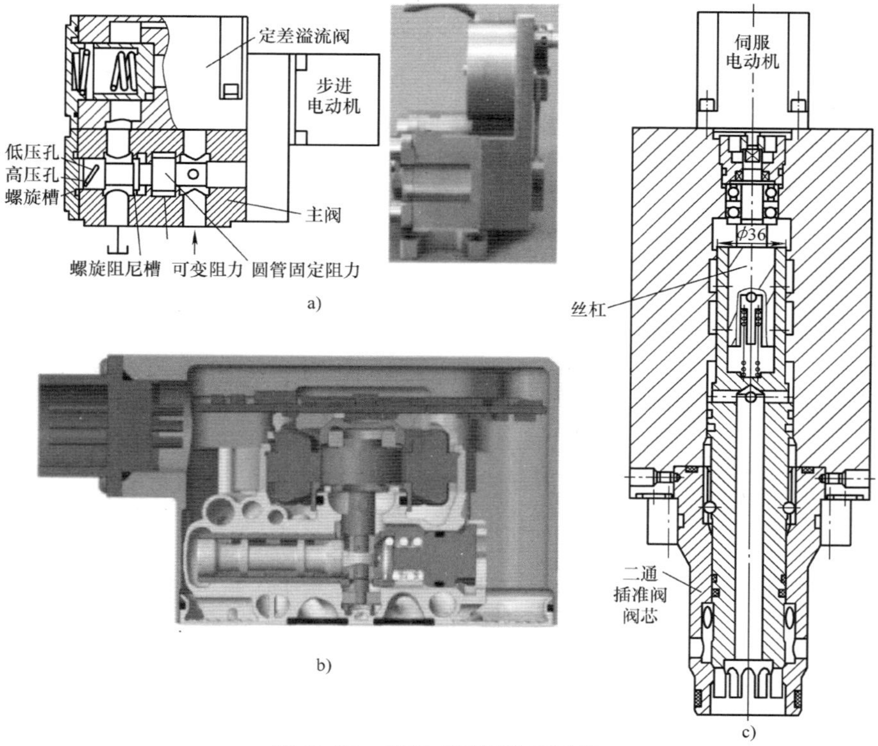

图 13-71　增量式液压数字元件

a）2D 步进电动机液压数字伺服阀（阮氏阀）　b）英国 Domin 旋转直驱伺服阀（伺服阀 3D 打印阀体）　c）上海海岳数字液压丝杠万能阀

服电动机驱动的英国 Domin 旋转直驱伺服阀都打破了半个多世纪来伺服阀的传统概念，跳出了微安级电控信号输入的喷嘴挡板阀的思维，采用电动机驱动新一代伺服阀；图 13-71c 所示的上海海岳液压机电工程有限公司（简称上海海岳）研发的增量式液压丝杠式高频响比例阀以及数字万用阀也是新的发展。

本手册第 14 章阐述了浙江工业大学开发的步进电动机驱动的 2D 数字伺服泵阀系列产品。12. 10 节也专门介绍了英国 Domin 旋转直驱伺服阀。

根据上述介绍，高速开关数字阀与增量式数字阀在应用方面有很好的互补：

1）增量式数字阀中的 2D 阀既适合先导级也适合元件级应用，流量限制比高速开关阀少，也可以用于系统级；而高速开关阀在比例控制中主要用于先导级。

2）增量式机械反馈数字阀可以用于流量大、体积较大、频响不高的场合，适合系统级应用。而高速开关阀的频响可以达到很高，但是频响越高时一般阀芯位移越小，因此更适于先导级。

13. 4. 2　增量式液压数字元件输入信号

1. 脉冲频率调制（PFM）数字信号

脉冲频率调制信号的频率随输入方波信号幅值的变化而变化，其占空比不变，具有调频特性，有较高的传输信噪比，而且脉冲形式的信号便于中继传输、再生整形，因而既可放宽对系统线性的要求，又可获得较好的抗干扰能力。脉冲频率调制控制方法实现起来没有脉冲宽度调制控制方法容易，因此价格贵，但是 PFM 的效率远远高于 PWM 的效率，这是因为 PWM 回路增益及响应速度受到误差放大器的影响，限制了响应速度。

由于 PWM 信号既可以调制脉冲宽度又可以调制频率，因此可以结合起来使用，这样控制的稳定性等效果会更好，如图 13-72 所示。

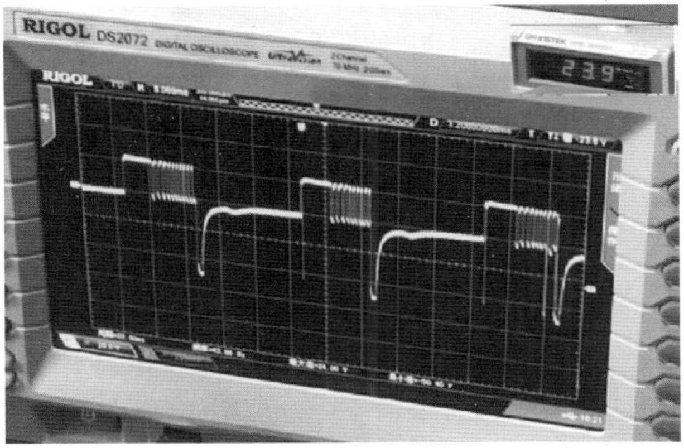

图 13-72　PWM 输入液压数字比例阀的实际信号波形

2. 脉数调制（PNM）数字信号及在步进电动机上的应用

数字式电脉冲信号称之为脉数调制（PNM）数字信号。将 PNM 信号转化成与之相对应的角位移或直线位移，本身就是一个完成数字模式转化执行元件，而且它可开环位置控制，输入一个脉冲信号就得到一个规定的位置增量，这就是增量位置控制系统，与传统的直流控制系统相比，其成本明显降低，几乎不必进行系统调整。步进电动机的角位移量与输入的脉冲个数严格成正比，而且在时间上与脉冲同步。因而只要控制脉冲的数量、频率和电动机绕组的相序，即可获得所需的转角、速度和方向。因此这种以脉冲进行控制的信号称为脉数数字信号，这种方法称为增量式数字控制方法。

增量式数字阀采用由脉冲数字调制演变而成的增量式控制方式，以步进电动机作为电－机械转换器，驱动阀芯工作。步进电动机就是在 PNM 信号的基础上，使每个采样周期的步数是在前一采样周期步数的基础上增加或减少一些步数，从而达到需要的幅值。这种在原有步数的基础上增加或减少一些步数以达到控制目的的方法称为增量法。因此可以说，对步进式液压数字阀的控制本质上就是对步进电动机的控制，如图 13-73 所示。

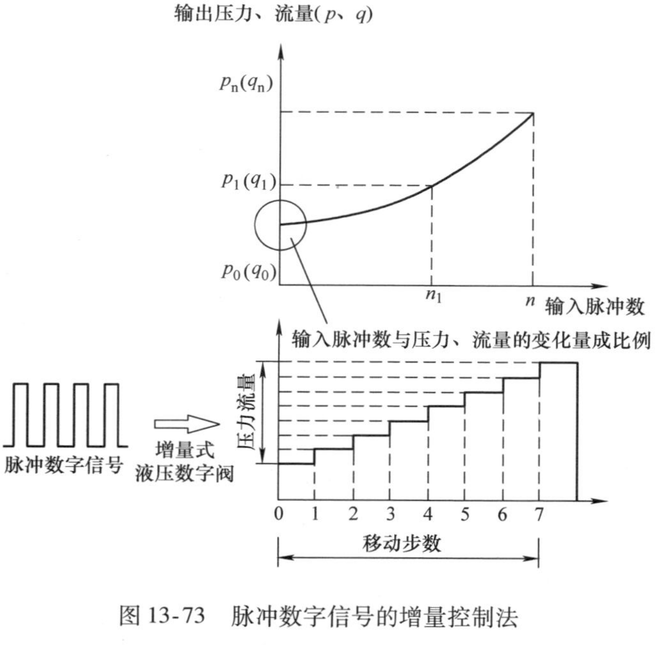

图 13-73　脉冲数字信号的增量控制法

由计算机发出需要的脉冲序列，经驱动单元使步进电动机按信号动作。每当电动机得到一个脉冲时，它便沿着控制信号给定的方向转一步。每个脉冲将使电动机转动一个固定的步距角。步进电动机转动时，带动螺纹或凸轮等机构使旋转角度 $\Delta\theta$ 转换成位移量 Δx，从而带动液压阀的阀芯移动一定的位移，步进电动机输出与脉冲数成正比的角位移。因此根据步进电动机原有的位置和实际走的步数，可得到数字阀的开度（见图 13-69）。计算机可按此要求控制液压缸或马达。由于步进电动机的控制方式为步进的，对输入脉冲数有记忆，并且输出量与累计的输入脉冲数量成比例，所以这种控制方式有时称为脉数调节（PNM）控制。但实际情况是每一采样周期的步数是在原有采样周期步数的基础上增加或减小一些脉冲数，属于增量控制方式，因此称之为增量式数字阀控制系统。

步进电动机直接驱动的数字流量阀的典型结构如图 13-74 所示，该阀用于水液压，是上海豪高机电科技有限公司（简称：上海豪高）发明专利（专利号 CN200910051392.3）。增量式液压元件的核心在于如何将旋转运动转换成直线运动或者直接利用此旋转运动对液压阀口进行控制。步进电动机转动一定的步数，相当于阀芯一定的开度。这种结构可控制相当大的流量，可达 3600L/min，是目前数字阀实现大流量系统控制简单而行之有效的重要手段。

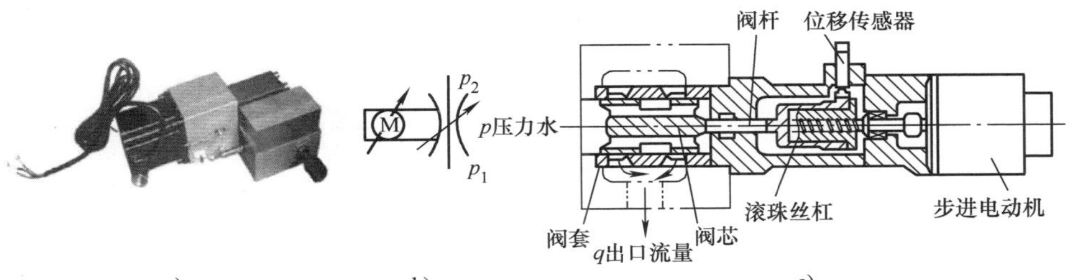

图 13-74　增量式水液压数字流量阀（上海豪高发明专利）

a）增量式水液压数字流量阀样机　b）数字流量阀图形符号　c）增量式数字流量阀结构原理图

PNM 信号的优点如下：

1）可直接由脉冲信号控制。步进电动机作为数控执行元件可以直接接受由计算机、单片机发出的数字信号，无须经 D/A 转换。特别是随着单片机的发展与应用，步进电动机控制的脉冲分配可以采用软件实现，与传统的采用环形分配器实现脉冲分配的方式相比更具灵活性。

2）控制精度高。比例电磁铁或力矩马达都存在着磁滞环，而离散或比例控制元件采用的步进电动机却不存在这个问题；除此之外，比例电磁铁或力矩马达易受摩擦力等一些非线性因素的影响，而步进电动机只要不发生丢步，其负载的变化对步长基本没有影响。

3）抗干扰能力强。步进电动机的控制信号为数字脉冲信号，比控制比例电磁铁或力矩马达的电流（电压）信号具有更强的抗干扰能力，而且不受环境温度的影响；另外，步进电动机的工作步长一定，稳态时具有定位力矩，可以很好地消除来自流体动力系统的干扰信号的影响。

但是 PNM 脉数信号用于液压阀控制时，要解决好频响比较低与断电复位等问题。

3. 正弦脉宽调制（Sine Pulse Width Modulation，SPWM）**数字信号及在伺服电动机控制上的应用**

进行脉宽调制时，脉冲系列的占空比按正弦规律来安排称为正弦脉宽调制。当正弦幅值为最大值时，脉冲的宽度也最大，而脉冲间的间隔则最小。反之，当正弦值较小时，脉冲的宽度也小，而脉冲间的间隔则较大；这样的电压脉冲系列可以使负载电流中属于干扰的高次谐波成分大为减小。实现的途径有硬件电路与软件编程两种类型，从工作原理上则可按调制脉冲的极性关系和控制波与载波间的频率关系来分类。

13.4.3　数字二通插装比例多能阀

数字二通插装比例阀是中国船舶集团有限公司第704研究所上海海岳液压机电工程有限公司专业研发的液压数字元件之一，该公司的液压数字元件产品树如图13-75所示。

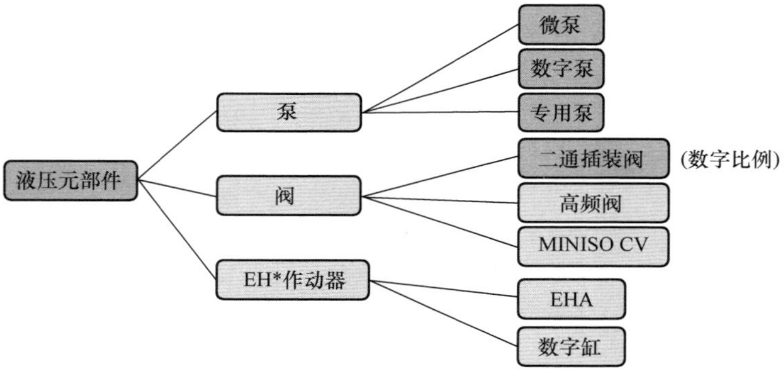

图13-75　上海海岳的液压数字元件产品树

1. 液压数字二通插装比例多能阀

数字二通插装比例多能阀是一种新型数字式比例插装阀，具备现在比例多路阀中提出的后压力补偿功能，其结构原理与图形符号如图13-76所示。

多能阀具有三个阀芯：液压丝杠先导阀芯、主阀芯与补偿阀芯。丝杠阀芯螺旋槽作为阀口，安装在主阀芯上半部，补偿阀芯安装在主阀芯的外部，主阀芯进出油阀口为矩形。

此多能阀的工作原理如下：伺服电动机通过联轴器与液压丝杠连接，当伺服电动机转动后先导控制腔 P_c 的液压油经过液压丝杠上的螺旋槽与回油口相通，插装阀主插件的阀芯向上轴向移动，数字控制插装阀打开。轴向移动距离只与电动机转角有关，当插装阀主阀芯上的窗口关闭时，主阀芯随之停止运动。当伺服电动机往相反方向转动时，先导控制腔 P_c 的液压油经过液压丝杠上的螺旋槽与P口相通，插装阀主阀芯向下轴向移动，数字控制插装阀逐渐关闭，轴向移动距离同样只与电动机转角有关，当插装阀主阀芯上的窗口关闭时，主阀芯停止运动。

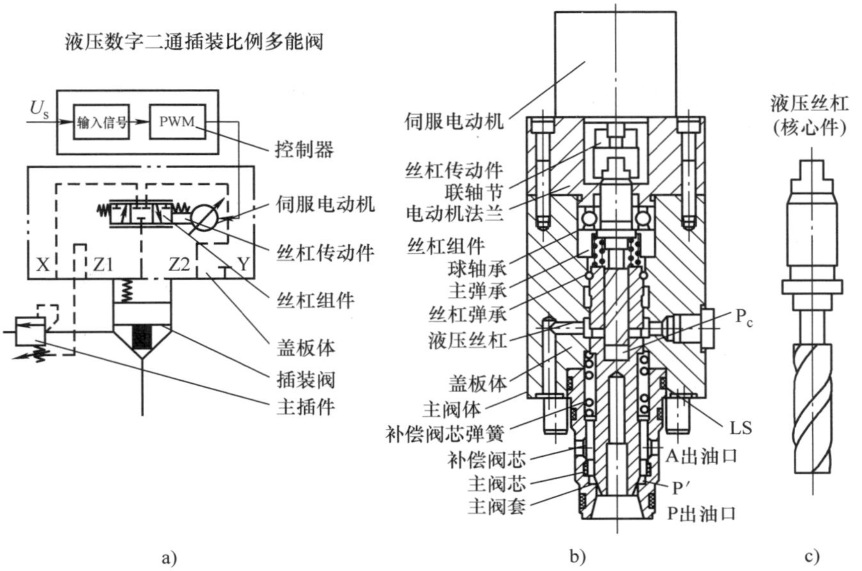

图 13-76　数字比例插装多能阀（上海海岳）

a）图形符号　b）结构原理图　c）核心部件

P－P′是节流口，P′－A 是压力补偿口，其中 LS 口为液压泵负载敏感口（和 P′的压力相等）。P 口就是液压泵出口压力，LS 口的压力由泵的负载敏感压力（压差）决定（一般为 1.0～2.0MPa），这样就可以保证 P 口和 P′口的压差。

阀芯最大位移 4mm，伺服电动机最高转速为 1000r/min，由于螺旋阀芯旋转角度很小，因此此阀可以得到很高的频响性能。

根据结构可以看出，此阀是在原二通插装阀的主阀芯与阀套之间增加了一个压差补偿功能，因此此阀的特点如下：

1）该数字控制插装阀带阀后补偿的压力补偿功能，该阀的通流能力与负载口压力基本无关，只取决于阀口的通流面积，确切地说，只取决于阀芯位移，这在工程机械中有大量的应用，如图 13-77 所示，集成阀块后可以形成多路阀。

2）数字信号抵抗干扰的能力比模拟信号强，因此该数字插装阀具有更高的可靠性。

3）该插装阀采用步进/伺服电动机控制，使得阀芯的位移不受液动力和负载压力 p_L 等外部因素干扰，控制精度高。

此多能阀既是比例阀，又具有多路阀的后补偿功能，可用于多负载工况，故称为多能阀。

2. 增量式数字二通插装丝杠比例阀与数字二通插装比例转阀

在二通插装多能阀基础上，派生了数字丝杠比例阀，其工作原理是伺服电动机转动丝杠，然后直接驱动阀芯，不需要单独的先导控制阀，如图 13-78a、b 所示。

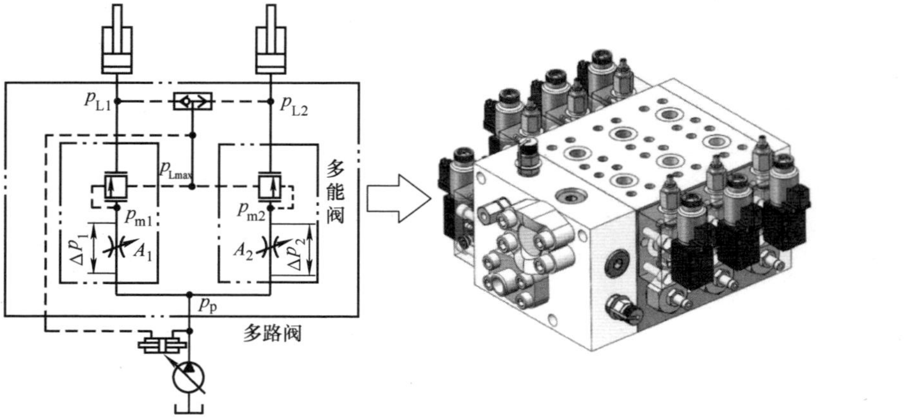

图 13-77　数字式二通插装多路阀（上海海岳发明专利）

数字二通插装比例转阀借鉴增量式步进电动机数字缸原理：步进电动机驱动阀芯旋转，阀口打开，然后油液进入主阀使主阀像活塞一样运动，主阀芯的运动又带动丝杠螺母 - 丝杠使阀套随阀芯同向旋转，最终使阀口关闭。此工作过程如图 13-78c、d 所示。

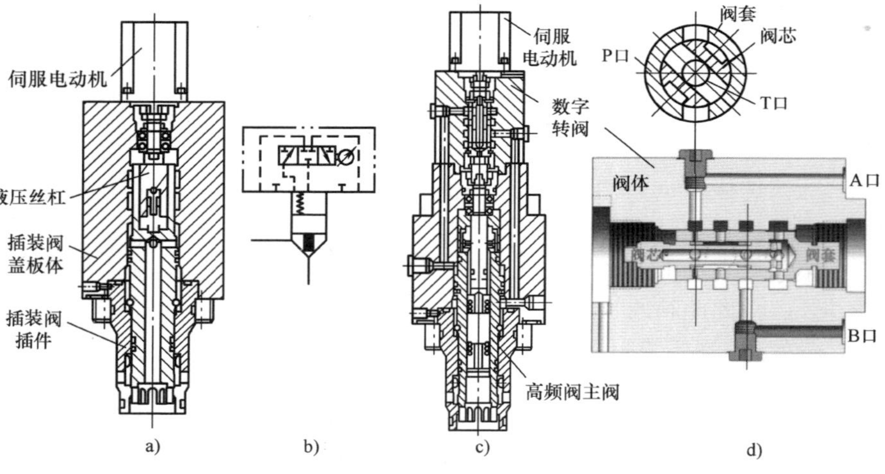

图 13-78　数字二通插装丝杠比例阀与数字二通插装比例转阀（上海海岳）

a）液压数字二通插装丝杠比例阀　b）液压丝杠比例阀图形符号　c）液压数字二通插装比例转阀　d）液压数字转阀结构剖视图

13.4.4　数控旋芯转阀式比例阀

数控旋芯式比例阀家族共有三大系列：数控旋芯转阀式直动比例阀、数控旋芯转阀式伺服比例阀、数控旋芯转阀式比例插装阀（以下简称直动比例阀、伺服比例阀和比例插装阀）。

此数控旋芯式比例阀是武汉市汉诺优电控有限责任公司的专利产品，该公司产品有双锥式电液伺服阀、WDT 系列微型计算机调速器、可编程调速器等。

1. 数控旋芯转阀式比例阀特点

1）数控旋芯转阀式比例阀均采用步进电动机实现电－机械位移转换，便于用数字技术实现高精度控制。与比例电磁铁及各类动圈式、动铁式电－机械位移转换器件相比，步进电动机技术比较成熟，品种规格多，线性好，线性范围宽，输出转矩较大，可靠性高，控制灵活精准，连接计算机及网络接口方便。

2）均采用了特殊的芯轴双向转角的复位机构（专利号：CN201621415778. X）作为数控旋芯转阀式比例阀的机械对中和机械回零机构，可以确保比例阀在掉电时能可靠对中或回零。该双向转角复位机构巧妙地采用扭转弹簧作为复位元件，对弹簧的性能和一致性无过高要求，正常工作时，复位扭簧转矩及负载力矩的变化对比例阀的性能无任何影响。对于各类伺服电动机驱动的比例/伺服转阀而言，可实现高精度开环控制。

3）具有独特的液压螺旋。为将步进电动机的转动转化为插装阀芯和伺服比例阀主阀芯的直线位移，通常采用凸轮、偏心轮、螺旋副等机械方法，先将步进电动机的旋转运动转换成先导阀芯的直线运动，进而带动插装阀芯和伺服比例阀主阀芯做直线位移。也有直接用步进电动机通过凸轮、偏心轮、螺旋副等带动主阀芯，但这些转换方式存在径向力、摩擦阻力大及传动效率低等固有缺点，会带来相应的磨损、卡滞、死区、非线性等问题，影响比例阀的性能、寿命及可靠性。因此，在伺服比例阀和比例插装阀的设计中采用了独特的液压螺旋。从原理上讲，旋芯式先导阀是一级具有直接位移负反馈的环节，具有较大的增益和刚度，能确保先导活塞的直线位移随动于旋芯的转动。也就是说，当旋芯顺/逆时针旋动一定角度，先导活塞即带动插装阀芯和主阀芯成比例地移动一定直线距离。在正常工况下，先导活塞对插装阀芯及主阀芯的控制刚度很大，其运动的位置精度主要取决于随动精度，而与诸阀芯受到的液动力、摩擦阻力及回位弹簧预压力等因素关系不大。

目前三个系列结构设计经小批量加工应用于工程中，取得初步成功，如图 13-79所示。在性能上具备取代现有比例阀产品的潜力，具有机械结构及电控系统简单、可用数字技术实现高精度控制、工艺与经济性好、工作可靠、维护简易等优势。经过设计优化与改进，数控旋芯式直动比例阀可以构成数字比例液压缸和直动式数字比例多路阀，数控旋芯式比例插装阀还可以用于将定量柱塞泵改进为数字变量柱塞泵等。

2. 数控旋芯式比例插装阀

（1）数控旋芯式比例插装阀结构　该新型数控旋芯式比例插装阀（专利号：CN201610088962. 6）采用步进电动机作为电－机械位移转换，由步进电动机直接带动先导旋芯正、反转动一定转角，实现对液压油输出方向和流量的控制。

该旋芯插装阀的结构及工作原理如图 13-80 所示。

图 13-79　液压数控旋芯式直动比例多路阀（武汉市汉诺优电控有限责任公司）

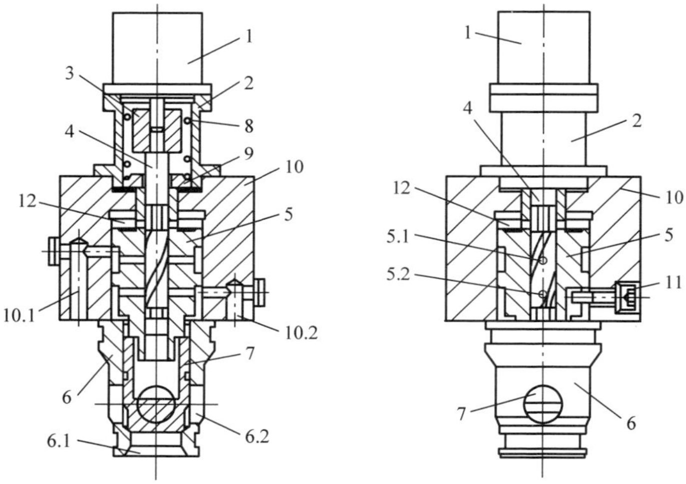

a)　　　　　　　　b)

图 13-80　数控旋芯式比例插装阀结构及工作原理

a）工作油孔处于全关位置　b）被打开一定开度

1—步进电动机　2—支座　3—联轴器　4—旋芯　5—活塞　6—插装阀套　7—插装阀芯　8—弹簧　9—弹簧座　10—控制盖板　11—导向销　12—控制腔　5.1—压力油孔　5.2—回油孔　6.1、6.2—工作油口　10.1—压力油通道　10.2—回油通道

旋芯插装阀主要包括步进电动机1、支座2、控制盖板10、旋芯4、活塞5、插装阀套6、插装阀芯7。旋芯式先导阀由控制盖板10、旋芯4、活塞5及导向销11组成。步进电动机1通过支座2装配在控制盖板10上，电动机输出轴通过联轴器3与旋芯4连接。旋芯是一个圆柱形阀芯，其两端的圆柱段为密封段，中间的圆柱段为工作段。工作段的柱面上加工双螺旋槽，密封段与工作段之间为两个退刀槽，退刀槽与双螺旋槽连通，构成了旋芯的工作油道。整个工作段呈中心对称结构，以

使旋芯受到的径向液压力完全平衡，从而转动灵活，工作可靠。旋芯在步进电动机的直接带动下仅做单纯的旋转运动。

先导活塞上有三组油孔：上面的四个油孔连通旋芯的工作油道与先导活塞的控制腔，中间是一对与压力油通道 10.1 连通的控制油孔，下面是一对与回油通道 10.2 连通的控制油孔。控制油孔可以是圆形或其他形状，但每对控制油孔必须互为中心对称，以使作用于阀芯上的径向液压力相互平衡和抵消。改变控制油孔的形状与大小，可改变先导活塞的静、动态特性。控制盖板上导向销 11 约束先导活塞只能直线位移而不能旋转。旋芯插装阀所用的插装元件 6 与 7 取消了其中的弹簧，而在支座 2 内的弹簧座 9 上设置了具有相似作用的弹簧 8。

（2）数控旋芯式比例插装阀工作原理　步进电动机的输出轴通过联轴器 3 与旋芯 4 连接，旋芯插装阀工作时，旋芯将在步进电动机带动下做顺/逆时针旋动。

当旋芯插装阀处于图 13-80 所示的关闭位置时，活塞上的两对工作油孔被旋芯的双螺旋面所封闭，不与螺旋油道连通，插装阀芯处于全关位置，工作油口 6.1 与 6.2 断开。

当旋芯在步进电动机带动下自图 13-80 所示的关闭位置顺时针旋动一定角度时（自上向下看，下同），螺旋油道与回油孔 5.2 连通，控制腔 12 通过螺旋油道与回油孔连通，插装阀芯在工作油口 6.1 或/和 6.2 处的压力油作用下，克服弹簧 8 的下推力，带动活塞向上移动一定距离，工作油孔随即被旋芯的双螺旋面遮盖并变小，直到回油孔重新被封闭，插装阀芯即稳定在新的位置，工作油口 6.1 与 6.2 被打开一定开度。旋芯再顺时针旋动一定角度时，插装阀芯会带动活塞再向上移动一定距离，工作油口 6.1 和 6.2 之间的开口被进一步开启。旋芯持续顺时针旋动，直到工作油口 6.1 和 6.2 之间的开口被完全开启，旋芯插装阀即处于全开位置。

反之，当旋芯自全开位置逆时针旋动一定角度时，螺旋油道与压力油孔 5.1 连通，压力油通过螺旋油道进人控制腔，活塞在压力油与弹簧 8 推力的共同作用下，克服作用于插装阀芯上的上推油压力，推动插装阀芯一起向下移动一定距离，压力油孔随即被旋芯的双螺旋面遮盖并变小，直到压力油孔重新被封闭，插装阀芯即稳定在新的位置，工作油口 6.1 和 6.2 之间的开口被关小一定开度。旋芯再逆时针旋动一定角度时，活塞会推动插装阀芯一起再向下移动一定距离，工作油口间的开口被关得更小。旋芯持续逆时针旋动，直到工作油口间的开口被完全关闭，旋芯插装阀又回到全关位置。

可见，旋芯顺/逆时针旋动一定角度，活塞和插装阀芯立即成比例地上/下移动一定距离，构成了一级具有直接位移反馈的液压比例放大环节，将旋芯顺/逆时针的转动成比例地转换成插装阀芯的直线开/关运动，构成一类全新的数控旋芯式比例插装阀。

当旋芯插装阀未接通压力油时，弹簧 8 向下推动活塞及插装阀芯，将工作油口间的开口关闭。

图 13-81 所示为旋芯插装阀静态特性数据与曲线。由图 13-81 可知，阀的精度很高，重复性也很好，但死区与滞环不能忽略。

增量-转角		增方向	减方向		增方向	减方向
增量数/m	角度/(°)	阀芯行程/mm	阀芯行程/mm		阀芯行程/mm	阀芯行程/mm
0	0.00	0.00	0.00	#	0.00	0
180	1.80	0.00	0.37	#	0.00	0.36
360	3.60	0.57	0.96	#	0.58	0.98
240	5.40	1.23	1.60	#	1.24	1.59
720	7.20	1.87	2.22	#	1.87	2.22
900	9.00	2.48	2.83	#	2.48	2.82
1080	10.80	3.11	3.46	#	3.11	3.45
1260	12.60	3.67	4.06	#	3.66	4.04
1440	14.40	4.25	4.68	#	4.23	4.67
1620	16.20	4.79	5.28	#	4.78	5.27
1800	18.00	5.32	5.90	#	5.31	5.89
1980	19.80	5.80	6.49		5.83	6.49
2160	21.60	6.35	7.11		6.39	7.11
2340	23.40	6.96			6.95	
2520	25.20	7.56			7.55	

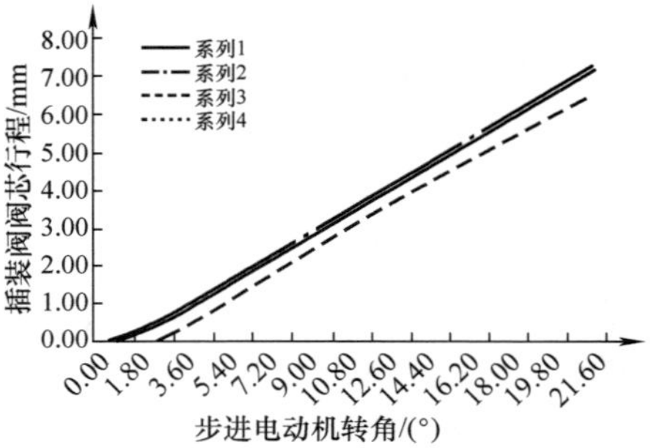

图 13-81　旋芯插装阀静态特性数据与曲线

3. 数控旋芯式伺服比例阀

（1）数控旋芯式伺服比例阀结构原理　数控旋芯式伺服比例阀的总体思路与上述数控旋芯式直动比例插装阀是一脉相承的。采用步进电动机进行电 - 机械位移转换，由步进电动机直接带动先导阀的旋芯正反转动一定转角，通过先导阀与主阀芯构成的一级液压放大作用，推动先导阀活塞及主阀芯做相应的双向直线位移，实现对液压油方向和流量的控制。旋芯伺服阀运用步进电动机加旋芯式先导阀独特设计，构成了一类全新的伺服比例阀，拥有完全的自主知识产权。

数控旋芯式伺服比例阀的结构如图 13-82 所示，主要由步进电动机、旋芯式先导阀、构成主阀级的液动滑阀三部分组成。

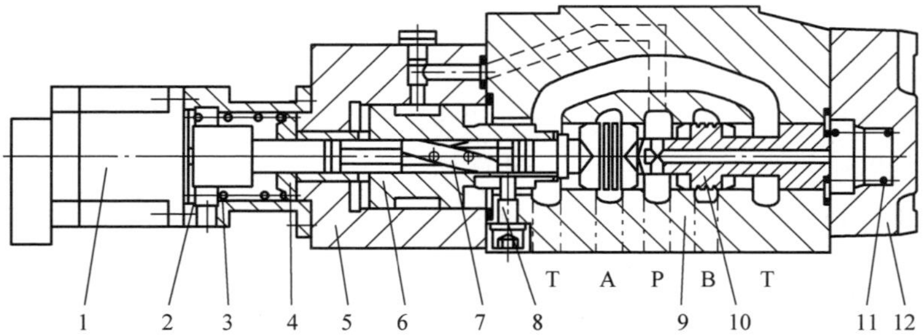

图 13-82　数控旋芯式伺服比例阀结构（专利号：CN201610090251. 2 ）

1—步进电动机　2—支座　3—左弹簧　4—左弹簧座　5—先导阀体　6—先导活塞　7—旋芯　8—导向销　9—主阀体　10—主阀芯　11—右弹簧　12—右端盖

旋芯式先导阀由先导阀体 5 、先导活塞 6、旋芯 7 及导向销 8 组成。步进电动机 1 通过支座 2 装配在先导阀体 5 上，电动机输出轴通过联轴器与旋芯 7 连接。

旋芯的结构如图 13-83a 所示。旋芯是一个圆柱形阀芯，其两端的圆柱段为密封段，中间的圆柱段为工作段。工作段的柱面上加工有双螺旋槽，密封段与工作段之间为两个退刀槽，退刀槽与双螺旋槽联通，构成了旋芯的工作油道。整个工作段呈中心对称结构，以使旋芯受到的径向液压力完全平衡。旋芯在步进电动机的直接带动下仅做单纯的旋转运动。先导活塞的结构如图 13-83b 所示。先导活塞上有三组油孔：左边的四个油孔连通旋芯的工作油道与先导活塞的控制腔，中间是一对与压力油连通的控制油孔，右边是一对与回油连通的控制油孔。控制油孔可以是圆形，也可以是其他形状，但每对控制油孔必须互为中心对称，以使旋芯上的径向液压力相互平衡和抵消。改变控制油孔的形状与大小，可改变先导活塞的静、动态特性。主阀体 P 腔的压力油经内部油道进入先导阀，向先导活塞及旋芯供油；先导活塞及旋芯的回油直接排入主阀体的 T 腔。主阀体上设有导向销，约束先导活塞只能直线位移而不能旋转。

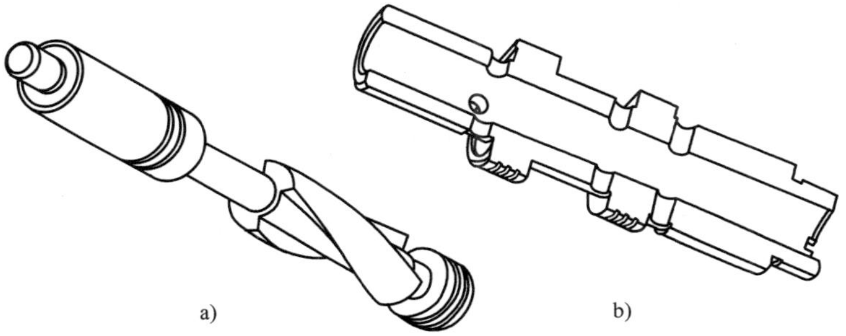

a)　　b)

图 13-83　数控旋芯式伺服比例阀关键零件

a）旋芯　b）先导活塞

构成主阀级的液动滑阀由主阀体 9、主阀芯 10、右弹簧 11 及右端盖 12 组成。左弹簧 3、左弹簧座 4 与右弹簧共同作用，使先导活塞与主阀芯在失去油压时居于中位。先导阀体装配在主阀体上，先导活塞与主阀芯在油压与左右回位弹簧的作用下，同步做双向直线运动。

作为旋芯伺服阀的主阀，液动滑阀的结构与电液比例阀的主阀部分基本相同，其主要区别一是右端盖内的常压腔通过主阀芯的中心油孔与压力油连通；二是主阀芯有左右两个回位弹簧，左弹簧及左弹簧座置于先导阀外的支座 2 内。

（2）数控旋芯式伺服比例阀工作原理　当旋芯伺服阀处于图 13-82 所示的中位时，先导活塞上的两对控制油孔被旋芯的双螺旋面所遮盖，切断了压力油及回油到先导活塞控制腔的通路，先导活塞及主阀芯处于中位，主阀芯将工作油口 A、B 与 P 腔、T 腔隔断。

当旋芯在步进电动机带动下自图 13-82 所示的中位顺时针旋动一定角度时（自左向右看，下同），位于先导活塞右边的控制油孔即被打开一定开口，使先导活塞控制腔经旋芯的工作油道与回油连通，主阀芯在右端常压腔压力油的作用下推动先导活塞一起向左移动一定距离。先导活塞的左移，同时对右边控制油孔的开口构成直接位移负反馈，该开口随即因旋芯双螺旋面的遮盖而变小，直到开口为零，先导活塞控制腔与回油的通路重新被切断，先导活塞及主阀芯即稳定在新的位置。此时，主阀的工作油口 A 与 P 相通，B 与 T 相通。旋芯转角愈大，先导活塞及主阀芯左移距离愈大，工作油口 A、B 的开口也愈大。

当旋芯以上述顺时针旋动后的位置为起点，逆时针向中位旋动一定角度时，位于先导活塞中间的控制油孔即被打开一定开口，使先导活塞控制腔经旋芯的工作油道与压力油连通。由于先导活塞控制腔的工作面积约为右端常压腔的两倍，在先导活塞控制腔压力油的作用下，先导活塞推动主阀芯一起向右移动一定距离。先导活塞的右移，同时对位于中间的控制油孔的开口构成直接位移反馈，该开口随即因旋芯双螺旋面的遮盖而变小，直到开口为零，先导活塞控制腔与压力油的通路重新被切断，先导活塞及主阀芯即稳定在新的位置。此时，工作油口 A、B 的开口也相应变小。当旋芯继续逆时针转至中位时，先导活塞及主阀芯也将随之回到中位，工作油口 A、B 与 P 腔、T 腔重新被隔断。

同样道理，当旋芯自图 13-82 所示的中位逆时针旋动一定角度时，先导活塞控制腔接通压力油，先导活塞推动主阀芯一起自中位向右移动一定距离，并稳定在新的位置。此时，主阀的工作油口 A 与 T 相通，B 与 P 相通。旋芯转角愈大，先导活塞及主阀芯右移距离愈大，A、B 的开口也愈大。当旋芯以上述逆时针旋动后的位置为起点，再顺时针向中位旋动一定角度时，先导活塞控制腔接通回油，主阀芯推动先导活塞一起向左移动一定距离。此时，工作油口 A、B 的开口也相应变小。当旋芯继续顺时针转至中位时，先导活塞及主阀芯也将随之回到中位，工作油口 A、B 与 P 腔、T 腔重新被隔断。

可见，旋芯式先导阀是一级具有直接位移反馈的液压比例放大环节，具有较大的增益和刚度，能确保先导活塞及主阀芯的直线位移随动于旋芯的转动。也就是说，当旋芯顺/逆时针旋动一定角度，先导活塞和主阀芯立即成比例地左/右移动一定距离。因此，无须在主阀芯上加装位移传感器进行闭环控制，即可使主阀芯达到较高的位置控制精度，从而保证旋芯伺服阀具备较好的动态和静态特性。

当旋芯伺服阀未接通压力油时，在左、右回位弹簧及左弹簧座的共同作用下，先导活塞及主阀芯将被推至中位。当旋芯伺服阀接通压力油后，因弹簧力远小于油压力，故对旋芯伺服阀的动作无任何影响。

(3) 工程应用中的试验验证　为了便于比较，试验用旋芯伺服阀的液动滑阀部分直接借用了现有 16 通径电液比例阀的主阀芯和主阀体。作为某型水轮机电液调速器的主控阀，在同样情况下进行测试对比，如图 13-84 所示。

图 13-84　数控旋芯式伺服比例阀测试装置

以甩负荷试验为例，两组试验曲线如图 13-85 所示。两组测试数据见表 13-18。

将旋芯伺服阀与所试验的传统比例阀试验性能对比后可知，以旋芯伺服阀作为主控阀构成的水轮机电液调速器，可以完全满足 GB/T 9652. 1—2019《水轮机调速

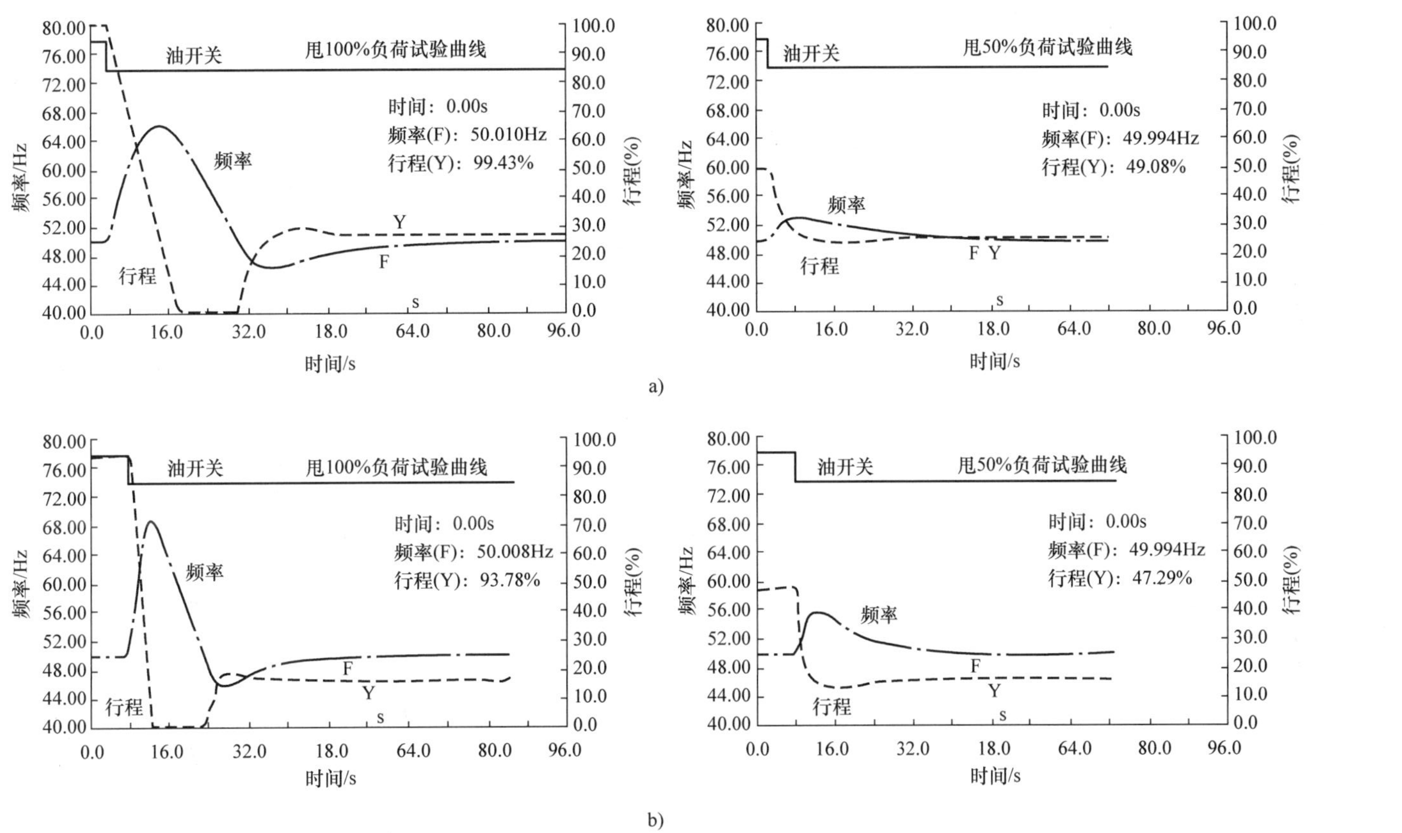

图 13-85　旋芯伺服阀与传统比例阀在甩负荷工况下动态试验曲线对比

a）甩负荷下旋芯伺服阀性能测试　b）甩负荷下传统电液伺服阀性能测试

表 13-18　旋芯伺服阀与所试验的比例阀性能对比

测试项目	甩 100% 负荷		甩 50% 负荷	
被试主控阀	旋芯伺服阀	电液比例阀	旋芯伺服阀	电液比例阀
实甩负荷（%）	99.43	93.78	49.08	47.29
频率升高值（%）	32.0	37.0	6	11.0
波动次数	1.0	1.0	0.5	0.5
稳定时间/s	34.9	23.8	7.9	16.3

系统技术条件》的技术要求，而且其综合性能优于以电液比例阀作为主控阀构成的水轮机电液调速器。而且数控旋芯式伺服比例阀便于实现高精度开环控制，电控部分相对简单，旋芯的转动惯量和负载力矩较小，有利于提高旋芯伺服阀的响应频率。产品系列化、标准化后，不仅可以取代进口产品，还具备进军国际市场的实力。

4. 数控旋芯式直动比例阀

直动式比例/伺服转阀是电液比例/伺服阀的一个重要发展方向，是国内外的研究热点之一。

该直动比例阀采用电动机直接带动阀芯产生旋转运动，构成直接驱动转阀，考虑到转阀结构采用阀套的话，其形状和尺寸精度加工要求高，运动时也受径向液压力作用，易变形而影响阀芯的正常转动，故该阀是没有采用阀套的直动转阀。图 13-86所示的数控旋芯式直动比例阀是数控旋芯式直动比例转阀。

图 13-86　数控旋芯式直动比例阀
（专利号：CN201621425069. X）

它采用的步进电动机技术与前述液压数控旋芯式比例插装阀与伺服比例阀中采用的步进电动机是一致的。数控旋芯式直动比例阀的结构如图 13-87 所示。

旋芯是一个圆柱形阀芯（见图 13-87a），旋芯两端的圆柱段为密封段，中间有两个工作阀盘，每个工作阀盘的柱面上加工有两对呈中心对称的矩形下凹油道，密封段与工作阀盘之间及两个工作阀盘之间有三个退刀槽。矩形下凹油道和退刀槽共同构成了旋芯的工作油道。旋芯 6 由步进电动机 1 直接带动，旋芯在工作中仅做单纯的旋转运动，因而联轴器 3 简单可靠。

阀体上有左右贯通的阀腔，阀腔内壁依次排列三个环形凹槽，左侧的环形凹槽与回油口相通，中间的环形凹槽与压力油口相通，右侧的环形凹槽经压盖内的流道与左侧的环形凹槽连通。在三个环形凹槽之间有 A、B 两个相同的工作油道（见图 13-87b的两个剖视图），分别与工作油口 A、B 相通。从两个剖视图上看，阀腔上

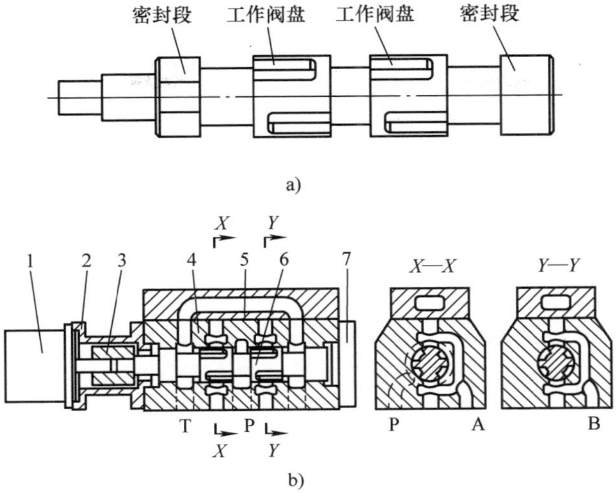

图 13-87　数控旋芯式直动比例阀及其旋芯结构示意图

a）旋芯结构　b）直动比例阀结构

1—步进电动机　2—支座　3—联轴器　4—阀体　5—压盖　6—旋芯　7—端盖

面和下面的油孔各由两段组成，靠近阀腔的一段为控制油孔，靠近阀体上、下平面的一段为加工控制油孔所需的工艺孔。A、B 两组控制油孔分别由半环形油道所连通。控制油孔的形状和尺寸有较高的精度要求，工艺孔的截面应大于控制油孔，以便对控制油孔进行精密加工。靠近阀体上平面的工艺孔由压盖所封闭，靠近阀体下平面的工艺孔由承装该旋芯直动阀的安装面所封闭，端盖用于对阀腔右端进行密封。

当旋芯在步进电动机的带动下相对阀体做一定角度的正、反向转动时，由阀体上的控制油孔、连接油道及工作油口，即可实现数控旋芯式直动比例阀的开关、换向和流量调节。

在 2.5MPa 的压差下测试该数控旋芯式直动比例阀的静态流量特性曲线如图 13-88a所示。

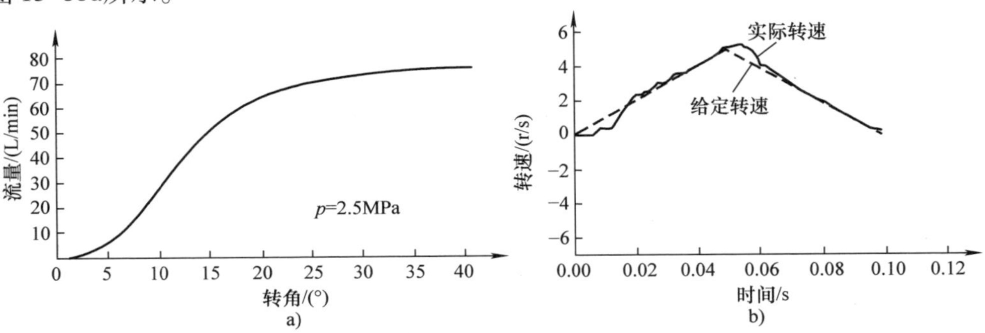

图 13-88　数控旋芯式直动比例阀静态流量特性曲线与转速响应动态曲线

a）静态特性　b）动态特性

由图13-88a可知，该阀具有良好的流量控制特性。将旋芯直动阀接入液压系统，在步进电动机输入端给定转速信号，由编码器输出端测量步进电动机的实际转速，得到该旋芯直动阀的转速响应曲线如图13-88b所示。由图13-88b可知，该阀在0.1s内的转角为90°。受负载转矩和转动惯量的影响，步进电动机在起动及减速时，有不超过0.01s的时间滞后，且在0.02s之内与给定转速基本同步，具有良好的动态特性。

13.4.5 1D液压数字转阀

“一种多电机直驱多阀芯多功能转动式液压调节阀”（CN201811421966.7）、“一种单电机驱动的单阀芯旋转式液压阀”（CN201610563269.X）、“一种液压1D数字转阀的转子阀芯”（CN202111620509.2）等的一系列发明专利是海明（鞍山）精密液压技术有限公司的产品。

1. 1D液压数字转阀技术的数智性

1D液压数字转阀为数字化控制与进一步智能化控制创造了更便捷的技术条件。本阀带有总线接口、数据采集、微处理器及控制软件。阀智能控制器根据输入信号、压力反馈和位移反馈等信号进行数据处理后，输出控制信号给伺服电动机，直接驱动被控阀芯转动实现调节流量和压力输出。本控制系统属于闭环控制系统。伺服电动机自闭环，故可省略其反馈。控制原理框图如图13-89所示。

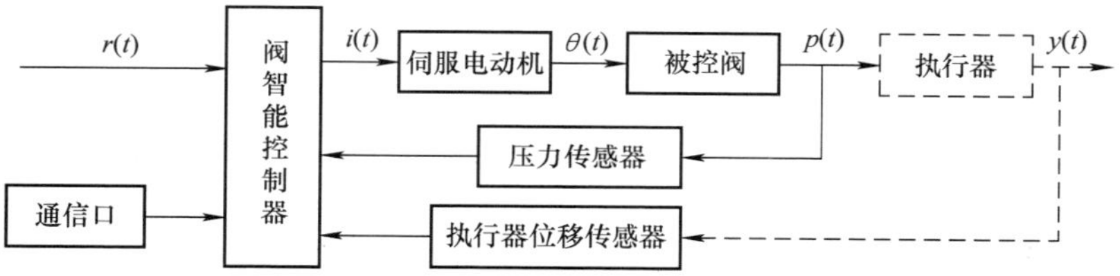

图13-89 1D液压数字转阀智能控制器控制原理框图

阀智能控制器可以实现比例、伺服、伺服比例及智能自适应控制，即线性控制或/和非线性控制，并可以通过网络（包括5G）或有线来实现远程控制。

2. 1D液压数字转阀技术的独特性

1D液压数字转阀是一维运动，该阀是一个自由转动副构成的液压转阀，结构原理如图13-90所示。由电动机直接转动阀芯来改变阀芯与阀套孔口或阀体孔口的通流面积使液流压力和流量产生变化，并且与位移传感器和压力传感器构成闭环控制，客户可根据现场实际需要选择不同的控制软件（如伺服控制、伺服比例控制、高速开关控制及各种非线性控制等）来满足液压缸或马达需要的流量和压力变化。

1D液压数字转阀传动过程：由直接的数字控制信号→经由总线通信接口→嵌入式阀智能控制器→伺服电动机（或力矩电动机）→转动阀芯实现对压力和流量控制，同时阀上压力传感器反馈信号给阀控制器。

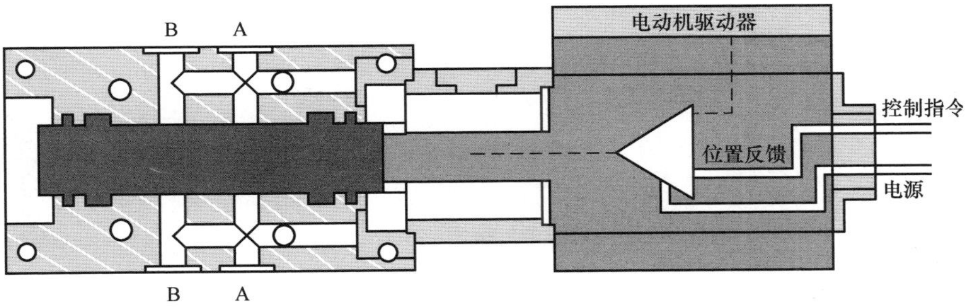

图 13-90　1D 液压数字转阀结构原理

1D 液压数字转阀使得调试、参数化和维护工作更容易。该阀可通过现场总线或通过阀所配置的软件对其数据进行访问、调整、监控和存储。在工业现场可对 1D 液压数字转阀的参数进行设（预）置，使用者可以自己调整参数，阀门调试快捷方便，并可优化性能。还可进行故障诊断，以减少停机时间。因为数据可以被保存和重置，减少及限制不必要的变化，通过配置软件，能更快为多个阀门准确设置参数。其数据传输及控制如图 13-91 所示。

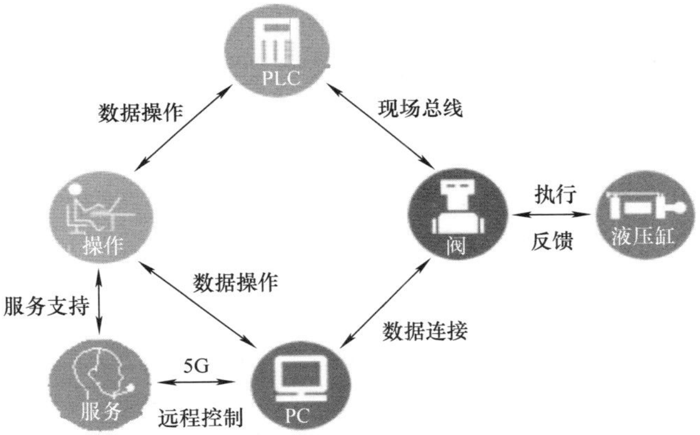

图 13-91　1D 液压数字转阀数据传输及控制

本直驱式数字转阀与现有转动式数字液压阀相比，可以认为浙江工业大学的阮氏 2D 阀、美国 WOODWARD 公司的 R－DDV 阀都不是纯直驱式数字转阀。以 2D 阀而言，该阀是由力矩电动机转动其机械结构，然后调节先导阀的液压力来推动主阀阀芯移动以获得所需的压力和流量，属于非直接式。美国 WOODWARD 公司的R－DDV 阀是通过力矩电动机转动偏心轮来获得机械力推动主阀阀芯移动以获得所需的压力和流量。这两种阀的共同点是执行段都以滑阀形式（即转动＋滑动）来获得所需的压力和流量。与之相比的直驱转阀在机械传动原理上省略了滑阀机能执行器，使阀的结构更简单，传动误差更小，更抗污染，更易加工，更容易实现精准控制。

1D 液压数字转阀技术已获得美国发明专利授权 1 项，国内有发明专利授权 3

项，实用新型专利授权2项，详见表13-19。

表13-19　1D液压数字转阀专利汇总

编号	专利类型	专利名称	专利号/申请号	受理状态
1	发明专利	旋转式多位流量调节阀	CN200910220102.3	已授权
2	实用新型	一种单电机驱动的单阀芯旋转式液压阀	CN201620751343.6	已授权
3	发明专利	一种单电机驱动的单阀芯旋转式液压阀	CN201610563269.X	已授权
4	实用新型	一种电机直驱旋转式锥阀芯液压阀	CN201720737076.1	已授权
5	发明专利	一种双电机驱动并置双阀芯转动式多功能液压调节阀	AN：15/973730	已授权
6	发明专利	一种双电机驱动并置双阀芯转动式多功能液压调节阀	CN201711497901.6	已授权
7	发明专利	一种电机直驱旋转式锥阀芯液压阀	CN201710484118.X	2017.06.23
8	发明专利	一种多电机直驱多阀芯多功能转动式液压调节阀	CN201811421966.7	2018.12.11
9	发明专利	1D容腔式多功能智控转阀功能模块单元	CN202110371163.0	2021.04.07
10	发明专利	一种液压1D数字转阀的转子阀芯	CN202111620509.2	2021.12.29

3. 1D液压数字转阀结构原理

1D液压数字转阀的基本调节单元即为单电动机直驱单阀芯转动式调节器。基本调节单元的结构不同，其功能也不同；基本调节单元的数量不同，组成的产品功能也不同。该产品可由相同结构的基本调节单元组成，也可由不同结构的基本调节单元组成。不同功能和不同数量基本调节单元可组合成不同功能各为一体的多用回路阀。1D液压数字转阀系列及型谱分别见表13-20与表13-21。

表13-20　1D液压数字转阀系列

机能系列	功能系列	调节方式系列	安装方式	通径系列
单芯阀	换向、流量调节	高速开关控制调节	插装式	$\phi4/\phi6$
双芯阀	压力调节	比例控制调节	板式	$\phi8/\phi10$
四芯阀	独立负载口回路	伺服控制调节	管式	$\phi12/\phi14$
混芯阀	多路阀	自适应控制调节	叠加式	$\phi16/\phi20$

表13-21　1D液压数字转阀型谱

<table>
<tr><th>芯数</th><th>功能</th><th>外形</th><th>原理图</th><th>功能符号</th></tr>
<tr><td rowspan="3">单阀芯调节阀</td><td>二位二通型</td><td rowspan="3"></td><td>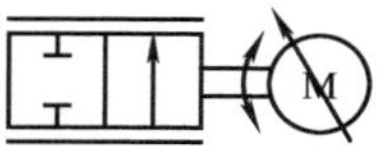基本调节单元</td><td>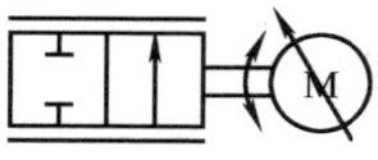</td></tr>
<tr><td>二位三通型</td><td></td><td></td></tr>
<tr><td>二位三通型（二位二通组合）</td><td>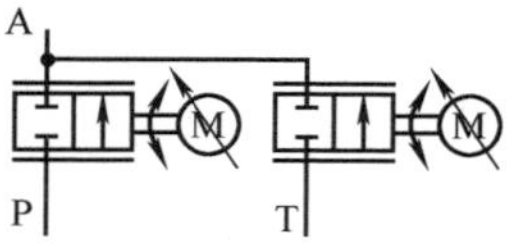</td><td></td></tr>
</table>

（续）

芯数	功能	外形	原理图	功能符号
双芯阀调节阀	三位四通型	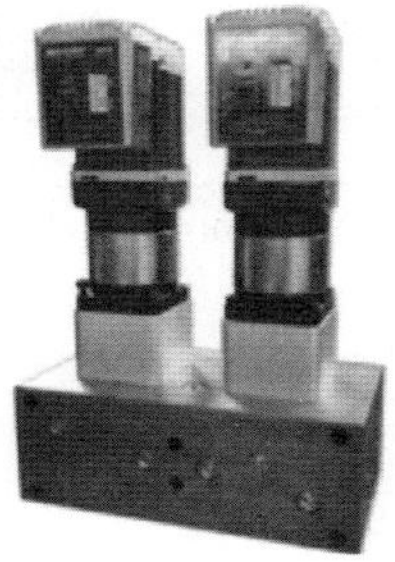	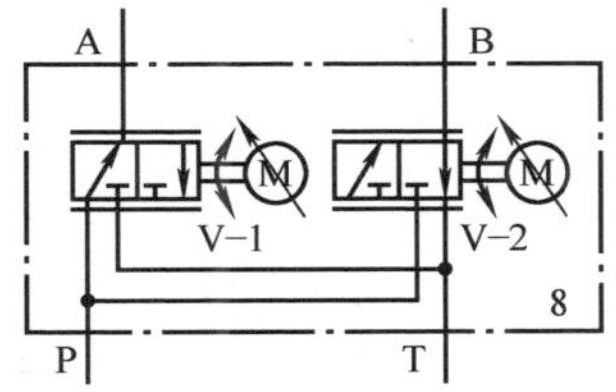	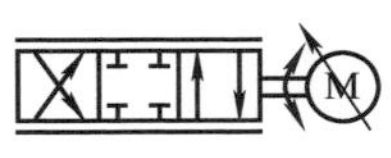
四芯阀调节阀	三位四通型		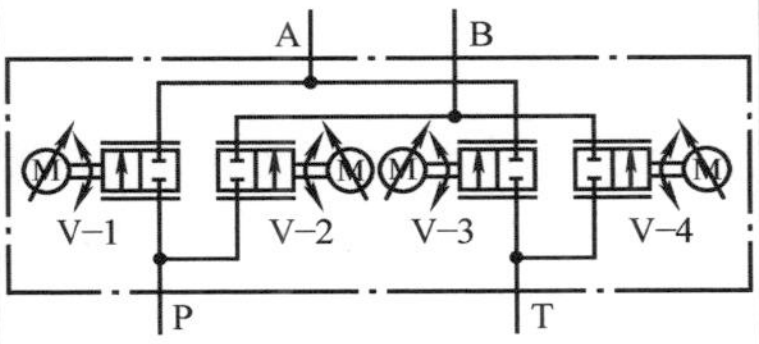	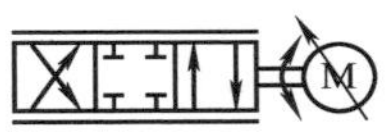

如图 13-92 所示，三位四通阀由两个二位三通调节方向阀构成，采用插装结构。两个转动阀芯插装在一个阀体上，两个电动机分别控制两个二位三通阀芯。电动机带动阀芯旋转实现主阀的开闭和调节通油口面积大小，完成调节功能。

调节换向时液压阀的工作原理如图 13-93a 所示。两个二位三通阀的阀芯在图示位置处于关闭状态，当需要 A 口压力低，B 口压力高时，则阀芯转到图 13-93b 所示的位置；当需要 B 口压力低，A 口压力高时，则阀芯转到图 13-93c 所示的位置，满足液压执行元件对压力的要求。

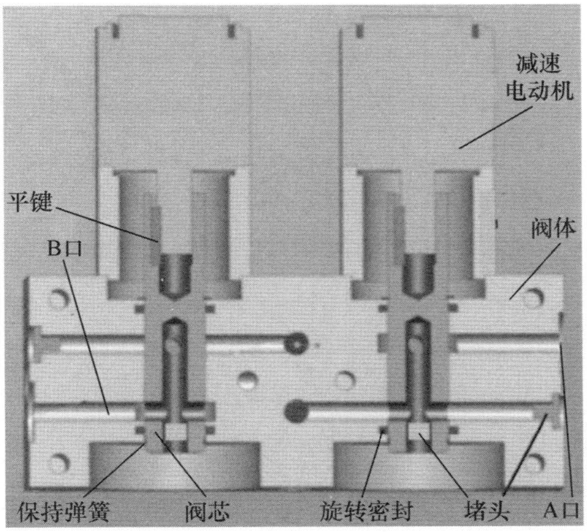

图 13-92　三位四通阀调节阀工作原理示意图

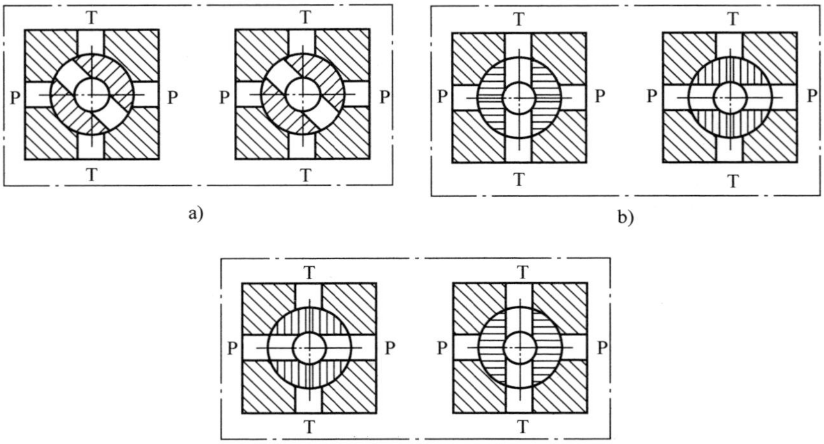

图 13-93　1D 液压数字转阀工作原理

a）阀关闭状态　b）阀与 T 口连接　c）阀与 P 口连接

直驱二位三通转阀（$\phi8$）可以满足 31.5MPa 压力要求，在 30MPa 的压差下最大流量为 180L/min，适用于换向、节流、比例和伺服调节控制，静态特性如图 13-94所示。

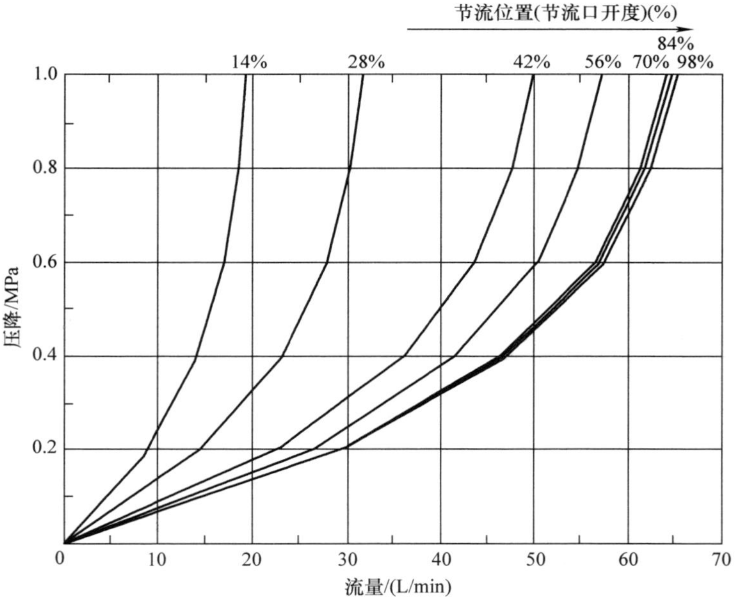

图 13-94　1D 液压数字转阀静态特性

4. 1D 液压数字转阀的技术特点

（1）1D 液压数字转阀的模块化功能　1D 液压数字转阀有非常强大的模块化功能，尤其体现在插装式转阀上，1D 液压数字转阀的模块化概念是指阀体模块化和控制装置模块化两种。

阀体模块化是指由单电动机直驱单阀芯转动式液压数字阀的物理体构成基本模块（或称基本模块单元），即驱动电动机 + 连接器 + 阀芯 + 阀套构成。基本模块的结构不同，其功能也不同，它可以是三位四通、二位三通和二位二通等不同型号，基本模块的数目不同，组成的产品功能也不同。该产品可由相同结构的基本模块组成，也可由不同结构的基本模块组成。1D 液压数字转阀能对每个节流口进行调节，通过不同的控制模块实现压力、流量和方向的功能切换，来完成各种调节，即同一阀可实现多种调节机能。

控制模块化分硬件和软件，硬件有阀智能控制器，它是由总线接口、数据采集（含传感器）、数据处理（微处理器芯片）组成的。控制软件由比例控制、伺服控制、伺服比例控制、高速开关控制及自适应控制等模块构成，并且可进行自我诊断、远程访问及对执行机构的位置控制，见表 13-22。

表 13-22　1D 液压数字转阀基本模块单元及控制模块单元功能表

<table>
<tr><th>基本模块单元</th><th>控制模块单元分类</th><th>阀种类</th><th>作用功能</th><th>连接形式</th><th>单元组合</th><th>备注</th></tr>
<tr><td rowspan="6">二位二通</td><td rowspan="3">比例控制</td><td rowspan="3">流量控制阀</td><td>高速开关阀</td><td>板式/插装式</td><td>一单元</td><td rowspan="6">容腔功能控制阀
1 ~ n 单元组合</td></tr>
<tr><td>高速方向阀</td><td rowspan="2">插装式</td><td>二单元组合</td></tr>
<tr><td>逻辑阀</td><td>一单元</td></tr>
<tr><td>伺服比例控制</td><td>压力控制阀</td><td>减压阀
顺序阀
溢流阀</td><td rowspan="2">板式/插装式</td><td rowspan="2">一单元</td></tr>
<tr><td>伺服控制</td><td rowspan="2">流量方向控制阀</td><td>节流阀
调速阀</td></tr>
<tr><td>智能控制</td><td>完全独立负载口控制阀</td><td>插装式</td><td>四单元组合</td></tr>
<tr><td rowspan="4">二位三通</td><td>比例控制</td><td>压力控制阀</td><td>减压阀
顺序阀
溢流阀</td><td rowspan="2">板式/插装式</td><td rowspan="2">一单元</td><td>开环控制</td></tr>
<tr><td>伺服比例控制</td><td>流量控制阀</td><td>单向流量调节方向阀</td><td>单反馈闭环控制</td></tr>
<tr><td>伺服控制</td><td rowspan="2">流量方向控制阀</td><td>流量调节方向阀</td><td rowspan="2">插装式</td><td rowspan="2">二单元组合</td><td rowspan="2">多反馈闭环控制</td></tr>
<tr><td>智能控制</td><td>独立负载口控制阀</td></tr>
</table>

（续）

基本模块单元	控制模块单元分类	阀种类	作用功能	连接形式	单元组合	备注
三位四通	比例控制	流量方向控制阀	比例调节方向阀	板式/插装式	一单元	开环控制
	伺服比例控制		高速方向阀			单反馈闭环控制
	伺服控制		伺服调节方向阀			
	智能控制		智能调节方向阀			多反馈闭环控制

（2）1D 液压数字转阀的控制模块化　表 13-23 是由四个二位二通型基本模块组成的三位四通功能阀，在阀体模块不变的条件下，改变控制模块功能时，该阀组具有不同的中位机能。

表 13-23　1D 液压数字转阀的中位机能

序号	组合功能	电动机				备注
		v-1	v-2	v-3	v-4	
1	二位四通方向阀	+	−	−	+	P-A，B-T 相通
		−	+	+	−	P-B，A-T 相通
2	O 型三位四通方向阀	+	−	−	+	P-A，B-T 相通
		−	+	+	−	P-B，A-T 相通
		−	−	−	−	P、B、A、T 互不相通（O 型机能）
3	P 型三位四通方向阀	+	−	−	+	P-A，B-T 相通
		−	+	+	−	P-B，A-T 相通
		+	−	+	+	P-B、A 相通，T 不相通（P 型机能）
4	H 型三位四通方向阀	+	−	−	+	P-A，B-T 相通
		−	+	+	−	P-B，A-T 相通
		+	−	+	+	P、B、A、T 互相连通（H 型机能）
5	Y 型三位四通方向阀	+	−	−	+	P-A，B-T 相通
		−	+	+	−	P-B，A-T 相通
		−	−	+	+	P 断开、B、A、T 互相连通（Y 型机能）

注：+表示通电状态，−表示断电状态。

该阀具有下列特点：

1）控制方式与中位机能的选择取决于软件程序的设定，可按需择用。控制方式灵活方便，同一阀可实现多种控制方式，甚至实现智能自适应控制调节。

2）控制精度、分辨率、频响高，阀芯运动无加速度零漂。

3）直驱转阀转动力矩小、密封性好、磨损小、温升低，既可实现高压大流量也可实现小流量。

4）结构简单，加工成本低，适合大批量生产，打破滑阀“一统江山”的局面。

5）易使用特殊材料（如金属陶瓷）等构成，从而可适应超高温或超低温及腐蚀介质的环境，可填补国内外技术空白。

6）抗污染，对油液的清洁度要求极低，对油液黏温特性不敏感。这对伺服调节阀特别重要，增加了阀的可靠性和稳定性。

7）由于 1D 液压数字转阀的多功能性，可以简化系统回路，降低系统造价和系统运行费用，如用一个二位二通阀即可构成一个单作用回路。

8）安装形式多样化，使用起来灵活方便，由于全阀系都可以做成插装式，适合系统集成化，方便各种移动设备上使用，如挖掘机上使用的主控多路阀，既可简化回路，又可实现多种控制方式。

9）可实现液压系统数字化，即实现液压泵、马达和液缸的数字驱动。

10）该阀还适用于高压大流量发动机（柴油高压共轨压燃发动机）供油控制系统，解决老式开关阀在此领域振动的问题，填补国内在供油领域的应用空白。

由于其结构设计的特殊性，可以适用于超高压管路的控制，是舰船领域特殊阀门的国外产品的最佳替代品。因此，产品不但在液压领域有商业优势，在其他诸多领域也有很高的商业价值。

5. 1D 液压数字转阀应用场景

由于插装式 1D 液压数字转阀易集成化，适合行走机械的各种主控多路阀改用直驱转阀，既简化回路，又提高性能，还可实现多种控制方式。图 13-95 所示为采用直驱转阀后的挖掘机液压原理简化图，可以用来替代 VOLVO EC240B 挖掘机液压原理图，可见此挖掘机液压系统得到极大简化。

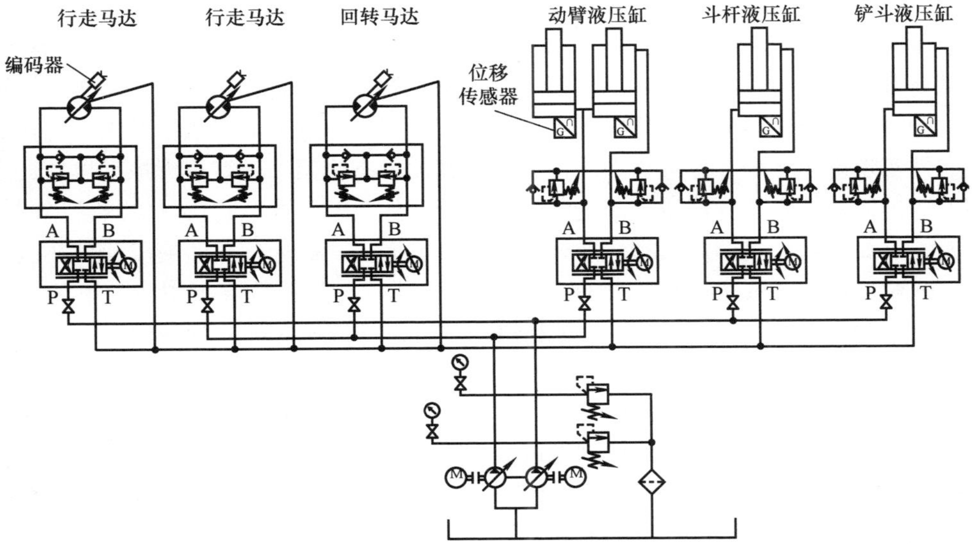

图 13-95　采用 1D 液压数字转阀的挖掘机液压原理简化图

图13-96所示为采用1D液压数字转阀的液压缸工作原理图，用此实现数字化液压缸简单易行。

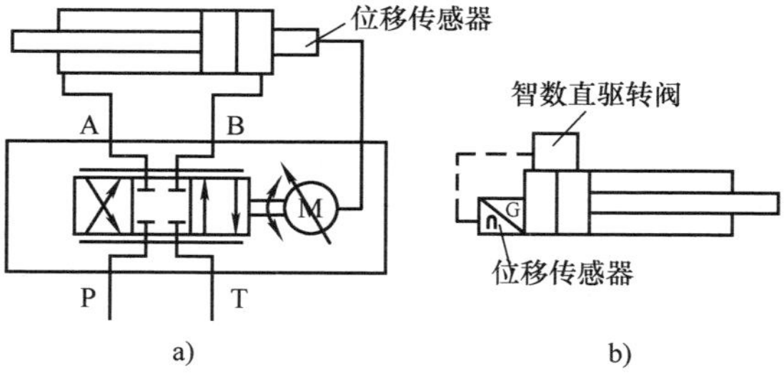

图13-96 采用1D液压数字转阀的液压缸工作原理图
a）工作原理图 b）表达简图

用1D液压数字转阀替代工业阀中的伺服阀，成本低、抗污染能力强，运行更稳定可靠。而且数字信号可以直接控制，具有无加速度零漂、低黏温特性好、控制精度更高与阀的响应更快的特点；而且直驱转阀的流量放大系数高，用1D液压数字转阀（转子阀芯）先导式二级控制阀即可替代超大流量的MOOG三级伺服阀，还可获得更好的响应特性。

13.5 液压数智元件的开端

13.5.1 数智液压即液压数字元件的“芯片嵌入化+软件功能化”

工业4.0使液压技术发展方向都指向一个需求，即计算机的智能性：碳中和需用液压元件或系统智能感受能量需求，运算后以最低损耗提供按需付出，达到要求的最高效率；无人化或多电化用液压元件或系统智能性满足在场景中所需要的控制与健康管理需求，达到无人化内部控制与健康管理的作用；液压数字孪生就是让液压元件实现虚实结合，即液压系统可以以数据的形态作用于计算机虚拟世界的数字端，通过通信技术达到液压产品全生命周期管理的目的。这一切都从需求端说明液压元件需要与计算机即微处理器融合，形成具有嵌入式微处理器的液压元件产品。

工业4.0中的数字化即将物理世界转换成“0-1”的数字虚拟化，也就是计算机化。“数字液压”的真正目的是利用计算机，使液压元件在物理世界的性能表现由虚拟世界的“0-1”数字（编程）来取代。因此可以将数字液压理解为“芯片液压”。“数智液压”的基础就是“芯片液压”。但是芯片液压必须在软件方面发展，使液压数字元件接受芯片控制发展为具有自身的智能性，才是可以满足社会需求的“数智液压”。数智液压实际是现阶段以发展电液数字转换元件为主的“数字液压”，发展智液一体化的“数智液压”才是目前发展的趋势与方向，数智液压的内涵如图13-97所示。

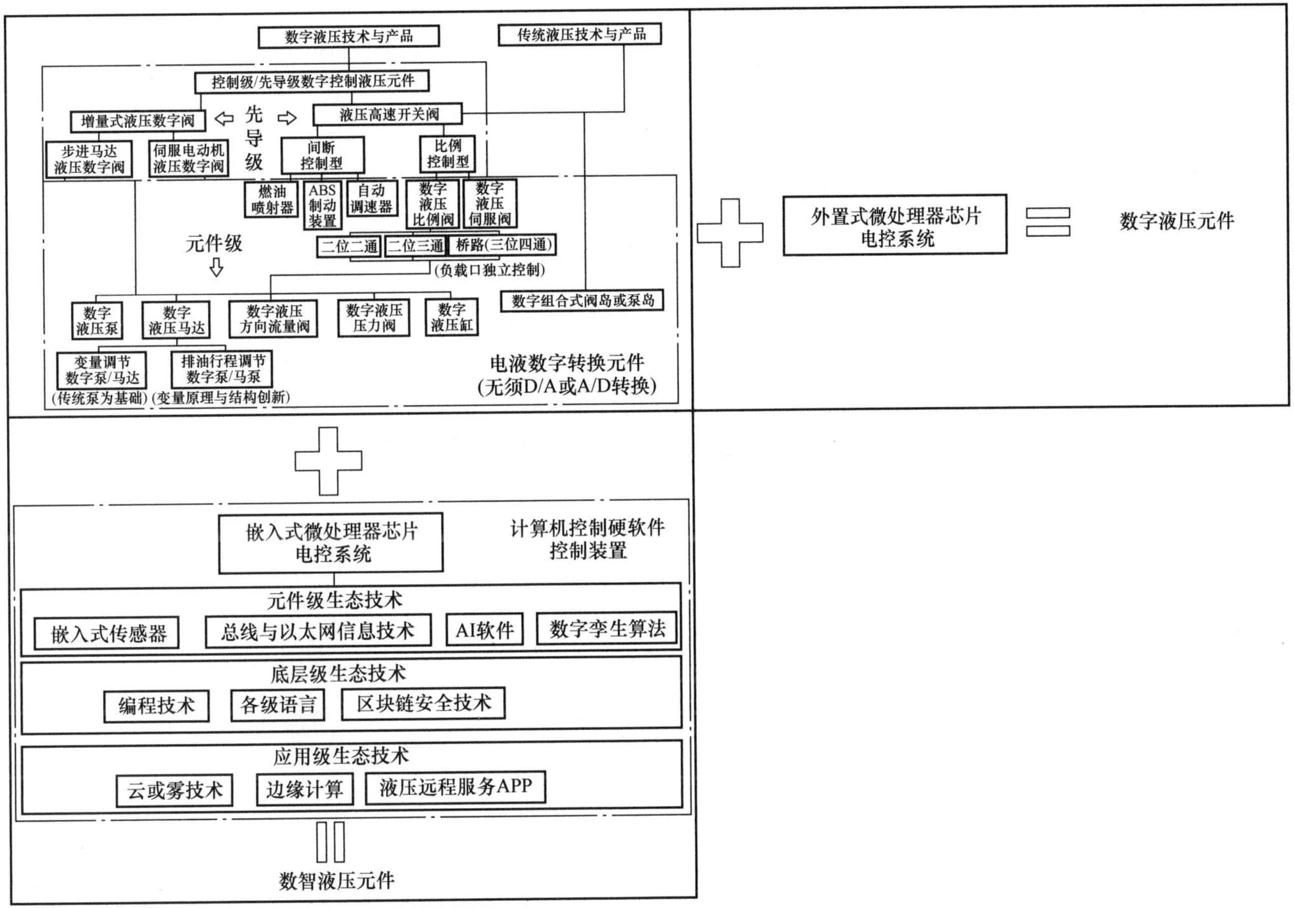

图 13-97　数智液压的内涵

13.5.2 数字液压是数智液压的先驱

迄今为止，关注点在于液压数字元件本身的功能方面，寻求接受计算机控制器可以控制的电液数字转换元件，寻求“非模拟控制”的电液转换元件，如要求元件输入的信号是PWM数字性、输出是否离散性、本身是否不再具有模拟电路控制的驱动放大控制器等。这些电液数字转换元件有步进/伺服电动机、高速开关阀、阀岛等，这部分的详细元件情况显示在图13-98的上半部分。作为非模拟性液压元件的研发与生产的产品，仍然属于液压工业3.0时代电液一体化产物的延伸。当然，在这一阶段所有数字电液转换元件，都已经可以接受计算机控制，但计算机控制与液压元件的有机结合并不是这一阶段行业技术与产品发展的重点。但已经说明这一阶段的数字液压产品是进入液压工业4.0所需的液压数智元件的前期工作。

随着液压工业4.0的明确提出，无人化、碳中和、多电化、数字孪生等社会需求使智能化成为技术发展的必然选择。液压数字元件在解决了数字电液转换元件的问题后，下一步就是元件的通信能力与网络连接的问题，接下来要求更多的软件功能，液压数字元件才逐渐会发展到液压数智元件。这个发展过程是传统液压（模拟式控制液压）→数字液压（接受数字控制器的液压）→数智液压（嵌入式控制器具有软件指挥的液压），如图13-98所示。

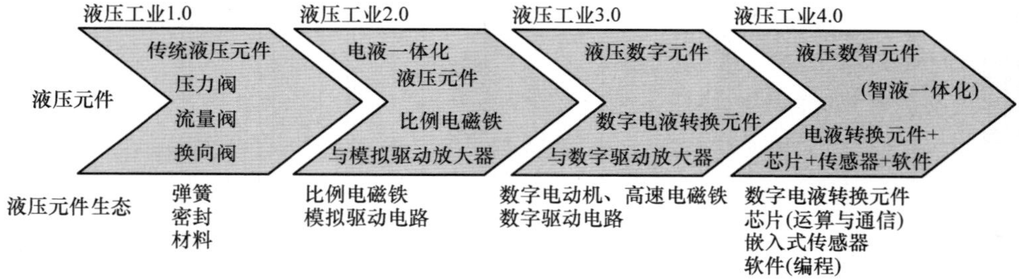

图13-98 液压元件发展阶段

13.5.3 液压智能元件雏形——液压比例多路阀CMA

目前在市场上已经出现初步具有智能性的液压元件，其中Danfoss CMA比例多路阀产品是典型代表，如图13-99所示。根据产品样本介绍，这个产品有三大特色：负载口独立，元件最高压力为44MPa，先导阀芯对中。尽管负载口独立是新产品的“特色”之一，但笔者认为，只要采用液压数字元件（一般只有二位二通或二位三通），负载口就一定会独立，这个产品真正的三大特色是：①负载敏感回路的智能化处理，即由软件来定义负载敏感功能，这是液压元件至今未见的尝试；②采用了前所未见的嵌入式溅射压力传感器；③采用了近年来几乎被忘却的力马达（音圈马达）。厂商之所以并不以“液压智能元件”自称，估计是其智能性局限于某一功能，同时并没有解决故障预测的智能管理难题。

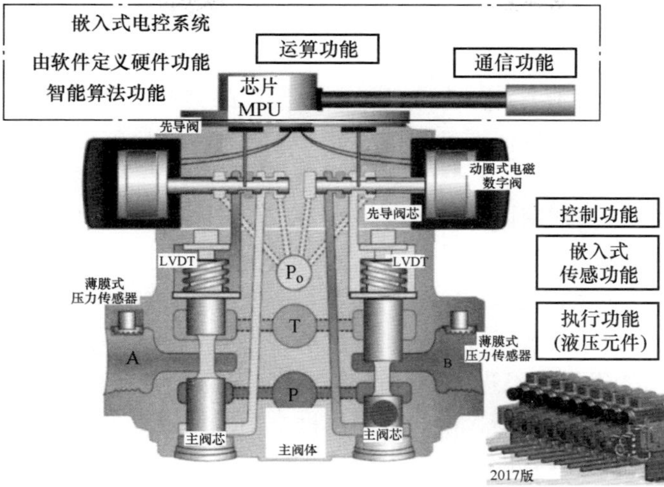

图 13-99　液压智能元件雏形（Danfoss CMA 比例多路阀）

从图 13-99 可见，具有初步数智性的 CMA 比例多路阀具备液压智能元件所有的硬件与软件要素，具备液压元件本身的执行功能、嵌入式传感器的认知功能，具有微处理器（MPU）的运算功能、控制驱动放大功能以及内在的编程算法功能。后三个功能板集成在一起就成为嵌入式数字式电控系统。

数智液压的优越性在于：

1）数智液压中嵌入式芯片（微处理器）是液压元件的硬件核心，它决定了元件的功能与性能。

2）数智液压中软件定义元件的功能，因此软件是液压元件的总体核心。

3）数智液压中的传感器具有感知功能，是信息输入的基础，是软件运算的依据。

4）数智液压将会急剧减少液压控制元件的品种与规格，有利于企业制造的自动化智能化。

5）数字孪生的解决将极大提升企业的液压元件全生命周期管理的服务与技术水平。

6）对于效率管理、健康管理有了可以发展的基础。

7）可以实现对云生态的直接利用，包括大数据、区块链、边缘计算等。

13.5.4　液压数智元件前期创新产品

世界液压产品发展屈指百余年，各国建立液压工业也有 60 ~ 70 年。从液压元件 1.0 发展到液压元件 3.0，有一个比较漫长的与下游工业结合的过程才达到今天的市场规模。但是当今，工业 4.0 的提出只有不到 10 年，主机与市场之间处于彼此等待又急于各自争先的混沌时期，处于摸索与市场推广阶段。总体而言，博世力士乐、丹佛斯以及其他跨国公司，市场上已经推出或者可以推出的数智液压产品，都有良好的进展。我国具有数智液压特征的自主研发的产品不仅获得中国机械工业科学技术奖一等奖，也应用于市场，这是一个巨大的进步。但是液压数智元件产品也面临各种困境，各大主要跨国企业的数智液压产品类型差异很大，推广方式也不同，市场预期也有差异，如何发展数智产品与如何推广液压数智元件与产品还没有达成共识。

表13-24列出了当前国内外液压公司/高校在液压数智元件方面的范例。

目前市场上高端的数智元件产品远远超出表13-24所列出的产品，如博世力士乐的互联液压产品（详见第30章）、丹佛斯的PVG比例多路阀、伊顿的AxisPro数控比例阀等。这些液压数智元件带来如下启示：

1）液压技术的发展已经进入数智技术时代。从液压泵、液压比例阀到最顶端的伺服阀都得到突破性的改变，彻底打破接近一个世纪以来人们对液压元件的传统概念。这种发展将随着数智液压的深入层出不穷。

2）创新的数智液压系统与元件都体现在液压控制中最大限度地减少液压阻尼在功率端的作用，而体现液压的执行功能。

3）所有创新的元件从硬件看全部集中在电液转换装置，不论是在功率级还是先导级。

4）创新元件全部采用微处理器控制（芯片），这些芯片不仅完成运算，还包括通信在内。但是智能性只见端倪，说明液压行业需要加强对AI的理解与应用，需要智能液压这方面的基础性与工程性的研发。

5）数智液压创新的目标有所侧重，包括碳中和、运动控制性能的提高、数智元件定制化与有利于降低成本。

6）各企业的数智液压特点不同。博世力士乐利用自身优势发展互联液压，在功率级数智液压方面突出；丹佛斯的液压数智技术明显是采用先导级数字元件，例如高速开关阀技术有特点，充分利用数字电动机的优势；其他包括我国在内的原创性液压数智元件采用步进电动机为先导，步进电动机有成本与制作方面的优势，相对难度系数低。

7）现在市场上推出的数智液压产品在模拟元件基础上采用数控来达到数字控制目的，如AxisPro，这也是一条发展液压数智元件的途径。

目前数智液压产品在推广应用上存在以下诸多难点：

1）液压主机在向数智无人化方向发展上，还在以解决外部的智能性问题为主，对于内部液压系统与元件的要求还没能深入与明确。因此双方处于相互促进相互等待的阶段。

2）跨国公司在“数智液压产品”上强调元件局部性能的提高，而缺乏整个系统的配合。以CMA元件为例，尽管可减少泵车输送管晃动幅度，更智能地解决负载敏感饱和问题，但还需要所有控制智能性的提高等。

表 13-24　当前国内外液压公司/高校在液压数智元件方面的范例

	博世力士乐（德国）	丹佛斯（丹麦）		Domin（英国）	浙江工业大学（中国）	阀智宝（中国）
型号	OBED，Sytronix，Cytro 等	DDP		CMA	DDV S6 PRO	2D 阀
类型	互联液压，详见第 30 章	数字变量径向柱塞泵	比例多路阀	步进电动机先导伺服阀	伺服比例阀 数智电磁阀 2D 泵	比例多路阀
数智性	液压系统与元件数字组合，强通信能力	先导性 高速开关阀	音圈电动机 先导性 高速开关阀 总线通信	旋转直驱数字 3D 打印	步进电动机 芯片编程 总线通信	高速开关阀 芯片编程 CAN 通信
创新性	互联液压新概念 提高效率新途径	概念颠覆性 原理性创新 数智技术	智能雏形 软件定义功能（部分）	概念颠覆性 工程性突破 数智技术	原理性创新 系列性创新	自主性创新 性能提高
参数性能	0.25～650kW 节能 50% 减噪 30dB	42MPa 144L/min 效率 92%	44MPa 200L/min 负载敏感饱和的智能方案	35MPa 1～1000L/min 频响 3ms 以上	3～31.5MPa 10～1000L/min 频响 180Hz	35MPa 100～250L/min 全开 0.3s

（续）

	博世力士乐（德国）	丹佛斯（丹麦）		Domin（英国）	浙江工业大学（中国）	阀智宝（中国）
典型产品				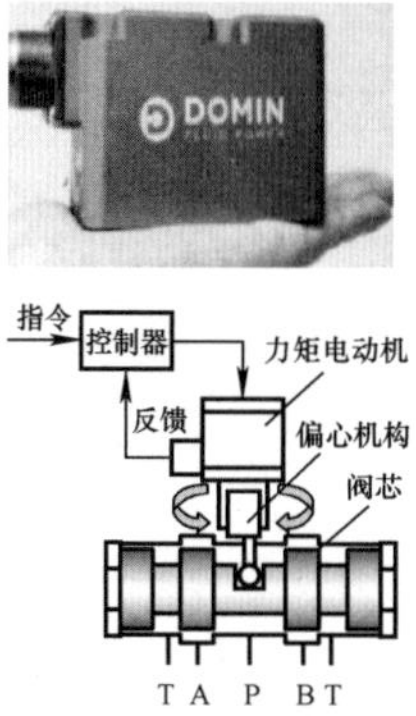 负载智能选择		
特点	重点在碳中和 提高效率 提倡互联液压 伺服电动机是博世强项	泵的综合效率最高	智能负载敏感 嵌入式传感器 音圈电动机 负载口独立	质量减轻85% 体积减小4倍 流量提升25% 价格下降1/3	质量减少2/3 成本可以降低 品种系列多，可扩展	闭环控制 滞环小 防爆
市场	工业应用	工业应用	工程机械液压	工业应用	工程机械液压 工业液压	工程机械液压

3）数智液压产品作为新研发产品的成本高，整个数智液压的生态环境没有建立，如电液数字转换元件、芯片、软件、输入输出元件等都不是现有的。在带来技术发展的同时，与用户体验带来的效益还不能匹配。

4）从开发的液压数智元件可见，一些嵌入式传感器、电液转换器是这个行业陌生的元件，因此存在新的供应链问题，以及相应的生态技术问题，其中还包括诸如语言、编程、算法、AI、总线、以太网、云等。

5）用户端人才的限制。特别液压行业过去是一个硬件行业，对软件基本是陌生的，现场的编程、调试都需要有这类人才，目前极其缺乏。尽管从各公司样本来看，采用的语言、总线编程等对客户端都尽量友好，但是在工程应用中缺乏培训问题。

数智液压的发展为液压行业系统与元件的发展打开了一条全新的途径，特别是今后智能性的采纳将会有颠覆性的变化，这是因为液压的功能将尽可能地交付微处理器完成，液压本身会变得十分简单。目前行业内的企业家与专家需要转变思维，数智液压的发展需要不断颠覆传统概念，才能不断发展。

13.6　液压数智元件中的液压功能

液压数智元件具有的基本功能包括执行功能、运算功能、驱动放大功能、通信功能与传感功能，其中液压元件本身是主体、是载体、是执行功能部分。液压元件功能将回归到其本能，即节流功能上来。这基于两个因素：液压控制的本质就只是阻尼，因此液压的功能就是产生不同的阻尼；而在什么情况下产生多少的阻尼也回归到微处理器通过运算后给定并完成。如果通俗简略地表达液压数智元件，今后液压数智元件就是一个智能节流阀，可以完成液压系统所需要控制的一切功能，包括压力阀、流量阀与方向阀所需要的功能，也包括液压元件中性能要求最难的平衡阀功能。这时功能的实现不取决于液压元件，而是取决于数智节流阀中的软件。

13.6.1　液压智能元件的组成

按“软件定义液压元件功能”，智能液压节流阀的组成原理如图 13-100 所示。比较完整地表达了液压智能元件的组成，以及组成各个部分的功能。

图 13-100 中的六个功能表明，这是一个智能化的液压元件。智能元件与传统普通元件最大的不同在于硬件上具有传感器与微处理器。传统液压元件的功能硬件由结构原理保证，而智能液压元件通过微处理器由软件保证。传感器让元件具有知觉，微处理器让元件具有大脑。

为了便于表达，液压智能元件的结构示意与功能符号如图 13-101 所示。为了区分液压智能阀采用高速开关阀还是模拟比例阀，在功能符号上也有实线与虚线的区别，如图 13-101b 与图 13-101c 所示。

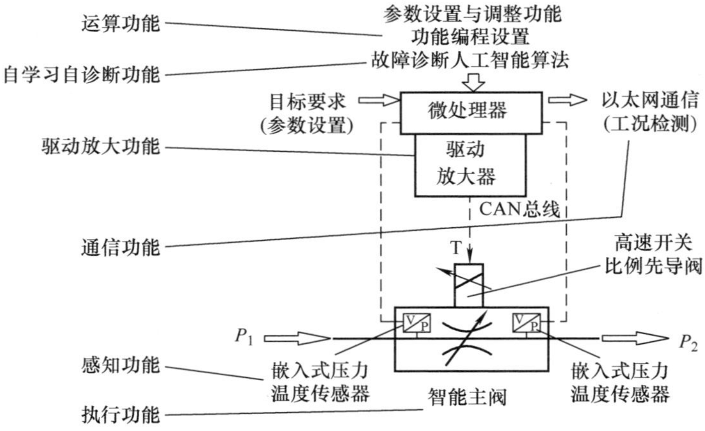

图 13-100　智能液压节流阀的组成原理

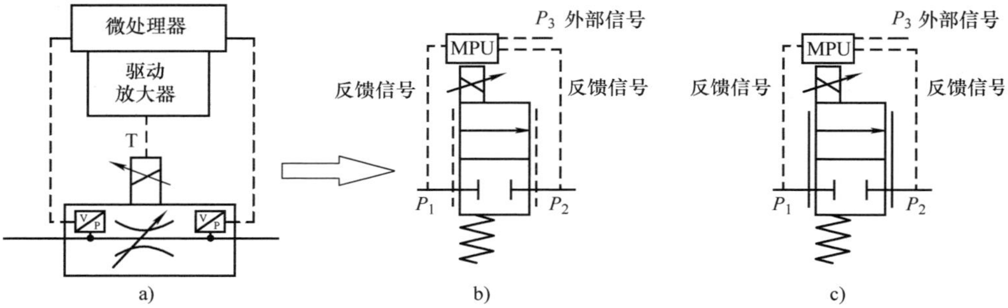

图 13-101　液压智能元件结构示意与功能符号
a）结构示意　b）智能数字比例阀功能符号　c）智能模拟比例阀符号

13.6.2　智能控制元件工作原理

根据许氏建模理论，在液压系统建模中只需要三个基本子元件模型：液压缸的容抗数学模型、节流阀的阻抗数学模型与节流阀的阻抗反馈模型。也就是说，对于液压系统所有的控制元件本质上都是节流控制。液压元件实际也可以等同于一个液压系统，可以将所有元件的工作原理用液压系统的方式表达出来。这在许氏建模理论中已经阐述过了，可以参考本书许氏建模理论有关章节。因此对于液压系统所需要的控制元件只有一个：节流元件或具有反馈功能的节流元件。因此需要开发的液压智能控制元件只需要一种阀——液压智能节流控制阀。采用液压智能控制元件就采用一种节流元件，而不同功能的液压控制只是控制信号与参数的种类不一样，如果由不同种类传感器传出相同的标准输出信号，则可以用同一类元件完成几乎所有的控制功能。这个概念在液压变量泵上已经体现，即不管什么泵的变量（可以是恒压泵、负载敏感泵、恒功率泵等），它们只是输入控制参数的种类不一样，而它们的输出控制的就是泵斜盘的角度，用一个电子排量泵上的比例阀就可以实现所有的泵的变量形式。在系统的控制中实际上只要一种节流阀就可以控制各种功能的液压参数，它的输出控制就是元件的流量。对于液压压力控制也是可以用流量控制转换而来。因此作为液压智能元件，首先是比例节流流量控制阀及其功能软件化。

智能节流阀应用伯努利方程基础上的节流公式时要注意几个前提条件：理想不可压缩流体，稳定流动，质量力（重力）已经忽略，质点沿一条特定流线运动，未考虑黏性。也就是说，在一般情况下，如果考虑黏性，需要对此公式作修正，特别是在应用中的温差特别大的情况下更应该考虑黏性的影响。

$$q(\tau) = C_T A(\tau) \Delta p^{1/\alpha} \tag{13-24}$$

式中　q——节流阀流量；

τ——占空比；

C_T——节流阀流量系数；

Δp——节流阀前后的压差；

α——节流口结构型式系数。

为了说明问题，将式（13-24）转化为一般液压节流元件的常用结构型式所对应的流量公式，即

$$q(\tau) = C_d A(\tau) \sqrt{2(p_1 - p_2)/\rho} \tag{13-25}$$

式中　C_d——节流阀流量系数；

A——节流阀开口面积，与占空比成正比；

p_1——节流阀进口压力；

p_2——节流阀出口压力；

ρ——油液质量密度。

作为一般节流阀功能时，在按式（13-25）工作时，输入设定一定的占空比，此节流阀就在（$p_1 - p_2$）压差下产生 $q(\tau)$ 的流量。

13.6.3　一种智能节流元件可以原理性实现流量、压力与方向控制

智能节流元件的流量、压力控制算法见第 2 章表 2-22 及其说明。

13.7　液压数智化数控模拟比例元件

在数字液压发展的过程中，数字控制器对模拟比例放大器进行了一次大的技术提升。

13.7.1　数控模拟液压比例元件

液压元件的数字化以元件是否集成微处理器为标志。模拟比例元件采用数字控

制器，这种数字液压与当前模拟的液压比例阀结合，继承原有液压元件的资源与优势，这种数控模拟比例元件是液压数字化的另一条途径，如图 13-102 所示。国内 2010 年前后已经在进行这类元件的研究，但是没有产品化，这方面伊顿开发的 AxisPro 是一个范例。

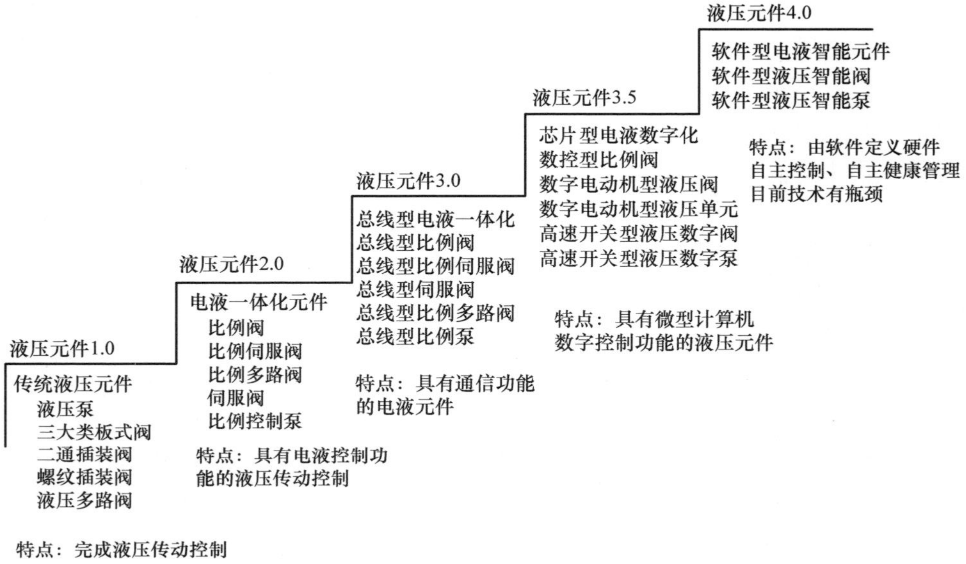

图 13-102 数控型比例阀所在发展阶段

发展数智液压的两条途径，一个是在数字电液转换元件基础上与微处理器结合形成；另一个是采用现有模拟电液转换元件基础上结合数字控制器形成。两条途径各有特点，前者原理、结构都简单，成本空间大；后者的产品与市场是现成的，控制器需要增加 D/A 转换环节，推广速度快，这二条开发途径的比较见表 13-25。

表 13-25 液压智能元件不同开发途径的比较

序号	指标	电液数字转换元件 + 数字控制器（高速开关阀、步进/伺服电动机等）	电液模拟比例转换元件 + 数字控制器（现有比例/伺服元件）
1	输入信号	数字为主、模拟（传感器）	数字可接受、模拟（传感器）
2	驱动输出电路	数字直接驱动	A/D 转换后驱动
3	性价比	空间很大（有下降空间）	价格较高
4	流量	直接数字式高速开关阀流量在 6 ~ 8L/min；增量式步进电动机流量可以很大	控制流量较大
5	压差损失	直接式采用时间开关调节流量，压差损失小，增量式压差损失与一般比例元件相同	压差要求在 1MPa 左右，伺服阀压差要求为 7MPa

（续）

序号	指标	电液数字转换元件 + 数字控制器（高速开关阀、步进/伺服电动机等）	电液模拟比例转换元件 + 数字控制器（现有比例/伺服元件）
6	市场成熟度	有成熟产品（PVG），创新产品在开拓市场	模拟式占主流
7	频响	高速开关阀在 3ms 左右，2D 阀频响较高	<40ms（对于 NG10 元件）
8	颤振信号	本身具有	需要
9	加工精度	要求较低	要求高
10	控制电压	12/24V	24V
11	改进方面	增加流量能力，温升、噪声需改进	减小滞环、增强抗污染抗电磁干扰能力

13.7.2　AxisPro 伺服比例阀放大器具有数智功能

伊顿推出的 AxisPro 伺服比例阀基于成熟的伺服比例阀技术，以解决运动控制应用问题，并实现个性化要求。此阀采用了编程功能，频响高，可以解决大部分运动控制问题，AxisPro 伺服比例阀具有一个强大的微处理器内核，加上它的传感器感知，因此是一个具有初步智能功能的液压数字元件。目前它的应用多见于金属成形压铸和铸造、机床、船舶和海洋工程、压力机、冶金行业、橡塑行业、纸浆和造纸、测试设备和模拟、涡轮机控制、木材加工等。

1. 数智比例放大器的结构与功能

AxisPro 伺服比例阀采用了嵌入式微处理器轴控制器及其芯片，并且加上总线 CAN 的传输功能。这就使比例阀由原先的“纯液压加上模拟驱动放大器”升级为数字控制与数字通信。因此具有数字液压的功能，实现了数智电液一体化，图 13-103全面展示了该数智比例放大器的组成部分。

1）液压元件执行部分：液压阀本身（基于原比例阀 KSDG）比原有基型阀在压力流量参数上有所提升。AxisPro 高端比例阀支持更大流量、压力和更高防护等级，10 通径的比例阀额定流量在 7MPa 的压降下达到 100L/min，最大流量可达 190L/min；适应 85℃环境温度和液压油温度，防护等级可达到 IP65 及 IP67。

2）传感器信息部分：这部分是本阀的又一特点，采用了嵌入式传感器，是整个控制系统参数的感知或者说是整个控制系统状态变量的感知部分。是否具有嵌入式传感器是鉴别此元件只是数字元件还是可能是智能性元件的外部特征。这个新一代比例阀可通过 CAN 总线及内置传感器获取故障诊断数据，使设备诊断更加方便。

3）运算部分：微处理器的作用就是可以通过配置或编程对被控对象进行人为需要的控制，其中包括逻辑运算与控制的解耦运算等，因为有解耦运算能力所以需要轴控制级别的芯片。在本比例阀的芯片由于解耦运算能力、内存容量被称为“智能芯片”，它可以自动识别回路状态，实时诊断，确保设备可靠运转。

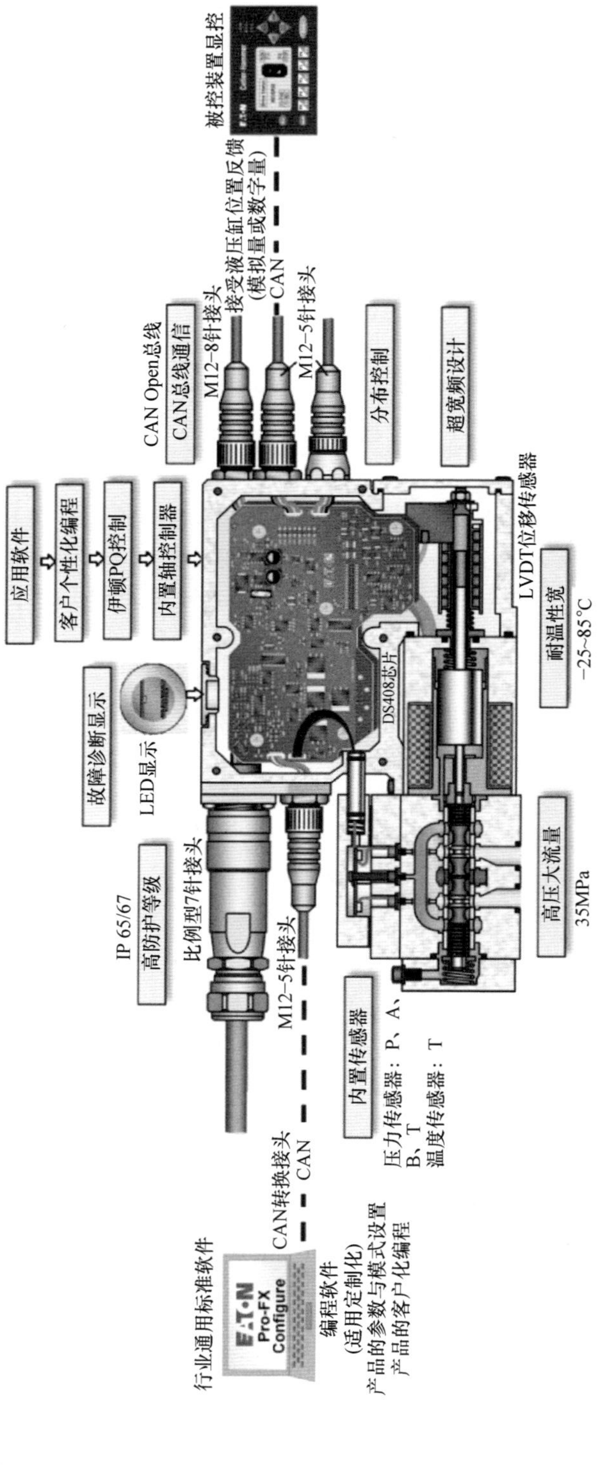

图13-103　AxisPro伺服比例阀的数智比例放大器

4）驱动放大部分：微处理器输出的信息必须经过功率放大才能够驱动功率元件，即驱动比例电磁铁，目前驱动放大电流对液压比例元件而言在 2.5A 左右或以下（不计入峰值电流）。

5）信息传输部分：液压元件本身有信息传输要求，元件与被此元件控制的对象也存在信息传输部分（如反馈等），除此以外元件与主机之间也有信息传输的要求。在采用了微处理器后，已经不再是通过 PLC 来控制彼此之间的联系信息，而是可以通过总线和网络来进行信息传输。信息传输也有相应的芯片或集成在专用芯片之内。AxisPro 伺服比例阀组成独特的分布式轴控制结构，可以减少布线、节约空间，更能降低 PLC 的设计复杂程度，从而使产品更加可靠耐用，并大大提升控制性能及反应速度。图 13-104 所示的示意图体现了 CAN 总线的信息传输接线状态。

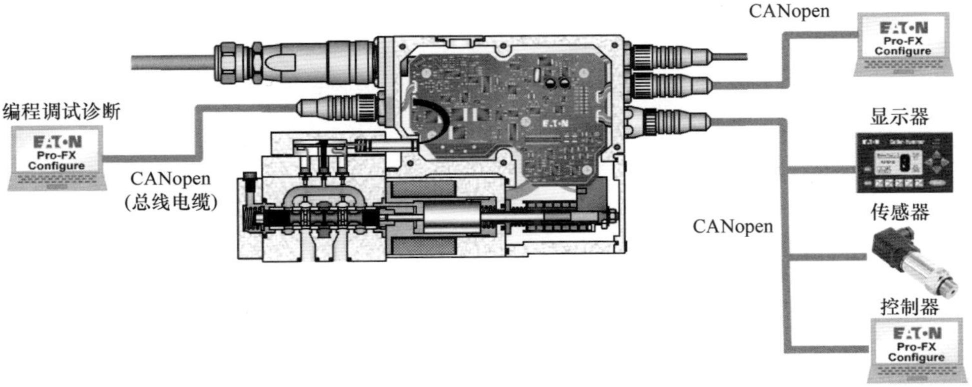

图 13-104　CAN 总线的信息传输接线状态

6）软件编程与调试部分：本元件采用了 Pro－FX 软件平台，可以进行元件的参数与模式设置，包括调试与检验，也需要通过它进行使用者的个体化编程满足定制化的要求。AxisPro 伺服比例阀具有四种等级控制设计，集软件和硬件于一体，摒弃了传统比例阀的固定曲线和特性，通过特有的 Pro－FX 编程软件可以自由配置曲线和编程，将使用者对系统的独特理解和经验植入比例阀，以达到不同使用者对细节和功能的不同需求。为使用者提供包括软件和硬件在内的整体解决方案及个性化的应用选择。

因此，AxisPro 伺服比例阀从结构组成而言，采用内置的轴控制器和 CANopen 总线通信技术，实现数智电液一体化，已经具备液压元件智能化的构件要素，从这个角度看它是“革命性的元件”。但是从功能上而言，智能元件应该是“自主感知、自主控制、自主健康管理、自主节能”，所以，整体看，AxisPro 伺服比例阀具有智能必要要素，但是还没有达到智能功能的充分条件。也就是说，AxisPro 伺服比例阀达到了数字化互联以及初级的智能性，也必然具备这些数智化带来的优越性。总之，AxisPro 伺服比例阀是一个模块更简易、响应更快速、安装更便捷、成本更节省、防尘防水等级更高、耐温范围更宽泛、自带 LED 诊断、使宕机时间最小化、可完全客制化编程的新一代元件。

2. AxisPro 数智比例阀的基本概念

根据 AxisPro 数智比例阀样本，其数字控制方框图如图 13-105 所示。

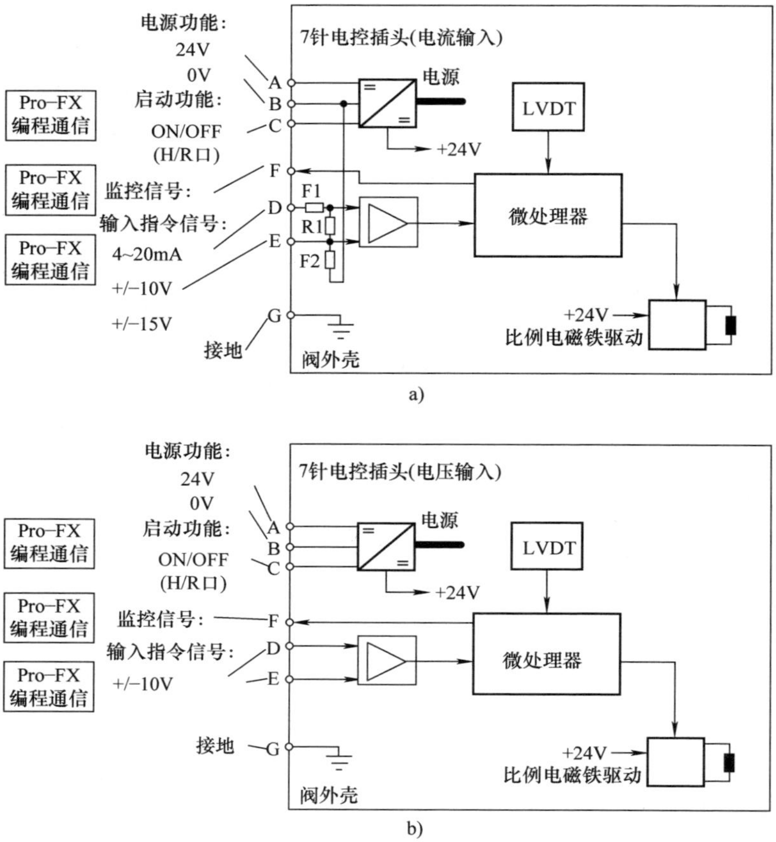

图 13-105　AxisPro 数智比例阀的数字控制方框图
a）电流信号输入　b）电压信号输入

其控制主要采用微处理器芯片，其属于轴控制功能的控制器。同时执行机构端的传感器信号可以直接进入阀控制器。此微处理器既接受来自上位机的参数与模式设置，也有为使用者所需的性能进行编程设置，从而达到定制化的目的。通过 Pro－FXControl 编程软件进行定制化的控制程序设计，这样可在 AxisPro 阀上直接完成位置/速度/力/压力闭环控制及复合闭环（压力速度闭环）控制等诸多控制模式，根据具体应用的实际需求，可灵活配置闭环控制模式，包括 DPC 位置控制、DSC 速度控制、DFP 力/压力控制、DPQ 压力/流量复合控制等。在图 13-105 中也显示了监控信号的输出，在微处理器内具有自动识别回路状态，实时诊断，确保设备可靠运转。为了展示数字控制器与模拟控制器的区别，图 13-106 显示了博世力士乐早期 4WRLE 型伺服比例阀的电路方框图。

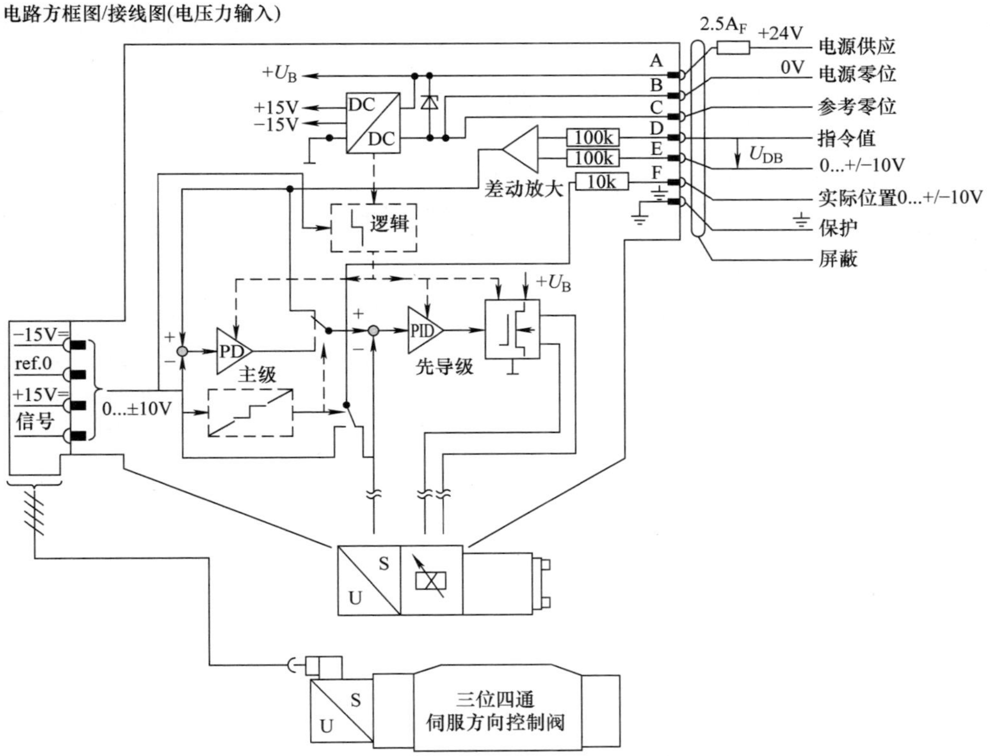

图 13-106　4WRLE 型伺服比例阀的电路方框图

根据图 13-105 与图 13-106 的比较可以粗略看到：二者的控制核心元件是不同的，一个是模拟电路，一个是微处理器数字电路；模拟电路需要非常注意线路的屏蔽，以免外磁场的干扰，而数字电路要求会有所降低；另外数字电路可以与上位机通信进行设置，模拟电路不可能达到定制化的目的。

由于使用了总线技术，在 AxisPro 伺服性能数智比例阀的布线上与模拟电路有根本的不同。此数智比例阀可以利用其公司具有的 SmartWire – DT 智能布线系统的核心功能显著缩短布线时间，使安装人员能够将面板复制速度提高 7 ~ 10 倍，可对距离控制面板 600m 的机载组件进行无故障地安装和布线，与第三方 PLC 轻松集成，通过将复杂的电路布线整合到一根耐用的电缆中，降低了面板和机器布线的复杂性。

AxisPro 伺服数智比例阀的 CAN 总线通信系统不仅仅是局域网，还可以通过

SmartWire－DT 技术下的实时以太网关 EU5C－SWD－PROFINET，实现与 PROFINET 网络连接。只要按下网关上的配置按钮，即可开始自动组态的过程：扫描连接的 SmartWire－DT 网络，保存网络组网，SmartWire－DT 设备数据作为模块化的 IO 设备映射至 PROFINET，最终生成 GSDML 文件用于在 PROFINET 控制器中配置，在在线状态下，网关可以提供 SmartWire－DT 诊断数据，方便地在现场进行快速调试。AxisPro 伺服比例阀通过 CANopen 转其他协议的网关，也可以实现阀和其他网络的连接及通信。关于 PROFINET 协议和工业以太网协议的 AxisPro 比例阀产品类型也正在开发之中。

模拟与数智两种不同控制器产生的动态性能，从表 13-26 和图 13-107 可以比较二者的异同。从滞环、阶跃响应等方面来看 AxisPro 伺服比例阀动态性能有极大提高。

表 13-26　KBFDG4V3（传统比例阀）**与 KBS1DG4V3**（AxisPro 数智比例阀）**性能**

序号	性能指标	KBFDG4V3（传统比例阀）	市场其他品牌模拟式伺服比例阀	KBS1DG4V3（AxisPro 数智比例阀）
1	额定压力/MPa/额定流量/(L/min)	35/28($\Delta p=5$bar)	31.5/40	35 /40
2	阶跃响应(单通道，90%阶跃)时间/ms	15	10	6(全流量)
3	迟滞(%)(以最大行程计)	1		0.1
4	频响(行程的±25%)(－3dB)/Hz	50	135	>150(幅频)

3. 市场化液压比例阀功能配置策略

KB 系列比例阀一共有三个功能级：一是 KB 型标准性能的比例阀（基型），属于开环控制元件；二是 KBF 型反馈型高性能比例阀，可以是开环或闭环控制；三是 AxisPro 数智放大器集成的伺服比例阀 KBS1/2/3，其结构示意图如图 13-108 所示。该图表达了该阀的结构特点：具有轴控制的数字放大板；具有可视性 LED 显示的故障类型；嵌入式压力与温度传感器的布置。

AxisPro 数智伺服比例阀从应用需要出发，可以灵活地为任何运动控制提供解决方案，包括软件和硬件在内的个性化的应用选择。为此，AxisPro 阀功能配置共分为四个等级：等级 1 的高性能是自诊断、可灵活配置的信号类型，等级 2 和 3 的阀内置了轴控制器，此外，等级 3 的阀体上还集成了四个压力传感器和一个温度传感器。而等级 4 是让等级 2 和 3 均可选配命名为“WhiteSpace”的数据中心的资源，达到客户个性化设计的目的。通过图 13-109 可以看到不同的配置与相应的功能。值得注意的是，元件达到个性化是通过软件达到的，从生产制造角度看实际会减少比例阀生产的品种，方便生产管理并且减少库存。

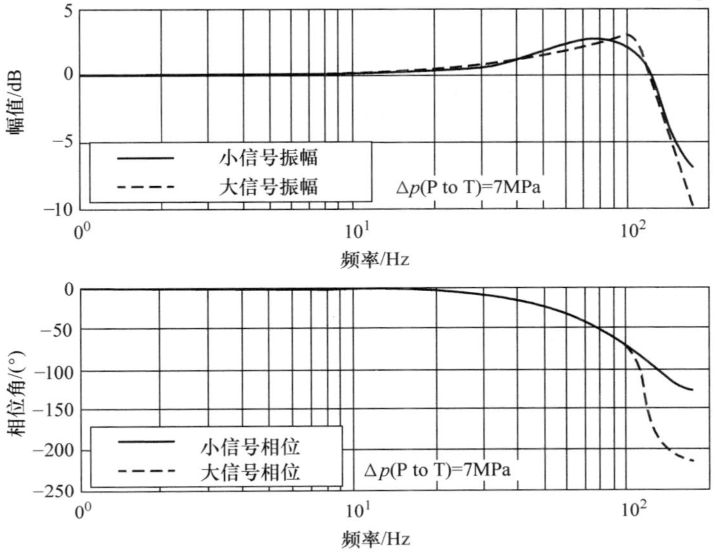

图 13-107　AxiaPro 伺服比例阀动态试验曲线

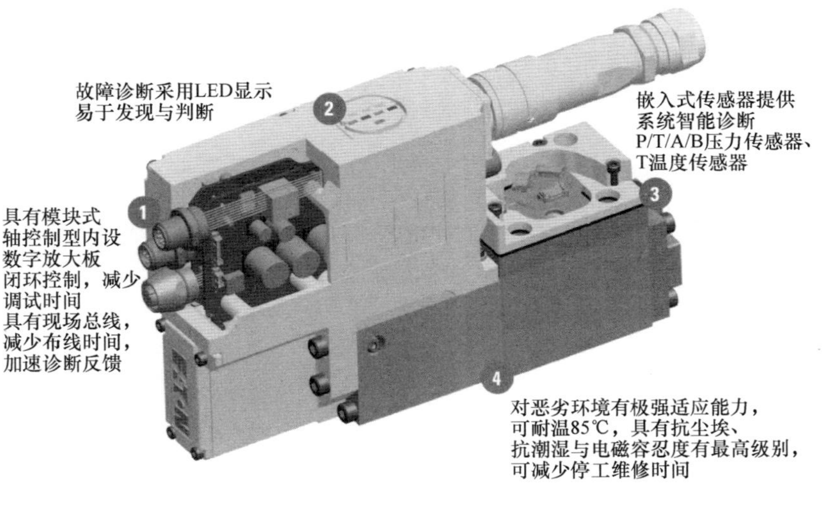

图 13-108　AxisPro 数智比例阀结构配置

显然，AxisPro 数智伺服比例阀根据应用需要可以以不同的配置实现相应的需求，可以通过表 13-27 更明确地表达它们的配置与达到的功能。

4. 由数智放大器集成的液压伺服比例阀的应用优势

无论是模拟控制还是数字控制，AxisPro 数智伺服比例阀支持所有的控制架构，详见表 13-28。

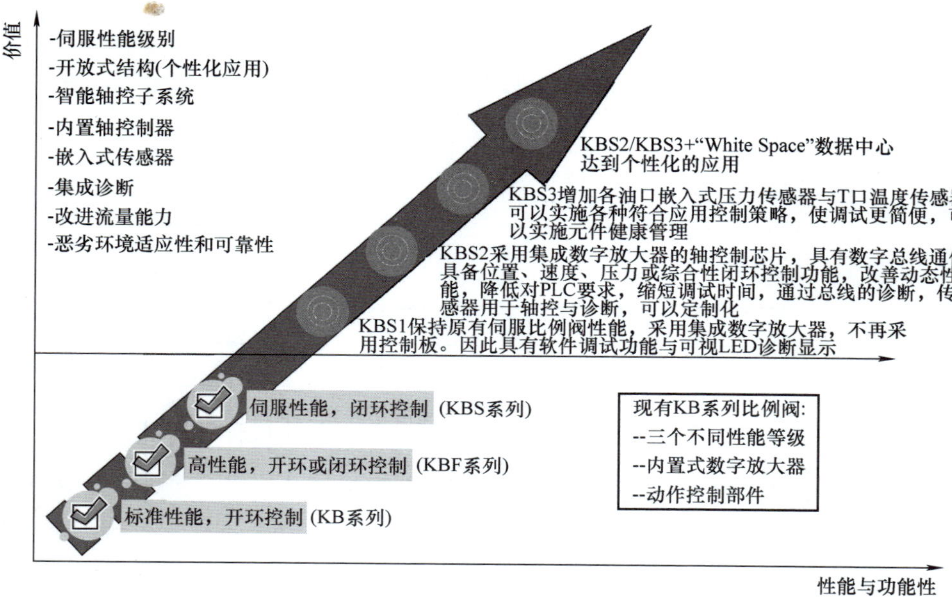

图 13-109　AxisPro 数智伺服比例阀系列的功能性配置

表 13-27　AxisPro 数智伺服比例阀四个功能等级

等级功能	第 1 等级 KBS1/KBH1	第 2 等级 KBS2/KBH2	第 3 等级 KBS3/KBH3	第 4 等级 KBS2/3 + 数据中心 "WhiteSpace"	效果
集成数智放大器	√	√	√	√	数字化元件
LED 诊断指示	√	√	√	√	提升可靠性寿命
嵌入式传感器	×	×	√	×/√	智能自主感知
轴控制芯片	×	√	√	√	提升运算速度
CAN 总线	×	√	√	√	内部信息传输
Pro－FX 配置软件	√	√	√	√	参数及模式设置
Pro－FX 编程软件	×	×	×	√	个性化 PLC 编程
数据中心 "WhiteSpace"	×	×	×	√	个体定制化
应用范围	速度控制	速度、位置与 *pq* 控制	位置控制、压力控制、*pq* 控制		闭环控制

表 13-28　AxisPro 数智伺服比例阀支持的控制架构

机器控制架构	轴控的性能	诊断功能	安全性	PLC 复杂性	安装
集中式模拟控制	受限于 PLC	无	有限的	中等	接线复杂，电缆成本高
分布式的现场总线	嵌入式控制，优于 PLC	有	提高型	低	接线以至系统更简单

总的来看，采用数字放大器以后，系统更容易设置、调试和排除故障，从而获得最佳的系统性能，产生良好效益。具体体现在如下方面：

1）可以与计算机上位机通信，设置快速简便可扩展，可以实时更改，简化对 PLC 的要求，也简化对原有组件的要求。

2）可以进行任何控制架构下的运动控制，无论是集中控制还是分散控制。

3）采用高性能芯片有利于元件提高动态性能。

4）数字放大器采用 Pro－FX 软件技术平台，具有开放式架构设计，完全灵活地为任何运动控制应用创建定制解决方案。

5）嵌入式压力、温度传感器不仅为元件的智能性提供了条件，也为元件带来实时数据、预测性健康监测以及诊断。为元件在恶劣环境下工作又提供了进一步的补充。

6）CAN 总线可以传输数据信息、地址信息与控制信息，也就是采用寻址的方式访问在总线上的所有设备，因此无须采用 PLC 端对端的通信方式，这样有利于进行分散控制方式，接线简洁，如图 13-110 所示。

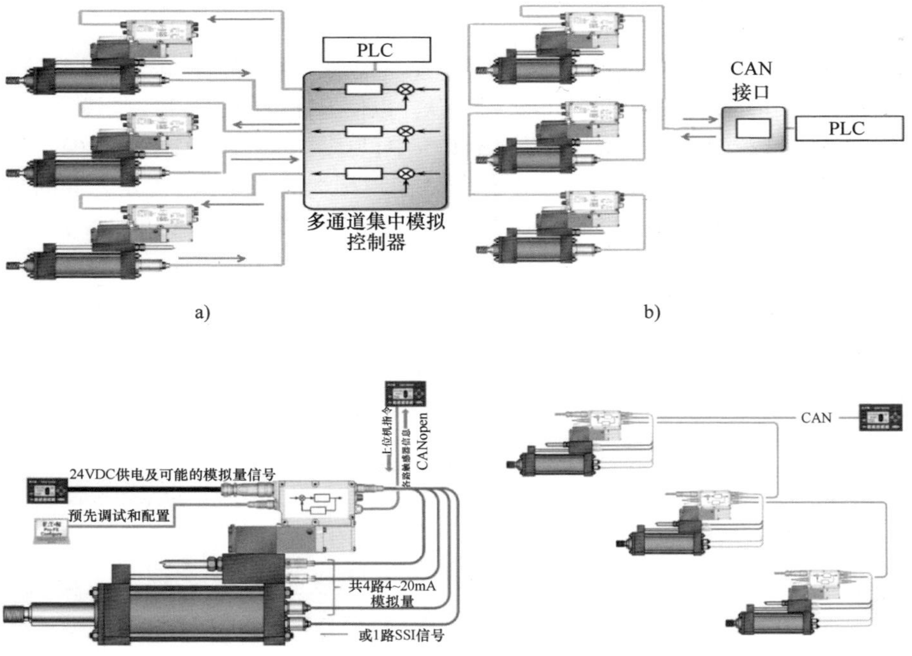

图 13-110　AxisPro 数智伺服比例阀所采用的数字控制架构

a）PLC 集中式模拟控制　b）PLC 分布式数字控制　c）可配置的轴控制器用于闭环控制　d）用于多轴的分布式运动控制

图13-110a所示为多通道集中模拟控制器的接线方式，接线是点对点，因此接线不仅长而且需要施工时一一对应，费时费力；由图13-110b可见，采用CAN总线后，由一根总线电缆将设备并联，形成分布式快速的环路闭合，减少信号干扰与失效，也有利于故障诊断。图13-110c所示为可配置的轴控制器用于闭环控制的接线图，而图13-110d所示为用于多轴的分布式运动控制的接线图。从中可见，CAN总线网络通信方式不仅更简单，而且传输速度更快与错误判断识别更容易。

5. 数智放大器集成的AxisPro伺服比例阀的生态技术框架

AxisPro数智伺服比例阀与传统伺服比例阀最大的区别就是放大器。传统比例阀模拟式驱动放大器对于液压技术而言，往往游离在“液压”与“电控”之间，对于模拟驱动放大器只要完成使比例电磁铁动作的功能就与液压技术中所涉及的性能、功能的关系不大了。而采用数字放大器涉及上位机功能调试等，液压技术人员与使用者对于涉及的生态技术就比过去要更深入与广泛了解。同时对于生产厂商而言，液压比例阀元件性能与数智放大器的关系更加紧密，因此作为产品不仅要考虑液压元件性能的标准，也要考虑与此性能密切相关的生态技术的使用标准。这些生态技术涉及集成在液压元件上的电控接口、电缆接线、LED显示、软件、芯片及其语言、总线、术语等。

（1）数智驱动放大器的I/O接口及其电缆与接头　在产品样本与使用手册中，会详细对接口使用的接头进行功能与性能的确认。以便保证设计与施工中接线的正确性。

7针电源接头的功能与接线在图13-105中已经描述。而CAN总线的5针接头有三个，它需要满足CANH与CANL以及之间连接端的120Ω的规定，同时也要有PC的CAN总线转换接头，如图13-111所示，它们都符合CiA（CAN in Automation）DS102协议；而可以改变节点ID与比特率的LSS（Layer Setting Service）都符合CiA DSP305协议。除此之外，还有同步串行接口（Synchronous Serial Interface Port，SSI）与传感器接口。

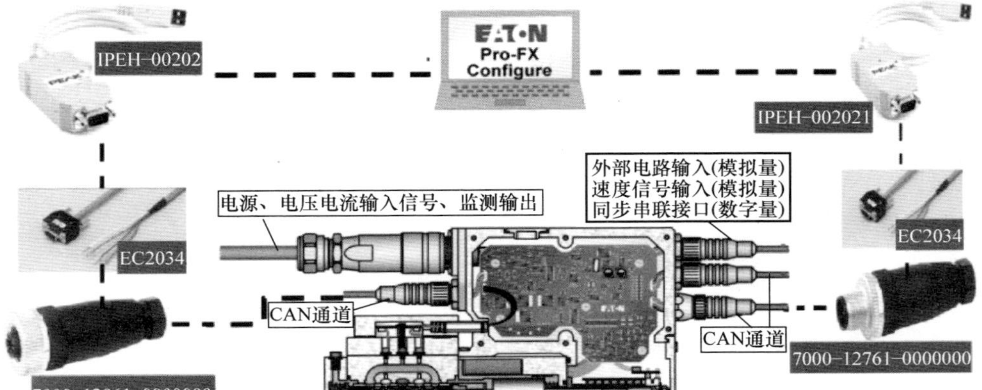

图13-111　AxisPro数智伺服比例阀I/O接口

（2）显示故障的 LED 指示窗　如图 13-112 所示，显示故障的 LED 指示窗满足 CiA DR303－3 显示规范协议，对于 CANopen 总线，绿灯代表正常，红灯代表有严重的问题存在；对于故障诊断的显示也一样，主要反映比例阀的工作状态。

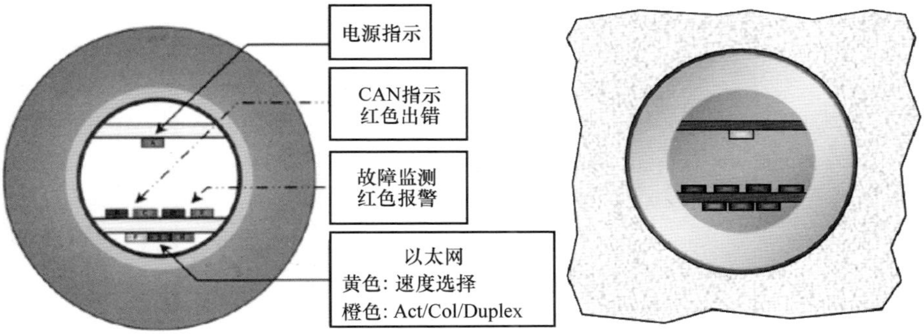

图 13-112　显示故障的 LED 指示窗

（3）Pro－FX 通用软件的元件设置启动　Pro－FX 软件是以 PC Windows7 为基础的通用软件。本软件的启动可以通过 PC USB 外设的 CAN 总线转换接头的 PEAK－System 驱动程序等设置进行。如果一切正常，选择波特率默认值就可以使 Pro－FX 软件在 CAN 总线连接条件下与该比例阀元件进行互联。否则按屏幕提示或修正。图 13-113 所示为 Pro－FX 通用软件在 AxisPro 数智伺服比例阀上的启动程序表示。该软件应用时，可以从图 13-114 所示的 AxisPro 连接 CAN 总线页面、图 13-115 所示的 Pro－FX 对 AxisPro 伺服比例阀进行图形参数设置的页面，以及从图 13-116所示的 Pro－FX 设置的数据图形了解应用进程。

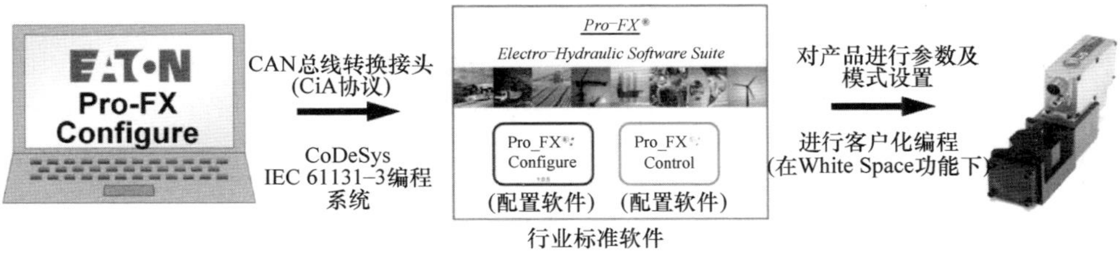

图 13-113　Pro－FX 通用软件在 AxisPro 数智伺服比例阀上启动

（4）Pro－FX 通用软件的功能与使用

1）主窗口页面有参数配置栏、调试示波器栏、诊断功能栏、故障管理栏、高级模式栏、总线配置栏，以及数据管理菜单。

2）为保证被设置元件在 CANopen 网络中进行设置，首先要测试节点 ID（地址 255）。而节点 ID 必须根据 LSS 协议（CANopen Layer Setting Service）设置。

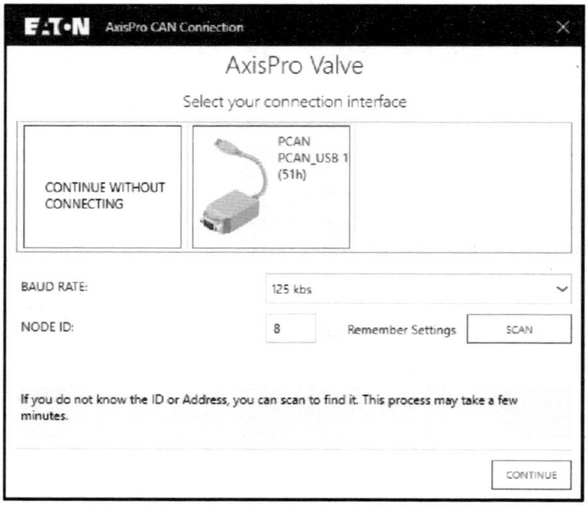

图 13-114　AxisPro 连接 CAN 总线

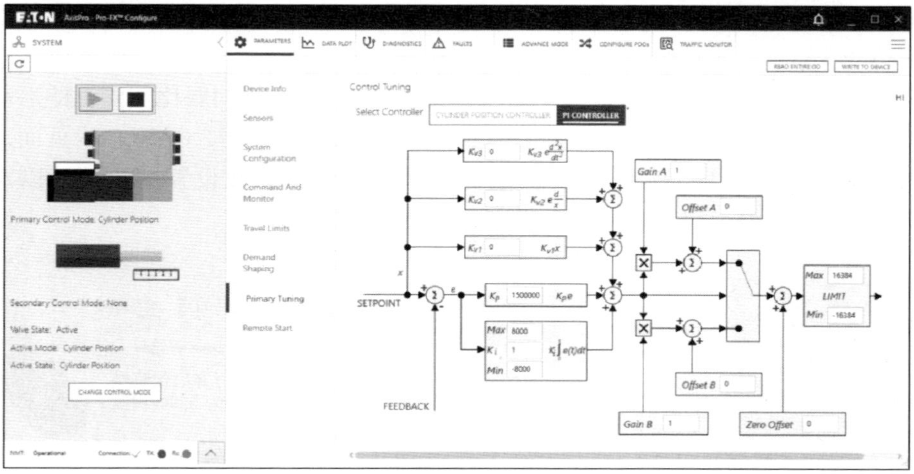

图 13-115　通过 Pro - FX 对 AxisPro 伺服比例阀进行图形参数设置

3）软件会调用 AxisPro 比例阀的对象字典（Object Dictionary，OD）参数列表，它相当于一个固化于元件内的标准化的电子数据表（.EDS），集中了各个可以显示/修改/配置等的参数项，这些参数通常分组为通信参数、控制器参数、传感器参数等，它包括类似线圈电流值/斜坡时间/PID 控制器的关键系数等。通过对应的软件工具读取或者修改这里的数值，可以使得阀呈现不同的控制性能和使用功能。例

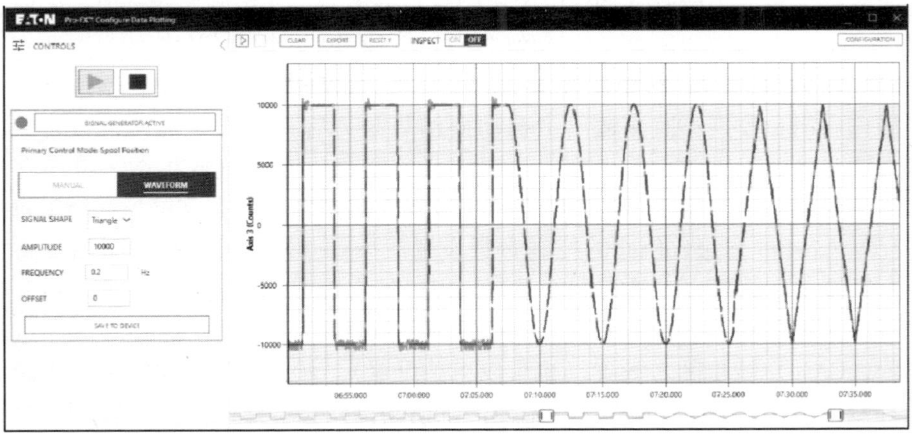

图 13-116　Pro – FX 设置的数据图形

如，同一个阀通过配置可以作为位置闭环阀、力/压力闭环阀、阀内阀芯位置闭环而阀外为开环控制的阀；通过配置，阀可以是电流指令型、电压指令型甚至总线控制型等。

这个对象字典很重要，和元件的固件及 EDS 文件相一致。EDS 文件是 CAN 总线协议要求的元件级的通信用文件，和元件内 OD 相对应，基本功能就是读写数据，实现有效通信。

最后对 AxisPro 比例阀生成了一份元件的“设备配置文件”（. DCF），该 DCF 文件在架构上与元件电子数据表 EDS 文件一致，但是具有本元件设备的实际参数而不是原先 EDS 文件中的默认参数，这些都符合 CiA DSP306 标准。

4）设备配置（DS408 流体动力文件）。AxisPro 比例阀可以实施 DS408 流体动力文件（CiA 协会规范的协议文件）中提及的几种设备控制模式。采用软件工具 Pro – FX Configure 监测工具菜单或控制工具菜单作为接口，按菜单指令读取参数。也就是说，通过其他 CAN 通信控制软件工具对比例阀读取相应的控制数据时，它们的状态指令和信号指令都会指定到确定的 OD 地址对应项，这时对应变量的数据类型和长度也都会是一样的。这时菜单上具有包括设备状态、设备控制模式、设备模式、设备本地编码、实际值等各自类型指令。通过一系列操作流程，从而达到设备的配置监测、设备建立与设备工作三个目的。

5）Pro – FX Configure 图形模式设置器选择。AxisPro 伺服比例阀设置也可以采用图形设置方法，易于理解与使用。图形设置就是用鼠标点击该图形符号，采用图形设置可以应用于位移控制模式（DPC）图形设置器，示例如图 13-115 所示；也可以应用于速度控制模式（DSC）图形设置器；还可以应用于压力流量控制模式（DPQ）中。

以图 13-115 为例，可以从中看到，在软件工具中包含了配置阀及其闭环控制架构的各个环节，最后调节PID中的比例与积分增益，使控制器达到要求的阶跃响应值。对于速度控制器还要对传感器进行校正、存取、接口等方面的设置要求。

6）Pro－FX软件还包括软件本身操作有关的指令，AxisPro控制器包含各种传感器接口启用和校准；监测输出“自动操作”与“客户操作”的两种设置；数据同步设置；诊断工具的设置；临界情况定义；紧急事态；故障状态字符与存储字符；错误状态；用户诊断；用户错误水平设置；用户错误状态字符与存储字符等。

（5）AxisPro伺服比例阀的控制参数设置　Pro－FX完成参数配置后，将它们保存到系统中，就可以对被控制的设备元件进行安装或者卸装。使用Pro－FX配置工具可以配置在CoDeSys主机的Master的设备节点ID和波特率通道。顺序进行网关设置，CAN总线也随之设置（也可以单独设置）。从而可以建立需要被控制元件的“控制方案”，直至完成所有的流程，包括调试纠错、总线连接与管理、总线遥控设备、可视化等。图13-117显示了可视化页面。图13-117a所示为CANopen从属的可视化选择示例，选择后各种设备元件参数利用这种形式安装。所属对象的特征被配置为显示/修改设备状态，如图13-117b所示。

图13-118所示为位移控制模式图形设置器。

图13-119所示为AxisPro伺服比例阀的控制参数可视化设置。

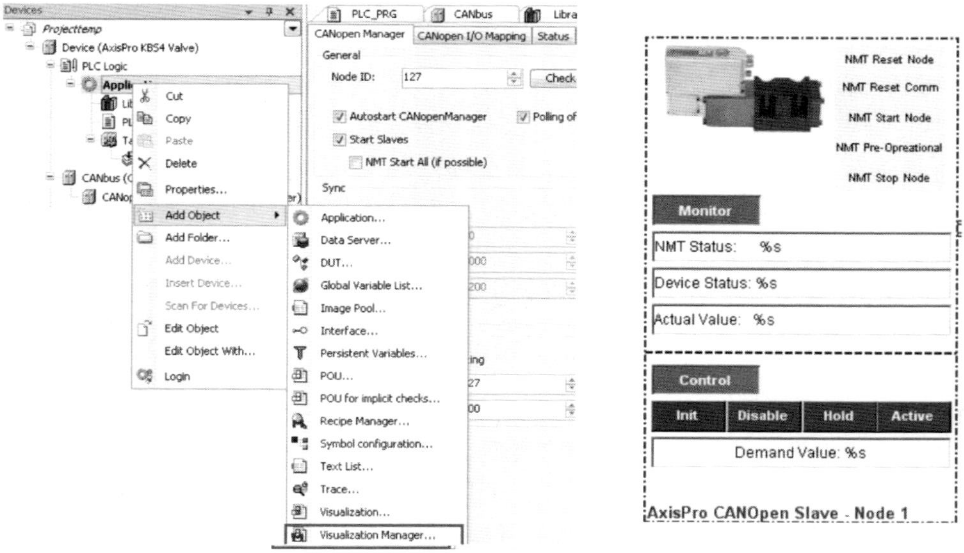

a)　　　　　　　　　　b)

图13-117　AxisPro伺服比例阀的控制参数设置

a）选择可视化的菜单　b）可视化页面

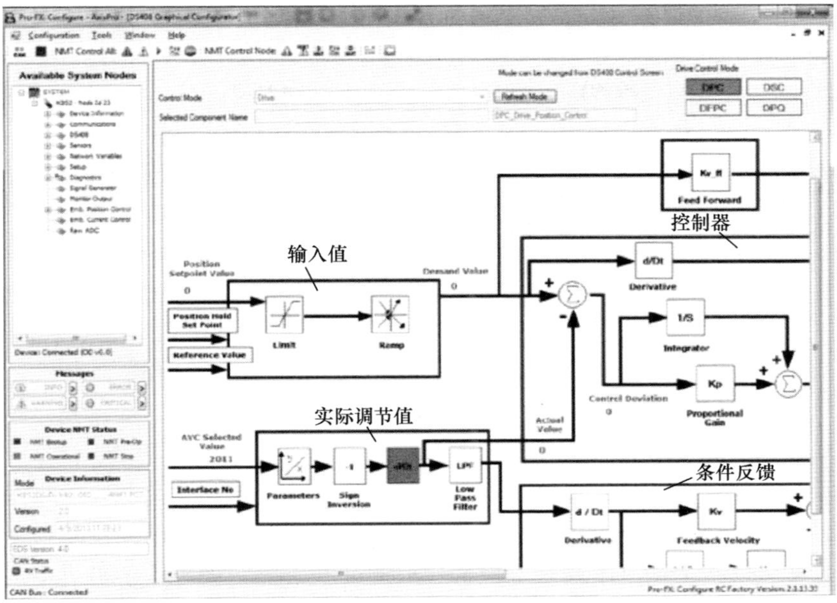

图 13-118　位移控制模式图形设置器示例

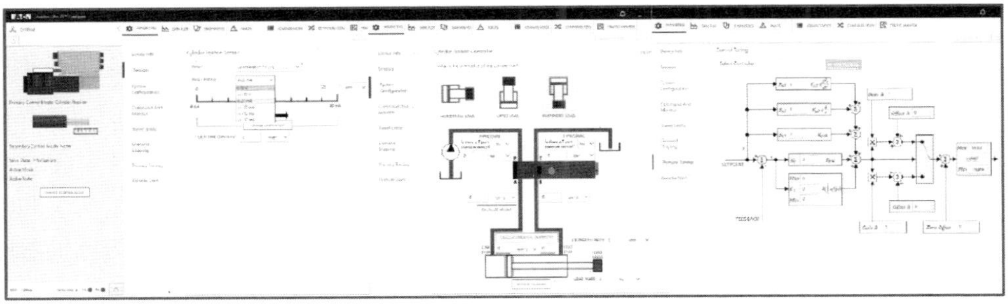

图 13-119　AxisPro 伺服比例阀控制参数可视化设置

第 14 章　二维（2D）液压气动数字元件

二维（2D）液压气动数字元件最初取名为“2D 电液数字阀”或“二维电液数字阀”。随着研发工作的深入，已经由液压阀领域发展到液压泵领域，而且由液压领域发展到气动领域，甚至气动压缩机领域，因此最终按“二维（2D）液压气动数字元件”阐述。此元件工作原理是由阮键教授在 1985 年提出的。此元件产品已在我国战机上列装，也可用于民用各领域，取得了令人注目的经济效益与社会效益。本产品从技术上提供了高端电液伺服控制的新方法，促进了学科进步，也推动与引领我国电液伺服技术、液压数智化技术与产品的发展，并将继续为数智液压技术发展奠定基础，有力推动我国向液压强国方向发展。

14.1　二维液压气动数字元件基本概念与产品体系

此元件利用步进电动机的角位移作为驱动，主阀具有双自由度（滑动自由度与转动自由度）的控制阀口与共体的主阀口，步进电动机输出角位移使主阀芯产生直线位移并在控制伺服阀口获得反馈，从而得到功率放大，与跟踪控制算法和数字补偿理论结合而形成。其性能可以达到电液伺服阀水平，功重比相对传统伺服阀提高 3 倍，污染度从传统伺服阀要求的 NAS 6 级降低到只需要 NAS 11 级。

图 14-1 所示为传统滑阀、传统转阀与二维液压阀的对比。在传统的液压阀中，只能轴向移动（ x_v ）或旋转转动（θ），而二维液压元件运动部件同时具有 2 个运动自由度：轴向位移 + 转动，故取名为二维阀。

二维液压气动元件分为二维液压气动阀及二维液压气动活塞泵（马达）。二维液压气动阀是同时利用阀芯的旋转 + 滑动移动双自由度设计的各类液压气动阀的总称；二维液压气动活塞泵（马达）则是利用活塞的双运动自由度设计的各种活塞泵（马达）的总称。也就是说，液压数字阀从一开始就已经延伸到液压泵、气体压缩机等更多的领域。随着研究的发展与应用的需要，此阀从二维液压数字伺服阀推广到几乎所有的液压功能元件，包括已应用的液压阀领域和液压活塞泵、空压机、液压激振阀等领域，而且其中的电液转换装置既可以是数字式也可以是模拟式，形成了二维液压元件气动家谱，如图 14-2 所示。

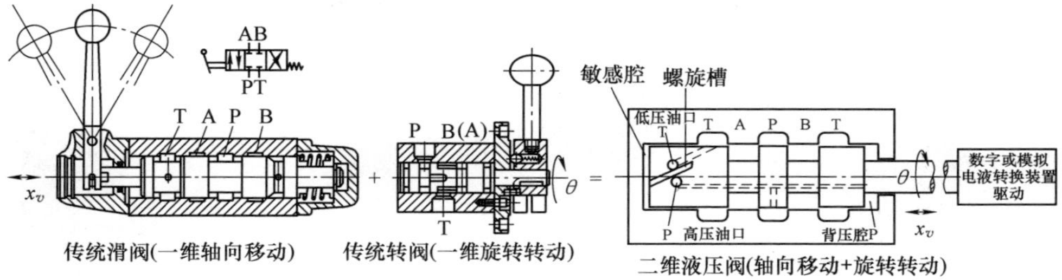

图 14-1　传统滑阀、传统转阀与二维液压阀的对比

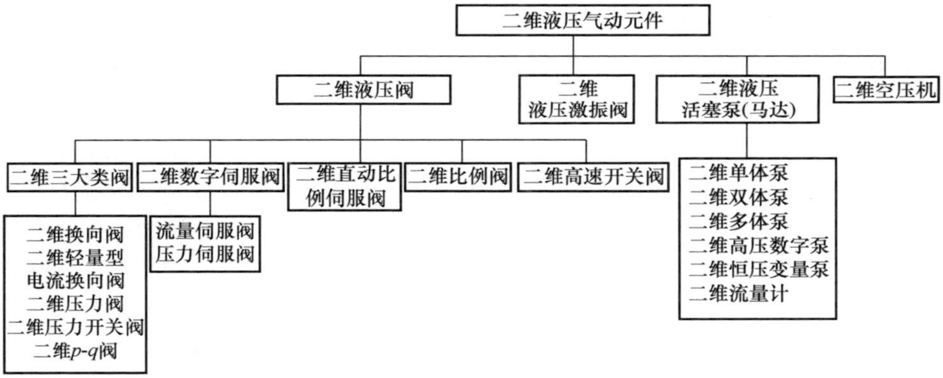

图 14-2　二维液压气动元件家谱

14.2　二维数字伺服阀

14.2.1　二维数字伺服阀的工作原理

二维液压元件的创新在于它的工作原理：毛细阻尼管调压方法及压力控制阀，利用毛细阻尼管中的均匀压力变化将角位移信号转换成压力信号，进而控制阀的出口或入口压力，可将二级阀的信号转换级和功率放大级设计在一个阀芯上，如图 14-3所示。

二维液压数字元件工作原理有以下特点：

（1）阀芯与阀套的结构是独创的　在阀套端部有一条自创的毛细阻尼管槽（又称螺旋槽），螺旋槽隔开高压进油孔与低压出油孔，形成液压半桥油路。在阀芯不动时，高低压油口通过螺旋槽产生一个压力，这个压力使处于敏感腔的阀芯端部产生的力与压力油作用在阀芯另一端产生的力平衡，阀芯便静止不动。当阀芯在数字电动机的驱动下产生角位移时，螺旋槽将打破高低压油孔相通产生的压力平

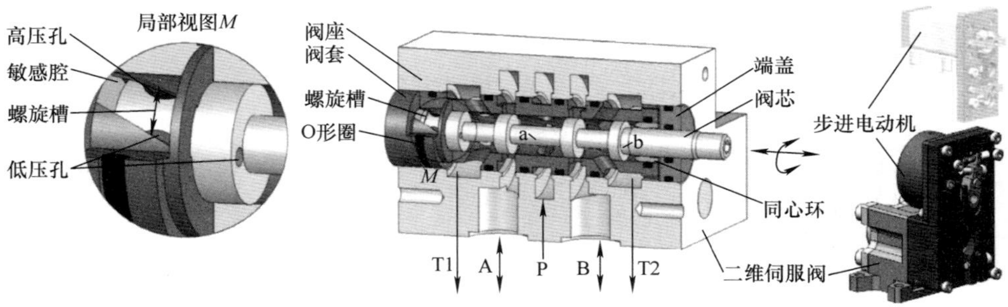

图 14-3 典型的二维数字伺服阀

衡，使与其相通的敏感腔压力升高或降低，于是这个不平衡力使阀芯产生位移。位移的结果会使螺旋槽不断调节进出油口的位置，直到这个压力可以平衡另一侧阀芯端部存在的力为止，这样就完成一次阀芯开度的调节，实现了二级阀的信号转换级和功率放大级处于同一个阀芯上。

（2）此阀结构所形成的工作原理是独创的 当利用数字电动机转角推动阀芯产生位移并使阀产生控制功能时，随着阀芯产生位移后，螺旋槽又重新位于高低压油孔中间位置，阀芯处于新的平衡位置并保持静止不动的状态。这个原理具有位置随动特征，相当于直接位置反馈伺服阀的工作原理，阀芯的位移和转角存在线性关系。因此二维阀原理上是一个伺服阀。

二维伺服阀利用螺旋结构实现伺服阀先导级的压力放大功能，与传统伺服阀相比，结构简单、抗污染能力强、零位泄漏小、响应快。由于采用步进电动机作为电液转换装置，可以有较高的响应速度和定位精度，应用数字信号处理（Digital Signal Processing，DSP）芯片设计好嵌入式数字阀专用控制器，是非常理想的闭环伺服控制元件，也是数智液压元件的基础。

14.2.2 二维数字伺服阀的结构

二维数字伺服阀由四部分组成：二维阀主阀、步进电动机、步进电动机驱动控制装置、传动机构或装置。二维伺服阀的结构如图 14-3 和图 14-4 所示。

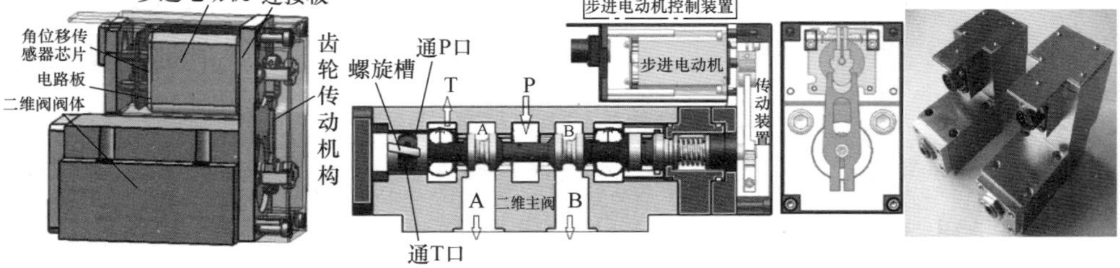

a) b) c)

图 14-4 二维数字伺服阀结构

P 口为进油口，T1 口与 T2 口是回油口，A 口与 B 口为负载油口。阀右腔通过小孔 b（见图 14-3）与 P 口相通。结构设计时使右腔面积为左腔（敏感腔）面积的一半。而敏感腔的结构有一个毛细螺旋槽，将高压油孔与低压油孔置于此螺旋槽的两侧形成一个液压半桥。如果阀芯旋转一个角度后高压口开度增加，则低压口开度减小，从而造成敏感腔的压力增加，反之敏感腔的压力降低。

在此结构条件下，由于右腔面积是左腔的一半，因此此阀芯平衡的条件是左腔的压力是右腔的一半，此时阀芯静止不动。如果达不到平衡条件，阀芯在两端不平衡的压力作用下产生位移，直至螺旋槽与高低压油口产生的压力正好平衡为止。因此，这个阀可以自动保持平衡而静止不动。

通过步进电动机使阀芯产生转动，于是螺旋槽与高低压油口的位置改变，敏感腔的压力也随之改变，阀芯产生位移。阀芯的位移距离是一定的，就是使螺旋槽在高低压油口之间的桥路在敏感腔产生的压力与阀芯另一端的压力保持平衡为止。这就形成了步进电动机转动一个步进角后的阀口位移过程。

如果步进电动机不停地转动，二维阀的阀口就不断地完成阀芯两端的压力不平衡到平衡的控制过程，直到按控制要求步进电动机不再转动。步进电动机也可以反向转动，这时 A 口与 B 口的进出油功能互换。

由于二维阀是一个浮动的随动阀芯，为了防止在应用中外界干扰产生零位偏差造成误动作，要使二维阀有一个机械零位，将零位保持压缩弹簧分别安放在电动机安装板与摆轮和弹簧保持架之间；同理，为了保证电动机的机械零位，在电动机轴上安装扭转弹簧，2 个扭转弹簧分别装在电动机安装板与齿轮和弹簧保持架之间，如图 14-5 所示。

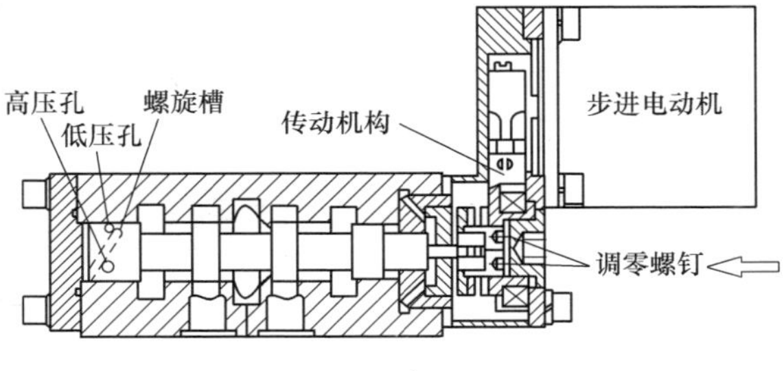

a)

b)

c)

图 14-5　二维阀机械调零弹簧与结构
a）整体结构　b）压缩弹簧　c）扭转弹簧

齿轮传动装置用来连接步进电动机和阀芯，目的是将步进电动机的输出力矩放大。步进电动机在控制器的作用下，通过传动机构将转动的角度传递给阀芯，驱动阀芯转动，还可以预防阀芯因油液污染卡死，同时可以提高二维阀的动态响应。传动机构和阀的零位死区可以通过颤振信号消除。

显然，二维阀是利用主阀芯的旋转运动和直线运动，将先导级巧妙地设计在主阀芯上，先导级采用A型半桥的二级随动阀。

14.2.3　二维数字伺服阀的性能

二维数字伺服阀的基本性能参数见表14-1。

表14-1　二维数字伺服阀的基本性能参数

电压 /V	电流 /A	工作压力 /MPa	流量/(L/min) (Δp=3.5MPa)	阀芯最大位移 /mm	数字信号 传送方式
36	2.4	21	60	0.44	并口
采样时间 /ms	最小开口工作步数	频响(-3dB) /Hz	频响(-90°) /Hz	重复误差 (%)	磁滞 (%)
0.5	4	250	250	0.1	0.1

表14-2列出了二维电液数字伺服阀种类与其性能参数。

表14-2　二维电液数字伺服阀种类与性能参数

控制类型	用途与性能参数	伺服阀结构原理	实物图
数字伺服阀	压力3~31.5MPa 流量10~1000L/min 滞环2% 频响(-3dB)为180Hz(40L/min)或150Hz(100L/min)	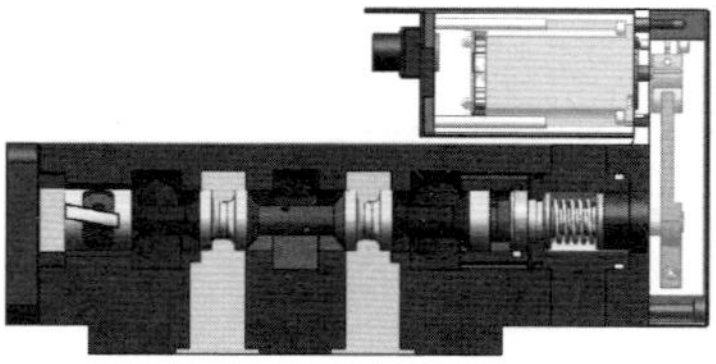	
数字压力伺服阀	飞机制动用	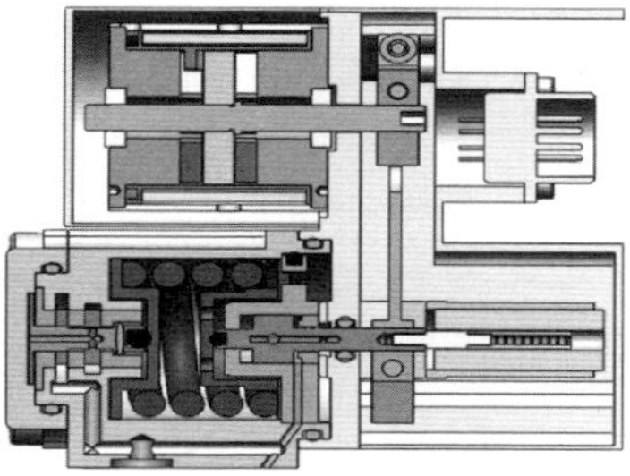	
数字流量伺服阀	插装型 压力28MPa 流量35L/min(Δp=28MPa) 温度-55~135℃ 质量180g		

（续）

控制类型	用途与性能参数	伺服阀结构原理	实物图
插装型伺服阀	制动伺服阀组	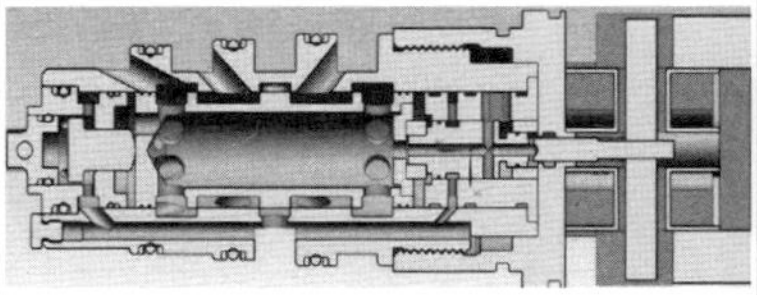	

14.3　二维电液阀

二维电液阀与二维数字伺服阀的最大差别在于采用了不同的电－机械转换器件。二维电液阀采用了本安（即本质安全）型双向电磁铁（模拟式），而二维电液数字伺服阀采用的是步进电动机。

二维电液阀的工作原理是将双自由度阀芯与连续跟踪控制方法应用于具有换向功能的电液阀元件，利用电磁铁输出的推（吸）力，通过压扭联轴器使阀芯转动，由液压力差推动阀芯轴向移动，实现换向功能。二维电液阀的特点是将原二维数字伺服阀中的传动机构改为双向压扭联轴器，其结构原理与压扭组件如图 14-6 所示。

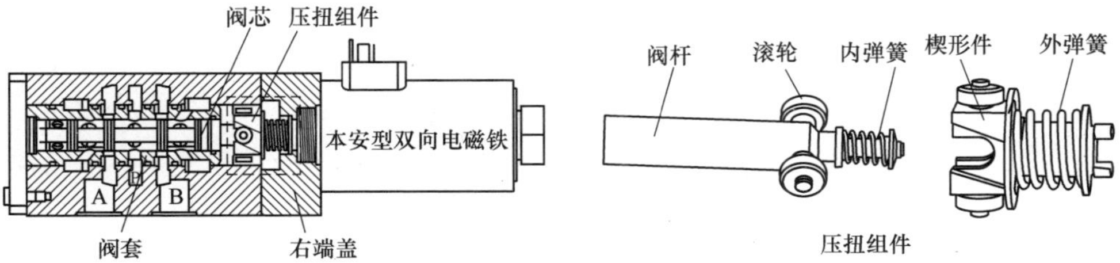

图 14-6　本安型二维电液阀结构原理与压扭组件

本阀属于本安型元件，适用于防燃防爆场合。这是因为本安技术是弱电技术与低功率设计技术，通过限制电路的电压和电流来降低热量，以此降低风险并达到安全目的。本安的低功率也就限制了电磁铁输出力，对于传统电液方向阀，由于受到液动力的影响，难以直接采用本安型电磁铁，除非增加先导控制，这又带来复杂结构，导致成本增加。由于采用压扭联轴器，二维电液阀不仅可以实现位移－旋转的运动转换，还可以将电磁铁的驱动力放大，有效、可靠地驱动阀芯运动。

本安型二维电液方向阀的技术参数见表 14-3。

本阀结构简单，无须弹簧；不存在任何固定阻力小孔，抗污染力强；直接接受数字信号，符合控制技术数字化发展趋势；具有较理想的动、静态特性。二维电液阀的性能参数见表 14-4。

表 14-3 本安型二维电液方向阀的技术参数

电压 /V	电流 /A	工作压力 /MPa	流量/（L/min） （Δp =0.8MPa）	输入数字 信号范围	数字信号 传送方式
24	1.5	21	60	±2047（二进制）	并口
最小开口的 工作步数	脉冲当量	采样时间 /ms	阀芯最大位移 /mm	阶跃响应 /ms	频率响应 /Hz
16	128（2047/ 16 步）	0.5	0.804	15 ~ 18	100（10% 信号值）

表 14-4 二维电液阀的性能参数

控制类型	性能参数	电液阀实物图
轻量型 电液 方向阀	压力 28MPa 流量 35L/min （Δp =28MPa） 响应时间 5ms 振动 40G 质量 80 ~ 100g	
三位四通 电液阀	压力 28MPa 流量 25L/min （Δp =1MPa） 温度范围 -55 ~ 135℃ 振动 40G 质量 620 ~ 700g	
电磁 方向阀 （工业产品） DN =6mm	压力 28MPa 流量（常闭） P→A ≥30/70L/min A→T ≥30L/min 泄漏≤0.5L/min 额定电压 28（22 ~ 30）V 工作电流≤0.3A 响应时间≤20ms 温度范围 -55 ~ 135℃ 质量≤420 ~ 500g	 杭州迪微电液数控技术有限公司/河南航天工业总公司联合研制

14.4　二维高速开关阀

二维高速开关阀是我国的原创型液压高速开关阀，值得进一步发展与市场化。三种不同种类数字液压元件结构与性能特点比较见表 14-5。

表 14-5　三种数字液压元件结构与性能特点比较

数字液压类别	增量式数字液压	直接式数字液压	二维式数字液压
电液转换装置	步进电动机或伺服电动机	高速开关阀	步进电动机或旋转电磁铁
转换运动特点	脉冲信号多相时序旋转	PWM 信号阀高速换向开关	脉冲信号角位移
结构与性能	步进电动机类数字元件	高速开关阀类数字元件	二维类数字元件
阀芯结构	传统阀芯、伺服滑阀	锥阀阀芯或球阀阀芯	2 个运动自由度滑阀（二维阀阀芯）
流量特性	连续输出 流量取决于关联液压阀	间断性输出 流量几升/分	连续输出 流量可以很大
体积	取决于电动机	$\phi30$ 左右或更小	功重比更有优势
动态	三类中最低	0.2 ~ 3ms（最高）	居以上二者之间
目前应用场合	步进数字缸	数字比例多路阀	战机伺服阀

14.4.1　二维高速开关阀工作原理

图 14-7 所示的二维高速开关阀由三部分组成：旋转电磁铁，传动机构与二维主阀。因此高速开关阀的工作原理与以上所介绍的二维数字伺服阀的基本原理是一致的。根据应用的需要，对二维高速开关阀的频响做了进一步的改进。

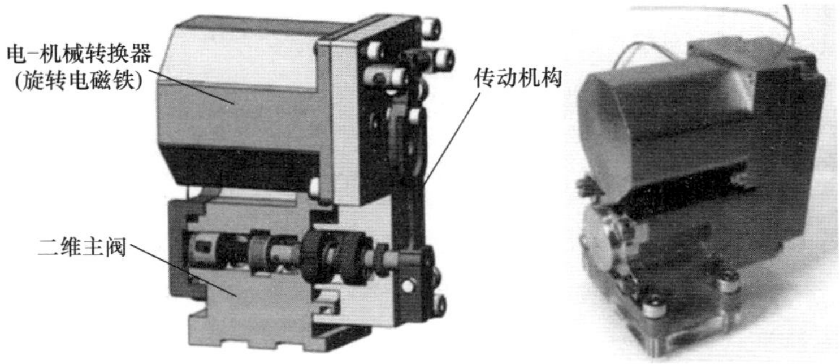

图 14-7　二维高速开关阀

此阀是二位三通阀，常通或常闭。控制信号进入旋转电磁铁中，输出力矩与角位移，通过拨叉拨杆机构将力矩与角位移放大，驱动主阀芯产生旋转运动。通过阀芯端部的螺旋槽构成的 A 型半桥产生主阀芯端部的压力变化，阀芯产生位移，打开主阀阀口产生流量输出。断电后，传动机构上的弹簧使旋转电磁铁位置处于零位，主阀内也有零位弹簧保证主阀芯处于零位。旋转电磁铁端部还装有霍尔元件监测旋转电磁铁角位移，实现对阀芯的间接闭环控制。

14.4.2　提高二维高速开关阀频响的措施

提高二维高速开关阀频响的措施是改进阀的上述三个组成部分的结构参数与对性能的影响。首先是提高螺旋槽构成的A型半桥的压力增益来提高先导级对于角位移输入的快速响应，只要加大阀芯直径、加大螺旋槽升角及螺旋槽上通油孔的面积就有利于达到这个目的；其次，加大传动机构的传动比，形成变传动比机构；再次，电液转换装置的转换惯量与惯性力对频响影响最大，因此对旋转电磁铁的转子从3个52°叶片均布形式改变成6个26°叶片均布形式，取得很好效果，如图14-8所示，旋转电磁铁体积、质量明显变小，输出力矩达到0.02N·m。

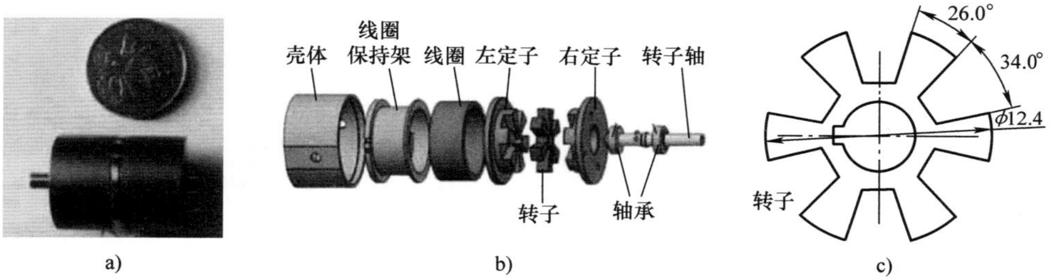

图14-8　旋转电磁铁改进后结构与叶片形式

a）旋转电磁铁实物　b）单向旋转电磁铁拆分图　c）转子叶片形式改进

此阀阀芯直径为ϕ7.6mm，行程为0.8mm，工作压力为28MPa，流量为60L/min，动态响应为18ms，图14-9所示为二维高速开关阀阶跃响应曲线。

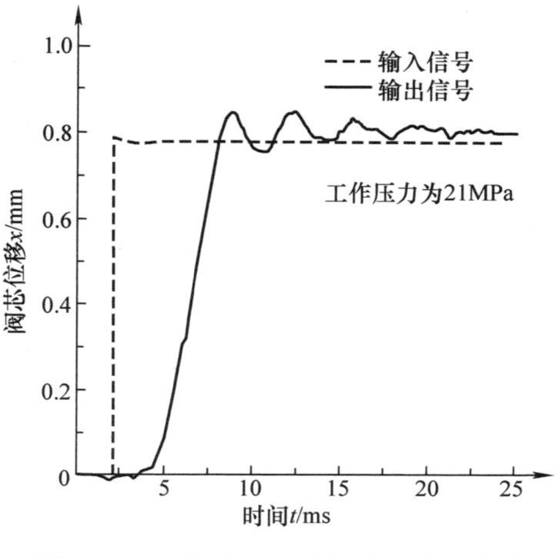

图14-9　二维高速开关阀阶跃响应曲线

14.5　二维电液比例阀

14.5.1　二维电液比例阀的工作原理与优点

图 14-10 所示的二维电液比例阀结构原理与图 14-6 所示的二维电液阀基本一致，只是将二维电液阀中的电磁铁更换成传统的比例电磁铁。该阀共有三个组成部分：二维阀主体、直线型比例电磁铁、压扭联轴器。

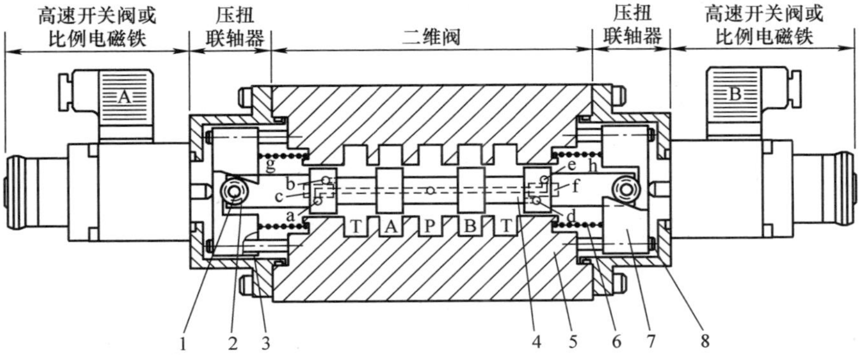

图 14-10　二维电液比例阀结构原理

1—销轴　2—滚动轴承　3—直线轴承　4—阀芯　5—阀体　6—弹簧
7—滑楔　8—销钉　a、e—高压孔　b、d—低压孔　c、f—感受通道　g、h—敏感腔

二维电液比例方向阀兼具直动式和先导式比例阀的功能：在正常工作压力下，比例电磁铁输出的推力通过压扭联轴器使阀芯转动，阀敏感腔的压力则差动变化，驱动阀芯轴向移动，与此同时，阀芯反向转动，敏感腔的压力又逐渐恢复为原来的值，阀芯达到一个新的平衡位置，实现对阀芯位移的先导比例控制；当工作压力为零时，则由比例电磁铁直接驱动阀芯，即直动式功能。在正常的工作过程中，压扭联轴器不仅可以实现直线 - 旋转运动转换，还可将比例电磁铁的驱动力放大，使其能有效、可靠的驱动阀芯转动，从而提高阀的性能和可靠性。由于此先导控制可以有效克服液动力和摩擦力的不利影响，故二维阀具有较快的响应速度和很好的稳定性。

从图 14-10 所示的结构原理可以理解到，此阀在两端比例电磁铁都不通电时，左右两端的弹簧对左右两端的滑楔各自产生大小相等方向相反的向外轴向推力，也同时在两端产生相对于轴线都相等的切向力，这两端的力偶也是大小相等方向相反。此时阀芯保持平衡不动，阀芯处于预拉与预扭的状态。假设左端比例电磁铁通电，产生向右的电磁推力，使得阀芯左端承受的向左轴向力和顺时针的力偶均减小（从左向右看），则阀芯产生向右的轴向驱动力以及逆时针的转矩。这个过程与传统比例阀的动作过程相同，是一个直动式的比例阀工作过程。此时，由于阀芯液动力与摩擦力的影响，阀芯会首先向左逆时针旋转。同时，左端弹簧力增大、右端弹簧力减小并与比例电磁铁推力的增大相平衡。这时阀芯逆时针转动，使阀芯左右两端螺旋槽与高低压孔的沟通面积发生变化，从而产生左右敏感腔压力变化。由于旋转是逆时针的，因此此时阀的左敏感腔压力升高，而右敏感腔压力降低，致使阀芯右移。这个过程相当于比例阀先导级放大的过程。

14.5.2 压扭联轴器的结构原理

压扭联轴器将比例电磁铁产生的轴向力转换为切向力，并放大后驱动阀芯转动。压扭联轴器可嵌入安装至阀体内部，它的输入－输出特性对阀的流量静态特性有较大的影响。

从图14-10所示的压扭联轴器表达中，可见其由滑楔7、滚动轴承2、直线轴承3、销钉8和销轴1组成。销轴1径向固定在阀芯的端部，由其实现压扭联轴器和阀芯的连接。两只滚动轴承2安装在销轴1两端，与滑楔7相互作用实现压－扭转换与放大。销钉8限制滑楔的转动，还在滑楔7轴向运动时起导向作用。弹簧6安装于阀体与压扭联轴器之间，在比例电磁铁作用下转换成位移，并消除间隙和实现零位对中。

压扭联轴器的结构型式很多，如螺旋槽推杆刚性压扭联轴器、腰形簧片式弹性压扭联轴器、滑楔型压扭联轴器、滚珠丝杠型压扭联轴器等，见表14-6。

表14-6 压扭联轴器类型

类型	螺旋槽推杆刚性	腰形簧片式弹性
组装	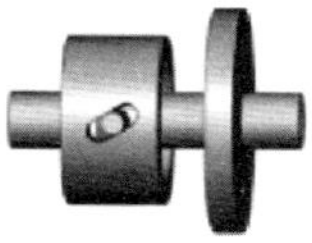	
拆解		
类型	滑楔型	滚珠丝杠型
组装		
拆解	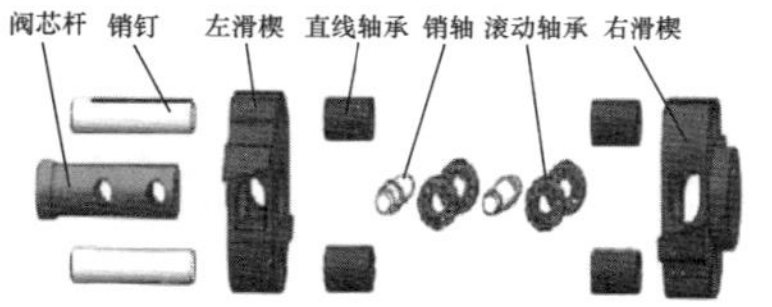	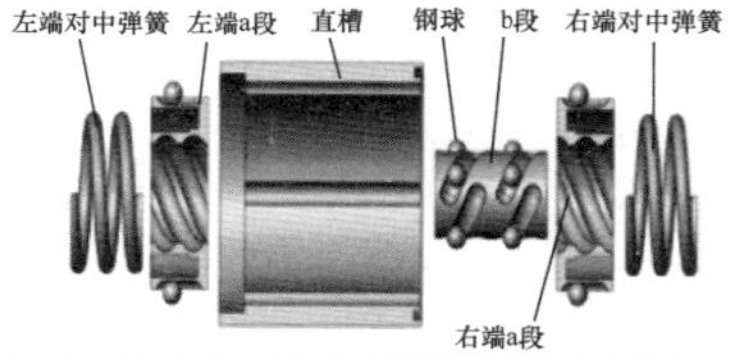

要注意二维比例阀中压扭联轴器对动态性能的影响，对滞环的影响要根据具体情况分析，以往的试验结果表明：该阀的压扭联轴器位移滞环约为 7.4%，在系统压力为 21MPa 时，该阀的流量滞环约为 5.7%。

14.5.3　二维比例阀控制器硬软件系统框架

二维比例阀控制器硬软件系统框架如图 14-11 所示。为了保证比例阀的性能，要选择合适的主控芯片（有足够的 I/O 端口和模数转换模块、串行通信模块等），满足抗干扰要求，性价比与功耗有市场竞争力等。在硬件框架内表明了所需的功能模块。因此在主控芯片中，将会由主控制电路、电源电路、模拟量输入接口电路、PWM 功率放大电路、测量放大电路、按键输入电路、液晶显示电路和串口通信电路组成。

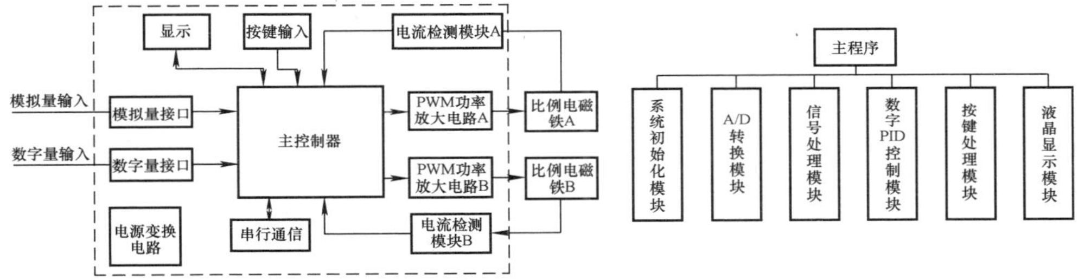

图 14-11　二维比例阀控制器硬软件系统框架

图 14-12 所示为其中的反接卸荷式 PWM 功率放大电路。电路中 PWM 信号作

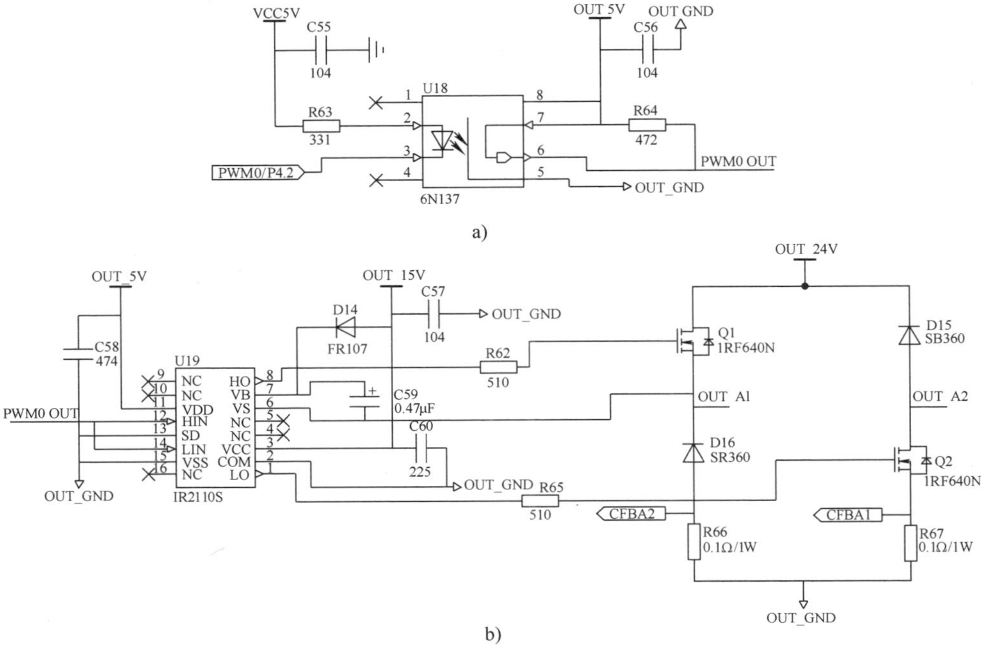

图 14-12　数字式比例控制器反接卸荷式 PWM 功率放大电路

a）光耦隔离电路　b）反接卸荷式功率放大电路主电路

为输入，通过高速光隔 U18 进入 MOSFET 驱动芯片 U19 的 HIN 与 LIN 引脚，经过 U19 的驱动放大产生输出，通过 U19 的输出引脚使 Q1、Q2 导通或截止，产生功率放大。Q1、Q2 与两个二极管 D15、D16 组成“H”桥电路，对比例电磁铁两端电压进行调制，从而控制输出电流大小。当 Q1、Q2 导通时，D15、D16 截止，比例电磁铁线圈两端电压为正，线圈电流迅速增加；当 Q1、Q2 关断时，D15、D16 导通，相当于在比例电磁铁线圈两端加上与电流方向相反的负电压，使线圈电流迅速减少，“反接卸荷”通过 R62、R65 减缓 Q1、Q2 的开关速度，从而降低开关引起的冲击电流。在回路中还有采样电阻 R66、R67，对比例电磁铁电流进行采样，经过运算放大器后通过 A/D 转换器的输入引脚，实现线圈电流的闭环控制。

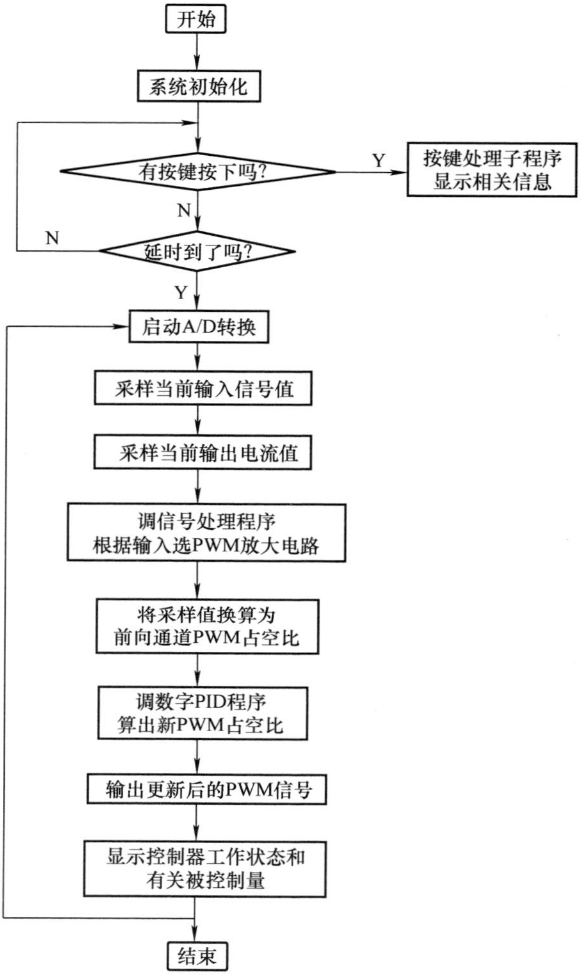

图 14-13 软件控制流程图

软件与阀的性能密切相关，是整个数字式比例控制器有效运行的基础。下位机控制程序的主要功能是对采集的数据进行运算处理，并根据数据处理结果产生最终输出的控制信号，采用顺序执行，设定必要的中断、定时，以确保输出的控制信号能达到理想的设计要求。下位机控制程序主要包括控制系统的初始化、中断控制、模数转换、信号运算处理、数字 PID 控制、按键处理、串行通信和状态显示等子功能模块，整个控制过程如图 14-13 的软件流程图所示。

14.5.4 二维比例阀性能曲线

二维比例阀静态性能曲线如图 14-14 所示。

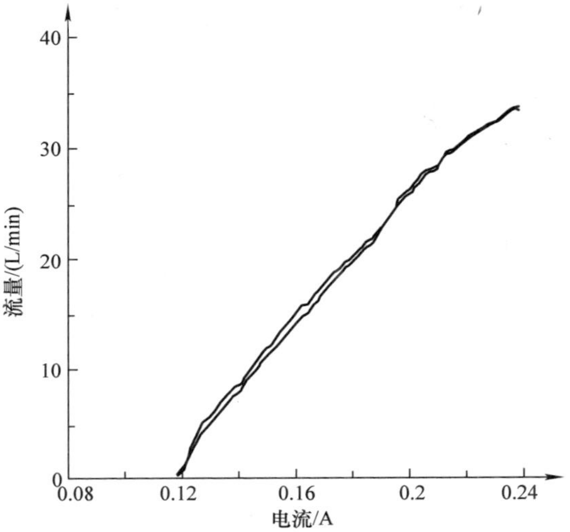

图 14-14　二维比例阀静态性能曲线

注：压力为 21MPa，流量为 34.5L/min，滞环为 3.5%。

14.6　二维液压活塞泵（马达）

二维液压活塞泵（马达）的工作原理已经完全颠覆了所有已知液压泵的概念，并且适合于许多应用场合，通过应用得到了良好验证。新概念的二维液压活塞泵符合高压、高速（比转速）、大流量及高效的发展方向。二维液压活塞泵从结构上将活塞、配流机构及传动轴集成于一体，摆脱了摩擦副比功率的制约，并改善了关键零部件的工作与受力状况，具有内部压力损失少、高压、结构简单可靠、体积小、质量小、摩擦副少、效率高、响应快和可靠性好的特点，有望成为世界液压泵市场上的新兴产品。

14.6.1　二维液压活塞泵工作原理

利用活塞在转动的同时能够轴向移动的双自由度运动原理，将二维阀原创的阀芯设计用于泵的活塞设计，形成一种新的配流方式，如图 14-15 所示。

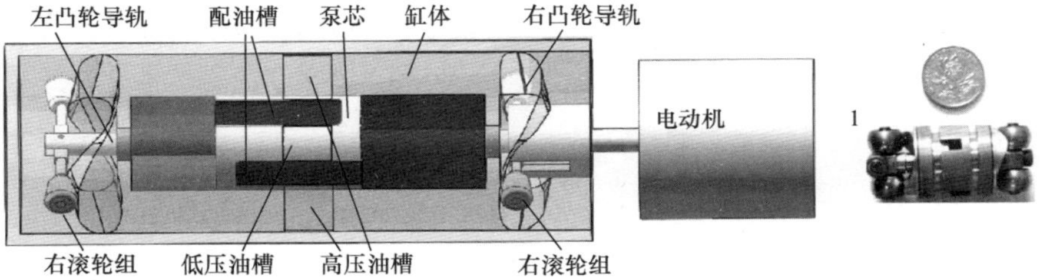

图 14-15　二维液压活塞泵剖面示意图与实物照片

二维液压活塞泵的泵体结构如图 14-16 所示。

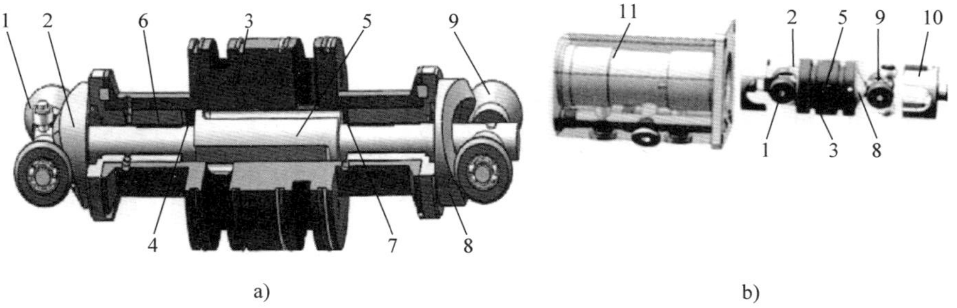

图 14-16　二维液压活塞泵的泵体结构

a）二维泵剖面图　b）二维泵

1—左滚轮组　2—左凸轮导轨　3—缸体　4—左腔　5—活塞　6—同心环　7—右腔

8—右凸轮导轨　9—右滚轮组　10—二维联轴器　11—泵壳

此泵有泵壳、泵芯（图 14-16a）和二维联轴器三部分组成。泵壳上设有进出油口，泵壳内部分布有进出油道，流道通过缸体上的吸排油油槽和吸排油窗口与泵体内部左腔与右腔相连通。电动机与二维联轴器相连，带动十字滚轮轴组件（右滚轮组）与十字滚轮轴组件（左滚轮组）转动，同时在左右两个端面凸轮导轨的作用下，迫使右滚轮组和左滚轮组带着活塞一起做轴向往复运动，从而实现吸排油功能。

二维液压活塞泵的创新核心是活塞配套结构。图 14-17a 所示为该活塞台肩上的 4 个均布配油槽，共有 4 个分成 2 组，配油槽通向一致的为一组。在缸体上有均布 4 个分成 2 组的吸油窗口与排油窗口，它们分别与自身的吸油槽与排油槽相通，并与活塞上的配油槽位置一一对应，如图 14-17b 所示。可见活塞上吸油或排油就是通过配油槽与缸体上的吸油窗口或排油窗口相通来实现，然后再通过吸油槽或排油槽将液压油吸入或排出。

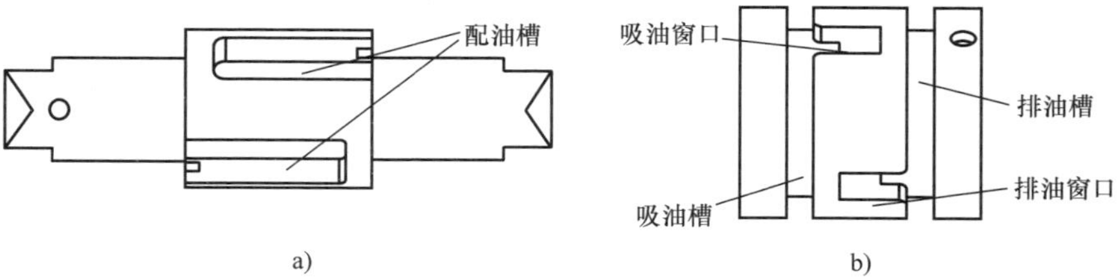

图 14-17　活塞与缸体配套结构

a）配油槽位置　b）吸/排油窗口与吸/排油槽位置

二维液压活塞泵的工作原理如图 14-18 所示。

当活塞在最右端，即图 14-18a 所示位置时，活塞上的配油槽与缸体的吸油口

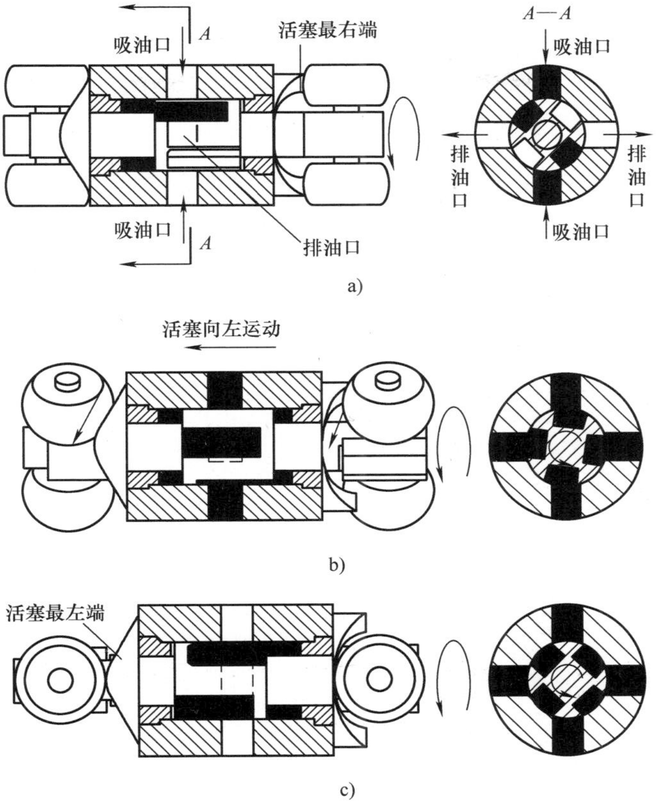

图 14-18　二维液压活塞泵工作原理

a）活塞在最右端　b）活塞在中位　c）活塞在最左端

是不相通的。

当泵芯开始做逆时针运动时（从轴向由右向左看），滚轮带动连成一体的活塞按凸轮导轨轨道向左移动，如图 14-18b 所示。在这个过程中缸体右腔容积逐渐增大，形成负压，产生吸油条件，通过缸体上的吸油槽及吸油窗口从油箱吸油；与此同时，缸体左腔的容积在逐渐减小，腔内压力升高，形成排油条件，通过缸体上的排油槽及排油窗口排油。

当泵芯继续旋转到右端凸轮导轨的最低点或左端凸轮导轨的最高点时，即活塞达到最左端，如图 14-18c 所示。这时活塞上的配油槽与缸体上的吸排油槽均不相通。完成了一次的吸排油过程。

当泵芯继续旋转到第 2 个 180°时将重复上述过程，但是活塞是从左向右运动。完成第 2 次的吸排油过程。因此活塞泵的理论排量是环形活塞位移所产生的容积变化量的 4 倍。

测试此泵得到的空载流量特性曲线与压力流量特性曲线如图 14-19 所示。由泵的工作原理可知，其机械效率取决于凸轮导轨与联轴器前后配合的同心度，容积效率取决于活塞与缸体的配合。

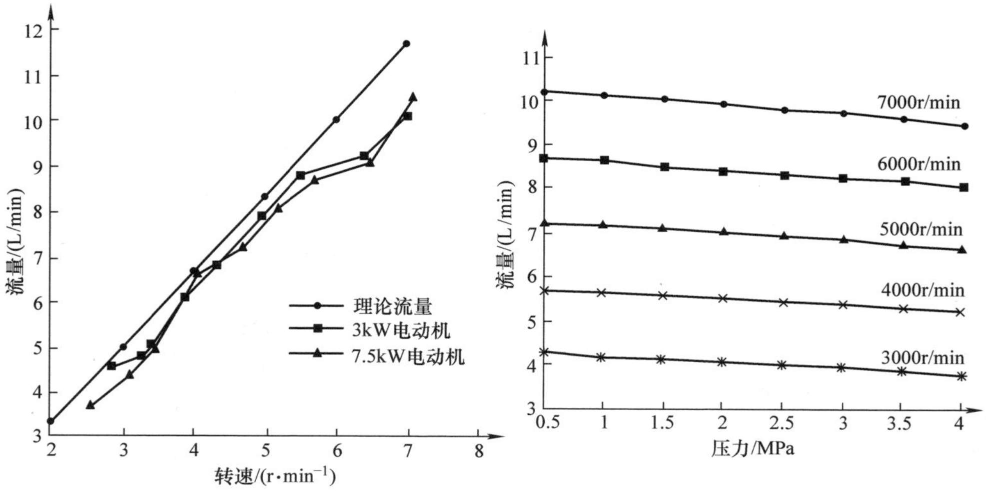

a)　　b)

图 14-19　二维液压活塞泵的性能曲线

a）空载流量特性曲线　b）压力流量特性曲线

14.6.2　二维液压活塞泵产品

二维液压活塞泵种类与性能参数见表 14-7。

表 14-7　二维液压活塞泵（马达）种类与性能参数

类型	性能参数	结构原理图	实物图
电动燃油泵	压力 10MPa 流量 150L/min 功率 24kW 转速 800r/min 质量 2.5kg 效率 88.6% 介质为航空煤油		
航空发动机燃油泵	压力 5～8MPa 流量 11.5～85L/min 转速 1500～10000r/min 寿命 1200h 质量 3.5kg	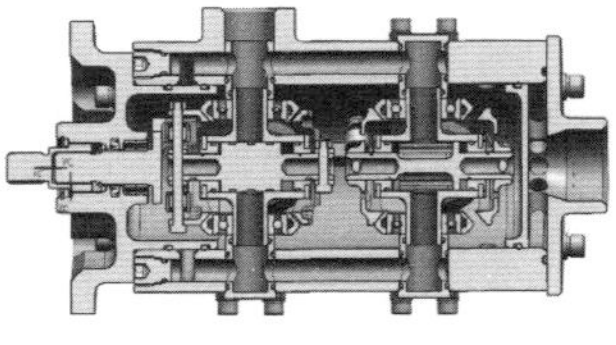	

（续）

类型	性能参数	结构原理图	实物图
燃气轮机燃油泵	—	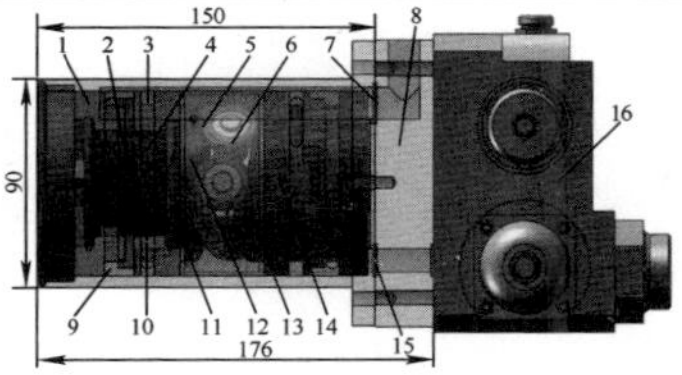 1—左缸体　2—活塞（左） 3—缸体右腔（高压）　4—活塞配流槽 5—导轨最高点　6—滚轮　7—低压口 8—阀块　9—缸体左腔（低压） 10—活塞配流槽　11—导轨最低点 12—左导轨　13—右导轨　14—右缸体 15—高压油口　16—安全阀	
涡轮燃油泵	—	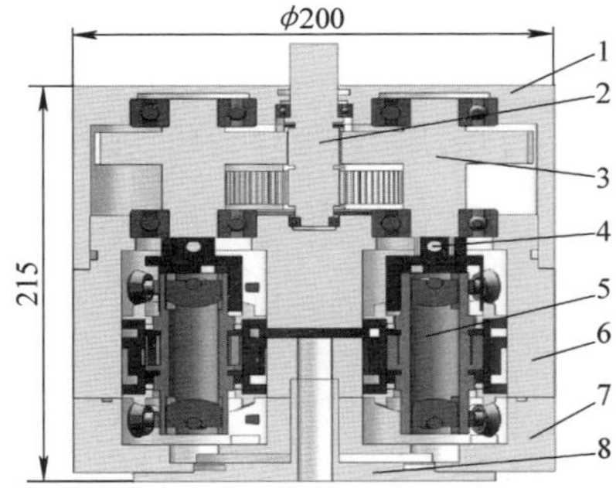 1—齿轮盖　2—输入轴组件 3—大齿轮轴组件　4—连接销 5—泵芯　6—泵壳　7—端盖　8—配流轴	—
舵机用单体泵	—	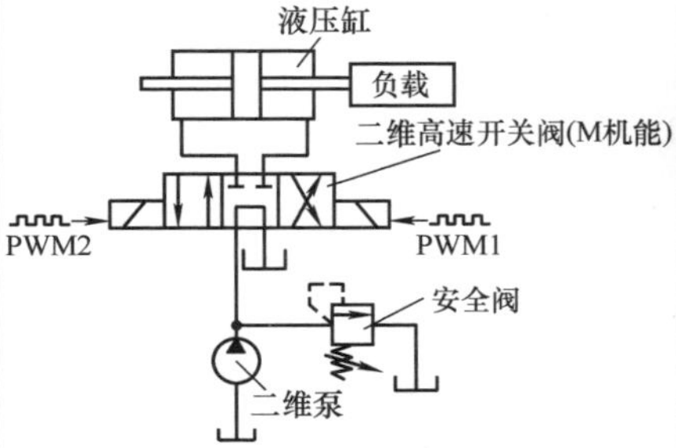 	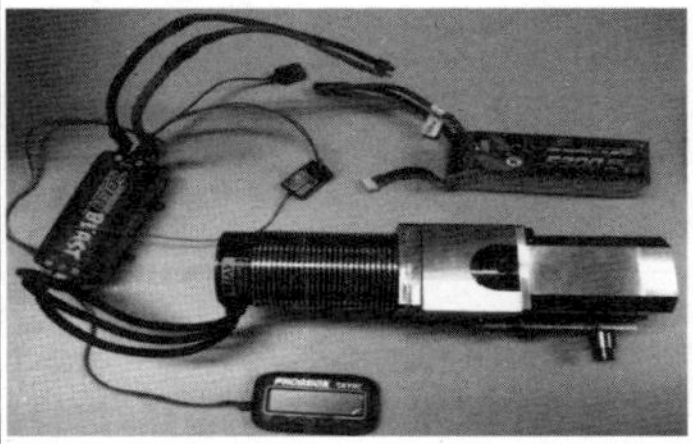

（续）

类型	性能参数	结构原理图	实物图
恒压变量泵	压力28MPa 流量0～30L/min 转速24000r/min 建压时间5s 寿命8000h 质量5kg （无电动机）	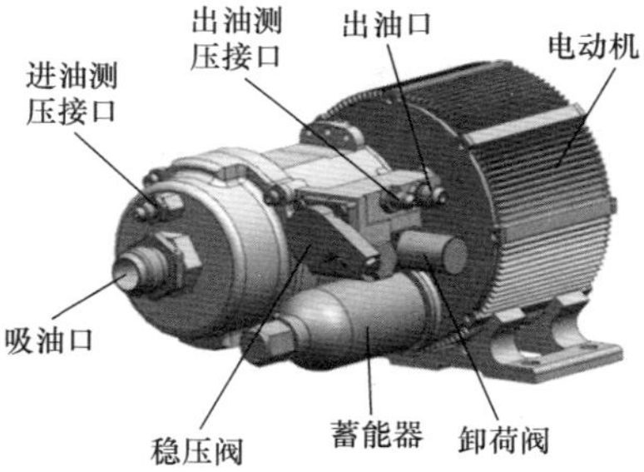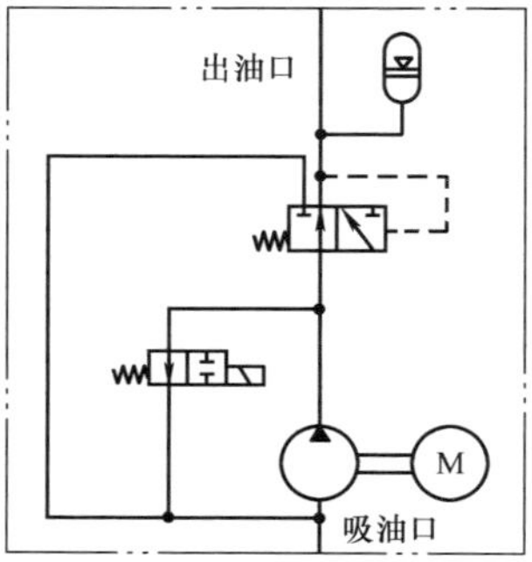	
高压数字变量泵	—	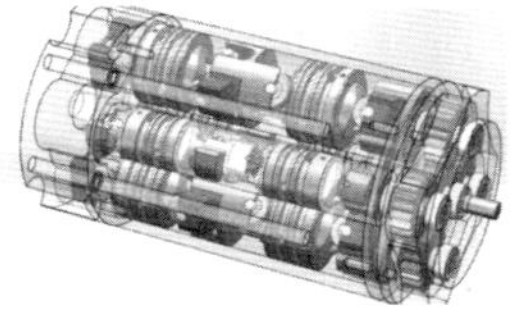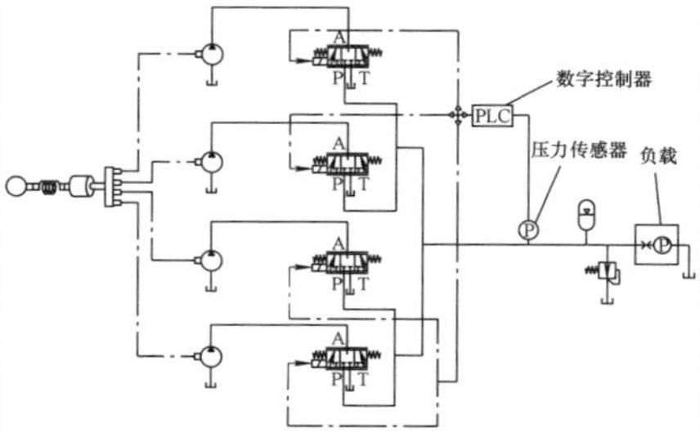	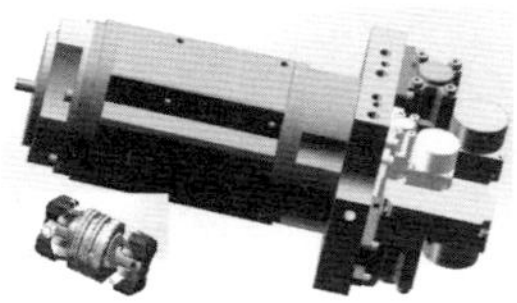
空气压缩机	空气压缩机 用于气动	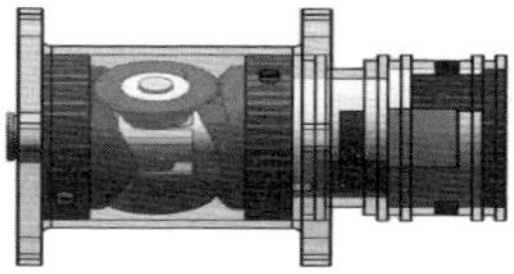	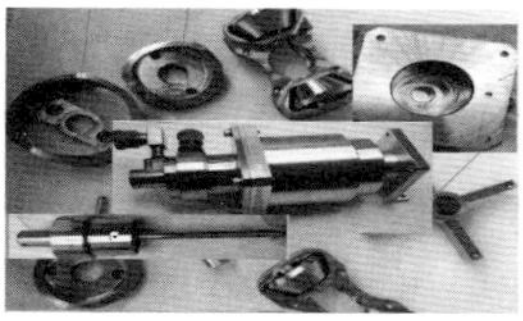

（续）

类型	性能参数	结构原理图	实物图
流量计	压降 0.1MPa 流量 25L/min 转速 4500r/min 质量 0.35kg	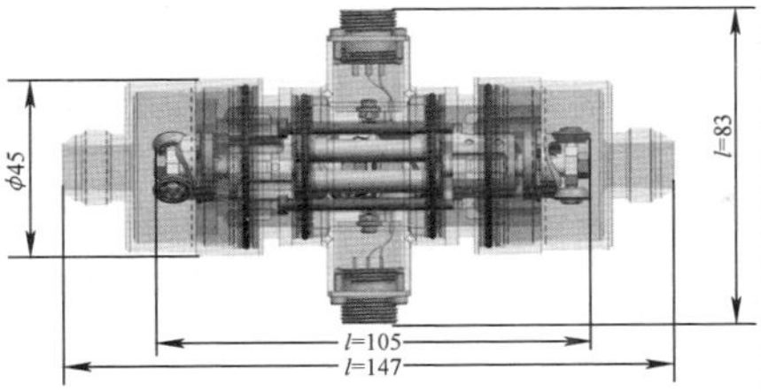	

14.7　二维阀控液压激振器

激振器是附加在某些机械和设备上用以产生激励力的装置，激振器能使被激振物件获得一定形式和大小的振动量，从而对物体进行振动和强度试验，或对振动测试仪器和传感器进行校准。激振器还可作为激励部件组成振动机械，用以实现物料或物件的输送、筛分、密实、成形和土壤砂石的捣固等工作。采用激振器的振动台作为振动试验的标准设备，对包括航空航天等高科技领域在内的工业技术领域的进步与发展会产生重要影响。传统的电液激振方法主要采用伺服控制液压执行元件，激振频率受到伺服阀频宽的限制。二维阀控液压激振器利用阀芯双自由度运动的控制，大幅度提高了电液激振频率。

14.7.1　二维阀控液压激振器的工作原理

二维阀液压激振器由二维高频激振阀、并联液压数字阀与对称液压缸构成。其系统原理与其二维高频激振阀如图 14-20 所示。

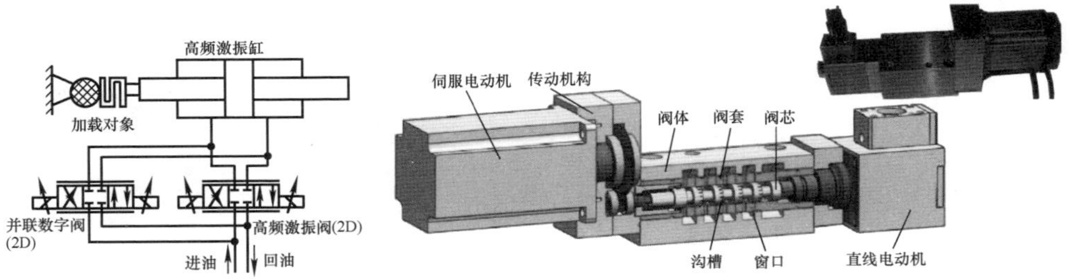

图 14-20　二维阀控液压激振器系统原理与二维高频激振阀

二维高频激振阀主要用于产生幅值和频率可调的高频正弦激振源，并联数字阀用于控制激振偏载。二维高频激振阀的工作原理如图 14-21 所示。

该阀具有二维阀的双自由度特征，即阀芯具有径向的旋转运动和轴向的直线运动。阀芯一端由伺服电动机驱动旋转，使得沿阀芯台肩周向均匀开设的沟槽与阀套上的窗口相配合的阀口面积大小成周期性变化，由于沟槽相互错位，使得进出液压缸的两个容腔的流量大小和方向以 180°相位角差成周期性变化，驱动液压缸活塞

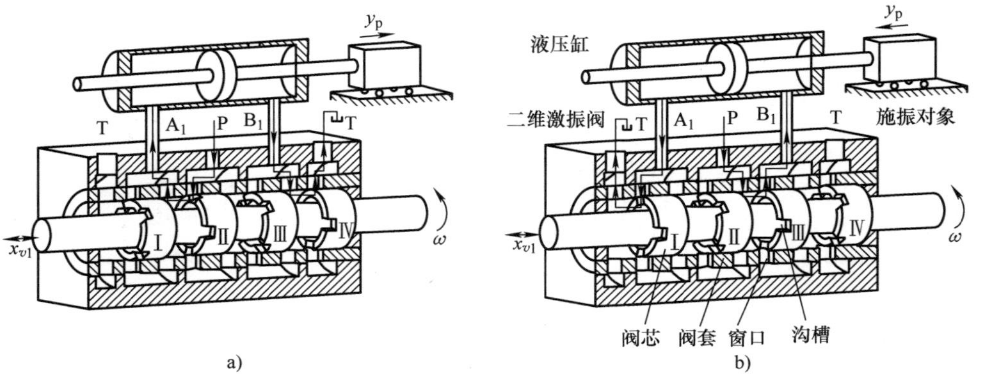

图 14-21 二维高频激振阀工作原理

做周期性的往复运动。如图 14-21a 所示，当 P→A、B→T 相通时，液压缸左腔进油、右腔回油，驱动液压缸活塞杆向右运动；当阀芯旋转过一定角度后，如图 14-21b所示，当 P→B、A→T 相通时，则液压缸右腔进油、左腔回油，使得活塞杆反向运动。阀芯的轴向运动由另一个伺服电动机来控制，可以采用传动机构（如凸轮等方法）将旋转运动转换成轴向位移，从而控制油路通断的面积梯度。电液激振器的工作频率 f 用式（14-1）表达。

$$f = \frac{Z\omega}{2\pi} \tag{14-1}$$

式中 Z ——每转一周阀芯的沟槽与阀套窗口之间沟通的次数；

ω ——阀芯的转速（r/s）。

14.7.2 二维阀控液压激振器的应用实例

将二维阀控液压激振器用于多轴电液高频疲劳强度试验机系统，如图 14-22 所

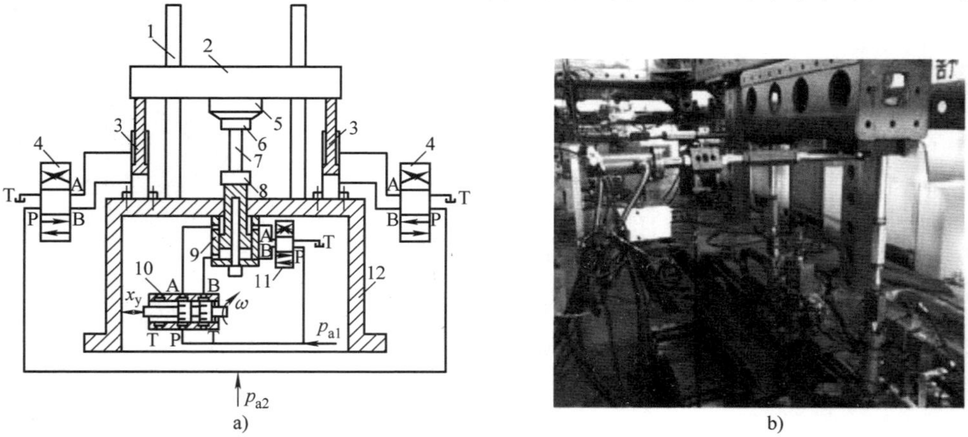

图 14-22 高频疲劳试验机工作原理图与试验台外观

1—立柱 2—横梁 3—单出杆液压缸 4—二维数字阀 5—载荷传感器
6—上夹头 7—试件 8—下夹头 9—双出杆液压缸 10—二维激振阀 11—数字伺服阀 12—底座

示。该系统在 980Hz 激振频率处与疲劳试验机的固有频率相近，会产生谐振，使输出力幅值有一个跃升，此幅值可以通过振幅控制器控制。在有关的其他试验中，激振力可以达到 20T、激振频率 5 ~ 200Hz 与激振振幅为 10mm 的性能。

14.8　二维数字伺服阀关键技术

14.8.1　电液转换数字控制技术

二维数字伺服阀技术与产品的成功，不仅是二维液压技术构思的成果，也是电液一体化液压元件与电控的融合与成功。高性能步进电动机是二维数字伺服阀良好性能的保证与关键。二维数字伺服阀步进电动机关键技术包括：

1）采用比例分级控制提高线性度与降低滞环，以闭环控制减小滞环。尽管感应子同步电动机受磁路非线性影响，但可以利用每半个齿距角重复一次的重复分级比例特性，通过选择较多控制级数来有效降低非线性误差。

2）采用相位补偿的控制方法，提高步进电动机的动态特性。采用线性化和相平面法分析了相位滞后的机理，提出了相位补偿的方法。最后，试验测得电 - 机械转换器采用相位补偿后，频宽由 175Hz 提高到 260Hz，阶跃响应上升时间提高到 4ms。

3）采用滞环颤振补偿技术。在二维数字伺服阀滞环颤振补偿数学模型基础上，为消除二维数字伺服阀因传动机构摩擦与间隙所引起的滞环非线性，采用了滞环颤振补偿技术，消除了因正开口引起的流量特性的死区，在整个开口范围内使流量特性线性化。

4）采用了同步跟踪控制算法，使感应子同步电动机能够无失步地、快速精确地跟随输入控制信号。该算法主要由相位补偿、失调角限制、电流闭环控制、位置闭环和前馈补偿等组成，并固化在 DSP 芯片 TMS320F2812 中，实现对感应子同步电动机的数字控制。

5）根据上述同步跟踪控制算法和非线性数字颤振补偿技术，从硬件和软件技术方面研发了以 DSP 芯片为核心的嵌入式控制器。使二维数字伺服阀的电液转换器具有良好的动静态性能指标：重复精度小于 1%，线性度小于 0.5%，频宽为 245Hz（ - 3dB 幅频与 - 90°相频），阶跃响应上升时间约为 5.5ms，最大超调量为 5.3%。

14.8.2　二维数字伺服阀用步进电动机的特点

1. 感应子步进电动机介绍

步进电动机可作为脉冲信号转换为角位移信号的数字式电液转换器，为感应子步进电动机，属于混合式步进电动机。市场上规格齐全、价格低，具有较高的固有频率，可达200～400Hz；具有数字控制无须D/A转换器、信号传递不受外部环境干扰的优点。更重要的是可以引入信息技术，使二维阀在网络化时代具有通信功能。因此感应子步进电动机是适用于液压数字阀的电液转换器，它作为控制元件，主要追求电液转换的实时性和精度，并不追求转换的功率。功率驱动将由液压伺服阀本身承担。

用于二维数字伺服阀中的感应子同步电动机，最初是作为一种低速的同步电动机使用的。当在每相中分别通入固定相位差的交流电时，转子以交流电频率对应的转速旋转，此时，交流电的一个周期对应转子的角位移很小，输出的力矩又较大，因此，转子以较小的步距角做步进运动。因为其通过电动机气隙的磁通由永磁体产生的固定磁场与电磁场混合而成，故得名混合式步进电动机。与最初的反应式步进电动机相比，混合式步进电动机具有更高的效率，又具有步距角小、输出力矩大的优点，因而混合式步进电动机几乎取代了反应式步进电动机。感应子同步电动机因其具有独特的位置与速度开环可控的特点，构成的机电转换系统结构简单，因而在数控机床、计算机外围设备及办公自动化等产品中大量应用。在二维数字伺服阀中采用的感应子同步电动机就是混合式步进电动机，但并没有完全采用步进的方式工作。

2. 二相感应子同步电动机的结构

二相感应子同步电动机的结构与实物如图14-23所示。

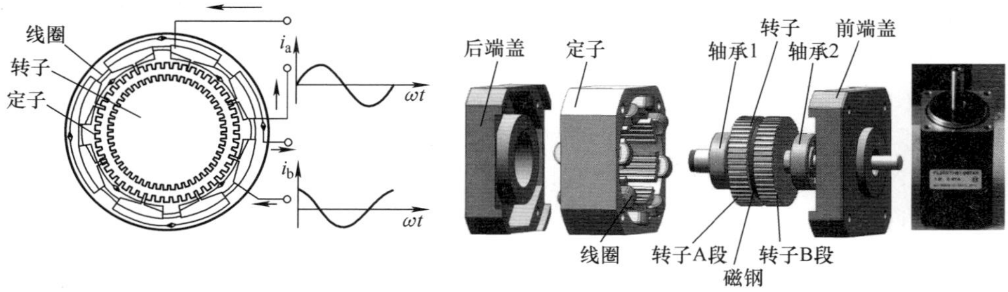

a)　　b)　　c)

图14-23　二相感应子同步电动机结构与实物

a）频时电动机结构原理图　b）步进电动机结构分解图　c）步进电动机实物

它由转子、定于、轴承及前后端盖等组成。转子是由A、B两段铁心和夹在其中间的磁钢构成。磁钢一般采用高性能的钕铁硼（NdFeB）材料，沿轴向充磁，这样转子铁心一段被极化为N极，另一段则被相应的被极化为S极。A、B两段铁心圆周上均匀分布一定数量的小齿（通常为50或100个小齿），两段铁心上的小齿相互错位半个齿。定子上均布有8个极，每极开设有小齿，其齿宽、齿距与转子上的小齿相等。由于每相邻两个极下的齿错开π/2电角度，这样可将定子的8个极分为两组，相间的极上线圈以串联或并联的方式连接，构成了两相绕组。当一段铁心的齿与定子某相极下的齿对齐时，另一段与该极下的槽对齐。从结构上看，它通过转子分段错齿和转子轴向永磁励磁，实现了多极对数永磁感应子同步电动机的构想，因此，步进电动机本质上是一种多极永磁感应子同步电动机。

3. 二相感应子同步电动机的工作原理

二相感应子同步电动机的电流、磁路、磁场、转子位置关系如图 14-24 所示，A 相通电、B 相不通电时，A 相绕组电流在感应子同步电动机内部产生磁场，而 B 相绕组不产生磁场，磁路如图 14-24a 所示，两相绕组产生的磁场方向和绕组 A 相的电流方向是一致的，转子在磁场作用下转到磁阻最小位置，即 A 段转子齿和磁极 1 上的齿处于齿对齿的位置。以此时转子的位置作为转子的初始位置。这时，A 相电流的位置、转子的位置（电角度）以及磁场的位置在 Oxy 坐标系的位置关系如图 14-24b 所示。当 B 相通电、A 相不通电时，B 相绕组电流在电动机内部产生磁场，而 A 相绕组不产生磁场，磁路如图 14-24c 所示，两相绕组产生磁场的方向和绕组 B 相的电流方向是一致的，转子在磁场作用下转到磁阻最小位置，即 A 段转子齿和磁极 2 上的齿处于齿对齿的位置。由于 A 相绕组电流和 B 相绕组电流是正交的，因此，这时 B 相电流的位置、转子的位置（电角度）及磁场的位置在 Oxy 坐标系的位置关系如图 14-24d 所示。类似地，当 A 相反向通电、B 相不通电和当 B 相反向通电、A 相不通电时，绕组电流的位置、转子的位置（电角度）及磁场的位置在 Oxy 坐标系的位置关系分别如图 14-24e ~ h 所示。当两相绕组电流正交变化一周时，转子转过一个齿距角。

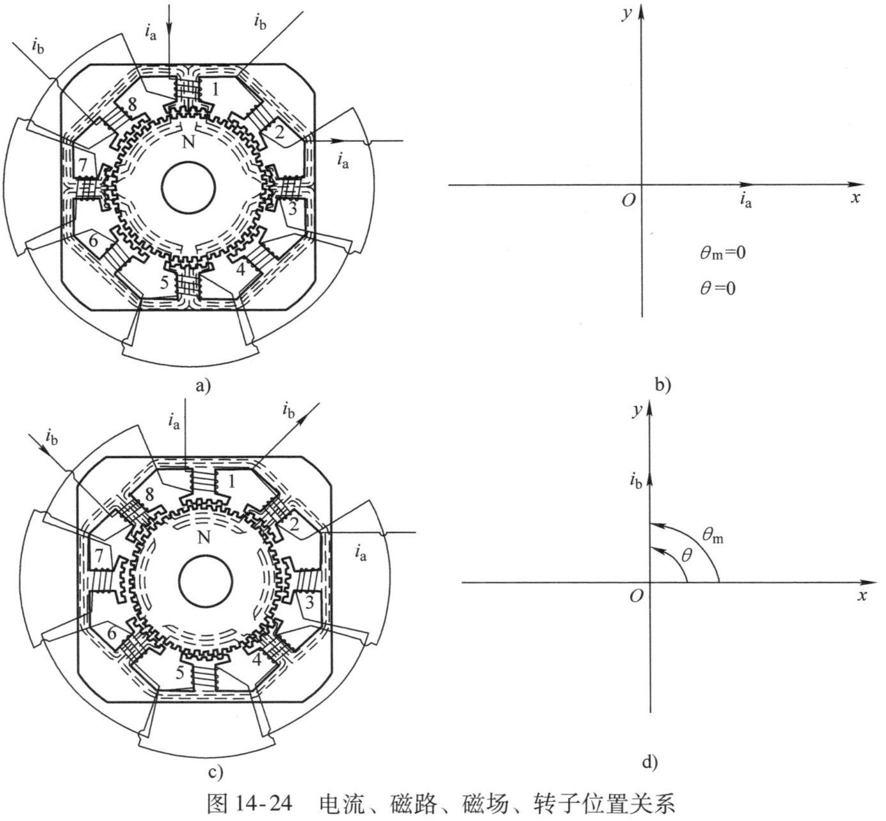

图 14-24 电流、磁路、磁场、转子位置关系

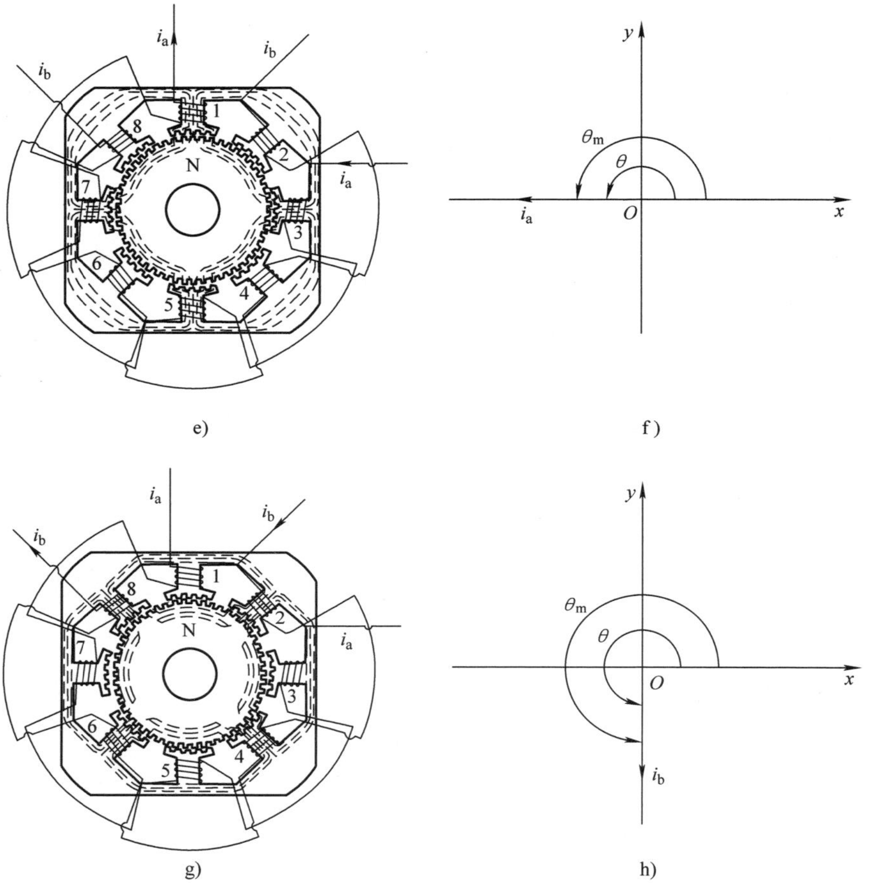

图 14-24　电流、磁路、磁场、转子位置关系（续）

从图 14-24 可以看出，两相绕组电流的位置、转子的位置（电角度）及磁场的位置在 Oxy 坐标系的位置关系可以用图 14-25 表示。图 14-24 和图 14-25 中 θ_m 为磁场位置，由 A、B 绕组电流 i_a 和 i_b 合成而得；θ（电角度）为转子的角位移。从图 14-25也可以看出，感应子同步电动机转子是在绕组电流所产生的磁场作用下转动的，因此，如果能控制电动机绕组的电流也就控制了电动机内部的磁场，控制了电动机内部的磁场也就控制了电动机转子的位置。

14.8.3　减小非线性与滞环的分级控制与闭环控制技术

1. 二相感应子同步电动机的输出转矩

通过分析可知，两相绕组产生的输出转矩与两相绕组的电流以及转子的转角有关，即

$$T_e = -T_m(i_a)\sin N_r\theta + T_m(i_b)\cos N_r\theta \tag{14-2}$$

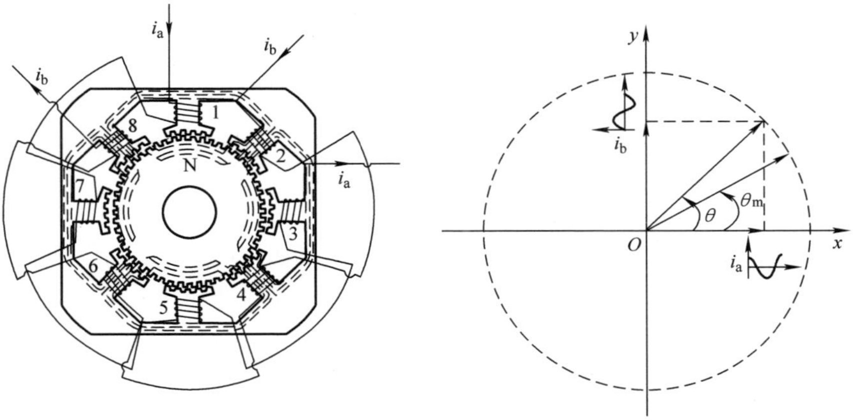

图 14-25　同步控制原理

式中　T_e ——感应子同步电动机输出电磁转矩（N·m）；

T_m ——感应子同步电动机输出电磁转矩峰值（N·m）；

i_a ——A 相绕组电流（A）；

N_r ——转子齿数；

θ ——感应子式同步电机转子的角位移（rad）；

i_b ——B 相绕组电流（A）。

从中可以看出，感应子同步电动机的输出转矩由两部分组成：A 相绕组电流产生的输出转矩和 B 相绕组电流产生的输出转矩。

当两相绕组中通入正交的正弦电流，即

$$\begin{cases} i_a = I_m \cos N_r \theta_m \\ i_b = I_m \sin N_r \theta_m \end{cases} \tag{14-3}$$

式中　I_m ——为两相绕组电流的幅值（A）；

θ_m ——为绕组电流的相位，折算为机械角度（rad）。

将式（14-3）代入式（14-2）则有

$$T_e = T_m \sin(N_r \theta_m - N_r \theta) \tag{14-4}$$

$$T_m = NP_v F_{pm} N_s N_r I_m$$

式中　N ——每相绕组的匝数；

P_v ——常数（H）；

F_{pm} ——感应子同步电动机磁钢的磁势（A）；

N_s ——定子齿数；

I_m ——二相绕组电流的幅值（A）。

可见，当磁路线性时，T_m 和绕组电流幅值呈线性关系；电磁转矩与电流大小成比例，与失调角（$N_r \theta_m - N_r \theta$）也成比例。

2. 二相感应子同步电动机的输入 – 输出特性

感应子同步电动机的转子在两相绕组输出转矩的作用下转动。在不考虑负载的情况下，A 相电流产生输出力矩 T_a 与 B 相电流产生的输出力矩 T_b 相平衡，决定了转子的角位移 θ，由式（14-2）可得

$$\theta = \frac{1}{N_r} a\tan \frac{T_m(i_b)}{T_m(i_a)} \tag{14-5}$$

式（14-5）表达了二相感应子同步电动机的输入－输出特性。其中电流i_a、i_b是输入，a 是常数，角位移 θ 是输出。

如果磁路是严格线性的，则两相绕组所产生的牵引力矩峰值 $T_m(i_a)$ 和 $T_m(i_b)$ 也与其绕组电流成正比，由式（14-2）、式（14-3）、式（14-5）可以求得转子的角位移 θ 等于绕组电流的相位 θ_m，即 $\theta=\theta_m$。这里 θ_m 也作为感应子同步电动机的转子角位移的输入控制信号。

可是，由于感应子同步电动机的磁路材料存在深度饱和及磁滞（见图 14-26a）等非线性影响，A 相和 B 相绕组对转子的牵引力矩峰值 $T_m(i_a)$ 和 $T_m(i_b)$ 与其各自电流并非线性变化。在图 14-26c 中，A 相绕组电流 i_a 下降，其对转子的牵引力矩沿曲线 bOa 变化；B 相绕组电流 i_b 上升，其对转子的牵引力矩则沿曲线 aOb 变化。电流变化一个周期，A 相和 B 相绕组对转子的牵引力矩如图 14-26b 所示。该力矩波形近似于正弦波，但并非严格的正弦波。相应的转子输出角位移与输入转子角位移的关系如图 14-26d 所示。图 14-26d 所示为转子转过一个齿距角，然后回退至原位的转子角位移与输入转子角位移之间的关系。从图 14-26 中可以看出：由于磁路材料非线性的影响，感应子同步电动机的输入－输出特性表现出波动和滞环。波动是由于材料电磁饱和所致，滞环则是由材料磁滞造成。

3. 采用分级比例控制降低非线性度与滞环

感应子同步电动机的输入－输出特性具有重复特征，其每半个齿距角输入－输出特性重复一次。将感应子同步电动机作为数字阀电－机械转换接口，则数字阀的输入－输出特性也将同样表现出这种重复特征。数字阀输入－输出关系的这种重复特征也称为“分级控制特性”，每级对应电动机转子的半个齿距角或两个步距角。数字阀的这种分级控制特性决定了由电磁非线性误差率（饱和及滞环相对满行程的大小）与级数成反比。通过选择较多控制级数可以有效降低非线性误差率。

对于这种感应子同步电动机磁路的非线性，采用分段的正弦曲线描述牵引力矩的峰值与相电流之间的关系，即

$$T_m(i) = \begin{cases} T'_{amp}\sin\left(\dfrac{\alpha i}{I_m}+\chi\right) & 当\, i>0,\dfrac{di}{dt}<0 \quad 或 \quad i\leqslant 0,\dfrac{di}{dt}>0 \\ T'_{amp}\sin\left(\dfrac{\alpha i}{I_m}-\chi\right) & 当\, i>0,\dfrac{di}{dt}>0 \quad 或 \quad i\leqslant 0,\dfrac{di}{dt}<0 \end{cases} \tag{14-6}$$

式（14-6）中，$T'_{amp}=T_{amp}\dfrac{\sin(\alpha-\chi)}{\sin(\alpha+\chi)}$。$\alpha$ 为描述磁路非线性而引入的控制参数，其取值范围为 $0\sim\pi/2$，α 值越大则磁路饱和越严重；χ 为描述磁滞非线性的控制参数。根据电液控制元件关于非线性度及滞环的定义，由式（14-2）、式（14-3）、

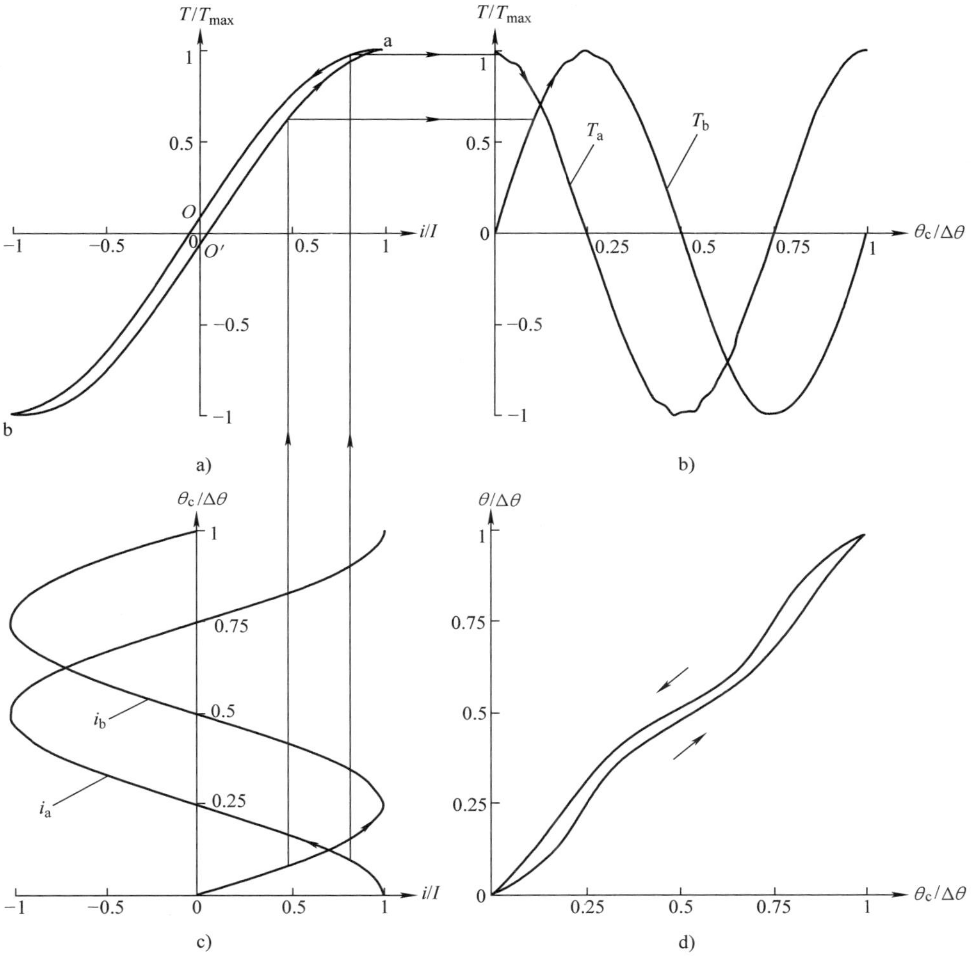

图 14-26　感应子同步电动机的输入 - 输出特性分析

式（14-5）及式(14-6)可以求出感应子同步电动机的非线性度 ε_{sd} 和滞环 ε_{hd} 间的关系为

$$\begin{cases}\varepsilon_{sd} \cong \dfrac{\sqrt{1-\sin^2\alpha/\alpha^2}}{n\sin\alpha}-\arccos[(\sin\alpha)/n\alpha] \\ \varepsilon_{hd} \cong \dfrac{4\chi}{\pi n}\cos\alpha\end{cases} \tag{14-7}$$

式（14-7）中的 n 为分级控制的级数。当 $n=1$ 时，式（14-7）描述了单级感应子同步电动机的控制特性。

对于某一特定的感应子同步电动机，α 和 χ 值可以通过实际测量步进电动机在单相通电时输出力矩与电流之间的关系后经拟合获得。图 14-27 所示为感应子同步电动机（型号 FL42STH47 - 1684A）拟合得到的理论结果与试验结果的对照。从图 14-27 可以看出，理论结果与试验结果具有较好的一致性，即可证明采用正弦曲线描述转子的牵引力矩峰值 $T_m(i)$ 与相电流 i 之间的非线性关系是可行的。

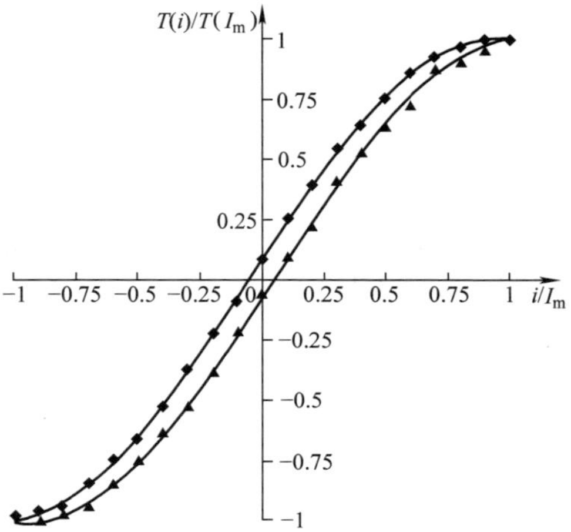

图 14-27　牵引力矩峰值 $T_m(i)$ 与相电流 i 非线性关系的试验结果

试验证明：随着相电流的增大，电动机的磁路饱和影响变得更为明显，其输入 - 输出特性线性度下降或分级控制的波动幅值增大，在相电流增加一倍后，非线性度由 1.8% 增加到 2.8%，而滞环由 3.2% 增加到 4.0%；然而，分级由原来 1 级增加到 4 级后，在相电流不变的情况下，非线性度由 1.8% 下降到 1.1%，而滞环由 3.2% 下降到 1.9%。由此可知，级数越多，数字阀输入 - 输出特性中由饱和与磁滞导致的非线性度和滞环就越小。因此，在数字阀设计时，可以通过增加级数降低非线性度和滞环，从而提高控制系统的精度。

4. 采用闭环控制进一步减小滞环的措施

由式（14-7）可知，虽然可以通过提高级数来减少感应子同步电动机的滞环，但是这种方法毕竟受到限制，况且，级数越多，响应越慢。因此，需要通过对转子角位移的闭环控制来进一步减小滞环，其控制原理如图 14-28a 所示。图中 θ_m 为感应子同步电动机两相绕组电流的相位输入信号，也就是感应子同步电动机内部磁场角位移输入信号，该信号可由信号发生器产生；θ 为感应子同步电动机的转子角位移输出信号，该信号由固定在感应子同步电动机转子后端的角位移传感器检测，该角位移传感器型号为 AS5045，分辨率为 0.0879°，如图 14-28b 所示。θ_m 与 θ 信号

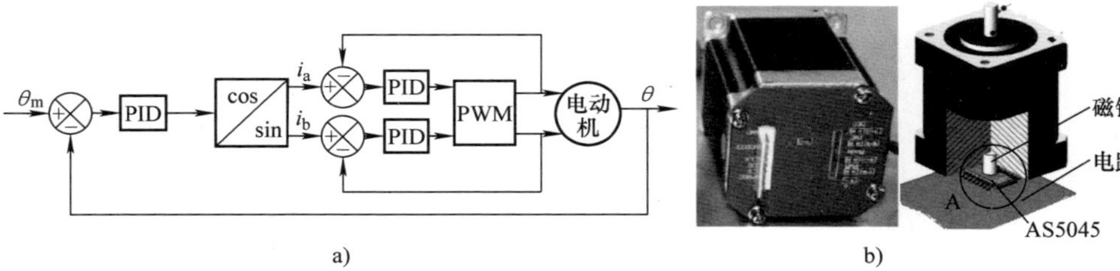

图 14-28　转子的角位移闭环控制原理图与实物
a）转子的角位移闭环控制　b）角位移传感器 AS5045（转子后端）

之差经 PID 运算产生感应子同步电动机内部磁场的控制信号，由磁场控制信号分解得到两相绕组的输入电流，通过电流 PID 控制使绕组实际电流和输入电流保持一致。在绕组电流作用下，通过 PWM 驱动感应子同步电动机转子的转动，使转子运动和输入保持一致，从而降低感应子同步电动机转子输出的滞环。

图 14-29a 所示为采用转子角位移闭环后，在频率为 0.1Hz 的正弦输入信号作用下实测的感应子同步电动机转子的输入 - 输出特性。从图 14-29b 可以看出，感应子同步电动机在闭换控制下，输入 - 输出特性基本上是一条直线，这表明感应子同步电动机的滞环被有效抑制。

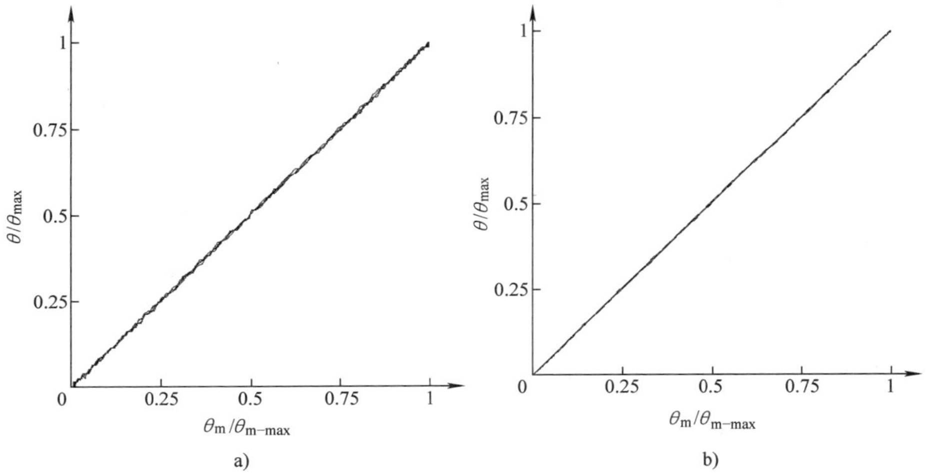

图 14-29 感应子同步电动机转子的输入 - 输出特性

a）单级，$I_m/I_{max}=1$ b）4 级，$I_m/I_{max}=2$

14.8.4 提高动态响应的相位补偿技术

1. 同步电动机的动态特性数学模型

感应子同步电动机的电压平衡方程为

$$u_a = R_a i_a + L\frac{d i_a}{dt} - K_e \sin N_r\theta \frac{d\theta}{dt} \tag{14-8}$$

$$u_b = R_b i_b + L\frac{d i_b}{dt} + K_e \cos N_r\theta \frac{d\theta}{dt} \tag{14-9}$$

式中 u_a、u_b——A 相、B 相绕组电压（V）；

R_a、R_b——A 相、B 相绕组电阻（Ω）；

L——绕组电感，$L = N^2 P_f N_s$；

K_e——绕组反电动势系数，$K_e = F_{pm} P_v N_s N_r$。

P_f——常数（H）。

感应子同步电动机转子动力学方程为

$$T_e = J_r\frac{d^2\theta}{dt^2} + B_c\frac{d\theta}{dt} + K_L\theta + T_D \tag{14-10}$$

式中　J_r——折算到转子上的等效转动惯量；

B_c——电动机的摩擦阻尼系数；

K_L——系统外加弹性刚度（N/m）；

T_D——感应子同步电动机负载力矩（N·m）。

式（14-8）~式（14-10）构成了感应子同步电动机的动态数学模型。

2. 动态模型线性化求解同步电动机固有频率

当 $\theta_m-\theta$ 很小时，$\sin N_r(\theta_m-\theta)\approx N_r(\theta_m-\theta)$。由式（14-4）、式（14-10）可得

$$J_r\frac{d^2\theta}{dt^2} + B_c\frac{d\theta}{dt} + (K_L + T_m N_r)\theta + T_D = T_m N_r \theta_m \tag{14-11}$$

从式（14-11）可以看出，系统的刚度为 $K_L+T_m N_r$，其中 K_L 为系统外加弹性刚度，$T_m N_r$ 为系统的电磁刚度。因此，即使系统外加弹性刚度为零，系统仍可能存在电磁刚度，系统的刚度也不会为零。相比较而言，喷嘴－挡板等伺服阀为维持系统的刚度需要外加弹性元件，从而影响到系统的固有频率。

对式（3-11）进行拉氏变换，当$K_L=0$、$T_D=0$，则有

$$\frac{\theta(s)}{\theta_m(s)} = \frac{1}{\frac{J_r}{T_m N_r}s^2 + \frac{B_c}{T_m N_r}s + 1} = \frac{\omega_n^2}{s^2 + 2\xi\omega_n s + \omega_n^2} \tag{14-12}$$

式中　ω_n——系统无阻尼自然频率，$\omega_n=\sqrt{\frac{T_m N_r}{J_r}}$；

ξ——系统阻尼比，$\xi=\frac{B_c}{2\sqrt{T_m N_r J_r}}$。

利用表14-8，可以计算得到固有频率 f_n 为

$$f_n = \frac{\omega_n}{2\pi} \approx 280\text{Hz}$$

表14-8　FL42STH47－1684A 主要参数

转矩/N·m	质量/kg	电阻/Ω	转动惯量/g·cm²	电感/mH	齿数	静力矩/N·m
0.43	0.35	1.65	68	2.8	50	0.44

3. 电压同步控制下的动态特性

通过仿真可以得到以感应子同步电动机为电－机械转换器的频率特性，频宽只有75Hz左右，频宽比较窄。这是因为采用电压同步控制时，加在感应子同步电动机两相绕组上的电压虽然是相位差为 π/2 的正弦波，但是由于受绕组电感及反电

动势的影响，同步旋转磁场强度幅值衰减，相位滞后于正弦输入控制信号，这影响到了以感应子同步电动机为电－机械转换器的频宽。

4. 电流同步控制下的动态特性

为了提高感应子同步电动机作为电－机械转换器的频响，可以采用电流同步控制，也就是说，当感应子同步电动机两相控制绕组的电流为相位差 π/2 的正弦波，即

$$\begin{cases} i_a = I_m \cos\theta_i \\ i_b = I_m \sin\theta_i \end{cases} \tag{14-13}$$

式中　I_m——绕组电流的幅值；

θ_i——两相绕组的电流的相位，在这里也作为感应子同步电动机转子角位移的输入控制信号。

在两相绕组电流i_a、i_b的作用下，感应子同步电动机内部产生一同步旋转磁场，同步旋转磁场的角位移 θ_m 见式（14-14），其中 a 为常数。

$$\theta_m = a\tan\left(\frac{i_b}{i_a}\right) = \theta_i \tag{14-14}$$

很显然，在电流同步控制下，同步旋转磁场的角位移 θ_m 和感应子同步电动机转子输入控制信号 θ_i 相等，也就是说，可以将同步旋转磁场的角位移 θ_m 作为感应子同步电动机的输入控制信号。在同步旋转磁场作用下，感应子同步电动机转子转动输出角位移 θ，输出角位移 θ 可由式（14-8）~式(14-11)，以及式（14-13）、式（14-14）通过仿真得到。

以 FL42STH47－1684A 为例，在不同频率正弦信号作用下，仿真得到的转子角位移 θ 和同步旋转磁场角位移 θ_m 随时间变化的过程如图 14-30 所示。从图 14-30 可以看出，在电流同步控制下，感应子同步电动机转子做均匀的正弦运动。这是因为 A、B 两相绕组所通的电流是相位差严格为 90°的正弦电流，绕组的反电势并不对绕组的电流产生影响，由 A、B 相绕组的电流所产生的旋转磁场是等幅的旋转磁场。在均匀的同步旋转磁场的作用下，感应子同步电动机转子做均匀的正弦运动。在输入正弦控制信号的频率为低频时，转子的输出角位移 θ 和输入电流所产生的同步旋转磁场 θ_m 运动是同步的，没有滞后，转子的输出角位移 θ 的幅值和相位都与同步旋转磁场 θ_m 基本重合；随着输入电流的频率的提高，转子的角位移和旋转磁场有了相位滞后，并且角位移的幅值也发生了衰减，在 300Hz 时，幅值近似衰减为输入幅值的 50%，这是因为绕组的电感及惯量加大所产生的影响。

实际上，在电流控制下，提供 A、B 两相绕组的电流为相位差 90°的正弦电流是很难实现的，因为 A、B 两相绕组电流不可避免会受到电感以及反电势的影响，从而使 A、B 两相绕组的电流产生畸变，因此要保证 A、B 两相绕组电流为相位差 90°的正弦电流，必须按需要随时调整 A、B 两相绕组的电压 u_a、u_b，从而抵消电感和反电势对绕组电流的影响。图 14-31 所示为仿真得到的两相绕组电压 u_a、u_b 和输

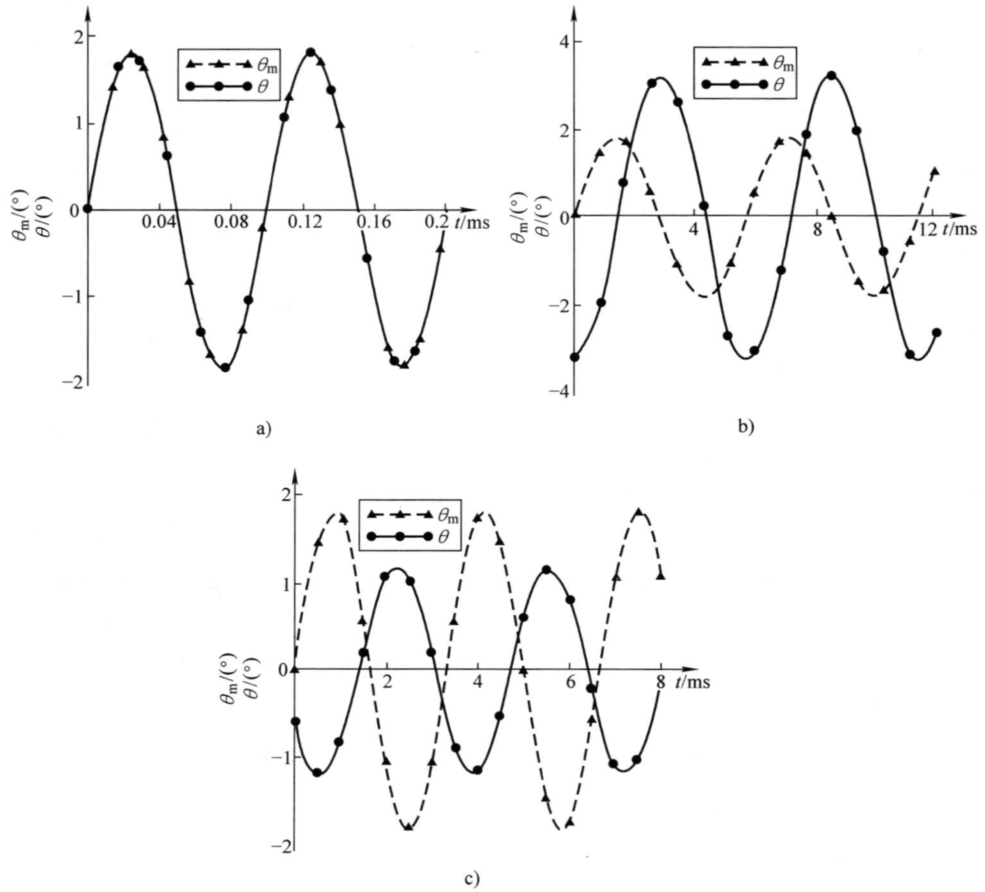

图 14-30　转子角位移 θ 与同步旋转磁场角位移 θ_m 之间的关系

a）10Hz　b）175Hz　c）300Hz

入正弦控制信号 θ_i 的关系。图 14-31 反映了要使两相绕组电流 i_a、i_b 为相位差 90° 的正弦信号所加在两相绕组上的电压 u_a、u_b 的变化。

从图 14-31 可以看出，在输入正弦控制信号为低频时，加在两相绕组上的电压 u_a、u_b 并不需要很大，并且两相绕组的电压 u_a、u_b 也基本上是正弦波，因为此时的反电势比较小，对电流影响也较小；但由于受电感的影响，所以绕组电压不是严格的正弦波。但随着输入正弦控制信号频率的提高，所加的绕组电压的波形发生了畸变，并且所加的绕组电压的幅值也大幅提高了，这是为了抵消电感和反电动势对绕组电流的影响。这个问题也可以反过来看，如果能做到绕组电压 u_a、u_b 按所需变化，就能使绕组的电流 i_a、i_b 按正弦变化，从而在步进电动机内部产生一幅值恒定的同步旋转磁场，在此同步旋转磁场的作用下，步进电动机转子也将产生同步运动。但是，要做到这一点是很困难的，需要采用一定的控制策略来实现。

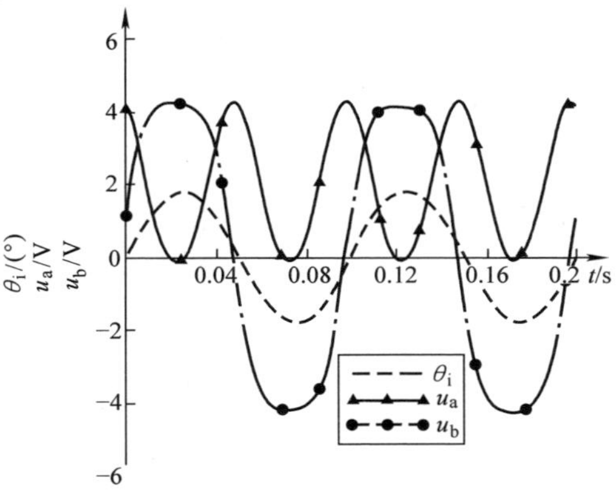

a)

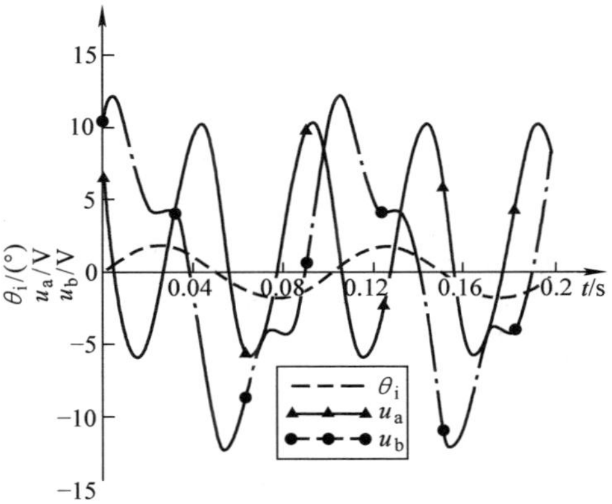

b)

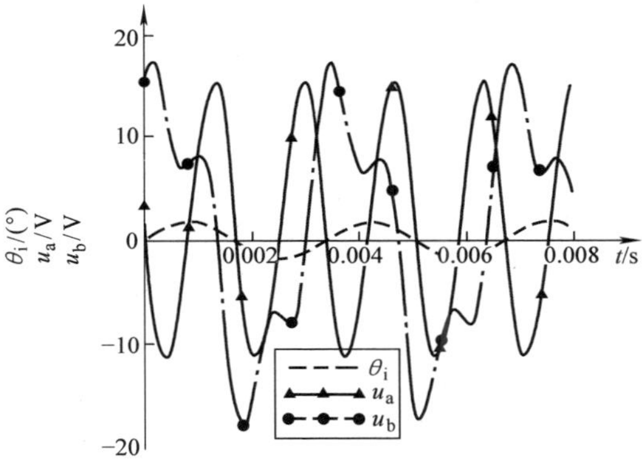

c)

图 14-31　两相绕组电压 u_a、u_b 和输入控制信号 θ_i 之间的关系

a）10Hz　b）100Hz　c）300Hz

从图 14-32 可以看出，在电流同步控制作用下，该电－机械转换器的频宽约为 180Hz，与电压同步控制相比，频率响应有了很大的提高。原因是在电流同步控制下，感应子同步电动机两相绕组的电流为相位差 π/2 的正弦波，且可以采用电流负反馈实现在步进电动机内部合成的同步旋转磁场为幅值恒定的均匀磁场。在此均匀磁场作用下，电－机械转换器的输出力矩幅值保持恒定，因此其频响有很大的提高。

进一步研究电流同步控制下的频率特性，可以发现，此时电－机械转换器的频宽主要受限于相位滞后，在 275Hz 处输出相位滞后接近 150°，而输出的幅值尚未衰减到 －3dB，因此，如果能补偿输出的相位滞后，则频响可以进一步提高。

5. 相位补偿参数的确定

由式（14-11）可得

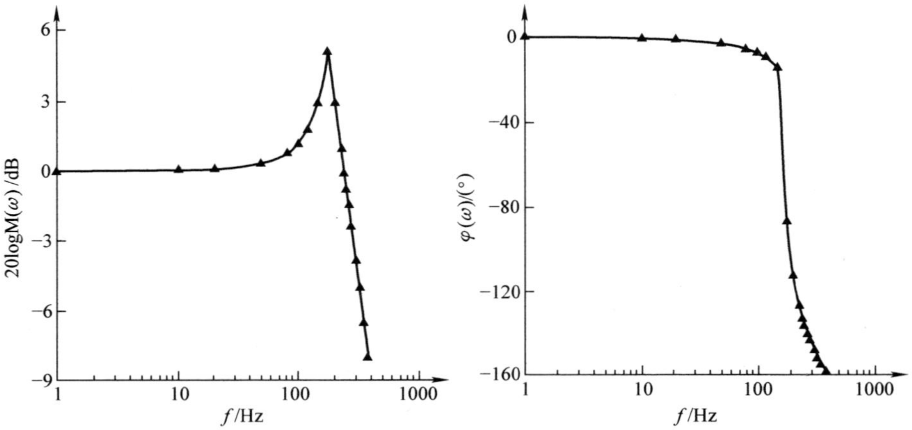

a)　　b)

图 14-32　电流控制下的频率特性

a）幅频特性　b）相频特性

$$J_r \frac{d^2\theta}{dt^2} + B_c \frac{d\theta}{dt} + K_L\theta + T_D T_m \sin N_r(\theta_m - \theta) = T_m \sin N_r(\theta_m - \theta) \quad (14\text{-}15)$$

当$|\theta_m - \theta|$很小时，并不考虑阻尼、弹性负载及外加转矩的影响，经线性化处理后，式（14-16）可以简化为

$$\frac{\theta(s)}{\theta_m(s)} = \frac{1}{\dfrac{J_r}{T_m N_r}s^2 + 1} \quad (14\text{-}16)$$

式（14-16）意味着，在转折频率处的输出相位滞后约180°。

从式（14-15）可以看出，感应子同步电动机是一个二阶非线性系统，如果采用相平面法来研究感应子同步电动机的相位滞后，则更好确定相位补偿参数。通过对同步电动机转子运动状态的相平面图的分析可以看到，当输入控制信号为低频信号时，感应子同步电动机转子输出角位移的相轨迹是一个圆，表明此时转子做正弦运动。当输入控制信号为高频信号时，同步电动机转子角位移在相平面上的轨迹不再是一个严格意义上的圆形，这表明，此时转子的运动不是严格意义上的正弦运动，转子角位移信号和输入控制信号在相平面上也不处于同一个角度位置上，说明它们之间有了相位差，并且随着频率增加，相位差也增大，当频率为300Hz时，转子相位滞后输入控制信号接近180°。这一点和线性化分析基本上是吻合的。因此，如果相位能够补偿约90°，则输出的相位滞后基本上能控制在90°以内，从而进一步提高以感应子同步电动机为电－机械转换器的频率特性。

由于需要的相位补偿量大约为90°，根据经典控制理论，相位超前补偿可以通过二阶微分环节来实现。但是微分环节的幅值增益在高频段是以＋40dB/dec增加的，为了避免过补偿，在高频段增加振荡环节以抑制微分环节高频端幅值增益的影响，从而使补偿环节在高频端是低通特性。因此，补偿环节的传递函数取为

$$G_c(s)=(\tau_1^2s^2+2\zeta_1\tau_1\leftrightarrows s+1)\frac{1}{T_c^2s^2+2\zeta_2T_cs+1}\tag{14-17}$$

由式（14-17）可得补偿环节的相频特性和幅频特性，即

$$\angle G_c(j\omega)=\begin{cases}\arctan\left(\dfrac{2\zeta_1\tau_1\omega}{1-\tau_1^2\omega^2}\right)-\arctan\left(\dfrac{2\zeta_2\tau_1\omega}{1-T_c^2\omega^2}\right) & ,\omega<\dfrac{1}{\tau_1}\\ \pi+\arctan\left(\dfrac{2\zeta_1\tau_1\omega}{1-\tau_1^2\omega^2}\right)-\arctan\left(\dfrac{2\zeta_2\tau_1\omega}{1-T_c^2\omega^2}\right) & ,\dfrac{1}{\tau_1}<\omega<\dfrac{1}{T_c}\\ \arctan\left(\dfrac{2\zeta_1\tau_1\omega}{1-\tau_1^2\omega^2}\right)-\arctan\left(\dfrac{2\zeta_2\tau_1\omega}{1-T_c^2\omega^2}\right) & ,\omega>\dfrac{1}{T_c}\end{cases}\tag{14-18}$$

$$|G_c(j\omega)|=\frac{\sqrt{(1-\omega^2)^2+4\zeta_1^{\,2}}}{\sqrt{(1-\omega^2)^2+4\zeta_2^{\,2}}}\tag{14-19}$$

由式（14-18）和（14-19）可知，补偿环节频率特性主要取决于参数 τ_1、ζ_1、T_c 和 ζ_2。为方便选取合适的参数，图 14-33 给出了微分环节参数 τ_1、ζ_1 和振荡环节参数数 T_c 和 ζ_2 对补偿环节影响的伯德（BODE）图。

从图 14-33a 可以看出，当 τ_1 太小时，补偿环节在 200Hz 处的相位补偿量太小，远小于所需要补偿的 90°；而 τ_1 太大时，虽然相位补偿量可以加大，但是又会影响系统低频段的相位，并且使得低频段的幅值增益加大。从图 14-33b 可以看出，ζ_1 太小时，系统在第一个转折频率附近的幅值会出现衰减；而 ζ_1 太大时，又会使系统过早进行相位补偿，从而影响低频段的相位。从图 14-33c 可以看出，当 T_c 太大时，补偿环节的相位补偿量较小；而 T_c 太小时，又会在中频段以 +40dB/dec 渐进线使带宽增大，这样在频率较高时会引起系统不稳定。从图 14-33d 可以看出，ζ_2 不能太小，否则在第二个转折频率处系统幅值会出现峰值，影响系统稳定性。因此，补偿环节的参数应恰当地选取为 $\tau_1=0.00066$，$T_c=0.00008$，$\zeta_1=\zeta_2=0.5$。

采用相位补偿可以改善电－机械转换器的相位特性。图 14-34a 所示为采用相位补偿后通过仿真得到的不同频率正弦输入信号下的频率响应。从图 14-30、14-34a 可以看出，在未采用相位补偿时，175Hz 所对应的频率响应的相位滞后约为 85°，而采用相位补偿后，175Hz 所对应的频率响应的相位滞后约为 25°；在未采用相位补偿时，240Hz 所对应的频率响应的相位滞后约为 135°，而采用相位补偿后，240Hz 所对应的频率响应的相位滞后约为 60°。根据不同频率正弦输入控制信号下的频率响应，可以得到相位补偿后的电－机械转换器的频率特性如图 14-34b、c 所示。由图 14-34c 可以看出，相位补偿后步进电动机的频宽约为 260Hz，这表明相位补偿拓宽了电－机械转换器的频宽，该补偿方法是取得良好频响的措施。在图 14-34d 中也展示了在相位补偿后进行试验所得到的阶跃响应曲线，响应时间为 4ms。

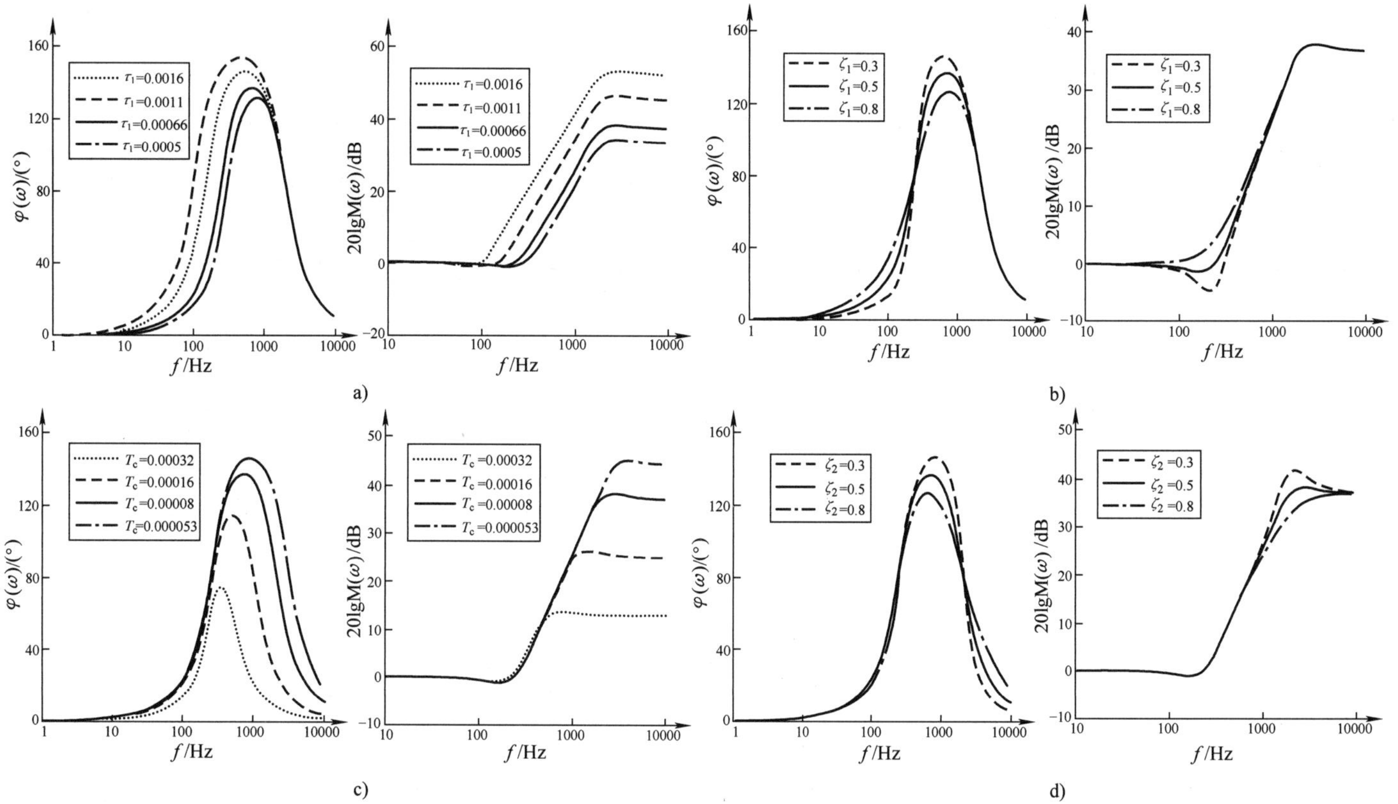

图 14-33　τ_1、ζ_1、T_c和ζ_2对补偿环节频率特性的影响

a）τ_1 对补偿环节频率特性的影响　b）ζ_1 对补偿环节频率特性的影响

c）T_c 对补偿环节频率特性的影响　d）ζ_2 对补偿环节频率特性的影响

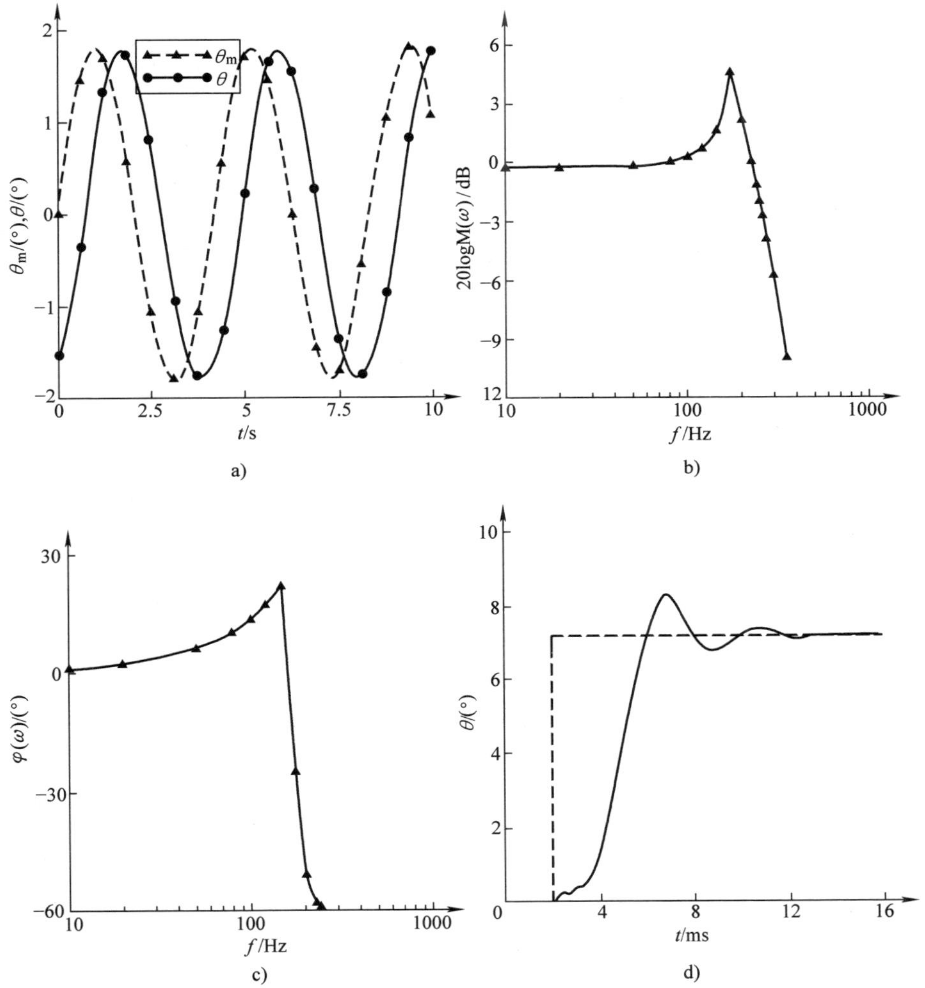

图 14-34　相位补偿后的频率响应、频率特性与阶跃响应

a）相位补偿后的频率响应（240Hz）　b）相位补偿后的幅频特性

c）相位补偿后的相频特性　d）相位补偿后的阶跃响应

14.8.5　二维数字伺服阀芯动态特性及其颤振补偿技术

1. 二维数字伺服阀螺旋机构工作原理

二维数字伺服阀螺旋机构工作原理如图 14-35 所示。

阀右腔 10 通过小孔 1，经阀芯杆内流道 8 和小孔 9 与进油口相通，其压力为入口压力（供油压力）。左敏感腔 4 的压力由开设在阀芯 7 左端台肩上的一对孔（高压孔 5、低压孔 2）和开设于阀芯左端的螺旋槽 3 相交的两个微小弓形面积串联的液压阻力半桥控制。在设计上，右腔面积为左敏感腔面积的一半。静态时，若不考

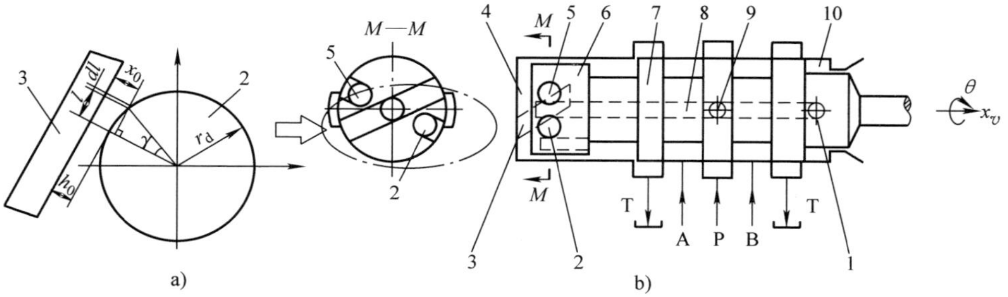

图 14-35　二维数字伺服阀螺旋机构原理图

a）伺服阀口与螺旋槽遮盖量　b）阀芯结构原理图

1、9—小孔　2—低压孔　3—螺旋槽　4—左敏感腔　5—高压孔

6—低压孔回油流道　7—阀芯　8—内流道　10—右腔

虑摩擦力及阀口液动力的影响，左敏感腔压力为入口压力的一半，阀芯轴向保持静压平衡，此时高低压孔（5、2）与螺旋槽相交的弓形面积相等。当以顺时针的方向转动阀芯时，则高压侧的弓形面积增大、低压侧的弓形面积减小，左敏感腔压力升高，推动阀芯右移，阀芯右移的结果是高低压孔（5、2）又回到螺旋槽的两侧，高低压孔（5、2）与螺旋槽相交的弓形面积相等，左敏感腔的压力恢复为系统压力一半，阀芯重新保持轴向平衡。若以逆时针的方向转动阀芯，变化则正好相反。这种实现二维数字伺服阀阀芯转角与轴向位移（主阀开口）转换的导控结构类似于机械螺旋运动，所以也称为液压伺服螺旋机构。

2. 螺旋阀芯的输入－输出特性

根据螺旋机构的工作原理，可以得到阀芯旋转运动和线性运动的转换关系如图 14-36所示。

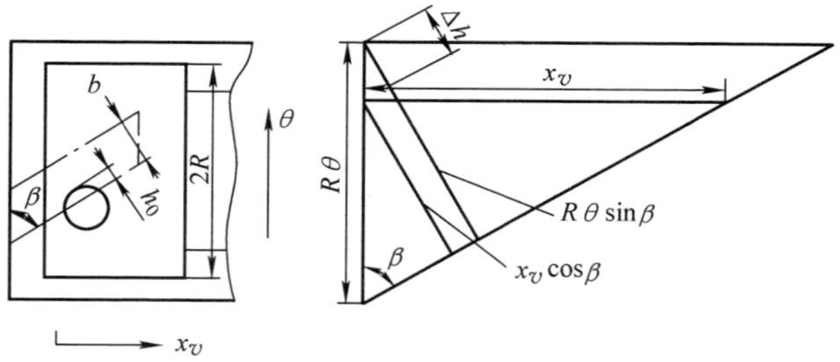

图 14-36　阀芯旋转运动和线性运动的转换关系

图 14-36 中，h_0 为螺旋槽到低（高）压小孔的间隙，b 为螺旋槽宽度。根据阀芯运动的几何关系可以得到弓高 h_1（高压小孔和螺旋槽重叠面积的高度），即

$$h_1 = h_0 + R\theta\sin\beta - x_v\cos\beta \tag{14-20}$$

式中　R——阀芯台肩半径；

θ——阀芯的转角位移；

x_v——阀芯轴向位移；

β——螺旋槽的升角。

在静态时，$h_1=h_0$，则由式（14-20）可得

$$x_v = R\theta\tan\beta \tag{14-21}$$

式（14-21）描述了二维螺旋机构阀芯的转动和直线移动之间的关系，很显然它们之间是线性关系，如图 14-37 所示，表明二维螺旋机构具有良好的线性度。

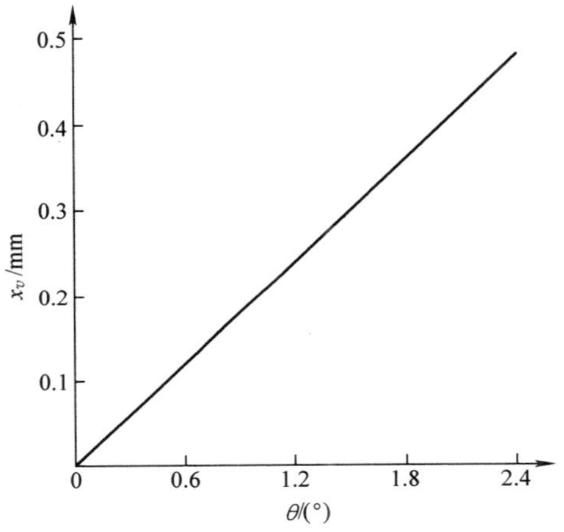

图 14-37　二维螺旋机构阀芯输入和输出之间的关系

3. 二维数字伺服阀螺旋机构数学模型

（1）流量连续性方程　由图 14-35 可知，流入导控级的流量一部分来自于高压孔和螺旋槽重叠面积形成的开口，另一部分来源于高压孔向螺旋槽的泄漏。流出导控级的流量一部分是通过低压孔和螺旋槽重叠面积形成的开口，还有一部分通过螺旋槽向低压孔泄漏。假设左敏感腔中的压力和密度不随空间变化，只随时间变化，根据流量的连续性，可写出左敏感腔的流量连续性方程为

$$q_1 + q_{l1} - q_2 - q_{l2} = A\frac{\mathrm{d}x_v}{\mathrm{d}t} + \frac{V_1}{\beta_e}\frac{\mathrm{d}p_c}{\mathrm{d}t} \tag{14-22}$$

式中　q_1——流入左侧容腔的流量；

q_{l1}——由高压孔泄漏到螺旋槽的泄漏量；

q_2——流出左侧容腔的流量；

q_{l2}——由螺旋槽泄漏到低压孔的泄漏量；

A——为左侧容腔的阀芯面积；

p_c——左侧容腔的压力；

V_1——左侧容腔的体积，$V_1=(L_v+x_v)A$；

L_v——为左敏感腔的初始长度；

β_e——油液弹性模量。

流入左侧容腔的流量 q_1 可按式（14-23）计算。

$$q_1 = C_d A_1 \sqrt{\frac{2(p_s - p_c)}{\rho}} \tag{14-23}$$

式中 A_1——高压孔和螺旋槽重叠面积。

重叠面积 A_1 可根据高压孔和伺服螺旋槽之间的位置关系（见图 14-38）得出，可以表示为

$$A_1 = \begin{cases} 0 & (h_1 \leqslant 0) \\ h_1 \sqrt{2r_d h_1 - h_1{}^2} + r_d^2 \arcsin \dfrac{\sqrt{2r_d h_1 - h_1{}^2}}{r_d} - r_d \sqrt{2r_d h_1{}^2} & (0 < h_1 \leqslant r_d) \\ \pi r_d^2 + h_1 \sqrt{2r_d h_1 - h_1{}^2} - r_d^2 \arcsin \dfrac{\sqrt{2r_d h_1 - h_1{}^2}}{r_d} - r_d \sqrt{2r_d h_1 - h_1{}^2} & (r_d < h_1 < 2r_d) \\ \pi r_d^2 & (h_1 \geqslant 2r_d) \end{cases} \tag{14-24}$$

式中 r_d——高（低）压孔的半径；

h_1——高压孔和伺服螺旋槽重叠圆弧的弓高。

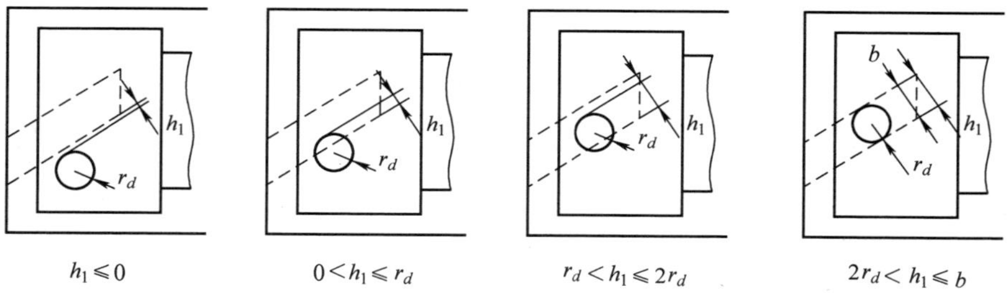

图 14-38 高压孔和伺服螺旋槽之间的位置关系

相应地，q_2、A_2 和 h_2 可以分别表示为

$$q_2 = C_d A_2 \sqrt{\frac{2p_c}{\rho}} \tag{14-25}$$

$$A_2 = \begin{cases} 0 & (h_2 \leqslant 0) \\ h_2 \sqrt{2r_d h_2 - h_2{}^2} + r_d^2 \arcsin \dfrac{\sqrt{2r_d h_2 - h_2{}^2}}{r_d} - r_d \sqrt{2r_d h_2 - h_2{}^2} & (0 < h_2 \leqslant r_d) \\ \pi r_d^2 + h_2 \sqrt{2r_d h_2 - h_2{}^2} - r_d^2 \arcsin \dfrac{\sqrt{2r_d h_2 - h_2{}^2}}{r_d} - r_d \sqrt{2r_d h_2 - h_2{}^2} & (r_d < h_2 < 2\,r_d) \\ \pi\, r_d^2 & (h_2 \geqslant 2\,r_d) \end{cases} \tag{14-26}$$

$$h_2 = h_0 - R\theta\cos\beta + x_v\cos\beta \tag{14-27}$$

（2）阀芯平衡方程　在不考虑主阀液动力影响的条件下，阀芯主要受到左侧容腔和右侧容腔压力的作用、折算到阀芯上总黏性阻尼作用及折算到阀芯上的外部弹簧力和外部负载的作用。根据力平衡原理，阀芯的力平衡方程可写为

$$p_c A - p_s \frac{A}{2} = m\frac{\mathrm{d}^2 x_v}{\mathrm{d}t^2} + B_e \frac{\mathrm{d}x_v}{\mathrm{d}t} + K_f x_v + F_L \tag{14-28}$$

式中　m——折算到阀芯上的总质量；

B_e——折算到阀芯上的总黏性系数；

K_f——液压弹簧刚度；

F_L——作用在阀芯上的负载。

式（14-22）和式（14-28）构成了二维数字伺服阀螺旋结构的数学模型。

（3）二维数字伺服阀螺旋阀芯频率特性　根据二维数字伺服阀螺旋阀芯的数学模型可以仿真出动态性能，仿真采用的参数见表 14-9。

表 14-9　二维数字伺服阀参数

阀芯直径/mm	小孔直径/mm	螺旋升角/(°)	敏感腔初始长度/mm	初始弓高/mm
12.5	4.5	61.39	2	0.03

图 14-39 所示为二维数字伺服阀螺旋机构在不同频率、幅值为 25%、阀全开口的正弦信号作用下的阀芯轴向位移仿真结果。从图 14-39 可以看出，在低频段，阀芯的轴向位移很好地跟随了输入信号的变化。但是随着频率的增加，二维数字伺服阀螺旋机构轴向位移的幅值发生了衰减，相位也产生了滞后。测试得到二维数字伺服阀螺旋机构在 −3dB 所对应的频率约为 160Hz，表明二维数字伺服阀螺旋机构具有良好的频率特性。

根据二维数字伺服阀螺旋机构的数学模型可以仿真出阶跃响应特性，如图 14-40所示。

从图 14-40 可以看出，二维数字伺服阀螺旋机构阶跃响应的上升时间大约为 2.5ms，表明二维数字伺服阀螺旋机构响应速度较快，并且从仿真曲线可以看出，二维数字伺服阀螺旋机构的阶跃响应没有表现出振荡特性，而是表现出惯性特性。这说明二维数字伺服阀螺旋机构可以看作惯性环节，也验证了前述线性化分析的正确性。

4. 伺服阀滞环和死区非线性数字颤振补偿技术

电液控制系统的本质非线性主要源于电液控制阀（滞环、饱和、摩擦力及死区等）和动力元件－负载机构（摩擦力和间隙等）。电液控制系统的非线性对系统有很大的影响，轻则影响系统的控制精度，重则出现极限环振荡，甚至造成系统不稳定。近年来，随着现代智能控制技术的发展及低价高性能微处理器的普及，人们

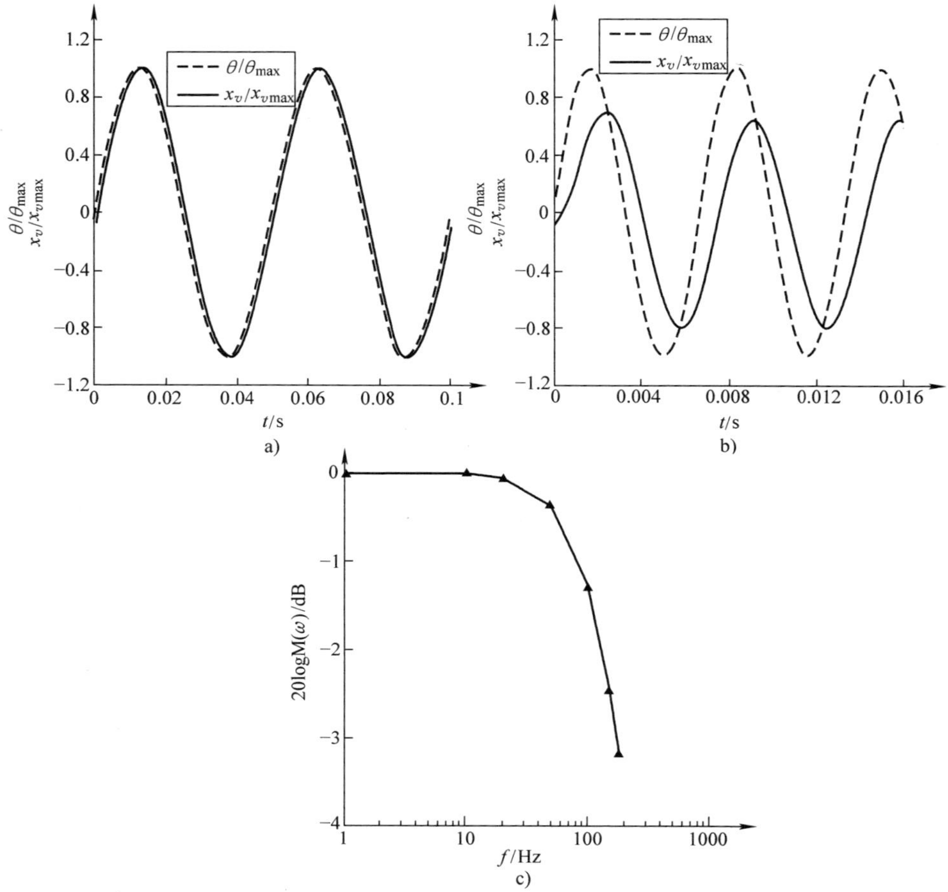

图 14-39　螺旋机构频率响应

a）20Hz 正弦信号下伺服阀芯频率响应　b）150Hz 正弦信号下伺服阀芯频率响应　c）伺服螺旋阀芯幅频响应

试图通过采用合理的控制算法消除非线性对系统造成的不利影响，成为流体动力控制技术的研究热点之一。对这些非线性进行补偿，目的是通过合适的控制算法，以保证运动部件无失步、快速连续地跟随输入信号运动。

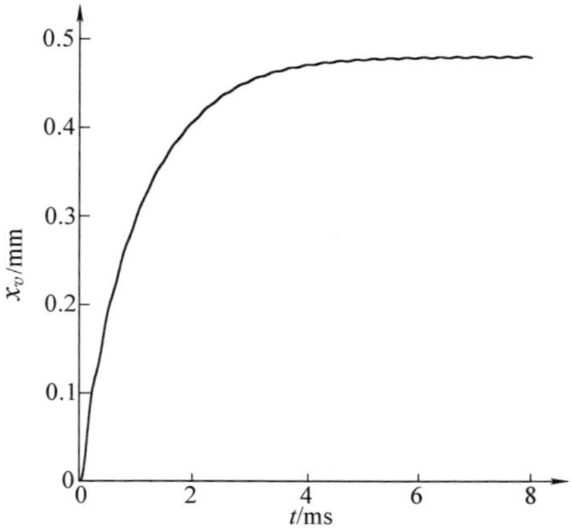

图 14-40　螺旋机构阶跃响应

寻求合适算法必须建立在对系统各个环节非线性信息精确认识的基础之上，再通过对系统各个环节的精确建模来达到这一目的。但是，由以非线性因素具有很强的不确定性，难以建立精确模型，设计的控制算法鲁棒性差，实际应用效果并不理想。动力元件 - 负载产生的非线性（如库仑摩擦等）可通过传感器实时检测加以辨识，提高非线性模型的精度，所设计的控制算法能较好地消除非线性对系统的不利影响。但是，由于尺寸、结构及非线性产生的复杂性等多方面的原因，很难采用传感器实时检测来辨识控制阀的非线性。对控制阀非线性的精确把握，只能依赖离线辨识和建模。这种方法不仅效率低，而且所建模型异常复杂。另一方面，控制阀在电液控制系统中起着功率放大作用，其非线性对系统的不利影响也被放大。因此，控制阀性能优劣对系统性能起到了至关重要的影响。这也是高精度的电液控制系统要选择高性能电液控制阀的直接原因。而现有商品化的高性能电液控制阀（如喷嘴 - 挡板伺服阀、高性能的比例阀等）存在价格昂贵及抗油液污染能力差的缺点，严重影响了电液控制技术的推广应用及自身的发展。

在二维数字伺服阀中，作为电 - 机械转换器的感应子同步电动机通过齿轮传动机构和阀芯相连，其转子的旋转角度决定了二维数字伺服阀的阀芯位移。在理想条件下，齿轮传动机构输出与输入之间的关系是线性的，传动比为一常数。而实际上，齿轮的正常工作需要一定的齿隙来保证，以避免因工作温度的变化、齿的弹性变形而使啮合的齿轮之间的齿隙过小，导致两齿轮卡死。同时，为保证齿轮传动的良好润滑，啮合齿轮的非工作齿面之间也需要一定的齿隙以储存润滑油。另外，齿轮的加工和安装误差也不可避免地导致齿隙的存在。齿隙的存在，使得当主动轮运动方向改变时，从动轮运动方向并不会立即随之改变，直到主动轮越过全部齿隙时，从动轮的运动方向才开始改变。这样工作于可逆运转的齿轮传动装置就造成了空程误差，使得传动装置的输出轴与输入轴之间的关系不是单值的线性关系，而是表现出滞环非线性特性。由于滞环非线性会对二维数字伺服阀的性能产生不利的影响，在此采用颤振补偿技术来抑制或消除滞环对二维数字伺服阀的影响，即在二维数字伺服阀输入信号上叠加一高频颤振周期信号来抑制或消除滞环对二维数字伺服阀的影响。

对具有间隙的阀芯输出进行了仿真试验，当输入正弦信号未叠加颤振信号时，对间隙数学模型采用龙格 - 库塔算法则可以仿真计算出阀芯位移（见图 14-41a）。从图 14-41a 可以看出，在未采用颤振技术时，阀芯的输出表现出滞环非线性特性，滞环约为 1.9%。当在输入信号上叠加颤振信号（该颤振信号为一高频正弦波，频率为 300Hz）时，输入信号变成如图 14-41b 所示的信号。同样根据上述数学模型利用龙格 - 库塔算法也可以得到阀芯位移（见图 14-41c）。从图 14-41c 可以看出，在采用颤振技术后，阀芯位移的滞环非线性减小了。当颤振信号的幅值为间隙量的 100% 时，滞环几乎完全被抑制。这表明采用颤振技术可以减小或消除二维数字伺服阀因齿隙产生的滞环非线性。另外，由于颤振信号的频率远大于二维数字伺服阀螺旋结构的液压固有频率（大约为 104 ~ 105Hz），颤振信号叠加在输入信号上并不会对系统的稳定性产生影响，因此，颤振技术是抑制或消除二维数字伺服阀滞环非线性特性的一个有效手段。

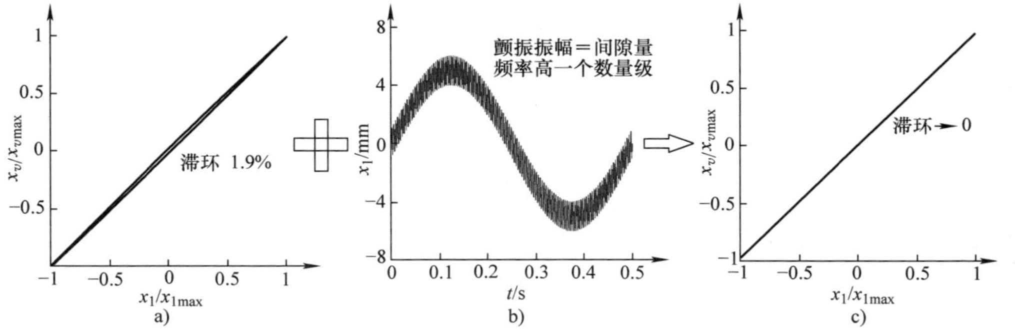

图 14-41 采用颤振技术后的阀芯输出

a）无颤振加入时具有非线性阀芯输出 b）采用具有颤振的输入信号后 c）几乎可以抑制原有滞环

从仿真结果来看，输入信号虽然叠加了一个高频颤振信号，但是在阀芯的输出中并不含高频成分，这是因为螺旋机构本质上是一个惯性环节，所叠加的高频信号被抑制，这也是颤振技术提出的出发点之一。

5. 阀芯死区颤振补偿原理

（1）死区颤振补偿工作原理 二维数字伺服阀的主阀往往会采用负开口，零位泄漏小，对加工工艺要求较低的滑阀。但其流量增益具有死区非线性，使得系统存在稳态误差，并且还可能产生游隙导致系统不稳定。因此，在二维数字伺服阀中采用流量特性死区颤振补偿技术，消除负开口阀的死区非线性，同时大幅度降低电液伺服阀的加工难度，提高电液伺服阀的加工效率、成品率，以及提高电液伺服阀的静态性能。

此流量特性死区颤振补偿技术就是在阀芯的轴向位移上叠加一高频颤振周期信号（如高频正弦颤振信号），该高频颤振信号引起阀芯的轴向高频颤振运动，以阀在一个高频颤振周期内的平均流量作为阀在此阀口下的流量。此原理类似于高速开关阀的工作原理。由于颤振周期非常短，因此，平均流量还是能够实时反映瞬时流量的大小。

假设阀的死区为 $\pm\Delta$；颤振信号为

$$y_d(t)=A_d\sin\frac{2\pi}{T_d}t \tag{14-29}$$

式中 A_d——颤振信号的幅值；

T_d——颤振信号的周期。

当阀开口为 x_{vD}，且 $|x_{vD}|>\Delta$ 时，阀口工作在死区之外，阀口对应图 14-42c 中 D 点位置。同样也在此阀开口位置叠加颤振信号 $y_d(t)$，叠加后阀芯的运动为 $x_v(t)=x_{vD}+y_d(t)$，如图 14-42c 所示。若阀芯的最大和最小开口均超出死区，即图 14-42c 中阴影部分，根据图 14-42a 负开口阀的流量特性曲线可知，阀的流量随时间的变化如图 14-42b 所示。但是由于图 14-42b 中阴影部分面积的平均值为 0，

即此时颤振信号对流量不起作用，阀的流量为颤振周期 T_d 内的平均流量，实际就是与阀口 x_{vD} 所对应的流量。可见，通过颤振补偿技术可以改善负开口阀的流量特性。

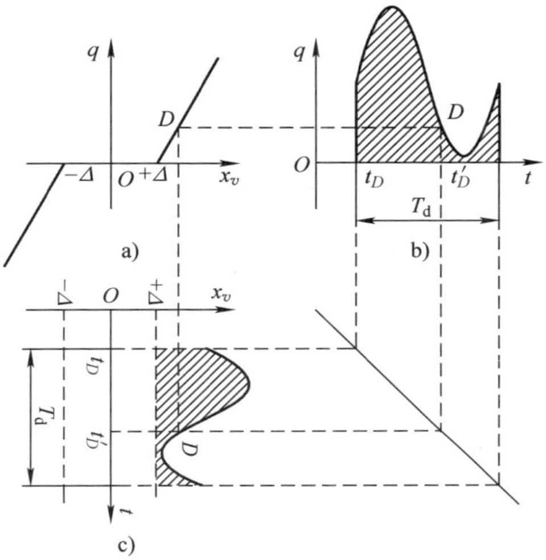

图 14-42　当 $|x_{vD}|>\Delta$ 时的输出流量

（2）死区颤振补偿仿真　对于功率级为滑阀结构的负开口电液伺服阀，在不考虑径向间隙、工作边圆角时，其压力 - 流量方程为

$$q_L=\begin{cases}C_d w(x_v-\Delta)\sqrt{\dfrac{1}{\rho}(p_s-p_L)} & (x_v\geqslant\Delta)\\ 0 & (-\Delta<x_v<\Delta)\\ C_d w(x_v+\Delta)\sqrt{\dfrac{1}{\rho}(p_s+p_L)} & (x_v\leqslant-\Delta)\end{cases}\tag{14-30}$$

式中　q_L——负载流量；

C_d——流量系数；

w——面积梯度；

x_v——阀芯位移；

ρ——油液密度；

p_s——系统压力；

p_L——负载压力。

根据前述振颤振补偿原理，由式（14-29）~式（14-30）可以计算出颤振补偿后电液伺服阀的压力 - 流量方程。对应颤振补偿信号的幅值为 $A_d\geqslant2\Delta$，颤振补偿后的伺服阀的压力 - 流量方程由式（14-31）表示。如果不考虑负载压力，即 $p_L=0$，由式（14-31）可以得到对应颤振补偿信号的幅值为 $A_d\geqslant2\Delta$ 的补偿后的空载流量特性方程，由式（14-32）表示。

$$\bar{q}_d=\begin{cases}C_d w(x_v-\Delta)\sqrt{\dfrac{1}{\rho}(p_s-p_L)} & (x_v\geqslant\Delta+A_d)\\ \left[2A_d\cos\left(\arcsin\dfrac{x_v-\Delta}{A_d}\right)+(x_v-\Delta)\left(\pi+2\arcsin\dfrac{x_v-\Delta}{A_d}\right)\right]\dfrac{C_d w}{2\pi}\sqrt{\dfrac{p_s-p_L}{\rho}} & (A_d-\Delta<x_v<\Delta+A_d)\\ \left[2A_d\cos\left(\arcsin\dfrac{x_v-\Delta}{A_d}\right)+(x_v-\Delta)\left(\pi+2\arcsin\dfrac{x_v-\Delta}{A_d}\right)\right]\dfrac{C_d w}{2\pi}\sqrt{\dfrac{p_s-p_L}{\rho}}- & \\ \left[2A_d\cos\left(\arcsin\dfrac{x_v+\Delta}{A_d}\right)-(x_v+\Delta)\left(\pi-2\arcsin\dfrac{x_v+\Delta}{A_d}\right)\right]\dfrac{C_d w}{2\pi}\sqrt{\dfrac{p_s-p_L}{\rho}} & (\Delta<x_v\leqslant A_d-\Delta)\\ \left[2A_d\cos\left(\arcsin\dfrac{\Delta-x_v}{A_d}\right)-(\Delta-x_v)\left(\pi-2\arcsin\dfrac{\Delta-x_v}{A_d}\right)\right]\dfrac{C_d w}{2\pi}\sqrt{\dfrac{p_s-p_L}{\rho}}- & \\ \left[2A_d\cos\left(\arcsin\dfrac{\Delta+x_v}{A_d}\right)-(\Delta+x_v)\left(\pi-2\arcsin\dfrac{\Delta+x_v}{A_d}\right)\right]\dfrac{C_d w}{2\pi}\sqrt{\dfrac{p_s-p_L}{\rho}} & (-\Delta\leqslant x_v\leqslant\Delta)\\ \left[2A_d\cos\left(\arcsin\dfrac{\Delta-x_v}{A_d}\right)-(\Delta-x_v)\left(\pi-2\arcsin\dfrac{\Delta-x_v}{A_d}\right)\right]\dfrac{C_d w}{2\pi}\sqrt{\dfrac{p_s-p_L}{\rho}}- & \\ \left[2A_d\cos\left(\arcsin\dfrac{-\Delta-x_v}{A_d}\right)-(\Delta+x_v)\left(\pi+2\arcsin\dfrac{-\Delta-x_v}{A_d}\right)\right]\dfrac{C_d w}{2\pi}\sqrt{\dfrac{p_s-p_L}{\rho}} & (-A_d+\Delta\leqslant x_v<-\Delta)\\ \left[-2A_d\cos\left(\arcsin\dfrac{-x_v-\Delta}{A_d}\right)+(x_v+\Delta)\left(\pi+2\arcsin\dfrac{-x_v-\Delta}{A_d}\right)\right]\dfrac{C_d w}{2\pi}\sqrt{\dfrac{p_s-p_L}{\rho}} & (-A_d-\Delta<x_v<-A_d+\Delta)\\ C_d w(x_v+\Delta)\sqrt{\dfrac{p_s+p_L}{\rho}} & (x_v\leqslant-A_d-\Delta)\end{cases}\tag{14-31}$$

$$\bar{q}_L=\begin{cases}\left[2A_d\cos\left(\arcsin\dfrac{\Delta-x_v}{A_d}\right)-(\Delta-x_v)\left(\pi-2\arcsin\dfrac{\Delta-x_v}{A_d}\right)-\right. & \\ \left.2A_d\cos\left(\arcsin\dfrac{\Delta+x_v}{A_d}\right)+(\Delta+x_v)\left(\pi-2\arcsin\dfrac{\Delta+x_v}{A_d}\right)\right]\dfrac{C_d w}{2\pi}\sqrt{\dfrac{p_s}{\rho}} & (|x_v|<\Delta)\\ \left\{A_d\left[2\cos\left(\arcsin\dfrac{x_v-\Delta}{A_d}\right)-2\cos\left(\arcsin\dfrac{x_v+\Delta}{A_d}\right)\right]+(x_v-\Delta)\left(\pi+2\arcsin\dfrac{x_v-\Delta}{A_d}\right)+\right. & \\ \left.(x_v+\Delta)\left(\pi-2\arcsin\dfrac{x_v+\Delta}{A_d}\right)\right\}\dfrac{C_d w}{2\pi}\sqrt{\dfrac{p_s}{\rho}} & (\Delta\leqslant|x_v|<A_d-\Delta)\\ \left[2A_d\cos\left(\arcsin\dfrac{x_v-\Delta}{A_d}\right)+(x_v-\Delta)\left(\pi+2\arcsin\dfrac{x_v-\Delta}{A_d}\right)\right]\dfrac{C_d w}{2\pi}\sqrt{\dfrac{p_s}{\rho}} & (A_d-\Delta\leqslant|x_v|<\Delta+A_d)\\ C_d w(x_v+\Delta)\sqrt{\dfrac{p_s}{\rho}} & (|x_v|\geqslant\Delta+A_d)\end{cases}\tag{14-32}$$

当颤振信号频率为 300Hz、电液伺服阀的结构参数确定（见表 14-10）时，由式（14-32）可以分别求出颤振幅值为死区量的 480% 时的流量特性曲线及流量随时间的变换关系。

表 14-10　电液伺服阀的结构参数

死区/mm	阀芯直径/mm	阀最大开口/mm	系统压力/MPa
0.02	12.5	0.48	7

当补偿量为 480% 死区（满开口）时，仿真得到的空载流量特性如图 14-43b 所示，每 33.3ms 的平均流量输出基本是线性的，和输入的阀开口信号是一致的。

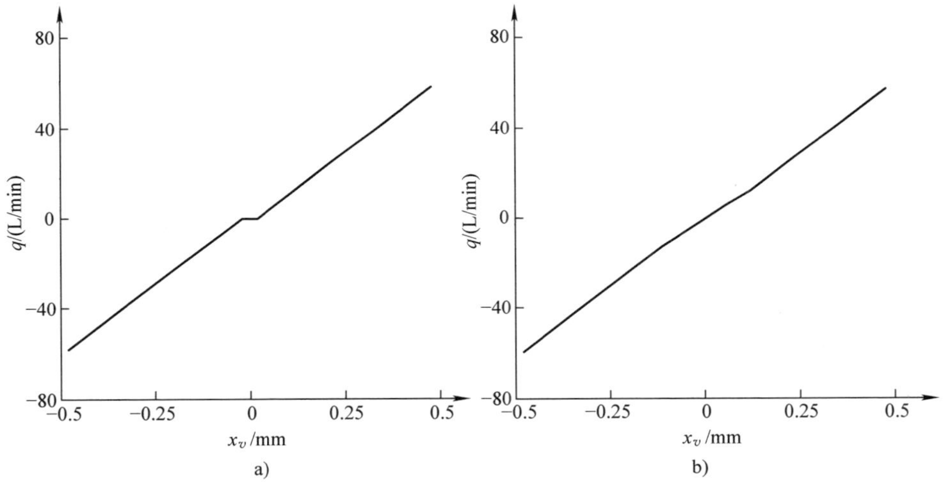

图 14-43　采用颤振补偿的流量特性

a）未采用颤振补偿的流量特性　b）480% 死区量补偿流量特性

14.8.6　感应子同步电动机同步跟踪控制算法

1. 限制感应子同步电动机失调角的同步跟踪思路

在不考虑磁滞、磁饱和等非线性特性条件下，由式（14-4）可以得到感应子同步电动机的矩角特性，其矩角特性为一正弦波，如图 14-44 所示。

由图 14-44 可见，在平衡位置（即旋转磁场角位移和转子角位移重合位置），此时失调角为零，感应子同步电动机输出转矩为零。如果感应子同步电动机转子沿正方向偏离平衡位置，此时失调角不为零，感应子同步电动机输出转矩不为零，并且随着失调角的增大，输出转矩增大，在失调角为 π/2 时，输出转矩达到最大。如果失调角进一步增大，超过 π/2，则失调角又逐渐变小。当失调角增大到 π 时，输出转矩为零，此时，感应子同步电动机处于非稳定位置，感应子同步电动机失步，反之亦然。因此，为了防止感应子同步电动机失步，在工作中必须实时控制失

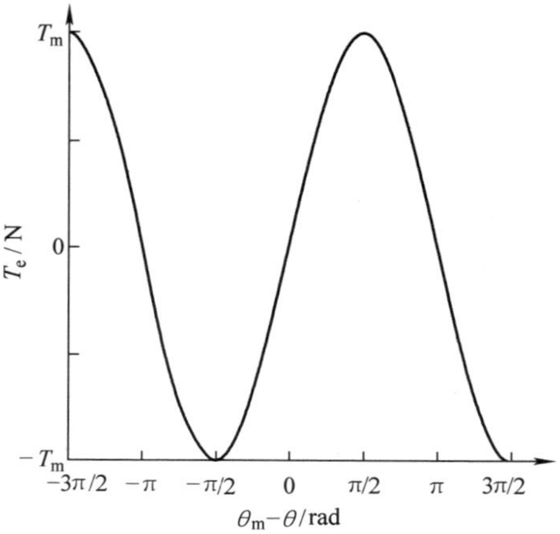

图 14-44　矩角特性

调角，使失调角限制在 $-\pi\sim\pi$（±半个齿距角），即失调角满足：

$$|\theta_m - N_r\theta| < \pi \qquad (14\text{-}33)$$

失调角问题使得精度和响应难以同时得到保证，即选择较多的工作步数，电液控制元件的精度提高，但是响应速度慢；反之，选择较少的工作步数，响应速度加快，但却使得离散误差加大。正是由于这种矛盾使得步进式数字阀的性能及其应用受到了很大的限制。“连续跟踪控制算法”就是为解决这个问题提出的，其核心思想是在其定子各相绕组通入一定相位差的连续变化的正弦电流，保证转子的输出角位移可以在任意点精确快速定位。在这种控制方式下，通过控制步进电动机相邻相序通电时间的长短，使步进电动机输出的角位移得以连续控制。这样一来，既保证感应子同步电动机作为电液转换器具有较高的响应速度，同时又保证其具有较高的定位精度。该控制思想可以由固化于单片机控制器内的特殊跟踪算法实现。

为了解决二维数字伺服阀存在的量化误差与响应速度慢的致命弱点，采用连续跟踪控制算法加以解决。由该跟踪算法所获得的步进电动机控制信号如图 14-45 所示。

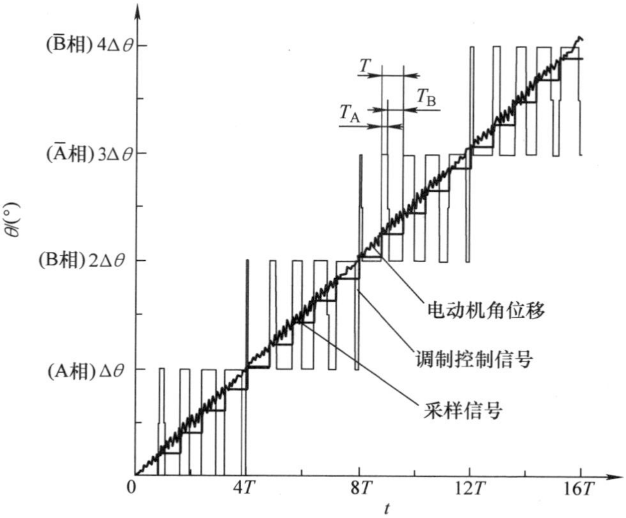

图 14-45　步进电动机 PWM 连续跟踪控制

步进电动机输出的角位移只能是与旋转磁场相同的离散值，运行频率存在上限。为此，采用步进电动机角位移连续跟踪控制方法。该方法在一个步进周期内，通过控制两个相邻的步进相序通电时间长短，使得步进电动机转子输出的角位移大小在两个通电相序所对应的两个离散角位移值之间连续可控，即

$$\theta = n\beta + \alpha\beta \tag{14-34}$$

任意角位移 $\alpha\beta$ 输出实现采用 PWM 技术，即在一个步进周期 T 内，将与步距角相对应的两个相序分别通电时间 αT 与 $(1-\alpha)T$，从而控制电动机内部旋转磁场，使转子处于角位移 αT 处。由于控制器由 DSP 单元、电动机驱动单元、位置检测单元、电源单元等组成，可以通过以上控制单元实现此算法，达到理想的控制精度与响应速度。这种基于高速 DSP 芯片的双闭环反馈系统，具有良好的静态与动态特性，如图 14-46 所示。

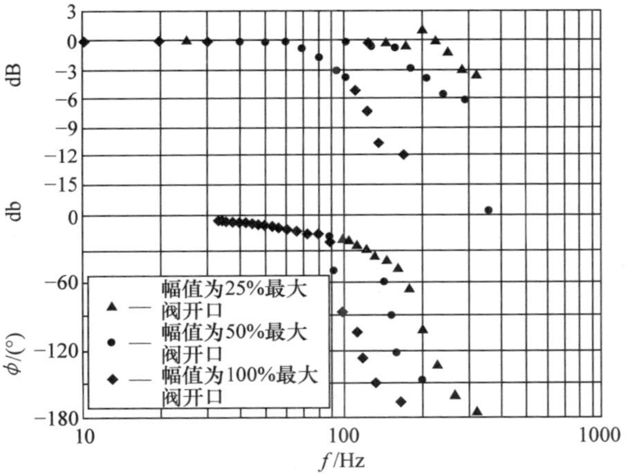

图 14-46　二维数字伺服阀的动态性能曲线

从图 14-45 中可见，细线是步进电动机所要跟踪的连续角位移信号，计算机（微处理器）通过外围标准 I/O 接口读取输入连续角位移信号的离散值。假设在第 i 个周期所得到的离散值为 $\theta(iT)$，并将其表示为 $\theta(iT)=\Delta\theta(N+\alpha)$（$N$ 为 $\theta(iT)$ 与 $\Delta\theta$ 的商，α 为余数）。$\theta(iT)$ 与上一个周期步进电动机被控制停留的角位置进行比较，若相差大于一个步距差，则控制步进电动机向前或向后运行一步；否则将一个步进周期分为两段 T_A 和 T_B，在 T_A 和 T_B 内先后分别对 $\Delta\theta N$ 与 $\Delta\theta(N+1)$ 的角位移所对应的步进电动机相序通电。通过这种方法控制步进电动机的转子，对输入的角位移信号实现连续跟踪。

2. 电－机械转换器同步跟踪控制算法

根据上述分析，为了保证同步电动机既有较高的响应速度，又保证其转子的输出角位移可以在任意点精确快速定位，提出同步跟踪控制算法，如图 14-47 所示。该算法主要由相位补偿、失调角限制、电流闭环控制、位置闭环和前馈补偿等组成。

感应子同步电动机受磁滞和磁饱和等非线性影响，其输入－输出存在滞环非线性特性。虽然根据其分级比例控制特性采用多级控制可以减少输入－输出的滞环和

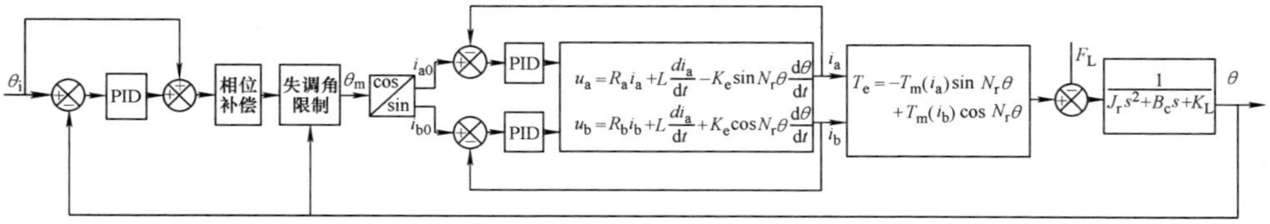

图14-47　电－机械转换器同步跟踪控制算法

非线性度，但是并不能消除。况且，级数的增加会降低二维数字伺服阀的响应速度。因此，感应子同步电动机输入－输出的滞环需要采用位置闭环控制来减小。位置闭环还可以消除负载和外界干扰对转子角位移的影响。在这里，位置闭环通过PID控制实现，即输入信号 θ_i 和感应子同步电动机转子角位移 θ 反馈信号相比较所得到的偏差信号，通过PID运算产生旋转磁场控制信号控制同步电动机转子跟随输入信号运动。由于位置闭环追求的是同步电动机转子角位移信号和输入信号相一致，追求的是失调角为0，但是转子的运动需要失调角来牵引，因此，在这里引入了前馈控制。这样，由位置闭环控制和前馈控制共同产生同步电动机旋转磁场输入控制信号。

作为电－机械转换器的同步电动机，其频宽主要受限于相位滞后，采用相位补偿可以进一步拓宽电－机械转换器的频宽。相位补偿环节是由二阶微分环节和振荡环节构成的。为了防止感应子同步电动机失步，在工作中必须使失调角限制在 $-\pi\sim\pi$（±半个齿距角）。这样，感应子同步电动机旋转磁场输入控制信号经相位补偿、失调角限制后，转换为感应子同步电动机旋转磁场角位移的理论输入信号 θ_m，θ_m 作为理论旋转磁场输入信号控制感应子同步电动机转子的运动，使感应子同步电动机转子的位置与输入信号保持一致。

感应子同步电动机内部旋转磁场的信号是由其两相绕组电流产生的，因此根据限制后的理论旋转磁场角位移 θ_m 可以得到相应的两相绕组的理论控制电流 i_{a0}、i_{b0}，即

$$\begin{cases} i_{a0}=I_m\cos\theta_m \\ i_{b0}=I_m\sin\theta_m \end{cases} \tag{14-35}$$

式中　I_m——绕组的额定电流幅值。

两相绕组的理论控制电流 i_{a0}、i_{b0} 的获得则需要由电流闭环来实现。其实现方法是，将感应子同步电动机两相绕组的实际电流 i_a、i_b（可以通过检测电路检测绕组的电流）分别和理论控制电流 i_{a0}、i_{b0} 相比较，产生相应的偏差信号，两相绕组的偏差信号分别经PID运算产生各个绕组的PWM信号，再由PWM信号控制驱动电路，从而控制各个绕组的电流，使两相绕组实际电流和理论控制电流相一致，获得所需要的理论旋转磁场 θ_m，在旋转磁场 θ_m 作用下控制感应子同步电动机转子的运动。

在同步跟踪控制算法下，感应子同步电动机能够无失步地快速精确跟随输入控

制信号的运动。该同步跟踪控制算法固化在 DSP 芯片 TMS320F2812 中，实现对感应子同步电动机的数字控制。其程序流程图如图 14-48 所示。

3. 同步跟踪控制算法的发展

（1）基于增益自调节单神经元 PID 的同步跟踪控制算法（见图 14-49）　采用单神经元的算法与传统 PID 调节的效果比较如图 14-50 所示，响应峰值的下降稳定的时间会缩短。

（2）基于自抗扰控制的同步跟踪控制算法　此算法在不同的电感、摩擦力等系统内部参数及外部负载干扰、系统工作压力、波动等影响时仍能达到良好的控制效果，如图 14-51 所示。

（3）参数实时优化自抗扰同步跟踪控制算法　AGA 可以根据电动机的反馈信息，利用自身的优化机制和自学习能力减少电动机控制器对参数的依赖；而 ADRC 可以保证其在不同电感、摩擦力等内部参数变化及外部脉冲干扰作用下仍具有良好的控制效果，如图 14-52 所示。

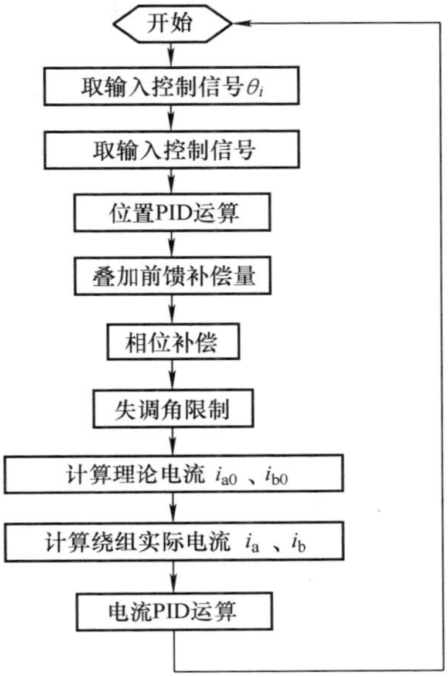

图 14-48　同步跟踪控制流程图

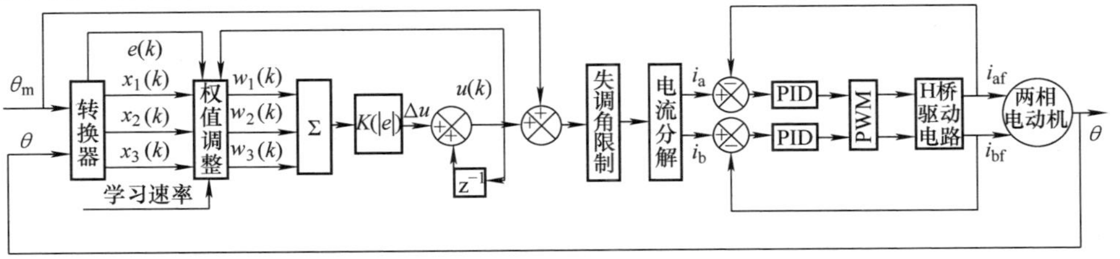

图 14-49　基于增益自调节单神经元 PID 的同步跟踪控制算法

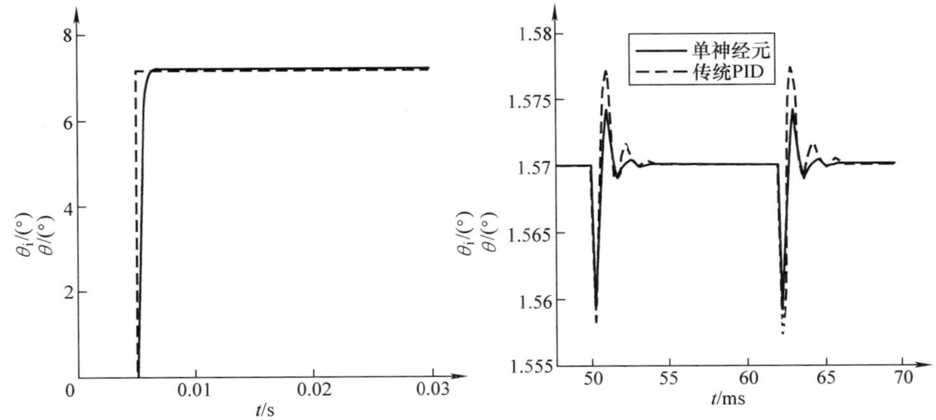

图 14-50　采用单神经元的同步跟踪控制算法效果比较图

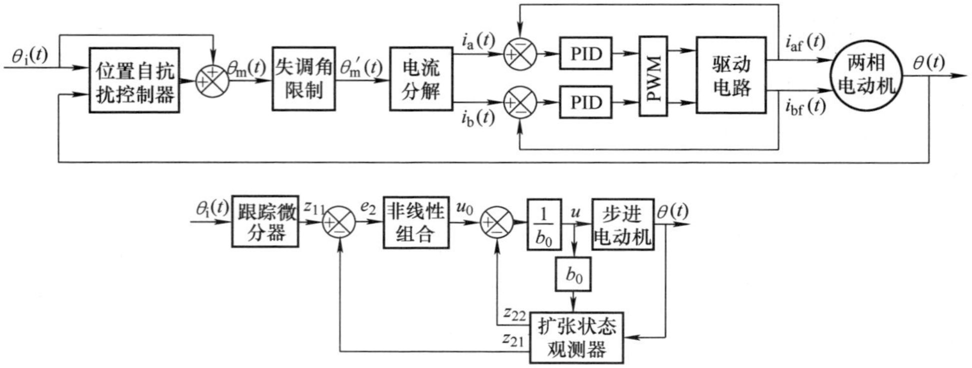

图 14-51　基于自抗扰控制的同步跟踪控制算法

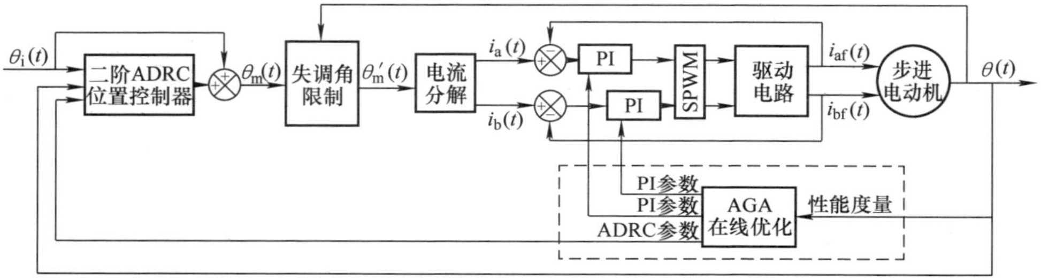

图 14-52　参数实时优化自抗扰同步跟踪控制算法

14.9　二维数字伺服阀嵌入式数字控制器

二维数字伺服阀具有嵌入式控制器，电－机械转换器与数字控制器集成于一体，具有高精度、快速响应等诸多特点，如图 14-53 所示。

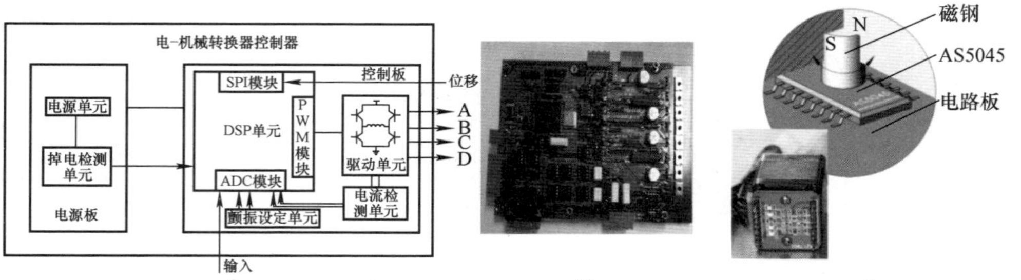

a)　　　　b)　　　　c)

图 14-53　二维数字伺服阀嵌入式控制器组成

对二维阀的电－机械转换器建立了理论模型之后，用 Simulink 等软件对电动机及其双闭环控制系统进行仿真，针对电动机频宽限制的问题设计了相位补偿等算法，拓宽了电动机的频宽，也在某些工况下获得了直流电动机阶跃响应可达到 5ms 的良好效果。在数字控制器的设计中取用数字信号处理器为主控芯片，通过电动机驱动芯片驱动直流电动机，并在程序设计中采用电流位置双闭环 PID 控制方法对直流电动机进行精确控制；为降低高频时幅值的衰减，增加了相位补偿环节，很大程度上提高了直流电动机的频率响应和稳定性。

14.9.1　电－机械转换器嵌入式控制器硬件设计

控制器采用以 DSP 为核心的嵌入式控制器来实现，具有同步跟踪控制策略，其外形图、电源电路板和控制电路板如图 14-54 所示。

a)　　b)　　c)

图 14-54　二维数字伺服阀控制器

a）A 型控制器控制板　b）A 型控制器驱动板　c）B 型控制器（控制板驱动集成）

控制器功能如图 14-55 所示。

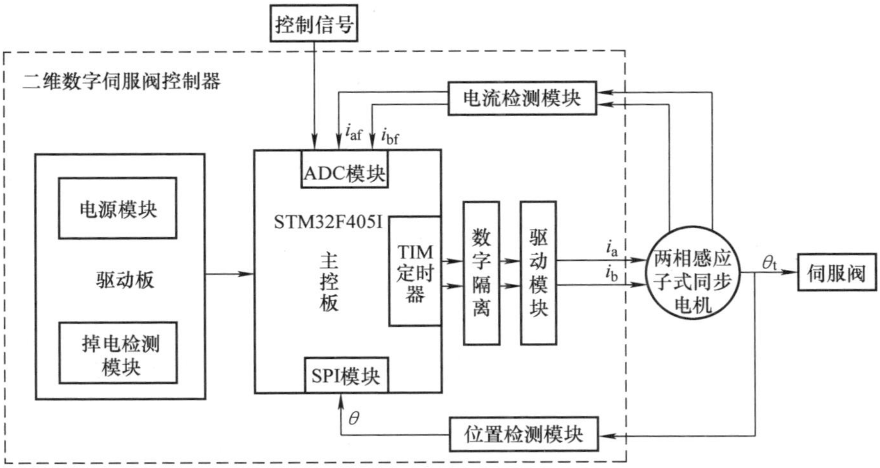

图 14-55　二维数字伺服阀控制器功能

二维数字伺服阀控制器的设计主要包括控制器的硬件设计和软件设计两部分。为了保证步进电动机式电－机械转换器的定位精度及动态响应特性，采用双闭环的控制方案：一是位置反馈闭环，读取电动机的角位移 θ 并进行反馈；二是相电流反馈闭环，实测两相电流合成的旋转磁场的相位差 θ_m；然后计算出二者的差值 θ_m －

θ，使其大小保持在半个齿距角范围内快速响应。

1. 电源电路板

电源电路板主要由电源单元和掉电检测单元组成。电源单元主要将输入24V电源转换为控制器的各个单元所需的电源，如DSP单元所需要的3.3V、1.8V和5V电源等；驱动单元所需要的24V电源；电流检测单元所需要的-5V电源等。掉电检测单元主要对电源单元输入24V电源进行监控，一旦输入电源切断或系统突然失电，掉电检测单元向控制板的DSP单元发出掉电信号，DSP单元接收到掉电信号后，依靠电源单元的储能电容所储存的能量快速控制阀芯回归零位，以保证整个系统的安全。

2. 控制电路板

控制电路板主要由DSP单元、电动机驱动单元、电流检测单元、位置检测单元等单元组成。DSP处理器采用德州仪器公司（TI）的TMS320F2812芯片，它内部集成了对步进电动机进行数字化控制的各种主要模块，主要包括ADC模块、事件管理器、SPI模块等。ADC模块主要是将外部输入的模拟控制信号（即电-机械转换器的输入控制信号）、来自电流检测模块的输出电压信号及颤振设定单元的输入信号转化为数字信号并发送给DSP单元处理；事件管理器主要产生用于控制感应子同步电动机转子运动的4路PWM信号；SPI模块主要接收位置检测单元所检测到的同步电动机转子角位移信号。位置检测单元采用无接触式磁旋转编码器AS5045芯片检测同步电动机转子角位移，AS5045芯片安装于同步电动机转子的后端，其分辨率可达0.0879°。同步电动机驱动单元主要采用IR2110芯片来控制两个“H桥”的IRF640的关断，从而控制同步电动机两相绕组的电流，进而控制同步电动机转子的运动。电流检测单元主要用来检测同步电动机两相绕组的电流，主要是在各电枢绕组中串接一个取样电阻，然后经过光耦隔离放大后，由ADC模块转换为数字信号送至DSP单元处理。

（1）DSP单元　TMS320X28xx是美国德州仪器公司（TI）推出的新一代32位定点数字信号处理器，专门用于电动机数字化控制。它整合了DSP单元和微处理器的最佳特性，能够在一个周期内完成32位×32位的乘法累加运算或两个16位×16位乘法累加运算，能够完成64位的数据处理，从而使该处理器能够实现更高精度的处理任务。快速的中断响应能够使28xx保护关键的寄存器，以及快速（更小的中断延时）地响应外部异步事件。28xx带有8级流水线存储器访问保护机制，流水线使得28xx高速运行时不需要大容量的快速存储器。专门的分支跳转（Branch-look-ahead）硬件减少了条件指令执行的反应时间，条件存储器操作更进一步提高了28xx的性能。TMS320X28xx信号处理器集成了事件管理器、A/D转换模块、SPI外设接口、SCI通信接口、CAN总线通信模块、看门狗、通用数字量I/O、PLL时钟、多通道缓冲串口、外部中断接口、存储器及其接口、内部集成电路（I2C）等多种单元，为功能复杂的控制系统设计提供了方便。满足电动机数字控制器所需要的强大的 I/O 控制功能和高速的信号处理能力的要求，实现实时控制。电－机械转换器的嵌入式控制器的设计主要用到事件管理器、A/D 转换模块和 SPI 串行外设接口模块等。

事件管理器包括通用定时器、全比较单元、捕捉单元和正交编码电路等，可以产生多路互补的 PWM 信号，控制桥式电路的上下桥臂。PWM 信号的占空比可以通过改变相应寄存器的数值来改变。并且，PWM 信号的死区是可以编程设置的，以防止上下桥臂同时导通，发生短路现象。根据同步跟踪控制算法利用事件管理器产生 4 路 PWM 信号控制电－机械转换器的驱动电路，从而控制其转子的运动。

A/D 转换模块是一个 12 位带流水线的模/数转换器，模拟电路部分包括模拟多路复用转换开关（MUX）、采样/保持（S/H）电路、A/D 转换内核、电压参考及其他模拟辅助电路等；数字电路部分包括可编程转换序列器、结果寄存器、与模拟电路的接口、与芯片外设总线的接口及同其他片上模块的接口等。该模块能够以 100ns 的转换时间对 16 路的模拟输入排序进行 A/D 转换。利用 A/D 转换模块对电流检测单元所检测到的绕组电流进行 A/D 转换。由于 A/D 转换模块内部集成有采样/保持电路，无须外部提供采样/保持电路。通过 ADC 模块可以采集外部输入的模拟控制信号、来自电流检测模块的输出电压信号及颤振设定单元的输入信号。

SPI 串行外设接口模块是一个高速、同步串行 I/O 接口，它允许长度可编程的串行位流（1～16 位）以可编程的位传输速度移入或移出器件。主控制器通过 SPICLK 信号来启动数据传送，对于主控制器和从控制器，数据都是在 SPICLK 信号的一个边沿移出移位寄存器，并在相对的另一个边沿锁存到移位寄存器。两个控制器可同时发送和接收数据。利用 SPI 可以高速接收来自安装于同步电动机转子后端的 AS5045 的转子角位移数字信号，从而对转子角位移进行位置闭环控制。

DSP 单元的电路如图 14-56 所示。

（2）驱动单元　驱动单元是电－机械转换器的嵌入式控制器的重要部分。同步电动机的驱动电路有很多种。单电压驱动电路（见图 14-57）是利用三极管控制绕组通电，为改善电路的时间常数以提高电动机的高频特性，常在绕组回路中串联一个电阻，其特点是线路简单，成本低，但是功耗大，一般应用于小功率、频率要求不高的场合。高低压驱动电路（见图 14-58）采用高压和低压两个电压供电，高压用来加快绕组电流快速建立，低压用来维持绕组电流稳定。高低压驱动电路可以提高电源驱动效率，改善绕组电流波形，获得较好的矩频特性，但是在高压工作结束和低压工作开始的衔接处的电流波形呈凹形，致使电动机的输出力矩有所下降。实际上应用得比较多的驱动电路是 H 桥驱动电路，如图 14-59 所示，这种单相桥式逆变电路工作原理是开关 T1、T4 闭合，T2、T3 断开，则 $U_0 = U_d$；开关 T1、T4 断开，T2、T3 闭合，则 $U_0 = -U_d$。当以频率 f_s 交替切换开关 T1、T4 和 T2、T3 时，则在负载电阻 R 上获得交变电压波形（正负交替的方波），其周期 $T_s = 1/f_s$，这样，就将直流电压变成了交流电压 U_0。U_0 含有各次谐波，如果想得到正弦波电压，

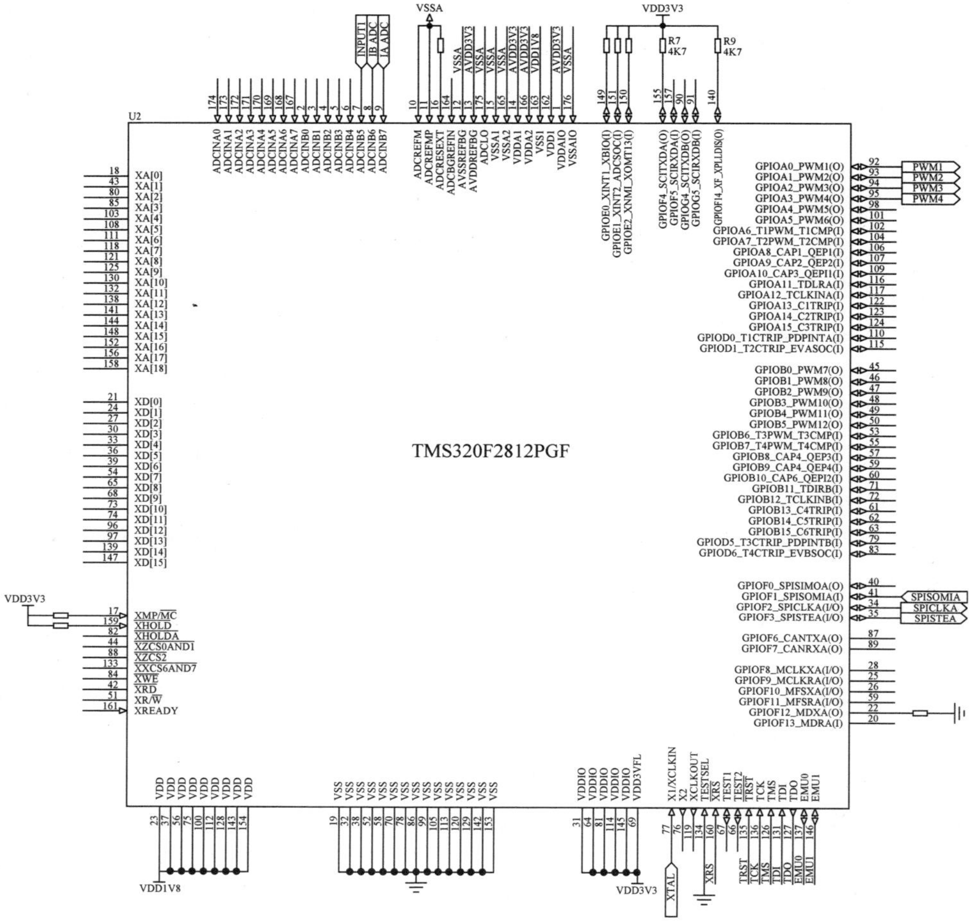

图 14-56 DSP 单元电路

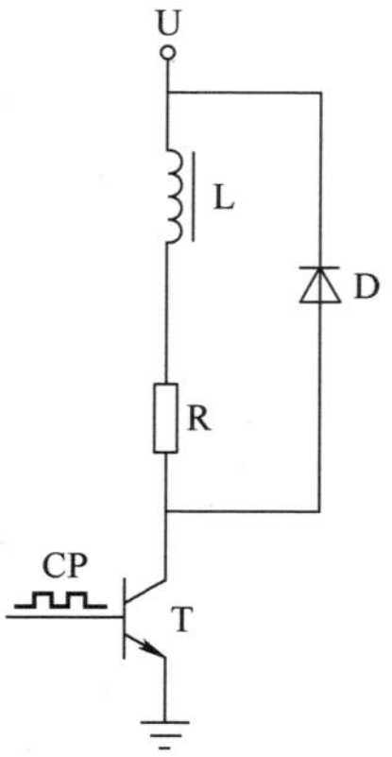

图 14-57 单电压驱动电路

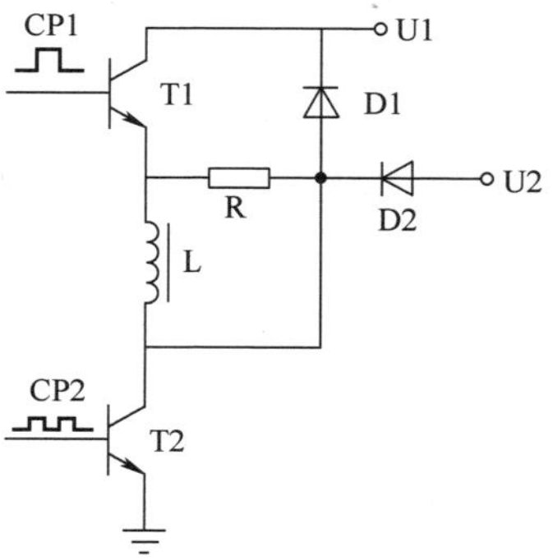

图 14-58 高低压驱动电路

则可通过滤波器滤波获得。本产品采用的就是 H 桥驱动方式，如图 14-60 所示。H 桥在来自 DSP 单元下的 PWM 信号作用下驱动感应子电动机转子运动。

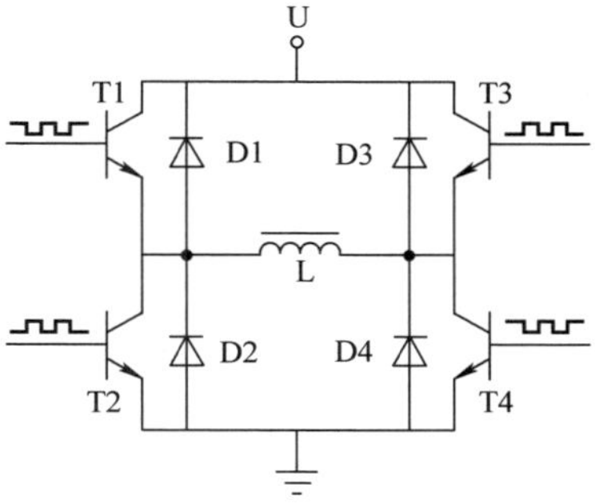

图 14-59　H 桥驱动电路

（3）电流检测单元　要实现同步跟踪控制，必须要对同步电动机绕组电流进行闭环控制，才能获得所期望的绕组电流和旋转磁场来控制转子运动。电流闭环控制就需要实时检测绕组的电流。电流检测主要有电流互感器法、霍尔效应传感器法和电阻法等。电流互感器法基于交流电的电磁感应，利用互感器（类似于变压器）测量电流，如工频交流电流，适用于大电压大电流，但测量动态或低频等信号时，精度不高。霍尔元件是利用霍尔效应和磁场平衡原理设计的精密型电流检测元件。霍尔效应电流传感器的优点是可以实现电气隔离，而且交流电与直流电均可测量，精度高，但价格昂贵，需要额外的恒压直流电源。电阻法是利用电流流过电阻会产生电压降的原理，通过检测电阻两端电压大小就可以测出流过电阻的电流大小，这是最基本的方法。电阻法的优点是使用的元器件成本低，线路简单，响应速度快等，通常在小电流情况下使用。本控制器中的电流检测就是采用电阻法。电阻法的缺点是电阻上消耗能量，且电阻精度受温度影响。因此，所选用的电阻应是高精度、小阻值的。为了防止外界干扰通过 A/D 转换电路进入 DSP 单元中，取样电阻检测到信号须隔离输入 A/D 转换电路。这里采用 HCPL7800 芯片来实现，该芯片是精密的隔离放大器件。同时，由于流过电阻的电流是双方向的，其上的电压是双极性的，而 DSP 单元的 A/D 转换模块只能应对 0 ~3. 3V 的电压，因此检测到的电压信号经转换电路转换成 0 ~3. 3V 的电压，送入 DSP 单元进行 A/D 转换。电流检测转换电路如图 14-61 所示。

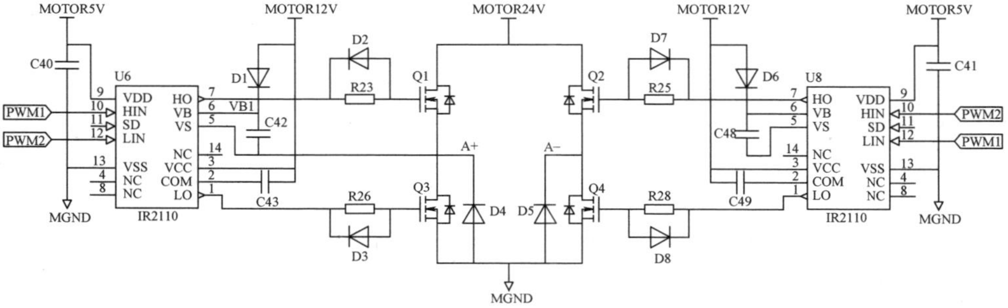

图 14-60　驱动模块电路

（4）颤振参数调整单元　为消除或抑制二维数字伺服阀因传动机构间隙所引起的滞环非线性及因负开口所引起的死区非线性，需要采用颤振补偿技术。颤振补

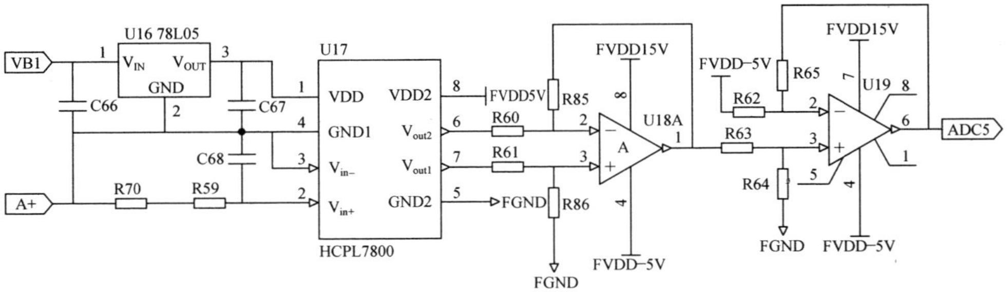

图 14-61　电流检测转换电路

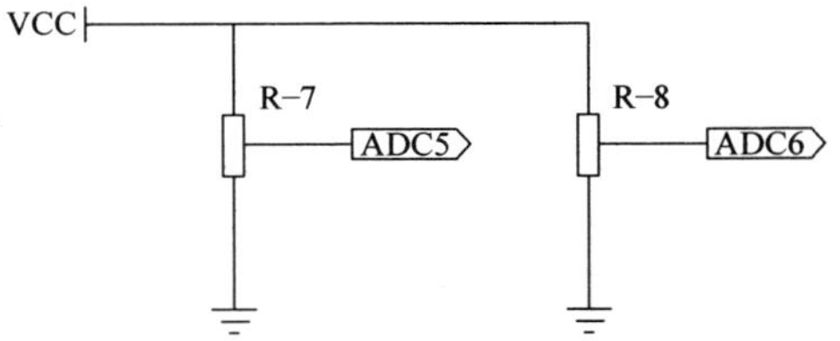

图 14-62　颤振参数调整单元电路

偿技术所叠加的高频颤振信号有两个主要参数：频率和幅值。这两个参数可以由颤振参数调整单元进行调节。颤振参数调整单元电路如图 14-62 所示。

通过可移动电阻的滑臂可以改变其输出电压，该电压送到 DSP 单元的 ADC 模块，经 ADC 模块采集得到其数字量，由数字量的大小来调节颤振信号的频率或幅值。通过颤振参数调整单元可以很方便地调整颤振信号的频率和幅值，从而根据实际需要对不同二维数字伺服阀进行合适的颤振补偿。

（5）串口通信模块　串口通信模块可以用于二维数字伺服阀电 - 机械转换器控制信号的输入，即控制信号通过串口输入实现数字控制，这样便于在计算机的直接控制下工作，也便于和其他控制系统相连。此外，还可以在将来利用其拓展二维数字伺服阀的功能，如利用串口和压力传感器相连实现压力闭环控制等。串口通信模块电路如图 14-63 所示。

（6）掉电检测单元　掉电检测单元是保证系统安全工作的一个重要单元。在实际工作中，有时会出现突然停电、电源线被碰掉或碰断等意外情况，如果这时候阀口是打开状态，则会造成重大事故甚至出现伤亡。因此，在工作中，需要实时监测电源，一旦发现掉电，应在电源板上大容量电容供电下及时关闭阀口，系统回零位，保证系统安全。掉电的检测是由掉电检测单元完成的。图 14-64 所示为掉电检测单元电路，其核心器件是 LM393。LM393 的一个输入端接基准电压，该电压由稳压信号 +5V 分压而来；另一个输入段由输入电源 +24V 分压而来。当电源正常供电时，LM393 输出高电平。当掉电时，LM393 输出变成低电平。掉电电压由可调电阻 R - 1 设定。LM393 输出信号送给 DSP 单元，DSP 单元一旦发现该信号变成低电平，就会利用电源单元所储存的能源供电及时关闭阀口，从而保证系统安全。

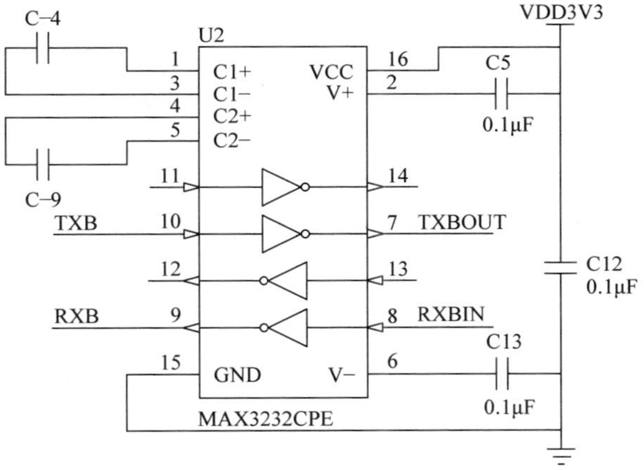

图 14-63　串口通信模块电路

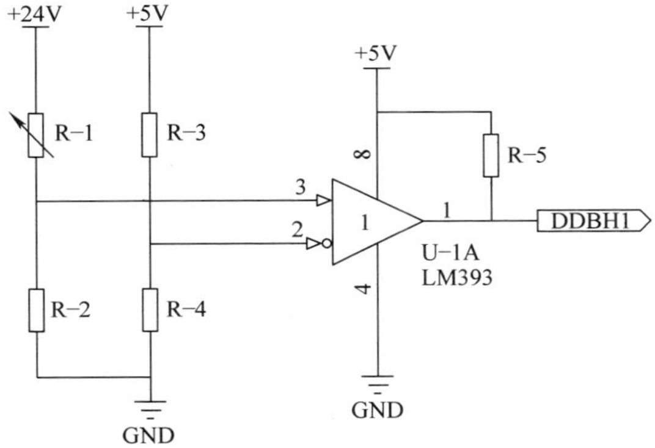

图 14-64　掉电检测单元电路

14.9.2　控制器的软件设计

当步进电动机作为电 - 机械转换器时，为了保证其既有较高的响应速度，同时又具有较高的定位精度，步进电动机应采用同步电动机的控制方法，在其定子各相通入一定相位差的连续变化的正弦电流，保证转子的输出角位移可以在任意点精确快速定位。通过 ADC 模块实时读取 A 相电流和 B 相电流，合成得到旋转磁场的相位 θ_m，与角位移传感器实时测得的转子角位移 θ 之差即为失调角，调节 PID 参数，保持失调角的大小在半个齿距角的范围内，使转子快速动作以保持对输入信号的实时跟踪控制，控制器建立在硬件功能基础上的软件控制方框图如图 14-65 所示。

电 - 机械转换器控制器的程序包括主程序、周期中断服务子程序、ADC 中断服务子程序、SPI 中断服务子程序、串口通信中断服务子程序等。

主程序框图如图 14-66a 所示，主要完成 DSP 系统初始化、中断设置及各个模块的初始化等。DSP 系统初始化主要设置 DSP 工作时钟、各外围模块的时钟及 PWM、SPI 引脚使能等。中断设置主要完成 PIE 控制的初始化、PIE 矢量表的初始

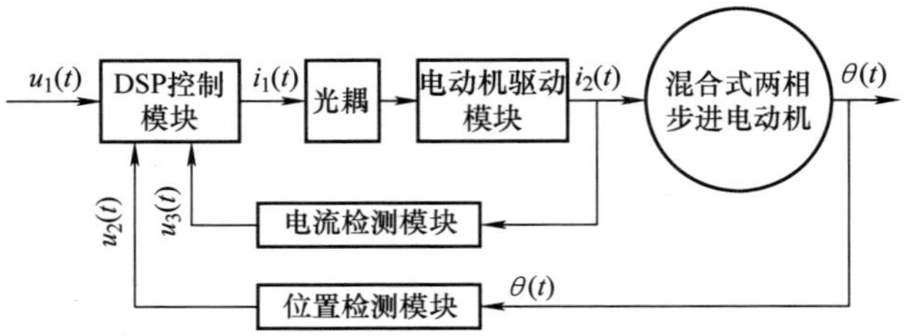

a)

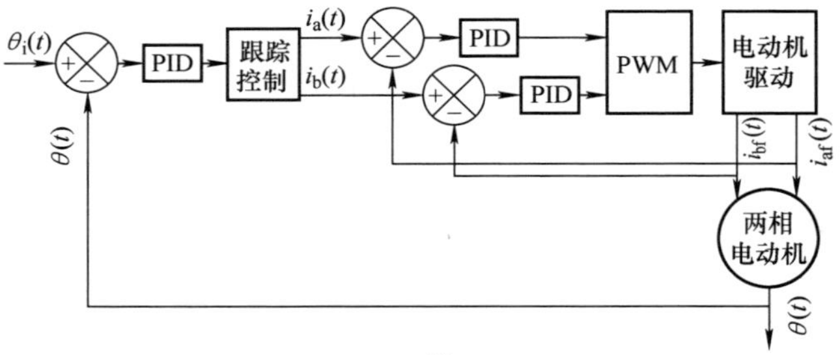

b)

图 14-65 控制器建立在硬件功能基础上的软件控制方框图
a）控制器硬件功能方框图 b）控制器软件方框图

化、中断标志的清除及中断允许和开启等。ADC 初始化主要设置排序器的工作方式和启动方式、A/D 转换的采样率、采样通道的设置及 ADC 中断触发方式等。SPI 初始化主要完成 SPI 波特率设置、SPI 工作方式设置等。EVA 初始化主要完成定时周期的设置、定时器及比较器初始值的设置、死区的设置等。

ADC 中断服务子程序主要确定采集输入控制信号、两相绕组电流及颤振幅值和频率，并对所采集的信号进行数字滤波处理，其程序框图如图 14-66b 所示。

SPI 中断服务子程序主要接收来自固定于转子后端的 AS5045 转子角位移值，清除溢出标志和中断标志，并启动下一次 SPI 接收，其程序框图如图 14-66c 所示。

EVA 中断服务子程序是整个软件的核心部分，它除了实现同步跟踪控制算法外，还要完成二维数字伺服阀的初始化、掉电保护等任务，保证二维数字伺服阀的正常工作。其工作过程是，每次进入中断服务子程序后，首先进行掉电检测，若发生掉电，则 DSP 会在电源单元所储存的能源供电下控制二维数字伺服阀回零位。由于每次中断响应时间间隔大约为 40μs，因此 DSP 在工作时能够及时发现掉电，从而保证系统安全工作。为了保证二维数字伺服阀正确工作，每次在开始工作前还需要对阀进行初始化以保证阀从零位开始工作。阀的初始化是这样实现的：通过调试，阀处于零位时固定于阀芯上的从齿轮中心线和 AS5045 角位移传感器所测得的感应子同步电动机转子角位移为 2048 时固定于转子上的主齿轮中心线相重合。当阀开始工作前，使转子转动到 AS5045 角位移传感器所测得的同步电动机转子角位移为 2048 时的位置，这个位置就是阀的零位。阀初始化完后，就可以根据同步跟踪控制算法对二维数字伺服阀进行控制。程序框图如图 14-66d 所示。

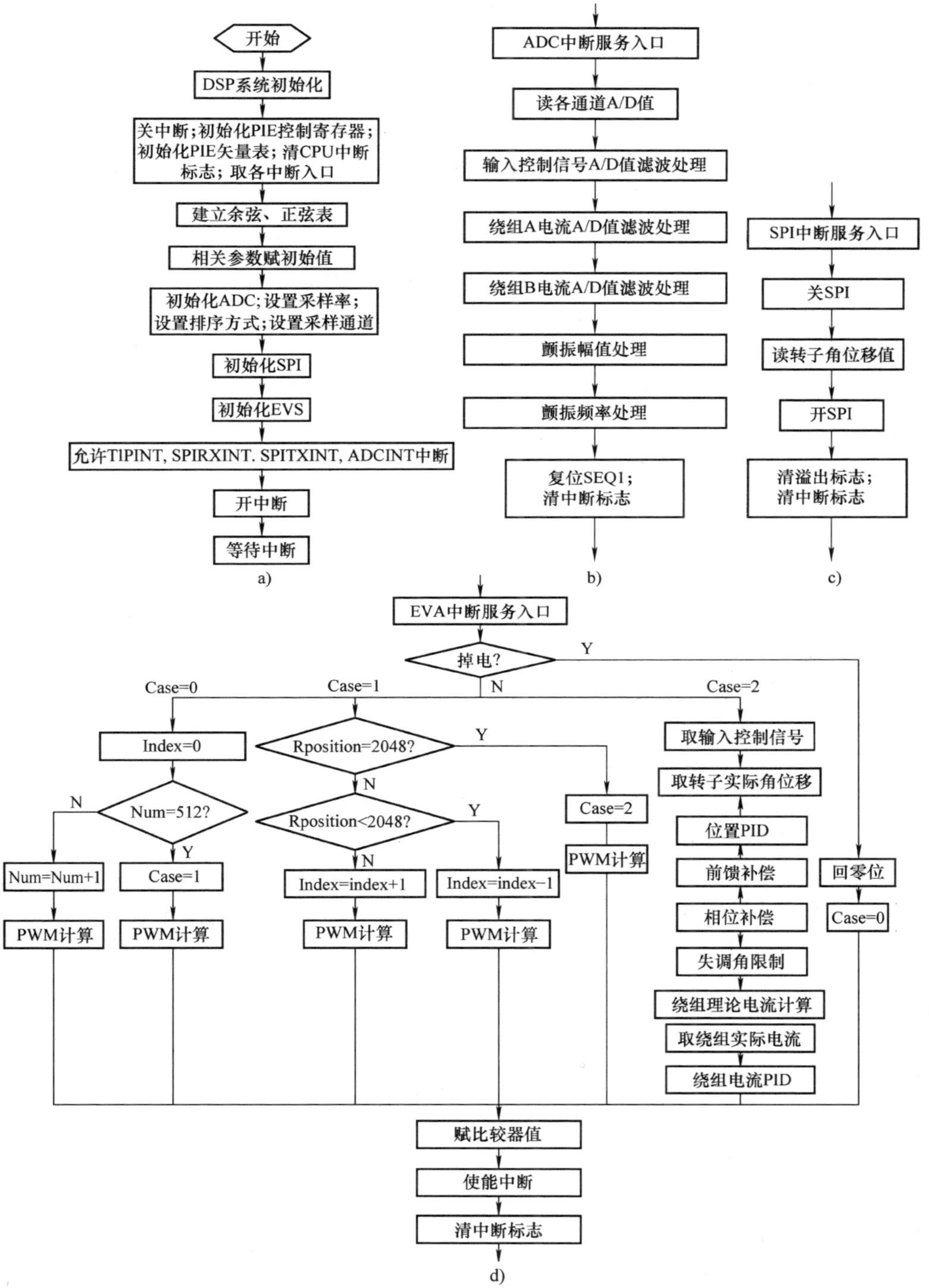

图 14-66　电－机械转换器软件程序框图

a）主程序　b）ADC 中断服务子程序　c）SPI 中断服务子程序　d）EVA 中断服务子程序

14.9.3　二维数字伺服阀数字控制器的应用效果

以DSP芯片为核心的嵌入式控制器，以同步跟踪控制算法为核心，经已有的试验与长期用户使用表明，该电-机械转换器具有良好的动静态性能，其重复精度小于1%，线性度小于0.5%，对应-3dB、-90°的频宽为245Hz，阶跃响应的上升时间约为5.5ms。采用死区颤振补偿技术后，当颤振补偿信号幅值分别为死区宽度的50%、100%、480%时，死区由3.8%分别减少为2%、0.3%、0%；测试了重复特性，采用滞环颤振补偿技术后，滞环宽度可由2.2%降为0.5%。现在二维数字伺服阀的频宽约为140Hz（-3dB/-90°），阶跃响应的上升时间约为8ms，最大超调量为5.3%，稳态误差基本上为0。二维数字伺服阀具有较高的响应速度和控制精度，同时表明同步跟踪控制算法、死区颤振补偿技术和滞环颤振补偿技术使二维数字伺服阀具有非常好的性能参数。所有实测曲线如图14-67、图14-68与图14-69所示。

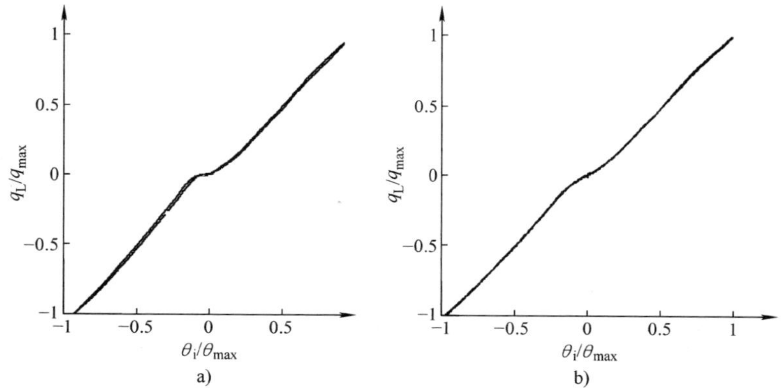

图14-67　二维数字伺服阀零位颤振补偿前后空载流量实测曲线

a）无颤振信号下的二维数字伺服阀零位死区　b）颤振振幅为死区480%的死区流量情况

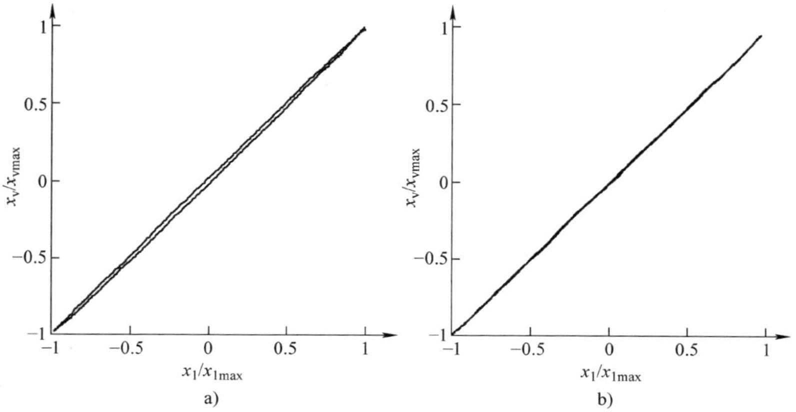

图14-68　二维数字伺服阀颤振补偿前后的重复精度实测曲线

a）无颤振补偿前的重复精度　b）颤振补偿后的重复精度

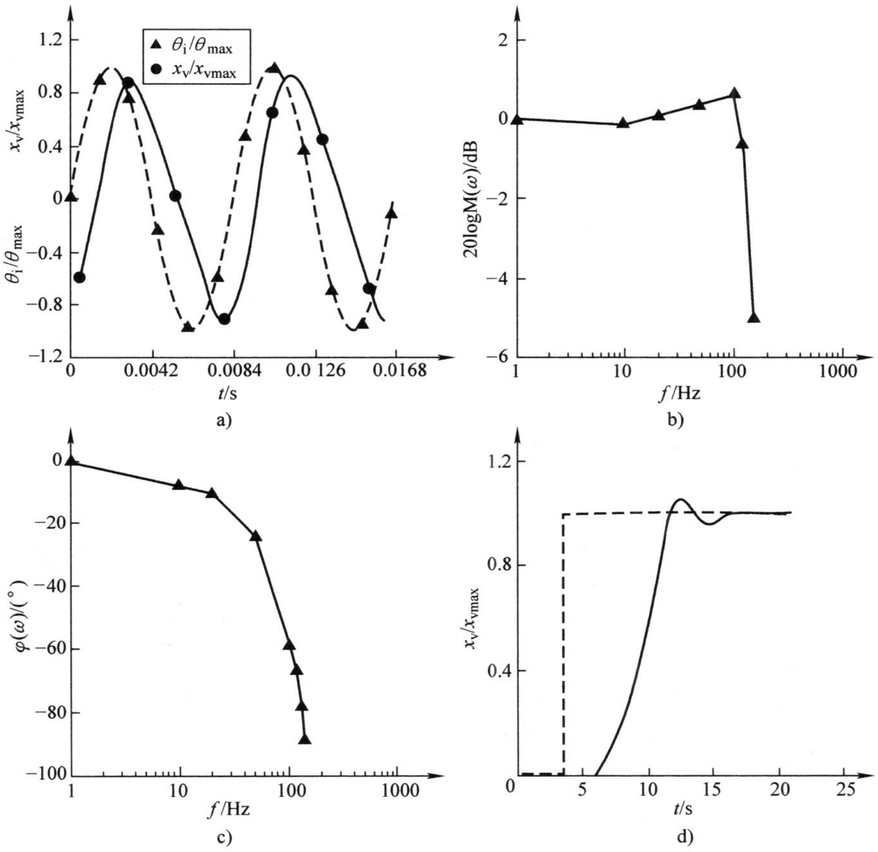

图 14-69　二维数字伺服阀的时域、幅频、相频与阶跃响应特性实测曲线

a）120Hz 时的频率响应曲线　b）二维数字伺服阀的幅频特性

c）二维数字伺服阀的相频特性　d）二维数字伺服阀阶跃响应曲线

第 15 章　网络化全液压数字转向器

15.1　全液压转向器结构与工作原理

15.1.1　全液压转向器基本结构

全液压转向器主要由阀体、阀套、阀芯、联动轴、转子、定子、中位弹簧和销轴八部分组成，如图 15-1 所示。其工作原理如下，驾驶员转动转向盘时，转向盘会通过转向柱带动阀芯转动，阀芯转动时会压缩中位弹簧，从而使阀芯和阀套间的油道开启；油道开启后从转向泵过来的高压油，通过阀芯阀套间的油路流至转定子副，从而推动转子转动。转子的转动会通过联动轴传递给销轴，销轴再带动阀套一起转动，从而实现转向功能。

移动车辆传统使用机械转向机构，安全可靠，但是增力有限，为了解决非道路车辆转向沉重问题，全液压转向器应运而生，全液压转向器通常用于速度≤60km/h 的非道路轮式车辆的转向系统中。全液压转向器具有增大转矩、操作轻便、转向灵活、结构简单和安装方便等优点。全液压转向器普遍应用在拖拉机、收获机、青储机和植保机等农用车辆上，并且在压路机、平地机、装载机、叉车和轮式挖掘机等工程车辆的转向系统中也得到了广泛应用。

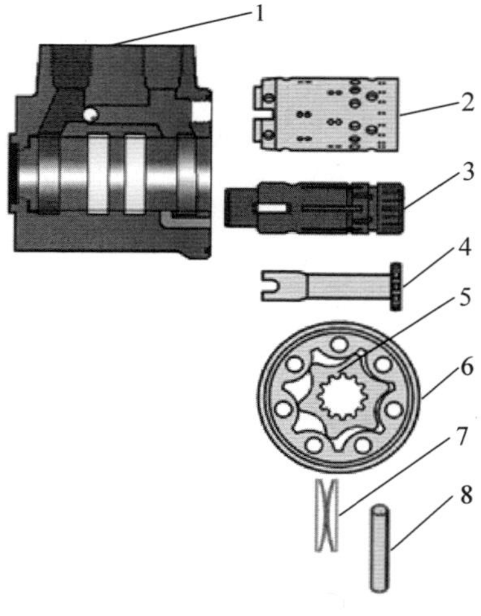

图 15-1　全液压转向器的结构

1—阀体　2—阀套　3—阀芯　4—联动轴　5—转子　6—定子　7—中位弹簧　8—销轴

由全液压转向器、液压泵和液压缸等元件组成的液压转向系统如图 15-2所示。

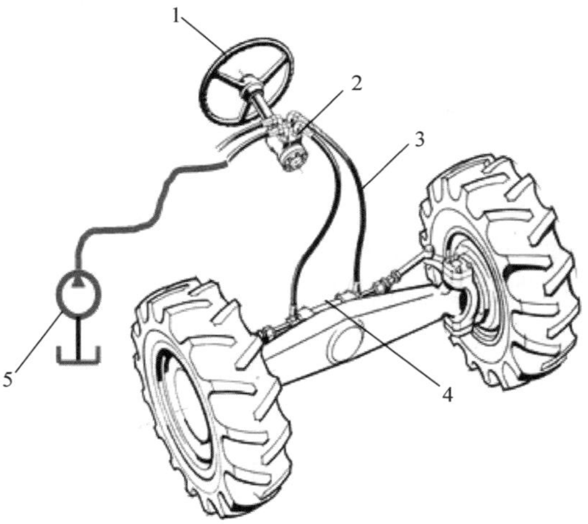

图 15-2　全液压转向系统回路

1—转向盘　2—全液压转向器　3—转向油管　4—转向液压缸　5—转向泵

全液压转向器（开芯无反应型）的工作原理如图 15-3 所示。

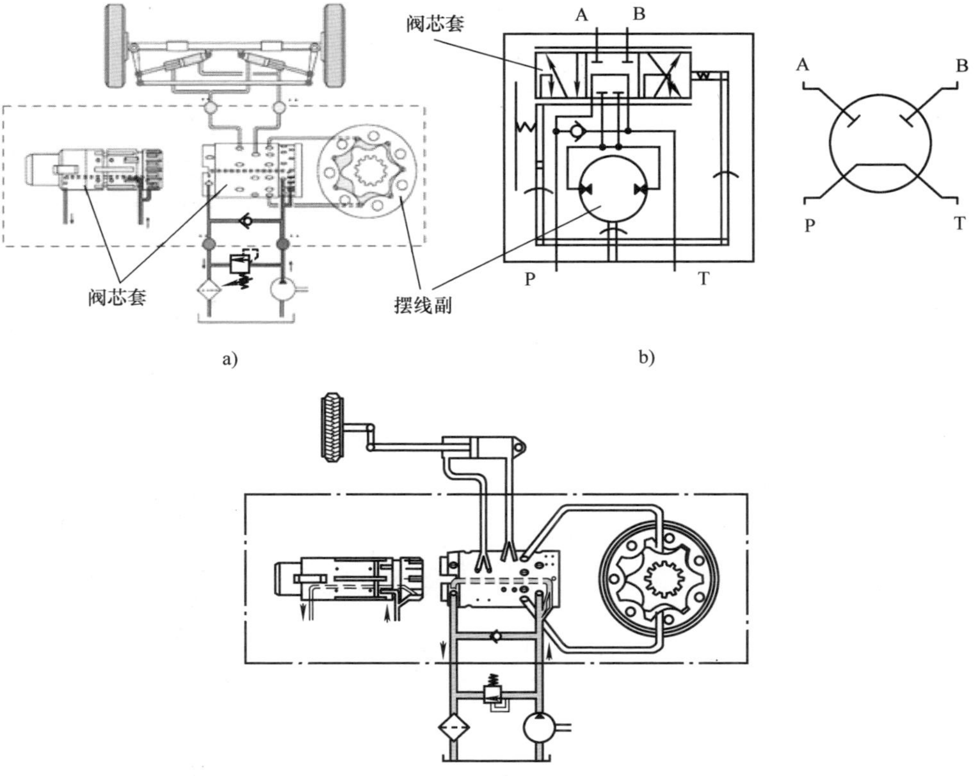

图 15-3　全液压转向器（开芯无反应型）工作原理

a）全液压转向器工作示意图　b）全液压转向器功能符号图　c）全液压转向器工作示意局部放大图

当转向盘不转动时，转向器内的转阀阀芯在回位弹簧作用下处于中间位置，液压油从P口进入阀体后，经阀芯套，不经过摆线马达而直接经T口回油箱卸载，通向转向液压缸的A口与B口处于关闭状态。当转向盘左（右）转时，液压油经阀芯套到达摆线马达，液压油从A口（B口）进入液压缸，推动车轮转向，液压缸回油从B口（A口）流回转向器；当转向盘停止转动时，阀芯套在回位弹簧的作用下恢复到中间位置，P口的油重新回油箱，A口与B口又处于关闭状态。由于转向盘与摆线马达是联动的，转向盘转速和圈数决定转向器的输出油量，全液压转向器实质上是一个流量方向控制阀。

当液压油源发生故障不能供油时，手动转动转向盘带动摆线马达转子转动，这时摆线马达起到泵的作用，打开转向器内部的单向阀向转向液压缸供油，实现手动转向，由于这时的转向动力由人力产生，转向盘会变得沉重。

由于不转动转向盘时，转向器P、T油口相通，实现了泄荷，A、B口处于封闭状态，转向液压缸的油液均处于封闭位置，作用在转向轮上的外力传递不到转向盘上，所以称为开芯无反应型。采用这种转向器的车辆，驾驶员通过转向盘不能感受到道路颠簸情况，行驶中转向盘不会打手。开芯无反应型全液压转向器大量应用在拖拉机、叉车、铰接式装载机、压路机等车辆中。

如果转向器在不转动转向盘时通向转向液压缸的A、B口分别与摆线马达的进出油口相通，就是开芯有反应型全液压转向器。这样可将路感传递给转向盘，理论上这种形式可使用在路况较好情况，现实中很少使用。

为了提高全液压转向器的节能效果，可以采用负荷传感全液压转向器。配套优先阀可根据转向盘转动快慢，优先供应液压油，并且实现按需供应，在慢转向和不转向时，压力油通过优先阀EF口向系统其他回路供油。

15.1.2　摆线针轮啮合副工作原理

全液压转向器的核心是摆线马达。摆线马达是利用一个齿差的行星减速机构，起计量和反馈作用，如图15-4所示。

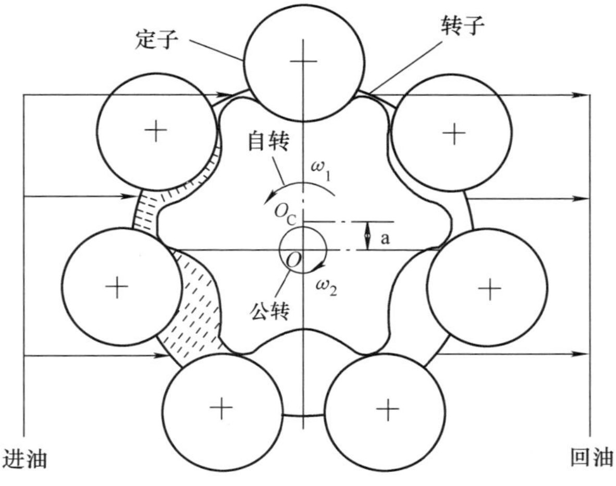

图15-4　摆线副工作原理

转子与定子是一对摆线针轮啮合副（以下简称摆线副）。转子具有z_c（$z_c=6$）个短幅外摆线等距线齿形，定子具有z_P（$z_P=z_c+1=7$）个圆弧针齿齿形。转子和定子形成z_P个封闭齿间容积，其中一半处于高压区，另一半处于低压区。定子固定不动，转子在压力油产生的液压力矩作用下，以偏心距 a 为半径绕定子中心做行星转动。当转子公转一周时，高压区沿与转子公转方向相反的方向旋转一周，所有 z_P 个齿间容积都工作一次，转子本身仅自转 $1/z_c$（$1/z_c = 1/6$）周，而当转子自转一周时，它已公转了 z_c（6）周，排量为 $z_c z_P$（$z_c z_P = 6 \times 7 = 42$）个齿间容积。定子与转子的传动比为 z_c∶1（6∶1），使输出力矩放大 z_c（6）倍，所以摆线马达的力矩对质量的比值较大，在全液压转向器中，此力矩通过联动轴带动着阀套跟随阀芯转动，起负反馈作用，转向盘每转一圈就是转子自转一周，摆线副起计量作用。

15.2　国内外全液压转向器产品生产情况

我国全液压转向器的生产基地在镇江与济宁。

镇江液压股份有限公司（简称：镇江液压）成立于 1976 年，专业化生产全液压转向器、摆线液压马达及相关的配套阀类产品，在国内摆线液压行业历史最早、产品品种系列最多，产销量在国际、国内位居前列。该公司是国家制造业单项冠军示范企业、国家高新技术企业。

伊顿液压系统（济宁）有限公司是伊顿（Eaton）在 1993 年和济宁液压件厂合作，在中国投资的第一家公司，现在是丹佛斯（Danfoss）在中国的独资企业，拥有世界级产品品牌 Eaton、Vickers、Char - Lynn、Aeroquip 和 Hydro - Line 等，其中 Char - Lynn 是摆线类产品知名品牌，主导产品为全液压转向器、低速大转矩摆线马达等。

国内外全液压转向器产品分类情况见表 15-1。

表 15-1　全液压转向器产品分类

生产厂家	产品型号	产品排量/(mL/r)	产品说明
镇江液压	BZZ1	50 ~ 1000	开芯无反应型
	BZZ2	50 ~ 1000	开芯有反应型
	BZZ3	50 ~ 500	闭芯无反应型
	BZZ5	50 ~ 1000	负载敏感型
	101	50 ~ 500	集成阀型
	109	20 ~ 100	4/5 齿结构集成阀型
	TLF	500 ~ 1250	负载敏感同轴流量放大型
	BNF	80 ~ 160	转矩放大器
丹佛斯	OSPC	40 ~ 500	集成功能阀型 ON 开芯无反应型 OR 开芯有反应型 LS 负载敏感型

（续）

生产厂家	产品型号	产品排量/(mL/r)	产品说明
丹佛斯	OSPB	40～500	不含功能阀型 ON 开芯无反应型 OR 开芯有反应型 LS 负载敏感型
	OSPD	185～440	双转定子型 ON 开芯无反应型 LS 负载敏感型
	OSPQ	100～320	流量放大型 LS 负载敏感型
	OSPE	100～500	电液转向阀 LS 负载敏感型
	OSPF	40～500	高动态 LS 负载敏感型
	OSPL	520～1000	大排量 LS 负载敏感型
丹佛斯（伊顿）	502	80～500	和 BZZ 相同
	530	80～500	BZZ 低转矩系列
	510	630～1000	BZZ 双转定子大排量型
	550	320～1000	和 TLF 相同，流量放大系列
	Xcel45	50～500	和 101 系列相同，集成阀型
	Series5	31.5～146	小流量型，可选开芯无反应、有反应、负载敏感等功能
	Series25	490～1230	大排量型，可选开芯、闭芯、负载敏感、流量放大、广角、阻尼减振等功能
	Series40	1230～3030	特大排量型，可选开芯、闭芯、负载敏感、流量放大、阻尼减振等功能
	217	76～160	和 BNF 相同，转矩放大器

15.3　数字网络化全液压转向器发展

1921 年美国学者 Myron F. Hill 对摆线副进行详细研究，首先将其应用于液压泵中，并申请了摆线泵的专利，它是摆线副技术转向液压行业应用的鼻祖。随后美国的 W. Henry Nichols 发展仿形磨床，为摆线副的大批量生产铺平了道路。20 世纪 30 年代，制造出第一台摆线泵。1955 年美国 Char－Lynn（1971 年 Eaton 收购 Char－Lynn）首先将摆线副应用于液压马达中，成功研制出摆线马达。1961 年，由于摆线马达的单位质量功率远比其他类型的液压马达大，Char - Lynn 公司将其应用于转向器中，作为反馈和计量马达使用，研制出全液压转向器，并获得专利。随后，其他公司先后购买专利，转而大量生产。20 世纪 70 年代初，中华人民共和国第一机械工业部组织成立全液压转向器联合设计组，进行技术攻关，随后组织镇江液压件厂、济宁液压件厂等六家企业进行生产。从此，国内走上了从产品模仿到自主开发的发展道路。

作为电液转向产品的全球开创者，丹佛斯对电液转向产品始终保持高研发投入。电液转向产品经过二十多年的技术迭代，已经形成了非常完善的产品体系。目前有 OSP + EHA、OSPE、EHI、EHPS、Multi - Axis steering 和 Flex - Steering 等多种电液转向产品和系统。

2000 年，丹佛斯根据农机用户的需求，在全球范围内首次把 OSP 全液压转向器与 EH 电液阀进行了集成，成功推出了 OSP + EHA 电液转向产品。该产品不仅可以用来手动转向，还可以进行 GPS 辅助驾驶。因此，该产品推出后得到了广大农机用户的青睐。该产品的出现，在一定程度上加速了无人驾驶技术在农机上的发展。

2002 年，丹佛斯推出了 EHPS 大流量电液转向产品。该产品主要应用在大型拖拉机、大吨位装载机、重型叉车和集装箱正面起重机等大型车辆上。根据使用者的需求不同，该产品可以实现三种不同的应用模式。既可以与全液压转向器一起，作为放大阀实现全液压转向；还可以安装 PVES 模拟量控制模块，实现简单的手柄或 GPS 转向；也可以安装 PVED - CLS 总线控制模块，从而实现高安全等级的电液转向功能。

2009 年，丹佛斯推出 OSPE 电控全液压转向器，实现了全液压转向器与电比例阀完美结合，一体式铸造阀体，使产品的尺寸更紧凑，功能更完善，可靠性更高。现如今，OSPE 已经发展出了 OSPEC/FLS/LSRM + PVES/PVED - CC/PVED - CLS 和 OSPEDC/OSPEDFLS/LSRM + PVES/PVED - CC/ PVED - CLS 共十几款产品，丰富的产品类型和控制方式，可以满足多种不同的应用需求。

最高配置的 OSPE 和 EHPS，都装有 PVED - CLS 总线控制模块，该模块是丹佛斯公司 2015 年投放市场的最新控制模块。该模块集成了安全控制器和主控器两个控制器，其中安全控制器会对 20 多种安全功能进行监控，大大提高了系统安全性和可靠性。该模块通过了 TUV 安全认证，并满足 SIL2（IEC 61508）、PLd（ISO 13849）和 AgPLd（EN 16590）安全标准，是行业内第一个将安全标准集成到智能转向系统中的控制器。在基于 PVED - CLS 搭建的安全电液转向系统（SEHS）中，其可以接收转向盘转角传感器 SASA 的信号、无人驾驶的地理信号或曲率信号（DL3R2）、车速信号和轮角传感器信号等多种信号，并对这些信号进行监控。当有信号丢失时，它会把相关的故障代码发送到 CAN 总线上，方便工作人员排除故障。并且，安全电液转向系统（SEHS）可以实现 GPS 辅助转向、无人驾驶、线控转向、手柄转向、快速转向和迷你转向盘转向。

2017年，为了丰富电液转向产品的应用领域，丹佛斯又推出了EHi电控液压转向阀，虽然该阀不集成全液压转向器，但是它的选项很多。例如，开芯EHi、闭芯EHi、动态负载敏感EHi、静态负载敏感EHi和线控EHi。因此，它方便与各种转向器进行匹配，从而大大提高该产品的应用领域。

2020年上海宝马展展会期间，丹佛斯在我国首次推出了Multi－AxisSteering多轴转向和Flex－Steering灵活转向两种方案。Multil－Axis最多可同时控制两根车桥或四根车桥（DL5R4）进行同步或异步转向，通过调整虚拟的转向中心轴的位置，使车辆在前轮转向、多轴转向和蟹行转向三种模式下灵活切换。Multi－Axis多轴协同转向的出现，大大简化了多轴转向车辆的系统结构。

Flex－Steering灵活转向方案是通过一种或几种不同的转向模式来控制电液转向装置（DL7R6），从而实现手柄转向、迷你转向盘转向、遥控转向、线控转向和GPS转向等多种模式。丰富的转向模式，使客户根据工况的不同，来选择不同的转向模式，从而最大限度地提高转向舒适度和减少操作强度。

伊顿公司最早开发的电液转向产品，是将全液压转向器与传统电液比例阀集成在一起，主要用在农机的GPS辅助驾驶功能上面，因为应用领域比较窄，伊顿公司没有继续投资该产品的开发。直到2019年，该公司才推出其首款SBX电液转向阀，其与EHi电液转向阀比较类似，但选项和功能不如EHi更完善可靠。此产品的电控模块也符合SIL2（IEC 61508）、PLd（ISO 13849）安全标准。

2020年，派克汉尼汾（Parker Hannifin）推出先进的SBW110可线控电液转向阀，该阀符合ISO 13849安全标准，IQAN－MC4xFS控制器采用IEC 61508标准，安全功能达到SIL2/PLd。

我国实施“中国制造2025”和液压工业4.0以来，国内数字网络化全液压转向器产品努力追赶世界跨国公司先进水平。镇江液压开发转向盘具有记忆功能电控全液压转向器，北京合众思壮科技股份有限公司（简称：合众思壮）、上海华测导航技术有限公司（简称：华测）、上海联适导航技术股份有限公司（简称：联适）、丰疆智能科技股份有限公司（简称：丰疆智能）等开发了并联电液比例阀和电动转向盘自动电液转向系统。

全液压转向器正向数字网络化电液全液压转向器方向发展。在工业4.0时代，无人驾驶汽车与非道路行走式车辆使用的转向装置越来越重视与青睐数字网络化电液全液压转向器。今后车辆转向技术发展都是通过位置传感器、速度传感器、转向盘转角传感器、转向轮转角传感器采集车辆位置、速度、转向情况，并经过控制器判断，控制电液转向阀输出方向、流量实现转向，全液压转向作为安全驾驶的最高优先级，与原来的全液压转向产品结合，是不久的将来的市场热点与技术发展方向，可以预计液压元件的数智化将首先在电液全液压转向器方面得到先机。

目前跨国公司主要的研发重点是基于总线控制的电液转向压阀，可通过迷你转向盘、遥控装置、曲率指令或手柄指令（DL9R8）来控制该阀，并且实时监控阀芯的位移、车辆的速度、轮胎的转角等信号进行监控，一旦信号异常或超限，转向控制器立即把相关的故障代码广播到CAN网络，无人驾驶控制器监控到故障后，立即采取相应的控制策略，对车辆进行制动并切断无人驾驶控制信号，从而避免车辆失控。

国内企业开发的电液转向产品，是在原有全液压转向系统的基础上，并联一个带电比例阀的插装阀块来实现，该产品在控制精度、稳定性和可靠性等方面都有待提高。目前该产品在农机前装和后装市场上故障反馈频繁，比例阀被卡滞的故障时有发生。

国内企业开发的另一个方案是电子转向盘。把原车的转向盘去掉，安装上电子转向盘，用电子转向盘驱动全液压转向器来实现辅助驾驶。但是基于电子转向盘的辅助驾驶，其系统延迟较大，高速下的导航精度差，转向时有噪声。人工驾驶的操作强度增大，因为电动机的安装导致转向力矩增加，驾驶员需要使用较大的操作力来转动转向盘。此外，电子转向盘比普通转向盘高8~10cm，人工长时间驾驶不舒适，违背了驾驶室人机工程学。基于以上原因，欧美地区的农机厂商并没有批量使用电子转向盘。

对数字控制电液转向阀的研发有待加强，应更多考虑整体安全国际标准IEC 61508、ISO 13849和EN 16590。因此开发可编程控制、多控制模式智能切换、总线通信、高精度高响应控制、闭环检测反馈环节故障仍能安全工作、故障自诊断的高性能电液转向阀是实现液压工业4.0时代数字网络化全液压转向的必由之路。

15.4 丹佛斯数字网络化电液全液压转向器产品

15.4.1 OSP+EHA一体式电液转向器

2000年左右，丹佛斯为全球知名的农机厂商开发了OSP+EHA一体式电液转向器，该产品一经推出就得到行业内的青睐，被广泛应用在农机的辅助驾驶中。该产品是丹佛斯把传统的OSP全液压转向器与EH电比例阀进行了集成，该产品既可实现手动转向，也可进行GPS辅助转向。使用者通过系统中的压力传感器信号，来实现手动转向优先功能。该产品可用在开芯和负载敏感转向系统中，并且具有丰富的排量范围。①OSPC+EHA电液转向器排量范围：OSPC60/100/160/200/250LS+EHA12/20；②为实现大排量人力转向功能，可选择双排量转向器：OSPD60/185，60/220，70/195，70/230，70/270，70/385LS+EHA12/20。

从2020年开始，丹佛斯在我国农机领域重点推广该产品，去年完成了重点客户的样机测试，目前已获得小批量的装机订单，该产品将在农机的GPS辅助驾驶和无人驾驶领域发挥重要作用。OSPC+EHA和OSPD+EHA产品外形和原理如

图 15-5所示。

a)

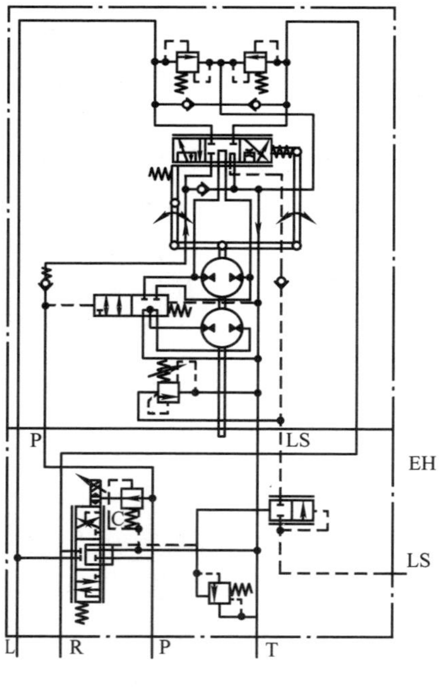

b)

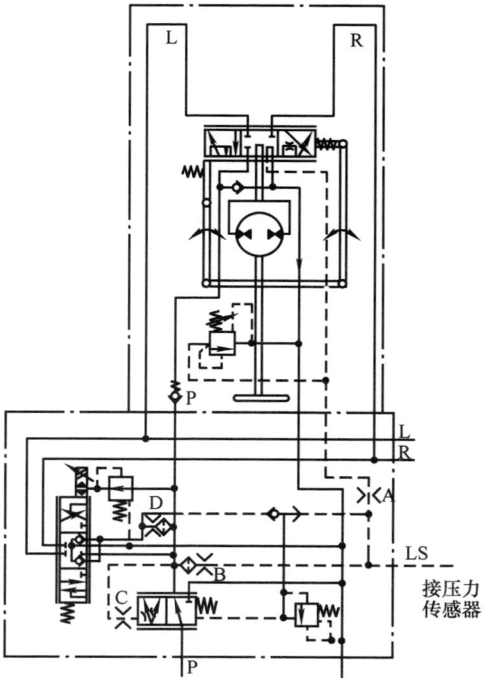

c)

图 15-5　OSPC + EHA 和 OSPD + EHA 产品外形和原理

a）产品外形图　b）OSPD + EHA 原理图　c）OSPC + EHA 原理图

15. 4. 2　OSPE 高集成度一体式电液转向器

OSPE 是丹佛斯在 OSP + EHA 的基础上开发的高度集成度一体式电液转向产

品，该产品主要针对中小流量转向系统，是全球范围内技术最先进的产品。该产品不仅可以手动转向，还可实现迷你转向盘转向、手柄转向和线控转向。如果在系统中增加车速和轮角传感器，该产品还可实现 GPS 辅助驾驶和无人驾驶。并且，安装了 PVED－CLS 总线模块的 OSPE，在安全等级上可以达到 SIL2 和 SIL 的要求。使用者如果在新机型上使用该产品，将加快车辆转向系统的开发和认证，降低系统开发成本，缩短车辆开发周期，更快地将车辆推向市场。该产品在欧美市场上被广泛应用在农业、林业和工程机械领域，国内的主要应用是高端农机、手柄转向的平地机、无人驾驶矿用货车和装载机。其原理和外形如图 15-6 所示。

a)

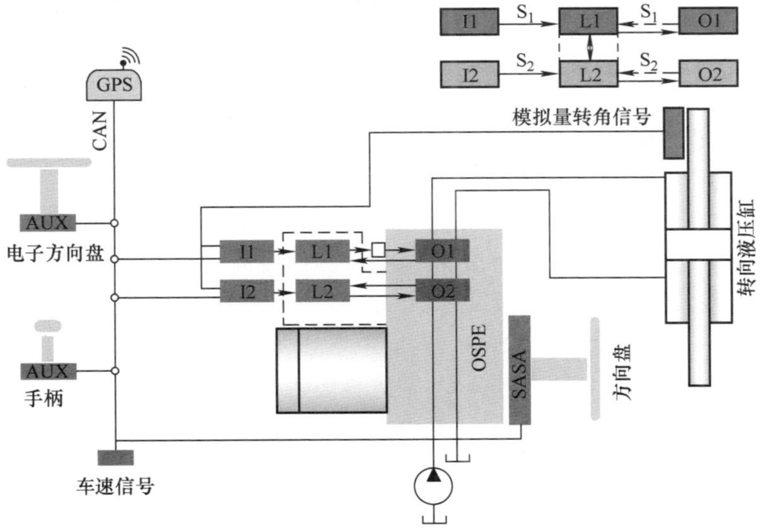

b)

图 15-6　OSPE 转向器液压系统

a）外形图　b）电液转向系统框图

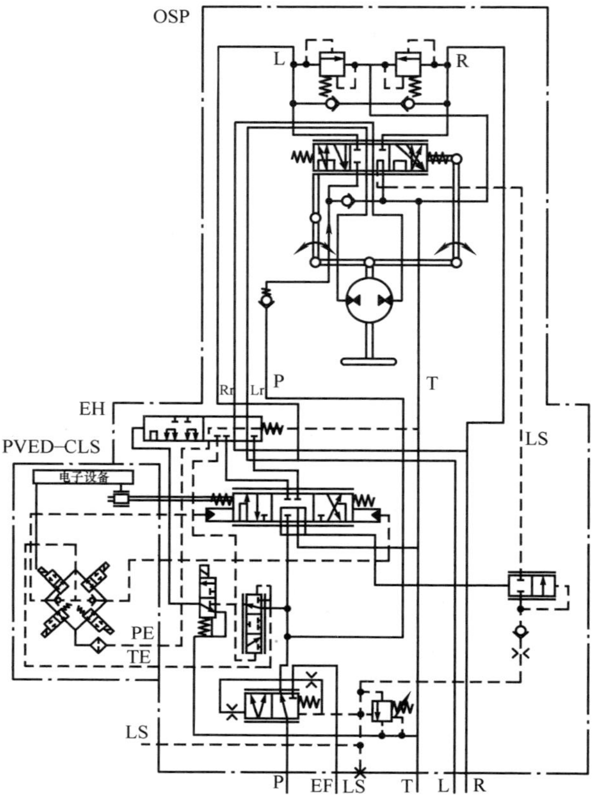

c)

图 15-6　OSPE 转向器液压系统（续）

c）OSPE 电液转向器原理图

OSPEC 电液转向器有 100～500mL/r 共 12 种排量范围，针对大型车辆的人力转向功能，使用者可选择 OSPED 双排量电液转向器。EH 阀流量有 12～50L/min 共 5 种流量，最大转向压力 21MPa，可内置 90L/min 优先阀。OSPE 电液转向器有 4 种规格可供选择：①OSPEC LS/LSRM 动态负载敏感无反应/有反应；②OSPEF LS/LSRM 动态负载敏感无反应/有反应；③OSPEDC LS/LSRM 双排量动态负载敏感无反应/有反应；④OSPEDF LS/LSRM 双排量动态负载敏感无反应/有反应。并且可匹配 PVES、PVED－CC、PVED－CLS 共 3 种电控模块。

15.4.3　EHPS 先导控制系列电液产品

EHPS 系列产品是以 OSPCXCN 闭芯转向器为先导，来控制 EHPS 的方向阀芯，方向阀芯打开后，主油路的高压油经过 EH 主阀芯和方向阀芯供给转向液压缸。从而实现低压、小流量的先导转向器对高压、大流量的 EHPS 主阀的控制。该方案广泛应用于大型拖拉机、集装箱正面起重机和装载机等大型非道路车辆。

EHPS 的最大入口流量 120L/min，最大转向流量 96L/min，最大工作压力 25MPa。先导转向器 OSPCXCN 工作时的压力只有 3MPa，所以转向时驾驶室噪声很低，这是很有特色的一点。先导转向器的最大流量 12.5L/min，排量范围是 50 ~ 160mL/r，可以满足。该转向器的特点：在中位时，其 L/R 口和 T 口相连通，目的是不转向的时候，使 EHPS 的方向阀芯保持在中位；当转向的时候，转向器的先导油通过 L 口或 R 口来推动 EHPS 的方向阀芯。方向阀芯打开后，高压油经过 EH 主阀芯和方向阀芯流向转向液压缸，而此时转向器的先导油直接回油箱，而不与 EH 阀的高压油进行合流。在该系统中，EHPS 起到了流量放大阀的作用。

但其工作原理与传统的 OSQ 流量放大阀有些不同，因为传统的 OSQ 流量放大阀与先导转向器的油液是合流后供给转向液压缸，并且与 OSQ 流量放大阀匹配的先导转向器，都是负载敏感型转向器。而与 EHPS 匹配的先导转向器都是闭芯转向器，并且闭芯先导转向器的油液不与 EHPS 合流供给液压缸，而是直接流回油箱。

OSPCXCN 与 OSPCXLS 转向器原理如图 15-7 所示。

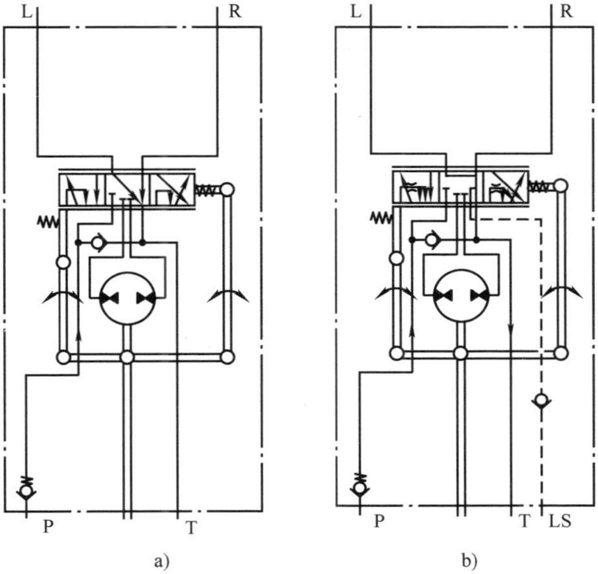

图 15-7 OSPCX 转向器原理

a）OSPCXCN 原理 b）OSPCXLS 原理

EHPS 根据电控程度不同可分为 3 种类型。

（1）0 型 EHPS 0 型 EHPS 是不带有任何电控模块的全液压转向阀，在转向系统中，0 型 EHPS 被作为流量放大阀使用。该方案中的全液压先导转向器工作压力只有 3MPa，所以转向时的驾驶室噪声被显著降低，这是该系统的重要特点。0 型 EHPS 外形和原理如图 15-8 所示。

（2）1 型 EHPS 1 型 EHPS 是带有 PVES 控制模块的电液转向阀，可实现手柄、迷你转向盘和 GPS 辅助转向，其原理如图 15-9 所示。该方案中的全液压转向器与电液转向属于并联系统，使用者既可以通过 PVES 控制模块来实现电液转向，也可以操作转向盘进行全液压转向。但两个系统不可同时工作，其中全液压转向器系统的优先级高于电液转向系统。当电液转向出现故障需要人工接管时，驾驶员只需要转动一下转向盘，系统中的 SASA 传感器就会检测到转向盘的转动角度，上层控制器收到转角信号后，就会立刻采取控制切断电液转向信号，实现手动转向优先功能。

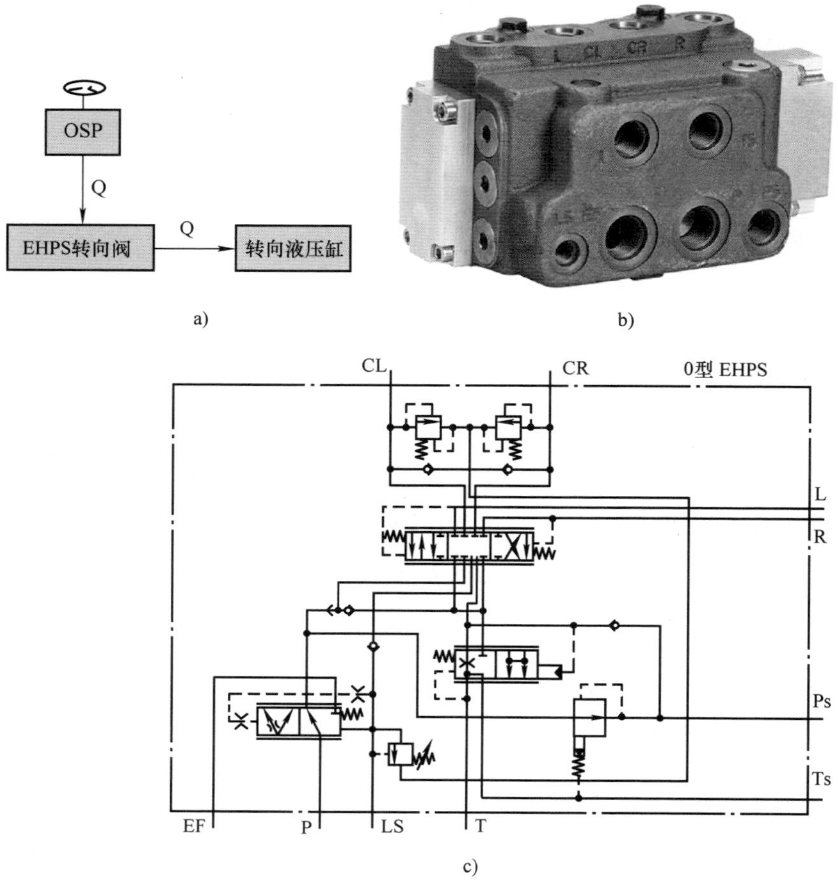

图 15-8　0 型 EHPS 外形和原理

a）示意图　b）产品外形图　c）液压原理图

（3）2 型 EHPS　2 型 EHPS 是带有 PVED－CLS 总线控制模块的电液转向阀。而且由该阀、SASA 转向盘角度传感器、液压缸位移传感器（或轮角传感器）、车速传感器、HMI 人机交互设备和 GPS 接收器等元件组成的电液转向系统，可实现更高级、更安全的无人驾驶转向。它不仅具备 1 型全部功能，还可根据 GPS 发出的曲率信号进行自动转向，自动转向过程中通过检测转向轮的转角和车速信号，不仅可实现车速与车轮转角的相关控制，还可实现车速与转向流量的相关控制，这两种控制提高了车辆高速行驶工况下的安全性。除此之外，2 型 EHPS 还可实现软停止、同步转向、手柄开环转向和手柄闭环转向。但是由于 EHPS 电液转向阀的转向流量比较大，所以此阀主要适用于大中型非道路车辆，外形和原理如图 15-10 所示。

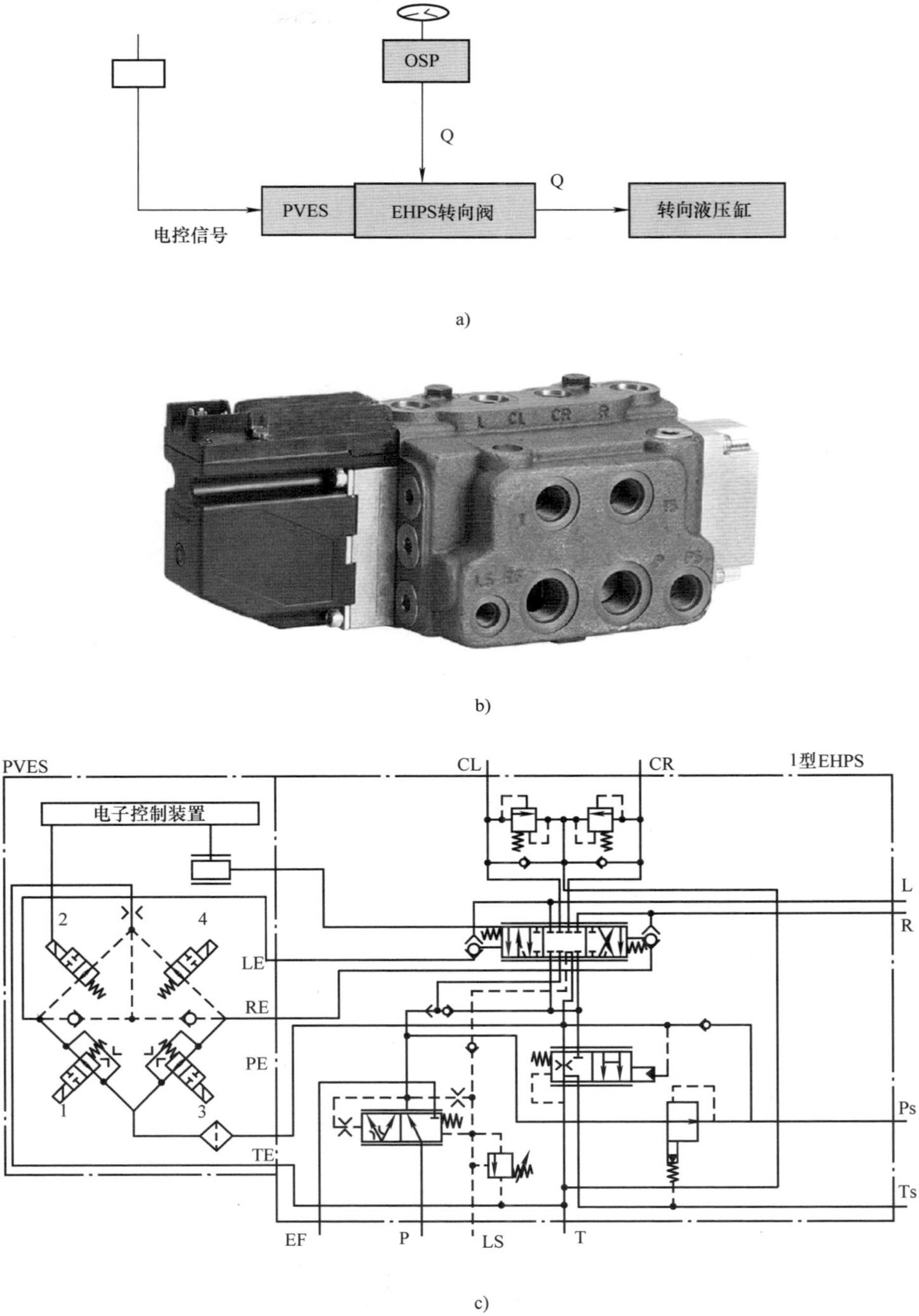

图 15-9　1 型 EHPS 外形和原理

a）示意图　b）产品外形图　c）液压原理图

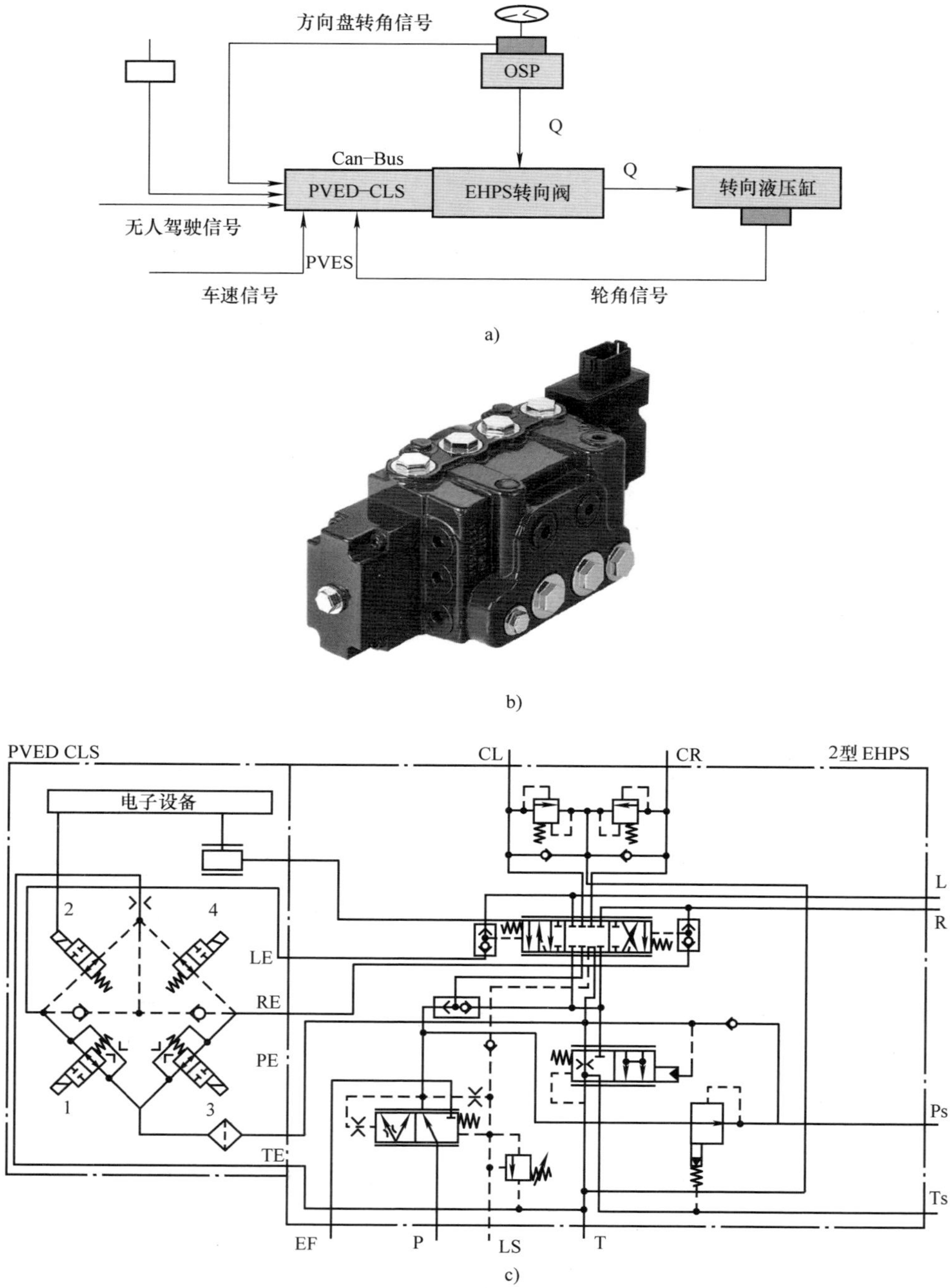

图 15-10　2 型 EHPS 外形和原理

a）示意图　b）产品外形图　c）液压原理图

15.4.4　EHi 电液转向阀

由于 OSPE 电液转向器是由全液压转向器与 EH 电液比例阀集成为一体的，当使用者想把已有的车辆升级成电液转向系统时，就需要安装新的 OSPE 电液转向器，而把原车的全液压转向器拆除，这在一定程度是造成了产品的浪费，并且不适合对市场保有车辆的升级改造。

为了解决这个问题，丹佛斯于 2017 年推出了不集成全液压转向器的电液转向产品——EHi 电液转向阀。EHi 电液转向阀的出现，不仅丰富了丹佛斯电液产品家族，而且进一步拓展了电液转向产品的应用领域。因为 EHi 不再局限于负载敏感转向系统，它可应用在全液压开芯无反应/有反应转向系统、闭芯无反应/有反应转向系统、SBW 纯线控转向系统等系统中。针对安装空间狭小不适合使用 OSPE 的场景，EHi 可灵活地安装在合适的位置。在电气控制方面，EHi 全面继承了 OSPE 的电控转向性能和安全功能，可与多种机能的全液压转向器并联或单独使用。

值得一提的是，2019 年丹佛斯在两轮转向基础上，增加 EHi 阀伺服转向，开发出一款名为“MultiAxis - Steer”的最新技术四轮全液压转向系统，原理如图 15-11所示。四轮转向系统一方面可实现车辆“蟹行”移动，在货物搬运过程中起到独特作用，提高了车辆生产效率，另一方面可大幅度减小最小转弯半径，提高车辆在狭小空间转向的操作性和机动性。

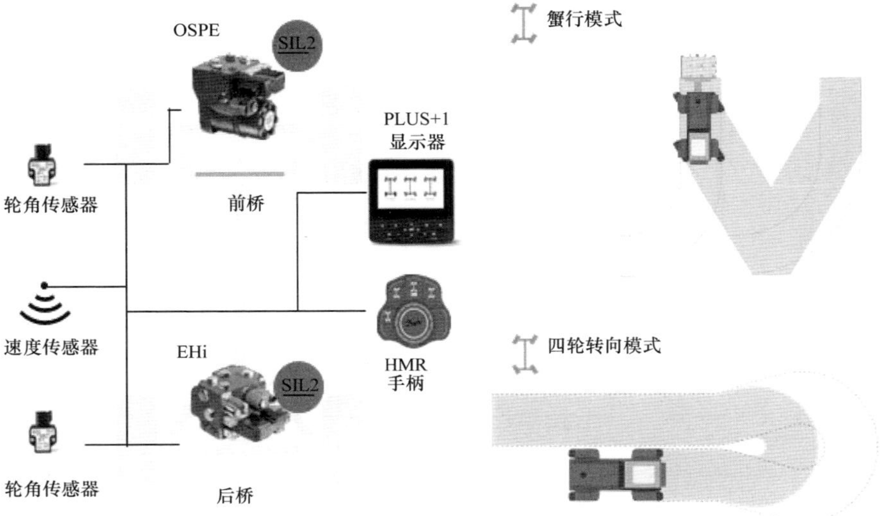

图 15-11　四轮全液压转向系统原理

EHi 阀流量范围为 12 ~ 70L/min，共有 7 种流量，最大压力为 28MPa，其可适用的系统包括：①动态负载敏感有反应/无反应系统；②静态负载敏感有反应/无反应系统；③开芯有反应/无反应系统；④闭芯有反应/无反应系统；⑤线控转向系统；⑥液压越权系统。安装有 PVED - CLS 控制模块的 EHi，符合 IEC 61508、EN

16590 和 ISO 13849 等安全标准要求，足见此阀对安全的重视程度，其外形和原理如图 15-12 所示。

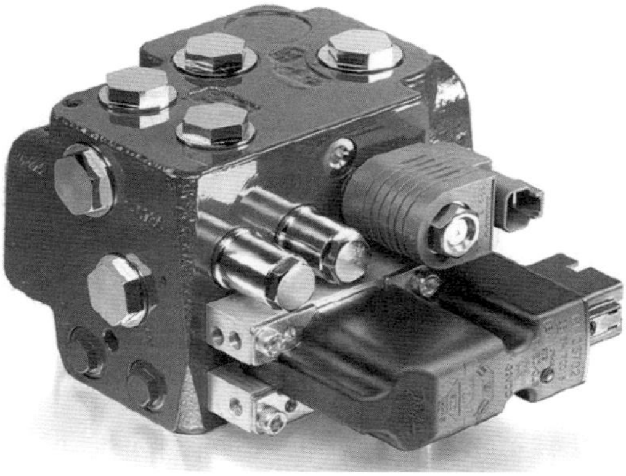

a)

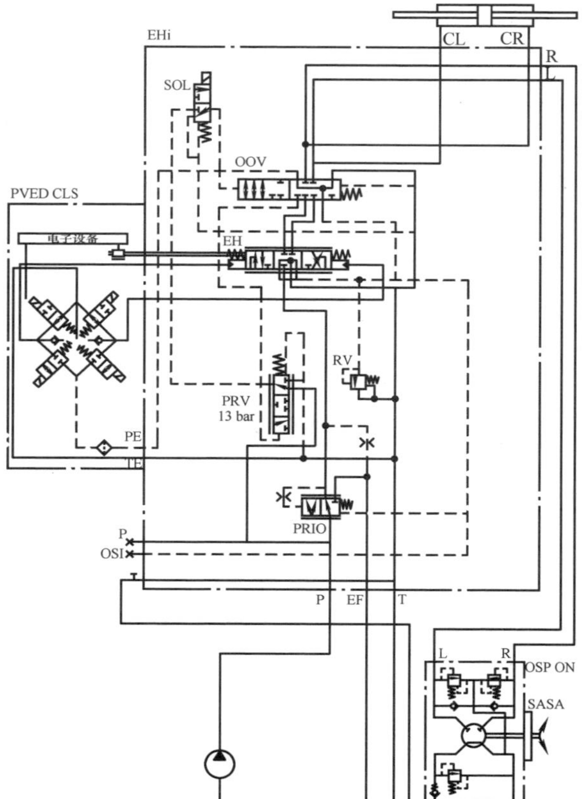

b)

图 15-12　EHi 外形和原理

a）产品外形图　b）液压系统原理图

在此，需要重点介绍一下 PVED－CLS 控制模块，这是丹佛斯在 PVE 的基础上，针对电液转向产品的特点而开发的专利产品，其外形和针脚定义如图 15-13 所示。其内部集成了两个控制，分别是主控制器和安全控制器，安全控制器的集成，大大提高了整车转向系统的安全等级，方便整车转向系统获得相关的安全认证。

该模块采用 12 芯插件，内部有两路 CANBUS 通道，分解接到 maincontroller 和 safetycontroller。还提供了 3 路 AnalogInput 通道，可以接收外部传感器或手柄发送的 0.5～4.5V 模拟量信号。该模块的 Pin11 是 5Vsensorsupply 针脚，可给外部的 5V 轮角传感器供电。该模块供电电压：9～32V，其可兼容 12V 的农机和 24V 的工程机械电源。

PVED-CLS Deutsch 接口

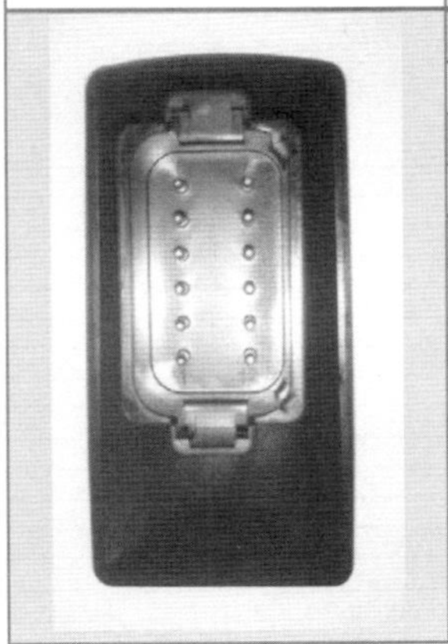

针脚	描述
1	AD2 模批量信号输入
2	AD3 模批量信号输入
3	传感器地线
4	CAN High 安全控制器
5	CAN Low 安全控制器
6	开关量输出，高位开关
7	电源地-
8	电池电源+
9	CAN Low 主控制器
10	CAN High 主控制器
11	5V 传感器电源
12	AD1 模拟量信号输入

a)

b)

图 15-13 PVED－CLS 控制模块

a）针脚定义 b）产品外形图

该模块内部提供了上百个转向相关参数，可供客户在不同的转向模式、不同的转向装置下进行参数调整和优化，从而达到完美的转向性能。

在无人驾驶模式下，PVED－CLS 的 GPS 配置参数界面有两种不同的控制模式。第一，目前的策略是只能选择一个，同时使用的话，高速转向会变得很慢。车速与转向流量相关，该模式下随着车速的增加，PVED－CLS 控制模块会逐渐减小 EH 主阀芯的开度，相应地减少 EH 的流量，从而降低转向液压缸的移动速度，对高速下的车辆起到一定的保护作用。第二，车速与转向角度相关，该模式下随着车速的增加，PVED－CLS 控制模块会逐渐降低转向轮的最大转角，从而限制高速车辆急弯转向，这将大大降低高速工况下的车辆倾翻等安全事故的发生概率，详细的控制曲线如图 15-14所示。

PVED－CLS 内部集成了 LVDT 线性位移传感器，其可实时监控主阀芯的开度，从而实现对转向流量即转向速度的准确控制。无人驾驶系统中一般都会安装轮角传感器，用来检测转向轮的角度。而 PVED－CLS 可实时检测曲率指令与轮角传感器

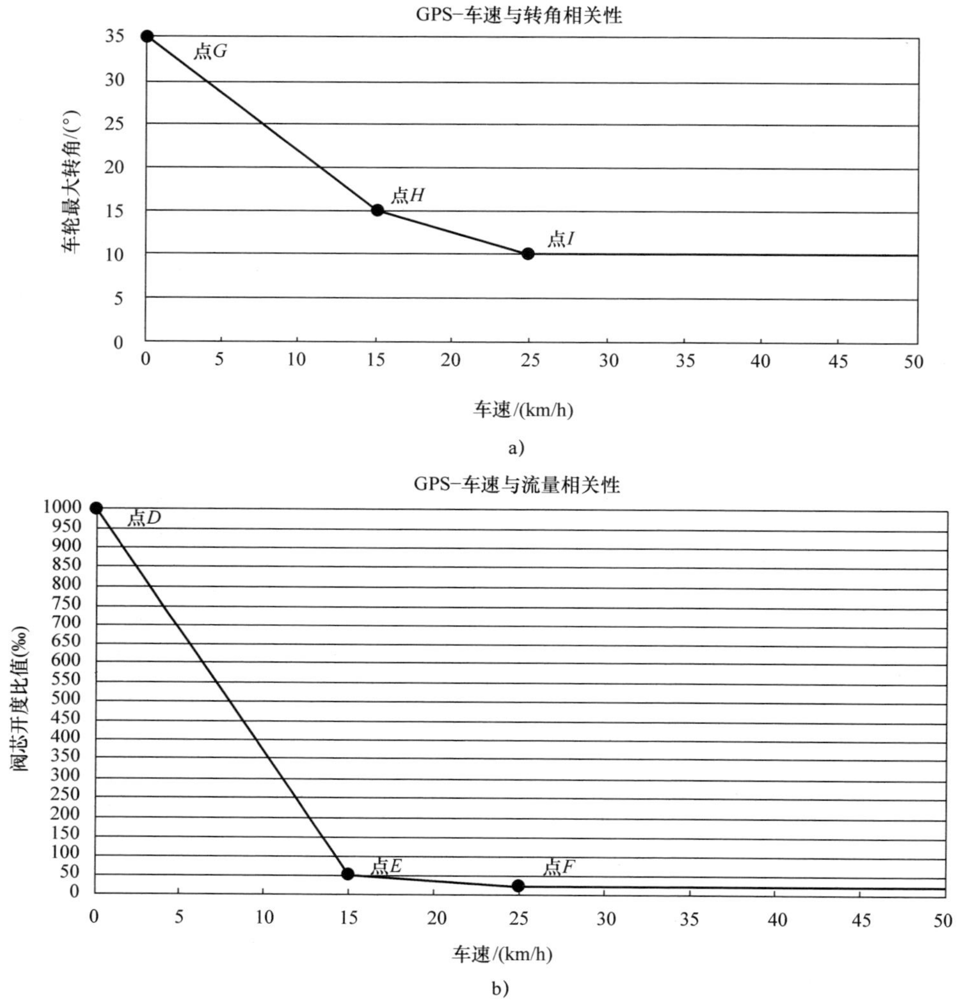

图 15-14　GPS－车速与转角/车速与流量相关性曲线

a）GPS－车速与转角相关性　b）GPS－车速与流量相关性

的反馈角度，并根据两者的差值进行调整，从而保证曲率指令与轮角的对应关系，由此形成一个控制闭环来提高转向系统的精度。

该模块内部还提供了 EH 主阀芯和轮角传感器的标定功能，转向阀安装到车辆上之后一定要先进行阀芯和轮角传感器的标定。这一步骤必须认真仔细地完成，这对电液转向阀的响应速度和控制精度有重大影响。

15.4.5　电子转向盘 e－Wheel 100

电液转向产品可以提高转向系统的操作舒适度，可靠性和安全性，并且可提供快速转向、软停止、防抖动和防漂移等功能。但如果想获得更好的转向体验，丹佛斯在 2019 年推出了电子转向盘 e – Wheel 100 产品，该产品可提供更好的转向体验，转向手感更轻便、操作舒适度更高，大幅度降低驾驶员的操作强度。安装了电子转向盘的驾驶室，其整体布局和设计都可进行大幅度优化，从而扩大驾驶室的视野范围和提升驾驶员的操作舒适性。该产品投放市场后，在叉车、压路机等工程机械上获得了广泛应用。e – Wheel 100 外形和优化驾驶室如图 15-15 所示。

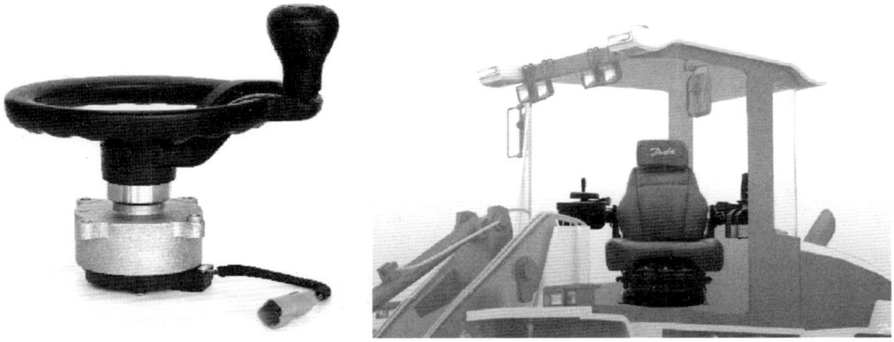

图 15-15　e – Wheel 100 外形和优化的驾驶室

e – Wheel 100 电子转向盘针对使用者的不同应用，提供了多种控制方式满足相应需求，包括终点感控制、基础转矩控制、转向盘转向圈数控制、车速控制。详细的 e – Wheel 100 控制原理和控制曲线如图 15-16 所示。

e – Wheel 100 有两种规格可选择，分别是 5N · m 和 2N · m。该产品的控制类型是 CAN 总线控制，双通道输出，与总线控制模块 PVED – CLS 可实现即插即用，所以推荐与 EHi 或 OSPE 配套使用。供电电源为 12V 或 24V 均可，线圈电阻 10Ω，功耗 15W。

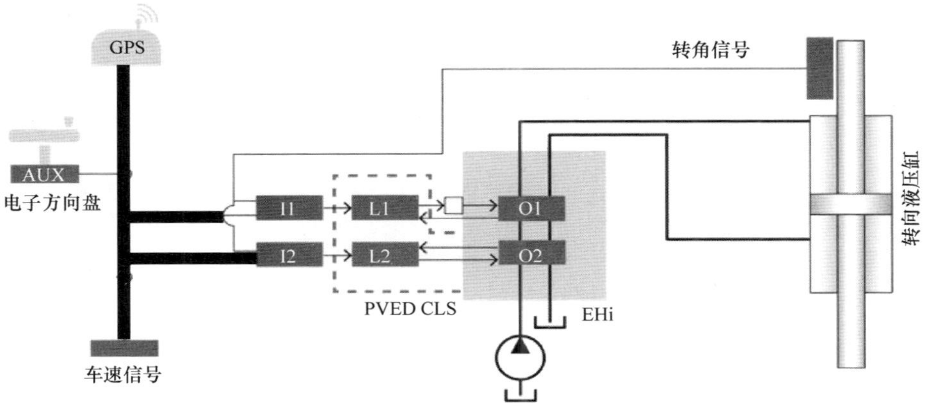

a)

图 15-16　e – Wheel 100 控制原理和控制曲线

a）e – Wheel 100 控制原理

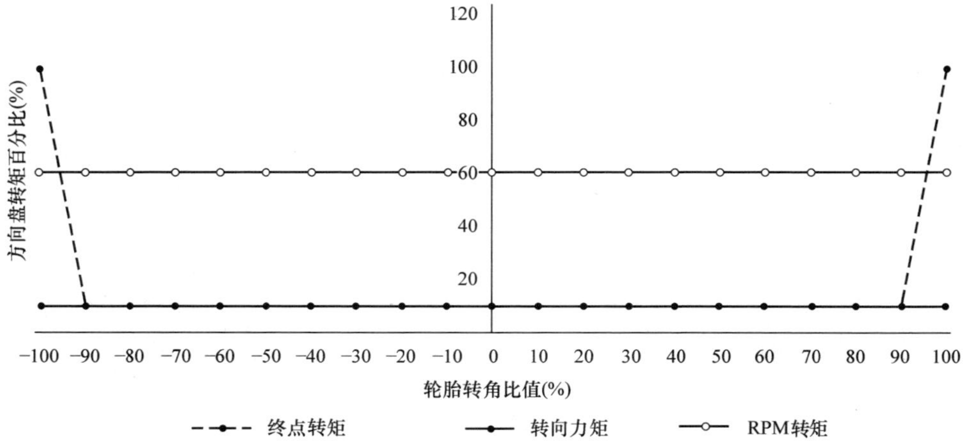

b)

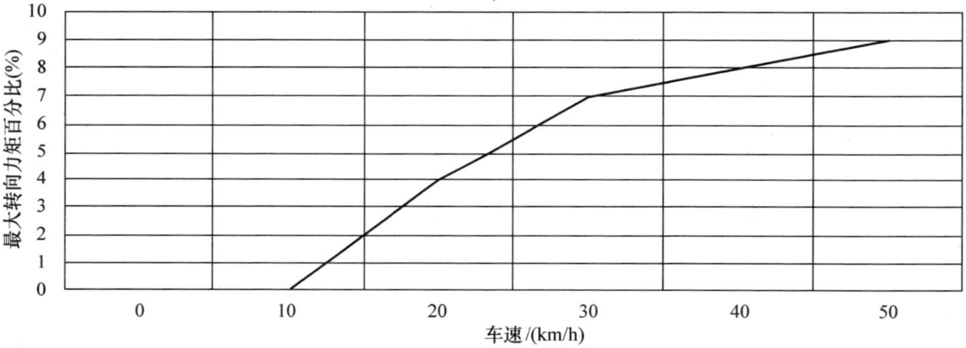

c)

图 15-16 e – Wheel 100 控制原理和控制曲线（续）

b）e – Wheel 100 转矩 – 转角关系曲线 c）e – Wheel 100 最大转向力矩 – 车速关系曲线

15.4.6 OSP EFU 先导控制系列电液产品

OSPC EFU 主要特点是能自动检测转向盘球形手柄的滑移，对其进行修正，并恢复到中位位置，使转向盘在转向过程中具有位置记忆功能，避免了驾驶者寻找转向盘中位位置的麻烦；实现了转向盘转角与转向轮转角的同步动作，使转向操作更为精确；弥补了全液压转向器由于内泄漏导致的转向盘与转向轮不同步的缺点。这款转向器主要应用在有同步转向需求的高端电动叉车上。

OSPC EFU 是中小排量同步转向器，其排量范围为 40 ~ 250mL/r，最大压力 21MPa。EFU 液压功能可选择开芯无反应和负载传感型。电源电压/电流分别为 12V/0.36A、24V/0.18A。OSPC EFU 原理和实物如图 15-17 所示。

15.4.7 丹佛斯（伊顿）电液转向产品

2020 年 1 月 21 日，丹佛斯收购伊顿在全球的液压业务。由于两个跨国公司在电液转向最新技术上走了两条研发路线，所以在这里分开进行介绍。

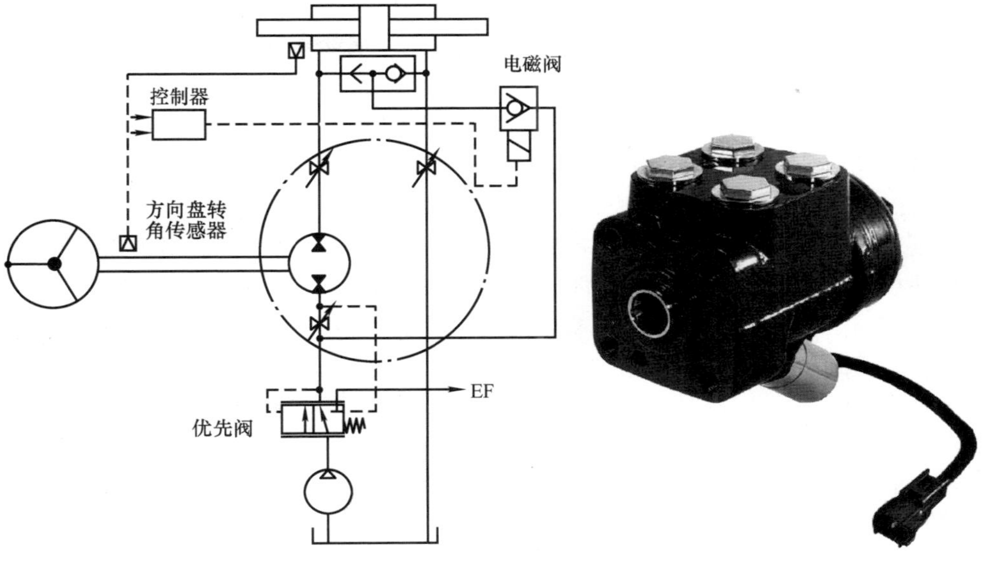

a)　　　　　　　　　　　　b)

图 15-17　OSPC EFU 原理和实物

a）转向液压系统原理图　b）产品外形图

（1）Electro－hydraulic 和 SBX 电液转向产品　伊顿在 2019 年推出了最新的 SBX 电液转向阀，其与丹佛斯的 EHi 产品类似，并且可与 XCEL45 或 S10 全液压转向器进行集成，从而实现手动转向和电液转向功能的集成，集成后的产品被命名为“Electro－hydraulic”，该产品与丹佛斯的 OSPE 产品功能相类似，主要用在负载敏感转向系统中，可实现手柄转向、遥控转向和 GPS 转向。该产品的目标应用为拖拉机、联合收割机等非道路车辆。Electro－hydraulic 和 SBX 的产品外形如图 15-18 所示。

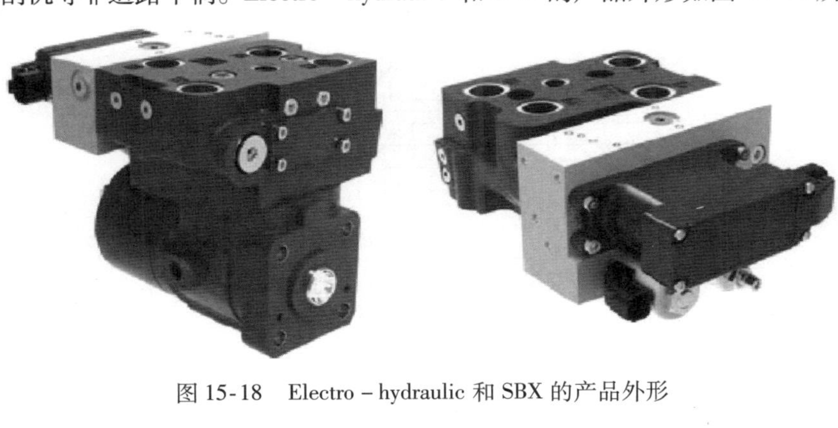

图 15-18　Electro－hydraulic 和 SBX 的产品外形

Electro－hydraulic 和 SBX 的电控模块均为传统的比例阀，与丹佛斯的控制模块不同，丹佛斯采用高频响电磁阀来控制阀芯，所以在响应时间和磁滞上，传统比例阀要比高频响电磁阀差一些。Electro－hydraulic 和 SBX 的最大系统压力为 21MPa，最大背压为 2.1MPa，最大流量为 60L/min，通信方式为 PWM 控制或 CANJ1939，防护等级为 IP69K，电源为 12V 或 24V。

（2）丹佛斯（伊顿）的 EPACS 全液压同步转向器　丹佛斯（伊顿）的 EPACS 产品与丹佛斯公司的 OSPC EFU 具有相同的功能，只是设计思路不同。实现自动检测转向盘球形手柄的滑移，使转向盘在转向过程中与转向轮始终保持对应关系。最大系统压力为 17.5MPa，排量为 60～125mL/r，电压为 12V 或 24V，最大电流为 2A，主要适用于高端电动叉车。该转向器原理和外形如图 15-19 所示。

丹佛斯（伊顿）的电控转向器在转向器外部使用阀块将补偿电磁阀与转向器连接，连接阀块内部开设对应油道，转向器内部也增加了一条对应的补偿油路。而丹佛斯 OSP EFU 转向器没有使用阀块将补偿电磁阀与转向器相连，也没有在转向器内部增设对应的补偿油路，而是在转向器外部绕过转向器，通过压力选择阀直接向转向液压缸增加一条补偿油路，补偿油路同样由电磁阀控制其开闭，当需要进行油液补偿时，系统控制电磁阀动作，补偿油路直接向转向液压缸补油。这两款转向器的功能相同，但设计思路不同，本质上都是为了补偿全液压转向器液压内泄漏引

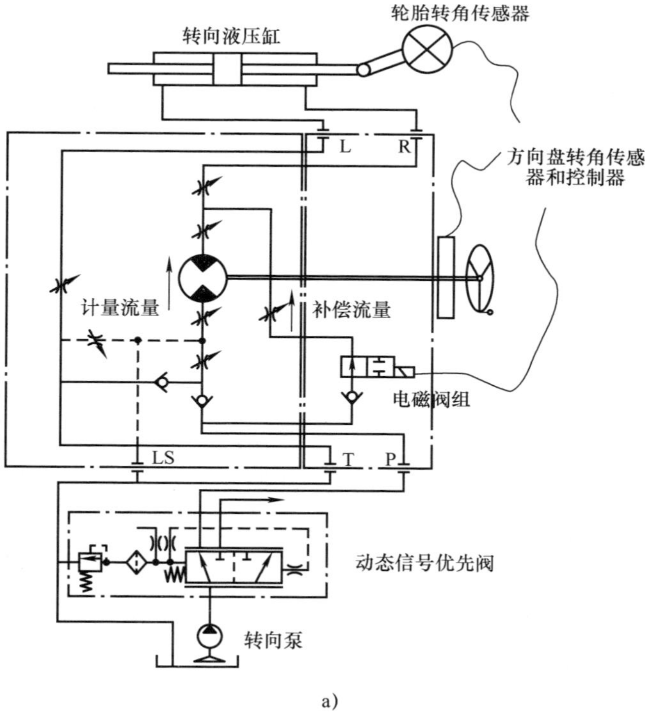

a)

图 15-19　EPACS 转向器原理和外形
a）转向器原理

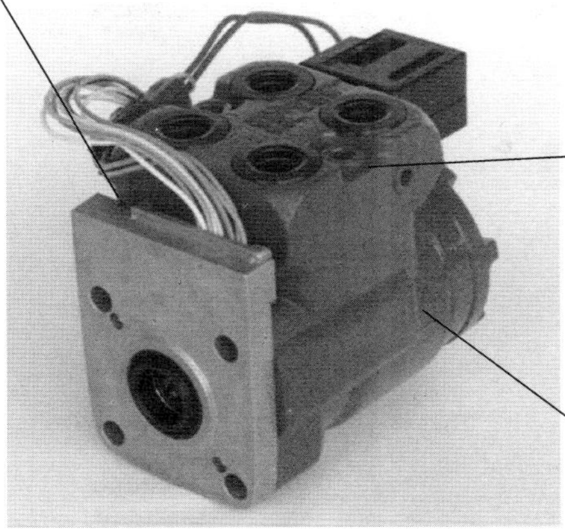

b)

图 15-19 EPACS 转向器原理和外形（续）
b）转向器实物

起的转向盘位置偏移。EPACS 产品在国内使用多一些，国内也有厂家按这个思路开发了类似产品。EPACS 这款产品的设计灵感最早来源于日本高端电瓶叉车的同步转向要求。

15.5 派克汉尼汾线控液压转向阀

2020 年推出的 SBW110 可线控液压转向阀，采用 IQAN－MC4xFS 数字控制器控制先导油路实现转向液压油路的控制，如图 15-20 所示。最大入口流量为 110L/min，最大压力为 35MPa，适用装载机、铰接式矿车等大中型非道路车辆。

此阀最大特点是通过电子操纵杆或“手感”电动转向盘，实现线控全液压转向，在 GPS 导航下自动转向驾驶方面未做进一步介绍。SBW110 阀安全设计实现两大安全功能，一是当不转向时，可能是由于液压转向流量低于内泄漏量；二是当转向时，一旦出现故障，提供转向流量不低于正常转向流量的 70%，实现全周期转向安全。此阀采用片式结构，由进口段、工作段、先导控制段组成，制造维修方便，这是优于 EHi 和 SBX 阀之处。根据技术数据可知，此阀流量偏大，仅适合在大中型全液压转向系统中使用，相当于丹佛斯 2 型 EHPS 电液转向阀，而且强调如果去除全液压转向器的话，将不能实现人力转向，这与丹佛斯和伊顿不同，因此转向安全有漏洞。

a)

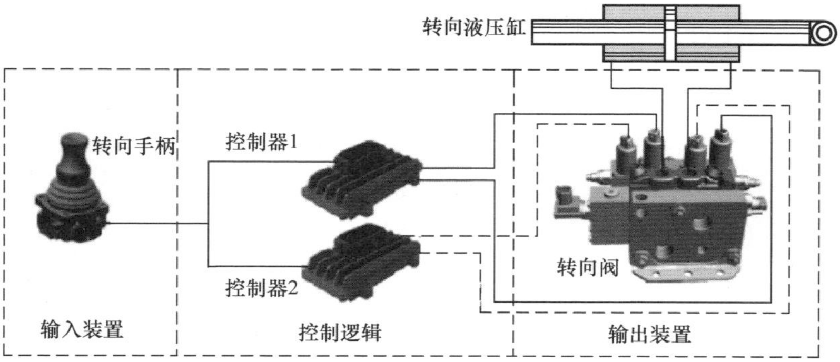

b)

c)

图15-20　SBW110电液转向阀

a）产品外形图　b）产品控制原理　c）电动转向盘和操纵杆

15.6　我国公司的全液压转向器

15.6.1　镇江液压电控系列全液压转向器产品

镇江液压开发的电控系列全液压转向器通过采集转向轮和转向盘的转角信号，

计算两者之间的偏差，控制电磁阀对转向液压系统进行补油，实现了转向盘与转向轮的精确对应关系，转向盘控制精度小于或等于 15°。驾驶员在转向过程中的操作更加方便、精确。该产品适用于高端电瓶叉车，可替代一些进口产品，如图 15-21 所示。

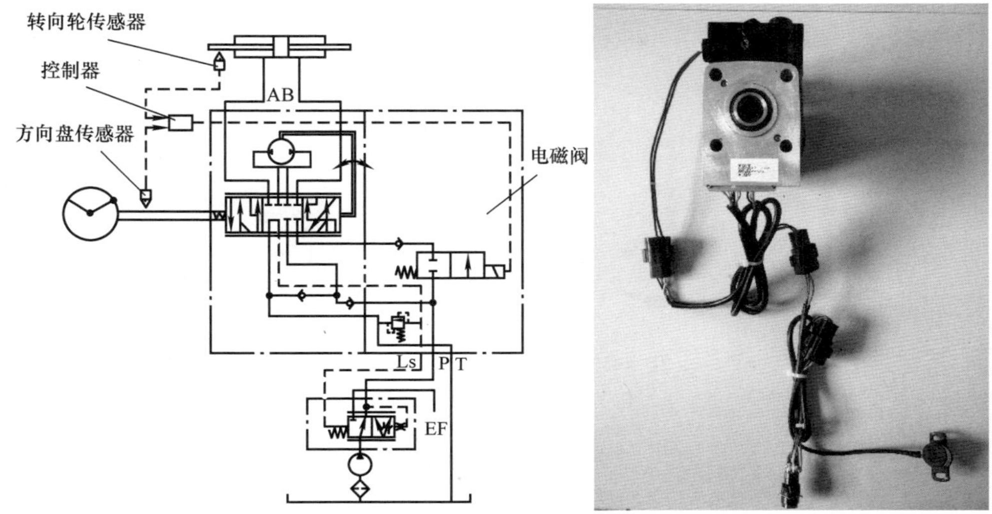

图 15-21　电控系列全液压转向器原理和产品

15.6.2　我国其他公司电液转向器产品

由于农业自动化高速发展，国内高等院校和众多企业竞相开发依托于 GPS 和北斗卫星导航系统定位全液压自动转向系统，实现厘米级导航定位精度。集成电路板、天线、基站、显示终端、电子控制单元、程序、算法均实现了自主研发和制造，取得了长足的发展，自动驾驶精度均可达 2.5cm，如图 15-22 所示。

华南农业大学开发的拖拉机自动导航控制系统原理如图 15-23 所示。在拖拉机行进速度为 0.8m/s 时，直线跟踪的最大误差小于 15cm，平均跟踪误差小于 3cm。

a)

图 15-22　国内农机全液压自动驾驶系统

a）合众思状慧农北斗导航自动驾驶系统

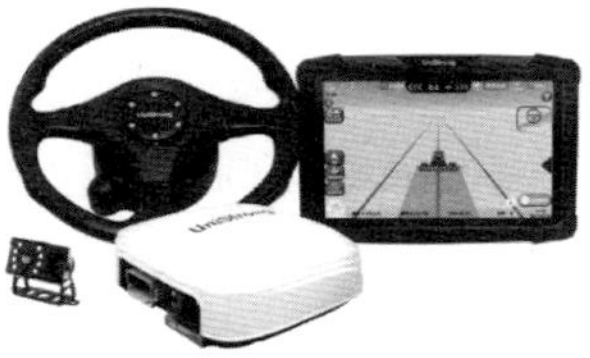

b)

c)

d)

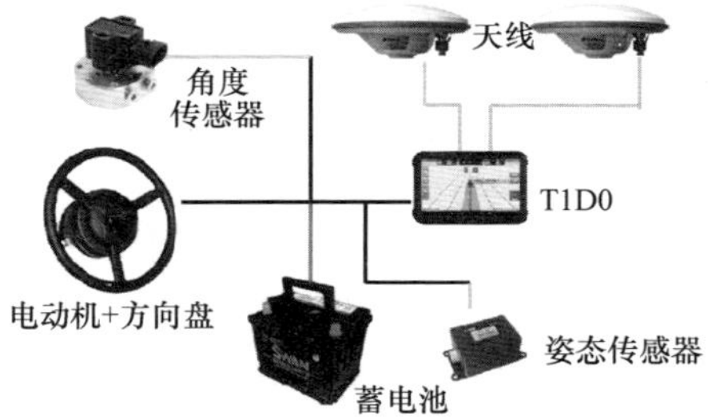

e)

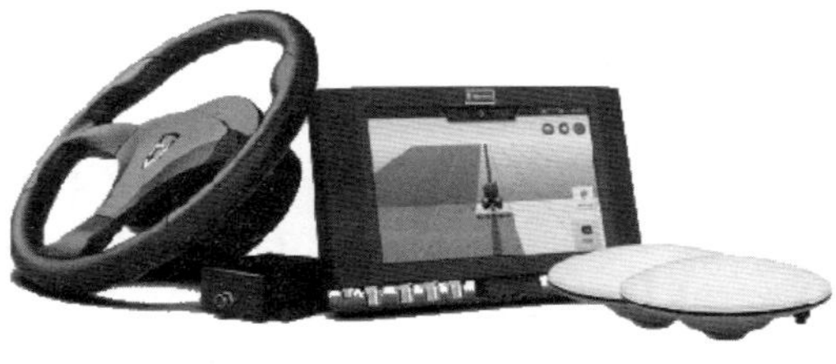

f)

图 15-22　国内农机全液压自动驾驶系统（续）

b）合众思状电控转向盘自动驾驶系统　c）华测领航员导航自动驾驶系统
d）华测电控转向盘自动驾驶系统　e）联适自动驾驶系统
f）丰疆智能自动驾驶系统

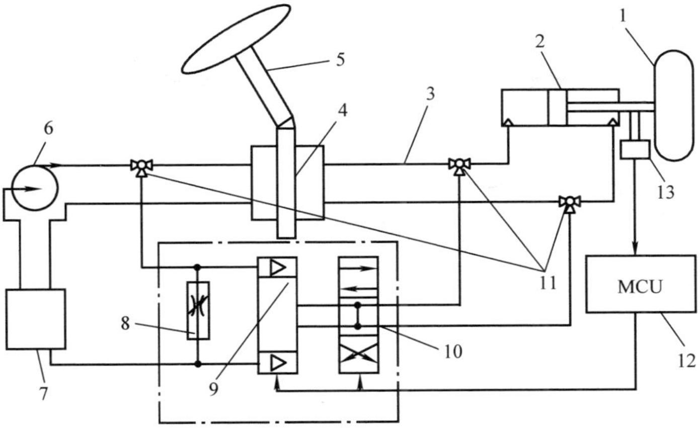

图 15-23　自动导航控制原理

1—转向前轮　2—转向液压缸　3—油管　4—转向器　5—方向盘　6—液压转向泵　7—油箱　8—安全阀　9—比例阀　10—三位四通换向电磁阀　11—手动切换阀　12—转向控制器　13—编码盘

第 16 章　电静液作动器（EHA）

电静液作动器（Electro – Hydrostatic Actuator，EHA），这种集成电静液一体化作动器是一种新型容积控制直接驱动的电液伺服系统，作为一种高集成泵控伺服驱动系统，源于航空领域多电化和液压系统局部化发展。电静液作动器已经成为航空航天、航海和工程机械等领域液压系统发展的最新产品之一，其机电液控集成一体化是当前液压系统向分布式系统和电气化发展的方向之一。这种分布式系统需要总线通信技术或以太网络通信技术作为技术支撑，加上伺服电动机或步进电动机的发展、微处理器硬软件技术的嵌入、液压元件加工制造的完善、大功率电力电子器件和电力传输的便利等一系列技术发展，是这种产品产生的时代背景。与此同时，这类产品也为我国实现高端装备智能驱动提供一个有效途径。

16.1　电静液作动器的由来与定义

16.1.1　电静液作动器的由来

飞机多电化时代的到来是上述各单项技术发展和成熟电传飞控技术的推动，以及高可靠性要求、节能减排和洁净航空的历史责任所驱使。如图 16-1 所示，多电化环控和液压作动等使飞机可以减少管路带来的诸多故障风险，加上功率电传作动器的成熟，从而可以更新为功率电传代替功率管路传输的方式，形成一种新型液压伺服控制作动系统，这就是所谓的功率电传（Power – by – Wire，PBW）集成电静液作动系统（Integrated EHA，IEHA）。

采用功率电传液压伺服作动系统，通过电导线以电能量的方式完成二次能源系统到各执行机构之间的功率传输。采用此技术后，可以提高飞机的战场生存能力，提高飞机的可靠性以及可维护性，有效解决传统液压系统效率低、监控能力差、管路布局难、漏油振动现象严重等困难。同时飞机起飞质量减小 6%，易损区减少 15%，使购买费用降低 5%，并使寿命期费用与目前的战斗机相比降低 2% ~3%，F – 35 战斗机的飞控系统整体减重达 40%，减重大约 320kg，项目的寿命期成本可

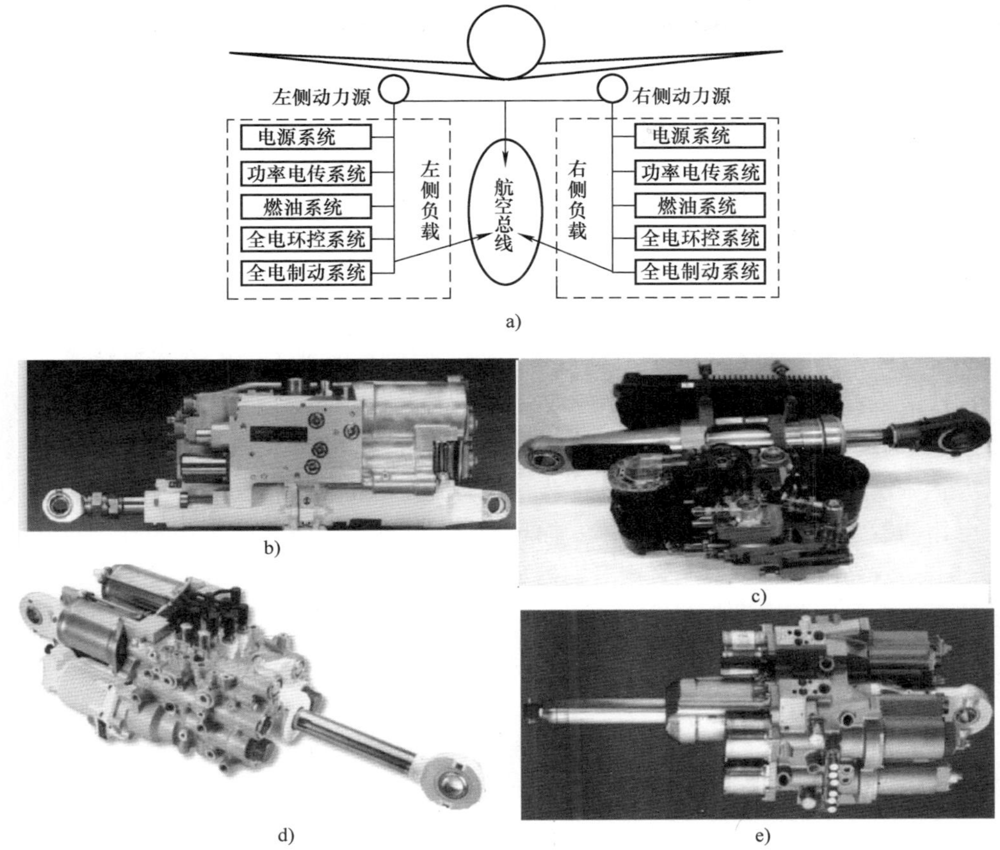

图 16-1　具有总线控制的功率电传的多电化 EHA 液压系统及其实物照片
a）功率电传在总线控制下的多电化液压系统　b）穆格 F－18C/D 战机水平层舵 EHA
c）空中客车公司 A380 EHA　d）派克宇航公司 F－35 水平尾舵 EHA
e）美国阿瑞斯运载火箭配套 40kW 四余度 EHA

降低 2%～3%，表现出了非常优良的减负增载特性。而传统节流控制电液伺服作动系统核心元件“电液伺服阀”故障率较高、效率较低、使用维护成本很高，且需要通过较长液压管路传输液压能，导致飞机战伤生存率较低，振动脉动引起的次生灾难可能性大。

电静液作动器与传统液压作动系统相比，体现出集成度高、功重比大、可靠性高、效率高、安装维护性好等优点。ISO 在 2005 年就公布了第 1 版航空电静液作动器需求规范标准（ISO 22072），2011 年又修订了第 2 版，给出电静液作动器典型架构。标准中指出，EHA 为双向变转速电动机驱动双向定排量液压泵的形式，并且电动机、泵、电子模块可以组装成为一个标准的集成电静液模块。美国、欧洲、日本等发达国家或地区对于电静液作动器的研究与发展起步较早，目前已将电静液作动器正式应用于航空航天、舰船和机器人等领域。

16.1.2　电静液作动器的发展

国外从20世纪70年代就开始功率电传作动器的相关研究，主要研究机构包括：美国的穆格（MOOG）、派克（Parker）、洛克希德·马丁（Lookheed Martin）、TRW、MPC、美国空军研究所等；欧洲的古德里奇（Goodrich）、利勃海尔（Liebherr）、卢卡斯（Lucas）、史密斯（Smith）、德国汉堡－哈尔堡大学、法国图卢兹大学、英国谢菲尔德大学、瑞典林雪平大学、瑞典皇家理工学院（KTH）等，以及加拿大、日本等国家的研究机构。其中穆格、派克、古德里奇和利勃海尔等公司已形成EHA和EMA系列产品。国内方面，从20世纪80年代末开始，北京航空航天大学流体传动与控制技术研发中心先后进行了集成电动静液作动器和集成直驱式机电作动器原理、理论、关键技术、原理样机和工程样机的研究，并对其关键元部件——高效高压大功率直流无刷电动机及其控制器、高速高压伺服液压泵、融合式电液泵、电动伺服变量泵等进行了攻关，取得了丰硕成果。由于液压技术中功率电传技术的巨大优势，国内其他院校及研究所在近十多年来也都在积极开展这方面的研究。

电静液作动器兼具电力传输功率、液压执行功能与数字控制的三重优点：①电功率传输可以实现远距离低损耗；②同一个系统的液压缸可以实现很大的输出速比、输出力比且可以无级调速，具有自抗过载及自润滑自冷却功能；③加上数字控制使它们的功能可以集成起来。我国也完成了前期电静液作动器的理论和技术研究及部分关键元部件的关键技术攻关，当前也有不少企业正在投入电静液作动器产品研发。电静液作动器正在促进液压伺服系统领域的更新换代，甚至液压系统产品也正向这个方向在逐步演化。电静液作动器也开始用于可穿戴助力机器人、潜艇、汽车主动悬架、轨道列车倾摆控制、建筑机械等各种装备等移动平台的重载场合，并成为各种领域应用的方向。更引人注目的是，它可替代传统集中油源阀控液压系统，已经在向大型液压装备方向发展。

随着节能减排“双碳政策”的严格实施，飞机、火箭、舰船、车辆、工程机械和机床、冶金生产线等各种装备电气化的程度越来越高，该类作动器会体现更大的优势，会得到更广泛的应用。

16.1.3　电静液作动器的定义

电静液作动器的名称源于航空工业，不同公司有不同的产品名称与定义，产品名称比较杂乱，见表 16-1。

表 16-1 各个公司 EHA 的名称与内涵

序号	公司	代号	英文名称	定义内涵
1	博世力士乐	SHA	Servo Hydraulic Actuator	闭式系统，伺服电动机控制，无伺服阀
2	穆格	EM	Electro Mechanical Actuator	电动机械传动
		EH	Electro Hydraulic Actuator	采用伺服阀控制的系统
		EHA	Electro Hydrostatic Actuator	伺服驱动 + 伺服电动机，无伺服阀
3	福伊特	CLDP	Compact and efficient linear Drive	紧凑高效性直线驱动装置，伺服电动机驱动
4	Kyntronics	EHA	Electro Hydraulic Actuator	伺服电动机驱动
5	中国企业（建议）	EHA	Electro Hydrostatic Actuator	伺服电动机驱动泵 + 闭式回路 + 具有传感器集成的液压执行器（缸）

如图 16-2 所示，电静液作动器应该包括四大部分：伺服电动机及其驱动伺服泵部分、微型计算机控制器部分（硬件与软件）、液压闭式回路系统与传感器集成在内的液压执行器。电静液作动器也可建议称为“数字伺服泵控缸”。要称为数字伺服泵控缸，必须满足以下条件：必须是变速电动机带动伺服液压泵而变量的，由微处理器控制的，闭式系统与具有传感器的液压缸。这个产品的名称体现了“电、液、控、机”四个方面的集成，以体现与现在市场上的动力单元、紧凑型液压集成系统或者液压推杆等产品的区别。

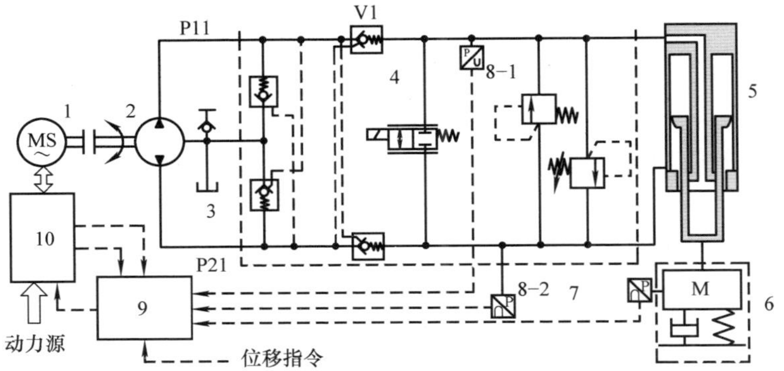

图 16-2 电静液作动器工作原理图

1—伺服电动机 2—双旋向泵 3—密闭油箱 4—集成阀块 5—单出杆对称液压缸 6—等效负载 7—位移传感器 8—压力传感器 9—可编程控制器 10—交流伺服驱动器

电静液作动器（数字伺服泵控缸）是指采用功率电传技术和容积调速原理融合，将作动系统能量源和输出执行机构集成在一起的一种新型液压执行器。这里的电静液作动器就是一个电动静液集成数字伺服传动系统，它本身又是一个液压缸作为主体的液压驱动单元。所以这几个产品名称是通用的，实际就是一个受微型计算机数字控制的伺服电动机泵控液压缸。

16.2　电静液作动系统的组成与工作原理

电静液作动器的液压系统基本工作原理有三种，如图16-3所示。

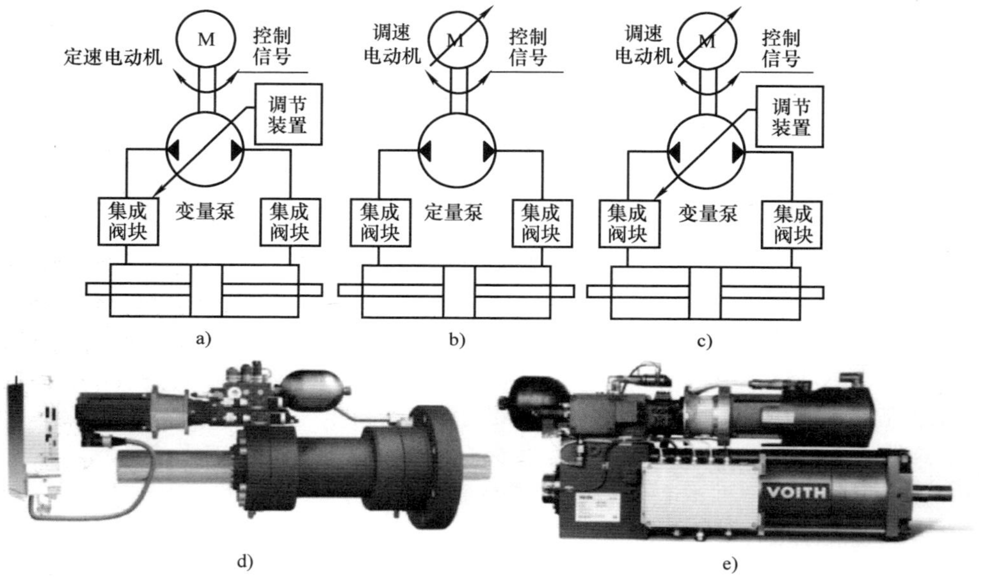

图16-3　电静液作动器的三种工作原理与工业产品外形

a）泵变量　b）电动机变速　c）泵变量+电动机变速　d）博世力士乐EHA产品外形　e）福伊特EHA产品外形

这三种工作原理比较如下：

图16-3a所示的定转速变排量构型是一种典型的静液压传动闭式回路，电动机仅提供恒定转速，通过液压泵排量的改变实现不同流量的输出，该构型即使在空载或小负载运行时，电动机转速仍较大，从而产生大量的能量损耗，致使效率低下，此外，传统的泵变量机构中的伺服阀使系统对油液污染度敏感性显著增大。

图16-3b所示的变转速定排量构型是最典型的EHA系统构型，其结构最为简单且效率较高，可靠性强，具有较高的工程应用价值，通过高频响伺服电动机与定量伺服液压泵的匹配可以满足部分应用场合对EHA系统的频响要求。

图16-3c所示的变转速变排量构型相比于其他两种构型，不仅提高了系统的动态响应，还可通过与负载进一步匹配提高系统的能量效率，但其变排量结构以及伺服电动机的调速联合使系统结构更加复杂，控制困难，可靠性也有所降低，因此应用场合较少。

按照其执行单元的类型，EHA 系统主要分为泵控对称缸和泵控非对称缸两种构型方式，其中泵控对称缸原理如图 16-4a 所示，泵控非对称缸原理如图 16-4b 所示。

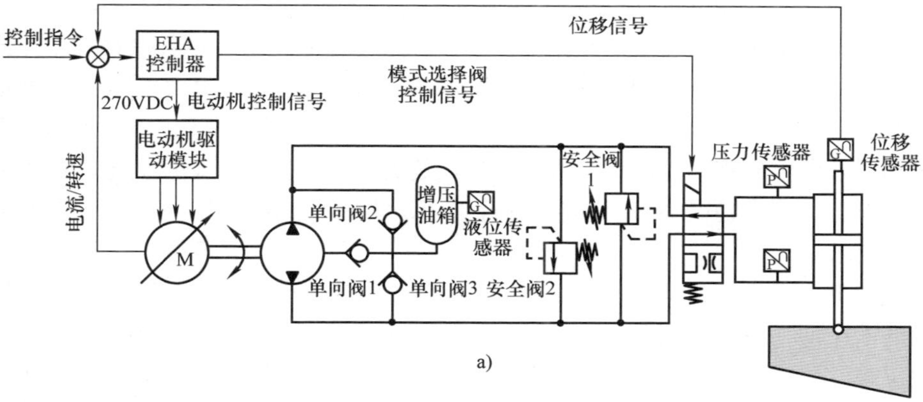

a)

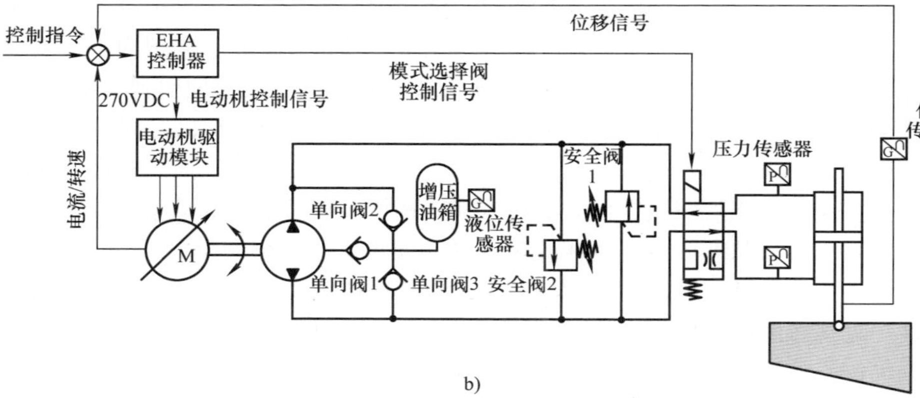

b)

图 16-4　电静液作动器工作原理图

a）对称缸构型　b）非对称缸构型

理论上讲，泵控对称缸系统的液压缸两腔流量完全平衡，所以工作过程中不会产生局部高压和空穴等现象，工作可靠，系统结构简单，易实现液压缸活塞杆运动控制的既定指标，但是其对液压缸轴向安装尺寸要求较高。泵控非对称缸系统因其无杆腔作用面积相对较大，对提高系统功重比有明显效果，但是其液压缸两腔流量存在不平衡特性，系统匹配不合理时易产生局部高压和气穴等现象，这为液压缸活塞杆运动控制带来了挑战。所以，对执行器可靠性要求较高的航空领域多采用泵控对称缸 EHA 系统，如前文所述的 F－35 战斗机；对执行器输出力要求较高的工业领域多采用泵控非对称缸 EHA 系统，如早期美国威格士（Vickers）提出的伺服电动机驱动定量液压泵控制非对称液压缸的 EHA 已应用于注塑机液压系统中。实际上泵控对称缸 EHA 系统一般无法做到两主油路容腔的完全对称，所以 EHA 系统均需要在两主油路之间设置配流单元。根据其配流单元的不同类型，目前 EHA 系统有非对称泵控非对称缸、对称泵控可变径液压缸和阀配流三种典型构型方式，前两者主要从元件设计的角度入手，后者针对系统层面进行改善。

由图16-4所示的电静液作动器工作原理图可以看出，系统由EHA控制器、电动机驱动模块、液压泵、增压油箱及辅助单向阀组、安全阀组、模式选择阀、作动筒、管路阀块等组成，系统接受上位机的控制指令，并接受检测电流信号、转速信号、液位信号、负载压力信号、位移信号的反馈信号，电动机按照EHA控制器和伺服驱动模块发出的驱动控制信号进行正反向旋转，驱动液压缸正反向运动，模式选择阀按EHA控制器发出的开关信号进行动作，实现液压缸所需功能模式的切换，达到性能要求。

根据图16-4所示的液压系统工作原理图，电动机带动液压泵旋转，输出成比例流量的液压油，然后控制液压缸的速度，当液压缸位移传感器检测出与给定指令接近的位移时，EHA控制器调节电动机转速逐渐降低，直到达到控制误差范围，与维持液压缸要求位置的内泄漏量相符合。增压油箱除了足够为系统补油，还兼具冷却作用，它与单向阀2和单向阀3配合给系统补油，任何时候系统内不会出现低压，保证系统稳定正常运行，图16-4中单向阀1保证液压泵泄油回到增压油箱内，而高压油液不会倒灌入液压泵壳体内；安全阀1和2负责抑制双方向的最大压力，负载导致管路系统压力超过安全阀1或2的规定值时，安全阀1或2开启，保证系统安全；在泵源出现故障或其他需要时，模式选择阀按照控制器的指令切换，使液压缸处于阻尼旁通状态或者停留在故障位置（视具体应用场合而定）。

电静液作动器是一种新型容积控制直接驱动的电液位置伺服系统，动态响应的快速性、稳态跟踪的高精度以及系统的鲁棒性是该类电液传动系统在高端应用必须满足的性能指标。这些指标的获得不仅需要系统硬件的高性能，更需要先进控制策略的应用。如图16-5所示，无论伺服电动机驱动定量泵还是伺服电动机驱动变量泵，从控制理论上说它们都是多环控制系统，图16-5a中，系统配置了电流环、主电动机速度环、负载位置环；图16-5b中配置了变量泵驱动电动机的电流环、驱动电动机速度环、斜盘摆角位置环三内环，以及压力校正和负载位置环两外环；图16-5c与b的原理几乎协同，但斜盘调节的位置环不是伺服阀控制的电液位置伺服系统，而是伺服电动机驱动的机电位置伺服系统，配置了变量泵驱动电动机的电流环、驱动电动机速度环、伺服电动机驱动的机电位置伺服系统三内环，以及压力校正和负载位置环两外环。这些控制环除了环内部控制要符合快速性和稳定性要求，还要满足外部的饱和、滞环非线性的控制。这种典型的闭式容积调节电液位置伺服系统，电动机按照EHA伺服控制器发出的控制指令旋转，转速控制环节是一个内环，为了抑制电动机电流并适应负载变化，还设置了电流环，是电动机转速控制的内环，液压缸位置控制属于外环，为了适当补偿负载变化，在位置环内还设置了压力补偿环节。

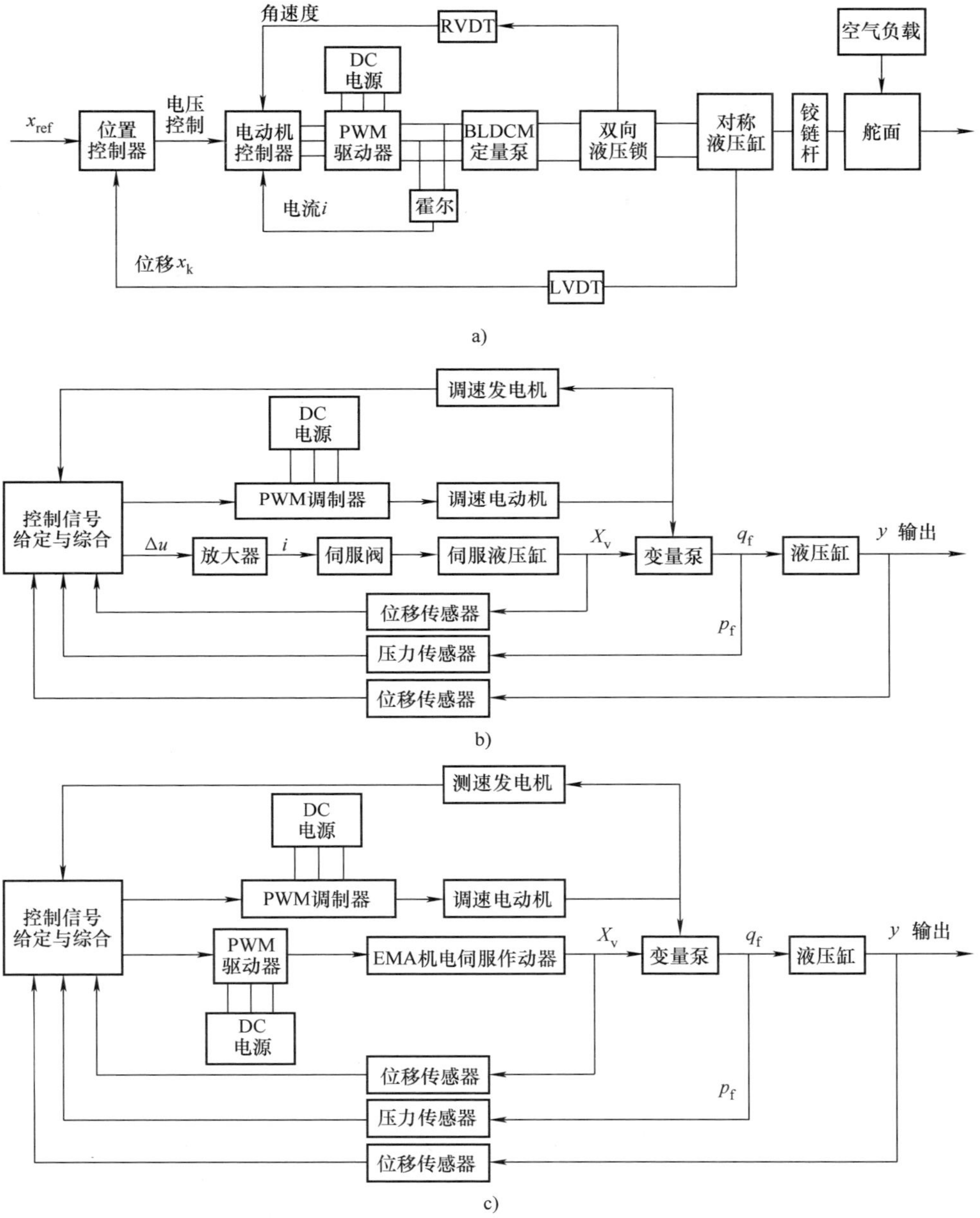

图 16-5　电静液作动器控制原理图

a）系统配置电流环、主电动机速度环、负载位置环

b）配置电动机的电流环、速度环、泵斜盘摆角位置环三个内环和压力校正、负载位置两个外环

c）配置电动机的电流环、速度环、伺服电动机驱动的机电位置伺服系统三个内环和压力校正、负载位置两个外环

16.3　电静液作动系统理论与设计研究

集成电动静液作动系统作为机电液控高度耦合的液压伺服系统，如何设计是面临的新挑战，需要系统性理论与设计研究，也将会影响到今后液压系统的理论与设计研究。将会涉及系统的优化设计理论方法、电动机的伺服控制理论方法、容积调节多环伺服控制理论和方法等。它们的总体框架阐述如下。

16.3.1　电静液作动器多目标结构优化设计方法

1. 设计电静液作动系统的结构矩阵

根据EHA系统的实际构成和性能特征，分析各部件之间的相互关联关系，可以建立该系统的设计结构矩阵。这些结构关系包括主机机体（A）、液压缸的活塞面积（D）、泵尺寸（G）、电动机尺寸（H）及飞控计算机（M）。液压缸的活塞行程（E）与控制舵面（B）、铰链杆（C），以及泵尺寸（G）、电动机尺寸（H）有关。系统压力（F）与控制舵面（B）、活塞面积（D）、活塞行程（E）相关。泵尺寸（G）与控制舵面（B）、铰链杆（C）、活塞面积（D）、活塞行程（E）及电动机尺寸（H）相关。而从系统参数角度分析，泵尺寸主要由泵的排量和系统压力两个因素决定。因此，为了进行电静液作动系统的结构优化设计，必须综合表16-2中的各种因素，选取合理的评价指标，进行综合比较、决策。

表16-2　某机载EHA系统的设计结构矩阵（DSM）

		A	B	C	D	E	F	G	H	I	J	K	L	M
主机机体	A	●			×			×	×					×
控制舵面	B	×	●											×
铰链杆	C		×	●										
活塞面积	D		×	×	●		×	×	×					
活塞行程	E		×	×		●		×	×					
系统压力	F		×	×	×		●							
泵尺寸	G		×	×	×	×		●	×					
电动机尺寸	H				×		×	×	●		×	×		
反馈增益	I				×	×	×	×	×	●				
电力控制监视	J								×		●		×	×
电力变换单元	K								×			●	×	×
接线盒	L												●	×
飞控计算机	M	×	×	×	×	×	×	×	×		×	×	×	●

注：×—选取合理的评价标准；●—间隔符号。

2. 电静液作动器品质功能部署方法及参数关系矩阵

电静液作动器品质功能部署方法及参数关系矩阵反映了系统各部件之间的结构

关联关系，但是要进行综合评价，必然涉及系统的特征参数（评价指标），为此可以引入品质功能部署（Quality Function Deployment，QFD）方法。QFD 立足于实际需要，开展质量策划，确定设计指标体系，并提前揭示后续加工过程中存在的问题，采取相应对策。它从市场调查开始，经过质量、功能、装置、零部件、成本、工艺方法、可靠性、工序和质量职能等展开，从质量、成本、可靠性方面对产品实施全方位的保证。美国三大汽车公司制定的 QS9000 标准中，将 QFD 的应用正式纳入其中。根据 QFD 方法，可以定义系统的参数关系矩阵（Parameters Relation Matrix，PRM），是指系统各部件与系统的特征参数之间的关联程度。不同意义的特征参数对系统总的评价指标可以采用不同的加权系数予以表示。对于飞机机载 EHA，其主要的特征参数包括：质量、能源消耗、价值、外形尺寸、可控制性、可维修性、可靠性及温度振动环境参数等，经过分析，并结合相关的专家知识，可以总结出 EHA 的系统参数关系矩阵见表 16-3。

表 16-3　某飞机机载 EHA 系统的参数关系矩阵（PRM）分析表

		权系数	系统参数											
			舵面面积	铰链杆	活塞面积	活塞行程	系统压力	泵尺寸	电动机尺寸	反馈增益	控制监控	电力变换	接线盒	飞控计算机
系统特征	质量	5		1	5	5	5	5	5		3	3	1	1
	能源消耗量	3	3		3	3	1	5	5		5	5		
	价值	1			3	3	3	5	5		5	5	1	1
	外形尺寸	3		1	5	5	3	5	5		5	5	1	1
	可控制性	5	5	3	5	3	5	1	3	5	1	3		5
	可维修性	D												
	可靠性	D												
	温度	D												

注：表中的数值大小表示了系统特征与系统参数的相关程度，数值越大，相关程度越高。“D”表示必须充分满足。

分析表 16-2 与表 16-3，可以得知：

1）主要特征参数中，可控制性、可维修性、可靠性及温度等的加权系数最高，在设计时必须完全满足。其次，系统的质量、可控制性以及外形尺寸的加权系数较大，这说明了 EHA 系统设计过程中要尤其重视这些指标。

2）对整个系统的质量直接影响较大的系统参数有：系统压力、泵尺寸、电动机尺寸、活塞面积、活塞行程（液压缸）及电力控制监控单元和电力变换单元。

3）对整个系统的能源消耗直接影响较大的系统参数有：电动机尺寸、控制监控单元、电力变换单元、泵尺寸及液压缸活塞面积、行程等。

4）对整个系统的价值直接影响较大的系统参数有：泵尺寸、电动机尺寸、控制监控单元、电力变换单元及系统压力、液压缸活塞面积、行程等。

5）对整个系统的外形尺寸直接影响较大的系统参数有：液压缸活塞面积、行程、泵尺寸、电动机尺寸、控制监控单元、电力变换单元及系统压力等。

6）对整个系统的可控制性直接影响较大的系统参数有：负载控制面积（舵面）、液压缸活塞面积、行程、系统压力、反馈增益、飞控计算机、电动机尺寸、电力变换单元等。

3. EHA 系统的多目标函数最优化设计

液压系统采用多目标函数的最优化设计。即将 EHA 系统的质量函数、价值函数、能源消耗函数、控制误差评价函数等归化为 EHA 系统的总目标函数，作为最优化设计问题，转化为带约束和不带约束条件的求目标函数最小值的数学问题。该方法不仅为 EHA 系统的最优化设计提供了理论支持，而且也可以推广到大多数机电一体化系统的优化设计过程中。

4. 采用先进合适的控制理论

集成电动静液作动器有诸多优点，但必须首先解决其高动态响应要求的问题，首选快速性好、电流滞环控制的 PWM 控制方法。这种方法解决了传统电流滞环控制中的滞环特性（也可以看成是零误差带的滞环控制），在每个采样时刻输出开关状态，每相电流的滞环控制器根据其相电流误差的极性来决定开关状态，以减小电流跟踪误差。电流滞环控制具有瞬态响应快，容易实现，且对负载变化不明显的优点。

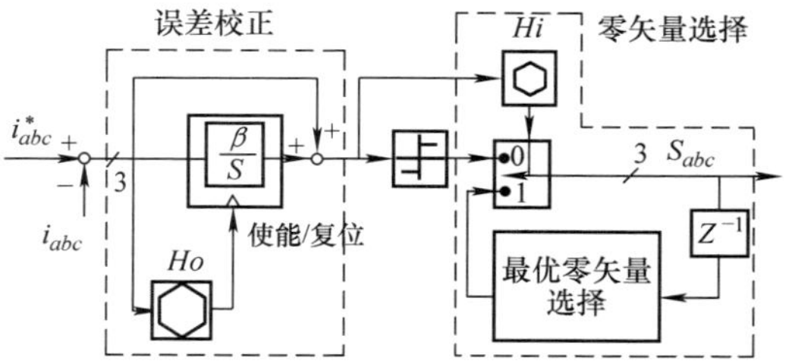

图 16-6　改进型 CRDM 控制

但这种方法也有缺陷，当电动机运行于低速时，开关频率很高，开关损耗增加；在高速时，由于反电势的影响，开关频率降低，高频分量减少，但基波分量的跟踪误差显著增大。而通过采用如图 16-6 所示的改进型 CRDM 控制，引进误差校正技术，可使得相电流跟踪误差基本消除，电静液作动器从控制理论上说都是多环控制系统，一般会有电流环、主电动机速度环、负载位置环三环，对于采用变量泵还要增加变量泵斜盘调节的电流环、驱动电动机速度环、斜盘摆角位置环三内环，以及压力校正和负载位置环两外环。北京航空航天大学研发人员设计了一种定频电流滞环控制策略，并用硬件实现了算法，较好地解决了电流瞬态特性、过载保护和安全运行难题。上述各控制环都有相应的控制策略和算法，许多研发人员基于 DSP + FPGA 或 CPLD 控制器硬件架构及控制器特点开发了相应的控制软件，保证了集成电动静液作动系统控制的性能。

16.3.2　电静液作动器设计理论

对于电静液作动器的设计，要改变过去对于软件的开发与应用极其忽视的倾向。目标是将现在需要以年为单位开发的电静液作动器周期压缩至 1 个月的时间。因此需要 EHA 的产品设计平台，如图 16-7 所示。

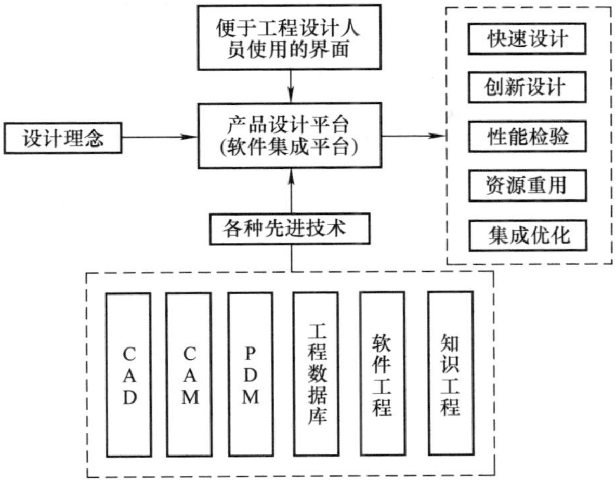

图 16-7　EHA 产品设计平台

1.“机、电、液、控”耦合的设计

过去传统液压系统设计生产是将现成的液压元件与附件产品组装在一起，配上一个外置的控制器，液压与电控可以分别独立进行设计，调试时再整合在一起，属于静态设计。而 EHA 作为机、电、液、控已经融合在一起的产品，不得不改变过去由于传统设计带来的认知，需要进行从企业技术、生产、试验、人才、服务等方面进行一整套体系的变革，才能设计与生产出具有市场需求的真正的 EHA 产品。这需要将知识工程、多学科优化设计虚拟样机、数据库等众多先进设计方法、技术完善和融合，技术上需要解决很多难题，这些难题是自动化设计、基于模型设计方法、设计流程、多学科优化设计、建模仿真等，实现真正的正向设计和动态设计。

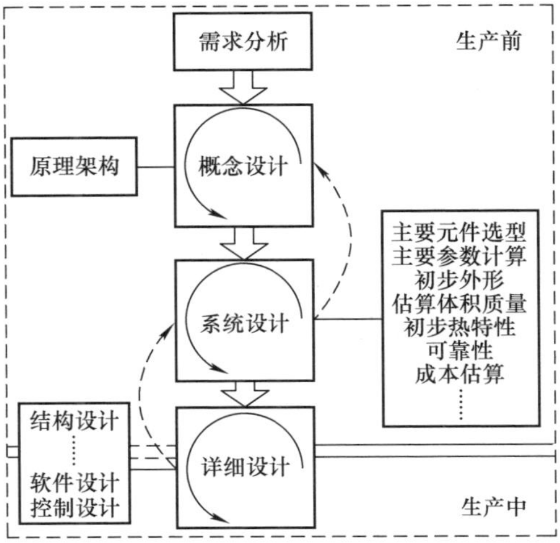

图 16-8　EHA 设计流程框架

未来的 EHA 设计的新方法，最终要通过高级实用的设计软件平台来实现，并用模块化的架构去构建整体设计流程，这流程应该包括需求分析、概念设计、系统设计、详细设计四步，如图 16-8 所示。所以未来的设计需要基于先进的软件平台设计工具技术，适应不同装备和作动系统架构的EHA设计平台开发，将是今后EHA发展的一个重要方向。

需求分析和综合指标以ISO 22072和相关文献资料为参考，可满足当前EHA设计的要求。

概念设计和系统设计阶段一般采用多学科仿真软件，需要大量的迭代寻优，所以简化模型和代理模型、自动化设计技术是研发的重点。

详细设计阶段需要各专业领域工程师进行各部分全面细化设计，但仍需要系统工程师对各专业设计结果进行联合仿真优化，所以不同专业间模型与数据的接口和通用的产品数据库研究十分重要。另外详细设计阶段的自动化设计技术是进一步大幅提高设计水平的重要突破口。

EHA设计与虚拟验证和智能制造大趋势的融合是后续的长远发展方向，新材料和3D打印等新的制造技术会为EHA设计带来更为颠覆性的影响。

2. 实施“需求分析、概念设计、系统设计、详细设计”四流程

（1）需求分析　对电静液作动器的需求明确，设计要求会以负载包线、时域特性、频域特性等形式给出，或者给出一些代表性的性能工作点，另外还会有可靠性、寿命、体积质量、接口等设计要求。

（2）概念设计　借助建模仿真来分析，重点放在产品优化和设计流程本身的完善上。自动化、参数化设计是当前设计技术的一大发展趋势，首先给定指标参数、边界条件等输入，再通过计算机建模仿真和智能算法自动化设计产品，中间过程几乎不需要人的参与，即可直接输出设计结果，适用于完成有规律的重复性工作。自动化的迭代优化设计包括数字孪生，有利于降低设计成本和提高设计质量，但还需要考虑技术水平的限制。

（3）系统设计　较多会根据装备的具体结构进行定制设计，系统设计结果首先应是整体最优的，即包括了伺服特性、体积质量、寿命成本、热特性等绝大部分指标；另外，由于详细设计阶段需要人工完成，成本高，周期长，所以需要系统设计的结果至少确定电动机、泵、液压缸等关键部件规格参数与选型。将设计边界限定到最小，以减少后续工作量。

（4）详细设计　这些与传统设计一脉相承。但是需要注意对最终设计结果完成校核，之后再基于各专业设计结果开展联合仿真进行验证和优化。另外，在某些部件制造完成后需要进行测试和参数辨识，以获得系统设计时经验参数的实际值，实际值足够之后，需要完善模型，用于控制算法的设计。详细设计一直持续到生产结束，甚至EHA全面制造结束后设计人员才能得到完整的设计输入，接着完成完整的设计，其中主要是控制设计。后一点是传统液压系统设计不太会遇到的。

3. 综合指标、仿真设计与优化设计

（1）综合指标的建立　综合指标包含产品全部性能功能的衡量标准，能完全代表产品的优劣水平，设计中可完全以综合指标作为评判依据，所以综合指标最主要的来源是相应应用场合对此产品的全部需求，见表 16-4。

表 16-4　综合指标结构

指标类型	评价指标	指标值
定量指标	质量	kg
	平均故障间隔时间	h
	一次性成本	¥
	重复性成本	
	维护费用	
定性指标	安装要求	满足或不满足
	功能要求	
	安全要求	
	性能要求	
	技术风险	

EHA 正式产品设计时需要同时考虑更多的指标，如考虑控制精度、能耗、质量、成本的目标函数表达方式，对于实际产品设计更有指导意义。

（2）建模仿真技术　传统设计中为了保证产品功能性能可靠，一般采用加大余量方法，不仅设计不是最优的，而且精确度也低，再者往往需要反复设计。在电静液作动器设计中，建模仿真是精准全面设计的基础，需要贯穿 EHA 的全部设计过程，从参数化建模、动力学分析、静力学分析到控制学分析，如图 16-9 所示。可以通过分析 EHA 性能指标和物理特性的关系，并借助功率键合图或液压大系统性能参数建模法等建模工具，先建立模型架构，之后再用增量式的建模来满足不同设计阶段的模型需求。另外，还需要建立与产品工作相关因素的模型，如环境模型包括最大高度、大气环境、温度、湿度、污染级别等。由于 EHA 是功率电传作动器，采用电网供能，所以设计时需要进行专门的电源特性仿真。

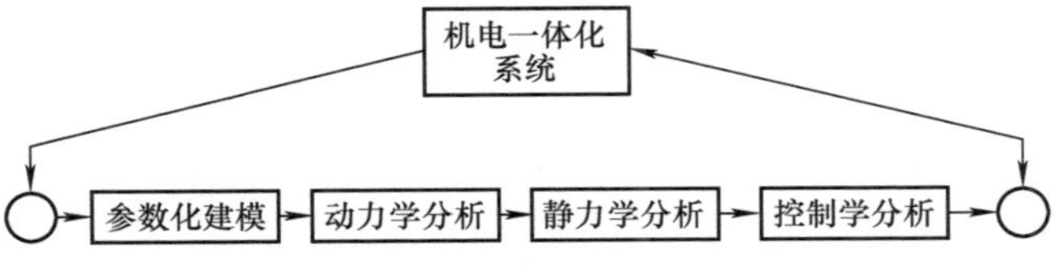

图 16-9　集成于 ISIGHT 的机电一体化系统优化设计平台

系统设计阶段建模仿真技术往往采用一维建模仿真优化，周期短，效率高，容易实现自动化，所以在此阶段通过指标评定来确定详细设计方案是最理想的。通过一维建模仿真可采用比例法则得到三维指标，如通过一维仿真的输出力、行程等指标估算液压缸的体积质量，提出液压马达、电动机、减速器、液压管路、电缆的体积、质量、转动惯量等，可用于对比优化方案。

热特性设计是重点关注指标之一，尤其飞机上用 EHA 替代传统电液伺服系统，功率器件基本上都集中到一体，而且功率管传被功率电传替代，油液在 EHA 内部循环，功率器件的发热量无法被油液带走，只能靠其有限的表面积散热，热控制是必须关注的设计因素。热特性仿真需要采用集总参数法一维建模，将 EHA 分成几个热节点，每个节点采用平均温度代替整体温度。散热和传热特性是与三维参数息息相关的，继续采用比例法则来给传热散热建模提供参数输入。也可以采用 Amesim 软件平台，其中有热元件库，直接建立 EHA 的热模型进行仿真效果更佳。

可靠性指标建模可以参照 Liscou 等人的建模与优化设计方法，其中给出了疲劳、磨损、热老化三种类型故障预测模型，并将其加入到 EHA 优化设计流程当中，并最终用软件实现。

总的来说，系统设计的建模应当包含 EHA 的静动态特性、体积质量初步估算、热特性、可靠性、摩擦等，比例法则是系统设计完善和简化模型的重要工具。另外，还应注重开发适用于系统设计的三维简化模型，对提高系统设计质量有很大帮助。由于非因果建模简便性和正逆向仿真的优势，其在系统设计阶段得到了越来越多的应用。

详细设计时需要建立三维模型和精确的一维模型，三维模型除了辅助结构设计和用于生成制造图样，还用于分布式热仿真，如 Pasies - Rubert 等人提出一种 Simulink 和 IDEAS 联合热仿真方法，可以较精确地评估所设计产品的热特性。三维模型还可用于较精确地估计一些参数，用于评估或者仿真分析，如在有限元软件中可通过三维模型计算出换热系数等参数。在制造中通过参数辨识建立精准的一维模型，是设计适应非线性、不确定性、时变特性 EHA 的精确控制算法所必备的。但通过物理定律建立精确模型很困难，可通过基于自适应神经模糊推理系统（ANFIS）的参数辨识建模方法，实现 EHA 较为精确的非线性建模，该方法仍然借助 EHA 物理模型来确定模型的输入量，然后通过 ANFIS 来训练模型。详细设计阶段建模要采用各专业软件和工具，除了上述必备模型，还应根据具体要求建立电路模型、电磁兼容模型、软件模型等，最终应搭建起联合仿真平台和共用数据库，用于验证评价详细设计的结果。

EHA 设计过程中应特别注意，新开发的模型应当经过评估和验证。建立 EHA 嵌入主机的模型是一个重要发展方向，这种建模方法在概念设计阶段应用前景较广。这样可以从整机角度更准确地获得负载特性，评价系统的设计效果，更精准地评估 EHA 的指标特性，但应注重简化模型和优化仿真速度。为了解决模型过于复杂的问题，可采用代理模型、近似模型与等效模型等来解决复杂模型仿真效率问题，缩短优化计算时间，提高优化计算效率。

（3）优化设计技术　由于市场环境对低成本、高性能、安全、环境友好、快速供货的要求越来越高，自动优化技术被越来越多地应用到产品设计开发过程当中。优化设计可以以综合指标作为目标函数，也可以通过多目标优化算法先得到 Pareto 最优解集，再根据综合指标最终确定最优解。由于 EHA 是一个包含电动机液压泵油箱驱动控制的集成一体化的非标准产品，今后开发一种经过优化的 EHA 专用的优化方法也是未来的发展方向，可以缩短优化设计时间，提高设计效率。

（4）核心元部件设计与选型　电动机、泵和液压缸是影响 EHA 性能的三个关键元件，是 EHA 设计的重点。可以根据静态公式初步确定元件的参数范围，如电动机的最大转矩、连续转矩、转矩－转速曲线应分别满足最大力矩/力、平稳状态力矩/力、负载包线要求。之后在系统设计和详细设计阶段对三个元件进行具体的设计或选型。液压缸不仅是 EHA 的最终输出元件，同时也是 EHA 的结构主体，所以每款 EHA 液压缸均需要针对具体需求进行针对性设计，在施工设计阶段进行详细的结构设计优化。电动机和泵目前一般主要是解决选型问题，未来将会采取定制式研发设计制造技术，为后续控制设计和产品整体性能的提高打下良好的基础。

16.3.3　EHA 驱动控制器及控制算法设计

1. EHA 驱动控制器软硬件架构

EHA 的另外一个特别重要的核心部件是驱动控制器，EHA 的驱动控制器是包含大功率电子器件和微功率嵌入式实时计算机的重要部件。大功率电子器件发热量大、高速开关引起的电磁辐射强度大，而微型计算机及其外围电路，尤其是模拟电路对温度敏感、抗电磁干扰能力弱、耐振动冲击能力差，两者布置在一个紧凑的控制盒里，需要兼顾大功率电子器件的散热需求和微功率器件的弱抗电性能等。图 16-10 所示为北京航空航天大学流体传动与控制技术研发中心开发的控制器硬件架构，图 16-11 所示为控制器软件架构。

2. EHA 控制算法设计

EHA 是一个泵控型伺服控制系统，其动态特性、精度等性能指标严重依赖控制算法，尤其是位置型 EHA，在硬件设计定型后，能否实现预定的设计精度直接取决于控制算法，可以说控制算法往往对 EHA 最终性能有重要的影响，因此研究高性能控制算法是 EHA 设计的重要一环。

（1）参数辨识　需要确定 EHA 的大致参数范围，除一部分由设计人员确定的参数外，与具体制造条件相关的参数需要通过辨识来获得，摩擦、泄漏、弹性模量等参数是 EHA 参数辨识的重点，为了简化试验设施，缩短研制周期，基于状态观测或者黑箱的间接辨识方法更为实用。还需要对 EHA 中的线性环节参数进行辨识，进而作为控制算法设计的基础等。

（2）控制算法设计　对 EHA 动态特性要求不高时，如船舶、建筑机械等行业，一般简单的电流环、电动机速度环、位置环三环控制即可满足要求。目前大部分 EHA 控制仅使用电动机速度环即可满足要求。因此应当明晰不同场合下的控制要

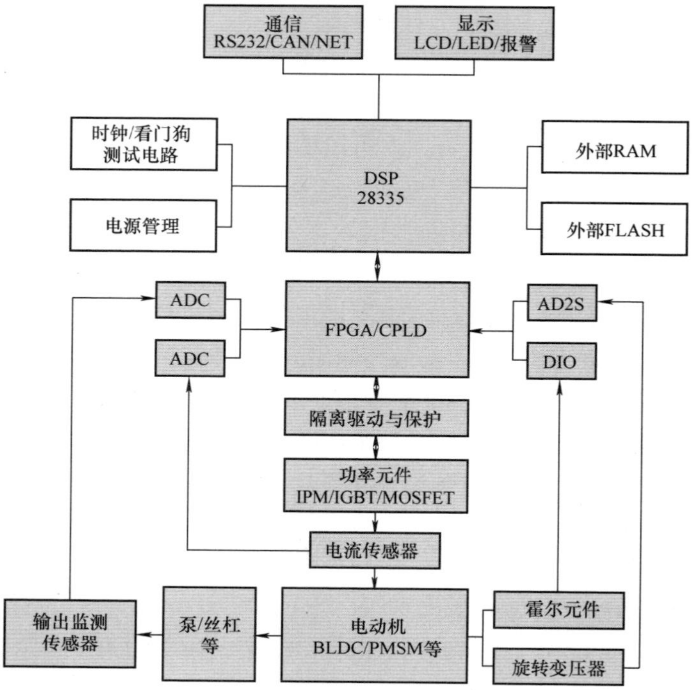

图 16-10　控制器硬件架构

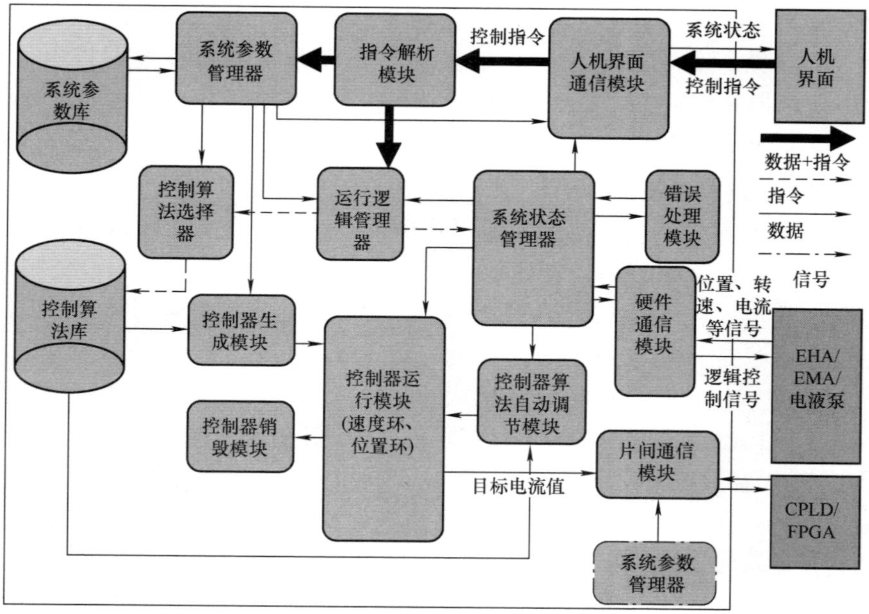

图 16-11　控制器软件架构

求，进而针对要求确定需要怎样的控制。对 EHA 的性能要求高的领域，如航空航天领域，需要高频响、高精度和强鲁棒性，需要更高性能的控制算法。

16.4　EHA 与其他形式作动器的融合与比较

16.4.1　电液伺服系统、机电作动器与电静液作动器的比较

传统的电液伺服系统（SHA）、机电作动器（EMA）与电静液作动器（EHA）的比较见表 16-5。

表 16-5　电液伺服系统（SHA）、机电作动器（EMA）与电静液作动器（EHA）的比较

序号	功能与性能	SHA	EMA	EHA
1	系统独立性	☆☆☆	★★★	★★★
2	总线通信	☆	★★★	★★★
3	负载能力	★★★	★★	★★★
4	速度与加速度	★★	★★★	★★
5	功率	★★★	★	★★
6	效率	<45%	>80%	50% ~70%
7	刚度与抗振性	★★★	★★★	★★★
8	低噪声	☆☆	★★★	★★
9	抗污染能力	☆☆☆	★★★	★★
10	系统级功率密度（功重比）	☆☆	★★	★
11	集成度及体积比	☆	★★★	★★
12	输出力范围	★★★	☆☆	★★★
13	快速响应	★★★	★★	☆☆
14	位置控制精度	★★	★★★	☆☆
15	抗冲击振动	★★★	☆	★★★
16	散热能力	★★	☆☆	☆
17	减少外泄漏	☆	★★★	★★★
18	驱动控制灵活性	☆☆	★★★	★★★
19	智能预测性维护	☆☆	★★	★★
20	传动部件磨损	★★	☆☆	★★★
21	制造采购备件成本	★★★	★★	☆
22	整体施工便捷性	☆☆	★★★	★★★
23	维护性及低故障率	☆☆☆	★★★	☆☆
24	寿命及耐久性	☆☆	★★	★★★

注：★★★—最优，★★—次优，★—略优。
☆☆☆—最差，☆☆—次差，☆—略差

但是目前EHA仍面临以下问题：①系统频响偏低，无法充分满足所有主机对驱动机构快速性的要求；②系统性受非线性因素影响较大，一般控制策略和经验难以实现控制目标；③系统寿命受关键元件如液压泵等的工作方式影响较大；④电动机和液压泵发热量较大，长时间重载工作需要额外的散热措施；⑤整体功重比不算高，影响一些目标场景（如机器人等）下的使用。因此需要EHA从构型方式和控制方法、元部件结构原理等方面继续改进，以设计出控制频响和精度较高、能耗较少且寿命较长的产品。

16.4.2 EHA与SHA和EMA的融合

将EHA与SHA或EMA的功能从结构上叠加，会形成多种不同形式的作动器，在空中客车A380客机上EHA与SHA融合，被称为EBHA；在F-35战斗机上EHA与EHA相融合，构成了一个相似双余度EHA（液压缸串联）；EHA与EMA的融合较少见。

1. EHA与SHA的融合——EBHA

早期，EHA应用于飞机上是作为传统飞控作动器的备份，并且与SHA集成一体，原理结构如图16-12所示。备份又分为热备份和冷备份，视应用的舵面位置不同，热备份和冷备份的工作机制和切换机制又各有不同，这里不再赘述。

2. EHA与EHA的融合——相似余度EHA

图16-13所示为一个电子三余度、反馈三余度、电力液压双余度的相似型三/双余度EHA，该原理是F-35战斗机上应用EHA的余度配置原理，目前采用的是相似余度方式，伺服电动机、伺服泵和伺服液压缸的结构原理都是完全相同的，电子装置和反馈传感器及其处理电路也都是结构原理完全相同的，必须高度关注共模故障。

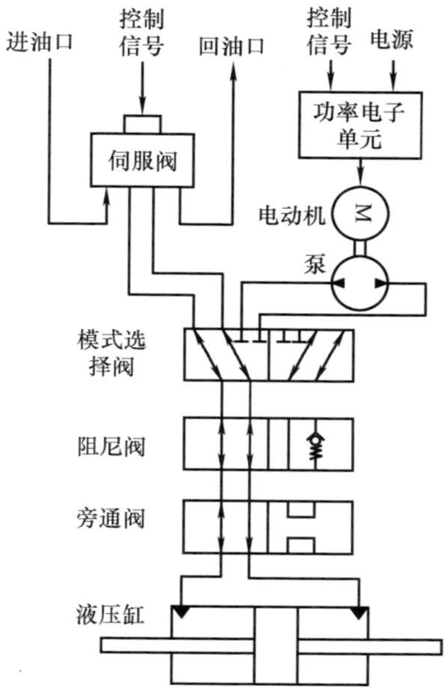

图16-12 EBHA原理结构

3. EHA与EMA的融合

机电作动器（Electro-Mechanical-Actuator，EMA）是指伺服电动机带动丝杠实现直线往复驱动控制的LEMA或者伺服电动机带动齿轮实现摆动往复驱动控制的REMA，以及伺服电动机直接驱动控制的DEMA三种类型，伺服电动机带动丝杠又分为通过减速机的间接驱动型和直接驱动丝杠或螺母的直接驱动型。由于EMA结构原理相对简单，在速度调节和负载力（力矩）不会同时有大范围要求时，是非常合适的选择；在负载力变化范围很大，又有较大范围的伺服速度要求时，EMA会很难满足要

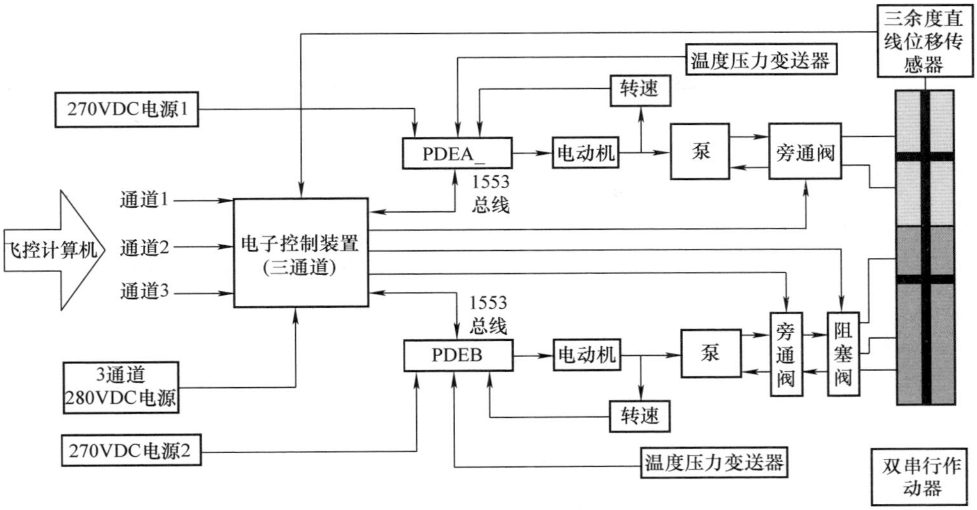

图 16-13　相似型三/双余度 EHA

求。而 EHA 恰恰同时具备负载力大、调速范围大的特性，但是结构原理稍微有些复杂，成本较高。将二者融合构成一个融合体，充分发挥各自优势，可能会带来很好的效果。但是在飞机上的主飞控应用场合采取了谨慎的态度，采用 EMA 的主要顾虑是其故障模式不能接受。EMA 的主要故障（如卡死和齿轮脱齿或丝杠副的轨道破裂和丝杠螺纹破坏）都会造成舵面失控，是飞机无法承受的故障。因此在飞机上主飞控系统仍然很少采用 EMA。

EHA 与 EMA 融合构成余度作动器的场合较少见，图 16-14 所示为并联式混合余度机电－电静液作动器的原理结构示意图。

图 16-14a 所示为 EHA 与 EMA 简单并行驱动方案，结构原理简单易懂，但要注意采取得当的故障隔离措施，不再赘述。

图 16-14b 所示为并联式直传闭环的电静液作动器，其工作与结构原理如下。该装置由控制器、伺服电动机、单向定量柱塞泵、双作用对称缸、蓄能器、传感器等组成。由伺服电动机驱动，动力经过齿轮减速器、滚珠丝杠传递到液压活塞变为直线运动（见图 16-14b）。此时调速电动机也直接驱动定量泵，控制定量泵的转速，从而控制泵输出的压力和流量，最终达到控制作动器位移输出的目的。蓄能器兼作油箱，通过两个溢流阀连接到系统，使系统的压力始终不低于蓄能器的压力，防止油液中气穴现象的发生。为了保证系统的安全，系统中设置了两个溢流阀，防止液压缸两腔中出现过高压力。系统的外环为压力环，由两个压力传感器测试液压缸两腔中的压力并加以比较，从而控制系统的输出力。

与其他电动静液作动器相比较，直传闭环 EHA 系统具有如下优点：

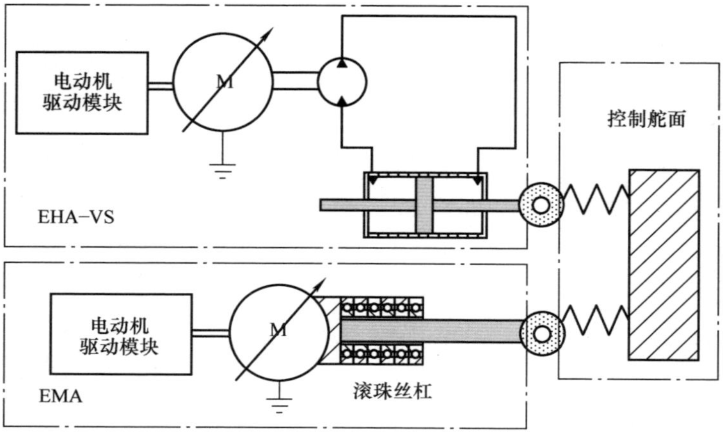

a)

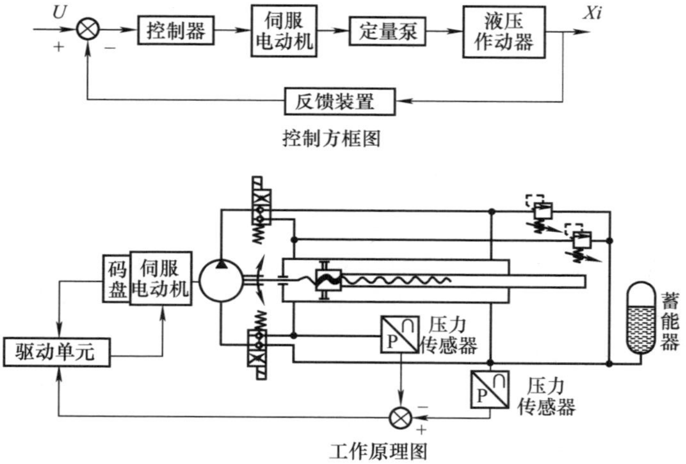

b)

图 16-14　EMA + EHA 混合余度机电 - 电静液作动器

a）简单并行方案　b）巧妙并行方案

1）在传动上，采用了丝杠螺母电推杆和静液增力的双余度传动，首次实现了增力与传动的双余度设计。双余度的响应速度快，超调小，并且在传动精度上有较大的提高，在各领域都将会有广泛的应用。

2）控制方式上采用半反馈和全反馈两种控制方式，在控制精度和稳定性上有很大的改进和提高。

3）在动力输出上，由于采用了静液增力，使得输出力较以前有了一定程度上的提高。

4）没有油箱和复杂的液压管路，体积小、安装灵活性高、模块性好，而且自成系统，在很大程度上降低了对安装场合的要求。

5）直传闭环 EHA 系统可以实现“故障－工作”的工作模式，从而提高了系统的可靠性。

直传闭环 EHA 系统完全可以取代原有的传统电液伺服系统。直传闭环 EHA 系统可应用于船用舵机、减摇鳍、液压机、注塑机、六自由度运动平台、飞机或火箭舵机等。

16.5　电静液作动器关键技术及其发展

EHA 作为一种适应面广、集成度高、安装使用便利及融合电气传动与液压伺服的装置，在业内得到了高度关注。但其仍然有许多关键技术值得不断深入研究：EHA 系统级的设计方法和技术、控制回路方面的优化技术、功重比的进一步提升技术、驱动控制器的性能提升技术及其他元部件性能提升技术，低成本化，长寿命免维护设计等。

提高控制精度、响应速度的电静液作动器控制技术在控制硬件与控制软件方面都在发展。

16.5.1　电静液作动器控制回路的改进

1. 新的电静液作动器构型

具有非对称泵实现控制非对称缸的系统方案如图 16-15 所示，在流量补偿的同时提高了系统的动态特性和能量效率。

非对称液压泵控非对称液压缸电动静液作动器可以进行力、速度、位置等闭环控制。非对称液压泵正转时大排量一端输出油液给无杆腔，反转时小排量一端输出油液给有杆腔，非对称泵的大、小排量两端分别连接非对称液压缸的无杆腔和有杆腔。伺服电动机由电缆传递能量并控制非对称液压泵进行正反转，实现作动器的输出，由传感器检测输出信号并传递给控制器，实现系统的闭环控制。

动力源驱动技术的发展过程：恒速电动机驱动定量泵→恒速电动机驱动变量泵→调速电动机（变频器）驱动定量泵→伺服电动机驱动定量泵→伺服电动机驱动非对称液压定量泵，如图 16-16 所示。实现液压泵与伺服电动机融合在 4 个象限的工况下运行：正向、反向、泵、马达工况。

2. 实现位置、速度与力精确控制

EHA 实现位置精确控制的应用较多，只要增加压力反馈等就可以实现速度和力精密运动控制，这时需要考虑采用高性能伺服电动机＋位移传感器＋压力传感器等措施，通过闭环控制来实现（见图 16-17）。

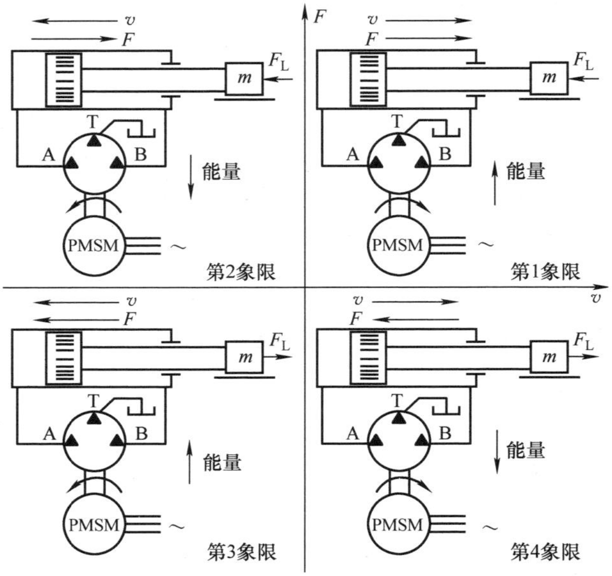

图 16-15　非对称泵控制非对称缸的系统方案

图 16-16　变速电动机向伺服电动机、定量泵向非对称泵方向发展

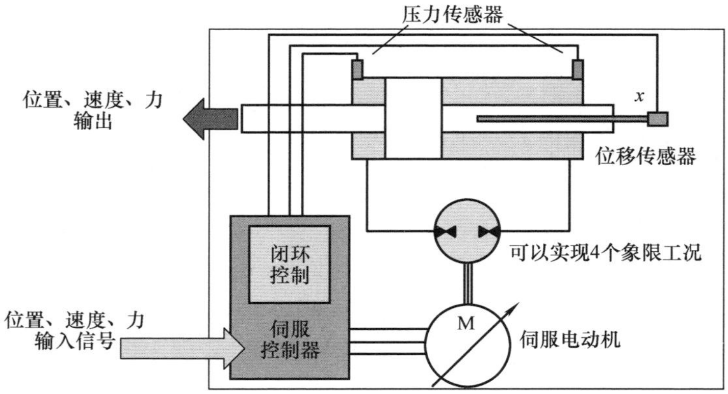

图 16-17　实现位置、速度与力精确控制

3. 采用负载敏感技术

负载敏感回路的目的是使泵的输出与负载的要求相匹配，提高 EHA 系统的效率（见图 16-18）。

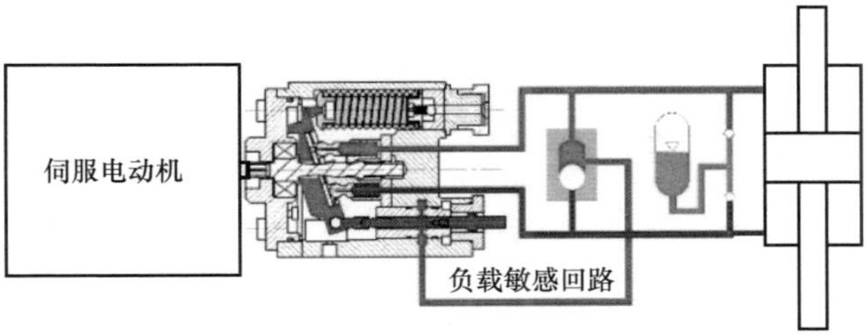

图 16-18　采用负载敏感技术的液压回路

4. 采用高速开关阀的配油单元

采用高速开关阀配油单元的电静液作动系统工作原理如图 16-19 所示。可以针对负载输出特性和液压缸活塞杆低速控制过程加入系统参数匹配设计方法，特别是提高 EHA 的响应速度、增加作动器调节控制的鲁棒性有意义，对于小信号下伺服电机调节性能变差时，利用此技术改善系统非线性问题也会有重要作用。

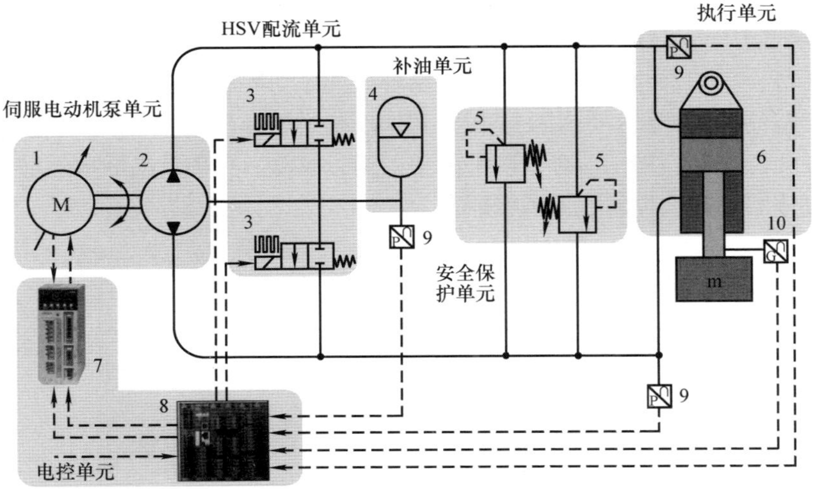

图 16-19　基于高速开关阀配油单元的电静液作动系统工作原理

1—伺服电动机　2—双向齿轮泵　3—HSV　4—隔膜式蓄能器　5—溢流阀　6—液压缸　7—伺服驱动器　8—运动控制器　9—压力传感器　10—位移传感器

16.5.2　寻求提高控制性能的算法

1. 多参量复合控制机制

多状态下精准控制规律，寻求高频、宽幅振动环境下的抗干扰机制；通过在线训练及优化，实现宽工况自适应智能控制。

有许多新的算法旨在提高电静液作动器的控制精度。将增量式 PID 控制算法和积分分离的 PID 算法相结合，用于比例泵控非对称缸系统，可实现速度精确控制；针对泵控非对称缸系统的超调量和鲁棒性差等问题，设计基于模型预测控制理论和 QPhild 二次优化算法的控制器，如图 16-20 所示，并使用卡尔曼滤波器补偿了干扰和误差的影响，使系统的位置跟踪误差达到约 0.5%；整合主从控制和等同控制的优点，通过同步控制器提高多个电静液作动器联合驱动飞机舵面时的可靠性和实时性；将状态反馈和迭代学习机制结合，采用一种用于电静液作动器的轨迹控制的算法，可实现自适应跟踪控制；建立包含电动机侧和负载侧之间相对速度的状态方程，并通过全状态反馈控制器抑制谐振影响，使位置跟踪中的相位延迟得到显著改善等。

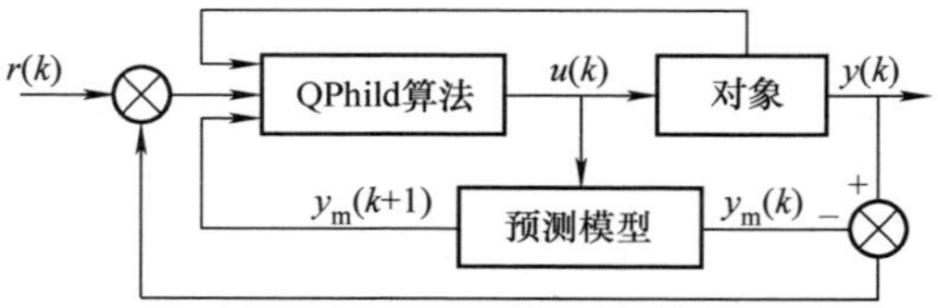

图 16-20 模型预测控制算法原理图

2. 提高电静液作动器动态响应速度

基于定量反馈理论（QFT）设计了如图 16-21 所示的电静液作动器内外环控制器，在保证快速性的基础上，提高电静液作动器的抗干扰能力；通过动压反馈控制策略，在抑制压力反馈对系统影响的同时，保留状态反馈控制抑制振荡、改善动态特性的优势；电动机输出转矩饱和是限制电静液作动器动态特性的主要因素，为此引入变增益的控制方法。采用变速积分 PID 控制、模糊控制和遗传算法可提高系统的快速性和鲁棒性。采用动态二阶平滑变结构滤波器，可提升电静液作动器在准确性、稳健性和平滑性控制方面的性能等。

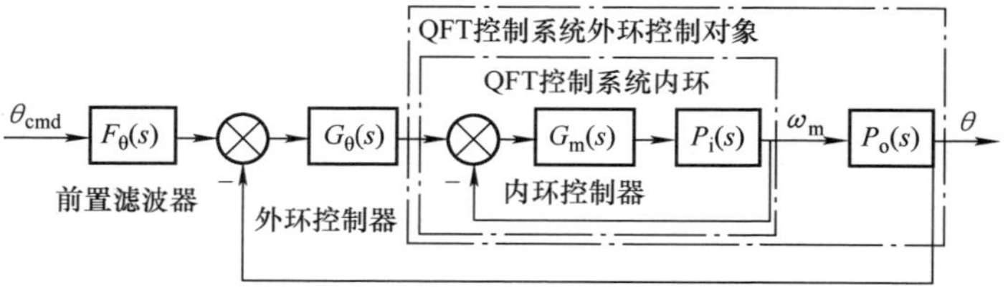

图 16-21 定量反馈控制器原理

3. 改善电静液作动器的低速特性

摩擦特性是液压系统低速稳定性造成死区、爬行和平顶等现象的主要影响因素，对于 EHA 来说，低速时伺服液压泵的流量不稳定是另外一个不可回避的影响因素。电动机低频时的最大输出转矩小等因素会导致系统低速特性变差。需要通过设计好元部件的低速匹配性和自适应控制器进行补偿，使其性能达到要求。

4. 解决电静液作动器的非线性问题

非线性问题是电静液作动器控制性能提高的一大障碍。可以通过神经网络控制补偿系统的非线性特征；也可采用模糊算法对系统进行建模，拟合系统的非线性特征；系统的状态方程离散化后使用微分器，处理位移信号构成系统的全状态反馈，提高系统的位置跟踪性能；采用滑模变结构控制使系统沿预定轨迹产生滑模运动，消除电静液作动器的超调与振荡；设计自适应鲁棒控制器补偿摩擦力和外部扰动，实现不同系统参数工况下的有效跟踪。

16.5.3　采用高度集成一体化结构设计提高功重比

结构上使阀、缸与控制器进一步集成，使电动机、液压泵、油箱、液压缸、传感器、阀块管路、检测阀、油滤、释放阀等集成度提高；也同时采用 3D 打印等轻质碳纤维复合材料减重，采用高强复合材料纤维编织液压软管外层套也有利于减重。

1. 电液一体泵

电液一体泵技术是具有创新的发展，轴向柱塞式电液一体泵如图 16-22 所示。

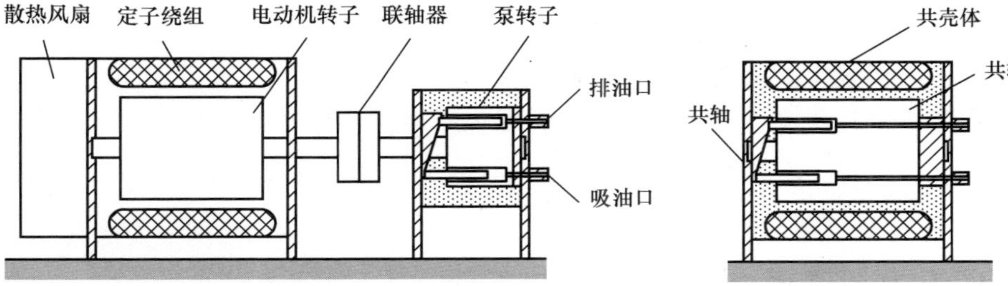

图 16-22　轴向柱塞式电液一体泵

图 16-22 所示的轴向柱塞式电液一体泵将斜盘式轴向柱塞泵与永磁同步电动机进行高度融合设计，集成了转子位移传感器。该电液一体泵的转子外侧安装有永磁磁钢，转子结构比较简单。电磁转矩的传递过程为：磁钢→转子→中心轴→缸体→柱塞滑靴组。中心轴除了承受弹簧预紧力，其上装有的磁钢配合与其相对的传感器组件构成电液泵的位置传感系统。电液一体泵是将电动机与液压泵共转子、共支撑和共壳体进行高度集成，具有结构极其紧凑、效率高、无外泄漏和低噪声的优点，能够大大降低同等功率的电动机液压泵的体积质量，可以作为电静液作动器的核心部件，有利于飞机液压系统的多电化革命性发展。电液一体泵可有多种可能的集成形式、集成结构、变量方式，作为新型高集成液压源，除了控制性能，电液一体泵的能量转化效率也是业内关注的一个重要指标。在效率方面，一方面电液一体泵省去了传统电动机的散热风扇，而由充满壳体内部的泄漏油液带走热量，故电液一体泵规避了电动机风扇的损耗，同时共转子还规避了传统电动机和联轴器的机械损耗，另外由于取消了动密封，也降低了一部分机械摩擦损失，这些因素都有利于提高电液一体泵效率；另一方面，相对于传统的液压泵，电液一体泵转子与定子间的间隙同时充当了电动机的气隙（ 该充油气隙称为油隙），为了保证电磁驱动的性能，油隙应该尽可能小，但是在电液一体泵转子在高速旋转时，该油隙产生的黏性阻尼便不能忽视，这是电液一体泵将电动机与液压泵融合后唯一增大的损耗。计算

结果表明，将电动机与液压泵合二为一的轴向柱塞式电液一体泵，额定工况下其能量转化效率可达 82% ，明显高于同等功率压力级别的传统电动机 - 泵组。

2. 检测作动集成技术

位置精确控制也可以通过在活塞杆集成传感器实现，不仅有效减小传感器体积，提高检测传感的可靠性，而且安装维护简便，具有很多优势，如图 16-23 所示的类磁栅。该方式首先将活塞杆导磁基体加工成凹凸相间的结构，在此基础上，采用非导磁材料将凹槽填平，并加工保护层，使最终结构满足液压缸活塞杆要求。随后，在活塞杆的侧面布置含有永磁体的探头，活塞杆移动时，凹凸相间的结构会使敏感元件处的磁力线发生交替变化，从而实现位移测量。

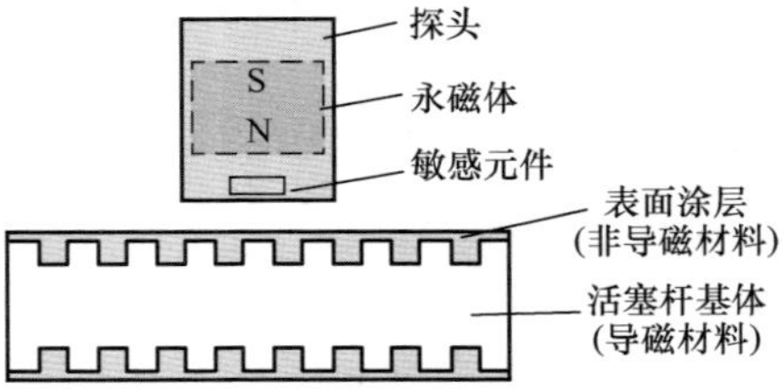

图 16-23　类磁栅位移测量结构原理

该类传感器的优点：①采用磁场交替变化原理，具有较快的响应速度；②属于栅式结构，可满足不同距离测量的需求；③集成度高，可适应液压缸高集成度的发展。

16.5.4　采用更高压力更高转速的液压泵

1. 提高液压泵的工作压力

液压泵工作压力的提高，同等功率下对流量的要求就会降低，因此液压泵的排量减小并且体积随之减小。当前液压泵产品的工作压力已经达到 42 ~ 48MPa，下一步的目标正在逼近 56MPa，如图 16-24 所示。

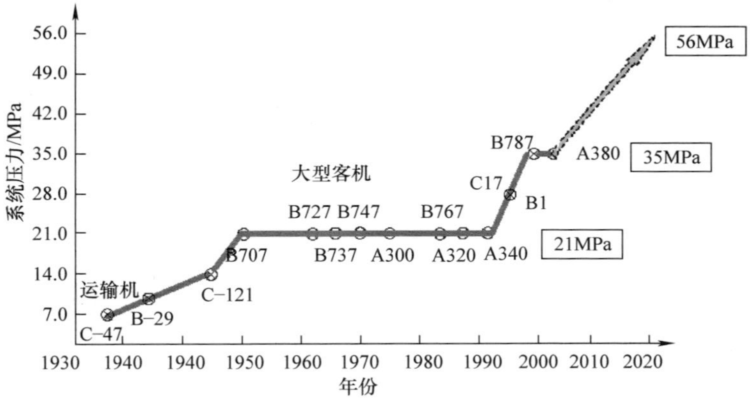

图 16-24　飞机液压系统压力等级的发展

表 16-6 列出了目前液压泵与电动机功重比的情况。更高压力等级也有利于提高电静液作动器的静动态性能，满足飞机等控制的高精度需要。

表 16-6　液压泵与电动机功重比的比较

分类	普通交流电动机			伺服电动机		特斯拉	柱塞泵	弯轴泵	齿轮泵	球形泵
型号	Y90L	Y315S	Y355L	130A20C	260H10E	CTSM242	A4VO	A2FO	CBN－50	中亚动力
液压压力/MPa	/	/	/	/	/	/	40	40	25	10
流量/(L/min)	/	/	/	/	/	/	147	38	150	90
功率/kW	2.2	110	315	2	100	375	100	26	62.5	1.5
质量/kg	34	1200	2260	10	200	30	38	5.4	6.3	0.055
功重比/(kW/kg)	0.06	0.11	0.14	0.2	0.5	12.5	2.6	4.8	10	27.2
备注	以 4 极为准			普通型			冷却除外	不同泵种类		中国发明

2. 提高液压泵的最高转速

泵的功率密度已经极高，电动机的功率密度较低。而电动机的质量又与输出转矩有关，因此同样功率要求下，追求高转速低转矩，可以减小电动机质量。正好同样在同等功率要求下，提高转速也可以降低泵的排量，减小液压泵的体积。对于电动机和液压泵尽量采用高转速来提高功重比是不二选择。这样同时也降低调节部分的转动惯量，有利于 EHA 动态控制。

对于高动态 EHA，需要提高电动机与液压泵的转速为 10000～15000r/min，这样高速的液压泵，其油箱需要采用自增压技术，以避免吸油口及泵的吸油侧出现吸空现象，造成气穴。对于液压泵还有最低转速的限制，目前较低的转速（较好效率下）可以保持在 200r/min 左右，但要求其输出稳定流量时保持着高压压力也是很难的。因此对于 EHA 用电动机泵，在具备高速能力的同时必须具备低速稳定性。

超高速轴向柱塞泵（转速大于 10000r/min）极端工况下的失效机理是摩擦副失效、核心旋转组件失稳、柱塞腔内油液空化。因此要从机理方面加以研究并提出以下解决方案：

① 关键摩擦副微米级油膜拟实工况多位置测量。在柱塞泵密闭狭小空间内安装多传感器以及信号传输，取得滑靴副瞬变油膜多物理场拟实测量，获得滑靴副分布式油膜参数动态特性与滑靴自旋转速，从微观层面揭示摩擦副油膜承载特性在失效累积过程中的演化规律。

② 核心旋转组件新型结构设计与尺寸误差控制。设计一种约束滑靴微观自由度的一体式滑靴－回程结构，解决高速高压工况下滑靴失稳偏磨难题；提出长缸体凸台－鼓形主轴花键新型连接方式，实现高速缸体自适应稳定性，揭示旋转组件尺寸误差对配流副承载特性的影响规律，提出高速旋转组件尺寸误差控制准则，为 EHA 柱塞泵核心零部件的加工及装配提供理论指导。

③ 旋转变容柱塞腔油液空化模型与自增压抑制方法。建立离心效应下柱塞腔内油液空化理论与仿真模型，阐明旋转变容积柱塞腔内油液含气型与蒸气型空化形成机理，提出小排量超高速柱塞泵极限转速和入口压力设计准则，以抑制空化发生

的偏置型缸体腰形槽结构，突破柱塞泵自吸转速理论极限，高速工况下EHA柱塞泵自吸性能可提升4%左右。

目前市场上可以获得的最高转速的液压马达是派克公司的Oildyne液压马达。该马达双向旋转最高转速可达25000r/min，排量1.48cm³/r，最大工作压力34.5MPa，最大转矩7.3N·m，起动转矩1.36N·m（7.0MPa）。

3. 高压高速液压泵的关键技术开发

高压高速柱塞泵的最大挑战是柱塞泵三大摩擦副，即柱塞与缸体、滑靴与斜盘、配油盘与缸体。关键问题是受材料接触比功［P_v］、接触比压［p］和接触线速度［v］的限制。其次还存在压力脉动导致的振动噪声、缸体偏载所导致的漏损磨损等问题。解决的措施首先是突破传统材料的许用能力的选用；其次是摩擦副结构设计、配合工作面的加工质量及配对表面摩擦特性。具体措施有以下几个方面。

① 降低摩擦功耗的结构设计。高速高压工况下，由于高速滑动摩擦带来的功率损失剧增。可采用斜盘滚动式构形，如图16-25所示。该结构变滑动摩擦为滚动摩擦，相较传统固定式滑靴/斜盘副，能有效降低摩擦功耗，有利于泵压力及转速等级的提高。

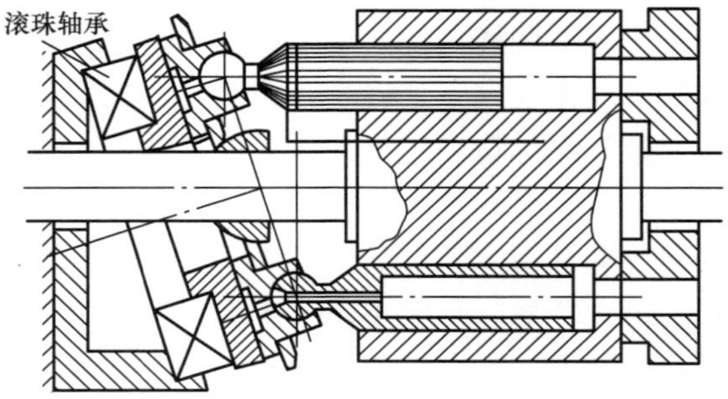

图16-25 高速液压泵斜盘滚动结构

该结构型式存在斜盘副材料选配、推力角接触球轴承选配等难点，通过选用具备高强、高硬、高尺寸稳定性及减摩耐磨等优良特性的材料，辅助仿真手段，正取得积极效果，可达到GJB 2188A—2002中液压泵通用规范设计要求。

② 改善配流结构设计。配流盘及缸体表面的偏磨与导致的漏损磨损，究其原因是高压区斜盘反力p_N的径向分力T作用在柱塞上，使缸体发生倾覆，从而配流副间出现楔形间隙，如图16-26a所示。在27.5MPa以上的高压工况下，此现象更严重。为解决上述难点，缸体可采用异形轴承支承，如图16-26b所示。通过合理设置径向合力F的支承点，可有效降低倾覆力矩；同时，在配流盘底部放置波形弹簧，在缸体发生倾覆时，配流盘能自动相应变化，保证配流副的良好贴合关系，配流盘的自位性设计可有效避免缸体偏磨及泄漏。通过上述措施，在27.5MPa、11000r/min工况下的容积效率从最初的87%提高到93%。

③ 提高摩擦副耐磨性的表面改性技术。在高压高速液压泵摩擦副中，线速度可达30m/s，接触比功可达100MPa·m/s，其使用条件突破了传统泵摩擦副材料的许用能力。在某型泵中，对配流盘、柱塞及斜盘等钢质摩擦副零件工作表面进行等离子体基N^+离子注入。通过样机泵试验及结果对比分析，经离子注入处理表面强

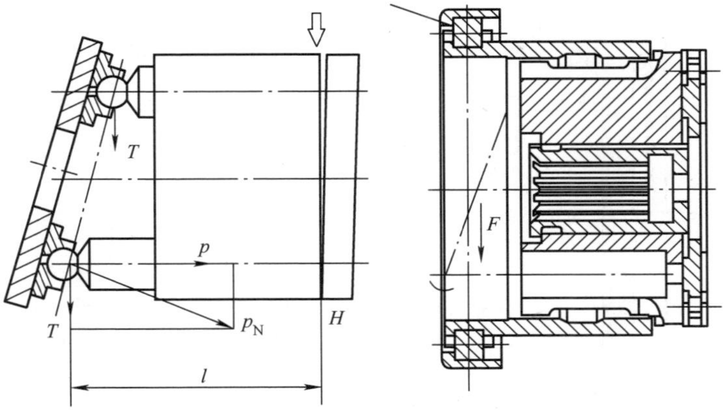

图 16-26　缸体外支承异形轴承

化后，配流盘等零件表现出极低的平均磨损率，仅为 0.03μm/h，远低于未处理的 0.8μm/h。此外，根据形貌观察和能谱结果分析可知，N^+ 注入后，大大增加了钢质摩擦副零件表面化学惰性，完全抑制了摩擦化学反应，导致磨损率大幅降低，如图 16-27 所示。

图 16-27　配流盘表面磨痕形貌对比

16.5.5　电静液作动器发热及散热

电静液作动器体积小、功重比高，散热问题会比较突出。它产生的热量只能向四周散发，如何达到预设的平衡温度是电静液作动器关键技术的一环。因为过高温度会导致油液变质，产生析出物使节流孔堵塞，油液的黏性降低及润滑性变差，会使密封圈老化，使液压元件寿命大为缩短等，热设计是 EHA 设计中必须突破的关键环节。

电静液作动器热源有：油液流动过程中会产生压降与阻尼损失，如液压管道、管接头、油滤等元件的阻力压降、泵阀泄漏损失、各种摩擦（机械、涡流、黏性阻力等），泵内介质压缩过程、蓄压器充放过程等都会产生热量。建立电静液作动器热分析仿真热模型，有助于综合考虑分析大功率电子元件、伺服电动机、液压泵及液压附件的热量产生，进行液压部分的热管控。

在工程上采用液压系统的补油与散热措施，以及电动机变速泵变量的方案，都可以较好地改善装置的发热问题，如图 16-28 所示的补油与散热回路。可构建两种不同类型的系统：独立的蓄能器补油与散热回路，为闭式预加载；还有采用非独立的辅助泵，属于开式预加载，这时可以进行内冷却循环，而不影响主油路。

上述提到的伺服电动机与液压泵的高速化，也是有效减少电动机发热的措施，

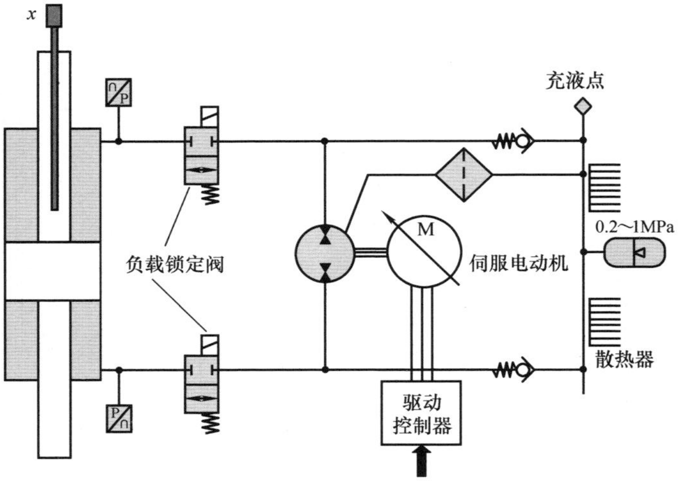

a)

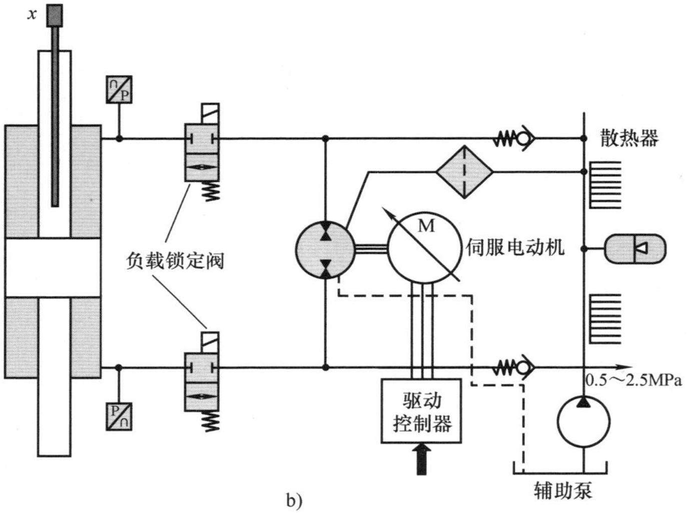

b)

图 16-28　补油与散热回路

a）蓄能器补油与散热　b）辅助泵补油与散热

这是因为转速越高，电动机电流则越小，使得电动机发热越少。

16.5.6　向大功率方向发展

图 16-29 所示为目前电静液作动器所达到的最高压力 40MPa［贺尔碧格（Horbiger）］与最高功率 173kW（穆格）。因此 EHA 正在向两个方向发展，一是在航空领域的高压高转速，力求向功重比高、体积小、可靠性高方向发展；另一个是在工业领域、海洋领域等应用中向大功率方向发展。

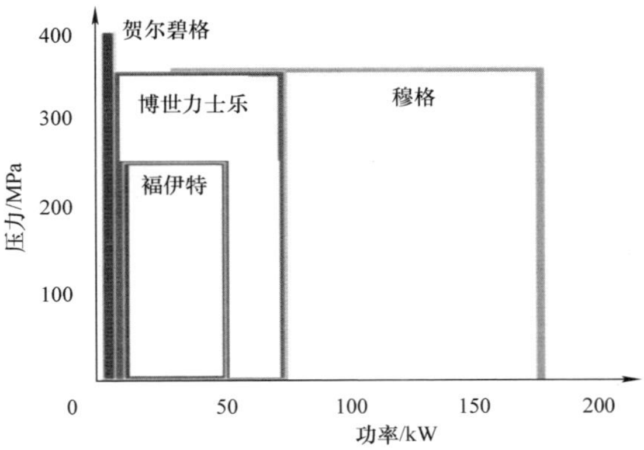

图 16-29　电静液作动器向大功率高压高速方向发展

16.6　国内外电静液作动器产品及其发展

16.6.1　国外电静液作动器产品及其发展

1985—1995 年，有大量 EHA、EBHA 出现，美国在 F－15、F－16、F－18 和 C－130 等飞机上进行了大量试验验证，在取得了各方面相当认可之后，开启了F－35 和 B787 等飞机上的正式应用（见图 16-30）。

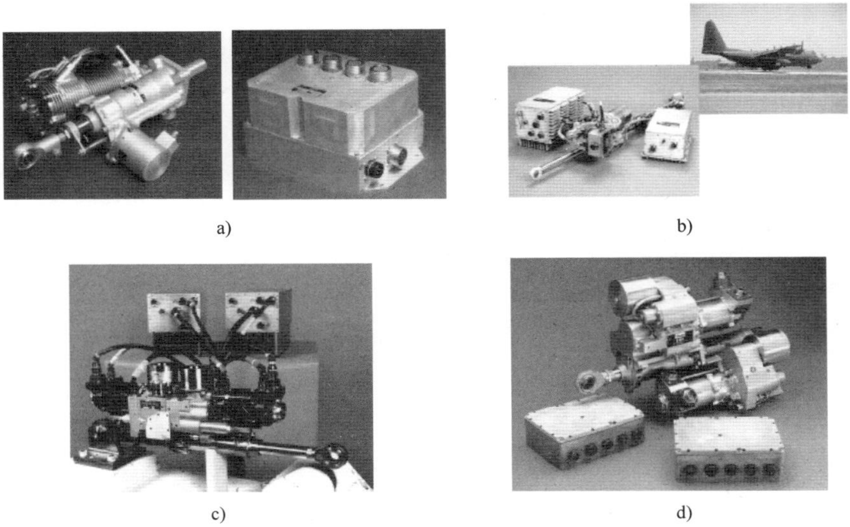

图 16-30　国外早期产品

a）1985—1986 年，波音 7J7 实验室原型测试　b）1991 年，洛克希德 C－130 高技术试验台及 EHA 试验
c）1993—1994 年，F－18 水平稳定器，双串联 EHA 实验室演示
d）1994—1995 年，F－15 水平稳定器，双串联 EHA 实验室演示

1. 穆格 EHA 产品

穆格 EHA 产品如图 16-31 和图 16-32 所示。

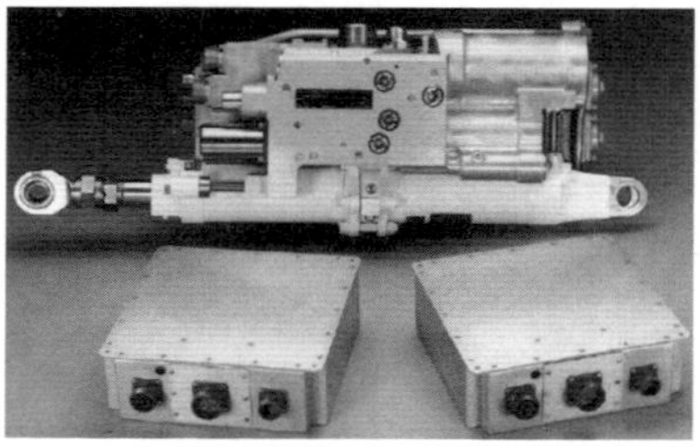

图 16-31 穆格研制 F－18 飞机水平尾翼的双余度 EHA 作动器

注：行程 ±90.424mm；输出功率 29.08kW；最大空载速度 215.9mm/s；最大输出力 136.08kN；频响 －3dB 时 5Hz。

a) b) c)

图 16-32 穆格研制的 EHA

a）穆格的 EHA b）用于 F－18 战斗机的 EHA c）用于 F－35 战斗机的 EHA

2. 派克 EHA 产品

派克 EHA 产品如图 16-33 所示。

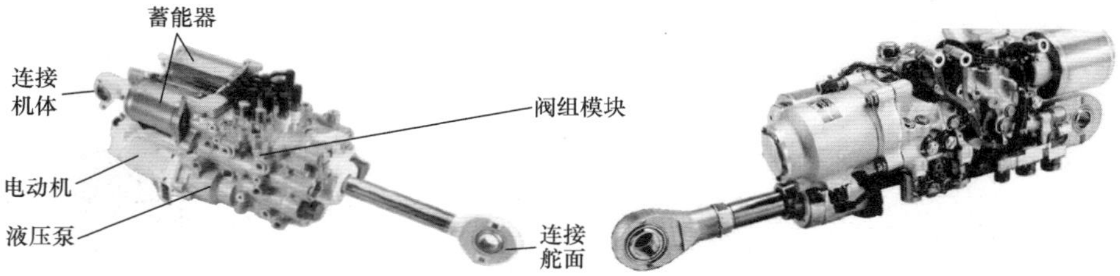

图 16-33 派克研制的双余度 EHA

3. 利勃海尔 EHA 产品

利勃海尔 EHA 产品如图 16-34 和图 16-35 所示。

4. TRW EHA 产品

TRW EHA 产品如图 16-36 所示。

5. 古德里奇 EHA 产品

古德里奇 EHA 产品如图 16-37 所示。

图 16-34　利勃海尔研制在 A321 副翼上的 EHA

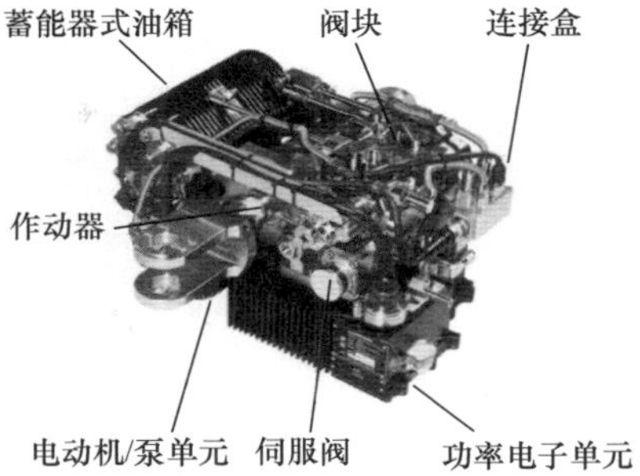

图 16-35　用于空客 A380 飞机扰流片的 EBHA

注：最大输出力为 47kN；空载速度为 27.5mm/s；重量为 11.5kg。

6. 博世力士乐电静液作动器

博世力士乐电静液作动器产品详见 30.6 节。

博世力士乐最新电静液作动器是一种重型即插即用执行器，如图 16-38 所示，专门针对高湿度和极端温度的外部恶劣环境而开发。电静液作动器在民用、海洋和近海的场合，也发挥大行程、大作用力的优势。博世力士乐为使用者提供了可配置的标准电液执行器，包括带有 IndraDrive 驱动系统的控制柜，具有智能、可自由编程的驱动系统，可实现复杂的行程曲线（可以在整个工作行程范围内根据需要设置

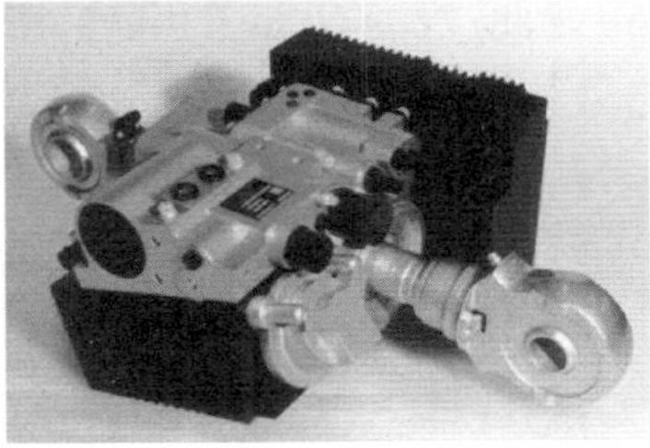

图 16-36　TRW 研制的 EHA，适用于空客 A340 副翼

注：最大输出力为 188kN；105kN 下负载速度为 63mm/s

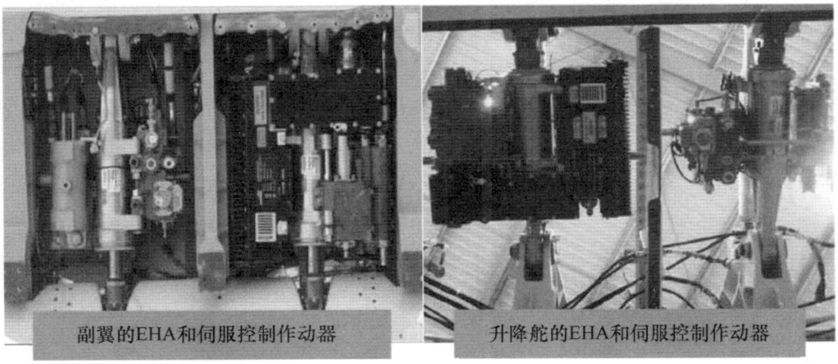

图 16-37　古德里奇研制的 EHA，分别应用于空客 A380 副翼和升降舵

注：最大输出力为 135kN 和 180kN；空载速度为 81mm/s 和 107mm/s

力、位置和行进速度的参数）。根据要求，可以在标准产品组合之外实现更大的作用力，更长的行程和更高的安装功率。

图 16-38 博世力士乐带有 IndraDrive 驱动系统的电静液作动器

7. 派克紧凑型电液作动器

最近派克推出创新产品紧凑型电液作动器（Electro - Hydraulic Actuator, EHA)。此产品与上述的电静液作动器（Electro - Hydrostatic Actuator, EHA）的异同之处如下所示。

1）电静液作动器的最主要特征是采用伺服电动机，形成新的液压系统控制模式，适应于分布式控制系统，在控制器方面有所突破，一般需要三闭环控制；而电液作动器仍然采用传统的电动机与传统控制，没有采用伺服电动机与相关控制器，因此主要特征是“紧凑”，将泵、阀、缸、系统结合在一起。

2）二者在结构型式方面有共同之处，如图 16-39 所示。

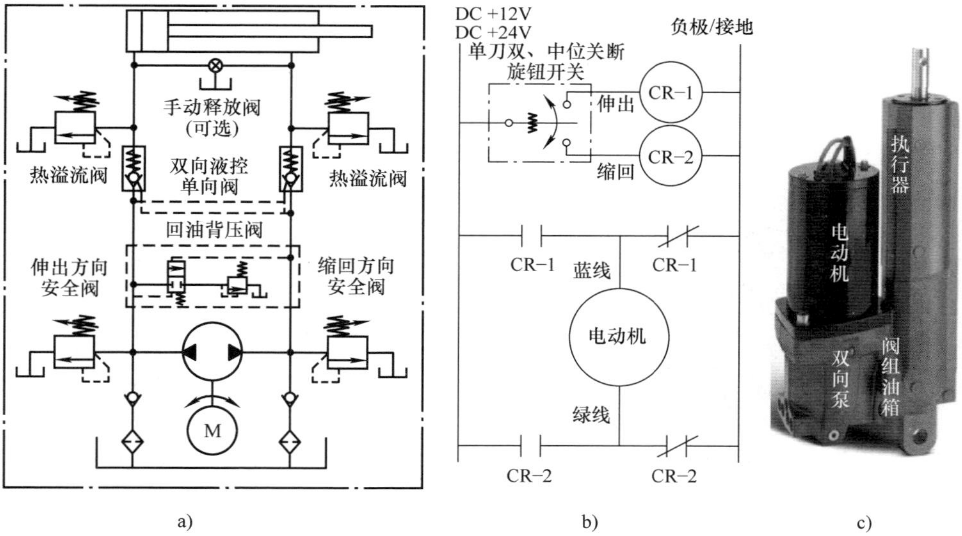

图 16-39 派克紧凑型电液作动器

a）液压系统图 b）电气原理图 c）EHA 产品

3）在使用方面，二者在小功率范围内也有类似的应用领域。电静液作动器更体现控制功能，而电液作动器更体现传动功能。

4）电静液作动器是分布式液压的发展趋势，具有较高的技术发展需求；电液作动器更在意应用的适用性，经济适用。

5）电液作动器与电静液作动器互通，有助于相互的促进推广。

紧凑型电液作动器由一般电动机组成，配上双向液压泵，与液压缸集成一体，配置回路需要的阀组与一个集成在一起的闭式油箱而成。因此 P－EHA 实际上是一个可以定制的标准液压缸的“即插即用”的动力单元。紧凑型电液作动器具备扩展为电静液作动器的能力，只要将一般电动机换成伺服电动机及其控制器。

P－EHA 的紧凑型电液缸产品性能见表 16-7。

表 16-7　P－EHA 的紧凑型电液缸产品性能

序号	主要元件名称	主要类型	主要参数
1	电动机	直流可逆电动机	12V、24V、110V、220V　（＜5kW）
		交流电动机	110V、220V、380V　（＜5kW）
		其他－伺服电动机、变频电动机	
2	液压泵	各种类型包括内啮合泵	$p \leqslant 21\text{MPa}$；$q = 0.16 \sim 16\text{mL/min}$
3	执行机构	液压缸	内径 20～100mm；行程≤2000mm；速度＜200mm/s
		各种类型液压马达与摆动缸	转矩＜4000N·m；转速为几至几百转/分
4	环境	有关要求	IP68；　－40～150℃

其应用范围目前在一般功率较小，需要轻便的液压装置上，诸如升降台、草坪维护、医疗机械等场合。

16.6.2　我国 EHA 产品及发展

北京航空航天大学是国内最早开展 EHA 研究的大学，中航工业西安飞行自动控制研究所是最早开展 EHA 研发的研究所，都起始于 20 世纪 80 年代末，而且当时这两家单位还开展了联合调研分析。随着国外 F－35 的逐渐装备和 A380 的首飞成功及逐渐正式飞行，国内相关单位开始关注该领域的研究。以中航工业金城南京机电液压工程研究中心、哈尔滨工业大学、中国航天科技集团运载火箭研究院第 18 所、中航工业庆安集团等相继开展了研究开发工作。近些年来，西北工业大学、燕山大学、太原理工大学、北京工业大学也加入了该方向的研究，尤其是浙江大学这两年获得了大量研究资金投入该项研究，更有一些企业意识到了该方向巨大的应用潜力，加入了研发 EHA 的行列，为该方向技术和产品的快速发展注入了有生力量。北京航空航天大学流体传动与控制中心 2013 年研制的工业用 EHA 如图 16-40 所示。

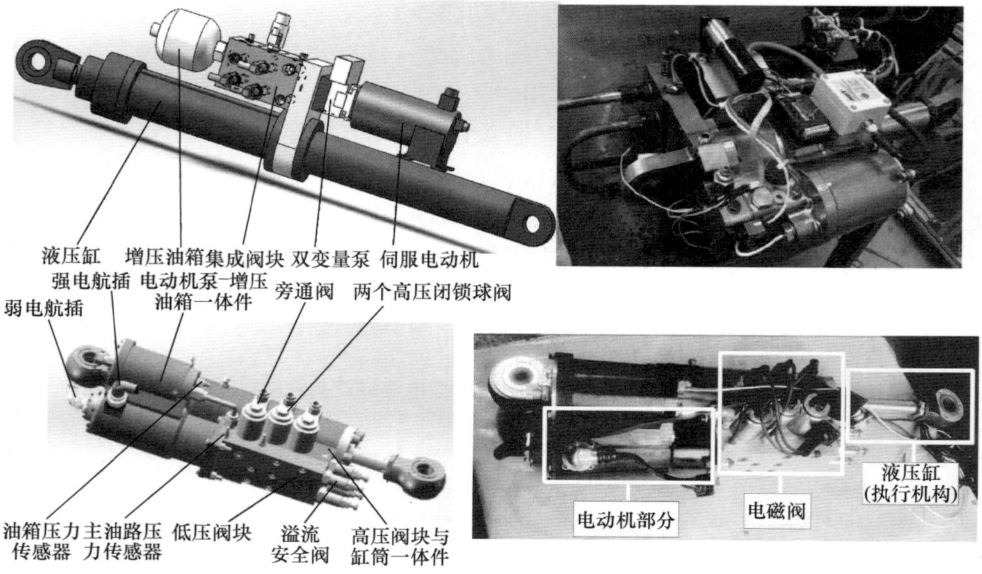

图 16-40　北京航空航天大学流体传动与控制中心 2013 年研制的工业用 EHA

3kW 三余度产品（电动机泵内置），典型惯性负载 500kg，峰值输出力 15kN，峰值速度 350mm/s，一阶带宽 6Hz，质量 15kg，如图 16-41a 所示。40kW 双余度产品，典型惯性负载 2000kg，峰值输出力 150kN，峰值速度 350mm/s，一阶带宽 4Hz，质量 40kg，如图 16-41b 所示。

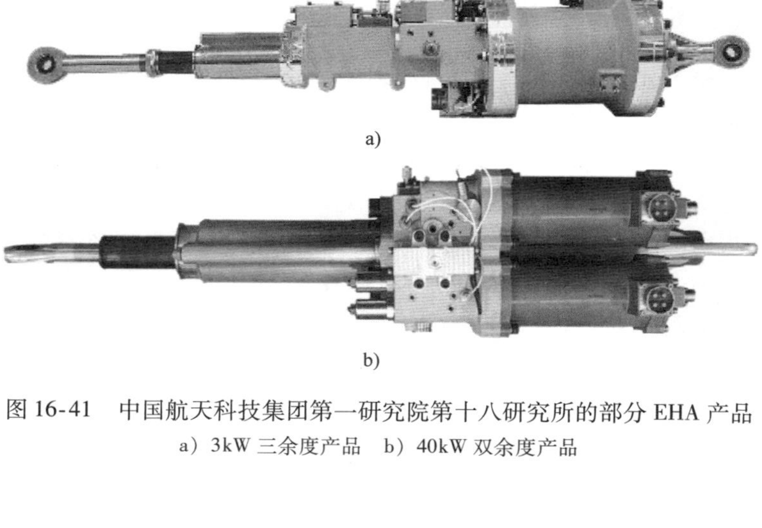

a)　b)

图 16-41　中国航天科技集团第一研究院第十八研究所的部分 EHA 产品
a）3kW 三余度产品　b）40kW 双余度产品

中国航天科技集团第一研究院第十八研究所从 2010 年开始研制 EHA，已经突破高功重比、高频响和大功率等若干关键技术，形成了产品系列，如图 16-41 所示。

中航工业庆安集团有限公司研发了电气双余度 EHA 作动系统和带电备份的电液伺服作动系统（EBHA）等多台工程样机，部分 EHA 产品如图 16-42 所示。

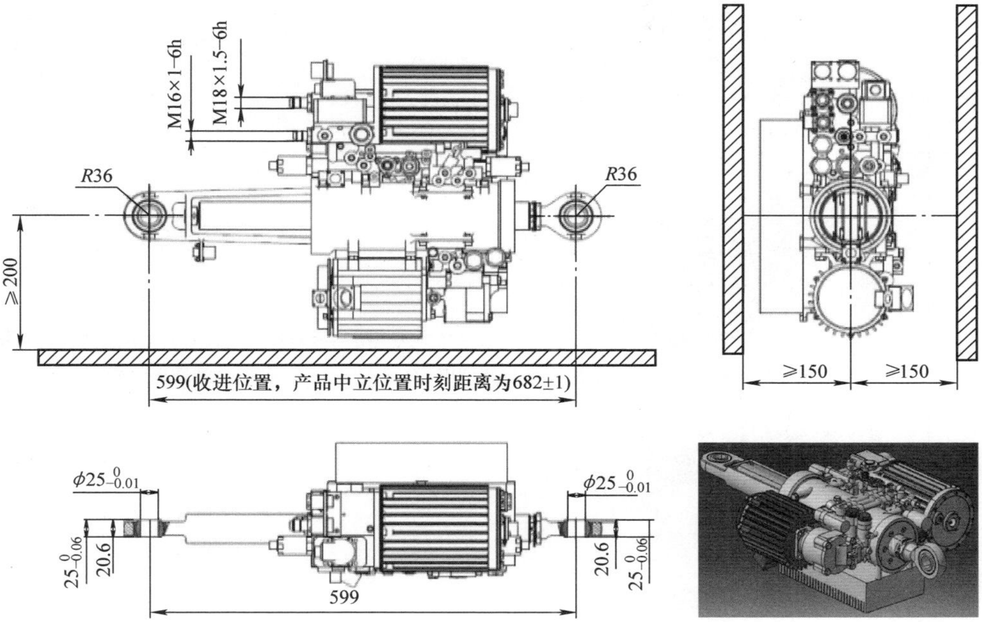

a)

b)

图 16-42　中航工业庆安集团有限公司的部分 EHA 产品

a）电气双余度电液伺服作动系统　b）带电备份的电液伺服作动系统（EBHA）

国内外电静液作动器的产品情况见表 16-8。

表16-8　国内外电静液作动器产品情况

<table>
<tr><th>序号</th><th>电静液作动器产品图片</th><th>结构或性能</th><th>应用场景</th></tr>
<tr><td>1</td><td>
伊顿宇航与派克公司</td><td>电压28V
最大电流80A
公称压力21MPa
排量1.1mL/r
转速4000r/min
工作温度－55～70℃
质量≤11kg</td><td>比亚乔公司的P180飞机和巴西航空Phenom100飞机</td></tr>
<tr><td>2</td><td>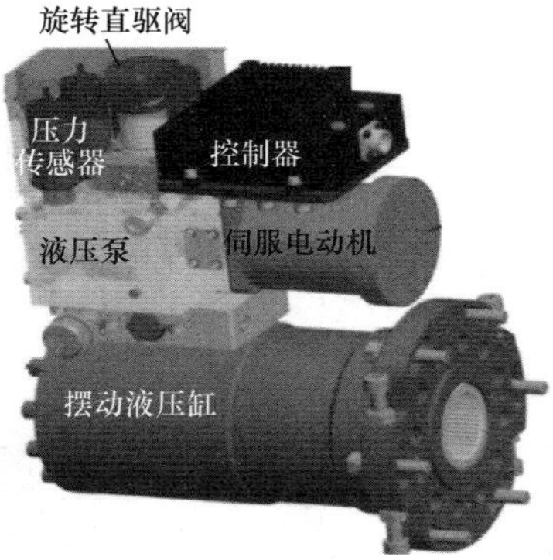
船、艇用伺服驱动装置</td><td>采用摆动液压缸与旋转直驱伺服阀</td><td>重型阀门开闭控制，舵系统控制，螺旋桨驱动等工况</td></tr>
<tr><td>3</td><td>
穿戴式液压伺服系统（动力单元）</td><td>骨骼机器人的支承、负重作用
自重≤6.5kg
负载能力100kg
行走速度0.5m/s
功率800W</td><td>穿戴式EHA液压伺服系统主要为仿生机器人外骨骼的各关节运动提供动力，根据外骨骼机器人控制系统发出的指令，通过液压缸驱动相应的骨骼肢体做出对应动作，从而实现外骨骼机器人的支承、负重作用</td></tr>
<tr><td>4</td><td>
雷达车液压调平、翻转系统</td><td>调平精度绝对值≤3′，自锁可靠；翻转机构竖直状态绝对精度≤2′；调平拆收时间≤3min；翻转锁紧时间≤3min；负载能力30t；举升2～10m</td><td>架设、调平、撤收技术和时间，是制约雷达机动性的主要原因之一。采用此自动调平系统可快速架设，精确地调整到水平状态，也可迅速撤离</td></tr>
</table>

（续）

序号	电静液作动器产品图片	结构或性能	应用场景
5	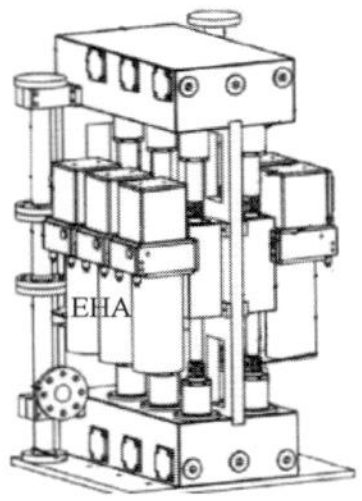北京工业大学专利——EHA驱动曲柄连杆式柱塞泵	EHA直接驱动泵组柱塞，与集成一体化的配流阀、缸筒、管道及缸体等组合而成。没有伺服阀，通过调节电动机的转速实现对整个系统的伺服控制。采用立式安装结构，减小占用面积	EHA驱动曲柄连杆式柱塞泵，适用于以海水、淡水、矿物油等作为工作介质的液压系统，在舰艇船舶、深海勘探、消防灭火等领域具有广泛应用前景
6	南京科远智慧科技集团有限公司产品	集成化、模块化、执行器本体由8个模块组成。对零位、满位、死区、速度、加速度、PI参数可以设定与调整。定位误差≤0.15%，死区0%～5%可调，重复率≤0.1%	适用于汽轮机控制、管道阀门调节等场合。用于替代各种气动执行器、电动执行器、液压调节系统，应用于电力、冶金、石油、化工、轻工、纺织、矿山、消防和环保等行业过程控制
7	上海海岳液压机电工程有限公司产品	自主研制 2017年提供3套EHA系统样机 2020年EHA实现了组成部件完全国产化	推动国内液压行业升级换代
8	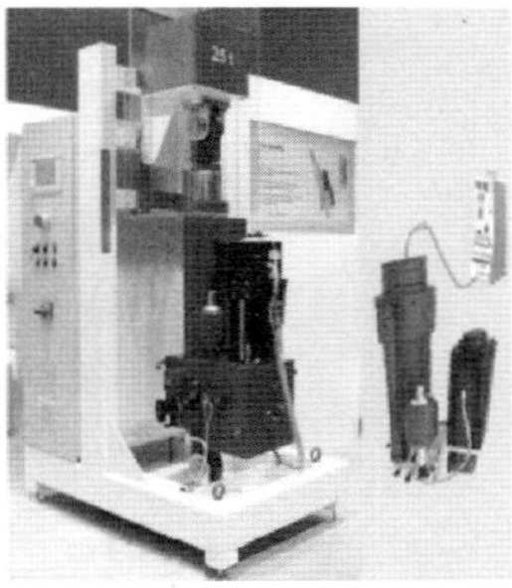博世力士乐型号SHA	伺服同步电动机 驱动控制器 控制单元位置和力控制的模块化软件 力士乐轴向柱塞泵 工作压力35MPa 最高负载2500kN 最长行程＜1800mm 速度＜1000mm/s	伺服压力机和成型技术；连接技术；热成型；注塑，压铸和吹塑机；木工机械；阀门驱动；装配和处理技术；包装机械和输送系统；特殊机器；测试技术和模拟器

（续）

序号	电静液作动器产品图片	结构或性能	应用场景
9	 福伊特型号 CLPD	功率 <50kW 内啮合齿轮泵 工作压力 26MPa 最大负载 <500kN 标准行程 <400mm 活塞直径 <160mm 速度 <640mm/s 位置压力控制 0.01mm	折弯机、切割机、成型机、压力机、特殊机器、物料搬运、试验台实验室应用、食品工业
10	 穆格型号 EHA	电动机、驱动控制器、控制单元、径向柱塞泵 功率 <173kW 最大压力 35MPa 最大负载根据客户要求	与西马克集团合作开发环形轧制机具有极高轧制力和最小的功耗（35MPa，450L/min）
11	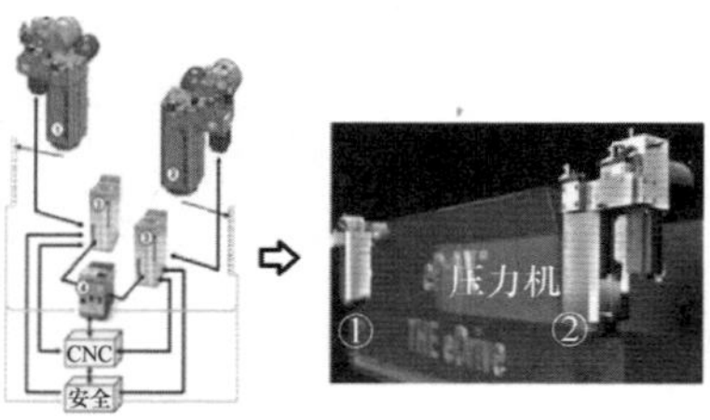 Hörbiger 型号 EHA	功率 <607kW 电动机三种标准尺寸 位置和压力控制，内啮合齿轮泵 最大压力 32 MPa 最大负载 <1.250kN 行程 280/450mm 速度 <640mm/s	注塑机，吹塑机；冲压，铆接，铆接；测试和特殊机器；压力机，滚压机
12	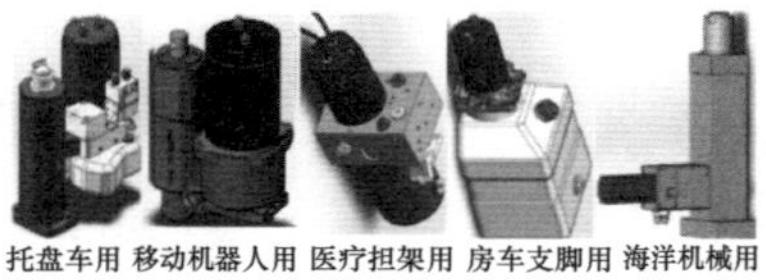 江苏威博液压股份有限公司产品	主产品： EHA 系列 内啮合齿轮泵与特定柱塞泵 永磁无刷电动机及控制系统	用于仓储、物流及汽车机械、工程机械、铁路机械等领域。如汽车举升机、汽车尾板、电动堆高机、升降平台、叉车、电动篮球架、硫化机、塑管焊接机、混凝土搅拌机、厢式翼展车、环保加盖车、垃圾压缩机、消防设备、登车桥、医疗设备和食品机械等

16.6.3　我国 EHA 产品简介

上海海岳液压机电工程有限公司属于上海衡拓实业发展有限公司（704 所）。2019 年以后主营业务逐渐转变为以电液集成产品为主，包括 EHA、数字泵、数字缸、微泵、高频阀、二通插装阀、MINISO 型插装阀。

该公司的液压元件级产品可见表 16-9、表 16-10、表 16-11。

表 16-9　新型液压数字产品系列

序号	型谱代号	名称	市场应用方向
1	H－EHA	电液作动器	物流、阀门等
2	H－EHPU	电液驱控单元	风电制动泵、飞机制动泵等
3	H－EHMA	数字液压缸	物流设备、移位设备
4	H－CytroPAC	智能动力单元	舰船液压、移动液压
5	H－MP	微型泵	新能源，EHA 配套
6	MINISO CV	紧凑型液压插装阀	盾构设备、行走机械
7	其他	高频响插装阀、位置反馈插装阀、2D 阀、电动机驱动阀等	

表 16-10　EHA 产品

序号	型谱代号	名称	市场应用方向
1	水利水电	 翻板顶盖	升船机旋转门 升船机水封框架设备 鱼道、导流孔闸门 挡水闸门、泄水闸门
2	物流运输	 物流 AGV 小车（无尘车间）	托盘升降机 升降台 剪叉式升降台 轻型飞机拖车

（续）

序号	型谱代号	名称	市场应用方向
3	轨道交通	 轨道车轮变向	车轮转向装置 盾构瓦片机设备 输送带机张紧装置
4	舰船装备	 波浪补偿运动模拟装置	舵机装置 舱门启闭 特种装置 减摇装置
5	陆基装备	 六自由度平台	开门装置 驾驶室升降 装甲车附属装置 液压升降路障
6	阀门控制	 电厂阀门驱动器	开发数字缸用于阀门驱动器—角行程90°；用于石油化工阀门驱动器；高精度数字伺服闭环控制；高可靠性；阀门开闭曲线更加柔性，防止液流冲击，杜绝“水锤”现象

表 16-11　EHA 自创产品

序号	型谱代号	名称	实物	市场应用方向
1	电动机（伺服电动机、普通电动机）	电动机本体	 	伺服电动机与自主研制符合 EHA 使用要求的电动机，其特点：双出轴（带手轮）、抗负负载；开发低成本和小型具有电控集成的交流电动机
2		伺服电动机驱动器	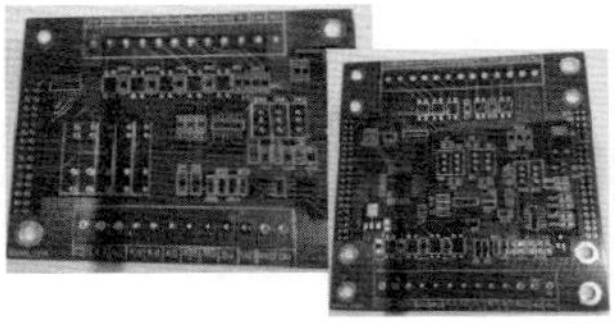	具有自主设计与全部国产件。电源板提供 24/12/5/PWM 电源；主控板提供 I/O（上位机与驱动器）；控制板包括压力控制、位移检测与通信接口
3	阀	液控单向阀 平衡阀 电磁方向阀	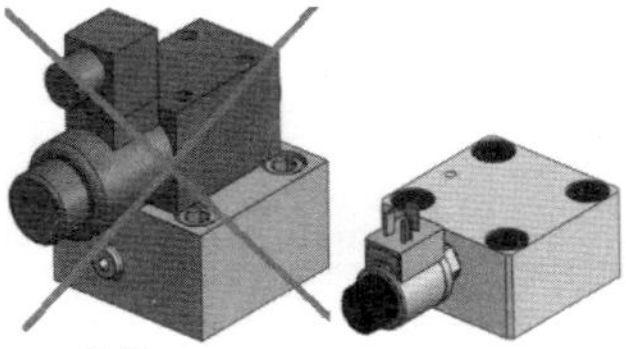	MINISO CV 微型液压阀，应用于 HY－EHA，建立技术壁垒申请专利，知识产权保护
4	泵	液压泵		齿轮泵、高压微型柱塞泵（自主研发）
5	液压缸		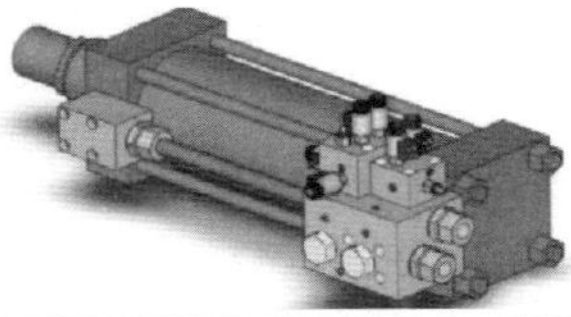	多功能缸

16.6.4　液压泵高压高转速产品

目前国内外高压高速液压柱塞泵的生产使用情况见表 16-12，相关照片如图 16-43所示。

表16-12　国内外高压高速液压柱塞泵的生产使用情况

序号	泵型号	生产厂商	压力/MPa	转速/(r/min)	寿命/h	质量/kg	功率/kW	用途
1	PV3－019	伊顿	27.5	12100	—	1.7	—	军机
2	PV－003	伊顿	27.5	18000	—	0.8	—	军机
3	—	威格士	31.5	>10000	—	—	—	A380
4	—	派克	31.5	>20000	6000	—	—	B787
5	—	穆格	31.5	>20000	6000	—	—	F－35
6	—	赛峰集团 Messier	31.5	15000	50000	2.0	0.6	A38副翼、方向舵等
				10000		3.0	20	
7	SBD－5－X系列	中国航天科技集团公司第一研究院第十八研究所	35（峰值）	25000（峰值）	—	—	>1	运载火箭
8	SBD－13－X系列			20000（峰值）	—	—	>5	
9	SBD－77－X			12000（峰值）	—	—	>20	
10	—	航空工业西安飞行自动控制研究所（618所）	27.5	>10000	—	—	—	航空

a)　　b)　　c)　　d)　　e)

图16-43　国内外高压高速柱塞泵（照片）

a）618所高压速柱塞泵　b）双向定量微型柱塞泵

c）小型变量柱塞泵（晨光）　d）赛峰微型泵　e）微电机泵（晨光）

16.7　电静液作动器的工程应用

16.7.1　在航空航天的应用

EHA在F－35、A380、A400M、A350、G650等飞机上得到了成功应用（见表16-13），表16-14列出了F－35 EHA性能指标。

表 16-13　现役飞机飞控系统作动器配置情况（HSA/EHA/EBHA）

机型	空客 A380	空客 A350	空客 A400M	湾流 G650	F－35
开始服役时间/年份	2007	2015	2013	2012	2015
用途	民用	民用	军用	商务	军用
系统压力/psi	5000	5000	3000	3000	4000
副翼	8/4/0	6/2/0	2/2/0	2/0/2	0/2/0
升降舵	4/4/0	2/2/0	2/2/0	2/0/2	0/2/0
方向舵	0/0/4	2/1/0	0/0/2	1/0/1	0/2/0
扰流板	12/0/4	8/0/4	8/0/2	4/0/2	—
总计	24/8/8	18/5/4	12/4/4	9/0/7	0/6/0

注：1MPa＝145psi。

表 16-14　F－35 EHA 性能指标

性能指标	水平尾翼	方向舵	襟副翼
作动器行程/mm	±53.975	±33.655	±53.975
作动器零位时的安装长度/mm	708.025±0.5334	704.952±0.635	708.025±0.5334
作动器质量/kg	47.628	41.731	46.721
电子设备质量/kg	20.412	20.412	20.412
输出功率（双系统）/kW	11.0	6.5	11.0
空载速度/(mm/s)	122.936～142.494	128.016～148.082	122.936～142.494
带载速度/(mm/s)	负载为 102.06kN 时 73.152～88.646	负载为 63.504kN 时 76.200～91.948	负载为 102.06kN 时 73.152～88.646
最大空载功率/W	250	250	250
频率响应/Hz	（－3dB 时）3.8；（－90°时）3.8		

16.7.2　飞机二级发动机摆动伺服控制

四川航天烽火伺服技术控制有限公司采用高速开关阀控制的电静液作动器，应用于二级发动机摆动伺服控制，替代现役飞机原有集中供液式伺服控制作动器，减小质量 40%，如图 16-44 所示。

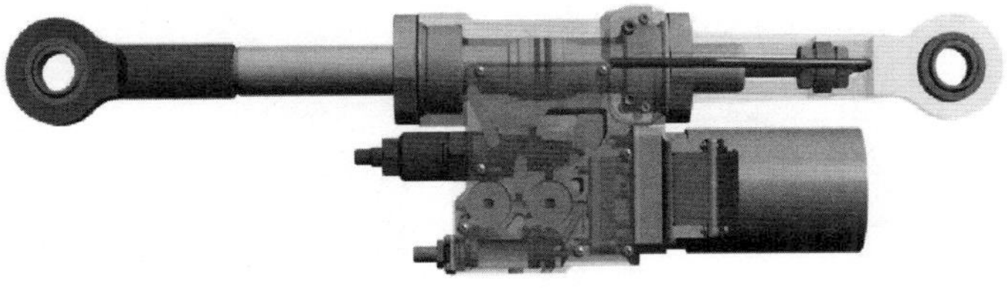

图 16-44　高速开关阀用于发动机伺服控制的 EHA

该 EHA 主要由直流电动机、齿轮泵、高速开关阀、液压双向锁阀、双向安全阀及双作用液压缸等组成。其中核心是采用高速开关阀构成的 H 桥式油路，控制高速开关阀的快速通断来实现液压缸油量的供给及方向控制，取代传统电液伺服系统中的伺服阀，通过位移传感器的反馈与输入信号的比较来改变H桥路中四个高速开关阀的逻辑顺序来控制执行元件的运动方向、速度和位置。

主要性能参数：输出力3600kg，输出速度150mm/s，质量6kg（比原质量20kg减小40%），尺寸（长×宽×高）460mm×134mm×116mm，频响≥20Hz（-3dB）。

本装置采用的高速开关阀与构成的H桥式油路，在本手册的第13章中有介绍。

16.7.3　外骨骼机器人液压伺服驱动装置

四川航天烽火伺服技术控制有限公司采用电静液作动器研制的外骨骼机器人液压驱动控制系统于2015年11月完成，如图16-45所示。产品组成包括驱动控制电路、无刷伺服电动机、液压泵、电磁卸荷阀、高速开关阀、单向阀、安全阀和液压缸等。解决了传统电液伺服系统存在的效率低、发热严重，蓄能器和油箱体积大等问题。主要优点：①去掉了蓄能器和油箱，体积小，功率质量比大；②采用伺服电动机+闭环控制，控制精度高，响应速度快；③电磁卸荷阀和高速电磁阀完全根据系统需要而自主设计，拥有自主知识产权，故阀的质量和体积均很小。

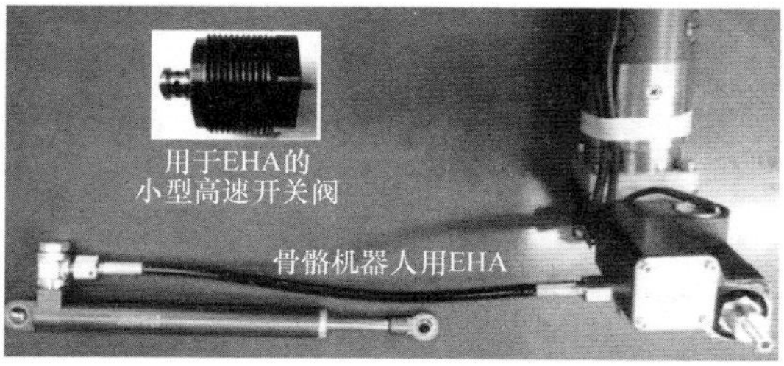

图16-45　外骨骼机器人液压驱动控制系统

16.7.4　博世力士乐应用电静液作动器场景

该电静液作动器适用于各种主机，利用电静液作动器的独立安装，具有位置、压力、速度与同步控制功能，节能、高效、配套灵活与操作简单。因此各种折弯、剪切、成形、冲压、物料等机械均可配备，如图16-46所示。

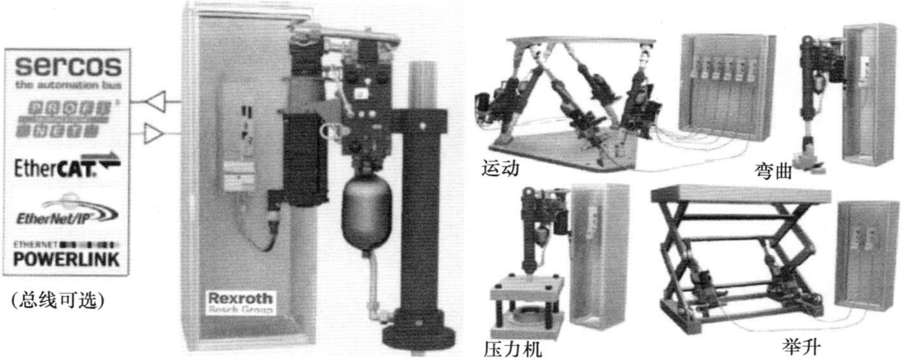

图16-46　博世力士乐公司电静液作动器场景与总线选择

16.7.5　液压促动器应用于国家 500m 口径球面射电望远镜（FAST）

天津优瑞纳斯智能装备有限公司提供了 2225 台液压促动器，分别拉动 2225 根下拉索，拟合 500mm 口径的瞬时抛物反射面形状，进行天文观察。每一台促动器的输出力、行程、速度、运动曲线等各不相同，促动器内的计算机接受总控室的指令，操控各促动器协调一致、统一动作，实现同步变位要求。该液压促动器的工作原理如图 16-47 所示。射电望远镜用液压促动器现场如图 16-48 所示。

此促动器采用步进电动机双向齿轮泵与液压缸位移传感器组成容积闭环控制回路，单出杆对称两腔作用面积相等。而油箱采用增压油箱，内置弹簧和活塞，预充氮气，防泄漏及油气混合而造成液压缸爬行或振动。采用皮囊平衡油箱的容积，实现油箱封闭隔绝空气，同时防止油液氧化和污染。

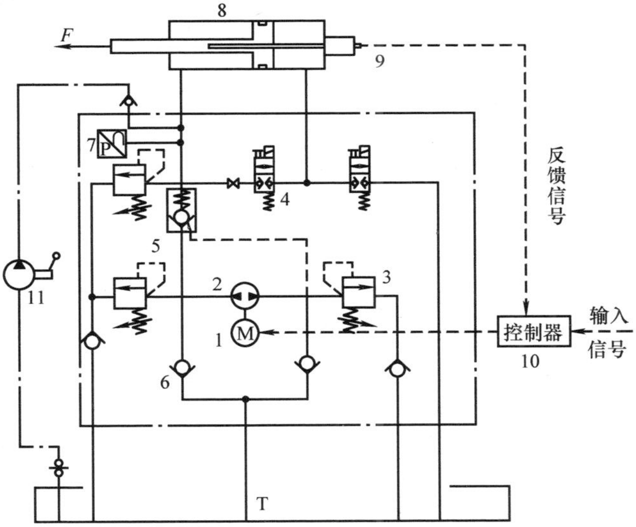

图 16-47　液压促动器工作原理

1—步进电动机　2—双向定量泵　3—溢流阀　4—二位二通电磁方向阀　5—液控单向阀　6—单向阀　7—压力传感器　8—液压缸　9—位移传感器　10—控制器　11—手动泵

16.7.6　汽车电静液作动器可控悬架系统

汽车电静液作动器可控悬架系统简图如图 16-49 所示。

EHA 置于车桥与车身之间，EHA 控制器接受来自车桥、车身以及车轮等部位装置的传感器检测信号，根据控制算法实行 PWM 占空比调节，以控制 EHA 伺服电动机输入电压变化，进而控制伺服电动机的转向与转速。通过 EHA 系统控制液压泵的转速与转向，带动液压泵供油以控制减振器活塞的上下移动，调节液压缸的阻尼力，达到控制悬架系统参数的目的，实现可控悬架的功能。初步试验结果表明后悬架动载荷由 2033N 下降至 1483N。

a)

b)

图16-48　射电望远镜用液压促动器现场

a）液压促动器

b）液压促动器现场场景

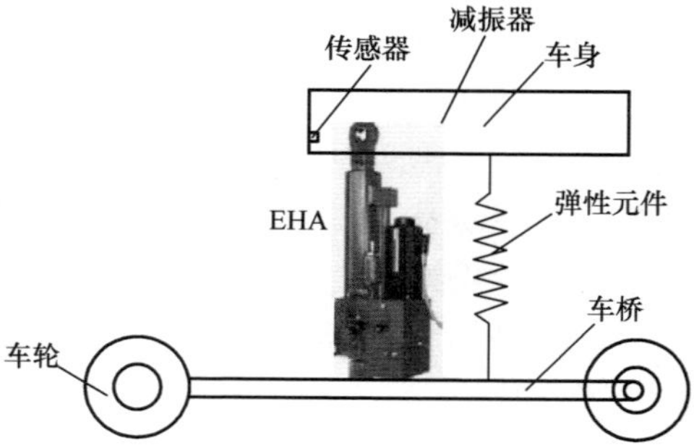

图16-49　电静液作动器可控悬架系统简图

16.7.7　电静液作动器在工程机械挖掘机方面的发展

根据预测，在液压挖掘机上采用EHA后，其做功效率会由20%提升到64.8%。而整个挖掘机的液压系统将十分简单，如图16-50所示。

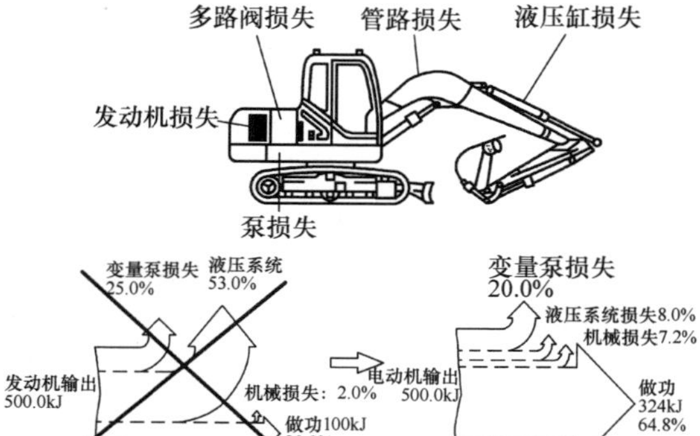

a)

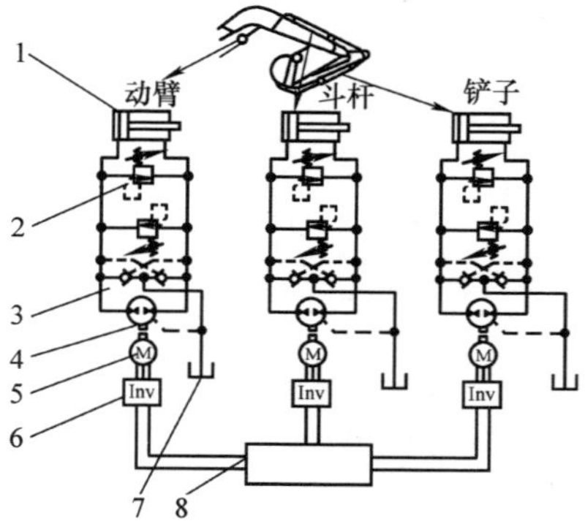

b)

图16-50　采用EHA后提高挖掘机工作效率的效果图

a）挖掘机的能量损耗　b）采用EHA后的挖掘机工作系统原理图

1—执行液压缸　2—溢流阀　3—液控单向阀　4—双向定量泵/马达　5—伺服电动机　6—变频器　7—液压油箱　8—电源与控制器

参考文献

[1] 李胜 . 2D 伺服阀数字控制的关键技术的研究［D］. 杭州：浙江工业大学，2011.

[2] 李胜，裴翔，阮健 . 数字阀控制器的设计方法研究［J］. 工程设计学报，2002，9（3）：124 – 126.

[3] 李胜，阮健，孟彬 . 二维电液比例换向阀动态特性及稳定性分析［J］. 机械工程学报，2016，52（2）：202 – 212.

[4] 阮健，李胜，杨继隆 . 电液（气）直接数字控制的新方法［J］. 浙江工业大学学报，1999，27（3）：7.

[5] 阮健，裴翔，姜伟 . 2D 电液数字换向阀的实验研究［J］. 机床与液压，1999（5）：12 – 13.

[6] 阮健，李进园，金丁灿，等 . 二维（2D）活塞泵原理性验证研究［J］. 浙江工业大学学报，2017，45（3）264 – 269.

[7] 阮健，李胜，朱发明，等 . 电液激振控制的新方法［J］. 机床与液压，2008，36（10）：24 – 26.

[8] 阮健，李胜，孟彬 . 2D 数字伺服阀［J］. 波压与气动，2010（9）：77 – 81.

[9] 时梦，阮健，李胜，等 . 2D 数字伺服阀的简介［J］. 液压气动与密封，2012，32（11）64 – 67.

[10] 贾文昂，阮健，李胜 . 2D 高速开关阀结构参数优化设计与实验［J］. 农业机械学报，2016，47（11）：391 – 398.

[11] 胡俊飞，阮健，李胜，等 . 电液高频疲劳试验机的控制系统设计研究［J］. 浙江工业大学学报，2015，43（1）：58 – 61.

[12] 丁方园 . 本安型二维（2D）电液比例换向阀的设计与研究［D］. 杭州：浙江工业大学，2017.

[13] 张宪，斐翔，吕梅蕾，等 . 2D 数字阀阀芯受力分析及研究［J］. 流体传动与控制，2011（6）：16 – 18.

[14] 严恺，阮健，傅莹龙，等 . 新型 2D 电液比例换向阀比例控制器的设计［J］. 流体传动与控制，2013（6）：17 – 21.

[15] 任燕，阮健，李胜 . 2D 阀电液激振器数据采集及实时分析系统［J］. 浙江工业大学学报，2008，36（1）：35 – 38.

[16] 贾文昂 . 2D 阀控制电液激振器及其在疲劳试验系统中的应用研究［D］. 杭州：浙江工业大学，2010.

[17] 何鸿斌 . 二维（2D）活塞恒压变量泵的设计与研究［D］. 杭州：浙江工业大学，2017.

[18] 刘国文 . 位移放大型二维（2D）电液比例换向阀的研究［D］. 杭州：浙江工业大学，2015.

[19] 薛辰，高辉，王宣 . 增量式数字阀的设计与分析［J］. 机械研究与应用，2011（4）：79 – 81，88.

[20] 何曦光，彭利坤，叶帆 . 基于增量式数字阀的液压作动器设计及控制策略研究［J］. 液压气动与密封，2015（3）：24 – 27.

[21] 山岱岳 . 二维（2D）活塞水液压泵及试验台的设计研究［D］. 杭州：浙江工业大

学，2017.
[22] 兰叶深，徐建亮，刘文军.2D电液比例阀的原理研究 [J]. 工程技术（文摘版），2016（1）：76.
[23] 杨华勇，王双，张斌，等. 数字液压阀及其阀控系统发展和展望 [J]. 吉林大学学报（工学版），2016，46（5）：1494－1505.
[24] 陈远玲，周华，杨华勇. 纯水轴向柱塞泵滑履的静压支承设计 [J]. 工程设计学报，2002，9（3）：168－170.
[25] 闻德生，吕世君，闻佳. 新型液压传动（多泵多马达液压元件及系统）[M]. 北京：化学工业出版社，2017.
[26] 赵立志. 海水液压水下作业工具系统可靠性设计及试验研究 [D]. 武汉：华中科技大学，2009.
[27] 张弓，于兰英，吴文海，等. 电液比例阀的研究综述及发展趋势 [J]. 流体机械，2008，36（8）：32－37，19.
[28] 毛智勇，徐胜利，闵莉艳. 高频响电液伺服比例阀发展展望 [J]. 液压与气动，2012（3）：98－100.
[29] 彭利坤，陈佳，宋飞，等. 增量式数字液压控制技术 [M]. 北京：机械工业出版社，2020.
[30] 于振燕，杨逢瑜，韩清娟. 动圈式力马达的优化设计 [J]. 机床与液压，2004，32（6）：37－38.
[31] 杨逢瑜，刘欣玉，杨龙. 新型高频动圈式直线力马达的研究 [J]. 机床与液压，2012，40（9）：112－115，118.
[32] 杨祥磊. 数字型比例阀控制系统研究 [D]. 西安：长安大学，2012.
[33] 全国船用机械标准化技术委员会. 船用数字液压缸：GB/T 24946—2010 [S]. 北京：中国标准出版社，2010.
[34] 俞滨，金正国，王相吉，等. 增量式数字阀控缸位置控制系统动态性能分析及实验研究 [J]. 工程科学与技术，2020，52（6）：183－189.
[35] 李鑫. 数字液压缸位置控制系统的特性研究 [D]. 沈阳：沈阳工业大学，2013.
[36] 邢继峰，曾晓华，彭利坤. 一种新型数字液压缸的研究 [J]. 机床与液压，2005，33（8）：145－146.
[37] 李文华，韩健，任兰柱. 数字液压缸的新型控制理论和方法 [J]. 机械设计与研究，2013，29（1）：91－93.
[38] 刘忠，李伟，彭金艳. 机电液集成控制的数字液压缸研究 [J]. 制造技术与机床，2009（11）：51－54.
[39] 杨世祥. 新型数控脉冲液压缸的研制 [J]. 液压与气动，1983（2）：18－19.
[40] 邱法维. 数字液压缸的几个问题 [J]. 液压气动与密封，2016，36（7）：50－52.
[41] 胡世松. 陶瓷压机大流量比例节流阀的研制 [D]. 杭州：浙江大学，2011.
[42] MURRENHOFF H. Trends in Valve Development [C] //3rd International Fluid Power Conference. Aachen：Shaker Verlag，2002：109－144.
[43] 吕超. 高速比例电磁铁动静态特性测试系统的研究 [D]. 杭州：浙江大学，2008.

［44］胡松涛．基于 LabVIEW 的比例电磁铁动静态性能测试系统研究［D］．杭州：浙江大学，2012.
［45］薛蕾，范翔，陶国良．比例电磁铁性能测试系统的研制［J］．机电工程，2009，26（2）：67－69.
［46］娄路亮，王海洲．电磁阀设计中电磁力的工程计算方法［J］．导弹与航天运载技术，2007（1）：40－45.
［47］YEH－S H，宋新新．用有限元法计算比例电磁铁［J］．机电设备，1986（2）：4－10.
［48］崔剑，丁凡，李其朋，等．电液伺服转阀耐高压双向旋转比例电磁铁［J］．机械工程学，2008，44（9）：230－235.
［49］向洪岗，陈德桂，李兴文，等．基于三维磁场分析建立电磁铁等效磁路的研究［J］．西安交通大学学报，2003，37（8）：808－811.
［50］王泽忠，全玉生，卢斌先．工程电磁场［M］．北京：清华大学出版社，2004.
［51］谢处方，饶克谨．电磁场与电磁波［M］．北京：高等教育出版社，2006.
［52］王以真．实用磁路原理［M］．北京：国防工业出版社，2008.
［53］林其壬，赵佑民．磁路设计原理［M］．北京：机械工业出版社，1987.
［54］金建铭．电磁场有限单元法［M］．王建国，译．西安：西安电子科技大学出版社，1998.
［55］倪光正，杨仕友，邱捷，等．工程电磁场数值计算［M］．北京：机械工业出版社，2010.
［56］赵博，张洪亮．Ansoft 12 在工程电磁场中的应用［M］．北京：中国水利水电出版社，2010.
［57］刘国强，赵凌志，蒋继娅．Ansoft 工程电磁场有限元分析［M］．北京：电子工业出版社，2005.
［58］纪铭．液压泵马达计算机辅助测试系统的开发［D］．上海：上海大学，2006.
［59］衡保利．液压缸 CAT 测试系统［D］．长沙：中南大学，2010.
［60］王燕山，王益群，姜万录．虚拟仪器技术在液压 CAT 中的应用［J］．液压气动与密封，2001（2）：28－29.
［61］李壮云．液压元件与系统［M］．3 版，北京：机械工业出版社，2011 .
［62］李壮云．液压气动与液力工程手册（上册）［M］．北京：电子工业出版社，2008.
［63］许益民．电液比例控制系统分析与设计［M］．北京：机械工业出版社，2005.
［64］张利平．液压站设计与使用［M］．北京：海洋出版社，2004.
［65］李松晶，阮健，弓永军．先进液压传动技术概论［M］．哈尔滨：哈尔滨工业大学出版社，2008.
［66］黄平．摩擦学教程［M］．北京：高等教育出版社，2008.
［67］布尚 B. 摩擦学导论［M］．葛世荣，译．北京：机械工业出版社，2007.
［68］温诗铸．摩擦学原理［M］．北京：清华大学出版社，1990.
［69］王正樵，吴幼林，等．不锈钢［M］．北京：化学工业出版社，1991.
［70］赵昌盛．不锈钢的应用及热处理［M］．北京：机械工业出版社，2010.
［71］邓舜扬．海洋防污与防腐蚀［M］．北京：海洋出版社，1987.
［72］AHLFORS U，LAHTI L，SIEKKINEN R. Proceedings of The Fourth Scandinavian International Conference on Fluid Power［C］. Tampere：Tampere University of Technology，1995：965－977.

[73] 王晓霞．金属切削原理与刀具［M］．北京：航空工业出版社，2000.
[74] 庞滔，郭大春，庞楠．超精密加工技术［M］．北京：国防工业出版社，2000.
[75] 黄虹．塑料成型加工与模具［M］．2版，北京：化学工业出版社，2009.
[76] 宋涛，顾军．热处理技术［M］．北京：化学工业出版社，2003.
[77] 徐滨士，刘世参．表面工程技术［M］．北京：国防工业出版社，2002.
[78] PATELLA R F，REBOUD J L. A new approach to evalutate the cavitation erosion power［J］. Journal of Fluids Engineering，1998，120（2）：335－344.
[79] KENNY P，YARDLEY E D，EEDY A R M，et al. A study of erosion and corrosion of materials used in hydraulic equipment with fire－resistant fluids［J］. The Mining Engineer，1979（9）：235－243.
[80] YUZAWA S，OKUTSU R，HASHIZUME T，et al. Cavitation erosion features in industrial control valves at an inlet pressure of 20 MPa［J］. JSME International Journal，Series B：Fluids and Thermal Engineering，1998，41（4）：1105－1113.
[81] 董允，张廷森，林晓娉．现代表面工程技术［M］．北京：机械工业出版社，2000.
[82] BACKE W. Water－ or oil－ hydraulics in the future［C］. Tampere：The sixth scandinavian international conference on Fluid Power，1999：51－64.
[83] 朱俊华，战长松．往复泵［M］．北京：机械工业出版社，1992.
[84] 张海竹，卢勇，张薇，等．高压叶片泵流体泄漏研究［J］．流体机械，2009，37（3）：1－5.
[85] KOSKINEN K T，VILENIUS M. Proceedings of the sixth scandinavian international conference on fluid power（SICFP′99）［C］. Tampere：Tampere University of Technology，1999：231－242.
[86] 翟培祥．斜盘式轴向柱塞泵设计［M］．北京：煤炭工业出版社，1978.
[87] 杨曙东，吴双成．工程塑料在水液压元件中的应用研究［J］．中国机械工程，2000，11（10）：1193－1195.
[88] 斯捷潘诺夫 A J. 离心泵和轴流泵——理论、设计和应用［M］．徐行健，译．北京：机械工业出版社，1980.
[89] 余祖耀．高速海水液压柱塞马达（泵）的研制［D］．武汉：华中科技大学，2000.
[90] 刘桓龙，柯坚，于兰英．水液压三腔独立支承滑靴副的抗倾覆特性研究［J］．润滑与密封，2011，36（5）：53－58.
[91] 那成烈．轴向柱塞泵可压缩流体配流原理［M］．北京：兵器工业出版社，2003.
[92] WANG X，YAMAGUCHI A. Characteristics of hydrostatic bearing /seal parts for water hydraulic pumps and motors. Parts 1：Experiment and theory［J］. Tribology International，2002，35（7）：425－433.
[93] ARAKI K. Proceedings of the third JHPS international symposium on fluid power［C］. Japan：Japan Hydraulics and Pneumatics Society，1996：3－12.
[94] TANG Q G，CHEN J T，LIU L P. Tribological behaviours of carbon fibre reinforced PEEK sliding on silicon mitride lubricated with water［J］. Wear，2010，269（7－8）：541－546.
[95] ETSION I，BURSTEIN L. A model for mechanical seals with regular microsurface structure［J］. Tribology Trans，1996，39（2）：677－683.

[96] ESTION I. State of the art in laser surface texturing [J]. ASME J of Tribology, 2005, 127 (1): 248 – 253.
[97] 于新奇，蔡仁良．激光加工多孔羰面机械密封的动压分析 [J]．华东理工大学学报，2004，30 (4)：481 – 484.
[98] MURRENHOFF H. Efficiency through Fluid Power [C] //Proceedings of 7th international fluid power conference, efficiency through fluid power Vol. 3. Aachen: Apprimus Verlag, 2010: 215 – 248.
[99] 许福玲，陈尧明．液压与气压传动 [M]．3版．北京：机械工业出版社，2007.
[100] LACRARU L M, BOUAZZA – MAROUF K. Friction compensation of an actively restrained clutch for path tracking [J]. Proc. IMechE, Part I: Journal of Systems and Control Enginnering, 2006, 220 (5): 381 – 391
[101] 谢祖刚．气缸低速摩擦特性的研究 [D]．杭州：浙江大学，2003.
[102] LINJAMA M, LAAMANEN A, VILENIUS M. Is it time for digital hydraulics [C] //The eighth scandinavian international conference on fluid power: proceedings of the conference. Tampere: Tampere University of Technology, 2003: 421 – 432.
[103] 谢玉东，刘延俊，王勇．气动比例阀摩擦力补偿机制及实验分析 [J]．润滑与密封，2007，32 (9)：94 – 97.
[104] 路芳婷，任中伟．国内外大型液压缸活塞杆防腐技术的发展与现状 [J]．水利电力机械，2007，29 (10)：132 – 133，135.
[105] HUOVA M,. KARVONEN M, AHOLA V, et al. Energy efficient control of multiactuator digital hydraulic mobile machine [C] // Proceechings of 7th International Fluid Power Conference. Aachen: [s. n.], 2010.
[106] LARS M, GUNNAR L H. Hydraulic vane machine: US06071106A [P]. 2000 – 06 – 06.
[107] SAIRIALA H, KOSKINEN K T. Digital Fluid Power – State of The Art [C] //Proceedings of the twelfth scandinavian international conference on fluid power (SICFP'11), Vol. 2. Tampere: Tampere University of Technology, 2011: 445 – 458.
[108] 顾永泉．机械密封实用技术 [M]．北京：机械工业出版社，2004.
[109] 王祖林．缠绕加固型囊式蓄能器：中国，ZL200620140359. X [P]．2007 – 12 – 05.
[110] 焦文瑞．液压摆线针轮啮合副关键技术的研究 [D]．上海：同济大学，2010.
[111] PIPPENGER J J, DONG J X. History of gerotor hydraulics [J]. SAE Off – Highway Engineering, 2004, 12 (1): 40 – 42.
[112] ARMSTRONG B S R, YUAN Q H. Multi – level control of hydraulic gerotor motors and pumps [C]. Proceedings of the 2006 American Control Conference, 2006: 4619 – 4626.
[113] 焦文瑞．电控全液压转向的新产品 [J]．液压气动与密封，2021，41 (5)：1 – 5.
[114] 罗锡文，张智刚，赵祚喜，等．东方红 X – 804 拖拉机的 DGPS 自动导航控制系统 [J]．农业工程学报，2009，25 (11)：139 – 145.
[115] 于增扬．液压转向系统 (1) [J]．农业机械，1999 (6)：38 – 39.
[116] 付永领，邵云滨，齐海涛，等．集成电动静液作动系统理论与技术 [J]．液压与气动，2015 (5)：1 – 9.

[117] 付永领，韩旭，杨荣荣，等．电动静液作动器设计方法综述［J］．北京航空航天大学学报，2017，43（10）：1939－1952.
[118] 陈经跃，李奕宁，苗蕾，等．民机用高压高速液压泵的研究［J］．液压气动与密封，2019，39（6）：32－35.
[119] 吕延平．商用飞机功率电传作动器（EMA）技术浅析［J］．中国科技博览，2017（11）：1－7.
[120] 胡务农，胡长胜．电静液作动器新概念［C］．中国航空学会控制与应用第十二届学术年会论文集，2006.
[121] 王鹏，焦让．新型的电动静液作动器研究［J］．液压与气动，2008（3）：50－51.
[122] 徐兵．电动化时代的高速液压泵技术趋势与挑战（报告）［J］．液压气动与密封，2022，42（3）：103－107.
[123] 董兆胜．基于 HSV 配流的 EHA 控制性能研究［D］．秦皇岛：燕山大学，2019.
[124] 董福龙，陈皓云，古玉锋，等．EHA 可控悬架平顺性研究［J］．齐齐哈尔大学学报，2013，29（3）：32－34.
[125] RADERMACHER T，RCKLEBE S. Reduction of cycle time for injection moulding machines with electric hydrostatic drives［C］//Proceedings of the twelfth scandinavian international conference on fluid power. Tampere：［s. n.］，2011.
[126] 刘小康，李家乐，叶伟标，等．我国工程机械液压阀的现状及前景展望［J］．机床与液压，2012，40（20）：4.
[127] 吕蒙．液压挖掘机多路阀斗杆回路与阀口特性分析［D］．西安：长安大学，2013.
[128] 杨华勇，曹剑，徐兵，等．多路换向阀的发展历程与研究展望［J］．机械工程学报，2005，41（10）：1－5.
[129] 葛志伟．探讨工程机械液压节能技术现状与发展［J］．液压气动与密封，2021，41（10）：70－73.
[130] 杨翔．挖掘机用新型电液比例多路阀的控制策略研究［D］．长沙：中南大学，2008.
[131] 吴晓明．液压多路阀原理及应用实例［M］．北京：机械工业出版社，2022.
[132] 席亚兵，盖巍巍，陈亮．EBZ160 掘进机液压系统流量饱和现象的分析与改进［J］．现代矿业，2021，37（2）：154－155，160.
[133] 陈国贤，沈景凤，许仰曾．比例多路阀的数字式控制［J］．轻工机械，2011，29（2）：76－78，86.
[134] 袁皓，赵龙飞，吴齐才，等．基于 BTN8962TA 的 PVG32 比例阀控制技术［J］．电子制作，2019（7）：3－5，16.

第4篇

液压建模、仿真与数字孪生

主　编　**许仰曾**

第17章　液气建模与仿真技术及软件介绍

作　　者　徐　鹏

主　　审　许仰曾

第18章　液压数字孪生建模与HyPneu仿真软件

作　　者　许仰曾　吴　杨

主　　审　［美］I.T.Hong　陈立平　徐　兵

第 17 章　液气建模与仿真技术及软件介绍

在液压工业 4.0 时代，最大的变化是液压元件的生态环境发生了根本性的变化，如图 17-1 所示。

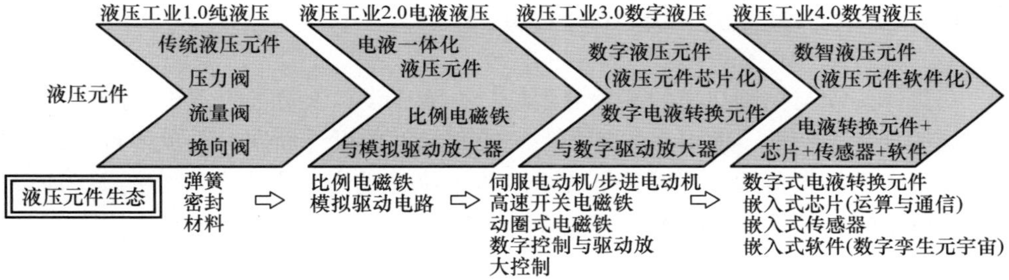

图 17-1　液压元件技术发展阶段

“数字液压”是工业 3.0 时代电液一体化的产物，关注点在于新型的液压数字元件，突出点是“非模拟控制”的电液转换元件及其液压元件，如步进/伺服电动机、高速开关阀、阀岛等。它的品种与体系如图 17-1 所示。

随着工业 4.0 的明确提出，无人化等社会需求使智能化成为技术发展的必然选择，这时数字液压元件发展方向就是芯片嵌入元件成为一体的芯片化，当到液压工业 4.0 时，对于网络连接与软件功能提出更明确的要求时，数字液压元件才发展到数智液压元件，这时数字液压元件的发展进入数智液压元件阶段，液压生态就是数字式电液转换元件为主，与嵌入式芯片、嵌入式传感器与嵌入式软件结合在一起成为液压智能元件。这个发展过程是：传统液压（逻辑控制液压）→电液一体化液压（模拟式控制液压）→ 数字液压（非模拟式控制液压）→数智液压（嵌入式芯片的基础软件为主的液压）。本章主要阐述由液压工业 3.0 迈向液压工业 4.0 时代有关的生态技术。

这些生态技术说明液压元件技术与产品的发展已经与液压工业 1.0 纯液压时代有着极大的变化，这些变化体现在以下六个方面：

1）打破纯液压观念，建立液压元件的发展一定与生态技术密切结合而更新换代的思想，如与微处理器、AI、编程运算、机械传动相融合发展的观念。

2）打破唯液压硬件解决问题思路，建立液压元件芯片化后由嵌入式软件定义元件功能的思路。

3）打破唯液压集中总成模式，建立分布式液压系统需要分布式总线、智能液压元件的数字集成模式。

4）打破以人工为基础，依靠测试仪器的传统故障诊断理念，建立嵌入式数智元件具有数字孪生全生命周期健康管理的理念。

5）打破纯液压元件先有产品后有标准的概念，建立元件技术生态标准体系、让生态技术的发展尽快与液压元件发展融合的理念。

6）打破液压元件企业生产孤岛模式，建立智能液压元件由液压智能生产制造、由生产管理云端支持的共享模式。

17.1　液气系统的分析研究方法

在流体传动与控制技术的工程应用场合，液压设计人员如果在设计阶段就考虑到系统的动静态特性，便可大大缩短系统或其元件的设计周期，避免因重复试验及加工所带来的昂贵费用，并可及早认识液压系统在动态特性方面存在的薄弱环节，及时加以消除，从而缩短新产品开发设计周期，提高企业的设计水平，增强企业在市场上的竞争力。

液压元件及系统的设计现在已经离不开计算机仿真，特别是在高速、高压或恶劣环境的极端工况下，在设计时就获取系统在上述工作环境下的工作性能更是必要。在设计过程中预测系统性能，了解并行负载回路中负载间的相互影响，认识单个构件在整个系统动态响应中的作用，了解多作用件系统中作用件间的相互影响，识别动态负载下的误动作等都需要通过仿真技术去认识，并最终从优化系统设计来解决问题。

17.1.1　系统的试验研究方法

针对系统的分析、综合与设计问题，通常采用解析法、试验法与仿真试验法这三种方法对系统进行试验研究。

所谓解析法，就是运用已掌握的理论知识对系统进行理论上的分析、计算。它是一种纯理论意义上的试验分析方法，在对系统的认识过程中具有普遍意义。但是，在许多工程实际问题中，由于受到理论不完善、对事物认识不全面等因素（如“黑箱”“灰箱”问题等）的影响，解析法又有很大的局限性。

对于已经建立的（或已存在的）实际系统，利用各种仪器仪表与装置，对系统输入一定类型的信号（或利用系统中正常的工作信号），通过测取系统响应来确定系统性能的方法称为试验法。它具有简明、直观与真实的特点，在一般的系统分析与测试中经常采用。但是，由于成本过高、周期较长、风险太大等原因，这种试验方法在普通工业领域常常难以实现。

仿真试验法就是根据相似原理，在模型上所进行的系统性能分析与研究的试验方法。系统模型可分为两类，一类为物理模型仿真，另一类为数学模型仿真。例如，将飞行器放置在“风洞”中进行的试验研究，就是通过“环境相似”基本原则，模拟空中情况下物理模型的仿真试验。又如，在船舶设计制造中，通过“几何相似”的基本原则，常常按一定的比例缩小建造一个船舶模型，然后将其放置在水池中进行各种动态性能的试验研究，是模拟水中情况的物理模型的仿真试验。但是在物理模型上所做的仿真试验虽然具有效果逼真、精度高等优点，但由于造价昂贵、周期过长，只在一些特殊场合下（如导弹或卫星一类的飞行器的动态仿真）采用。随着计算机技术的产生与软件技术的成熟，数学模型仿真越来越成为工程技术解决问题的重要手段，如今采用计算机仿真预知所设计系统与元件性能的手段已经变得不可或缺，并且还在向半实物仿真、数字孪生等更深层次的方向发展。

17.1.2 仿真技术分类

进行仿真，首先要建立系统的模型，系统模型通常分为数字模型、物理模型和混合模型三种，因此仿真技术也一般分为三大类。

1. 物理仿真

物理仿真是利用物理模型对实际系统进行模拟，一般可通过两种方法来实现：电模拟方法（组成电路来模拟真实物理系统）和相似方法（即根据相似理论，制作一个在尺寸上缩小或放大的物理模型，来模拟真实物理系统）。电模拟方法通常用一种专用的模拟器来实现。在物理仿真中，其仿真模型（物理模型）具有与实际系统相似的物理属性，物理仿真的特点是具有实施快速性，且能考虑一些难以用数学模型表示的非线性因素和干扰因素。

2. 数字仿真

数字仿真就是利用计算机对采用数学表达式表示的数学模型进行求解，对物理系统的作用过程进行计算和分析来得到系统的工作特性。数字仿真采用数学语言描述所研究的物理系统作用过程（该步骤称为数学模型的建立），并将该描述输入计算机，然后利用计算机的高速运算功能，对所建立的数学模型进行求解，得到表示该物理系统工作性能的结果。这一过程，就是系统的数学模型建立与数字仿真，也称为计算机仿真。

3. 混合仿真

混合仿真介于数字仿真与物理仿真之间，也称为半数字仿真或半物理（半实物）仿真。这种方法在模型中既有实际的物理模型部分，又有计算机中的数学模型部分，通过计算机接口将两种不同性质的模型联系起来。它综合了物理仿真和数字仿真方法各自的优点，特别是当一些复杂因素难以用数学方程描述，对系统又特别重要时，这种方法最为有效。但这种方法较为复杂，且费用昂贵，两种不同性质模型的集成也具有相当高的难度，详见24.4节。

数字仿真具有灵活方便、计算精度高、成本较低等特点。随着计算机与微电子技术的飞速发展，人们越来越多地采用数学模型在计算机上进行仿真试验研究，数字仿真技术应用越来越普遍，因此本章主要对液压元件与系统的数字仿真技术（下文简称为仿真），进行深入讨论。

17.1.3　仿真技术定位

仿真技术贯穿于整个产品生命周期的多个阶段，美国国家航空航天局（NASA）、美国国防部（DOD）、国际标准化组织（ISO）、国际电工委员会（IEC）以及国军标（GJB）等分别在各自标准中定义了系统生命周期模型，如图17-2所示。尽管各项标准对生命周期活动定义有所不同，一般来说，系统生命周期均包含了概念、设计、开发、生产/试验、运行到退出这五个阶段，本章讨论的仿真技术主要应用于设计与开发这两个阶段。

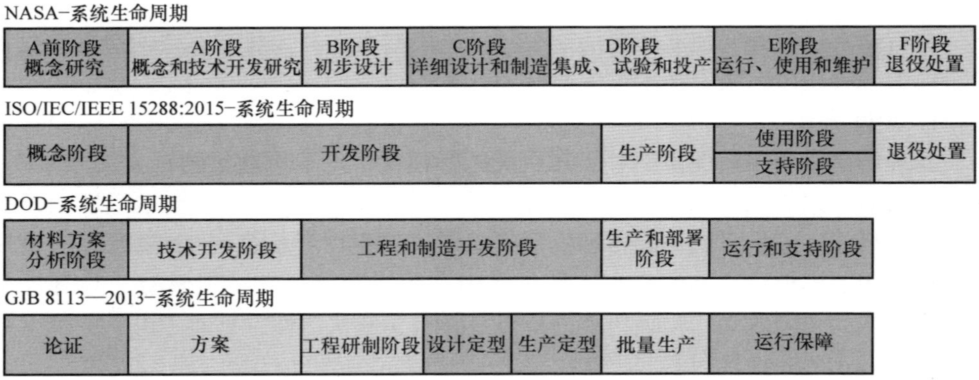

图17-2　系统生命周期

针对产品的设计与开发阶段，基于模型的系统工程（MBSE）V模型描述了整个过程，如图17-3所示。

V模型的左侧由上至下根据运行概念分别进行需求分析、系统设计、子系统设计及零部件设计，V模型底部实现制造与生产。V模型右侧由下至上分别进行零部件验证、子系统验证、系统验证及需求验证，最终保证交付的实际产品符合运行要求。V模型的左侧通过系统分解与定义，实现性能分析；右侧通过系统综合与确认，实现性能验证。在各个开发阶段，仿真技术均起着非常重要的作用，在开发样机之前，基于模型仿真试验，可进行可行性论证、方案论证、系统设计、动态性能分析、控制系统开发和整体系统性能分析与优化等工作。与传统的机电产品串行开发模式相比，仿真技术能够实现协同设计和并行开发，实现对系统开发过程的有效

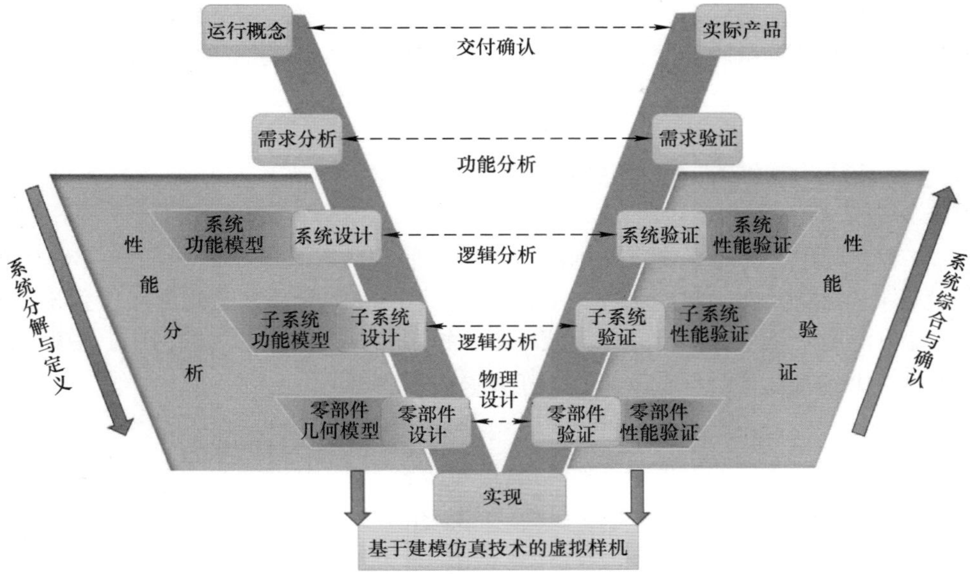

图 17-3　系统工程 V 模型

管理和控制，以避免或减少设计错误、降低研发成本、缩短开发周期。

在系统/子系统设计阶段，构建反映系统性能参数的功能模型，通过进行系统仿真，对各类设计方案进行比较，预测系统的工作性能，判定系统是否能满足要求，从中选出最佳方案。随着产品开发流程的深入，获得了更为详尽的几何结构参数，进入零部件设计阶段，该阶段构建反映零部件结构参数特征的三维几何模型，通过进行物理场仿真，预测系统各构成元件的工作性能，对各种结构参数进行优化。几何模型与功能模型如图 17-4 所示。

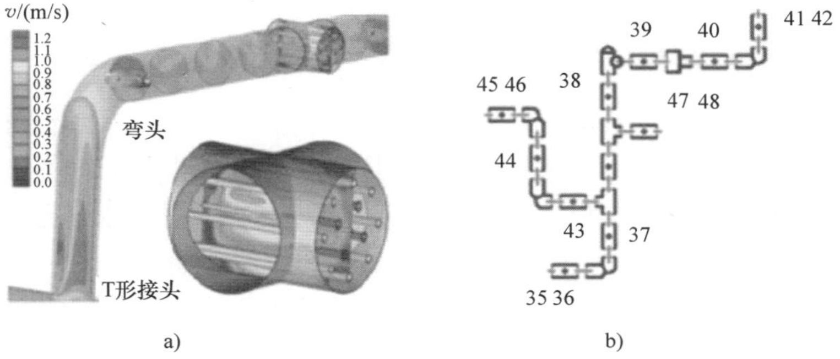

图 17-4　几何模型与功能模型示意

a）几何模型（3D CFD）　b）功能/性能模型（系统）

通过仿真手段，得到描述物理系统的数学模型，可利用成熟的系统分析理论和方法，更深层次地揭示系统机理，从而得到对所研究系统的深入认识。同时，物理样机实现之后根据试验结果可对仿真模型进行标定，经试验证明的仿真模型可复用，用于产品的系列开发。

17.2 液压系统的建模与仿真

工程实际中，一个正常工作的液压系统一般都应具有五个主要部分：动力源、执行元件、控制元件、辅助元件与工作介质。图17-5所示为一典型液压系统原理图，动力源为液压泵，执行元件为液压缸，控制元件为溢流阀与方向阀，辅助元件为油箱、压力表、管路及管接头，工作介质为液压油。

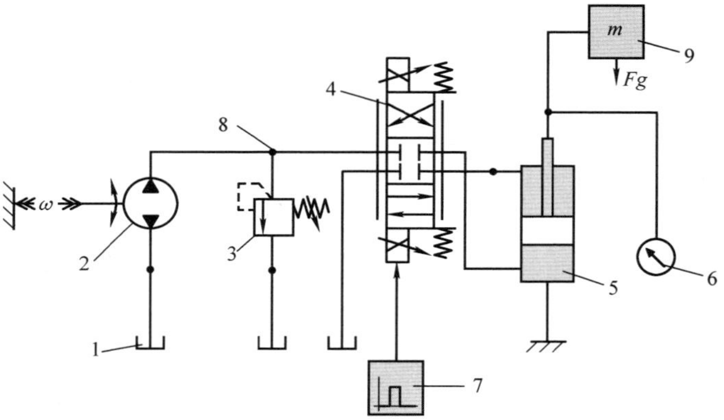

图17-5 液压系统原理图实例

1—油箱 2—液压泵 3—溢流阀 4—方向阀 5—液压缸 6—压力表 7—信号控制器 8—管路及管接头 9—负载

17.2.1 液压系统分析的特点

在进行系统仿真时，对实际系统的认识，对系统模型的理解以及在计算机上的实现是一个有机的整体，每个环节都不同程度地对最终结果有所影响。所谓系统就是由一些具有特定功能的、相互间以一定规律联系着的物体（又称子系统）所构成的有机整体。

系统由三个要素组成：实体、属性和活动。实体就是存在于系统中的具有确定意义的物体，如液压系统中的泵、电力拖动系统中的执行电动机等。属性即实体所具有的任何有效特征，如泵的排量、液压阀开度及马达转速等。系统内部发生的任何变化过程为内部活动，系统外部发生的对系统产生影响的任何变化过程称为外部活动，如液压阀换向控制液压缸动作为内部活动，电网电压波动使得电动机运行状态变化进而影响液压泵的工作状态，为液压系统的外部活动。

系统具有三种特征：整体性、相关性和隶属性。整体性即系统中各部分（子系统）不能随意分割，如任何一个需要实现某特定功能的液压系统，泵、控制阀与执行机构缺一不可。因此系统的整体性是一个重要特征，直接影响系统功能与作用。相关性即系统中各部分（子系统）以一定的规律和方式相联系，由此决定了其特有的性能，如图 17-5 所示液压系统，其功能是液压缸直线运动推动负载。对于隶属性，一般情况下，有些系统并不能清楚分出系统的“内部”与“外部”，常常需要根据所研究的问题来确定内部因素与外界环境，其界限也常常随不同的研究目的而变化，该特性称为隶属性。分清系统的隶属界限，可使系统仿真问题得到简化，大大提高仿真工作效率。

对于液压系统进行分析研究比较复杂，原因在于系统本身的复杂性，主要体现在以下方面。

1）液压系统的许多问题都是极其复杂的动态特性问题，只能用微分方程表示。

2）液压系统是由若干元件组成的，而有些泵、阀类液压元件本身就是一个自动调节系统，所以由这些元件组成的液压系统往往是一个比较复杂的自动控制系统，其中诸多因素和参量互相影响、互相制约。

3）液压系统中含有较多的非线性因素，不少变量是其他变量的非线性时变函数，如液压系统中常用到的阀口流量公式或阀口液阻表达式就是如此。液压系统与液压元件本质上的非线性使得相应的微分方程具有非线性，因此限制了线性控制理论的适用性。

4）仅仅估算一个非常简单的液压系统参数，就有大量的细节需要考虑。如层流与湍流、黏温特性、摩擦因素、流量系数、流道截面形状、气蚀、油液中空气含量等。

5）液压系统的动态分析中，除液压本身的问题外，也常涉及机械、电气问题。因为受液压系统驱动的是机械部件，而且液压元件本身就包含不少机械运动构件，如液压缸中的活塞运动、柱塞泵中的柱塞运动、阀类元件中的阀芯运动等。如果在动态分析中，需要考虑这些构件的影响，则所有影响这些构件运动的机械参量就需要考虑。在需要考虑液压泵驱动电动机的性能或其他与电信号有关的元件（如电磁阀的动作）时，则常需要涉及有关的电气参量。如果还需要考虑系统中蓄能器的特性，则又要设计气体动力学问题。所以液压系统的动态分析，有时是涉及机、电、液、热、控等多个学科问题的综合分析，而液压和机械问题联系在一起，总是不可避免的。

6）许多液压系统实质是分布参数式的系统，因此对于何时以及如何用集中参数法近似，要求具备一定的技能来做出合理的工程判断。

总之，对液压系统的分析通常是涉及机、电、液、热、控等多学科的非线性自动控制系统的动态特性分析问题，这就增加了其分析研究的复杂性。

17.2.2　数学建模要点

在运用科学方法解决实际问题的过程中，模型可能是最基本的概念之一。广义上，理论就是研究实物特性的抽象模型。模型要有价值，则必须紧密联系实际。对工程师而言，好的理论必须实际有效，因为理论构成了现实决策的基础。

工程中，由于工程基于物理定律，而物理定律用数学语言描述，因此数学模型广泛应用。建立数学模型，就是在具体系统中应用物理定律，用一组数学方程来描述此系统。液压系统的静态性能，可用一组非线性代数方程来描述；其动态性能，则可用一组非线性常微分方程来表示。但是有时用物理定律无法确定系统行为时，就不能列出数学模型。这时，可应用试验建模的方法来解决建模问题。在试验建模中，给系统输入一组已知量作为激励，并测量它的输出，通过系统辨识方法，建立其输入输出关系，可以得到所需的近似数学模型。在数学模型中，包含着许多未知参数，这些参数必须通过实物测量、实际试验或查阅有关手册来确定。

一般来讲，对液压系统建立精确的数学模型时，往往需要成百上千个方程式来描述，求解这样的系统，对计算机要求较高。显然，在无须十分精确的情况下，就可仅建立一个合理的简化模型，即对数学模型进行简化。实际上，在实践中也发现，复杂的数学模型往往并不能得到好的仿真结果，也很难在模型运算过程中分析各参量各自对系统的影响。

适用于实际工程的最理想的模型，应该即准确又简单。对于重要且需要因果关系明确体现的情况，工程人员能够利用因果关系使系统达到指定要求；对于重要但不需要体现的因果关系，通过适当处理，采取相应措施，确保在可预见的试验条件下，实物系统能够达到工程上令人满意的结果。同时，进行模型研究讨论得到虚拟系统结论的方式应该相对简单，在现有的计算资源条件下仿真时间不宜过长。

模型的准确性和简单性是相互矛盾的，为达到可接受程度的准确性，需要进行一定程度的“层级分析”，某种特性需要做出妥协。问题通常转化成：在可接收的时间与成本内，是否可能建立一个足够简单且仍保留相关特性的具体系统。否则，工程师的决策或多或少都有主观臆断的成分。

以系统和元件两个维度来对模型层级进行定义：

1）在系统层级，建模的最有效方法是通过近似测量得到合适且较简单的输入输出数学关系。系统工程师通常在概念上将各个元件视为“黑盒”，即只关注输入输出关系，不需要关注元件内部问题。为使总体模型大小保持在可接受范围内，系统工程师用最简单且功能齐全的模型表示每个元件。

2）在元件层级，通常使用分析与试验相结合的方法建模，即通过分析的方法搭建模型结构，大量的模型内部参数通过试验测量得到，如流量、压力、通流面积的通用方程，经常包含诸如流量系数之类的通过大量试验获得的经验成分。元件设计师需要能够反映对整体性能有重要影响的所有内部因素的详细模型。在新元件初步设计时，以及试图通过设计参数的变化来优化指定系统性能时，这种模型十分有效。但对复杂模型要小心，这是因为复杂模型给人分析层级很高的感觉，然而实际上，它们可能是对常用数学公式的编译，不能反映虚拟物理问题。

建立一合理简化的模型，必须明确哪些物理变量和关系是可以忽视的，哪些是决定性因素，简化的原则是，在某一确定工况下，突出其主要矛盾，忽略那些对当前工况影响不大的因素，因此，不同工况条件下，模型的简化结果是不同的。类似所有的设计活动，建模过程是一个反复迭代的过程。当分析一个新系统时，首先应建立一简化模型（甚至线性化模型），得到关于这个问题的一般解，然后根据要求，建立更详细的数学模型，以便进行更深层次的分析。这要求工程师能够意识到简化的存在，并能对简化部分进行量化。当出现过度简化，所获得的预测性能结果不符合经验规律时，需要通过返回到更复杂的模型来对模型进行修正。

对于系统或者元件特性的定性分析，优先选择简化模型。实际上，人类的思维不是能够很好地理解有多个变量相互关联的动态系统，即使是这种关联简单。但通过借助计算机，即使是在高度复杂的系统中，工程人员也可以让计算机处理所有可编程的交互关系。而且通过对给定不同输入扰动下仿真模型响应的研究，可以更专注于理解系统的本质特性。

众所周知，线性系统的分析理论十分成熟，且有许多有效的分析手段和方法。因此，在系统分析中常采用线性化方法建立数学模型。为得到一个具有线性微分方程形式的模型，在物理系统中可能出现的任何分布参数和非线性都将被忽略。如果这些被忽略的非线性参量对工况特性影响不大，那么数学模型分析所得到的结果与物理系统的试验研究结果将有较好的一致性。线性化的方法被广泛应用于液压系统的分析中。

在建立系统的数学模型时，必须清楚数学模型不能精确表示任何物理元件或系统，它总包含有近似性和假设；某些近似或假设限制了数学模型的正确性。因此，在进行系统性能的分析时，必须注意模型中包含的那些近似和假设。

通常情况下，建立系统数学模型的步骤如下：

1）画出系统的原理简图，并根据目标确定变量。

2）应用有关物理定律，写出表示每一个元部件性能的数学方程，并根据一定工作规律，如基尔霍夫定律、能量守恒定律、牛顿第二定律等，将这些方程综合起来，得到所需的数学模型。

3）根据要求和工况条件，对所得到的数学模型进行简化，突出主要变量的作用，忽略那些对当前工况条件影响不大的因素，得到其简化模型。

4）应用实测、查阅手册等方法，确定模型中的未知参量，从而得到完整的数学模型。

5）运用相应的数学方法，对数学模型进行解算，得到其数值结果，这一过程称为仿真过程。将由数学模型通过计算得到的解，与试验结果相比较，如果试验结果与计算解相差很大，数学模型必须重新建立。这时应考虑每个元部件的数学描述是否正确，简化过程是否合理，参量的赋值是否正确，数学计算方法是否得当等，重复这一过程直到模型的解与试验结果近似一致的位置。一般来说，数学模型是否正确，只有通过试验来验证。

17.2.3　数学模型形式

实际工程中的系统，其变量绝大多数都是一些具体的物理量，如电压、电流、压力、温度、流量、速度、位移等，这些物理量是随时间连续变化的，称为连续系统；若系统中物理量是随时间断续变化的，如计算机控制、数字控制、采样控制等，则称为离散系统。

根据系统数学描述方法的不同，可建立不同形式的系统数学模型。在经典控制理论中，常用系统输入输出的微分方程或传递函数表示各物理量之间的相互制约关系，这称为系统的外部描述或输入输出描述；在现代控制理论中，通过设定系统的内部状态变量，建立状态方程来表示各物理量之间的相互制约关系，这称为系统的内部描述或状态描述。连续系统的数学模型通常可由高阶微分方程或一阶微分方程组的形式表示；而离散系统的数学模型是由高阶差分方程或一阶差分方程组的形式表示。如果所建立的微分或差分方程为线性且各系数为常数，则称为线性定常系统的数学模型；如果方程中存在非线性变量或存在随时间变化的系数，则称为非线性系统或时变系统数学模型。

一般的液压系统都可描述为连续系统，连续系统的数学模型通常有以下三种表示方法：微分方程、传递函数和状态方程。

（1）微分方程　设线性定常系统输入量、输出量是单变量，分别为 $u(t)$、$y(t)$，则两者间的关系总可以描述为线性常系数高阶微分方程形式，即

$$a_0y^{(n)}+a_1y^{(n-1)}+\cdots+a_{n-1}y'+a_ny=b_0u^{(m)}+\cdots+b_mu \tag{17-1}$$

式中　$y^{(j)}$——$y(t)$的j阶导数，$y^{(j)}=\dfrac{d^jy(t)}{dt^j}$，$j=0,1,\cdots,n$；

$u^{(i)}$——$u(t)$的i阶导数，$u^{(i)}=\dfrac{d^iu(t)}{dt^i}$，$i=0,1,\cdots,m$；

a_j——$y(t)$及其各阶导数的系数，$j=0,1,\cdots,n$；

b_i——$u(t)$及其各阶导数的系数，$i=0,1,\cdots,m$；

n——系统输出变量导数的最高阶次；

m——系统输入变量导数的最高阶次，通常总有 $m\leqslant n$；

对式（17-1）的数学模型，可以用以下模型参数形式表征。

输出系数向量：$\boldsymbol{a}=(a_0,a_1,\cdots,a_n)$，$n+1$ 维。

输入系数向量：$\boldsymbol{b}=(b_0,b_1,\cdots,b_m)$，$m+1$ 维。

输出变量导数阶次：n。

输入变量导数阶次：m。

以上一组模型参数可简便表达出一个连续系统的微分方程形式，微分方程模型是其他类型数学模型表达形式的基础。

（2）传递函数　对式（17-1）等号两边取拉普拉斯变换，并假设 y 及 u 的各阶导数（包括零阶）的初值均为零，则可得

$$(a_0s^n + a_1s^{n-1} + \cdots + a_{n-1}s + a_n)Y(s) = (b_0s^m + b_1s^{m-1} + \cdots + b_{m-1}s + b_m)U(s) \tag{17-2}$$

输出拉氏变换 $Y(s)$ 与输入拉氏变换 $U(s)$ 之比为

$$G(s) = \frac{Y(s)}{U(s)} = \frac{b_0s^m + b_1s^{m-1} + \cdots + b_{m-1}s + b_m}{a_0s^n + a_1s^{n-1} + \cdots + a_{n-1}s + a_n} \tag{17-3}$$

式（17-3）即为单输入单输出系统的传递函数，其模型参数表示如下。

传递函数分母系数向量：$\boldsymbol{a} = (a_0, a_1, \cdots, a_n)$，$n+1$ 维。

传递函数分子系数向量：$\boldsymbol{b} = (b_0, b_1, \cdots, b_m)$，$m+1$ 维。

分母多项式阶次：n。

分子多项式阶次：m。

式（17-3）中，当$a_0 = 1$ 时，分母多项式为

$$s^n + a_1s^{n-1} + \cdots + a_{n-1}s + a_n \tag{17-4}$$

式（17-4）称为系统的首一特征多项式，是系统常用的标准表达形式。于是相应的模型参数中，分母系数向量只用 n 维分量即可表示出，即

$$a = (a_1, a_2, \cdots, a_n),\ n\ 维$$

（3）状态空间描述（状态方程）　对于一个多输入多输出系统，其状态及响应可由状态向量（$x_1, x_2, \cdots, x_n$）和输入信号（$u_1, u_2, \cdots, x_m$）的一阶微分方程组描述，该方程组一般形式为

$$\begin{cases} \dot{x}_1 = a_{11}x_1 + a_{12}x_2 + \cdots a_{1n}x_n + b_{11}u_1 + \cdots + b_{1m}u_m \\ \dot{x}_2 = a_{21}x_1 + a_{22}x_2 + \cdots a_{2n}x_n + b_{21}u_1 + \cdots + b_{2m}u_m \\ \qquad\vdots \\ \dot{x}_n = a_{n1}x_1 + a_{n2}x_2 + \cdots a_{nn}x_n + b_{n1}u_1 + \cdots + b_{nm}u_m \end{cases} \tag{17-5}$$

式（17-5）中，$\dot{x} = \mathrm{d}x/\mathrm{d}t$。因此，可以将微分方程组写为矩阵形式，即

$$\frac{\mathrm{d}}{\mathrm{d}t}\begin{pmatrix} x_1 \\ \vdots \\ x_n \end{pmatrix} = \begin{pmatrix} a_{11} & \cdots & a_{1n} \\ \vdots & & \vdots \\ a_{n1} & \cdots & a_{nn} \end{pmatrix}\begin{pmatrix} x_1 \\ \vdots \\ x_n \end{pmatrix} + \begin{pmatrix} b_{11} & \cdots & a_{1m} \\ \vdots & & \vdots \\ b_{n1} & \cdots & b_{nm} \end{pmatrix}\begin{pmatrix} u_1 \\ \vdots \\ u_m \end{pmatrix} \tag{17-6}$$

状态变量组构成的列向量称为状态向量，记为

$$\boldsymbol{x} = \begin{pmatrix} x_1 \\ \vdots \\ x_n \end{pmatrix} \tag{17-7}$$

用黑体字母表示向量，$\boldsymbol{u}$ 表示输入信号向量，则系统又可缩写为状态微分方程

的形式，即

$$\dot{\boldsymbol{x}}=\boldsymbol{Ax}+\boldsymbol{Bu} \tag{17-8}$$

式（17-8）通常又简称为状态方程。其中矩阵$\boldsymbol{A}$是$n \times n$型的方阵，$\boldsymbol{B}$是$n \times m$型的矩阵。状态微分方程将系统状态变量的变化率与系统的状态和输入信号联系在一起，而系统的输出则常常通过输出方程与系统状态变量和输入信号联系在一起，即

$$\boldsymbol{y}=\boldsymbol{Cx}+\boldsymbol{Du} \tag{17-9}$$

式（17-9）中，$\boldsymbol{y}$表示列向量形式的输出信号。系统状态空间（或状态变量）模型同时包括了状态微分方程和输出方程。

任何一个系统，只要能列出其状态方程和输出方程，其动态特性便迎刃而解。系统中每一个状态变量的一阶导数，都是其他若干状态变量和输入变量的函数。

（4）模型适用性比较　由于微分方程的模型参数向量与传递函数的模型参数向量完全一致，所以在仿真中微分方程模型总是用其对应的传递函数模型来描述。传递函数是一种以系统参数表示的系统输入量与输出量间的关系式，它表达了系统本身的特性，确切说是系统的端口特性。传递函数不能表明系统的物理结构和内部特性，而且只适用于单输入单输出的线性定常系统，对于具有众多固有非线性且很难进行线性化的一般液压系统来说，难以取得较好的效果。

状态空间法是一种时域分析法，其采用一组称为状态变量的系统参数来描述一个系统的状态和特性，当系统各状态变量的初始值及输入信号被确定后，系统在任意时刻的状态即被唯一地确定。显然，状态空间法的这一特点与系统动态过渡过程研究的基本目的和实际需要相当吻合，特别适合求解液压系统的瞬态响应，且该方法易于在计算机上实现，这无疑为研究较复杂液压系统的动态特性带来极大方便。该方法适用于多输入多输出系统，同时既适用于线性系统，也适用于非线性系统，并且能完全表征系统的动态行为，很好地弥补了传递函数所存在的局限性，因而在液压系统建模中得到了广泛应用。

17.3　功率键合图建模方法

对于系统状态空间方程的建立，通常采用功率键合图（Power Bond Graph）法。功率键合图法是一种与状态空间分析法密切协调、非常适用于工程系统动态特性数字仿真的有效建模工具，这一方法可以克服其他建模方法的许多缺点和不足。在其他建模方法中，如利用系统的传递函数来建立状态方程，会保留前述传递函数分析法的某些局限性；而利用高阶微分方程来建立状态方程，其中多个状态变量只能是某一物理变量及其各阶导数，而不能是在研究中感兴趣的几种不同的物理变量，而某一物理量的各阶导数，有时又不具有实际意义；若采用解析法，根据系统的结构和各物理量之间的相互关系，依照力学及流体定律建立系统的状态空间方

程，其理论分析工作量大，对于比较复杂的液压系统，往往会因考虑不周而造成建模中的错误。

相比之下，利用功率键合图来建立状态方程，可以先根据一些规则，将所研究系统的动态过程画成功率键合图，以图示方式清晰表达系统在动态转换过程中各组成部分的相互关系，包括其功率流、能量分配及转换、各作用因素的影响和功率构成等。从功率键合图可以很方便地推导出状态空间方程，即使对于比较复杂的系统，这一过程也可以有条不紊地进行。所推导出的状态方程中的各状态变量一般均是研究系统中感兴趣的、有实际意义的各物理变量。这种应用功率键合图建立所研究系统的动态数学模型的方法不仅适用于研究液压系统，也适用于研究机械系统、电气系统和热力学系统等。

17.3.1　功率键合图理论概述

功率键合图的基本理论与方法是由美国麻省理工学院的 H. M. Paynter 教授于 1959 年首次提出的，是在功率流概念的基础上，描述系统功率的传输、转化、贮存、耗散的图形。他是在运用方块图和信号流图深入研究伺服控制和仿真问题时，感到这些图形表示存在一些不足之处，因而提出了崭新的键合图表示方法，用以研究各个工程领域系统的动态性能。而后经过美国的 D. C. Karnopp 和 R. C. Rosenbery 两位教授的大量富有成果的工作，以及 J. U. Thoma 教授等人较有特色的研究工作，使之逐步趋于完善。在液压技术领域，澳大利亚的 P. C. Breedveld 教授使这种方法得到较全面系统的应用并结合液压专业特点使其有所发展。目前，该方法已在机械、热力学、生理学、化学、流体、生物学、电子及磁系统等工程技术领域的动态分析与控制研究中得到了广泛的应用，已成为一种十分有效的多领域动态建模和分析方法。

功率键合图的基础是热力学第一定律：能量既不能产生也不能消失，只能从一种形式转化为另一种形式。热力学第一定律适用于所有的科学和工程领域。功率键合图的核心思想：一个工程系统的动态过程，即其功率流在特定激励作用下重新分布与调整的过程，而以一种统一的方法对系统内各部分功率流的构成、转换、相互间逻辑关系及物理特征等进行描述，即可实现对该系统模型的充分且完备的定义描述。能量可通过对功率的积分求得，选择功率是因为它可以为两个耦合变量的乘积，这对任何领域都适用。键合图不仅表达了系统内的功率流，而且同时描述了系统内每一个分支的两个耦合变量之间的关系。一方面，它对功率流描述上的模块化结构与系统本身各部分物理结构及各种动态影响因素之间具有明确而形象的一一对应关系，便于理解其物理意义；另一方面，它与系统动态数学模型即状态方程之间也存在着其他方法无法比拟的一致性，可以根据系统的功率键合图的有关规律和规则，有条不紊地推导出相应的数学模型。

在具体表达方式上，从功率流的角度出发，功率键合图方法将各类工程系统所涉及的多种物理参量统一归纳为四种系统变量，即力（势）、流、动量和变位。同时采用若干基本构成元素，如功率键、作用元、（功率）源、结点、变换器和旋转器等来表征基本物理特征和能量（功率）转换与守恒的基本连接方式。所定义的系统变量和构成元素都具有特定的物理含义，并由一组专门的图形或字母符号来标识。键合图本身具有一套严密的描述与变换规则，这些规则同各类型典型物理特性及一些普遍定律之间具有高度的协调一致性。功率键合图包含了有关系统非常丰富的信息，如各元件相互连接关系、能量传输情况、变量间因果关系、系统阶次、是否存在代数环问题等，为系统动态模型的准确定义描述及据此有规律地推导建立状态方程，提供了一条十分有效的途径。

17.3.2　功率键合图常用变量

在工程系统和物理系统中，相互作用的子系统（或元件）必然传递功率，这是产生键图的原始依据。键图是彼此间用键连接起来的键图元的集合，图17-6所示为质量－弹簧－阻尼系统的键图，图中的R、C、I、Se等是键图元，两个键图元之间的连线是键。

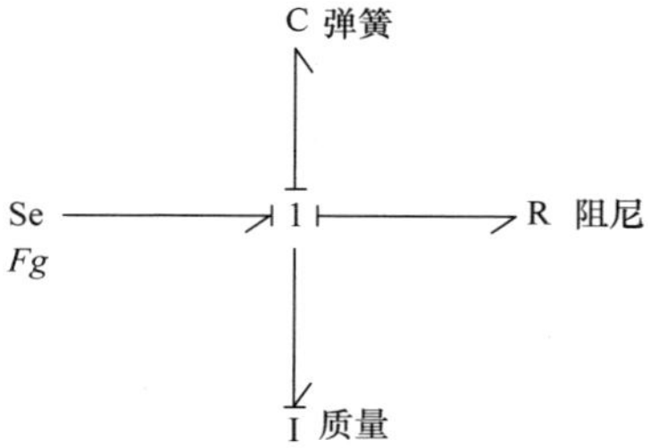

图17-6　系统键合图模型

键图元之间进行能量传递的地方称为通口，通口用画在键图元旁边的一根线段表示，两个键图元的通口相互连接形成键。通口是针对一个键图元来定义，而键则关联着两个键图元。未形成键的通口上没有能量流动，而键则用以传递功率，这种传递功率的键称为功率键。另外一种键同样关联着两个键图元，但它不传递功率，只传递信号，这种键称为信号键。功率键的一端带有半箭头符号，信号键上则带有全箭头符号。一根键所关联的两个键图元之间的连接称为键接，两个键图元键接后，能量从一个键图元传递至另一个键图元的过程中，键上没有能量损失。

功率键合图将多种物理参量统一归纳成四种广义变量：势变量 $e(t)$、流变量 $f(t)$、广义动量 $p(t)$ 和广义位移 $q(t)$。

势变量 $e(t)$ 具有“潜在”的特征，而流变量 $f(t)$ 则具有“流动”的特征，势变量 $e(t)$ 和流变量 $f(t)$ 的标量积称为功率 $P(t)$，即

$$P(t)=e(t)f(t) \tag{17-10}$$

故势变量和流变量又称为功率变量。

广义动量 $p(t)$ 定义为势变量的时间积分，即

$$p(t)=\int_0^t e(t)\mathrm{d}t \text{ 或 } p(t)=p_0+\int_{t_0}^t e(t)\mathrm{d}t \tag{17-11}$$

其中，p_0是在时间t_0时的初始动量。

广义位移 $q(t)$定义为流变量的时间积分，即

$$q(t)=\int_0^t f(t)\,\mathrm{d}t \text{ 或 } q(t)=q_0+\int_{t_0}^t f(t)\,\mathrm{d}t \tag{17-12}$$

其中，q_0是在时间t_0时的初始位移。

广义动量和广义位移是能量变量，通过一根键的能量 $E(t)$ 可以写为

$$E(t)=\int_0^t e(t)f(t)\,\mathrm{d}t \tag{17-13}$$

由式（17-11）和式（17-12）可知

$$\begin{cases} e(t)\,\mathrm{d}t=\mathrm{d}p(t) \\ f(t)\,\mathrm{d}t=\mathrm{d}q(t) \end{cases} \tag{17-14}$$

将式（17-14）代入式（17-13）可得

$$\begin{cases} E(t)=\int_0^t f(t)\,\mathrm{d}p(t) \\ E(t)=\int_0^t e(t)\,\mathrm{d}q(t) \end{cases} \tag{17-15}$$

表 17-1 列出了键合图系统变量与不同能量域中物理参量之间的对应关系。

表 17-1　不同能量域中物理参量所对应的键合图系统变量

广义变量	势变量 $e(t)$	流变量 $f(t)$	广义动量 $p(t)$	广义位移 $q(t)$
机械平动	力（F）	速度（v）	动量 $p=\int_0^t F\mathrm{d}t$	位移 $q=\int_0^t v\mathrm{d}t$
机械转动	转矩（T）	角速度（ω）	角动量 $b=\int_0^t T\mathrm{d}t$	角位移 $\theta=\int_0^t \omega\mathrm{d}t$
电	电压（u）	电流（i）	电磁通 $\varphi=\int_0^t u\mathrm{d}t$	电荷 $q=\int_0^t i\mathrm{d}t$
液压/气动	压力（p）	流量（q）	压力动量 $\Gamma=\int_0^t p\mathrm{d}t$	体积 $V=\int_0^t q\mathrm{d}t$
伪热力学	温度（T）	焓流（f_H）	—	焓 $H=\int_0^t f_H\mathrm{d}t$
热力学	温度（T）	熵流（f_s）	—	熵 $S=\int_0^t f_s\mathrm{d}t$

功率是能量流动的速率，故它是一种标量，没有方向。但人们往往习惯于用功率流来表示能量流，故把能量流的方向称为功率流方向。功率流的参考方向用画在键端的半箭头符号表示，如图 17-7 所示。键合图中每一根键均有两个变量，即

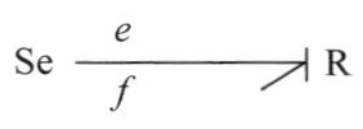

图 17-7　功率键示意图

势变量 e 与流变量 f，势变量写在键的上方或左方，流变量写在键的下方或右方。

17.3.3 功率键合图的构成元素

系统的动态特性可用适当连接的理想元件来描述。不同能量域的物理系统有不同的理想元件，但他们之间存在着几种相同的物理本质。某种键图元就是具有某种物理本质的不同能量域理想元件的代表。键图元是构成键图的基本元素。

根据描述实际器件所需的键的数目，基本元素可分为一通口元件、二通口元件和多通口结点元件。根据所描述的元件的物理特性又可分为源元件、能量贮存类元件和能量消耗类元件，以及描述能量形式转化的元件和能量分配方式的元件等。将这三类基本元件组合起来，即可描述整个系统能量的贮存、耗散、转化、分配等传递情况，以实现对系统的图形描述。

1. 一通口元件

任何只用一根键就可表示与系统交换能量的元件，称为一通口元件。其通口处仅存在一对势变量和流变量。根据其物理特性的不同，可以分为以下四种：一通口阻性元件，又称耗散元件，用符号 R 表示；一通口容性元件，又称贮能元件，用符号 C 表示；一通口惯性元件，又称贮能元件，用符号 I 表示；一通口源元件，源可分为势源和流源，分别用符号 Se 和 Sf 表示。

（1）一通口阻性元件 R　一通口阻性元件 R 是其势变量和流变量具有静态函数关系的元件。对于实际系统中凡是消耗功率的部分都可用阻性元件表示。最明显的是电系统的电阻、机械系统的摩擦和液压系统的液阻等。图 17-8 所示的均为阻性元件。

阻性元件都耗散能量，功率流入通口，其表示方法如图 17-9 所示。

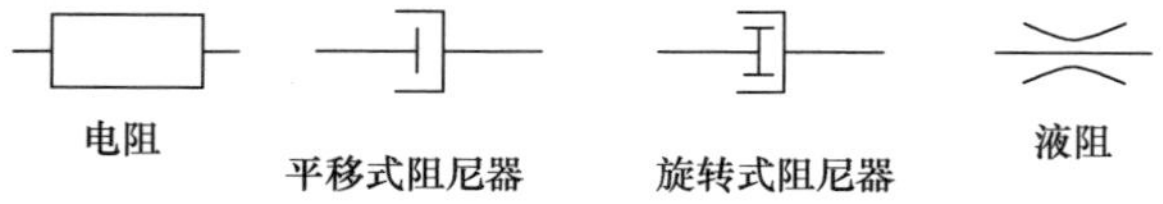

图 17-8　阻性元件

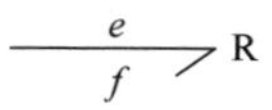

图 17-9　阻性元件键图

其静态函数关系一般表示为阻率关系，随着描述元件的不同，其关系式可以是线性的，也可以是非线性的。

阻性元件的一般关系式为

$$e = \Phi_R(f)$$

阻性元件的线性关系式为

$$e = Rf$$

在实际系统中，一通口阻性元件所消耗的能量，大部分都转化为无用的热量。

（2）一通口容性元件 C　一通口容性元件 C 是其势变量和广义位移变量之间具有静态函数关系的元件。实际系统中，如电系统的电容器、机械系统的弹簧和液压系统的蓄能器都属于容性元件，液压系统的容性是由油液的可压缩性和管道的弹性所产生。

由油液弹性模量可知

$$K=\frac{\Delta p}{\dfrac{\Delta V}{V}}$$

式中　Δp——压力的变化值；

ΔV——油液被压缩后体积的变化值；

V——油液被压缩前的体积。

由于压力变化 Δp，需要补充的油液体积为

$$\Delta V=\frac{V\Delta p}{K}$$

可写成

$$\frac{\mathrm{d}V}{\mathrm{d}t}=\frac{V}{K}\frac{\mathrm{d}p}{\mathrm{d}t}$$

即

$$Q=\frac{V}{K}\frac{\mathrm{d}p}{\mathrm{d}t}$$

式中　Q——需要补充的油液流量。

$$p=\frac{K}{V}\int Q\mathrm{d}t$$

$\frac{V}{K}$相当于机械系统中的柔度 c 或电系统中的电容 C，令 $C=\frac{V}{K}$，称 C 为液容。图 17-10 所示的均为容性元件。

容性元件不耗散能量，却能贮存能量，而且能够把贮存的能量全部释放给系统，功率流向容性元件，其表示方法如图 17-11 所示。

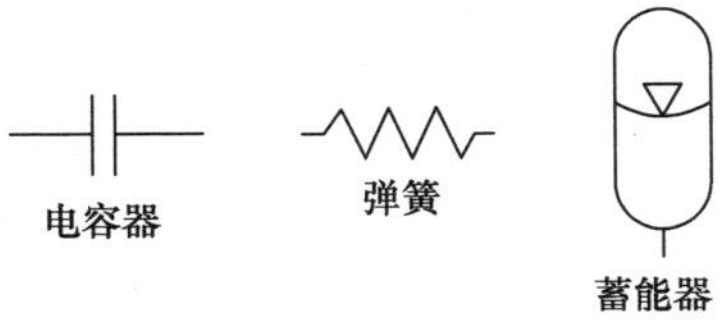

图 17-10　容性元件

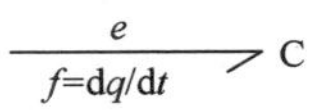

图 17-11　容性元件键图

容性元件的函数关系式也存在线性和非线性两种形式，而且多为非线性关系式。它的流变量为广义位移的导数（$f=\dot{q}$）。

容性元件的一般关系式为

$$q=\Phi_C(e)$$

容性元件的线性关系式为

$$q = Ce$$

容性元件是一种贮能元件，其在 t 时刻所储存的能量为 $E(t) = \int_0^t e(t)f(t)\mathrm{d}t$（假设$E_0=0$），而$f(t)\mathrm{d}t=\mathrm{d}q(t)$，意味着 e 与 q 成函数关系，于是有

$$E(q) = \int_{q_0}^{q} e(q)\mathrm{d}q$$

这样容性元件的函数关系式是势变量 e 同广义位移 q 之间的关系，而不是一般的势与流的关系。

（3）一通口惯性元件 I　另一种贮能元件是一通口惯性元件 I，它把流变量同广义动量变量联系起来，惯性元件指对电感、液感或质量的惯性效应建模时所抽象出来的元件。所谓液感，是指改变油液在管道中运动状态所施加的外力，根据牛顿定律，有

$$F = ma = m\frac{\mathrm{d}v}{\mathrm{d}t} = \rho AL\frac{\mathrm{d}v}{\mathrm{d}t} = \rho L\frac{\mathrm{d}Q}{\mathrm{d}t} \tag{17-16}$$

式中　A——所考虑管道的截面积；

L——所考虑管道的长度；

ρ——油液的密度。

式（17-16）两端各除以 A，得

$$\Delta p = \frac{F}{A} = \frac{\rho L}{A}\frac{\mathrm{d}Q}{\mathrm{d}t} \tag{17-17}$$

式（17-17）中的$\frac{\rho L}{A}$相当于机械系统中的质量 m 或者电系统中的电感 L，所以将$\frac{\rho L}{A}$称为液感，也用 I 表示，即

$$\Delta p = \frac{F}{A} = I\frac{\mathrm{d}Q}{\mathrm{d}t}$$

图 17-12 所示为实际系统中可等效成惯性元件的几种类型。

当功率流向惯性元件时，其表示方法如图 17-13 所示。

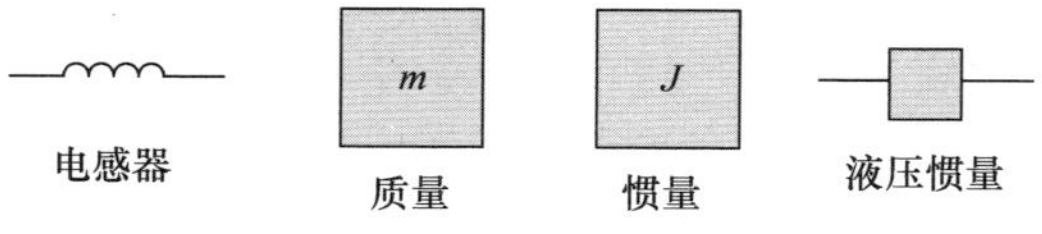

图 17-12　惯性元件

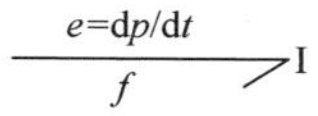

图 17-13　惯性元件键图

惯性元件的函数关系式也存在线性和非线性两种形式，而且多为非线性关系式。它的势变量为广义动量的导数（$e=\dot{p}$）。

惯性元件的一般关系式为

$$p = \Phi_I(f)$$

惯性元件的线性关系式为

$$p = If$$

惯性元件也是一种贮能元件，其在 t 时刻所储存的能量为 $E(t) = \int_0^t e(t)f(t)\,\mathrm{d}t$ (假设$E_0 = 0$)，而 $e(t)\mathrm{d}t = \mathrm{d}p(t)$，意味着 f 与 p 成函数关系，于是有

$$E(p) = \int_{p_0}^{p} f(p)\,\mathrm{d}p$$

这样容性元件的函数关系式是流变量 f 同广义动量 p 之间的关系，而不是一般的势与流的关系。

惯性元件的贮能性质与容性元件的贮能性质是相同的，一般把容性元件贮存的能量称为位能，惯性元件贮存的能量称为动能。

(4) 势源 Se 和流源 Sf　在实际系统中，还存在一种与上述一通口元件的能量交换形式相同的元件，它们的主要作用既不是消耗能量，也不是贮存能量，而是作为产生能量的源元件。根据产生源的种类的不同，源元件分为势源 Se 和流源 Sf，如图 17-14 所示，一般来说，各种源元件都被认为是向一个系统提供功率的，因而键合图箭头方向总是离开 S 而指向系统，表示功率流出。

图 17-14　势源和流源键图

在实际系统中，势源包括电源、柴油机及带调压装置的液压泵等，流源包括发电机、液压泵和集中的传动轴等，如图 17-15 所示。

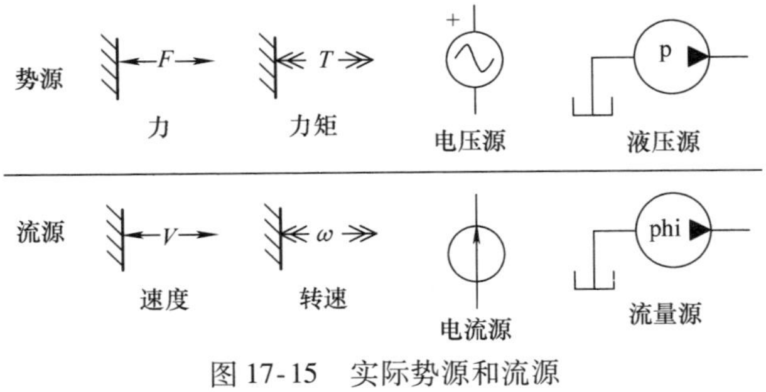

图 17-15　实际势源和流源

源类元件的特点是：势变量 e 与流变量 f 的变化彼此不发生影响，即流变量 f 变化时，势变量 e 保持不变，或者被约束成某种特定的时间函数。同样，势变量 e 变化时，流变量 f 保持不变。例如作用于一个质量块上的重力，此力在靠近地球表面处是基本恒定且与质量块速度无关；墙上的电源插座则是一时变势源的例子，墙上插座在大多数小电器的两根电源线之间施加正弦电压，在适当的电流范围内该电压不受电流波动影响。

2. 二通口元件

二通口元件有两根键，用以与系统进行能量交换。同时，保持交换中的能量守恒，即输入键上的势变量和流变量的乘积总等于输出键上势变量和流变量的乘积。常见的二通口元件有 TF 变换器和 GY 回转器两种。

（1）TF 变换器　TF 变换器是一种能量变换器，应用它可以进行不同类型能量的转换。系统能量通过 TF 变换器后，势变量和流变量都将发生变化，根据功率守恒原理，TF 二通口的函数关系式为

$$\begin{cases} e_1 = m\,e_2 \\ m\,f_1 = f_2 \end{cases} \tag{17-18}$$

式（17-18）说明，两个势变量和两个流变量都是成比例的，m 称为变换模数。

实际系统中，电系统的变压器、液压系统的泵和液压缸以及机械系统的杠杆和齿轮减速器均可看作 TF 变换器，如图 17-16 所示。

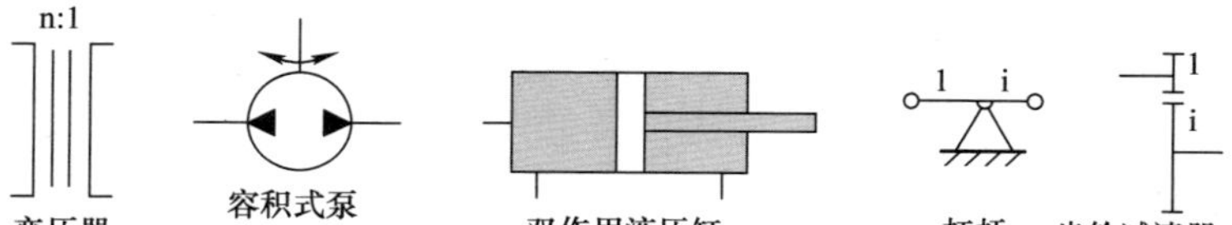

图 17-16　实际系统 TF 变换器

根据转换能量范畴的不同，可将 TF 变换器分为阻抗变换器与类变换器两种。对于阻抗变换器而言，输入和输出变量具有相同的能量范畴类型，通过它只改变势变量和流变量之比，而能量形式不变，如变压器、杠杆和齿轮减速器均属于阻抗变换器。对于类变换器，输入和输出变量属于不同类型的能量变量，如联系液压与机械变量的液压泵与液压缸。

TF 变换器的键图符号如图 17-17 所示。

以图 17-18 所示的液压缸为例，输入液压缸的是液体的压力 p 与流量 Q 构成的液压功率 pQ，经活塞杆输出的是由作用力 F 和速度 v 构成的机械功率 Fv，根据能量守恒，$pQ = Fv$。液压缸作用面积 A 表示变换器的模数 m，即 $pA = F$，$vA = Q$。

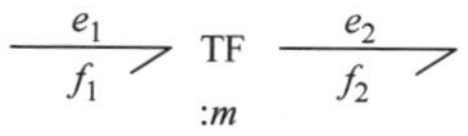

图 17-17　TF 变换器键图

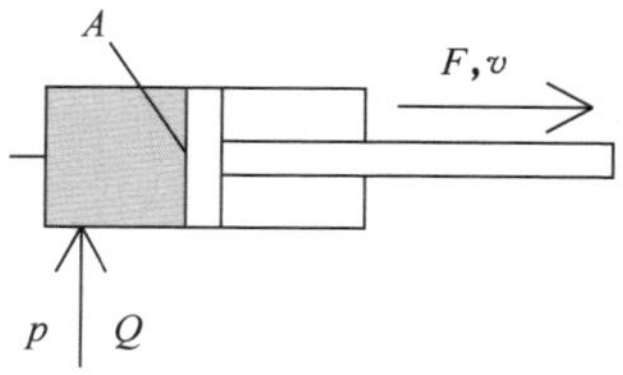

图 17-18　液压缸

值得注意的是，只有在理想情况下才能将上述二通口元件用 TF 变换器作为它

的模型，即不考虑质量和摩擦，在刚性条件下。如果必须考虑质量、刚性和摩擦等，则需要在此理想的变换器模型上再加上其他的通口，来反映实际元件的非理想效应。

（2）GY 回转器　能满足功率平衡的另一种二通口元件是 GY 回转器，与 TF 变换器不同，它反映的是势变量和流变量之间交叉的比例关系，其函数关系式为

$$\begin{cases} e_1 = r f_2 \\ r f_1 = e_2 \end{cases} \tag{17-19}$$

式（17-19）中，r 为回转器模数，它反映了在任何时刻回转器输出的势变量与输入的流变量成正比，而输入的势变量与输出的流变量成正比。将式（17-19）左右两边各自相乘，即反映了 GY 回转器的能量守恒，其键图符号如图 17-19 所示。

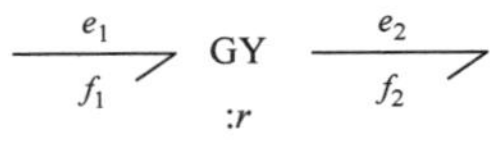

图 17-19　GY 回转器键图

实际的回转器有电系统中励磁恒定的直流电动机，其中电枢电流乘以回转模数就等于转矩，而转速乘以回转模数就等于电枢电压。这与转矩和转速的乘积等于电压和电流的乘积是一致的。由于回转器具有势流交叉变换的性能，因此两个串联的回转器就等效于一个普通的变换器，如图 17-20 所示。

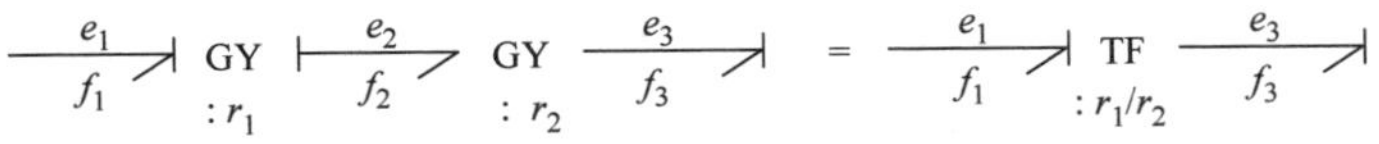

图 17-20　回转器等效

根据回转器的数学公式，有如下证明，即

$$\begin{cases} e_1 = r_1 f_2 , r_2 f_2 = e_3 \\ r_1 f_1 = e_2 , e_2 = r_2 f_3 \end{cases} \rightarrow \begin{cases} e_1 = \dfrac{r_1}{r_2} e_3 \\ \dfrac{r_1}{r_2} f_1 = f_3 \end{cases} \tag{17-20}$$

式（17-20）与式（17-18）相似，得到的结果正是变换器的函数关系式。

3. 三通口元件

一通口元件和二通口元件仅能反映功率的流入、流出或单向传递等情况，在实际系统中，还存在功率多方聚散的现象，对于这种情况，只有用多通口元件才能表达，常见的多通口元件是三通口元件。

作为能量守恒、功率守恒的基本三通口元件只有两种，分别为“0”结点与“1”结点。这两种结点能够分别表示周围各键上的变量到底是串联连接还是并联连接，以满足不同情况需要。

（1）“0”结点　“0”结点是流结点，其三根键上的流变量代数和为零，同时也是公共势结点，即三根键上的势变量相等。各键上变量关系符合电系统中的并

联连接，其关系式为

$$\begin{cases} e_1(t)=e_2(t)=e_3(t) \\ f_1(t)+f_2(t)+f_3(t)=0 \end{cases} \tag{17-21}$$

其键图符号如图17-21所示。

半箭头指向“0”表示流入功率，半箭头背离“0”表示流出功率，流入功率为正，流出功率为负，如图17-21所示，f_1为正，f_2与f_3为负。

“0”结点相当于电系统中并联电路中的节点，在该节点周围具有相等的电压值，而输入的电流值等于输出的电流值，即在该节点上输入输出电流的代数和为零。同样，“0”结点相当于液压系统并联管路的节点，管接头处油压相等，而流入该接头的流量等于从该接头流出的流量，该节点处流量代数和为零，如图17-22所示。

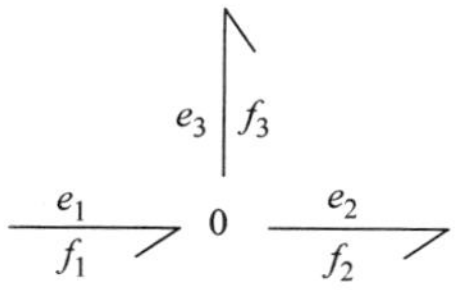

图17-21 “0”结点键图

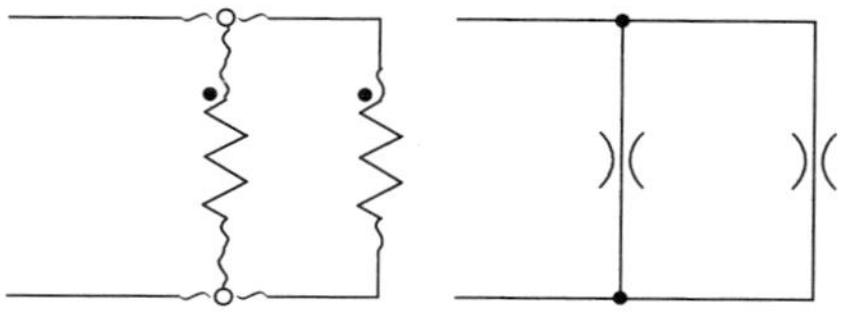

图17-22 并联电路与并联管路

（2）“1”结点 “1”结点又名势结点，其三根键上的势变量的代数和为零，而三根键上的流变量相等。这种情况符合电系统中的串联连接，其关系式为

$$\begin{cases} f_1(t)=f_2(t)=f_3(t) \\ e_1(t)+e_2(t)+e_3(t)=0 \end{cases} \tag{17-22}$$

其键图符号如图17-23所示。

半箭头指向“1”表示势为正，半箭头背离“1”表示势为负。图17-23所示，e_1为正，e_2与e_3为负。

在电系统中，“1”结点相当于一个串联电路，电流相等，电压代数和为零。在液压系统中，“1”结点相当于管路上串联的几个液阻，其中通过的流量相等，压降的代数和为零，如图17-24所示。

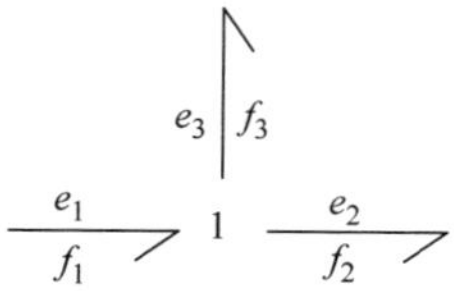

图17-23 “1”结点键图

图17-24 串联电路与串联管路

在叙述“0”结点和“1”结点时，分别列举了并联电路和串联电路的例子来说明。但在此应当指出，决定使用“0”结点或“1”结点的唯一判断标准，是看

这些功率键上的势变量相等还是流变量相等。凡是势变量相等，流变量代数和为零的各键均应当用“0”结点来连接，凡是流变量相等，势变量代数和为零的各键均应当用“1”结点来连接。在一些结构上的并联或串联，并不能作为应用“0”结点或“1”结点的标准。

17.3.4　功率流向与因果关系

表示通口的直线只是键的雏形，直线上添加两个变量之后，还需要进一步表明通过键的功率流向；此外，当两个元件或子系统用键互相连接时，在制定了功率流向以后，由于存在两个功率变量，两元件间的相互作用关系也必须明确。只有将这些含有物理意义的因素全部表述清楚之后，才能算是完成了实际工程系统的定性描述，该项工作称为键的增注，也叫键合图增广。

1. 功率流向的选择

在键图上，功率流向用半箭头表示。对于每个键都必须恰当地选择功率流动的正方向，以便之后推导方程时确定正负号。

通常的选择原则：键上功率占优势的方向为正方向。例如由驱动装置流向负载，该方向定为功率流动的自然方向。

图 17-25 所示的他励直流电动机，该类电动机有三个显而易见的通口，定子和电枢的接线端子代表两个电气通口，而输出轴则是旋转机械通口。

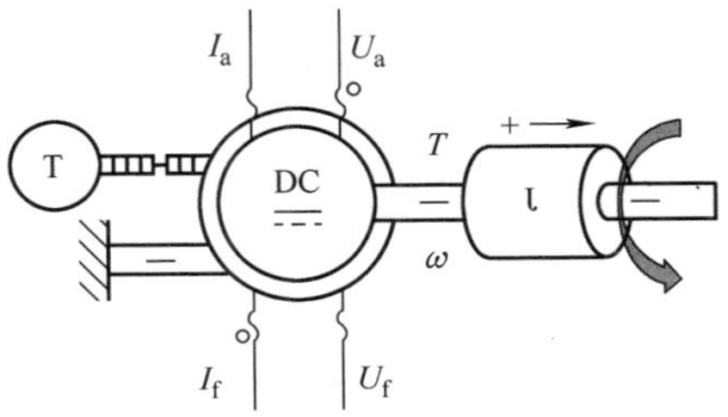

图 17-25　电动机

图 17-26a 中将直流电动机简化，各通口用一直线表示，势变量和流变量写在直线两侧；图 17-26b 中增加符号规定，通口线上半箭头表示势变量和流变量两者正好都是正值的功率流动方向。

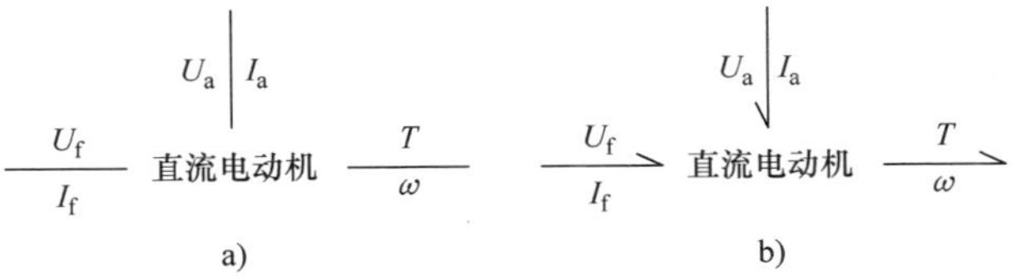

图 17-26　电动机键图

若图 17-25 所示的 ω 方向为正，同时 T 是由电动机与其他多通口相连而在轴上产生的转矩，并以图 17-25 中所示方向为正，则当 T 和 ω 为正时（或都为负），乘积 $T\omega$ 为正值，则表示功率从电动机流向与电动机连接的其他多通口。因此图 17-26b中半箭头指向离开电动机的方向。同样，当 U_f、I_f、U_a和 I_a均为正值时，功率流向电动机，因此定子和电枢通口上的半箭头指向电动机。

有些元件的功率流向是显而易见的，如作为“源”的元件，功率总是由源向外，即半箭头总是远离源的方向。

2. 因果关系

键合图最终是要转化成一定的数学关系式，只有这样才能反映事物的本质，才可使研究的问题由定性发展到定量。在表达成一定的数学关系式时可能出现这样的情况，如可把关系式写为 $y=f(x)$，也可写成 $x=f^{-1}(y)$，前者把 y 看成是 x 的函数，后者把 x 看成是 y 的函数。对于前者，x 为自变量，是因，y 是因变量，是果；对于后者，y 是自变量，是因，x 是因变量，是果。

外界输入系统的功率变量，有势变量 e 和流变量 f，往往有一个变量是以定值输入系统，而另一个变量则由系统中各因素的共同作用决定其变量值。因此，对于系统中任一元件来讲，其键上的势变量 e 和流变量 f 中，也有一个变量是以自变量的形式输入该元件，而另一个变量则是由于该元件的作用而以因变量的形式反馈回系统。因此在该元件的键上，有一个变量是自变量，是因；而另一个变量是因变量，是果。这两个变量由于该元件的作用而构成因果关系，同样，功率键合图中任何一根键上，势变量与流变量之间均具有因果关系。

功率键上两个变量间因果关系的符号用垂直画在功率键上的一根短杠即因果线来表示，代表势的方向，没有短杠的方向就表示流的方向，靠近元件的一端为因，远离元件的一端为果。只要确定了势的方向（流的方向也随之确定），加上已知靠近元件的一端为因，便可知道什么是因，什么是果。如图17-27所示，其中左图因果线画在半箭头一端，表示该键上功率流中势变量 e 离开元件为果，流变量 f 为因；右图因果线画在无半箭头的一端，表示该键上功率流中势变量 e 向着元件为因，流变量 f 离开元件为果。

图17-27　因果线

至于决定势为因流为果，还是流为因势为果，则要根据具体情况而定，必须遵循一定的法则。决定功率键合图中键上两变量因果关系所遵循的原则，是要便于建立起系统的数学模型——状态方程，以及便于这种数学模型在计算机上求解。根据这一原则，对于贮能元件键上的两个变量，需要把因变量写成自变量的积分函数形式。事实上，对于指向贮能元件键上的两个变量而言，这种积分关系也是符合各元件实际物理意义的。

一通口元件、二通口元件与三通口元件的因果关系分别见表17-2～表17-4。根据势源和流源的定义，势源以势作用于其他键图元件，流源则以流作用于其他键图元件，因此它们都只有唯一的因果关系。对容性元件指定因果关系时，势变量是通过对已知的流变量进行积分而求得，故把这种因果关系称为容性元件的积分因果关系。同样，对惯性元件指定因果关系时，流变量是通过对已知的势变量进行积分而求得的，故把这种因果关系称为惯性元件的积分因果关系。对于阻性元件，第一种因果关系称为阻抗因果关系，第二种因果关系称为导纳因果关系。

因果关系的研究是非常重要的，尽管一般来说，因果关系受函数关系的约束，可能出现的因果状况是有限的，但毕竟有提供选择的机会，从而导致在列写状态方程时会有不同的结果。

需要说明的是，因果关系的确定与功率流向无关，两者是相互独立的。功率流向是根据实际情况确定的。

表 17-2 一通口元件的因果关系

元件	非因果形式	因果形式	因果关系式
势源	Se ——⇀	Se ——⇀|	$e(t)=E(t)$
流源	Sf ——⇀	Sf |——⇀	$f(t)=F(t)$
阻性元件	R ↼——	R ↼——|	$e=\Phi_R(f)$
		R |↼——	$f=\Phi_R^{-1}(f)$
容性元件	C ↼——	C ↼——|	$e=\Phi_C^{-1}\left(\int f\mathrm{d}t\right)$
惯性元件	I ↼——	I |↼——	$f=\Phi_I^{-1}\left(\int e\mathrm{d}t\right)$

表 17-3 二通口元件的因果关系

元件	非因果形式	因果形式	因果关系式
TF 变换器	—1—⇀ TF —2—⇀	|—1—⇀ TF |—2—⇀	$e_1=m e_2, f_2=m f_1$
		—1—⇀| TF —2—⇀|	$f_1=f_2/m, e_2=e_1/m$
GY 回转器	—1—⇀ GY —2—⇀	|—1—⇀ GY —2—⇀|	$e_1=r f_2, e_2=r f_1$
		—1—⇀| GY |—2—⇀	$f_1=e_2/r, f_2=e_1/r$

表 17-4 三通口元件的因果关系

元件	非因果形式	因果形式	因果关系式
"0" 结点	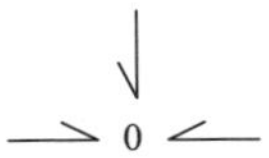	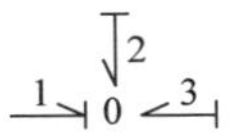	$e_1=e_2=e_3$
			$f_2+f_3-f_1=0$
		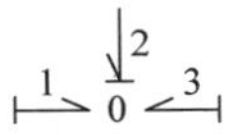	$e_1=e_2=e_3$
			$f_1+f_3-f_2=0$
		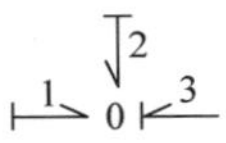	$e_1=e_2=e_3$
			$f_1+f_2-f_3=0$

（续）

元件	非因果形式	因果形式	因果关系式
“1”结点	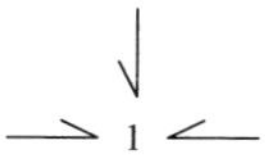	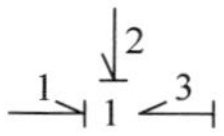	$f_1=f_2=f_3$
			$e_1+e_2-e_3=0$
		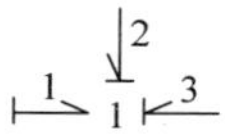	$f_1=f_2=f_3$
			$e_2+e_3-e_1=0$
		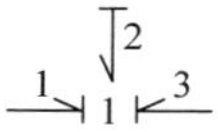	$f_1=f_2=f_3$
			$e_1+e_3-e_2=0$

17.3.5 控制关系

功率键合图中有些参量（如 R、C、I 等元件）往往受到另一些变量控制，即它们是时变的，是另一些变量的函数。例如，在一容腔处有一阀口，在系统工作时，阀口将排出一些流量，当容腔中的压力一定时，排出的流量与阀口处的液阻 R 有关，因此在表示该容腔的“0”结点处作用有一阻性元件 R，但阀口的液阻 R 又与阀口开度即阀芯的位移量 x 有关，即 R 受 x 控制，是 x 的函数。一般阀芯的位移量 x 是“1”结点周围功率键上流变量 v 的积分。这种 R 受控于 x 的控制关系在功率键合图中用全箭头表示，如图 17-28 所示。图中从“1”结点处引出变量速度 v，经积分环节 $1/s$（s 为微分算子）后成为位移 x，用来控制阀口的液阻 R，这种表示方法有助于在建立数学模型时考虑变量间存在的控制作用及函数关系。

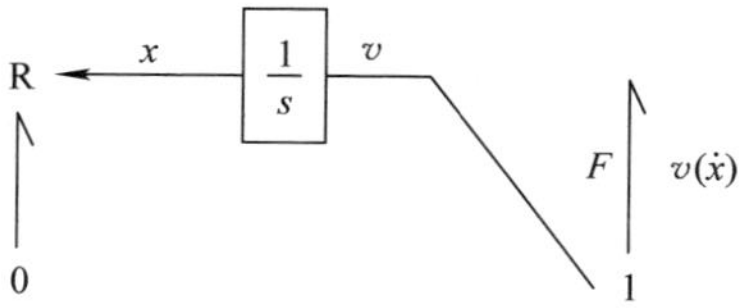

图 17-28 键合图中的控制关系

17.3.6 功率键合图的建立

建立功率键合图，首先要确定构成系统的基本元件，然后由键将这些元件连接起来，加上功率流向及因果关系，就完成了仿真系统功率键合图的建立。在该过程中，因果关系的确定是关键，可由顺序因果关系确定过程所规定的如下四个阶段进行描述。

阶段一：选择任一源元件 Se 或 Sf，由表 17-2 确定其因果关系，利用“0”“1”、TF 或 GY 元件受限制的因果关系，确定其他键上可能的因果关系；如果所有的键都带有因果关系短线，则停止；反之，则重复，直到所有的源元件都有因果关系为止。

阶段二：选择任一未确定因果关系的 C 或 I 元件，令其具有积分因果关系，利用“0”“1”、TF 和 GY 元件受限制的因果关系，确定其他键上可能的因果关系；

如果所有的键都带有因果关系短线，则停止；反之，则重复，一直到所有的 C 或 I 元件都具有确定的因果关系为止。

阶段三：选择任一未确定因果关系的 R 元件，令其具有特定的因果关系，利用“0”“1”、TF 和 GY 元件受限制的因果关系，确定其他键上可能的因果关系；如果所有的键都带有因果关系短线，则停止；反之，则重复，直到所有的 R 元件都具有确定的因果关系为止。

阶段四：选择任一未带因果关系短线的键，令其带有因果关系短线，利用“0”“1”、TF 和 GY 元件受限制的因果关系，确定其他键上可能的因果关系；如果所有的键都带有因果关系短线，则停止；反之，则重复，一直到所有的键都带有因果关系短线为止。

以上过程不仅可用于确定功率键合图的因果关系，也可用于确定系统数学模型的类型。

数学模型可分为显式、代数隐式和微分隐式类系统。

① 显式系统数学模型为

$$\dot{\boldsymbol{X}}=f(\boldsymbol{X},\boldsymbol{U}) \tag{17-23}$$

式（17-23）中，$\boldsymbol{X}$ 是状态向量，$\dot{\boldsymbol{X}}$是状态向量的导数，f 是线性或非线性向量函数，$\boldsymbol{U}$ 为输入向量。

② 代数隐式系统数学模型为

$$\begin{aligned}&\dot{\boldsymbol{X}}=f(\boldsymbol{X},\boldsymbol{U},\boldsymbol{H})\\&g(\boldsymbol{X},\boldsymbol{U},\boldsymbol{H})=0\end{aligned} \tag{17-24}$$

式（17-24）中，$\dot{\boldsymbol{X}}$、$\boldsymbol{X}$、$\boldsymbol{U}$、f 的意义与式（17-23）相同，$\boldsymbol{H}$ 是由冗余变量组成的向量，g 是另一线性或非线性向量函数。

③ 微分隐式系统数学模型为

$$f(\dot{\boldsymbol{X}},\boldsymbol{X},\boldsymbol{U})=0 \tag{17-25}$$

式（17-25）中，$\dot{\boldsymbol{X}}$、$\boldsymbol{X}$、$\boldsymbol{U}$、f 的意义与式（17-23）相同。

对于功率键合图，具有积分因果关系的 C 元件的广义位移 q 及 I 元件的广义动量 p，都是状态向量；而源元件 Se 的 e 以及 Sf 的 f，都是输入向量 $\boldsymbol{U}$ 的分量。

系统功率键合图顺序因果关系确定过程，与其数学模型的类型有着密切的关系。如果该过程在阶段一或二结束，则系统数学模型用式（17-23）表示；如果部分 C 或 I 具有积分因果关系，则数学模型为式（17-25）；如果过程在阶段三结束，且所有的 C 及 I 都具有积分因果关系，则系统的数学模型用式（17-24）描述。

17.3.7　液压系统功率键合图举例

本节以一些基本液压元件和系统为例，说明如何建立液压元件与系统的功率键合图。

如图 17-29a 所示，两根压力不同的管路之间装有节流阀，可以假定节流阀上面与A点相通的管路各点压力相等，而且阀下面与B点相通的管路各点压力相等，显然，A点与B点压力是不相等的。所以在图17-29b中用了两个“0”结点来表示这两根管路的压力，而节流阀可看作产生压降的阻性元件。由于A点与B点之间流量相等，故R元件可通过“1”结点连接到两个“0”结点之间。

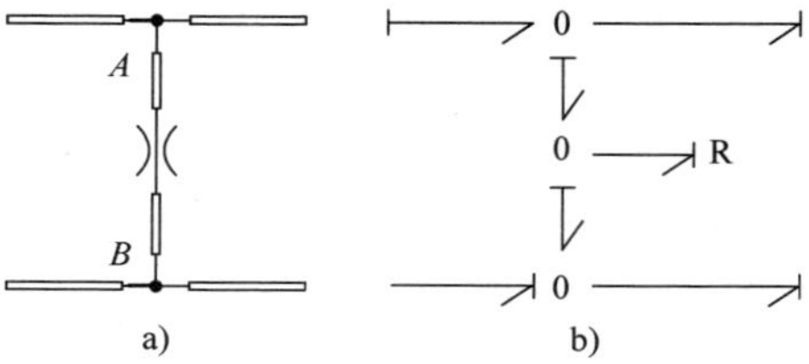

图17-29 节流阀

另一示例如图17-30a所示，该回路由液压泵、液压马达、溢流阀、油箱及管路组成。整个回路可假定只有两种压力。液压泵可视为流源，通过“1”结点连接到两条管路或两个“0”结点上，液压马达及溢流阀都可以看作表示压降的R元件，并且通过一个“1”结点连接到两个“0”结点之间，画出的功率键合图如图17-30b所示，假定油箱压力为0，进一步简化，功率键合图如图17-30c所示。

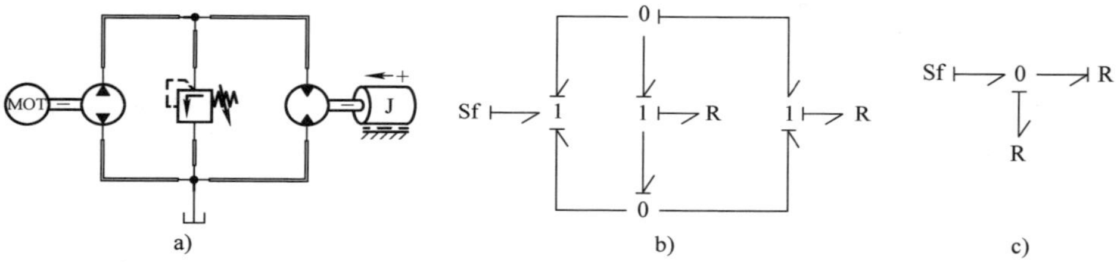

图17-30 泵－马达回路

根据以上两个示例，可总结出建立液压系统功率键合图的规则如下：

① 对每一个不同的压力点各设一个“0”结点。

② 在一对“0”结点之间，插入一个“1”结点，而模拟液压元件作用的键图元件则连接在“1”结点上，再加上势源或者流源。

③ 选择正能通量的方向，并用半箭头表示。

④ 对照参考压力来定义各个压力，如参考压力为大气压时，可去掉这一参考的“0”结点以及与之相连的各键，可得到简化键图。

⑤ 选择合适的因果关系，并对所有的键编号。

17.3.8 由键合图推导系统状态方程

在建立完整的系统键合图模型之后，可采用一种很规则的方式来推导系统的状态方程。状态和状态方程的标准形式在之前小节已有详细叙述，在此不再重复介绍。由于惯性效应和容性效应对系统动态性能起主导影响作用，利用键合图推导系统的状态方程时，一般取惯性元件的广义动量p和容性元件的广义位移q作为系统状态变量。根据功率键合图因果关系的类型，主要有三种推导方式。

1. 由全积分因果关系键合图列写状态方程

所谓全积分因果关系键合图是指该键合图中所有贮能元件都具有积分因果关系。在这种情况下，系统状态变量数目与系统键合图模型中所含的贮能元件的个数相等。由系统键合图列写状态方程的步骤如下：

① 取 I 元件的广义动量 p 和 C 元件的广义位移 q 为状态变量，取 Se 元件的势变量 e 和 Sf 元件的流变量 f 作为输入变量。

② 根据键图元件的特性方程求出贮能元件和阻性元件的输出变量。

③ 列出表达$\dot{p}$和$\dot{q}$的势方程和流方程。

④ 将贮能元件和阻性元件的输出变量带入各势方程和流方程中，整理得到系统状态方程。

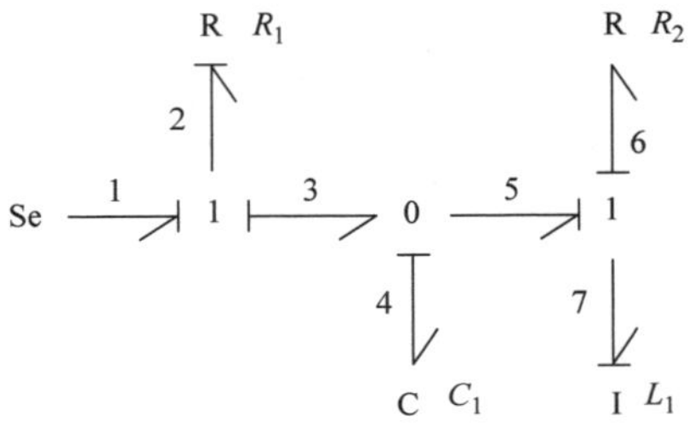

图 17-31　全积分因果关系键合图

在此通过一个简单示例加以说明，图 17-31所示为一电路的全积分因果的键合图，包含一个电容和一个电感，因此取它们的广义位移$\dot{q}_4$和$\dot{p}_7$为状态变量，首先列写$\dot{q}_4$的方程，即

$$\dot{q}_4 = f_3 - f_5 = \frac{e_2}{R_1} - f_5 \tag{17-26}$$

$$e_2 = e_1 - e_3 = Se_1 - e_4 = Se_1 - \frac{q_4}{C_1} \tag{17-27}$$

$$f_5 = f_7 = \frac{p_7}{L_1} \tag{17-28}$$

$$\dot{q}_4 = \frac{1}{R_1}\left(Se_1 - \frac{q_4}{C_1}\right) - \frac{p_7}{L_1} \tag{17-29}$$

对$\dot{p}_7$重复同样的推导过程，可得

$$\dot{p}_7 = e_5 - e_6 = e_4 - R_2 f_6 = \frac{q_4}{C_1} - R_2 f_7 = \frac{q_4}{C_1} - R_2\frac{p_7}{L_1} \tag{17-30}$$

因此式（17-29）和式（17-30）构成了系统的两个一阶耦合微分方程，将它们转化成状态方程的形式，得到

$$\begin{pmatrix} \dot{q}_4 \\ \dot{p}_7 \end{pmatrix} = \begin{pmatrix} -\dfrac{1}{C_1 R_1} & -\dfrac{1}{L_1} \\ \dfrac{1}{C_1} & -\dfrac{R_2}{L_1} \end{pmatrix} \begin{pmatrix} q_4 \\ p_7 \end{pmatrix} + \begin{pmatrix} \dfrac{1}{R_1} \\ 0 \end{pmatrix} Se_1 \tag{17-31}$$

若键合图元件具有非线性，则 C 元件与 I 元件的本构关系为非线性方程，则状态方程式（17-29）和式（17-30）也是非线性微分方程，不可以写成矩阵的形式。

2. 由含不确定因果关系键的键合图列写状态方程

按照优先因果关系的原则标注系统键合图的因果关系时，如果只根据势源、流源及贮能元件不能使因果关系完整，就意味着存在因果关系不确定的键，必须任意指定其因果关系。根据这种类型的键合图列写系统的状态方程，将会碰到代数环问题，其步骤如下：

① 取 I 元件的广义动量 p 和 C 元件的广义位移 q 为状态变量，取 Se 元件的势变量 e 和 Sf 元件的流变量 f 作为输入变量。

② 列出各积分因果关系贮能键合图元件及各阻性元件的输出变量表达式。

③ 以具有不确定因果关系的键所对应的势变量或流变量作为中间变量，联解有耦合关系的表达式，求出积分因果关系贮能键合图元件及各阻性元件的输出变量。

④ 列出表达$\dot{p}$和$\dot{q}$的势方程和流方程。

⑤ 将所求得的积分因果关系贮能键合图元件的输出变量以及各阻性元件的输出变量代入各势方程和流方程，整理得系统状态方程。

对于如图 17-32 所示的键合图，两个阻性元件的因果关系有两种标注情况（见图 17-32a、b），下面列写它的状态方程。

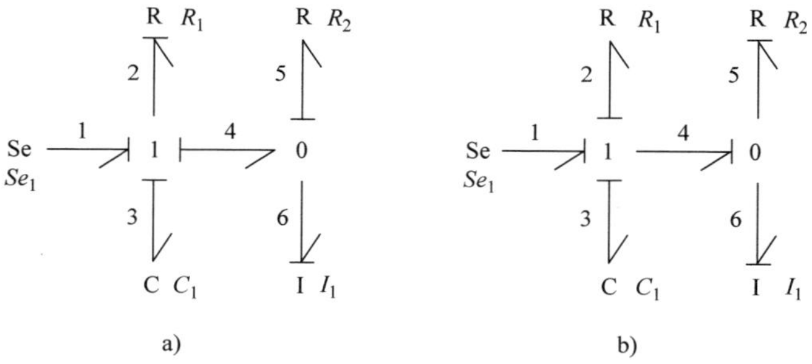

图 17-32　因果关系不确定的键合图

由图 17-32a 可知，系统状态变量 $\boldsymbol{X}=(q_3\quad p_6)^{\mathrm{T}}$，输入变量 $\boldsymbol{U}=(Se_1)$，假设 C 元件及 I 元件均为线性的，由于阻性元件R_2及R_3所对应的键 2、键 3 的因果关系可任意指定，故根据图上的因果关系，取f_2及e_5为中间变量，有

$$\begin{cases} f_2=\dfrac{e_2}{R_1}=\dfrac{1}{R_1}(Se_1-e_3-e_5) \\ e_5=R_2f_5=R_2(f_2-f_6) \end{cases} \tag{17-32}$$

式（17-32）表明，具有不确定因果关系的键 2、键 5 所对应的变量f_2和e_5之间存在耦合关系，为了解耦，联立解式（17-32）得

$$\begin{cases} f_2=\dfrac{1}{R_1+R_2}Se_1-\dfrac{1}{R_1+R_2}e_3+\dfrac{R_2}{R_1+R_2}f_6 \\ e_5=\dfrac{R_2}{R_1+R_2}Se_1-\dfrac{R_2}{R_1+R_2}e_3-\dfrac{R_1R_2}{R_1+R_2}f_6 \end{cases} \tag{17-33}$$

$\dot{q}_3$和$\dot{p}_6$的流方程和势方程为

$$\begin{cases}\dot{q}_3=f_2=\dfrac{1}{R_1+R_2}Se_1-\dfrac{1}{R_1+R_2}e_3+\dfrac{R_2}{R_1+R_2}f_6\\ \dot{p}_6=e_5=\dfrac{R_2}{R_1+R_2}Se_1-\dfrac{R_2}{R_1+R_2}e_3-\dfrac{R_1R_2}{R_1+R_2}f_6\end{cases}\tag{17-34}$$

将贮能元件和惯性元件的本构关系代入，得到系统状态方程为

$$\begin{cases}\dot{q}_3=-\dfrac{1}{(R_1+R_2)C_1}q_3+\dfrac{R_2}{(R_1+R_2)I_1}p_6+\dfrac{1}{R_1+R_2}Se_1\\ \dot{p}_6=-\dfrac{R_2}{(R_1+R_2)C_1}q_3-\dfrac{R_1R_2}{(R_1+R_2)I_1}p_6+\dfrac{R_2}{R_1+R_2}Se_1\end{cases}\tag{17-35}$$

由图 17-32b 的键合图可列出与式（17-35）完全相同的状态方程。

3. 由具有微分因果关系键合图列写状态方程

按照优先积分因果关系的原则进行键合图因果关系的标注时，有时系统键合图部分贮能元件具有微分因果关系。在这种情况下，系统状态变量个数等于具有积分因果关系的贮能元件的个数。而对应具有微分因果关系贮能元件的能量变量依赖于系统的状态变量，而非独立变量。由该种类型键合图列写系统状态方程时，也将会遇到代数环问题，有时甚至相当复杂，尤其是在非线性情况下。其列写状态方程的具体步骤如下：

① 取 I 元件的广义动量 p 和 C 元件的广义位移 q 为状态变量，取 Se 元件的势变量 e 和 Sf 元件的流变量 f 作为输入变量。

② 列出各积分因果关系贮能键合图元件及各阻性元件的输出变量表达式。

③ 用有关状态变量表达微分因果关系贮能键合图元件的广义动量或广义位移，将所得的表达式对时间求一阶导数。

④ 列出表达具有积分因果关系贮能元件的$\dot{p}$和$\dot{q}$的势方程和流方程。

⑤ 将步骤②和③求得的结果代入各势方程和流方程中，整理得到系统的状态方程。

图 17-33 所示的键合图模型有 4 个贮能元件，其中惯性元件I_2、I_6及容性元件C_4具有积分因果惯性，而惯性元件I_9具有微分因果关系。设系统的状态变量 $\boldsymbol{X}=(p_2\quad p_6\quad q_4)^{\mathrm{T}}$，系统的输入向量 $\boldsymbol{U}=(F(t))$。

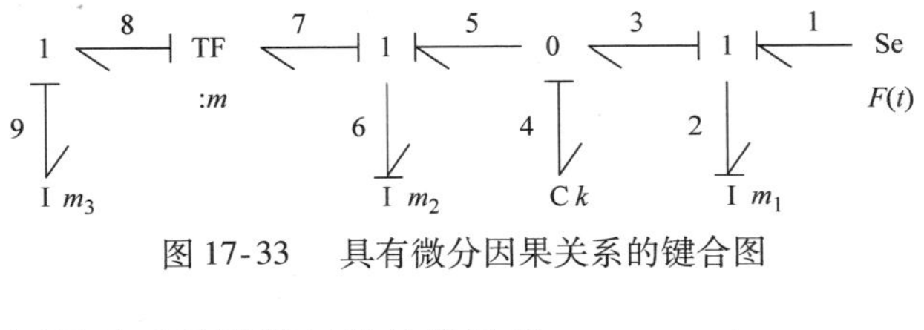

图 17-33　具有微分因果关系的键合图

由具有积分因果关系的贮能元件的特性得

$$\begin{cases} f_2 = \dfrac{p_2}{m_1} \\ f_6 = \dfrac{p_6}{m_2} \\ e_4 = kq_4 \end{cases} \tag{17-36}$$

由具有微分因果关系的贮能元件的特性得

$$e_9 = m_3 f_9 \tag{17-37}$$

$$f_9 = f_8 = m f_7 = m f_6 \tag{17-38}$$

将式（17-36）中的第二项和式（17-37）代入式（17-38），得

$$\frac{p_9}{m_3} = m\frac{p_6}{m_2} \tag{17-39}$$

对式（17-39）求一阶导数，得

$$\dot{p}_9 = \frac{mm_3}{m_2}\dot{p}_6 \tag{17-40}$$

由图17-32可知

$$\begin{cases} \dot{p}_2 = F(t) - e_3 = F(t) - e_4 \\ \dot{p}_6 = e_5 - e_7 = e_4 - me_8 = e_4 - m\dot{p}_9 \\ \dot{q}_4 = f_3 - f_5 = f_2 - f_6 \end{cases} \tag{17-41}$$

将式（17-36）和式（17-40）代入式（17-41）中，整理得到的系统状态方程为

$$\begin{cases} \dot{p}_2 = F(t) - kq_4 \\ \dot{p}_6 = \dfrac{k}{1 + \dfrac{m_3}{m_2}m^2}\dot{q}_4 \\ \dot{q}_4 = \dfrac{p_2}{m_1} - \dfrac{p_6}{m_2} \end{cases} \tag{17-42}$$

17.4　基于Modelica多领域物理系统建模

液压系统仿真技术乃至整个工程系统的仿真，分别经历了基础理论和建模方法研究确立阶段，由系统设计分析人员自行完成全部建模和仿真工作量的初期应用阶段，采用计算机自动建模并充分依靠通用软件实施仿真过程的相对成熟阶段。事实上，近些年来，在应用实践的激励下，特别是在由复杂机、电、液部分和控制系统组成的多领域大系统仿真的实用需求下，系统动态仿真技术正在朝研制开发面向多领域统一建模与仿真的平台式工具（仿真语言、实施规范等）的方向发展，以期

更为有效地处理和解决由于所研究的系统不断趋于大而全及复杂化所带来的一系列相关问题。

17.4.1　多领域物理系统建模技术概述

现代大型机械装备广泛采用机、电、液一体化技术，同时正朝着高效、节能、自动化、信息化、智能化方向发展。各类大型装备普遍存在着机械、电气、液压及控制等多学科领域和子系统集成这一显著特征，各子系统间存在着复杂的耦合特性，使得无论是系统级的方案设计，还是元部件的详细参数设计，若仅仅采取孤立地对机械、电气、液压和控制子系统进行分析而后再做结果集成的方法，均无法周密考虑和准确把握各子系统间相互耦合的影响。对于复杂程度较高的机、电、液、控耦合系统的综合性能分析，采用单一领域仿真工具对各子系统单独仿真的做法已不能满足复杂产品设计的需求，针对复杂产品的建模与仿真技术正朝着多领域统一建模与协同仿真的方向发展。

从抽象层次角度对工程系统的建模方法进行分类，可分为基于组件、基于物理过程、基于方程和基于陈述式语句（算法）四个层次。系统的建模从确定系统组件及其连接开始，通常采用与具体实现无关的图形或非标准的符号来表达。在物理过程层面，定义发生在组件中的相关物理过程以及它们之间的交互，可用图形方法对物理过程进行定性表达。在数学描述层面，通常用面向对象的建模语言或方块图等对数学模型进行表达。

多领域统一建模与仿真技术是面向复杂机、电、液产品创新设计，解决复杂机电产品系统级综合性能分析与设计优化的关键技术之一，能够在系统层面实现产品性能预测及优化，从而提高产品的品质属性。目前，主要通过三种方法来实现：基于接口的多领域建模、基于高层体系架构（High Level Architecture，HLA）的多领域建模和基于多领域统一建模语言。

1. 基于接口的多领域建模

通过利用各单一学科领域的成熟仿真软件完成系统在机、电、液、控等领域仿真模型的构建，然后利用各仿真软件提供的接口，通过接口数据交互，实现多领域的混合建模。这种方法的优点在于能充分发挥各学科领域商用软件的优势，如良好的人机交互建模方式、精确的仿真计算及功能强大的仿真后处理方法等，但缺点也非常明显，主要有：① 仿真软件必须提供相互之间的接口，而这些接口往往为商业公司所有，出于商业利益考虑，软件公司不会完全开放接口；② 接口不具有标准性、开放性，而且扩展困难，尽管部分软件提供二次开发功能，但仍然需要耗费大量人力和时间进行研究。

2. 基于 HLA 的多领域建模

HLA 是美国国防部于 1995 年发布的一个通用的仿真技术框架，用来保证该国国防部范围内各种仿真应用之间的互操作性。HLA 按照面向对象的思想和方法来构造仿真系统，在面向对象分析与设计的基础上划分仿真成员，构建仿真联邦技术。图17-34所示为基于HLA的仿真系统的层次结构。

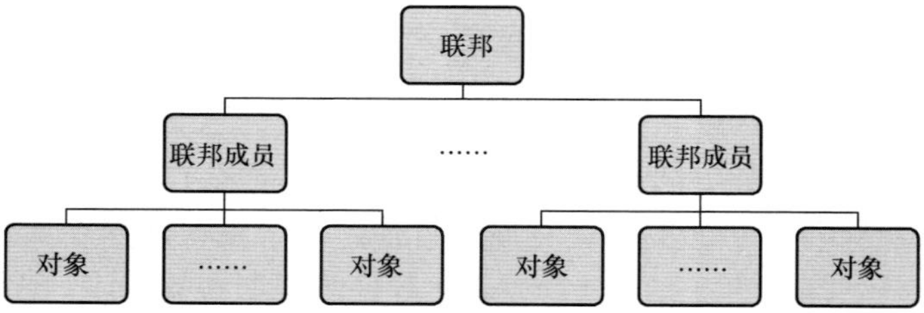

图17-34　基于HLA的仿真系统的层次结构

在基于HLA的仿真系统中，联邦是指用于达到某一特定仿真目的的分布仿真系统，它由若干个相互作用的联邦成员构成。所有参与联邦运行的应用程序都可以称为联邦成员。HLA向联邦成员提供灵活的仿真框架，可以方便地实现成员之间的互操作。HLA通过提供通用的、相对独立的支撑服务程序，将应用层同底层支撑环境分离，即将具体的仿真功能实现、仿真运行管理和底层通信三者分开，隐蔽各自的实现细节，从而使各部分可以相对独立地进行开发，最大限度地利用各自领域的最新技术来实现标准的功能和服务。

然而，除非仿真系统中所有的联邦成员对于一个单一的联邦对象模型来说是一致的，否则即使联邦成员与HLA是一致的，它们也不能互操作。而且仍需要得到各领域商用仿真软件公司的支持与合作，而且人为割裂了不同领域子系统之间的耦合关系，实质上是一种子系统层次上的模型集成方法，实现起来较为困难。

3. 基于多领域统一建模语言

基于多领域统一建模语言的方法对来自不同领域的系统构件采用统一方式进行描述，彻底实现了不同领域模型之间的无缝集成和数据交换。从仿真应用的角度而言，其最基本的需求特征是仿真语言对非线性、多领域耦合、连续－离散混合系统的建模要具有足够强的表达能力，便于实现量纲转化、求解与分析；另一个需求是仿真模型的易建性和可重用性，能方便地构建系统的全局模型，既可用于系统全局分析，也可用于子系统分析。Modelica语言是目前国际上正积极发展的一种新的多领域统一建模与仿真语言，它具备模型重用性高、建模简单方便、无须符号处理等诸多优点。Modelica语言的建模思想在很大程度上顺应了知识的可积累、可重用和可重构的指导原则。Modelica语言被认为是IT与工业领域相结合的具有里程碑意义的基础创新，近年在一批重要行业的典型产品的开发中得到成功应用，赢得了国际研究机构及工业界的认同，必将成为今后多领域物理系统建模的主流方法。

17.4.2　Modelica语言的发展

Modelica是一种开放的、面向对象的、以方程为基础的语言，它可以方便地实现包括机械、电子、电力、液压、热、控制及面向过程的子系统等物理系统的建模与仿真，利用计算机进行跨领域、跨学科物理系统的性能分析。Modelica是由非营利国际组织Modelica协会（见图17-35）进行开发和维护，并发布开源的标准库。

图17-35　Modelica协会标志

计算机发明以来，建模与仿真已成为其重要用途。最初，建模人员要花大量时间和精力，把构思的模型转换为常微分方程组（ODEs），并编写计算机代码把这些微分方程集成起来，完成系统的仿真工作。后来，研发出各类集成工具，形成独立的软件单元，建模人员就可以把主要精力放在建立微分方程上，并用现成的集成工具进行模型的集成与仿真。这使得建模人员仅需要关注对现实物理世界的描述，而不必过分关注模型集成方法。

1978年，Hilding Elmqvist在他的博士论文中首次提出了一种新的物理系统建模方法，并设计了Dymola（Dynamic Modeling Laboratory）建模工具所应用的建模语言。其基本理念是，用物理视角替代数学视角解决物理系统建模问题，即让模型开发者使用通用方程表达物理对象及其对象之间的关系。Dymola的模型通过引入图论和符号运算。把模型转换成适合数值求解的形式。1988年出现了Pantelides算法，降低了微分代数方程（Differential Algebraic Equation，DAE）的阶数。在Dymola之后，也出现了许多工具对这种新型建模方法进行了拓展。就仿真工具而言，其面临的主要问题是，一种仿真工具建立的模型不能被其他仿真工具所重用。

1996年10月，作为欧洲信息技术研究发展战略项目（ESPRIT）中的欧洲基础研究仿真工作组计划（Simulation in Europe Basic Research Working Group），Modelica正式开始开发，该开发项目由Hilding Elmqvist担任主席。1997年2月，Modelica开发项目组成为欧洲仿真联合协会（Federation of European Simulation Societies，EUROSIM）下面的一个技术委员会。

Modelica的基本理念是，设计一种建模语言，满足多领域物理系统建模与仿真工程应用，从而摆脱针对特定专业领域工具的限制。Modelica既是建模语言，又是模型交换与重用标准。Modelica可以解决用连续变量微分代数方程组（DAEs）表示的许多问题，使用DAEs而尽量避免使用常微分方程组（ODEs），从而在建立方程方面减轻了建模人员的负担。除了解决连续变量问题外，Modelica还能解决离散变量（如数字信号）问题。Modelica支持连续变量和离散变量在同一组件模型或系统模型中使用。

1997年9月，Modelica项目组推出了Modelica1.0版本，该版本可解决连续系统的相关问题。1998年12月推出了Modelica1.1版本，该版本加入了描述离散时间的语义，1999年12月又推出了Modelica1.3版本。

2000年2月，为了促进Modelica语言的发展、推广和应用，在瑞典林雪平大学成立了 Modelica 协会，开展 Modelica 语言规范中的公式、算法、函数等的研究，完善 Modelica 语言的语义结构，并且基于 Modelica 语言开发开源仿真模型库。

Modelica 协会官方网站是 https：//www. modelica. org/，网站提供 Modelica 语言介绍、Modelica 学习资料、Modelica 开源模型库以及相关的工程案例，并且由专业的组织定期更新维护。网站及开源模型库的维护组织，由多家企业和多个高校联合组成，主要负责开源模型库的开发、模型库验证、模型库的发布与维护等工作。全球的 Modelica 使用者均可方便地下载最新的、经过验证、且完全开源的 Modelica 模型库。

到目前为止，Modelica 已开发出多种不同领域的模型库，应用于传热、液压、气动、机械、汽车、电子、动力传输、空调、太阳能、航空发动机、电力系统等领域的仿真计算中，可解决多领域物理系统联合仿真问题，目前 Modelica 语言已经发展到 3. 4 版。

17. 4. 3　Modelica 语言基础

Modelica 语言采用数学方程描述不同领域子系统的物理规律和现象，根据物理系统拓扑结构基于语言内在的组件连接机制实现模型构成和多领域集成，通过求解微分代数方程组（DAEs）系统实现仿真运行。该语言可以为任何能够用微分方程或代数方程描述的问题实现建模和仿真。

Modelica 是一种面向对象的建模仿真语言，Modelica 语言不仅具有类的抽象、集成、算法和函数（因果建模）等一般面向对象编程语言的特征，还具有连接器、连接机制、基于方程的非因果建模等物理系统建模语言的独特特征。

1. Modelica 类

类是 Modelica 语言的基本结构元素，是构成 Modelica 模型的基本单元。类可以包含三种类型的成员：变量、方程和成员类。变量表示类的属性，通常代表某个物理量。方程指定类的行为，表达变量之间的数值约束关系。方程的求解方向在方程声明时是未指定的，方程与来自其他类方程的交互方式决定了整个仿真模型的求解过程。类也可以作为其他类的成员。类的成员可以直接定义，也可以通过集成从基类中获得。

Modelica 类概念是一般类和特定类的统称。特定类具有特殊用途，在语法规范上有一定的限制。一般类由关键字“class”修饰，特定类由特定的关键字修饰，使用特定类是为了使 Modelica 模型代码便于阅读和维护。Modelica 语言中一般类派生出七种特定类，分别是模型（model）、连接器（connector）记录（record）、框图（block）、类型（type）、函数（function）和包（package）。特定类只不过是一般类概念的特殊化形式，在模型中特定类关键字可以被一般类关键词“class”替代，而不会改变模型的行为。这七种特定类是依据使用目的的不同设计的，在使用上有所限制，见表 17-5。

表 17-5　特定类的功能和使用限制

类名称	功能	使用限制
模型（model）	定义完整的陈述式模型	不能用于连接
连接器（connector）	定义组件之间的连接接口	其定义或任何组件中不允许存在方程
记录（record）	定义数据结构	不能用于连接 不能直接用来仿真 成员变量不能声明 input/ output、inner/ outer、flow 类型
框图（block）	用于基于框图的因果建模	只能表示固定的具有输入、输出关系的方程 表示接口的每个组件必须定义输入和输出变量 成员变量或组件只能为参数、常量或输入、输出变量，只能用前缀 parameter/ constant、input/ output 声明
类型（type）	类的别名	用于扩展预定的类型、记录或数值
函数（function）	通过算法实现过程或建模	不能用于连接 参数必须是输入变量和输出变量 无 equation、initial algorithm 子句或最多一个 algorithm 子句 可调用函数需要有算法子句或外部函数接口 不能调用内置函数 der、initial、terminal、sample、pre、edge、change、reinit、delay、cardinality
包（package）	用于组织模型的层次	只包含类和常量声明 不能直接用来仿真

下面以最常用的模型（model）类为例说明类的定义过程。

```
class VanDerPol                                  类声明
Real x (start = 1.0);
Real y (start = 1.0);                            变量定义
parameter Real lambda = 0.3;                     参数定义
equation
der (x) = y;
der (y) = lambda * (1.0 - x^2.0) * y - x;        方程系统
end VanDerPol;
```

2. 组件连接机制

Modelica 语言提供了功能强大的软件组织模型，其具有与硬件系统同等的灵活性和重用性。Modelica 的软件组件模型主要包含三个概念：组件、连接机制和组件架构。组件通过连接机制进行交互连接。组件架构实现组件和连接，确保由连接维持的约束和通信工作稳定可靠。

在 Modelica 语言中，组件的接口称为连接器，建立在组建连接器上的耦合关系称为连接。如果连接表达的是因果耦合关系，则称其为因果连接；如果连接表达的是非因果耦合关系，则称其为非因果连接。

模型类必须有明确的接口，即连接器，用于实现组件与外界的通信。模型类应该定义为环境无关的，此举是组件可重用的关键所在。这意味着在类定义中只能包含方程，只使用局部变量与连接器变量，并要求组件与外界的通信必须通过组件连接器。组件可以由其他相互连接的组件构成，也就是层次建模。

Modelica 连接器是连接器类的实例。连接器类的主要用途就是定义组件接口的属性与结构。连接器类中定义的变量可划分为两种类型：流变量和势变量。流变量是一种“通过”型变量，如电流、力、力矩等，由关键字“flow”限定。势变量是一种“跨越”型变量，如电压、位移、角度等。常见的不同领域的势变量和流变量见表 17-6。

表 17-6 常用物理领域势变量与流变量

物理领域	势变量	流变量
电学	电压 U	电流 i
一维平移	位移 s	力 F
一维转动	角度 φ	转矩 τ
液压流体	压力 p	流量 $\dot{m}$
传热	温度 T	热流 Q
化学	化学势 μ	质点流量 $\dot{N}$

连接器 Pin 是电路元件的接口，它包含两个变量，v 为势变量，i 为流变量。该连接器的定义如下。

```
connector Pin “electric connector”
Real v “voltage”;
flow Real i “current”;
end Pin;
```

Modelica 连接必须建立在相同类型的两个连接器之上，从而表达组件之间的耦合关系。这种耦合关系在语义上通过方程实现。故 Modelica 连接在模型编译时会转化为方程。具体来说，流变量之间的耦合关系由“和零”形式的方程表示，即连接交汇点的流变量之和为零。势变量之间的耦合关系由“等值”形式的方程表示，即连接交汇点的势变量值相等。连接方程反映了实际物理连接点上的功率平衡、动量平衡或质量平衡。假设存在 connect（P_1，P_2），其中 P_1 和 P_2 为连接类 Pin 的两个实例。该连接等价于式（17-43）。

$$\begin{cases} P_1 v = P_2 v \\ P_1 i + P_2 i = 0 \end{cases} \tag{17-43}$$

3. 模型的平衡

一个完整的 Modelica 模型所包含的未知量与方程的数量应该相同，这样方程才可以进行求解。如果建立了多个 Modelica 模型，模型继承了多个元件，将这些模型进行连接，有时会提示错误信息，显示系统中缺少方程或方程过多，这有可能是整个模型未知量与方程数量不等引起的。

对于元器件的连接器，如果连接器定义了输入和输出，就可以方便地检查元件方程个数是否正确。可以假定输入已知，然后检查元件是否有足够且刚好的方程来计算输出量和内部变量。同样，只要将元件间的输出和输入相连，也容易检查元件的使用是否正确。而 Modelica 中连接器为非因果连接，并没有定义输入和输出，不能采用这样的方法进行检查，为解决这个问题，Modelica 采用了平衡模型的概念。

假设连接器具有n_f个流变量和n_p个势变量，平衡模型的方法要求连接器中流变量和势变量相等，即$n_f = n_p$。考虑一个简单的例子，一个 Modelica 模型只包含一个接口，接口中包含n_f个流变量和n_p个势变量。模型最简单的连接如图 17-36 所示，图中左侧模型为未连接，右侧为连接一个相同的模型。

图 17-36　简单的模型连接

模型未连接时，那么由流变量的定义可知，所有流变量为零，这时模型中方程的个数应该与势变量数和内部变量数之和相同，如果模型包含n_1个内部变量，那么方程的个数应该为$n_{11} + n_p$。当元件与自身相同的元件相连时，图 17-36 中右图左侧元件的未知量个数为$n_{11} + n_f + n_p$，右图右侧元件的未知量个数为$n_{21} + n_f + n_p$，总的未知量个数为$n_{11} + n_{21} + 2n_f + 2n_p$。而左侧元件包含的方程个数为$n_{11} + n_p$，右侧元件包含的方程个数为$n_{21} + n_p$，连接点产生的方程数为$n_f + n_p$，则总的方程数为$n_{11} + n_{21} + n_f + 3n_p$。方程数减去未知量个数为$n_p - n_f$。为了使方程数与未知量个数相等，则必须有$n_f = n_p$。即在任何 Modelica 模型连接器中，其流变量与势变量个数相等。

4. 变型机制

模型的可重用性是提高建模效率的关键。Modelica 语言提供的变型机制使得类的重用变得十分容易。变型是指在定义新类型或者声明组件时修改后继类成员的缺省值或属性值。变型机制可分为组件变型与类变型两种。变型示例语句如下所示。

```
model Space
class Point2D
Real x =0;
Real y =0;
end 2DPoint;
Point2D p1 (x =1, y =2), p2 (x =3, y =4);
end Space;
```

模型“Space”声明了类“Point2D”，“Point2D”定义了属性“x”和“y”，表示平面上的坐标点。Point2D 同时也定义了类的缺省值是（0，0），使用者声明类的实例并通过组件变型修改类的缺省值。“Space”声明了“Point2D”类型的两个点，坐标分别为（1，2）和（3，4）。已声明的类可以通过继承扩充，并通过类变型指定扩充之后的新类型的默认值。示例语句如下所示。

```
class Point3D
extends Point2D (x =3, y =4);
Real z =5;
end Point3D;
```

“Point2D”通过继承扩充为“Point3D”，并且通过类变型指定扩充之后的新类型的默认值，“Point3D”模型的默认值是（3，4，5）。

5. 局部模型与继承

局部模型的定义和重用是 Modelica 中很重要的一种应用。以开始介绍的电路系统为例，电路系统中很多元件都具有两个接口，这样就可以定义一个接口模型类“TwoPin”，使其包含两个针脚（即 p、n），以及描述元件压降的量“v”，具体代码如下。

```
partial model TwoPin
Pin p, n;
Voltage v;
equation
v = p.v - n.v;
p.i + n.i =0;
end TwoPin;
```

代码定义了简单电器元件中量的常用关系。声明“partial”表示这个模型类不是一个完整模型，因此必须增加一个基本方程。现在使用“TwoPin”定义一个电阻元件，并增加电阻值参数，代码如下。

```
model Resistor
extends TwoPin;
parameter Resistance R;
equation
R * p.i = v;
end Resistor;
```

声明“parameter”表示参数“R”在仿真计算前可以进行修改，但在仿真过程中保持不变。在定义了局部模型“TwoPin”时，可以使用声明“extends”进行继承。

17.4.4 Modelica 语言特点

作为一种面向对象的编程语言，Modelica 语言与传统的计算机编程语言相比，主要区别在于 Modelica 是一种陈述式、多领域建模语言，基于方程非因果建模，适用于复杂系统的面向组件建模，包括机械、电子、液压、电力、热、控制等物理系统，并且支持连续系统和离散系统的混合仿真。

1. 面向对象建模

在数学建模中引入面向对象的思想，主要目的是为了简化复杂性。Modelica 语言将面向对象看作用于处理复杂大系统描述的一种模型组织概念，强调陈述式描述和模型的重用。Modelica 语言以类为中心组织和封装数据，支持采用分层机制、组件连接机制和继承机制构建 Modelica 模型。Modelica 模型实质上是一种陈述式的数学描述，这种陈述式的面向对象方式相比于一般的面向对象程序设计语言而言更加抽象，因为它可以省略许多实现细节，如不需要编写代码实现组件之间的数据传输。图 17-37 所示的简单电路的 Modelica 模型详细描述如下。

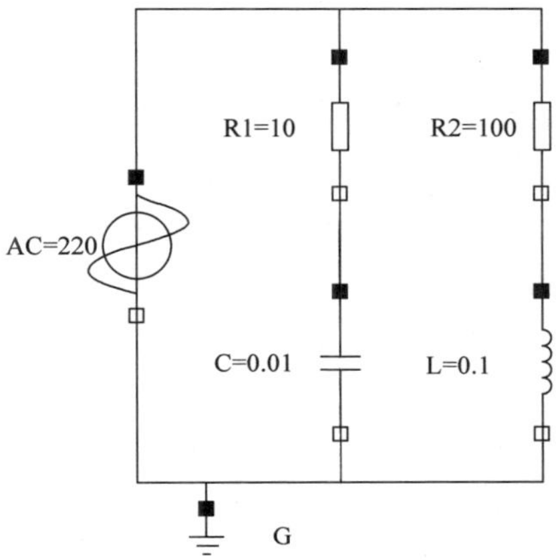

图 17-37　简单电路的 Modelica 模型

```
model Circuit
Modelica. Electrical. Analog. Sources. SineVoltage VS（V = 220）;
Modelica. Electrical. Analog. Basic. Resistor R1（R = 10）;
Modelica. Electrical. Analog. Basic. Capacitor C1（C = 0. 01）;
Modelica. Electrical. Analog. Basic. Resistor R2（R = 100）;
Modelica. Electrical. Analog. Basic. Inductor L1（L = 0. 1）;
Modelica. Electrical. Analog. Basic. Ground G1;
equation
connect（L1. n, G1. p）;
connect（C1. n, G1. p）;
connect（VS. n, G1. p）;
connect（R2. n, L1. p）;
connect（R1. n, C1. p）;
connect（R2. p, R1. p）;
connect（VS. p, R1. p）;
end Circuit;
```

上述电路模型很好地体现了 Modelica 语言面向对象建模思想的三种模型组织方式。其中，分层机制体现为将系统层模型和组件层模型分开描述。系统模型“Circuit”中的连接语句，如“connect（L1. n，G1. p）”，体现了模型组织的连接机制。组件类“Resistor”“Capacitor”“Inductor”（篇幅所限，相应代码在此省略）均是从一个基类“TwoPin”派生出来，这体现了模型组织的继承机制。总而言之，通过采用分层、组件建模和继承这三种机制，可以构建出任意复杂的仿真模型。

2. 非因果建模

Modelica 语言是一种基于方程的建模语言，采用数学方程而不是赋值语句定义类的行为。方程具有陈述式非因果特性，也就是声明方程时没有限定方程的求解方向，因而方程具有比赋值语句更大的灵活性和更强的功能。

算法也是表达变量之间约束关系的重要形式，与方程不同的是，算法表达的是变量之间的因果关系，表示将赋值表达式右边的变量赋值给左边的变量。Modelica 使用不同操作符表示方程与算法，方程使用“=”操作符，算法使用“:=”操作符。

方程与算法表示不同的约束关系，例如方程为

$$i * R = v$$

该方程可以等价为以下三种可能的算法形式，即

$$i := v/R$$

$$R := v/i$$

$$v := i * R$$

这表明方程可以依据数据环境的需要用于求解不同的变量，方程的这一特性大大提升了 Modelica 模型的重用性。方程的求解方向最终根据方程系统的数据流环境由数值求解器自动确定。这意味着使用者不必在建模时将方程转化为因果赋值形式，这极大地减轻了建模工作量，尤其是对复杂系统建模，同时也可以避免因公式的转化推导而引起的错误，使得模型更加健壮。对于 Modelica 语言来说，构建非因果模型是一件很容易的事情，只要采用方程描述物理元件的基本规律或现象，并将组件之间的交互关系表示为非因果连接即可。

虽然方程在描述物理系统上拥有诸多优点，但方程并不适于表示因果模型，如过程式算法。算法可以通过改变算法的声明顺序描述不同的仿真过程，而方程由于其非因果特性，无论怎样改变方程组的声明顺序都不会影响到最后的仿真结果。

3. 陈述式物理建模

陈述式程序设计思想是受到数学思想的启发而产生的。数学思想主张陈述或声明拥有什么，而不是像采用过程式语言所必需的那样，给出一个详细的过程式算法描述怎样实现既定目标。

Modelica 语言采纳了陈述式设计思想，面向对象建模和非因果建模是陈述式物理建模的基础。其软件组件模型支持根据实际系统的物理拓扑结构组织构建仿真模型，即陈述式物理建模。物理元件对应模型的一个组件，物理元件之间的真实物理连接对应于组件连接图中模型组件之间的逻辑连接。采用这种方式构建的物理系统的 Modelica 模型有着与实际系统类似的层次结构。此外，Modelica 模型的组件连接图还可以粗略地表示实际物理系统的结构布局。

图 17-37 与图 17-38 表示的是同一个电路的模型，比较它们可以清楚地看出，Modelica 模型的组件连接图可以很好地保持实际物理系统的拓扑结构信息，而 Simulink 的框图模型需要定义输入和输出参数，不能反映系统原有的拓扑结构。Modelica 语言的陈述式物理建模能力使其较其他语言更适于复杂系统建模。

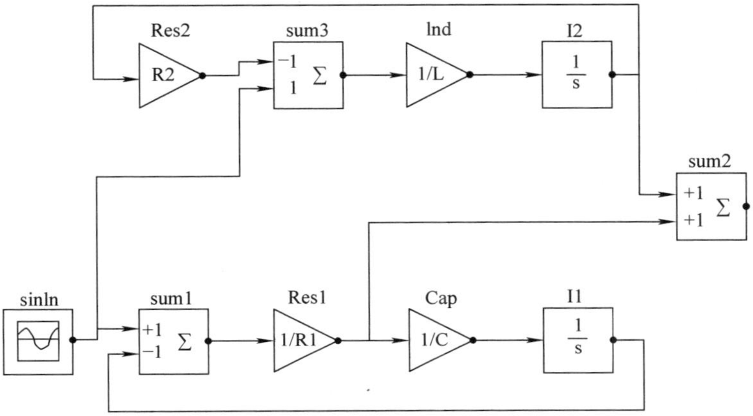

图 17-38　简单电路的 Simulink 模型

4. 多领域统一建模

基于物理系统数学表示的内在一致性，Modelica 语言支持同一个模型容纳来自不同领域的模型组件，从而具备多领域统一建模能力。Modelica 语言将任意领域元件的行为统一采用数学方程描述，将元件与外界的通信接口统一定义为连接器。

同一领域内的组件之间的通信借助建立在相同类型的领域连接器之间的连接实现，如图 17-37 中电阻 R1 与电感 L 之间的连接。不同领域的组件之间的交互通过特定的领域连接转换器实现。图 17-39 所示的交流电动机模型是一个简单的多领域耦合系统，它包含电子元件、机械元件和控制系统。下面给出的模型定义描述的是一个电能/机械能转化器。

```
model EMF
parameter Real k =1;
Voltage v;
Current i;
Angular Velocity w;
Pin p, n;
Flange flange_ b;
equation
v = p. v − n. v;
0 = p. i + ni;
i = p. i;
```

w = der (flange_ b. phi);

k * w = v;

flange_ b. tau = －k * i;

end EMF;

模型“EMF”的主要功能是将电能转化为机械动能。图17-39中的组件“emf”就是上述转化器类“EMF”的一个实例，它具有两个电子元件接口“p”和“n”，用于与电子元件通信，以及一个机械元件接口“flange_b”用于与机械元件通信。通过这三个接口间接地实现电子元件与机械元件的通信。

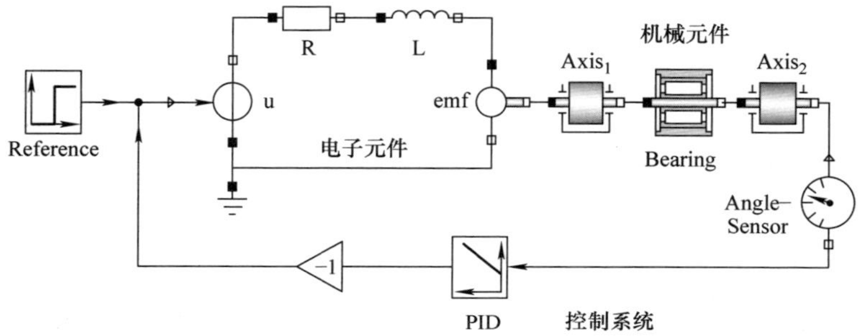

图17-39　电动机模型

类似“EMF”这样的基于两个不同领域的流变量与势变量设计的领域间转化器模型可以看作连接不同领域组件的桥梁，通过定义这样的桥梁可以实现多领域物理系统组件的互联。因此，基于Modelica语言的多领域统一建模的关键就是抽象地设计出领域间转化器。

5. 连续离散混合建模

连续系统是指通过基于时间的函数来描述人为或自然的物理行为；离散系统是指变量值只在某个时间点发生变化（电源开/关）、变量的变化不连续（离合器分离/结合）、尽管不是瞬态变化但变化时间区间小（阀门开/关）等情况。

物理系统的动态特性可以是连续时变的，也可以是离散时变的，即系统状态只在某些离散时间点上发生变化。动态连续建模的关键是基于能量守恒、动量守恒、质量守恒等基本物理定律描述系统行为，而离散事件建模的关键是怎样表达与事件相关的行为。

Modelica语言提供如下两种结构体用于表达混合模型：

1）if结构，包含条件表达式和条件方程，用于描述不连续条件模型。

2）when结构，用于表示只在某些离散时刻有效的方程。

解决Modelica语言处理连续－离散混合模型问题的基础是遵循同步数据流原则（Synchronous Data－flow Principle），其定义如下：

1）除非明确定义，所有变量当前值保持不变。在连续积分的任意时刻和事件发生时刻，变量值可以被访问。

2）在连续积分的任一瞬间及事件发生时刻，活动的方程表示了变量间必须同时满足的约束关系（存在于不活动的 if 分支、when 从句或块中的方程，属于不活动方程）。

3）在事件发生时刻的计算和数据通信时间不计入仿真时间。

4）方程的数量等于未知量的数量。

图 17-40 所示的正在弹跳的球就是一个混合系统的示例。

球的运动通过球的高度“height”和速度“velocity”来描述。球在两次碰地弹起期间连续地运动，当球碰到地面弹起时，离散时间发生，速度反向。假定球的弹性系数为 0.9，即球每次反弹的速度为原来的 90%。下面给出的是该模型的 Modelica 代码，仿真结果如图 17-41 所示。

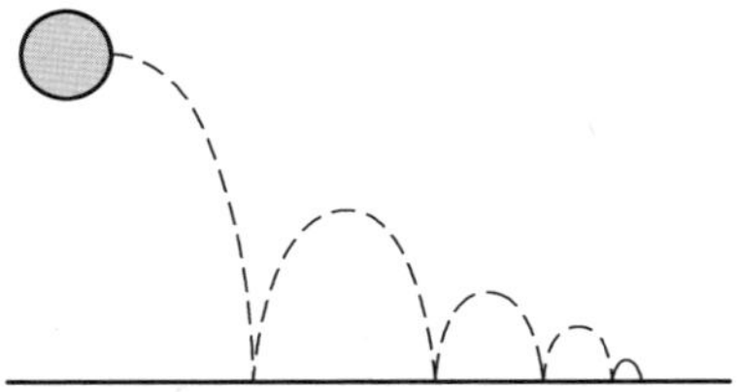

图 17-40　正在弹跳的球

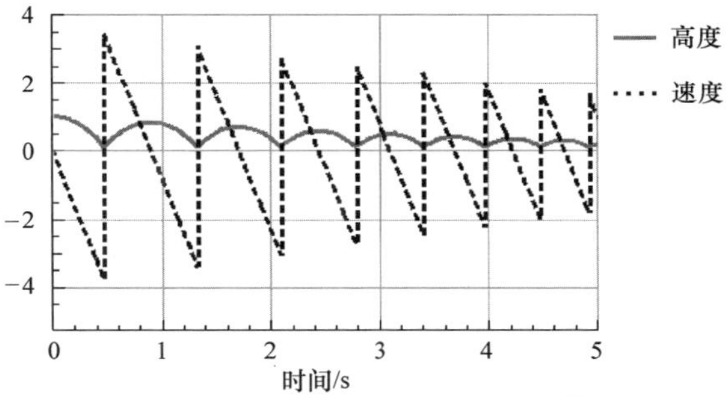

图 17-41　仿真结果

```
class BouncingBall
constant Real g = 9.81;
parameter Real c = 0.9;
parameter Real radius = 0.1;
Real height (start = 1.0);
Real velocity (start = 0.0);
equation
der (height) = velocity;
der (velocity) = -8.0;
when height < = radius then
      reinit (velocity, ( -c) * pre (velocity));
end when;
end BouncingBall;
```

17.4.5　液压系统的 Modelica 语言建模

本节以一个液压系统模型为例对 Modelica 语言建模进行简要说明。图 17-42 所示为一个由两个储液箱和一个圆柱连接管组成的液压系统。本例假定储液箱中的油液是不可压缩的，且储液箱的横截面积不变。

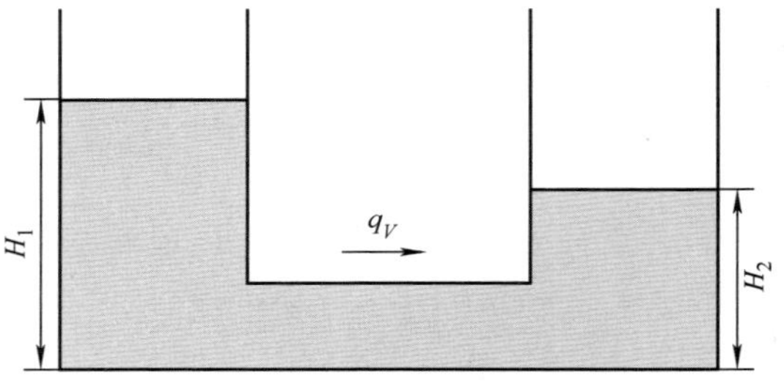

图 17-42　含油液的双储液箱

1. 液压系统的本构方程

首先，为了计算通过圆柱连接管液体的流量 q_V，需要知道每个储液箱底面受到的油液压力 p，液体压力计算公式为

$$p = \rho g H$$

式中　p——压力；

ρ——油液的密度；

g——重力加速度；

H——液体的高度。

由液体压力计算公式可以得出两个储液箱底部所受到的压力分别为

$$p_1 = \rho g H_1$$

$$p_2 = \rho g H_2$$

根据p_1和p_2，就可以求解连接管中的液体体积流量 q_V。对于圆柱管中的层流，可根据哈根 - 泊肃叶（Hagen - Poiseuille）方程，得到 q_V 的表达式为

$$q_V = (p_1 - p_2)\frac{\pi D^4}{128\mu L}$$

式中　p_1——左边储液箱底部所受到的压力；

p_2——右边储液箱底部所受到的压力；

D——连接圆管的直径；

μ——油液的动力学黏度；

L——管子的长度。

约定油液从左边储液箱流向右边储液箱时，q_V 的值为正。

最后，还需要建立连接管中油液的体积流速与液体高度的关系方程式。因为假定油液是不可压缩的，因此流过管道油液的体积必然等于储液箱油液的变化（减少或增加）体积，由此可得

$$A_1\frac{\mathrm{d}H_1}{\mathrm{d}t} = -q_V$$

$$A_2\frac{\mathrm{d}H_2}{\mathrm{d}t} = q_V$$

式中　A_1——左边储液箱的横截面积；

A_2——右边储液箱的横截面积。

2. 液压系统的 Modelica 模型

该模型的 Modelica 代码如下（注：代码中 Q 为体积流量 q_V），图 17-43 所示为该模型在$H_1=0$、$H_2=2\text{m}$ 时的仿真结果。

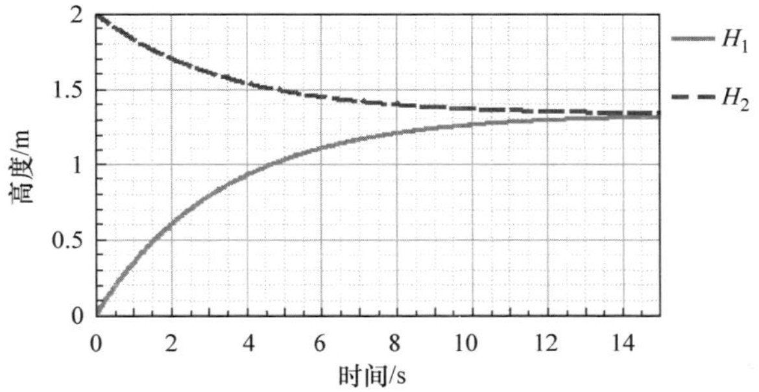

图 17-43　双储液箱仿真结果

```
model TwoTanks
import Modelica. SIunits;
//Constants
constant Real pi = Modelica. Constants. pi;
constant Real g = Modelica. Constants. g_n;
//Parameters
parameter SIunits. Length L =0. 1"Pipe length";
parameter SIunits. Length D =0. 2"Pipe diameter";
parameter SIunits. Density rho =0. 2"Fluid density";
parameter SIunits. DynamicViscosity mu =2e -3;
parameter SIunits. Area Al =1. 0"Area of left tank";
parameter SIunits. Area A2 =2. 0"Area of right tank";
parameter SIunits. KinematicViscosity c = (pi  * D^4)/(128 * mu * L);
//Variables
SIunits. Pressure P1,P2;
SIunits. Length H1(start =0),H2(start =2);
SIunits. VolumeFlowRate Q;
equation
//Pressure equations
P1 =rho * H1 * g;
P2 =rho * H2 * g;
//Flow rate
Q =c * (H1 -H2);
//Conservation of mass
```

```
A1 * der(H1) = -Q;
A2 * der(H2) = Q;
end TwoTanks;
```

17.5 数值计算方法

以获取系统动态响应特性为目的的数字仿真属于连续系统数字仿真的范畴，所确立的数学模型（即系统状态方程）是一组以时间为自变量的一阶常微分方程所构成的常微分方程组。从数学角度看，动态仿真数学模型的求解问题乃是一个常微分方程初值问题，求解常微分方程初值问题的数值计算方法通常为数值积分法。随着计算数学和计算机技术的不断发展，现今已有多种数值积分方法，每一种都以其各自的特点而适用于某一类或几类问题的数值求解。对于动态仿真的数学模型求解来说，计算方法（即数值积分方法）的选择常常占有很重要的位置。这其中涉及模型与求解方法的相容性、计算精确度、数值稳定性及求解计算速度等一系列问题。本节将就仿真计算方法的选择及其主要相关问题做概括性介绍，并且尽可能从工程应用的角度予以叙述。有关上述问题的更全面的论述，读者可以参阅计算数学方面的文献。

17.5.1 数值积分法的基本原理与概念

1. 数值积分法的基本原理

例如，仿真系统可以表示为如下的一阶微分方程。

$$\begin{cases} \dfrac{dy}{dt}=f(y,t)\,(a\leqslant t\leqslant b) \\ y(a)=\eta \end{cases} \tag{17-44}$$

式（17-44）的解 $y(t)$ 是区间 $[a,b]$ 上的连续变量 t 的函数，因而该问题实际上是一个连续性问题。求该问题的数值解，就是要在区间 $[a,b]$ 上的若干离散点 $a\leqslant t_0<t_1<\cdots<t_n\leqslant b$ 处，计算出解 $y(t)$ 的近似值 y_1、y_2、…、y_n。通常，取各离散时间点为等间隔，即

$$t_1-t_0=t_2-t_1=\cdots=t_n-t_{n-1}=h$$

这里，h 称为计算步长。可见，数值积分法的基本思想是把连续性方程通过一定的方法转化为在给定的 $n+1$ 个时间点上的近似差分方程的初值问题，这一过程称为离散化。离散化的本质是化导数为差商，在时间点 t_n 处对导数 $y'(t_n)$ 的函数表达式做离散化处理，则有

$$y'(t_n)\approx(y_{n+1}-y_n)/h \tag{17-45}$$

式（17-45）中，y_n 为 $y(t)$ 在时间点 t_n 处的近似值，即 $y(t_n)\approx y_n$。

在区间 $[t_n,t_{n+1}]$ 上求积分，可得

$$y(t_{n+1}) = y(t_n) + \int_{t_n}^{t_{n+1}} f(y,t)\,\mathrm{d}t \tag{17-46}$$

设 $Q_n = \int_{t_n}^{t_{n+1}} f(y,t)\,\mathrm{d}t$，则

$$\begin{cases} y_{n+1} = y_n + Q_n \\ y_0 = \eta \end{cases} \tag{17-47}$$

可见，通过对偏置量Q_n进行数值求解，就可以根据初始条件y_0逐步递推出以后各点的y_{n+1}，也即得到所需的仿真曲线。

对式（17-46）右端的积分，可采用某种数值积分方法计算其近似值，这就是采用数值积分方法求解常微分方程初值问题基本思想的由来。解常微分方程初值问题的数值积分方法的共同特点是步进式，采用不同的步进递推算法，就形成了各种各种的积分方法。

2. 数值积分的基本方法

数值积分常用的基本方法可划分为三类：单步法、多步法和预报－校正法。

（1）单步法　单步法的特点是在计算y_{n+1}时只用到y_n，即在当前一步计算中，仅用到上一步的计算结果，而不用到之前几步的计算结果，故名单步法。显然，单步法可不必借助其他算法而自行启动（即可直接用此法从初值y_0，逐点递推出以后各点y_n），也比较容易实现变步长算法。

（2）多步法　多步法需要用到以前若干步的计算结果，它在开始时不能自行启动，要求采用其他方法。例如，用单步法算出若干点后，再启动进入多步法。多步法虽不及单步法简单，但可提高精度，减少计算量。

（3）预报－校正法　若某一方法在计算y_{n+1}时仅需要利用y_n、$y_{n-1}\cdots$的值，则y_{n+1}的计算公式为显式公式，这样的方法称为显式方法。反之，若在函数f_{n+1}中也含有y_{n+1}，因f为非线性函数时一般不可能将y_{n+1}表示为显函数的形式，则其计算公式为隐式公式，相应地，这种方法称为隐式方法。

显式多步法，实际上采用了外推原理求新值，而隐式多步法结合了外推和内插原理，故其精度和稳定性要好于显式多步法。在利用隐式方法时，通常先用显式方法计算出一个y_{n+1}（预报），然后代入式（17-46）右端进行计算，得到校正后的y_{n+1}。此迭代过程可视需要只进行一次，也可进行多次，因此称为预报－校正法。该方法既可以避免耗用机时较多的迭代运算，又可保持隐式公式所具有的精度高和稳定性好的优越性。

3. 数值积分法的一些基本概念

（1）截断误差　任何一种数值积分方法都不可避免地存在计算误差，这种来自于算法本身的计算误差包括截断误差和舍入误差两类。其中，截断误差是指算法

的计算公式对应于变量 y 在t_{n+1}处精确解的泰勒级数不能取无穷多项而只能取有限项所造成的误差，即计算公式构成自身所形成的误差。

为简化分析，假定前一步计算出的结果y_n是准确的，则用泰勒级数求得t_{n+1}处的精确解为

$$y(t_{n+1})=y(t_n+h)=y(t_n)+hy'(t_n)+\frac{1}{2!}h^2y''(t_n)+\cdots+\frac{1}{r!}h^ry^{(r)}(t_n)+O(h^{r+1})$$

显然，任何一种数值积分法只能从以上精确解中截取前数项之和，并据其构造相应的算法公式来近似计算y_{n+1}的值。例如，欧拉法所截取的是其中的前两项，而4阶龙格－库塔法截取的是前5项。按上述方式单独一步引进的附加误差通常称为局部截断误差，简称为截断误差。它是由计算方法给出的近似值与微分方程精确解之间的误差。通常，若某一方法为 r 阶的数值积分法，其局部截断误差为步长 h 的 $r+1$ 阶微量，记为 $O(h^{r+1})$。例如，欧拉法是一阶方法，其截断误差为 $O(h^2)$；4阶龙格－库塔法是4阶方法，其截断误差为 $O(h^5)$等。

显然，阶数较高的数值积分法的截断误差较小，因而具有较高的精确度。但阶数越高，则单步计算量越大，具体选择时应仔细权衡。

（2）舍入误差　计算机的字长是有限的，不可能将方法给出的数值表示得完全精确，这种主要由于计算机字长限制所产生的数值表示上的误差称为舍入误差。舍入误差随计算步长的减小而增大。对于一个动态过程的仿真求解计算，步长越小，计算次数就越多，则累积的舍入误差就越大。产生舍入误差的原因很多，也比较复杂，除计算机字长的影响外，还与计算机所使用的数字系统、数的运算次序及计算 $f(y,t)$ 所用的程序的精确度等因素有关。近年来随着计算机硬件技术的大幅度提升，舍入误差在一般计算中的影响已经越来越小。

（3）数值稳定性　在数值积分计算中，初始值不一定是完全精确的，带有一定的误差；同时，在运算过程中不可避免地产生舍入误差。不论是单步法还是多步法，在递推计算过程中，初始数据的误差以及在计算中产生的误差都会传播下去，从而对以后的计算结果产生影响。所谓数值稳定性，是指误差的累积是否受到控制。粗略地说，如果计算结果对于初始数据的误差及计算误差不敏感，则相应的计算方法是稳定的，否则就称为非稳定的。

在讨论数值积分法的稳定性时，常采用稳定域的概念。一般来说，稳定域的大小与计算步长 h 有关，h 越大，稳定域范围越小。以典型方程式（17-48）为例，在单步下，为保证计算方法的稳定，步长 h 和特征值 λ 都要受到一定的限制，它们的取值允许范围就是相应方法的稳定域。

$$y'=\lambda y \tag{17-48}$$

例如，当采用欧拉法求解式（17-48）时，有

$$y_{n+1}=(1+h\lambda)y_n$$

它的特征多项式为 $\xi-(1+h\lambda)$，特征根为$\mu_1=1+h\lambda$。可见，要使欧拉法稳

定，则应有

$$|\mu_1| = |1 + h\lambda| \leqslant 1$$

故使 $|\mu_1| = 1$ 的 $h\lambda$ 值就构成了相应的稳定域边界。一个数值积分方法，若没有有限的稳定域边界，便称为无条件稳定的。

在微分方程组的情况下，系数矩阵的特征值将有多个，其中绝对值最大的特征值决定着步长 h 的选取，在确保计算稳定条件下的最大仿真计算步长将依具体采用的计算方法的稳定域而定。

（4）步长　步长是一种很重要的积分参数，步长太大，算法将不稳定；步长太小，则累积误差增大，且计算耗时也随之增大。所以，通常希望在保证精度和稳定的前提下，尽可能取大步长，以减少计算耗时。由于一个系统的动态特性，常常存在急变和缓变等各种情况，很难有一个对仿真全过程最优的单一步长。因此，需要研究在仿真过程中步长的控制问题，而采用步长变化的仿真算法，称为变步长算法。

步长控制问题的理论基础是局部误差估计，根据局部误差估计的结果来确定积分步长的取值。

17.5.2　常规仿真方法简介

一般可根据不同的仿真模型来选择不同的数值算法，主要算法有欧拉（Euler）法、龙格－库塔（Runge－Kutta）法和阿达姆斯（Adams）法等。

1. 欧拉法

欧拉法是最简单的一种数值积分法。欧拉法的基本原理是在积分区间 $[t_n, t_{n+1}]$ 上以折线代替曲线，即认为区间内的 $f(y,t)$ 值可近似取为 $f(y_n,t_n)$，用矩形面积来代替区间上 $f(y,t)$ 的积分。其计算公式为

$$y_{n+1} = y_n + hf_n \tag{17-49}$$

欧拉法算式简单，但截断误差较大，可通过减小步长 h 来提高精度，但 h 过小时，计算量增大，计算时间过长，会产生较大的累积误差。

如果用梯形面积取代矩形面积，则可提高计算精度，这就是改进欧拉法。以 y_n 和 y_{n+1} 两点斜率的平均值作为区间 $[t_n, t_{n+1}]$ 内的计算斜率，其计算公式为

$$y_{n+1} = y_n + \frac{h}{2}[f(y_n,t_n) + f(y_{n+1},t_{n+1})] \tag{17-50}$$

显然式（17-50）两端均含有 y_{n+1}，故其为隐式公式。在工程计算中常用的做法：不利用迭代法直接求式（17-50），而是先用欧拉法的式（17-49）求出 y_{n+1} 的预报值 y_{n+1}^p，而后将其代入式（17-50）中求出校正值 y_{n+1}^c，以 y_{n+1}^c 作为 y_{n+1} 的最终计算值。改进欧拉法的计算公式为

$$\begin{cases} y_{n+1}^p = y_n + hf(y_n,t_n) \\ y_{n+1}^c = y_n + \frac{h}{2}[f(y_n,t_n) + f(y_{n+1}^p,t_{n+1})] \end{cases} \tag{17-51}$$

式（17-51）中，第一式为预报公式，第二式为校正公式。通过预报与校正作用的结合，在计算量增加不大的情况下使计算精度得以提高。

2. 龙格－库塔法（R－K法）

在众多数值积分方法中，龙格－库塔法是应用较广泛的一种方法，其中4阶龙格－库塔法以其计算精确度较高、数值稳定性较好和易于编程实现等特点，在仿真计算中最为常用。在液压系统动态仿真中，除某些特殊情况（如数学模型为刚性方程）外，采用4阶龙格－库塔法进行模型求解，均能取得令人满意的效果。

龙格－库塔法的基本思想：鉴于数值积分的单步求解过程中，总是从y_n出发，依某个斜率值计算出y_{n+1}，则设法在区间$[t_n, t_{n+1}]$上多预报几个点的斜率值，而后将其加权平均作为最能如实表征变量y在t_n和t_{n+1}两时间点变化趋向的“理想”斜率值，从而构造出具有更高精度的计算公式，使所求的y_{n+1}值尽可能地靠近准确值$y(t_{n+1})$。

基于上述思想，若在区间$[t_n, t_{n+1}]$上取3个不同的时间点t_n、t_{n+p}、t_{n+q}，各点的斜率值分别记为k_1、k_2、k_3，则得计算式为

$$\begin{cases} y_{n+1} = y_n + h(\lambda_1 k_1 + \lambda_2 k_2 + \lambda_3 k_3) \\ k_1 = f(y_n, t_n) \\ k_2 = f(y_n + ph\,k_1, t_{n+p}) \\ k_3 = f(y_n + qh(r\,k_1 + s\,k_2), t_{n+p}) \end{cases} \tag{17-52}$$

将y_{n+1}展开成h的幂级数，并与微分方程$y' = f(y,t)$的精确解的泰勒展开式做对应项比较，对于3阶龙格－库塔法，使截断误差为$O(h^4)$，求出式（17-52）中各待定参数，得

$$\begin{cases} r + s = 1 \\ \lambda_1 + \lambda_2 + \lambda_3 = 1 \\ \lambda_2 p + \lambda_3 q = \dfrac{1}{2} \\ \lambda_2 p^2 + \lambda_3 q^2 = \dfrac{1}{2} \\ \lambda_3 pqs = \dfrac{1}{6} \end{cases} \tag{17-53}$$

式（17-52）中有7个未知数，若利用式（17-53）的5个方程求解，需要人为指定其中2个未知数的值，现令$p=1/2$，$q=1$，则由式（17-53）解得

$$\lambda_1 = \frac{1}{6}, \lambda_2 = \frac{2}{3}, \lambda_3 = \frac{1}{6}, s = 2, r = -1$$

于是，可得3阶龙格－库塔法计算公式（R－K公式）为

$$
\begin{cases}
y_{n+1}=y_n+\dfrac{h}{6}(k_1+4k_2+k_3)\\
k_1=f(y_n,t_n)\\
k_2=f(y_n+\dfrac{h}{2}k_1,t_{n+\frac{1}{2}})\\
k_3=f(y_n-hk_1+2hk_2),t_{n+\frac{1}{2}})
\end{cases}
\tag{17-54}
$$

经典 4 阶龙格－库塔法计算公式为

$$
\begin{cases}
y_{n+1}=y_n+\dfrac{h}{6}(k_1+2k_2+2k_3+k_4)\\
k_1=f(y_n,t_n)\\
k_2=f\left(y_n+\dfrac{h}{2}k_1,t_{n+\frac{1}{2}}\right)\\
k_3=f\left(y_n+\dfrac{h}{2}k_2,t_{n+\frac{1}{2}}\right)\\
k_4=f(y_n+hk_3,t_{n+1})
\end{cases}
$$

R－K 公式的阶次指的是精度阶次，各阶 R－K 递推公式，实际上是由解函数在y_n点上作泰勒展开且截尾后得到的。阶次越高，右端函数f的计算次数就越多。

3. 阿达姆斯法

阿达姆斯法是一种线性多步方法。它的基本思想是在计算y_{n+1}时，充分利用已求出的若干点值y_n、y_{n-1}、y_{n-2}…所提供的信息，由这些点处斜率f_n、f_{n-1}、f_{n-2}…的线性组合来计算由y_n到y_{n+1}的增量。

依所用信息步数的不同，阿达姆斯法的计算公式有若干种，其中常用的显式 4 步法公式为

$$
y_{n+1}=y_n+\frac{h}{24}(55f_n-59f_{n-1}+37f_{n-2}-9f_{n-3})
\tag{17-55}
$$

式（17-55）中，$f_{n-i}=f(y_{n-i},t_{n-i})$，$i=0,1,2,3$。

式（17-55）的局部截断误差为

$$
R_n=\frac{251}{720}h^5y^{(5)}(\xi)
$$

式（17-55）的计算精度为 4 阶。

阿达姆斯法也可构成隐式公式，如 3 步隐式公式为

$$
y_{n+1}=y_n+\frac{h}{24}(9f_{n+1}+19f_n-5f_{n-1}+f_{n-2})
\tag{17-56}
$$

式（17-56）的计算精度也是 4 阶的。

多步法与单步法比较，由于要知道前几步的计算结果，所以在一开始不能自行启动，要通过单步法先计算若干步后，再转入多步法。但当多步法启动后，计算工作量就比单步法要小。例如，4 阶 R－K 法每步至少要计算四次右端函数，而对显

式阿达姆斯法而言，不管阶次多少，总是计算一次，对隐式阿达姆斯法总是计算两次（一次预报，一次校正）。

17.5.3　刚性系统的数字仿真方法

在电液控制系统中，常常遇到这样的情况，即系统的特征值非常分散。例如，在同一个系统中，信号传递与控制部件（一般是微电子器件）往往响应较快，时间常数很小；而功率传递与控制部件（如机械、液压等元构件）则响应较慢，时间常数较大。这两类时间常数（或特征值）可以相差多个数量级。表述这种系统的方程组，在计算数学上被称为刚性（Stiff）方程，相应的系统称为刚性系统，也可称为病态系统。刚性方程的数学定义如下。

初值问题

$$\boldsymbol{Y}-F(t,\boldsymbol{Y})=0,\ \boldsymbol{Y}(a)=\boldsymbol{Y}_0,\ t\in[a,b]$$

在区间 $I\subset[a,b]$ 上，若对于 $t\in I$，下列两条件成立，则称其在区间 I 中是刚性的：

1）$Re(\lambda_k)<0$（$k=1,2,\cdots,s$）。

2）$\rho=\max\limits_{k=1,2,\cdots,s}Re(-\lambda_k)/\min\limits_{k=1,2,\cdots,s}Re(-\lambda_k)>>1$。

其中，λ_k 为 $\partial F/\partial \boldsymbol{Y}$ 的特征值，即方程组雅可比矩阵的特征值。

在上述定义中，ρ 称为刚性比，当 $\rho>10$ 时，称为一般刚性问题；当 ρ 达到 10^6 数量级时，则称为严重刚性问题。

对于刚性系统的仿真，为了保证解的稳定性，常常将步长 h 限制在最小时间常数的数量级上。但是，由于系统的过渡过程时间（即仿真求解的时间终值）却服从于最大时间常数，这意味着当刚性比 ρ 值较大时，需要以很小的步距推进到一个较大的时间终点，这样做的结果会导致计算工作量很大，从而使仿真求解所用的计算机运行时间大大延长，甚至由于舍入误差的积累使得计算发散。

刚性方程问题的存在，实质上构成了对数字仿真技术发展的一个障碍，多年来已经引起计算数学和数字仿真研究工作者的广泛关注和重视，并促使这方面的研究工作逐渐深入开展。对刚性方程数值解的研究主要集中在寻求既可保证数值稳定性又对计算步长不加限制或限制较宽的计算方法上。迄今为止所开发出的比较适于求解刚性方程的算法有特雷纳（Treanor）法、半隐式龙格－库塔法和吉尔（Gear）法。这些方法的构成都比较复杂，篇幅所限，下面仅简要介绍它们各自的特点。

（1）特雷纳法　特雷纳法的着眼点是在保证稳定的前提下，尽可能扩大稳定区域，从而使计算步长得以加大。特雷纳法的优点在于它是一种显式方法，因而易于编程实现，且对于非刚性方程，可还原为4阶龙格－库塔法。该方法的缺点是它对所求解方程的结构有所限制，要求方程雅可比矩阵不能含有大的非主对角线元素。

（2）半隐式龙格－库塔法　半隐式龙格－库塔法是由隐式龙格－库塔法演变

而成的。隐式龙格－库塔法虽然具有较好的稳定性，但每一步计算都需要用迭代法求解一联立方程组，计算工作量大，不适于工程应用。半隐式与隐式公式的不同之处在于k_r数量的不同，它只含有k_1、k_2、…、k_r。而且确定k_r的方程组都是线性的，故可将k_r值的表达式解成显式，使在求k_r（$r=1,2,\cdots,m$）时，表达式右端仅含已知量$k_j(j<r)$，从而避免了迭代法求解方程组。此类形式上是隐式而实际上可表达为显式的公式，称为半隐式。

（3）吉尔法　吉尔法是目前普遍公认解刚性方程最为有效的数值积分方法，它既适用于线性系统，也适用于非线性系统。该方法与变步长龙格－库塔法相比，可缩短仿真时间几倍、几十倍甚至更高。

在仿真精度要求不高时，吉尔法的计算效率尤其高；但如果系统刚性不高，或者是非刚性系统时，吉尔法的效率较低，因为它在每一步计算中增加了一定量的附加计算量。对于一个刚性系统，在响应的初始阶段，响应曲线的变化率一般较大，系统处于快变阶段。此时为了保证精度，不管采用什么算法，步长总是较小，吉尔法就体现不出优越性。只有系统的响应进入了缓变阶段，从精度角度可以采用大步长，但从稳定性角度又不能用大步长，这时吉尔法的优势才能体现出来。

17.5.4　计算方法的选择

一个好的仿真程序，应该在不同的时候采用不同的算法。在编制仿真程序时，为了能根据仿真的精度要求和数学模型的特点正确地选择和应用合适的算法，必须对有关问题做全面而细致的考虑。通常，主要应考虑如下几方面因素。

（1）精度要求　数字仿真的精度主要受截断误差和舍入误差的影响，其中涉及仿真算法、计算步长及所用计算机的精度等因素。总体上说，在计算步长相同的条件下，数值积分法的阶次越高，其局部截断误差就越小。而在同阶次的算法中，多步法比单步法的精度高，隐式算法又比显式算法的精度高，所以，当对仿真的精度要求较高时，一般可选用较高阶次的多步隐式算法，并可采用较小的计算步长来使精度进一步提高。但这里必须指出，隐式算法常需要迭代过程，而小步长又会使计算点数及求解时间大大增加，并造成舍入误差增大。因此，除非特别需要，通常不宜选用阶次太高的算法，并尽量不用耗费机时过多的隐式算法。在液压系统动态仿真中，除非模型中存在刚性问题，否则一般采用 4 阶龙格－库塔法足以满足精度要求。

总之，算法和阶数的选择，应当以满足精度要求为前提，而并不是方法的阶次越高，步长越小就越好。经验表明，对低精度的问题最好选用低阶方法来求解。

（2）计算速度　计算速度在数年前还是数字仿真中一个很关键的问题。近年来随着计算机技术的发展，硬件运行速度大幅度提高，这个问题已在很大程度上得到缓解。尽管如此，对于数学模型结构较复杂、精度要求高、计算量较大的问题的求解，还是有必要对计算速度问题做适当考虑。

就算法本身而言，影响计算速度的因素主要有两个，即每一步积分求解所需的计算状态方程导数的次数和隐式方法的迭代计算次数。若对这两方面因素做综合考虑，则较高阶次的预报－校正法在提高计算速度方面其有一定的优势。它具有较高的精度，每一步计算导数的次数又较少（预报公式和校正公式各需要一次，且不需要迭代计算），因而在需要时可优先选用。

刚性方程问题实质上主要是计算速度问题，同样，计算机硬件速度的提高也使其带来的矛盾有了适度的缓解。事实上，当遇到刚性方程问题时，并不一定非得从算法上着手解决，而可以从建模角度考虑如何消除模型的刚性。具体做法是在绘制系统键合图时，尽量使图中的储能元 C 和 I 的参数值差别不致过于悬殊。一旦出现这种情况，可忽略小容腔的液容和小运动部件的惯性。这样，刚性问题在建模时即被考虑并避免，模型求解的计算速度可显著提高。

（3）数值稳定性　确保仿真求解的数值稳定性，是数字仿真的必要条件，否则，计算结果将毫无意义。从稳定性角度来看，那些稳定域较宽的算法无疑应被优先选用。例如，龙格－库塔法的稳定性要比显式阿达姆斯法好，但又不如同阶的隐式阿达姆斯法，这也是一般仿真计算中大都不直接选用显式阿达姆斯法的一个主要原因。

对于刚性方程问题，如能采用 17.5.3 节所述在建模时予以避免的措施，则数值稳定性的限制就会大大放松，显著减轻在算法选择上的压力。若刚性问题确实难以避免，则可选用特雷纳法或吉尔法，但其编程实现上不如一些常规算法简单。

（4）程序设计的难易性　当所研究的问题在上述几方面均无太严格的要求时，则算法程序设计的难易性也是一个选择算法的因素。前已述及，常用算法大都以各种语言编入一些程序汇编之中，有时同一算法已备有几个不同形式的程序可供选择。这就为仿真研究人员提供了十分便利的条件，从中直接引用，省去了自行编程工作量，使仿真程序设计进度得以加快。一般来说，即使因语言的因素而无法直接引用某一现成程序时，将其转换为所需语言的算法程序，其工作量和差错率也要比自行编制少得多，尤其对于较复杂的算法更是如此。总之，在对算法选择的限制不太严格的情况下，应尽量直接引用现成程序。如确需自行设计，也应优先选择编程较为简单的算法。

综上所述，在仿真计算方法的选择上有一定的灵活性，需要根据一些具体情况而定。

17.5.5　计算步长的确定

从前述分析可见，如果步长选择过大，很容易导致数值不稳定而使仿真结果失真。即使数值稳定性能够保证，步长过大也会带来较大的截断误差，使仿真精度降低。但如果步长选择过小，一方面会使舍入误差增大，同样会使精度下降；另一方面会因计算步数的增多而使求解计算速度降低，增加机时耗费。所以，在确定仿真计算步长时，需要对求解精度、数值稳定性及计算速度等几方面因素进行综合考虑。总体来说，计算步长并非越小越好。一个既能确保计算数值稳定，又使仿真结果满足精度要求，且使求解计算速度较快的大步长，才是最理想的步长。

图 17-44 所示为仿真计算总误差与步长的关系曲线。二者关系并不是单调函数，而是一个具有极值的函数，若仅从计算精度角度考虑，则对应于总误差极值点的计算步长为最佳步长。

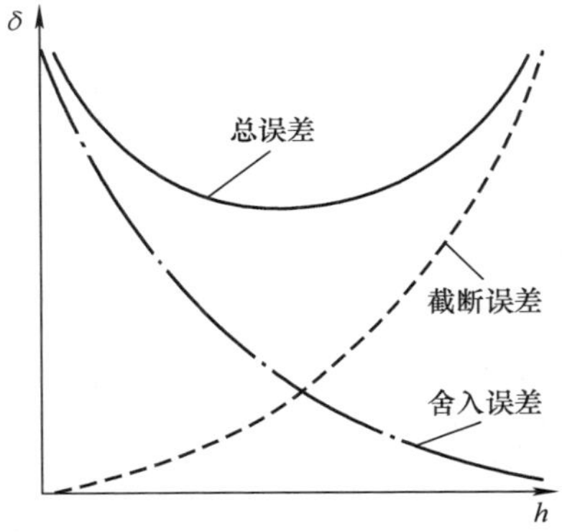

图 17-44　仿真计算总误差与步长关系曲线

确定计算步长，通常可以从以下三方面入手。

（1）根据系统状态方程特征值确定　如果所研究的系统是完全线性的，其状态矩阵 $\boldsymbol{A}$ 是一个定常矩阵，将各系统参数值代入后可很容易求出其特征值$\lambda_i, i=1,2,\cdots,n$。为保证计算稳定性，绝对值最大的特征值$\lambda_{\max}$与步长 h 的乘积应小于所采用算法的数值稳定域实边界值 P，即 $h<P/|\lambda_{\max}|$。通常经验是，若系统的最小时间常数为$T_{\min}$（相当于$|\lambda_{\max}|$的倒数），则步长可取

$$h=\left(\frac{1}{20}\sim\frac{1}{5}\right)T_{\min} \tag{17-57}$$

（2）根据系统动态响应特征估计　一般情况下，所研究的系统很少是完全线性的。所含非线性因素使系统的状态矩阵（即状态方程的雅可比矩阵）呈时变矩阵形式。加上一些约束条件的影响，使该矩阵的特征值难以准确求出。这样，$h<P/|\lambda_{\max}|$所给出的准则就无法直接应用。针对这种情况，有经验的仿真分析人员在确定步长时，常常要对系统的动态响应特征有个大致的估计。如果预计系统响应较快，或状态变量值将随时间有较大幅度的急剧变化，则从数值稳定性和计算精度两方面考虑，不仅要选择较高阶次的算法，而且应选取较小的计算步长。反之，若预计系统响应不太快，各状态变量值变化较为平缓，则可以选取较大一些的步长。这种方法虽然只是一种估计的方法，且只能做到定性的判断，但实践证明是比较有效的，可以避免在步长选取上的盲目性。当然，采用这种方法时对仿真分析人员的素质有一定的要求，即应具备较强的专业知识和相应的动态仿真研究经验。

（3）根据模型中贮能元件特征估计　这种方法的实质是判断系统模型中是否存在刚性问题及刚性程度如何，以便选取能够保证数值稳定性的仿真算法和步长。

刚性方程问题的本质是系统各状态变量具有彼此差异很大的时间常数，这种时间常数差别很大的状况主要是由于各贮能元件参数量值相差比较悬殊所致。例如，在一个由若干液压元件所组成的较复杂的液压系统中，某些控制阀内部的容腔容积同液压缸容腔的容积相比会相差悬殊；在同时考虑其液容效应时，相同的压缩流量

所引起的容腔压力的变化率相差很大，引起两腔压力变量的时间常数差别很大，由此导致刚性问题的产生。同理，对于大质量的机械负载和小质量的阀芯来说，相同的作用力所产生的运动加速度也将大不相同，同样将导致两构件速度变量时间常数相差悬殊，引起刚性问题。

事实上，仿真分析人员在建立所研究系统模型及确定模型参数的过程中，已对模型中各贮能元件的特征有了足够的了解，对系统数学模型中是否存在刚性问题及刚性的程度如何，完全可以做出基本的判断和估计。若模型为非刚性的，则数值稳定性对计算步长的限制势必会大大放宽，此时可采用一些常用算法及较大的步长实施求解，只要梢度满足要求即可。如果判断模型为刚性的且刚性比可能较大，通常可以从模型方面做适当的调整，如忽略一些量值太小的液容和质量，则可以基本避免刚性问题的存在或使其大大缓解，从而免除对计算步长选择造成的压力。如果从仿真的全面性考虑，要求一些小液容和小质量的贮能效应必须纳入模型之中，甚至有时仿真专门是以考证它们对系统动态特性的影响效果为目的，则此时刚性问题的存在是不可避免的。在这种情况下，必须将数值稳定性的要求放在突出的位置，不但要选择一些专门的算法（如特雷纳法和吉尔法等），且计算步长应取得尽可能小些。如果由此引起的求解计算速度问题确实构成仿真研究的较沉重负担，还应在所用计算机机型方面予以考虑，尽可能利用运算速度快的计算机来做仿真求解。

以上介绍了在确定计算步长方面常用的几种方法。事实上，除模型特别简单的情况外，无论采用哪一种方法，步长的选取均难以做到十分准确。通常，在正式求解计算之前，可以先进行试算，即分别选用两种具有一定差别的步长，如果两者的计算结果差别较大，则可认定较大步长的结果是数值不稳定的。经过数次试算，一般可以找到比较适宜的步长。当然，在结果差别不大的情况下，应选择较大的步长，以提高求解计算速度。

17.5.6　变步长方法

以上分析均针对定步长仿真而言。实际上，根据控制工程理论，系统中最小时间常效的极点只影响过渡过程起始段的形状，而过渡过程则主要由那些复平面上靠近虚轴的主导极点所决定。由于定步长是应用于全过程的，这就会造成过程后面平缓阶段计算量的浪费。所以在仿真求解计算中还可以采用变步长方法，具体做法如下：

1）分段变步长。将过渡过程划分为若干区段（通常可借助于试算结果划分），每一区段采用预先给定的一个步长。

2）根据精度要求自动选取计算步长。步长控制的策略通常是预先给定最大误差限E_{max}、最小误差限E_{min}、最大步长h_{max}和最小步长h_{min}。每次由y_n计算y_{n+1}时，分别采用步长h_n算一步和以0.5 h_n算两步得之，而后比较两者的差值e。若$|e|>E_{max}$，且$h_n>h_{min}$，取两步0.5 h_n的计算结果为y_{n+1}值，并将步长减半，即取

$h_{n+1}=0.5h_n$作为下一步的步长。如果减半后$h_n<h_{min}$，则取$h_n=h_{min}$。若$|e|<E_{min}$，且$h_n<h_{max}$，则本步有效，取$h_{n+1}=2h_n$作为下一步的步长。如果加倍后$h_{n+1}>h_{max}$，则取$h_{n+1}=h_{max}$。若$E_{min}\leqslant|e|\leqslant E_{max}$，则$h_{n+1}=h_n$，即下一步步长不变。这种步长控制方法称为半分法，简便易行，但每一步要附加一定的计算量。

3）最优步长法。每一个积分步长在保证精度的前提下取最大步长，其具体实现方法和步骤比较复杂，篇幅所限，在此不做详细介绍。

17.6 液气系统仿真软件介绍

仿真技术作为液压系统或元件设计阶段的必要手段，已被业界广泛认识。早在 20 世纪 50 年代，国外就开始了液压系统仿真技术的研究，Hanpun（1953 年）和 Nightingale（1957 年）采用传递函数法分别进行了液压伺服系统动态性能分析。传递函数法作为一种理论成熟、简单实用的方法，一般只分析系统的稳定性及频率响应，只能用在单输入－单输出的线性定常系统中，不足以描述系统内部的各变量特征，也不易处理液压系统中普遍存在的非线性问题。

在 20 世纪 70 年代初期，国外开始进行液压系统和元件的计算机数字仿真研究，但仅能进行动态特性的数字仿真计算，而且数据输入复杂。1973 年，美国俄克拉荷马州立大学推出了第一个直接面向液压技术领域的专用液压仿真软件 HYDSIM，该软件首次采用液压元件功率口模型方式进行建模，所建模型可重复使用。1974 年，德国亚琛工业大学开始研究液压系统仿真软件包 DSH，该软件采用面向原理图的建模方式，具有模型直观、物理意义强、模型包含非线性等优点。不久，英国巴斯大学也开始开发液压系统仿真软件包 HASP，该软件采用功率键合图法的建模方式，数学模型可采用 Fortran 子程序自动生成。面向功率键合图的建模虽然物理意义清楚，但功率键合图不如原理图直观。

20 世纪 70 年代后期，随着液压流体力学、控制理论、优化设计、仿真、计算机等学科的发展，特别是计算机的广泛应用，已经能够通过理论或试验方法建立液压系统的分析数学模型。借助计算机的仿真进行有关数据的优化和预测系统的性能，从而给液压系统的设计提供了一个有力的工具。

20 世纪 80 年代，一批液压系统仿真软件相继问世，首先是德国 DSH 软件和英国 HASP 软件研制成功，随后，美国俄克拉荷马州立大学于 1984 年又推出 PERSIM，芬兰坦佩雷理工大学于 1986 年推出了 CATSIM，瑞典林雪平大学于 1988 年推出了 HOPSAN 等。这些软件虽然各具特点，但从建模原理、程序结构和功能上均未能超过 DSH 与 HASP。

20 世纪 90 年代，液压系统仿真软件又有了新的发展。1992 年巴斯大学以全新面貌推出了 HASP 的升级版 BATH/fp。1991 年，瑞典 DynasimAB 公司推出了 Dymola，该软件是第一个支持 Modelica 语言的建模仿真平台。1995 年，法国 Imagine 公司推出 Amesim 软件，建模方式类似于功率键合图法，但 Amesim 所建立的系统模型与系统工作原理图几乎一样，更能直观反映系统工作原理，并可以在仿真过程中监视方程特性的改变并自动变换积分算法以获得最佳结果。

进入21世纪，一些大公司也在原有软件的基础上开发了液压系统仿真软件，如波音公司的 Easy5，MathWorks 公司的 Matlab 软件 Simulink 工具箱等。

经过几十年的研究开发，液压仿真软件实现了从精度低、速度慢的计算发展到精度高、速度快的计算；从只能处理单输入、单输出的线性系统发展到能处理多输入、多输出的非线性系统；从复杂的编程和输入发展到交互友好的图形用户界面；从单领域液压系统仿真发展到机电液热控等多学科多领域的综合系统仿真。

目前流行的液压系统建模仿真主要有基于功率键合图和基于 Modelica 语言两种方法，两者各自的代表性软件分别是 Amesim 和 Dymola，在此重点对 Amesim 与 Dymola 进行详细介绍。

17.6.1 Amesim

Amesim 最早是由法国的 Imagine 公司开发，Imagine 公司成立于1987年，由法国里昂第一大学的 Michel Lebrun 博士创建，旨在控制复杂的动态系统，将液压伺服执行机构与有限单元机械结构耦合起来。1989年完成核心的建模方法与算法的开发。20世纪90年代初，与英国巴斯大学的 C. W. Richards 教授合作，并于1995年推出了 Amesim 的第一个商业版本，当时该产品致力于流体控制系统。2007年，Imagine 公司被比利时 LMS 国际公司全资收购；2012年，LMS 国际公司被西门子收购。目前 Amesim 的最新版本为 Amesim 2023.1。

1. Amesim 平台特点

Amesim（Advanced Modeling Environment for performing Simulation of engineering systems）是一种工程系统高级建模和仿真平台。Amesim 的建模方法基于功率键合图，与功率键合图相比，它具有直观图形的界面，可实现面向原理图建模，在整个仿真过程中，仿真系统都是通过直观的图形界面展现出来的。

Amesim 软件中的元件都可以双向传递数据，并且变量都具有物理意义。它用图形的方式来描述系统中各设备间的联系，能够反映元件间的负载效应和系统中能量、功率的流动情况。该软件中元件的一个接口可以传递多个变量，如图17-45所示，使得不同领域的模块可以连接在一起，这样大大简化了模型的规模；另外，该软件还具有多种仿真方式，如稳态仿真、动态仿真、批处理仿真、间断连续仿真等，这可以提高系统的稳定性和保证仿真结果的精度。

Amesim 采用标准的 ISO 图标和简单直观的多端口框图，具有丰富的模型库，如图17-46所示，涵盖了液压、液压管路、液压元件设计、液压阻力、机械、热流体、电气、控制等领域，能使这些领域在统一的开发平台上实现系统工程的建模与仿真，而成为多学科、多领域系统分析的标准环境，为使用者建立复杂系统提供了

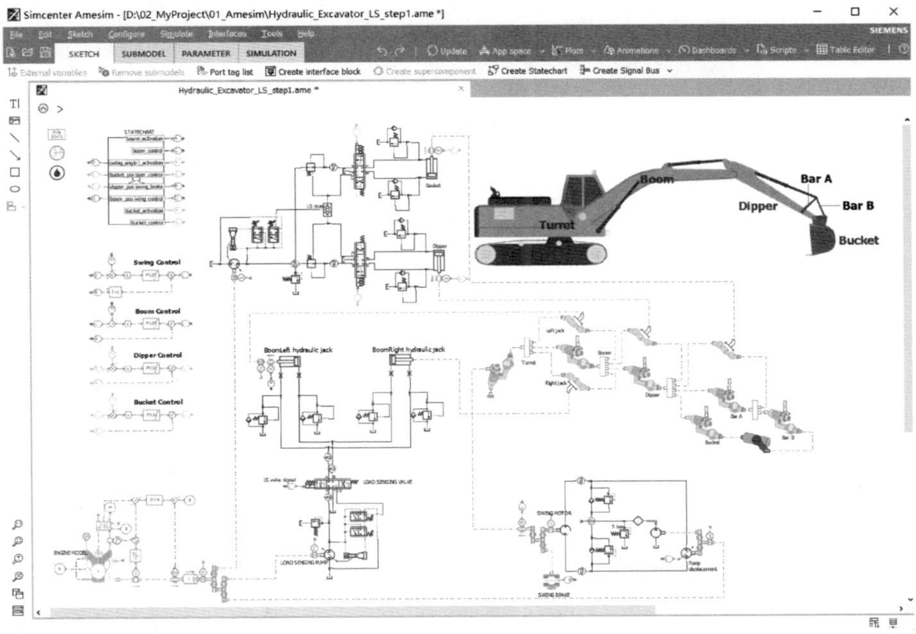

a)

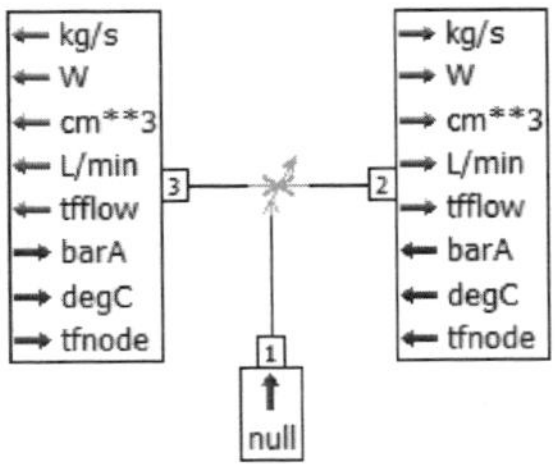

b)

图 17-45　Amesim 的界面与元件接口变量

a）Amesim 图形化界面　b）Amesim 元件接口变量

极大的便利。

Amesim 仿真模型的建立、扩充或改变都是通过图形界面（GUI）来进行的，使用者只专注于工程项目中物理系统本身设计，不需要专门学习编程语言就可以直接进行建模和仿真分析；Amesim 还提供了标准、规范的二次开发平台，使用者还可自己编写 C 或 Fortran 代码进行自定义建模，并将自定义模型融入 Amesim 模型库。

Amesim 有 4 种建模方式，分别为基于整体性能的功能模型、基于几何结构的动态模型、基于方程的框图模型和自定义代码模型，如图 17-47 所示。

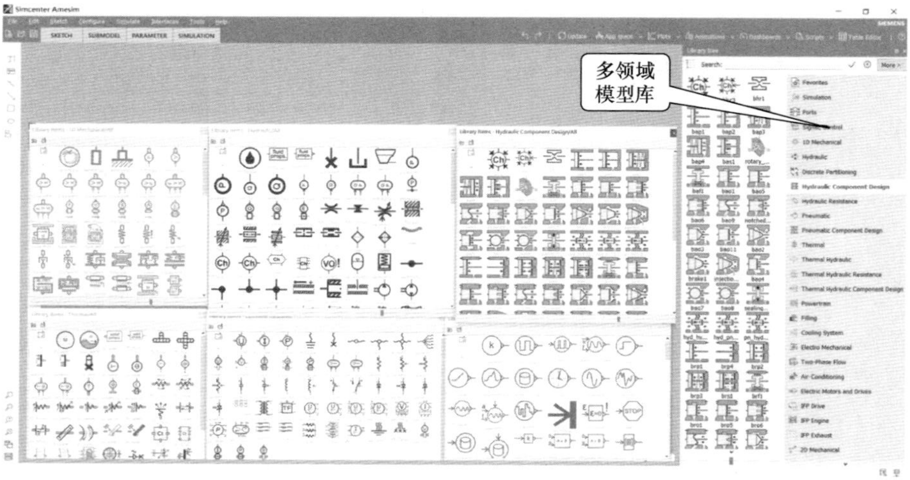

图 17-46　Amesim 模型库

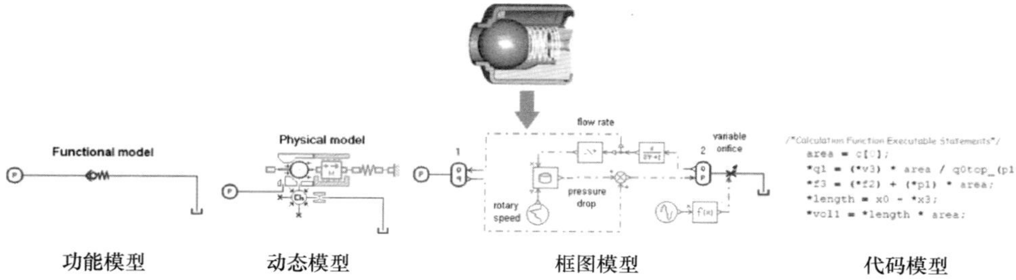

图 17-47　Amesim 不同建模方式的模型

Amesim 具有多种仿真运行模式，可进行动态仿真、稳态仿真、间断连续仿真及批处理仿真。使用者可实现动态分析、参数优化和稳态分析。Amesim 提供了齐全的工具，为使用者分析和系统优化提供了极大的便利，主要包括线性化分析工具（系统特征值的求解；伯德图，尼科尔斯图，奈奎斯特图；根轨迹分析）、模态分析工具、频谱分析工具（快速傅里叶变换；阶次分析；频谱图）及模型简化工具。使用者可以在 Amesim 平台上研究任何元件或系统的稳态和动态性能，如图 17-48 所示。

Amesim 带有关于算法的智能求解器，能够根据使用者所建模型的数学特性在 21 种可选算法中自动选择最佳积分算法，并根据在不同仿真时刻的系统特点动态地切换积分算法和调整积分步长以缩短仿真时间和提高仿真精度。

Amesim 为控制、实时仿真、多体仿真、过程集成和设计优化等第三方软件提供了广泛的接口，同时提供一个通用共仿真接口以连接多领域系统仿真和任何一种三维动态模型，如计算流体动力仿真或有限元分析，这使得 Amesim 可以无缝集成

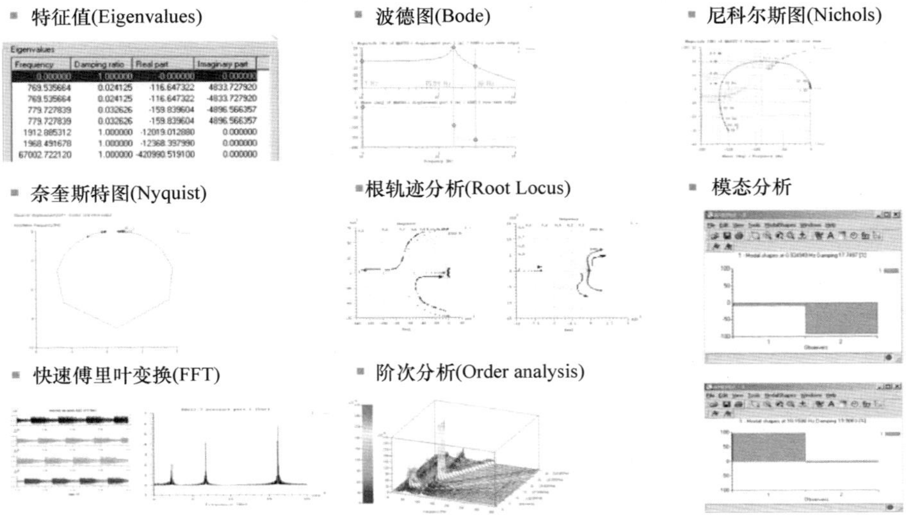

图 17-48　Amesim 多种分析功能

到数字开发过程中。主要接口如下所示。

① 脚本语言：Matlab、Python、Microsoft Visual Basic、Scilab。

② 控制：Simulink、System Build。

③ 实时目标：dSPACE，xPC Target，RT－LAB。

④ 多体仿真：Simcenter 3D、LMS Virtual. Lab Motion、MSC. Adams。

⑤ 三维建模 CAD：标准 CAD 模型 STEP（step、stp）和 Parasolid（x_b、x_t）。

⑥ 计算流体力学 CFD：Ansys Fluent、Ansys CFX、STAR－CCM＋。

⑦ 有限元分析 FEA：FEM Configuration Tool、Nastran、Abaqus、Ansys、Flux。

⑧ 过程综合与设计优化：HEEDS、NOESIS Optimus、iSIGHT。

⑨ 通用共仿真接口：Generic co－simulation interface。

⑩ Modelica 输入：Modelica Platform。

对于液压系统建模仿真而言，Amesim 从基础元件设计出发，考虑了摩擦、油液和气体的自身特性、环境温度等非常难以建模的部分，直到组成部件和系统功能进行性能仿真和优化，并能联合其他优秀软件进行联合仿真和优化，同时还可以考虑控制器在环构成闭环系统进行仿真，使得设计出的产品完全满足实际应用环境的要求。Amesim 用于液压系统建模仿真，得到了世界各国使用者的一致认可。

2. Amesim 建模仿真流程

在 Amesim 中，使用者建立一个机电液系统仿真模型的过程，实际上就是执行以下流程：创建草图、对草图中的元件设置子模型、对每个子模型进行参数设置、运行仿真计算。这四个过程的切换通常是通过操作模式工具栏完成的，分别对应 4 种工作模式（见图 17-49）：草图模式（SKETCH）、子模型模式（SUBMODEL）、参数模式（PARAMETER）和仿真模式（SIMULATION）。在没有完成上一个模式中的操作时，软件不允许通过按钮切换进入下一个工作模式。

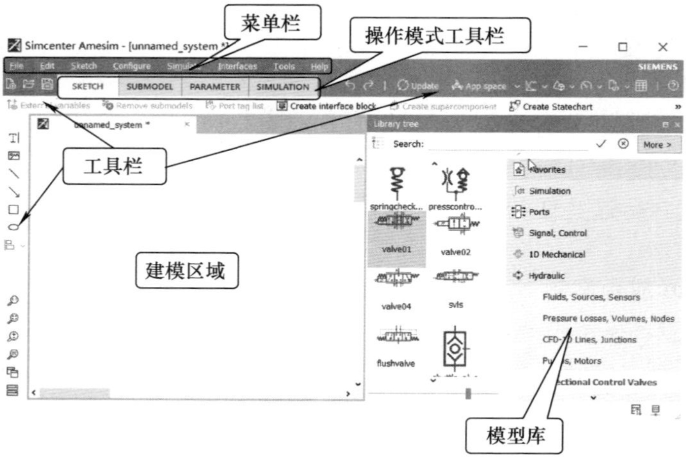

图 17-49　Amesim 界面实例

下面介绍这 4 种工作模式的基本功能。

（1）草图模式　当使用者启动 Amesim 时，就进入了草图模式。在草图模式中可以使用模型库中的元件进行以下操作：创建一个子系统；修改或完成一个已经存在的系统；删除一个元件的子模型等。

（2）子模型模式　搭建完成系统后，可以进入子模型模式来选择系统中元件的子模型。

如果回路没有完成，是不可能进入子模型模式的，在这种情况下，会出现图 17-50所示的对话框。

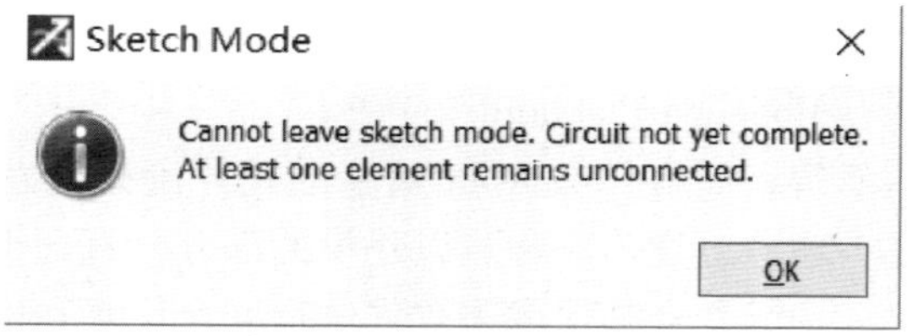

图 17-50　错误信息

子模型模式中，可以进行以下操作：选择所有元件的子模型；使用“Premier submodel（优选子模型）”按钮，为没有完成子模型选择的元件和连线自动分配最简单的子模型。

（3）参数模式　在参数模式中，可以进行以下操作：检查和更改子模型参数；复制子模型的参数；设置全局参数；选择草图的一个区域并且显示此区域中的公共参数；指定批运行。

注意，使用者在参数模式中可以显示变量列表和绘制结果图。

（4）仿真模式　当使用者由参数模式进入仿真模式时，Amesim 将编译系统模型。编译器会创建一个可执行文件，使仿真得以运行。通常在进行仿真前，已经修改了模型参数。在仿真模式中，可以进行以下操作：开始标准形式的仿真和批处理仿真；创建结果图；存储并且加载所有或部分绘图配置；进行当前系统的线性化；完成线性系统的各种分析；完成活性指数分析。

为了帮助执行这些任务，Amesim 有专门的工具条。注意，在仿真模式中，也可以更改参数。

3. Amesim 应用案例

液压库（Amesim Hydraulic library）包括：常用的液压元件，如泵、马达、孔口等，也包括阀；硬管和软管的子模型；压力源和流量源；压力源和流量传感器；流体的属性。

仅仅采用液压库的元件组件系统进行仿真意义不大，将负载、执行机构和控制过程引入才能够进行仿真。在 Amesim 中液压库与其余多个库是兼容的，通常用以下各库与液压库配合使用：

① 机械库（Mechanical library），用在流体传动领域内，此时液压功率转换成机械功率。

② 信号和控制库（Signal，Control library），用于控制液压系统。

③ 液压元件设计库（Hydraulic component design library），利用非常基本的液压和机械元素构建自定义元件。

④ 液阻库（Hydraulic resistance library），该库是弯管、三通、弯头子模型的集合。典型应用是在低压系统中，如冷却和润滑系统。

液压库假设整个系统温度一致，没有考虑热因素。如果热能因素很重要，使用者可以使用热液压库（Thermal Hydraulic）、热液压元件设计库（Thermal Hydraulic Component Design）以及热液阻库（Thermal Hydraulic resistance）。

现以一液压位置控制系统为例说明 Amesim 的应用：使液压执行机构的输出位移跟踪给定的输入信号。

首先在草图模式（SKETCH）下建立该液压执行机构位置控制系统的仿真模型，如图 17-51 所示，该系统主要是由液压缸、三位四通液压伺服阀、恒压源以及控制系统组成。其中控制系统由信号和控制库元件搭建；液压缸则由液压元件设计库和机械库元件搭建；三位四通伺服阀和恒压源使用的是液压库元件，恒压源为整个系统提供恒定压力，等效于泵、蓄能器和溢流阀的组合；系统的负载采用机械库元件来模拟。

在 Amesim 平台上搭建液压系统模型非常方便，草图模式下，在右侧模型库中单击选择对应的元件模型，拖拽至中间空白处的建模区域放置即可，如图 17-52 所

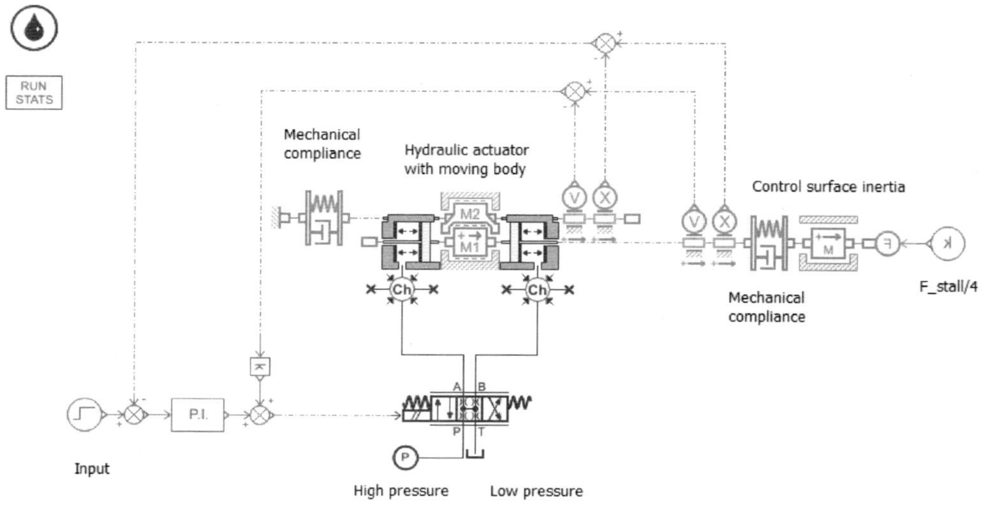

图 17-51　液压执行机构位置控制系统

示。元件之间连接非常方便，两个元件的接口类型相同时，两个元件接口靠近便可自动连接，也可由接口引出一条线来连接，如图 17-53 所示。若元件存在未连接的接口，该元件会显示背景色，元件的所有接口均连接完毕，背景色消失。如图 17-53中最右侧图所示，质量块所有接口均已连接，无背景色；弹簧阻尼元件依然存在未连接的接口，显示背景色。

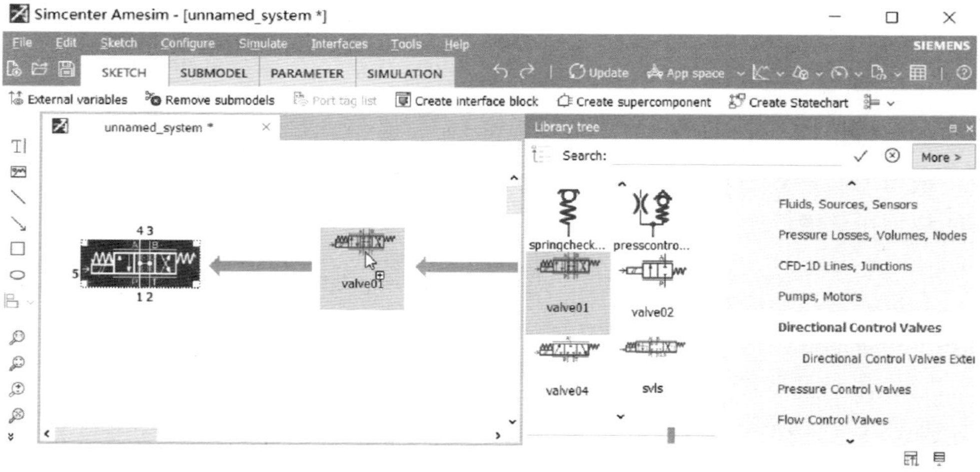

图 17-52　元件拖拽放置

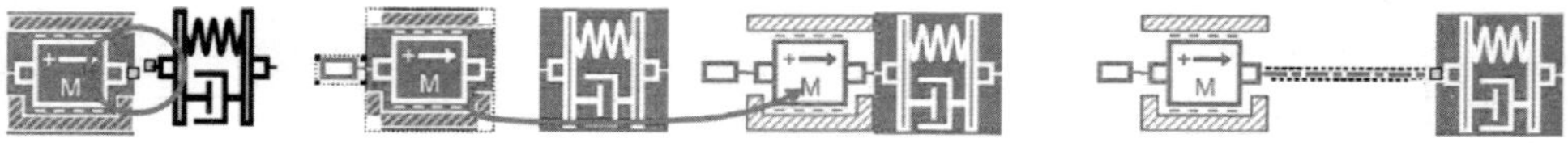

图 17-53　Amesim 元件连接

在草图模式下完成系统搭建，所有元件接口均完成连接，便可切换操作模式选项，进入子模型模式。子模型模式下，使用者可双击元件图标分别为每个元件单独设置子模型，也可直接单击界面左上角的“Premier submodel”按键为所有元件自动分配子模型。通常是对比较重要且有特殊需求的元件进行单独子模型设置，其余元件自动分配子模型，如图 17-54 所示。

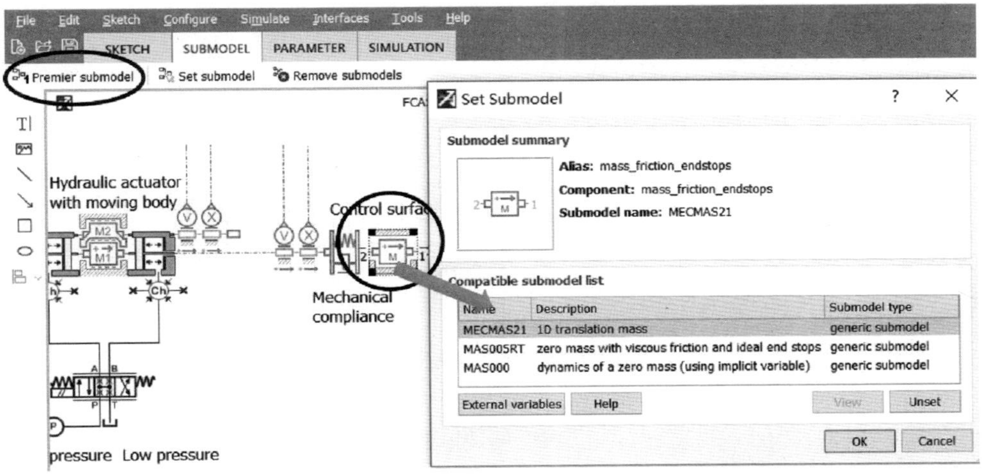

图 17-54　子模型模式

所有元件都分配完子模型之后，可进入参数设置模式。在参数设置模式中，单击某个元件图标，该元件可设置的参数便在界面右上窗口显示，如图 17-55 所示。使用者可根据实际需求，自行设置模型技术参数。

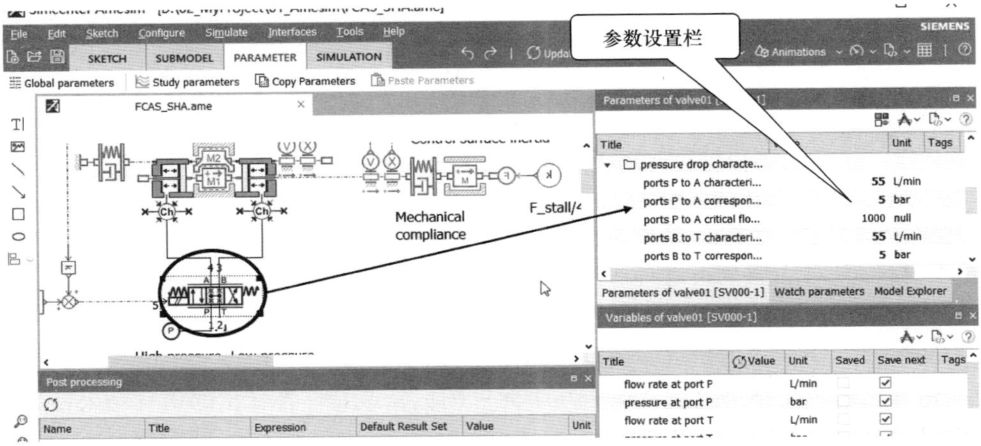

图 17-55　参数设置模式

在由参数设置模式进入仿真模式的过程中，软件会对系统模型进行编译，编译通过才可进入仿真模式，编译信息窗口如图 17-56 所示。

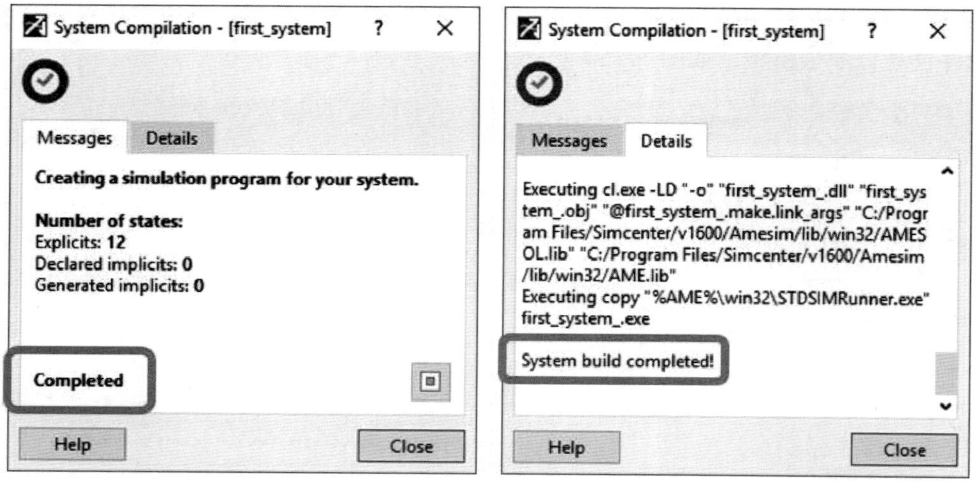

图 17-56　编译信息窗口

在仿真模式下，使用者通过操作工具栏的按钮，可设置仿真时间、采样间隔、求解器类型与步长等仿真参数，可在时域与频域对系统进行仿真分析，如图 17-57 所示。

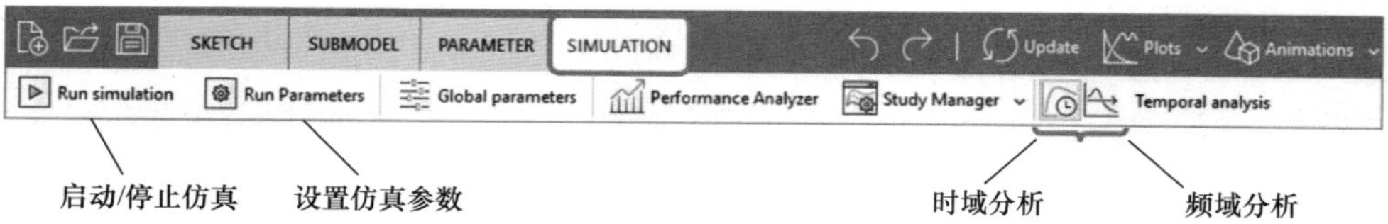

图 17-57　仿真模式工具栏

单击图 17-57 所示工具栏左上角的“Run simulation”按钮，仿真启动，弹出仿真运行信息对话框，当该对话框上的进度条显示 100% 时，表示仿真结束，此时使用者可查看仿真结果。使用者还可单击该进度条末端的图标，查看仿真运行过程中的警报、错误和间断点等信息，如图 17-58 所示。

仿真运行成功结束之后，单击某个元件图标，该元件各变量的仿真结果在界面右下窗口显示，如图 17-59 所示。

选中该窗口中的变量，鼠标拖拽至建模区域，便可将该变量仿真结果通过曲线形式表示出来，图 17-60 所示为执行器位移曲线。

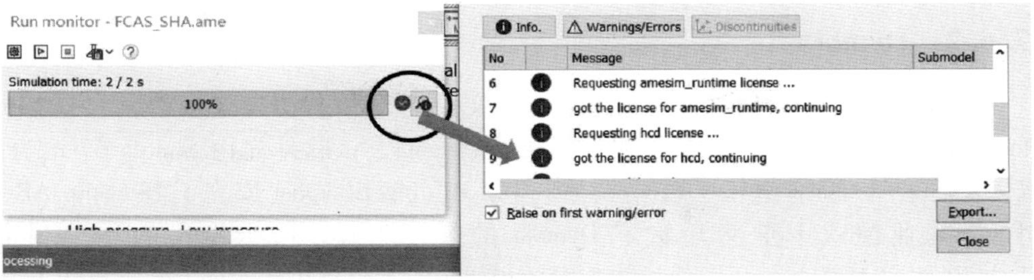

图 17-58　仿真运行信息

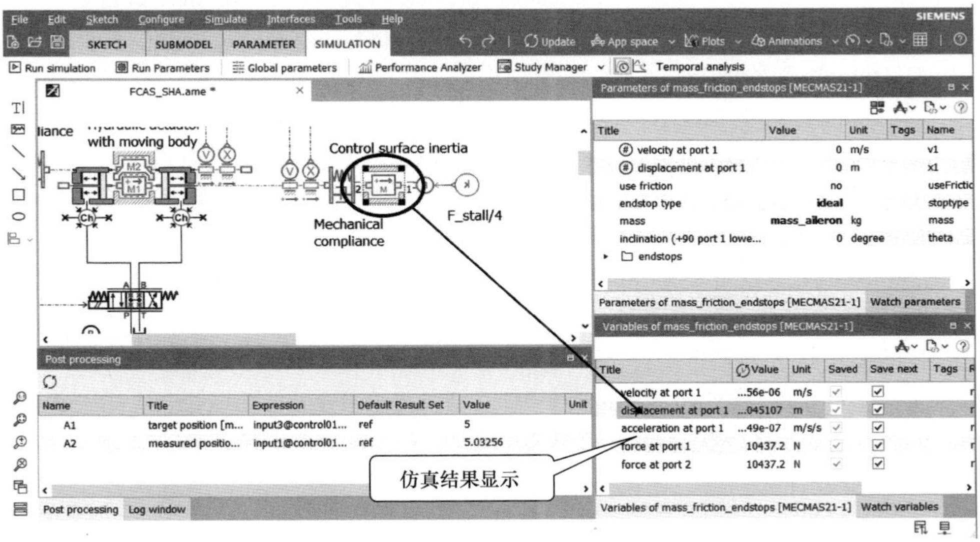

图 17-59　仿真模式

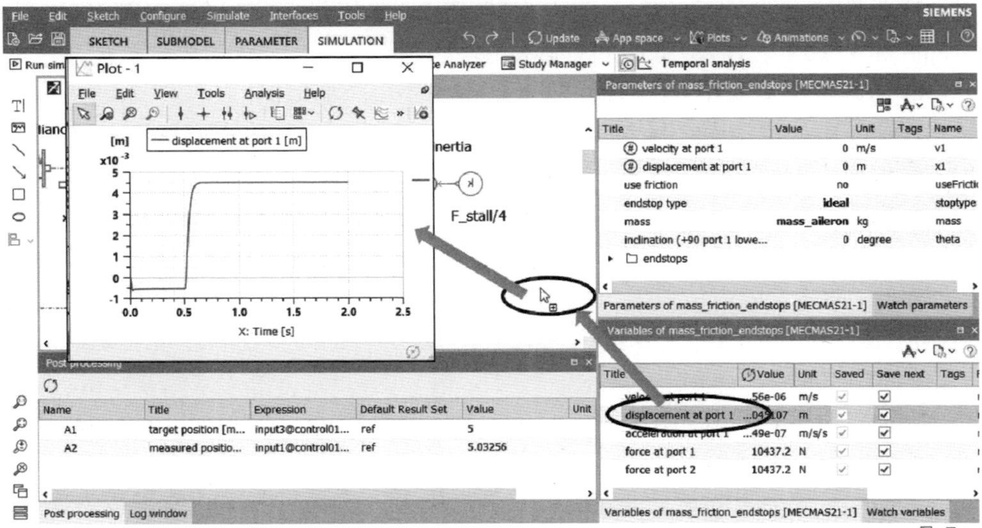

图 17-60　仿真结果显示

17.6.2 Dymola

1978年，Hilding Elmqvist 在其博士论文中提出开发动态建模语言（Dynamic Modeling Language），并以此为基础开发了 Dymola，该软件先由 Simula 67 语言完成，之后采用 C++进行了改写。1991年，Hilding Elmqvist 成立了 Dynasim AB 公司，在商业模式下重新开始了 Dymola 的开发工作，值得指出的是，Hilding Elmqvist 正是 Modelica 开发项目的主席。2006年，Dassault Systemes 公司收购了 Dynasim AB 公司，2010年成立了 Dassault Systemes AB 公司，Dynasim AB 成为它的一个子公司。Dymola 目前已经发展到 Dymola 2020 版本，支持 Modelica 3.4。

1. Dymola 平台特点

动态建模实验室 Dymola 是一套完整工具，用于对汽车、航空航天、机器人、加工及其他应用领域内使用的集成复杂系统进行建模和仿真，具有以下优点：

① 多工程。适用于多个工程领域的兼容模型库允许对复杂的集成系统进行高保真建模。

② Modelica。以对象为导向并得到正式定义的强大建模语言。

③ 免费和商业库。使用者可以轻松构建自己的零部件或调整现有零部件来满足独特的需求。全面的模型库产品组合。

④ 重用。以方程式为导向的非因果模型允许在不同的上下文中使用一个零部件，以及在不同的算例中使用一个模型。

⑤ 符号方程式处理。使用者无须将方程式转换为赋值语句或块图，仿真变得更加有效和稳定。

⑥ 硬件在环仿真（HILS）。dSPACE 和 xPC 上的实时仿真。

⑦ 强大的互操作性选项，全面支持 FMI，并提供了 Python、SIMULIA 工具 Abaqus 和 iSIGHT，以及 Simulink 的接口。

⑧ 动画。用于实现可视化的 CAD 文件实时 3D 动画和导入。

Dymola 中的模型库包括 Modelica 基础库和商业库。Modelica 基础库为使用者免费提供 Modelica 协会在机械、流体、电子电气、电磁、控制、传热等多个工程领域的研究成果。Dymola 与全球范围内各领域的领军企业和研究所合作，包括 Modelon、DLR、Claytex、Arsenal Research 等，为客户提供专业模型库，涵盖空调、蒸汽循环、液冷、电力、液压、气动、电动机驱动、内燃机、传动、车辆动力学、柔性体、燃料电池、火电、水电、风电等领域，为产品的多领域协同研发提供全面的支撑。

Dymola 的模型可用于 HIL 测试，支持 NI、dSPACE、Concurrent、HiGale、RT-Lab、ETAS 等实时仿真系统。

Dymola 是最早支持 Modelica 语言的仿真平台，也是目前为止发展最为完善的 Modelica 语言平台之一，其架构如图 17-61 所示。Dymola 具有强大的图形化模型编辑能力，适用 Modelica 语言存储模型，并具有数据和图形输出功能。Dymola 的编译器可将 Modelica 语言转化为 C 语言程序进行仿真，并且转化后的 C 语言程序可用于 Simulink 和半物理仿真平台。

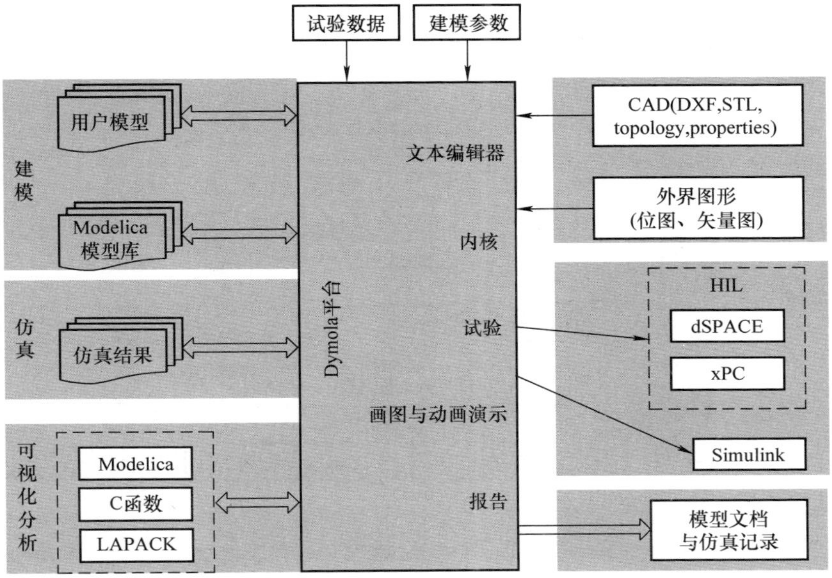

图 17-61　Dymola 平台架构

基于 Dymola 平台的建模及仿真流程如图 17-62 所示，主要分为三步：第一步是建模，使用 Modelica 标准库/商业库的元件模型或者自定义二次开发的元件模型根据原理搭建系统模型；第二步是编译与仿真，将 Modelica 语言编译 C 语言，设置仿真时间、步长、求解器等参数，运行仿真；第三步是结果分析，以 2D 曲线或 3D 动画的形式，将元件中变量的仿真结果可视化，对系统性能进行分析。

Dymola 平台的主窗口如图 17-63 所示，有两种模式：建模模式（Modeling）和仿真模式（Simulation）。建模模式用于寻找、浏览和建立模型；仿真模式用于模型仿真、结果输出和行为演示。模式切换通过主窗口右下角的选项卡切换完成。

2. Dymola 应用案例

现以一泵站系统为例，说明在 Dymola 平台下基于 Modelica 语言的建模过程。

首先在 Dymola 主窗口中，选择菜单命令“File”→“New”→“Model...”，建立一个新模型，如图 17-64 所示。在创建新模型对话框的“Name:”文本框中，输入模型名称，如图 17-65 所示。

在 Dymola 平台下，主要有两种建模方式，一种是图形化建模（Diagram），将模型库中的元件图标拖拽至编辑窗口，再将元件各个接口连接；另一种是文本化建

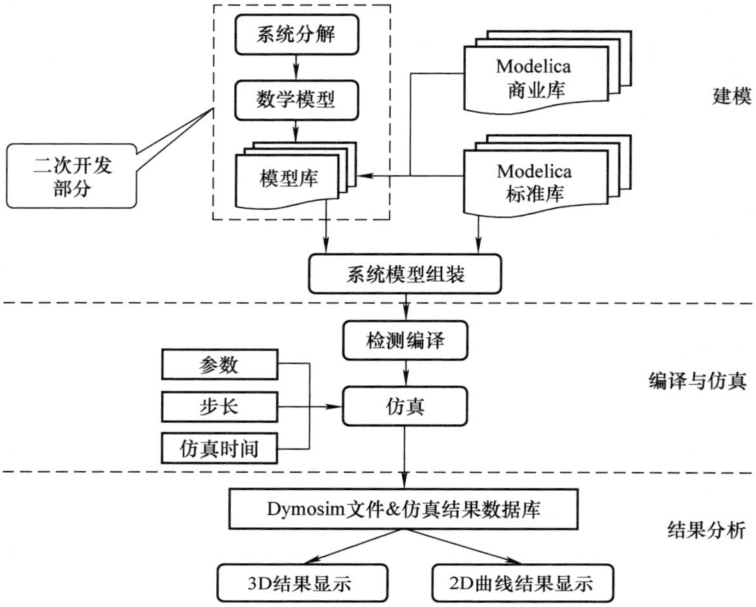

图 17-62　Dymola 平台建模及仿真流程

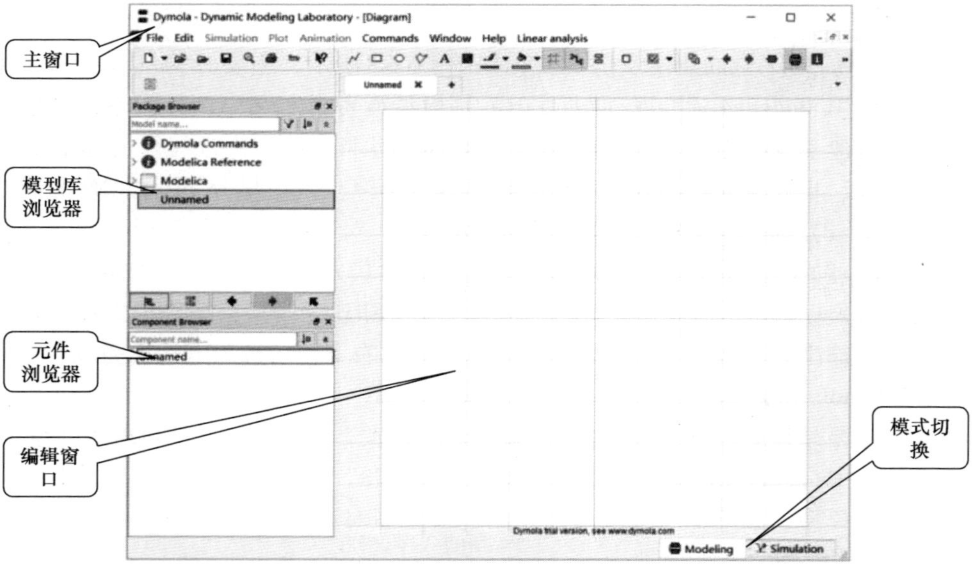

图 17-63　Dymola 平台的主窗口

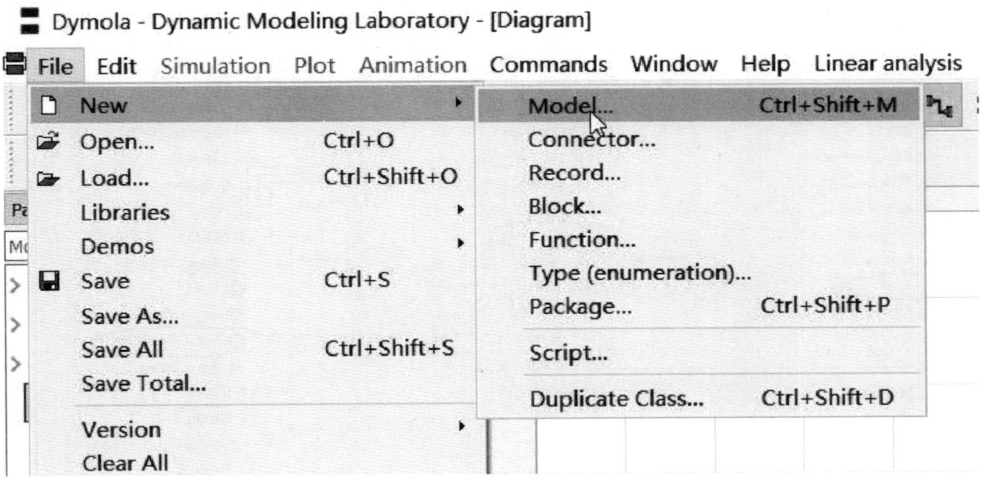

图 17-64　创建新模型

模（Modelica Text），直接输入基于 Modelica 语言的代码。两种建模方式可通过切换主窗口工具栏的按钮来实现（见图 17-66）。

Modelica 标准库是由 Modelica 协会发布的开源模型库，任何人都可免费使用，该模型库涵盖了机械、电子电气、热、控制、流体等各学科基本的组件模型。Modelica 标准库使得 Modelica 语言使用者不需要开发底层的基本组件模型就可以开展物理系统的建模和仿真工作。比如本例中泵的模型就在 Modelica 标准库中 Fluid 子学科库里面，使用者可将库目录层层展开即可获取，如图 17-67 所示。

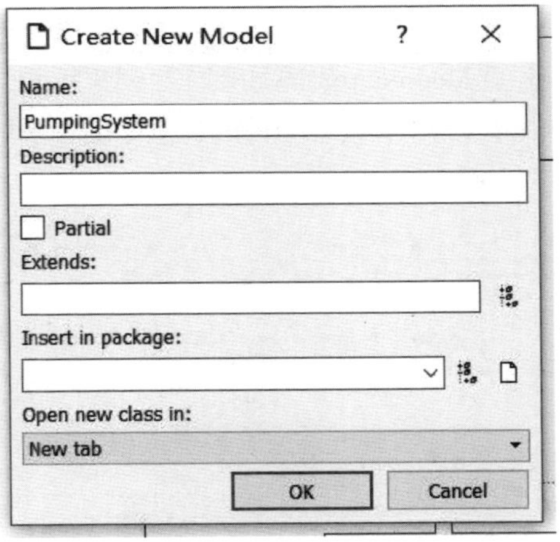

图 17-65　输入模型命名

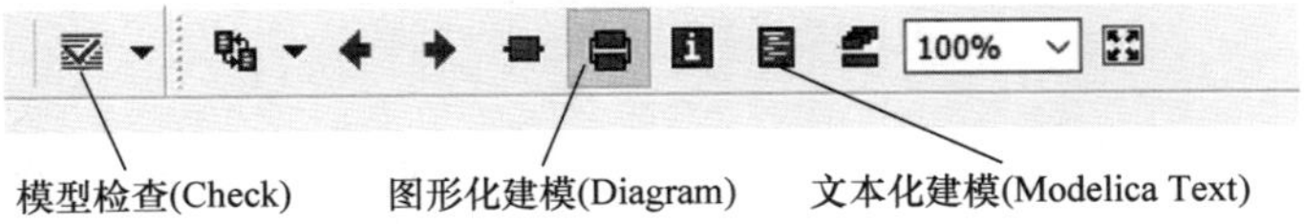

图 17-66　建模方式切换

图形化建模视图中的系统模型如图 17-68a 所示，文本化建模视图中系统模型

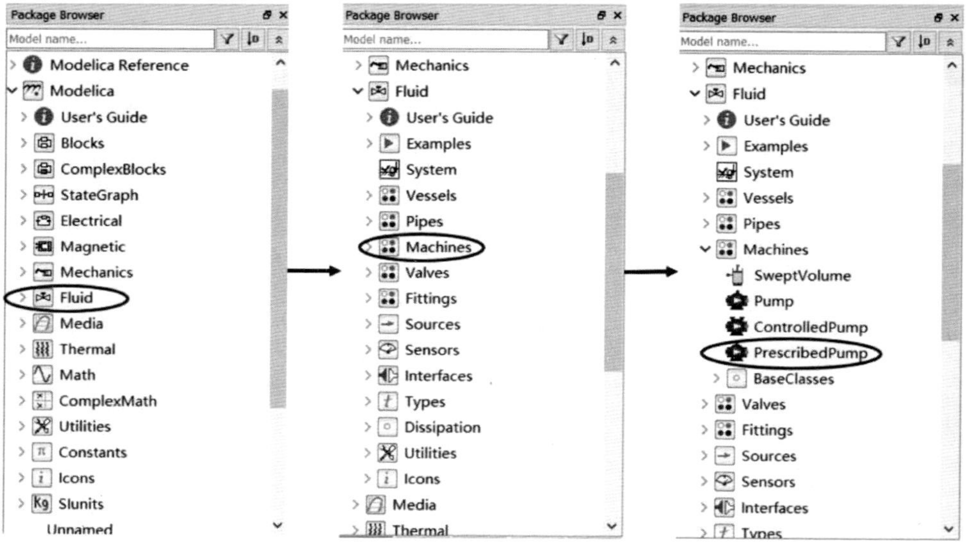

图 17-67　Modelica 标准库

对应的 Modelica 代码如图 17-68b 所示。两个建模视图是同步的，即图形化建模视图中增加一个模型图标，这时切换到文本化建模视图，会自动更新代码，反之亦然。

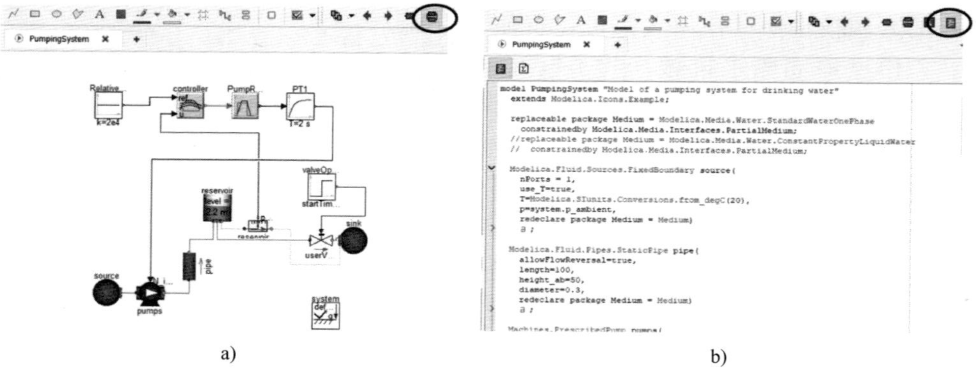

图 17-68　模型示意图

a）系统模型　b）Modelica 代码

同样，这两种视图模式均可进行参数设置，以该系统模型中阶跃信号元件为例，可在图形化建模视图中双击该元件图标，在弹出的对话框中修改参数，也可在文本化建模视图中，直接通过 Modelica 代码设置参数，如图 17-69 所示。

完成元件模型参数设置，在进行仿真之前，需要对模型进行检查，单击主窗口

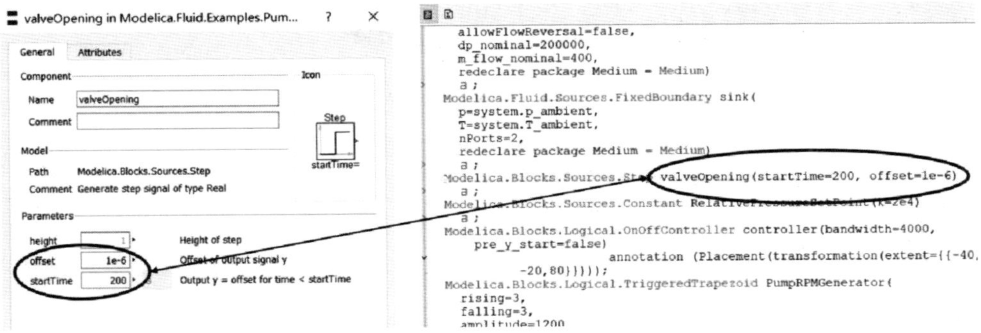

图 17-69　参数设置

工具栏上的按钮，Dymola 会自动对代码和模型进行检查，检查通过后才可进入下一步仿真，检查之后的结果如图 17-70 所示。

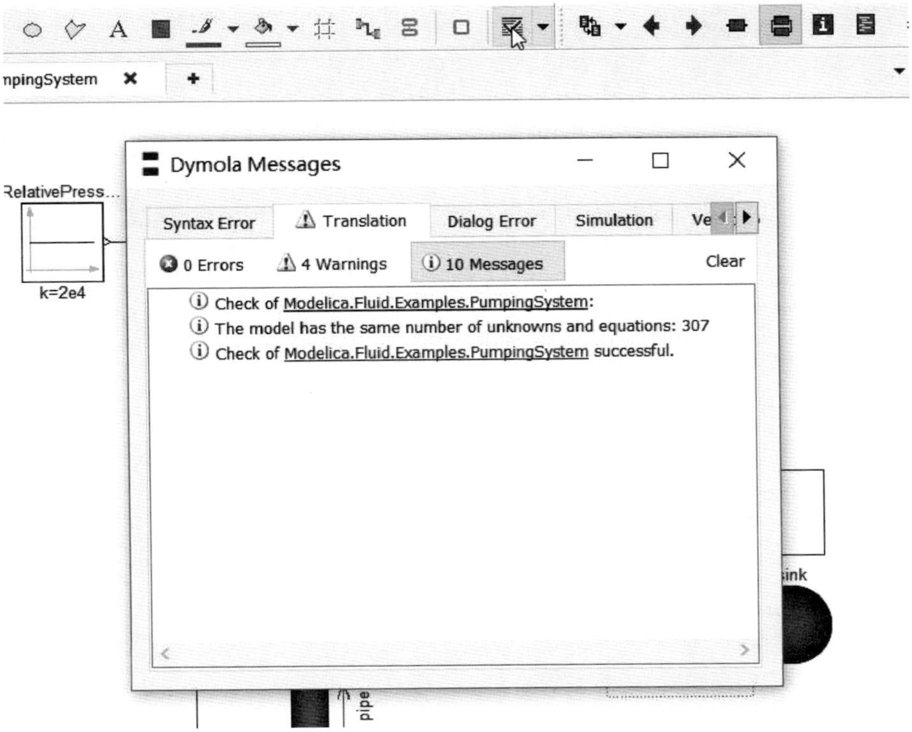

图 17-70　模型检查

检查通过后单击界面右下角 “Simulation” 选项卡切换至仿真模式，仿真开始前单击按钮或选择菜单命令 “Simulation” → “Setup...” 来设置仿真参数（见

图17-71），主要对仿真运行时间、采样间隔、求解器类型与步长等参数进行设置。

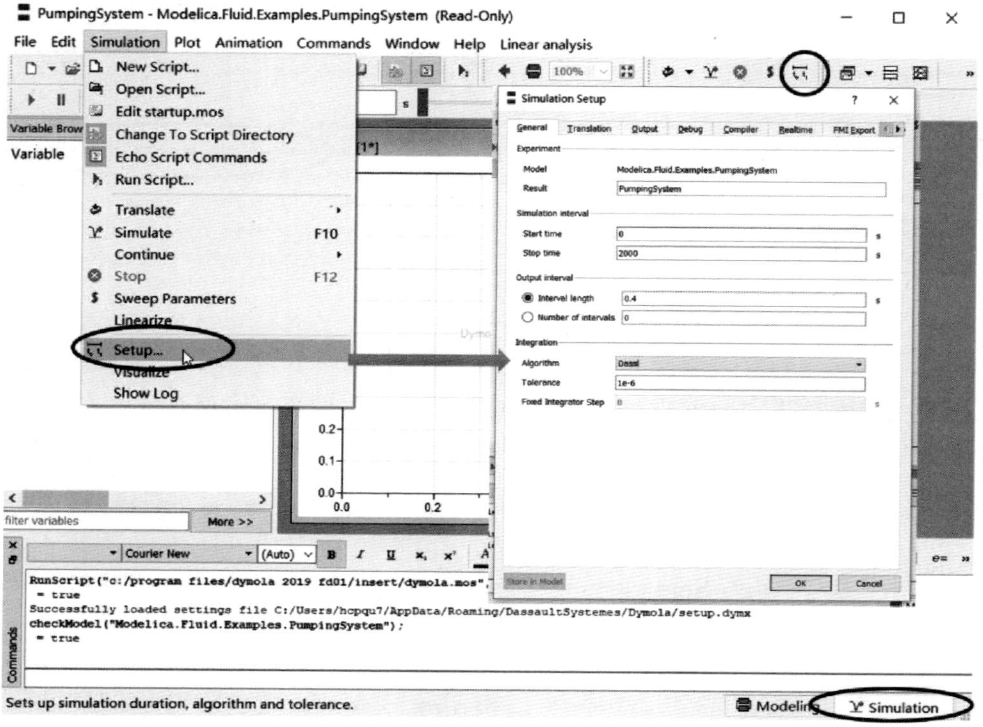

图17-71　设置仿真参数

完成仿真参数设置之后，即可进行仿真，单击按钮或选择菜单命令“Simulation”→“Simulate”命令运行仿真，如图17-72所示。

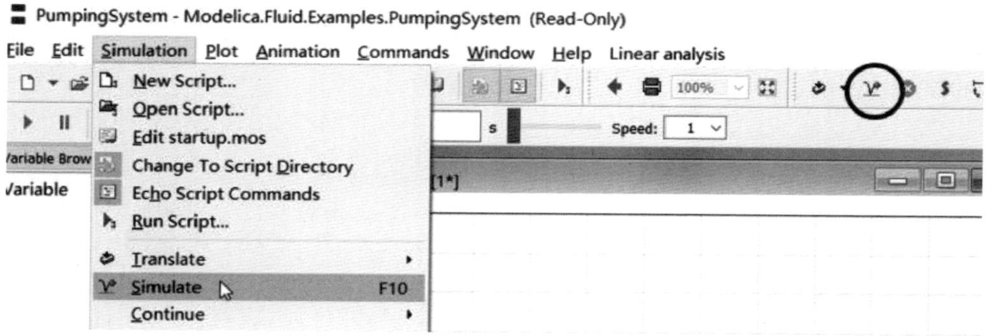

图17-72　启动仿真

仿真结束，元件浏览器会显示仿真中的变量用于图形输出，只需要勾选变量名称前的方框，对应变量的曲线就会显示出来，如图17-73所示。

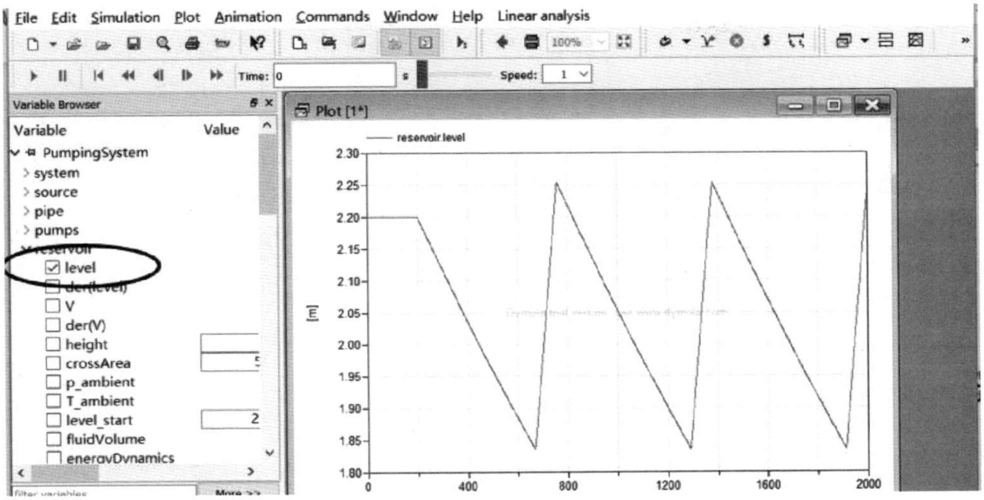

图 17-73　仿真结果显示

17.6.3　基于 Web Service 的气动智能选型与仿真软件 xProPneu

费斯托公司的气动系统智能选型与仿真软件 ProPneu 进行了网络化改造，形成全新的 xProPneu 软件服务，实现了基于 Web Service 技术的分布式多层次软件框架，使之能灵活地与该公司的其他软件系统集成并在不同的操作系统平台上为使用者所使用。

仿真软件 xProPneu 的具体内容详见本手册第 3 卷 38.2.1 节。

第 18 章　液压数字孪生建模与 HyPneu 仿真软件

18.1　数字孪生与液压数字孪生

18.1.1　数字孪生技术的产生及对液压技术的影响

数字孪生是虚拟世界（计算机为主体的数字世界）与物理世界（人为主体的物理世界）形成闭环相互映射、相互依赖、相互完善的技术，或者说是以计算机为主体的数字世界与以人为主体的物理世界之间形成闭环的技术，是虚拟世界的数字与物理世界的数据相互映射、相互依赖与相互完善的实时性闭环的技术。对于像液压与运动设备有关的技术，就是一个保证产品全生命周期管理的技术。以当今技术发展的角度看，它是物联网的核心技术！它是一个正在发展的技术。图 18-1 展示了数字孪生在物联网中的地位。

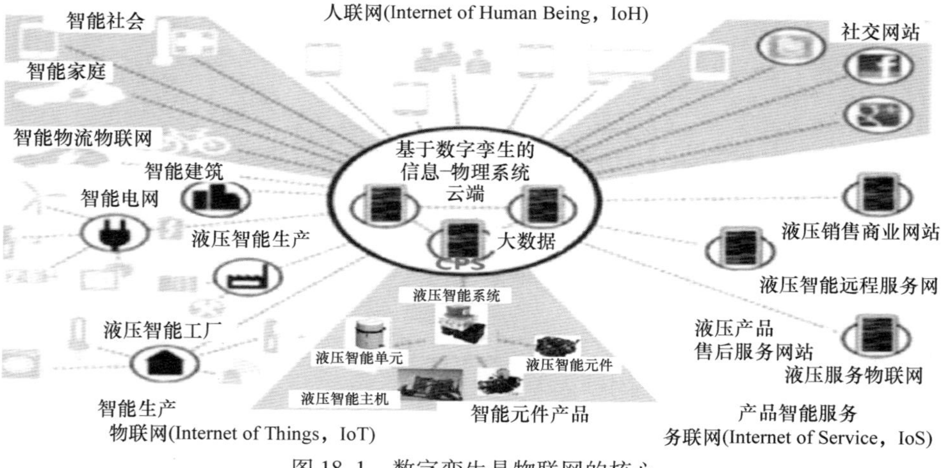

图 18-1　数字孪生是物联网的核心

数字孪生技术存在于计算机世界的任何环节 ，如图 18-2 所示。包括液压行业的各个环节也是如此。在液压行业内所涉及的物联网与务联网都与数字孪生相关。2010 年左右开始提出的数字孪生技术目前有 N 种解读，如果了解自动控制“闭环”的意义，数字孪生就是虚拟数字信息与物理实际数据信息相互完善的“闭环”过程，将会给人类一个更加完美的社会技术与人文文明！

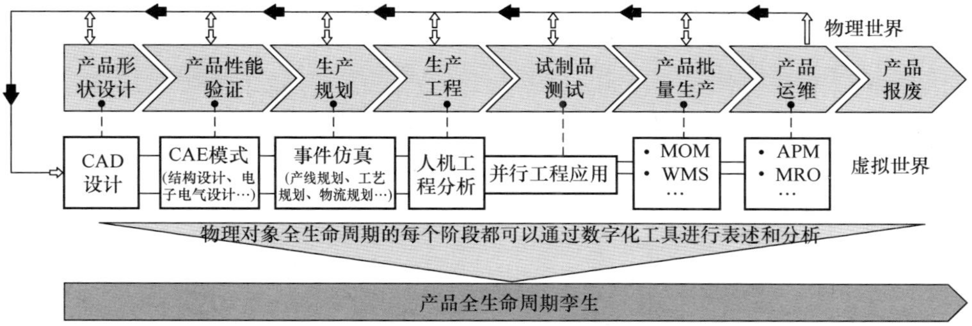

图 18-2　数字孪生全生命周期闭环管理的概念

此外，可以更具体地描述数字孪生。由于人类发明了计算机，物理世界的一切都可以以数字的方式储存起来，这就形成了一个由数字组成的虚拟世界，它可以通过 AR、VR、XR 的方式呈现出来，证明这个世界是实实在在可以被人类感知的，可是只要这些 AR 类的工具关闭，这个可见的虚拟世界就从眼前消失了，就以数字的形式继续回归存储在计算机的虚拟世界里。而人类生存过去主要是依靠物理世界，只要这个物理世界在运动，就会产生大量的数据，这些数据是人们过去作为经验存储在“脑海”里，依靠这些数据不断做出新的判断与决策，而现在是否能够将这些数据反馈到虚拟世界中去，可以在虚拟世界依靠这些数据做出新的判断与决策。这个具有反馈的过程，就将虚拟世界与物理世界联系起来，这个全部的过程就是数字孪生。

工业数字孪生发展到今天已经是第三个阶段。作为概念发展期的第一阶段，是在 2003 年美国密歇根大学 Michael Grieves 教授首次提出了数字孪生概念，概念提出的基础是当时产品生命周期管理（PLM）、仿真等工业软件已经较为成熟，为数字孪生体在虚拟空间构建提供支撑基础。作为应用初创期的第二阶段，是 2012 年美国空军在战斗机维护中基于模型的系统工程（MBSE），能够支撑多类模型敏捷流转和无缝集成。作为第三阶段的当今，是向工业各领域全面拓展，西门子、通用电气等工业巨头纷纷打造数字孪生解决方案，参与制造业数字化转型。

当前全球对数字孪生的研究集中在制造领域，近几年与数字孪生相关联的关键词比较集中在“制造”“大数据”“物联网”“人工智能”“虚拟现实”“增强现实”等概念，可预测数字孪生未来将进一步与新一代信息技术深度集成和融合，并促进相关领域发展。

对于液压行业来说，数字孪生在整个行业所产生的作用如图 18-3 所示。

从图 18-3 可以看到，液压行业作为一个制造液压元件与系统的行业，它主要会通过信息物理生产系统（Cyber Physical Production System，CPPS）的智能制造生

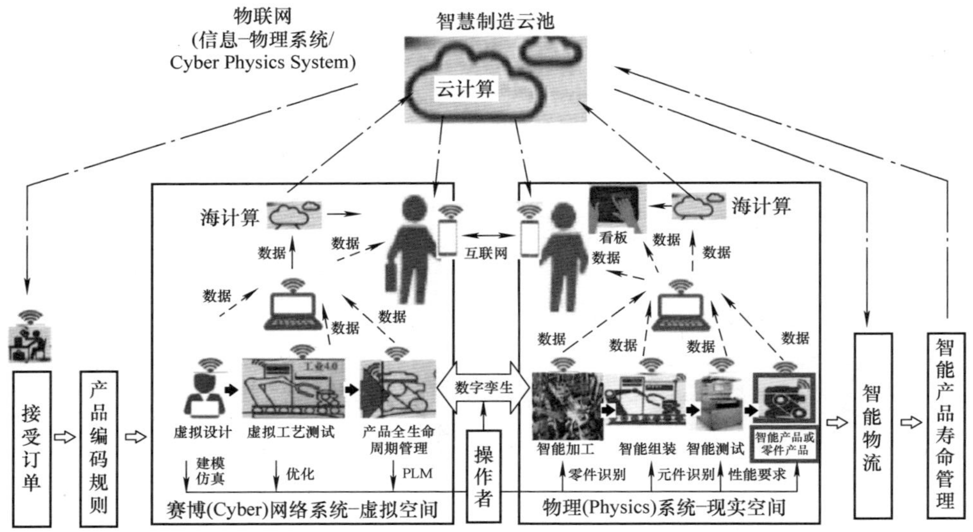

图18-3　面向液压类元件产品的智能生产CPPS系统模式（数字孪生体）

产智能产品，然后通过生产的智能元件或系统去装备智能制造设备。数字孪生将通过互联网的手段将生产的虚拟空间与物理世界现实联系起来，相互依存，数字孪生技术就是要实现用物理世界的数据去影响虚拟世界的数字。

18.1.2　数字孪生与网络技术结合的技术体系架构

1. 工业数字孪生技术体系架构

工业数字孪生技术不是近期诞生的一项新技术，它是一系列数字化技术的集成融合和创新应用，涵盖了数字支撑技术、数字线程技术、数字孪生体技术、人机交互技术四大类型。其中，数字线程技术和数字孪生体技术是核心技术，数字支撑技术和人机交互技术是基础技术，如图18-4所示。

2. 数字线程技术体系

数字线程技术是数字孪生技术体系中最为关键的核心技术，能够屏蔽不同类型数据、模型格式，支撑全类数据和模型快速流转和无缝集成，主要包括正向数字线程技术和逆向数字线程技术两大类型。其中，正向数字线程技术以基于模型的系统工程（MBSE）为代表，如图18-5所示，在用户需求阶段就基于统一建模语言（UML）定义好各类数据和模型规范，为后期全量数据和模型在全生命周期集成融合提供基础支撑。当前，基于模型的系统工程技术正加快与工业互联网平台集成融合，未来有望构建“工业互联网平台 +MBSE”的技术体系。如达索公司已经将MBSE工具迁移至3DEXPERIENCE平台，一方面基于MBSE工具统一异构模型语法语义，另一方面又可以与平台采集的IOT数据相结合，充分释放数据与模型集成融合的应用价值。

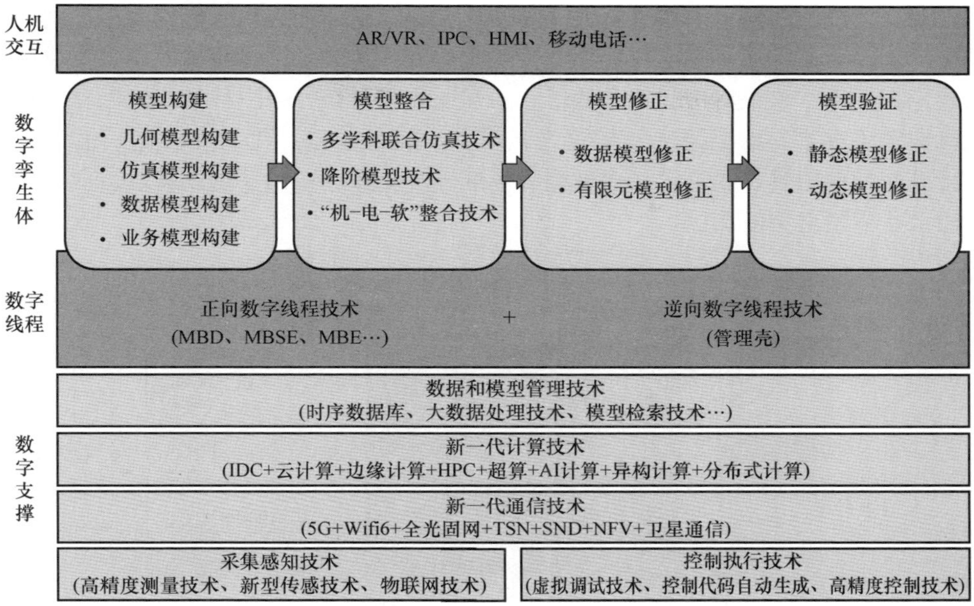

图 18-4　工业数字孪生技术体系架构

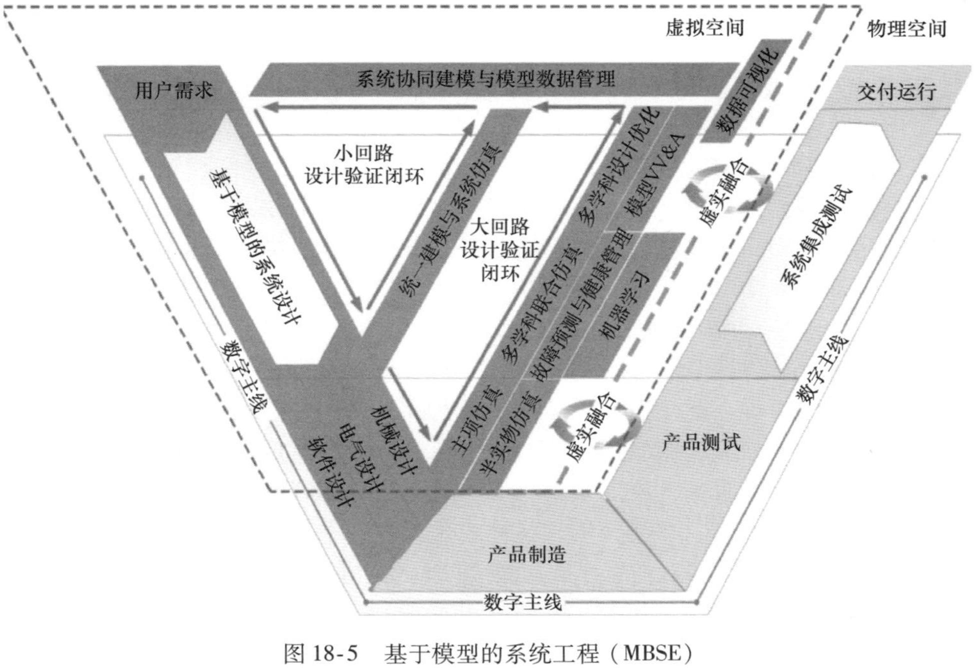

图 18-5　基于模型的系统工程（MBSE）

逆向数字线程技术以管理壳技术为代表，如图 18-6 所示。依托多类工程集成标准，对已经构建完成的数据或模型，基于统一的语义规范进行识别、定义、验证，并开发统一的接口支撑进行数据和信息交互，从而促进多源异构模型之间的互操作。管理壳技术通过高度标准化、模块化的方式定义了全量数据、模型集成融合的理论方法论，未来有望实现全域信息的互通和互操作。中国科学院沈阳自动化研究所构建跨汽车、冶金铸造、3C、光伏设备、装备制造、化工和机器人七大行业的管理壳平台工具，规范定义元模型等标准，可支撑进行模型统一管理、业务逻辑建模及业务模型功能测试。

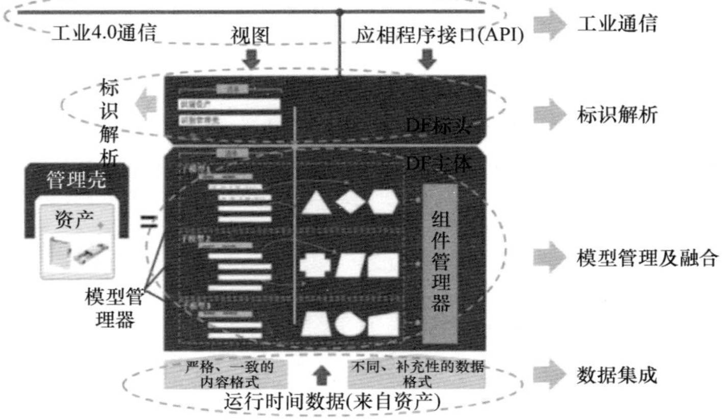

图 18-6　管理壳技术分析视图

3. 数字孪生及其模型的五大特征与三大层次

数字孪生及其模型的五大特征如下。

1）模型特征：涉及几何模型、物理模型、行为模型、规则模型等多维、多时空、多尺度模型，此模型具有高保真、高可靠、高精度的特征，真实刻画物理世界。相对传统模型，要强调虚实之间的交互，能实时更新与动态演化，从而实现对物理世界的动态真实映射。

2）数据是数字孪生的核心驱动力：数字孪生的数据不仅包括贯穿产品全生命周期的全要素/全流程/全业务的相关数据，还强调数据的融合，如信息物理虚实融合、多源异构融合等。此外，具备实时动态更新、实时交互、及时响应等特征。

3）连接维度：物联网是数字孪生平台，侧重从物理世界到虚拟世界的感知接入、可靠传输、智能服务，要支持跨接口、跨协议、跨平台的互联互通。与此同时，还强调数字孪生不同维度（物理实体、虚拟实体、孪生数据、服务/应用）间的双向连接、双向交互、双向驱动，且强调实时性，从而形成信息物理闭环系统。

4）服务/功能特征：数字孪生是可视化仿真，是虚拟验证。目前数字孪生基于模型和数据双驱动，不仅在仿真、虚拟验证和可视化等方面体现其应用价值，针对不同的对象和需求，在产品设计、运行监测、能耗优化、智能管控、故障预测与诊断、设备健康管理、循环与再利用等方面提供相应的功能与服务。由此可见，数字孪生的服务/功能呈现多元化。

5）物理特征：实践与应用表明，数字孪生的模型、数据、功能/服务与物理实体对象以及连接是密不可分的。物理实体、虚拟模型、数据、连接、服务是数字孪生的核心要素。不同阶段（如产品的不同阶段）的数字孪生呈现出不同的特点，对数字孪生的认识与实践离不开具体对象、具体应用与具体需求。从应用和解决实际需求的角度出发，实际应用过程中不一定要求所建立的“数字孪生”具备所有理想特征，能满足用户的具体需要即可。

以上五大特征贯穿在三个层次中。第一个层次是闭环优化，具备采集感知和反馈控制两类功能，是数字孪生闭环优化的起始和终止环节。通过深层次的采集感知获取物理对象的全方位数据，利用高质量反馈控制完成物理对象的最终执行。第二个层次是全生命周期实时映射层次，需要数据互联、信息互通、模型互操作能够实时融合。其中，数据互联指通过工业通信实现物理对象市场数据、研发数据、生产数据、运营数据等全生命周期数据集成；信息互通指利用数据字典、元数据描述等功能，构建统一信息模型，实现物理对象信息的统一描述；模型互操作指能够通过多模型融合技术将几何模型、仿真模型、业务模型、数据模型等多类模型进行关联和集成融合，并持续通过实时数据修正完善孪生模型。第三个层次是决策层次，在连接层和映射层的基础上，通过综合决策实现描述、诊断、预测、处置等不同深度应用，并将最终决策指令反馈给物理对象，支撑实现闭环控制。全生命周期实时映射、综合决策、闭环优化是数字孪生发展的三大典型特征。

智能制造是当前世界制造业的共同发展趋势。如何实现制造信息世界和物理世界的互联互通与集成共融，是迈向智能制造的瓶颈之一。数字孪生是实现信息物理融合的有效手段。数字孪生能够支持制造的物理世界与信息世界之间的虚实映射与双向交互，从而形成“数据感知－实时分析－智能决策－精准执行”实时智能闭环；另一方面，数字孪生能够将运行状态、环境变化、突发扰动等物理实况数据与仿真预测、统计分析、领域知识等信息空间数据进行全面交互与深度融合，从而增强制造的物理世界与信息世界的同步性与一致性。因此数字孪生是在网络化支持下的智能制造使能技术之一，如图 18-7所示。

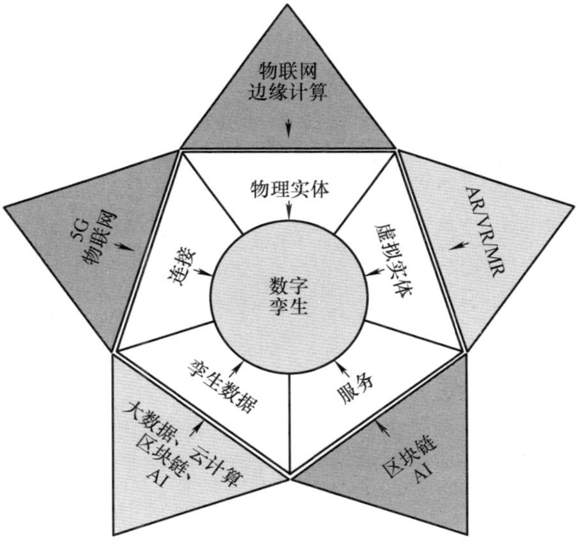

图 18-7　数字孪生的五维模型

18.1.3　国内外数字孪生发展现状与研究的核心问题之一——设备健康管理与故障预测

德国弗劳恩霍夫研究院（工业4.0主要提出单位之一）的Sauer指出，数字孪生是工业4.0的关键技术。以西门子、亚琛工业大学为代表开展了大量的数字孪生研究与实践。国内于2017年7月在北京航空航天大学召开“第一届数字孪生与智能制造服务学术会议”。随着工业和信息化部“智能制造综合标准化与新模式应用”和“工业互联网创新发展工程”专项，科技部“网络化协同制造与智能工厂”等国家层面的专项实施，促进了数字孪生的发展。值得关注的是，由中国信息通信研究院牵头编写的“工业数字孪生白皮书（2021）”。

数字孪生以数字化的形式在虚拟空间中构建了与物理世界一致的高保真模型，通过与物理世界之间不间断的闭环信息交互反馈与数据融合，能够模拟对象在物理世界中的行为，监控物理世界的变化，反映物理世界的运行状况，评估物理世界的状态，诊断发生的问题，预测未来趋势，乃至优化和改变物理世界。为此存在一系列数字孪生的科学难题、商业化平台和工具研发难题、商业模式推广应用难题等。此外还有数字孪生标准体系框架包括数字孪生基础共性标准、关键技术标准、工具/平台标准、测评标准、安全标准、应用标准六大方面的难题。

除制造领域外，近年来数字孪生还在航空航天、电力、健康医疗、智慧城市管理、铁路运输、环境保护、汽车、船舶、建筑、健康医疗等领域展现应用潜力。应用方向与应用前景如图18-8所示。从中可以看到，任何行业的设备健康管理、故障预测、运程诊断、运行状态检测、灾害管理几乎都是各个行业应用数字孪生的核心。

物联网通过有线或无线网络为孪生数据的实时、可靠、高效传输提供了帮助；3R（AR、VR、MR）虚拟模型是数字孪生的核心部分，为物理实体提供多维度、多时空尺度的高保真数字化映射，即实现可视化与虚实融合，通过虚拟模型补充增强物理实体在检测、验证及引导等方面的功能；云计算动态地满足数字孪生的不同计算、存储与运行需求；5G满足虚拟模型与物理实体的海量数据低延迟传输及大量设备的互通互联；边缘计算技术实现了用户本地的即时决策、快速响应与及时执行；大数据为数字孪生高速产生更多有价值的信息以解释和预测现实事件的结果和过程；区块链可对数字孪生的安全性提供可靠保证；AI的最佳算法自动执行数据准备、分析、融合，对孪生数据进行深度知识挖掘从而生成各类型服务。以上八项技术大幅提升数据的价值以及各项服务的响应能力和服务准确性。

目前采用何种支持数字孪生构建和应用的商业工具和平台是面临的问题，较多业内人士在关注MATLAB - Simulink、ANSYS - TwinBulider、微软Azure、达索3DEXPERIENCE等，但它们功能大多侧重某一角度，当前还缺乏考虑数字孪生综合功能需求的商业化工具和平台。从开放性和兼容性的角度出发，相关使能工具/平台主

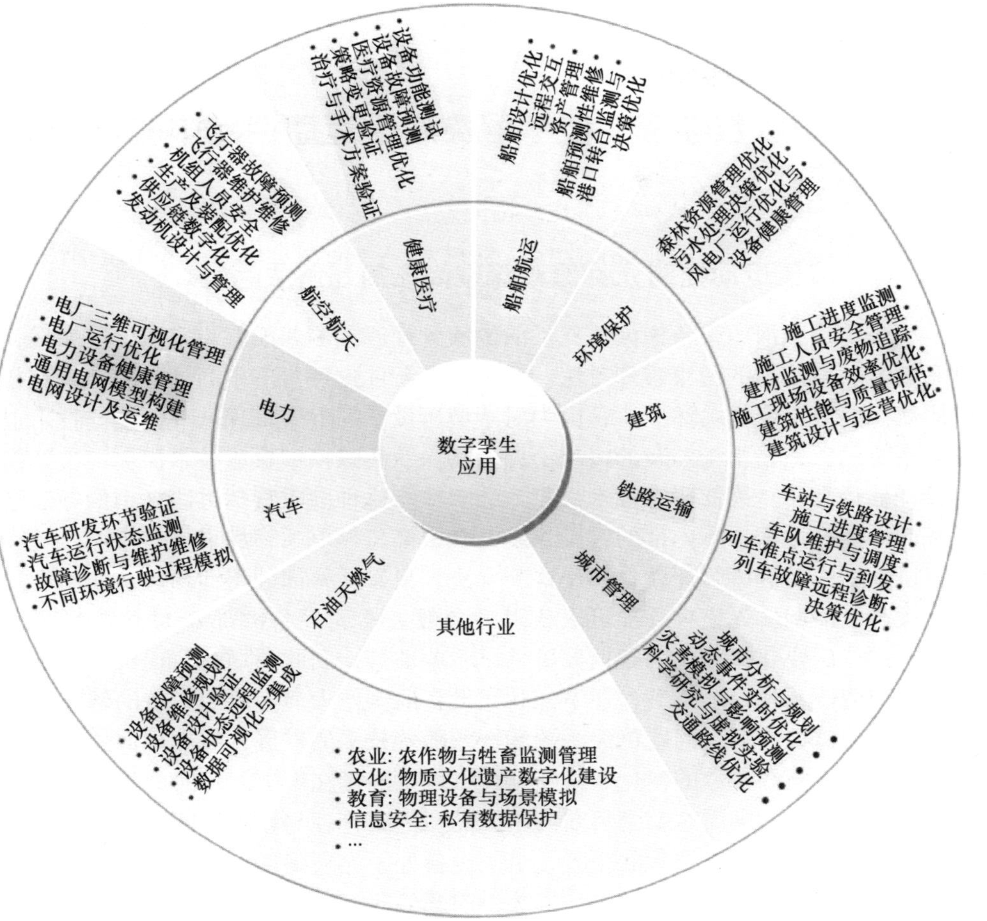

图 18-8　数字孪生的应用方向与前景

要针对自身产品形成封闭的软件生态，不同工具和平台间的模型和数据交互与集成难、协作难、兼容性差，缺乏系统开放、兼容性强的数字孪生构建工具和平台。

从数字孪生产生与应用的特点来看，数字孪生工程软件可能更容易产生于产品研制者，因为他们掌握相关具体数据、流程、工艺、原理。而第三方（如系统集成商、产品终端用户、产品运营维护者等）在构建数字孪生中会存在诸多困难，而成为其应用推广的瓶颈之一。今后数字孪生创建的模式可能是龙头企业，他们为提高自身产品的质量与研发效率，未来会要求研制者或提供者在提供产品物理实体的同时，也必须提供相应的数字孪生模型。

因此数字孪生技术推广的难点是针对复杂产品、复杂系统、复杂过程的数字孪生构建需求，如何实现不同数字孪生的组装与集成。为此需要解决：一是相关商业化的数字孪生集成工具与平台支撑。二是数字孪生的落地与推广应用需要功能综合、系统开放与兼容、集成性强的商业化工具和平台的支持。三是需要数字孪生评估与测试的商业化工具和平台。

18.2 用液压数字孪生技术解决液压运动控制中的健康管理问题

18.2.1 液压运动控制元件健康管理尚无简易解决途径

至今为止，液压设备中液压元件的健康管理或预测并没有完全的解决方案，特别是缺乏一个简易的健康管理方法。对于液压元件这种价值不高的产品，其运行的健康状态一般不会被关注。这是因为对于液压设备的健康管理从理论上与技术上是能被解决的，但是由于涉及的概率论理论高深、故障模型形成技术深奥、破坏模式的验证代价高昂，因此属于技术皇冠上的明珠。这种健康管理方法采用的办法是从设备的外部特性来推测内部的健康状态，在故障检测与管理中称为“黑箱”技术，如飞机发动机的健康管理就是采用这个办法，只好从外部的特性参数诸如温度、振动、噪声、泄漏、光谱等外部可以获得的参数去推测设备内部作为“黑箱”的健康状态，这需要建立相关的数据模型并试验验证等，因此费用高、代价大。将这种办法用于液压元件得不偿失，还不如利用设备的操作人员完成对设备的健康管理工作，用人的监视去解决问题更经济。其次是随着技术的发展，一般硬件的故障可以采用传感器或某些参数的变化来诊断处理，可以满足在产生故障时，防止或减小这种故障所带来的灾害。这就是目前液压产品在健康管理与故障诊断方面的状态。

然而发展到无人化技术的今天，由于设备处于无人条件下的运行状态，一个小小元件的故障会造成机毁人亡的大事故，问题的严重性就凸显出来。加上如今互联网的信息通信技术的发展，使这一技术的实施有了客观的生态技术支撑，成为可以实施并需要突破的技术之一。因此可以寻求更经济、更简便的方法来处理液压元件或系统健康管理问题。数字孪生是其中可以采用的技术手段。在健康管理与故障诊断中，有三个技术途径去解决：一是依靠大数据方法，即上述依据试验产生数据的基础形成健康管理与故障模型，这就是“黑箱模型”，由外部性能的变化推测元件或系统内部的性能变化。二是在物理模型的基础上形成相应数学模型，一般来说这种物理模型的性能参数与内部结构参数有数学模型描述，但是在运行状态下工况是实时变化的，可以进行实时检测以判断元件系统的健康状态。这种方法一般是已知原始状态，然后根据参数变化推测性能变化，这就是“灰箱模型”。这种数学模型可以通过仿真来预测元件在预设工况下的性能状态，然后与运行中的性能状态进行比较，可以取得对元件系统健康状态的预测。由于有数学模型作为依据，因此该方法可以比单纯采用大数据模型简单得多、成本也会大幅降低。三是依据专家的经验，设立专家数据库，这种办法也相对简单，但是不可能是实时性的，经验总有局限性，因此往往不能全面可靠地解决问题。

运动控制系统（液压）的数字孪生工程系统软件是解决运动控制装备（液压系统）健康维护的保障。虚拟世界的数学模型所具有的原生性能数字与物理世界实体所产生的数据可以在原有模型的基础上进行交互，从而持续地预测装备或系统的健康状况、剩余使用寿命以及任务执行成功的概率，揭示装备研制中存在的未知问题，通过激活自愈的机制或者更改参数来提高设备安全寿命和执行任务成功的概率。

建立运动控制系统（液压）数字孪生工程软件，提出一个针对数智液压元件所需要的数字孪生工具与平台，“许氏液压大系统性能参数模块式建模法”是这个工具与平台的理论基础，在这个理论基础上建立运动控制系统的数字孪生工程软件工具。在这个软件工具基础上，形成一个以液压工程机械主机无人化下（包括无人工厂的液压主机）所需要的数字孪生平台，提供相应的数字孪生故障检测与健康管理的数字孪生平台。这个工程软件最令人期望的特点是可以嵌入液压智能元件中，成为一个可以通过云端与生产厂商进行实时对接的工具；也可以借助云端技术进行液压运动状态的健康管理。

本节的阐述主要局限在液压元件与系统跟随主机操作的运动过程中，自身的性能健康管理与故障诊断方面的数字孪生技术，力求通过在过去仿真软件的基础上，进一步形成一个可以用于液压系统的数字孪生工程技术软件。

18.2.2　液压数字孪生技术工程软件解决方案

1. 液压数字孪生技术的发展路径

液压数字孪生技术工程软件应该由两部分组成：一个是在设计阶段的液压系统仿真工程软件，这是在虚拟空间内以液压系统所具有的已知性能系数对液压系统的性能进行预测（仿真），根据理想的仿真结果完成设计，生产制造出所需要的液压系统；另一个是运行阶段的液压系统辨识工程软件，这是在物理空间内对实测后的液压系统性能系数变化进行辨识，可以通过“云”返回生产厂商对已知的性能系数进行相互对比，决定是否偏离与如何纠偏，以达到运行元件的长久、正常、安全运行。这里的核心是液压系统性能的参数是一个“数字孪生源”，在设计阶段的性能系数是数字 - 数据的仿真源，这个过程是一个“白箱”过程，所有的性能系数是透明已知的；在运行阶段的性能系数是数据 - 数字的辨识源，这个过程是一个“黑箱源”，所有的性能系数是未知的。如果充分利用性能系数的已知性，并与辨识过程中性能系数的未知性联系起来，那么这个反向过程就是“灰箱”过程；如果这个反向过程中二者不去联系或者无法联系，这个过程就是“黑箱过程”。

人们正在设法通过合适的数学模型将仿真过程与辨识过程联系起来，使这两个数字孪生源的性能系数可以比较一致性，从而确定此液压系统正常的程度，如果存在不一致，就可以分析产生的原因并找到解决的办法。这整个过程就是数字孪生技术。由于元件产品出厂时完全获知性能系数，以此可以提供数字孪生仿真源系数与辨识后的数字孪生辨识源的性能参数比较。然后通过网络化的手段，获取此元件在使用运行中产生的实时数据，通过数字孪生数学模型，根据此性能系数的变化来判断元件的健康程度。此“灰箱技术”方法十分简单。但是要实施需要具备下列条件：

1）可以通过液压数字孪生工程软件来检测的液压元件本身必须是数智液压元件，这个元件可以处理与传输本身的性能系数，成为仿真数字源或辨识数据源。

2）需要专有云来处理这些数据，得到这些数据所生成的、所需要的此元件性能系数。

3）元件供应厂商可以通过通信获得这些经过辨识数据源的系数数据，经过此工程软件的处理，针对这些系数数据做出决策与判断。

4）可以通过大数据的检测决策。通过此工程软件利用回收的数据修改厂商最原始的资料，如图纸、调节参数、出厂试验招标等；也可以去调整其他性能系数，使后续辨识的性能系数变化按厂商的要求去修正。

上述工程软件完成的整个过程就是利用数字－数据数字孪生的过程。可以解决今后液压数智元件在无人化的液压主机系统中的健康预测与管理。而本方法不仅提供了解决方法的建模方法与相应算法，还为未来价低量大液压智能元件的健康管理方法提供一个可行的软件工具与平台。

2. 液压仿真软件框架向液压数字孪生方向的发展

目前工程软件的前半端仿真软件已经有了良好的开端（如 HyPneu 就是液压行业的知名仿真软件之一），建立了良好的基础。只要在辨识原理方面寻求到可行的途径，即需要实施与构建。有不少算法问题需要通过进一步研发解决，通过实际应用完善。但是作为液压数字孪生工程技术软件需要考虑以下三个方面。

1）目前主要应用在液压非线性系统（包括元件），要考虑电液系统和系统配置。同时也要扩展到多介质领域，如电磁方面、电控方面、机械方面。需要多物理场、多学科的通用模型，这样整个方法可以扩展到更广阔的领域。

2）电液系统仿真与辨识要面向模型，因为根据物理模型所构建的数学模型是最简单易行的。尽管也有非纯数学模型可以解决的运算问题（如在逆运算方面的静不定问题），但是还有边界有规律的，比之黑箱大数据的方法总体上更加简单易行，验证更容易。

3）软件工程化必须与物联网联系起来，通过网络服务（Web Service）成为分布式多层仿真－辨识软件包。

4）数字孪生软件需要应用到嵌入式液压元件中或者云端，因此今后的数字孪生数学模型与相应算法应尽可能的简单易行。以模型为基础，灰箱辨识是最佳途径。

此工程软件的特点是采用建模法，因此计算量小，可以用于嵌入式的液压智能元件环境。另外可以借助仿真软件进行逆运算，用同一数学模型，增加相应的大数据鉴别与智能识别。易于通过云进行远程健康管理。

18.2.3 面向液压系统原理图建模方法可以适用于仿真软件框架向数字孪生方向发展

在目前传统仿真方法中，对于被仿真的物理系统（液压），通过工作原理图来理解，然后通过功率流的概念或控制流的概念，按规则建立一个几何流程图，如键合图、信号流图、控制方框图、键图等。根据这个过渡性的几何流程图或者称为几何模型，给予数学模型建立方程一个指引，从而形成了这个被仿真物理对象的数学模型，如图 18-9a 所示，软件将根据这个几何模型自动建立数学模型，得到所需要的仿真结果。这个建模的过程是传统建模一直使用的，这个数学模型是一个功率流或者是一个控制流、信息流，它们的流向是一个方向的，不具备可逆性。因此作为仿真建模已经用于各个液压等仿真软件之中。

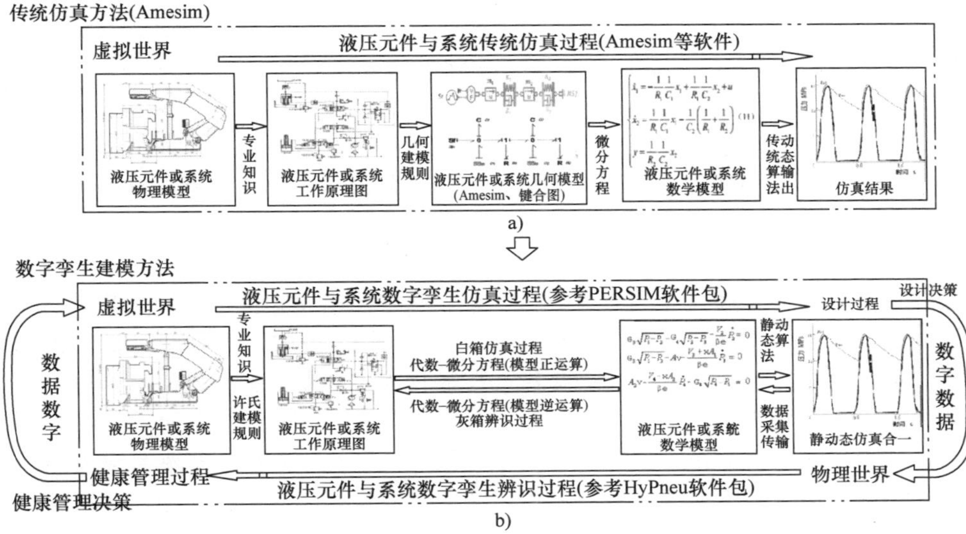

图 18-9 构建液压数字孪生工程软件途径

a）以键合图等建立数学模型的仿真过程 b）许氏建模法建立数字孪生数学模型过程

为使仿真用户不再需要直接面对建模中另建几何建模的过渡过程，无须了解仿真软件的内核，降低仿真建模知识门槛，所采用的方法就是直接使用液压工作原理图，这个工作原理图不仅已经包含了作为液压系统与元件建模所需要的所有信息，也是所有从事液压的工程技术人员熟悉的。为此发展了面向液压系统原理图建模的液压大性能参数模块式建模法（简称许氏建模法），其基本思路就是建模面向液压系统原理图。也就是面对被建模的物理模型转换成数学模型时，不需要通常建模方法所采用的专门几何图解形式，并是直接利用工程技术人员通常惯用的液压工程原理图或是利用工程技术人员在专业知识范围内可易接受的液压元件标准化的等价工程系统原理图（称之为等价系统图），完全降低了用户建模知识要求，只要具备绘制液压系统原理图的专业知识即可，如图 18-9b 所示。

由于液压数字孪生软件是仿真与辨识二个相反方向的结合体，因此最好的方法是采用与仿真数学建模可以结合的辨识数学模型，这样可以使仿真方向的数字解与辨识方向的数据辨识解相互对照，形成最直接的对比，给予数字孪生一个最直接、最简洁的解决方案。

各个方法可以从面向液压系统原理图建模方法的建模理论来寻求。这个面向液压系统原理图建模方法是早期液压 CAD 发展阶段产生的，解决了早期液压系统建模需要通过一种几何模型的办法去建立数学模型，如目前流行的键合图法，就是一种成熟的几何过渡模型。然后再由此几何过渡模型通过物理方程建立数学模型，如图 18-9a 所示。

在面向液压系统原理图建模方法中，其方法是直接利用系统原理图图形进行建模，这个系统原理图本身就是一个几何建模的过程，并不需要再加工就可以建立起这个液压系统的数学模型，由于这个数学模型是面向液压系统原理图，因此不存在任何物理参数的流向问题，所建立的数学模型的形式非常质朴，因此这个数学模型可以是正运算或仿真，而逆运算是辨识的基本概念。这个概念就表达在图 18-9b 中。可以将原始方程中产生的性能系数作为仿真的基本参数进行仿真，作为数字孪生正向仿真过程；将此方程中的仿真系数与状态变量进行置换，也就是说，元件被采集的数据是此方程的系数，而原来的系数就是辨识中的状态变量，这就成为这个数学模型的逆运算。这样一来，将正运算中通过“白箱”所知的系数，与将逆运算中通过“黑箱”产生的数据所运算出来的实际元件系数对比，就可以知道现在液压元件的参数变化所对应的实体变化，从而判断这个元件是否存在问题或者存在什么问题，从而达到这个元件的健康管理目的。这个方法是一个典型的数字孪生的仿真 - 辨识过程。而这个数学模型建模方法就是许氏液压大系统性能参数模块式建模法，在 20 世纪 80 年代产生的。

此数学模型算法简单、运算量少，是继续开发为数字孪生工程软件的基础。仿真 - 辨识就构成了数字孪生的整个循环，即形成数字 - 数据的孪生闭环。目前，其逆运算还需要深入解决一些算法问题。

18.3 面向液压系统原理图建模与仿真软件的形成

18.3.1 面向液压系统原理图建模方法

1. 面向液压系统原理图建模方法的产生过程

面向液压系统原理图建模方法是由国际上久负盛名的美国俄克拉荷马州立大学流体动力研究中心（Fluid Power Research Center，Oklahoma State University，简称 FPRC/OSU）的 E. C. Fitch 与 I. T. Hong 在 20 世纪 80 年代提出的，并在 1993 年成功开发了在业界知名的 HyPneu 仿真软件包。当时中国访问学者共同参与如何解决面向液压系统原理图建模的攻关，攻关内容就是如何以工程师日常惯用的液压系统原理图作为仿真建模的输入，从而形成自动建模的功能。笔者作为其中一员当时研究了三年，于 1986 年回国后得到国家自然科学基金的支持，作为“液压大系统模块式建模法及其静动态仿真合一直接代数解法”课题（项目号 5860185）完成全面认证，并成功完成国家“七五科技攻关液压 CAD”项目中的“液压调速系统仿真软件包 PERSIM”项目（75－52－03－21/12）。PERSIM 软件包完成了可以面向液压系统原理图的输入模式，其 CAD 软件包在绘制液压系统原理图同时，具有自动建模的功能，具有自动解方程、自动解决方程刚性问题与自动调步长的功能。七五科技攻关液压 CAD 项目鉴定成功后，1991 年，在访问甘肃工业大学（现兰州理工大学）与参加我国第一届流体传动与控制国际学术会议期间，与 E. C. Fitch 和 I. T. Hong 进行了沟通交流。由于 HyPneu 软件可以在数字孪生方面继续发挥作用，所以本章将其列入数字孪生工程软件发展的基础软件。

“七五”攻关项目完成的 PERSIM 仿真软件包就是面向液压系统原理图建模成功的软件包。主要以液压大系统模块式建模法以及相应的直接代数解法为基础，以建立液压系统及元件的仿真程序为核心，以具有绘制液压系统与元件原理图的自动建模程序为先导，并以该建模法相应的数据程序为基本条件，从而建立一个通用性强、仿真程序短小、运算快、对用户建模知识要求低的通用程序包。该程序包静动态仿真合一，系统与元件仿真合一，传动系统与伺服系统仿真合一，单工况和多工况仿真合一。此法对初值几乎没有要求，从而扩展了静动态性能仿真的范围。对初始值要求低、程序短小、存储空间小，易于解决间断点问题，有利于改变刚性问题以及运算时间对快等特点。本建模法的基本思想是将系统模型基于各标准子模型基础上，依据硬件连接形式拼装而成，能使用户在仿真中所需的建模简单化、数学模型通用化，以及易使程序包商品化。为了方便对面向液压系统原理图建立数学模型的方法给予简称介绍，在有关资料里常称为“许氏液压大系统模块式建模法”或者“许氏液压建模法”。

2. 现有世界知名仿真软件包输入方法汇集

表 18-1 列出了现有世界知名仿真软件包输入方式。

表 18-1　现有世界知名仿真软件包输入方式

知名软件及输入界面	软件输入界面介绍
1. HyPneu（美国） 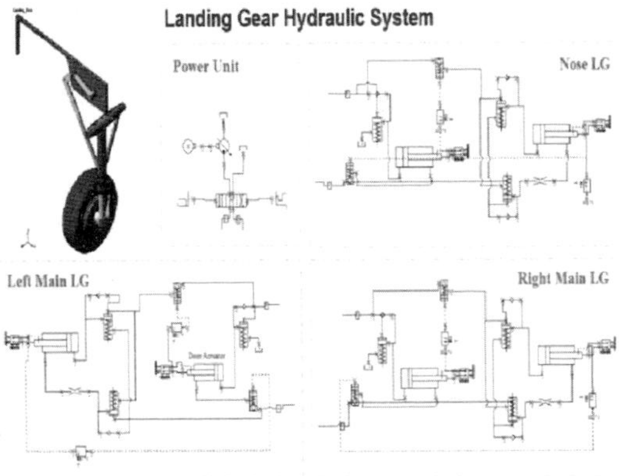	面向原理图绘制快速建立模型，极大节省了建模的时间。另外还可进行诸多用户个性化设置，如更改标准库元件图标、更改元件或连线属性、加入元件的性能曲线图片等，使 HyPneu 模型不仅是一个仿真模型，而且还成为一个管理系统相关资源的资料库 建模方式有元件建模、基本元素建模、方块图建模、提供二开次开发平台的数学建模

（续）

<table>
<tr><th>知名软件及输入界面</th><th>软件输入界面介绍</th></tr>
<tr><td>2. DSHplus［德国亚琛工业大学（国际流体动力学会认可）］
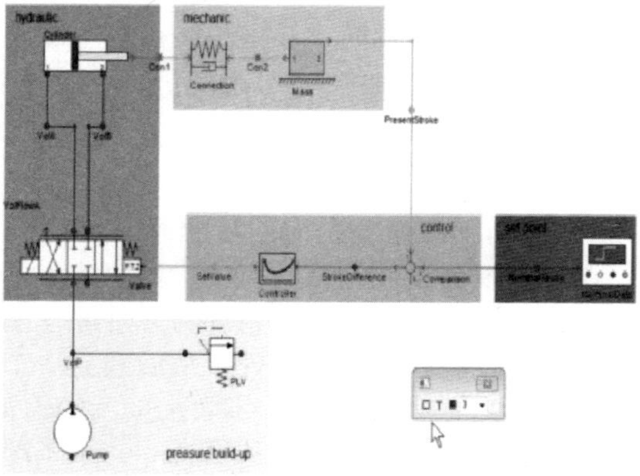
</td><td>运行时需要C++编译器。采用面向原理图建模，具有图形建模功能。对元件分十类，每个元件由三部分构成：ICON、元件参数和元件函数描述
参数通过对话框设定，系统提供元件每个参数的默认值。适用于液压系统静动态仿真。有非线性仿真程序，包括阶跃响应、频率响应、线性化和根轨迹分析以及非线性多参数优化等程序，故仿真结果与试验曲线能良好吻合</td></tr>
<tr><td>3. SimulationX
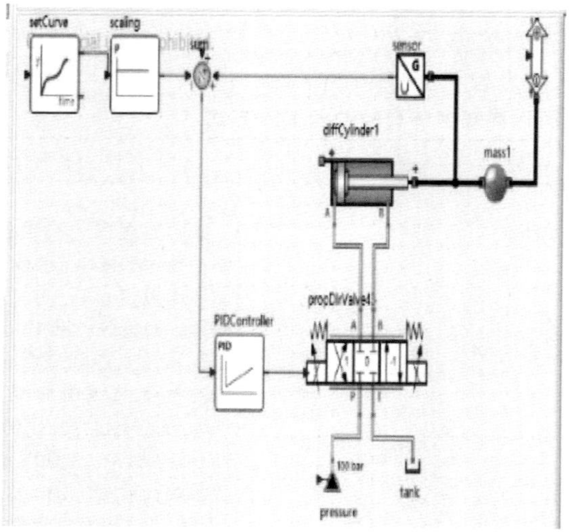
</td><td>在Windows操作系统上的多学科/多物理域系统仿真工具
仿真模型是基于离散网络方法建立的，系统被分割成各个组成部分，通过特定连接方式连接在一起。子系统子模型被参数化并互相连接在一起，构成整个系统模型
也采用拖拽元件图标方式建模，建模、仿真计算与后处理均在同一个环境中完成，并可以在线调整参数。液压库可以用来建立不同详细程度的模型，不仅能够仿真完整的液压系统回路，还可以仿真液压零部件（如阀体）</td></tr>
</table>

（续）

知名软件及输入界面	软件输入界面介绍
4. 20 - sim 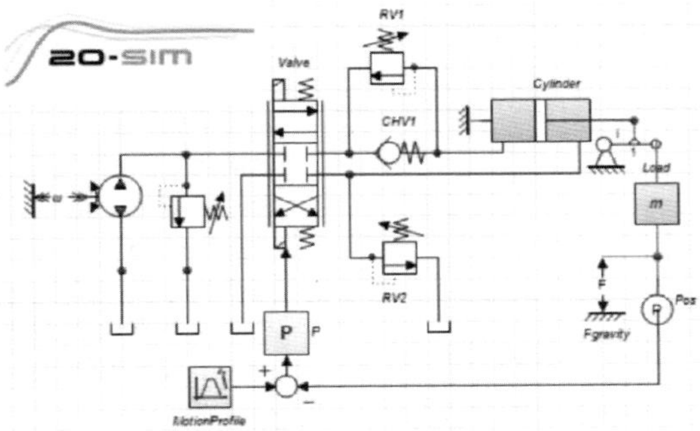	软件建模的数学原理是功率键合图；但支持原理图、方框图、键合图和方程式建模与综合应用 后续开发面向对象的建模技术和通过图标进行建模 20 - sim 模型可导出 C 代码在硬件上运行，用于快速样机设计和硬件在环仿真
5. Easy5（波音公司） 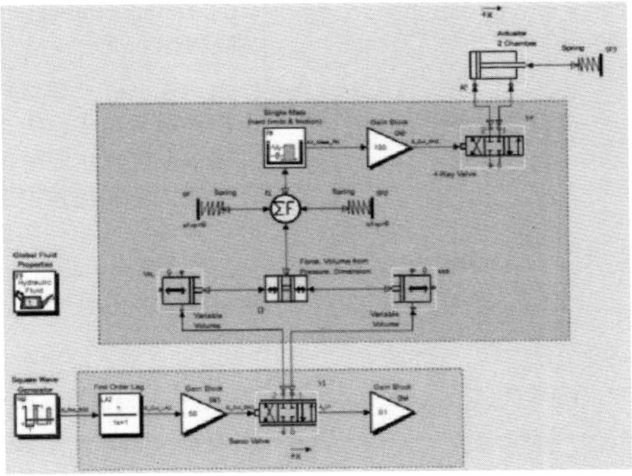	在仿真中最困难的是系统的建模，本系统最为完备，是当今世界上主要的液压仿真软件 该软件是一个基于图形，用于建模、仿真和设计的工具，是以微分、差分和代数方程为特征的多域动态仿真系统 模型是预设的或者由用户自行建立的
6. HOPSAN（瑞典　林雪平大学） 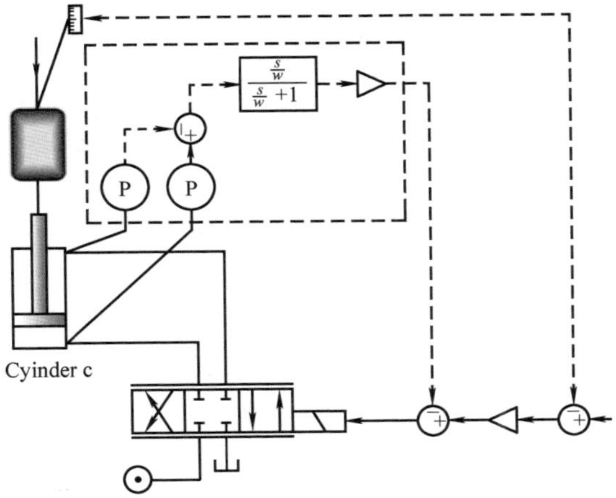	从 Modelica 和 c + + 创建模型 唯一建立在传输线建模（TLM）技术（或双向延迟线）上的仿真软件。这种方法是按通过在组件之间引入物理引发的时间延迟来自动划分模型。各个模型在各个时间步长中独立求解，提高了仿真性能、数值鲁棒性和模型可伸缩性，为仿真鲁棒性强、快速、并行仿真提供了一种自然的机制

（续）

知名软件及输入界面	软件输入界面介绍
7. Matlab/Simulink 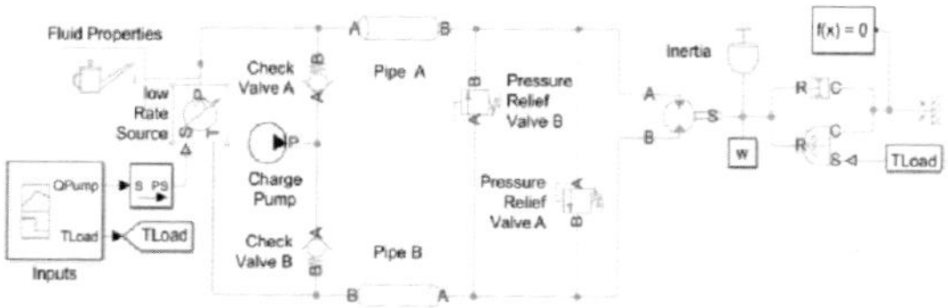	图形化物理建模，建模的语言是工程技术语言；仿真范围广，实现了多学科的机械、液压、气动、热、电和磁等领域的建模和仿真，且不同领域的模块之间可进行物理连接；保留了数学方程级、方块图级、基本元素级和元件级4个层次的建模方式，不同的用户可以根据自己的特点和专长选择适合自己的建模方式或多种方式的综合使用
8. Automation Studio 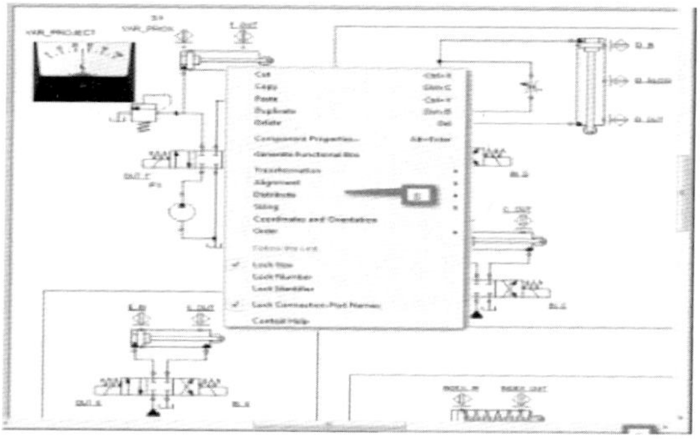	液压库（工业和比例）提供了所有用于创建行走机械和工业液压系统和功能所需要的元件符号，组件是预设定的，此外仿真参数（如性能曲线、外部负载、泄漏、黏度和热特性）可以根据需求进行配置

从以上的仿真软件输入界面可见，基本采用液压元件的图形或图形符号输入，但是明确采用原理图输入的并不多，其中HyPneu、DSHplus是明确采用了面向液压系统原理图输入建模的软件。

18.3.2　面向液压系统原理图建模基础

1. 面向液压系统原理图建模目的

采用面向液压系统原理图建模的方法，是在绘制液压系统原理图的同时输入各元件的仿真参数，一旦液压系统原理图完成，建模参数也已经输入完成，系统数学模型也同时建立。也就是说，在绘制液压系统原理图的同时，此液压系统的数学模型就可以随之建立。国家“七五科技攻关液压CAD项目”PERSIM软件包创立了相应的建模规则，以液压系统图作为组建液压系统数学模型的基础，从而使液压元件或系统的仿真所需要的数学模型的建立，与工程师日常绘制的液压系统原理图结合起来。

2. 建立面向液压系统原理图数学模型的两大准则

面向液压系统原理图建模有两个明显的常识性特征：第一是液压系统由各个不同功能的液压元件组合而成，因此液压系统的数学模型可以由各个液压元件的子数学模型组合而成。这是第一准则。第二是各个液压元件组合是通过各个元件的进出口连接形成。这个连接点在物理上是管路（通道）的连接，在数学描述上就是节点。在节点上我们可以根据基尔霍夫定律描述为压力相同且流进与流出的流量之和为零。这是第二准则。

与此同时，任何液压元件本身按工作原理也是一个液压系统，液压元件可以按其油路形成等价液压系统原理图。因此在这里所说的液压系统包括了液压元件所形成的等价液压系统。

3. 液压元件子数学模型唯有液阻型节流阀模型与液容型液压缸模型

在建立液压元件子数学模型时，共有三种数学模型来描述液压元件的物理本质：液阻型数学模型即节流阀集中参数型数学模型，这个模型可以由代数方程描述；液容型数学模型即液压缸集中参数型数学模型，这个模型可以由微分方程描述；液感型数学模型即分散参数型管路数学模型，这个模型可以由偏微分方程描述。

对于液压系统，液感型数学模型体现在液压软管子模型上。从液压系统实际情况看，液感对系统性能的影响很小，场景也极少，除非是控制精度要求很高的液压伺服系统中，由于软管在高压情况下的收缩扩张会产生流量的附加变化，有可能会对系统性能有所影响。即使这样，感抗模型的影响也可以以集中参数或非集中参数表达。如果有必要提高计算精度而必须计入感抗元件产生的影响的话，则需要重新组织状态空间方程所表达的状态空间。

因此，液压元件子数学模型只是液阻型节流阀数学模型与液容型液压缸数学模型。为了给予液压闭环环节数学模型描述，增加一个反馈式液阻型节流阀数学模型。所以液压元件子模型有三个：液阻型节流阀模型、液容型液压缸模型与具有反馈功能的液阻型节流阀模型。它们可以表达如下。

1）液阻型节流阀子模型为

$$\begin{cases} q_{\text{节流阀1}} = C_{\mathrm{d}} W x_{\mathrm{v}} \sqrt{\dfrac{2}{\rho}(p_1 - p_2)} \\ q_{\text{节流阀2}} = q_{\text{节流阀1}} \end{cases} \tag{18-1}$$

式中　$q_{\text{节流阀1}}$——节流阀进油口流量（L/min）；

$q_{\text{节流阀2}}$——节流阀出油口流量（L/min）；

C_{d}——节流阀阀口流量系数；

W——面积梯度（m）；

x_{v}——节流阀阀芯开度（m）；

p_1——节流阀进口压力（Pa）；

p_2——节流阀出口压力（Pa）；

ρ——液压油密度（kg/m^3）。

式（18-1）就是常用的液阻型节流阀的数学子模型。由于节流阀有两个油口，因此对每个油口都赋予相应的流量方程。从此方程可见是液阻型，因为当流量不变时，作为阻尼的开度越小，需要的压差越小。而这个阻尼与流量系数 C_d 及面积梯度（湿周）W 的大小有关。

2）液容型液压缸子模型为

$$\begin{cases} q_{液压缸1} = A_p\dot{x}_p - C_{ip}(p_1 - p_2) - C_e p_1 + \dfrac{(V_{01} + A_p x_p)}{\beta_e}\dot{p}_1 \\ q_{液压缸2} = A_p\dot{x}_p - C_{ip}(p_1 - p_2) - C_e p_2 + \dfrac{(V_{02} - A_p x_p)}{\beta_e}\dot{p}_2 \\ F_{液压缸输出} = A_p p_1 - A_p p_2 \end{cases} \tag{18-2}$$

液压缸必然承载负载，可以将负载方程表达为

$$\begin{cases} F_{液压缸负载} = m_1\dot{v}_p + B_p v_p + Kx_p + F_L + F_I \\ v_p = \dot{x}_p \end{cases} \tag{18-3}$$

式中　$q_{液压缸1}$——液压缸进油口流量（L/min）；

$q_{液压缸2}$——液压缸出油口流量（L/min）；

$F_{液压缸输出}$——液压缸输出力（N）；

$F_{液压缸负载}$——液压缸负载及其他动件运动折算力之和（N）；

A_p——活塞有效面积（m^2）；

C_{ip}——液压缸内泄漏系数［$m^3/(s·Pa)$］；

C_e——液压缸外泄漏系数［$m^3/(s·Pa)$］；

V_{01}——进油腔初始容积（m^3）；

V_{02}——出油腔初始容积（m^3）；

x_p——液压缸活塞位移（m）；

v_p——液压缸活塞移动速度（m/s）；

β_e——有效体积弹性模量（Pa）；

m_1——折算到液压缸活塞上的总质量，即所有动件的折算质量之和（kg）；

B_p——负载及液压缸系统的阻尼系数［N/(m/s)］；

K——负载刚度（N/m）；

F_L——负载及液压缸系统的库伦摩擦力（N）；

F_I——作用在液压缸活塞上的任意外负载力（N）；

p_1——液压缸进口压力（Pa）；

p_2——液压缸出口压力（Pa）。

将液压缸元件子模型与其负载数学模型作为系统看待，在液压缸伸出杆处作为接点，则有 $F_{液压缸输出} - F_{液压缸负载} = 0$，就可以构成在系统中的液压缸元件数学模型。式（18-2）是液压缸子模型，式（18-3）是负载子模型，二者合一就成为液压缸在系统中的模型。式（18-3）中，$v_p = \dot{x}_p$ 是一个补充方程，是从可观察性角度出发添加的。也是从数学模型角度采用的降阶处理。

3）具有反馈功能的液阻型节流阀子模型为

$$\begin{cases} q_{节流阀1} = C_d W x(x_p) \sqrt{\frac{2}{\rho}}(p_1 - p_2) \\ q_{节流阀2} = q_{节流阀1} \end{cases} \tag{18-4}$$

式中　$x(x_p)$——节流阀阀芯位移（m）。

具有反馈功能的液阻型节流阀子模型方程式（18-4）与液阻型节流阀子模型方程式（18-1）的区别在于 $x(x_p)$。$x(x_p)$ 是与系统中任何的液压缸子模型中的液压缸位移 x_p 有反馈关联的节流阀开度。

此子模型建立了液压闭环系统的数学模型。

对于任何一个液压系统而言，应该具备三个子数学模型：液容型、液阻型与具有反馈功能的液阻型。液压泵可以作为恒压源。

4. 液压系统节点流量方程的建立

液压元件子数学模型是流量方程。在液压系统的任何节点 N 上按基尔霍夫定律可以存在

$$\sum q_N = 0 \tag{18-5}$$

根据液压系统存在 N 个节点，可以在每个节点上按液压元件子模型的流量方程以式（18-5）的形式组成后，就形成了此液压系统的数学模型。

18.3.3　液压系统原理图生成过程与建模过程同步的方法

面向液压系统原理图建模所生成数字模型的过程，就是利用计算机绘制液压系统原理图的过程，当液压系统原理图绘制完成时，仿真参数输入与仿真数学模型也随之完成。这一点的关键是设置了液压元件的四种拓扑值。

1. 液压元件（子系统）拓扑值

除去建模准则外，面向液压系统原理图建模必须考虑液压元件（子系统）在液压原理图中的位置与节点的形成过程，这样软件才可能自动识别形成的原理图中各液压元件的关系与联系。因此对于液压元件符号要赋予拓扑值，所谓拓扑值就是指几何图形位置关系的描述，而不考虑它们的形状、大小或其他性质。对于液压元件的图形符号应赋予一定的辨识编号，即液压元件的拓扑辨识特征值；如果是赋予元件在数字空间中的定位而言，就是元件的序号拓扑值。根据每一个元件所具有的四个拓扑值（元件编号、元件接口、元件序号、元件接点序号）就可以知道被仿

真系统中的元件在元件库中的位置，以及进入被仿真系统后的位置与连接的信息。所有这些信息对于需要仿真的工程技术人员是不需要知道的。只有当他们添加自己研发的新元件时，想对这个软件包进行二次开发，需要在元件库中添加新的元件模型时才需要了解。

液压元件（子系统）本身固定的拓扑特征值有以下两个。

（1）元件编号拓扑辨识特征值　元件在元件数据库内的编号是事先按品种、功能、通径等设定的。

（2）元件接口拓扑接口特征值　任何元件有几个油口就有几个接口编号，在元件数据库内的编号顺序是事先约定的。

例如图18-10中，方向阀的元件编号拓扑值是C5423，按规则四个接口中1为P口，2为A口，3为B口，4为T口。

液压元件（子系统）在系统图绘制过程中按拖入的顺序形成的拓扑序号值有以下两个。

（1）元件拖入液压系统图时的拓扑元件顺序序号值　元件在系统图绘制过程中按拖入的顺序赋予的系统元件序号拓扑值，这个值是随机的在，但是一旦拖入后就是系统仿真所需要的辨认值；

（2）拖入液压系统图时元件接口相连的拓扑接点顺序序号值　当被仿真的元件被设计者拖入系统原理图中时，会生成元件在系统中的每一个接口与其他元件接口相连接的接点顺序拓扑值，这个值也是随机的，根据设计者的确认而赋予。对于被仿真系统的元件，有几个接口就一定有几个接点顺序拓扑值。

2. 元件子系统的“拓扑特征值”与“拓扑序号值”举例

如图18-10所示，被仿真液压节流调速系统在绘制过程中就产生组成这个系统的各个元件的拓扑值。它包括四个：元件拓扑辨识特征值C；元件拓扑顺序序号值M；元件拓扑接口特征值n；元件拓扑接口顺序序号值N。

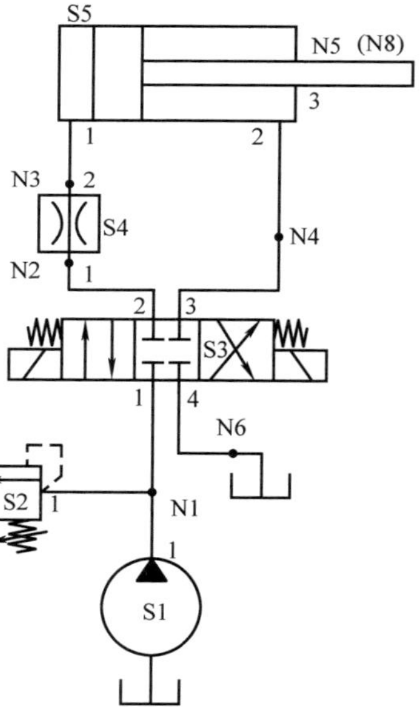

图18-10　被仿真元件的“拓扑特征值”与“拓扑序号值”

在此液压调速系统中的元件拓扑值见表18-2。

表 18-2　液压调速系统元件拓扑值

序号	名称液压元件	元件顺序值 M	元件辨识值 C	元件接口值 n	元件接口顺序值 N	模型形态	在系统中状态
1	液压泵	1	C1110（S1）	1	N1	静态或动态	作为恒压源
2	溢流阀	2	C3111（S2）	2	N1，N7	静态或动态	有边界条件－接油箱
3	三位四通方向阀	3	C5423（S3）	4	N1，N2，N4，N6	静态或动态	
4	节流阀	4	C4100（S4）	2	N2，N3	静态或动态	
5	液压缸	5	C2221（S5）	3	N3，N4，N5（N8）	动态	有边界条件－接负载

在此表内的模型形态是指子系统模型可以只用静态形态，此时的模型方程中的导数项设为零。系统或子系统函数具有导数项时为动态方程。

3. 自动连线功能

液压仿真软件包所起的作用，就是在绘制液压系统图的过程中，当元件拖入系统图时，被选定元件拓扑辨识特征值就同时输入，元件数据库就赋予此元件相关参数。当所有系统元件输入完成的同时，可以使用智能自动连线功能。智能连线的原理就是利用 AutoCAD 实体目标搜索功能及 Auto LISP 函数进行符号上判断的图论概念。当然也可以建立专业性图形自动绘制程序模块，以 AutoCAD 为支撑软件，给出用户自建图形模块方法，实现自动或半自动连线。Auto LISP 会在图形插入后记住元件口位置，进行人工干预性自动连线与自动建模，生成建模的数据文件来反映元件之间的连接关系与性质。自动与手工修改符合绘制的流程与习惯。所以液压系统图在此基础上自动生成接点表并自动反映边界条件和反馈功能，提示输入相应的数值，最后生成有关元件和连接关系的数据文件。智能连线中需要对两种相反的功能同时设置，如自动连线就意味要建立连线引向表示元件的图形实体，但又需要对另外的一些实体做出回避；各条连线之间的关系还要复杂一些，即相邻的连线必须相距一定的间隔，但若彼此有着共同节点时，则又应当合并为一条线等。以上问题涉及的运算，最终结果只是要求做出一个符号上的判断。

整个程序模块可以分成两大部分：自动绘图部分和数据部分。图形为基础，数据和表示图形的实体直接相关，当对图形进行编辑时，这些表示元件及节点的数据随之变动，严格保证了数据的可靠性和图形的一致关系。

自动连线的基本要求有两个：一是要求各连线之间关系清晰，对于无公共节点的连线，如果平行且相近，则要拉开距离；有公共节点的连线则必须在相交处做出节点标记。二是要求连线不能穿越元件符号，但是这与元件开始布局有关，如果对布局不加注意，会造成连线的迂回，既无意义也会浪费机时。最后自动连线允许手工调整，主要出于设计者主观意愿。整个程序如图 18-11 所示。

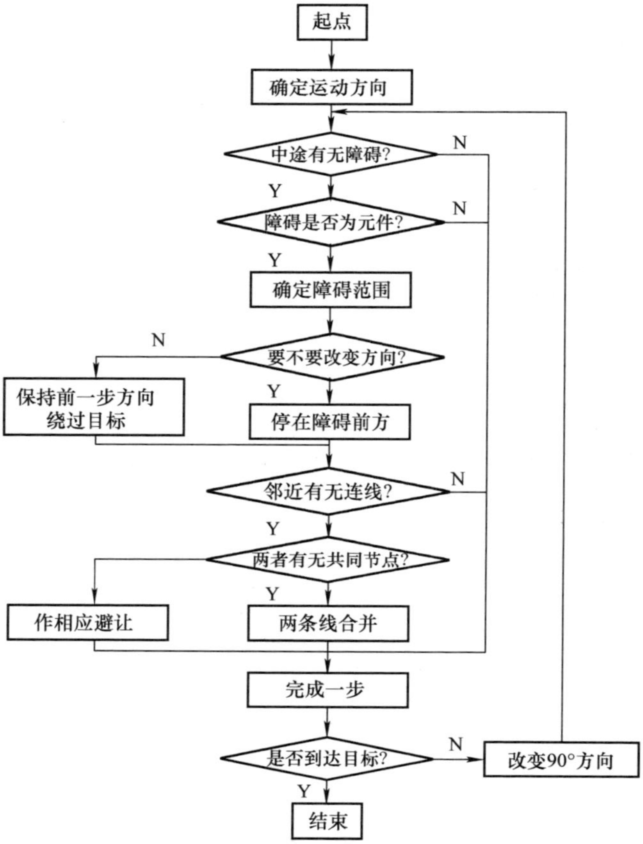

图 18-11 软件包自动连线程序

4. 数据模块构建

在仿真软件包中的数据特点是科学数值表示法的数值，离散性大，也有字符性数据。读入的数据包括文件号、元件拓扑值、元件参数、连接情况、反馈情况，有整型与浮点型。

数据库的管理模块（见图 18-12）包括录入、浏览与打印，可以通过此管理模块建立仿真要求的元件数据库。

同时根据绘制液压系统原理图时生成的数据文件，一方面可以从数据库的管理文件获取原理图中所需要的数据，同时也生成可以提供仿真软件包仿真所使用的元件仿真数据形成程序，这个仿真数据形成程序流程如图 18-13 所示。

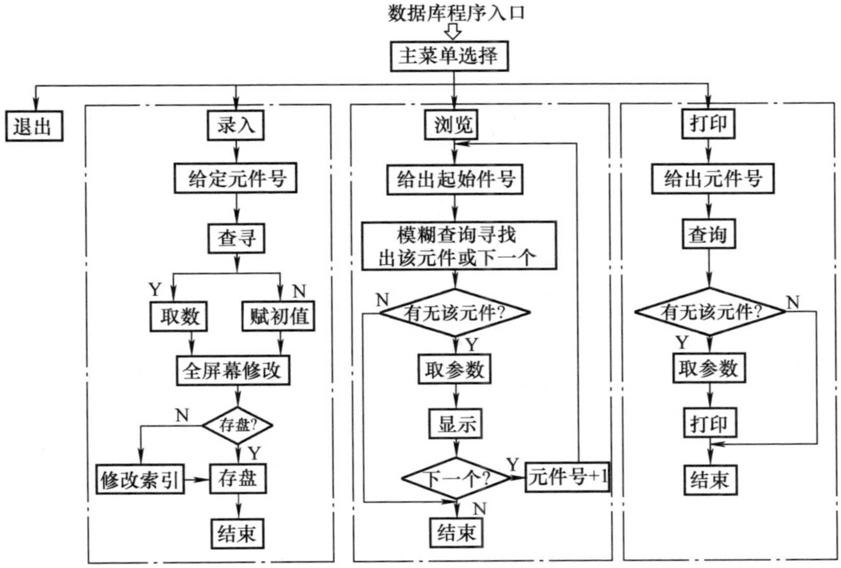

图 18-12　数据库管理模块

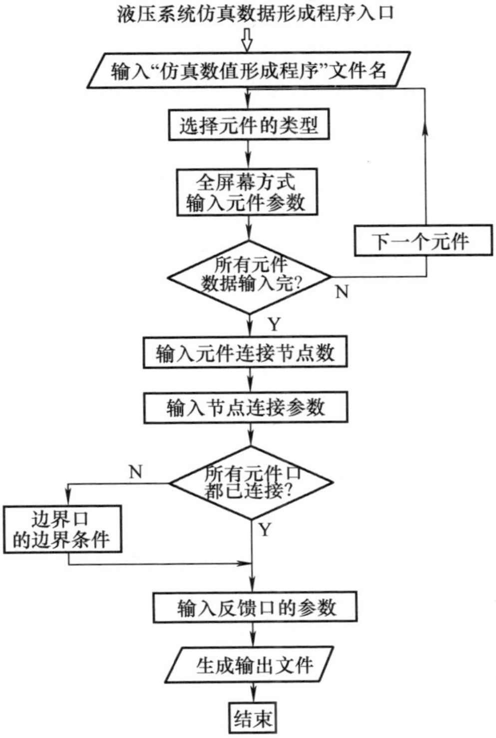

图 18-13　元件仿真数据形成程序

5. 仿真模块的构建

在上述的图形库基础上，绘制液压系统原理图的过程中通过元件仿真数据形成程序会自动生成元件仿真数据，根据此元件仿真数据微型计算机的形成就可以进入仿真模块进行静态与动态仿真。由于这里采用的是面向液压系统原理图建模，所产生的数学模型的形式有异于传统的状态方程，如果传统的动态数学模型是一阶导数组成的状态方程，认为是显式状态方程的话，那么采用面向液压系统原理图建立的状态方程是代数－微分方程，是未经任何数学处理的原生态，所以为了与传统微分方程组形成的仿真状态方程加以区分，故称为“隐式状态方程”。隐式状态方程是一种非标准的状态方程，没有现成的计算机计算解法，而是采用了专用的算法，由于这一算法是创建的，故称为“隐式状态方程解法”的“许氏建模法”。整个面向液压系统原理图建模的算法框架如图18-14所示。根据图18-14所示的仿真模块可见，解静态方程与解动态方程采用了同一个算法程序，因此称其为“静动态仿真合一”的算法。

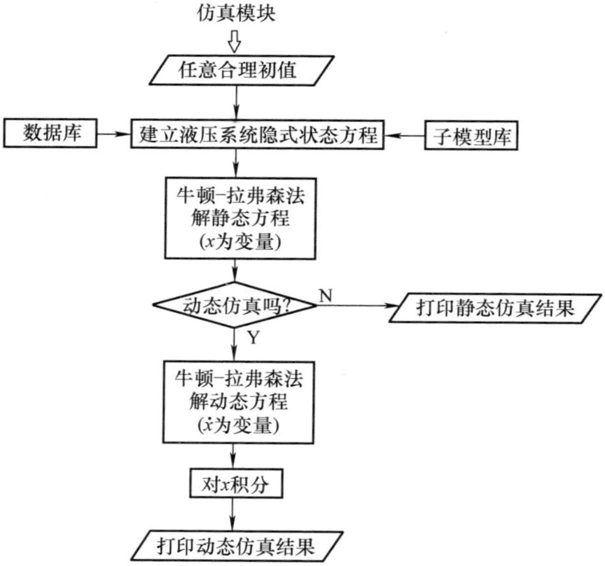

图18-14　面向液压系统原理图建模的仿真模块

6. 仿真结果输出模块

仿真结果可以以各种需要的方式输出，例如仿真数据输出或者是图形输出，可以是时域状态下输出或频域状态下输出，这些都有一些通用的程序，各软件包大同小异。

面向液压系统原理图建模的仿真方法经过理论证明、试验证明、与DSH软件包在同等条件下仿真结果比较以及工程实践应用，都证明面向液压系统原理图建模方法可行，软件包符合实际要求，程序短小，方法简单。

18.4　面向液压系统原理图建模理论与应用

创建面向液压系统原理图建模方法需要有两个方面的突破：一是建立的状态方程是非标准的代数-微分方程，与传统的状态方程表达有一定差别，需要寻求相应的数值解法；二是元件作为子系统（元件）进入液压系统原理图时需要对元件几何符号与在系统中的位置赋予拓扑值，不仅便于识别，而且可以赋予一定功能，包括一些简单运算功能，应用这一拓扑值的交换或运算，可以代表原理图中系统在运动过程中元件状态的变化。

18.4.1　面向液压调速系统原理图建模应用实例

1. 液压调速系统原理图上的拓扑值

以图 18-15 所示的液压调速系统原理图作为建模过程的实例，此系统的拓扑值与相应的子系统（元件）数学模型见表 18-2。

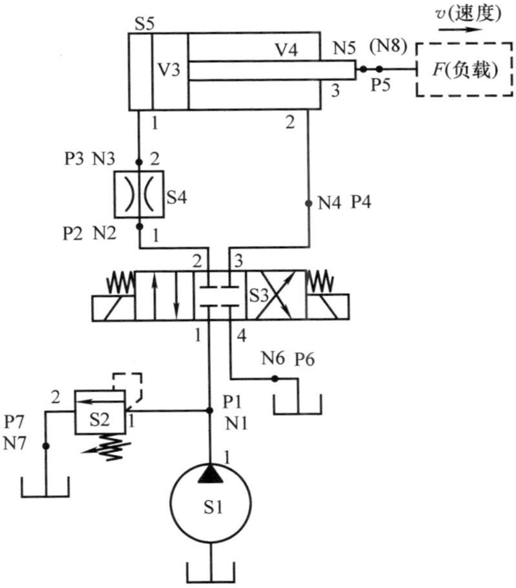

图 18-15　面向液压调速系统原理图的建模拓扑值与变量

整个液压调速系统的元件拓扑值情况如下所示。

元件顺序值为 S1 ~ S5；元件辨识特征值为 C1101、C3205、C4508、C3512、C2633；元件节点值为 N1 ~ N7；

元件接口顺序值：见图 18-15 中所示各元件连接口的顺序值；

内节点：N1、N2、N3、N4（具有 4 个状态变量：静态时为 P1、P2、P3、P4；

动态时为其导数值)；

外节点：N5、N6、N7；(具有2个边界条件P5、P6，1个外输入变量 v)

附加节点：N8（在N5处）(缺省)；

边界条件值由外接点处输入；

信号给定由S3的电磁铁处输入；

反馈信息本例中不存在；

干扰或输入信号值可以从负载中输入。

2. 液压调速系统原理图中各子系统（元件）数学模型

液压调速系统原理图中各子系统（元件）数学模型见表18-3。

表18-3　液压调速系统的子系统（元件）数学模型

序号	液压元件名称	子系统编号M	元件特征值编号C	元件接口数n	子系统数学模型	导数阶次 静动态变量
1	液压泵	1	C1110	1	$Q11=q_0-G_1p_1-\frac{V_1}{\beta_e}\dot{p}_1$	1 p_1、$\dot{p}_1$
2	溢流阀	2	C3111	2	$Q21=G_2\sqrt{p_1-p_7}(p_1>p_r)$ Q22 = Q21	0 p_1、p_7
3	三位四通方向阀（阀在左位）	3	C5423	4	$Q31=G_3\sqrt{p_1-p_2}$ Q32 = Q31 $Q33=G_4\sqrt{P_4-P_6}$ Q34 = Q33	0 p_1、p_2、 p_4、p_6
4	节流阀	4	C4100	2	$Q41=G_4\sqrt{p_2-p_3}-\frac{V_2}{\beta_e}\dot{p}_2$ Q42 = Q41	1 p_2、p_3、 $\dot{p}_2$
5	液压缸	5	C2221	2	$Q51=A_v-\frac{V_3+xA_1}{\beta_e}\dot{p}_3$ $Q52=A_2v-\frac{V_4-xA_2}{\beta_e}\dot{p}_4$ Q53（F53）$=p_3A_1-p_4A_2-M\dot{v}-Bv$	2 V $\dot{p}_3$、$\dot{p}_4$ $\dot{v}=\ddot{x}$
6	油箱	/	/	1	$p=0$	/

注：液压泵中，G_1—液导；q_0—理论流量；V_1—容腔容积。溢流阀中，G_2—液导；p_r—额定压力。三位四通方向阀中，G_3—非线性液阻的系数。节流阀中，G_4—液导；V_2—容腔容积。液压缸中，A_1—无杆腔面积；A_2—有杆腔面积；B—阻尼系数；F—负载力；V_3—无杆容腔容积；V_4—容腔容积；M—活塞质量。变量 p_1—结点N1容腔压力；p_2—结点N2容腔压力；p_3—结点N3容腔压力；p_4—结点N4容腔压力；v—油缸运动速度；x—液压缸位移；β_e—弹性模量。

3. 液压调速系统原理图各节点的数学模型形成（表18-4）

液压调速系统原理图各节点数学模型的形成过程见表18-4。

表 18-4 液压调速系统原理图各节点数学模型的形成过程

节点编号	节点上的连接元件顺序	元件连接数	子系统模型	系统模型	结点上的状态方程	系统阶次与变量
N1	液压泵 S1 溢流阀 S2 三位四通方向阀 S3	3	Q11 Q21 Q31	Q11 - Q21 - Q31 = 0	$q_0 - G_1 p_1 - \frac{V_1}{\beta_e}\dot{p}_1 - G_2\sqrt{p_1 - p_7}$ $- G_3\sqrt{p_1 - p_2} = 0$	1
N2	三位四通方向阀 S3 节流阀 S4	2	Q32 Q41	Q32 - Q41 = 0	$G_3\sqrt{p_1 - p_2} - G_4\sqrt{p_2 - p_3}$ $- \frac{V_2}{\beta_e}\dot{p}_2 = 0$	1
N3	节流阀 S4 液压缸 S5	2	Q42 Q51	Q42 - Q51 = 0	$G_3\sqrt{p_2 - p_3} - A_{\mathrm{v}} - \frac{V_3 + xA_1}{\beta_e}\dot{p}_3 = 0$	1
N4	液压缸 S5 三位四通方向阀 S3	2	Q52 Q33	Q52 - Q33 = 0	$A_2 v - \frac{V_4 - xA_2}{\beta_e}\dot{p}_4 - G_4\sqrt{p_4 - p_6} = 0$	1
N5	液压缸 S5 负载	1	Q53 F 常数	Q53 F = 常数	$p_3 A_1 - p_4 A_2 - M\dot{v} - B_{\mathrm{v}} - F = 0$ $v - \dot{x} = 0$（降阶方程）	2
N6	三位四通方向阀 S3 油箱	1	Q34 p_6 常数	Q34 $p_6 = 0$	边界条件	—
N7	溢流阀 S2 油箱	1	Q22 p_7 常数	$p_7 = 0$	边界条件	—

4. 面向液压调速系统原理图的系统数学模型形成

根据图 18-16 所示的流程图，将系统原理图所有节点的流量方程汇总，即成为整个系统的数学模型，见式（18-6）。

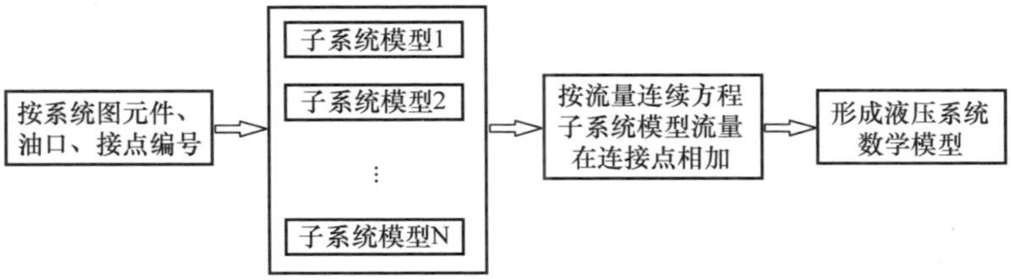

图 18-16 由液压元件子模型相加形成系统数学模型流程图

$$
\left.\begin{array}{l}
\text{在节点 N1 上}:q_{N1}=q_{11}-q_{21}-q_{31}=0\\
\text{在节点 N2 上}:q_{N2}=q_{32}-q_{41}=0\\
\text{在节点 N3 上}:q_{N3}=q_{42}-q_{51}=0\\
\text{在节点 N4 上}:q_{N4}=q_{52}-q_{33}=0\\
\text{在节点 N5 上}:q_{N5}=q_{53}-F=0(F\text{ 为负载})\\
\text{在节点 N6 上}:q_{N6}=q_{34}(\text{边界条件接油箱 }p_6=0)\\
\text{在节点 N7 上}:q_{N7}=q_{22}(\text{边界条件接油箱 }p_7=0)\\
\text{在节点 N8 上}:q_{N8}=(v=\dot{x})(\text{液压缸增加降阶边界条件})
\end{array}\right\}\tag{18-6}
$$

（边界条件降阶处理，使方程中为一阶导数求解）

因此，将所有节点的状态方程汇总，称为整个系统的状态方程，即式（18-6）。因此采用面向液压调速系统原理图所形成的数学模型将各节点的流量公式代入后成为式（18-7）。

$$
\begin{cases}
\text{N1}:q_0-G_1p_1-\dfrac{V_1}{\beta_e}\dot{p}_1-G_2\sqrt{p_1-p_7}-G_3\sqrt{p_1-p_2}=0\\
\text{N2}:G_3\sqrt{p_1-p_2}-G_4\sqrt{p_2-p_3}=0\\
\text{N3}:G_4\sqrt{p_2-p_3}-A_v-\dfrac{V_3+xA_1}{\beta_e}\dot{p}_3=0\\
\text{N4}:A_2v-\dfrac{V_4-xA_2}{\beta_e}\dot{p}_4-G_4\sqrt{p_4-p_6}=0\\
\text{N5}:p_3A_1-p_4A_2-M\dot{v}-Bv-F=0\\
\text{N6}:p_6=0\\
\text{N7}:p_7=0\\
\text{N8}:v-\dot{x}=0
\end{cases}\tag{18-7}
$$

将式（18-7）化简成为

$$
\begin{cases}
q_0-G_1p_1-\dfrac{V_1}{\beta_e}\dot{p}_1-G_2\sqrt{p_1-p_7}-G_3\sqrt{p_1-p_2}=0\\
G_3\sqrt{p_1-p_2}-G_4\sqrt{p_2-p_3}=0\\
G_4\sqrt{p_2-p_3}-A_v-\dfrac{V_3+xA_1}{\beta_e}\dot{p}_3=0\\
A_2v-\dfrac{V_4-xA_2}{\beta_e}\dot{p}_4-G_4\sqrt{p_4-p_6}=0\\
p_3A_1-p_4A_2-M\dot{v}-Bv-F=0\\
v-\dot{x}=0
\end{cases}\tag{18-8}
$$

所有导数项为零时，静态状态方程为式（18-9），可以通过仿真获知系统的静态性能。对式（18-8）进行动态仿真，则导数项为变量，则获得系统在负载作用下的动态特性。

$$
\begin{cases}
q_0 = G_1 p_1 - G_2 \sqrt{p_1 - p_7} - G_3 \sqrt{p_1 - p_2} = 0 \\
G_3 \sqrt{p_1 - p_2} - G_4 \sqrt{p_2 - p_3} = 0 \\
G_4 \sqrt{p_2 - p_3} - A_{\mathrm{v}} = 0 \\
A_2 v - G_4 \sqrt{p_4 - p_6} = 0 \\
p_3 A_1 - p_4 A_2 - B_{\mathrm{v}} - F = 0
\end{cases}
\tag{18-9}
$$

面向液压调速系统原理图建模后的仿真结果也进行了各方面的验证。其中，按面向液压调速系统原理图建模的 PERSIM 仿真程序包仿真结果与同样条件下采用 DSH 软件包仿真结果进行了比较，二者结果均与试验比较一致，如图 18-17 所示。

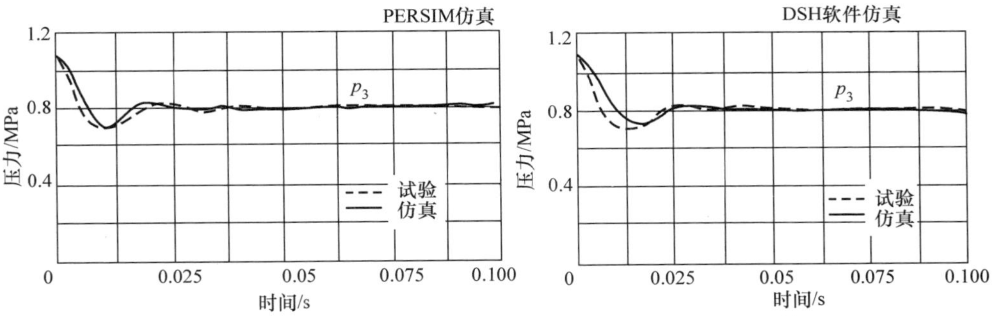

a)　　b)

图 18-17　面向液压调速系统原理图建模的仿真结果与 DSH 软件包仿真结果对比

a）面向液压调速系统原理图件模仿真结果与试验对比　b）DSH 仿真结果与试验对比

18.4.2　面向溢流阀等价系统原理图建模应用实例

1. 溢流阀等价系统原理图上的拓扑值

面向溢流阀等价系统原理图建模与上述液压调速系统的过程是一致的，只不过要将溢流阀结构图转化为等价系统原理图。在软件中整个转化的过程是自动设置的，不需要使用软件的用户去处理。这个转化的过程如图 18-18 所示，首先按液压元件的油路流向画成等价油路图（见图 18-18b），为了便于说明元件内部的关联，还要进一步将等价系统原理图内的反馈关系表达出来，就成了图 18-18c 所示的溢流阀等价系统原理图，因此面向溢流阀系统原理图的建模依据是等价系统原理图。只要将等价油路图中的阀芯与阀口的关系按图 18-18c 的原则处理，就形成阀芯是液压缸与阀口是节流阀的等价系统原理图。当一个液压元件的等价系统原理图形成后，所有的建模与仿真就与上述液压调速系统的建模与仿真（见表 18-2 与

表18-3）一样了。

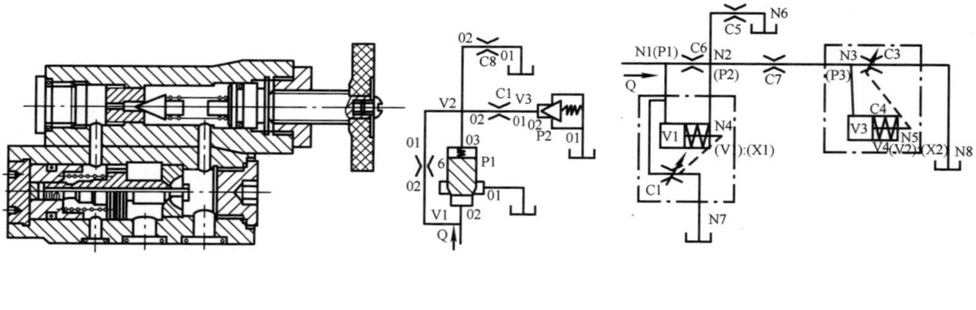

a)　　　　b)　　　　c)

图18-18　先导式溢流阀的等价系统表达法

a）YF－B10H溢流阀结构图　b）等价油路图　c）等价系统原理图

整个溢流阀等价系统原理图的元件拓扑值情况如下。

元件顺序值：C1～C7；

元件特征值：C3101，C2205，C3508，C2512，C1633，C1533，C1321；

元件节点值：N1～N8；

元件接口值：见图18-15中所示各元件连接口的顺序值；

内节点：N1，N2，N3，（三个变量P1、P2、P3）；

外节点：N4，N5，N6，N7，N8　（五个边界条件）；

附加节点：N9（在N4处），N10（在N5处）（缺省）；

边界条件值由外节点处输入：P6＝P7＝P8＝0（外节点N6、N7、N8）；

信号给定未有；

反馈信息2个（N4，N5）；

干扰或输入信号值可以从负载中（包括弹簧）输入。

2. 溢流阀等价系统原理图中各子系统（元件）数学模型

溢流阀等价系统原理图中各子系统（元件）数学模型见表18-5。

表18-5　溢流阀等价系统原理图各子系统（元件）数学模型

序号	液压子系统（元件）名称	元件编号M	元件特征值编号C	元件接口数n	子系统（元件）模型	子系统导数阶次
1	主阀口反馈节流阀	C1	C3101	2	$Q21=G_1x_1\sqrt{p_1-p_7}$ $Q12=Q11$	0
2	主阀芯液压缸	C2	C2205	3	$Q21=A_1v_1+\frac{V_1}{\beta_e}\dot{p}_1$ $Q22=A_2v_1-\frac{V_2}{\beta_e}\dot{p}_2$ $Q23\ (F23)\ =p_1A_1-p_2A_2-k_1x_{01}$ $-k_1x_1-f_1p_1x_1-B_1v_1-M_1\dot{v}_1$	1

（续）

序号	液压子系统（元件）名称	元件编号 M	元件特征值编号 C	元件接口数 n	子系统（元件）模型	子系统导数阶次
3	先导阀口反馈节流阀	C3	C3508	2	$Q31=G_2x_2\sqrt{p_3-p_8}$ $Q32=Q31$	0
4	先导阀芯液压缸	C4	C2512	3	$Q41=A_3v_2+\frac{V_3}{\beta_e}\dot{p}_3$ $Q42=Q41$ $Q43\ (F43)\ =p_3A_3-k_2x_{02}-k_2x_2$ $-B_2v_2-f_2p_3x_2-M_2\dot{v}_2$	1
5	主阀上部泄漏节流阀	C5	C1633	2	$Q51=G_8\ (p_2-p_6)$ $Q52=Q51$	0
6	先导进油节流阀	C6	C1533	2	$Q61=G_6\ (p_1-p_2)^{2/3}$ $Q62=Q61$	0
7	先导入口节流阀	C7	C1321	2	$Q71=G_7\ (p_2-p_3)^{2/3}$ $Q72=Q71$	0

注：主阀口反馈节流阀中，G_1—主阀 D_1 的非线性可变液阻的系数。

主阀芯液压缸中，p_1—容腔 V_1 的压力；p_2—容腔 V_2 的压力；V_1—容腔 V_1 的体积；V_2—容腔 V_2 的体积；v_1—主阀芯的运动速度；x_1—主阀芯位移；A_2—主阀弹簧腔有效作用面积；A_1—主阀非弹簧腔有效作用面积；M_1—主阀芯质量；k_1—主阀的弹簧的刚度；x_{01}—主阀弹簧的预压系数；B_1—主阀的阻尼系数；f_1—主阀的稳态液动力系数。

先导阀口反馈节流阀中，G_2—先导阀 D_2 的非线性可变液阻的系数。

先导阀芯液压缸中，p_3—容腔 V_3 的压力；V_3—容腔 V_3 的体积；v_2—先导阀阀芯的运动速度；x_2—先导阀阀芯位移；A_3—先导阀阀芯的有效作用面积；M_2—先导阀阀芯的质量；k_2—先导阀弹簧的刚度；x_{02}—先导阀弹簧的预压缩量；B_2—先导阀的阻尼系数；f_2—先导阀的稳态液动力系数。

主阀上部泄漏节流阀中，G_8—溢流阀泄漏的液导。

先导进油节流阀中，G_6—阻尼孔 C6 的非线性液阻的系数。

先导入口节流阀中，G_7—阻尼孔 C7 的非线性液阻的系数。

β_e—油液的体积弹性模量；$T_1\sim T_5$—时间常数；ξ_1，ξ_2—阻尼比；C_{ze}—流量压力系数；$K_1\sim K_6$—放大系数；R_2—系数。

3. 溢流阀等价系统原理图各节点的数学模型形成

溢流阀等价系统原理图各节点数学模型的形成过程见表 18-6。

表 18-6 溢流阀等价系统原理图各节点数学模型的形成过程

节点编号	节点上的连接元件	元件连接数	子系模型	系统模型	节点上的状态方程	系统阶次
N1	C1，C2，C6，边界条件	3 + 边界条件	Q11 Q21 Q61	q − Q11 − Q21 − Q61 = 0	$q - G_1x_1\sqrt{p_1-p_2} - G_6(p_1-p_2)^{2/3} - A_1v_1 - \frac{V_1}{\beta e}\dot{p}_1 = 0$	1
N2	C2，C5，C6，C7	4	Q62 Q51 Q22 Q71	Q62 + Q22 − Q51 − Q71 = 0	$G_6(p_1-p_2)^{2/3} + A_2v_1 - \frac{V_2}{\beta e}\dot{p}_2 - G_7(p_2-p_3) - G_8(p_2-p_6) = 0$	1
N3	C3，C4，C7	3	Q72 Q31 Q41	Q72 − Q31 − Q41 = 0	$G_7(p_2-p_3)^{2/3} - G_2x_2\sqrt{p_3-p_8} - A_3v_2 - \frac{V_3}{\beta e}\dot{p}_3 = 0$	1
N4	C2，边界条件	1	Q23 F = 0	Q23 = 0	$p_1A_1 - p_2A_2 - k_1x_{01} - k_1x_1 - f_1p_1x_1 - B_1v_1 - M_1\dot{v}_1 = 0$ $x_1 - \dot{v}_1 = 0$	2
N5	C4，边界条件	1	Q43 F = 0	Q43 = 0	$p_3A_3 - k_2x_{02} - k_2x_2 - B_2v_2 - f_2p_3x_2 - M_2\dot{v}_2 = 0$ $x_2 - \dot{v}_2 = 0$	2
N6	C5，边界条件	1	Q52	$p_6 = 0$	边界条件	—
N7	C1，边界条件	1	Q12	$p_7 = 0$	边界条件	—
N8	C3，C4，边界条件	2	Q32 Q42	$p_8 = 0$	边界条件	—

4. 面向溢流阀等价系统原理图数学模型的形成

按节点流量之和为零，此溢流阀等价系统原理图数学模型的状态方程形成式（18-10）。

$$\begin{cases} q - G_1x_1\sqrt{p_1-p_2} - G_6(p_1-p_2)^{2/3} - A_1v_1 - \dfrac{V_1}{\beta e}\dot{p}_1 = 0 \\ G_6(p_1-p_2)^{2/3} + A_2v_1 - \dfrac{V_2}{\beta e}\dot{p}_2 - G_7(p_2-p_3)^{2/3} - G_8(p_2-p_6) = 0 \\ G_7(p_2-p_3)^{2/3} - G_2x_2\sqrt{p_3-p_8} - A_3v_2 - \dfrac{V_3}{\beta e}\dot{p} = 0 \\ p_1A_1 - p_2A_2 - x_1x_{01} - k_1x_1 - f_1p_1x_1 - B_1v_1 - M_1\dot{v} = 0 \\ p_3A_3 - k_2x_{02} - k_2x_2 - B_2v_2 - f_2p_3x_2 - M_2\dot{v}_2 = 0 \\ x_1 - \dot{v}_1 = 0 \\ x_2 - \dot{v}_2 = 0 \end{cases} \tag{18-10}$$

5. 面向溢流阀等价系统原理图建模后的仿真结果验证

按面向溢流阀等价系统原理图的 PERSIM 仿真程序包仿真结果与同样条件下采用 DSH 软件包仿真的结果进行了比较，二者结果均与试验比较一致，如图 18-19 所示。

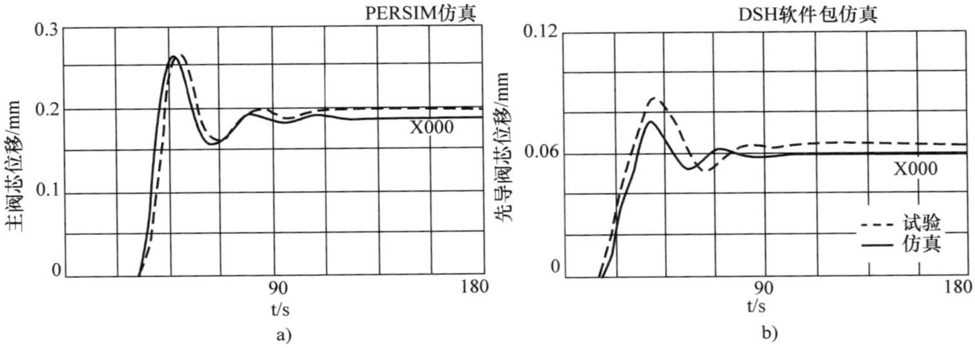

图 18-19　面向溢流阀等价系统原理图建模仿真结果与 DSH 软件包仿真结果相比

a）面向溢流阀等价系统原理图建模仿真结果与试验对比　b）DSH 仿真结果与试验对比

18.4.3　面向液压系统原理图建模中元件拓扑值的作用

1. 液压系统原理图中元件拓扑值的意义

面向液压系统原理图建模时拓扑值起到关键的作用，子系统（元件）的拓扑值（Topological Value）是明确系统原理图中液压元件的特征辨识、参数内容、位置所在、接口连接，是对元件几何符号与在系统中的位置赋值。不仅使元件在系统中可以被识别，知晓元件性能参数，而且可以赋予一些简单的更变与运算功能，可以反映出该系统中元件状态的变化，以代表此被仿真的液压系统原理图系统状态的变化，可以对系统的不同工况进行连续的仿真。通过系统的拓扑结构运算，就像使液压系统原理图可以“活动”起来一样，这样相当于通过元件拓扑值的描述，使液压系统原理图“数字化”。尽管在上述实例中已经对元件拓扑值给予了说明，但是在此需要进一步的系统化。

通过液压系统原理图的拓扑结构式对系统原理图直接编码，从而形成系统的模型，用以代替任何其他建模方法还需要一种二次转换图形（诸如功率键图、键合图、方框图、信号流图等），因而使这种建模方法省去了中间过渡性几何建模的关键所在。而这些拓扑值的设置是按规则预设的，所以软件包中的拓扑值对使用者而言是屏蔽的，不需要知晓的，因此使整个液压系统的建模变得非常自然、简单、易行。

2. 元件拓扑值类型与输入信息

液压系统原理图中元件拓扑值类型与输入信息见表 18-7。

表 18-7　液压系统原理图中元件拓扑值类型与输入信息

种类	序号	系统中元件拓扑值	拓扑值含义与作用	赋值规则	赋值举例
元件拓扑值	1	元件辨识特征值（缺省值）	元件类型与性能参数两大信息，便于数据库辨认；四位数；元件类型、特征、性能数据代码	按规则，值不可变更	C1101
	2	元件接口顺序值（缺省值）	元件接口顺时针顺序值，人为规定，便于数据库辨认；个位数；此值可以参与运算	按规则，值不可变更	1、2、3
	3	元件顺序值	在绘制系统原理图时的进入顺序，便于组织模型自然数排列	随机自建，删改后重自建	S1 ~ S5
	4	元件节点值	在绘制系统原理图时的进入顺序，便于组织模型自然数排列；节点分成内节点与外节点两种类型，凡未与其他元件接口有连接的节点称之为外节点，为边界条件值输入处	随机自建，删改后重自建	N1
输入信息值	1	边界条件值	凡系统中未与任何其他元件（或元素）相结合的接口，为系统边界所在。边界条件值按实际物理状态输入	相等型变量为1，相加型变量为2，规定边界条件值之类型	—
	2	信号给定值	一是模拟信号给定，该值为模拟量；二是逻辑信号给定，该值具有逻辑值，前者如伺服阀之输入电流值，后者如方向阀电磁铁之换向输入	—	
	3	反馈信息	反馈源、反馈通道数及反馈系数。反馈源在系统图中具有实际物理意义，反馈通道数和相应的反馈系数根据实际系统给出。在当量流图中，反馈信息有实际结构的性质虚拟获得（主要指阀芯与阀口的关系）。因此反馈通道数为1，反馈系数为1时，属于直接硬反馈	—	
	4	干扰或输入信号值	任何边界条件值的变化，信号给定值的变化或在某些情况下反馈信息的变化，都可以视为干扰值或输入信号值，对于这一条件并无限制，因为多输入－多输出的仿真软件提供了很方便的输入语言	—	

3. 拓扑值运算公式（方向阀换向运算公式）

拓扑值类似一种编码技术，但是它们在某些情况下可以进行加减运算，故又称之为“值”，这种运算主要用于方向阀换向的仿真中，拓扑值又主要是液压系统与元件仿真程序包的输入语言的主要内容与成分，拓扑值在 PERSIM 程序包中主要用数字表示，在今后的发展中亦可以部分用文字替代。

表 18-8 列出了液压系统拓扑值换向运算公式 $\Delta p = p(L) - p(M)$ 中 L 与 M 的换向计算方法。

表 18-8　液压系统拓扑值换向部分运算公式

换向状态	$\Delta p = p(L) - p(M)$	通道 1	通道 2	接口情况
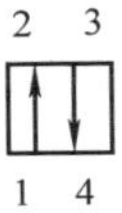	$L=(4-I)K+I-3$ $M=L+I-1$	$I=2$ $K=1$	$I=2$ $K=2$	1→2 3→4
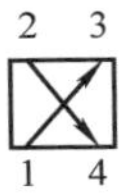		$I=3$ $K=2$	$I=3$ $K=2$	1→3 2→4

4. 在拓扑值基础上组建系统模型

根据流量连续性定理或基尔霍夫定律，流函数在系统结点（子系统相连接的连接点）上的输入值总和等于输出值总和。简而言之，在任何液压系统中，流入的流量总和一定等于流出的流量总和。或者说，在任何子系统的结点上，输入值与输出值相加一定为零。

任何系统由子系统组成，所有子系统的结点数量也就是系统的自变量的数量，有多少自变量就应该有多少方程的数量才能解出相应的自变量。因此系统结点的数量就是系统的方程数。或者说，n 维系统状态空间的 n 由系统的结点数决定。如果说该结点不是自变量而是常量，这个结点就成为边界条件，如某元件的一个接口与油箱相通，该点的压力为零，这个结点就成为边界条件。

18.4.4　面向液压系统原理图建模的非标准状态方程——隐式状态方程之解

面向液压系统原理图建模的另一个特点是它的状态方程如式（18-9）与式（18-10）表达，这是代数－微分方程组。这样的代数－微分方程所表达的状态方程与传统表达的由微分一阶导数组成的状态方程有差异。由于这种表达方式是自创性的，所以没有计算机标准解法。为便于讨论，将传统标准状态方程，称为“显式状态方程”，而面向液压系统原理图建模的非标准状态方程就称为“隐式状态方程”。无论是显式状态方程还是隐式状态方程，主要是形式表达上的不同，在隐式状态方程中将静态与动态的表达合二为一。因此这两种状态方程建模适合于多输入、多输出的液压等各种介质的控制系统的本质不变，在两种表达不同的情况下方程具有的能控性与能观察性是不变的，符合创建软件所需要的控制与辨识要求。

1. 传统仿真建模的显式状态空间方程

能够完全描述动态系统时域行为所含变量个数最少的变量组称为系统的状态变量。它应能确定系统未来的演化行为。由微分方程演化可以求得状态空间表达式，如状态方程式（18-11），与量测方程（输出方程式）式（18-12）所表示的那样。

可见状态方程是描述状态变量变化规律的一组一阶微分方程组，左边是状态变量的一阶导数，右边是包含系统参数、状态变量和激励的一般函数表达式，不含变量的微分和积分运算。而输出方程是描述系统输出与状态变量之间关系的方程组。各方程左边是输出变量，右边是包括系统参数、状态变量和激励的一般函数表达式，不含变量的微分和积分运算。这就是传统的状态空间描述，或者称为显性状态空间方程。

如果状态变量的总个数是 n，则组成的向量就是 n 维，并完全描述系统运动的 n 组变量，在式（18-11）中以 $x(t)$表示。如果系统的外输入 $u(t)$已知，那么基于这组变量的现时值就能通过状态方程完全确定系统在未来各时刻的运动状态。建立系统内部状态变量 $x(t)$与外部输入变量 $u(t)$间关系的表达是状态方程式（18-11），而输出变量 $y(t)$与状态变量 $x(t)$和输入变量 $u(t)$间的变换关系则由量测方程式（18-12）来描述，从而构成 n 维空间中的系统运动规律。这一概念是1960年R. E. 卡尔曼发表的《控制系统的一般理论》中建立的，并促成了现代控制理论的建立。

$$\dot{x}(t) = f(x(t), u(t), t) \tag{18-11}$$

$$y(t) = g(x(t), u(t), t) \tag{18-12}$$

式中　$f(x(t), u(t), t)$，$g(x(t), u(t), t)$——自变向量；

$x(t)$、$u(t)$——非线性向量函数；

t——时间变量。

此方程的解将由系统的结构和参数所决定。控制系统的分析问题常归结为求解系统的状态方程和研究状态方程解的性质。式（18-11）与式（18-12）所表示的数学向量表达，实际上可用一阶微分方程组来描述。可以将用一阶微分方程组的表达方式称之为“显性状态方程”，见式（18-13）与式(18-14)。

$$\begin{pmatrix} \dot{x}_1 \\ \dot{x}_2 \\ \vdots \\ \dot{x}_n \end{pmatrix} = \begin{pmatrix} 0 & 1 & 1 & \cdots & 1 \\ 0 & 0 & 1 & \cdots & 1 \\ \vdots & \vdots & \vdots & & \vdots \\ 0 & 0 & 0 & \cdots & 1 \\ -a_0 & -a_1 & -a_2 & \cdots & -a_{n-1} \end{pmatrix} \begin{pmatrix} x_1 \\ x_2 \\ \vdots \\ x_n \end{pmatrix} + \begin{pmatrix} 0 \\ 0 \\ \vdots \\ 0 \\ b \end{pmatrix} u \tag{18-13}$$

$$y = (1 \quad 0 \quad \cdots \quad 0) \begin{pmatrix} x_1 \\ x_2 \\ \vdots \\ x_n \end{pmatrix} \tag{18-14}$$

此系统具有 n 维的状态变量的向量可以表达为

$$X(t) = \begin{pmatrix} x_1(t) \\ x_2(t) \\ \vdots \\ x_n(t) \end{pmatrix} \tag{18-15}$$

从式（18-15）可知，如果获知状态变量 $X(t)$ 的值，那么输出方程式（18-14）说明输出 y 可知。或者说，y 的输出可以由 $X(t)$ 的可控性决定。

在以上的描述中，所有状态空间是以一阶微分方程为基础的，应用时基于线性代数方程的龙格－库塔标准算法解决，从而获得系统在时域中的运动行为。从以上的描述中，可以看到系统的微分方程组式（18-13）必须严格按照此线性代数形式进行如此的格式化，为了获得这种格式化，典型的是采用“键合图”的建模方法，将一个液压物理模型转化为几何模型，再获得状态空间所需要的数学模型。这显然会提高进行仿真的知识门槛。

2. 面向液压系统原理图建模的隐式状态空间方程的静动态合一代数算法

根据面向液压系统原理图建模方法数学模型的生成是以节点来组织的，具有下列三个拓扑约束条件。

1）同一节点上势函数彼此相等：$V_1 = V_2 = \cdots = V_j$（j 为节点上的连接元件数量）。

2）节点上流函数彼此相加之和为零：$\Sigma \underline{U} = 0$。

3）节点上的连接中如果该变量是常数，此节点必然是边界点。

在这种情况下，面向液压系统原理图建模方法形成的状态方程形式如下。

动态情况下：

$$f(\dot{x}(t), x(t), u(t), t) = 0 \tag{18-16}$$

此时在动态方程中变量是 $\dot{x}(t)$。

静态情况下：

$$f(x(t), u(t), t) = 0(\dot{x}(t) = 0) \tag{18-17}$$

此时在静态方程中变量是 $x(t)$。

具体而言，此隐式状态方程的数学模型也可以表达为一般范式，即

$$\underline{0} = \underline{a}(\underline{x}(t), \underline{u}(t), \dot{\underline{x}}(t), \ddot{\underline{x}}(t), \cdots) \tag{18-18}$$

已如前述，引入中间变量进行降阶［参见式（18-18）］。则采用子系统的变量表达，系统的隐式状态方程数学模型可表达为

$$\underline{0} = \underline{f}(\dot{\underline{V}}(t), \underline{V}(t), \dot{\underline{V}}_m(t), \underline{V}_n(t)) \tag{18-19}$$

式（18-16）~式(18-19）都是“隐式状态方程”的表达形式，属于代数－微分方程。式中，f 是系统函数表达式，$\underline{x}$是系统变量组，$\underline{u}$是系统常数组，t 是时间。

从面向液压系统原理图建模的过程可见，隐形状态空间方程只是避免系统微分方程的格式化，不再采用类似“键合图”建模形成的显式状态方程方法，直接采

用液压系统原理图所表达的物理模型，并按规则转化为需要的数学模型，这种数学模型是采用原始的微分方程式形式基础上的求解而已。

在PERSIM软件包采用了“静动态数学模型合一的算法”（图18-14）。这种计算机算法就是先解静态方程时，利用数值计算的牛顿法可以解出所有此代数方程组中的变量$x(t)$，获得静态仿真数据。它们是在负载为F，流量为Q_0，时间不变化条件下（即$t_0=0$时）系统的压力与流量的所有性能数值。

对于动态方程，不需要采用传统微分方程组的格式化，也无法格式化，只有采用其原始代数-微分方程的格式，将静态方程求得的数值设为初始值$x(t_0)$，然后以状态变量的导数为新的变量$\dot{x}(t)$，仍然作为代数方程求解$\dot{x}(t)$，将得到的状态变量导数值给予Δt（时间间隔）的积分（龙格-库塔法）即可获得$x(t_1)$，连续继续运算，直至完成整个仿真过程。或者换句话说，利用静态方程解出的系统性能$x(t_0)$后，作为$t=0$时刻的性能参数，代入式（18-16），在这种情况下我们将$\dot{x}(t)$作为未知变量，按代数方程的办法求解在这一时刻下的$\dot{x}(t)$数值。在用静态方法求解出$\dot{x}(t)$数值后，按照$t_1=t_0+\Delta t$的情况进行积分，也就是求解t_1情况下系统$\dot{x}(t)$的静态性能参数（将t_1下的动态过渡过程的系统性能参数看作一个在t_1时刻的静态性能参数）；然后继续求解，在这个基础上再增加时间间隔Δt，然后求取下一时刻$t_2=t_1+\Delta t$的静态解，在这个基础上即按t_2时刻求出的静态解进行积分，求出t_2时刻的$\dot{x}(t)$，如此类推。这时的时间间隔Δt可以事先合理设定，经过试验与仿真结果的对照，这个时间间隔一般取用10^{-4}s左右（步长$10^{-9}\sim10^{-6}$s）。

由于变量$\dot{x}(t)$或$x(t)$都以代数方程的办法来解，所以此解法称为“静动态合一代数算法”。

面向液压系统原理图建模产生的隐形状态空间建模比之传统仿真建模，产生的显形状态空间建模有以下五方面的简化。

1）建模过程简化：无须类似“键合图”等建模辅助工具。

2）系统模型简化：用子模型相加即可形成静动态合一的数学模型。

3）子模型简化：液压只有三个子模型。

4）算法简化：算法支持静动态仿真合一，用静态算法解决动态问题；直接代数解法比之目前的算法具有对初始值要求低，对刚性问题、间断点问题易于处理等优点，运算速度快。

5）程序简化：编程简单，源程序短（40K），方法简单易用，降低建模门槛。在处理系统模型时必须注意边界条件与反馈关联。边界条件既可以是模拟量，也可以是开关量，所以此建模法建立的程序包允许既对传动系统又对伺服系统进行仿真。

18.4.5　面向液压系统原理图建模的规则

液压系统是一个非线性时变系统，面向液压系统原理图建模是以状态空间法为基础进行描述，在时域基础上考察系统的行为，是大系统概念。对于子系统，以其进出口的性能参数作为状态变量，对于系统则以子系统（元件）连接以后的节点处为状态变量，子系统（元件）的状态变量与系统的状态变量实质上是完全一致的，故此法被称为性能参数建模法。又由于系统的模型是由独立且标准的子系统元件模型模块经一定规则组装而成，因此面向液压系统原理图建模也是液压 - 大系统 - 性能参数 - 模块式 - 建模法。

1. 子系统（元件）模型规则

1）式（18-20）或式（18-21）是子系统模型的标准表达方式。

$$U = f(\dot{\underline{v}}, \underline{v}, \dot{\underline{v}}_m, \underline{v}_m, t) \tag{18-20}$$

$$v^{(n)} + a_1 v^{(n-1)} + \cdots + a_{n-1}\dot{v} + a_n v = U \tag{18-21}$$

式中　U——子系统（元件）流函数，是相加型函数，诸如流量、力、力矩及其他；

v——子系统（元件）势函数，是相等型函数，如压力、速度、转速及其他等；

v_m——子系统降阶处理等过渡型变量，如行程等。

流函数 U 为左函数，而势函数 v 一般为独立的状态变量，是右函数。此时，若知道 $v^{(n-1)}(0)$，…，$\dot{v}(0)$，$v(0)$和 $t \geqslant 0$ 时的输入，子系统的未来行为可以完全确定。

2）针对每个子系统的接口写出其相应的流量方程或力方程。对于有 n 个接口的元件就应该有 n 个流量方程。子模型的形式一般十分简单，阶次也低，具备通用性与标准性。

3）子系统（元件）阶次在液压系统中一般不超过二阶（具有惯性环节）。在解方程时需要降阶设置中间变量处理。在上述举例中，子系统液压缸元件是二阶微分方程，其降阶可设置中间变量为 x。则需要增加一个降阶方程。

由$\dot{v} = \ddot{x}$降阶为

$$v = \dot{x} \tag{18-22}$$

如果子系统模型内出现流函数的一阶导数（$\dot{U}$）也是允许的。$\dot{U}$函数实际是反映了子系统元件的液感，即压力变化对流量造成附加影响。在仿真程序中可以顾及此运算，但会极大增加软件程序的运算量，目前软件中忽略了此情况。

4）以子系统元件的进出口性能参数作为状态变量，可以保证这些变量的可测量性及可观察性。非能量交换口（如信号口）处的变量不设立，信号（包括反馈）单独处理。因此面向液压系统原理图建模实质上是一种功率流的建模方法。

5）子系统（元件）本身具有拓扑赋值，赋值规则已在表 18-7 中阐述。

2. 液压元件转化成等价液压系统原理图规则

液压元件本身就是一个液压小系统，如果要对液压元件建立数学模型，只要将液压元件按其流动特性转换成等价的液压系统，然后就可以形成液压元件的状态空间数学模型。其中关键是将阀芯运动转化为等价的系统原理图，如图 18-20 所示。

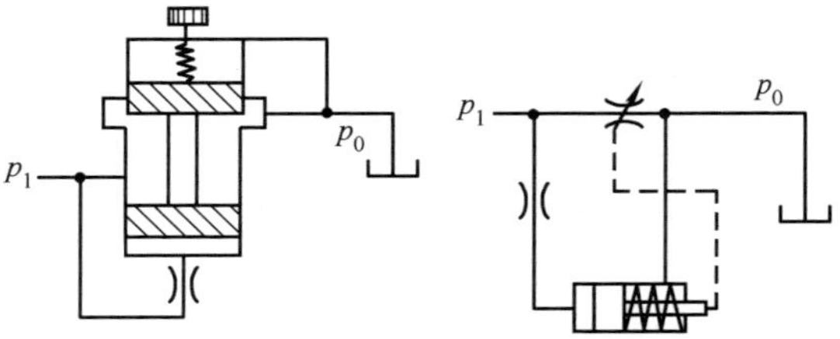

a)　　b)

图18-20　阀芯运动的等价液压系统原理图

阀芯就是类似液压缸作用的惯性环节，阀口就是节流阀，阀芯的运动与节流口联系作为反馈环节处理，因此任何液压元件的等价系统原理图都可以以这个规则画出来。

3. 系统建模规则

三种准则形成面向液压系统原理图的建模：节点上流函数值之和为零，势函数相等，节点上自变量为常数按边界条件对待。所谓节点，在物理意义上就是不同元件流道的汇集点，在数学模型意义上就是流函数的聚合点。

4. 拓扑值规则

液压系统的拓扑结构本质是使系统原理图中的元件符号可以以数字形式来表达。这种数字形式分成四种类型：元件顺序值（M），元件特征值（C），元件接口值（n），接点值（N）。系统原理图与拓扑结构所表达出的数字值可以按规则可逆转换。

拓扑结构即系统各子系统元件的几何关联，用以描述系统各子系统元件之间的关联。由于所有进入系统的元件均具有拓扑值，因此它在系统中的位置与连接就一目了然。

5. 算法规则

该算法为直接代数解法。静动态解法采用同样的基本算法，动态情况下再加以积分即可，即静动态算法合一。此数值分析的算法即称为隐式状态方程直接代数解法。此解法对初始值要求不高，解法收敛速度为二阶，其收敛性采用加速收敛效果最佳。本算法的实践与研究证明，这种常系数微分方程问题有解的存在性、唯一性及稳定性。此代数解法与传统龙格－库塔法相比精度可在10^{-6}以上或更高。

在采用直接线性代数解法后，直接效益除去静动态仿真合一，对初始值要求极低，液压系统一般具有严重的刚性方程病态问题（Stiffness）且间断点较多，直接代数解法有助于这两个问题的解决，这是因为在积分数值算法中其相应的中间值代数求解时，是通过牛顿法中的雅可比矩阵解得，其中具有自校正因素。

刚性方程病态问题即病态、刚性、坏条件或具有差别大的Lipschitz问题。具体到面向液压系统原理图建模中，即在状态变量（质量、液容和液感等）中存在小参数，就导致方程组病态。

$$\begin{cases} f(\dot{x},x,t) = 0 \\ f(e\dot{x},x,t) = 0 \end{cases} \tag{18-23}$$

式（18-23）中，e是与其他参数有数量级差别的小参数，会造成方程的雅可比矩阵具有数量级相差很大的特征值负实部。解决病态方程的关键是寻求适应性强的数值解法，寻求稳定域在负方向延续无穷的方法。根据直接代数解法时对于某些病态系统可直接调用标准的四阶龙格－库塔法可以得到满意的结果，但有时会要求积分步长很小，造成仿真时间很长。加上还要根据计算精度选择步长，当病态严重时会造成坏解，甚至不收敛。因此在模块式建模法的直接代数解法中，为了建立稳定的数值计算方法，着眼点是在保证精度的前提下，尽可能扩大稳定区域，使步长选择尽可能大，以达到仿真时间短、稳定可靠、精度足够高的目的。为此针对模块式建模法的隐式微分方程组，采用数值迭代公式，构造在 m 阶显式龙格－库塔型公式中引入稳定参数 s 和 α 的数值方法。此时 m 阶显式龙格－库塔型公式为

$$x_{s+1} = x_s + \varphi(h,\mu_1,\cdots,\mu_m,\alpha_1,\cdots,\alpha_m,\beta_{11},\cdots,\beta_{m,m-1},t_s,x_s) \tag{18-24}$$

其构造的公式为

$$x_{s+1} = \alpha x_s + s x_{s-1} + \varphi \tag{18-25}$$

按照 s 对稳定区域的影响，经研究应选取参数 s 接近于 1 原则，这样由于衰减特别快，计算量小，仿真时间短，精度高。但注意在具有高频振荡的系统中不宜采用此方法，此时的积分步长要有一定限定，对于液压系统与元件的仿真，其步长在 10^{-6}s 为宜。在非病态方程的情况下 10^{-4}s 的步长也能成功，加速仿真使仿真时间极短。

经实践表明，在几乎完全相同的参数输入下，不同程序包仿真结果绝对值相差可以很小，总仿真效果从图形曲线上看效果一致，但在峰值、调节时间方面动态误差不大于 5ms（可以商榷），而静态值误差不高于 10% ~15%。这些误差与相应程序包的算法精度要求及步长选择等因素有关。目前软件还没有建立这方面的标准。

18.5 面向液压系统原理图建模方法应用的扩展

面向液压系统原理图建模理论与方法，除去继续为仿真软件奠定基础外，更广泛的应用前景是向液压智能元件、数字孪生、检测辨识、工况检测等方面寻求进一步发展。

18.5.1 面向液压系统原理图建模理论可以作为液压智能元件的研发基础

面向液压系统原理图建模从自动控制的角度来看是一个建模理论问题，也是以数字模型思想指导实践的基础。建模仿真可以看作状态空间的自主可控性问题，系统状态方程建立就是预测系统的可控性行为。因此对系统状态变量的感知，不仅可以画出曲线预测系统的行为，也可以通过感知系统性能参数来控制系统的行为。以此设计出液压元件智能性的通用功能。以面向液压系统原理图建模为基础可以认识到如下方面。

1. 数学模型建模过程证明是自主可控智能元件的理论基础

1）通过建模明确液压系统的状态变量就是节点上的压力 p 与液压缸的速度 v（或转化为位移 l），负载 F 是系统发生变化的输入条件。因此要自主控制系统的行

为，首先就要知道状态变量的数值，所以传感器是对被控对象感知的第一要素，液压系统的状态变量至少而且必须采用压力传感器及速度传感器（位移传感器）这两类状态变量，并放置在系统的感知点即元件的接点上。

2）建立液压系统状态空间时，液压系统被看成结构与参数不随时间变化的定常非线性系统，那么上述第1点完全成立。然而考虑到实际情况，液压系统由于其介质的参数是随时间变化的，因此事实上液压系统是一个随时间变化的非定常系统。因此作为此状态方程，还要考虑油液的温度对黏度的影响，以及空气含量对油液刚度的影响。因此在实用时需要对油液温度与空气含量进行检测或者提出前提条件，需要系统增加对温度与油液空气含量的传感器检测。

3）根据“液压隐形状态方程”的数学模型可知，只要获取所有节点上的状态变量值，就可以掌控系统。这是智能化自主控制的前提条件。液压系统的数学模型所描述的状态空间是由液压元件子模型在节点处叠加而成，无论是静态还是动态，在整个时间域内均可解，也就是说液压系统的可控性具有唯一性。

4）在液压非定常非线性系统中的数学模型是可控的，与此同时也是可观察的。这说明液压系统具有两个方向的一致性，既可自主控制仿真也可以观察进行辨识。因此液压系统数学模型具备可逆性。

5）状态空间方程式（18-9）所描述的液压液阻型节流阀子模型可以看到，相应的节流阀开度在压差下的性能特性。如果在控制系统输入信号给予不同状态的情况下，节流阀的开度在不同的控制输入下就会产生不同的流量输出性能特性。例如，对于液压比例节流阀给予不同的输入电流 i，形成不同的开度 $f(i)$，就可以产生比例流量输出，因此式（18-26）是在液压比例节流阀下的数学模型所表现的性能特性；如果对于数字比例节流阀，给予不同的输入占空比 τ，形成不同的开度 $f(\tau)$，就可以产生比例流量输出，因此式（18-27）是在液压数字比例节流阀下的数学模型所表现的性能特性。

$$q_{节流阀}=C_{\mathrm{d}}Wf(i)\sqrt{\frac{2}{\rho}(p_1-p_2)} \tag{18-26}$$

$$q_{节流阀}=C_{\mathrm{d}}Wf(\tau)\sqrt{\frac{2}{\rho}(p_1-p_2)} \tag{18-27}$$

在式（18-26）与式（18-27）中，W 是节流孔的湿周，状态变量是 p_1 与 p_2。只要获知状态变量 p_1 与 p_2，就可以知晓在 $f(i)$ 或 $f(\tau)$ 下液压元件的运动所体现的性能状态。因此此方程也是元件实施控制的方程。在传统液压元件中，状态变量 p_1 与 p_2 的获知是通过其他液压元件，例如对于调速阀而言，这个状态变量的获知是通过另一个减压阀，当减压阀获知这个状态变量后可以自动调整或控制这个压差，使其保持为恒值。在使用液压硬件获知状态变量后产生控制调节的作用。对于智能元件这个状态变量的获知必须通过相应的传感器，在这里就是压力传感器。在液压传感器感知压力或者压差后，必须通过数据的采集与芯片的运算，采用调整 $f(i)$ 或者调整 $f(\tau)$ 的办法，使输出的流量达到恒值。因此智能元件通过软件的办法可以在获知状态变量后产生调节的作用。

简言之，面向液压系统原理图建模是一种用数学模型描述的液压阻尼控制理论，而且应用这种液压阻尼控制理论在微处理器控制器下实施，这就是液压智能元件的液压理论基础。

通过以上阐述，可以有以下两个结论：一是可以利用这个液压元件数学模型来观察系统的行为，这就是辨识的过程，这个过程为这个建模用于数字孪生奠定了良好的数学描述基础。二是这个液压元件数学模型只要感知节点上的状态变量就是可控的智能元件，可以自主控制。

2. 液压智能通用元件的算法基础

1）面向液压系统原理图建模方法中有三个子系统元件：液阻元件、液容元件与具有反馈功能的液阻元件。因此从液压控制的角度来看，这就是理论证明了液压控制需要液压缸类执行机构动作，节流阀类阻尼用来调节液压性能参数，根据传感器采集的不同信号的种类就控制这种信号代表的功能。从计算机建模角度来诠释液压阻尼理论，让液压阻尼理论为液压智能元件的创建奠定基础。从建模的角度说明液压控制的实质就是阻尼，接受压力信号控制的节流阀就是未来的液压压力控制阀，接受流量信号（压差信号）控制的节流阀就是流量控制阀，接受逻辑控制信号控制的节流阀就是方向控制阀，包括平衡阀也只是多接收了一种压力传感器的信号做出节流变化的控制。根据“面向液压系统原理图建模”的数学子系统元件模型可知，只要获取所有节点上的状态变量值，就可以掌控系统。如果掌控单个阀的进出口性能参数，这就是智能化自主控制的元件。

2）在建模中证明，只要了解液压系统状态变量，整个液压系统就是可控的。通过以上建模了解到，液压系统的状态变量就是压力 p（或者力 F）、速度 v（或者位移 l）。因此在暂不考虑环境温度的条件下，液压系统的传感器主要使用压力传感器或者位移传感器。因此作为液压智能元件这两种类型的传感器是必需的。

3）传感器采集到被控元件的压力与位移后，控制输出主要看控制策略（算法）。不同的算法就产生不同的控制效果，也就是产生不同的被控液压元件的功能，这就是液压智能通用元件“由软件定义液压功能”的本质。这个效果可见表 18-9。

表 18-9　液压智能通用元件算法定义功能表

液压智能通用阀（软件定义阀功能）	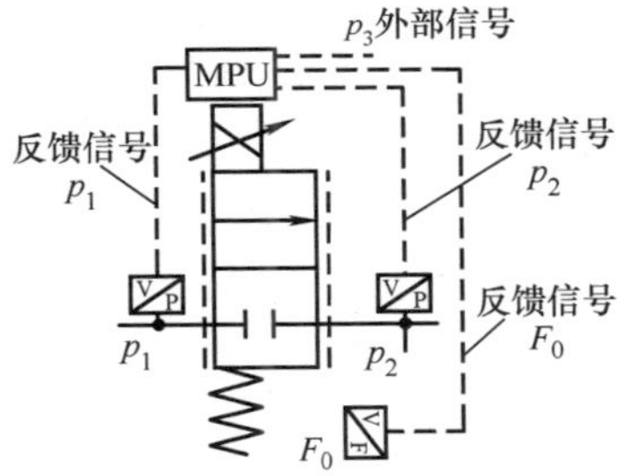

（续）

节流控制	$q(\tau)=C_dA(\tau)\sqrt{\frac{2}{\rho}(p_1-p_2)}$（$\tau$ 为占空比）				
阀功能要求	节流阀功能	单向节流阀功能	调速阀功能	溢流阀功能	平衡阀功能
输入信号	p_1，p_2	p_1，p_2	p_1，p_2	p_1，F_0	p_1，p_2，p_3，F_0
控制算法	占空比 τ 按输入给定变化	1）$p_1 \geqslant p_2$：占空比 τ 按输入给定变化 2）$p_1 \leqslant p_2$：τ 最大	τ 根据 p_1、p_2 值保持压差 $\Delta p=p_1-p_2=$定值	F_0 为设定压力（A 为定值） 1）$p_1 \leqslant F_0/A$：$\tau=0$ 2）$p_1 > F_0/A$：τ 最大	F_0 为设定压力（A 为定值） 1）$p_3<$给定值：τ 按 $p_3=$定值 2）$p_1 \leqslant F_0/A$：τ 最大 3）$p_1 \leqslant p_2$：τ 最大
输出流量 $q(\tau)$ 结果	$q(\tau)$ 按 τ 变化产生流量输出	1）$p_1 \geqslant p_2$：$q(\tau)$按 τ 变化产生流量输出 =0 2）$p_1 \leqslant p_2$：$q(\tau)=q_{max}$	$q(\tau)$ =恒定	1）$p_1 \leqslant F_0/A$：$q(\tau)=0$ 2）$p_1 > F_0A$：$q(\tau)\geqslant 0$	1）$q(\tau)$ 按 p_3 定值产生流量输出 2）$p_1 \leqslant F_0/A$：q_{max} 直至 p_3 定值 3）$p_1 \leqslant p_2$：$q(\tau)=q_{max}$
功能效果	节流阀	单向节流阀	调速阀	溢流阀或顺序阀	平衡阀
传统液压元件功能符号	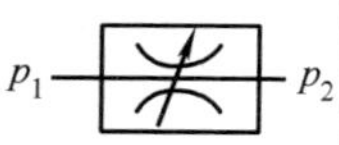	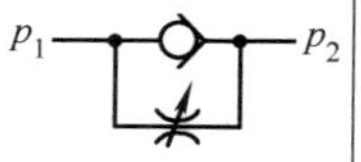	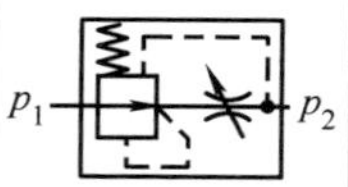	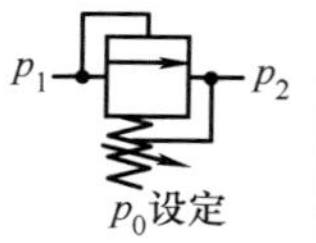	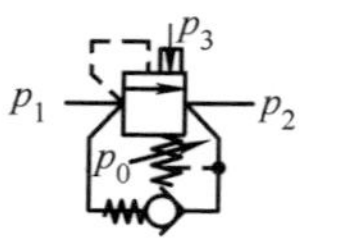
液压智能通用元件符号	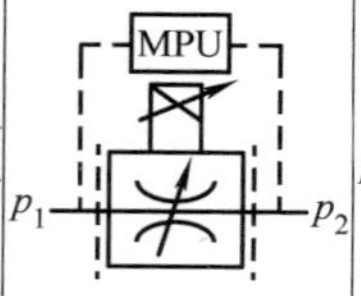	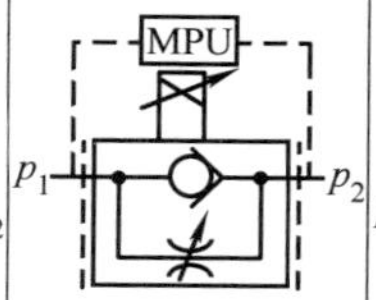	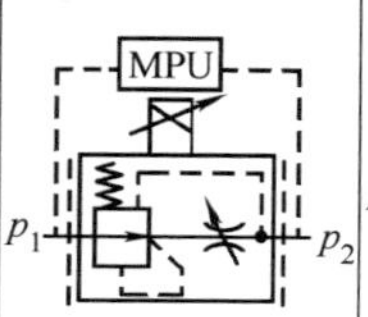	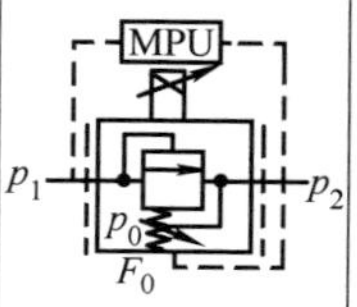	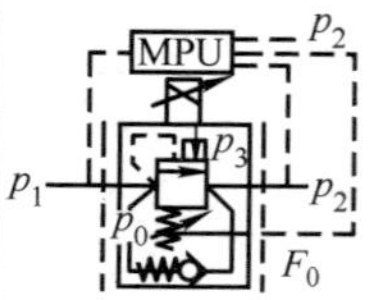

从表 18-8 的算法可以知晓，液压智能通用元件原理上就是一种液压节流元件，采用计算机芯片的数字控制，根据传感器采集的数据，采用各种算法可以实现液压传统所要求的几乎所有功能，将会给液压元件更新换代带来根本性的变化。

3. 液压智能元件的工作原理

图 18-21a 比较完整地表达了液压智能元件的组成。智能元件与传统普通元件最大的不同在于硬件上具有传感器与微处理器，传感器让元件具有“知觉”，微处理器让元件具有“大脑”，所以智能液压元件的功能通过微处理器由软件算法保证

（表 18-8）。传统液压元件的功能只是由结构原理保证。

图 18-21b、c 所示为液压智能通用元件的功能符号表达，数字液压的执行部分可以是数字元件也可以是模拟元件，因此均有相应表达符号。

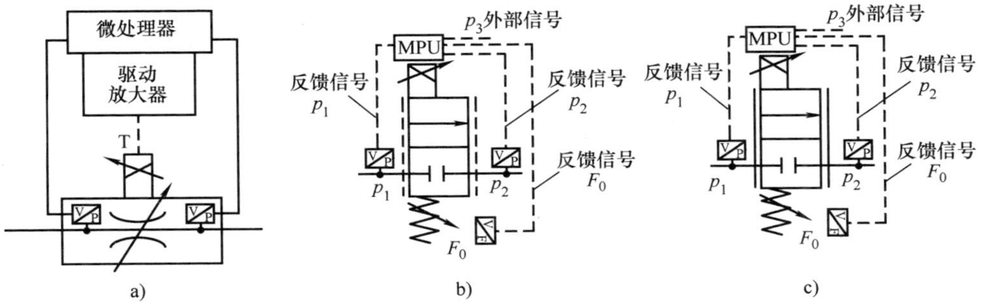

图 18-21　液压智能通用元件结构示意与功能符号

a）液压智能通用元件结构示意　b）智能数字通用功能阀功能符号　c）智能模拟通用功能阀符号

液压智能通用元件由六个组成部分：执行部分（即液压元件本身的阀芯等）、电驱动放大部分（即将微型计算机控制信号放大成为电液转换元件的驱动力）、微型计算机 MPU 运算控制部分、控制算法软件部分、算法结果的通信部分、传感器感知部分。液压阀芯就是液压节流阀阀芯，它的节流作用完全在算法结果的控制下，因此有什么算法就有什么液压参数控制的结果。我们知道节流公式是式（18-27），其中 q 是流量，C_d 是流量常数，p_1-p_2 是阀的压差，一切的液压节流控制就是控制 $f(\tau)$ 这个参数而已。因此液压智能通用元件之所以称之为通用，是因为将所需要控制的参数通过传感器感知后，根据算法给出需要的占空比 τ，产生合乎控制要求的 $f(\tau)$。如果被感知的参数是压力，就会产生控制压力的效果；如果被感知的是压差，就会产生控制流量的效果。如果需要逻辑控制，就可以给出占空比 τ 最大的信号，因此这个数字节流阀就成了通用阀。

总而言之，根据软件的算法与设置，智能节流元件采集什么性能参数，在工作状态下，就会产生合乎控制要求的占空比 τ，从而产生相应的流量 $q(\tau)$，于是实现了对于该性能参数的实时控制。

4. 液压智能元件的作用之一是今后液压数字孪生的载体

可以看到，液压元件的智能化会产生简化元件硬件结构，使功能软件化，从而使液压元件生产的品种大大简化，在原理上它们可以是一种元件形成。这个优势对于市场会有很大的吸引力。这也正是液压智能元件的突出优点之一。

液压智能元件今后将是智能主机/装置的一个重要智能单元。目前的液压智能主机/装置的功能在没有液压智能元件的情况下也可以很大程度上实施或者实现智能化，但是没有液压智能元件的系统不是完整的智能主机/装置，更不是完善的智能主机/装置。

液压智能元件除了可以对智能主机/装置的完善作用外，对于液压元件本身也有其作用，这个作用表现在：

1）液压智能元件可以帮助智能系统在不增加系统传感器等复杂性的条件下对液压系统的性能进行调整与预测。

2）液压元件可以完全改变其本身传统的工作原理，以更简单的结构及更简单的方式达到同等的性能，使液压元件的性价比得到提高。

3）液压元件本身的监控比针对系统整体的监控更易到位；与此同时，可以实现液压元件的“全生命周期服务”的能力。因此液压智能元件将是液压数字孪生技术的载体。

4）液压智能元件首先是智能液压阀，还可以与液压泵、液压马达、液压缸等结合形成相应的液压智能元件。

5）液压元件与计算机芯片充分结合带来的优点是元件性能可以通过芯片中的编程适应不同应用场合，可靠性更高；软件可以实现硬件做不到的功能，如比例阀的死区调节更灵活等，对于抗干扰与抗污染都更有利。还有一个明显的优点就是电液智联一体集成化元件实现了小型化，数字线路功能强大体积超小，使控制与驱动放大同液压元件本身可以融合一体。

由于无人化的需求，如无人驾驶、无人工厂、机器人等的应用发展，液压智能元件将会在克服老产品批量优势、新技术使用接受因素、市场取代条件、人才培训程度等一系列生态的基础上，在不久的将来会拥有极大的市场空间。这个不仅是由于整个时代的技术发展趋势所决定的，还因为液压智能元件比之传统模拟元件体积更小、更容易集成化、性能更不易受污染与干扰影响，以及性价比更高。

18.5.2 面向液压系统原理图建模理论可以作为液压数字孪生工业软件的研发基础

1. 面向液压系统原理图建模的数学模型的运算可逆性是液压数字孪生途径

面向液压系统原理图建模的数学模型的运算赋予故障辨识一种新的切入点。那就是代数-微分方程的可逆运算。

在液压系统的状态检测与故障诊断技术里一般采用两种方法。

第一种方法是在故障维修中最常见的就是经验法，这是目前绝大多数工业现场采用的方法，完全依据经验及有限的外部仪表仪器所提供的数据。这种方法也是工程技术领域特别是绝大多数现场采用的办法。这个方法往往通过试错，比较费时且更多依靠经验。在这个基础上发展了故障树等排除法，现在发展利用新的液压现场用的测试仪器仪表，通过获得系统运行的静态动态数据帮助分析。这些在本手册中均有阐述。

另一种方法是“故障预测和健康管理技术（Prognostic and Health Management，PHM）”，是近十几年为提高复杂装备维修保障性、降低寿命周期费用和实现试情维修应运而生的技术。该技术已经不仅局限于系统的故障诊断，更着重于故障预测和维修策略支持，以提高系统的可靠性、维修性和综合保障性。PHM 通过检测系统的状态来预测系统及其零部件剩余寿命，利用多传感器信息融合技术诊断系统故障，并利用资源与需求对维修活动做出管理与决策。因此面向液压系统原理图建模的数学模型给出了这个方法的可行性。PHM 至今为止据知所用的理论基础都是基于从系统及其零部件的外部状态来判断内部故障，几乎都是采用振动信号、污染磨损监测、压力脉动参数等，然后采用神经网络方法、小波方法、鲁棒智能检测与诊断方法实现对液压系统、液压泵、液压舵机或其他液压装置的故障诊断。这些方法涉及的概率理论比较深奥、诊断过程的数据来源费时费钱、效果往往事倍功半，其结果也很难被一般工程技术人员与现场工程人员理解与采用，虽然这种方法在世界上长期被研究，但仍然与工程应用有距离，特别是价值不高的液压系统与其距离更大。实际上，以上的所有难点归结为：这些方法都是在“黑箱模型”的基础上进行，也就是利用系统的外部性能参数来判断系统的内部运行状态，难免“隔靴搔痒”，事必加倍，功难得半。

面向液压系统原理图建模方法所建立的数字模型的代数 - 微分方程，给了故障预测及健康管理一条新的途径，即提出了“灰箱”求解的方法。这个方法理论简单，实施现实，当然还需要解决解方程算法与数据采集等进一步发展的具体问题。

从状态空间逆运算看故障智能辨识的“灰箱”理论。从面向液压系统原理图建模的数学模型可以看到，液压系统在设计出来后就可以进行仿真，因此所有的性能参数、结构参数都是已知的，液压系统就是一个“白箱”，它的内部是透明的，特别是液压系统都经过试验出厂，因此该系统所有的参数、系数是可以获得的。这时描述液压系统所用的状态空间方程［式（18-19）］就是“白箱”。因此液压系统在实际使用之中，系统逐渐产生各种问题或者故障，就可以看成是状态方程中系数或者参数的“退化”。状态检测就是检测这些系数的退化过程，并且确定“阈值”作为故障的决策点。如果以液压系统的“白箱”状态方程为基础，在使用液压系统时，利用状态变量的可测性来求解液压系统系数或参数的退化过程，就是此液压系统的状态检测与故障诊断的过程。但是由于系统的状态变量往往大于系统所检测的系数的数量，因此这种对于状态方程的逆运算会有方程的静不定问题。

尽管数学模型具有静不定问题，但是从物理角度看并没有不确定性，因此可以从数学角度采用一些有效办法（如能量法等），还需要寻求数目足够的补充方程，这些补充方程可根据具体结构与状态来设立。或者作为液压系统可以是压缩求解的系数数量、采用逐次辨识或者根据实际经验采用人工智能的办法，所有的办法因为有了“白箱”状态空间模型，因此所有的逆运算都得到极大的简化与具有原始的判断标准。这种方法可以认为是“基于液压系统原理图状态空间模型基础上的灰箱简易辨识方法”，如图 18-22 所示。特别是采用“隐形状态方程”后，使原来难解的方程简化，而且程序也短小简单，打开了智能故障诊断的新切入点，故有简易之称。

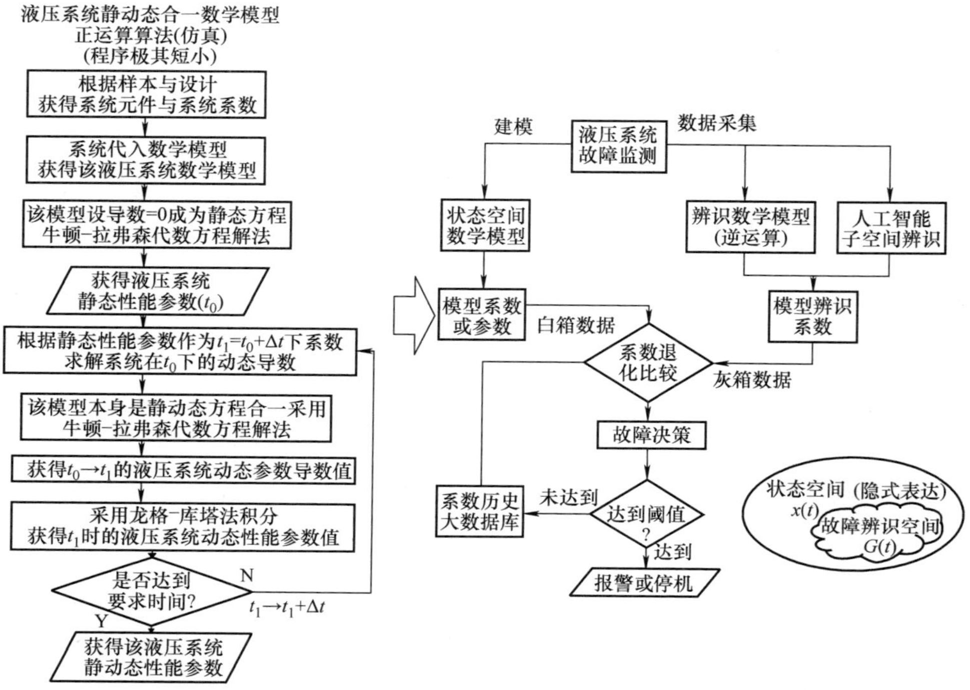

图 18-22　面向液压系统原理图数学模型逆向求解及状态空间灰箱辨识方法

2. 面向液压系统原理图数学模型的辨识方程与解法

现在以式（18-28）的液压调速系统数学模型为例（各参数含义参考表18-3）。这个数学模型已经用来进行仿真。

$$\begin{cases} q_0 - G_1\sqrt{p_1 - p_7} - \dfrac{V_1}{\beta_e}\dot{p}_1 - G_2\sqrt{p_1 - p_r} - G_3\sqrt{p_1 - p_2} = 0 \\ G_3\sqrt{p_1 - p_2} - G_4\sqrt{p_2 - p_3} - \dfrac{V_2}{\beta_e}\dot{p}_2 = 0 \\ G_3\sqrt{p_2 - p_3} - Av - \dfrac{V_3 - xA_1}{\beta_e}\dot{p}_3 = 0 \\ A_2 v - \dfrac{V_4 - xA_2}{\beta_e}\dot{p}_4 - G_4\sqrt{p_4 - p_6} = 0 \\ p_3A_1 - p_4A_2 - M\dot{v} - Bv - F = 0 \\ v - \dot{x} = 0 \end{cases} \tag{18-28}$$

如果式（18-28）中将其中的状态变量 p_1、p_2…作为已知量，而将原方程中的系数 G1、G2…作为状态变量（辨识状态变量），这就是将仿真的正运算过程反了过来，这实际是这个原始方程的逆运算。这就是一个辨识状态方程，是原方程的逆运算过程，也就是辨识过程，这个辨识过程就是数字孪生形成闭环的过程。这个模型方程的正反运算的状态变量见表 18-10。

表 18-10　仿真正运算与辨识逆运算的状态变量的置换

方程运算	仿真正运算			辨识逆运算		
状态变量	系数	自变量	状态变量	检测量	自变量	辨识状态变量
参数	G、β_e、v	F	p、v 等	p、v 等	F	G、β_e、V
状态	已知	变化量	求解	已知	变化	求解
系统状态	白箱			黑箱		
效果	用辨识状态变量结果与仿真原始系数进行对比，确定系统运行的健康预测，是一个灰箱的状态（一半已知，用已知与求解的未知比较）。					

这个解法的过程可以从图 18-22 中获得。由此可以得到以下进一步的结论：

1）根据系统的模型，正运算是仿真，逆运算是辨识，二者合成就是数字孪生的过程。

2）对正运算而言，方程是 6 个，状态变量也是 6 个，由此有明确的仿真结果。但是对于辨识，以此实例为例则辨识量大于 13 个，存在静不定或方程组多解的问题，需要采取新的运算规则解决。

3）在辨识过程中，检测量通过传感器采集后，经过逆运算求解原方程系数。

4）通过逆运算求解结果与仿真的情况进行对比，可以得出系统系数退化或变化的结果，结合智能与专家经验产生决策。一般而言，辨识采用三种办法，即专家知识、大数据、数学模型，应该结合这些方法综合对比并做出决策。

5）所有数据由现场与生产方通过云来进行数据采集与交换。

18.6　HyPneu 液压气动仿真软件介绍与液压健康管理软件系统

HyPneu 软件是美国 BarDyne 公司开发的一款结合液压气动为一体的流体动力与运动控制的集成设计、仿真分析和使用保障的全局虚拟仿真平台，并且具有液压健康管理软件系统（ISHM）。随着数字孪生技术的推出与发展，此软件将在原有基础上向液压数字孪生技术方面扩展。在此阐述液压健康管理软件系统的概念与有关功能，并展示有关案例，以期可以在此基础上将液气全局虚拟仿真平台发展为液压数字孪生工业软件平台（见图 18-23）。

在液压气动产品的全生命周期中，HyPneu 软件提供从开发、研制、生产、到健康管理必需的一系列完整和高效的虚拟平台：仿真分析平台（虚拟试验室）、集

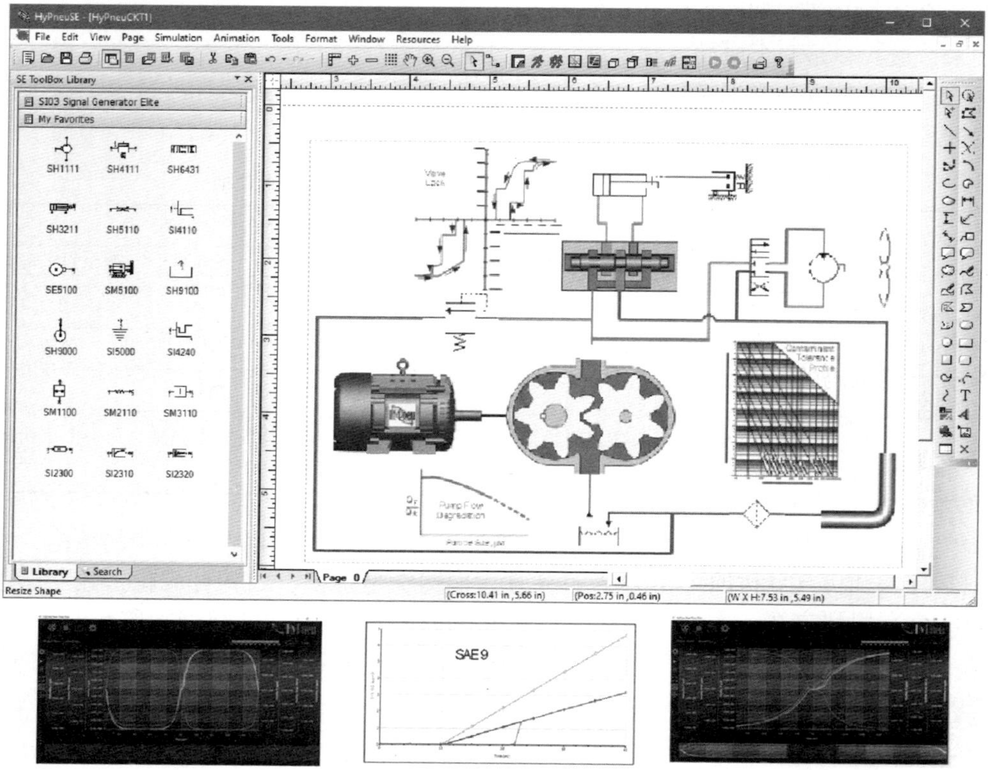

图 18-23　液压数字孪生工业软件平台

成设计平台（虚拟样机）和实践保障平台（虚拟健康管理系统）。平台面向原理图绘制，从丰富的元件图标库调用图标，快速建立仿真模型和赋予元件数据。仿真分析平台包含了前、后处理，仿真计算与动画演示功能，为工程设计人员提供分析和解决液压、气动领域问题的 CAE 手段，并对工程验证、改型设计、新产品研发提供辅助支持，还可作为液压、气动、机械、电控、热传、污染控制、可靠性保障等一体化的系统分析和优化设计的工具。同时，HyPneu 也配备元件数据管理器，提供元件参数数据的调用、编辑和存储的服务，并可由其建立大数据库，和人工智慧模块无缝协作，实现虚拟健康管理系统。集成设计平台是针对物理实体的使用要求，通过物理原理和专家系统，编程打造出满足实践要求的虚拟样机的 STEP 档，方便生成 3D 实体模型、2D 工程图，以及做 FEA 或 CFD 分析时所需的几何结构数据。

18.6.1　HyPneu 液压气动仿真软件的形成

BarDyne 公司的前身是在国际上久负盛名的美国俄克拉荷马州立大学流体动力研究中心（FPRC/OSU）。BarDyne 公司一直致力于为世界各国的液压和气动科研单位和制造业提供世界级权威解决方案，在编制和发布的近 400 项试验标准中，数十项成为国际标准，如液压过滤器性能指标过滤比 β_x。BarDyne 公司拥有资深的液压气动专家、权威的技术专著系列、独立的工程测试实验室等优势资源，于 1993 年推出了经工程实际验证的 HyPneu 软件，为液压气动工程人员提供一套建立虚拟试验室和打造虚拟样机的高效工具。

基于 FPRC/OSU 的独特属性，从初创时的 20 世纪 50 年代中期，即建立虚拟实验室和打造虚拟样机，列为重点科研工作之一。在模拟计算机上编程实现了电子仿真的技术，开启了打造液压虚拟样机的先河。但是模拟计算机要求考虑变量的大小和时间尺度，需要诸如平方根函数之类的专用硬件，布线复杂元件故障频繁，仿真结果准确性差，实物数据“孪生”效应差距甚远。当时英国人 Selfridge 推出了数字计算机编码的方法，消除了模拟计算机尺度缩放的困境，加上存储数值范围非常大（例如，对于 64 位处理器，范围可从 10 - 308 到 10 + 308），记录与检索时间极短，编程语言和界面友善，方法便捷，为此建立数字计算机虚拟实验室和打造虚拟样机。并于 20 世纪 60 年代中期，完成“液压气动元部件数学建模和系统数字仿真指引手册”，为从事计算机辅助设计（CAD）的流体动力控制人员提供一套标准的数学建模和仿真分析的规范。在 20 世纪 70 年代初，FPRC/OSU 提出如图 18-24 所示的全局科研方案。无论是打造实物或建立虚拟样机，除了经典的功能和性能考量外，必须考虑影响产品全寿命周期的关键因素，如可靠性、使用寿命、可维护性、质量、安全性和物流。

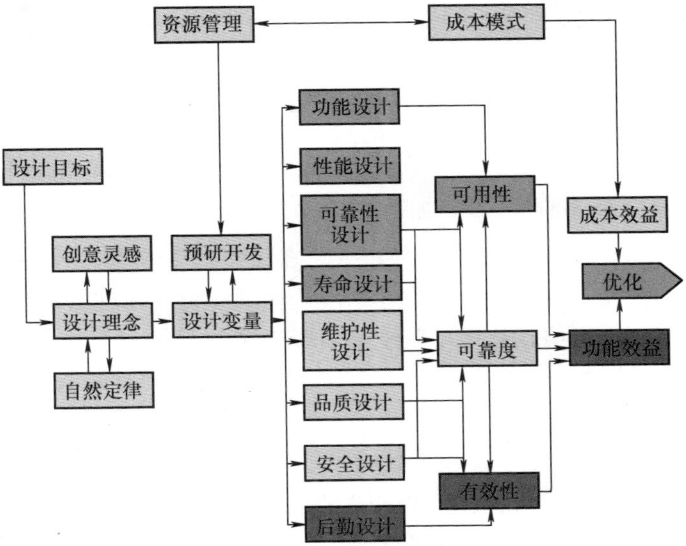

图 18-24　实现产品全生命周期优化目标的样机集成设计方法

根据图 18-24 所示的全局方案，FPRC/OSU 经长期研究与努力，取得上述丰硕成果，1990 年初，BarDyne 公司的技术团队，秉承 FPRC/OSU 的“理论 + 认知”精神，进一步将图 18-24 所示的全局方案整合成企业产品研发通常依据的产品开发生命周期流程的V模型，如图18-25所示。这样，虚拟模型的建立步骤就紧贴物理实物开发的流程。因而可以达到虚拟与物理实体之间几近完美的映射孪生关系。

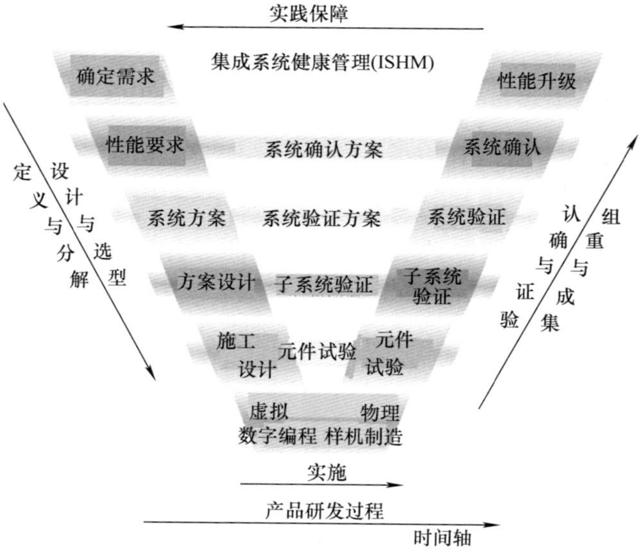

图18-25　产品开发生命周期流程的V模型

根据产品开发生命周期流程的V模型（见图18-25），建立了实体的数据采集和分析系统，或编制虚拟的健康管理系统。整个流程从“定义和分解”“设计与选型”流程走向“虚拟数字编码和物理样机制造”；通过执行“集成与重组”，实施“验证与确认”。这时带有使用者对产品质量状态的反馈，将为在下一个开发周期中改进产品的“实践保障”提供重要信息，这就使用数据采集和管理技术基础上的集成系统健康管理（Integrated System Health Management，ISHM）。显然，V模型左侧侧重于“设计与选型”，是做物理实体样机或数字虚拟样机。通过对成品进行“验证与确认”，以确认产品交付给用户后，在设定的工作范围和使用寿命内能够满足规定要求的性能。换言之，是建立物理实体试验设备和进行试验验证，或建立数位虚拟试验室和进行仿真分析。V模型顶端所做的工作在于“实践保障”，以收集和监控实践的健康状态。

18.6.2　集成系统健康管理（ISHM）V形孪生建模流程

为满足V形孪生建模流程，HyPneu软件提供三组平台，分别是仿真分析平台对应右侧的虚拟试验室、集成设计平台对应左侧的虚拟样机、实践保障平台对应顶端的虚拟健康管理系统。

1. 仿真分析平台

HyPneu仿真分析平台，就是泛称的HyPneu软件（见图18-26）。该平台包含了前、后处理，仿真计算与动画演示功能，为工程设计人员提供分析和解决液压、气动领域问题的 CAE 手段，并对工程验证、改型设计、新产品研发提供辅助支持，还可作为液压、气动、机械、电控、热传、污染控制一体化的系统设计和分析的虚拟仿真平台，实现多学科多领域的联合仿真。基本上，HyPneu 提供五大仿真工具模块组（见图 18-25），包括原理图编辑器（SE）、图标设计器（SD）、仿真执行管理器（SM）、过程动画器（PA）和仿真档浏览器（VR）。此外也配备元件数据管理器（CM），提供元件参数数据的调用、编辑和存储的服务。这些模块组可以无缝协作，让设计者顺着原理图编辑、元件图标创建、功能分析、性能评估、元件选型、系统集成、可靠性设计、故障诊断、过程动画和设计优化的流程，在虚拟实验室的环境下达成设计目标。

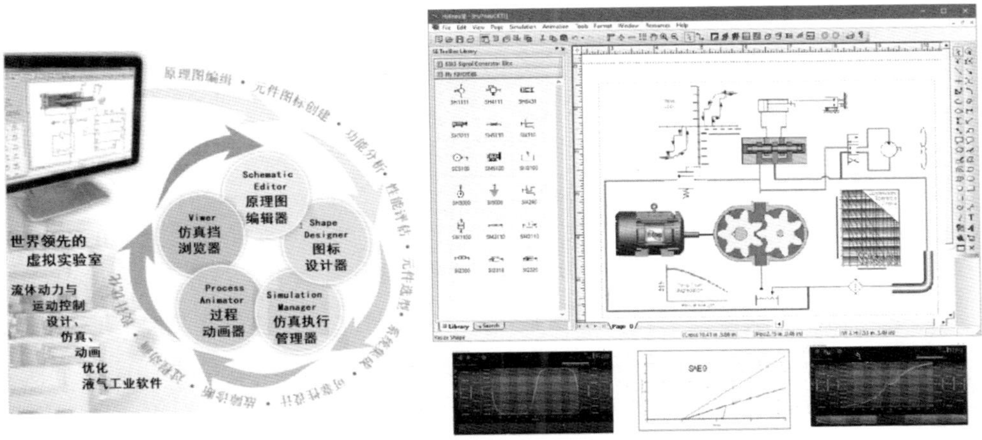

a)　　　　b)

图 18-26　HyPneu 软件仿真分析流程

a）HyPneu 软件的理念与组成　b）HyPneu 软件的界面与功能

HyPneu 仿真分析软件独具特色的可靠性保障设计功能，针对液压元件和系统在虚拟环境下做可靠性实时分析，预测系统可靠性和使用寿命。更为重要的是，HyPneu 仿真分析软件是目前同类软件中唯一可做污染控制仿真的软件，对油液颗粒污染引起的液压元件性能衰减进行分析，得到油液污染状况下元件或系统的污染寿命，还可做颗粒分布动态分析，以及预测元件与系统在给定污染度下的性能衰减状况等。

2. 集成设计平台

HyPneu 的集成设计软件，或称 HyPneu INTEG 系列设计软件，是针对物理实体的使用要求，通过物理原理和专家系统，编程打造出满足实践要求的虚拟样机。过程是利用提出的功能要求（流量）来确定元件的几何形状和尺寸，然后，使用结构要求（压力）确定材料尺寸和设置载荷约束，以及使用操作要求（温度、速度等）来建立工作摩擦润滑特性。同时，软件也考虑了污染影响和使用寿命预测的可靠性，以实现产品的设计完整性。设计完成后，软件将基于整体几何设计的参数数据，用于生成符合ISO 10303－21标准格式的STEP文件。第三方CAD/CAE程序可以进一步使用STEP来生成3D实体模型、2D工程图、FEA、CFD等。利用集成设计打造虚拟样机的流程，如图18-27所示。

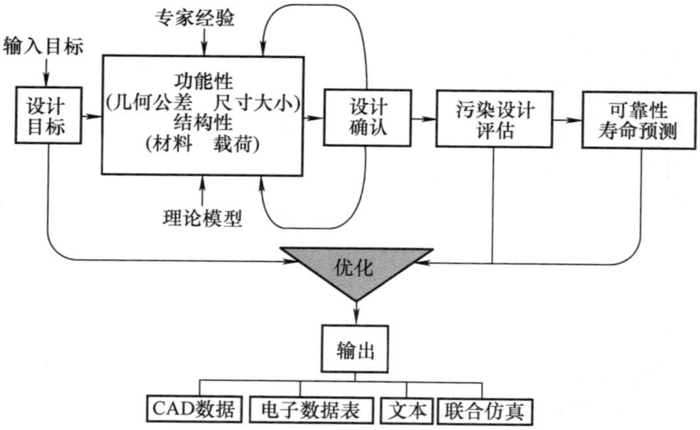

图18-27　HyPneu软件集成设计流程

3. 实践保障平台

HyPneu的实践保障软件，就是HyPneu ISHM系列软件，是针对实体产品质量状态的反馈，建构信息采集和分析虚拟环境，为下一个开发周期中改进产品的“实践保障”提供重要建议。通常实践保障虚拟机，是利用ISHM技术对液压系统健康状态监控和使用寿命预测的流程来实现。实践保障平台是在HyPneu仿真分析上，再配合专门为健康管理仿真提供的结构化机理模型（Structural Models），进行虚拟实境仿真（Virtual Reality Simulation），以获取健康管理所需的五大关键指标：功能指标、性能指标、状态指标、健康指标和严酷指标，如图18-28所示。

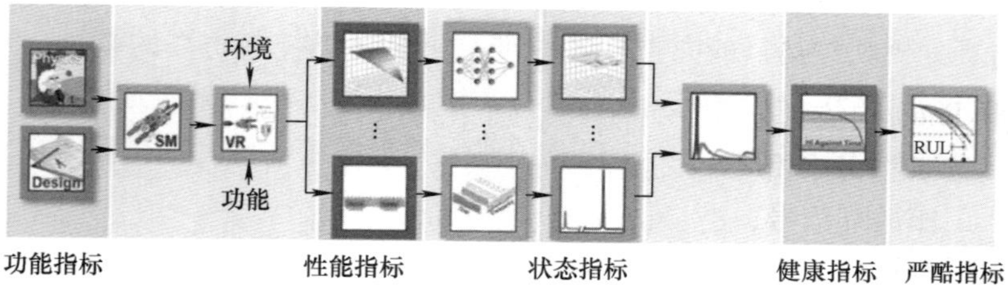

图18-28　构成实践保障平台的模块群和虚拟实境仿真功能框图

利用实践保障平台的仿真分析，可确定研究虚体的健康参考状态和健康指标。其结果可进一步用于建立大量的状态因子和健康指标模型及数据库，以供发展高效的智能判据和预测系统，保障实体在实践过程的可靠性。

18.7　HyPneu 软件在数字孪生仿真领域的实践

18.7.1　塑料注射成型机液压控制系统

本节演示由实体塑料注射成型机孪生成虚拟样机和试验系统的过程。塑料注射成型机要获得质量稳定的塑料产品，根据设计要求的形状、尺寸、壁厚和材料性质，在成形过程需要控制一系列工作变量，诸如压力、温度和时间等。液压系统为塑料注射成型机提供了动力和过程控制，常用液压插装阀控制系统包括模具夹紧装置控制，其工作过程包含六个步骤：关闭模具、加压且保持压力、释放压力、第一阶段开模、第二阶段差压开模、成形流程完成。模具夹紧单元为一复式子母缸，包含三个主要部件：先导液压缸、主液压缸和执行液压缸，如图 18-29a 所示。这些液压缸的驱动及其功能取决于相互之间的运动。整个过程由图 18-29b 所示的 S1 ~ S5 五个信号，根据所示的工作循环时间曲线，控制这五个信号的发生顺序。S2 ~ S4 信号控制插装阀先导压力阀。S1 和 S5 信号控制先导液压缸和执行缸。

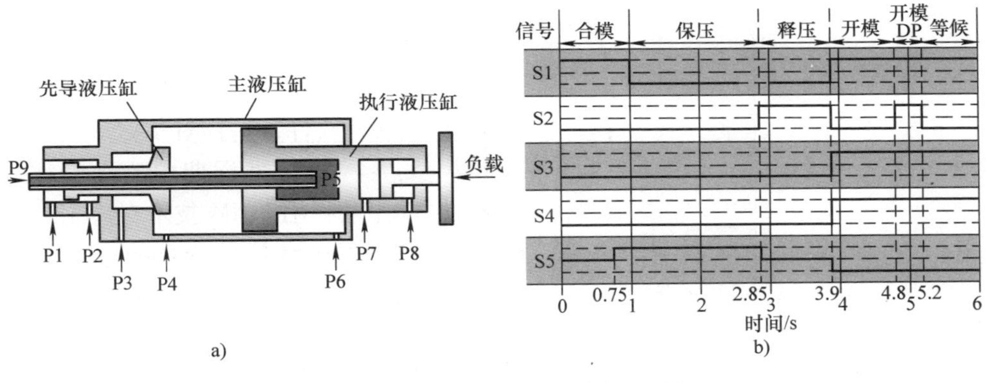

图 18-29　模具夹紧单元与工作循环时间图

a）模具夹紧单元　b）工作循环时间图

利用 HyPneu 的仿真分析平台，建立虚拟样机。首先，根据上述实体的结构和控制逻辑，选取和实体相应的液压元件图标，建立如图 18-30 所示的仿真原理图。然后，注入工作循环信号，进行仿真。

图 18-31 所示为 HyPneu 仿真结果曲线和实际工作曲线在相同时间控制信号下的对比。显然可见，HyPneu 建立的虚拟样机和实体塑料注射成型机具有高度的孪生性。基于此，可以利用此虚拟样机去协助设计师决定插装阀尺寸，获得比较理想的设计结果，或避免装备失效。图 18-32 所示为不合理的插装阀尺寸将导致压力峰值和压力波动，进而造成产品质量低下。

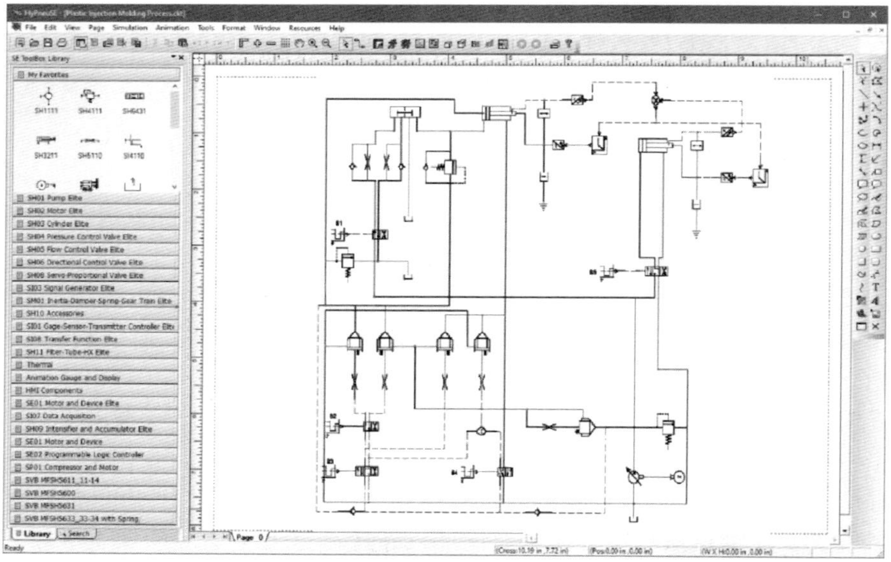

图 18-30　塑料注射成型机 HyPneu 虚拟样机仿真原理图

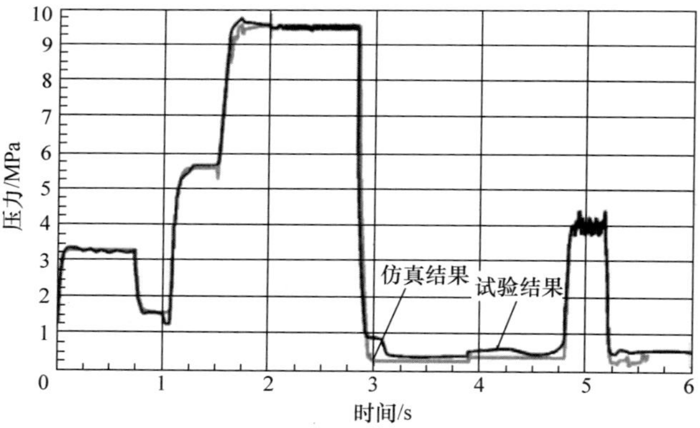

图 18-31　HyPneu 虚拟样机仿真结果和实体实际试验数据对比

18.7.2　转子泵集成设计样机

本节演示由集成设计虚拟样机孪生成实体转子泵的过程。转子泵（也称为摆线泵）与渐开线外啮合齿轮泵相比，具有结构紧凑、零件少、噪声低、流量脉动小、自吸性能好、适用于高速等优点。但是，它的缺点是设计和制造难度大。图 18-33所示为典型的转子泵扩展视图，其中包括内转子 1、外转子 2、偏心环 3、轴承 4、O 形圈 5、外壳端口 6、轴 7 和螺栓 8。

转子泵的设计计算和分析复杂，大量的设计参数相互关联、相互干扰，使手工设计或使用通用分析软件难以胜任转子泵的设计任务。为此开发的 HyPneu Pump-Integ Gerotor 专业设计软件工具，实现了虚拟转子泵的集成设计过程。该工具由基于

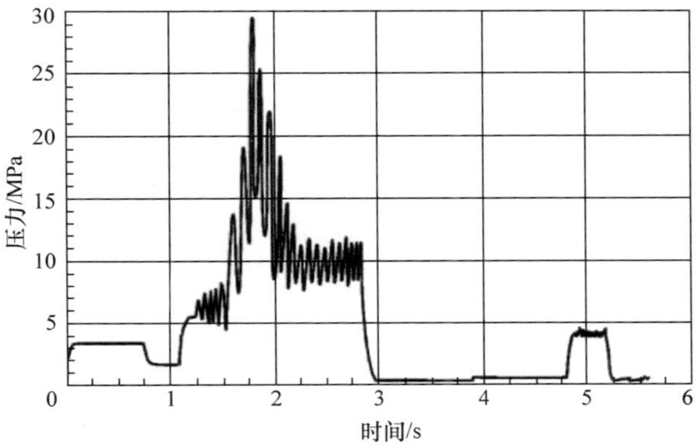

图 18-32　不合理的阀设计导致压力峰值

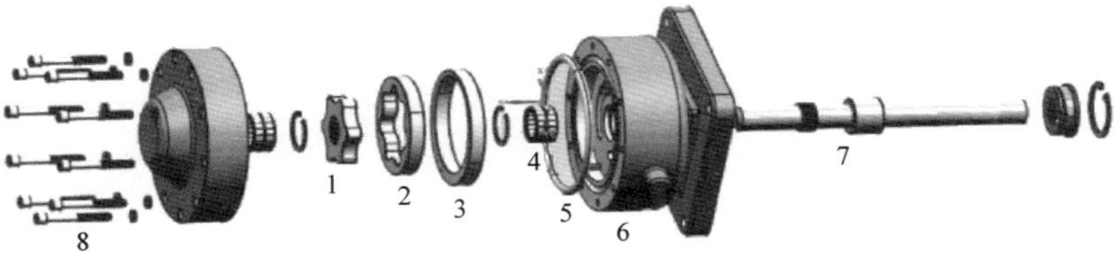

图 18-33　转子泵扩展视图

1—内转子　2—外转子　3—偏心环　4—轴承　5—O 形圈　6—外壳端口　7—轴　8—螺栓

集成设计原则和流程的三个主要部分组成，即初步设计、核心设计和后期设计。图 18-34所示为转子泵集成设计过程。

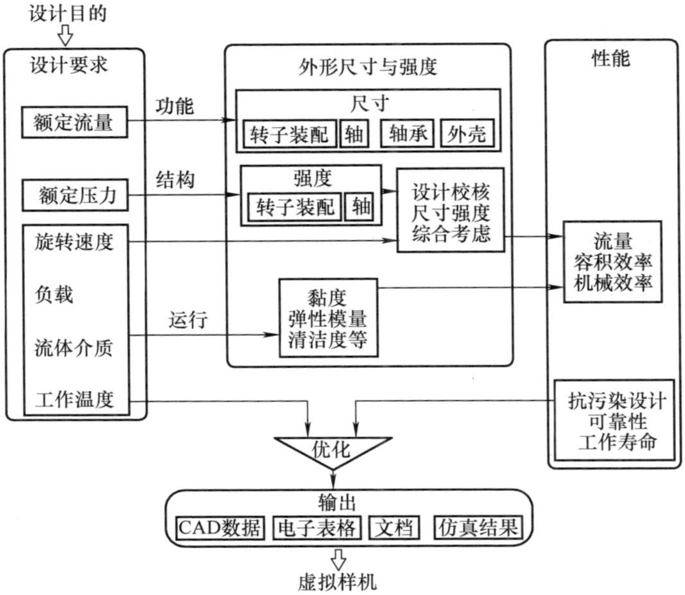

图 18-34　转子泵集成设计过程

现以燃油转子泵作为设计目标，要求6000r/min下达到不低于96L/min的理想流量，工作压力为2MPa时，容积效率大于90%、综合总效率大于85%、流量脉动比小于6%。为满足设计目标，HyPneuINTEG采用集成设计的三大步骤，即初步设计（Pre－Design）设定设计目标、核心设计（Core－Design）构建虚拟样机和后期设计（Post－Design）输出工程图，逐步进行，最终建造实体产品样机。

HyPneu PumpInteg Gerotor专业设计软件设计虚拟转子泵的集成过程如图18-35所示。

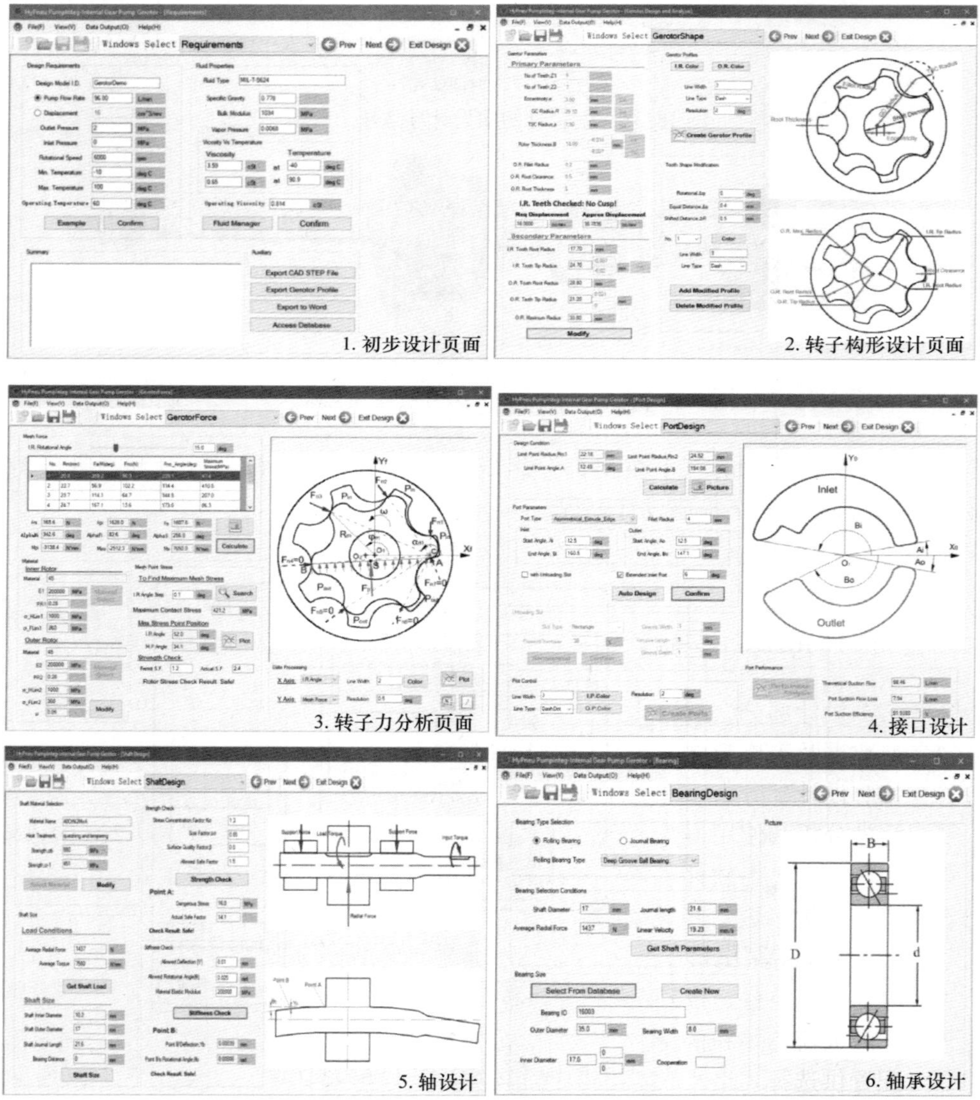

图18-35 HyPneu PumpInteg Gerotor专业设计软件设计虚拟转子泵的集成过程

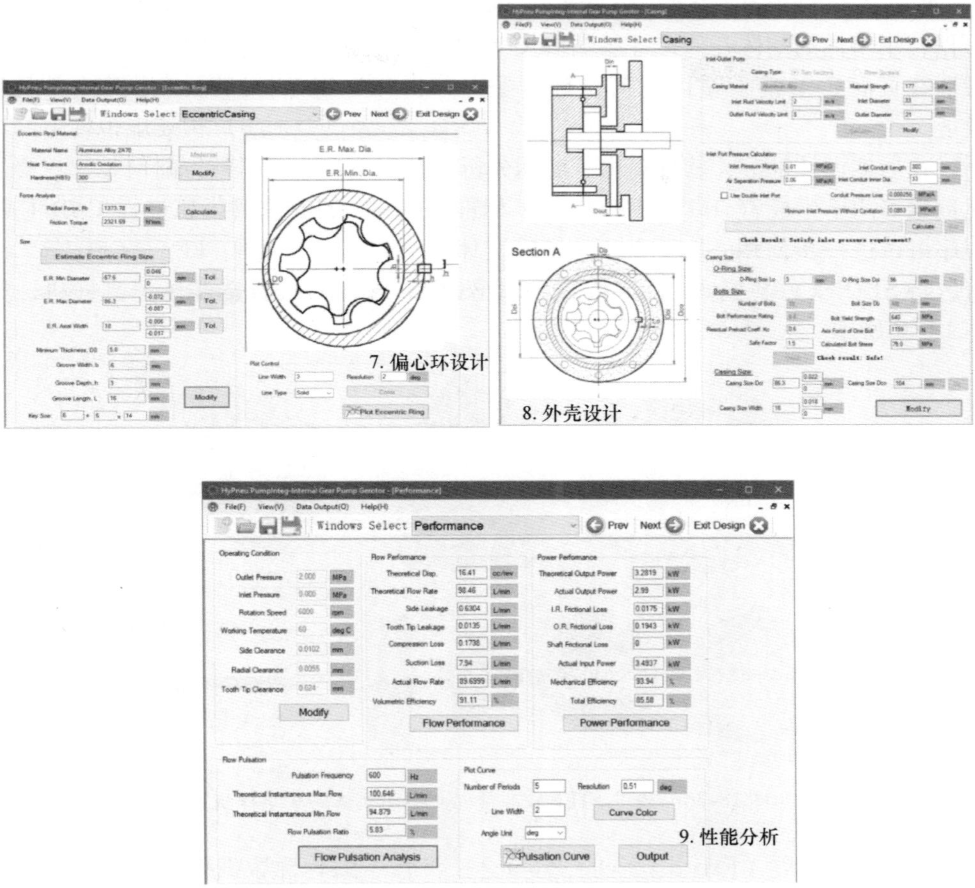

图 18-35　HyPneu PumpInteg Gerotor 专业设计软件设计虚拟转子泵的集成过程（续）

在初步设计部分，软件提供了一个“Requirement”页面来收集设计和操作要求的参数数据及工作流体属性，如图 18-35 中页面 1 所示。

在核心设计部分由功能、结构、操作和性能分析的几个子部分组成。它进一步扩展到污染分析和使用寿命预测。在页面 2 上软件根据设计要求页面上给出的额定泵流量和转速，经由软件后台专家系统推荐最佳内/外转子组合，推荐的齿数和主要参数确定最优参数，并继续计算其他相关几何参数，完成转子的几何设计。在页面 3 上，根据额定泵出口压力和转子的最佳几何形状计算转子上的啮合力。它还交叉检查应力强度条件，以确保转子的设计满足额定运行要求。在页面 4 上，根据形成最小和最大流体体积的网格点坐标，分别确定出口和入口的尺寸。它还提供了三种端口配置供选择。此外，端口形状可以扩展并包括卸荷槽，以提高泵送效率和性能。在页面 5 上，根据几何形状和受力分析，推荐匹配转轴与相应轴承。在页面 6

上，根据估计的外转子摩擦力，推导出偏心环的最佳摩擦设计参数。在页面7上，根据转子组件的整体几何尺寸、端口尺寸和操作压力，可以确定外壳的设计参数。最后在页面8上基于整体几何设计、受力分析和运行条件，可以分析转子泵的性能。

在后期设计部分，软件提供了后期分析的输出选项。基于整体几何设计，参数化数据可用于生成符合ISO 10303－21标准格式的STEP文件。第三方CAD/CAE程序可以进一步使用STEP来生成3D实体模型、2D工程图、FEA、CFD等。接着，将STEP文件转成3D打印格式，输出到3D打印机，打造实体产品样机，如图18-36所示。

图18-36　通过STEP文件生成的3D实体转子泵样机

输出转子构形（Export Gerotor Profile），将转子的轮廓数据保存在Excel文档中以进行数据后分析。输出Word文档（Export to Word），将整个转子泵的总体设计数据保存在Word文档中以供报告。调用数据库（Access Database），将整个转子泵的总体设计数据保存在一个数据库中，可供以后的设计调用或由系统仿真程序进行协同仿真。

18.7.3　伺服阀污染卡滞仿真

本节演示由实体液压元件污染敏感度试验系统孪生虚拟污染敏感度试验系统的过程。FPRC/OSU研究表明，液压元部件和系统超过70%以上的失效，都是由工作油液中的污染物引起的。为了使液压系统所有元件都能够达到设计时的使用寿命，液压元件污染物浓度水平（颗粒、水或污染混合物等）不得超过既定的污染耐受度。因此，污染控制是保证液压系统完整性、可靠性和使用寿命的一个关键因素。工程实践中，液压元件的污染敏感度是通过在合乎国际标准的污染试验台上试验获取的，但污染试验通常是以加速试验方式进行，这使得直接对装备的实体做污染试验是不实际甚或不可能的。为克服这一困境，本节将使用由BarDyne公司开发的名为“HyPneu Contamination Control Simulator（HyPneu－CCS）”的专业污染控制仿真软件来演示建立虚拟污染试验系统的过程。该工具采用计算机编程方法对系统中存在污染时的运行情况进行可靠预测。HyPneu－CCS 能实现污染环境下的液压系统仿真，以时域动态仿真为基础，加入了油液的清洁度等级，元件对污染的敏感度、污染侵入率、油滤的性能指标等与污染相关参数即可进行污染仿真，得到污染工况下的元件或系统的性能变化，如泵的磨损、阀的卡滞、污染物侵入的影响、滤油器的过滤作用等结果，可预测寿命或得到解决污染问题的依据，对污染可能引起的故障做到防患于未然。通过这种方式，它能够将粒径分布和清洁度应用到液压系统，以便更准确地模拟液压系统在真实场景中的情况，从而提供液压系统和元件有价值的污染敏感度评估。这个过程如图 18-37 所示。

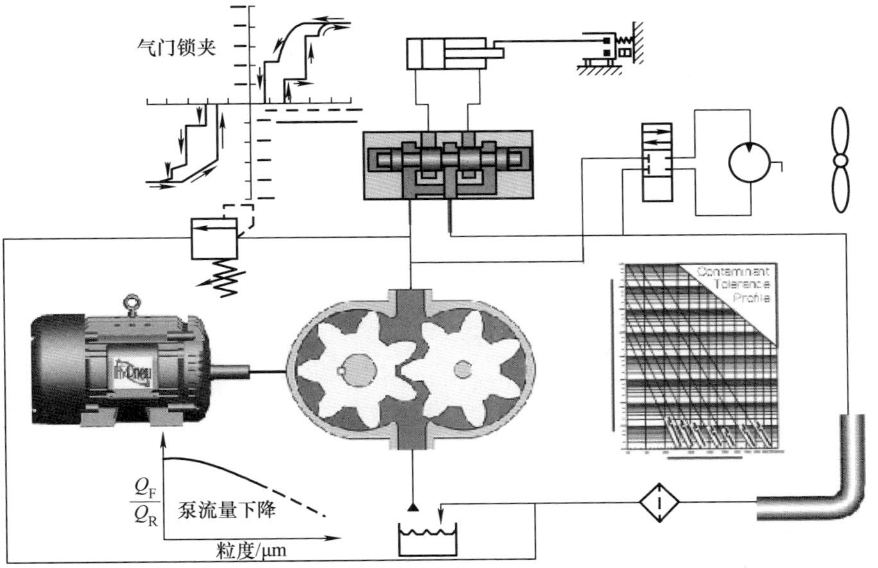

图 18-37　HyPneu－CCS 污染动态模拟过程

阀在油液污染环境中静置时，污染物逐渐淤积到阀的运动间隙中，增加了阀芯的阻力，产生了污染卡滞现象。用于测量的关键性能参数（CPP）就是阀的死区增加量或是打开阀所需的驱动力增加量。为分析油液污染对阀的影响，使用图 18-38 所示系统做污染控制仿真。该系统采用两个型号相同、对污染敏感程度不同的伺服阀进行对比分析。一个伺服阀对污染高敏感，另一个伺服阀对污染不敏感。

污染仿真结果如图 18-39 所示。仿真结果表明，在较为干净的油液中（SAE 5 级），两个阀差别不大。但是随着油液污染物浓度增加，SAE 等级降为 7 级和 9 级，两个阀的差别逐渐加大，对污染不敏感的阀没有多大影响，但对污染敏感的阀开启时有一个卡滞现象，需要控制信号增加到一定程度才会突然打开。如果阀的静置时

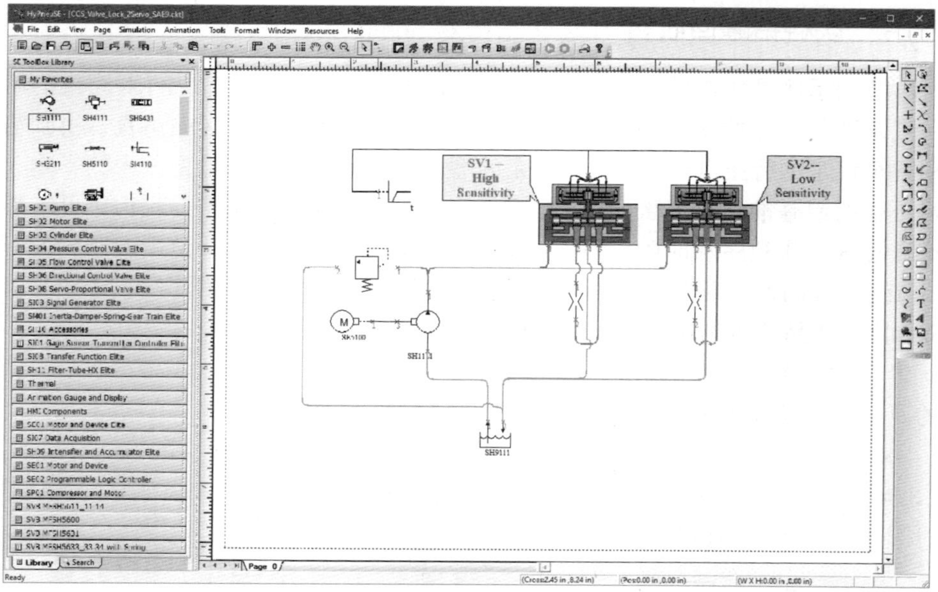

图 18-38　液压伺服阀污染卡滞仿真示例

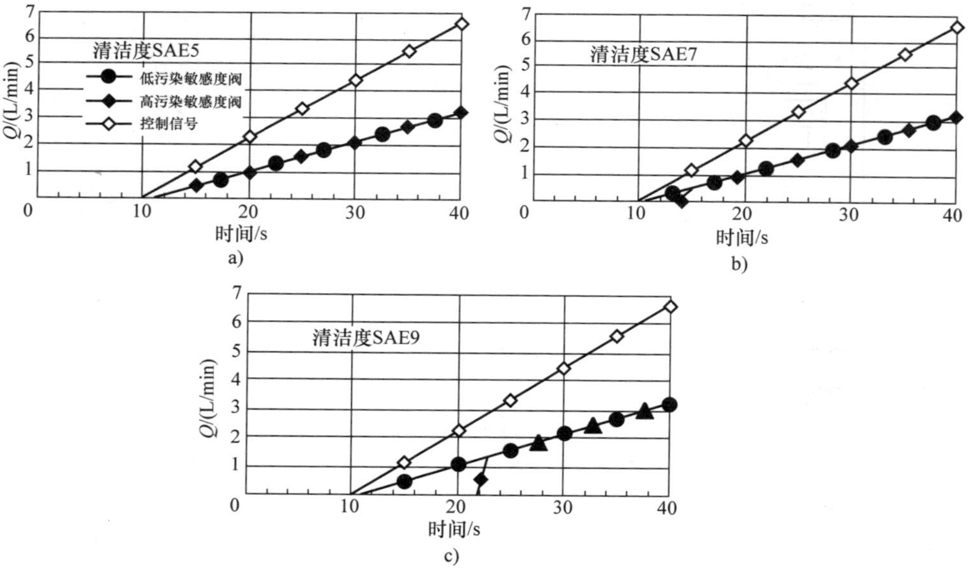

图 18-39　两个示例阀在 SAE 5、SAE 7、SAE 9 级下污染卡滞情况

a）清洁度高的油液　b）清洁度中等的油液　c）清洁度低的油液

间足够长，伺服阀甚至会出现完全无法打开的“卡死”现象。

18.7.4　饮料铝罐回收自动处理机由软件虚拟成实体

本节的示例是建造饮料铝罐回收自动处理机，利用设计概念衍生综合“机-电-气-液”一体的虚拟样机并孪生实体装备的过程。设备工作流程是由气缸推送铝罐至设定的待压点→气缸回车→起动液压缸→压扁铝罐→液压缸回车→起动气缸将压扁的铝罐推到收集筒里→气缸回车，然后自动循环，如图 18-40 所示。气缸和液压缸的工作顺序和时间流程全部由 PLC 控制。PLC 控制根据 BarDyne 软件的 CVA 流程，即设计概念设计（Conceptual）→虚拟样机（Vitural）→实体样机（Actual），产品的研制从虚体至实物的实现技术。

建立虚拟样机的第一步是在 HyPneu 仿真分析平台上，根据设计概念，选择合适的液压、气动和限位开关等图标，布局和组建如图 18-40 所示的仿真系统原理图。同时，从 PLC 图标库选取相关控件图标，依照工作流程的控制逻辑，构建如图 18-41 所示的 PLC 原理图。完成后，启动 HyPneu 动画仿真，可视化地检验虚拟样机的工作可行性和控制逻辑的合理性。

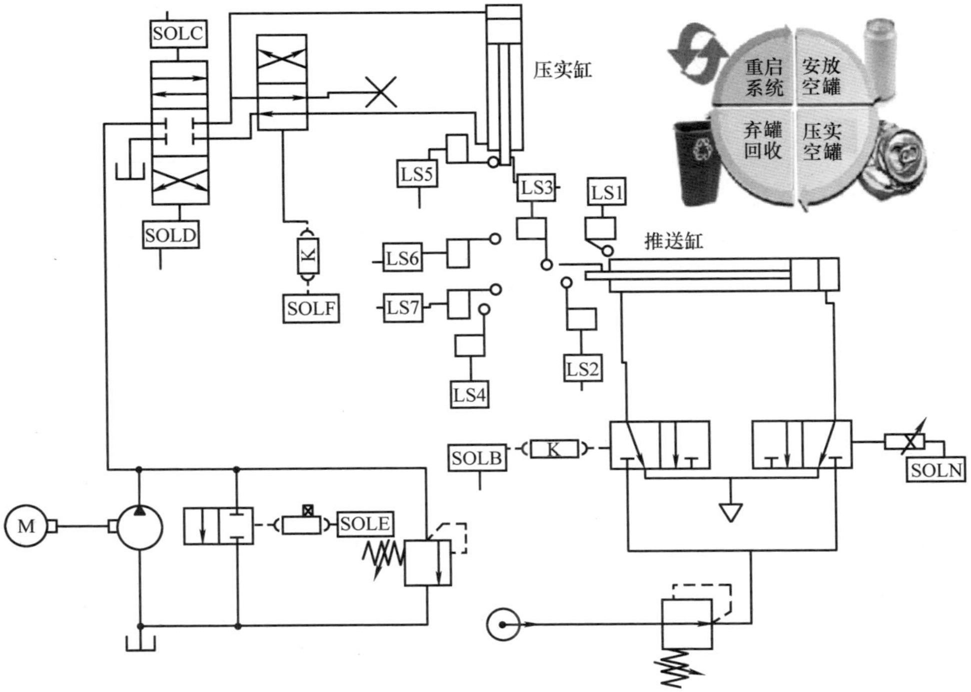

图 18-40　饮料铝罐回收自动处理机 HyPneu 仿真原理图

当验证通过后，即可根据虚拟样机的元件参数，着手选择对应的实体元件，构

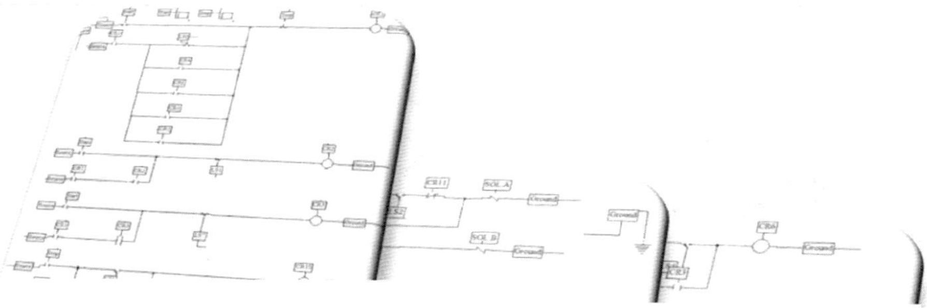

图 18-41 饮料铝罐回收自动处理机 HyPneu PLC 仿真原理图

建台架和布局组合油－气－电管路。然后，将 HyPneu 虚拟样机的 PLC 控制逻辑映射到实体 PLC 上，如图 18-42 所示。

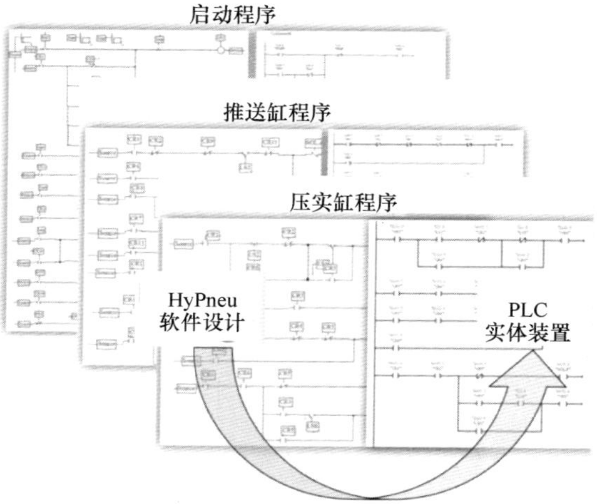

图 18-42 HyPneu 虚拟样机的 PLC 控制逻辑映射到实体 PLC

图 18-43 显示经由本示例的虚拟样机孪生的实体饮料铝罐回收自动处理机，并已投入实际服务。

18.7.5 伺服阀控马达健康管理软件系统上实施数字孪生实体管理

本节阐述伺服阀控马达系统在虚拟健康管理样机孪生实体健康管理样机的过程。该系统是由液压泵源、伺服阀和液压马达组成，并配备数据采集系统和传感器，以实时监视液压系统运行的健康状态。虚拟健康管理样机是利用 HyPneu 的实践保障平台，构建研究对象的伺服阀控马达系统原理图，如图 18-44 所示。仿真后获得如图 18-45 所示的实时仿真曲线。结合各个可预见的工况，并注入各种环境干扰因素（如温度、污染、振动）后执行仿真，以产生大量的状态因子数据。接着，

图 18-43　饮料铝罐回收自动处理机

量化数据建立健康指标模型和数据库，并将虚拟模型映射到实体的健康管理器上。

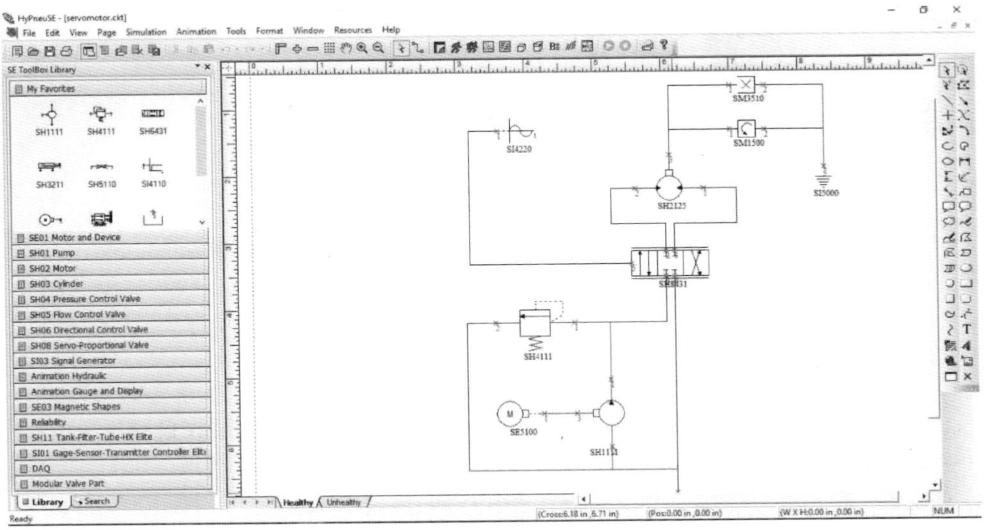

图 18-44　伺服阀控马达系统 HyPneu 仿真原理图

图 18-46a 所示为与虚拟样机相对应的实体伺服阀控马达系统。运行时，内含虚拟健康模型的实体健康管理器，可以快速提取实时的系统信号，并处理和分类，以显示实体系统的健康状态，如图 18-46b 所示。这是在仿真软件基础上，通过已有健康管理软件程序模块实施数字孪生技术试验。

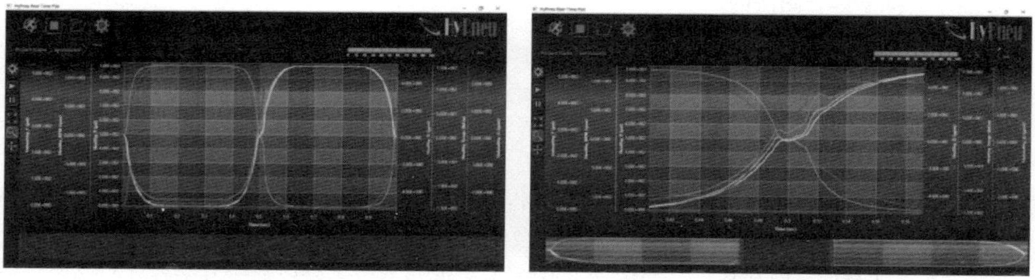

图 18-45　伺服阀控马达系统 HyPneu 仿真结果曲线图

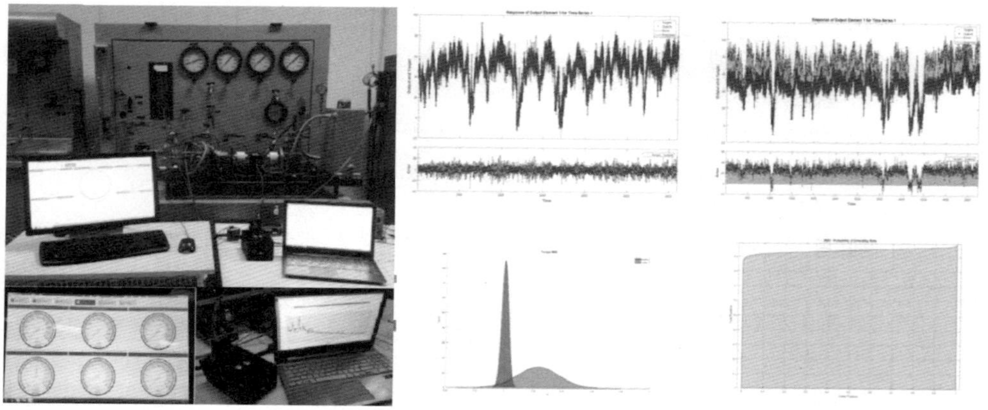

a)　　　　b)

图 18-46　HyPneu 健康管理器的采样分析

a）伺服阀控马达系统与健康管理器　b）系统健康管理器采集分析示例

参 考 文 献

[1] 霍夫曼 W. 液压元件及系统的动态仿真［M］. 陈鹰，译. 杭州：浙江大学出版社，1988.

[2] 田树军，胡全义，张宏. 液压系统动态特性数字仿真［M］. 大连：大连理工大学出版社，2012.

[3] 张晓华. 系统建模与仿真［M］. 北京：清华大学出版社，2015.

[4] 潘亚东. 键合图概论：一种系统动力学方法［M］. 重庆：重庆大学出版社，1990.

[5] 王士刚. 液压系统可视化动态建模技术及其软件实现方法研究［D］. 大连：大连理工大学，2001.

[6] 于涛. 面向对象的多领域复杂机电系统键合图建模和仿真的研究［D］. 北京：机械科学研究总院，2006.

[7] 胡全义. 基于键合图的多领域统一建模与仿真技术的研究［D］. 大连：大连理工大学，2017.

[8] 王艾伦. 复杂机电系统（键合图—模态分析）方法研究［D］. 长沙：中南大学，2004.

[9] 危淑平. 基于键合图法的多领域系统建模与仿真 [D]. 兰州：西北师范大学，2012.
[10] MICHAEL M TILLER. Modelica 多领域物理系统建模入门与提高 [M]. 刘俊堂，郑党党，译. 北京：航空工业出版社，2017.
[11] PETER FRITZSON. Introduction to Modeling and Simulation of Technical and Physical Systems with Modelica [M]. Hoboken：A John Wiley & Sons Inc.，2011.
[12] PETER FRITZSON. Principles of Object Oriented Modeling and Simulation with Modelica3. 3：A Cyber－Physical Approach [M]. Piscataway：IEEE Press，2015.
[13] 赵建军，丁建完，周凡利，等. Modelica 语言及其多领域统一建模与仿真机理 [J]. 系统仿真学报，2006，18 (2)：570－573.
[14] 魏昕. 多领域统一建模语言中的过程式建模机制研究与实现 [D]. 武汉：华中科技大学，2007.
[15] 曹克强，李永林，任博，等. 现代飞机液压系统热特性建模仿真与热设计 [M]. 北京：国防工业出版社，2013.
[16] STEVEN C CHAPRA，RAYMOND P CANALE. 工程数值方法 [M]. 6 版. 于艳华，傅效群，赵红宇，等译. 北京：清华大学出版社，2010.
[17] 陈鹰. 面向创新的液压仿真技术 [J]. 液压气动与密封，2003，8 (4)：16－20.
[18] 王勇，张勇，李从心，等. 液压仿真软件的研究进展 [J]. 系统仿真学报，1998，10 (5)：54－57.
[19] 吴跃斌. 液压仿真软件 ZJUSIM 的开发与参数优化研究 [D]. 杭州：浙江大学，2004.
[20] 武鹏飞，颜凌云，包宗贤. 浅析液压系统仿真技术现状及发展趋势 [J]. 机床与液压，2011，39 (8)：133－134.
[21] 陈琼忠. 开关磁阻电机的非线性建模及在航空发动机多场耦合仿真中的应用 [D]. 上海：上海交通大学，2009.
[22] 梁全，苏齐莹. 液压系统 AMESim 计算机仿真指南 [M]. 北京：机械工业出版社，2014.
[23] 付永领，祁晓野，李庆. LMS Imagine. Lab AMESim 系统建模和仿真参考手册 [M]. 北京：北京航空航天大学出版社，2011.
[24] 余佑官，龚国芳，胡国良. AMESim 仿真技术及其在液压系统中的应用 [J]. 液压气动与密封，2005，10 (3)：28－31.
[25] 刘海丽. 基于 AMESim 的液压系统建模与仿真技术研究 [D]. 西安：西北工业大学，2006.
[26] 王勇亮，卢颖，赵振鹏，等. 液压仿真软件的现状及发展趋势 [J]. 液压与气动，2012 (8)：1－4.
[27] 刘国昌，王伟，韩虎. 仿真软件 HOPSAN 在液压系统设计中的应用 [J]. 信息技术，2006，35 (4)：113－114，117.
[28] 刘国昌，赵红波，曾庆良，等. 基于 HOPSAN 的液压系统仿真与应用 [J]. 机床与液压，2006 (11)：198－200.
[29] 徐鑫宇，葛华兰，周洪. xProPneu－基于 Web Service 的气动系统智能选型与仿真软件 [J]. 液压气动与密封，2006，11 (3)：42－43.
[30] 陈根. 数字孪生 [M]. 北京：电子工业出版社，2020.

[31] 陶飞，张贺，戚庆林，等．数字孪生十问：分析与思考［J］．计算机集成制造系统，2020，26（1）：1－17.
[32] 李永堂，雷步芳，孙培军，等．液压系统自动建模与仿真软件的研制［J］．太原重型机械学院学报，2002（1）：1－5.
[33] 高钦和，王孙安．面向原理图的液压系统自动建模与仿真技术研究［J］．机床与液压，2006（12）：202－204，206.
[34] 张康智，刘凌．液压系统仿真软件研究［J］．煤矿机械，2009，30（3）：10－12.
[35] 李莹，张玉莹，柳宝磊，等．基于增材制造的液压阀块流道过渡区优化研究［J］．液压与气动，2010（1）：55－66.
[36] 秦家升，游善兰．AMESim软件的特征及其应用［J］．工程机械，2004，35（12）：6－8.
[37] 付永领．AMEsim系统建模和仿真：从入门到精通［M］．北京：北京航空航天大学出版社，2006.
[38] 梁全．液压系统AMESim计算机仿真进阶教程［M］．北京：机械工业出版社，2016.
[39] 刘昕晖，陈晋市．AMESim仿真技术在液压系统设计分析中的应用［J］．液压与气动，2015（11）：1－6.
[40] BarDyne，Inc. Computerized Hydraulic System Design and Analysis［Z］．1996.
[41] BarDyne，Inc. Hydraulic System Design for Service Assurance［Z］．2001.
[42] BarDyne，Inc. Hydraulic System Modeling and Simulation［Z］．2001.